中国地质调查成果 CGS 2021-009
"长江经济带地质环境综合调查工程"项目资助
"长江经济带地质资源环境综合评价"项目资助

长江经济带环境地质和生态修复

CHANG JIANG JINGJIDAI HUANJING DIZHI HE SHENGTAI XIUFU

姜月华　周权平　倪化勇　陈立德　程和琴
雷明堂　葛伟亚　马　腾　施　斌　程知言　等著

内容摘要

本书是研究长江经济带环境地质和生态修复的一本专著,主要内容来源于中国地质调查局部署实施的"长江经济带地质环境综合调查工程"。本书在系统梳理长江经济带基础地质条件、有利地质资源和存在的重大地质问题基础上,总结了地面沉降、地裂缝和崩岸光纤监测技术与应用示范,机载高光谱技术研发与应用示范,流域地球关键带监测示范,以及废弃矿山、滨海盐碱地、沿江湿地、沿江有机污染和重金属污染场地调查评价与生态修复示范等方面取得的成果和经验;提出了长江贯通时限和演化新认识、长江中游防洪蓄水地学新建议、流域重大水利工程与生态地质环境多元响应、流域尺度地球关键带调查研究理论与技术方法体系;探索形成了大流域、经济区和县(市)3种尺度资源环境承载能力及8种国土空间开发利用适宜性评价方法,构建了长江经济带11个省(市)地质工作协调联动机制和地质资源环境综合信息管理与服务系统,探索形成了城市群、城市以及小城镇3个层次中央和地方地质调查合作新模式;同时阐述了在支撑服务长江经济带国土空间规划、支撑服务新型城镇化战略、重大工程规划建设、地质灾害与洪涝灾害防治、脱贫攻坚和国家地下战略储油储气库基地建设等方面取得的服务成效。总之,该书汇集的成果可为长江经济带国土空间规划、灾害防治、生态环境保护与修复提供地质依据和科技支撑。

该书可供从事基础地质、水文、工程与环境地质、城市地质、灾害地质、地质资源调查评价、生态环境保护和修复等广大科技人员、大专院校师生以及城乡规划设计等部门相关人员参考使用。

图书在版编目(CIP)数据

长江经济带环境地质和生态修复/姜月华等著. —武汉:中国地质大学出版社,2021.12
ISBN 978-7-5625-5131-7

Ⅰ.①长…
Ⅱ.①姜…
Ⅲ.①长江经济带-环境地质学-研究 ②长江经济带-生态恢复-研究
Ⅳ.①X141 ②X171.4

中国版本图书馆CIP数据核字(2021)第214958号

长江经济带环境地质和生态修复　　　　　　　　　　　　　　姜月华　等著

责任编辑:唐然坤　　　　　　选题策划:唐然坤　　　　　　责任校对:张咏梅

出版发行:中国地质大学出版社(武汉市洪山区鲁磨路388号)　　邮政编码:430074
电　　话:(027)67883511　　传　真:(027)67883580　　E-mail:cbb@cug.edu.cn
经　　销:全国新华书店　　　　　　　　　　　　　　　　　　http://cugp.cug.edu.cn
开本:880毫米×1230毫米 1/16　　　　　　　　　　　字数:2685千字　印张:84.75
版次:2021年12月第1版　　　　　　　　　　　　　　印次:2021年12月第1次印刷
印刷:湖北新华印务有限公司
ISBN 978-7-5625-5131-7　　　　　　　　　　　　　　　　　　　　定价:888.00元

如有印装质量问题请与印刷厂联系调换

《长江经济带环境地质和生态修复》编委会

指导专家

郝爱兵	邢丽霞	吴登定	高延光	沈结苟	毛晓长	李基宏	文冬光
张训华	邢卫国	邢光福	陈宏峰	苗培森	刘同良	胡时友	彭轩明
刘亚彬	颜世强	王建华	张旺驰	张永双	齐先茂	张作晨	孙晓明
吴爱民	林良俊	石菊松	胡秋韵	龙宝林	张生辉	叶建良	张海啟
任收麦	石　森	张智勇	蔺志永	刘凤山	张先林	黄克蓉	陈汉勇
孙乐玲	邱鸿坤	龚健勇	龚　勇	熊保成	王礼光	鲁豫川	蒋　俊
赵福平	任　坚	贾克敬	龚日祥	张　军	张立勇	蒋建良	严学新
冯小铭	刘国栋						

执行编辑委员会

主　编：姜月华　倪化勇

副主编：
周权平	陈立德	程和琴	雷明堂	葛伟亚	马　腾	施　斌	程知言
段学军	朱锦旗	苏晶文	修连存	向　芳	朱志敏	冯乃琦	任海彦
董贤哲	李　云	谢忠胜	王寒梅	陈焕元	谭建民	彭　轲	陈火根
于　军	龚绪龙	郭盛乔	史玉金	伏永朋	孙建平	朱继良	李明辉
刘广宁	范晨子	杨　强	王晓龙	魏广庆	邓娅敏	宋　志	王东辉
贾克敬	肖则佑	吴中海	王贵玲	胡圣标	李晓昭	荆继红	王新峰
成金华	杨晋炜	杨　辉	顾明光	李晓芳	宋国玺	马传明	于俊杰
李巨宝	顾　凯						

编　委：胡　建　刘宪光　程　蓉　张水军　毛汉川　黄卫平　张泰丽　李　晓
　　　　薛腾飞　王盘喜　杨贵芳　杜　尧　蔺文静　黄　岩　刘红樱　刘　林
　　　　杨国强　彭　博　金　阳　杨　海　梅世嘉　吕劲松　张　鸿　李云峰
　　　　邢怀学　陈　刚　俞正奎　郑志忠　崔玉贵　顾　轩　刘　鹏　邵长生
　　　　朱意萍　戴建玲　蒋小珍　陈鸿汉　骆祖江　查甫生　李玉成　潘良波
　　　　郭炳跃　祁　帆　张澎彬　翟刚毅　包书景　成杭新　周国华　李瑞敏
　　　　李　媛　董　颖　孟　辉　谭成轩　张利珍　揭宗根　邓建军　徐正华
　　　　赵健康　张达政　闫玉茹　蒋　仁　印　萍　彭玉怀　孙　涵　齐秋菊
　　　　梁　川　杨中华　赵幸悦子　庞新军　徐亮亮　刘永兵　姜夏烨　刘桂建
　　　　张登荣　高　宾　杨中华　崔　伟　苏鹏程　潘良波　孙　健　王一鸣
　　　　班宜忠　徐敏成　梁　杏　甘义群　朱鸿鹄　黄俊杰　郑树伟　石盛玉
　　　　张家豪　陆雪骏　常晓军　周　迅　孙　强　刘应冬　陈　超　张进德
　　　　魏昌利　王龙平　李建设　肖尚德　徐定芳　尹国胜　饶　志　胥　良
　　　　鲍志言　刘　喜　张天友　罗炳佳　孟　伟　张　贵　杨树云　陈建保
　　　　任世聪　许程程　温金梅　孙四权

工程主要参加单位

工程主管单位：
　　中国地质调查局
工程牵头实施单位：
　　中国地质调查局南京地质调查中心
工程参加单位：
　　中国地质调查局
　　中国地质调查局成都地质调查中心
　　中国地质调查局武汉地质调查中心
　　中国地质科学院岩溶地质研究所
　　中国地质调查局水文地质环境地质调查中心
　　中国地质科学院探矿工艺研究所
　　中国地质大学（武汉）
　　中国地质科学院郑州矿产综合利用研究所
　　中国地质科学院矿产综合利用研究所
　　南京大学
　　华东师范大学
　　成都理工大学
　　南京农业大学
　　南京林业大学
　　合肥工业大学
　　安徽大学
　　中国科学技术大学
　　河海大学
　　中国地质大学（北京）
　　杭州师范大学
　　北京师范大学
　　武汉大学
　　中国科学院南京地理与湖泊研究所
　　中国科学院地质与地球物理研究所
　　中国地质环境监测院
　　中国土地勘测规划院
　　中国地质调查局青岛海洋地质调查研究所
　　中国地质科学院水文地质环境地质研究所
　　中国地质科学院地质力学研究所
　　浙江省水文地质工程地质大队
　　浙江省核工业二六二大队

浙江省第十一地质大队
江西省地质矿产勘查开发局赣南地质调查大队
江西省勘察设计研究院
江苏省地质勘查技术院
江苏省有色金属华东地质勘查局
安徽省地质矿产勘查局第一水文工程地质勘查院
安徽省地质矿产勘查局三三二地质队
中国科学院水利部成都山地灾害与环境研究所
中国地质调查局天津地质调查中心
中国地质科学院地球物理地球化学勘查研究所
中国地质调查局油气资源调查中心
中国地质调查局国家地质实验测试中心
中国冶金地质总局浙江地质勘查院
上海市地质调查研究院
浙江省地质调查院
江苏省地质调查研究院
安徽省地质调查院
四川省地质调查院
浙江省地质环境监测院
安徽省地质环境监测总站
安徽省公益性地质调查管理中心
湖北省地质环境总站
湖北省地质调查院
湖南省地质调查院
江西省地质调查研究院
江西省地质环境监测总站
四川省地质环境监测总站
四川省地质矿产勘查开发局成都水文地质工程地质队
重庆市地质环境监测总站
重庆市地质矿产勘查开发局
贵州省地质环境监测院
贵州省地质调查院
云南省地质环境监测院
云南省地质调查院
云南省国土资源规划设计研究院
重庆地质矿产研究院
湖北省地质局第八地质大队
重庆市地质矿产勘查开发局
北京超维创想信息技术有限公司
北京环球星云遥感科技有限公司
正元地理信息有限责任公司
苏州南智传感科技有限公司
上海迈维动漫科技有限公司

工程主要参加人员

中国地质调查局南京地质调查中心、自然资源部流域生态地质过程重点实验室：

姜月华　周权平　葛伟亚　苏晶文　杨　辉　修连存　刘红樱　刘　林　杨国强
邢怀学　李　云　金　阳　杨　海　梅世嘉　吕劲松　彭　博　贾军元　常晓军
田福金　李　亮　雷　廷　余　成　周　洁　张　庆　梁晓红　龚建师　叶念军
董长春　杨　洋　叶永红　魏　峰　赵牧华　李云峰　王　睿　周　迅　朱春芳
史洪峰　黄金玉　张　鸿　陈　刚　吕劲松　齐秋菊　徐敏成　班宜忠　崔玉贵
顾　轩　刘　鹏　张泰丽　孙　强　伍剑波　王赫生　周错锷　俞正奎　郑志忠
殷　靓　黄俊杰　陈春霞　黄　宾　高　扬　杨　彬　张秋宁　邸兵叶　朱红兵
殷启春　于俊杰　蒋　仁　劳金秀　曾剑威　刘　凯　李长波　赵　玲　朱意萍
白建平　汪建胜

中国地质调查局成都地质调查中心：

倪化勇　宋　志　李明辉　王东辉　陈绪钰　田　凯　李　丹　冉　涛　王春山
李朋岳　顾鸿宇　温金梅　任世聪　敬正凯　李　华　廖国忠　蒋　正　胡　健
黄天驹

中国地质调查局武汉地质调查中心：

陈立德　彭　轲　谭建民　伏永朋　邵长生　刘广宁　路　韬　杨艳林　龚　磊
宋　棉　张　敫　何文熹　崔　放　王　岑　杨小莉　吴　胡　杨玉龙　谈江南
边小庚　肖立权　刘前进　肖泽佑　姚腾飞　肖　攀　何　军　裴来政　程　刚
许　珂　梁　川　邓必荣　黄波林　李　明　闫举生　王世昌　赵永波　韩会卿
李智民　李远耀　杜　鹃　翟振飞　柳晓晨　蔡烈刚　李隆平　刘书豪　朱文彩
王　娣　王　戈　郭　峰　廖伟杰　吴　涛　陈　立　刘　胜　高天国　陈　星
苟　敬　周　伟　胡小庆　张　为　刘　壮　刘　月　张　宇　余慎军　王　磊
黎义勇　章　昱　黄　皓　代贞伟　刘道涵　陈东山　赵幸悦子　董新岑　方子樊
熊志涛　刘华平　李雪平　刘亚磊　陈　建　罗红林　柳黎鑫　张　文　李士垚
徐　帅　徐　航　王尚晓　吕心静　贺小黑　高　新　朱锦宇　魏鹏飞　李丽华
张利国　罗　剑　谭　力　饶　茜　薛志斌

中国地质科学院岩溶地质研究所：

雷明堂　戴建玲　吴远斌　管振德　贾　龙　蒋小珍　蒙　彦　罗伟权　殷仁潮
潘宗源　周富彪

中国地质调查局水文地质环境地质调查中心：

孙建平　杨　强　朱继良　王新峰　付　杰　王　赛　马　鑫　杨　凯　吴　悦

魏光华　赵学亮　董翰川　郭淑君　潘建永　龙　慧　任政委　石爱红　李　鹏
孟庆延　王　璇　龚冀丛　王春晖　郭　伟　郭彦威　杨立春　孙立静　孙娅娜
贾春波　李秋辰　汪　敏　李　戍　程　彪　孟庆佳　王　茜　向　宏　吴　敏
李　浩　李颖智

中国地质科学院探矿工艺研究所：
谢忠胜　黄　海　佘　涛　杨　顺　李金洋　孙金辉　田　尤　韩新强　陈　欢
赵　重　魏昌利　罗　明　李长顺　廖　伟

中国地质大学(武汉)：
马　腾　邓娅敏　成金华　杜　尧　马传明　梁　杏　甘义群　孙　涵　顾延生
赖忠平　马　瑞　李　辉　郭会荣　文　章　孙蓉琳　汪丙国　蒋宏忱　郭益铭
邹胜利　王志强　於昊天　沈　帅　李俊琦　张婧玮　陈　晨　徐　宇　郑杰军
罗可文　胡　鹏　蓝　坤　韩志慧　刘文辉　靳孟贵　马　斌　冷志惠　胡雪原
王　海　张红艳　倪　珊　黄　潮　彭昕杰　马晓阳　王占岐　汤尚颖　庄思远
程小杰

中国地质科学院郑州矿产综合利用研究所：
冯乃琦　王盘喜　吕子虎　张永康　卞孝东　刘玉林　曹耀华　张宏丽　刘红召
刘　岩　程宏伟　许　冲　邓晓伟　王振宁　张　耀　张利珍

中国地质科学院矿产综合利用研究所：
朱志敏　刘应冬　陈　超　程　蓉　邓　冰　杨耀辉　李潇雨　刘飞燕　徐　莺
徐　力　罗丽萍

南京大学：
施　斌　李晓昭　顾　凯　朱鸿鹄　张诚成　刘苏平　何健辉　孙梦雅　张　松
杨　鹏　李一雄　曹鼎峰　吴静红　段超喆　张　磊　尹建华　马佳玉　冯晨曦
缪长健　张　振　周丹坤　徐　达　孙利萍　刘　超　王田丁　顾　倩　张　博
李先哲　戚海博　董家君　孙梦雅　方　可　史淞戈　张思思

华东师范大学：
程和琴　吴帅虎　李九发　郑树伟　姜泽宇　颜　阁　滕立志　唐　明　石　天
向诗月　李振旗　李　彤　徐　韦　陆雪骏　徐文晓　石盛玉　张家豪　陈　钢
王淑平　华　凯　袁小婷

成都理工大学：
向　芳　黄恒旭　杨坤美　由文智　喻显涛

南京农业大学：
任海彦　陈　煜　刘　君　胡　健　魏林艳　吴秀杨　蔡安然　常杰超　王利锋

南京林业大学：
杨　强　陈红华

合肥工业大学：
查甫生

安徽大学：
　　李玉成　刘丙祥
中国科学技术大学：
　　刘桂建
河海大学：
　　骆祖江
中国地质大学（北京）：
　　陈鸿汉　彭昕杰　胡雪原　王　海　谭　力　杨　斌　薛志斌　王雯雯　李雪平
　　邢　超　余　波　周凌风　柳黎鑫　王　贝　张　文　卢耀邦
杭州师范大学：
　　张登荣　王嘉芃　沈家晓　段锦伟
北京师范大学：
　　高　宾
武汉大学：
　　杨中华
中国科学院南京地理与湖泊研究所：
　　段学军　王晓龙
中国科学院地质与地球物理研究所：
　　胡圣标
中国地质环境监测院：
　　郝爱兵　石菊松　李瑞敏　李　媛　董　颖　张进德
中国土地勘测规划院：
　　祁　帆　贾克敬
中国地质调查局青岛海洋地质调查研究所：
　　印　萍
中国地质科学院水文地质环境地质研究所：
　　王贵玲　蔺文静　申建梅　孙继潮　荆继红
中国地质科学院地质力学研究所：
　　吴中海　谭成轩
浙江省水文地质工程地质大队：
　　张水军　董贤哲　雷　明　周庆胜　珠　正　杨袖夫　卞荣伟　库汉鹏　丁　磊
　　张　威　马勤威　徐鹏雷　王进明　吴越琛　郑慧华　陈沈健　雷长征　杨宝亮
浙江省核工业二六二大队：
　　陈焕元　徐正华　李政龙　索　漓　刘　勋　李智亮　周光照　宁立峰　朱海洋
浙江省第十一地质大队：
　　王一鸣　胡琴耀　黄　冀　张明阳　张育志
江西省地质矿产勘查开发局赣南地质调查大队：
　　肖则佑　伍欢欢　黄剑瑜　王　进　刘　伟　邹道胜　杨海强　彭恩成　范　超

江西省勘察设计研究院：
揭宗根　邓建军　段文兵　邹国瑶　左承鑫　邱　军　周　丽　肖礼烁　于　云
徐　芬　张　敏

江苏省地质勘查技术院：
郭炳跃　张　斌　王　毅　郭东峰　石剑龙　杨　光　王　谦　王金国　吴学林
李　颖　郭　森　王　斌　李　浩　孙　瑛　李　琳　崔乐宁　高士银　冯海林
桂行冬　李林升

江苏省有色金属华东地质勘查局：
程知言　杨晋炜　姜夏烨　胡　建　闫玉茹　刘宪光　杨贵芳　陈澎军　邹平波
孙立才

安徽省地质矿产勘查局第一水文工程地质勘查院：
崔　伟　郭　伟　林　深　陈　戈

中国科学院水利部成都山地灾害与环境研究所：
苏鹏程　谢　洪　唐金波　欧阳朝军　姜　亮　陆文慧　汪　洋　任世聪　孙从露
徐　洪

中国地质调查局天津地质调查中心：
林良俊　杨齐青　王传松

中国地质科学院地球物理地球化学勘查研究所：
成杭新　周国华

中国地质调查局油气资源调查中心：
翟刚毅　包书景

中国地质调查局国家地质实验测试中心：
范晨子　袁继海　郭　威　刘永兵　张永兴　吴照洋

上海市地质调查研究院：
王寒梅　史玉金　李　晓　战　庆　曾正强　赵宝成　王丹妮　陈大平　郑　磊
黎　兵　郭兴杰　刘　婷　张士宽　方志雷　程亚洲　陶恺赟　王　瑶　王治华
聂碧波　王　倩　刘　婷　陈　勇　吴建中　张　欢　朱小强　黄鑫磊　林金鑫
何　晔　石凯文　代如凤

浙江省地质调查院：
顾明光　毛汉川　黄卫平　李少华　李　剑　滕亦旺　林清龙　张　岩　俞奇骏
彭振宇　万治义　范美芳　陈　枥　马宏杰　梁　河　叶松源　陈晓华　胡琴耀

江苏省地质调查研究院：
朱锦旗　陈火根　于　军　龚绪龙　郭盛乔　许书刚　吴夏懿　瞿婧晶　许伟伟

安徽省地质调查院：
彭玉怀　李运怀　岳运华　孙　跃　杨　潘　刘中刚　彭　鹏　杨　智

四川省地质调查院：
魏昌利　王　猛　余天彬

浙江省地质环境监测院：
  赵健康 张达政
中国冶金地质总局浙江地质勘查院：
  李巨宝 徐亮亮
安徽省地质矿产勘查局三三二地质队：
  孙 健 方 斌 曹玉兰 王 敏
安徽省地质环境监测总站：
  王龙平
安徽省公益性地质调查管理中心：
  李建设
湖北省地质环境总站：
  肖尚德
湖北省地质调查院：
  孙四权
湖南省地质调查院：
  徐定芳
江西省地质调查研究院：
  尹国胜
江西省地质环境监测总站：
  饶 志
四川省地质环境监测总站：
  胥 良
四川省地质矿产勘查开发局成都水文地质工程地质队：
  鲍志言
重庆市地质环境监测总站：
  刘 喜
重庆市地质矿产勘查开发局：
  张天友
贵州省地质环境监测院：
  罗炳佳
贵州省地质调查院：
  孟 伟
云南省地质环境监测院：
  张 贵
云南省地质调查院：
  杨树云
云南省国土资源规划设计研究院：
  陈建保

重庆地质矿产研究院：
  任世聪 孙从露 徐 洪 廖蔚茗 贺小勇 谭德军 蒙 丽 李红梅

湖北省地质局第八地质大队：
  许程程 方子樊 鬲 新 蔡宇宁 李丽华

重庆市地质矿产勘查开发局：
  温金梅 林志龙 张天友 吴益朝

北京超维创想信息技术有限公司：
  宋国玺 张少博 宋 涛 庞志龙

北京环球星云遥感科技有限公司：
  李晓芳 薛腾飞 张澎彬 林 波 杨天鹏 潘岑岑 郭 鑫 陈子扬 殷幼松
  刘广全 李 杰 孙 懿

正元地理信息有限责任公司：
  潘良波 程柯毅 周 文 胡 杰 丁志庆

苏州南智传感科技有限公司：
  魏广庆

上海迈维动漫科技有限公司：
  庞新军 汪飞鸿 丁要南 袁 方 肖 尧 胡建啡 柴 进 张 锴 马君凤
  梁明鹤

序

长江经济带覆盖上海、江苏、浙江、安徽、江西、湖北、湖南、四川、重庆、云南、贵州11个省（市），横跨我国东、中、西三大地势阶梯，人口规模和经济总量占据全国的"半壁江山"，生态地位突出，发展潜力巨大。

推动长江经济带高质量发展，打造中国经济新的支撑带，是党中央、国务院作出的重大战略部署。中共中央总书记、国家主席、中央军委主席习近平从2016年长江上游重庆考察、2018年湖北和湖南的长江中游考察，到2019年和2020年长江下游上海、浙江、安徽的考察，均作出了一系列重要讲话。习近平总书记强调"长江是中华民族的生命河。推动长江经济带发展，理念要先进，坚持生态优先、绿色发展，把生态环境保护摆上优先地位，涉及长江的一切经济活动都要以不破坏生态环境为前提，共抓大保护、不搞大开发。思路要明确，建立硬约束，长江生态环境只能优化、不能恶化……""要从生态系统整体性和流域系统性出发，追根溯源、系统治疗，防止头痛医头、脚痛医脚"。习近平总书记的重要讲话为长江经济带各省（市）谱写生态优先绿色发展新篇章指明了方向。

长江经济带战略的实施，从整个国家发展层面来看，是将长江经济带与依托亚欧大陆桥的"丝绸之路经济带"相连接，构建了沿海、沿江、沿边全方位开放新格局，对于中国有效扩大内需、促进经济稳定增长、调整区域结构、实现中国经济升级具有重大现实意义和深远历史意义。事实上，纵观世界其他国家，它们也将内河作为重要的经济发展带。20世纪，密西西比河流域的发展推动了美国的强势崛起，而莱茵河流域的发展促进了法国、德国和荷兰的长期繁荣。欧美国家始终把内河航运作为构成综合运输体系的重要部分，视为促进国家或地区开发开放的重要条件。这是值得我们借鉴和学习的，因此要重视长江的重要作用。

为支撑服务长江经济带发展战略，中国地质调查局从2014年开始部署实施了"长江经济带地质环境综合调查工程"。该工程以支撑服务长江经济带黄金水道功能提升、立体交通走廊建设、产业转型升级、新型城镇化建设、绿色生态廊道打造等重大任务为目标，以研究解决影响和制约长江经济带发展的重大地质问题为导向，在"4个经济区"（长三角、皖江、长江中游和成渝）、"3条发展线"（沿江、沿海和高铁沿线）和"4个重点区"（重要城镇区、重大工程区、重大问题区和重要生态区）部署开展了地质环境综合调查工作。

本书是"长江经济带地质环境综合调查工程"的集成成果，凝聚了国内75家产、学、研单位千余名科研工作者辛勤汗水的结晶。本书全面系统梳理了长江经济带基础地质条件、有利地质资源和存在的重大地质问题，创新开展了地面沉降、地裂缝和崩岸光纤监测技术研发与应用示范，机载高光谱技术研发与应用示范，流域地球关键带监测示范，废弃矿山、滨海盐碱地、沿江湿地、沿江有机污染和重金属污染场地调查评价与生态修复示范等工作。其中，自主研发的土体变形、水位水分场变化等光纤传感器及机载航空高光谱仪替代进口产品，实现水土污染、矿山环境、土地利用等探测应用和技术转化；生态修复示范形成系列关键技术并取得效益；提出了长江贯通时限和演化新认识；建立了流域重大水利工程与生态地质环境多元响应和流域尺度地球关键带调查研究理论与技术方法体系，建成的地球关键带监测站被纳入了国际监测网络。同时，探索形成大流域、经济区和县（市）3种尺度资源环境承载能力及8种国土空间开发利用适宜性评价方法，探索形成城市群、城市以及小城镇3个层次中央和地方地质调查合作新模式,构建了长江经济带11个省(市)地质工作协调联动机制和地质资源环境综合信息管理与服务系统,取得了一系列成果和重要进展。

本书相关成果在支撑服务长江经济带国土空间规划、支撑服务新型城镇化战略、重大工程规划建设、地质灾害与洪涝灾害防治、脱贫攻坚和国家地下战略储油储气库基地建设等方面服务成效显著。其中,支撑服务赣南苏区等集中连片贫困区为当地6万余人解决饮用水源保障;提出的长江过江通道规划建设、长江大桥主桥墩维护、万州—宜昌段航道地质灾害隐患、甬舟跨海通道选址、新建贵阳—南宁高铁和贵州道务高速公路选线、浙江湖州环形正负电子对撞机(CEPC)-超级质子对撞机(SPPC)重大工程选址等建议,得到了水利部长江水利委员会、中国长江三峡集团有限公司、长江南京第四大桥有限责任公司、中国中铁二院工程集团有限责任公司、宁波市铁路建设指挥部、遵义市交通运输局、安徽省交通规划设计研究总院和中国科学院高能物理研究所等单位应用。

我相信,本书的出版不仅对长江经济带国土空间规划、重大工程规划选址、地质灾害防治和生态环境保护与修复等具有重要决策参考价值,也对关注长江经济带发展的专家学者具有重要学术参考价值。

中国科学院院士
中国地质大学(武汉)校长

前　言

推动长江经济带发展，打造中国经济新支撑带，是党中央、国务院作出的重大战略部署。2014年9月12日国务院正式印发《关于依托黄金水道推动长江经济带发展的指导意见》，2016年3月25日中共中央政治局审议通过《长江经济带发展规划纲要》，指出"推动长江经济带发展必须走生态优先、绿色发展之路，涉及长江的一切经济活动都要以不破坏生态环境为前提，共抓大保护，不搞大开发，共同努力把长江经济带建成生态更优美、交通更顺畅、经济更协调、市场更统一、机制更科学的黄金经济带"。

在此背景下，中国地质调查局部署实施了"长江经济带地质环境综合调查工程"。工程牵头单位为中国地质调查局南京地质调查中心。参加单位主要有：中国地质调查局武汉地质调查中心、中国地质调查局成都地质调查中心、中国地质科学院岩溶地质研究所、中国地质科学院探矿工艺研究所、中国地质调查局水文地质环境地质调查中心、华东师范大学、南京大学、中国地质大学（武汉）、中国地质科学院郑州矿产综合利用研究所、中国地质科学院矿产综合利用研究所、中国科学院南京地理与湖泊研究所、成都理工大学、南京林业大学、南京农业大学、中国地质大学（北京）、中国地质调查局国家地质实验测试中心、中国地质科学院水文地质环境地质研究所、中国地质科学院地质力学研究所、江苏省有色金属华东地质勘查局、浙江省水文地质工程地质大队、浙江省核工业二六二大队、江苏省地质勘查技术院、江西省地质矿产勘查开发局赣南地质调查大队、江西省勘察设计研究院、北京超维创想信息技术有限公司、苏州南智传感科技有限公司、北京环球星云遥感科技有限公司、上海迈维动漫科技有限公司等，以及长江经济带11个省（市）地质调查（研究）院、环境地质总站相关单位。

其中，在长三角经济区、皖江经济带、长江中游城市群、成渝经济区等重要经济区或城市群，选择重点地区开展了1∶5万环境地质调查，基本查明长江经济带地质环境条件、重大科学问题和环境地质问题，构建长江经济带地质环境综合调查评价信息系统，探索构建了经济发达地区或后工业化时期的地质工作模式，探索了大流域地球系统科学研究的经验和方法，为长江经济带国土规划、土地利用规划、城市（群）规划、重大工程和重大基础设施规划提供了依据，为科学划定基本农田、城市边界和生态保护区"3条红线"，优化国土空间格局和实施新型城镇化战略提供了基础支撑。

自2014年8月"长江经济带地质环境综合调查工程"启动以来，工程在支撑服务长江经济带国土空间规划、支撑服务新型城镇化战略、支撑服务流域生态保护修复、重大工程规划建设、地质灾害防治、脱贫攻坚、国家地下战略储油储气库基地建设以及探索大流域地质工作模式和后工业化地质工作模式等方面取得了重要进展，相关成果多次得到中央和省部级以上领导批示。近3年，充分利用中央资金引领作用，带动地方投入匹配资金4.22亿元，打造了可推广复制的"皖江城市群地质调查模式""宁波城市地质调查模式""丹阳试点小城镇地质调查模式"，成果转化应用与服务成效十分显著。同时，通过工程实施培训相关项目负责人、技术骨干等500余人，形成了21支稳定的环境地质调查队伍。《长江经济带环境地质和生态修复》即为该工程近年来的成果汇总。

本书分为8个篇章，共计22章。

第一篇工作概况篇：包括第一章和第二章，主要阐述了"长江经济带地质环境综合调查工程"的来源、目标任务、意义、工程执行过程、完成主要工作量、工作质量评述、取得主要成果与效益及成果编制人员。

第二篇基础背景篇:包括第三章至第五章,在阐述长江经济带基础地质条件,包括自然地理、社会经济和地质背景(构造、地层、岩浆岩、水文地质和工程地质)的基础上,又对长江经济带地下水、地热、耕地和矿产资源等主要有利地质资源,以及存在的活动断裂与地震、崩塌、滑坡、泥石流、岩溶塌陷、地面沉降、水土污染、废弃尾矿废石等重大地质问题进行系统梳理和总结。

第三篇科技创新篇:包括第六章至第九章,主要阐述了光纤监测技术、机载高光谱技术和地球关键带监测技术在长江经济带地面沉降、地裂缝、崩岸、水土污染、土地利用变化及各圈层多要素物质组分迁移转化等方面的技术研发和应用示范。

第四篇支撑服务流域生态保护修复与绿色发展篇:包括第十章至第十三章,主要阐述了长江经济带大流域人类活动与地质环境效应研究,废弃矿山、滨海盐碱地、滨江湿地、沿江有机污染和重金属镉污染场地调查评价与生态修复示范,岸带土地利用、侵蚀侵占、湿地演化与保护修复及防洪对策等。

第五篇支撑服务国土空间规划篇:包括第十四章和第十五章,主要阐述了长江经济带资源环境承载能力评价和国土空间开发利用适宜性评价有关内容。

第六篇支撑服务新型城镇化建设篇:包括第十六章至第十八章,主要阐述了长江经济带城市群、重点城市和试点小城镇3个层次地质调查评价所取得的成果。

第七篇成果转化应用与服务篇:包括第十九章,主要阐述了工程实施以来取得的成果转化应用与服务相关内容。

第八篇人才成果篇:包括第二十章至第二十二章,主要阐述了工程实施以来人才成长与团队建设状况、长江经济带地质环境综合调查信息平台建设以及结论和建议。

本书是集体劳动的成果,先后参加工程调查和研究以及本书编写的单位有75家,技术人员达千余人。工程在实施及成果报告编制过程中得到了中国地质调查局水文地质环境地质部和总工程师室等各部室、中国地质调查局南京地质调查中心、中国地质调查局武汉地质调查中心、中国地质调查局成都地质调查中心、中国地质科学院岩溶地质研究所、中国地质科学院探矿工艺研究所、中国地质调查局水文地质环境地质调查中心、中国地质环境监测院、华东师范大学、南京大学、中国地质大学(武汉)、中国地质科学院郑州矿产综合利用研究所、中国地质科学院矿产综合利用研究所、中国科学院南京地理与湖泊研究所、南京林业大学、南京农业大学、中国地质大学(北京)、成都理工大学、中国地质调查局国家地质实验测试中心、江苏省有色金属华东地质勘查局、浙江省水文地质工程地质大队、浙江省核工业二六二大队、江苏省地质勘查技术院、北京超维创想信息技术有限公司、北京环球星云遥感科技有限公司、上海迈维动漫科技有限公司等,以及长江经济带11个省(市)自然资源厅、地质勘查局、地质调查(研究)院和环境地质总站相关单位领导与专家的倾力支持及热心帮助。在此表示衷心感谢!

在此还要特别感谢中国地质调查局钟自然局长、谢新义副局长、李金发副局长、李朋德副局长、牛之俊副局长和严光生总工程师,中国地质调查局"重要经济区与城市群综合地质调查计划"计划协调人郝爱兵主任,首席科学家孙晓明和石建省,咨询专家组庄育勋、林学钰、何满潮、王京彬、朱锦旗、冯小铭、张庆杰、徐锡伟、李宪文、李晓昭、周爱国、孙永福和杨守业,他们在工程和项目立项及实施过程中提出的意见与建议发挥了十分重要的作用。

由于本书涉及研究范围较广,资料搜集时间较长,且本书编写历时较长,涉及人员众多,参与单位较多,不同编写人员水平参差不齐,加之笔者水平有限,难免存在疏漏和不足,敬请各位读者不吝赐教,以便进一步修改和完善。

编委会
2021年10月

目 录

第一篇 工作概况篇

第一章 引 言 ··· (2)
  第一节 工程来源与目标任务 ·· (2)
  第二节 工程意义 ·· (3)
  第三节 工作基础和存在问题 ·· (5)

第二章 工作概况 ·· (8)
  第一节 工程部署和主要工作内容 ·· (8)
  第二节 工程执行过程和完成主要工作量 ··· (9)
  第三节 工作质量评述 ··· (14)
  第四节 主要成果与效益 ·· (20)
  第五节 成果编制 ·· (26)

第二篇 基础背景篇

第三章 长江经济带基础地质条件 ·· (30)
  第一节 自然地理 ·· (30)
  第二节 经济社会发展 ·· (38)
  第三节 人口和城镇分布时空演变 ·· (42)
  第四节 地质背景 ·· (52)

第四章 长江经济带有利地质资源 ·· (58)
  第一节 长江经济带地下水资源 ··· (58)
  第二节 长江经济带地热资源 ·· (65)
  第三节 长江经济带耕地资源 ·· (73)
  第四节 长江经济带矿产资源 ·· (81)

第五章 长江经济带重大地质问题 ·· (90)
  第一节 长江经济带区域地壳稳定性与活动断裂 ··· (90)
  第二节 长江经济带崩塌、滑坡和泥石流地质灾害 ··· (112)
  第三节 长江经济带岩溶塌陷 ·· (144)

第四节	长江经济带地面沉降	(168)
第五节	长江经济带水土污染	(181)
第六节	长江经济带废弃尾矿废石	(189)
第七节	长江经济带水土流失、石漠化和湿地萎缩	(197)
第八节	长江经济带干流岸线侵占和冲蚀	(202)

第三篇　科技创新篇

第六章　长江经济带光纤监测技术与应用示范 (212)

- 第一节　长江崩岸光纤监测 (214)
- 第二节　地面沉降和地裂缝光纤监测 (229)
- 第三节　光纤-土体耦合变形特性评价 (261)
- 第四节　水分场光纤传感器研究进展 (272)
- 第五节　地下咸水光纤监测技术 (283)
- 第六节　小　结 (301)

第七章　长江经济带机载高光谱技术研发与应用示范 (302)

- 第一节　机载高光谱基本原理 (302)
- 第二节　机载高光谱国内外研究现状 (302)
- 第三节　机载高光谱系统研发及参数指标 (304)
- 第四节　技术流程与方法 (306)
- 第五节　机载高光谱探测应用示范 (314)
- 第六节　小　结 (326)

第八章　长江经济带流域地球关键带监测示范 (327)

- 第一节　概　况 (327)
- 第二节　流域地球关键带理论和方法 (338)
- 第三节　长江经济带关键带调查示范 (347)
- 第四节　结论与建议 (405)

第九章　长江续接贯通与演化研究 (407)

- 第一节　概　述 (407)
- 第二节　研究方法 (408)
- 第三节　第四纪地层划分对比和沉积特征 (410)
- 第四节　长江演化讨论 (526)
- 第五节　小　结 (531)

第四篇　支撑服务流域生态保护修复与绿色发展篇

第十章　长江经济带流域重大水利工程地质环境效应 (534)

- 第一节　研究方法 (534)

第二节　河槽冲淤与微地貌演变 (540)
　　第三节　典型河槽边坡稳定性分析 (595)
　　第四节　长江下游河床阻力变化特征 (639)
　　第五节　长江下游河口潮区界变动特征 (654)
　　第六节　小　结 (669)

第十一章　长江经济带重点地区生态保护与修复示范 (670)
　　第一节　长江三角洲经济区盐碱地资源调查和修复示范 (670)
　　第二节　长江经济带矿山尾矿资源化利用技术研发和生态修复示范 (693)
　　第三节　长江经济带沿江湿地和污染场地调查与修复示范 (729)
　　第四节　小　结 (761)

第十二章　长江经济带湿地演化、保护修复与防洪对策 (763)
　　第一节　湿地空间分布及时空演变分析 (763)
　　第二节　长江中游地区防洪减灾和生态保护地学建议 (774)

第十三章　长江经济带岸带土地利用、侵蚀侵占与保护对策 (785)
　　第一节　技术路线与工作方法 (785)
　　第二节　多源遥感数据采集 (811)
　　第三节　长江干流岸带土地利用现状遥感分类 (817)
　　第四节　长江干流岸带土地利用遥感变更调查 (830)
　　第五节　长江干流岸带/岸线侵占遥感调查 (845)
　　第六节　长江江岸变迁遥感调查 (873)
　　第七节　资源环境与产业化布局时空演化规律 (878)
　　第八节　小　结 (881)

第五篇　支撑服务国土空间规划篇

第十四章　长江经济带资源环境承载能力评价 (884)
　　第一节　评价数据与资料来源 (884)
　　第二节　资源环境承载能力评价方法 (886)
　　第三节　长江经济带资源环境承载能力评价 (898)
　　第四节　城市群资源环境承载能力评价 (934)
　　第五节　市县资源环境承载能力评价 (953)
　　第六节　小　结 (963)

第十五章　长江经济带国土空间开发利用适宜性评价 (965)
　　第一节　长江经济带沿江重大工程建设适宜性评价 (965)
　　第二节　长江经济带沿海跨海通道工程建设适宜性评价 (994)
　　第三节　长江经济带盐（岩）穴储库工程建设适宜性评价 (1010)

第六篇　支撑服务新型城镇化建设篇

第十六章　长江经济带城市群地质调查评价 (1038)
第一节　长江三角洲经济区 (1038)
第二节　苏南现代化建设示范区 (1049)
第三节　皖江经济带 (1065)
第四节　长江中游城市群 (1076)
第五节　成渝城市群 (1085)

第十七章　长江经济带重点城市地质调查评价 (1103)
第一节　成都市重点规划区 (1103)
第二节　武汉市长江新城 (1114)
第三节　安庆市重点规划区 (1122)
第四节　南京市江北新区 (1125)
第五节　宁波都市圈重点规划区 (1136)
第六节　上海市重点规划区 (1143)
第七节　金华市重点规划区 (1146)
第八节　温州市重点规划区 (1154)
第九节　南通市重点规划区 (1156)
第十节　嘉兴市和台州市重点规划区 (1162)
第十一节　杭州市重点规划区 (1164)

第十八章　长江经济带试点小城镇地质调查评价 (1166)

第七篇　成果转化应用与服务篇

第十九章　支撑服务长江经济带成果转化应用与服务 (1180)
第一节　支撑服务长江经济带发展规划和国土空间规划 (1180)
第二节　支撑服务集中连片贫困区脱贫攻坚 (1183)
第三节　支撑服务新型城镇化战略 (1190)
第四节　支撑服务重大工程规划、建设和维护 (1195)
第五节　支撑服务地质灾害防治 (1211)
第六节　支撑服务国家地下储油储气库基地建设和页岩气绿色开发战略 (1216)
第七节　支撑服务流域生态环境保护和修复 (1221)

第八篇　人才成果篇

第二十章　人才成长与团队建设 (1224)
第一节　技术培训和研讨 (1224)
第二节　科普宣传活动 (1227)

第三节　国内外学术交流 …………………………………………………………………………（1230）
　　第四节　人才团队业绩状况 ………………………………………………………………………（1234）

第二十一章　长江经济带地质环境综合调查工程信息平台建设 …………………………………（1239）
　　第一节　系统总体架构 ……………………………………………………………………………（1239）
　　第二节　系统数据库建设 …………………………………………………………………………（1239）
　　第三节　信息系统建设 ……………………………………………………………………………（1242）

第二十二章　结论和建议 …………………………………………………………………………（1258）
　　第一节　结　论 ……………………………………………………………………………………（1258）
　　第二节　存在问题和下一步工作建议 ……………………………………………………………（1268）

参考文献 …………………………………………………………………………………………………（1270）

附　录 ……………………………………………………………………………………………………（1298）
　　附录1：编制支撑服务报告和方案 ………………………………………………………………（1298）
　　附录2：应用证明 …………………………………………………………………………………（1301）
　　附录3：编制专著（含已出版）……………………………………………………………………（1304）
　　附录4：国家发明专利、实用新型专利和软件著作权 ……………………………………………（1306）
　　附录5：发表论文 …………………………………………………………………………………（1310）
　　附录6：国家五大科技平台项目和国家自然科学基金项目 ……………………………………（1330）
　　附录7：编制规范和规程 …………………………………………………………………………（1331）

第一篇
工作概况篇

本篇主要阐述了"长江经济带地质环境综合调查工程"的来源、目标任务、意义,以及工程执行过程、完成主要工作量、工作质量评述、取得主要成果及成果编制人员。

第一章 引 言

第一节 工程来源与目标任务

一、工程来源

"长江经济带地质环境综合调查工程"属于中国地质调查局"重要经济区与城市群综合地质调查计划"一级项目。工程周期为2015—2021年。工程2015年批复编号为"工批2015-03-02",2017年编号为"工程0326",2018年编号为"工程0531",2019年编号为"工程0802"。工程主管单位为中国地质调查局。工程牵头单位为中国地质调查局南京地质调查中心(一般称为南京地质调查中心)。参加单位主要有：中国地质调查局武汉地质调查中心、中国地质调查局成都地质调查中心、中国地质科学院岩溶地质研究所、中国地质科学院探矿工艺研究所、中国地质调查局水文地质环境地质调查中心、华东师范大学、南京大学、中国地质大学(武汉)、中国地质科学院郑州矿产综合利用研究所、中国地质科学院矿产综合利用研究所、中国科学院南京地理与湖泊研究所、成都理工大学、中国地质调查局国家地质实验测试中心、南京林业大学、南京农业大学、中国地质大学(北京)、中国地质科学院水文地质环境地质研究所、中国地质科学院地质力学研究所、江苏省有色金属华东地质勘查局、浙江省水文地质工程地质大队、浙江省核工业二六二大队、江西省地质矿产勘查开发局赣南地质调查大队、江西省勘察设计研究院、江苏省地质勘查技术院、苏州南智传感科技有限公司、北京超维创想信息技术有限公司、北京环球星云遥感科技有限公司、上海迈维动漫科技有限公司等，以及长江经济带11个省(市)地质调查(研究)院、环境地质总站相关单位。

二、目标任务

工程总体目标任务：围绕长江经济带绿色生态廊道打造、立体交通走廊建设、产业转型升级、新型城镇化建设和脱贫攻坚等迫切需求，在长三角经济区、皖江经济带、长江中游城市群、成渝经济区(城市群)等重要经济区或城市群，选择重点地区开展1∶5万环境地质调查，基本查明长江经济带的地质环境条件、重大科学问题和环境地质问题；全面提高重要经济区和城市群基础地质的水工环地质工作程度；构建长江经济带地质环境综合调查评价信息系统，全面提高长江经济带环境地质社会化服务能力；对比研究国外发达国家地质工作，探索构建经济发达地区或后工业化时期的地质工作模式，探索大流域地球系统科学研究经验和方法；创新工作机制，提高科技创新能力，为长江经济带国土规划、土地利用规划、城市(群)规划、重大工程和重大基础设施规划提供依据，为科学划定基本农田、城市边界和生态保护区"3条红线"，优化国土空间格局和实施新型城镇化战略提供基础支撑。

第二节　工程意义

1. 推动长江经济带发展，打造中国经济新支撑带，是党中央、国务院作出的重大战略部署，长江经济带上升为国家战略，对地质工作提出了更高要求

2013年7月21日，中共中央总书记、国家主席、中央军委主席习近平在湖北视察，指出"长江流域要加强合作，发挥内河航运作用，把全流域打造成黄金水道"。

2013年10月，国家发展和改革委员会（简称国家发改委）相关人员赴上海、湖北等地调研，听取各地对依托长江建设中国经济新支撑带的意见和建议。

2014年3月5日，国务院总理李克强在《政府工作报告》中提出"依托黄金水道，建设长江经济带"。

2014年4月25日，中共中央总书记、国家主席、中央军委主席习近平主持中共中央政治局会议，提出"推动京津冀协同发展和长江经济带发展"。

2014年4月28日，李克强总理在重庆召开11个省（市）座谈会，提出让长三角、长江中游城市群和成渝经济区3个板块产业与基础设施连接起来、要素流动起来、市场统一起来，研究依托黄金水道建设长江经济带，为中国经济持续发展提供重要支撑。

2014年6月11日，国务院总理李克强主持召开国务院常务会议，指出"长三角地区是我国经济增长的重要一级，要依托黄金水道建设长江经济带，为中国经济持续发展提供重要支撑"。

2014年9月12日，国务院正式印发《关于依托黄金水道推动长江经济带发展的指导意见》，指出长江是货运量位居全球内河第一的黄金水道，在区域发展总体格局中具有重要战略地位。

2016年3月25日，中共中央政治局审议通过《长江经济带发展规划纲要》，指出"推动长江经济带发展必须走生态优先、绿色发展之路，涉及长江的一切经济活动都要以不破坏生态环境为前提，共抓大保护，不搞大开发，共同努力把长江经济带建成生态更优美、交通更顺畅、经济更协调、市场更统一、机制更科学的黄金经济带"。

2017年10月18日，中国共产党第十九次全国代表大会报告明确提出"以共抓大保护、不搞大开发为导向推动长江经济带发展"。2017年10月3日，国务院印发《国家生态文明试验区（江西）实施方案》和《国家生态文明试验区（贵州）实施方案》，标志着我国生态文明试验区建设进入全面铺开和加速推进的阶段。

2018年4月26日，中共中央总书记、国家主席、中央军委主席习近平主持召开深入推动长江经济带发展座谈会，明确指出"推动长江经济带发展是党中央作出的重大决策，是关系国家发展全局的重大战略。新形势下推动长江经济带发展，关键是要正确把握整体推进和重点突破、生态环境保护和经济发展、总体谋划和久久为功、破除旧动能和培育新动能、自我发展和协同发展的关系，坚持新发展理念，坚持稳中求进工作总基调，坚持共抓大保护，不搞大开发，加强改革创新、战略统筹、规划引导，以长江经济带发展推动经济高质量发展"。

2018年5月16日，自然资源部规划司组织召开长江经济带国土空间规划研讨会，组织编制《长江经济带国土空间规划（2018—2035年）》，要求即时开展风险评估（资源环境承载能力评价和国土空间开发利用适宜性评价，简称"双评价"）、空间布局、国土综合整治和生态修复、水资源利用与保护、综合交通布局、政策机制研究、数据平台建设等相关工作。

2019年11月19日，国家发展和改革委员会发布《长三角生态绿色一体化发展示范区总体方案》。2019年12月1日，中共中央、国务院印发了《长江三角洲区域一体化发展规划纲要》。推进一体化示范区建设，有利于集中彰显长三角地区践行新发展理念、推动高质量发展的政策制度与方式创新，率先实现质量变革、效率变革、动力变革，更好引领长江经济带发展，对全国的高质量发展也能发挥示范引领作用。2020年8月20日，中共中央总书记、国家主席、中央军委主席习近平在合肥主持召开扎实推进长三角一体化发展座谈会，强调要深刻认识长三角区域在国家经济社会发展中的地位和作用，结合长三角一体化发展面临的新形势新要求，坚持目标导向、问题导向统一，紧扣一体化和高质量两个关键词，抓好重点工作，真抓实干，埋头苦干，推动长三角一体化发展不断取得成效。

2020年4月9日，国家发展和改革委员会印发了《长江干线过江通道布局规划(2020—2035年)》，到2035年规划布局干线过江通道276座，并提出"坚持生态优先、绿色发展，严格生态环境管控，加强生态环境保护和水资源管理，尊重河道自然规律及河流演变规律，实现过江通道建设与资源环境和谐发展。充分利用江上和水下空间，着力推进多功能过江通道建设，加强设计协同、建设同步，强化通道与其他基础设施统筹协调，做好远期预留，提高通道资源利用效率"。

2020年4月13日，国家发展和改革委员会印发《江西内陆开放型经济试验区建设总体方案》，将试验区战略定位为内陆双向高水平开放拓展区、革命老区高质量发展重要示范区和中部地区崛起重要支撑区。充分利用江西独特的区位优势，对外主动融入共建"一带一路"，创新省际合作模式，为新时代中部地区崛起提供有力支撑。

习近平总书记从2016年长江上游重庆考察、2018年湖北和湖南的长江中游考察，到2019年和2020年长江下游上海、浙江和安徽的考察，均作出重要指示，"要求共抓大保护、不搞大开发。建立硬约束，长江生态环境只能优化、不能恶化。坚持把修复长江生态环境摆在推动长江经济带发展工作的重要位置，探索出一条生态优先、绿色发展新路子"。因此，实施长江经济带战略，不仅可以驱动区域经济发展，从整个国家发展层面来看，长江经济带还与依托亚欧大陆桥的丝绸之路经济带相连接，构建了沿海、沿江、沿边全方位开放新格局。这项战略部署对于中国有效扩大内需、促进经济稳定增长、调整区域结构、实现中国经济升级具有重要意义。

事实上，其他国家也将内河作为重要的经济发展带。20世纪，密西西比河流域的发展，推动了美国的强势崛起；莱茵河流域的发展，促进了法国、德国和荷兰的长期繁荣。欧美国家始终把内河航运作为构成综合运输体系的重要部分，视为促进国家或地区开发开放的重要条件。

2. 长江经济带区域规划的编制对地质工作提出新需求，可提供基础地质资料

中央有关领导曾多次强调建设长江经济带必须创新区域政策，要编制区域规划，实施长江流域总体战略。2013年9月23日，国家发展和改革委员会同国家交通运输部在京召开了关于《依托长江建设中国经济新支撑带指导意见》(简称《指导意见》)研究起草工作动员会议。会上国家发展和改革委员会主任徐绍史指出，中国经济要保持长期稳定增长，当务之急就是要壮大能够支撑转型升级的长江经济带。《指导意见》为长江经济带区域规划的编制以及各省(市、区)规划编制指明了方向和目标。

国家发展和改革委员会对长江经济带的战略定位为：一是依托长三角城市群、长江中游城市群、成渝城市群；二是做大上海、武汉、重庆三大航运中心；三是推进长江中上游腹地开发；四是促进"两头"开发开放，即中巴经济走廊、孟中印缅经济走廊。依托这4个定位，最终可拓展中国经济发展空间，形成转型升级新支撑带。

目前自然资源部正在组织编制长江经济带国土空间规划和全国国土空间规划，或对中国未来10年、20年甚至更长时间整体区域发展的格局做一个定调。国务院还陆续批准建立长江经济带5个国家级新区——上海浦东新区(1992年10月成立)、重庆两江新区(2010年6月成立)、浙江舟山群岛新区(2011年6月成立)、四川成都天府新区(2014年10月成立)、江苏南京江北新区(2015年7月成立)，2个国家生态文明试验区(江西和贵州，2017年)，以及长三角生态绿色一体化发展示范区(2019年)、江西内陆开放型经济试验区(2020年)等。

显然，在国家和地方区域规划编制或实施过程中，作为"地质先行"的基础性、公益性和战略性地质调查工作必须作出应有的贡献。

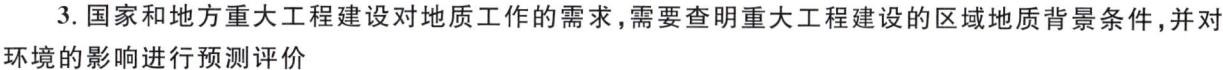

3. 国家和地方重大工程建设对地质工作的需求,需要查明重大工程建设的区域地质背景条件,并对环境的影响进行预测评价

与《依托长江建设中国经济新支撑带指导意见》同时出台的《长江经济带综合立体交通走廊规划(2014—2020年)》及近期出台的《长江干线过江通道布局规划(2020—2035年)》规划了一大批重大工程。尤其是目前城市化和城镇化过程中各城市掀起了建设地铁工程与过江隧道地下空间开发利用的工程热潮,如长江干线规划布局过江通道276座,上海市规划了33条地铁线和22条过江隧道,南京市规划了32条地铁线和28条过江通道。据查,我国目前获得国务院批准建设的地铁城市有37个,其中长江经济带占了约50%。地下地质环境条件信息获取不正确或不全面,地质体处理又不当,极易因地下地质结构不明而出现重大财产和人员伤亡事故,如上海轨道交通4号线工程事故直接经济损失1.5亿元,杭州地铁塌陷17名人员遇难、4人失踪等。因此,急需尽快查明与这些重大工程建设有关的地质背景条件并对环境影响进行预测,为重大工程建设与灾害防治等提供地质依据。

4. 长江经济带存在活动断裂、崩塌滑坡泥石流、地面沉降、水土污染、湖泊退缩等重大环境地质问题,需要通过精细的基础性、公益性和战略性综合地质调查,提出相关对策和建议,实现减灾防灾和经济可持续发展

长江经济带横跨东、中、西三大地势阶梯,地貌单元多样,地质条件复杂,活动断裂、岩溶塌陷、滑坡、崩塌、泥石流、地面沉降等地质问题突出。调查结果表明,区内主要活动断裂带94条,岩溶塌陷高易发区23.5万km²,滑坡、崩塌、泥石流灾害隐患点10.7万余处,地面沉降严重区约2万km²,此外还有石漠化、水土流失、涌浪、水土污染、湖泊退缩、岸线侵蚀、盐碱化等。这些问题均对过江通道、高速铁路、重要城市群(城市)等规划建设有重大影响,迫切需要开展相关问题的调查和研究。

因此,开展长江经济带地质环境综合调查工程,支撑服务长江经济带国土空间规划、土地利用规划、城市群(城市)规划、重大工程和重大基础设施规划,保护长江经济带生态环境和地质资源,保障城镇安全和可持续发展,具重要十分重要的现实意义和战略意义。

第三节 工作基础和存在问题

早在20世纪20年代,就有一些著名的地质专家对长江经济带的地貌、地质等进行了研究,编写了诸如《江苏地质志》《扬子江下游地质》《钱塘江下游地质之研究》《滇北之早期海西运动》等著作和论文(尹赞勋,1936;郭文魁,1942;江苏省地质矿产局,1989),由于当时工作手段和技术水平局限,没有对长江经济带研究达到比较系统和深刻的认识,但为后来的地质工作打下了较好基础。1949年以后,在国家的统一部署下,随着工农业经济建设发展的需要,特别是20世纪60年代以后,江苏、上海、浙江、安徽、湖北、四川等11个省(市)地矿部门和其他地勘单位有序地开展了长江经济带不同精度、不同比例尺的地质、构造、水文地质、工程地质及环境地质等方面的普查勘察及评价工作,积累了丰富资料。

一、区域基础地质工作

区内比较全面、系统的区域地质工作开始于20世纪70年代。1:20万图幅区域地质调查工作在全区基本覆盖;1:25万图幅区域地质调查工作在长江中下游基本覆盖,在长江上游仅覆盖四川省和西北地区;长江经济带1:5万区域地质调查完成面积约90万km²,完成图幅调查2032幅。其中,长三角经济区1:5万区域地质调查完成面积约6.9万km²,完成图幅调查184幅;长江上游1:5万区域地质调查完成面积45.3万km²,完成图幅调查992幅;皖江经济带1:5万区域地质调查完成面积约8.4万km²,

完成图幅调查 204 幅;长江中游 1∶5 万区域地质调查完成面积约 29.4 万 km²,完成图幅调查 652 幅。

二、城市地质工作

2004 年开始,国土资源部与地方政府合作开展了上海、杭州和南京 3 个城市的城市地质调查试点,同时开展城市立体地质方法技术研究及成果集成项目;近年来,又先后完成嘉兴、台州、金华、徐州、苏州、南通、丹阳等城市地质调查,目前正在开展的有宁波、成都、武汉、南昌、安庆、马鞍山、杭州(第二轮)等城市地质调查。城市地质调查成果为城市规划、建设和管理提供了新的基础资料,同时出版了城市地质调查工作指南等系列专著。

三、物探、化探、遥感工作

区内物探工作程度较高,自 20 世纪 50 年代始开展了重力、航磁、电法等区域物探工作,1∶20 万重力、1∶20 万航磁、1∶50 万航磁基本覆盖全区,并已经建立数据文件。长江中下游地区已完成 1∶5 万～1∶10 万航磁测量。直流电测深工作基本覆盖江苏、浙江两省。1∶20 万区域化探工作在山区、丘陵区已完成。在多目标区域地球化学调查中,上海市完成调查面积 0.72 万 km²,江苏省完成调查面积 10.8 万 km²,浙江省完成调查面积 4.36 万 km²。完成长三角地区遥感综合调查,在东部重要经济区带、长江流域开展了基础地质环境遥感调查与监测工作,完成了区域地质构造解译工作。

四、水文地质、工程地质和环境地质工作

20 世纪 70 年代以来,全区开展了系统水文地质调查工作,主要有 1∶20 万区域水文地质调查、1∶50 万区域水文地质调查、1∶50 万环境地质综合调查、各市(县)地下水资源调查评价,长江上游全区和皖江地区还完成了 1∶10 万地质灾害调查与区划。

此后,江苏和上海围绕中心城市、工业发展规划区带开展了 1∶2.5 万、1∶5 万、1∶10 万水工环综合勘察、农田供水水源地水文地质勘察工作,部分市(县)开展了 1∶10 万地下水资源调查评价。对上海、嘉兴等市的地面沉降进行了监测和调查研究,基本掌握了长江以南地面沉降地质灾害的发育规律和危害程度,提出了一系列防治对策措施,取得了丰富资料和成果,也得到了各级政府的高度重视。如为控制上海市地面大幅度继续下降,提出并实施了严格控制超量开采地下水和人工回灌等措施,成果具国内领先水平。一些科学方法和措施已经成为一些地方政府的政策依据。此外,各省(市)的农业、水利、环保部门、大专院校及科研单位先后进行了土壤普查、农田水利综合利用、污染源调查及地表水污染监测等大量的工作。

20 世纪 90 年代后期开展了 1∶5 万～1∶50 万各省(市)区域环境地质调查和各省(市)地下水资源评价工作,1989 年起各省(市)逐步建立起了地下水动态数据库。

近年来,长江经济带 1∶5 万水文调查完成面积约 4.44 万 km²,完成图幅调查 108 幅;1∶5 万工程地质调查完成面积约 7.31 万 km²,完成图幅调查 168 幅。

五、存在问题

长江经济带已有地质工作成果在以往社会经济建设中发挥了重要作用,但是已有地质工作程度与长江经济带发展对地质工作的需求尚有差距,存在以下问题。

1. 地质调查工作程度和精度尚有差距

长江经济带 1∶5 万区域地质调查完成 45%,重要经济区和城市群 1∶5 万水工环地质调查比例不足 5%,另外油气资源类型复杂,勘查程度较低,资源家底不清。已完成的地质调查工作程度和精度与

满足提升长江黄金水道功能、建设综合立体交通走廊、创新驱动促进产业转型升级、全面推进新型城镇化、培育全方位对外开放新优势、建设绿色生态廊道的地质需求相比尚有差距。

2. 重大地质问题的研究程度不高

对滑坡和泥石流早期识别、成灾机理认识不够,岩溶塌陷区域分布和发育规律不清,地面沉降演变趋势判断及高精度监测需进一步加强,活动断裂的精准定位和活动性、关键带演变、第四纪沉积规律、晚更新世以来长江演化与地质灾害耦合关系、重大水利工程与生态地质环境多元响应研究不足。区域大地构造、区域成矿与深部找矿规律需要深化认识,页岩气等能源矿产开发对生态地质环境的综合影响需要开展进一步科学评价。

3. 统筹部署不够,专业融合不足

区域地质、矿产地质、水工环地质调查缺乏统一综合部署,存在不同单位各自为战的现象,部分地区区域地质的基础性、先行性作用未得到充分体现。物探、化探、遥感等技术方法在区域地质、矿产地质、水工环地质调查中应用不充分。区域调查与综合研究存在明显的脱节和"两层皮"现象。

4. 资料分散,集成程度和信息化程度低

长期以来,中央和地方国土、水利、城建、农业、地震、石油公司等部门以及高校和科研院所,开展了大量区域地质、矿产地质、水工环地质及油气资源调查研究工作,形成了大量地质资料,但由于地区、部门、专业的分隔,未形成一个相对统一的资源环境信息平台,尚难对信息资料进行集成。

5. 为政府宏观决策和社会经济发展服务有一定差距

长江经济带地质资料在服务矿产资源开发、重大工程规划建设、地下水资源勘查、城市规划建设、防灾减灾等方面取得了良好成效,但大部分资料利用局限在专业层面,缺乏政府宏观决策所需的综合应用性成果。数据处理和成果服务与当前大数据、互联网、云计算等新技术融合不足,难以满足社会经济发展的需求。

第二章 工作概况

第一节 工程部署和主要工作内容

一、工程技术路线

工程按照当前政府职能转变和中央与地方合理划分事权的要求，坚持"基础性、公益性、战略性"地质工作定位，充分应用现代地学理论、勘查技术和信息技术，以需求为导向，以公益服务为主线，紧密围绕经济社会可持续发展的重大资源环境问题，瞄准当前的迫切需求，兼顾长远发展，开展地质环境综合调查，构建信息平台，增强服务功能。通过"工程—项目—子项目"设置，实行分层分级管理，统筹综合部署国家层面的基础地质、水文地质和环境地质调查工作，实现以1∶5万图幅为单元的基础水工环图幅重点区域连片覆盖和基础数据的全面更新，强化应用服务，显著提升服务国土资源管理和经济社会发展的能力与水平。

二、总体工作部署

1. 部署原则

（1）需求导向，聚焦目标。以服务经济社会发展的重大需求为导向，充分发挥地质工作在经济社会发展中的先行作用，围绕支撑找矿突破战略行动和服务国土资源中心工作，聚焦长江经济带服务国土综合开发整治，服务重要经济区和城市群可持续发展，增强地质灾害减灾防灾能力，破解重大地球科学技术难题，提升地质资料信息产品开发与服务水平等国家目标。

（2）综合部署，分片推进，突出重点。针对当前和未来长江经济带经济社会发展需求，按照分区统一规划，进行综合部署，分片集中推进。具体部署以支撑服务黄金水道功能提升、立体交通走廊建设、产业转型升级、新型城镇化建设、绿色生态廊道打造等重大任务为目标，以研究解决影响和制约长江经济带发展的重大地质问题为导向，主要部署在"4个经济区"（长三角、皖江、长江中游和成渝）、"3条发展线"（沿江、沿海和高铁沿线）和"4个重点区"（重要城镇区、重大工程区、重大问题区和重要生态区），按单元进行部署，按标准分幅实施，以图幅带专题的思路，大力推进1∶5万基础地质和水工环调查工作。

（3）分步、分专业实施，强化服务。工程总体上分4个阶段实施：第一阶段（2014—2015年）为已有项目续作、部分新开项目和工程论证阶段；第二阶段（2016—2018年）为12个新开项目阶段；第三阶段（2019—2021年）为9个新开项目阶段；第四阶段（2022—2030年）为续作和新开项目阶段。各阶段均可根据需要同时分基础地质和水工环专业实施，主动衔接地方与社会需求，注重调查成果产品设计和转化应用，构建区域地质环境综合信息服务平台，提升服务能力和水平。

（4）依靠科技，提升水平。充分依靠科技进步，加强现代对地探测技术、现代信息技术、测试分析技术、实时观测与传输技术等的应用，提高地质调查工作效率和水平。加强水工环地质重大理论和技术方法研究,深化地质环境变化过程和机理的认识。

(5)创新机制,培养人才。围绕工程总体任务目标,按照实施创新驱动发展战略的要求,建立产学研协同创新机制,推进科研与调查评价融合;合理设置项目、子项目,结合长江经济带工程进一步做实做强中国地质调查局城市环境地质研究中心、中国地质调查局岩溶塌陷防治重点实验室、金属矿产资源综合利用技术研究中心等平台建设,并筹建自然资源部城市地下空间探测与安全利用工程技术创新中心;促进队伍建设与人才培养;加强与地方的沟通衔接,发挥中央公益性水工环地质工作的引导作用,形成中央地方联动推进水工环地质工作的新机制。

2. 主要工作内容

(1)围绕重要湖泊湿地区、能源矿产开采区、重要水资源保护区、重点生态脆弱区、水利工程影响区等部署工作,基本查明相关地区的地质环境条件和存在问题,为长江经济带绿色生态廊道建设、湖泊湿地生态环境修复、地质灾害防治提供基础地质数据。

(2)围绕长江经济带交通干线重大工程重大基础设施建设,基本查明沿江、沿海和沿高铁沿线重点地区地质环境条件及存在问题,进行工程地质评价和适宜性分区,为重大工程和重大基础设施提供基础支撑。

(3)围绕长三角、长江中游、成渝、滇中、黔中等城市群或经济区部署综合地质调查,基本查明基础地质条件,基本查明示范小城镇、重要城市和城市群(经济区)3个不同层次地质环境条件和存在问题,建立重点城市地质环境监测体系与信息平台,为城市总体规划、土地利用规划、地下空间开发利用规划等提供基础地质依据。

(4)围绕长江经济带崩塌、滑坡、泥石流、岩溶塌陷、地面沉降和地裂缝等重大环境地质问题区部署综合地质调查,基本查明各种地质灾害成因机理,保障城镇和群众生命安全。

(5)创新技术方法,在资源环境承载能力评价与监测预警、大流域人类活动与地质环境效应、地球关键带研究、城市地下空间资源调查、生态环境保护与修复等方面推出一批典型地区示范成果,推进学科发展,构建中央和地方地质工作合作新机制,探索后工业化和大流域环境地质调查工作模式。

(6)推出长江经济带地质灾害防治、地球关键带综合调查等微视频,以及城市地质调查成果三维展示模型和宣传片等科普作品,向公众普及地质环境知识。

(7)构建长江经济带地质环境数据库和地质环境信息系统,为承接产业转移、优化国土布局、建立长江绿色生态走廊和实施新型城镇化战略提供基础支撑。

(8)建设中国地质调查局城市环境地质研究中心及相关部局级重点实验室,培养一批人才,打造环境地质调查创新团队。

第二节　工程执行过程和完成主要工作量

一、工程执行过程

中国地质调查局于2014年8月启动了"长江经济带地质环境综合调查工程",迄今为止,工程已经完成前两个阶段工作任务,目前正进入第三阶段工作尾声。工程第一阶段:2014年8月—2015年12月,开展工程可行性论证和对前期(2012—2015年)部署的31个项目或子项目(表2-1)进行成果总结,在此基础上进一步梳理长江经济带资源环境条件和重大地质问题,编制完成《支撑服务长江经济带发展地质调查报告(2015年)》及《长江经济带国土资源与重大地质问题图集》。工程第二阶段:2016年1月—2018年12月,设置了12个二级项目(表2-2),执行完成3年工作任务,编制《长江经济带地质调查工程报告(2015—2018年)》《长江经济带环境地质调查图集》和《支撑服务长江经济带发展地质调查实施方案(2016—2030年)》。工程第三阶段：2019年1月—2021年12月，目前在实施9个二级项目（表2-3），执行完成3年工作任务，正在编制《长江经济带地质调查工程报告(2019—2021年)》。

表2-1 2012—2015年"长江经济带地质环境综合调查工程"项目表

序号	项目(子项目)名称	起止年限	承担单位
1	江苏沿海经济区地质环境调查评价	2012—2015	江苏省地质调查研究院
2	江苏沿海经济区地质环境调查评价	2012—2015	中国地质调查局南京地质调查中心
3	浙江海洋经济发展示范区地质环境调查评价	2012—2015	浙江省地质环境监测院
4	浙江海洋经济发展示范区(嘉兴)城市群地质调查	2012—2015	浙江省地质调查院
5	江苏潮间带水工环地质综合调查	2013—2015	江苏省有色金属华东地质勘查局
6	江苏镇江丹阳市小城镇水工环地质综合调查	2014—2015	中国地质调查局南京地质调查中心
7	上海地面沉降调查	2012—2015	上海市地质调查研究院
8	苏锡常地区地面沉降调查	2012—2015	江苏省地质调查研究院
9	沿长江重大工程区地质环境综合调查(下游)	2015	中国地质调查局南京地质调查中心
10	沿长江重大工程区地质环境综合调查(下游)	2013—2015	中国地质科学院矿产资源研究所
11	苏南现代化建设示范区综合地质调查	2015	江苏省地质调查研究院
12	苏南现代化建设示范区综合地质调查	2014—2015	中国地质调查局南京地质调查中心
13	合肥-芜湖城市圈地质环境综合调查	2015	中国地质调查局南京地质调查中心
14	铜陵-马鞍山城市群地质环境综合调查	2015	中国地质调查局南京地质调查中心
15	铜陵-马鞍山城市群地质环境综合调查	2013—2015	中国地质调查局国家地质实验测试中心
16	皖江经济区岩溶塌陷调查	2013—2015	中国地质科学院
17	皖江经济区岩溶塌陷调查	2015	中国地质调查局南京地质调查中心
18	安徽1:5万矾山镇幅、牛埠幅、周潭幅、大通镇幅、贵池市幅、马衙桥幅环境地质调查	2015	中国地质调查局南京地质调查中心
19	武汉都市圈京广高铁沿线城镇群地质环境综合调查	2015	中国地质调查局武汉地质调查中心
20	武汉都市圈东南部沿江产业带地质环境综合调查	2015	湖北省地质环境总站
21	长株潭沪昆高铁沿线城镇群地质环境综合调查	2015	湖南省地质调查院
22	鄱阳湖经济区沪昆高铁沿线城镇群地质环境综合调查	2015	江西省地质调查研究院
23	九江—瑞昌地区水文地质工程地质调查	2013—2015	江西省地质环境监测总站
24	江汉平原重点地区1:5万水文地质调查	2014—2015	中国地质大学(武汉)
25	湘中地区岩溶塌陷调查	2012—2015	湖南省地质调查院
26	武汉市岩溶塌陷调查	2012—2015	中国地质环境监测院
27	沿长江重大工程区地质环境综合调查(中游)	2015	中国地质调查局武汉地质调查中心
28	武汉市岩溶塌陷调查	2015	中国地质调查局武汉地质调查中心
29	湘中地区岩溶塌陷调查	2015	中国地质调查局武汉地质调查中心
30	川南城市群环境地质调查评价	2015	中国地质调查局成都地质调查中心
31	成都城市群环境地质调查评价	2015	中国地质调查局成都地质调查中心

第一篇　工作概况篇

表2-2　2016—2018年"长江经济带地质环境综合调查工程"二级项目表

序号	项目名称	起止年限	承担单位
1	长三角南京-上海-温州城镇规划区1∶5万环境地质调查	2016—2018	中国地质调查局南京地质调查中心
2	苏南现代化建设示范区1∶5万环境地质调查	2016—2018	中国地质调查局南京地质调查中心
3	成渝经济区宜宾—万州沿江发展带1∶5万环境地质调查	2016—2018	中国地质调查局成都地质调查中心
4	丹江口水库南阳—十堰市水源区1∶5万环境地质调查	2016—2018	中国地质调查局武汉地质调查中心
5	涪江流域1∶5万环境地质调查	2016—2018	中国地质科学院探矿工艺研究所
6	汉江下游旧口—泗阳段地球关键带1∶5万环境地质调查	2016—2018	中国地质大学(武汉)
7	长江中游宜昌—荆州和武汉—黄石沿岸段1∶5万环境地质调查	2016—2018	中国地质调查局武汉地质调查中心
8	三峡地区万州—宜昌段交通走廊1∶5万环境地质调查	2016—2018	中国地质调查局武汉地质调查中心
9	皖江经济带安庆—马鞍山沿江段1∶5万环境地质调查	2016—2018	中国地质调查局南京地质调查中心
10	湘西鄂东皖北地区岩溶塌陷1∶5万环境地质调查	2016—2018	中国地质科学院岩溶地质研究所
11	川渝页岩气勘查开发区1∶5万环境地质调查	2016—2018	中国地质调查局水文地质环境地质调查中心
12	长江中游城市群咸宁—岳阳和南昌—怀化段高铁沿线1∶5万环境地质调查	2016—2018	中国地质调查局武汉地质调查中心

表2-3　2019—2021年"长江经济带地质环境综合调查工程"二级项目表

序号	项目名称	起止年限	承担单位
1	长江经济带地质资源环境综合评价	2019—2021	中国地质调查局南京地质调查中心
2	皖江城市群综合地质调查	2019—2020	中国地质调查局南京地质调查中心
3	鄱阳湖-洞庭湖-丹江口库区综合地质调查	2019—2021	中国地质调查局武汉地质调查中心
4	长江中游黄石-萍乡-德兴矿山集中区综合地质调查	2019—2021	中国地质科学院郑州矿产综合利用研究所
5	渝中湘南岩溶塌陷区综合地质调查	2019—2021	中国地质科学院岩溶地质研究所
6	四川广安资源环境综合地质调查	2019—2021	中国地质调查局成都地质调查中心
7	攀枝花矿业城市矿山地质环境调查	2018—2020	中国地质科学院矿产综合利用研究所
8	黔中城市群综合地质调查	2019—2020	中国地质调查局水文地质环境地质调查中心
9	云南安宁矿山集中区综合地质调查	2019—2021	中国地质调查局国家地质实验测试中心

二、完成实物工作量

2015—2021年工程累计完成1∶5万环境地质调查总面积107 488 km², 其中, 2015年完成1∶5万环境地质调查面积18 450 km², 2016年完成1∶5万环境地质调查面积23 672 km², 2017年完成1∶5万环境地质调查面积26 360 km², 2018年完成1∶5万环境地质调查面积16 685 km², 2019年完成1∶5万环境地质调查面积13 178 km², 2020年完成1∶5万环境地质调查面积6670 km², 2021年完成1∶5万环境地质调查面积2473 km²。2016—2021年投入实物工作量主要包括地质测量、物探、化探、遥感、钻探等工作手段(表2-4、表2-5)。

表 2-4 2016—2018 年完成主要实物工作量情况

工作手段		计量单位	设计工作量				完成工作量				完成比例/%
			2016 年	2017 年	2018 年	合计	2016 年	2017 年	2018 年	合计	
地质测量	1∶5 万环境地质调查	km²	23 672	26 360	16 685	66 717	23 672	26 360	16 685	66 717	100.00
物探	视电阻率测深	点	2910	2380	1830	7120	2 211.6	2342	2660	7 213.6	101.31
	可控音频大地电磁测深	km	1100	500	892	2492	1213	950	892	3055	122.59
	浅层地震	点	2600	2000	1850	6450	2810	4353	4020	11 183	173.38
	高密度电阻率	点	12 525	12 400	12 000	36 925	15 146	15 735	11 743	42 624	115.43
	水域浅地层剖面测量	km	40	100	—	140	50.04	122.37	—	172.41	123.15
	地质雷达	点	86 016	49 000	21 000	156 016	92 816	49 500	23 449	165 765	106.25
	综合物探	点	13 460	17 710	5520	36 690	14 618	23 062	7020	44 700	121.83
钻探	水文地质钻探	m	20 625	24 830	12 550	58 005	21 077.83	26 253.9	12 664.9	59 996.63	103.43
	工程地质钻探	m	31 030	18 937	17 085	67 052	31 651.12	19 762.54	17 850.66	69 264.32	103.30
	第四纪地质钻探	m	1820	1270	710	3800	1996	1 410.6	526.9	3 933.5	103.51

表 2-5 2019—2021 年完成主要实物工作量情况

工作手段		计量单位	设计工作量				完成工作量				完成比例/%
			2019 年	2020 年	2021 年	合计	2019 年	2020 年	2021 年	合计	
地质测量	1∶5 万环境地质调查	km²	13 080	6636	2473	22 189	13 178	6670	2473	22 321	100.59
物探	视电阻率测深	点	1140	2600	1300	5040	1194	3033	1300	5527	109.66
	可控音频大地电磁测深	km	1446	260	—	1706	1761	260	—	2021	118.46
	浅层地震	点	2300	—	—	2300	2491	—	—	2491	108.30
	高密度电阻率	点	8650	4100	1000	13 750	10 280	4652	1000	15 932	115.87
	水域浅地层剖面测量	km	—	200	—	200	—	200	—	200	100.00
	地质雷达	点	17 000	24 000	—	41 000	17 271	24 000	—	41 271	100.66
钻探	水文地质钻探	m	9450	5045	665	15 160	9450	5045	665	15 160	100.00
	工程地质钻探	m	13 150	3140	240	16 530	13 381.71	3141.49	240	16 763.2	101.41
	第四纪地质钻探	m	320	—	—	320	364.1	—	—	364.1	113.78

三、经费预算执行情况

"长江经济带地质环境综合调查工程"2016—2021 年中央合计投入经费 73 293 万元。其中，2016—2018 年经费合计 47 225 万元，分别为 16 880 万元、17 529 万元、12 816 万元（表 2-6）；2019—2021 年经费合计 26 068 万元,分别下达经费为 14 258 万元、7960 万元、3850 万元(表 2-7)。各项经费支出合理、规范。

表 2-6 2016—2018 年经费预算执行情况

序号	二级项目名称	预算安排/万元			累计支出/万元	总执行率/%
		2016 年	2017 年	2018 年		
1	长三角南京-上海-温州城镇规划区 1∶5 万环境地质调查	2800	2655	2450	7905	100
2	苏南现代化建设示范区 1∶5 万环境地质调查	1800	1705	1005	4510	100
3	成渝经济区宜宾—万州沿江发展带 1∶5 万环境地质调查	1484	1445	836	3765	100
4	丹江口水库南阳—十堰市水源区 1∶5 万环境地质调查	700	1135	1025	2860	100
5	涪江流域 1∶5 万环境地质调查	1000	855	970	2825	100
6	汉江下游旧口—泂阳段地球关键带 1∶5 万环境地质调查	700	570	513	1783	100
7	长江中游宜昌—荆州和武汉—黄石沿岸段 1∶5 万环境地质调查	588	380	1000	1968	100
8	三峡地区万州—宜昌段交通走廊 1∶5 万环境地质调查	1462	855	600	2917	100
9	皖江经济带安庆—马鞍山沿江段 1∶5 万环境地质调查	1920	2047	1800	5767	100
10	湘西鄂东皖北地区岩溶塌陷 1∶5 万环境地质调查	1700	1425	1187	4312	100
11	川渝页岩气勘查开发区 1∶5 万环境地质调查	1200	855	100	2155	100
12	长江中游城市群咸宁—岳阳和南昌—怀化段高铁沿线 1∶5 万环境地质调查	1526	3602	1330	6458	100
	合计	16 880	17 529	12 816	47 225	100

表 2-7 2019—2021 年经费预算执行情况

序号	二级项目名称	预算安排/万元			累计支出/万元
		2019 年	2020 年	2021 年	
1	长江经济带地质资源环境综合评价	3325	1470	500	5295
2	皖江城市群综合地质调查	1548	570	—	2118
3	鄱阳湖-洞庭湖-丹江口库区综合地质调查	1756	440	1000	3196
4	长江中游黄石-萍乡-德兴矿山集中区综合地质调查	1467	890	700	3057
5	渝中湘南岩溶塌陷区综合地质调查	1068	630	400	2098
6	四川广安资源环境综合地质调查	2980	2330	900	6210
7	攀枝花矿业城市矿山地质环境调查	500	750	—	1250
8	黔中城市群综合地质调查	854	350	—	1204
9	云南安宁矿山集中区综合地质调查	760	530	350	1640
	合计	14 258	7960	3850	26 068

第三节　工作质量评述

一、质量控制与管理

1. 严格执行质量管理体系

工程在实施过程中,严格执行质量管理体系,同时接受中国地质调查局的质量抽查和绩效考评。开展经常性、阶段性的质量检查工作,对年度的各项实物工作均在野外进行了100%自检和互检,各项目承担单位对项目进行了质量检查;检查中对各项原始资料进行了全面的核对,项目质量得到了有效的控制,各种记录文档齐全,原始表格符合要求。

(1)日常性质量检查:野外当日整理资料,检查野外记录内容是否齐全,野外工作手图及时准确地转绘到实际材料图,做到文、图与实物完全统一。室内资料阶段性整理时,对各类原始资料进行了检查、核对,做到了图件与实际资料的吻合;对存在问题及时予以解决,作出补课安排;及时组织项目技术人员对主要成果和问题进行讨论。原始记录、工作手图、实物资料100%自检和互检,认真填写自检和互检质量记录表,发现问题及时解决。

(2)项目承担单位质量检查:工程下属各二级项目承担单位均组织专家组对项目进行质量检查和指导,形成检查意见。项目组根据专家意见对存在的问题进行了整改,并形成相关记录。所属21个二级项目质量检查均为优秀或良好。

(3)中国地质调查局质量抽查:2017年中国地质调查局总工程师室、南京地质调查中心项目办分别组织专家对工程核心项目进行了质量抽查,检查结果评为优秀级;2018年中国地质调查局组织专家对工程核心项目进行了绩效评价试点,评价结果为优秀级(全局唯一获优秀的试点项目)。

(4)中国地质调查局考核:根据中国地质调查局的统一部署,对工程年度成果和工程首席专家均进行考核。其中,工程成果和工程首席专家在2015年、2016年全局工程考核中获得优秀,2017年、2018年、2019年、2020年考核为合格。

总之,在工程及下辖项目实施开展过程中,质量管理体制健全,每次质量检查均填写了质量检查记录卡片,并按照专家意见进行了修改。各项技术方法的质量能达到有关规范和设计书的要求,为工程的开展提供了充分的质量保障。

2. 加强委托业务组织管理

工程下辖各项目委托方式分别为公开招标、续作和竞争性谈判。其中,招标委托业务一般于每年2—4月完成招投标工作;依据《中国地质调查局关于加强地质调查项目委托业务政府采购工作的通知》[中地调函〔2016〕87号]中第四条第(七)款"续作的委托业务,依据连续性、稳定性及有利于成果集成的原则,可继续委托原受托单位承担"的规定,部分委托业务为续作;各外协子项目、专题和工作手段均按照统一要求签订合同并编写工作方案,总体于4—6月完成方案评审,每年9月由各项目承担单位组织完成质量检查,并按合同规定时间完成验收。

3. 统一技术工作要求

在工程工作开展之初,按照有关国家标准和规范、规程,结合长江经济带区域实际情况,编制了长江经济带地质环境综合调查统一技术要求,确保工作质量以及工作内容与技术方法的一致性。

4. 加强交流和培训

为提高工程和各项目业务水平和统一技术要求，每年均在南京组织召开了"长江经济带地质环境综合调查工程"年度成果交流研讨会和技术方法培训会，长江上、中、下游项目交流了成果经验；技术方法培训会聘请相关专家从重大工程建设适宜性评价方法与图件编制、第四纪地质调查方法与应用、1∶5万水文地质图与说明书编制、地质环境承载能力评价方法、地质调查新技术新方法应用、海岸带地质调查工作创新、1∶5万工程地质图与说明书编制、1∶5万环境地质调查野外验收有关要求等方面进行授课。工程所属二级项目负责人、子项目负责人与技术骨干共500余人次参加了各种培训和交流，统一了思想，提高了业务水平，反响良好。

5. 严格执行设计要求和有关规范，野外工作质量可靠

野外工作期间，无论是地面调查工作还是钻探、物探、遥感施工，均严格执行设计要求与有关国家标准和规范。在采样、钻探、物探、遥感工作的同时还对每一个取样点周围环境、地质状况进行了详细观察与描述，并有详细记录。质量检查工作始终贯穿于调查工作的全过程，对查出的问题及时进行了修改和补充。野外第一手资料准确、可靠，为室内分析研究工作奠定了良好的基础。

6. 取样方法正确，测试结果可靠

所有岩土体样品、水分析样品和第四纪样品均严格按照有关要求执行。样品测试均在有国家认证的实验室进行，保证样品的测试结果质量可靠，从而也确保了项目工作的质量。

7. 上级领导部门以及有关专家们的悉心帮助和指导

在工程执行过程中的每一个重要阶段，都得到了中国地调局、各省（市）自然资源厅和兄弟单位相关专家们的悉心指导与热情帮助。

综上所述，"长江经济带地质环境综合调查工程"质量体系运行正常，所采取的质量保障措施得力，取得的各项资料准确可靠，项目野外质量检查结果良好，满足中国地质调查局的有关质量要求。

二、野外工作质量评述

1. 野外调查施工质量控制

1）野外调查质量控制

在野外调查前，技术人员充分收集工作区的资料，并进行详细整理分析，确定调查点的内容，对调查所用的GPS、地质罗盘等进行校正，以确保调查内容的全面性、完整性以及取得数据的准确性。

2）工程地质勘探的质量控制

（1）招投标：通过招标选择有资质、质量管理体系健全、施工经验丰富的单位承担工程地质勘探工程的施工任务，以保证施工的进度和质量。

（2）技术交底：根据设计要求，在勘探工程部署时先进行现场踏勘，施工时再次对勘探工程位置进行核对。施工单位根据设计要求编制工程地质勘探工程施工组织设计。项目负责人在施工前，对全体施工人员进行了技术交底，施工过程中严格按设计要求以及施工组织设计执行。

（3）现场监督管理：项目组安排专门技术人员在施工现场监督检查，对取芯质量、取样位置、数量、原位测试、孔斜、孔深、孔径、现场编录等各个环节进行全过程监控，并做好记录，同时签字作为验收与评审的依据。

（4）单孔验收制度：在工程地质勘探工程施工满足设计要求后，由施工单位提请现场验收，项目组人

员进行现场单孔验收,保证施工质量的全过程控制。

2. 定额评价

共部署1∶5万水文地质、工程地质、灾害地质和环境地质调查标准图幅241个,涉及绝大多数二级项目,均按最新的《环境地质调查技术要求(1∶50 000)》(DD 2019—07)、《土地质量地球化学评价规范》(DZ/T 0295—2016)、《水文地质调查规范(1∶50 000)》(DZ/T 0282—2015)和《工程地质调查规范(1∶50 000)(试用稿)》等要求执行,涉及的调查图幅经专家核定均满足相应技术规范的定额要求。

3. 质量评述

调查工作严格按照相关规范、规程和技术标准执行,调查点布置、调查内容、调查技术手段和方法满足调查工作需要,所有调查记录客观、真实反映了工作区的工程地质条件,查明了工作区岩土体的类型、成因、岩性特征、厚度、空间分布规律,完成了设计的目标任务。

(1)收集各类资料质量评述:项目收集利用的基岩地质、第四纪地质资料,为以往本地区开展地质调查工作时,按照规范要求实际调查取得或通过钻探、取芯、测试等手段获取的,反映了工作区的地层时代、岩性、岩相等地质信息,资料真实、可信。项目收集的岩土工程勘察资料,均为近年来提交的符合国家规范的勘察报告,项目包含的勘探孔位置准确,岩土描述详细,测试资料齐全,完全满足本次调查工作需要。

(2)野外测绘质量评述:本次物探、化探施工过程中严格遵循《物化探工程测量规范》(DZ/T 0153—2014)和《全球定位系统实时动态测量(RTK)技术规范》(CH/T 2009—2010),所有施工的钻孔均进行了孔位复测,充分利用CORS系统进行测点放样并测量,采用的CORS系统或iRTK系统精度均在厘米级,均满足规范要求。

本次施工的槽型钻以及岩体调查位置由高精度手持GPS定位,调查表原始记录详细、齐全,附有现场照片,填制内容均进行了自检、互检,保证了调查的真实性和准确性,质量满足规范要求。

在机民井调查中,用测绳测量水位埋深,温度计测量气温、水温,卷尺测量井径、井台高,便携式仪器测试矿化度、电导率、氧化还原点位、pH等水质数据物理参数。同时,调查开采井结构、井深、成井时间、开采用途、开采量。绘制调查点位置平面图和井孔柱状图,平面位置图根据调查点周围环境现场作图,井孔柱状图根据收集的成井信息或者当地收集的钻孔资料绘制。

(3)土地质量地球化学调查完成质量评述:对野外采样布点、野外调查采样、调查资料整理、样品加工等全过程制订了系统的质量监控措施。野外工作严格执行了采样组、项目组、项目承担单位(上海市地质调查研究院)三级质量管理与检查制度。

(4)水文地质钻探完成质量评述:由于施工条件复杂且水文地质钻探进尺较深,需对施工程序、施工质量、岩芯采取率、样品采集规范性等进行跟踪检查。为了确保水文地质钻探施工质量,专题组安排技术人员进行施工现场管理,对施工的各个环节进行全程监控,并做好记录、签字等。

(5)工程钻探、波速测试、十字板剪切试验、室内土工试验质量评述:本次工程地质钻探,从孔位确定、施工、取样到现场标准贯入试验,都严格按照《岩土工程勘察规范》(GB 500021—2001)、《建筑工程地质勘探与取样技术规程》(JGJ/T 87—2012)、《城市地质调查钻探编录工作细则》和《工程地质调查规范1∶50 000(试用稿)》等国家及行业相关技术规范、标准执行。

三、资料综合整理情况

1. 收集资料整理

需要收集的资料主要包括社会环境状况类、地质环境背景类、地质资源类、环境地质问题及地质灾害类等。对所收集的资料应分析核实。

社会环境状况类：城市人口、规模、经济结构、发展规划、国民经济发展状况、城市发展历史、城市供排水状况，生活、工农业用水的供需状况，城市垃圾分布状况，地质资源开发利用的历史沿革和现状，环境监测与保护，历史文化等方面。

地质环境背景类：水文、气象、地形地貌、基础地质、矿产地质、水文地质、工程地质、环境地质、遥感、地球物理、地球化学、各类钻孔、测试、各种地下工程、地震等资料。

地质资源类：土地、矿产、水、地热、矿泉水、地质景观、地下空间资源等资料。

环境地质问题及地质灾害类：各类环境地质问题及地质灾害的发育分布特征、危害、经济损失以及防治措施和防治效果等资料。

资料收集和综合分析贯穿整个项目的全过程。根据资料的收集程度，全区相关图件的编制比例尺控制在1∶25万，重点地区的相关图件控制在1∶5万，以MapGIS软件为平台。1∶25万图件采用比例尺1∶25万地理底图，成图为不分幅的整图，采用主图、镶嵌图和说明表相结合的表示方法。各种图件参照相关规范、标准执行。重点地区1∶5万图件编制以实地调查和收集的资料为基础进行修编，采用1∶5万地理底图，成图为不分幅的整图，各种图件参照相关规范、标准执行。

2. 调查资料整理

工程所属二级项目资料总体按路线地质填图与调查、遥感解译、钻探工程、物探测量、化探测量和试验测试、数据库建设、野外工作总结进行整理。2016—2018年12个二级项目全部于2019年9月完成了成果评审，资料均已按要求整理并汇交。2019—2021年9个二级项目调查资料均在整理中。

3. 水文地质资料综合整理情况

资料综合整理是对水文地质工作中所取得的各项原始资料进行系统整理和综合研究的工作。通过这一工作，编制出必要的综合图表，提出各种研究成果，并据以编制地质报告和科研报告。资料综合整理是水文地质工作的一项经常性工作，它贯穿整个水文地质工作的始终。水文地质工作项目将资料综合整理作为一项重要工作贯穿于方案设计、野外施工、总结和报告编写的全过程。根据资料的不同，将资料综合整理分为收集资料的综合整理和项目原始资料的综合整理。

四、组织实施经验

在中国地质调查局及各承担单位各级领导的指导与大力支持下，"长江经济带地质环境综合调查工程"严格执行中国地质调查局有关地质调查项目的管理要求，坚持以需求和问题为导向，深入贯彻落实党的十九大会议精神、部"三深一土"和局科技创新战略，以"两重"工作为抓手，积极组织开展工程实施工作，现将相关工作经验总结如下。

1. 创新构建中国地质调查局与长江经济带11个省（市）自然资源部门协调联动机制，加强与地方政府需求对接，为工程和项目顺利推进实施奠定基础

工程实施初期构建了中国地质调查局与长江经济带11个省（市）自然资源部门协调联动机制，成立了长江经济带地质调查工作协调领导小组和办公室，进一步加强与地方政府需求对接，为工程和项目在需求调研、工作部署和工作推进等方面顺利开展奠定了重要基础。此外，工程、项目和子项目分别建立了工作联系群，与21个二级项目及11个省（市）自然资源有关部门建立了便捷快速的业务联系渠道，使业务组织管理到位，部局指令传达顺畅，有效推进了各项工作。

2. 充分利用中央资金引领作用,带动地方资金以1∶1或者更高比例投入,打造了可推广复制的"皖江城市群地质调查模式""宁波城市地质调查模式"和"丹阳试点小城镇地质调查模式",提高了地方政府开展地质调查工作的积极性

通过建立的局与11个省(市)自然资源部门协调联动机制,加强与地方政府对接,充分了解需求,并通过中央资金的引领,在皖江和浙江等城市群,成都、宁波、温州、金华、南通等城市和丹阳小城镇基本实现"5个共同"的地质调查工作新机制,即"共同策划、共同部署、共同出资、共同实施、共同组队",打造了可推广复制的"皖江城市群地质调查模式""宁波城市地质调查模式"和"丹阳试点小城镇地质调查模式"。其中,2016—2018年地方政府匹配相应资金4.22亿元,很多城市的地质工作纳入到地方政府工作的主流程,为城市群、城市、小城镇开展城市地质工作发挥了先导和示范作用。

3. 狠抓落实科技创新,针对长江经济带重大基础地质问题和重大环境地质问题组织开展了科技攻关,在大流域人类活动与地质环境效应、长江续接贯通与演化、光纤监测示范、生态地质环境保护与修复示范、规范编制、专利申请等方面均取得了重要进展

针对长江经济带重大基础地质问题和重大环境地质问题组织开展了大流域人类活动与地质环境效应、长江续接贯通与演化等科技攻关;组织开展了地球关键带研究示范,崩岸、地面沉降和地裂缝光纤监测示范,生态地质环境保护与修复示范,机载高光谱仪研发与探测示范;组织开展了大流域、经济区和县(市)3种尺度的资源环境承载能力评价,城市群、城市和小城镇3个层次城市地质调查,沿江跨江大桥、过江隧道和港口码头等重大工程建设适宜性评价;探索了大流域和后工业化地质调查工作新模式(图2-1),科技创新内容均取得了重要进展。此外,组织编制了1∶5万环境地质调查规范、地裂缝和地面沉降光纤监测规程、岩溶塌陷监测规范、存量低效工业用地整理复垦水土环境质量调查评价技术要求等29份规范标准,申请发明专利42项(已授权40项),申请实用新型专利42项,软件著作权50项。

4. 强调地质调查成果转化应用,特别是在支撑服务长江经济带发展规划和国土空间规划、支撑服务新型城镇化战略、支撑服务重大工程规划建设、地质灾害防治和国家地下战略储油储气库基地建设等方面服务成效显著

长江经济带上升为国家战略后,自然资源部中国地质调查局围绕长江经济带绿色生态廊道打造、立体交通走廊建设、产业转型升级、新型城镇化建设和脱贫攻坚等迫切需求,及时部署开展了"长江经济带地质环境综合调查工程"。工程实施以来,牢记使命,在支撑服务长江经济带发展规划和国土空间规划、支撑服务新型城镇化战略、支撑服务重大工程规划建设、脱贫攻坚、地质灾害防治和国家地下战略储油储气库基地建设、探索大流域地质工作模式和后工业化地质工作模式等方面均取得了重要进展,及时进行成果转化应用,编制了长江经济带、长三角、苏南现代化建设示范区、皖江经济带、长江中游城市群、成渝城市群、黔中城市群、"两湖一库"等区域支撑服务发展系列报告(86份)、图集(34册)和提案(5项),相关成果多次得到中央和省部级以上领导批示,得到各级自然资源政府部门和企事业单位广泛应用,获应用证明131份,通报表扬和感谢信60份,锦旗23件,专报、《部内要情》和《局内要情》和会议纪要54份,服务成效十分显著。

5. 重视业务培训和交流,统一技术要求,严格质量管理体系,形成一批稳定的环境地质调查评价队伍

工程实施以来每年均组织召开"长江经济带地质环境综合调查工程"技术培训和成果交流会,并在各年度召开长江经济带地质工作研讨会或大流域人类活动与地质环境效应高峰论坛等。通过会议,培训相关项目负责人、技术骨干统一思想和认识,锻炼队伍。工程严格执行中国地质调查局、南

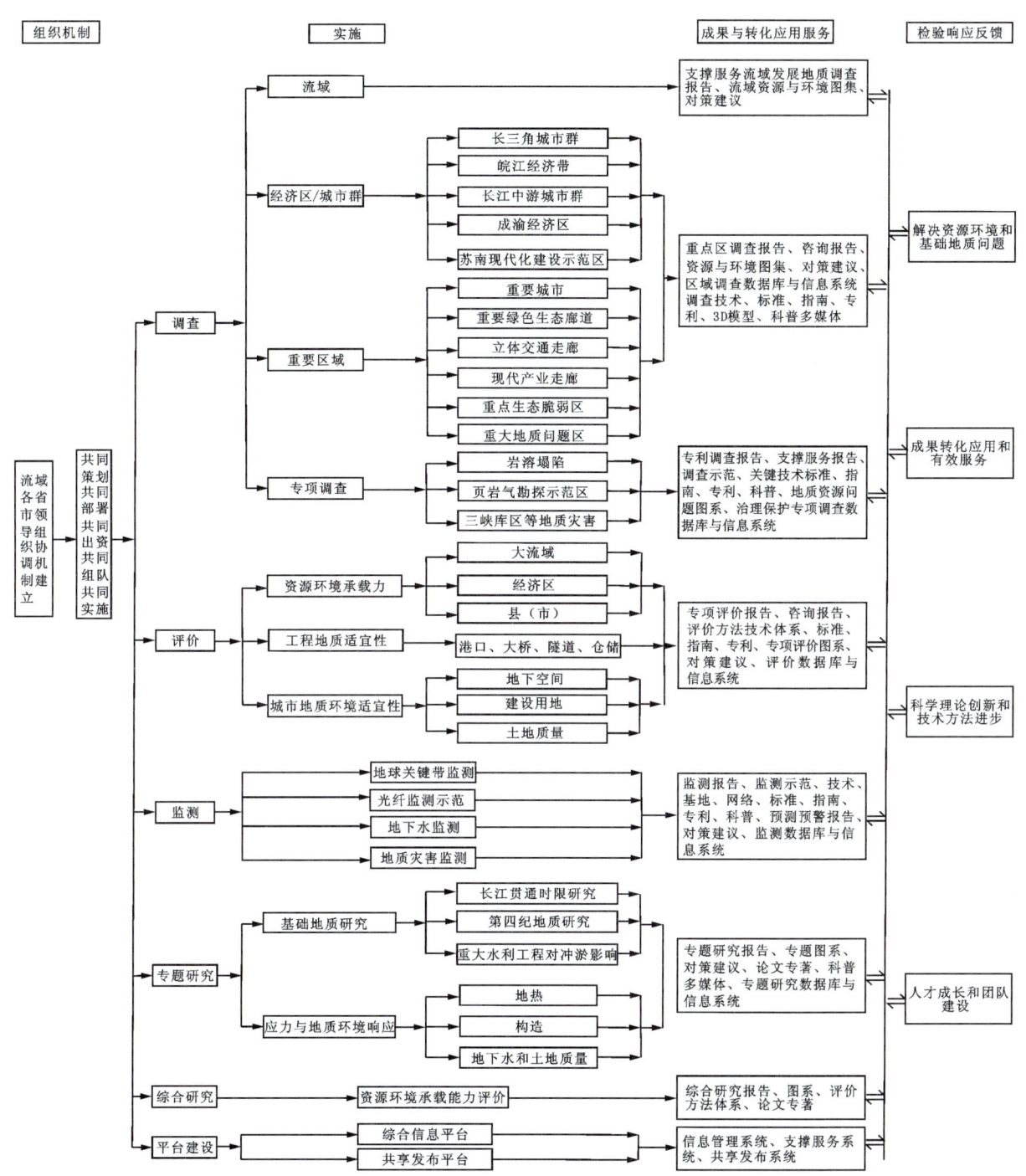

图 2-1　大流域和后工业化地质调查工作模式示意图

京地质调查中心和各项目承担单位质量管理体系，确保成果质量。工程在中国地质调查局组织的年度工程成果考核中，2 次获优秀，核心依托项目在中国地质调查局组织的绩效评估试点（中地调函〔2018〕121 号）中获评当年唯一的优秀级。人才队伍建设得到进一步加强，形成 21 支稳定的环境地质调查队伍。

第四节　主要成果与效益

本次工作在解决资源环境和基础地质问题、成果转化应用和有效服务、科学理论创新和技术方法进步、人才成长和团队建设4个方面均取得重要进展，经济和社会效益显著。

一、解决资源环境和基础地质问题

1. 编制完成1∶5万水工环地质调查241个标准图幅成果，显著提升地质调查工作程度

完成1∶5万环境地质调查面积107 488 km²，提交1∶5万水文地质、工程地质、灾害地质和环境地质调查241个标准图幅及其说明书，这些成果图件显著提升了长江经济带1∶5万环境地质、水文地质、工程地质和地质灾害调查的工作程度。提出了地下水保护、应急（后备）地下水源地开发利用和地质灾害防治等建议，为长江经济带绿色生态廊道生态环境保护、湖泊湿地生态环境修复、地质灾害防治和工程规划建设提供了基础地质数据。

2. 创新应用冲积扇成因理论和钻孔联合相剖面对比法，初步解开长江起源与演化"世纪谜题"

长江是中华民族的母亲河。长江的起源与演化，尤其是何时冲破三峡贯通长江中下游地区是地球科学界和大众关注的热点，长期存在重大争议，成为科学界一个著名的"世纪谜题"。本次研究创新应用冲积扇成因理论和300余个高精度钻孔构成的联合沉积相剖面对比法，建立了长江中下游第四纪地层多重划分对比序列，并结合长江上游夷平面和河流阶地特征分析，提出长江续接贯通时间是在距今75万年的早、中更新世之交及未贯通之前长江下游存在"古扬子江"的新认识，初步解开了长江起源与演化的"世纪谜题"。

3. 在重要城市群和城市重点规划区建立三维地质结构模型，支撑城镇空间布局和规划

基本查明长三角、苏南、江苏沿海、皖江、长株潭、长江中游和成渝7个重要经济区（城市群），以及宁波、成都、南京、安庆、上海、杭州、武汉、金华、温州、南通、丹阳等15个城市重点规划区的地质资源环境条件和重大地质问题，编制了系列报告和图集。在重要城市群和城市重点规划区建立了三维地质结构模型，提出了相关建议，为国土空间规划、城镇空间布局、积极推进新型城镇化建设提供了地质依据和科技支撑。

4. 构建了长江经济带地质资源环境综合信息管理与服务系统，支撑信息共享和"地质云"建设

采用ArcGIS、MapGIS双平台研发，构建了长江经济带地质资源环境综合信息管理与服务系统，实现工程、项目和子项目地质数据存储、管理、查询、浏览、统计与三维可视化等方面服务，为长江经济带11个省（市）自然资源部门地质环境信息共享、中国地质调查局"地质云"建设提供了支撑。

二、成果转化应用和有效服务

1. 支撑服务长江经济带发展战略和国土空间规划，成效显著

组织编制的《支撑服务长江经济带发展地质调查报告（2015年）》获张高丽副总理和时任江苏省副省长许鸣批示；编制的《长江经济带国土资源与重大地质问题图集》及时上报中央财经领导小组办公室、国土资源部、中国地质调查局，同时得到长江经济带11个省（市）自然资源和规划部门应用。编制的《支撑长江经济带国土空间规划的资源环境条件与重大问题分析报告(2018)》《长江经济带国土空间整治修复专题研究报告(2019)》和系列图件等成果为自然资源部组织编制的《长江经济带国土空间规划(2018—2035年)》提供了地质依据,获自然资源部国土空间规划局发函感谢。

2. 支撑服务赣南苏区等集中连片贫困区脱贫攻坚,取得突出业绩

组织开展了抗旱找水打井工作,直接解决赣南苏区等集中连片贫困区6万余人安全饮水问题,成果获自然资源部陆昊部长3次批示表扬。同时,在赣南兴国县和宁都县新发现15处优质偏硅酸矿泉水、2处稀有锂矿泉水;在赣南于都县和四川广安市地热水勘查取得重大突破,在于都打出一口水温45℃、日涌水量900 m^3/d 的地热井,在广安打出一口水温42℃、日涌水量10 000 m^3/d 的自流地热井,地方政府领导均第一时间赶到钻探现场表示祝贺和慰问,取得成果得到赣州市、宁都县、于都县、广安县等人民政府和水利局、自然资源局等部门应用,有效支撑服务了地方政府水产业发展,社会效益显著。

3. 支撑服务新型城镇化战略,实现地质调查成果服务融入政府管理主流程

组织编制的《推进城市地质调查工作方案》《中国城市地质调查报告》等相关成果获国土资源部姜大明部长批示。承办全国城市地质工作会议,探索形成按1∶1以上比例出资的皖江、浙江和苏南等城市群(经济区),以及宁波、杭州、温州、南通、安庆、成都等城市和丹阳小城镇3个层次中央与地方城市地质创新合作模式,近3年带动地方政府配套出资4.22亿元,推进了城市地质工作开展,实现了地质调查成果服务融入政府管理主流程。编制的《支撑服务长三角经济区发展地质调查报告(2016年)》《支撑服务成都市城市地下空间资源综合利用地质调查报告(2017)》《支撑服务长株潭城市群经济发展地质调查报告(2017年)》《支撑服务皖江经济带发展地质调查报告(2017年)》等系列成果均向社会公开发布,应用服务成效显著。此外,2019年4月18日和6月4日,中国地质调查局王昆副局长和李朋德副局长分别向浙江省自然资源厅、上海市规划与自然资源局移交了《浙江省自然资源图集》与《上海市自然资源图集》。

4. 支撑服务重大工程规划、建设和维护,为长江岸滩防护,沿岸防洪和长江大桥主桥墩维护,过江通道、跨海通道、高速铁路、高速公路和地铁线路规划选线,以及超级电子质子对撞机、机场与重要场馆选址等提供了方案和建议,成果得到及时应用,成绩斐然

(1)在潮区界变动、河槽和长江跨江大桥主桥墩冲刷、河床沉积物和阻力及微地貌变化等方面的研究成果得到水利部长江水利委员会、长江南京第四大桥有限责任公司、上海市水务局、南京市规划和自然资源局、扬中市水利局、扬中市自然资源和规划局等单位应用。2016年7月长江防洪形势严峻期间,及时向国家防汛抗旱总指挥部提供了"加强重点岸段防汛堤和桥墩安全监察和预警"建议。有关成果编制的专报被《部内要情》和《局内要情》录用。

(2)对长江经济带规划纲要中规划建设的95座过江通道地质适宜性进行了评价,并提出了过江方式建议,相应成果编写进《支撑服务长江经济带发展地质调查报告(2015年)》,同时成果在安徽省交通规划设计研究总院股份有限公司和安徽省交通控股集团有限公司等交通部门进行选址与选线中应用。

(3)针对拟建的沪汉蓉沿江高速铁路,指出南京至安庆段、武汉至万州段规划选线时,应高度关注岩溶塌陷、软土沉降等地质问题。提出长江北岸和县—无为—安庆一带地质条件良好,建议规划优先选择南京—无为—安庆线路方案;在武汉至万州段,建议规划优先选择武汉—天门—当阳—万州线路(后来铁路部门施工建设采用该线路)。

(4)通过开展长江经济带岩溶塌陷调查,为新建贵阳—南宁高速铁路以及贵州道真至务川高速公路青坪特长隧道岩溶涌水、突水、突泥风险评价提出建议,得到中铁二院工程集团有限责任公司和遵义市交通运输局应用。

(5)为支撑服务城市轨道交通等重大工程规划建设布局和地下空间开发利用,在宁波城市地质、成都城市地质及南京(江北新区)城市地质调查评价中,有针对性地分析了宁波8条、成都4条、南京江北新区4条轨道交通建设规划各线路穿越地层的情况。按照不同线站类型,进行了地下空间开发利用适宜性评价,指出轨道交通规划、施工以及运营中可能遇到的主要环境地质问题,并提出防控措施建议。成果得到宁波市轨道交通集团有限公司应用并移交成都市和南京市人民政府。

(6)为支撑服务甬舟跨海通道重大工程规划布局,开展了甬舟跨海通道适宜性评价工作。结合通道两岸开发利用现状、地形条件、工程地质条件及交通工程接驳条件等,厘定了宁波、舟山地区跨海通道设计和施工的主要影响因素及影响程度,综合评价了甬舟跨海通道拟建区地质环境适宜性等级,提出了跨海通道跨越方式(桥梁适宜)及线位选址方案。成果得到宁波市交通发展前期办公室和宁波市铁路建设指挥部应用,为甬舟跨海通道规划与建设方面的决策、部署等工作提供了重要地学依据。

(7)在浙江湖州、长兴、德清和安吉的交界处开展了"环形正负电子对撞机(CEPC)-超级质子对撞机(SPPC)"重大工程选址适宜性评价,结果认定场地满足选址要求。相关成果获浙江省科技厅关注并匹配相关资金资助。规划建设该大型重大工程的中国科学院高能物理研究所应用相关成果后专门发来感谢信,指出成果为"CEPC-SPPC项目选址设置专项课题研究,解决了关键技术和科学问题",同时也邀请调查人员参加中国科学院高能物理研究所CEPC电子对撞机促进会,交流选址成果。

(8)在江苏洋口镇地区通用机场选址和地热资源开发中,为支撑江苏沿海经济区发展,项目组结合地方政府匹配投入资金,在江苏洋口镇地区开展了活动性断裂调查。调查成果为江苏如东通用机场选址提供了技术支撑,成功规避了原先3处位于洋口镇地区活动性断裂带影响范围内的机场选址点,得到如东县地方政府认可和好评。同时指出,洋口镇地区地热资源分布受交会断裂控制,地热井的地温梯度变化呈随水井离断裂交会带的距离加大而减小现象,提出了下一步地热资源的勘查靶区和开发建议,为洋口镇地区的绿色产业建设与能源开发提供了科技支撑。

(9)在安徽安庆西高铁枢纽站规划选址中,构建了站区三维地质模型,从工程建设适宜性和地下空间资源开发难度两方面进行评价并提出工程建设建议。成果为安庆西高铁站规划区建设提供了地质支撑,得到了安庆市自然资源和规划局应用。

(10)为支撑服务乌镇世界互联网大会场馆选址,利用嘉兴城市地质调查系列成果和城市地质信息管理与服务系统,快速、有效地对乌镇世界互联网大会永久会址选址区进行了三维建模和地质条件分析,为嘉兴乌镇世界互联网大会永久会址前期选址和工程建设提供支撑。调查成果得到嘉兴市委、浙江省自然资源厅和嘉兴市自然资源局相关领导批示肯定。

5. 支撑服务地质灾害防治,成效突出

在长江万州—宜昌段航道基于滑坡涌浪风险评估和预警,为重庆市、宜昌市等的地方政府提供了箭穿洞危岩体等重大地质灾害隐患点的滑坡涌浪预测和防治地质依据,相关成果得到中国长江三峡集团有限公司的高度评价(并发函致谢)。在东南沿海台风暴雨区,开展了多起地质灾害现场调查指导与应急排查,如针对"利奇马"台风及时编制了应急调查报告并提出建议,得到浙江省自然资源厅发函致谢,并正确预报一起滑坡预警信息,避免了8人伤亡事故。在丹江口库区,基本查明崩滑流和不稳定斜坡1622处。在涪江流域,总结了典型小流域黄家坝灾损土地利用模式,有关成果得到绵阳市及遂宁市地方政府应用。在长江下游沿江崩岸段,基本查明扬中指南村等地崩岸成因机理,提出整治保护和监测建议,为长江岸带防灾减灾及崩岸整治保护等提供了支撑,相关成果得到南京市江北新区管委会、扬中市自然资源与规划局等政府部门应用。

6. 支撑服务国家地下战略储油储气库基地建设和页岩气绿色开发战略,成绩显著

调查发现,长江经济带岩盐矿产丰富,拥有23个地下大中型岩盐矿,盐穴空间资源巨大,有利于打造国家地下盐穴战略储油储气库基地建设,成果被《部内要情》和《局内要情》录用,也得到财政部经济建设司关注。通过调查评价,提出了连云港有2528km^{2}的区域适宜开发建设深部地下空间大型水封洞库能源储备库及在赣榆港区和其腹地港口工业园区规划调整的建议,成果得到时任江苏省委书记李强和省长吴政隆等批示,并为下一步深入开展勘查评价和启动深部地下空间开发利用规划编制奠定了基础。此外,通过在重庆市涪陵区和丰都县页岩气勘查开发区的调查评价,总结出页岩气勘探开发过程(勘探期、开采井施工期和运营期)可能造成地下水环境变化的18种风险途径,相关成果得到中石化重庆涪陵页岩气勘探开发有限公司、重庆市规划和自然资源局、涪陵区规划和自然资源局等单位应用,有力支撑服务页岩气绿色开发战略。

7. 支撑服务流域生态环境保护和修复,成果丰硕

(1)通过在南通如东海岸带盐碱地修复示范试点,完成盐碱地改良60亩(1亩≈666.67m^2)、海水稻稻鱼共生40亩,取得了盐碱地改良的完全成功,当年形成产品系列化和产业化,取得显著经济效益,得到南通市自然资源和规划局、拓璞康生态科技南通有限公司等单位应用,为沿海大面积存量的盐碱地改良应用推广提供了科技支撑。

(2)提出的江苏启东崇启大桥—三和港段长江岸线湿地整治修复方案,总修复面积94 852.23m^2,修复后的滩涂湿地可为周边环境保护、生态修复和生态环境保护教育提供样板。目前,该方案已经获地方政府通过,并得到启东传化滨江开发建设有限公司应用。

(3)开展了沿江镉污染场地调查与修复示范研究,研发出耐镉转基因特有植物材料1种,成功筛选出8种高效修复功能微生物,形成长江沿江土壤镉异常带植物实验室基因改良关键技术及品种储备,为下一步微生物改良剂研制和规模化修复奠定重要基础。

(4)基本查明沿江某市有机化工污染场地地质环境条件和污染物分布状况,提出需要重点对地下17~45m深且以苯、苯胺、硝基苯等有机污染组分为主的污染层位进行修复,相关建议得到了该市环保部门采纳,目前修复成效显著。

(5)在四川攀枝花钒钛磁铁矿、江西宜春钽铌矿和云南安宁磷矿开展了尾矿废石资源化利用技术研发与生态修复示范,新研发出3项关键技术,获得了高品位钛、磷和稀土等精矿,并有效减少了尾矿的排放和堆存,成果得到会理县秀水河矿业有限公司、西部(重庆)地质科技创新研究院有限公司等单位应用,经济效益显著,为长江经济带尾矿废石资源化、减量化及矿山生态环境的治理恢复提供了技术保障。

(6)编制完成的《自然资源部中国地质调查局关于把河道整治纳入〈长江保护修复攻坚战行动计划〉提案的有关情况(2019年)》得到水利部认可回复,认为其对保护和修复长江流域水生态环境具有重要意义,并可为长江经济带航道工程与护岸保滩工程、冲淤灾害防治及生态修复提供科学依据。此外,基于长江中游长江与两岸湖泊协同演化关系研究,提出"采砂扩湖、清淤改田""再造云梦泽、扩张洞庭湖和鄱阳湖"的长江中游防洪减灾建议,编制的《深挖湖泊多蓄水,科学规划可采砂》《存水入地、调蓄资源、涵养生态》等作为2020年全国两会提案获广泛关注。另外,"关于进一步加强长江河口自然资源生态保护和科学利用研究的建议"进入上海市人民代表大会提案。

三、科学理论创新和技术方法进步

1. 提出大流域人类活动与地质环境效应研究方法体系

提出长江流域重大水利工程与生态地质环境多元响应研究思路和方法体系,创新构建一套多模态传感器系统,首次应用无人船载体在长江实现干流陆上和水下一体化水动力、沉积和地貌特征的测量与数据采集,形成临水岸坡水陆一体化地形地貌测量技术规程。研究发现,长江洪季潮区界与2005年相比上移82km,枯季上移约220km,潮区界显著上移;宜昌以下干流河槽冲刷强烈,水下岸坡坡度大于20°的高陡边坡占比总边坡的22%以上;河槽沉积物粗化,河床阻力下降,侵蚀型沙波发育且尺度增大。相关监测技术被收入《中国地质调查百项技术》,调查研究成果为长江岸滩防护和修复、沿岸防洪、长江大桥主桥墩维护等提供了技术支撑。

2. 创新应用光纤技术监测地面沉降、地裂缝和长江崩岸,取得显著成效

开展了光纤监测技术与应用示范,创新应用光纤技术监测地面沉降、地裂缝和长江崩岸并取得显著成效。打破国外技术壁垒,研发了4个大类14种土体变形、水位水分场变化、岸线侵蚀等各种传感器,建立了31个光纤技术监测示范点,初步打造成长三角地面沉降、地裂缝和长江崩岸光纤监测示范基地,相关成果获2018年度国家科学技术进步奖一等奖。目前,相关技术已推广应用至江苏沿海地面沉降、西安地裂缝、徐州杨柳煤矿地面塌陷、阜阳地面沉降、山西黄土湿陷变形、英国伦敦地铁、马来西亚桩基、美国二氧化碳封存库变形监测等方面,引领了地质工程光纤监测技术发展。相关研发产品初步形成产业链,2016年以来已实现销售额8661万元,前景十分喜人。相应成果也被收入《中国地质调查百项理论》,丰富和发展了地面沉降理论。

3. 探索建立流域尺度地球关键带调查评价监测理论和方法体系

开展了流域地球关键带调查研究示范,探索建立流域尺度地球关键带调查评价监测理论和方法体系。提出地球关键带界面空间分布特征调查与界面量化指标("五面四体"),建立地球关键带界面过程监测与界面通量估算方法和平原区地质微生物填图方法,探索了地球关键带生态-水文耦合模拟过程,提出关键带演化与流域高砷地下水成因新认识,形成平原区地球关键带调查监测技术指南。相关成果被收入《中国地质调查百项理论》,建成的江汉平原地球关键带监测站,成功被纳入全球地球关键带监测网络(CZEN),成为全球已注册的48个关键带站点之一,提升了我国地球关键带研究的影响力。

4. 探索形成大流域、经济区和县(市)3种尺度资源环境承载能力和8种国土空间开发利用适宜性评价方法体系

探索建立大流域环境地质工作模式,形成大流域、经济区和县(市)3种尺度资源环境承载能力评价方法体系,对长江经济带、皖江经济带、苏南现代化建设示范区、丰都县、北川县等区域开展资源环境承载能力评价,编制了系列专题报告和图件,为长江经济带"双评价"、长江经济带国土空间整治修复研究和长江经济带国土空间规划编制提供了技术支撑。建立了8种国土空间开发利用适宜性评价方法体系,对规划建设的长江经济带95座过江通道,沪汉蓉高铁线路和长江中下游宜昌—上海段沿岸长江大桥、港口码头、仓储建设用地、跨海通道以及长江经济带盐(岩)穴战略油气储库等重大工程规划建设地质适宜性进行评价,编制了沿江港口码头、长江大桥、过江隧道等工程建设适宜性评价图,为长江经济带重大工程规划建设、开发利用与选址提供了地质支撑。

5. 自主研发机载高光谱系统,建立航空高光谱遥感综合调查技术方法

开展了机载高光谱系统技术研发与应用示范,突破了国外技术封锁,自主研发了机载高光谱系统。该系统具有快捷、高效和高分辨率特点,用国产化研发的产品替代了进口产品,降低了采购成本,推动了高光谱技术普及并实现产品转化应用。建立了航空高光谱遥感综合调查技术方法以及水土污染等光谱定量反演模型,为长江经济带土地利用、矿山环境和水土质量变化等探测提供了科技支撑。

6. 探索形成废弃矿山、滨海盐碱地、长江滨岸湿地、沿江化工污染场地和重金属污染场地5种类型生态修复示范关键技术和方法体系

开展了废弃矿山、滨海盐碱地、沿江湿地、沿江有机污染和重金属镉污染场地调查评价与生态修复示范。形成了盐碱地改良(工程改良、结构改良、生物改良和农艺改良)修复示范关键技术;研发了四川攀枝花钒钛磁铁矿、江西宜春钽铌矿尾矿废石资源化利用和云南安宁磷矿尾矿堆生态修复关键技术;研发了耐镉转基因特有植物材料1种,成功筛选出8种高效修复功能微生物,初步建立长江沿江高镉异常

带功能微生物菌库及功能基因图谱,形成长江沿江土壤镉异常带植物实验室基因改良关键技术及品种储备;提出了江苏启东崇启大桥—三和港长江岸线9万 m² 的湿地整治修复方案以及沿江某市有机化工污染场地需要修复的层位和主要有机污染组分,指导和推进了当地修复工程,为长江经济带尾矿废石资源化、减量化,盐碱地改良,湿地和污染场地修复与生态保护提供了技术支撑,相关示范案例成果已被收入中国地质调查局第一批《地质调查支撑生态保护修复案例集》(2021)。

7. 组织编制环境地质调查系列标准规范29份,推进了环境地质学科发展和科技进步

工程实施过程中,组织编制了《环境地质调查技术要求(1∶50 000)》《地面沉降和地裂缝光纤监测规程》、《1∶50 000岩溶塌陷调查规范(征求意见稿)》《岩溶地面塌陷监测规范》《岩溶地面塌陷防治工程勘查规范(试行)》,以及《钒钛磁铁矿尾矿资源综合利用调查与评价指南》《地球关键带监测技术方法指南(1∶50 000)(试行)》《存量低效工业用地整理复垦水土环境质量调查评价方法技术规程》《临水岸坡水陆一体化地形地貌测量技术规程》《基于多模态传感器系统的长江中下游河槽高陡边坡稳定性调查技术要求》《城市地下资源协同开发利用评估技术方法》《城市工业用地水土污染调查评估指南》等标准、指南29份。其中,《环境地质调查技术要求(1∶50 000)》(DD 2019—07)已由中国地质调查局发布,《岩溶地面塌陷监测规范(试行)》(T/CAGHP 075—2020)和《岩溶地面塌陷防治工程勘查规范(试行)》(T/CAGHP 076—2020)已由中国地质灾害防治工程行业协会发布,《生态地质环境调查航空高光谱遥感技术规程》(DB32/T 4123—2021)已由江苏省市场监督管理局发布成为地方标准,同时,《环境地质调查规范(1∶50 000)》《地面沉降和地裂缝光纤监测规程》《工矿废弃地土地复垦水土环境质量调查评价规范》《河湖岸线资源调查技术规范》已纳入自然资源部行业标准制编制计划,《钒钛磁铁矿尾矿资源综合利用调查与评价指南》和《钒钛磁铁矿矿物定量检测方法》获中国材料与试验团体标准委员会批准立项,《煤矿地下空间调查技术指南》《煤矿地表塌陷区监测技术指南》《煤矿地下空间开发利用适宜性评价技术指南》被江西省萍乡市市场监督管理局批准纳入地方标准修订计划。这些标准为规范与指导我国1∶5万环境地质调查工作以及重要经济区和城市群国土空间规划布局、用途管制、地质环境修复治理等提供了基础支撑,并对环境地质学科发展和科技进步有重要影响。

8. 组织申报国家发明专利、实用新型专利和软件著作权

工程实施过程中,申报国家发明专利、实用新型专利和软件著作权134项。其中,发明专利42项(已授权40项,在审2项),实用新型专利42项,获得软件著作权50项。

四、人才成长和团队建设

依托工程实施及每年召开的成果交流会和技术方法培训会,以及长江经济带地质工作研讨会、大流域人类活动与地质环境效应高峰论坛、长江经济带资源环境承载能力评价专题研讨会等,人才团队建设取得长足进步,形成了21支稳定的环境地质调查专业团队。

获国家、省部级奖励9项,获国家五大科技平台和基金项目26项,获省部级各类称号,获部级创新团队2个。具体有:国家科学技术进步奖一等奖1项(2018年度),国土资源科学技术奖一等奖1项(2018年)、二等奖1项(2018年),省级科学技术进步奖一等奖1项(2018年),中国地质调查局年度"十大地质科技进展"3项(2018年1项,2017年2项)以及中国地质调查局地质科技成果一等奖2项(2016年);获国家五大科技平台(除自然科学基金)项目7项,获国家自然科学基金重点项目1项、面上项目11项,青年基金7项;1人获"2017年全国五一巾帼标兵"称号,1人于2018年获"自然资源部科技领军人才"称号,2人于2017年获"国土资源部杰出青年科技人才"称号,1人于2016年获"中国地质调查局杰出地质人才"称号,3人于2016年获"中国地质调查局优秀地质人才"称号,1人于2018年获"中国科学院关键技术人才"称号,2人于2016年入选江苏省"333"人才培养工程第三层次;2个团队(劣质地下水成因与水质改良科技创新团队、地下水勘查与开发工程技术研究团队)于2017年、2018年先后被评为自然资源部科技创新团队。另外,相关成果获中国岩石力学与工程学会科技进步奖一等奖(2018年)、中国铁路工程总公司科学技术奖特等奖(2018年),同时相关出版专著获得第三届湖北省出版政府奖。

进一步做实做强了2个业务中心,3个重点实验室和2个局级野外基地,即中国地质调查局城市环境地质研究中心和中国地质调查局地质灾害防治技术中心,自然资源部流域生态地质过程重点实验室、中国地质调查局岩溶塌陷防治重点实验室和国土资源部地质环境监测技术重点实验室(2021年改为自然资源部地质环境监测工程技术创新中心),北川泥石流野外监测与实验基地和广州岩溶塌陷研究基地。另外,自然资源部城市地下空间探测与安全利用工程技术创新中心最终获批成立。

工程实施过程中,发表论文404篇(其中SCI共67篇,EI 44篇),出版专著18部;3年期间,28人晋升高级工程师,培养研究生100余人,为科技部"中拉青年科学家交流计划"培养秘鲁技术骨干1人;先后派出百余人次参加国际和国内各种学术交流会、培训与研讨会等;完成科普产品33项,举办科普活动45余次。

第五节　成果编制

本书是集体劳动的成果,由于项目参加人员很多,这里仅列出参加本书编写的主要人员。本书分8篇22章。

前言、第一章引言和第二章工作概况,由姜月华、周权平、倪化勇、陈立德、杨辉、李云编写。

第三章长江经济带基础地质条件,由周权平、姜月华、倪化勇、陈立德、杨强、李云、祁帆、贾克敬、刘红樱、杨辉、刘林、金阳、梅世嘉、吕劲松、张鸿等编写。

第四章长江经济带有利地质资源,由姜月华、周权平、荆继红、王贵玲、蔺文静、胡圣标、班宜忠、徐敏成、龙宝林、张生辉、成杭新、周国华、翟刚毅、包书景、王新峰、祁帆、贾克敬、刘红樱、杨国强、杨辉、刘林等编写。

第五章长江经济带重大地质问题,由姜月华、周权平、倪化勇、陈立德、程和琴、雷明堂、吴中海、葛伟亚、苏晶文、段学军、冯乃琦、董贤哲、李云、谢忠胜、王寒梅、史玉金、谭建民、彭柯、李晓芳、薛腾飞、伏永朋、孙建平、朱继良、李瑞敏、李媛、李云、史玉金、李晓、战庆、张水军、雷明、黄卫平、李少华、杨海等编写。

第六章长江经济带光纤监测技术与应用示范,由施斌、姜月华、顾凯、魏广庆、梅世嘉、周权平、朱鸿鹄、吴静红、苏晶文、卢毅、杨辉、刘林、杨国强、金阳、杨海、刘劲松、张鸿、张诚诚、刘苏平、何健辉、孙梦雅、张松、杨鹏等编写。

第七章长江经济带机载高光谱技术研发与应用示范,由修连存、余正奎、郑志忠、黄俊杰、石剑龙、黄岩、谭琨、欧德品、周权平、方彦奇、梁森、姜月华、周权平、葛伟亚、殷靓、陈春霞、黄宾、高扬、杨彬、张秋宁等编写。

第八章长江经济带流域地球关键带监测示范,由马腾、邓娅敏、梁杏、甘义群、杜尧、姜月华、周权平、顾延生、赖忠平、马瑞、李辉、郭会荣、文章、孙蓉琳、汪丙国、杨海等编写。

第九章长江续接贯通与演化研究,由姜月华、陈立德、向芳、朱锦旗、郭盛乔、苏晶文、邵长生、于军、龚绪龙、周权平、彭博、于俊杰、蒋仁、曾剑威、黄恒旭、杨坤美、由文智、喻显涛等编写。

第十章长江经济带流域重大水利工程地质环境效应,由程和琴、姜月华、周权平、吴帅虎、郑树伟、石盛玉、张家豪、陆雪骏、周丰年、徐韦、玄晓娜、胡方西、姜泽宇、颜阁、滕立志、唐明、石天、向诗月、李振旗、李彤、杨辉、刘林、杨国强、金阳、杨海、梅世嘉、刘劲松、张鸿等编写。

第十一章长江经济带重点地区生态保护与修复示范,由姜月华、周权平、程知言、刘宪光、朱志敏、冯乃琦、段学军、王晓龙、任海彦、陈煜、胡健、陈超、程蓉、杨贵芳、陈澎军、皱平波、孙立才、范晨子、张利珍、周迅、贾军元、杨辉、刘林、杨国强、金阳、杨海、齐秋菊等编写。

第十二章长江经济带湿地演化、保护修复与防洪对策,由姜月华、陈立德、杨强、周权平、杨辉、刘林、杨国强、金阳、刘广宁等编写。

第十三章长江经济带岸带土地利用、侵蚀侵占与保护对策,由周权平、薛腾飞、段学军、王晓龙、张澎彬、林波、杨天鹏、潘岑岑、郭鑫、陈子扬、杨辉、刘林、杨国强、金阳等编写。

第十四章长江经济带资源环境承载能力评价,由周迅、苏晶文、马传明、谭建民、贺小黑、刘林、彭柯、姜月华、周权平、倪化勇、陈立德、谢忠胜、宋志、邢怀学、许书刚、吴夏懿、瞿婧晶、许伟伟等编写。

第十五章长江经济带国土空间开发利用适宜性评价,由姜月华、林良俊、周权平、倪化勇、陈立德、葛伟亚、苏晶文、雷明堂、朱锦旗、龚绪龙、董贤哲、谭建民、彭柯、张水军、刘红樱、杨辉、刘林、杨国强、金阳、杨海、李云峰、邢怀学等编写。

第十六章长江经济带城市群地质调查评价,由周权平、姜月华、倪化勇、陈立德、葛伟亚、苏晶文、陈火根、于军、李晓昭、杨辉、邢怀学、董贤哲、李云、谢忠胜、史玉金、陈焕元、谭建民、彭柯、宋志、王东辉、杨强、李云峰、郭盛乔、张水军、毛汉川、刘红樱等编写。

第十七章长江经济带重点城市地质调查评价,由周权平、姜月华、倪化勇、陈立德、葛伟亚、苏晶文、张泰丽、李晓昭、杨辉、李云峰、邢怀学、董贤哲、李云、谢忠胜、王寒梅、史玉金、陈焕元、谭建民、彭柯、宋志、王东辉、杨强、李云峰、郭盛乔、张水军、董贤哲、顾明光、毛汉川、黄卫平、赵健康、张达政、刘红樱等编写。

第十八章长江经济带试点小城镇地质调查评价,由葛伟亚、陈火根、贾军元、常晓军、许书刚、邢怀学、田福金、许伟伟、李亮、雷廷、余成、周洁、张庆、李晓昭、骆祖江、陈鸿汉、梁晓红、吴夏懿、瞿婧晶等编写。

第十九章支撑服务长江经济带成果转化应用与服务,由姜月华、倪化勇、周权平、陈立德、程和琴、雷明堂、葛伟亚、马腾、施斌、朱锦旗、陈火根、龚绪龙、苏晶文、程知言、朱志敏、董贤哲、李云、史玉金、陈焕元、谭建民、伏永朋、孙建平、李明辉、刘广宁、杨强、段学军、王晓龙、肖则佑、王新峰、顾明光、张泰丽、杨辉、刘林、李云峰、揭宗根、印萍等编写。

第二十章人才成长与团队建设由周权平、姜月华、杨海等编写。

第二十一章长江经济带地质环境综合调查工程信息平台建设,由陈刚、宋国玺、周权平、姜月华等编写。

第二十二章结论和建议,由姜月华、周权平、倪化勇、陈立德编写。

第二篇
基础背景篇

  本篇在阐述了长江经济带基础地质条件的基础上，进而对长江经济带地下水、地热、耕地和矿产资源等主要有利地质资源以及存在的活动断裂与地震、崩塌、滑坡、泥石流、岩溶塌陷、地面沉降、水土污染、废弃尾矿废石等重大地质问题进行了系统梳理和总结，指出长江经济带主要有利资源的数量、质量和动态变化状况以及发展面临的重大资源环境问题，形成了与资源环境开发利用和需要关注的重大地质问题等相关的主要判断与认识，并提出了相应的对策和建议。

第三章　长江经济带基础地质条件

长江经济带覆盖上海、江苏、浙江、安徽、江西、湖北、湖南、四川、重庆、云南、贵州 11 个省（市）（图 3-1），包括长三角经济区、皖江经济带、长江中游城市群（鄱阳湖生态经济区、武汉城市群和长株潭城市群）、成渝经济区（城市群）和滇黔城市群。

图 3-1　长江经济带地理位置示意图

第一节　自然地理

一、地形地貌

长江经济带地貌上跨越我国大陆三大阶梯，地形地貌复杂多样，类型齐全。地势西高东低，可划分出东部低山平原、东南低—中山地、西南中高山地和青藏高原 4 个地貌区。从空间分布来看，长江经济带大致以十堰—邵阳一线为界,西部主要为山地地貌,东部主要为平原、台地地貌。西部大致以广元—丽江一线为界,以西主要为极高山—高山地貌,以东主要为中山地貌。东部地区大致以邵阳—南京一线为界,以南以低山地貌为主,以北以平原为主间夹台地地貌(图3-2)。

1. 东部低山平原（Ⅰ）

东部低山平原位于经济带东北部,长江下游地区,辖安徽省北部大部、浙江省北部、江苏省、上海市,属我国地貌三大阶梯格局的第三级。地貌类型以丘陵、平原、台地为主。区内地势平坦,包括鲁东低山丘陵区、华东低平原区、宁镇平原丘陵区3个亚区。

2. 东南低—中山地（Ⅱ）

东南低—中山地位于长江经济带中部、南东部,长江流域中下游地区,辖安徽省南部、浙江省南部、江西省、湖南省东部、湖北省东部,属三大阶梯格局的第三级。地貌类型以低—中海拔中、小起伏中山,低山,丘陵为主,间夹平原、盆地地貌。区内包括浙闽低中山区、淮阳低山区、长江中游平原低山区、桂湘赣中低山地区4个亚区。

3. 西南中高山地（Ⅲ）

西南中高山地位于长江经济带中西部,长江上游地区,辖湖南省西部、湖北省西部、四川省东部、云南省东部、重庆市、贵州省,属三大阶梯格局的第二级。地貌类型以中高—高海拔大—中起伏高中山、中山、盆地为主。区内包括秦岭大巴山高中山区、鄂黔滇中山区、四川低盆地区、川西南滇中中高山盆地区、滇西南高中山区5个亚区。

4. 青藏高原（Ⅳ）

青藏高原位于长江经济带西部,长江上游地区,辖四川省西部及云南省西北部,属三大阶梯格局的第一级。地貌类型以极高海拔和高海拔极大起伏、大起伏高山与高原为主,间夹山间盆地。区内地势高亢,主要由高山和极高山构成,大多数山地顶部海拔为4100~4900m,由北向南倾斜,少数山峰在6000m以上。康定南面的贡嘎山,海拔为7556m,为长江经济带最高峰,屹立于高原东部边缘;格聂山海拔6204m,位于高原西部巴塘县境内;雀儿山海拔6168m,横卧于高原西北。区内划分为横断山极大—大起伏高山、江河上游中—大起伏高山谷地2个亚区。

二、气象、水文条件和土壤类型

1. 气象条件

长江经济带气候温暖,雨量充沛,四季分明。气候上跨越亚热带季风区、热带季风区、温带、寒带与高寒区。经济带多年平均温度为-10.6~25.1℃,多年平均温度低于0℃的地区主要分布在四川西北部。长江经济带降水多集中在5—10月,占全年降水量的70%~90%,以降雨为主。年降水量空间分布由西北向东南递增,长江源区多年平均降水量为250~500mm,金沙江区间为600~900mm,川江区间为600~1400mm,以宜昌为界中下游为800~2305mm,且江南大于江北(图3-3)。

2. 水文条件

长江经济带河流和湖泊众多(图3-4),水系除了长江干流之外,还包括八大支流和六大湖泊(表3-1、表3-2),分别为雅砻江、岷江、嘉陵江、乌江、汉江、沅江、湘江、赣江,鄱阳湖、洞庭湖、太湖、洪泽湖、巢湖和滇池。长江是我国第一大河,世界第三长河,是中华民族的生命河。长江经济带多年平均

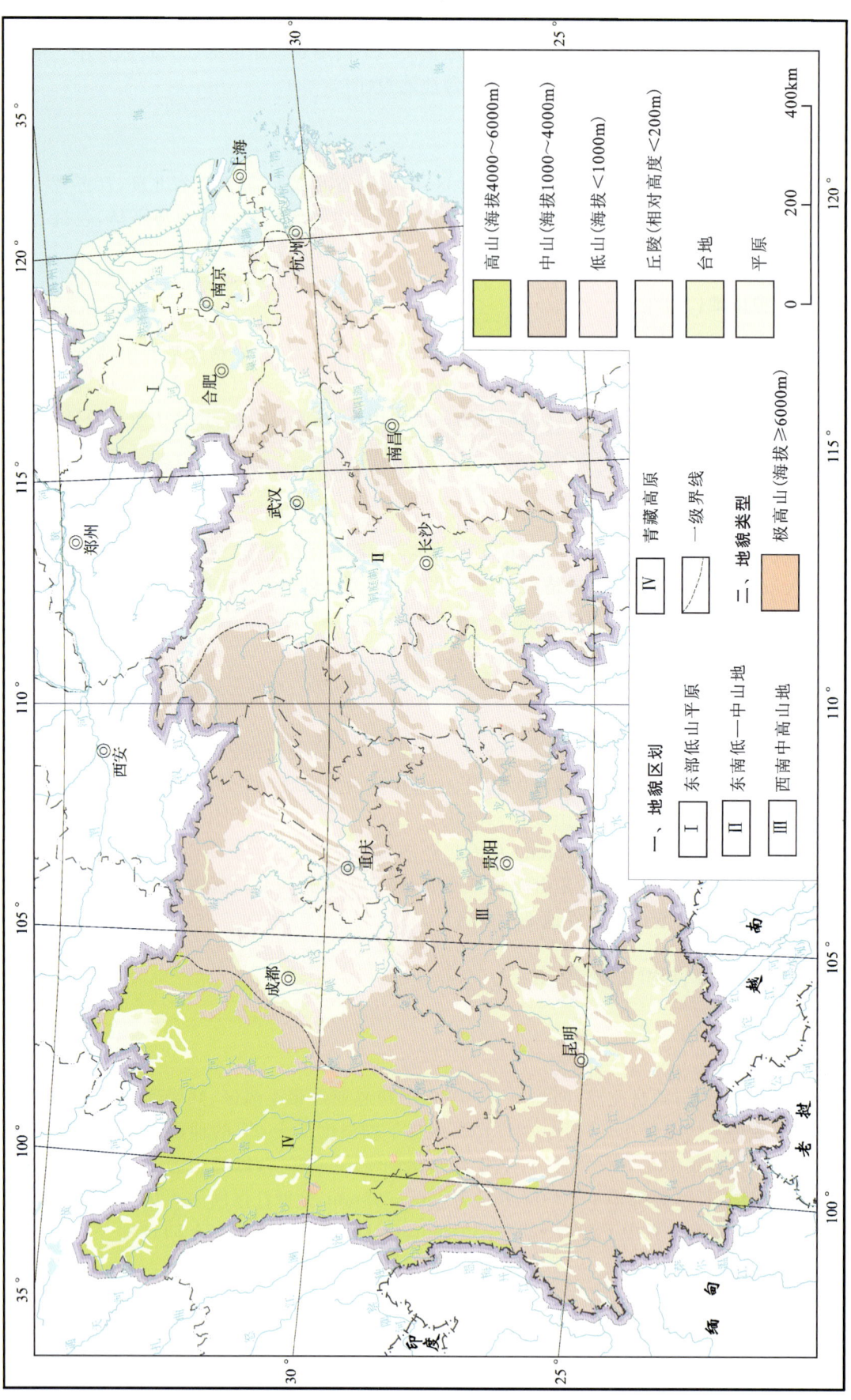

图3-2 长江经济带地貌图

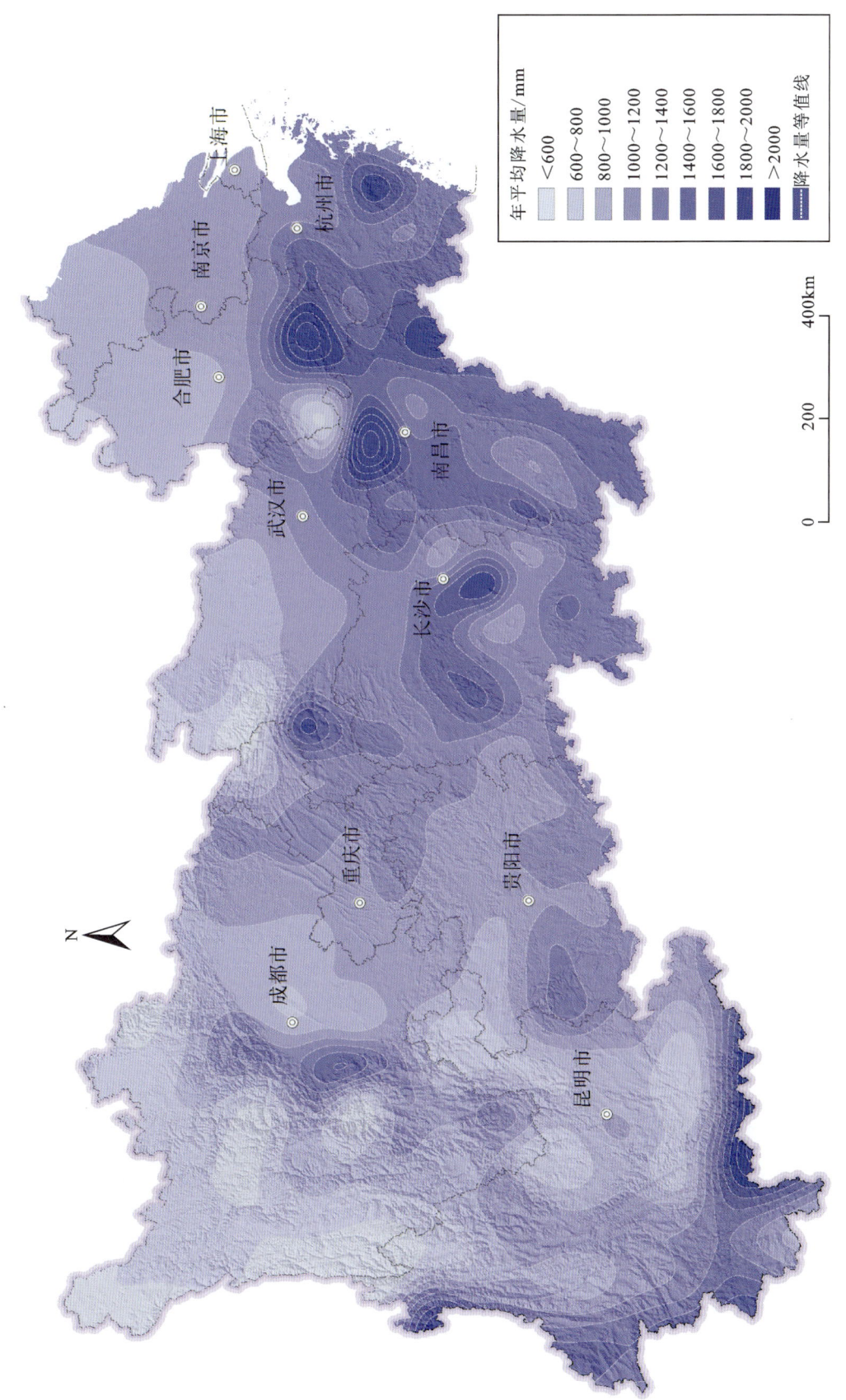

图 3-3 长江经济带多年平均降水量分布图

注：本图据国家气象科学数据中心 1971—2000 年多年平均降雨量数据编制。

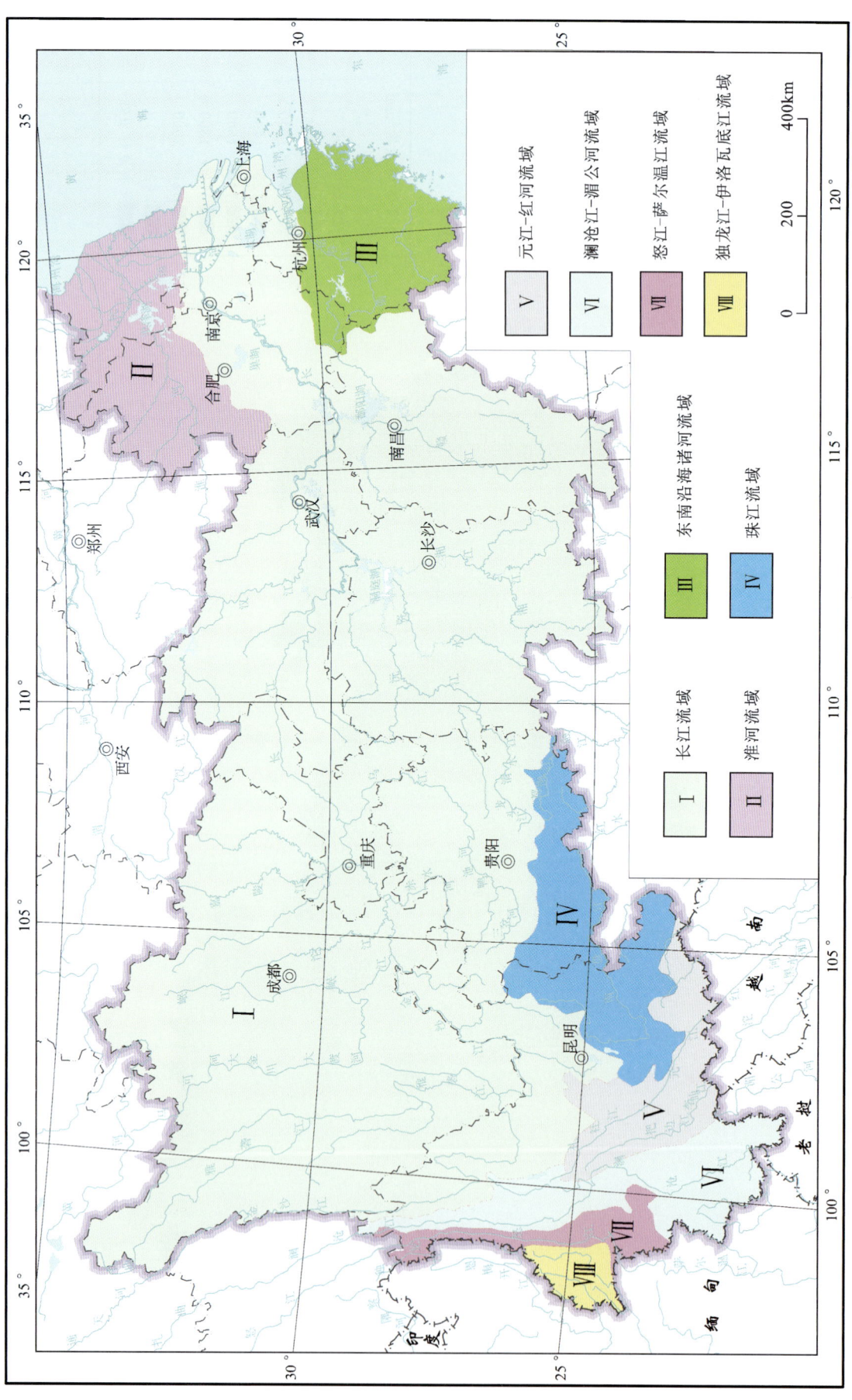

图 3-4 长江经济带流域和水系分布图

水资源量约 $1.27\times10^{12}\,m^3$,占全国总量的 44.7%。其中,地下水资源量 3434 亿 m^3,水资源开发利用强度为 16.7%,向西北、华北地区供水达 200 亿 m^3/a,是全国的战略水源地。目前,长江干线货运量约 20 亿 t,位居全球内河第一,分别为密西西比河、莱茵河的 4 倍和 10 倍,还有很大潜力。

表 3-1　长江经济带主要湖泊参数特征

湖泊名	所在省	水面面积/km²	湖面高程/m	蓄水量/亿 m³	湖水最深/m	平均深度/m
太湖	江苏省	2 420.0	3.0	48.70	4.8	1.21
鄱阳湖	江西省	3 583.0	21.0	248.90	16.0	7.70
洞庭湖	湖南省	2 740.0	33.5	178.00	30.8	6.32
洪泽湖	江苏省	2 069.0	12.5	31.27	5.5	1.36
巢湖	安徽省	820.0	10.0	36.00	5.0	2.00
滇池	云南省	297.0	1 886.0	15.70	8.0	5.29

表 3-2　长江经济带干流和主要支流特征

名称	特征
长江干流	长江干流自西而东横贯中国中部,干流流经青海、西藏、四川、云南、重庆、湖北、湖南、江西、安徽、江苏、上海 11 个省(区、市),数百条支流延伸至贵州、甘肃、陕西、河南、广西、广东、浙江、福建 8 个省(区)的部分地区,总计 19 个省级行政区。干流全长 6397km(以沱沱河为源),流域面积达 180 万 km²,年平均入海量约 9600 亿 m³
雅砻江	发源于青海省称多县巴颜喀拉山南麓,自西北向东南流经尼达坎多后进入四川省,至两河口以下大抵由北向南流,于攀枝花市雅江桥下注入金沙江。全长 1571km,四川省内长 1357km,流域面积为 13.6 万 km²。雅砻江径流的一半由降水形成,其余为地下水和融雪(冰)补给,径流年际变化不大,丰沛而稳定。河口多年平均流量为 1890m³/s,年均径流量为 596 亿 m³
岷江	全流域均在四川省内,发源于岷山南麓,流经松潘、汶川等县到都江堰市出峡,分内、外两江到江口复合,经乐山接纳大渡河和青衣江,到宜宾汇入长江。全长 1279km,流域面积为 13.35 万 km²。水量丰富,年均径流量为 900 多亿立方米,为黄河的两倍多。水力资源蕴藏量占长江水系的 1/5。岷江在四川省宜宾市注入长江
嘉陵江	长江上游支流,因流经陕西凤县东北嘉陵谷而得名。干流流经陕西省、甘肃省、四川省、重庆市,在重庆市朝天门汇入长江。全长 1120km,流域面积为 16 万 km²,是长江支流中流域面积最大、长度仅次于汉江、流量仅次于岷江的大河。多年平均流量为 2100m³/s,年均径流量为 662 亿 m³
乌江	发源于贵州省内威宁县香炉山花鱼洞,流经黔北及川东南,在重庆市涪陵区注入长江。全长 1037km,流域面积为 8.79 万 km²。思南以下为下游,水系较大的二级支流有六冲河、猫跳河、清水江、湘江、洪渡河、芙蓉江、唐岩河等 15 条,天然落差为 2 123.5m,多年平均流量为 1650m³/s。流域内年均径流深为 600mm,但年内分配不均,汛期 5—9 月的径流量占年径流量的 80%
汉江	汉江发源于陕西宁强县秦岭南麓,东南流经陕西省南部、湖北省西北部和中部,在武汉市注入长江。河源至湖北省丹江口以上为上游,长约 925km,属盆地峡谷相间河段;丹江口至钟祥为中游,长约 270km,为丘陵和河谷盆地;钟祥至汉口为下游,长约 382km,流经江汉平原,河道逐步缩小。汉江长 1577km,流域面积为 15.9 万 km²,年均径流量为 245 亿 m³

续表 3-2

名称	特征
沅江	流经贵州省、湖南省,属于洞庭湖水系,支流还流经重庆市、湖北省,是湖南省的第二大河流。全长 1033km(湖南省内长 568km),流域面积为 8.9163 万 km², 其中湖南省内的流域面积为 5.1066 万 km², 多年年均径流量为 393.3 亿 m³
湘江	东以湘赣边境幕阜山脉-罗霄山脉与鄱阳湖水系分界,南自江华以湘江、珠江为分水岭与广西相接,西隔衡山山脉与资水毗邻,北接洞庭。以潇水为源,全长 948km,流域面积为 94721km², 多年平均流量为 2050m³/s
赣江	鄱阳湖流域第一大河,流域范围涉及赣州、吉安、萍乡、宜春、新余等市所辖的 44 个县(市、区),以万安县、新干县为界,分为上游、中游、下游 3 段,包括贡水在内全长 1200km。赣江水系二级支流众多,河长大于 30km 的河流有 125 条,集水面积大于 10km² 的河流有 2000 余条,集水面积大于 1000km² 的河流有 19 条。赣江流域气候温和,降水充足,年均降水量为 1400~1800mm, 流域面积为 8.35 万 km², 年均径流量为 687 亿 m³

长江经济带主体部分属于长江流域,除此之外在西南部和东部地区还包含有 7 个小流域,分别为澜沧江-湄公河流域、怒江-萨尔温江流域、元江-红河流域、独龙江-伊洛瓦底江流域、珠江流域、淮河流域和东南沿海诸河流域。

3. 土壤类型

长江经济带土壤按土类划分为水稻土、红壤、紫色土、黄壤、潮土、粗骨土、石灰土、棕壤、黄棕壤、滨海盐土、砖红壤、赤红壤、燥红土、砂姜黑土、火山灰土、黄褐土、褐土、冷漠土、棕漠土、寒冻土、泥炭土、硫酸盐盐土 22 种,分布最广的土类为水稻土、红壤、紫色土、黄壤等(图 3-5)。水稻土主要分布于成都平原、长江中下游平原、滨海平原,山间谷地及缓坡地段也有分布;红壤主要分布于长江南岸的丘陵山区;紫色土分布于四川、重庆、云南地区的丘陵阶地上;黄壤主要分布于贵州、四川、江西、浙江等省山区。长江经济带土壤成土母质类型多样,为其多类型土壤资源的形成奠定了基础,也为全区土地资源的利用创造了条件。

三、生态、地质遗迹和人文历史

长江经济带地势西高东低,呈三级阶梯状分布,山水林田湖草浑然一体,是我国重要的生态宝库和生态安全屏障区,具有重要的水土保持、洪水调蓄和环境净化功能。长江经济带具有高原、山地、丘陵、盆地、河谷等各种地貌,气候多种多样,具有丰富的生物多样性,森林覆盖率达 42%。鄱阳湖、洞庭湖等湖泊湿地面积约占全国总数的 20%,物种资源丰富,珍稀濒危植物约占全国总数的 40%,是我国珍稀濒危野生动植物集中分布区域,共设立自然保护区、风景名胜区等自然保护地 3065 处。长江经济带林地、草地、湿地、湖泊等广泛分布,生态用地约 133 万 km²,占全国生态用地总面积的 18%,主要集中在川西高原、云贵高原、湖南、湖北、江西等地,是长江经济带重要的生态屏障。林地、河流、湖泊、湿地等面积达到 18.6 万 km², 占全国总量的 74.7%。

长江经济带目前拥有地质遗迹资源 2941 处,占全国总数的 46.8%,集中分布在云南、四川、湖南、贵州、湖北等地,其中世界级地质遗迹 96 处,国家级地质遗迹 813 处。此外,长江经济带有自然和文化世界遗产地(保护区)22 处(占全国总数的 42%),国家级自然保护区 140 处,国家级地质公园 102 处,国家级矿山公园 34 处,国家级森林公园 256 处,国家级风景名胜区 142 处,国家级湿地公园 344 处,共计1040 处;保护区域面积达 26.2 万 km², 占长江经济带面积的 12.8%。

长江经济带是中华民族的重要发源地之一,历史文化景观资源丰富。长江经济带古文化遗址发育,著名的有龙骨坡遗址、元谋遗址、河姆渡遗址、龙虬庄遗址、三星堆遗址、良渚遗址等。其中,龙骨坡遗址发现中国境内最早的距今 200 万年的"巫山人"人类化石及"有清楚的人工打击痕迹"石器,是迄今为止

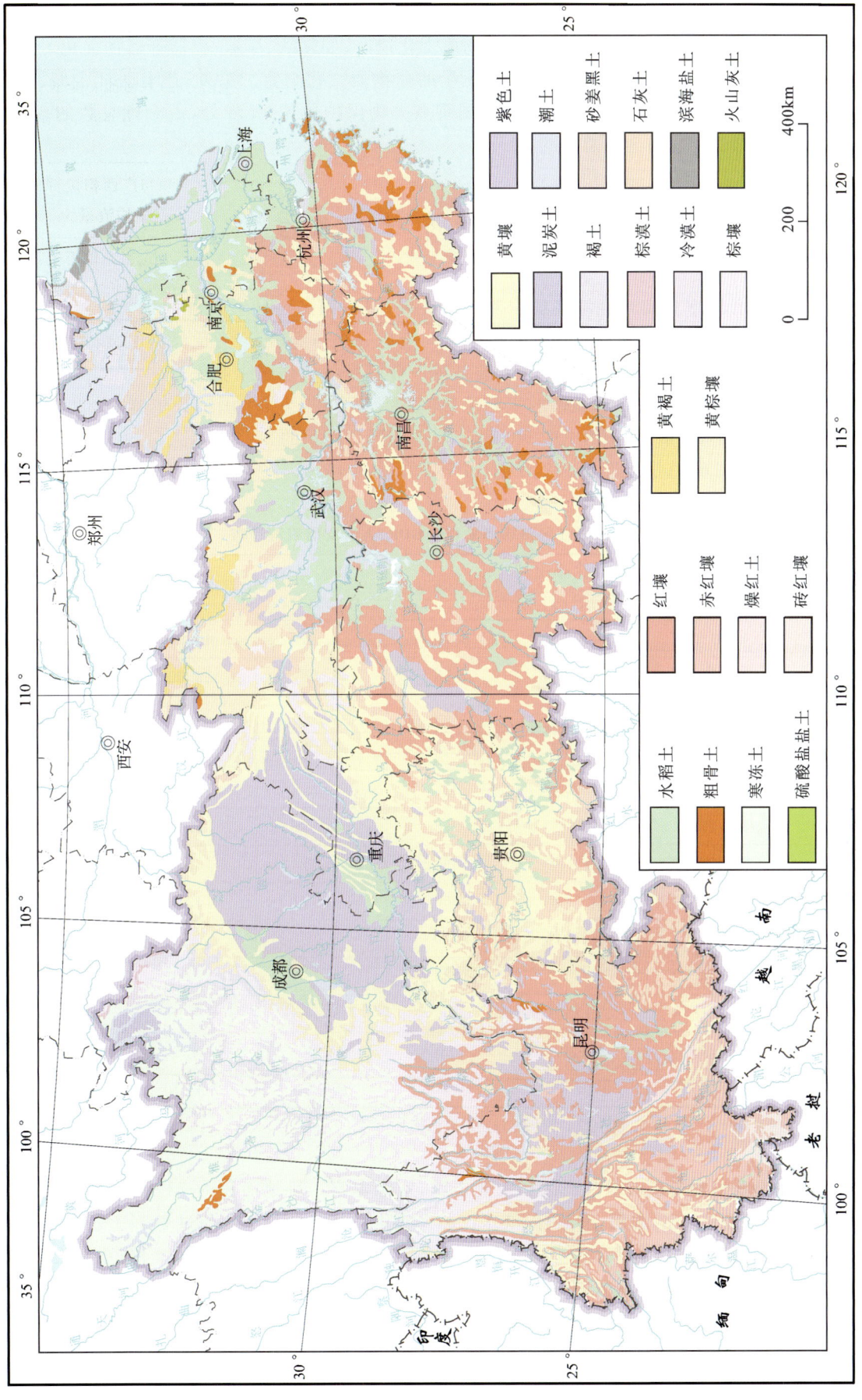

图3-5 长江经济带土壤类型分布图(据高以信等,1998,于东升和史学正,2007修改)

所发现的中国人最早的祖先遗址。祖先生存繁衍留下了源远流长的长江文化,包括藏羌、巴蜀、荆楚、吴越等地域文化,汉、藏、彝、苗等民族文化,众多非物质文化遗产,如刺绣、漆器、瓷器等器物文化,川剧、黄梅戏、越剧、沪剧及数不清的民间手工艺,以及无尽的非物质文化财富。另外,还有丽江古城、周庄古镇等大量独具各地特色的名城名镇名村,拥有全国重点文物保护单位1428处,占全国总数的33.3%;国家级历史文化名城53个,占全国总数的43%。

第二节 经济社会发展

长江经济带在我国率先实现经济高质量和转型发展,是我国经济社会发展的重要引领地区,长三角、长江中游和成渝三大城市群及其核心城市较早参与全球分工与竞争,产业优势突出,新型平板显示、集成电路、先进轨道交通装备、船舶和海洋工程装备等产业已具备较强国际竞争力。

长江经济带是我国经济、人口和城镇的主要承载区域。据2020年《中国统计年鉴》中2019年统计数据,长江经济带11个省(市)面积为204.89万 km^2,占全国总面积的21.33%;人口约6.02亿,占全国总人口数量的43%;GDP总量接近45.78万亿,占全国总量的46.02%(表3-3,图3-6～图3-8)。

表3-3 长江经济带各省(市)GDP、人口及面积统计表

省(区、市)/地区	GDP/亿元	GDP占全国百分比/%	人口/万人	人口占全国百分比/%	面积/万 km^2	面积占全国百分比/%
四川	46 615.82	4.70	8375	5.98	48.50	5.05
云南	23 223.75	2.34	4858	3.47	39.00	4.06
重庆	23 605.77	2.38	3124	2.23	8.24	0.86
贵州	16 769.34	1.69	3623	2.59	17.62	1.83
湖北	45 828.31	4.63	5927	4.23	18.59	1.94
湖南	39 752.12	4.01	6918	4.94	21.18	2.20
江西	24 757.50	2.50	4666	3.33	16.69	1.74
安徽	37 113.98	3.75	6366	4.55	14.00	1.46
江苏	99 631.52	10.06	8070	5.77	10.26	1.07
上海	38 155.32	3.85	2428	1.73	0.63	0.07
浙江	62 351.74	6.29	5850	4.18	10.18	1.06
长江经济带总计	457 805.17	46.20	60 205	43.00	204.89	21.33
全国	990 865.1	100.00	140 005	100.00	960.40	100.00

注:资料来源于国家统计局2020年数据,且统计面积不包括海域面积。

长江经济带是我国重要的农业主产区和工业走廊,资源丰富。耕地面积约72万 km^2,占全国近一半,粮食总产量占比超过1/3,水稻、油菜籽、淡水产品等重点农产品产量占比超过50%。长江经济带矿产资源丰富,拥有国家级重点成矿带8个;保有储量占全国50%以上的矿种多达30种;重稀土储量大,居世界前列;发现世界上资源量最大的朱溪钨铜矿,亚洲最大的甲基卡能源金属锂矿,亚洲第一、世界第二的沙坪沟钼矿;页岩气可采资源量占全国总量的62%。页岩气、地热、水电等清洁能源开发利用前景好,锂、重稀土、钒钛、钨等战略新兴矿产资源储量大,有利于支撑新兴产业发展。

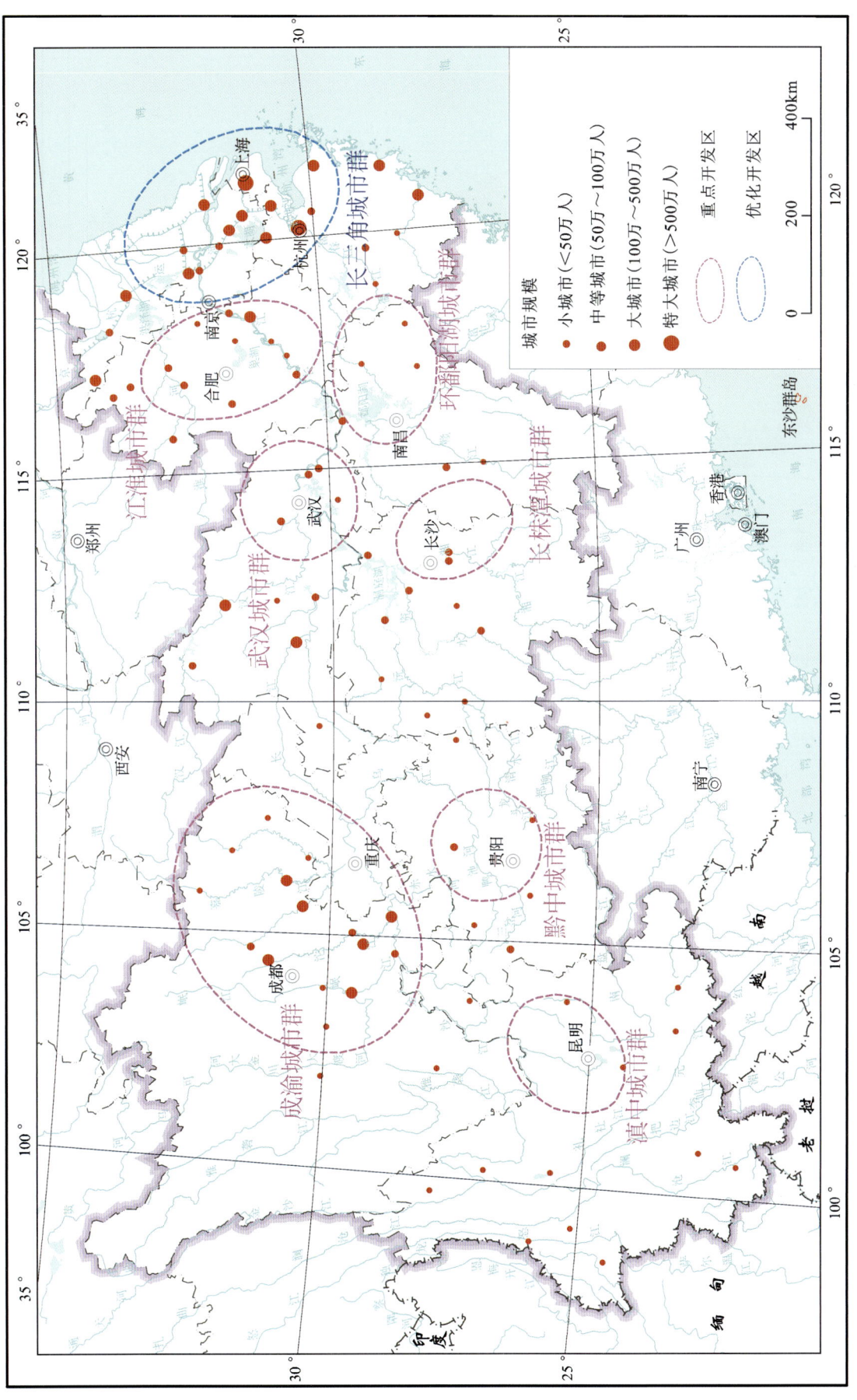

图 3-6　长江经济带城镇化地区分布图

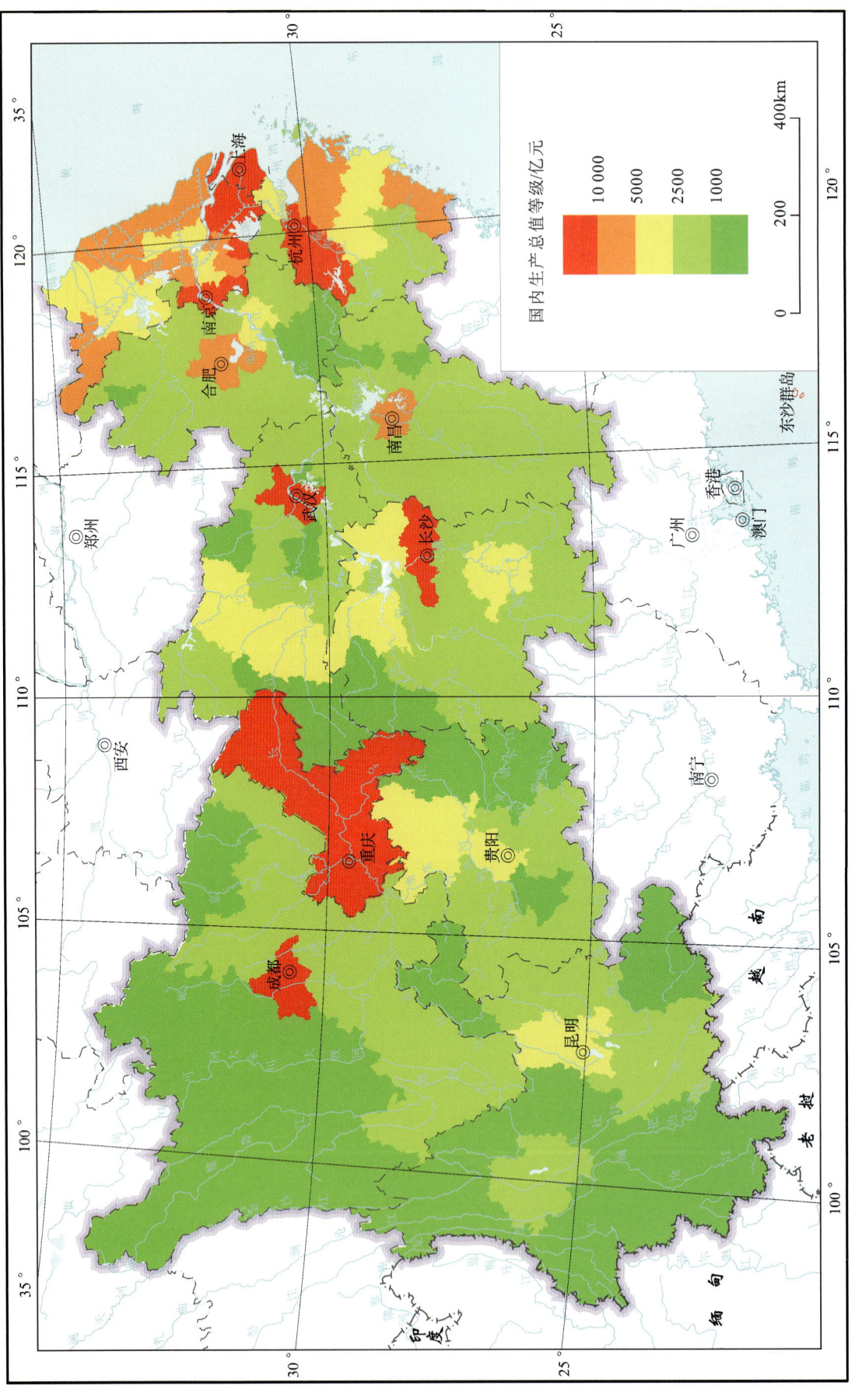

图 3-7 长江经济带国内生产总值分布图

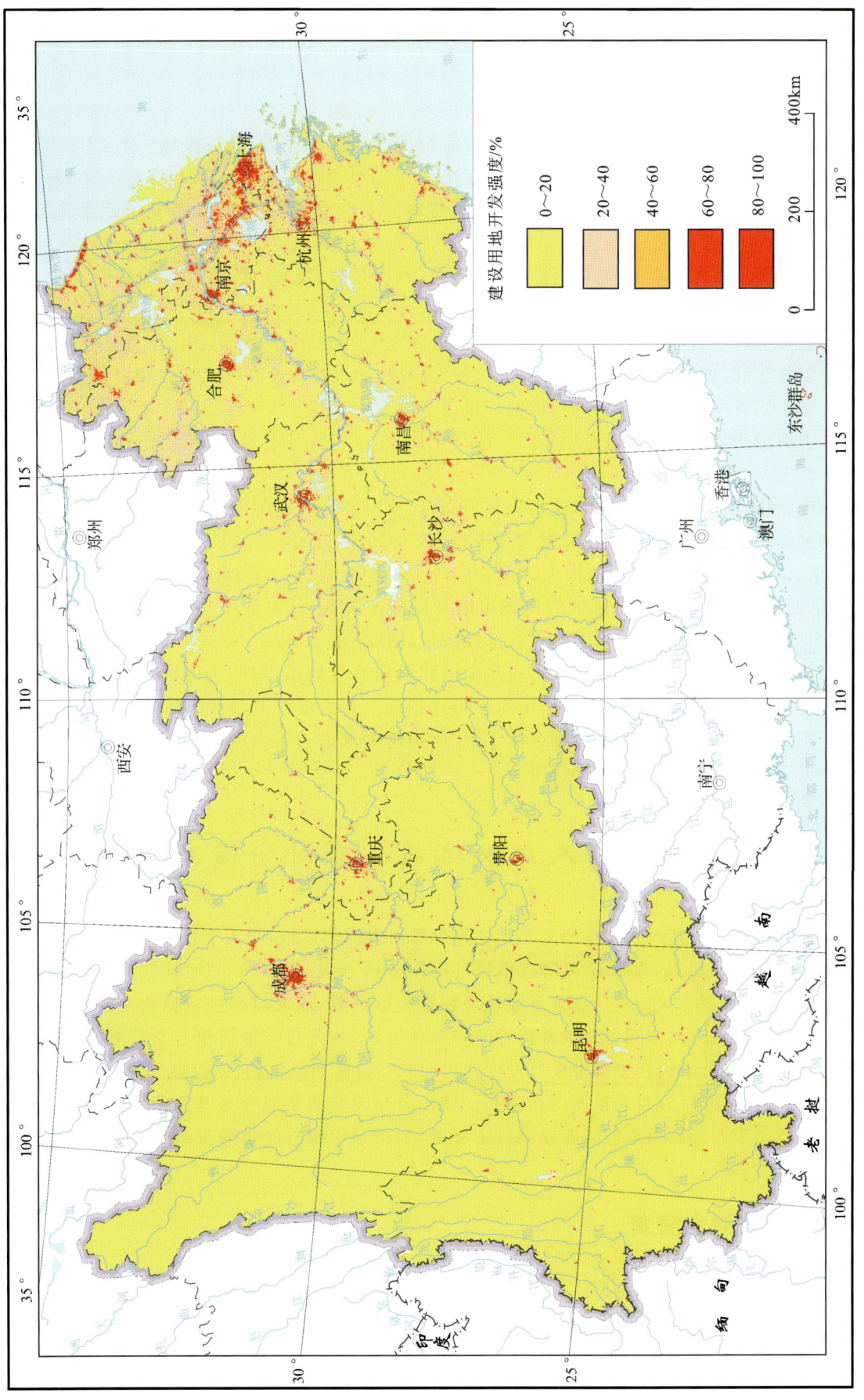

图 3-8 长江经济带建设用地开发强度图

长江经济带电子信息、装备制造、有色金属、纺织服装等产业规模占全国比重均超过50%。长江经济带集中了全国1/3的高等院校和科研机构，拥有全国一半左右的两院院士和大量的科技人员，区域创新引领示范作用显著。

长江经济带具有得天独厚的综合优势，具体有以下几个方面。

一是交通便捷，具有明显区位优势。长江经济带横贯我国腹心地带，经济腹地广阔，不仅把东、中、西三地连接起来，而且还与京沪、京九、皖赣、焦柳等南北铁路干线交汇，承东启西，接南济北，通江达海。长江是我国第一大河，它自西向东横贯我国中部，战略地位十分重要。目前，长江干线货运量位居全球内河第一，分别为密西西比河、莱茵河的4倍和10倍，还有很大潜力。

二是资源优势。首先是具有极其丰沛的淡水资源，其次是拥有储量大、种类多的矿产资源，此外还拥有闻名遐迩的众多旅游资源和丰富的农业生物资源，开发潜力巨大。

三是产业优势。这里历来是我国最重要的工业走廊之一，我国钢铁、汽车、电子、石化等现代工业的精华大部分汇集于此，集中了一大批高耗能、大运量、高科技的工业行业和特大型企业。此外，大农业的基础地位也居全国首位，沿江省(市)的粮棉油产量占全国40%以上。

四是人力资源优势。长江流域是中华民族的文化摇篮之一，人才荟萃，科教事业发达，技术与管理先进。

五是城市密集，市场广阔。经济带城市化水平高，比全国平均水平高21个百分点，城市密度为全国平均密度的2倍。从长江经济带国土开发强度来看，从1996年的5.2%增长至2017年的7.3%，是全国的1.75倍，下游、中游和上游地区国土开发强度分别平均达到16.5%、8.3%和3.9%，呈现东部较高、西部较低的趋势。长江三角洲区域的建设用地开发强度最高，开发强度与城市建设具有较高一致性，以各省主要城市为核心的开发区散布在长江经济带(图3-8)。

长江经济带是我国最发达的地区之一，也是全国除沿海开放地区以外，经济密度最大的经济地带，它对我国经济发展的战略意义是其他经济带所无可比拟的。与沿海和其他经济带相比，长江经济带拥有我国最广阔的腹地和发展空间，是我国今后15年内经济增长潜力最大的地区，应该能成为世界上可开发规模最大、影响范围最广的内河经济带。

第三节 人口和城镇分布时空演变

人口空间分布格局及其时空演变研究是人文地理学研究的热点，也是人文地理学研究的核心内容。本书以长江经济带为研究区，基于地理信息系统的空间分析方法，以中国6期(1935年、1964年、1982年、1990年、2000年和2010年)人口普查县级统计数据为数据源，以人口密度数据为主要指标，采用空间插值、人口经济重心迁移、空间自相关分析等空间分析方法，从人口与经济重心空间耦合及其空间一致性两个角度出发，分析了长江经济带人口密度变化的时空特征和变化趋势，挖掘和展示隐藏在人口数据背后的信息，揭示了人口分布现象的内在联系。城镇分布时空演变研究是基于多源遥感数据。研究成果可为解决我国东西部协调发展问题提供科学参考，为指导中国的经济布局、民政建设、交通发展和环境管理提供科学参考。

一、人口分布时空演变

据全国第六次人口普查数据和《中国县域统计年鉴(2011)》，1952—2010年中国人口分布依然呈现出"西部稀疏、东部密集"的态势，且在空间分布上，人口增长率比较明显的区域主要集中在中部和东南部(图3-9)。受自然地理要素和社会经济活动的人口约束性要素的影响，我国人口主要分布在三大阶梯中自然地理条件相对温和、经济相对发达的第一阶梯，如华北平原、长江中下游平原、珠江三角洲和沿海地区。人口集聚呈现以平原地区为依托,"沿海、沿江、沿线"高度集聚,且增长速度要明显高于西部地区,即自然地理条件复杂、社会经济发展相对落后的第二和第三阶梯。从 34 个省(区、市)来看,河南、山东、江苏、广东和四川 5 个省本身人口基数大,均位于胡焕庸线以东地区,且人口增长率要明显高于全国其他省份,加之长江中下游各省份人口增长率也相对较高,因而中国人口分布的非均衡性现象日益突出。若这种态势长期、持续地发展,将严重超过联合国规定的承载极限标准,且不利于我国社会经济的可持续发展。

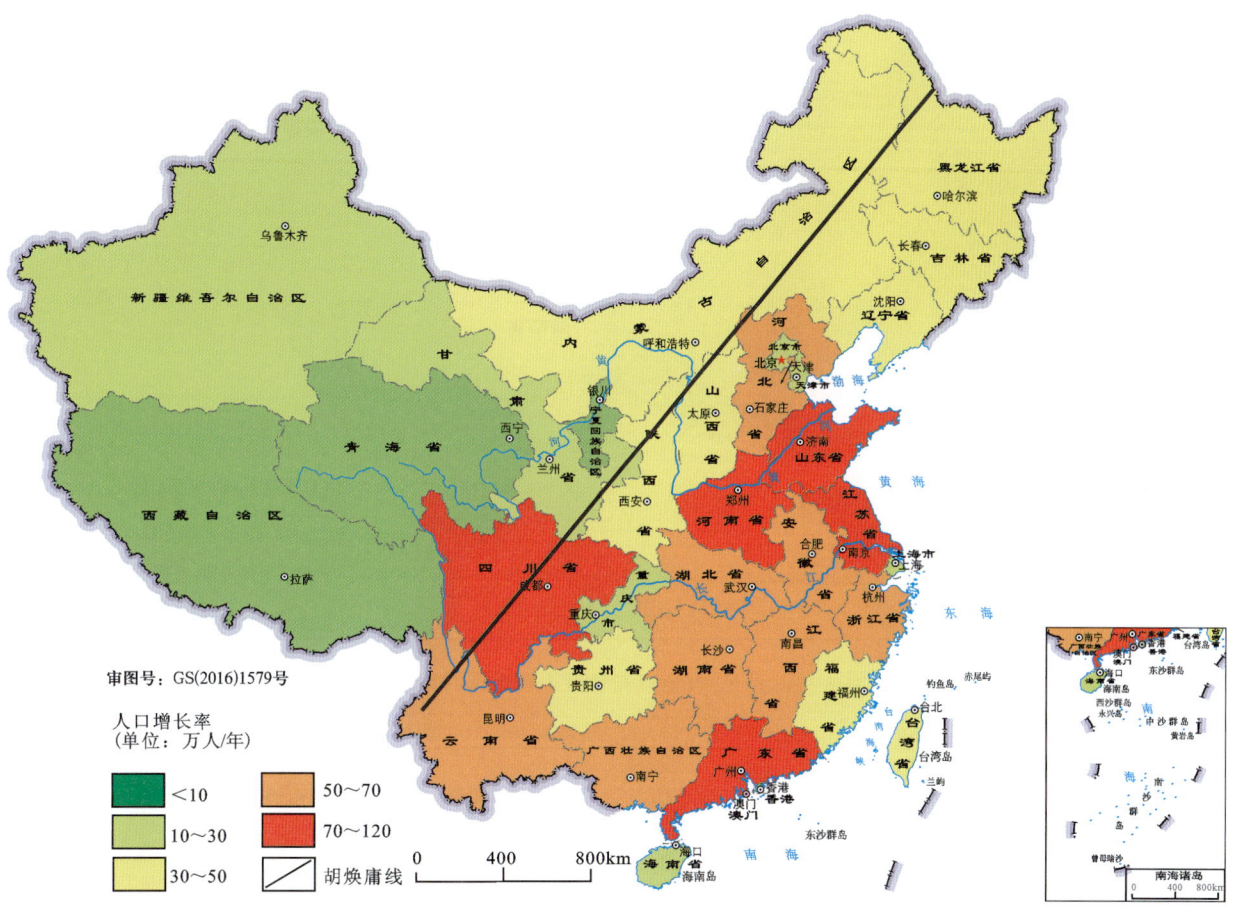

图 3-9　1952—2010 年中国人口增长率分界线

根据杨强等(2016)研究的全国人口密度线空间变化情况,1935—2010 年中国人口密度分界线呈现速率不断减小而又持续向西扩张的趋势,1935—1964 年人口密度分界线向西扩张的幅度最大;1964—2010 年人口密度分界线随着年份增加而以较低的速率向西扩张;在空间尺度上,黑龙江、吉林、辽宁、宁夏、甘肃和云南相对于其他区域的人口密度分界线变化较大,其中宁夏和甘肃区域的人口密度分界线扩张幅度最大。在东北和西南地区,1935—1964 年的人口密度分界线整体快速地向西、向北扩张,1982 年以后这些地区的人口密度分界线基本保持稳定,而甘肃和宁夏、内蒙古(如河套平原和河西走廊地区)则受我国西部大开发等经济政策的影响保持快速扩张趋势。因此,胡焕庸线(胡焕庸,1935)至今仍能很好地体现中国人口分布的空间格局,但受我国社会经济空间布局的转变,西部地区人口密度不断增长,尤其是甘肃、宁夏和内蒙古地区的人口分布不断向西北扩张,人口空间分布格局已经局部突破了胡焕庸线的限制。

人口城镇化的空间分布最直观地表现在城镇化率的时间和空间变化,为了直观地看出其变化规律和空间特征,1935—2015 年长江经济带人口密度时空变化如图 3-10~图 3-17 所示,特征如下(刘欢等,2017)。

(1)长江经济带人口城镇化水平总体呈现东北高、西南低的空间格局,区域差异明显。东部沿海地区城镇化水平较高的区域主要集中在长江三角洲经济区,主要包括上海、浙江、江苏和安徽4个省(市)的主要城市,而云南、贵州和四川大部分城市的人口城镇化水平还处于低水平发展阶段,表现出明显的空间差异。

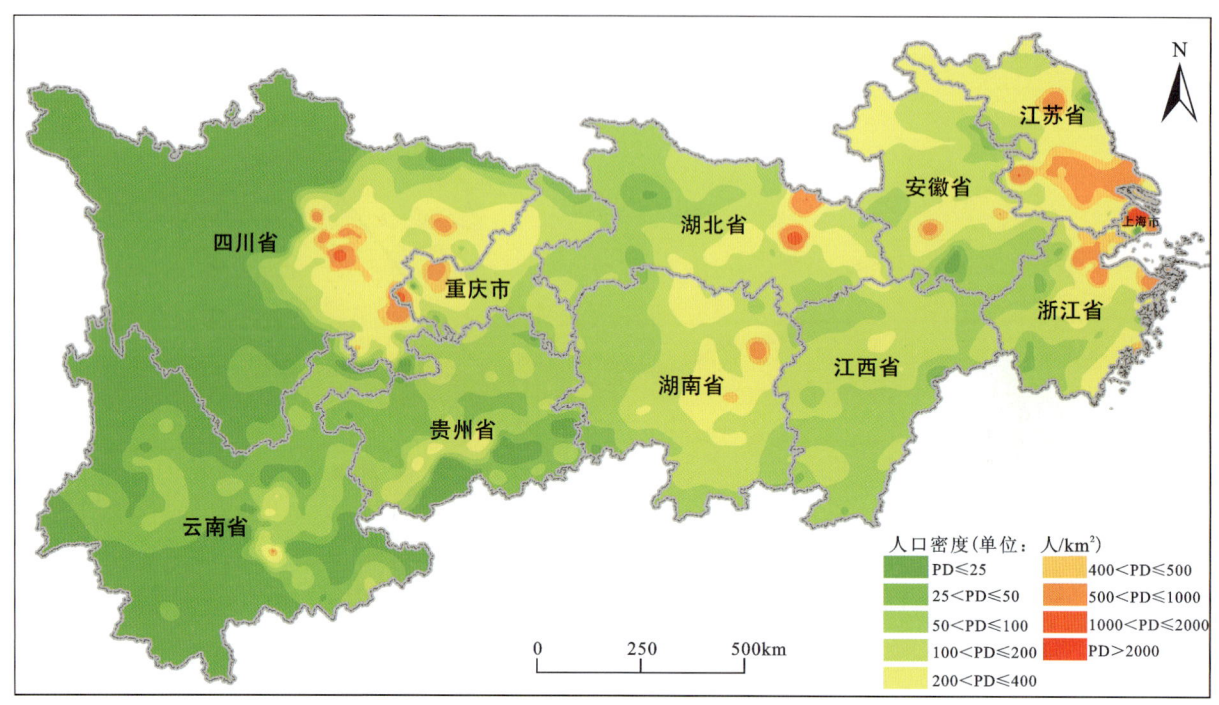

图3-10 1935年长江经济带人口密度时空变化

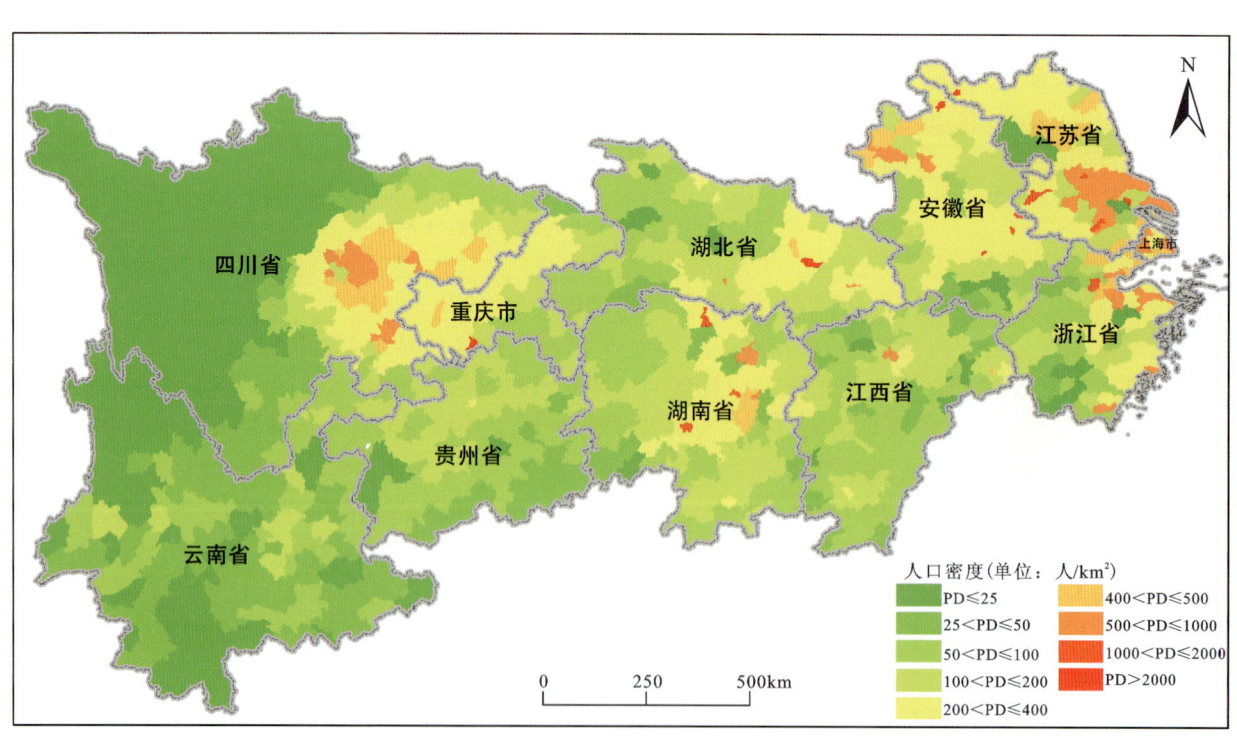

图3-11 1953年长江经济带人口密度时空变化

第二篇 基础背景篇

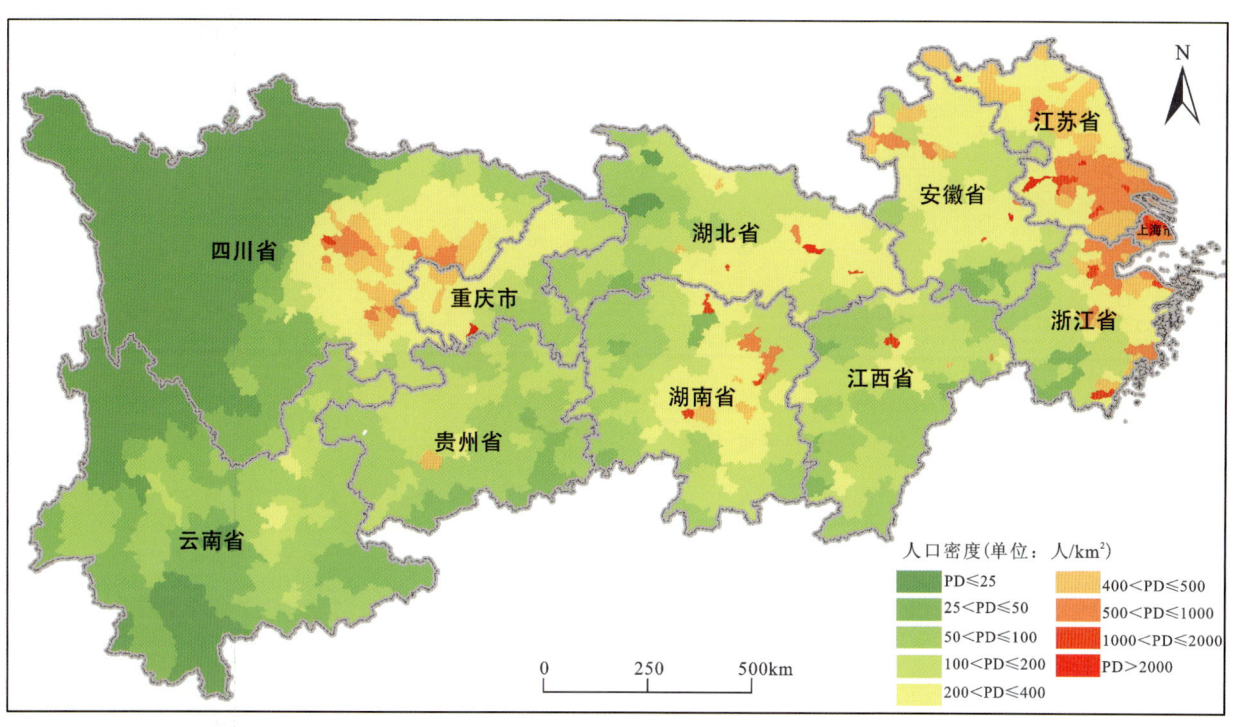

图 3-12 1964 年长江经济带人口密度时空变化

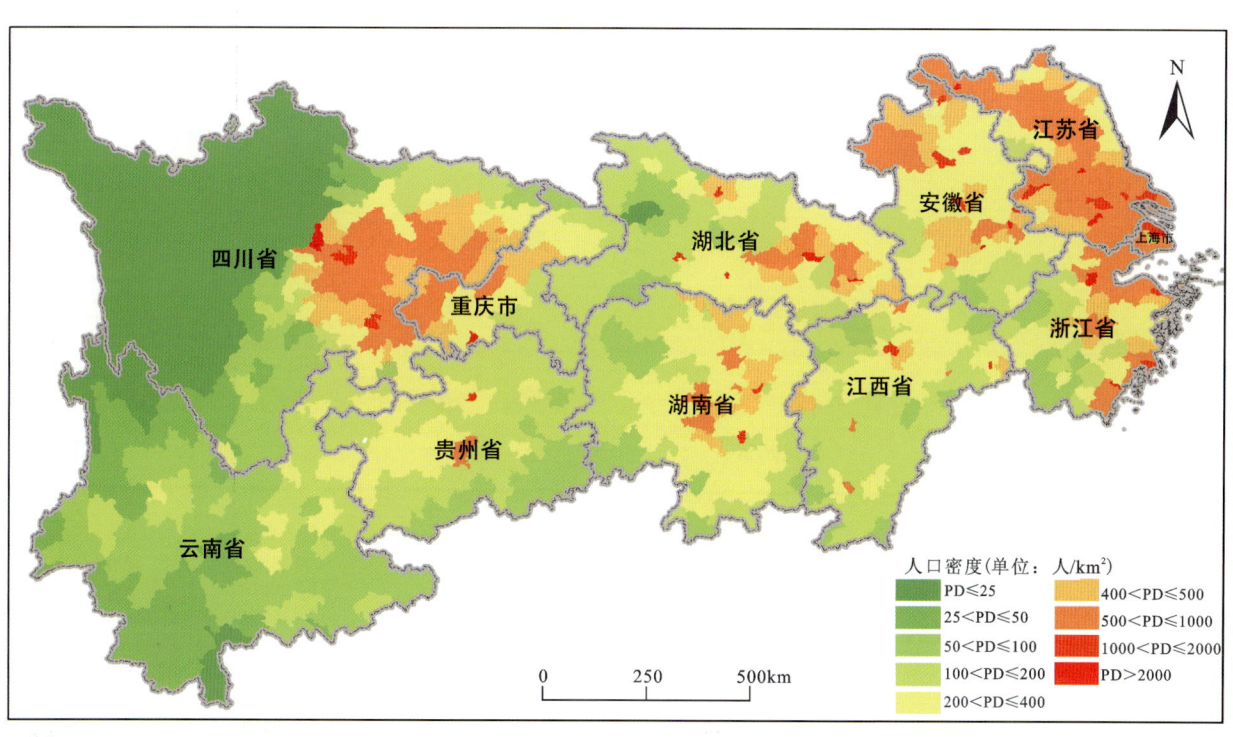

图 3-13 1982 年长江经济带人口密度时空变化

45

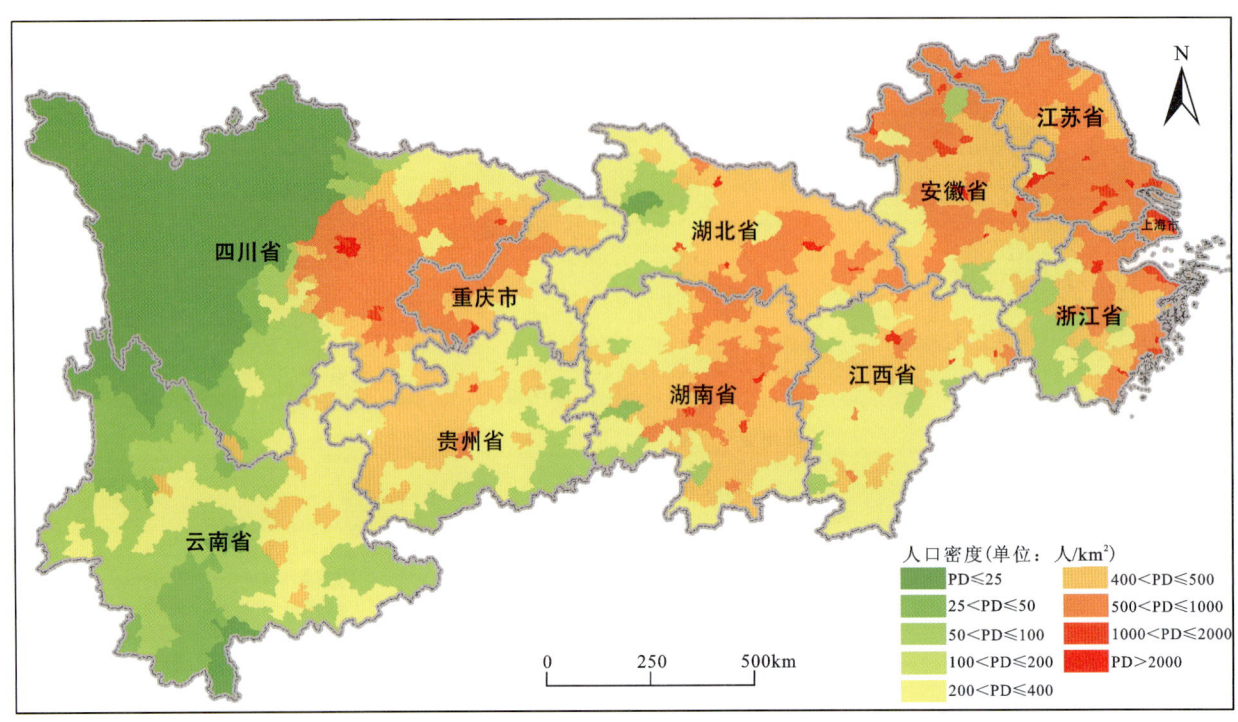

图 3-14　1990 年长江经济带人口密度时空变化

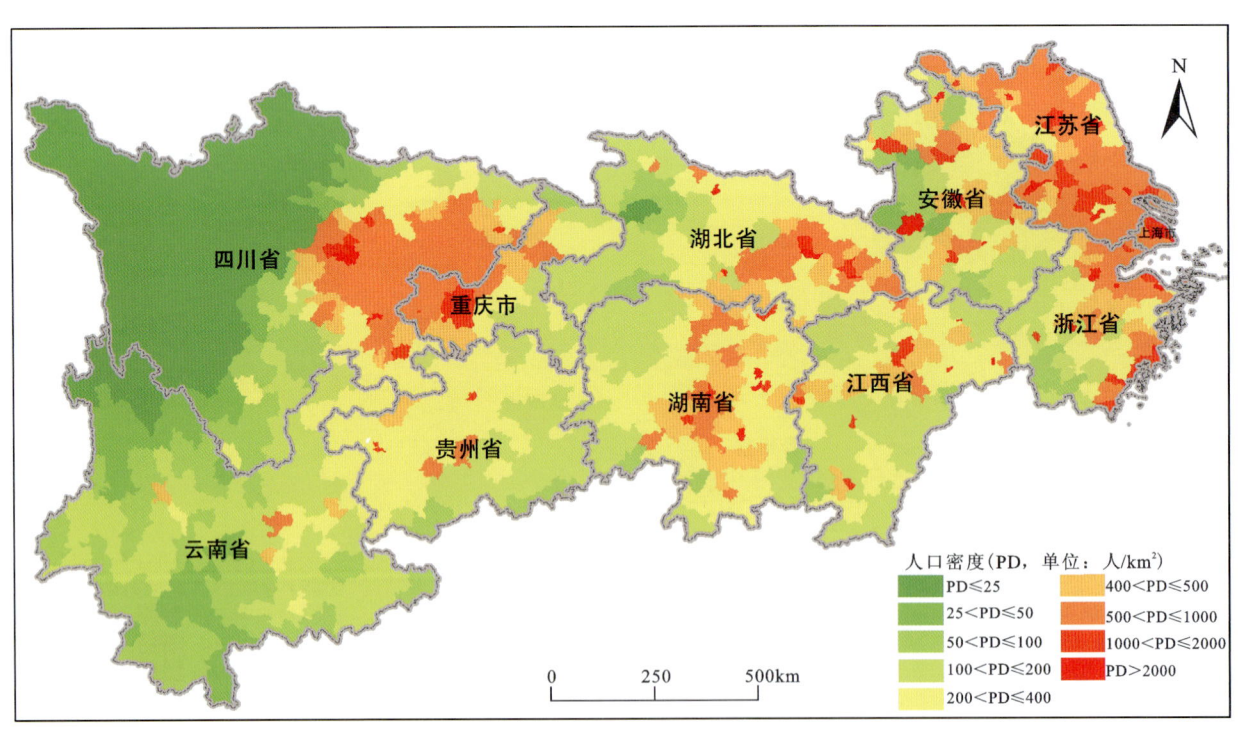

图 3-15　2000 年长江经济带人口密度时空变化

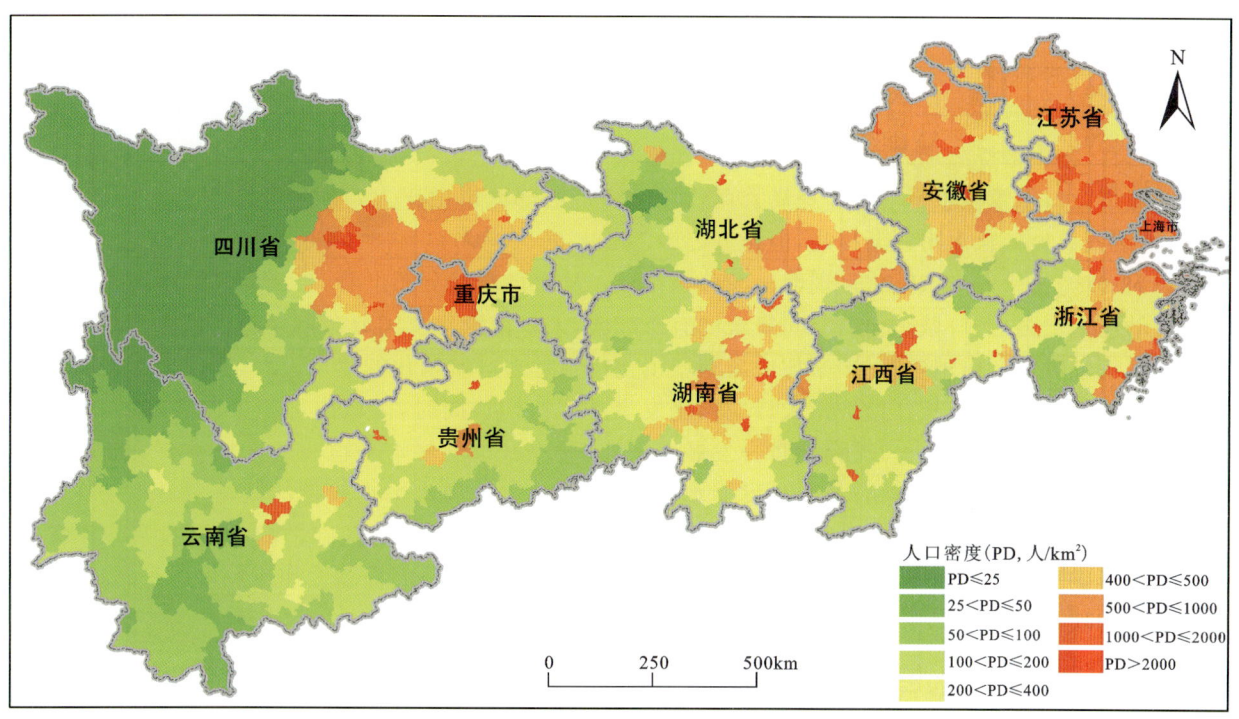

图 3-16　2010 年长江经济带人口密度时空变化

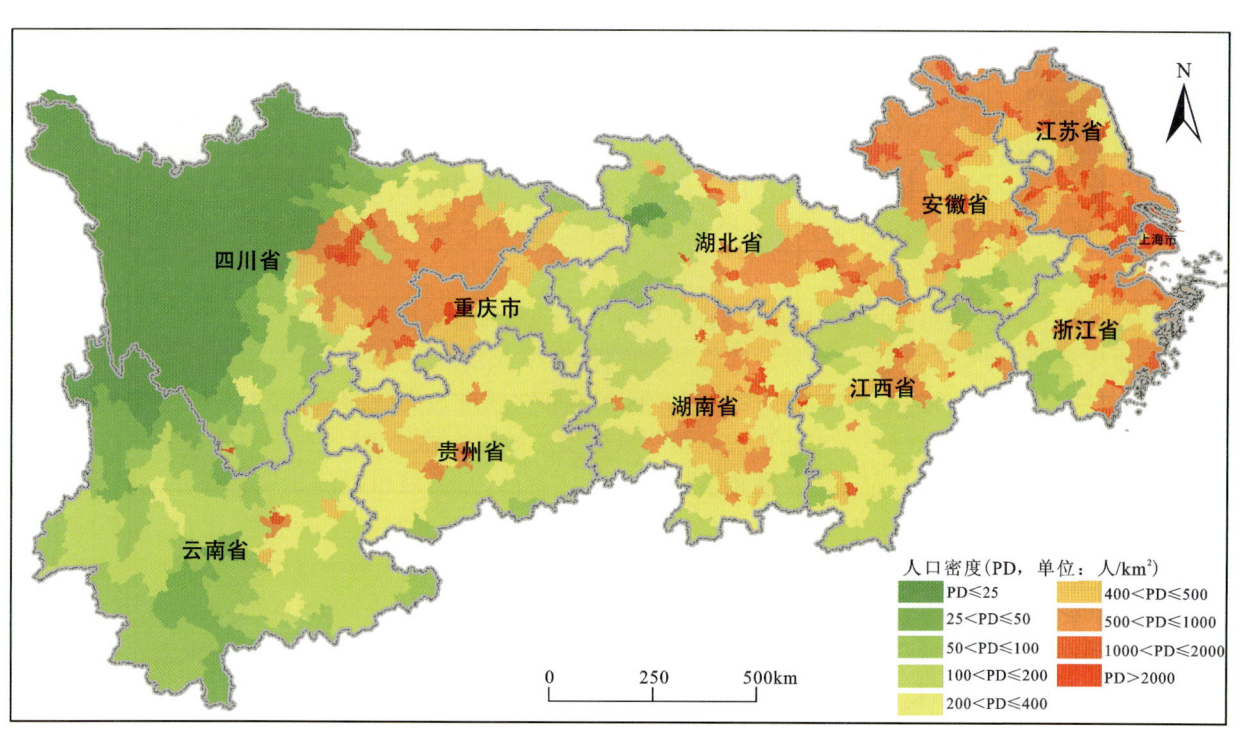

图 3-17　2015 年长江经济带人口密度时空变化

(2) 长江经济带人口城镇化的发展速度不断提高，并呈现中部地区＞西部地区＞东部地区的发展态势。中部地区人口城镇化发展明显快于西部、东部地区。其中，东部城市人口城镇化增长幅度小，主要受起点高、增长空间小的影响，加上发达城市的人口相对饱和、人口准入机制严格，农村人口无法真正享受城市居民待遇，制约了人口城镇化水平的提高速度。同时，国家针对东部、中部、西部地区发展不协调问题，出台了相关政策措施，大力推动中部、西部城市城镇化进程。中部城市依托地缘优势承接东部城市产业转移，在中部资源承载能力强的城市已经逐渐形成新的增长极，促进了人口的合理流动，最终实现中部城市人口城镇化水平的显著提高。而长江经济带西部城市由于人口城镇化水平起点低、经济基础弱，虽然人口城镇化水平逐渐提高，但速度趋缓。

(3) 长江经济带人口城镇化呈现明显的分异特征。从全局空间分布上看，长江经济带高城镇化水平辐射带动作用增强，人口城镇化的空间集聚度有所减弱，人口城镇化空间分布格局趋于扩散。高水平城市逐渐发挥辐射带动作用，同时国家加快新型城镇化特别是人口城镇化的建设进程，实现低水平城市人口城镇化速度加快，促使长江经济带人口城镇化发展趋于协同。同时，区域内部积聚态势减弱，城市空间分异明显。长江经济带人口城镇化自身发展水平高、周边城市发展水平也高的区域主要分布在沿海地区，并呈现相对稳定的发展格局；自身发展水平低、周边城市发展水平也较低的区域主要集中在西部及西南城市。这一空间格局的形成和演变主要受城市的区位条件与经济基础影响，经济发展水平的高低会直接影响人口的流动方向和规模，高经济收入的吸引和社会保障的提高会加速农村居民转移就业，通过转变为城市市民来享受更好的城市基础设施、社会保障等。

二、城镇格局时空演变

长江经济带的城市空间分布总体表现为一种特殊的东部相对密集、中西部相对稀疏的条形核心-边缘结构。结合自然环境、交通通道和区位等地理要素，长江经济带可以划分为两大城市空间区域、4个城市密集区、一条主轴城市带和一条辅轴城市带。受地形影响，长江经济带城市体系分布以巫山—雪峰山为界，明显分为长江中下游平原城市群和四川盆地-云贵高原城市群两大城市空间分布区域。4个城市密集区分别是以上海—南京—杭州为中心的长三角城市群、以武汉—长沙—南昌为中心的长江中游城市群、以重庆—成都为中心的成渝城市群、以昆明为中心的滇中城市群，此外还包括一个次级的城市群，即黔中城市群。一条主轴城市带是长江干流沿岸城市带，由上海、南京、武汉、重庆4个特大城市和沿江城市组成。一条辅轴城市带由沪昆铁路沿线的上海、南昌、长沙、贵阳、昆明和沿线城市组成（张立新等，2017）。

研究表明，长江经济带城市结构的空间演化与分异具如下特征。

(1) 由于地理条件、空间距离、发展阶段等因素的差异性，长江经济带城市体系空间分布非连续性和片段化特征明显。长三角地区是整个长江经济带城市体系发展最为完善的区域；中游地区3个次级城市群集聚规模均较小且相对孤立，未能形成具备一定规模的城市连绵区，城市群空间分布的非连续性较为突出，较大规模城市集中分布于武汉城市群和长株潭城市群，南昌城市群的集聚特征并不显著；长江上游地区城市体系空间分布非连续性特征更为突出，由于自然地理分割和交通不畅，重庆、成都两大城市对贵州、湘西、云南的辐射和带动效应较小，成渝城市群、滇中城市群和黔中城市群间无法形成稳定空间联系，3个突出的落后城市带分布于渝东南、黔东南、湘西和川西地区。

(2) 尽管长江经济带城市规模结构总体呈现首位分布格局，但不同区域城市体系演化呈现出巨大差异。长三角城市群空间结构和空间范围基本稳定，城市群内部各城市大致呈现平行增长态势，已进入都市连绵化阶段，异质性地区仅存在于局部个别地区，其中皖北阜阳、亳州、淮北、宿州、淮南、蚌埠等地个别县城规模提升相对滞后，而江西赣州北部及吉安中南部个别县城规模提升相对迅猛。长江中游各城市群空间结构变化特征最为明显，整体上逐渐由武汉城市群一支独大，转变为武汉城市群、长株潭城市群和南昌城市群三足鼎立。其中，长株潭城市群和南昌城市群城市规模分布呈现一定空间扩散特征，但均不够显著;武汉城市群极化特征显著,湖北中部襄阳、随州、荆门、荆州、宜昌、鄂州等地城市规模与武汉差距呈现加速扩大的态势。上游地区的成渝城市群空间发展较快,都市郊区化明显,城市群空间扩散程度还较弱;滇中城市群集群特征有所减弱;而黔中城市群则缺乏较大规模城市。

(3)城市体系空间格局呈现沿海、沿长江干线、沿沪昆线及区域交通通道轴线发展的现状和趋势。其中,尤其以武汉至长三角的长江中下游沿线城市,沿沪昆铁路和沪昆高速沿线城市,以及南昌城市群、长株潭城市群和皖南经济带表现最为明显,此外湘江经济走廊沿线城市、成渝轴线城市等伴随交通条件的改善也呈现出这一特征。但长江中上游沿线城市规模变动相对缓慢,原因为:首先,长江中上游地区地理环境相对复杂,交通、通信等基础设施建设薄弱,无法有效连接沿线城市,使得地区间要素流动长期不畅;其次,区域间缺乏有效的利益协调机制,区域之间的竞争多于合作,长江作为黄金水道促进沿线城市发展的功能未能得到有效发挥;最后,长江中上游沿线城市规模大都偏小,武汉、重庆等主要城市目前仍处于加速集聚阶段,辐射带动能力有限。

(4)长江经济带各城市群边界和结构存在诸多不确定性。一是地理距离所带来的空间分割。如长江中游城市群的核心城市武汉到达另外两个核心城市南昌和长沙之间的高铁距离分别为359km和362km,要明显地远于上海到南京、杭州之间的距离,不仅中间缺乏过渡的城市节点,其人口和经济规模也远不及上海,跨区域城市群短时间内难以形成。在长江上游城市群,贵阳至重庆的高铁距离为345km,小于上述武汉至南昌、长沙的距离,略高于成渝之间的高铁距离(309km),未来有可能与成渝城市群对接。二是相邻区域的空间竞争。如长株潭城市群到珠三角城市群的空间距离约为700km,而同处长江中游的南昌城市群在珠三角城市群和长三角城市群700km半径范围,虽然在空间距离上大于其至武汉的距离,但珠三角城市群和长三角城市群无论在规模还是在发展水平上都明显高于武汉城市群,因此二者对长株潭城市群和南昌城市群的影响远大于武汉城市圈,长株潭城市群和南昌城市群的空间发展与规模变动突出的表现是向南和沪昆沿线而非向北。

三、人口与城镇化协同发展度综合分析

根据国家地球系统科学数据中心及中国科学院遥感与数字地球研究所数据,从区域角度来看,1980—2010年长江经济带人口城镇化与土地城镇化协调发展水平不断提高,并呈现相对平稳增长(图3-18~图3-21)(刘欢等,2016)。长江经济带上游、中游和下游三大区域的人口城镇化和土地城镇化协调发展度呈现三大特征(刘欢等,2016,2017;张立新等,2017)。

(1)1980—2016年三大区域的协调发展度呈现持续增长趋势。下游地区协调发展水平较高,增幅达到28.79%。2008—2009年,受金融危机的影响,下游地区协调发展度出现小幅下降,2010年起恢复持续增长;上游、中游地区协调发展度增长趋势一致,但受经济基础、自然条件等因素的影响,中游地区的协调度显著高于上游地区,2008—2009年协调发展度明显上升。从国家发展政策来看,国家在2009年出台的《促进中部地区崛起规划》和加大西部重点项目建设力度等政策成效显著,推动了长三角等发达地区人口、产业向中游和上游地区流动,使得人口城镇化和土地城镇化协调发展度持续上升。

(2)三大区域的协调发展度呈现地势阶梯特征,即下游地区>中游地区>上游地区。经济发展水平较高的地区协调发展度相对较高,反之,经济较不发达的地区协调发展度一般也不高。因此,上游、中游、下游地区的协调发展度呈现阶梯式经济发展格局,与这三大区域之间存在的经济差距密切相关。

(3)上游、中游、下游的协调发展度差距呈现扩大趋势。下游地区的土地面积仅占整个长江经济带的12.31%,对其人口城镇化和土地城镇化的发展来说,人口城市化程度较高,农村用地城镇化趋于相对饱和,人口和土地的城镇化张力有限,协调发展水平较高,而上游和中游地区在国家经济政策的支持下,工业、第三产业的快速发展刺激了城市土地需求大幅上升,加速了农村用地向城市用地转变,实现城镇化水平的快速提升,但人口城镇化水平保持相对稳定的增长速度,造成上游、下游地区协调发展水平较低,增长速度的差异最终导致上游、中游与下游地区的协调度水平差距不断扩大。

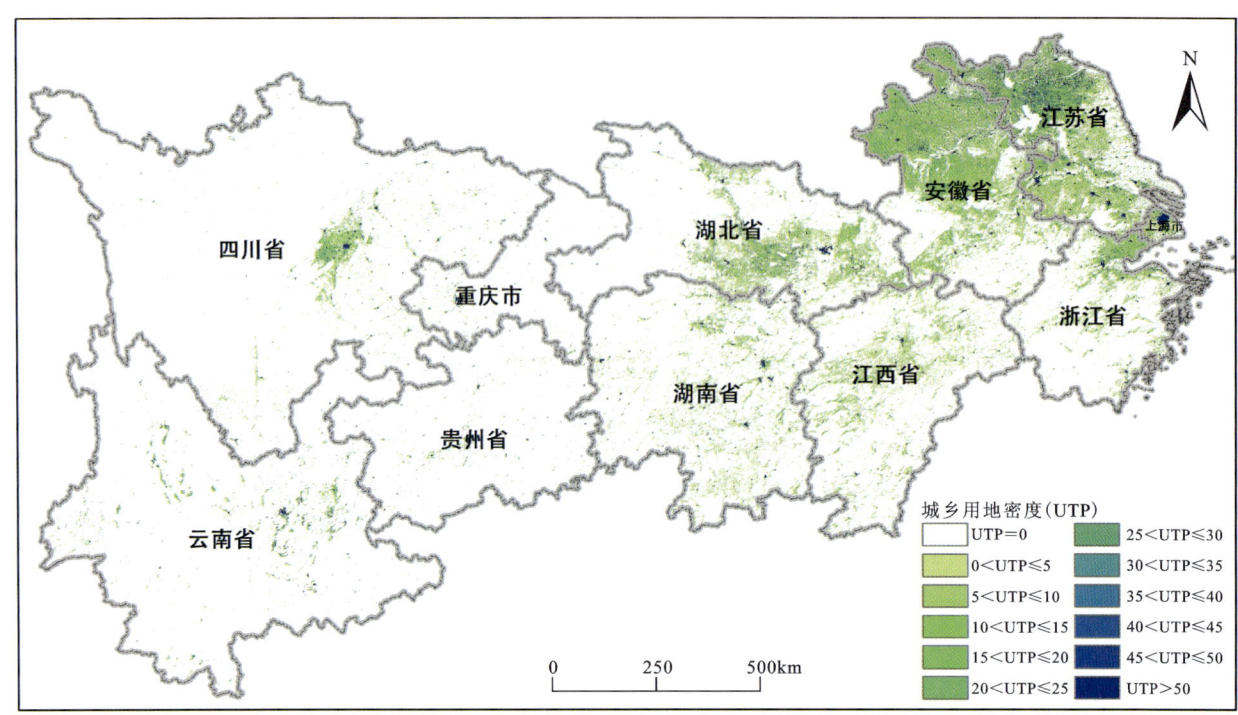

图 3-18　长江经济带 1980 年城乡用地密度空间分布图

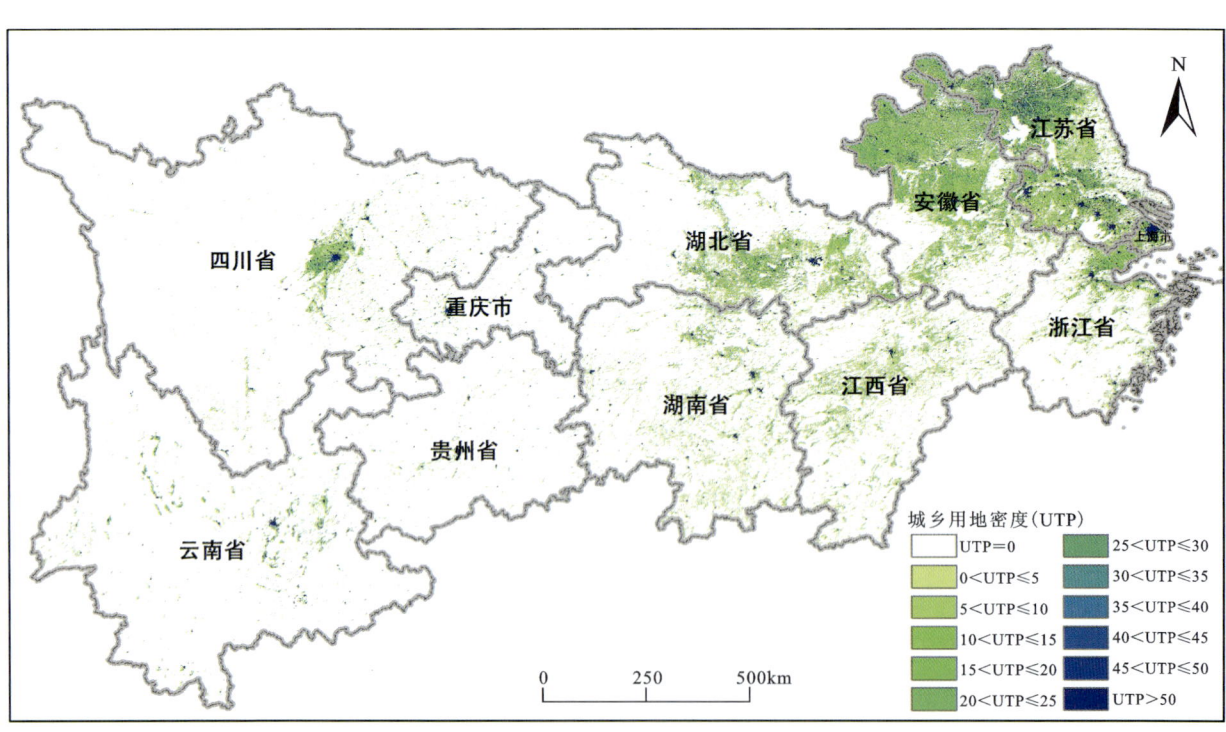

图 3-19　长江经济带 2000 年城乡用地密度空间分布图

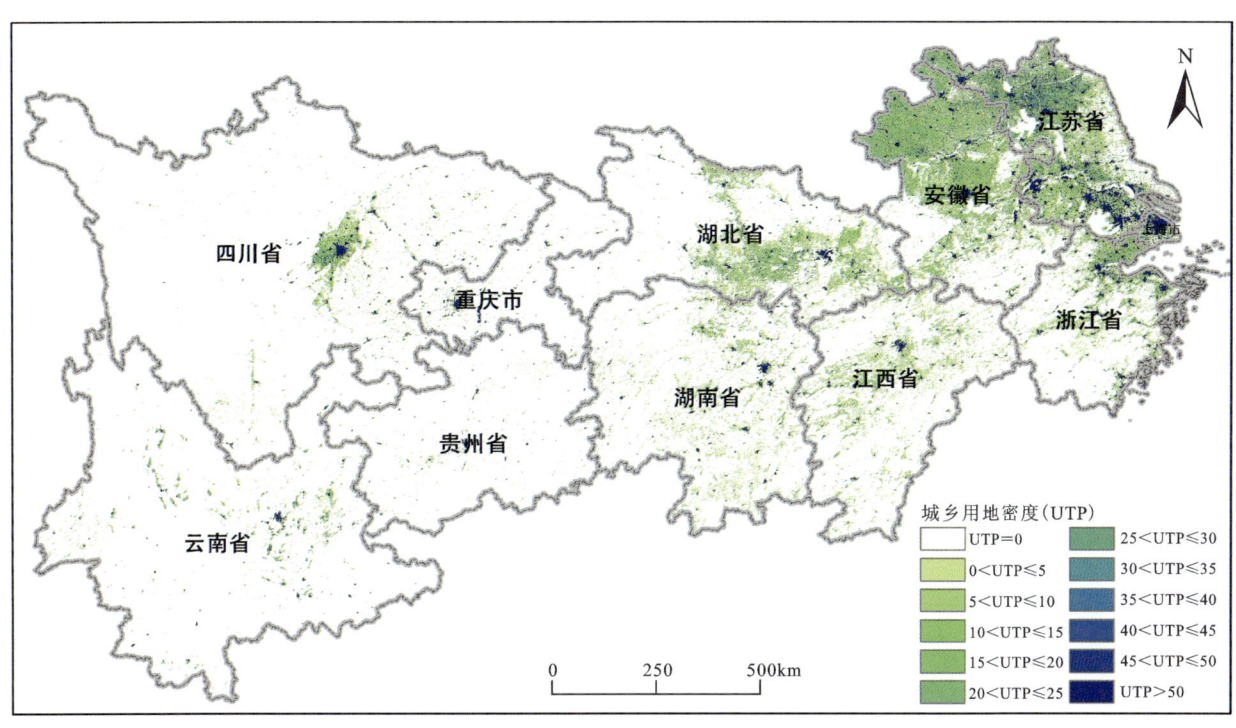

图 3-20　长江经济带 2010 年城乡用地密度空间分布图

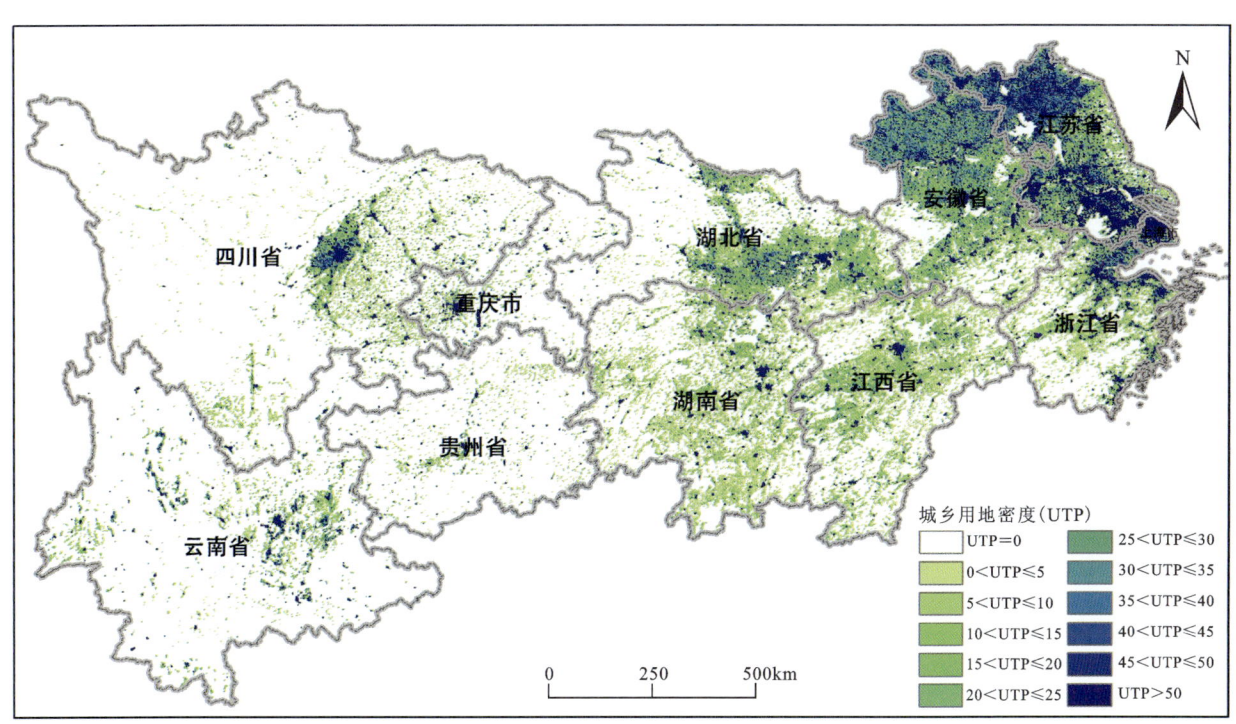

图 3-21　长江经济带 2016 年城乡用地密度空间分布图

根据国家地科科学数据中心数据,从市域角度来看,1980—2016年长江经济带126个地级市的人口城镇化和土地城镇化协调发展度主要呈现以下3个特点。

(1)协调发展度在波动中呈现上升趋势,目前总体协调发展水平较高。2006年,处于协调发展度低水平城市有78个,占长江经济带的61.90%;中低水平城市35个,占比27.78%;而高水平的仅上海市1个,占比0.79%,整体协调发展度低(注:有12个城市人口和城镇耦合关系不明显,未进行分类)。到2013年,长江经济带各市人口城镇化与土地城镇化协调发展度水平已经发展至低水平城市仅3个,占比2.38%;中低水平城市36个,占比28.57%;处于高水平的城市个数达到32个,占比25.40%(注:2013年统计数据中未分类的数据为"近低水平",本次不再进一步阐述)。

(2)长江经济带协调发展度分布总体呈现东北高、西南低格局,空间分异明显。东北部城市土地面积小,土地城镇化发展程度相对较高,在国家引导、鼓励人口城镇化的政策下,人口城镇化进程加速使得整体协调发展度较高。西南部城市占地面积大,土地扩张空间大,城市发展带来巨大的土地需求,刺激土地城镇化迅速发展,但"重发展不重人"的城镇化使得人口城镇化发展滞后,导致人口城镇化与土地城镇化发展不协调。

(3)126个地级市协调发展度发展具有明显的"城市群集聚"特征。自2006年起,位于长三角城市群的上海、南京、无锡、苏州、杭州、宁波等城市的协调发展度一直处于较高的水平。2008年,位于成渝城市群的重庆、成都的协调发展度正式步入高水平。2013年,处于高协调发展水平的城市共32个,其中上海、南京、无锡、常州、苏州、南通、镇江、杭州、宁波、温州、嘉兴、湖州、金华、德州、舟山、台州、合肥、淮南、马鞍山、淮北、铜陵、阜阳22个城市位于长三角城市群,南昌、萍乡、新余、武汉、长沙、湘潭6个城市位于长江中游城市群,重庆、成都2个城市位于成渝城市群,只有贵阳和昆明位于城市群之外。

第四节　地质背景

一、构造

在大地构造上,长江经济带主体部分为北北东方向分布的稳定地块——扬子陆块(图3-22),在其四周为一系列活动性强的造山系围限,西缘为羌塘-三江造山系,北缘为华北陆块(南缘)、秦-祁-昆造山系(东段),南缘为江绍-萍乡-郴州对接带和华夏造山系。各陆块和造山系的沉积环境、岩浆作用、变质作用和构造作用均各不相同。

长江经济带大地构造格架是长期地质演化的结果,它的形成演化大体分如下几个阶段:①从太古宙至古元古代早期,为陆块基底形成时期;②中元古代—新元古代中期,演变过程为超大陆裂解→三大洋形成发展→大陆边缘多岛弧盆系形成→转化为造山系;③新元古代晚期—中三叠世,为华北和扬子等陆块陆缘增生及其彼此之间聚合时期;④晚三叠世—新近纪阶段,主要受太平洋板块向欧亚板块俯冲影响,成为环太平洋构造岩浆活动带的一部分。

二、地层

长江经济带地层发育齐全,自太古宇至新生界第四系均有出露(图3-22)。由于长江经济带地跨扬子陆块、华北陆块及羌塘-三江造山系、秦-祁-昆造山系与华夏造山系等不同构造单元,各区的地质发展历史有很大差异,各时代的沉积、变质作用也不尽相同,因而地层岩性复杂,岩相变化很大。

1. 太古宇

太古宇主要有分布于四川的康定杂岩、湖北的东冲河杂岩、大别山区的大别岩群。东冲河杂岩年龄值在2.8~2.6Ga之间,康定杂岩测得的年龄值为2.957Ga。大别岩群年龄值与康定杂岩类似。这些杂岩变质深,岩性以混合岩化斜长角闪岩、片麻岩、混合岩和变粒岩为主,并夹有磁铁石英岩、大理岩和云母片岩等。

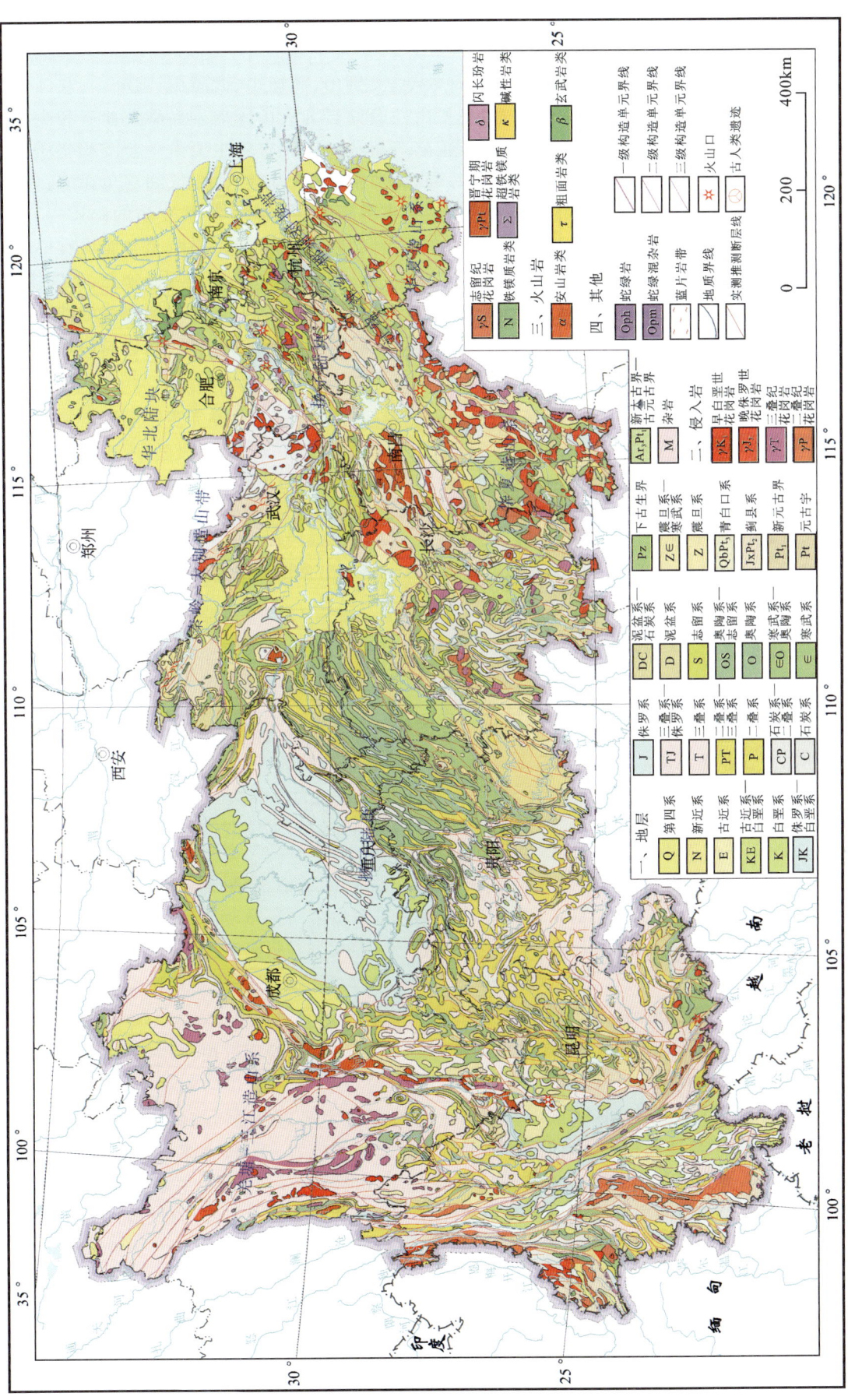

图 3-22 长江经济带地质构造图(据程裕淇等,2002 修改)

2. 元古宇

元古宇主要分布在滇北、川西、秦岭、大巴山、神农架、大别山、梵净山、武陵山、雪峰山、长江中下游长江沿岸、湘东赣北及浙西皖南等地。古元古界主要由一套原岩为火山碎屑岩夹碳酸盐岩和少量铁硅质岩变质而成的片麻岩、角闪岩、片岩、大理岩和石英岩等组成。中元古界主要由一套沉积变质的碎屑岩夹火山岩、碳酸盐岩组成，岩性为板岩、千枚岩、片岩、变质凝灰岩、基性火山岩、细碧角斑岩、安山岩、石英岩和大理岩等。新元古界可分成上、下两部分，新元古界下部主要为一套浅变质的碎屑岩，以砂板岩为主，夹有千枚岩、片岩、变质砂岩和变质砾岩等，在扬子陆块西、北两侧和鄂西北等地均有中酸性火山岩、中基性火山岩、火山碎屑岩以及大理岩和石英岩等。新元古界上部是震旦系，分上、下两统，下震旦统主要为碎屑岩、冰碛岩，局部夹含铁、锰白云岩或火山碎屑岩，在褶皱区因受后期构造运动影响遭受变质，如赣中南和平武地区为千枚岩或片岩。上震旦统岩性以海相碳酸盐岩及硅质沉积岩为主，在秦岭地区夹有中酸性火山碎屑岩。

3. 古生界

寒武系：岩性主要为粉砂岩、页岩、灰岩、白云岩、泥灰岩与硅质岩互层。

奥陶系：与寒武系多为平行不整合—整合接触，以浅海相—滨浅海相碎屑岩和碳酸盐岩为主。主要岩性为灰岩、白云岩、瘤状灰岩、页岩和砂岩。晚奥陶世发生大规模海退，川西、滇西地区缺失上奥陶统。

志留系：中下志留统沉积范围与上奥陶统基本一致，一般为平行不整合—整合接触。上志留统除巴颜喀拉、滇东北、龙门山、湘西北和江南地区有分布外，其他地区基本缺失。岩性主要为薄层页岩、粉砂岩和砂岩、泥岩、灰岩夹白云岩、泥灰岩等，局部夹基性火山岩。

泥盆系：下泥盆统缺失较多，中、上泥盆统发育较好。大体可分为3类岩相：①浅海碳酸盐岩台地或潮坪沉积，以灰岩和白云岩为主，并有砂岩、硅质岩、硅质灰岩等，主要分布在滇东、湘中等地；②滨海碎屑沉积，以砂质岩、灰岩、泥灰岩为主，夹陆相砂岩，以湘赣地区发育较为典型；③滨海平原和河湖沼泽碎屑沉积，岩性以砂岩和黑色碳质页岩为主，主要分布在湘赣和苏浙皖地区。

石炭系：除上扬子地区缺失外，其余地区均有分布。下石炭统为海陆交互相沉积，岩性以碎屑岩夹碳酸盐岩为主，并夹煤层。上石炭统除秦岭地区为板岩、千枚岩、砂岩夹碳酸盐岩外，其余均为浅海相碳酸盐岩及陆源碎屑沉积。

二叠系：分布广泛，沉积类型复杂。下二叠统以浅海相厚层灰岩为主，上二叠统为海陆交互相灰岩、砂页岩、硅质灰岩夹煤系地层。在川滇黔地区有大规模玄武岩喷出。

4. 中生界

三叠系：分布广泛。在龙门山—贡嘎山以西为半深海浊流沉积，岩性以砂板岩、石英砂岩及千枚岩为主；以东地区下三叠统、中三叠统主要为潮坪—蒸发海相碳酸盐、硫酸盐沉积，上三叠统以近海海陆交互相或陆相碎屑含煤沉积为主。

侏罗系：主要分布在川滇和江南地区。下侏罗统、中侏罗统主要为内陆河湖盆地碎屑沉积。上侏罗统在浙皖地区发育有中酸性火山岩，在四川盆地发育红色河湖相砂岩、泥岩，底部为砂砾岩。

白垩系：下白垩统分布在川滇和苏浙皖地区，上白垩统出露较广。白垩系主要为内陆河湖盆地沉积，岩性为红色砂岩、页岩、泥岩及砂砾岩。苏皖地区有中酸性火山岩及火山碎屑岩分布。

5. 新生界

古近系—新近系：以江汉盆地、成都平原等大中型陆相盆地沉积为主，主要为红色砂岩、泥岩和砾岩，局部地区含有煤系、油页岩等。长江下游杭嘉湖地区有玄武岩、流纹岩、安山岩和凝灰角砾岩分布。

第四系：主要为陆相沉积，成因类型多样。川西和川西北有冰碛、冰水堆积，黔湘鄂地区有洞穴堆积,成都平原有冲、洪积和冰水堆积,长江中游、下游平原主要为河湖相沉积,沿海地带还有滨海相沉积等。主要岩性为黏土、粉细砂、砂砾石等。

三、岩浆岩

岩浆岩分布广泛,以滇西、川西、秦岭、湘赣南部、皖南等地出露较多。岩性以中、深成酸性岩为主,其次为镁铁质岩、超铁质岩和过碱性岩类。岩浆活动期可分为古元古代、新元古代、加里东期、海西期、印支期、燕山期及喜马拉雅期等,其中尤以印支期和燕山期岩浆活动最为强烈,呈大面积岩基式侵位。滇西、滇东、川西南均有大面积海西期玄武岩喷溢,长江下游的苏浙皖地区有大面积燕山期火山喷发,苏皖地区在喜马拉雅期还有小规模的火山喷发。

四、水文地质

长江经济带地下水含水层结构复杂,地下水类型较全,包括孔隙水、岩溶水、裂隙水和孔隙裂隙水等,地下水资源丰富,地下水详细类型及对应含水岩组见图 3-23。按照主要地下水分类,碎屑岩类裂隙-孔隙水主要分布于四川盆地,基岩裂隙水分布于广大丘陵山区,岩溶裂隙溶洞水主要分布于西部的云贵高原,松散岩类孔隙潜水及承压水主要分布于长江三角洲平原,资源量为 3 510.69 m^3/a,占全国地下水资源总量的 38.02%。地下水资源中淡水资源量为 3 433.97 亿 m^3/a,占地下水总资源量的 97.81%。地下水资源是区域内城镇重要水源地或者后备(应急)水源地。

五、工程地质

长江经济带工程地质条件复杂,按岩土体的介质和结构特征可划分为 3 类。第一类为岩体类型,根据岩石类型划分,主要有岩浆岩建造、碎屑岩建造、碳酸盐岩建造、变质岩建造。各建造可进一步根据岩性组合情况、岩石强度特征以及岩体结构类型划分出岩组。例如岩浆岩建造可划分出坚硬块状各类侵入岩岩组、坚硬层状中酸性喷出岩岩组、坚硬具气孔的块状基性喷出岩岩组、软硬相间的层状火山碎屑岩岩组,主要分布于长江经济带西部和东南部区域;碳酸盐岩建造可划分出以坚硬层状碳酸盐岩为主的岩组和碳酸盐岩夹碎屑岩岩组,主要分布在长江经济带西南部和中部区域(图 3-24)。第二类为土体类型,主要有砾质土、砂质土和黏性土 3 种,主要分布在长江经济带东北部、中部等区域。第三类为特殊类型土,包括湿陷性黄土、非湿陷性黄土、软弱性黏土、膨胀土和盐渍土,分布不均。

根据大地构造和大地貌,可将长江经济带划分为 13 个一级工程地质区,根据次级构造和地貌划分为 26 个工程地质亚区(图 3-24),具体为:Ⅰ横断山脉工程地质区(Ⅰ$_1$川西高原山地工程地质亚区、Ⅰ$_2$横断山脉工程地质亚区);Ⅱ川西南、滇中高山与高原工程地质区(Ⅱ$_1$川滇南北构造带山地工程地质亚区、Ⅱ$_2$滇中高原工程地质亚区);Ⅲ秦岭大别山山地工程地质区(Ⅲ$_1$秦岭中山山地工程地质亚区、Ⅲ$_2$大巴山武当山中低山地工程地质亚区、Ⅲ$_3$南阳盆地工程地质亚区、Ⅲ$_4$大别山低山丘陵工程地质亚区);Ⅳ四川盆地工程地质区(Ⅳ$_1$川西冲洪积平原工程地质亚区、Ⅳ$_2$川中低山丘陵工程地质亚区、Ⅳ$_3$川东低山丘陵工程地质亚区);Ⅴ云桂川、鄂西岩溶高山高原工程地质区(Ⅴ$_1$鄂西、黔北中低山岩溶工程地质亚区、Ⅴ$_2$云贵高原岩溶工程地质亚区);Ⅵ湘西低山丘陵工程地质区;Ⅶ江汉与长江下游湖积冲积平原工程地质区(Ⅶ$_1$江汉湖积冲积平原工程地质亚区、Ⅶ$_2$长江下游湖积冲积平原工程地质亚区);Ⅷ华东低山丘陵工程地质区(Ⅷ$_1$湘赣边区低山丘陵工程地质亚区、Ⅷ$_2$鄱阳湖湖积冲积平原工程地质亚区、Ⅷ$_3$浙皖边区低山工程地质亚区);Ⅸ湘赣粤低山丘陵工程地质区;Ⅹ闽赣粤低山丘陵工程地质区;Ⅺ黄淮海平原工程地质区(Ⅺ$_1$嵩山-伏牛山及其山麓冲洪积平原工程地质亚区、Ⅺ$_2$大别山北麓岗地及冲积洪积平原工程地质亚区、Ⅺ$_3$苏北黄淮冲积平原工程地质亚区);Ⅻ长江三角洲工程地质区;ⅩⅢ闽粤中低山工程地质区。长江经济带工程地质特征复杂,建议加强调查和岩土物理力学参数测试,建立长江经济带岩土物理力学数据库。

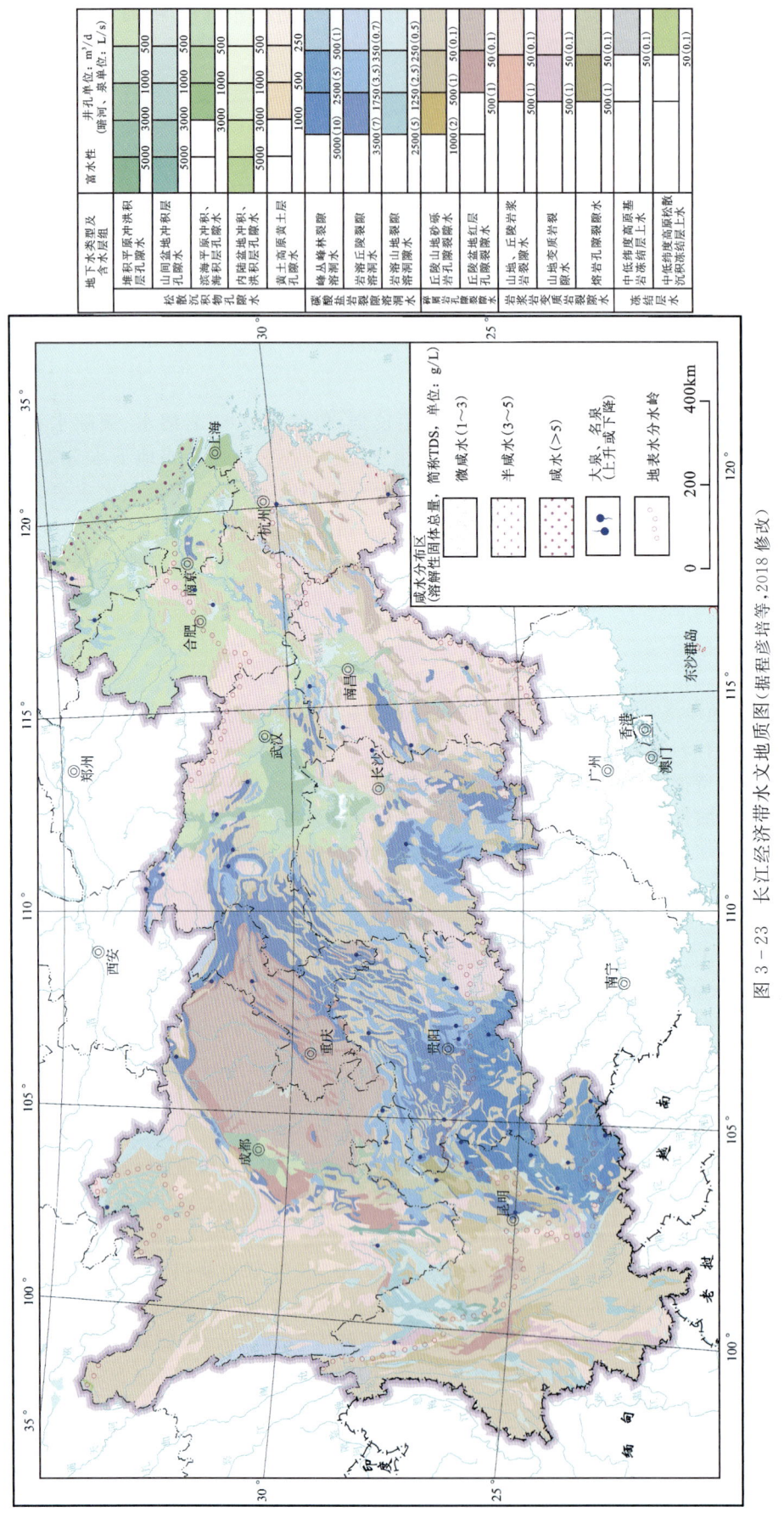

图3-23 长江经济带水文地质图(据程彦培等,2018修改)

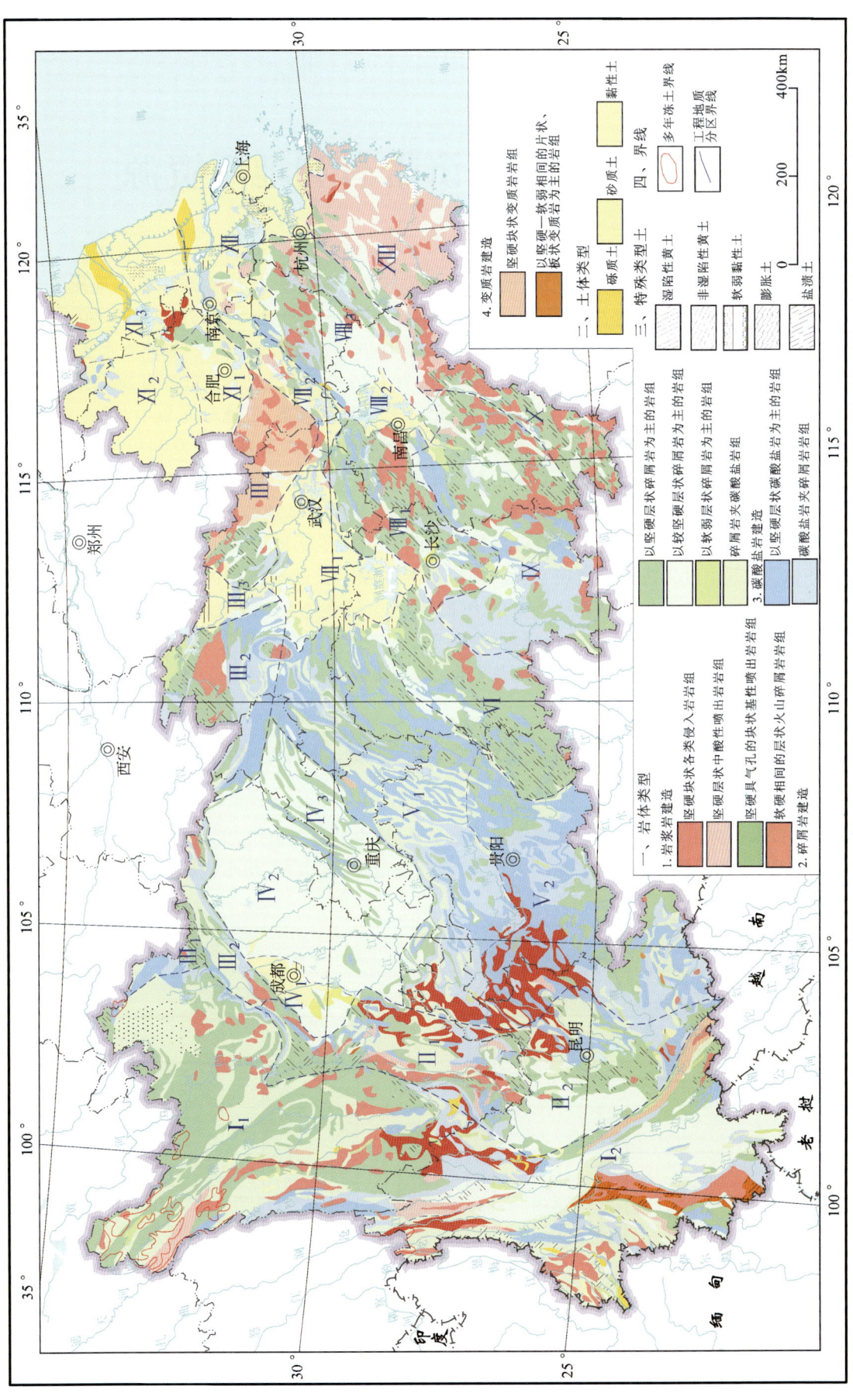

图 3-24 长江经济带工程地质图（据任国林等，1992 修改）

第四章 长江经济带有利地质资源

长江经济带拥有耕地、地表水、地下水、地热、能源矿产、地质遗迹、岸线等众多有利地质资源,资源开发利用潜力巨大(国土资源部中国地质调查局,2015a,2015b,2016a,2016b,2016c,2016d,2016e,2017;中国地质调查局,2015,2018;Jiang et al.,2018;姜月华等,2017,2019a)。如地表水多年平均水资源量约 $1.27×10^{12}$ m³,占全国总量的44.7%,总用水量为1802亿 m³。地下水资源量3433.97亿 m³,每年可开采量达1187亿 m³,现开采量每年为172亿 m³。土地资源丰富,耕地分布集中,耕地总面积约为72万 km²,占全国耕地面积近一半。长江经济带已查明有超过1000条具有开发利用价值的岩溶地下河,78个长度大于5km的岩溶洞穴,62个深度大于250m的岩溶洞穴,探明岩盐储量 $2.4×10^{12}$ t;盐穴空间资源巨大,洞穴和盐穴有利于打造国家油气战略地下储备示范基地。长江经济带有世界遗产地、国家级自然保护区、国家级地质公园等1040处保护区,面积达26.2万 km²,占长江经济带面积的12.8%。地质遗迹2941处,其中世界级地质遗迹96处,国家级813处。长江经济带区域生态总体良好,森林和湿地分布广泛。长江经济带生态用地约为133万 km²,占全国生态用地总面积的18%。林地、河流湖泊、湿地等面积达到18.6万 km²,占全国总量的74.7%。

限于篇幅,这里主要阐述地下水资源、地热资源、耕地资源和矿产资源。

第一节 长江经济带地下水资源

长江经济带水资源相对丰富,人均水资源量相差悬殊:最少的是上海市,人均水资源量仅约90m³/人;最多的是云南省,人均水资源量为3220m³/人。长江经济带各省(市)人均水资源量详见图4-1。

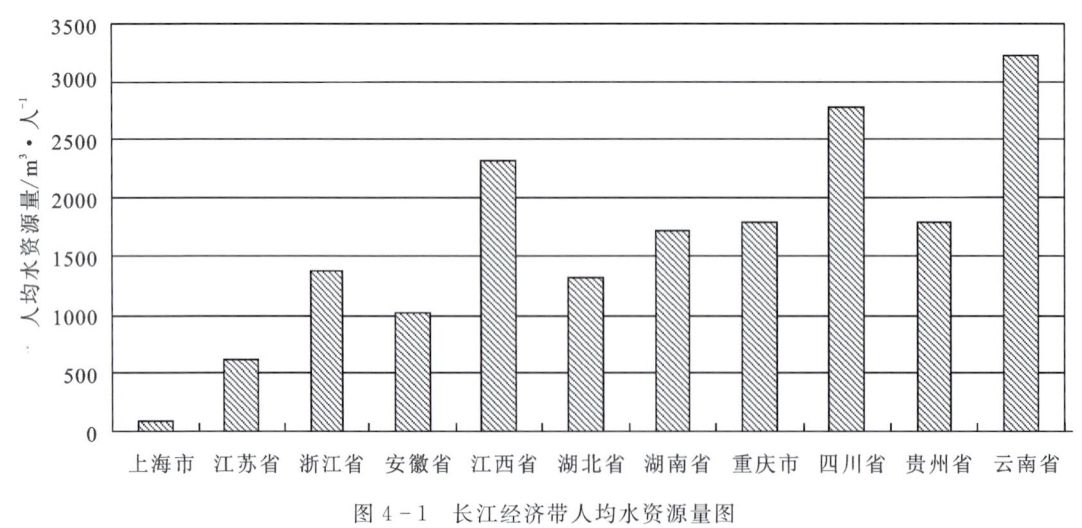

图4-1 长江经济带人均水资源量图

一、地下水资源

依据1999—2003年完成的《新一轮全国地下水资源评价》成果(资料截止时间2003年),长江经济带地下水资源具体特征如下。

1. 地下水天然补给资源量

地下水天然补给资源量是指地下水系统中参与现代水循环和水交替,可恢复、可更新的重力地下水。根据区域水均衡理论,在多年平均意义上,一个区域的地下水总补给量等于总排泄量。所以,地下水天然补给资源量通常用多年平均补给总量或多年平均排泄总量表征。

长江经济带地下水天然补给资源评价面积约204.89万 km^2,地下水天然补给资源量为3 510.69亿 m^3/a,占全国地下水资源总量的38.02%,多年平均补给资源模数为17.13亿 $m^3/(km^2 \cdot a)$。其中,山区为2 788.43亿 m^3/a,平原为776.48亿 m^3/a(平原、山区重复量为54.22亿 m^3/a)。

长江经济带地下水天然补给资源量较高的省有云南省、四川省、湖南省、贵州省和湖北省,其补给资源量分别为752.44亿 m^3/a、545.98亿 m^3/a、461.67亿 m^3/a、437.71亿 m^3/a 和410.57亿 m^3/a,上述5个省地下水天然补给资源量合计占长江经济带总量的74.30%(表4-1)。

表4-1 长江经济带地下水天然补给资源量一览表

省(市)	面积	地下水天然补给资源量				模数
		孔隙水	岩溶水	裂隙水	小计	
	万 km^2	亿 m^3/a				万 $m^3/(km^2 \cdot a)$
上海	0.63	12.94	—	—	12.94	20.54
江苏	10.26	170.09	8.05	6.73	184.87	18.02
浙江	10.18	31.86	12.51	69.55	113.92	11.19
安徽	14.00	138.20	30.25	47.80	216.25	15.45
江西	16.69	40.66	31.71	158.11	230.48	13.81
湖北	18.59	251.27	135.51	23.79	410.57	22.09
湖南	21.18	45.74	264.32	151.61	461.67	21.80
重庆	8.24		117.88	25.98	143.86	17.46
四川	48.50	86.88	177.57	281.53	545.98	11.26
贵州	17.62	—	315.07	122.64	437.71	24.84
云南	39.00	25.87	348.92	377.65	752.44	19.29
合计	204.89	803.51	1 441.79	1 265.39	3 510.69	17.13

注:《新一轮全国地下水资源评价》,2003。

2. 地下水资源类型

孔隙水天然资源量为803.51亿 m^3/a,占总数的22.89%;岩溶水天然资源量为1 441.79亿 m^3/a,占总数的41.07%;裂隙水天然资源量为1 265.39亿 m^3/a,占总数的36.04%(图4-2)。

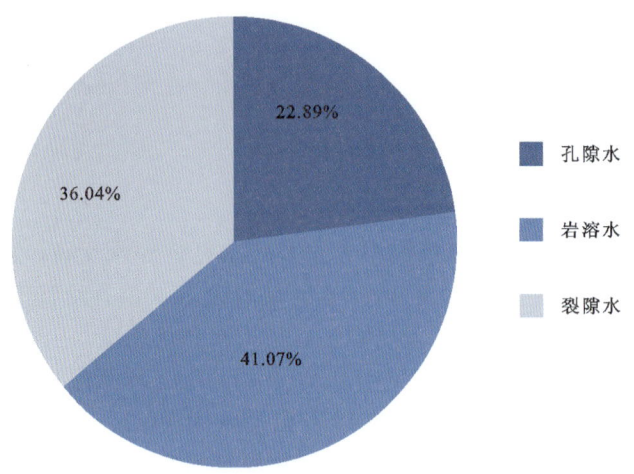

图 4-2 长江经济带不同类型地下水天然资源量占比

地下水中淡水资源量为 3 433.97 亿 m³/a,占总资源量的 97.81%;微咸水(1~3g/L)资源量为 20.40 亿 m³/a,半咸水(3~5g/L)资源量为 56.32 亿 m³/a。长江经济带大部分地区为淡水资源,微咸水及半咸水主要分布在上海市大部分地区、江苏省沿海地区和云南省局部地区(零星分布)(表 4-2)。

表 4-2 长江经济带地下水资源量　　　　　　　　　　　　　　　　　单位:亿 m³/a

省(市)	天然补给资源量				可开采资源量
	淡水(<1g/L)	微咸水(1~3g/L)	半咸水(3~5g/L)	小计	淡水(<1g/L)
上海	8.38	4.30	0.26	12.94	1.14
江苏	117.84	15.11	51.92	184.87	80.68
浙江	113.92	0	0	113.92	46.78
安徽	216.25	0	0	216.25	135.21
江西	230.48	0	0	230.48	73.37
湖北	410.57	0	0	410.57	165.21
湖南	461.67	0	0	461.67	146.00
重庆	143.86	0	0	143.86	40.79
四川	545.98	0	0	545.98	174.94
贵州	437.71	0	0	437.71	132.59
云南	747.31	0.99	4.14	752.44	190.35
合计	3 433.97	20.40	56.32	3 510.69	1 187.06

长江经济带地下水类型较全,碎屑岩类裂隙-孔隙水主要分布于四川盆地,面积约 26.90 万 km²,占地下水总面积的 13.15%;基岩裂隙水分布于广大丘陵山区,面积约 97.16 万 km²,占地下水总面积的 47.52%;岩溶裂隙溶洞水包括裸露及覆盖型岩溶水,主要分布于西部的云贵高原,面积约 48.95 万 km²,占地下水总面积的 23.94%;松散岩类孔隙潜水及承压水主要分布于长江三角洲平原、鄱阳湖平原及江汉和洞庭湖平原的第四系含水层中,面积约 31.46 万 km²,占地下水总面积的 15.39%(图 4-3)。

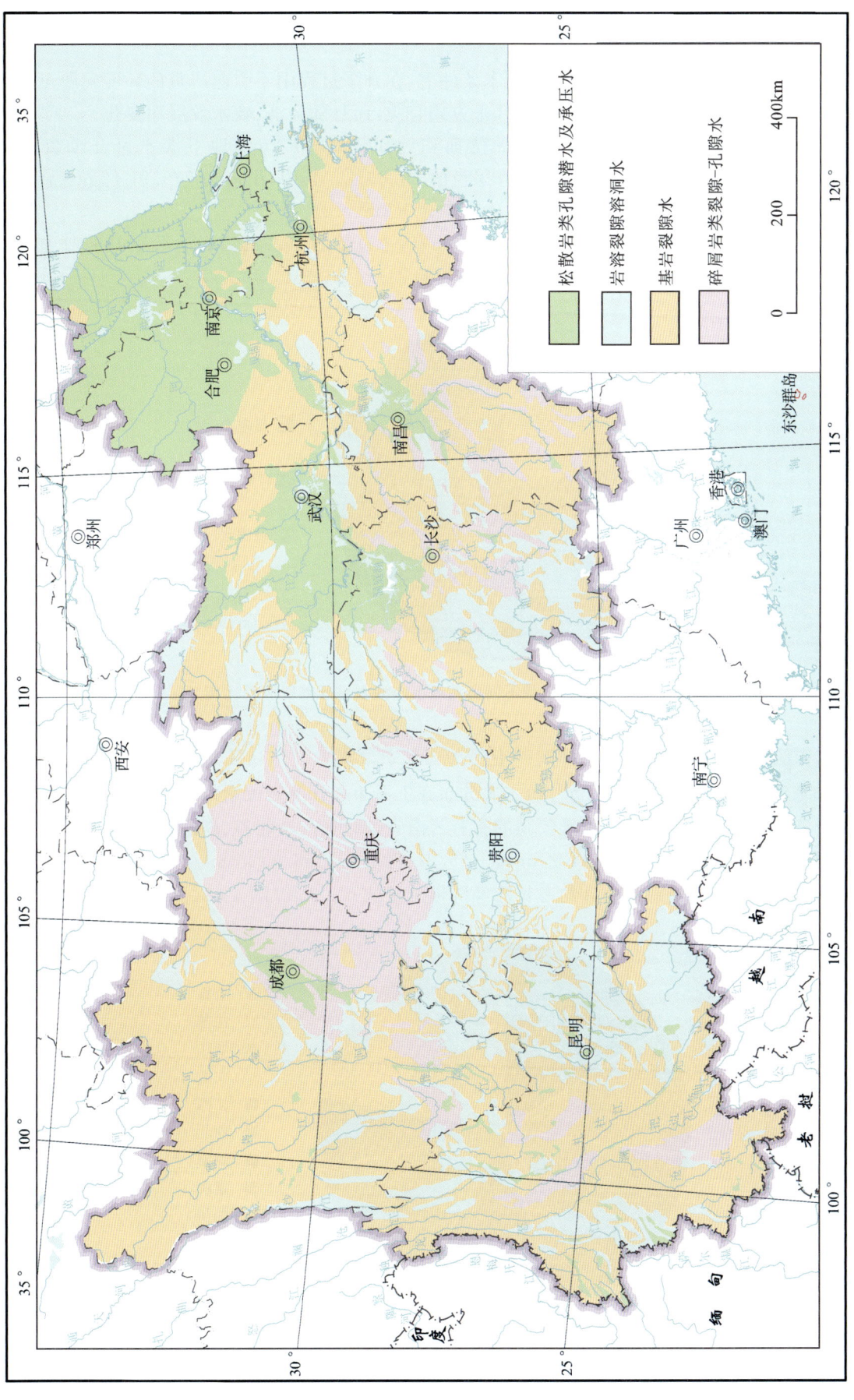

图 4-3 长江经济带地下水类型分布图

3. 地下水可开采资源量

地下水可开采资源量是指在一定经济、技术条件下,在开采过程中不引起严重的环境问题可持续开采利用的地下水量。可开采资源量与一定的开采方式有关,而且随经济、技术发展而变化。

长江经济带地下水中淡水可开采资源评价面积约 173.23 万 km^2,地下淡水可开采资源量为 1 187.06 亿 m^3/a,占全国地下水淡水资源总开采量的 33.66%。其中,山区为 779.91 亿 m^3/a,平原为 407.15 亿 m^3/a。多年平均开采资源模数为 6.85 亿 $m^3/(km^2·a)$。

地下淡水可开采资源量中孔隙水为 429.98 亿 m^3/a,占总数的 36.22%;岩溶水为 496.71 亿 m^3/a,占总数的 41.84%;裂隙水为 260.37 亿 m^3/a,占总数的 21.94%(图 4-4)。

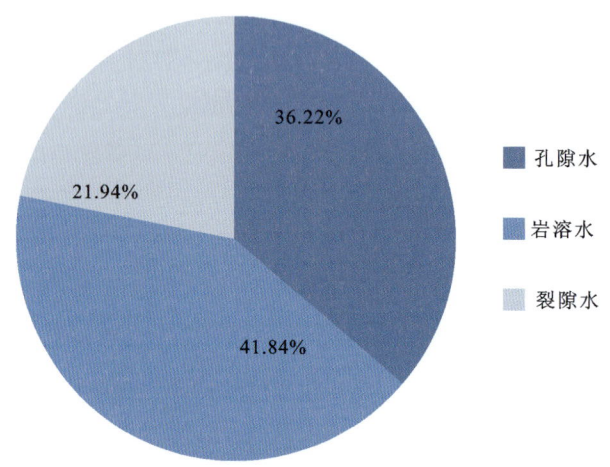

图 4-4　长江经济带不同类型地下水淡水可开采资源量比例

地下水中淡水可开采资源量为 1 187.06 亿 m^3/a,其中微咸水(1~3g/L)资源量为 12.02 亿 m^3/a,半咸水(3~5g/L)资源量为 38.03 亿 m^3/a,主要分布在上海市和江苏省的沿海地区。

长江经济带地下水中淡水可开采量较高的省有云南省、四川省、湖北省、湖南省和安徽省,其可开采资源量分别为 190.35 亿 m^3/a、174.94 亿 m^3/a、165.21 亿 m^3/a、146.00 亿 m^3/a 和 135.21 亿 m^3/a,上述 5 个省地下淡水可开采资源量合计约占长江经济带总量的 68.38%(图 4-5、图 4-6)。

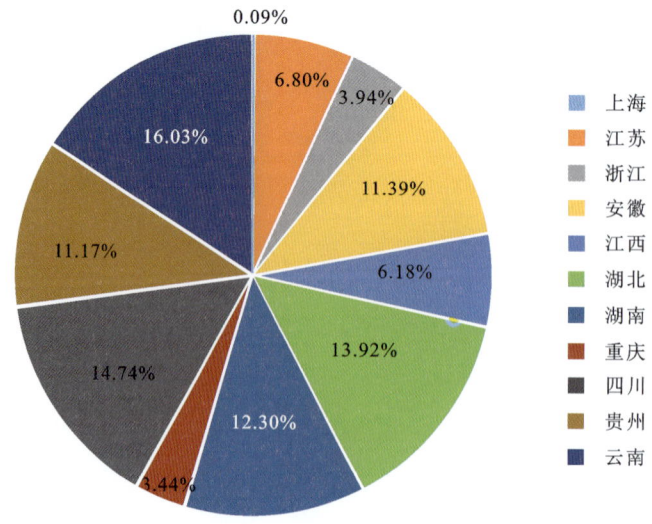

图 4-5　长江经济带淡水可开采资源占比

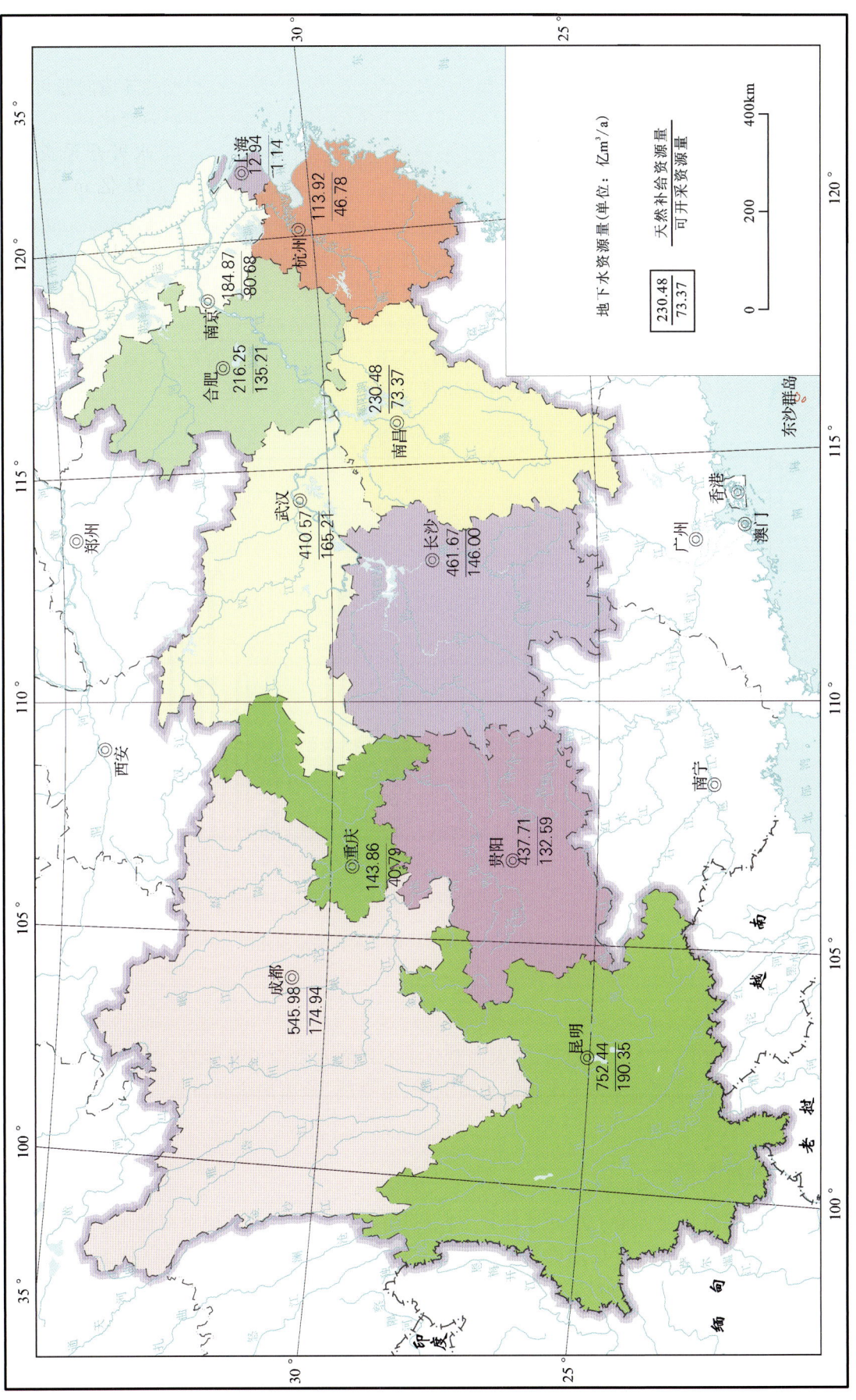

图4-6 长江经济带地下水资源量分布图

二、地下水开发利用状况

1. 地下水资源开发利用

中华人民共和国成立以来,长江经济带地下水开采量一直持续增长。20世纪70年代,地下水开采量平均每年为59.30亿 m^3;80年代增加到93.52亿 m^3;1999年达到172.63亿 m^3;2012年地下水开采量为106.37亿 m^3,比1999年减少66.26亿 m^3。总体上,各省地下水开采量2012年较1999年减少,只有安徽省增加,增加了14.93亿 m^3。2012年开采量减少排前三位的是贵州省、四川省和江苏省(图4-7)(2012年地下水开采量引自各省(市)2013年水资源公报数据)。地下水在总供水中排名前三位的是安徽省、湖南省和四川省。总体上地下水开采程度较低(表4-3),开采程度大于20%的为安徽省,开采程度介于10%~20%之间的有江西省、湖南省和江苏省,介于5%~10%之间的省(市)有四川省、上海市、湖北省和浙江省,其他省(市)均小于5%。长江经济带平均地下水开采程度小于10%,因此地下水开采潜力巨大。

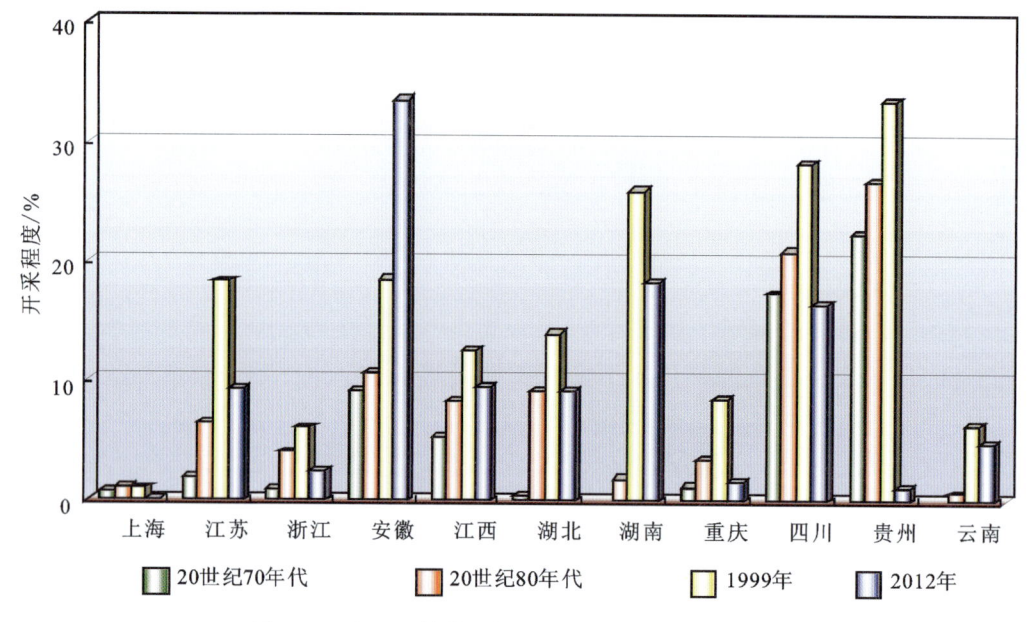

图4-7 长江经济带不同年代地下水开采量变化图

2. 面临的主要问题

在地下水开发利用中,存在以下问题:①水资源分布不均和水资源浪费并存;②地下水环境质量与污染形势不容乐观;③不合理开采地下水诱发地面沉降、地裂缝、地面塌陷和海水入侵等环境地质问题值得高度重视。

3. 合理开发利用地下水

地下水开发利用必须遵循地下水自身具有的客观规律,需在查明含水层系统的地质结构、介质分布、补径排条件的基础上,科学合理地确定地下水开采地段、层位、布局和开采量(钱正英和张光斗,2001;王大纯等,2002;中国地下水科学战略研究小组,2009)。

针对地下水资源分布特点,建议开发利用应遵循以下基本原则:①采补平衡,持续利用;②浅层为主,深层适度,咸淡结合;③合理调控,以丰补欠;④保护水质,优质优用;⑤联合调蓄,统筹兼顾;⑥综合规划,科学开发。

表 4-3 长江经济带 2012 年地下水供水比例

省(市)	地表水	地下水	其他	地下水供水比例
	亿 m³/a			%
上海	88.93	0.08	0	0.09
江苏	489.50	9.33	0	1.87
浙江	221.07	2.52	1.17	1.12
安徽	260.86	33.41	0	11.35
江西	255.28	9.53	0	3.60
湖北	282.61	9.18	0	3.15
湖南	310.30	18.48	0	5.62
重庆	82.250 4	1.555 4	0	1.86
四川	219.69	16.39	6.40	6.76
贵州	88.76	1.10	0	1.23
云南	143.70	4.80	0	3.23
合计	2 442.950 4	106.375 4	7.57	4.16

第二节 长江经济带地热资源

2013—2014 年，中国地质调查局组织实施了"长江经济带地热资源现状调查评价与区划"项目，累计投入中央财政资金 1490 万元，调查评价总面积近 189 万 km^2，共开展水质全分析 1016 组，微量元素水质分析 1016 组，环境同位素水质分析 1016 组，年龄同位素水质分析 166 组，覆盖了长江经济带 11 个省会城市；完成了长江经济带的地热资源调查评价与区划，基本查明了地热资源分布、赋存条件及地下水的水化学特征、开发利用现状；评价了长江经济带地热资源量及开发利用潜力，编制了地热资源区划，建立了长江经济带地热资源数据库和信息系统，为地热资源合理开发利用提供了依据。

一、地热类型

按照分布位置和赋存状态，长江经济带地热资源可以划分为 3 类：①水热型地热资源，一般为深度 3km 以浅、以地下水作为载体的地热资源，可以通过抽取热水或者水汽混合物提取热量，是目前地热勘探开发的主要目标，水热型地热资源根据其构造背景分为沉积盆地型和隆起山地型分别进行评价；②浅层地热资源，一般为深度不超过 200m、赋存于土体或地下水中的热量，采用地源热泵技术对建筑物供热或制冷，利用时不产生 CO_2、SO_2 等污染气体；③干热岩（Hot Dry Rock，简称 HDR）地热资源，一般深度大于 3km，是赋存在基本上不含水的地层或岩体内的热量，需通过人工建造热储和人工流体循环的方法加以开采。

二、水热型地热能资源

长江经济带水热型地热能资源主要分布在四川盆地、江汉盆地、苏北盆地、河淮平原等主要盆地（图 4-8），以及川西、滇西等高温水热活动密集带（胡圣标等，2013；汪集旸，2018；王贵玲和蔺文静，2020），开发潜力大。

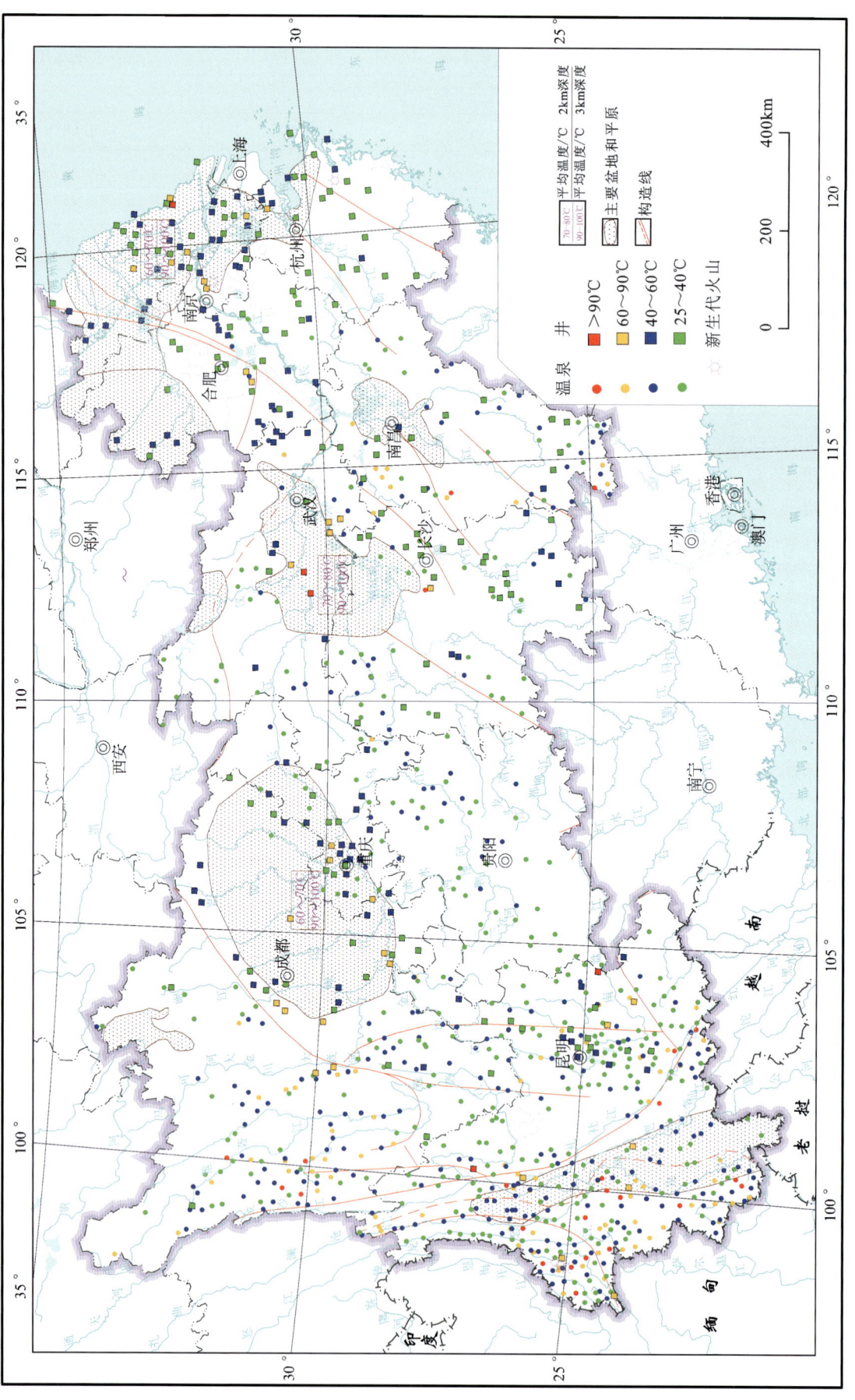

图 4-8 长江经济带地热资源分布图

1. 水热型地热资源类型

水热型地热资源分类主要考虑地质构造特征、热流体传输方式以及温度类型等因素,分为沉积盆地型地热资源和隆起山地型地热资源两大类型。

长江经济带沉积盆地型地热资源主要分布于四川盆地、江汉盆地、苏北盆地和河淮平原。四川盆地是一大型构造盆地,主要热储层由埋藏在侏罗系、白垩系之下的中生界、古生界砂岩、碳酸盐岩含水层组成,呈层状分布,有两层,分别为雷口坡组(T_2l)、嘉陵江组(T_1j)白云岩和茅口组(P_1m)灰岩。江汉盆地大地构造上属于扬子准地台中部,为燕山晚期形成的裂谷盆地,热储层主要包括渔洋组、沙市组、新沟咀组、荆沙组和潜江组。苏北盆地在地质构造上界于苏南隆起和苏鲁隆起之间,属于扬子断块的一部分,主要热储层包括盐城组(Ny)、三垛组(E_3s)、戴南组(E_2d)孔隙型热储,以及震旦系(Z)、寒武系—奥陶系($\in$—O)岩溶裂隙型热储。河淮平原为大华北中生代—新生代盆地的一部分,主要热储层为馆陶组(N_1g)。

长江经济带隆起山地型地热资源主要分布于川西、滇西水热活动密集带。四川省地质构造复杂,印支运动、燕山运动使褶皱、断裂发育,并伴有大规模中酸性岩浆侵入,尤其是川西地区,出现若干南北向岩浆岩带,这是四川热水形成与分布的主要构造线方向。川西高原高—中温地热区包括整个甘孜藏族自治州(简称甘孜州)全部地区及雅安市、凉山彝族自治区(简称凉山州)少部分地区。天然露头多、分布密集、温泉温度高、沸泉众多是该区的主要特点。川西南中—低温地热区包括攀枝花市、凉山州大部分地区及乐山市、雅安市部分地区。云南省断裂发育,超岩石圈断裂、壳断裂和岩石圈断裂皆有,它们控制着火山岩浆活动、地壳演化史及地震,与温泉分布十分密切。地热资源温度的高低与断裂深浅、断裂带规模的大小、破碎程度成正相关关系。壳断裂常见中—高温热水,一般断裂则多为低温或中温热水。其中,滇西中—高温热水区出露温泉658个,滇东低—中温热水区出露温泉、热泉193处,温泉、热泉钻孔198个。

2. 水热型地热资源量

根据长江经济带11个省(市)地热资源现状调查评价结果,长江经济带现有温泉1404个,现有地热井1130个。江西地热井最多达到360个,其次是云南、江苏及湖北,且地热资源开发利用已成规模。云南温泉最多达到851个,其次是四川,均为高温地热资源地区。

长江经济带水热型中低温地热能资源储量为1.36×10^{19} kJ,折合标准煤为4.68×10^{11} t。其中,四川省中低温地热资源储存量最多,达到9.66×10^{18} kJ,折合标准煤3.29×10^{11} t,其次为贵州、重庆,中低温地热资源量非常丰富。高温地热资源潜力为4.90×10^{15} kJ,其中四川及云南高温地热资源潜力巨大,四川达到2.37×10^{15} kJ,云南达到2.23×10^{15} kJ。各省地热资源储存量详见表4-4。

3. 中低温地热资源可开采热量

隆起山地地热流体可开采量及其热量计算采用泉(井)流量法。其中,计算地热资源量时,热储范围如可由控热断裂构造圈闭,则热储体积由地质构造来圈定,如热储范围界线模糊,热储体积则考虑地热异常点1km³范围作为储量计算范围。山区温泉或井口温度大于25℃可作为地热资源评价的水温下限。

沉积盆地型地热资源可开采量计算采用回收率法。其中,计算地热流体储存量采用体积法,计算地热流体可开采量采用最大允许降深法或者开采系数法。沉积盆地型地热资源评价范围划定必须同时满足下列条件:①有井控制的,必须同时满足埋深在4000m以内,热储层温度25℃以上,且单井出水量大于20m³/h;②没有井控制、资料较少的,远景评价区通过盖层平均地温梯度大于2.5℃/100m来圈定热储面积,地温梯度、热储层厚度、砂厚比根据以往成果资料获得,热储层温度采用地温梯度推算确定。

长江经济带中低温地热资源总的地热流体可开采量为6.92×10^9 m³/a,地热流体可开采热量为1.09×10^{15} kJ/a,折合标准煤为3.76×10^7 t/a。其中,中低温沉积盆地型地热流体可开采量为6.05×10^9 m³/a,地热流体可开采热量为9.73×10^{14} kJ/a,折合标准煤为3.37×10^7 t/a;中低温隆起山地型地热流体可开

采量为 $8.71×10^8 m^3/a$，地热流体可开采热量为 $1.14×10^{14} kJ/a$，折合标准煤为 $3.89×10^6 t/a$。云南、四川及江西3个省有高于150℃的高温地热资源，总的30年发电潜力为5169MW。其中，四川及云南高温地热资源潜力巨大，四川达到2501MW，云南达到2356MW。各省地热流体可采量详见表4－5。

表4－4 长江经济带地热资源储存量总表

序号	省（市）	中低温		高温
		地热资源储存量/kJ	折合标准煤/t	资源潜力/kJ
1	上海	$3.06×10^{15}$	$1.74×10^8$	
2	江苏	$6.91×10^{17}$	$2.36×10^{10}$	
3	浙江	$1.13×10^{17}$	$3.87×10^9$	
4	安徽	$6.03×10^{16}$	$3.41×10^9$	
5	江西	$6.68×10^{16}$	$3.76×10^9$	$2.96×10^{14}$
6	湖北	$2.56×10^{17}$	$8.75×10^9$	
7	湖南	$1.05×10^{16}$	$3.57×10^8$	
8	重庆	$1.27×10^{18}$	$4.33×10^{10}$	
9	四川	$9.66×10^{18}$	$3.29×10^{11}$	$2.37×10^{15}$
10	贵州	$1.33×10^{18}$	$4.55×10^{10}$	
11	云南	$1.82×10^{17}$	$6.22×10^9$	$2.23×10^{15}$
合计		$1.36×10^{19}$	$4.68×10^{11}$	$4.90×10^{15}$

表4－5 长江经济带地热流体可开采量总表

序号	省（市）	中低温沉积盆地型地热流体			中低温隆起山地地热流体			高温地热资源
		地热流体可开采量/$m^3·a^{-1}$	地热流体可开采热量		地热流体可开采量/$m^3·a^{-1}$	地热流体可开采热量		30年发电潜力/MW
			地热流体可开采热量/$kJ·a^{-1}$	折合标准煤/$t·a^{-1}$		地热流体可开采热量/$kJ·a^{-1}$	折合标准煤/$t·a^{-1}$	
1	上海	$5.01×10^6$	$2.63×10^{11}$	$1.50×10^4$				
2	江苏	$1.99×10^9$	$1.84×10^{14}$	$6.28×10^6$	$3.93×10^7$	$8.25×10^{12}$	$2.81×10^5$	
3	浙江	$1.86×10^8$	$2.70×10^{13}$	$9.20×10^5$	$7.82×10^6$	$1.53×10^{12}$	$5.24×10^4$	
4	安徽	$1.66×10^8$	$2.05×10^{13}$	$1.16×10^6$	$4.41×10^6$	$5.23×10^{11}$	$1.78×10^4$	
5	江西	$9.72×10^6$	$2.60×10^{12}$	$1.48×10^5$	$5.60×10^7$	$7.33×10^{12}$	$2.50×10^5$	312
6	湖北	$2.03×10^8$	$3.73×10^{13}$	$1.27×10^6$	$5.20×10^7$	$6.56×10^{12}$	$2.24×10^5$	
7	湖南				$6.25×10^7$	$5.43×10^{12}$	$1.85×10^5$	
8	重庆				$1.56×10^8$	$1.61×10^{13}$	$5.51×10^5$	
9	四川	$3.43×10^9$	$6.93×10^{14}$	$2.37×10^7$	$3.20×10^7$	$4.60×10^{12}$	$1.57×10^5$	2501
10	贵州				$1.16×10^8$	$2.37×10^{13}$	$8.09×10^5$	
11	云南	$6.29×10^7$	$8.26×10^{12}$	$2.82×10^5$	$3.46×10^8$	$3.99×10^{13}$	$1.36×10^6$	2356
合计		$6.05×10^9$	$9.73×10^{14}$	$3.37×10^7$	$8.71×10^8$	$1.14×10^{14}$	$3.89×10^6$	5169

4. 水热型地热资源年地热流体开采热量

根据长江经济带11个省(市)地热资源现状调查评价结果,长江经济带现年地热流体开采热量仅为13 400TJ,折合标准煤45.6万t/a,地热资源开发利用潜力巨大。其中,25TJ用于供暖,地热供暖面积4.5万m²。而用于洗浴疗养的地热流体开采量每年约为1.5亿m³,可为0.3亿人次提供洗浴疗养服务。利用地热水开展养殖和种植的面积分别为194万m²和17.5万m²,工业利用开采地热流体每年为67.8万m³,实现工业产值460万元。各省地热流体现年开发利用情况详见表4-6。

表4-6 长江经济带地热流体现年地热流体开采热量总表 单位:J/a

序号	省(市)	地热供暖	旅游疗养	养殖	种植	工业利用	其他
1	安徽	$6.69×10^{12}$	$2.57×10^{14}$				
2	江西		$8.78×10^{14}$	$1.91×10^{14}$	$1.91×10^{11}$		$1.42×10^{14}$
3	上海						
4	云南		$1.20×10^{13}$				$1.13×10^{15}$
5	浙江		$5.23×10^{11}$				
6	重庆		$3.88×10^{15}$	$4.81×10^{13}$			
7	贵州		$2.76×10^{14}$				
8	四川		$8.49×10^{14}$	$4.86×10^{13}$	$3.81×10^{12}$		$7.22×10^{13}$
9	湖北		$2.53×10^{15}$	$4.37×10^{14}$	$4.97×10^{13}$	$2.00×10^{13}$	$6.73×10^{13}$
10	湖南		$9.54×10^{14}$	$5.16×10^{12}$	$9.21×10^{12}$		$2.87×10^{14}$
11	江苏	$1.86×10^{13}$	$1.01×10^{15}$	$2.62×10^{13}$	$2.50×10^{12}$	$5.15×10^{13}$	$1.08×10^{14}$
	合计	$2.53×10^{13}$	$1.06×10^{16}$	$7.56×10^{14}$	$6.54×10^{13}$	$7.15×10^{13}$	$1.81×10^{15}$

三、浅层地热资源

浅层地热场由浅到深,可分为变温带、恒温带、增温带三部分,其分布特征影响着浅层地热能的赋存状况。从长江经济带的区域范围看,恒温带顶板埋深与气候变化基本一致,温度越低,埋深越大。200m深度内地温梯度总体分布特征为北高南低,地温梯度值一般都小于3℃/100m,平均为2.45℃/100m。地温梯度主要是受大地热流的影响,受区域热构造背景控制,还显著地受地下水活动、断裂以及地层热导率的影响。

1. 浅层地热资源换热功率计算

浅层地热资源换热功率为在浅层岩土体、地下水中单位时间内的热交换量。长江经济带11个省(市)地下水源热泵系统换热功率中夏季制冷换热功率为$4.58×10^7$kW,冬季供暖换热功率为$2.33×10^7$kW;地埋管热泵系统总换热功率中夏季制冷换热功率为$1.50×10^9$kW,冬季供暖换热功率为$1.24×10^9$kW;地源热泵系统换热功率夏季为$1.34×10^9$kW,冬季为$1.04×10^9$kW。长江经济带各省(市)计算结果见表4-7。

2. 浅层地热资源潜力评价结果

长江经济带11个省(市)地下水源热泵系统夏季可制冷面积为$4.88×10^8$m²,冬季可供暖面积为

$3.41×10^8 m^2$;地埋管热泵系统夏季制冷面积为 $1.80×10^{10} m^2$,冬季可供暖面积为 $2.24×10^{10} m^2$。地源热泵系统夏季可制冷面积为 $1.65×10^{10} m^2$,冬季可供暖面积为 $2.01×10^{10} m^2$。考虑土地利用系数的潜力评价结果见表 4-8。

表 4-7 长江经济带浅层地热资源换热功率计算表(考虑土地利用系数) 单位:kW

省(市)	地下水源热泵系统换热功率		地埋管热泵系统总换热功率		地源热泵系统换热功率	
	夏季制冷	冬季供暖	夏季制冷	冬季供暖	夏季制冷	冬季供暖
云南	$6.91×10^5$	$3.45×10^5$	$1.18×10^7$	$1.18×10^7$	$1.04×10^7$	$1.02×10^7$
贵州	$2.23×10^6$	$1.11×10^6$	$5.20×10^7$	$3.42×10^7$	$4.47×10^7$	$2.93×10^7$
江苏	$1.22×10^7$	$6.44×10^6$	$2.72×10^8$	$2.15×10^8$	$2.21×10^8$	$1.66×10^8$
四川	$7.33×10^6$	$3.68×10^6$	$4.20×10^7$	$3.85×10^7$	$4.17×10^7$	$3.70×10^7$
浙江	$5.00×10^6$	$2.50×10^6$	$9.11×10^7$	$6.32×10^7$	$8.36×10^7$	$5.80×10^7$
湖南	$2.17×10^6$	$1.08×10^6$	$1.72×10^8$	$1.16×10^8$	$1.55×10^8$	$1.12×10^8$
湖北	$4.65×10^6$	$2.33×10^6$	$8.43×10^7$	$7.02×10^7$	$8.27×10^7$	$6.76×10^7$
安徽	$6.15×10^6$	$3.08×10^6$	$2.74×10^8$	$1.49×10^8$	$2.69×10^8$	$1.46×10^8$
江西	$5.41×10^6$	$2.70×10^6$	$2.20×10^8$	$2.38×10^8$	$1.43×10^8$	$1.15×10^8$
上海	0	0	$6.89×10^7$	$6.99×10^7$	$6.89×10^7$	$6.99×10^7$
重庆	0	0	$2.15×10^8$	$2.33×10^8$	$2.15×10^8$	$2.33×10^8$
合计	$4.58×10^7$	$2.33×10^7$	$1.50×10^9$	$1.24×10^9$	$1.34×10^9$	$1.04×10^9$

数据来源:中国地质调查局 2014 年项目统计数据。

表 4-8 长江经济带浅层地热资源潜力评价结果计算表 单位:m^2

省(市)	地下水源热泵供暖和制冷面积		地埋管热泵供暖和制冷面积		地源热泵供暖和制冷面积	
	夏季制冷	冬季供暖	夏季制冷	冬季供暖	夏季制冷	冬季供暖
云南	$1.30×10^7$	$7.70×10^6$	$2.26×10^8$	$2.35×10^8$	$1.53×10^8$	$1.80×10^8$
贵州	$3.17×10^7$	$2.22×10^7$	$7.43×10^8$	$6.84×10^8$	$6.39×10^8$	$5.86×10^8$
江苏	$9.29×10^7$	$6.64×10^7$	$2.85×10^9$	$2.97×10^9$	$2.31×10^9$	$2.59×10^9$
四川	$9.16×10^7$	$5.53×10^7$	$5.22×10^8$	$6.42×10^8$	$5.17×10^8$	$6.16×10^8$
浙江	$5.00×10^7$	$3.57×10^7$	$9.11×10^8$	$1.03×10^9$	$8.36×10^8$	$8.29×10^8$
湖南	$3.17×10^7$	$3.12×10^7$	$2.51×10^9$	$3.34×10^9$	$2.28×10^9$	$3.27×10^9$
湖北	$5.83×10^7$	$3.99×10^7$	$1.05×10^9$	$1.20×10^9$	$1.03×10^9$	$1.16×10^9$
安徽	$8.77×10^7$	$6.14×10^7$	$3.79×10^9$	$3.02×10^9$	$3.72×10^9$	$2.97×10^9$
江西	$3.15×10^7$	$2.10×10^7$	$2.75×10^9$	$3.97×10^9$	$2.44×10^9$	$2.56×10^9$
上海	0	0	$4.64×10^8$	$1.45×10^9$	$4.64×10^8$	$1.45×10^9$
重庆	0	0	$2.15×10^9$	$3.89×10^9$	$2.15×10^9$	$3.89×10^9$
合计	$4.88×10^8$	$3.41×10^8$	$1.80×10^{10}$	$2.24×10^{10}$	$1.65×10^{10}$	$2.01×10^{10}$

数据来源:中国地质调查局 2014 年项目统计数据。

长江经济带 11 个省会城市地下水热泵系统夏季可制冷面积为 0.77 亿 m^2，冬季可供暖面积为 0.47 亿 m^2；地埋管热泵系统夏季可制冷面积为 26.3 亿 m^2，冬季可供暖面积为 46.2 亿 m^2；地源热泵系统夏季可制冷面积为 24.6 亿 m^2，冬季可供暖面积为 44.2 亿 m^2，详见表 4-9。潜力评价的结果受换热功率及供暖/制冷负荷的影响，在省会城市中的大小趋势基本与换热功率所表现的趋势一致。

表 4-9　长江经济带各省会城市浅层地热能潜力

单位：m^2

省（市）	地下水源热泵供暖和制冷面积		地埋管热泵供暖和制冷面积		地源热泵供暖和制冷面积	
	夏季制冷	冬季供暖	夏季制冷	冬季供暖	夏季制冷	冬季供暖
昆明	9.34×10^6	5.84×10^6	1.28×10^8	1.47×10^8	7.48×10^7	1.09×10^8
贵阳	5.10×10^6	3.57×10^6	1.17×10^8	1.17×10^8	9.57×10^7	9.52×10^7
南京	1.04×10^6	9.57×10^5	2.49×10^8	3.79×10^8	2.36×10^8	3.61×10^8
成都	3.80×10^7	1.93×10^7	1.60×10^8	1.77×10^8	1.48×10^8	1.57×10^8
杭州	8.55×10^6	6.11×10^6	1.44×10^8	1.76×10^8	1.43×10^8	1.73×10^8
长沙	2.12×10^6	2.80×10^6	1.83×10^8	3.68×10^8	1.86×10^8	3.71×10^8
武汉	4.31×10^6	2.95×10^6	6.01×10^8	7.06×10^8	5.54×10^8	6.50×10^8
合肥	—	—	2.59×10^8	5.49×10^8	2.59×10^8	5.49×10^8
南昌	8.37×10^6	5.58×10^6	1.17×10^8	1.69×10^8	8.84×10^7	1.26×10^8
上海	—	—	4.64×10^8	1.45×10^9	4.64×10^8	1.45×10^9
重庆	—	—	2.10×10^8	3.79×10^8	2.10×10^8	3.79×10^8
合计	7.69×10^7	4.71×10^7	2.63×10^9	4.62×10^9	2.46×10^9	4.42×10^9

将浅层地热能资源类比常规能源进行计算，考虑热泵夏季制冷、冬季供暖天数，热泵运行时间及热泵运行能效比系数，燃煤与换热效率等因素，长江经济带 11 个省会城市浅层地热能开发利用的总能量每年折合标准煤 1.99 亿 t。如果开发利用率取 35%，每年节煤量为 0.70 亿 t，可减排 CO_2 1.66 亿 t，SO_2 118 万 t，NO_x（氮氧化物）41.8 万 t，悬浮质粉尘 55.7 万 t，灰渣 696 万 t，节省的环境治理费用约 196 亿元（表 4-10）。

表 4-10　长江经济带各省会城市浅层地热能节能减排指标

城市	折合标准煤	SO_2	NO_x	CO_2	悬浮质粉尘	灰渣	节省的环境治理费/万元
	t						
昆明	1.64×10^6	9.75×10^3	3.44×10^3	1.37×10^6	4.59×10^3	5.73×10^4	1.62×10^4
贵阳	4.27×10^6	2.54×10^4	8.97×10^3	3.57×10^6	1.20×10^4	1.50×10^5	4.22×10^4
南京	1.41×10^7	8.40×10^4	2.97×10^4	1.18×10^7	3.95×10^4	4.94×10^5	1.39×10^5
成都	4.82×10^6	2.87×10^4	1.01×10^4	4.03×10^6	1.35×10^4	1.69×10^5	4.76×10^4
杭州	2.79×10^6	1.66×10^4	5.86×10^3	2.33×10^6	7.81×10^3	9.77×10^4	2.75×10^4
长沙	2.29×10^7	1.37×10^5	4.82×10^4	1.92×10^7	6.42×10^4	8.03×10^5	2.27×10^5
武汉	2.15×10^7	1.28×10^5	4.52×10^4	1.80×10^7	6.02×10^4	7.53×10^5	2.12×10^5
合肥	2.25×10^7	1.34×10^5	4.73×10^4	1.88×10^7	6.30×10^4	7.88×10^5	2.22×10^5

续表 4-10

城市	折合标准煤	SO₂	NOₓ	CO₂	悬浮质粉尘	灰渣	节省的环境治理费/万元
				t			
南昌	7.01×10⁵	4.17×10³	1.47×10³	5.85×10⁵	1.96×10³	2.45×10⁴	6.92×10³
上海	9.69×10⁷	5.77×10⁵	2.04×10⁵	8.09×10⁷	2.71×10⁵	3.39×10⁶	9.57×10⁵
重庆	6.67×10⁶	3.97×10⁴	1.40×10⁴	5.57×10⁶	1.87×10⁴	2.33×10⁵	6.58×10⁴
合计	1.99×10⁸	1.18×10⁶	4.18×10⁵	1.66×10⁸	5.57×10⁵	6.96×10⁶	1.96×10⁶

四、干热岩地热资源潜力评估

干热岩发电概念是在 20 世纪 70 年代由美国加利福尼亚州大学实验室研究人员提出,其基本思想是在高温但无水或无渗透率的热岩体中,通过水力压裂等方法制造出一个人工热储,将地面冷水注入地下深处获取热能,然后将热能导出地面进行发电。此后 30 多年,发达国家美国(1973 年)、日本(1980 年)、法国(1997 年)、德国(1987 年)和澳大利亚(2003 年)等先后投入巨资进行干热岩发电试验研究,结果表明干热岩开发在技术上可行。2006 年,美国麻省理工学院联合美国国家实验室 18 位专家,历时两年,完成了科技发展战略报告"地热能的未来:增强地热系统对 21 世纪美国的影响",该报告首次对美国本土干热岩地热资源量和干热岩开采技术作出了系统评价。2011 年,中国地质调查局发布了中国干热岩地热资源潜力的初步评估,该项评估基于 2000 年版《中国大陆地区大地热流分布图》。近 20 年来,地热测量数据已得到了进一步扩展,本书基于新版热流分布图(中国科学院地质与地球物理研究所绘制,2016 年最新数据),采用传统体积法对长江经济带干热岩地热资源进行了评价。体积法公式如下:

$$Q = \rho \cdot C_p \cdot V \cdot (t - t_0) \tag{4-1}$$

式中,Q 为干热岩资源储量;ρ 为岩石密度;C_p 为岩石比热容;V 为岩体体积;t 为所计算深度的岩石温度;t_0 为地表温度。

根据所获得的深部温度结果,计算了长江经济带干热岩地热资源量。计算时,在垂向上以 1km 厚度的板片为单位,分别计算 3~10km 深度段的干热岩地热资源量(图 4-9,表 4-11)。

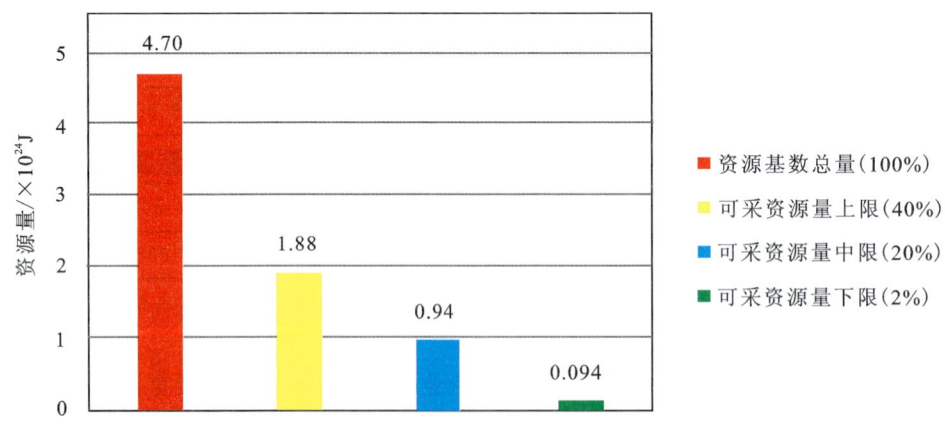

图 4-9 长江经济带干热岩地热资源基数与可开采量

结果显示,3~10km 干热岩地热资源总量达 4.7×10²⁴ J,折合标准煤 160.77×10¹² t,将其中的 2% 作为可开采资源的下限计算,是中国 2010 年能源消耗总量的 990 倍。但是基于干热岩开发的经济性和现有技术条件,近期应着眼于 4~7km 深度范围干热岩地热资源的开发,热储目标温度是 180~250℃。

干热岩开发的有利靶区包括云南北部(腾冲、楚雄)、大别东段、苏北盆地、庐枞盆地等地区(表 4-12)。

表 4-11 长江经济带干热岩地热资源量

资源类型	资源基数总量(100%)		可采资源量上限(40%)		可采资源量中值(20%)		可采资源量下限(2%)	
	热能/ $\times 10^{24}$ J	折合标煤/ $\times 10^{12}$ t	热能/ $\times 10^{24}$ J	折合标煤/ $\times 10^{12}$ t	热能/ $\times 10^{24}$ J	折合标煤/ $\times 10^{12}$ t	热能/ $\times 10^{24}$ J	折合标煤/ $\times 10^{12}$ t
干热岩型	4.7	160.77	1.88	64.31	0.94	32.15	0.094	3.21

表 4-12 长江经济带重点地区地热资源量

重要地热区	资源基数总量(100%)		可采资源量上限(40%)		可采资源量中值(20%)		可采资源量下限(2%)		资源总量占比/%
	地热能/ $\times 10^{22}$ J	折合标准煤/ $\times 10^{12}$ t	地热能/ $\times 10^{22}$ J	折合标准煤/ $\times 10^{12}$ t	地热能/ $\times 10^{22}$ J	折合标准煤/ $\times 10^{12}$ t	地热能/ $\times 10^{22}$ J	折合标准煤/ $\times 10^{12}$ t	
云南北部	66.34	22.69	26.50	9.08	13.27	4.54	1.33	0.45	14.1
苏北盆地	10.26	3.51	4.10	1.40	2.05	0.70	0.21	0.07	2.2
大别东部	7.74	2.64	3.10	1.06	1.55	0.53	0.15	0.05	1.7

第三节 长江经济带耕地资源

1999—2014 年,在国土资源部领导和财政部的支持下,中国地质调查局会同省级人民政府及其自然资源管理部门,利用中央和地方财政资金,组织开展了包括长江经济带在内的全国土地地球化学调查工作。该调查工作比例尺为 1:25 万,每 1km×1km 的网格布设 1 个采样点,每个样品测试 54 种元素指标。长江经济带耕地主要分布在中东部(图 4-10),调查覆盖了长江经济带上海、江苏、浙江、安徽、江西、湖北、湖南、重庆、四川、云南、贵州等 11 个省(市),调查面积达 59.59 万 km^2,占长江经济带总面积的 29.08%,其中调查覆盖的耕地面积为 35.9 万 km^2,占调查区面积的 60.25%。

根据 1:25 万土地质量地球化学调查取得的土壤地球化学数据,基于砷、镉、铬、铜、汞、镍、铅、锌含量以及酸碱度(pH),依据《土壤环境质量 农田地土壤污染风险管控标准(试用)》(GB 15618—2018)中二级标准重金属的限值,进行耕地土壤环境质量分级。依据农业等部门土壤氮、磷、钾养分分级标准和土壤硒分级标准,评价了土壤养分状况和富硒土壤。综合土壤环境质量、养分等级,确定了土地质量综合等级。

一、绿色富硒耕地

通过调查,在长江经济带圈出了绿色富硒耕地 1837 万亩(国土资源部中国地质调查局,2015a),为富硒安全农产品开发提供了重要依据。建议科学规划和积极引导富硒耕地资源的开发利用,加强绿色富硒耕地资源保护。

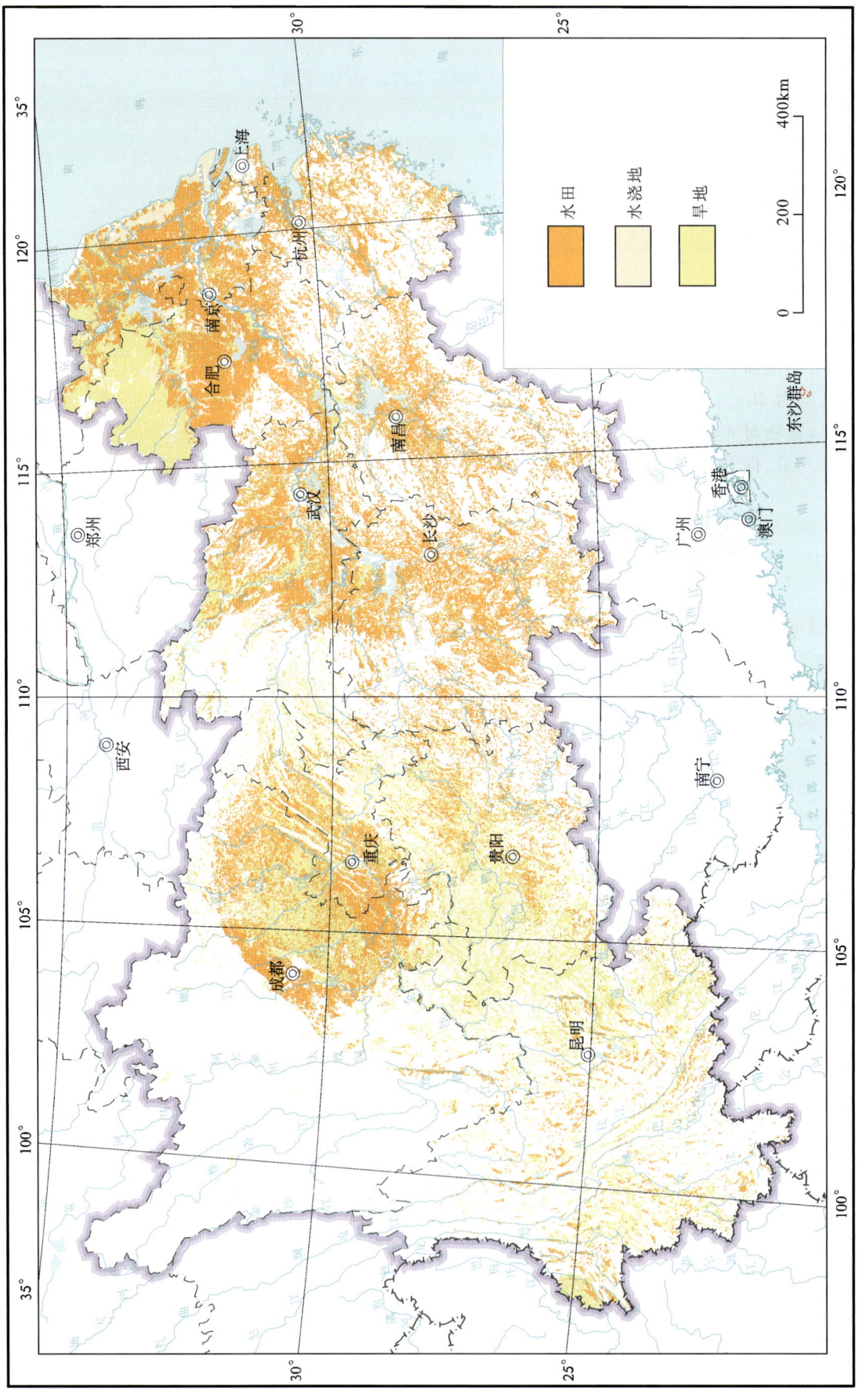

图 4-10 长江经济带耕地及类型分布图

硒是人体和动物必需的微量元素,硒元素被誉为"生命之火""抗癌之王""心脏守护神",被世界卫生组织确定为继碘、锌之后的第三大营养元素。人体适量补硒可有效提高机体免疫能力。医学研究证明,克山病、大骨节病、甲状腺代谢异常、生殖力降低、胚胎发育不良、食欲下降等数十种疾病与缺硒有关。硒对人体的健康作用主要有:参与细胞(或组织)抵抗氧自由基对细胞的氧化作用,保护细胞膜脂质不受损害,并有直接猝灭和清除氧自由基的功能;提高人体免疫功能,增强机体对病原体的抵抗能力;对钼、铬、铜、硫等元素具有拮抗作用,可减轻铅、镉、汞、铊、砷等有毒元素对人体的毒性;阻断化学致癌物质亚硝胺诱发 DNA 基因突变,防止某些癌症的发生。

人和动物的一些健康问题与自然环境中硒的缺乏或过量有关。我国是一个贫硒国家,72%的地区属于缺硒或低硒区,土壤硒平均值($0.21×10^{-6}$)低于世界土壤硒含量($0.4×10^{-6}$)。主要作物中硒含量偏低(低于 $0.05×10^{-6}$),2/3 的人口存在不同程度的硒摄入不足。世界上缺硒区面积大大超过高硒区,包括美国、英国、芬兰、丹麦、斯里兰卡、新西兰、澳大利亚、印度、加拿大、泰国和一些非洲国家均分布缺硒地区,缺硒耕地面积约占世界耕地面积的 20%。1996 年世界卫生组织(WHO)设定人体饮食硒摄入量的适宜范围为 $40\sim400\mu g/d$,全球范围内人体硒摄入缺乏或不足问题十分普遍。食物是人畜体内硒的主要来源,食物对人体硒摄入的贡献率达 80%。食用硒含量高且处于安全范围的富硒农产品,是增加人体硒摄入量、提升人体硒水平的有效途径。富硒农产品不仅具有巨大的国内市场,而且具有巨大的国际市场。

长江经济带 1∶25 万土地质量地球化学调查表明,在调查覆盖的 59.59 万 km^2 范围内,土壤硒含量介于 $0.4×10^{-6}\sim3.0×10^{-6}$ 之间的富硒耕地面积达 5373 万亩,主要分布于湖南、湖北、浙江、江西、安徽、四川、贵州等省。其中,土壤重金属含量同时满足《绿色食品 产地环境质量标准》(NY/T 391—2013)的绿色富硒耕地面积达 1836 万亩(表 4-13),主要分布于湖北、浙江、江西、湖南、安徽、四川、江苏,湖北、浙江、江西、湖南、安徽五省的绿色富硒耕地面积均在 200 万亩以上(表 4-13,图 4-11)。从地理分布来看,绿色富硒耕地主要分布于四川成都盆地、湖北江汉平原、湖南环洞庭湖和郴州地区、江西环鄱阳湖地区和赣江中上游、江苏环太湖地区、浙江北部平原和金衢盆地。大范围分布的富硒土壤主要与特殊的富硒地层或地质体有关,部分是由含硒较高的成土母质经成土过程中的次生富集作用形成的,局部地区与燃煤等排放叠加作用有关。

表 4-13 长江经济带无重金属污染耕地和绿色富硒耕地分布　　　　单位:万亩

省(市)	绿色富硒耕地	无重金属污染耕地
上海	6	736
江苏	133	11 615
浙江	347	2654
安徽	213	7552
江西	325	3339
湖北	350	7009
湖南	256	2240
重庆	43	2719
四川	142	7027
贵州	18	48
云南	3	310
合计	1836	45 249

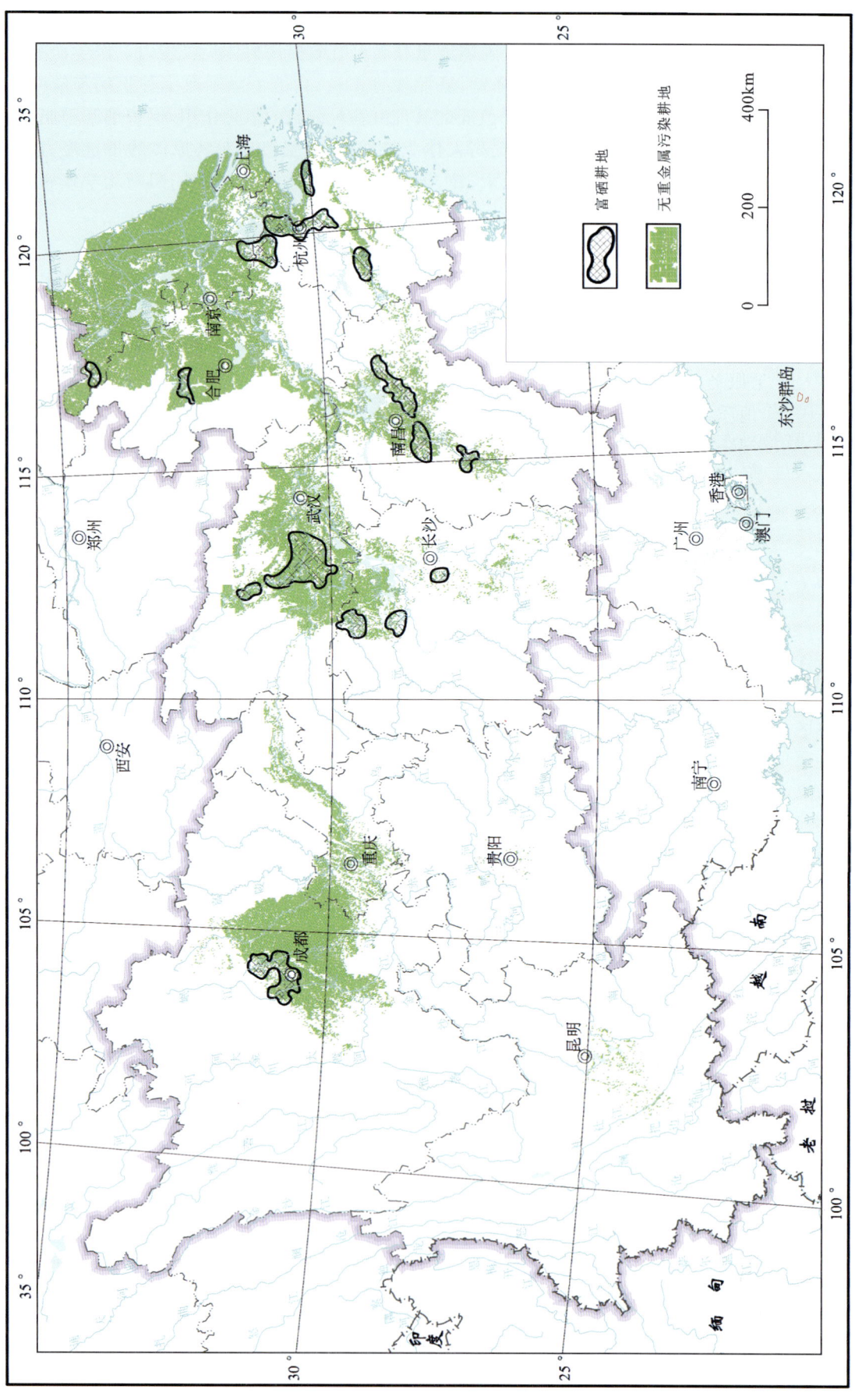

图 4-11 长江经济带无重金属污染和富硒耕地分布图

近年来,江西丰城、湖南新田、安徽石台、湖北恩施和仙桃、浙江嘉兴等地富硒土地资源开发利用取得了丰硕成果,建成了一批富硒特色农产品产业基地或产业园,促进了当地农业经济的发展和贫困地区的脱贫致富。

例如江西省1:25万土地质量地球化学调查圈出了丰城市富硒土壤78.7万亩,查明了一批天然富硒农产品,填补了江西省富硒农产品的空白,为丰城市打造"中国生态硒谷"奠定了基础。此项成果引起了丰城市委、市政府的高度重视,富硒土地资源的开发利用成为丰城市"发展现代农业的突破点、农民增收的支撑点、新农村建设产业发展的新亮点、环鄱阳湖生态经济开发建设的链接点",通过编制丰城市富硒产业发展规划,设立了富硒服务中心,并进行了招商引资等市场化运作,建成了占地45km^{2}的中国生态硒谷农业科技园,带动了全市富硒产业发展。丰城市已建成多家富硒农产品龙头企业和产学研机构,总投资达数十亿元,实现年产值数十亿元,大大提升了农产品价格,解决了数千名农民的就业,带动近万农民实现了增收增效,取得了良好的社会经济效益。这充分体现了地质工作的基础性、公益性、战略性,成为地质调查成果服务于"三农"的切入点。

再如,通过土地质量地球化学调查发现,湖南省新田县分布大面积富硒土地资源,同时发现富硒大豆等一批富硒农产品,被省全民补硒工程项目办公室授予"原生态富硒食品基地县",被省地球物理地球化学勘查院确定为"富硒土壤开发利用研究基地",成为脱贫致富的重要抓手。新田县委县政府抢抓机遇,顺势而为,提出了"打硒锶品牌、走高端之路、建养生之地"的战略,编制了《新田县富硒产业发展(2013—2020年)规划》,规划深度开发和高效利用了硒资源,积极推动了新田县富硒产业纵深发展。通过建立招商引资、专业合作、土地流转等政策,以有机富硒农产品为发展导向,集中连片建设富硒产业园区和产业基地,成功开发了富硒大豆、富硒大米、富硒蔬菜、富硒云耳、富硒鹅熟食、富硒鸡等多类别多层次的产品;建成了水稻、大豆、蔬菜、烤烟、鹅鸭、辣椒、药材、果品、食用菌、特色畜禽(黑猪、野猪、竹鼠、黑豚)十大类基地,十大富硒支柱产业的产值占全县农业总产值的60%左右;申报获得了一系列的国家地理标志、省级名牌和国家级农产品品牌,富硒高蛋白大豆、"馨秀峰"牌蔬菜、"豆家旺"牌豆制品、"鑫隆"牌白条鸭、"金波湖"牌鹅熟食产品等畅销省内外多个城市并远销粤、港、澳,特别是"馨秀峰"牌蔬菜以高于本地同类品种4~6倍的价格销往新加坡,大受欢迎。新田富硒高蛋白大豆被第十四届国际人与动物微量元素大会确定为唯一指定大豆用品。

2015年6月25日,在浙江召开了全国土地质量地质调查服务土地管理现场会,介绍了土地质量地球化学调查成果在浙江的应用案例。通过土地质量地球化学调查,浙江省嘉兴市的秀洲油车港镇、嘉善干窑镇、海盐澉浦镇分别圈出了富硒土地5.47万亩、1.64万亩和1.8万亩,为当地发展现代农业、推进物产增值、农民增收奠定了良好基础。地方政府积极做好成果对接工作,把富硒土地优先划入基本农田保护并组织做好土地流转,抓紧规划富硒农产品种植品种,加快打造优质富硒农产品品牌,进一步促进了物产增值、农民增收。

鉴于富硒土地资源具有巨大的开发利用潜力,建议加强对绿色富硒耕地资源的开发利用规划和保护,保障富硒耕地资源的可持续利用;同时,充分利用天然绿色富硒耕地资源,打造和培育富硒农产品生产基地或产业园区,促进地方经济发展,带动贫困地区脱贫致富。

二、无重金属污染耕地

调查发现,长江经济带无重金属污染耕地有4.52亿亩,为高标准基本农田建设和保障农产品质量安全提供了重要依据。

无重金属污染的安全耕地主要分布在四川盆地、重庆沿江地区、江汉平原、洞庭湖平原、鄱阳湖平原、赣江中上游、安徽沿江和江淮地区、苏北平原、长江三角洲、浙中盆地等地区(图4-11),这些地区是我国重要的粮食生产基地和农业种植区。广泛分布的无重金属污染耕地为绿色农业发展提供了重要基础条件。

三、绿色农产品产地

评价显示,长江经济带绿色农产品产地最适宜区(AA级)大面积连片分布,分布面积约 224 940 km²,占全区面积的 37.77%。主要位于四川省成都平原、眉山、乐山、简阳、资阳、遂宁、内江、绵阳以及平武等地;云南省玉溪市新平县境内和昆明市以东的宜良县东部;贵州省贵阳市东南与黔南布依族苗族自治州(简称黔南州)龙里县及贵阳市息烽县西北地区;鄱阳湖及周边经济区、吉安市,以及赣州市兴国县、于都县、瑞金县和信丰县等地区;湖北省绝大部分地区;洞庭湖平原的东西两侧和郴州市的东部地区;安徽江淮平原、宣城郎溪广德地区和长江安徽段上游;江苏省里下河平原、南通的海安、如皋周边以及苏锡常大部分地区;浙江杭嘉湖平原、金衢盆地和宁台沿海平原区(表4-14,图4-12)。

表4-14 长江经济带绿色农产品产地适宜性评价面积统计表

经济区	省(市)	生态环境质量分级(适宜性等级)						评价分区面积/km²	行政区面积/万km²	
		AA(最适宜)		A(适宜)		B(不适宜)			各区面积	小计
		面积/km²	比例/%	面积/km²	比例/%	面积/km²	比例/%			
上游	四川	18 150	30.53	23 008	38.71	18 285	30.76	59 443	48.50	113.36
	云南	10 924	43.13	2772	10.94	11 632	45.93	25 328	39.00	
	重庆	3830	10.76	20 837	58.53	10 933	30.71	35 600	8.24	
	贵州	1180	9.49	4.00	0.03	11 248	90.48	12 432	17.62	
中游	湖北	31 584	40.01	28 554	36.17	18 808	23.82	78 946	18.59	56.46
	湖南	17 293	23.11	4135	5.63	52 783	71.27	74 211	21.18	
	江西	70 479	66.24	4011	3.77	31 909	29.99	106 399	16.69	
皖江	安徽	33 476	49.51	23 872	35.45	10 168	15.04	67 516	14.00	14.00
长三角	江苏	23 436	24.26	65 592	67.91	7560	7.83	96 588	10.26	21.07
	上海	2420	33.65	3292	45.77	1480	20.58	7192	0.63	
	浙江	12 168	38.21	11 680	36.68	7996	25.11	31 844	10.18	
合计		224 940	37.77	187 757	31.53	182 802	30.70	595 499	204.89	

绿色农产品产地适宜区(A级)分布面积约 187 757 km²,占全评价区面积的 31.53%。主要分布于四川省成都平原以东、资阳、简阳、遂宁以及绵阳以南地区;重庆市西北部潼南县地区和重庆市东部长江沿岸地区;长江湖北段下游;安徽合肥周边地区和淮北平原;江苏苏北平原、宁溧丘陵地区;浙江杭州湾地区和丽水盆地(刘红樱和姜月华,2019a)。

绿色农产品产地不适宜区(B级)分布面积约 182 802 km²,占全评价区面积的 30.70%。主要分布于四川省什邡—绵竹—安州区—平武一线以西地区以及眉山南部;渝南大娄山一带,并零散分布在渝西地区;云南省玉溪市峨山县—易门县之北东地区,尤其以昆明市石林县呈集中连片分布;贵州省岩溶区;湖北省随州市南部、四湖总干渠周边和黄石市矿山区等地;湖南省绝大部分地区,在长沙—衡阳—郴州一带呈大面积分布;江西上饶、鹰潭等矿产资源集中地;安徽安庆—铜陵沿江地区;江苏南京、苏州、无锡城市周边及连云港、盱眙等特殊地质背景地区;浙江杭州—绍兴—宁波一带及上海市。

依据区内绿色农产品产地适宜性、土壤环境质量和立地条件(与耕地利用相关的社会经济发展条件、耕地连片度条件和耕地景观格局条件等),划分出7片永久农田保护建议区(图4-13)。其中,四川

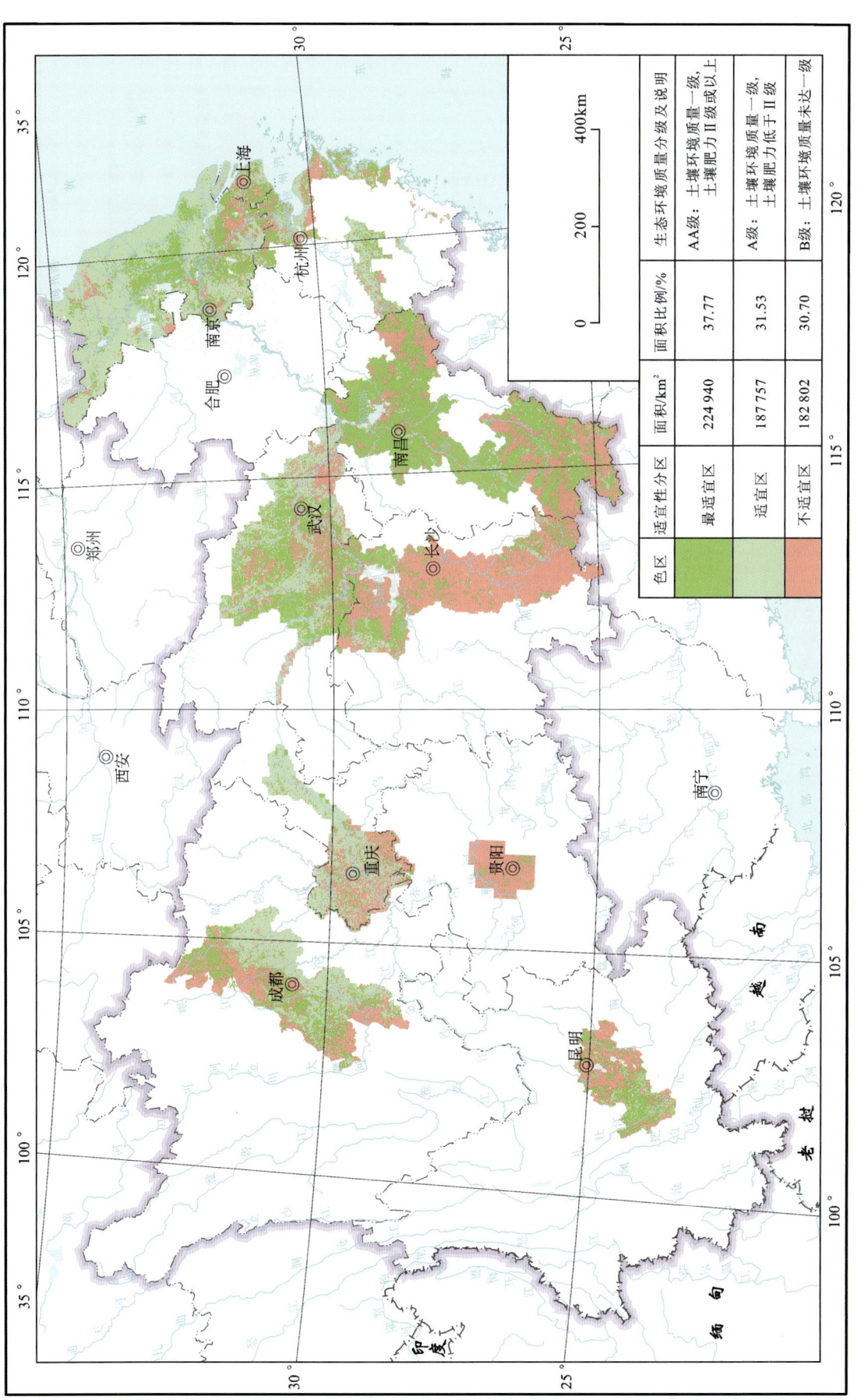

图4-12 长江经济带平原丘陵区绿色农产品产地适宜性评价图

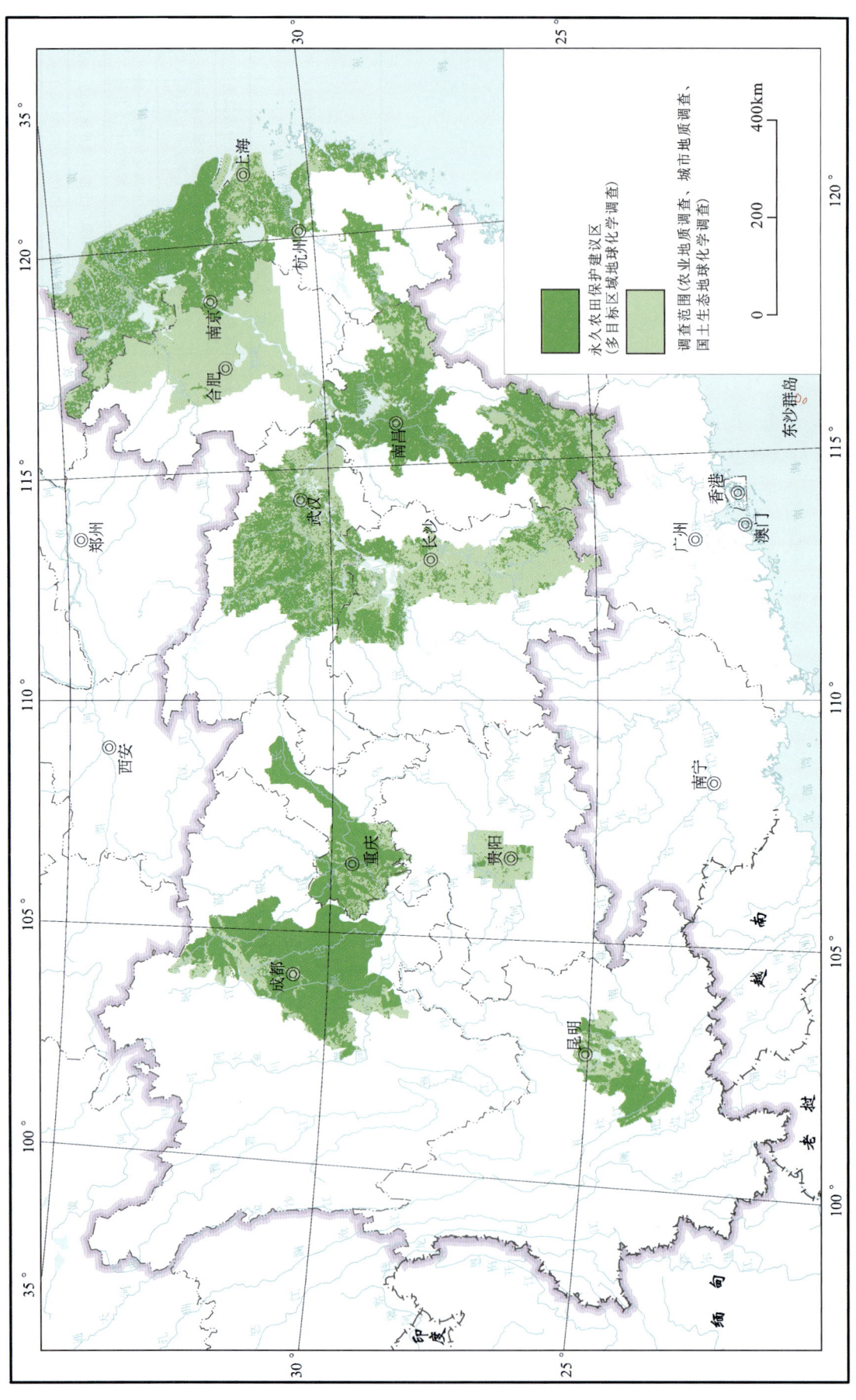

图4-13 长江经济带平原丘陵区永久农田保护区建议图

成都平原—绵阳—平武及重庆长江沿岸一带划定为永久基本农田,面积约7.39万km^2;云南玉溪至元江一带划定为永久基本农田,面积1.21万km^2;湖北及湖南洞庭湖平原的东、西两侧划定为永久基本农田,面积2.32万km^2;鄱阳湖平原及赣江、信江、抚河、饶河、修水河谷平原划定为永久基本农田,面积为2.27万km^2;安徽沿江冲积平原、江淮平原和淮北平原及宣郎广丘陵划定为永久基本农田,面积4.43万km^2;长江三角洲平原、里下河平原、苏北沿海平原及宜溧丘陵划定为永久基本农田,面积8.92万km^2;杭嘉湖平原、浙东沿海丘陵平原及金衢盆地和丽水盆地划定为永久基本农田,面积2.38万km^2。

第四节　长江经济带矿产资源

长江经济带是国家重要矿产资源保障的核心区域。据资料显示,2013年矿业工业总产值为4 960.8亿元,占全国总量的16.4%,从业人员超过300万人,依托矿业发展起来99座资源型城市。

长江经济带涉及8个重点成矿区(带)和36个国家级整装勘查区,成矿条件优越,矿产资源丰富(国土资源部中国地质调查局,2016c;武强,2019)。通过15年的矿产调查评价工作,地质工作程度大幅度提高,引领拉动商业勘查取得找矿重大突破,为实施长江经济带战略、建立新能源产业带提供了重要矿产资源基础。

一、地质矿产调查

1. 大幅度提高重点成矿区(带)工作程度

1999以来,长江经济带围绕国家级重点成矿区(带)、重要矿种,矿产地质调查专项累计投入经费70亿元,完成1∶5万矿产地质调查面积59.59万km^2,重点成矿区(带)矿产调查工作程度超过60%,整装勘查区基本完成矿产地质调查工作;圈定重要找矿靶区千余处,提供大量物化探异常、矿点、矿化点等找矿线索,为区域矿产勘查提供了基础支撑;开展了重要层段的页岩气资源潜力评价,在四川盆地及周缘新圈定了一批有利目标区,为企业勘查开发提供基础资料和勘查靶区。

2. 基本摸清了重要矿产资源潜力

根据全国矿产资源潜力评价总体工作部署,完成了重要矿种的资源潜力评价,圈定了资源远景区,摸清了资源家底,为矿产资源规划部署提供了依据。成果显示,铁、锰、铝、钨、锡、锑、磷、萤石、硬岩型锂、钾盐等矿种,预测资源量占全国的比例超过30%(表4-15)。铝、锰、锑、锡、萤石等矿种的资源储量查明率低于20%(图4-14),表明长江经济带上述矿产资源找矿潜力巨大。

3. 发现和评价一批大型—超大型矿产地

通过部署调查评价和勘查示范,新发现大型—超大型矿产地35处,其中超大型矿产地7处,大型矿产地28处。新发现大型—超大型矿产地质算出金资源量为146t、铁矿石为5亿t、铜为700万t、钨锡为110万t、铅锌为2370万t、锂为64万t,为长江经济带找矿突破战略行动目标的实现奠定了基础。

4. 支撑形成一批国家级矿产资源基地

在地质找矿新机制引领下,取得了一批有战略影响的找矿成果。能源和重要矿产勘查获得了重大突破,江西相山铀矿、鄂东南铁铜矿、赣东北铜金矿、南岭钨锡矿、安徽铜陵铜矿等老资源基地新增了一批接替资源,形成了四川甲基卡锂、滇西北铜、赣北钨和安徽金寨钼等一批新的国家级资源基地,为国民经济和区域经济发展提供了资源保障。

表 4-15 长江经济带主要矿产预测资源量表

矿种	单位	预测资源量	占全国比重/%	矿种	单位	预测资源量	占全国比重/%
铁	亿 t	756	38.6	铜	万 t	8755	28.8
锰	万 t	252 215	71.7	铅	万 t	6298	26.3
铝	万 t	679 581	37.8	锌	万 t	13 337	
钨	万 t	1381	46.4	钼	万 t	1218	13.6
锡	万 t	1120	60.2	金	t	5944	18.2
锑	万 t	654	43.1	稀土	万 t	3204	8.9
磷	亿 t	309.1	55.2	银	t	217 733	30.0
萤石(CaF$_2$)	万 t	74 156	77.8	硬岩型锂(Li$_2$O)	万 t	501	84.4
重晶石	亿 t	10.6	73.4				

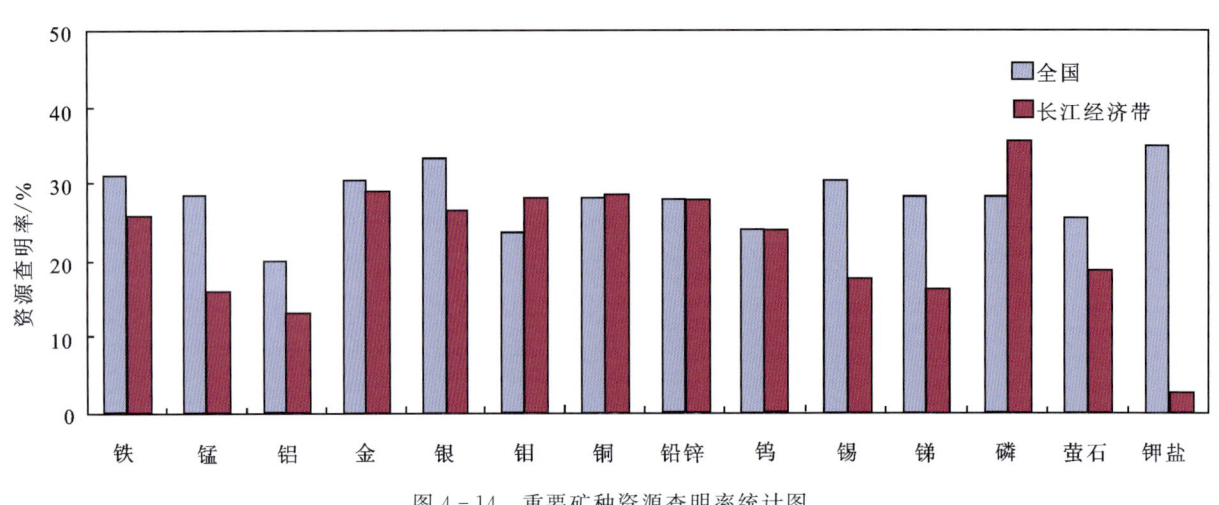

图 4-14 重要矿种资源查明率统计图

注:单矿种预测资源量据全国矿产资源潜力评价成果;单矿种查明资源储量据 2013 年全国矿产资源储量通报。

二、主要判断与认识

1. 重要矿产资源丰富,能源资源不足

长江经济带已查明资源储量占全国 50% 以上的矿产有 34 种。其中,铜、锰、铅锌等大宗矿产占 30%～50%;钨、锡、锑、钽铌等优势矿产占 50%～80%;铍(绿柱石)、锂(硬岩型)、萤石、磷等新兴产业矿产资源占 80%～90%(图 4-15)。钨、锑、离子吸附型稀土、萤石等矿产在世界上具优势地位(图 4-16)。

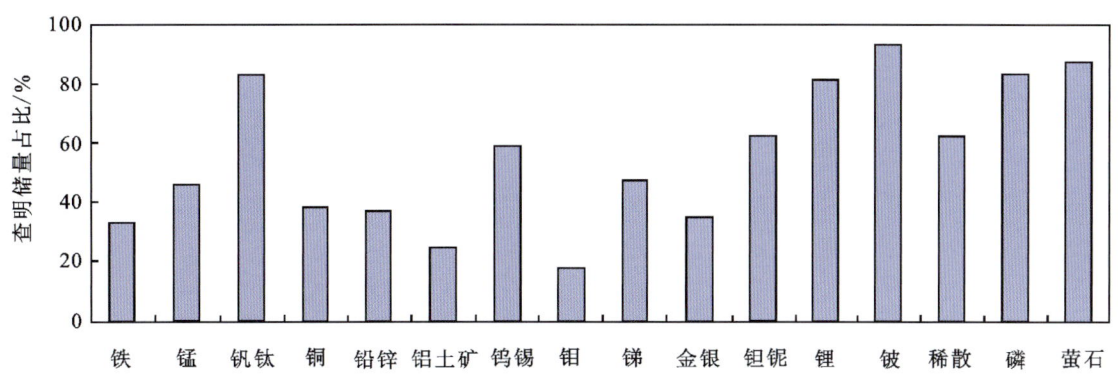

图 4-15 长江经济重要矿产查明资源储量占比图
注：查明储量占比为长江经济带已查明资源储量占全国的比例。

煤炭、石油等能源资源储量少，规模小（图 4-17），天然气资源较丰富（图 4-18）。至 2014 年，长江经济带累计探获煤炭资源储量仅占全国的 10%，大中型规模矿山仅占 3%；石油累计探明地质储量约占全国的 2%；天然气资源累计探明地质储量约占全国的 28%。

2. 矿产资源分布相对集中，优势资源储量较大

长江经济带大中型矿床集中分布。其中，大型以上铁矿床主要分布在安徽庐枞、鄂东南、四川攀枝花；铜矿床分布在赣东北、安徽—湖北沿江和滇西北等地；铅锌矿床分布在湘西、四川、云南等地；锰矿床分布在贵州遵义、湖南花垣—蓝山、重庆秀山等地；铝矿床集中分布在黔中地区；钨锡矿床分布在南岭地区。矿产资源储量较大。

3. 矿产资源开发利用程度高，一批老矿山资源面临枯竭

长江经济带现有矿山近 4.8 万个，中型以上的铁、锰、金银、铜、锑等重要矿产开发利用程度大于 60%（图 4-19）。

2013 年锑、锡、萤石、钨、铜等重要矿产的开采量占全国 60% 以上（图 4-20），并形成 14 处重要大型资源基地（表 4-16），成为国家重要资源保障的核心区域。页岩气在四川涪陵地区已探明地质储量 1 067.5 亿 m³，已经建成产能 15 亿 m³/a。

从重要矿产资源的矿山保有经济可采储量看，长江经济带矿山服务年限不足 5 年的矿山达 982 个，占长江经济带矿山总数量的 2.05%；14 个资源基地中服务年限不足 5 年的矿山为 198 个，占长江经济带矿山服务年限不足 5 年的矿山总数量的 20.16%；按矿种统计，长江经济带钨、锑、金、锌、稀土、萤石、铅等有大于 40% 的矿山服务年限不足 5 年（图 4-21）。

4. 矿山开发小且分散，生态环境问题突出

长江经济带已开采的大中型矿山仅占 7%，低于全国 10% 的平均水平，铁、锰、铅锌、金等矿产多为小规模分散开采。传统资源开发利用方式产生的生态环境问题十分突出，累计破坏土地 3.868 万 km²，固体废弃物存量达 400 亿 t，年排放废水超过 47 亿 m³。目前，矿石年开采量已经达到了 100 亿 t，对生态环境的压力不言而喻，迫切需要绿色转型。

5. 新能源新材料资源潜力大，重要矿产资源圈出一批综合找矿资源潜力区

长江经济带铀、地热、页岩气、锂、"三稀"等新能源与新兴产业原材料矿产资源潜力大。

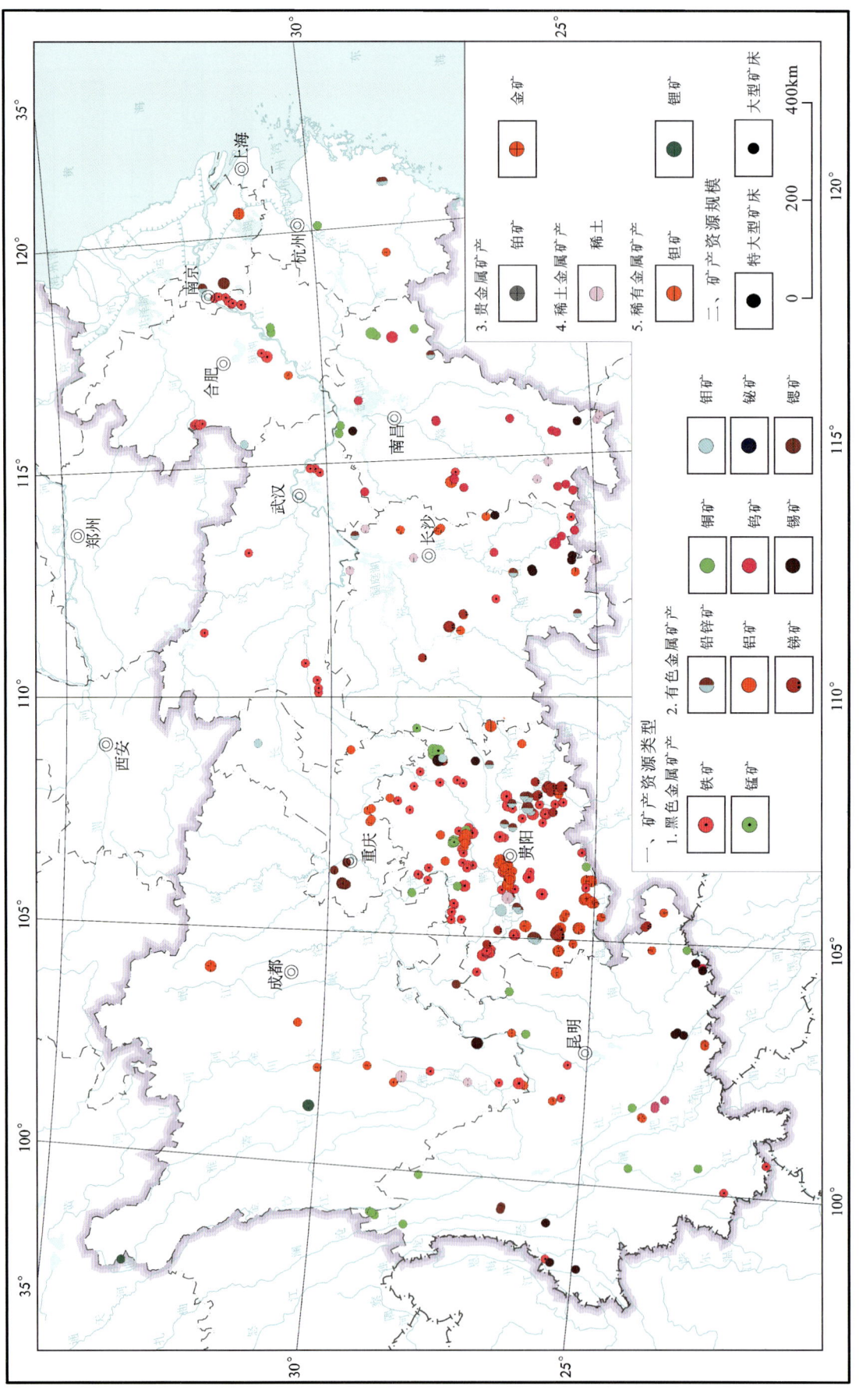

图 4-16 长江经济带金属矿产分布

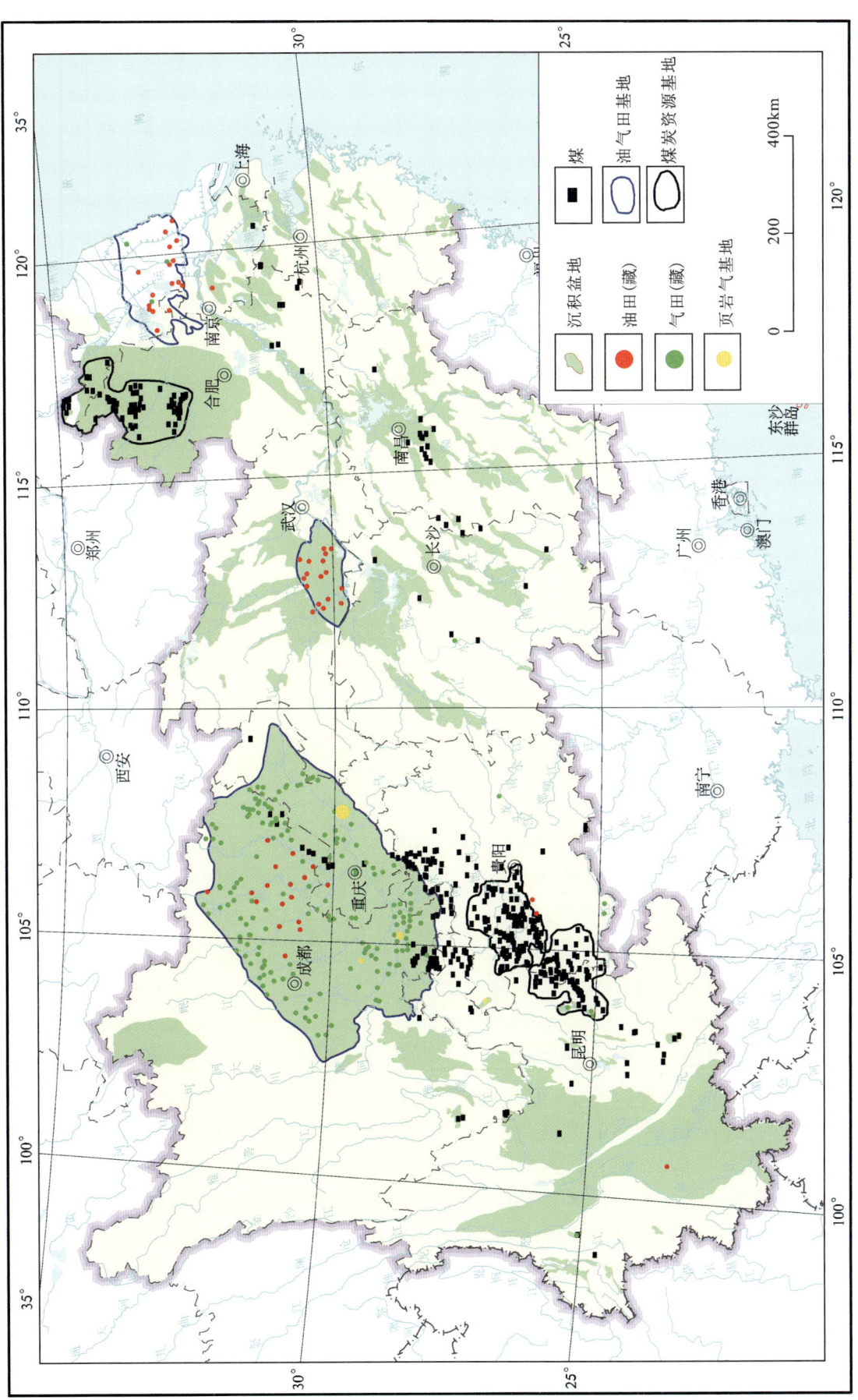

图 4-17 长江经济带能源矿产分布

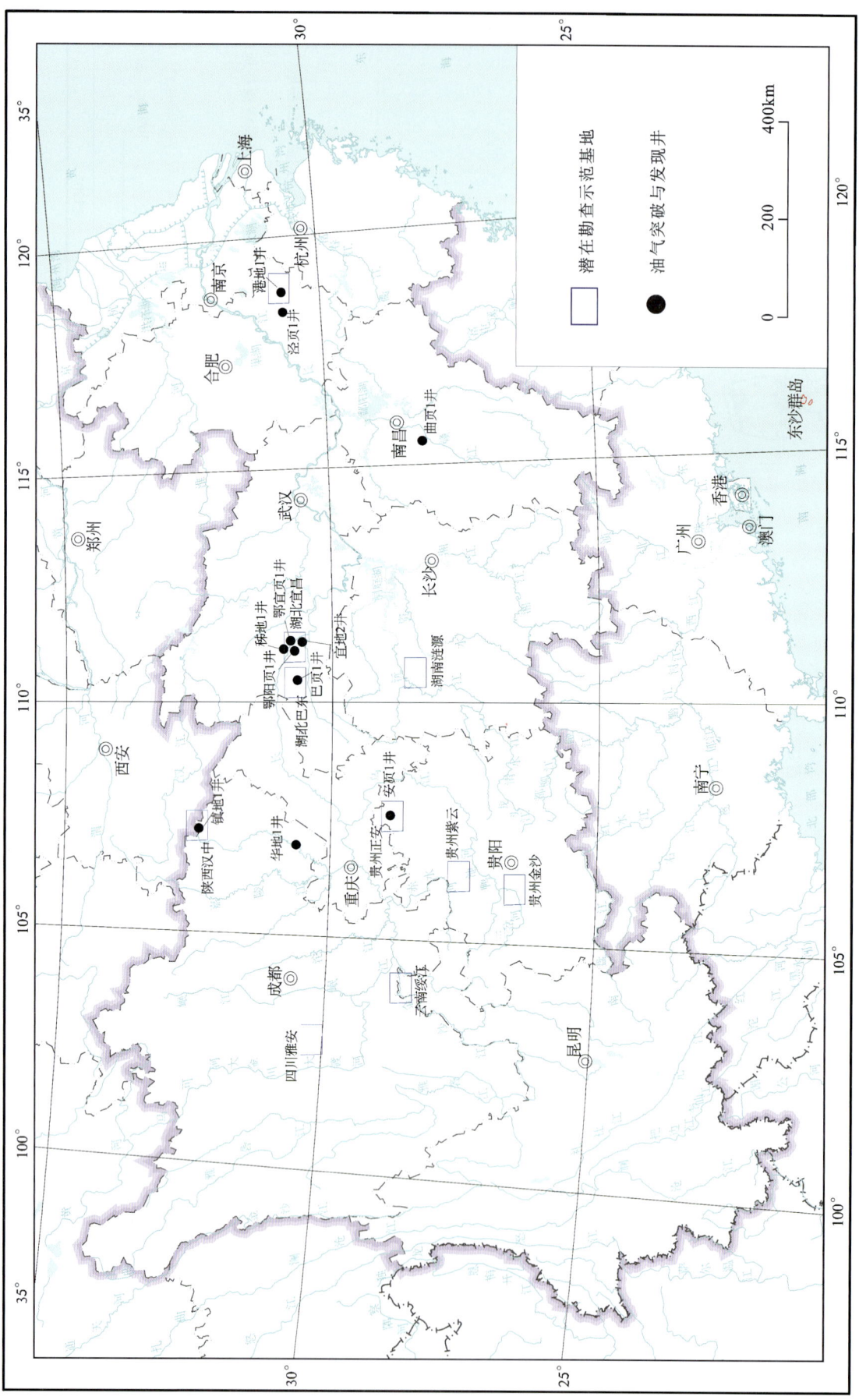

图 4-18 长江经济带油气分布

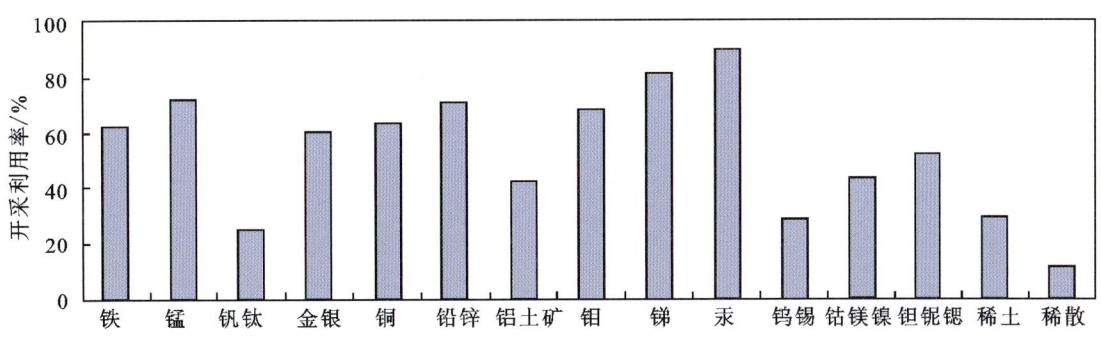

图 4-19 重要矿产开发利用率统计图

资源来料：中国地质调查局《全国矿产地数据库（2013）》。

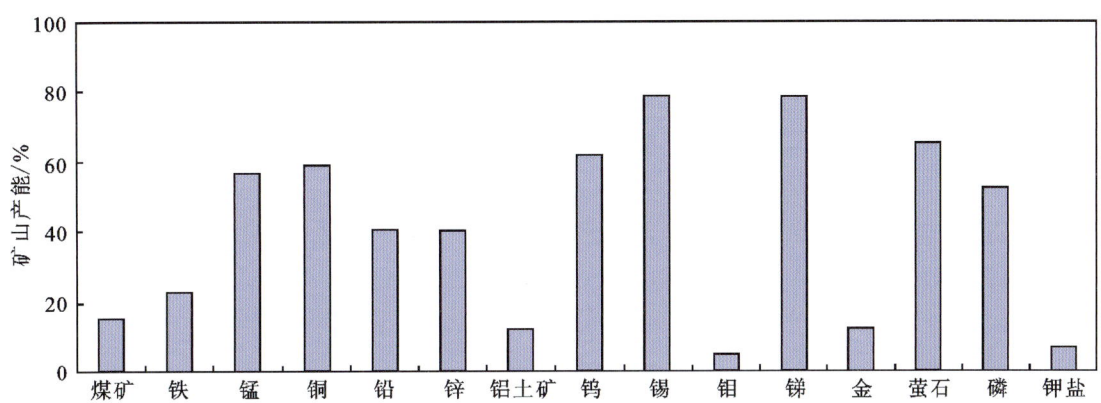

图 4-20 长江经济带重要矿产资源矿山产能统计图

数据来源：国土资料部《中国矿产资源年报（2014）》。

表 4-16 重要矿产资源基地保有资源量和服务年限表

序号	资源基地名称	保有资源储量	服务年限 0~5 年矿山数量/个	矿山总数/个	矿山产能
1	安徽铜陵、马鞍山铜铁资源基地	铜:96.4万t;铁:6.7亿t	45	90	铜:638万t;铁:1577万t
2	鄂东南-江西九瑞铁铜矿基地	铜:331.4万t;铁:2.6亿t	36	90	铜:916万t;铁:679万t
3	湖北荆州-襄阳磷矿基地	磷:9.7亿t	35	164	磷:1317万t
4	湖南香花岭-骑田岭锡矿基地	锡:5.1万t	12	51	锡:54万t
5	江西德兴铜金矿基地	铜:552万t;金:36.2t	11	23	铜:3827万t;金:124万t
6	黔西南金矿基地	金:126t	2	69	金:160万t
7	贵州翁福磷资源基地	磷:2.1亿t	0	19	磷:540万t
8	云南昆阳磷资源基地	磷:5.4亿t	8	54	磷:1775万t
9	贵州遵义锰资源基地	锰:2495万t	2	36	锰:18万t
10	黔中铝土矿基地	铝土矿:4889万t	3	16	铝:37万t
11	云南会泽铅锌资源基地	锌:46.8万t	3	9	锌:75万t
12	四川攀枝花钒钛磁铁矿基地	铁:19.9亿t	34	159	铁:4285万t
13	云南个旧锡资源基地	锡:27.5万t	3	11	锡:474万t
14	云南兰坪铅锌银资源基地	铅:46.8万t;锌:640万t	4	17	铅:12万t;锌:141万t

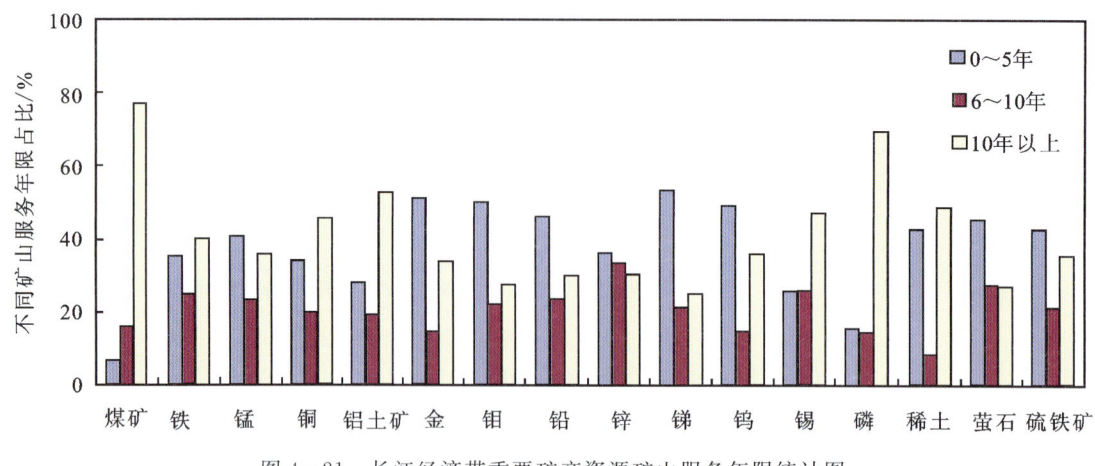

图 4-21　长江经济带重要矿产资源矿山服务年限统计图

硬岩型锂矿预测资源量为 500 万 t,主要分布在四川甲基卡和赣南地区;页岩气预测可采资源量为 $1.47\times10^{13}\,\mathrm{m^3}$,主要分布于四川盆地及周缘;地热资源储量为 $15\,021.33\times10^{15}\,\mathrm{kJ}$,折合标准煤 12 918 亿 t,主要分布在淮河、苏北、江汉和四川盆地,以及滇西隆滑高原、川西滇东、云贵高原和华南山地等;地下热水可采资源量可超过 16 亿 $\mathrm{m^3/a}$;主要城市浅层地热能总资源量 316 200 亿 kW·h,折合标准煤 38.9 亿 t,可利用资源量 11 860 亿 kW·h,折合标准煤 1.45 亿 t。展示出地热、浅层地热能、锂辉石等能源矿产较好的资源前景。

依据全国矿资源潜力评价结果,重要矿产圈出 18 个综合找矿资源潜力区,包括老矿产资源基地潜力区 14 个、待开发矿产资源基地潜力区 4 个(图 4-22)。

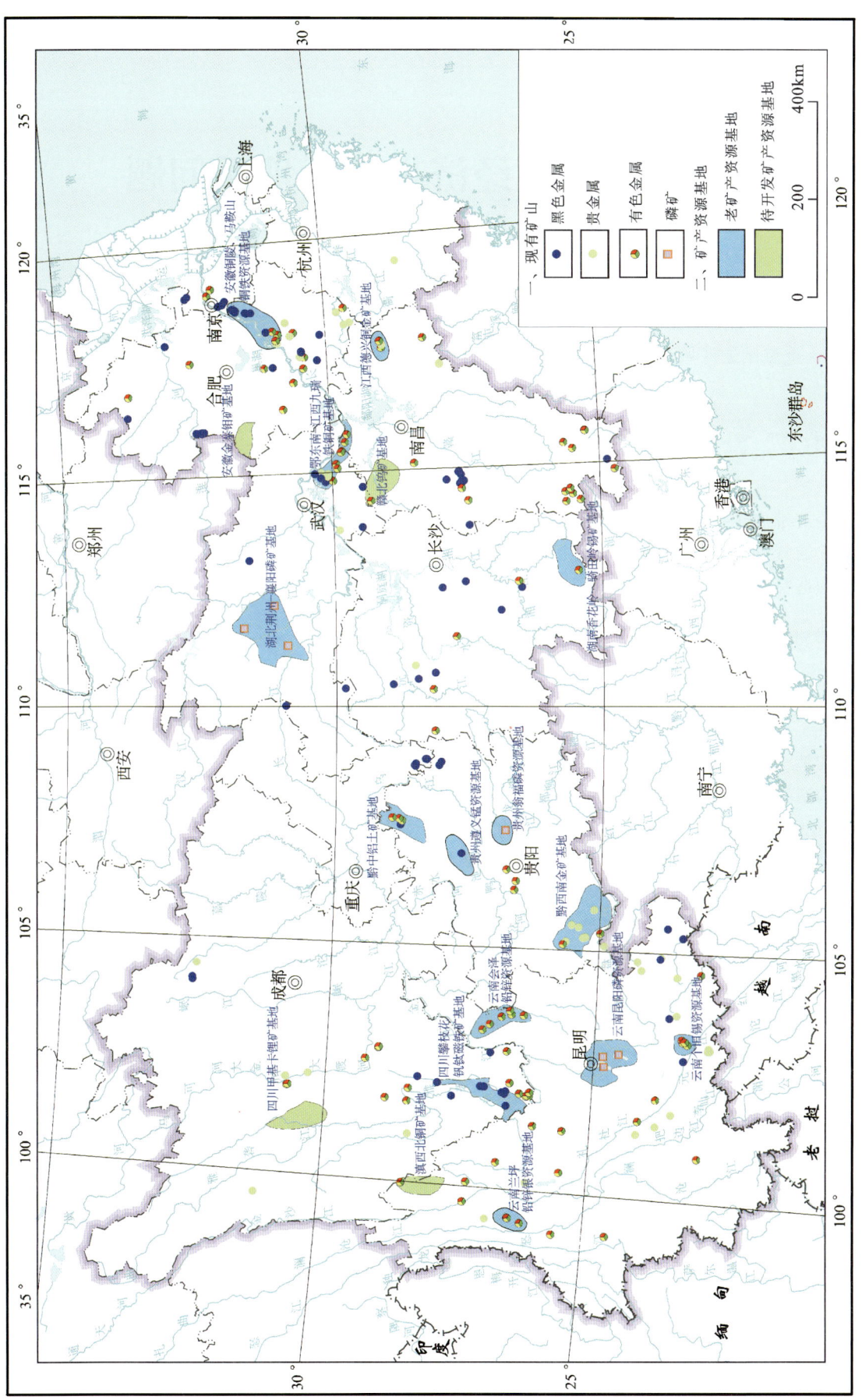

图 4-22 长江经济带重要矿产资源潜力区分布图

第五章　长江经济带重大地质问题

长江经济带重大地质问题主要有区域地壳稳定性与活动断裂、岩溶塌陷和石漠化、地质灾害、地面沉降、水土污染、中下游长江岸带侵蚀、湖泊湿地生态功能退化和富营养化、尾矿问题、气候变化等。限于篇幅，本章重点阐述区域地壳稳定性与活动断裂、地质灾害、岩溶塌陷、地面沉降、水土污染问题。

第一节　长江经济带区域地壳稳定性与活动断裂

长江经济带由于特殊的地质-生态环境和防灾减灾背景，无论是城市群发展与新型城镇化建设，还是重大工程的规划与设计，都会不同程度地面临活动构造及区域地壳稳定性方面的问题。因此，查明该区的活动构造特征和相关的区域地壳稳定性可为长江经济带的规划与建设提供重要的地质科技支撑。

一、活动构造概况

1. 活动构造基本概念与分区

活动构造一般被定义为"晚第四纪期间（主要是距今约 500ka 或 150ka 以来）仍在活动，并在未来仍将活动的构造"（Wallace，1986）。活动断裂作为活动构造的主要类型，其定义与活动构造类似，一般强调"晚第四纪期间（主要是距今约 150ka 以来或晚更新世以来）多次活动，并且未来仍将活动的断裂"（Yeats et al.，1997；邓起东等，1994）。由于活动断裂的定义与地震危险性评价直接相关，活动断裂调查研究的根本目的之一是确定断裂未来是否可能活动并引发地震灾害（吴中海等，2014a）。对于中国东部、尤其是华南地区而言，晚第四纪与第四纪、甚至新生代断裂的活动常具有明显的一致性和继承性（邓起东，1982；邓起东和闻学泽，2008），并且长江经济带中部、东部地区晚第四纪期间的地壳活动性与断裂活动强度相对中国西部地区明显弱得多。因此，探讨该区的活动构造问题仅考虑晚第四纪活动的断裂显然是不全面的，需要着眼于第四纪特别是新近纪具有明显活动的断裂及构造。

长江经济带从西到东穿过青藏高原东南缘、云贵高原和江南丘陵及其间的四川盆地、两湖平原、鄱阳湖平原和长江中下游平原等多个不同的地形地貌单元。在大地构造上，长江经济带分别跨越了川滇藏造山系、扬子陆块区和武夷-云开-台湾造山系（又称华南造山带或褶皱带）三大构造单元，这三大构造单元又包含了众多演化历史不同的次级构造块体（马丽芳，2002；潘桂棠等，2009；舒良树，2012）。因此，该区不仅具有独特的地形地貌特点，而且地质构造与断裂体系复杂。新构造期间（10~8Ma），中国大陆在西南侧印度板块向北北东方向的低角度快速陆内俯冲作用和东侧西太平洋板块向西高角度快速俯冲作用的双重动力体系控制下，古老的造山带和构造形迹纷纷复活，导致了许多活动断裂的出现和复杂的活动构造体系的产生。长江经济带横贯中国大陆南部，其现今地壳活动性在东、西两大不同动力体系的共同作用与影响下，也不可避免地存在许多规模和活动性不等的活动断裂（图 5-1）。长江经济带空间上大致以近南北向的成都—西昌—昆明一线（大致对应南北地震的中南段）和北北东向的宿迁—合肥—九江一线（大致对应郯庐断裂带南段）为界，可分为西部、中部和东部 3 个区段（图 5-1）。西部隶属于青

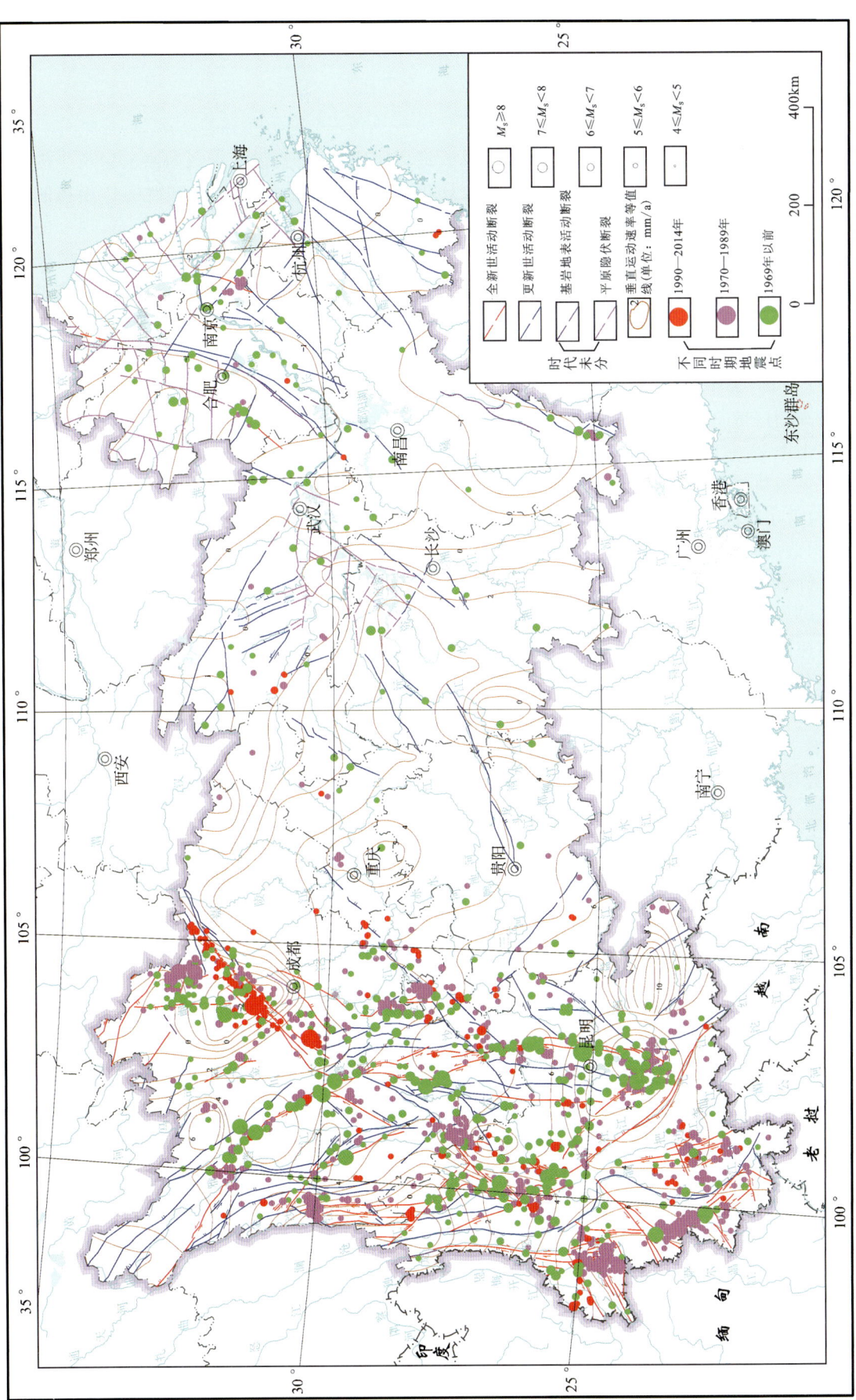

图 5-1 长江经济带主要活动断裂与地震分布图

注：活动断裂数据邓起东等，2007；地震数据源自中国地震台网数据。

藏活动构造区,中部、东部归为华南活动构造区。因此,不同区段的现今地壳活动性和动力学机制存在较明显差异。

2. 活动构造的东、西差异性

长江经济带西部处于青藏高原东南部、龙门山及云贵高原地区,主要包含青藏高原东缘现今构造活动最为强烈的川滇活动地块,其现今地壳活动主要受印度板块与欧亚板块间的陆陆碰撞作用控制。由于青藏高原内部物质的向东强烈挤出作用,形成了该区复杂而又特别活跃的地壳运动状态,现今的地壳构造应力场和地壳运动状态都以围绕东喜马拉雅构造结的顺时针旋转为特征,发育了龙门山构造带和鲜水河-小江断裂系等大型活动构造带,以及内部许多活动性中等、规模不等的活动断裂系统(Wang et al.,1998;张培震等,2013)。其中,活动性强烈的断裂主要集中在川滇地块边界,最大活动速率可以达到10~15mm/a(张培震等,2002a),次级块体边界中以发育中等活动断裂为主,断裂活动速率多在0.5~2.0mm/a之间(吴中海等,2015;Shen et al.,2005)。因此,该区既是中国活动断裂密度最大且地震活动频度最高的区域,也是地震地质灾害和地壳不稳定最显著的区域。

长江经济带中部、东部是新华夏构造体系中大型北东向沉降带与隆起带穿越区,现今地壳活动受到印度板块与欧亚板块碰撞、西太平洋板块向西俯冲作用的双重影响。该区主体属于相对稳定的华南活动构造区,并包含了次级的长江中下游断块区和川黔湘赣断块区等(邓起东等,2002)。震源机制解表明,该区现今构造应力场以近东西向挤压为主[六省(市)震源机制小组,1981;汪素云和许忠淮,1985;汪素云等,1987;许忠淮和吴少武,1997;郑月军等,2006]。GPS观测显示,扬子陆块相对于北部稳定的西伯利亚板块正以8~14mm/a的速度向NE130°~150°方向运动,且其内部的差异运动并不显著,也不存在特别明显的速度梯度带(张培震等,2002b;叶正仁和王健,2004;李延兴等,2006)。前人在分析总结中国及长江经济带部分区域的活动断裂特征时指出,虽然整个华南地区整体上自晚第三纪(新近纪)以来断裂活动性较弱,但长江经济带中部、东部地区第四纪期间存在较明显的断层活动与断块差异运动,主要发育北东向与北北东向、北西向与北西西向、近东西向多组规模和运动性质不同的晚第四纪活动断裂,典型的如郯庐断裂带、襄樊-广济断裂带、漆河-太阳山断裂、梁子湖-商城断裂带、麻城-团风断裂、南渡-板桥断裂、茅山断裂和瑞金-会昌断裂等,其中北东向与北北东向断裂的活动性相对更为显著(朱积安等,1984;丁宝田,1985;王斌等,2008)。该区除郯庐断裂带南延的宿迁—合肥—九江—长沙一线附近的断裂活动性和地震活动相对比较显著外,多数属低速率活动断裂,活动速率一般都在0.5~1.0mm/a。

长江经济带中部、东部地区还存在规模不等、第四纪沉降幅度不同的断陷或坳陷盆地,主要包括江汉-洞庭、鄱阳湖、苏北和南黄海等盆地(邓起东,1982;邓起东等,1994)。这些盆地都是受北东—北北东向、北东东向和北西—北西西向多组断裂控制,为自白垩纪以来逐步发展起来的复杂断陷盆地。其中,江汉-洞庭盆地主要充填的是白垩系—古近系。江汉盆地古近纪沉降幅度达4000m,新近系和第四系厚度相对较薄,分别为800m和150m。洞庭盆地白垩系—古近系最大厚度可达3000m左右,西南侧靠近太阳山断裂的区域第四系最大沉积厚度达250m。苏北盆地主要受北东向正断层控制,白垩纪以来的沉积厚度达5000~6000m,其中新近系厚700~1100m,第四系最厚超过300m,北东向的淮阴-响水断裂(又称响水河断裂)是该盆地北部较为显著的控盆断裂。分布于上述盆地周缘的断裂往往是区域上第四纪活动性比较显著的断裂,典型的如江汉-洞庭盆地西部以北东向右旋走滑为主的太阳山断裂和东部北北东向麻城-团风断裂与沙湖-湘阴断裂,以及分别从该盆地北界和南界穿过的北西西向襄樊-广济断裂带与常德-益阳-长沙断裂等。另外,从该盆地西北侧山地中延伸入盆地的以北北西向左旋走滑为主的雾渡河断裂、远安断裂、南漳断裂和钟祥断裂等都具有一定的活动性。在苏北盆地区,活动断裂以北东向具有正断成分的右旋走滑断裂为主,向东至南黄海地区主要活动断裂转为以具有走滑成分的正断层活动为主的近东西向断裂。

整体而言,相对于长江经济带西部,中部、东部地区的新构造变形不甚强烈,断裂活动性也相对较弱。此外,由于大地构造背景和所处现今板块位置的不同,从历史地震活动性和活动断裂发育方面看,长江经济带中部与东部的现今构造活动性也存在一定差异,东部活动性较中部更为显著。这主要是由于中部大部分属完整性较好和相对刚性的扬子陆块,并且处于中国大陆东、西两大板块作用力明显衰减的区域,而东部的主体属于块体完整性较差的华南造山带并靠近西太平洋板块边界带。

二、活动构造体系格局

长江经济带西部的川滇地区与长江经济带中部、东部地区所处的新构造部位不同。西部主要受印度板块与欧亚板块强烈陆陆碰撞过程的控制和影响,现今处于青藏高原活动造山带的东南缘,地壳变形与地震活动强烈;而长江经济带中部、东部地区所在区域处于中国大陆东、西两大板块边界的共同影响区,但因为距离板块边界较远,加上块体本身的刚性较强,现今地壳变形与地震活动性整体上都较弱。这种不同的板块边界条件导致两个区域的活动构造体系格局存在明显差异。

1. 川滇地区的"弧形旋扭活动构造体系"格局

本书在系统整理与分析前人对川滇地块及邻区活动断裂调查研究成果资料的基础上,结合2005年以来围绕该区滇藏铁路与大瑞铁路等重大工程沿线开展的活动断裂调查及西南地区活动构造体系综合研究工作(吴中海等,2012,2014b;Wu et al.,2009a),并进一步通过活动断裂遥感解译,详细梳理了川滇及邻区主要活动断裂的分布及其几何学与运动学特征。在此基础上,对断裂活动级别与组合方式进行划分,共梳理出主要活动断裂带79条,并将其归并为9个主要活动构造区(带)。

一级活动构造边界带2个,包括:①长度超过1400km、整体呈近南北向展布的右旋走滑断裂系——实皆断裂系;②总长度在1800km左右、走向自西北向东南发生北西西—北西—近南北向逐渐转变、整体呈凸向北东的弧形的左旋走滑变形带——玉树-鲜水河-小江-奠边府断裂系。

二级活动构造区(带)3个,分别是:①总长度在1400km左右、走向自西北向东南发生北西西—北西—近南北向逐渐转变、整体呈凸向北东的弧形展布的左旋走滑张扭变形带——理塘-大理-瑞丽断裂系;②总长度约280km、整体呈北西走向的右旋走滑张扭变形带——耿马-景洪断裂系;③总跨度560km左右,由一系列走向北—北东东向的弧形左旋走滑断裂带沿北西方向近平行排列构成的剪切变形区——中缅老边界"梳齿状"旋扭构造变形区。

三级活动构造区(带)3个,分别为大姚-楚雄张扭裂陷区、腾冲直扭构造变形区和思茅"帚状"旋扭构造变形区。

另外,区域上发育的少数相对独立的和组合关系尚不清楚的活动断裂,被归为"其他主要的块体内部活动断裂"。

上述不同级别构造区(带)控制下的川滇及邻区上新世以来及晚第四纪期间主要表现为基于川滇块体整体围绕东喜马拉雅构造结发生顺时针旋转的地壳运动特征,本书将这一独特的活动构造格局归纳为"川滇弧型旋扭活动构造体系",其定义是"由弧形玉树-鲜水河-小江-奠边府弧形断裂系和近南北向实皆右旋走滑断裂系所夹持的以川滇地区为主体的弧形断块区以及其中以旋转、剪切和伸展变形为主的活动区(带)所共同组成的活动构造系统"。该构造体系的主体主要受控于2条一级构造边界带(实皆断裂系和玉树-鲜水河-小江-奠边府弧形断裂系)和1条二级构造带(理塘-大理-瑞丽弧形构造带)。这3条大型的边界构造带将该活动构造体系分隔为内、外两部分,即川滇外弧带和滇西内弧带。这一构造体系格局明显控制或影响了川滇及邻区的强震活动性。长江经济带云南与四川西南大部分地区都处于这一活动性强烈的构造系统中,其历史地震活动具有频率高、强度大的特点,最大地震是1833年的云南嵩明8级大地震,造成6700余人死亡。

2. 长江经济带中部、东部地区的"棋盘格式活动构造体系"格局

对目前已知的活动断裂数据进行梳理,结合进一步的遥感解译和地质资料分析,并基于3个基本原则:①构成主要断块边界或在区域活动构造体系中起着重要作用;②历史上发生过$M_S>5.0$的破坏性地震;③地形地貌上有相对显著的表现或控制区域上主要第四纪断陷或坳陷盆地的边界。可从长江经济带中部、东部的86条主要活动断裂带中进一步沿成都—上海沿江地区筛选出32条活动性相对更为显著的活动断裂(表5-1))。需要说明的是,考虑到郯庐断裂带目前是区域上被熟知的重要活动断裂,并且近年来积累的研究成果与资料很多,因此这里重点分析探讨的是除该断裂的其他断裂带。

根据该区主要活动断裂在空间展布上的相关性,可将32条主要活动断裂从区域上归纳为主要呈北东—北北东向纵向展布和北西—北西西向横向展布的"七纵七横"共14组区域性构造带。这14组构造带宏观上明显构成了地质力学构造体系中典型的"棋盘格式构造体系"(李四光,1973),又称网状构造或"X"形断裂体系。两组断裂具有共轭走滑断裂体系特征,其活动方式以扭性为主,但可以伴有压性或张性特征。根据该区现今近东西向挤压的构造应力场背景可知,其中的北东—北北东向活动断裂以右旋走滑活动为主,而北西—北西西向断裂多以左旋走滑活动为主。这一构造格局还影响着长江干流的走向,最为明显的是长江从宜昌出三峡后向东流动过程中出现了独特的"东南→东北→东南"的"W"形反复转折现象,这是长江主河道形成过程利用了"棋盘格式构造体系"中的北西向和北东向两组构造带的表现。

前人认为长江经济带中部、东部地区的"棋盘格式构造体系"可能是正在发展的地壳最新断裂系统——近代地壳破裂网格,最主要的表现是现今地震活动常呈现出沿北西向和北东向分布的、呈比较规则的网格状或共轭状分布,并被认为是受到了相应两组构造线的控制,其中两组构造线交会的部位或附近往往是强震更易发生的位置(丁国瑜和李永善,1979;张文佑,1984;张国伟等,2013)。在长江经济带中部、东部地区,最为明显的地震活动带或构造线是北西向的武汉-九江带与菏泽-扬州带、北东向的临沂-潢川带与南京-铜陵带。前者实际上大致对应于区域上的襄樊-广济断裂带和无锡-宿迁断裂带,而后者应该与郯庐断裂带、皖江断裂带或江南断裂带相关,因此本书认为该区的"棋盘格式构造体系"格局应该是老构造形迹在新的构造应力场作用下的重新活动。也正是由于燕山运动所形成的中国东部巨型北东向构造格局的显著影响,该区北东—北北东向构造规模明显更大,连续性更好,活动性也更为显著,而多数北西—北西西向断裂的规模、连续性和活动性等都相对较差,只有襄樊-广济断裂和无锡-宿迁断裂可能是例外。现今的板块边界条件也决定了区域上早期的北东—北北东向构造更容易重新活动。因为目前影响长江经济带中下游区域构造应力场环境的主要是西部印度板块低角度向北俯冲与欧亚板块发生陆陆碰撞后导致青藏高原物质向东挤出从而对扬子板块施加的近东西向挤压作用,以及东部西太平洋板块向西高角度俯冲对中国东部施加的近水平挤压力,或许还有深部物质上涌造成的垂向力。另外,印度板块与华南块体之间还存在近南北向的右旋剪切作用。上述多种作用力的叠加,显然有利于区域上北东—北北东向构造发生右旋走滑运动。两组断层发育程度不同的棋盘格式构造属于简单剪切型,很可能与印度板块与华南陆块之间存在的区域性右旋剪切作用有关。

三、长江经济带中部、东部地区典型活动断裂

长江经济带中部、东部地区发育多组不同走向的活动断裂,但以北东—北北东向和北西—北西西向两组大致呈共轭关系的活动断裂带为主。在综合前人资料基础上,进一步结合遥感解译和区域地震活动资料发现,长江经济带中部、东部地区有7条未来可能存在较显著发震潜能的区域性活动断裂带需引起特别注意(图5-2、图5-3)。

综合前人资料和遥感影像特征,区域上比较典型的穿越重要城市圈、活动性较为显著且对区域地壳稳定性可能具有显著影响的北东向断裂主要分布在渝东-鄂西山地、江汉-洞庭盆地周边和皖江河谷等区域。

表 5-1　长江经济带中部、东部沿江 32 条主要活动断裂带及其可能影响重要城市群或重大工程一览表

断裂带名称	断裂名称	长度/km	走向	运动性质	穿越或影响的重要城市群或重大工程
镇海-温州断裂带	F_4 镇海-温州断裂	270	北东	左旋走滑	长江三角洲城市群、浙江三门核电站
嘉兴-徐州北西向构造带	F_2 宿迁-扬州断裂	300	北西	左旋走滑	京杭运河、过江通道常泰段
	F_3 无锡-苏州断裂	455	北西	左旋走滑	苏南现代化建设示范区、沪蓉铁路、浙江泰山核电站
	F_5 南京-湖熟断裂	325	北西	左旋走滑	苏南现代化建设示范区、沪蓉铁路、宜兴抽水蓄能电站、琅琊山抽水蓄能电站、沙河抽水蓄能电站
新余-九江-扬州北东向构造带	F_6 茅山断裂	97	北东	右旋走滑	苏南现代化建设示范区、沪蓉铁路、过江通道五峰山段
	F_8 马鞍山-芜湖断裂	65	北北东	右旋走滑	皖江经济带、苏南现代化建设示范区、安徽芜湖核电站
	F_1 陈家堡-小海断裂	130	北东	右旋走滑	长江三角洲城市群
	F_7 金坛-南渡断裂	50	北北东	右旋走滑	苏南现代化建设示范区、过江通道张靖段
	F_9 江南断裂	260	北东	右旋断层	皖江经济带、陈村水电站
	F_{13} 葛公断裂	227	北北东	左旋走滑	皖江经济带、江西彭泽核电站、安徽吉阳核电站
	F_{16} 九江-靖安断裂	150	北北东	右旋走滑	环鄱阳湖城市群、沪昆铁路、柘林水电站、长江护江大堤
	F_{17} 铜鼓-瑞昌断裂	100	北东	右旋走滑	长江中游城市群、长江护江大堤
	F_{14} 赣江断裂	227	北东	右旋走滑	环鄱阳湖城市群、沪昆铁路、江西彭泽核电站
	F_{15} 芦溪-宜春断裂	97	北东	右旋走滑	沪昆铁路
信阳-杭州北西西向构造带	F_{10} 巢湖-杭州断裂	65	北西	左旋走滑	皖江经济带、沪蓉铁路
	F_{12} 信阳-金寨断裂	260	北西	左旋走滑	皖江经济带、沪蓉铁路、响洪甸抽水蓄能电站
岳阳-武汉北东向构造带	F_{11} 固镇-怀远断裂	357	北东	右旋走滑	武汉城市群、皖江经济带、沪蓉铁路
	F_{18} 麻城-团风断裂	227	北东	右旋走滑	武汉城市群、沪蓉铁路
	F_{20} 岳阳-武汉断裂	390	北东	右旋走滑	长江中游城市群、沪蓉铁路、沪昆铁路、湖南桃花江核电站、湖南小墨山核电站、湖北大畈核电站
	F_{19} 崇阳-宁乡断裂	130	北东	右旋走滑	长江中游城市群
	F_{22} 湘乡-邵东断裂	97	北东	正断层	长株潭城市群
襄樊-广济断裂带	F_{26} 襄樊-广济断裂	650	北西	左旋走滑	武汉城市群、环鄱阳湖城市群、沪蓉铁路、沪昆铁路、湖北丹江口水电站
常德-荆州北东向构造带	F_{24} 常德-荆州断裂	260	北东	右旋走滑	长江中游城市群、沪蓉铁路、长江-汉水护江大堤
	F_{23} 慈利-城步断裂	195	北东	右旋走滑	长江中游城市群、沪昆铁路
雅安-自贡逆冲褶皱构造带	F_{29} 威远断裂	97	北东东	逆冲断层	成渝城市群
	F_{30} 龙泉山断裂	195	北东	逆冲断层	成渝城市群、沪蓉铁路
	F_{31} 新津-德阳断裂	97	北东	逆冲断层	成渝城市群、沪蓉铁路
其他断裂（带）	F_{21} 常德-长沙断裂	240	北西	左旋走滑	长江中游城市群、湖南桃花江核电站
	F_{25} 仙女山断裂	97	北西	右旋断层	沪蓉铁路、隔水岩水电站、三峡大坝
	F_{27} 恩施-咸丰断裂	292	北东	右旋走滑	沪蓉铁路
	F_{28} 华蓥山断裂	292	北东	右旋走滑	成渝城市群、沪蓉铁路、四川三坝核电站、过江通道绵遂内宜铁路及白塔山段
	F_{32} 威宁-水城断裂	292	北西	走滑断层	黔中城市群、沪昆铁路

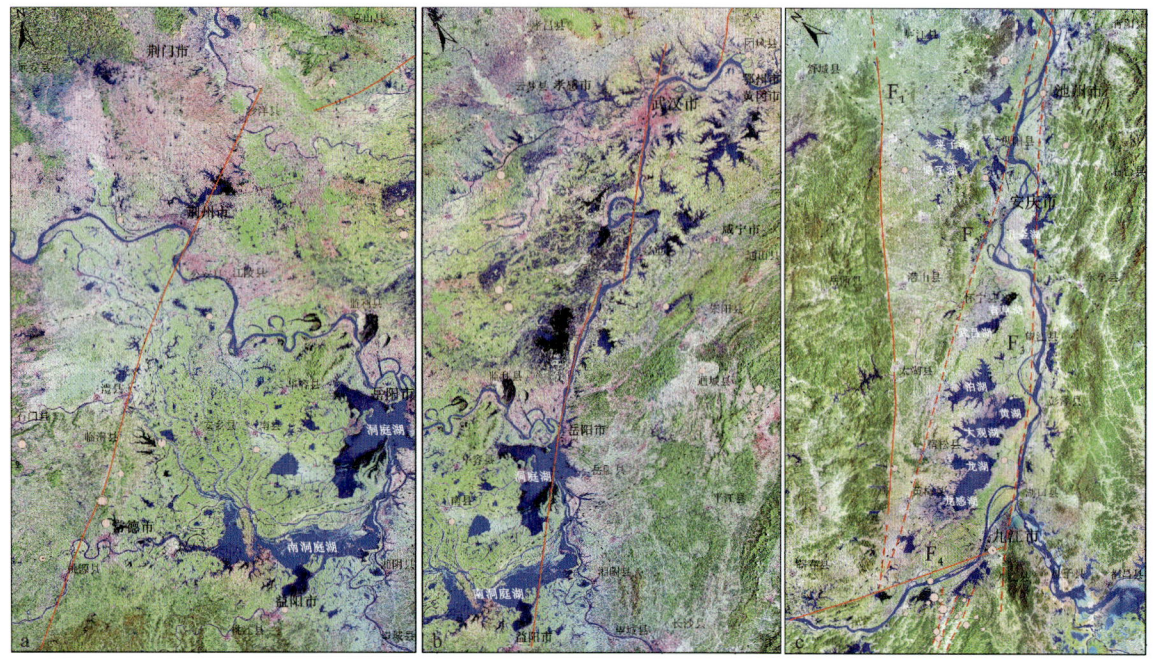

图5-2 长江经济带中部地区典型活动断裂及遥感影像特征

a.常德-荆州断裂及其上水系偏转的遥感标志；b.岳阳-武汉断裂带及其影响长江河道展布的遥感特征；c.皖江河谷中主要活动断裂的遥感影像（F_1.郯庐断裂带南段；F_2.安庆断裂带；F_3.皖江断裂带；F_4.襄樊-广济断裂带）

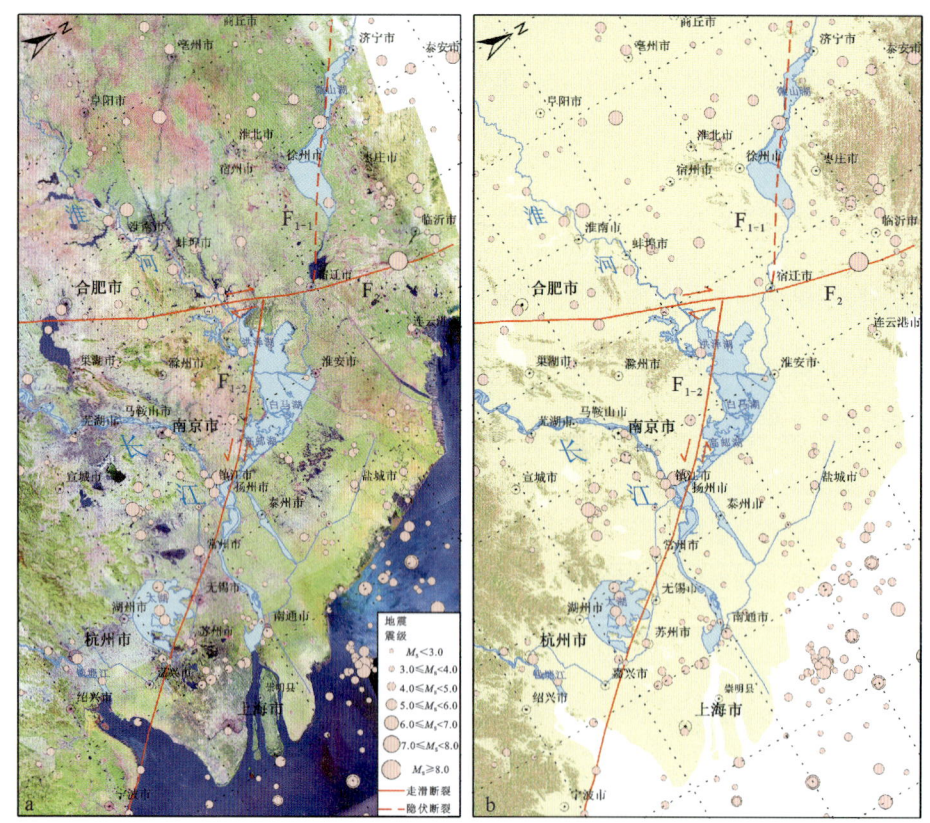

图5-3 长江经济带中部、东部地区典型活动断裂及遥感影像特征

a.无锡-宿迁断裂带上湖泊呈线性展布的遥感影像特征（F_{1-1}.无锡-宿迁断裂带山东聊城—江苏宿迁段；F_{1-2}.无锡-宿迁断裂带洪泽湖—杭州湾段；F_2.郯庐断裂带）；b.无锡-宿迁断裂带两侧地形差异的DEM影像特征

1. 渝东-鄂西山地主要活动断裂

渝东-鄂西山地最显著且最具代表性的活动断裂是黔江-建始断裂带。该断裂带发育在川东-鄂西北燕山运动早期褶皱带中,具北东向左旋走滑特征,自北向南主要包括了恩施断裂、彭水断裂和黔江断裂3条次级断裂(图5-4)。这3条次级断裂在遥感图上的线性影像特征比较显著,并且在后两条断裂之间,1856年曾发生黔江6.25级地震,并诱发小南海地震大滑坡。由于该断裂的西北侧向斜核部多分布近水平夹软弱岩层的厚层灰岩地层,并且岩层中的垂向节理或破裂较发育,而黔江支流横切该地层时多形成深切峡谷地貌,这样在支流水系溯源侵蚀该套地层过程中极易导致软弱层上部的厚层灰岩地层失稳而发生大型的崩塌与滑坡灾害(图5-5)。在此复杂的山地环境与特殊的岩土体特性条件下,该区断裂活动性一旦发生中—强地震活动,显然会引发严重的地壳稳定性问题。因此,类似区域在进行城镇规划与重大工程建设时,需要考虑的不仅仅是断裂活动性或避让活动断裂的问题,还需要重点分析解决断裂活动可能进一步加剧区域斜坡不稳定并引发特大型或大型地质灾害的问题,即"类似的不稳定斜坡叠加区域断裂活动的不稳定区还有多少以及如何规避风险"的问题。

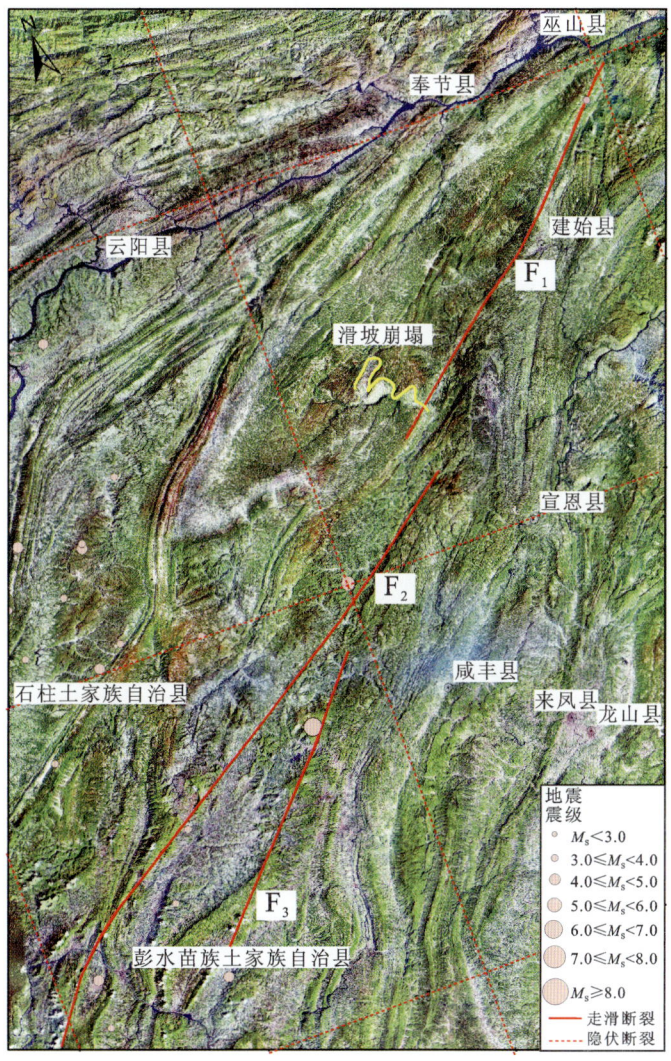

图5-4 黔江-建始断裂带影响特征图

F_1.恩施断裂;F_2.彭水断裂;F_3.黔江断裂

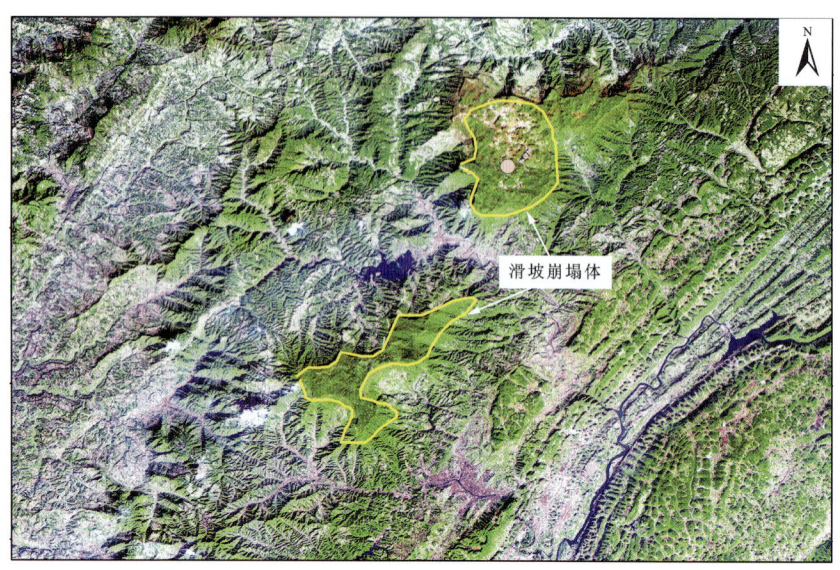

图 5-5 黔江-建始断裂带北西侧山地典型崩塌、滑坡遥感影像特征

2. 江汉-洞庭盆地主要活动断裂

江汉-洞庭盆地及周边地区属于长江中游城市群的核心区域,是长江经济带中部地区人口最为密集和经济相对发达的区域。根据地质-地貌和遥感图像资料可以发现,该区第四纪活动迹象最显著的断裂为该盆地两侧的边界断裂带,即属于西侧边界构造带的常德-荆州断裂带和构成东侧边界的岳阳-武汉断裂带。

(1)常德-荆州断裂带:常德-荆州断裂带整体呈 NE40°走向,其南端从湖南省境内沅江的桃源段南部向北东沿前人所称的"太阳山断裂",过津市市,湖北的公安县、荆州市和沙洋县后,右阶至天门—安陆一线,北端被截于北西向的襄樊-广济断裂带,全长约 430km。该断裂带是在综合前人资料基础上结合遥感解译重新厘定的区域性断裂,其最显著的活动标志是沿断裂从北到南的汉江、长江、澧水和沅江等多个大江大河的同步弯曲现象(图 5-2a),以及江汉-洞庭盆地第四系厚度在断裂两侧存在显著变化,断裂东侧沉积厚度显著大于断裂西侧。该断裂在空间上具有较明显的分段性,其中津市市至桃源县一带的南段包含了常德一带的"太阳山断裂"部分,主要分布于洞庭湖盆地西南部的丘陵地区;而津市市至沙洋县间的中段,隐伏于北东向的江汉-洞庭盆地西部,应属于该盆地西部边界断裂带的一部分;天门至安陆间的北段与中段构成了右阶斜列关系,并构成了江汉盆地北部的西侧边界,该段断层两侧的地貌差异明显,西部为以基岩出露为主的低起伏的低山丘陵区,而东部为厚层晚新生代沉积构成的平原区。其中,沿"太阳山断裂"曾发生江汉—洞庭地区历史记载的最大地震——1631 年常德 6.75 级地震。该地震的极震区烈度达到Ⅸ度,地震不仅造成较为严重的人员伤亡和房屋倒塌,而且在常德、澧县、安乡和大庸等多地出现地裂砂涌以及山崩河淤等地震次生灾害。综合该断裂的整体规模和较显著的地貌特征以及南段曾发生的历史强震活动等证据,推断其应该具有发生 6.5 级及以上地震的潜能。由于沿该断裂带不仅有常德、荆州、天门等多个人口密集的中等城市,而且还有护江大堤以及规划的内陆核电站等,因此需要重视历史上尚未发生过强震的中段和北段的未来强震危险性问题。

(2)岳阳-武汉断裂带:岳阳-武汉断裂带从湖南的宁乡附近经岳阳和武汉西部延至麻城北,整体呈 NE30°~35°走向,全长约 450km,构成了江汉-洞庭盆地的东部边界断裂,包含了呈右阶斜列分布的南、北两段。南段对应前人所称的沙湖-湘阴断裂(又称湘江断裂)(丁宝田,1985),即从湖南省宁乡市西南向北东大致沿湘江和洞庭湖东界过岳阳后,顺长江过武汉市西侧北延至黄陂区东部的武湖北部段,长

360km左右。该段构成了洞庭湖的东侧线性边界,并且其遥感影像特征比较显著,影响或控制了长江岳阳至武汉段沿北东向的流向(图5-2b)。该断裂带的北段是前人所称的麻城-团风断裂(陈立德等,2014),从湖北麻风县西的涨渡湖附近向北东大致顺举水河过新洲区和麻城市后一直延伸至大别山腹地,长约130km。在该断裂带北段的麻城-团风断裂附近,历史上曾多次发生4~6级中强地震活动,最大地震是1932年湖北麻城黄土岗6级地震,极震区烈度达到Ⅷ度,等震线的长轴走向北北东向,与麻城-团风断裂走向基本一致。沿南段的沙湖-湘阴断裂,历史最大地震记录是1556年湖南岳阳5级地震,极震区烈度达Ⅶ度。由于该断裂南段的规模更大,地貌特征也十分显著,显然具有发生更大级别地震的潜力。考虑到该断裂穿越了长江中游城市群中的多个人口密集的重要城市,因此需更深入地了解和掌握该断裂带的第四纪活动性与潜在地震危险性。

3. 皖江河谷主要活动断裂带

江西九江至安徽芜湖之间的长江皖江河谷段是在古近纪断陷盆地的基础上继承发展而成的具有"两凹夹一隆"地貌格局的北东向宽阔谷地(图5-2c)。该区是皖江经济带的核心区域和城镇及人口密集区,同时也是活动断裂比较发育的区域。由前人资料和遥感解译结果可知,该区自西向东主要展布3条比较显著的北北东—北东向断裂带,分别为郯庐断裂带南段、安庆断裂带和皖江断裂带,多条断裂从皖江河谷中穿过,同时导致了该区地震活动在河谷呈分散状分布的特点(图5-2c)。

(1)郯庐断裂带南段(宿迁—肥东—黄梅段):郯庐断裂带整体呈北北东走向,北端位于鄂霍茨克海西南缘附近,向西南穿过俄罗斯的哈巴罗夫斯克(伯力)边疆区和犹太自治州后,在黑龙江省鹤岗市萝北县北部一带开始进入中国境内,并依次穿过黑龙江、吉林、辽宁、山东、江苏、安徽和湖北,其南段在湖北省武穴市附近与北西向的襄樊-广济断裂相交,全长约3300km,中国境内长约2400km。该断裂带切穿中国东部不同的大地构造单元,规模宏伟,结构复杂,是中国大陆切割岩石圈尺度的规模最大、穿越省份最多、影响人口最多的巨型右旋走滑活动断裂带,也是东部滨太平洋活动构造域与西侧的中国大陆中部活动构造域之间的分界断裂带。郯庐断裂带也是中国东部最为著名的地震断层带,沿其山东段曾发生我国东部大陆内部一次最强烈的地震——1668年郯城8.5级大地震。宏观震中位于山东省郯城、临沭与临沂交界(今临沂市河东区梅埠镇干沟渊村附近),极震区烈度达Ⅻ度,地震共造成5万余人死亡,遭受地震破坏的县多达150余个。研究发现,该地震断层段的全新世右旋走滑速率达1.7~2.8mm/a,垂直位移速率在0.2~0.5mm/a范围内(王华林,1996)。

郯庐断裂带山东以南的区段可视为其南段,呈北北东—北东向,穿过了江苏、安徽和湖北3个省,从北部的新沂向南经宿迁、泗洪、肥东、庐江、黄梅至武穴一带,长约580km。其中,江苏段从新沂向南经宿迁、泗洪至双沟镇附近,呈北北东向,长约145km;安徽段呈北北东—北东向,从明光市北向南经肥东县东、庐江县西、桐城市、潜山市、太湖县至宿松县北西,长约370km;湖北段呈北东向,沿皖江河谷西侧山前从黄梅县停前镇的北东向南西至长江北岸的武穴市,长约65km。安徽—湖北段在过庐江西后,主要沿皖江河谷西侧的山前地带分布(图5-2c),该段除了右旋走滑作用,应有较明显的倾滑分量,并造成了西侧山地的隆升和东侧谷地的沉降,从而形成皖江河谷段比较显著的盆山地貌。

从整体上看,郯庐断裂带山东—江苏段因受1668年大地震的影响较大,研究程度相对较高,尤其是江苏宿迁段,近年来围绕该区的地震危险性问题,相继开展了城市活断层探测以及1:5万与1:25万多尺度的活动断裂探测等工作,但对于穿过皖江经济带的安徽—湖北段断裂的研究程度总体较低。虽然部分研究认为,郯庐断裂带南段的最新活动时间是中更新世末,而尚未发现错断上更新统(Qp^3)及全新统(Qh)的直接依据,可能表明其晚更新世—全新世的活动强度有限(汤有标等,1988;汤有标和姚大全,1990a,1990b;谢瑞征等,1991;刘备等,2015)。但该段上发现的多期史前地震遗迹及现今地震活动特征(姚大全等,2012;郑颖平等,2012)指示,其未来的地震危险性不容忽视。因此,从皖江经济带的未来长远发展以及其中的内陆核电站规划等需求角度出发,郯庐断裂带南段的断裂活动性与相关地壳稳定性及地震危险性等方面的调查研究工作都值得进一步加强。

(2)安庆断裂带:安庆断裂带又称沿江断裂,大致顺皖江河谷中铜陵—宿松一线的长江西侧主要沿由奥陶纪至早白垩世沉积地层和燕山期岩体构成的低山丘陵东南边界分布,走向北东。其西南段在湖北武穴市附近向东北方向依次经黄梅、宿松、安庆和枞阳等地后延至芜湖附近与皖江断裂带相交(图5-2c),长约310km。该断裂带具有较明显的线性影像特征,不仅构成了北东向低山丘陵地貌单元的东南侧边界,沿安庆至石牌镇段还可见较明显的断层三角面地貌,并且在武穴至石牌镇段断层东南侧自西南向北东依次分布龙感湖、大官湖、泊湖和武昌湖等线性的积水洼地,这些特征都指示该断裂在第四纪期间可能存在活动性。安庆断裂带区域上与西侧的郯庐断裂带和东侧皖江断裂呈小角度斜接,构成了较为明显的"人"字形断裂组合形态,按照Reid剪切模式,其可看作是由郯庐断裂带与皖江断裂带共同构成的右旋剪切带中的R剪切面。

(3)皖江断裂带:皖江断裂带是根据遥感影像特征新识别出的一条北北东向断裂带,其从九江附近向北东方向大致沿湖口、彭泽、池州、铜陵一线的长江下游皖江段延伸至芜湖附近(图5-2c),长约300km。该断裂带在遥感影像上的线性特征比较明显,长江的皖江段也明显顺该断裂带展布,沿断裂还可见一些3~5级的地震分布。从该区地震的震源机制解结果判断,其应该属于一条存在一定第四纪活动性的右旋走滑断层。在区域上,该断裂带向西南与江西省境内的星子-靖安断裂相接,后者构成了鄱阳湖盆地的西北侧边界,整个断裂带则与郯庐断裂带南段构成了左阶斜列关系,因此其也可能属于郯庐断裂带南段的分支断裂。

四、需要关注的北西向活动断裂带

1. 中国东部的北西向断裂带对地震分布具有较明显的控制作用

燕山期构造运动对中国大陆东部构造格局的强烈改造和影响,最终形成了中国东部极为突出的以北东向、北北东向断裂或构造带为主的华夏系和新华夏系构造系统及地貌特征,并且这一构造格局仍深入影响着新生代主要构造形迹的展布特征。但随着新构造、活动构造和地震地质研究的不断深入,前人根据地震活动的空间分布特征和规律及一些典型强震活动,如1975年海城地震和1976年唐山地震等发生时的地质构造背景发现,区域性的北西向断裂对中国东部的地震孕育和发生可能存在重要影响,提出应重视对中国东部地区北西向和北北西向活动断裂的研究(徐煜坚,1982)。丁国瑜和李永善(1979)对地震活动、地质构造、地貌和卫星影像等进行分析后认为,中国东部存在由北东向和北西向两组弹塑性破裂组成的地壳现代破裂网络,而两组断裂交会部位通常是区域强震活动场所。徐杰等(2003)根据地震构造、新构造和火山活动等资料并结合Pn波速结构研究结果,发现中国大陆东部新构造期的北西向活动断裂具有成带性特征,主要可分为7条比较显著的北西向地震构造带或断裂带,其中穿过长江经济带地区的主要北西向构造是介休-新乡-溧阳断裂带东段、巴东-泉州-台湾断裂和六盘水-海口断裂带西段。前人指出,这些区域性北西向构造带均为地壳构造带,具有明显的新生性,并且与区域上的北东向断裂带构成共轭关系,两者是在先存构造基础上,由于新构造应力场作用而发育起来的一套地壳共轭剪切破裂系统(丁国瑜和李永善,1979;徐杰等,2003)。

2. 穿过长三角城市群的典型北西向断裂——无锡-宿迁断裂带

前人资料显示,长三角地区发育有多条北西—北西西向活动断裂(方大卫和沈永盛,1992),其中在地质-地貌上表现最为显著的莫过于斜穿整个长三角城市群的无锡-宿迁断裂带(图5-3a)。该断裂带整体呈北西向展布,以左旋走滑活动为主,但具有较明显的正断层特征,在扬州—无锡—苏州段主要表现为南西侧抬升,北东侧断陷。前人认为该断裂带北起邳县,穿越郯庐断裂带,经宿迁、洪泽、高邮、镇江、常州延伸至无锡以南,全长约300km(王斌等,2008)。重新分析地质及遥感影像资料发现,根据该断裂较为显著的线性影像特征,其形迹至少可从山东省的聊城附近开始,向东南经东平湖、独山湖、邵阳湖、微山湖、骆马湖、宿迁、洪泽、高邮湖、邵伯湖、扬州、镇江东、常州、无锡、苏州和嘉兴等地,继续穿过杭州湾从宁波与舟山间向东南延入东海,全长约900km。另外,遥感和DEM图像显示(图5-3b),该断裂从山东聊城附近向北西可与石家庄西侧太行山东麓的北西向盆山边界呼应,似乎暗示该断裂可能穿过河北平原延伸至太行山东麓一带,如果如此,其总长度将达到1200km左右,属于活动特征与华北地区的张家口-蓬莱断裂带类似但规模更大的区域性活动断裂带。该断裂带的走向变化和局部的不连续指示它具有较明显的分段性,可初步划分为聊城-宿迁断裂、洪泽湖-扬州断裂、无锡-苏州断裂和嘉善-舟山断裂等分段。其中,扬州至宿迁之间沿断裂发育的高邮湖和洪泽湖等都很可能与断裂带内部次级断裂左阶斜列部位产生的局部拉张断陷或构造沉降作用有关。

从地质、地貌和地震等多方面可以看出,无锡-宿迁断裂带的新构造活动性表现都是比较突出的,包括以下特征。

(1)明显构成了区域上的地质-地貌单元分界线。在地貌上,该断裂两侧明显具有西高东低的特征,东侧为平原沉降区,西侧为低山丘陵剥蚀区;在地质上,最主要的特征是断裂两侧的地层分布与第四系在厚度存在明显差异,南西侧古近系及之前的基岩地层广泛出露,并有大面积新近系与下更新统分布,但北东侧则以全新统和下伏厚层的上更新统为主,并且第四系厚度在断裂西侧为几米至十几米而在断层东侧突然增厚到几十米至上百米。

(2)断裂带对现今的湖泊、水系分布或发育具有明显的影响。如湖泊沿断裂呈线状分布,最典型的是由东南向西北分布的太湖、高邮湖、洪泽湖、骆马湖和微山湖5个规模较大的湖泊,据此该断裂又被称为五湖断裂;长江在扬州—镇江一线向东跨过断裂后,其流向发生向东南的突然偏转,也可能与断裂在第四纪期间的活动有关;在杭州湾的东南,该断裂带还控制了海岸线的展布。

(3)沿该断裂带存在较明显的地震密集分布现象,并且历史上曾多处发生中—强震活动。如925年徐州西北的5.75级地震、999年的常州5.5级地震、1624年的扬州6.0级地震和1913年的镇江5.5级地震等,多个历史地震事件都可能与该断裂带的构造活动相关。

另外,该断裂带的西侧有众多新近纪火山口及第三纪岩盐分布,而东部没有。这反映了断裂带两侧的新生代地质演化存在差异,指示该断裂带新生代期间还起着控制不同断块间边界构造的作用。该断裂带在与郯庐断裂带相交处被后者右旋断开,显示后者晚期的活动性更强。考虑到该断裂规模大,新构造活动性明显,并且穿过长三角地区多个人口密集且经济发达的城市(包括苏南现代化建设示范区),分布于该断裂带上或附近的主要城市在进行城镇规划和重大基础设施建设时应重点关注该断裂未来的潜在发震能力与危险性。

五、地震活动与未来地震危险性

地震是地壳变形过程引发断裂活动的表现,因此其与区域构造活动性和活动断裂发育情况相对应。长江经济带不同区段的地震活动性呈现出明显的差异性。其中,西部的川滇地块是中国西南强震最为活跃的区域,地震活动具有频度高、震级大的特点;而在南北活动构造带以东的中东部地区(即华南断块区),地震活动整体上相对频度低、震级小。统计历史地震资料与仪器地震记录发现,长江经济带范围内自历史记载以来共发生$M_S \geq 4.0$地震1623次,其中5.0级及以上地震837次,6.0级及以上地震196次,7.0级及以上地震43次,8.0级及以上地震2次。其中全部的7~8级及以上地震和绝大多数的$6.0 \leq M_S < 7.0$地震都发生南北构造带及其以西地区,而发生在长江中东部(重庆—上海段)地区的$6.0 \leq M_S < 7.0$地震仅12次(表5-2)。区域性活动断裂带是该区中强地震活动的主要场所,如在华南地区,历史强震活动常发生在北东向断裂与北西向或近东西向断裂交会的构造部位。由于长江经济带属于经济较发达地区,偶发的中强地震往往会造成较大经济损失,同时也会对区域吸引投资和社会经济发展产生负面效应。因此,充分认识长江经济带中部、东部地区的历史地震活动特征及规律对该区科学部署防震减灾工作具有重要实际意义。

表 5-2 长江经济带中部、东部地区典型破坏性地震及相关参数一览表

地震名称	发震时间	震级	宏观震中	最大烈度	等震线长轴方向	发震断层
湖北房县(西北)地震	788/02/12	6.5	竹山县西北擂鼓台	Ⅷ	北西西	保康-房县断裂带宝丰—房县段
安徽亳州地震	1481/03/18	6.0	亳州南部	—	—	涡河断裂
江苏扬州地震	1624/02/10	6.25	扬州苏南	Ⅷ	北东	无锡-宿迁断裂带与陈家堡-小海断裂或茅东断裂北段交会处
湖南常德地震	1631/08/14	6.75	常德	Ⅸ	北东东	太阳山断裂
安徽霍山(东北)地震	1652/03/23	6.0	霍山东北与六安交界处	Ⅷ	北西	梅山-龙河口断裂和落儿岭-土地岭断裂交会处
安徽凤台地震	1831/09/28	6.25	凤台东北	Ⅷ	北西	固镇-凤台和临泉-刘府断裂交会处
重庆黔江地震	1856/06/10	6.25	黔江区小南海(原湖北咸丰大路坝)	Ⅷ	北北西	恩施-咸丰断裂带
贵州黔南地震	1875/06/08	6.25	罗甸	Ⅷ	北东东	垭都-紫云深断裂或开远-平塘隐伏深断裂交会处
江西会昌地震	1806/01/11	6.0	会昌县南40km湘乡镇	Ⅷ	北北西	河源-邵武断裂带的寻乌—瑞金段
江苏镇江地震	1913/04/03	5.5	镇江	Ⅶ	北西	无锡-宿迁断裂带
安徽霍山地震	1917/01/24	6.25	霍山南	Ⅷ	北北东	桐柏-磨子潭断裂与落儿岭-土地岭断裂交会处
湖北麻城地震	1932/04/06	6.0	麻城黄土岗	Ⅷ	北北东	麻城-团风断裂
江苏溧阳地震	1974/04/22	5.5	溧阳	Ⅶ	北东	茅东断裂或金坛-南渡断裂
	1979/07/09	6.0	溧阳	Ⅷ	北东	
江西九江地震	2005/11/26	5.7	江西瑞昌	Ⅶ	北东	铜鼓-武宁-瑞昌断裂的田家垄—洗新桥段

注：表中地震资料引自闵子群等(1995)和楼宝棠(1996)；发震断层是综合等震线资料和区域已知活动断裂推断。

1. 川滇地区未来强震危险性

川滇弧形旋扭构造体系区域上属于青藏滇缅印尼反"S"状(或"Z"状)旋扭活动构造体系(即地质力学中的"歹"字形构造体系)的中段。笔者对整个青藏滇缅印尼反"S"状旋扭活动构造体系中 M_S≥6.8 历史大地震的活动状况进行详细梳理与分析后发现，川滇弧形旋扭构造体系变形区的强震活动与青藏滇缅印尼反"S"状旋扭活动构造体系西段(即青藏高原内部，相当于"歹"字形构造体系的头部)和东段(主要为苏门答腊岛弧带，相当于"歹"字形构造体系的尾部)的强震活动之间具有明显的时空联动效应，即当头部与尾部发生大地震序列后不久(大致为数月、数年或十数年尺度)，其中部(尤其是中国的川滇强震区)随即也会发生大地震(陈颙，2009；Wu et al.，2011；吴中海等，2014b)。这种大地震活动上的联动效应实际上是活动构造体系控震作用的典型反映，同时也是构造体系中各组成部分的构造活动存在密切运动学与动力学联系的体现。但在1997年以来的大地震活动序列中，该构造体系中部的川滇地区却保持了超过10年的"异常平静"状态，这就有可能预示着该区未来发生大地震的危险性将显著增加。进一步根据活动断裂带上大地震危险性判定的离逝时间、地震空区和强震连锁反应"三准则"，并结合近期对西南地区地震围空区与地震b值的最新分析结果(Wu et al.，2012；刘艳辉等，2014，2015)初步判定，

目前处于"异常平静"状态的中国西南川滇地区,当前至少存在10个未来大地震危险性较高的活动断裂区(带),包括:鲜水河-小江断裂带中部的安宁河段、巧家段和南端的澄江—建水段,理塘-大理-瑞丽弧形构造带中的滇西北鹤庆-松桂断陷盆地区、程海-宾川断裂带期纳—宾川段、畹町断裂带和南汀河断裂带、澜沧-景洪断裂带东南支(景洪段),以及活动块体内部的元谋断陷盆地和保山断陷盆地。同时,根据各断裂的晚第四纪活动性和在现今区域地壳变形中所起的作用大小进一步推断,其中的鲜水河-小江断裂带中部巧家段、畹町断裂带、程海-宾川断裂带中段、澜沧-景洪断裂带东南支(景洪段)和保山盆地等地段未来大震的危险性可能更高。

由于青藏滇缅印尼反"S"状旋扭活动构造体系规模巨大,目前关于其中各构造部位的活动断裂与地震地质研究程度还十分有限,不仅尚有一些未知的活动断裂存在,而且对于已知的许多活动断裂也多缺乏断裂活动性的定量研究和古地震研究资料。同时,关于不同区域活动断裂之间的运动学与动力学联系也还存在诸多不同认识或多解性。因此,这里从构造体系角度对该区地震危险性的初步分析与评价,还只能初步圈定出近期大地震危险性比较明显的大致区域或范围,尚无法给出更具体的震中位置和震级。但不可否认的是,当前藏东—川西—云南地区出现的大范围强震活动"异常平静"现象,与该区近年来的大面积干旱气候异常区也基本吻合,由于区域上的大面积长期干旱可能会引起地壳上部断裂带附近岩层孔隙水含量降低,造成岩石空隙压力减少,增加岩石强度,使得断裂带更容易积累大的应力,从而增加诱发更大地震的可能性。因此,该区近年来的长期地震平静与气候异常相耦合现象值得高度警惕,有必要进一步围绕重点地区或构造部位开展更全面深入的调查研究,并进一步深入分析该区未来的大地震危险性,从而科学合理地选择重点监测区(带),加强相关地区的地震地质调查与研究,尤其是区域上可能影响重要城镇区的主要控震断裂带的现今活动性与古地震的调查研究,以及现今地震活动的综合监测与分析等,以便为更精确地判定该区未来大地震活动可能的震中位置与震级,更科学地分析该区的大地震危险趋势提供扎实可靠的基础数据和地质依据。

2. 长江经济带中部、东部的历史地震活动与未来强震危险性

与活动断裂的发育情况相对应,长江经济带的地震活动性也具有明显的区带性。其中,西部的川滇地块是中国西南强震最为活跃的区域,地震活动具有频度高、震级大的特点。而在南北活动构造带以东的中东部地区(即华南断块区),地震活动整体上频度低、震级小。尤其是重庆以东的长江经济带中部、东部地区,地震活动性明显较弱,历史上发生的破坏性地震数量较少(表5-2)。其中,6.0级以上强震活动只有7次,最大地震是1631年湖南常德6.75地震,极震区烈度达Ⅸ级;地表次生地质灾害最严重的是1856年重庆黔江6.25地震(原称湖北咸丰大路坝地震),其诱发的小南海地震滑坡形成了长5km的堰塞湖,滑坡体构成的堰塞坝长1170m,高67.5m,总体积约6000万m³。

综合长江经济带中部、东部地区主要历史地震活动及其控震构造特征可知,区域中—强地震活动主要沿断裂构造发生或集中在断裂线上及其两侧,并且其发生的构造部位具有明显规律(朱积安等,1984;王斌等,2008;张培震,2013;姜月华等,2019b)。这些特殊的构造部位包括:①不同构造单元的边界带,并且越是大型构造单元的边界越容易孕育更高强度的地震;②新生代或第四纪盆-山边界或过渡地带,因为这里经常是控盆断裂发育的部位;③不同走向断裂的交会部位以及区域性活动断裂的两端和走向转折等特殊的应力集中部位。在长江经济带中部、东部的"棋盘格式活动构造体系"格局中,区域性北北东—北东向断裂与北西—北西西向断裂的交会部位将最易出现破坏型地震。从地质力学观点可知,这里构造应力最易集中,因此是构造体系中断裂更易于活动并最可能引发地震的发震构造部位(李四光,1977)。

由于活动断裂和构造体系对长江经济带中部、东部地区中—强地震活动的明显控制作用,在近东西向挤压的现今构造应力场作用下,具备上述特殊地质构造条件的部位显然存在重复发生中—强地震活动的潜力,只是重复的时间间隔会因断裂活动强度不同而变化,可能从千年到万年不等。历史地震重演原则认为,历史上发生过中—强地震的地段,未来仍可能再次发生类似强度的地震。而构造地震类比原则认为,具有相似地质构造条件的部位将存在发生类似强度地震的可能性。据此可以推断,长江经济带中部、东部的历史强震活动区具有重复发生强震的可能性,如常德、麻城、霍山、扬州和溧阳等地区,以及与这些强震区地质构造条件类似的区域,如荆州、岳阳、湘阴、无锡、苏州等地。另外,江苏北部和长三角地区还存在一些走向与规模不同的隐伏第四纪断裂带,也应注意其发生6.0级以上破坏性地震的潜在危险性。

3. 长江经济带中部、东部值得关注的古地震地质遗迹

古地震又称史前地震,指通过地质、地貌调查研究识别出的或通过考古发现的无明确历史记载的地震事件,后者又称考古地震。古地震研究可以揭示或恢复活动断裂带或特定区域内地质历史期间的大地震事件序列,从而弥补历史地震记录时间过短的缺陷,有助于更全面地认识和了解区域大地震的活动过程、特征与规律,并为分析判断未来的大地震危险性提供科学依据。因此,古地震是地震地质领域的重要研究内容,也是区域大地震危险性评价必不可少的关键环节。长江经济带跨越青藏高原东缘至东部沿海地区,以龙门山构造带至安宁河-小江断裂带为界,其西部地区由于断裂活动性强导致历史地震活动频度高且强度大,而中部、东部地区因第四纪断裂活动性较弱、历史地震强度与频率都较低,仅根据历史地震记录难以全面反映区域的最大发震潜力,因此了解、掌握其古地震活动情况就显得更为重要。

长江经济带中部、东部地区绝大多数的断裂活动性相对于上游的青藏高原周边地区明显要弱得多,相应地,多数断裂的潜在发震能力弱且发震频率低。沿江的重庆、湖北、湖南、江西、安徽、江苏、浙江和上海等地历史记载的最大地震震级都不大于6.8级,而统计结果和经验表明,中国大陆地震能够产生地表破裂的震级至少要在6.8级以上(邓起东等,1992)。也就是说,长江经济带中部、东部地区绝大多数地震是不产生地表破裂的,但这不等于说不会留下地表遗迹,因为地震除了会产生地表破裂遗迹之外,还会产生喷砂冒水、地裂缝、崩塌、滑坡等次生现象,这些现象也可以成为探索区域古地震活动的重要证据。实际上,前人在长江经济带中部、东部地区的地质调查研究中已经注意到一些可能与古地震相关的地质遗迹。如20世纪80年代初,丁灏等(1982)在江苏溧阳沙河两岸人工开挖的数十个"砂矿坑"剖面中多处发现全新统粉砂质亚黏土层中存在"散乱无序的粗大树木"呈"团堆状"夹杂分布其中,并裹挟有丰富的新石器和陶器等,同时还伴有液化褶曲、揉皱和局部断错等与构造变形有关的迹象,从而认为此类特殊沉积应属具有崩滑堆积特征的地震成因沉积物,称之为"麓崩堆积"。根据溧阳沙河麓崩堆积中文物的时代,结合历史记载,认为该区在东汉后期至三国期间的公元123年和250年先后发生过两次震级可能在7级左右的古地震。近几年,陈立德等(2014)沿武汉阳逻王母山一带的下更新统阳逻砾石层中发现了集中分布的疑似古地震楔构造,认为其可能是从阳逻一带穿过的北西向襄樊-广济断裂带中的王母山断裂中更新世期间古地震活动的记录;齐信等(2015)在九江地区发现,一些第四系中发育有较丰富的地裂缝,通过野外实测地裂缝的宏观和微观特征,分析地裂缝与区域断裂分布的关系,认为九江地区第四系中典型地裂缝的发育可能是区域性断裂活动和古地震事件在地表的响应。这些前人的研究成果表明,长江经济带中部、东部地区古地震遗迹的调查研究对于全面认识该区主要活动断裂的发震潜力和强震活动规律具有重要意义。

2015年底,在沿长江干流重庆—南京段进行地质踏勘过程中,发现多处值得注意的古地震活动遗迹(图5-6),包括地震楔、断错地层和断层楔等在活动断裂中较常见的典型古地震标志(李坪等,1982)。

目前,发现的古地震遗迹多出现在晚白垩世至第四纪早期的地层中,这一方面说明长江经济带中部、东部地区第三纪期间曾出现较大强度地震活动现象,但古地震活动频率整体可能较低;另一方面表明该区存在发生导致地表显著破坏或产生地表破裂的大地震潜能,只是在晚第四纪期间这种大地震活动的潜在危险区可能出现的构造位置还需进一步深入研究。

(1)宜昌三峡机场地区的疑似古地震楔:在三峡机场北约7.2km附近的木鱼山北西路边,厚1.0~1.5m的冲积砾石层不整合覆盖在一套古近系和新近系红色砂岩地层之上,并在两者接触面上出现砾石层呈楔状体插入下伏红色砂岩层之中的现象(图5-6a)。这一现象类似于地震楔,推测其可能是由在砾石层堆积过程中因古地震产生地裂缝从而导致砾石层充填其中形成的,并且该点北距江汉盆地西北侧

的远安断裂和雾渡河断裂28~30km,很可能会受到这些断裂带上强震活动的影响。另外,由于此处地势相对平缓,能够在类似地形条件下已经成岩的地层中造成地裂缝的地震显然应该是强度较大的地震事件,或至少应处于地震产生的Ⅶ~Ⅷ度烈度区。由于宜昌地区历史上尚无强震记录,因此对此现象的进一步研究将有助于更深入地认识该区的地震地质环境。

(2)安徽明光市大横山红石谷地质公园中的地震断层:在安徽明光市大横山红石谷地质公园中,分布一套K-Ar年龄37.6Ma的始新世晚期玄武岩(陈道公和彭子成,1988),不整合覆盖在产状30°~40°∠12°~15°且斜层理极为发育的上白垩统红色细砂岩地层之上。笔者在下伏的上白垩统红色砂岩地层中发现多处北北东向近直立如刀切般的小断层垂直错动地层现象,并主要表现为正断错动(图5-6b)。这种脆性的黏滑性质的断层显然是古地震活动产生的地震断层。虽然该现象出现在白垩系地层中,但应该是在第三纪期间形成的。由于中国东部第三纪以来的区域构造应力场方向整体变化不大,因此需要注意类似的古地震活动是否还会重复出现,并且由于该区临近郯庐断裂带的安徽段,其是否与郯庐断裂带上的古地震活动相关也有必要进一步研究。

(3)南京六合区瓜埠山火山石林地质公园的地震断层:在南京六合区瓜埠山火山石林地质公园,分布一套柱状节理非常发育的玄武岩,1:20万地质图上定名为下更新统尖山组(Qp^1j),其K-Ar年龄约为9.4Ma(刘若新等,1992),表明属于中新世晚期玄武岩层。在该公园外侧,该玄武岩层下伏上中新统黄岗组(N_1h),岩性为一套黄色、红色的凝灰质砂岩、砂砾岩夹玄武岩层,区域上该套地层中玄武岩夹层的时代为12~10Ma(张祥云等,2003)。黄岗组之下为产状300°~360°∠32°~35°、紫红色的上白垩统赤山组(K_2c)泥岩与砂质泥岩以及一套褐绿色基性岩墙,在紫红色砂泥岩与岩墙之间为一组呈正花状结构的走滑兼正断的脆性断层,主断层产状为30°∠78°,断面清晰且较新鲜,具有较典型的地震断层特点(图5-6c)。该地震断层顶部已被后期的灰黄色下蜀土层所覆盖,因为未见断层明显错动黄岗组。因此,推断断层活动最晚可能在中新世中期,而下蜀土沉积以来没有再活动。

(4)江苏茅山东麓韭菜山西侧的古地震断层楔:在茅山东麓的溧阳县韭菜山西侧,在人工开挖出露的上新统砖红色灰岩角砾岩地层剖面中,发育一组可能与古地震相关的产状19°∠56°的正断层、产状268°∠62°的微破裂带以及呈近南北走向的正断层(图5-6d),其中断层裂隙中充填有可能相当于下蜀土的灰黄色砂土,形成类似地震楔构造。联想到茅山东麓的溧阳地区1979年曾发生过6.0级地震,因此该区的疑似古地震断层楔现象可能指示该区曾发生过震级更大的古地震,这也与前人根据"麓崩堆积"获得的认识一致。

4.区域地壳稳定性

区域地壳稳定性评价是在李四光提出的"安全岛"思想基础上发展起来的。李四光认为在活动构造带中存在相对稳定的地区,即"安全岛",可作为重要设施和工程建设的场址,从而减少建设费用并尽量避免地震的危害(李四光,1977;易明初,2003)。区域地壳稳定性一般是指工程建设地区在内外动力(强调以内动力为主)的综合作用下(孙玉军等,2016),现今地壳及其表层的相对稳定程度,以及这种稳定程度与工程建筑之间的相互作用和影响(胡海涛和阎树彬,1982;孙叶等,1998)。这项工作更多地被用于选择相对稳定的地区作为工程建设的基地和场址。由于工程的实用性和工程地质条件的复杂性,针对工程区域的区域地壳稳定性评价在早期更为强调构造稳定性的基础上,进一步综合考虑了内外动力地质作用、岩体和土体介质条件以及人类活动等对工程建筑的相互综合作用与影响,逐步发展为涵盖了构造稳定性、地面稳定性和岩土体稳定性等多方面评价内容的综合评价方法。笔者认为,对于长江经济带而言,在大的空间尺度上,构造稳定性应该是决定区域地壳稳定性的最关键因素(吴中海等,2016)。

1)区域地壳稳定性分析评价结果

在综合长江经济带主要活动断裂、地震活动、崩塌、滑坡、泥石流和地面塌陷等地质灾害以及主要岩土体工程地质特性等资料的基础上,以构造稳定性评价为主,综合考虑岩土体稳定性评价和地面稳定性评价,对长江经济带的地壳稳定性进行评价分区。通过全面分析影响长江经济带地壳稳定性的主要因

图 5-6　长江经济带中部、东部地区的典型古地震地质遗迹

a. 宜昌三峡机场附近第四系与下伏红层间疑似古地震楔；b. 南京六合区瓜埠山错动上白垩统的地震断层；
c. 安徽明光市大横山红石谷上白垩统中的古地震断层；d. 江苏茅山东麓韭菜山西侧上新统中的古地震断层楔

素，共选取6个代表性评价指标，其中构造稳定性影响因素为地震（f_1）、地震峰值加速度（f_2）、活动断裂（f_3）和现代构造应力场（f_4），地面稳定性主要影响因素为崩塌、滑坡、泥石流、地面塌陷等外动力地质作用（f_5），岩土体稳定性影响因素为岩土体结构及物理力学特征（f_6）。指标权重的分配依据地壳稳定性的主要影响因素分析和评价结果与实际地壳稳定性分析的吻合程度综合确定。通过反复综合分析和计算，相关评价指标含义和权重分配如下。

(1) 地震（f_1）：主要考虑地震的活动情况，包括地震活动的强度和频度，权重0.20。

(2) 地震动峰值加速度（f_2）：地震动峰值加速度主要影响未来地震基本烈度，权重0.20。

(3) 活动断裂（f_3）：主要考虑活动断裂的长度和深度、最新活动年龄、活动方式和活动强度，权重0.20。

(4) 现代构造应力场（f_4）：主要考虑现今构造应力作用方向、大小、集中程度，权重0.15。

(5) 外动力地质作用（f_5）：主要考虑崩塌、滑坡、泥石流和地面塌陷地质灾害，权重0.10。

(6) 岩土体结构及物理力学特征（f_6）：主要考虑新近纪和第四纪地层厚度、岩土体工程地质物理力学特征，权重0.15。

依据上述指标及权重进行计算分析后，获得的长江经济带区域地壳稳定性评价初步结果（图5-7）。结果表明，长江经济带以稳定区和次稳定区为主，所占面积比例分别为29.95%和41.39%；其次是次不稳定区，面积占到26.26%；少数地区为不稳定区，仅占2.40%。其中，稳定区和次稳定区主要分布在长江经济带中部、东部地区，次不稳定区和不稳定区大都分布在长江经济带的西部地区。次不稳定区主要包括四川绵阳、宜宾、攀枝花，云南昆明、昭通、玉溪、保山和临沧等地区，少数位于中部、东部地区，如江

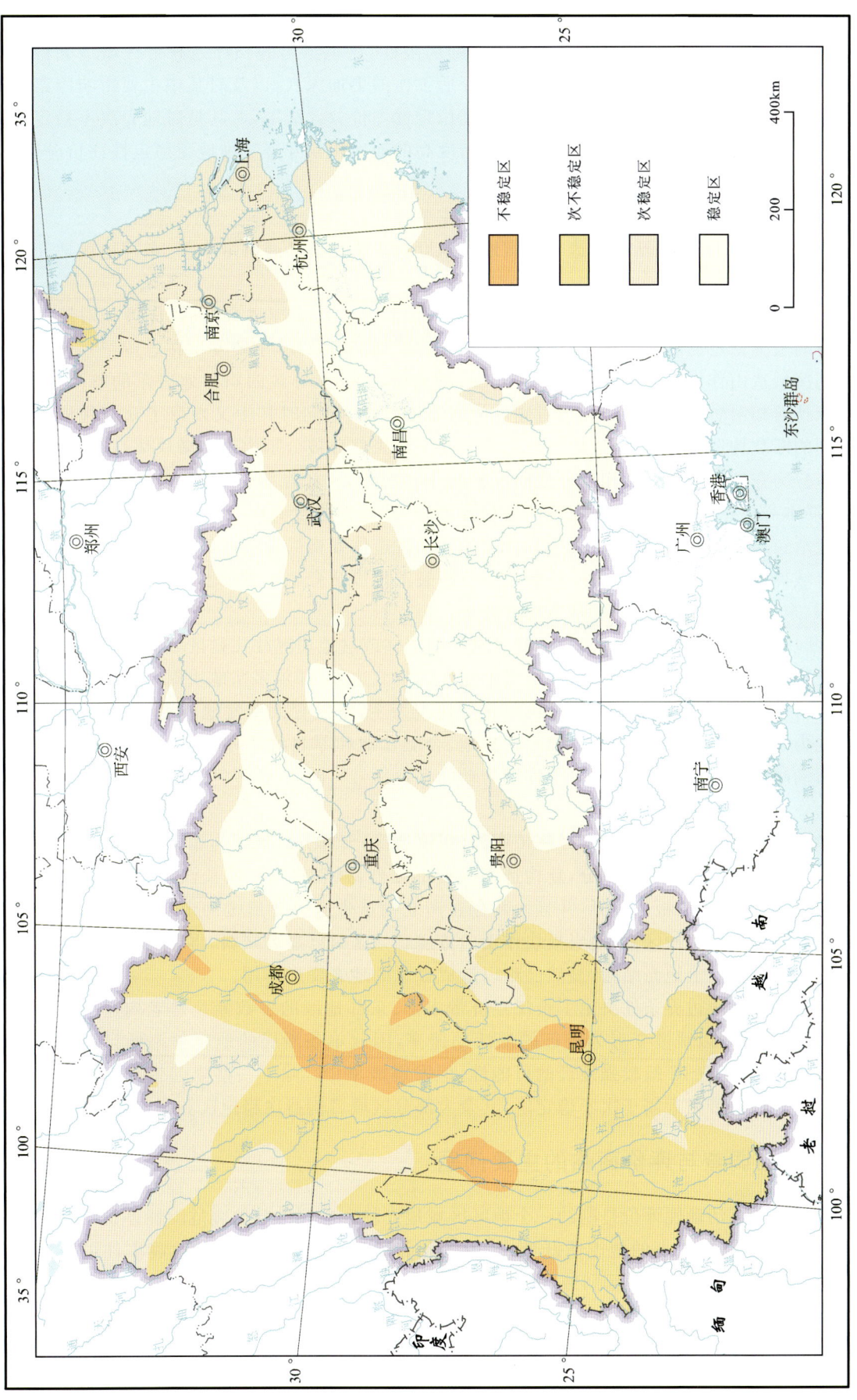

图 5-7 长江经济带地壳稳定性评价初步结果及分区图

西九江和江苏宿迁等地。不稳定区都分布在西部川滇地区的南北构造带、滇西北大理-丽江裂陷带和滇西南的腾冲地块等地区。由于长江经济带已有资料的局限性，这里给出的长江经济带区域地壳稳定性分析评价结果还是十分粗略和概括性的，希望随着今后工作的更加深入，以及对其中主要影响因素调查研究资料的进一步积累，可进一步补充完善区域地壳稳定性评价分区结果，尤其是对地壳次不稳定区和不稳定区开展更详细的小区划，并在深部地质调查精度高的地区探索开展三维地壳稳定性评价分区，以满足地下空间的开发利用。

2）长江经济带中部、东部地区区域地壳稳定性的主要特征

在现有研究基础之上，可从活动构造与地震地质角度初步获得长江经济带中部、东部地区地壳稳定性存在的基本特征。

（1）从大地构造与构造体系角度看，扬子与华南地块至新元古代碰撞拼合之后，作为相对统一的整体经历了长时间较为稳定的沉积过程，但这个期间又先后受到加里东期（主要发生在志留纪）、印支期和燕山期等多期区域造山作用的影响（潘桂棠等，2009；舒良树，2006），导致四川盆地以东的整个扬子-华南块体虽然保持着相对较好的完整性和相对刚性的岩石圈性质，但同时其中又发育了众多规模不等且切割深度不同的断裂构造，使得整个地块的地壳部分或上地壳部分被分割为许多微块体，这会导致整个地块中的构造应力在地壳中的分布相对分散而不易集中。另外，长江经济带中部、东部地区"棋盘格式构造体系"格局本身也意味着该区多数断裂的活动性不强，即变形强度有限，没有造成不同走向断裂间出现显著的走滑错动。因此，大地构造特征和现今的活动构造体系格局表明，区域上除了切割岩石圈且构成不同构造域界限的郯庐断裂带之外，其余大部分断裂都难以孕育7.0级以上的高强度地震，这是长江经济带中部、东部新构造变形较弱的基本构造背景。

（2）根据断块构造理论或活动地块观点，相对刚性的块体或盆地边界往往是区域上更容易集中应力并导致集中变形或引发地震的构造部位，如塔里木盆地的南北边界、鄂尔多斯地块周缘以及四川盆地西界等。长江经济带中部、东部地区以中—低山与丘陵地貌为主，不发育大型盆地或完整的刚性块体，而以中小型盆地为主，包括江汉-洞庭盆地、鄱阳湖盆地、合肥盆地和苏北盆地等，这些盆地周边是区域上相对显著的活动断裂发育部位，也是历史上强震活动的多发地带。因此，这些区域的地壳稳定性问题也相对更为突出。

（3）从板块边界作用条件来看，长江经济带西部（川滇地区）大部分区域因为属于青藏高原东缘变形带（对应南北构造带的中南段）的一部分，新构造期间变形强烈，强震多发。而长江经济带中部、东部地区已经相对远离东、西两侧的板块边界，并且西部存在南北构造带这一变形缓冲带，而东部存在南黄海和东海等边缘海盆地变形缓冲区，因此当板块作用力传递到该区时已显著减弱，再加上该区相对刚性的岩石圈性质和比较破碎的上地壳结构，显然已难以造成显著的地壳变形作用。

上述地质构造与板块边界条件决定了长江经济带中部、东部地区的多数断裂是老构造形迹的重新活动，并且绝大多数应为以缓慢变形为特征的低活动速率，因此单条断层的地震频率低且地震强度较小，虽部分断裂存在孕育6~7级较强地震的可能性，但发震概率小。除了一些隆起带与沉降带之间和不同断块区的边界构造附近属于次不稳定区，其余大部分区域属构造次稳定区和稳定区。

六、活动断裂调查与评价面临的主要问题

活动断裂调查及其活动性评价是制约一个地区区域地壳稳定性评价与地震危险性评价结果的最关键因素，在20世纪70年代以来的地震活跃期中，中国和邻国日本发生的多个大地震事件可以说都很"意外"，即突破了原来的地震危险区划或烈度区划，从而造成了极为惨痛的损失和教训，比如中国的1976年唐山7.8级地震、2008年汶川8.0级地震和2010年玉树7.1级地震，日本的1995年阪神7.3级地震和2011年东北部9.0级大地震等。这实际上是对断裂活动性及活动断裂的地震危险估计不足的结果。中国城镇化水平较高的长江经济带中部、东部地区显然应该注意类似的问题，即不能忽视断裂

低活动性区域的活动断裂调查评价和地震危险性的问题。

1. 活动断裂地质调查研究方面存在的主要问题

活动断裂地质调查研究的主要内容包括活动断裂的识别及其活动性鉴定、典型历史强震的地质构造成因调查分析、古地震事件判别分析、与断裂活动性相关的第四纪地层及时代的调查研究等,这些也是地震地质的主要工作内容。对已有活动构造与区域地壳稳定性调查研究成果的梳理分析表明,虽然前人已在该区的活动断裂调查研究方面做了大量工作,并取得了一系列重要成果,但在与活动断裂相关的地质调查方面,仍面临许多制约区域地壳稳定性和地震危险性评价结果可靠性较为突出问题。

(1)活动断裂的调查程度与覆盖面仍明显不足:目前已知区内活动断裂630条(段),其中活动性在中—强级别及以上的227条(段),进行过调查的仅64条(段),调查率约10.16%。区内126个省会城市和地级市中,目前已知做过活动断裂详细调查的不到20%。另外,对于宜宾以东的长江经济带中部、东部地区,受调查难度和技术手段的制约,活动断裂调查研究的程度总体偏低。对该区活动断裂的进一步梳理后也发现存在类似的问题,目前该区已知主要活动断裂带86条(图5-1),调查研究程度较高的也只占到10%左右。因此,调查不足且许多断裂活动性不清楚是影响区域地壳稳定性评价的主要因素。

(2)断裂活动性的鉴别难度大:长江经济带中部、东部地区面积大,断裂活动性普遍较低,加之许多城镇位于平原区或第四系覆盖区,地质露头普遍缺乏,而城镇环境又对各种观测仪器设备存在干扰和施工限制,且常降低探测手段的分辨率,这些都在客观上增加了断裂活动性鉴别的难度。同时,由于缺乏统一的断裂活动性鉴别标准与规范,导致对许多断裂带的活动性认识不统一。另外,多数活动断裂常以定性研究为主,缺乏定量数据,特别是断裂活动速率数据。这些都将影响到区域地壳稳定性评价结果的可靠性。

(3)典型历史强震地质构造成因的调查研究深度明显不够:对历史上的扬州地震、霍山地震和常德地震等强震活动的地质构造成因缺乏全面深入的调查,制约了对区域一些主要断裂带现今活动性的认识。

(4)可靠的第四系序列与年代标尺还相对缺乏:由于第四纪年代学技术方法的局限性和多数调查研究者缺乏对测年方法的了解与应用,导致区域上有效第四纪年代学数据的相对匮乏,缺少可靠的年代学标尺,进而导致地层对比和时代划分结果较为混乱,经常出现将新近纪误判为第四纪,或对第四纪不同时代沉积作出时代误判的现象(经常将较老的沉积物判断为较新的沉积物)。这会导致将老断层判断为活动断裂,或将断层的最新活动时代"人为提前",进而导致区域地壳稳定性或地震危险性评价结果的"失真"。

(5)亟须加强新技术、新方法的应用与研发:已有的调查研究技术手段整体上较为单一,并且针对性还有待加强。如早期多以资料分析和地表观察为主,近年来围绕城市活断层探测开展过一些局部的物探工作,但还普遍缺乏面上的普查,航空遥感、地震学和地球物理等新技术新方法的应用亟须加强。同时,还应该重视针对人口密集及城镇化程度高的地区活动断裂探测技术方法的研发,重点包括"空地探测"与"深部探测"等技术方法手段,从而有效提高活动断裂探测的精度与可靠性。

2. 城市活动断裂调查评价中需注意的主要问题

越是大城市,现代化程度越高,地震造成的损失也越大,更应该加强活动构造调查,并防范相关地震灾害。长江经济带中部、东部地区是中国大陆城镇化整体水平较高的区域,其中分布许多人口密集的大城市与特大城市,这些城市在历史上往往鲜有破坏性地震,现代地震活动也通常不显著,常给人一种安全感。但正如日本地震地质学家松田石彦所指,对于一些现今地震活动性一般很低的活断层,往往容易低估地震危险性,最终可能造成本来可以避免或减轻的灾难(赵根模等,2003)。因此,长江经济带的城市活动断裂调查评价也应该注意断裂活动性评价及地震危险性低估问题。

(1)断裂活动性判定的"上断点"方法及其局限性:目前,我国地震部门在城市地震活断层评价工作中将晚更新世活动过的断层定义为"活断层",其在探测剖面中的标志为断层"上断点"是否进入上更新世(Qp^3),这也同时成为综合确定断层最新活动年代的主要依据。因此,"上断点"位置和深度对于厚层第四系沉积层覆盖区隐伏断层的活动性判断甚为关键。但这一方法应用上存在比较突出的局限性。因为当震源深度相同时,沉积物越薄,震级越大,其位错到达地表的可能性较大,反之则位错到达地表的可能性较小,即地震破裂能否到达地表与震级大小和松散沉积层厚度密切相关。根据对中国大陆强震的同震地表破裂统计结果,地震强度小于6.8级的地震破裂通常不会到达地表(邓起东等,1992)。但通常而言,在第四系松散沉积物覆盖层较厚(超过50m或上百米)的地区,在距今100ka内即使发生过多次6~7级及以下强震活动,其地震破裂也多不会贯通地表,"上断点"则很可能达不到上更新统(Qp^3)层位,而通常位于比上更新统(Qp^3)更老的下伏地层中,此时用"上断点"进入上更新统(Qp^3)作为判断活断层的标志就是不合适的,并可能遗漏活断层,从而导致对城市地震危险性的低估或误判。因此,用"上断点"层位确定断层最新活动年代更适合具有7.0级以上大地震潜力且松散沉积层厚度较薄的地区,而对于许多位于较厚层第四系沉积物覆盖区且断裂活动性普遍较弱的长江经济带中部、东部的城镇区则显然是具有局限性的。这种局限性的主要表现一是"上断点"层位作为活动性指标的局限性,二是探测手段有效深度范围和分辨率的有限性(赵根模等,2003)。因为在第四系覆盖区,利用断层"上断点"判定断裂活动时代与活动性会受到地球物理观测手段分辨率的限制,常使小于5m的断距实际上无法分辨,并可能导致物探剖面揭露的断层"上断点"深度常常低于实际"上断点"几十米甚至更大。这两个问题都是难度很大的问题,共同点都是使探测的"上断点"深度大于其真实深度,结果常常漏掉活断层或低估活断层的活动性,进而导致误判活断层的潜在发震能力与未来地震危险性。因此,利用"上断点"指标确定活动断裂及其最新活动时代虽理论上有其合理性,但在应用于判断第四系松散覆盖层厚度上百米的平原区和断层活动性相对较弱的大城市地区的断层活动性时,还应该充分利用地质资料做更全面深入的分析。

(2)利用历史地震资料进行城市地震危险性评价的局限性:历史上的地震大灾难表明,对于没有区域性大断裂通过、历史上也无中一强以上地震记录并且现今地震活动不显著的大城市,也需要重视其断裂活动性与强震危险性问题。因为在中国大陆一些新构造和现代构造活动较弱的地区,虽然晚第四纪断裂活动不甚明显,但第四纪期间仍具有弱活动的断裂也存在发生中等甚至强烈破坏性地震的可能。但当前城市地震危险性评价常过于依赖于历史地震资料和有限的现代地震资料,由于历史地震记录时段有限,中国大陆的城市地区一般只能获得几百年至近千年较为准确的地震信息,这相对于低活动速率断裂和地质时间尺度而言,能够提供的地震活动时段短且有限,显然是不全面的。因此,在城市断层评价时低估危险性的情况更为常见,并且有时低估比高估的危害性可能更大,唐山地震和阪神地震都是这种低估的实例,代价十分惨重。在城市活断层评价中应该汲取这些教训,避免和减少因技术问题导致的估计不足与失误(赵根模等,2003)。这一方面需要重视和加强考古地震和古地震的研究,以弥补历史地震记录的不足;另一方面,城市地震危险性评价应建立在可靠的活断层调查研究结果之上,而城市活断层的正确评价则基于详细的探查,在摸清城市地下断层系统的基础上,进一步详细确定断层的最新活动年代与活动性、现今力学状态及未来活动危险性等,从而为地震危险性评价提供更全面可靠的依据。

七、主要结论

长江经济带现今的地壳变形受到西南印度板块与欧亚板块陆陆碰撞造山导致的青藏高原物质向东挤出、东部太平洋板块向西快速俯冲的双重影响,大致以郯庐断裂带为界,西部和中部地区受印度板块向北的陆内俯冲与碰撞作用的影响显著,而东部地区受西太平洋板块作用的影响相对明显。这一动力学背景造成了该区比较明显的活动构造东、西分区现象,大致沿成都—宜宾—曲靖一线(或龙门山构造带及小江断裂带一线)以西的区域第四纪期间的地壳变形强烈,活动断裂密度大,强震活动频度高,发育以围绕东喜马拉雅构造结为旋转极的川滇弧形旋扭活动构造体系。在该线分界线与郯庐断裂带之间的中部地区,第四纪期间的地壳变形明显较弱,活动断裂密度较低,历史强震活动数量很少。郯庐断裂带以东的东部地区的第四纪地壳活动性介于西部和中部地区之间,属于中等偏弱,活动断裂密度中等,强震活动频度低,但高于中部地区。虽然构造活动强度存在差异性,但中部、东部地区的活动构造体系格局具有相似性,均属于以北西—北西西向和北东—北北东向两组断裂为主构成的、具有共轭走滑断裂系统特点的简单剪切型"棋盘格子式"活动构造体系。

长江经济带中部、东部地区的第四纪活动性较为明显的活动断裂带主要有86条,虽然大多数断裂的活动强度相对西部地区要弱得多,但其中至少可进一步厘定出32条规模与活动性相对更为显著且对区域主要城市群地壳稳定性可造成明显影响的活动断裂。其中,7条可能存在较显著发震潜能且对重要城市群发展及区域地壳稳定性具有重要影响的活动断裂值得重点关注,包括:渝东鄂西的黔江-建始断裂带,江汉-洞庭盆地两侧的常德-荆州断裂带与岳阳-武汉断裂带,皖江河谷中的郯庐断裂带南段、安庆断裂带和皖江断裂带,以及穿过整个长三角城市群的北西向无锡-宿迁断裂带。

长江经济带范围内有历史记载以来的全部7~8级及以上地震和绝大多数$6.0 \leqslant M_S < 7.0$地震都发生在南北构造带及其以西地区,在长江中部、东部(重庆—上海段)地区尚未发生过$M_S \geqslant 7.0$地震,但出现过12次$6.0 \leqslant M_S < 7.0$地震。活动构造体系格局对区域地震活动具有明显控制作用,活动断裂带是中强地震活动的主要场所,而在中部、东部地区不同走向断裂的交会部位经常是强震活动的重要场所。长江经济带西部的西南川滇地块及邻区近年来一直处于"异常平静"状态,至少存在10个未来大地震危险性较高的活动断裂区带,分别为:鲜水河-小江断裂带中部的安宁河、巧家段和南端的澄江—建水段,理塘-大理-瑞丽弧形构造带上的滇西北鹤庆-松桂陷盆地区、程海-宾川断裂带中部的期纳—宾川段、畹町断裂带和南汀河断裂带,澜沧-景洪断裂带东南支(景洪段),以及川滇块体内部的元谋断陷盆地和保山断陷盆地。在长江经济带中部、东部需重点关注历史强震活动区重复发生强震的可能性,如常德、麻城、霍山、扬州和溧阳等地区,以及与这些强震区地质构造条件类似的区域,如荆州、岳阳和湘阴、无锡及苏州等地。江苏北部和长江三角洲地区还存在一些走向和规模不同的隐伏第四纪断裂带,也应注意其发生6.0级以上破坏性地震的潜在危险性。另外,针对长江经济带中部、东部地区断裂活动强度弱、历史强震活动频度低的特点,需要通过考古地震和古地震的调查研究弥补历史地震记录时段有限的不足,尤其要关注新生代不同时代地层中保留的地震楔、地震断层和断层楔等地质遗迹,从而为更全面评估区域地震危险性提供科学依据。

区域地壳稳定性评价的初步结果表明,长江经济带有2/3的区域属于稳定区和次稳定区,次不稳定区面积占到1/4多,而不稳定区不足3%。其中,稳定区和次稳定区主要分布在长江经济带中部、东部地区,次不稳定区和不稳定区绝大多数分布在长江经济带的西部。总体而言,长江经济带中部、东部地区的活动断裂主要是老构造形迹在新构造应力场作用下的重新活动,除郯庐断裂带外绝大多数为以缓慢变形为特征的低活动速率,因此单条断层的地震频率低且强度有限,虽部分断裂存在孕育6~7级较强地震的可能性,但发震概率小。然而偶发的6~7级破坏性强震对人口密集和经济发达的区域而言造成的损失及影响却可能是特别显著的,尤其要关注相对刚性的块体或盆地周边以及不同走向断裂的交会部位等强震活动的易发地带。

断层活动性判定是制约长江经济带活动构造与区域地壳稳定性调查评价结果的最关键因素,但面临着多方面的问题和挑战,包括:①区域活动断裂普查的覆盖面和主要断裂的调查程度都明显不足;②长江经济带中部、东部地区的地质、地理及人文条件使得断裂活动性的鉴别难度明显增大;③对典型历史强震地质构造成因的认知程度明显不够,并影响到区域主要活动断裂的准确厘定;④可靠的第四系序列与年代标尺还相对缺乏,可能导致对断裂最新活动时代评价结果的"失真";⑤目前相对有限的经费投入限制了新技术与新方法的应用与研发。另外,应重视断裂低活动性区域的活断层调查评价和地震危险性问题,并且在城市活断层调查评价中要特别注意断裂活动性判定的"上断点"方法在平原区和第四系覆盖区应用中的局限性问题,以及利用历史地震资料进行城市地震危险性评价的局限性和可能导致的地震危险性低估问题。

第二节　长江经济带崩塌、滑坡和泥石流地质灾害

长江经济带地处我国崩塌、滑坡和泥石流地质灾害高易发区。区内复杂的地质环境背景条件以及强烈的人类工程经济活动导致崩塌、滑坡和泥石流地质灾害多发频发，致使地质灾害严重威胁了人类生命和财产安全（许向宁和黄润秋，2006；王建雄，2012；殷跃平等，2017；刘斌等，2018）。

一、地质灾害分布

根据1∶10万州区（市）地质灾害调查（1999—2008年）、1∶5万地质灾害详细调查（2005—2014年）、各省（市）年报数据、各省（市）地质灾害调查综合研究成果、地质灾害防治"十二五"规划数据等，长江经济带共调查确认突发性地质灾害及隐患点112 083处，其中滑坡75 873处，崩塌20 423处，泥石流10 464处，地面塌陷5323处。地质灾害类型以滑坡为主（图5-8），规模以小型为主（图5-9）。

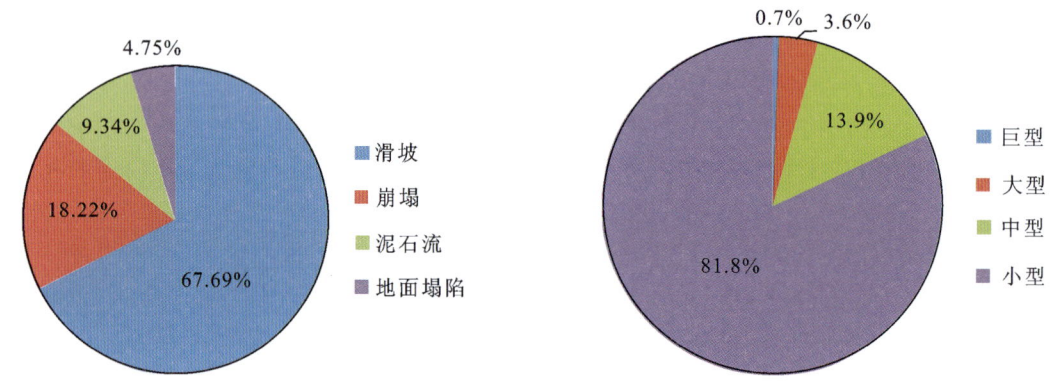

图5-8　长江经济带突发性地质灾害数量统计图　　图5-9　长江经济带突发性地质灾害类型统计图

地质灾害主要分布在四川、云南、江西、湖南、贵州（图5-10）。滑坡和崩塌主要分布在四川、云南、贵州、湖南；泥石流主要分布在四川、云南、浙江、贵州、湖南相对发育；地面塌陷主要分布在江西、湖南、湖北、贵州。从规模来看，长江中上游巨型、大型地质灾害较发育，长江下游小型地质灾害集中发育。

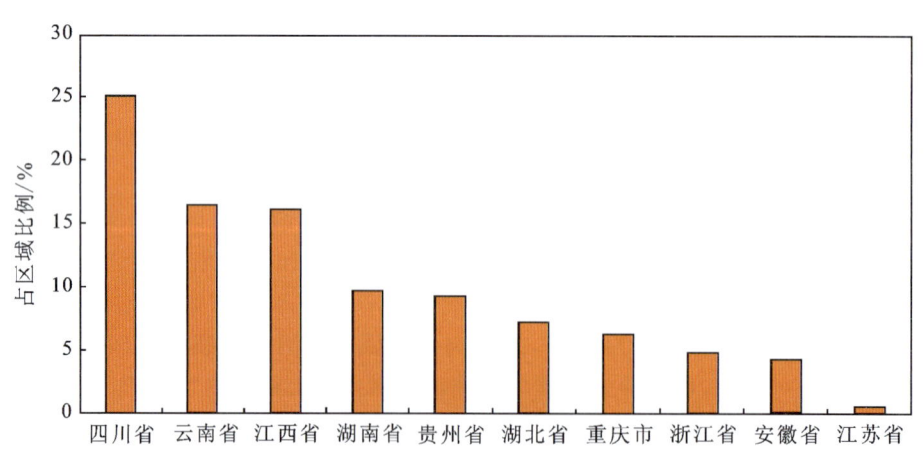

图5-10　长江经济带各省（市）突发性地质灾害分布统计图

二、易发程度分区

(一)评价方法

(1)基础资料整理:整理长江经济带地形地貌、地层岩性、地质构造、岩土体类型、气候水文、年平均降水量、人类工程活动等地质灾害易发程度评价因子图层;整理长江经济带滑坡、崩塌、泥石流、地面塌陷灾害图层。

(2)评价因子量化:将地质灾害评价因子图层与灾害点图层进行叠加,利用频率比法,分别计算分析各评价因子不同类型单元中滑坡、崩塌、泥石流、地面塌陷敏感性指数。

(3)规则网格单元赋值:对评价因子图层进行网格剖分,形成 4km×4km 的规则网格单元;根据评价因子敏感性分析结果,按照面积加权法分别对各评价因子规则网格单元进行赋值,建立评价因子敏感性量化矩阵。

(4)易发程度评价:利用径向基神经网络与 K-均值聚类分析相结合的方法,分别进行滑坡、崩塌、泥石流、地面塌陷易发程度评价;最后将滑坡、崩塌、泥石流易发程度评价结果以及地面塌陷易发程度评价结果进行加权叠加,将地质灾害易发区划分高、中、低、非 4 个等级,完成长江经济带突发性地质灾害易发程度综合评价。

(二)易发性分区

地质灾害高易发区主要分布在怒江、澜沧江、金沙江三江汇流区,龙门山断裂带和鄂黔滇中山区。中易发区主要分布在雅砻江流域、云贵高原东南部、渠江流域、鄂湘赣浙山区。低易发区主要分布在四川西北部及四川盆地、长江中下游低山丘陵区。非易发区主要分布在长江中下游平原区(图 5-11)。

1. 高易发区

(1)怒江、澜沧江、金沙江三江汇流高易发区:位于云南西北部以及四川西南部,本区属怒江、澜沧江、金沙江三江汇流区。区内分布横断山高山峡谷,河流切割强烈,造成分隔很深的中山和高山,是滑坡、崩塌、泥石流的集中发育区,其中泥石流沿金沙江干支流和红河上游密集发育。

(2)龙门山断裂带高易发区:位于青藏高原东缘,与四川盆地相交,由龙门山后山断裂、龙门山主中央断裂、龙门山主边界断裂 3 条断裂带组成,长约 500km,宽达 70km,是地震多发区。区内滑坡、崩塌、泥石流集中发育。

(3)鄂黔滇中山高易发区:位于我国第二阶梯带,横跨重庆、湖北、湖南、四川、贵州和云南等省(市),呈北东-南西向的长带,是我国西部高山到东部低山间的一个过渡地区。从长江三峡直到云南河口,该区由许多平行的山脉组成,主要有巫山、武陵山、大娄山等,碳酸盐岩分布广泛,地面塌陷发育。区内滑坡、崩塌普遍发育,泥石流较发育,嘉陵江地区、三峡库区重庆—宜昌段、大娄山、武陵山地区滑坡和崩塌集中发育。

2. 中易发区

(1)雅砻江流域中易发区:位于四川西部,区内分布沙鲁里山、大雪山。流域内地质构造分属甘孜阿坝褶皱带、雅砻江褶皱带及康滇褶皱带,出露地层自古生界至新生界均有分布,并有火成岩零星分布。干流梯级坝址岩层主要为花岗岩、砂岩、板岩、大理岩、玄武岩等。由于雅砻江河床急剧下切,构造强烈,岩石破碎,地震活动频繁,流域内常产生规模较大的地质灾害。流域内地震基本烈度为Ⅶ~Ⅷ度。泥石流发育,滑坡、崩塌较发育。

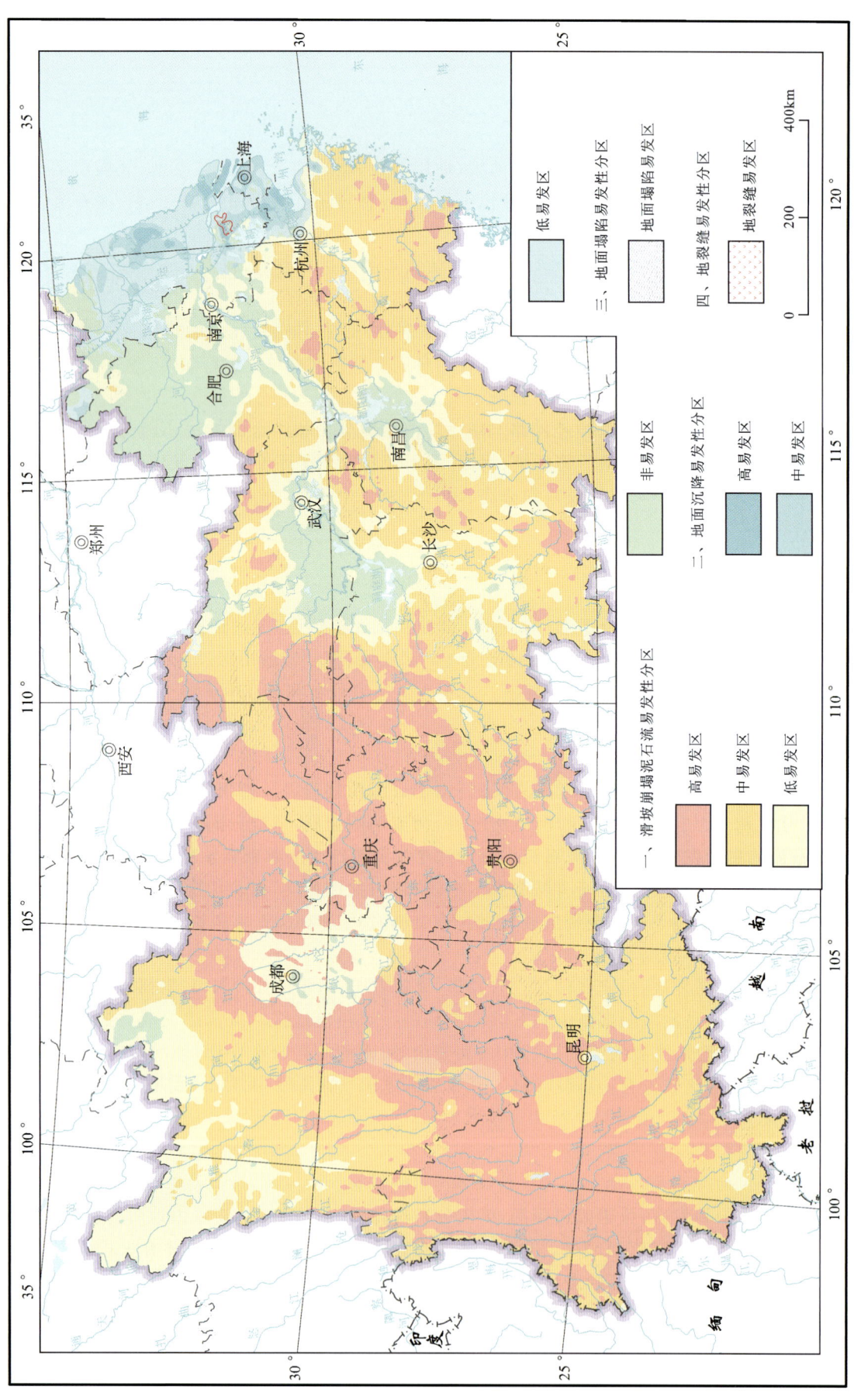

图 5-11 长江经济带地质灾害易发性分区图

(2)云贵高原东南部中易发区:位于云南东南部以及贵州南部和北部部分地区,石灰岩广布。区内滑坡、崩塌、地面塌陷发育,泥石流较发育。

(3)渠江流域中易发区:位于大巴山南麓,四川省东部和重庆北部部分地区。区内地质灾害以滑坡、崩塌为主。

(4)鄂湘赣浙山区中易发区:位于湖北、湖南、江西、安徽、浙江大部分山区,区内分布罗霄山、武夷山等山脉。滑坡、崩塌、地面塌陷发育。

3. 低易发区

低易发区主要位于四川盆地、四川西北部以及长江中下游低山丘陵区,地质灾害数量较少,以滑坡、崩塌为主。

4. 非易发区

非易发区主要分布在长江中下游平原区,由长江及其支流所夹带的泥沙冲积而成,总面积约 20 万 km^2,绝大部分的高度都在海拔 50m 以下,境内河汊纵横,湖泊密布,地质灾害不发育。

三、突发性地质灾害灾情及险情

长江经济带地质灾害灾情严重,特大型灾情事件频繁发生。2014 年 7 月 9 日,云南福贡县泥石流造成 17 人失踪,直接经济损失为 2107 万元。2013 年 7 月 10 日,四川都江堰特大型滑坡造成 161 人死亡失踪。2010 年 6 月 28 日,贵州省关岭县岗乌镇大寨村发生特大山体滑坡,导致 99 人死亡(失踪)。2009 年 6 月 5 日,重庆武隆铁矿乡鸡尾山山体垮塌掩埋了 12 户民房,造成了 74 人死亡(失踪)。

截至 2015 年,长江经济带突发性地质灾害共造成 16 745 人死亡,主要分布在四川、云南、湖南、湖北;地质灾害造成直接经济损失 137 亿元,主要分布在四川、云南、湖南、安徽,其中安徽省地面塌陷造成损失严重,达 12 亿元;地质灾害威胁人口约 579 万人,主要受威胁的省(市)有云南、四川、重庆、贵州(图 5-12)。

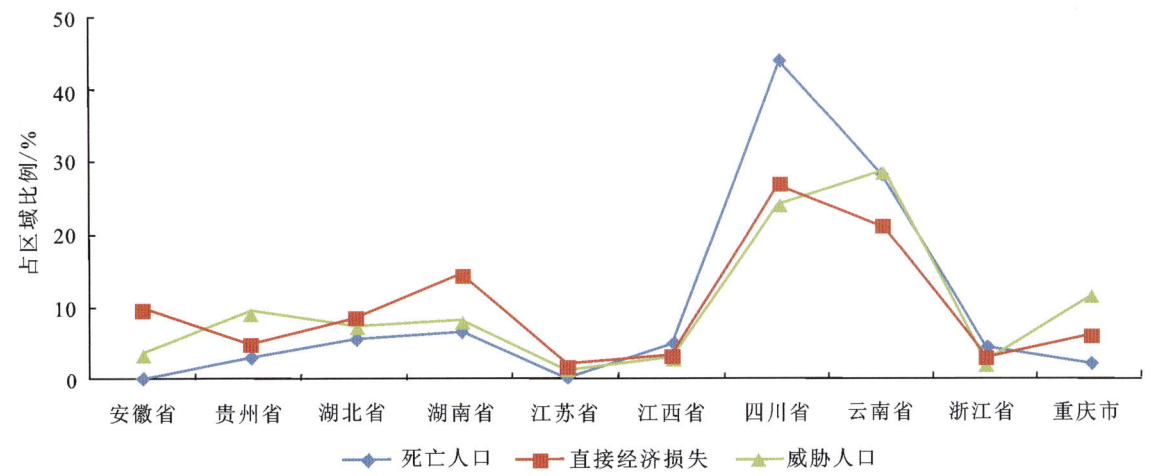

图 5-12 长江经济带地质灾害灾情险情分省统计图
注:数据来源于中国地质调查局 2015 年项目数据。

四、典型区域地质灾害

本次重点对三峡地区、涪江流域等典型地区进行了地质灾害调查评价。

(一)三峡地区

三峡地区地处长江三峡腹地,是连通长江中游武汉城市群和长江上游成渝经济区的关键纽带,是长江黄金水道的咽喉之地。三峡河段南有沪渝高速、宜万铁路,北有沪蓉高速、建设中的郑万高铁,加之长江水道,构成中国重要的东西走廊之一,是长江经济带立体交通网络的重要组成,地理位置十分重要。但三峡地区沿江、沿线(高速公路、铁路)的城镇发展迅猛,在快速城镇化过程中存在一些环境地质问题,如由水库蓄水引发的地质灾害已由高发期向低风险水平的平稳期过渡,但是在三峡库区以外的腹地区域,仍然存在持续强降水诱发大量滑坡问题;工程建设、移民迁建、城镇化在此地质环境脆弱区诱发斜坡失稳屡见不鲜;长江航道受地质灾害威胁的风险仍然存在,特别是滑坡涌浪,曾一度造成长江禁航,造成巨大的经济损失。围绕三峡地区针对地质灾害地质问题开展调查工作,是该区域的重大工程基础设施建设的需求,对加快我国经济发展、谋划中国经济新格局具有重要的战略意义。

本次工作基本查明了三峡地区万州—宜昌段沿江、沿线重要城镇规划区以及郑万铁路线路与站点、三峡通航扩能工程规划区的工程地质条件和环境地质问题;新建立三峡库区碎屑岩顺层斜坡区 4 种类型顺层滑坡的早期识别工程地质指标体系;完成浅水区滑坡涌浪数值模型构建,编制完成基于水波动力学的滑坡涌浪计算软件,完成滑坡涌浪风险评价技术体系。

1. 地质灾害发育特征与分布规律

以三峡库区县(市)地质灾害排查(2014—2015)资料为基础,结合野外实地核查、调查补充数据,共查明崩塌、滑坡、泥石流等各类地质灾害灾害点 7925 处(表 5-3～表 5-5,图 5-13)。地质灾害的主要类型为滑坡,占灾害点总数的 85.98%;其次为崩塌,占灾害点总数的 11.68%;泥石流和地面塌陷发育较少,分别占总数的 1.15% 和 1.19%。中型规模的滑坡为主要地质灾害类型,占总数的 47.08%,其次为大型、小型滑坡。泥石流和地面塌陷在工作区分布最少,崩塌灾害的发育比例居中,崩塌以小型为主;滑坡和崩塌这两种主要地质灾害均发育有巨型规模类型,但占比少。故区内主要地质灾害类型为中型滑坡和小型崩塌,泥石流和地面塌陷由于特殊的发育条件限制,在工作区内不发育,主要集中在一些特殊的地段。

滑坡基本在全区均有分布。崩塌在工作区内有 4 个显著的高发区域,即开州区—巫溪以北秦岭大巴山中山峡谷地段、巴东北—神农架变质岩构造隆起中山峡谷地段、夷陵区北水月寺—樟村坪黄陵背斜构造隆起侵蚀中山峡谷地段、夷陵区三斗坪—石牌西陵峡谷地段。该 4 个区域平均海拔均在千米以上,处于区域性的构造隆起区,地形切割强烈,岩性以碳酸盐岩为主,其次为变质岩和碎屑岩。泥石流在工作区有两个显著的高发区域,即云阳县故陵—新津长江干流沟谷及支流磨刀溪、长滩河下游沟谷,以及夷陵区乐天溪、横溪河流域沟谷。这两个地段均为长江一级支流小流域范围,前一处大面积出露侏罗系红层碎屑岩,后一处出露花岗闪长岩,这两处地段均具有降水丰沛、月变化分布情况集中,地表覆盖层和风化层分布广、厚度大,地表覆盖层岩质碎屑多、黏土质含量少,地表冲沟、沟谷密集发育,沟道狭长、汇水面积大等背景条件。

表 5-3　三峡地区万州—宜昌段地质灾害类型统计表

单位:处

稳定状态	地质灾害类型				合计
	崩塌、危岩	滑坡、滑坡隐患	泥石流、泥石流隐患	地面塌陷(采空区、岩溶)	
不稳定	263	1603	12	39	1917
基本稳定	624	4943	74	49	5690
稳定	39	268	5	6	318
合计	926	6814	91	94	7925

表 5-4　三峡地区万州—宜昌段地质灾害规模统计表

灾害类型	规模等级	数量/处	占总数比例/%
滑坡	巨型	4	0.05
	特大型	88	1.11
	大型	1094	13.80
	中型	3731	47.08
	小型	1897	23.94
崩塌	巨型	2	0.03
	特大型	39	0.49
	大型	146	1.84
	中型	282	3.56
	小型	457	5.77
泥石流	特大型	19	0.24
	大型	10	0.13
	中型	20	0.25
	小型	42	0.53
地面塌陷	特大型	2	0.03
	大型	7	0.09
	中型	11	0.14
	小型	74	0.92

表 5-5　三峡地区万州—宜昌段地质灾害密集分布区段说明表

区段编号	区段名称	说明
1	万州-云阳长江干流沿岸崩塌、滑坡密集发育区	该区段出露中侏罗统、下侏罗统砂岩、泥岩不等厚互层的碎屑岩地层;位于万州区向斜和方斗山背斜交接部位,地层整体倾向北西,倾角平缓。万州以南的长江右岸,顺向斜坡发育,滑坡密集发育;五桥—万州—大周附近,近水平巨厚层砂岩发育,第四系发育,差异性风化导致滑坡、崩塌密集发育;云阳周边,大面积侏罗系沙溪庙组出露,顺向-逆向斜坡于长江两岸交替产出。崩塌、滑坡灾害发育
2	云安厂-云阳镇-龙角汤溪河、磨刀溪支流两岸滑坡、泥石流密集发育区	该段受东西向隔档式褶皱构造控制,出露从中三叠统—侏罗系软弱碎屑岩地层。河谷切割强烈,地层受多期构造作用,区域性层间软弱层发育,地表第四系覆盖广泛。滑坡、泥石流发育密集
3	云阳县高阳-南溪-双土滑坡密集发育区	该段主要出露中上三叠统和中下侏罗统的碎屑岩易滑地层,尤其是三叠系巴东组,受渠马河向斜、铁峰山背斜两大褶皱夹持,区内地层间小型构造发育。由于是软性岩层,地层产状复杂多变,斜坡结构复杂,岩石节理、裂隙十分发育,岩体整体破碎严重,覆盖层广泛发育且具有一定规模、厚度。该区段为云阳县内暴雨核心区域,每遇强降水,该区域即为降水量峰值地区,灾情严重。该段堆积层降雨型滑坡密集发育

续表 5-5

区段编号	区段名称	说明
4	奉节县长江干流、草堂河、梅溪河滑坡密集发育区	该5个区段均为三峡地区地质灾害高发的支流流域,其主要共同特征为侏罗系、三叠系碎屑岩易滑地层大面积出露,人类工程活动频繁,碎屑岩顺向坡分布广泛,受褶皱构造影响层间构造软弱带分布广,第四系分布广且厚度大
5	巫山县长江干流及大溪河下游滑坡密集发育区	
6	巫山县双龙-大昌-巫溪县上磺大宁河中游滑坡密集发育区	
7	巴东沿渡河上游滑坡崩塌密集发育区	
8	秭归县青干河、香溪河、归州河流域滑坡密集发育区	
9	巴东县长江干流两岸特大型滑坡密集发育区	巴东县长江干流两岸是三峡地区几处著名特大型滑坡的群发地段。该地段出露巴东组易滑地层,层间多层软弱夹层,斜坡陡峭,不利的斜坡结构、库水位升降等多种因素组合造成了该地段特大型滑坡群发
10	夷陵区樟村坪地面塌陷、崩塌密集发育区	该地段是宜昌市磷矿山的重要集中地段,矿山开采、广泛出露的寒武系碳酸盐岩地层以及复杂的构造和地形是该区地面塌陷、崩塌高发的主要原因

2. 地质灾害变形破坏模式

通过总结发现地质灾害变形破坏模式主要有如下10种,可为地质灾害易发性区划评价和后期防治建议提供理论依据。

(1)顺层-滑移拉裂型岩质滑坡:该类滑坡广泛发育于流域大面积出露的侏罗系红层中,构造部位往往是向斜和背斜的翼部顺层岩层。滑坡变形一般有间歇性的特征,在地质年代上具有多期次的表现,多为古(老)滑坡堆积,其残体的稳定性随季节变化明显。滑移变形往往从前缘临空面开始,逐级向后缘扩展,坡体随滑移导致拉裂解体,并在中后部出现较陡的滑落坎地形,或中部明显的分解拉裂块体堆积。在分解块体的过程中,最终形成坡体的整体失稳变形(图 5-14)。当遭遇暴雨时,这类松动的坡体裂缝往往形成充水型承压水动力条件,触发坡体大规模整体变形;滑坡滑动后,坡体解体,水动力条件转化为潜水或间歇性潜水,无统一的地下水水位。此外,因坡体前缘临空,滑体剪出后多冲入河道、沟谷,多形成堵沟。河道、沟谷历经长时间冲刷,将堵沟物质清除。在这一过程中,灾害范围进一步扩大。

(2)近水平层状平推型岩层滑坡:多发育于流域侏罗系红层宽缓向斜近核部以及流域北西弧形构造带的弧顶部位,以万州区最为典型。这类滑坡的失稳往往主要受降水条件下地下水的静水压力、扬压力和承压水压力的综合作用。因此,这类滑坡体上一般发育与坡向平行的节理裂隙或者拉裂缝,在暴雨条件下裂缝中产生静水压力,并沿滑移面形成扬压力。在这两个力的联合作用下,滑体产生近水平滑移式滑动失稳,且其前缘往往具有因人工开挖、冲沟切实、风化剥蚀形成的一定高度临空(图 5-15)。这类滑坡地势一般平缓开阔,往往成为当地居民居住和生产的场所,坡体上的水塘和农田普遍存在,大量地表水的长期缓慢入渗加剧了滑坡的蠕滑变形,暴雨时会加速该类滑坡的滑动变形,毁坏民居和土地,造成严重的生命、财产损失。

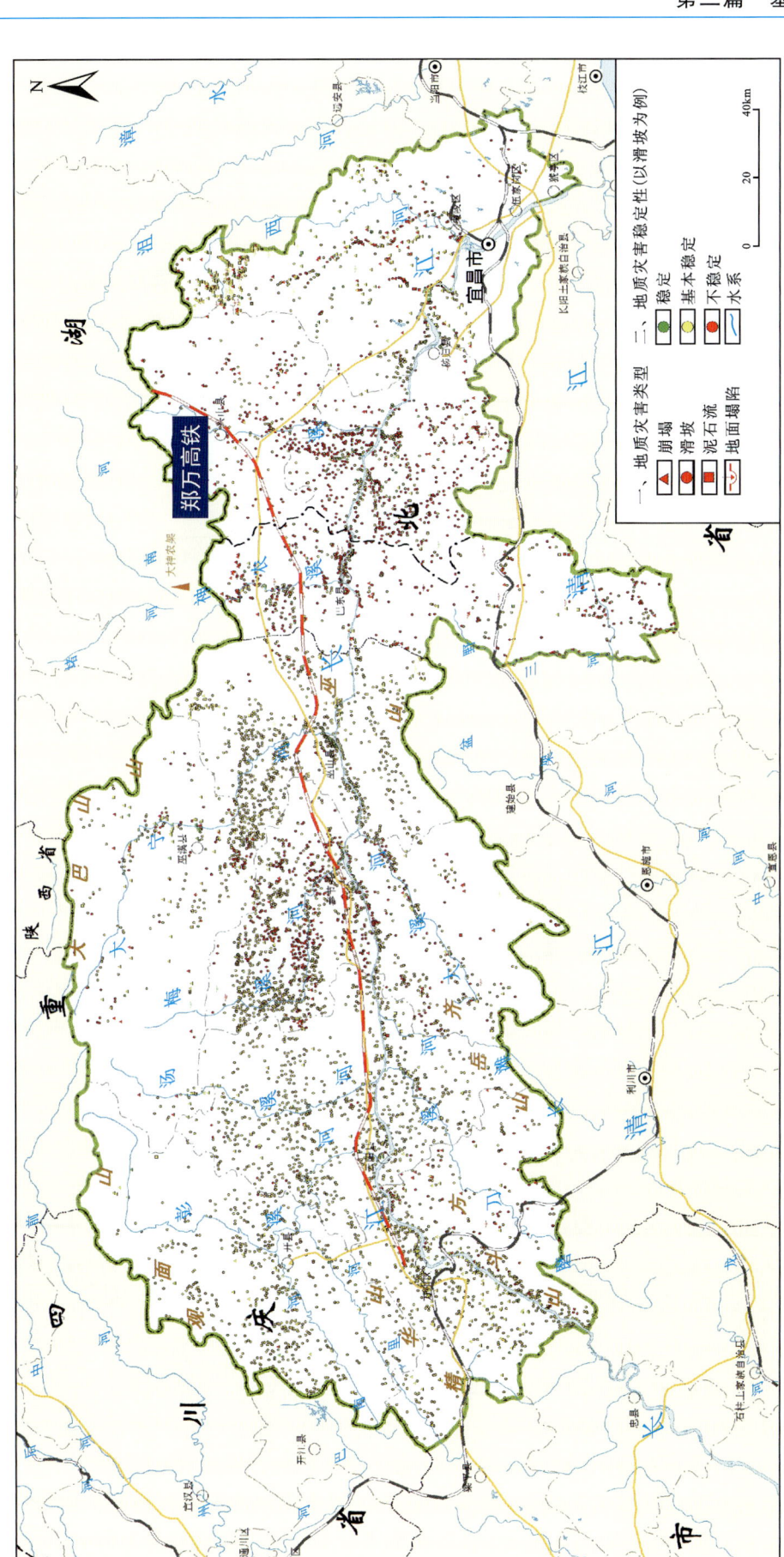

图 5-13 三峡地区万州—宜昌段地质灾害分布图

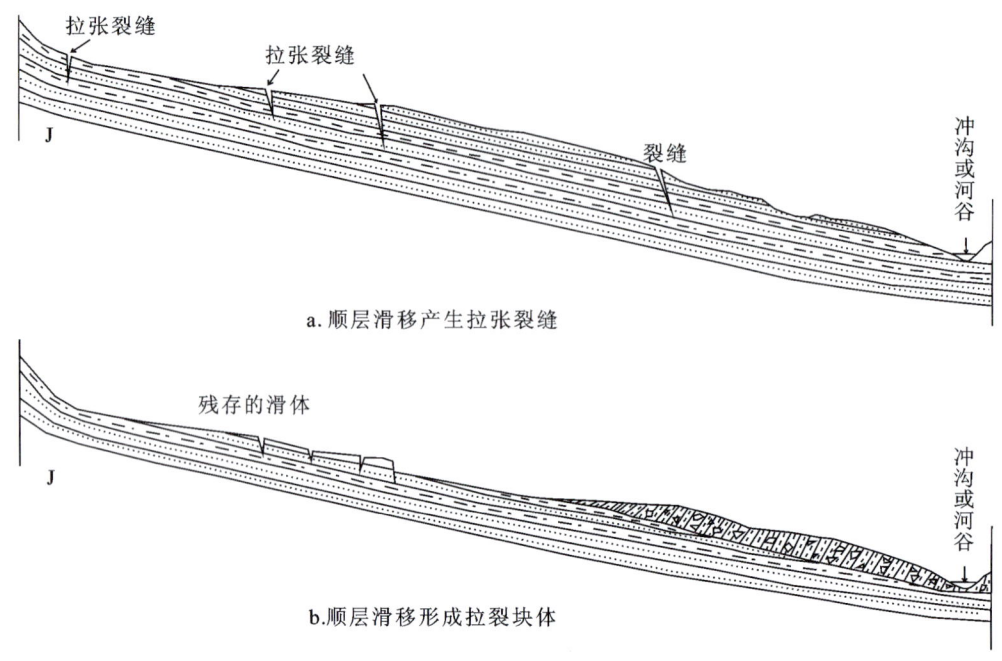

图 5-14　顺层滑移-拉裂型岩质滑坡变形破坏模式示意图

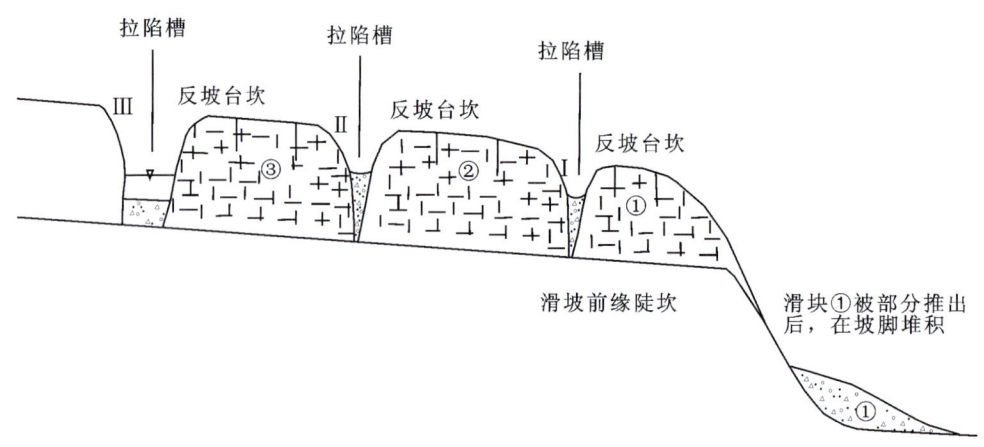

图 5-15　近水平层状平推型岩层滑坡变形破坏模式示意图(范宣梅等,2008)

(3)顺倾向层状滑移(弯曲)-剪断型岩质滑坡:该类滑坡的变形破坏模式是受控于坡体层间软弱层夹层的"滑移(弯曲)-剪断"模式或"滑移-剪断"模式。边坡可分为变形性质不同的两部分,即中上部的顺层滑移段和下部的弯曲-隆起段(图5-16),在力学机制上对应"主动传力区"(Ⅰ区)和"被动挤压区"(Ⅱ区,坡脚)。Ⅰ区坡体在自重下滑力的驱动下,沿坡体内的层间软弱夹层产生顺层滑移,而坡脚的Ⅱ区由于岩层不出露,故产生被动挤压,其结果是岩层只能通过产生垂直于层面的变形,即"弯曲-隆起"来协调上部坡体的作用力。这种主传力区的滑移和被动区的挤压隆起构成一个协调的体系,控制斜坡变形-破坏的过程。显然,一旦被动挤压区的"弯曲-隆起"加剧,将最终被剪断而导致滑坡的发生。

(4)滑移-拉裂-剪断"三段式"岩质滑坡:该类滑坡是一种受坡脚近水平结构面控制边坡的经典变形-破坏模式,也是国内大型高速滑坡发生的一类主要模式。边坡的变形破坏具有分3段发育的特征,即下部沿近水平或缓倾坡外(内)结构面蠕滑、后缘拉裂以及中部锁固段剪断(图5-17)。

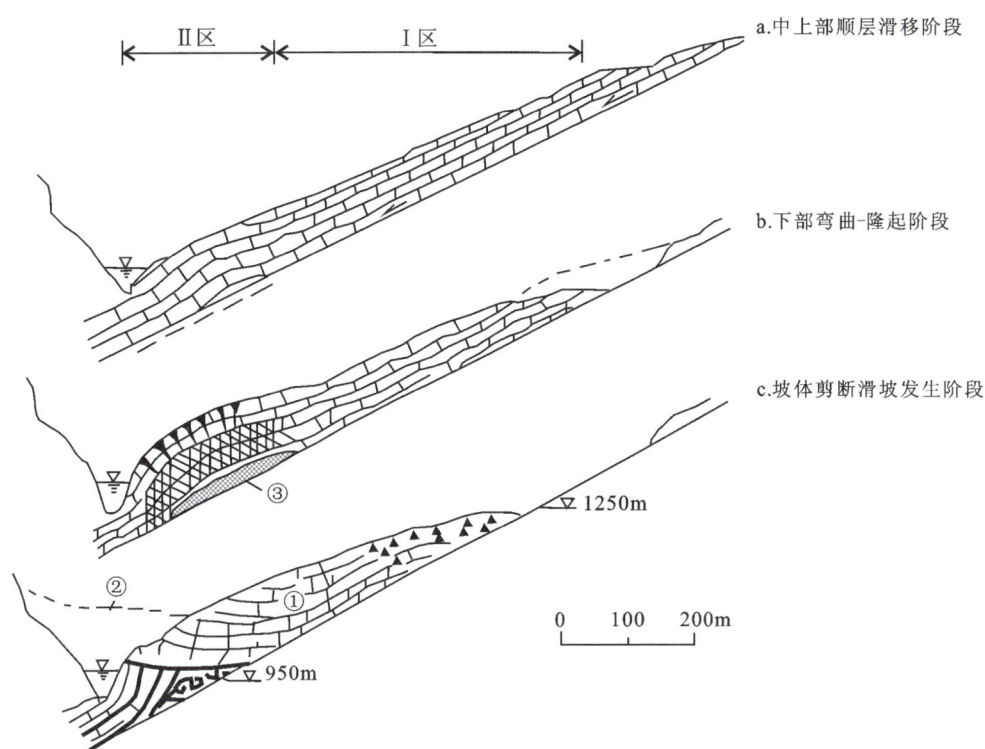

图 5-16　顺倾向伏倾斜坡滑坡变形破坏模式图解（据黄润秋，2007 修改）

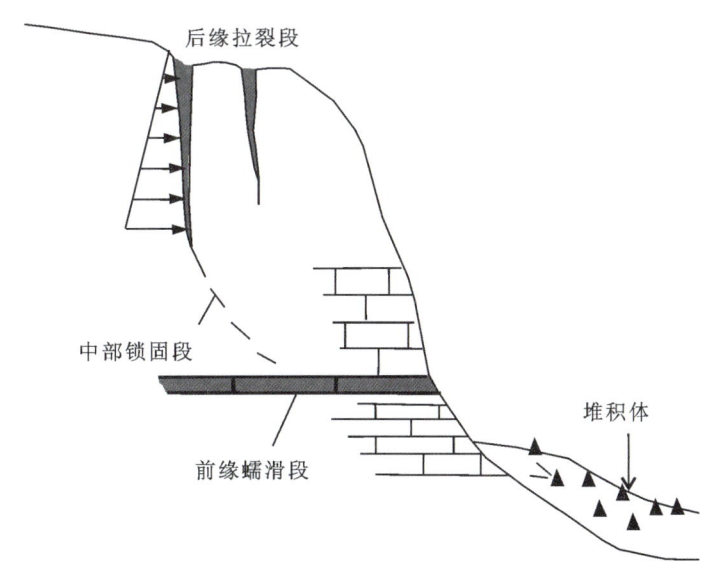

图 5-17　滑移-拉裂-剪断"三段式"岩质滑坡变形破坏模式图解（黄润秋，2007）

(5)顺向滑移型堆积层滑坡：该类滑坡滑体主要物质为松散堆积的第四系残坡积物或者崩坡积物，滑带为基岩和覆盖层接触面，前缘多为河流、冲沟，多具高陡临空面。该类斜坡变形破坏初始一般出现在斜坡后部，表现为后部垂直于斜坡坡向的弧状拉张裂缝和建筑物拉裂变形。蠕滑变形阶段时间持续较长，破坏累计到极限状态，一般在暴雨的诱发下发生整体快速的滑动变形(图 5-18)。变形由后部启动，往前推移，前缘变形的出现预示变形加剧。滑坡堆积体所处斜坡多具有后部多为负地形、前缘高于原始斜坡、斜坡两侧有羽状剪切裂缝等特征。

(6)崩塌加载型堆积层滑坡:该类滑坡滑体主要物质为崩残坡积碎块石土夹块石,斜坡上部一般为硬质厚层岩体构成的陡坡、陡崖,下部一般为由较软质碎屑岩体构成的缓坡,所处斜坡结构一般为逆向、斜逆向坡,前缘多为冲沟切割形成高陡临空面。该类斜坡变形破坏特征初始一般出现在斜坡中前部,前缘的地表鼓胀变形和建筑物的纵向拉裂破坏(图5-19),前缘临河、临沟段出现垮塌等。滑坡堆积体所处斜坡多具有后部陡峭,中部相对平缓,前缘临河、临沟较陡的地形特征。斜坡两侧地表如有羽状剪切裂缝或者浅层次级垮塌变形,指示斜坡处于变形启动阶段。

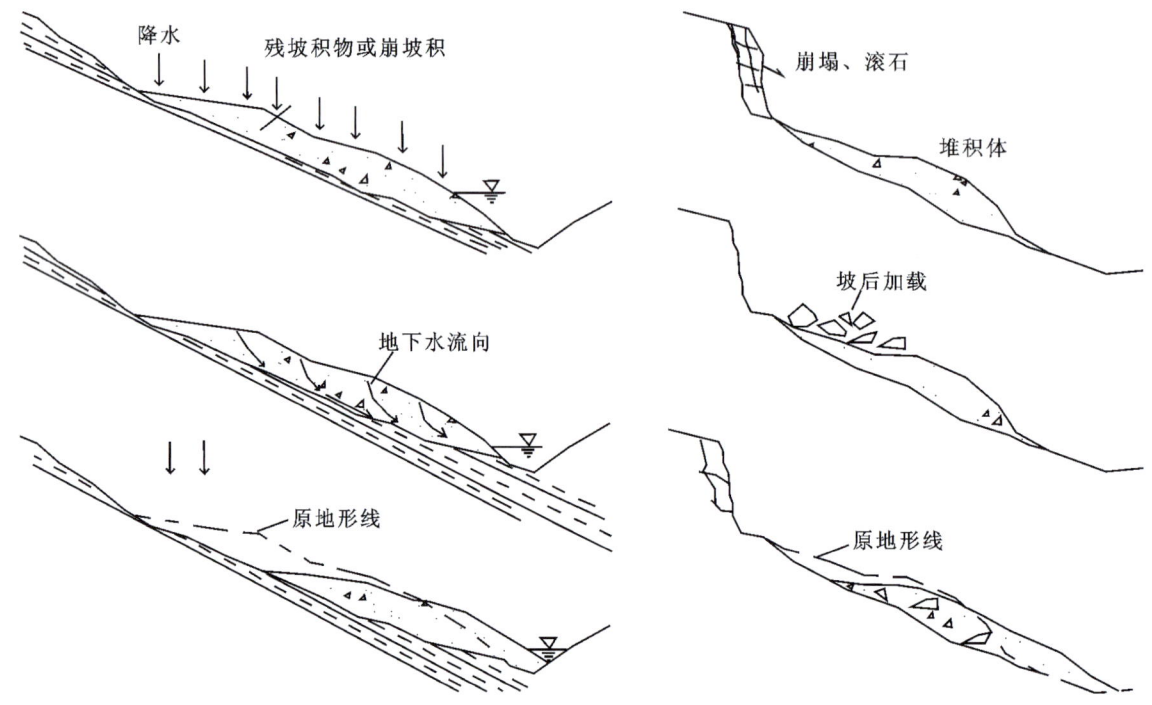

图5-18 顺向滑移型堆积层滑坡变形破坏图解　　图5-19 崩塌加载型堆积层滑坡变形破坏图解

(7)人工切坡型堆积层滑坡:该类滑坡滑体主要物质为残坡积粉质黏土夹碎石,滑坡所处斜坡多为碎屑岩出露,且附近断裂构造发育,岩石破碎,风化程度较高。斜坡中部或者下部坡脚有公路通过,修建公路开挖坡脚,形成高陡临空面。该类型滑坡变形特征明显,主要为临公路的垮塌和公路路面的破坏,受降雨影响垮塌不断向后部扩展,形成大范围的变形(图5-20),最终毁坏公路,造成灾害。

(8)风化破碎岩降雨型堆积层滑坡:该类滑坡滑体主要物质为强—全风化的碎裂状基岩混杂残坡积物,物质组成为碎石夹黏性土,碎石成分与基岩一致。斜坡结构类型一般以斜顺向、顺向、斜逆向斜坡为主。该类型滑坡在启动阶段变形主要集中于滑坡的中下部,多为地表和建筑的纵向剪切裂缝和鼓胀(图5-21)。整体变形形成滑坡具有规模大、过程短、距离长的特点。形成的滑坡导致灾情较严重,危及斜坡上居民、公路、建筑和斜坡下河道内船只与人员的安全。滑坡变形后堆积体具有明显的边界特征,滑坡体负地形明显,后部具有明显圈椅状滑坡坎,坡上一般具有1~2级滑坡平台,两处一般具有同源冲沟。

(9)拉裂(坠落)或倾倒型岩质崩塌:该类崩塌最为典型地质模式表现为拉裂-错断或拉裂-坠落式破坏(图5-22)。崩塌危岩的斜坡主要位于河流两岸,斜坡坡向近垂直于河谷延伸方向。各危岩边坡基岩露头占斜坡表面积达70%以上。斜坡主要由砂岩、粉砂岩组成。斜坡结构均为水平层状坡,原始斜坡整体坡度为55°~85°,部分前缘因修筑公路开挖,形成近直立的高陡岩质边坡。

(10)反倾弯曲-滑移型岩质崩滑:该类崩塌一般具有滑动前坡脚软化→初始滑动→下部滑体分级滑动→上部滑体错落崩滑4个变形阶段(图5-23)。

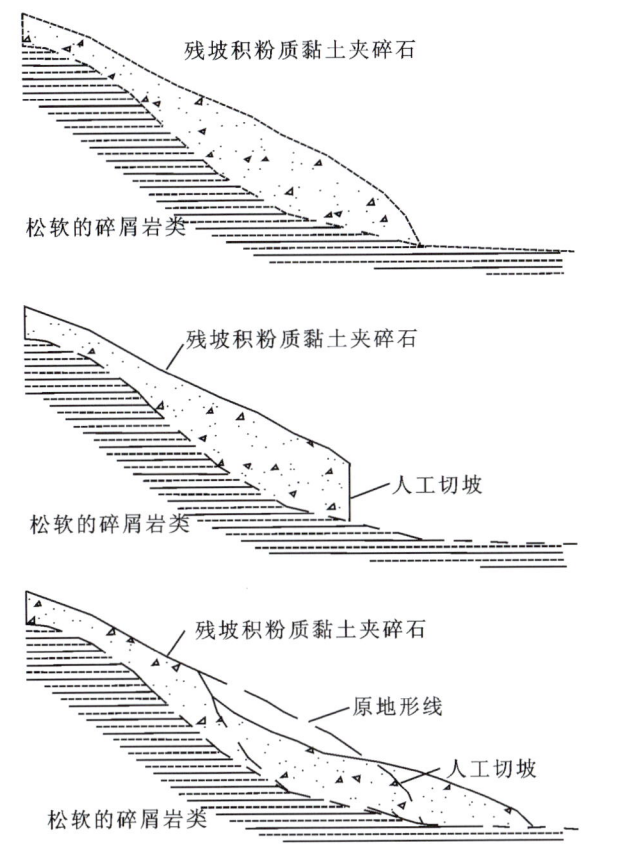

图 5-20 人工切坡型堆积层滑坡变形破坏图解

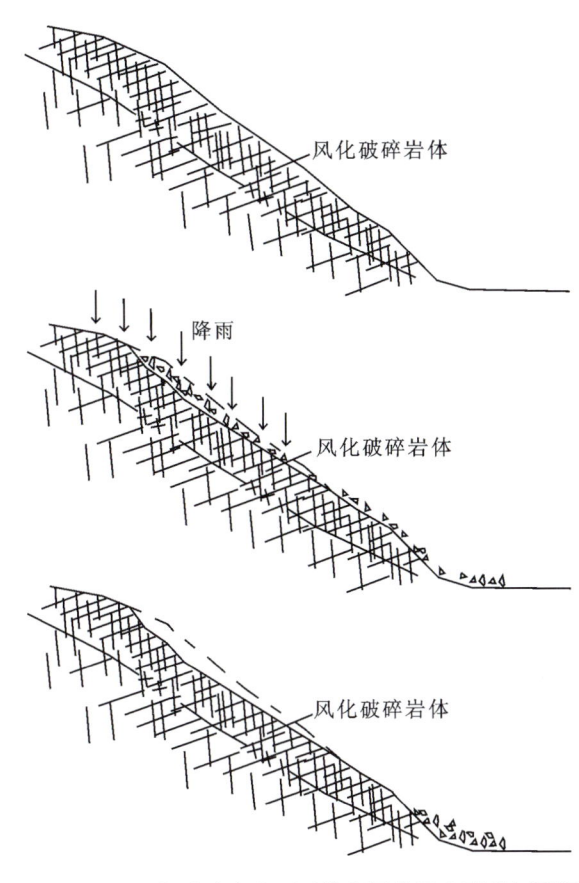

图 5-21 风化破碎岩降雨型堆积层滑坡变形破坏图解

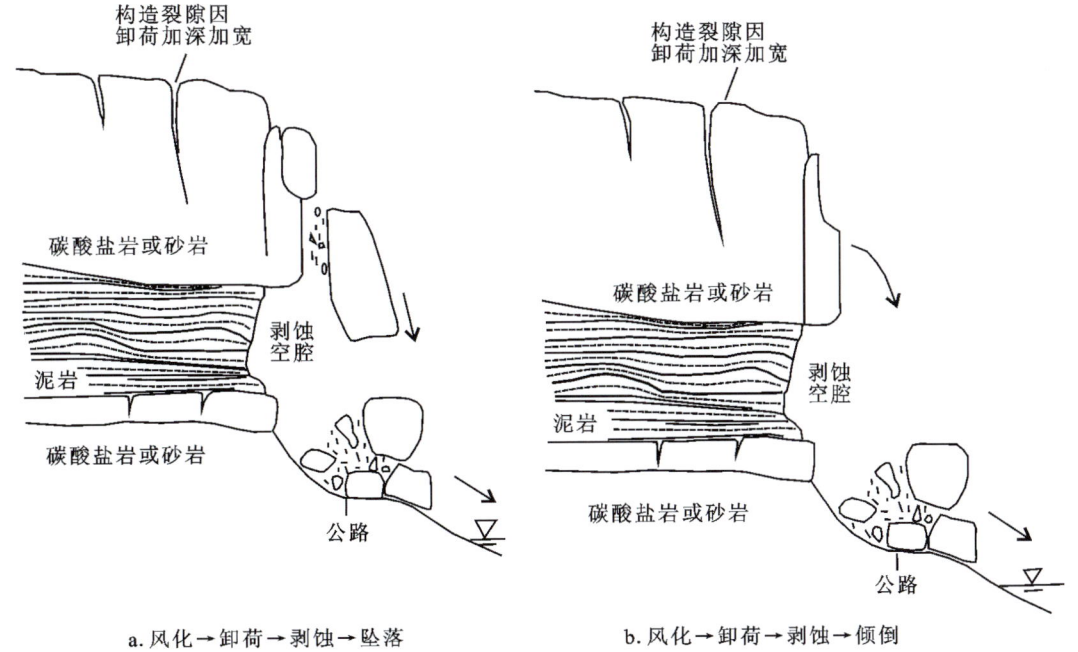

a. 风化→卸荷→剥蚀→坠落　　　b. 风化→卸荷→剥蚀→倾倒

图 5-22 拉裂(坠落)或倾倒型岩质崩塌变形破坏图解

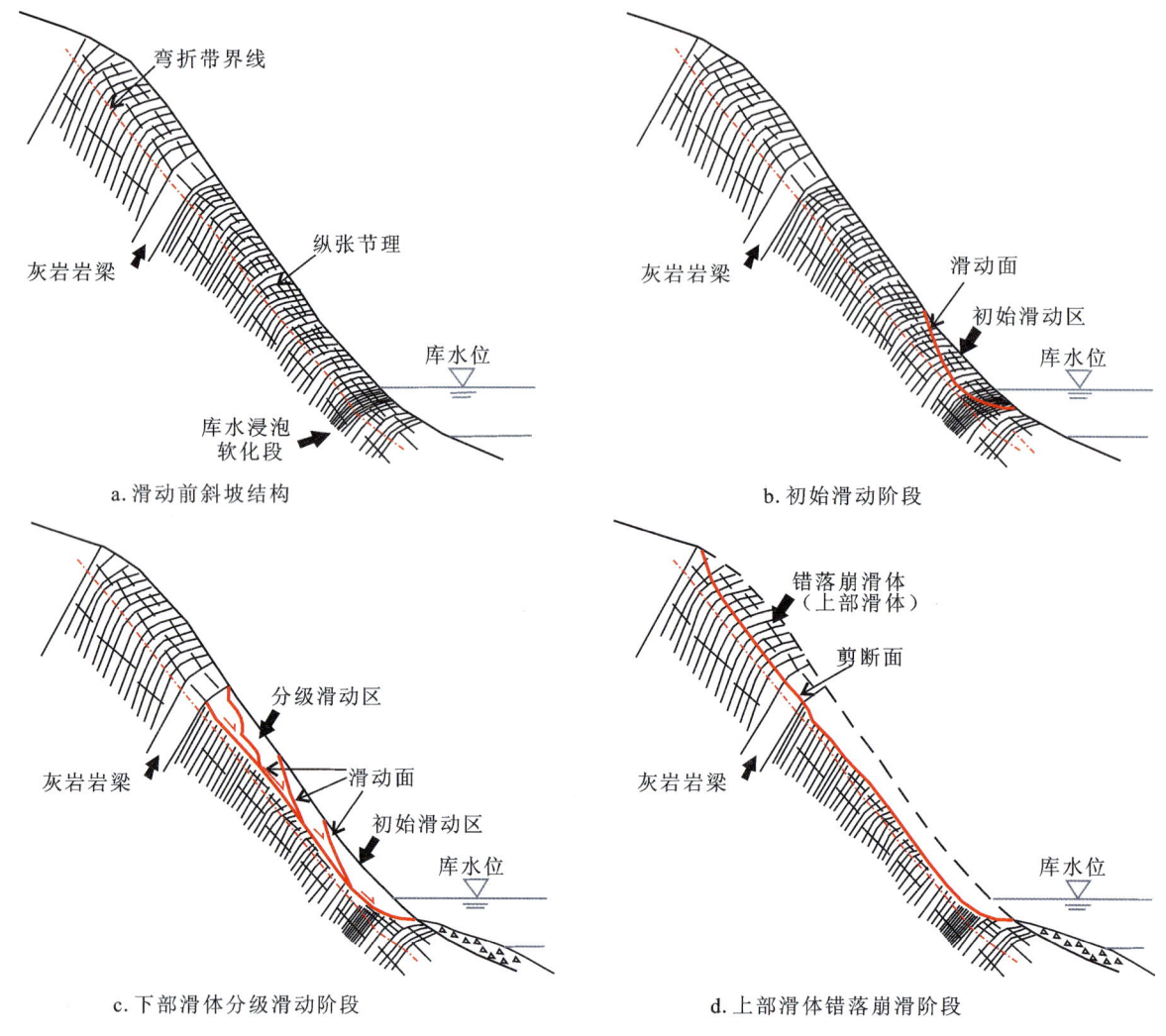

图 5-23 反倾弯曲-滑移型岩质崩滑变形破坏图解

花岗岩风化岩土体是一种特殊的岩组类型,由其组成的斜坡变形破坏形式亦具有特殊性,斜坡体主要物质为强—全风化的碎裂状岩体并覆盖全风化砂或坡积土,风化砂结构松散,孔隙率大,强风化岩体中存在倾向坡外的结构面或差异风化现象。通过调查总结,斜坡变形一般发生在切坡、坡度大于 30°的陡坡地带。触发因素多与降水有关,演化变形破坏模式可以概括为 5 种(图 5-24):①差异风化形成块球体,周边全风化砂剥蚀后,块球体失去支撑,形成崩塌;②上部风化砂层在降水作用下,沿强风化顶面滑移,形成滑坡;③开挖边坡顶部松散的坡积土沿基覆面滑动;④上部风化砂层逐步剥蚀堆积在坡脚,在降水作用下冲蚀形成坡面泥石流;⑤坡顶强风化岩体沿结构面崩滑。

该类型斜坡破坏变形形成灾害体具有规模小、过程短、距离短的特点,但具有群发性,灾情较严重,危及斜坡下居民、公路、建筑,斜坡下河道内船只和人员的安全。变形后堆积体具有明显的边界特征,后部具有明显新鲜坡面,植被破坏明显。

3. 顺层不稳定斜坡(滑坡)早期识别工程地质指标体系

碎屑岩区顺层不稳定斜坡发育受控因素众多,变形破坏模式也较复杂。同时认清或清晰描述某一个滑坡单体也需要刻画地形地貌、工程地质、水文地质、诱发机制等因素。因此,对碎屑岩顺层不稳定斜坡进行早期识别不能仅仅依靠单一识别标志,而是要依靠工程地质指标体系进行筛选。

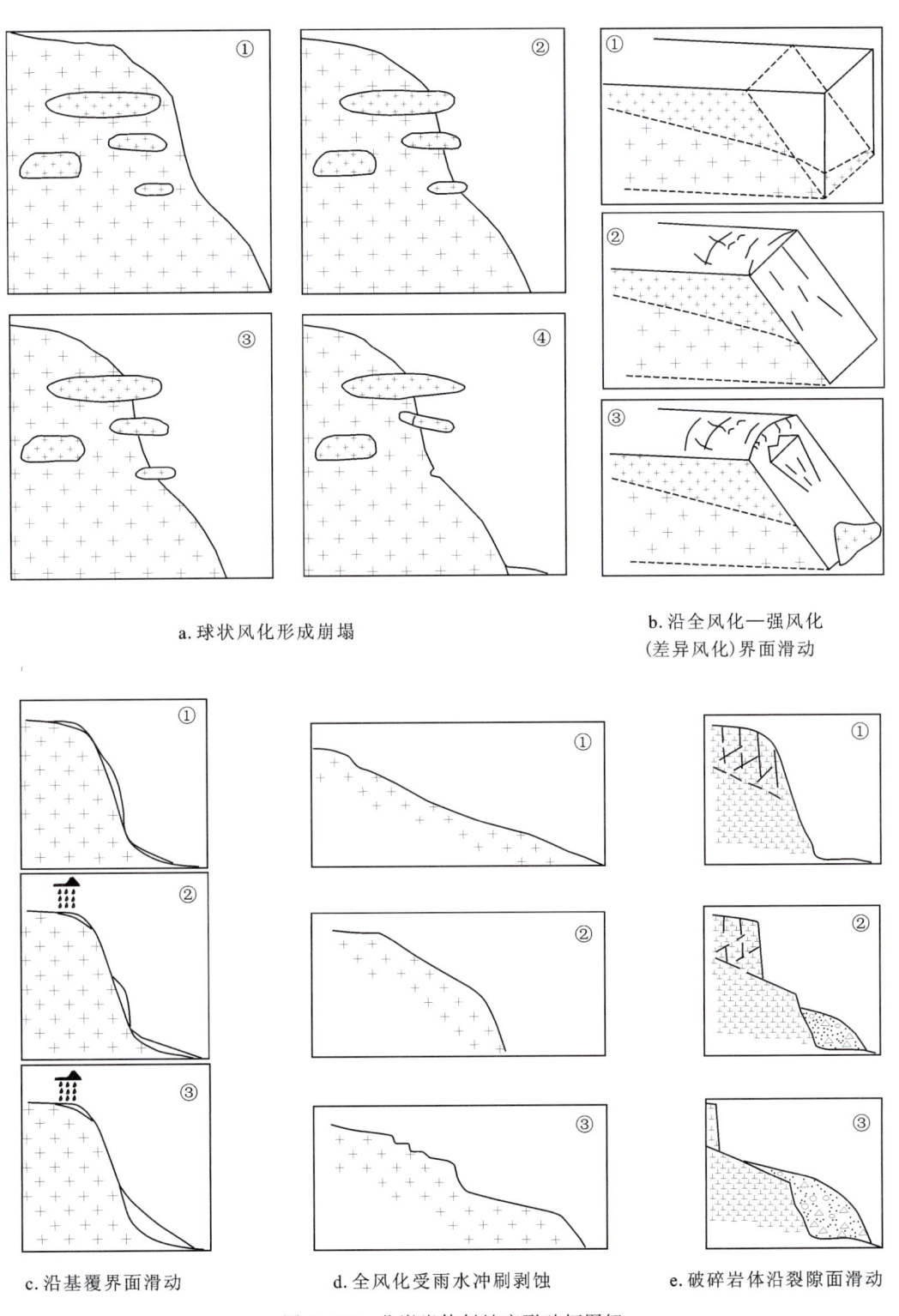

a. 球状风化形成崩塌

b. 沿全风化—强风化（差异风化）界面滑动

c. 沿基覆界面滑动

d. 全风化受雨水冲刷剥蚀

e. 破碎岩体沿裂隙面滑动

图 5-24 花岗岩体斜坡变形破坏图解

碎屑岩顺层不稳定斜坡早期识别工程地质指标体系是指在早期识别过程中，由若干反映碎屑岩区（典型如秭归盆地、云阳—奉节一带）顺层滑坡现象总体特征的相对独立又相互联系的工程地质指标所组成的有机整体。在顺层滑坡早期识别研究中，如果只使用一个指标或一项早期识别特征或标志往往是不充分的，它只能反映顺层滑坡某一个方面的特征，识别结果会产生很大的误差。这个时候就需要同时使用多个相关特征或标志了，而这些相关的又相互独立的特征或标志所构成的统一整体，即为指标体系。因此，可以利用地形标志、地貌标志、岩性组合标志、岩体结构标志、水文地质标志和斜坡结构标志这些相互独立又有联系的工程地质指标来建立碎屑岩顺层不稳定斜坡早期识别工程地质指标体系。

按识别方法和空间分析顺序，把 6 种指标总结如图 5-25 所示。在传统方法上，首先利用基岩产状与斜坡坡向进行空间分析，区划出顺向斜坡、斜顺向斜坡。这两类斜坡是发生顺向滑坡的主要结构基础。利用 GIS 空间分析功能，在矢量地形图中叠加山体阴影，叠加山体阴影后的地形图更容易辨识山体的形态特征。在顺向和斜顺向斜坡区，利用地形标志进行识别，可以圈定很多潜在的不稳定斜坡区。利用正射后叠加 DEM 的遥感影像对潜在区进行地貌的整体辨识，一般还可以通过查询路径的形式，查看潜在区的典型坡形图。进一步筛选后，对潜在的不稳定斜坡区进行地面调查，根据地面调查标志进行进一步的识别筛选。地面调查标志不必全包括，只要有部分标志满足就可通过筛选。利用这些野外观察的特征、地貌特征、地图表现形式进行滑坡识别和区划，这些圈定的区域表征着处于顺层滑坡的某些演化阶段。因此，早期识别工程地质指标体系的运行顺序是结构空间识别→阴影地形图识别→遥感影像识别→地面调查识别。

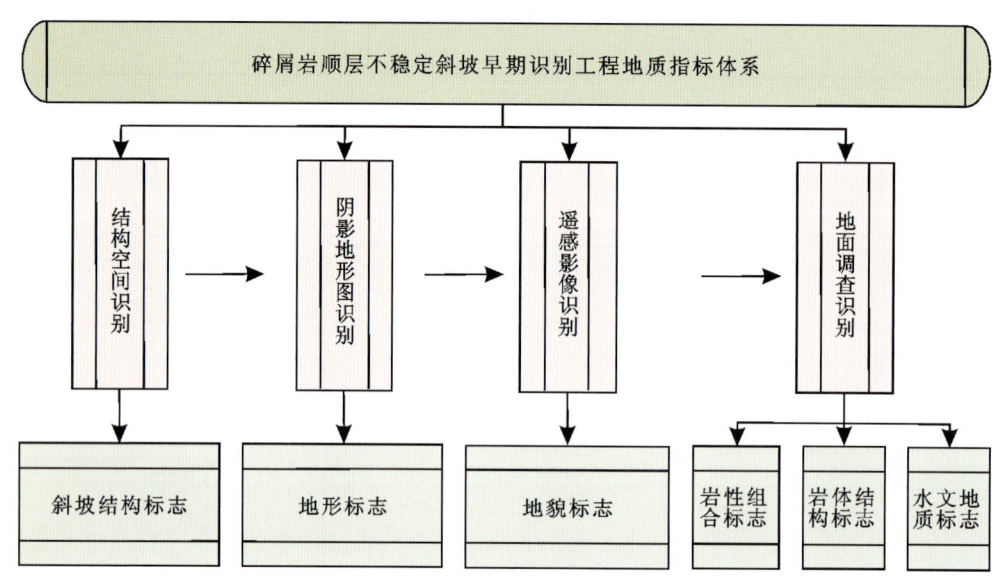

图 5-25　碎屑岩顺层不稳定斜坡早期识别工程地质指标体系图

从大数据空间分析方法立场上看，早期识别工程地质指标体系就是结构空间识别、阴影地形图识别、遥感影像识别、地面调查识别结果的多源数据空间叠加。显然，多源数据空间叠加方法有利于多人多组同步开展工作，而传统方法是层层递进的，不断地聚焦于不稳定斜坡区域。两个方法得到的结果应该相同。

针对顺层不稳定斜坡早期具体的识别工作，则需要进一步系统整理顺层不稳定斜坡中不同类型、不同指标的标识特征，以利于识别工作的开展。层面控制型滑坡早期识别的特征主要为等距或渐宽的等高线、双沟同源或多面临空的地貌、软硬相间的岩性组合、较完整的岩体结构等识别标志。层面控制型滑坡的早期识别工程地质指标体系如表 5-6 所示。

层面+纵向结构面控制型滑坡早期识别的特征主要为等距或渐宽的等高线、有冲沟或陡崖边界、台阶状地貌、硬岩夹较厚单层或相邻多层软弱层的岩性组合、发育一组纵向大中型结构面等识别标志。层面+纵向结构面控制型滑坡的早期识别工程地质指标体系如表 5-7 所示。

表 5-6 层面控制型滑坡早期识别工程地质指标体系

滑坡类型	指标	标志	内容
层面控制型滑坡	斜坡结构	斜坡结构标志	顺向斜坡结构、斜向斜坡结构
	阴影地形	地形标志	近平行的等高线,等高线近等距或渐宽,下部或有波状弯曲等高线
	遥感影像	地貌标志	山脊或冲沟自然分界,双沟同源,多面临空
	地面调查	岩性组合标志	砂岩泥岩互层、软硬相间组合,特别是厚层与中层砂岩,粉砂岩偶夹泥岩
		岩体结构标志	基本无大中型结构面,有随机小型结构面

表 5-7 层面+纵向结构面控制型滑坡早期识别工程地质指标体系

滑坡类型	指标	标志	内容
层面+纵向结构面控制型滑坡	斜坡结构	斜坡结构标志	顺向斜坡结构、斜向斜坡结构
	阴影地形	地形标志	近平行的等高线,等高线近等距或渐宽,下部或有波状弯曲等高线,存在线性冲沟或陡崖地形
	遥感影像	地貌标志	陡崖或冲沟结构面分界,或有台阶状地貌
	地面调查	岩性组合标志	砂岩泥岩互层软硬相间组合,分布较厚的软弱夹层或相邻分布多层软弱夹层
		岩体结构标志	发育纵向大中型结构面,有较大间距
		水文地质标志	除与层面控制型滑坡类似外,纵向结构面(沟)加深、加宽、漏水,或纵向结构面的新延伸

层面+横向结构面控制型滑坡早期识别的特征主要为近平行等距的等高线中有凹槽地形和峰状地形、拉裂槽或残丘地貌、硬岩为主的软硬岩性组合、发育大中型横向结构面等识别标志。层面+横向结构面控制型滑坡的早期识别工程地质指标体系如表 5-8 所示。

表 5-8 层面+横向结构面控制型滑坡早期识别工程地质指标体系

滑坡类型	指标	标志	内容
层面+横向结构面控制型滑坡	斜坡结构	斜坡结构标志	顺向斜坡结构、斜向斜坡结构
	阴影地形	地形标志	近平行等距的等高线中有凹槽地形和峰状地形
	遥感影像	地貌标志	山脊或冲沟自然分界,拉裂槽与残丘地貌相间,至少两面临空
	地面调查	岩性组合标志	以硬岩为主,软弱层较厚的软硬相间组合
		岩体结构标志	横向大中型结构面发育
		水文地质标志	除与层面控制型滑坡类似外,横向结构面(沟)加深、加宽或横向水沟的新延伸

堆积层滑坡是碎屑岩区主要的滑坡类型,堆积层滑坡早期识别的特征主要为渐宽的仅平行等高线或上下弧形地形线、双沟同源、层面同倾耕地、后缘和局部有光滑基岩面、相对均质厚层或二元组合堆积物、基岩结构较完整等识别标志。堆积层滑坡的早期识别工程地质指标体系如表 5-9 所示。

表 5-9 堆积层滑坡早期识别工程地质指标体系

滑坡类型	指标	标志	内容
堆积层滑坡	斜坡结构	斜坡结构标志	顺向斜坡结构、斜向斜坡结构
	阴影地形	地形标志	近平行等高线由近等距变渐宽,下部有波状弯曲等高线,或上下弧形地形线表达,双沟同源
	遥感影像	地貌标志	层面同倾耕地,后缘和局部有光滑基岩面
	地面调查	岩性组合标志	浅层堆积层+光滑层面的二元组合,或浅层渗透性强+深层相对弱渗透性的二元中厚层堆积物组合,或相对均质的厚层堆积物
		岩体结构标志	基岩结构相对完整,渗透性弱
		水文地质标志	土体裂缝出现大量渗水,坡脚、剪出口或其他临空面突然出现泉水,或者原来的水变浑浊

在建立的顺层潜在不稳定斜坡早期识别工程地质指标体系基础上,通过对典型应用区——沙镇溪区域的地形扫描与判识,识别出来38个潜在滑坡被(表5-10)。其中,9处属于基岩潜在不稳定斜坡,29处属堆积层潜在不稳定斜坡。基岩潜在不稳定斜坡中有2处层面控制型,2处层面+横向结构面控制型和5处层面+纵向结构面控制型滑坡。

表 5-10 沙镇溪区域潜在不稳定斜坡描述表

序号	潜在滑坡隐患点名	描述(长宽、形态、面积、土质或岩质类型)	备注
1	周家坡滑坡	长:东南向约874m;宽:北东向约568m;形态:舌形;面积:约为4.66×10^5 m²;堆积层滑坡	监测
2	谭石爬滑坡	长:东南向约874m;宽:北东向约404m;形态:舌形;面积:约为3.65×10^5 m²;堆积层滑坡	监测
3	张家坝1号滑坡	长:东南向约737.7m;宽:正东向约267.7m;形态:胃形;面积:约为1.3×10^5 m²;堆积层滑坡	监测
4	张家坝西南滑坡	长:东南约508m;宽:北东向约153m;形态:条带形;面积:约为0.6×10^5 m²;堆积层滑坡	监测
5	张家坝滑坡	长:西南向约1 316.9m;宽:东南向约491.8m;形态:刀形;面积:约为5.1×10^5 m²;堆积层滑坡	监测
6	千将坪滑坡	长:东南向约945m;宽:形态:西南向约562.8m;形状:舌形;面积:约为4.6×10^5 m²;堆积层滑坡	监测
7	余家坡北滑坡	长:东南向约770m;宽:西南向约185.7m;形态:棒槌形;面积:约为1.2×10^5 m²;堆积层滑坡	监测
8	白果树1号滑坡	长:东南向约704.9m;宽:西南向约174.8m;形态:长条形;面积:约为1.1×10^5 m²;堆积层滑坡	监测
9	白果树2号滑坡	长:东南向约710m;宽:西南向约224m;形态:条带形;面积:约为1.5×10^5 m²;堆积层滑坡	监测

续表 5-10

序号	潜在滑坡隐患点名	描述(长宽、形态、面积,土质或岩质类型)	备注
10	白果树北滑坡	长:东南向约 459m;宽:西南向约 43.7m;形态:条形;面积:约为 0.2×10⁵m²;堆积层滑坡	监测
11	白果树东滑坡隐患点	长:东南向约 469.9m;宽:正北向约 273m;形态:山峰形;面积:约为 1.4×10⁵m²;层面控制型滑坡(隐患点)	新发现
12	三星大道滑坡	长:东南向约 224m;宽:正北向约 491.8m;形态:山峰形;面积:约为 0.4×10⁵m²;堆积层滑坡	监测
13	三门洞西南 2 号滑坡隐患点	长:北东向约 464m;宽:东南向约 273m;形态:椭圆形;面积:约为 1.0×10⁵m²;堆积层滑坡(隐患点)	新发现
14	三门洞西南 1 号滑坡隐患点	长:北东向约 453.5m;宽:东南向约 415m;形态:帽子形;面积:约为 1.5×10⁵m²;堆积层滑坡(隐患点)	新发现
15	三门洞滑坡	长:北东向约 961.7m;宽:东南向约 464m;形态:舌形;面积:约为 3.9×10⁵m²;堆积层滑坡	监测
16	三门洞南滑坡隐患点	长:北东向约 967m;宽:东南向约 415m;形态:不规则状;面积:约为 2.7×10⁵m²;堆积层滑坡(隐患点)	新发现
17	卧沙溪滑坡	长:北东向约 939.8m;宽:东南向约 267.7m;形态:骨头形;面积:约为 2.9×10⁵m²;堆积层滑坡	监测
18	庙湾滑坡	长:东南向约 863m;宽:西南向约 404m;形态:梯形;面积:约为 0.2×10⁵m²;堆积层滑坡	监测
19	香山路滑坡	长:东南向约 612m;宽:西南向约 185.7m;形态:条带形;面积:约为 1.0×10⁵m²;堆积层滑坡	监测
20	大岭电站滑坡	长:东南向约 693.9m;宽:西南向约 267.7m;形态:条带形;面积:约为 1.6×10⁵m²;层面+纵向结构面控制型滑坡	监测
21	大岭(杉树槽)滑坡	长:东南向约 650m;宽:西南向约 278.6m;形态:尖角形;面积:约为 1.4×10⁵m²;层面+纵向结构面控制型滑坡	监测
22	大岭西滑坡	长:东南向约 1 453.5m;宽:西南向约 644.8m;形态:梯形;面积:约为 7.7×10⁵m²;堆积层滑坡	监测
23	大岭西南滑坡	长:东南向约 530m;宽:西南向约 92.8m;形态:条带形;面积:约为 0.6×10⁵m²;堆积层滑坡	监测
24	桑树坪滑坡	长:东南向约 1 551.9m;宽:西南向约 732m;形态:梯形;面积:约为 9.1×10⁵m²;层面+纵向结构面控制型滑坡,表层次级为堆积层滑坡	监测
25	桑树坪北西 1 号滑坡隐患点	长:东南向约 644.8m;宽:西南向约 180m;形态:条带形;面积:约为 1.2×10⁵m²;堆积层滑坡(隐患点)	新发现
26	桑树坪北西 2 号滑坡隐患点	长:东南向约 1 196.7m;宽:西南向约 218.5m;形态:条带形;面积:约为 2.7×10⁵m²;堆积层滑坡(隐患点)	新发现
27	马家坝滑坡隐患点	长:东南向约 2 147.5m;宽:西南向约 431.6m;形态:条带形;面积:约为 9.3×10⁵m²;层面+横向结构面控制型滑坡	监测

续表 5-10

序号	潜在滑坡隐患点名	描述（长宽、形态、面积，土质或岩质类型）	备注
28	大湾煤矿滑坡	长：东南向约1732m；宽：西南向约333m；形态：条带形；面积：约为$5.5\times10^5m^2$；层面+横向结构面控制型滑坡	监测
29	大湾煤矿南滑坡	长：东南向约792m；宽：西南向约344m；形态：条带形；面积：约为$2.2\times10^5m^2$；堆积层滑坡	监测
30	屯里荒滑坡	长：北东向约420.7m；宽：东南向约426m；形态：陀螺形；面积：约为$1.6\times10^5m^2$；层面控制型滑坡	监测
31	屯里荒南1号滑坡隐患点	长：北东向约573.7m；宽：正东向约213m；形态：短棒形；面积：约为$1.0\times10^5m^2$；堆积层滑坡（隐患点）	新发现
32	屯里荒南2号滑坡隐患点	长：北东向约1945m；宽：正东向约191m；形态：长棒形；面积：约为$3.8\times10^5m^2$；堆积层滑坡（隐患点）	新发现
33	姜家垭滑坡	长：北东向约879.7m；宽：东南向约568m；形态：尖峰形；面积：约为$4.5\times10^5m^2$；层面+纵向结构面控制型滑坡	监测
34	姜家垭南1号滑坡隐患点	长：正东向约797.8m；宽：正南向约278.6m；形态：条带形；面积：约为$2.0\times10^5m^2$；堆积层滑坡（隐患点）	新发现
35	姜家垭南2号滑坡隐患点	长：正东向约1535.5m；宽：正南向约322m；形态：锥子形；面积：约为$3.8\times10^5m^2$；层面+纵向结构面控制型滑坡（隐患点）	新发现
36	牌楼滑坡	长：正东向约1043.7m；宽：正南向约404m；形态：长方形；面积：约为$4.1\times10^5m^2$；堆积层滑坡	监测
37	牌楼西南滑坡隐患点	长：正东向约994.5m；宽：正南向约169m；形态：锥子形；面积：约为$1.5\times10^5m^2$；堆积层滑坡	新发现
38	牌楼东南滑坡隐患点	长：正北向约721m；宽：正东向约366m；形态：月牙形；面积：约为$2.3\times10^5m^2$；堆积层滑坡	新发现

4. 地质灾害易发性评价

地质灾害易发性评价是通过建立评价指标体系、计算指标权重，在此基础上计算所有评价单元的易发性指数并进行等级划分。评价区内发育多种地质灾害类型，易发性评价以滑坡和崩塌灾害为主。在分别获取两种灾害的易发性分区结果之后，应将其评价结果进行叠加，以得到综合考虑两种主要灾害作用下的评价区易发性分布。灾害易发性叠加的方式采用矩阵法，如表5-11所示，两种灾害的高易发区叠加之后仍为高易发状态，高易发区与较低易发区叠加为较高易发区状态。由此得到调查区综合地质灾害易发性评价结果，如图5-26所示。

表5-11 滑坡灾害与崩塌灾害易发性叠加计算矩阵

	高易发区A	中易发区B	低易发区C
高易发区A	A	A	B
中易发区B	A	B	B
低易发区C	A	B	C

第二篇 基础背景篇

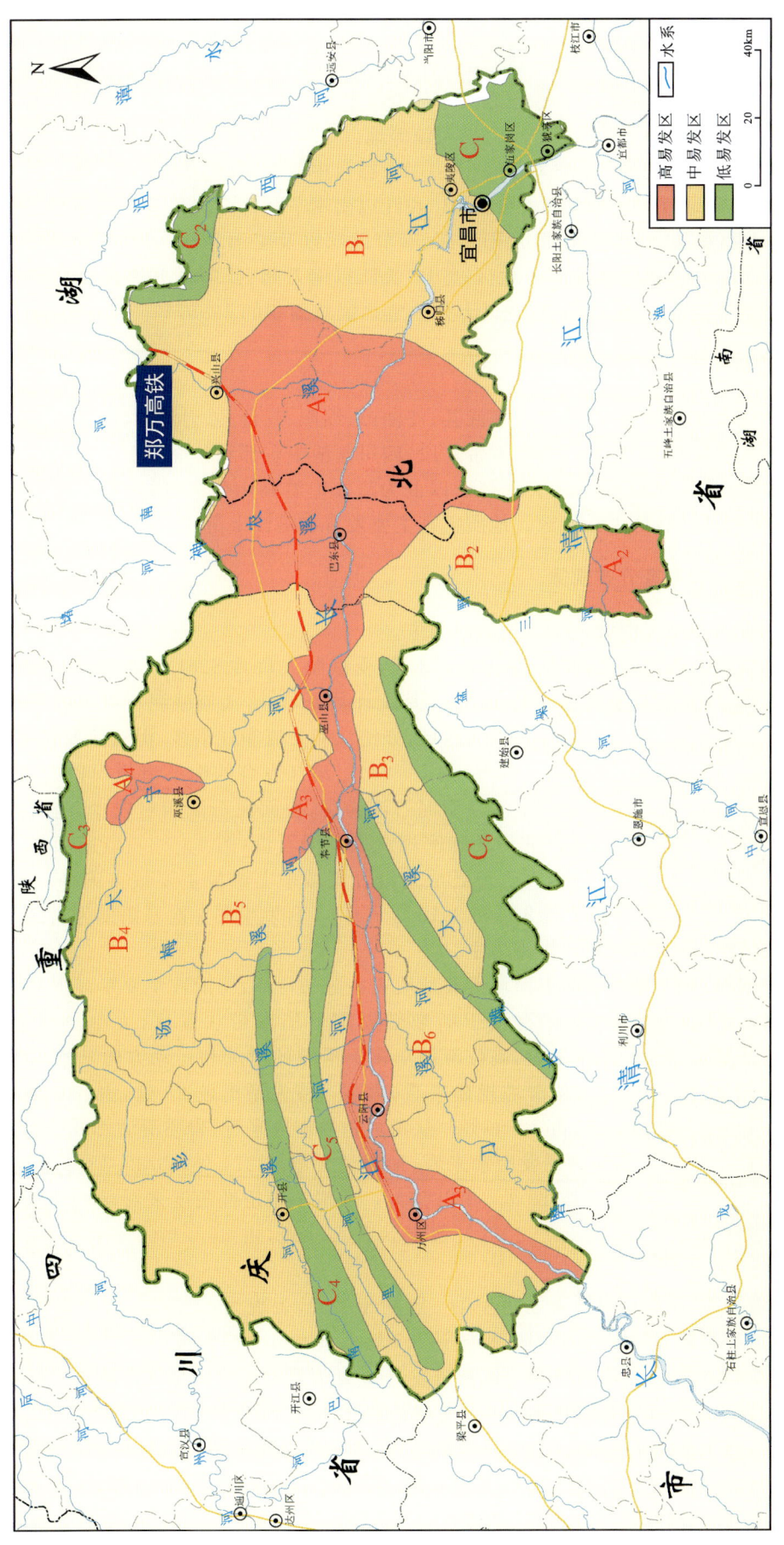

图 5-26 三峡地区万州—宜昌段地质灾害易发性分区图

通过综合计算分析，三峡地区万州—宜昌段共划分地质灾害高易发区4个，面积为7 699.7 km²，占三峡地区万州—宜昌段总面积的22.35%，分别为：①A_1秭归盆地巴东神农溪两岸地区（包括巴东县中北部、兴山县西南部及秭归县大部分地区）；②A_2巴东县南部清江水布垭库区；③A_3长江干流巫山县至忠县沿江地带；④A_4巫溪县大宁河沿岸白鹿、西宁、宁厂、城厢镇等地。中等易发区有6个，面积为22 276.7 km²，占三峡地区万州—宜昌段总面积的64.68%，分别为：①B_1鄂西中低山区（包括宜昌市、夷陵区、秭归县、兴山县）；②B_2巴东县中部绿葱坡—清太坪一带；③B_3长江以南奉节吐祥—尖角及巫山铜鼓—石碑—邓家一带；④B_4长江以北巫溪县、开州区北部、云阳北部、奉节北部以及巫山北部一带；⑤B_5长江以北万州、开州区、云阳、奉节、巫山、巫溪等区县部分地区；⑥B_6长江以南万州、云阳奉节等区县部分地区。低易发区（C_1~C_4）面积为4 466.9 km²，占三峡地区万州—宜昌段总面积的12.97%。

（二）涪江流域

涪江发源于四川省平武县雪宝顶，流经平武县、江油市、绵阳、三台县、射洪县、遂宁市、潼南县，最后于重庆市合川区汇入嘉陵江，地跨龙门山断裂带北段、四川盆地中东部和盆缘低山丘陵区。涪江主河全长670余千米，流域面积为3.64万km²。武都镇以上为涪江上游高山生态区，武都—绵阳为涪江中游平原区，绵阳以下为涪江流域低山丘陵区。地质灾害主要发育在涪江上游（图5-27）。

1. 涪江流域地质灾害发育分布规律

涪江流域地质灾害类型以滑坡、泥石流、崩塌为主。

涪江流域为我国泥石流高发区，共有泥石流552条，受威胁人口共6261户24 607人，合计威胁财产136 024.1万元（据四川省自然资源厅2018年5月统计数据）。涪江流域泥石流主要集中于流域中上游，大致以龙门山区为界。龙门山区及其以北区域，如涪江和支流湔江沿线，泥石流发育集中，呈明显的线状分布；龙门山区以南区域，泥石流不发育（图5-28）。涪江发育的泥石流规模以中小型为主，占比达90.76%（表5-12）。泥石流以暴雨型沟谷型泥石流为主，坡面泥石流相对较少，前者以北川陈家坝大沟泥石流（图5-29）为代表，后者以北川县陈家坝文家坪泥石流（图5-30）、黄家坝村3组群发性泥石流为代表。汶川"5·12"地震以后，泥石流已成为涪江流域中上游最主要致灾灾种。在2008年9月24日、2010年8月13日、2013年7月9日和2018年7月11日发生的4次暴雨期为涪江泥石流集中暴发时间，危害形式以冲刷、冲击、淤埋作用为主。

通过对694处滑坡调查，基本查明了流域滑坡地质灾害分布特征：①滑坡主要发育于上游侵蚀构造山区，中游、下游浅丘滑坡发育较少；②滑坡于断裂带周围呈集中带状发育，大型滑坡主要由汶川"5·12"地震诱发，主要分布于断裂带上盘，高位滑坡居多。滑坡的滑动和运动方向基本与发震断裂走向垂直或呈大角度相交（图5-31）。从滑坡规模来看，大型—特大型滑坡25处，占3.60%；中型滑坡166处，占23.92%；小型滑坡503处，占72.48%。从滑坡物质组成来看，岩质滑坡109处，占15.71%；土质滑坡585处，占84.29%。从滑坡诱发因素来看，地震诱发滑坡274处，占39.48%；降水诱发滑坡402处，占57.93%；人类活动诱发滑坡18处，占2.59%。从滑坡稳定性角度来看，处于稳定状态7处，占1.08%；基本稳定状态395处，占56.92%；欠稳定状态239处，占36.94%；不稳定状态53处，占8.19%（表5-13）。

滑坡规模、滑坡物质、滑坡诱发因素之间存在一定的相关性，表现为：①中型、大型滑坡多为地震诱发，集中发育在流域上游断裂带附近的山区，据统计，25处大型—特大型滑坡中有23处为地震诱发，仅2处为降水诱发（图5-32）；②岩质滑坡多为地震诱发，109处岩质滑坡中由地震滑坡诱发的有83处，降水诱发的有26处（图5-33）；③土质滑坡成因主要包括地震诱发、降水诱发及人类活动诱发3类，且以降水诱发为主，585处土质滑坡中有387处为降水诱发，180处为地震诱发，18处为人类活动诱发（图5-34），本次调查的地震诱发滑坡达274处，其中大部分滑坡在震后的多期降水作用下又不同程度地发生过再次的滑动，是地震、降水耦合作用的结果。

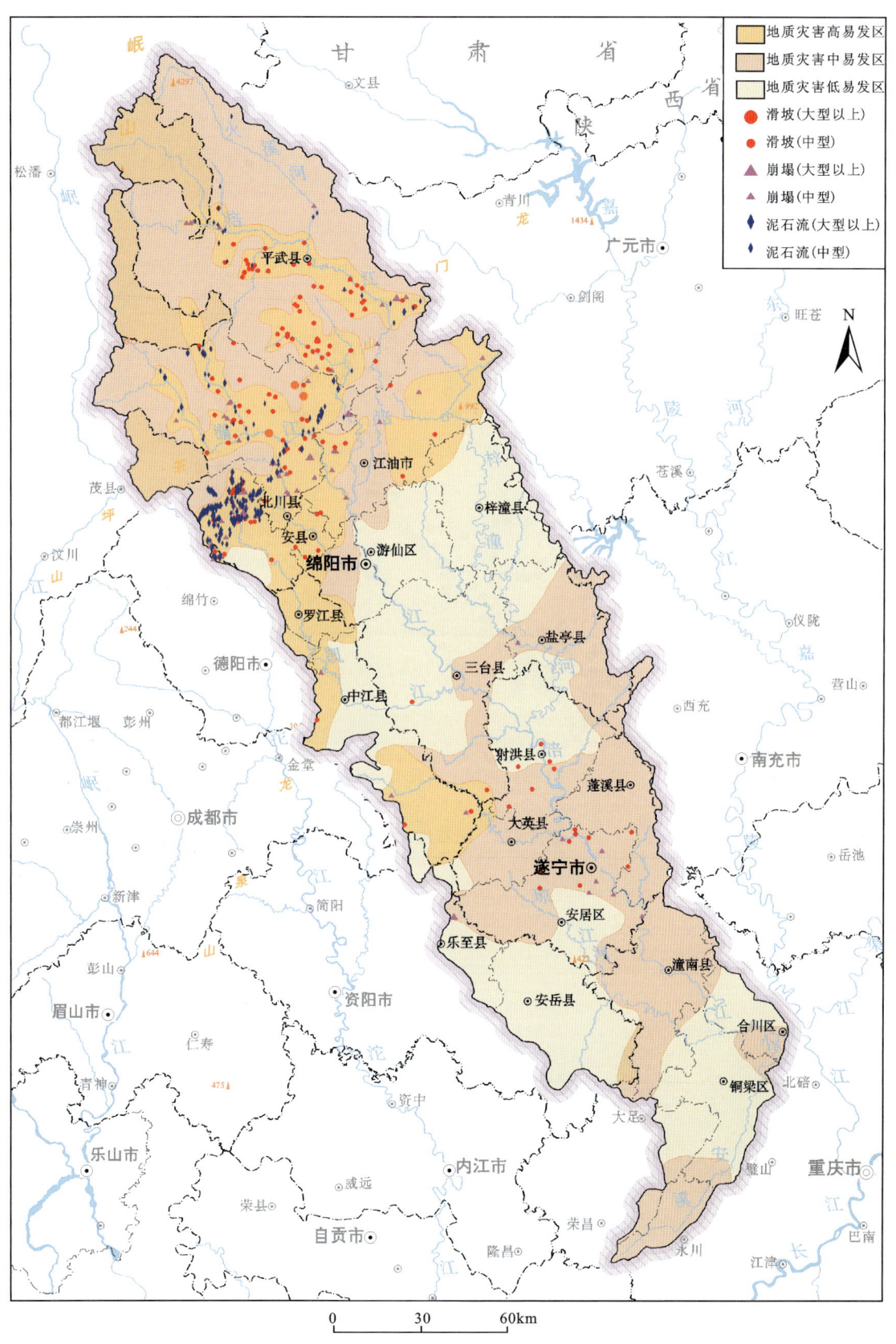

图 5-27 涪江流域地质灾害易发程度分区图

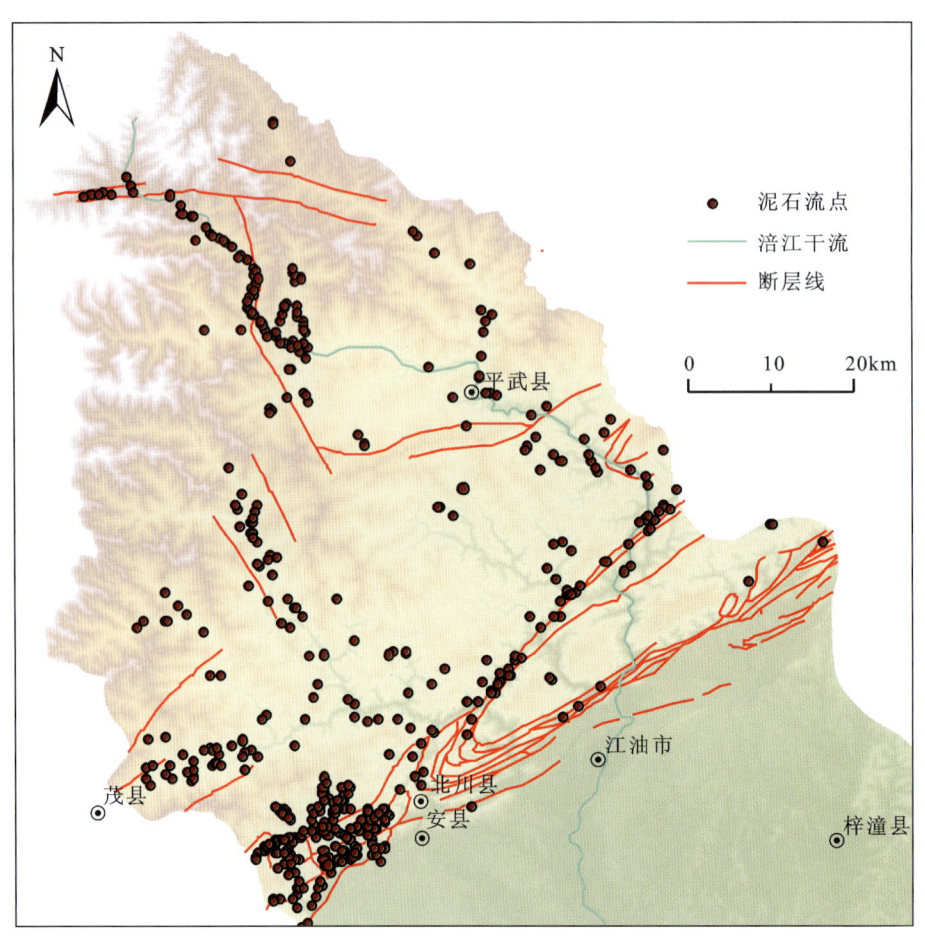

图 5-28 涪江流域上游泥石流灾害分布图

表 5-12 泥石流规模分类

泥石流类型	特大型	大型	中型	小型	总计
数量/条	17	34	187	314	552
比例/%	3.08	6.16	33.88	56.88	100.00

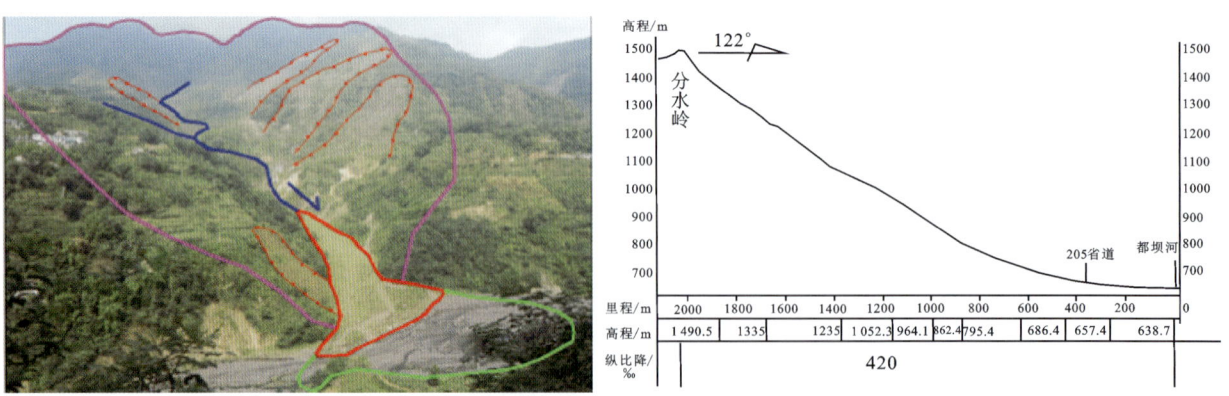

a.陈家坝大沟泥石流全貌图　　　　　　　b.陈家坝大沟纵比降图

图 5-29 陈家坝大沟泥石流特征图

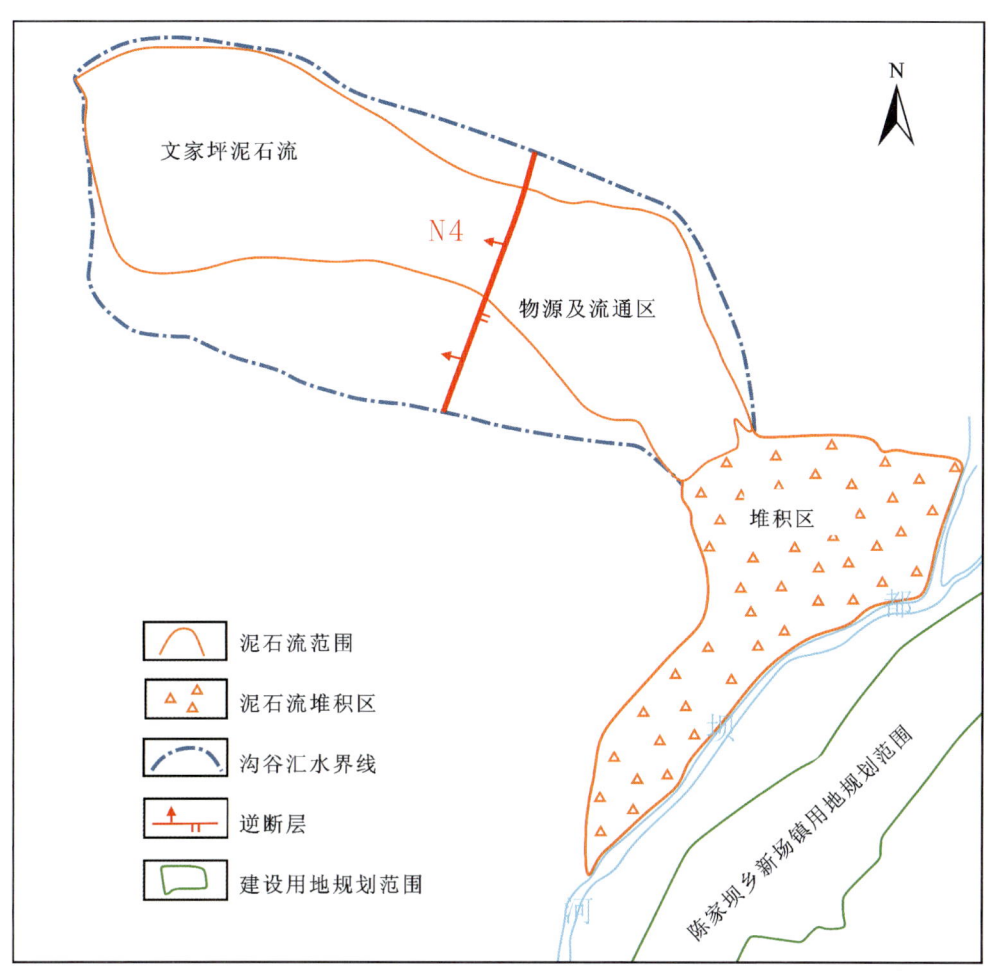

a.文家坪泥石流全貌图

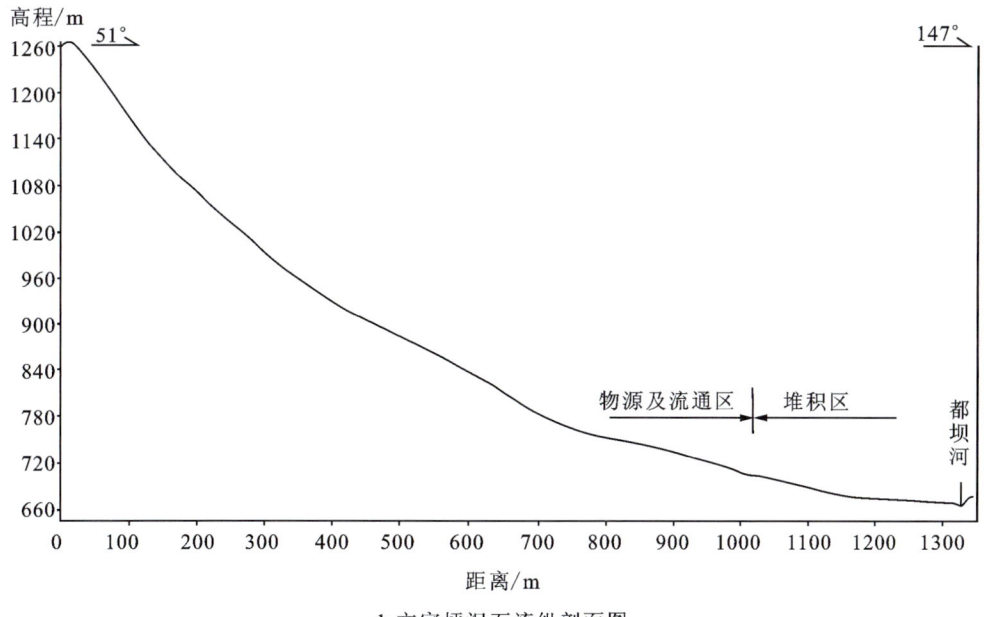

b.文家坪泥石流纵剖面图

图 5-30　文家坪泥石流特征图

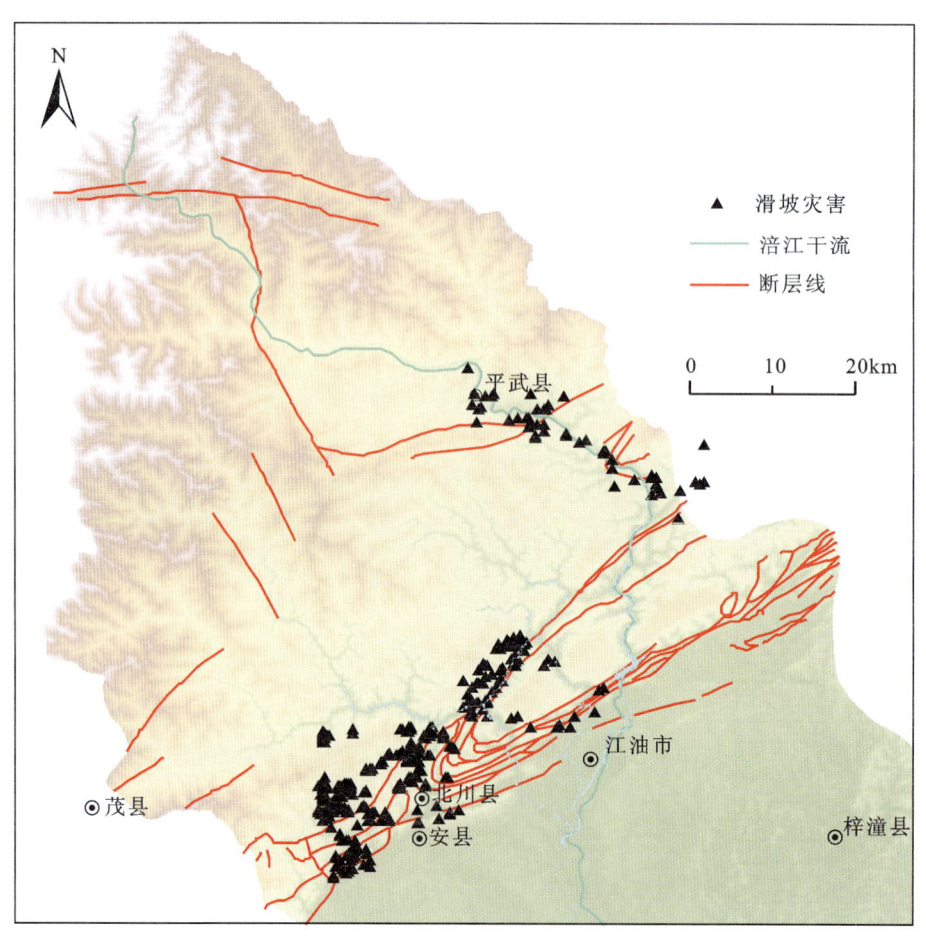

图 5-31 涪江流域滑坡地质灾害分布图

表 5-13 滑坡不同类型划分表

划分依据	滑坡类型	灾害点数/处	占比/%
物质组成	岩质滑坡	109	15.71
	土质滑坡	585	84.29
诱发因素	地震	274	39.48
	降水	402	57.93
	人类活动	18	2.59
滑坡规模	大型—特大型	25	3.60
	中型	166	23.92
	小型	503	72.48
稳定状态	稳定	7	1.08
	基本稳定	395	56.92
	欠稳定	239	36.94
	不稳定	53	8.19

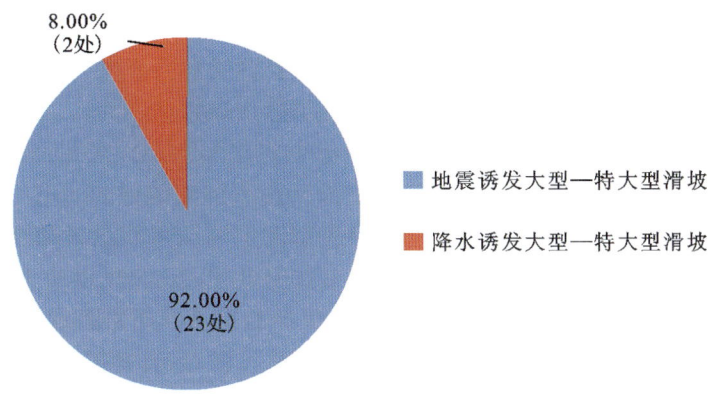

图 5-32　大型—特大型滑坡与诱发因素关系图

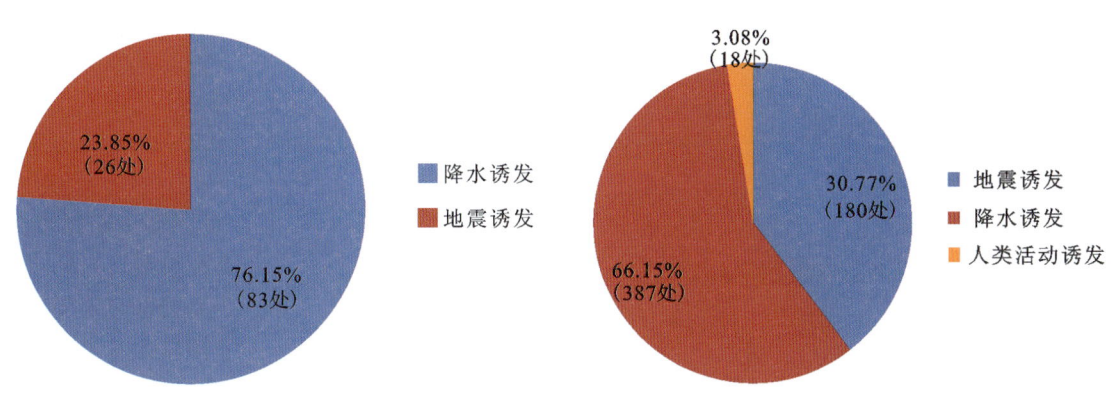

图 5-33　岩质滑坡与诱发因素关系图　　　图 5-34　土质滑坡与诱发因素关系图

崩塌灾害总数为1306处,以小型崩塌为主,在公路、河流沿线分布最多,沿龙门山中央断裂带附近河流沟谷两岸陡峻斜坡上密集分布。主要破坏模式为滑移、倾倒、坠落。调查显示,涪江流域崩塌以岩质崩塌为主,占崩塌总数的71%,其余为土质崩塌,占崩塌总数的29%。岩质崩塌均为坡面分布的孤立或零星分布的危石。规模以小型崩塌为主,占到崩塌数量的68%;其次为中型崩塌,占崩塌总数的30%;大型崩塌仅占2%。

2. 地质灾害变形破坏模式

斜坡破坏模式与斜坡结构特征密切相关,斜坡结构特征取决于斜坡所在区域的地质、地貌条件。滑坡主要集中发育在龙门山中央断裂带附近、后龙门山区的软弱变质岩区以及中下游浅丘红层区。不同区域地质条件差异决定了滑坡类型的多样性(表5-14),可划分出8种滑坡变形破坏模式。

涪江上游中高山地区的崩塌变形破坏模式,以岩质崩塌为主。目前,按照不同的标准,崩塌分类系统多样,但是从工程防治的角度可将岩质崩塌概括为滑移式崩塌、倾倒式崩塌和坠落式崩塌3类。

(1)滑移式崩塌:当斜坡主控结构面倾向坡外,上覆盖体后缘裂隙与软弱结构面贯通,在动水压力和自重力作用下,缓慢向前滑移变形,形成滑移式危岩,其模式见图5-35。这种破坏模式广泛分布于涪江流域上游及中下游地区,顺层斜坡尤为常见。

(2)倾倒式崩塌:当软弱夹层形成岩腔后,上覆盖体重心发生外移,在动水压力和自重力作用下,上覆盖体失去支撑,拉裂破坏向下倾倒,形成倾倒式危岩(图5-36)。这种破坏模式常见于公路开挖边坡,在雨季往往容易形成大范围灾害。

表 5-14 湔江流域斜坡失稳破坏模式

滑坡区域	滑坡类型	示例图片	模式图	地质描述
龙门山中央断裂带附近滑坡	结构面边界控制型滑坡	 北川陈家坝乡李家湾滑坡	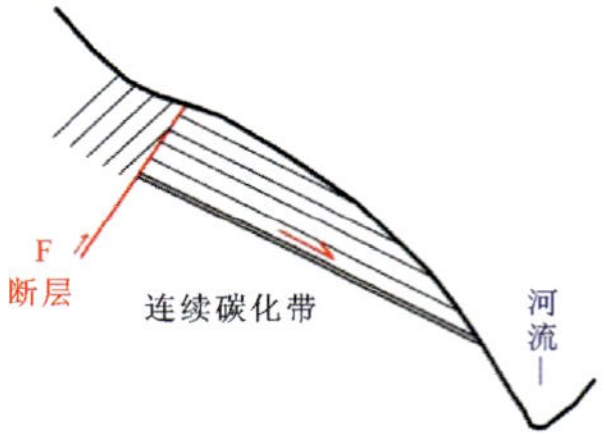	发育于龙门山中央断裂带上盘斜坡，滑坡边界主要为区域构造形成的长大基干结构面，连续碳化带反断层面发展而来，在后期卸荷或成其他外动力作用下演变成楔形体滑坡。滑坡规模往往较大
	碎裂岩体鼓胀式滑坡	 云南大关县悦禾镇青林滑坡	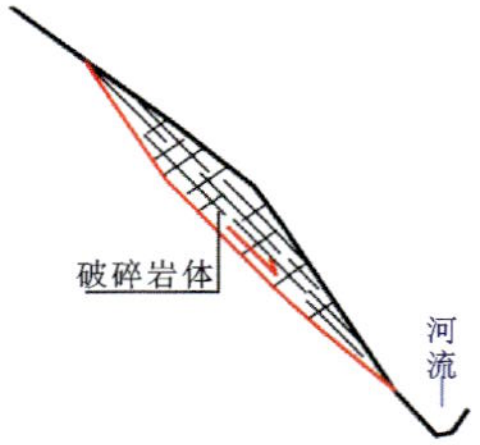	主要发育于龙门山中央断裂带附近，受构造作用影响，岩体相对破碎。滑坡以主要表层破碎带边界或以破碎带内部潜在连续面为滑面发生鼓胀式变形活动。滑坡规模较小
	地震堆积体后退式复活型滑坡	 北川陈家坝乡场镇北侧滑坡	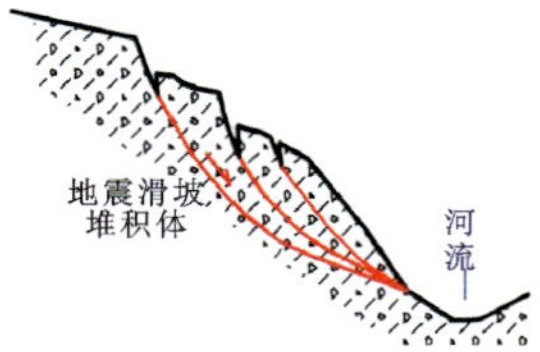	分布于龙门山中央断裂带附近，堆积体主要由汶川"5·12"地震产生。堆积体较为松散，自稳能力较差，前缘滑度较大，受河流切割时发生逐级后退式滑坡。对于一些古老的地震滑坡堆积体，在后部汇水面积较大时，堆积体则易发生沿基覆界面的复活滑动
		北川陈家坝乡杨家沟堆积体滑坡		

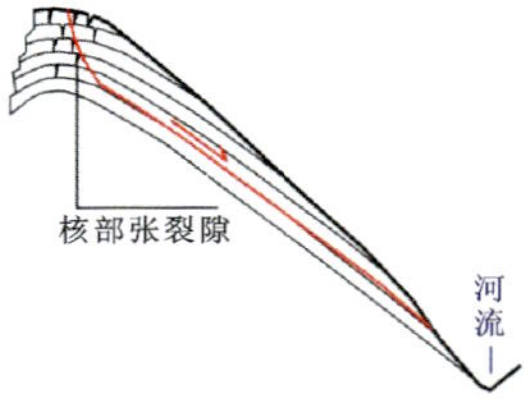

138

续表 5-14

滑坡区域	滑坡类型	示例图片	模式图	地质描述
后龙门山区软弱变质岩滑坡	倾倒变形	北川白什乡白什滑坡		主要分布于涪江流域上游后龙门山区的软弱千枚岩区，劈理面发育，呈薄层状岩体。滑坡主要发育千枚岩层倾角大于60°，坡度大于35°的反倾坡内，倾倒变形深度有限，厚度一般不大于10m
	滑移-拉裂式滑坡	北川禹里乡马家坡滑坡		主要分布于涪江流域上游后龙门山区的软弱千枚岩区，呈薄层状岩体。劈理面发育，滑坡主要发育千枚岩层倾角小于坡度的顺向飘倾坡内
	滑移-溃曲式滑坡	西宁乡卢毛沟滑坡		主要分布于涪江上游后龙门山区的软弱千枚岩区，呈薄层状岩体。劈理面发育，滑坡主要发育千枚岩层倾角小于坡度的顺向飘倾坡内
涪江中下游浅丘区红层滑坡	滑移-拉裂式滑坡	遂宁市西宁乡卢毛沟滑坡		主要分布于涪江中下游山前盆地地区侏罗系红层中，发育于厚层砂岩层与薄层泥岩互层的顺向斜坡中

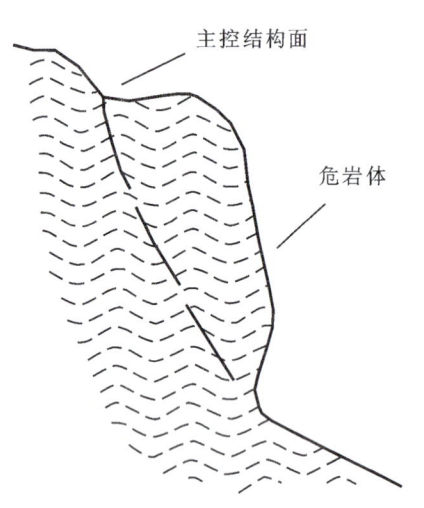 

图 5-35　滑移式崩塌模型及开坪乡实例图

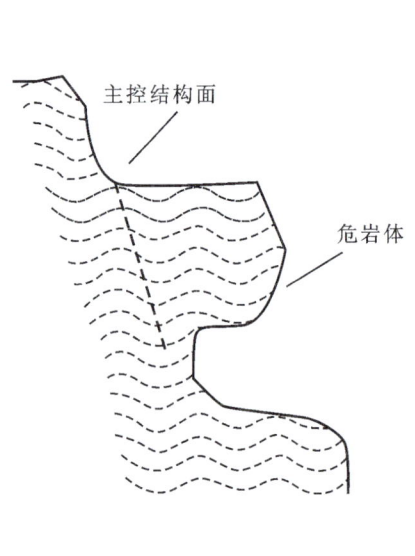 

图 5-36　倾倒式崩塌模型及禹里镇实例图

（3）坠落式崩塌：多组结构面将岩体切割成不稳定的块体，当底部凹腔发育时，使局部岩体临空，不稳定块体发生崩塌，从而形成坠落式危岩（图 5-37）。

3. 涪江流域震后地质灾害链

地质灾害链一般是指由成因上相似并呈线性分布的一系列地质灾害体组成的灾害链，或者是由一系列在时间上有先后，在空间上彼此相依，在成因上相互关联、互为因果，呈连锁反应依次出现的由几种地质灾害组成的灾害链。也就是说山地灾害一经形成，极易借助自然生态系统之间相互依存、相互制约的关系，产生连锁反应，由一种地质灾害引发出其他灾害，从一个地域空间扩散到另一个更广阔的地域空间。

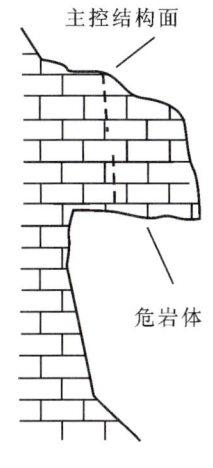

图 5-37 坠落式崩塌模型及墩青路实例图

2008年5月12日14时28分,四川汶川发生了8.0级的特大地震,地震释放能量巨大,震源深度浅,破坏相当严重。涪江流域上游为龙门山断裂带北段通过区,地震瞬间在区内激发出一系列崩塌、滑坡等地质灾害。通过调查,涪江流域地震诱发地质灾害链的类型可归纳为4个方面,见表5-15。

表5-15 涪江流域汶川地震诱发地质灾害链的类型结构与成灾特征

序号	激发环	演化环	损坏环	环数/个
1	地震	→崩塌、滑坡→碎屑流	→土地减少和贫瘠化,水土流失,破坏植被	4
2	地震或降水	→崩塌、滑坡→堰塞湖→超高洪水	→下游场镇、居民等构成重大威胁	5
3	降水	→崩塌、滑坡→泥石流→主河河床淤高→河道摆动	→河床淤高后河道摆动,破坏土地,以及公路、桥梁等设施	6
4	其他诱发因素	→崩塌、滑坡→二次崩塌、滑坡(复活)	→破坏植被、加剧水土流失	4

对地震次生山地灾害链进行有效防治的总体思路就是断链,考虑关键灾害体的关键影响因素,事先采取有针对性的防范措施,切断灾害之间的连锁反应,达到避免或延缓次级灾害发生的效果。但是由于灾害链的独特性,同样的灾害链在不同地区的发育过程所处阶段也有所不同,因此所采取的防治措施也应当有所差异。针对涪江流域上游地震地质灾害链重点灾害特征,要进行次生山地灾害链有效防治必须进行分灾害类型分重点防治,按控制因素断链。

崩塌(危岩)灾害链的断链:地震后崩塌、危岩体一般存在于高陡边坡及陡崖上,并且存在一定的临空面,软硬相间的地层组合、陡峻的地形地貌特征以及碎裂岩体结构面都是崩塌(危岩)灾害链演化的关键控制因素,地震及裂隙水等是崩塌(危岩)发育的动力因子,也就是灾害链演化的关键诱导因素。危岩体从根部底层沿裂隙结构面失稳、运动而形成崩塌,在危岩体上部及其他部位形成大的裂隙,在地震、暴雨等激发下进而形成更大的崩塌体,这是比较典型的链式机理。在掌握机理过程的基础上,在危岩→崩塌→稳定不同阶段分别及时采取不同防灾思路,达到断链目的。

滑坡灾害链的断链：由于地质作用和人类活动，坡体具备了形成滑坡的条件，由于地震、暴雨等诱导因素的激发，滑坡发育过程加速，最终促使滑坡灾害发生。在这一完整的链式过程中，经历了裂隙出现→蠕滑→加速→滑动→稳定的不同发育阶段，在滑坡裂隙出现或蠕滑阶段及时找到坡体失稳的关键影响因素，采取恰当的工程措施和生物修复措施，达到打断滑坡灾害演化的断链过程。

泥石流灾害链的断链：地震后大量的崩滑堆积体存在于沟道、河床两侧，丰富的物源在一定坡度和暴雨激发作用下形成泥石流灾害，构成典型的泥石流链式过程。泥石流灾害链在演化过程经历物源准备→水力起动→泥石流动的不同阶段，在泥石流条件准备和起动前，保持泥石流流域和泥石流沟内良好的植被，其可以弱化岩体风化剥蚀过程，延缓径流汇集，防止坡面冲刷，保护坡面。因此，避免滥伐山林，破坏地表植被，将延缓泥石流的形成与发育，达到阻止泥石流链演化致灾的作用。

堰塞湖灾害链的断链：大量崩滑堆积体在地震和降水的激发作用下形成碎屑流或泥石流进入河道，堵塞成湖，随着湖体水量持续增加，溃决致灾，形成典型的堰塞湖链式机理过程。堰塞湖灾害链演化过程中要经历物质积累→堵塞河道→水位上升→坝体溃决的不同阶段。在物质积累初期，对大量地震崩滑堆积体富集的沟道及时清理，在已经堵塞河道之后，根据坝体稳定评估结论，及时转移受威胁群众，妥善采取工程加固、人为或自然泄洪等措施，最终使坝体趋于稳定，达到防灾目的。

切断灾害转化关系的断链：地震次生山地灾害链的灾害单体间的连锁作用强烈，地震次生灾害单体无法一次性进行彻底断链，前一种灾害为链接后一种灾害提供条件，切断灾害间的演化关系也是灾害链的重要断链方式，也是灾害链防治的根本所在。因此，灾害间的转化关系问题是后续亟须研究的关键热点与难点科学问题之一。

山地灾害链各灾害间的转化关系研究的焦点集中在崩塌转化为滑坡、滑坡转化为泥石流、泥石流转化为堰塞湖机理的研究上。国内外学者已经对崩塌、滑坡与泥石流间的关系进行了相关讨论。

总的来说，目前对灾害转化机理的研究仅仅解决了滑坡转化为泥石流起动的其中一方面，但要揭示灾害间的物理、力学、化学行为、土体微观结构变化等机理还不够，需要更深入研究，同时需引入大量先进的技术和方法，实现地震次生灾害链关键控制技术的突破，最终达到防灾减灾的目的。

五、地质灾害防治建议

长江经济带复杂多样的地质地貌环境和特殊多变的气候水文条件，导致以地震、洪水和山地灾害为主的自然灾害频繁发。建议适当控制活动断裂影响区城镇人口规模，科学开展区内城镇规划建设，加强川西、渝东北等山区城镇的地质灾害风险评价、监测预警和综合整治修复。

1. 长江经济带地质灾害重点整治区域

长江经济带崩塌、滑坡、泥石流地质灾害防治区范围：包括东至宜昌、西至重庆，沿长江两岸分水岭的长江三峡库区；包括四川省39个县（市）、甘肃省8个县（市）、陕西省4个县（市）的地震灾区；横穿云南西部怒江、澜沧江、金沙江等通过区的滇西横断山高山峡谷区；囊括四川省13个县（市）、贵州省10个县（市、区）、云南15个县（市、区）的乌蒙山区；包括湖北省9个县（市）、重庆6个县（市、区）、湖南146个县（市、区）、贵州16个县（市、区）的武陵山区；属于陕西、四川、湖北三省交界的大巴山区；浙江省宁波、台州、温州、丽水，以及福建省福州、南平、宁德等地区，以及甬台温丽等地区（图5-38）。

2. 地质灾害整治修复对策

对于崩塌、滑坡、泥石流地震地质灾害，主要针对水利水电工程区、河流两岸、交通干线沿线、重要基础设施区和人口集中居住区等地区进行地质灾害整治修复。确保交通干线及基础设施运行安全、长江航道安全、工程正常运转；保障灾区人民生命财产安全，防止次生灾害发生，保护生态环境，支持连片扶贫；确保高铁正常运行、城市基础设施安全运营（表5-16）。

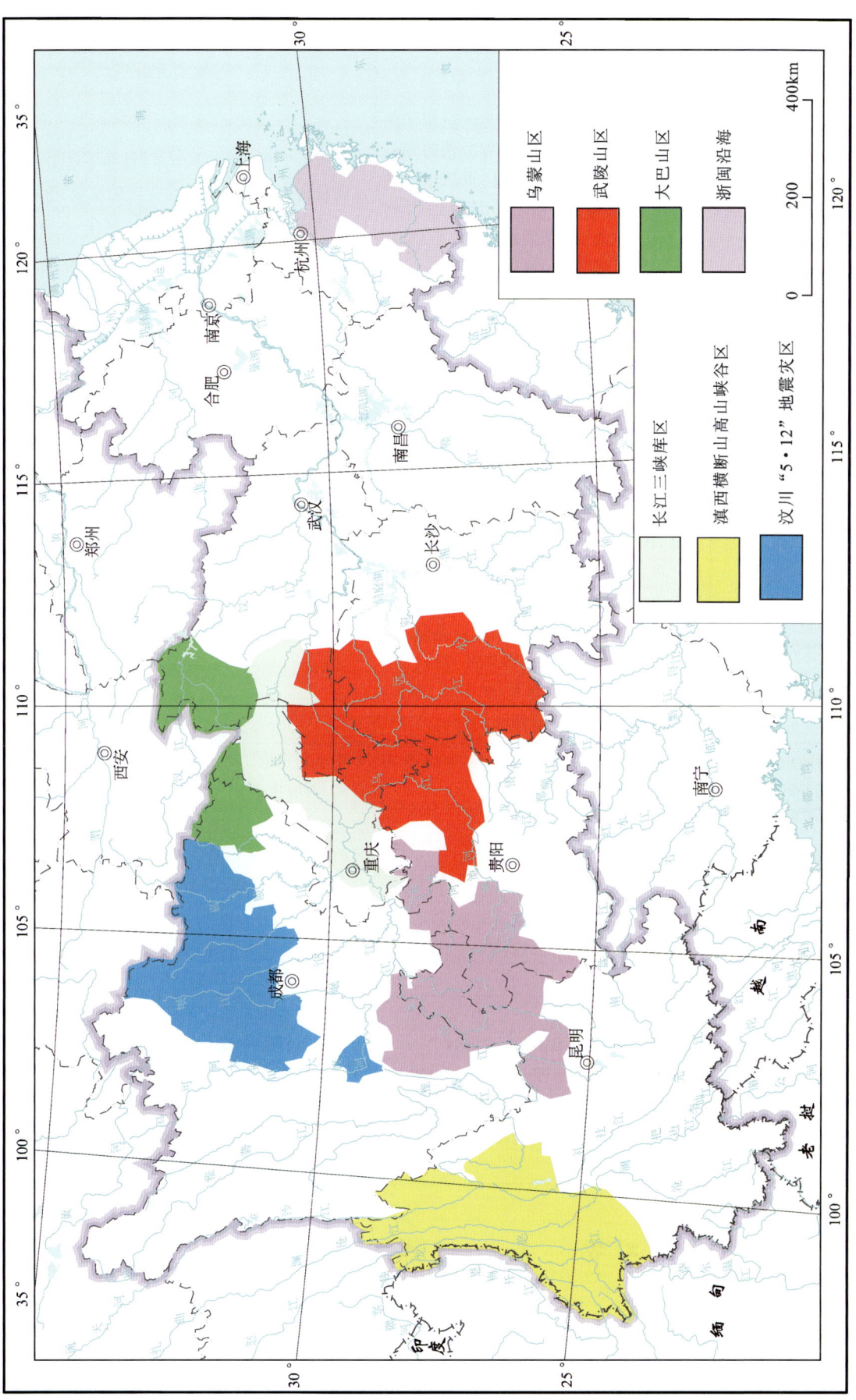

图 5-38 长江经济带地质灾害综合整治分区图

表 5－16　崩塌、滑坡、泥石流地质灾害综合整治区域和整治方向表

序号	地质灾害整治区名称	面积/万 km²	范围	整治方向
1	长江三峡库区	5.5	东起宜昌，西至重庆 662.9km 沿长江两岸分水岭范围。涉及湖北省所辖的宜昌县、秭归县、兴山县、巴东县，重庆市所辖的巫山县、巫溪县、奉节县、云阳县、开州区、万州区、忠县、涪陵区、丰都县、武隆区、石柱县、长寿县、渝北区、巴县、江津市及重庆市区	水利水电工程区、河流两岸、交通干线沿线、重要基础设施区和人口集中居住区的崩塌、滑坡灾害。确保交通干线及基础设施运行安全、长江航道安全、工程正常运转
2	汶川"5·12"地震灾区	10	四川汶川县（震中）、茂县、北川县、安州区、平武县、绵竹市、什邡市、都江堰市、彭州市、青川县、理县、江油市、广元市利州区、广元市朝天区、广元市旺苍县、梓潼县、绵阳市游仙区、德阳市旌阳区、小金县、绵阳市涪城区、罗江县、黑水县、崇州市、广元市剑阁县、三台县、阆中市、盐亭县、松潘县、苍溪县、芦山县、中江县、广元市元坝区、大邑县、宝兴县、南江县、广汉市、汉源县、石棉县、九寨沟县 39 个县（市），甘肃省文县、陇南市武都区、康县、成县、徽县、西和县、两当县、舟曲县 8 个县（市），陕西省宁强县、略阳县、勉县、宝鸡市陈仓区 4 个县（市）	重要水利水电工程区、城镇，交通干线两侧的泥石流、滑坡、崩塌灾害。确保灾区人民居住安全，防止次生灾害发生
3	滇西横断山高山峡谷区	12.5	云南西部，怒江、澜沧江、金沙江等通过区	重要水利水电工程区、居民点、交通干线两侧的泥石流、滑坡灾害
4	乌蒙山区	11	四川省 13 个县（市）、贵州省 10 个县（市、区）、云南 15 个县（市、区）	交通干线两侧、重要基础设施区和人口集中居住区的滑坡、崩塌灾害。保证革命老区人民居住安全，保护生态环境，支持连片扶贫
5	武陵山区	11	湖北省 9 个县（市）、重庆 6 个县（市、区）、湖南 146 个县（市、区）、贵州 16 个县（市、区）	重要水利水电工程区、交通干线两侧、重要基础设施区和人口集中居住区的滑坡、崩塌灾害。保证人民居住安全，保护生态环境，支持连片扶贫
6	大巴山区	3	陕西、四川、湖北三省交界地区	重要水利水电工程区、交通干线两侧、重要基础设施区和人口集中居住区的滑坡、崩塌灾害。保证人民居住安全，保护生态环境，支持连片扶贫
7	浙闽沿海	6.6	浙江省宁波、台州、温州、丽水，以及福建省福州、南平、宁德等地区，以及甬台温丽等地区	重要城镇、交通干线两侧的滑坡、崩塌灾害。确保城镇居住安全，防止次生灾害发生。确保高铁正常运行、城市基础设施安全运营

第三节　长江经济带岩溶塌陷

岩溶塌陷是指岩溶洞隙上的岩体、土体在自然或人为因素作用下发生变形破坏，并在地面形成塌陷坑（洞）的一种岩溶地质作用和现象。岩溶塌陷易导致地面各类建筑基础设施变形破坏，损毁土地资源，

联通地表和地下水系统加剧地下工程与矿坑突水突泥灾害,导致地表水体疏干、井泉干涸、地下水污染等生态环境风险(袁道先,2015;曹建华等,2017)。

2016年以来,中国地质调查局会同相关省级人民政府及其自然资源主管部门,组织开展了岩溶塌陷调查监测工作,完成1∶5万岩溶塌陷调查面积3万km²。综合分析集成已有岩溶塌陷调查研究成果,对长江经济带岩溶塌陷发育现状、成因类型及其对工程建设的影响状况形成初步认识和基本判断。

一、岩溶塌陷高易发区分布与致灾作用

岩溶地区隐伏洞隙发育程度、上覆土层特征、地下水动力条件控制了岩溶塌陷的易发程度和区域分布规律。在分析历史岩溶塌陷灾害区域分布规律的基础上,根据最新调查研究成果,将长江经济带44.2km²裸露型覆盖型岩溶区的岩溶塌陷易发程度划分为高、中、低3个等级(图5-39)。其中,高易发区面积11.9万km²,主要分布在云南、贵州、湖南和湖北等地;中易发区面积13.2万km²,主要分布在贵州、云南、四川、湖南等地;低易发区面积18.9万km²,主要分布在四川、贵州、云南等地。

长江经济带有记录的岩溶塌陷灾害2000多处,主要分布在贵州(595处)、湖南(487处)、湖北(289处),有299个县(市)发育岩溶塌陷,且具有以下发育分布规律(图5-40,表5-17)。一是矿山疏干排水、隧道施工、打井抽水、桩基施工等是这一地区岩溶塌陷的主要诱发因素;二是发育地层一般为均匀状纯碳酸盐岩,沿断裂破碎带、褶皱轴部裂隙发育带、可溶岩与非可溶岩接触地带等岩溶洞隙密集发育带分布;三是主要分布在地下河等岩溶地下水强径流带、河流两岸等地下水水位变化幅度大,水动力条件易发生急剧变化的地段;四是主要发育在薄覆盖型岩溶区,以土层塌陷为主,土层塌陷达到塌陷总数的96%,且塌陷区土层厚度一般小于30m;五是塌陷坑直径一般小于30m,深度在10m以内,但红层分布区的塌陷坑直径可达100m,深度达40m,大多数塌陷都伴生地面沉陷和地裂缝现象。

岩溶塌陷致灾作用主要包括5个方面。一是直接导致地面建筑下沉、垮塌、开裂,严重损毁工程设施。例如自2002年以来,湖南省新化县石冲口镇寒婆坳村先后发生岩溶塌陷60余处,造成天龙山中学等多处房屋建筑发生塌陷沉陷。二是突发地面塌陷坑严重威胁地面行人、车辆安全。例如2011年9月2日,江西萍乡芦溪蛇形冲塌陷,共形成塌陷坑5个,沉陷1处,塌陷总面积达1600多平方米,最大塌陷处达80m²,深约10m,沪昆高速公路K940+200双向100多米长路段路面整幅下沉,沉陷深度达60~70cm,塌陷导致78户民房开裂受损,直接受灾人口达392人,周边7813人安全饮用水受影响。三是损毁土地资源,加剧水土流失。例如湖南宁乡煤炭坝煤矿疏干地下水引发岩溶塌陷,毁坏民房3202间、耕地500多亩、桥梁1座、水库44座,破坏了群众的生产生活环境。四是连通地表水体和地下含水层,加剧地下工程突水突泥、地面井泉干涸。例如湖南益阳市岳家镇岩溶塌陷造成地表河流断流,容量达100多万立方米的松塘水库一夜干涸。例如宜万铁路、沪蓉高速等隧道施工突水突泥灾害频发,长期排水导致沿线湖北巴东、利川等地地表井泉干涸。五是形成地表工业废水和生活污水的排泄通道,造成地下水污染。例如2016年8月27日,美国佛罗里达州坦帕市的磷矿废料堆放场发生岩溶塌陷,形成直径14m的塌陷,约10亿升放射性废水注入佛罗里达岩溶含水层,威胁全州的供水水源安全。

二、岩溶区矿山排水引发岩溶塌陷

岩溶区矿山排水引发岩溶塌陷问题有加重趋势,应引起高度重视。长江经济带岩溶塌陷发育与国家经济密切相关,表现在:一是随着大量煤矿进入闭矿程序,历史上岩溶塌陷影响较大的煤矿集中区,如湘中、黔中、赣西、皖北,发生岩溶塌陷次数明显减少;二是随着基础工程建设对水泥的需求强劲,作为水泥主要原料的石灰石矿开采引发的岩溶塌陷问题严重。例如2019年2月位于赣州市信丰县西牛镇的赣州海螺水泥有限责任公司石古前石灰岩矿引发岩溶地面塌陷坑85个,共有26栋民房受损,塌陷直接威胁105国道的安全。

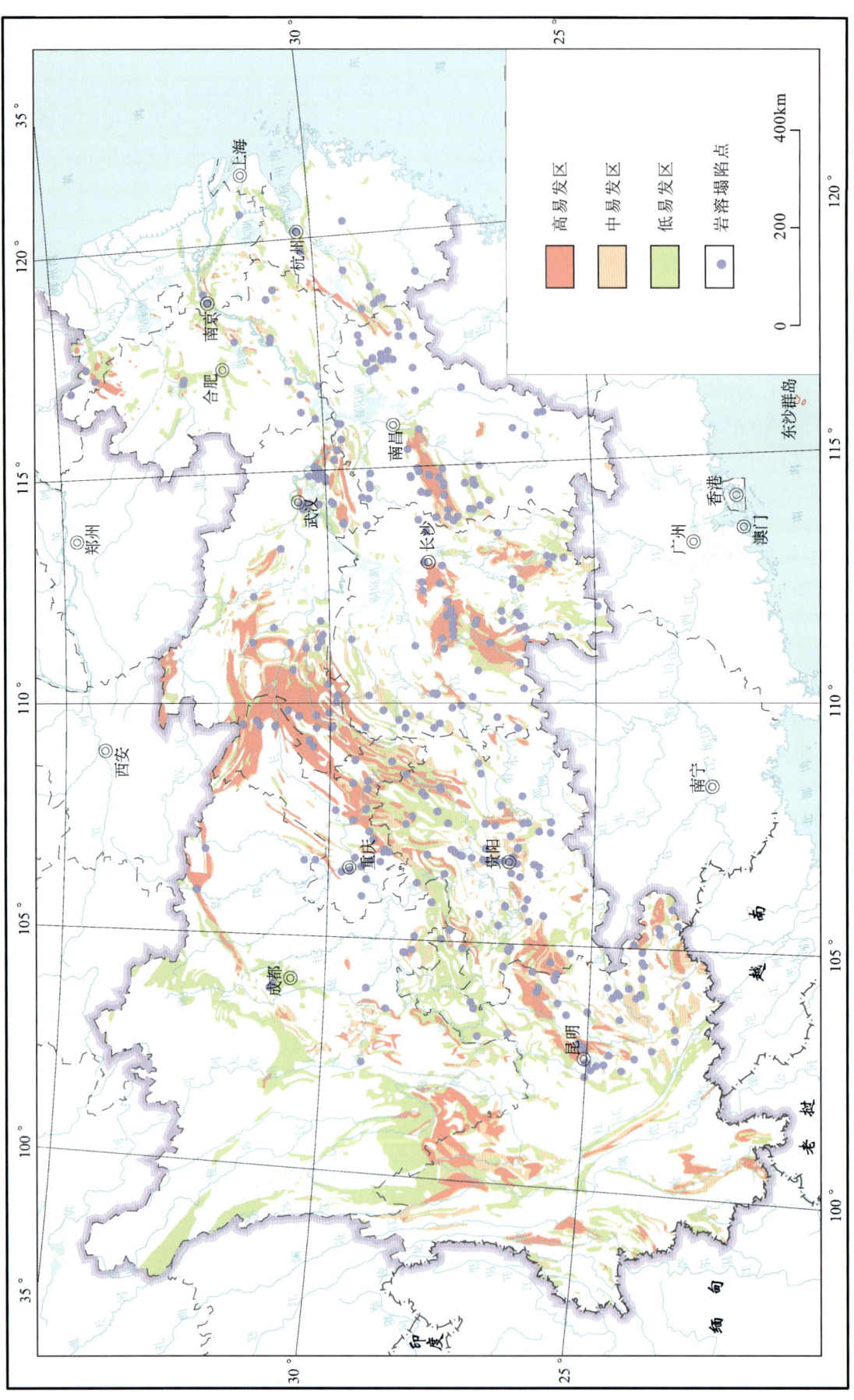

图 5-39 长江经济带岩溶塌陷易发性分区图

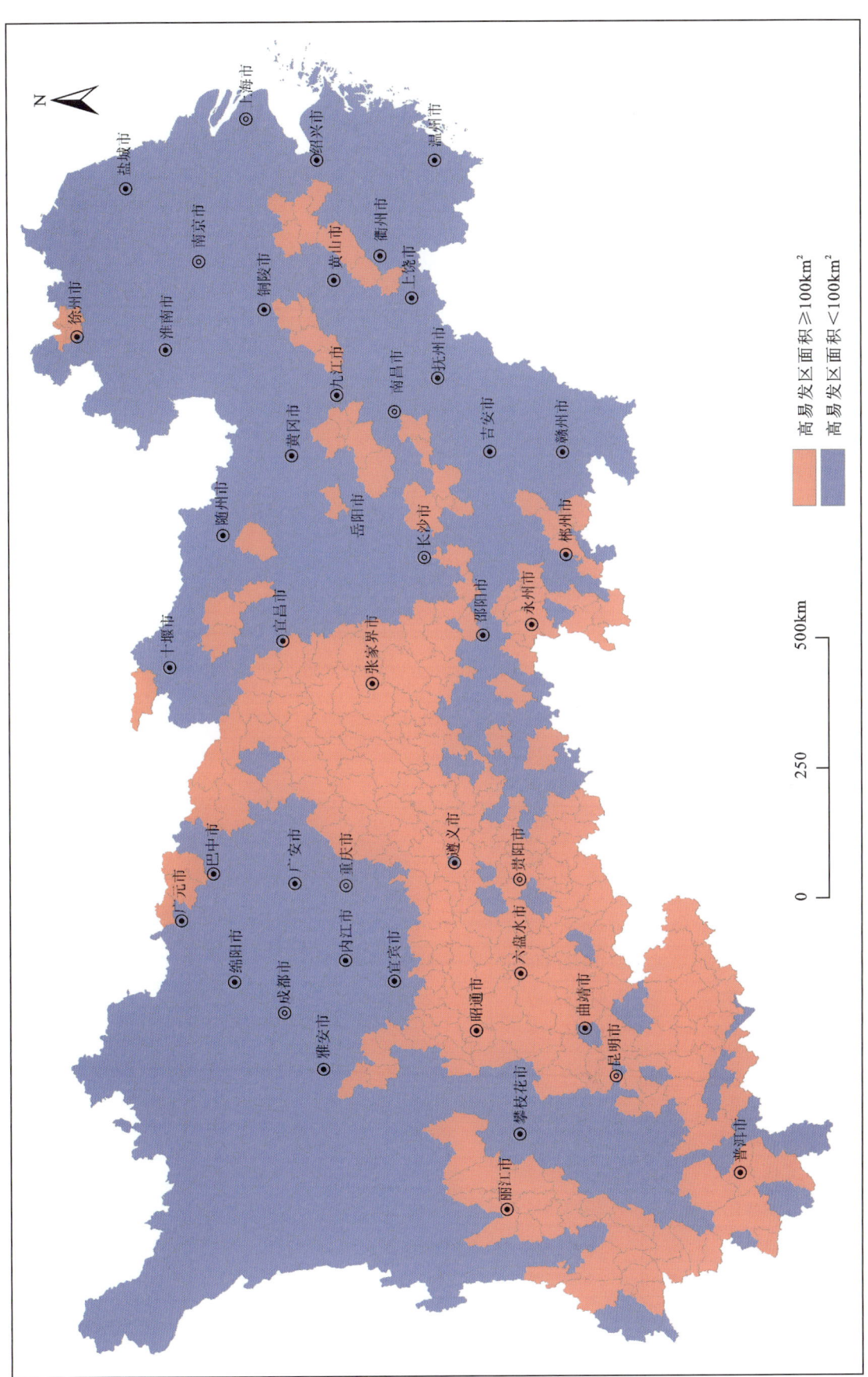

图 5-40 长江经济带岩溶塌陷易发面积大于 100km² 的县级行政区分布图

表 5-17 长江经济带岩溶塌陷易发区面积大于 100 km² 的县级行政区   单位：km²

省（市）	县（市、区）	行政面积	高易发区面积	中易发区面积	低易发区面积
安徽省	石台县	1 430.590	363.36	106.94	358.79
	金寨县	3 932.279	0	1.37	694.84
	池州市市辖区	2 549.335	120.23	95.80	417.32
	东至县	3 243.790	125.53	98.91	237.32
	凤阳县	1 917.312	0	86.43	299.67
	巢湖市	2 056.271	30.87	53.42	219.05
	绩溪县	1 098.531	12.39	0	272.56
	青阳县	1 194.998	64.85	97.00	112.47
	泾县	2 013.637	32.62	11.30	227.38
	定远县	3 015.323	14.83	44.59	211.35
	霍山县	2 041.856	0	4.11	261.36
	宿州市市辖区	2 966.128	40.07	40.33	182.96
	岳西县	2 393.172	0	46.33	212.93
	宿松县	2 366.162	2.24	18.33	231.09
	黟县	846.725	24.14	0	200.64
	含山县	1 053.634	9.21	66.16	126.67
	繁昌县	913.367	8.52	0	179.71
	宣城市市辖区	2 642.778	3.43	0	181.04
	义安区	952.668	21.42	0	149.09
	歙县	2 123.911	14.79	0	149.25
	黄山市市辖区	2 364.289	22.34	0	138.83
	太湖县	2 023.703	0	37.82	116.46
	滁州市市辖区	1 384.176	36.73	19.19	94.58
	全椒县	1 586.593	63.03	22.66	51.09
	和县	1 557.288	0	2.67	133.49
	萧县	1 842.796	99.90	28.29	0
	宁国市	2 426.587	123.03	0	0.02
	潜山市	1 705.109	0	91.53	23.06
	南陵县	1 268.288	10.30	1.86	100.71
	怀宁县	1 625.549	5.85	5.13	93.16
贵州省	威宁彝族回族苗族自治县	6 323.936	2 047.82	1 043.72	1 263.66
	播州区	5 104.967	840.67	1 362.73	1 790.14
	平塘县	2 797.605	1 341.56	147.27	1 289.16
	盘州市	4 046.633	1 026.47	772.50	752.41
	务川仡佬族苗族自治县	2 809.524	543.04	1 165.63	680.05

注：表中繁昌县（安徽省）已于 2020 年 6 月改名为繁昌区，水城县（贵州省）已于 2020 年改名为水城区，黔西县（贵州省）已于 2021 年 3 月改名为黔西市，龙南县（江西省）已于 2020 年 6 月改名为龙南市，会理县（四川省）已于 2021 年 1 月 3 日改名为会理市，禄丰县（云南省）已于 2021 年 2 月 2 日改名为禄丰市，但这些工作区数据采集时间早于名称更改时，为了方便说明，故暂沿用旧称，依次沿用繁昌县、水城县、黔西县、龙南县、会理县、禄丰县。

续表 5-17

省(市)	县(市、区)	行政面积	高易发区面积	中易发区面积	低易发区面积
贵州省	水城县	3 562.673	1 739.14	240.69	395.16
	惠水县	2 473.855	727.79	176.20	1 439.07
	罗甸县	2 978.016	926.68	136.44	1 272.76
	荔波县	2 422.232	799.73	496.01	1 011.72
	独山县	2 452.618	810.71	308.04	1 147.05
	大方县	3 504.605	759.80	517.74	934.31
	兴义市	2 918.543	370.93	1 381.91	428.49
	贵阳市市辖区	2 364.106	285.42	993.56	895.19
	毕节市	3 413.247	714.03	648.65	804.73
	桐梓县	3 216.935	463.86	514.07	1 115.94
	都匀市	2 302.650	196.91	525.34	1 279.79
	绥阳县	2 570.665	502.80	786.43	707.70
	正安县	2 582.726	639.03	433.49	883.96
	织金县	2 855.160	663.19	280.34	984.84
	安龙县	2 246.383	263.15	956.10	656.00
	赫章县	3 249.192	1 302.54	252.92	318.01
	紫云苗族布依族自治县	2 305.231	1 035.54	165.10	512.59
	望谟县	3 029.455	492.23	4.38	1 180.59
	瓮安县	1 960.724	421.17	650.23	600.33
	道真仡佬族苗族自治县	2 149.566	779.21	86.53	784.29
	开阳县	2 037.600	399.03	967.43	215.99
	思南县	2 216.741	623.08	256.50	700.05
	福泉市	1 688.156	314.99	863.18	398.93
	长顺县	1 540.656	710.13	258.74	536.26
	凤冈县	1 894.251	360.46	460.66	665.71
	湄潭县	1 857.183	339.06	623.92	517.53
	贵定县	1 631.858	402.17	441.68	620.14
	龙里县	1 542.730	318.62	568.29	576.87
	兴仁市	1 791.025	30.16	542.19	835.30
	石阡县	2 156.031	469.58	477.56	441.30
	金沙县	2 514.098	309.22	498.73	577.51
	六枝特区	1 792.940	482.03	303.70	578.30
	纳雍县	2 459.347	507.91	287.62	516.49
	三都水族自治县	2 376.851	160.56	410.87	717.28
	沿河土家族自治县	2 464.370	543.21	714.94	0.04

续表 5-17

省(市)	县(市、区)	行政面积	高易发区面积	中易发区面积	低易发区面积
贵州省	册亨县	2 592.155	273.79	135.52	814.32
	清镇市	1 504.686	175.69	523.01	524.53
	关岭布依族苗族自治县	1 476.021	226.09	539.93	438.25
	镇宁布依族苗族自治县	1 715.322	218.34	369.63	599.00
	松桃苗族自治县	2 873.771	381.68	799.13	0
	余庆县	1 628.526	277.99	483.02	408.8
	施秉县	1 542.349	131.19	902.22	130.53
	安顺市市辖区	1 712.639	0.03	508.07	653.10
	仁怀市	1 787.757	177.11	388.67	593.78
	黔西县	2 571.339	92.14	259.24	805.77
	贞丰县	1 504.741	198.42	263.75	649.31
	习水县	3 078.226	177.12	269.33	621.48
	麻江县	1 223.932	99.66	594.33	327.33
	黄平县	1 655.876	41.10	643.61	277.44
	铜仁市	1 522.461	311.96	371.25	249.58
	晴隆县	1 307.378	358.54	218.32	327.90
	德江县	2 064.944	434.61	464.73	0.03
	普安县	1 443.462	245.42	239.77	409.82
	普定县	1 102.464	160.23	543.33	179.05
	镇远县	1 887.829	228.42	472.26	164.71
	修文县	1 107.809	174.28	262.71	353.26
	息烽县	1 016.970	55.57	416.54	289.79
	凯里市	1 297.545	177.73	547.15	0.01
	印江土家族苗族自治县	1 972.207	324.40	326.50	0.04
	岑巩县	1 471.844	0.04	522.00	95.61
	平坝区	1 015.028	0.03	341.53	249.40
	江口县	1 878.530	0.04	461.68	60.89
	玉屏侗族自治县	530.623	251.99	121.94	70.93
	钟山区	537.291	189.86	39.74	123.06
	天柱县	2 208.607	247.01	0	46.54
	遵义市市辖区	317.243	47.13	58.98	105.36
	丹寨县	925.690	4.70	168.82	0.01
	黎平县	4 489.994	140.65	0.68	8.24
	万山区	354.800	69.79	0	75.14

续表 5-17

省(市)	县(市、区)	行政面积	高易发区面积	中易发区面积	低易发区面积
湖北省	恩施市	3 950.988	1 025.17	853.06	1 351.49
	巴东县	3 368.929	906.03	1 086.14	1 057.84
	利川市	4 632.342	455.24	1 355.47	1 078.49
	神农架林区	3 250.312	16.76	1 424.85	1 378.58
	长阳土家族自治县	3 428.838	281.71	1 232.63	1 031.46
	建始县	2 663.250	924.89	513.95	840.24
	鹤峰县	2 881.431	428.83	857.61	906.31
	南漳县	3 863.878	457.45	1 078.61	604.64
	宣恩县	2 769.761	431.21	565.77	995.92
	房县	5 108.360	0.29	365.84	1 434.66
	竹溪县	3 347.369	14.09	69.75	1 534.01
	咸丰县	2 541.899	286.43	263.59	977.55
	郧阳区	3 811.024	42.36	1 322.55	159.55
	宜昌市市辖区	4 271.673	7.75	950.00	537.02
	京山市	3 524.471	161.73	402.65	820.23
	秭归县	2 303.292	211.72	499.14	572.16
	五峰土家族自治县	2 408.364	300.20	937.45	0
	竹山县	3 566.367	18.45	66.14	1 030.93
	郧西县	3 505.139	343.25	0.02	576.45
	远安县	1 872.805	31.29	353.00	531.79
	保康县	3 209.889	181.17	0.14	703.01
	阳新县	2 777.744	219.32	199.53	442.74
	宜都市	1 360.903	7.53	621.60	146.75
	通山县	2 411.631	82.58	103.74	564.73
	谷城县	2 537.839	5.60	389.91	341.42
	来凤县	1 312.036	126.51	353.04	212.09
	钟祥市	4 420.647	82.01	188.34	419.49
	红安县	1 766.823	0	0	642.67
	崇阳县	1 970.898	96.47	120.24	421.28
	荆门市市辖区	2 235.853	103.00	180.03	301.21
	兴山县	2 318.255	35.16	0.14	481.57
	广水市	2 629.591	0	77.98	367.45
	麻城市	3 607.919	0	0	438.10
	随州市市辖区	6 962.940	0	188.69	213.13
	赤壁市	1 731.108	114.86	136.00	149.08

续表 5-17

省(市)	县(市、区)	行政面积	高易发区面积	中易发区面积	低易发区面积
湖北省	丹江口市	3 113.897	0	396.40	0.89
	松滋市	2 181.157	30.52	242.33	119.38
	大冶市	1 559.889	97.92	76.29	190.65
	大悟县	1 974.184	0	14.44	345.43
	咸宁市市辖区	1 498.357	23.83	45.22	253.68
	武汉市市辖区	8 556.557	19.76	0.68	265.39
	宜城市	2 134.464	11.82	231.35	0.06
	团风县	791.455	0	0	234.36
	孝昌县	1 191.812	0	41.96	152.97
	罗田县	2 141.238	0	0	176.35
	枣阳市	3 275.394	0	104.14	36.95
	蕲春县	2 399.524	1.30	27.09	97.71
	当阳市	1 997.198	0	5.69	113.94
湖南省	永州市市辖区	3 193.967	143.63	208.05	1 539.34
	龙山县	3 152.756	372.82	675.85	607.33
	涟源市	1 900.658	452.08	424.78	751.91
	邵阳县	1 992.857	50.34	549.08	932.96
	慈利县	3 527.923	351.10	1 058.00	0.04
	凤凰县	1 749.337	861.99	308.51	215.83
	东安县	2 169.430	436.89	115.31	793.69
	桂阳县	2 968.017	56.46	0.01	1 276.52
	桑植县	3 483.617	170.61	1 086.42	0
	新宁县	2 752.880	170.75	177.50	900.79
	郴州市市辖区	2 173.720	140.71	224.49	874.34
	新邵县	1 811.092	230.42	133.83	772.58
	永顺县	3 840.135	730.30	0	367.09
	邵东市	1 790.003	85.66	293.47	700.75
	宁远县	2 521.552	505.04	112.97	430.02
	宜章县	2 116.482	0.02	300.26	741.14
	武冈市	1 545.864	18.53	221.57	800.67
	保靖县	1 750.734	462.96	391.88	169.66
	祁阳县	2 521.070	466.30	0.03	557.95
	隆回县	2 832.284	55.66	197.16	764.86
	常宁市	2 064.764	101.50	209.72	611.13
	石门县	3 980.515	215.94	692.22	0

续表 5-17

省(市)	县(市、区)	行政面积	高易发区面积	中易发区面积	低易发区面积
湖南省	道县	2 451.424	198.42	680.94	0
	江永县	1 638.017	481.18	189.36	158.86
	安化县	4 933.680	459.78	88.50	266.94
	花垣县	1 111.488	205.98	601.10	0
	双峰县	1 713.106	197.70	71.04	519.53
	临武县	1 372.605	123.14	253.98	374.94
	洞口县	2 162.222	53.34	144.59	552.07
	张家界市市辖区	2 578.675	409.65	318.33	0
	新化县	3 655.651	677.34	0	0.02
	资兴市	2 753.487	200.32	51.74	391.88
	湘潭县	2 543.023	125.18	93.68	418.15
	永兴县	1 960.400	6.54	143.49	470.09
	辰溪县	1 991.074	245.89	127.28	212.49
	攸县	2 668.729	1.19	107.65	457.17
	江华瑶族自治县	3 227.226	339.13	225.13	0
	溆浦县	3 429.518	298.59	132.00	86.09
	汝城县	2 391.371	191.62	43.03	269.47
	湘乡市	2 010.790	32.63	109.24	359.26
	吉首市	1 059.534	260.59	127.81	111.73
	衡东县	1 934.338	1.69	186.74	300.74
	祁东县	1 891.779	189.36	0.03	283.52
	沅陵县	5 804.383	312.37	40.08	111.80
	桃源县	4 466.461	264.19	108.68	91.13
	浏阳市	5 041.677	172.59	103.60	180.28
	宁乡市	2 922.218	81.85	170.06	169.51
	茶陵县	2 492.285	0	35.26	372.72
	耒阳市	2 686.519	53.74	352.72	0.02
	嘉禾县	703.720	47.87	0.01	353.34
	古丈县	1 304.994	154.93	54.40	143.81
	娄底市市辖区	432.903	80.28	116.81	154.01
	新田县	994.561	66.64	3.97	279.84
	中方县	1 548.318	99.63	191.21	59.25
	邵阳市市辖区	424.601	11.52	83.20	243.48
	醴陵市	2 140.686	78.95	89.35	168.81
	安仁县	1 475.628	0	72.96	258.48

续表 5-17

省(市)	县(市、区)	行政面积	高易发区面积	中易发区面积	低易发区面积
湖南省	靖州苗族侗族自治县	2 201.119	85.68	164.19	19.89
	泸溪县	1 563.341	126.01	46.33	92.54
	蓝山县	1 795.367	65.36	0.08	172.58
	绥宁县	2 943.793	193.61	0	39.61
	炎陵县	2 029.471	116.84	0	83.50
	澧县	2 068.515	43.23	52.06	103.73
	渌口区	1 502.263	28.29	13.75	142.14
	新晃侗族自治县	1 499.502	68.36	9.02	98.61
	衡南县	2 684.293	95.76	72.01	0.02
	怀化市市辖区	638.977	32.22	40.55	47.88
	桃江县	2 071.056	65.96	29.81	20.76
	双牌县	1 757.087	33.16	78.92	1.61
	临湘市	1 684.366	12.81	23.15	64.17
江苏省	东海县	2 267.989	0	0	524.16
	铜山区	2 119.754	107.28	31.43	274.88
	徐州市市辖区	3 062.520	101.84	35.92	123.66
	赣榆区	1 384.681	0	0	237.19
	宜兴市	2 052.603	49.82	0.90	64.74
	南京市市辖区	2 371.799	16.33	9.48	82.72
	新沂市	1 563.583	0	0	102.87
	邳州市	2 077.083	18.23	0	83.46
江西省	宜春市市辖区	2 540.398	430.45	113.08	560.59
	瑞昌市	1 409.120	102.99	62.11	421.20
	上栗县	730.366	213.13	24.17	254.97
	上高县	1 333.175	117.91	157.98	186.17
	武宁县	3 510.972	165.17	17.19	218.09
	修水县	4 506.630	222.36	0	171.97
	高安市	2 425.543	147.93	32.89	208.69
	萍乡市市辖区	1 061.324	124.09	55.82	152.43
	莲花县	1 050.062	18.33	141.08	146.56
	玉山县	1 754.189	158.98	3.46	88.74
	彭泽县	1 551.039	153.99	70.71	26.12
	德安县	944.270	133.70	57.76	55.85
	分宜县	1 383.635	60.06	40.53	137.36
	万载县	1 671.859	59.81	52.73	118.47

续表 5-17

省(市)	县(市、区)	行政面积	高易发区面积	中易发区面积	低易发区面积
江西省	广信区	2 183.089	66.49	8.20	153.00
	永新县	2 194.610	0	93.10	72.21
	龙南县	1 624.454	4.73	78.28	81.40
	芦溪县	982.510	91.61	33.28	37.95
	铅山县	2 190.453	49.13	2.91	110.00
	安福县	2 792.315	8.38	51.18	83.08
	于都县	2 917.783	0	103.57	37.95
	柴桑区	780.518	19.82	12.14	87.14
	崇义县	2 212.736	45.98	41.30	30.02
	广丰区	1 380.832	31.74	2.26	81.28
	德兴市	2 090.596	93.65	11.46	4.85
四川省	木里藏族自治县	13 285.120	0	3 271.46	4 528.08
	盐源县	8 387.005	218.49	1 544.58	2 742.83
	白玉县	10 404.950	0	1 075.86	1 608.42
	理塘县	14 204.150	0	368.41	2 139.80
	乡城县	4 988.074	0	1 307.15	767.97
	稻城县	7 362.111	0	392.40	1 612.04
	古蔺县	3 203.290	607.56	487.91	734.37
	德格县	11 078.510	0	1 477.63	307.26
	万源市	4 029.230	290.57	873.29	573.74
	石渠县	22 604.610	0	1 124.50	602.26
	新龙县	8 585.583	0	1 003.39	638.26
	雷波县	2 727.872	305.36	198.38	1 096.44
	得荣县	2 890.766	0	1 340.93	0.06
	叙永县	2 960.006	442.26	240.15	641.99
	峨边彝族自治县	2 410.700	223.69	50.56	976.07
	宝兴县	3 121.721	0	349.25	871.27
	会理县	4 498.134	3.47	69.42	1 145.00
	朝天区	1 598.426	446.41	155.05	607.88
	盐边县	3 318.867	53.17	175.20	922.69
	阿坝县	10 120.300	0	0	1 131.32
	甘洛县	2 145.839	109.41	41.44	969.14
	金阳县	1 582.875	134.23	35.49	857.79
	旺苍县	3 008.440	281.52	304.54	438.44
	康定市	11 459.360	0	17.31	927.48

续表 5-17

省(市)	县(市、区)	行政面积	高易发区面积	中易发区面积	低易发区面积
四川省	汶川县	4 098.890	0	344.19	557.40
	汉源县	2 196.785	105.95	8.16	752.58
	美姑县	2 501.417	59.79	220.38	522.80
	巴塘县	7 220.962	0	799.24	0.06
	南江县	3 416.713	122.95	461.89	214.04
	布拖县	1 659.597	121.91	69.19	598.57
	青川县	3 280.437	23.53	123.68	592.34
	马边彝族自治县	2 377.079	148.86	90.07	463.30
	宣汉县	4 280.954	189.81	193.61	317.84
	江油市	2 719.116	57.59	205.07	434.72
	松潘县	8 347.369	0	36.92	646.62
	冕宁县	4 389.675	0	97.35	581.35
	兴文县	1 416.745	214.03	342.13	88.17
	洪雅县	1 955.704	76.64	47.85	496.91
	乐山市市辖区	2 546.079	28.31	79.93	509.24
	茂县	3 857.841	0	25.05	583.52
	邻水县	1 928.127	0	310.65	290.61
	利州区	1 468.130	61.90	272.53	203.68
	筠连县	1 250.686	252.03	128.42	108.80
	昭觉县	2 701.884	38.05	145.99	300.51
	甘孜县	7 344.429	0	103.75	354.93
	安州区	1 390.095	8.41	89.75	351.71
	珙县	1 143.595	144.50	254.92	46.53
	大竹县	2 079.445	0	196.37	239.77
	峨眉山市	1 167.882	9.86	143.05	270.92
	普格县	1 909.886	82.64	14.60	318.63
	德昌县	2 283.301	1.19	0	413.45
	石棉县	2 664.587	0	0	395.00
	达川区	2 727.644	0	35.17	333.41
	攀枝花市市辖区	2 038.852	40.87	5.39	320.99
	米易县	2 117.430	57.84	0	304.24
	绵竹市	1 246.962	0	0	351.85
	芦山县	1 236.072	0	54.82	296.04
	沐川县	1 422.673	29.35	159.53	145.09
	北川羌族自治县	2 854.429	80.47	72.87	171.24

续表 5-17

省（市）	县（市、区）	行政面积	高易发区面积	中易发区面积	低易发区面积
四川省	西昌市	2 673.256	7.57	58.96	252.13
	若尔盖县	10 244.550	0	270.60	32.23
	通江县	4 126.737	53.64	148.94	94.38
	泸定县	2 156.759	8.37	5.89	256.51
	小金县	5 556.770	0	139.33	129.59
	长宁县	986.499	89.93	60.05	78.61
	天全县	2 375.423	32.33	175.01	0.07
	崇州市	1 097.489	0	37.49	144.53
	大邑县	1 214.438	0	58.21	122.66
	高县	1 329.274	4.78	158.94	13.63
	丹巴县	4 666.348	0	15.34	158.63
	渠县	1 999.483	0	115.85	54.30
	壤塘县	6 655.517	0	0.04	161.38
	什邡市	866.225	0	0.10	159.18
	红原县	8 387.089	0	0	158.46
	雅江县	7 703.646	0	90.98	59.79
	马尔康市	6 619.220	0	0	143.35
	开江县	1 033.776	0	12.28	130.52
	泸县	1 549.913	0	0	126.93
	宁南县	1 682.820	55.51	68.79	0.06
	黑水县	4 096.195	0	0	124.30
	会东县	3 204.443	28.86	94.19	0.06
	华蓥市	417.981	14.39	52.81	49.22
	荥经县	1 780.358	67.27	37.22	0.07
	九龙县	6 758.103	0	0.41	101.10
云南省	香格里拉市	11 310.090	4.99	3 346.88	1 347.81
	广南县	7 780.521	2 875.89	528.72	493.46
	宣威市	6 055.255	2 083.99	437.79	770.38
	丘北县	5 053.369	2 200.15	156.68	858.68
	弥勒市	3 910.303	1 003.41	1 129.75	718.80
	会泽县	5 864.007	866.76	783.32	1 126.67
	砚山县	3 833.858	2 109.84	253.11	389.00
	罗平县	3 011.013	411.09	1 951.39	347.98
	富源县	3 254.626	975.19	1 250.23	249.15
	保山市市辖区	4 835.992	620.63	795.81	704.81

续表 5-17

省(市)	县(市、区)	行政面积	高易发区面积	中易发区面积	低易发区面积
云南省	镇雄县	3 697.515	919.91	257.52	930.75
	富宁县	5 301.495	1 543.26	247.89	295.43
	文山市	2 995.847	1 269.54	379.95	377.47
	马关县	2 692.660	741.76	472.85	806.82
	德钦县	7 364.838	28.50	693.11	1 264.15
	宁蒗彝族自治县	5 948.653	624.07	1 048.21	199.30
	沾益区	2 633.742	872.39	566.25	286.44
	师宗县	2 793.055	64.26	1 526.42	75.58
	禄劝彝族苗族自治县	4 278.687	601.78	347.84	713.12
	建水县	3 823.524	1 166.96	238.22	237.30
	玉龙纳西族自治县	6 226.832	452.62	928.25	230.74
	巧家县	3 200.673	436.28	107.66	1 027.45
	彝良县	2 797.513	535.48	292.79	621.79
	蒙自市	2 142.178	944.73	247.85	176.96
	陆良县	1 987.898	655.22	111.14	521.97
	泸西县	1 652.627	3.48	1 173.37	96.86
	开远市	1 949.615	742.03	314.74	167.35
	麻栗坡县	2 358.812	642.18	380.97	179.03
	施甸县	1 965.996	418.74	222.71	494.83
	耿马傣族佤族自治县	3 689.979	886.23	101.67	130.08
	个旧市	1 561.529	821.48	86.11	198.04
	永德县	3 234.165	375.36	214.07	502.33
	永善县	2 798.151	336.41	128.14	605.75
	镇康县	2 553.160	486.83	242.19	339.25
	曲靖市市辖区	1 671.258	649.23	34.04	376.18
	昭通市市辖区	2 179.279	308.23	90.62	597.60
	腾冲市	5 723.705	156.75	57.08	775.05
	华坪县	2 131.467	5.01	635.62	331.82
	石林彝族自治县	1 730.636	800.57	15.64	140.70
	泸水市	3 064.738	228.60	409.26	317.16
	屏边苗族自治县	1 881.792	250.94	159.41	501.66
	西畴县	1 507.842	532.41	282.14	90.25
	昆明市市辖区	4 106.655	471.77	431.90	0.03
	勐腊县	6 861.802	52.12	116.01	685.07
	宜良县	1 882.366	145.58	129.70	547.71
	大关县	1 719.182	340.40	14.06	436.41

续表 5-17

省(市)	县(市、区)	行政面积	高易发区面积	中易发区面积	低易发区面积
云南省	石屏县	2 983.716	463.22	189.07	130.09
	鲁甸县	1 501.649	278.48	72.07	428.03
	寻甸回族彝族自治县	3 601.839	628.80	137.70	0.03
	元江哈尼族彝族傣族自治县	2 744.137	169.65	142.26	449.62
	威信县	1 405.606	146.03	131.02	470.25
	昌宁县	3 784.532	144.91	134.34	440.94
	贡山独龙族怒族自治县	4 421.838	0	548.55	160.43
	盐津县	2 023.372	191.01	132.44	358.20
	华宁县	1 267.046	215.12	158.90	305.88
	鹤庆县	2 336.345	678.84	0	0
	金平苗族瑶族傣族自治县	3 581.507	211.45	103.74	331.84
	永胜县	4 964.067	422.63	206.46	0
	洱源县	2 868.892	375.12	59.25	190.38
	思茅区	3 879.210	358.15	46.99	212.26
	嵩明县	1 365.715	205.70	59.61	318.59
	古城区	1 257.979	512.63	23.59	0
	福贡县	2 758.634	0	502.90	14.92
	沧源佤族自治县	2 496.203	272.49	46.00	191.43
	易门县	1 572.419	315.91	183.11	7.03
	云龙县	4 425.931	93.43	162.64	218.07
	景洪市	7 015.091	192.37	80.74	183.77
	禄丰县	3 555.161	0.13	245.02	167.06
	芒市	2 930.579	343.21	7.21	59.33
	马龙区	1 651.386	76.66	39.20	273.33
	峨山彝族自治县	1 921.125	201.39	14.53	164.46
	安宁市	1 278.568	84.54	228.93	56.50
	元阳县	2 241.764	46.07	34.92	272.41
	剑川县	2 262.887	238.71	59.10	48.33
	弥渡县	1 533.557	30.32	18.21	290.22
	维西傈僳族自治县	4 508.965	81.61	3.64	239.54
	兰坪白族普米族自治县	4 401.355	83.46	0	237.82
	楚雄市	4 366.391	0	0	315.54
	河口瑶族自治县	1 285.737	92.93	88.65	129.98
	龙陵县	2 776.748	107.25	63.46	140.12
	澄江市	734.444	142.61	11.35	132.40
	澜沧拉祜族自治县	8 603.080	275.77	0	0.52

续表 5-17

省(市)	县(市、区)	行政面积	高易发区面积	中易发区面积	低易发区面积
云南省	大理市	1 412.248	103.45	122.00	18.37
	玉溪市市辖区	967.788	216.07	24.22	0.03
	新平彝族傣族自治县	4 298.639	47.78	16.88	169.58
	宾川县	2 532.090	181.59	39.22	9.20
	江川区	823.721	98.00	43.24	87.29
	武定县	2 918.131	2.63	152.11	71.74
	红河县	2 027.533	38.55	34.48	147.15
	富民县	1 003.900	161.06	56.13	0.09
	孟连傣族拉祜族佤族自治县	1 902.641	190.09	0	19.19
	景谷傣族彝族自治县	7 532.021	154.69	3.78	42.78
	晋宁区	1 337.864	119.46	81.37	0.03
	盈江县	4 322.266	4.47	0	194.30
	通海县	716.203	52.63	55.57	89.88
	祥云县	2 435.143	27.87	28.09	137.22
	南华县	2 270.359	0	1.54	183.27
	呈贡区	518.575	64.26	1.27	111.71
	墨江哈尼族自治县	5 265.834	138.98	0	33.45
	漾濞彝族自治县	1 874.506	171.01	0	1.20
	勐海县	5 337.441	0.36	0	168.66
	凤庆县	3 357.941	149.45	0	0
	绿春县	3 114.268	102.62	3.58	43.08
	西盟佤族自治县	1 345.610	29.72	0	103.89
	巍山彝族回族自治县	2 210.556	133.46	0	0
	绥江县	774.019	15.42	62.27	54.13
	双柏县	3 909.871	30.52	32.54	54.88
	宁洱哈尼族彝族自治县	3 678.641	19.28	80.84	17.21
浙江省	淳安县	4 462.947	677.67	0.63	1 030.80
	临安区	3 111.925	326.15	1.07	755.04
	开化县	2 242.807	308.54	0	528.21
	安吉县	1 903.307	125.11	1.85	217.77
	常山县	1 093.918	69.83	49.09	193.70
	桐庐县	1 848.228	83.63	6.69	217.10
	富阳区	1 819.651	104.23	10.69	115.97
	诸暨市	2 341.919	41.69	21.81	152.92
	建德市	2 315.275	81.60	7.72	116.32

续表 5-17

省(市)	县(市、区)	行政面积	高易发区面积	中易发区面积	低易发区面积
浙江省	江山市	2 020.778	41.84	8.73	133.72
	杭州市市辖区	1 889.246	53.56	15.51	85.42
	衢江区	2 113.060	35.39	7.02	105.93
	庆元县	1 888.262	0	0	142.32
	龙泉市	3 070.314	0	0	141.08
	长兴县	1 431.347	23.19	0	87.25
重庆市	酉阳土家族苗族自治县	5 179.091	1 311.65	1 519.13	956.05
	巫溪县	4 000.770	1 283.89	1 249.73	1 047.88
	彭水苗族土家族自治县	3 907.158	1 601.99	965.46	422.05
	奉节县	4 146.294	1 227.97	1 223.78	429.81
	巫山县	2 957.015	1 251.67	1 287.39	207.12
	城口县	3 281.696	518.76	637.02	1 233.82
	武隆区	2 884.249	1 182.53	454.45	332.23
	开州区	3 958.385	433.07	682.22	442.14
	秀山土家族苗族自治县	2 424.867	388.08	530.68	474.21
	南川区	2 581.446	483.32	451.64	354.01
	黔江区	2 414.422	711.23	259.30	216.79
	丰都县	2 894.773	483.58	364.42	311.95
	涪陵区	2 963.298	423.48	402.76	236.13
	石柱土家族自治县	3 014.597	298.32	240.39	351.27
	万州区	3 481.624	242.82	175.39	460.06
	云阳县	3 646.621	0.02	197.47	455.53
	綦江区	2 189.650	68.03	118.22	266.22
	巴南区	1 796.283	0	98.57	292.48
	梁平区	1 901.062	0	210.15	179.07
	万盛经济技术开发区	571.625	128.92	99.48	142.78
	渝北区	1 429.170	0	125.97	195.59
	忠县	2 197.384	17.71	33.61	218.85
	江津区	3 205.662	0	55.15	204.92
	合川区	2 343.110	0	172.19	87.04
	北碚区	783.882	0	112.57	137.30
	长寿区	1 417.951	0.20	120.35	128.11
	永川区	1 581.400	0	16.98	225.39
	垫江县	1 490.145	1.47	67.24	116.61
	璧山区	927.122	0	26.35	118.88
	铜梁区	1 345.038	0	65.58	45.12

为有效减轻采石场引发岩溶塌陷问题,应加强矿山地质灾害风险评估工作,加强灰岩矿山岩溶塌陷监测和防治工作。

三、岩溶塌陷对铁路规划建设和安全运营影响

根据中长期铁路建设规划(2016—2030年)进行分析,长江经济带规划通道高速铁路9600km,分别有667km、826km和1080km位于岩溶塌陷高、中、低易发区;规划区域城际铁路8555km,分别有363km、251km和541km位于岩溶塌陷高、中、低易发区;规划普通铁路13 335km,分别有1218km、1172km和1725km位于岩溶塌陷高、中、低易发区。铁路建设规划主要包括襄渝、渝张、渝贵、贵南铁路(图5-41)。

岩溶塌陷对铁路规划建设和安全运营的影响主要包括3个方面。一是岩溶塌陷导致桥基、路基破坏。如2013年贵广高铁桂林甘棠江特大桥在铁路联调联试中多个桥墩因岩溶塌陷发生下沉,危及高铁运行安全。二是铁路隧道选址和施工处置不当,导致突水灾害。如宜万铁路湖北马鹿箐隧道因选址不当,造成隧道上部发育60万m³的聚水溶腔,汇水面积达18km²,一旦降水,每小时补水可达2万~5万m³。自开工到建成,该隧道先后发生19次特大突水事故,其中2006年1月21日发生特大突水灾害,10min内涌水量达5万m³,造成重大财产损失和人员伤亡。三是岩溶区铁路隧道长期排水,导致一定区域井泉干涸、地面塌陷、环境退化(图5-42)。

为有效降低或减缓岩溶塌陷对铁路规划建设和安全运营的影响,建议采取措施为:一是加强岩溶塌陷高易发区的线路优化,岩溶山区隧道应特别避让层状强岩溶发育带,加强岩溶塌陷防治勘查设计,特别是桥梁桩基、隧道岩溶勘查设计;二是施工中应尽可能减少桩基冲孔桩的应用,加强隧道超前探测,采取适当工程止水措施,防范突水突泥灾害,减少对岩溶生态环境破坏;三是隧道施工中对地下水的处理应因地制宜,堵排结合,尽量减少岩溶水的排放。

四、岩溶塌陷对高速公路规划建设和安全运营影响

长江经济带已建成高速公路约3.3万km,其中穿越岩溶塌陷高、中、低易发区路段长度分别为1197km、1517km和2490km(图5-42)。主要包括沪昆高速(645.39km)、兰海高速(460.62km)、包茂高速(458.54km)、厦蓉高速(440.03km)、沪渝高速(358.74km)、广昆高速(242.96km)、包杭瑞高速(237.74km)、二广高速(205.31km)。

岩溶塌陷对高速公路规划建设和安全运营的影响主要包括3个方面。一是造成路面塌陷、沉陷、桥梁桩基下沉,损毁道路,危及行车安全。例如2011年江西芦溪发生岩溶塌陷,造成沪昆高速K940处下沉、开裂,不得不封闭10天进行紧急处置。二是加剧公路隧道建设施工突水突泥灾害。如2007年建成通车的渝遂高速公路上的云雾山隧道塌陷使地表溪流直接灌入隧道,加剧了隧道涌水量,给隧道安全带来极大隐患。三是公路隧道长期排水造成生态环境破坏。如重庆穿越明月山、中梁山、铜锣山和缙云山"四山"地区的50多条公路隧道,施工以及长期工后排水,致地表井泉干涸共计363处,水库(塘)漏失共计62处,溪沟断流16处,形成地面塌陷近300处,对当地居民生产和生活安全造成严重影响(图5-43)。

为减轻岩溶塌陷对高速公路规划建设和安全运营的影响,建议采取措施为:一是对已建高速公路沿线200m范围实施严格的地下水禁采,加强高速公路路面沉陷、变形地段岩溶塌陷隐患的探测和监测;二是建议采取适当工程措施,降低公路隧道排水量,减少对地质环境的影响和破坏;三是新建高速公路,应加强岩溶塌陷高易发区的线路优化,加强岩溶塌陷防治勘查设计,特别是桥梁桩基、隧道岩溶勘查设计;四是施工中应尽可能减少路基强夯、桩基冲孔桩的应用,加强隧道超前探测,采取适当工程止水措施,防范突水突泥灾害,减少对岩溶生态环境的破坏。

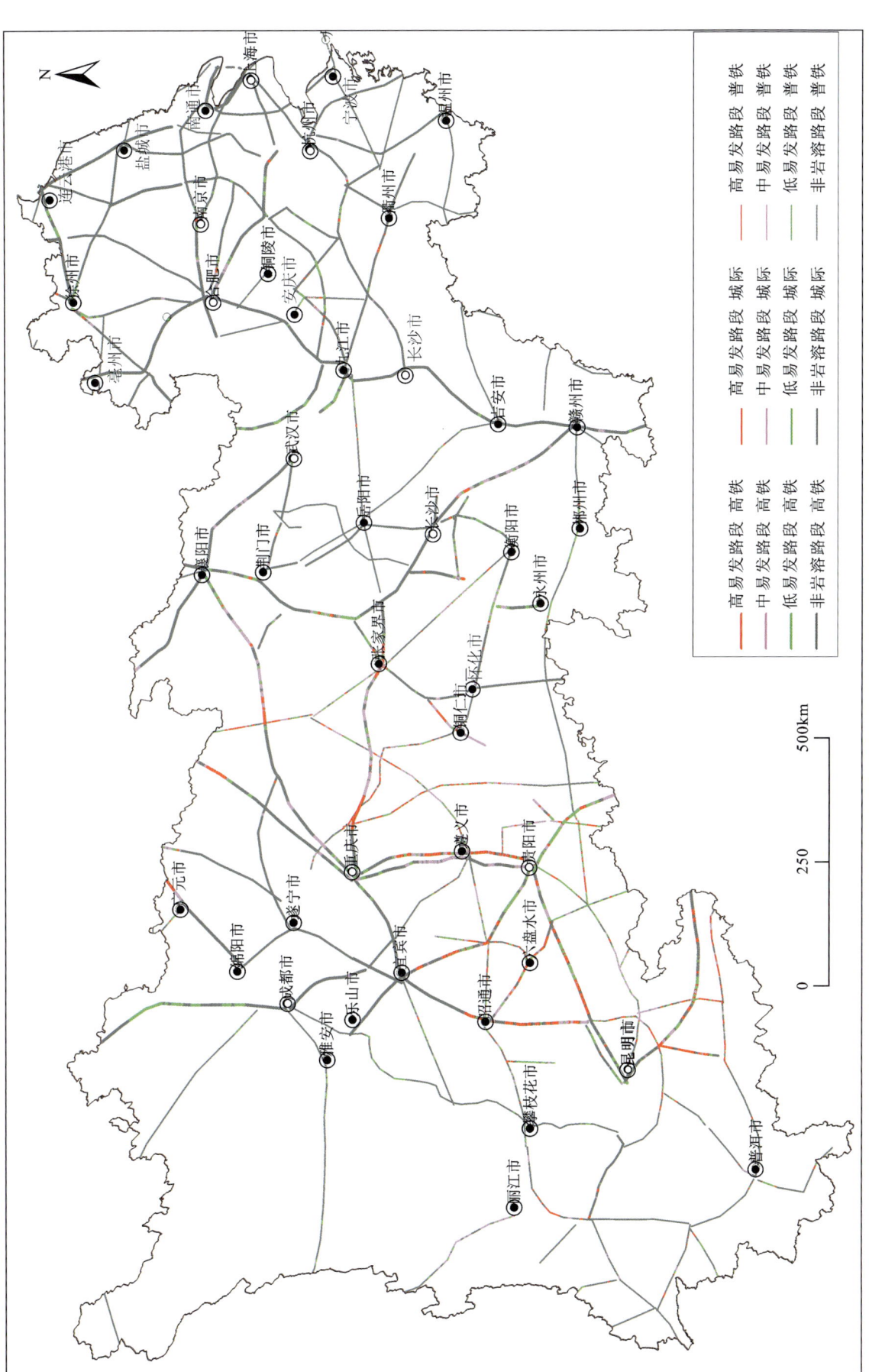

图 5-41 长江经济带铁路中长期规划(2016—2030 年)沿线岩溶塌陷易发程度

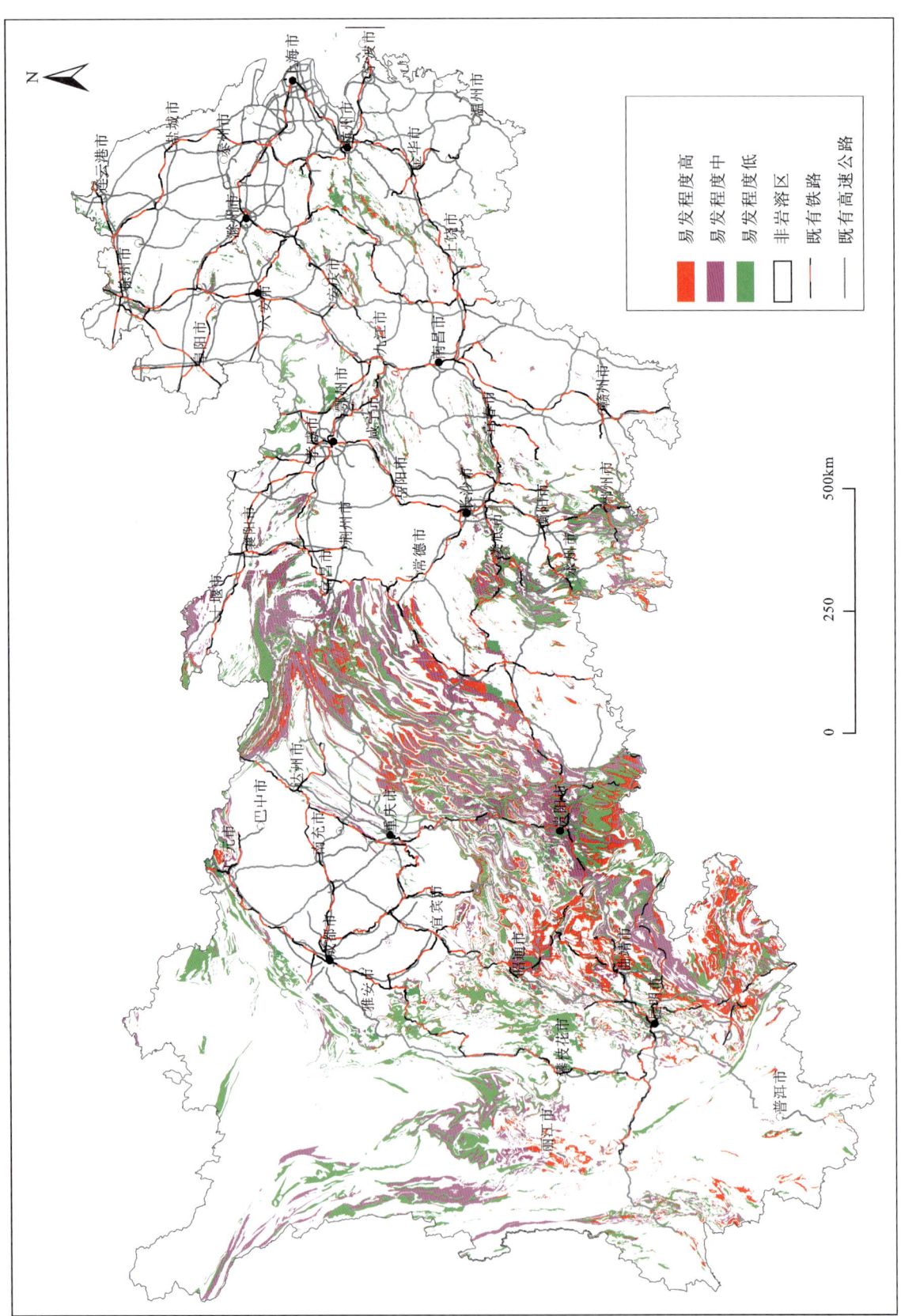

图 5-42 长江经济带道路线路区域岩溶塌陷易发性分布图

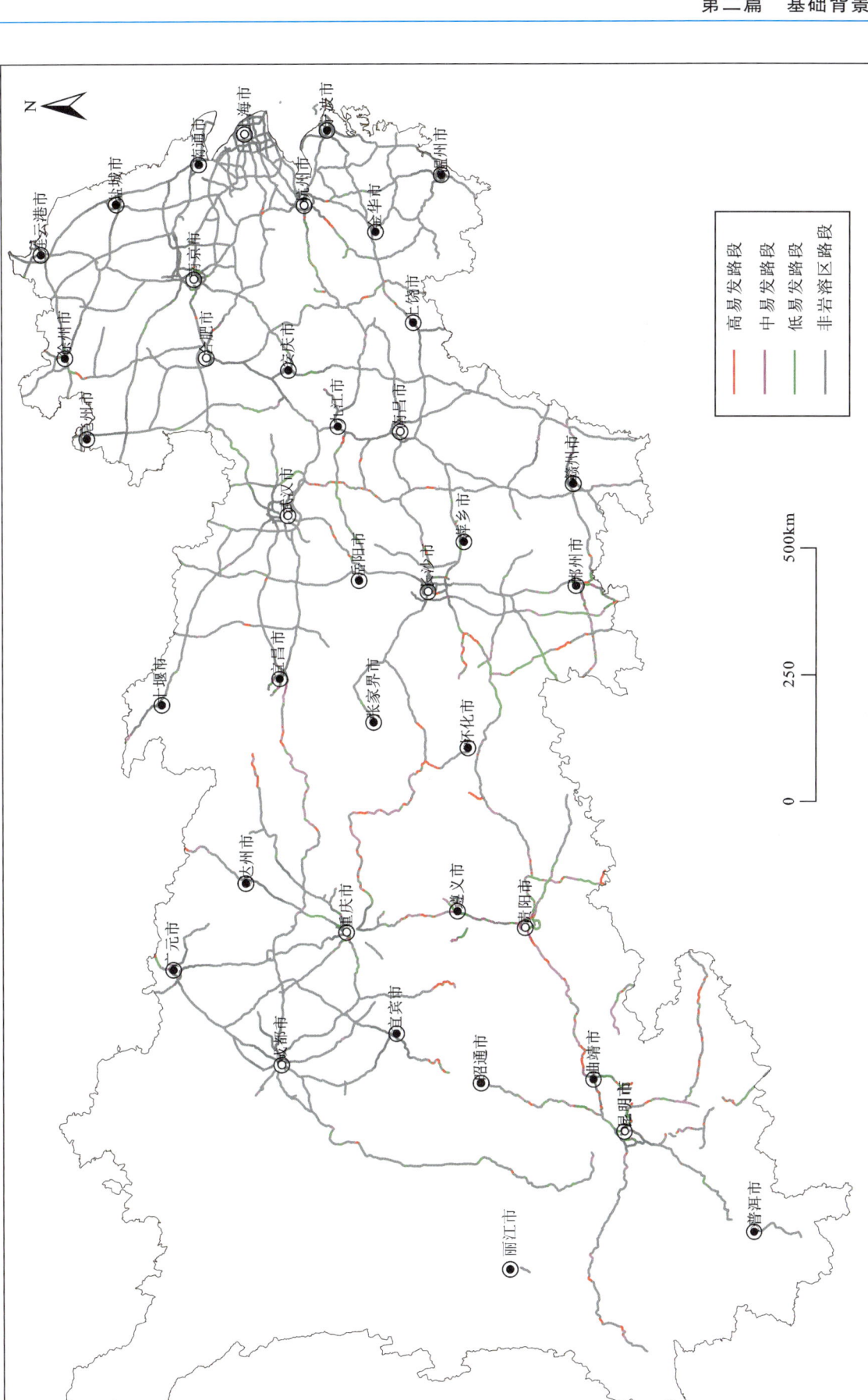

图 5-43 长江经济带已建成高速公路沿线岩溶塌陷易发程度

五、岩溶塌陷防治对策

1. 岩溶塌陷调查

岩溶塌陷调查尚未实现对全国岩溶塌陷高易发区的有效覆盖，调查精度和深度远不能满足防灾减灾工作和有效支撑服务城镇和重大工程规划建设等需求，特别是岩溶地区城市地下空间的开发利用。"十三五"期间，中国地质调查局进一步完善中央与地方分工合作、协调联动机制，围绕岩溶塌陷高易发区城镇和重大工程规划建设的迫切需求，重点开展了以下工作。

（1）加强了岩溶塌陷综合地质调查工作，开展京津冀协同发展区、长江经济带、泛珠江三角洲经济区等重要经济区和城市群、岩溶塌陷高易发区城镇、沪蓉高铁等重大工程沿线岩溶塌陷综合地质调查，支撑服务新型城镇化和重大工程规划建设。

（2）加强了岩溶塌陷探测、风险评估等防控理论与技术创新，开展深部岩溶洞隙探测与地表变形监测技术研发，研究岩溶塌陷风险防控理论和技术创新，提升岩溶塌陷的早期识别、探测监测和综合防治水平。

（3）完善了岩溶塌陷信息系统与共享服务平台建设，探索构建城镇和重大工程区岩溶塌陷监测预警体系，支撑服务岩溶塌陷防治管理。

2. 岩溶塌陷重点综合整治区域和整治修复对策

长江经济带岩溶塌陷重点整治区域包括：武汉城市圈、鄂西北地区、湘中南地区、黔中南地区、赣中地区、渝中地区、川东地区、皖北地区、皖江地区、滇东南地区、滇西地区、江浙地区（包括衢州市）、高速公路沿线防治区、沪昆高铁贵州段等（图5-44）。

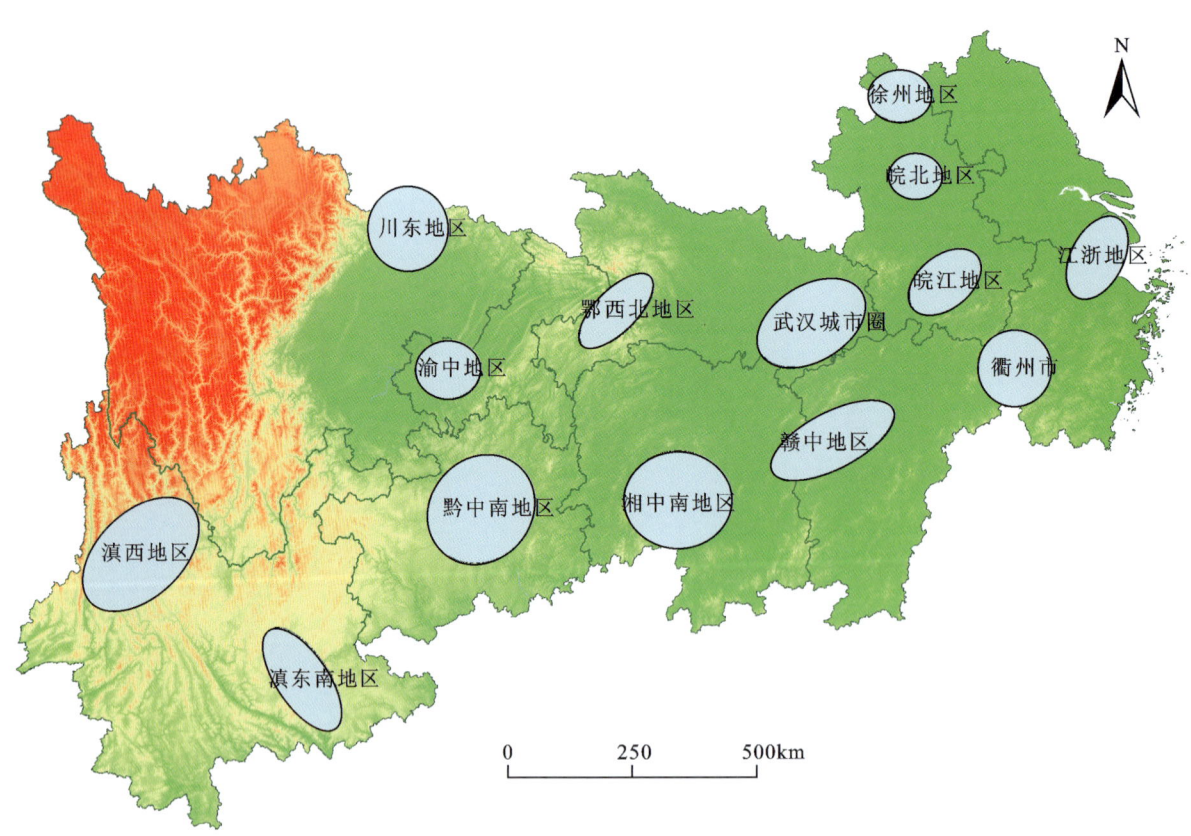

图 5-44　长江经济带岩溶塌陷重点综合整治区域分布示意图

对于岩溶塌陷灾害,主要开展岩溶塌陷防治工程勘查,加强重要街区、学校、管线工程岩溶塌陷监测,探索岩溶塌陷早期识别和勘查关键技术,加强公路以及高铁两侧500m范围内周边水源地、基础工程、矿山工程和地下工程施工建设管控,确保公路和铁路地质安全,进一步保障人民群众生命财产安全(表5-18)。

表5-18 长江经济带岩溶塌陷重点综合整治区域和整治方向表

序号	岩溶塌陷综合整治区域名称	面积/km²	范围	整治方向
1	武汉城市圈	144.22	鄂州市、黄石市、武汉市、咸宁市	开展岩溶塌陷防治工程勘查,加强重要街区、学校、管线工程岩溶塌陷监测,探索岩溶塌陷早期识别和勘查关键技术,加强周边水源地和地下工程施工建设管控,确保人民群众生命财产安全
2	鄂西北地区	103.65	荆门市、襄阳市、宜昌市、恩施土家族苗族自治州(简称恩施州)、咸宁市	
3	湘中南地区	568.97	娄底市、湘潭市、长沙市、怀化市、邵阳市、湘西土家族苗族自治州(简称湘西州)、郴州市、永州市	
4	黔中南地区	440.54	安顺市、黔东南苗族侗族自治州(简称黔东南州)、遵义市、毕节地区、六盘水市	
5	赣中地区	312.89	萍乡市、上饶市、新余市、宜春市	
6	渝中地区	238.60	北碚区、渝北区	
7	川东地区	51.52	广元市	
8	皖北地区	180.61	滁州市、淮南市	
9	皖江地区	83.31	安庆市、铜陵市	
10	滇东南地区	251.78	红河哈尼族彝族自治州(简称红河州)、文山壮族苗族自治州(简称文山州)、西双版纳傣族自治州(简称西双版纳州)	
11	滇西地区	71.78	丽江市、保山市、德宏傣族景颇族自治州(简称德宏州)	
12	江浙地区	107.96	衢州市、徐州市	
13	高速公路沿线防治区	907.85	包茂高速、广昆高速、沪昆高速、厦蓉高速、杭瑞高速、二广高速、沪蓉高速公路、沪渝高速、兰海高速、京台高速、大广高速、汕昆高速、京港澳高速、昆磨高速、京昆高速	开展岩溶塌陷防治工程勘查,开展岩溶塌陷监测,加强公路两侧500m范围内周边水源地、基础工程和矿山工程施工建设管控,确保公路地质安全
14	沪昆高铁贵州段	472.22	滇东—黔西段、黔东湘西段、湘中—赣西段、赣东—浙西段	开展岩溶塌陷防治工程勘查,开展岩溶塌陷监测,加强高铁两侧500m范围内周边水源地、基础工程和矿山工程施工建设管控,确保铁路地质安全

第四节 长江经济带地面沉降

根据 2017 年长江经济带 InSAR 调查监测成果,长江经济带地面沉降主要发生在长江三角洲地区,此外在安徽阜阳市和云南昆明市部分地区也出现地面沉降现象。长江三角洲地区的长江三角洲平原是我国发生地面沉降现象最具典型意义的地区之一。上海是我国发生地面沉降现象最早、影响最大、危害最深的城市,江苏省苏锡常地区、沿海平原区与浙江省杭嘉湖地区地面沉降灾害影响也较为严重(叶淑君等,2005;许乃政等,2005;焦珣等,2016;姜月华等,2016;Jiang et al.,2018)。

一、地面沉降现状

(一)长江三角洲地区

长江三角洲地区江苏省苏锡常、浙江省杭嘉湖及上海市累积沉降量超 200mm 范围已达 1/3,面积超过 10 000km^2,并在区域上有连成一片的趋势(图 5-45);江苏盐城、连云港等沿海平原区累计地面沉降量超过 200mm 的区域面积达 9300km^2。累计地面沉降量大于 1000mm 的强地面沉降区和剧地面沉降区主要分布于上海市中心城区及江苏省苏锡常部分地区(于军等,2004;薛禹群等,2008;龚士良等,2008;林学钰等,2012;姜月华等,2015;中国地质调查局,2015)。以上海市中心城区、江苏省苏锡常、浙江省嘉兴市为代表的沉降中心区的最大沉降量分别已达 2.63m、2.80m、0.82m。20 世纪 90 年代以来,江苏省苏锡常地区由于不均匀地面沉降引发了地裂缝,目前已发现 20 余处地裂缝灾害,发育规模较大地区已形成长数千米、宽数十米不等的地裂缝带,且其均与过量开采地下水形成的不均匀沉降有关(刘聪等,2004;乔建伟等,2020)。地面沉降是沿海城市都会面临的一种缓变的地质灾害,具有累进和不可逆转的特性,其影响将长期发生作用。

1. 上海市

上海濒江临海,易遭台风、暴雨、大潮以及长江和太湖流域洪水的侵袭,加之日渐明显的海平面上升趋势,控制地面沉降对上海的可持续发展而言更是显得至关紧要。

据记载,上海市从 1921 年起出现明显的地面沉降现象,至 1965 年市区地面平均下沉了 1.69m,这是上海历史上地面沉降最快的时期。上海市从 1860 年开始开采地下水,至 20 世纪 60 年代初年开采量达到 2 亿 m^3,为历史最高峰。同时,上海市也是国内最早认识地面沉降危害的城市之一。1965 年起上海市对地下水开采实行控制,年开采量开始下降。虽然 20 世纪 90 年代由于经济高速发展,地下水开采又有抬头现象,但供水管理部门及时推行了计划用水的措施,而且加快郊区的自来水制水和管网建设,在农村地区提高自来水对地下水的替代率。近年来上海市地下水开采量逐年下降的势头较为稳定,目前年开采量已降至 9635 万 m^3,仅为历史最高年份的 46%。上海市还采用了向地下水层回灌自来水的办法,使地下水水位抬高,达到恢复土层弹性、控制地面沉降的目的,年均地面沉降量不足历史上最高年均沉降量的 10%,年均地面沉降量已降至约 10mm,而历史上最高的年均沉降量是 110mm。从 1965 年起上海市实施地下水人工回灌,累计回灌水量达到 6 亿 m^3,这期间上海累计地面沉降量仅为 218mm。据相关专家论证,这个成绩在国内沿海城市中属领先水平。

同时,根据文献资料,影响上海市地面沉降的因素包括地下水开采、市政工程建设、大型建筑物建设施工,以及沿海城市特有的地质结构和地质变化、地下交通工程的建设等。除了控制地下水开采,上海还在大力控制高楼的过度建设,过多的高楼是造成上海地面下沉的部分原因,而过度开采地下水则让更多的地面日渐下沉。上海市地质调查研究院的研究表明,仅就上海而言,地面沉降的原因有 30% 来自

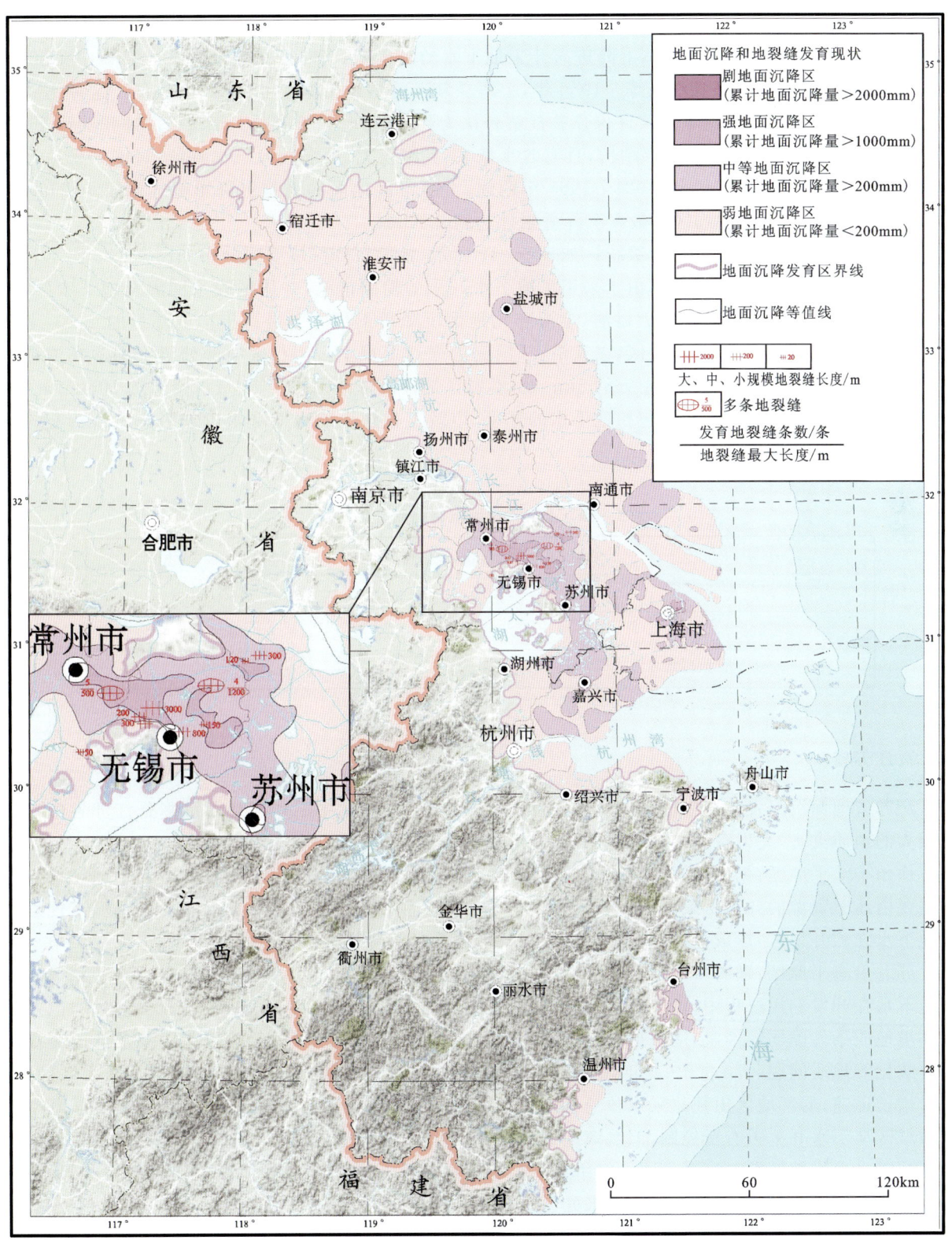

图 5-45 长三角经济区地面沉降和地裂缝地质灾害分布图

高层建筑和重大工程项目本身的影响(王初生等,2005;唐益群,2010),其余70%则要归因于城市地下水的过度开采(叶淑君等,2005;王寒梅和唐益群,2006;黎兵等,2009;刘思秀等,2013)。清华大学环境科学与工程系教授许保玖认为,这项研究很可信。上海自1860年开凿第一口深井至今,已有143年的地下水开采历史。1921—1965年,上海进入开采地下水的高峰期,当时开采的地下水主要集中在市区,用于工厂企业的降温、冷却和洗涤等。1956年,上海一年开采的地下水量竟高达2亿 m^3。这种不顾后果的开采导致上海地面迅速下沉。许保玖教授解释认为,上海的地下是由近千年来长江冲积的沙子、淤泥逐渐形成的厚达300m的软土层结构,具有含水量大、孔隙较大、压缩性大三大特征,过度开采地下水导致地下变形,出现沉陷。因此,1921—1965年期间,上海市区地面的平均沉降量竟达到了1.70m,平均每年接近40mm,沉降中心区的最大沉降量累计达到2.63m。

上海市2017年度地面沉降分级统计如表5-19所示,地面沉降区域空间分布如图5-46所示。结合上述资料及本次监测成果可知,由于采用了地下水开采的控制措施,并用地表水回灌至地下水层,上海市当前地面沉降得到有效控制。目前,上海年均地面沉降量不足历史最高年均沉降量的1/10,当前沉降严重区主要位于闵行区、奉贤区,以及沿江、沿海的岸线堤坝上。闵行区内两处沉降漏斗在沪金高速和申嘉湖高速交叉点的下方和上方约5km处,奉贤区地面沉降范围较广,区域沉降值约10mm/a。造成仍有沉降现象发生的原因主要包括地下水的开采、市政工程建设的工期降水以及沿海城市特有的地质结构和地质变化等。

表5-19 上海市地面沉降面积分级统计

序号	沉降速率量级/mm·a^{-1}	沉降统计面积/km^2
1	>10	549.23
2	>20	9.45
3	>50	—

2. 江苏省

江苏省地面沉降发生由来已久,最早可追溯至20世纪70年代中后期。地面沉降是江苏省影响面积最大的地质灾害,尤以徐州丰沛平原区、苏北沿海平原区及苏锡常地区最为严重。

徐州丰沛平原区:据地面沉降监测资料及地下水降落漏斗的分布范围情况,徐州丰沛平原区地面沉降主要由地下资源的开采所致。由地下水开采引起的沉降主要集中在沛县大屯及丰沛两县城市规划区的地下水强烈开采区,形成沛县城区—大屯及丰县城区两处沉降漏斗。

苏北沿海平原区:随着城市和乡镇经济迅速发展,地下水开采规模不断扩大,苏北沿海平原地区深层地下水在开发利用过程中,由于开采布局不合理及开采层次、开采地段、开采时间都比较集中,以及水文环境地质条件脆弱等因素,逐渐形成区域性的水位沉降漏斗,并引发地面沉降、深层淡水资源衰竭和水质咸化等地质问题。20世纪70年代中后期以来,江苏沿海城市供水逐步利用地下水,开采井数、开采量增长迅速,局部城区出现超采水位急速下降,引发地面沉降灾害。20世纪90年代后,江苏海岸带区域城区地下水开采量有所控制,但乡镇地下水开采增长迅速且超过城区,超采区从城区向乡镇扩展,地面沉降也由局部地段向区域发展。20世纪90年代中后期,全区地下水开采量增幅得到控制,除超深层水开采量有所增加外,其他各层地下水处于压缩开采状态,但区域超采区面积继续增加,向农村蔓延。进入21世纪,全区地下水开采量均处于压缩开采状态,区域水位出现下降缓慢、局部出现回升的趋势,但超采区面积依然扩大。现阶段海岸带城区地面沉降防治效果较好,但在乡镇、农村地区仍存在区域性的缓慢地面沉降。

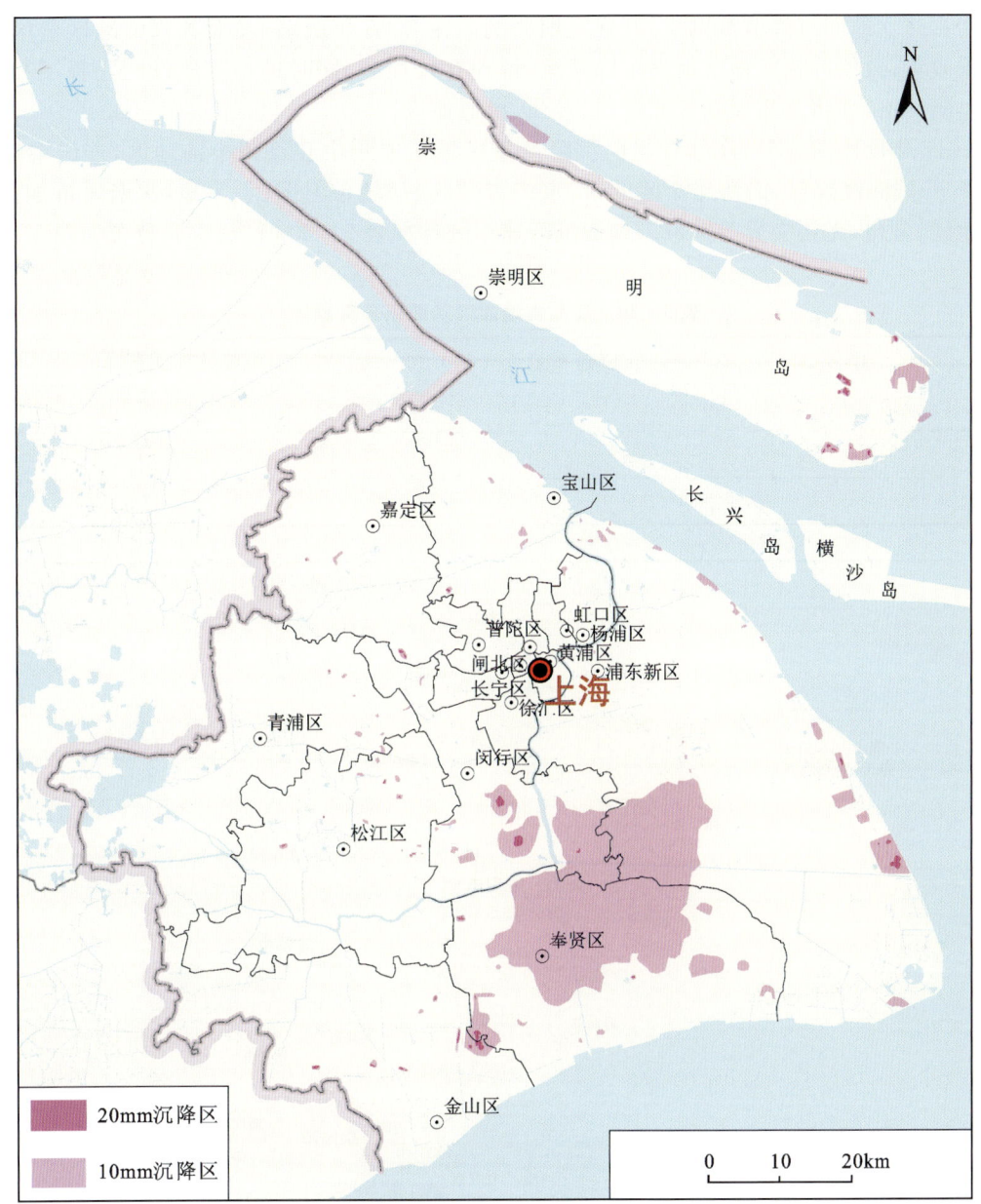

图 5-46　上海市 2017 年地面沉降空间分布

苏锡常地区：苏锡常地区水文地质条件复杂，地下水含水层多、变化大，水资源比较丰富。20 世纪 50—60 年代，该区深层承压水水头仅在地面以下 2~3m。然而，由于地方经济的发展，尤其 20 世纪 80 年代以后工农业迅猛增长，对地下水的开采量猛增、开采强度过大，致使地下水水位大幅度下降，地下水水位普遍距地表以下 50m，局部地区在 80m 以下。过量开采地下水致使地层释水压密、固结，造成地层压缩变形，从而使苏锡常地区地面逐渐下沉，并相互连接，形成一个区域性沉降洼地。该地区地面沉降发展至 20 世纪 90 年代最为严重，为社会发展及地质环境带来了极大威胁。20 世纪 90 年代中期，各地政府主管部门相继认识到地面沉降灾害的严重性，并逐渐开始了防治措施，试图通过控制地下水开采来控制正强势发展的地面沉降灾害。苏州、无锡、常州 3 个市于 20 世纪 90 年代中后期相继执行了对深层地下水限采，但收效甚微，只有三大城市主城区的地面沉降略有减缓，而区域扩展格局并没改变，同时围绕地面沉降问题开展了一系列综合性地质调查工作，对地面沉降和地裂缝的现状、分布规律、形成机理以及综合防治进行了系统性分析与研究(梁秀娟等,2005;姜月华等,2008a;Jiang et al.,2008),并在苏锡常地区初步建立地面沉降监测网络,开展定期监测。在 2005 年底前,又对苏锡常地区全区实行深层地下水禁采政策,致使苏锡常地区地面沉降减缓,得到有效控制,同时进一步建设和完善了苏锡常地区地面沉降监测网络,并将其拓展到江北扬州、泰州、南通地区。

根据 2017 年度监测成果,江苏省当前沉降严重区域主要集中在徐州丰沛地区,连云港旧城区、涟水-灌南-阜宁-滨海沉降区,沿海滩涂区港口、水产养殖区,盐城市射阳、大丰地区,南通市如东地区,苏州市吴江地区、常州-无锡交界等区域。地面沉降速率统计如表 5-20 所示,空间分布如图 5-47 所示。

表 5-20 江苏省地面沉降面积分级统计

序号	沉降速率量级/mm·a^{-1}	沉降统计面积/km^2
1	>10	2 381.52
2	>20	206.27
3	>50	33.41

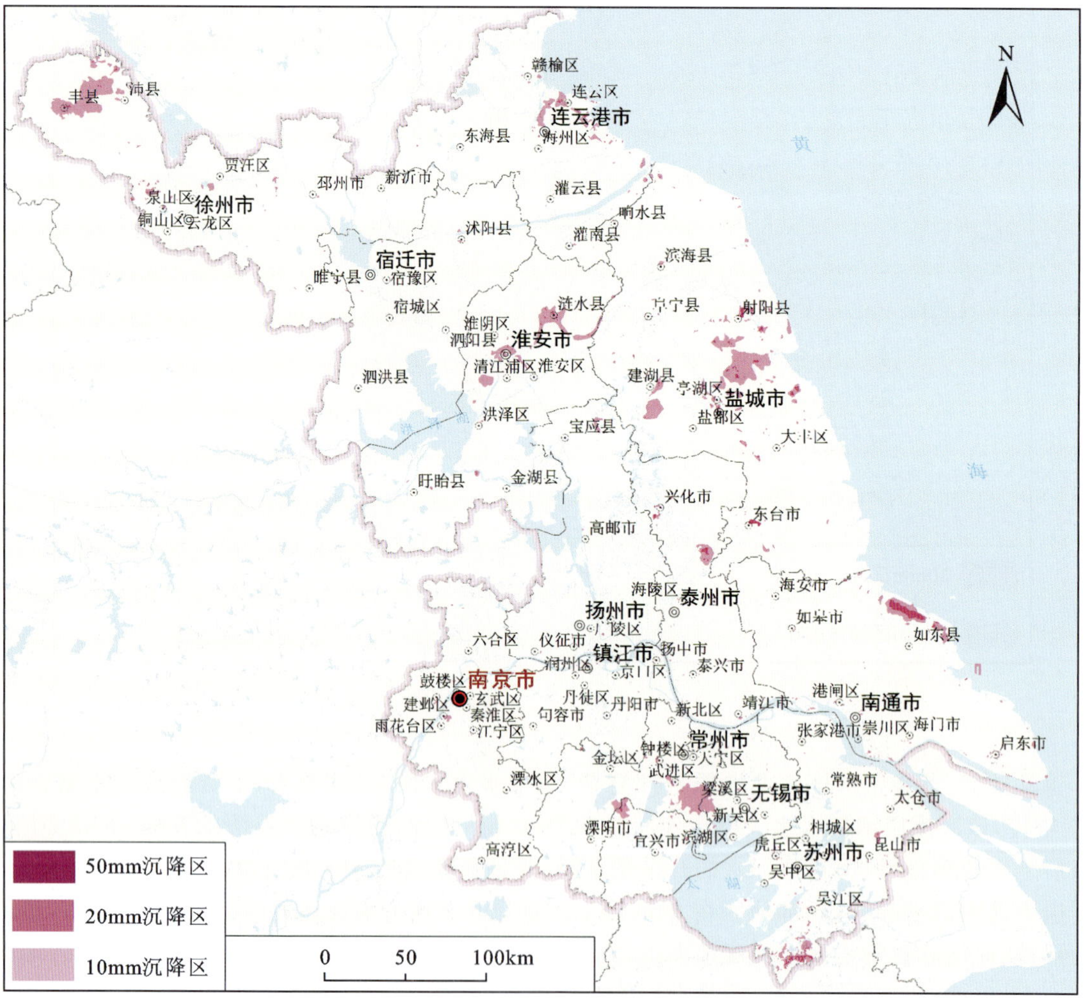

图 5-47 江苏省 2017 年地面沉降空间分布

值得注意的是,作为江苏省历史地面沉降最为严重的苏锡常地区在 2017 年度地面沉降迹象减缓明显,地下水水位有很大程度的回升,局部地区出现轻微反弹。为验证监测结果的可靠性,采用苏锡常地区水准测量数据(BP)与 InSAR 监测结果开展对比验证,结果基本一致(图 5-48)。

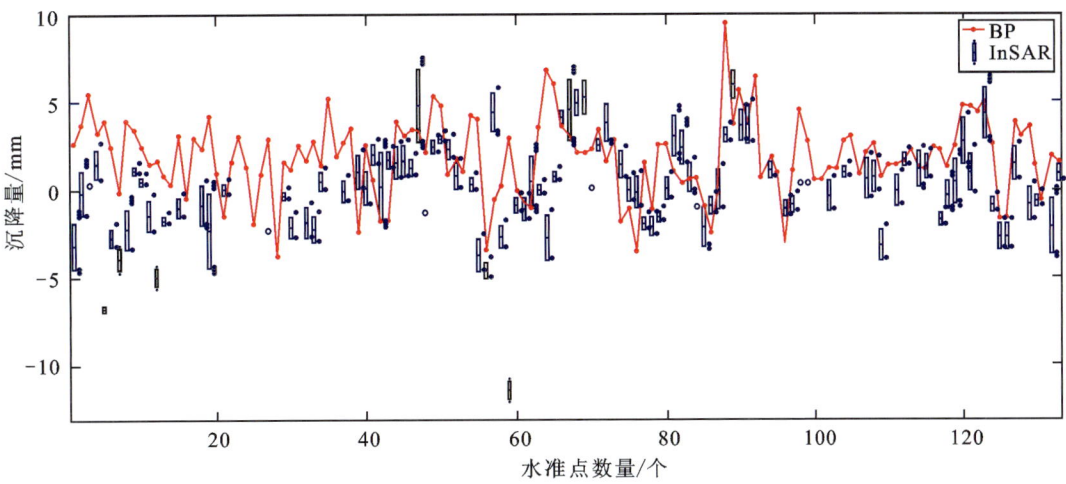

图 5-48　苏锡常地区水准测量(BP)与 InSAR 监测结果对比验证

江苏苏南地区 2017 年度地面沉降最严重区仍然集中在吴江盛泽镇地区,该区域地面沉降中心主要位于纺织印刷厂和汽车修理公司周边(图 5-49)。由于 InSAR 技术主要监测物体在雷达视线向上的形变,因此无论地面发生沉降还是反弹现象都能够从监测结果中体现出来。同时,从图 5-49 和图 5-50 中可以看出,盛泽镇周边也存在着轻微的地面沉降加剧反弹迹象(蓝色点位表示)。

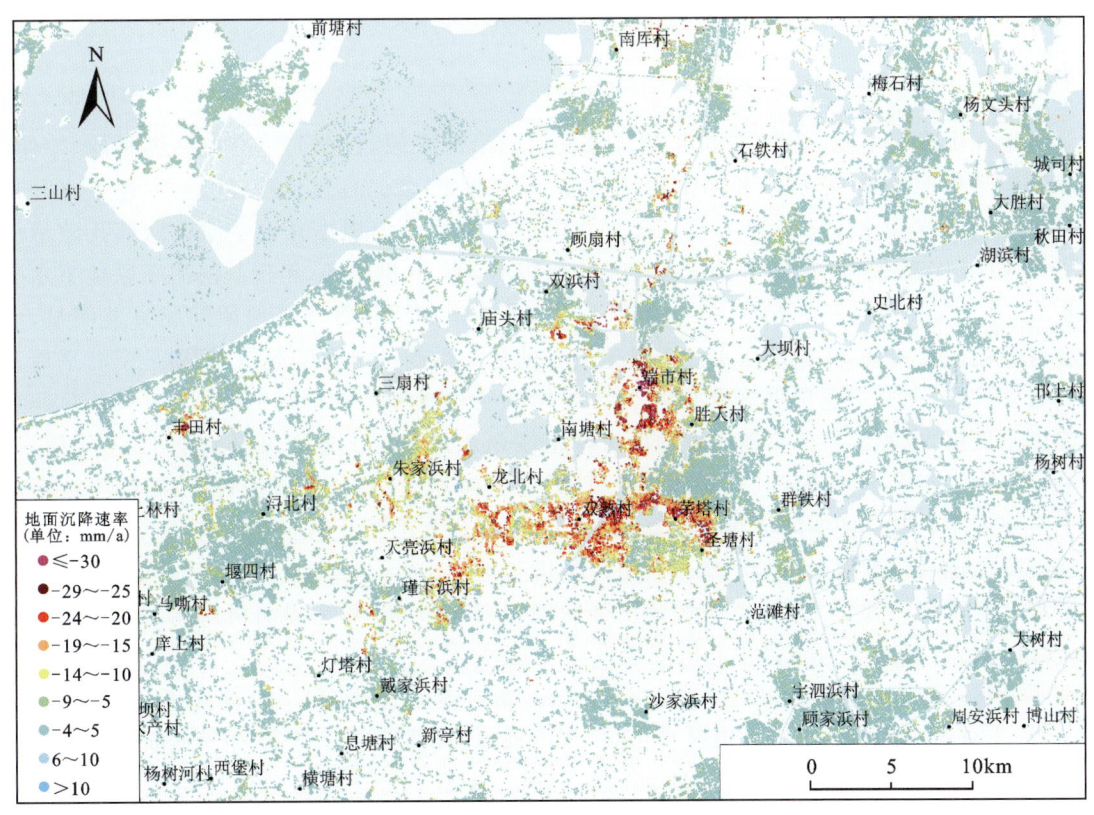

图 5-49　吴江盛泽镇地区地表形变速率图

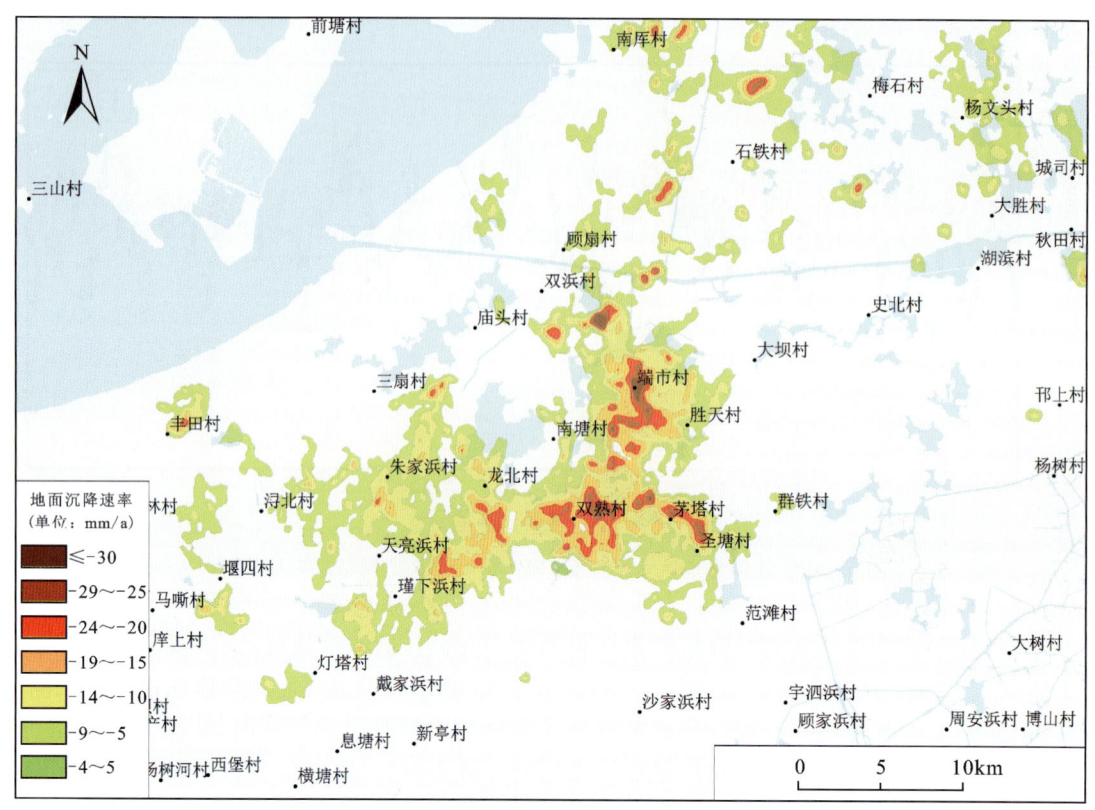

图 5-50　吴江盛泽镇地区地表形变等值线图

3. 浙江省

浙江省地面沉降历史发生区主要位于经济最发达的沿海平原,自北向南有杭嘉湖平原、宁绍平原、温黄平原和温瑞平原等地(李振东和郑铣鑫,1989;Jiang et al.,2004;付延玲,2014)。地下水开采集中在杭嘉湖、宁绍、温黄、温瑞四大滨海平原。地面沉降的产生均由大规模开采平原区深部孔隙承压淡水体所致。自1914年开凿第一眼深井开采孔隙承压水以后,至20世纪60年代起滨海平原地下水开采范围不断扩大,开采量持续增长。20世纪90年代以来,由于地面沉降等环境地质问题日益明显,引起政府和社会各方的高度关注,孔隙承压水开采迅速增长的势头得到一定程度遏制,特别是宁波平原地下水开采得到有效控制,但开采总量仍呈增加趋势,不过增幅明显减缓。

杭嘉湖平原区:杭嘉湖平原是浙江省地面沉降范围最大的地区。地面沉降始于1964年前后,后期沉降中心逐渐由嘉兴老城区转移到海盐武原一带,并在平湖城关、袁花、屠甸、乌镇、崇福等地形成次一级的地面沉降漏斗。这样的空间分布与杭嘉湖平原开采量最大的第Ⅱ承压含水组水位降落漏斗基本一致。地面沉降范围及幅度明显受地下水水位下降幅度与地下水开采强度控制。该区域地面沉降的发展历程可分为几个阶段:1964—1973年为缓慢沉降阶段,1974—1983年为显著沉降阶段,1984年后发展为急剧沉降阶段,1991年至今沉降中心沉降速率趋于减缓。

宁绍平原区:该区域以宁波市沉降为主,区内海积软土层分布十分广泛,厚度不均,物理力学性质差,地质环境十分敏感和脆弱。宁波市区自1964年出现地面沉降以来,至2008年地面沉降漏斗面积约为296.5km²,地面沉降中心区累计沉降量为514.9mm。浙江省地质灾害防治规划和宁波市地质灾害防治规划等相关文件都明确把宁波市区作为地面沉降防治区。宁波市的地面沉降同样经历了几个阶段:1964—1977年为缓慢沉降期,1978—1985为地面沉降快速发育期,1986年至今为基本控制期。宁波市区地下水和地面沉降监测表明,地面沉降与地下水在时空分布、演变规律、变化幅度等方面具有密切的相关性。宁波市地面沉降发展历史也是地下水开发利用阶段性的充分体现。地面沉降范围与地下水水位降落漏斗格局和形态具相似性,地面沉降幅度与地下水水位降深具相关性,充分证明了宁波市区地面沉降是在特定的地质条件下由地下水长期不合理开采所致。而市区地面沉降范围逐渐扩大、累计沉降量不断增大,也显示了地面沉降的区域性、不可逆性特征。

温黄平原区:该区地面沉降始于20世纪80年代,经历了沉降形成→扩展→急剧发展3个阶段,先后出现路桥城区、金鹏集团、温岭市淋川-东浦、横峰街道四大沉降中心,金鹏集团、横峰街道等沉降中心累计沉降量均达1m以上。自2006年以来该区大力推进地下水控采措施,地下水水位稳步回升,地面沉降同步减缓,地下水引起的地面沉降基本得到控制,地面沉降防治成效显著。

温瑞平原区:该区域地面沉降现象始见于20世纪90年代初,主要发生于龙湾区永强、苍南县龙港、乐清市天成等地,以龙湾区永强平原地面沉降最为严重。据监测统计,自20世纪90年代初到2008年,永强平原地面沉降中心累计沉降量已超过300mm,地面沉降累计大于50mm的面积约20km^2,约占永强平原面积的20.4%。其中,2004—2008年地面沉降累计大于50mm的面积约9.27km^2。

2017年该区域InSAR调查结果显示,浙江省平原区地面沉降近年来大部分区域有明显改善。杭嘉湖平原、温黄平原及温瑞平原大部分地区沉降中心累计沉降量与地下水累计开采量呈直线相关性,随着近些年地下水控采措施的实施,地面沉降现象进入控制期,局部地区甚至出现轻微反弹,地下水控采效果显著(表5-21,图5-51)。

表5-21 浙江省地面沉降面积分级统计

序号	沉降速率量级/mm·a^{-1}	沉降统计面积/km^2
1	>10	1 097.48
2	>20	100.27
3	>50	2.11

宁波市至2008年实现全面禁止采集地下水后仍有明显沉降迹象发生,但地面沉降发展总体可控,表现在三江口核心区地下水水位大幅回升,沉降速率明显趋缓,该区域地面沉降基本得到控制。然而大规模工程建设活动引发的地面沉降在城市规划建设集聚区逐渐显现,成为宁波市地面沉降发生发展的主要因素。

1. 宁波市地下水水位动态

2017年宁波市中心城区第Ⅰ、Ⅱ承压含水层地下水水位总体呈上升态势。其中,第Ⅰ含水层平均水位为-0.80m,比2008年、2016年分别上升了0.71m和0.28m。第Ⅱ含水层平均水位为-2.14m,比2008年、2016年分别上升了2.63m和0.39m。两个含水层区域总体水位年内上升幅度在0.5m以内。第Ⅰ含水层水位-2m处降落漏斗基本消失。第Ⅱ含水层水位降落漏斗主要分布于江北的孔浦、甬江街道等地,中心水位为-9.07m,与2016年相比上升0.28m。-2m、-5m水位降落漏斗面积分别为18.85km^2、6.15km^2,与2016年相比分别减少6.85km^{2}和0.85km^2。

2. 区域水准监测成果

2017年宁波市水准监测数据显示,该区地面沉降漏斗主要分布在绕城高速环线内以和丰创意广场—张斌桥—孔浦为中心的三江口核心区、东部新城、鄞州中心区、潘火、下应及东钱湖等区域,5个沉降中心最大累计沉降量分别为604.1mm(1964年至今)、254.2mm(2010年至今)、351.9mm(2000年至今)、305.4mm(2007年至今)和276.3mm(2010年至今)。累计沉降量大于500mm的沉降漏斗面积为0.68km^2,主要分布在和丰创意广场附近;累计沉降量300~500mm的面积为8.96km^2,主要分布在三江

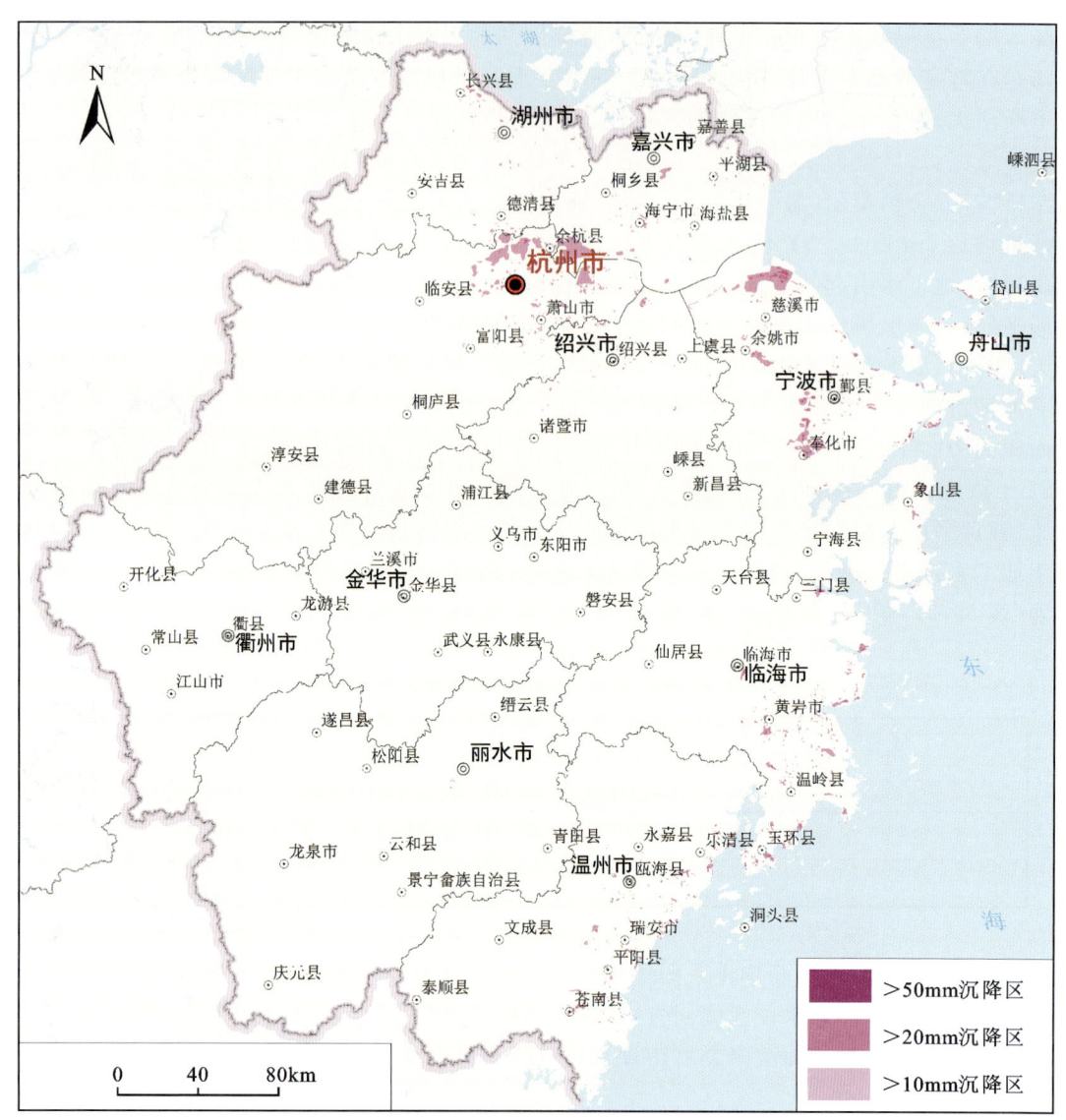

图 5-51　浙江省 2017 年地面沉降空间分布

口核心区、鄞州中心区和潘火的部分区域；累计沉降量 100～300mm 的面积为 151.4km²，主要分布在鄞州区东部新城、鄞州中心区、潘火、下应、东钱湖，海曙区的青林湾、天一广场、集士港、古林，江北区的庄桥与洪塘及镇海区的敬德村附近；大于 100mm 的沉降面积为 161.04km²，较 2016 年增加了 2.19km²。

3. InSAR 监测成果

从 InSAR 监测结果中可以看出，宁波市区周边分布多个地面沉降带，沉降速率大于 10mm/a，分别是镇海炼化沉降区、镇海敬德沉降区、江北庆寺沉降区、芦港-吉林沉降区、鄞州中心沉降区、大朱家沉降区和镇海路林沉降区。三江口核心区在 2017 年地面沉降量较小，地面沉降趋缓（图 5-52）。

对比 InSAR 监测成果与区域水准监测成果，可以发现两者之间具有较高的一致性。针对镇海炼化、北仑港、柴桥区等区域地面沉降速率较大，需尽快建立完善该区域的地面沉降监测网络并持续开展监测防控工作。

结合上述地下水最新动态及 InSAR 和水准监测资料，针对宁波区域地面沉降现象现状存在如下结论。

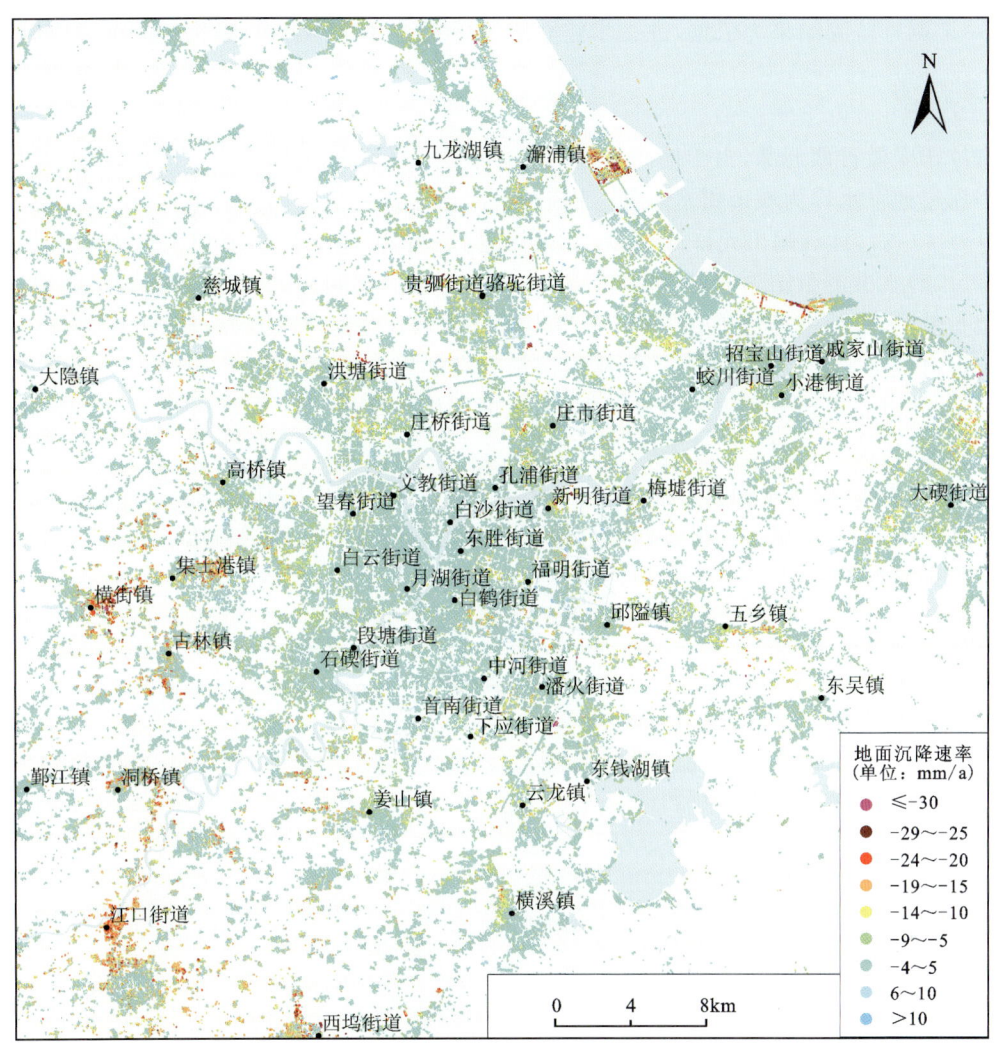

图 5-52　宁波市 2017 年地面沉降区空间位置分布

(1) 当前由地下水超采引起的地面沉降基本得到控制。超量开采深层承压地下水形成了以和丰创意广场—张斌桥—孔浦为中心的三江口核心区沉降区。1986 年起，宁波市以采灌结合的方式加强了地下水资源管理，通过地下水人工回灌和禁限采等措施，该区域的地下水水位降落中心从 1980 年的 -27.82 m 上升至目前的 -2.14 m，地面沉降漏斗中心沉降速率从 1985 年的 35.3 mm/a 降低至目前的 4.0 mm/a。

(2) 工程性地面沉降现象愈加明显。社会经济快速发展促进宁波城市化建设进入快速发展期，2002 年以来，中心城区建成区面积从 73.5 km^2 扩大到 300 km^2 以上，城市化率达到 70%，城市规模为原来的 4 倍多。区域水准监测与 InSAR 监测成果同时表明，在鄞州区东部新城、鄞州中心区、潘火、下应、古林集士港、洪塘庄桥、骆驼庄市、东钱湖及镇海炼化、北仑港等地形成多个沉降区，并有连片成面的发展趋势，可见沉降区分布范围与城市建设开发强度密切相关。

(3) 大规模工程建设引起软土层压缩变形是当前宁波市地面沉降的主因。根据相关部门分层标记监测数据分析，当前的地面沉降主要发生在 20m 以浅的第一软土层。该层具有不良工程性质且有明显的流变性，又是地下工程、基础施工及地下空间开发利用最为频繁和集中的区域，大规模工程建设活动不可避免产生以地面沉降为主要表现形式的环境地质问题。因此，工程建设活动引起的地面沉降是当前及今后该区地面沉降防治工作的重中之重。

(4) 地面沉降监测网络仍需进一步完善。目前，InSAR 监测结果可以从整体上很好地反映区域的沉降分布及严重程度。但地基的监测网络仅布设在绕城高速环线以内,其他区域还处于监测空白。后期应以InSAR调查监测结果为依据,进一步建立该区域地面沉降监测网,强化地面沉降监测与防治。

(二)阜阳市

阜阳市位于安徽省西北部,由于地面水源不足且水质达不到饮用标准,一直以来阜城及阜阳市各个县以开采中深层地下水作为城市供水水源。同时,阜阳市还拥有很多单位自备井,中深层地下水每天的开采量达9万t左右,远远超出允许开采量。由于长期超量开采,阜阳市形成了地下水水位降落漏斗。根据该市一、二等水准测量结果插值绘制的1998—2008年10年间的沉降等值线图,沉降中心位于市区的三角游园一带,沉降速率可达40mm/a。该市当前已被列入全国严重地面沉降地区之一,据初步估算地面沉降灾害对该市工程建设已造成的直接经济损失高达好几亿元。

近年来,随着阜阳市地下水限采区域的划分,地面沉降速率有所减小,但仍以30~40mm/a速率下沉,严重影响到人民的生命财产安全及经济发展。

根据2017年度InSAR地面沉降监测结果(图5-53),该市地面沉降现象依然十分严峻。市区周边均有分布且沉降范围广,量级大。城区西部和南部都是正在高速发展的城郊地区,同时也是自来水公司抽采地下水的主要水源地。

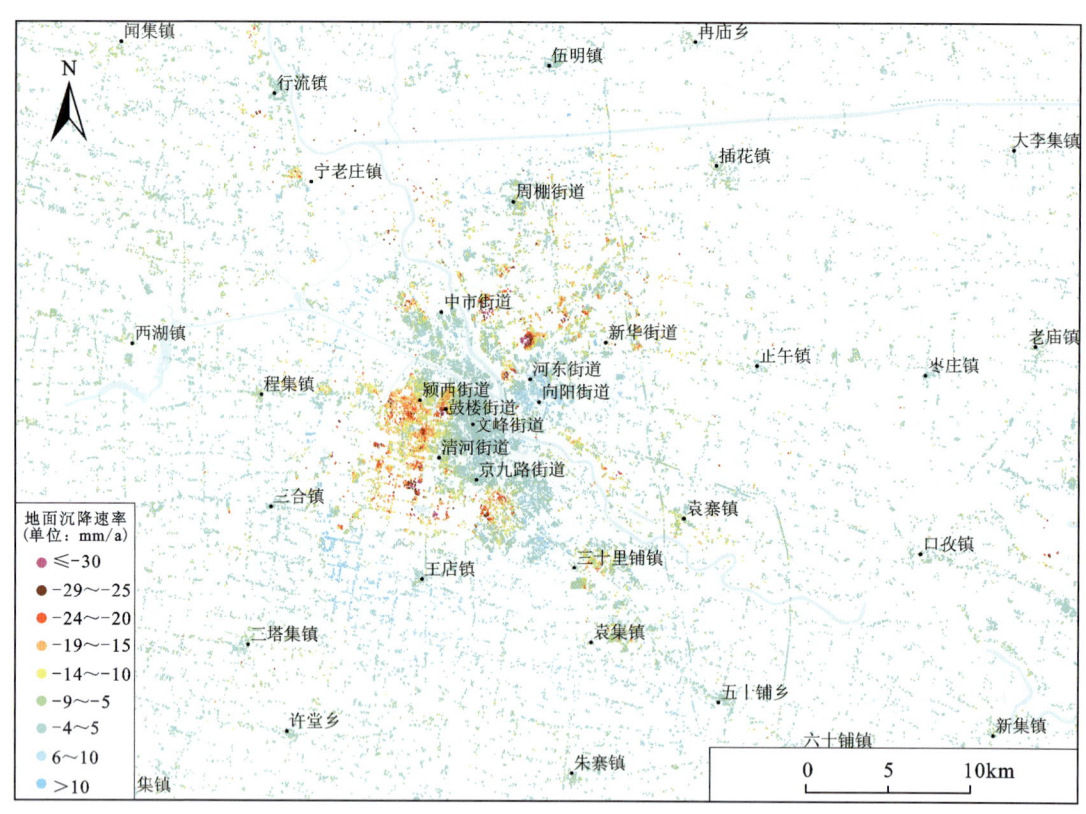

图5-53 阜阳市2017年地面沉降区空间位置分布

该市地下水类型为单一松散岩类孔隙水,根据地下水赋存介质的性质、类别和组合的不同,自上而下划分为浅层地下水和深层地下水。浅层地下水赋存于50m以浅的全新统、上更新统中,与大气降水、地表水关系密切;深层地下水赋存于50m以下的地层中,与大气降水、地表水关系不明显。随着城市化的发展,深井越打越深、越打越多,开采量不断增加,致使城区及周边深层地下水超采,这也成为该地区发生地面沉降的主要原因。

(三) 昆明市

云南省昆明市是目前为止中国大陆西部高原地区唯一一个发生沉降现象的城市。2001—2017 年，在西南地区城市中昆明市无论是城市化建设还是轨道交通飞速发展都已进入全国先进行列，这不可避免地导致地面发生严重的沉降（图 5-54）。目前文献显示，姜朝松等（2001）利用 1979—1998 年水准数据对昆明市地面沉降的发展过程及其特征进行研究，表明小板桥和河尾村出现两个沉降漏斗；孟国涛（2003）利用 1987—1998 年 4 期水准数据对昆明南市区地面沉降进行研究，表明广卫村—小板桥—河尾村—六甲和渔户村—福海出现严重的沉降漏斗；薛传东等（2004）在此基础上对昆明市区地面沉降进行研究，表明小板桥和河尾村沉降明显加快，渔户村、河尾村、大塘子、严家山 4 处漏斗已连成一体；尹振兴等（2016）选取 2007—2010 年 InSAR 数据，基于 SBAS-InSAR 技术对昆明地面沉降进行监测，得出小板桥、河尾村等沉降漏斗沉降速率趋于稳定，并出现多处新的沉降漏斗；范军等（2018）对 2014—2017 年的 InSAR 监测结果分析表明，昆明市严重的沉降现象不仅与工程地质环境密切相关，还与近几年来昆明主城区城市化和轨道交通建设的飞快发展，居民区的兴建与密集的道路网增大地面荷载力，地铁施工造成地下降水量增大，从而导致广泛分布的黏松散型软土层容易受到外力作用有关。广泛分布的黏松散型软土层成为昆明市地面沉降的主要原因。

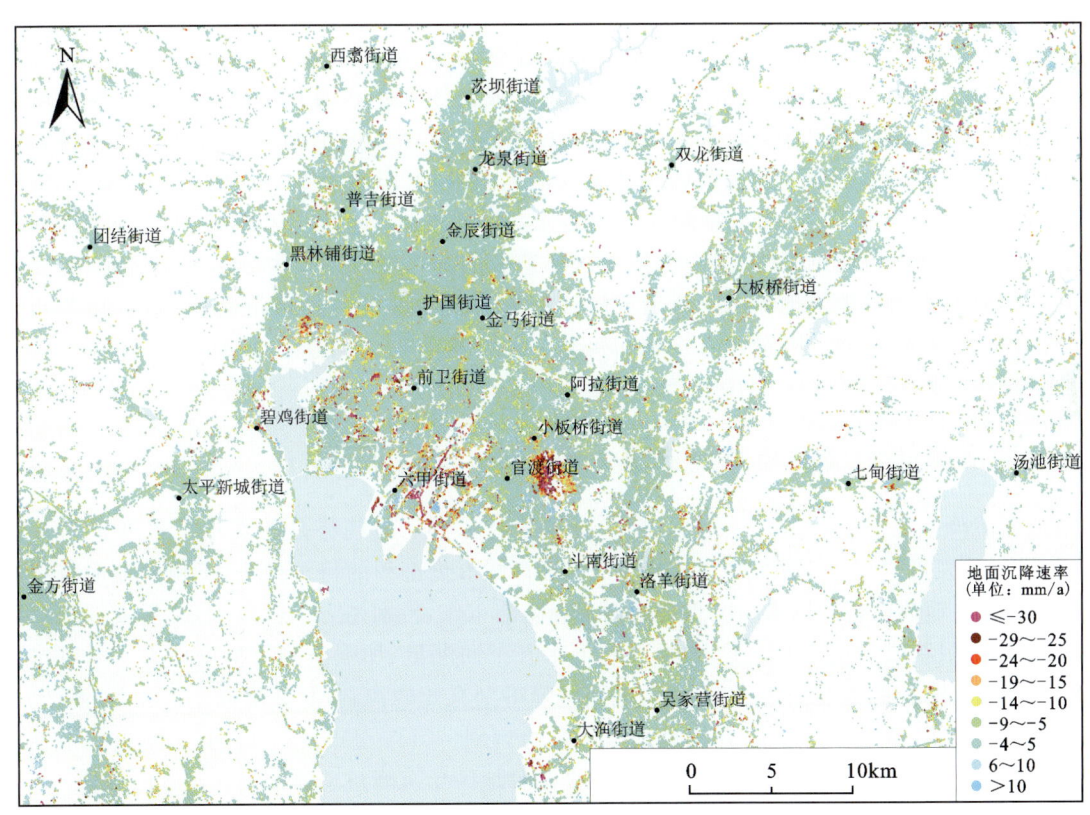

图 5-54 昆明市地面沉降空间分布

二、地面沉降易发程度分区

1. 评价方法

（1）根据地貌单元等因素确定可能发生沉降区与基本不沉降区：由于地面沉降和地裂缝主要发生在第四系土层分布地区，而在基岩出露区基本无地面沉降现象，另外地面沉降主要是由地下流体开采引发的,因此与水文地质结构以及地下水开发利用情况密切相关。利用全国地貌单元分区图,划分出基岩出露区和第四系松散层覆盖区;叠加上第四纪地质图和水文地质图,根据第四纪成因类型以及含水层类型划分出蕴含地面沉降和地裂缝发育的地质条件的分布地区;再进一步叠加地下水开发利用图,根据地下水开发利用情况划分地面沉降和地裂缝基本不发育区和易发育区。

(2)累计地面沉降等值线绘制:根据各地面沉降发育区内累计地面沉降数据对该地面沉降发育区进行分区。根据各地面沉降发育区地面沉降量的大小分别划分出剧烈地面沉降区(累计地面沉降量>2000mm)、强地面沉降区(累计地面沉降量>1000mm)、中等地面沉降区(累计地面沉降量>200mm)、弱地面沉降区(累计地面沉降量<200mm)。

2. 易发区分布

长三角地区地面沉降易发区分布于上海市全市范围,江苏省东部沿海平原,浙江省杭嘉湖、宁绍、温黄、温瑞平原等,其中高易发区面积为 6 690.9 km^2,主要分布于上海市区及崇明区,江苏省盐城、南通东部,常州、无锡地区,浙江省嘉兴市北部和东部、宁波市区、台州市东部平原及温州市东部等地。

三、地面沉降造成危害及经济损失

地面沉降作为长三角平原地区最主要和最严重的地质灾害,在人类工程经济活动密集的城市地区,地面沉降灾害现象比较突出,常导致建筑物发生不同程度的破坏,城市各种市政设施损坏或失效,甚至造成一系列的社会、环境、生态问题。同时,地面沉降灾害在江苏省苏锡常地区还引发了伴生地裂缝灾害。地面沉降及地裂缝灾害一般具有长期性、缓发性和累加性,而其灾害现象一般具有直观性、破坏性,往往带来巨大的经济损失。经各项经济体经济损失估算结果,上海市1921—2000年间地面沉降造成的经济损失高达 2 898.22 亿元,平均每年约 36.23 亿元。浙江杭嘉湖地区 1964—2004 年间,除基础设施损失因缺乏历史统计资料而难以估算外,由地面沉降造成的直接经济损失为 214.891 亿元,间接经济损失达 349.5 亿元。苏锡常地区地面沉降所造成的经济损失主要对城市地区进行评估,包括苏州、无锡、常州 3 个市,至 2000 年地面沉降造成直接和间接经济损失约 166.49 亿元。因此,长三角地区因地面沉降造成的直接和间接损失约 3 629.10 亿元。

四、地面沉降防治措施与整治修复

区内地面沉降主要是由过量开采地下水所致,地面沉降特征与趋势是随着地下水开采与人工回灌格局的调整、城市发展进程而不断发展的。近年来,随着城市化进程的持续推进,工程性地面沉降逐步显现。长三角地区各地政府长期以来高度重视地面沉降防治工作,特别是"十五"以来,从引发地面沉降的主要因素着手,制订限制或禁止开采地下水、提高地下水人工回灌量、加强监测等措施;"十一五"以来,随着长三角地区地面沉降控制力度的进一步加大,地面沉降得到有效的控制,并逐步建立了江苏、浙江、上海地面沉降联防联控机制,通过了《长江三角洲地面沉降防治规划(2014—2020)》。目前,上海市年平均地面沉降量已控制在 7mm 以内,江苏省苏锡常、浙江省杭嘉湖等地区年沉降量总体控制在 10mm 以内。

鉴于地面沉降主要发生在长三角地区,因此地面沉降重点整治区域建议包括以下地区:上海市外环线以内地面沉降区;上海市浦东新区及大虹桥商务区地面沉降区;上海市宝山区、嘉定区及闵行区地面沉降区;上海市高铁、轨道交通两侧各 500m 范围内,防汛墙、海堤内侧 500m 范围内地面沉降区;江苏盛泽地面沉降区;江苏盐城、大丰、如东地面沉降区;江苏无锡、江阴、常州地裂缝发育区;浙江嘉兴、宁波和温台地面沉降区。

地面沉降整治重点包括地面沉降监测工程、新成陆地区地面沉降调查、地面沉降综合防治等。地面沉降监测及相关关键技术研究重点具体如下。

(1)进一步完善地面沉降监测网络,优化监测网络空间布局,强化地面沉降监测与设施维护,推进新技术方法在地面沉降监测中的应用,全面提升地面沉降监测综合实力。

(2)探索基于地下水采灌及基坑降水双要素管控的地面沉降协调管控关键技术研究,提升地面沉降防治综合能力。

(3)开展新成陆地区地面沉降调查与监测,探索新成陆地区吹填土分布地区地面沉降机理。

(4)开展深层地下空间开发引起的地面沉降风险评价与控制关键技术研究,提升新时期城市建设过程中的基础保障能力。

(5)深化重大基础设施沿线地面沉降安全预警关键技术研究,提升重大基础设施安全运营保障能力。

(6)探索地下水采灌动态调节关键技术,深化承压含水层回灌技术研究,实现各含水层地下水资源协调管控。

第五节 长江经济带水土污染

一、地表水

经过多年的综合治理,长江经济带范围内干流水环境质量虽然从整体上看呈现出好转的趋势,但部分支流水质仍然较差,湖库富营养化也未得到有效控制,湿地湖泊功能呈现退化(刘世庆等,2018)。长江流域主要干支流水质 2018 年 4 月监测数据显示,岷沱江、乌江、湘江等主要支流的水质均存在劣于Ⅲ类水质的断面,特别是南明河、湘江遵义断面、南淝河大兴港断面水质为劣Ⅴ类,以氨氮、总磷、高锰酸盐指数、五日生化需氧量、化学需氧量以及溶解氧为主要项目,富营养化和工业化学污染是长江流域干支流的主要污染类型(表 5-22)。2016 年,长江沿岸 60 余个重要湖泊中 80% 存在严重富营养化现象,太湖、巢湖等河湖出现"水华"现象,鄱阳湖近年来则出现蓝藻发育现象。依据长江流域主要湖泊水质 2018 年 4 月监测数据,洞庭湖、鄱阳湖、巢湖和滇池水质均低于Ⅲ类水标准,总磷、五日生化需氧量、高锰酸盐指数、氨氮等为主要不达标项目(表 5-23)。

表 5-22 长江流域主要干支流水系重点站水质(2018 年 4 月)   单位:m³/s

序号	水系	河流	断面名称	流量	水质类别	劣于Ⅲ类水标准的项目
1	长江干流	长江	汉口 37 码头	14 000	Ⅲ	
2		长江	九江市化工厂下游	15 000	Ⅲ	
3		长江	镇江青龙山		Ⅲ	
4		长江	上海(石洞口)		Ⅲ	
5	岷沱江	岷江	高场水文测流断面	1450	Ⅲ	
6		府河	望江楼九眼桥测流断面	20.0	Ⅲ	
7		沱江	三皇庙	59.7	Ⅳ	总磷、氨氮
8		沱江	富顺	106	Ⅲ	
9	乌江	南明河	贵阳市水文基本断面		劣Ⅴ	氨氮、五日生化需氧量、总磷
10		乌江	武隆水文基本断面	1800	Ⅲ	
11		湘江	遵义		劣Ⅴ	氨氮、五日生化需氧量、总磷、阴离子表面活性剂、化学需氧量、石油类、溶解氧

续表 5-22

序号	水系	河流	断面名称	流量	水质类别	劣于Ⅲ类水标准的项目
12	洞庭湖	湘江	长沙市施家港		Ⅲ	
13		资水	益阳		Ⅲ	
14		沅江(清水江)	油行		Ⅲ	
15	鄱阳湖	章水	赣州		Ⅲ	
16		信江	鹰潭		Ⅲ	
17	下游支流	南淝河	合肥大兴港		劣Ⅴ	氨氮、五日生化需氧量、总磷、化学需氧量

数据来源:《长江流域水资源质量公报》(长江流域水资源保护局 2018 年 4 月数据)。

表 5-23 长江流域主要湖泊水质(2018 年 4 月)

序号	湖泊	水域		水质类别	劣于Ⅲ类水标准的项目	营养化程度
1	洞庭湖	西洞庭湖	南咀	Ⅳ	总磷	轻度富营养
2			小河咀	本月未测		
3		出口	城陵矶	Ⅳ	总磷	轻度富营养
4	鄱阳湖	出口	湖口	Ⅳ	总磷	轻度富营养
5	巢湖	西半湖	塘西湖区	Ⅴ	总磷、五日生化需氧量	中度富营养
6			十五里河湖区	Ⅴ	总磷、五日生化需氧量	中度富营养
7			施口湖区	劣Ⅴ	总磷、氨氮、五日生化需氧量	中度富营养
8			派河湖区	Ⅴ	总磷、五日生化需氧量、化学需氧量	中度富营养
9		东半湖	忠庙湖区	Ⅲ		中度富营养
10			市一水厂湖区	Ⅳ	总磷	轻度富营养
11	滇池	草海	断桥	Ⅳ	总磷、五日生化需氧量	轻度富营养
12			外草海	Ⅳ	总磷、五日生化需氧量	轻度富营养
13		外海	海埂	劣Ⅴ	总磷、五日生化需氧量、高锰酸盐指数	中度富营养
14			白鱼口	Ⅴ	总磷、五日生化需氧量、高锰酸盐指数	中度富营养
15			中滩	Ⅳ	总磷	中度富营养

注:水质类别按《地表水环境质量标准》(GB 3838—2002)标准评价,营养化程度按《地表水资源质量评价技术规程》(SL 395—2007)标准评价;数据来源于《长江流域水资源质量公报》(长江流域水资源保护局 2018 年 4 月数据)。

点源排污是长江流域水污染的主要因素。长江经济带沿线 11 个省(市)分布着全国 30%的石化产业、40%的水泥产业,集聚了全国 43%的废水和 35%的二氧化硫排放(图 5-55)。据统计,长江沿岸有 40 余万家化工企业,整个长江流域年排放量 10 万 t 以上的排污口达 6000 多个,全流域废水年排放量达 338.8 亿 t,从而导致长江已形成近 600km 的岸边污染带。从沿江两侧 5km 范围内工业企业分布来看,长江上游的重庆地区、中游的武汉与九江市、下游的长三角地区,沿江两侧的工业企业分布密集,长江干支流水污染风险高。湖泊水污染严重通常是点源与非点源污染综合影响的结果。长江主要干支流两侧水产养殖分布密集、饲料投喂及水产品的排泄导致水体氮磷含量较高,重要湖泊水库周边农业用地比例较高,过度施用氮肥引发的面源污染也是导致水质恶化的主要原因。

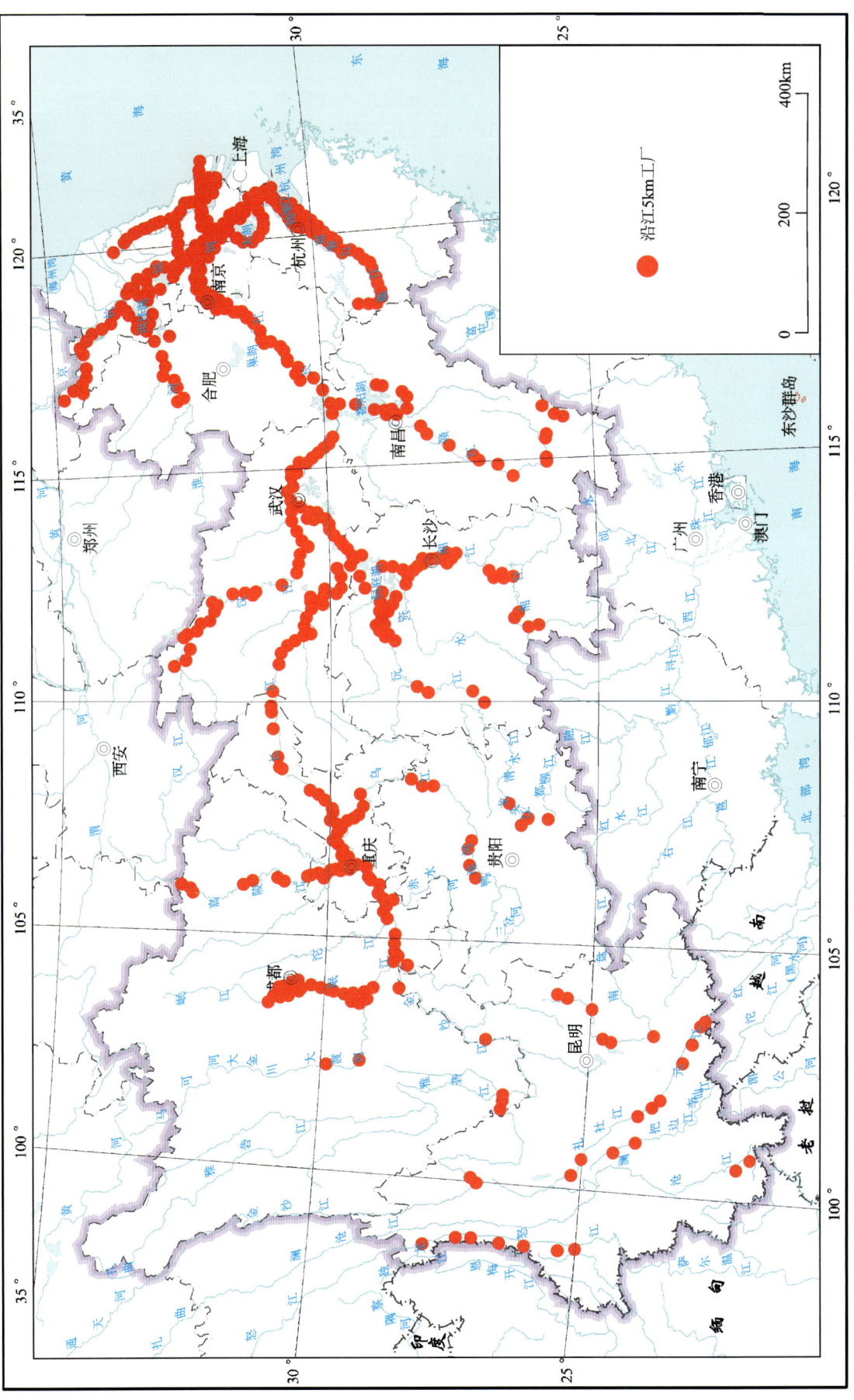

图 5-55 长江主要干支流两侧 5km 范围内主要工业企业分布示意图

二、地下水

2005—2015年中国地质调查局开展的地下水污染调查评价系全国首轮地下水污染调查评价（文冬光等，2012），在长江经济带共采集浅层（≤50m）地下水样品10 198组，采集深层地下水（大于50m）样品1028组，测试无机有机元素指标82项，其中现场测试指标7项，无机指标38项，有机指标37项。

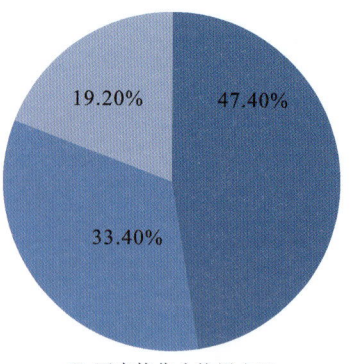

图5-56 长江经济带地下水质量统计图

调查结果表明，长江经济带地下水总体质量较好，按照《地下水水质标准》（GB/T 14848—2017）对浅层地下水10 198组样品测试分析资料进行了评价。结果显示，全区可直接作为饮用水源的样品占总样品的47.40%（图5-56），主要分布中西部地区；经适当处理可作为饮用水源的样品占总样品的33.40%；不宜作为饮用水源的样品占总样品的19.20%。

可直接作为饮用水源的地下水主要分布在岩溶区。经适当处理可作为饮用水源的地下水主要分布在上海市、江苏省、安徽省北部地区、浙江省杭州湾沿海地区、江西省鄱阳湖周围、四川省成都平原、云南省的昆明市，其他地区零星分布。不宜作为饮用水源的地下水主要分布在上海市、江苏省、安徽省北部地区、湖北省恩施州及四川省成都平原。

铁、锰、总硬度、碘化物、镁、溶解性总固体（TDS）、钠、氟化物、氯化物、硝酸盐、氨氮和砷等含量的高低是影响水质的主要因素，其含量主要受自然背景和地球化学作用控制。铁、锰、碘化物、氟化物和砷含量与地下水赋存的岩性环境密切相关。总硬度与地下水对底层中钙、镁等离子的溶滤作用相关。溶解性总固体和氯化物与海水入侵相关。

去除铁、锰、总硬度、硫酸根（SO_4^{2-}）、氟离子（F^-）、砷、溶解性总固体指标，对地下水样品进行评价，结果为：可直接作为饮用水源的占60.17%，经适当处理可作为饮用水源的占24.87%，不宜作为饮用水源的占14.96%。铁、锰是最主要的影响因子，若铁、锰不参加评价，可直接作为饮用水源的样品占总样品52.09%。

地下水中氮污染和重金属污染相对较严重（吴登定等，2006；黄金玉等，2016），有机污染凸显，污染样品超标率达17%。地下水中微量有机物、重金属呈点状分布，氮污染呈面状分布。地下水氮污染以硝酸盐和氨氮为主，地下水中氮污染达14.13%。氮污染主要分布在农业区和城市周边，如淮河流域农业区。

地下水中重金属污染超标率为3.2%，超标点多分布在城市周边及工矿企业周围。铅样品超标率为1.4%，主要在浙江省南部沿海、淮河流域中西部地区；汞样品超标率为1.1%，呈零星分布；镉样品超标率为0.6%，主要分布在铬盐生产和使用企业周围；六价铬样品超标率为0.1%，主要分布在沿海地区。

地下水样品中微量有机物检出较多，但超标较少，超标点占总样品的2.04%，主要分布在江苏省大部分地区、安徽省北部地区、浙江省杭州湾沿海地区，上海市和四川省成都平原零星分布（周迅和姜月华，2007；李云和姜月华，2008；施小清等，2012；康晓钧等，2013；孙科等，2013）。其中，有机氯溶剂超标点占有机超标样品的70.09%，主要是1,2-二氯丙烷、1,2-二氯乙烷、四氯化碳和1,1,2-三氯乙烷，呈零星点状分布。单环芳烃超标点占有机超标样品的16.65%，主要是苯、氯苯、甲苯和乙苯（姜月华等，2008b；Jiang et al.，2013）。农药超标点占有机超标样品的13.26%，主要是滴滴涕和六六六。

建议：加强改建城中村污水管网；将中小型企业污水管网并入污水处理厂，统一处理；减少化肥农药的施用量；加强地下水的合理开发利用，恢复和提升水环境容量；改善地下水水质状况，防止地下水污染。

三、土壤

自国土资源大调查以来，中国地质调查局会同长江经济带各省（市）人民政府及自然资源主管部门，组织协调相关单位在1999—2014年部署开展了区域内1∶25万多目标地球化学调查,通过系统采集全区浅层、深层土壤和地下水样品及岩石与动植物等样品进行分析测试,形成了长江经济带土壤质量总体状况和污染状况的认识和基本判断(姜月华等,2005a;刘红樱和姜月华,2019a;文冬光等,2012),为长江经济带永久基本农田划定调整指导和统筹优化农业生产布局提供了基础数据与科学依据。

依据《土壤环境质量 农用地土壤污染风险管控标准(试行)》(GB 15618—2018)等相关标准,以2km×2km网格为评估单元,采用内梅罗综合污染指数对调查的59.54万km²进行土壤Cd、Hg、As、Pb、Cr、Cu、Ni、Zn八种重金属元素环境质量综合评价(魏复盛等,1992;吴燕玉等,1991;夏增禄,1994;Adriano et al.,1986;唐琨等,2013):

$$I_i = \sqrt{\frac{(1/n\sum P_i)^2 + P_{i\text{最大}}^2}{2}} \quad (5-1)$$

式中,I_i 为内梅罗综合污染指数;P_i 为土壤中 i 元素标准化污染指数,$P_i = C_i/S_i$,C_i 为土壤中 i 元素的实际浓度,S_i 为 i 元素的评价标准;n 为元素个数;$P_{i\text{最大}}$ 为所有元素污染指数中的最大值。

按照具体评估单元内梅罗综合污染指数 $I_i \leq 0.7$、$I_i = 0.7 \sim 1.0$、$I_i = 1.0 \sim 2.0$、$I_i = 2.0 \sim 3.0$ 及 $I_i > 3.0$,将土壤划分为优级(清洁)、一级(较清洁)、二级(轻度污染)、三级(中度污染)、四级(重度污染)5类。清洁区为自然、农业种植保护区,较清洁区为一般农业种植区,轻度污染区为林地及耐污农作物种植区,中度污染区为不宜农业种植区,重度污染区为修复、治理区。

评价结果显示,长江经济带平原丘陵区土壤质量总体良好,优级——一级(清洁—较清洁)土壤面积达348 428km²,占评价区的58.51%,优级土地面积达153 971km²,大面积分布于苏北、江淮、江汉平原和成都平原等地区;三级及以下土壤面积为69 381km²,呈斑块及星点状分布于赣东北、赣南、湖南长沙—郴州一带及沿江、贵阳、昆明等地(表5-24,图5-57)。

表5-24 长江经济带土壤环境质量评价分区面积统计表

经济区(城市群)	省(市)	优级(清洁) 面积/km²	优级(清洁) 比例/%	一级(较清洁) 面积/km²	一级(较清洁) 比例/%	二级(轻度污染) 面积/km²	二级(轻度污染) 比例/%	三级(中度污染) 面积/km²	三级(中度污染) 比例/%	四级(重度污染) 面积/km²	四级(重度污染) 比例/%	评价分区面积/km²
上游	四川	4084	6.88	33 973	57.15	14 434	24.28	6475	10.89	476	0.80	59 442
上游	云南	1510	5.96	5984	23.62	13 066	51.59	3046	12.03	1723	6.80	25 329
上游	重庆	240	0.67	5012	14.08	20 787	58.39	9264	26.02	296	0.83	3599
上游	贵州	40	0.32	252	2.03	7772	62.51	3676	29.57	692	5.57	12 432
中游	湖北	37 870	47.97	32 554	41.24	7348	9.31	863	1.09	310	0.39	78 942
中游	湖南	293	0.40	9538	12.85	47 742	64.33	12 117	16.33	4521	6.09	74 211
中游	江西	60 720	57.06	11 764	11.05	11 480	10.79	4464	4.19	17 992	16.91	106 420
皖江	安徽	21 657	32.08	28 770	42.61	15 455	22.89	1354	2.00	281	0.42	67 517
长三角	江苏	24 141	24.99	48 769	50.49	22 839	23.65	755	0.78	84	0.09	96 588
长三角	上海	144	2.00	3672	30.97	3144	43.64	192	2.67	52	7204	7204
长三角	浙江	3272	10.28	14 168	44.51	13 644	42.86	632	1.99	116	0.36	31 832
	合计	153 971	25.86	194 456	32.65	177 711	29.84	42 838	7.19	26 543	4.46	595 519

岩石和矿物作为土壤的基本物源,是土壤中元素含量与分布的基本决定因素(Zhao and Zhou,1997)。平原区第四系主要为下更新统、中更新统、上更新统和全新统,在地貌上为平原、台地,分布区多

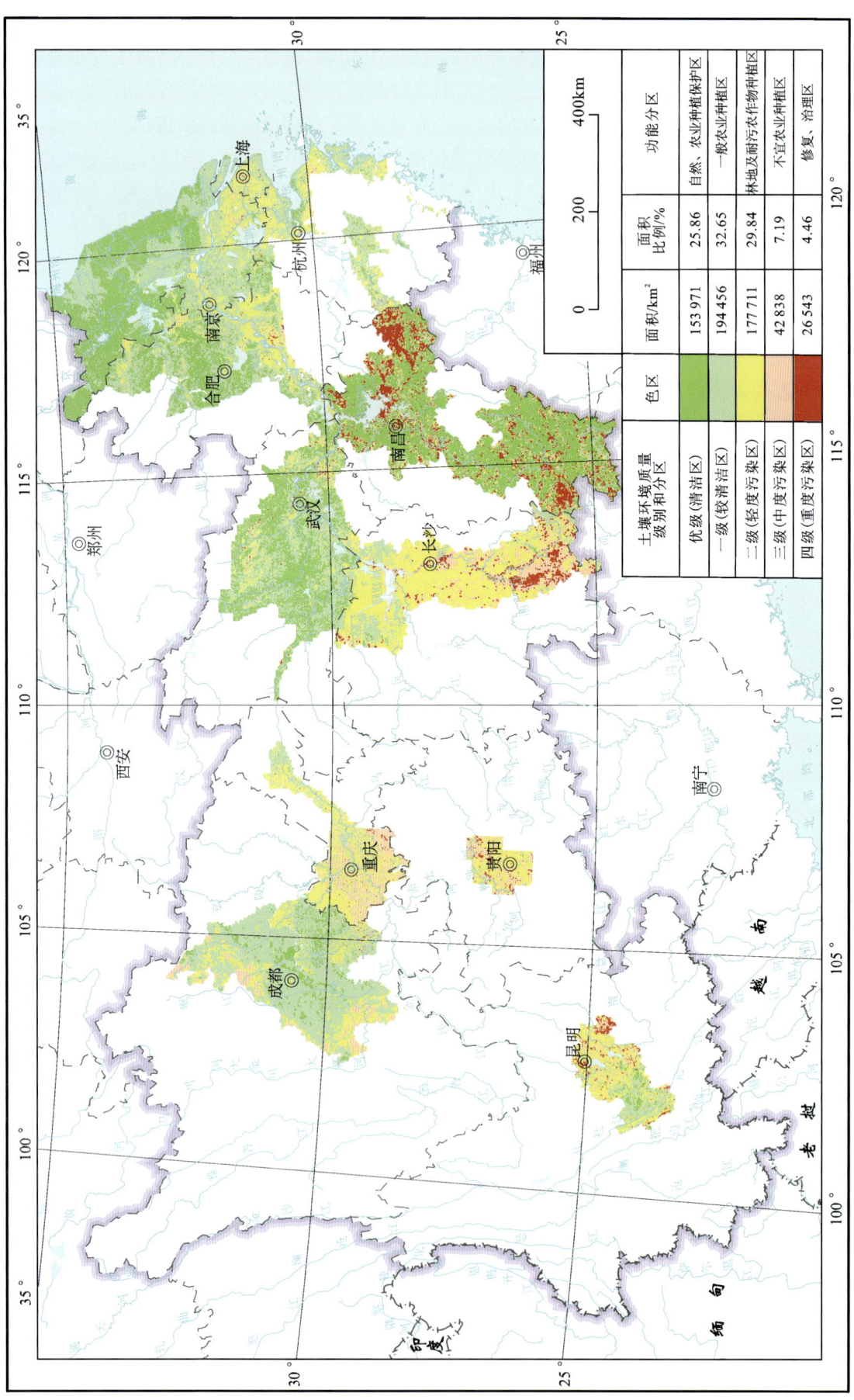

图 5-57 长江经济带平原丘陵区土壤环境质量评价分区图

为大面积的农田。低山丘陵地带主要分布中更新统、下更新统,从地形地貌上看主要为丘陵、岗地,在这套地层分布的区域中以小面积的林地及灌木、乔木和杂草等植物为主,局部也有少量面积不大的农田分布,且多以旱田为主。由于这些岩石的表生风化蚀变、分散,元素进入土壤,因此两者在元素组成方面的相似性是完全可以预测的。因此,推断苏北、江淮、江汉和成都等平原地区土壤重金属含量继承了自然背景特征。沿江地区主要为上更新统和全新统冲积层,土壤中Cr、Ni、Pb、As、Cu、Zn、Cd呈现高背景特征为自然富集,其中Cd含量范围为$0.074 \times 10^{-6} \sim 90.9 \times 10^{-6}$,平均含量为$0.257 \times 10^{-6}$,为全区背景值的1.4倍。

此外,矿产也是重金属污染源。煤和铜铅锌矿是Pb、Zn、Cd、Cu、As等物质源,黄铁矿和金矿是As、Hg等物质源,石棉和蛇纹岩富含Cr、Ni、Cu、Zn等(Zhao and Zhou,1997)。而赣东北、赣南、湖南长沙—郴州一带、贵阳、昆明等地大都为重要矿集区,分布有大量矿产,包括铜、铅锌、赤铁矿、磁铁矿、含铜黄铁矿、金、镍及煤、石灰岩和白云岩、石棉、蛇纹岩、石墨等。矿产在采选冶过程中必然使重金属在地表的分布得到叠加改造,影响到区内土壤(Boult et al.,1994)。煤中Pb含量一般为25×10^{-6},机动车尾气和道路灰尘Pb含量高达1250×10^{-6}和811×10^{-6}(Zhao and Zhou,1997)。推断部分城市和工业区的星点状土壤Pb、Hg、Cd等富集,主要来源于煤炭和石油的燃烧以及工业"三废"(废水、废气、废渣)排放等(邵学新等,2008)。

评价结果同时也表明,长江经济带平原丘陵区酸性土壤面积达335 645 km²,约占总面积的56.375%,大面积分布于江西、湖南、宁波-台州沿海和金华衢州盆地,斑块状分布于长三角长江以南、安徽江淮之间、湖北、重庆、贵州、云南和四川;碱性土壤面积达156 902 km²,约占总面积的26.354%,主要分布于苏北平原、环洞庭湖、成都平原以及沿长江一线,强碱性土壤在其中呈稀散斑点状(表5-25,图5-58)。

表5-25 长江经济带土壤酸碱度分布面积统计表

经济区(城市群)	省(市)	>9.5(强碱性)		9.5~8.5(碱性)		8.5~7.5(弱碱性)		7.5~6.5(中性)		6.5~5.5(弱酸性)		5.5~4.5(酸性)		≤4.5(强酸性)	
		面积/km²	比例/%	面积/km²	比例/%	面积/km²	比例/%	面积/km²	比例/%	面积/km²	比例/%	面积/km²	比例/%	面积/km²	比例/%
上游	四川	0	0	0	0	13 857	23.311	19 007	31.975	18 844	31.701	7735	13.013	0	0
	云南	4	0.016	101	0.399	4318	17.066	5869	23.197	8330	32.924	6652	26.291	27	0.107
	重庆	0	0	385	1.081	11 417	32.069	7101	19.946	8303	23.321	8099	22.749	297	0.834
	贵州	0	0	0	0	1604	12.902	4644	37.355	4480	36.036	1696	13.642	8	0.065
中游	湖北	0	0	204	0.258	31 128	39.434	16 304	20.655	22 704	28.763	8560	10.844	36	0.046
	湖南	0	0	42	0.057	16 747	22.631	8727	11.793	20 636	27.886	27 691	37.420	158	0.213
	江西	0	0	0	0	868	0.816	3000	2.819	15 332	14.407	86 996	81.748	224	0.210
皖江	安徽	0	0	114	0.168	13 845	20.481	12 118	17.926	27 824	41.160	13 662	20.210	37	0.055
长三角	江苏	4	0.004	983	1.018	53 089	54.958	19 842	20.540	18 912	19.578	3726	3.857	44	0.045
	上海	0	0	100	1.388	4708	65.353	1800	24.986	532	7.385	64	0.888	0	0
	浙江	8	0.025	216	0.679	3160	9.927	4412	13.860	10 748	33.765	13 148	41.304	140	0.440
合计		16	0.003	2145	0.360	154 740	25.991	102 824	17.271	156 645	26.310	178 028	29.902	971	0.163

长江经济带环境地质和生态修复

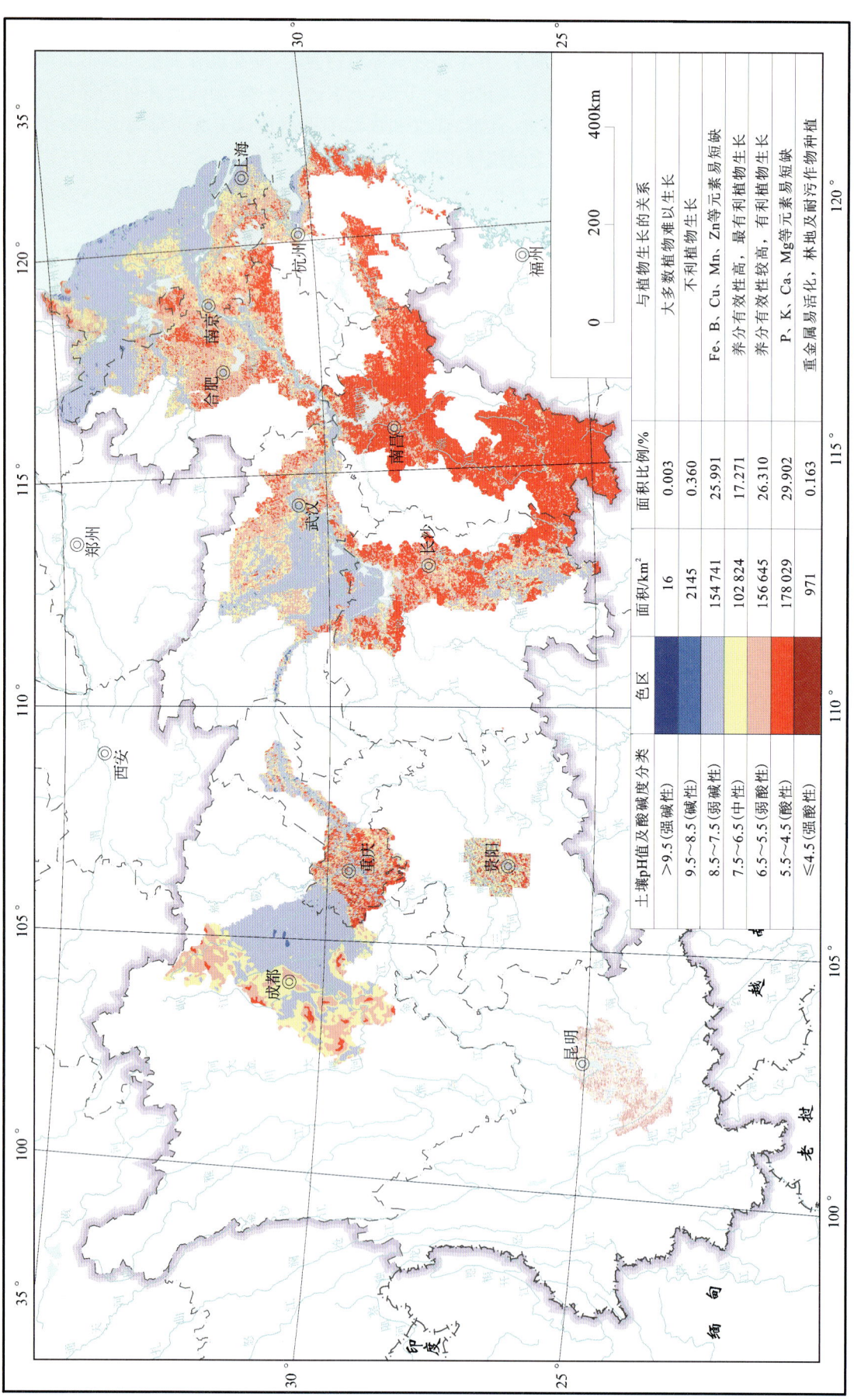

图 5-58 长江经济带平原丘陵区土壤酸碱度分布图

土壤酸碱度与土壤类型有关。其中,红壤、砖红壤、赤红壤、黄壤、黄棕壤、燥红土和水稻土为弱酸性—酸性,而滨海盐土、潮土、石灰土、黄褐土和褐土等为弱碱性—碱性。江西、湖南、宁波-台州沿海和金华衢州盆地为红壤分布区,土壤为酸性;苏北平原、环洞庭湖、成都平原以及沿长江一线为滨海盐土、潮土分布区,土壤为碱性。

以pH=4.5作为强酸性土壤和酸性土壤的界限值,当土壤为强酸性时,对作物生长具有重要影响。长江经济带强酸性土壤主要呈斑点状分布在重庆、湖南、江西、江苏南京、宜兴—长兴、浙江宁波—台州等前第四系出露的低山丘陵地,土壤类型主要为红壤;江苏苏州和浙江嘉兴地区为以冲湖积、湖积沉积物为母质的亚黏土水稻土区,土地利用类型为耕地;江苏太湖临岸如无锡、武进等地土壤为现代湖泊底积物。

土壤酸化是土壤中潜在"化学定时炸弹"触爆的主要因素之一,对重金属元素的活动性以及农作物对重金属的吸收具有重要影响,应引起关注。

第六节 长江经济带废弃尾矿废石

长江经济带现有矿山54 000多个,多为铁、锰、铅、锌等金属矿小规模分散开采,大中型矿山仅占7%,低于全国10%的平均水平。传统开发利用方式破坏矿山地质环境的情况非常严重,截至2014年,累计损毁土地约5000km²,堆存矿业废弃尾矿废石存量达80亿t,年排放废水超过27亿m³。因此,当前迫切需要推进矿业集约发展和转型升级,建议加强大型矿产资源基地建设,尽快建成国家级绿色矿山示范区,大力开展绿色矿山建设,改善矿山地质环境,实现矿地和谐。

一、矿山废弃废石

1. 矿山废石分布

长江经济带1069个县(市)中,442个县(市)堆存矿业废石达59.75亿t以上;65个县(市)废石堆存量均超过1000万t,占长江经济带废石堆存量的92.01%。其中,德兴市、会理县、铅山县等10个县(市)废石堆存量均超过1亿t,合计占长江经济带废石堆存量的58.62%,仅德兴市废石堆存量就高达9.85亿t(图5-59)。

2. 硫化矿废石分布

长江经济带硫化矿废石总量大,达24.12亿t,占长江经济带矿山废石堆存量的40.37%。硫化矿废石分布广泛又相对集中,174个县(市)堆存有铜、铅、锌、镍、锑、钼、金、硫铁矿等硫化矿废石,德兴、铜陵、会理和铅山4个县(市)硫化矿废石堆存量均超过1亿t,占长江经济带硫化矿废石堆存量的72.49%;另有11个县(市)硫化矿废石堆存量均超过1000万t,占长江经济带硫化矿废石堆存量的23.60%。

3. 硫化矿废石种类

长江经济带硫化矿废石主要是铜矿、锌矿、硫铁矿废石,堆存量分别为18.7亿t、1.58亿t、1.44亿吨,合计占长江经济带硫化矿废石总量的90.70%(图5-60)。

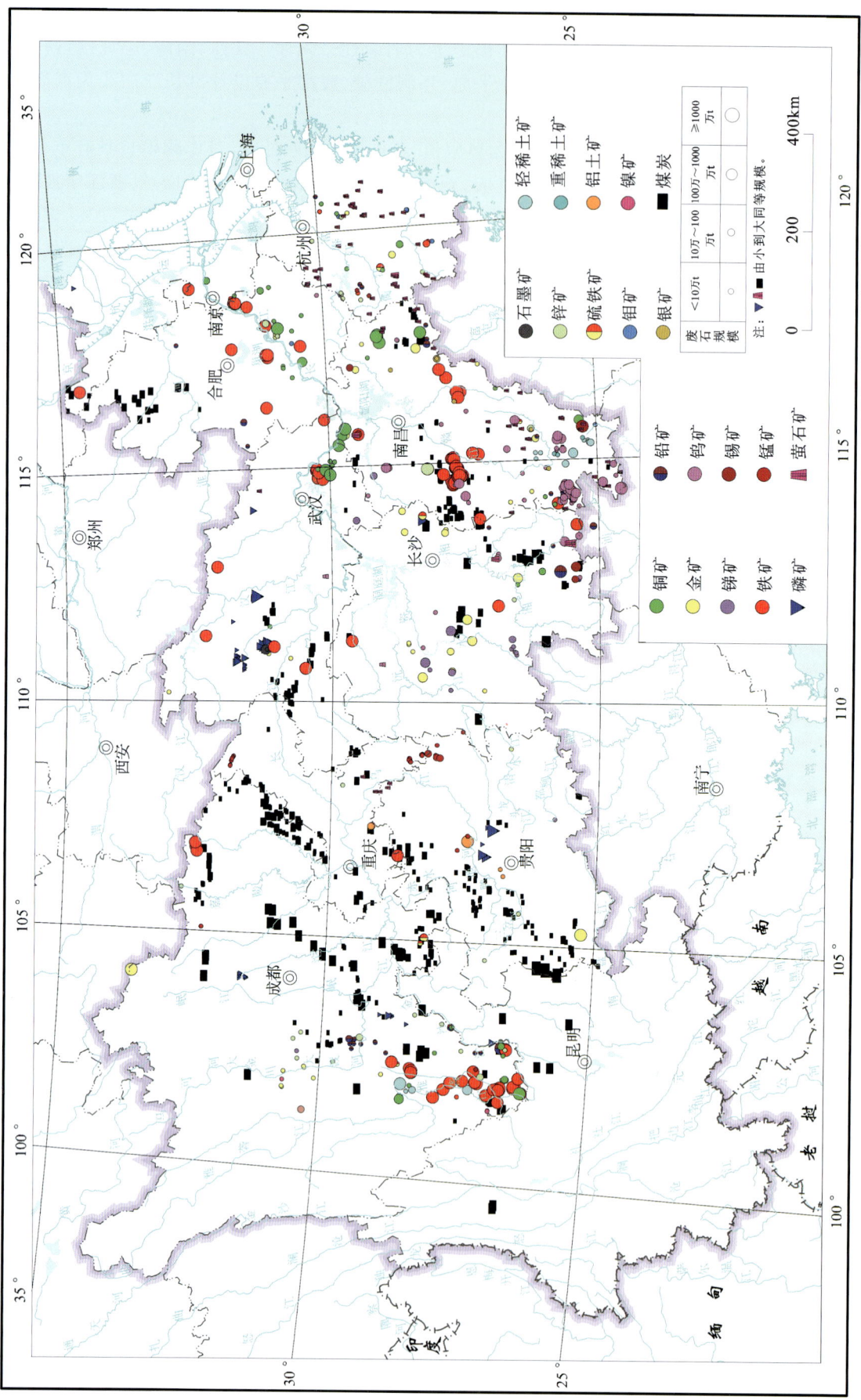

图 5-59 长江经济带不同矿床废石堆存分布图

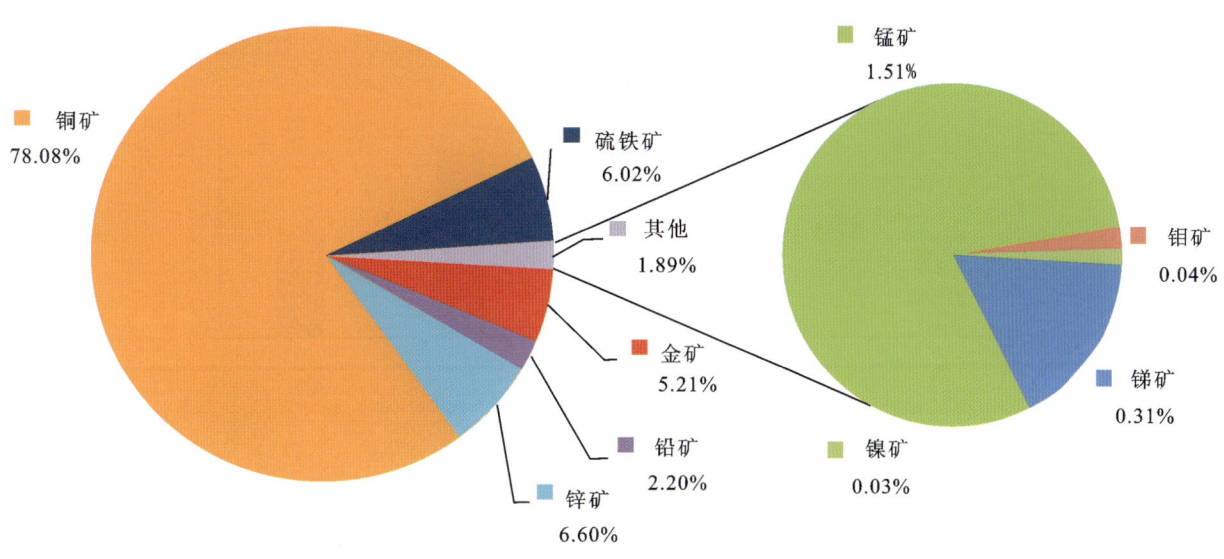

图 5-60 长江经济带硫化矿废石来源

4. 矿山废石年增加量

长江经济带矿山年产生废石 7.66 亿 t，年利用废石 2.05 亿 t，废石堆存量年增加 5.61 亿 t。云南省的废石增加量最大，达到 2.76 亿 t；浙江省和江苏省等沿海发达地区废石量增加量较低，出现累计废石逐年减少或数量保持稳定的情况。废石利用程度与矿山区域经济发展水平关系密切（图 5-61）。

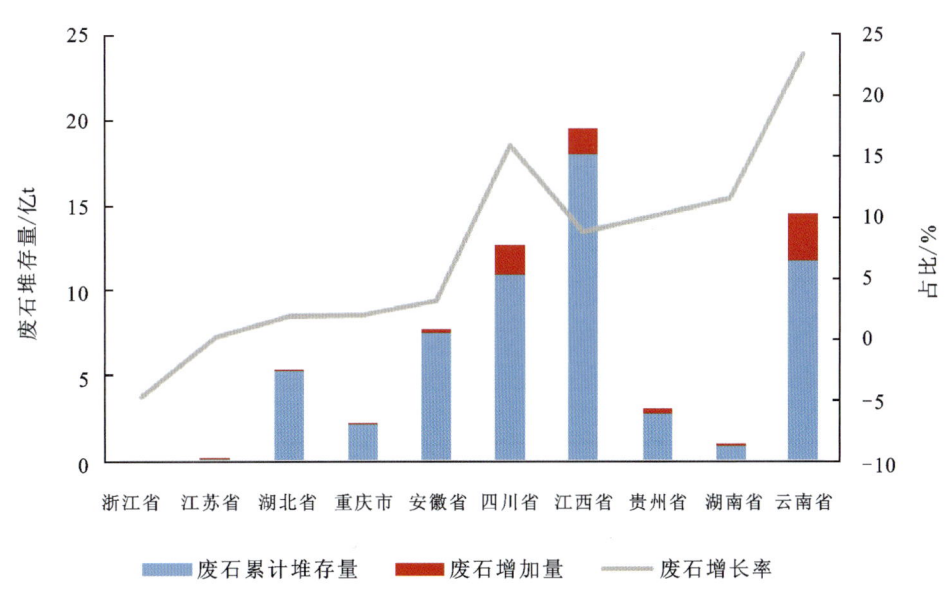

图 5-61 长江经济带不同省（市）废石堆存量及占比

长江经济带废石堆存年增加量中，硫化矿废石年增加量最大，高达 2.81 亿 t，硫化矿酸性废水是该区域需要关注的环境影响因素；非金属及化工矿产矿山废石年增加量 1.59 亿 t，年增长率最高，达到 17.87%（图 5-62）。

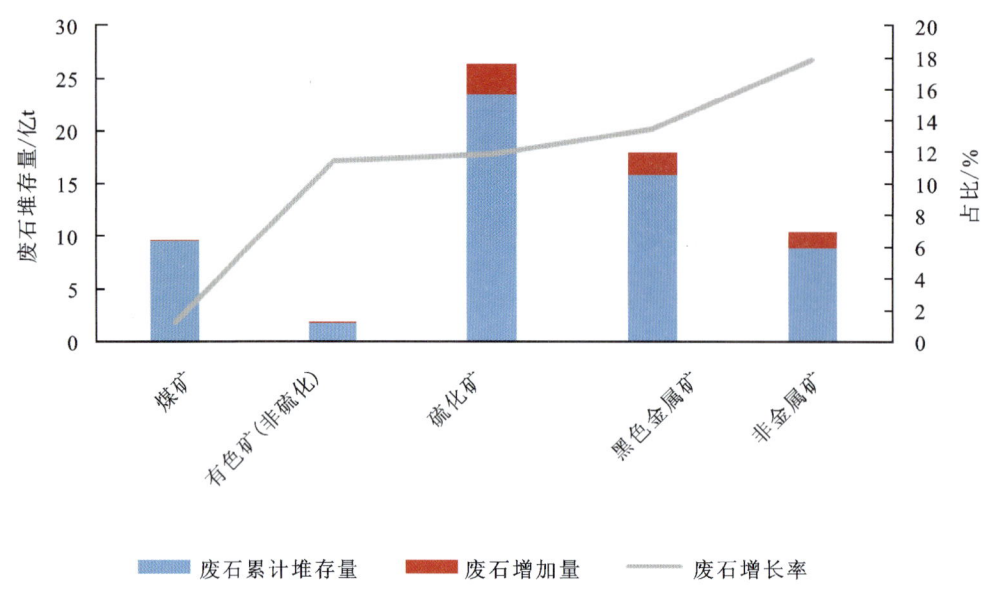

图 5-62 长江经济带不同类型矿产废石堆存量、年增加量及占比

二、矿山废弃尾矿

1. 矿山尾矿分布

长江经济带 1069 个县(市)中,296 个县(市)尾矿堆存量为 19.82 亿 t,不同省(市)尾矿堆存情况差别较大(图 5-63)。德兴市、攀枝花东区和新平彝族自治县 3 个县(市)尾矿堆存量均超过 1 亿 t,占整个长江经济带尾矿堆存量的 42.26%;另有 25 个县(市)尾矿堆存量均超过 1000 万 t。

2. 矿山尾矿年增加量

长江经济带矿山年产生尾矿 1.96 亿 t,年利用尾矿 2 366.74 万 t,尾矿堆存量年增加 1.72 亿 t(图 5-64)。江西省尾矿年增加量最大,达 6 899.24 万 t;安徽省尾矿年增加量 1 508.05 万 t,年增长率达 14.21%。

长江经济带铜、铅、锌、锑、镍、钼、金、硫铁矿等硫化矿尾矿年增加量达 9 223.90 万 t,磷、钾、萤石、石墨等非金属矿尾矿年增加量为 504.79 万 t,铁、锰尾矿增加量为 6 232.92 万 t(图 5-65)。

3. 硫化矿尾矿种类

长江经济带铜、铅、锌、镍、锑、钼、金、硫铁矿等硫化矿尾矿堆存量总计 10.75 亿 t,占长江经济带矿山尾矿堆存量的 54.24%(图 5-66)。其中,铜矿、金矿、铅矿和锌矿尾矿堆存量分别为 8.93 亿 t、7 187.44 万 t、4 553.29 万 t 和 4 523.09 万 t,上述 4 种矿产尾矿占硫化矿尾矿总量的 98.23%。

三、综合调查整治分区

长江经济带尾矿废石调查工作自 2011 年开始,覆盖上海、江苏、浙江、安徽、江西、湖北、湖南、重庆、四川、贵州等 10 个省(市),调查面积约 150 万 km²,调查矿山尾矿废石 5000 余座。这里提出的综合调查整治分区是依照矿种、地域的不同而划分,共分为 9 个区域,详见表 5-26 和图 5-67。

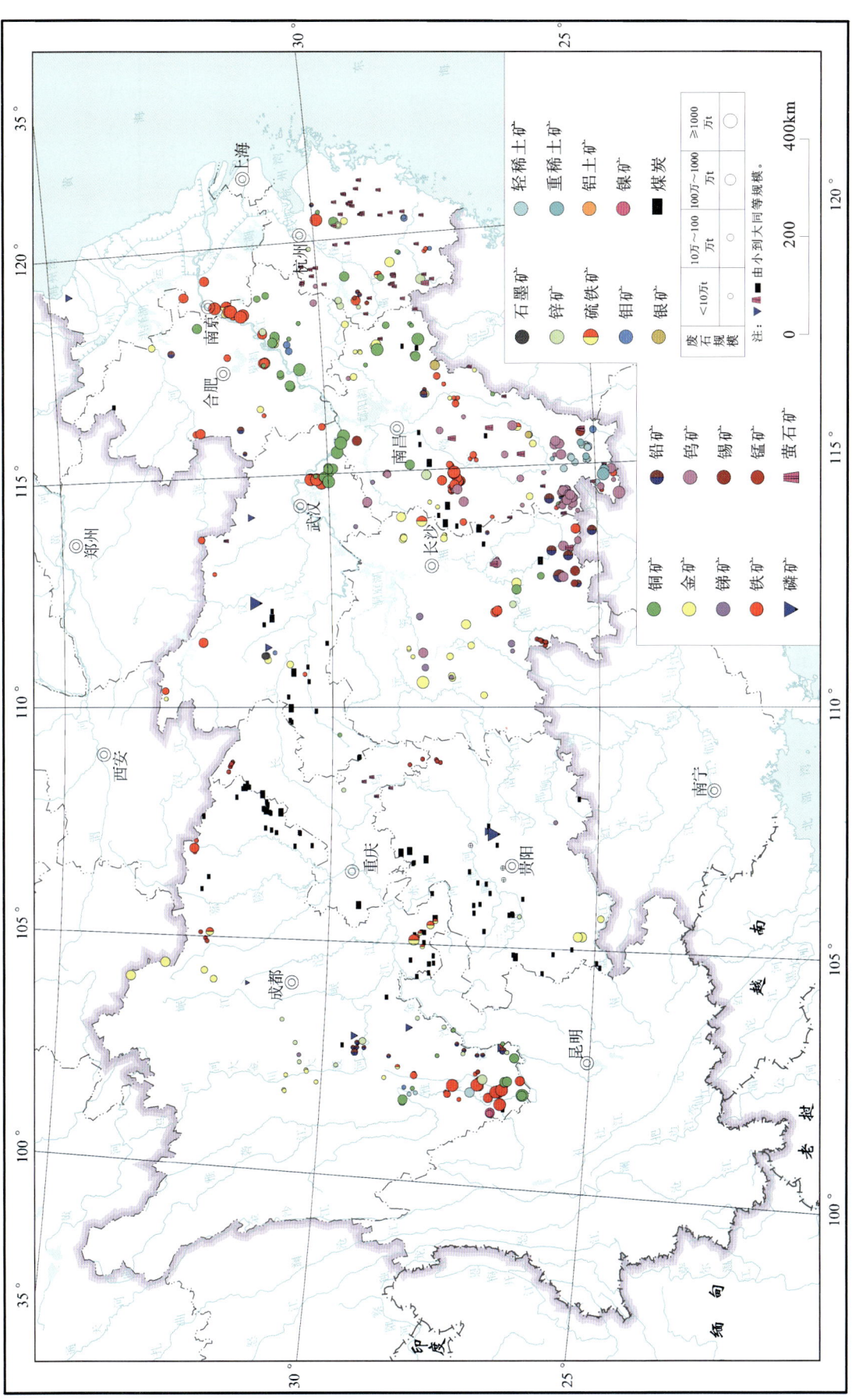

图5-63 长江经济带尾矿分布图

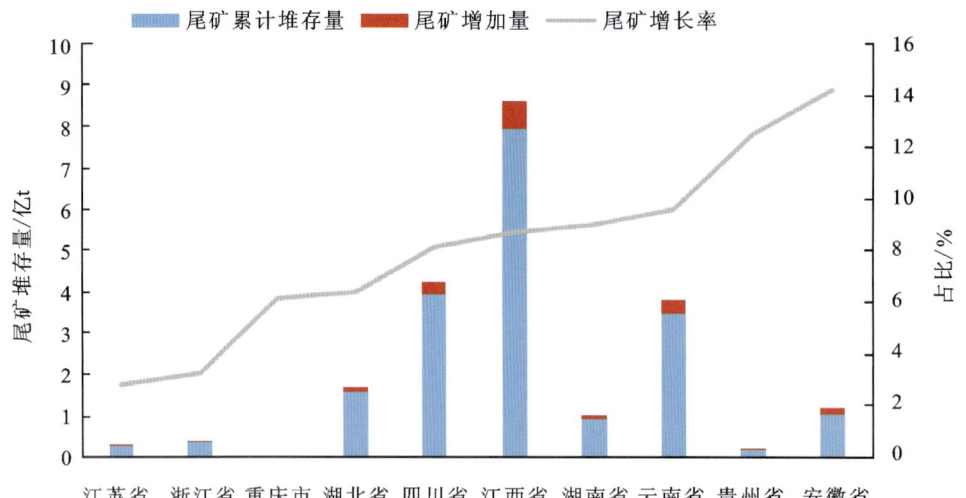

图 5-64 长江经济带不同省(市)尾矿堆存量和年增加量

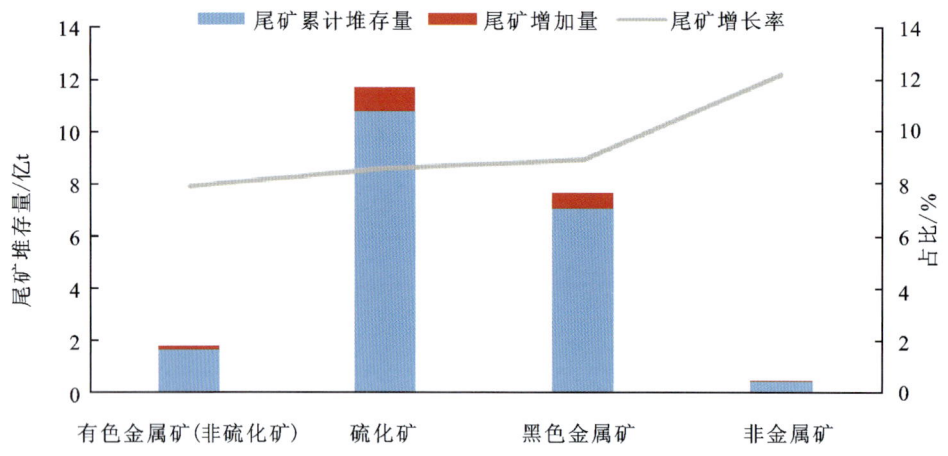

图 5-65 长江经济带各类型矿产尾矿堆存量、年增加量及占比

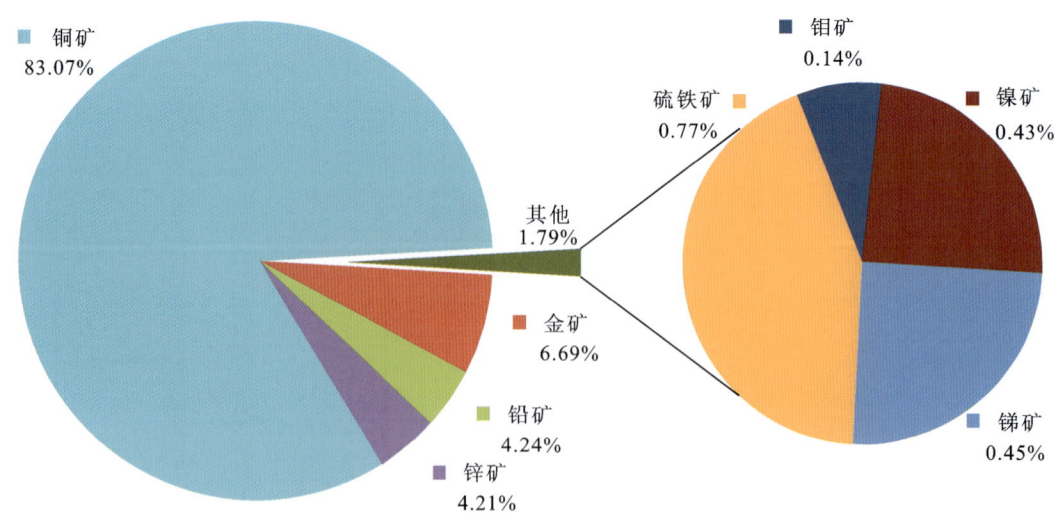

图 5-66 长江经济带硫化矿尾矿来源

表 5－26　长江经济带矿山尾矿废石综合调查整治分区表

序号	尾矿调查整治分区名称	面积/万 km²	调查范围	调查整治方向及目的
①	浙江省中南部萤石-铜-金多金属矿山区	5.76	主要分布在浙江省中部和南部、杭州市、金华市、丽水市、温州市周边萤石矿及铜金多金属矿的尾矿库,涉及尾矿库约300个,废石堆放场有200余处	(1)在重点城镇周边矿山开展尾矿废石调查取样工作,重点调查尾矿废石堆存量、年度排放量及利用量、占地面积等数量指标; (2)开展样品测试分析工作,研究矿山固废矿物组成、化学组成等利用属性,填补区域内尾矿废石属性特征的空白; (3)针对金属矿、煤矸石、非金属矿等不同矿种尾矿废石,建立典型矿山尾矿废石节约利用示范区,进行固废资源化、减量化利用或无害化处置
②	皖苏北部煤矿区	2.31	主要分布在安徽省北部阜阳市、蚌埠市、宿州市及江苏省连云港市周边煤矿尾矿库,涉及尾矿库约80个,废石堆放场有30余处	
③	鄂赣皖环鄱阳湖煤-铜铁钨多金属矿区	14.33	主要分布在湖北省东部咸宁市、黄石市、黄冈市,江西省北部和西北部九江市、上饶市、抚州市、景德镇市,安徽省西南部安庆市、池州市、合肥市、芜湖市、宣城市,为煤矿、铜铁钨多金属矿山尾矿库,涉及尾矿库约500个,废石堆放场有300余处	
④	湖北省西部煤-磷矿区	3.67	主要分布在湖北省西部煤矿集中开采区,涉及十堰市、襄阳市、宜昌市,涉及尾矿库约30个,废石堆放场有20余处	
⑤	湘赣煤-稀土-铁金钨多金属矿区	18.73	主要分布在湖南省东部邵阳市、益阳市、长沙市、衡阳市、郴州市,江西省东部和南部赣州市、宜春市、萍乡市、吉安市,涉及尾矿库1200余处,废石堆放场有500余处	
⑥	四川省东北部煤矿区	3.82	主要分布在四川省东北部广元市、巴中市、达州市、广安市,涉及煤矿尾矿库100余个,废石堆放场约20处	
⑦	贵州省东部煤-磷-银矿区	5.95	主要分布在贵州省东部遵义市、毕节市、六盘水市、贵阳市、安顺市,本区域以煤矿、磷矿、银矿为主,涉及尾矿库约150个,废石堆放场约50处	
⑧	四川省西南部煤-磷-铅锌金多金属矿区	6.45	主要分布在四川省西南部成都市、雅安市、宜宾市,雅安市分布有煤、铅锌金等金属矿,成都市、宜宾市,以煤矿为主,涉及尾矿库约300个,废石堆放场约100处	
⑨	四川省南部稀土-铜铁多金属矿区	3.88	主要分布在四川省南部攀枝花市、凉山地区,主要分布有稀土矿、铜铅锌铁多金属矿,涉及尾矿库约200个,废石堆放场约80处	

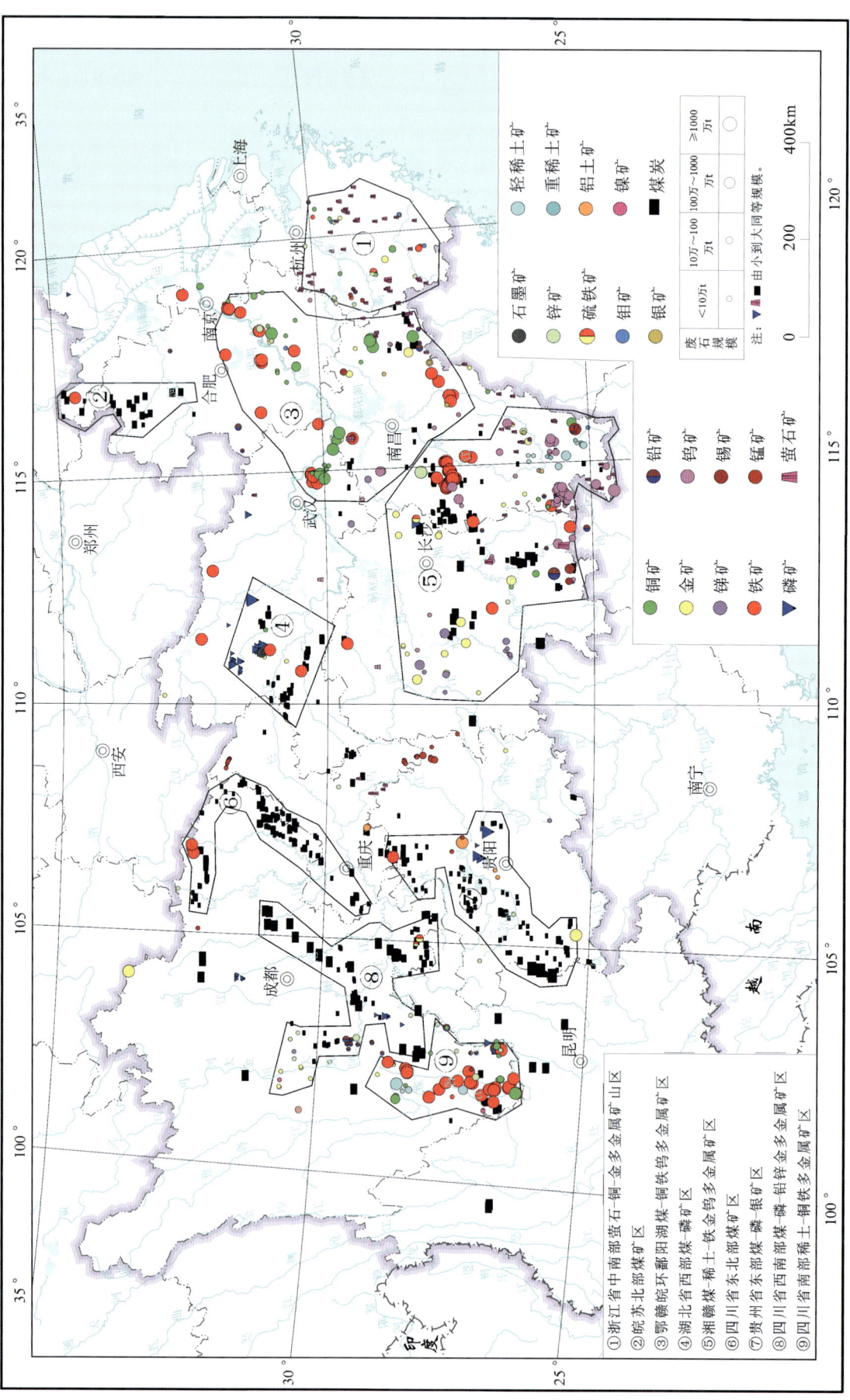

图 5-67 长江经济带矿山废弃尾矿废石综合整治分区图

第七节 长江经济带水土流失、石漠化和湿地萎缩

一、水土流失和石漠化

长江经济带陆地自然生态系统脆弱主要表现在土壤侵蚀脆弱性和石漠化脆弱性。水土流失和石漠化是长江经济带主要的生态问题(虞孝感,2003;孙鸿烈,2008;杨桂山等,2015)。长江上游地区水土流失严重,全区土壤水力侵蚀程度中度及以上面积近 $3.0×10^5 km^2$,水土流失面积约占该区总土地面积的 39.8%,主要分布于长江上游地区,多发生于丘陵山区,特别是中起伏中山、大起伏中山、小起伏低山和低海拔丘陵等地区(图 5-68)。

长江经济带上游地区是全国三大岩溶集中连片区中面积最大、岩溶发育最强烈的典型生态脆弱区。长江流域石漠化面积占石漠化土地总面积的 58%。以云贵高原为主体的岩溶地区水土流失造成土地石漠化,石漠化又引起更严重的水土流失。同时由于复杂的地质条件,加之强降水作用,水土流失极易诱发滑坡、泥石流等山地灾害。石漠化是由自然和人为两方面的原因导致的,人地之间的矛盾突出,毁林开垦、过度砍伐、陡坡耕种、过度放牧等不合理活动打破了自然界的平衡状态,造成岩溶地区林草植被破坏,土壤侵蚀加剧,土地生产力下降。石漠化为云南、贵州、四川等西南省份最严重的生态环境问题之一,石漠化面积约 10.57 万 km^2(图 5-69)。

国土资源大调查以来,中国地质调查局高度重视石漠化区调查与治理,将石漠化区作为重点调查区,完成西南岩溶区 30 万 km^2 1∶5 万水文地质环境地质调查,开展了 5 期西南地区石漠化遥感调查,掌握了岩溶水资源开发利用潜力,建立了一批石漠化治理示范区,遏制了西南岩溶石漠化的发展趋势。由于开展的工作重点是调查石漠化程度及其分布,没有调查其与资源环境问题相关性,如没有调查植物资源的地质适宜性、突出生态问题的生态修复条件,一些已经开展的生态修复缺乏地质依据。

建议针对长江经济带 8 个不同类型石漠化区(图 5-70),有针对性地提出整治修复区划方案和示范点工程。总体上,应以自然修复为主,严格控制石漠化地区土地过度开垦,实施坡耕地退耕还林还草和植树造林,优化用水结构,加大长江源区和水源涵养区生态保护力度,在重点地区开展小流域综合治理工程。

二、湿地萎缩

长江经济带特别是长江中下游湖泊面积由 20 世纪 50 年代初的 1.72 万 km^2 减少到 2015 年的不足 $6600km^2$,减少幅度近 2/3(来源于《中国水利统计年鉴》2016 年数据),典型代表如鄱阳湖、洞庭湖、洪泽湖、太湖等。鄱阳湖 1954 年湖面面积为 $5160km^2$,到 1997 年缩减为 $3859km^2$,其中 $1301km^2$ 湖面被围垦,使其调蓄能力下降 20%(图 5-71)。洞庭湖 1949 年湖面面积为 $4350km^2$,蓄水容积为 293 亿 m^3,2015 年的蓄水容积已下降至 178 亿 m^3,西洞庭湖已基本淤积为陆地。洪泽湖和东太湖湖床已明显沼泽化,巢湖湖床也以每年 3.57cm 的高度被抬高,正逐渐向沼泽化演变。城市化进程的快速推进与不合理的过度围垦是长江经济带水面大幅缩减的重要驱动力(Leeuw et al.,2010;Lai et al.,2014;Mei et al.,2015)。1995—2015 年间,长江经济带内约 2.79 万 km^2 的水面(包含河流水面)转化为其他用地类型,其中有 $3086km^2$ 的水面被城镇建设用地侵占。

近 20 年来,长江经济带城镇面积增加 39.03%,特别是部分大型城市城镇面积增加显著,大量湖泊水面被建设用地挤占,导致重要湖泊水系多与长江干支流隔断,生态系统割裂(图 5-72)。目前,仅石臼湖等少数几个湖泊与长江自然连通,其他湖泊水系与长江干支流的连通性较低。长江中上游主要支流水系水电、水坝以及中下游水闸的建设,造成河口流态发生转变,也导致水生生态环境发生恶化。

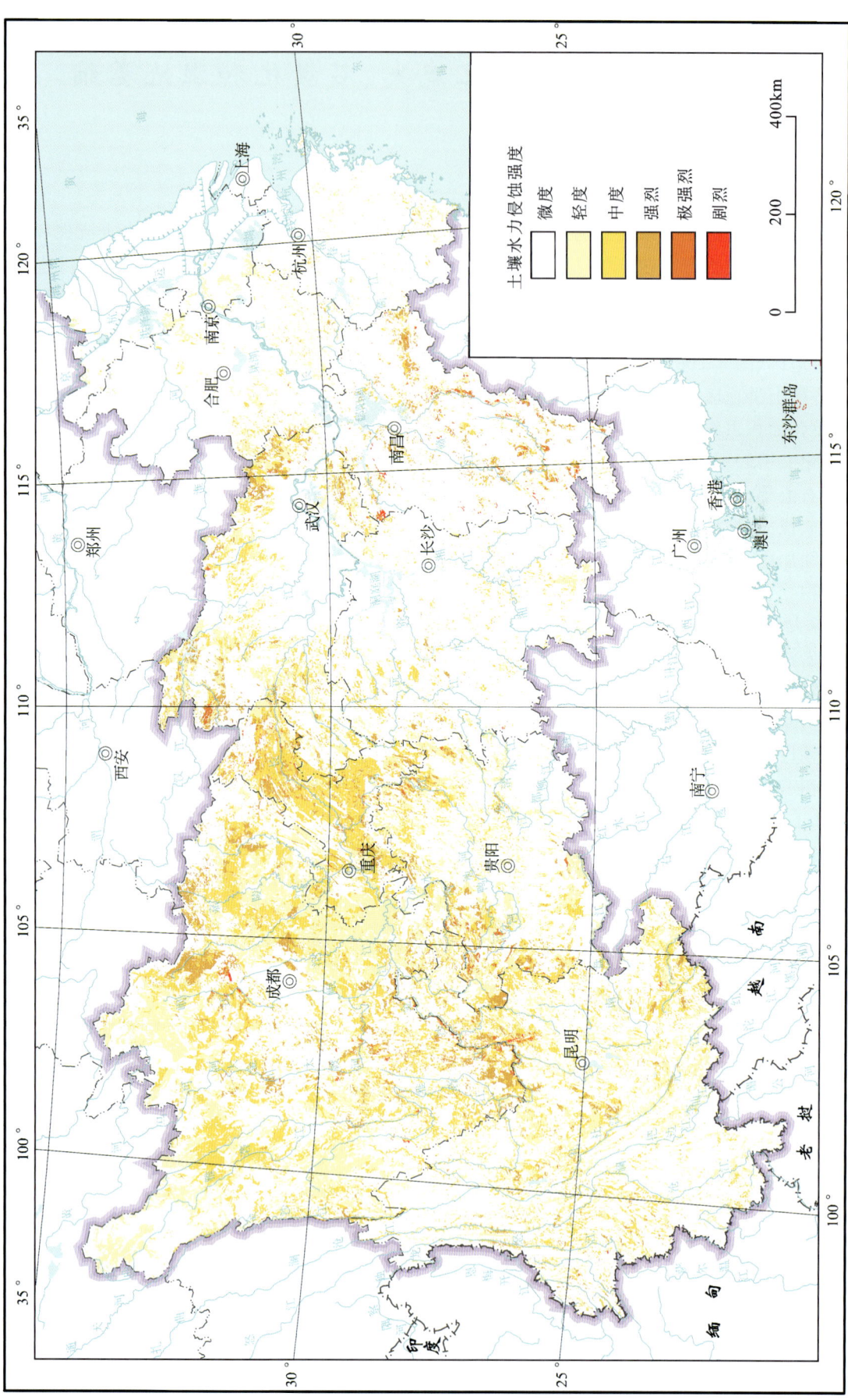

图 5-68 长江经济带土壤水力侵蚀强度分布图（2015 年）（据自然资源部国土整治中心 2019 成果）

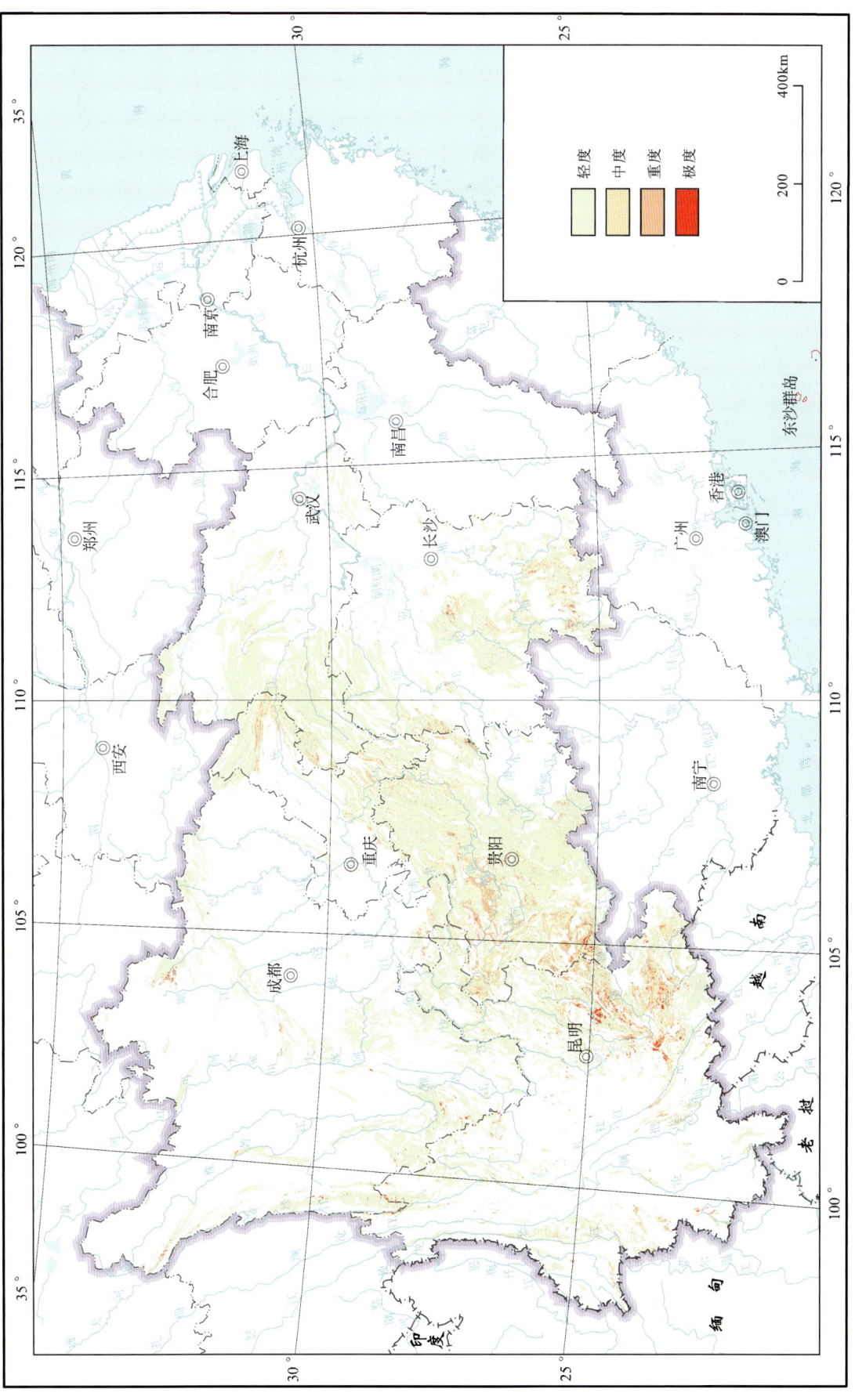

图 5-69　长江经济带岩溶分布与石漠化发育程度分布图（据夏日元等，2017 修改）

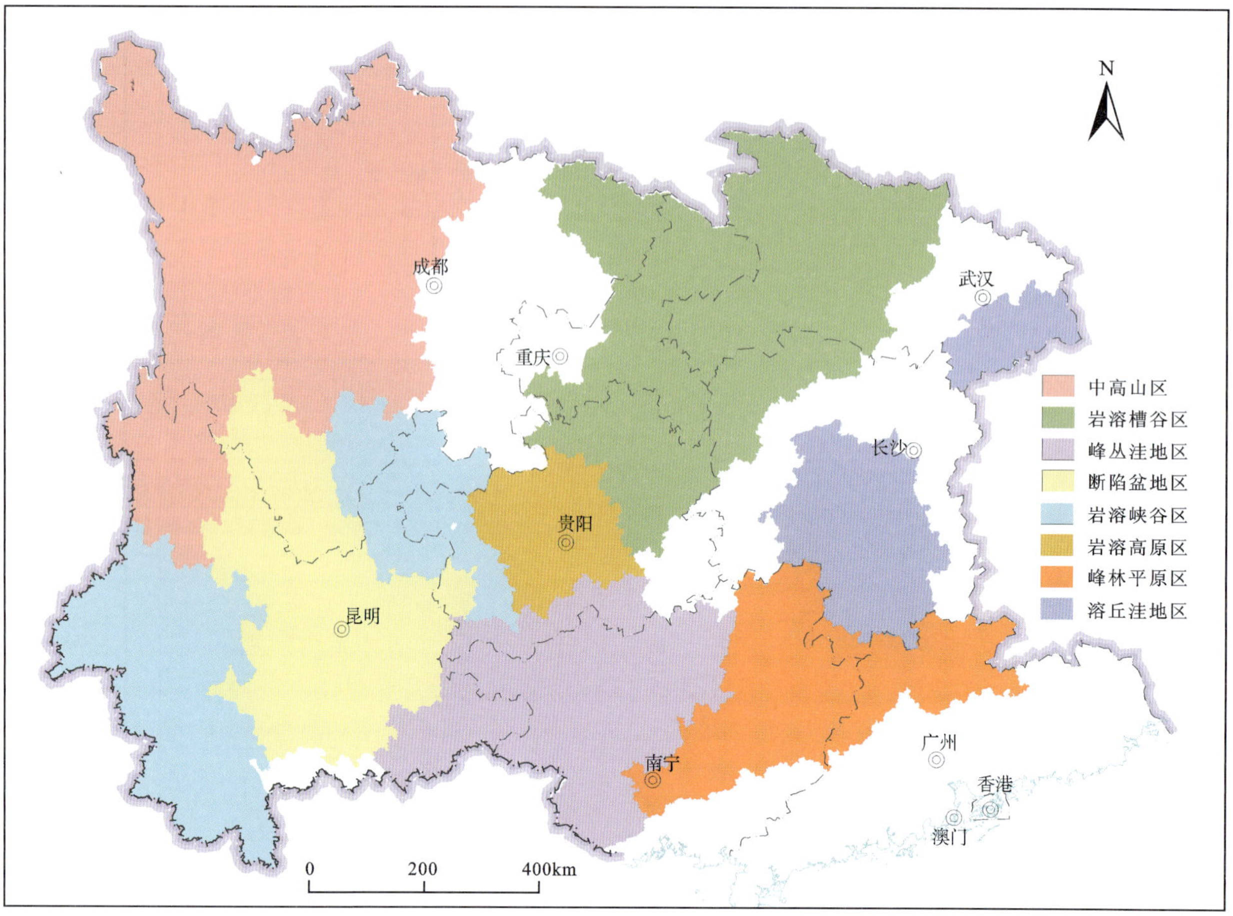

图 5-70　西南部不同类型石漠化区分布示意图(据内部资源修改)

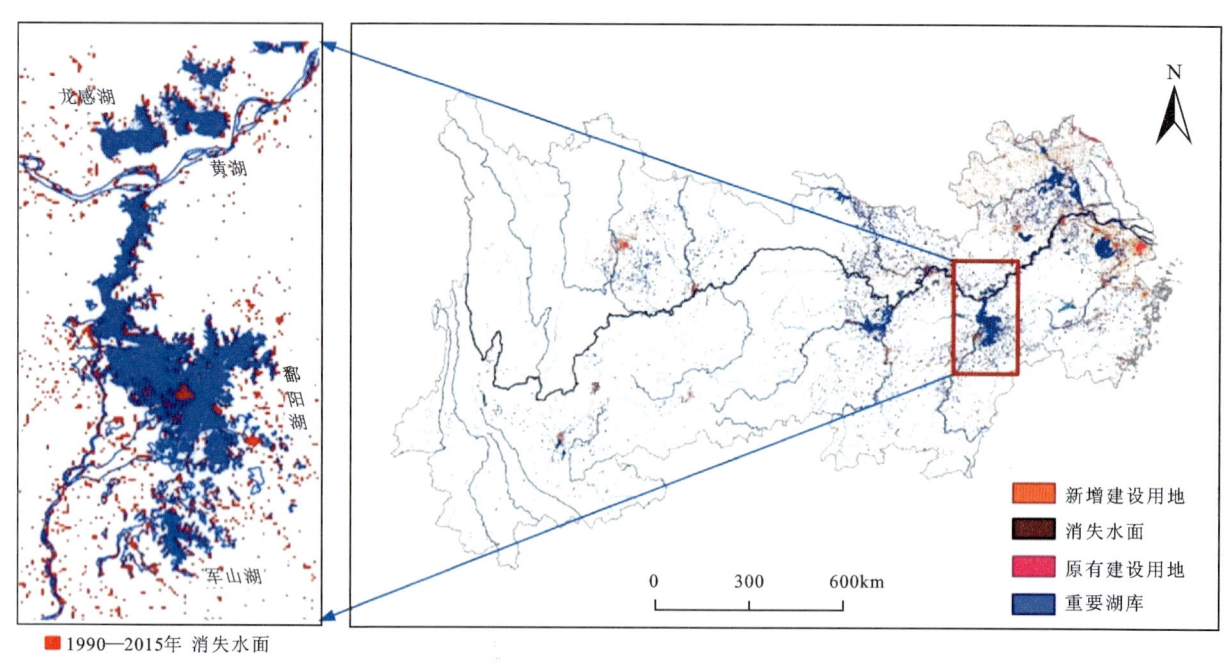

图 5-71　长江经济带 1990—2015 年消失水面

注：土地利用数据来源于中国科学院资源环境科学数据中心(http://www.resdc.cn)。

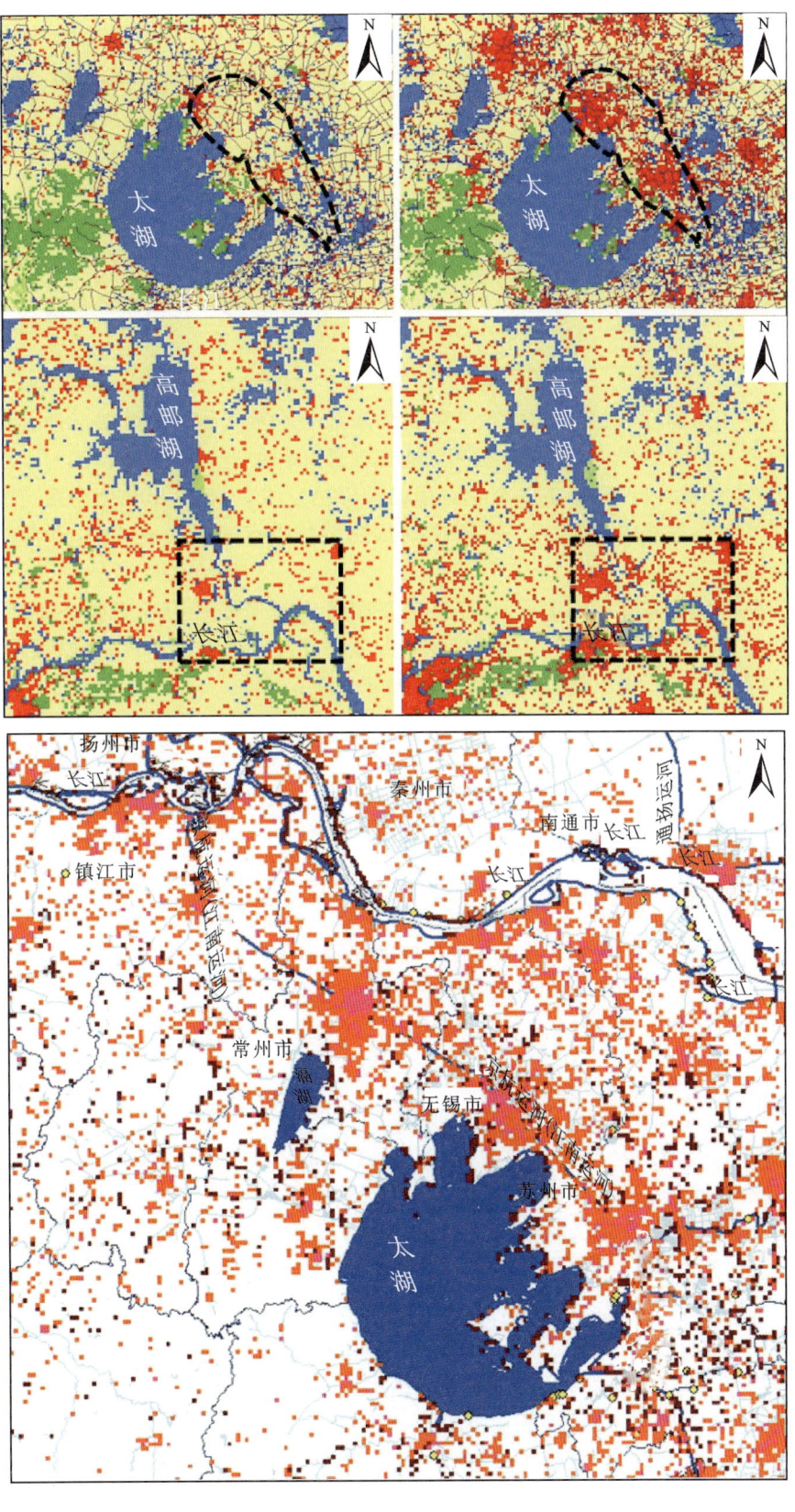

图 5-72　太湖、高邮湖水系 1990—2015 年周边新增建设用地分布及其与湖泊水系的关系
注：土地利用数据来源于中国科学院资源环境科学数据中心（http://www.resdc.cn）。

第八节　长江经济带干流岸线侵占和冲蚀

一、岸线侵占和岸线侵蚀问题分析

长江岸线资源是指一定范围水域和陆域结合的国土资源，发挥着无可替代的生产、生活、生态环境以及防洪功能。推进岸线空间的整治修复工作是推动长江经济带国土空间整治修复的关键所在。

1. 岸线侵占

（1）重要性及存在问题：以洲滩湿地为代表的自然岸线是水生生物的重要栖息地，由于受到港口、码头、工业、城镇、农业等活动的侵占，水生生物栖息地遭受破坏和胁迫。特别是长江中下游部分岸段长达百余千米的两岸岸线皆被港口码头、工业企业占用而无自然岸线，对长江岸线生态廊道的连通造成重大影响，对长江岸线景观格局造成破坏，对长江水生动物洄游与生存通道构成威胁，严重破坏了长江滨岸的国土空间秩序。

（2）国土空间整治修复需开展的工作：以长江经济带干支流岸线资源本底调查为基础，系统分析岸线侵占活动类型、侵占岸线长度及空间面积，开展侵占危害程度评估及预测；结合岸线资源功能分区、空间管控方案及实地踏勘调查，提出侵占岸段的整治修复方向。

2. 岸线侵蚀

（1）重要性及存在问题：长江岸线安全关系到防洪安全，涉及沿岸工农业生产及港口码头生产安全，整治维护长江岸线安全具有重要意义。新的水文情势改变了水文规律，导致中下游岸线的冲淤格局变化，冲淤由相对平衡转变为全线冲刷，大大诱发了崩岸的发生，严重加大了长江岸线的安全风险。

（2）国土空间整治修复需开展的工作：系统调查评估长江冲淤格局变化对岸线安全的影响；调查定位重点侵蚀岸段的空间分布及演变规律，结合侵蚀岸段陆域的空间布局形态及其重要性评估和预测岸线侵蚀的安全风险；根据长江经济带岸线空间管制规划及实地踏勘调查，制订侵蚀岸段整治方向与方案。

二、岸线侵占和岸线侵蚀集中区域

岸线侵占和岸线侵蚀重点区域集中在湖北、安徽、江苏、湖南、江西等省份。以洲滩岸线侵占为重点的调查分析表明，长江中下游岸线受到港口、码头、工业、水产养殖、人工围滩等侵占岸段160km。其中，江苏、安徽、湖北、江西和湖南分别为100km、26km、23km、8km和3km。从侵占类型来看，以修造船厂、码头及堆场为主（图5-73、图5-74）。

长江中下游岸线重点侵蚀岸段长度为195km，其中湖北省101km、安徽省43km、江苏省35km、湖南省16km。其中，荆江段为侵蚀岸段主要分布区域，达80余千米。在侵蚀岸段中，需在进一步调查论证的基础上，考虑对重要港口及城镇岸段加强生态化护坡护岸，控制陆域生产活动；对堤外滩窄、主流顶冲岸段需加强生态化护坡护岸，控制陆域生产活动；对侵蚀岸段无生产活动、无居民的洲滩则保留自然侵蚀状态，以维护长江冲淤平衡格局及自然河流形态（图5-75、图5-76）。

三、重点侵占和侵蚀区域整治方向

建立岸线侵占清退与整治机制，制订不同侵占主客体的短期及中远期清退与整治方案，探索岸线侵占活动清退场地的生态修复关键技术，实施人工侵占和扰动岸线的河滨带自然恢复与生态修复工程，研发港口码头绿色化整治技术,开展防治岸线开发活动,并且清退损害水生生物栖息地的遗留人工场地,改善岸线的空间秩序与生态服务功能。

长江经济带长江岸线重点侵占岸段整治区域及整治方向见表5-27。

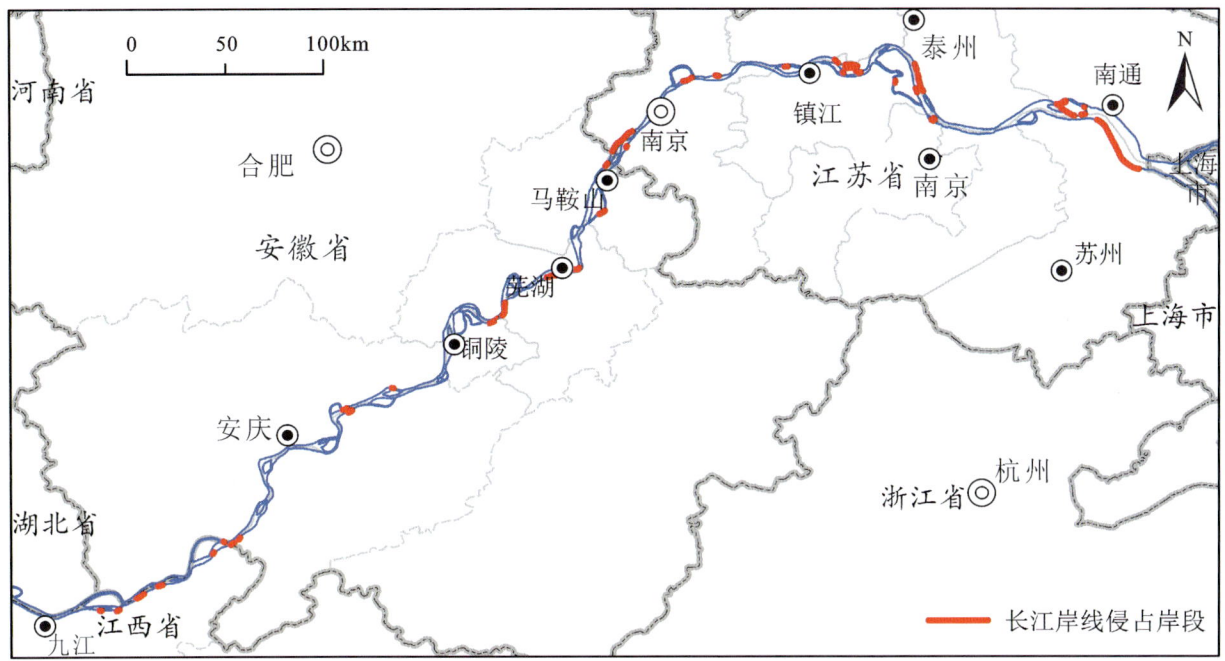

图 5-73　长江下游岸线重点侵占岸段

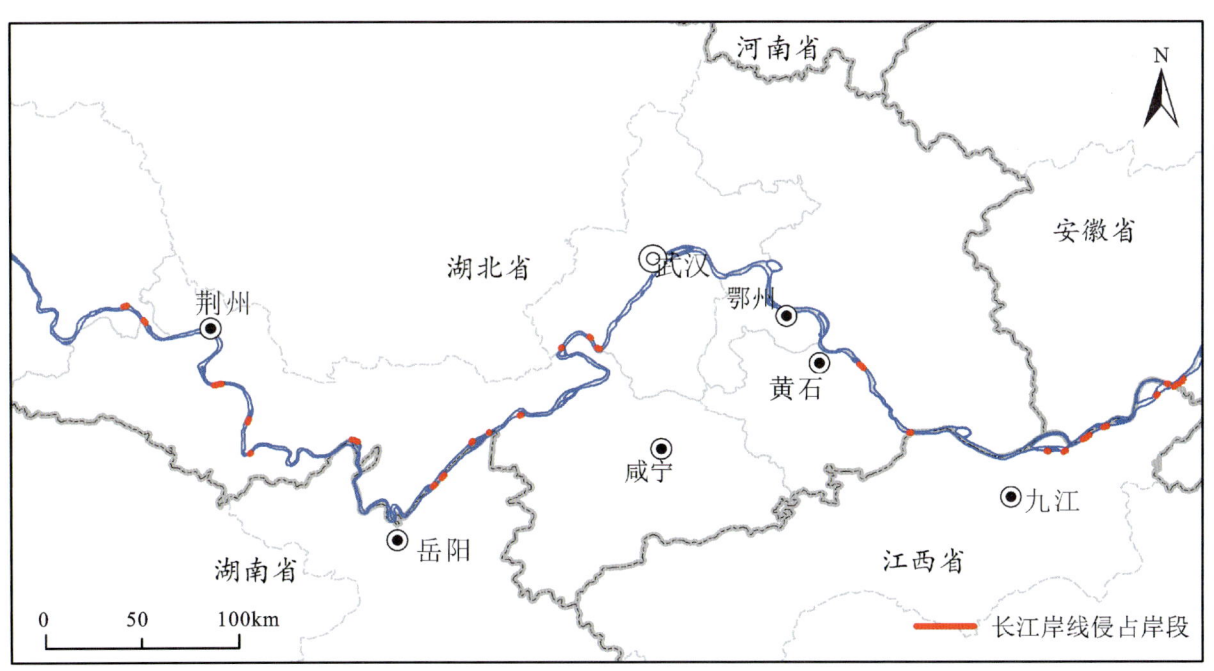

图 5-74　长江中游岸线重点侵占岸段

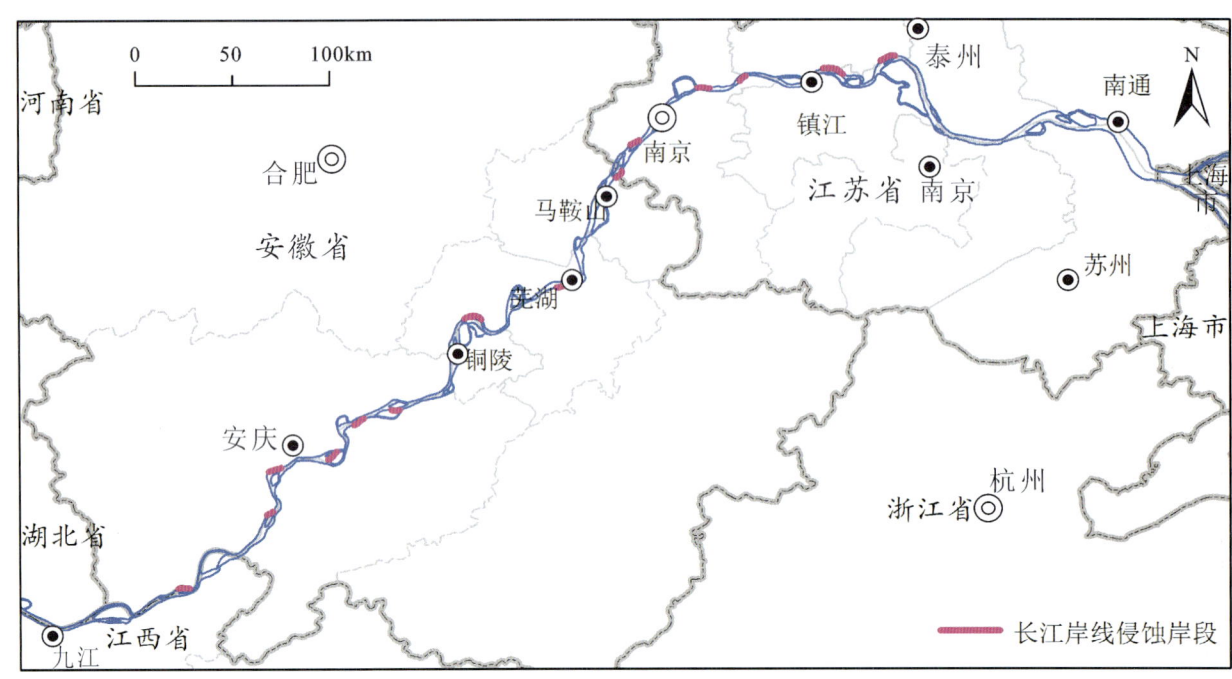

图 5-75　长江下游岸线重点侵蚀岸段

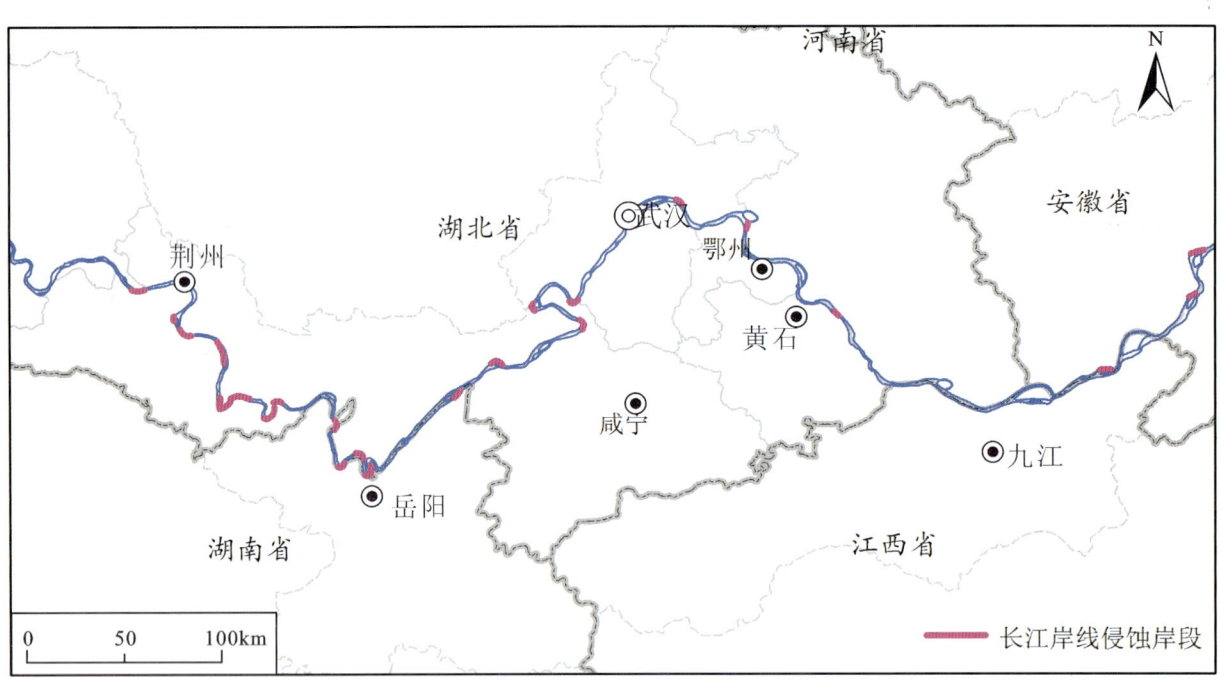

图 5-76　长江中游岸线重点侵蚀岸段

完善岸线侵蚀与崩岸监测网络,实施重点侵蚀岸段与崩岸风险岸段在线监测工程,探索岸线崩岸风险预测与安全预警关键技术研发,提出不同水文、堤岸及陆域条件下的侵蚀岸段整治机制与措施,推进生态化护坡护岸工程与近自然化崩岸整治工程,提升岸线的安全保障能力。长江经济带长江岸线重点侵蚀岸段整治区域及整治方向见表 5-28。

表 5-27 长江经济带长江岸线重点侵占岸段整治区域和整治方向表

岸段编号	所在省	所在市	所在县（市，区）	岸段名称	侵占主体	侵占空间	侵占保护区	保护区类型	侵占岸线长度/km	侵占面积/km²	岸别	整治方向
CJQZ001	湖北省	宜昌市	枝江市	江口村	造船厂	洲滩湿地			2.1	0.42	左岸	清退并修复
CJQZ002	湖北省	宜昌市	枝江市	陈家港村	造船厂	洲滩湿地			1.7	0.43	左岸	清退并修复
CJQZ003	湖北省	荆州市	公安县	杨家厂镇	货主码头与砂石堆场	洲滩湿地			3.6	0.72	右岸	小散乱码头清退并修复，正规码头集中绿色化改造
CJQZ004	湖北省	荆州市	石首市	新厂镇	砂石码头与堆场	洲滩湿地			2.1	0.48	左岸	清退并修复
CJQZ005	湖北省	荆州市	石首市	胜利新村	码头与原材料堆场	洲滩湿地			0.8	0.11	右岸	清退并修复
CJQZ006	湖北省	荆州市	监利县	县区临江段	企业	洲滩湿地	长江天鹅洲段白鱀豚国家级自然保护区	核心区	3.0	0.60	左岸	清退剩余1km，修复全部
CJQZ007	湖南省	岳阳市	云溪区	窦妇矶下游	油码头	洲滩湿地	长江监利段四大家鱼国家级水产种质资源保护区	核心区	1.3	0.31	右岸	绿色化改造，进行风险管控，提出长期清退计划
CJQZ008	湖南省	岳阳市	临湘市	儒溪镇	工业	岸线陆域1km	长江新螺段白鱀豚国家级自然保护区	核心区	2.1	1.28	右岸	绿色化改造，进行风险管控，提出长期清退计划
CJQZ009	湖北省	荆州市	洪湖市	长江小区临江段	企业	洲滩湿地	长江新螺段白鱀豚国家级自然保护区	核心区	1.0	0.31	左岸	清退并修复
CJQZ010	湖北省	荆州市	洪湖市	叶家洲村	码头	洲滩湿地	长江新螺段白鱀豚国家级自然保护区	缓冲区	0.3	0.02	左岸	清退并修复
CJQZ011	湖北省	咸宁市	嘉鱼县	陆溪镇	堆场	洲滩湿地	长江新螺段白鱀豚国家级自然保护区	核心区	0.9	0.20	右岸	清退并修复
CJQZ012	湖北省	武汉市	汉南区	水一村	业主码头	洲滩湿地	长江新螺段白鱀豚国家级自然保护区	核心区	0.7	0.15	左岸	清退并修复（包括后方1km企业）
CJQZ013	湖北省	武汉市	汉南区	江上村	造船厂	洲滩湿地			1.0	0.20	左岸	清退并修复

续表 5-27

岸段编号	所在省	所在市	所在县(市、区)	岸段名称	侵占主体	侵占空间	侵占保护区	保护区类型	侵占岸线长度/km	侵占面积/km²	岸别	整治方向
CJQZ014	湖北省	武汉市	汉南区	大咀村	造船厂	洲滩湿地	长江黄石段四大家鱼国家级水产种质资源保护区		1.5	0.61	左岸	清退并修复
CJQZ015	湖北省	黄石市	阳新县	东湖村	港口	洲滩湿地		实验区	2.8	0.65	右岸	清退剩余1.5km,修复全部
CJQZ016	湖北省	黄石市	阳新县	蔡家湾	矶头山体开挖	丘陵山体破坏			1.1	0.40	右岸	修复
CJQZ017	江西省	九江市	濂溪区	杨家场村	企业	洲滩湿地	长江八里江吻鮈鳡国家级水产种质资源保护区	核心区	1.0	0.24	右岸	清退并修复
CJQZ018	江西省	九江市	湖口县	石钟山下游	企业、码头	洲滩湿地	长江八里江吻鮈鳡国家级水产种质资源保护区	核心区	1.6	0.32	右岸	清退并修复
CJQZ019	江西省	九江市	湖口县	黄茅堤	企业、码头	洲滩湿地	长江八里江吻鮈鳡国家级水产种质资源保护区	实验区	2.7	0.66	右岸	清退并修复、绿色化改造
CJQZ020	江西省	九江市	彭泽县	棉洲村	修造船厂、砂石码头	洲滩湿地	长江安庆段四大家鱼国家级水产种质资源保护区	实验区	2.1	0.46	左岸	清退并修复
CJQZ021	安徽省	安庆市	望江县	磨盘村	码头	洲滩湿地	长江安庆段四大家鱼国家级水产种质资源保护区	核心区	0.7	0.08	右岸	清退并修复
CJQZ022	江西省	九江市	彭泽县	马垱矶下游	采石场、码头及堆场	洲滩湿地	长江安庆段四大家鱼国家级水产种质资源保护区	核心区	1.0	0.15	右岸	清退并修复
CJQZ023	安徽省	池州市	东至县	牛矶村	矶头山体开挖	丘陵山体破坏	长江安庆段四大家鱼国家级水产种质资源保护区	核心区	1.2	0.50	右岸	修复
CJQZ024	安徽省	池州市	东至县	牛矶村	企业	洲滩湿地	长江安庆段四大家鱼国家级水产种质资源保护区	核心区	0.8	0.08	右岸	清退并修复
CJQZ025	安徽省	池州市	东至县	香口	小码头	洲滩湿地	长江安庆段四大家鱼国家级水产种质资源保护区	实验区	1.4	0.14	右岸	清退并修复
CJQZ026	安徽省	铜陵市	枞阳县	下龙窝	造船厂及码头	洲滩湿地			2.1	1.15	左岸	清退并修复(企业可能已关闭,未修复)

续表 5-27

岸段编号	所在省	所在市	所在县(市、区)	岸段名称	侵占主体	侵占空间	侵占保护区	保护区类型	侵占岸线长度/km	侵占面积/km²	岸别	整治方向
CJQZ027	安徽省	池州市	贵池区	扁担洲	造船厂(已清退部分)	洲滩湿地			2.1	0.83	右岸	修复(已清退造船厂)
CJQZ028	安徽省	铜陵市	枞阳县	龙堤村	造船厂	洲滩湿地			0.8	0.12	左岸	清退并修复
CJQZ029	安徽省	铜陵市	义安区	石头墩	码头	洲滩湿地			1.3	0.40	右岸	绿色化改造
CJQZ030	安徽省	芜湖市	繁昌县	荻港镇胜利场-龙窝一带	企业、码头密集带	洲滩湿地			5.0	0.60	右岸	部分清退并修复,部分绿色化整治
CJQZ031	安徽省	芜湖市	繁昌县	小龙塘	造船厂	洲滩湿地			3.3	0.66	右岸	清退并修复
CJQZ032	安徽省	芜湖市	无为县	响水沟	造船厂	洲滩湿地			2.8	0.56	左岸	清退并修复(部分已清退未修复)
CJQZ033	安徽省	马鞍山市	当涂县	水阳江入口段	造船厂	洲滩湿地			3.2	0.79	右岸	清退并修复
CJQZ034	安徽省	马鞍山市	和县	石跋河入口	企业堆场及码头	洲滩湿地			1.7	0.85	左岸	清退并修复
CJQZ035	江苏省	南京市	浦口区	驷马山引江水道口至石碛河口	造船厂	洲滩湿地	长江大胜关长吻鮠铜鱼国家级水产种质资源保护区,南京长江江豚省级自然保护区	核心区	13.5	2.71	左岸	清退2km(小营),其他未修复
CJQZ036	江苏省	南京市	江宁区	仙人矶码头	企业及码头	洲滩湿地	长江大胜关长吻鮠铜鱼国家级水产种质资源保护区,南京长江江豚省级自然保护区	实验区	0.9	0.19	右岸	清退并修复
CJQZ037	江苏省	南京市	栖霞区	八卦洲南岸	修造船厂及码头	洲滩湿地			3.8	0.75	江心洲	清退2km并修复
CJQZ038	江苏省	南京市	六合区	江心洲-兴隆洲	拦江围滩种养殖	洲滩湿地			0.5	2.13	左岸	拆除拦截坝,恢复自然河道

续表 5-27

岸段编号	所在省	所在市	所在县(市、区)	岸段名称	侵占主体	侵占空间	侵占保护区	保护区类型	侵占岸线长度/km	侵占面积/km²	岸别	整治方向
CJQZ039	江苏省	南京市	六合区	江心洲-兴隆洲	造船厂及码头	洲滩湿地			0.9	0.26	左岸	清退并修复
CJQZ040	江苏省	镇江市	丹徒区	世业洲北侧北五墩子	造船厂	洲滩湿地			0.7	0.16	江心洲	清退并修复
CJQZ041	江苏省	扬州市	邗江区	人民滩村十二组	造船厂	洲滩湿地	江苏镇江长江豚类省级自然保护区	实验区	0.2	0.07	左岸	清退并修复
CJQZ042	江苏省	镇江市	京口区	新民洲八大队	港口	洲滩湿地	江苏镇江长江豚类省级自然保护区	实验区	1.5	1.06	左岸	绿色化整治
CJQZ043	江苏省	扬州市	邗江区	三号墩子-吉江江湾	造船、船舶重工等企业	洲滩湿地	江苏镇江长江豚类省级自然保护区	实验区	5.5	2.19	左岸	清退并修复
CJQZ044	江苏省	镇江市	丹徒区	江心洲北侧	围垦种养殖	洲滩湿地	江苏镇江长江豚类省级自然保护区	实验区	6.5	1.31	江心洲	修复
CJQZ045	江苏省	镇江市	丹徒区	江心洲西南侧益平五组	造船厂	洲滩湿地			0.4	0.13	江心洲	清退并修复
CJQZ046	江苏省	镇江市	丹徒区	东还源	大型码头及堆场	洲滩湿地			0.8	0.66	左岸	清退并修复
CJQZ047	江苏省	镇江市	扬中市	二墩子村	码头、建材企业等	洲滩湿地	长江扬中段暗纹东方鲀刀鲚国家级水产种质资源保护区	实验区	1.3	0.20	江心洲	清退并修复
CJQZ048	江苏省	镇江市	扬中市	黄家墩	重工业(船舶重工)	洲滩湿地	长江扬中段暗纹东方鲀刀鲚国家级水产种质资源保护区	实验区	2.3	1.35	江心洲	清退并修复
CJQZ049	江苏省	泰州市	高港区	永安洲镇	码头及化工、船舶企业	洲滩湿地	长江扬中段暗纹东方鲀刀鲚国家级水产种质资源保护区	核心区	3.4	2.70	左岸	清退并修复

续表 5-27

岸段编号	所在省	所在市	所在县(市、区)	岸段名称	侵占主体	侵占空间	侵占保护区	保护区类型	侵占岸线长度/km	侵占面积/km²	岸别	整治方向
CJQZ050	江苏省	泰州市	高港区	西大新圩	企业及码头	洲滩湿地	长江扬中段暗纹东方鲀刀鲚国家级水产种质资源保护区	外围区	3.5	2.80	左岸	绿色化整治
CJQZ051	江苏省	泰州市	泰兴市	蔡家圩	油脂企业及码头	洲滩湿地			5.6	1.12	左岸	绿色化整治
CJQZ052	江苏省	常州市	武进区	江心洲	港口	洲滩湿地			2.1	1.05	江心洲	绿色化整治
CJQZ053	江苏省	南通市	如皋市	又来沙	重工企业	洲滩湿地	长江如皋段刀鲚国家级水产种质资源保护区	核心区	2.2	0.89	左岸	清退并修复
CJQZ054	江苏省	南通市	如皋市	二百亩村十三组	企业	洲滩湿地	长江如皋段刀鲚国家级水产种质资源保护区	实验区	1.2	0.18	左岸	清退并修复
CJQZ055	江苏省	南通市	如皋市	长青沙南岸长红滩	港口	洲滩湿地	长江如皋段刀鲚国家级水产种质资源保护区	核心区	7.3	7.34	江心洲	近期绿色化整改，长期制订清退计划
CJQZ056	江苏省	南通市	如皋市	长青沙西北岸知青十二组	造船厂	洲滩湿地	长江如皋段刀鲚国家级水产种质资源保护区	实验区	2.3	0.23	江心洲	清退并修复
CJQZ057	江苏省	南通市	如皋市	长青沙东南角	码头及企业	洲滩湿地			1.8	1.96	江心洲	近期绿色化整改，长期制订清退计划
CJQZ058	江苏省	南通市	如皋市	长青沙东北角	砂石码头与堆场	洲滩湿地			0.3	0.09	江心洲	清退并修复
CJQZ059	江苏省	苏州市	张家港市	朴口圩－九五圩	人工填江围滩	洲滩湿地、长江水域			22.1	22.14	右岸	修复、近自然化改造
CJQZ060	江苏省	苏州市	常熟市	九五圩－常浒河口	人工填江围滩	洲滩湿地、长江水域			10.4	20.73	右岸	修复、近自然化改造

注：油脂企业主要指粮油公司及加工石油生产产品的一些企业；岸别分类包括左岸、右岸、江心洲。

说明：湖北省荆州市监利县于 2020 年 6 月 16 日改为监利市，数据统计时未改，故沿用监利县；安徽省芜湖市繁昌县于 2020 年 7 月改为繁昌区，数据统计时未改，故沿用繁昌县；安徽省芜湖市无为县于 2019 年 12 月 16 日改为无为市，数据统计时未改，故沿用无为县。

表 5-28 长江经济带长江岸线重点侵蚀岸段整治区域和整治方向表

岸段编号	所在省（市）	所在市	所在县（市、区）	岸段名称	岸段长度/km	岸别（左岸、右岸、江心洲）	整治方向
CJQS001	湖北省	荆州市	松滋市	涴市	5.9	右岸	系统调查评估长江侵蚀岸段空间分布与演变规律；预测岸线侵蚀安全风险；完善岸线侵蚀与崩岸监测网络；实施重点侵蚀岸段与崩岸风险岸段在线监测工程；探索岸线崩岸风险预测与安全预警关键技术研发；推进生态化护坡护岸工程与近自然化崩岸整治工程，提升岸线安全保障能力
CJQS002	湖北省	荆州市	公安县	吴芦湾	2.2	右岸	
CJQS003	湖北省	荆州市	江陵县	江陵界—马家寨	6.5	左岸	
CJQS004	湖北省	荆州市	公安县	胡家老洲—五份沟	11.4	右岸	
CJQS005	湖北省	荆州市	石首市	鲁家台—茅草堡	4.5	左岸	
CJQS006	湖北省	荆州市	石首市	笔架山—新洲村	6.5	右岸	
CJQS007	湖北省	荆州市	石首市	鱼尾洲村—北碾子湾	9.4	左岸	
CJQS008	湖北省	荆州市	石首市	保河堂—沙咀村	9.1	右岸	
CJQS009	湖北省	荆州市	石首市	连城垸—中洲村	3.9	左岸	
CJQS010	湖北省	荆州市	监利县	临江村—复兴村	5.3	左岸	
CJQS011	湖南省	岳阳市	君山区	新垸子—长沟子	4.2	右岸	
CJQS012	湖北省	荆州市	监利县	潘杨村—梁家门	5.4	左岸	
CJQS013	湖南省	岳阳市	君山区	七弓岭—上泥滩	7.2	右岸	
CJQS014	湖南省	岳阳市	临湘市	蓂洲—潭子湾	4.5	右岸	
CJQS015	湖北省	荆州市	洪湖市	中洲（柴民村）	6.2	左岸	
CJQS016	湖北省	咸宁市	嘉鱼县	潘家湾镇下游	5.7	右岸	
CJQS017	湖北省	荆州市	洪湖市	后胡家湾—新沟村	4.2	左岸	
CJQS018	湖北省	武汉市	江夏区	沙堡村—下沙湖	4.9	右岸	
CJQS019	湖北省	武汉市	新洲区	阳逻港	3.7	左岸	
CJQS020	湖北省	黄冈市	黄州区	江咀村	3.3	左岸	
CJQS021	湖北省	黄石市	西塞山区	沙洲	2.6	江心洲左缘	
CJQS022	安徽省	安庆市	宿松县	王洲村	5.3	左岸	
CJQS023	安徽省	安庆市	望江县	何家村—莲洲乡	3.5	左岸	
CJQS024	安徽省	安庆市	怀宁县	保婴圩—跃进圩	6.0	左岸	
CJQS025	安徽省	安庆市	大观区	新洲乡（江心洲左缘）	6.1	江心洲左缘	
CJQS026	安徽省	池州市	贵池区	乌沙镇烟墩山—江洲村	5.7	右岸	
CJQS027	安徽省	铜陵市	枞阳县	凤凰洲（大洲尾）	3.7	江心洲	
CJQS028	安徽省	芜湖市	无为县	刘渡镇—上八号	9.0	左岸	
CJQS029	安徽省	芜湖市	繁昌县	小洲乡	3.9	右岸	
CJQS030	江苏省	南京市	江宁区	和尚港—铜井河口	4.3	右岸	
CJQS031	江苏省	南京市	浦口区	七坝	4.6	左岸	
CJQS032	江苏省	南京市	六合区	长芦街道张庄—吴庄	5.5	左岸	
CJQS033	江苏省	南京市	栖霞区	太子洲—三江口	3.6	右岸	
CJQS034	江苏省	扬州市	邗江区	六圩乡（京杭运河河口）	10.1	左岸	
CJQS035	江苏省	扬州市	江都区	金家湾（河口）—嘶马	7.3	左岸	

第三篇
科技创新篇

本篇主要阐述了光纤监测技术、高光谱技术和地球关键带监测技术在长江经济带地面沉降、地裂缝、崩岸、水土污染、土地利用变化及各圈层多要素物质组分迁移转化等方面的技术研发与应用示范。此外，创新应用冲积扇成因理论和钻孔联合相剖面对比法，并结合夷平面和河流阶地特征等分析开展了长江续接贯通与演化研究，提出了新的认识，初步解开了长江起源与演化的"世纪谜题"。

第六章　长江经济带光纤监测技术与应用示范

本章主要阐述了光纤监测技术在长江经济带尤其是长三角地区地面沉降、地裂缝和崩岸等方面的应用示范。地面沉降和地裂缝光纤监测示范是在2008—2015年开展的专题研究的延续,基本目标是利用分布式光纤监测技术对长江三角洲经济区的地面沉降和地裂缝进行长期监测(施斌,2017;张诚成等,2019;施斌等,2019;Jiang et al.,2019),进一步阐明其发展规律和趋势,并开展水位水分场、地下水咸化、崩岸等光纤监测技术探索。近3年来主要工作内容包括以下4个方面。

(1)对已经建立的地面沉降和地裂缝光纤监测示范点进行持续监测,同时结合地方需求新建了5个多功能光纤地面沉降或地裂缝监测点。

(2)利用地面沉降监测钻孔进行水位水分场监测,利用新研发的内加热光缆水位水分场监测技术,对地面沉降监测钻孔中的水位和水分场变化展开长期监测,实现土体变形与水位、水分场变化的同步监测。

(3)进行地下水咸化光纤监测技术探索,具体为:采用准分布式的布拉格光纤光栅(简称FBG)光纤监测技术,利用海水入侵时地下水中NaCl的浓度变化,引起光纤纤芯与海水介质间产生不同渐逝波和折射率的特性,通过在折射率与水中NaCl浓度变化间建立关系,研制了适用于地下水咸化室内测试和现场监测的传感器。

(4)长江崩岸光纤监测示范研究系针对近年长江中下游崩岸高发、损失严重的状况而开展的新的示范研究,依据崩岸的特点同时开展了崩岸段侵蚀传感器研发,对传感器与土体耦合变形进行评价,建立了崩岸光纤监测示范基地1处(监测点11个)。

迄今为止,研发了4个大类14种光纤传感器(表6-1),创新建立光纤监测土层变形技术体系,形成光纤监测技术产业链,相关技术已广泛应用至美、英等国,推进了地面沉降、地裂缝和崩岸等土层变形光纤监测科技进步。在长江经济带下游长三角地区创新建立了无锡杨墅里、江阴四房巷、苏州盛泽、宁波市等19个地面沉降和地裂缝光纤监测示范点,长江沿江扬中指南村等12个岸线稳定性监测示范点,初步打造了长江经济带长三角经济区崩岸、地裂缝和地面沉降光纤示范监测网(图6-1),在地面沉降、地裂缝和崩岸光纤监测方面取得显著进展。编制的《地面沉降和地裂缝光纤监测规程》丰富和发展了地面沉降理论,相关成果也被收入中国地质调查局编制的《中国地质调查百项理论》和《中国地质调查百项技术》中(姜月华等,2016)。

表6-1　4个大类14种光纤传感器(缆)一览表

大类	品名	用途
地质体变形类	低弹模应变传感光缆	浅部软土变形测量
	外定点应变传感光缆	钻孔地面沉降及地裂缝监测
	内定点应变传感光缆	深部钻孔变形监测
	高强钢绞线式应变传感光缆	基岩及深部岩土体变形监测
地热场类	FRP加筋温度传感光缆	腐蚀环境长期地热场监测
	高温传感光缆	深部地热场监测
	应变复合类温度传感缆	温度变形一体化监测
	高功率加热类温度传感光缆	浅层地热能评价

续表 6-1

大类	品名	用途
水分渗流类	碳纤维内加热光缆	土壤含水率及渗流监测
	内加热光纤水分探测管	土壤含水率精细化测量
	密集分布式水分探测缆	含水率及水分自动化监测
点式光栅类	长标距位移传感器串	浅层钻孔大变形监测
	金属毛细管温度串	浅层地热场高精监测
	渗压计和液位计	地下水水位监测

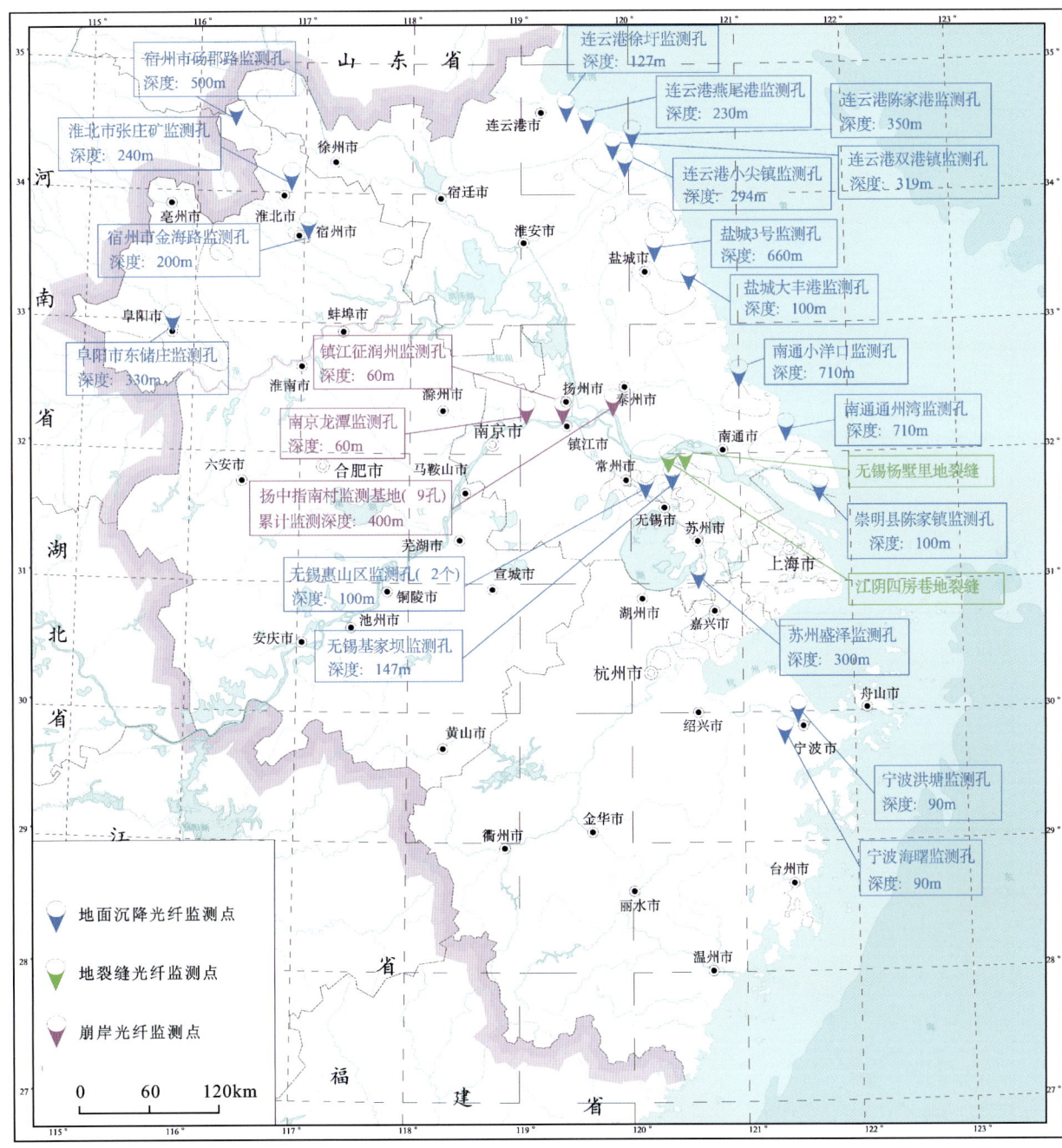

图 6-1 长江三角洲经济区地面沉降、地裂缝和崩岸监测点分布图

第一节　长江崩岸光纤监测

长江三峡蓄水以来,长江中下游因水沙条件变化和岸坡地质结构等因素大型崩岸特别是窝崩的发生数量明显呈增加趋势(图6-2)。崩岸危害日益严重,如扬中指南村崩岸(岸线崩塌540m,坍失主江堤440m,最大进深190m,坍失房屋9户,涵洞1座,土地146亩),已投入岸带窝崩整治修复工作费用超过4亿元。目前,岸带窝崩机理尚未查清,据此开展了龙潭、镇江、扬中指南村等崩岸段光纤监测基地建设(地下水分层监测井位置3个、监测孔8个,光纤监测孔位置4个、监测孔9个,坝体变形监测线1.2km(图6-3、图6-4、表6-2),进行土体变形、地下水-江水转换关系及地下水渗流模拟研究,实现

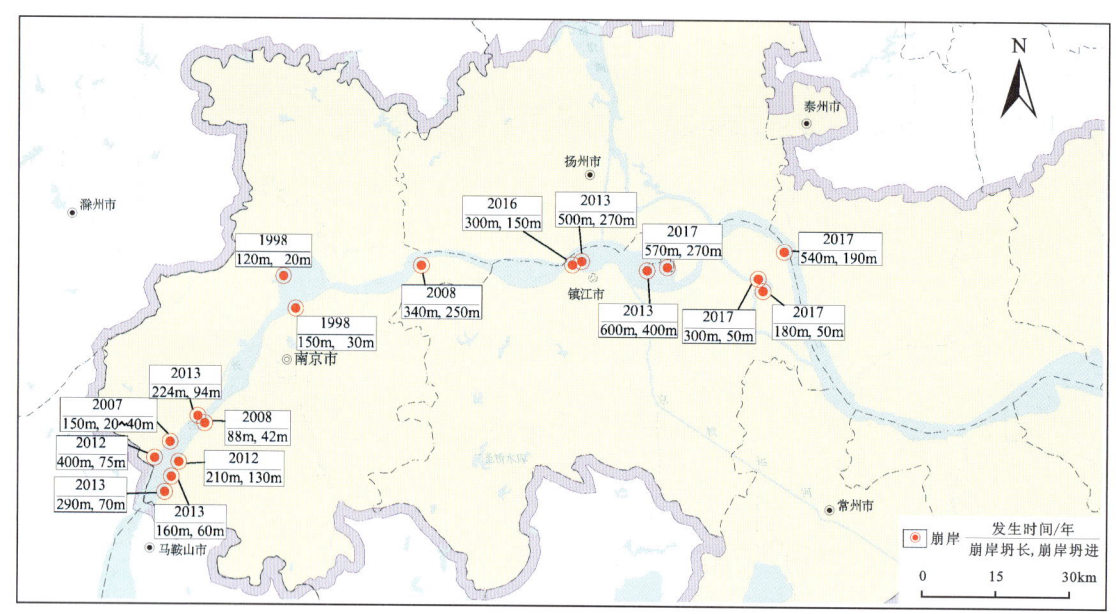

图6-2　长江下游宁镇扬江岸段近20年大型崩岸分布图

图6-3　长江经济带崩岸稳定性监测示范基地位置图

崩岸段土体形变长期动态监测,探究崩岸发育特征及其形成机制,以提出预防措施和建议,并对坝体变形进行监测,进一步巩固岸线监测体系,为指南村崩岸段整治保护提供支撑。

图6-4　长江经济带崩岸光纤监测示范基地

表6-2　扬中指南村监测基地

监测孔类型	监测孔(线)编号	孔深(或线长)/m	监测内容
沉降变形渗流监测	WD1	79.4	崩岸岩土体竖向变形监测、岩土体水分场和渗流场监测
	WD2	81.5	
	WD3	80	
	WD4	80	
水平位移监测	CX1	26.5	崩岸岩土体水平位移监测
	CX2	18	
	CX3	27.5	
侵蚀监测	QS1(WD2)	4	土体侵蚀监测
	QS2(WD4)	4	
应变监测	L01(贴于坝体)	1200	坝体变形

图6-5中坝体外侧WD3和WD4钻孔布设土体侵蚀、水分场、渗流场和岩土体沉降变形监测,孔深约80m;坝体内侧WD1和WD2钻孔布设水分场、渗流场监测,孔深约80m;坝体内侧CX1和CX2钻孔布设岩土体水平位移监测,孔深约30m;另外沿坝体布设坝体变形监测,监测坝体长度1.5km。

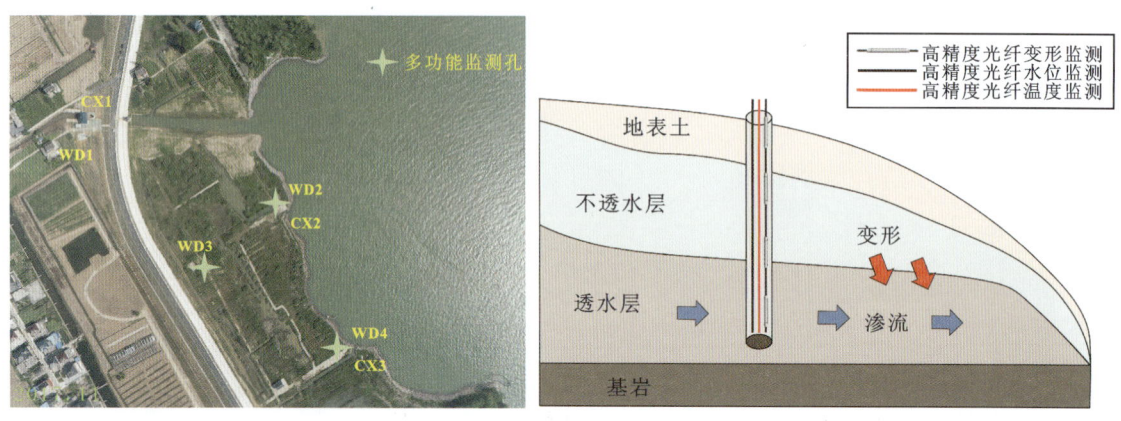

图6-5 光纤监测点示意图

一、沉降变形监测

1. 监测传感器

定点密集分布式应变感测光缆、密集分布式温度感测光缆采用独特内定点设计实现空间非连续非均匀应变分段测量,具有良好的机械性能和抗拉压性能,能抵御各种恶劣工况环境。选择1m测点间距,分辨精度为0.01mm/m。密集分布式温度感测光缆实物如图6-6所示。

图6-6 密集分布式温度感测光缆

非金属高强密集分布式温度感测光缆采用两层非金属加筋丝,增加整根光缆的抗拉强度,光纤外围采用高强度PBT松套管保护,管内填充高润滑性油膏,松套管外部设计一圈阻水层阻止水分进入。光缆全部采用非金属加强件设计,具有极高的绝缘性,适用于电力、高磁场、混凝土结构环境温度监测。光缆实物和技术参数如图6-7所示。

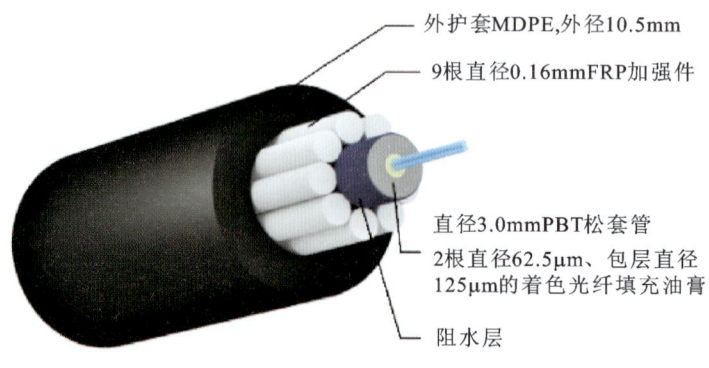

图6-7 非金属高强密集分布式温度感测光缆实物图及技术参数

2. 监测原理

采用密集分布式应变感测技术进行地层变形与温度监测,在钻孔中布设一条密集分布式定点应变感测光缆和一条密集分布式温度感测光缆,可实现对地层变形与温度的长期实时监测。当地层发生压缩或隆起变形时,可测得各土层的应变分布;通过不同地层分段积分即可计算出各土层变形量;以钻孔底部为不动点时,可计算出整个钻孔的累计沉降量。钻孔直径应不小于130mm,竖向变形监测深度为80m,共布设2个测点,布设示意如图6-8所示。

3. 施工工艺

(1)首先,将两根感测光缆形成"U"形回路,用扎带、扎丝和布基胶带将感测光缆固定在导头内部;最后,套入导头套筒,接上导头尾部导管,完成导头组装(图6-9)。

(2)将固定好的感测光缆、钢丝绳、配重导头放入钻孔内部,缓慢下放。下放时,只能让钢丝绳受力,不能让感测光缆受力,同时应保证光缆挺直。在下放过程中每间隔2~3m用小扎带将感测光缆绑扎成一股。

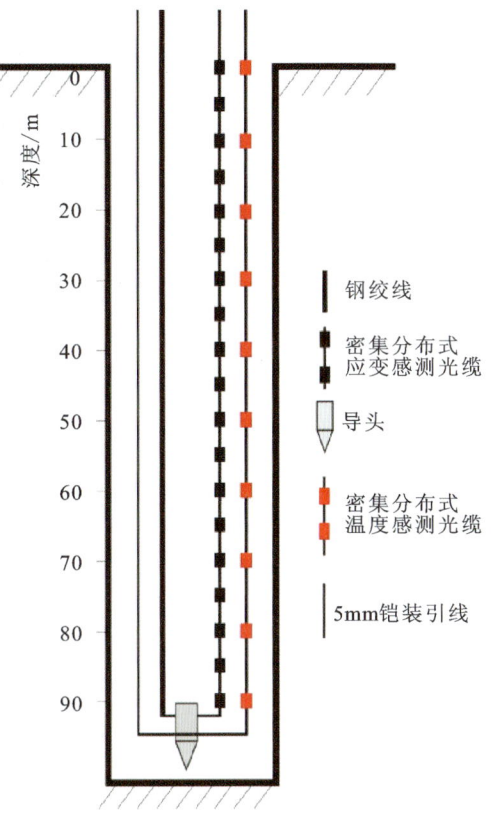

图6-8 传感器布设方案

图6-9 感测光缆熔接和导头组装

(3)进行光缆固定和初步检测,待光缆下放到底部后,立刻固定钢丝绳,拉紧光缆,并固定在井架上,固定后使用仪器对光缆进行检测(图6-10)。

图6-10 光缆固定

(4) 钻孔内回填料以中砂为主,可配合少量黏土球,回填材料应事先调配混合均匀,避免在回填时,黏土球聚集发生堵孔现象。钻孔深度不大、回填量少、回填时间较短时,采用少量多次的方法回填封孔,避免孔口堵死、钻孔内回填不密实(图6-11)。

图6-11 钻孔回填

二、土体水平位移监测

1. 监测传感器

密集分布式光纤测斜管主要由0.9mm紧包护套密集分布式光纤光栅点串、高强ABS测斜管以及测斜管连接件和堵头等组成,仪器结构如图6-12所示,可实现0.1mm/m的水平位移监测分辨精度。密集分布式光纤测斜管实物如图6-13所示。

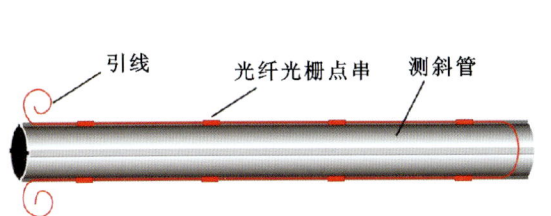
图 6-12 密集分布式光纤测斜管结构图

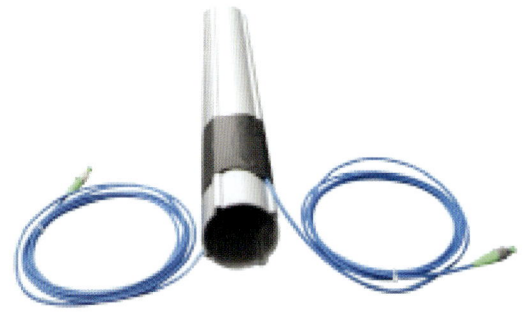
图 6-13 密集分布式光纤测斜管实物图

2. 监测原理

通过密集分布式技术可测到测斜管不同方位的应变分布,在测斜管受侧向土压力作用而发生弯曲变形后,测斜管的迎土面和背土面发生拉应变或压应变,拉应变、压应变可以通过预埋在其中的传感光纤测得,从而计算边坡水平向发生的位移(图 6-14)。密集分布式光纤测斜管,监测点位间距为每米 1 对光纤光栅点,每节测斜管 4 对测点,设计监测深度为 30m,共布设 2 个测点。测斜管计算原理如图 6-15 所示。

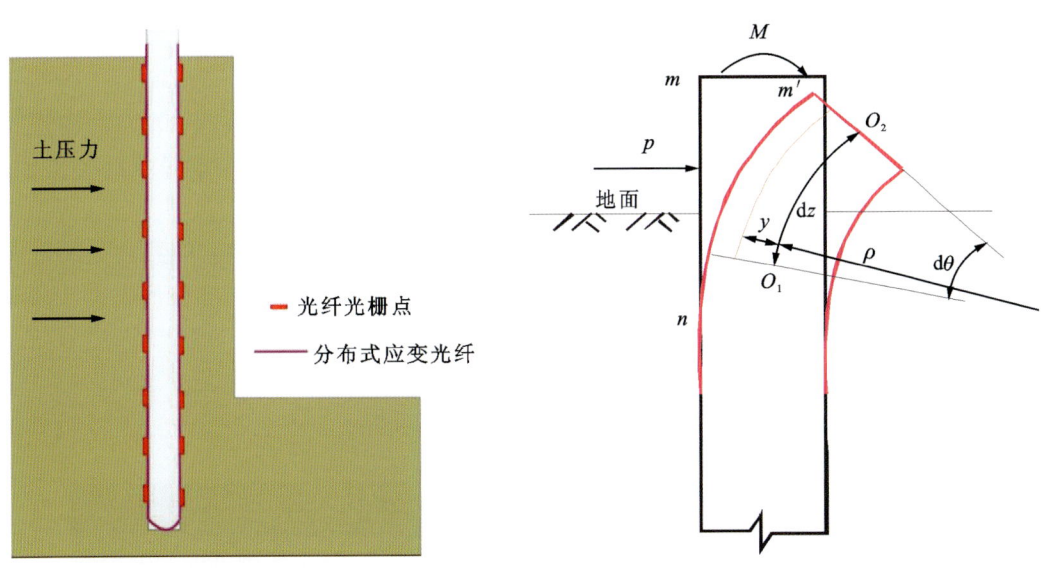

图 6-14 监测示意图　　　　　图 6-15 计算原理图

测斜管发生弯曲变形时,管身的变形值可以由预埋的传感光纤测得。设 $\varepsilon_1(z)$ 和 $\varepsilon_2(z)$ 为在水平荷载方向上对称分布的两条传感光纤在深度 z 处的应变测试值,则弯曲应变 $\varepsilon_m(z)$ 值为:

$$\varepsilon_m(z) = \frac{(\varepsilon_1 - \varepsilon_2)}{2} \tag{6-1}$$

假设管底不发生位移,并对挠度进行积分,则得到挠度的积分方程,如式(6-2)所示,即所监测水平位移为相对于管底的变形。

$$v(z) = \int_H^z \int_H^z \frac{\varepsilon_m(z)}{y(z)} \mathrm{d}z \mathrm{d}z \tag{6-2}$$

式中,H 为测斜管的埋深。

3. 施工工艺

密集分布式光纤测斜管通过钻孔方式布设,分节下放,中间刚性连接。测斜管监测要求测斜管底部打入基岩,视为不动点,钻孔孔径要求不小于110mm,测斜管下放完成后,利用微膨胀性回填料或注浆进行封孔,使测斜管与堆体协同变形。光纤光栅测斜管测试分辨率为0.1mm/m。

(1)做方向标记:在孔口做方向标记,标识岩土体监测的移动方向,在下放传感器过程中,保持传感器监测方向与边坡待测方向一致。

(2)底节测斜管定位和固定:在测斜管上确定好对称的光栅点位,确保栅点在设计点位处,打磨处理测斜管表面后用502胶再将光缆固定在测斜管上(图6-16)。

图6-16 底节光缆固定

(3)光缆布设:测斜管底部光缆固定后,沿着测斜管设计导槽布设光缆,从该节顶部将栅点应变预拉至设计值。预拉完成后,用快干胶将光缆在测斜管顶部固定,并在栅区位置涂刷导热硅胶保护,防止栅点因不均匀受力发生"啁啾"。

(4)涂刷环氧树脂胶:光缆布设固定完毕后,沿着光缆布设线路涂刷环氧树脂胶,将光缆全面固定在测斜管表面导槽内,使光缆与测斜管变形完全耦合,同时环氧树脂胶对光缆起到保护作用。环氧树脂涂刷完毕后,沿布设线路覆盖一层布基胶带对线路进一步保护。

(5)测斜管下放:将测斜管按照上面光缆布设安装方式和连接方式依次完成安装(图6-17)。每组装好一节即进行下放,上一节下放至孔内后,即进行下一节测斜管布设安装。

图6-17 测斜管下放

(6)回填封孔:回填时应缓慢投入砂土,并轻轻摇晃测斜管,使砂土充分填充。若孔较深,可采用多次回填,确保最终孔内填实(图6-18)。

图6-18　测斜孔回填

(7)光纤测斜孔的保护(图6-19):将光纤冗余引线盘好,在测斜管外部套入大号的PVC套管进行保护。

图6-19　PVC套管保护

三、坝体变形监测

1. 监测传感器

定点密集分布式应变感测光缆(NZS-DDS-C03)采用独特内定点设计实现空间非连续非均匀应变分段测量,施工便捷,同时能抵御各种恶劣工况环境。光缆实物和技术参数如图6-20所示,本次监测光缆定点间距为5m。

性能特点及技术参数

参数类型	纤芯数量	光缆直径	定点点距	变形范围	弯曲恢复系数	抗拉强度
参数值	1根	光缆5mm、定点8mm	≥50mm	±2%	>97%	>0.8kN

图6-20 定点密集分布式应变感测光缆及技术参数

2. 监测原理

本方案坡表位移监测拟采用沿大坝走向水平布设一条定点密集分布式应变感测光缆,使光缆与坝体耦合变形,布设采用定制夹具固定的方式安装,设计布设长度为1.5km,光缆布设位置如图6-21所示。当坝体某处发生局部变形时,坝体会与应变光缆同步拉伸或压缩,通过监测应变感测光缆变形情况来监测变体变形情况,实现及时对坝体安全进行预警。

3. 施工工艺

坝体变形利用定点密集分布式应变感测光缆进行监测,根据定点光缆特性,沿坝体走向将定点光缆固定在坝体混凝土表面上,使其与坝体变形耦合。为保证光缆不受破坏,需将光缆用保护罩覆盖,夹具及保护罩安装施工如图6-22所示。

图6-21 光缆布设

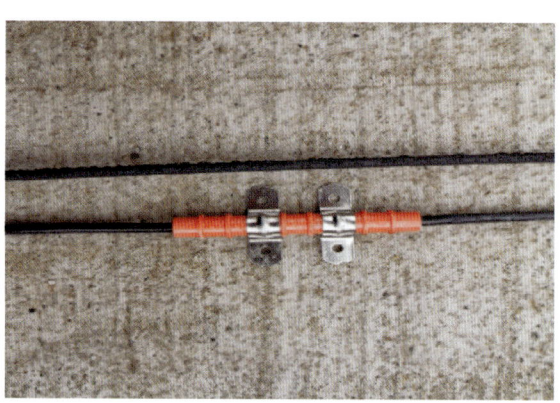

图6-22 光缆固定

四、岩土体水分场与渗流场监测

1. 监测传感器

密集分布式内加热温度感测光缆(NZS-DDS-C04)(图6-23)测试水分场和渗流场是基于热耗散原理,利用升温过程中的温度特征值与渗流速度之间的关系测定土中的水分场和渗流场,因此水分场和渗流场测试传感器需具备自加热功能。特点为:具缆式结构,用绝缘材料封装,含水率测点间距为1m,可实现2km范围内的含水率分布式测量。

参数类型	参数值
直径	5mm
测试距离	≤2km
最大测点数量	≥100个
温度特征值	≥5℃
含水率测试精度	<2%
加热功率	≥8W/m
安装方式	沟槽、钻孔

图 6-23 密集分布式内加热温度感测光缆及技术参数

2. 监测原理

埋设于崩岸岩土体内具有内加热功能的铜网内加热温度感测光缆在恒定电流作用下,根据欧姆定律,可以额定功率产生热量,铜网内加热光缆被加热后对周围岩土体发散热量,铜网内加热光缆以及周围的岩土体也被加热至一定温度。岩土体的导热特性与其渗流场和水分场存在密切的关系,渗流能够将岩土体中的热量吸收并带走,使岩土体降温,降温的程度与渗流速率呈正线性关系,所以通过监测铜网内加热光缆及周围岩土体的温度即可实现岩土体内水分场和渗流场监测(图 6-24)。

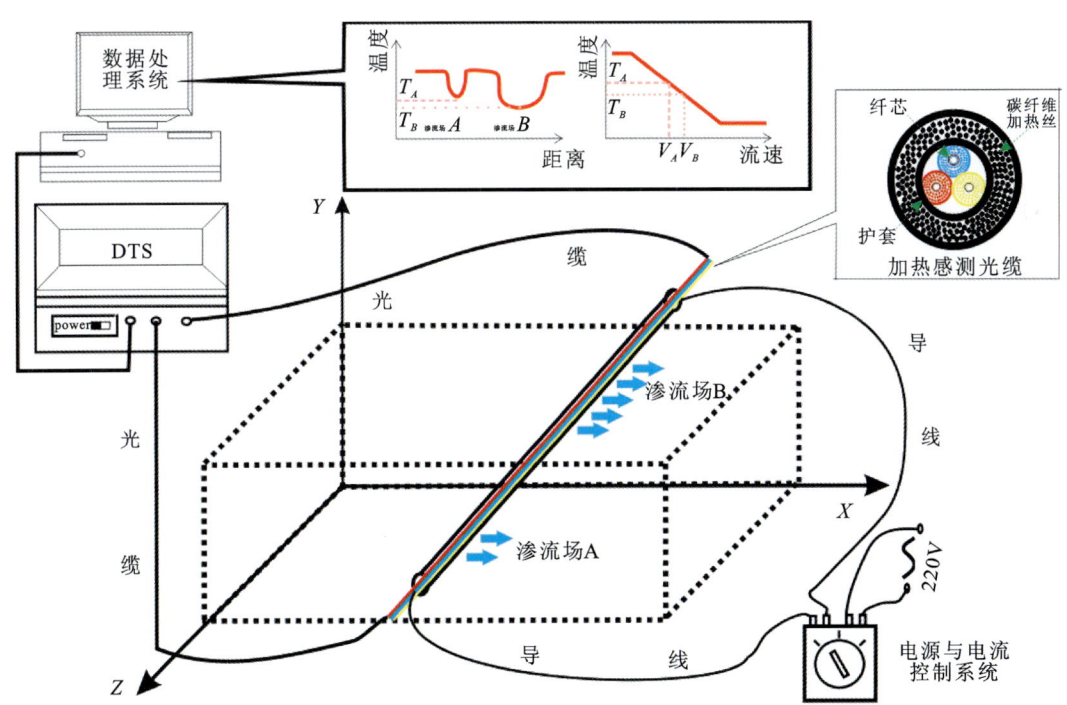

图 6-24 密集分布式内加热温度感测光缆监测原理图

水分场和渗流场监测在坝体内外侧各布设2个测点,监测深度为80m。水分场和渗流场监测采用钻孔下放工艺安装,将铜网内加热温度感测光缆植入孔中,通过对光缆进行电加热,即可以分布式地获取感测光缆监测区段内水分场和渗流场信息。

3. 施工工艺

铜网内加热温度感测光缆通过钻孔下放，下放工艺与岩土体竖向变形监测安装过程相同。

五、土体侵蚀监测

1. 监测传感器

土体侵蚀采用密集分布式内加热温度感测光缆（NZS-DDS-C04）进行监测（图6-23），该光缆采用铜网编制层作为加热功率，阻值小，可加热距离长。为增加监测空间分辨率，将密集分布式传感光缆螺旋缠绕至直径为5cm的PVC管外壁，可将土体侵蚀监测空间分辨率增加至3cm。

2. 监测原理

监测传感器采用钻孔下放的方式安装，将密集分布式内加热温度感测光缆螺旋缠绕至直径为5cm的PVC管上（图6-25），通过对传感光缆进行加热，可测试得到沿监测传感器不同埋深的温度场分布，通过不同介质的导热系数不同即可实现土体侵蚀监测。本次设计坝体外侧布设2个土体侵蚀监测测点，土体侵蚀监测深度为4m，施工密集分布式内加热温度感测光缆长度为150m。

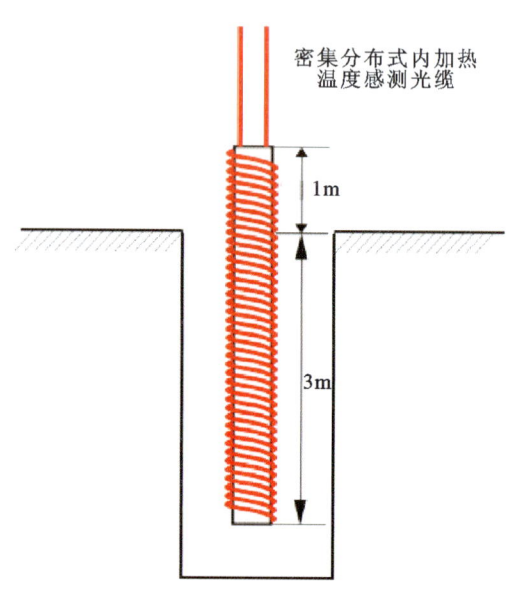

图6-25 土体侵蚀监测传感器布设安装方式

六、监测结果

1. 沉降变形监测

结合前期物探、钻探资料布设崩岸段光纤监测方案，将WD1、WD2、WD3和WD4布设在疑似地下有强渗流带处，观察光纤监测技术测得的形变数据（图6-26）。

结合地质背景资料、高密度电法资料，发现崩岸段存在促进崩岸发生的强渗流带，其深度为17~33m。该渗流带穿过WD1、WD2和WD4光纤监测点所在的位置，WD3在该渗流带外。因此，推测强渗流带的位置如图6-27、图6-28所示（标黄）。

2. 水平位移监测

水平位移监测主要监测岩土体水平位移，防止崩岸段再次发生崩岸险情。监测（图6-29）显示，崩岸段堤内水平位移10m深度处发生错动，堤外水平位移错动处的深度分别为10m和20m。水平位移错动深度由堤内向堤外逐渐变深，显示了滑动面有向江内滑动的倾向。

3. 水分场和土体侵蚀监测结果

蚀测孔1号位置显示，地下水水位约为2.7m，包气带水位约为0.6m。蚀测孔2号位置显示，地下水水位为3.2m，包气带水位约为1.1m（图6-30）。

蚀测孔1号的地下水水位和包气带水位均高于蚀测孔2号，显示了地下水渗流的大致方向（与江水流动方向一致）。由于淤泥、水及空气导热性的不同，测管在加热后，在3种介质中会出现温度差异，通过对比分析从而确定淤泥-空气、淤泥-水与水-空气的分界面。通过多期深度-温差曲线的对比分析，可测得江岸地层侵蚀情况。

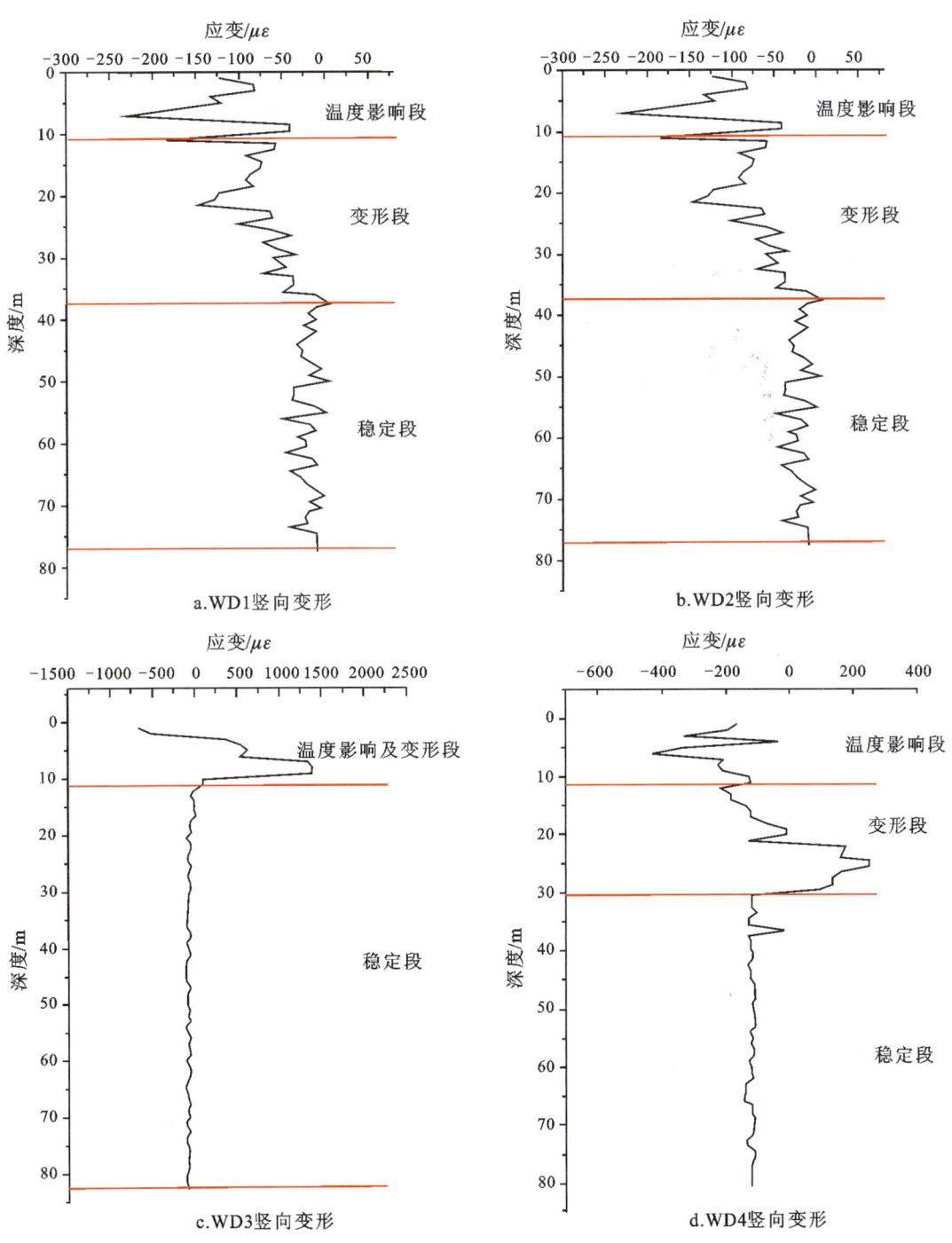

图 6-26　光纤监测竖向形变数据

图 6-27 结合物探推测渗流带位置俯视图

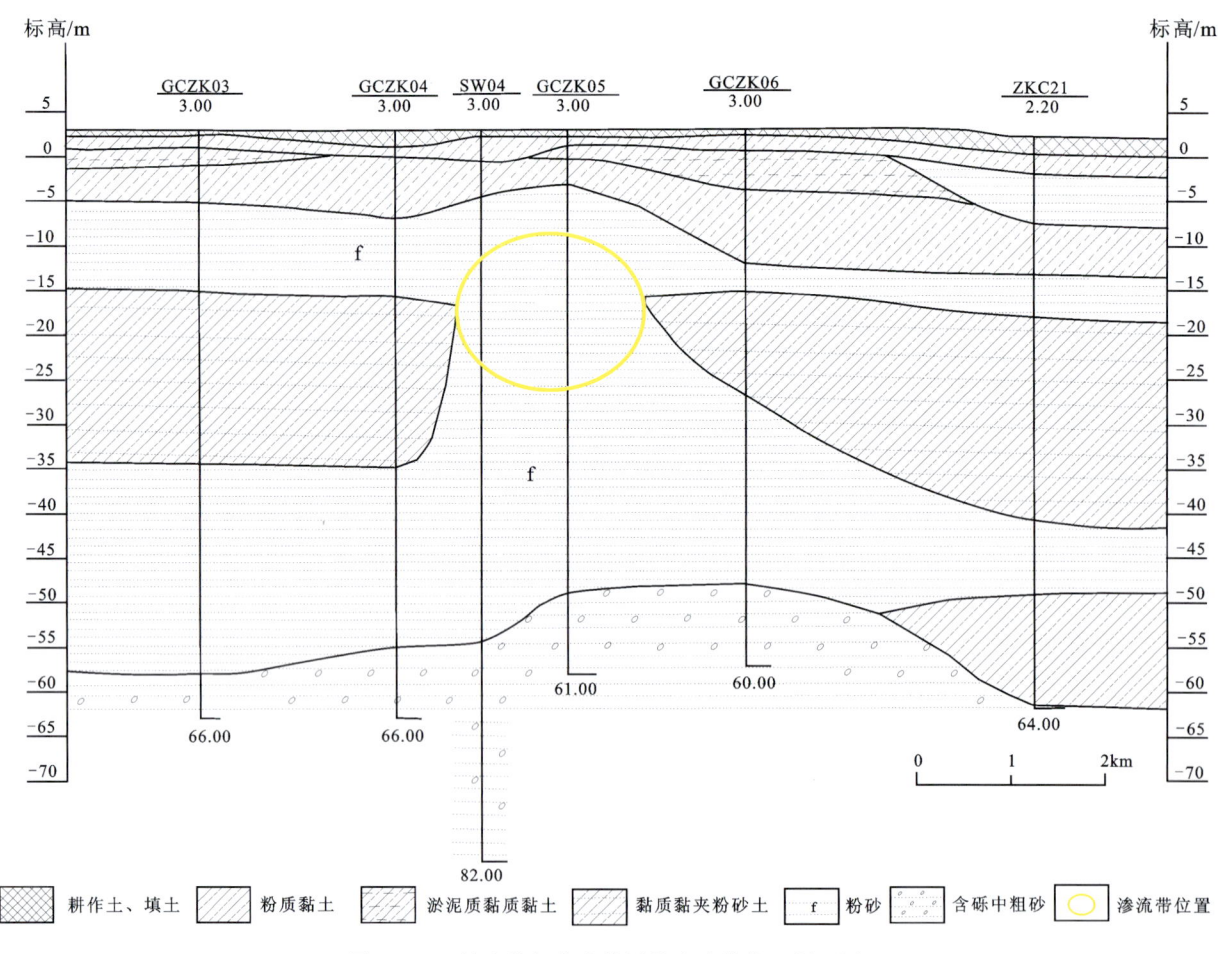

图 6-28 结合钻探技术推测的渗流带位置剖面图

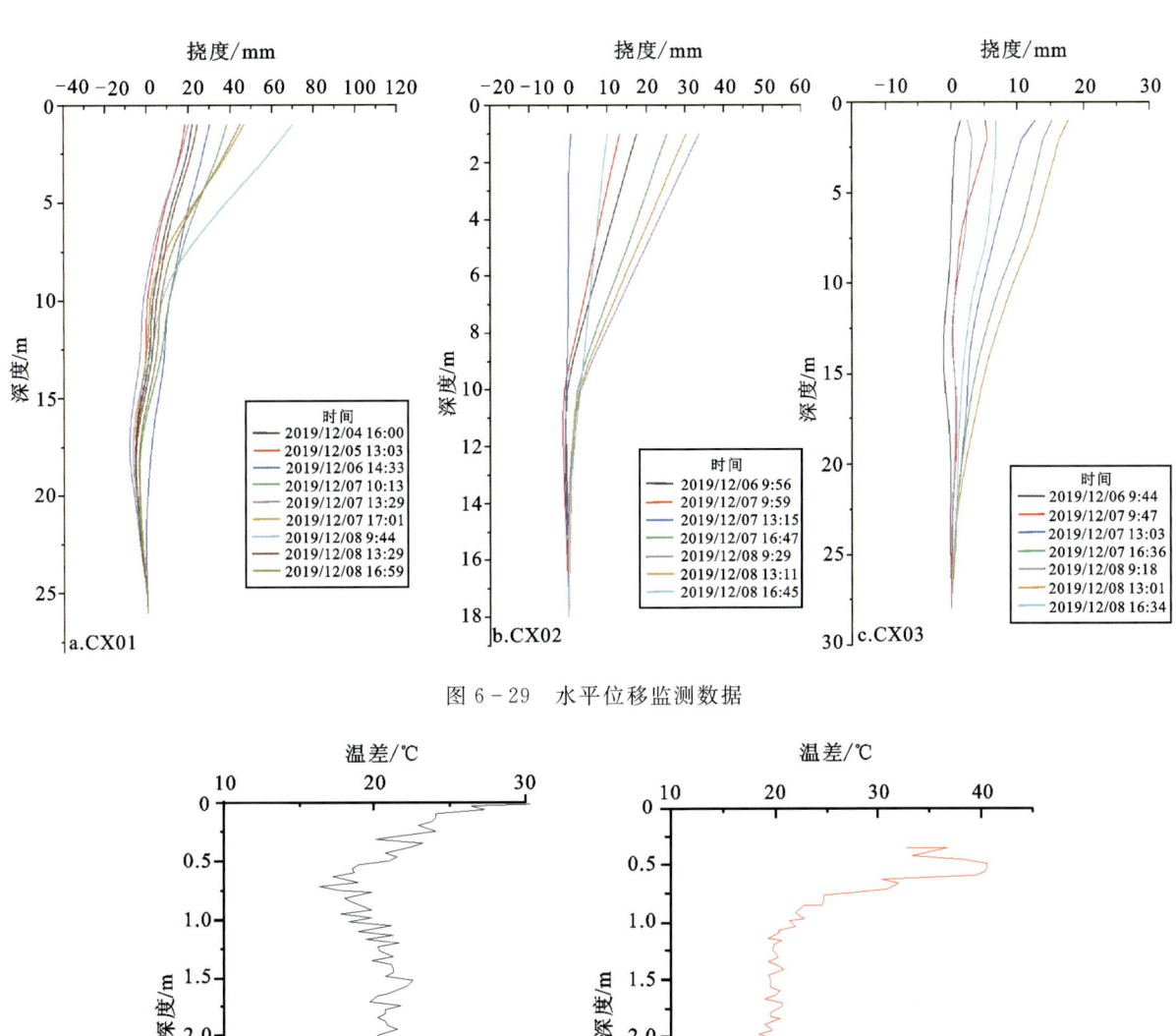

图 6-29 水平位移监测数据

图 6-30 蚀测孔深度-温差曲线

4. 堤坝监测结果

利用长距离堤防安全分布式光纤监控技术，自 2020 年 7 月起对新建的堤防进行坝体形变、岸坡形变、地下水渗流（图 6-31）、潜水位监测（图 6-32）。监测坝体长 1.2km，监测空间分辨率为 5m，测试精度为 0.1mm/m；岸坡垂向形变和内部渗流监测范围为 0～80m，监测空间分辨率为 1m，形变测试精度为 0.1mm/m；岸坡水平形变监测范围为 0～30m，监测空间分辨率为 1m，测试精度为 0.1mm/m；水位变化监测范围为 0～4m，监测空间分辨率为 0.03m。监控系统每 10min 自动采集一次数据并远程实时发送至监控中心，实现了长距离堤防的光纤实时、高精度、多参量监控（图 6-32）。

a.坝体变形监测结果

b.地下渗流监测结果

c.岸坡垂直变形监测结果

d.岸坡水平变形监测结果

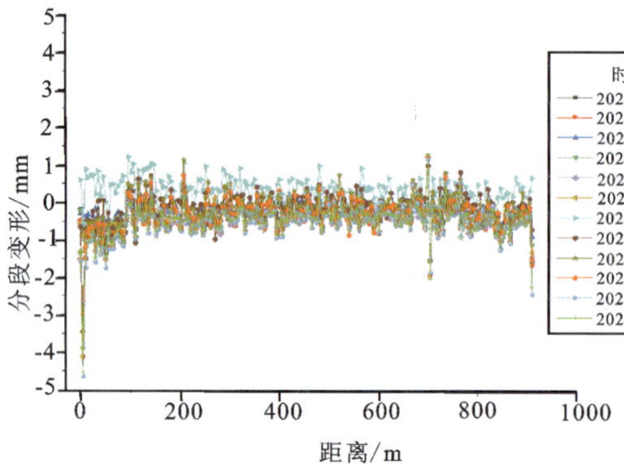

图 6-31　指南村堤防光纤坝体形变、岸坡形变、地下水渗流监测结果

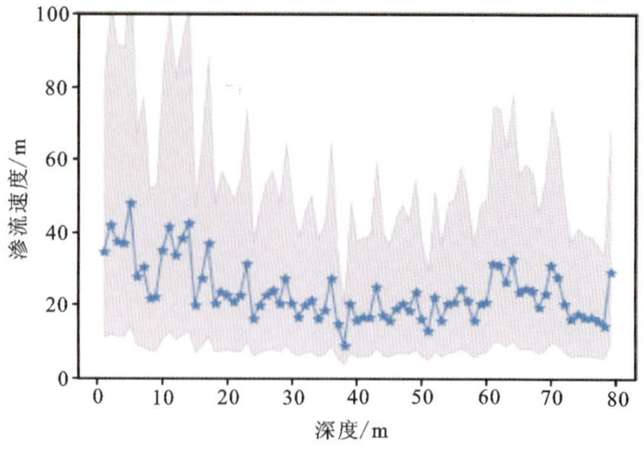

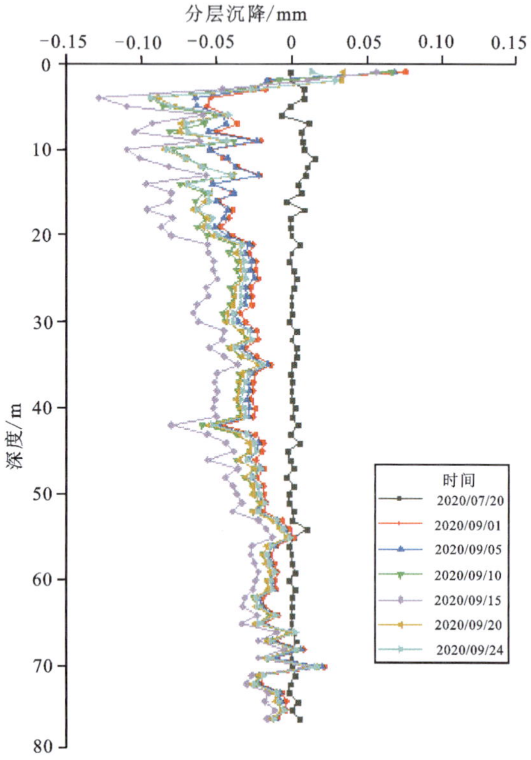

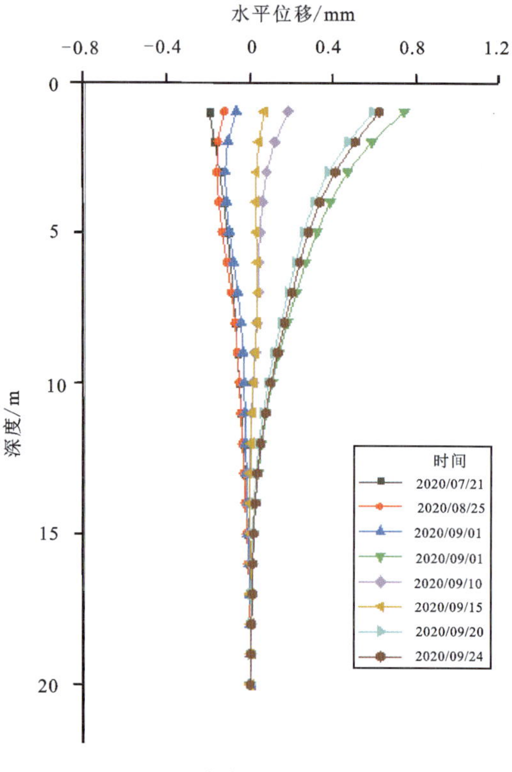

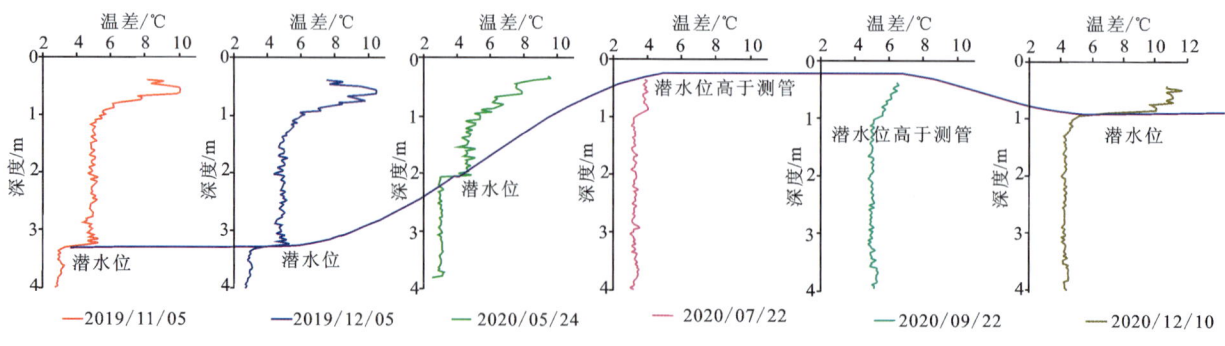

图 6-32　指南村堤防光纤潜水位监测结果

监测结果表明,坝体总体稳定,局部因热胀冷缩形成了坝体微裂缝;堤防所在区域地下水渗流速度存在显著差异,总体浅部(0~20m)和深部(60~80m)渗流速度较大,而中间层位较小;水位的变化引起了堤防浅部土体的固结沉降,监测期内累计沉降了4mm;堤防水平向形变小于0.8mm,整体较稳定;水位测管准确获取了潜水位的变化情况,与常规观测结果一致。该堤防总体稳定,但局部仍有不可忽视的形变存在,需要加强监测和预警。

第二节 地面沉降和地裂缝光纤监测

长三角经济区已建成有效的地面沉降监测点包括苏州盛泽地面沉降钻孔、上海崇明区陈家镇地面沉降钻孔、无锡惠山1号地面沉降钻孔、无锡惠山2号地面沉降钻孔、宁波海曙1号地面沉降钻孔、宁波洪塘2号地面沉降钻孔。已建成有效的地裂缝监测点包括无锡杨墅里地裂缝监测点、江阴四房巷地裂缝监测点,其中2019年修复了江阴四房巷地裂缝监测点。近年地面沉降与地裂缝数据采集时间见表6-3。

表6-3 长江经济区钻孔与地裂缝数据2018—2020年采集时间表

监测点		2018年			2019年			2020年		
		10月	11月	12月	4月	7月	11月	7月	9月	11月
地面沉降	苏州盛泽钻孔	10/09		12/21	04/14	07/24	11/23	07/29	09/19	11/13
	上海崇明区陈家镇钻孔		11/13		04/13	07/24	10/26	07/28	09/20	11/14
	无锡惠山1号钻孔		11/13		04/13	07/23	11/24	07/30	09/19	11/13
	无锡惠山2号钻孔		11/13		04/13	07/23	11/24	07/30	09/19	11/13
	宁波海曙1号钻孔	10/12		12/20	04/15	07/25	11/23	07/30	09/19	11/13
	宁波洪塘2号钻孔	10/12		12/21	04/15	07/25	11/23	07/30	09/19	11/13
地裂缝	无锡杨墅里监测点			12/21	04/13	07/23	11/24			12/09
	江阴四房巷监测点	破坏			破坏	*07/26	11/24			

注:* 四房巷地裂缝监测点于2019年7月修复。

一、苏州盛泽地面沉降钻孔

苏州盛泽地面沉降分布式光纤监测点建于盛泽中学,位于苏州市吴江区,于2012年建成。该地面沉降分布式光纤监测点紧邻江苏省自然资源厅建立的苏锡常地区地面沉降预警预报系统工程苏州盛泽分层标。

2012年12月对该监测孔进行初值采集,并将该数据作为应变的初始基准值。数据采集周期如表6-4所示,监测周期为1~2个月。2018年度采集了3期数据,2019年采集了2期数据。截至目前,该钻孔已采集数据35期。

监测点的原状土钻孔编录所得0~200m地层分布情况如图6-33所示。根据埋藏条件,含水层自上而下分为4个:①潜水(上更新统—全新统,$Qp^3—Qhs$);②第Ⅰ承压含水层(上更新统,Qp^3);③第Ⅱ承压含水层(中更新统,Qp^2);④第Ⅲ承压含水层(下更新统,Qp^1)。苏州地区的地下水开采主要集中在第Ⅲ承压水层,至今地下水水位已降至45m。

表 6-4 苏州盛泽地面沉降光纤监测孔数据采集周期表

序号	日期	说明	序号	日期	说明
1	2012/12/25	初始应变基准数据采集	19	2016/04/11	监测期数据采集
2	2013/03/08	监测期数据采集	20	2016/06/21	监测期数据采集
3	2013/04/22	监测期数据采集	21	2016/09/26	监测期数据采集
4	2013/05/22	监测期数据采集	22	2016/12/27	监测期数据采集
5	2013/09/12	监测期数据采集	23	2017/03/24	监测期数据采集
6	2013/09/30	监测期数据采集	24	2017/06/28	监测期数据采集
7	2013/10/28	监测期数据采集	25	2017/11/01	监测期数据采集
8	2013/12/10	监测期数据采集	26	2018/03/21	监测期数据采集
9	2013/12/26	监测期数据采集	27	2018/07/10	监测期数据采集
10	2014/03/09	监测期数据采集	28	2018/10/09	监测期数据采集
11	2014/04/29	监测期数据采集	29	2018/12/21	监测期数据采集
12	2014/07/11	监测期数据采集	30	2019/04/14	监测期数据采集
13	2014/11/13	监测期数据采集	31	2019/07/24	监测期数据采集
14	2015/03/05	监测期数据采集	32	2019/11/23	监测期数据采集
15	2015/04/11	监测期数据采集	33	2020/07/29	监测期数据采集
16	2015/06/04	监测期数据采集	34	2020/09/19	监测期数据采集
17	2015/11/05	监测期数据采集	35	2020/11/13	监测期数据采集
18	2016/01/09	监测期数据采集			

将监测周期所测得的应变数据与基准数据作差,得到相应监测周期的应变分布曲线和累计沉降量,如图 6-34、图 6-35 所示。

第一个监测周期 2013 年 3 月 8 日,光缆的应变分布曲线主要有 3 段较为异常的区域。第一段位于 0~6m 段,光缆处于拉伸状态;第二段位于 6~18m 段,光缆处于较大的压缩状态,最大压缩应变为 $-188\mu\varepsilon$,第三段位于 73.7~109m 段,该段光缆处于拉伸状态,最大拉伸应变为 $126\mu\varepsilon$。其余段均处于压缩状态,最大压缩应变为 $-30\mu\varepsilon$。

第二个监测周期 2013 年 4 月 22 日,光缆应变分布曲线也主要有 3 段较为异常的区域。第一段为 0~5.2m,处于受压状态;第二段位于 5.2~9m,为受拉状态;第三段位于 64~99m,为受压状态。其余段的应变曲线跟第一个监测周期相同,处于压缩状态。两个监测周期在埋深 0~18m 呈现出拉伸与压缩交替的现象,主要是受到土体自身固结与地表温度的影响,仅靠两次监测周期还无法有效地得出其分布规律。整条感测光缆大部分处于压缩状态,说明钻孔回填土还处于缓慢的固结状态,因此感测光缆监测到土体的压缩应变。感测光缆的变形范围主要集中在埋深 40~111m,其他埋深没有变化。

2018 年至 2019 年的 6 期数据显示,土体应变变化范围较小,整体保持平稳,主要变形区域为 AtⅡ 至 AtⅢ。2019 年 4 月 14 日数据相较于 2018 年 12 月 21 日数据存在压应变变小情况,2019 年 7 月 24 日数据显示出压应变增大,主要是冬季用水需求减小,地下水水位上升,土层饱水发生回弹,随着春、夏用水量增大,地下水开采量增大,土层发生释水压缩。

地层年代	岩石地层	深度/m	柱状图	岩 性	地层年代	岩石地层	深度/m	柱状图	岩 性
全新统	Qhs	2 5.3		上部0~2m为填土 下部2~5.3m为青灰色淤泥质黏土	下更新统	Qp^1	97.1 100.1		87.7~97.1m灰绿色粉质黏土,硬塑—坚硬,上部呈水平层理,下部97m处含大量贝壳
上更新统	Qp^3	19.8		5.3~19.8m青灰色—灰黄色粉质黏土,流塑—软塑					97.1~100.1m灰绿色—灰褐色粉质黏土—细砂互层见砂砾石,次棱角状,下部为灰绿色细砂
		24.55		19.8~24.55m青灰色—褐色黏土,硬塑下部夹粉土,含铁锰质浸染和铁锰结核			107.0		100.1~107m灰绿色粉质黏土夹粉砂层,下部为中砂,半固结
		25.95		24.55~25.95m青灰色淤泥质黏土,软塑—流塑			113.2		107~113.2m青灰色粉质黏土,坚硬,含大量铁锰质浸染,下部见砾石
		31.53		25.95~31.53m灰黄色—青灰色粉质黏土硬塑,见钙质白斑,含铁锰质结核			124.5		113.2~124.5m灰绿色—黄褐色粉质黏土夹砂细,硬塑—坚硬,含钙质结核
		37.0		31.53~37m青灰色粉质黏土,软塑—硬塑					124.5~137.9m杂色粉质黏土,硬塑,夹薄层粉砂,水平层理
		41.2		37~41.2m青灰色粉砂,局部富含大量贝壳			137.9		
中更新统	Qp^2	50.9		41.2~50.9m青灰色—灰褐色粉质黏土,可塑—硬塑,含钙质结核,下部明显增多			145.8		137.9~145.8m深灰色—灰绿色粉质黏土夹细砂,含少量结核
		57.2		50.9~57.2m灰色—灰绿色粉质黏土,软塑,粉土含量高,下部与粉砂互层,见贝壳碎片,在下部明显增多	上新统	N$_1$	151.0 155.4 158.3 160.3 165.1		145.8~151m深灰色—灰绿色细砂—中砂 151~155.4m灰绿色粉质黏土夹粉砂,局部含薄层黑色碳质夹层 155.4~158.3m灰绿色粉质黏土与细砂互层,层厚约50cm 158.3~160.3m黄褐色细砂 160.3~165.1m黄褐色细砂夹粉砂
		68.5		57.2~68.5m杂色粉黏夹粉砂,软塑	中新统	N$_2$	169.5 172.7 180.0 185.1 186.5 189.7 193.5 198.1 200.0		165.1~169.5m黄褐色—青灰色粉质黏土,夹灰色粉砂 169.5~172.7m黄褐色—青灰色细—中砂 172.7~180m青灰色—黄褐色粉质黏土夹细—中砂,含铁锰结核 180~185.1m青灰色—黄褐色黏土夹细砂,见铁锰质浸染 185.1~186.5m灰黄色中—粗砂,含砾石 186.5~189.7m黄色粉质黏土与粉砂互层 189.7~193.5m深灰色—灰绿粉质黏土夹细砂 193.5~198.1m黄褐色—灰绿色粉砂黏土互层 198.1~200m青灰色含砾细砂—中粗砂
		74.35		68.5~74.35m灰绿色—灰褐色粉质黏土,硬塑—坚硬					
		87.7		74.35~87.7m灰色—浅灰黄色粉砂—中砂,下部为粗砂,成分以石英为主					

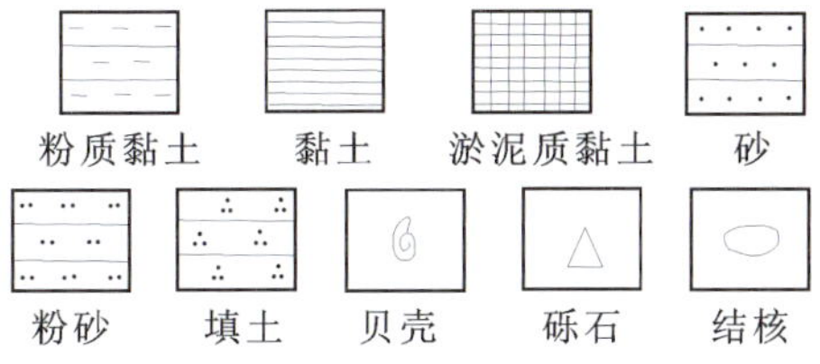

图例：粉质黏土　黏土　淤泥质黏土　砂　粉砂　填土　贝壳　砾石　结核

图 6-33　苏州盛泽地区 0~200m 地层分布图

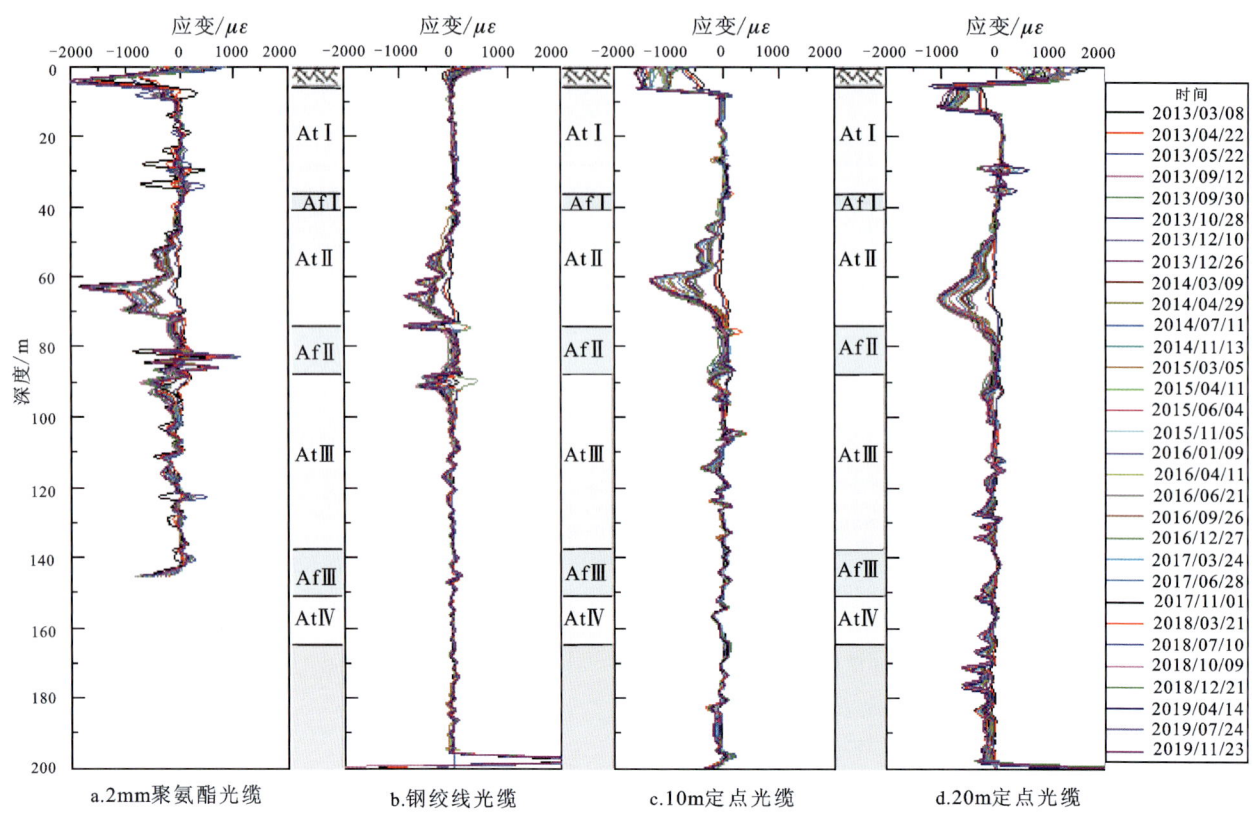

图6-34 苏州盛泽地区地面沉降应变分布

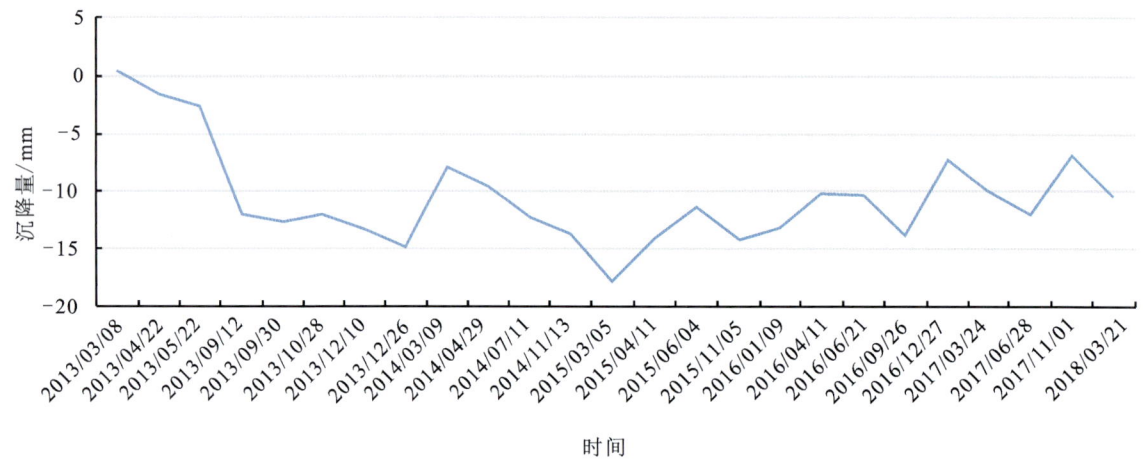

图6-35 苏州盛泽地区地面累计沉降量(钢绞线光缆)分布

在监测期内,江苏盛泽地区钻孔内土体沉降持续发生,2015年沉降量达到最大值(17.77mm),5年监测期的累积沉降量为10.53mm。在监测期内,钻孔内土体沉降有多次波动,地下水水位也具有多次升降活动,由此判断盛泽钻孔内的土体沉降与地下水水位存在联系。利用光缆可以获取各层位土体的变形信息,可以精确定位沉降主导层位,并分析沉降机理。

图6-36给出了3种光缆监测到的41.2～137.9m,即AtⅡ～AtⅢ层主要变形层的变形情况。3种光缆监测到的变形情况呈现出:2mm聚氨酯光缆＞10m定点光缆＞金属基索状光缆,这种差异主要是由传感器长度、厚度及内层杨氏模量不同造成的应变传递系数不同而导致的。研究表明,平均应变传递系数随传感器长度及内层杨氏模量的增加而增加,随厚度的增加而减小。

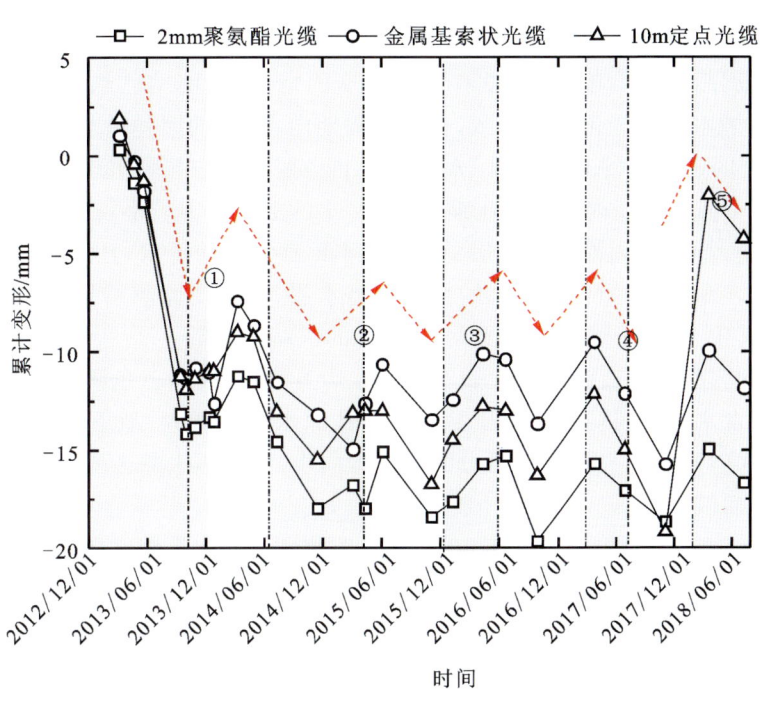

图 6-36 3种光缆 41.2～137.9m（AtⅡ～AtⅢ）累计变形曲线

图 6-37 中给出了江苏盛泽地区各地层（3 个含水层和 4 个弱透水层）变形随抽水含水层孔隙水压力变化的关系（以金属基索状感测光缆为例）。其中，各层的累计变形由光缆测得的应变积分所得，AfⅡ层孔隙水压力变化由 87.7m 处 FBG 渗压计监测所得。从图 6-37a 可以看到孔隙水压力在 2012 年 12 月 25 日—2014 年 3 月 8 日、2014 年 3 月 9 日—2015 年 6 月 4 日、2015 年 6 月 4 日—2016 年 4 月 11 日、2016 年 4 月 11 日—2017 年 3 月 24 日、2017 年 3 月 24 日—2018 年 7 月 10 日经历了 5 次减小再增大的过程，其中减小大多发生在夏季，而增大则发生在冬季。这主要是因为夏天地下水开采量大、蒸发量大、地下水水位下降，孔隙水压力减小，而冬天地下水开采量减小，地下水水位有所回升，孔隙水压力增大。总体而言，自 2000 年苏锡常地区实施限期禁止开采地下水后，地下水水位呈现持续缓慢上升的趋势。

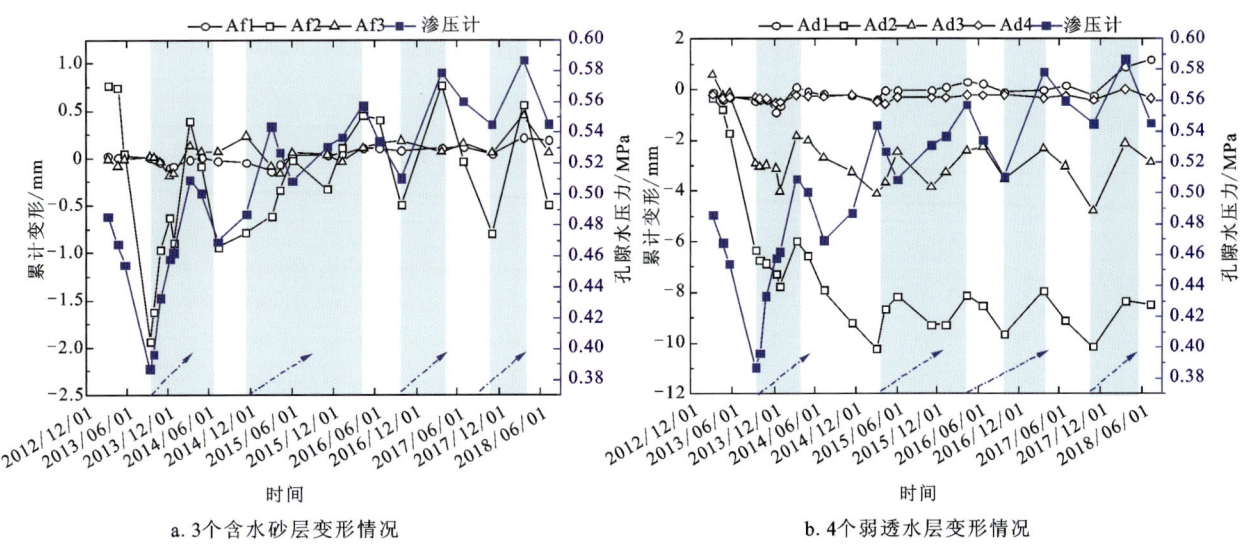

图 6-37 地层变形与地下水水位变化关系图

图 6-37a 是 3 个含水砂层（AfⅠ、AfⅡ及 AfⅢ）变形量与孔隙水压力变化的关系图。可以看出，AfⅠ和 AfⅢ变形基本稳定不变，这是因为 AfⅠ及 AfⅢ不是主要抽水层，水头基本稳定，在地质环境（地下水开采强度、土体成分差异、上覆压力）没有太大改变的情况下，固结已趋稳定。而主要抽水含水层 AfⅡ变形趋势与其孔隙水压力变化基本一致，在监测周期内，AfⅡ的回弹量与压缩量相差不大。

图 6-37b 是 4 个弱透水层（AtⅠ、AtⅡ、AtⅢ及 AtⅣ）变形量与孔隙水压力变化的关系图。可以看到，AtⅠ和 AtⅣ在整个监测周期内基本无压缩变形；AtⅠ的上覆压力较小，在上覆压力无明显增大情况下，其压缩可能性较小；AtⅣ远离抽水含水层 AfⅡ，基本不存在竖向排水，且取样时发现已经固结成岩，所以基本无压缩变形。AtⅡ和 AtⅢ是主要的变形弱透水层，与应变监测结果一致，且随时间呈现反复压缩略回弹的特征，其中 AtⅡ压缩变形量要大于 AtⅢ的压缩变形量。

值得注意的是，两张图中的蓝色箭头代表孔隙水压力升高时间段，蓝色阴影部分则是主要变形层回弹时间段。可以发现含水砂层与弱透水粉质黏土层在孔隙水压力增大、地下水水位回升阶段的变形响应存在明显差别，含水砂层回弹与孔隙水压力回升基本同步，而弱透水黏土层回弹变形与孔隙水压力变化之间存在明显的滞后效应。

进一步对 2012 年 12 月 25 日—2018 年 10 月 9 日监测到的 5 次孔隙水压力下降回升循环过程中不同土层的压缩回弹性质进行分析，可得到表 6-5 所示的结果。可以发现，在孔隙水压力减小、有效应力增加的过程中，含水砂层和弱透水层都发生压缩变形；而当孔隙水压力增大、有效应力减小时，含水砂层和弱透水层都发生回弹变形，且单位回弹变形量要明显小于单位压缩变形量。对比第 2 次循环和第 3 次循环，当孔隙水压力减小量相同，即在有效应力增量相同的情况下，AtⅡ、AfⅡ及 AtⅢ在第 3 次循环中的压缩量要小于第 2 次循环中的压缩量。这与模型试验中结果一致，表明在地下水水位反复波动过程中，土层的可压缩性逐渐减小。AtⅡ随着地下水水位的反复波动胀缩比逐渐增大；AtⅢ后期胀缩比也明显大于前期胀缩比，说明残余变形逐渐减小。AfⅢ的胀缩比无明显变化规律甚至出现了非常接近 1 以及超过 1 的情况，说明现阶段第二承压含水砂层已经基本进入弹性变形阶段。

表 6-5 主要变形层压缩回弹特性

土层	循环数	孔隙水压力减小/MPa	压缩量/mm	单位压缩量/mm·MPa^{-1}	孔隙水压力增大/MPa	回弹量/mm	单位回弹量/mm·MPa^{-1}	胀缩比 Cp
AtⅡ	①	-0.10	-7.43	75.05	0.12	1.79	14.64	0.20
	②	-0.04	-4.24	106.05	0.08	2.07	27.53	0.26
	③	-0.04	-1.13	32.20	0.05	1.14	23.27	0.72
	④	-0.05	-1.51	32.13	0.07	1.70	24.94	0.78
	⑤	-0.03	-2.20	73.30	0.04	1.63	40.75	0.55
AfⅡ	①	-0.10	-2.70	27.30	0.12	2.33	19.10	0.70
	②	-0.04	-1.34	33.38	0.93	12.33	0.37	
	③	-0.04	-0.31	8.74	0.05	0.77	15.76	1.80
	④	-0.05	-0.95	20.13	0.07	1.27	18.62	0.92
	⑤	-0.03	-1.50	50.00	0.04	1.35	33.75	0.67
AtⅢ	①	-0.10	-4.59	46.37	0.12	2.18	17.87	0.39
	②	-0.04	-2.29	57.30	0.08	1.65	21.97	0.38
	③	-0.04	-1.39	39.83	0.05	1.60	32.73	0.82
	④	-0.05	-1.25	26.68	0.07	1.19	17.46	0.65
	⑤	-0.03	2.46	82.00	0.04	1.91	47.75	0.58

二、上海崇明区陈家镇地面沉降钻孔

该地面沉降分布式监测点建成于 2016 年，截至 2020 年 11 月 20 日共采集 10 期数据。

1. 主钻孔布设

该光纤监测孔深度为 100m，钻孔旁边约 22m 处设计了一个 2m 深的含水量监测副孔。根据主钻孔地层情况，设计以下布设方案。

主孔在 0～100m 深度范围内，选取了 52～74m 深度处的含水层进行重点监测。在该处含水层内布设一支光纤光栅渗压计用于监测含水层内渗水压力变化情况，提取该层位的水量变化信息，光纤光栅渗压计布设在 63m 深度处，同时在 65m 深度处布设光纤光栅温度计用于监测该层位处温度信息，并对光纤光栅渗压计做温度补偿校正。

另外，在钻孔内设计布设 3 种类型光缆，实现钻探地层内的全地层岩土体变形分布式测量。3 种光缆为金属基索状光缆（钢绞线光缆）、10m 定点单芯光缆、碳纤维内加热光缆。金属基索状光缆为紧套光缆，布设于钻孔内部，可实现各深度处岩土体变形范围的准确捕捉和岩土体变形量的准确测量。10m 定点光缆局部定点松套光缆，可实现地层变形分段均一化测量和较大变形测量。碳纤维内加热光缆可进行内加热，用于测试地下温度变化。

2. 副孔布设

副孔在主孔附近 2m 左右位置，深 2m，布设一根长 2m 的碳纤维光纤螺旋测温管。

该钻孔的光纤光栅传感器与光缆具体布设方案如图 6-38 所示。该钻孔深度为 100m，其中选取了 62～84m 深度处的含水层进行重点监控。在该处含水层内布设一支光纤光栅渗压计用于监测含水层内渗水压力变化情况，提取该层位的水量变化信息，光纤光栅渗压计布设在 73m 深度处，同时在 75m 深度处布设光纤光栅温度计用于监测该层位处温度信息，并对光纤光栅渗压计做温度补偿校

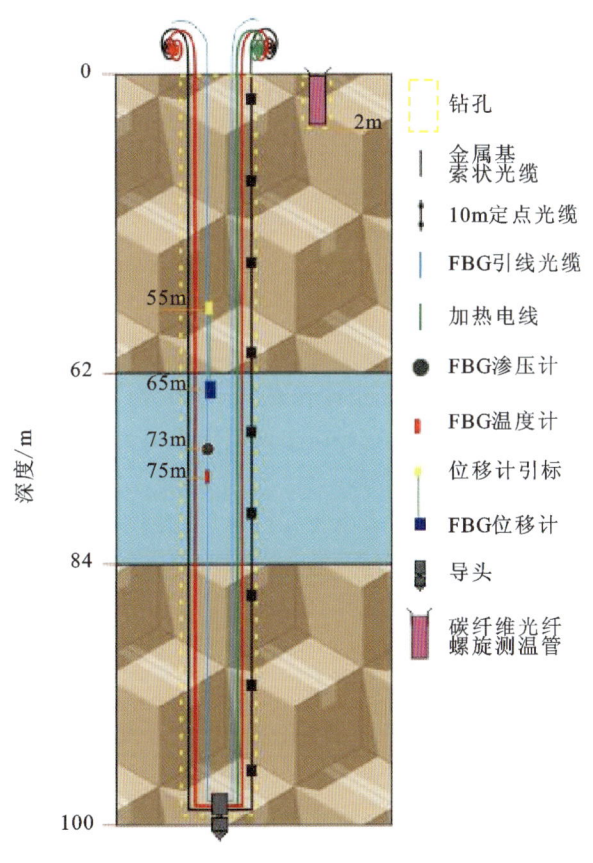

图 6-38　上海崇明区陈家镇钻孔监测方案示意图

正。对于 55～65m 深度处地层重点监测，布设一支 10m 标距的光纤光栅位移计，监测该处地层层厚变化情况。光纤光栅位移计含有位移引标，设计的光纤光栅位移计的头部和尾部深度分别为 65m、55m。

3. 光纤布设

1）主孔光纤传感器布设

（1）清孔洗孔：在钻孔成孔完成后，对钻孔进行一次扫孔处理，并用清水进行洗孔处理。

（2）安装导头：在钻孔附近场地完全放开光纤光栅传感器和其引线，并放出足够长度光缆。将光缆和光纤光栅传感器引线穿入到配重导头内，根据设计方案串接连线，将各光缆和引线串接成回路。使用扎丝、扎带将光缆与导头固定，安装好导头外壳及配重头（图 6-39）。

(3)光缆下放:将固定好光缆、引线的配重导头放入钻孔内部(图6-40)。将钻杆放入配重导头尾部套管内,通过下放钻杆将光缆带入到钻孔深部。在下放时,只能提拉定点光缆上的钢丝绳,尽量避免光缆和光纤引线受力。一边下放光缆,一边将光纤光栅传感器和其引线绑扎固定在钢丝绳上。每间隔2~3m绑扎固定一部分引线,在有光纤熔接处和布设有传感器位置应加密绑扎固定。

图6-39 安装导头　　　　　　　　　图6-40 光缆下放

(4)光缆检测:待光缆下放到底部后,使用仪器对光缆进行检测。根据检测到的应变情况,将光缆等向上拉紧,尽量保证定点光缆定点单元相互拉开,实现较好的压缩测量效果。

(5)光缆拉紧:在光缆布设安装完好后,将引线固定绑扎在钻孔旁边的圆形管桩柱上,保持拉紧状态,防止光缆向下滑移。

(6)钻孔封孔:采用封孔材料进行回填封孔(图6-41)。应缓慢回填封孔材料,采用少量多次的方法回填,避免孔口堵死,钻孔内回填不密实。由于该地区地层以砂土为主,回填材料选用黄豆砂和瓜子片以3∶1比例配比的混合物。

注意:钢丝绳应拉紧固定1个月以上,保证回填封孔材料固结密实。

2)副孔光纤传感器布设

(1)螺旋管引线标记:将碳纤维光纤螺旋测温管各引线做好标记(按各色胶带缠绕数量分辨),以便后续测试易于分辨。

(2)螺旋管下放:将碳纤维光纤螺旋测温管放入钻孔内部。孔内有水,需要人为克服浮力,下放完毕后将碳纤维光纤螺旋测温管固定(图6-42)。

图6-41 钻孔封孔　　　　　　　　　图6-42 螺旋管下放

3) 建立光纤监测台

主孔和副孔光纤传感器下放完毕后,建立光纤监测台(图6-43),将引线引至监测台内部,方便后续测试。

该钻孔于2016年11月17日固结完成,并开始采集初始数据。钻孔内传感光缆应变分布信息如图6-44所示,定点式光缆和钢绞线光缆的应变有所差异。在钻孔回填过程中,较大的降水使浅部松散砂层发生了坍塌,从而使其中埋设的传感光缆呈现出了不同的监测结果,即定点式光缆基本处于拉伸状态,而金属基索状光缆则基本处于压缩状态。2017年7月1日获得的监测结果进一步表明,塌孔的发生导致钻孔内部光缆发生较大的扭曲,从而使光信号解调过程中产生了较大的光损,影响了监测结果。为了避免塌孔对光缆布设和后期监测的影响,当浅部地层为较为松散的砂层时,应在钻孔中添加套管。

图6-43 建立光纤监测台

钻孔内金属基索状光缆应变在监测期内一直处于压缩状态,应变值接近$-2000\mu\varepsilon$,且随时间增加应变值减小,表明钻孔内的土体发生沉降,峰值应变达$-2254\mu\varepsilon$。经过积分计算,监测期内钻孔内土体累积沉降量为37.79mm。结果表明,该地区沉降仍在发生,监测期内沉降明显,但由于施工过程中钻孔成孔时出现塌孔,对定点式光缆监测采集有影响,应在后续的工作开展中优化工艺,增加成孔质量,构建更加完善的DFOS监测系统。2018年与2019年数据显示出应变主要发生在地表10m深度及含水层与上、下相邻的弱透水层处。地表应变有压应变与拉应变,主要受到地表温度影响。

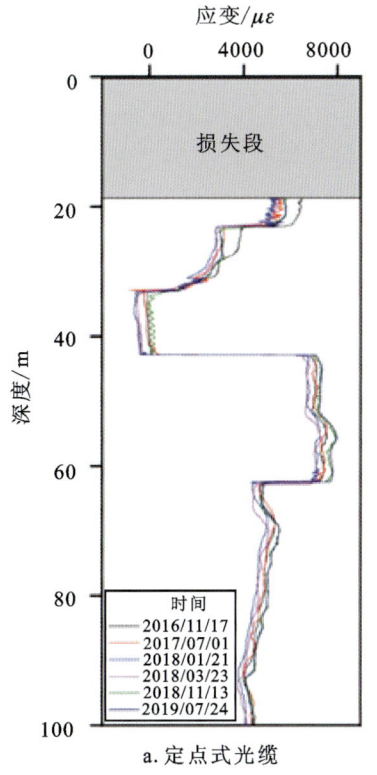

a. 定点式光缆

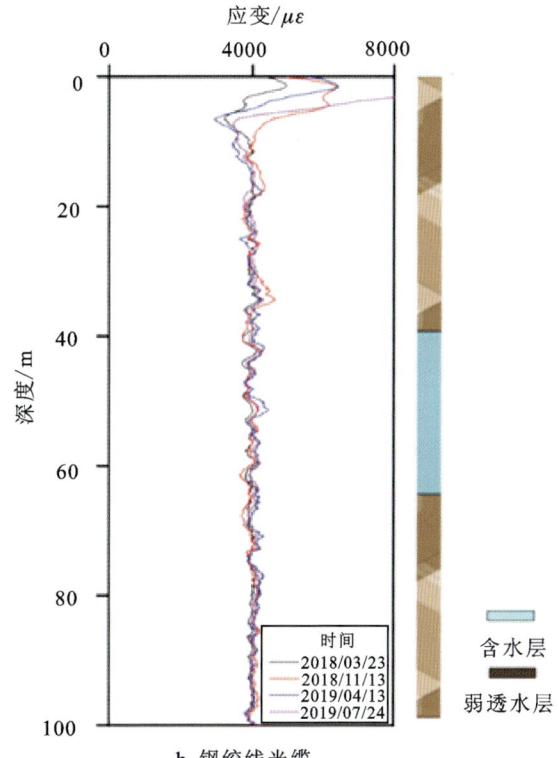

b. 钢绞线光缆

图6-44 崇明区分布式光纤监测应变曲线

钻孔内金属基索状光缆应变在监测期内一直处于压缩状态,应变值接近-2000με,且应变值随时间增大(应变峰值达-2254με),表明监测期内土层发生了沉降。经积分,监测期内钻孔累积沉降量约为37.79mm。但从总体上来看,该钻孔早期数据的光损较大,监测结果仍需要进一步分析。此外,由于在施工过程中发生了塌孔,一定程度上也影响了定点式光缆的数据采集。2018—2019年采集的金属基索状光缆光损较小,比较可靠。通过积分计算,陈家港钻孔累计沉降量约为1.41mm,比较符合预期。

三、无锡惠山区地面沉降钻孔

无锡惠山区地面沉降光纤监测点建成于2016年。根据场地条件,在地面沉降发展方向的两侧建立竖向钻孔直埋布设监测光缆和传感器。该监测点于2017年2月14日开始初始应变值采集,截至2019年7月23日,已采集6期数据。

(一)钻孔布设方案

两个光纤监测孔深度均为102m,每个钻孔旁边约1m处设计了一个5m深的含水量监测副孔。根据主钻孔地层情况,设计以下布设方案。

1. 1号钻孔

1号钻孔:在0~102m深度范围内,选取了31.7~36.1m、60.9~67.6m两个层位深度的含水层进行重点监控。在该两处含水层内各布设一支光纤光栅渗压计用于监测含水层内渗水压力变化情况,提取该层位的水量变化信息,两支光纤光栅渗压计分别布设在34m、64m深度处,同时在65m深度处布设光纤光栅温度计用于监测该层位处温度信息,并对光纤光栅渗压计做温度补偿校正。对于21~31m深度处含水层布设光纤光栅位移计,监测含水层失水饱水时的层厚变化情况。光纤光栅位移计含有位移引标,可监测标头标尾两点间层厚变化情况。光纤光栅位移计标头标尾设计布设深度为:标头深度为31m,标尾深度为21m,监测21~31m深度含水层层厚变化。

另外,在钻孔内设计布设两种类型光缆,实现钻探地层内的全地层岩土体变形分布式测量。两种光缆分别为金属基索状光缆(钢绞线光缆)和10m定点单芯光缆。金属基索状光缆为紧套光缆,布设于钻孔内部,可实现各深度处岩土体变形范围的准确捕捉和岩土体变形量的准确测量。10m定点光缆局部定点松套光缆,可实现地层变形分段均一化测量和较大变形测量。

1号钻孔副孔:副孔在主孔附近1m左右位置,深5m,设计在1~5m深度处布设两根碳纤维光纤螺旋测温管,每根长2m,共4m。

光纤光栅传感器与光缆具体布设位置和方式如图6-45所示。

2. 2号钻孔

2号钻孔:在0~102m深度范围内,选取了26.0~28.3m、59.1~65.1m两个层位深度的含水层进行重点监控。在该两处含水层内各布设一支光纤光栅渗压计用于监测含水层内渗水压力变化情况,提取该层位的水量变化信息,两支光纤光栅渗压计分别布设在27m、62m深度处,同时在63m深度处布设光纤光栅温度计用于监测该层位处温度信息,并对光纤光栅渗压计做温度补偿校正。

另外,在钻孔内设计布设两种类型光缆,实现钻探地层内的全地层岩土体变形分布式测量。两种光缆分别为金属基索状光缆(钢绞线光缆)和10m定点单芯光缆。金属基索状光缆为紧套光缆,布设于钻孔内部,可实现各深度处岩土体变形范围的准确捕捉和岩土体变形量的准确测量。10m定点光缆局部定点松套光缆,可实现地层变形分段均一化测量和较大变形测量。

2号钻孔副孔：副孔在主孔附近1m左右位置，深5m，设计在1～5m深度处布设两根碳纤维光纤螺旋测温管，每根长2m，共4m。

光纤光栅传感器与光缆具体布设位置和方式如图6-46所示。

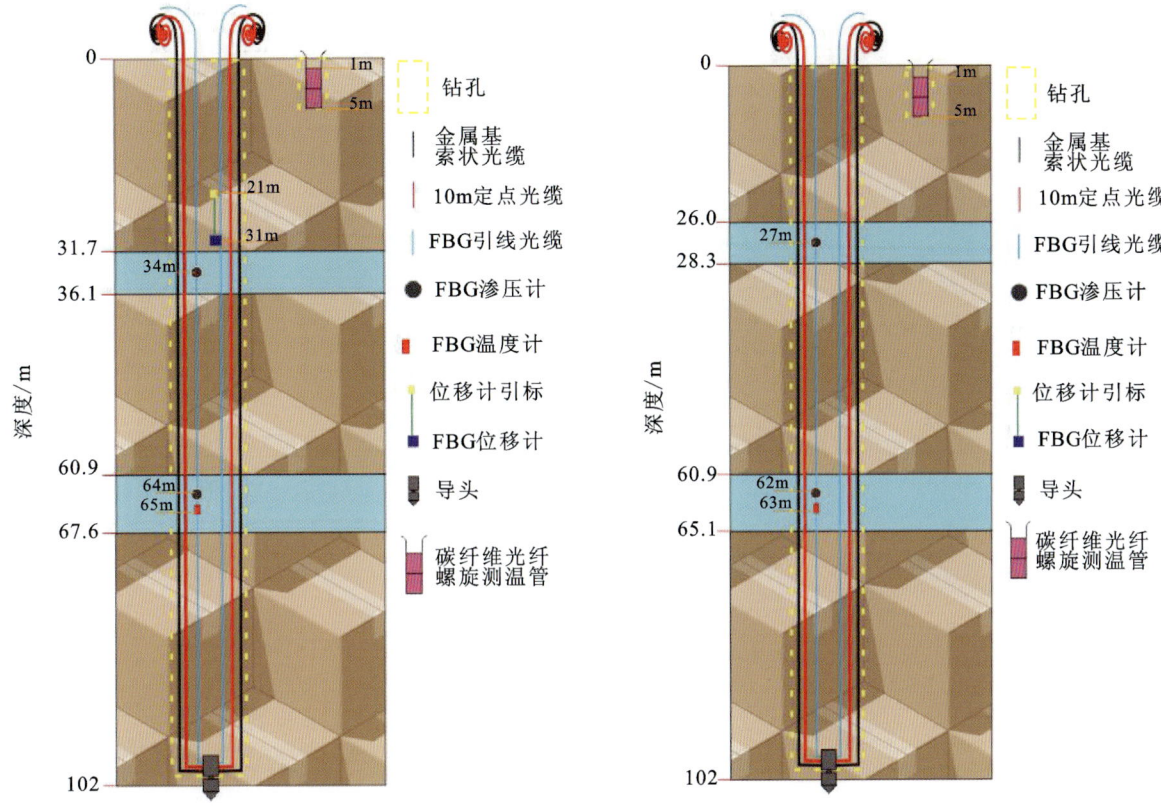

图6-45　1号钻孔光纤传感器布设安装示意图　　图6-46　2号钻孔光纤传感器布设安装示意图

3. 光纤传感器布设

1）主孔光纤传感器布设

（1）清孔洗孔：在钻孔成孔完成后，对钻孔进行一次扫孔处理，并用清水进行洗孔处理（图6-47）。

（2）安装导头：在钻孔附近场地完全放开光纤光栅传感器和其引线，并放出足够长度光缆。将光缆和光纤光栅传感器引线穿入到配重导头内，根据设计方案串接连线，将各光缆和引线串接成回路。使用扎丝、扎带将光缆与导头固定，安装好导头外壳及配重头（图6-48）。

（3）位移计安装：在钻孔周围场地上，将光纤光栅位移和引线摊开在地上，将位移计引标安装固定好（图6-49）。

（4）光缆下放：将固定好光缆、引线的配重导头放入钻孔内部（图6-50）。将钻杆放入配重导头尾部套管内，通过下放钻杆将光缆带入到钻孔深部。在下放时，只能提拉定点光缆上的钢丝绳，尽量避免光缆和光纤引线受力。一边下放光缆，一边将光纤光栅传感器和其引线绑扎固定在钢丝绳上。每间隔2～3m绑扎固定一部分引线，在光纤熔接处和布设有传感器位置应加密绑扎固定。

（5）光缆监测：待光缆下放到底部后，使用仪器对光缆进行检测。根据检测到的应变情况，将光缆等向上拉紧，尽量保证定点光缆定点单元相互拉开，实现较好的压缩测量效果。

（6）光缆拉紧：在光缆布设安装完好后，将引线固定绑扎在钻孔旁边的圆形管桩柱上，保持拉紧状态，防止光缆向下滑移。

图6-47 钻孔清孔

图6-48 安装导头

图6-49 现场位移计安装

图6-50 光缆下放

(7)钻孔封孔:采用封孔材料进行回填封孔(图6-51)。应缓慢回填封孔材料,采用少量多次的方法回填,避免孔口堵死,钻孔内回填不密实。

注意:钢丝绳应拉紧固定1个月以上,保证回填封孔材料固结密实。

2)副孔光纤传感器布设

(1)螺旋管引线标记:将碳纤维光纤螺旋测温管各引线做好标记(按各色胶带缠绕数量分辨),以便后续测试易于分辨(图6-52)。

(2)螺旋管防水处理:将碳纤维光纤螺旋测温管开口处用玻璃胶封口,防止碳纤维光纤螺旋测温管内部进水。

(3)螺旋管下放:将碳纤维光纤螺旋测温管放入钻孔内部。孔内有水,需要人为克服浮力,下放完毕后使用木棒固定防止浮力将碳纤维光纤螺旋测温管推出钻孔(图6-53)。

3)建立光纤监测台

主孔和副孔光纤传感器下放完毕后,建立光纤监测台(图6-54),将引线引至监测台内部,方便后续测试。

图 6-51　钻孔封孔

图 6-52　螺旋管标记

图 6-53　螺旋管下放

图 6-54　建立光纤监测台

(二)监测数据分析

将采集的 6 期数据,绘制钻孔内光缆应变分布图(图 6-55)。

钻孔内共有两个含水层,分别位于深度 26~28.3m、60.9~65.1m,定点光缆应变值较大,深度 10m 以下应变开始阶梯状增加,表明该段光缆轴向受拉。监测期内,应变随时间而减小,其原因是土层的压缩减小了光缆中的预拉应变。此外可以看到,压缩变形主要发生在 30m 以浅范围内。在第一个监测期内,压应变增加较明显,表明监测初期的沉降量较大;而后两期监测数据表明,沉降仍在发生,但趋势有所减缓。

以初始应变值为基准值,对监测期内应变数据作差,并计算钻孔内各层土体沉降信息。如图 6-56 所示,沉降主要发生在浅层。积分后,可知峰值沉降量为 24.43mm,监测期内监测到土体累计沉降量为 21.01mm,沉降速率为 19.17mm/a,且沉降受地下水波动影响,出现了沉降和少量回弹。

图 6-57 给出了 34m 处渗压计孔隙水压和相邻含水层(31.7~36.1m)、弱透水层(10~31.7m)土体的变形关系。含水层土体基本不发生沉降,随水位变化有轻微波动;当水位下降时,上部弱透水层发生了较为明显的压缩变形;当孔隙水压上升时,弱透水层土体有轻微回弹。

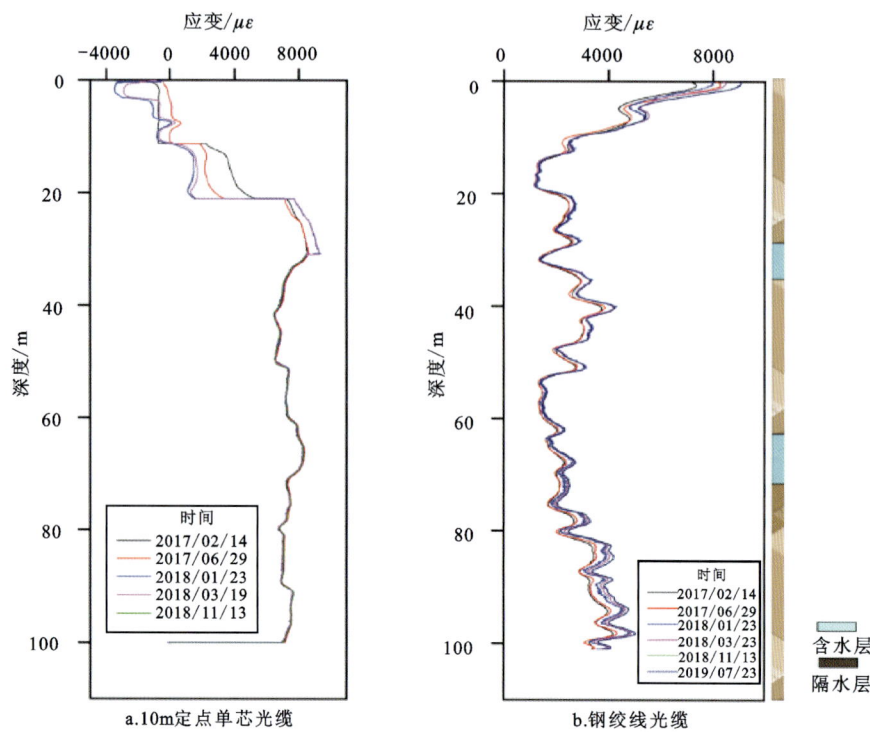

图 6-55 无锡惠山 1 号钻孔光缆应变分布图

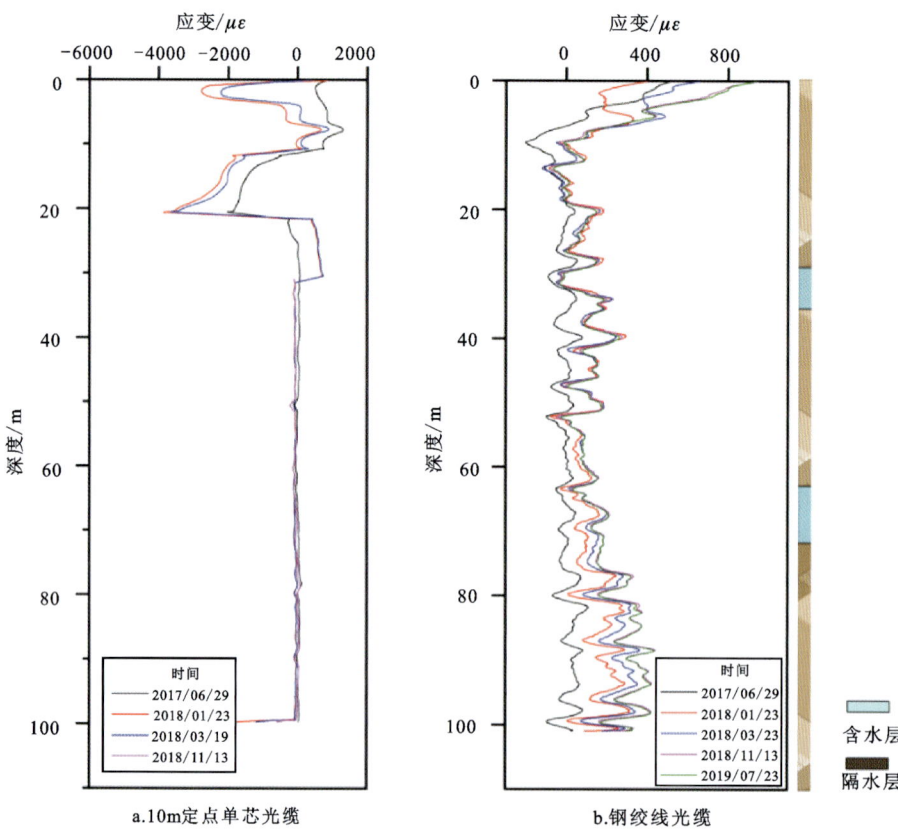

图 6-56 无锡惠山 1 号钻孔光缆应变变化图

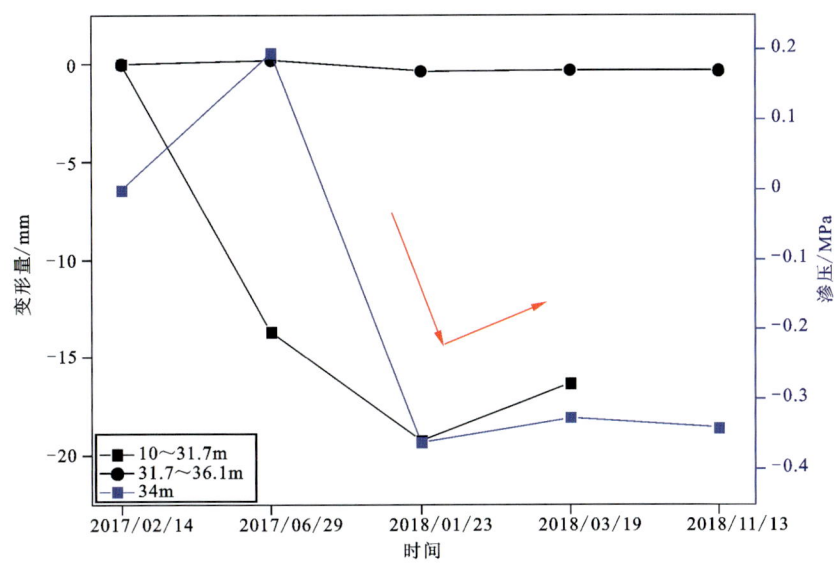

图 6-57　34m 处渗压与相邻含水层、弱透水层变形量关系图

无锡惠山 2 号钻孔于 2016 年 11 月建成，2017 年 2 月 14 日开始初始应变值采集，截至 2019 年 7 月 23 日，已采集 6 期数据。钻孔内光缆应变分布如图 6-58 所示。光缆的应变均呈拉伸状态，表明钻孔内光缆在布设过程中达到较好的预拉，能够增加光缆的监测量程，也为光缆长期监测提供保证。钢绞线光缆模量较大，整段光缆应变在 $3000\mu\varepsilon$，局部应变有所突变，如钻孔端口段，这是由于光缆孔口固定，在沉降过程中光缆随土体发生压缩，端口段的应变会明显增大，这也反映了光缆监测过程中沉降的发生，保证了光纤监测系统的可靠性。10m 定点单芯光缆由于定点点距为 10m，能够监测定点段土体的整体变

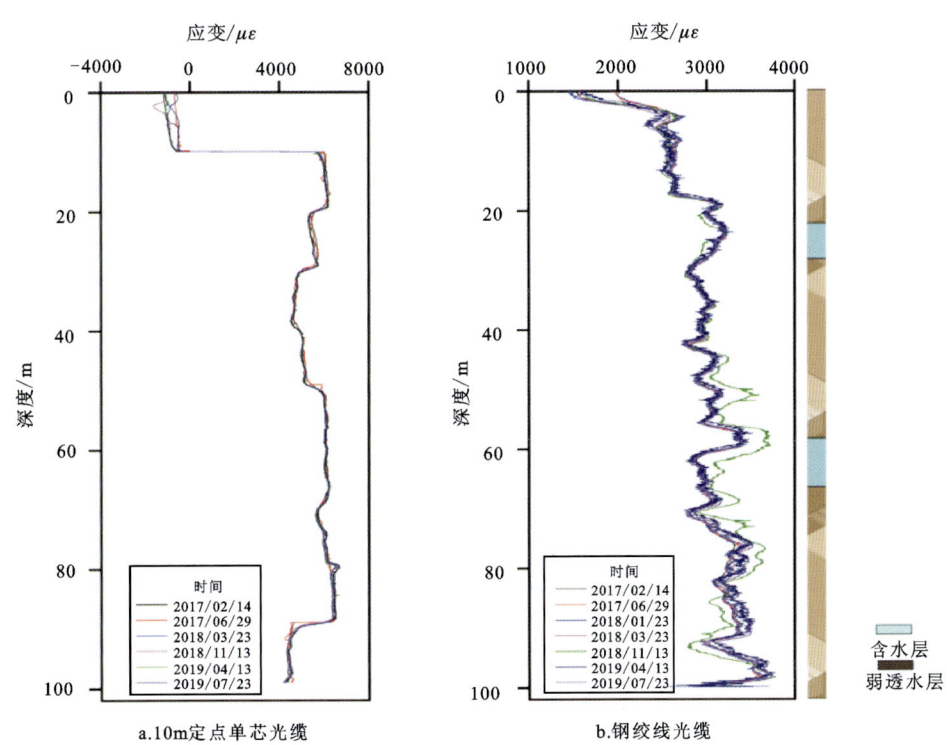

a. 10m 定点单芯光缆　　　　　b. 钢绞线光缆

图 6-58　无锡惠州 2 号钻孔应变分布图

形信息,在局部变形较大的层位,能够保护光缆,达到长期监测的目的。10m 定点单芯光缆 20m 深度以下,应变均匀分布在每一段点距光缆内,从图中可直接观测到各监测段。定点光缆应变范围是 5000~6000με,峰值应变段与含水层重合。

以初始应变值为基准值,对监测期内应变数据作差,可获取整段光缆应变变化信息,据此来计算钻孔内各层土体沉降信息。如图 6-59 所示,沉降发生在浅层含水层相邻的弱透水层,峰值沉降量为 7.04mm,监测期内累计沉降量为 6.47mm,沉降速率为 5.90mm/a。地下水在监测期内有波动,但由于定点光缆在端口处扭曲,光损较大,第三期光缆监测数据缺失,故暂未对地下水与沉降进行联系,后续工作中会加强对回填工艺的改进,增加二者间联系的分析。2019 年数据显示,在第二含水层处发生回弹。

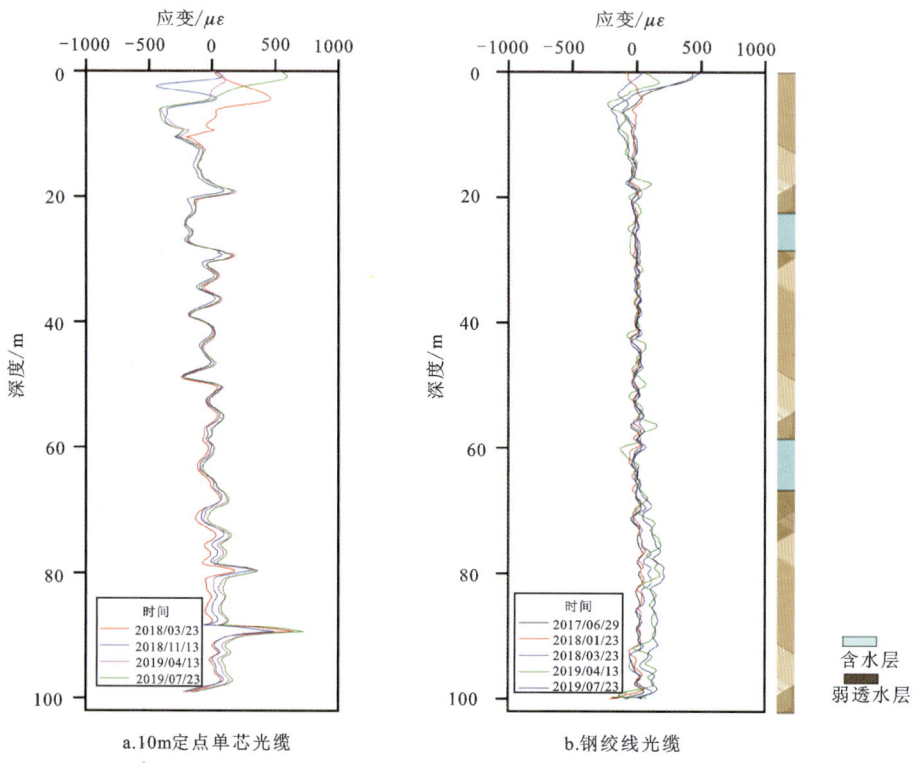

图 6-59 无锡惠山 2 号钻孔应变增量图

FBG 渗压数据:如图 6-60 所示,FBG 渗压计布设位置为 27m 深度处,监测该层位的土体渗压有减小趋势。

FBG 位移计数据:如图 6-61 所示,FBG 位移计布设位置为 62m 深度处,监测该层位的土体变形,以第一期为初值,该层位变形为先回弹后沉降,累积沉降量为 1.61mm。

FBG 温度计数据:如图 6-62 所示,63m 深度处温度保持稳定,波动范围为 ±1℃,表明该段土层中温度保持稳定,满足了光缆的野外测试要求,为光缆的结果提供保证。

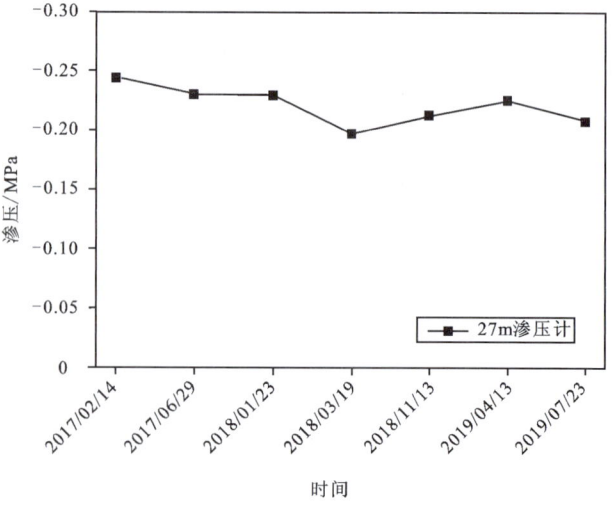

图 6-60 27mFBG 渗压计监测曲线图

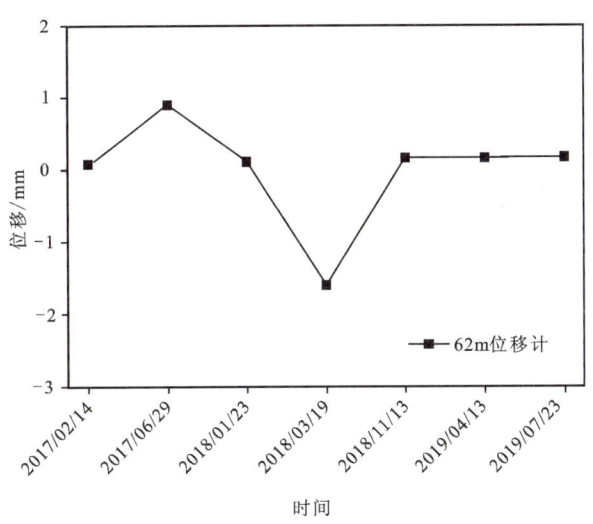

图 6-61　62mFGB 位移计监测曲线图

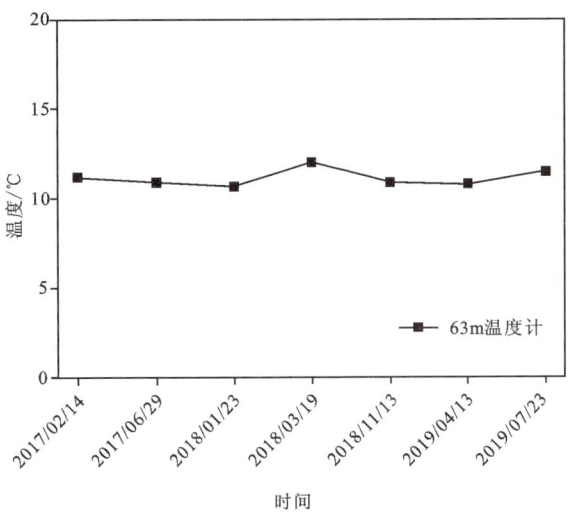

图 6-62　63mFGB 温度计监测曲线图

四、宁波海曙 1 号地面沉降钻孔

宁波海曙 1 号地面沉降钻孔位于浙江省水文地质工程地质大队内。在此建立地面沉降分布式光纤监测站，获取研究区的地层变形分布信息，实现动态监测。

本次钻孔设计深度为 90m。根据前期编录的地层分布资料，设计了光纤传感器布设方案，如图 6-63 所示。全钻孔布设 5m 定点式光缆和钢绞线光缆，并构成"U"形回路，对钻孔全断面的变形进行监测。同时，在钻孔中特定位置布设渗压计，监测含水层孔隙水压变化情况。布设光纤光栅位移计监测重点层位地层的变形情况，并布设安装 5m 分布式定点感测光缆进行钻孔地层变形分布式测量，对确定层位的孔隙水压和地层变形进行精准测量。

依据钻取的岩芯资料以及当地地质调查资料，将该钻孔第四系含水层划分为两个承压含水层组（表 6-6），其中浅层地下水赋存于淤泥质黏土、亚黏土中。

在分布式感测光缆方面选用金属基索状光缆（钢绞线光缆，NZS-DSS-C02）和分布式定点光缆（NZS-DSS-C02），用于对钻孔内岩土体变形全深度分布式测量和多层位测量。

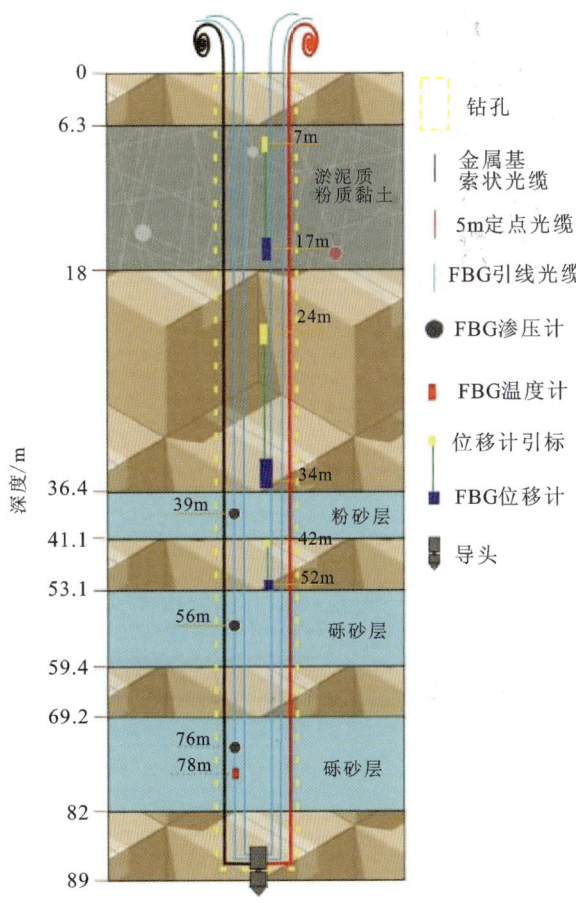

图 6-63　光纤传感器布设方案

金属基索状光缆（NZS-DSS-C02）采用全程紧套封装，主要用于全钻孔地层变形测量；布设到钻孔内与钻孔土体耦合变形，可以实现钻孔变形层位的精准测量。具体性能特点及技术参数如图 6-64 所示。

表 6-6 钻孔含水层组划分

深度/m	承压含水层组分布		土层性质
	组	层	
2.3			杂填土
22.6	第Ⅰ组	弱透水层（Ⅰ-1）	亚黏土、淤泥质亚黏土
55.6		弱透水层（Ⅰ-2）	亚黏土
64.5		含水层（Ⅰ-3）	砾砂夹亚黏土
73.7	第Ⅱ组	弱透水层（Ⅱ-1）	亚黏土
84.6		含水层（Ⅱ-2）	中砂、圆砾
89.0	半固结层		含黏性土碎石
91.0			强—弱风化砂岩

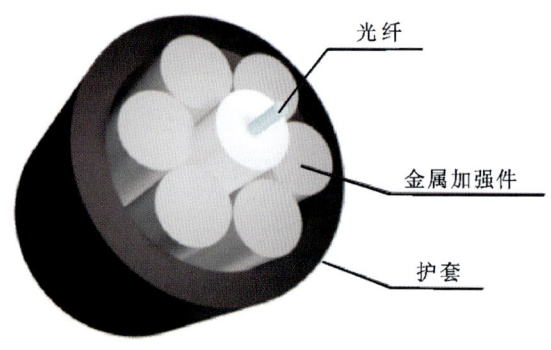

性能特点及技术参数

参数类型	参数值
光纤类型	单模
光缆类型	金属基
纤芯数量	1
光缆截面尺寸	$\phi 5.0mm$
光缆质量	38kg/km

图 6-64 金属基索状光缆及技术参数

分布式定点光缆（NZS-DSS-C02）采用独特内定点设计，实现空间非连续非均匀应变分段测量。分布式定点光缆主要用于分段地层均一化测量，可实现大压缩变形测量，具有极好的机械性能和抗拉抗压性能，其结构如图 6-65 所示。

图 6-65 分布式定点光缆

光纤光栅传感器方面，选用光纤光栅渗压计和光纤光栅位移计。

根据相关地层资料，在 0~89m 深度范围内，36.4~41.1m、53.1m~59.4m、69.2~82.0m 处 3 个层位深度的含水层进行重点监控。在 3 套含水层内分别布设一支光纤光栅渗压计用于监测含水层内渗水压力变化情况，提取该层位的水量变化信息。3 支光纤光栅渗压计分别布设于 39m、56m、76m 深度处。

光纤光栅微型渗压计(NZS-FBG-MOM)主要适用于地下孔隙水压力、油气压力等液体压力测量。产品具有尺寸小巧、可串联测量、一孔多埋、耐腐蚀、长期稳定性好等特点。图6-66为光纤光栅微型渗压计实物和技术参数。

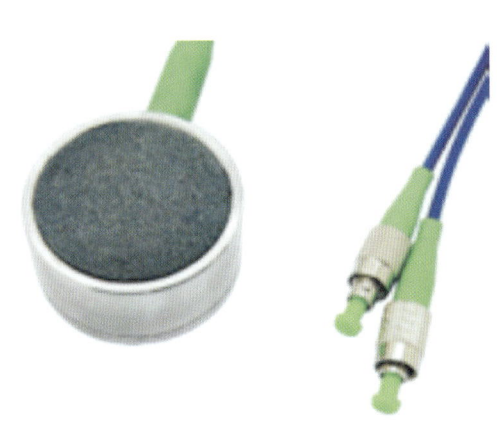

参数类型	参数值					
量程	200MPa	400MPa	600MPa	1000MPa	1500MPa	2000MPa
精度	1‰F.S.					
分辨率	0.5‰F.S.					
光栅中心波长	1510～1590nm					
反射率	≥90%					
响应时间	0.1s					
外型尺寸	ϕ30mm×150mm					
连接方式	熔接或FC/APC插接					
安装方式	埋设					

图6-66 光纤光栅微型渗压计及技术参数

此外，在78m深度处布设安装光纤光栅温度计用于监测该层位温度信息，并为光纤光栅渗压计做温度补偿校正。光纤光栅温度计[NZS-FBG-TM(G)]可用于各类工程的表面及内部温度监测、岩土体内外部温度测量，同时用于对光纤光栅微型渗压计进行温度补偿，见图6-67。

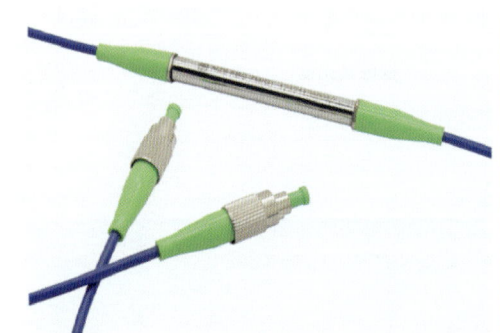

参数类型	参数值
量程	-40～200℃
分辨精度	0.1℃
光栅中心波长	1510~1590nm
反射率	≥90%
连接方式	熔接或FC/APC插接

图6-67 光纤光栅温度计及技术参数

监测点施工过程中严格按照《地面沉降和地裂缝光纤监测规程》执行。

钻孔建成于2017年4月25日，2017年8月10日采集了初始数据，设为基准值。将光缆直接埋设于钻孔内，回填所选回填材料，待回填材料固结完成、光缆与土体完全耦合后，进行动态监测，可实现研究区的竖向沉降全断面分布信息。

由于沉积历史的原因，研究区地下浅部30m内分布一层淤泥质亚黏土。该层具高含水率、高压缩性特点，具有很大的压缩潜力，是本研究区的重点监测层位。5m分布式定点光(5-FPC)监测结果显示，光缆整体受正(拉)应变，随时间增长，应变值不断减小，表明土体沉降发生后，光缆的应变增量应为负(压)应变，监测期内沉降一直在发生。为扩大光缆监测量程，布设时会对光缆进行预先拉伸，拉伸量根据监测量程调整，一般应不大于$10\,000\mu\varepsilon$。以图6-68和图6-69中可以发现，在两种光缆尾部均发现较大的应变变化，且应变随时间增长而逐渐增大，表明尾部光缆受正(拉)应变增量，说明与光缆固定的导锤发生了下沉，这是由于钻探过程中的孔底沉渣导致下放过程未能将导锤放置于孔底，在检测过程中，沉降也随时间固结，导锤随之下沉，两种光缆均监测到该层位的土体沉降。

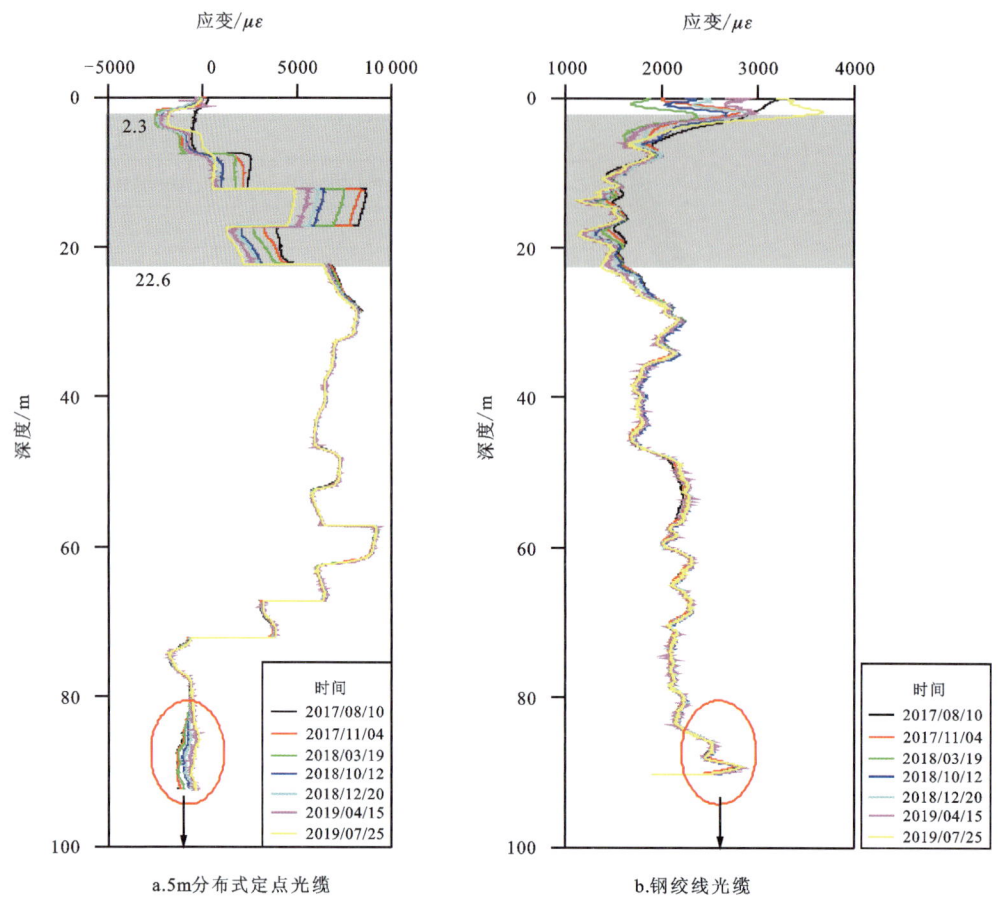

图 6-68　宁波海曙 1 号钻孔光缆应变分布图

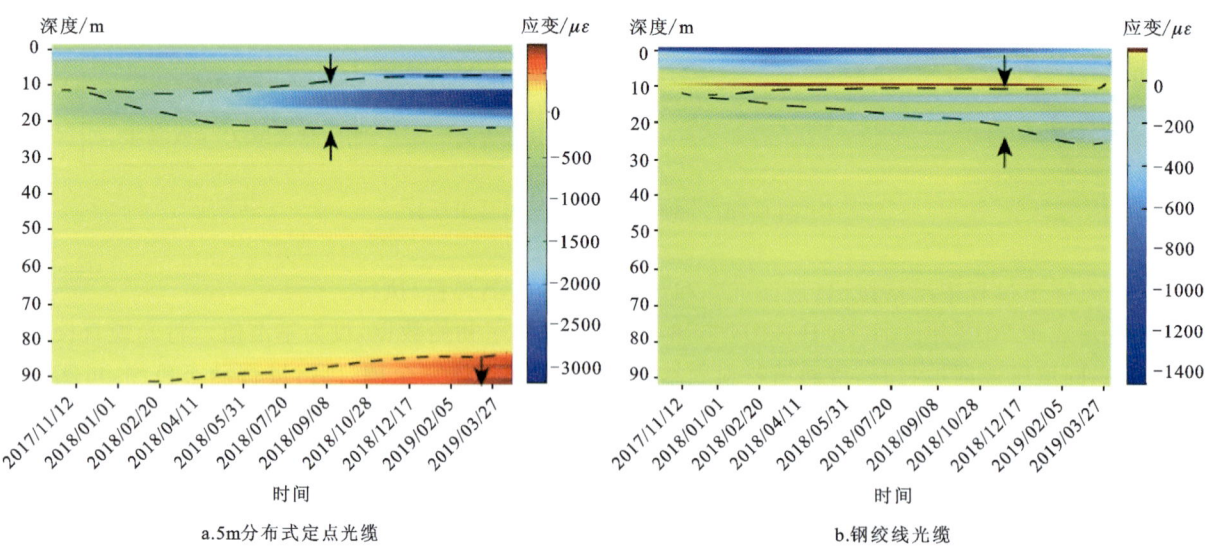

图 6-69　宁波海曙 1 号钻孔两种光缆应变云图

通过对光缆应变进行积分,获取监测期内土体变形信息,图 6-70 是不同层位两种光缆的监测结果。可以发现,Ⅰ-1 层的沉降量最大,分布式定点光缆(FPC)和钢绞线光缆(MRC)均显示该层淤泥质亚黏土为压缩层,同时两种光缆监测结果差值也最大,达 36.8mm,表明该层位钢绞线光缆(MRC)测试结果偏小,在浅层、高含水率软土中不适宜用钢绞线光缆,其耦合性较差。Ⅰ-2层、Ⅰ-3层、Ⅱ-1层土体整体变形量不大,数值在±2mm以内,变化趋势接近。其中,Ⅰ-2层(亚黏土)钢绞线光缆结果一直为正值,而分布式定点光缆为负值,此段需要结合孔隙水压来进行判断。Ⅰ-3层是砾砂层,此段土体监测期发生轻微回弹,回弹量在0.5mm以内,两种光缆数据变化趋势较为一致(表6-7)。

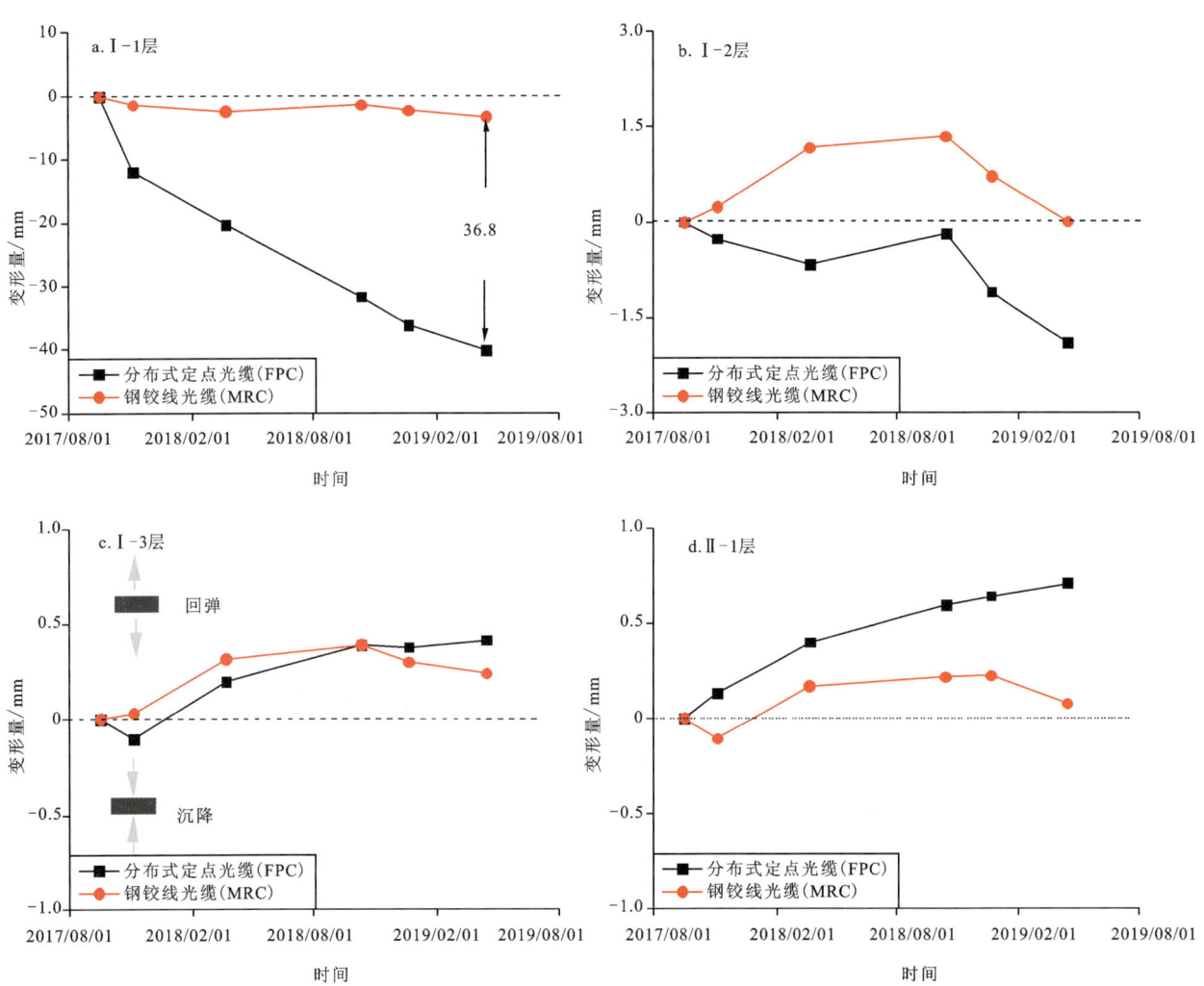

图6-70 宁波海曙1号钻孔土层变形量

表6-7 宁波海曙1号钻孔5m分布式定点光缆各层位土体变形量 单位:mm

时间	2017/09/16	2017/11/04	2018/03/19	2018/10/12	2018/12/20	2019/04/15
弱透水层(Ⅰ-1)	0	−11.92	−20.44	−31.74	−36.14	−40.16
弱透水层(Ⅰ-2)	0	−0.27	−0.68	−0.18	−1.11	−1.90
含水层(Ⅰ-3)	0	−0.11	0.19	0.39	0.38	0.41
弱透水层(Ⅱ-1)	0	0.13	0.40	0.59	0.64	0.71

如图6-71所示,光缆数据与分布式定点传感器结果保持一致,与含水层相邻的弱透水层厚度较大,有较高的压缩潜力,当含水层渗压降低时,地下水水位降低,弱透水层发生压缩。监测数据显示,监测期内水位呈下降趋势,相邻弱透水层沉降也随之发生,但含水层沉降并不显著,沉降量在2mm以内,

截至 2019 年 4 月 15 日，累积沉降量为 1.9mm，远小于上覆的淤泥质亚黏土层压缩量，因此后期需要重点监测该软土层。由于研究区处于密集建筑群中心，在建筑物荷载和软土层的叠加影响下，地面沉降的危害更加严重。

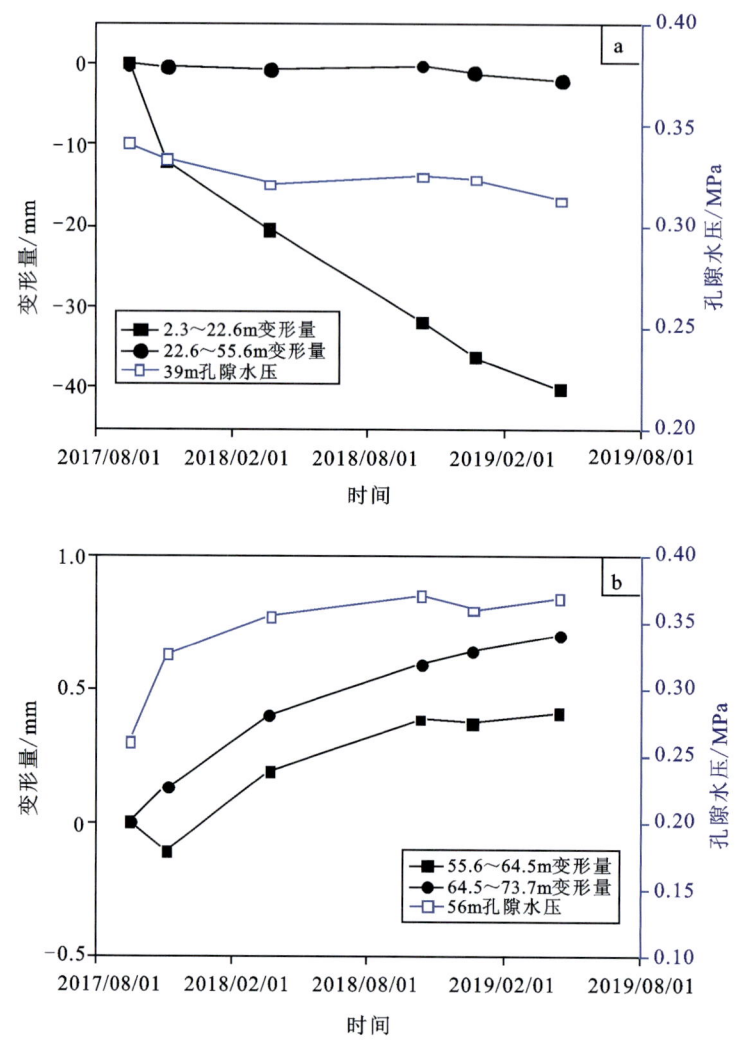

图 6-71　各层位渗压计数据变化图

图 6-72 所示，3 个层位的 FBG 位移计在监测期内均能正常监测。图 6-72a 显示土体所在层位深度为 7～17m，对应地层岩性为淤泥质黏土，含水量高，压缩潜力大，5m 分布式定点光缆监测土体累积变形量为 −24.62mm(1.7mm/a)，沉降速率为 14.48mm/a。FBG 位移计与钢绞线光缆监测结果相接近，其中 FBG 位移计的结果显示土体处于回弹阶段，判断该段为淤泥质黏土，含水量高，土层较软，传感器的传感套管与土体耦合性差，易发生滑脱，未能实现该层位的精准监测。同理，钢绞线光缆本身刚度较大，护套表面光滑，与浅层土体耦合性不佳，尤其是在淤泥质黏土层。

如图 6-73 所示，FBG 温度计在监测期内保持稳定，温度变化幅度较小，仅为 3.5℃，表明该段已属于常温层，温度变化对光缆监测数据影响可忽略不计。值得关注的是，该层位土体温度变化与临近段土体中孔隙水压关系存在一定关联。当孔隙水压上升时，土体温度相对降低，这是由于水的导热率和热容量都很大，极易影响与控制岩土体温度和水温的平衡。当地下水水位降低时，上覆岩层因失水而破坏水温和地温平衡，地温会升高。监测结果显示，当孔隙水压上升时，土体温度会有轻微下降；而当孔隙水压下降时，相应土体温度也会随之而上升。

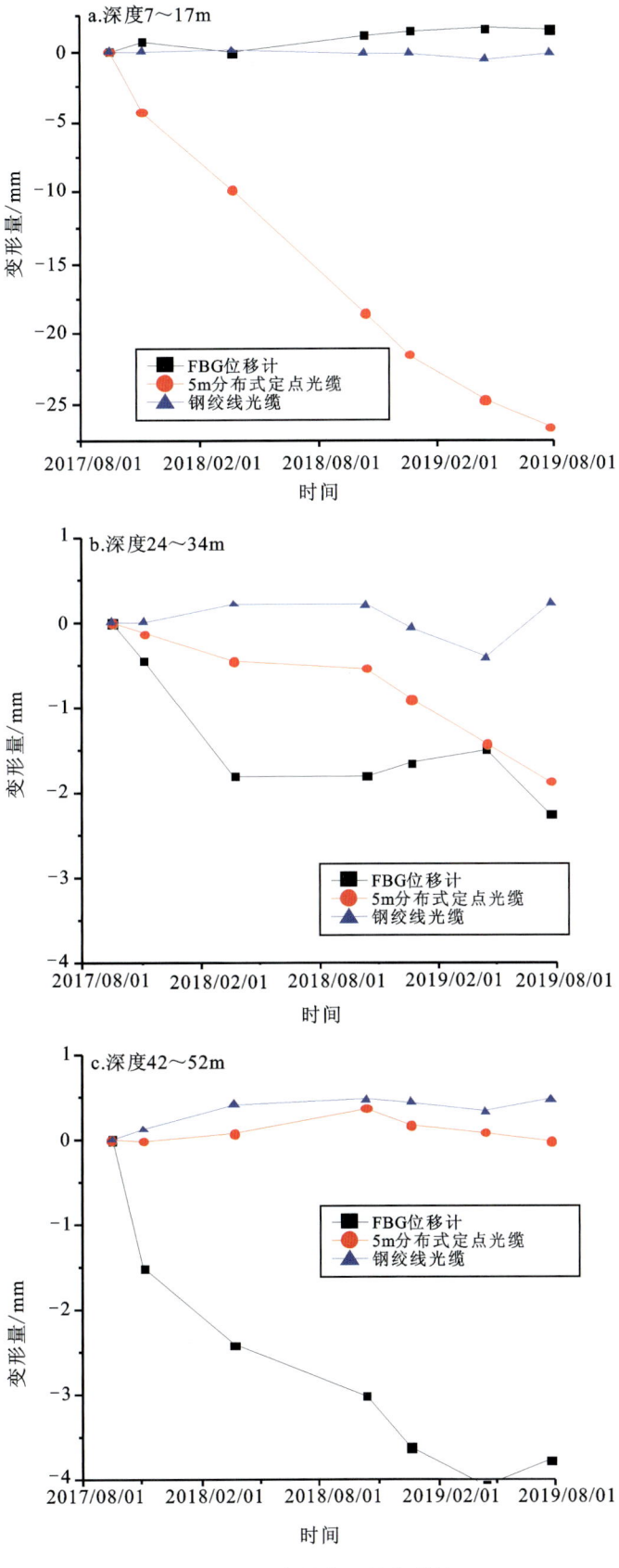

图 6-72 各层位土层变形量

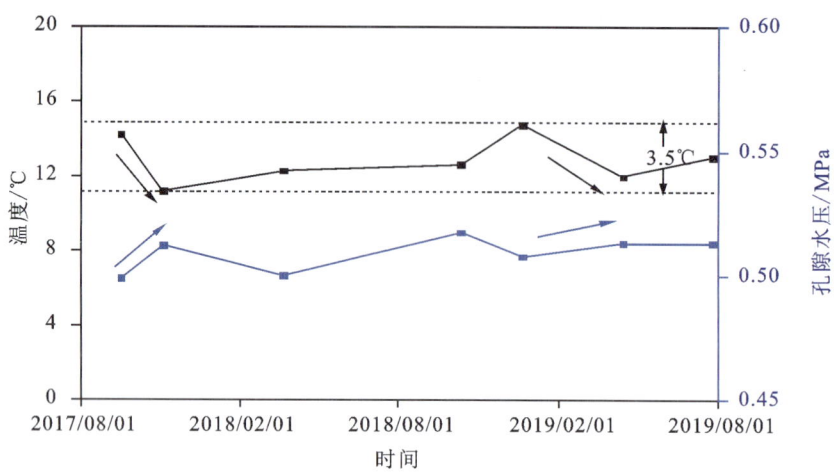

图 6-73 地下深层土体温度(78m)与孔隙水压(76m)变化关系图

五、宁波洪塘 2 号地面沉降钻孔

宁波洪塘 2 号地面沉降钻孔光纤传感器布设方案及监测站点见图 6-74 和图 6-75，该钻孔深度为 91.5m。全孔布设 5m 分布式定点式光缆和钢绞线光缆，并构成"U"形回路，对钻孔全断面的变形进行监测。此外，在 25～35m、46～56m 深度范围内布设两支光纤光栅位移计，对潜在的变形较大的地层进行重点监测；在 36m 深度处布设光纤光栅渗压计，对地下水水位变化进行监测。

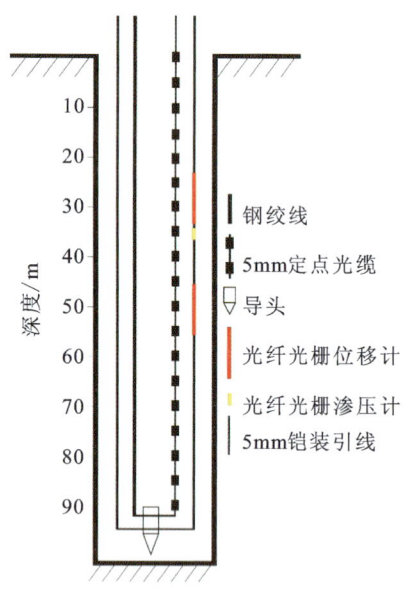

图 6-74 光纤传感器布设方案

图 6-75 宁波洪塘 2 号地面沉降钻孔光纤监测站

该钻孔于 2017 年 9 月 9 日建成，2017 年 11 月 5 日对该钻孔的初始数据进行了采集，2018 年 3 月 19 日采集了第二期数据，如图 6-76 所示。5m 定点光缆在钻孔端口处应变较小，判断为回填料与光缆尚未完全耦合，10m 以下深度光缆应变增加较为明显，表现为轴向受拉，应变值在 4000～10 000$\mu\varepsilon$ 范围内，应变形态呈现阶梯状。钢绞线光缆应变形态呈现均一化，整段光缆应变值变化不大。

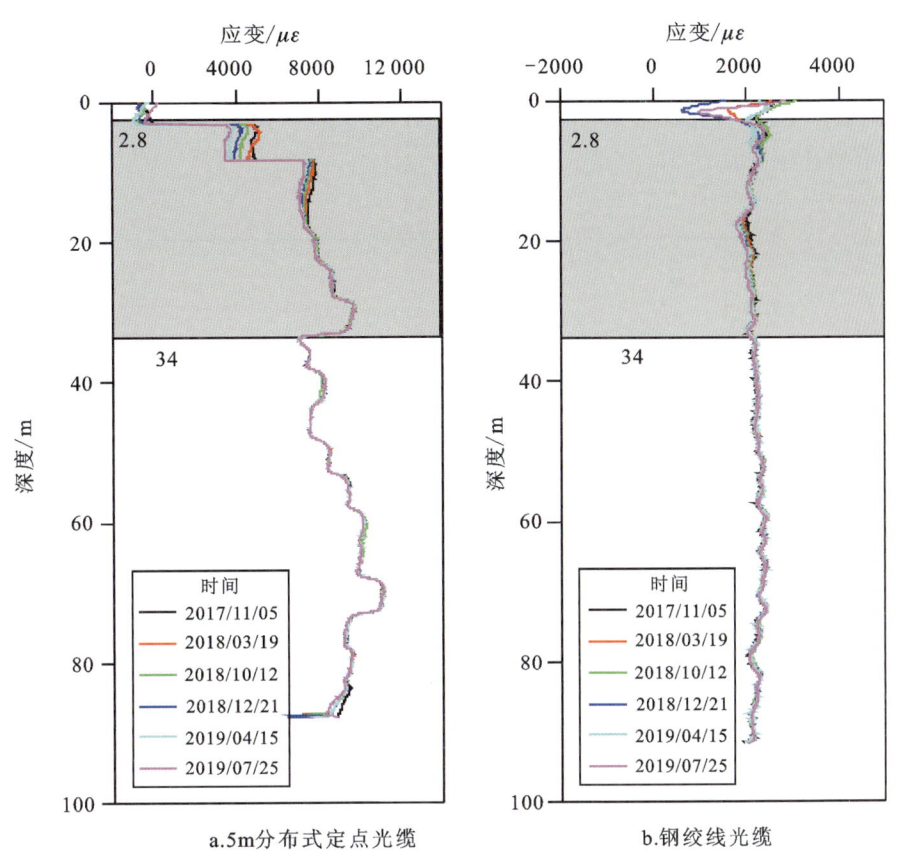

图 6-76 宁波洪塘 2 号钻孔应变分布图

将光缆应变值作差,获取监测期内钻孔全断面变形信息。光缆应变以压应变为主,体现了监测期内钻孔所在地发生了一定程度的沉降,但局部地层也存在着少量回弹。图 6-77 中两种光缆应变分布形态较为吻合,应变量也相互接近,在深部(50m 以深)有少量沉降发生;浅部(50m 以浅),尤其是靠近孔口处,应变变化较为杂乱,判断是受地表环境(地温、人工活动等)干扰。

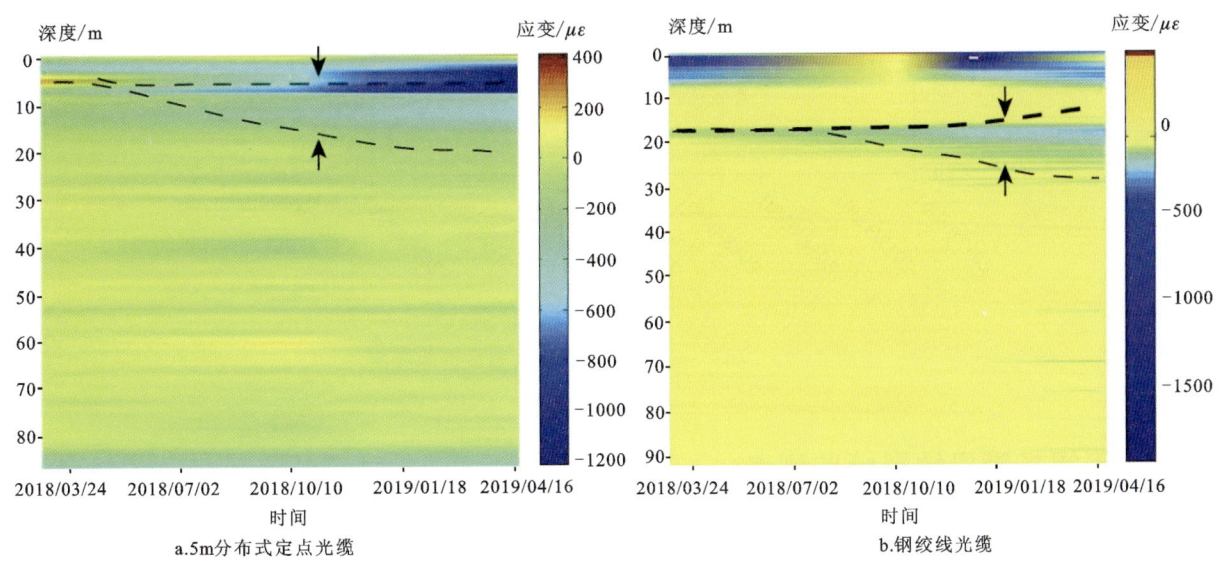

图 6-77 宁波洪塘 2 号钻孔光缆应变云图

如图6-78所示,FBG渗压计显示36m孔隙水压一直降低,表明监测期内水位一直降低,且第一期降幅远高于第二期。这可能是由于钻孔回填过程中,地下水水位上升且孔隙水压来不及消散,从而有较大的孔隙水压;随着孔隙水压的消散和土体的固结,水位逐渐回落至正常水位,渗压也降低至正常值。

如图6-79所示,FBG位移计显示46~56m层位土体变形一直为负值,表明监测期内沉降一直发生,最新结果显示累计沉降量达10.16mm。

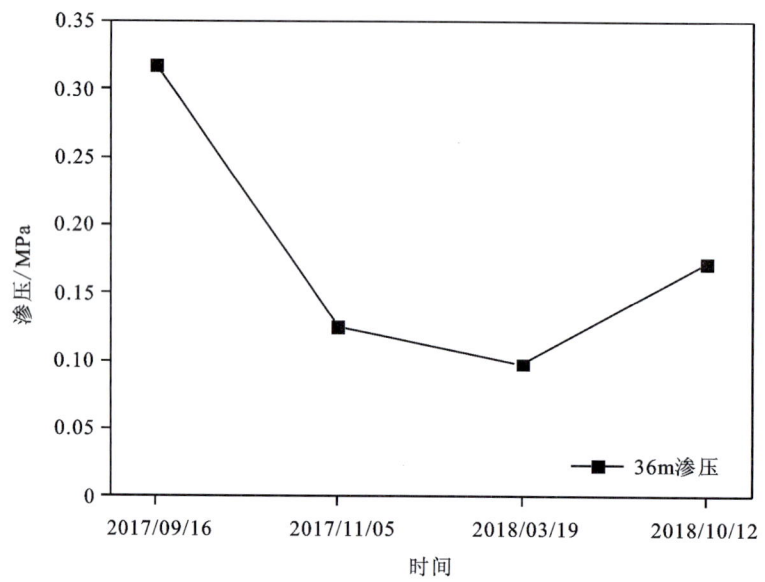

图6-78　36mFBG渗压计监测数据曲线图

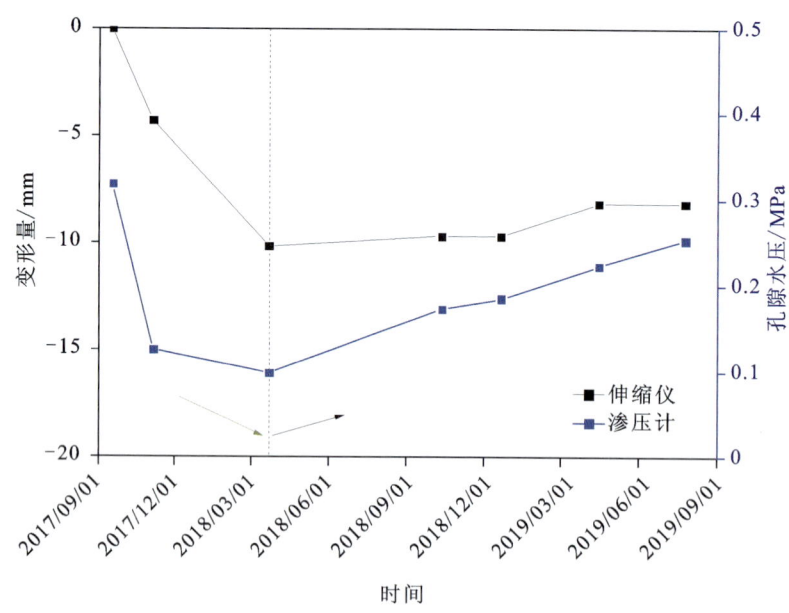

图6-79　46~56mFBG位移计监测数据曲线图

六、无锡杨墅里地裂缝监测点

杨墅里地裂缝分布式光纤监测点建成于2012年10月,2012年11月19日开始进行初值采集,并将该数据作为应变的初始基准值,采集周期如表6-8所示。监测初始周期为1~3个月。

表 6-8　无锡杨墅里地裂缝光纤监测数据采集周期表

序号	日期	说明	序号	日期	说明
1	2012/11/19	初始应变基准数据采集	13	2015/04/10	监测期数据采集
2	2012/12/26	监测期数据采集	14	2015/06/14	监测期数据采集
3	2013/03/03	监测期数据采集	15	2016/01/26	监测期数据采集
4	2013/04/28	监测期数据采集	16	2016/04/29	监测期数据采集
5	2013/05/23	监测期数据采集	17	2016/07/07	监测期数据采集
6	2013/09/12	监测期数据采集	18	2016/12/29	监测期数据采集
7	2013/11/25	监测期数据采集	19	2017/06/27	监测期数据采集
8	2014/04/01	监测期数据采集	20	2017/10/27	监测期数据采集
9	2014/06/07	监测期数据采集	21	2018/12/21	监测期数据采集
10	2014/08/07	监测期数据采集	22	2019/04/13	监测期数据采集
11	2014/11/12	监测期数据采集	23	2019/07/23	监测期数据采集
12	2015/03/07	监测期数据采集			

该地裂缝水平向应变分布原始曲线如图 6-80 所示。从图中可知，3m 定点感测光缆、钢绞线感测光缆在监测周期内监测效果很好，均未出现断点。从 2014 年 4 月 1 日开始，2mm 聚氨酯感测光缆监测到的 100～185m 段应变数据出现光损较大的情况，主要是随着应变的增大，刚度较小的 2mm 聚氨酯光缆受周围土体的影响愈加明显，应变过大导致传感光纤部分失效。

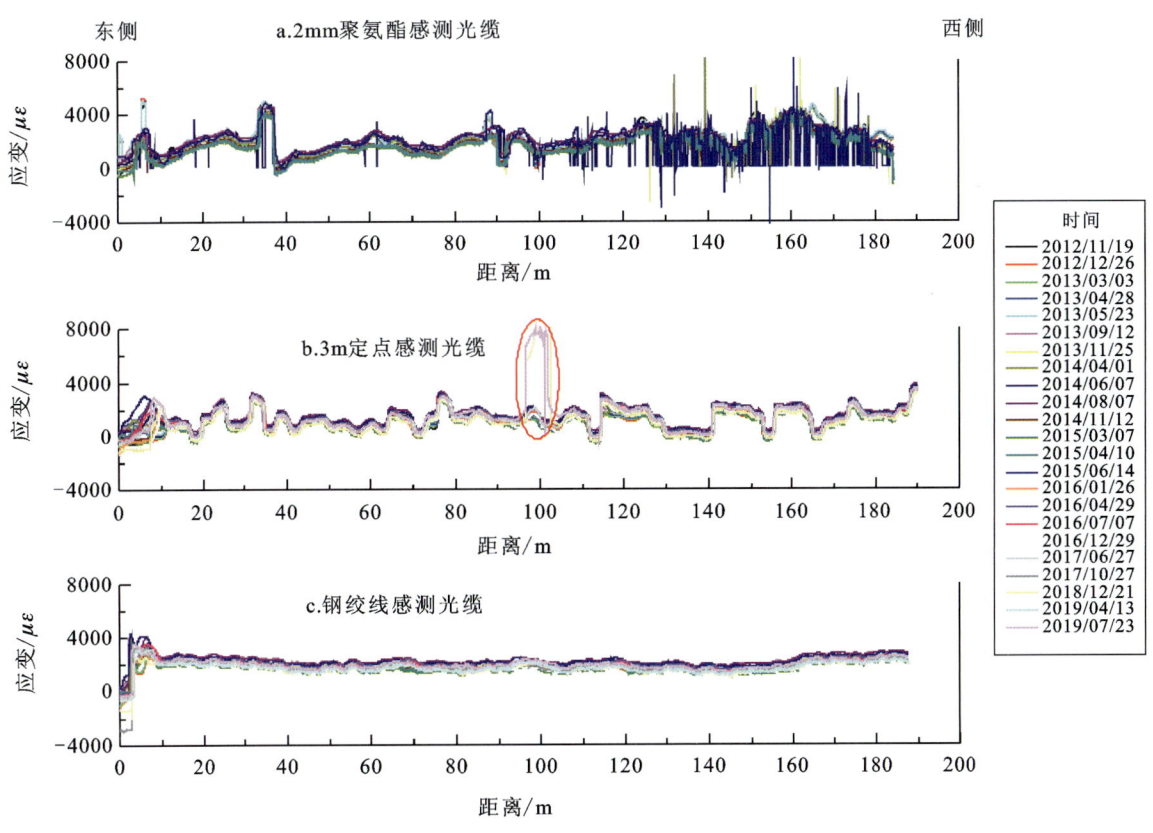

图 6-80　无锡杨墅里地裂缝分布式光纤监测原始应变曲线

将每个监测周期的应变数据进行温度补偿之后,与基准值作差,得出监测周期内地裂缝变形的应变分布曲线,如图6-81所示。根据应变信息,获得位移变化曲线,如图6-82所示。根据本次定点感测光缆铺设的感测原理,位移变化即为该位置相邻两个固定点间(相距3m)的平均位移变化情况:固定点间相向位移时,感测光纤压缩,所测应变为负;相背位移则拉伸,应变为正。从监测结果可以看出,感测光缆呈现拉伸状态,3m定点光缆和钢绞线光缆显示主要变形区域有2个:①距离东侧起点66~69m,为变形区1;②距离东侧起点108~111m,为变形区2。测槽的其他部位均有不同程度的拉伸量,但是整体不是很大。

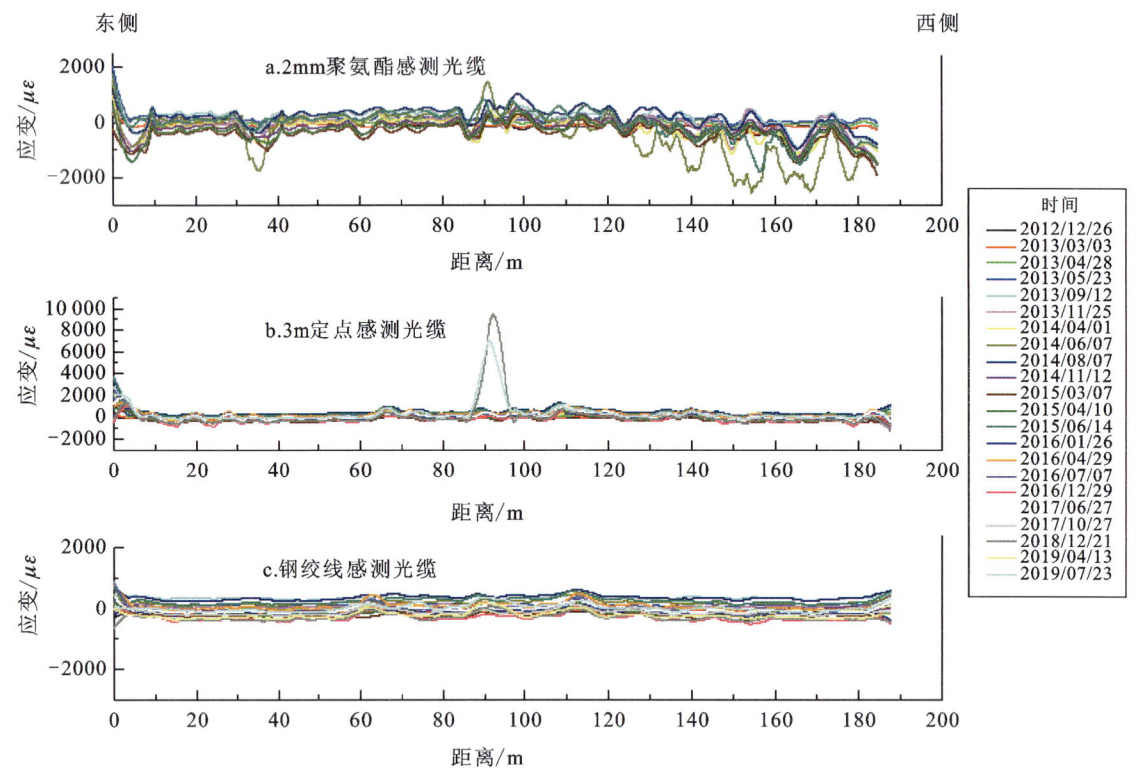

图6-81 杨墅里地裂缝分布式光纤监测周期应变变化图

变形区1和变形区2整体变化趋势基本一致(图6-83),每年的夏季变形量最大,其余季节变形有变小的趋势,且冬季变形量最小。可能原因包括:①夏季雨水充足,降水过后水分蒸发,土体裂隙发育,致使变形量增加;②夏季雨水充足,地表径流会引起水土流失,松散土体中部分颗粒随水流失,加剧土体开裂;③四季温度改变引起其余因素的连锁反应(除温度补偿外)。变形量最大值出现在2014年8月监测期,分别为:①变形区1,0.87mm(2mm聚氨酯感测光缆)、3.43mm(3m定点感测光缆)、1.61mm(钢绞线感测光缆),其中2mm聚氨酯感测光缆由于预拉效果差,与土体耦合性差,其变形量最小;②变形区2,1.14mm(2mm聚氨酯感测光缆)、2.84mm(3m定点感测光缆)、1.43mm(钢绞线感测光缆)。

3m定点感测光缆与钢绞线感测光缆的变形监测趋势一致,2013年4月开始监测到裂隙发育,裂隙一直发育到2014年8月,然后2015年裂隙整体趋于收缩,2016年裂隙继续扩张。截至2019年7月,以3m定点感测光缆为例,变形区1和变形区2的定点感测光缆的变形量分别达2.0mm、2.7mm。裂隙发育趋势呈夏季扩张,冬季轻微收缩的趋势。

杨墅里地裂缝光纤监测(图6-84)始于2012年末,多年来(2012年末—2018年初)其100m、120m和150m处发生持续的较小变形,未出现明显变化。自2018年末,杨墅里地裂缝100m深度处出现大形变,2019年年中此处变形较2018年末趋小,但仍远大于其他处的变形,建议加强监测力度。

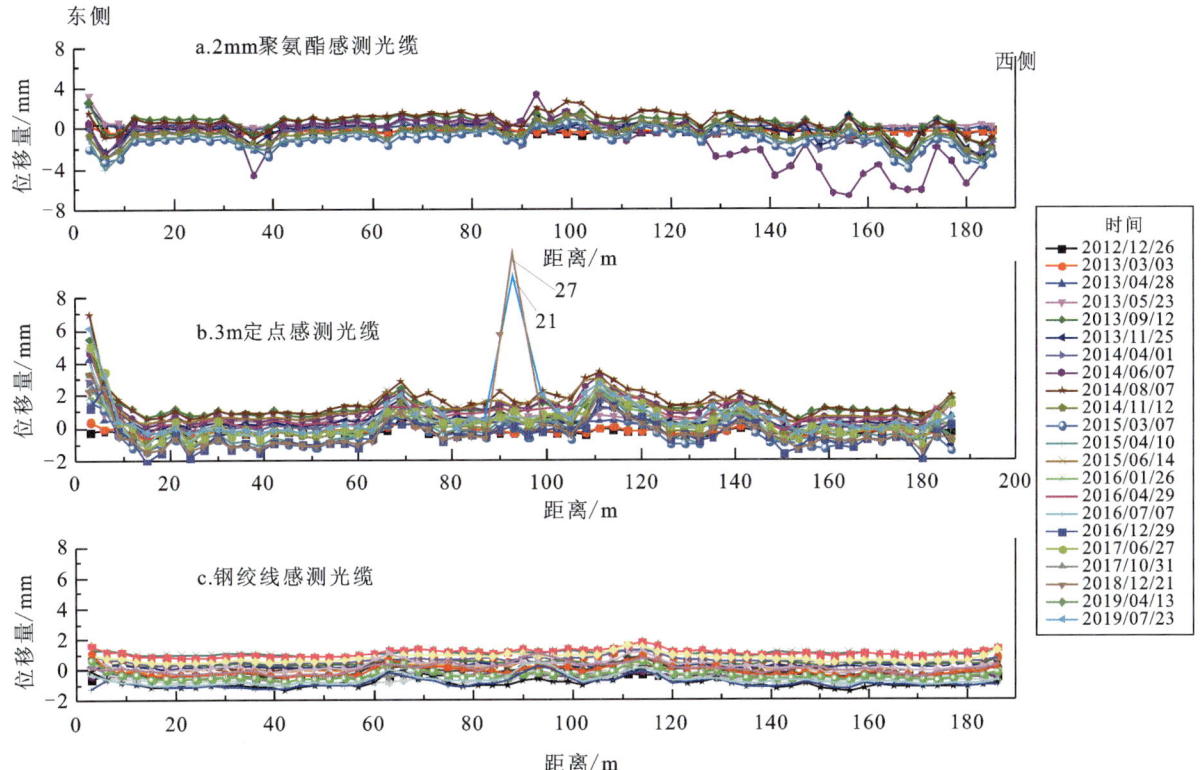

图6-82 3种分布式感测光缆的位移变化曲线

注：图中2018/12/21和2019/07/23两组数据有极高值，为方便表示图中已简化。

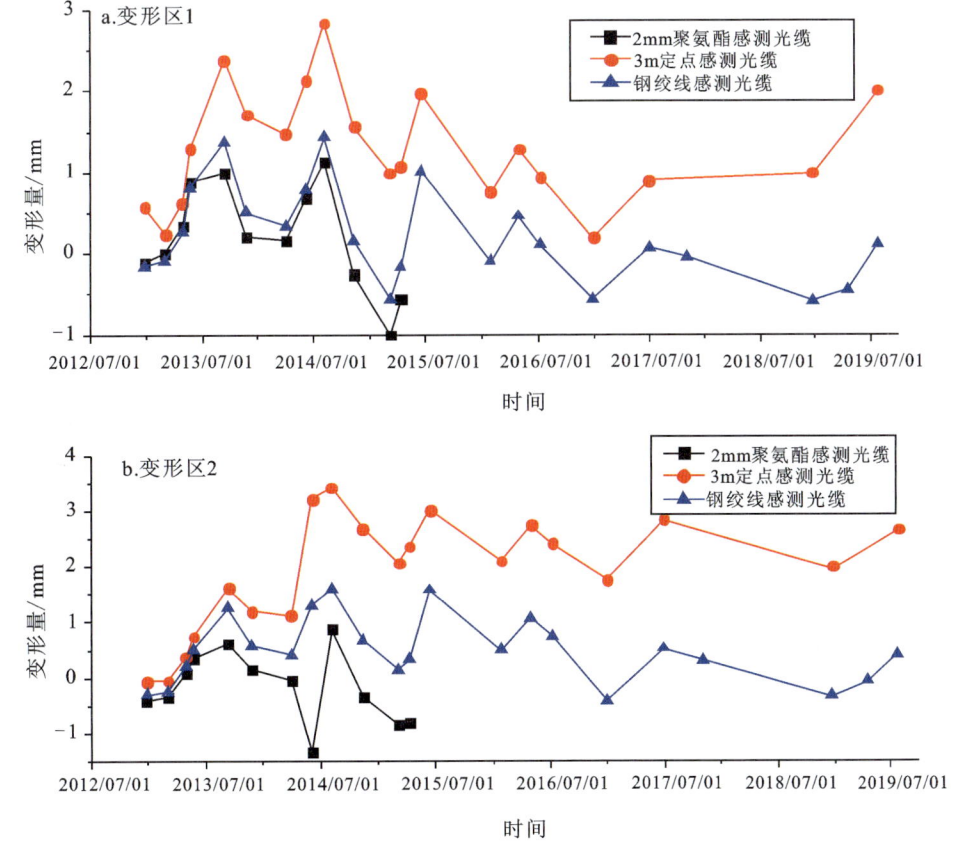

图6-83 主变形区位移变化

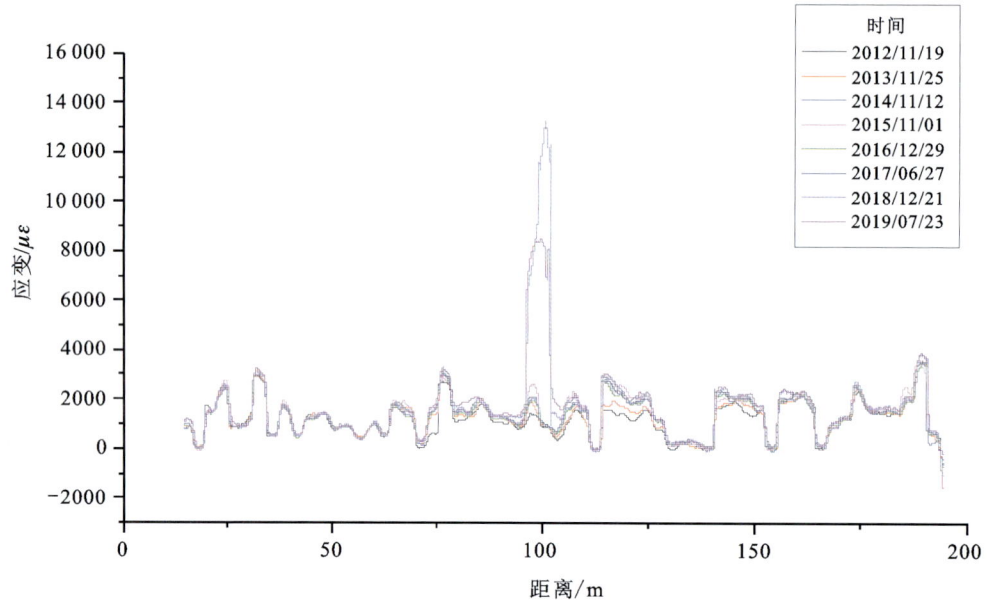

图 6-84　无锡杨墅里地裂缝(3m 定点感测光缆)监测结果

七、江阴四房巷地裂缝监测点

四房巷地裂缝分布式光纤监测点于 2012 年 11 月建成,2012 年 11 月 20 日进行初值采集,并将该数据作为应变的初始基准值,采集周期如表 6-9 所示。本年度数据采集时间为 2019 年 7 月 26 日,截至目前已采集 22 期数据。

表 6-9　江阴四房巷地裂缝光纤监测数据采集周期表

序号	日期	说明	序号	日期	说明
1	2012/11/20	初始应变基准数据采集	12	2015/03/07	监测期数据采集
2	2012/12/26	监测期数据采集	13	2015/04/10	监测期数据采集
3	2013/03/03	监测期数据采集	14	2015/06/14	监测期数据采集
4	2013/04/28	监测期数据采集	15	2015/08/01	监测期数据采集
5	2013/05/23	监测期数据采集	16	2016/01/26	监测期数据采集
6	2013/09/12	监测期数据采集	17	2016/05/12	监测期数据采集
7	2013/11/25	监测期数据采集	18	2016/07/07	监测期数据采集
8	2014/04/01	监测期数据采集	19	2016/12/29	监测期数据采集
9	2014/06/07	监测期数据采集	20	2017/06/27	监测期数据采集
10	2014/08/07	监测期数据采集	21	2017/10/31	监测期数据采集
11	2014/11/13	监测期数据采集	22	2019/07/26	监测期数据采集

江阴四房巷地裂缝土体的水平向应变分布原始曲线如图 6-85 所示。将每个监测周期的应变数据进行温度补偿之后,与基准值作差,得出监测周期内沟槽地裂缝变形的应变分布曲线,如图 6-86 所示。

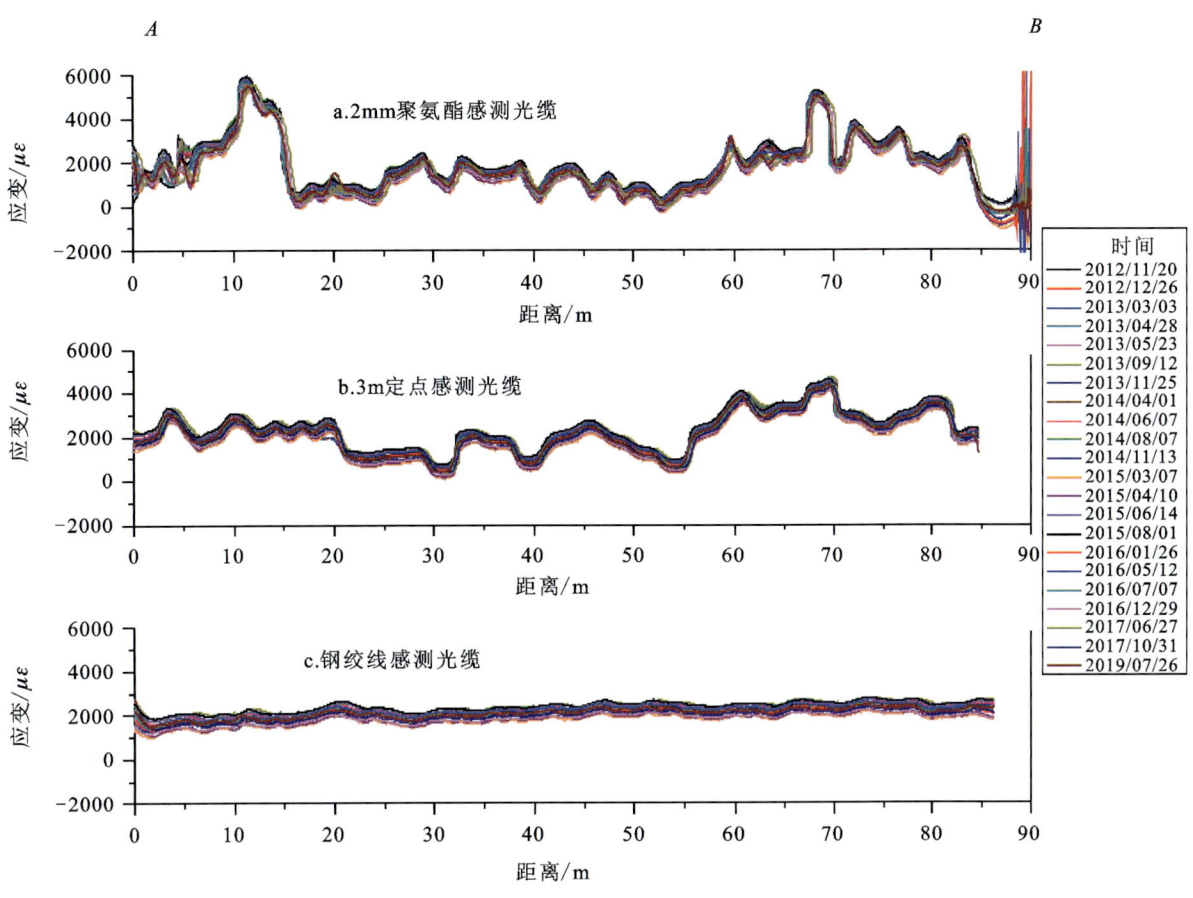

图6-85 江阴四房巷地裂缝分布式光纤监测原始应变曲线

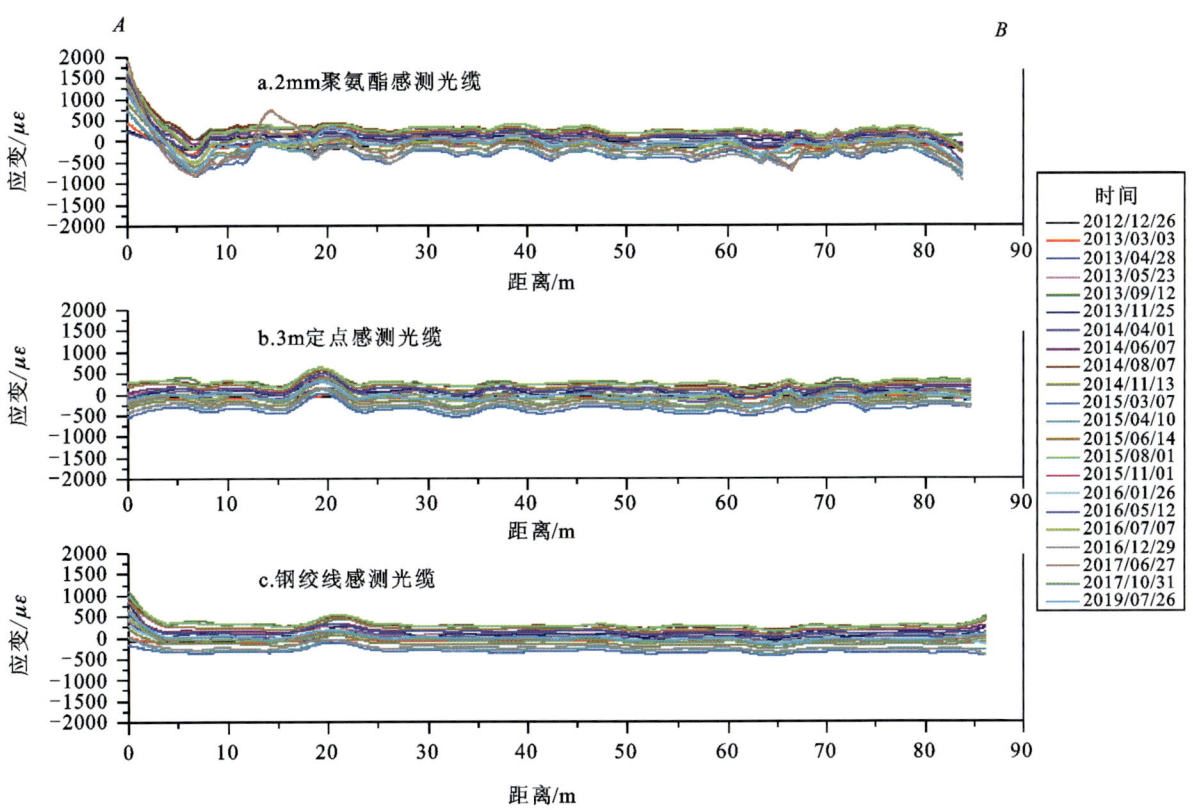

图6-86 水平向直埋式感测光缆各监测周期应变变化

从图6-86可以看出，在第1个、第2个监测周期内，3m定点感测光缆基本处于受压状态（轴向收缩），主要表现为土体自身的固结；后期监测周期，感测光缆主要表现为拉伸状态，在距离A点20m处的应变拉伸应变量约300。在第7个监测周期，感测光缆的拉伸量已经达到0.06%，后期其最大拉伸应变稳定在0.06%，2015年8月1日达到应变峰值0.0624%；在每年6—9月期间应变增大，应变量长期维持在0.05%～0.06%，每年进入11月、12月至次年1月、3月期间，应变减小，应变量减小至0.01%～0.03%；裂缝变形趋势在夏季变形扩张，在冬季变形减小。相比较明显变形处，钢绞线光缆位置稍微偏向B点，图中显示约为1m，钢绞线光缆虽然刚性较强，前两期由于土体固结光缆处于受压状态（轴向收缩），但是其拉伸趋势与定点光缆一致，拉伸量峰值为0.061%，冬季拉伸范围为0.01%～0.03%，夏季拉伸范围为0.04%～0.06%，总变化趋势与定点光缆高度一致。

定点分布式感测光缆的应变变化曲线如图6-87所示，相邻两个定点之间的中点应变代表3m定点点距内的应变值，图中各点表示该点所在位置的感测光缆应变变化情况。根据本次定点感测光缆铺设的感测原理，该应变即为该位置相邻两个固定点间（相距3m）的平均应变变化情况，即固定点间相向位移时，感测光纤压缩，所测应变为负；相背位移则拉伸，应变为正。

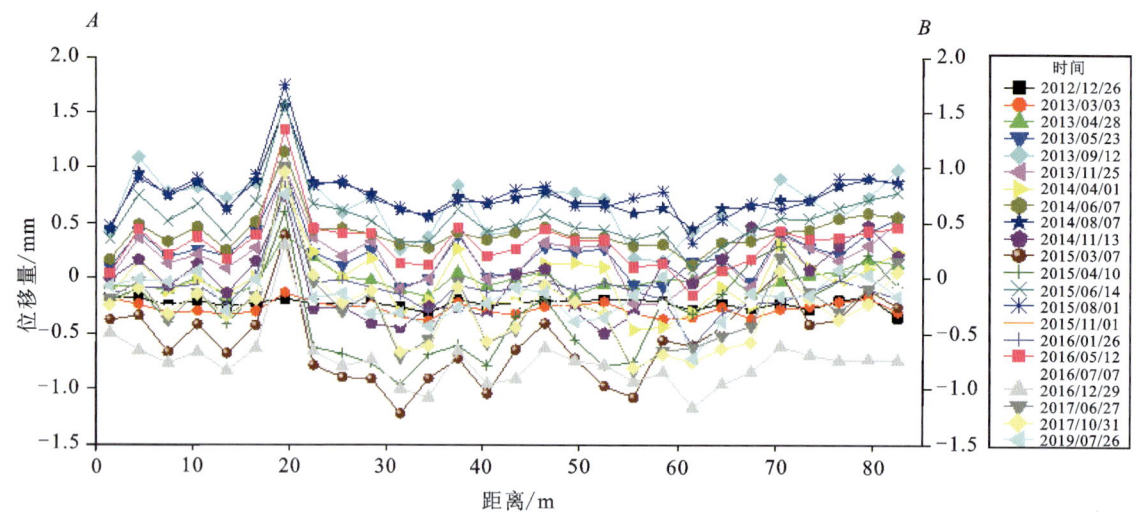

图6-87 定点分布式感测光缆各监测周期应变变化图

在图6-87中，变形区域发生在距离A点约19.5m处。感测光缆基本处于拉伸状态，计算出主变形区域（距离A点18～21m），感测光缆的变形已呈现拉伸状态。根据积分公式，2013年9月、2014年8月、2015年8月监测期内，计算出主要变形区域（距离A点18～21m）分别拉伸了1.21mm、1.22mm、1.34mm。2013年4月、2014年4月、2015年4月、2016年1月监测期内变形量为0.17mm、0.016mm、0.43mm，每年夏季的土体变形量明显大于其余季节，可能原因为：①夏季雨水充足，降水过后水分蒸发，土体裂隙发育，致使变形量增加；②夏季雨后地表径流会引起水土流失，松散土体中部分颗粒随水流失，促进土体开裂；③四季温度改变引起其余因素的连锁反应（除温度补偿外）。同时，裂缝在每年相同的监测期都有着不同程度的扩张，2016年07月这一期，裂缝大小为0.33763mm，根据以往监测的数据分析，裂缝在接下来的监测期趋于扩张。图中显示30m附近处感测光缆出现负应变，是由于其左右均出现较大裂隙，两裂隙之间的土体收缩，同时因光缆事先预拉，光缆可以有效地监测负应变数据。

10m点距的FBG位移传感器是将头尾两端分别固定在距离A点23m和33m处，测试所得的位移数据为距离A点23～33m区域10m长度的拉伸或者压缩变化量。6m点距的FBG位移传感器是将头尾两端分别固定在距离A点25m和31m处，测试所得的位移数据为距离A点25～31m区域6m长度的拉伸或者压缩变化量。

分别对两种感测光缆23~33m和25~31m区间的应变值进行积分运算,得到钢绞线感测光缆和定点分布式感测光缆的位移值。可以看出,沟槽所处的监测带在监测周期2012年12月26日与2013年3月3日均处于压缩状态,最大有0.95mm的压缩量。感测光缆与FBG光栅位移计整体变化趋势一致,感测光缆测试所得的位移量比FBG光栅位移计的大,而钢绞线光缆与定点光缆的数据更为接近,主要是因为FBG光栅位移计测试的是两个端点之间的综合位移,而感测光缆在两个端点之间还受到周围土体的作用。如前面所述,推测主应变区在为18~21m区间(图6-87),且21m后段由于是两裂隙之间,其部分土体会出现收缩现象。后期2013年4月、5月、9月,位移计与感测光缆均表现不同程度的拉伸,这是由于初期土体固结以后,土体裂隙开始发育;2014年11月位移计与定点光缆均监测到土体收缩变形;2015年3月、2015年4月,位移计与感测光缆均监测到土体收缩变形;2015年6月位移计与感测光缆均监测到土体拉伸,即裂隙继续发育;2019年7月最新的监测结果显示,该地裂缝有逐渐变小的趋势。

八、小结

地面沉降钻孔全断面光纤监测技术能够实现监测钻孔内所有层位的变形信息,能够精准捕捉到沉降的主导层位,分析地面沉降的致灾机理,是一项高效的、精细化的监测手段。利用该技术对苏锡常地区、宁波等地地面沉降和地裂缝监测点进行长期的实时监测,得到以下几点认识。

(1)苏州盛泽地区现阶段主要沉降层并非抽水砂层,而是与抽水含水层相邻的两个弱透水层,其变形特征是:黏土弱透水层中孔隙水压力的降低滞后于含水层的孔隙水压力变化,其释水压缩量在垂向上的分布是不均匀的,靠近抽水含水层处压缩大,远离抽水含水层压缩小,由近抽水含水层一侧向远离抽水含水层一侧慢慢发展。

(2)基于BOTDR与FBG的定点分布式光纤传感技术能够有效地对已发育地裂缝进行监测,并能较好地预测潜在的地裂缝发育趋势。该技术稳定性好,测量精度可以达到0.15mm。杨墅里和四房巷地裂缝监测结果实现了地裂缝的变形区定位与测量,表明分布式光纤传感器在地裂缝监测领域具有较强的适用性和较大的推广价值。

(3)在上海钻孔回填过程中,较大的降雨使浅部松散砂层发生了坍塌,从而使其中埋设的传感光缆呈现出了不同的监测结果,即定点光缆基本处于拉伸状态,而金属基索状光缆则基本处于压缩状态。监测期获得结果进一步表明,塌孔的发生导致钻孔内部光缆发生较大的扭曲,从而使光信号解调过程中产生了较大的光损,影响了监测结果。为了避免塌孔对光缆布设和后期监测的影响,当浅部地层为较为松散的砂层时,应在钻孔中添加套管。在最新规范中已经加强了对于浅层套管的使用,在后续的工作开展中优化工艺,增加成孔质量,构建更加完善的DFOS监测系统。

(4)宁波两口钻孔光缆监测数据显示,现阶段沉降主导层位为浅部30m的弱透水层,其中包括了一层淤泥质粉质黏土,具有高压缩性,压缩潜力较大。宁波海曙沉降主要层位为浅部6.1~18m深度处,累计沉降量为11.26mm,沉降速率为1.54mm/a。该层位易受工程建筑荷载影响,在后续监测过程中应加强对于该因素的权重分析。

第三节 光纤-土体耦合变形特性评价

对于直埋布设法,保证土体与光缆之间的充分耦合是一难点问题,也是决定监测结果有效性的关键因素。土体是松散的、物理力学性质复杂的天然沉积物,它与光缆的相互作用特性要比光缆与混凝土、复合材料等人造材料之间的相互作用特性更为复杂。随着直埋布设法的广泛应用,土体与光缆之间的相互作用问题也日渐受到关注。在钻孔中利用DFOS技术对土体变形进行监测时(如地面沉降等),由于缺乏有效的锚固措施,应变监测结果的有效一致主要取决于土体与光缆之间的耦合变形能力。本节利用一套自行开发的可控围压土体-光缆耦合变形特性试验装置,揭示 0~1.6MPa 围压范围内土体与光缆的相互作用机理,提出表征土体-光缆耦合变形能力的新参数,探讨试验结果对于地面沉降监测的启示,为基于 DFOS 的地面沉降监测提供必要依据。

一、试验方案

试验所选用砂土为级配不良中砂,其土粒相对密度为 2.67,有效粒径 d_{10}、平均粒径 d_{50} 和限制粒径 d_{60} 分别为 0.115mm、0.331mm、0.371mm,不均匀系数 C_u 为 3.239,曲率系数 C_c 为 1.631,最优含水率 w_{opt} 为 10.8%。试验所选用黏土为高岭土,其主要化学成分为 SiO_2 与 Al_2O_3。砂土与黏土按质量95∶5的配比制成砂-黏混合土样。

试验所选用光缆为聚氨酯低模态应变感测光缆,纤芯直径为 0.9mm,护套直径为 2mm,平均弹性模量为 0.37GPa,抗拉强度为 23.40MPa,应变测试范围为 -10 000~20 000$\mu\varepsilon$。

将长 1m、直径 60mm 的热缩管一头与试样塞连接,并将应变感测光缆的一端穿过试样塞的小孔,另一端则固定不动。在穿过试样塞的一端悬吊质量为 100g 的砝码,使光缆处于轻度拉伸状态,预拉应变约为 1000$\mu\varepsilon$。对于砂-黏混合土样,采用落锤击实法将土样分多层击实(含水量为 8%,密度为 1.85g/cm³);对于松填砂土样,则采用落砂法制备试样(含水量为零,密度为 1.70g/cm³)。除去两端土样塞的长度,土样的实际长度为 91cm。试样制备方法和制备完成的试样如图 6-88 所示。

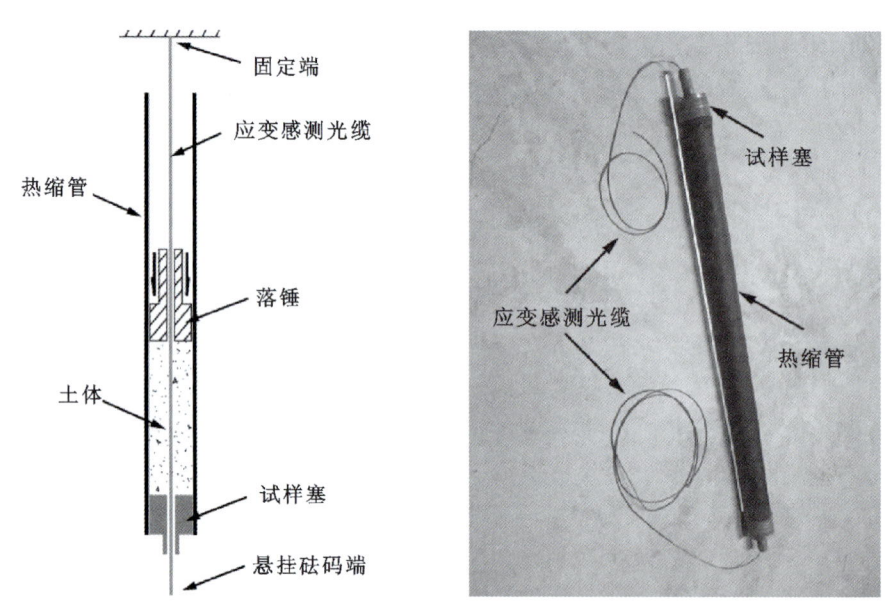

图 6-88 击实试样制备方法和制备完成的试样

将制备完成的试样水平放入如图 6-89 所示的拉拔试验装置压力室中。压力室为由特种钢制成的空心圆柱体,长为 1m,内径为 15cm,最高可承受 20MPa 的压力。在试样底部对称放置两个支撑架,以防止试样产生过度挠曲。将试样两端的光缆接入日本 Neubrex 公司产的 NBX-6050A 型布里渊光时域分析仪(Brillouin Optical Time-Domain Analyzer,简称 BOTDA),以实现沿光缆轴向应变的分布式测量。BOTDA 的空间分辨率、采样间隔分别设置为 0.1m 和 0.05m,相关参数列于表 6-10。采用特制的夹具夹住其中一端的光缆,并连接至卧式拉力测试台。测试台上安装有数显测力计,可测量试验过程中的力,其测量精度为 0.1N。在法兰盘与压力室的连接处以及固定螺帽与法兰盘的连接处放置橡胶垫片,以保证压力室的密封性。在压力室中注满液压油,并通过千斤顶向试样施加均匀的围压。

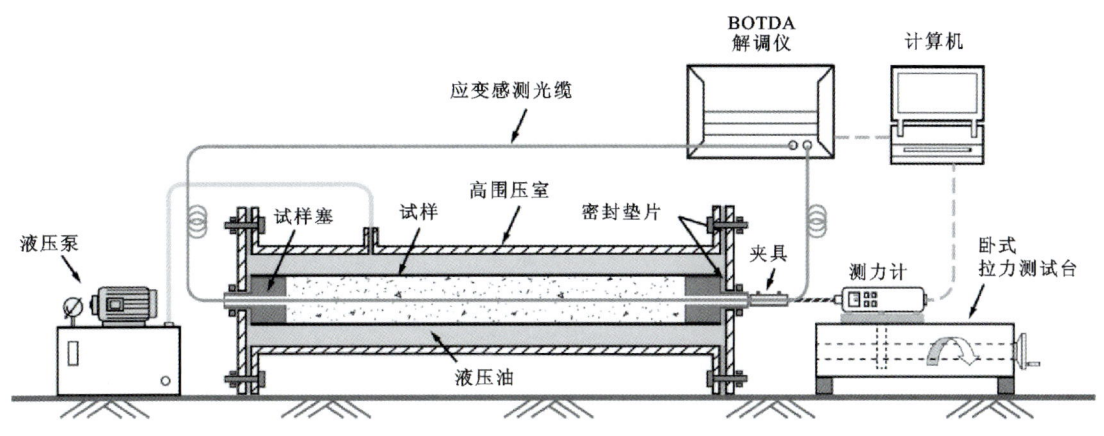

图 6-89 拉拔试验装置示意图

表 6-10 Neubrex 产 NBX-6050A 型 BOTDA 参数

参数	空间分辨率/m	采样间隔/m	应变测量范围/×10³	测量精度	测量重复性
数值	0.1	0.05	−30～+40	±7.5	±7.5

采用拉拔试验对试样进行测试,如图 6-89 所示。试验采用逐级施加拉拔位移的方式进行,位移增量为 0.973mm。每级位移下均采用 BOTDA 记录沿光缆的应变分布。由于聚氨酯低模态应变感测光缆的应变测试范围为 −10 000～20 000$\mu\varepsilon$,为保证应变测量结果的可靠性,试验过程中的应变值应不超过 20 000$\mu\varepsilon$。当达到以下任一条件时则该次试验终止:① 土体-光缆界面破坏、光缆被完全拔出;② 光缆应变值达到 20 000$\mu\varepsilon$。试验在控温环境下进行,整个试验过程中温度变化不超过 0.5℃,因此无须对试验结果进行温度补偿。

对上述的两种试样(松填砂土样与击实砂-黏混合土样)进行试验,探究 9 种不同围压(0MPa、0.2MPa、0.4MPa、0.6MPa、0.8MPa、1.0MPa、1.2MPa、1.4MPa、1.6MPa)条件下光缆拉拔力-拉拔位移关系以及沿光缆的应变分布及其发展过程,总计进行了 18 组试验。

二、试验结果

1. 试验结果有效性验证

采用如下公式计算悬空段光缆的轴力值 F:

$$F = EA\varepsilon \tag{6-3}$$

式中,E 为光缆的平均弹性模量;A 为光缆的截面积;ε 为测得的光缆轴向应变。将不同围压作用下计算值与测力计测得的拉拔力进行对比,结果如图 6-90 所示。由图可知,两者之间吻合得很好,这表明试验设置是可靠的,试验中测得的沿光缆轴向的应变分布数据是准确的。

2. 拉拔力-位移曲线与应变分布曲线

图 6-91 给出了不同围压作用下松填砂土样与击实砂-黏混合土样中光缆的拉拔力-位移曲线。由于悬空段光缆在拉拔力作用下会有一定程度的弹性拉伸,因此图 6-91 给出的位移为实测位移值减去各级拉拔位移下悬空段光缆的拉伸量。各级试验在拉拔位移不断增大过程中拉拔力持续增大,且围压越大,达到某级拉拔位移所需的拉拔力也越大;曲线未出现明显的拐点,呈应变硬化型。除零围压下的

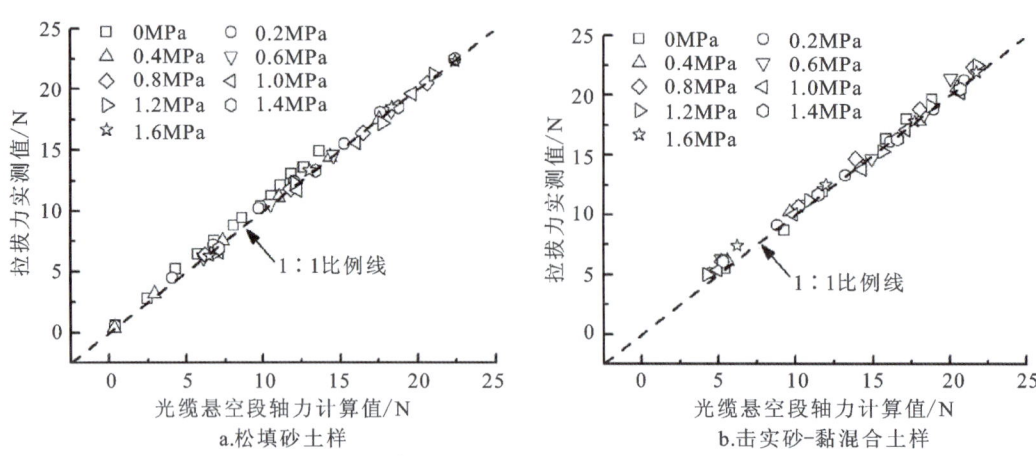

图6-90 不同围压作用下光缆悬空段轴力计算值与拉拔力实测值对比

松填砂土样外,其余各组试验均以满足试验终止条件②(光缆应变值达到20 000με)而终止。这表明在一定围压下,岩土体变形DFOS系统的有效性主要受光缆量程所控制(如光缆断裂或护套与纤芯脱黏等),而非土体-光缆界面破坏。

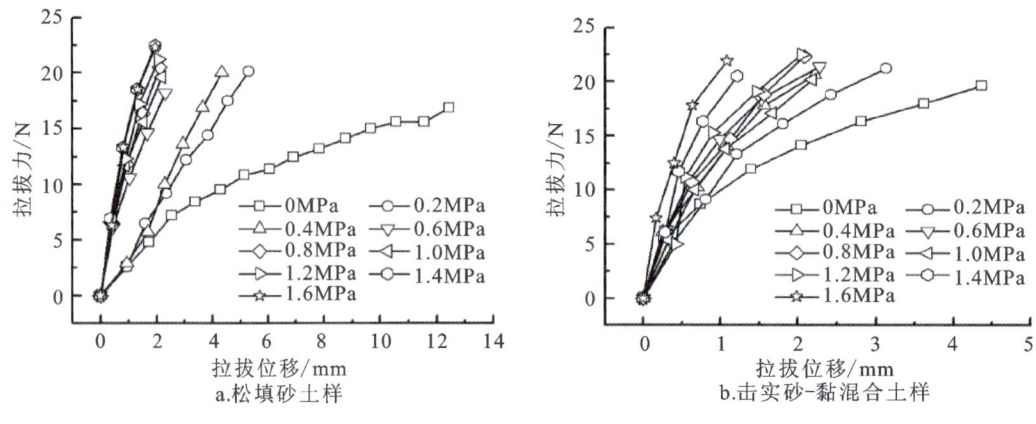

图6-91 不同围压作用下拉拔力-位移曲线

光缆在两种土样中以及不同围压条件下拉拔时轴向应变的分布及其发展过程如图6-92、图6-93所示。对于零围压下的松填砂土样,应变随拉拔位移的增大而增大,且不断向光缆尾部扩展,最终完全贯通。这表明土体-光缆界面呈明显的渐进性破坏特征。0.91m处的应变值不为0,这是因为受空间分辨率以及光缆连续性的影响,应变会"刺入"邻近光缆段(其距离约为一倍空间分辨率,即0.1m)。在一定围压下土体-光缆界面仍服从这种渐进性破坏模式,但应变不能传递至光缆尾部,且最终扩展的深度随围压的增大而减小。在高围压下,应变的扩展与传递被限制在很小的范围内(1.0~1.6MPa下为0.2m),这说明土体-光缆界面处仅有局部剪应力被调动起来抵抗施加的拉拔力。对于击实砂-黏混合土样中的拉拔,沿光缆的应变分布及其发展过程与上述规律相似,不同之处在于:在零围压下,土体-光缆界面呈局部化的渐进破坏特征,应变分布没有扩展至光缆尾部;在0.2~1.6MPa围压下,应变的扩展与传递被限制在0.1~0.15m的范围内。考虑到0.1m的"刺入"距离,结果表明在0.2~1.6MPa围压下,应变几乎不向击实砂-黏混合土样内部传递。

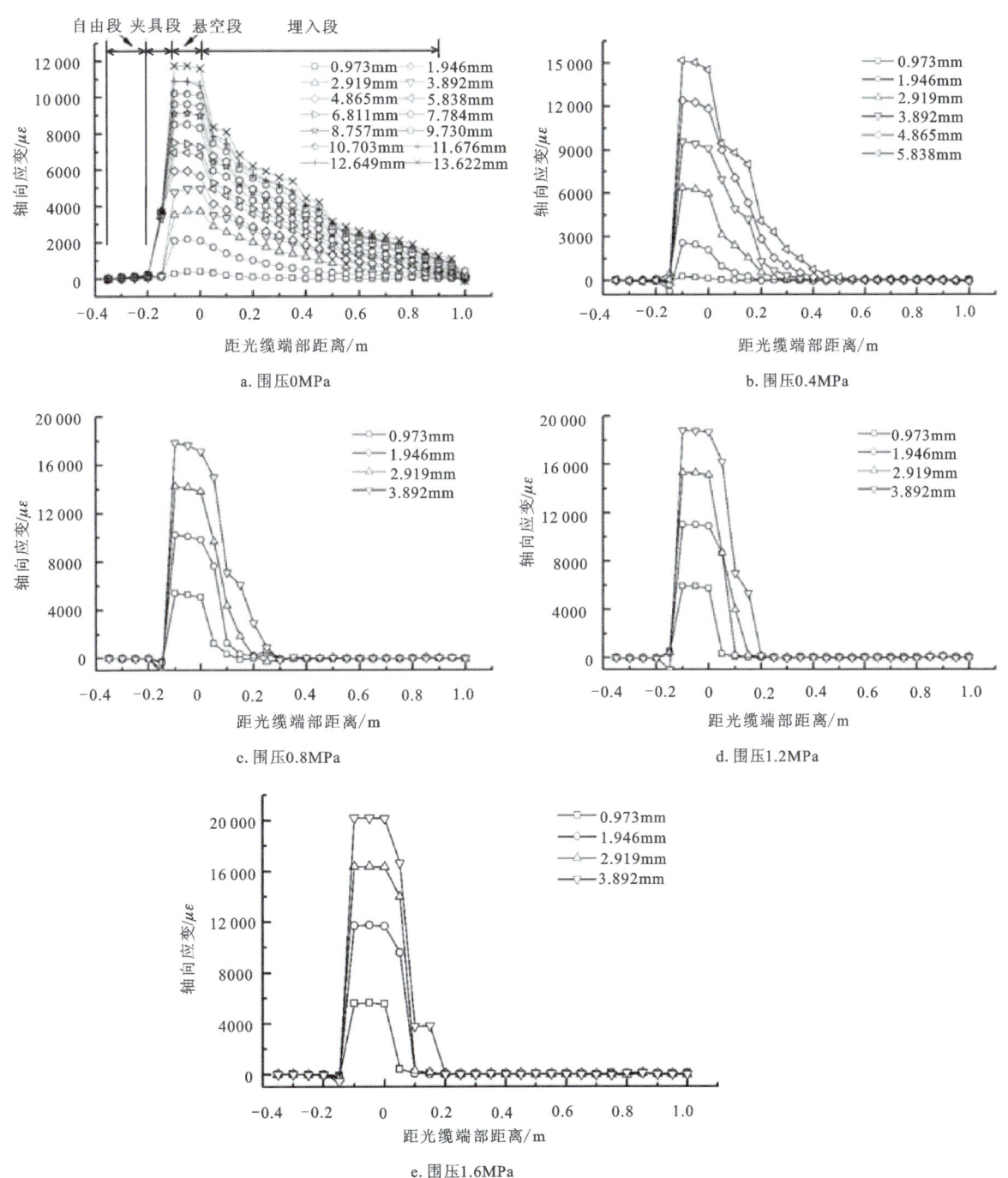

图 6-92 光缆在松填砂土样中拉拔时的应变分布曲线

3. 土体-光缆界面力学行为

拉拔力-位移曲线是土体加筋材料（如锚杆、土钉、土工格栅等）拉拔试验最基本的结果，也是描述土体加筋材料拉拔特性最直观的方式。基于拉拔试验，前人提出了一系列土体加筋材料拉拔力学模型，如弹性模型、弹-塑性模型、双曲线模型、双折线模型等。这些模型通常由拉拔力-位移曲线验证，或辅以应变片、钢筋应力计测得的应变和轴力数据。由于大量布置应变片、钢筋应力计会同时对土体、加筋材料的力学特性产生干扰，因此难以获取沿加筋材料完整的应变分布。本次基于BOTDA，以10cm的空间

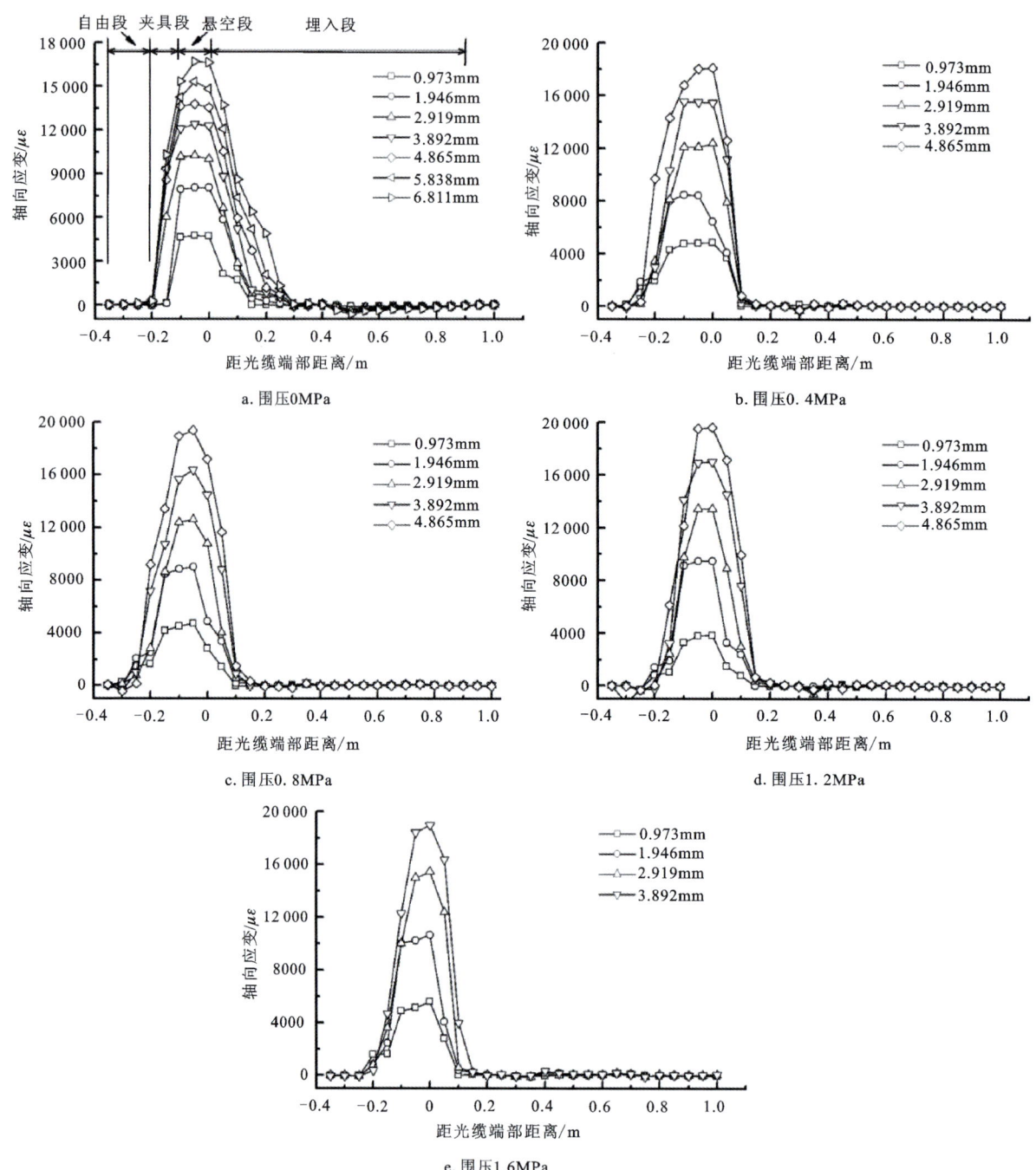

图 6-93 光缆在击实砂-黏混合土样中拉拔时的应变分布曲线

分辨率以及 5cm 的采样间隔捕捉到了不同围压下光缆在拉拔过程的应变分布及发展过程。因为光缆既是传感器也是拉拔构件,所以避免了安装大量应变片、钢筋应力计等元件带来的扰动。高分辨率的应变分布曲线有助于深入理解土-结构相互作用机理,也可以进一步验证前人提出的界面力学模型。

Zhang 等(2016)提出了一个可描述土体-光缆界面渐进性破坏的拉拔模型。该模型是基于界面剪应力-剪应变的理想弹-塑性模型,将光缆在土体中的拉拔破坏过程分为纯弹性、弹-塑性以及纯塑性 3 个阶段,其拉拔力 P 与位移 u_0 的关系如下:

$$P = \begin{cases} \dfrac{\pi D G^*}{\beta} \tanh(\beta L) u_0 & \text{（纯弹性阶段）} \\ -\dfrac{AE}{L_p}\left(u_0 + \dfrac{\tau_{\max}}{G^*}\right) + \dfrac{\pi D}{2} L_p \tau_{\max} & \text{（弹—塑性阶段）} \\ \pi D \tau_{\max} L & \text{（纯塑性阶段）} \end{cases} \quad (6-4)$$

式中，P 为拉拔力；u_0 为位移；D 与 L 分别为光缆的直径与埋入长度；G^* 为土体-光缆界面剪切系数；$\tau_{\max}$ 为界面抗剪强度；L_p 为界面破坏过程中塑性段的长度；β 为一系数，定义为 $\beta = \sqrt{4G^*/ED}$；A 为横截面积；E 为杨氏模量；h 为沿着纤维的剪切带厚度。各阶段应变沿光缆分布的表达式如下：

$$\varepsilon(x) = \begin{cases} \dfrac{P}{AE} \dfrac{\sinh\beta(L-x)}{\sinh\beta L} & \text{（纯弹性阶段）} \\ \dfrac{F_T}{EA} \dfrac{\sinh\beta(L-x)}{\sinh\beta(L-L_p)} & \text{（弹—塑性阶段之弹性段）} \\ \dfrac{4\tau_{\max}}{DE}(L_p - x) + \dfrac{4F_T}{\pi DE} & \text{（弹—塑性阶段之塑性段）} \\ \dfrac{4\tau_{\max}}{DE}(L-x) & \text{（纯塑性阶段）} \end{cases} \quad (6-5)$$

式中，x 的取值范围为 $0 \sim L$，弹—塑性阶段弹性段、塑性段的范围分别为 $L_p \sim L$、$0 \sim L_p$；F_T 定义为 $F_T = \pi D \tau_{\max}/\beta \tanh\beta(L-L_p)$，为弹性段与塑性段转折点处的轴力；$h$ 为沿着纤维的剪切带厚度。土体-光缆界面界面剪应力则可通过下式求解：$\tau = -0.25ED\dot{\varepsilon}$，式中 $\dot{\varepsilon}$ 表示沿纤维（充纤）段的应变梯度。

采用该模型对本试验结果进行模拟。输入参数中，D、L、A 为光缆真实尺寸，分别为 0.002m、0.91m、$3.14 \times 10^{-6} \text{m}^2$；$E$ 为由单轴拉伸试验测得的弹性模量，为 0.37GPa；各级围压下的 G^* 与 $\tau_{\max}$ 值则列于表 6-11 中。其中，G^* 通过式(6-4)中纯弹性阶段拉拔力-位移关系式并结合实测曲线的初始段确定，$\tau_{\max}$ 则由拟合获得。部分模拟结果如图 6-94 和图 6-95 所示。

表 6-11 模拟光缆拉拔试验所用土体-光缆界面力学参数

围压/MPa	松填砂土样		击实砂-黏混合土样	
	G^*/MPa·m^{-1}	$\tau_{\max}$/kPa	G^*/MPa·m^{-1}	$\tau_{\max}$/kPa
0	0.44	2.06	57.84	7.20
0.2	1.48	5.62	23.02	10.70
0.4	2.02	7.96	80.26	13.90
0.6	26.18	8.30	60.70	15.70
0.8	28.98	12.76	56.90	16.96
1.0	46.44	9.98	36.48	17.82
1.2	38.42	12.92	58.9	18.98
1.4	50.02	15.26	79.98	27.56
1.6	31.76	16.74	269.34	31.02

4. 土体-光缆耦合变形能力表征

对于抗拉强度较小的光缆，一方面拉拔试验的进程会受光缆量程所限，并不一定能获得光缆的极限抗拔力；另一方面，土体-光缆界面抗剪强度可以表征土体和光缆之间的黏结能力，但难以直接用于评价土体应变监测结果的可靠性。在低围压作用下，土体-光缆界面破坏过程中的力-变形曲线呈应变软化

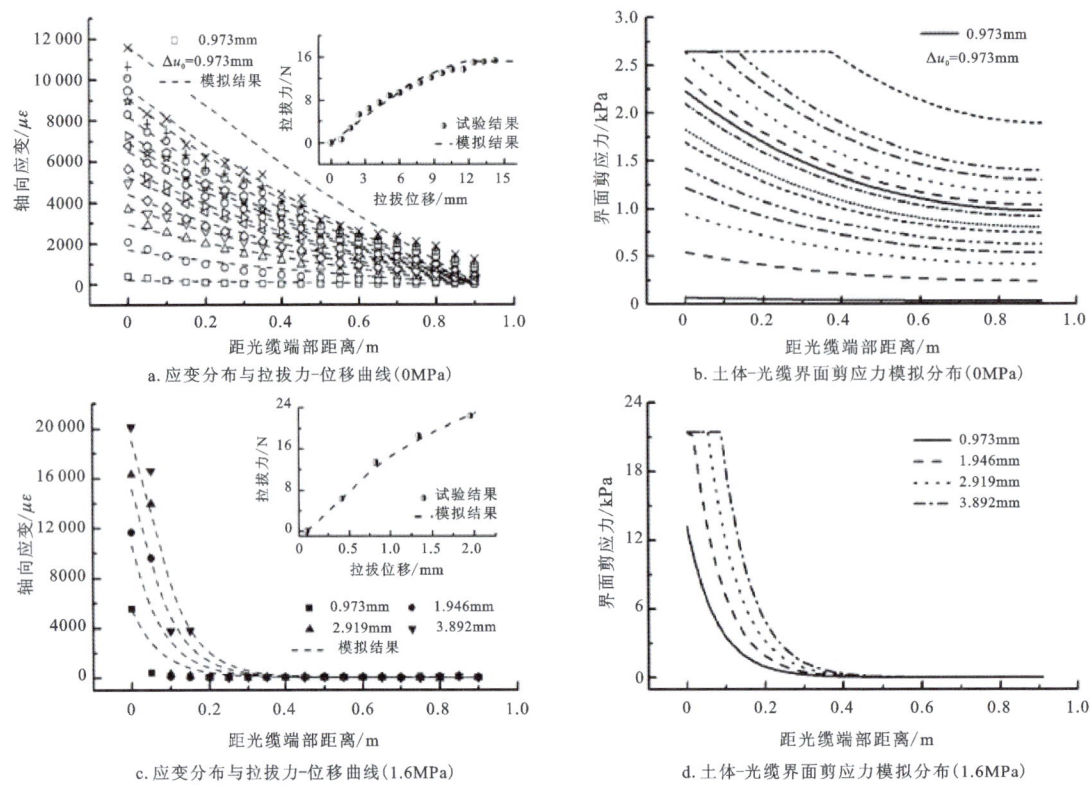

图 6-94 光缆在松填砂土样中拉拔模拟结果

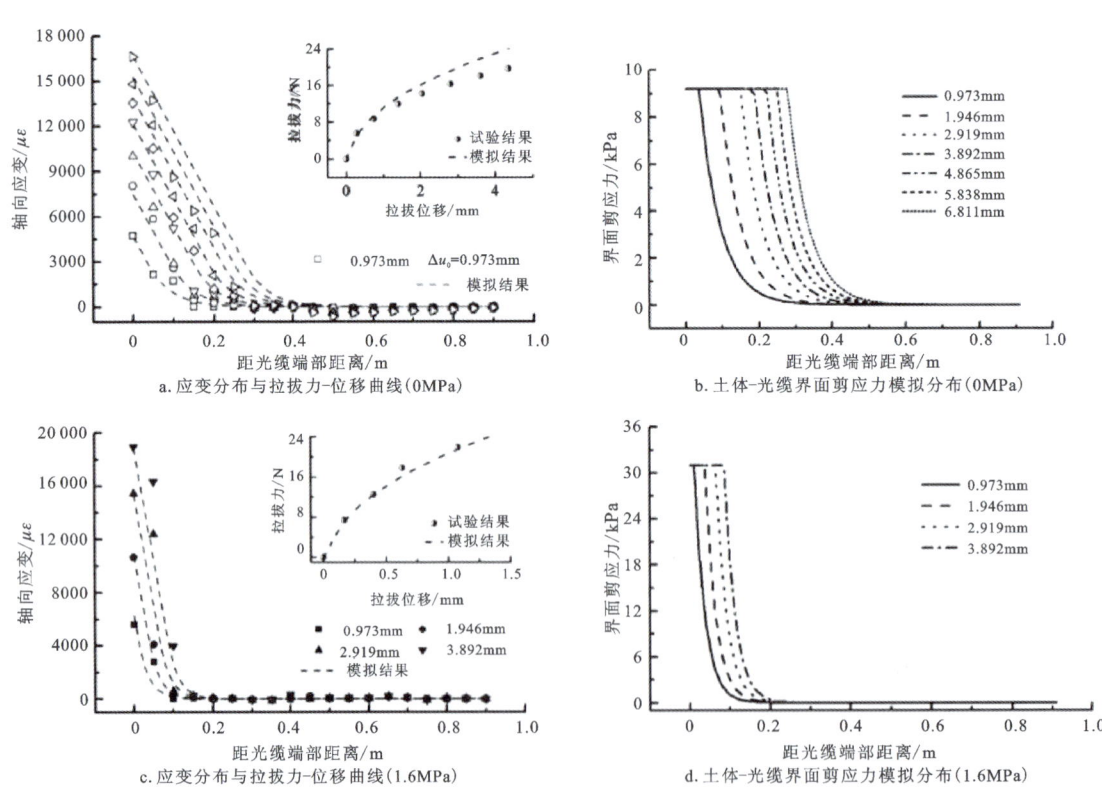

图 6-95 光缆在击实砂-黏混合土样中拉拔模拟结果

型,易于确定有效位移值。因此,在低围压下这种方法十分有效,但这种方法在高围压下并不适用,因为力-变形曲线无明显转折点。此外,ASTM F3079-14(2014)和Zhang等(2016)均提出了一种基于应变梯度的土体-光缆界面应力状态估算方法。当力-变形曲线呈应变软化型时,采用该方法求解界面应力状态存在多解性,因此这种方法要求对土体的变形进行实时监测。

为此,提出了两个表征土体-光缆耦合变形能力的新参数,即应变传递深度 d 和土体-光缆耦合变形系数 ζ_{s-f}。应变传递深度 d 定义为一次拉拔试验中光缆轴向应变从端部向尾部传递的最远距离。显然,土体-光缆耦合变形能力越好,则应变传递深度越浅。当土体与光缆能完全耦合变形时,光缆"固化"于土体中,d 应等于0。此时,土体相当于一个夹紧91cm长埋入段光缆的长夹具,光缆在土体中的拉拔试验也转化为对10cm悬空段光缆进行的单轴拉伸试验。对于某围压下最大拉拔位移所对应的应变分布曲线,将曲线上出现明显拐点所对应的距离确定为该围压下的应变传递深度。考虑到应变"刺入"效应,该值还应减去一倍空间分辨率所对应的长度(0.1m),最终得到各级围压下的应变传递深度。对于松填砂土样,该值随着围压的增大而增大,表明松填砂土-光缆的耦合变形能力随着围压的增大而提高。对于击实砂-黏混合土样,应变传递深度在零围压下仅为0.2m,在0.4MPa下便减小为零,这表明击实砂-黏混合土样与光缆的耦合变形能力很强。

土体-光缆耦合变形系数 ζ_{s-f} 则定义为一次拉拔试验中,光缆轴向应变的积分与作用于光缆端部的拉拔位移 u_0 之比,即:

$$\zeta_{s-f} = \frac{\int \varepsilon(x) \mathrm{d}x}{u_0} \tag{6-6}$$

土体-光缆耦合变形能力越强,则土体与光缆之间的相对错动越小,光缆轴向应变积分与作用于光缆端部的拉拔位移越接近,ζ_{s-f} 值也越大。当土体与光缆能完全耦合变形时,ζ_{s-f} 值等于1。需要注意的是,由于光缆应变"刺入"效应的存在,实际计算的 ζ_{s-f} 值偏大,存在略大于1的情况。采用式(6-6)计算各级围压下土体-光缆耦合变形系数 ζ_{s-f},结果如图6-96所示。注意该值不仅受围压影响,而且与土体-光缆相对位移量有关,即相对位移,量越大,则该值越小。图6-97中每级围压下的数据点为各级拉拔位移下 ζ_{s-f} 计算值的均值,误差棒表示90%置信区间。对于松填砂土,0~0.4MPa围压下的 ζ_{s-f} 值为0.5左右,其后 ζ_{s-f} 值达到1并维持稳定。相较而言,击实砂-黏混合土样在零围压和0.2MPa围压下的 ζ_{s-f} 值分别达到0.79、0.88(为松填砂土样的1.5倍以上),且 ζ_{s-f} 值在0.4MPa下即达到1。结果表明土体性质对土体-光缆耦合变形能力的影响主要表现在0.6MPa围压范围内,在更高围压下则无影响(ζ_{s-f} 值接近1)。

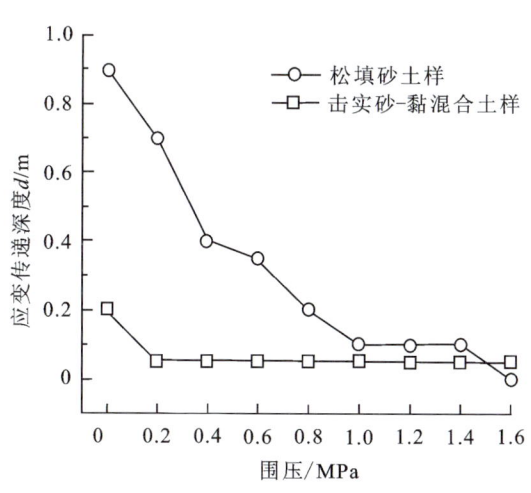

图6-96 围压对应变传递深度的影响

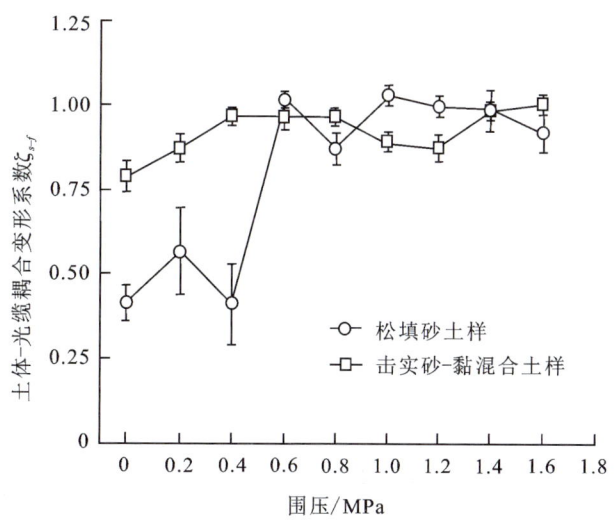

图6-97 围压对各级位移下土体-光缆耦合变形系数 ζ_{s-f} 均值的影响

对于地面沉降等土体变形的长期监测,考虑到光缆的工作性能通常将 10 000$\mu\varepsilon$ 作为长期监测的最大应变值。因此,应将该值对应的 ζ_{s-f} 值作为评价长期变形监测条件下土体-光缆耦合变形能力的定量指标。基于分析结果,建议采用表 6-12 的划分标准评价土体-光缆耦合变形能力。结果表明,0.58MPa 围压以上松填砂土-光缆耦合变形能力强;对于击实砂-黏混合土样,0.26MPa 围压以下土体-光缆耦合变形能力较强;0.26MPa 围压以上两者耦合变形能力均强。

表 6-12 土体-光缆耦合变形能力划分建议

土体-光缆耦合变形系数 ζ_{s-f}	0.9～1.0	0.75～0.9	0.5～0.75	0～0.5
土体-光缆耦合变形能力	强	较强	较弱	弱

5. 对于地面沉降监测启示

将应变感测光缆直接埋入数百米深的钻孔中并回填砂-黏混合土样,待其固结稳定后便可实现地面沉降的分布式监测,土体与光缆的耦合变形能力对监测结果的有效性具有重要影响。试验结果表明,土体-光缆耦合变形能力与围压水平密切相关。由于埋入钻孔的光缆通常不发生水平向位移,因此作用于光缆上的水平向应力 σ_h 可认为与土层环向自重应力 σ_{ch} 相等,公式为:

$$G_n = \sigma_{ch} = K_0 \gamma z \tag{6-7}$$

式中,z 为深度;γ 为土层重度;K_0 为静止侧压力系数,对于砂土或正常固结土可由式(6-8)估算:

$$K_0 = 1 - \sin\varphi' \tag{6-8}$$

式中,φ' 为有效内摩擦角。

对于地下水水位以下的土层,可通过式(6-9)估算作用于光缆上的水平向应力 σ_h:

$$\sigma_h = \sigma_{ch} + u_0 = K_0\gamma'z + \gamma_w h_w \tag{6-9}$$

式中,u_0 为孔隙水压力;γ' 为土层浮重度;γ_w 为水的重度;h_w 为测压管水头高度。通过求解 σ_h 随深度的分布并结合 ζ_{s-f} 与围压的定量关系,便可确定应变监测结果有效段的范围,见图 6-98 和表 6-12。

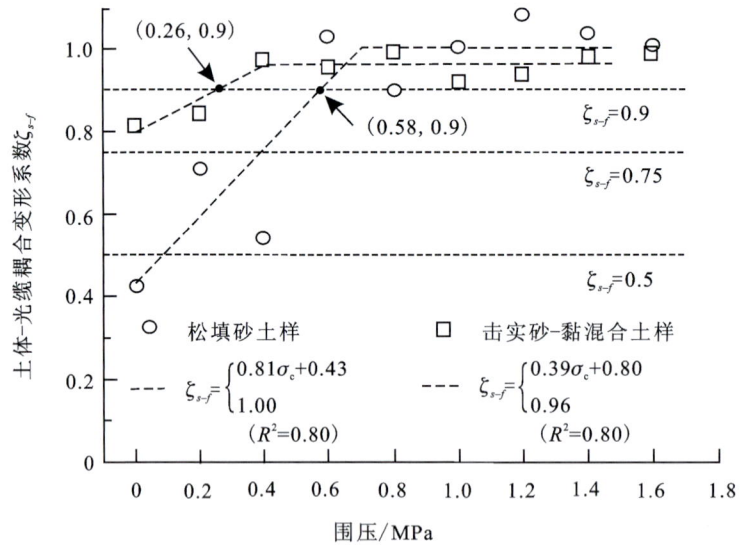

图 6-98 考虑长期变形监测的各级围压下土体-光缆耦合变形系数 ζ_{s-f}

以苏州盛泽的地面沉降钻孔为例,说明试验与讨论结果在实际监测中的应用。苏州盛泽地面沉降为抽取地下水(主要为 AfⅡ层含水层)引起的第四系沉积层长期变形沉降。项目组在苏州盛泽中学建设了一地面沉降监测钻孔,其中布设了 2mm 直径聚氨酯低模态应变感测光缆,并回填砂-黏混合土样。待回填料充分固结变形后实施地面沉降的分布式监测,部分监测数据如图 6-99 所示。

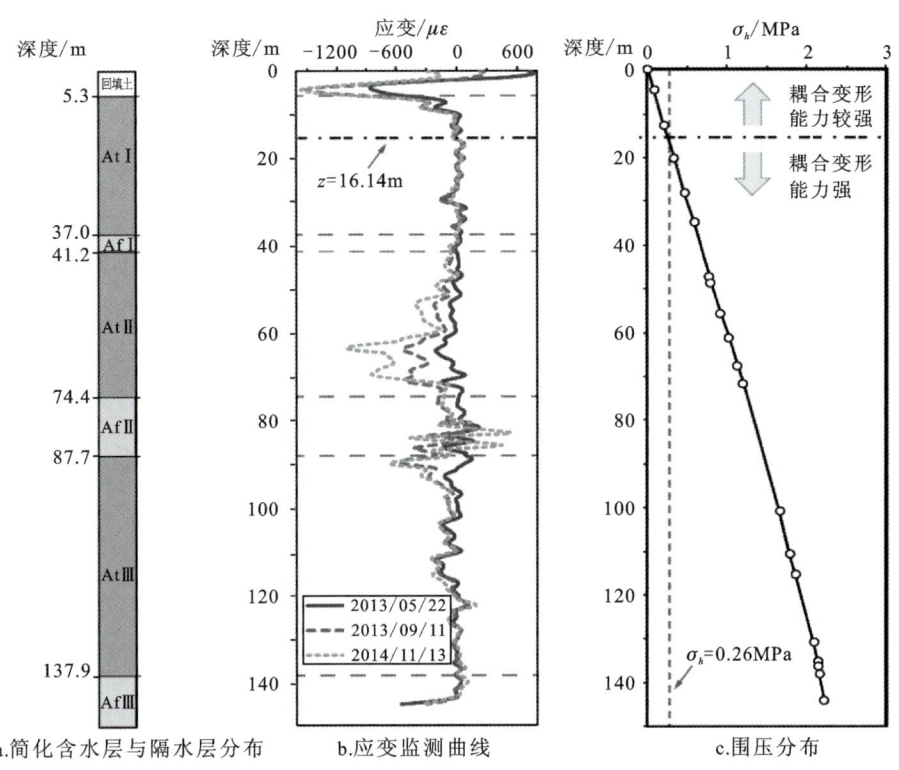

图 6-99 苏州盛泽地面沉降监测数据

对苏州盛泽钻孔所取原状样进行室内土工试验,得到各土层的重度与内摩擦角,如表 6-13 所示。考虑到式(6-9)中浮重度的选用与地下水水位和土层的液性指数有关,因此本书采用式(6-7)和表 6-13 所列数据对作用于光缆上的水平向应力 σ_h 进行了估算,得到的 σ_h 分布如图 6-99 所示。由于该钻孔的光缆应变数据采集在回填土经过一个月的固结变形后进行,因此可以认为其和光缆的耦合变形特性与本书击实砂-黏混合土样试验结果更为接近。结果表明,距地表约 16m 深度以下钻孔回填土与光缆耦合变形能力强,光缆应变监测数据可准确地描述地层的变形;而约 16m 深度以内两者耦合变形能力较强,光缆应变监测数据可以在一定程度上反映地层的变形趋势,未来可考虑通过在光缆表面制作锚固点等方式提高土体-光缆耦合变形能力,从而保证应变监测结果的准确性。

表 6-13 苏州盛泽钻孔土样重度与内摩擦角

序号	深度 z/m	重度 γ/kN·m^{-3}	内摩擦角 φ'/(°)	序号	深度 z/m	重度 γ/kN·m^{-3}	内摩擦角 φ'/(°)
1	4.65	19.23	6.95	11	71.65	19.46	5.70
2	12.75	18.84	11.53	12	100.83	20.45	12.74
3	20.28	19.94	7.13	13	110.70	20.01	20.58
4	28.18	18.72	6.63	14	115.30	19.63	14.31
5	34.83	20.07	4.43	15	130.78	20.59	17.48
6	47.33	20.14	15.00	16	135.13	19.81	22.64
7	48.73	18.47	11.09	17	136.13	20.74	14.54
8	55.64	18.05	1.44	18	138.13	20.89	55.37
9	61.28	19.66	5.60	19	144.13	20.13	30.56
10	67.65	19.38	8.08	20	151.73	20.38	25.31

6. 小结

本次利用一套自行开发的可控围压土体-分布式应变感测光缆耦合变形特性试验装置，探究了不同回填材料在不同围压条件下土体与光缆的相互作用特性，得到以下几点结论。

（1）在拉拔状态下，土体-光缆界面呈现渐进性破坏特征：在低围压下，应变随拉拔位移的增大而增大，且不断向光缆尾部扩展并最终完全贯通；在高围压下，应变的扩展与传递被限制在很小的范围内，且最终扩展的深度随围压的增大而减小。

（2）采用土体-光缆耦合变形系数 ζ_{s-f} 可以定量描述土体-光缆耦合变形能力，建议根据 0.5、0.75 以及 0.9 三个临界 ζ_{s-f} 值将两者的耦合变形能力分为强、较强、较弱以及弱 4 类。

（3）对于松填砂土样和击实砂-黏混合土样，保证土体-光缆具有强耦合变形能力对应的临界围压值分别为 0.58MPa 和 0.26MPa。

（4）对苏州盛泽地区地层围压的估算结果显示，距地表约 16m 深度以内钻孔回填土与光缆耦合变形能力较强；而约 16m 深度以下两者耦合变形能力强，光缆应变监测数据可准确描述地层的变形。同样地，在上海地区，依据浅部地层岩性的不同，也可以估算使光纤-土体耦合变形能力达到要求的深度。

第四节 水分场光纤传感器研究进展

地下水水位和水分场的变化对地面沉降与地裂缝的发展具有重要影响。本次基于分布式光纤监测技术，在原有工作的基础上开展了水位水分场监测技术和传感器研发等方面工作。

一、水分场分布式光纤传感器

1. CFHST 回填材料影响的数值模拟

现场地层含水率剖面测试时，需将 CFHST 通过钻孔安装，安装完成后钻孔中回填导热能力较强的材料，目前最被广泛认可的回填材料是砂。因此，在通过 CFHST 测试钻孔周围土层的含水率时，定量确定钻孔回填材料的影响至关重要。最能表征钻孔回填材料影响的参数是热阻抗 R_b，可表示为：

$$R_b = \frac{b-T_0}{p} - \frac{1}{4\pi\lambda}\left[\ln\left(\frac{4\alpha}{r_b^2}\right) - \gamma\right] \qquad (6-10)$$

式中，r_b 为热源半径；α 为光缆的热扩散系数；λ 为有效导热系数；p 为土颗粒中石英的含量；b 为常数，需要通过试验确定；γ 为土的重度；T_0 为初始温度。若式（6-10）所描述的钻孔回填材料热阻抗不随时间变化，则可通过室内试验标定的方法而定量获知其对地层含水率测试结果的影响。但是实际应用过程中，由于回填材料中水分场也会随着时间发生变化，因此，评价其影响时需考虑其时间效应。砂土回填材料热阻抗与其含水率的关系可表示为：

$$R_b(砂) = \frac{10^{3-0.01f}}{1.01\lg w + 0.58} \qquad (6-11)$$

式中，f 为土的干重度（b/ft³）；w 为质量含水率（%）。本次从两方面描述钻孔回填材料造成的影响，第一是在总控横截面上的热量传播特性，第二是回填材料竖向上的变化过程。为此，分别利用有限元软件建立了数值模型，用以描述上述两个过程，如图 6-100 和图 6-101 所示。

回填砂的含水率状态主要有两种，即地下水水位以下的饱和及地下水水位以上非饱和的天然含水率。因此，本书也选择了这两种工况进行模拟计算。两种工况下，恒定热源加热功率 20min 两种工况中的热量传播特性如图 6-102 和图 6-103 所示。

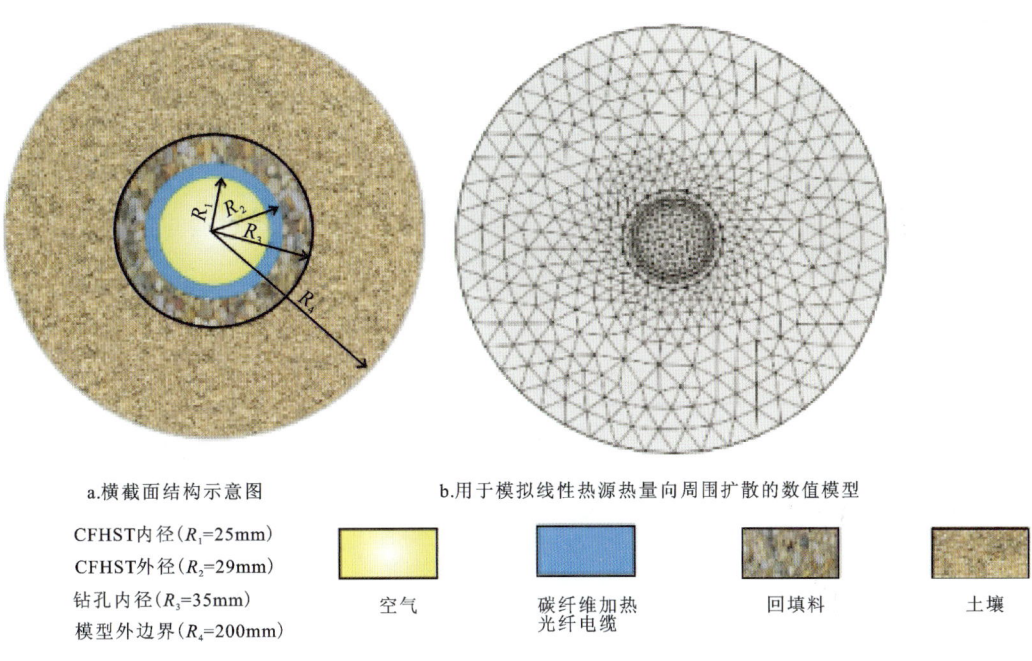

a. 横截面结构示意图　　b. 用于模拟线性热源热量向周围扩散的数值模型

CFHST内径(R_1=25mm)
CFHST外径(R_2=29mm)
钻孔内径(R_3=35mm)
模型外边界(R_4=200mm)

空气　　碳纤维加热光纤电缆　　回填料　　土壤

图 6-100　钻孔横截面及其数字模型

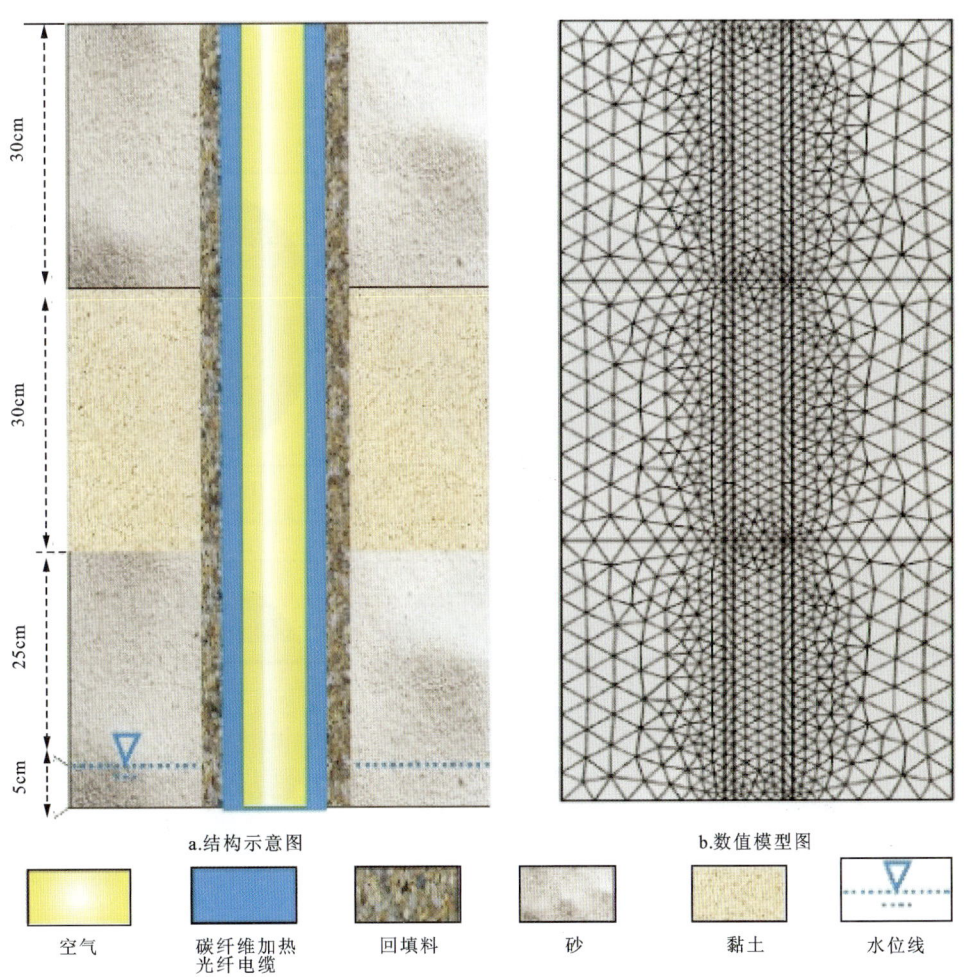

a. 结构示意图　　b. 数值模型图

空气　　碳纤维加热光纤电缆　　回填料　　砂　　黏土　　水位线

图 6-101　钻孔纵向剖面及其模拟模型

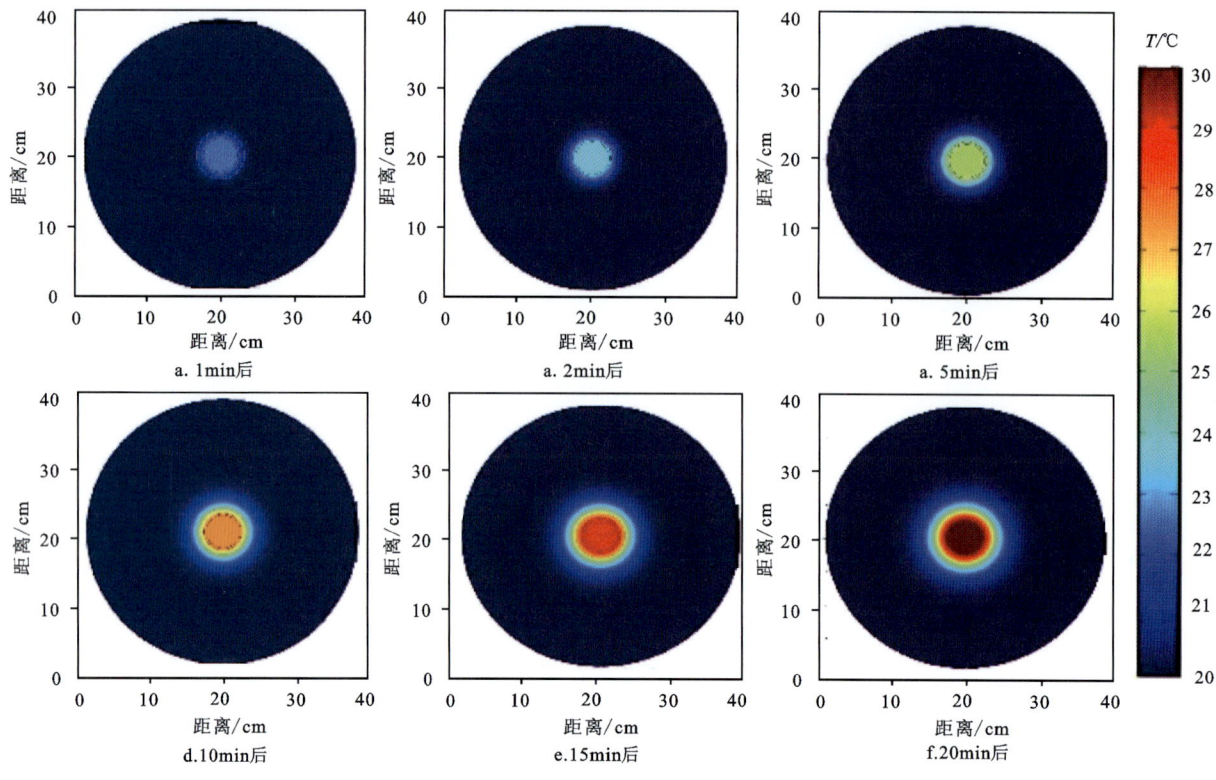

图6-102 饱和土中热量传播过程

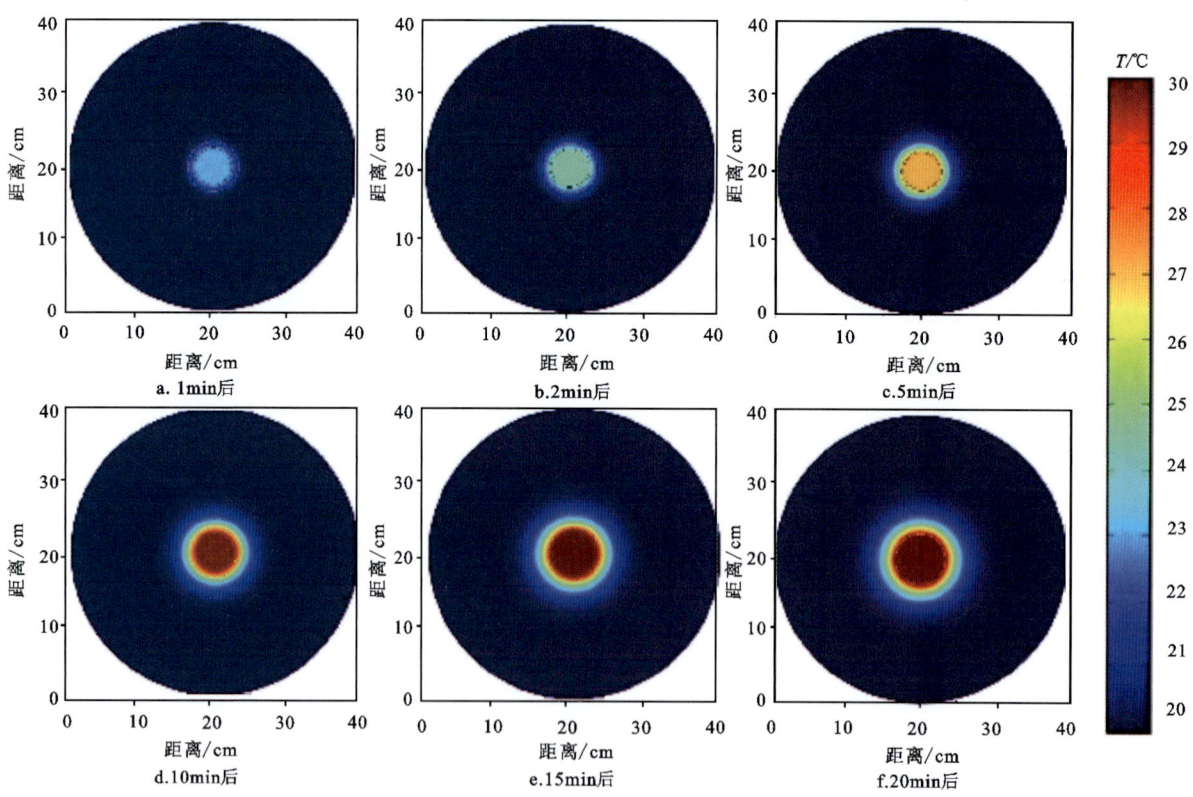

图6-103 非饱和土中热量传播过程

从图6-102和图6-103可以看出,最初加热的10min,热量大部分被钻孔回填材料吸收,所以在计算周围土层含水率时不应采纳该时间段内数据,该时间段也被称为无效时间段。无效时间段的长短跟加热功率、传感器材料和钻孔尺寸有关。图6-103所示的非饱和土热量传播特征显示,相比饱和土,非饱和土的热量传递速率更慢,更多的热量被钻孔回填材料吸收,其热钻孔也越大,对周围土层测试结果的影响也越大。因此,通过温度特征值计算含水率时,应选择有效的时间段。

由于不同含水率状态下钻孔回填材料的热阻抗性能不同,所以对于地下水水位变化造成钻孔回填材料含水率的改变研究很有必要。图6-104为90cm深度以上水位降低后含水率的逐渐变化过程和不同深度处土的体积含水率(θ)变化时程曲线。

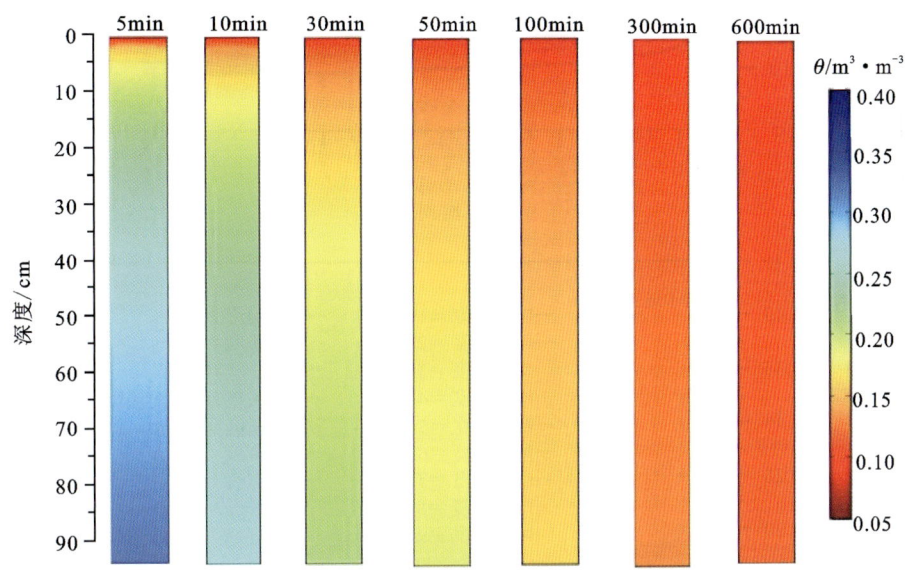

图6-104　90cm深度以上含水率变化和不同深度含水量时程变化

通过图6-105可看出,地下水水位降低后,钻孔回填砂的含水率也在逐渐降低,最后趋近于其天然含水率。含水率变化过程与所处的位置及水位降低幅度有关,在应用过程中应具体问题具体分析。在利用CFHST测试土的含水率剖面时,建议等到整个钻孔回填砂的含水率剖面稳定后再进行,这样其热阻抗为一常数,含水率解调过程可用统一的函数,否则应对含水率解调函数根据热阻抗分布进行修正。

2. 表层土含水率测试长期监测

现场试验开展于苏州工业园区,根据试验场地的相对高程,可将其分为汇水区和排水区,汇水区是指地势相对较低,降水时容易积水的区域;排水区是指地势相对较高,降水时地表水容易排走的区域,如图6-106所示。

由图6-106可知,可将试验场地分为两个排水区(A和C)和两个汇水区(B和D)。碳纤维光缆平面上呈椭圆形分布,埋深为15cm。植入光缆时,先在场地开挖一条深15cm、宽15cm的土槽,将光缆放入槽底后,将开挖土回填并压实。光缆两端引入到了接线盒,防止长期监测过程遭破坏。第一次监测时间为2015年7月2日,最后一次监测时间为2016年11月25日(这只是本试验最后一次监测,今后还需进一步的持续监测)。监测工作主要分两部分:第一部分从2015年7月2日开始持续监测了一周时间,每天采集一次数据,主要记录天气变化对土含水率的影响;第二部分跨越16个月的时间段,每个季度采集一次数据,主要记录不同季节土的含水率。

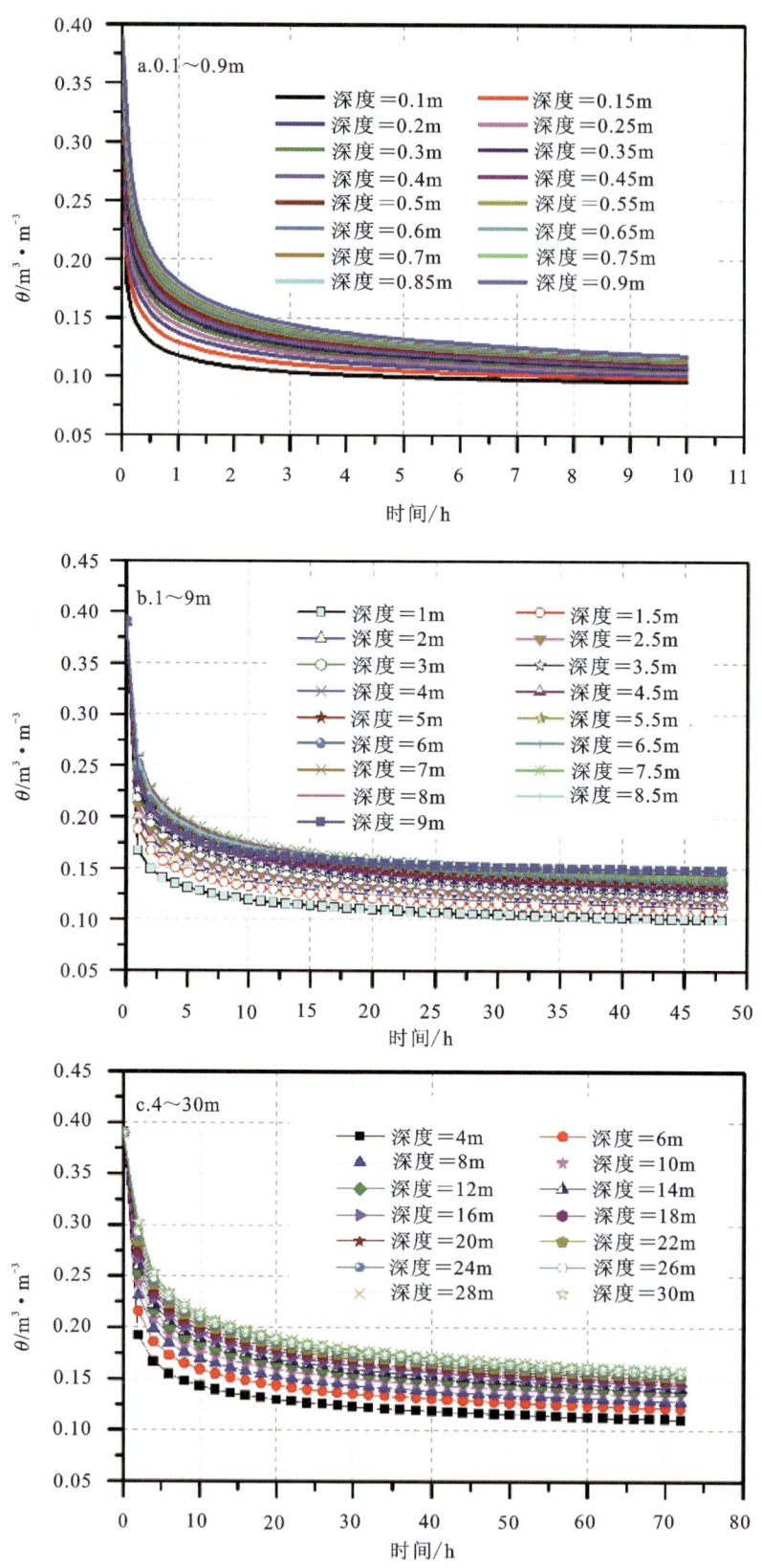

图 6-105 不同深度含水水率变化曲线

图 6-106 现场试验基本配置

为了进一步研究不同天气条件下土壤中水分的运移规律,对比分析 C-AHFO 法测试结果与理论模型的计算结果,本书中通过有限元法建立了二维数值模型,如图 6-107 所示,对本书所述降雨后雨水在土壤中的入渗过程采用 Richards 方程求数值解。

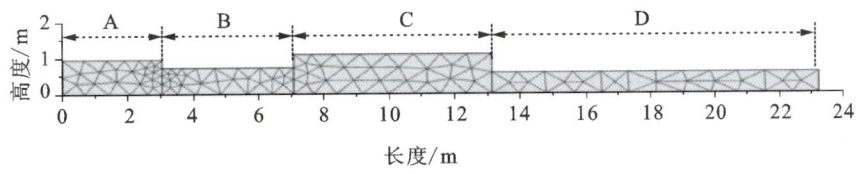

图 6-107 降雨过程中不同高程区域含水率变化数值模型

通过图 6-107 可知,碳纤维光缆埋设剖面主要经过了 4 个区,即 A、B、C 和 D,所以建立数值模型时选择了其中 0~23m 具有代表性的一段。A、B、C 和 D 四个区域的高程分别为 1.3m、1.0m、1.5m 和 0.8m,其高程(或土层厚度)差异与现场实际高程差异一致。该土层下部为砂性土,渗透性较大,其影响在本模型中不考虑。在计算水分在土壤中的运移过程时,控制方程采用 Richards 方程,浸润锋运移规律采用vanGenuchten模型描述,模型参数取值选用Carsel推荐值。初始条件设水头为1.5m,该初始条件表示降雨刚结束时,地面有积水,所有区域被积水淹没,然后计算24h内,地表水不断入渗的过程。本模型不考虑地表径流、蒸发、植物吸水及蒸腾作用。

2015年7月2日—7月9日试验场土的含水率变化C-AHFO法测试结果如图6-108所示。

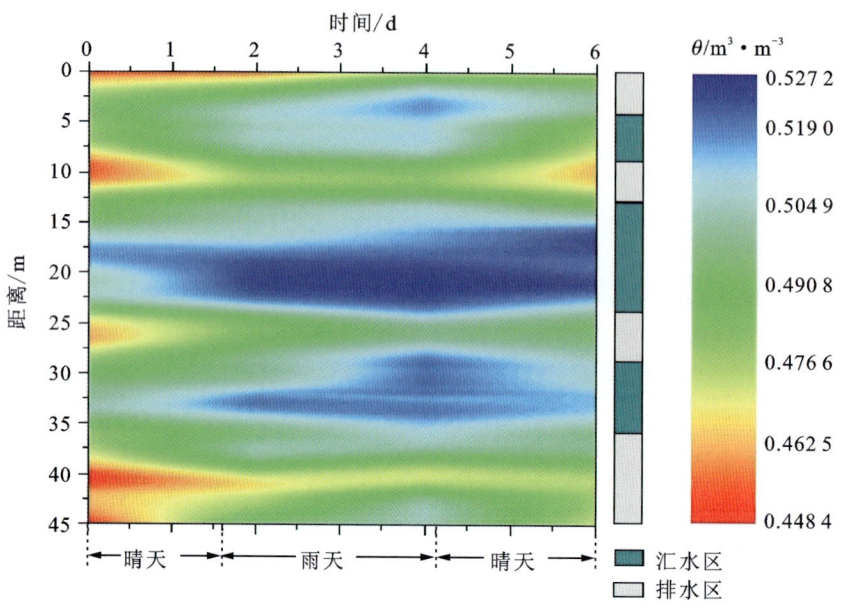

图6-108 土壤含水率C-AHFO法一周内的监测结果

从图中可看出,现场土的含水率受天气影响显著,第一次监测结束38h后,由于受超强台风"灿鸿"带来的强降雨影响,土的含水率迅速增大。排水区和汇水区的含水率变化不同,汇水区的含水率明显高于排水区的含水率,受降雨补给的影响更加显著。降雨后土壤含水率随着时间变化规律的数值计算结果如图6-109所示。

从图中可以看出,前4h各个区域含水率变化差异不大,这主要是地面积水较多,水力梯度大,各区域水分横向补给量较大。在4~24h之间,能够明显看出,两个排水区的含水率变化比汇水区更快,高程差越大,土壤中水分变化差异也越大。为了定量化描述上述变化过程,在A、B、C和D四个区域分别选取4个点,深度为碳纤维光缆埋设的深度,即15cm。各个点含水率随着时间的变化如图6-110所示。

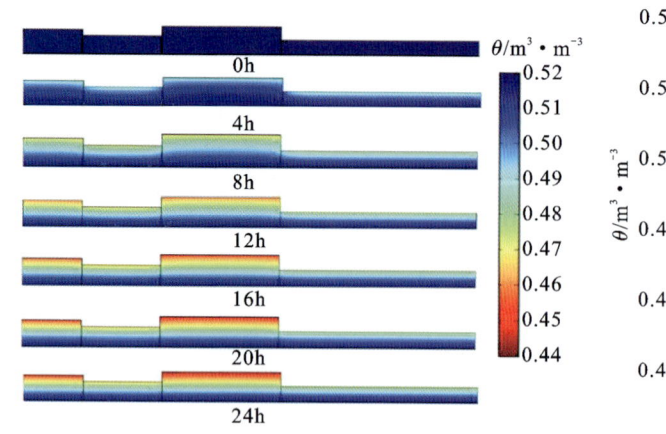

图6-109 有限元法计算所得降雨后水分运移过程

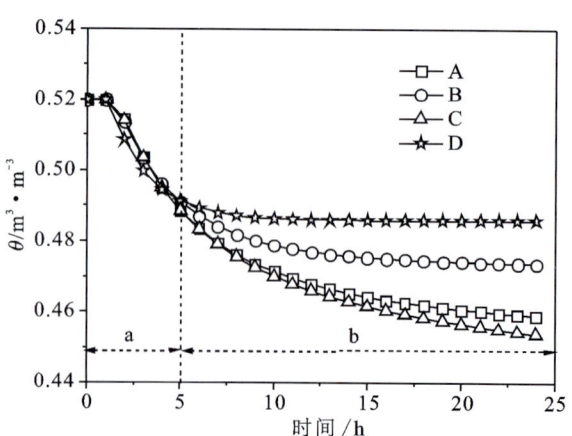

图6-110 不同区域土壤含水率随着时间的变化

由图 6-110 可以看出,各个区域含水率变化过程可划分为 a、b 两个阶段。其中,a 阶段各个区域含水率变化规律基本一致,这主要是因为在 4 个区域所选取的点都有一定的埋深(15cm),在该阶段研究点处的含水率受到上部土层水分补给的影响显著,而上部土层厚度都相同,所以其影响基本一致。而在排水 5h 以后的 b 阶段,研究点处于非饱和状态,其水分变化主要受到重力和毛细管力决定,排水区地势高,水分具有的重力势能也大,所以疏干过程更加迅速。可明显看出,b 阶段 4 个研究点的含水率与高程呈负相关的关系,即 C 点最干,A 点次之,B 点湿于 A 点,D 点最潮湿。

该区域水分场利用 C-AHFO 法长期测试的结果如图 6-111 所示。

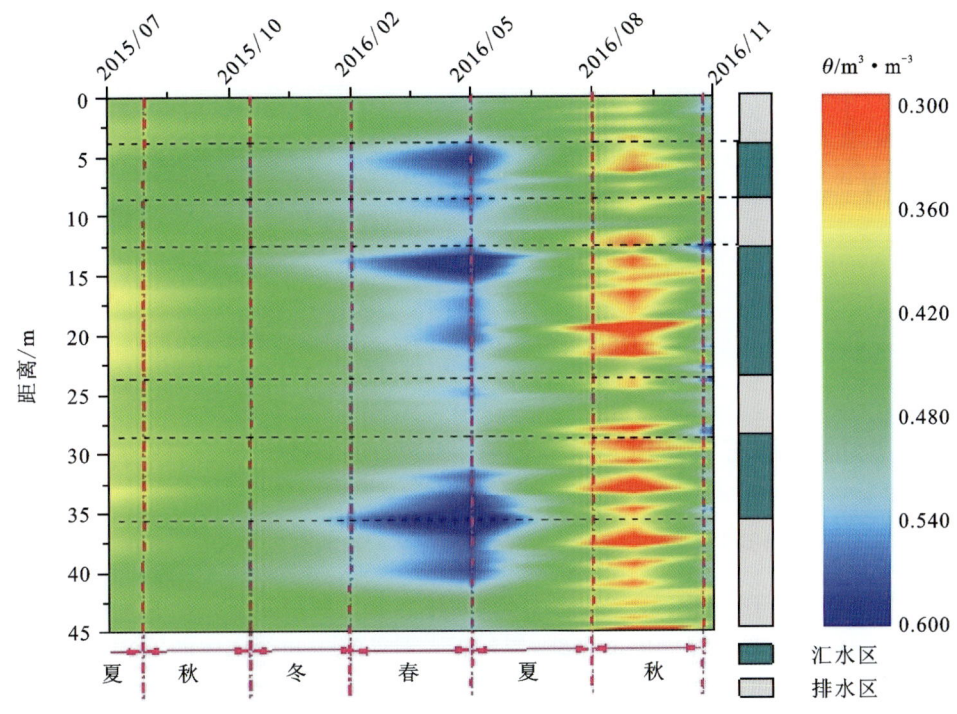

图 6-111　土壤含水率 C-AHFO 法的 16 个月监测结果

由图 6-111 可以看出,现场土在 3—6 月含水率最高,这主要是该时间段苏州地区正处于梅雨季节,降雨补给丰富。2016 年秋季较为干燥,2015 年的秋季降水较多,所以土的含水率也有相应变化。另外还可看出,汇水区雨季含水率更高,旱季含水率却更低,这主要是植物生长及蒸腾作用所造成。因为汇水区在雨季更潮湿,所以植物生长更加茂盛,而到了旱季时茂盛的植物生长需要吸收更多的水分,导致土中的含水率比排水区低。由于采样时间间隔本身的限制,图中含水率变化是插值计算后的定性描述。今后若需通过 C-AHFO 法获得含水率在不同天气和季节的真实值,需要加大采样时间间隔。

为了研究 C-AHFO 法在不同时间点的监测准确度,本书选取了光缆铺设后 2d、4d 和 16 个月后 C-AHFO 法与烘干法所测结果,如图 6-112 所示。

可以看出,光缆铺设后的 2d 和 4d 时,两种方法所测的体积含水率结果一致性非常好,绝对误差的均方差分别为 $0.016m^3/m^3$ 和 $0.014m^3/m^3$,16 个月后监测的绝对误差均方差略有增大,为 $0.033m^3/m^3$,依然在可接受范围内。造成误差增大的原因有两个方面:一是光缆铺设于夏季,场地中有机质含量较低,而 16 个月后正值冬季,大量枯草开始腐烂变质,发生氧化还原反应从而影响监测过程土中热量的传播;二是土变干燥后与感测光缆之间有空隙产生,从而产生界面热阻抗,影响了监测过程热量的传播。

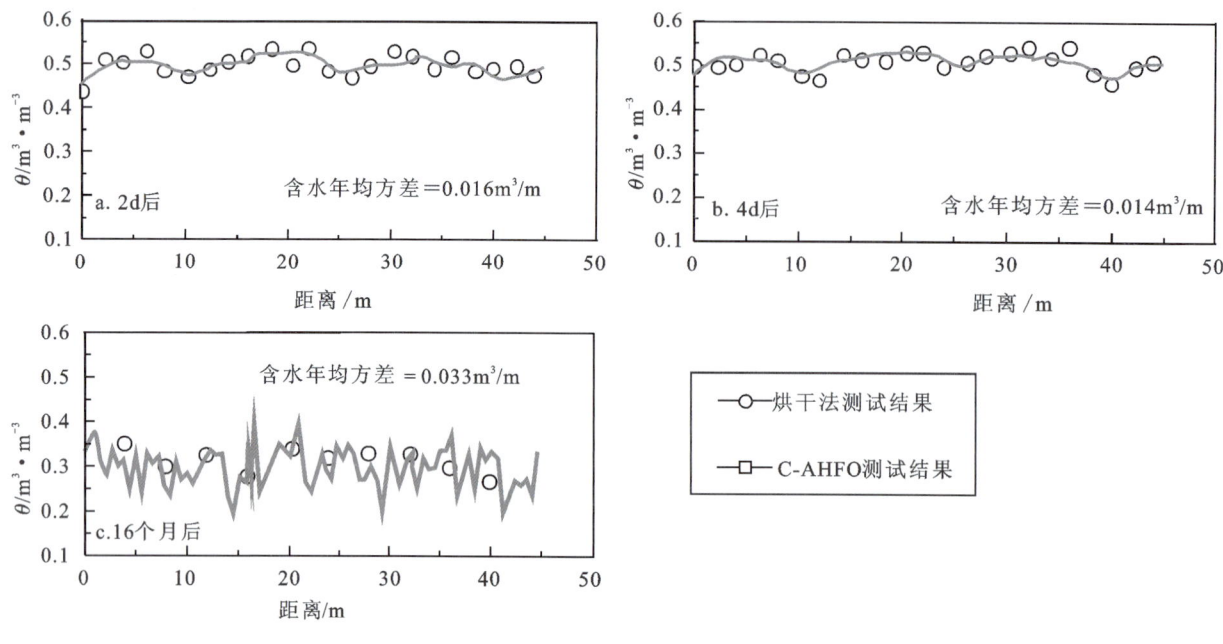

图 6-112　C-AHFO 法与烘干法体积含水率监测结果误差分析

二、水分场内加热刚玉管 FBG 传感器

1. FBG 原理与 IHAT-FBG

光纤布拉格光栅(Fiber Bragg Grating,简称 FBG)传感器是利用掺杂光纤的天然紫外光敏特性,将空间呈周期性变化的强紫外激光照射掺杂光纤,使外界入射的光子和纤芯内的掺杂粒子相互作用,导致纤芯折射率沿纤轴方向呈周期性或非周期性永久性变化,在纤芯内形成空间相位光栅,这种光栅的本质就是以共振波长为中心的窄带光学滤波器(图 6-113)。

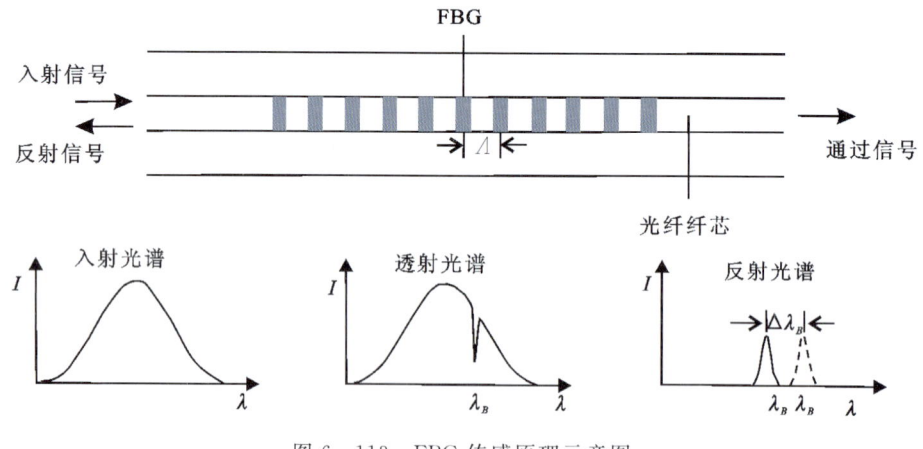

图 6-113　FBG 传感原理示意图

根据 FBG 衍射原理,当多种波长的光束入射到 FBG 上时,只有某一个波长的光被 FBG 反射、沿原路返回,其余所有波长的光都无损失地穿过 FBG 继续向前传输,被 FBG 反射的那个波的波长称为布拉格波长 λ_B,它由 FBG 的栅距 Λ 及有效折射率 n 决定($\lambda_B = 2n\Lambda$)。当 FBG 受外界温度或应变影响时,栅距 Λ 或有效折射率 n 发生变化,布拉格波长 λ_B 亦产生相应变化。

本书选取刚玉管对 FBG 进行封装保护,结合内加热技术与单端固定技术,研制了内加热刚玉管 FBG 传感器(Internal Heating Alundum Tube FBG 传感器,简称 IHAT-FBG 传感器),用于原位场地水分场准分布式监测。

2. IHAT-FBG 传感器的封装与制作

IHAT-FBG 传感器由引线护套、光纤引线、FBG 传感元件、电阻丝、四孔刚玉管、3D 打印密封套管 6 个部分组成。IHAT-FBG 封装制作的主要步骤如下。

(1)根据实际监测需要,灵活选择不同尺寸规格的刚玉管。在实际制作时,选取长 300mm、直径 4mm、孔径 1mm、孔距 1mm 的四孔刚玉管。

(2)在四孔刚玉管的一个孔中小心安置 FBG 传感元件。FBG 传感元件靠近热缩管一端需要自由放置,确保 FBG 传感元件处于松弛状态,用以剔除应变因素对 FBG 传感元件监测结果可能造成的干扰;另外一端以光纤引线从刚玉管孔口引出,用光纤护套进行保护,并通过环氧树脂胶固定于孔口处,如图 6-114 所示,最后将引出的套有护套的光纤引线与光纤跳线进行熔接。

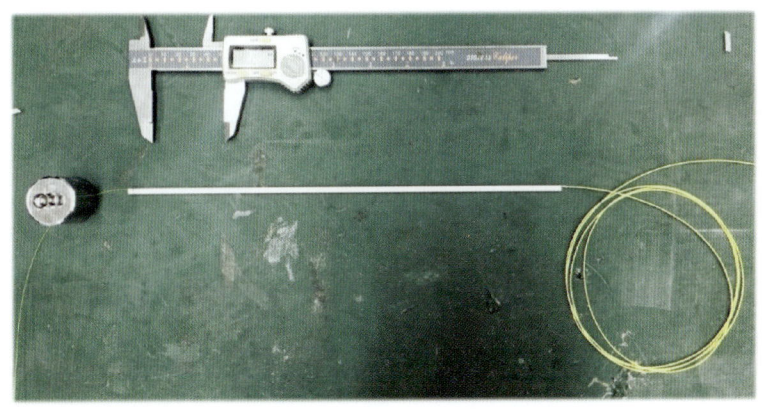

图 6-114 刚玉管内置 FBG 传感元件操作实物图

(3)在四孔刚玉管的另外一孔中安置电阻丝,用以实现 IHAT-FBG 传感器的内加热功能,电阻丝两端连接导线,一端导线直接引出,另一端导线通过四孔刚玉管的第三孔引出(图 6-115)。实际使用中电阻丝阻值的选取应该使加热功率达到 9W/m 为宜。

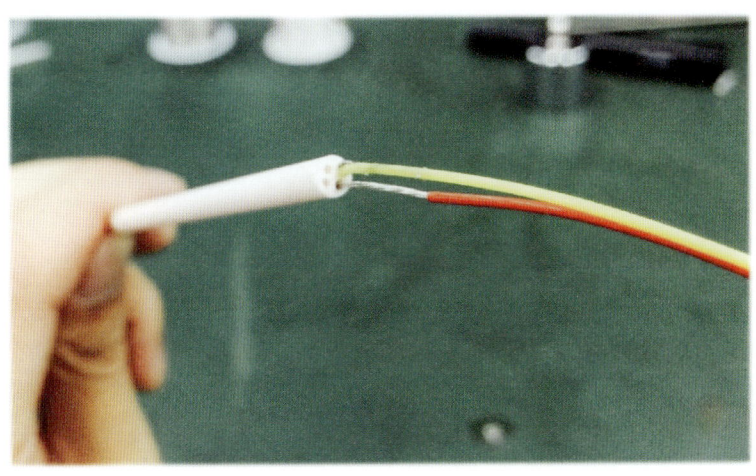

图 6-115 刚玉管内置电阻丝、电线操作实物图

(4)在四孔刚玉管的两个接线端位置做好防水防漏电处理,具体操作是:对刚玉管接线的端部使用3D打印密封套管进行密封防水处理,仔细检查密封效果,并在套管和刚玉管接触的孔缝中使用环氧树脂进行密封,如图6-116所示。

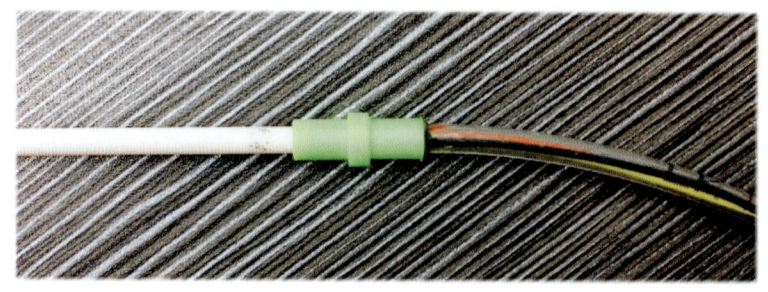

图6-116 刚玉管接线端防水密封处理实物图

通过以上4个主要步骤制成IHAT-FBG传感器(图6-117、图6-118)。

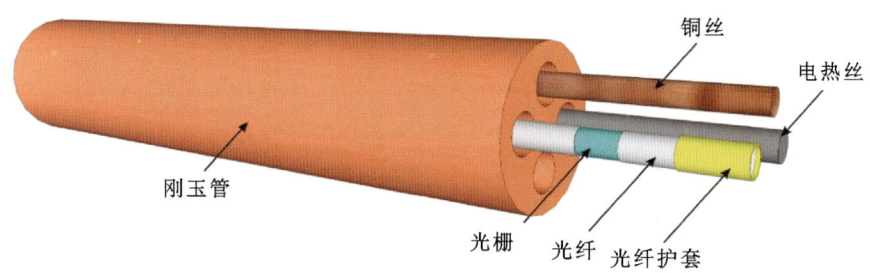

图6-117 IHAT-FBG传感器示意图

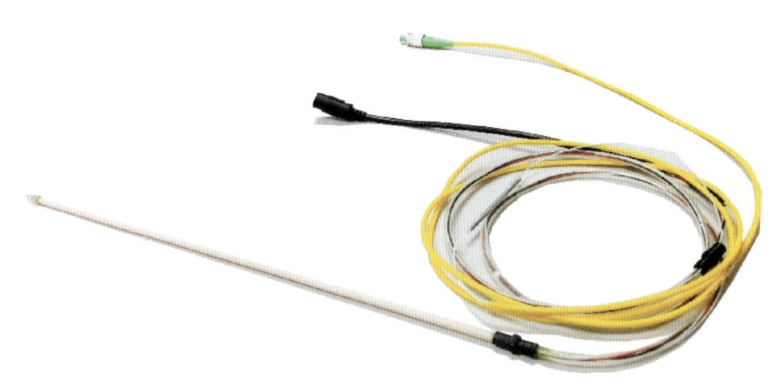

图6-118 IHAT-FBG传感器实物图

在IHAT-FBG传感器制作过程中,选用刚玉管的莫氏硬度达到9,抗拉强度为3160kg/cm²,抗张强度为23 300kg/cm²,抗折强度为2520kg/cm²。

通过采用刚玉管对FBG传感元件进行封装保护,内部加热提高水土温差,单端固定剔除应变干扰,制成精度高、鲁棒性好的新型传感器,使岩土体水分场与周围环境的温度差异提升至5℃以上,传感器的温度分辨率达到0.1℃,测量误差降低至±3%。

三、小结

在水分场分布式光纤监测技术方面,本书在2016年工作的基础上进一步完善了监测技术。在水分场分布式监测方面,利用数值模拟方法探究了不同钻孔回填材料对碳纤维加热感测管(CFHST)含水率监测结果的影响,并探索了该技术用于表层土含水率长期监测的有效性。

在水分场准分布式监测方面,研制了内加热刚玉管FBG传感器(IHAT-FBG),选取刚玉管对FBG传感元件进行封装保护,结合内加热技术与单端固定技术,在保护FBG传感元件的同时,不仅剔除了应变对测温的干扰,还大大提高了监测稳定性与准确性,使岩土体水分场与周围环境温度差异达到5℃以上,使温度分辨率达到0.1℃。所制成的IHAT-FBG水分场监测传感器具有灵活便携、尺寸可控、组装简易、布设简单、操作便捷、精度可靠等优点,不仅可以在地面沉降监测中广泛应用,在其他领域也有较好的使用前景。

如果将FBG嵌入结构内部或钢性粘贴在结构表面上时,结构的应变或温度变化都会引起FBG的布拉格波长变化,因此可以通过监测FBG的反射波长实现结构的应变与温度监测。更为重要的是当将多个不同波长的FBG串联在同一光纤上时,各个FBG只反射它自己的布拉格波长,彼此之间互不干涉,因此可以方便地用一个波长检测系统同时检测所有FBG反射的布拉格波长的变化,从而完成光纤光栅传感器的多传感复用,实现结构应变或温度参量的准分布式测量。

第五节 地下咸水光纤监测技术

一、理论原理

在折射率分别为 n_1 和 n_2(且 $n_1 > n_2$)的两种介质中,当一束光从介质1入射到两介质分界平面时,一般会在介质1中存在反射光束,在介质2中存在折射光束。当入射角大于临界角 θ_c($\sin\theta_c = n_2/n_1$)时,就出现了全反射(TR)现象。如果介质2是具有衰减的介质,那么可称其为衰减全反射光谱(ATR)。在这种情况下,会有一部分光渗入到低折射率的介质2中,形成一种不同于介质1的传输波。它是一种趋向于迅速衰减的电磁波,故称为渐逝波。

在光纤中,纤芯内的传输光束渗透到纤芯的包层介质中而形成渐逝波。纤芯周围不同的介质会产生不同的渐逝波,渐逝波的强度会影响最终检测到的光强度,因此可以通过对FBG和BOTDR这两类光纤的光强度来确定介质的折射率和化学浓度等。

当利用渐逝波进行参数测试时,一般要去掉光纤的包层或有较薄的包层,以便较强的渐逝波出现,这样包层实际上是被测的吸收介质。根据这种情况,可设纤芯为无吸收介质,包层为有吸收介质,那么形成的渐逝波在光纤径向($r>0$)平面的场强为:

$$E_2(x)E_{20}\left[-k_0 n_{2r} x \overline{\frac{n_1^2}{n_2^2}\sin\theta_{i-1}}\right] \cdot \exp(-U_{iz}) \cdot \exp\left[-jk_0 n_{2i} x \overline{\frac{n_1^2}{n_2^2}\sin\theta_{i-1}}\right] \cdot \exp[j(U_{rz}-kt)] \tag{6-12}$$

$$n_2 = n_{2r} + n_{2i} \tag{6-13}$$

式中,实部 n_{2r} 为折射率,反映介质2的传输特性;虚部 n_{2i} 为消光系数,反映介质2的吸收特性;k_0 为自由空间波数;实部 U_{rz} 为渐逝波轴向的传播系数;虚部 U_{iz} 为渐逝波轴向的传播系数;n_1 为纤芯折射率;n_2 为包层折射率;θ_{i-1} 为入射角;j 为虚部;k 为正弦函数角速度;t 为时间。

式(6-12)中,在径向方向的衰减项内,当自然指数幂为-1时的径向长度定义为渐逝波的深入深度:

$$d = \frac{\lambda}{(2\pi n_1)\dfrac{n_{2r}\left[\sin^2\theta_i - \left(\dfrac{n_2}{n_1}\right)^2\right]^{\frac{1}{2}}}{|n_2|}} \quad (6-14)$$

式中,λ 为入射波的波长。从式(6-12)可以看出,待测物质的折射率越大,场强越小,输出的光功率也越低,从而功率衰减也越大。从式(6-13)可以看出,待测物质的折射率越大,透入深度越大,从而功率衰减越大。

海水的主要成分是 NaCl,在保持温度不变的情况下,某一浓度 NaCl 溶液的折射率是一个固定的值,为:

$$n = 1.333\,1 + 0.001\,85c \quad (6-15)$$

式中,n 表示溶液的折射率;c 表示溶液的浓度(%)。

当海水的浓度发生变化时,纤芯周围的折射率也发生相应变化,因此会造成 FBG 反射谱中心波长对应的光功率(或 BOTDR 频谱中心频率对应的光功率)发生改变,通过光功率变化并结合适当的标定技术可以准确反映海水浓度的变化。

二、海水入侵可行性探究第一次试验

1. 试验装置

试验装置包括 FBG 解调仪、PVC 管、容器、支撑体、支架、光纤光栅、光纤引线等,如图 6-119～图 6-121所示。

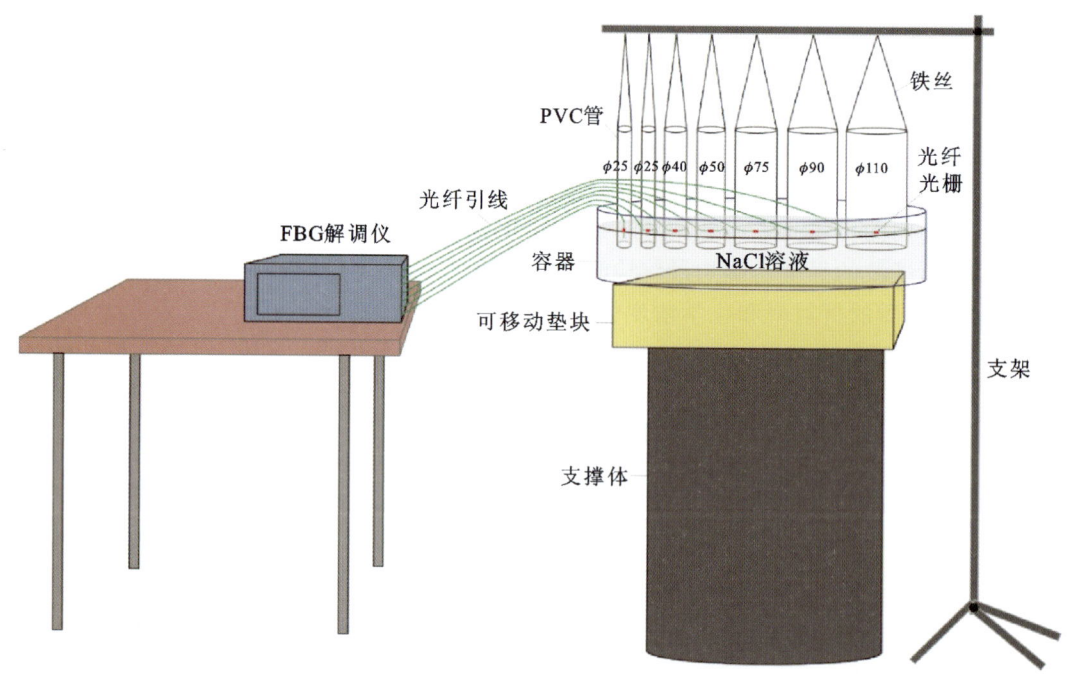

图 6-119　海水入侵可行性探究第一次试验装置图

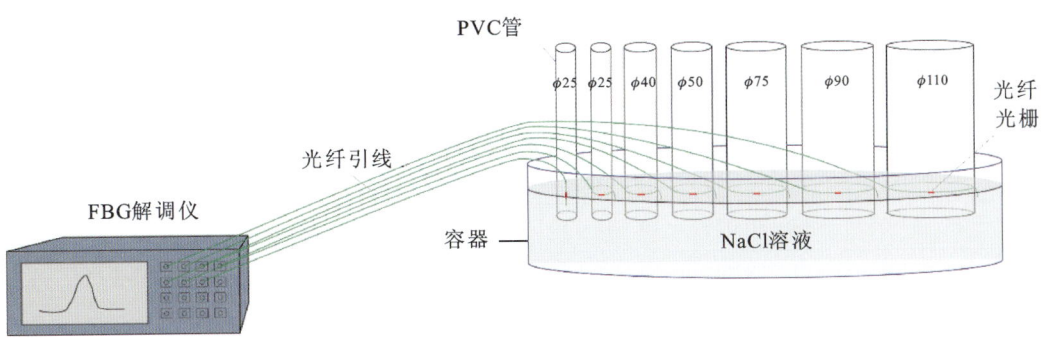

图 6-120　海水入侵可行性探究第一次试验示意图

图 6-121　海水入侵可行性探究第一次试验现场图

2. 试验步骤

(1) 配制清水及质量分数范围为 0.5%、1.0%、1.5%、2.0%、2.5%、3.0%、3.5%、4.0%、4.5%、5.0% 的 NaCl 溶液，溶解均匀后，放在各个塑料盆中，放置一晚使各盆水的温度均达到室温。

(2) 将 PVC 管表面擦干净，用 AB 胶将 FBG 固定在 6 种不同直径的 PVC 管上，另一根 FBG 光纤竖直贴在 PVC 管上（即不发生弯曲）。注意光栅部分不要固定，稍微松一些，以便光栅部分均能接触到 NaCl 溶液。

(3) 7 根 FBG 连接好解调仪，解调仪接好电脑。

(4) 将 7 根贴有 FBG 的 PVC 管暴露于空气中进行测量，每隔 1min 读一次数据（光谱强度），连续记录 20min。

(5) 将 7 根贴有 FBG 的 PVC 管放入浓度为零的溶液（即清水）中。

(6) 进行测量，每隔 1min 读一次数据（光谱强度），连续记录 20min。

(7) 将 PVC 管小心放入下一浓度溶液中。

(8) 重复步骤 (6) ~ (7)，按浓度大小测完另外 10 种不同浓度的溶液。

3. 试验数据处理及结果分析

将每次 20min 内的读数取平均值，作为此曲率直径、氯离子浓度下直接测得的光强值，最终整理成表 6-14（以 dB 为单位）。

表 6-14 海水入侵可行性探究第一次试验不同曲率直径、浓度下的光强值   单位:dB

Cl^-质量分数	曲率直径						
	25mm	40mm	50mm	75mm	90mm	110mm	∞mm
清水	−23.482 465	−20.125 610	−19.772 790	−19.083 270	−21.883 670	−20.412 905	−21.076 195
0.5%	−23.517 760	−20.143 750	−19.787 910	−19.123 595	−21.927 025	−20.443 135	−21.127 615
1.0%	−23.557 050	−20.180 025	−19.815 110	−19.172 985	−21.972 375	−20.486 500	−21.165 925
1.5%	−23.581 240	−20.213 305	−19.827 215	−19.207 255	−21.995 565	−20.508 675	−21.181 055
2.0%	−23.630 645	−20.233 475	−19.825 190	−19.248 600	−22.027 815	−20.557 060	−21.216 330
2.5%	−23.806 050	−20.398 785	−19.932 060	−19.411 900	−22.200 195	−20.719 360	−21.399 795
3.0%	−24.135 690	−20.707 255	−20.222 385	−19.713 305	−22.496 575	−21.033 875	−21.731 445
3.5%	−24.163 925	−20.749 600	−20.237 500	−19.732 460	−22.529 845	−21.048 995	−21.766 730
4.0%	−24.178 020	−20.757 665	−20.241 535	−19.743 545	−22.548 000	−21.066 140	−21.780 840
4.5%	−24.193 135	−20.749 595	−20.229 425	−19.748 590	−22.556 060	−21.084 260	−21.762 710
5.0%	−24.234 475	−20.776 825	−20.257 650	−19.778 840	−22.588 300	−21.116 530	−21.786 880

从图 6-122 中可以看出,各个曲率直径下的光功率-Cl^-质量分数变化趋势呈现出近似线性,拟合直线的相关性系数在 0.852 3～0.906 4 之间,验证了光纤光栅监测海水入侵的可行性;不同曲率直径对光功率的反应灵敏度相差不多,拟合曲线的斜率的绝对值在 0.121 6～0.181 7 范围内,对 NaCl 溶液上反映的灵敏度由高到低依次为 25mm、不弯曲、110mm、90mm、75mm、40mm、50mm,在其中拟合曲线最

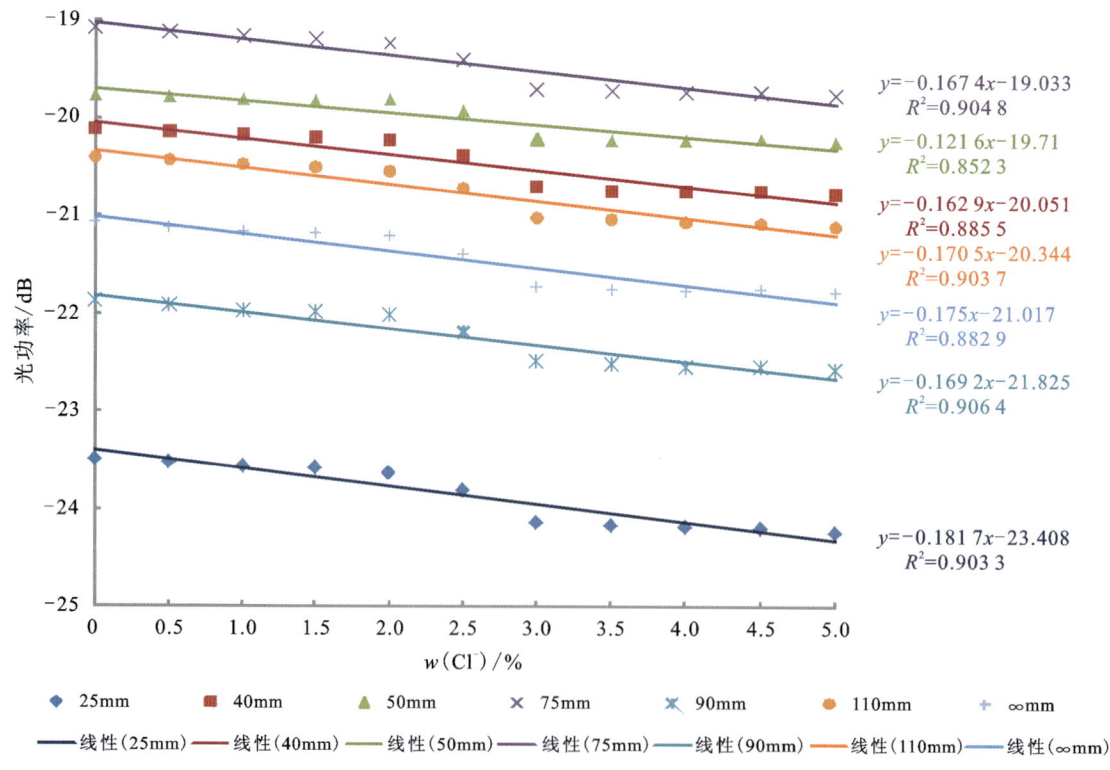

图 6-122 不同曲率直径下光功率-Cl^-质量分数变化图

为灵敏的为曲率直径25mm的情况(斜率最大为0.1817),其余随着曲率直径的增大,灵敏度反而略有下降,但整体的灵敏度普遍偏低;Cl^-质量分数在2%~3%之间能量的波动相对较大,其余浓度段的变化趋势较为平缓,可能是测量过程中受到了扰动。

4. 试验结论

(1)光功率与氯离子浓度的变化趋势呈现较为良好的线性关系,利用FBG的渐逝波强度衰减的原理测量NaCl溶液浓度变化具有可行性。

(2)光纤光栅在曲率直径最大(25mm)时最为敏感,在其余曲率直径下呈现随曲率直径增大灵敏度略微下降的趋势。

(3)曲率直径对光纤的灵敏性影响不大,传感的线性灵敏度较低。

(4)将本次试验做一次重复验证试验,重点验证Cl^-质量分数为2%~3%之间的光功率变化。由于海水中Cl^-实际质量分数区间为0~3.6%,因此需要展开进一步工作,扩展至0~4%并加密浓度间隔,研究FBG对Cl^-浓度变化的线性趋势及不同浓度的敏感程度。此外,还可尝试倾斜光栅来探究光功率随Cl^-质量浓度的变化情况。

三、海水入侵可行性探究第二次试验

本次试验的装置原理与第一次试验相同,改动的地方主要体现在两方面:一是Cl^-质量分数为0~4%之间,浓度梯度为0.2%;二是光纤的带宽略有区别,上一次试验采用的光纤光栅中心波长1550mm,带宽较高,均在0.4左右,此次试验中采用的光纤光栅中心波长均为1550mm,其中曲率直径75mm、110mm光纤光栅的带宽较高,均在0.37左右,其余均在0.16左右。

带宽是每个FBG反射所对应的宽度。带宽的大小对测量精度有影响,理论上FBG的带宽越小测量精度越高。为了探究光纤光栅的灵敏程度究竟如何,本次试验增加了测量精度较高的FBG与测量精度较低的FBG进行测量对比,以探究在测量精度提高后FBG的灵敏性变化,从而对FBG监测海水入侵的灵敏性有一个更为详细的认识。

1. 试验步骤

(1)配制Cl^-质量分数范围为0~4.0%,浓度梯度为0.2%的NaCl溶液,溶解均匀后,放在各个塑料盆中,放置一晚使各盆水的温度均达到室温。

(2)将PVC管表面擦干净,用AB胶将FBG固定在6种不同直径的PVC管上,另一根FBG光纤竖直贴在PVC管上(即不发生弯曲)。注意光栅部分不要固定,稍微松一些,以便光栅部分均能接触到NaCl溶液。

(3)7根FBG连接好解调仪,解调仪接好电脑。

(4)将7根贴有FBG的PVC管放入浓度为零的溶液(即清水)中。

(5)进行测量,每隔1min读一次数据(光谱强度),连续记录20min;同时记录溶液的温度。

(6)将PVC管小心放入下一浓度溶液中,溶液浓度的变化规律为按升序从0%到4.0%,再按降序从4.0%到0.2%。

(7)重复步骤(5)~(6),按浓度变化规律测完所有溶液。

2. 试验数据处理及结果分析

(1)将每次20min内的读数取平均值,作为此曲率直径Cl^-浓度下的光强值,再用清水的初始光强与其作差,最终整理成表6-15。

表 6-15　海水入侵可行性探究第二次试验不同曲率直径、浓度下的光损值　　　　　　　单位: dB

Cl⁻质量分数	曲率直径						
	25mm	40mm	50mm	75mm	90mm	110mm	∞mm
清水							
0.2%	−0.112 91	−0.102 83	−0.177 44	−0.027 2	0.009 08	−0.011 09	0.153 215
0.4%	−0.038 3	−0.004 03	−0.005 03	0.011 08	−0.017 14	0.008 07	0.006 035
0.6%	0.059 475	0.009 07	0.038 32	−0.011 08	0.003 02	0.009 07	−0.003 01
0.8%	0.074 595	0.096 77	0.155 24	0.006 03	−0.017 14	0.004 03	−0.130 04
1.0%	0.018 135	0.034 265	0.019 16	0	0.027 225	0.003 025	−0.043 35
1.2%	0.021 175	0.005 04	0.001	0.003 04	0.017 125	0.008 07	0.003 04
1.4%	0.003 249	0.011 768	0.005 385	0.008 946	0.047 511	0.007 065	−0.001 81
1.6%	−0.018 37	−0.051 07	−0.022 52	−0.026 08	−0.055 56	−0.005 05	0.055 227
1.8%	−0.171 35	−0.092 73	−0.209 69	−0.001 01	0.023 18	−0.015 13	0.139 095
2.0%	0.013 10	0.007 055	0.011 085	−0.006 07	0.108 865	0.003 02	−0.007 03
2.2%	0.022 175	0.114 90	0.042 345	−0.007 05	0.027 225	−0.005 04	−0.145 17
2.4%	−0.024 19	−0.014 11	−0.046 39	−0.010 09	−0.009 09	0.006 045	0.050 4
2.6%	0.142 115	0.034 275	0.184 485	−0.040 32	−0.018 13	−0.002	−0.076 61
2.8%	0.007 05	−0.024 19	0.017 15	−0.018 16	−0.104 85	0.000 01	0.007 055
3.0%	0.024 195	0.019 16	−0.001 01	−0.011 07	0.043 35	0.004 035	−0.010 07
3.2%	−0.346 76	−0.293 33	−0.441 53	−0.648 18	−0.095 76	−0.245 97	−0.015 13
3.4%	0.108 88	0.118 94	0.213 695	0.097 785	0.008 06	0.073 57	−0.003 02
3.6%	0.083 675	0.107 85	0.133 08	0.042 35	−0.109 88	0.044 395	0.174 38
3.8%	0.026 2	−0.008 06	−0.004 03	−0.002 02	0.092 755	0.009 06	0.003 025
4.0%	0.009 07	0.005 025	0.009 085	0.000 005	0.135 075	0.001 01	−0.197 56
3.8%	−0.159 28	−0.124 98	−0.207 69	−0.018 14	−0.144 13	−0.018 15	0.197 555
3.6%	0.016 13	0.128 005	0.022 175	0.020 16	0.139 095	0.014 12	−0.119 94
3.4%	0.114 935	0.019 155	0.160 29	−0.012 1	0.018 15	0.002 02	−0.059 47
3.2%	0.000 995	−0.016 12	0.014 11	−0.010 07	−0.008 06	0.003 01	0.003 02
3.0%	0.012 11	−0.008 07	0.012 1	−0.005 04	−0.023 19	0.002 005	0.008 055
2.8%	−0.007 06	−0.110 88	−0.014 12	−0.008 07	−0.120 97	−0.011 08	0.132 055
2.6%	0.004 035	−0.020 16	−0.004 04	0.001 015	−0.006 04	0.003 035	0.014 11
2.4%	−0.084 68	0.022 175	−0.114 92	−0.014 12	0.008 07	0.001	0.026 215
2.2%	−0.041 34	−0.002 01	−0.073 58	0.006 05	0.012 07	−0.004 03	−0.008 06
2.0%	−0.006 05	0.090 725	0.009 065	0.001	0.104 85	0.000 01	−0.061 49
1.8%	0.068 57	0.039 29	0.093 75	0.001 01	0.049 395	0.006 055	−0.089 72
1.6%	0.057 45	0.002 025	0.057 47	0.002 02	−0.019 16	0.010 085	0.017 155
1.4%	0.025 22	−0.013 1	0.047 38	−0.009 07	−0.058 46	0.005 03	−0.018 14

续表 6-15

Cl^-质量分数	曲率直径						
	25mm	40mm	50mm	75mm	90mm	110mm	∞mm
1.2%	0.007 045	−0.037 3	−0.013 12	−0.007 06	−0.078 62	−0.007 06	0.042 32
1.0%	−0.006 05	−0.011 08	−0.018 15	−0.003 02	−0.001 01	0.000 01	0.006 045
0.8%	−0.034 28	−0.051 43	−0.044 37	0.001 02	−0.008 05	−0.004 02	0.103 835
0.6%	−0.243 95	−0.144 98	−0.268 3	3.569 378	−0.110 23	−0.169 87	−0.242 61
0.4%	0.168 358	0.163 131	0.263 263	0.575 772	0.070 903	0.037 813	−0.046 71
0.2%	0.026 21	0.004 035	0.061 51	0.023 185	−0.108 88	0.029 22	0.118 96

由图 6-123 可以得出以下结论。

① 除了曲率直径为 75mm 和 110mm 的光纤外，其余光纤光栅随着 Cl^- 质量分数的上升下降呈现振荡特性，平稳段和突变段交替出现；75mm 和 110mm 的光纤光栅在 3.0%～3.2% 区间过渡过程中发生跃变，在 3.0%～3.2% 区间两侧的部分呈现良好的线性变化。对比 75mm 和 110mm 与其他光纤光栅的参数特性，可以发现这两根光纤光栅的带宽分别为 0.368 和 0.375，而其余光纤光栅的带宽均在 0.15～0.78 之间，出现这种差异现象的原因多是因为光纤光栅自身的带宽不同，致使对外界环境折射率的反应特性不同，即带宽较小的光纤光栅监测精度较高，故当传感器自身灵敏度较低时，对监测环境变化的规律性弱，反之带宽较大的能呈现较为规律的线性。根据试验记录，在浓度上升过程中的 3.0% 和 3.2% 中间经历了隔夜，曲线在 3.0%～3.2% 区间的突变现象是由隔夜造成的，由于在夜里将光纤光栅放置在空气中，光损值随时间逐渐减少（75mm 除外），符合理论推断。

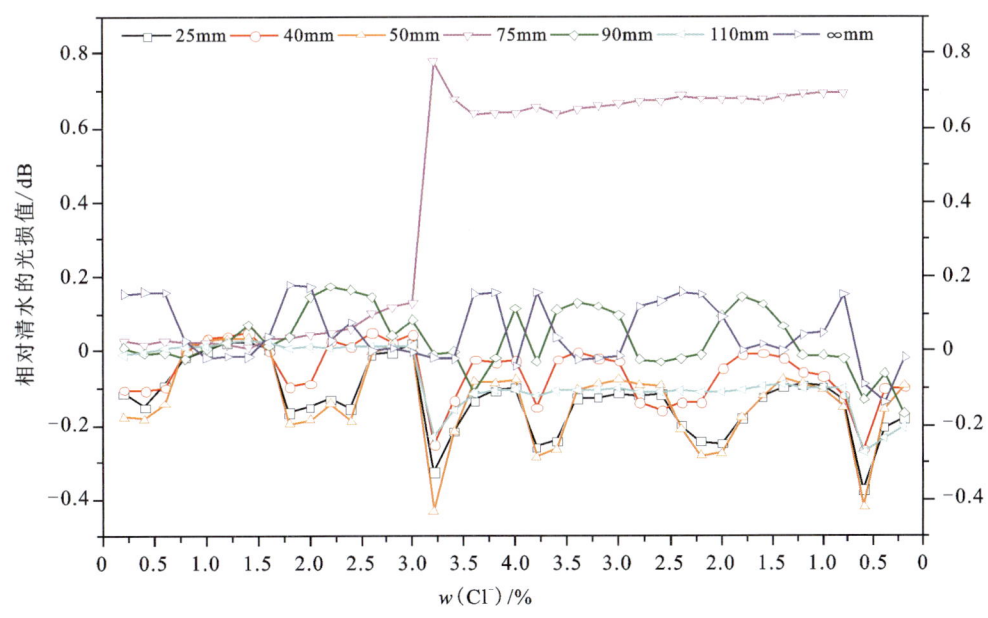

图 6-123　相对清水的光损值-Cl^- 质量分数关系图

② 由于在 3.0%～3.2% 区间发生过突变现象，故浓度上升和下降过程的对比很难判断。但由 75mm 和 110mm 的变化曲线可以看出，即使是浓度下降过程，光损值还是有略微的上升，光损值随浓度的上升和下降过程的变化情况不理想，产生此种现象的原因多与光纤光栅响应环境变化的滞后性有关；在 3.0%～3.2% 区间突变也可以证明光纤光栅监测浓度的滞后性，可以推断外界环境对光功率的影响

具有一定的响应时间,也可以推断出响应时间选定的长短对光损值的影响很大,故在试验过程中需严格控制测试时间。

③在曲率直径为 20mm、40mm、50mm、90mm 以及 ∞mm 五根光纤光栅的变化情况可知,各个颜色曲线的变化范围没有明显的区别。由此可以得出,光纤光栅的曲率直径对光损量的影响很小,这与第一次试验结果一致。

为了进一步探讨某一确定曲率直径下,光损值随 Cl^- 质量分数的变化情况,通过图 6-124 进行进一步的探讨,得出如下结论。

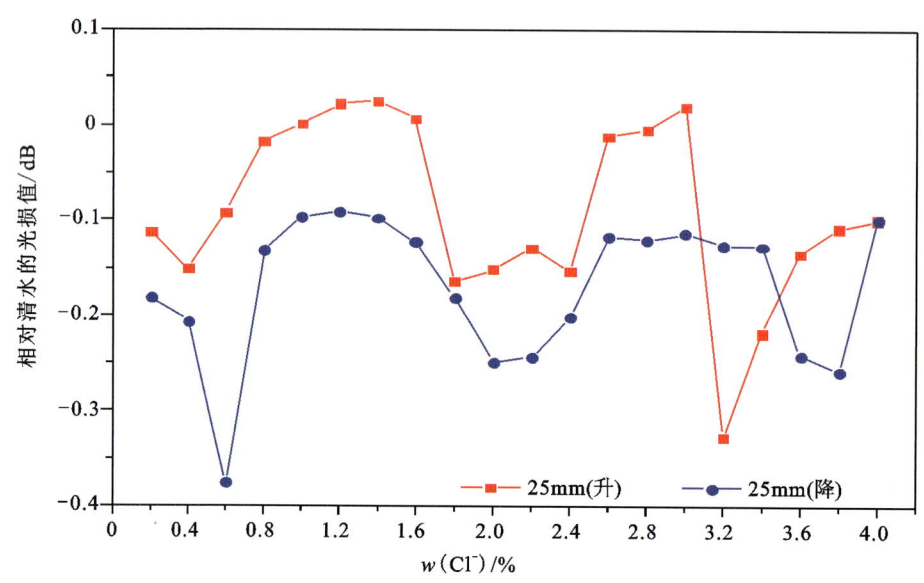

图 6-124　曲率直径为 25mm 的光损值-Cl^- 质量分数趋势变化图

①Cl^- 质量分数上升过程和下降过程的变化趋势相似,随 Cl^- 质量分数的变化,光损值呈现振荡特性,并且没有明显的规律性。

②下降过程的光损变化要明显滞后于上升过程,从图中由左向右观察,具有较明显的光损滞后现象,出现此种现象的原因可能是因为光纤光栅自身属性,是今后测试传感器性能参数需着重考虑的问题。

③由于在 3.0%~3.2% 区间发生突变,故升降过程曲线的相对高低无法比较。

弯曲直径为 110mm 时,相对清水的光损值与 Cl^- 质量分数的关系见图 6-125,可得出以下结论。

①Cl^- 质量分数上升过程和下降过程的变化趋势相似,随 Cl^- 质量分数的变化,光损值呈现近似线性,但上升或下降的趋势不明显。

②上升过程在 3.0%~3.2% 区间发生突变,下降过程在 0.8%~0.6% 区间发生突变,原因是测量隔夜进行,可见测量间隙对光损值的影响很大,且能够反映出光纤光栅对 Cl^- 质量分数的变化具有滞后性。

③由于在 3.0%~3.2% 区间发生突变,故升降过程曲线的相对高低无法比较。

通过图 6-124 和图 6-125 对比的差异可以得知,光纤光栅自身带宽的大小对测量结果具有较大的影响。带宽大的光纤光栅对浓度变化的波动性小,具有较好的稳定性。由于第一次试验使用的光纤光栅也较大(0.4 左右),故测得的数据比较稳定,呈现分段的线性,这与此次试验结果吻合;折射率小的光纤光栅波动性大,不稳定,数据呈现振荡特性。出现此变化正体现了光纤光栅灵敏度较差的问题。

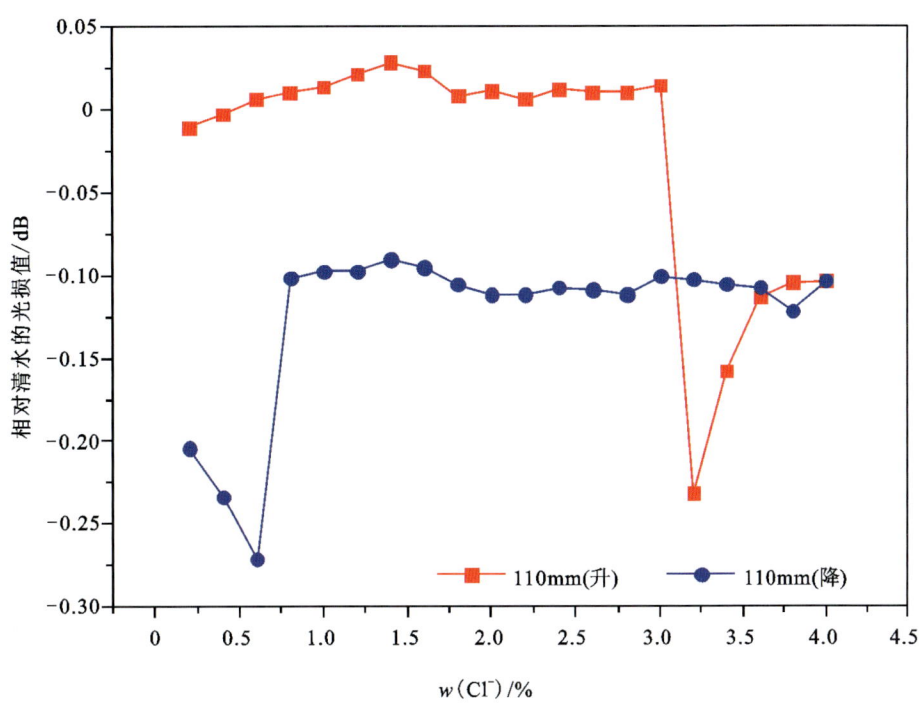

图 6-125 曲率直径为 110mm 的光损值-Cl^- 质量分数趋势变化图

（2）由于试验数据容易具有突变性，弄清楚 Cl^- 质量分数对光损值的影响和外界其他因素对光损值的影响显得尤为重要，相邻浓度变化对应的光损值变化如图 6-126 所示。

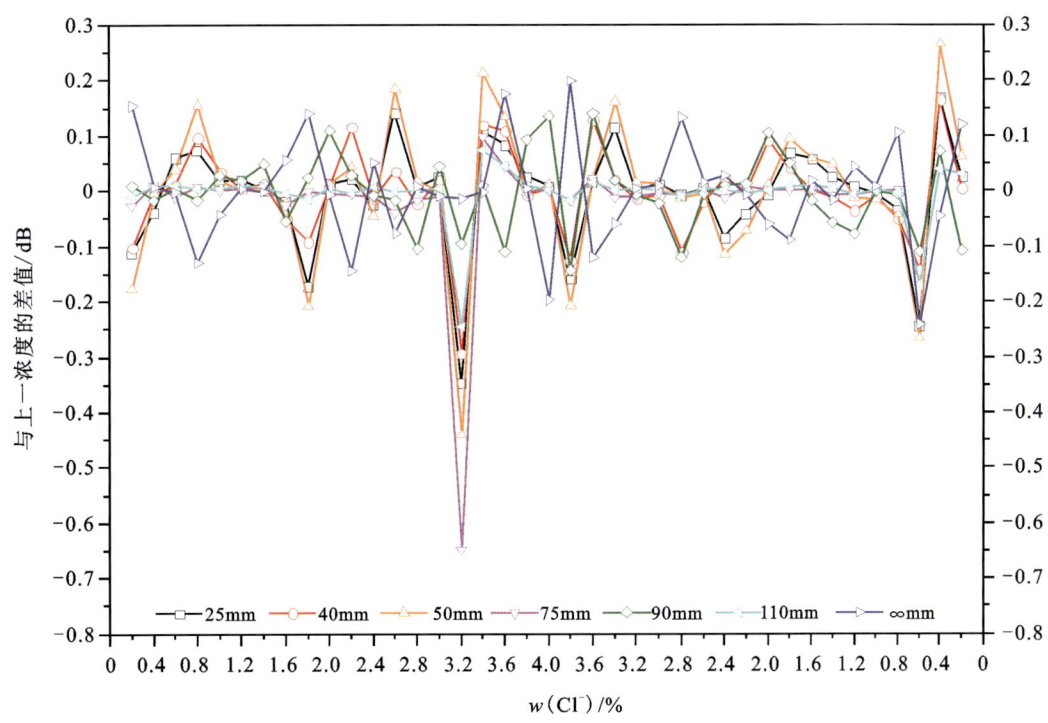

图 6-126 与上一浓度的光损值差值-Cl^- 质量分数的关系变化图

由图 6-126 可以看出：

①曲率直径为 75mm 和 110mm 的光纤光栅除了突变点外，基本为水平线，这说明这两根光纤光栅相邻浓度之间光功率的差值基本保持不变；其余曲率直径的光纤光栅的曲线呈现波动特性，这说明相邻浓度之间光功率的差值是上下波动的，图 6-126 的规律与其光损值-Cl^- 质量分数变化曲线呈近似线性吻合。

② Cl^- 质量分数上升过程在 3.0%～3.2% 区间发生突变，下降过程在 0.8%～0.6% 区间发生突变，说明此两处的光损差值大，受到的扰动大，波动是由隔夜测量造成的，这与之前的结论一致。

③由表格中的数据可以看出，相邻浓度变化引起的光损差值表现在小数点第三位，也就是说光损值变化的灵敏度到达 0.005dB，对于能量来说这个能量级别是非常小的。此次测试过程中的温度变化在 10.6～12.7℃，经测试在清水中相应的光损值变化达到 0.002～0.222dB，因此相邻浓度变化引起的光损值差值在温度变化的环境中不可忽略；光纤熔接点损耗为 0.2dB，故试验过程中不可以出现熔接点断掉的情况，否则需要重新测量；法兰损耗为每个接头 1dB，故试验过程中不能出现插拔接头，需连续测量；宏弯在曲率半径大于 10cm 时可以忽略不计，但此次试验中 PVC 管处、跳线缠绕处的宏弯损耗在各个光纤均不同，且不可忽略，微弯是不可避免的；此外，光纤的挤压、拉伸受力也会引起损耗。综上可知，Cl^- 质量分数引起的光损变化灵敏度低，外界影响因素多，对环境的要求很高。

3. 试验结论

（1）光栅光纤测得的光损值随 Cl^- 质量分数的变化规律与光纤光栅自身的带宽有关。带宽大的光纤光栅随浓度变化的波动性小，具有较好的稳定性，故测得的数据比较稳定，呈现近似的线性关系，与第一次试验规律一致；带宽小的光纤光栅的光损值波动性大、不稳定，数据呈现振荡特性。出现此现象还是由于灵敏度较低致使面对不同监测精度的光纤光栅时出现较大差异。

（2）光纤光栅的不同曲率直径对光损量的影响很小，即此次试验曲率的变化对光损值的变化贡献不大。

（3）光纤光栅对 Cl^- 质量分数变化的灵敏度低，大约为 0.005dB。外界诸多影响因素对光损的影响都不可忽略，如温度、熔接点、法兰损耗、微弯挤压等，故提高光纤光栅的灵敏度、避免外界因素的影响是今后的研究重点。

（4）光纤光栅对 Cl^- 质量分数的反应需要响应时间，试验中的隔夜测量数据变化可反映出此点。

（5）光纤光栅的浓度变化过程中，下降过程的光损变化要明显滞后于上升过程，具有较明显的光损滞后现象。

四、基于 FBG 技术的可行性试验

在 2017 年的工作中，笔者通过室内试验对利用 FBG 技术监测咸水浓度进行了可行性分析，在此工作基础上，改进了试验方案。

1. 试验方案

试验装置由传感装置、解调装置、待测装置、支撑装置 4 个部分组成。传感装置是由 4 根 FBG 缠绕在 PVC 管上组成。其中，一根是单点 FBG，一根是两点串 FBG，两根是单点 FBG 与裸纤串联，其中一根串联 3m 裸纤（称裸纤 1），一根串联 6m 裸纤（称裸纤 2），见图 6-127。

解调装置由南智传感公司的 NZS-FBG-A01 型光纤光栅解调仪和电脑组成，FBG 解调波长范围是 1527～1568nm。待测装置由装有不同浓度 NaCl 溶液的水箱组成。支撑装置由支架和移动垫块组成，支架固定传感装置，移动垫块控制不同浓度溶液的置换。试验装置示意图如图 6-128 所示。

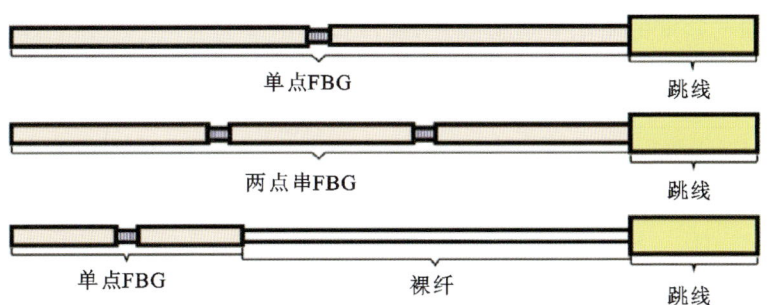

图6-127 FBG传感器结构类型示意图

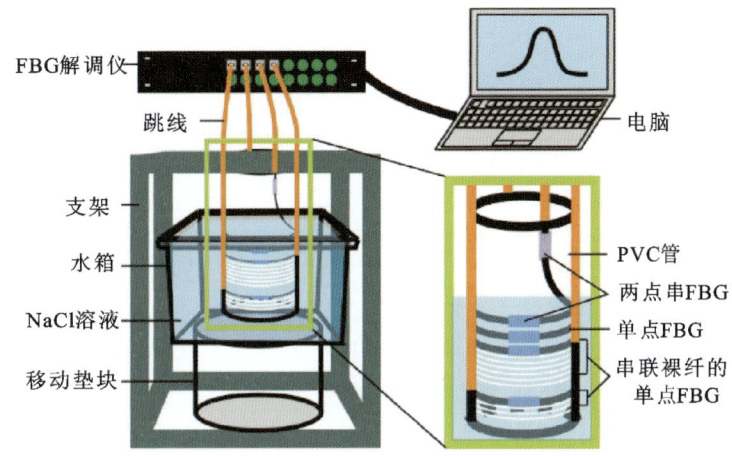

图6-128 基于FBG技术监测咸水浓度试验试验装置示意图

试验采用了单模光纤所制备的FBG,单模光纤芯的常用规格是 $9/125~\mu m$,即纤芯直径 $9~\mu m$,包层 $125~\mu m$(外径/长度)。将单点FBG和串联裸纤的FBG缠绕在外径为110mm的PVC管上,用快干胶将栅区两侧及裸纤固定,保证FBG的应力状态不发生变化;将FBG两点串的一端缠绕在PVC管,使其能被盐水浸泡,另一端竖直固定在PVC管上,使其暴露于空气中,栅区两端用快干胶固定。将绕有4根FBG的PVC管固定在支架上,用盐度(NaCl质量分数)为0%、0.5%、1.0%、1.5%、2.0%、2.5%、3.0%、3.5%、4.0%、4.5%、5.0%的NaCl溶液将其依次浸泡,每个盐度的溶液浸泡60min后,用解调装置记录各FBG中反射峰峰值能量,每5min记录一次。为了避免试验温度带来的影响,试验在恒温室中进行。

2. 试验结果和分析

对单点FBG所测数据,求其12次的平均值作为此盐度下对应的反射峰能量,得到其反射峰峰值能量-盐度变化图(图6-129)。可以看出,单点FBG对盐度的变化具有分段响应的现象。在0~1.5%范围内反射峰峰值能量随着盐度的增加而降低;在2.0%~3.5%范围内反射峰峰值能量随着盐度的增加呈现波动特性;在4.0%~5.0%范围内反射峰峰值能量呈现稳定特性。随着盐度的增加,峰值能量依次出现三段式的变化,即下降段、波动段、平稳段。在0~1.5%范围内能量与盐度的变化呈近似线性,采用最小二乘法对其进行拟合可得,能量(y)和盐度(x)之间的线性关系是 $y=-0.1917x-23.057$,相关系数 $R^2=0.8892$,属于较好的线性关系。

对两点串FBG所测数据,用暴露于空气中的FBG对浸入盐水中的FBG进行所测能量的补偿,以排除其余外界因素的影响,求其补偿后的12次能量平均值作为此盐度下对应的反射峰能量,得到其反射峰峰值能量-盐度变化图。由图6-130可以看出,两点串FBG对盐度的变化也具有同单点FBG的分段响应的现象,在0~1.5%为上升段,2.0%~3.5%为波动段,4.0%~5.0%为平稳段。其中在0~1.5%盐度范围内能量与盐度的变化呈近似线性,线性拟合结果为$y=-0.195\ 4x-23.041$,相关系数$R^2=0.967\ 3$,属于较好的线性关系。

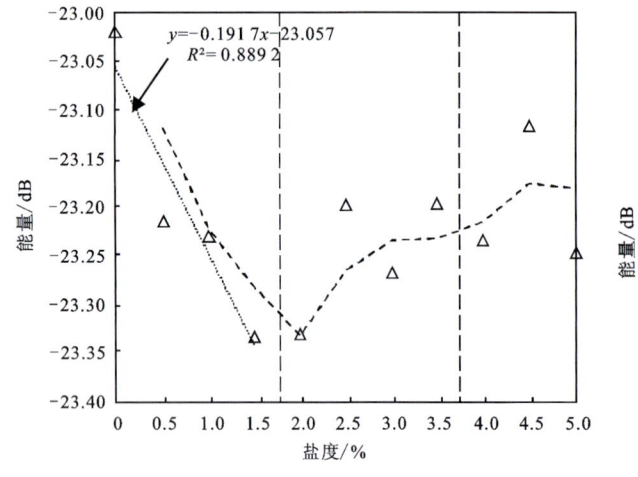
图6-129 单点FBG能量与盐度的关系

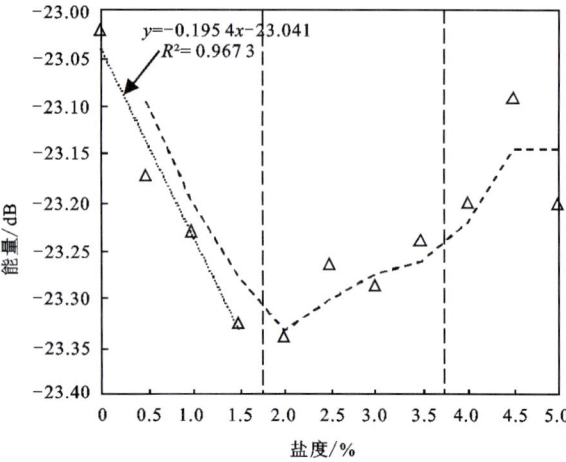
图6-130 两点串FBG能量与盐度的关系

对串联裸纤的FBG所测数据,求其12次的平均值作为此盐度下对应的反射峰能量,得到其反射峰峰值能量-盐度变化图(图6-131)。可以看出,两根串联裸纤的FBG对盐度的变化也具有分段响应的现象,同单点FBG和两点串FBG。裸纤1和裸纤2在浓度0~1.5%范围内,随盐度的增加,峰值能量呈近似线性下降。根据最小二乘法进行线性回归计算,裸纤1的峰值能量与盐度的关系为$y=-0.160\ 1x-23.351$,相关系数为0.928 8;裸纤2的峰值能量与盐度的关系为$y=-0.090\ 9x-21.443$,相关系数为0.959 6。盐度增加1%,裸纤1的能量减少0.160 1dB,裸纤2的能量减少0.090 9dB,这与裸纤的长度恰好呈负相关关系,可见裸纤长度的增加对渐逝波场强并无明显的加强作用,在裸纤周围产生的渐逝波现象很微弱。

海水入侵形成的咸淡水过渡带中对人类活动影响较大的往往就是处于0~1.5%盐度范围内的地下水,故本次结果对比主要讨论0~1.5%盐度范围内的对比情况。

由图6-132可以看出,两点串FBG能量随盐度变化的趋势是一致的,由线性拟合曲线的表达式可见,两点串FBG进行能量补偿后,其能量变化灵敏度和相关系数均有一定程度的提高。因此,即使是在恒温室进行试验,周围噪声对测试结果的影响还是存在的,选用两点串进行能量补偿会使测试结果更加准确。

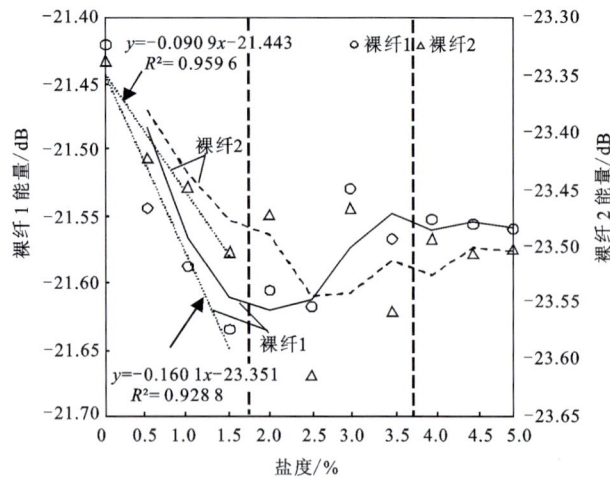
图6-131 串联裸纤的FBG能量与盐度的关系

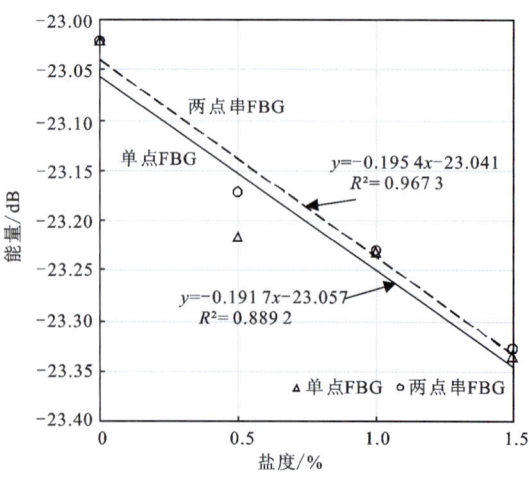
图6-132 单点FBG与两点串FBG结果对比

由图 6-133 可以看出，单点 FBG 能量随盐度变化趋势同串联裸纤的 FBG 是一致的，均随盐度的增加而降低。单点 FBG、裸纤 1、裸纤 2 的裸纤长度依次为 0m、3m、6m，由线性拟合曲线的表达式可见，单点 FBG、裸纤 1、裸纤 2 的灵敏度依次为 0.191 7dB/‰、0.160 1dB/‰、0.090 9dB/‰，可见随着裸纤长度的增加，反而会降低传感器的灵敏度，这说明裸纤周围产生的渐逝波场十分微弱，渐逝波场产生的部位主要是 FBG 栅区位置。此外，裸纤的存在使得传送到栅区的光强减弱，从而在栅区位置光更难渗入到周围介质中，造成了灵敏度的降低。因此，不建议用串联裸纤的方法进行盐度的测试。

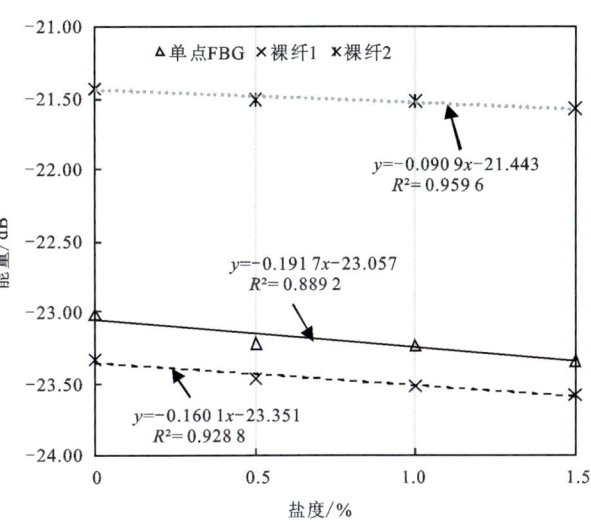

图 6-133 单点 FBG 与串联裸纤的 FBG 结果对比

将 3 种方式下的 FBG 在 0～1.5‰盐度范围内的能量损失总量及响应灵敏度进行了统计，统计结果见表 6-16。

表 6-16 各 FBG 在 0～1.5‰盐度范围内能量损失及灵敏度统计

类型	能量损失/dB	灵敏度系数/B·‰$^{-1}$
单点 FBG	0.314 5	0.191 7
两点串 FBG	0.306 5	0.195 4
串联裸纤的 FBG1（裸纤 1）	0.250 0	0.160 1
串联裸纤的 FBG2（裸纤 2）	0.144 2	0.090 9

由表 6-16 可以看出，单点 FBG 和两点串 FBG 的能量损失较大，而串联裸纤的 FBG 能量损失较小，这与之前分析的结果一致；在灵敏度方面，两点串 FBG 的灵敏度最大，达 0.191 7dB/‰，串联裸纤长度大的 FBG 灵敏度最低，仅有 0.090 9dB/‰，但整体灵敏度偏低，灵敏度系数的提高是今后研究的重点。

3. 试验结论与启示

(1)FBG 对于盐度的测试具有一定的可行性，可弥补传统监测方法的不足，为海水入侵盐度监测提供了一个崭新的思路和手段。

(2)对于单点 FBG、两点串 FBG 和串联裸纤的 FBG，其反射峰能量与盐度的变化趋势呈现分段现象：下降段(0～1.5‰)、波动段(2.0‰～3.5‰)和平稳段(4.0‰～5.0‰)。其中，下降段的趋势呈近似线性变化，对于两点串 FBG，其拟合直线的决定系数可达 0.967 3。

(3)两点串 FBG 经过能量补偿后，反射峰能量对盐度的变化更加灵敏，结果也更加准确，建议在盐度测试时对 FBG 进行能量补偿。

(4)对于串联裸纤的 FBG，反射峰能量损失量与裸纤长度呈负相关关系，裸纤长度的增加会降低 FBG 对盐度反应的灵敏度，不建议采用此法。

(5)采用弯曲 FBG 及进行能量补偿的方法来提高 FBG 对盐度传感的灵敏度，主要是利用物理手段对 FBG 进行处理。今后将针对灵敏度提高的问题对 FBG 进行相关的化学处理手段，如腐蚀、涂覆对盐度敏感的聚合物等，结合本书的物理方法，从 FBG 传感原理本质上提高海水盐度监测性能，将 FBG 在海水入侵监测中的实时、大范围、原位、抗电磁干扰等优势进行充分体现。

五、基于 LPG 技术的可行性试验

长周期光纤光栅(Long-Period Grating,简称 LPG)技术是光纤感测技术中的一种,其成分也是 SiO_2,因此具有抗电磁干扰、耐腐蚀的优良特性。通过波分复用和时分复用等传感原理可将多个 LPG 传感器串联起来,形成网络化的实时监测系统。由于 LPG 独特的耦合模式,以及对溶液折射率、浓度的变化具有灵敏度高、响应快等优势,不需要进行腐蚀处理即可进行折射率传感,成为近年来溶液折射率传感领域的研究热点。基于 LPG 对液体折射率的敏感特性,设计了基于 LPG 技术测量海水盐度的可行性试验,并将测量结果与理论值进行了比较,论证了该技术用于地下水盐度测试的可行性。

1. 测试原理

长周期光纤光栅是一种透射式光栅,其传输模式是同向传输的包层模式与芯层模式之间的耦合,因此,LPG 的模式耦合对周围环境的温度、折射率等信号有着极高的灵敏性。LPG 透射谱在某些特定波长处形成损耗峰,对于纤芯导模和某阶包层模耦合时,对应的谐振波长满足相位匹配条件:

$$\lambda_m = [n_{\text{eff,core}}(n_1, n_2) - n_{\text{eff,cladding}}^m(n_2, n_3)] \cdot \Lambda \tag{6-16}$$

式中,λ_m 是第 m 阶包层模式的谐振波长;$n_{\text{eff,core}}$ 是纤芯导模的有效折射率;$n_{\text{eff,cladding}}^m$ 是第 m 阶包层模式的有效折射率;Λ 是光栅周期;n_1 是纤芯折射率;n_2 是包层折射率;n_3 是外界环境折射率。

纤芯导模有效折射率的求解可以根据弱导光纤纤芯导模有效折射率的色散方程求解。在弱导光纤近似条件下,假设包层半径(b)≥纤芯半径(a),包层模有效折射率为:

$$n_{\text{eff,cladding}}^m(n_2, n_3) = n_2 - [1 - 2/b\kappa \sqrt{n_2^2 - n_3^2}] + \Delta n_2 \left(\frac{a}{b}\right)^2 \frac{J_0^2(U_{co}\frac{a}{b}) + J_1^2(U_{co}\frac{a}{b})}{J_0^2(U_{co}) + J_1^2(U_{co})} \tag{6-17}$$

式中,U_{co} 是纤芯中的横向传播系数;$\kappa = \frac{2\pi}{\lambda_0}$;$\Delta = \frac{n_1^2 - n_2^2}{2n_1^2} J_0$;$J_0$ 为 0 阶第一类贝塞尔函数;J_1 为 1 阶第一类贝塞尔函数。

将式(6-16)进行相应的变化,可以得到 LPG 的谐振波长变化量随外界折射率变化($n_3'^2$)的公式:

$$\Delta\lambda = \lambda_m - \lambda'_m = \frac{U_{co}\Lambda}{n_2 b^3 \kappa^3}\left[\frac{1}{\sqrt{n_2^2 - n_3'^2}} - \frac{1}{\sqrt{n_2^2 - n_3^2}}\right] \tag{6-18}$$

从式(6-18)可以看出,若外界环境折射率增大,则波长变化量为负值,谐振波长减小,且由外界折射率变化导致的 LPG 谐振波长的漂移量与外界环境折射率的变化量并不呈线性关系。由数值模拟的结果表明,当外界环境的折射率接近包层模的有效折射率时,谐振波长随外界环境折射率发生较剧烈的变化,在小于包层模的有效折射率的范围内呈近似线性关系。同时,为了提高 LPG 传感器的灵敏度,可将栅区部分弯至某一曲率。大量的理论和试验工作证明,弯曲的传感光纤有利于提高测量的灵敏度。

2. 试验方案

试验装置由传感装置、解调装置、待测装置、支撑装置 4 个部分组成。传感装置是由两根缠绕在 PVC 管上的 LPG 组成,本次试验采用的 LPG 是无锡瑞科华泰电子技术有限公司用 Coning SMF-28e 单模光纤制备的,两根 LPG 的中心波长分别为 1541nm 和 1516nm;解调装置由 ASE C+L 宽带光源和 YOKOGAWA 公司生产的 AQ6370C 光谱分析仪组成,其中光谱仪的波长范围为 600~1700nm;待测装置由盛有不同盐度溶液的水箱组成,各盐度溶液是利用纯 NaCl 和蒸馏水配制的;支撑装置由支架和移动垫块组成,支架固定传感装置,移动垫块控制不同盐度溶液的置换。试验装置示意图如图 6-134 所示。

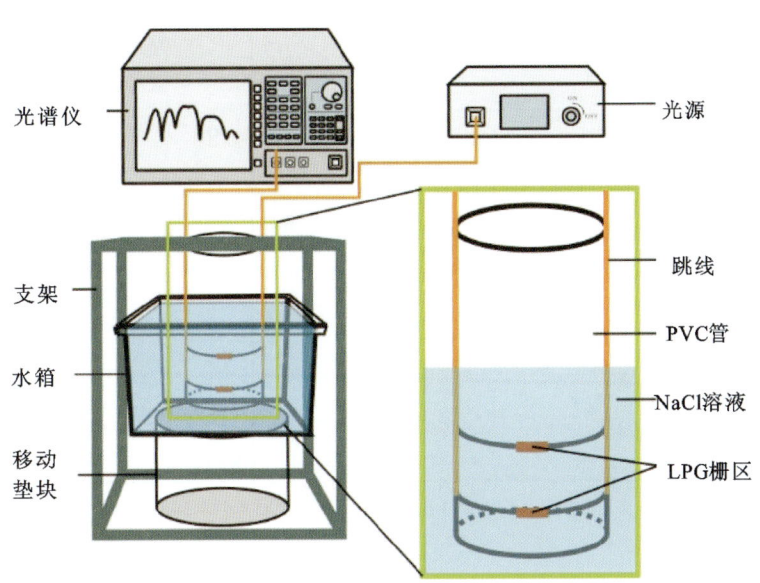

图 6-134　LPG 盐度测试装置示意图

将两根光纤的 LPG 栅区部分分别缠绕在外径为 110mm 的 PVC 管上,栅区两侧用快干胶固定,以保证 LPG 的应力状态不发生变化。将绕有 LPG 的 PVC 管固定在支架上保持不动,依次用盐度为 0‰、0.5‰、1‰、1.5‰、2‰、2.5‰、3‰、3.5‰、4‰、4.5‰、5‰ 的溶液将其浸泡,每个盐度下的溶液浸泡 5min 后,用光谱仪记录各 LPG 对应的光谱以及谐振损耗峰对应的中心波长。为了避免温度对试验结果的影响,本次试验在恒温室中进行。

3. 试验结果及分析

本次试验采用的两根 LPG 分别编号为 L1 和 L2,LPG 的耦合模式使得其透射谱中出现多个损耗峰,为了便于后续的分析,根据 L1、L2 在清水中的初始透射谱分别将 L1、L2 的多个损耗峰进行编号。L1 在光谱仪解调的 1510～1630mm 波段共出现 4 个谐振峰,从左至右依次编号为 1、2、3、4,记为 L1-1、L1-2、L1-3、L1-4;L2 在光谱仪解调的 1510～1630mm 波段共出现 3 个谐振峰,从左至右依次编号为 1、2、3,记为 L2-1、L2-2、L2-3。

图 6-135 给出了 L1 中 L1-2 和 L1-4 两个谐振峰在盐度 1‰、2‰、3‰、4‰、5‰ 变化过程中的光谱图,箭头指的是损耗谐振峰波谷(即中心波长)的位置。从图 6-135a 可以看出,随着盐度的逐级增加,波谷不断左移,即 L1-2 的中心波长不断朝短波方向移动,且盐度 1‰～2‰ 之间中心波长差较大,盐度 4‰～5‰ 之间中心波长差较小,但总体来说随着盐度增加,中心波长减小的趋势明显;从图 6-135b 可以看出,随着盐度的逐级增加,L1-4 的中心波长同样不断向短波方向移动,且相邻盐度对应中心波长的差值很接近,说明谐振峰中心波长与盐度之间的相关程度较 L1-2 高。

由上述结果可知随着盐度的变化,LPG 谐振峰波长会呈现出不同程度的变化,通过对 L1 和 L2 共 7 个谐振峰的分析可知,L1 的 3 个谐振峰(L1-2、L1-3、L1-4)和 L2 的 1 个谐振峰(L2-1)的波长随盐度的变化规律较明显,其谐振峰波长-盐度关系如图 6-136 所示。可以看出,4 个谐振峰的波长随盐度的增加逐渐减小,且 L1 的谐振峰中 L1-2、L1-3、L1-4 对盐度测量均有良好的线性响应,L2 中仅 L2-1 对盐度测量有良好的线性响应,可见 LPG 中各个模式耦合下的谐振峰对盐度的变化具有不同的响应,线性程度和灵敏度均存在着差异。

表 6-17 给出了 L1-2、L1-3、L1-4 和 L2-1 这 4 个谐振峰中心波长-盐度变化关系中线性拟合度和线性灵敏度系数的统计情况。可以发现,L1 中的 3 个谐振峰的线性拟合度比 L2 高,但线性灵敏度

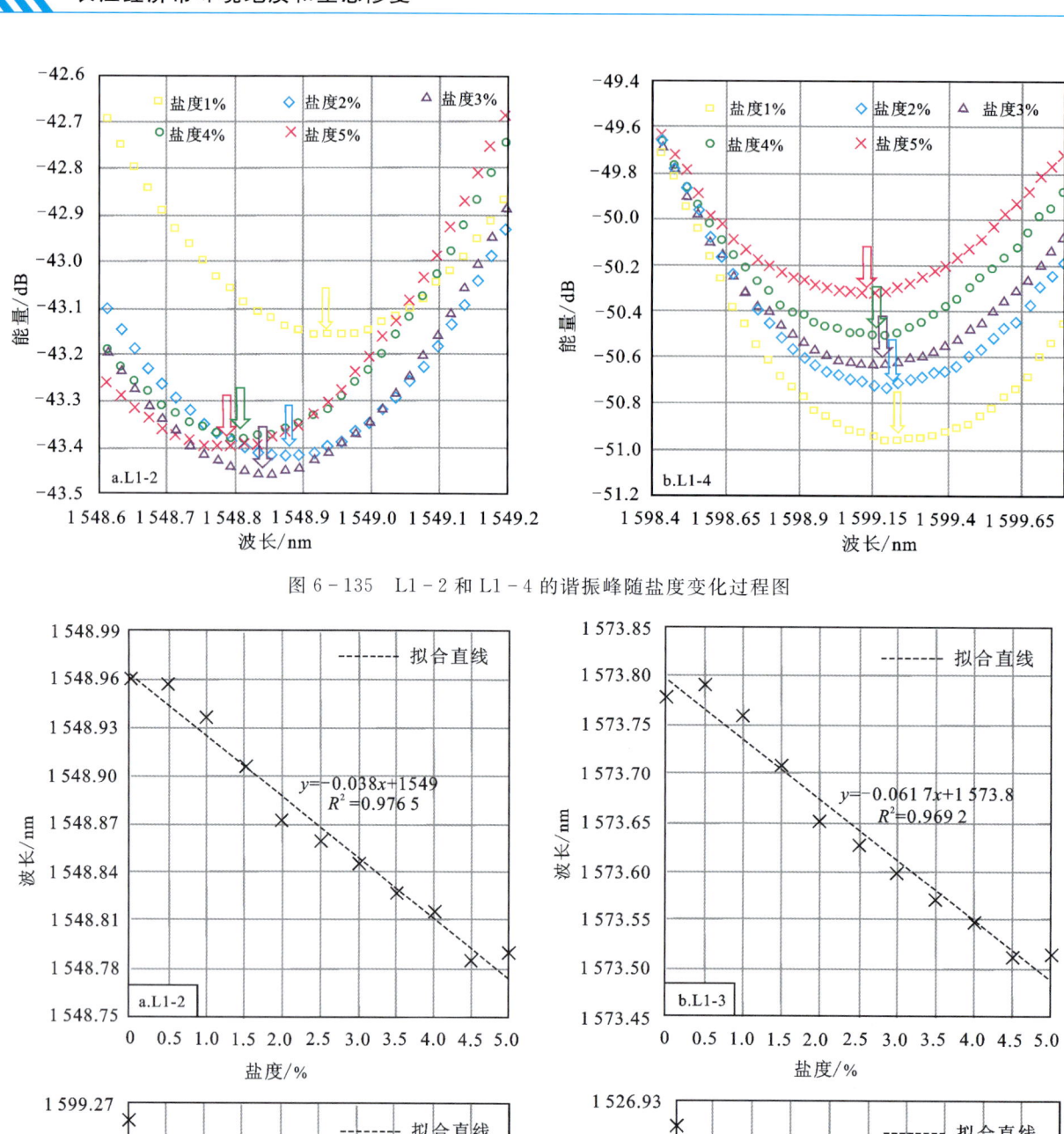

图 6-135 L1-2 和 L1-4 的谐振峰随盐度变化过程图

图 6-136 L1 和 L2 中谐振峰波长-盐度关系图

系数却比 L2 低,可见不同中心波长的 LPG 由于其光栅周期、包层模有效折射率等参数不同,即使在同一变化环境中也存在着不同的响应曲线。在 L1 的 3 个谐振峰中,L1-4 线性拟合度最高,这与图 6-136c 的结果一致,但线性灵敏度系数最低;L1-3 线性拟合度最低,但线性灵敏度系数最高;L1-2 的线性拟合度较 L1-4 低,这与图 6-136a 的结果相一致,但灵敏度系数居中。可见即使是同一 LPG 中形成的不同谐振峰对盐度的响应和敏感程度也是不同的。这是由于包层中存在多种模式的光,会形成不同阶的包层模,各阶包层模与纤芯导模耦合后对应的谐振峰不同,对盐度变化的响应和灵敏程度也会存在差异。

表 6-17　L1 和 L2 中谐振峰盐度测试结果统计

编号	线性拟合度 R^2	线性灵敏度系数绝对值/nm·%$^{-1}$
L1-2	0.976 5	0.038 0
L1-3	0.969 2	0.061 7
L1-4	0.990 5	0.022 2
L2-1	0.949 5	0.076 1

总体来说,在 LPG 温度和应变保持不变的情况下,L1 和 L2 中的 4 组谐振峰波长与盐度的线性变化程度均较好,线性拟合度在 0.949 5～0.990 5 之间,灵敏度系数在 0.022 2～0.076 1nm/％之间。由于光谱仪的最小波长分辨率为 1pm(1pm=10^{-12}m),即意味着本次试验 LPG 对盐度变化的分辨率在 0.013 1％～0.045 0％之间,换算成盐分的体积浓度即为 0.130 0～0.450 2g/L,目前普遍以地下水 TDS 大于 1g/L 作为海水入侵发生的一个重要指标,可见 LPG 对地下水盐度响应的灵敏性良好。

4. 实测结果与理论结果对比

地下水盐度在温度保持不变的情况下,某一盐度溶液的折射率是一个固定的值,其折射率与盐度的关系为:

$$n_3 = 1.333\ 1 + 0.001\ 85c \tag{6-19}$$

式中,n_3 为盐溶液的折射率;c 为溶液的盐度(％)。

根据式(6-19)可求出不同盐度对应的折射率 n_3,根据式(6-18)可求出各相邻盐度之间的波长差,再根据初始波长可计算出各盐度下的谐振峰中心波长,这样即得到不同盐度中 LPG 包层模与纤芯模耦合后的谐振峰中心波长-盐度变化的理论值。图 6-137a 和图 6-137b 分别给出了实测变化趋势明显的 L1-2 与 L1-4 谐振峰的理论波长值。由图 6-137a 和图 6-137b 可以看出,LPG 谐振峰中心波长的理论值与盐度变化呈较良好的线性关系,虽然理论上式(6-18)中 $\Delta\lambda$ 与 n_3 是呈幂函数趋势变化的,但由于在盐度 0～5％之间地下水的折射率范围为 1.333 10～1.342 35,在此折射率范围 $\Delta\lambda$ 与 n_3 的变化趋势十分平缓接近水平的直线,故计算出的波长与盐度的关系呈近似线性变化,其中 L1-2 和 L1-4 理论值的线性拟合度均为 0.999 8。由此说明,从理论方面上分析,LPG 中心波长与地下水盐度的变化呈十分良好的线性关系。

表 6-18 给出了 L1-2 和 L1-4 两个谐振峰波长的实测值与理论值的误差结果。可以看出,L1-2 和 L1-4 的实测值与理论值的平均误差分别为 -0.006 467nm、-0.011 88nm,若以理论值的灵敏度为参考值作为真值,则转换成盐度的误差绝对值分别为 0.18％、0.60％。由此可见,同一 LPG 在不同耦合模式下形成的谐振峰与理论值的误差也不同,L1-2 的误差较 L1-4 的小,L1-2 与理论值更吻合,测量效果更好。实测值与理论值存在差值的原因可能是由参数取值偏差、外界环境某些因素(如温度、人为扰动)的干扰造成的,L1-2 和 L1-4 出现这种的测量差异说明了不同的谐振峰在实际应用时的抗干扰能力也不同,在利用 LPG 进行盐度测量时宜选取抗干扰性更强的谐振峰进行测量。

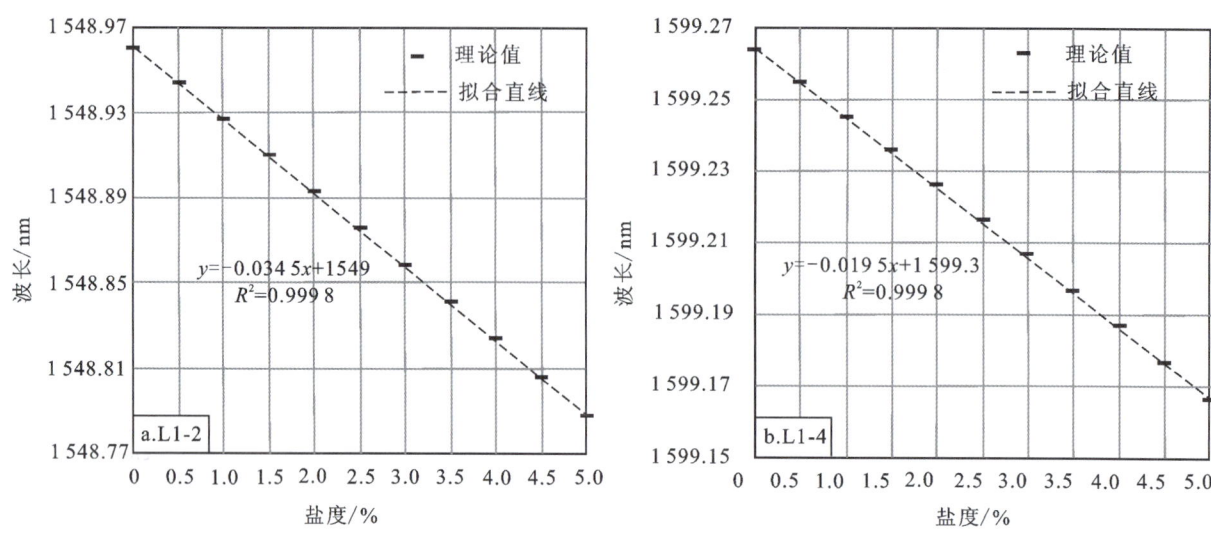

图 6-137 L1-2 和 L1-4 的波长理论值结果

表 6-18 L1-2 和 L1-4 实测值与理论值的误差结果

编号	波长误差范围/nm	平均误差/nm	平均盐度误差/%
L1-2	−0.021 5～0.013 6	−0.006 5	0.18
L1-4	−0.020 9～0	−0.011 9	0.60

为了进一步比较 L1-2 和 L1-4 的波长实测值与理论值的关系，分别将 L1-2 和 L1-4 以波长理论值为真实的参考值，绘制波长实测值与理论值的关系曲线，比例系数即为曲线斜率，L1-2 和 L1-4 的关系曲线分别见图 6-138a、b。从图中可以看出，L1-2 实测值与理论值的比例系数为 1.100 6，L1-4 实测值与理论值的比例系数为 1.135 1，均接近于 1，但 L1-2 的实测值与理论值的吻合程度更高，这与之前的分析一致。值得注意的是，L1-2 和 L1-4 的实测值与理论值关系曲线的线性拟合度分别高达 0.973 9、0.988 5，虽然图中实测值与理论值存在一定的误差，但实测值与理论值之间良好的线性程度说明了实测值随盐度变化产生的波长变化是相对稳定的，这也就意味着即使实测值与理论值之间存在误差，但这种误差是可以通过标定进行消除的，或者说可以通过对波长-盐度的理论表达式的灵敏度系数乘以一个常数进行误差抵消。这说明了 LPG 盐度传感器必须经过实际的标定后才能更准确地进行盐度测量，也再次证明了 LPG 应用于地下水盐度监测的可行性。

5. 试验结论与启示

(1) 长周期光纤光栅 (LPG) 技术对地下水盐度测量具有体积小、抗干扰性强、原位接触式测量、网络化、实时监测等独特优势，为今后该技术应用于海水入侵中的原位实时监测奠定了基础。

(2) LPG 中不同耦合模式的谐振损耗峰对地下水盐度变化的响应程度和抗干扰程度是不同的，一些模式耦合下的谐振峰中心波长对盐度变化响应的线性度较好，本次试验中得到的中心波长-盐度的线性拟合度在 0.949 5～0.990 5 范围内，灵敏度系数在 0.022 2～0.076 1nm/% 范围内，线性度和灵敏度均较高。

(3) 谐振峰中心波长-盐度的理论关系呈十分良好的线性关系，线性拟合度达 0.999 8，且不同谐振峰在实际测量中对外界的抗干扰能力不同，宜选用 LPG 中抗干扰性更强的谐振峰进行盐度测量。

(4) LPG 盐度的实测值与理论值之间存在着良好的线性关系，说明实测值与理论值的误差可通过

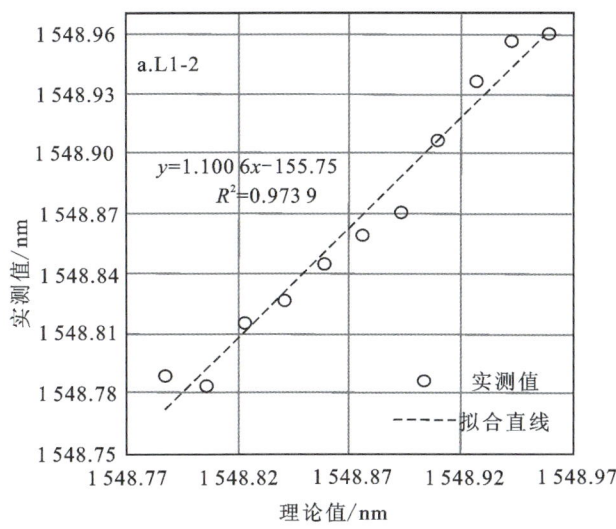
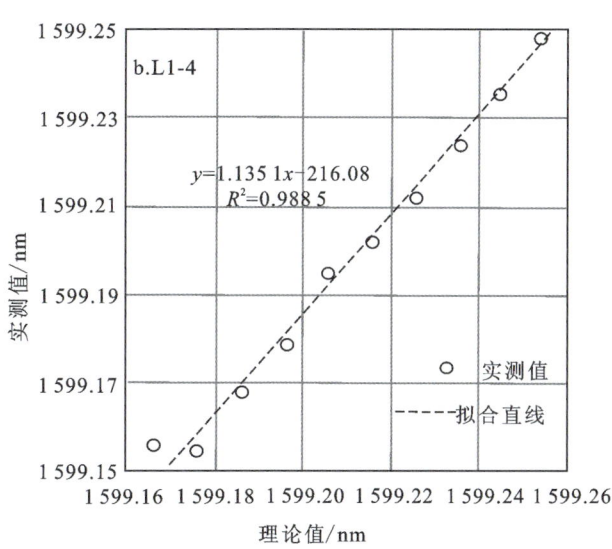

图 6-138 L1-2 和 L1-4 实测值与理论参考值的关系曲线

标定进行消除,也表明了 LPG 传感器进行标定的必要性及 LPG 应用于地下水盐度监测的可行性。

(5)本次试验是在温度、应变不变的情况下进行的,探究了地下水盐度这一个因素变化对 LPG 谐振峰中心波长的影响,验证了 LPG 应用于地下水盐度测量的可行性。下一步研究将考虑地下水环境中存在的温度、压强等因素的影响和监测结果校正,以及探究 LPG 的弯曲布设方法对监测效果的影响,完善 LPG 技术应用于海水入侵盐度的监测方法。

第六节 小 结

创新应用光纤技术监测崩岸、地面沉降和地裂缝取得显著进展,19 个地面沉降和地裂缝光纤监测示范点与 12 个岸线稳定性监测示范点,研发了 4 个大类 14 种光纤传感器,创新建立光纤监测土层变形技术体系,初步打造了长江经济带长三角经济区崩岸、地裂缝和地面沉降光纤示范监测网,推进了地面沉降、地裂缝和崩岸等土层变形光纤监测科技进步。

(1)在长三角建立 31 个地面沉降、地裂缝和崩岸光纤技术监测示范点,初步打造长三角地面沉降、地裂缝和崩岸光纤技术监测示范网。其中,建立的苏州盛泽地面沉降光纤监测示范点被选为 2018 年度国家科学技术进步奖一等奖项目的野外唯一检查验收点,获得高度评价,相关成果收入中国地质调查局编制的《中国地质调查百项理论》中,丰富和发展了地面沉降理论,同时有关成果获 2018 年度国家科学技术进步奖一等奖。

(2)地面沉降监测钻孔的水位水分场监测,利用新研发的内加热光缆水位水分场监测技术,对地面沉降监测钻孔中的水位和水分场变化展开长期监测,实现土体变形与水位、水分场变化的同步监测。

(3)地下水咸化光纤监测技术探索,具体为采用准分布式的布拉格光纤光栅(FBG)光纤感测技术,利用海水入侵时地下水中 $NaCl$ 的浓度变化,引起光纤纤芯与海水介质间产生不同特性渐逝波和折射率的特性,通过在折射率与水中 $NaCl$ 浓度变化间建立关系,研制适用于地下水咸化室内测试和现场监测的传感器。

(4)针对近年长江中下游崩岸高发、损失严重的状况,依据崩岸的特点,开展了崩岸段侵蚀传感器研发和地下水及光纤监测基地建设,进行地下水-江水转换关系及地下水渗流模拟研究,实现崩岸段土体形变长期动态监测,为崩岸段整治保护提供技术支撑。

第七章 长江经济带机载高光谱技术研发与应用示范

在工程实施过程中,项目研究人员自主研发了机载高光谱系统(具有快捷、高效和高分辨率特点),在长江经济带江苏、安徽、浙江等地区进行了生态环境地质调查应用示范,总飞行面积达 4500 km^2,获得了一批重要调查成果。目前,研制设备已经国产化,这不仅降低了采购成本,而且推动了机载高光谱技术的普及与应用,经济和社会效益显著。

第一节 机载高光谱基本原理

机载高光谱波段通常在 400~2500 nm(0.4~2.5 μm)范围内,它由可见光和近红外两波段组成,可见光波段为 400~780 nm(0.4~0.78 μm),主要用于区分岩芯颜色、植被、水体等;近红外光谱的波长在 780~2500 nm(0.78~2.5 μm),主要用于区分含羟基的物质,对此波段的近红外光谱产生吸收的官能团主要是含氢基团,包括 C—H(甲基、亚甲基、甲氧基、羧基、方基等)、羟基 O—H、硫基 S—H、氨基 N—H 等,它们的合频和一级倍频位于 780~2500 nm 波段。由于含有羟基物质,晶格中原子间的化学键的弯曲、伸缩和电子能级跃迁吸收某些区域的近红外光谱,所以根据某些官能团在近红外区域的这种特征吸收光谱可以区分不同的物质。

随着机载高光谱遥感技术的发展、技术方法研究的深入,它广泛应用于地质调查、环境监测、海洋生态评价、土地质量评估、精准农业、林业生态和城市规划等领域(修连存等,2007;郑志忠等,2017)。特别是机载高光谱遥感因具效率高、能够精确反映地物目标的特点而受到重视。在地质领域,利用这一方法可以区分层状硅酸盐中单矿物(黏土矿物、绿泥石、蛇纹石等)、含羟基的硅酸盐矿物(绿帘石、闪石等)、硫酸盐矿物(明矾石、黄铁钾矾、石膏等)、碳酸盐矿物(方解石、白云石等)。而矿物的结晶度显示,矿化作用过程中热液蚀变体系结晶时的温度和化学环境,同时结晶过程也与蚀变体系中的黏土风化有关,矿物的离子交换反映在羟基的波长移动上,矿物的含量反映在羟基的吸光度上,这些参数揭示地质事件和成矿规律。在环境监测领域,该技术可迅速识别植物种类、建筑、水质、道路、湿地、土壤等分布与面积,同时通过建模,可以评价水土环境质量、作物长势和作物病虫害等。

第二节 机载高光谱国内外研究现状

高光谱成像是一种新兴技术,它是一种快速、无损的检测技术,具有光谱分辨率高、多波段和图谱合一的特点。自从 1982 年美国航天局喷气推进实验室(Jet Propulsion Laboratory,简称 JPL)研制出第一台航空成像光谱仪(AIS-1)并获取遥感飞行数据以来,高光谱遥感的出现就标志着遥感技术领域一场革命的开始。而后包括中国在内的许多国家都研制成功了一系列高光谱遥感设备,开展了对地观测和空间目标探测任务,多搭载于卫星平台、车载平台(月球车、火星车等)和航空平台。进入 21 世纪,高光谱应用发展出现"井喷"态势,高光谱仪器性能的提高、功能的日益完善和高光谱数据快速、准确、自动化的分析处理使得机载高光谱日益广泛使用,其广泛应用于地质调查、环境监测、精准农业、海洋观测、土地质量和城市规划等领域。

高光谱遥感具有图谱合一的特点,如图7-1所示,避免了以往航摄带来的弊端,它不仅能够用图像表达目标,还可以根据光谱识别目标,利用高光谱遥感技术高效地对长江经济带生态环境、经济发展和城镇布局进行评价,为政府规划和治理提供技术服务。

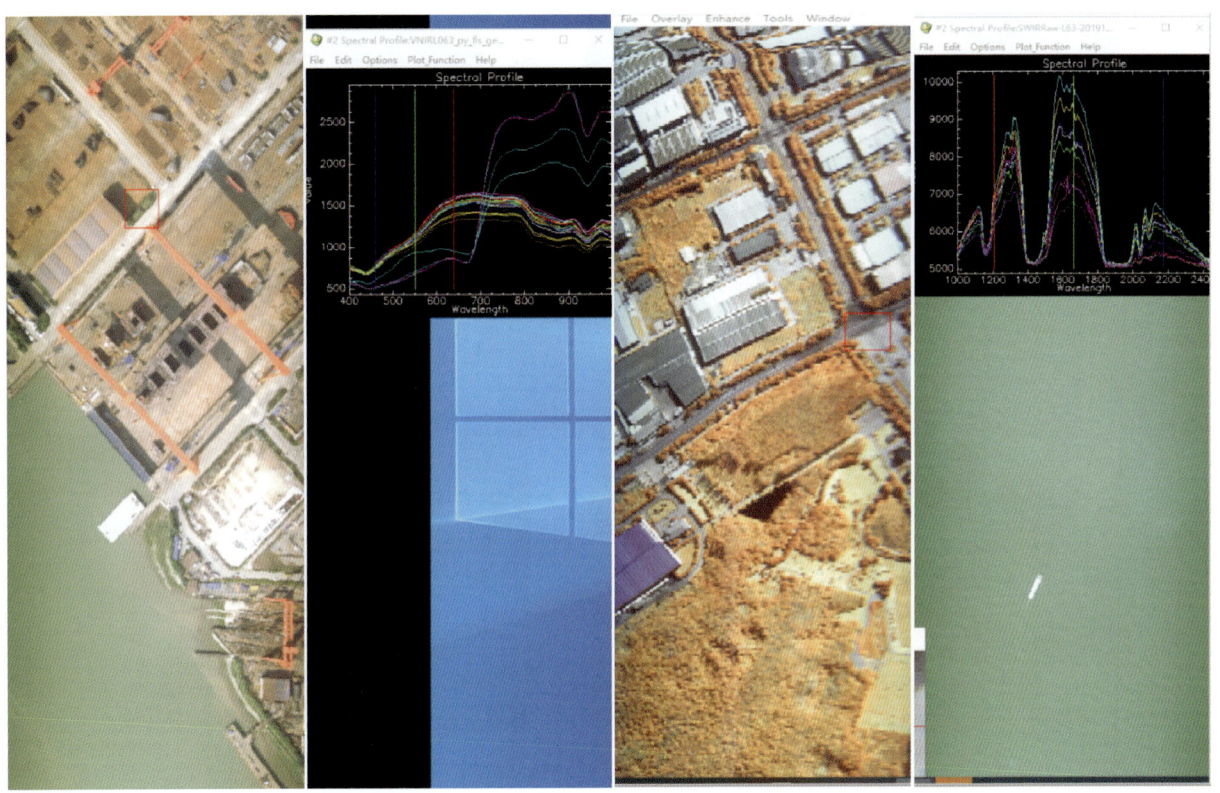

图7-1 VNIR光谱数据和SWIR光谱数据

作为光谱细分遥感成像技术,高光谱成像仪研制朝着高光谱、空间分辨率和微型化轻量化发展。目前,国外商业化的光谱成像仪有3种,即光机扫描型、推扫型和凝视型。以澳大利亚的HyMap为代表的光机扫描型机载成像仪是国内外高光谱行业应用的主打仪器。推扫型成像光谱仪有加拿大CASI、芬兰SPECIM、挪威AISA和美国Headwall成像光谱仪(图7-2、图7-3)。凝视型成像光谱仪有美国CRI的液晶可调谐成像光谱仪Varispec。目前,小型化的机载高光谱仪器国内依赖进口且价格昂贵,而且高性能款的高光谱和短波红外高光谱设备进口困难,这就限制了无人机高光谱技术在国内的普及和推广。

在可见-近红外(400~1000nm)和短波红外(1000~2500nm)波段的高光谱成像仪研制方面,近些年来国内取得长足进步,优势单位包括上海技术物理研究所(简称上海技物所)、中国科学院长春光学精密机械与物理研究所(简称长春光机所)和中国地质调查局南京地质调查中心等。从20世纪80年代开始,上海技物所研制了OMIS高光谱成像系统。令人瞩目的是,南京地质调查中心研制了光机扫描线HySpecMap样机、推扫式小型化成像光谱仪HMS400/1000(图7-4、图7-5),通过了室内和飞机平台测试,已小批量生产,实现了成果转化。深圳中达瑞和科技有限公司研制了液晶可调谐滤波器(LCTF)、基于LCTC的成像光谱仪SHIS等。

图7-2 芬兰 SPECIM 成像光谱仪

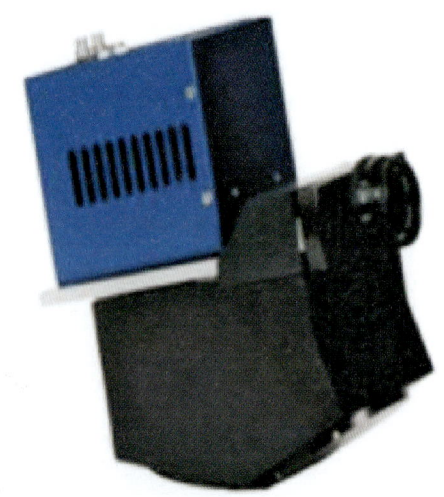
图7-3 美国 Headwall 成像光谱仪

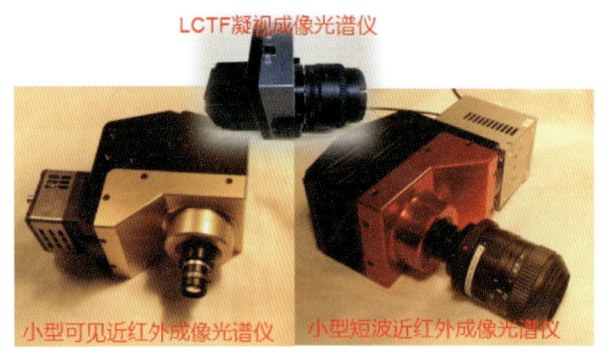
图7-4 小型成像光谱仪

图7-5 HMS400/1000 无人机高光谱仪

第三节 机载高光谱系统研发及参数指标

一、机载系统研发

本次工作采用南京地质调查中心自主研发的可见光高光谱成像仪与短波红外高光谱成像仪（图7-4）进行机载航空高光谱测量系统研发，并通过自主研发的专用软件对航空高光谱遥感数据进行处理与地学信息提取。

机载航空高光谱系统由成像谱仪、三轴稳定平台、惯性导航、计算机控制与采集模块等多个部分组成（图7-6）。

二、主要技术参数

高光谱成像仪及惯性组合导航系统具体参数如表7-1～表7-3所示。

图 7-6　机载航空高光谱测量系统集成

表 7-1　可见光成像光谱仪工作参数一览表

工作参数	参数范围
光谱范围	400～1000nm
光谱分辨率	1.5～4nm（12～25μm 狭缝）
光谱通道	256～1152（可编程）
空间通道	2048
镜头焦距	17mm
数据孔径	F/2.2
视场角	34°
瞬时视场角（IFOV）	1.20mrad
狭缝长度方向视场角	1.0mrad
帧频	大于 50fps（2048×1152 模式）
动态范围	93dB
像元大小	6.5μm
曝光时间范围	20μs～10min

表 7-2　短波红外成像光谱仪工作参数一览表

工作参数	参数范围
光谱范围	1000～2500nm
光谱分辨率	8～12nm（25μm 宽狭缝）
光谱通道	200
空间通道	320
镜头焦距	16mm
数据孔径	F/2.0
视场角	34°
瞬时视场角（IFOV）	1.20mrad
狭缝长度方向视场角	1.0mrad
帧频	60fps
动态范围	69dB
像元大小	30μm
曝光时间范围	1ms～10min

表 7-3　惯导定位精度参数

中断时间	定位模式	位置精度/m		速度精度/(m·s^{-1})		姿态精度/(°)		
		水平	垂直	水平	垂直	横滚	俯仰	方位
0s	单点	1.00	0.60	0.02	0.01	0.015	0.015	0.035
	后处理	0.01	0.02	0.02	0.02	0.015	0.015	0.015
10s	单点	1.15	0.70	0.04	0.03	0.020	0.020	0.045
	后处理	0.03	0.02	0.02	0.02	0.015	0.015	0.015
60s	单点	4.30	2.30	0.15	0.07	0.030	0.030	0.055
	后处理	0.28	0.09	0.03	0.03	0.016	0.016	0.020

三、数据处理软件研发

航空高光谱数据具有数据量大、处理过程复杂等特点,因此需要高性能的服务器电脑和专业的处理软件。硬件部分是由多台高性能服务器电脑组成的运算系统,服务器操作系统性能稳定、计算能力强,使数据处理工作得到了保障(图7-7)。航空高光谱数据处理软件采用 NovAtel 的 IE8.8 进行 pos 数据后差分解算,自主研发的 HyperPic 软件进行光谱数据处理和几何校正计算(图7-8)。

图7-7 数据处理系统

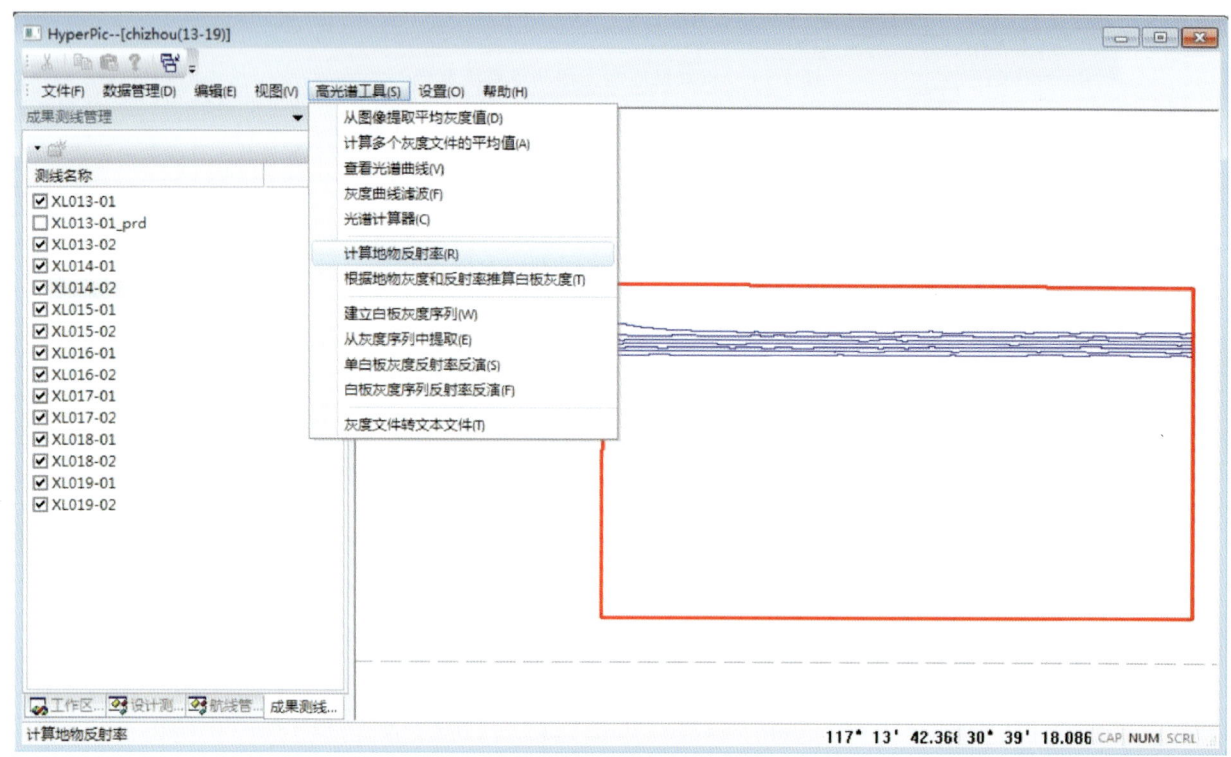

图7-8 航空高光谱数据处理软件 HyperPic 界面

第四节 技术流程与方法

一、系统安装及检查

施工前将仪器设备与固定翼飞机、直升机或者无人机进行组装。检查测量系统及配套设备、地面测量基站仪器等工作状态是否正常,确保系统各个部分组装牢固安全,电源、电缆连接正确无误,各仪器设备读数正常,GPS 导航定位接收信号良好,通信系统保持畅通。

安装妥善后,设备通电检查并进行以下几方面的检查:①光谱成像仪的数据采集测试,保证设备工作正常;②检测系统,对于有摔、碰的设备重点检测;③系统间进行干扰测试,保证数据收录正常。

二、航空高光谱数据采集

航空数据采集作业流程包括现场踏勘、飞行准备、测量目标。

1. 现场踏勘

（1）飞行前，工作小组对测区边缘和测区内都进行了现场踏勘，熟悉测区的地形地貌，对于地形复杂不容易达到的测区主要通过地形图进行了解，确定地面测量基站和像控点的布设选址。

（2）在反复寻找和比较后，确定最佳的飞机场，并制订应急迫降方案。

2. 飞行准备

（1）收集了测区内的地图并扫描成电子版。

（2）进行地图裁切，输入角坐标，进行地图定位，作为飞行导航底图。

（3）由专业机组人员对飞机及成像系统进行飞行前例行检查，一方面检查飞机安全状况，另一方面对成像系统的各接口及仪器性能稳定性进行调试监测和评估。

3. 测量目标

（1）飞机引擎启动后，接通电源，启动仪器设备，检查设备状态是否正常，并按照设计要求，设置相关技术参数。

（2）飞机起飞后，打开镜头窗口遮挡板。进入测线前 2km 开始记录数据，并检查记录状态，监测仪器状态，根据信号强弱调整相关参数。

（3）数据采集过程中，操作人员监测航迹、航高、航速是否符合要求，同时监测气象条件（云量、能见度），填写飞行记录表。如不符合设计要求，及时进行补飞，补飞按原设计要求进行。

（4）飞出测线 2km 后停止记录数据。

（5）飞行结束后，根据机上定位设备的需要，在静止状态下收集满足定位要求的数据后，关闭仪器，及时备份数据，为下一架次测量存储做好准备。

三、地面数据获取

地面数据的获取主要包括 GPS 地面基站测量、地面光谱采样、水样采集 3 个部分，在航飞数据采集的同时在地面同步进行测量工作。

1. GPS 地面基站测量

使用地面卫星导航定位基站数据作后差分计算，在飞行前 0.5h 打开地面基站，在卫星导航定位基站搜索卫星成功后（至少 8 颗卫星），采用静态测量模式记录数据，数据记录频率高于 1Hz。飞行结束 0.5h 后停止记录，关闭地面基站，导出基站数据并备份。

2. 地面光谱采样及采样点定位

地面光谱采样采用美国 ASD 公司生产的 FieldSpec 4(350～2500nm) 地物光谱仪，采样点的定位采用中海达 iRTK2 型号设备和江苏 CORS 定位系统，定位精度达厘米级。地面光谱采样作业步骤如下。

（1）作业前，需要获取航空组规划好的飞行路线图，根据飞行路线图设计地面定标路线。选择地面定标路线要求兼顾飞行路线条件与地面地物条件。要求每条航线范围内有至少一个地面采样点，每个采样点采样的地物种类数量视具体情况确定，在确保时间足够的情况下，尽量多采地物光谱样。在地面道路条件允许的情况下，尽量使定标路线垂直或近似垂直地斜交航线，保证每条航线地面采样时间与飞行时间相差不大。在符合以上基本条件的地面路线中,选取沿途地物种类丰富、房屋建筑物遮挡较少、便于采样作业的地面路线。

(2)在飞行测量过程中,地面光谱采样工作同步进行,并记录采集点位置、时间和对应的架次及航带,测量完成后备份光谱数据和定位数据。图7-9为野外地面光谱采样作业照,图7-10为采集的几种典型地物地面光谱曲线。

图7-9 地面光谱采样现场图

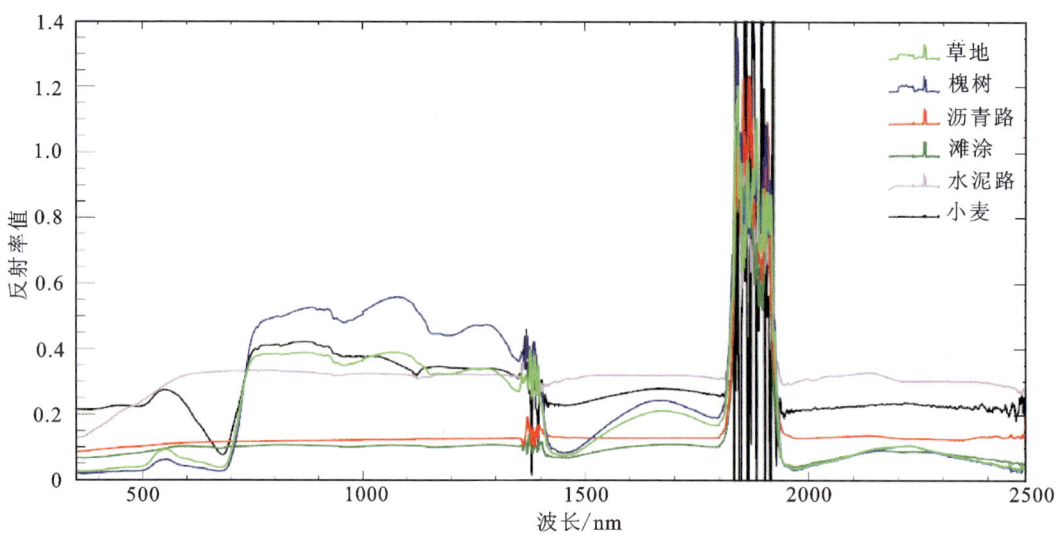

图7-10 几种典型地物地面光谱曲线

3. 水样采集及现场测试

(1)采集水样前的准备工作:采样前要根据检测项目的性质和采样方法的要求,选择适宜材质的盛水容器和采样器,并充分清洗干净。此外,还要准备好适当的交通工具。采样容器一般使用塑料容器和玻璃容器。塑料容器用作测定金属、放射性元素和其他无机物的盛水容器,玻璃容器则用作测定有机物和微生物等的盛水容器。有些项目要求提前加入保存剂,不同项目加入的保存剂不同,根据保存剂的不同分别准备盛水容器。同时,还需准备一些采样的工具,如水桶、采样器、现场使用的实验设备(pH计、温度计)等。

(2)地表水样采集:在采集河流、湖泊等地表水时,可以使用桶、瓶等容器直接采取,一般将其沉至水面下0.3~0.5m处采集。在桥上等地方采样时,可将系着绳子的聚乙烯桶或带着坠子的采样瓶投于水中汲水,要注意不能混入漂浮于水面上的其他物质。采集深层水样时,可以使用带重锤的采样器。测定溶解氧的水样,要使用专门的双瓶采样器采样。湖泊、水库的采样点应该设置在湖水的主要出入口、中心区,以及沿湖泊(水库)水流方向的滞留区及湖边城市水源区。

(3)注意事项:①水样采集时选择无遮挡的水面,确保该水域光照充足;②尽量不选择水面上漂浮物多的区域(如水面上有浮萍、垃圾等);③采样时注意人身安全,比如小心水边吸血虫等寄生虫,岸边湿滑小心滑落,夏天避免中暑;④水样采得后立即在盛水器上贴上标签或在水样说明书上做好详细记录。水样说明书内容根据项目需要应包括水样采集的地点、日期、时间、水源种类、水体外观、水体高度、水源周围及排出口的情况,以及采样时的水温、气温、气候情况,分析目的和项目,采样者姓名等。图7-11为野外地表水样采集作业现场。

图7-11 野外地表水样采集作业现场

四、水质分析

大部分水样在当天采样工作完成后,应立即送往专业分析机构进行测试,测试指标如表7-4所示。

表7-4 水常规化验水质参数指标一览表

序号	项目	单位	序号	项目	单位
1	透明度(现场测定)	cm	7	化学需氧量(COD_{Mn})	mg/L
2	酸碱度(pH)		8	悬浮固体(SS)	mg/L
3	浑浊度	NTU	9	氨氮含量(NH_3-N)	mg/L
4	溶解氧(DO)	mg/L	10	总磷含量(TP)	mg/L
5	温度(T)	℃	11	总氮含量(TN)	mg/L
6	五日生化需氧量(BOD_5)	mg/L	12	叶绿素a(Chl-a)	mg/L

五、航空高光谱数据预处理

航空高光谱机载平台获取数据时,由于平台高度及光谱仪视场角限制,导致数据获取幅宽有限,需多架次飞行获取的多航带数据才能完整覆盖研究区域。因此,航空高光谱数据预处理包括辐射校正、几何校正和图像拼接等工作,然后获得在空间和当时辐射能量探测上精准匹配的完整研究区域影像,最后通过同步获取的地物光谱数据验证影像的辐射精度,以便进一步检验成像数据质量。

1. 辐射定标

由于成像光谱仪输出的数据并不具有物理意义,因此通过辐射定标将成像光谱仪的 DN 值转为有物理意义的辐射亮度值,使遥感信息定量化。本次采用积分球系统(图 7-12)完成成像光谱仪的辐射定标。

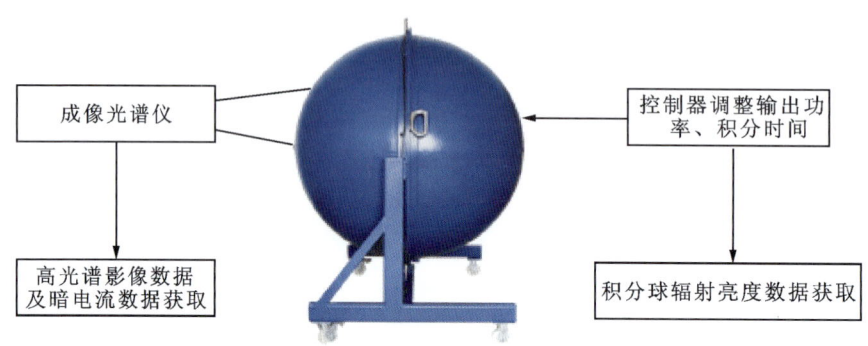

图 7-12 积分球系统示意图

通过对比积分球能级数据,即对应输出功率、积分时间下输入的辐射亮度值与光谱仪输出 DN 值之间的关系,逐波段进行线性拟合,完成光谱仪的辐射定标。

在辐射定标前需要对积分球辐射亮度数据进行线性插值,得到光谱仪各波段所对应的辐射亮度值。影像 DN 值与辐亮度值之间存在着线性关系,通过求解高光谱影像的各波段增益系数以及偏移量,完成影像数据的辐射定标。图 7-13、图 7-14 分别为可见光影像和短波红外影像数据定标后的光谱变化。

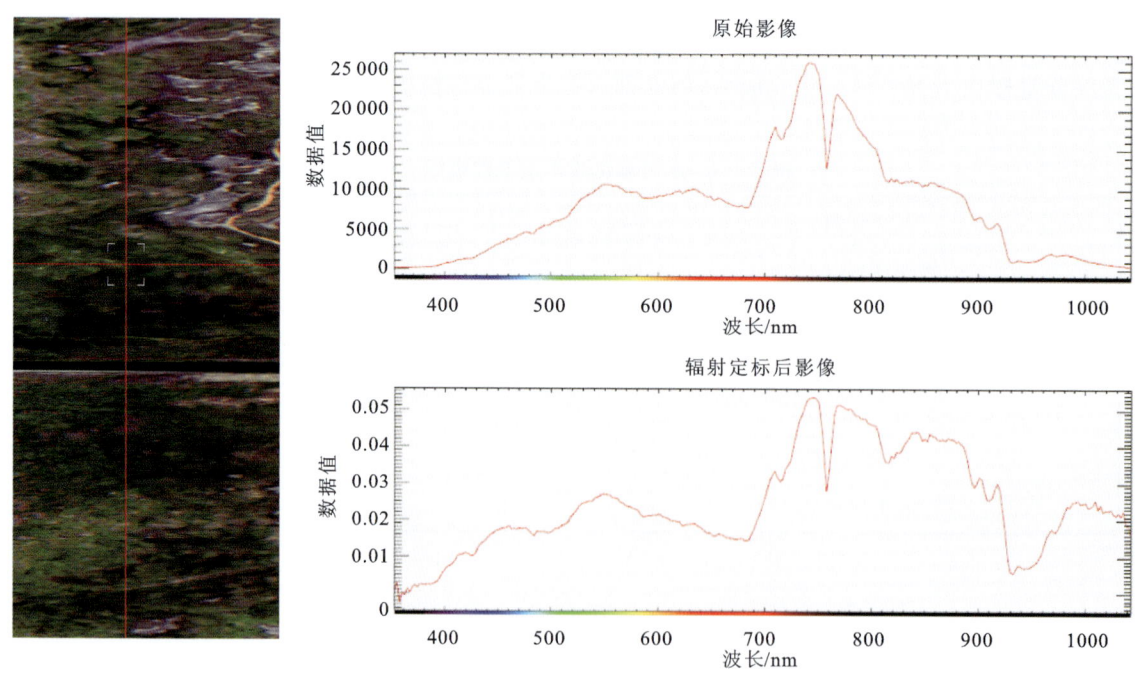

图 7-13 可见光影像数据辐射定标结果

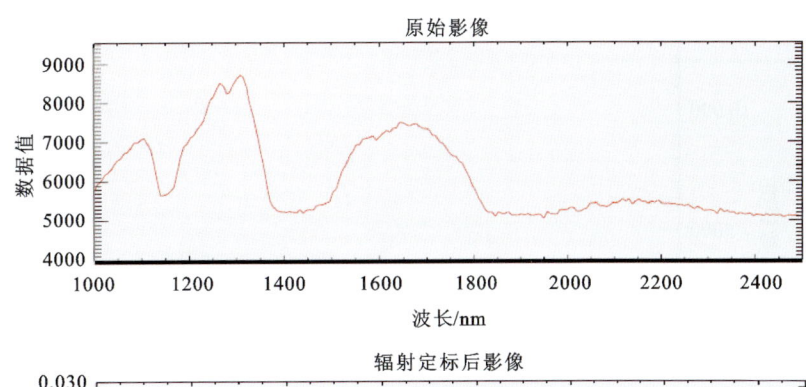
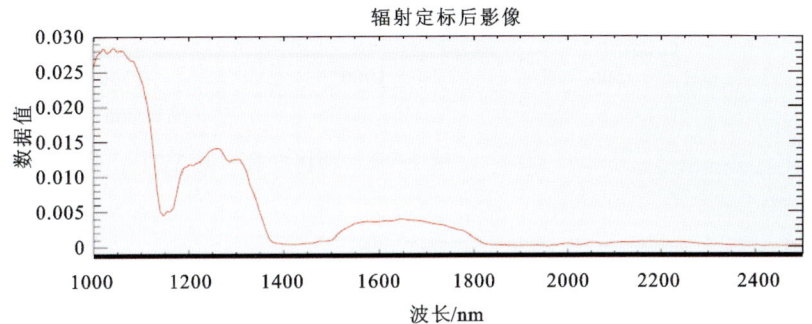

图 7-14 短波红影像外数据辐射定标结果

2. 反射率转换

在经过辐射定标后,求得光谱的辐射亮度值数据,再使用经验线性法进行反射率转换,参与反射率转换的地面同步光谱数达到 324 条,平均每一条航带有两条以上的同步地物光谱。

基于经验模型的反射率反演算法,主要是应用图像像元自身的灰度值,不考虑大气、地物属性以及遥感平台特征,通过对像元灰度值进行求均值或回归运算,在统计意义上获得图像的反射率值。

经验线性法(Empirical Line,简称 EL)已经在遥感定标和反射率反演中被广泛使用,主要依靠图像像元值和图像背景信息之间的拟合关系完成地表反射率的反演计算。经验线性法基于如下简化的公式:

$$DN_b = \rho(\lambda) A_b + B_b \tag{7-1}$$

式中,DN_b 为给定像元在波段 b 的数字量化值;$\rho(\lambda)$ 为实测地物像元在波段 b 所在波长的地表反射率值;A_b 为由于传输和仪器本身所导致的倍数增益系数;B_b 为由于大气程辐射和仪器导致的偏移。

该方法在应用中一般会实测地面两个或多个定标点的地面反射光谱数值,然后计算遥感图像上对应像元点的平均辐射光谱值,通过使用统计学中的回归运算,得到式(7-1)中的增益值 A_b 和偏移值 B_b,最后应用该公式对整幅遥感图像进行反射率的计算(Farrand,et al.,1994),其中取一地物光谱反射率与地面 ASD 反射率的对比如图 7-15 所示。

3. 几何校正

首先,进行 IMU/GPS 数据处理。

本工作区 POS 采用诺瓦泰公司的 IE8.8 软件(图 7-16),该软件一般可以采用精密单点定位 PPP 和基站两种方式解算 POS 数据。本次采用基站后差分处理方式解算 POS 数据,精密计算每行数据于曝光时刻机载 GPS 天线相位中心的 WGS84 框架坐标和姿态参数。

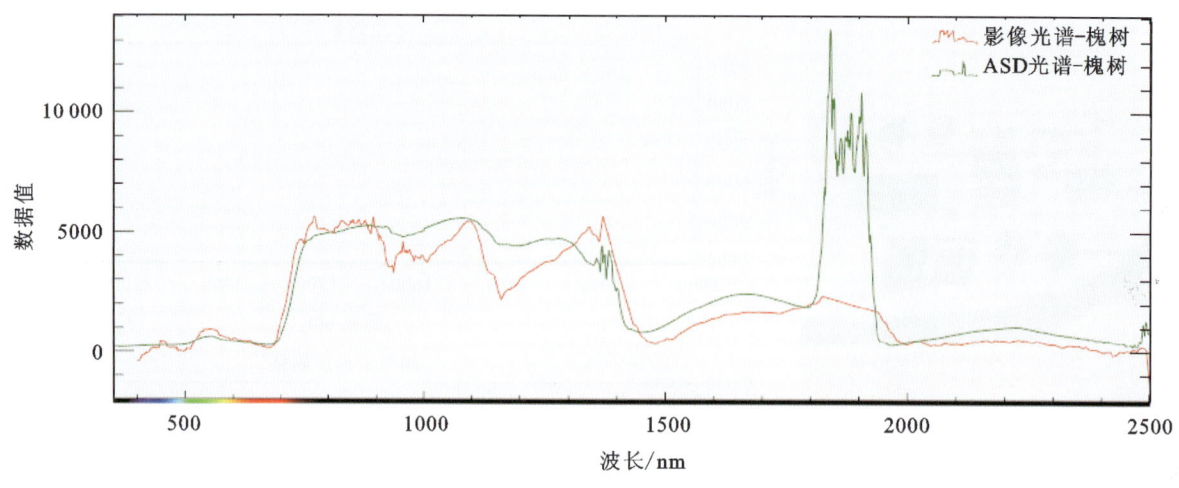

图 7-15 槐树反射率和 ASD 光谱剖面数值对比

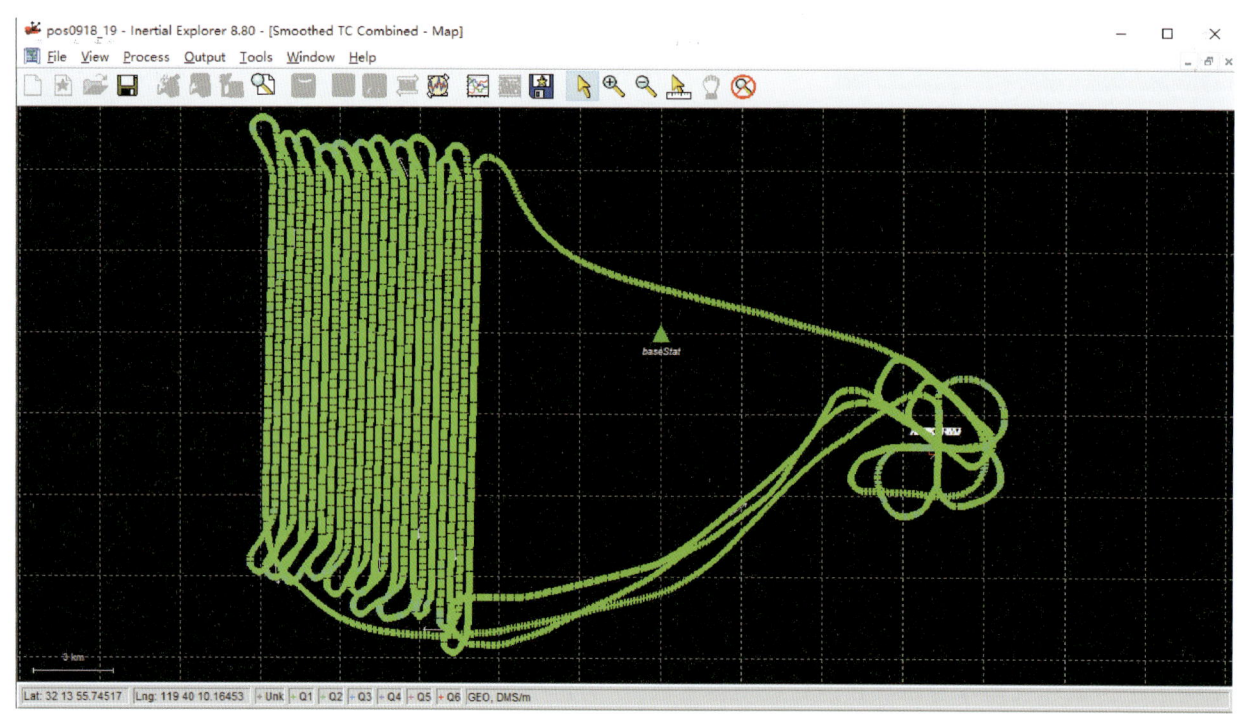

图 7-16 IMU/GPS 数据处理示意图

在完成 POS 数据的解算后进行插值处理,得到了高光谱影像各个扫描行所对应的外方位信息,可以通过建立旋转矩阵进行坐标转换,将导航坐标转换为投影坐标。具体坐标的转换过程为:成图坐标系(m)→导航坐标系(g)→IMU 坐标系(b)→传感器坐标系(c)→像空间坐标系(i),由成图坐标系转换至像空间坐标系的旋转矩阵表达形式如下:

$$C_i^m(\omega,\phi,\kappa) = C_g^m C_b^g(\Psi,\Theta,\Phi) C_c^b C_i^c \qquad (7-2)$$

式中,旋转矩阵可由已知条件观测获取,通过矩阵变换求得 3 个外方位元素姿态参数(ω,ϕ,κ),3 个外方位元素位置参数(X_s,Y_s,Z_s)需要考虑 IMU 坐标系中的坐标位置偏移(X_t,Y_t,Z_t)进行修正。

$$\begin{Bmatrix} X_s \\ Y_s \\ Z_s \end{Bmatrix} = C_g^m \left\{ \begin{bmatrix} X_I \\ Y_I \\ Z_I \end{bmatrix}^g + C_b^g(\Psi,\Theta,\Phi) \begin{bmatrix} X_t \\ Y_t \\ Z_t \end{bmatrix} \right\} \quad (7-3)$$

求得所有外方位元素($\omega,\phi,\kappa,X_s,Y_s,Z_s$)后,根据共线条件方程,采用直接法几何校正计算像点坐标(x,y)对应的地面点坐标(X,Y,Z),并赋予其像点对应的灰度值。坐标变换公式为:

$$X = X_s + (Z-Z_s)\frac{a_1 x + a_2 y - a_3 f}{c_1 x + c_2 y - c_3 f}$$
$$Y = Y_s + (Z-Z_s)\frac{b_1 x + b_2 y - b_3 f}{c_1 x + c_2 y - c_3 f} \quad (7-4)$$

粗校正后的影像,精度还存在一定的误差,本实验利用采集的控制像点对所有有效的像片均进行微分纠正。按照航带分区域纠正,最后通过镶嵌过程,得到最终高光谱影像。

六、高光谱图像分类及分析

1. 高光谱图像分类

由于高光谱图像波段数目多,各波段间具有较强的相关性,因此通过主成分分析方法对高光谱数据进行预处理,达到了降维的目的,同时也去除了噪声波段。用支持向量机方法对高光谱遥感图像进行分类可实现图像的分类识别。分类步骤及流程见图7-17。

主成分分析(Principal Components Analysis,简称PCA)是一种简化数据集的技术,它是一个线性变换。这个变换把数据变换到一个新的坐标系中,使得任何数据投影的第一大方差在第一个坐标(称为第一主成分)上,第二大方差在第二个坐标(第二主成分)上,依此类推。主成分分析法经常用于减少数据集的维数,同时保持数据集对方差贡献最大的特征。

支持向量机(Support Vector Machine,简称SVM)的基本思想是寻找一个分类超平面,使得训练样本中的两类样本能被分开,支持向

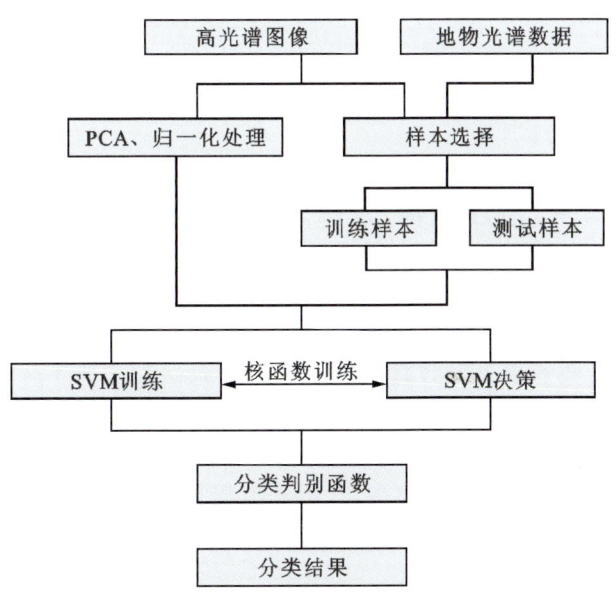

图7-17 基于PCA和SVM的高光谱遥感影像分类流程图

量机作为一种最新的也是最有效的统计学习方法,近年来成为模式识别与机器学习领域一个新的研究热点。SVM具有小样本学习、抗噪声性能、学习效率高与推广性好的优点,能够用于解决空间信息处理分析领域的遥感影像处理。遥感图像分析与处理是SVM应用的一个热门研究方向。目前,针对高光谱数据进行分类还是仅仅局限于传统的分类方法,其不但运算速度慢、分类精度低,而且出现了严重的Huges现象。而在高光谱遥感分类中SVM具有明显的优越性,因此SVM应用被归纳为高光谱遥感分类最重要的进展之一。本书研究了支持向量机在高光谱遥感图像分类中的应用,建立了基于支持向量机的高光谱遥感图像分类模型。

2. 具体步骤

(1)由于波段数较多,有些波段质量不佳,同时为了克服Huges现象,利用PCA变换进行波段优

选,达到优化数据、去除噪声和数据降维的目的。PCA进行降维处理:首先每一个波段的数据转化为一个向量($1\times lines * samples$);然后将287维波段数据整合成一个新的矩阵 $X(bands\times lines * samples)$;将 X 标准化,得到新的 $A(bands\times lines * samples)$,再求出相关矩阵 $R(287\times 287)$;然后再计算 R 的287个特征值,并由大到小排列;最后对应的排列特征向量,就完成了主成分的分析。通过对贡献率超过85%主成分波段的排序,根据原则选取了40个主成分的波段进行实验。

(2)训练样本和测试样本处理过程:根据现有的遥感资料,将待分类地区分为48类,选择各类型的训练样本和测试样本,为了避免一些特征值范围过大或过小及计算核函数时计算内积引起数值计算的困难,对训练样本和测试样本进行归一化处理。

(3)SVM训练过程:为了克服分类精度受参数的影响,根据高光谱数据的特点及上述详细的理论分析,选择径向基核函数,将训练样本映射到高维特征空间,利用SVM在样本特征空间中找出各类别特征样本与其他特征样本的最优分类超平面,得到代表各样本特征的支持向量集及其相应的可信度,形成判断各特征类别的判别函数和训练模型。

(4)SVM决策过程:将测试样本通过核函数作用映射到特征空间中,作为判别函数的输入,对之进行测试。

(5)分类结果:利用SVM分类算法进行分类,得到分类结果图。

第五节 机载高光谱探测应用示范

一、沿江地物、水体和岸线稳定性航空高光谱探测

1. 飞行区域规划

采用航空高光谱遥感技术,对长江下游干流镇江—扬州段沿江两岸岸线外5km范围内进行生态地质环境遥感调查,总面积约670km²,飞行测线长度为2500km。通过快速识别、提取工作区中的各项环境指标和影响因子,进行生态地质环境评价,探索和总结基于航空平台的高光谱遥感技术在生态地质环境调查工作中的技术要求、方法流程和成果体现,改进和完善技术,达到满足调查需求的技术手段并形成方法指南,以期在后续类似工作中进行推广应用。飞行区域规划如图7-18所示。

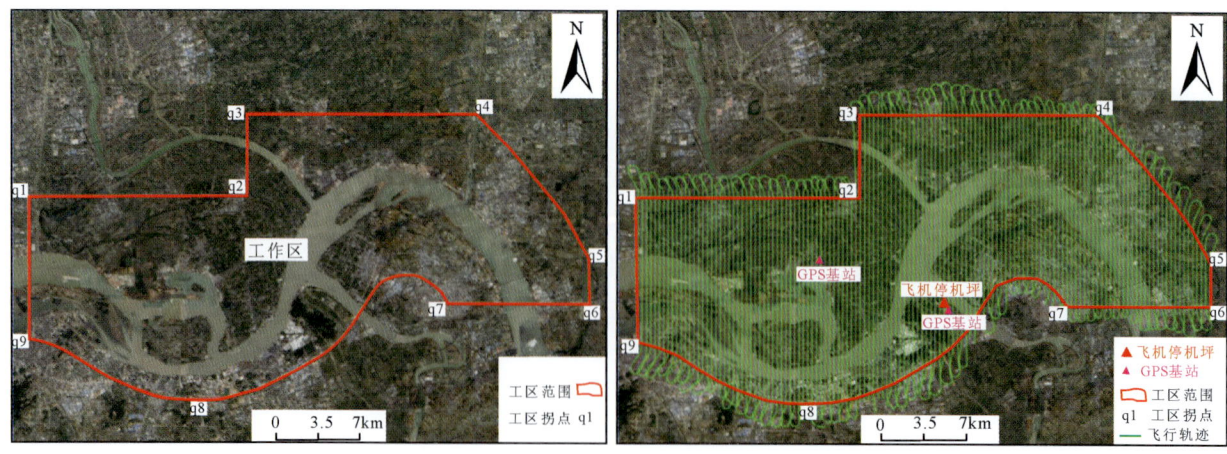

图7-18 镇江—扬州段飞行区域及其测线规划

2. 目标任务

在采集的高光谱数据基础上,识别和提取土地、植被、湿地、岸段、滩涂等自然资源要素,进行综合研究,实施生态地质环境评价,给出工作区内各项功能区的开发利用建议;结合水体采样化验分析和数学建模方式,对工作区内的水体进行半定量评价,识别和查找污染源头,给出水产养殖用水、灌溉用水建议;利用光谱特征,圈定容易产生冲蚀崩塌的岸段;调查了解江滩湿地植物的种群分布及生长特点。

3. 地物精细分类

工作中采用了可见光数据287个波段进行地物的精细分类。光谱分辨率和空间分辨率分别为2.42nm、1.0m。地面光谱采样主要包含各类农作物和树木、草地、道路材质等68个地物类别,根据工区内地物存在的实际情况,仅选取了农作物、树木、草、水体、水生植物、建筑、裸露地表、道路材质八大类别,共计46种地物种类进行精细分类,具体见表7-5。工区内的其他地物由于数量较少或者光谱干扰严重无法区分,如构树、枣叶、茶树、银杏、豇豆、葡萄、芒草、花岗岩地砖等,其中建筑类地物结合POI信息进行了人工解译划分,大致划分为11类用地信息,具体为一般工厂、加油站、化工企业、医院诊所、商业购物、学校、居民住宅、广场公园、建筑临时用地、码头、行政机关等(表7-5)。

表7-5 飞行区域地物精细分类明细

类别	具体种类	种类数量/种
农作物	茨菇、水稻、青菜、菱角、荷叶、大豆、上海青、花生、油菜、玉米、萝卜、草莓、荞麦	13
树木	桑树、杨树、女贞、冬青、栾树、松柏、香樟树、夹竹桃、杉树、桦树、竹子、罗汉松、玉兰、桎柳、海桐、松树、李子树、天竺葵、榉树	19
草	绿化草地、杂生草丛、芦苇	3
水体	长江、沟渠、塘、堤岸	1
水生植物	藻、浮萍、水葫芦	3
建筑	一般建筑、工矿企业建筑、种植大棚	3
裸露地表	滩涂、裸土	2
道路材质	沥青路面、水泥路面	2

4. 取得成果

(1)精确分类结果:地物精细分类面积为670km²,分类地物共计46类(未分类地物不计入类别),具体见表7-6。分类结果(局部)见图7-19。其中,分类精度最大为90.20%,最小为68.69%,平均分类精度达到80.57%,分类精度和指标符合要求。另外,对飞行区域的各项功能区进行了分类,具体见图7-20。

(2)长江以外地表水总体水质不佳:本次工作利用高光谱数据与地面实际水样测试分析数据,建立相关性模型,根据《地表水环境质量标准》(GB 3838—2002),对工作区内除长江以外的地表水体进行水质反演评价,评价指标包括总磷、总氮、氨氮、化学需氧量、五日生化需氧量、溶解氧、叶绿素7个指标。评价结果表明,Ⅲ类水占比最少,仅占0.03%;Ⅳ类水占比13.12%;Ⅴ类水体占比最多,为58.13%;劣Ⅴ类水体占比28.72%,主要集中在A、B、C、D、E五块区域(图7-21~图7-24)。

表 7-6 飞行区域地物精细分类统计表

序号	种类	像元数/个	相对百分比/%	分类精度/%
1	茨菇	4 350 121	0.65	87.20
2	水稻	43 363 452	6.47	88.12
3	青菜	5 610 321	0.84	80.10
4	菱角	5 600 632	0.84	79.10
5	荷叶	4 800 102	0.72	82.30
6	大豆	5 101 032	0.76	78.56
7	上海青	3 500 301	0.52	79.29
8	花生	3 300 306	0.49	78.74
9	油菜	4 601 002	0.69	82.60
10	玉米	4 103 120	0.61	80.34
11	萝卜	4 800 369	0.72	83.21
12	草莓	1 523 112	0.23	83.69
13	荞麦	2 277 956	0.34	73.50
14	桑树	3 102 315	0.46	70.33
15	杨树	8 501 463	1.27	81.26
16	女贞	5 210 215	0.78	82.09
17	冬青	5 500 078	0.82	86.35
18	栾树	8 801 032	1.31	79.31
19	松柏	6 502 014	0.97	80.46
20	香樟树	9 906 587	1.48	83.74
21	夹竹桃	5 610 358	0.84	81.11
22	杉树	6 906 358	1.03	82.59
23	桦树	4 703 219	0.70	80.39
24	竹子	4 402 359	0.66	81.87
25	罗汉松	5 111 235	0.76	78.56
26	玉兰	4 803 684	0.72	82.86
27	柽柳	3 611 243	0.54	68.69
28	海桐	4 521 368	0.67	70.03
29	松树	5 100 239	0.76	83.31
30	李子树	4 707 529	0.70	69.63
31	天竺葵	6 306 358	0.94	68.95
32	榉树	8 804 652	1.31	70.33
33	绿化草地	5 100 329	0.76	85.61
34	杂生草丛	10 203 251	1.52	83.20
35	芦苇	8 541 342	1.27	84.21

续表 7-6

序号	种类	像元数/个	相对百分比/%	分类精度/%
36	水体	163 571 652	24.41	90.20
37	藻	1 350 235	0.20	88.60
38	浮萍	781 009	0.12	65.21
39	水葫芦	340 135	0.05	69.13
40	一般建筑	35 760 986	5.34	79.31
41	工矿企业建筑	4 690 865	0.70	84.30
42	种植大棚	3 203 264	0.48	86.10
43	滩涂	3 211 128	0.48	87.12
44	裸土	5 640 362	0.84	85.32
45	沥青路面	136 533 428	20.38	82.90
46	水泥路面	85 306 457	12.73	81.60
47	未分类地物	721 425	0.11	

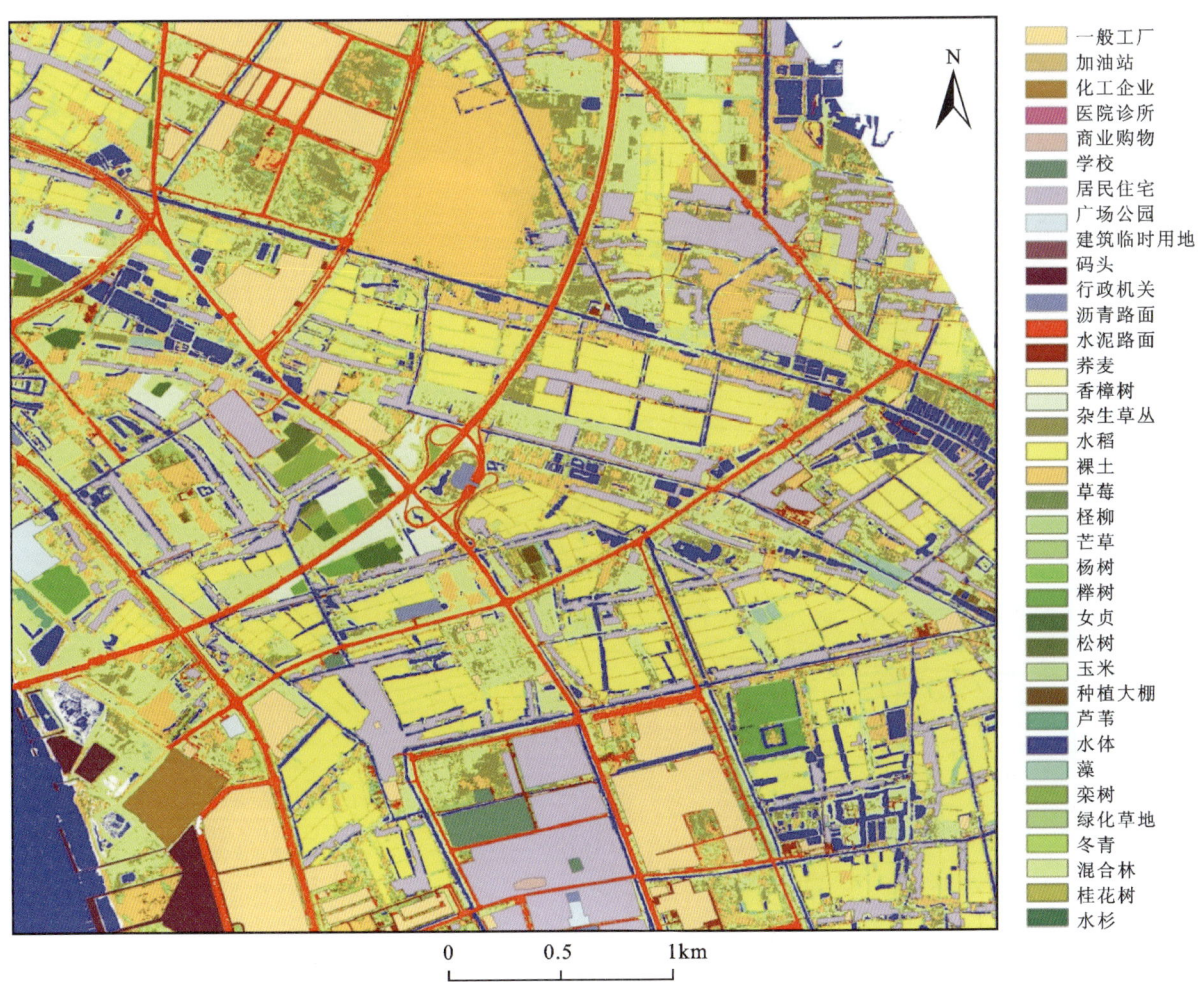

图 7-19 镇江—扬州段高光谱遥感地物精细分类图(局部)

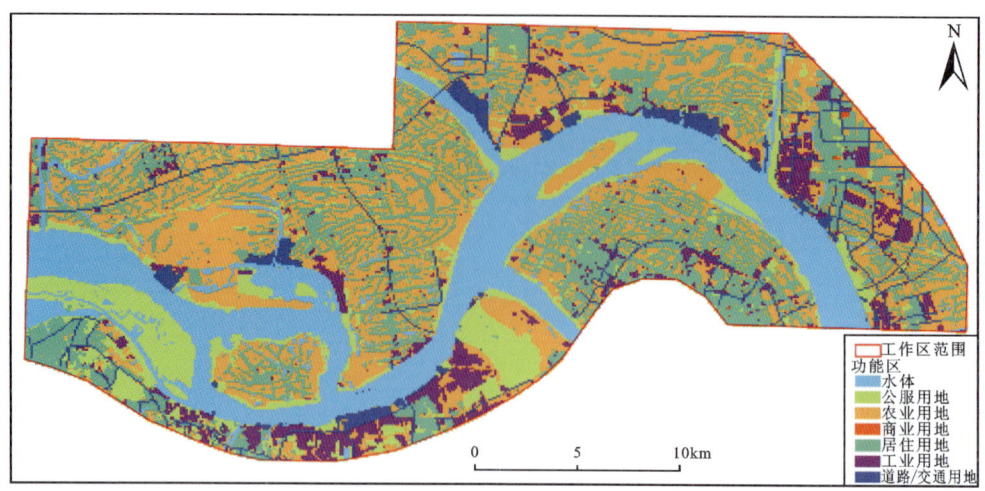

图 7-20 镇江—扬州段高光谱遥感功能区分布图

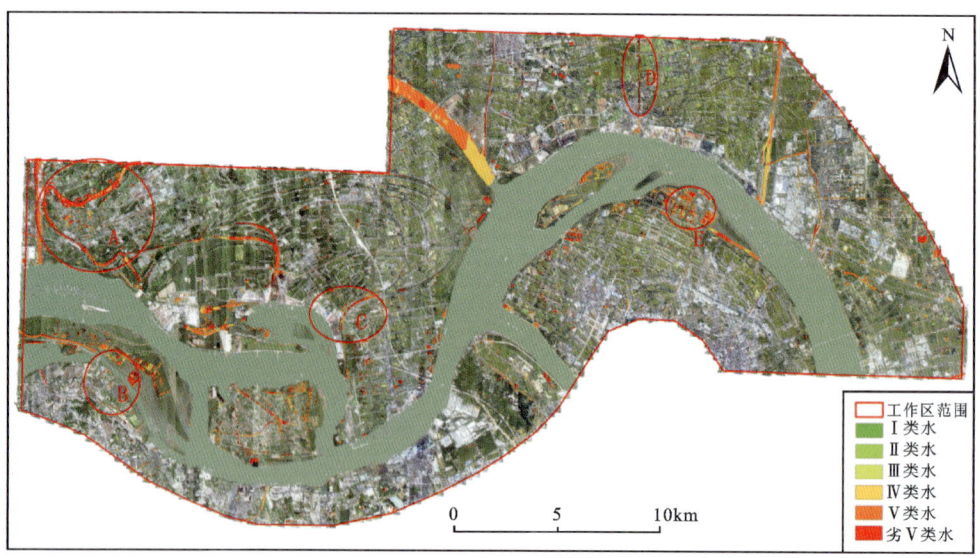

图 7-21 镇江—扬州段高光谱遥感地表水综合等级划分图

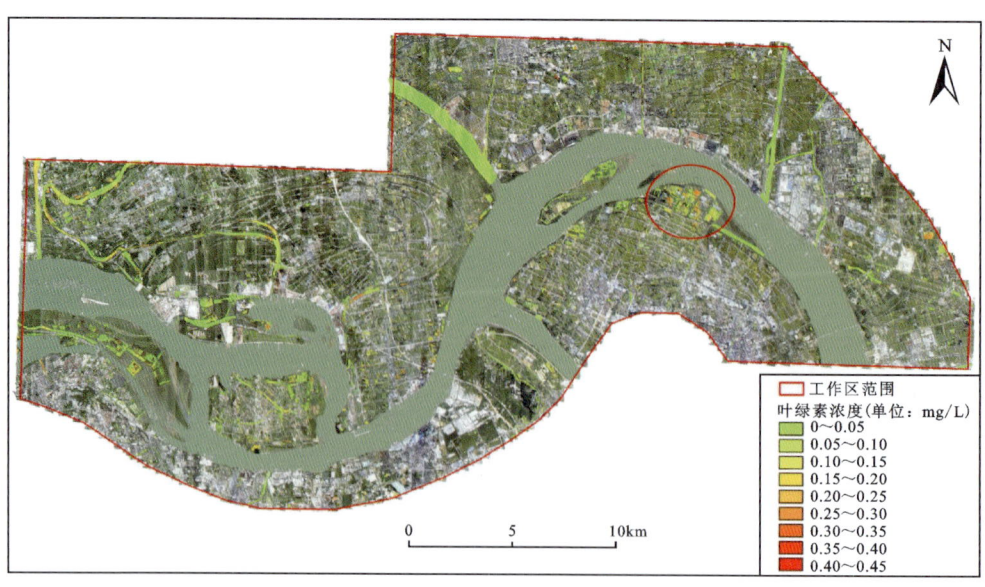

图 7-22 镇江—扬州段高光谱遥感地表水叶绿素浓度反演分级图

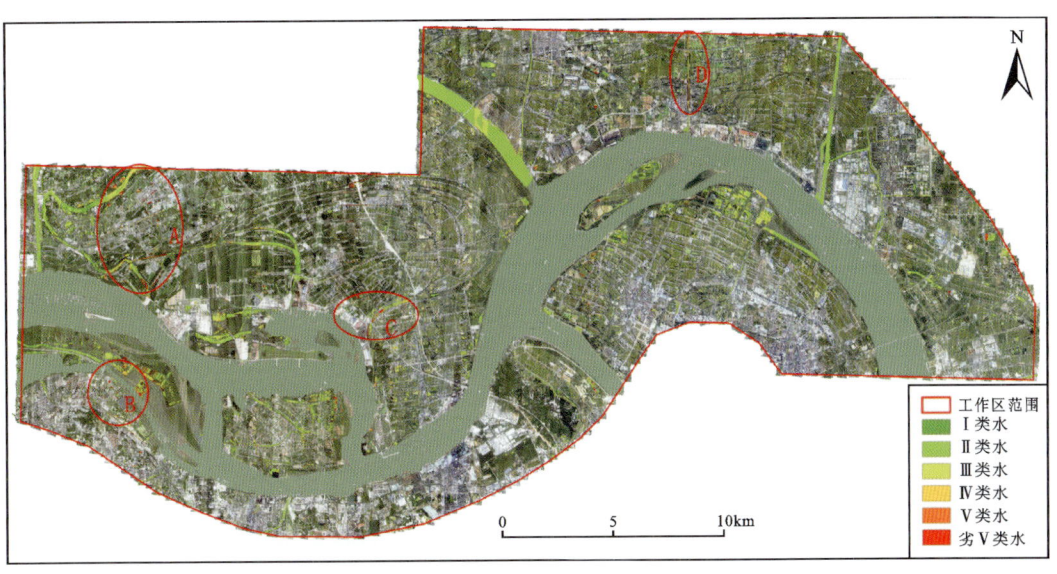

图 7-23 镇江—扬州段高光谱遥感地表水总磷(P)元素浓度反演分级图

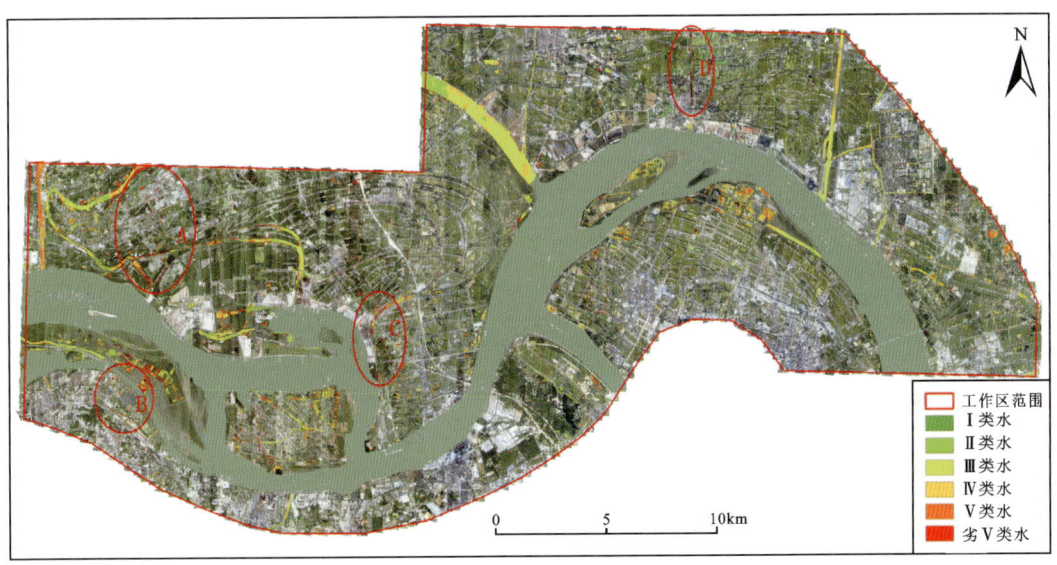

图 7-24 镇江—扬州段高光谱遥感地表水五日生化需氧量(BOD_5)反演分级图

(3)江滩湿地受到人工开发的胁迫:对工作区内3处主要江滩湿地植被进行了分类,湿地区1位于镇江市焦山风景区以北,面积约 16.84 km^2;湿地区2位于共青团农场以南,面积约 10.03 km^2;湿地区3位于扬中市寿字圩以北,面积约 6.13 km^2。

分类结果表明(图 7-25~图 7-27),湿地均存在不同程度的开发利用,开发利用的主要内容为水产养殖、苗圃、水稻。其中,湿地区1的水产养殖水域面积占比达 22.32%;湿地区2的水稻种植面积占比达 18.89%;湿地区3的水稻种植和苗圃面积总计达到了 42.17%。由此可见,这些人工开发必然会对湿地生态环境产生不利影响。

(4)部分长江岸段需要加固:利用高光谱数据的精细分类结果,在GIS(地理信息系统)软件支持下,对研究区内的江岸稳定性进行评价,评价因子包括岸线材质、岸前滩涂、岸前滩涂植被、岸后植被等。评价结果表明(图 7-28),相对稳定岸段多分布于堤坝、沿江公路、港口、公园;相对稳定性较差岸段主要是自然岸段,主要分布于镇江市江心洲南北两岸、扬州市江都区自毛家圩往北直至王家桥一带、扬中市寿字圩以北环江路附近。

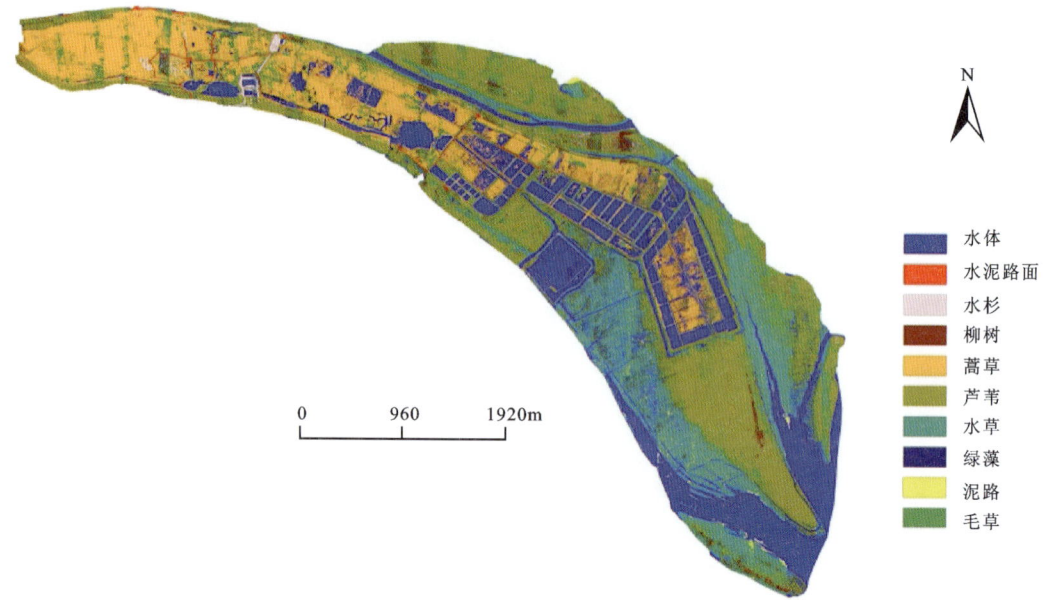

图 7-25 湿地区 1 地物精细分类结果图

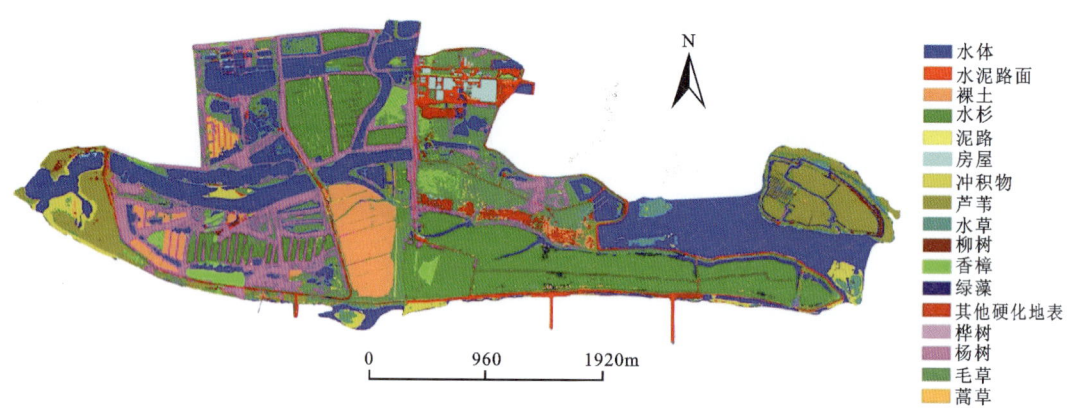

图 7-26 湿地区 2 地物精细分类结果图

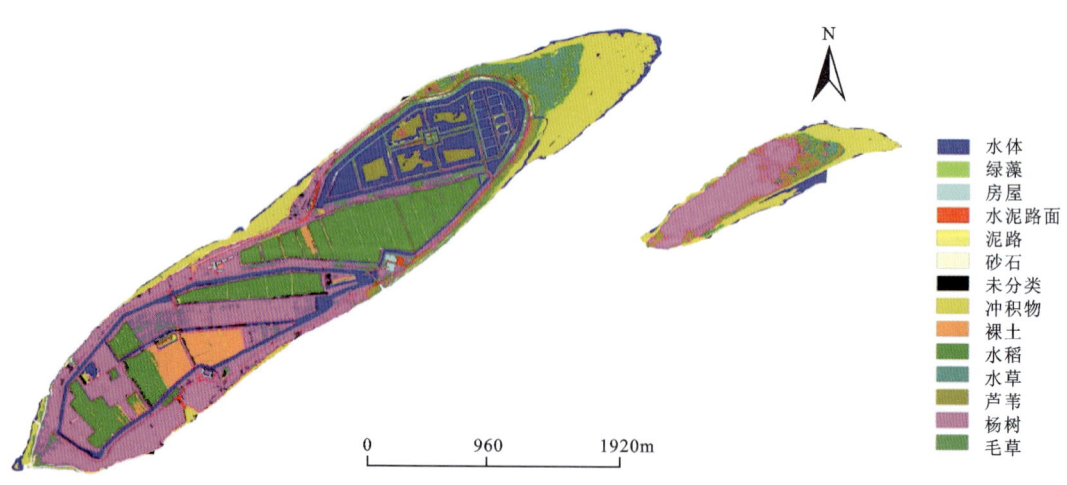

图 7-27 湿地区 3 地物精细分类结果图

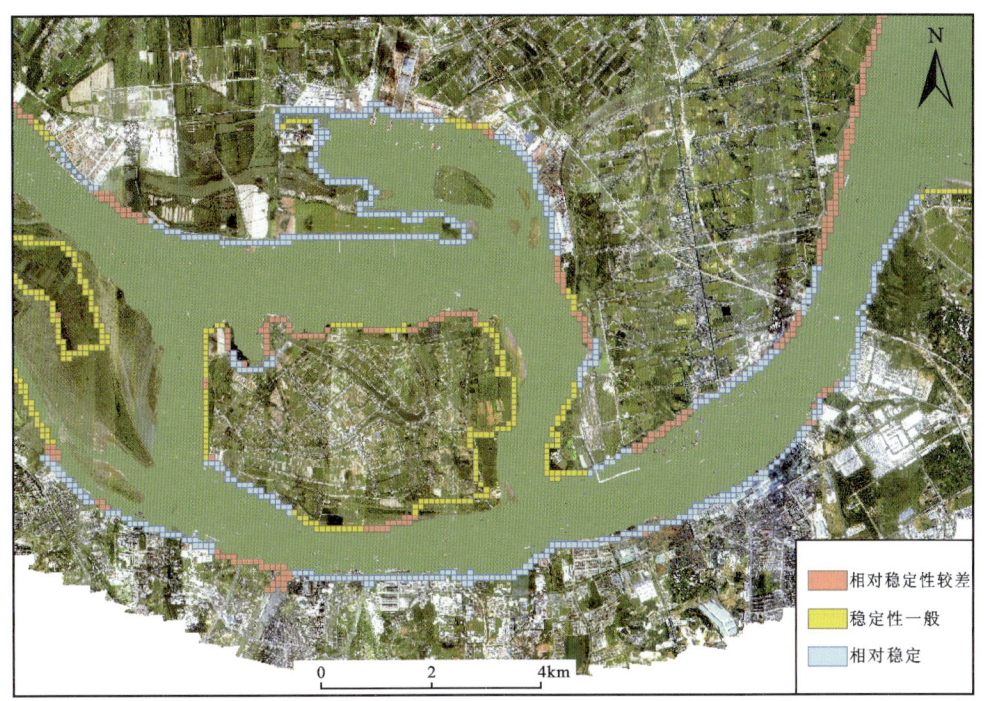

图 7-28 岸线稳定性评价结果图

二、土壤污染航空高光谱探测

1. 飞行区域规划

研究区位于江苏省镇江市丹阳东北部地区,地貌以平原为主,地势较平坦,局部有较小范围的剥蚀残丘,最高峰海拔为 123m,其余的地区为平原,海拔一般在 7m 左右。飞行面积为 310km²,总飞行测线长度为 740km(图 7-29)。

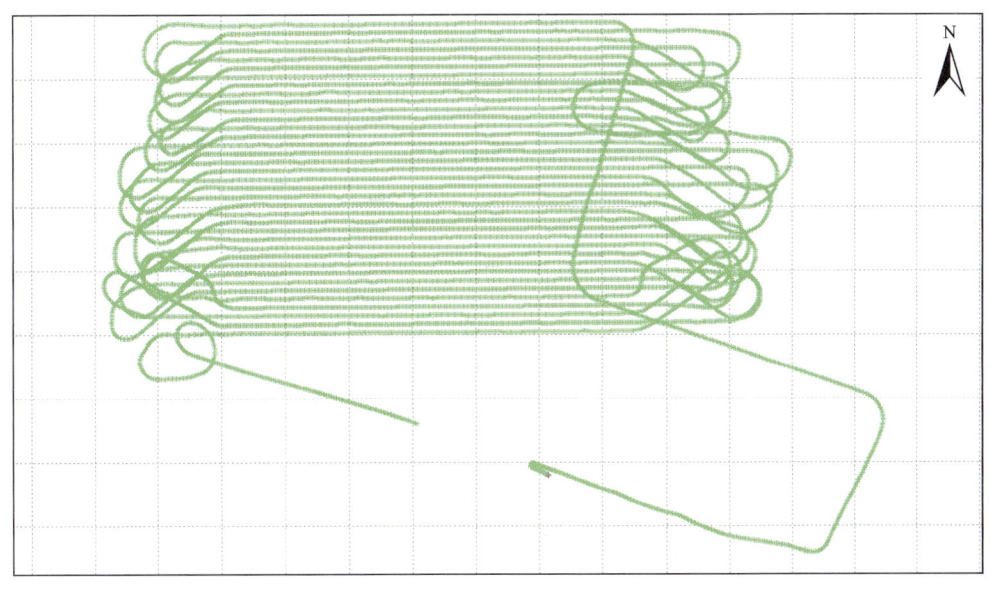

图 7-29 飞行轨迹示意图

2. 目标任务

通过航空高光谱成像仪采集耕地土壤高光谱影像,并进行同步 ASD 野外光谱测量,进行耕地土壤地面检测和高光谱传感器数据融合。采集耕地土壤具有代表性的实验样品,实验测定土壤全氮含量、有机质含量、水分含量、土壤肥力以及污损情况等,然后与光谱特性分析结果对比,确定耕地土壤生理生态参数及其变化与光谱特性基本关系,建立耕地土壤影响因子快速监测的高光谱反演模型。进行耕地土壤污染物含量测定,分析污染物含量和光谱特性的相关性,探索耕地土壤污染监测和预警机制,建立耕地土壤污染程度的高光谱监测模型。

3. 取得成果

通过反演结果可以看出,丹阳地区 As 元素的污染区域较多,主要集中在研究区域的西北部、西南部和东部地区;Cr 元素主要集中在中北部地区;Cu 元素则集中在中南部地区(图 7-30～图 7-32)。根据不同元素的分布地区可以发现,除了相关性较高的 Hg 和 Ni 外,其他污染元素分布并没有一定的相关性,分布区域各不相同。

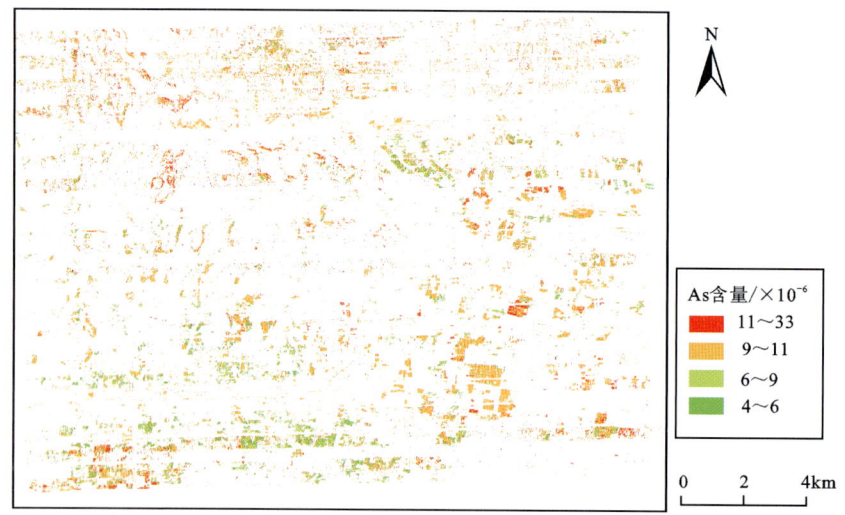

图 7-30 丹阳地区 As 元素高光谱反演结果图

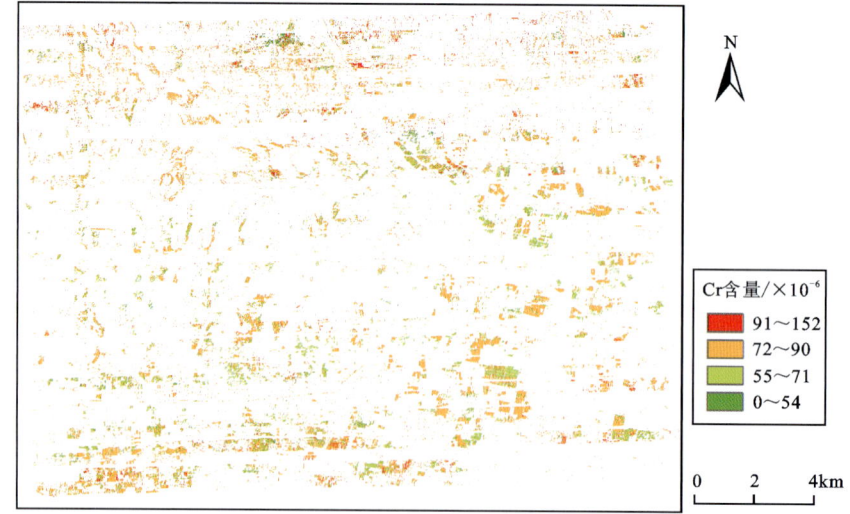

图 7-31 丹阳地区 Cr 元素高光谱反演结果图

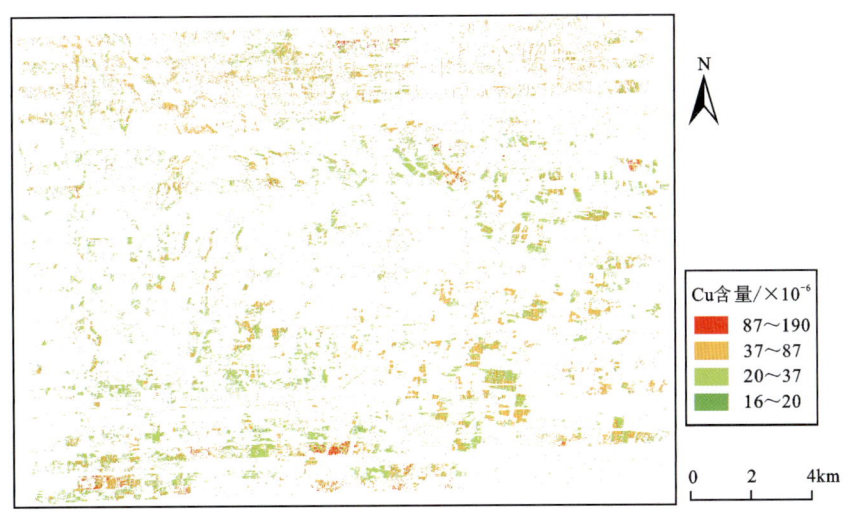

图 7-32 丹阳地区 Cu 元素高光谱反演结果图

通过机载高光谱反演影像与实际采集样品分析结果插值对比分析,两者在数值趋势上基本一致(图 7-33),说明通过高光谱影像进行污染元素含量反演具有较强的说服力。丹阳地区土壤重金属污染元素主要为 As、Cr、Cu。

图 7-33 丹阳地区土壤 As 元素实测插值分析图

通过实地调研后发现,图中污染元素含量较高的区域基本都位于工业区。其中,与汽车行业的相关工业园对 Cu 元素的分布影响较大,而一些家具、橡胶加工行业对 Cr 和 As 元素的分布影响较大。

三、贵池生态环境航空高光谱探测

1. 藻类信息提取

利用航空高光谱数据对安徽省贵池区秋浦河沿岸地区生态环境调查发现,水体藻类有着特征波段,通过反演能够有效提取到藻类信息(图 7-34),精度可达 74.33% 以上。

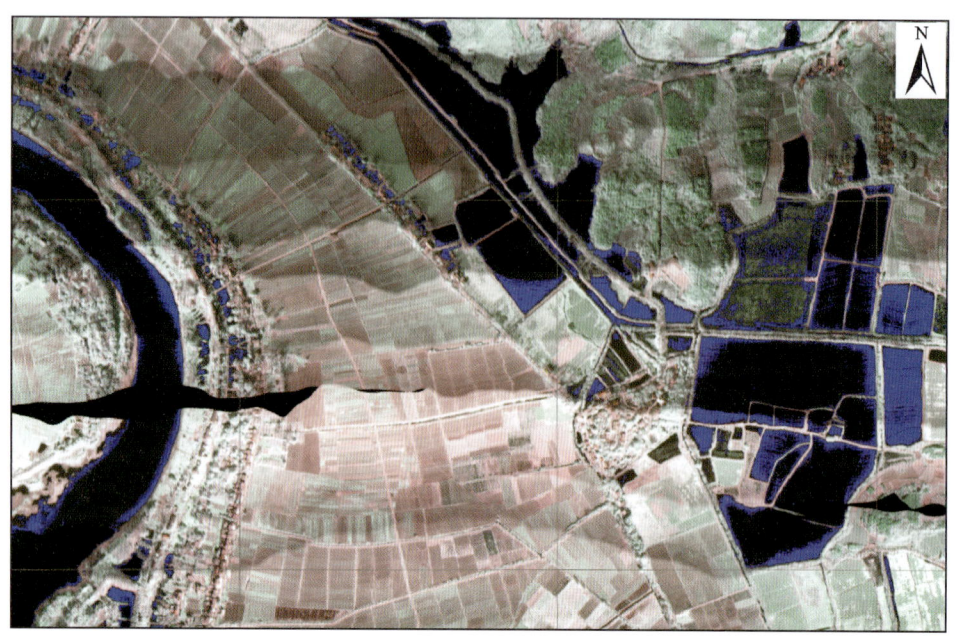

图 7-34 藻类信息(蓝色)分布图

2. 土壤重金属污染探测

由机载高光谱反演的影像与实际采集土壤样品分析结果插值对比分析,两者结果基本一致(图 7-35、图 7-36),进一步说明了机载高光谱探测土壤污染的有效性。

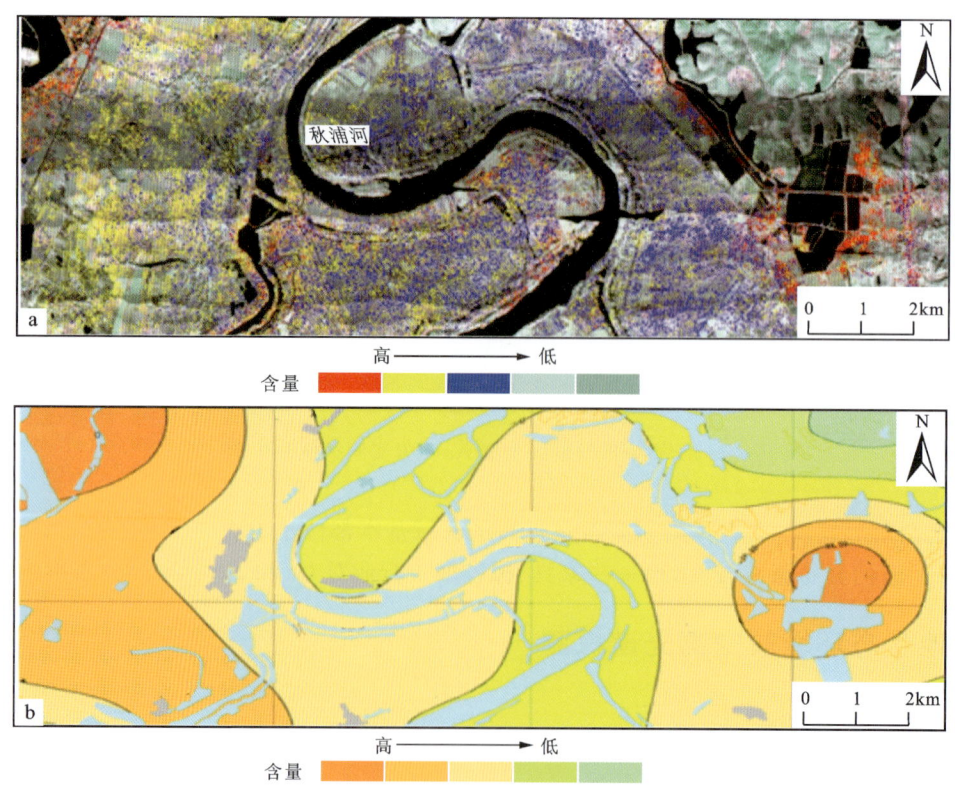

图 7-35 机载高光谱 Cr 元素反演影像(a)与实际采集土壤样品分析结果(b)对比

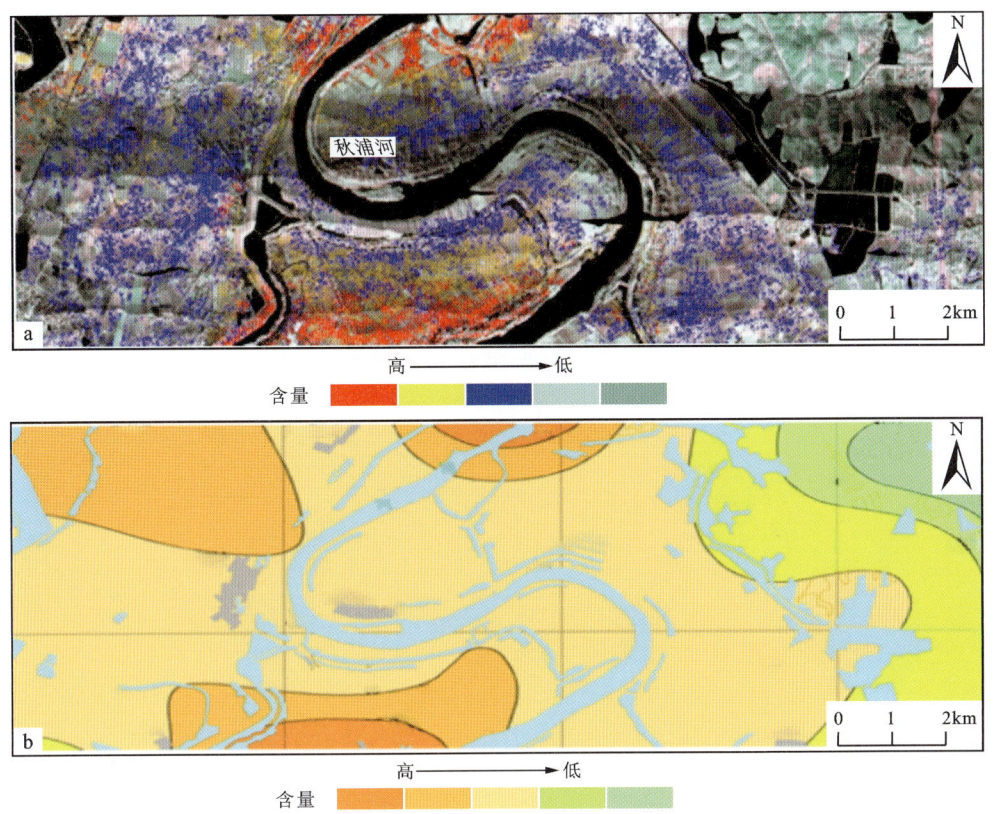

图 7-36　机载高光谱 Cu 元素反演影像(a)与实际采集土壤样品分析结果(b)对比

3. 矿山环境污染探测

在贵池区某矿山开采区通过机载高光谱反演影像可以清晰识别出矿山粉尘污染分布(图 7-37)。

图 7-37　高光谱遥感识别贵池某矿山粉尘污染(红色)分布

第六节　小　结

（1）自主研发了机载高光谱系统，该系统主要由成像谱仪、三轴稳定平台、惯性导航、计算机控制与采集模块等多个部分组成。该系统具有快捷、高效和高分辨率的特点，通过在江苏、安徽、浙江等地进行的生态地质环境调查应用示范，总飞行面积约 4500 km^2，获得了一批重要成果。这表明该系统在环境污染、土地利用和土地质量变化等方面具广阔应用前景。

（2）建立了航空高光谱遥感综合调查技术方法和工作流程，以及水土污染等光谱定量反演模型。

（3）通过国产化，降低了采购成本，推动了高光谱技术普及与应用。自 2016 年以来，已销售设备 5 套，价值 600 余万元，飞行服务面积达 4500 km^2，收益 800 余万元，取得了良好的经济和社会效益。

第八章　长江经济带流域地球关键带监测示范

第一节　概　况

长江经济带是我国"T型"发展战略的核心区域,2016年印发的《长江经济带发展规划纲要》确立了长江经济带"一轴、两翼、三极、多点"的发展新格局,提出要以"共抓大保护、不搞大开发"为导向,以生态优先、绿色发展为引领,依托长江黄金水道,推动长江上、中、下游地区协调发展和沿江地区高质量发展。改革开放以来,长江经济带已发展成为我国综合实力最强、战略支撑作用最大的区域之一,是"引领中国经济高质量发展的排头兵、实施生态环境系统保护修复的创新示范带、培育新动能引领转型发展的创新驱动带、创新体制机制推动区域合作的协调发展带",但其仍面临诸多亟待解决的困难和问题,主要为生态环境状况形势严峻、长江水道存在瓶颈制约、区域发展不平衡问题突出等。

一、长江经济带主要生态问题

长江是我国第一、世界第三大河流,发源于青藏高原,自海拔6000m以上飞流直下,流过三大地形台阶,绵延6000余千米东入大海,形成了全球水动能(能量流)最大的流域。长江巨大的水动能不但形成了强烈的侵蚀地貌和水土流失,又将大量的物质从海拔6000m以上源区带入到太平洋边缘海,从而又是世界物质流最大的流域。同时,在180万km^2的流域面积上居住着近5亿的人口,使得长江流域成为全球人口密度最大、人类活动最强的大河流域。此外,长江流域也是全球季风活跃、气候复杂的地区。

近年来,随着城镇化工业化推进、人口剧增,长江流域土地垦殖指数与能源消耗增加,环境地质问题日趋恶化,生态平衡遭受破坏。长江流域丰富的资源、独特的自然特征、发达的经济、复杂的人地关系和严重的生态环境态势,决定了开展长江流域生态环境、环境地质问题研究的必要性和紧迫性。影响长江流域环境地质问题的因子很多,研究长江流域环境地质问题现状和成因的文献也非常多,但从地球表层系统四大圈层、环境变量梯度的角度进行全面而集成的研究却十分匮乏。地球关键带过程不仅控制着土壤的发育、水的质量和流动、化学循环,影响能源和矿产资源的形成与演化,而且影响并控制着地球表面形貌、自然生境和生命活动。地球关键带研究正是这样一种包含六大环境梯度变量分析的综合性、全流域性理论(图8-1)。

1. 长江源区

长江源区位于唐古拉山以北的青藏高原腹地区域,其独特的地理位置、高寒多风干旱的气候以及人口的快速增长决定了长江源区脆弱的生态环境系统。近十几年来,冰川融化、高原草场生态退化、水土流失等及其次生的环境地质问题愈来愈突出。

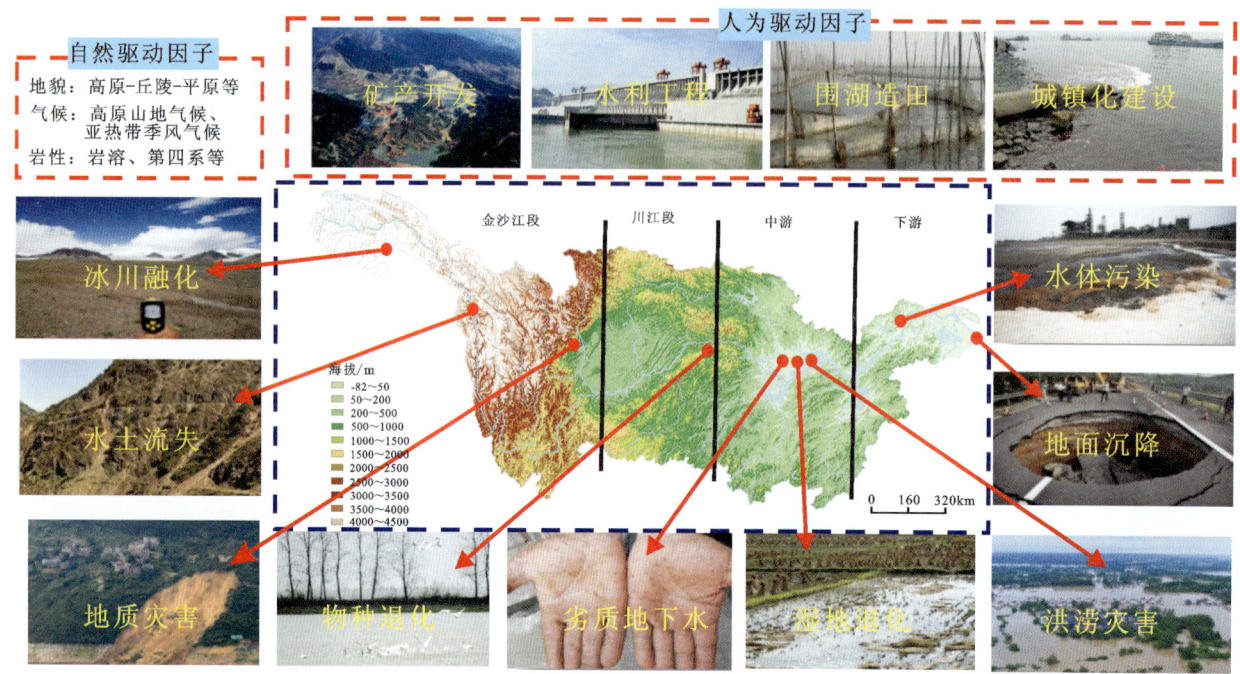

图 8-1 长江流域上中下游因子库-活动库-问题库

其中,大气圈层(气温、降水、日照、风速等)对长江源区的影响最为突出。自从小冰期以来,全球平均气温上升了 1.3℃,中国西部冰川面积的消融量相当于目前冰川面积的 20%。近 30 年来,青海三江源地区气温显著增高,春、夏季气候暖湿趋势明显,秋、冬季暖干特征明显。长江源区冬季降水显著增加,而夏季降水有缓慢减少的趋势。这意味着全球气候变暖的背景下,本区域降水在季节分配上发生了变化,表现为暖季降水略有减少,而冷季降水增加明显;年总降水量的变化和暖季一样也呈减少的趋势。而人类活动的加强,城镇化、工业化的发展,导致温室气体大量排放,无疑加重了近地表大气圈层的问题,从而使得冰川融化加剧。

大气圈层同样影响着高寒草场的生态退化和水土流失。典型高寒草地生态系统因植被稀疏、土壤瘠薄,具有明显的脆弱性,其退化实质上是自然地理格局、气候波动和局部人类扰动共同作用的结果。有研究表明,全球气候变化导致西北地区暖干化的趋势较为明显,该趋势使气温升高、蒸发加强,同时造成降水的季节性变化,冬季降水显著增加而夏季降水明显减少。干旱化使一些不适应增温旱化的物种分布面积缩小,而旱生性较强的物种增加,其结果使高寒草甸面积缩小,而高寒草原、荒漠面积扩大。最明显的表现是沼泽草甸地下水水位下降,一些草甸植物发生死亡。

大气圈层变化对研究区草地退化具有长期、缓慢的影响,而人类扰动决定了该区草地退化的强度和速度,是草地退化发生的重要性诱因。如青藏铁路和公路的修建造成以破坏点为中心向周围 1km 区域内扩散的破坏以及人为的过度放牧。同时,高原生物圈、岩石圈与水圈的变化同样影响着草原生态退化和水土流失,严重的高原鼠害和风沙灾害既加速了草场风化,又破坏了草场资源。土层薄,风化母质多成砂砾石松散堆积,加之坡陡,雨季暴雨、冰雹频繁,所以草甸植被和土壤结构容易遭受破坏,母质裸露,草山泻溜、崩塌、滑坡等现象时常发生。同时,在高山河谷地区,人为活动频繁,土壤蓄水能力差,土层薄,水力侵蚀作用明显,多以山洪或泥石流的形式流失水土。

总体来说,直接影响长江源区的最主要环境梯度变量是自然环境(大气圈层),尤其是气温、降水等的变化,如气候的变暖、降水的减少、土壤岩性脆弱、土层瘠薄、水力风力侵蚀甚至受西伯利亚环流减弱的影响。其次是人类活动(过度放牧、耕作粗放、城镇化和工业化的发展)对长江源区的直接破坏,共同造成了长江源区冰川消融、草场生态退化和水土流失等严重的环境地质问题。但从时间维度来看,近十几年环境地质问题出现频率加快、规模变大的现象,究其深层次原因,还是人类活动的影响造成源区自然环境因子的改变,间接影响了生态环境,从而反过来影响着人类的生产生活。通过在长江源区开展地球关键带综合调查,以岩石圈为主要监测对象,以水圈、生物圈等为辅助监测对象,分析其在长江源区的变化趋势,将为合理规划农牧业生产方式、控制流域城镇化和工业化进程提供科学依据,能有效控制和缓解长江源区冰川消融、草场生态退化与水土流失现象。

2. 长江上游

长江上游位于我国西部的内陆腹心地带,全长 4511km。流域范围涉及青海、甘肃、陕西、西藏、四川、云南、贵州、重庆、湖北 9 个省(市、区),是连接东西部和南北部的结合带,也是我国西南、西北和华中三大经济区的交汇部位。上游流域面积为 105.4 万 km^2,占长江流域面积的 58.9%,人口为 1.63 亿人,占整个长江流域总人口数的 40% 左右。

长江上游受季风气候影响,是气候变化的脆弱地区。气候变化政府间委员会第 5 次评估报告(IPC-CAR5)研究发现,未来气温上升趋势更为明显,将进一步加剧对长江上游地区的不利影响。此外,还有国内研究表明长江上游平均气温呈现上升的趋势,增温率为 0.195℃/10a,而降水量时空分布不均匀,多暴雨,降水量总体趋势减少。

在岩石圈层方面,长江上游地区地处我国地势划分的第一级、第二级阶梯,地势起伏大,高差悬殊。川西高原的贡嘎山海拔为 7556m,是长江全流域的最高峰,终年冰雪覆盖,而长江三峡岸边海拔仅 50 余米,二者相差达 7500m。区内广泛发育砂土、黏土、灰岩以及紫色土(占全国紫色土 75% 以上)等,土壤抗侵蚀能力较弱。

长江源区和各大支流带来的水量以及地形的巨大落差,使得长江上游地区侵蚀作用以水力侵蚀为主,其次为重力侵蚀;同时三峡工程、南水北调等工程的实施,对长江上游也造成了一定的影响。在输沙量方面,三峡的建坝导致大量泥沙在库区淤积无法向下游传递,另外上游所携带的各种污染物质在大坝上游淤积。现有研究成果表明,三峡大坝的建立导致三峡地区物种多样性下降,其支流中浮游生物多样性指数由 85.52% 降至 32.32%,一些水生哺乳动物和鱼类物种濒临灭绝,包括中国江豚和中国无鳍海豚等,这是人类活动直接影响水圈和生物圈的最显著证明。此外,金沙江、大渡河、雅砻江、岷江等长江上游地区,地质构造复杂,山体高大,谷深流急,悬崖陡壁,是我国地质灾害集中分布区之一,不仅地质灾害的种类多,而且发生频率高,破坏性严重,主要的灾害有泥石流、滑坡、地震、山崩、雪崩等。

长江上游独特的气候、巨大的地形差带来了强烈的水力侵蚀作用。在岩石圈、大气圈、水圈、生物圈(主要为植被)和人类活动的共同影响下,水土流失成为长江上游最严重的环境地质问题,侵蚀面积约为 35.1 万 km^2。总体来看,岩石圈以及水圈为主要直接影响因子,人类活动为次级直接影响因子。如岩溶地区,岩溶地貌发育完整,降水量较多,灰岩中可溶性碳酸盐类岩石遭到强烈的溶蚀和侵蚀,沟谷下切深度大。但在局部地区,如红壤地区,土壤成土母质以灰岩、板岩、页岩、花岗岩和第四系红壤为主,多分布在丘陵和岗地,过度开垦与砍伐森林等人类活动成为最主要的直接影响因子。水土流失其实存在于长江整个流域,但只有源区、上游水土流失最为严重。巨大的地形差带来强烈的水力侵蚀是主要原因,长江中下游落差小,大都以平原丘陵地带为主,而上游地区水土流失较源区严重,其原因与上游更为松散的土壤(紫色土、灰岩等)有关。

岩石圈的客观(海拔高、坡度大、基岩岩性)存在,影响着水圈(导致水力梯度大)、大气圈(降水、气温随海拔的降低而变化)、生物圈(生物物种较少,较单一)、人类活动(不适宜人类居住),而其他五大环境梯度变量分别通过降水、水力风力侵蚀、农牧业活动等影响着岩石圈,在六大环境梯度变量有机联系、共同影响下,岩石圈(表层土壤被冲刷)、水圈(河流含沙量增加)的变化最为明显,从而表现为水土流失;而造成的水土流失又会反过来影响其他因素,如人类开始重视环境地质问题,开始合理地治理水土问题

(良性),或造成下游湖泊淤积、湿地退化、洪涝加重(恶性)或河谷侵蚀加重,水力梯度更大,水土流失更为严重(恶性循环)。

长江上游地区特别是四川、云南两省是我国地震多发区,地处喜马拉雅火山地震带上。以四川省为例,从公元前26年至1987年共发生7.0~7.9级地震19次,6.0~6.9级45次,5.0~5.9级153次,4.7~4.9级80次。特殊的岩石圈地理位置决定了该地区地震频发的现象。长江上游的滑坡现象同样如此,多数滑坡密集带分布与山地深切河谷斜坡带、软土软岩、活动断裂、地震、暴雨等区带的展布相一致,小数滑坡较密集带分布与山地铁路、过水渠道等人类工程活动一致。

总体来说,长江上游地区是以岩石圈为主要环境梯度变量,以水圈为伴生影响因子,以人类活动为刺激性影响因子,以生物圈及水土流失等环境地质问题为受影响因素的环境地质问题多发区,在时间因素的对比下,环境地质问题出现频率加快、规模变大的现象。

3. 长江中游

长江中游从湖北宜昌起,进入中下游平原,中游流经湖北、湖南、江西三省,至江西湖口止,长938km,水位落差达31.5m。长江中游流经江汉-洞庭湖"鱼米之乡",是农副渔业生产基地,区内经济发展水平高。

长江中游属亚热带季风区,气候温和湿润,雨量充沛。多年平均气温为15~17℃。每年5—10月为汛期,具有暴雨范围广、强降水集中的特点。长江中下游平原区地面高程普遍低于洪水位4~10m,上游各类滑坡、泥石流等为长江输送了大量泥沙,1998年洪灾受灾范围遍及334个县(市、区),倒塌房屋212.85万间,死亡1526人。从岩石圈的地质构造方面来讲,中游区的上游为隆升峡谷区,水流直泄;江汉-洞庭平原为构造沉降宽谷区,地势低洼,河道曲折;鄂州以下为田家镇隆起和丘陵河谷区,地势狭窄,泄洪不畅,洪灾加剧。中游区下游的构造沉降将导致堤防高程降低且不断需加高。在长期构造沉降缺乏泥沙沉积条件下,江汉平原、洞庭湖平原洪灾威胁将随时间推移日益严峻。

人类活动对长江中游流域洪涝灾害的巨大影响主要表现在3个方面:砍伐森林、围湖垦殖和建设水利工程。通过砍伐森林,影响流域上游生物圈,造成水土流失,为中游输送大量泥沙,河道淤积,湖泊萎缩。此外,围湖造田使湖域面积减小,以洞庭湖为例,围湖造田导致湖域面积由大变小,1949年为4350km^2,容积为293亿m^3,而到20世纪90年代,湖域面积缩小为2684.3km^2,容积减小为170亿m^3。湖泊萎缩、湿地退化,调蓄洪水能力下降,导致洪涝加剧。而在三峡大坝实施10年后,河流中悬浮泥沙含量(尤其是三峡大坝下游)大幅度下降,河水水位也相应地下降,河床从堆积型转变为侵蚀型,长江中游洪涝灾害得到了一定程度的控制。地势低平的自然环境(岩石圈)和恶劣的降水气候条件(大气圈)是长江中游洪灾频繁发生的客观原因,而人类活动在洪灾形成中起了一个重要的甚至决定性的作用。人类活动的影响造成上游的森林覆盖率(生物圈)减少,湖泊、湿地(水圈)面积减少,加剧了洪涝灾害,但大型水利工程的建设(如三峡大坝)使得上游流沙量、水量得到一定控制,2003年后上江中游流域洪涝灾害规模和频率有所减少。

长江中游仍存在水质污染、湿地退化和物种多样性降低等环境地质问题。洞庭湖水质整体呈下降趋势,水体富营养化日趋严重,湖水体主要污染物为总氮(TN)和总磷(TP),p(TN)、p(TP)年均值分别为1.08~1.93mg/L和0.026~0.203mg/L。两湖流域富营养化指数呈上升态势,东洞庭湖已成水华高发区,鄱阳湖局部水域出现水华。氮、磷等营养盐滞留系数增大,改善了藻类生长的水下光照条件和水动力条件,加剧了富营养化和水华风险。数据分析显示,洞庭湖全湖综合营养状态指数(ΣTLI)近20年缓慢上升,且三峡水库运行后ΣTLI值加速上升。东洞庭湖区自2008年达到轻度富营养化,已成为水华高发区。

同时,受中上游水系特征变化以及多年来工农业过度开发等因素影响,长江中下游调蓄湖泊的水资源情势、河湖生态系统发生显著变化,主要体现在水系破碎化、湖泊湿地功能退化、生物多样性下降、水质污染加剧等方面。据统计,三峡水库蓄水后枯水期下泄流量衰减幅度超过80%,下游湖泊面积大量萎缩和枯水期大幅延长,导致了湿地生态系统功能的退化。与20世纪50年代相比,"千湖之省"湖北的湖泊水面减少了60%。此后,在全球种群数量基本稳定的前提下,东洞庭湖种群数量出现了较为明显的下降趋势,2012—2013年降幅达到84.48%。这是人类活动直接影响生物圈、水圈造成环境地质灾害的结果。

在长江中游地区,人类活动作为环境梯度变量的重要性越来越突出,不再是通过影响岩石圈、生物圈等来间接造成环境问题,而是直接影响环境,如水体污染、湖泊萎缩。但自然环境影响因子(大气圈、岩石圈、水圈和生物圈)还是占相当大的比重,如洪涝灾害、恶劣的气候、特殊的地质构造、上下游的地形梯度决定了长江中游洪涝灾害的必然性,人类活动的存在只是加剧或减弱了洪水的强度。

4. 长江下游

长江下游泛指江西湖口以下到上海的长江入海口,是长江水量最大的河段,支流主要为太湖水系和巢湖水系。自20世纪80年代我国经济改革以来,长江下游地区成为全国发展程度最高的地区之一,也是全流域最富庶的地区。

伴随长江下游地区经济高速发展和工业化、城市化进程的不断拓展,环境地质问题日见端倪,发展与环境间的矛盾日趋突出,表现最为突出的问题便是水土污染。有研究表明,长江下游地区大部分湖泊存在水体富营养化;20世纪80年代以来,长江口及其邻近海域赤潮现象频发,赤潮种类不断增加,2002年首次爆发了有毒的亚历山大藻赤潮;此外,长三角地区江水中Cu、Pb和Cd含量异常高,每年有大量有机物、重金属随悬浮颗粒物由长江三角洲排入东海,土壤污染也较为严重,重金属含量明显升高,农药也普遍检出或超标。如上海地表水环境氮、磷污染问题突出,河流断面水质以Ⅴ类和劣Ⅴ类为主,在总体中分别占比9.1%和49.3%,水环境整体质量堪忧。

浙江大学对长三角农田土壤污染现状的调查结果也证实,所有土壤样品全部检出有机氯农药。当前长三角土壤污染呈现3个主要特征:一是污染范围大;二是污染种类多,重金属污染物和有机污染物并存;三是污染途径多。事实证明,城镇化快速发展、农业化肥大量使用、工厂废水排放等人类活动是造成水土污染最主要也是最直接的影响因素。人类活动的不良影响不仅仅造成长江下游地区严重的水土污染(岩石圈和水圈),而且影响了大气圈、生物圈,使得大气中二氧化硫和烟粉尘排放量增多,下游诸多江段鱼类资源衰退,甚至到了濒临灭绝的地步。

此外,地面沉降也是长江下游地区(主要是长三角地区)的主要地质灾害之一。长三角地区大多处于地壳下降区,加之全球海平面的上升,再叠加过量抽取地下水导致的地面沉降,使得地面沉降问题非常突出。全区由于地表水体不能满足工农业生产和人民生活需要,地下水被大量开采,形成降落漏斗,造成区域内严重的地面沉降和地裂缝,导致区域内地面高程损失。人类过度抽取地下水导致土层中孔隙水压力减小、有效应力增加、土层压缩变形,引起地面沉降。这同样是人类活动影响岩石圈、水圈,造成其变化(地面沉降、地裂缝)的不良后果。

水土污染同样存在于整个长江流域,但是只有人类活动最为强烈的长江下游地区水土污染最为严重,水土污染受人类活动的直接影响。生物多样性大体呈现出东多西少的格局,其多样性减少的程度则体现出愈向东愈严重的状态。长江下游地区环境地质问题实质上是以人类活动为主导的直接影响因子,自然影响因子随人类活动的影响而变化,从而引起严重的水土污染。因而,要从地球关键带的角度出发分析长江流域环境地质问题的成因及变化。通过分析环境梯度要素在长江流域的变化,可论述上、中、下游主要环境地质问题的主导因素,从而规划长江流域地球关键带调查方案,并提出进行地球关键带监测站建立的必要性。

二、国内外研究现状

1. 地球关键带国外研究现状

当前,"人类世"(Anthropocene)已经被定义为最新的地质年代,并以人类通过大规模活动加速改造地表环境为特征。虽然"人类世"的具体细节仍然存在争议,但人们普遍认为因为人类活动引发的地表环境改造"大速度"已经成为重要的地质营力。更重要的是,未来我们可能将面临资源枯竭的地球。例如50%以上的地球陆地环境被人类进行了不同程度的改造,全球1/3的土壤已经退化,2200万km^2土壤受到污染。此外,有专家预测到2050年人口可能将增加到97亿,全球经济将翻两番,而预计食品需求将为原来的2倍,对水资源的需求增加50%以上。

人类活动的扰动以及大部分资源的供给都由近地表环境承担。因此,迫切需要了解地球的近地表环境,因为它提供所有维持生命的资源和主要栖息地,并遭受严重的人类干扰。然而,由于其复杂性和动态性,传统的单一学科无法充分探索这种涉及岩石、土壤、水、空气且具有普遍存在异质性的区域。为了通过跨学科性手段来促进人类对近地表环境影响的综合理解,近地表环境(从植被冠层延伸到活跃地下水的下限)被美国国家研究委员会定义为"关键带",因为它支持生命并受人类显著影响。相对于"更宽"的地球科学来说(研究范围从大气层到地核),地球关键带是"更窄"的新科学(一般在300m以内),且与人类密切相关。确切地说,人类不是居住在地球上,而是居住在地球关键带上。关键带由于其对维持生命的重要作用,使地质学和人类社会融为一体,因此关键带被认为是地球科学的"六大机遇之一"。此外,关键带将分散的研究个体(土壤、地下水、大气、生物等)在广阔时空尺度内联系起来,形成一个统一的研究实体,为地球科学领域各个科学带来了新的发展机遇(Menon et al., 2014)。

继2007年美国3个关键带观测站(Critical Zone Observatory,简称CZO)落成之后,欧盟、澳大利亚、中国和其他国家及地区的关键带研究取得了成功。正如今天所表明的那样,关键带研究取得巨大成功的一个有说服力的证据是,全球已经形成了一个关键带网络(CZEN),涉及几十个国家,并且已经可以与其他一些历史较长且成功的环境观测网络相提并论,如ILTER和AmeriFlux。通过近20年来整个国际社会的不断努力和发展,关键带已成为地球科学最引人注目的领域之一,科学或社会的相关问题越来越多地在关键带的创新研究中得到解决。

地球关键带的初始定义是指高度异质性的近地表环境,空间范围由冠层到地下水底部,水-土-气-生各圈层在其中发生着复杂的相互作用(Brantley et al., 2007;Anderson, 2015;Field et al., 2015),调节了自然生境,决定了维持生命可持续性的资源供给。地球关键带的关键之处可以被具体总结为"四带":①从整个地球系统的角度出发,地球关键带是介于高度动态变化的流体大气和相对稳定的固体地球之间的多孔介质,是对两相之间的物质通量和能量循环起到枢纽与调节作用的"过渡带";②同时,地球关键带也是地球系统中复杂物理、化学、生物过程发生的"活跃带",水、生物、岩石、土壤、空气通过相互作用塑造了近地表环境(Banwart et al., 2011;Küsel et al., 2016;Ma et al., 2017);③更为重要的是,对人类社会而言,地球关键带的关键之处在于作为"资源带"对人类可持续发展和其他生物的生存至为重要;④同时其也是承担人类活动强烈扰动和改造的"影响带"。基于其对于地球系统的重要性和紧密的人类社会相关性,地球关键带科学提出伊始就被视为地球科学与人类社会结合的重要机遇,也被认为是解决当前全球资源环境生态问题的"人类世"科学。

然而,尽管目前地球关键带越来越多地与同属地球科学领域新兴概念的"人类世"联系起来(Lewis and Maslin, 2015),但最初的关键带定义并未充分强调人类扰动研究的重要性,由此人类活动影响并未引起关键带科学家的持续重视,尤其是在关键带研究的早期。一个具体的体现是,全球首批3个关键带观测站都没有人类扰动的自然背景。紧随其后资助的第二批关键带观测站则结合了社会需求,例如Calhoun关键带观测站关注土壤侵蚀,但是这种结合更倾向于将人类视为生态系统服务的受益者,而不是将人类作为改变关键带过程速率、物质能量通量的重要影响因素进行研究。IML 关键带观测站是少数将人类活动作为主要驱动因子开展关键带研究的观测站之一(Lin et al.,2011;White et al.,2015;Karan et al.,2016),集约化农业管理带来的地表景观改造和能量输入,将水分、物质和能量在关键带中原有较长的停留时间大大缩短,导致了关键带作为半开放热力系统的不平衡,并由此为关键带服务带来了不利影响。这种机制被具体概括为"transformer-to-transporter",是全球范围内关键带科学领域对人类活动影响的少数重要探索和开创性工作。

2. 中国地球关键带研究现状

在过去的 10 年中,中国学者在关键带(CZ)领域的研究论文已经达到 107 篇,仅次于美国的 415 篇。鉴于关键带于 2008 年首次引入中国,关键带科学(CZS)在中国经历了一个相当快速的阶段(Guo and Lin,2016;李俊琦等,2019)。关键带科学是中国有前景的新兴科学,它的量化指标证据是 2019 年(截至 8 月)中国的出版物已超过 2018 年全年的数量,占全球出版物的近 30%,尽管这个数字 2015 年还不到 10。从国际合作的角度来看,中国与美国、英国的学术交流较好,部分原因是近 3 年来中国举办了多次国际会议,这显著增强了中国在全球领域的影响力(图 8-2)。

关键词和学科的统计数据代表了中国关键带研究的成果。通过比较中国和世界关键带研究的词云,两者有一些共同的研究方向和特点,例如某些术语(如土壤、水、碳)和技术(如模型、同位素),这表明中国与世界范围内的研究焦点和方法相似。然而,一些景观类型词的出现,例如高频率的"喀斯特"(岩溶)或"黄土",表明以这些景观作为背景的关键带研究引领了中国关键带科学的趋势。在 WOS(数据库,Web of Science)学科分类方面,关键带在中国的研究与世界范围内的研究非常吻合,多学科科学、地球科学、地球化学、地球物理学、环境科学和水资源科学成为全球关键带的核心学科。值得注意的是,在中国包括农学和工程学在内的一些学科也积极关注着地球关键带研究,这表明中国的关键带科学更加关注关键带服务(图 8-3)。

关键带研究重点涉及研究对象,包括"结构-过程-服务-演化"等。根据每篇论文中记载的研究方法,相关方法按照"4M"框架进行分类,包括建模、制图、监测和管理。结果表明,中国关键带研究主要与土壤学、水文学、地球化学、生态学和环境科学有关。大多数研究都与"深地"有关,较少属于"深时"或"深耦合"。值得注意的是,大多数与"深地"相关的研究都集中在"关键带结构"上,而对深部过程的关注较少。此外,针对"深耦合"的研究不仅关注耦合过程,还关注结构和过程之间的相互作用。大多数关于"关键带结构"的研究都采用一次性的测量和长时间序列的监测,大多数"关键带过程"研究都采用了监测和建模。然而,一些与"关键带服务"相关的研究同时使用了制图和管理,这表明关键带填图是提供关键带服务功能的重要途径之一(图 8-4)。

沿环境梯度建立关键带观测站是关键带科学最重要的手段和特点。过去几年中,中国建立了一些关键带观测站(图 8-5)。根据关键带网络(CZEN)发布的文件和信息,系统总结了 10 个主要关键带观测站的分布特征和关键科学问题。这 10 个关键带观测站位于不同的地形和气候环境中。有趣的是,中国的 10 个关键带观测站的分布形成从东北到西南、从西北到东南的"十"字形。东北-西南线与黑河-腾冲线(胡焕庸线)的高度重合,标志着中国人口分布的显著梯度。1987 年,胡焕庸划定胡焕庸线东南面积仅占土地面积的 42.9%,人口数占全国总人口数的 95.4%,而该线西北人口数仅占全国总人口数的 5.6%。从东北到南部的另一条西北-东南线与世界资源研究所提出的代表资源与人口比例的"基线水压力"线高度一致。因此,这 10 个关键带观测站代表了多种多样的环境背景和人类活动梯度,使得未来可以开展比较研究。

从另一个角度来看,这 10 个关键带观测站由不同的组织和机构资助与管理,主要包括中国地质调查局和国家自然科学基金委员会。其中,4 个关键带观测站由国家自然科学基金委员会通过中英方案资助,由中国科学院管理,其他关键带观测站由中国地质调查局和其他大学资助。这种机制导致不同关键带观测站之间的研究主题和方法存在差异。进一步从所有文献中提取环境梯度,然后将预测位置提

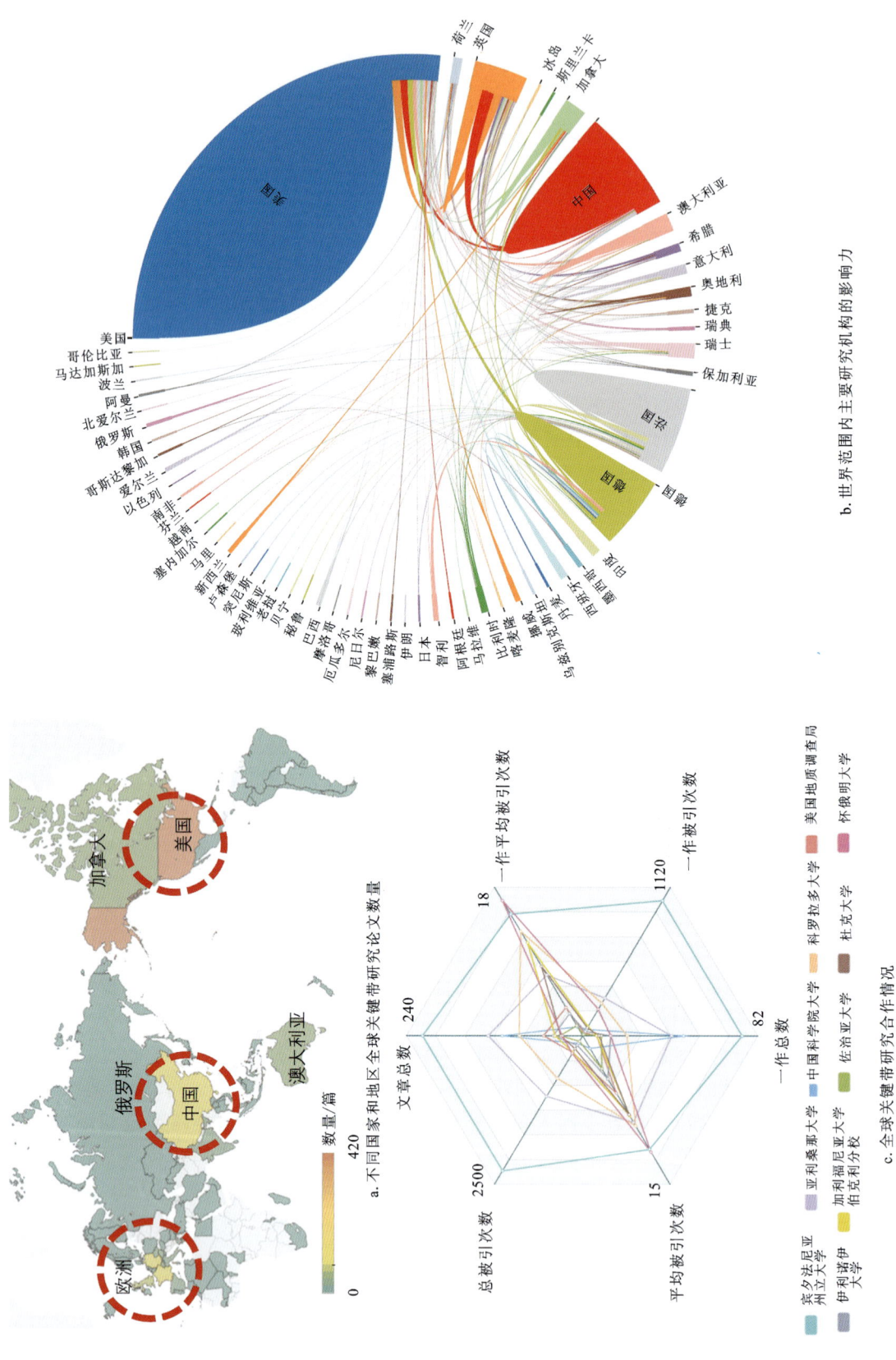

图 8-2 中国关键带研究在全球地球关键研究中的重要性

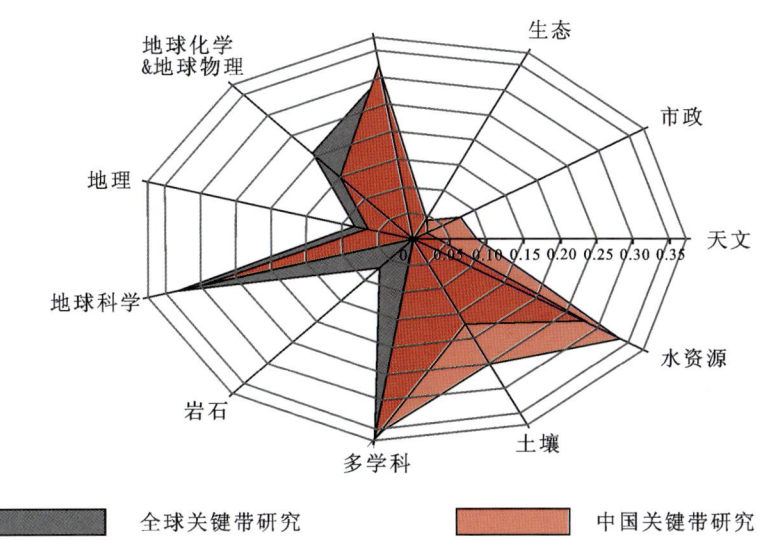

图 8-3　世界和中国关键带科学研究主题与学科分布

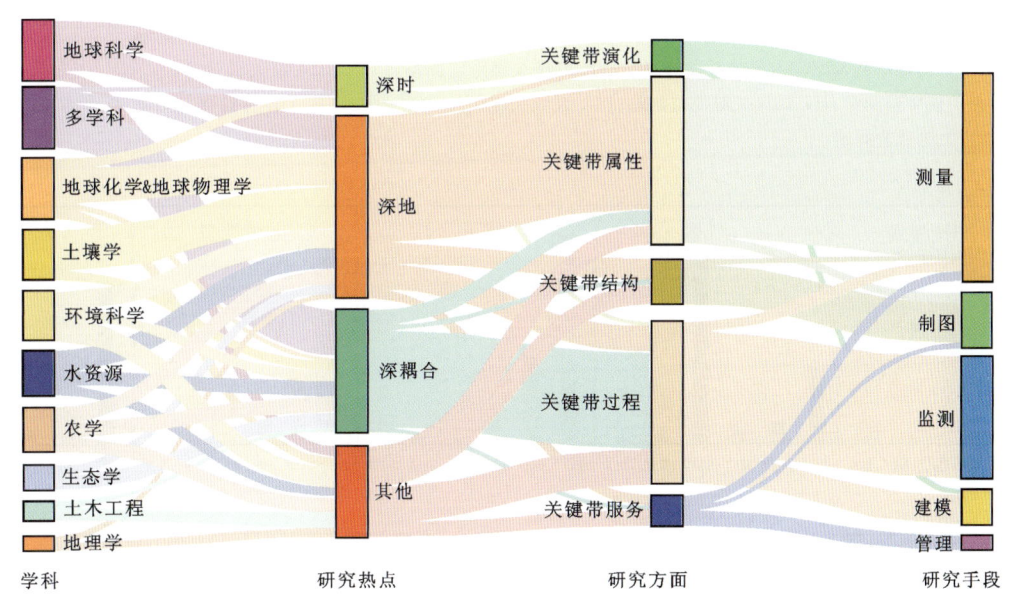

图 8-4　中国关键带研究谱线

取到地理图,以确定中国关键带科学的"热点"。分析可知,中国关键带的热点地区是普定关键带观测站(PD)、黄土高原关键带观测站(LP)和红壤关键带观测站(RS),它们引领了中国关键带研究的发展趋势。虽然根据分布图,关键带研究主要以独立研究开展,关键带观测站并未成为关键带科学的绝对核心,但独立研究所取得的广泛进展代表了来自不同学者和研究机构对关键带的高度兴趣。在环境梯度方面,关键带在中国的研究涵盖了所有类型的气候、地理和土地利用类型(图 8-6),还包括中国典型的人类活动和土壤类型。根据统计分析,中国关键带研究的大部分环境梯度分别为亚热带季风气候、高原、黄土区、混合型土地覆盖和农业活动。关键带研究涵盖的海拔梯度从小于 50m(沿海区)到 3800m(青藏高原)。大部分研究的温度梯度在 15℃ 左右,极端值出现在青藏高原或中国东北的海伦(0℃),气候寒冷;香港开展的地球关键带研究温度最高(22℃),属于热带气候。关键带研究的年降水量在 500mm 和 1500mm,呈现"双峰"模式,而基岩深度呈现出显著的差异。大多数研究的土壤厚度小于 1m,而深度最深的是华北平原(约 600m)。

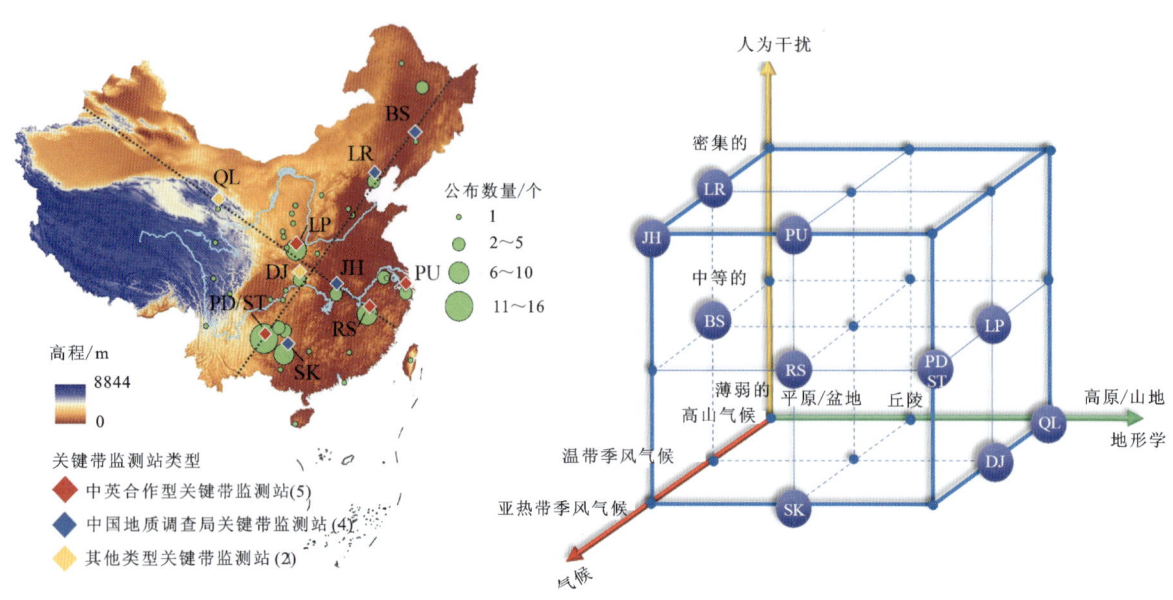

图8-5 中国关键带研究分布、关键带监测站部署以及其环境梯度

PD. 普定关键带监测站；ST. SPECTRA关键带监测站；RS. 红壤关键带监测站；LP. 黄土高原关键带监测站；DJ. 大九湖关键带监测站；QL. 青海湖关键带监测站；JH. 江汉关键带监测站；PU. 周城关键带监测站；LR. 滦河关键带监测站；BS. 黑土地关键带监测站；SK. 西南喀斯特关键带监测站

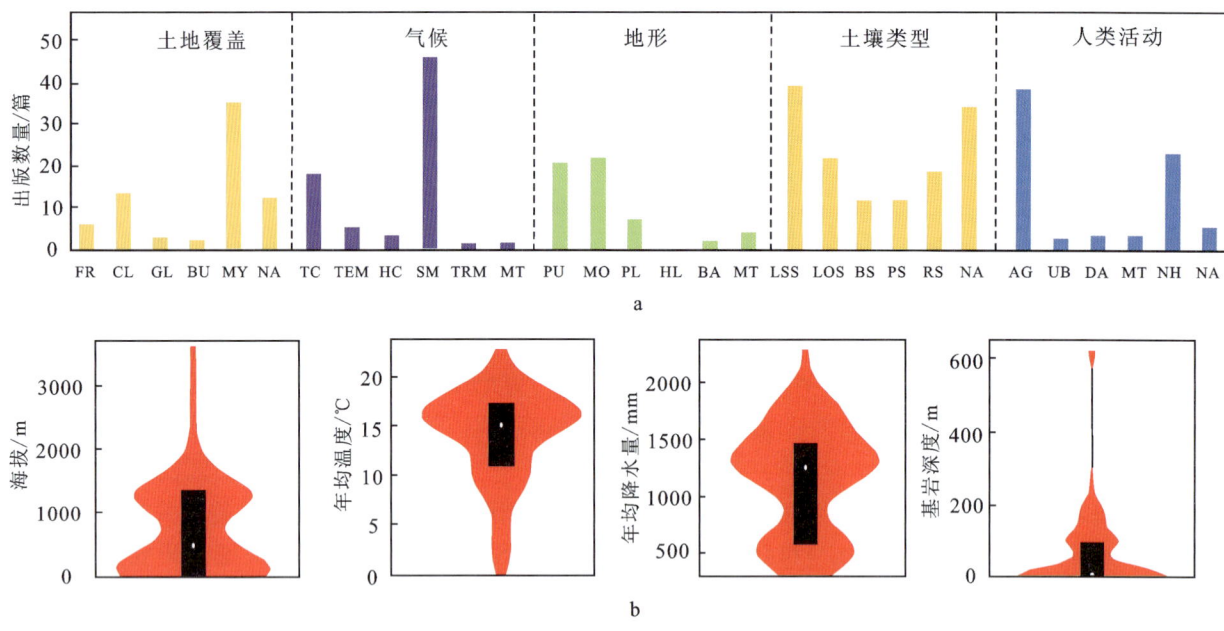

图8-6 中国关键带研究环境梯度分布

FR=forest 林地；CL=corpland 农作物地；GL=meadow/grassland 草地；BU=built-up 建设用地；NA=未知；TC=temperate continental climate 温带大陆性气候；TEM=temperate monsoon climate 温带季风气候；HC=highland climate 高原气候；SM=subtropical monsoon climate 亚热带季风气候；TRM=tropical monsoon climate 热带季风气候；MT=mixed types 混合类型气候；PU=plateau 高原；MO=mountains 山地；PL=plain 平原；HL=hills 丘陵；BA=basin 盆地；LSS=limestone soil 石灰岩区；LOS=loessial soil 黄土高原区；BS=brown soil 灰壤区；PS=paddy soil 水稻土区；RS=red soil 红壤区；AG=agriculture 农业影响区；UB=urbanization 城市建设影响区；DA=daming 大坝工程影响区；NH=no human activity 无人类活动影响

在技术方法方面,中国关键带的研究方法覆盖了在从几秒到千年的时间尺度以及从厘米到千米的空间尺度,且可以进一步分为两类,即可观测方法和扩展方法(图8-7)。可观测方法是可以直接获得样品或数据的方法,包括通过样品采集和实验室中的分析进行一次及多次测量。这些方法在大多数针对土壤和基岩的生物地球化学与物理性质的研究中被广泛使用。传感器用于以强烈的频率连续监测混合和相对均匀的性质,例如土壤含水率。同位素工具用于跟踪水文地球化学过程,包括水文循环的稳定同位素,如稳定碳同位素、氮同位素和铁同位素。一些最先进的同位素工具也被用于关键带研究,例如 ^{222}Rn/^{224}Ra 用于了解山坡中 c-Q(浓度-流量)关系的控制因素。在关键带研究方面,科学家还使用同位素研究地球化学过程,包括风化过程或土壤侵蚀,如放射性 Cs 和 ^{234}U/^{238}U。高通量测序对于关键带研究中土壤或地下水中的微生物群落是必不可少的。此外,一些原位现场实验也被用于关键带研究,如染料追踪和降雨模拟实验及长期农业的田间控制实验,而扩展方法主要是面向直接观测无法获取的技术指标。对于空间维度,使用 ERT 和 GPR 等地球物理工具来描述深部地下结构,这解决了深部关键带难以接近的问题。遥感和 UAV 用于收集区域微地形和水平范围内的植被结构。对于时间维度,目前的关键带已经通过地质演化形成,关键带中记录的这种地质历史可以为预测未来提供科学依据。^{14}C 和 OSL 用于重建古关键带框架。^{14}C 和氚也用于获得地下水年龄以确定关键带的边界和重建关键带地下水的演变模型。Biome-BGC 和反硝化-分解模型(DNDC)用于关键带的营养循环,而混合模型(DT-MM)和 HYDRUS-2D 用作水文学模型,CAST 模型被用于预测长期农业实践中的土壤团聚体变化。

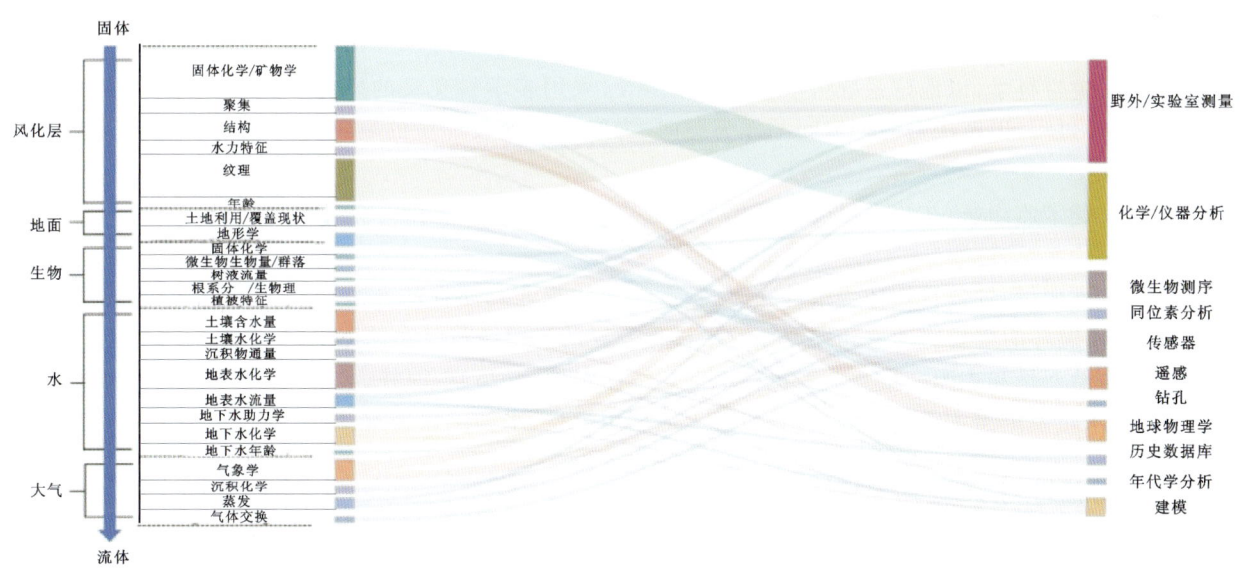

图8-7 中国关键带科学所关注的研究对象及采用的研究手段

三、主要研究内容与目标

基于强烈的社会需求和科研价值,以地球关键带作为主要研究对象的地球关键带科学已经成为目前地球科学领域非常重要的前沿研究方向之一。然而,对地球关键带研究的核心理念、关键问题、研究尺度等都尚未有统一认识。Lin(2010)提出了以"3M"(填图 Mapping、监测 Monitoring、建模 Modeling)作为解决复杂关键带过程的方法体系,而如何将"3M"进一步整合从而形成统一的地球关键带调查、研究范式目前仍需探索。

地球关键带研究的科学目标为:在掌握地质历史时期气候变化驱动的关键带演化进而形成不同尺度上的关键带结构的基础上,重点查明关键带结构的空间非均质性,揭示关键带结构对关键带功能(水、物质、能量的储存与传输)的影响机制,预测关键带功能对未来气候变化和人类活动的响应。

本部分内容以地球系统科学理论为指导，以解决长江经济带复杂的生态环境问题为落脚点，在建立流域地球关键带环境地质调查方法体系的基础上，以长江中游地区为典型区开展地球关键带调查研究示范；开展地球关键带环境地质调查，掌握区域水文地质条件与地下水赋存分布和变化规律，查明地球关键带的三维结构特征，建立流域尺度的地球关键带监测网络，构建基于地质-水文-生态多过程耦合的关键带模型；评价重大水利工程建设对长江中游生态环境的影响，为国家城镇化战略和生态文明建设提供科学依据。

第二节　流域地球关键带理论和方法

一、相关定义

地球关键带：近地球表面的、有渗透性的、介于大气圈和岩石圈之间的地带，由地表岩石、土壤、水、生物、大气相互作用形成的不可分割、有机联系、不断变化的动态系统，具有多时空尺度效应、多过程多要素耦合、高度非均质和界面效应。

流域地球关键带：在区域侵蚀基准面之上、陆表植被顶部之下，受人类活动影响和圈层相互作用强烈的地球表层圈带，控制着土壤的发育、水的质量和流动及其化学循环，影响能源和矿产资源的形成与演化，而且影响并控制着地球表面形貌、自然生境和生命活动。

地球关键带科学：以地球系统科学作为理论指导，采用多学科交叉的研究方法，面向关键带中的物质、能量循环过程，以解决资源环境问题作为导向，为解决近地表环境的复杂资源、环境、生态问题所建立的研究框架。

地球关键带监测站：在流域尺度上聚焦地球表层系统物理、化学和生物过程及其相互作用的野外研究平台。

环境梯度变量：导致自然环境条件在时间、空间上体现非均质性的环境控制因子，是驱动地球关键带水文-物质循环的主要驱动力和导致关键带过程分异的主要变量。在总体上，一个典型流域上的环境变量分为自然变量和人为变量。前者包括地形和第四纪地貌（高原、河谷、盆地、三角洲）、成土母质和土壤类型、降水量及洪涝灾害分布等，后者包括土地利用类型、水利工程分布、城镇化程度等。

二、流域地球关键带边界

地球关键带边界的空间定义是地表植被层顶部到基岩，但该范围过大，在实际工作中往往不以关键带定义的边界作为实际研究边界。此外，不同研究区的地质背景及环境梯度各异，对于具体的研究界限范围目前国内外尚无统一定论。

关于流域地球关键带的研究界限，应重点考虑以下两点：一是地球关键带是由多组分有机联系形成的整体，实现各个组分有机联系是地球关键带过程，因此地球关键带研究应以地球关键带过程的范围作为边界；二是地球关键带是为人类活动提供生境和资源且受人类活动影响的地球表层区域，因此流域地球关键带的调查研究应以人类活动的影响范围或是研究过程所涉及的范围作为边界。

三、六维环境变量矩阵与敏感图幅区的选择

基于研究区域前期的地质调查研究成果，总结区内最典型的环境地质问题。地球关键带是由地表岩石圈-大气圈-水圈-生物圈-人类活动-时间（r-a-w-b-h-t）相互作用形成的不可分割、有机联系、不断变化的动态系统，环境地质问题实质上是地表岩石圈-大气圈-水圈-生物圈-人类活动在不同时间尺度上相互作用的结果。对于不同的环境地质问题，其在地表岩石圈、大气圈、水圈、生物圈、人类活动

和时间尺度上的主控变量(或指标)不同。因此,首先针对调查区内主要的环境地质问题,基于 r-a-w-b-h-t 关系对其解构,筛选出关键环境梯度变量,并构建六维矩阵,如图 8-8 所示。

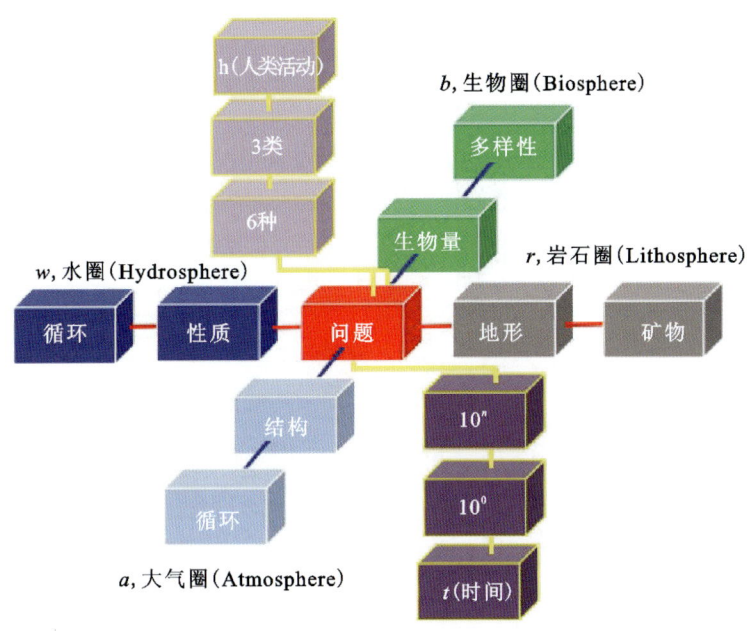

图 8-8 六维环境梯度变量矩阵的构建

六维矩阵公式表达为:
$$Y(环境地质问题) = F(r, w, a, b \cup h, t) \quad (8-1)$$
式中,r 为岩石圈;w 为水圈;a 为大气圈;b 为生物圈;h 为人类活动;t 为时间。

六大一级变量因子相互作用,共同影响环境地质问题,6 个二级变量库特征分别如下。

大气圈:温度、湿度、气压、风速、降水、日照、辐射、云覆盖度、能见度、$O_3/CO_2/O_2/SO_2$ 等。

水圈:水量、水质、水位、流速、水温、DO、pH、ORP、TDS、特征组分、蒸发量等。

岩石圈:高程/埋深、年龄/暴露时间、岩性、容重、空隙度、粒径、坡度、矿物、渗透系数、凝聚力、内摩擦角等。

生物圈:生物量、多样性指数、初级生物生产力、酶活性、微生物数量、蛋白质、光合作用、蒸腾量、根系等。

人类活动:包括 3 类,一是工业活动如采掘、能源、冶炼、加工、制造等;二是农业活动,如种植业、畜牧业、林业、渔业等;三是城镇活动如商业、交通、社区、科教、供水、垃圾与排污等。

时间:地质时间、地下水贮留时间、生物地球化学反应时间等。

r-a-w-b-h-t 六维矩阵的三级变量因子为二级变量因子下的具体指标,根据所要研究的问题来选取,并用数值来表示。

根据国家标准 1∶5 万分幅方法,对平原地区进行网格式划分。在 1∶5 万图幅划分的基础上,选取典型的环境变量,构建六维环境梯度变量矩阵,并在 1∶5 万图幅分别进行属性赋值,对定量数据进行标准化(区间赋值),定性变量采用模糊量化方法进行处理(构造模糊隶属函数:偏大型柯西分布和对数函数)。评价因素一般分为 5 个等级,即 A、B、C、D、E,将 5 个等级依次对应为 5、4、3、2、1。为连续量化,取偏大型柯西分布和对数函数作为隶属函数:
$$f(x) = \begin{cases} [1+\alpha(x-\beta)^{-2}]^{-1}, & 1 \leqslant x \leqslant 3 \\ a\ln x + b, & 3 < x \leqslant 5 \end{cases} \quad (8-2)$$
式中,α、β、a、b 均为待定常数。

根据拟合的隶属函数,在各个图幅进行 6 个三级环境变量赋值,再基于空间方差聚类方法,采用

K-MEANS方法对各图幅数据进行归类处理,然后通过层次分析后的相似度识别特征环境变量的敏感区,最终确定调查工作的部署区域。

四、地球关键带结构的调查与表征

将地球关键带结构调查分解为垂向上5个界面的调查,即大气-植被界面、植被-土壤界面、包气带-饱水带界面、弱透水层-含水层界面、含水层-基岩界面,以及面与面之间4个立方体的调查,简称"五面四体"调查。对各个界面和各个立方体筛选出共性指标和特征指标,其中共性指标是解决所有环境地质问题均需要用到的指标,而特征指标是针对某个具体环境地质问题需用到的指标(图8-9)。

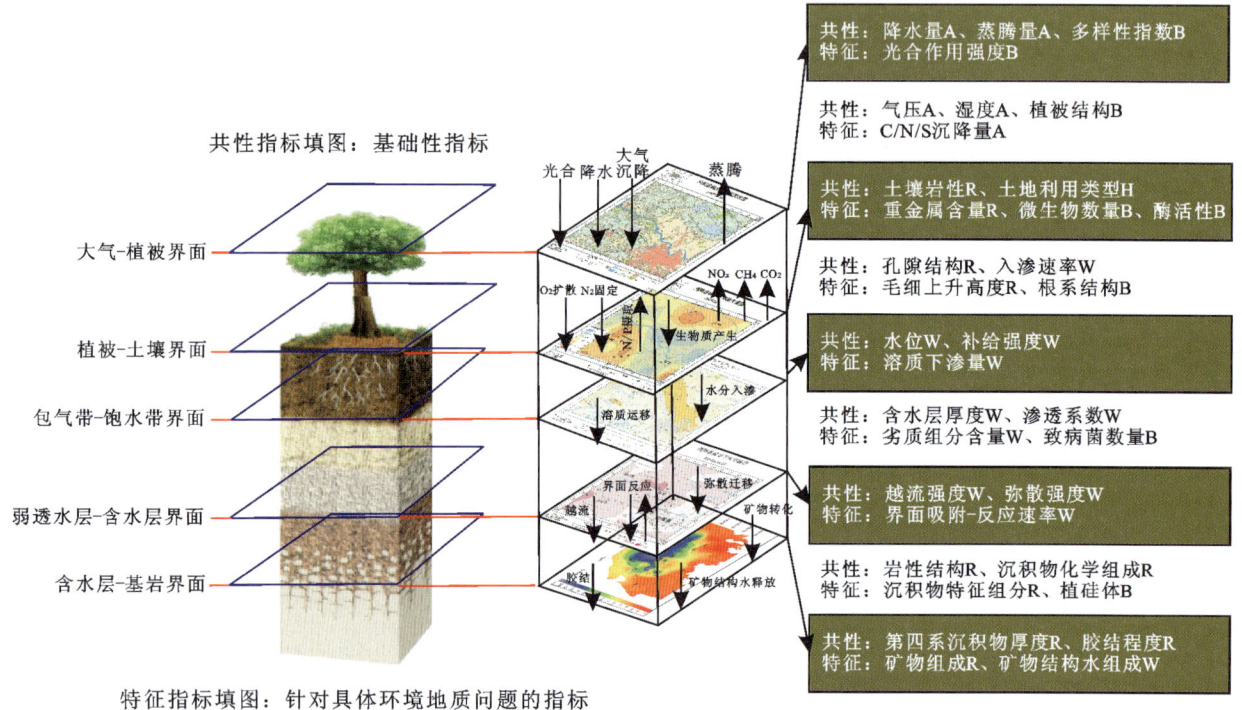

图8-9 地球关键带"五面四体"结构的表征指标体系

(一)大气-植被界面结构

大气-植被界面结构的调查主要通过遥感技术来实现,主要包括以下几个步骤。

1. 遥感数据预处理

遥感数据预处理一般需要进行几何核正、配准、融合等预处理和数值增强处理。

由于卫星姿态等原因导致原始遥感图像有一定的畸变,为了满足调查精度要求,需要进行遥感数据的几何精度校正。根据精度要求,可选择采集控制点或利用地形图进行纠正。为了进行多光谱和多时相遥感数据分析,需要进行波段间的数据配准和融合处理,这也称为遥感数据预处理。根据遥感解译的技术要求,利用专门的遥感图像处理软件进行数值增处理,常用的处理方法有比值、拉伸、滤波、变换和主成分分析等。

2. 遥感解译

将处理好的遥感数据,在GIS软件支持下在室内开展计算机辅助遥感解译。首先,根据地质信息先检或经初步野外踏勘建立遥感解译标志,利用解译标志在计算机屏幕上进行目视解译,对于标志准确、唯一性强的影像,可以采用计算机自动解译,以提高工作效率。在解译过程中要做好疑问图斑的记录以备野外核实和重新建立标志。在解译过程中要充分利用已有地质信息建立解译标志和进行综合解译。室内解译的主要内容如下。

地貌解译:利用遥感影像的宏观视角,解译地貌基本轮廓、成因类型和主要微地貌形态组合及水系分布发育特征,判定地形地貌、水系特征与地质构造、地层岩性及水文地质条件的关系。

第四纪地质解译:利用高分辨率的多光谱影像解译第四系堆积物的岩性。根据影像上的色调和纹理特征,解译不同的岩性类型,一般可以区分砾石、砂和黏土三大类。根据影像上地质体所处的地形部位和影像特征,推断地质体的成因,可以区分出残积、坡积、坡洪积、冲洪积、冲积和湖积等。根据影像上地质体的相互叠置关系,参考已有地质资料可以推断地质体的形成年代,以此来推断更新统和全新统的分布。

水文要素解译:圈定地下水溢出带的位置,以及河流、湖泊、库塘、沼泽、湿地等地表水体及渗出带的分布,确定古(故)河道变迁、地表水体变化。

地表环境解译:解译与地下水开发利用有关的地质环境问题、水环境问题和生态环境问题,重点解译土地利用、地表水体及污染情况、污染源分布、地面塌陷、地裂缝、植被分布的现状及其变化等。

生态环境参数解译:可采用遥感数据解译计算土壤含水量、蒸发量等参数。

3. 野外验证

将室内初步解译成果打印出图,带到野外进行实地验证,并对疑问图斑在现场重新建立解译标志,野外验证工作量要满足设计规定的比例要求,一般按野外验证率和正确率两项指标进行衡量。

4. 室内综合解译

将野外核实后的解译成果再次带回到室内,根据核实情况,通过进一步的分析,最终确定解译成果,并编制成图。

(二)植被-土壤界面结构

植被-土壤界面结构的调查内容主要包括生态植被调查和土壤生物地球化学调查。

1. 生态植被调查

基于1∶5万图幅的工作量定额来划分调查网格,开展植物多样性调查。调查应覆盖区域内各种植被类型,并布设在植物生长旺盛的典型地段。陆生植物调查路线应注意覆盖调查区域内不同的海拔段、坡位、坡向、生境,并尽量覆盖更多网格。森林、灌丛类型的调查线路每条长度为5~10km,湿地类型的调查线路每条长度为2~5km。

重点物种详查采用样方法,调查样方按照典型取样原则,布设在重点调查物种及其群落的集中分布区。对罕见、稀有、种群数量稀少的种类,在调查区域内发现到的所有分布点均应布设样方。对于分布较广泛的种类,在调查区域内每种目标物种调查的总样方数不少于15个。

2. 土壤生物地球化学调查

1) 土壤结构调查

探讨不同土地利用、不同包气带厚度及岩性浅层地下水的入渗补给、蒸发规律与包气带污染物迁移转化规律。在调查图幅内选择2~3个典型区(水位埋深3m以上)投放示踪剂(饱和NaBr溶液),每个典型区考虑不同岩性结构、水位埋深、土地利用方式等投放示踪剂3~4处,采用一次投放多次(3~5次)取样,投放深度根据研究需要设置,一般投放深度为1.2m。同时,在各典型区开展包气带入渗试验(Guelph入渗仪),计算土壤饱和渗透系数。

根据水文地质条件和土壤地球化学特征,在图幅区选择3~5个点开展包气带岩性及厚度调查与取样,结合物探资料,揭示包气带-浅部含水系统结构特征。当水位埋深较深时,采用机钻取样,钻探深度达到地下水面以下,详细分层和取样;当水位埋深较浅时,人工挖剖面到2m深度(剖面长约1.5m,宽1m),进行人工详细分层、描述并拍照,并现场测试土壤含水量(便携式土壤水分测试仪),取样间隔约为20cm,样品重量约为500g,主要用于土壤粒度、易溶盐和特征组分分析。同时,剖面按不同岩性取原状样,测试土壤孔隙度、干密度、饱和或非饱和渗透系数、水分特征曲线等参数。

2)土壤生物地球化学调查

(1)采样点预处理,用铁锹铲除采样点表层土壤,并用铁锹铲出一个45°角采样坑,坑深30cm左右。

(2)土壤地球化学及土壤微生物DNA采样,使用灭菌过的采样勺(明火灼烧)取采样坑斜面5~15cm处未受污染过的土壤,分别装入土壤地球化学采样管(50mL,未灭菌)及微生物DNA采样管(15mL,灭菌)中,缠好封口膜后,土壤地球化学采样管放置于冷藏箱中保存,微生物DNA采样管放置于干冰冷冻箱中保存。

(3)分析指标:土壤化学指标为SiO_2、Al_2O_3、TFe_2O_3、MgO、CaO、Na_2O、K_2O、N、P、S、Se、Cl、F、Cd、Hg、Pb、As、Zn、Cu、Cr、Ni、K、Na、Ca、Mg、Fe、Mn、Al、pH、TOC、CEC、Eh 以及易溶盐与颗分等。土壤微生物分析包括生物量、微生物群落结构多样性及测序分析。

(4)测试方法:根据测定对象的不同,常有以下几种方法。

土壤理化性质的测定:土壤pH采用1:2.5水土比的悬浊液测定;土壤有机质采用重铬酸钾外加热法测定;土壤电导率采用1:5水土比测定;土壤阳离子交换量的测定采用乙酸乙铵法。

重金属测定:测定土壤重金属全量采用$HF-HNO_3-HClO_4$三酸消解法,用ICP-MS测定浸提液中重金属的含量;全量测试利用标准土进行质量控制,各批次测试均设置平行样。

土壤微生物群落多样性测定:采用变性凝胶电泳和基因克隆文库系统进化定量PCR分析。

(三)包气带-饱水带界面结构

包气带-饱水带界面结构的调查内容主要包括包气带厚度、结构及相关特征参数。

包气带-饱水带界面结构调查方法与"(二)植被-土壤界面结构"中"2.土壤生物地球化学调查"的"1)土壤结构调查"相同。

(四)弱透水层-含水层界面结构、含水层-基岩界面结构

弱透水层-含水层界面和含水层-基岩界面结构的调查主要通过传统水文地质调查结合地下水生物地球化学调查来实现。

1. 水文地质物探

按如下原则进行布置:①地面物探布置应根据待查的水文地质条件而定,应重点布置在水文地质测绘难以判断而又需要解决问题的地段、钻探试验地段或钻探工作困难地段;②应根据需要解决的地质、水文地质问题,结合测区地形地物条件,合理布置物探测线;③物探剖面方向应垂直于勘查对象的总体走向或沿着水文地质条件变化大的方向;④发现异常应加密探测点,以确定异常性质或异常区范围;⑤物探剖面位置应与水文地质剖面线基本一致。

地面物探可分为剖面勘查与重点地段勘查:①剖面勘查,以查明宏观性地层结构、地质构造发育特征、地质单元边界等地质条件为主,宜在电磁测深法、电阻率测深法、瞬变电磁法或浅层地震法中至少选择一种;②重点地段勘查,以详细查明地层结构、地质构造发育特征,划分含水层与隔水层,确定咸淡水界面,判断含水层富水性等水文地质条件为主,宜根据工作目的与方法勘查能力选择两种及以上方法。野外工作结束并经过验收后,单独提交物探报告,并附上各种物探平面图、剖面图、物探解释推断的水文地质平面图和剖面图。

2. 水文地质钻探

(1)孔深。应根据主要含水层组的底界埋深确定,一般宜穿过目标含水层底板3~5m。

(2)孔径。应根据钻孔类型、水文地质条件、预估水量、钻进工艺方法、含水层岩性、填砾要求、过滤管类型及孔深等因素综合确定:①抽水试验孔过滤器骨架管的内径,松散地层宜大于200mm;②基岩地层不安装过滤器骨架管的抽水试验孔井径,应根据含水层的富水性和设计出水量确定,不宜小于150mm;③抽水试验观测孔过滤器骨架管的外径,不宜小于100mm;④填砾过滤器的滤料厚度应根据含水层的岩性合理确定,宜75~150mm。

(3)岩芯采取。应满足下列要求:①松散地层取出的样品应能准确反映原有地层的颗粒组成;②完整基岩段岩芯采取率不低于70%;③取芯特别困难的巨厚(大于30m)卵砾石层、流沙层,顶、底板界线应清楚,并取出有代表性的岩样。

(4)样品采集。应按钻孔设计书的要求采取地下水、岩、土等样品。

(5)施工与成井。松散层地区具有多个含水层或者具有大厚度含水层时,宜采用管外分层(段)填砾、分层(段)止水的方法成井。

3. 地下水生物地球化学调查

1)地下水水质调查

依据地下水补给、径流、排泄分带规律,沿地下水径流方向按水化学剖面采取样品。水文地质观测点(机井、民井、泉及地表水体)应采集简分析水样,其中30%~45%的代表性水点应采集全分析水样;集中供水水源地的代表性水源井应采集全分析水样;抽水试验孔(井)应分层或分段采集全分析水样;地下水动态监测点初次观测时应采集全分析水样,观测期内应定期采集简分析水样;地方病(地方性甲状腺肿、牙齿斑釉症、恶性肿瘤、地方性砷中毒等)分布区、癌症高发区、地下水污染区增加采集专项成分分析水样。水质分析项目包括以下4种。

(1)现场分析:水温、颜色、浑浊度、嗅和味、电导率、Eh、pH、溶解氧等。

(2)简分析:Ca^{2+}、Mg^{2+}、Na^+、K^+、NH_4^+、Cl^-、SO_4^{2-}、HCO_3^-、CO_3^{2-}、NO_2^-、F^-、$As(Ⅲ)$、$As(V)$、硬度、TDS、游离CO_2等。

(3)全分析:在简分析项目基础上增加Fe^{2+}、Fe^{3+}、Mn^{2+}、Hg^+、Al^{3+}、Zn^{2+}、Cu^{2+}、Pb^{2+}、Cr^{6+}、Cd^{2+}、I^-、Br^-、PO_4^{3-}、可溶性SiO_2、耗氧量(COD)和高锰酸盐指数。

(4)专项分析:生活饮用水源地增加毒理学指标、细菌学指标分析;在放射性高背景值或高异常地区应增加放射性元素含量或指标分析;工矿、城镇、农灌区及其附近地下水已受污染或可能受污染的地区应增测与工矿、城镇等"三废"排放和使用农药、化肥等有关的有害、有毒物质和组分分析;地方病区水质分析,应增加可能与地方病有关的特殊项目和微量元素分析。

2)地下水微生物调查

对地下水中的微生物进行富集,通常使用过滤的方式富集微生物,具体方法为:准备滤盘10cm的大号过滤器一套;灭菌滤膜(孔径0.22μm,直径10cm,醋酸纤维膜)若干(通常一个样品使用一张),镊子两把,酒精棉球(75%)、无菌水、灭菌离心管(50mL)若干等;采集地下水样品5~10L,现场过滤(如果野外条件不允许,可先将装有水样的容器不留顶空密封,4℃保存,然后当天过滤);过滤富集,首先将滤盘等可擦拭到的过滤器内部使用酒精棉球擦拭,接着用无菌水冲洗(重复3次),再将无菌水和目标水样先后通过整个过滤器内部(润洗),然后用无菌的镊子将滤膜放置在滤盘上,用无菌水将滤膜打湿并紧密贴合在滤盘上不留气泡,最后组装好过滤器并启动,将水样全部通过滤膜,此时微生物样品保留在滤膜上,而过滤出的水样可以舍弃;样品保存,将过滤器拆卸开,可明显观察到滤膜上的残留物质,使用无菌镊子立即将滤膜卷起,然后装入灭菌离心管(50mL)中(装入前吹入氮气将离心管中的空气排出),4℃保存,最后运回实验室后在-20℃下保存。

对细菌进行计数,方法可分为间接培养计数法和直接计数法。间接培养计数法是通过选择性培养基,在适宜的培养条件下对样品中的细菌进行培养,然后进行活细菌的计数,主要包括平板菌落计数法、最高概率计数法(Most Probable Number,简称 MPN 法)等。直接计数法是适时、快速、准确地测定细菌总量,主要包括光学显微镜、荧光显微镜等技术、最高概率数-聚合酶链式反应法(Combined the Most Probable Number with Polymerase Chain Reaction,简称 MPN-PCR 法)、浑浊度(比浊)计数法、电阻抗法以及流式细胞仪测定法等。间接培养计数法是传统的细菌计数方法,都是通过稀释培养间接对样品中细菌的数量进行估算,过程耗时长,工作量大,并且得到的是可培养细菌的估算值。平板菌落计数法为暴露在空气中培养,主要用于好氧细菌的计数,而地下水环境中的细菌通常为厌氧型,因此该方法并不适用于检测地下水样品中的细菌数量。

提取 DNA 采用强力水样 DNA 提取试剂盒(PowerWater® DNA Isolation kit),所有操作均在无菌操作台中进行。实验步骤为:用无菌的小剪刀将富集微生物的滤膜剪碎,把滤膜放到 5mL PowerWater® Bead Tube 中,另做一空白提取对照;往 PowerWater® Bead Tube 加入 1mL PW1 溶液,不大于 4000g,振荡 5min;其中 PW1 溶液使用前 55℃预热 5~10min,使用前检查 PW3,若有沉淀则 55℃水浴 5~10min;使用 1mL 枪头深入到研磨珠底部吸取上清液,并转移到一个干净的 2mL Collection Tube(试剂盒提供)中,13kg 离心 1min;避开沉淀,转移上清液到一个干净的 2mL Collection Tube(试剂盒提供)中,加入 200μL PW2,稍微涡旋混匀,4℃孵育 5min,13kg 离心 1min;避开沉淀转移上清液到一个干净的 2mL Collection Tube(试剂盒提供)中,加入 650μL PW3,涡旋混匀;加载 650μL 上清液到一个 Spin Filter 中,13kg 离心 1min,弃去滤液,重复上述步骤直到过滤完所有上清液;把 Spin Filter 放到一个干净的 2mL Collection Tube(试剂盒提供)中,加入 650μL PW4,13kg 离心 1min;弃去滤液,加入 650μL PW5 溶液,13kg 离心 1min;弃去滤液,13kg 离心 2min,充分甩干冲洗液;把 Spin Filter 放到一个干净的 2mL Collection Tube(试剂盒提供)中,加入 100μL PW6 到离心柱白色滤膜中心,13kg 离心 1min,弃去离心柱,得到的 DNA 在−20℃保存,此时 DNA 可直接用于下游实验,无需进一步处理。

通过 PCR 扩增、PCR 产物定量和混样、文库构建、文库质检与测序,分析微生物群落的多样性及不同菌属的相对丰度。

五、地球关键带监测与界面通量估算

为获取地球关键带垂向五大界面和横向一大界面水文通量与物质通量的动态变化,选取与界面水循环、物质循环密切相关的指标开展监测工作,监测频率根据具体研究问题而定。

大气-植被界面:降水量、蒸散量、气温、温室气体分压。

植被-土壤界面:温室气体通量、土壤水化学、土壤水负压、含水率、土壤呼吸速率。

包气带-饱水带界面:水位、水化学指标、地下水流向/流速、微生物丰度、氢氧同位素、碳氮同位素。

弱透水层-含水层界面:孔隙水化学、营养元素通量、微生物量、物质释放通量。

含水层-基岩界面:水位、水化学指标、地下水年龄、溶质下渗通量。

地表水-地下水界面:地下水-地表水交换量、水化学、氢氧同位素、碳氮同位素。

在建立关键带时间框架、结构框架的基础上,选择典型区域建立地球关键带监测站点,以关键带水循环及其所驱动的物质、能量循环为主要研究对象,进行场地尺度关键带多水平、高密度动态监测,重点关注地球关键带典型界面的水文-物质循环过程。

作为高密度关键带观测的主要手段,关键带场地观测是工作部署中的重点。关键带场地监测应遵循以下 3 个原则。

(1)场地建设方案应以小尺度、高密度为原则。监测场地设计范围应该以小尺度、高密度为宜,提供对关键带过程的高精度观测,否则应采取高频采样而非关键带监测。在场地尺度高密度布设监测设备和实物工作量,获取关键带多个过程的大数据,从而进一步精细刻画地球关键带的场地结构和关键带过程,避免图幅尺度面上开展。

(2) 场地监测对象应以多样化、系统性为原则。关键带是多个圈层交互作用所形成的动态变化、有机联系的整体。实现各个圈层有机联系是关键过程。在关键带范围内研究水文循环过程及生物地球化学过程,应对水(地下水、地表水、土壤水、大气水)、土(土壤、沉积物)、气(土壤气、大气)、生(水、土微生物)进行多样化、系统性监测。

(3) 场地监测频率应以长期化、高精度为原则。综合考虑气候特征和水文情势,以及人类活动影响的长期效应和滞后效应,关键带场地监测应以水文年作为监测周期,并保证长期监测。水位、水温自动化监测探头和小型气象站设备应保证每小时进行监测,高频取样监测应至少保证每3个月或不同水期(丰、平、枯)的监测频率。此外,在极端气候(暴雨、洪水)发生后也应进行监测。确保对地球关键带进行长期化、高精度的刻画。

关键带多水平监测技术主要通过不同深度的多水平监测井、包气带监测孔,对地下水、土壤水水化学和水位等进行动态监测;沉积物原状样品采集-分析技术主要通过钻探获取原状沉积物,进行无扰动条件下的沉积物采集。关键带多水平监测技术的监测手段和监测频率要求具体见表8-1。

表8-1 地球关键带监测技术方法与要求

监测对象	监测指标	监测手段	监测频率
地下水、土壤水	地下水水位	地下水水位监测井(20m、5m)、关键带多水平监测点(50m、20m、10m、5m)	日尺度
	地下水水化学组分	关键带多水平监测点(50m、20m、10m、5m)	月度或季度
	土壤水负压	土壤负压计(1.5m、1.0m、0.5m)	月度或季度
	土壤水水化学	土壤水采样器(1.5m、1.0m、0.5m)	月度或季度
	土壤含水率	TDR探头	日尺度
	地下水流速、流向	地下水流速流向仪	月度或季度
气象指标及大气水	降水量、蒸发量	小型通量塔	日尺度
	气温	小型通量塔	日尺度
	雨水水化学	雨量计、室内分析测试	月度或季度
沉积物及土壤	矿物组成、化学组成、粒度、重金属和有机碳等	GEO-PROBE钻机	月度或季度
	土壤剖面结构	包气带剖面观测点	月度或季度
地表水	地表水水化学	室内分析测试	月度或季度
	流量、径流深度等	待定	月度或季度
气体	地表-大气界面气体通量	静态气体箱	月度或季度
	土壤剖面气体含量	DIK-5212土壤气体采样器	月度或季度
微生物	微生物类型	高通量测序	月度或季度
	土壤酶含量	化学提取法	月度或季度
其他	场地三维结构	三维激电仪	一次性
	场地地质、水文地质结构	GEO-PROBE钻机	一次性
	场地、微地貌及地表三维建模	无人机及CCD相机	一次性

一次性采样监测：沉积物及土壤矿物组成、化学组成、粒度、重金属和有机碳等的采集于场地关键带多水平监测点建设阶段随钻探工作一同进行；场地地质、水文地质结构、地表植被建模等于场地建设初期进行。

月度和季度采样监测：土壤剖面矿物组成、化学组成、粒度、重金属和有机碳，地下水水化学组分、土壤水负压、土壤水水化学、地下水流速流向，微生物类型和土壤酶含量，按照丰水期、平水期、枯水期进行季度采样。

日尺度监测：降水量蒸发量、气温、地下水水位与常规参数、土壤水含水率等，采用传感器法或通量塔进行场地动态监测（2h/次）。

六、地球关键带模拟与预测

地球关键带建模是开展机理研究、定量评价、预测关键带演化的手段，关键带建模对填图、监测获得的空间数据与监测数据进行整合，对过程进行耦合模拟，对于深化对关键带形成与演化的科学认识具有重要作用。关键带中发生的复杂物理、化学和生物过程相互耦合使其成为不可分割、有机联系、不断变化的动态系统。按照其性质与作用，这些过程大致可分为3类，即生态过程、生物地球化学过程和水文过程。为精确理解关键带演化，多过程耦合将成为未来关键带科学研究的核心趋势。主要研究方向包括包气带-饱水带水文过程耦合模型、水-土-作物系统水分和特征元素迁移转化模型、水文-生态过程的耦合模型及多尺度流域水文-生物地球化学过程耦合模型4个方面。

1. 包气带-饱和带水文过程耦合模型

通常有两种做法将包气带与饱和带的水文过程耦合在一起：一种做法是把包气带方程与地下水方程耦合在一起；另一种做法是把包气带和饱和带作为一个统一的系统，采用三维Richards方程从机理上描述土壤与地下水水流和溶质运移，如SWMS_3D模型和FEMWATER模型。

2. 水-土-作物系统水分和特征元素迁移转化模型

根据土壤剖面水分和特征组分分布特征及土壤岩性参数和溶质运移参数，建立典型剖面水-土-作物系统水分和特征元素的迁移转化模型，揭示水分特征元素在剖面上的迁移转化规律。

3. 生态-水文过程耦合模型

通常将植物生长模型与水文模型耦合建立生态水文模型，以定量刻画植被生长与水文变化的耦合过程，分析全球变化对流域生态-水文过程演变的影响机制。BEPS-TerrainLab模型在DSHVM模型基础上耦合生物地球化学循环模型BEPs建立流域水文模型，可用于碳循环与水循环耦合的基础和应用研究；RHESSys生态水文模型以水文模型TOPMODEL为基础，考虑植被对水文过程的作用，耦合碳循环过程Biome-BGC模型和氮循环过程Century模型，可以用来模拟关键带水、碳、氮的耦合循环；生态水文模型tRIBS-VEGGIE对区域关键带生态-水文过程进行模拟，可模拟复杂地形背景下河流盆地植被生长动态变化过程与水文变化过程。

4. 多尺度流域水文-生物地球化学过程耦合模型

通过对地下水流场、物质和能量（温度）交换的观察，场地水动力和生物地球化学过程控制实验的结果将共同揭示关键带的主要水文生物地球化学过程。通过基于机理的理论和分析，来建立这些主要过程的数学模型，主要的过程模型应包括地表水流动、饱和带和非饱和带地下水流动、植物根系诱导的土壤水再分配、植物的蒸腾和蒸发、热量传导、多组分化学成分在土壤和沉积物中的迁移转化、微生物生长和降解作用等。这些过程将通过物质、能量和动量守恒与化学和生物化学动力学相结合的原理,来共同建立场地尺度、流域尺度的水文和生物地球化学耦合模型。定量的场地观察和实验数据将用来校对图幅场地尺度的耦合模型与估算模型参数,多幅场地尺度的观察用来验证流域尺度的耦合模型。

第三节 长江经济带关键带调查示范

一、长江中游的典型性

长江中游处于第一、第三阶梯的过渡带,流域面积约68万km^2,约占全国淡水面积的50%。长江中游包含两个世界瞩目的水利枢纽工程——三峡工程和南水北调工程,我国最大的两个淡水湖泊——洞庭湖和鄱阳湖同时也是长江流域重要的"蓄洪池""沉沙池""净化池"和"生物栖息地",整个岸线最险峻的河段为荆江段。因此,长江中游地球关键带调查研究的关键在"两库-两湖-一岸"。在"两库-两湖-一岸"这一长江流域关键区段,随着大型水利工程的兴建、大规模围湖造田的开展和强烈工农业活动的进行,生态环境开始恶化,主要问题可概括为三大类:①水资源问题,主要包括洪涝灾害、湿地萎缩;②污染问题,主要包括地表水污染、地下水质异常、土壤与底泥污染;③生态问题,即生境退化与生物多样性锐减。

在长期构造沉降缺乏泥沙沉积的条件下,长江中游的洪灾威胁将随时间推移日益严峻。长江中游洪灾频发的根源突出地表现在洪水来量与泄流能力之间的不平衡,各河段的安全泄量远远不能承泄上游干流和中下游支流的洪水来量,导致洪水威胁十分严重。据历史记录记载,自1153年以来,宜昌流量超过$80\,000m^3/s$的有8次,超过$90\,000m^3/s$的有5次,其中最大的一次为1870年的$105\,000m^3/s$。目前,虽经过多年来对堤防的加高加固及河道整治,长江中下游各河段的安全泄量较以往有所扩大,但荆江段和城陵矶附近的安全泄量仍只有$60\,000m^3/s$左右,汉口约$70\,000m^3/s$,湖口以下约$80\,000m^3/s$。巨大的洪水来量与河道宣泄能力不足的矛盾仍然十分突出,防洪形势非常严峻,如遇特大洪水,仍要分蓄超额洪量。

长江中游区河流型和湖库型湿地面积共计$15\,837.80km^2$。其中,河流型湿地面积约$4\,836.82km^2$,湖库型湿地面积约$11\,000.98km^2$。长江中游河流型和湖库型湿地面积占中游区总面积的比例为2.33%。近几十年来,受大规模围湖造田和大型水利工程修建的影响,长江中游湿地面积持续萎缩,其中湖泊面积由1949年的$25\,828km^2$减少到现在的$10\,493km^2$,鄱阳湖面积由$5053km^2$降为$3283km^2$,江汉湖群面积已从$8330km^2$下降到$2270km^2$。

在自然条件和人类活动的影响下,长江中游的地表水、地下水和土壤污染问题亦日趋严重。在江汉-洞庭平原,受天然水-岩相互作用的影响,地下水原生异常(As、Fe、Mn等)问题突出,特别是广大的农村居民面临着水质型缺水问题。洞庭湖水质整体呈下降趋势,水体富营养化日趋严重,湖水体主要污染物为TN和TP,$p(TN)$和$p(TP)$年均值分别为$1.08\sim1.93mg/L$和$0.026\sim0.203mg/L$。氮、磷等营养盐滞留系数增大,改善了藻类生长的水下光照条件和水动力条件,加剧了富营养化和水华风险。数据分析显示,洞庭湖全湖综合营养状态指数(ΣTLI)近20年缓慢上升,且三峡水库运行后,ΣTLI值加速上升。洞庭湖底部沉积物的重金属污染非常严重,主要的污染组分包括Cr、Cu、Zn、Pb、Cd、Hg和As,各种重金属的平均含量均超过了对应的背景值,其中Cd和Hg平均含量达到背景值的14.1倍和3.3倍;湖区Sb元素在资江入湖口沉积物中含量已积累到15×10^{-6},达到背景值16倍以上。鄱阳湖底部沉积物的重金属污染也较为严重,主要污染组分包括Pb、Cd、Cu、Zn、Cr和Ni,各种重金属平均含量均超过了对应的背景值,其中Cd和Cu平均含量达到背景值的6.1倍和3.1倍。

两湖湿地可利用资源丰富,特别是区内的渔业资源、野生动植物资源、景观资源等。例如洞庭湖湿地有沼泽植物、水生植物 1400 多种,为 216 种鸟类和其他野生动物提供了良好的栖息地,包括 30 余种珍稀濒危物种。鄱阳湖湿地有鱼类 120 多种,鸟类 310 种,已记录浮游植物 154 属和浮游动物 205 种。然而在水循环变化及环境污染的共同影响下,两湖湿地内的生物栖息地退化、生物多样性锐减等问题也日趋严重。例如 10 余年来洞庭湖整体渔获量比 1996—2000 年平均减少 41%,鱼类种群和数量大幅减少,许多珍稀濒危水生动物如中华鲟、白鲟、江豚、白鱀豚等种群数量减少,有些几近灭绝。鄱阳湖鱼类物种数有下降趋势,1980 年以前,鄱阳湖已记录鱼类 117 种,1997—2000 年,记录鱼类 101 种,四大家鱼、赤眼鳟等逐年减少,甚至面临绝迹。鄱阳湖湿地植被生物量也出现了下降,洲滩薹草群落冬季(11—12 月)生物量,1965 年为 $2500g/m^2$,1989 年为 $2416g/m^2$,1993—1994 年调查为 $1716.7g/m^2$,2007 年调查为 $1600g/m^2$,40 多年时间下降了约 $900g/m^2$。

以上这些问题关乎整个长江流域生态文明建设的成败,因此针对"两库-两湖-一岸"这一关键区段的关键问题,迫切需要开展相应的地球表层系统综合调查研究。

二、长江中游地球关键带边界识别

通过对江汉平原不同层位的地下水进行采集,基于水位动态监测、地下水测年和水文地球化学等结果,揭示了不同层位的地下水循环与水质特征:①浅层潜水含水层与地表水相互作用强烈,更新时间短,含有较高含量的人为来源污染物,包括 Cl^-、SO_4^{2-}、NO_3^-、有机物等;②中层承压含水层上部更新时间在 40~80 年之间,较高含量的人为来源污染物仅在少数地下水井中发现,而普遍含有较高含量的地质来源劣质组分,包括砷、铁、锰、氨氮等;③中层承压含水层下部更新时间在 2000~3000 年之间,与该含水层上部在垂向上的水力交换很弱,因此人为来源污染物和地质来源劣质组分的含量均显著降低;④深层承压含水层更新时间约在万年尺度,人为来源污染物和地质来源劣质组分的含量进一步降低。

由此可知,浅层潜水含水层和中层承压含水层上部参与地球关键带过程最活跃,受人类活动的影响最强烈。此外,这两个含水层也是目前研究区内主要的供水含水层和开采层。因此,在垂向上应以中层承压含水层上部作为地球关键带过程观测的下边界,而第四系底界(250~280m)范围则是开展垂向上关键带形成过程与沉积环境演化研究的理想边界(图 8-10)。

三、长江中游敏感图幅区选择

环境梯度是驱动地球关键带水文-物质循环的主要驱动力和导致关键带过程分异的主要变量。总体上,长江流域的环境变量分为自然变量和人为变量。前者包括地形和第四纪地貌(高原、河谷、盆地、三角洲)、成土母质和土壤类型、降水量及洪涝灾害分布等,后者包括土地利用类型、水利工程分布、城镇化程度等。以关键问题为导向,圈层相互作用(水圈∪岩石圈∪大气圈∪生物圈∪人类活动∪时间)为基础,构建流域尺度六维环境变量矩阵,筛选出关键的环境变量,能够为长江流域地球关键带调查、监测分区提供判断依据。

故按照环境梯度变量的思维进行规划,根据水文循环强度(汉江-长江)和地形-岩性(盆山界面-盆地中心,基岩-沉积物),在中国地质调查局"江汉平原重点地区 1:5 万水文地质调查""汉江下游旧口-沔阳段地球关键带 1:5 万环境地质调查"项目的支持下,笔者团队率先在长江中游-江汉平原进行地球关键带综合调查。面向长江中游重要水利工程对洪涝灾害影响这一具体问题,建立江汉平原关键带观测站(盆地地貌-堆积过程),针对长江流域典型的自然源物质(As、Fe、Mn 等)与人为源污染物的来源、迁移、转化进行系统性监测,为长江中游水资源保护与治理提供依据。结合已建立的流域尺度六维环境变量矩阵,筛选出影响长江中游地球关键带的关键环境变量,并对图幅尺度工作区的关键环境变量进行属性赋值,建立"地球关键带调查、监测筛选体系",面向不同区域特点和具体问题,以不同工作定额和方法开展地球关键带调查,实现长江全流域地球关键带调查全覆盖。

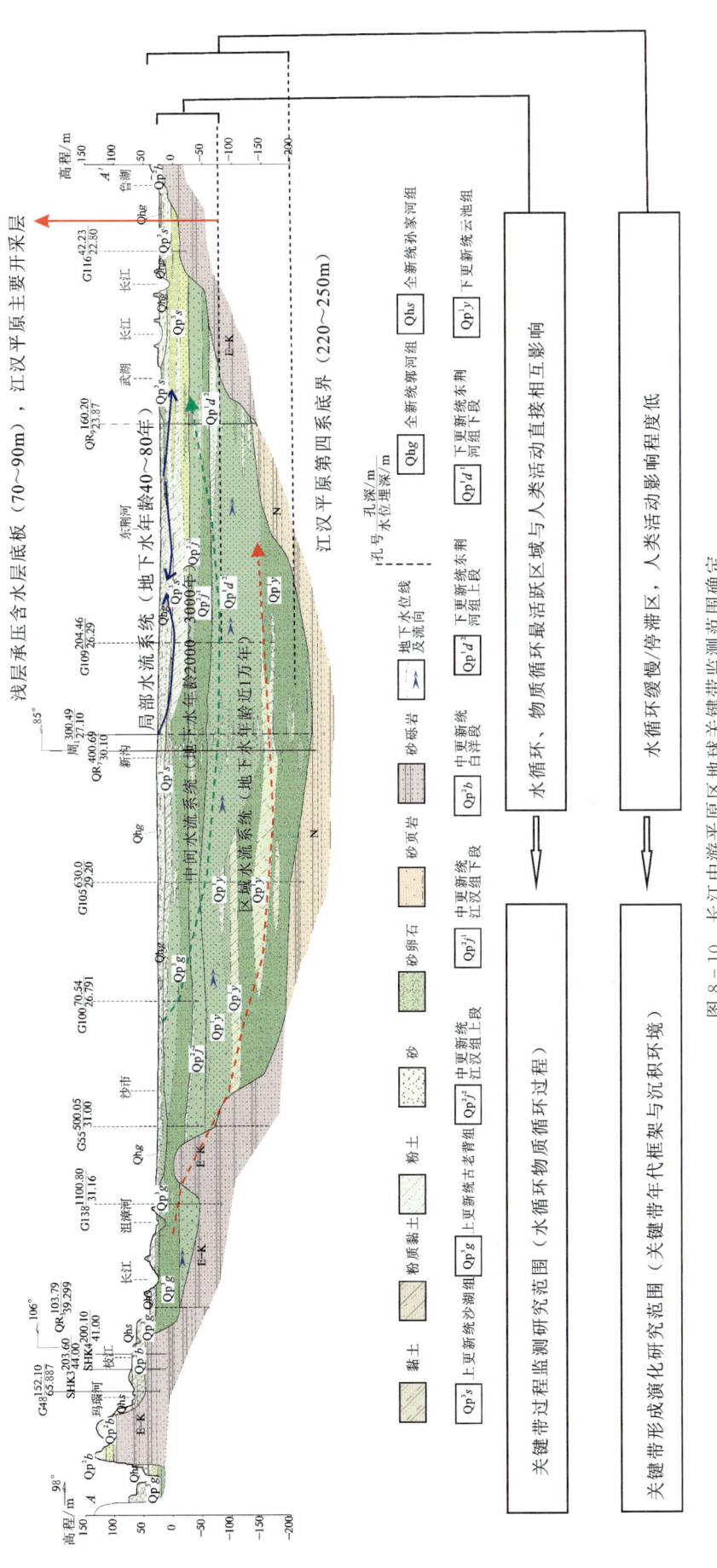

图 8-10 长江中游平原区地球关键带监测范围确定

（一）按照1∶5万图幅对流域进行网格式划分

江汉平原位于湖北省中南部，地理坐标为东经111°45′—114°16′，北纬29°26′—31°10′，三面环山，一面傍水，江湖混杂，汉江、长江穿境而过，为强烈构造沉降的断坳盆地，由南部石首-朱河断裂、北部潜北断裂、西部沙市-闸口断裂、东部湘阴-洪湖断裂和嘉鱼-进口断裂控制，构成一个相对完整的盆地含水系统。江汉平原上部由第四系沉积物组成，在盆地中心其厚度可达200余米，盆地边缘厚度过渡为100m左右。第四系主要由黏土、亚砂土、粉砂、细砂及砂砾石组成，为平原区的主要孔隙含水系统。

江汉平原属于亚热带季风气候区，全年气候温和，雨量充沛，光照充足，年平均日照时数为2 002.6h，无霜期一般为256d。多年平均气温为16.8℃，1月最冷，月均气温为1~5℃，极端最低气温为－17℃；7月最热，月均气温为27~30℃，极端最高温为39.8℃。全区降水丰富，多年平均降水量为1208mm，分布不均，主要集中于5—8月，约占全年总降水的50%；年平均蒸发量为1379mm左右，主要集中于6—8月，7月蒸发量最大。

根据国家标准1∶5万分幅方法，对江汉平原进行网格式划分，结果如图8-11所示。江汉平原共包括83个1∶5万标准图幅，根据江汉平原水文循环强度（汉江-长江）和地形-岩性（盆山界面-盆地中心），其分类如表8-2所示。

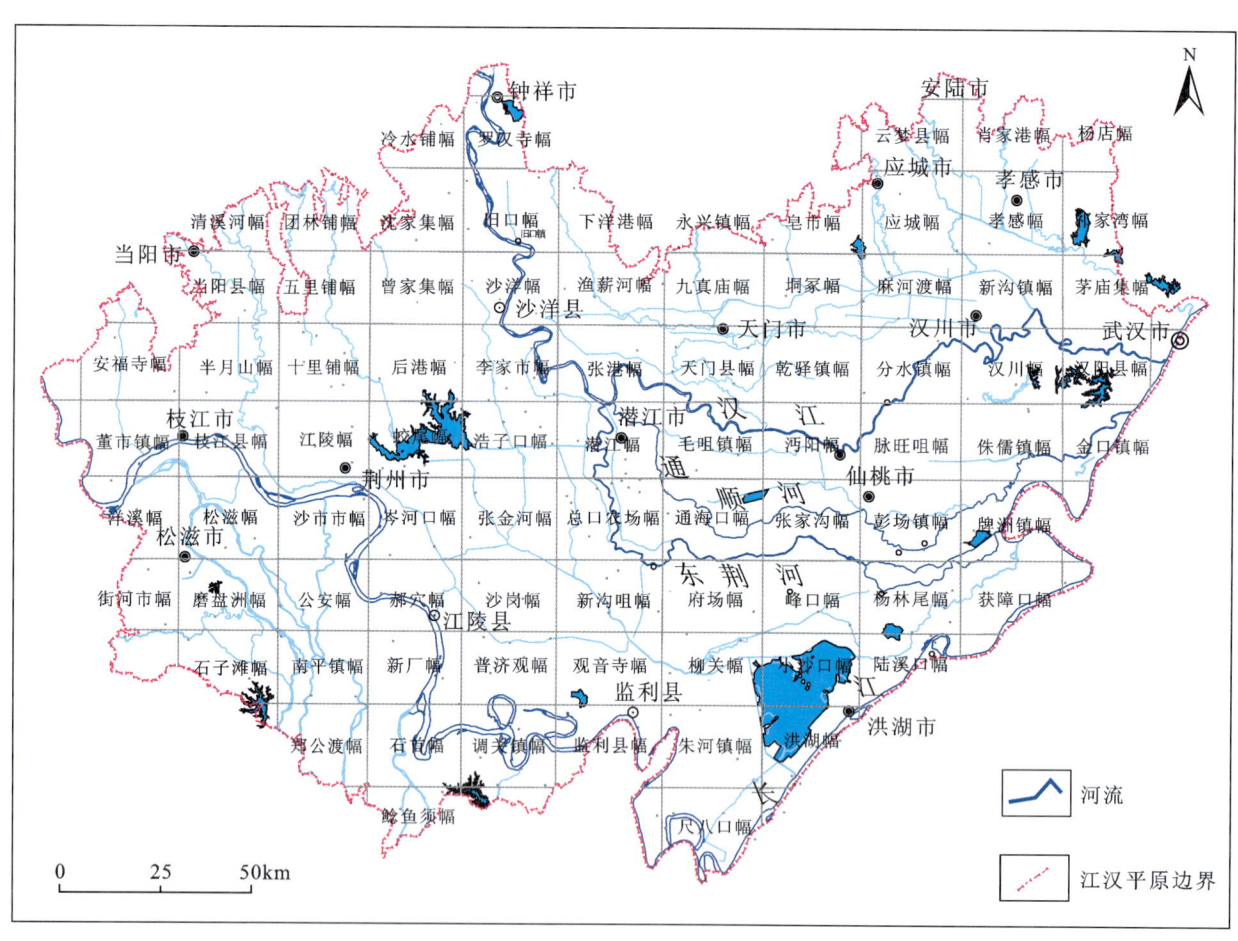

图8-11 江汉平原1∶5万图幅网格划分

注：沙市市目前已改为沙市区，但图幅划分名称沿用旧时图幅网格名称即沙市市幅；牌洲镇现称"簰洲湾镇"或"牌洲湾镇"，现牌洲镇由原合镇乡和牌洲镇合并而成，故图幅名称沿用旧时图幅名称，即牌洲镇幅。

表 8-2　江汉平原 1∶5 万标准图幅分类表

分类	图幅名称
山区	安福寺幅、董市镇幅、洋溪幅、街河市幅、清溪河幅、当阳县幅、半月山幅、团林铺幅、冷水铺幅、罗汉寺幅、下洋港幅、永兴镇幅
丘陵	松滋幅、磨盘洲幅、石子滩幅、五里铺幅、十里铺幅、沈家集幅、曾家集幅、后港幅、九真庙幅、皂市幅、云梦县幅、应城幅、肖家港幅、孝感幅、杨店幅、祁家湾幅
盆地-冲积	枝江县幅、江陵幅、沙市市幅、公安幅、新厂幅、石首幅、鲇鱼须幅、普济观幅、调关镇幅、监利县幅、朱河镇幅、尺八口幅、牌洲镇幅
盆地-冲湖积	南平镇幅、郑公渡幅、蛟尾幅、岑河口幅、郝穴幅、旧口幅、沙洋幅、李家市幅、浩子口幅、张金河幅、沙岗幅、渔薪河幅、张港幅、潜江幅、总口农场幅、新沟咀幅、观音寺幅、天门县幅、毛咀镇幅、通海口幅、府场幅、柳关幅、垌冢幅、乾驿镇幅、沔阳幅、张家沟幅、峰口幅、小沙口幅、洪湖幅、麻河渡幅、分水镇幅、脉旺咀幅、彭场镇幅、杨林尾幅、陆溪口幅、新沟镇幅、汉川幅、侏儒镇幅、获障口幅、茅庙集幅、汉阳县幅、金口镇幅

（二）构建六维环境梯度变量矩阵

1. 以流域为单元，识别典型环境问题

江汉平原最典型的环境地质问题是洪涝灾害和水土污染。江汉平原属亚热带季风区，气候温和湿润，雨量充沛，具有暴雨范围广、强降水集中的特点。加之上游为长江输送了大量泥沙，河床增厚，湖泊淤积，平原地面高程普遍低于洪水位 4～10m。在长期构造沉降缺乏泥沙沉积的条件下，江汉平原洪灾威胁将随时间推移日益严峻。另外，水体污染问题也较为突出，水质整体呈下降趋势，水体富营养化日趋严重，除受到高砷地下水的威胁外，地表水（30.50mg/L）和浅层地下水（29.75mg/L）中氨氮含量也已经严重超标。同时，受工农业过度开发等人类活动的影响，江汉平原水资源情势、河湖生态系统发生了显著变化，洪涝灾害和水质污染呈现加剧趋势。

2. 解构环境问题，构建六维矩阵

地球关键带是由地表岩石圈-大气圈-水圈-生物圈-人类活动-时间相互作用形成的不可分割、有机联系、不断变化的动态系统，以江汉平原典型环境地质问题为导向，基于四大圈层相互作用关系对其进行解构，构建六维矩阵并筛选出关键环境梯度变量。以地球关键带思维为理论指导，构建以岩石圈、大气圈、水圈、生物圈、人类活动和时间为一级环境梯度变量的六维矩阵，并分析二级环境梯度变量特征，从而筛选出关键的环境变量。梯度矩阵公式为式（8-1）。

六大一级变量因子相互作用，共同影响环境地质问题。其中岩石圈的二级变量因子主要有地形地貌、岩性、新构造运动；水圈则为水系特征、循环强度；大气圈为降水、气温；生物圈为物种丰度、分布特征；人类活动为水利工程、城镇化、工农业发展；时间为岩石年龄、演化时间。

（三）根据构建的六维环境变量矩阵对图幅进行属性赋值

在江汉平原 1∶5 万图幅划分的基础上，选择地形-岩性、水系特征、降水、人类活动 4 项研究区内典型的环境变量，根据构建的六维环境变量矩阵，在江汉平原 1∶5 万图幅尺度，对其进行分别属性赋值，定量数据进行标准化（区间赋值），定性变量采用模糊量化方法进行处理（构造模糊隶属函数：偏大型柯西分布和对数函数），进而为后续图幅数据集处理、归类、工作区域部署等工作提供基础。

1. 地形-岩性

在实际中，很多问题都涉及定性或模糊指标的定量处理问题。根据实际问题，构造模糊隶属函数的

量化方法是一种可行有效的方法。

按国家的评价标准,评价因素一般分为5个等级,如A、B、C、D、E。根据环境变量"地形-岩性"的复杂程度可分为5个等级,即高原、山区、丘陵、盆地-冲积、盆地-冲湖积,将这5个等级依次对应为5、4、3、2、1。这里为连续量化,取偏大型柯西分布和对数函数作为隶属函数,如式(8-2)。

当为"高原"时,则隶属度为1,即$f(5)=1$;当为"丘陵"时,则隶属度为0.8,即$f(3)=0.8$;当为"盆地-冲湖积"时,则隶属度为0.01,即$f(1)=0.01$。

计算得$\alpha=1.1086,\beta=0.8942,a=0.3915,b=0.3699$,则:

$$f(x)=\begin{cases}[1+1.1086(x-0.8942)^{-2}]^{-1} & 1\leqslant x\leqslant 3 \\ 0.3915\ln x+0.3699 & 3<x\leqslant 5\end{cases} \quad (8-3)$$

故根据拟合的隶属函数式(8-3),可对江汉平原图幅区"地形-岩性"环境变量赋值如表8-3所示。

表8-3 江汉平原图幅区"地形-岩性"环境变量赋值表

分类	图幅名称	赋值
山区	安福寺幅、董市镇幅、洋溪幅、街河市幅、清溪河幅、当阳县幅、半月山幅、团林铺幅、冷水铺幅、罗汉寺幅、下洋港幅、永兴镇幅	0.9
丘陵	松滋幅、磨盘洲幅、石子滩幅、五里铺幅、十里铺幅、沈家集幅、曾家集幅、后港幅、九真庙幅、皂市幅、云梦县幅、应城幅、肖家港幅、孝感幅、杨店幅、祁家湾幅	0.8
盆地-冲积	枝江县幅、江陵幅、沙市市幅、公安幅、新厂幅、石首幅、鲇鱼须幅、普济观幅、调关镇幅、监利县幅、朱河镇幅、尺八口幅、牌洲镇幅	0.52
盆地-冲湖积	南平镇幅、郑公渡幅、蛟尾幅、岑河口幅、郝穴幅、旧口幅、沙洋幅、李家市幅、浩子口幅、张金河幅、沙岗幅、渔薪河幅、张港幅、潜江幅、总口农场幅、新沟咀幅、观音寺幅、天门县幅、毛咀镇幅、通海口幅、府场幅、柳关幅、垌冢幅、乾驿镇幅、沔阳幅、张家沟幅、峰口幅、小沙口幅、洪湖幅、麻河渡幅、分水镇幅、脉旺咀幅、彭场镇幅、杨林尾幅、陆溪口幅、新沟镇幅、汉川幅、侏儒镇幅、荻障口幅、茅庙集幅、汉阳县幅、金口镇幅	0.01

2. 水系特征

根据环境变量"水系特征"的丰富程度可分为5个等级,即极丰富、丰富、较丰富、不太丰富、很不丰富",将这5个等级依次对应5、4、3、2、1。江汉平原河湖众多(长江、汉江、洪湖等),地表水系丰富,可将1∶5万分区划分为极丰富和丰富两类。故根据拟合的隶属函数式(8-3),可对江汉平原图幅区"水系特征"环境变量赋值如表8-4所示。

3. 降水

我国年降水量主要以800mm、400mm和200mm年等降水量划分,其中800mm年等降水量线为温润区和半温润区大致分界线,400mm年等降水量线是我国半湿润区和半干旱区的大致分界线,而200mm年等降水量线大致是我国半干旱区和干旱区的分界线。江汉平原大部分地区位于温润区内,降水量丰富(表8-5),为了细致刻画"降水"作为环境变量对江汉平原的影响,故增加1200mm年等降水量,根据"降水"的丰富程度可分为5个等级,即极丰富、丰富、较丰富、不太丰富、很不丰富,即降水量分别对应>1200mm、800~1200mm、400~800mm、200~400mm、<200mm,将这5个等级依次对应5、4、3、2、1。

江汉平原降水量丰富,参考表8-4可将1∶5万分区划分为极丰富、丰富、较丰富3类。故根据拟合的隶属函数式(8-3),可对江汉平原图幅区"降水"环境变量赋值如表8-6所示。

表8-4　江汉平原图幅区"水系特征"环境变量赋值表

分类	图幅名称	赋值
极丰富	董市镇幅、洋溪幅、枝江县幅、松滋幅、磨盘洲幅、石子滩幅、江陵幅、沙市市幅、公安幅、南平镇幅、郑公渡幅、蛟尾幅、岑河口幅、郝穴幅、新厂幅、石首幅、鲇鱼须幅、罗汉寺幅、旧口幅、沙洋幅、李家市幅、浩子口幅、张金河幅、沙岗幅、普济观幅、调关镇幅、渔薪河幅、张港幅、潜江幅、总口农场幅、新沟咀幅、观音寺幅、监利县幅、九真庙幅、天门县幅、毛咀镇幅、通海口幅、府场幅、柳关幅、朱河镇幅、尺八口幅、峒冢幅、乾驿镇幅、沔阳幅、张家沟幅、峰口幅、小沙口幅、洪湖幅、应城幅、麻河渡幅、分水镇幅、脉旺咀幅、彭场镇幅、杨林尾幅、陆溪口幅、孝感幅、新沟镇幅、汉川幅、侏儒镇幅、获障口幅、牌洲镇幅、祁家湾幅、茅庙集幅、汉阳县幅、金口镇幅	1
丰富	安福寺幅、街河市幅、清溪河幅、当阳县幅、半月山幅、团林铺幅、五里铺幅、十里铺幅、冷水铺幅、沈家集幅、曾家集幅、后港幅、下洋港幅、永兴镇幅、皂市幅、云梦县幅、肖家港幅、杨店幅	0.9

表8-5　江汉平原年平均降水量统计表

城市	年降水量/mm	城市	年降水量/mm
武汉	1256	孝感	731
宜昌	1157	黄冈	1398
恩施	1013	咸宁	1393
黄石	1411	天门	1119
襄阳	631	荆州	1098
荆门	978	十堰	768

表8-6　江汉平原图幅区"降水"环境变量赋值表

分类	图幅名称	赋值
极丰富	府场幅、柳关幅、朱河镇幅、尺八口幅、峰口幅、小沙口幅、洪湖幅、杨林尾幅、陆溪口幅、新沟镇幅、汉川幅、侏儒镇幅、牌洲镇幅、获障口幅、茅庙集幅、汉阳县幅、金口镇幅	1
丰富	安福寺幅、董市镇幅、洋溪幅、街河市幅、清溪河幅、当阳县幅、半月山幅、枝江县幅、松滋幅、磨盘洲幅、石子滩幅、团林铺幅、五里铺幅、十里铺幅、冷水铺幅、沈家集幅、曾家集幅、后港幅、罗汉寺幅、旧口幅、沙洋幅、李家市幅、下洋港幅、渔薪河幅、张港幅、江陵幅、沙市市幅、公安幅、南平镇幅、郑公渡幅、蛟尾幅、岑河口幅、郝穴幅、新厂幅、石首幅、鲇鱼须幅、浩子口幅、张金河幅、沙岗幅、普济观幅、调关镇幅、潜江幅、总口农场幅、新沟咀幅、观音寺幅、监利县幅、永兴镇幅、九真庙幅、天门县幅、毛咀镇幅、通海口幅、皂市幅、峒冢幅、乾驿镇幅、沔阳幅、张家沟幅、云梦县幅、应城幅、麻河渡幅、分水镇幅、脉旺咀幅、彭场镇幅	0.9
较丰富	肖家港幅、孝感幅、杨店幅、祁家湾幅	0.8

4. 人类活动

根据环境变量"人类活动"的影响程度可分为5个等级,即极强、强、较强、不太强、不强,将这5个等级依次对应5、4、3、2、1。江汉平原大部分地区自古以来便是中国的主要粮食产区,素有"鱼米之乡"之称,故而除去部分山前区域,人类活动影响十分剧烈。近年来,由于三峡大坝、南水北调等大型水利工程的修建,逐渐形成了西部受重大水利工程影响、东部受生活排污及农田耕植影响的格局。可将1∶5万图幅分区受"人类活动"的影响程度划分为极强、强两类。故根据拟合的隶属函数式(8-3),可对江汉平原图幅区"人类活动"环境变量赋值如表8-7所示。

表8-7 江汉平原图幅区"人类活动"环境变量赋值表

分类	图幅名称	赋值
极强	董市镇幅、洋溪幅、街河市幅、当阳县幅、半月山幅、枝江县幅、松滋幅、磨盘洲幅、石子滩幅、十里铺幅、江陵幅、沙市幅、公安幅、南平镇幅、郑公渡幅、曾家集幅、后港幅、蛟尾幅、岑河口幅、郝穴幅、新厂幅、石首幅、罗汉寺幅、旧口幅、沙洋幅、李家市幅、浩子口幅、张金河幅、沙岗幅、普济观幅、调关镇幅、渔薪河幅、张港幅、潜江幅、总口农场幅、新沟咀幅、观音寺幅、监利县幅、九真庙幅、天门幅、毛咀镇幅、通海口幅、府场幅、柳关幅、朱河镇幅、尺八口幅、垌冢幅、乾驿镇幅、沔阳幅、张家沟幅、峰口幅、小沙口幅、洪湖幅、云梦县幅、应城幅、麻河渡幅、分水镇幅、脉旺咀幅、彭场镇幅、杨林尾幅、陆溪口幅、孝感幅、新沟镇幅、汉川幅、侏儒镇幅、牌洲镇幅、获障口幅、祁家湾幅、茅庙集幅、汉阳县幅、金口镇幅	1
强	安福寺幅、清溪河幅、团林铺幅、五里铺幅、冷水铺幅、沈家集幅、鲇鱼须幅、下洋港幅、永兴镇幅、皂市幅、肖家港幅、杨店幅	0.9

(四)确定敏感图幅区

基于空间方差聚类方法,采用K-MEANS方法对各图幅数据进行归类处理,然后通过层次分析后的相似度识别特征环境变量的敏感区。结果显示,在江汉平原区总共得到8类主簇。工作图幅的部署应以主簇分布为基础,以主簇梯度为主线来部署图幅。以此为原则,确定了调查工作的部署区域(图8-12),跨越了其中3类代表性主簇。

图8-12 基于ArcGIS的工作图幅区筛选

四、地球关键带结构的调查与表征示范

地球关键带结构的调查包括3个维度,即一维垂向上钻孔沉积物物理、化学和生物参数的调查,二维平面上关键界面参数的调查,三维立体可视化结构的调查。

(一)一维垂向结构

1. 年代结构

江汉平原覆盖区第四系存在广泛对比性,其中周老钻孔、新沟钻孔及 HBSHK20 钻孔岩芯完整,作为标准钻孔与 HJ003 钻孔进行地层对比(图 8-13)。

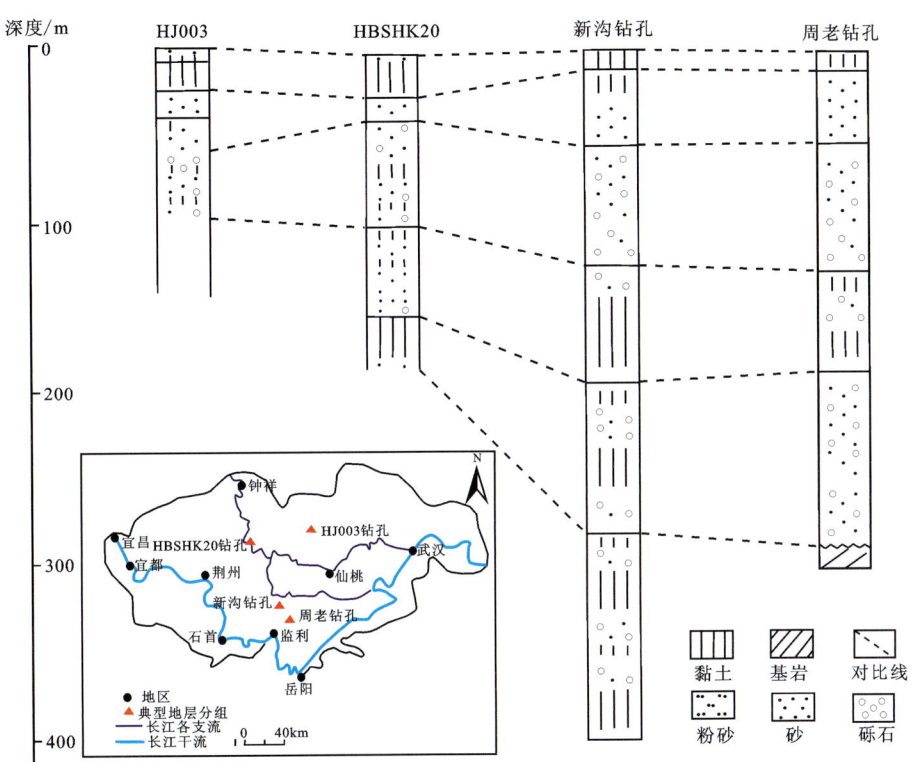

图 8-13　江汉平原典型钻孔地层沉积模式

位于监利县周老咀镇的周老钻孔的孔深达 300m,存在 6 个沉积旋回,其中 100m 岩芯分为 3 段:①50~130m 以灰色砾石层、灰色黏土和粉砂为主的河湖相沉积;②20~50m 以氧化性黄色、褐黄色黏土为主;③0.5~20m 以浅灰色细砂、粉砂的浅水河湖相沉积为主,其沉积环境由典型河流相向浅湖相沉积环境转换。监利县新沟镇的新沟钻孔孔深约 400m。该岩芯中 0~100m 深度的岩芯变化如下:85~100m 为青灰色细砂、含砾细砂,沉积环境主要为水动力较强的河流相沉积;32~50m 为灰色中砂且含有磨圆较好的砾石直至 30m 出现深灰色黏土,其沉积环境表现为从河流相逐渐向浅湖相沉积演化;0~32m 以灰色粉砂及粉砂质黏土为主,沉积环境为河流相。HJ003 钻孔沉积相与周老孔、新沟孔及 HBSHK20 钻孔有较好的一致性,在 100m 深度内,沉积环境整体为河流相→浅水湖泊相→河流相旋回转化。其中,20m(80ka)深度的沉积模式在气候旋回背景下经历多个河-湖相沉积旋回,进入未次冰盛期时出现沉积间断,冰后期随温度上升降水增多,海平面迅速回升,江汉平原迅速响应海平面变化,快速沉积。

连续沉积的第四系沉积物的古地磁序列具有重要的年代学意义。江汉盆地新沟钻孔和周老钻孔位于湖北省监利县,处于江汉盆地的沉积中心,第四系厚度大、沉积连续,沉积序列较完整。把江汉平原代表性钻孔剖面的古地磁测量结果与标准极性柱进行对比,并综合考虑钻孔剖面沉积物颜色、岩性、沉积旋回、泥炭层等因素,依照最新出版的《中国地层指南》对江汉平原低平原区第四纪地层进行划分。全国地层委员会发布的《中国地层指南》规定,以 2.58Ma 为中国第四纪下限(即古地磁松山—高斯极性时界限),以 0.78Ma 下限(即古地磁布容-松山极性时界限)为中更新世,以相当深海氧同位素 5 阶段开始的 0.128Ma 为晚更新世下限,以大体相当深海氧同位素 1 阶段开始的 0.01Ma 为全新世下限。

对周老钻孔与新沟钻孔进行了详细的磁性地层对比研究。其中,新沟钻孔的 Brunhes 正极性世与 Matuyama 负极性世(B/M)界限位于深度 81m 处,周老钻孔位于深度 82m 处。新沟钻孔剖面的松山负极性世中 Olduvai 正极性亚世位于 170~184m 深度之间,而周老钻孔剖面位于深度 154~164m 之间,其对应的距今年龄为 1.95~1.77Ma;新沟钻孔的 Reunion 正极性亚世在 189~190m 深度之间,周老钻孔剖面位于 178~185m 深度之间,其对应的地质年代为 2.15~2.14Ma;国际标准地质年表解释的 Matuyama 负极性世与 Gauss 正极性世(M/G)的界限在新沟孔与周老孔上深度分别对应 250m 与 260m。依据古地磁极性年表中揭示的亚极性时对应的地质年龄,推测新沟钻孔剖面底部 400.59m 深度的磁性年龄为 3.93Ma,周老钻孔整个剖面底部 300.49m 深度的磁性年龄为 3Ma 左右。这两个代表性的钻孔是迄今为止江汉平原最好的磁性地层柱,其极性时和极性亚时对比结果也十分理想。

以新沟钻孔、周老钻孔为主,其他钻孔为辅,钻孔特征与极性年表鲜明可比。新沟钻孔及 R10 钻孔、R23 钻孔、R32 钻孔、R29 钻孔、周老钻孔、R27 钻孔都清楚地对比了布容正极性带与松山反极性带的倒转界限,并整齐划一地显示出了贾拉米诺正极性亚带;新沟钻孔、R23 钻孔、R27 钻孔、周老钻孔及 R16 钻孔均反映出了奥都威正极性亚带;两个最短孔 R11 钻孔和 R15 钻孔当属布容极性带内;新沟钻孔与周老钻孔处于江汉平原陈沱口凹陷内,沉积连续,钻孔的古地磁序列揭示延伸到吉尔伯特极性带内,在第四纪时期内具有很好的横向对比性,在与其他钻孔循序可比的基础上与极性年表的模式相呼应。

依据江汉盆地第四纪研究的代表性钻孔(周老钻孔和新沟钻孔)岩性剖面特征及磁性地层特征,并结合大量年代学数据,明确划定了江汉平原沉积中心区第四纪各岩石地层的界线及各岩石地层的年龄(表 8-8)。

表 8-8　江汉盆地平原区(覆盖区)岩石地层地质界线及年龄

地质时代	岩石地层	底界深度/m	年龄
全新世	郭河组	15	11ka B P 至今
晚更新世	沙湖组	50	128~11ka B P
晚更新世—早更新世	江汉组	120	1200~128ka B P
早更新世	东荆河组上段	180	1800~1200ka B P
早更新世—上新世	东荆河组下段	280	3000~1800ka B P

选取江汉盆地东部典型钻孔 R23、R40、JH001、JH004、JH002、YLW-01、LXK02-1,进行了详细的岩石学、年代学和地层划分对比工作,获得了江汉盆地东部第四系分布的空间格局,自上而下划分了全新统郭河组(Qhg)、上更新统沙湖组(Qp^3s)、中更新统江汉组(Qp^2j)以及下更新统东荆河组(Qp^1d)(图 8-14)。其中,JH002 钻孔的下更新统东荆河组(Qp^1d)沉积厚度大于 110m,早更新世沉积中心在 JH001 钻孔至 YLW-01 钻孔一带,下部由河流相青灰色—灰色厚层砂砾石层和细砂、含砾细砂等组成,上部由河湖交替相青灰色—深灰色厚层细砂、含砾砂和深灰色淤泥质黏土、青灰色粉质黏土组成,以正粒序为主,偶见反粒序,含较丰富的动植物遗存如古木、腹足、螺类。中更新统江汉组(Qp^2j)厚度介于 30~60m,沉积中心在 JH001 钻孔一带,下部由湖相青灰色、灰色砂层组成,上部为由河湖交替相青灰色、灰色厚层砂砾石层和细砂、亚黏土、淤泥质粉砂组成的正粒序旋回,含较多动植物遗存。上更新统沙湖组(Qp^3s)厚度介于 30~65m,沉积中心在 JH002 钻孔一带,主要为由湖相青灰色—深灰色淤泥层、淤泥质粉砂层组成的反粒序旋回,偶见正粒序,可见丰富的动植物遗存。全新统郭河组(Qhg)厚度介于

15～35m，沉积中心在JH001钻孔至JH004钻孔一带，自北向南厚度呈现减小趋势，沉积中心钻孔岩性以灰色砂层和黏土为主，其余以灰黄色粉砂质黏土为主，夹杂黄褐色、灰黑色粉砂质黏土与淤泥层，有机质较少，可见双壳、腹足、螺类等遗存。沔阳凹陷沉积中心全新统郭河组厚度35m，比前人报道的位于潜江凹陷的M1钻孔全新统厚度小，反映了区域沉降的差异性。

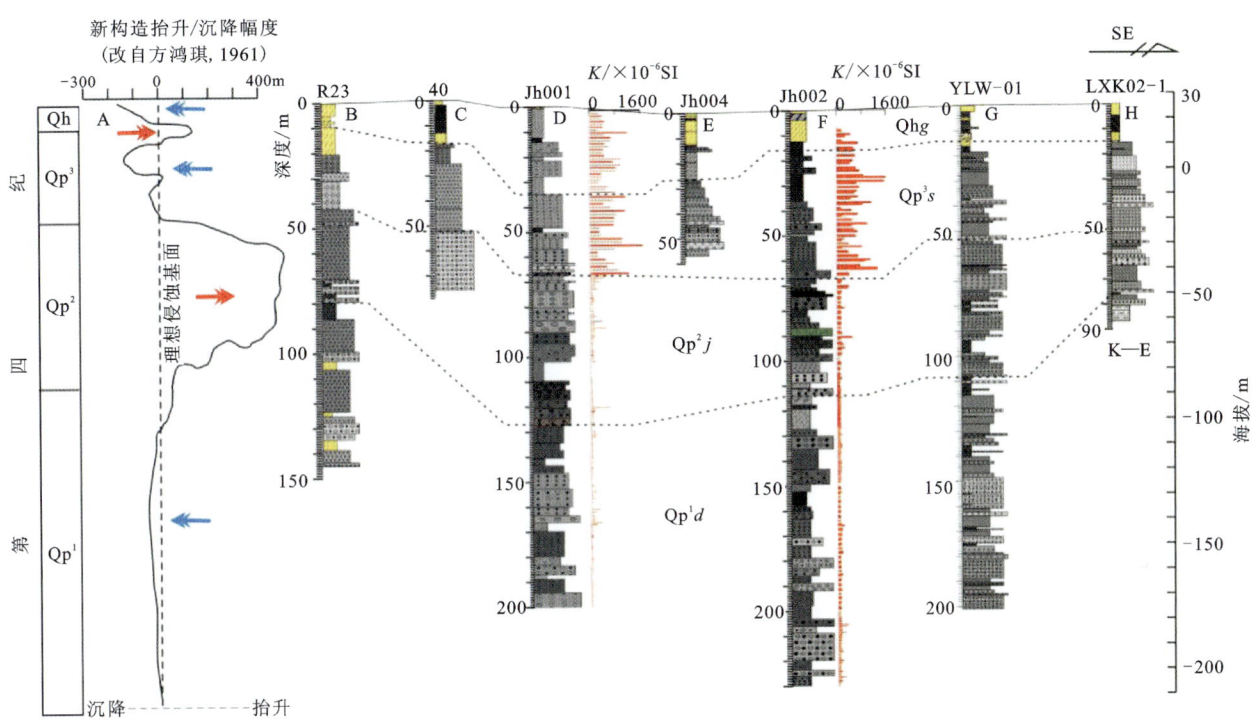

图8-14　江汉盆地东部沔阳凹陷第四系钻孔地层划分对比(顾延生等，2018)

第四纪时期，江汉盆地经历了间歇性沉降，沉降幅度在300m以上，因此泥沙大量淤积。区域构造、沉积资料综合对比研究表明，早更新世江汉盆地处于稳定下沉状态，沉积中心主要分布于沔阳凹陷，不断的下沉也使凹陷内大量接受沉积，河流、湖泊等沉积相交替出现，因此留存了丰富的动植物。中更新世以来，随着中国东部地壳普遍抬升，江汉盆地也稳定抬升，但盆地中心仍相对沉降。早更新世晚期，在盆地边缘形成的湖沼由于抬升作用而消失，沉积中心区局限于JH001钻孔一带，形成了一套河湖交替相砂砾石层和砂层，总体沉积厚度较小，介于30～60m。江汉盆地的剧烈沉降发生于晚更新世时期，盆地快速下沉并接受大量沉积，沉积中心位于JH001钻孔至JH002钻孔一带，形成了一套厚层的湖相砂层和黏土、淤泥层，富含动植物遗存，总体沉积厚度较大，介于30～60m。晚更新世末期至全新世早期，随着秦岭-大别造山带的掀升作用，江汉盆地周缘区再次发生明显抬升，晚更新世时期广泛湖相逐步消失，而全新世以来沉积中心区再次强烈沉降，沔阳凹陷区沉积中心逐步南移，形成了一套厚达15m左右的泛滥平原相砂层、黏土和淤泥层。此外，中晚全新世以来受到气候、降水与古长江河道南移的影响，古云梦泽湖泊群在低洼的泛滥平原环境下发育，距今3500～1200a的较长湿润期与古云梦泽的兴盛关系密切，与此前报道众多钻孔调查发现的古云梦泽湖沼相沉积吻合。宋代以来，人类大规模挽堤围垸活动加速了江汉湖群的萎缩与消亡进程。

2. 物理结构

研究一维地层结构是调查和分析区域水量、水质及土质的基础。一维物理结构的层位研究需要钻孔岩性结构来刻画。运用粒度方法分析沉积环境演变过程，判定物质的运动方式、识别沉积环境类型和沉积环境水动力条件。通过重塑沉积环境，了解地质时期的古地理面貌和盆地发展史，进而充分了解地层结构构造，为接下来的研究工作做好铺垫。

以 HJ004 钻孔为例，该孔位于湖北省天门市沉湖镇五爱村，汉江北岸，钻孔标高为 28m，成井深度为 268.25m。根据沉积物粒度组分和粒度参数的变化，HJ004 钻孔自上而下分为 4 个层位，其垂向变化规律如下。全新统层段深度为 0~10.40m，沉积物黏粒百分含量平均约为 16.67%，粉粒百分含量平均约为 73.02%，砂粒百分含量平均值约为 10.29%；中值粒径平均约为 6.01Φ，平均粒径约为 6.07Φ。标准偏差在 1.29~1.54 之间，其平均值约为 1.38，分选较差；偏态值较小，在 -0.07~0.13 之间，平均约为 0.06，呈现正偏→负偏→正偏的趋势；峰态在 0.88~1.58 之间，平均约为 0.92。上更新统层段深度为 10.40~40.25m，均值粒径主要在 1.85~6.08Φ 之间，平均约为 3.67Φ；平均粒径主要在 1.89~5.77Φ 之间，平均约为 3.82Φ；标准偏差在 0.66~2.12 之间，其平均值约为 1.47，分选较差；偏态值较全新统增大，在 -0.07~0.54 之间，平均约为 0.24，整体呈现正偏；峰态在 0.84~1.99 之间，平均约为 1.31。中更新统层段深度为 40.25~58.97m，沉积物均值粒径主要在 1.89Φ~6.53Φ 之间，平均约为 4.11Φ；平均粒径主要在 1.85Φ~6.54Φ 之间，平均值约为 4.23Φ。标准偏差在 0.79~1.77 之间，其平均值约为 1.45，分选较差；偏态值在 -0.19~0.72 之间，平均约为 0.23，整体呈现正偏，单在 45.50~49.70m 处呈现负偏；峰态在 0.85~3.09 之间，平均约为 1.52。下更新统层段深度为 58.97~109.00m，沉积物均值粒径主要在 2.16Φ~7.24Φ 之间，平均约为 4.64Φ；平均粒径主要在 2.80Φ~7.08Φ 之间，平均值约为 4.85Φ。标准偏差在 0.92~2.29 之间，其平均值约为 1.49，分选较差；偏态值在 -0.24~0.54 之间，平均约为 0.20，整体呈现正偏；峰态在 0.69~1.25 之间，平均约为 0.99（图 8-15）。

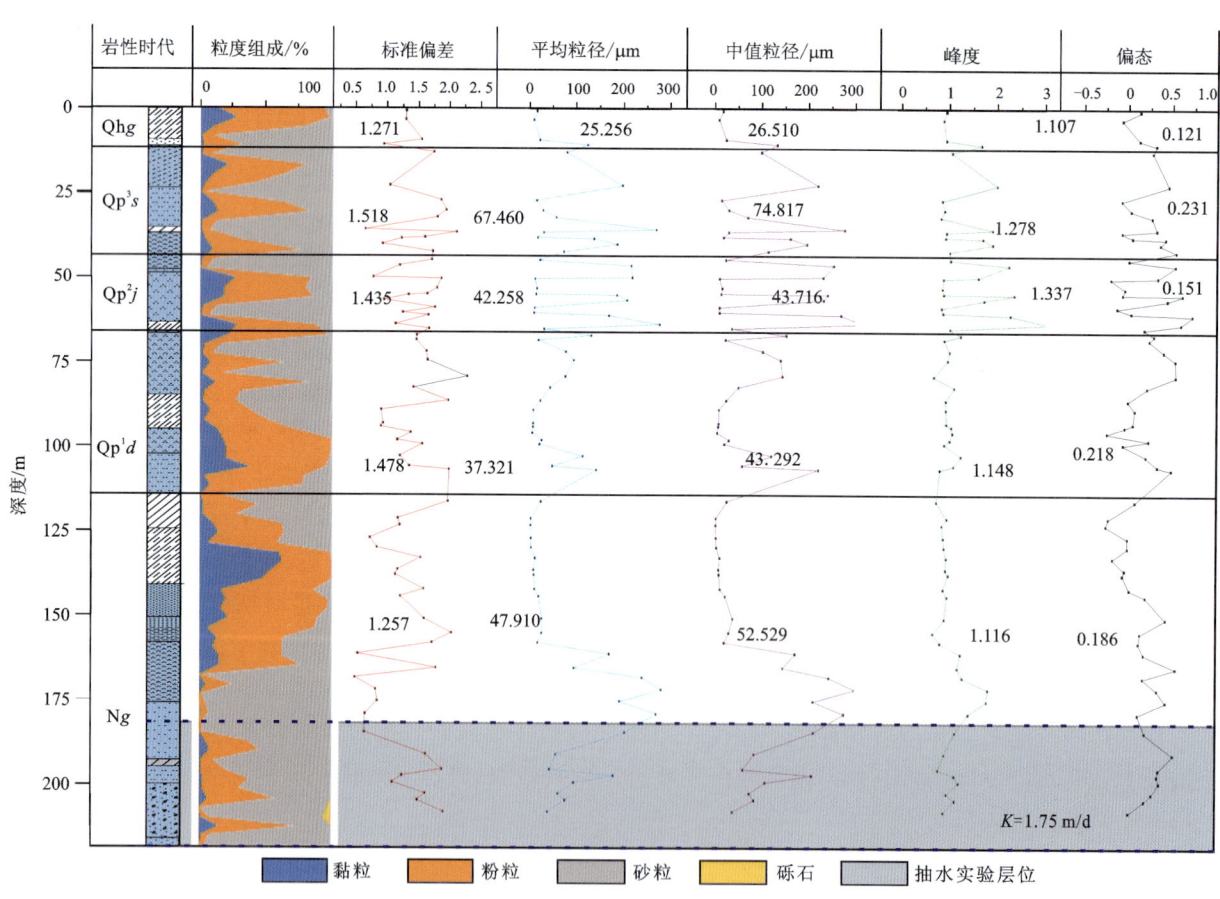

图 8-15　HJ004 钻孔沉积旋回与粒度参数分布图

根据沉积物粒度参数特征进行分析发现，全新统层沉积物粒度处于较细水平，黏粒、粉粒约占90%，砂粒约占10%。粒度参数曲线特征稳定可能对应较弱的水动力条件或者低能沉积环境；上更新统层沉积物粒度较全新统层有明显的变化，黏粒、粉粒含量相对较少，砂粒含量明显增大，平均粒径也比全新统层更大，粒度参数曲线特征随深度呈现交替变化，表示其复杂的沉积环境，可能属中高能水动力条件；中更新统层沉积物粒度较上更新统层细，但差别并不大，砂粒含量相对减少，粒度参数曲线特征随深度不断呈现交替变化，表示其复杂多变的沉积环境，但整体可能属于中高能水动力条件；下更新统层沉积物粒度较中更新统层细，但差别并不大，黏粒含量进一步增加，砂粒含量进一步减小，整体可能属于中能水动力条件。抽水试验层位为182~238m，渗透系数平均值为1.75m/d，深层孔隙承压水的单井涌水量为3590m³/d，表明地下水的富水性达到丰富级别。

3. 化学结构

在大气、流水、温度和生物的共同作用下，近地表物质的机械组成和化学成分会发生变化。沉积物元素地球化学作为第四系研究的内容之一，是追溯地质历史时期环境气候变化以及推测潜在环境地质问题的重要手段。河流作为联系陆与海的纽带，是地球表生过程最活跃的作用力和载体，承载着地球系统各圈层相互作用产物的同时，更对其有反馈作用。在风化、剥蚀、搬运、堆积等各种外部营力的作用下，河流所携带的固相物质的化学组分随着风化和沉积环境的改变表现出不同的地球化学行为。因此，固相、液相物质地球化学是研究地球关键带结构的重要内容。

1）固相结构

仍以HJ004钻孔为例，根据岩性判断HJ004钻孔第四系底界深度约110m。钻孔岩性结构复杂，0~10m段以褐色粉砂黏土为主；10~60m段为厚层青灰色中细砂，在30m深处见薄层黏土层，下部60~110m段为青灰色黏土-中粗砂的沉积旋回。该钻孔沉积物主量元素含量在垂向变化较小，沉积物中SiO_2含量在70%左右波动，变化较小；Al_2O_3、FeO表现为黏土层含量略高于砂层；Na_2O随深度变化趋势较为复杂；CaO表现为黏土层含量略低于砂层，与HJ005钻孔存在相似的变化趋势，表明HJ004钻孔同样可能受到古长江的影响（图8-16）。

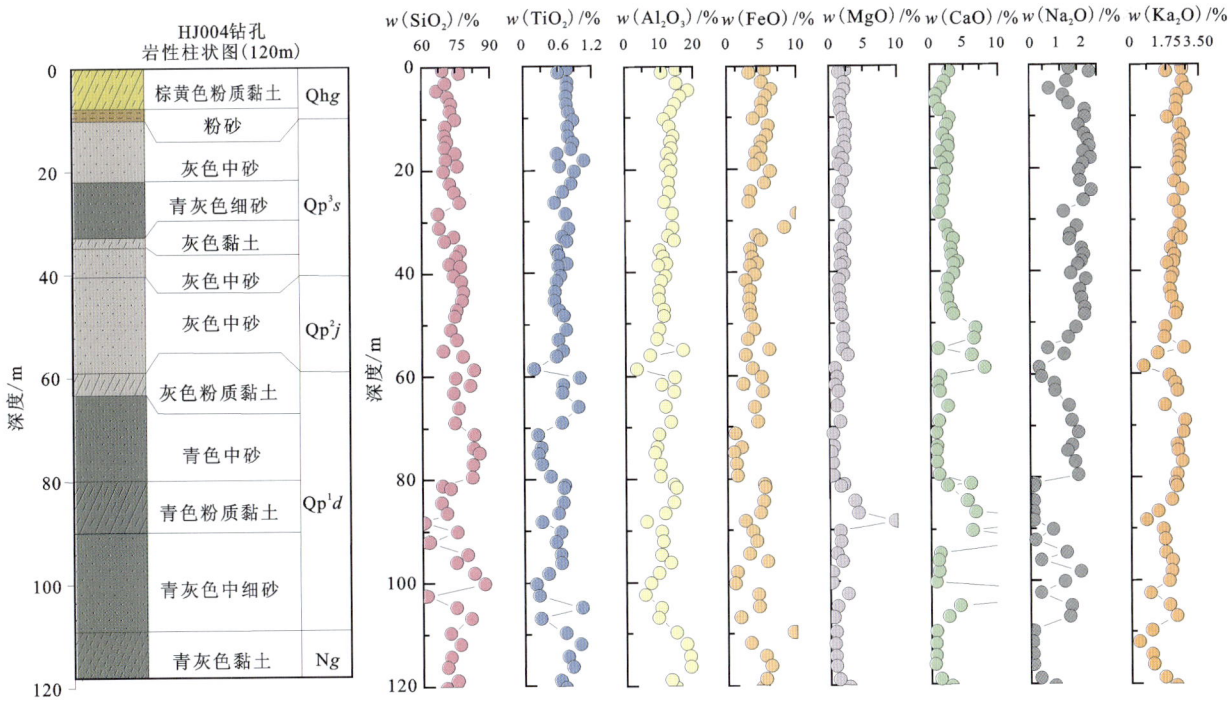

图8-16 HJ004钻孔地球化学指标及岩性柱状图

综合分析其他钻孔沉积物的地球化学数据发现,常量元素以造岩元素 Si、Al、Fe 为主。工作区常量元素氧化物的平均含量总体表现为:$w(SiO_2)>w(Al_2O_3)>w(TFeO)>w(CaO)>w(K_2O)>w(MgO)>w(Na_2O)>w(TiO_2)$,除 SiO_2、Al_2O_3、TFeO 排序稳定外,其余常量元素的氧化物在不同层位其含量会有所变化,排序略有差别。SiO_2 是主要的造岩矿物,各钻孔的 SiO_2 质量分数都大于 65%,普遍介于 67%~75%,各层位含量变化也不是很大。Al_2O_3 的含量在不同层位表现出一定的差异性,全新世沉积物 Al_2O_3 的含量均高于其他年代层位,与全新世沉积物岩性有很大关系。值得注意的是,沉积物中 CaO 的含量在垂向上差异明显,表现为晚更新世沉积物的含量明显低于早中更新世沉积物,而这一变化不受沉积物岩性变化的影响,推测是因沉积物物源的不同而导致这种差异的存在。

2)液相结构

通过深入分析汉江下游沿岸地下水的化学指标,以便了解地球关键带一维结构,本部分通过 HJ005 钻孔含水层孔隙水的化学特征、控制过程和影响因素来探讨汉江下游地球关键带的液相化学结构。

HJ005 钻孔位于江汉平原汉江南岸,钻孔标高为 31m,成井深度为 138.40m,揭露第四系,钻孔附近为通顺河和汉江。钻孔孔隙水主要化学成分（Cl^-、SO_4^{2-}、HCO_3^-、Fe^{2+}、Mn^{2+}、NH_4^+、Na^+、Mg^{2+}、Ca^{2+}）、溶解性总固体（TDS）、总硬度及 pH 垂向变化趋势见图 8-17。孔隙水 pH 在 6.61~7.93 之间,呈中性。孔隙水各离子质量浓度随深度变化明显,Na^+、Cl^-、SO_4^{2-} 含量随着深度先增加后减小,最大值出现在中层 40m 以浅,推测为硅酸盐、石膏的溶解和阳离子交替吸附作用。总硬度、TDS、Mg^{2+}、Ca^{2+}、HCO_3^- 含量随深度呈先减小后缓慢增大趋势,推测钻孔 40m 以浅含水层由粉砂转变成细砂,随着深度增加,含水层岩性颗粒变粗,连通性、径流条件变好,有利于溶滤作用进行,同时地下水受外部环境干扰减小,40m 以深由于沉积物中白云石、方解石的含量先增加后减少,导致其含量有类似的波动。Fe^{2+}、Mn^{2+}、NH_4^+ 含量整体随深度呈减小的趋势,40m 以浅的孔隙水中铁、锰、氨氮含量相对较高。40m 以浅处细颗粒沉积物中有机碳、氮含量高,且相较于深层沉积物更容易获得碳源补给。微生物作用促进了铁的氧化物/氢氧化物的异化还原,同时代谢产物为氨氮,使江汉平原原生地下水中含有较高含量的铁、氨氮。

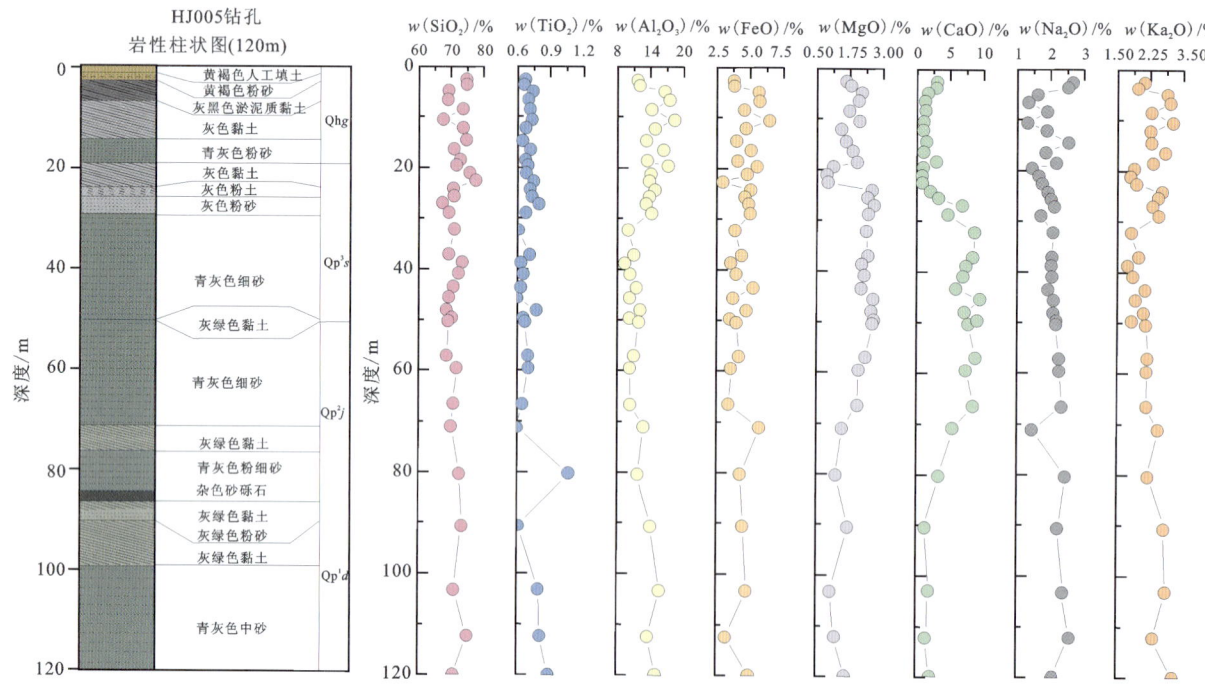

图 8-17 HJ005 钻孔地球化学指标及岩性柱状图

(二)二维平面结构

二维平面结构的刻画以地球关键带垂向多界面的填图来实现。

1. 大气-植被界面结构

大气-植被界面结构主要通过土地利用类型来体现。利用 2016 年 9 月以及 2017 年 9 月获取的 10m 分辨率的 Sentinel-2 影像解译 3 个工作区的土地利用情况(图 8-18~图 8-20),并分析了工作区土地利用的构成比重。根据地质调查项目标准以及该区土地利用实际情况,将工作区内土地利用类型分为旱地、水田、河流、鱼塘、林地、建设用地、未利用地 7 种类型。由于数据源为高分辨率影像,影像质量较好,经过 180 多个点的野外验证工作后发现,3 个工作区的总体分类精度均达到 90% 以上。在土地利用的构成比重中,3 个图幅较为相似,耕地(旱地、水田)均占绝大多数,比例在 75% 以上,李家市幅—张港幅以及沙洋幅—旧口幅达到 80%,但 3 个图幅耕地的组成比例有所差异,李家市幅—张港幅以及沙洋幅—旧口幅以旱地为主,旱地比例分别高达 65.07%、58.32%,水田分别仅占 19.66%、23.09%;而毛咀镇幅—沔阳幅的耕地类型以水田为主,占 46.48%,旱地仅占 30.64%;3 个图幅其余的土地利用类型结构也有所差异,但所占的面积均较小。

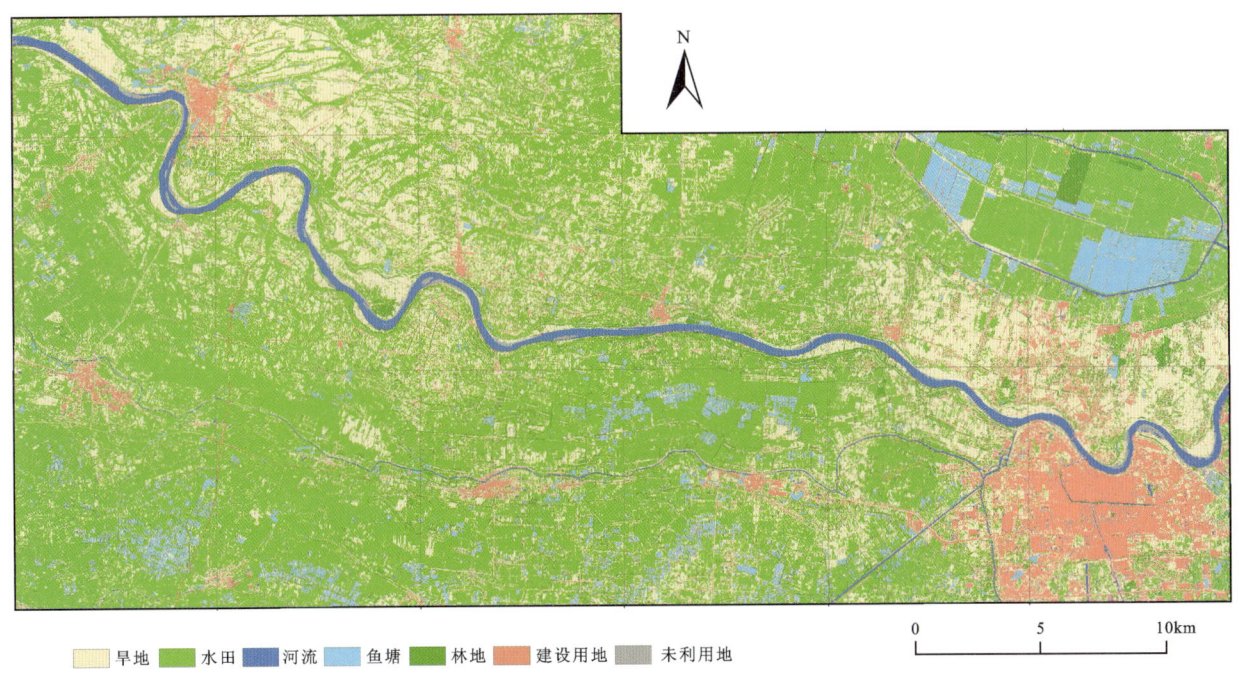

图 8-18 毛咀镇幅—沔阳幅土地利用类型图

工作区的旱地主要分布在汉江两岸高河漫滩、垸堤两侧以及西部低丘岗地,多为冲洪积物及溃口扇,地势较高,多为砂质土壤,疏松深厚,排水条件较好,适合旱作种植。水田主要分布在汉江大堤内侧洼地、废弃河道以及沙洋幅—旧口幅东部的泄洪道内,地势较周围低,土壤多为黏土,长期积水,保水性好,灌溉条件优良,适合水田种植。鱼塘多分布在湖泊、汉江两侧洼地,低丘岗地与平原交界处过渡地带内。近年来由于渔业的发展,很多河道与低洼处的水田又重新被开挖成精养鱼塘。垸堤和河堤是工作区的典型地貌特征,也是局部最高位置所在,在此基础上发展的土地利用格局为"垸堤上的农村居民用地-垸堤附近的旱地-垸堤内的水田"。河流主要为图幅内的汉江、通顺河、各类沟渠等。林地主要为沿堤和沿道路的防护林以及西侧低丘岗地上的林地。建设用地主要为城镇居民用地及各级道路。未利用地主要为汉江中一些未被开发的洲滩。

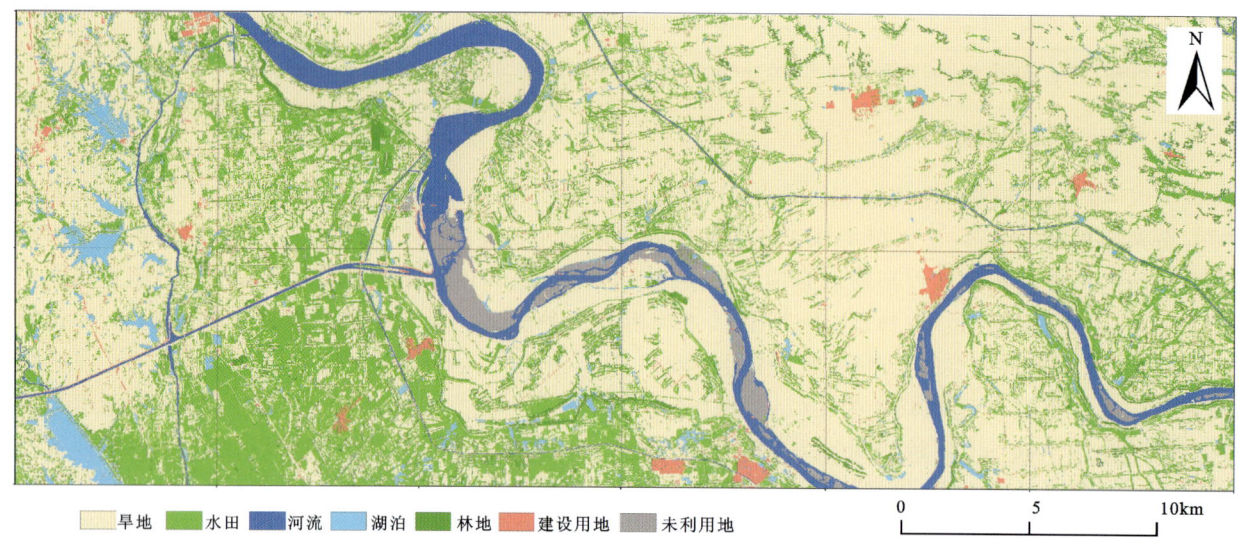

图 8-19　李家市幅—张港幅土地利用类型图

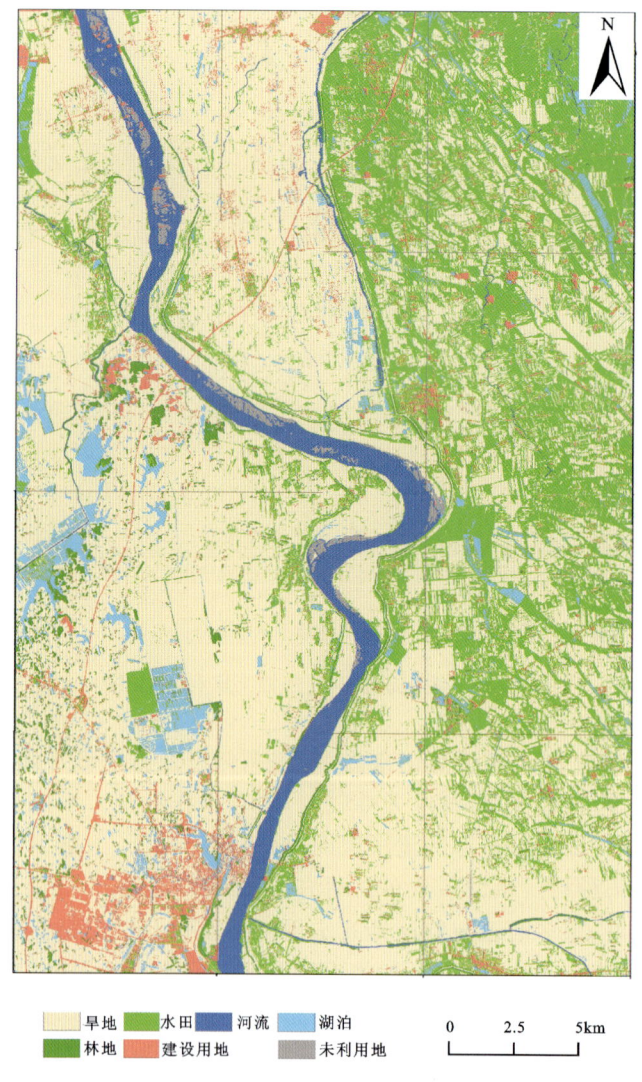

图 8-20　沙洋幅—旧口幅土地利用类型图

2. 植被-土壤界面结构

植被-土壤界面结构调查主要通过地表第四纪地质调查和土壤生物地球化学调查来实现,现以沔阳幅和毛嘴镇幅为例来阐述。

1)地表第四系地质

按地貌形成的外动力方式和组合类型划分方式,研究区为堆积地貌区(一级地貌区);二级地貌分区采用地貌形态及高程划分,研究区堆积地貌属于低平原(二级地貌区),根据成因类型又可将低平原划为河流冲积低平原和湖积低平原。此外,在河流(主要为汉江以及通顺河)两侧发育现代河漫滩(T_0)、高河漫滩阶地(T_1)(图8-21)。根据顾延生等(2018)对江汉盆地平原区第四系划分方案,研究区出露地层为全新统郭河组(Qhg),由Qh^{1al}、Qh^l、Qh^{2al}(T_1)、Qh^{3al}(T_0)组成,主要受到河流的冲积、洪积以及湖泊沉积作用影响。更新统以及前第四系隐伏于地下,地表未出露。

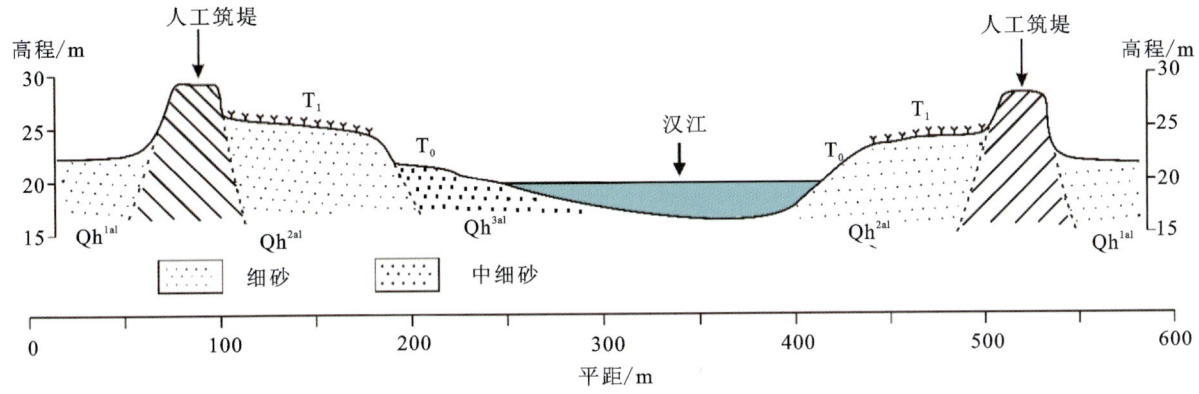

图8-21 天门汉江大桥段汉江河流地貌第四系地质剖面图

现代河漫滩主要分布于汉水、通顺河沿岸,河漫滩台地面较平坦,宽度为20~30m,长度大于500m,部分区段可以达到1000m以上。台地面微向河床倾斜,台地面高出汉水面1~3m,由Qh^{3al}中细砂组成,厚度介于3~5m之间。

河流高河漫滩阶地T_0发育于汉水两岸,可见明显的阶梯地貌(阶梯顶面与阶梯侧面)。阶地面高出汉水面5~10m,由Qh^{2al}细砂组成,地形较平坦,阶地面平坦开阔,宽度为50~200m不等,长度大于1km,台地面微向汉江河床倾斜,倾角约5°,阶地面上种植大量的树木(杨、水杉等)以及农作物(豆类植物、棉花以及花生等);部分区段的民房也是修筑在Ⅰ级阶地上,分布高程一般为28~32m。在Ⅰ级阶地上修筑有沿江防洪大堤,由于受到防洪大堤的影响,河流沉积物不能越过防洪大堤,导致防洪大堤的近河一侧不断淤积加高,最后由于河流的下切作用形成了Ⅰ级阶地。同样也正是由于防洪大堤的阻挡,Ⅰ级阶地面一般高出堤外村庄所在地面5~8m。

研究区广泛分布冲积平原,主要沿汉江及其支流通顺河等天然河流系统周边发育。由于水通量大小的缘故,汉江两侧冲积平原的分布范围远远大于通顺河冲积作用的影响范围(图8-22、图8-23)。

沔阳幅中部以及北西部地区分布着受汉江影响的冲积平原。地形平坦开阔,地形稍高,主要分布村庄和农田,主要农作物有水稻、棉花、玉米、大豆以及花生等,其高程主要为25~30m。而通顺河等次一级支流冲积作用的影响范围很窄,沿河两岸断续分布,呈长条状。冲积平原的形成与地质历史时期河流的改道和南北迂回摆动以及沉积作用密切相关。此外,由于历史时期河流两岸的溃坝,冲积沉积受到了洪泛作用的影响。沉积剖面主要由Qh^{1al}细砂以及粉砂组成,偶见黏土质粉砂,表层受到人类耕作活动不同程度的影响,影响范围达0.2~0.5m。沉积物颜色整体为灰黄色,可见浅灰色—灰色,野外沉积剖面大多可见水平层理和斜层理。受汉江冲积水动力影响强弱明显,离河床越远,沉积物粒度变细,斜层理角度逐渐减小。

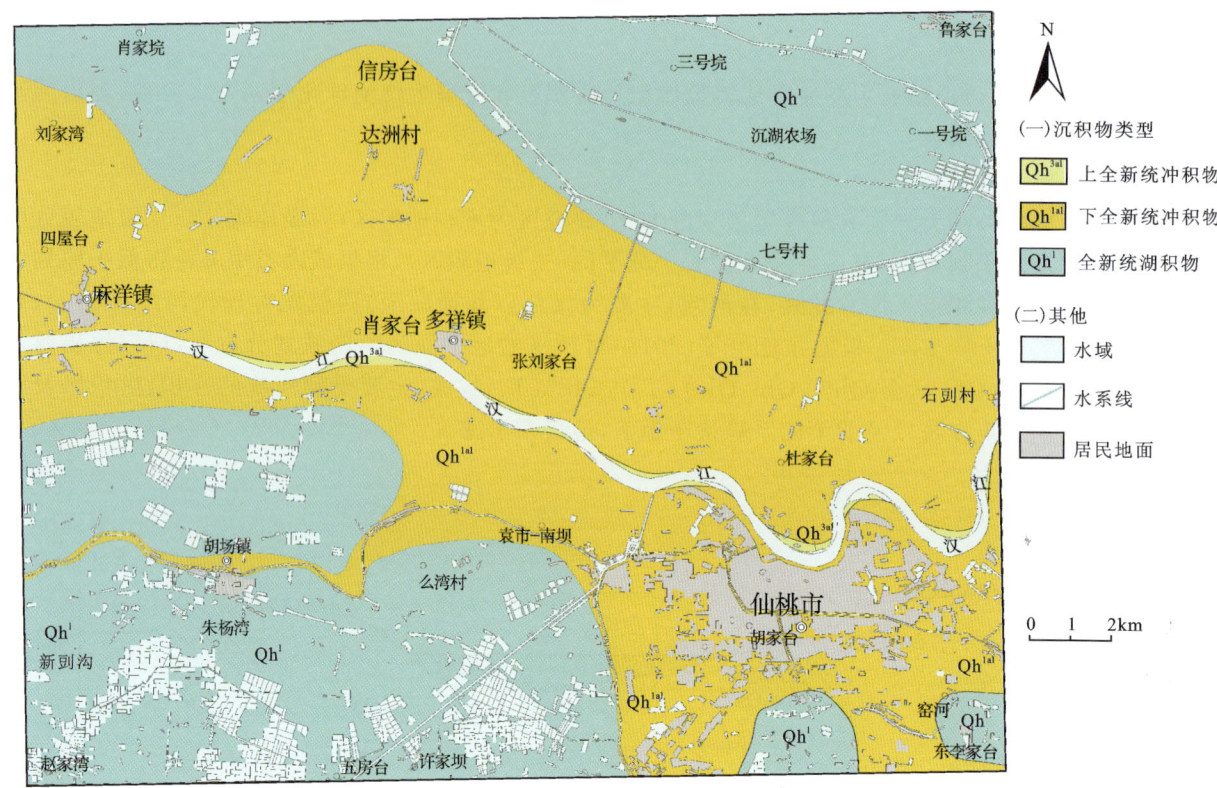

图 8-22 沔阳幅地表第四纪地质图

图 8-23 毛咀镇幅地表第四系地质图

湖积平原主要分布在毛咀镇幅中部以南（318国道）地区、沔阳幅中部（汉江以南5km）以及北东部沉湖（万亩生态农田示范区）地区。湖积平原分布区地形地势低洼，海拔低于冲积平原，高程为25～27m，主要分布稻田、藕塘、鱼塘等。沉积剖面主要由Qh^l黏土组成，可见粉砂质黏土。沉积物颜色整体为深灰色—灰色，可见薄层水平层理，反映了当时的沉积环境水动力很弱。沉积剖面出露大量腹足、双壳类化石以及铁锰质结核，这些化石大多保存完好，壳体表面光滑，指示了原地埋藏的特征。

研究区内露头第四系主要由Qh^l、Qh^{1al}、$Qh^{2al}(T_1)$和$Qh^{3al}(T_0)$组成，具体特征如下。

Qh^{3al}主要分布于现代河漫滩，主要由灰色细砂组成，可见水平层理和低角度斜层理，主要组成矿物有石英(35%)、长石(35%)以及云母(20%)，沉积物较疏松，分选较好，厚度一般在2m以上。

Qh^{2al}主要分布于汉水高河漫滩阶地，由黄褐色、灰色粉砂、细砂层组成，可见低角度斜层理、水平层理以及交错层理。由于沉积物较疏松多孔，故可见丰富植物根系、虫孔结核，局部夹褐红色、灰色黏土团块，厚度为5～10m。

Qh^{1al}分布于冲积平原，由灰黄色—黄色粉砂和黄褐色黏土质粉砂组成，可见水平层理和低角度斜层理。由于受到人类耕作活动的影响，层内可见较多植物根系，局部偶见腹足类螺壳等。沉积物组成矿物粒径由粗变细，即接近河床处以灰黄色粉、细砂为主，随着离河床距离的加大变为黏土质粉砂，反映了沉积物水动力由强变弱的过程。Qh^{1al}沉积物之上主要分布村庄、旱田等，厚度为1～3m。

Qh^l分布于湖积平原上，分为两种典型的沉积相特征：一种主要由灰色—深灰色淤泥层和黏土层组成，野外黏土十分污手，含较多植物根系和铁锰结核，含铁锰结核层内出露大量双壳和腹足类生物遗存，为水体深度较大的静水环境沉积；另一种为灰黄色—黄色黏土沉积，同样含有较多植物根系和铁锰结核，层内出露大量双壳和腹足类生物遗存，其主要反映了暴露的浅水沉积环境特征，属于湖泊沉积的边缘区，厚度大于10m，未见底。

2）土壤生物地球化学

研究区表层土壤微生物的多样性和丰度分别如图8-24和图8-25所示。类似于地下水样品，土壤微生物多样性在低纬度地区较高，然而微生物丰度在高纬度地区较高。通过数据再分析发现，调查区

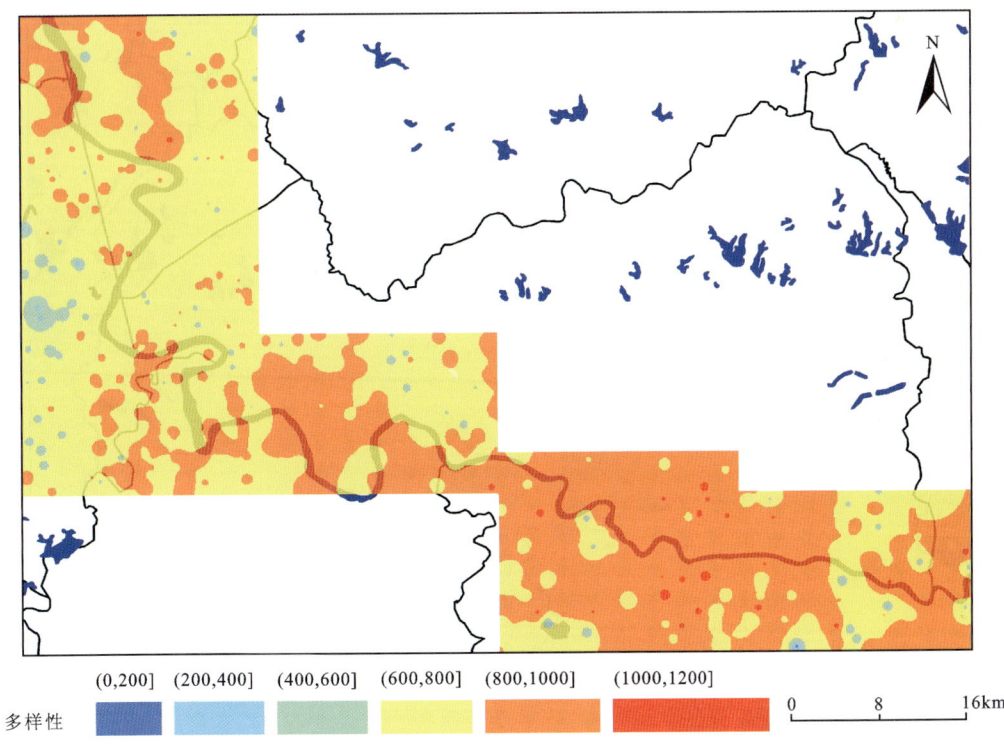

图8-24 调查区表层土壤样品微生物多样性地理分布图

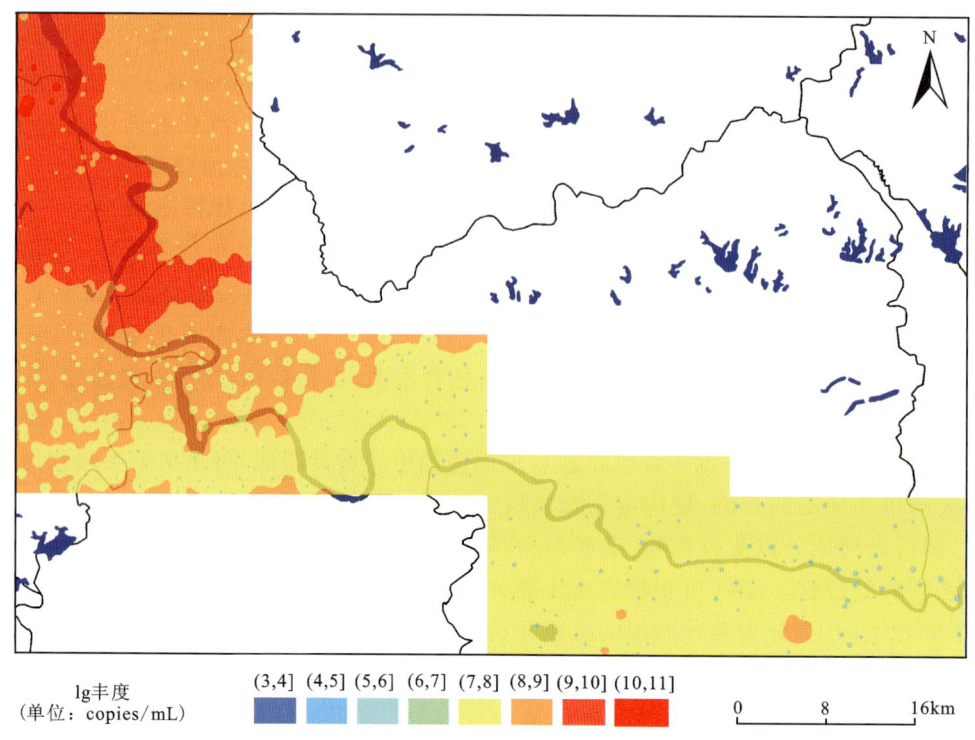

图 8-25　调查区表层土壤样品微生物丰度地理分布图

表层土壤含有 55 种潜在的植物或农作物致病菌种类。其中，*Acidovorax avenae*、*Bacillusmegaterium* 和 *Acidovorax anthurii* 在超过 600 个表层土壤样品中广泛分布。这些潜在农作物致病菌在表层土壤的地理分布如图 8-26 所示。高纬度土壤分布更多的农作物致病菌种类。

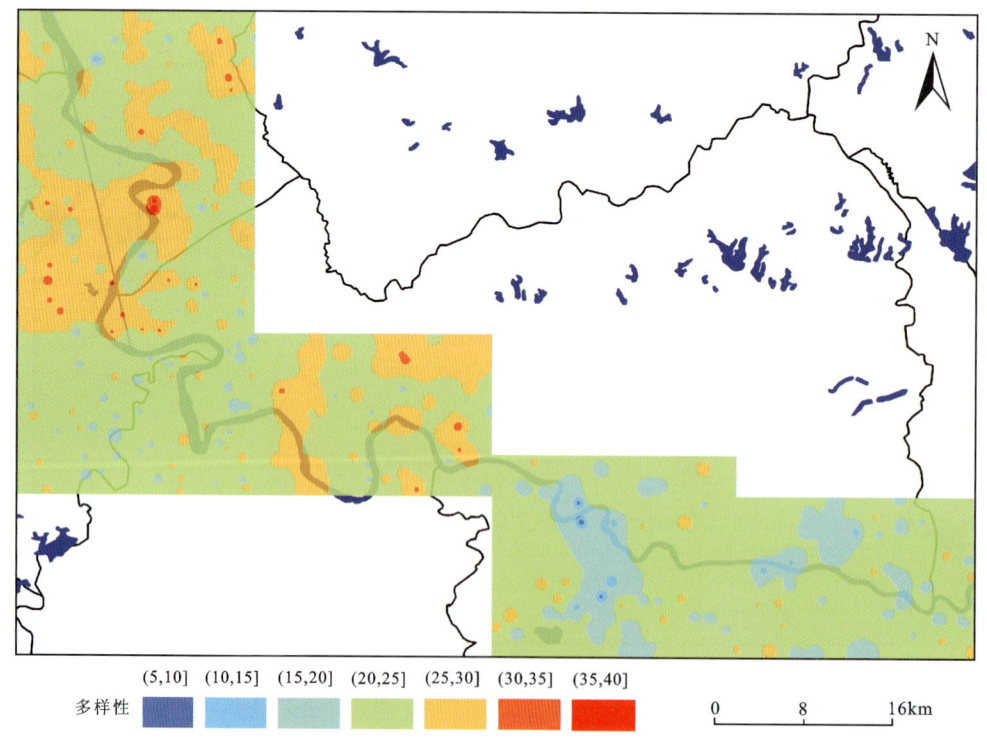

图 8-26　调查区表层土壤样品农作物致病菌多样性地理分布图

3. 包气带-饱水带界面结构

包气带-饱水带界面结构通过一系列的参数填图来刻画,包括包气带厚度、孔隙度、干密度、饱和渗透系数、毛细上升高度等。

依据 2016—2018 年江汉平原环境地质调查结果绘制浅层地下水埋深分区图及黏性土厚度分区图(图 8-27、图 8-28)。大部分区域包气带厚度在 1~4m 之间,李家市幅西北部地区浅层地下水水位埋深较大,最深可达 10m,总体上呈现出东北部浅、西南部深的规律,其中地下水水位埋深小于 1m 的地区分布较为零星。图幅内大部分区域包气带黏性土厚度在 0~2m 之间,只有少数地区如杨帖湖两岸、兴隆镇、蒋场镇东侧零星地区黏性土厚度超过 2m。

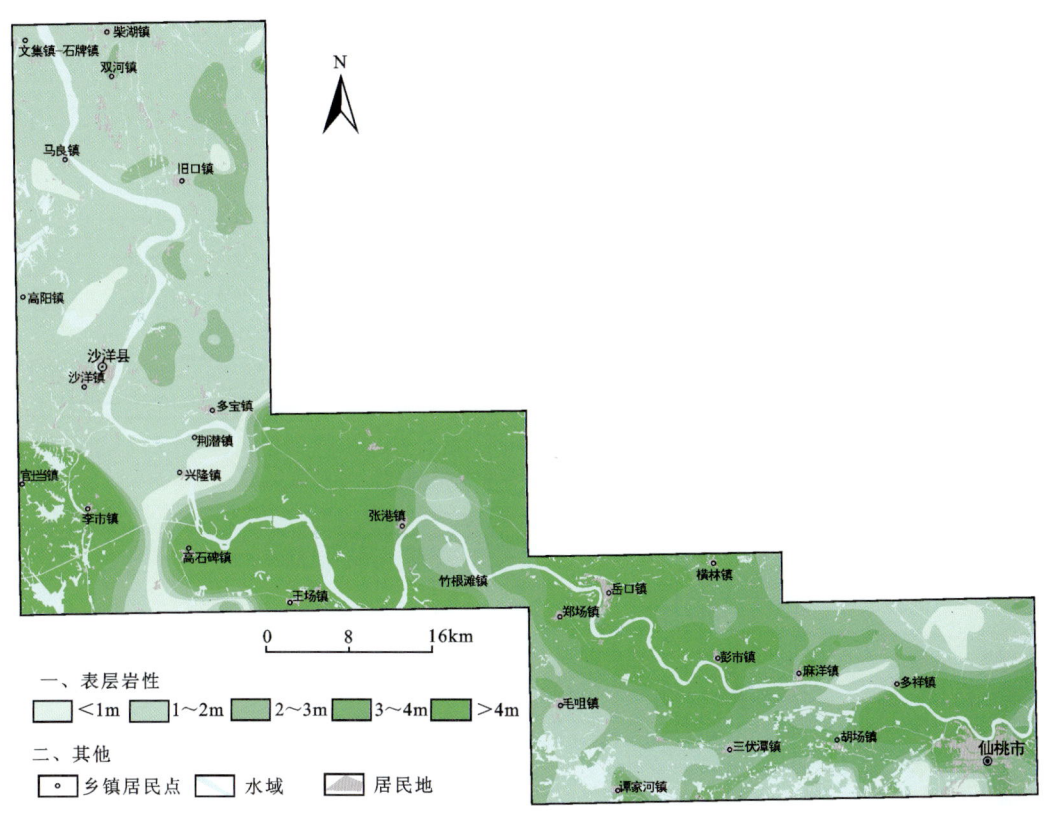

图 8-27 李家市幅—张港镇幅浅层地下水水位埋深分区图

土壤孔隙度、干密度及饱和渗透系数是研究植物可获取水分、地表水与地下水水分交替、溶质及污染物运移等土壤水分运移过程的基础。饱和土壤的渗透系数控制着降水入渗量及地表径流量,对于农业来说是不可或缺的参数。此次研究采用气压变水头渗透仪对土壤饱和渗透系数进行测定。室内渗透试验后,把装有土样的环刀先饱水,把环刀放在透水石上,水面基本和透水石持平,饱水 24h 后称重,获得环刀和饱和土重;再烘干,将环刀土样放进烘箱烘干(105℃,24h),冷却后称重,获得环刀和干土重量、环刀重量;最后计算孔隙度和干密度。根据以上实验方法及步骤,对所获得的数据进行处理,得到取样土壤的孔隙度、干密度及饱和渗透系数值。

在研究区内,孔隙度范围在 0.35~0.50 之间,并划为 0.35~0.4、0.4~0.45 及 >0.45 三个分区;将干密度划分为小于 1.40g/cm³、1.40~1.50g/cm³、1.50~1.60g/cm³、1.60~1.70g/cm³ 及 >1.70g/cm³ 五个分区;土壤饱和渗透系数大致可划为 ≥$1.0×10^{-1}$m/d、0.01~0.1m/d、0.001~0.01m/d 及 <0.001^{-3}m/d 四个分区。对研究区内孔隙度、干密度及饱和渗透系数分布进行绘制(图 8-29~图 8-31)。

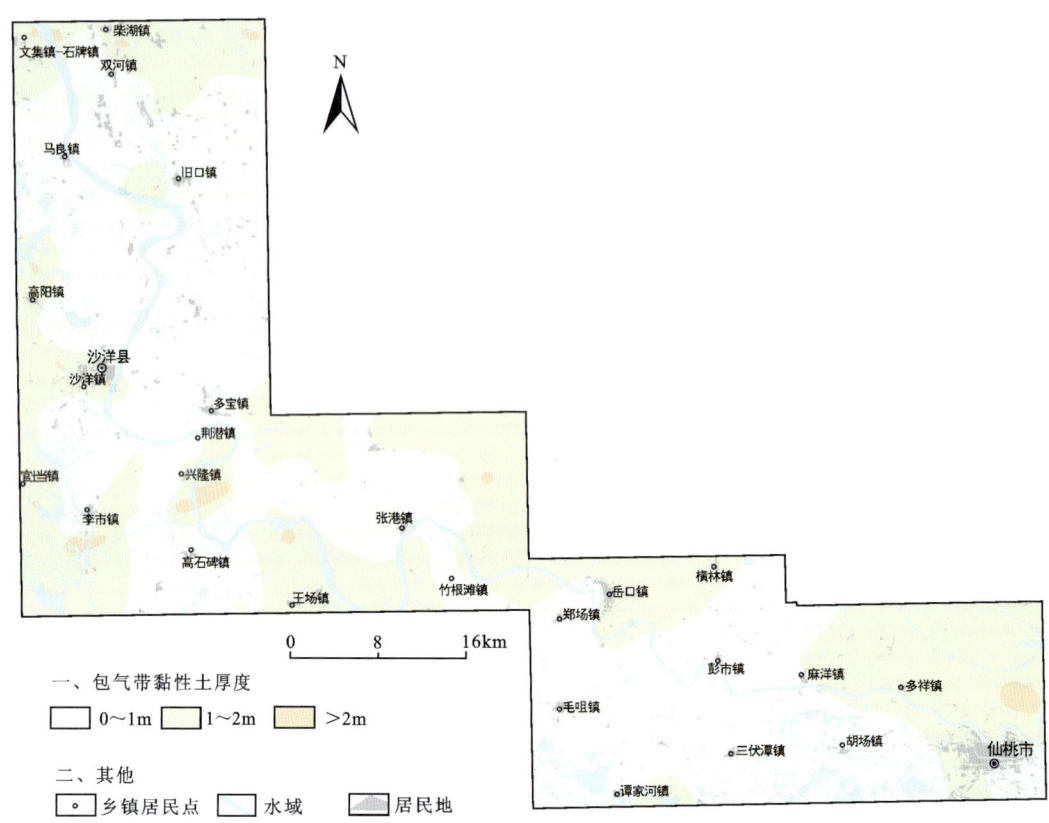

图 8-28 李家市幅—张港镇幅包气带黏性土厚度分区图

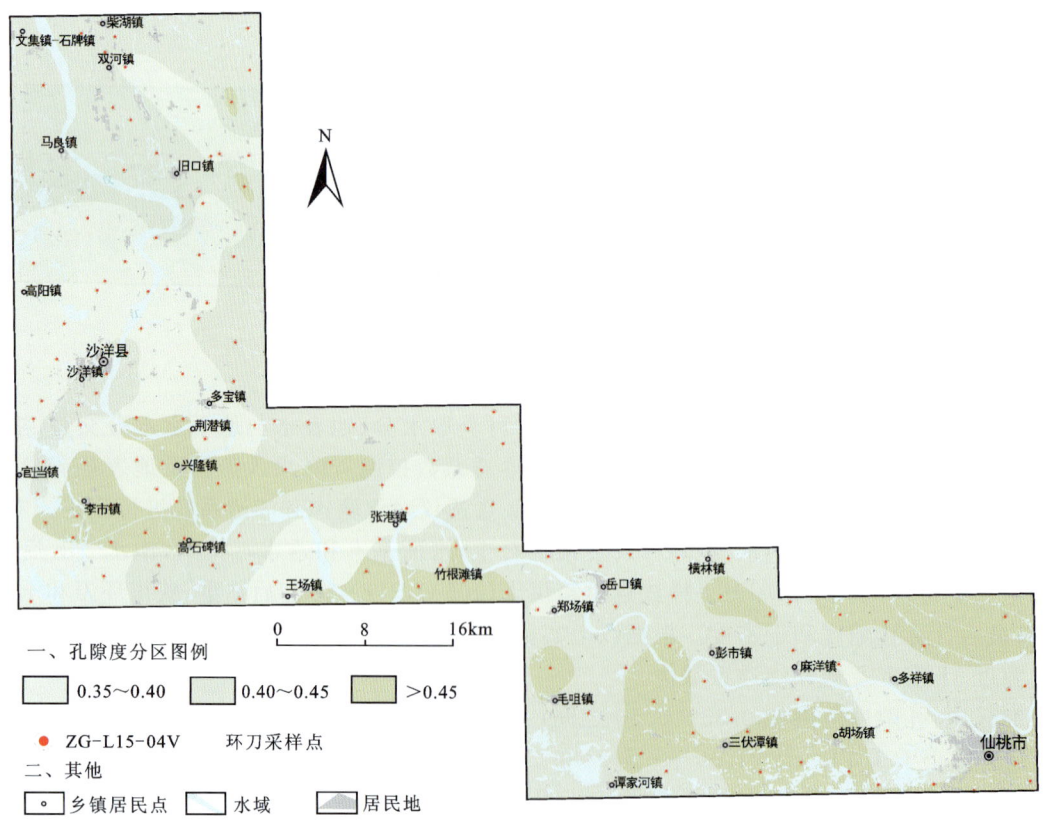

图 8-29 李家市幅—张港镇幅土壤孔隙度分布图

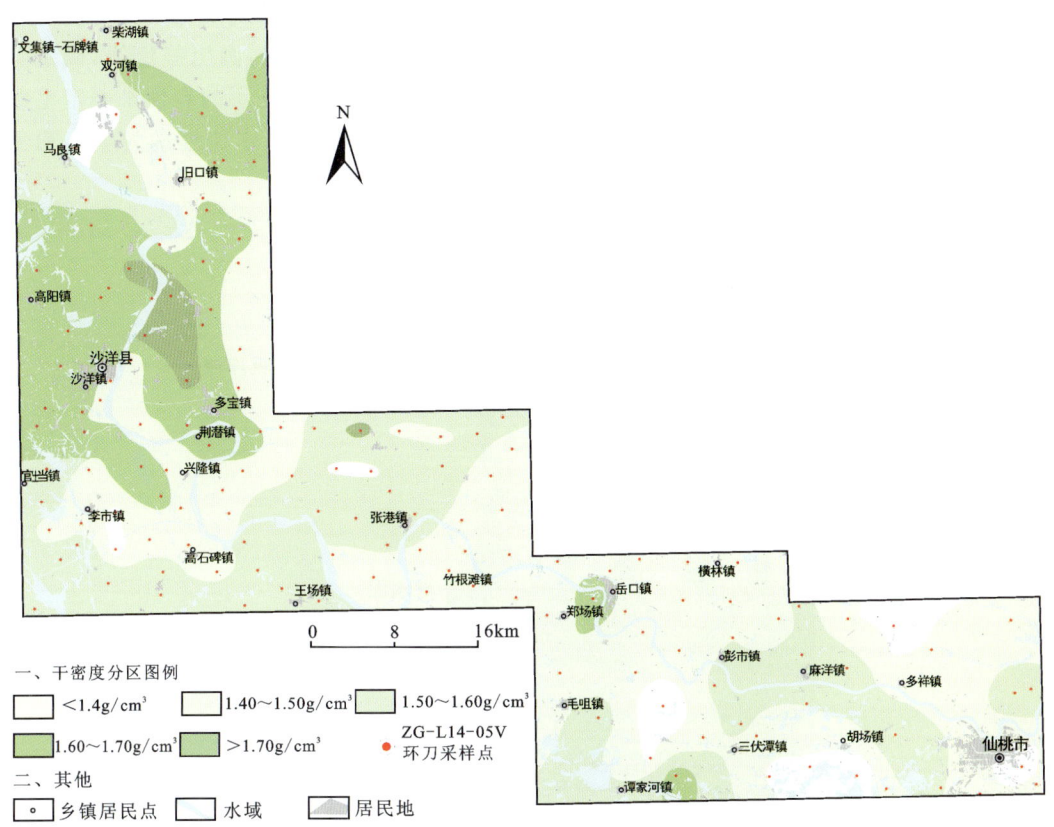

图 8-30　李家市幅—张港镇幅土壤干密度分布图

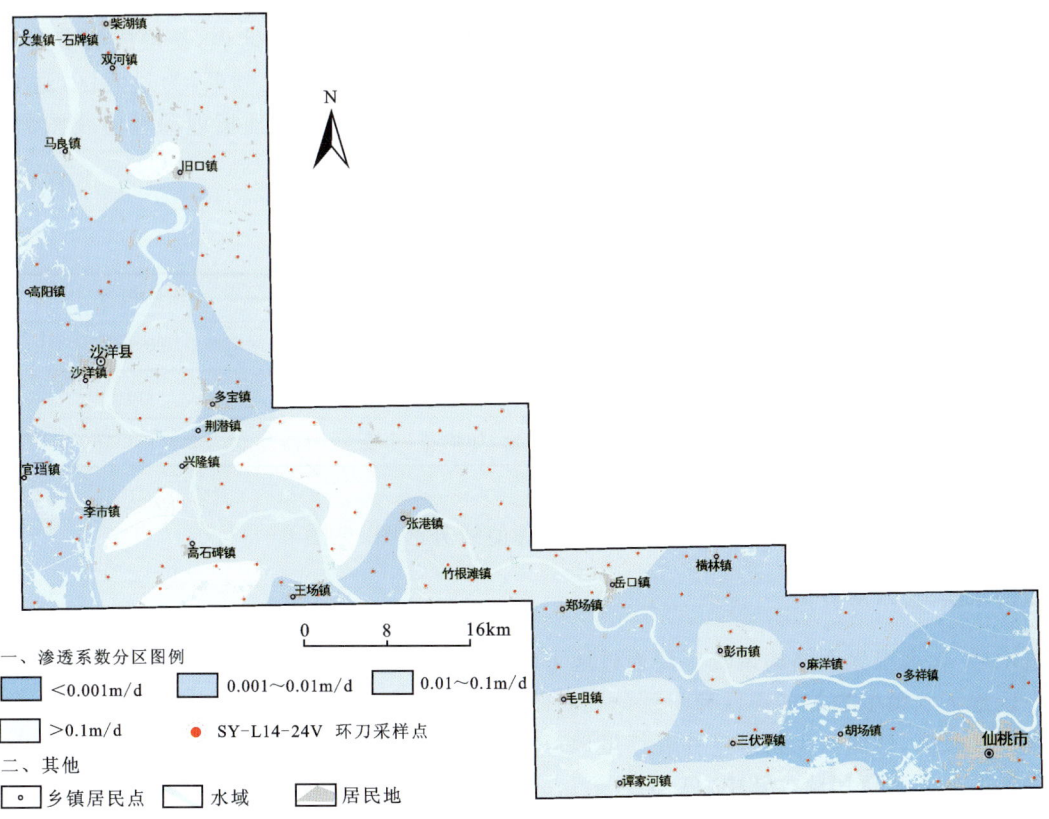

图 8-31　李家市幅—张港镇幅土壤饱和渗透系数分布图

根据岩性结构图,结合不同土壤表层岩性结构、毛细上升高度以及地下水水位埋深,确定不同岩性土壤毛细上升高度。当毛细上升高度超过地表时,顶板埋深设为地面高程,画出等值线,确定分区。在确定土壤岩性时,当包气带结构为非均质结构时,选取地下水水位埋深所在层的岩性来确定毛细上升高度。毛细上升高度顶板埋深的确定以粉土为例,图8-32示意区域地下水水位埋深为3m,粉土毛细上升高度为2m,则毛细上升高度的顶板埋深为1m。

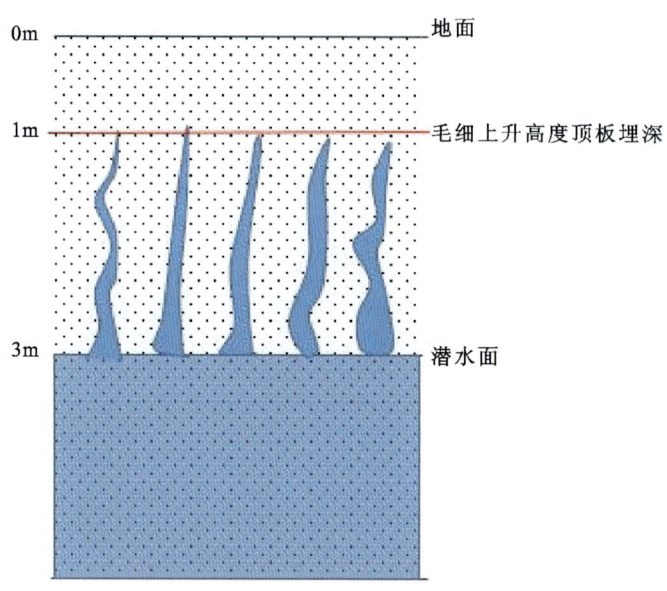

图8-32 毛细上升高度顶板埋深示意图

研究区内毛细上升高度顶板埋深等值线主要包括:①0m,毛细水到达地表,易形成洪涝灾害和冷浸田,适宜水稻种植和水产养殖;②0～2m,大气降水、土壤水和地下水转化频繁,为过渡区,适宜种植大豆、油菜等;③>2m,为旱作区,适宜种植小麦、棉花等。以毛细上升高度顶板埋深等值线图为基础,划定分区,确定不同分区填充作物,填充作物情况见表8-9。

表8-9 填充作物情况

毛细上升高度顶板埋深/m	适宜作物种类	作物根深
0	水田,如水稻,或进行水产养殖	20cm
0～2	过渡作物,如大豆、油菜	1m
>2	旱地根深作物,如棉花、小麦	2.6～3.4m

最终,绘制了各图幅的毛细上升高度顶板埋深等值线分区图,见图8-33。

4. 弱透水层-含水层界面

弱透水层-含水层界面结构调查主要通过地下水生物地球化学调查来实现。

调查区地下水微生物的多样性和丰度分别如图8-34和图8-35所示。整体来看,微生物多样性在低纬度地区较高,然而微生物丰度在高纬度地区较高。通过进一步的数据分析发现,调查区地下水含有254种潜在的人体致病菌。其中,*Delftia acidovorans*,*Bacillus subtilis*和*Burkholderia cepacia*在超过650个地下水样品中广泛分布。这些潜在人体致病菌在地下水的地理分布如图8-36所示。

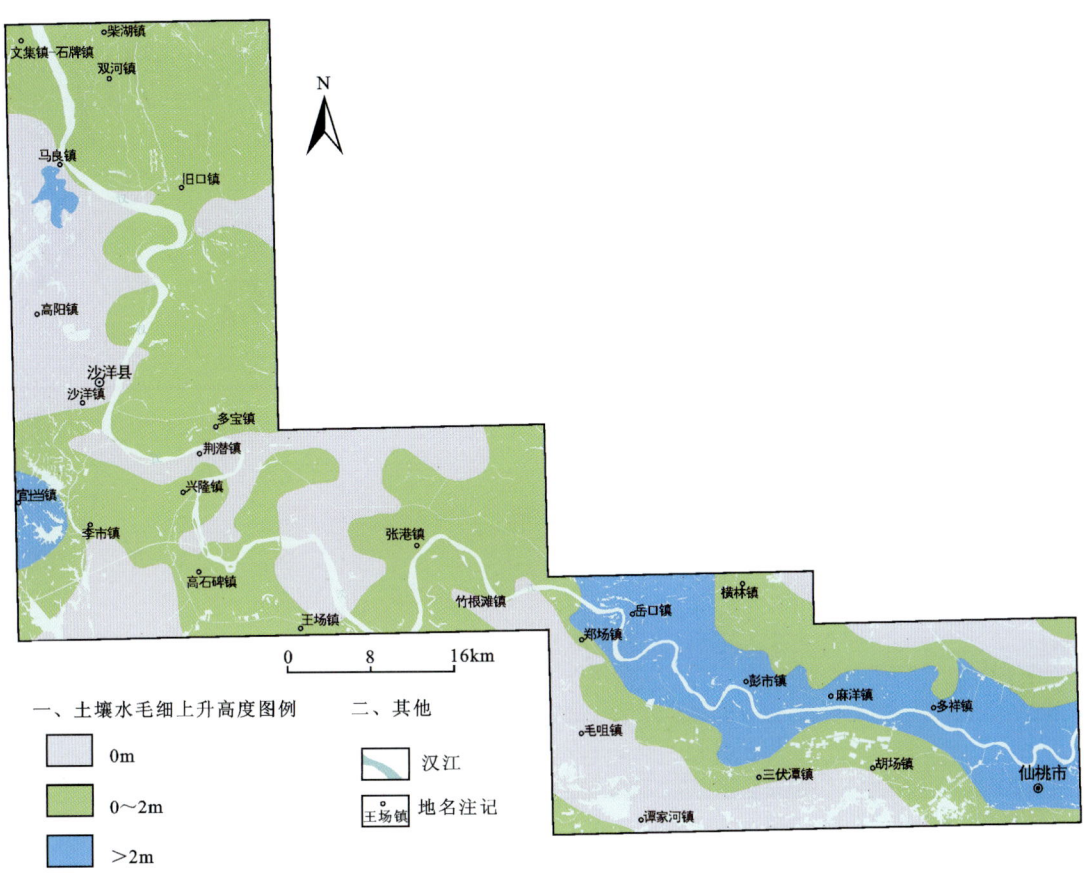

图 8-33 李家市幅—张港镇幅毛细上升高度顶板埋深等值线分区图

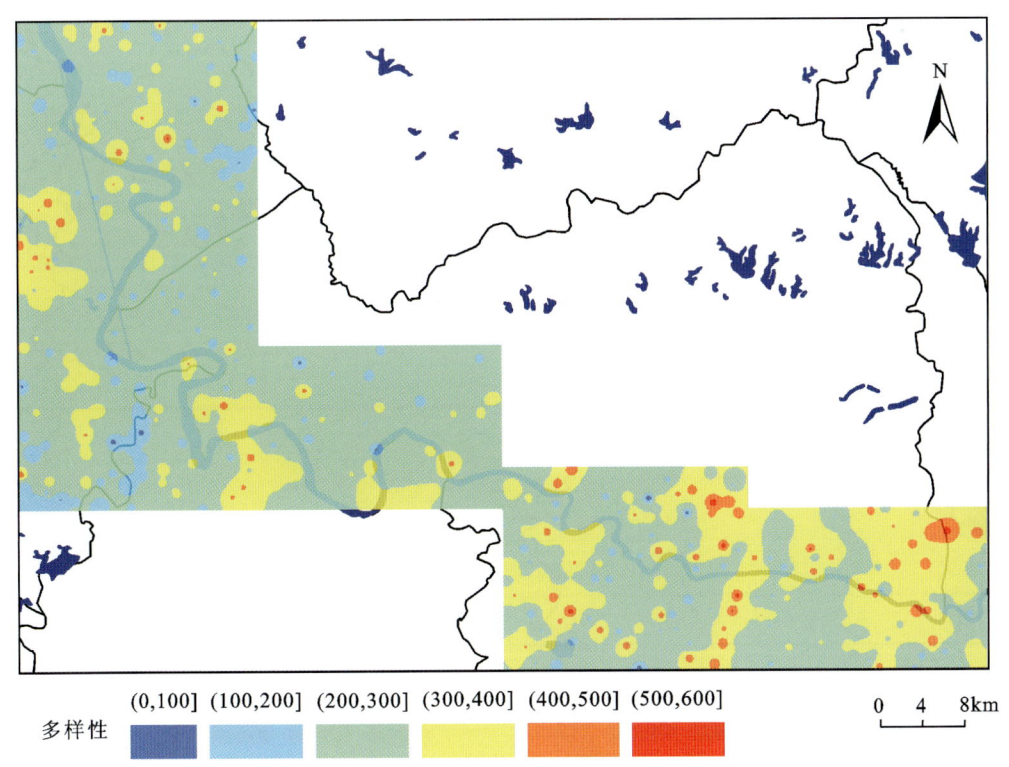

图 8-34 调查区地下水样品微生物多样性地理分布图

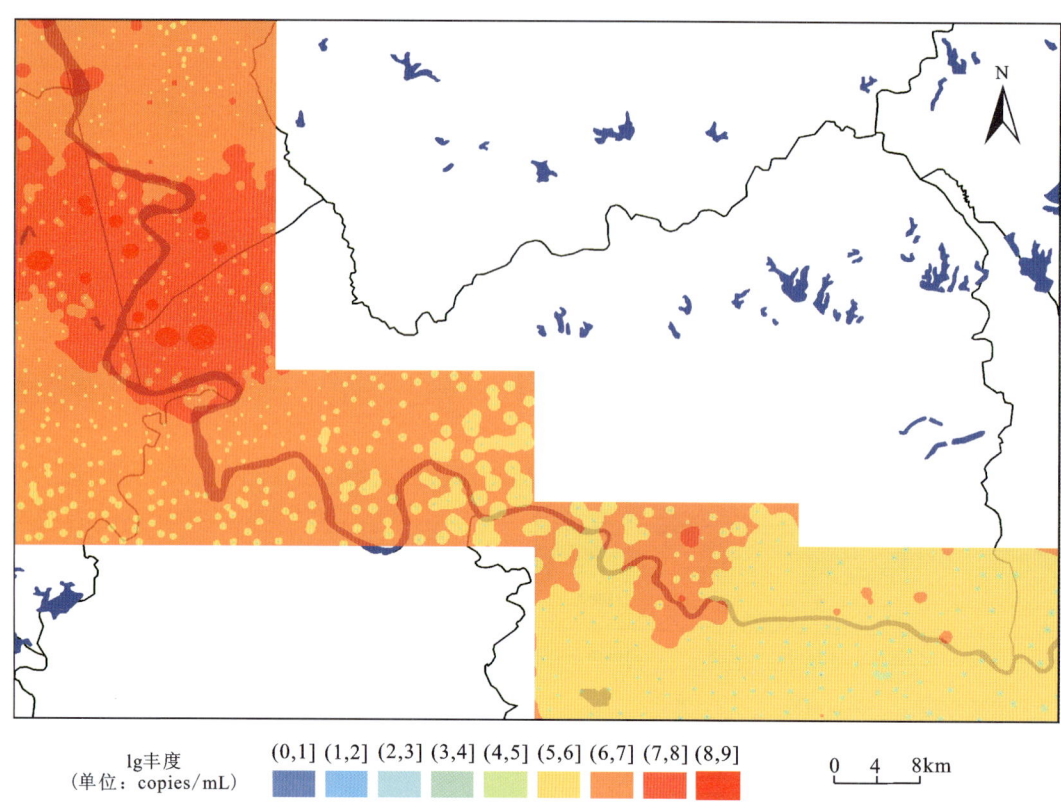

图 8-35 调查区地下水样品微生物丰度地理分布图

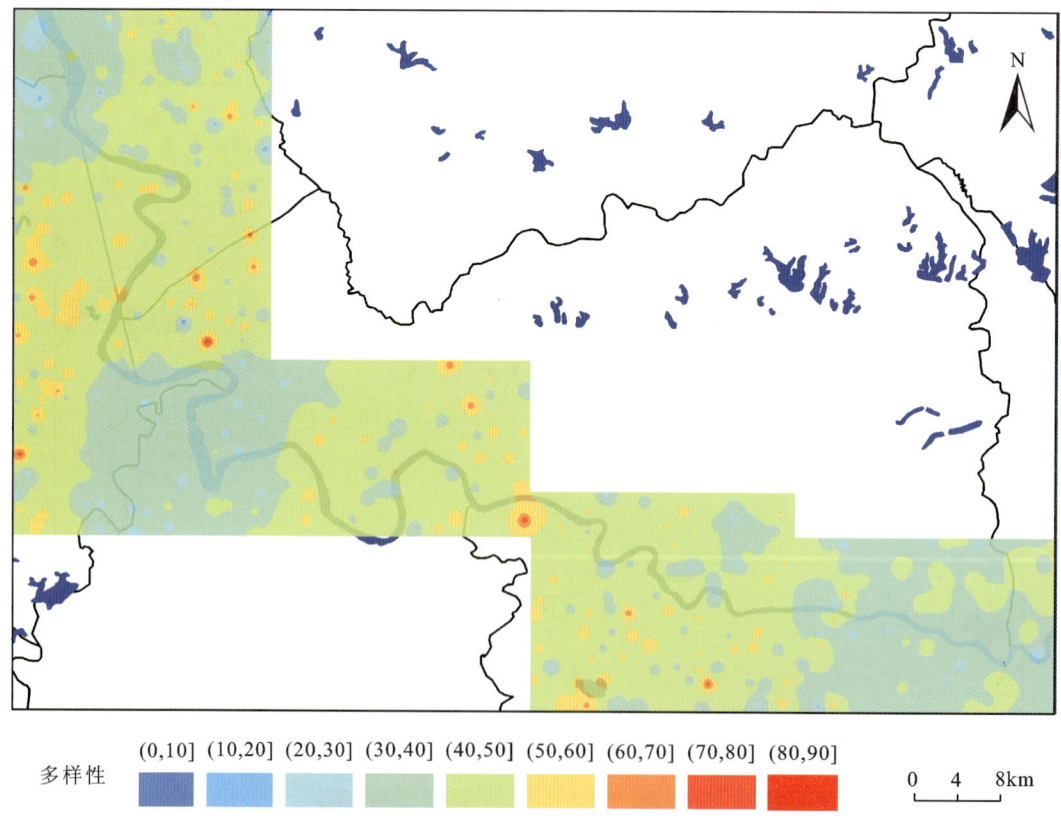

图 8-36 调查区地下水样品人体致病菌多样性地理分布图

5. 含水层-基岩界面

含水层-基岩界面主要通过区域上第四系的厚度分布来体现。基于收集的钻孔资料和项目实施的钻孔资料,得到区域第四系厚度分布图(图8-37)。

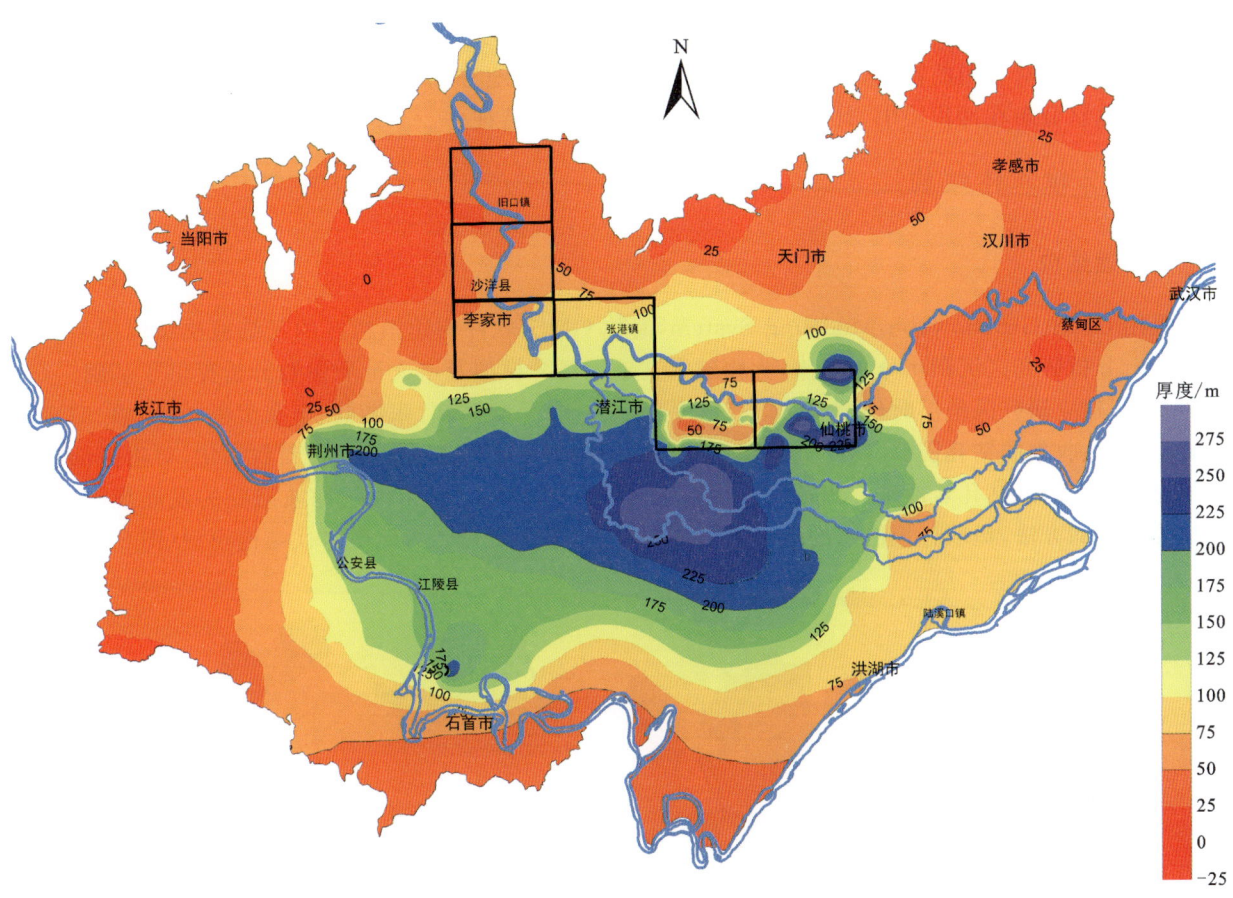

图8-37 江汉平原第四系厚度等值线图

从东西向上看,宏观上江汉盆地沉积相以河流相、湖相交替沉积为主,揭示主要特征为:①以监利新沟、周老一带为盆地沉积中心,第四系厚度达300余米,向周缘地区地层逐渐变薄;②早更新世时期,自沙市以西至监利新沟以东主要由一层厚超过100m的斑状黏土或含钙黏土层组成,从西往东逐渐变薄;③自早更新世晚期开始,长江在宜昌以下流域地区发育了一套向东南方向延伸并贯穿了江汉平原的大型砂砾石层,并且沿延伸方向逐渐变薄,砾石粒径逐渐减小,至监利周老镇以东逐渐尖灭;④监利新沟、周老以东至仙桃郭河、沙湖地区,第四系沉积相变复杂,以河流相为主,由砂砾→砂→亚黏土这一沉积序列的多次重复组成,属于河流相沉积旋回的多次重复,受到江汉平原主要水系长江、汉江及其支流的共同控制;⑤平原埋深几米至二十几米,主要由河漫滩相黄灰色细砂、灰褐色粉质黏土与灰色稀软黏土(泥)混合堆积层组成,是全新世温湿气候条件下,江汉平原广泛发育湖泊沼泽以及沿江洪水泛滥的沉积体现。

从南北向上看,江汉平原第四系沉积中心位于陈沱口凹陷监利新沟钻孔、周老钻孔一带,向南第四系急剧变浅过渡到华容隆起,向北经过潜江凹陷至岳口低凸起。从整体来看,南、北岩性差异较大,不具备统一的岩性韵律层结构,表明在东荆河以北仙桃郭河一带可能是汉江三角洲与长江三角洲沉积物交差带。东荆河组的南部与北部均表现出各自的砂砾石→砂→粉质黏土的沉积旋回,以河流相为主,夹湖相沉积。在平原南部,下段顶部发育厚度超过30m的灰绿色湖相沉积层,可能指示平原南部,靠近洞庭湖水系地区在早更新世中期曾经发育过一段大湖期。汉江组的南北向均以发育一套粗碎屑砂砾石为特征,可能指示江汉平原水系在该时期充分游荡在盆地低平原区。但在该套砂砾石层中,R10、R23、ZK20以及QU1钻孔揭示其砾石特征明显不同于新沟钻孔和周老钻孔,前者砾石磨圆为Ⅰ~Ⅱ级,砾石成分以硅质岩、变质岩居多,后者砾石磨圆为Ⅲ~Ⅳ级,砾石成分含有花岗岩成分,可能分别指示为汉江与长江卸载的物质。近地表几米至二三十米,由北至南均由粒度较细的河漫滩相细砂、粉质黏土与湖沼相淤泥质黏土组成,岩层南部较北部稍微厚。同时期沉积岩层从水平方向上看,相变十分明显,即在长江、汉江两岸沉积了相对较粗的物质,而远离长江、汉江毗邻湖区的地方,沉积了较细的物质,湖相沉积的淤泥层呈透镜体状分布在冲积层中,具有典型的冲积平原相模式特征。

(三)三维立体结构

1. 物理结构

采用GMS(Groundwater Modeling System,简称GMS)软件构建图幅区的三维地质结构模型并在其基础上分析研究区沉积相分布规律,为构建水文地质概念模型及水文地质参数分析提供了基础。

首先,建立研究区地层时代模型。以江汉平原沔阳幅、毛咀镇幅、张港幅、李家市幅、沙洋幅、旧口幅为研究区,在收集的钻孔资料、测井资料和物探剖面图资料的基础上,将钻孔资料数字化,对物探剖面解译成果和物探附近钻孔岩性进行比较,检查其是否具有一致性;结合第四纪地质演变的发展规律,采用添加控制点的方法,提取各控制点的地层时代高程数据,建立研究区的地层时代结构模型(图8-38)。

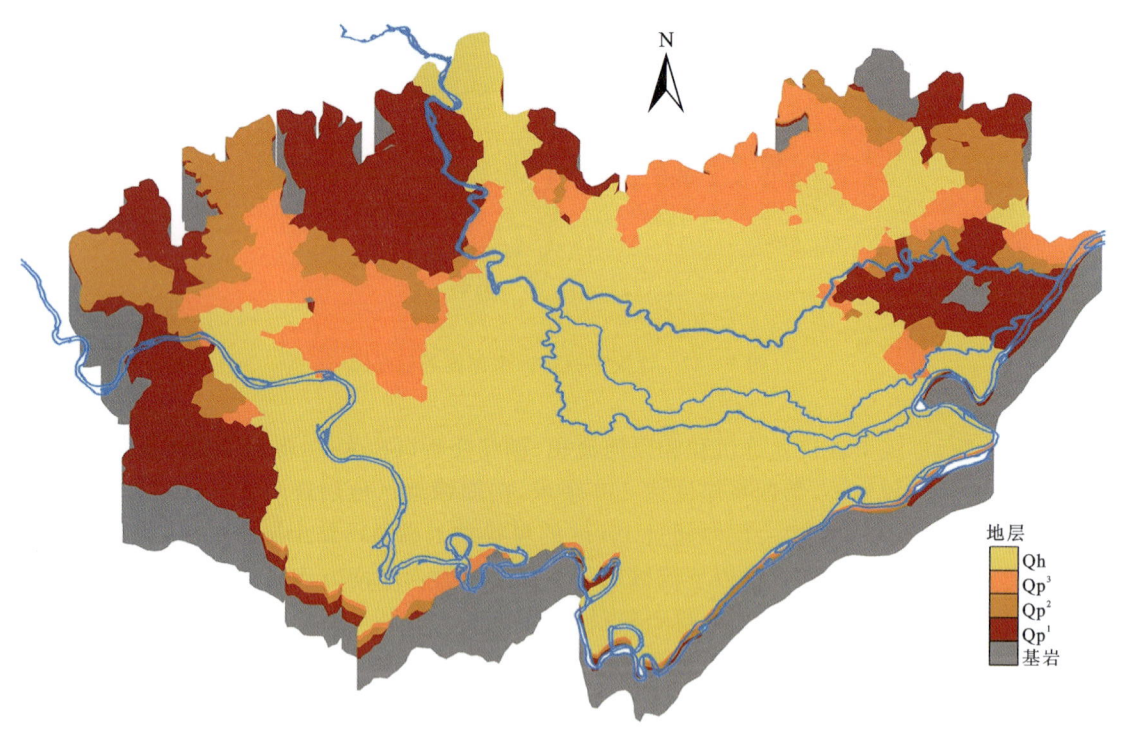

图8-38 江汉平原地层时代模型立体图

其次,建立研究区岩性结构模型。在研究区地层时代结构模型的基础上,结合研究区第四系岩性、厚度、粒径等变化规律,采用厚度优势与等效厚度法,将研究区分层并进行分层岩性概化,从而构建该区岩性结构模型。完成沙洋幅、旧口幅的三维地质结构建模可以实现多个方位、角度的多个地层剖面切割方式和剖面的三维动态立体观察,清晰地呈现出研究区的地质结构特征及水文地质环境,为建立研究区的地下水数值模型奠定基础。

前面对平原研究区的地层三维结构模型做了可视化的研究,地层结构模型建立的是第四纪以来的地层实体模型,它的重要意义在于研究第四纪以来的地层演化、沉积厚度、分布范围等。地层岩性结构模型研究的是第四系的岩性结构、分布特征和岩相。通过建立第四系岩性结构模型可以确定并反映研究区第四系内各处的岩性分布情况及研究区沉积相分布特征(图8-39、图8-40)。

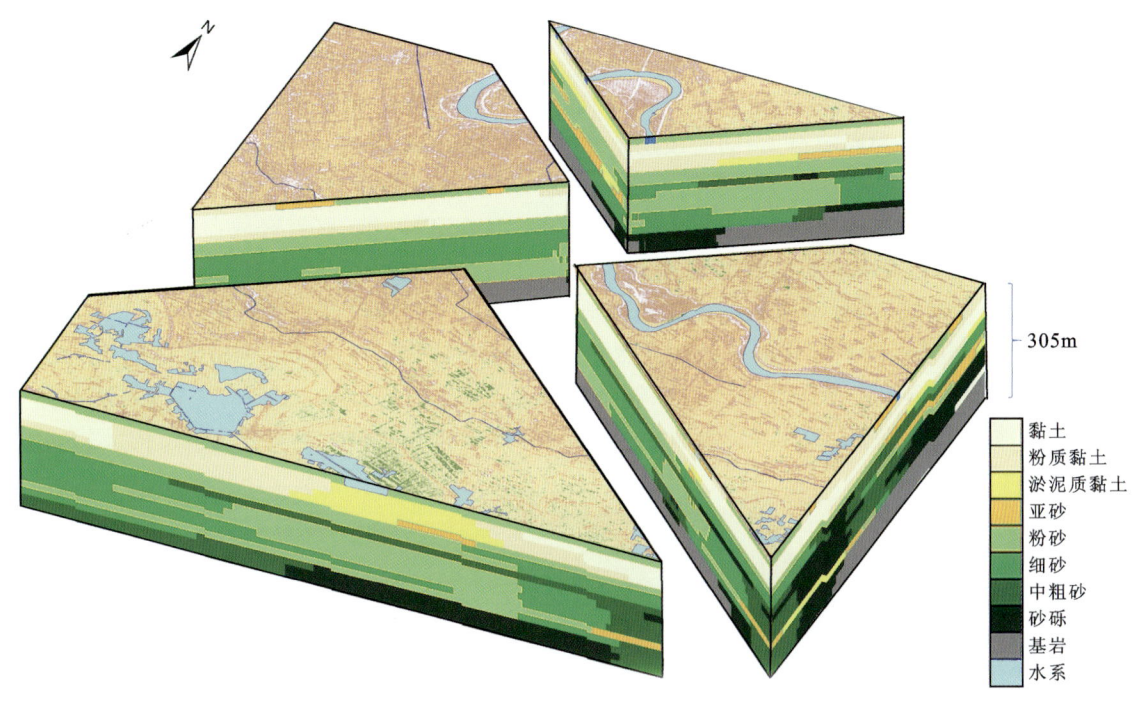

图8-39 毛咀幅岩性结构立体图

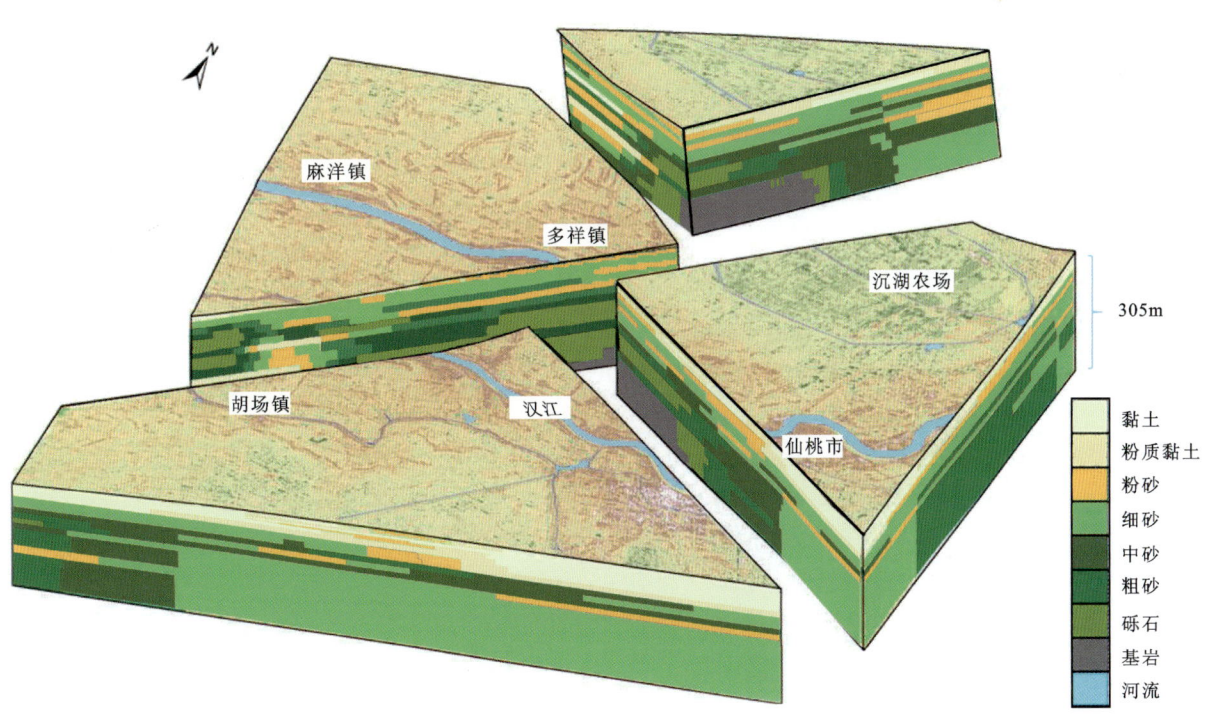

图8-40 沔阳幅岩性结构立体图

从以上模型立体图可以看出,模型建立以后,每个网格200m×200m×5m(或10m、15m)的范围内都有其对应的岩性,通过建模可以对研究区内任意一个位置处的岩性、地形等进行分析观察,达到了建模的目的。该模型可用于研究区的水文地质参数的求取及数值模拟,能为研究区含水层、隔水层的划分,地下水资源的开发评价,地下水污染物研究提供帮助。

2. 化学结构

工作区内地下水水化学组分的分布存在明显的空间异质性,受到自然条件及人为活动的共同作用。地下水 TDS 随深度增加相对减小,在平面上无明显差异;浅层潜水中氯离子含量较中层、深层承压水相对更高,浅层潜水中受人为影响更大;同时浅层潜水中硝酸盐、硫酸盐浓度也较高。而含有高砷、铁、氨氮的地下水主要在集中在 15~40m 还原性更强的中层承压含水层,纵向分布差异明显,区域上存在高度一致性。锰在浅层潜水以及浅层承压水中含量均较高,且在高砷、铁、氨氮区域存在高度一致性。

电导率(Ec)作为地下水水质检测的常用现场指标之一,其值表示了溶液传导电流的能力,一般来说,溶解性物质含量越高,电导率越高。工作区内地下水中 Ec 的三维结构可间接反映工作区的水化学结构。浅层地下水中 Ec 在平面分布上受到自然和人为条件的影响,靠近汉江河道水体的 Ec 高于远离河道地区,城镇、养殖场等人为活动强烈区控制了局部极高 Ec 值的分布;在垂向上,浅表层水体中 Ec 明显较中深层地下水的高(图 8-41)。地下水中 TDS 等指标基本表现出类似的化学结构(图 8-42)。

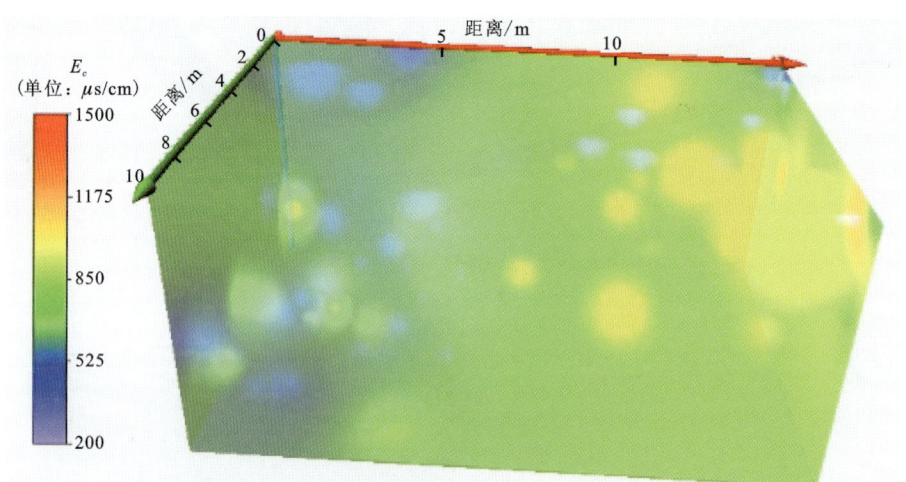

图 8-41 李家市幅水体 Ec 三维结构图

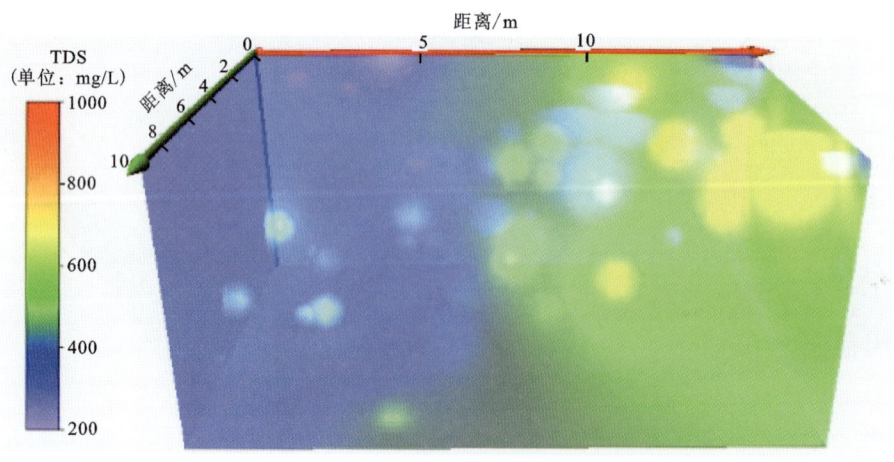

图 8-42 李家市幅水体 TDS 三维结构图

以李家市幅为例,该图幅西侧为低山丘陵地区,东侧为平原区,村镇密集,人类活动较为强烈,外源输入的增加导致浅层地下水中 Ec、TDS 等增大。而汉江作为区内近南北向延伸的大河,其对地下水水流系统的分割使得东、西两侧呈现出截然不同的水质特点。

3. 生物结构

本次工作在 HJ004、HJ005、HJ006、HJ008 和 HJ009 钻孔采集了不同深度的微生物样品共计 213个。微生物多样性及其群落组成相似性纵向分布情况如图 8-43 和图 8-44 所示。微生物多样性在不同深度具有差异,存在间断的高多样性深度带。此外,表层微生物群落组成与深部微生物群落组成具有显著差异,同时也存在微生物群落组成分带情况。

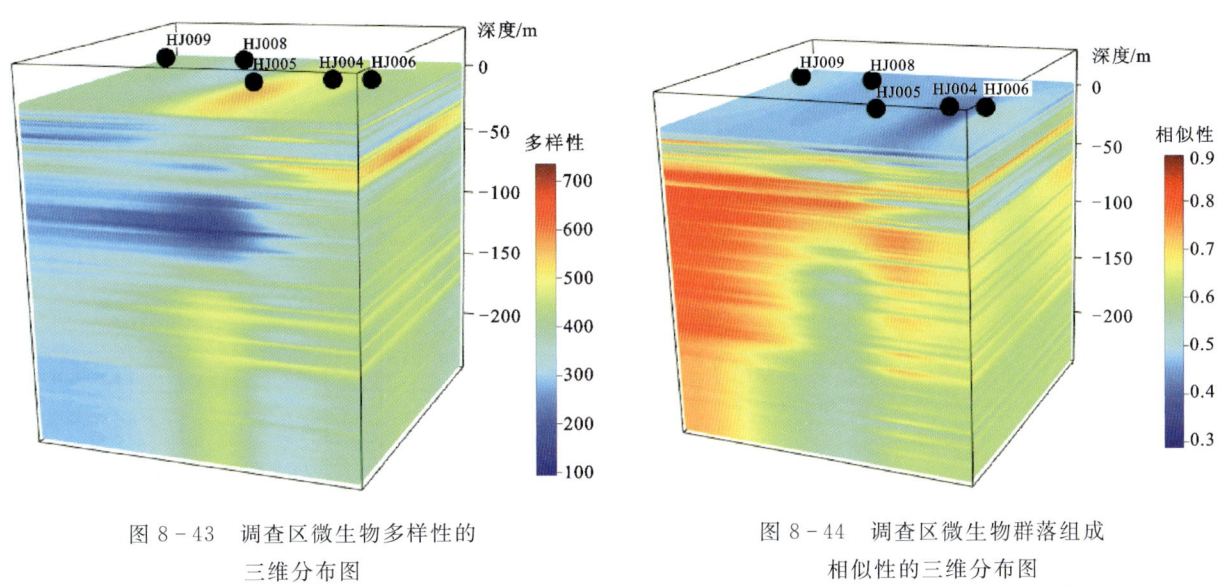

图 8-43 调查区微生物多样性的三维分布图　　图 8-44 调查区微生物群落组成相似性的三维分布图

五、地球关键带监测与界面通量估算示范

(一)监测网建设目标

江汉平原水利工程密集分布。调水(如引江济汉、南水北调)、拦水(如兴隆水利枢纽、三峡工程等)、排水(如广泛分布的垸田内沟渠、泵站等排水工程)、引水(如天南长渠、兴隆河等)等人类活动,显著影响了区域内原有的水资源分配过程。尤其是调水、拦水等大型水利工程,使江汉平原原有的水资源分布格局被打破,这将使江汉平原关键带的水文循环发生巨大改变,进而影响地球关键带的物质循环过程和服务功能。

因此,本监测网以流域为单位对地球关键带要素进行观测,重点关注大型水利工程等人类活动影响下的地貌、水文、生物地球化学过程,开展表层土壤碳、氮埋藏调查,构建地球关键带耦合模型,进行水利工程影响预测,主要科学目标是从不同尺度的流域中捕获大坝影响下的地球关键带要素的变化。

(二)监测网建设

针对不同规模的水利工程,在研究区内进行场地遴选。根据不同水利工程对江汉平原的影响程度,将江汉平原监测网分为 3 个级别,即盆地尺度、汉江下游流域尺度和小流域尺度。其中,大型水利工程(如三峡工程、南水北调工程)影响研究主要选择长江-汉江干流断面;中型水利工程(如引江济汉工程、兴隆水利枢纽)影响研究主要选择汉江干流断面;小型闸口、泵站主要选择通顺河(汉江支流)流域。目前,监测网内共有监测断面 10 个,分别为马良断面、鲍咀断面、新滩断面、泽口断面、深江断面、李滩断面、仙桃断面和 3 个长江-汉江大剖面,从北西至南东控制着长江与汉江主要支流汇入口和区内大型水利工程(图 8-45)。

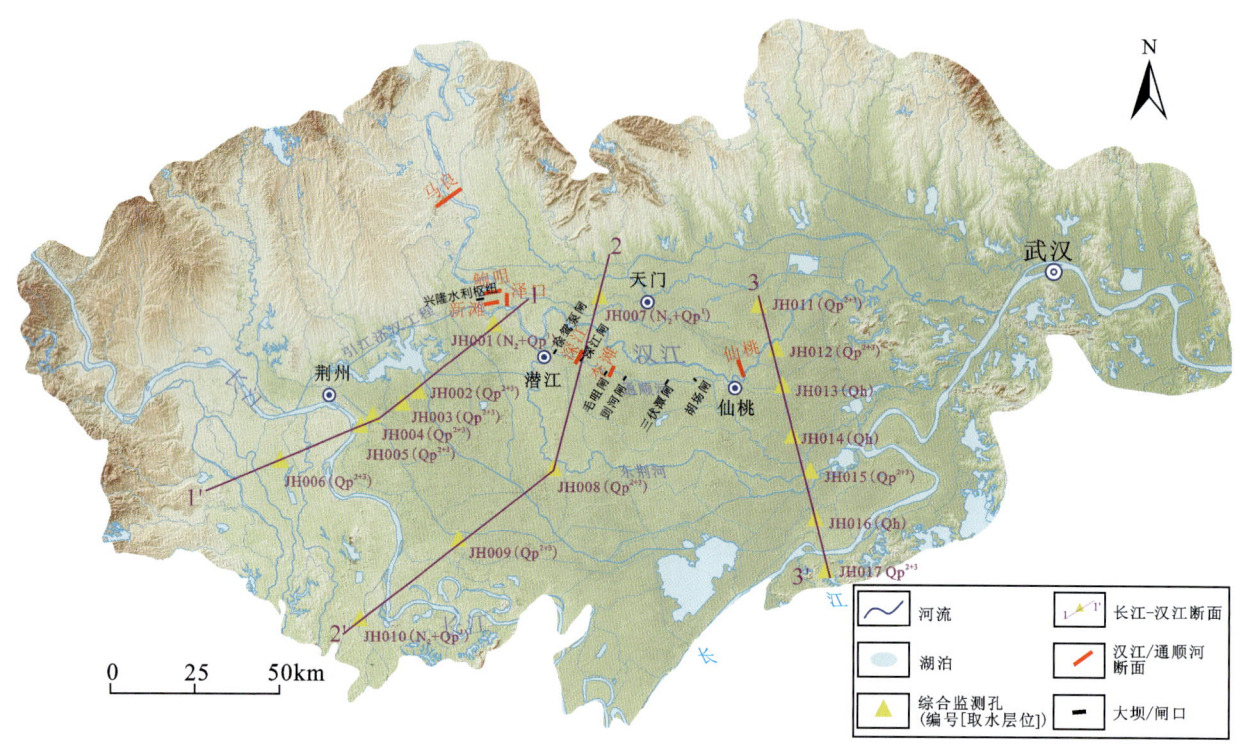

图 8-45 江汉平原地球关键带监测网部署图

1. 盆地尺度

盆地尺度监测网主要由 3 个跨长江和汉江的大断面(图 8-44 紫线 1—1′、2—2′、3—3′)构成,包括 17 个综合监测孔(图 8-46)。它的主要功能是监测大型水利工程(三峡工程、南水北调工程)运行下对江汉平原地球关键带水文-生态地球化学过程的影响。

2. 汉江下游流域尺度

汉江下游流域尺度监测网主要考虑兴隆水利枢纽和引江济汉工程的影响。监测断面主要分成边界断面(马良和仙桃)和功能断面(鲍咀、泽口和新滩)两种类型,如图 8-47 和图 8-48 所示。由图 8-47 可以看出,马良监测断面和仙桃监测断面分别位于监测区域的上游和下游边界,作为以反映区域背景为目的的监测断面,监测断面所在区域距离兴隆水利枢纽和引江济汉工程超过 60km,几乎未受到兴隆水利枢纽的影响。

马良监测断面位于沙洋县马良山附近,引江济汉工程上游,监测场内基岩出露,主要为中奥陶统灰岩和泥岩,此监测场主要作为江汉平原各要素背景值监测点,特点在于处于丘陵岗地与低平原区的过渡带,可对比同一气候条件下不同地貌与岩性组合影响下地球关键带功能与演化的差异。该监测断面拥有多水平监测井 2 口(CZ022、CZ023)、地表水监测点 1 个、土壤气体采集点 1 个、土壤基本物理化学监测点 1 个、微生物采样点 1 个。仙桃监测断面位于仙桃市区附近,拥有多水平监测井 3 口(CZ024、CZ025 和 CZ026),地表水监测点 1 个、土壤气体采集点 1 个、土壤监测点 1 个、微生物采样点 1 个。

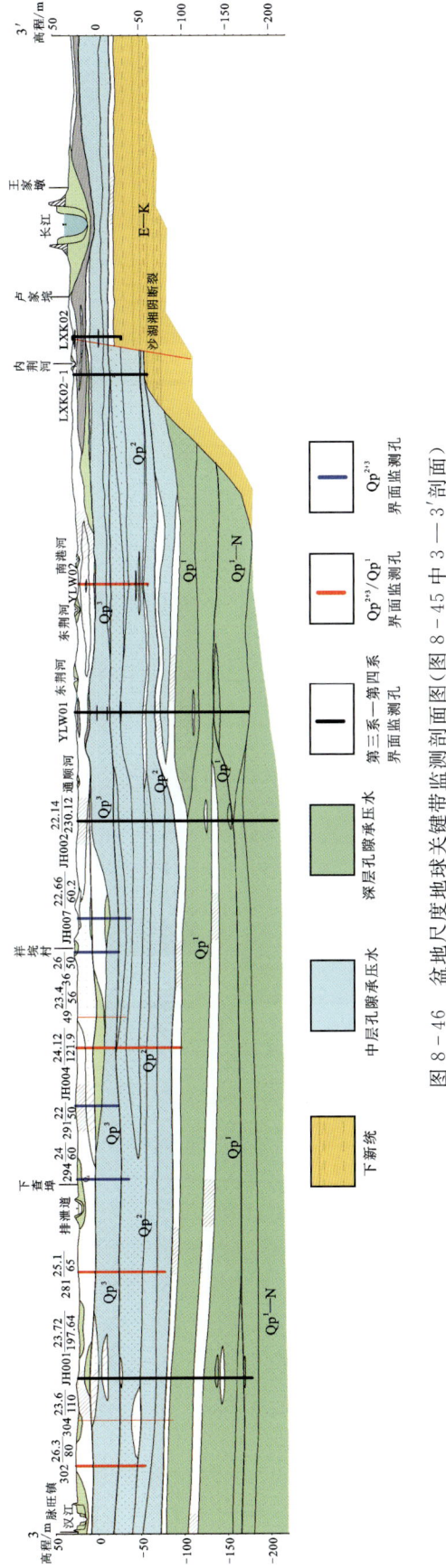

图 8-46 盆地尺度地球关键带监测剖面图（图 8-45 中 3—3'剖面）

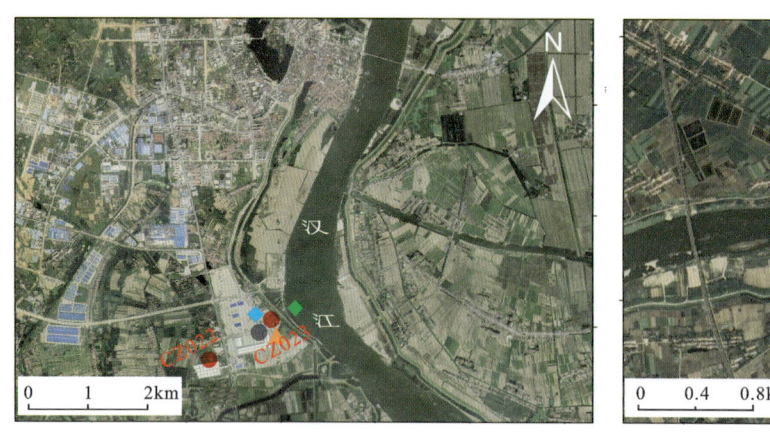 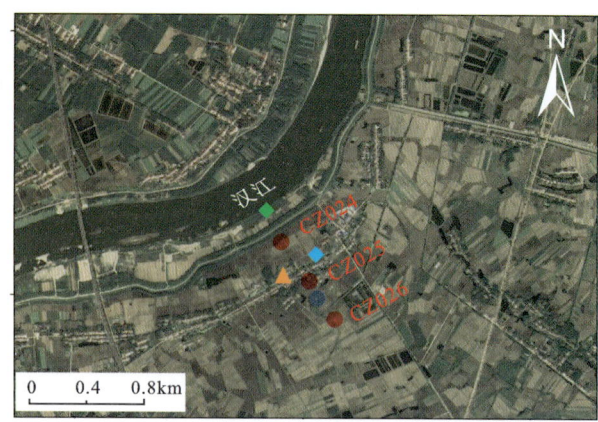

a. 马良监测断面　　　　　　　　　　b. 仙桃监测断面

● 多水平监测井　● 土壤监测点　◆ 地表水监测点　◆ 微生物采样点　▲ 土壤气体监测点

图 8-47　汉江下游两处边界断面部署

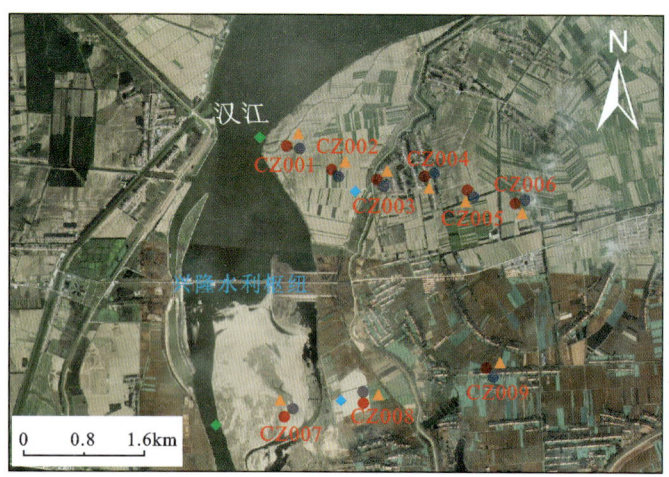 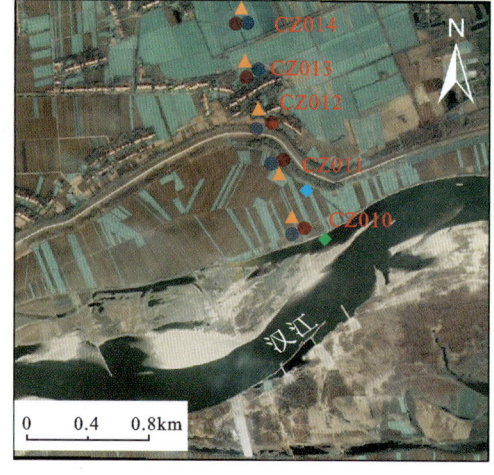

a. 鲍咀和新滩监测断面　　　　　　　　　b. 泽口监测断面

● 多水平监测井　● 土壤监测点　◆ 地表水监测点　◆ 微生物采样点　▲ 土壤气体监测点

图 8-48　汉江干流监测断面部署

鲍咀、新滩和泽口监测断面位于兴隆水利枢纽附近，分别位于兴隆水利枢纽上游 1km、下游 1km 和下游 10km 处。该地段位于大中型水利工程生态环境影响最敏感的河段，且竣工运行时间较短，可精细监测大型水利工程修建后地球关键带结构、水循环与物质循环的演化。这 3 个断面共有 14 个监测点（CZ001～CZ0014），每个监测断面上各个监测点离开汉江的距离按 20m、50m、500m、1km、2km 布置，每个监测点都拥有地下水监测井 1 口、土壤沉积物监测点 1 个、土壤气体监测点 1 个。

3. 小流域尺度

江汉平原作为一个典型的农业区，区内有超过 1000 个为农业灌溉服务的小规模闸口、泵站。在小区域范围内，小型水利工程可能会比三峡工程等对该区域的水文-物质循环影响程度更大（图 8-49）。

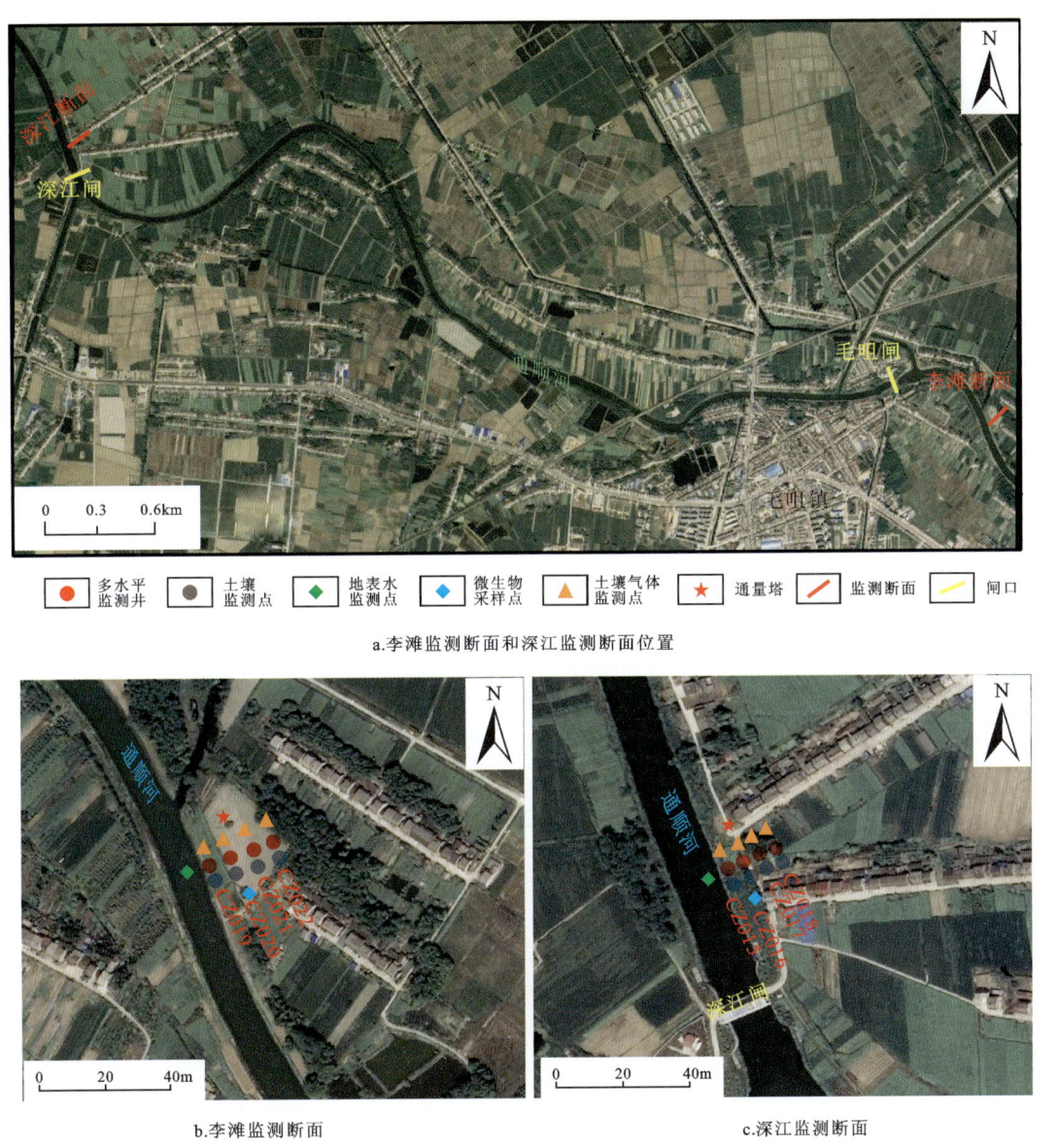

图 8-49 小流域尺度监测断面位置及部署

通顺河是汉江的重要支流之一,从上游至下游分布着深江闸、毛咀闸、徐鸳泵等6个水利工程,毛咀闸、深江闸覆盖其下游仙桃市毛咀镇等6个村镇的作物灌溉。其中,深江闸上游与毛咀闸下游水位差0.8～2m(小型水利工程影响);通顺河同一位置季节性水位波动为3～5m(季节影响)。通顺河具有阶梯状结构的低渗透性河岸带,不同于汉江的砂质结构河岸。因此,设置毛咀监测场来监测小型水利工程对小区域范围的影响。毛咀监测场设有2个监测断面(李滩和深江监测断面),在李滩监测断面(图8-50)和深江监测断面的不同位置(岸边1m和3m、河岸低地8m、河岸高地15m)各建设4个监测点,每个点设立地下水监测井4口(李滩监测断面CZ019～CZ022,深江监测断面CZ015～CZ018,井深分别为4.5m、10m、15m、30m)、土壤沉积物监测点1处、土壤气体通量监测点1处,并设置通量塔监测气象水文信息。此外,通过与地方协调获取通顺河水位、流量、降水,以及毛咀闸、深江闸等水利工程运行信息。

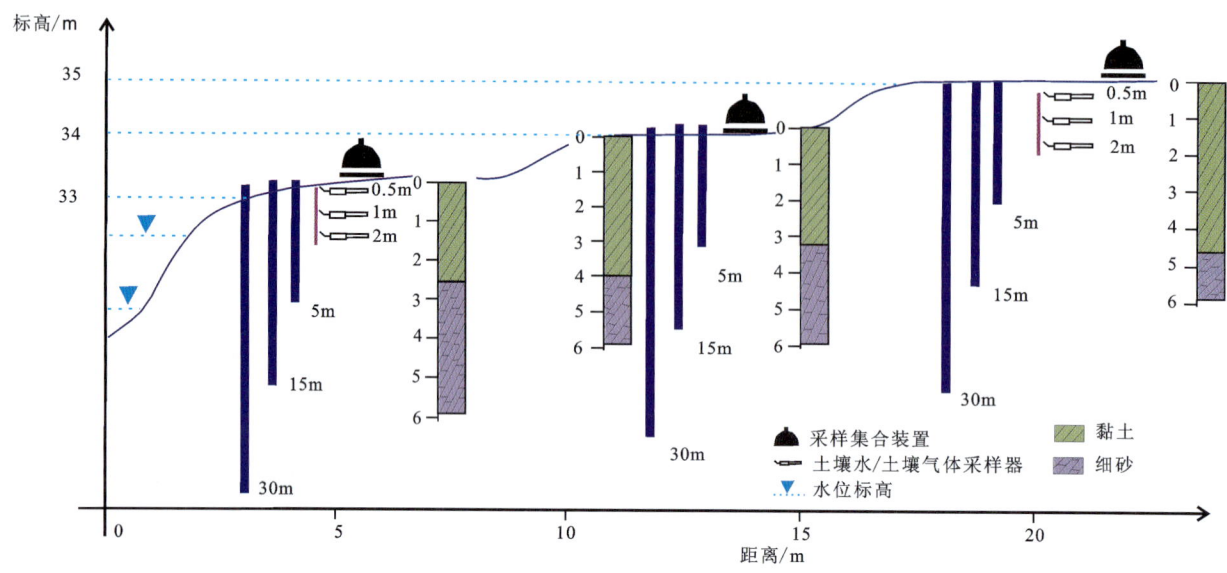

图 8-50 李滩监测剖面示意图

在总体上,江汉平原地球关键带监测网络涉及水、土、气、生物等各地球关键带要素,按3个空间尺度(盆地、流域、小流域)开展监测工作,既考虑了不同级次水利工程的影响,也考虑了区域营养元素/重金属的富集特征;在监测技术上,部分指标实现了原位监测,大部分指标实现了野外现场测试,未来的工作将进一步加强在线监测并实现数据远程传输。目前,江汉平原地球关键带监测网已成功纳入全球地球关键带研究网络。

(三)监测指标与技术

地球关键带位于地球表层大陆地壳的最外层,最上层包括陆地表层以及地表的湖泊、河流、植被,也包括海岸带和浅海区;最下边界对应最深地下水含水层的底板。按自然物质类别分布情况,地球关键带在垂向上可进一步划分出大气、植被、包气带、饱水带、弱透水层、基岩层带,每两个层带之间存在通量界面。例如汉江下游地球关键带可划分出大气-植被、植被-土壤、包气带-饱水带、弱透水层-含水层、含水层-基岩5个界面。本区布置的监测网针对这5个界面,开展地球关键带结构与通量研究。根据本地区关键带垂向层带特征,监测网络设计对水、土、气、生物进行多样化和系统性监测,具体包括以下几个方面。

(1)水:包括降水、地下水、地表水、土壤水,利用流量计监测地表径流和水位,采用多功能雨量计监测降水量,通过地下水水位监测井进行水位、水温及流速动态监测,采用地下传感器及采样器在多水平监测井中对地下水进行采样监测(主要测试采集水样的pH、电导率、溶解氧、碱度等常规指标,以及阴阳离子、氨氮等主量离子化学和多元同位素)。

(2)土:传感器安装于监测场内不同植被(树林、大豆、棉花、玉米)生长土壤的不同深度上,传感器种类包括湿度、水位、温度、毛细水负压、氧化还原电位等,数据自动记录并按时下载。

(3)气:利用气象通量塔动态监测风速、风向、气温、湿度等常规气象指标,使用静态气体箱或土壤气体收集器定期(按一定周期)采集土壤气,分析O_2、CH_4、CO_2等气体,观察地表与大气之间的气体通量。

(4)生物:利用冰层、云层和地表高程监测卫星(Ice,Cloud and land Elevation Satellite,简称ICESAT)遥感影像译解植被丰度、土地利用类型,并通过野外实地调查进行验证;安置根系观测仪观察植被根系;定期进行土壤、地下水微生物取样,通过高通量测序法查明微生物类型与土壤酶含量。

(5)其他:监测断面附近共有5个打穿基岩的深钻,为分析江汉平原第四系沉积物厚度、岩性与矿物组成、土壤结构与物理特性(孔隙度、粒径等)、含水层与隔水层物理特性(渗透系数、孔隙度等)提供资料;借助 ICESAT 卫星遥感、无人机航空摄影测量和野外调查,获取地表三维空间信息和地表覆盖物信息,并通过高精度实时动态卫星定位系统(Real-Time Kinematic Global Positioning System,简称 RTK GPS)对影像信息进行校正,再结合物探技术查明地下结构;利用多普勒超声技术查明监测场附近河流河道结构及其演变趋势。

(四)监测网的运行

监测网的样品采集及信息收集主要分为3类。

(1)在监测设备安装过程中所产生的钻孔、浅钻等土壤和基岩样品,按照不同深度进行采集和室内试验分析,测试项目包括矿物学指标、地球化学指标、微生物组成等,或者基于雷达、多普勒和物探等技术查明监测场地表和地下三维结构特征等,此类属于一次性监测。

(2)在监测场内半永久性的监测点开展定期观测,监测对象包括包气带、饱水带、地表水、大气、微生物及植被,所关注的参数指标包括降水量、蒸发量、气温、地下水水位与常规参数、土壤含水率等,利用传感器或通量塔进行场地实时动态监测,数据自动记录并按时下载。毛咀监测场设有地球关键带试验基地一处,常驻若干名研究人员负责实时收集、保存动态监测数据并实时分类上传至江汉平原地球关键带监测网数据库。

(3)独立的样品采集活动,包括土壤剖面矿物组成、化学组成、粒度、重金属和有机碳,地下水水化学组分、土壤水负压、土壤水水化学、地下水流速流向,微生物类型和土壤酶含量,按照丰水期、平水期、枯水期3个时段采样,每季度或每月组织人员进行集中性采样,尽量做到原位在线监测。

受技术条件及经费的限制,目前只有部分监测内容达到了实时在线要求。对于暂时无法做到在线监测的项目,尽量在野外现场进行分析测试。例如对于水化学和营养盐,利用美国哈希公司的便携式多参数水质仪和便携式分光光度计在现场进行快速测定,避免因运输、保存对样品造成的影响。对于无法现场测试的其他参数指标,尽量缩短样品运输和储存时间,回到实验室后尽快进行样品分析测试,尽量减少因样品运输、保存过程造成的影响。

(五)地球关键带界面碳通量研究

碳是组成生命体的物质中最为重要的元素之一,维持着地球上包括人类在内的一切生命系统的新陈代谢过程,在地球生命系统中占有极其重要的地位。近年来,由于温室气体过量排放而引起的全球环境问题,碳循环作为地球关键带的重要过程之一,被广泛认为在推动全球环境变化方面具有重要作用,并成为地球关键带领域无可争议的热点研究主题之一。

河岸带被认为是具有碳封存潜力的重要区域,其对全球碳循环具有显著的影响,是碳循环的热区。河岸带基本特征、功能受到河流的强烈控制。而值得注意的是,到20世纪末全世界河流上建造了高度超过15m的大型水坝45 000座,以及超过80万座小型水坝。目前,向海洋排泄的河水中约有50%通过水坝调节,到2030年这一数据将增加到90%。在美国,仅有42条长于200km的河流是自由流动状态。而中国作为发展中国家,仅在长江流域50年内就建造了5万座不同规模的水利工程,其中包括三峡水利工程等40多座巨型水坝。水利工程的大规模修建,一方面使河流连通性变差,不可避免地引起河流流态和沉积体系的改变,从而进一步影响地表水碳、氮等营养元素的上下游输送;另一方面,将通过影响河流流量、洪水频率等改变河岸带地下水-地表水相互作用和潜流交换模式以及河岸带洪泛频率周期的变化。这不仅会导致沉积物含水量梯度的变化,而且还有可能造成特别依赖于水分环境条件的生物地球化学和微生物相互作用的改变。目前,已经形成共识的是:由水分控制的氧化还原梯度是沉积物/溶解性碳形态及微生物分解过程、温室气体产生/消耗的重要控制因素,远大于土壤理化性质等其他因素带来的差异。

作为水利工程密集分布区和我国重要的农业基地,长江中游江汉平原是上述问题的理想研究区。

江汉平原位于中国中部,其内部河湖纵横,河网密布,有长江和汉江等大型过境水体及洪湖、长湖等大型湖泊,且地下水浅埋(0.5~0.8m)。研究区内三峡工程(2009)、南水北调(2014)、兴隆水利枢纽(2013)、引江济汉(2014)等超大型水利工程集中分布,控制着长江、汉江等"大动脉"的水文情势。同时更为普遍的情况是,江汉平原作为典型农业活动区,涵闸泵站等小微型水利工程遍布(1000多座),在更小的尺度控制了江汉平原水网的"毛细血管"。这些具有规模、运行模式(调水、拦水、补水)各异的水利工程,势必对平原内河流水文情势及河岸带水文-生态环境造成影响。在研究区内,不同类型水利工程修建及运行所造成的河岸带水分分布梯度和河岸带地下水水位的改变,将会对河岸带这一生物地球化学热点地区的碳循环过程造成怎样的影响,是本研究关注的主要问题。

1. 汉江下游大型水利工程对汉江河岸碳循环影响效应

南水北调中线工程实施后,按照75%的水源保证率,以汉江沿线的黄家港站、襄阳站、皇庄站、沙洋站、泽口站、仙桃站为例,调水后其平均水位分别下降0.35m、0.39m、0.44m、0.52m、0.22m、0.35m。作为南水北调中线工程的配套设施,汉江下游沙洋-泽口段部署有兴隆水利枢纽、引江济汉等大型水利工程,以缓解由调水所带来的水文生态影响。2017年图幅研究区(张港幅、李家市幅)位于兴隆水利枢纽(南北向)、引江济汉工程(东西向)"╨"型交汇区域,是两大水利工程的综合影响区。而引江济汉工程的运行工况取决于长江水位(沙市段水位),后者则完全受到三峡工程周期性蓄水/泄洪的影响;兴隆水利枢纽的下泄水量,受到上游南水北调中线工程调水量,即丹江口水库出库流量的影响。因此,所选择研究区的地表水水文情势受到"引江济汉工程-三峡工程"和"兴隆水利枢纽-南水北调"的双重控制,是在江汉平原开展大型水利工程对河岸关键带碳循环影响效应研究的理想区域(图8-51)。

为研究大型水利工程对河岸关键带碳循环影响效应,在2017年图幅研究区汉江沙洋—潜江段部署3处关键带采样断面,分别位于兴隆水利枢纽上游左岸鲍咀(UP),兴隆水利枢纽下游3km引江济汉工程交汇处新滩断面(DA),兴隆水利枢纽下游10km处沿河断面(DB)。各个剖面按照沿岸不同距离(50m、200m、500m、1km、1.5km、2km)布设关键带观测点位,其中堤坝外滩高地3个采样点(500m内),堤坝内2个采样点(1.5km内),汉江影响区外(2km)1个采样点。各处采样点土地利用类型统一为大豆地(免施肥)并确定周边无鱼塘、沟渠等小型水体,并在选定点位后完全清除地表作物。每个点设立潜水地下水监测井1口,土壤沉积物采样点1个,气体通量采样点3个,并采用差分GPS测定各个点高程。汉江水位、流量、降水量,以及兴隆水利枢纽、引江济汉等水利工程运行节律信息通过与地方协调获取。采用多普勒河道扫描仪等获取汉江河道结构。于2017年8月底进行了预采样(8个采样点),而后分别于2018年4月(平)、8月(丰),2019年1月(枯)进行了季节性采样(18个采样点)。每次采样包括:静态箱法采集气体样品(CH_4、CO_2),并进行3次重复;0~80cm定深气体样品(CH_4、CO_2);土壤TOC/TC,土壤含水率、pH、容重、粒度等物理指标,并在室内提取了土壤无定型铁(结晶态铁/络合态铁)、氨氮(硝态氮)。

由各个剖面不同季节定期CH_4/CO_2通量监测采样结果可知,与大多数季节性淹没河岸带临近地表水位置呈现CH_4排放热点不同,在兴隆水利枢纽上游UP断面较远处的堤内平原点UP4(1km)出现了CH_4排放热点,最高达到4.563mg/(m^2·h),并且呈现较小季节性差异(丰水期略高于平水期和枯水期)(图8-52)。而临近汉江的堤外滩地监测点UP1/2/3甲烷排放接近0,兴隆水利枢纽下游DA断面同一位置DA4则呈现CH_4"汇"效应,最大的甲烷汇效应出现在DA断面距离汉江仅50m的DA1点[-2.034mg/(m^2·h)]。在DB断面的堤内平原监测点丰水期则又呈现弱甲烷源[0.588mg/(m^2·h)]。而CO_2则在全部监测点呈现"源"效应,且所有堤外滩地点(UP1/2/3)均高于堤内平原点(UP4/5/6),在DA断面堤外点DA1/2/3呈现最高的CO_2排放[最高达721.754mg/(m^2·h)]。各点CO_2通量呈现非常显著的季节性差异,丰水期各CO_2排放量接近枯水期排放量的2倍。在CH_4排放热点UP4观察到较低的CO_2通量[枯水期、丰水期平均值分别为87.448mg/(m^2·h)和198.766mg/(m^2·h)]。

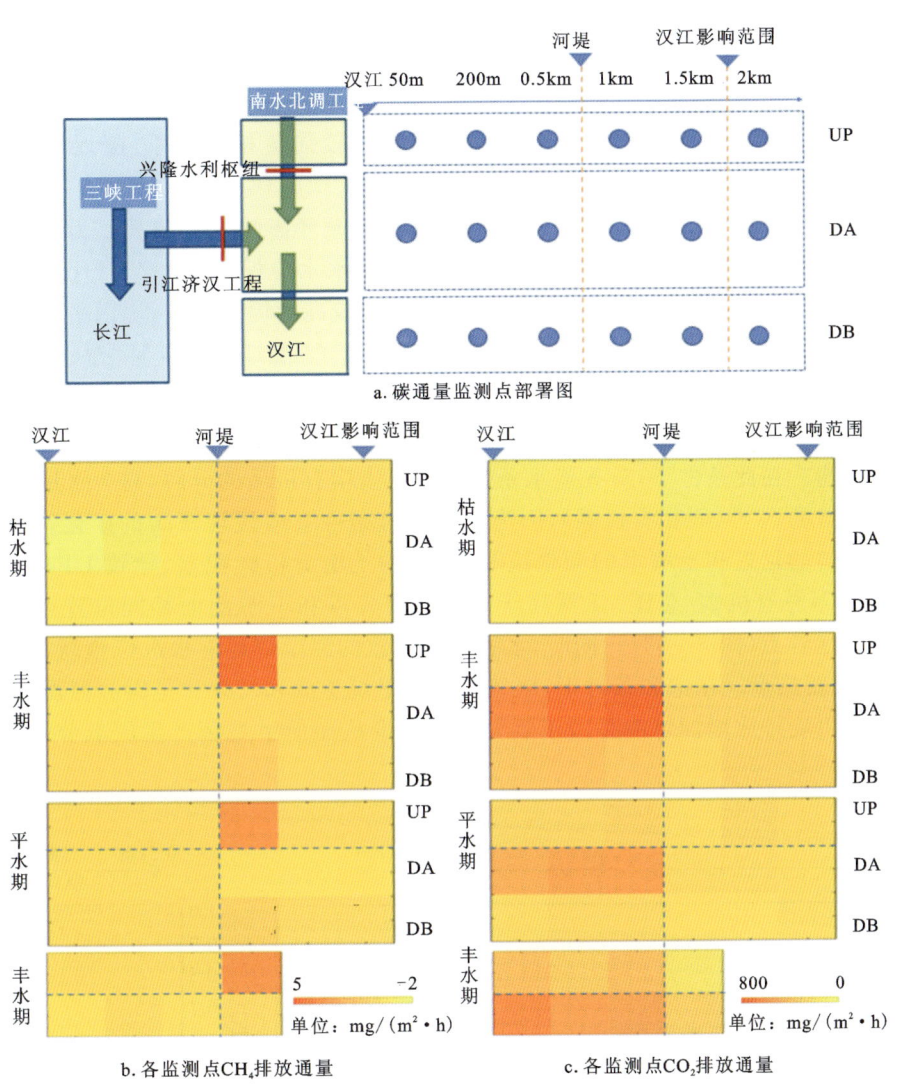

图8-51 大型水利工程影响下汉江下游河岸CO_2/CH_4季节性排放通量

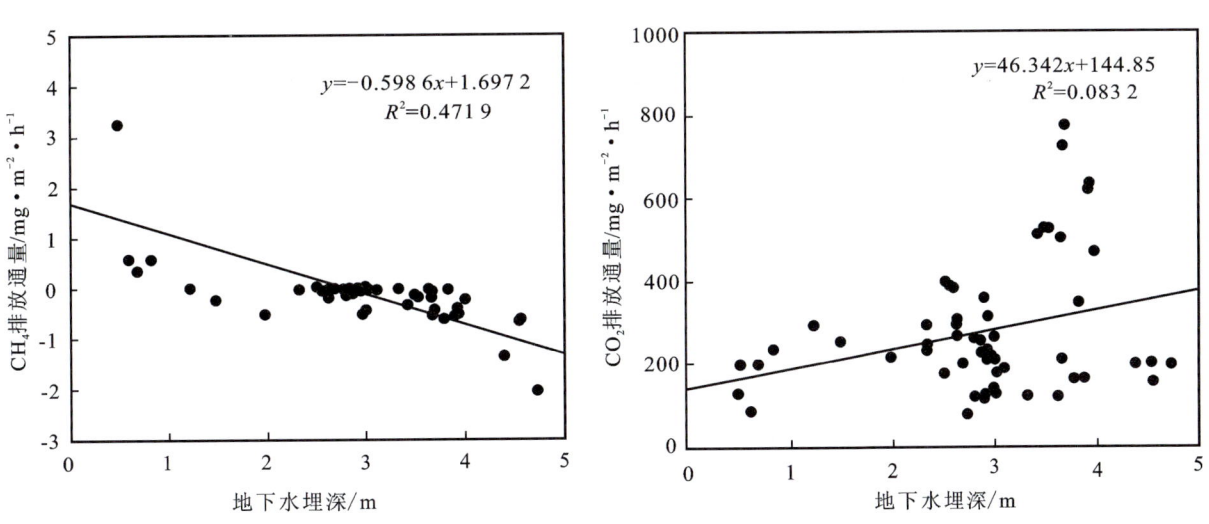

图8-52 汉江下游河岸CO_2/CH_4季节性排放通量与地下水埋深关系

进一步结合各监测点地下水水位和无人机测绘微地貌结构发现,同一监测剖面上,堤内平原地下水水位显著低于堤外滩地,而高程相对于堤外滩地低2~3m;而在上、下游高程变化不大情况下,兴隆水利枢纽上游剖面UP各点地下水水位远高于下游剖面DA/DB对应各点。CO_2通量没有表现出与地下水水位的任何相关关系,而CH_4通量则表现出与地下水水位较强负相关关系,随地下水水位埋深上升CH_4通量增加($R^2=0.4719$)。

上述分析结果表明,兴隆水利枢纽对汉江河岸关键带碳循环影响不容忽视。为保障其上游航运和水生态环境以及自身的发电能力,兴隆水利枢纽长期持续蓄水水位保持在$(37±1)$m内,这导致了汉江上游河岸带(UP)地下水水位壅高。相对于离河较近但高程较高的堤外滩地,堤内平原受到水位壅高影响显著,部分点位(例如UP4点)地下水水位已接近地表造成了"湿地化",这种"湿地化"效应将从两方面影响汉江河岸关键带碳循环。很多研究表明,地下水水位波动可控制河岸带土壤中的好氧/厌氧条件,氧化还原条件受到地下水水位波动的强烈影响,而地表水对沿岸地下水影响明显,地下水水位对河水水位波动反应迅速。在此条件下,首先淹水条件阻碍了土壤有机质的分解,高含水量土壤比非湿地景观更有效地保护埋藏的SOC(固相有机碳),因为厌氧土壤条件会减缓埋藏碳的矿化,并使CO_2通量降低。由于微生物分解的延迟和土壤水的频繁饱和,更多的土壤有机碳积累,导致UP4点TOC(总有机碳)含量和TOC/TC(总有机碳/总碳)比例高于UP断面各点和下游剖面相同位置点(DA4/DB4),且CO_2通量远低于其他各点(图8-53)。同时,水利工程导致的河岸带地下水水位壅高,直接导致了UP4点成为CH_4排放的新热点。在饱和条件下,厌氧过程如甲烷生成和反硝化是碳和氮循环中涉及的主要过程,在高水位时,甲烷排放增加可能是由于氧气扩散较少从而使甲烷菌产生厌氧分解,并限制了还原条件下的CH_4氧化。

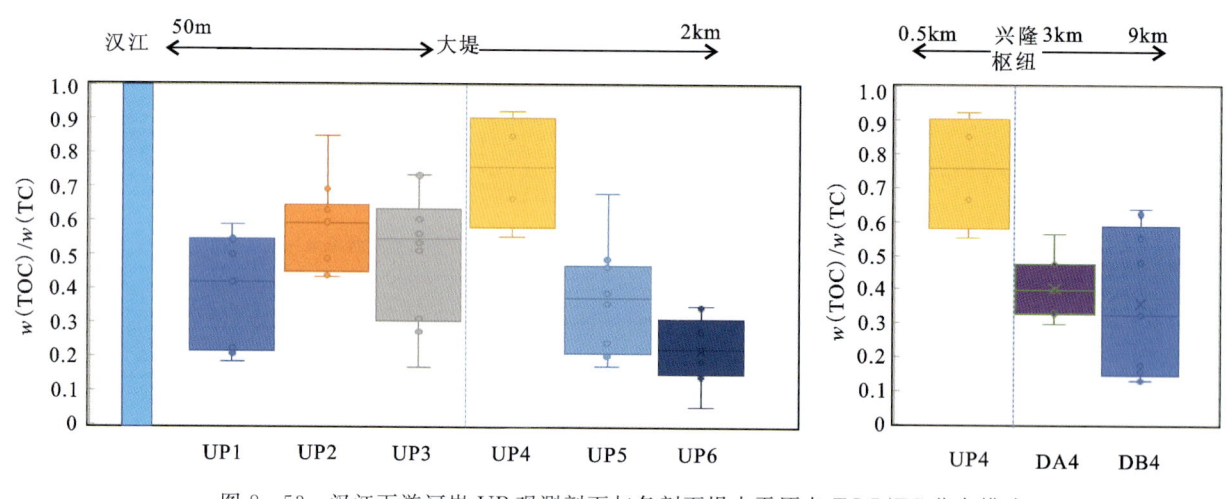

图8-53 汉江下游河岸UP观测剖面与各剖面堤内平原点TOC/TC分布模式

另外,水利工程拦截上游来水,导致了下游河岸带(DA)地下水水位显著降低,并造成堤外滩地土壤"沙化",在丰水期地下水水位也深达4~5m。由此带来的影响是使下游堤外滩地成为了CO_2排放增强的热点[最高达721.754mg/(m²·h)]。而值得关注的是,在引江济汉工程注入汉江后,在其下游断面DB观察到地下水水位有所上升,堤外滩地的CO_2强排放有所缓解[平均约为348mg/(m²·h)],说明引江济汉工程对汉江下游水文生态环境具有一定的补偿作用。此外,值得关注的还有铁形态转化在上述过程中扮演的重要角色。在UP4等水位壅高的甲烷排放热点,观察到了最高的络合态铁(平均$77.046×10^{-6}$)和较高的无定型铁/游离态铁活化度(0.333)。水位上升条件下厌氧环境盛行,可以促进Fe(Ⅲ)的微生物异化还原并抑制铁氧化物的结晶,而后结晶态铁在厌氧环境下中转化为无定形铁,这可以显著提高后者浓度,从而影响碳的稳定。此外,厌氧环境使以铁氧化物形式存在的Fe(Ⅲ)转化为溶解性的Fe(Ⅱ),并与因矿化滞缓而积累的DOC(溶解性有机碳)结合形成络合态铁。而在下游DA剖面外滩点位,观察到了沉积物中最低的铁活化度,其原因在于下游地下水水位降低后大量氧气进入土壤,导致无定型铁不断熟化为结晶态铁。并且约有35%有机碳是以Fe-bound C形式存在,表明在水利工程导致的河岸带地下水水位壅高/降低背景下,固相铁在土壤有机碳的积累和稳定中起重要作用,铁矿物形态的变化是诱导碳循环变化的影响因素之一。

综上,通过对汉江河岸关键带气体通量、沉积物碳/铁形态的持续观测,得到了如下结论。

(1)汉江下游重大水利工程兴隆水利枢纽的运行对河岸关键带碳循环造成了显著影响。在水利工程长期蓄水导致的水位壅高和河岸微地貌的双重作用下,观察到了在远河岸点(1km)出现了新的CH_4排放热点,而在下游堤外滩地出现了CO_2呼吸作用显著增强的热点。

(2)地下水水位上游壅高/下游降低所导致的厌氧/好氧环境差异和微生物活性变化是影响CO_2/CH_4通量的主要原因。此外,在此过程中土壤铁矿物形态的转化将间接对有机碳的分解和赋存造成影响。

2. 小微型农田水利工程对通顺河河岸关键带碳循环影响效应

江汉平原作为典型农业活动区,小微型水利灌溉工程遍布,整个平原有1000多座闸口泵站。区别于大型水利工程(三峡工程、引江济汉工程、兴隆水利枢纽等)对流域尺度(整个江汉平原)水文循环的影响,广泛存在的小微型水利工程主要影响垸田尺度($1km^2$或更小)水-碳循环。通顺河是汉江主要支流,由上而下分布有深江闸、毛咀闸、夏市闸、徐鸳泵站等闸口泵站6处,其中深江闸上游与毛咀闸下游水位差为0.8~2m(小型水利工程影响),通顺河同一位置季节性水位波动达3~5m(季节性影响)。同时,区别于汉江的砂质河岸,通顺河具有阶梯状结构的低渗透性河岸带。

为研究小微型农田水利工程对通顺河河岸关键带碳循环影响效应,选择汉江支流通顺河及其小规模水利工程(深江闸、毛咀闸、徐鸳泵站等)作为研究对象,在通顺河深江闸上游、毛咀闸下游河岸带不同景观位置建设SJ断面(包含SJ01~SJ03关键带观测点)、MZ断面(包含MZ01~MZ03关键带观测点),以考察小型水利工程的运行和调度对河岸带不同景观位置水分、物质循环的影响效应。每个观测点分别部署气体静态箱及剖面气体通量采集装置、地下水监测井,部分点位部署有土壤TDR探头等观测设施。同时,在通顺河毛咀闸、深江闸上下游设置地表水采样点,按季度测试水化学数据,并从水利部分搜集水位、流量、气象等基础数据。在监测断面建设完毕后,于2018年4—5月(平水期)进行了预采样,并在2019年8—9月(丰水期)、12—次年1月(枯水期)进行了正式采样。

由各个剖面不同季节定期CH_4/CO_2通量监测采样结果可知,与大型水利工程影响下的汉江河岸带碳循环不同,通顺河河岸CH_4排放热点出现在近河岸低地,最高为5.564mg/(m^2·h),在河岸高地则大部分表现为甲烷汇效应;而CO_2则没有体现出统一规律,排放最高值出现在SJ断面丰水期低地,最高达到402mg/(m^2·h),丰水期远高于平水期和枯水期(图8-54)。因为在临近河流处受地表水影响其水分条件更为饱和以及河岸带周期性的土壤淹水、疏干循环过程,在河岸带经常会观察到显著的水分梯度和生物地球化学环境的异质性、水文特征的高度动态变化和非均质分布。值得注意的是在采样期间,在枯水期和平水期,SJ断面下游毛咀闸关闭,导致SJ断面通顺河水位高于MZ断面1m左右。因此,在枯水期和平水期SJ断面近河岸土壤水分含量高于MZ断面;而在丰水期,因统一调度净化水质,MZ断面上游毛咀闸关闭,徐鸳泵站开启引入汉江水注入通顺河,因此MZ断面通顺河水位高于SJ断面,MZ断面河岸低地接近淹没。土壤温度和土壤湿度通常被认为是调节土壤CO_2产生的关键环境变量,与土壤水分相比,土壤温度在河岸坡和坡地景观位置之间几乎没有变化,而较高的土壤含水率通常会促进产生较高的土壤CO_2浓度,最高的土壤呼吸发生在土壤水分较高值处。更具体的是,低水分和高水分条件会降低CO_2的产生,而中等水平的水分为土壤有机碳的分解提供了最佳条件,但饱和或过低的水分却阻碍了分解,这是因为微生物呼吸随水分含量增加而增加,但饱和条件限制有氧呼吸过程中

O_2 的获取和有机碳代谢中底物的利用。因此,丰水期 MZ 断面低地虽然接近淹没,但因土壤水含量过高(表层土壤含水率超过 0.5),导致了 CO_2 排放量低于同一剖面的过渡带和高地;而丰水期 SJ 断面通顺河水位较低,河岸低地水分含量达到最大的 CO_2 产率的最佳土壤含水量值(含水率 0.25~0.40),从而造成了最高的 CO_2 排放热点。在 MZ1 断面表层较高的 TOC 和 DOC 含量也从侧面证实了这一现象。而 CH_4 排放则与土壤含水率呈现显著正相关。含水率越高则厌氧环境越显著更有利于 CH_4 产生,因此水分条件最好的 MZ 断面低地在丰水期呈现了最高的 CH_4 排放。此外,铁形态提取结果表明,近河岸带低地和过渡带沉积物中具有较高的无定型铁和较低的游离态铁含量,铁矿物活化度高于高地,指示了相对于高地较高的水分条件。近河岸点相比远河岸点具有更长的洪泛时间,限制了氧气进入土壤孔隙运动,从而使该区域变成部分厌氧,可能会促进铁的微生物异化还原并抑制铁氧化物结晶。而活化度在表层含量较低,接近地下水水位时增加,表明在接近地下水水位时铁活化发生还原性溶解(图 8-55、图 8-56)。

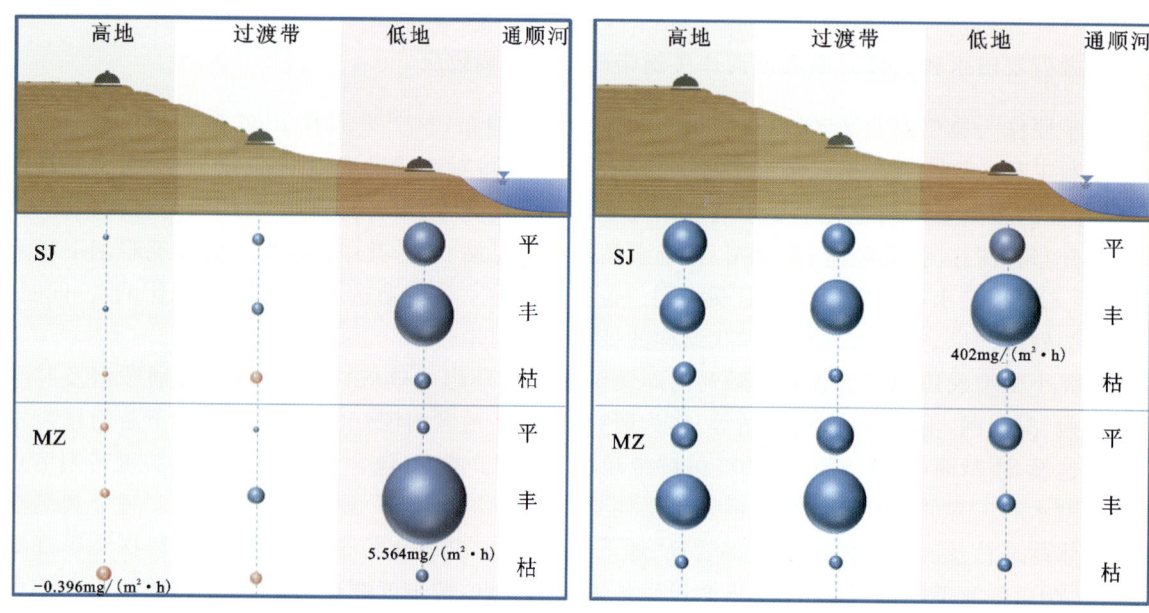

图 8-54 通顺河河岸带各观测断面 CO_2/CH_4 季节性排放通量

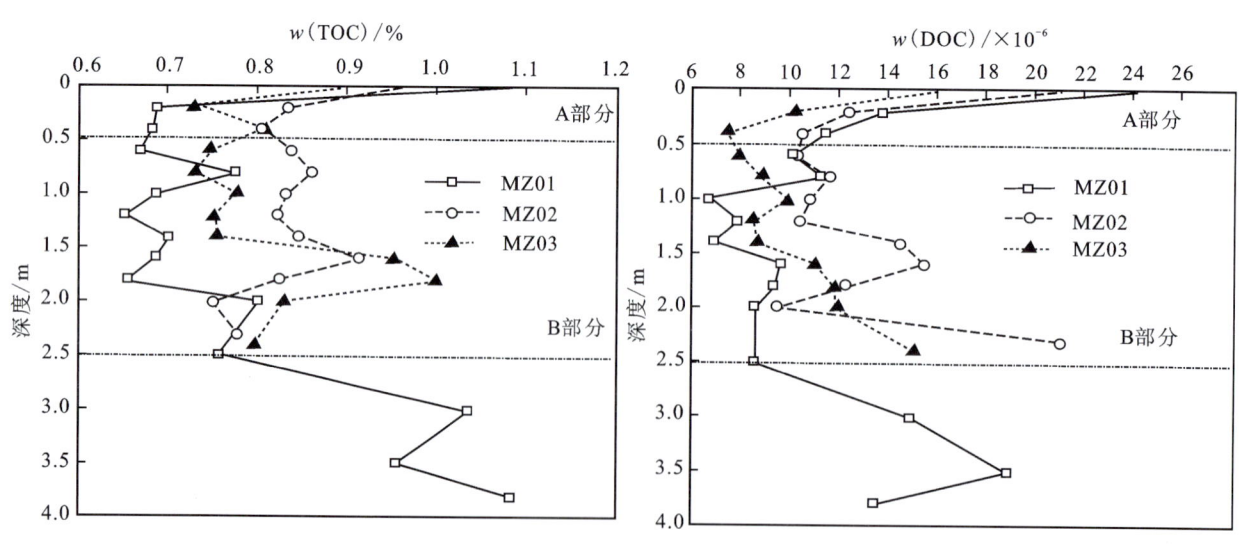

图 8-55 MZ 断面各点位不同深度铁矿物形态 TOC、DOC 分布模式

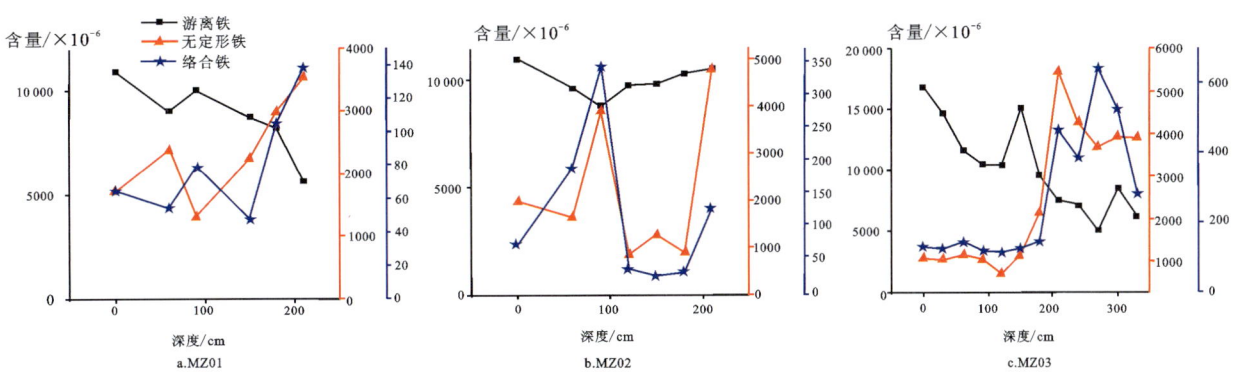

图 8-56 MZ 断面各点位不同深度 TOC/DOC 分布模式

通过对通顺河河岸关键带气体通量、沉积物碳/铁形态的持续观测,得到了如下结论:①不同于汉江河岸带,CH_4 排放热点出现在距离通顺河最近的河岸带低地,在高地则基本呈现甲烷汇效应;②小型水利工程的调水和开闭运行,对河岸带低地水文状况影响显著,导致了两个断面相同景观位置上 CO_2 排放热点的差异,然而这种影响对河岸带高地影响极其有限。景观位置和水利工程调节下的通顺河水位共同控制了河岸带剖面的碳循环。

(六)地球关键带界面砷循环研究

江汉平原地下水普遍呈现砷异常,因此理解江汉平原地球关键带中砷的循环规律对于指导区域供水安全具有重要意义。本部分在追溯江汉平原地球关键带形成演化(即砷来源)基础上,基于水文-生物地球化学监测,重点揭示地球关键带中重要界面(地表水-地下水界面、弱透水层-含水层界面)上砷的循环机制。

1. 地球关键带形成演化与砷富集

结合江汉平原第四系沉积物特征及不同手段的测年范围,由于 ^{14}C、古地磁、热释光等方法的应用受到局限,因此选用目前新兴的光释光测年方法对晚更新世以来的沉积物进行精确定年,通过宇生放射性核素埋藏测年法控制第四系底界年龄等。利用光释光测年法以调查图幅内的 4 个钻孔,建立了晚更新世以来的年代序列,考虑到光释光测年法的测年上限,对钻孔岩芯的前 50m 部分进行了分析。定年结果表明,末次冰盛期(LGM)至全新世早期的沉积速率远远大于末次冰盛期之前和全新世中晚期。以 JH002 号钻孔为例,末次冰盛期(约 20ka)之前,沉积速率较低(约 0.1mm/a);末次冰盛期至全新世早期,沉积速率较高(3.42mm/a);全新世中晚期,沉积速率又回归低值(0.9mm/a)(图 8-57)。

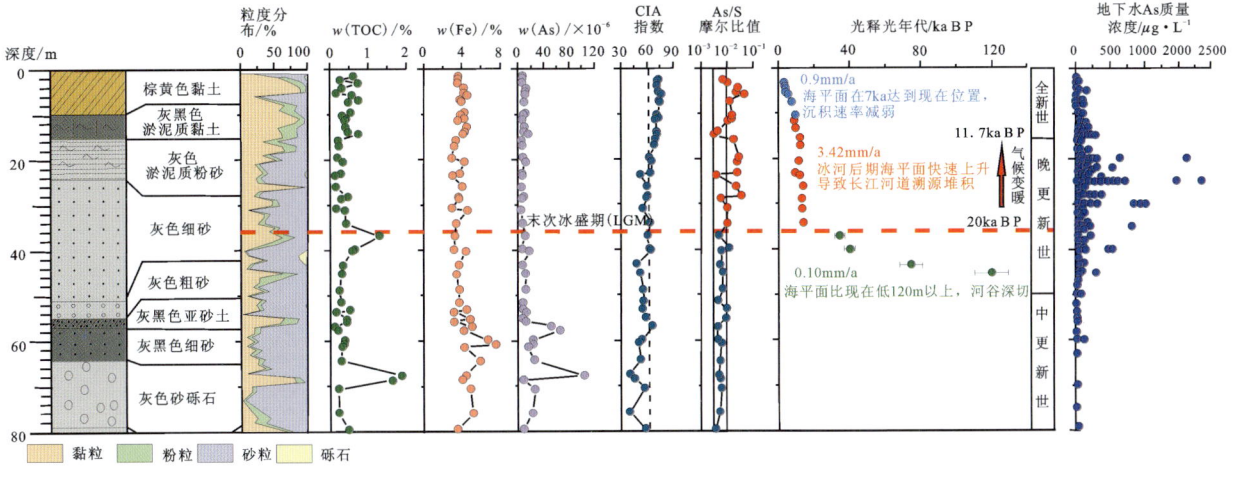

图 8-57 江汉平原关键带典型钻孔沉积物综合分析成果图(以 JH002 钻孔为例)

末次冰盛期时(约20ka)的海平面比现今海平面低120m以上,在随后的不到20ka时间内,海平面迅速上升,于全新世中期(7ka左右)达到现今水平。在末次冰盛期之前,较低的海平面使得长江中游水动力较强,河谷深切,沉积速率较低;伴随着末次冰盛期之后的海平面快速上升,长江中游迅速由侵蚀为主转型为以堆积为主,加上之前侵蚀所遗留的巨量沉积空间,因此这段时间内沉积速率异常高;当海平面于约7ka达到峰值并基本保持不变之后,江汉盆地的水动力条件也保持稳定,由于没有更多的容纳空间,此时的沉积速率又转为较低。通过与末次冰期以来长江的侵蚀基准面(中国东部海平面)变化对比,海平面的变化控制着江汉盆地的侵蚀、堆积过程,此外长江中游(距入海口大于1000km)地区对末次冰期以来的海平面变化响应迅速。

江汉平原腹地的原生劣质水集中分布在地表以下15~40m的浅层承压含水层。关于含水层中砷的来源,目前国际上普遍认为南亚和东南亚洪泛平原含水层沉积物中砷的来源为河流上游喜马拉雅源区含砷的花岗岩和变质岩风化,包括了含砷的硫化物矿物和含铁的硅酸盐矿。因此,本书认为上更新统含水层高砷地下水的形成一方面受构造控制的长江河道变迁影响,另一方面受到第四纪海平面剧烈变化控制的沉积环境演化影响。通过对图幅内几个典型钻孔沉积物地球化学特征及矿物组成的系统分析,结果表明全新世和晚更新世的沉积物地球化学特征具有显著差异,尤其是沉积物中砷的赋存矿物及地球化学环境,浅层含水层沉积物中铁和砷含量呈正相关关系,中深层含水层沉积物硫和砷呈显著正相关关系。上更新统砂层沉积物中富砷矿物以富铁的铝硅酸盐或铁氧化物为主,中下更新统砂砾石层中发现大量的草莓状黄铁矿。

通过对图幅内4个典型钻孔的沉积物颗粒分类、地球化学、年代学及孢粉等综合分析,可得到如下结论。

(1)末次冰盛期以前,沉积物 As/S 摩尔比值保持稳定(在0.0032~0.0061之间),沉积环境中充足的硫来源于微生物作用下发生的硫酸盐还原过程,形成了能固定砷的黄铁矿等硫化物矿物,在电子显微镜下也观察到了大量自生的草莓状黄铁矿。

(2)末次冰盛期之后,气候由干冷逐渐变得温暖湿润,晚更新世—全新世早期沉积物经历了强烈的风化与氧化过程,CIA 指数迅速增加至80,同时导致硫的消耗,沉积物中 As/S 摩尔比值升高,含砷的黄铁矿转化为吸附砷的铁氧化物矿物,从而形成了高砷含水层。

(3)末次冰盛期以后海平面的快速抬升,导致了河流溯源快速堆积和河流水位上升,冲积和湖积沉积物共同沉积,有利于含砷铁锰氧化物和丰富有机质的环境形成。上覆较厚黏土层形成强烈还原环境,末次冰盛期以后快速沉积的生物可利用有机碳在微生物作用下导致铁氧化物的还原性溶解,从而释放砷进入地下水中(图8-58)。

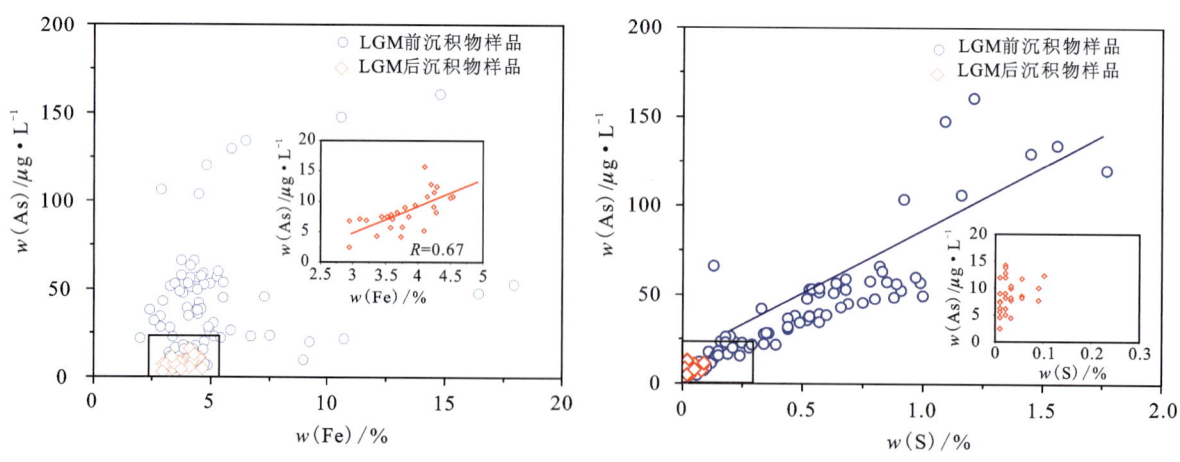

图8-58 末次冰期前后沉积物中砷与铁、硫的关系

2. 地表水-地下水界面

江汉平原地表水系十分发育,强烈周期性的地表水-地下水的相互作用可能会引起地下水的环境氧化还原条件发生变化,进而导致地下水中的砷呈现季节性变化。本次在地下水砷浓度较高的仙桃市沙湖原种场开展了长期的地表水和地下水的水位和水化学动态监测,揭示了地表水-地下水界面的砷循环过程。

丰水期(6—9月),受到大气降水及地表河流(主要是东荆河、通顺河)的补给,地下水水位处于较高水平,尤其是浅层的10m监测井,水位通常在21~23m之间,受地形、地表水体等影响,监测场西边(SY10-SY13点10m监测井)水位高于东边。枯水期(12—次年4月)伴随大气降水的减少和地表水体水位的下降,地下水水位出现下降趋势。该时期地下水水位通常高于地表河流(主要是东荆河和通顺河),地表水由地下水的补给源变成其排泄区,浅层含水层在补给地表河流的同时还要补给下部的承压含水层。

从各深度监测井水砷浓度动态变化规律来看,25m深度的监测井地下水中砷浓度呈现显著季节性变化,丰水期6—9月砷浓度显著升高,枯水期(12—次年2月)之后井砷浓度显著降低,在4—5月达到最低值(图8-59、图8-60)。为深入查明地表水-地下水的相互作用对砷循环的影响机制,2013年10月—2014年10月开展了地下水中与砷循环有关微生物的季节性监测。结果显示,地下水氧化还原环境与微生物群落结构受地表水-地下水相互作用的显著影响,丰水期地下水水位高,厌氧环境促使铁还原菌活动,使沉积物中砷释放至地下水中;枯水期地下水水位低,氧化环境促使铁氧化菌活动,使沉积物中砷固定至铁氧化物矿物表面(图8-61、图8-62)。

3. 弱透水层-含水层界面

目前,国内外研究普遍认为含水层沉积物释放的砷是原生高砷地下水中砷的主要来源,但对上覆弱透水层沉积物是否会释放砷却未给予足够的关注。大量研究表明,黏性土相较于含水层中的砂土对砷有更强的吸附性,另外富含淤泥质沉积物的黏性土弱透水层具有富含水、有机质和微生物的特性,为弱透水层沉积物中砷的释放提供了必要的物质来源。黏性土弱透水层孔隙水向含水层的垂向补给是长时间存在的,另外在自然压实作用下,含砷弱透水层沉积物会发生压实、固结等,孔隙比和渗透系数不断减小,同时伴随着复杂的物理、化学和生物作用,随后大量孔隙水会释放到下伏相邻含水层中。

采集黏性土弱透水层的初始状态,即近地表的淤泥质沉积物,以压实速率为主要考察指标,利用自主研发的沉积物压实装置开展室内动态压实实验,采集孔隙水和沉积物样品并进行相关分析,揭示了黏性土弱透水层沉积物压实释水过程中砷的释放机制(图8-63)。另外,研究了压实速率(0.1MPa/12h、0.1MPa/24h和0.1MPa/48h)和压实模式(加速压实、匀速压实和减速压实)对弱透水层沉积物中砷释放的影响。结果发现,弱透水层沉积物压实释水(压力为0~0.9MPa)的整个过程可分为3个阶段:在阶段1(0~0.2MPa)主要发生了铁氧化物的还原性溶解(为主)以及砷从铁氧化物上的解吸;在阶段2前期(0.2~0.5MPa),铁氧化物/氢氧化物的还原性溶解是导致砷释放的主要原因,而后期(0.5~0.7MPa)铁氧化物的解吸反应占主导;在阶段3(0.7~0.9MPa)中,砷从碳酸盐矿物表面发生解吸反应。当压实速率较大(0.1MPa/12h)时,沉积物中的释放受含水率和时间控制;当压实速率较小(0.1MPa/24h和0.1MPa/48h)时,压实速率对沉积物中砷释放的影响较小,且砷释放量大于压实速率为0.1MPa/12h时的释放量。不同压实模式下砷的总释放量表现为:加速压实＞匀速压实＞减速压实。

根据室内实验结果来估算弱透水层底部1m沉积物(埋深为18m左右)压实过程中砷的释放量,另外评估研究区弱透水层中总砷储量(孔隙水中砷储量和沉积物中离子交换态砷储量),来定量评价变渗透性黏性土弱透水层对高砷含水层中砷富集的贡献量(图8-64)。结果显示,江汉平原研究区内弱透水层底部1m厚的沉积物在压实过程释放的砷对下伏含水层砷富集的贡献量约为1/9,说明弱透水层沉积物压实过程释放的砷是含水层砷富集的重要来源。研究区弱透水层总砷储量大约是含水层总砷储量的1.2倍,暗示着弱透水层中的砷在未来仍对含水层中砷富集有不可忽视的贡献。

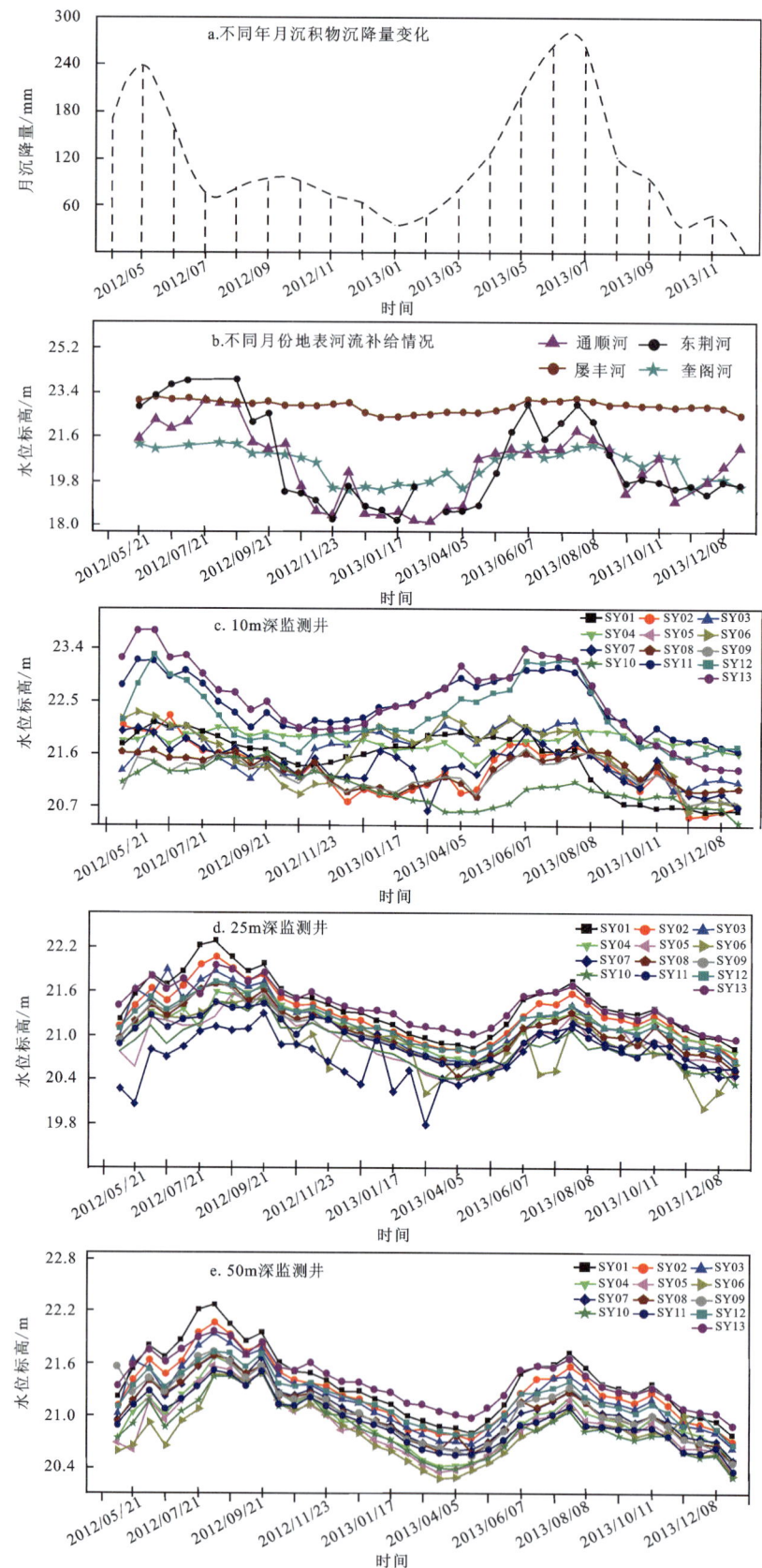

图 8-59　不同降水条件下地表水和不同深度监测井地下水水位变化图

注：a 图中时间为"年/月"

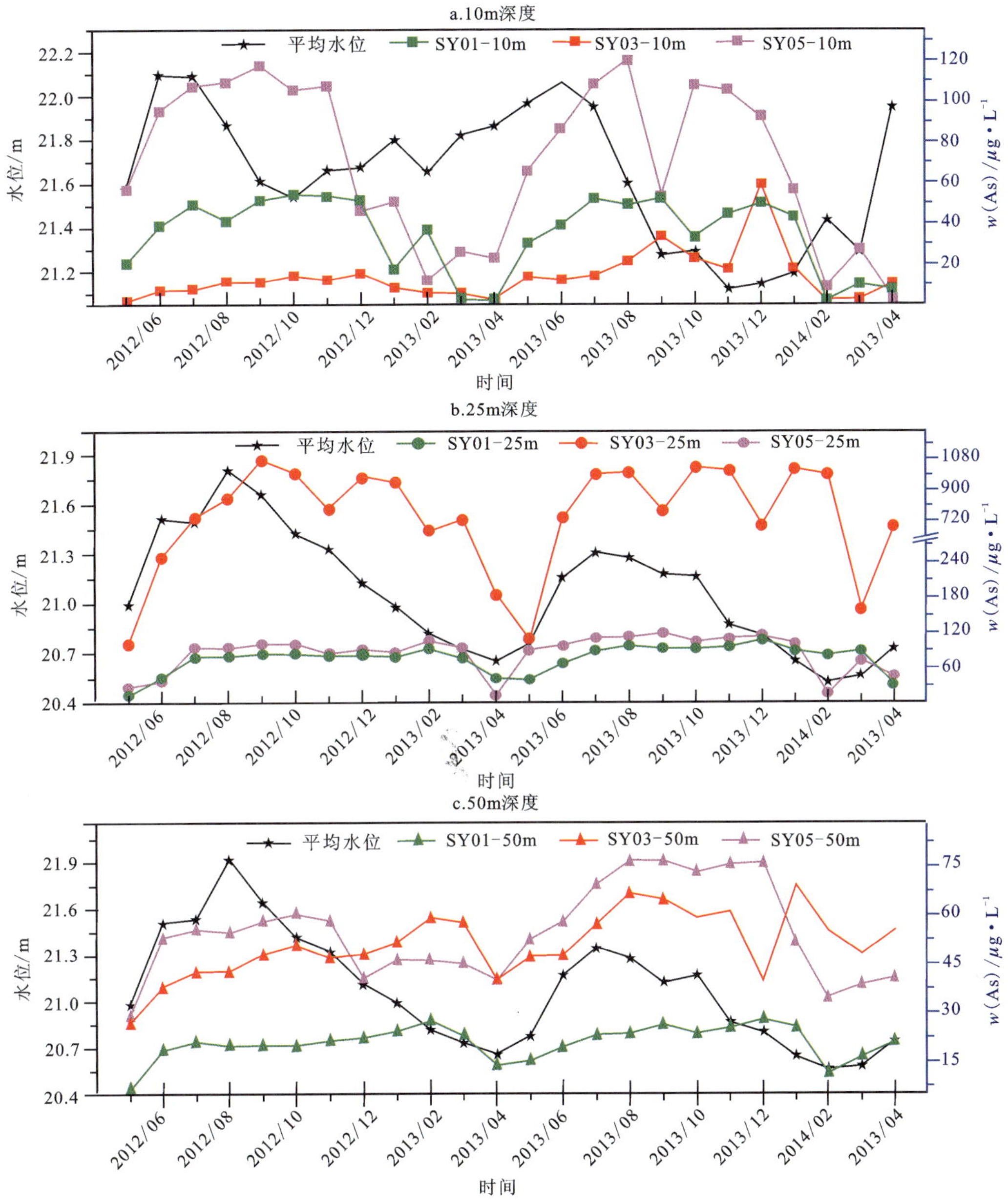

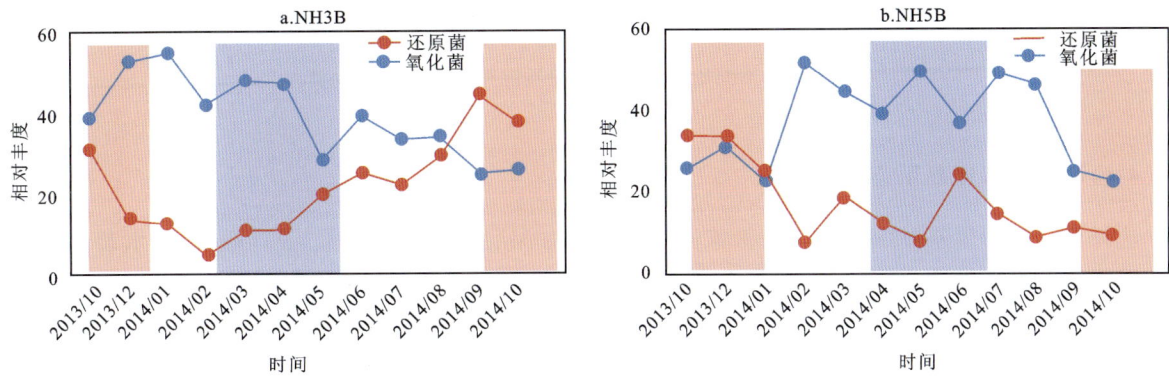

图 8-60　不同深度地下水水位波动与地下水中砷含量变化响应关系图

注：时间为"年/月"

图 8-61　地下水中铁还原菌和铁氧化菌的季节性变化

注：时间为"年/月"

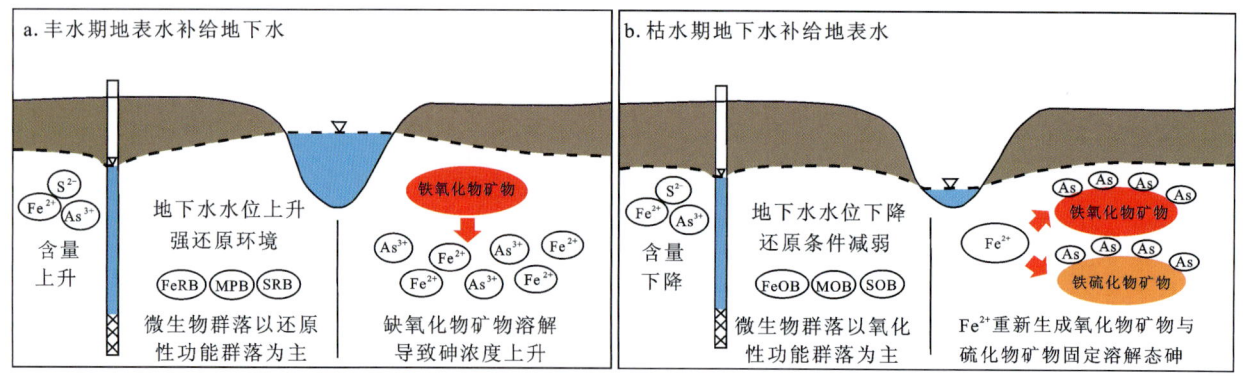

图 8-62 地表水-地下水界面砷循环概念模型

FeRB. 铁还原细菌；FeOB. 铁氧化细菌；SRB. 硫酸盐还原菌；OB. 硫氧化细菌；MOB. 甲烷氧化细菌；MPB. 产甲烷菌

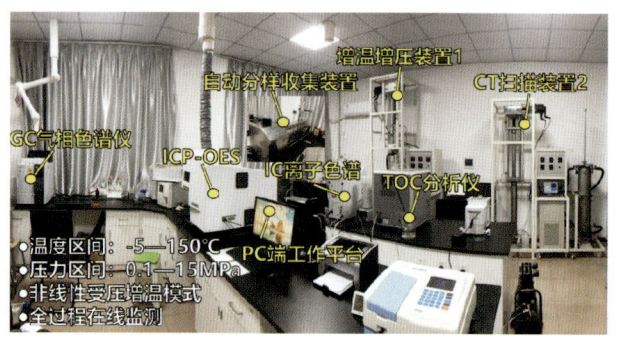

图 8-63 不同温压条件下多过程在线监测的一体化土柱模拟系统

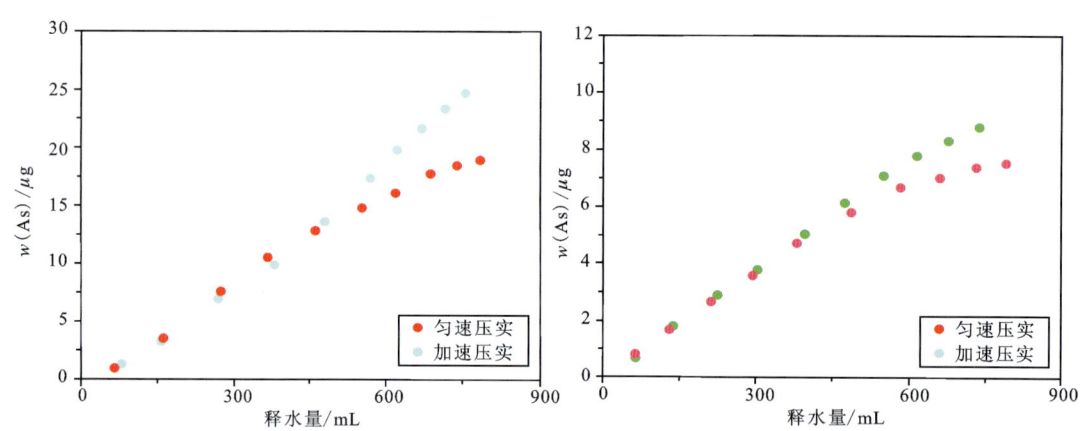

图 8-64 不同压实模式下淤泥质沉积物中砷的释放量

4. 含砷地下水修复示范

选择典型集中供水井(复兴水厂、张家池水厂)，针对深层地下水的开采，设计曝气-叠水装置并研发高效吸附材料综合处理，实现地下水供水水源修复，采用"曝气氧化-絮凝沉淀-锰砂吸附"工艺对集中供水井的水质进行改良，并对地下水进行实时监测，根据供水水源水质情况设计后续水处理设施，提高当地集中供水水源的质量，水质处理工艺原理及处理前后对比如图 8-65、图 8-66 所示。

采用来自江汉平原汉江沿岸的河沙作为吸附材料制作除砷砂罐，进行分散供水水质改良。X 射线衍射 XRD 分析结果表明，河沙中主要成分为石英，约占 60%，其余成分主要为微斜长石。河沙中沙粒

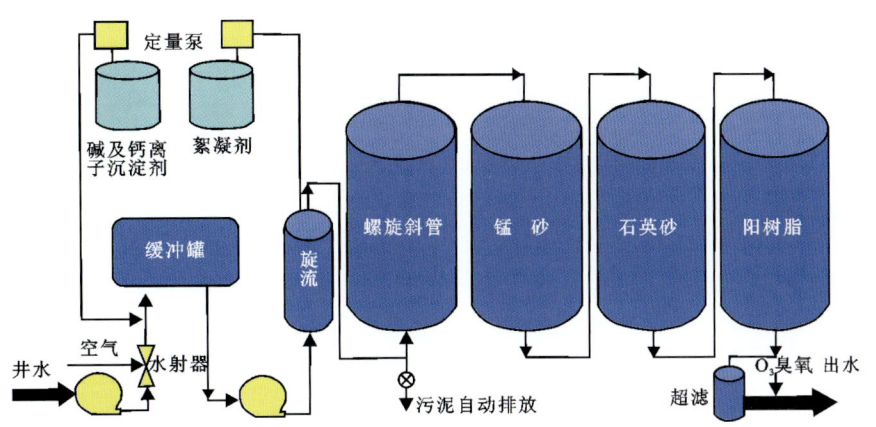

图 8-65　地下水处理工艺原理图

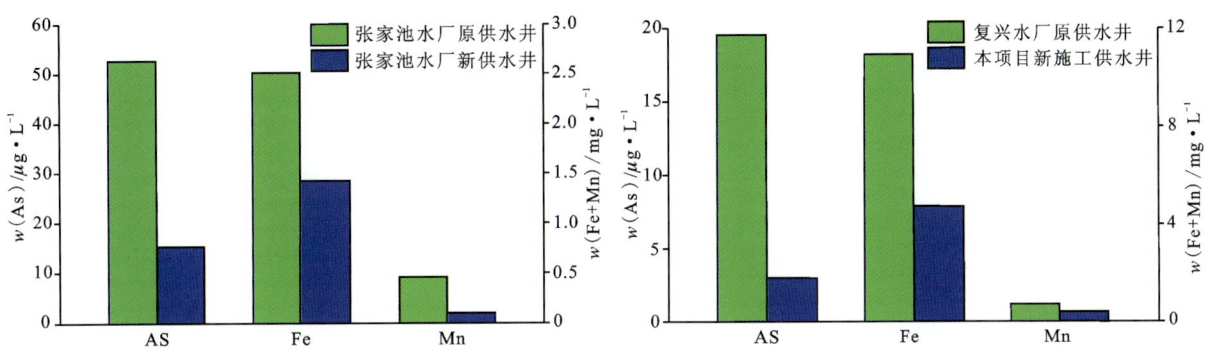

图 8-66　新施工供水井与原井地下水 As、Fe 和 Mn 含量对比图

粒径在 0.45～1.00mm 之间。河沙对于固定初始砷浓度的平衡吸附量为 $3×10^{-6}$，随着水中铁含量的增加，除砷率也相应提高。偏酸性条件下去除效果较好，在 pH=6.5 时，砷的去除速度较快，且去除效果最好。当水中砷浓度较高时，河沙不足以除去水中的砷，故添加铁白云石，设置滤料中的铁白云石质量分数为 10%。根据以上数据可知，在 pH=6.5 时，除砷率较好，因此后续实验均调节 pH 为 6.5。在滤料中加入 10% 的铁白云石时，除砷率均在 80% 以上。随着进水砷浓度的增加，砷的去除量也相应增加，除砷率降低（图 8-67、图 8-68）。

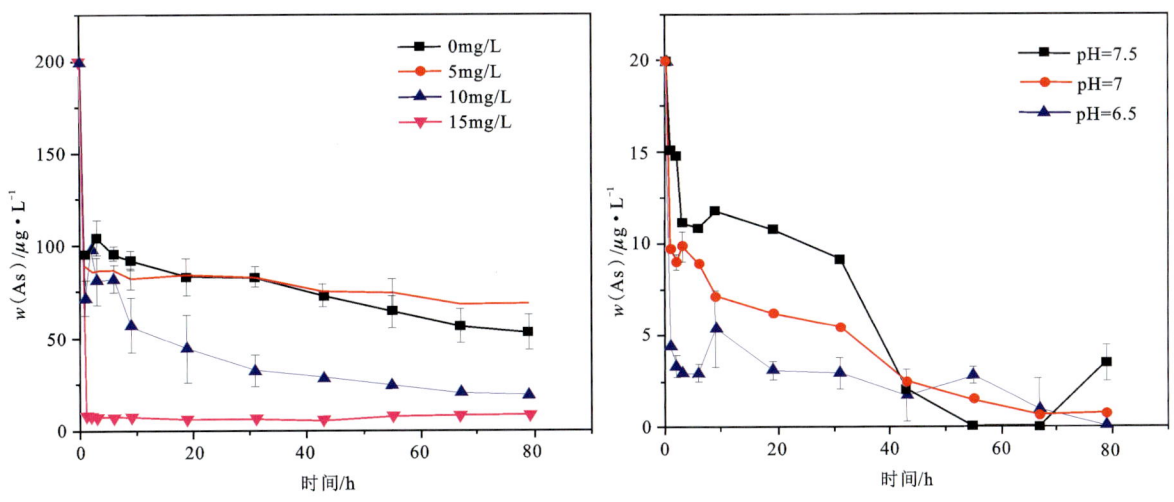

图 8-67　河沙在不同铁浓度、不同 pH 下对砷的去除效果（As 质量浓度为 200μg/L）

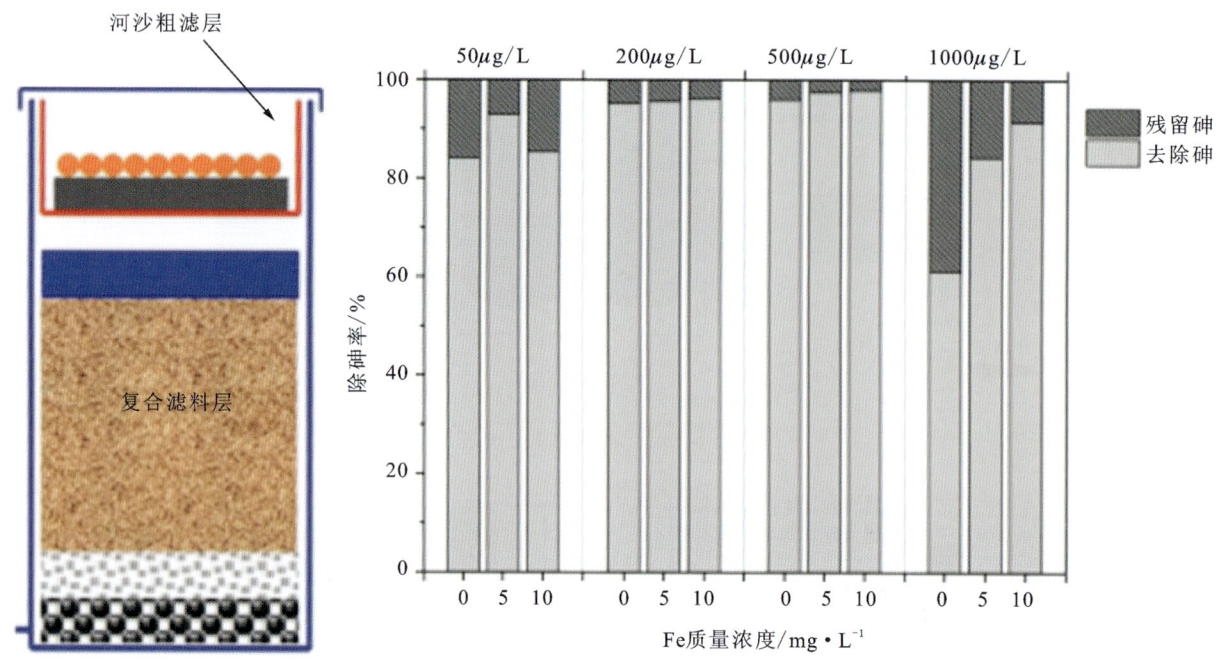

图 8-68　含 10％铁白云石的混合滤料的除砷效果图

六、地球关键带模拟与预测示范

江汉平原河湖纵横,地下水水位埋深较浅,地表水-地下水水力联系密切且复杂,长江是区内最大河流,汉江为其最大支流。区内长江上游建有引江济汉工程(YHWD),汉江上游建有南水北调中线工程(SNWD)。重大水利工程建设不仅改变了江汉平原的水文情势及地下水的补给、径流与排泄条件,而且对地表水-地下水的相互作用模式及生态环境造成影响。本书建立了江汉平原地表水与地下水水流的耦合模型,用于揭示江汉平原天然状态下地表水和地下水的相互作用过程及交换量,深入分析了重大水利工程建设对地表水-地下水的相互作用模式及生态环境的影响,为江汉平原水资源合理开发利用提供了依据。

通过收集研究区地质、水文、气象及水文地质条件等数据,划分了岩层含水性,明确了地下水系统的边界类型,建立了江汉平原水文地质概念模型。在此基础上,建立了江汉平原三维非稳定地表水与地下水水流耦合模型,用以描述江汉平原地表水-地下水相互作用时空演化过程。运用 MODFLOW 软件进行求解,其中河流用其中的 RIVER 程序包计算,而湖泊用 LAKE 程序包进行计算。根据校正后的模型结果及模型预测,得出如下几方面认识。

1. 天然条件下地表水-地下水相互作用模式及特征

(1)天然条件下,长江和汉江与地下水间的相互作用模式在年内的变化趋势基本一致,均表现为年初(枯水期)以地下水补给河水为主,年中(丰水期)转换为河水补给地下水,在年末(枯水期)又呈现出以地下水补给河水占主导的模式(图 8-69)。

(2)在一个自然年内,总体上长江和汉江均以河流接受地下水补给为主,然而两者与地下水之间的交换量存在明显差异。长江和汉江补给地下水的量分别为 6.31 亿 m^3/a 和 0.88 亿 m^3/a,地下水向河流的排泄量分别为 11.31 亿 m^3/a 和 5.52 亿 m^3/a,净交换量分别为 -5.00 亿 m^3/a 和 -4.64 亿 m^3/a。

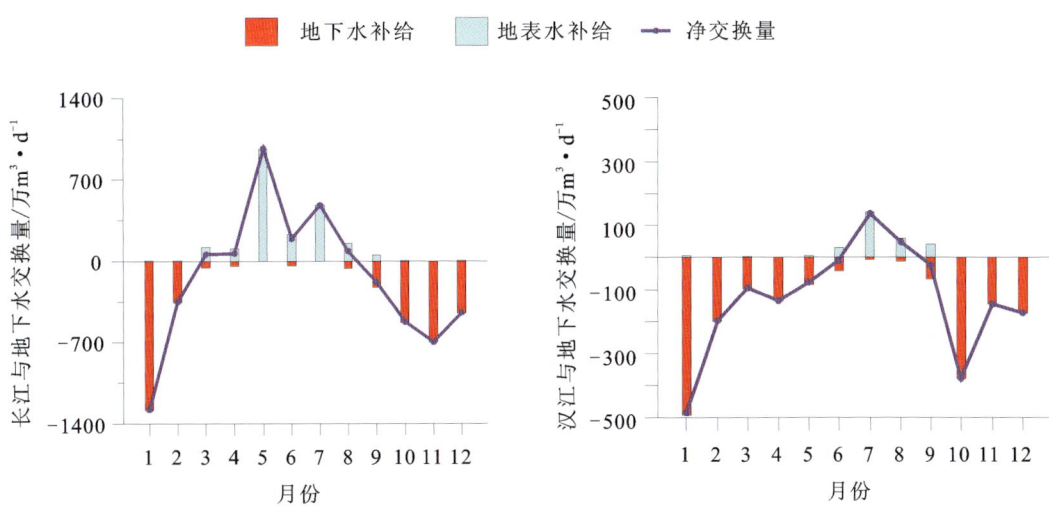

图 8-69　天然条件下长江和汉江与地下水交换年内变化图

注：净交换量正值代表地表水补给地下水，负值代表地下水补给地表水，下同。

2. 调水工程实施对地表水与地下水交换模式及交换量的影响

（1）南水北调中线工程的实施并未改变汉江与地下水间相互作用模式在年内的变化趋势，仍然先以地下水补给河水为主，再以河水补给地下水为主。然而，在南水北调中线工程的基础上同时引入引江济汉工程后，汉江与地下水间相互作用模式在年内转变为与之相反的先以河水补给地下水为主，再以地下水补给河水为主。对于长江而言，调水工程对其与地下水之间相互作用模式影响不大（图 8-70）。

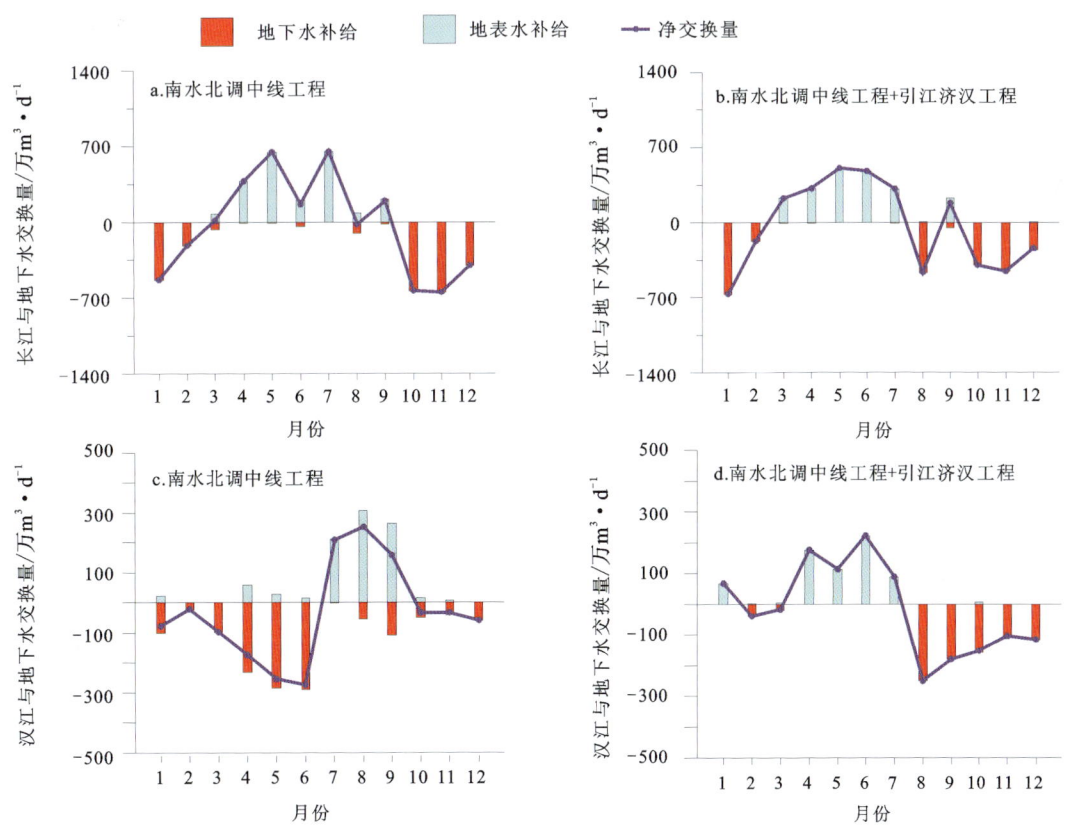

图 8-70　调水工程实施后长江和汉江与地下水交换年内变化图

(2) 在只有南水北调中线工程实施和南水北调中线工程与引江济汉工程共同实施的情况下,长江与地下水之间的净交换量分别为 -1.22 亿 m^3/a 和 -1.20 亿 m^3/a,净交换强度接近,说明引江济汉工程的实施对长江与地下水之间的交换强度影响较小;而汉江与地下水之间的净交换量分别为 -1.24 亿 m^3/a 和 -0.61 亿 m^3/a,净交换强度相差较大,说明南水北调中线工程和引江济汉工程的实施对汉江与地下水间的交换强度影响显著。

3. 调水工程实施对地下水流场的影响

(1) 从天然条件下和调水工程实施后河流附近剖面地下水流场丰、枯月份变化情况(图 8-71)来看,天然条件下 7 月为丰水期,地表水(长江和汉江)补给地下水;11 月为枯水期,地下水补给地表水。调水工程的实施对长江附近剖面地下水流场形态影响不大,而对汉江附近剖面流场形态影响明显。

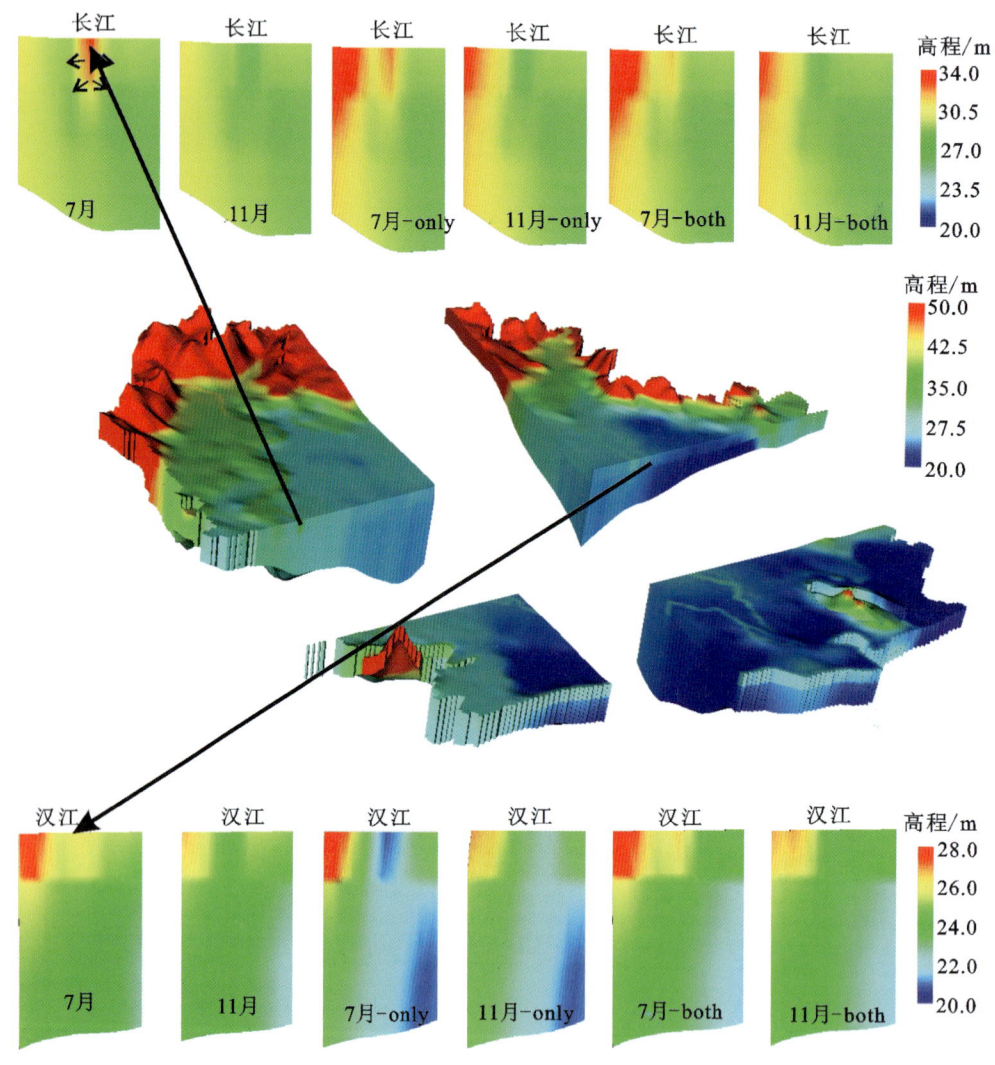

图 8-71 剖面流场变化图

注:only 表示只有南水北调中线工程实施的情况,both 表示南水北调中线工程和引江济汉工程共同实施的情况。

(2) 调水工程实施致使水量在空间上进行了重新分配,大部分区域的地下水水位发生了不同程度的降低,长江和汉江沿岸区域尤为明显(图 8-72、图 8-73)。只有在南水北调中线工程实施的情况下,10 年后长江和汉江沿岸地下水水位的最大降幅分别约为 0.75m 和 4.20m,然而在南水北调中线工程和引江济汉工程共同实施的情况下,最大降幅分别为 1.69m 和 1.33m。因此,引进引江济汉工程可以明显降低南水北调中线工程引起的汉江沿岸地下水水位下降幅度。

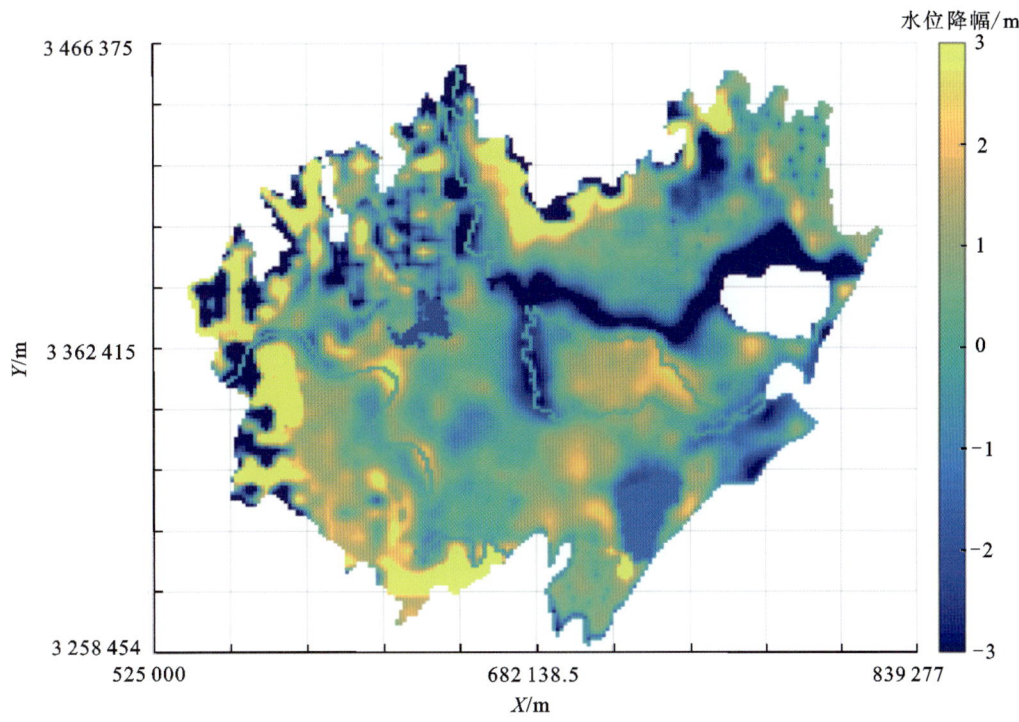

图 8-72　只有南水北调中线工程实施 10 年后水位变化图

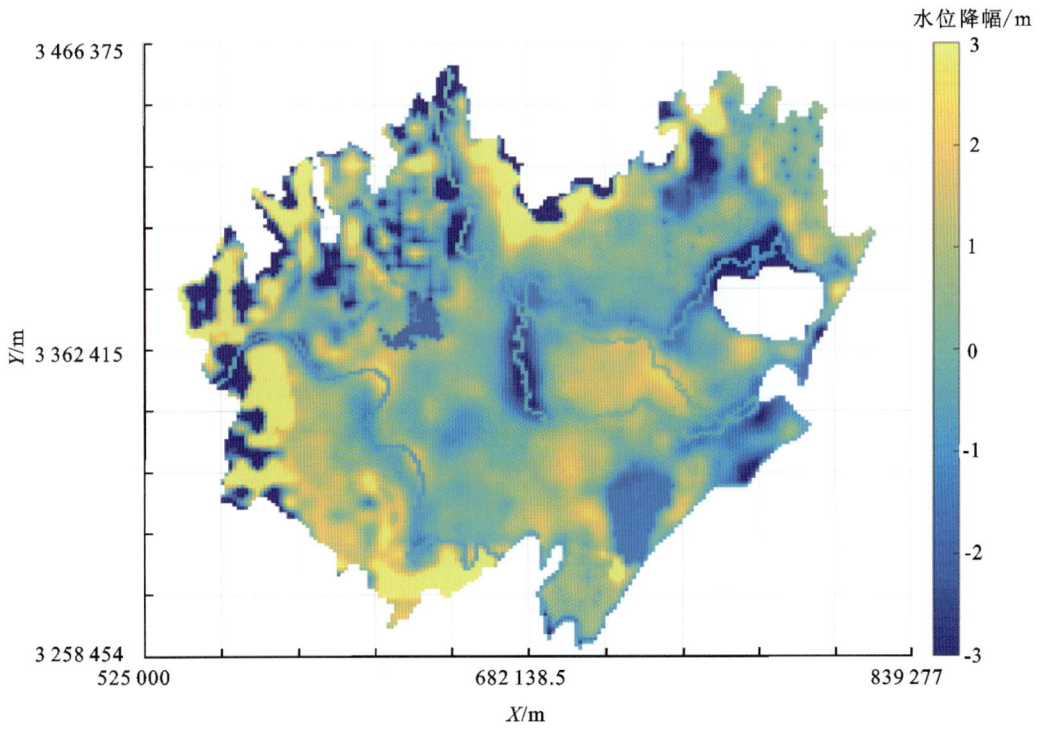

图 8-73　南水北调中线工程和引江济汉工程共同实施 10 年后水位变化图

江汉平原东南部区域地下水水位也显著降低,该区域存在大量湿地,而大部分湿地是由地下水维系的,因此调水工程实施所引起地下水水位降低可能导致湿地退化,影响生态系统健康。

4. 调水工程实施对地下水均衡的影响

分析调水工程实施后水均衡年际变化(图 8-74)可知,南水北调中线工程的实施使江汉平原地下水均衡由原来的正均衡变为负均衡,并且随着实施年份的增加而呈现波动式降低,这不利于江汉平原地下水资源的可持续利用。当引江济汉工程实施后,地下水负均衡程度有所降低,并逐渐变为正均衡,说明引江济汉工程的实施有效缓解了江汉平原地下水资源量的减少趋势。

5. 地表水-地下水交互影响范围变化

在长江下游河段选取了一个代表性断面,分别统计了天然条件下 1—12 月与河流不同侧向间距观测点上的潜水位变化情况(图 8-75)。结果显示,在距离长江沿岸 1.75km 以内的地下水水位在各个月份差异显著,而且这种差异随着距离的增加而减小,最终在距离长江 1.75km 之外水位差异几乎消失。由此推断,长江沿岸地表水与地下水相互作用在水平方向上的最大影响范围约为 1.75km。

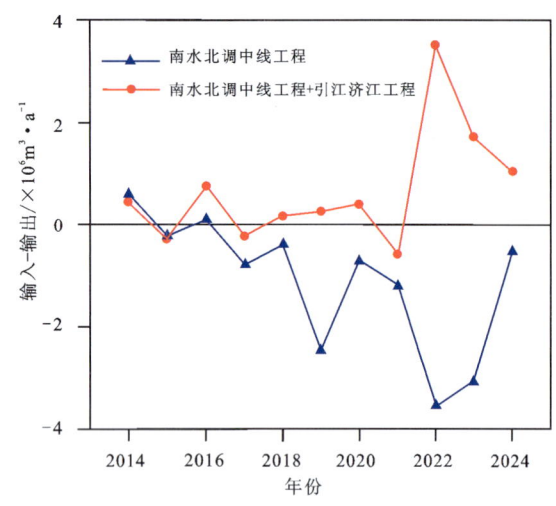

图 8-74　调水工程实施后水均衡年际变化图

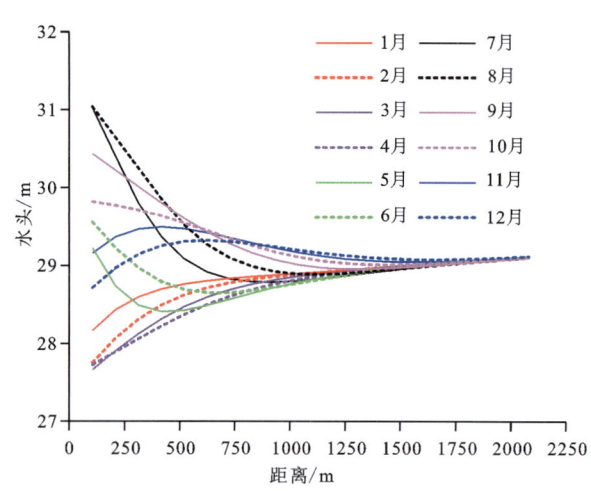

图 8-75　天然条件下距长江不同距离的潜水含水层水头随时间和空间变化图

图 8-76、图 8-77 分别统计了相同断面上只有南水北调中线工程实施、南水北调中线工程和引江济汉工程共同实施的情况下,1—12 月与长江不同侧向间距观测点上的潜水位变化情况。统计结果显示,在单独实施南水北调中线工程的情况下,长江与地下水交互水平影响范围约为 1.5km,比天然条件下的水平影响范围减少了 0.25km;在南水北调中线工程和引江济汉工程共同实施的情况下,长江与地下水交互水平影响范围同样约为 1.5km。这表明水平影响范围的缩小主要受到南水北调中线工程实施的影响。

图 8-78 是在汉江下游河段选取了一个代表性断面,分别统计了天然条件下 1—12 月与汉江不同侧向间距观测点上的潜水位变化情况。统计结果显示,在距离汉江沿岸 1.1km 以内的地下水水位在各个月份差异显著,而且这种差异随着距离的增加而减小,最终在距离汉江 1.1km 之外水位差异几乎消失。由此推断,汉江沿岸地表水与地下水相互作用在水平方向上的最大影响范围约为 1.1km。

图 8-79 和图 8-80 分别统计了相同断面上单独实施南水北调中线工程、南水北调中线工程和引江济汉工程共同实施的情况下,1—12 月与汉江不同侧向间距观测点上的潜水位变化情况。统计结果显示,单独实施南水北调中线工程的条件下,汉江与地下水交互水平影响范围约为 1.7km,比天然条件

下的水平影响范围增加了 0.6km；在南水北调中线工程和引江济汉工程共同实施的情况下，长江与地下水交互水平影响范围约为 1.35km，比天然条件下的水平影响范围增加了 0.25km，增加量小于单独实施南水北调中线工程的情况。

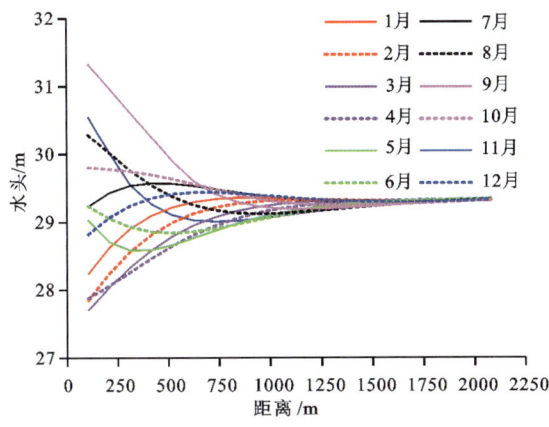

图 8-76　SNWD 实施 10 年后距长江不同距离的潜水含水层水头随时间和空间变化图

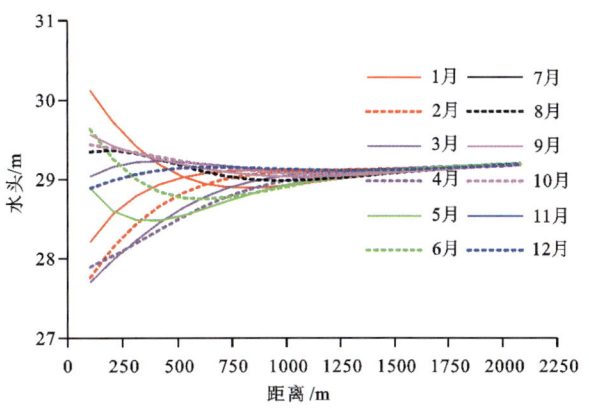

图 8-77　SNWD+YHWD 实施 10 年后距长江不同距离的潜水含水层水头随时间和空间变化图

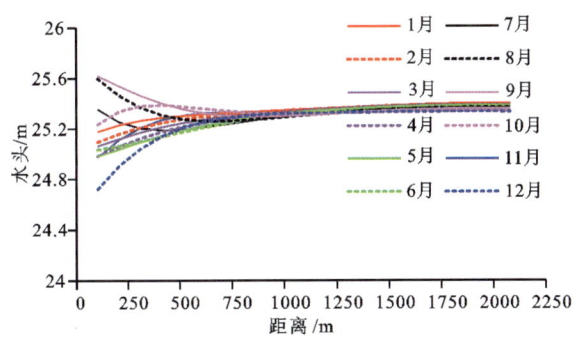

图 8-78　天然条件下距汉江不同距离的潜水含水层水头随时间和空间变化图

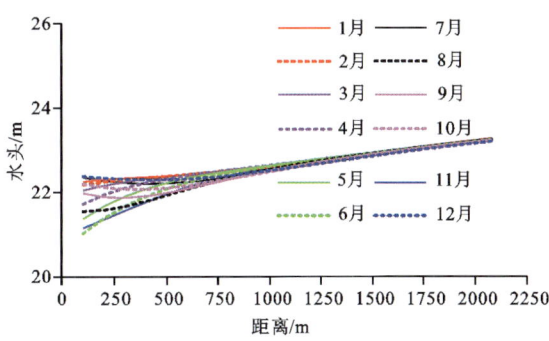

图 8-79　SNWD 实施 10 年后距汉江不同距离的潜水含水层水头随时间和空间变化图

七、地球关键带的调控与管理区划示范

基于长江中游地球关键带调查研究的示范，并结合长江流域的生态环境问题，本次提出对长江流域的地球关键带开展调控与管理规划。

长江源区最为严重的环境地质问题是冰川融化和高原草场退化，长江上游为严重的水土流失和滑坡、地震灾害，长江中游为洪涝灾害和湖泊萎缩、湿地退化，长江下游主要为水土污染和城市地面沉降。造成长江源区及上、中、下游地区具有不同的主要环境地质问题的主导环境梯度变量也不同。影响长江源区的最主要环境梯度变量是大气圈层，温度的升高、降水的减少是造成冰川融化、草场退化的主要因子，其次是人类不合理的放牧开垦方式；长江上游环

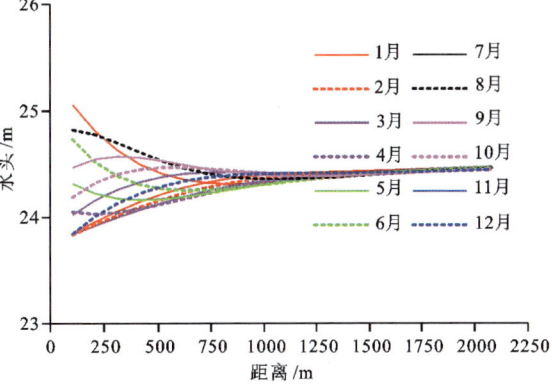

图 8-80　SNWD+YHWD 实施 10 年后距汉江不同距离的潜水含水层水头随时间和空间变化图

境地质问题是以岩石圈层为主导，松散的岩层、巨大的地形差带来了水力侵蚀（水圈为伴生影响因子）；长江中游则主要是人类活动、岩石圈、水圈、生物圈共同影响的结果，自然环境因子影响的比重不再如长江源区、上游地区一样占据主导性；长江下游地区则完全以人类活动因子为主导，岩石圈、水圈、生物圈等均受到人类活动的强烈影响。

从长江源区往入海口来看，六大环境变量存在明显的梯度变化。首先是岩石圈层，表现为西高东低的地形差、地壳岩性变化特点；其次是大气圈层和水圈，表现为由西往东大体上降水增多、气温增加、水量变大以及水力梯度减少、水质愈加变差的特点；最后是人类活动，由西往东长江流域城镇化、工业化水平变高，人类活动的影响加剧。在时间维度上，环境地质问题出现的频率和频数也一定程度上呈现西少东多的趋势。六大影响因子共同影响着长江流域的演变，某种影响因子的极端变化导致区域出现不同的环境地质问题，不同的环境地质问题又会反向影响六大环境梯度变量，形成恶性循环，如上游水土流失现象。表面上，自然因素和人为因素对长江各段主要环境问题所占的影响比重不同，但究其深层次原因，人类活动的影响起着"主要催化剂"的作用，如冰川的融化，主要是由于全球变暖（大气圈），而人类温室气体的排放无疑加重了这一现象。长江流域十几年的人类活动的加强，影响了四大圈层等自然环境因子的改变，"催化"着环境地质问题的加剧，但却又能够通过主动的、积极的行动，采取一系列政策、措施来改变这种现状。所以，需开展更为细致的长江流域地球关键带地质调查，对长江源区，上、中、下游地区各大主要影响因子进行调查与监测，为不同环境地质问题的解决提供科学依据。

（一）规划思路

长江流域横跨东西，生态环境问题多样，上、中、下游各有特点：上游的人类活动相对较为微弱，但近年来呈现自然生态环境破坏趋势，主要问题包括森林植被锐减、水土流失严重、地质灾害频发等；中游的人类活动对关键带的影响加剧，洪涝灾害频发，生态与环境破坏严重，主要原因包括大型水利工程建设及其影响，围湖造田和气候的多重影响；下游为人类活动强烈改造关键带，主要问题包括干流城市水质污染严重、近海生物多样性衰减等。

环境梯度是驱动关键带水文-物质循环的主要驱动力和导致关键带过程分异的主要变量。长江流域上、中、下游生态环境问题的差异性为开展关键带工作部署提供了分异良好的环境梯度。总体上，长江流域的环境变量分为自然变量和人为变量。前者包括地形和第四纪地貌（高原、河谷、盆地、三角洲）、成土母质和土壤类型、降水量及洪涝灾害分布等，后者包括土地利用类型、水利工程分布、城镇化程度等。自然变量决定了大尺度上的关键带过程分异特征，人为变量在小尺度上对关键带过程有决定性影响。此外，长江流域作为一个系统整体，其上、中、下游分属物源侵蚀、河流搬运、盆地堆积及河口沉积过程，其关键带物质来源及结构具有一体性。因此，长江流域上、中、下游整体呈现出既有差异兼有联系的特点。长江流域地球关键带工作部署应按照环境梯度变量进行规划。

（二）部署方案

结合长江流域环境梯度与上、中、下游物源关系，将长江流域关键带调查与监测工作按照"六站九区"部署，具体包括站点部署和流域部署。

1. 站点部署方案

分别面向长江上游生态脆弱、三峡上游地质灾害频发、长江中游重要水利工程和洪涝灾害影响、长江下游水环境污染及城镇化、生物物种减少等具体问题，沿长江上、中、下游建设青藏高原关键带观测站（高原地貌）、四川盆地关键带观测站（盆地地貌）、长江三峡关键带观测站（河谷地貌）、江汉平原关键带观测站（平原地貌）、鄱阳湖关键带观测站（湖区地貌）、长江河口关键带观测站（三角洲地貌）共6个监测站。针对长江流域典型的自然源物质（As、Fe、Mn等）与人为源污染物（重金属、有机物等）的来源、迁移、转化进行系统性监测，为长江流域水资源保护与治理提供依据。

2. 流域部署方案

流域是地球关键带研究工作的基本单元,针对地形梯度、城镇化水平、洪涝灾害、工程影响、地质灾害等环境梯度,以长江一级支流流域为基本单位,将长江流域划分为9个调查区,针对每个区域的主要生态环境地质问题部署地球关键带调查工作,具体包括:上游的金沙江流域生态脆弱区关键带调查、大渡河-岷江流域地质灾害区关键带调查、雅砻江流域工程影响区关键带调查、嘉陵江流域工程影响区关键带调查、乌江流域生态脆弱区关键带调查;中游的汉江流域工程影响区关键带调查;下游的湘江流域工业污染区关键带调查、长江三角洲密集城镇区关键带调查、赣江流域农业耕作区关键带调查(图8-81)。

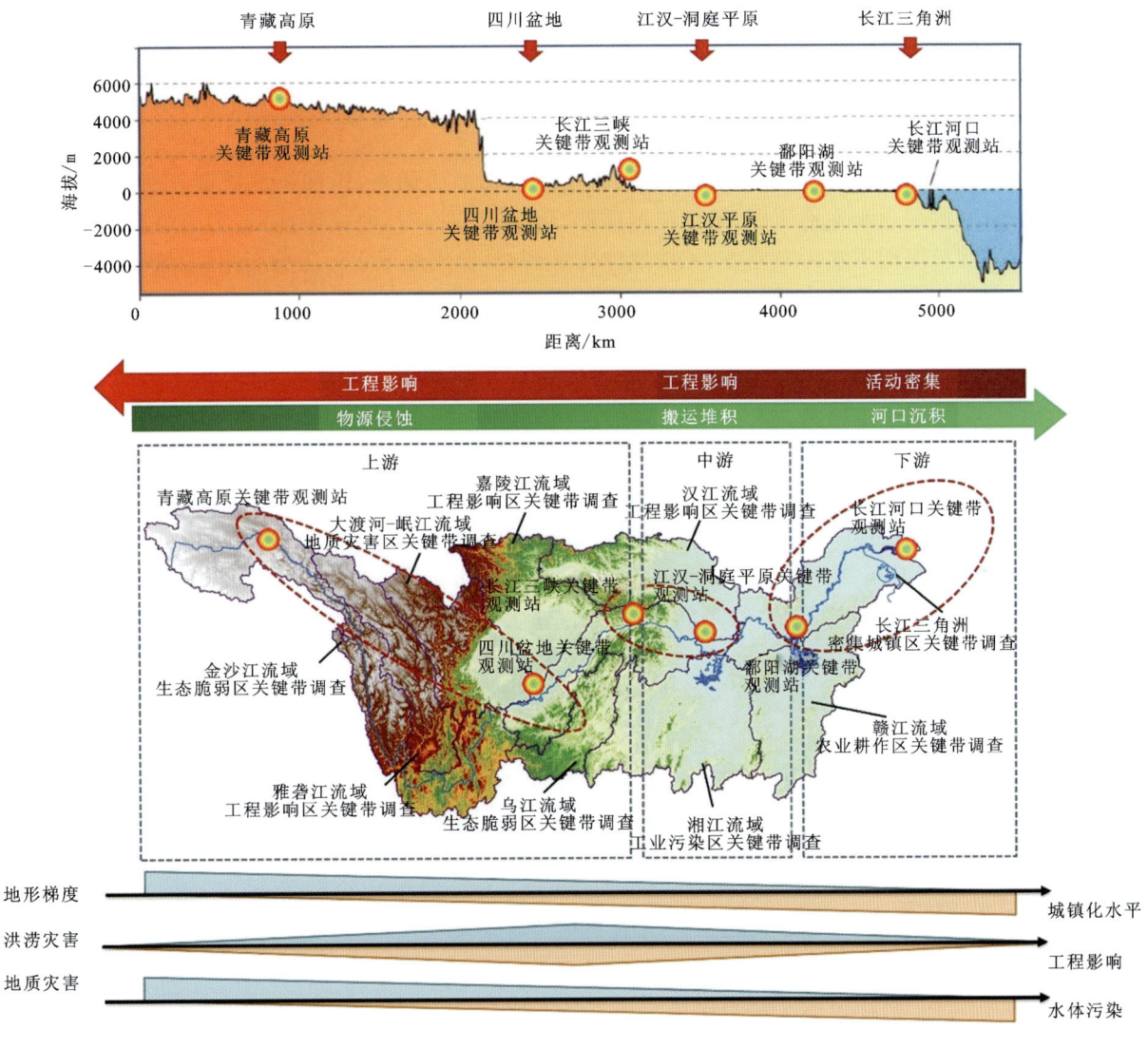

图8-81 长江流域地球关键带观测站部署建议及调查规划

在此基础上,整合全流域关键带调查成果,统筹上、中、下游,以长江整体作为研究对象开展整合和对比研究。不同尺度的调查和研究面向不同问题,全域尺度的研究主要为长江源汇体系(Source-to-Sink)如何塑造流域上、中、下游地球关键带演化过程与结构,图幅尺度调查研究主要关注图幅尺度关键带物理结构与生物地球化学组分分布的控制因素及生态影响,而站点尺度调查研究主要关注不同环境梯度下的生物地球化学循环过程及通量。上述"全域-站点-图幅尺度关键带调查研究"形成互补，在地球关键带地质调查的统一工作框架和工作体系下，面向不同区域特点和具体问题，以不同工作定额和方法开展地球关键带调查，实现长江全流域地球关键带调查的全覆盖。

(三) 管理规划体系

1. 技术体系

关键带深钻综合研究技术方法：①测年方法，包括光释光测年、石英埋藏测年、古地磁测年等，其中光释光适用于60m以浅的钻孔沉积物测年，石英埋藏测年主要适用于深部沉积物测年，古地磁测年通常用来确定沉积地层的上、下关系；②沉积学方法，包括沉积物颗粒分析、孢粉分析、植硅体测试技术手段，其中颗粒分析可以反演水动力沉积环境，孢粉和植硅体测试配合测年技术可以对古气候框架进行重建，建立气候指数，反演气候类型；③地球化学与微生物方法，开展地下水化学、沉积物地球化学、微生物高通量的综合测试分析，确定图幅内地球关键带物理、化学、生物的纵向一维结构，刻画重要界面的结构及物质通量。

关键带生物地球化学调查技术方法：通过图幅尺度水文地质调查、第四纪地质调查、包气带结构调查及遥感解译，形成综合水文地质图、第四纪地质图、包气带结构图、地貌类型图，刻画地球关键带的物理结构；通过图幅尺度地下水污染调查、土壤地球化学调查，形成地下水污染分布图、土壤重金属及营养元素分布图，刻画地球关键带化学结构；通过图幅尺度土壤沉积物的微生物填图，形成土壤微生物分布图，刻画地球关键带生物结构。

关键带循环过程监测技术方法：关键带多水平监测技术主要通过不同深度的多水平监测井、包气带监测孔对地下水、土壤水水化学、水位等进行动态监测；沉积物原状样品采集-分析技术主要通过钻探获取原状沉积物，进行无扰动条件下的沉积物采集。

关键带三维结构与模拟技术方法：利用三维结构建模技术，采用分层切片法和插值法分别利用GMS对图幅尺度和场地尺度的三维地质结构进行建模，确定关键带立体空间展布结构。采用耦合模型（如SWAT-MODFLOW水文模型与地下水耦合模型）研究关键带水流-溶质渗流规律。

长江流域1：5万关键带地质调查指南：进一步明确基础地质、水文地质、环境地质填图的路线调查、采样分析、钻孔探测等技术手段在1：5万关键带地质调查中的精度要求，规范技术流程；同时，丰富填图对象（水-土-气-生），并采用遥感"3S"技术和雷达技术提高可视化程度成果表达，对上述技术进行技术规范，从而建立长江流域1：5万关键带地质调查指南。

关键带监测技术标准：建立统一的建站要求与标准，对监测站的监测指标、监测手段、监测精度进行标准化。数据标准化及精度控制方法标准方面，对各站点监测数据设立统一的数据标准化及精度控制方法，以便于数据利用、数据表达与数据共享。

2. 成果与组织体系

关键带填图：高精度（1：5万）关键带填图覆盖长江流域典型区域，对人类活动影响全国重点靶向区域关键带进行填图，最终形成区域图件和局部图件两类成果：

区域图件：主要是关键带图系，包括1：5万关键带水文地质图、地下水典型污染物分布图、土壤地球化学填图、地貌遥感图、微生物指标分布图5类。上述图幅为一级单要素专项图幅，可面向具体问题进行耦合叠加，从而构造"地下水污染-水文地质、土壤地球化学-地貌遥感"等二级多要素专题图幅，用以研究分析关键带各圈层、各要素相互作用与耦合关系。同时，在基础地质、水文地质、环境地质填图的路线调查、采样分析、钻孔探测技术的基础上，拓展填图对象（水-土-气-生），并采用遥感"3S"技术和雷达技术提高可视化程度成果表达。

局部图件：选择流域内某一典型靶区，进行三维地质填图-二维剖面-一维钻孔刻画。其中，关键带地质填图由关键带水文地质图(区域覆盖)、特征剖面结构图(剖面结构)、钻孔结构图(钻孔控制)、钻孔界面通量图(界面表达)4个部分组成。

关键带监测:按照长江流域地球关键带调查规划的战略布局,采取建站定点监测的方式,在明确各站点特色及定位的基础上,对全国范围内的重点区域进行全面观测。在技术数据方面,在常规监测手段的基础上,拓展监测对象(水-土-气-生)和指标(气象-物质-能量),实现传感器自动化数据采集,并采用通量塔、遥感"3S"、激光雷达等新技术,实现关键带的全方位立体监测。在传输处理方面,通过多学科交叉将物联网和云技术纳入到关键带监测体系中;通过物联网实时采集、传输监测数据,建立统一的数据标准化及精度控制方法;建立基于大数据系统的云存储数据库,对数据进行处理分析、整合输出。在成果方面,形成关键带监测站网络和关键带监测数据库系统。

关键带建模:对典型剖面、界面进行三维可视化建模并建立概念模型;耦合水文过程、化学过程和生物过程,建立精确数值模型,预测关键带结构、功能演变,具体包括概念模型、可视化模型与数值模型(图8-82)。

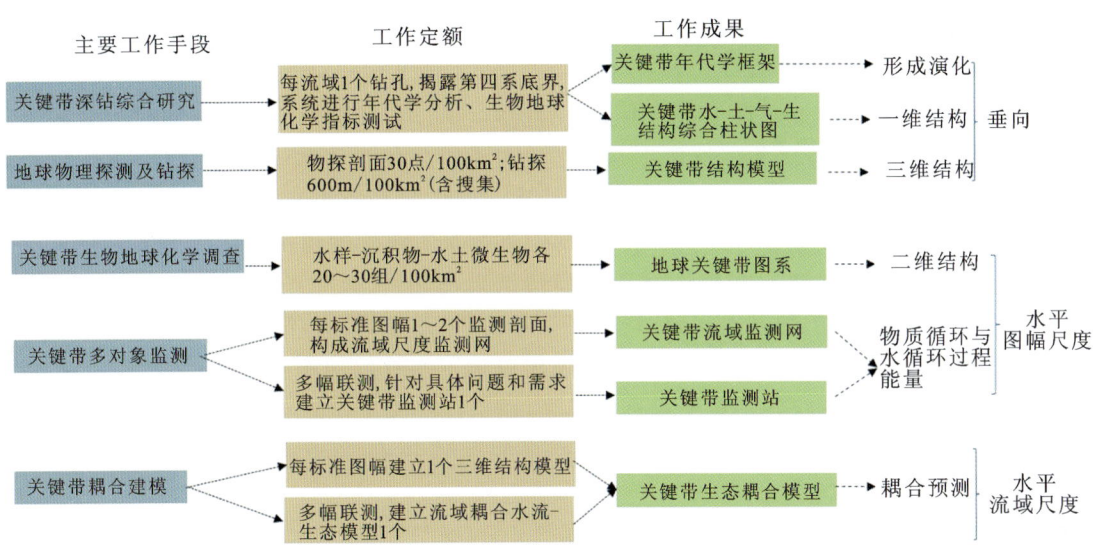

图8-82　长江流域地球关键带工作统一框架及建议定额

第四节　结论与建议

一、结论

1. 在系统调研国内外地球关键带研究的基础上,结合自身工作经验,总结了地球关键带调查监测技术方法,立足长江经济带,探索流域地球关键带理论和方法,建立了地球关键带环境地质调查、监测的方法体系与质量考核标准,并已编制成指南

(1)明确地球关键带研究应以关键带过程范围作为边界,是为人类活动提供生境和资源且受人类活动影响的地球表层区域。考虑长江中游江汉平原具体情况,以中层承压含水层上部作为关键带过程观测的下边界,第四系底界(250~280m)范围则为关键带形成过程与沉积环境演化研究的下边界。

(2)以流域为单元,识别典型环境问题,根据"地球关键带环境梯度变量筛选-1:5万图幅对流域进行网格式划分-构建六维环境变量矩阵对图幅进行属性赋值-筛选地球关键带要素"的方法,建立解构环境问题,明确图幅区地球关键带调查的研究内容。

(3)明确地球关键带界面空间分布特征调查与表征(界面量化指标——"五面四体"及调查方法),建立地球关键带界面过程监测与界面通量估算方法,探索地球关键带生态-水文耦合模拟的建立与运行。

(4)从六维环境变量矩阵角度总结长江流域存在的环境地质问题,结合长江流域环境梯度与上、中、下游物源关系,将长江流域关键带调查与监测工作按照"六站九区"部署。在此基础上,整合全流域关键带调查成果,面向不同区域特点和具体问题,以不同工作定额和方法开展地球关键带调查,实现长江全流域地球关键带调查全覆盖。

2. 开展江汉平原地球关键带地质调查、监测与模拟示范性工作,探讨了重大大型水利工程对汉江下游关键带水循环模式与生态环境的影响

(1)在利用六维环境变量矩阵识别敏感图幅区的基础上,系统性开展了地球关键带一维结构调查、二维填图示范、三维结构可视化,监测网的建设与运行、地球关键带生态-水文耦合模型的建立。其中,江汉平原地球关键带监测网已进入全球地球关键带监测网络,成为全球已注册的48个关键带站点之一。

(2)开展了地下水和土壤地质微生物填图方法的探索与应用,采用分子生态学和地质学相结合的方法系统地开展地质微生物调查工作。选取生态学方法与手段采集水体和土壤样品,野外样品采集完成后,进行室内微生物多样性和丰度分析测试。更加快速、准确、低成本和低耗时地开展了地下水环境病源菌种类、数量的检测与调查工作,可为相关政府部门进行水资源管理和疾病预防提供依据。

(3)通过江汉平原地球关键带地表水-地下水模拟结果可知:①天然条件下长江和汉江与地下水间相互作用模式在年内的变化趋势基本一致,均表现为年初(枯水期)以地下水补给河水为主,年中(丰水期)转换为河水补给地下水,在年末(枯水期)又呈现出以地下水补给河水占主导的模式;②南水北调中线工程对汉江影响较大,使得汉江下游水量逐年减小,而引江济汉工程的实施有效缓解了江汉平原地下水资源量的减少趋势;③长江沿岸地表水与地下水相互作用在水平方向上的最大影响范围约为1.75km。

二、建议

(1)目前研究区内已建成较为完整的地球关键带监测网络,但由于受图幅自身调查及工作开展时间等限制,部分地区所布控制点尚不足,且部分图幅的动态观测周期较短。建议后期可以继续进行地球关键带监测工作,进一步获取较长时间序列水位和水质动态数据,精确刻画研究区的水文-生物地球化学过程机制,服务于研究区的水资源开发利用与生态环境保护工作。

(2)针对地球关键带关键界面反应过程进行了相应的专题研究,尤其关注地表水-地下水相互作用过程,由于存在试验场地布设不够合理及监测周期较短等问题,对地球关键带地表水-地下水相互作用界面反应过程刻画还不够细致,建议在地球关键带监测场布置方案及监测手段上加以改进,为今后地球关键带调查工作打好基础。

(3)根据国内外地球关键带研究现状和自身工作经验,建立了流域地球关键带理论与方法,由于项目实施周期较短,建议在今后地球关键带调查研究上进一步实践,完善流域地球关键带理论。

第九章 长江续接贯通与演化研究

第一节 概　述

长江连接了地球上最大的大陆/高原和最大的海洋,长江流域面积约180万 km^2,在亚洲季风气候控制下,长江产生并携带巨量的水沙,对流域生态环境和边缘海的海洋环境产生了重大影响,在全球变化中扮演着重要角色,是众多重大国际研究计划的靶区(Margins Office,2003;郑洪波,2003;郑洪波等,2008)。

长江的形成和地质演化备受学术界和大众关注,它不仅是地理学的核心课题,也是开展青藏高原构造隆升及环境效应研究的重要切入点,是认识新生代亚洲地区重大构造和古气候事件相互作用的纽带。

中国第一篇区域地理著作《尚书·禹贡》中有"岷山导江"一说,后人所著图书将其理解为"岷江为长江之源"(有《汉书·地理志》《山海经》《水经注》),这一观点长期被视为经典。明代杰出地理学家徐霞客穷其一生,探江溯源,他不仅遍考古籍,而且开展了实地科学考证,完成了地理科学上的伟大著作《溯江纪源》,提出"推江源者,当以金沙为首"的科学论断,否定了"岷江为长江之源"的错误认识,开启了长江地理科学研究的新纪元(引自《徐霞客游记》)。

现代地球科学意义上的长江历史演化研究始于1907年Willis的研究(Willis et al.,1907)。之后的百余年,众多中外科学家对长江演化历史进行过专门研究,取得了丰硕的成果,但对于"长江东流水系形成于何时"这一关键科学问题却一直存在重大争议,即有前古近纪(陈丕基,1979)、古近纪(Richardson et al.,2010)、中新世(Clarkm et al.,2004;Clift et al.,2006)、上新世—早更新世(范代读和李从先,2007)、更新世(任美锷等,1959;杨怀仁等,1997;杨达源,2006;Li et al.,2001;张玉芬等,2008;杨建等,2012)等多种观点。

纵观百年来的长江历史研究,从理念思路,到技术方法,再到结论认识,着实各不相同,地理学家更多视长江为河谷,关注河谷的地貌演化(沈玉昌和杨逸畴,1963;Li et al.,2001),尤其是通过某一段河谷的地貌演化推断整个长江的历史;地质学家更多关注长江流域的地质历史,通过某一区域的构造演化(Lee,1924,1934;叶良辅和谢家荣,1925;Barbour,1935)来推断长江的发育史。可以看出,不同学者在对待长江形成概念上的观点也不尽相同(李承三,1956)。

长江发源于唐古拉山,源头为沱沱河和通天河流域,地势平缓,曲流发育,到青藏高原的东南缘金沙江流域,地势陡降,高山峡谷,到达川江段地势坡度急剧减小,长江东出三峡进入江汉平原,从宜昌到入海口达千余千米,但海拔下降仅百米,因此流速较低,河道宽阔。

长江在形成之前,区域的河系格局模式可以借助《中国古地理图集》(王鸿祯,1985)来加以描述:①位于青藏高原东南缘的上游水系(古金沙江水系)与长江下游水系没有联通,上游水系没有转向东流,而是可能南流入海;②中下游的江汉盆地和苏北盆地各自发育了规模较小的局部河系,盆地之间没有联通或者有限联通;③按照这个模式,直到更新世,贯通东流的长江才逐渐形成。

从上述模式(郑洪波等,2017)可以看出,长江贯通东流形成统一水系有两个关键的节点,即云南石鼓的长江"第一湾"和长江三峡,这两个节点正是百年长江历史研究的关注点(Lee,1924;任美锷等,

1959；Li et al.，2001）。根据上述模式，现代长江在更新世才贯通东流，这也是目前学术界多数持有的长江年龄为更新世的观点，不过对究竟是早更新世、中更新世还是晚更新世仍然众说纷纭。

长江三峡的切穿被认为是长江贯通东流的一个关键节点，也正是如此，百余年来对长江演化历史的研究多集中于三峡地区（Lee，1924；Barbour，1935；Li et al.，2001；Wang et al.，2014）。例如 Li 等（2001）对三峡地区的阶地进行了调查，对阶地上保存的沉积物进行了热释光/光释光和 ESR，基于测年结果，学者认为三峡地区最老的阶地年龄为 2Ma，据此推断三峡的初始下切（也就是三峡贯通，或者长江的贯通东流）开始于早更新世。

长江贯通东流，必定在上、中、下游流域留下地质证据链，这其中关键的是中下游盆地的沉积响应与沉积记录，特别是长江中游江汉－洞庭盆地、皖江与长江三角洲地区的第四系沉积特征、三峡地区阶地的成因。这些是解开长江续接贯通东流和演化问题的关键。

因此，本次工作重点开展长江中下游地区第四纪地层研究，建立第四纪地层层序，确立第四纪地层划分与对比的原则和标准，组织开展了长江中游江汉－洞庭盆地第四系、皖江第四系与长江下游第四系划分与对比研究，研究长江中下游地区第四系沉积特征，揭示早更新世以来长江中下游地区河湖的变迁历史，同时在长江上游重庆—宜昌地区开展了第四系阶地成因和沉积物源特征研究。

第二节　研究方法

本书系统收集了研究区域可利用第四系地质钻孔，并运用高精度钻孔联合沉积相剖面对比法和冲积扇成因理论，建立了研究区岩石地层、年代地层、生物地层，进行区域第四系各组的划分与对比，通过第四系钻孔联合剖面、岩相古地理来研究各时期沉积岩性和沉积岩相的时空变化与河湖演变。

1. 第四纪地质钻孔收集和整理

本次工作系统收集、整理已有的 1∶25 万区域地质调查，1∶5 万区域地质、水文地质、工程地质和环境地质调查以及各个专项调查研究中第四系钻孔、测试资料，特别是近 20 年来沿江开展的地质大调查实施的第四纪地质钻孔。目前，已经收集第四纪详细岩性编录钻孔近 300 个。以此为基础，按照最新国际第四地层表、中国地质调查局和第三届中国地层委员会推荐的第四地层划分原则，厘定了第四纪地层层序，基本确立了长江中下游第四纪地层划分方案。

2. 岩石地层研究

本次工作充分利用钻孔资料，研究第四纪地层中各组段沉积物的岩性、颜色、成分、沉积结构、沉积间断面，以及钙质结核和铁、锰质结核的分布特征，确定各地层沉积区各组段岩性的时空变化，如泥炭层、特殊结构层、特殊颜色层、钙质结核层等标志层的平面变化，以及岩层中重矿物、稀土元素和微量元素等变化，确定岩石地层的划分原则和对比标准，总结长江上、中、下游个地层沉积区的岩石地层特征和分布规律。

3. 年代地层研究

本次工作对已收集到的工作区现有的钻孔古地磁测试资料，进行分析研究和标准化处理，并参考工作区及其邻区的最新磁性地层、古气候旋回的成果，重新进行磁性地层学研究，同时详细分析各个钻孔和剖面的第四系 AMS^{14}C、^{14}C、OSL、TL、ESR 等绝对测年数据，确定其可用性，建立新的各钻孔年代地层。

4. 微体古生物与海侵研究

本次工作根据有孔虫、介形类以及其他种类的微体古生物资料,结合瓣鳃类、腹足类等宏体化石资料,研究长江下游第四纪时期的海侵期次;分析有孔虫、介形类的属种分布,以及底栖和浮游属种的特征,简单分异度和复合分异度;建立每次海侵的生物组合特征,根据生物组合中所反映的生态特点以及喜暖和喜冷化石的数量和分布变化,研究海侵的范围、强度、海面变化特征和沉积环境空间变化。

5. 孢粉分析及气候地层研究

本次工作根据已经取得的钻孔中孢粉数据,利用 Tillia 软件进行处理分析,划分出各钻孔的孢粉组合及对比研究;建立工作区第四纪时期孢粉组合变化以及所代表的植被建群种和植被演替变化,结合微体古生物组合以及宏体化石、粒度、化学元素、矿物分析等资料,恢复气候变化规律,建立气候地层。

6. 多重地层划分

本次工作确立长江中下游第四系各统、组、段的年代地层、岩石地层、生物地层的划分原则与对比标准,开展长江中游江汉-洞庭盆地第四系、皖江第四系与长江下游第四系的划分与对比研究。

7. 钻孔联合剖面和岩相古地理图编制

本次工作编制不同方向的第四系钻孔联合剖面和第四纪时期几个特征时段的岩相古地理图,分析研究长江下游第四系各组段地层的时空分布和变化,长江在不同时期的河道迁移变化以及伴生湖沼湿地的变迁规律,分析第四纪沉积物与地质灾害之间的相关关系。本书通过在长江中下游地区收集近千余个第四系详细岩性编录钻孔,在长江中游建立 6 条,在皖江建立 2 条,在下游建立 23 条钻孔联合剖面(沉积相横剖面图),并在下游编制了 8 张更新世和 2 张全新世不同时期的岩相古地理图。

8. 冲积扇和瓦尔特相律理论的应用

冲积扇(Alluvial Fan)是河流出山口处的扇形堆积体。当河流流出谷口时摆脱侧向约束,其携带物质便铺散沉积下来。冲积扇在平面上呈扇形,扇顶伸向谷口,立体上大致呈半埋藏的锥形,是以山麓谷口为顶点、向开阔低地展布的河流堆积扇状地貌。它是冲积平原的一部分,规模大小不等,从数百平方米至数万平方千米。广义冲积扇包括在干旱区或半干旱区河流出山口处的扇形堆积体,即洪积扇;狭义冲积扇仅指湿润区较长河流出山口处的扇状堆积体,不包括洪积扇。

19 世纪末,德国学者瓦尔特(Walther,1894)提出:"只有那些目前可以观察到是彼此毗邻的相和相区,才能原生地重叠在一起。"这就是著名的瓦尔特相律,也叫做相对比原理,其大意是相邻沉积相在纵向上的依次变化与横向上的依次变化是一致的,即可以根据相邻的沉积相在纵向上或在横向上的变化,预测其在横向上或纵向上的变化,或者在连续的地层剖面中,垂向上几种有成因联系的沉积相相互出现的次序与它们在横向上所出现的相带顺序是一致的。

研究地区早更新世时在长江中下游地区沿江两岸的狭长地带,广泛分布着一套砂砾石层,如"宜昌砾岩""阳逻砾岩""白沙井砾岩""安庆砾岩""雨花台砾岩"等。杨怀仁等(1997)指出,长江中下游广泛发育的这套砾石层,指示了长江历史演化中的一个重要事件,因此形象地称之为"长江的成砾时代"。很多学者认为这些砾石层代表了长江贯通的证据,本次工作创新应用冲积扇和瓦尔特相律理论,重新阐述了砾石层成因,为长江贯通时限和演化研究提供了新思路。

第三节　第四纪地层划分对比和沉积特征

一、长江中游地区

(一)第四纪研究沿革

长江中游,特别是江汉-洞庭盆地第四系研究由来已久。以宜昌砾石层、白沙井砾石层和阳逻砾石层为代表的江汉-洞庭盆地中广泛发育的更新统吸引着一代又一代地质工作者持久关注,并从不同角度开展广泛研究。

自20世纪初以来,来自不同地学领域的学者就江汉-洞庭盆地第四系与河湖演化开展了广泛深入的研究。黄第藩等、杨怀仁等的研究工作具有广泛影响(黄第藩等,1965;杨怀仁,1959;杨怀仁和唐日长,1999)。黄第藩等(1965)通过对洞庭湖早—中更新世地层厚度和岩相的变化研究,探讨了江汉-洞庭盆地河湖演化的历史,初步指出在更新世曾经发育统一的大湖泊,但是这一观点并未被后来的研究者所接受。湖南地质局(1976年1:20万沅江幅区域报告)基于大量调查和勘察资料,就洞庭盆地第四纪河湖演化做过积极的探索,指出网纹红土沉积代表了当时最广泛的湖相沉积,是洞庭盆地最大的湖泛期。

江汉平原第四纪地质研究开始于20世纪50年代,方鸿琪、沈玉昌、杨怀仁等曾在本区进行过地貌、新构造及第四纪地层方面的研究,60年代至70年代,湖北省水文队、湖北省地质队、江汉石油管理局以及长江流域规划办公室等根据大量钻探资料,曾先后提出一些第四纪地层划分方案。后期,贾兰坡、吴汝康等对湖北省内哺乳动物化石的研究为第四系的划分提供了重要依据。近年来,孙昌万(1982)、张德厚(1983,1994)也对湖北第四系的划分提出过各自的意见(表9-1)。陈华慧和马祖陆(1987)在江汉平原的东、西边缘区作了较详细的工作,对第四纪地层进行了划分(表9-1),并建立了上更新统云梦组、下更新统阳逻组和卢演冲组。后来关康年和鄢志武(1990)对此进行了论证,增加了年代学证据。

不少学者就长江中下游干流东去入海的时代及原因进行了大量的研究,这些研究在探讨长江三峡的续接贯通时,涉及了江汉-洞庭盆地第四系及更新世河湖演化(表9-2),如杨怀仁等(1960)、向芳(2004)、杨达源(1985,1986,1988a,1988b)、杨达源和严庠生(1990)、间国年(1991)、张德厚(1994)、李长安等(2001)、陈国金(1999)等。此外,湖北省和湖南省有关地矿部门(康悦林等,1987;柏道远等,2011)在江汉-洞庭盆地进行了大量区域地质、区域水文地质、工程地质调查中,也开展了部分江汉-洞庭盆地相关的地质演化研究工作,这些工作为区内第四系的研究提供了大量的基础资料和有益的见解,对研究江汉-洞庭盆地第四系及更新世河湖演化奠定了一定的基础。此外,关于河湖演化的地质地貌背景也有不少著述(李俊涛和张毅,2007)。越来越多的研究表明,江汉-洞庭盆地周缘包括长沙一带的砾石层是盆地周缘古河流(如古湘江或其支流)的冲积扇或辫状河流堆积,下游方向则发育扇三角洲或辫状河三角洲沉积(向芳,2004;李庭等,2010);网纹红土是在"阳逻砾石层""宜昌砾石层"和"白沙井砾石层"等砾石层沉积并经剥蚀之后的堆积物,二者不是连续沉积的(康悦林等,1987;陈立德等,2014;陈立德和邵长生,2016),"阳逻砾石层""宜昌砾石层"和"白沙井砾石层"形成于早更新世(Qp^1),而上覆的网纹红土则形成于中更新世(Qp^2)(任美锷和杨成,1957;陈立德等,2014)。由此开展的区内地层划分与对比研究,为江汉-洞庭盆地演化和区内河湖变迁的研究提供了一个全新的思路。

作为工程建设层和地下水资源的重要储集层,对第四纪的研究受到越来越多的关注,但是江汉-洞庭盆地很少作为一个完整的沉积盆地来进行第四纪的研究。以往的研究中,往往以石首—监利一线为界划分为江汉盆地和洞庭盆地,而洞庭盆地则以赤山—墨山一线为界分为东洞庭盆地和西洞庭盆地,并开展了大量的研究工作。这样的研究势必将江汉-洞庭盆地划分为一个个相对孤立的抬升沉降沉积区。

表 9-1　江汉平原第四纪地层划分沿革

湖北省区测队（1973）		湖北省地质矿产局（1985）	陈华慧和马祖陆（1987）			关康年和鄂志武（1990）		陈立德和部长生（2016）		
平原西部	平原东部		平原西部	平原内部	平原东部	平原中部	平原北部边缘	盆地西部	盆地内部	盆地东部
近代冲积层（5~15m）	近代冲积层（40~60m）	Q_4 平原组	Q_4 近代冲积-洪冲积层	Q_4 近代冲积-湖冲积层	Q_4 近代冲积层	Q_4^{4-2} 鄂中组	Q_3^3 近代湖积层 上段：灰褐色亚黏土、亚砂土、灰黑色亚黏土；下段：灰色、暗灰色细、中粗砂	Qh 平原组	Qh 平原组	Qh 平原组
Q_3 长江泛滥层（20~25m）	Q_3 青山组（60m），长江泛滥层（40m）	大理冰期（?），庐山—大理冰期间	Q_3 宜都组 灰黄色亚黏土，红黄色2~3层古土壤层，粉砂层，红色砾石层	Q_3 云梦组 灰黑色淤泥黏土层，姜黄色细黄黏土层，粉砂层，砂砾石层	Q_3 云梦组 灰黑色亚黏土夹2~3层古土壤，姜黄色亚黏土层，粉细砂层，砂砾石层	Q_3 云梦组	上段：灰黑色、黑褐色亚黏土；中段：姜黄色亚黏土、棕黄、灰棕色细砂粉砂；下段：灰黄绿色与浅棕相间的薄层理亚黏土层，上部为灰黑色厚层	Qp^3 宜都组	Qp^3 云梦组/沙湖组	Qp^3 宜都组/青山组
Q_2 棕红色黏土（2~5m） Q_2 网纹红黏土（10~15m）	Q_2 网纹红土（5~10m）	大姑—庐山冰期，大姑期，鄱阳—大姑冰期间，鄱阳冰期	Q_2 善溪窑组 黄褐色亚黏土，红色网纹亚黏土，红黄色一红色亚黏土红色砾石层及砂层	Q_2 罗家渡组 黄褐色亚黏土夹粉砂亚黏土，杂色薄层，网纹土，洪冲积砂亚黏土红色砾石层及砂层	Q_2 通山组 坡积网纹红土，洪冲积砂砾石层及亚黏土层	Q_2 善溪窑组	上段：棕黄色网纹黏土厚层；中段：浅褐红色、棕黄色黏土层，底部含有砾石；下段：棕红色、黄色粉砂层，灰黄色夹灰黑色砂砾层	Qp^2 善溪窑组	Qp^2 江汉组	Qp^2 王家店组
Q_1 冲积砾石层（20~30m）	Q_1 雨花台砾石层（20~30m），大姑冰水层（5~10m）	大姑—庐山，龙川—鄱阳冰期间，龙川冰期	Q_1 秦家场组 灰绿色砂层与灰黄色黏土互层，黏土、黏土砾石层，褐红色砂砾石层	Q_1 户演冲积组 灰黑色含砾粗砂及灰绿色粉质砂土，灰绿色黏土、黏土砾石层、薄层黏土夹亚黏土层，砂层具5~6个沉积旋回	Q_1 户演冲积组 褐黄色砾石层及含砾砂层	Q_1 户演冲积组	上段：暗褐黄色砾石层；中段：浅灰绿色与灰黄色相间的砂砾层及砂质亚黏土；下段：棕红色、褐红色砂层，含黏土砾石层，砂岩组	Qp^1 云池组	Qp^1 东荆河组	Qp^1 阳逻组
E-N	E	E	E-N	N	E-N	N_2d 掇刀石组				

注：湖北省区测队（1973）所引为内部资料。

表 9-2 洞庭盆地周缘第四纪地层划分沿革

	沈永欢(1979)	湖南省地质矿产局(1988)	艾万铉(1982)	陈长明(1991)	陈长明和谢丙庚(1996)	相道远等(2011)	陈立德和邵长生(2016) 平原区	陈立德和邵长生(2016) 盆地周缘
Qh	东山镇组				下蜀组		橘子洲组	橘子洲组
Qp³	三汊矶组	白水江组	韩家湖组	韩家湖组	白水江组	白水江组	安乡组	白水江组/君山组
Qp²	白沙井组	马王堆组	马王堆组	马王堆组	马王堆组	马王堆组	洞庭湖组	马王堆组
Qp²		白沙井组	白沙井组	白沙井组	白沙井组	白沙井组		
Qp²		陈家咀组			陈家咀组			
Qp²		新开铺组	新开铺组	新开铺组	新开铺组	新开铺组		
Qp²		黄姑山组		洞井铺组				
Qp¹	茶园坳组	汨罗组	洞井铺组	石牌岭组	汨罗组(洞井铺组)	汨罗组	汨罗组	汨罗组/白沙井砾石层
Qp¹		湖仙山组	石牌岭组	汩佳冲组	湖仙山组	华田组		
Qp¹			汩佳冲组					

由于陆相地层的复杂性,在独立的抬升沉降沉积区之间地层的划分和对比存在困难时,就用不同块体差异升降运动甚至第四纪活动断裂予以解释,甚至不惜以某些块体的反复升降来解释以适应不同的假设。于是区内又划分了许多第四纪以来的活动断裂,虽然绝大多数断裂活动的迹象在野外是观察不到的,但几乎没有确凿活动证据的活动断裂与这些断块的差异升降运动之间是有直接联系的。

开展江汉-洞庭盆地第四系研究是区域地质调查和区域水文地质、工程地质调查的重要基础。目前开展的以 1∶5 万为基础的区域地质环境综合调查工作,必须要有统一的第四系划分对比基础。2009年以来,中国地质调查局在"长江中游城市群地质环境调查与区划"计划项目中设立了子专题"长江中游第四纪沉积特征与环境演化调查评价",其重要工作就是在充分收集已有资料,消化吸收前人研究成果的基础上,开展江汉-洞庭盆地统一的地层划分与对比,现在逐步形成了对江汉-洞庭盆地第四系划分与对比的总体认识(表 9-3)。

表 9-3 江汉-洞庭盆地第四纪地层划分对比表

统	江汉盆地周缘			洞庭盆地周缘	
	露头区	覆盖区	露头区	覆盖区	露头区
	盆地西部	盆地内部	盆地东部	平原区	盆地周缘
Qh	平原组	平原组	平原组	橘子洲组	橘子洲组
Qp^3	宜都组	云梦组/沙湖组	宜都组/青山组	安乡组	白水江组/君山组
Qp^2	善溪窑组	江汉组	王家店组	洞庭湖组	马王堆组
Qp^1	云池组	东荆河组	阳逻组	汨罗组	汨罗组/白沙井砾石层
	//////////		//////////		//////////

(二)江汉-洞庭盆地与周缘露头区第四系

1. 洞庭盆地第四系空间展布特征

1) Ⅱ—Ⅱ′剖面

洞庭盆地属于第四系深覆盖区。由建立的钻孔联合剖面Ⅱ—Ⅱ′(图 9-1)可见,ZK21~S05 第四系钻孔联合剖面(图 9-2)分布在洞庭盆地北部,近东西向。第四系厚度变化较大,西部厚,向东逐渐变薄,直至基岩出露,第四纪地层变化从上至下如下。

全新统埋深一般为 2~10m,主要发育褐色、灰褐色、青灰色黏土,硬塑,下部局部见大量蚌壳类残骸和植物碎屑,为湖积冲积、泛滥相沉积。在中部 S4-3 钻孔下部发育灰色细砂及灰黑色夹灰色、黄色含砾粗砂,砾石含量为 15%~25%,砾径为 2~4mm,圆度好,成分以石英岩、硅质岩、板岩等为主,见大量碳化木块及少量螺蚌壳碎片,下切深度达 52.56m,可能为古长江沉积。在东部 SK1603 钻孔,下部发育灰褐色、灰黑色砂层,以中细砂为主,较松散,透水性较好,局部夹少量贝壳类化石,下切深度达 42.58m,为近代长江沉积。

上更新统坡头组,底板埋深为 9~17m,仅分布在中部,西部缺失,在中部局部 S4-3 钻孔附近和东部可能遭长江侵蚀。主要沉积物为浅褐灰色、浅褐色粉质黏土,局部是少量腐殖物质,为湖相、湖积冲积沉积。

中更新统洞庭湖组,底板埋深为 54~116m,厚 40~89m,沉积物主要发育浅黄色、黄褐色黏土、深灰色、灰黑色中细砂、深灰色、灰色含砾粗砂,底部含砾石,占 10%~20%,分选好,次圆状—圆状,砾径为 2~6mm,个别可达 10mm,主要成分为石英、硅质岩,为泛滥相、河床相沉积。其中,含砾粗砂层厚度巨大,为具辫状河特征的河床相沉积。

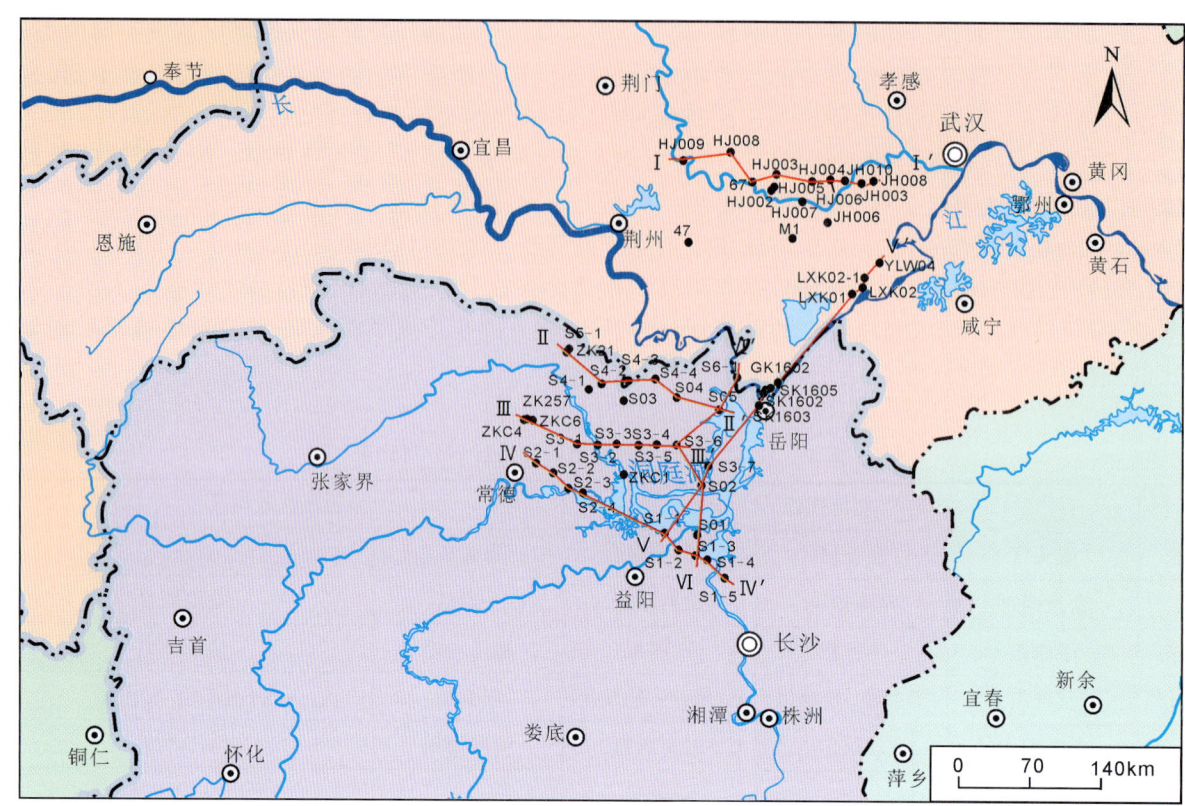

图 9-1 江汉-洞庭盆地第四系钻孔联合剖面位置图

下更新统上部汨罗组，仅分布在中西部，底部缺失，底板埋深为 104~137m，厚 32~40m，主要发育灰色、灰白色黏土、细砂、粗砂及灰绿色含砾粗砂，松散，透水性好，砾石含量为 35%~50%，磨圆度好，分选性一般，砾径为 5~10mm，主要成分为石英，为河湖相、河床相沉积。底部含砾粗砂为具辫状河特征的河床相沉积。

下更新统下部华田组，底部埋深为 150~180m，厚 0~66m，不连续分布，在安乡凹陷和沅江凹陷相对较厚，主要发育灰色、浅灰绿色等杂色粉砂质黏土，灰色、灰白色中砂，灰色含砾中粗砂，圆度好，含量达 10%~20%，砾径为 4~10mm，以石英岩为主，长石、硅质岩次之，为泛滥相、河湖相、河床相沉积。

2) Ⅲ—Ⅲ′剖面

Ⅲ—Ⅲ′剖面，即 ZK257~S3-6 第四系钻孔联合剖面（图 9-3），分布在洞庭盆地中部，仅东西向分布，第四系厚度临澧凹陷最大，由西向东逐渐变薄，埋深变小，从上至下地层变化如下。

全新统埋深一般为 4~17m，主要发育黄褐色粉质黏土与灰黑色淤泥质黏土，局部铁锰质浸染，为泛滥相、湖沼相沉积；局部（S3-5 孔）下部发育灰色粉细砂，见少量已腐化植物碎片；局部夹薄层黏土和黄灰色粉砂质淤泥，下切深度至 28.80m，为河床相沉积。

上更新统坡头组，中部局部缺失，底板埋深为 10~21m，厚 0~10m，主要发育灰黄色黏土，紧密，含黑色、黑褐色铁锰质结核，局部可见似网纹状构造，为湖相沉积。

中更新统洞庭湖组，底板埋深为 59~77m，厚 42~65m，主要发育深灰色黏土，灰色、灰白色、青灰色粉细砂、中细砂，及含砾中粗砂、砾石层。其中，含砾中粗砂为杂色、深灰色，含量 10%~15%，砾径为 2~10mm，以次棱角—次圆多见，成分为脉石英、石英砂岩、硅质岩。砾石层为灰黑色、杂色，含量达 60%~65%，圆度较好，呈圆、次圆—次棱角状，砾径为 2~10mm，个别达 20~30mm，成分为脉石英、硅质岩等，为河湖相、泛滥相、河床相沉积，其中含砾砂层及砾石层为入湖的冲积扇沉积。

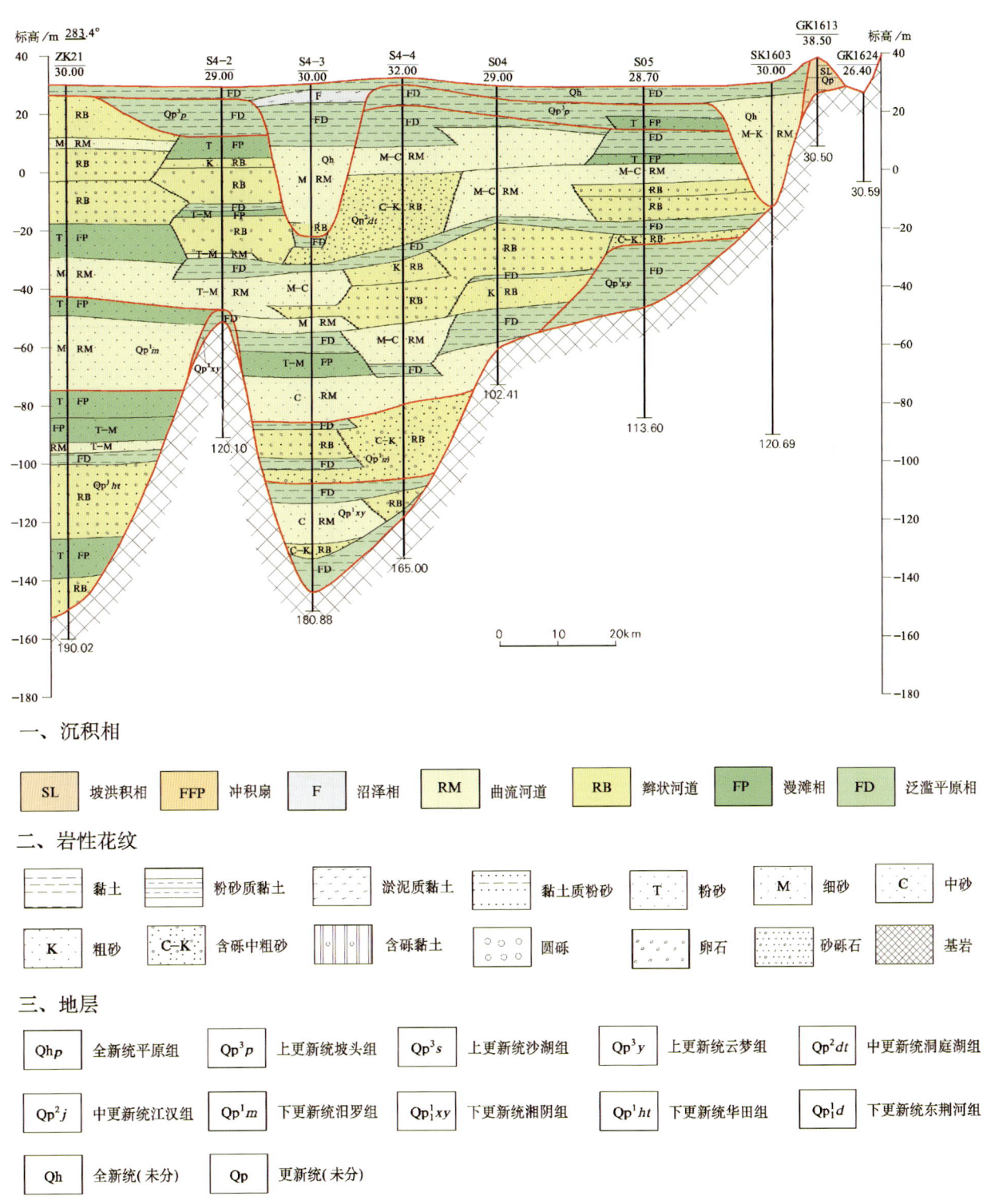

图 9-2　Ⅱ—Ⅱ′剖面(ZK21～GK1624)第四系钻孔联合剖面图

注：为了方便对比，本图图例为后文图 9-3～图 9-6、图 9-8 图例总和。

下更新统上部汨罗组，底板埋深为 126～147m，厚 46～81m，主要发育深灰色、灰色黏土，夹灰色粉细砂薄层、蓝灰色、灰色、灰白色中细砂，黑灰色、杂色砾石层，松散，透水性好，呈次圆—圆状，砾径主要为 4～10mm，个别可达 20～30mm，为河湖相、河床相沉积，其中含砾砂层和砾石层为入湖的冲积扇沉积。

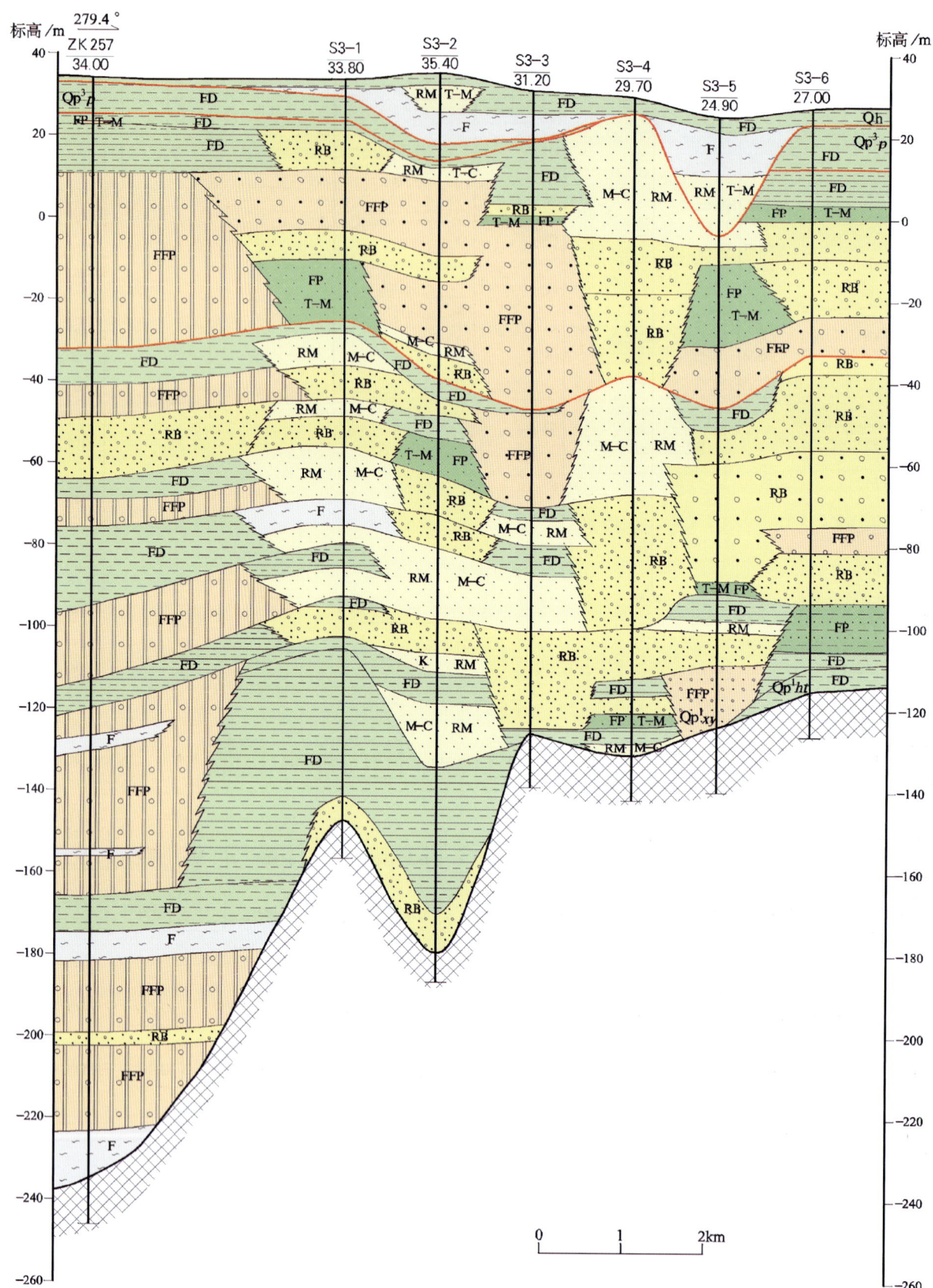

图 9-3 Ⅲ—Ⅲ′剖面(ZK257～S3-6)第四系钻孔联合剖面图
注：图例见图 9-2。

下更新统华田组，底板埋深为140～270m，厚22～123m，发育以灰紫色、紫色为主的杂色黏土和深灰色、灰色中粗砂，质纯，硬塑，为河湖相、河床相沉积。其中，西部临澧凹陷发育灰色、灰黑色、灰绿色含砾粉砂质黏土，砾石成分以灰岩为主，含量达10%～15%，呈次棱角状或次圆状，砾径为2mm左右，最大可达3cm。灰岩砾石为近源物质，为短小河流入湖沉积。

3）Ⅳ—Ⅳ'剖面

Ⅳ—Ⅳ'剖面，即S2-1～S1-5第四系钻孔联合剖面（图9-4），位于洞庭盆地南部，呈北西—南东向分布，基岩起伏较大，第四系厚度随古地形面而变化。第四纪地层结构从上至下依次如下。

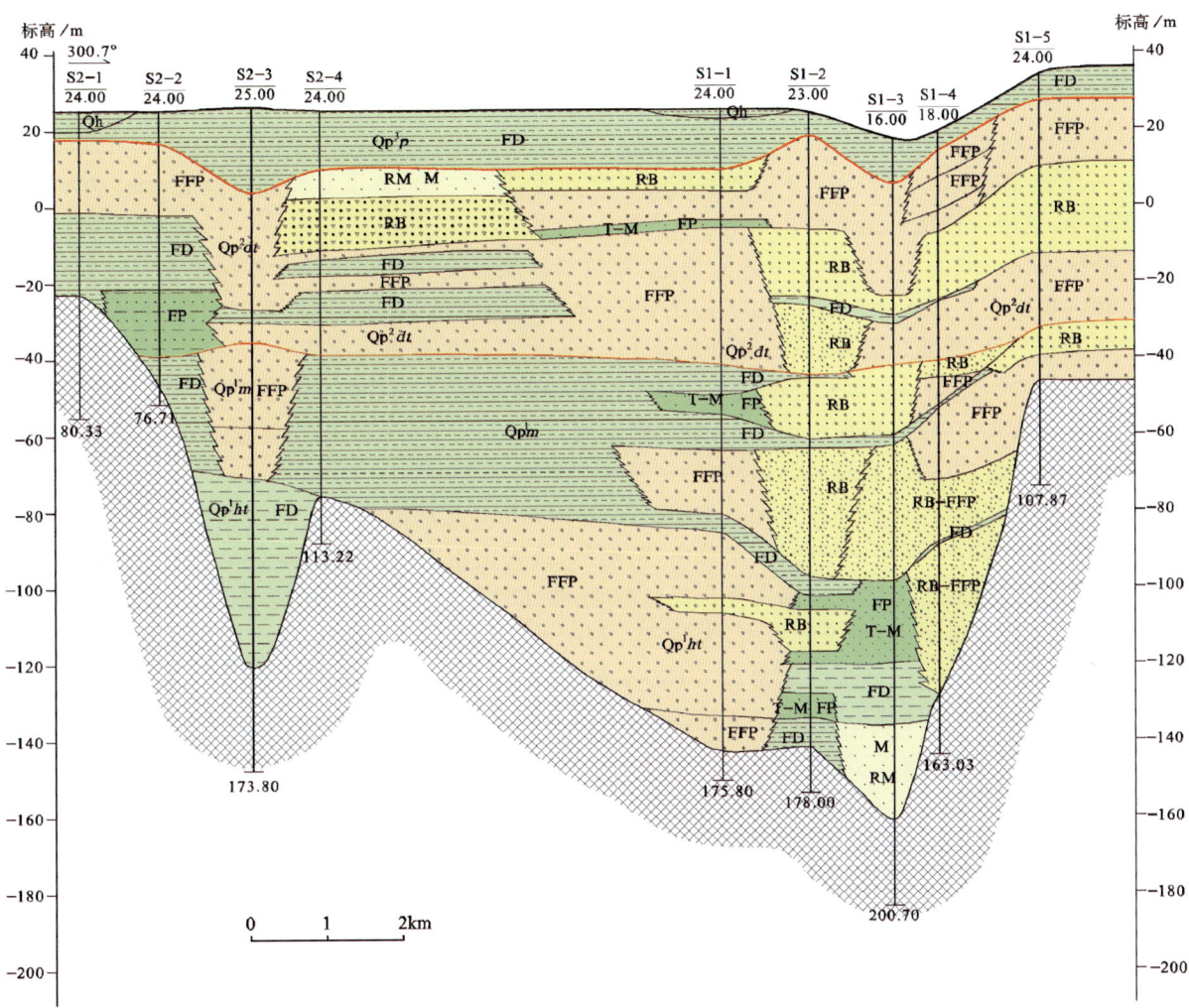

图9-4　Ⅳ—Ⅳ'剖面(S2-1～S1-5)第四系钻孔联合剖面图

注：图例见图9-2。

全新统仅零星分布在下部和中部，埋深小于5.2m，西部沉积物为浅灰色、褐色粉砂质黏土，为泛滥相沉积；中部局部(S1-1钻孔)为褐色、黄褐色粉砂质黏土，可塑，为隔水层，为泛滥相沉积。

上更新统坡头组，底板埋深为6～22m，厚2～22m，沉积物主要为浅褐灰色、浅褐色粉砂质黏土，手搓有砂感，刀切面较光滑，局部含少量腐殖物质，为湖相沉积。

中更新统洞庭湖组，底板埋深为48～77m，厚39～66m，主要发育灰褐色、灰色圆砾，少量呈白色、红色，砾径为2～8mm，多数介于4～6mm之间。成分以硅质岩、石英岩为主，砂岩次之，另夹少量卵石，卵石粒径为120～130mm。圆砾夹卵石多为灰褐色、灰色，少量呈白色、浅黄色，砾石约70%，多呈次圆状，砾径为2～20mm,少量20～40mm,砾石成分以硅质岩为主,为河流入湖的冲积扇沉积,另外还发育褐灰色细砂,稍密,含大量黑色有机质。浅灰黄色、黄褐色中粗砂,含砾砂层以及褐灰色、灰色角砾,少量呈白色、红色,砾径为2～8mm,成分以硅质岩、石英岩为主,砂岩次之,为河床相沉积。

下更新统上部汨罗组,底板埋深为72～144m,厚0～76m,中间厚,两侧变薄,西端缺失。沉积物含巨厚褐灰色粉砂质黏土,可塑,稍密,局部夹有粉砂,发育浅灰色、黄褐色、褐红色、浅灰色粉细砂、中砂、中粗砂、砾砂,为湖相、河床相沉积。局部发育浅灰黄色、灰褐色、黄褐色圆砾、卵石、砾卵石,磨圆度较好,多呈次圆状,砾径为2～20mm者占60%～70%,成分为硅质岩、石英等,为河流入湖的冲积扇沉积。

下更新统下部华田组,底板埋深为146～178m,分布在中部盆地区域,厚0～62m,主要发育褐灰色、黄褐色、褐红色、浅灰色黏土、粉砂质黏土及浅灰色、黄褐色中砂,为河湖相、河床相沉积,局部发育杂色、黄褐色卵石与黄褐色圆砾,砾石占60%～65%,呈次圆状,砾径一般为30～50mm,个别可达70mm,砾石成分为石英砂岩、硅质岩等,为河流入湖的冲积扇沉积。

4) Ⅵ—Ⅵ′剖面

Ⅵ—Ⅵ′剖面,即S6-1～S1-3第四系钻孔联合剖面(图9-5),近南北向穿过洞庭盆地,第四系北部薄南部厚,地层特征从上至下简述如下。

全新统埋深一般为3～11m,主要发育褐色、黄色粉砂质黏土、黏土,局部含铁锰质膜及细粒,可塑,为泛滥相沉积。在北部S6-1钻孔,由于长江下切,全新统深度达50.76m,下部沉积物主要为灰黑色、灰色中细砂和灰色、灰黑色砂砾石层,砾石含量35%～55%,呈次棱角—次圆状,砾径2～8mm居多,主要成分为硅质岩、石英岩等,含大量螺壳碎片和黑色植物碳化层,为长江河床相沉积。

上更新统坡头组,仅在剖面中部分布,底部埋深为5～15m,厚0～11m,主要发育黄色、黄褐色粉质黏土,紧密,含少量铁锰膜,为湖相沉积。

中更新统洞庭湖组,底板埋深为46～120m,厚32～115m,北部因长江下切侵蚀而缺失。主要发育黄色、黄褐色粉质黏土,可塑—硬塑,与灰黄色、灰褐色、黄褐色粉细砂、中粗砂互层,分选性中等—较好,为河湖相、河床相沉积。下部及南部发育灰褐色圆砾,含水性较好,呈次圆状,砾径为2～10mm,含极少量卵石,成分为石英砂岩、砂岩及硅质岩,为河流入湖的冲积扇沉积。

下更新统上部汨罗组,底板埋深为54～185m,厚9～91m,北部因长江下切侵蚀而缺失。主要发育黄褐色粉质黏土,硬塑,局部为紫色、红黄色、黄色等组成的杂色黏土,结构紧密。其与黄褐色、灰黄色粉细砂、中砂互层,以粗粒为主,为河湖相、河床相沉积,局部发育灰色、灰白色中粗砂、含砾中粗砂、砂砾石层,结构松散,透水性好,砾石呈次棱角—次圆状,砾径为4～20mm不等,成分以脉石英、石英岩为主,为具辫状河特征的河床相沉积。

下更新统下部华田组,底板埋深为75～255m,厚8～190m,中部S02钻孔最厚,主要发育黄褐色、灰褐色、灰绿色粉质黏土,可塑—硬塑,与灰黄色粉细砂、中砂互层,局部含砾粗砂,为河湖相、河床相沉积。

5) Ⅴ—Ⅴ′剖面

Ⅴ—Ⅴ′剖面,即S1-1～YLW04钻孔联合剖面(图9-6),呈北东—南西向,第四系分为3段,南西段为洞庭湖平原,中段岳阳地区反映长江河道特点,北东段为江汉平原。

南西段为洞庭湖平原,沿北东向穿过洞庭湖,基岩面埋深为168～255m,第四系结构从上至下简述如下。

全新统,埋深为2.5～3.5m,沉积物为黄褐色、灰褐色粉质黏土,为湖冲积相沉积。

上更新统坡头组/白水江组,仅分布在洞庭湖区,南部缺失,底板埋深为5.7～21m,沉积物主要发育黄褐色、黄色、褐色粉砂质黏土,含少量铁锰质结核,为湖冲积相沉积。

中更新统洞庭湖组,底板埋深为66～120m,厚45～114m,主要发育灰黄色、灰褐色粉砂质黏土细砂、中粗砂与灰褐色圆砾层。灰褐色圆砾层,圆砾含量为50%～55%,砾径一般为2～10mm,以次圆状为主,夹少量卵石,为河流入湖的冲积扇-三角洲沉积。该组为扇三角洲、河床相及河湖相沉积。

下更新统上部汨罗组,底板埋深为106～185m,厚40～106m,沉积物主要发育黄褐色、灰黄色、灰绿

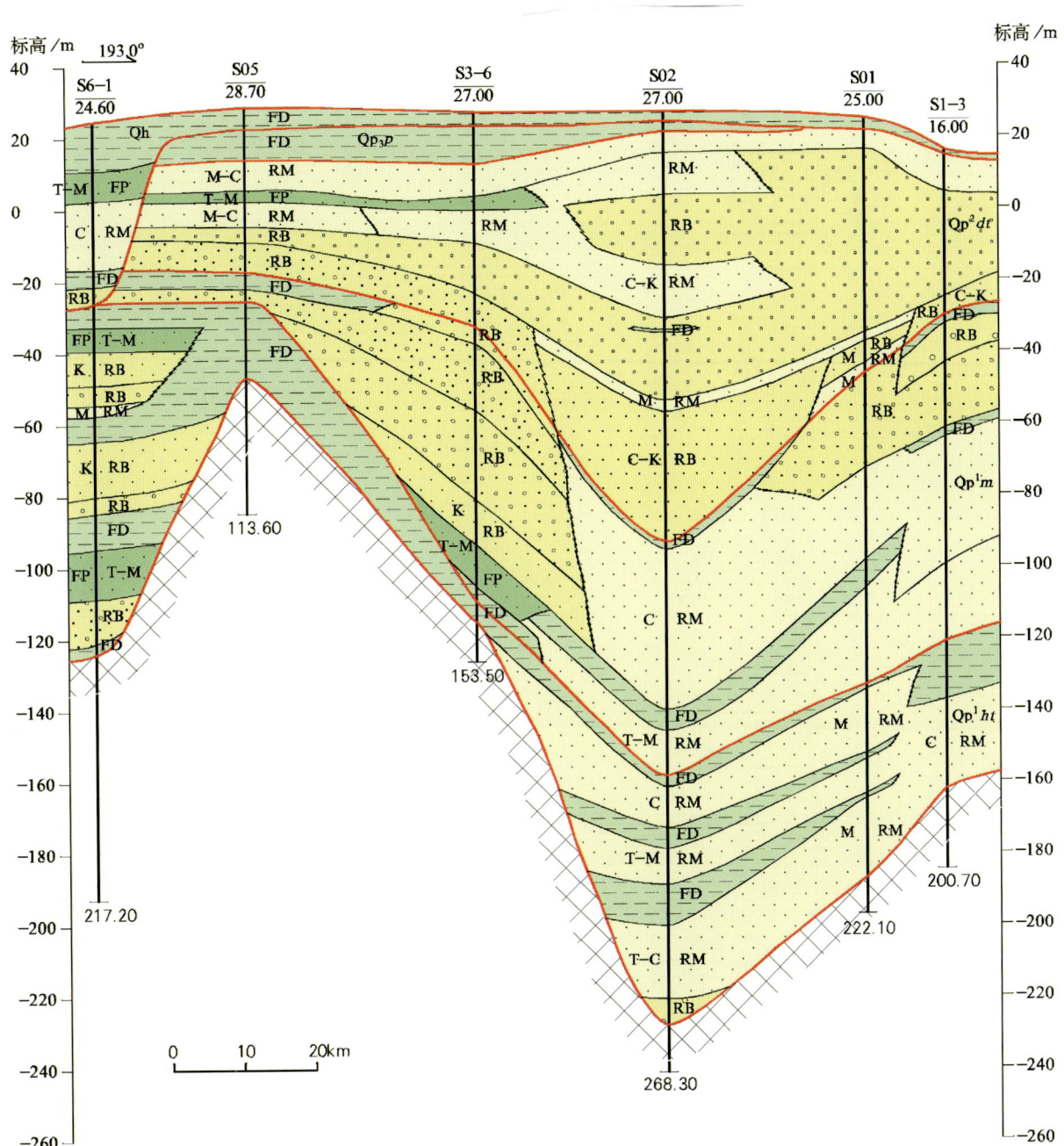

图 9-5 Ⅵ—Ⅵ'(剖面 S6-1～S1-3)第四系钻孔联合剖面图
注：图例见图 9-2。

色粉砂质黏土、粉细砂、中粗砂，夹砾石，局部夹圆砾，为河湖相、河床相沉积。

下更新统下部华田组，底板埋深为 168～255m，厚 62～70m，沉积物主要发育灰绿色、黄褐色、灰黄色、灰白色粉砂质黏土、粉细砂、中细砂，含圆砾夹卵石层，主要为河湖相、河流相沉积。

中段岳阳地区基岩面埋深仅 33～98m，全为全新统沉积物。沉积物顶部为灰褐色粉砂质黏土，含植物根系，为长江泛滥相沉积。下部主体为灰褐色、灰黑色砂层，结构较松散，透水性较好，局部夹少量贝壳类化石，含水量中等至丰富，为长江河床相沉积。仅在长江北侧邻近区域两层之间发育灰褐色、灰黄色粉砂质黏土、粉细砂，具水平层理，为长江漫滩相沉积。

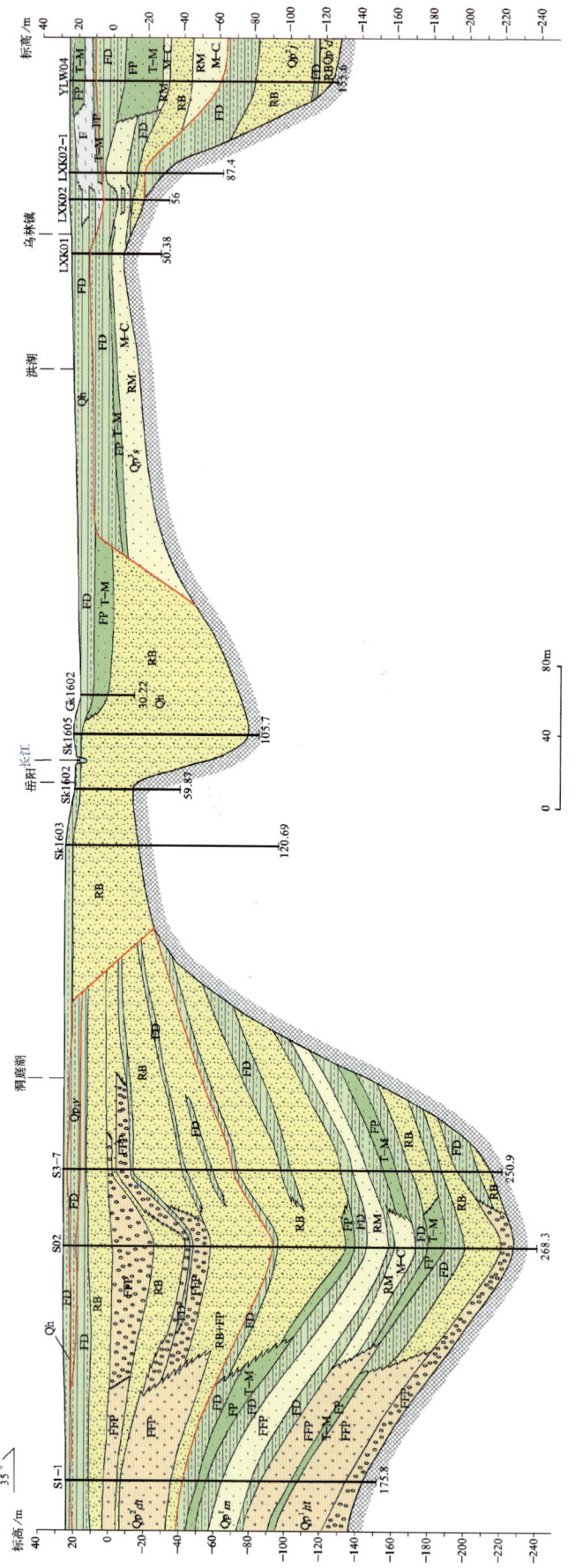

图 9-6 Ⅴ—Ⅴ′剖面（S1-1～YLW04）第四系钻孔联合剖面图

注：图例见图 9-2。

北东段为江汉平原,长江河道在剖面东侧呈北东向发育,剖面与长江平行,基岩面埋深50～153m,第四纪地层结构展布从上至下具如下特征。

全新统平原组,埋深10～28m,沉积物主要发育黄褐色、灰黄色粉砂质黏土与灰黑色淤泥质黏土,局部夹粉细砂,为泛滥相、湖沼相沉积,局部河流相沉积。

上更新统沙湖组/云梦组,底板埋深30～57m,厚12～47m,沉积物上部发育灰黑色、黄褐色粉砂质黏土,下部发育青灰色粉细砂、中细砂、粗砂,稍密,饱水。在砂层中夹杂色卵石层,松散,饱水,卵石含量约30%,直径一般2～5cm,个别可达7cm,多为次棱角状—次圆状,成分主要为泥岩、砂岩。上部为河湖相沉积,下部主要为河流相沉积,局部为具辫状河特征的河床相沉积。

中更新统江汉组,底板埋深81～142m,厚40～85m,仅分布在北部的江汉盆地内,主要发育灰白色、灰棕色、灰绿色黏土、粉砂质黏土与灰棕色、青灰色、灰白色粉细砂、中粗砂互层,呈现多个上细下粗沉积旋回,在砂层中多夹杂色砾石层,松散,饱水,砾石含量约30%,砾径一般0.2～2.3cm,呈次棱角状至次圆状,成分主要为石英、砂岩,由粗砂充填,为河湖相、河床相沉积。

下更新统东荆河组,仅见于江汉盆地内的YLW04钻孔,底板埋深153.3m,厚10.55m,沉积物上部为灰棕色黏土,含卵石,下部为青灰色、灰棕色粉细砂、粗砂与杂色砾石层。杂色砾石层稍密,饱水,砾石含量约31%,砾径一般为0.2～0.6cm,多呈次圆状,成分主要为石英、砂岩,细砂充填岩,为河湖相、河床相沉积。

2. 洞庭盆地周缘露头区第四系

洞庭盆地露头区第四系主要分布于洞庭湖平原周缘的抬升丘陵、岗地地区,分布零星,地层区域对比相对困难。

1)汨罗组(Qp^1m)

汨罗组于抬升剥蚀丘陵区局部发育,残留于200m左右海拔的山丘顶部,区域上组成Ⅴ级阶地。在肖家老公路旁侧见汨罗组良好露头剖面,自下而上分别为基岩基座和第四系堆积。基座面高出公路面约4m,为紫红色块状泥质粉砂岩,层面不清,属古近系。上覆第四系堆积自下而上可分为3层。

1层:为灰红色砾石层,厚约3m,砾石含量85%～90%,其余为砂质基质。砾石成分主要为脉石英(70%左右),次为硅质岩、砂岩等,多为次圆—圆状,少量次棱角状;分选较好,砾径一般1～3cm,砂岩砾石弱风化。砾石多为等轴状或近等轴状,定向性不明显。此外,1层上部夹有含砾网纹红土。

2层:为网纹红土,厚2m左右。该层与1层呈过渡关系。

3层:为黄褐色泥砾层,属泥、砾混杂堆积,系后期坡积产物。

2)新开铺组(Qp^1x)

新开铺组主要分布于沉积-抬蚀丘陵地貌区,常呈一定宽度和面积的面状或带状分布,区域上组成Ⅳ级阶地,如澧县南面的岩子坂、国台湾,太浮山南东面的陈公垭、河湫山—三子岗以及赤山隆起内的胡家湾等地。新开铺组分布海拔为100～200m(局部可至60～70m),一般厚20～30m,自下而上发育砾石层、砂层和黏土层,或砾石层、黏土层,属河流冲积产物。上部黏土层常具网纹化。此外,在抬升剥蚀丘陵区局部也有少量新开铺组残留(如澧县凹陷西面的官亭水库至洞湾一带),厚10m左右,下部以砾石层为主,上部发育砂质黏土或黏土,并具网纹化。

3)白沙井组(Qp^1b)

白沙井组主要分布于沉积-抬蚀岗状平原地貌区,多呈较大面积的带状分布,区域上组成Ⅲ级阶地,是露头区发育最广的第四系。白沙井组分布海拔为50～120m,堆积层一般厚15～30m,具有下部砾石层、上部砂层和黏土层(多呈网纹红土)的二元结构特征。此外,在抬升剥蚀丘陵区局部也有少量白沙井组残留。太阳山隆起南缘高家冲南约400m点处因人工开挖取土见良好第四系露头剖面,自下而上可分为4层(图9-7)。

1层:厚度大于5m,未见底,总体为一套白色泥、砂、砾混杂堆积。砾石含量一般20%～60%,局部达80%。砾石成分主要为石英砂岩、灰岩、云质灰岩、脉石英等，砾石砾径为1～10cm，自下而上砾径总体变小；磨圆差，多为棱角—次棱角，少量次圆状。灰岩砾石发育厚3mm左右的白色风化圈。砾石局部见较明显定向，优势产状为360°∠30°～45°。砂、泥质基质一般为40%～80%，总体呈白色泥土状，强风化作用使得砂与泥难以分辨。该层内部局部夹有厚40cm左右的含砾粗砂层，横向上厚度可变，不稳定。在该夹层之上的泥砾混杂堆积中发育黑色铁锰团块，为基质受铁锰质浸染所致，团块大小为3～15cm，形态多变。这些特征显示该层沉积为洪积物，砾石优势产状反映出自北面往南的水流方向。

2层：厚40cm左右，为紫红色砂质黏土、黏土，发育白色斑块，局部含砾石，总体为坡积成因。该层的ESR年龄为1150ka。

3层：厚3m左右，为黄褐色（少量紫红色）砂质泥质砾石层夹含砾砂质黏土层。砂质泥质砾石层中砾石含量一般为40%～80%，其余为砂泥质基质。砾石成分主要为灰岩、砂岩、脉石英等。灰岩砾石风化程度明显弱于1层的灰岩砾石，其风化圈厚度仅1mm左右，砾石大小为2～10cm，个别可达30cm。

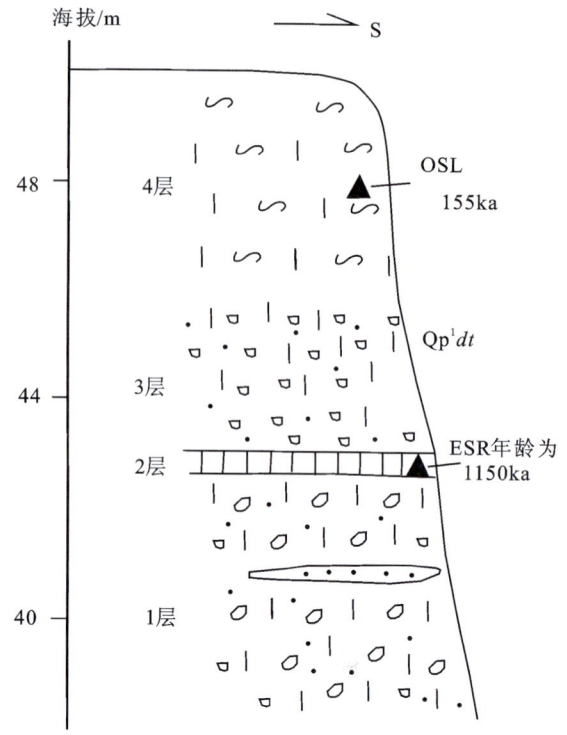

图9-7 高家冲白沙井组砾石层剖面示意图
（据湖南省地质调查院，2009修改）

砾石多呈棱角—次棱角状，少量次圆状。砾石含量变化大，局部见砾石成层集中排列。砾石层顶部发育网纹，与4层呈渐变过渡关系。上述特征显示3层为洪积-坡积成因。

4层：厚4m以上，为紫红色网纹红土。铁锰质含量高，风化后呈姜状。白色蠕虫淋滤后风化表面多孔，呈蜂窝状。据沉积层序和地貌分析，网纹红土应为坡积成因。该层的OSL年龄为155ka。

4）洞庭湖组（Qp^2dt）

洞庭湖组分布比较局限，主要为网纹红土沉积。岳阳县城西面荣家湾见人工开挖网纹红土剖面。自下而上可分为3层。

1层：暗紫红色网纹红土，网纹为白色，部分浅黄色，蠕虫状，以水平为主，可能与地下水的水平运移有关，未见底，厚大于2m。

2层：紫红色网纹红土，网纹呈蠕虫状，白—浅黄色，大多呈竖直状或近竖直状，与地下水的垂直下渗有关，厚约8m。

3层：暗紫红色网纹红土，厚约4m。

洞庭湖组网纹形态紊乱，可能与地表水紊乱运动有关。1层、2层、3层之间呈过渡关系，无截然界线。网纹红土中获得156～148ka的OSL年龄，表明其形成于中更新世。

5）马王堆组（Qp^2mw）

马王堆组主要分布于华容隆起南东边缘与北西边缘，其构成岗状平原，地表海拔一般为40～60m。根据当地村民掘井所见，马王堆组下部以砂、砂砾层为主，上部以黏土、含粉砂质黏土为主。据岩性组成及所处隆起边缘地理部位，马王堆组应为河道、漫滩以及滨湖沉积。此外，新墙河南面亦有宽度不大的马王堆组发育，并组成Ⅱ级阶地。自下而上可分为3层。

1层：紫红色砾石层，砾石含量约90%，余为砂质基质，厚约1.7m。

2层：紫红色含砾粗砂层-砂质细砾石层，厚约1.7m。

3层：黄红色砂层，厚约2.8m。

总体自下而上变细,即粗砂→中砂→细砂+粉砂。从沉积物特征来看,显然马王堆组为新墙河之冲积。马王堆组在洞庭盆地西部分布局限,组成Ⅱ级阶地,厚8m以上,具有下部砾石层,上部砂、黏土层的二元结构,系河流冲积产物。

6) 白水江组（Qp^3bs）

白水江组主要分布于华容隆起北西边缘,构成岗状平原。一般下部以砂、砂砾层为主,上部以黏土、含粉砂质黏土为主,为河道、漫滩以及滨湖沉积。此外,新墙河北面周家冲见少量白水江发育,并组成Ⅰ级基座阶地,为灰黄色、红黄色砾石层,可见厚度约4m。洞庭盆地西部发育于现代河流两侧,组成Ⅰ级阶地,总体具有下部砾石层、上部砂-黏土层的二元结构。由于分布极为局限,其组成的阶地与全新世高位河漫滩常难区分。

7) 全新统河流冲积（Qh^{al}）

全新统冲积广泛发育于主干河流河道及其两侧的高位河漫滩,厚一般为3～10m,多具二元结构,下部为砾石层,上部为砂-黏土层,局部地区如澧水南面的澧南一带仅发育含粉砂质黏土。

(三) 江汉盆地与周缘露头区第四系

1. 江汉盆地第四系空间展布

通过编制Ⅰ—Ⅰ′剖面,即HJ009～JH008第四系钻孔联合剖面(图9-8),可见第四系由西向东增厚,从上至下简述如下。

全新统平原组埋深一般为7.2～25.1m,主要沉积物为黄褐色、棕黄色粉砂质黏土,刀切面光滑,可搓成直径小于2mm的土条。下部常见灰黑色淤泥质黏土软塑,局部夹有机质,有腐殖质,夹薄层的粉砂。局部发育青灰色细砂,稍密,饱和,含黑色已碳化的腐殖质。全新统主要为湖冲积相、泛滥相沉积,局部河流相沉积。

上更新统沙湖组/云梦组,底板埋深30～54m,厚10～45m,主要沉积物为黄褐色黏土,可塑,刀切面光滑,可搓成直径小于2mm的土条,局部夹薄层的粉砂。局部发育青灰色细砂,稍密,饱和。主要为湖相、冲积湖积相沉积,局部河流相沉积。

中更新统江汉组,底板埋深51～100m,厚11～73m,往东增厚,主要发育青灰色细砂、粗砂,含砾石,一般含量为10%～15%,磨圆度较差,呈棱角—次棱角状,砾石岩性以砂岩、石英砂岩为主,与薄层青灰色、灰褐色黏土呈互层产出,主要为河床相及泛滥相沉积。西部发育杂色砂卵石,厚约40m,砾径一般为2.1～4.9cm,最大可达7.0cm,卵石成分以石英岩、砂岩为主,多呈次棱角状—次圆状,细砂充填,为具辫状河特征的河床相沉积,具有山前河流特点。

下更新统东荆河组,底板埋深向东不断增加,为51～263m。上部发育薄层灰褐色、灰色黏土与巨厚青灰色细砂、粗砂以及杂色砂砾石,多呈次圆状,细砂充填,主要为河床相及河湖相沉积。下部分布在剖面中—东部,埋深为150～263m,主要发育灰色黏土和灰色细砂、中砂,含少量砾石,与杂色砂砾石互层,砾石圆度较差,呈棱角—次棱角状,岩性以砂岩、石英砂岩为主,为湖积冲积、河床相沉积,局部具有辫状河特征的河床相沉积。

2. 江汉盆地周缘露头区第四系

江汉盆地东、西部边缘分布着海拔50～200m且主要由侏罗系—新近系组成的丘陵,在丘陵顶部及边坡上残留着部分下更新统露头。在靠近低山丘陵区的边缘地区局部有残坡积物,受后期抬升与侵蚀,在原有向盆地内部倾斜的基础上,构成阶状地貌并向盆地内部倾斜。这一地貌现象在宜昌一带尤为典型,并多有著述(杨怀仁等,1960;顾锡和等,1983;康悦林,1987;李庭等,2010)。

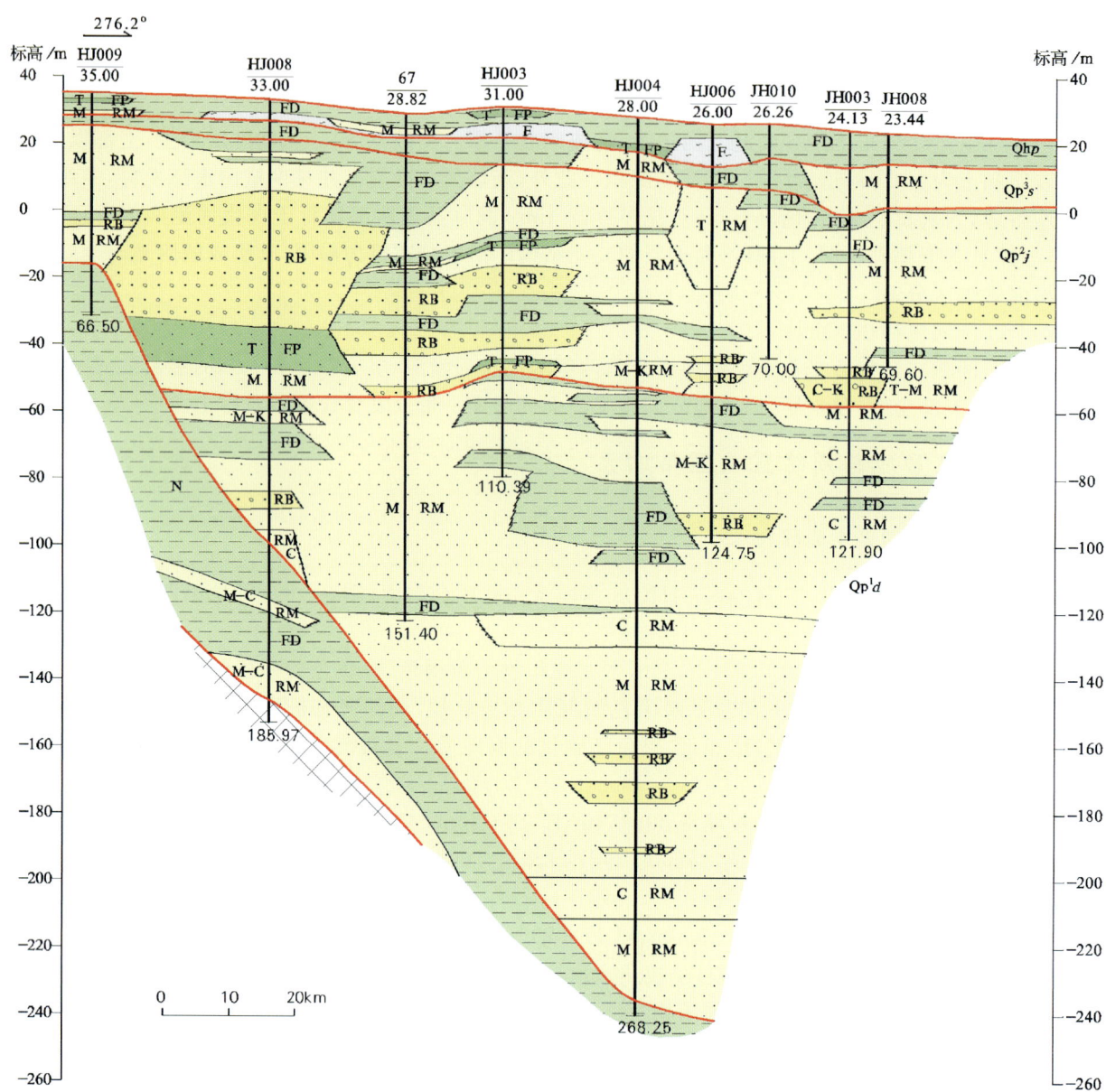

图 9-8　Ⅰ—Ⅰ′剖面(HJ009～JH008)第四系钻孔联合剖面图

注：图例见图 9-2。

1)江汉盆地西部露头区砾石层

平原西部下更新统卢演冲组沿长江两岸零星出露于宜昌虎牙滩、高家店，枝江古老背、卢演冲、云池等地，或组成长江Ⅴ级阶地，或成为Ⅳ级阶地的基座，海拔高度为 120m 左右。其中，卢演冲剖面发育较好(图 9-9)，基本上可分为两套岩性层。

下部褐红色黏土砾石层，砾石成分以石英岩、石英砂岩和花岗岩为主，次为燧石岩及脉石英。砾石砾径从几毫米到近 40cm，分选较差，磨圆度以次棱级为主(向上砾径变小，磨圆度和分选也渐变好)，砾石无定向排列，底部砾石表面多压坑和刻槽，在一大砾石的压坑中尚附有挤压进的小砾石，有的砾石呈放射状裂开，但仍被红黏土黏结，砾石风化强烈。本层由黏土、铁质胶结，厚约 16m，层微倾斜，倾角 20°左右，与新近系呈不整合接触，成因类型可能属洪积物或泥石流堆积。

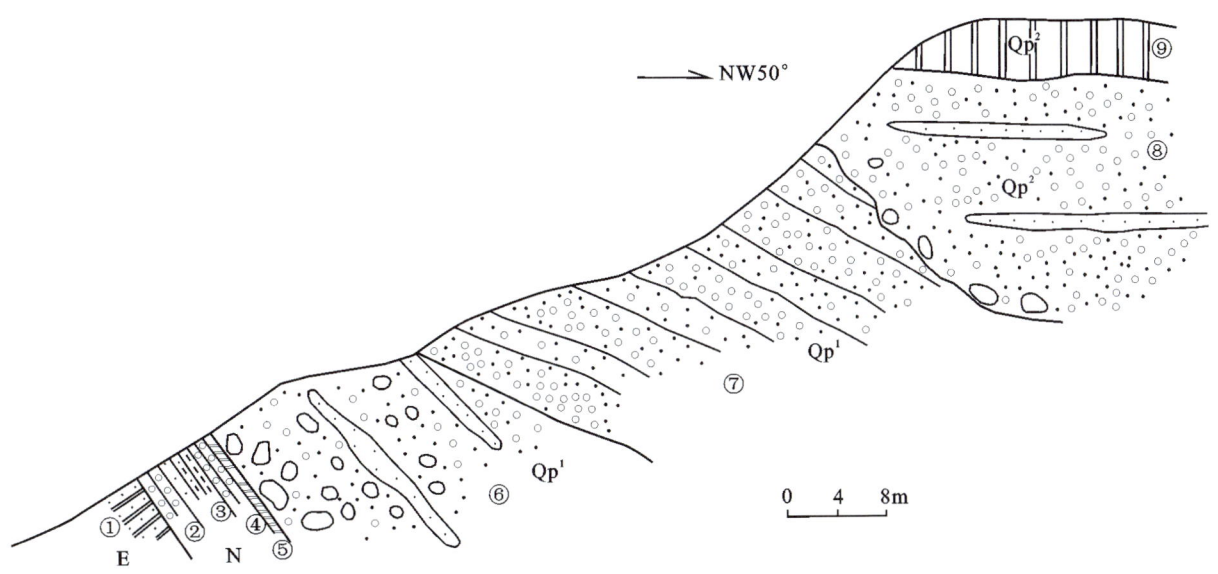

图 9-9 枝江卢演冲卢演冲组剖面(陈华慧和马祖陆,1987)
①古近系红层;②黄色砾岩;③杂色粉砂岩、黏土层;④灰黄色砾岩;⑤铁质壳;⑥褐红色黏土砾石层;⑦灰绿色砂层与灰黄色砾石层互层;⑧棕红色砾石岩;⑨网纹状红土

褐红色黏土砾石层之上为一套灰绿色砂层与灰黄色砾石层互层的堆积物。砾石层中砾石以石英岩、石英砂岩和燧石岩为主,含少量灰岩、变质岩,偶见玛瑙砾石,砾径从几厘米到20cm,分选较好,磨圆度以次圆、圆级为主,具定向排列。砾石风化较深,由含铁质的粉砂充填,较疏松。砂层为中粗砂,分选好,磨圆度以次棱为主,含次圆、圆级。这套沉积总厚20m,倾角约10°,成因类型为冲积物。该砾石层与上部中更新统棕红色砾石层有明显的侵蚀面,后者为水平产状。

卢演冲剖面属长江Ⅵ级阶地,下更新统沉积和新近系一起作为Ⅵ级阶地的基座产出。它不仅在沉积环境(沉积物成因类型)、成岩程度和构造变动上与新近系完全不同,而且在风化程度上也比新沉积强烈。从地貌结构上看,它既相当于Ⅴ级阶地沉积,又可与Ⅴ级阶地相当的古剥蚀面上的古河道沉积对比。1982年,掇刀石乡丁家营村村民挖井时在黄褐色含砾砂层——古河道沉积中找到了一些脊椎动物化石,经中国科学院古脊椎动物与古人类研究所鉴定认为属于早更新世。主要化石有东方剑齿象($Stegodon\ orientalis\ Owen$)、师氏剑齿象($Stegodon$ cf $zdanskyi\ Hopwood$)、中国犀牛($Rhinoceros\ sinensis\ Owen$)、马($Equus$ sp.)、斑鹿($Pseudaxis$ sp.)。

因此,卢演冲剖面是目前湖北下更新统露头最为完整,上、下关系也较清楚,而且又有化石证据的层位,故陈华慧和马祖陆(1987)将平原西部下更新统定义为"卢演冲组"。

近年三峡机场西南方向猇亭卢演冲一带多个剖面的揭露(图9-10),为猇亭卢演冲—云池一带砾石层的研究提供了极好的条件。其中,猇亭A、B剖面中砾石层中发育的交错层理和砾石的叠瓦状构造清晰地显示了古水流的特征。猇亭J、K、O_3剖面上,具砂质披盖的砾石层,显示了辫状河沙坝的沉积特征。此外,多期冲积扇的相互冲刷、切割关系和停积面均十分发育(图9-11)。猇亭J剖面描述如下。

⑩砂砾石层,顶部为剥蚀面,剖面边缘砂质充填物有红化、泥化现象,这种红化、泥化现象向内部则与黄色基调相过渡,显示砂质填隙物风化改造的红化、泥化效应;

⑨含砾中粗砂层;

⑧含砂层透镜体的中粗砂砾石层,砾石的定向性不明显,与下伏地层之间有一定程度的冲刷切割;

⑦灰白色黏土层,水平纹层发育,局部夹透镜状砂和砾石簇,见细小的黑色植物茎干,向南东方向倾斜,断续发育,系为上覆砾石层的冲刷所致;

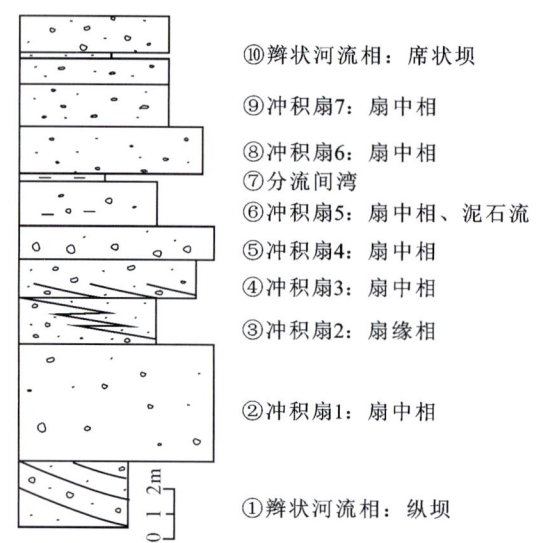

图 9-10 猇亭 J 剖面砾石层及沉积相(陈立德和邵长生,2016)

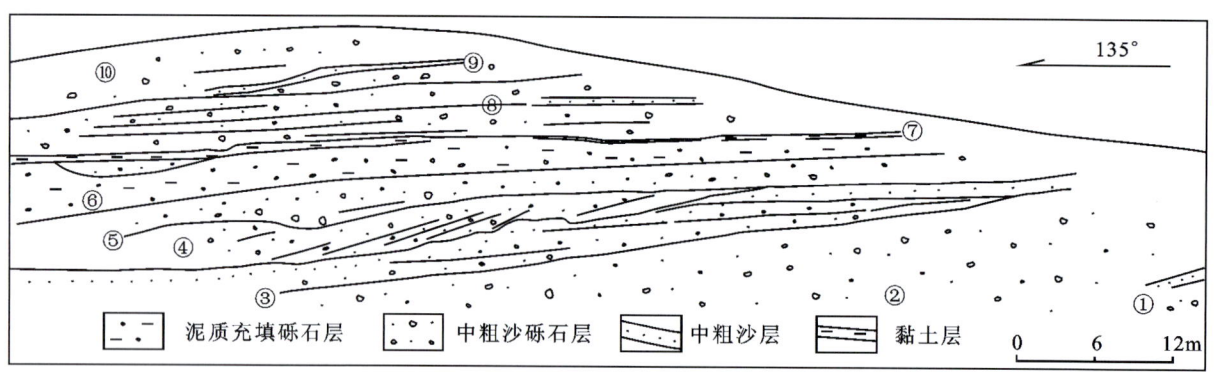

图 9-11 猇亭 J 剖面多期砾石层的接触关系(陈立德和邵长生,2016)

⑥泥质充填砾石层,分选较好,砾石砾径以 2~6cm 为主,砾石定向性不明显,层理不明显。顶面局部见透镜体状细粒砂砾石层夹透镜体状砂体,砂层具板状斜层理;

⑤粗砂砾石层,底部发育冲刷面,略具有向上变细的粒序,砾石砾径以 2~8cm 为主;

④细粒砂砾石层,底部为倾向南东的冲刷面,砂砾石层排列显示出清晰的倾向南东的层理或板状交错层理,偶尔见 30cm 砾石;

③砾石层与砂层互层,砂层向南东方向呈指状进积,砾石层则向北西方向退积,层系界面向南东方向缓倾;

②粗砂砾石层,砾石砾径以 3~10cm 为主,另含砾径 20~40cm 砾石,粗砂细砾石充填,颗粒支撑,半固结—固结,砾石 ab 面倾北西或南东,或无定向,可见叠瓦状或顺层向南东倾砾石;

①砂层与砾石层互层,均倾斜南东。

短距离横向追溯,砾石层不整合于下伏古近系红色砂岩之上。

猇亭一带砾石层的剖面揭示,区内砾石层具有冲积扇的发育特点,不同期次的冲积扇之间冲刷面十分发育,其中 O_3 剖面也同样揭示这一现象(图 9-12)。如果没有沿冲积扇发育方向上的纵剖面所揭露的冲刷接触关系,仅从垂直于冲积扇发育方向的横剖面考察砾石层垂向上的粒度变化,则往往容易将不同期次的冲积扇理解为同一期次冲积扇发育的粒序变化。

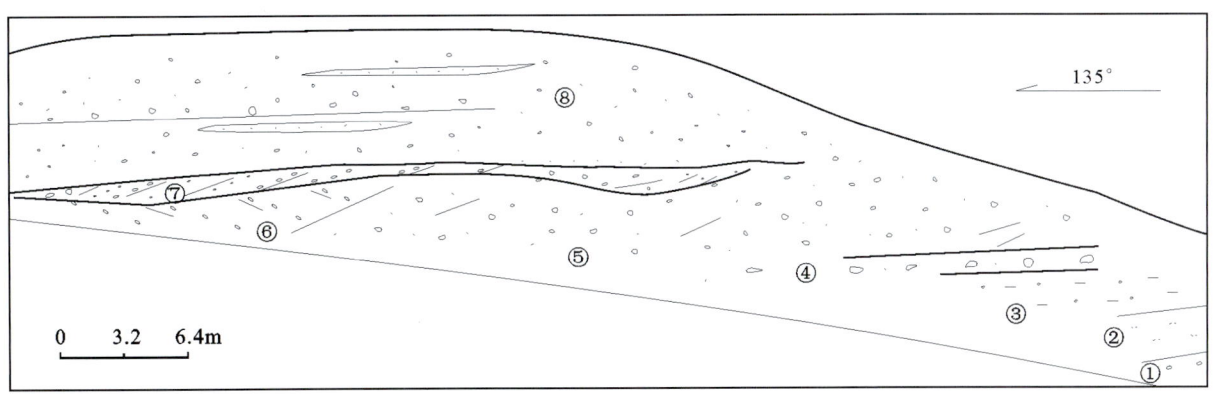

图 9-12　猇亭 O_3 剖面多期砾石层的接触关系(陈立德和邵长生，2016)

此外，R 剖面则揭示了辫状河道河流间湾沉积(刘宝珺和曾允孚，1985)特点(图 9-13)。猇亭 R 剖面描述如下(各层厚度参见图 9-13)。

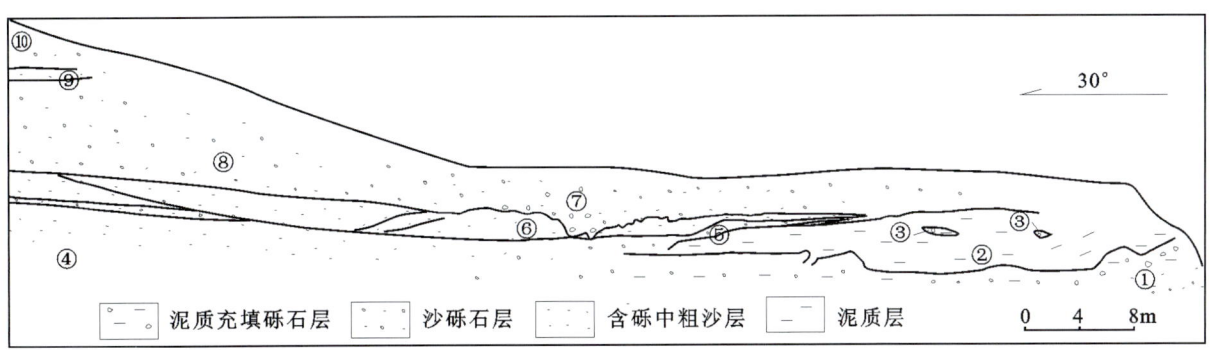

图 9-13　猇亭 R 剖面沉积构造(陈立德和邵长生，2016)

⑩砂砾石层，顶部为剥蚀面；
⑨砂砾石层夹砂层透镜体；
⑧砂砾石层，砾石砾径以 2~8cm 为主；
⑦槽状冲刷充填构造，冲刷槽中为砾径以 2~20cm 为主的砾石；
⑥砂层，对下伏④层的砂砾石互层之间有明显的弧形冲刷面，该冲刷面在开挖面的两个方向上可以良好地对比和追溯；
⑤砾石层、砂层互层；
④砂层与砾石互层，与②层之间渐变过渡；
③透镜体状黏土砾石，在开挖剖面两侧即 120°方向上可以对比，夹于②层的黏土层中；
②黏土层，中上部夹黑色淤泥层。该层在 30°剖面方向上呈透镜体状，在 120°方向追溯，则向南东向延伸长度超过 100m；
①砾石层，泥质或杂基充填，砾石大小混杂，以灰白色石英砂岩、石英岩为主，砾径大的达 40cm。

在 R 剖面底部，发育的含黑色淤泥层的黏土层夹泥砾层透镜体，显示出其形成于辫状河道间湾沉积，底部的泥砾层为泥石流堆积，黏土层中的泥砾层透镜体则为串沟沉积。冲刷充填构造为不同期次冲积扇所造成。

枝江县西部善溪窑近年由于工程开挖也揭露出一系列良好的剖面，剖面一方面清楚地揭示了善溪窑一带砾石层的结构特征；另一方面也揭示了上覆网纹红土与下伏砾石层之间的不整合接触关系。

陈立德和邵长生(2016)依据宜昌地区砾石层、网纹红土等地层分布及发育状况,考虑到其间不整合接触面在江汉-洞庭盆地周缘广泛存在,对该区域地层重新厘定,提出以网纹红土或网纹泥砾层与下伏砾石层之间的不整合面为界,将下伏砾石层称为云池组,将上覆于不整合面上的网纹红土或网纹泥砾层称善溪窑组。厘定后的善溪窑组代表了本区中更新世的沉积(Qp^2),以网纹红土为主体,含底部的网纹状红色泥砾层,而不包括原善溪窑组下段砾石层。厘定后的云池组则代表了本区早更新世(Qp^1)以冲积扇为主体的砾石层堆积,包括原云池组及原善溪窑组底部的棕黄色砾石层。砾石层中冲刷充填构造发育,代表了不同期次的冲积扇或辫状河道沙坝的迁移,分流间湾往往发育黏土层乃至淤泥层沉积和串沟沉积。

因此,陈立德和邵长生(2016)厘定的云池组与陈华慧和马祖陆(1987)建立的卢演冲组相当。

善溪窑紫云路西段 SC、SF 剖面(图 9-14)综合描述如下。

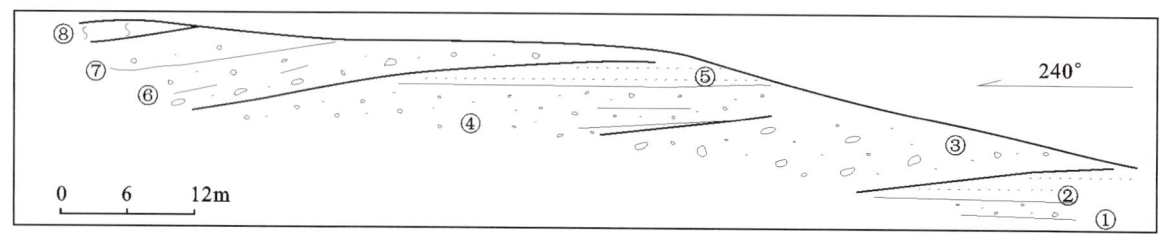

图 9-14　善溪窑一带砾石层 SC、SF 剖面(陈立德和邵长生,2016)

网纹红土段:
⑧网纹红土;

------不整合接触------

砾石层段:
⑦砂砾石层,砾石以石英砂岩(15~25cm)、花岗岩、脉石英、燧石为主,中粗砂充填;
⑥呈弧形冲刷充填构造,对下伏砂砾石层和含砾中粗砂层有强烈的冲刷面,砾石成分以石英砂岩、石英岩、火成岩为主,砾石的扁平面与层理方向一致,发育具砂质披盖的河流纵坝沉积;
⑤含砾中粗砂层;
④砾石层,砾石砾径以 3~10cm 为主,成分以石英砂岩、石英岩为主,有花岗岩砾石,磨圆好,分选好,粗砂细砾石充填,底部发育大型板状斜层理,砾石层层理面向下伏层面方向收敛;
③砾石层,对下伏砾石层和砂层有强烈的冲刷构造,以 15~30cm 及 3~10cm 砾径的砾石为主,含 40cm 左右的漂砾,较大的砾石以石英砂岩为主,从砾石层的倾斜方向上看定向性明显,倾斜方向与冲刷面方向一致,往往发育冲坑、"丁"字模,较小的砾石以石英砂岩、石英岩、花岗岩、玄武岩、脉石英为主,粗砂、细砾石充填;
②中砂层,偶尔可以发现其中有细砾石,斜层理发育;
①砾石层,以 1~5cm 大小砾石为主,向上砾石大小有变小的趋势,夹含砾砂层;
横向上可以追溯到与古近系红色砂层呈不整合接触。

善溪窑紫云路西段 SC、SF 剖面显示,善溪窑一带的砾石为辫状河流相冲积扇沉积,不同期次的冲积扇对下伏河流相沉积乃至先前的冲积扇发育不同程度的冲刷构造。这种冲刷构造是陆相地层,尤其是不同冲积扇之间常见的典型现象,也是冲积扇发育的标志之一,而不同于不整合接触界面。

善溪窑一带砾石层中发育的冲刷充填构造和沉积间断面在云池一带的砾石发育区同样十分发育(图 9-15)。而不整合界面代表了一个相对较长的沉积间断,并往往发生侵蚀构造,侵蚀面之上的岩性可能有较大的差异,也可能差异不大。

图 9-15　善溪窑 SC 剖面显示的冲刷充填构造（陈立德和邵长生，2016）

2）江汉盆地周缘东部露头区砾石层

江汉盆地东缘发育一系列第四系砂砾石层堆积，其中武汉地区的阳逻砾石层是江汉盆地周缘下更新统砾石层研究的重要对象（表 9-4），并成为研究区内第四系划分与对比的重要标志之一。杨怀仁等（1960）对汉口—黄冈地区发育的第四系进行了简单叙述，认为其时代属于早、中更新世（Qp^1、Qp^2）。前人先后针对阳逻地区的砾石层开展了研究工作。康悦林（1987）以江汉平原西部枝江云池剖面为基础建立的云池组代表了区内早更新世（Qp^1）江汉盆地地层，并与江汉盆地北部钟祥石门等地的砾石层进行了对比，依据地层发育特征将武汉黄陂、阳逻一带划为与江汉平原西缘猇亭云池一带相同的地貌分区。江汉平原北部和东北部河谷地带发育上更新统云梦组。

表 9-4　武汉阳逻地区砾石层划分与对比沿革表

康悦林 (1987)	陈华慧和马祖陆(1987) 江汉平原东缘/西缘		徐瑞瑚等 (1988)		邓健如等(1991)		黄宁生和关康年 (1993)	湖北省地质调查院 (2010)
云池组 (Qp^1)	阳逻组 ($Qp^1 y$)	卢演冲组 ($Qp^1 l$)	阳逻组（$Qp^1 y$）	半边山组 ($Qp^1 b$)	上段	阳逻组（$Qp^1 y$）	阳逻组（$Qp^1 y$）
			黄州组（Eh）		下段	半边山组（$Qp^1 b$）	半边山组（$Qp^1 b$）

注：湖北省地质调查院（2010）引用资料为未公开内部资料。

陈华慧和马祖陆（1987）在江汉平原第四系地质系统工作的基础上，建立了位于江汉盆地边缘地带的下更新统（Qp^1）卢演冲组和阳逻组（图 9-16、图 9-17）。

邓健如等（1991）通过岩组和岩相的综合分析，认为阳逻砾石层和黄州一带砾石层可与南京的雨花台砾石层对比，且同为古代河流相粗碎屑沉积物。徐瑞瑚等（1988）将新洲阳逻、黄冈等地的砾石层称阳逻组，并划归下更新统（Qp^1），又将砾石层下部的河湖相沉积物划为古近系，称黄州组（Eh）。

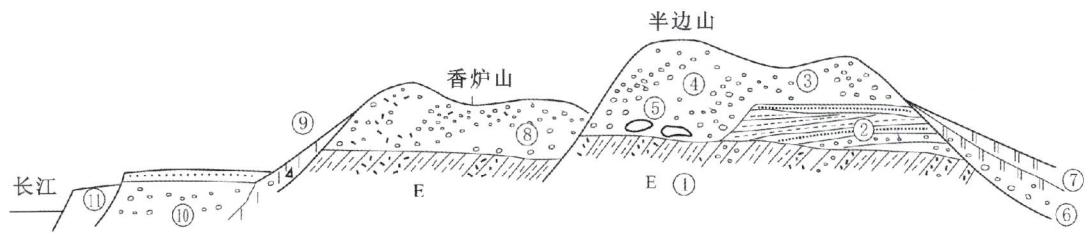

图 9-16　武汉阳逻半边山-香炉山剖面示意图（陈华慧和马祖陆，1987）
①古近系红层；②新近系黄灰色砾石层、杂色黏土；③铁质壳；④褐色砾石层（Qp^1）；⑤铁质壳转石；⑥红黏土夹砾（Qp^2）；⑦网纹红土；⑧棕红色泥砾层；⑨黄色亚黏土夹碎石土；⑩Ⅱ级阶地沙砾石堆积；⑪Ⅰ级阶地砂层

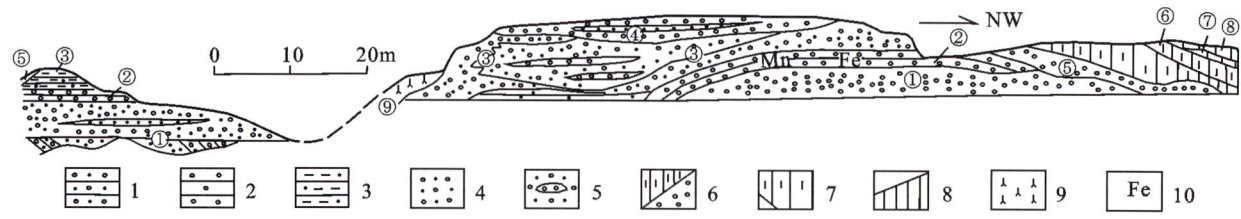

图 9-17 黄冈县环保所第四系地质剖面(陈华慧和马祖陆,1987)

1.古近系砂砾岩;2.砾岩;3.粉砂质黏土岩;4.砾石层;5.含砾砂夹砾石层;6.网状红土及红土砾石层;7.褐黄色亚黏土,含铁锰质;8.灰色亚黏土;9.人工堆积;10.铁锰质壳;黄冈县环保所现为黄冈市生态环境局

阳逻与黄冈两剖面对比发现:①基座都由古近系红层组成;②在古近纪不整合面上均有一套灰黄色砂砾岩及褐黄色黏土岩类,砾石层以富含玛瑙砾石为特征,为半成岩,黏土岩表层均有铁质壳,局部地区本套岩层遭受构造变动,根据与西部地层对比属上新统;③棕红色砾石层从层序、地貌及岩石风化程度上都属于较新沉积,根据其他地区资料,本层时代为中更新世,其上覆盖中更新统、上更新统坡积层。黄褐色砾石层及含砾砂层夹于上新统和中更新统之间,属下更新统,与西部卢演冲组上部沉积相当。

陈华慧和马祖陆(1987)认为,发现于下更新统黄褐色砾石层和中更新统棕红色砾石层中的橄榄木化石均与铁质壳碎块一样,属再沉积。其原始产地应是新近系灰黄色砂砾岩及杂色黏土岩。在河流的侵蚀作用下,橄榄木化石及铁质壳成为蚀余堆积沉积于离原地不远的河槽内。

由于下更新统在平原东部具有特殊产状和与上、下层位有较好的连续剖面,同时又直接位于产有橄榄木化石的上新统层位之上,因此陈华慧和马祖陆(1987)将湖北东部下更新统定义为阳逻组。同时,据湖北大学对黄冈县环保所第四纪剖面进行古地磁测定资料,下部灰黄色砾岩及杂色黏土岩属高斯正性期,其上黄褐色砂砾层及含砾砂层属松山反性期,第四纪下限定于其间,为 2.58Ma(文献原文为 2.48Ma)。

邓健如等(1991)将分布在长江北岸阳逻和黄冈龙王山等地的砾石层称半边山组(Qp^1b),建组剖面位于界埠半边山采石场,作者认为半边山组上、下两套砾石层构成两个沉积旋回,两者为大致平行的冲刷接触关系。下段为棕黄、灰黄、浅绿黄、灰白等色,夹 1~3 层砂层透镜体,厚 2.4~6m,位于半边山及黄州两处,此层上部堆积有 1.2m 厚的棕黄色、粉红色具水平微细层理的砂质黏土透镜体,此段分布范围小,仅见于半边山、龙口、黄州三地。上段为棕红色、微红色,夹多层黄色中粗砂透镜体,具斜交层理,明显超覆于下段之上,分布范围广,厚 6~8m。半边山组与下伏白垩系—古近系呈假整合接触。黄宁生和关康年(1993)以阳逻电厂工地出露较为完整的剖面为基础,开展了区内下更新统砾石层的研究,指出砾石层内部具有明显的二分性,称上部砾石层为阳逻组(Qp^1y),下部砾石层为半边山组(Qp^1b)。

邓健如等(1991)、黄宁生和关康年(1993)均认为阳逻砾石层属于河流相沉积,梅惠等(2009a)进一步指出其属于砂质辫状河流相。黄宁生和关康年(1993)认为阳逻砾石层的砾石来源于大别山南坡的古河流;梅慧等(2011)则依据阳逻砾石层的砾石统计分析结果,认为阳逻砾石层应为搬运距离较远的远源物质,物源有可能一部分来源于长江干流以上,一部分来源于长江支流倒水的上游大别山南麓。此外,梅慧等(2009b)的 ESR 测年结果表明,阳逻砾石层形成于新近纪—早更新世中晚期。

丁宝田(1985,1987)认为新构造运动下降地区的地貌特征在武汉地区非常明显,并根据新近系、第四系的出露海拔,认为武汉阳逻长江两侧砾石层埋深差距达百米是新构造运动作用的结果;杨怀仁等(1960)认为江汉平原下更新统底部砾石层下伏"观音土"相对海拔的差异有新构造掀斜运动的因素。

总之,前人对阳逻砾石层开展了地层划分与对比研究工作,并探讨了阳逻砾石层的物源、河流演化沉积环境和沉积相,尝试了不同的年龄测试,利用砾石层的分布特征及在第四系中发现的破裂构造开展了区内新构造运动的研究工作。上述工作为区内积累了丰富的基础资料,为阳逻砾石层的研究奠定了良好的基础。阳逻砾石层的研究已成为江汉-洞庭盆地周缘第四系研究的重要内容,成为江汉-洞庭盆地整体演化研究不可或缺的重要部分。

云梦组是关康年和鄢志武(1990)在江汉平原周缘第四纪地层研究中提出的更新世晚期的地层名称(图9-18)。上更新统云梦组露头区主要分布于江汉平原北部,东北部河谷地带,在汉江、涢水、澴水等河谷中常构成Ⅱ级堆积阶地,在丘陵边缘呈坡积裙。江汉平原北缘的宜城、钟祥、应城、天门和云梦等地地表均可见到良好的剖面,而南部的平原内则被全新统沉积物覆盖。

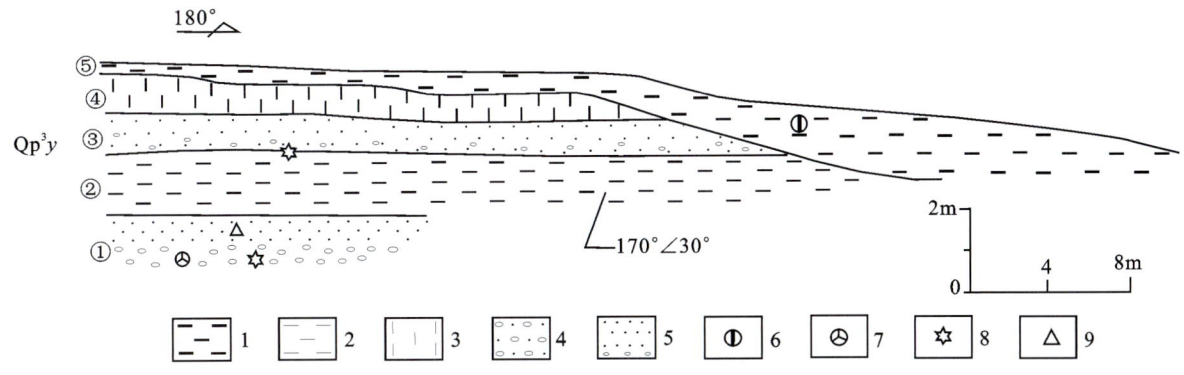

图9-18 钟祥二砖厂云梦组剖面(关康年和鄢志武,1990)

1.砂砾层;2.薄层理亚黏土;3.细砾砂层;4.铁锰结核亚黏土;5.黑色亚黏土;6.^{14}C样品;7.孢粉样品;8.X光衍射样品;9.重砂样品

附近的钻孔资料揭示,云梦组底部砂砾层厚度可达11m左右,岩性为灰白色、黄白色砾石层,成分为石英岩、石英砂岩,少量灰岩、片麻岩,砾径大小不一,一般为1~5cm,大者可达10cm,分选中等,为河床相沉积,砂砾层不整合覆于上白垩统跑马岗组砂页岩之上。

江汉平原北部与东部的云梦组色调总体上为黄色或棕黄色,上部亚砂土和亚黏土层由于粒度较细,质地均一,黏度适宜,普遍作为烧砖原材料,近表层富含钙质和黑色铁锰质,常形成钙质姜结核和黑色铁锰豆,是识别云梦组的一种区域性标志。云梦组分布于不同的地貌部位,具有多种成因类型,主要为河流冲积层、片流形成的坡积层及湖泊沼泽相沉积。

云梦组冲积层分布于长江及其一级支流的汉江、涢水、澴水、滠水、举水及浠水等河谷地带,组成广阔的Ⅰ级堆积阶地,阶面平坦。冲积物二元结构明显,下部为粗粒河床相砂砾层或含砾粗砂层,热释光测年年龄为162ka(钟祥县砖厂),属晚更新世早期堆积;上部为细粒河漫滩相亚砂土及亚黏土层,水平状微细层理清晰,近上部夹两层黑色亚黏土层,有机质含量较高,含较多环纹藻孢粉,少量木本植物花粉,^{14}C测年年龄为(23 750±560)a(宜城县孔湾),是晚更新世晚期产物,反映出云梦组河流相沉积从晚更新世早期一直延续到晚期,为连续性沉积。云梦组冲积层与方鸿琪提出的"长江泛溢层"和"青山组"(方鸿琪,1961)相当。

云梦组湖沼层分布于湖区周围,如皂市—应城以南的汈汊湖周缘地带,构成湖滨二阶地(图9-19)。岩性为黄色、棕黄色砂质黏土,含淤泥质,具明显的水平状薄层理,夹湖沼相淤泥及泥炭、草炭层。云梦县曾店张家坝泥草炭层中含有丰富的微体化石,主要藻类有绿藻、裸藻、硅藻、蓝藻、鼓藻及真菌孢子和原生动物等;云梦县义堂的两层湖沼相泥炭层中含有丰富的孢粉,木本花粉有栎、鹅耳枥、木兰、枫杨、冬青、栗、榆和松等,草本花粉有三白菜、白花菜,蕨类孢粉有海金沙、水蕨等。植被代表北亚热带常绿林类型,反映气候一度湿热,地表水较发育,积水成湖或湖沼水域,泥炭层^{14}C测年年龄分别为(15 120±1590)a和(13 940±225)a(马祖禄,1986),为晚更新世晚期产物。

云梦组坡积层广泛分布于丘陵地带和谷地的边坡,岩性为一套黄色、棕黄色亚黏土层,富含钙质和黑色铁锰物质,质地均一,垂直节理发育,夹1~2层古土壤层,为黑色亚黏土,含有桤木、鹅耳枥、冬青等木本植物孢粉,以及较多的蕨类、藻类和菌孢,古土壤层^{14}C测年年龄为(19 241±269)a(关康年和鄢志武,1990),属晚更新世晚期产物。

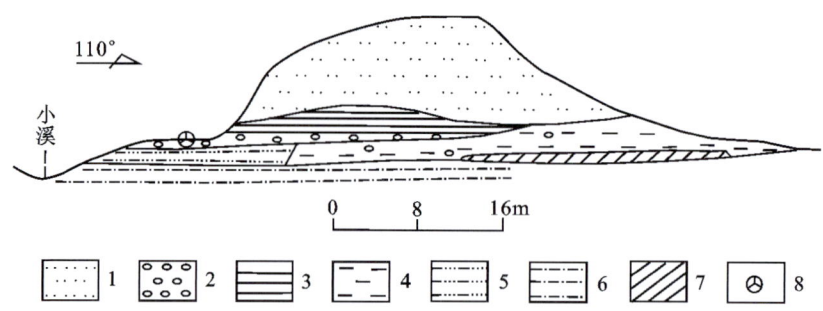

图 9-19　云梦县曾店张家坝云梦组泥草炭层(关康年和鄢志武,1990)

1.棕黄色黄土状粉砂土;2.铁锰胶结的石英细砾层;3.深灰色—黑色草炭层;4.含砾棕褐色黏土;5.黏土质粉砂;6.棕红色斑状砂质黏土;7.灰黑色、灰褐色黏土;8.孢粉样采集处

(四)长江中游第四纪时期沉积环境与河湖演化

以收集的大量钻孔资料为基础,结合前人已有成果认识,本书分析总结了江汉-洞庭盆地第四纪沉积环境与河湖演变过程。

1. 早更新世沉积环境与河湖演化

在早更新世早期,洞庭盆地下更新统下部华田组下段仅分布在若干独立的次级断陷盆地或凹陷,即澧县凹陷、安乡凹陷、沅江凹陷及广兴洲凹陷等,江汉盆地下更新统下部东荆河组下段下部仅分布在江汉-洞庭构造盆地西界——松滋北北西向坳折线以东地区,沉积物主要发育灰黑色、灰黄色、棕黄色泥质粉砂、黏土与灰白色砂砾石层夹灰白色砂层、中粗砂层-含泥质粉砂层,局部黑色碳化木层,说明当时埋藏速度较快。江汉盆地主要发育灰色黏土和灰色细砂、中砂,含少量砾石,与杂色砂砾石互层,砾石圆度较差,呈棱角—次棱角状,岩性以砂岩、石英砂岩为主。从沉积物的分布来看,当时江汉-洞庭湖盆的范围相对较小,河流直接进入盆地,形成较小规模的冲积扇(图 9-20),在盆地内部及周边有河流相砂层发育。在各个独立盆地边缘,为陆相河流及三角洲沉积环境,且水流指向盆地中心,盆地中心部分为相对静水湖泊沉积环境。

在早更新世中期,洞庭盆地下更新统中部华田组上段仍然分布在若干独立的次级断陷盆地或凹陷,即澧县凹陷、安乡凹陷、沅江凹陷及广兴洲凹陷等,而江汉盆地下更新统中部东荆河组下段上部也仅分布在江汉-洞庭盆地西界——松滋北北西向坳折线以东地区,但沉积范围相对扩大,盆地内部沉积物主要发育由灰白色、灰色、灰黄色含砾砂层、砂层、粉砂、含泥质粉砂,与灰黄色、灰绿色、黄绿色等杂色黏土组成的多个下粗上细的韵律,沉积物粒度减小,但沉积韵律明显增加。同时,环绕江汉-洞庭盆地发育了宜昌砾石层、阳逻砾石层、白沙井砾石层和常德砾石层等迄今广为分布的砾石层堆积。说明此时冲积扇范围明显扩大至江汉-洞庭盆地周缘地区,冲积扇的发育规模最大,相当于江汉-洞庭盆地早更新世高水位沉积(图 9-21)。

早更新世晚期,洞庭盆地下更新统中部汨罗组仍然分布在凹陷范围内,沉积物主要发育灰色、灰绿色、灰黄色、土黄色细砂、粗砂层、含砾砂层,夹灰色、灰绿色、灰黄色、黄褐色粉砂质黏土、黏土,具多旋回特征。江汉盆地东荆河组上段上部发育薄层灰褐色、灰色黏土与巨厚青灰色细砂、粗砂以及杂色砂砾石,多呈次圆状,细砂充填。沉积物的范围回到了盆地内,说明江汉-洞庭盆地湖泊收缩,冲积扇再次进积到湖盆内部。与此同时,在阳逻砾石层、白沙井砾石层等早更新世中期的砾石层之上则发育粗大的砾石层堆积,暗示伴随这一湖退环绕江汉-洞庭盆地周缘的冲积扇向湖盆内部发生了大规模的收缩(图 9-22)。

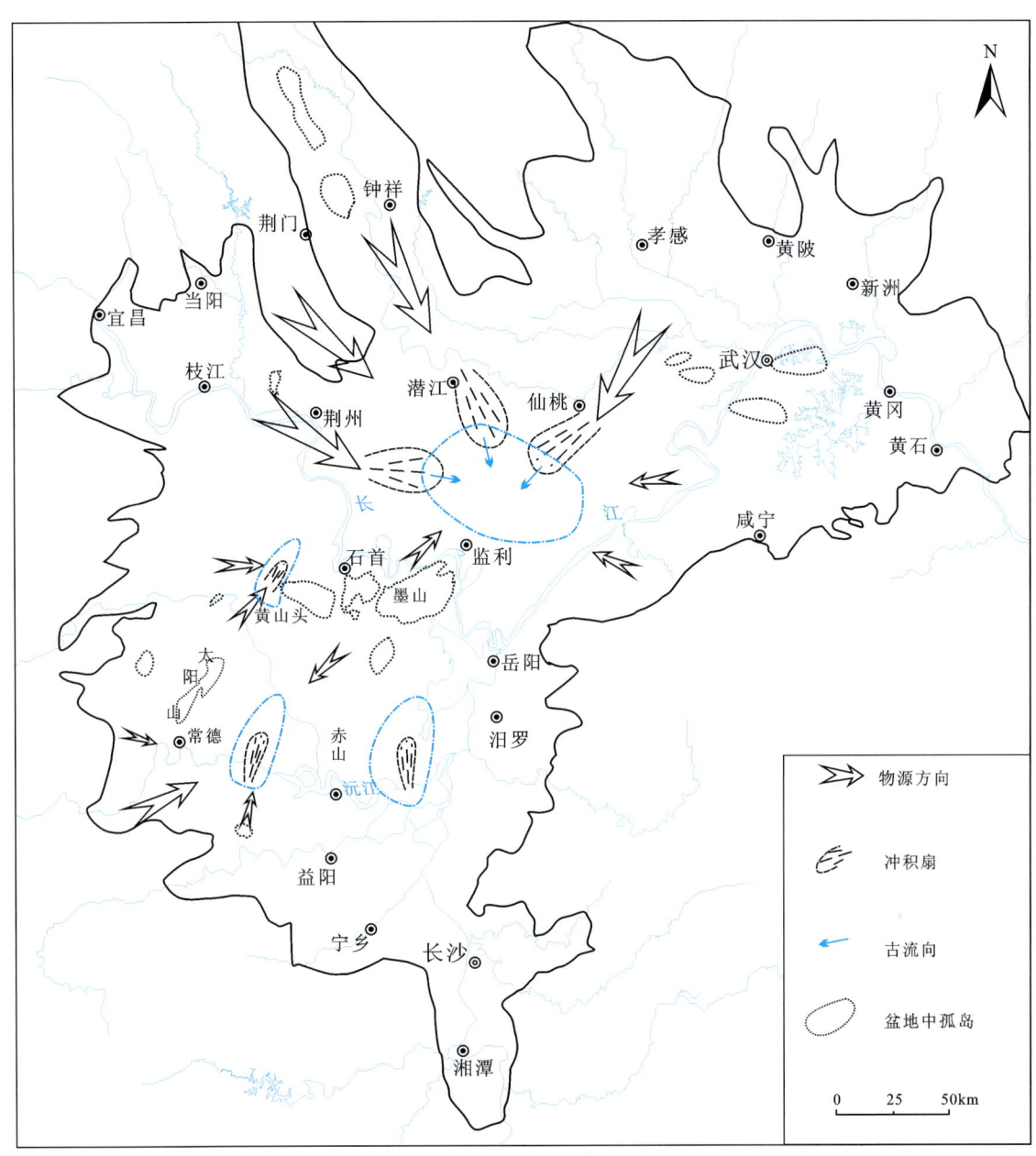

图 9-20 早更新世早期扇三角洲分布示意图

2. 中更新世沉积环境与河湖演化

中更新世时期,江汉-洞庭盆地沉积物范围达到最大,厚 16~27m 乃至 40m 厚的均质砂质黏土受后期湿热化作用成为网纹红土,组成了江汉盆地的善溪窑组/江汉组,抑或洞庭盆地的洞庭湖组/马王堆组的主体,在网纹红土之下常分布青灰色、深黄色砂砾石层夹含砾细砂层,以及褐灰色细砂、灰绿色泥质粉砂。因此,网纹红土所代表的细粒湖相或河湖过渡相沉积,是江汉-洞庭盆地分布范围最广、地层最连续的堆积体,代表了古江汉-洞庭盆地湖泊发育最强盛的时期。

中更新世初期,江汉-洞庭盆地的湖泊规模结束了早更新世后期湖盆收缩的趋势并开始了快速扩张,水位不断上涨,这时江汉-洞庭盆地形成了统一的中更新世古江汉-洞庭湖泊,水域范围大大超过早更新世的湖泊范围,并随着湖泊的扩张。该期的河湖相黏土层,加积在初期河流相砂砾石层之上,构成

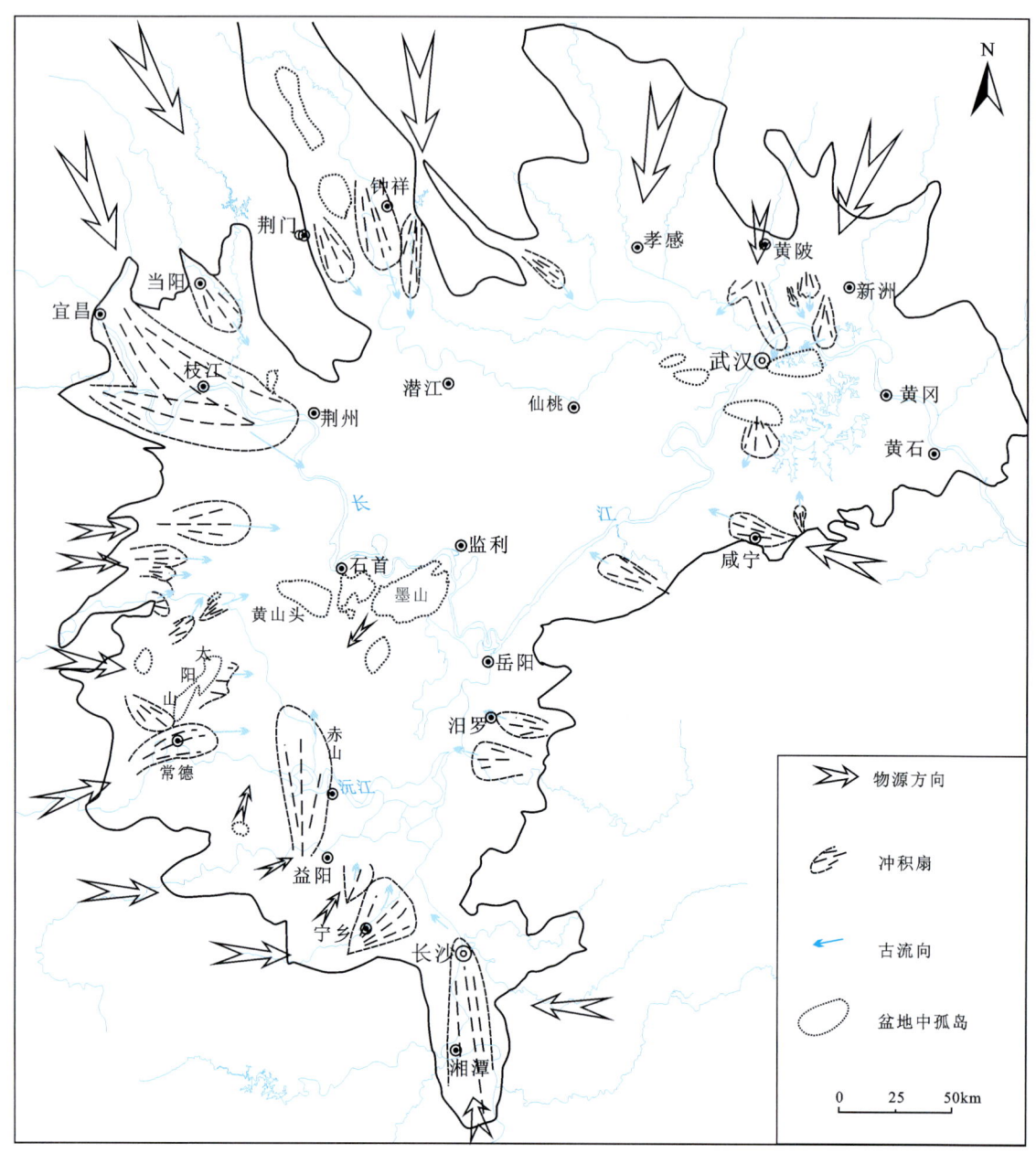

图 9-21 早更新世中期扇三角洲分布示意图

似二元结构,或在前期剥蚀面上以黏土层直接覆盖在其他岩层之上。

中更新世的江汉-洞庭盆地处于湖盆发展的鼎盛时期,湖水位达到前所未有的高度。江汉-洞庭盆地可能在这一时期才真正成为统一的大湖,此时江汉-洞庭湖盆的水域范围大大超过早更新世的湖泊范围,北东湮没武汉新洲麻城一带,东至湖北鄂州、黄石之间,南东达株洲、湘潭以南,西南过常德到达桃源,西至澧县九里、王家厂、宜昌机场附近,北西达荆门以南。此时的江汉-洞庭湖盆连为一体,可谓"盛极一时",太阳山、太浮山、桃花山、赤山和武汉一带岛屿点缀湖中。盆地沉积物以湖相沉积的黏土为主,而代表湖侵初期的底砾层却不甚发育乃至缺失(如岳阳、汨罗一带)。这一时期以湖相沉积为主体的黏土砾石层、黏土层受后期湿热化影响而发育网纹,成为区内著名的网纹红土,其底部往往发育具有底砾层性质的泥砾堆积。

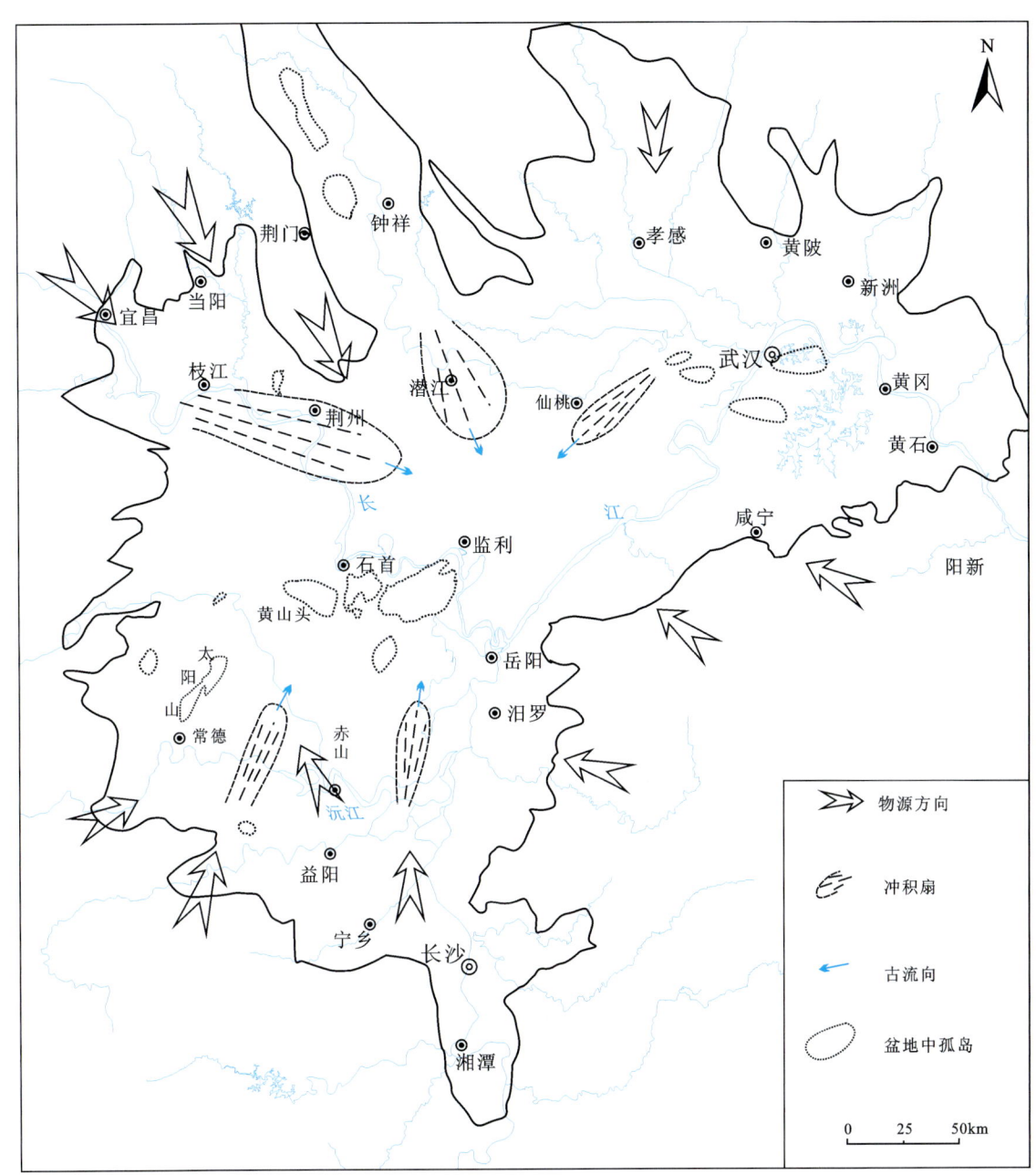

图 9-22 早更新世晚期扇三角洲分布图

3. 晚更新世时期沉积环境与河湖演化

在晚更新世时期,洞庭湖平原上更新统白水江组/坡头组厚度一般为 5~10m,局部可达 20m,主要发育一套土黄色、黄褐色、灰黄色、浅黄色黏土,常具白色斑块,底部局部发育砂层、砂砾层等。上更新统沙湖组/云梦组,底板埋深为 30~54m,厚 10~45m,主要沉积物为黄褐色黏土,夹薄层的粉砂,局部发育青灰色细砂。这说明相对于中更新世时期,江汉-洞庭盆地在晚更新世发生全面的水退(杨怀仁和唐日长,1999),江汉-洞庭平原冲积扇向盆地内部发育(杨达源,1986),主要发育冲积平原的泛滥相沉积、湖沼洼地的湖冲积,经过中更新世时期的加积作用,盆地填平,起伏减小,湖水变浅。如位于湖北省江汉平原江陵县六合垸农场场部 47 号钻孔(施之新,1997),上更新统云梦组埋深为 6.55~46.60m。早期沉积物(25.34~46.60m)为深灰色亚砂土、砂土,开始出现硅藻,种类不多(约 9 属 9 种),数量也很少,但呈现出渐增的趋势。这说明此时的水体不仅能使附生性的硅藻种类在沉水基质上(如石块、水草等)生长，而且浮游性的硅藻种类也可在沉水基质上活动，因此可以推断当时的河道已演变成较为稳定的浅滩或河漫滩区，并继续位移向泛滥平原转化。中期沉积物(8.40～25.34m)为灰褐色、灰棕色黏土夹深灰色亚砂土，出现大量的硅藻，种类和数量远超过了上一阶段。本钻孔沉积硅藻中几乎所有的属和种都在这里存在，达26属142种，从这阶段沉积中硅藻的组成可以反映出当时水体的流速已达到了基本静止的状态，而且深度也不大，有水草生长。晚期沉积物(6.55～8.40m)为灰褐色亚黏土，沉积中的硅藻种类、数量急剧下降，而浮游性种类的比例却逐渐增加，这反映了当时该处的水体逐渐变深加宽。如云梦县曾店张家坝泥草炭层(关康年和鄢志武，1990)中含有丰富的微体化石，主要藻类有绿藻、裸藻、硅藻、蓝藻、鼓藻及真菌孢子和原生动物等，云梦县义堂的两层湖沼相泥炭层^{14}C测年结果反映该层时代为晚更新世晚期，泥炭层中含有丰富的孢粉，植被代表北亚热带常绿林类型，反映比时期气候一度湿热，地表水较发育，积水成湖或湖沼水域。

晚更新世末，即距今18～12ka期间，全球性气候变冷，陆地冰盖发育，导致海平面大幅度下降，河流溯源侵蚀，洞庭盆地遭受剥蚀。

4. 全新世自然环境变迁

全新世以来，江汉-洞庭盆地继续拗陷沉降，气候则转为末次盛冰期以后的冰后期，气候转暖，海平面逐步上升达到现今的海平面高度，有时甚至略高出现今海平面。

早全新世，沉积范围小，河流相以沉积环境为主，洞庭盆地河水由盆地东北部流出，在现今东洞庭湖一带存在小范围的过流型湖泊。河流沉积主要呈东西向条带状分布。

中全新世，江汉-洞庭盆地继续拗陷，沉积范围扩大，同时盆地内有丘陵存在。盆地中大部分地区河流密布，主要为河流泛滥平原沉积环境。在江汉平原，如仙桃市沔城镇M1钻孔(朱育新等，1997)孔深为12.91～40.31m，沉积为以灰褐色粉砂质黏土与灰色粉砂互层为主，夹有薄细砂层和粉砂层，水平层理发育，局部有波状交错层，^{14}C年龄显示为全新世中期，为浅湖环境。洞庭湖平原在现今东洞庭湖区一带为比较开阔的湖泊沉积环境。水流向盆地中心汇流后，由东北部流出。

晚全新世，与历史时期叠合除自然地质作用外人为作用不断加强，两者共同控制着江汉-洞庭盆地的演变。此时期江汉-洞庭盆地继续拗陷，沉积范围扩大，遍及整个盆地，沉积环境应为湖泊相与河流相的交替。如仙桃市沔城镇M1钻孔(朱育新等，1997)孔深为0～12.91m，主要为灰色、深灰色淤泥质黏土，具水平层理，为明显的开阔湖沉积。此时期洞庭湖平原开始有水流自北面长江向南进入盆地，并由东北部流出。

江汉平原大致具由西北微向东南倾斜的地势，它控制了江汉平原湖群的发育，使湖泊的数量由西北向东南逐渐增多。但是长江、汉江等在江汉平原形成过程中因泥沙沉积差异，塑造了4个地貌带，即堤外沿河滩地带、砂堤带、沿河平原带和内部洼地带。其中，沿河平原带和内部洼地带是组成江汉平原的基本部分，它们呈近东西向，这种地表起伏控制了江汉平原湖群发育和演变。在沿河平原带中也有地势较低的平原低地，即河间洼地，它们主要为汉北洼地(即天门河、汈汊湖洼地)、汉南洼地(即通顺河、排湖洼地)、荆北四湖洼地(即长湖、三湖、白露湖、洪湖)和荆南洼地(即松滋河、王家大湖洼地)。这些洼地和内部洼地积水均可形成湖泊，它们的共同特点是湖盆浅平，其坡度在0.2‰～1‰之间，湖水不深，其水深一般多在0.8～2.21m之间。这些湖泊在大量泥沙不断堆积下，湖滩日益扩大，湖水日渐变浅，水生生物大量生长，从而使湖泊分离，大湖逐渐变成小湖，并缩小成众多的湖泊水荡，不少湖泊被淤积而消亡。因此，江汉平原湖群的演变趋势是因泥沙沉积而逐渐淤填、分裂、收缩以至消亡。

春秋战国时期，江汉盆地中的云梦泽为辽阔的平原湖沼，而洞庭湖仅占洞庭盆地的东北一隅，盆地的其余部分为河流相沉积，澧水流向盆地东北部入江。南朝时期，云梦泽缩小，洞庭湖明显扩大，湘江、资江、沅江、澧江四水入注洞庭湖；荆江由原先的向北一侧的分流转变为南北分流，洞庭湖开始接受荆江来水。南宋时期，由于科氏力与南强北弱掀斜构造沉降的影响，荆江南移形成固定河道，荆江向南的分流加强,洞庭湖进一步扩展。明嘉靖时期(1542年),荆江大堤穴口全部堵塞,荆江与洞庭湖暂时隔绝。由于构造沉降南强北弱,以及荆北堤防较荆南巩固,1570—1873年间,荆南先后形成荆江四口(松滋口、太平口、藕池口、调弦口),入注洞庭盆地,荆江从此开始了向南一侧分流的新阶段,并延续至今。荆江向南的分流,使洞庭湖迅速扩大,清道光时期(1825年)洞庭湖面积已达约6000 km², 大量泥沙的涌入使洲滩迅速形成,为大规模围湖造田创造了条件。到1949年,洞庭湖面积已缩减为4350 km²,1983年进一步缩减为2691 km²。洞庭盆地依据人为作用被划分为两部分:①缺乏泥沙淤积的堤内垸地,构成人工饥饿盆地;②泥沙集中淤积的堤外水域,构成人工过饱和盆地。时至今日,除范围不大的东洞庭湖外,其余部分的水域已经成为纯过流型湖泊与洪道。

二、皖江

皖江经济带沿江地区多处于长江河谷平原,第四系沉积物成因类型多样,地层接触关系复杂,存在着侵蚀、超覆等多种接触关系,第四系沉积物普遍较薄,缺少连续沉积的记录,这些因素给研究本区第四纪地层及其蕴藏的气候、生物、环境的变迁带来了很大的难度。

与人类活动关系最紧密的是地球表层的松散沉积层,一般认为古近纪—第四纪以来沉积的地层是未固结成岩的松散沉积层。在平原地区,对松散层,特别是第四纪地层的研究是水文地质和工程地质调查研究的基础,本次工作在以往认识的基础上,提出了建立以第四纪地层为主要研究对象的"地质单元"划分及研究思路,通过分析第四系的沉积环境、物源、地层结构、岩性等特征,建立"地质单元档案"。"地质单元档案"内容见表9-5。

表9-5 "地质单元档案"简表

建档对象	内容		参数
地质单元整体信息	结构	岩性及分层	厚度、顶底板标高(埋深)、岩性等
		基岩面	标高(埋深)等
		断层、地裂缝等地质构造结构面	走向、倾向、倾角、断距等
		地下溶洞	深度(标高)、形状、大小(体积)等
地层分层信息	属性	基础地质	年龄、古地磁、生物及化石等
		工程地质	相对密度、粒度、密度、天然含水率、液限、塑限、孔隙比、剪切强度、抗压强度、土体自由膨胀率等
		水文地质参数	渗透系数、释水系数、给水度、导水系数、影响半径等
		物理场参数	电性参数、力学参数等
		化学场参数	元素丰度、离散度、背景值、异常值上限和下限等
		温度场参数	温度值、梯度、异常值上限和下限等
人类工程	地下空间	已有地下工程设施	深度(标高)、大小(体积、面积)、密度等
		人类历史文化层	

(一)第四纪地层结构

1. 冲积-湖积地质单元

冲积-湖积地质单元地貌以平原为主,第四系沉积物以长江及其沿岸支流、湖泊沉积物为主,根据物源和地层结构的不同,又可分为皖江(长江)冲积平原和支流冲积平原两个次级地质单元(表9-6)。

表 9-6　皖江经济带地质单元划分方案表

地貌		地质单元			区域分布	第四纪地层层序
		名称	成因	沉积相		
堆积	平原	冲积-湖积地质单元	皖江(长江)冲积平原	冲积	河流相	长江两岸,北岸宽阔,南岸狭窄	以芜湖组+大桥镇组(或青弋江组)为主,缺失早—中更新世地层
			支流冲积平原	冲积、湖积、冲积-湖积	河流相、湖相	青弋江-水阳江-石臼湖、皖河、秋浦河、滁河、巢湖—裕溪河等支流流域	以大桥镇组+青弋江组为主,全新世地层沉积厚度较薄
堆积-侵蚀	平原-岗地	洪积-坡积地质单元	风尘堆积平原-岗地	风尘堆积-洪积-侵蚀剥蚀	山麓相	岗地、山前洪积扇	新近沉积物(未建组)+下蜀组
			洪积-坡积岗地				新近沉积物(未建组)+戚家矶组
			风成-洪坡积岗地				新近沉积物(未建组)+下蜀组+戚家矶组
			冲洪积扇				
剥蚀	山地(含冲沟)	残积-剥蚀地质单元	坡积-残积浅丘	洪积坡积-残积	洪积相	山前、冲沟	新近沉积物(未建组)-残积层
			基岩残丘	侵蚀剥蚀		基岩山区	

1)皖江(长江)冲积平原

皖江(长江)冲积平原主要分布于长江河谷及沿岸的长江漫滩地区,北岸宽阔,南岸狭窄,地层自下而上形成了"河床→边滩→河漫滩"沉积物粒度由粗到细的完整粒序旋回,呈现出一个沉积旋回的结构特征。

芜湖组(Qhw)岩性自下而上可分为3段:下部为卵砾石层、含砾中粗砂,中部中细砂,上部为灰黄色—青灰色含粉砂黏土。芜湖组呈侵蚀接触于大桥镇组下段地层之上。大桥镇组($Qp^{2-3}d$)下段自下而上为一套完整的由粗到细的粒序旋回,岩性为卵砾石层→含砾中粗砂→粉细砂→含粉砂黏土渐变接触。

Ⅰ."芜湖组+基岩"地层结构:安庆市区及大渡口镇附近芜湖组厚度为40~50m,芜湖市二坝地区(长江北岸)芜湖组较厚,厚度为50~70m,粒序发育完整,芜湖组对大桥镇组下切侵蚀作用强烈,仅残留中下部含砾中粗砂-中细砂旋回(图9-23),厚度为10~15m。

Ⅱ."芜湖组+大桥镇组+基岩"地层结构:安庆赛口镇、漳湖镇(长江北岸),芜湖组中下段不甚发育,芜湖组厚度为20~30m,呈侵蚀覆盖于大桥镇组之上。大桥镇组地层层序保留相对完整,平均厚度为15~20m,沿江区域普遍发育了一套厚度为8~15m的卵砾石层,向上为中细砂及粉细砂(图9-24)。

2)支流冲积平原

支流冲积平原主要分布在长江支流及湖泊,地层主要为更新统河湖相沉积物,呈角度不整合覆盖于基岩地层之上,根据地层分布情况可分为如下两种地层结构。

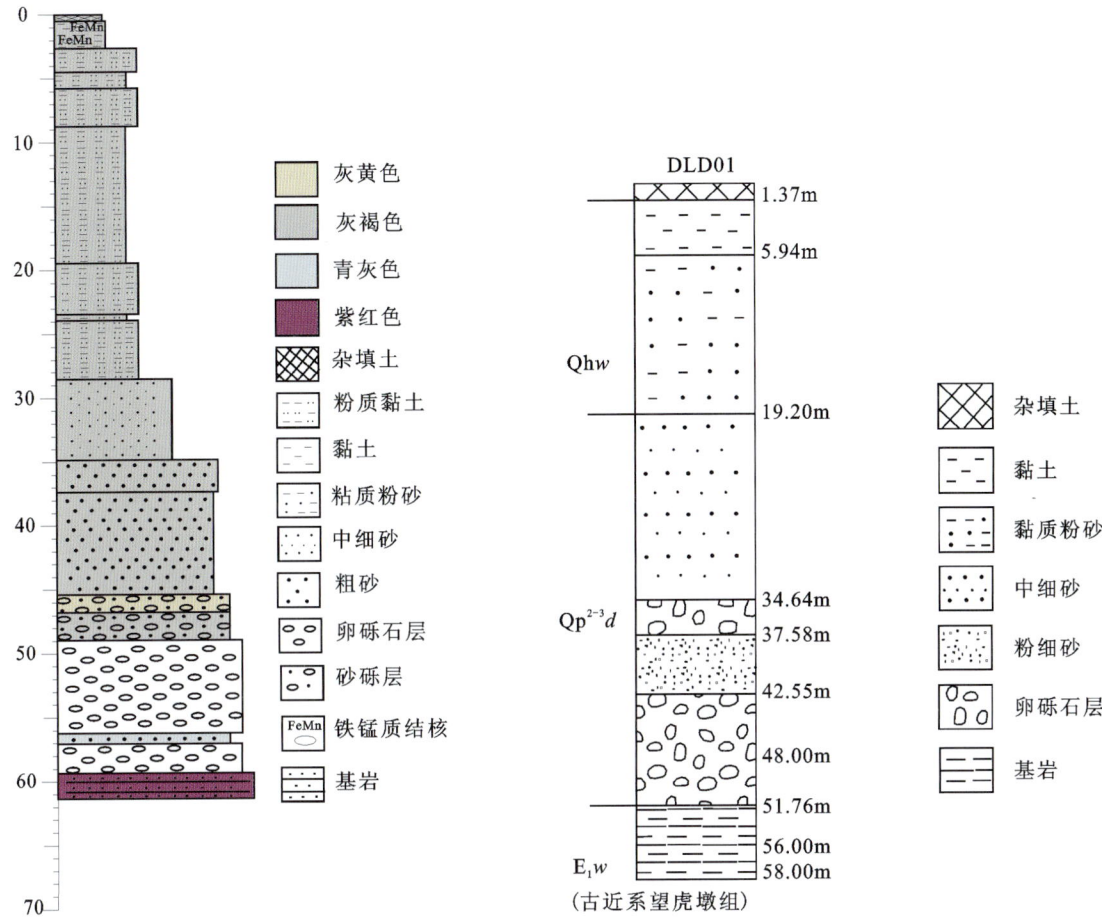

图 9-23 皖江（长江）冲积平原地层剖面示意图　　图 9-24 皖江沿江大桥镇组地层剖面示意图

Ⅰ."大桥镇组＋基岩"地层结构：芜湖组仅在浅表层沉积，厚度一般不超过3m，主要分布于龙感湖、破罡湖、升金湖、巢湖、石臼湖、南漪湖等湖相沉积地区。浅部地层5～10m以浅为浅灰黄色—棕黄色含粉砂黏土、粉砂质黏土，岩性结构紧密，可见铁锰结核或铁锰质浸染，为大桥镇组上段地层。下部为大桥镇组下段，自上而下粒度逐渐变粗，岩性依次为青灰色含粉砂黏土→粉砂→细砂。第四系平均厚度为30～40m（图9-25）。

Ⅱ."大桥镇组＋青弋江组＋基岩"地层结构：主要分布在青弋江、水阳江、秋浦河、皖河等支流冲积平原区，厚度一般不超过5m，第四系厚度为70～120m，局部河流深槽（青弋江下游）地区第四系厚度大于120m（图9-26）。芜湖组仅在浅表层沉积，^{14}C测年显示5m左右的地层年龄均大于10ka。下部大桥镇组在垂向上形成由粗到细的沉积韵律，从下到上大致可分为砾石层→中粗砂→粉细砂→黏质粉砂→粉质黏土。青弋江组（$Qp^{1-2}qy$）岩性主要为青灰色、蓝灰色、杂色砂砾石层、含砾砂，局部夹薄层粉细砂及薄层粉质黏土，偶见泥炭及碳化朽木，其从底到顶依次可分为泥砾层→砂砾层→含砾砂→粉细砂。

2. 洪积-坡积地质单元

该单元地貌以岗地-浅丘状平原为主，第四系沉积物以更新统山麓相、风成相沉积物为主，主要分布下蜀组（$Qp^{2-3}x$）、戚家矶组（Qpq），地层亦遭受不同程度的剥蚀作用，山前地区呈残留状态覆盖于基岩地层之上。

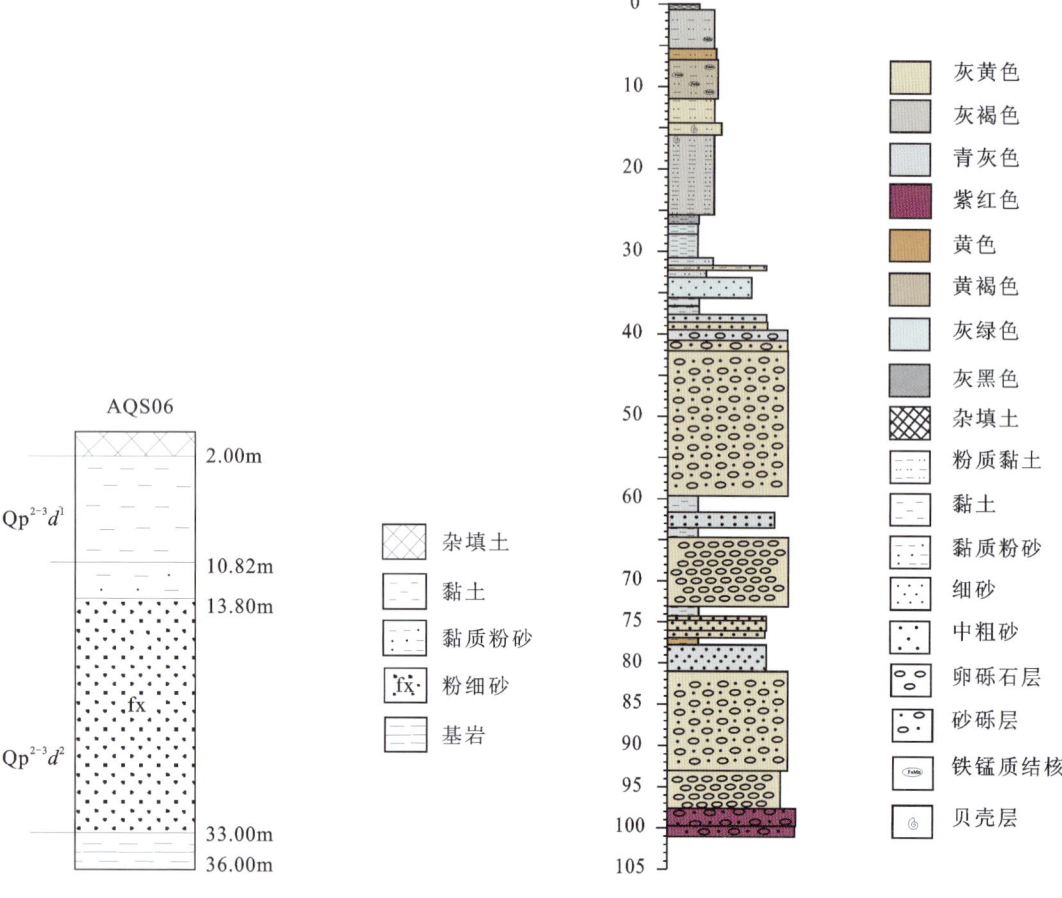

图9-25 "大桥镇组+基岩"地层结构剖面图

图9-26 "大桥镇组+青弋江组+基岩"地层结构剖面图

Ⅰ.风成堆积平原-岗地和洪积-坡积岗地"下蜀组/戚家矶组+基岩"地层结构:广泛分布于山前岗地和浅丘状平原区,下蜀组或戚家矶组直接覆盖于安庆砾石层、红层碎屑岩或其他基岩地层之上,地表地层出露较好。下蜀组以棕黄色含粉砂黏土为主,岩性结构紧密,厚度区域差别较大,通常为2～10 m不等。戚家矶组上部为棕红色含粉砂黏土,发育灰白色网纹条带,下部为棕红色含砾粉质黏土或砾石层,岩性密实,地层底部常见有薄层的残积层发育,地层厚度为3～40 m(图9-27、图9-28)。

图9-27 "下蜀组+基岩"地层结构

图9-28 "戚家矶组+基岩"地层结构

Ⅱ.风成-洪坡积岗地和冲洪积扇"下蜀组＋戚家矶组＋基岩"地层结构:常见为下蜀组覆盖于戚家矶组之上,在下蜀组覆盖区局部剖面露头可见,主要分布在山前岗地和山前小型冲洪积扇地区,此类地区能见到典型露头。下蜀组残留厚度区域差别较大,为2~5m不等,厚度较大的下蜀组土沉积区可见到多层古土壤层(图9-29)。下蜀组底部呈起伏状平行不整合于戚家矶组之上,显示两套地层之间有着较长时间的沉积间断,戚家矶组遭受剥蚀。

①耕植土,黄色粉质黏土
②紫红色粉质黏土
③黄褐色泥砾石层
④紫红色粉质黏土
⑤黄褐色泥砾石层
⑥红褐色泥砾石层

图9-29 宣城地区"下蜀组＋戚家矶组＋基岩"地层结构

Ⅲ.过渡区"下蜀组＋早中更新世河流、洪积相沉积物＋基岩"地层结构:这套地层结构主要分布于岗地和平原过渡地区,通常钻孔揭露可见下蜀组棕黄色含粉砂黏土,下部为青灰色粉细砂及含黏土卵砾石层。对于这套地层,研究者争议较大,上部为山麓-洪积相成因,暂定为下蜀组,下伏地层呈典型的河流相沉积成因,卵砾石层中含大量黏土及砂,此地层暂定为青弋江组。

3. 残积-剥蚀地质单元

该单元主要分布于区内的山间沟谷地带,主要为洪积-残坡积成因,为近现代堆积物,第四系厚度一般小于10m,岩性复杂,有含砾粉质黏土、碎石、黏土等。山间沟谷中地层自下而上为含粉砂黏土→淤泥质含粉砂黏土→含粉砂黏土、碎石层。

(二)区域第四纪地层对比研究

1. 划分对比标志

Ⅰ.下蜀组的岩性主要为棕黄色黏土、含粉砂黏土层,含铁锰结核,岩层结构紧密,为风成沉积产物。下蜀组是全新统与更新统的地层界线,可作为区域地层对比的标志。

Ⅱ.网纹红土的岩性主要为红棕色含粉砂、粉砂质黏土,具有大量灰白色次生条纹,以垂向为主,为戚家矶组上部层段产物,是上更新统与中更新统的地层界线。网纹红土与我国南方地区网纹红土产出时代一致,可作为区域对比的依据。

Ⅲ．河流相冲积平原以第一硬黏土层为标志，大桥镇组上部青灰色硬塑—可塑粉质黏土可与长江三角洲地区滆湖组进行区域对比，是全新统与更新统的地层界线，是河流相沉积环境的区域地层对比关键层。

2．区域第四纪划分对比

皖江经济带沿江地区第四系在不同地质单元的时空分布具有差异，在综合分析区内钻孔资料的基础上，以施工的第四纪钻孔为核心，总结了区内岩石地层划分的重要标志特征，并进行区域第四纪地层对比研究（图9-30、图9-31）。

三、长江下游

（一）第四纪地层研究沿革

在第四纪地层研究中，长江下游尤其是长江三角洲是世界上最早引起学术界注意的三角洲之一。早在1877年，Mosseman就专题研究过长江三角洲，丁文江于1919年率先探讨过长江三角洲的成因（吴标云和李从先，1987）。然而，长江三角洲第四纪地层的研究是随着上海供水和城市建设发展起来的，并在20世纪20年代陆续有文献发表（Chatley，1926；Cressey，1928）。

尽管长江三角洲研究历史悠久，但是1949—1970年间的工作都是零星的，20世纪70年代以来，由于1：20万水文地质普查工作开始实施，平原区揭露第四系的钻孔资料日益增多，针对第四纪地层的研究程度也逐渐增强。1984年出版的《江苏省及上海市区域地质志》采用了下更新统、中更新统、上更新统和全新统（江苏省地质矿产局，1984）；1990年冯小铭等编写《南通市第四纪沉积特征及沉积相（研究报告）》（冯小铭等，1990）对于区域第四纪地层划分采用了下更新统（三分）、中更新统（两分）、上更新统（一分）和全新统（三分）的方法。进入20世纪90年代，关于长江三角洲地区第四系研究专著的大量出版，黄慧珍等（1996）的《长江三角洲沉积地质学》、李从先和汪品先（1998）的《长江晚第四纪河口地层学研究》等，都建立了三角洲地区第四纪地层沉积演化的多种理论和模式，改变了单一地层学研究重塑古环境的方法。

自2000年地质大调查以来，南京地质调查中心（南京地质矿产研究所）、江苏省地质调查研究院、上海市地质调查研究院和浙江省地质环境院4家单位联合完成的地质调查项目"长江三角洲地区地下水资源与地质灾害综合调查评价"和"长江三角洲经济区地质环境综合调查评价与区划"，对长江三角洲地区第四纪地层沉积结构模式重新进行分析研究，实现了对第四纪地层更科学合理的划分，将区内第四纪地层沉积过程和沉积规律的认识提高至新的水平。同时，利用GIS信息平台建立了第四纪钻孔数据库和第四纪地层结构模型，因此开创了在平原第四纪地质研究中建立第四纪地层结构模型的先河，并一直沿用至今。这些工作为区域第四纪地质综合研究奠定了良好的基础。

（二）第四纪地层划分

根据区域地貌、沉积物岩石特征、成因、沉积结构差异、物源的多样性等，大致以高邮—扬州—镇江—丹阳—金坛—溧阳—宜兴一线为界，可将长江下游第四纪地层划分为丘岗和平原两个地层分区（图9-32）。其中，平原地层分区分别以扬州—江都—泰州—姜堰—海安和镇江—界牌—江阴—张家港—梅李—太仓—金山为界，分为江淮平原沉积区、长江三角洲平原沉积区和太湖平原沉积区，地层划分如表9-7所示。根据中国地质调查局推荐的第四纪地层划分方案，结合长江下游区域第四纪地层资料，得到了长江下游平原区第四纪地层划分方案（表9-8）。西部主要由丘陵、岗地及河谷平原组成，低山山体形态明显受岩性控制，坚硬的岩石多形成山脊或山体，软弱的岩石形成沟谷或凹地，丘陵顶部多呈圆形，山坡为直线形和凸形，山体冲沟不发育，山涧冲积平原发育；中部地势平坦，主要包括高亢平原、

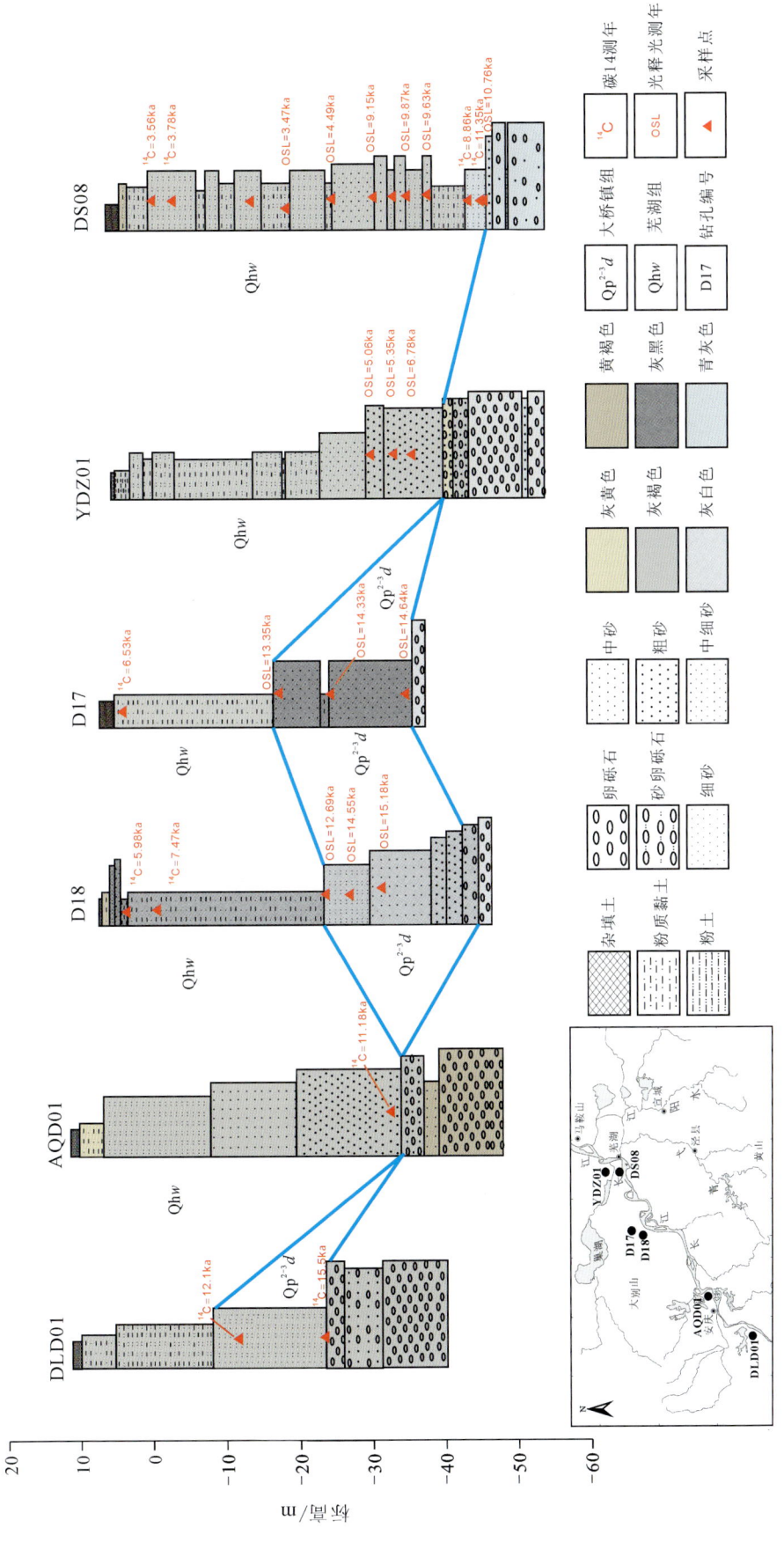

图 9-30 芜湖地区第四系对比图

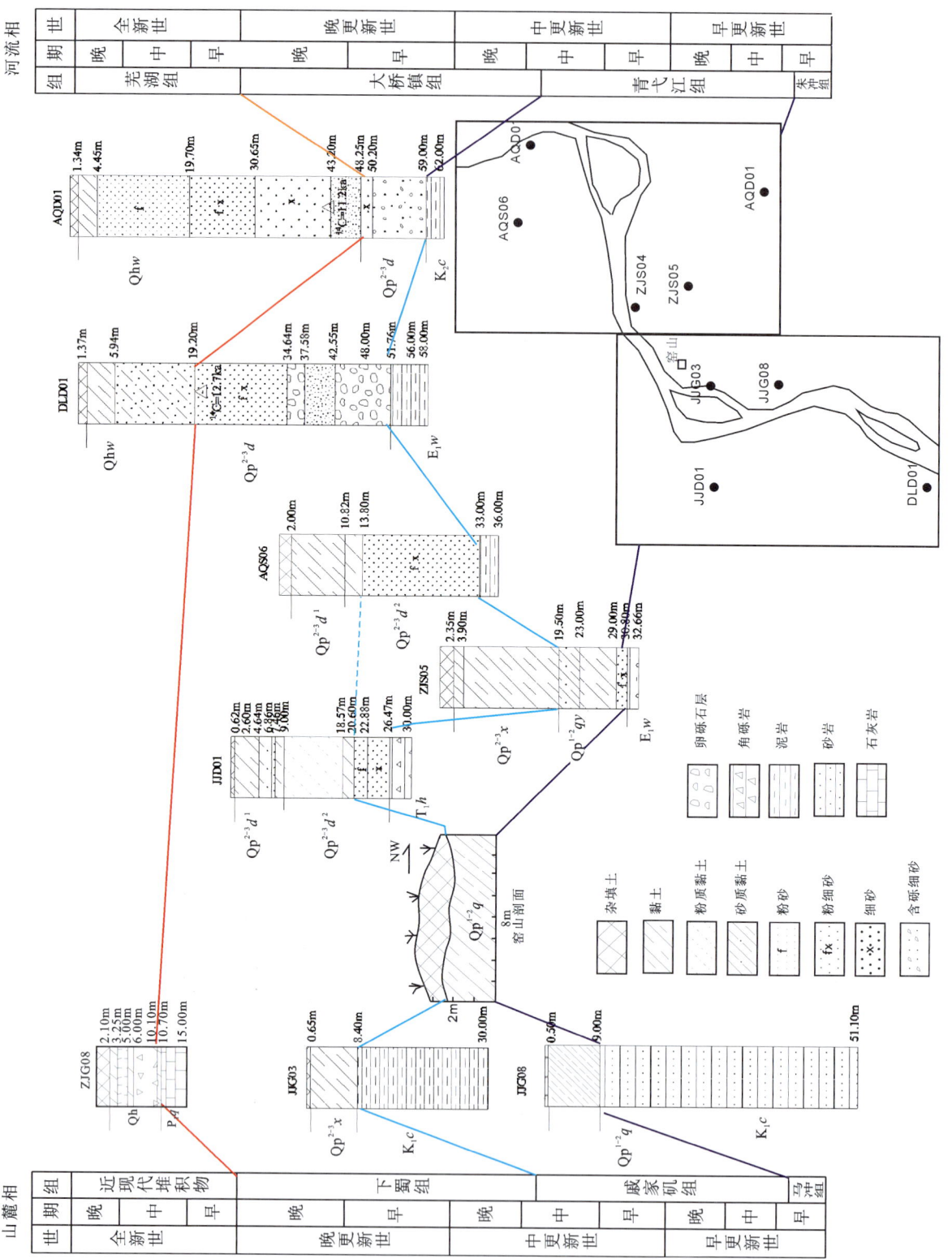

图 9-31 安庆地区第四系对比图

冲积平原、湖沼平原及少量残丘，地面标高一般为1～6m，其中湖沼平原、水网发育，地势低洼，地面标高为1～3m，由全新统灰黑色粉砂质黏土、淤泥夹泥炭层组成。

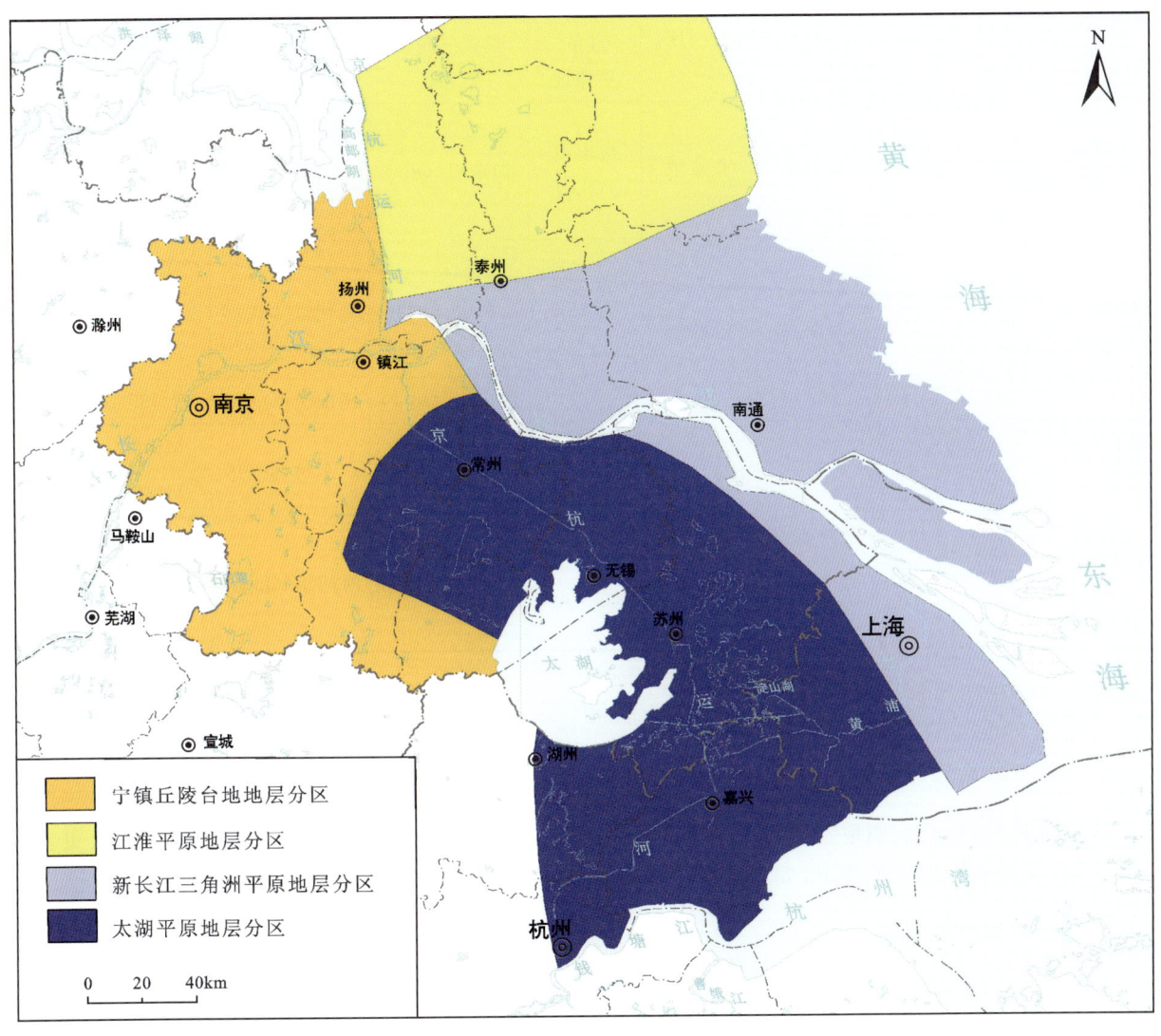

图9-32　长江下游地区第四纪地层分区图

表9-7　长江下游地区第四纪地层分区表

地质年代	地层层序			
	丘岗区	平原区		
		江淮平原区	长江三角洲平原区	太湖平原区
全新世（Qh）	全新统	庆丰组（Qhq）/淤尖组（Qhy）	如东组（Qhr）	如东组（Qhr）
晚更新世（Qp^3）	下蜀组（Qp^{3}x）	郭猛组（Qp^{3}gm）	滆湖组（Qp^{3}g）	滆湖组（Qp^{3}g）
			昆山组（Qp^{3}k）	昆山组（Qp^{3}k）
中更新世（Qp^2）	柏山组（Qp^{2}b）	东台组（Qp^{2}d）	启东组（Qp^{2}q）	启东组（Qp^{2}q）
早更新世（Qp^1）		华港组（Qp^{1}hg）	海门组（Qp^{1}h）	海门组（Qp^{1}h）

表 9-8 长江下游地区第四纪地层划分方案

地质时代		古地磁		地层层序				气候期	年代/ka
					平原区				
	分段	时	亚时	丘岗区	江淮平原区	长江三角洲平原区	太湖平原区		
全新世(Qh)	Qh^3	布容	哥德堡	全新统	庆丰组(Qhq)	如东组(Qhr)	如东组(Qhr)	MIS1	11.7
	Qh^2								
	Qh^1								
晚更新世(Qp^3)	Qp^{3-2-3}		布莱克	下蜀组(Qp^3x)	郭猛组(Qp^3gm)	滆湖组(Qp^3g)	滆湖组(Qp^3g)	MIS2	28
	Qp^{3-2-2}							MIS3	55
	Qp^{3-2-1}							MIS4	74
	Qp^{3-1}					昆山组(Qp^3k)	昆山组(Qp^3k)	MIS5	126
中更新世(Qp^2)	Qp^{2-2}			东台组(Qp^2d)	启东组(Qp^2q)	启东组(Qp^2q)	MIS11	424
	Qp^{2-1}							MIS19	781
早更新世(Qp^1)	Qp^{1-3}	松山	贾拉米洛	柏山组(Qp^3b)	弶港组(Qp^1j)	海门组(Qp^1h)	海门组(Qp^1h)	MIS31	1070
	Qp^{1-2}		奥尔都维					MIS63	1800
	Qp^{1-1}							MIS103	2600

区域内第四纪地层特征及其划分依据见表 9-9。

1. 宁镇丘陵台地沉积区

该区域地貌以丘陵、岗地及河谷平原为主,岩石地层自下而上包括下中更新统柏山组,中上更新统下蜀组,以及全新世地层未建组,如表 9-10 所示。

2. 江淮平原地层分区

该区域第四系埋深多为 280m 左右,而江都、泰州、姜堰地区(图 9-33)第四系埋深多在 200~220m,说明长江北界明显受控于泰州隆起,该隆起南部长江区域第四系从西至东埋深从 230m 加深至 260m,比北部兴化盐城地区埋深浅。另外,沉积物的颜色、岩性组合特征等两侧也有明显的差别。同样,在建湖隆起北部的第四系埋深一般为 50~150m,无论是沉积物的厚度还是颜色、岩性组合特征亦有明显的差异。

前人在研究江苏东部的平原区第四纪地层时,大多划分方案将江苏沿海地区以扬州北—江都北—泰州北—东台南一线为界进行划分,无论是划分为北部的灌云-盐城地层小区和南部的南通-无锡地层小区,或者是北部的黄淮地层小区和南部的长江地层小区,都不能完全代表江苏中部地区的第四纪地质过程,需要建立新的地层分区方案,故建立江淮地层分区。

在岩相古地理图的编制过程中发现,长江沉积作用范围变化较大,北界于更新世早期在江都、泰州、姜堰、东台、大丰一线,更新世中期逐渐向南迁移,更新世晚期之后稳定在江都、泰州、姜堰、海安、弶港一线。因此,在新建立的江淮地层分区中根据是否有长江的影响,又进一步分为西部的里下河小区和东部的江淮长江过渡区。

依据沉积物岩性组合,结合沉积相特征自下而上划分为华港组、东台组、郭猛组、淤尖组及庆丰组(表 9-11)。

表 9-9　长江下游第四纪地层特征及其划分依据表

时代	地层组		绝对年代	相对年代	岩石地层	微古	海侵	沉积相	气候期	气候特征
全新世	如东组	上段	以 ^{14}C 测年为主，一般年龄范围小于 4.2ka		长江河谷区上部为灰黄色粉砂质黏土、黏土质粉砂，下部为灰色粉细砂；平原区为灰色淤泥质粉砂与灰黄色粉砂质黏土	里下河、太湖、杭嘉湖平原海退、三角洲前缘相、不含海相化石，三角洲地区、近海区含海相化石		长江河谷区上部为三角洲平原相、下部为三角洲前缘相-前三角洲相，近海为潮坪相、平原区为湖沼相、泛滥平原相		气候温和
		中段	以 ^{14}C 测年为主、OSL 测年次之，一般年龄范围为 8.2~4.2ka		长江河谷区为灰色砂层，其他区域为淤泥质黏土、粉细砂及其互层沉积	最大海侵时期、地层普遍含丰富海相化石	第Ⅰ海侵	长江河谷区为三角洲相、平原区多为潮坪相、滨海相、见砂坝、潟湖相	MIS1	温暖潮湿
		下段	以 ^{14}C 测年为主、OSL 测年次之，一般年龄范围为 11.7~8.2ka	底界古地磁 Gothernburg 事件	淤泥质黏土、粉细砂沉积，局部含贝壳层沉积	海侵开始、平原东部和长江河谷区含海相化石		多为潮坪相、滨海相及古海岸线沉积		温和
晚更新世	滆湖组	上段	以 ^{14}C、OSL 测年为主，年龄范围为 16~11.7ka		南通部分地区为灰绿色黏土沉积，长江河谷区为棕黄色砾石层、砂砾石层沉积			部分地区为淡水沼泽相，大部分地区为河床相		冷湿
		中段	以 ^{14}C、OSL 测年为主，年龄范围为 25~16ka		平原区为第一硬土层，即灰绿色粉砂质黏土，常与下伏的黏土质粉砂、粉细砂组成二元结构。长江河谷区为灰黄色砂砾石层沉积			泛滥平原相、漫滩相、河床相	MIS2	干冷
			以 ^{14}C、OSL 测年为主，年龄范围为 45~25ka		平原区为第一硬土层，粉细砂及互层沉积，河谷区为灰色砂砾层沉积	含丰富海相化石	第Ⅱ海侵	平原区为潮坪相、河谷区为河口相	MIS3	温暖湿润
		下段	少量 OSL 测年数值，年龄范围为 70~45ka	底界古地磁 Laschamp 事件	平原区为第二硬土层，即灰绿色、棕黄色粉砂质黏土，河谷区为灰黄色含砂砾石沉积			泛滥平原相、漫滩相、河床相	MIS4	干冷

续表 9-9

时代	地层组		绝对年代	相对年代	岩石地层	微古	海侵	沉积相	气候期	气候特征
晚更新世	昆山组		少量OSL测年数值,年龄范围为1280~70ka	底界古地磁Blake事件	平原区为灰色淤泥质黏土,粉细砂及层层沉积,河谷区为灰色砂层沉积	含丰富海相化石	第Ⅲ海侵	平原区为湖坪相,滨海相,河谷区为河口相	MIS5	温暖潮湿
中更新世	启东组	上段	少量OSL测年数值,年龄范围为430~128ka	底界古地磁Brunhes/Matuyama线	平原区上部为上细下粗二元结构,下部为灰色淤泥质黏土与粉细砂;河谷区见2个上细下粗沉积旋回	平原区下部含海相化石	第Ⅳ海侵	上部为泛滥平原相,漫滩相,河床相,下部为潮坪相,河口相	底界MIS11	温暖湿润
		下段	少量OSL、ESR测年数值,年龄范围780~430ka		多为上细下粗二元结构,扬州大部分地区、泰州北部地区缺失,泰州北部里下河地区中部含灰色淤泥质黏土及粉细砂	泰州北部地区中部地层含海相化石	第Ⅴ海侵	为泛滥平原相,漫滩相,河床相,泰州北部见潮坪相,滨海相	底界MIS19	温暖潮湿
早更新世	海门组	上段	少量ESR测年数值,年龄范围为1.1~0.78Ma	底界古地磁Jaramillo事件	多为上细下粗二元结构,扬州部分地区上部细粒缺失	南通局部地区底部含海相化石	第Ⅵ海侵	为泛滥平原相,漫滩相,太湖、杭嘉湖、河床相,上海见冲洪积相,局部为潮坪相	底界MIS31	寒冷干旱
		中段	少量ESR测年数值,年龄范围为1.8~1.1Ma	底界古地磁Olduvai事件顶面	多为上细下粗二元结构,扬州、无锡地区缺失	如皋地区底部含海相化石	第Ⅷ海侵	为泛滥平原相,漫滩相,太湖、杭嘉湖、河床相,上海见冲洪积相,局部为河口相	底界MIS63	温暖湿润
		下段	少量ESR测年数值,年龄范围为2.6~1.8Ma	底界古地磁Matuyama/Gauss界线	多为上细下粗二元结构,扬州、常州,无锡地区缺失			为泛滥平原相,漫滩相,太湖、杭嘉湖、河床相,上海见冲洪积相,局部为河口相	底界MIS103	寒冷干旱

表 9-10　长江下游地区宁镇丘陵台地第四纪地层表

年代地层	岩石地层		厚度/m	岩性特征	沉积相
统	组	段			
全新统		三段	0~22	灰色、灰黄色粉砂质黏土，夹薄层黏土质粉砂，底为灰色砂砾层，相变为灰色、灰黑色淤泥质黏土	冲积、坡积、残坡积、洪冲积及湖沼积等
		二段		灰黄色、黄褐色粉砂质黏土，夹黏土质粉砂，上为灰黑色泥炭、淤泥	
		一段		灰白色砂砾层、中砂、粉细砂，上部为粉砂质黏土	
更新统	下蜀组		0~50	由黄土与古土壤互层组成，黄土为土黄色、灰黄色、黄褐色粉砂质黏土、黏土质粉砂，局部钙核富集成层，古土壤为棕褐色、红褐色粉砂质黏土、黏土，底部局部钙核富集成层	风积物
	柏山组	二段	0~17	棕红色、鲜红色、红棕色黏土、粉砂质黏土，网纹发育，上部含铁锰核	冲积、冲洪积
		一段		棕红色砾石层，夹黄褐色、浅紫色透镜状含砾黏土质粉砂，具少量网纹	

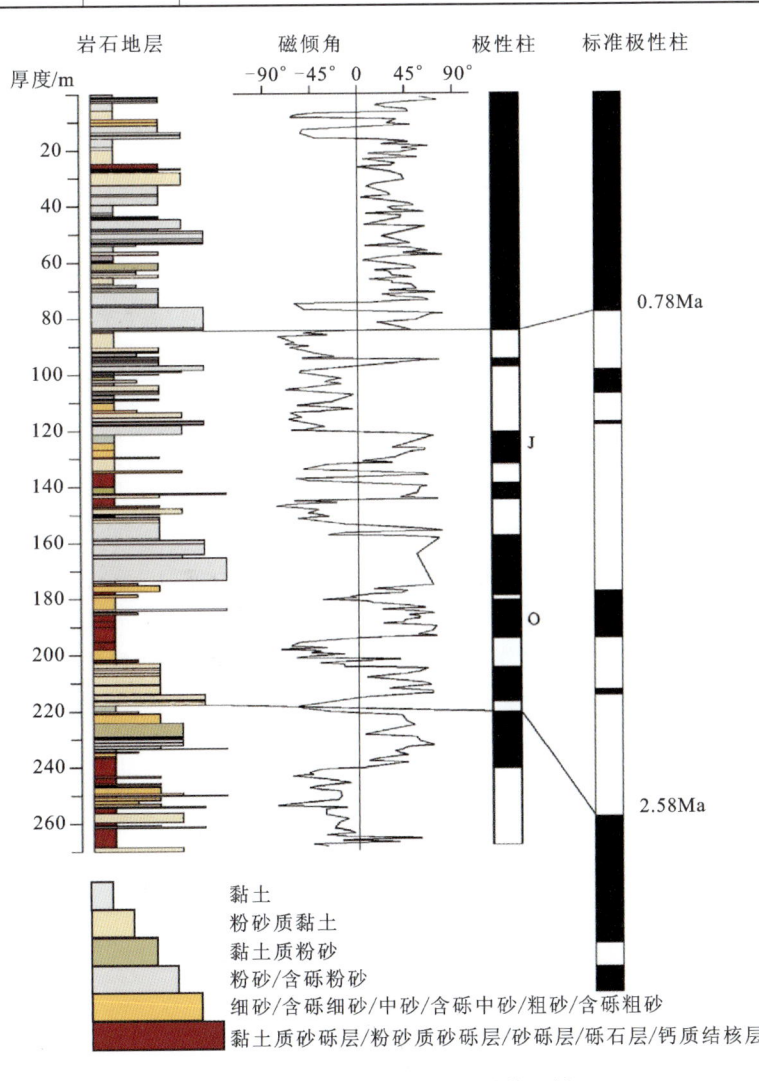

图 9-33　泰州市姜堰区华港镇 TZK10 孔岩石地层及磁性地层（江苏省地质调查研究院，2018）

表 9-11 江淮平原沉积区第四纪地层表

年代地层	岩石地层		厚度/m	岩性特征	沉积相
统	组	段			
全新统	淤尖组（Qhy）/庆丰组（Qhq）	上段	0.5~7.50	灰色、灰黑色、深灰色、黄灰色、灰黄色粉质黏土、淤泥质粉质黏土、黏土质粉砂，局部夹泥炭层	潟湖、湖沼相及河流相
		中段	0~7.50	灰色、深灰色、青灰色、灰黑色粉砂质淤泥、淤泥质粉砂、淤泥质粉质黏土、黏土质粉砂、粉砂，局部夹泥炭层	河口相、潮坪相
		下段	0~10	灰色、深灰色、灰黄色粉砂、黏土质粉砂及灰黑色淤泥质粉质黏土	河流相、湖沼相
更新统	郭猛组（Qp³gm）	上段	6~18	灰黄色、黄褐色、棕黄色、灰绿色粉质黏土夹粉细砂，含钙质结核	河口、潟湖相、湖沼相、河流相
		下段	5~12	灰黄色、灰绿色、深灰色粉质黏土，夹黏土质粉砂，局部夹粉细砂，含钙质结核	滨海、潟湖相
	东台组（Qp²d）	上段	12~22	灰黄色、棕黄色、黄褐夹浅灰黄、黄绿色粉细砂、粉砂质黏土，局部夹黏土质粉砂，含钙质结核	河流相、潮坪相、河口相
		下段	10~25	灰黄色、棕黄色、黄褐色、灰绿色粉质黏土，夹中砂、细砂及粉砂、黏土质粉砂，含少量钙结核	河湖相、河流相、潮坪相、河口相
	华港组（Qp¹hg）	上段	5~40	浅黄色、棕黄色、黄褐色、灰绿色粉质黏土、黏土质粉砂，泰州一带上部夹粉细砂，富含钙质结核	河流相、河湖相、冲洪积相
		中段	10~50	西部主要为灰黄色、黄绿色、灰色、深灰色中—细砂，荻垛以东为灰黄色粉质黏土夹粉细砂	河湖相、河流相、冲洪积相
		下段	20~60	下部主要为灰色、灰黄色、灰白色、灰绿色粉、细砂，西部为含砾中—粗砂、中砂，上部由黄绿色、青灰色、棕黄色粉质黏土组成，富含钙质结核和铁锰质结核	河湖相、河流相、冲洪积相

1）下更新统华港组

下更新统华港组系本次工作新建，建组剖面 TZK10 钻孔位于姜堰区华港镇镇南宾馆。

华港组下段（Qp^1hg^1）：可分为两部分。下部地层埋深为 190~200m，西高东低，厚 3~50m，为灰黄色、黄灰色含砾中粗砂的河床相及细砂、中粗砂的边滩相，河床相的物质主要来自于西部丘陵地区，重矿物组合为钛铁矿-绿帘石-赤褐铁矿-锆石-磁铁矿。在里下河和长江三角洲的过渡带主要为边滩相，物质来源为长江和西部丘陵的混合，重矿物组合为钛铁矿-绿帘石-锆石-赤褐铁矿-金红石。上部地层埋深为 185~250m，厚 10~70m，为巨厚的棕黄色、棕红色、灰绿色黏土、含粉砂黏土的泛滥相，重矿物组合为赤褐铁矿-绿帘石-钛铁矿-锆石-磁铁矿。

华港组中段（Qp^1hg^2）：可分为两部分。下部地层埋深为 155~220m，厚 5~50m，为灰色、灰黄色细砂、中粗砂及含砾中粗砂、砂砾层的河床相，西部为棕黄色黏土的泛滥相，河床相的主要物质来自于西部丘陵地区，重矿物组合为钛铁矿-绿帘石-赤褐铁矿-锆石-磁铁矿。在里下河的东南部发育边滩相，物质来源为古长江和西部丘陵山区的混合，重矿物组合为钛铁矿-绿帘石-锆石-黄铁矿-磷灰石。上部地层埋深为 140~190m，厚 5~40m，为巨厚的棕黄色、棕红色、灰绿色黏土、含粉砂黏土的泛滥相，重矿物组合为钛铁矿-绿帘石-赤褐铁矿-锆石-磁铁矿。

华港组上段（Qp^1hg^3）：可分为两部分。下部地层埋深为 120~170m，厚 0~20m，研究区局部缺失该层，为灰色、灰黄色粉砂、细砂，局部见含砾中粗砂的边滩沉积。上部地层埋深为 110~150m，厚 20~60m，由于河流的削高填低及风化作用，地势虽仍为西高东低，但高差不超过 20m，为巨厚的棕黄色、棕红色、灰绿色黏土、含粉砂黏土的泛滥相。西部的重矿物组合为绿帘石-钛铁矿-磁铁矿-赤褐铁矿-角闪石,而东部的重矿物组合为钛铁矿-绿帘石-磷灰石-锆石-磁铁矿,表明物源有差异,东部的物源更多地来自于中酸性岩浆岩,为长江和西部丘陵山区的混合。

2)中更新统东台组

建组钻孔剖面 PY19 钻孔位于东台市八里街(原东台县五七公社)。对钻孔进行了孢粉、微体古生物、粒度、黏土矿物、^{14}C 测年以及古地磁测量等分析研究工作。因此该钻孔是 20 世纪 80 年代苏北地区第四纪测试资料相对集中、资料相对完整的钻孔之一。

东台组下段(Qp^2d^1):地层埋深为 75～130m,厚 3～55m,为灰黄色、灰色粉砂、细砂,局部夹含砾中粗砂的河床相、边滩相沉积。河床相的重矿物组合为钛铁矿-绿帘石-角闪石-赤褐铁矿-辉石,表明其物源为西部丘陵山区和长江的混合;东南部边滩相的重矿物组合为钛铁矿-磁铁矿-锆石-绿帘石-石榴子石,表明其物源主要来自于长江。

东台组上段(Qp^2d^2):地层埋深为 50～68m,厚 5～30m,为巨厚的棕黄色、棕红色、灰绿色黏土、含粉砂黏土的泛滥相,见陆相介形虫 *Candoniella albicans*,*Candona* sp.,*Ilyocypris* spp.,*Ilyocypris bradyi*,*Limnocythere* sp.。东部含有孔虫,以 *Ammonia beccarii*/*Ammonia tepida* Group 为主,见少量的 *Nonion tisburyensis* 和 *Florilus* sp.,为区域第Ⅳ海侵层。西部的重矿物组合为绿帘石-钛铁矿-赤褐铁矿-灰色磁铁矿,表明其物源为西部丘陵山区;东部的重矿物组合为钛铁矿-绿帘石-锆石-磷灰石-石榴子石,表明东部受到长江的影响。

3)上更新统郭猛组

根据地层划分依据,将郭猛组的底界置于末次间冰期,即 126ka,将顶界置于第一硬土层的顶界。全区共受到两次海侵,分别为 MIS5 阶段的太湖海侵和 MIS3 阶段的滆湖海侵。

郭猛组下段(Qp^3gm^1):地层埋深为 20～55m,厚 1～16m,在全区均有分布,对应太湖海侵,为灰色黏土的潮上带及灰色粉砂与黏土互层、粉砂、粉砂夹黏土的潮坪相,粉砂、粉细砂、中细砂的河口相,发现大量有孔虫,以 *Ammonia beccarii*/*Ammonia tepida* Group,*Nonion* spp. 为主,见少量 *Elphidium* spp. 和 *Nonionella jacksonensis*,以及典型的半咸水浅水种 *Pseudononionella variabilis*,*Stomoloculinamultangula*,*Cribrononion* spp.,*Elphidiella kiangsuensis*,*Elphidium advenum*,*Brizalina* sp. 等,零星见陆相介形虫 *Ilyocypris* sp.,TZK10 钻孔 31.4m 处陆相螺壳 OSL 的年龄为(129.8±13.43)ka。

郭猛组上段(Qp^3gm^2):可分为 3 段,分别对应 MIS4、MIS3、MIS2,下段地层埋深为 20～43m,厚 1～25m,为棕黄色、灰黄色黏土、含粉砂黏土的泛滥相,对应第二硬土层,局部层位见少量 *Candona* sp.,*Candoniella* sp,单顶级动物群 *Candoniella albicans*,为气候较冷的湖相。中段地层埋深为 15～31m,厚 4～22m,对应滆湖海侵,为灰色粉砂的潮下带,灰黏土的潮上带,灰色粉砂夹黏土、黏土夹粉砂、粉砂与黏土互层的潮坪相,粉砂、粉细砂、及中细砂的河口相,见大量有孔虫,以 *Ammonia beccarii*/*Ammonia tepida* Group 和 *Nonion tisburyensis* 为主,见少量的 *Cribrononion incertum*,*Nonion* spp.,*Elphidium* spp.,*Elphidiella kiangsuensis*,*Elphidium advenum*,*Bolivina* sp.,见典型的半咸水指示种 *Pseudononionella variabilis* 及 *Stomoloculinamultangula*,见少量陆相介形虫 *Ilyocypris* sp.,*Candoniella albicans*,*Ilyocypris bradyi*。上段地层埋深为 6～17m,厚 2～11m,对应第一硬土层,为棕黄色、灰黄色黏土、含粉砂黏土的泛滥相。

4)全新统庆丰组

根据岩性特征、微古组合、^{14}C 年龄,庆丰组可分为 3 段。

庆丰组下段:为灰色、青灰色黏土的湖沼相,局部地区发育陆相沼泽的泥炭层。

庆丰组中段:为灰黄色黏土的泛滥相,灰色黏土、粉砂质黏土、黏土质粉砂的潟湖相、灰色粉砂夹黏土、粉砂与黏土互层的潮坪相,含有少量的有孔虫,以 *Ammonia beccarii*/*Ammonia tepida* Group,*Nonion tisburyensis*,*Elphidium* sp.,*Cribrononion* sp.,*Elphidium* sp.,*Florilus* sp. 为主。TZK10 钻孔 2.85m 处腐殖质的 AMS^{14}C 日历校正年龄为(8566±50)a。

庆丰组上段：为深灰色黏土的湖相，含有广生性种类的介形虫 *Candona* sp.，*Candoniella* sp.，*Chlamydotheca sp*,与中部地层具有沉积间断。TZK10 钻孔 1.55m 处陆相螺壳的 AMS^{14}C 日历校正年龄为(576.5±30)a。

5) 全新统淤尖组

区域内淤尖组岩性特征自下往上可分为 3 段。

淤尖组下段：底界埋深为 15～25m，厚 5～10m，为灰色含淤泥粉砂、粉砂、细砂的低潮坪相、潮下带、辐射潮流沙脊沉积。东台八里街 PY19 钻孔 16.6m 附近富含有机质层泥炭层的 ^{14}C 年龄为(10 500±130)a。

淤尖组中段：底界为 10～20m，厚 2～4m，以灰色、灰黄色粉砂与黏土互层、黏土质粉砂、粉砂、粉细砂为主，为中潮坪相、低潮坪相、辐射潮流沙脊沉积。东台八里街 PY19 钻孔 10m 左右处滨岸相中牡蛎的 ^{14}C 年龄为(6965±100)a，木头的 ^{14}C 年龄为(7670±100)a。

淤尖组上段：底界埋深为 4～10m，以灰色、灰黄色粉砂质黏土、黏土质粉砂、黏土夹粉砂、粉砂、粉细砂为主，为潮上带-高潮坪相、中潮坪相、辐射潮流沙脊沉积。东台八里街 PY19 钻孔 6m 左右处滨岸相中长牡蛎的 ^{14}C 年龄为(2905±85)a，兰蚬的 ^{14}C 年龄为(3255±95)a，腐木的 ^{14}C 年龄为(3210±90)a，泥炭的 ^{14}C 年龄为(3585±85)a。

3. 新长江三角洲平原地层分区

新长江三角洲平原地层分区北界为扬州—江都—泰州—姜堰—海安—弶港一线，南界沿镇江—丹阳界牌—江阴—张家港—太仓梅李—太仓—上海金山一线分布。该区域地貌以长江新三角洲平原为主，岩石地层自下而上包括下更新统海门组，中更新统启东组，上更新统昆山组、滆湖组，全新统如东组，各组岩石特征见表 9-12。

表 9-12 新长江三角洲平原第四纪地层表

年代地层		岩石地层		岩性特征	厚度/m	沉积相
统		组	段			
全新统		如东组	上段	灰色、灰黄色粉砂质黏土、黏土质粉砂、粉砂质黏土与粉砂互层、粉砂、粉细砂	0～58	三角洲平原相、河口相、潮坪相
			中段	灰色、深灰色粉砂质黏土、黏土质粉砂、粉砂、粉细砂		潮坪相、浅海相、河口相
			下段	灰色、灰黄色、深灰色淤泥质粉砂质黏土、粉砂质黏土、黏土质粉砂、粉砂、粉细砂、中细砂，偶含砾		潮坪相、河口相、漫滩相、泛滥相
上更新统		滆湖组	上段	灰黄色、灰绿色、青灰色粉砂质黏土，局部为含黏土质粉砂，含铁锰质结核	17～50	河流相、河湖相、海相
			中段	灰色、深灰色淤泥质黏土、黏土质粉砂、粉砂、粉细砂、含砾中细砂、含砾中粗砂		
			下段	灰色、灰褐色、青灰色、灰绿色粉砂质黏土、粉砂、中细砂、含砾中细砂、含砾中粗砂、砂砾层		
		昆山组		灰色、深灰色、灰黄色粉砂质黏土、粉砂、细砂、灰色、灰黄色含砾中细砂	12～36	潮坪相、河口相、潟湖相、浅海相

续表 9-12

年代地层	岩石地层		岩性特征	厚度/m	沉积相
统	组	段			
中更新统	启东组	上段	灰色、青灰色、灰绿色粉砂质黏土、黏土、细砂、中砂	16~105	河流相、潟湖相、潮坪相、河口相
		下段	棕黄色、青灰色、灰黄色粉砂质黏土、粉细砂、细砂,局部含砾中粗砂		
下更新统	海门组	上段	灰黄色、棕黄色黏土,粉砂质黏土,岩性坚硬	13~106	河床相、泛滥相、漫滩相
		中段	灰色、灰黄色、灰白色粉细砂,夹灰黄色、锈黄色亚黏土,含砾中粗砂		
		下段	青灰色、灰黄色亚黏土,灰色、灰黄色细砂、粉细砂互层,局部含砾中粗砂		

本区第四系厚度一般为 210~300m,物源主要来自长江及南部山区,可识别出多次海侵。

1) 下更新统海门组

按照第四纪地层划分的原则和依据,海门组的底界为 M/G 界线,顶界为 B/M 界线,海门组可分 3 段,各段之间的界线分别对应加勒米洛和奥杜威亚正极性事件。西部地势较高,以砂砾层与中粗砂、细砂、黏土混杂堆积的冲洪积及灰色砾质中粗砂、中粗砂、细砂的河床相为主,局部夹棕黄色黏土的泛滥相。物源主要来自于南部山区及古长江,与下伏盐城组的灰绿色、棕红色黏土呈不整合接触。

海门组下段:南通以西地层埋深为 210~300m,厚 40~95m,可识别 1~3 个由粗到细的沉积旋回,下部为砾石层、砂砾层、砾质中粗砂、含砾中粗砂、中粗砂、细砂、粉砂、黏土,重矿物组合为钛铁矿-绿帘石-辉石-榍石-石榴子石,物源主要来自于古长江。南通以东地层底板埋深为 272~295m,厚 25~52m,自下而上多见 2 个沉积旋回,主要发育灰绿色、灰黄绿色、灰褐色、棕黄色、棕红色黏土、粉砂质黏土、粉细砂,东部为巨厚的粉细砂与含砾中粗砂互层,为河湖相、泛滥相、河流相、河床相、冲洪积相沉积,物源来自于南部山区。

海门组中段:南通以西地层埋深为 165~215m,厚 15~50m,可识别 1~2 个由粗到细的沉积旋回,为灰色、灰黄色细砂、中粗砂及含砾中粗砂、砂砾层的河床相,顶部为灰绿色、棕黄色、灰色黏土、含粉砂黏土的泛滥相,重矿物组合为钛铁矿-赤褐铁矿-石榴子石-角闪石-磁铁矿,物质主要来源于古长江。南通以东地层底板埋深为 229~261m,厚 39~76m,西部薄东部厚,主要发育灰黄色、青灰色、棕黄色、灰色、深灰色黏土、粉砂质黏土、黏土质粉砂、粉细砂、中细砂、含砾中细砂、含砾中粗砂,砂层巨厚,达 40~47m,为河湖相、泛滥相、漫滩相、河床相、冲洪积相沉积,物源来自于南部山区。

海门组上段:南通以西地层埋深为 140~170m,厚 30~75m,可识别 1~2 个沉积由粗到细的沉积旋回,为灰色、灰黄色细砂、中粗砂及含砾中粗砂、砂砾层的河床相,顶部为灰绿色、棕黄色、灰色黏土、含粉砂黏土的泛滥相,重矿物组合为钛铁矿-石榴子石-赤褐铁矿-绿帘石-锆石,物质主要来源于古长江。南通以东地层底板埋深为 180~190m,厚 39~46m,主要发育灰黄色、青灰色、灰色、深灰色黏土、粉砂质黏土、黏土质粉砂、粉细砂、中细砂、含砾中细砂、含砾中粗砂,为泛滥相、漫滩相、河床相、冲洪积相沉积。物源来自于南部山区。

2) 中更新统启东组

根据上述的中更新统和下更新统划分原则,将中更新统底界置于古地磁布容期与松山期分界,年龄相当于 780ka,中更新统顶界置于末次间冰期,为 126ka。长江主河道向南迁移,南部发育灰色砂砾层、砾质中粗砂的河床相,北部发育灰色中粗砂、细砂的边滩相。

启东组下段:南通以西地层埋深为 75~115,厚 5~40m,为黄灰色、灰色中粗砂、砾质中粗砂、砾石层的河床相,其北侧为灰色中粗砂的边滩相,与江淮平原交界处为灰绿色黏土、棕黄色含粉砂黏土的泛滥相。重矿物组合为辉石-钛铁矿-赤褐铁矿-绿帘石-石榴子石。南通以东地层底板埋深为138～156m,厚16～26m,主要发育灰黄色、青灰色、灰黄绿色、深灰色黏土、粉砂质黏土、黏土质粉砂、粉细砂、中细砂,偶夹含砾砂层,为泛滥相、漫滩相、河流相沉积。下部局部地层含海相介形类化石和海相双壳类碎片,为潮坪相、河口相沉积。

启东组上段:南通以西地层埋深为64～120m,厚5～25m,为黄灰色、灰色中粗砂、砾质中粗砂、砾石层的河床相,北部为灰色中粗砂、细砂的边滩相,最北部为棕黄色、灰绿色黏土、含粉砂黏土的泛滥相。TZK6钻孔在51.5m的OSL年龄为$(156.37±12.85)$ka。南通以东地层底板埋深为118～125m,厚20～32m,主要发育灰黄色、灰色、青灰色、浅灰色粉细砂、含砾粉细砂、含砾中细砂、含砾中粗砂,偶夹灰褐色粉砂质黏土薄层,为漫滩相、河床相沉积。下部地层含有孔虫、海相介形类化石,以及海相双壳类、腹足类化石碎片,为潮坪相、河口相沉积。

3)上更新世统昆山组

根据地层划分依据,将昆山组的底界置于末次间冰期,即126ka,将顶界置于第二硬土层的底界,为75ka。地层埋深为48～97m,厚10～26m,主要发育灰色、深灰色、灰白色粉细砂、中细砂夹中粗砂、含砾粉细砂、含砾中粗砂,西部发育深灰色淤泥质黏土夹黏土质粉砂,含丰富有孔虫、海相介形类和海相贝壳化石碎片,为近河口相、河口相及潮坪相沉积。重矿物组合为磁铁矿-钛铁矿-辉石-石榴子石-绿帘石。

4)上更新统滆湖组

根据地层划分依据,将滆湖组的底界置于末次冰期,即75ka,将顶界置于第一硬土层的顶部。

滆湖组下段:相当于MIS4阶段,分为东、西两部分。海安、如皋以西地层埋深为30～85m,厚1～22m,为灰色、灰黄色含砾中粗砂、砾石层的河床相,最北部为棕黄色、棕红色黏土、含粉砂黏土的泛滥相。海安、如皋以东地层底板埋深为70～75m,部分地区缺失,发育棕黄色、黄绿色粉砂质黏土、黏土质粉砂,为泛滥相、漫滩相沉积。

滆湖组中段:相当于MIS3阶段,地层埋深为25～80m,厚1～13m,主要发育灰棕色、浅灰色、青灰色、深灰色粉砂质黏土、黏土质粉砂与粉砂互层、粉砂、细砂,含有孔虫、海相介形类和海相贝壳化石碎片,具河口性质的奈良小上口虫成为优势种,为河口相沉积。局部为棕黄色、棕红色粉砂与黏土互层的天然堤。重矿物组合为磁铁矿-辉石-绿帘石-角闪石-榍石。

滆湖组上段:相当于MIS2阶段,地层埋深为15～76m,厚1～15m,为灰色、黄灰色粉细砂、中细砂与含砾中细砂、含砾中粗砂互层,为河床相沉积。邻近江淮平原及如东地区发育第一硬土层,为棕黄色、灰绿色黏土、含粉砂黏土,为泛滥相沉积。如皋、通州、启东及海门地区为深灰色淤泥质粉砂质黏土、粉砂质黏土,为湖沼相沉积。

5)全新统如东组

根据地层划分依据,如东组的底部为第一硬土层的顶部,地层埋深为10～55m,根据岩性特征、微古组合、AMS^{14}C年龄,该组可分为3段。

如东组下段:长江下切河谷部分,主要沉积灰色、浅灰色、灰黄色粉细砂、中细砂与含砾粉细砂、含砾中粗砂、砂砾层互层,主要为海面缓慢上升引起侵蚀基准面上升时的河床相沉积,南、北两侧主要为粉砂质黏土、粉砂质黏土与粉细砂互层、粉砂、中细砂等,为漫滩相、边滩相沉积。在如皋、南通、通州、海门、启东地区,下切河谷中发育灰色、深灰色淤泥质粉砂质黏土,为淡水湖沼相沉积,但在顶部含黏土质粉砂薄层,偶含有孔虫和海相介形类化石,说明全新世早期长江河谷带低洼地区受海水和潮汐的影响。TZK2钻孔36.85m处的OSL年龄为$(10.68±0.001)$ka。

如东组中段:主体部分沉积物主要为灰色、浅灰色、青灰色、灰黄色粉砂、粉细砂,具粒序层理、水平层理,局部夹粉砂质黏土、黏土质粉砂薄层。南、北两侧常见灰色、青灰色黏土质粉砂、粉砂、粉细砂与薄层棕褐色黏土互层,层理发育,具水平纹理、水平层理、交错层理、单斜层理,透镜状层理。该段含丰富的有孔虫、海相介形类化石,有孔虫丰度变化较大,为0～207,简单分异度为0～6,以喜暖浅水种 *Beccarii/Ammonia tepida Group* 为主,见少量的 *Ammonia annectens*, *Ammonia sp.*, *Buliminamarginata*,

Nonion tisburyensis，*Cribrononion incertum*，*Cribrononion porisuturalis*，*Elphidium advenum*，*Elphidiella kiangsuensis*，*Pseudorotalia gaimardii*，*Florilus* sp. 等，含海相双壳类、腹足类化石碎片，为强潮汐作用下的潮流沙脊沉积。TZK6 钻孔 8.4m 处贝壳的 AMS^{14}C 日历校正年龄为 (4247 ± 35)a。TZK3 孔 29m 处贝壳 AMS^{14}C 的日历校正年龄为 (6623 ± 40)a。

如东组上段：南通以西主体部分沉积物主要为灰黄色、灰色、浅灰色粉砂、粉细砂、细砂，具色序层理和水平层理，夹暗灰色含粉砂黏土、灰色黏土质粉砂薄层，含较多云母片和白色双壳类、腹足类碎片，为强潮汐作用下的潮流沙脊沉积。南通、通州、海门、启东地区主要发育灰色、深灰色、灰棕色及灰黄色粉砂质黏土、淤泥质黏土与粉砂互层、淤泥粉细砂、粉细砂等，为三角洲前缘相、前三角洲相沉积。顶部为灰色、棕黄色、灰黄色粉砂质黏土、黏土质粉砂，为三角洲平原相沉积。TZK1 钻孔 16.45m 处的 OSL 年龄为 (0.25 ± 0.02)ka。

在长江两侧，顶部常发育灰褐色、灰黄色粉砂质黏土、含粉砂黏土，含大量植物根系，含铁锰质结核，以及灰黄色黏土质粉砂沉积，为长江泛滥相、边滩相沉积。

4. 太湖平原地层分区

该区域地貌以湖沼平原为主，岩石地层自下而上包括下更新统海门组、中更新统启东组、上更新统昆山组、滆湖组、全新统如东组，各组岩石特征见表 9-13。

表 9-13 太湖平原沉积区第四纪地层表

年代地层		岩石地层		岩性特征	厚度/m	沉积相
统		组	段			
全新统		如东组	上段	灰色、灰黄色黏土质粉砂-粉砂质黏土，局部含少量淤泥质粉砂	0~58	湖沼相、泛滥相、三角洲平原相
			中段	灰色、暗灰色粉砂-黏土，局部夹淤泥		潮间带-浅海相
			下段	灰色、灰黄色黏土质粉砂、粉砂质黏土夹少量螺壳碎屑		潮上带-河口相
上更新统		滆湖组	上段	灰黄色、灰绿色、青灰色粉砂质黏土，局部为含黏土质粉砂，含铁锰质结核	17~50	河湖相夹海相
			中段	灰色、深灰色粉砂、细砂，夹淤泥质黏土、黏土质粉砂，局部为含砾中粗砂		
			下段	灰色、灰褐色、青灰色、灰绿色粉砂、细砂、粉砂质黏土，底含钙质结核		
		昆山组	上段	灰色、深灰色、灰黄色粉砂质黏土、粉砂、细砂，以及灰色、灰黄色含砾（中）细砂	12~36	三角洲、河口、潟湖、海相
			下段	青灰色、灰黄色、灰绿色粉砂质黏土，含铁锰质结核，以及灰色、灰白色细砂、粉砂、含砾中粗砂		
中更新统		启东组	上段	灰色、青灰色、灰绿色粉砂质黏土、黏土、细砂、中砂	16~105	河流、湖泊、潟湖、河口
			下段	棕黄色、青灰色、灰黄色粉砂质黏土、粉细砂、细砂，局部含砾中粗砂		
下更新统		海门组	上段	灰黄色、棕黄色黏土、粉砂质黏土，岩性坚硬	13~106	河流、泛滥相沉积
			中段	灰色、灰黄色、灰白色粉细砂夹灰黄色、锈黄色亚黏土，局部为含砾中粗砂		
			下段	青灰色、灰黄色亚黏土，灰色、灰黄色细砂与粉细砂互层，局部为含砾中粗砂		

该区第四系厚度总体具由西向东、由南向北增厚的趋势。其中，位于太湖平原区西部的滆湖盆地一般厚 90～120m，常州凹陷可达 150～180m，无锡地区厚度比常州略小，一般小于 100m，东部的苏州、杭嘉湖、上海地区第四系厚度较大，一般为 120～200m，在崇明岛可达 300m。各地层岩性组合特征及空间分布如下。

1）下更新统海门组

海门组（Qp^1h）见于各钻孔剖面深部，滆湖盆地底板埋深在 90～186m，厚 16～77m；无锡地区埋深为 60～110m，厚 30～40m；苏州、杭嘉湖和上海地区，埋深为 120～300m，厚 50～160m。岩性组合可分上、中、下 3 段。

海门组下段：在区内天目山余脉山前多数地区缺失，岩性由含砾中细砂或含砾粉砂质黏土及以棕黄色、灰绿色为主的粉砂质黏土组成，局部地区底部为砾石层。由下而上、由粗至细组成 2～3 个小韵律，一般厚 15～60m，最大厚度达 86m。其与下伏盐城组青灰色、锈黄色泥岩之间有明显的冲刷面，两者为平行不整合接触关系。成因以冲积为主，底部在局部地区为洪冲积相。

海门组中段：在工作区内广泛分布，岩性主要为灰黄色、深灰色含砾中粗砂、中粗砂、中细砂、粉砂，以及灰黄色、青灰色粉砂质黏土、黏土质粉砂，由下至上颗粒由粗至细，底部常有砂砾层或含砾黏土质粉砂出现。沉积厚度为 8～49m，且有自西向东、自南向北增厚的趋势。在山前的溧阳、宜兴及湖州等地，中段沉积物均直接平行不整合于上新统盐城组之上。成因为冲积、冲湖积相沉积。

海门组上段：在区内分布广泛，岩性南部以灰黄色、灰绿色粉砂质黏土为主体，夹粉细砂、粉砂或黏土质粉砂。粉砂质黏土中以铁锰质、钙质结核发育为特征，局部可富集成层，北部为粉细砂、中细砂、含砾中粗砂与粉砂质黏土、含粉砂黏土互层。沉积厚度为 10～50m，各地沉积厚度差异较大。

海门组与下伏地层呈平行不整合接触。成因属河湖相、河流相、冲洪积相沉积。从整体来看，海门组由下而上、由粗至细构成一个大的沉积韵律（旋回），其间又由 2～4 个由粗至细的小韵律组成，成因属河湖相、河流相、冲洪积相沉积。

2）中更新统启东组

启东组（Qp^2q）见于各钻孔深部，其底板埋深为 55～130m，顶板埋深为 35～70m，厚 10～46m。岩性组合可分上、下两段。

启东组下段：岩性在各地差异较大，常州凹陷、甪直凹陷、上海嘉定一带以中粗砂、中细砂、粉砂等砂层为主，局部为粉砂质黏土、黏土质粉砂。其余地区以粉砂质黏土为主，夹粉砂、黏土质粉砂，底部多为含砾粉砂质黏土。区内本段沉积厚度为 12～66m，总的趋势为西、南薄，北、东厚。其与下伏海门组之间常有冲刷面存在。成因属冲积、冲湖积、冲洪积相沉积。

启东组上段：南部岩性以粉砂质黏土为主，局部夹粉细砂、粉砂或黏土质粉砂。粉砂质黏土的基本色调为棕黄色、灰黄色及黄褐色，局部地区呈灰绿色或青灰色，含铁锰质结核、钙质团块在局部层段富集。北部常见粉砂质黏土、黏土质粉砂与粉细砂、中细砂、含砾中粗砂互层，为河湖相、泛滥相、河床相、冲洪积相沉积。该段底部多数地区见含砾粉砂质黏土或黏土质粉砂，砾石成分以砂岩及泥质团块为主。在漕桥 ZK04 钻孔，该段近底部有一层厚约 0.40m 的含砾黏土质粉砂，其泥砾及砂岩砾的含量可超过 20%。在苏州东山渡村 827 钻孔该段为粉砂质黏土、黏土质粉砂。在昆山花桥 ZK004 钻孔该段为灰色、灰黄色含砾中粗砂、含砾中细砂、灰色中细砂，与水平层理发育的灰色粉砂、粉细砂和黏土互层。常见含大量有孔虫、海相介形类化石，为潮坪相、潟湖相、河口相沉积，是区域第Ⅳ海侵层。

3）上更新统昆山组

昆山组（Qp^3k）见于各钻孔中，底面埋深为 35～70m，顶面埋深为 23～35m，厚 4～20m。其中，昆山正仪 D97 钻孔剖面为昆山组建组剖面。岩性主要为粉细砂、粉砂质黏土及淤泥质粉砂质黏土，基本色调呈深灰色、灰色，各地钻孔显示的岩性有较明显差异。此外，本组地层普遍富含螺贝壳及海相介形虫、有孔虫及钙质超微化石。生物组合面貌显示，昆山组沉积阶段是一个海侵过程。成因属潮坪相、潟湖相，局部河口相沉积。本组底部多为粉细砂、中细砂层或含小砾的粉砂质黏土，与下伏启东组顶部土质结构较密实的硬性粉砂质黏土区分,两者呈平行不整合接触。

4)上更新统滆湖组

滆湖组（Qp^3g）在区内浅部及地表广泛分布,上部地层在多数地区出露地表。该组底面埋深为23～35m,顶面埋深为0～10.10m,厚12～30m。由南至北,底面(厚度)呈波状起伏。其中,寨桥D113钻孔剖面为滆湖组建组剖面。本组岩性组合可分为上、中、下3段。

滆湖组下段:由粉细砂、黏土质粉砂、粉砂质黏土组成,并由下至上、由粗至细组成韵律层;部分地区缺失粉细砂,主要由黏土质粉砂、粉砂质黏土组成。该段色调以灰色、青灰色、灰绿色为基本色调,间夹灰黄色、黄褐色等色调。土层中富含铁锰质结核,并局部富集成层,该段厚4～16m,各地厚度差异较大。建组剖面(D113钻孔)^{14}C测年年龄值为(39 500±195)a。该段生物化石较少,仅发现少量孢粉,属湖沼相、河流相沉积环境。该段底部多以粉细砂与下伏昆山组顶部粉砂质黏土区分,缺失粉细砂地区一般以含小砾的黏土质粉砂、粉砂质黏土与下伏层区分,两者呈整合接触。

滆湖组中段:岩性以粉细砂、粉砂层为主体,夹淤泥质粉砂质黏土、黏土质粉砂。粉砂层多呈千层饼状,是该段较明显的一个沉积特征。本段沉积厚5～20m,生物组合面貌以含丰富的海相介形虫、有孔虫为特征,并含较多的钙质超微化石,成因属海积相沉积。寨桥D114钻孔该段的^{14}C测年年龄值为(32 845±1054)a。漕桥ZK04钻孔的^{14}C测年年龄值为(23 098±1770)a,古地磁测试在该段中上部出现明显的反向事件,属拉尚事件,其古地磁年龄值在30～20ka。

滆湖组上段:岩性以粉砂质黏土为主,局部夹淤泥质粉砂质黏土。土层中富含铁锰质结核,局部地区还见钙质结核,其颜色以灰黄色、黄褐色夹青灰色为基本色调。该段岩性组合特征较类似下蜀组黄土,在常州、无锡地区广泛出露地表,故俗称"老黄土"。在苏州、杭嘉湖和上海地区,埋深多为5～25m,以灰绿色、灰黄色、黄褐色为主,亦称第一硬土层。本段沉积物厚3～9m,段内生物化石少见,仅少量孢粉,成因属冲湖积。

滆湖组岩性组合、生物面貌的上述三分特征表明,滆湖组沉积时期经历了前期海侵期后的海退及新的海侵至海退的完整旋回。

5)全新统如东组

如东组（Qhr）在常州、无锡地区分布较局限,主要见于冲湖积低平水网化平原区、湖沼积滨湖圩田化平原区及支流河道冲积平原区。如东组厚0～10.10m,在苏州、杭嘉湖、上海地区一般厚5～25m,崇明岛地区可达50m。岩性可分上、中、下3段。

在常州、无锡地区,如东组下段岩性为青灰色黏土质粉砂、粉砂质黏土夹淤泥质粉砂质黏土,钻孔中可见最大厚度达4m,卜弋桥ZK01钻孔该段的^{14}C测年年龄值为(10 218±135)a。

如东组中段:以淤泥质粉砂质黏土及粉砂发育为特征,常呈青灰色、深灰色,最大厚度为6.45m。中、下段在卜弋桥ZK01钻孔和漕桥ZK04钻孔中发现含海相介形类、有孔虫、钙质超微化石,可能为沿支流河道上溯的海侵产物。

如东组上段:岩性主要为黄褐色、青灰色粉砂质黏土,局部为黏土质粉砂,在滆湖农场等地为灰色—深灰色淤泥质粉砂质黏土,含粉砂球,一般地表厚几十厘米。岩性组合及生物面貌反映了本区如东组沉积环境以河湖相为主,成因多属冲积-冲湖积相沉积,在滆湖农场及滆湖周边地区为湖沼积。如东组底部以黏土质粉砂、淤泥质粉砂质黏土与下伏滆湖组"老黄土"相区分,其岩性以结构较松散为特征,与"老黄土"较密实的土质不同,两者为平行不整合接触。

在苏州、杭嘉湖、上海地区,如东组下段岩性以灰色、青灰色、深灰色、灰黄色粉砂质黏土、淤泥质粉砂质黏土为主,局部黏土质粉砂、粉砂,为湖沼相、泛滥相沉积,局部为漫滩相、河流相沉积;中段岩性为灰色、深灰色淤泥质粉砂质黏土、粉砂质黏土与粉细砂互层、粉砂、粉细砂,局部为中细砂,偶含砾,为潮坪相、潟湖相、河口相沉积;上段多为灰色、深灰色淤泥质黏土、粉砂质黏土,为湖沼相、泛滥相沉积。

（三）区域第四纪地层展布特征

本书通过建立钻孔联合剖面,即"沉积相横剖面图",研究了沉积相横向和纵向变化,分析了区域第四纪沉积地层的展布和沉积结构特征(图9-34)。

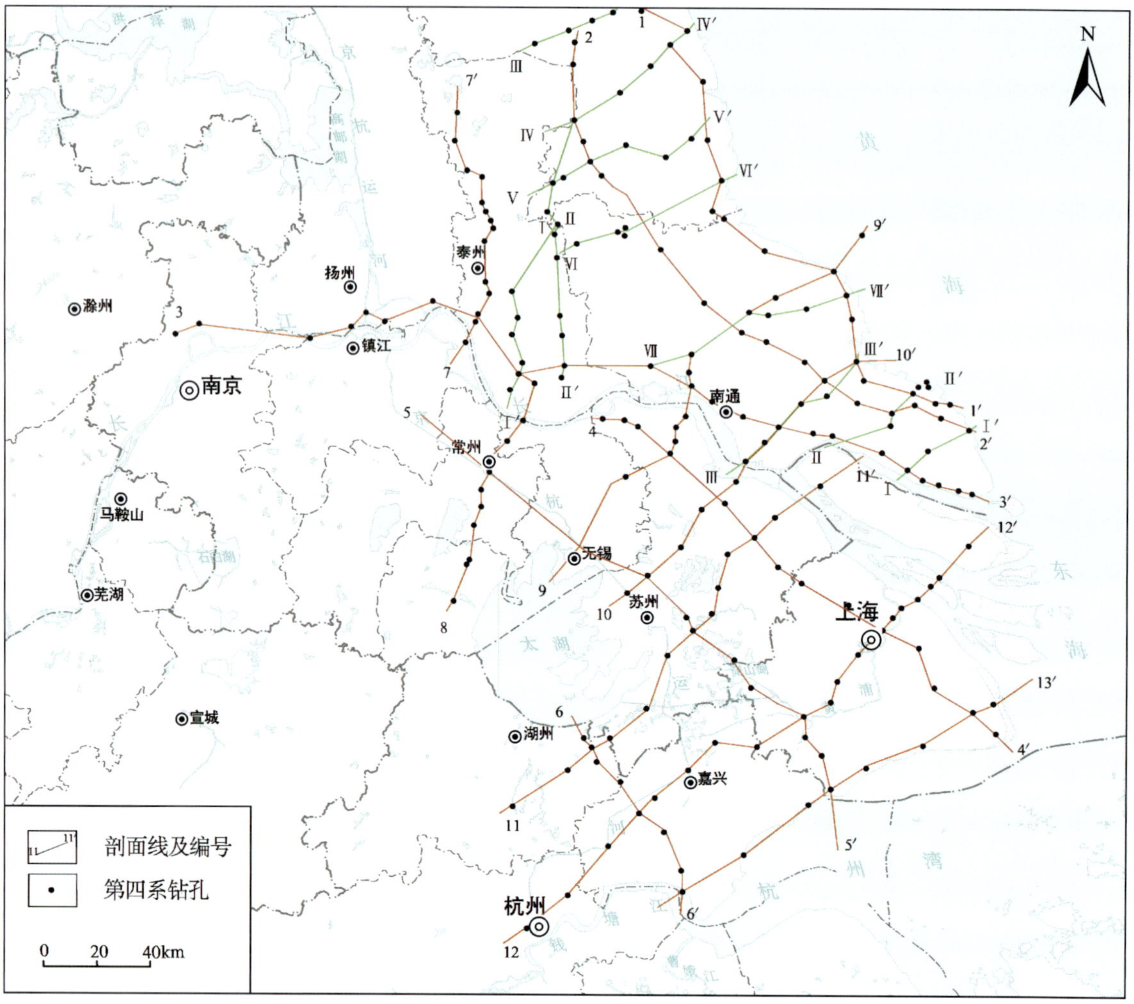

图9-34 长江下游钻孔联合剖面位置图

1. 苏北沿海地区第四纪沉积结构特征

根据1—1′钻孔联合剖面(图9-35、图9-36)、2—2′钻孔联合剖面(图9-37)和3—3′钻孔联合剖面(图9-38)的地层和沉积相变化,主要反映了分布在盐城、大丰、东台一带的长江—江淮过渡带地区第四纪地层的空间展布特征,3—3′钻孔联合剖面西部反映了长江河谷区第四纪地层的空间展布特征,按地层分区简述如下。

上新世时期,地层埋深为259~441m,厚约160m,主要发育蓝灰色、灰绿色、棕黄色、棕红色夹灰色、青灰色黏土、粉砂质黏土、黏土质粉砂、粉细砂、细砂,局部含中粗砂、砂砾层,为河湖相、泛滥相、漫滩相、河流相沉积。

早更新世早期,地层底板埋深为259~289m,北部地势高,南部略低,厚43~59m,主要发育蓝灰色、灰绿色、棕红色、棕黄色夹深灰色黏土、粉砂质黏土、黏土质粉砂、粉细砂、含砾中粗砂,为河湖相、泛滥相、漫滩相、河流相沉积。

晚更新世中晚期,地层底板埋深为200~239m,厚60~90m,主要发育黄绿色、灰色、棕黄色黏土、粉砂质黏土、黏土质粉砂、粉细砂、含砾细砂,为河湖相、泛滥相、漫滩相、河流相沉积。南部PY19钻孔165.85~226.76m为厚约60m的巨厚砂层,岩性为灰色、浅灰色粉细砂、含砾细砂夹含砾粗砂,较松散,含碳化木,透水性好。

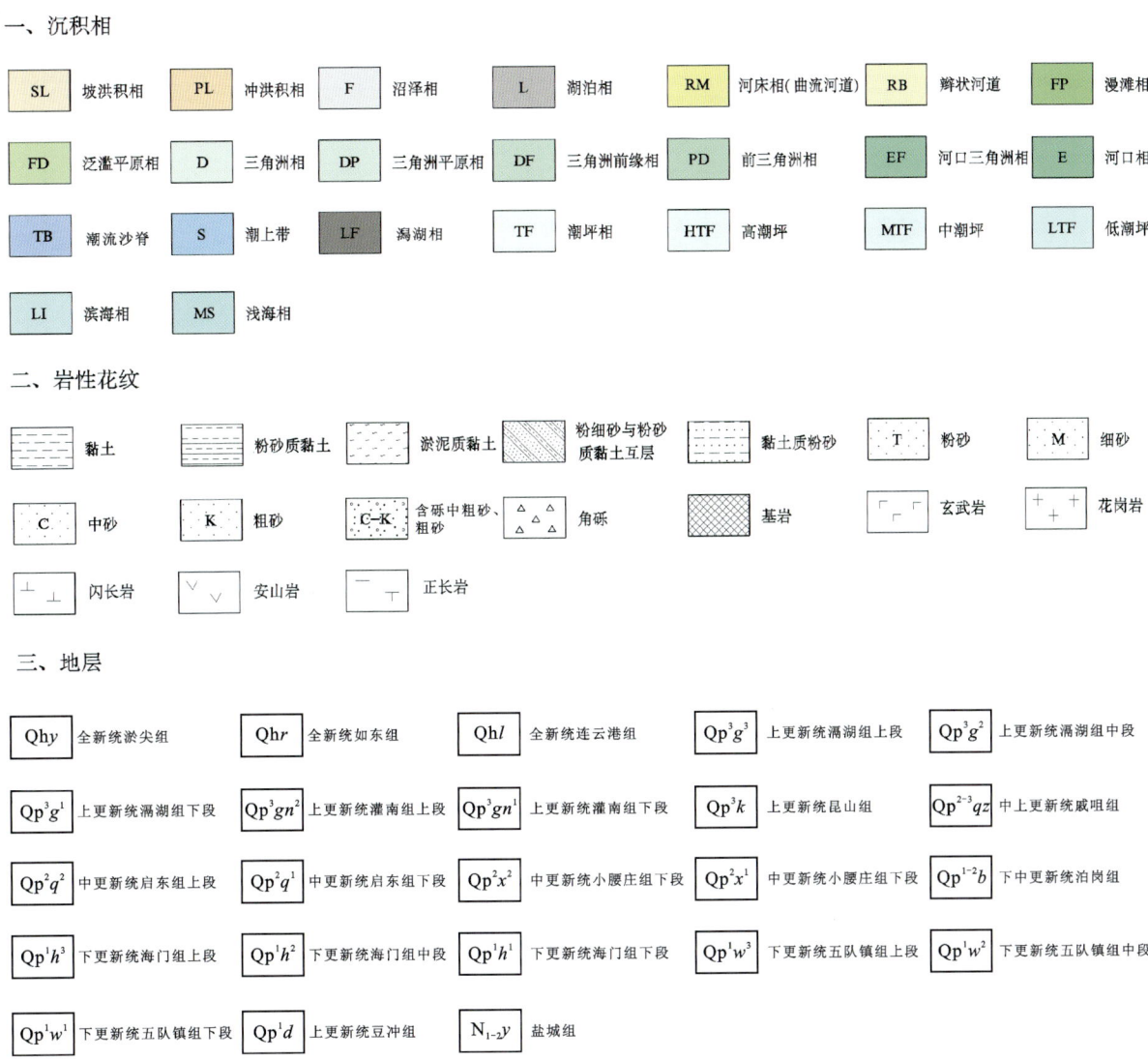

图 9-35 钻孔联合剖面图综合图例

中更新世早期,地层底板埋深为132~159m,厚49~74m。上部发育灰绿色、青灰色、灰色、灰黄色粉砂质黏土、淤泥质黏土夹粉细砂,为泛滥相、漫滩相沉积。中部主要发育灰色、深灰色、青灰色淤泥质黏土、粉砂质黏土、淤泥质黏土与粉砂互层、黏土质粉砂、粉细砂等,含有孔虫、海相介形类化石和海相贝壳碎片,为潮上带、潮坪相沉积。下部主要发育灰棕色、青灰色、灰黄色粉砂质黏土、粉细砂,局部为含砾中粗砂,为泛滥相、漫滩相、河流相沉积。

中更新世晚期,地层底板埋深为83~108m,南部地势突然降低,厚18~31m。上部主要发育灰色、深灰色、灰黄色淤泥质黏土、粉砂质黏土、黏土质粉砂、粉细砂,为湖沼相、泛滥相、漫滩相、河流相沉积。下部发育灰色、深灰色淤泥黏土、淤泥质黏土与粉砂互层、粉细砂,含丰富微体化石,为潮坪相及河口相沉积。

晚更新世早期,地层底板埋深为58~77m,厚21~26m,主要发育灰色、深灰色淤泥质黏土、粉砂质黏土、淤泥质黏土与粉砂互层、粉砂,为潮坪相沉积。

晚更新世晚期,地层底板埋深为37~44m,厚12~21m。下部发育灰黄色、黄棕色粉砂质黏土、黏土质粉砂,为泛滥相、漫滩相沉积,在南部PY19孔51.1~62.8m为黄灰色粉砂质黏土与粉砂互层、灰色粉砂、粉细砂,含丰富的有孔虫化石及贝壳碎片,为潮坪相、滨海相沉积。中部主要发育灰色、青灰色、深灰色、灰黄色淤泥质黏土、粉砂质黏土、黏土质粉砂、淤泥质黏土与粉砂互层,为潮上带、潮坪相沉积。下部

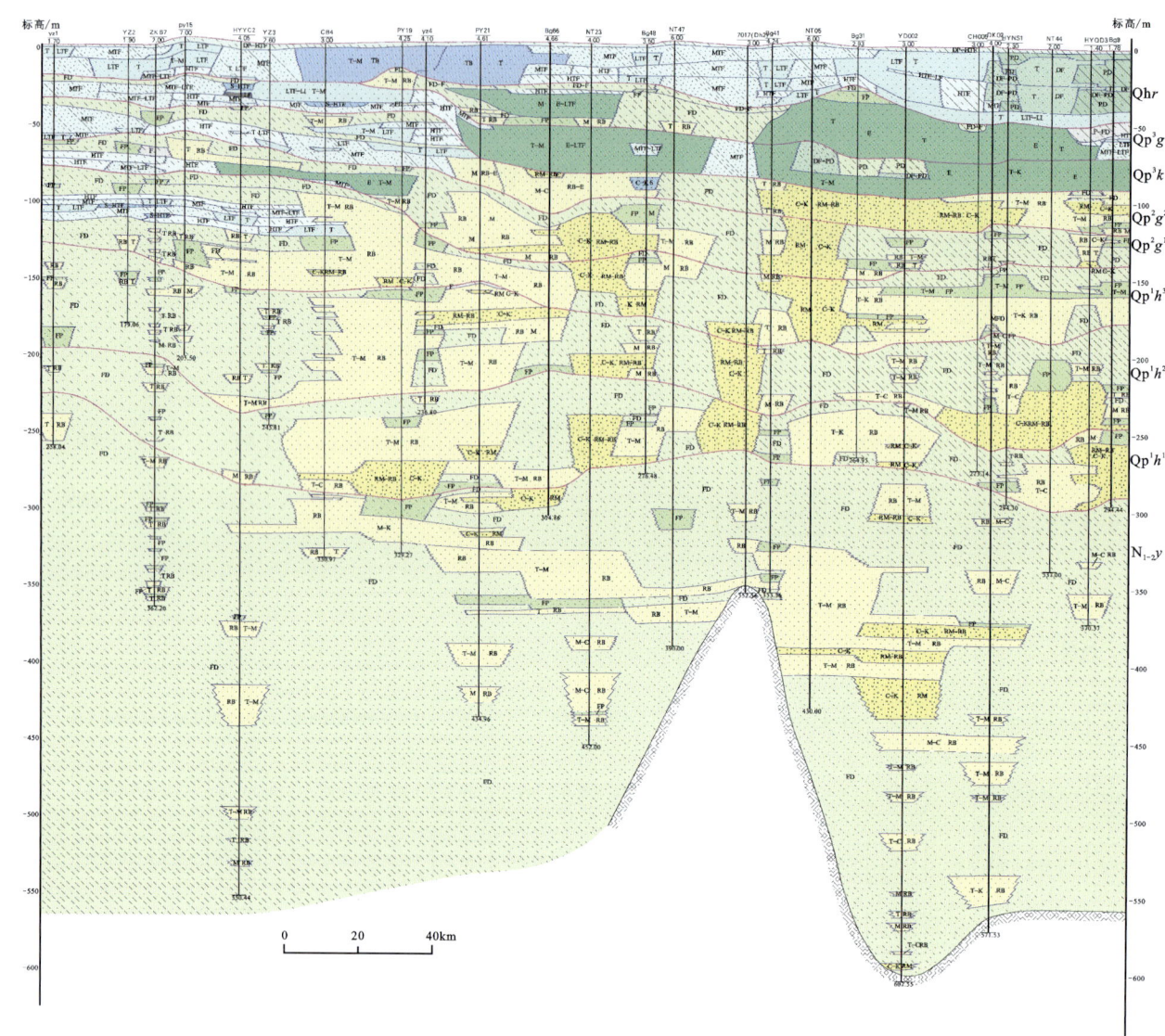

图 9-36　1—1′钻孔联合剖面

注：图例见图 9-35。

地层中部缺失，南部厚 14m，主要发育灰色、灰黄色、棕黄色粉砂质黏土、黏土质粉砂、粉细砂，为泛滥相、河流相沉积。

全新世时期，地层埋深为 16~24m，南部略浅，主要发育灰色、深灰色淤泥质黏土、粉砂质黏土，以及深灰色、青灰色、灰绿色黏土质粉砂、粉细砂，含丰富微体化石和海相贝壳碎片，北部为潮坪相沉积，南部为潮流沙脊沉积。

2. 扬州-泰州河谷区第四纪沉积结构特征

根据Ⅰ—Ⅰ′钻孔联合剖面（图 9-39）和Ⅱ—Ⅱ′钻孔联合剖面（图 9-40）的地层与沉积相变化，结合泰州 CD2（D115）钻孔和口岸镇 ZKA7 钻孔的测试资料，分析了北部里下河地区和长江河谷区的第四纪地层空间展布特征，按地层分区简述江淮平原沉积区和长江河谷平原区特征。

1）江淮平原沉积区

江淮平原沉积区分布在泰州—姜堰—海安一线以北，即泰州市区 CD2 钻孔—姜堰朱云村 TZK7 钻孔一线以北。

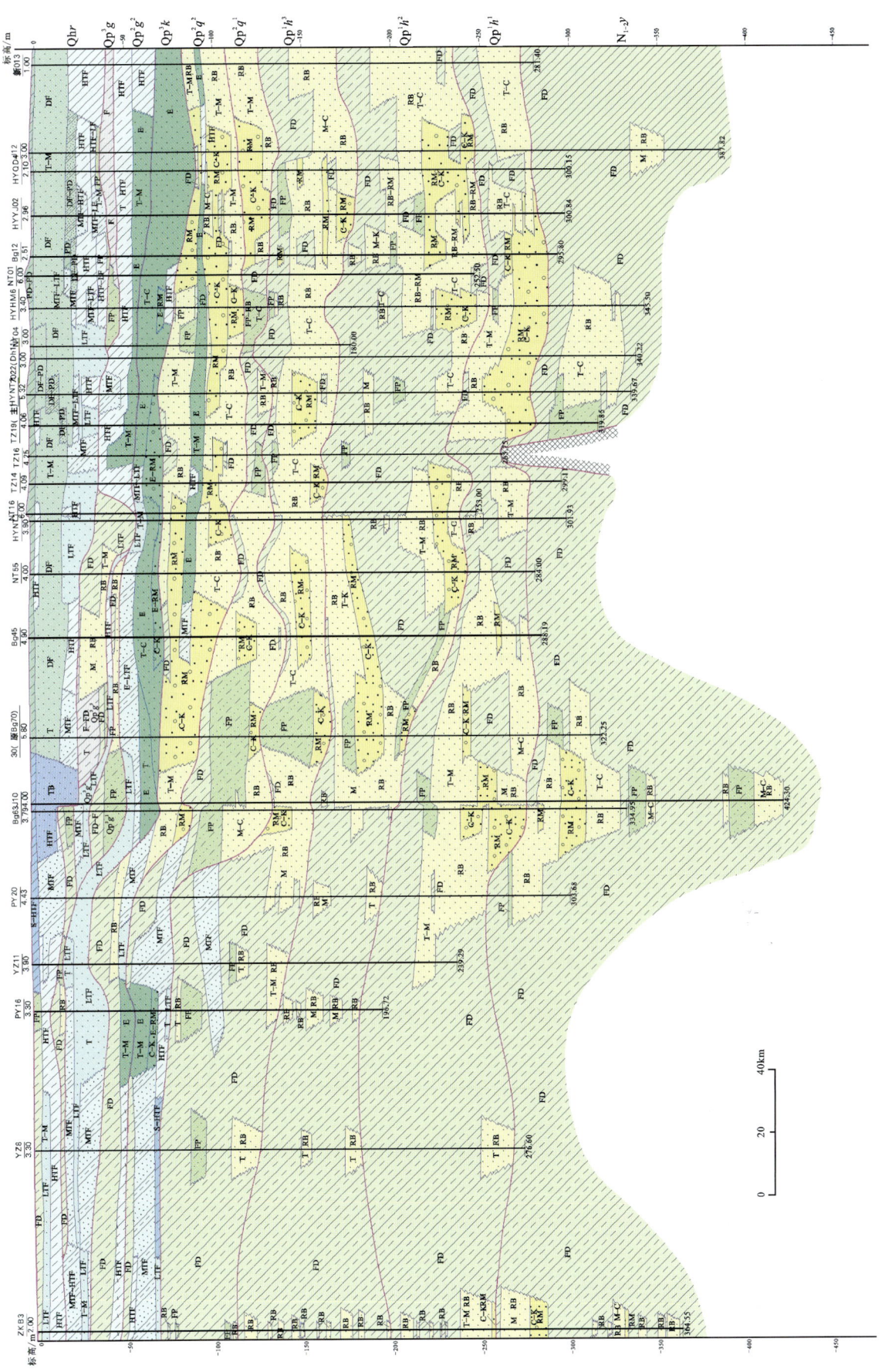

图 9-37 2—2′钻孔联合剖面

注：图例见图 9-35。

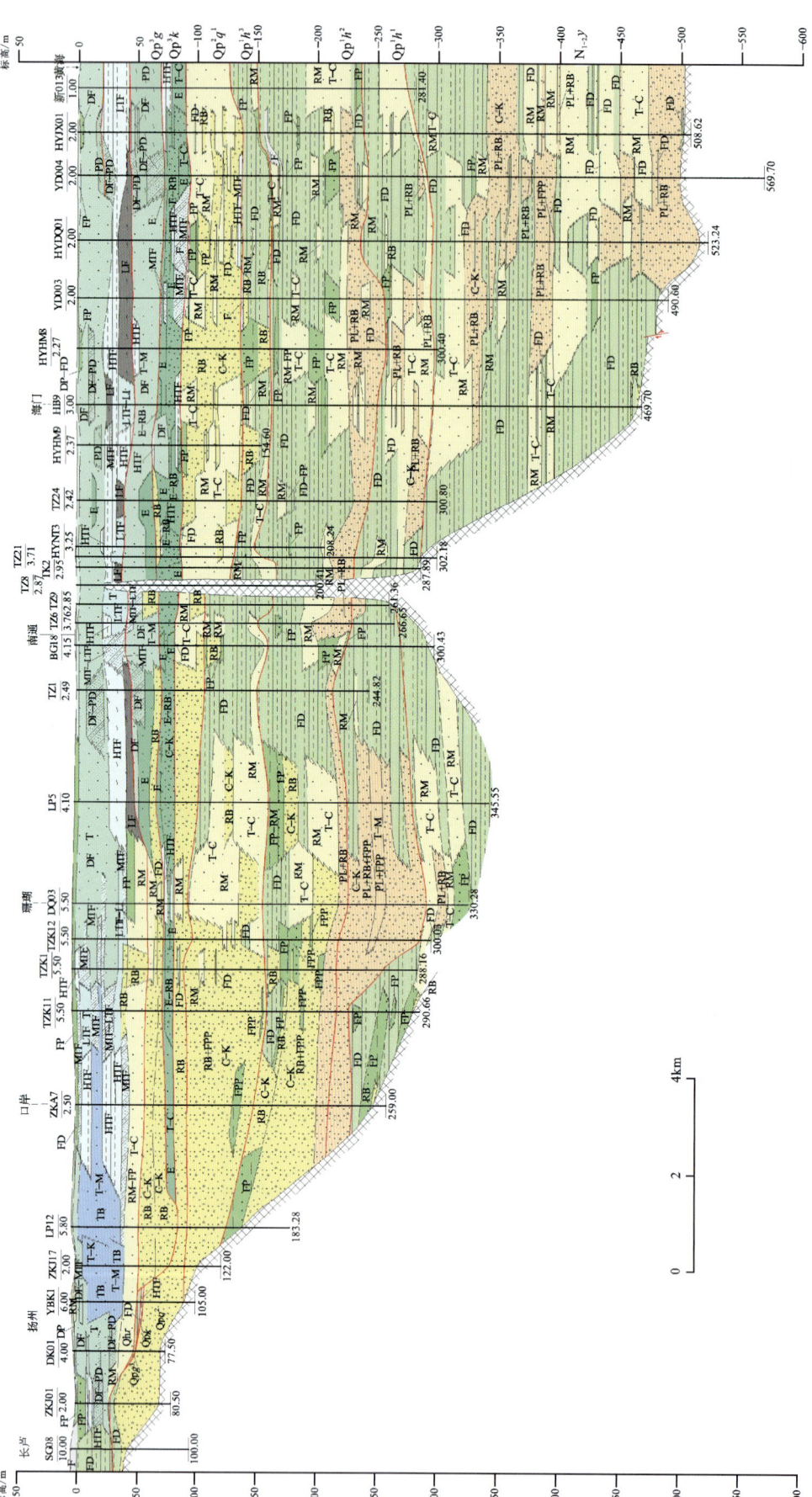

图 9-38 3—3'钻孔联合剖面

注：图例见图 9-35。

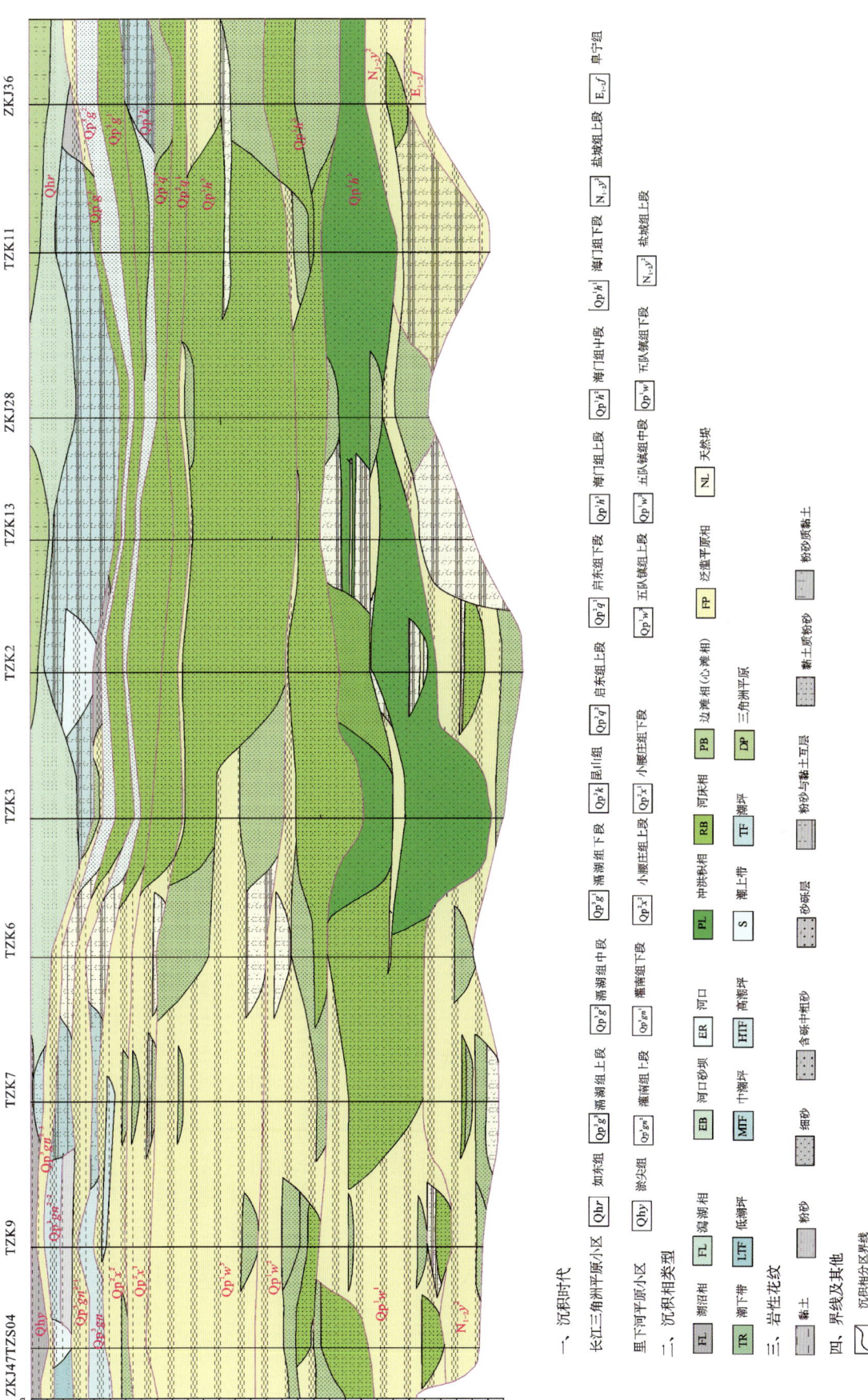

图 9-39 I—I′钻孔联合剖面

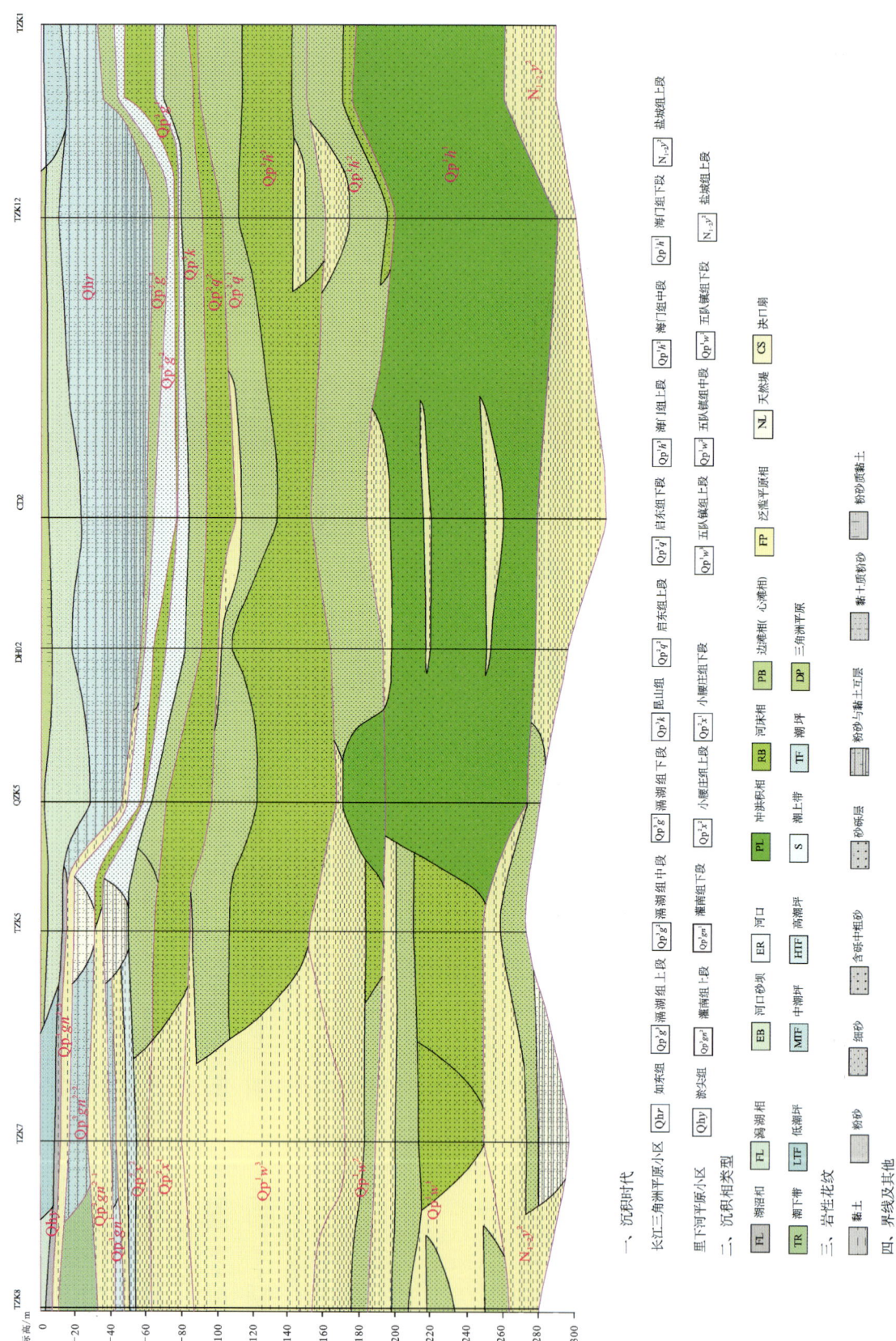

图 9-40 Ⅱ—Ⅱ'钻孔联合剖面（姜堰-蒋垛-靖江第四系地质剖面）

上新世时期,沉积物颜色以灰黄色、棕黄色、棕红色为主,岩性为黏土、含粉砂黏土、粉砂质黏土,含有大量钙质结核,局部夹灰色粉砂、细砂的边滩相沉积及灰色砂砾层、含砾中粗砂、粗砂的河床相沉积。

早更新世时期,发育上细下粗 3 个沉积旋回,分别为早期、中期和晚期的沉积物,如 TZK10、TZK9 钻孔分别在 165.3~173.43m 和 183.2~183.85m 发育灰色砂砾层,砾石砾径以 2~4mm 为主,零星为 1~3cm,为分支河道沉积或边滩沉积;TZK8 钻孔在 183.68~184.39m 发育灰黄色砾石层,砾石砾径 5~10mm,小的为 2~4mm,以次圆状为主,砾石层较薄,为边滩相沉积;TZ1 钻孔在 161.1~166.2m 发育灰色细砂、砾质粗砂,为边滩相沉积,与下部盐城组黏土地层呈不整合接触。

早更新世早期,呈现上细下粗的沉积旋回。下部地层埋深为 190~270m,西高东低,厚 3~50m,为灰黄色、黄灰色含砾中粗砂的河床相沉积及细砂、中粗砂的边滩相沉积。上部地层埋深为 185~250m,厚 10~70m,为巨厚的棕黄色、棕红色、灰绿色黏土、含粉砂黏土的泛滥相沉积。

早更新世中期,呈现上细下粗的沉积旋回。下部地层埋深为 155~220m,厚 5~50m,为灰色、灰黄色细砂、中粗砂及含砾中粗砂、砂砾层的河床相及边滩相沉积。上部地层埋深为 140~190m,厚 5~40m,为巨厚的棕黄色、棕红色、灰绿色黏土、含粉砂黏土的泛滥相沉积。

晚更新世晚期,呈现上细下粗的沉积旋回。下部地层埋深为 120~170m,厚 0~20m,为灰色、灰黄色粉砂、细砂,局部见含砾中粗砂的边滩沉积。下部地层埋深为 110~150m,厚 20~60m,为巨厚的棕黄色、棕红色、灰绿色黏土、含粉砂黏土的泛滥相沉积。

中更新世时期,主要发育一个上细下粗的沉积旋回。东部地区中更新统上部发现有孔虫,为灰色黏土的高潮坪,为该区的第一次海侵。

中更新世早期,地层埋深为 75~100,地势地平,厚 3~35m,为灰黄色、灰色粉砂、细砂,局部夹含砾中粗砂的河床相、边滩相沉积。

中更新世晚期,地层埋深为 50~68m,厚 5~30m,为巨厚的棕黄色、棕红色、灰绿色黏土、含粉砂黏土的泛滥相,见陆相介形虫 Candoniella albicons,Candona sp.,Ilyocypris spp.,Ilyocypris brodyi,Limnocythere sp.。东部含有有孔虫,以 Ammonia beccarii /Ammonia tepida Group 为主,见少量的 Nonion tisburyensis,Florilus sp.,为该地区的第一次海侵。

晚更新世时期,地层底板埋深为 20~55m,从下至上发育了两个海相层和陆相层,互层分布,分别对应晚更新统晚期晚时 MIS2 阶段、晚更新统晚期中时 MIS3 阶段、晚更新统晚期早时 MIS4 阶段和晚更新统早期的 MIS5 阶段。

晚更新世早期,对应 MIS5 阶段,地层埋深为 20~55m,厚 1~16m,在全区均有分布,对应太湖海侵,为灰色黏土的潮上带及灰色粉砂与黏土互层、粉砂、粉砂夹黏土的潮间带,发现大量有孔虫,以 Ammonia beccarii /Ammonia tepida Group 和 Nonion spp. 为主,见少量 Elphidium spp. 和 Nonionella jacksonensis,以及典型的半咸水浅水种 Pseudononionella variabilis,Stomoloculinamultangulo,Cribrononion spp.,Elphidiello kiangsuensis,Elphidium advenum,Brizalina sp. 等,零星见陆相介形虫 Ilyocypris sp.。

晚更新世晚期,地层可分为 3 段,自下至上分别对应 MIS4、MIS3、MIS2,下部地层埋深为 20~43m,厚 1~25m,为棕黄色、灰黄色黏土、含粉砂黏土的泛滥相,对应第二硬土层,局部层位见少量 Candona sp.,Candoniella sp. 及单顶级动物群 Candoniella albicans,为气候较冷的湖沼相环境。中部地层埋深为 15~31m,厚 4~22m,对应滆湖海侵,为灰色粉砂的潮下带、灰色黏土的潮上带及灰粉砂夹黏土、黏土夹粉砂、粉砂与黏土互层的潮间带,见大量有孔虫,以 Ammonia beccarii /Ammonia tepida Group 和 Nonion tisburyensis 为主,见少量的 Cribrononion incertum,Nonion spp.,Elphidium spp.,Elphidiella kiangsuensis,Elphidium advenum,Bolivina sp.,见典型的半咸水指示种 Pseudononionella variabilis 及 Stomoloculinamultangula,见少量陆相介形虫 Ilyocypris sp.,Candoniella albicans,Ilyocypris bradyi。上部地层埋深为 6~17m,厚 2~11m,对应第一硬土层,为棕黄色、灰黄色黏土、含粉砂黏土的泛滥相。

全新世时期，区内较为发育，沉积厚度较小，为 2~11m。全新统早期，区内为灰色、青灰色黏土的湖沼相沉积，局部地区发育陆相沼泽的泥炭层。全新统中期，区内为灰黄色黏土的泛滥相，以及灰色黏土、粉砂质黏土、黏土质粉砂的潟湖相，灰色粉砂夹黏土、粉砂与黏土互层的潮坪相，含有少量的有孔虫，以 *Ammonia beccarii/Ammonia tepida Group*，*Nonion tisburyensis*，*Elphidium* sp.，*Cribrononion* sp.，*Elphiidium* sp.，*Florilus* sp. 为主。全新统晚期，区内为深灰色黏土的湖沼相，含有广生性种类的介形虫 *Candona* sp.，*Candoniella* sp.，*Chlamydotheca* sp.，与中部地层具有沉积间断。

2) 长江河谷沉积区

长江河谷沉积区分布在泰州—姜堰一线以南与镇江—江阴一线以北之间。

中新世时期，主要为棕红色、绿灰色黏土质粉砂、粉砂质黏土，为湖相、泛滥平原相沉积。上新统时期，上部主要为一套较厚灰绿色黏土层，为湖相、泛滥平原相沉积，下部为灰黄色、灰色砂砾层、含砾中粗砂、粗砂、细砂的河床相沉积。

早更新世时期，具多个上细下粗的沉积旋回，简述如下。

早更新世早期，地层埋深为 210~300m，厚 40~95m，可见 1~3 个由粗至细的沉积旋回，岩性主要为砾石层、砂砾层、砾质中粗砂、含砾中粗砂、中粗砂、细砂、粉砂、黏土，为河床相、泛滥相沉积。

早更新世中期，地层埋深为 165~215m，厚 15~50m，可见 1~2 个由粗至细的沉积旋回，主要为灰色、灰黄色细砂、中粗砂及含砾中粗砂、砂砾层的河床相沉积，顶部为灰绿色、棕黄色、灰色黏土、含粉砂黏土的泛滥相沉积。

早更新世晚期，地层埋深为 140~170m，厚 30~75m，可见 1~2 个由粗至细的沉积旋回，主要为灰色、灰黄色细砂、中粗砂及含砾中粗砂、砂砾层的河床相，顶部为灰绿色、棕黄色、灰色黏土、含粉砂黏土的泛滥相。

中更新世时期，发育两个下粗上细的沉积旋回，南部发育灰色砂砾层、砾质中粗砂的河床相，北部发育灰色中粗砂、细砂的边滩相沉积。

中更新世早期，地层埋深为 75~115m，厚 5~40m，为黄灰色、灰色中粗砂、砾质中粗砂、砾石层的河床相，北部为灰色中粗砂的边滩相，最北部为棕黄色、灰绿色黏土、含粉砂黏土的泛滥相。

中更新世晚期，地层埋深为 64~100m，厚 5~25m，为黄灰色、灰色中粗砂、砾质中粗砂、砾石层的河床相，北部为灰色中粗砂、细砂的边滩相，最北部为棕黄色、灰绿色黏土、含粉砂黏土的泛滥相。

晚更新世早期，地层埋深为 48~92m，厚 1~20m，发育灰色粉砂、细砂的河口相沉积，最北部为棕黄色、棕红色粉砂与黏土互层的天然堤沉积。

晚更新世晚期，地层可见 3 套沉积体系，从下往上分别为：晚更新世晚期早时，地层埋深为 30~85m，厚 1~22m，为灰色、灰黄色含砾中粗砂、砾石层的河床相，最北部为棕黄色、棕红色黏土、含粉砂黏土的泛滥相；晚更新世晚期中时，地层埋深为 25~80m，厚 1~13m，发育灰色粉砂、细砂的河口相，最北部为棕黄色、棕红色粉砂与黏土互层的天然堤沉积，为一套具海侵体系的地层；晚更新世晚期晚时，地层埋深为 15~76m，厚 1~15m，为灰色、黄灰色含砾中粗砂的河床相，最北部为棕黄色、灰绿色黏土、含粉砂黏土的泛滥相。

全新世早期，沉积物为灰色、青灰色黏土的湖沼相及灰色粉砂与黏土互层的潮坪相，有孔虫丰度很低，为 1~12，简单分异度为 1~3，物种简单，个体较小，见少量的 *Ammonia* sp.，*Cribrononion* sp.，*Cribrononion incertum* 及少量贝壳碎片。

全新世中期，沉积物为灰色粉砂与黏土互层的潮坪相及灰色粉砂的河口砂坝，有孔虫丰度变化较大，为 0~207，简单分异度为 0~6，以喜暖浅水种 *Ammonia beccorii/tepida Group* 为主，见少量的 *Ammonia annectens*，*Ammonia* sp.，*Buliminamarginata*，*Nonion tisburyensis*，*Cribrononion incertum*，*Cribrononion porisuturais*，*Elphidium advenum*，*Elphidiella kiangsuensis*，*Pseudorotalio goimardii*，*Florilus* sp. 等，见少量贝壳碎片。

全新统晚期，沉积物为黄灰色、灰黄色黏土质粉砂、粉砂的三角洲平原及潮上带。

3. 太湖平原沉积区第四纪沉积结构特征

根据 4—4′钻孔联合剖面（图 9－41）、5—5′钻孔联合剖面（图 9－42）、11—11′钻孔联合剖面（图 9－43）和 6—6′钻孔联合剖面（图 9－44）的地层和沉积相变化，反映了太湖地区第四纪地层的空间展布特征，简述如下。

上新世晚期，沉积物主要为灰绿色亚黏土、中细砂层，主要为湖相沉积，局部为河流相沉积。与上覆地层出现侵蚀间断，呈不整合或假整合接触。

早更新世时期，西部、南部较薄，东部埋藏深度一般为 130～260m，厚度一般可达 80～110m。沉积物自下而上由亚黏土、粉细砂、中粗砂、含砾中粗砂组成一个复式沉积旋回，反映河流→河口河床→河流相沉积环境。根据岩性变化可以划分出 2～3 个单相的沉积亚旋回，代表早期、中期和晚期 3 个时期的沉积。

早更新世早期，底界起伏较大，反映沉积后曾受长期侵蚀破坏，局部呈不稳定状"残留体"发育分布，厚度变化较悬殊，薄有缺失。上部一般为灰黄色、青灰色硬塑状粉质黏土，含铁锰质氧化斑块和钙质斑砾，局部混杂少量小角砾，具块状构造特征。下部为灰黄色等杂色含砾中粗砂和中细砂，可见混杂较多的泥砾，分选性差，局部具斜交和水平层理。该阶段呈现一个不完整的沉积旋回，主要为冲洪积相及冲积相、湖相等陆相沉积。

早更新世中期，沉积物具有较大的局限性，主要分布在甪直凹陷北缘，其他地段沉积较薄，推测有较大范围内缺失。沉积物底板深度一般为 160～180m，厚 10～20m，层位并不稳定。沉积物上部一般为灰黄色、青灰色粉质黏土和黏土，含铁锰质斑块和钙质结核，厚度一般达 3～20m。下部为灰黄色至浅灰色中粗砂、中细砂，局部含较多次滚圆状卵砾石，砾径大小不一，大者可达 3～5cm，水平或斜交层理较发育，厚度受古河道控制，在垂向剖面中具上细下粗的正韵律结构特征，主要为冲洪积相、河床相、漫滩相及泛滥相沉积，与下伏层位间存在明显的侵蚀冲刷间断面。

早更新世晚期，地层在本区有一定的分布广度，但主要分布在苏州以东，与早期、中期沉积没有继承性，底板埋深一般为 140～150m，向东北方向略有增深，但变化幅度不大。在阳澄湖—澄湖地段，底板深度为 160～175m，显示形态比较和缓的北东向盆谷形底面，在北部可增至 180～210m，反映在该段沉积以前曾经侵蚀铸造了特定的宽谷地形洼地。地层厚度一般在 25～60m。沉积物上部为黄褄色、棕黄色粉质黏土，含铁锰质结核和少量钙质结核，其中夹有黏质粉土薄层，局部见水平层理，厚度一般为 10～25m。下部为灰色夹灰黄色中细砂、含砾中粗砂，分选性较好，厚度一般为 15～40m。该阶段总体上显示河流相的二元结构特征，具典型的近源堆积。

中更新世早期，地层的顶界埋深自西往东，由南向北稍有变化，厚度一般为 70～100m，厚度随古地貌部位而定，在古河床区一般达 25～50m，在近山体地带或河间地段相应变浅变薄，厚度多为 10～25m。沉积物主要为灰色中细砂、中粗砂，局部含磨圆度良好的小砾石，具水平层理，在垂向上常见有 2～4 个粗细正韵律变化特征，在古河床两侧的漫滩区岩性明显变细，一般为薄层粉质黏土夹薄层粉细砂。

中更新世晚期，除山麓区小范围缺失外，大部分平原地区均有地层发育。因受后期冲刷破坏，顶界深度变化较大，埋深一般变化在 90～100m 之间，厚者可达 10～15m，局部较薄，仅 3～5m。沉积物主要为灰黄色、黄褄色粉质黏土夹黏质砂土，见近水平层理，含较多铁锰质结核和钙质结核。在苏州-上海较大范围内，上部沉积物为青灰色夹灰黄色粉质黏土，底板埋深为 55～65m，厚度一般为 3～10m，为泛滥平原相沉积。下部为灰色、深灰色微薄层状粉砂质黏土夹粉砂和灰色中细砂，含海相介形虫和有孔虫化石，为潮坪相、滨海相、浅海相沉积，是太湖沉积区第一次较大规模的海侵。

晚更新世早期，底板深度为 50～90m，厚度一般变化在 30～50m。沉积物为灰色、深灰色粉质黏土和砂层，主要为较厚的微薄层状粉砂质黏土夹粉砂，微层理发育，俗称"千层饼"，为潮坪相沉积。在阳澄湖以东—上海较大范围内，下部较普遍发育厚度达 20～40m 灰色中细砂，为滨海-浅海相沉积，为区内规模最大的一次海侵沉积。

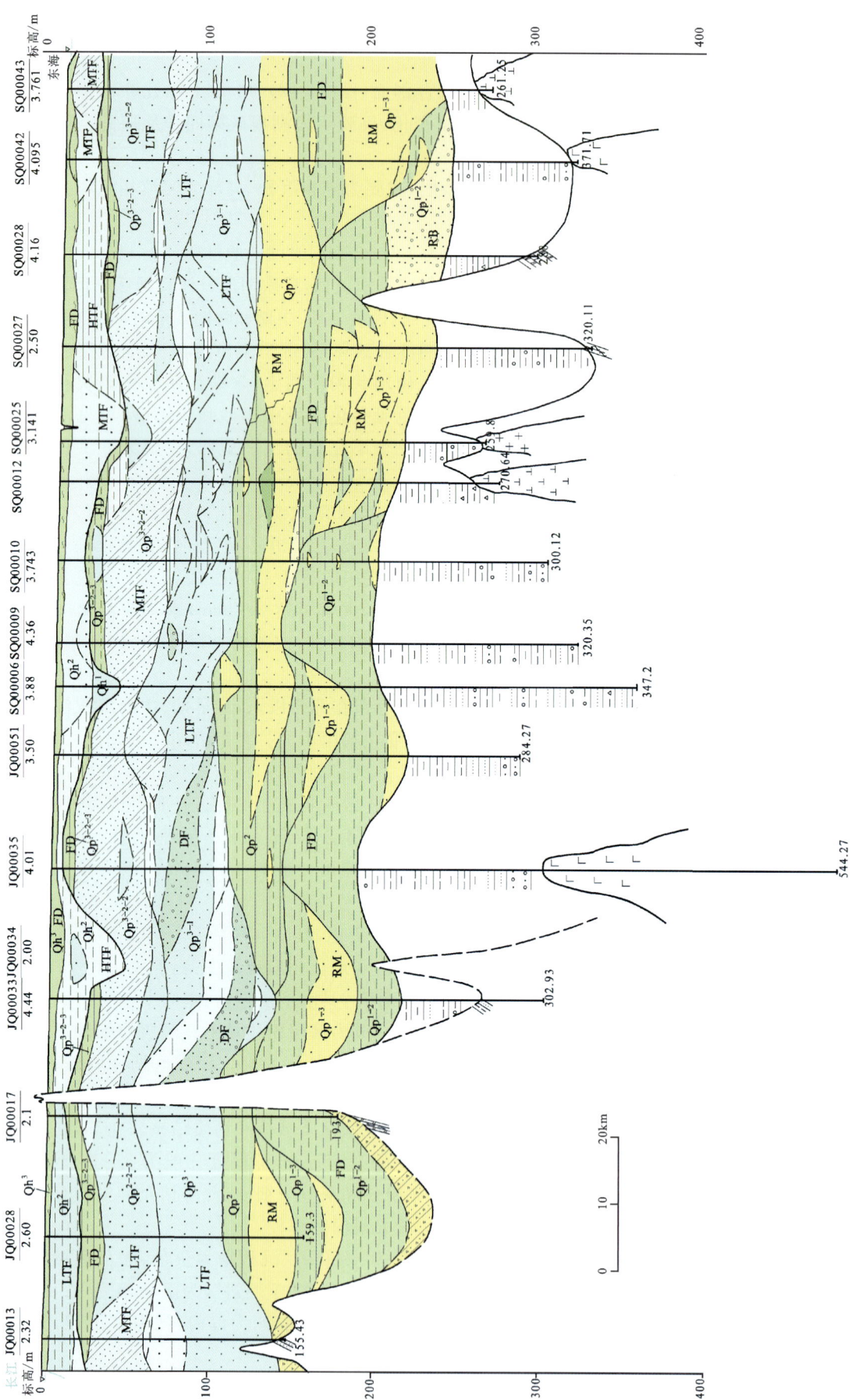

图 9-41 4—4′钻孔联合剖面

注：沉积图图例见图 9-35，地层代号见表 9-8。

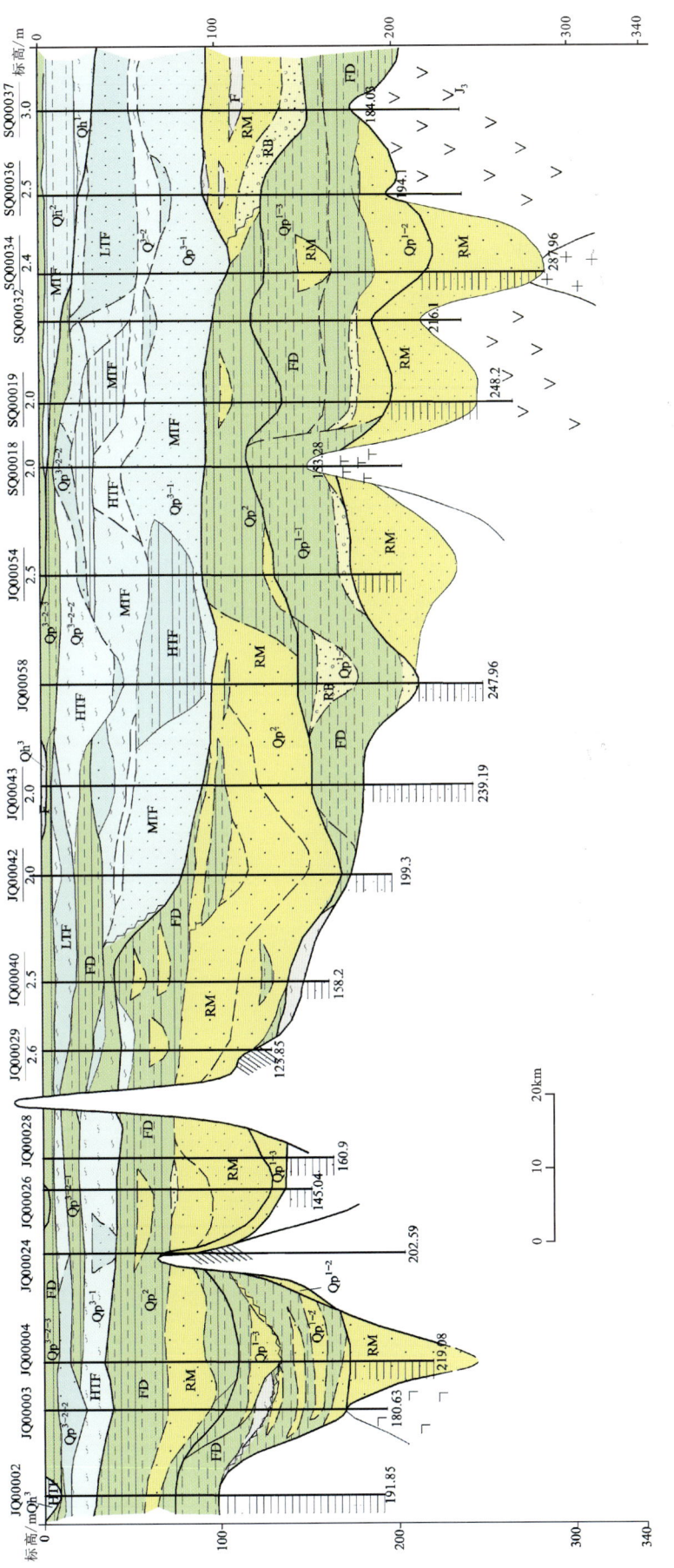

图 9-42 5—5′钻孔联合剖面

注：沉积图图例见图 9-35，地层代号见表 9-8。

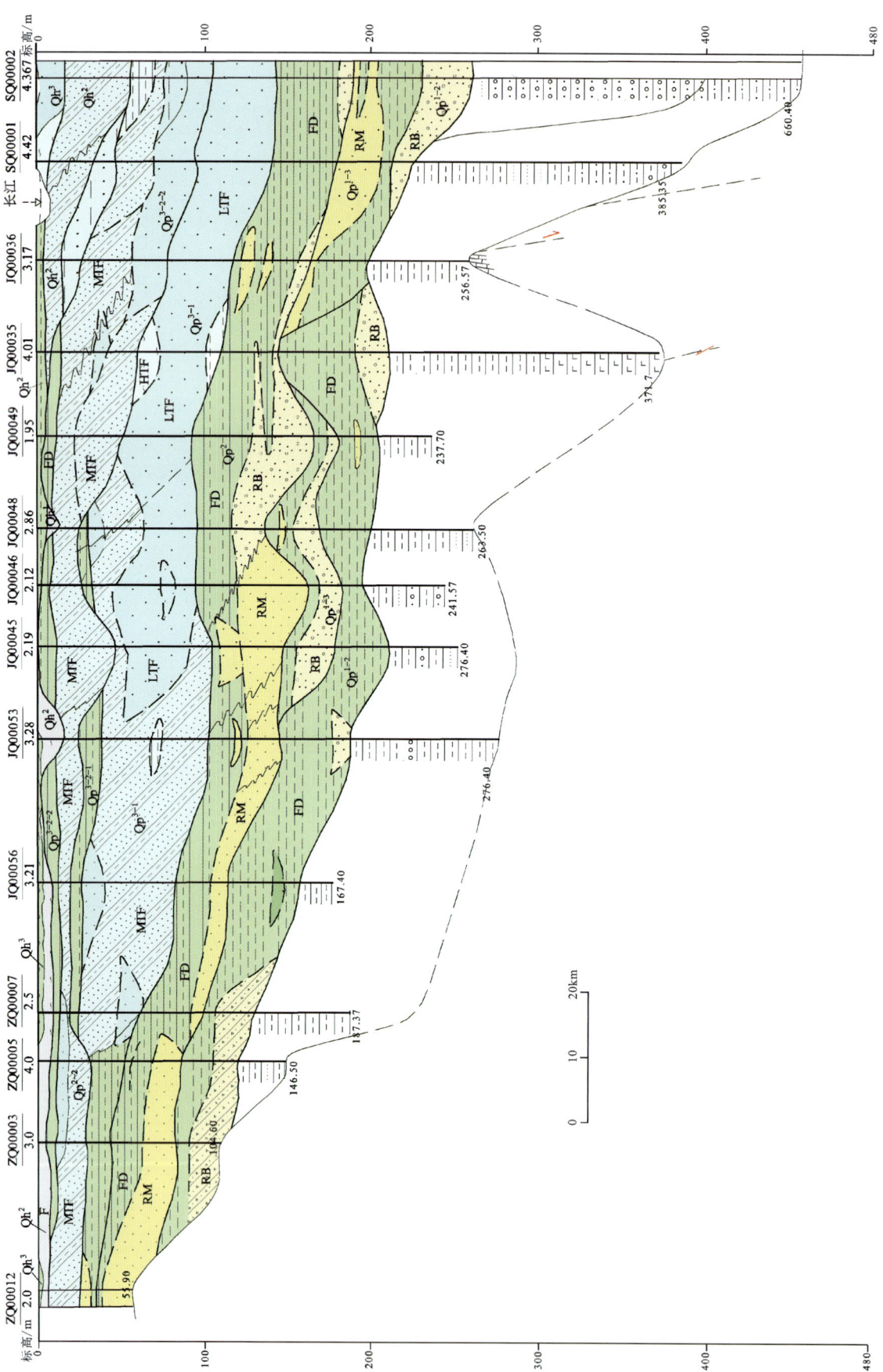

图 9-43 11—11′钻孔联合剖面

注：沉积图例见图 9-35，地层代号见表 9-8。

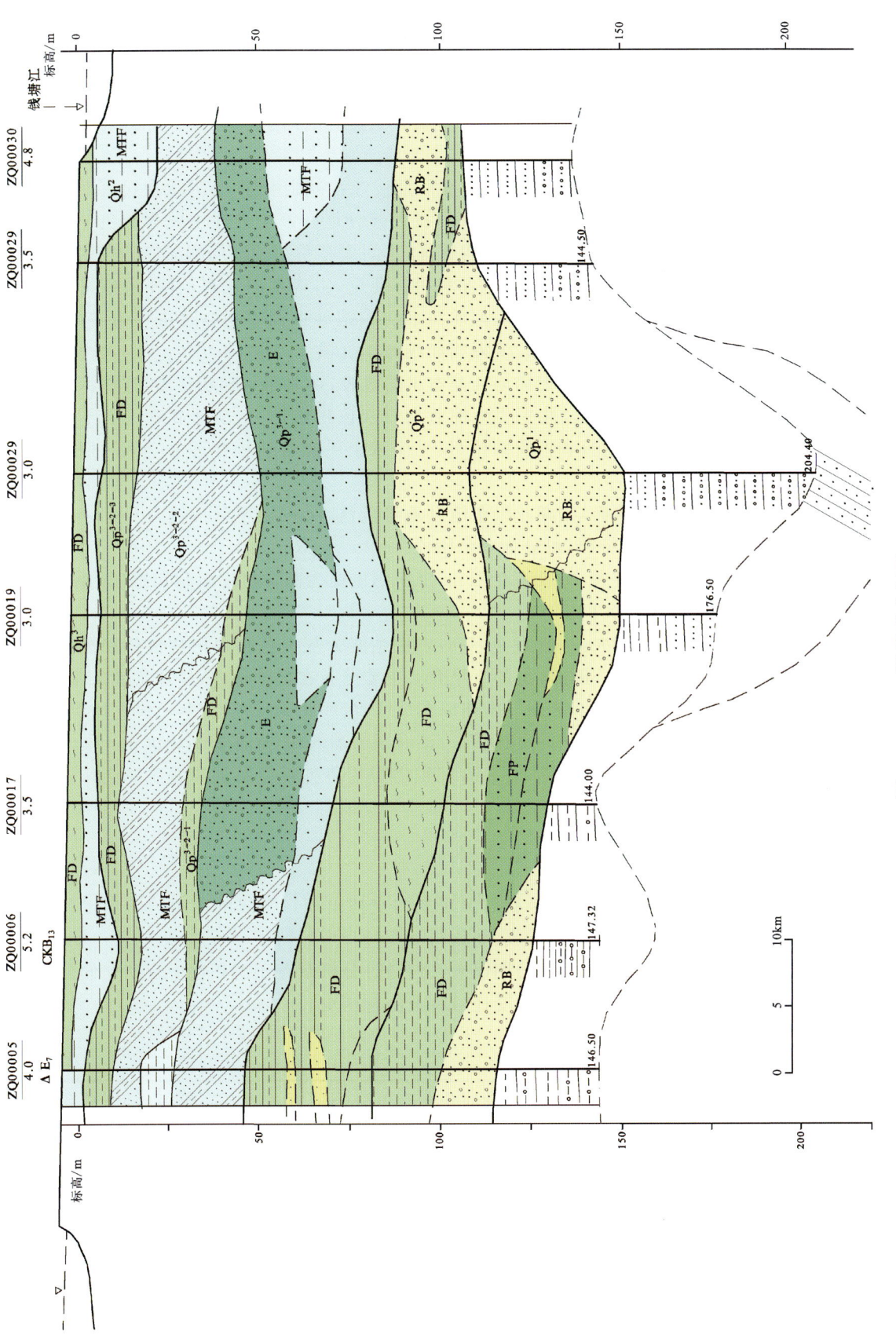

图9-44 6—6'钻孔联合剖面

注:沉积图例见图9-35,地层代号见表9-8。

晚更新世时期,从比较完整的钻孔揭示资料反映,垂向上呈现陆相→海相→陆相序列,形成特定的第四纪地层结构类型区,从早到晚进一步细分为3个时段。

晚更新世晚期早时,沉积较广泛分布于中、东部平原,局部因后期冲刷破坏而缺失。底板深度一般为15~40m,厚0~8m。岩性主要为棕黄色、杂青灰色黏土、粉质黏土,硬塑—可塑状,局部夹粉细砂薄层,含铁锰质结核和钙质结核,可见陆相介形虫,主要种属有土星介、丽星介、玻璃介等。该时期为河流泛滥相、河流相沉积。

晚更新世晚期中时,沉积较广泛分布于全区。因受后期侵蚀性冲刷破坏,顶界深度自南西往北东方向梯状增加,显示向北东微倾和缓斜坡面,厚7~25m。在大部分地区该层岩性主要为灰色—深灰色黏质黏土,局段含淤质,微薄层理发育,具"千层饼"结构特征,其间夹有粉细砂。局部河口地段为灰色—灰黄色粉细砂、中细砂呈面状发育分布。该层中普遍含海相有孔虫,由南西向北东,有孔虫数量和属种明显增加,以毕克卷转虫、缝裂希望虫、异地希望虫、假轮虫、瓶虫、抱球虫及中华丽花虫等为主,同时还富含螺贝壳碎片。该时期主要为潮坪相、河口相、滨海相和浅海相沉积。

晚更新世晚期晚时,沉积较广泛分布,无锡地区基本出露地表,往北东呈梯状递增,埋深深度一般为0~16m,厚度变化不大,多为0~10m。岩性主要为棕黄杂青灰色粉质黏土,顶部多有一层不厚的青灰色段,可塑至硬塑状,普遍含铁锰质结核和钙质结核,仅见少量土星介等陆相介形虫。该时期主要为泛滥平原相沉积。

全新世时期,无锡地区大面积缺失,太湖及以东地区地势低洼,沉积物埋深一般为0~20m,在上海嘉定P5钻孔可达40m,根据沉积物特征,可分为3个阶段。

全新世早期,沉积物厚度变化较大,一般为0~5m,沉积物主要为富含植物根茎和螺壳的淤质黏土,有机质含量较高。该时期为湖沼相沉积。

全新世中期,沉积物厚度变化较大,一般为0~5m,岩性主要为灰黑色富含植物根茎和螺壳的淤质黏土及泥炭层,有机质含量较高,仅含陆相常见的土星介。主要分布在低洼地内,呈片状或条带状分布,基本为沼泽沉积。在常州的长荡湖盆地、苏州—湖州以东地区,沉积物为灰色、深灰色淤泥质黏土、粉砂质黏土与薄层粉砂互层,含海相介形虫河有孔虫化石。该时期为潮坪相,局部潟湖相沉积。

全新世晚期,东部平原区较广泛分布,厚2~8m,沉积物为灰黄色粉质黏土和淤质黏土。该时期主要为湖沼相、泛滥平原相沉积。

(四)第四纪岩相古地理与沉积环境变化

第四纪时期周期性的气候变化,导致寒冷期与温暖期的交替出现。气候的冷暖与干湿变化直接决定了地表径流的变化,进而决定了沉积物的形成、变化与沉积过程中的特征,并直接影响着生物的演化、海面升降以及古地理、古环境的变迁。因此,长期以来人们通过分析赋存于沉积物中反映气候变化的标志、第四纪气候史及生物特征,寻求古地理环境变迁过程及演化历史。

1. 更新世早期岩相古地理

根据我国的气候变化特征,更新世早期的气候演化大致可分为早、中、晚3个阶段,每个阶段内都包含了冰期与间冰期的交替。

1)早更新世早时

早更新世早时(2.6~1.8Ma),受北半球气候影响,本区气候亦由新近纪暖热转变为寒冷,气候总体以干冷为主,晚时转暖。

早更新世早期的沉积范围与上新世晚期相似,继承了上新世末期的古地理格局(图9-45)。

在更新世早期早时,西部除长江河谷平原外,仅北侧滁河形成小的河谷平原,宁镇地区均为山地,为低山丘陵区。

在东部平原区中,北部为江淮平原沉积区,山前继续发育冲洪积扇,沉积物以灰黄色、棕黄色中细

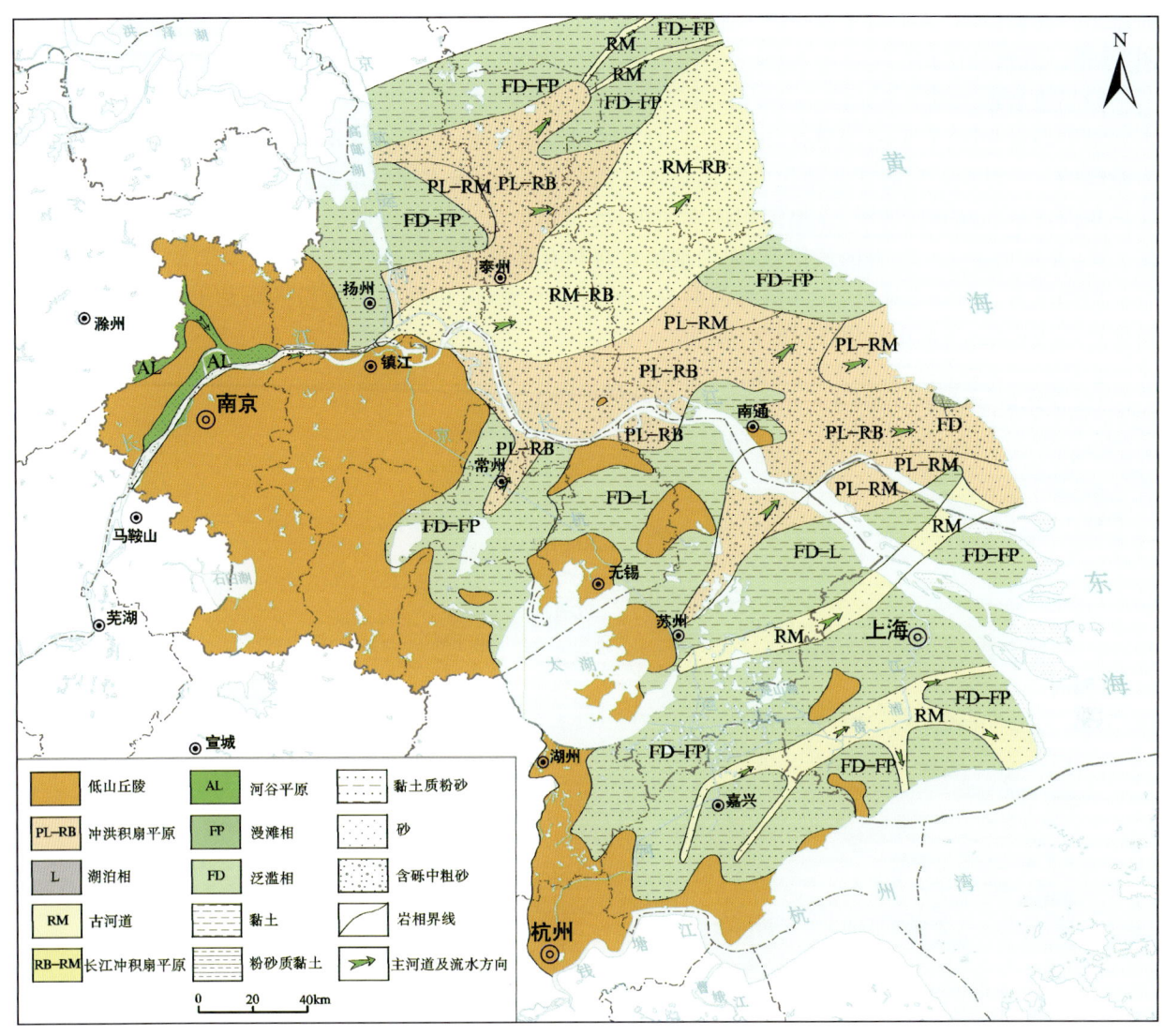

图 9-45 长江下游地区早更新世早时(Qp^{1-1})岩相古地理图

砂、中粗砂、含砾粗砂为主,砾石呈次圆状—次棱角状,分选较差,成分以石英、岩屑为主。北侧前缘发育小型古河道,大面积则为泛滥平原,沉积物以灰绿色、棕黄色、砖红色黏土、粉砂质黏土、黏土质粉砂为主,南侧前缘直接汇入长江冲积扇平原。

中部主要发育长江冲积扇平原,北部边界在扬州施桥东—江都杭集—吴桥—泰州—姜堰沈高—东台时堰—东台—大丰小海—南阳—草庙镇川东闸一线,南界在扬中—泰兴姚王—河失北—黄桥—如皋—如东栟茶一线。西侧泰州高港 ZKA7 钻孔中该段沉积物为蓝灰色、灰绿色、黄绿色、黄褐色、灰褐色粉细砂、中细砂与含砾粗砂、砂砾石层互层,以粗粒沉积为主,常见平行层理、单斜层理和冲刷构造,砾石磨圆度中等,呈滚圆状、圆状、次棱角状,主要为相对长距离搬运的外源物质。东侧东台八里街 PY19 钻孔、海安 BG63 钻孔中沉积物为灰色、浅灰色粉细砂、细砂、含砾中细砂、含砾中粗砂,局部含大贝壳碎片。该区总体以巨厚的砂层为特色。

南部为天目山水系,山前以山麓相为主,沉积物为含砾黏土、含砾粉砂质黏土,之上覆盖黏土、粉砂质黏土、黏土质粉砂等细粒沉积物,为泛滥相、漫滩相沉积。山间发育数条古河道,一条沿常州—靖江广陵发育,另外一条沿常熟—南通发育,汇合形成较大规模的冲洪积扇裙,沉积物以含砾粉细砂、含砾中细砂、含砾中粗砂以及砾石层为主,与中细砂、中粗砂互层,细粒沉积较薄,范围较小,仅在与长江冲积扇之间的如东马桥—掘港一带,以泛滥平原相为主。南沿甪直—千灯—安亭—嘉定一线发育古河道,呈北东向流出。在最南端,古河道主流呈北东向,沿嘉兴—上海枫泾—松江—马桥一线延伸,向奉贤、新场至大团、惠南一线散开流出。

2) 早更新世中时

早更新世中时(1.8~1.0Ma),这个时期的气候以温暖为主,并夹有冰期气候的波动,是早更新世最为温暖的一个时期。当时华北地区的气温比现在高数摄氏度,南方哺乳动物向北迁移到达黄土高原,长江三角洲地区气候有所转暖,盆地沉积速率加快,沉积物中出现反映温暖气候的孢粉,海平面上升。根据2003年南通市1:25万区调报告,海门地区见海相有孔虫。

西部除长江河谷平原外,仅北侧滁河形成小的河谷平原,沉积物主要为粉砂质黏土与砂砾石层,宁镇地区均为山地,为低山丘陵区(图9-46)。

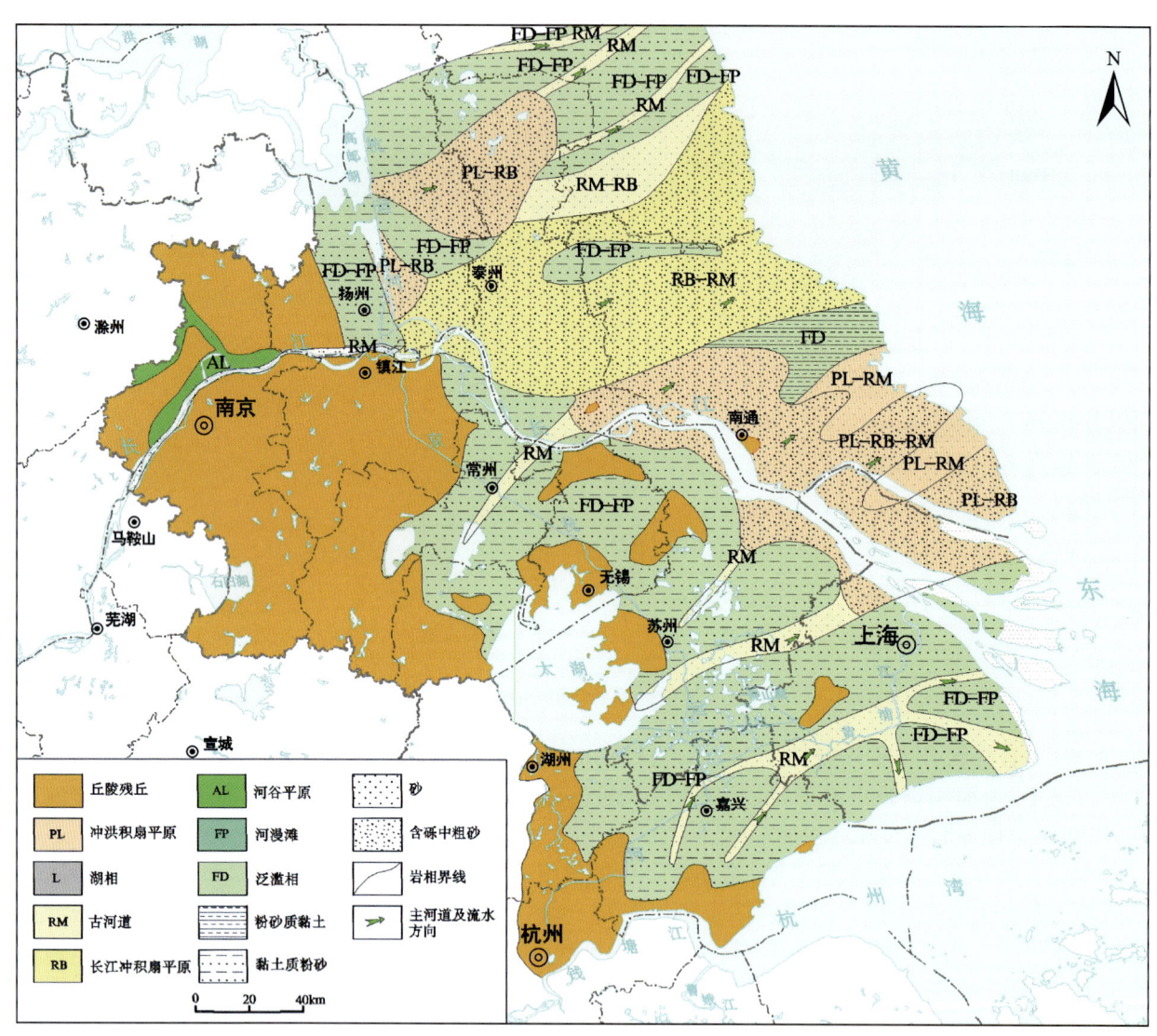

图9-46 长江下游地区早更新世中时(Qp^{1-2})岩相古地理图

在东部平原区中,北部为江淮平原沉积区,山前继续发育冲洪积扇,沉积物为灰黄色、黄褐色、棕黄色、灰绿色、灰黑色粉细砂、中细砂、含砾中粗砂,具水平层理和交错层理,砾石以次圆—圆状为主,呈次棱角状。分布范围以高邮市为顶点,北界在司徒—西鲍—安丰一线,南界在江都小纪—姜堰俞垛一线,前缘在兴化荻垛—永丰—安丰一线。分布前缘发育小型古河道,沉积物以粉细砂、中细砂为主,夹中粗砂,主要有两条,分别沿兴化安丰镇老圩乡—大丰新丰—海丰农场一线和东台草堰—大丰小海—南阳—

川东闸一线。在邵伯、江都形成另一小型冲洪积扇,沉积物为灰黄色、黄褐色粉细砂、中细砂、含砾中粗砂,前缘直接汇入南侧长江冲积扇平原。古河道间为由泛滥相、漫滩相组成的平原,沉积物为灰绿色、棕黄色、黄褐色、青灰色黏土、含粉砂黏土、粉砂质黏土、黏土质粉砂、含黏土粉砂,含钙质结核,局部富集。

中部为长江冲积扇平原的主体,北界主体在江都郭村—姜堰华港—东台溱东—白甸—沈灶—大丰川东闸一线,向北可延伸至东台—大桥—川东闸一线;南界沿扬中—泰兴张桥—广陵—珊瑚—如皋白蒲—如东马塘一线,沉积物以粉细砂及中细砂与含砾中细砂、含砾中粗砂、砂砾石互层为主。但在中部沿姜堰罗塘—海安南莫—曲塘—海安—角斜一带,以黏土、粉砂质黏土、黏土质粉砂等细粒沉积物为主,夹粉细砂、中细砂层,使长江冲积扇形成南、北两支,以南支为主。如东县河口镇ZKA04钻孔该段(埋深215.62~260.58m)沉积物上部为灰色、浅蓝灰色粉细砂,见水平层理;下部为巨厚砂层,为灰色、浅灰色含砾中粗砂与青灰色、灰色粉细砂、细砂互层,具水平层理,局部见斜层理,砾石呈圆状、次圆状、次棱角状,砾径为2~5mm,局部夹植物碎屑薄层。

在南部地区,滆湖盆地的水系沿常州—靖江发育,受长江冲积扇的挤压向东偏转,至如皋石庄与无锡、苏州的水系汇合,形成山前冲洪积扇裙。扇顶至扇中沉积物以粉细砂、中细砂与中粗砂、含砾中粗砂、含砾中粗砂、砂砾层互层为主,与扇缘的分界变动很大,大致在白蒲—西亭—通州—三余—海门瑞祥—启东吕四—崇明岛庙镇—启东—近海一线。前缘沉积物以富水性、中细砂、中粗砂为主,砾石含砾显著减少。长江冲积扇平原和天目山水系山前冲洪积扇平原在如东地区分开,形成由泛滥相和漫滩相组成的平原。如东马塘ZKA05钻孔该段(180.65~238.04m)沉积物以灰绿色、黄褐色、灰黄色、灰棕色、黄棕色黏土、含粉砂黏土为主,硬塑,含大量钙质结核,夹薄层灰色、黄绿色、橄榄棕色粉细砂、细砂。而苏锡常地区的山前地带,除山地外,还形成山麓相沉积,主要为含砾黏土以及泛滥相、漫滩相沉积的黏土、粉砂质黏土、含粉砂黏土、黏土质粉砂等。南侧嘉兴—上海一线古河道主流呈北东向,沿嘉兴—上海枫泾—松江—马桥一线,向奉贤、新场至大团、惠南一线散开流出,沉积物为粉细砂、中细砂及中粗砂,偶含砾。

3)早更新世晚时

早更新世晚时(1.0~0.78Ma),全球气候波动逐渐加剧,冷期气候较前期更冷。区域气候寒冷干燥,华北平原北部出现冻土地貌,冬季风加强,气温比现在低8~9℃,长江水量减少,长江三角洲地区古地理环境发生明显变化。

西部除长江河谷平原外,仅北侧滁河形成小的河谷平原,宁镇地区均为山地,为低山丘陵区(图9-47)。

在东部平原区中,北部的江淮地区沉积环境发生较大变化,冲洪积扇消失,取而代之的是发育北东东向、近东西向古河道。沉积物以粉细砂、中细砂夹中粗砂为主。北侧古河道沿秦南—郭猛—便仓一线与南侧古河道沿兴化临城—昌荣—永丰—大丰西团,汇合在大丰区,向大丰港方向流出;另外一支古河道沿兴化陈堡—张郭—东台—大桥一线发育,在大丰大桥汇入长江冲积扇平原。古河道之外发育泛滥相、沼泽相、漫滩相沉积,沉积物以灰绿色、黄绿色、棕黄色、灰黄色黏土、粉砂质黏土、黏土质粉砂为主。

中部为长江冲积扇平原,其范围与早更新世中时比明显向南偏转,北界在江都吴桥—泰州—姜堰梁徐—罗塘—海安南莫—东台梁垛—头灶—大丰大桥—川东闸一线,南界与滆湖盆地的水系汇合,经靖江孤山—如皋石庄—白蒲—如东马塘一线。沉积物以粉细砂及中细砂与含砾中粗砂、砂砾石层互层为主,而扇中与扇缘界线在海安—东台三仓—八里街一线,南侧在海安—丁所—如东栟茶一线,扇中与扇缘界线在海安—东台三仓—八里街一线以东区域。沉积物以粉细砂、中细砂、中粗砂为主,与冲积扇主体比较,砾石含量明显减少。

在南部地区,冲洪积扇范围有所减小,沉积物变细,砾石含量减少。苏州地区沿斜塘—甪直—上海安亭—嘉定一线发育古河道,呈北东向流出,南侧发育几条小型古河道,在浙江海宁、嘉善古河道汇合于海盐,在金山、新场—大团一线亦有分布。在其余大面积地区,沉积物以黏土、含粉砂黏土、粉砂质黏土、黏土质粉砂、含黏土粉砂、粉砂为主,为泛滥相、漫滩相沉积,组成泛滥平原。

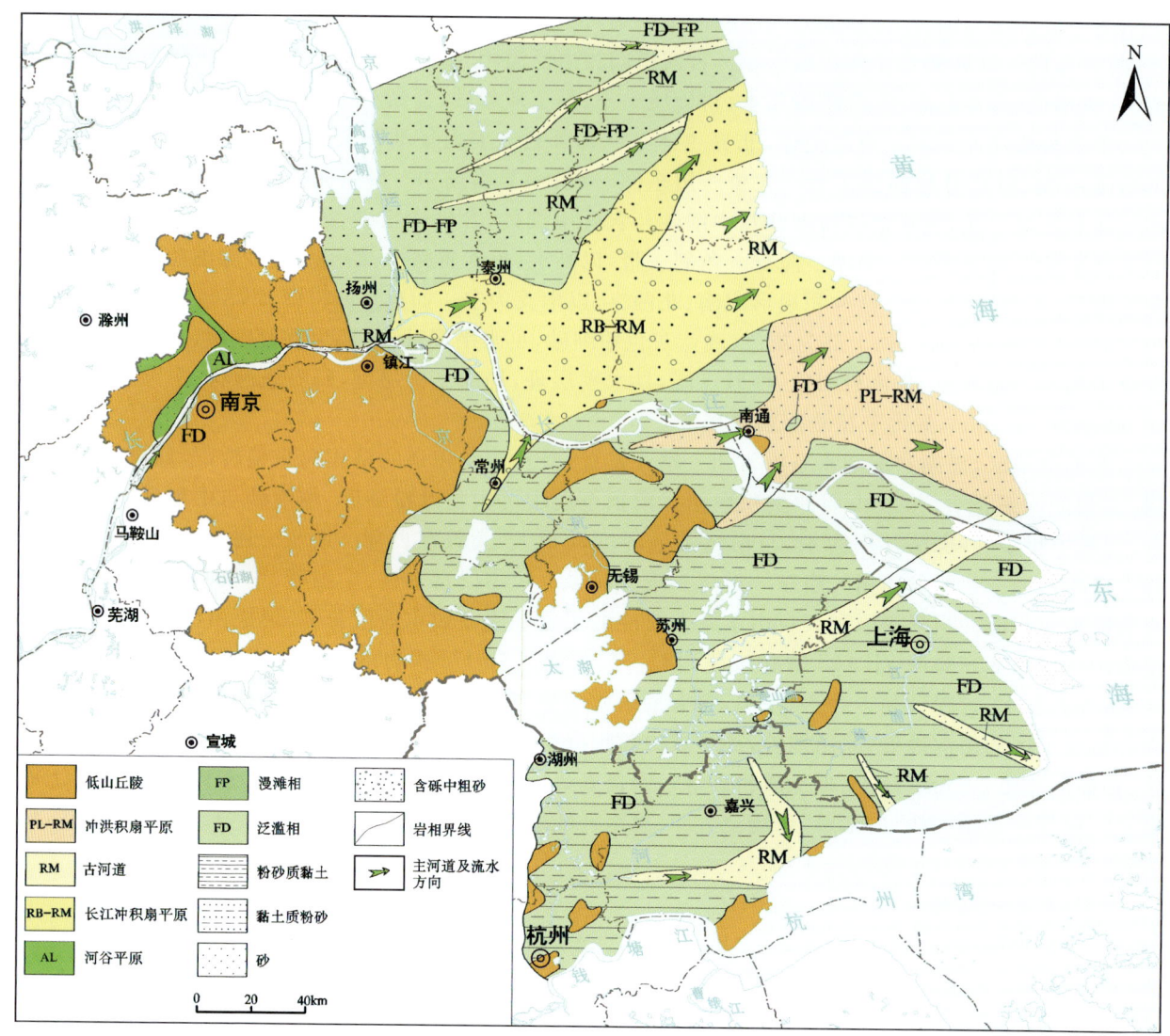

图 9-47 长江下游地区早更新世晚时（Qp^{1-3}）岩相古地理图

2. 中更新世岩相古地理

1) 中更新世早时

中更新世早时（0.78～0.43Ma），气候冷暖变化明显，经历了温暖湿润→气候寒冷干燥且冬季风强烈→温暖湿润的气候变化，是第四纪一个非常温暖的时期，华北地区气温比现在高 5～7℃，在黄土高原发育具有特色的"红三条"（由 3 层棕红色的古土壤层构成），华南地区广泛发育网纹红土，海平面上升，长江三角洲地区发生了较大规模的海侵，气候温暖湿润。

西部除长江河谷平原外，仅北侧滁河形成小的河谷平原，宁镇地区均为山地，为丘陵、残丘地貌区（图 9-48）。

在北部地区，西侧沉积物以细粒的粉砂质黏土、黏土、含粉砂黏土、黏土质粉砂为主，为泛滥相、漫滩相沉积。在兴化周庄—姜堰俞垛—东台时堰一线、兴化临城—荻垛—张郭一线，分布小型冲洪积扇，沉积物以粉细砂、中砂、含砾中粗砂为主。该线东侧沉积物主要为灰色粉砂质黏土、黏土质粉砂、粉砂质黏土与黏土质粉砂互层、黏土质粉砂与粉砂互层、粉砂、粉细砂。虽然仅少量钻孔发现少量有孔虫、海相介形类化石，在黏土质粉砂、粉砂、粉细砂以及西侧冲洪积扇前缘的钻孔中，可见海相双壳类和海相腹足类化石碎片，尤其牡蛎碎片多见，说明该区域受到海水作用。

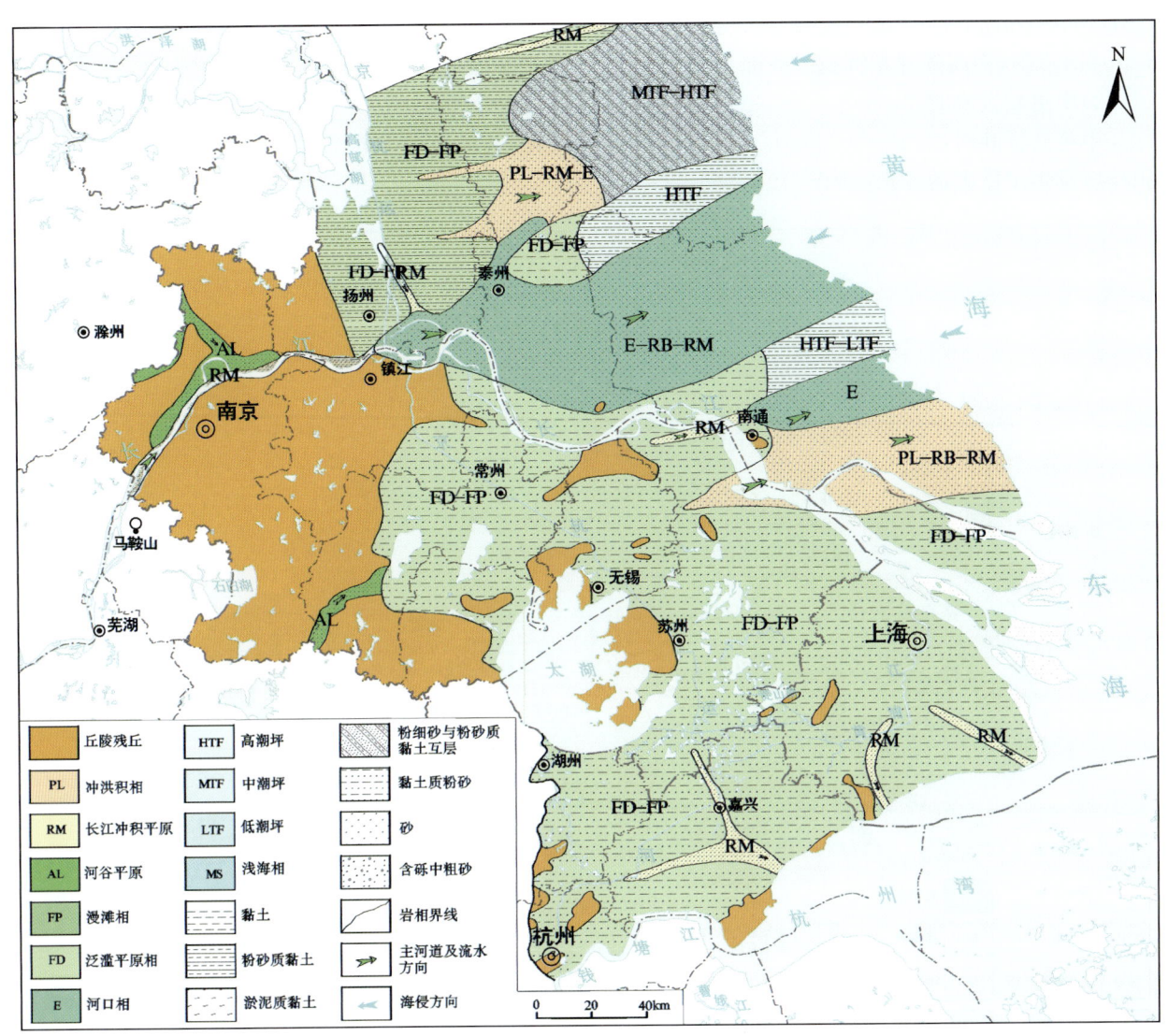

图 9-48　长江下游地区中更新世早时（Qp^{2-1}）岩相古地理图

中部长江为冲积扇平原，北界沿江都大桥—吴桥—泰州—姜堰大伦—海安曲塘—海安—东台弶港一线分布，南界则经扬中—泰兴张桥—靖江马桥—孤山—如皋石庄—白蒲—如东马塘一线分布。与早更新世晚时相比，北界明显向南偏移。沉积物以粉细砂、细砂与含砾中细砂、含砾中粗砂、砂砾层互层为主，在灰色、深灰色粉细砂、细砂层中偶含有孔虫、海相介形类化石，含少量海相双壳类碎片，为受海水影响的近河口相沉积。

在南部地区，冲洪积扇范围明显减小，仅发育在南通南部、海门、启东一带，沉积物以粉细砂、中细砂与含砾中细砂、含砾中粗砂、砂砾层为主，砾石磨圆度以次圆—次棱角状为主，分选中等—略差。太湖地区沉积物以黏土、淤泥质黏土、含粉砂黏土、粉砂质黏土、黏土质粉砂、含黏土粉砂为主，主要为由泛滥相、湖沼相、漫滩相沉积组成的泛滥平原，仅在嘉兴—海盐一线、上海马桥—金山一线、上海新场—大团一线发育小型古河道，沉积物主要为粉细砂、中细砂。在南通—通州三余一带，沉积物主要为灰色粉细砂、中细砂，含海相介形类、有孔虫和海相双壳类碎片，为河口相沉积。南通新市街 TZ7 钻孔该段（埋深115.8～126.46m）灰色细砂中含少量有孔虫、海相介形类化石及海相螺贝壳碎片。在如东一带，该段为高潮坪相、中潮坪相沉积。如东掘港 ZKA5 钻孔该段（埋深126.50～156.80m）沉积物主要为灰褐色、灰黑色、黄褐色黏土，硬塑，局部贝壳碎屑及钙质结核富集，呈层状，含海相介形类主要为典型中华美花介

（Sinocytheridea impressa）、板痴弯贝介（Loxoconcha tarda），以及少量美山双角花介（Bicorncythere bisanensis）等，为高潮坪相沉积。底部为深灰色粉砂，具水平层理，可能为低潮坪相沉积。

2) 中更新世晚时

中更新世晚时（0.43～0.126Ma），气候冷暖交替变化，气候由暖凉转为温暖湿润。与早时相比，沉积环境发生了巨大的变化（图 9-49）。

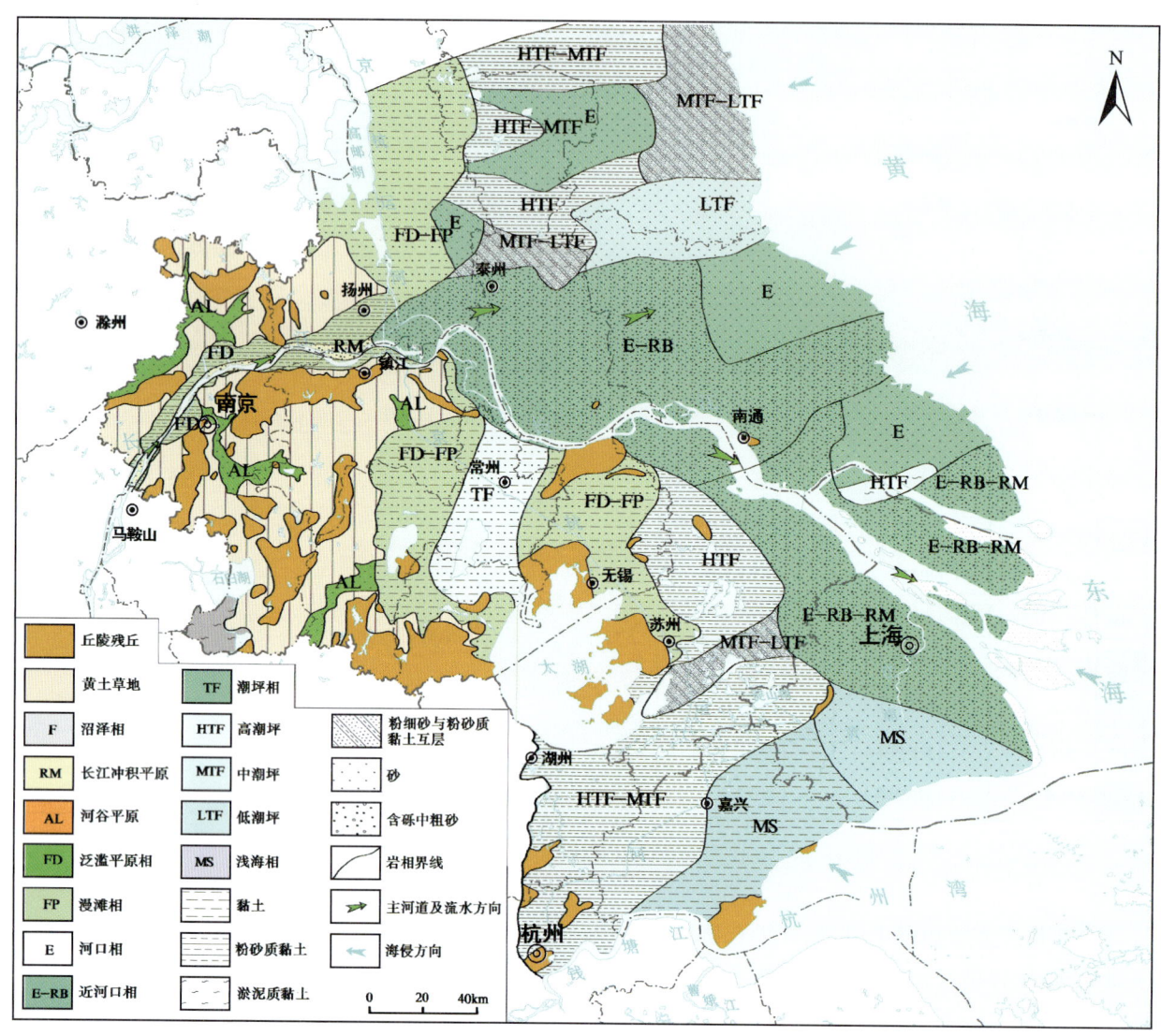

图 9-49　长江下游地区中更新世晚时（Qp_2^{2-2}）岩相古地理图

在西部地区，长江以北冶山、青山、大刺山等为丘陵、残丘，周边发育的下蜀土为黄土草地。在宁镇地区，将军山—鸡笼山、茅山、东芦山等山地为丘陵、残丘地貌，宜兴、溧阳的天目山余脉的山地为低山丘陵、残丘地貌，在山地周围发育下蜀土，为黄土草地。除长江河谷平原外，在长江以北六合的滁河谷地、南京秦淮河谷地、丹阳以及溧阳胥河河谷为河谷平原，沉积物主要为灰黄色粉砂质黏土、黏土质粉砂与砂砾石。在固城湖与石臼湖之间，沉积物为灰黄色、灰色粉砂质黏土、淤泥质黏土，为湖沼相沉积。

中更新世晚时在东部平原发生了第一次大规模海侵。北部西侧高邮一带，沉积物为土黄色、灰黄色、黄绿色粉砂质黏土、黄褐色黏土质粉砂，硬塑，含钙质结核，为泛滥相、湖沼相、漫滩相沉积。最大海侵范围在大纵湖—兴化—汤庄—江都吴桥—施桥一线以东，沉积物为灰色、灰黄色、灰褐色、深灰色粉砂质黏土、含粉砂黏土、黏土质粉砂、粉砂质黏土与粉砂互层、粉砂、粉细砂,为高潮坪相、中潮坪相、低潮坪相沉积。在兴化海南—安丰—临城—荻垛—昌荣—东台草堰—东台—大丰小海一带,沉积物主要为深灰色、灰色、灰褐色粉砂、黏土质粉砂、粉细砂及中细砂,含少量有孔虫、海相介形类化石以及海相双壳类、腹足类化石碎片,为河口相沉积。另外在江都小纪还有一小型河口相沉积。

中部长江沉积作用北界在江都—吴桥—泰州—姜堰梁徐—海安曲塘—海安—如东栟茶一线,南界向南扩张,至张家港—南通—通州—三余一线。泰州高港 ZKA7 钻孔该段沉积物为灰色、深灰色、灰褐色粉细砂、中细砂与青灰色、黄灰色、灰黑色含砾中细砂、含砾中粗砂、砂砾层互层,具明显辫状河特征,以河流作用为主,受到海水影响,为近河口相沉积。而东部海安李堡—如东栟茶—双甸—新店—马塘一带,如东马塘 ZKA2 钻孔该段(埋深106.0~124.2m)沉积物为灰褐色黏土,以及青灰色、深灰色粉细砂、夹黏土质粉砂,含少量海相双壳类碎片,为河口相沉积。

南部滆湖地区海侵至滆湖以南的宜兴官林—高塍—和桥—武进漕桥一线,以及苏州、杭嘉湖、上海西部等均发生海侵。武进漕桥 ZK04 钻孔该段(埋深 50.30~54.20m)沉积物为灰色、灰黄色粉砂夹灰色、灰褐色粉砂质黏土,含较丰富的有孔虫和海相介形类化石,有孔虫以 *Ammonia beccarii* var. 占优势,海相介形类为 *Sinocytheridea impressa － Ilycypris bradyi* 组合,代表了滨海沼泽相或河口相沉积环境。苏州东山 827 钻孔该段(埋深 24.0~51.50m)沉积物为天蓝色、灰绿色、灰色黏土、粉砂质黏土和灰色黏土质粉砂,顶部天蓝色黏土中含 6 种有孔虫,为 *Ammonia confertitesta － Ammonia beccarii* var.组合,另有 6 种海相介形类为 *Elphidiella jiangsuensis － Nonion akitaense*,为潟湖相沉积。灰色黏土质粉砂中有孔虫为 *Ammonia confertitesta － Ammonia beccarii* 组合,含较多低盐潮间带常见种,海相介形类为 *Sinocytheridea latiovata － Sinocytheridea longa* 组合,代表了潮上带-潮间带沉积环境。而东部的张家港、太仓、昆山、上海东部和崇明岛地区,昆山花桥 ZK004 钻孔揭露该段地层(埋深 74.81~108.0m),其中埋深 74.81~94.30m 沉积物上部为灰色、灰黄色含砾中粗砂,中部为灰色含砾中细砂,砾石成分以石英质为主,次圆状,下部为灰色中细砂;埋深 94.30~97.72m 为灰色粉砂与黏土互层,水平层理发育;埋深 97.72~102.60m 为青灰色—灰色粉砂,见较多的云母片、螺壳碎片,偶见贝壳碎片;埋深 102.60~104.30m 为灰色粉细砂与黏土互层,具水平层理;埋深 104.30~108.0m 为灰黄色含砾中粗砂,砾石大小不一,成分主要为石英质,分选较差;底部为灰色粉细砂。其中,埋深 94.30~104.30m 是区域第Ⅳ海侵层。粉砂层中见较多淡水河蓝蚬碎块,尽管见有孔虫和海相介形类化石,但是含较多海相刺甲藻,为 Sr/Ba 和 Ca/(Ca+Fe)高值区,并出现一次高峰,应为冲积-冲海积沉积环境,结合沉积物颜色、岩性和沉积结构,为河口相沉积。张家港大新 ZKJ41 孔该段为灰色粉细砂,底部含砾石层,夹粉砂质黏土,为近河口相、河口相沉积。在南部嘉兴、嘉善、上海枫泾等地区中,嘉兴、嘉善沉积物以灰色、深灰色淤泥质粉砂质黏土、黏土质粉砂为主,而上海地区沉积物以黏土质粉砂、粉砂、粉细砂为主,微体古生物组合中含相当一部分正常海水盐度的化石以及少量浮游种类,为浅海相沉积。

3. 晚更新世岩相古地理

1)晚更新世早时

在晚更新世早时,全球气候进入了最后一个间冰期,气候温暖潮湿,降水丰沛,导致全球性海面上升,全区经历了一次大规模海侵,是区域第Ⅲ海侵层形成时期(图 9－50)。

在西部地区,更新世晚期早时与更新世中期晚时沉积环境基本一致,为丘陵残丘、黄土草地和河谷平原环境。

在东部平原区中,海侵范围北部西达大运河,南部海侵西抵茅山山麓。北部以兴化为顶点形成一个小型河口三角洲,范围北界在安丰—新丰一线,南界达东台时堰、海安白甸,前缘在东台梁垛—大丰小海—新丰一线。沉积物以灰色、灰黑色黏土质粉砂、粉砂、粉细砂为主,含较多有孔虫和海相介形类化石。在河口三角洲以外,西部沉积物多为灰色、黑色淤泥质黏土、淤泥质粉砂质黏土、粉砂质黏土,为高潮坪相沉积;东部沉积物多为灰色、灰黄色、深灰色黏土质粉砂、粉砂质黏土与粉砂互层、黏土质粉砂与

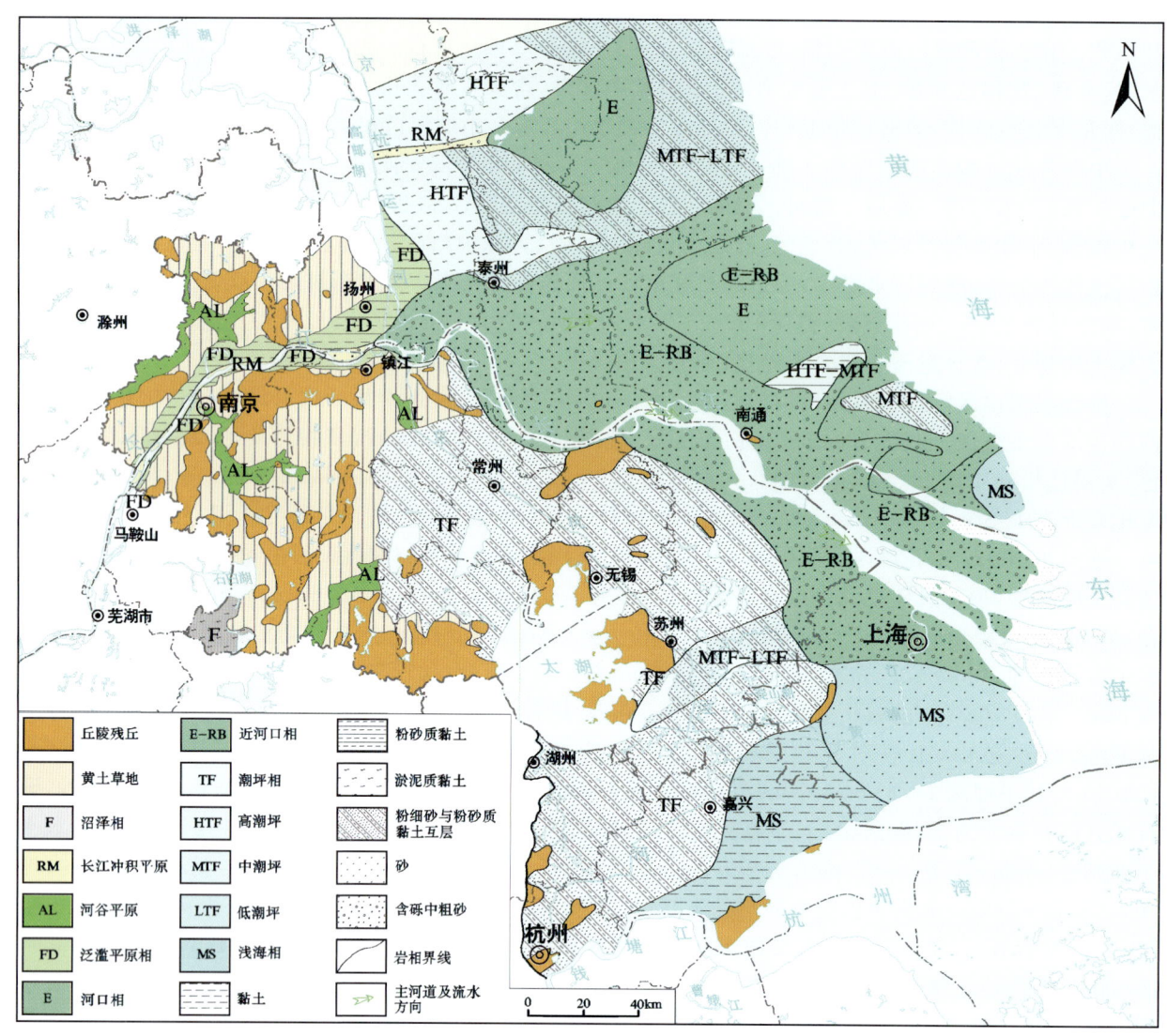

图 9-50 长江下游地区晚更新世早时（Qp^{3-1}）岩相古地理图

粉砂互层、粉砂、粉细砂等，以中潮坪相、低潮坪相为主。

中部为长江河口三角洲，顶点为扬州邗江、镇江一带，北界沿扬州施桥东—江都吴桥—泰州—姜堰罗塘—海安北—弥港一线，南界沿镇江—京口姚桥—丹阳界牌—江阴—张家港—太仓梅李—支塘—昆山—上海青浦东—松江—朱泾—金山一线分布。沉积物主要为灰褐色粉砂与灰褐色、褐色黏土质粉砂互层，以及青灰色、灰褐色粉砂、粉细砂，夹黄褐色、棕褐色、灰褐色含砾粉细砂、含砾细砂，水平层理发育。沉积物含少量有孔虫和海相介形类化石，灰色、深灰色粉细砂、中细砂中含较多海相双壳类、腹足类化石碎片，以河流作用为主，明显受海洋作用的影响，为近河口相沉积。在东部的如皋、如东、通州及启东北部地区，沉积物则以灰色、深灰色黏土质粉砂、粉砂、粉细砂及中细砂为主，含砾稀少，并含淤泥质粉砂质黏土、粉砂质黏土夹层，海相化石较丰富，为河口相沉积。

南部太湖地区，除少量残丘出露形成孤岛外，均被海水淹没，沉积物多以灰色、灰黄色、灰褐色、深灰色淤泥质黏土、粉砂质黏土、黏土质粉砂、粉砂质黏土与粉砂互层、粉砂、粉细砂为主，以高潮坪相、中潮坪相、低潮坪相等潮坪相沉积为主，局部见潟湖相沉积。在吴中角直、昆山千灯、花桥、上海安亭一带，沉积物主要为黏土质粉砂、粉砂、粉细砂，偶含砾石。昆山花桥 ZK004 钻孔中该段（埋深 53.28～74.81m）是区域第Ⅲ海侵层，沉积物主要为黄灰色、青灰色粉砂、粉细砂，上部夹黏土，水平层理发育，偶见淡水白小旋螺碎片,尽管未见有孔虫和海相介形类化石,但是含较多海相刺甲藻,为Sr/Ba和Ca/(Ca+Fe)高值区,并出现一次高峰,应为冲积-冲海积沉积环境,结合沉积物颜色、岩性和沉积结构,具河口相特征。在浙江海宁、嘉兴、上海枫泾、松江至上海市区一线以南,在沉积物有孔虫和海相介形类化石组合中,正常盐度分子含量明显增高,有孔虫中含少量浮游分子,为浅海相沉积。其中,在松江—金山一线以东,沉积物以粉砂、粉细砂及黏土质粉砂为主;在该线以西,沉积物则主要为淤泥质粉砂质黏土、淤泥质黏土、粉砂质黏土及黏土质粉砂。

2)晚更新世晚时

进入晚更新世晚时,是最后一次冰期,气候出现冷→暖→冷的变化,分为早期MIS4、中期MIS4、晚期MIS4 3个时期。在早期和晚期气候寒冷干旱,植被以草本植物为主,降水量减少,地表径流相应减少,由于气候寒冷导致全球海面下降,侵蚀基准面下降,河流向下侵蚀作用加强,工作区多为泛滥平原相、河漫滩相及少量河床相沉积。在中期,气候回暖,植被中常绿栎、青冈等常绿阔叶落叶树增加,降水量增加,地表径流增加,沉积物丰富,气候温暖导致海面上升,形成海侵。

Ⅰ. 早期MIS4阶段

在早期MIS4阶段(75~45ka),全球性气候变冷,导致全球海面下降,长江水系流量减少,海平面降低导致河流向下侵蚀作用加强,气候环境为冷湿与干冷条件,微体古生物以陆相介形虫为主。

工作区北部的江淮平原和南部太湖平原地区,沉积物多为灰黄色、棕黄色夹灰绿色黏土、粉砂质黏土、黏土质粉砂夹薄层粉细砂、中细砂,多具水平层理,主要为泛滥平原相、漫滩相沉积环境。在泛滥平原上发育数条河流,古河道较狭窄,沉积物多为灰色、灰黄色粉细砂及中细砂层,具水平层理、斜层理等,砂层一般厚2~5m。

泰兴—南通南部一带形成了下切长江河谷,沉积物多为灰色、棕黄色、黄色夹灰绿色粉细砂、中细砂与含砾中细砂、含砾中粗砂互层,具水平层理、交错层理和大型斜层理,局部较厚,可超过10m。

Ⅱ. 中期MIS3阶段

在中期MIS3(45~25ka),气候变暖,我国各地降水量普遍增加,长江水动力增强,三角洲不断向海域推进,形成了海侵期三角洲沉积体系(吴标云和李从先,1987),加之工作区处于快速沉降区(秦蕴珊和赵松龄,1987),区域经历了一次大规模海侵,形成了区域第Ⅱ海侵层。

西部地区为丘陵、残丘、黄土草地和河谷平原环境(图9-51)。

在东部平原区,海侵范围北部西达大运河,但未到江都、邵伯地区,比晚更新世早时略小,南部西抵茅山山麓。北部在高邮、兴化、东台、大丰一带,沉积物主要为灰色、灰黑色黏土质粉砂、粉砂、粉细砂,为三角洲相沉积,以三角洲前缘相为主。其南、北两侧沉积物主要为淤泥质粉砂质黏土、淤泥质黏土、粉砂质黏土、含粉砂黏土,为高潮坪相沉积。

在中部长江沉积区,沉积物主要为灰褐色粉砂与灰褐色、褐色粉砂质黏土和黏土质粉砂互层,青灰色、灰褐色粉砂、粉细砂,水平层理发育。西部沉积物中有孔虫、海相介形类化石稀少,但在砂层中含较多海相双壳类、腹足类化石碎片,如皋、如东以东地区化石相对丰富,为河口相沉积。这可能是因为长江河口西部地区潮汐和流水作用强,不利于微体生物生长和保存。

在太湖地区,滆湖盆地、苏州—杭嘉湖地区沉积物以黏土质粉砂、粉砂、粉细砂为主,为中潮坪相、低潮坪相沉积,在无锡—张家港一带沉积物以淤泥质粉砂质黏土、粉砂质黏土为主,为高潮坪相沉积。在浙江湖州—杭州山前以及澉浦山前形成剥蚀堆积台地,在湖州南浔—桐乡梧桐—屠甸—濮院—吴江梅堰—盛泽一带,沉积物以淤泥质粉砂质黏土、淤泥质黏土、粉砂质黏土为主,为潟湖相沉积。在常熟、昆山、太仓至上海地区以及嘉善—嘉兴—海宁一线以南,沉积物有孔虫和海相介形类化石组合中,正常盐度分子含量明显增高,有孔虫中含少量浮游分子,为浅海相沉积。其中,在上海枫泾—浙江平湖—独山港一线以东,沉积物以粉砂、粉细砂及黏土质粉砂为主;在该线以西,沉积物则主要为淤泥质粉砂质黏

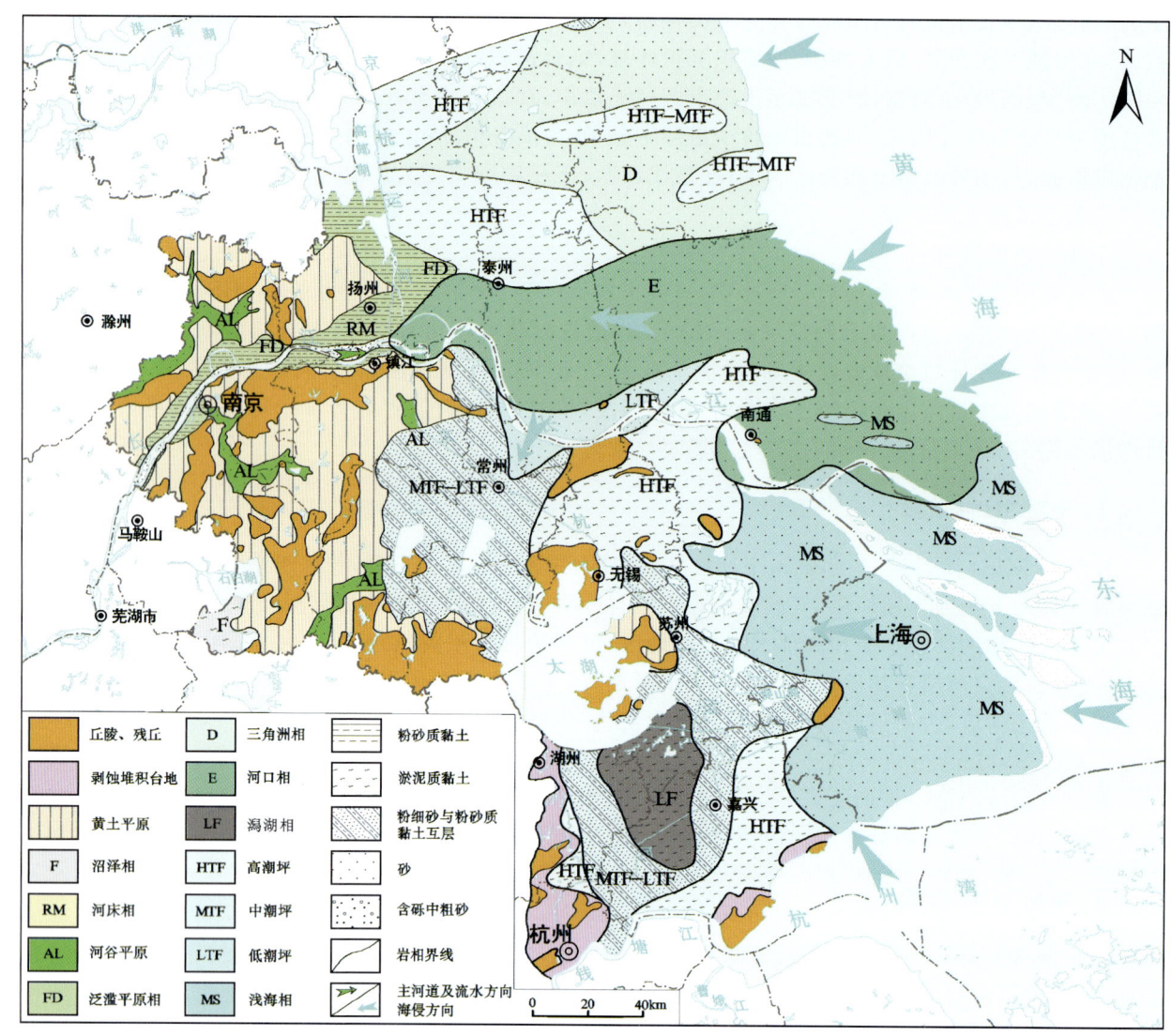

图 9-51 长江下游地区晚更新世晚时（Qp^{3-3}）(MIS3)岩相古地理图

土、淤泥质黏土、粉砂质黏土及黏土质粉砂。

Ⅲ. 晚期 MIS2 阶段

在晚期 MIS2 阶段（25～11ka），初期也称末次盛冰期（LGM）(25～16ka)，暖温带主要包括长江河谷南北地带，受冬季风影响比较大，年均气温比现今低约 5℃，黄土的南界曾达到杭州—南昌—长沙一线，温度较低，降水较少，气候条件温凉略干。在末次冰消期（16～11ka），气候回暖，孢粉组合反映出当时是凉湿气候条件，海面逐渐上升，但还未到达工作区。由于全球性气候寒冷，导致海面下降，形成最后一次低海面。随着海水的退却，沉积环境再次发生变化。

在西部地区，长江以北冶山、青山、大刺山等为丘陵、残丘，周边发育的下蜀土，为黄土平原。在宁镇地区，将军山—鸡笼山、茅山、东芦山等山地为丘陵、残丘地貌，宜兴、溧阳的天目山余脉的山地为低山丘陵、残丘地貌，在山地周围发育下蜀土，为黄土平原。除长江河谷平原外，在长江以北六合的滁河谷地、南京秦淮河谷地、丹阳以及溧阳胥河河谷为河谷平原，沉积物主要为灰黄色粉砂质黏土、黏土质粉砂与砂砾石。在固城湖与石臼湖之间，沉积物为灰黄色、灰色粉砂质黏土、淤泥质黏土，为湖沼相沉积（图 9-52）。

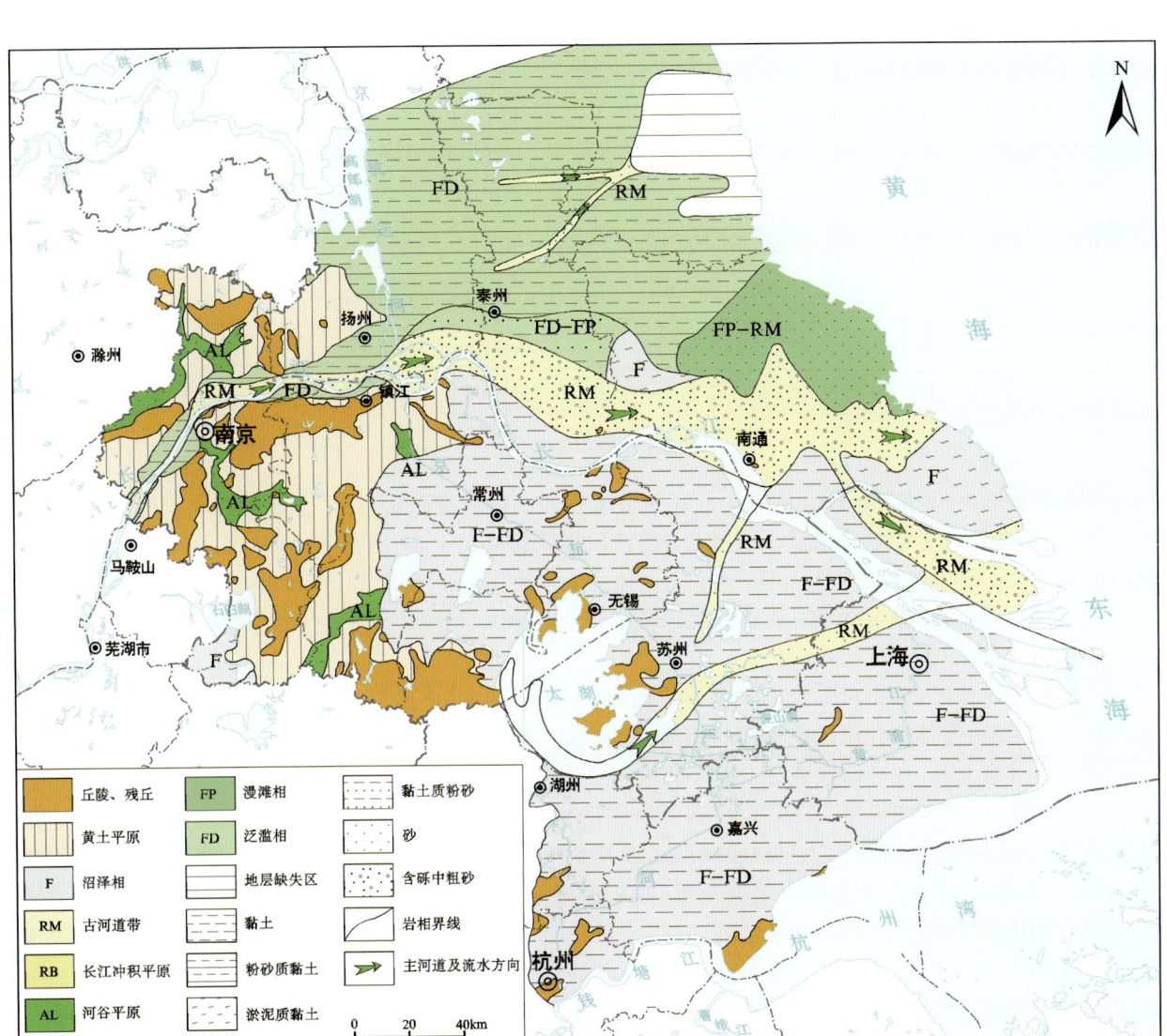

图 9-52 长江下游地区晚更新世晚时（Qp^{3-3}）（MIS2）岩相古地理图

在东部平原区，北部地区沉积物主要为灰绿色、棕黄色、灰黄色、黄褐色粉砂质黏土、含粉砂质黏土，夹黏土质粉砂，以泛滥相、湖沼相为主，局部为漫滩相沉积。仅少量地区为沉积粉砂、粉细砂，形成小型古河道，分布在姜堰淤溪—东台时堰—东台一线。但在大丰港—大丰—小海—东台头灶—八里街—三仓一线以东地层缺失，可能是末次盛冰期时，区域侵蚀基准面下降，形成区域性面状剥蚀而成。

在中部长江形成下切河谷，范围北界在扬州施桥—江都吴桥—泰州—姜堰梁徐—大伦—如皋磨头—白蒲—如东马塘—通州十总—五甲—三余一线，南界在扬中—泰兴张桥—靖江马桥—孤山—张家港—南通—海门—崇明岛一线。沉积物为灰褐色、青灰色粉砂、粉细砂、黏土质粉砂与黄褐色砂砾层、中粗砂、含砾中粗砂互层，夹灰黑色炭屑与灰褐色黏土质粉砂互层，砾石磨圆度较好，呈次棱—次圆状，砾石成分较复杂为石英岩、硅质岩、燧石和千枚岩等，具水平纹理、水平层理、平行层理，局部发育泄水构造，具底冲刷构造。该段地层非常完整的测年数据不多，因此根据地质过程推测在下切河谷区，末次盛冰期（LGM）时以下蚀作用为主，鲜有沉积物。现保存的沉积物大多是末次盛冰期之后，末次冰消期时气候回暖，海面逐渐上升，区域侵蚀基准面逐渐抬高在长江下蚀河谷区产生的堆积以河床相沉积为主，两侧漫滩相发育，在如皋、通州、启东等地，发育了一层灰色、深灰色淤泥质粉砂质黏土、淤泥质黏土，软塑—流塑，含针状菱铁矿，现有常规^{14}C 和 AMS^{14}C 年龄数据在 15～8.5ka，指示在河谷区海面逐渐上升期间发育湖沼相沉积,只是在顶部地层中含黏土质粉砂薄层,并含少量有孔虫、海相介形类化石,亦说明该沉积环境延续至全新世早期,但受潮汐作用的影响。

在太湖地区,沉积物以粉砂质黏土、淤泥质黏土为主,沉积相主要为泛滥相、湖沼相。在太湖平原南部的吴中斜塘—昆山角直—上海安亭—嘉定一线发育次一级下切河谷,沉积物为灰色粉砂、粉细砂。另一下切河谷经浙江菱湖—新安—余杭,进入杭州湾流出,沉积物主要为灰色、灰黄色黏土质粉砂、粉砂、粉细砂。

4. 全新世岩相古地理

全新世(11ka—现今),是一个温暖湿润的时期,对应 MIS1,全球海平面上升,在 6ka 前后温暖气候达到顶峰,气候环境比现今更暖湿或与现今相似,但这一时期的气候变化仍存在冷暖波动(萧家仪等,2005)。

1)早全新世

早全新世(11.7~8.2ka),以新仙女木事件结束后的气候回暖开始,在早全新世海水没有到达之前,在里下河、太湖地区主要发育沼泽。建湖庆丰剖面、盐城新兴镇 PY9 钻孔和沟墩镇的 PY7 钻孔等均发育一层灰色、深灰色淤泥质黏土、淤泥质粉砂质黏土,含淡水介形类化石,有玻璃介、小玻璃介、土星介等,其中建湖庆丰剖面淤泥的 ^{14}C 年龄为 $(9195\pm115)a$、$(10\,085\pm320)a$。这指示了全新世海侵之前在相对低洼地区发育的淡水沼泽环境。

在如皋一线地区,沉积河谷带主要发育灰色、灰黄色粉细砂、中细砂与含砾粉细砂、含砾中粗砂,为河床相及漫滩相、边滩相沉积。在东部的南通地区,继承晚更新世末的喇叭口状负地形地貌,早期(11~8ka)海平面迅速上升,并全面覆盖工作区,平均海平面大致在 −20m,是工作区海水最早到达的区域。南通农场、海门、三厂、四甲镇、万年镇、吕四镇一线以东、以南区域以浅海相为主,岩性以灰色黏性土层为主,见粉砂球粒等生物遗迹,零星粉砂薄层。在其余整个区域,随着海平面上升,海水不断从东往西推进,形成一系列海相沉积,沉积物主要有灰色、深灰色淤泥质黏土、粉砂质黏土、淤泥质黏土与粉细砂互层、黏土质粉砂、粉细砂等,常见水平层理、波状层理、脉状层理,可见小型斜层理、交错层理,主要为高潮坪、中潮坪和低潮坪沉积,局部见潟湖相沉积。在底部常见薄层砂层,岩性为粉细砂、中细砂、螺或贝壳碎片、泥砾和砾石,堆积混杂,分选性差,泥砾成分多为下伏的第一硬土层的粉砂质黏土,为灰绿色或棕黄色,砾石成分多为钙质结核,磨圆度好,多见浑圆状、次圆状,厚 0.1~0.5m,与下伏地层见明显的沉积间断面。

2)中全新世

中全新世(8.2~4.2ka),气候全面回暖,发生大面积海侵。

西部地区与宜兴、溧阳的天目山余脉山地周围发育下蜀土,为黄土台地。宁镇地区与宜兴、溧阳的天目山余脉山地为低山丘陵、残丘地貌。湖沼相沉积主要分布在沉积物为灰黄色粉砂质黏土、黏土质粉砂与砂砾石的长江以北六合的滁河谷地、南京秦淮河谷地、丹阳以及溧阳胥河河谷为河谷平原与沉积物为灰黄、灰色粉砂质黏土、淤泥质黏土的固城湖与石臼湖之间(图 9-53)。

在东部平原区,北部海侵至大运河一线,仅江都双沟 ZKA2 钻孔沉积物为灰褐色粉砂质黏土,为泛滥相沉积,海水未到该区。以 204 国道为界,以西沉积物主要为淤泥质粉砂质黏土、粉砂质黏土,夹黏土质粉砂薄层,为高潮坪相沉积;在 204 国道以东,在东台草堰—东台—大丰小海—南阳—东台头灶一带,沉积物为黏土质粉砂、粉砂、粉细砂及中细砂,为小型入海三角洲沉积。在北侧盐城市区、大丰一带,沉积物以灰色系黏土质粉砂、粉砂质黏土与粉砂互层、粉砂、粉细砂为主,为中潮坪相、低潮坪相沉积。在大丰港—大丰南阳—东台头灶—富安—海安—如东河口—洋口港一线以东,沉积物以灰色、深灰色、灰黄色粉砂、粉细砂、细砂为主,局部为粉砂与黏土质粉砂互层,或夹黏土质粉砂薄层,松散、饱水,微层理发育,水平层理发育,局部见透镜状层理,含有机质黑色条纹和海相贝壳碎片,岩芯富水,液化迅速,含丰富有孔虫和海相介形类化石,为辐射潮流沙脊沉积。

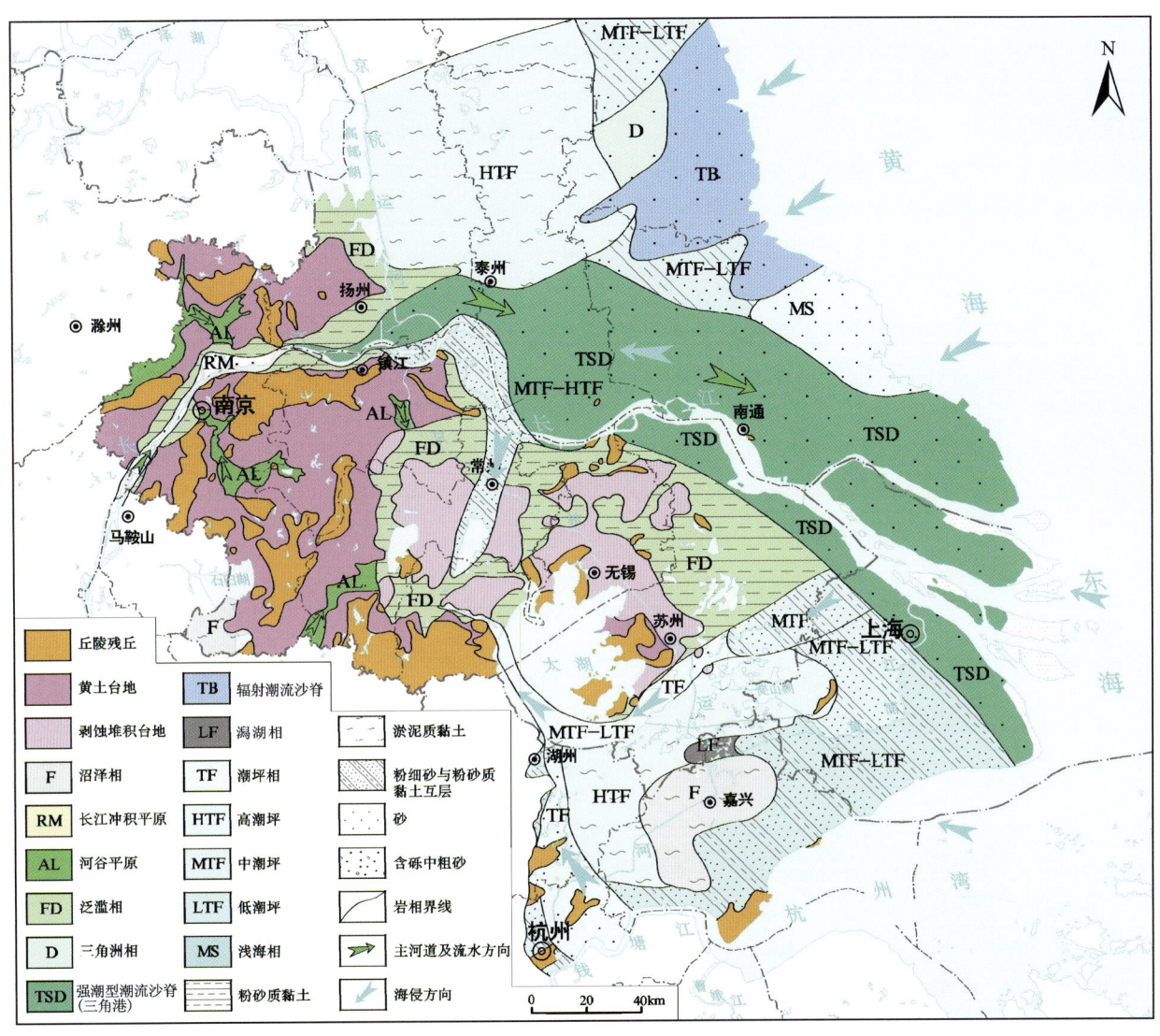

图 9-53 长江下游地区中全新世(Qh^2)岩相古地理图

在中部地区,主体部分沉积物主要为灰色、浅灰色、青灰色、灰黄色粉砂、粉细砂,呈色序层理、水平层理,局部夹粉砂质黏土、黏土质粉砂薄层。南、北两侧常见灰色、青灰色黏土质粉砂、粉砂、粉细砂与薄层棕褐色黏土互层,层理发育,具水平纹理、水平层理、交错层理、单斜层理、透镜状层理,反映水动力条件和潮汐现象极为复杂,含丰富的有孔虫、海相介形类化石,以及海相双壳类、腹足类化石碎片。从沉积物的沉积结构、分布方向等空间分布看,该区与现今杭州湾相似,为一强潮汐作用的潮流沙脊沉积,是一个典型的三角港沉积类型。三角港沉积顶点在南京与仪征之间,北界沿扬州邗江—施桥—江都吴桥—泰州—姜堰梁徐—海安曲塘—如皋—双甸—岔河—通州十总—三余—启东吕四一线,南界在泰州高港—滨江—江阴—张家港—太仓梅李—支塘—上海华亭—市区—大团一线。

在南部太湖地区,苏州以西以剥蚀为主,在地表大面积分布的更新世晚期滆湖组上段地层,沉积物多为灰黄色、棕黄色、灰绿色粉砂质黏土,硬塑,为剥蚀堆积平原,仅常州发生海侵,可达滆湖。根据1∶5万常州市、漕桥镇幅区域地质调查报告资料,滆湖东北武进卢家巷 ZK03 钻孔埋深 3.20～3.70m,沉积物为灰色粉砂质黏土、深灰色淤泥质粉砂质黏土;滆湖北部武进卜弋桥 ZK01 钻孔埋深为 3.0～8.60m,沉积物为青灰色淤泥质粉砂质黏土、含淤泥粉砂质黏土、黏土质粉砂。该段地层含较丰富有孔虫和海相介形类化石、钙质超微化石,含少量海相双壳类碎片,其中 ZK01 钻孔埋深 7.90～8.20m 的常规 ^{14}C 年龄为(10 218±135)a。这些资料表明全新世海侵进入了滆湖地区。

在苏州以东、杭嘉湖、上海地区，海水首先沿低海面时的下切河谷上溯，海侵最远可至宜兴的西氿，海侵通道西部至杭州湾，东部至嘉定—吴江一线。沉积物主要为淤泥质黏土、粉砂质黏土、黏土质粉砂、粉砂，为潮坪相沉积。在上海天马山—吴江盛泽—桐乡以西，沉积物主要为淤泥质粉砂质黏土、粉砂质黏土，夹黏土质粉砂，为高潮坪相、潟湖相沉积。在上海天马山—练塘—嘉善—余新—马桥一线以东，沉积物主要为黏土质粉砂、粉砂质黏土与粉砂互层、粉砂、粉细砂，为中潮坪相、低潮坪相沉积。而在嘉善、嘉兴、桐乡一带，沉积物以灰色、深灰色淤泥质黏土、粉砂质黏土为主，为淡水沼泽相沉积。

3）晚全新世

晚全新世（4.2ka—至今），工作区海平面仍然在±2m的小范围波动，海岸线逐渐向东退却。

在西部地区，长江以北冶山、青山、大刺山等为丘陵、残丘，周边发育的下蜀土，为黄土台地。在宁镇地区，将军山—鸡笼山、茅山、东芦山等为丘陵、残丘地貌，宜兴、溧阳的天目山余脉的山地为低山丘陵、残丘地貌，在山地周围发育下蜀土，为黄土台地。除长江河谷平原外，在长江以北六合的滁河谷地、南京秦淮河谷地、丹阳以及溧阳胥河河谷为河谷平原，沉积物主要为灰黄色粉砂质黏土、黏土质粉砂与砂砾石（苗巧银等，2017）。在固城湖与石臼湖之间，沉积物为灰黄色、灰色粉砂质黏土、淤泥质黏土，为湖沼相沉积（图9-54）。

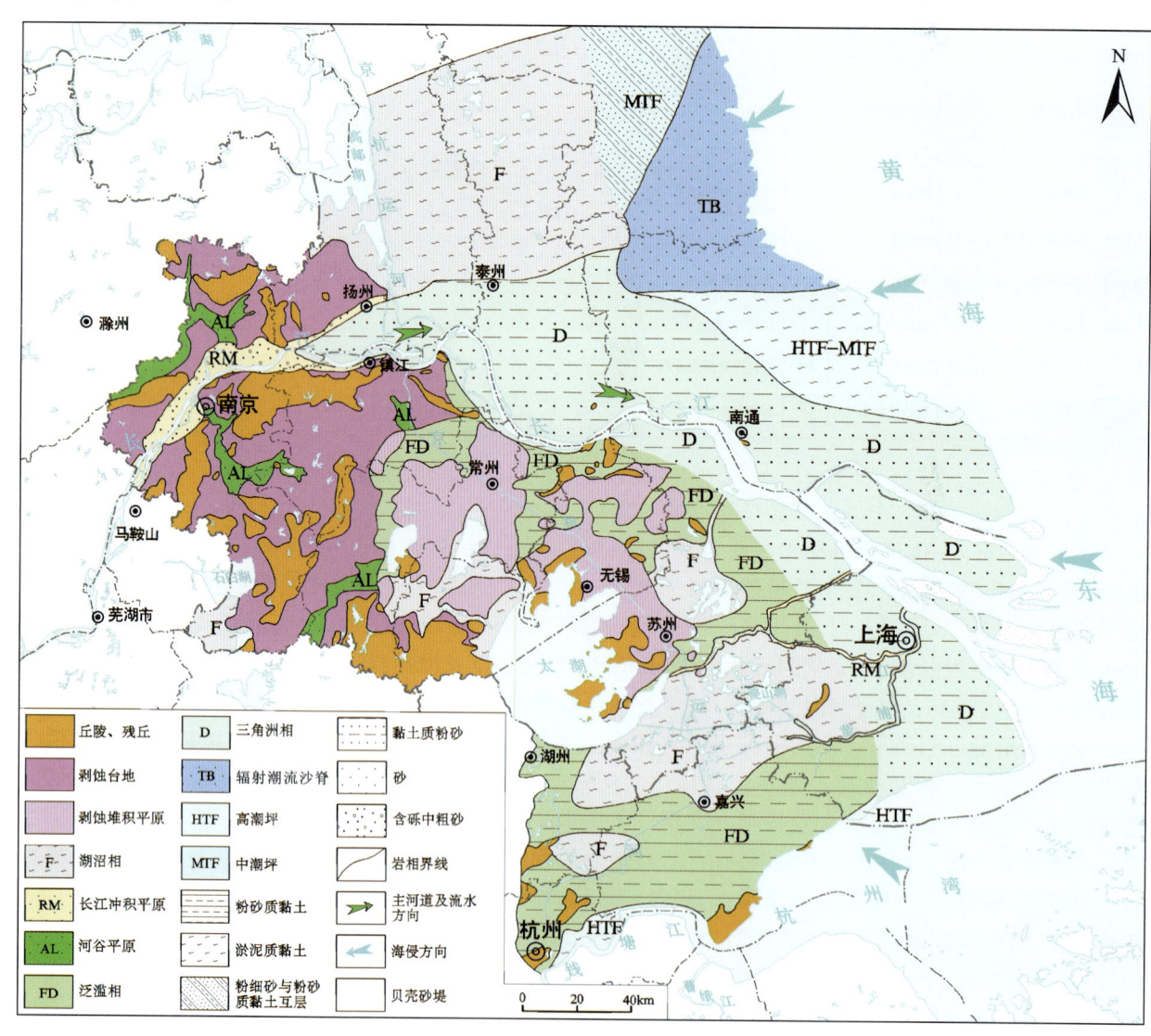

图9-54 长江下游地区晚全新世（Qh^3）岩相古地理图

在东部平原区，北部在盐城—东台—海安一线发育贝壳砂堤，盐城从西至东有 3 道贝壳砂堤，即西冈、中冈和东冈，在东台、海安则相距很近，近似合并，即现今的 204 国道。苏北平原海岸线大致停留在范公堤一线的时间很久，根据所获得的绝对年龄数据，其形成时代从中全新世延续至宋代。该贝壳砂堤以西，海水退却后地势低平，排水不畅，发育湖沼，沉积物以灰褐色、灰黄色、灰色粉砂质黏土、淤泥质黏土为主，为淡水湖沼相沉积，在晚全新世早时沿低洼地区受海水影响；该贝壳堤以东，沉积物以灰色、灰黄色粉砂质黏土、黏土质粉砂沉积为主，为高潮坪相、中潮坪相、低潮坪相沉积，顶部的灰黄色黏土质粉砂，多为近期黄泛沉积后受沿岸流改造的再沉积。大丰、东台、海安、如东一带发育潮成辐射沙脊，西界可达大丰港—大丰南阳—东台头灶—富安—海安—角斜—如东河口—岔河镇北—丰利一线，沉积物以灰色、深灰色、灰黄色粉砂、粉细砂、细砂为主，为辐射潮流沙脊沉积。

中部为长江新三角洲平原，仅靖江孤山、南通狼山等为山地，海拔均不足 100m，为残丘地貌。长江沉积作用北界在仪征—邗江—江都—泰州—姜堰—海安—如皋—丁堰—通州西亭—通州—吕四一线；南界为镇江，沿圌山—京口姚桥—丹阳界牌—常州利港—江阴—金港—张家港至上海金山的长江以南贝壳砂堤，即沿张家港—太仓梅李—支塘—太仓—上海外冈—横泾—马桥—金山漕泾一线。

南通以西主体部分沉积物主要为灰黄色、灰色、浅灰色粉砂、粉细砂、细砂，具色序层理和水平层理，夹暗灰色含粉砂黏土、灰色黏土质粉砂薄层，含较多云母片和白色双壳类、腹足类碎片，为强潮汐作用的潮流沙脊沉积，为典型三角洲沉积环境。两侧见灰色、青灰色粉砂、粉细砂与灰褐色黏土互层，具水平层理。南侧上部，岩性为黄绿色粉砂与棕红色含粉砂黏土互层，具水平层理，间夹棕红色黏土，含少量的铁锰质结核，具有潮坪相沉积特征。在南通以东地区，启东 YD004 钻孔最具体代表性，上全新统（图 9-55）(0~22.25m) 顶部为灰色、灰黄色粉砂质黏土夹黏土质粉砂，为三角洲平原亚相沉积；上部为灰色、青灰色、黄灰色、灰褐色含淤泥质粉砂夹淤泥与灰褐色、青灰色淤泥夹含淤泥质粉砂，为分支河道与分支间湾沉积；中部为青灰色、灰褐色含淤泥质粉砂夹淤泥，淤泥呈波状层理，含淤泥质粉砂局部呈透镜状层理；下部为深灰色黏土质粉砂夹灰色薄层黏土，中下部为三角洲前缘亚相沉积；底部为灰色淤泥夹含淤泥质粉砂，具水平层理，微层理发育，是前三角洲亚相沉积。含有较丰富的海相化石，主要有 *Ammonia beccarii*/*Ammonia tepida* Group，*Nonion tisburyensis*，*Pseudononionella veriabilis*，*Epistominella naraensis*，*Cribrononion incertum*，*Elphidium advenum*，*Elphidiella kiangsuensis*，*Pseudorotalia gaimardii*，*Quinqueloculina lamarckiana*，*Brizalina striatula*，*Lagena* sp.，*Globigerina bulloides* 等，为 *Ammonia beccarii*/*Ammonia tepida* Group - *Nonion tisburyensis* 化石组合。另外，含有较多的奈良小上口虫河口环境特征种，顶部含 *Ammonia limnetes*（沼泽转轮虫），反映了三角洲平原亚相的滨海沼泽的特点。该孔是一个完整的退积型三角洲相沉积层序。

南部长江三角洲河口砂坝继续向东南发展，形成金沙期、海门期、崇明期 3 期河口砂坝。当金沙期砂坝大范围出露地表时，形成东西向展布的海门河口砂坝，砂坝东部可至三阳镇一带；随后金沙砂坝北汊河道束狭，逐渐淤塞成陆，长江北支汊道的河堤形成了"通吕沙脊"，在三余镇一带形成马蹄形海湾，进而形成东西向展布的潮成辐射沙脊，大致以启东—南阳镇—海复镇一线为界，东侧为前三角洲亚相，西侧为三角洲前缘亚相（包括辐射沙脊亚相）。金沙砂坝北汊河道淤塞成陆后，南汊河道在河口形成河口砂坝，即为海门期。海门砂坝南、北两支汊道口形成较多河口砂坝，其中北支汊道逐渐束狭并淤塞，使余东镇—吕四港镇一带北部海岸不断向东北推进，最终在沿岸流及潮流的作用下海积成陆。至海门期晚期时，形成的崇明岛河口砂坝逐渐发育出露，崇明岛形成，同时启东县城、南阳镇、向阳镇则因河口砂坝并岸逐渐成陆。

在长江两侧，顶部常发育灰褐色、灰黄色粉砂质黏土、含粉砂黏土，含大量植物根系，含铁锰质结核，以及灰黄色黏土质粉砂沉积，为长江泛滥相、边滩相沉积。

在南部太湖地区，苏锡常的函山、定山、冠嶂山、东山、西山、虞山，浙江工作区西部山地以及皋亭山、秦山、乍浦，上海天马山等山地地区为丘陵、残丘地貌。在常州—无锡地区，地貌以丘陵、残丘、剥蚀堆积台地为主，地表大面积分布的上更新统滆湖组上段沉积物多为灰黄色、棕黄色、灰绿色粉砂质黏土，硬

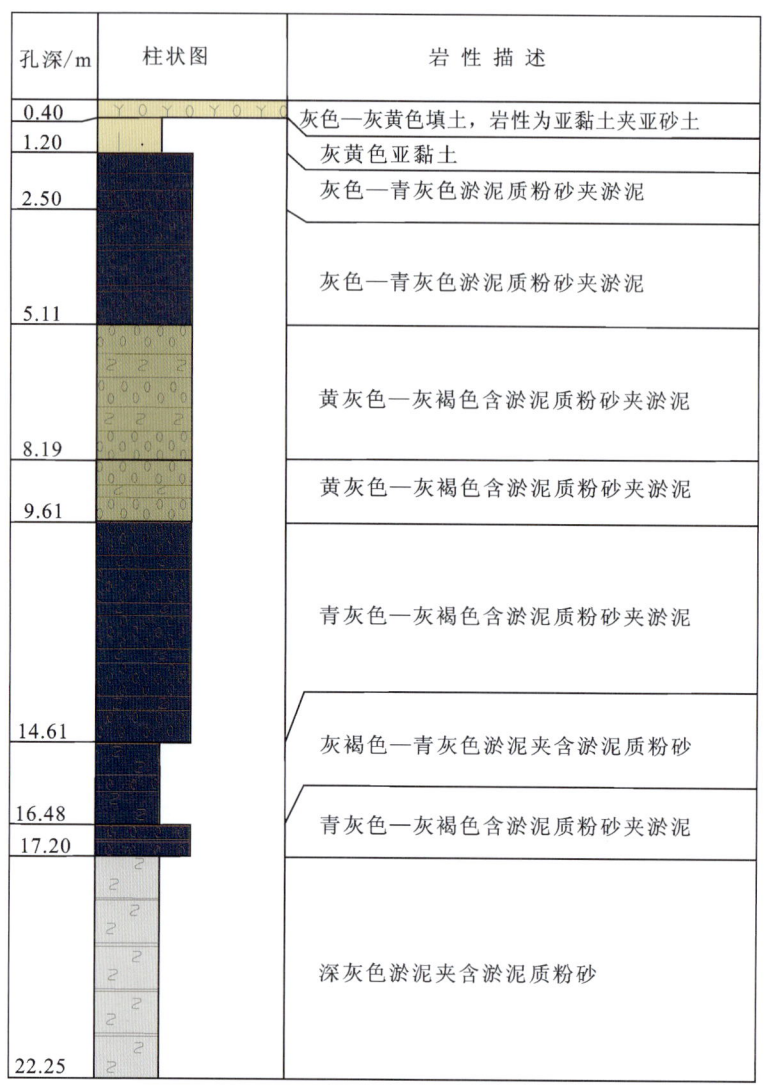

图 9-55 启东 YD004 钻孔上全新统三角洲相层序

塑,为剥蚀堆积平原。在正地形之间,滆湖地区沉积物多为灰色、灰黄色粉砂质黏土、淤泥质粉砂质黏土,为湖沼相沉积。在金坛指前—常州孟河一带、横林—常州申港一带,沉积物为灰黄色粉砂质黏土、黏土质粉砂,为泛滥相,局部湖沼相沉积。苏州、杭嘉湖、上海西部地区,在太湖以东的湖州织里—石淙—乌镇—嘉兴—嘉善—上海新浜—松江—青浦的吴淞江以南地区,地势低洼,湖荡发育,沉积物多为灰黄色、灰色淤泥质黏土、粉砂质黏土,为湖沼相沉积(林春明,1999;顾明光等,2005)。另外,苏州昆承湖、南湖荡、漕湖、阳澄湖一带,浙江新安、石门一带,为湖沼相沉积,其余地区沉积物以灰黄色、灰色粉砂质黏土为主,为泛滥相沉积。在杭州湾沿岸的彭埠—丁桥一带、金山卫一带,沉积物为灰色淤泥质黏土、粉砂质黏土,为高潮坪相沉积。

在长江下游通过建立 23 条钻孔联合剖面(沉积相横剖面图),基本查明了长江下游地区第四纪地层沉积结构、展布特征和沉积环境变迁规律,重新厘定了长江与淮河沉积作用的界线。长江沉积作用最北界位于盐城伍佑—盐城步封—大丰方强—大丰三龙一线,与构造上建湖隆起的南界吻合,该界线以南和泰州—姜堰—东台一线以北的区域为长江与淮河的沉积过渡区。以第四系研究成果为依据,修正了长江、淮河和沂沭泗水系地下水分区(图 9-56、图 9-57)。

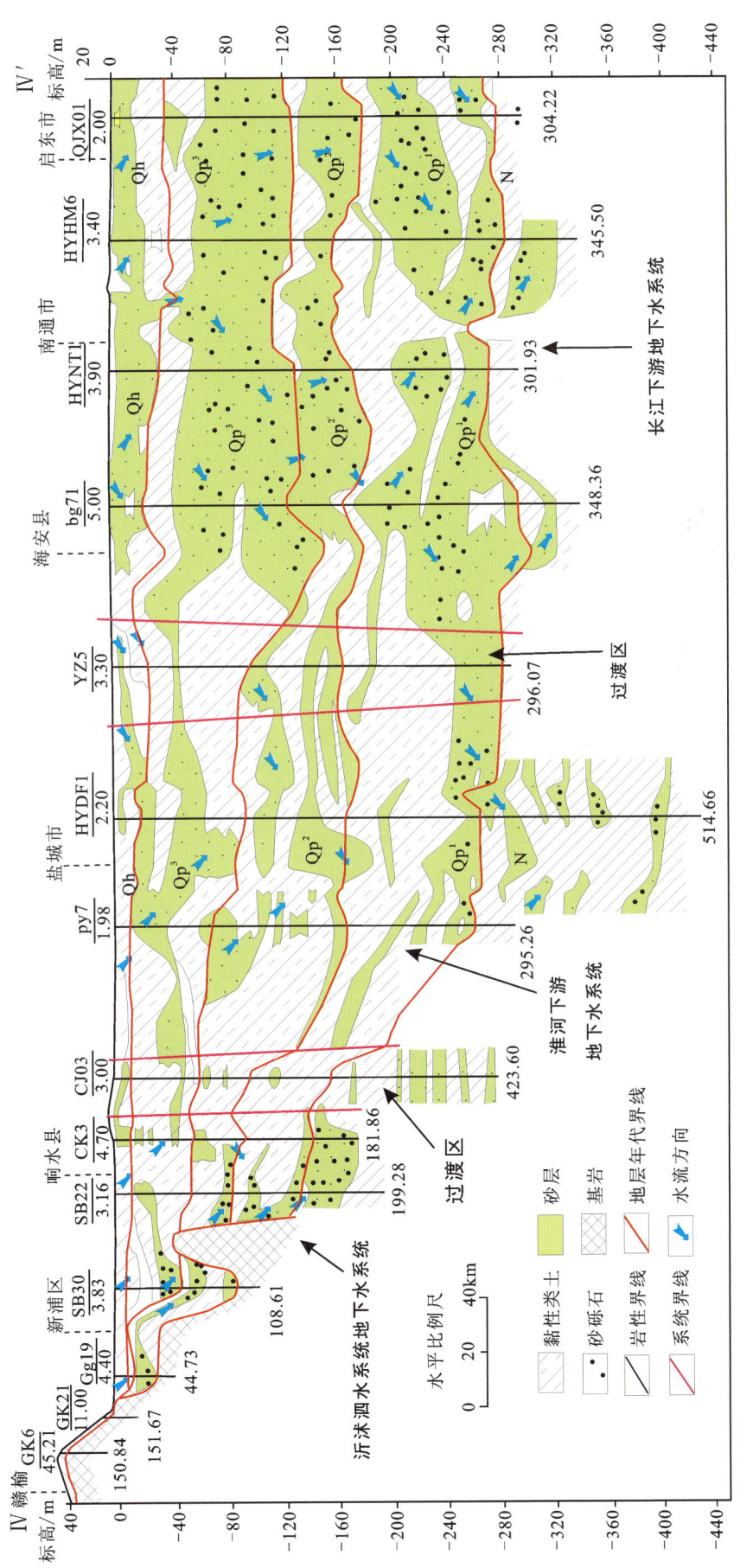

图 9-56 长江、淮河和沂沭泗水系地下水系统边界

图 9-57 修正前、后的长江、淮河和沂沭泗水系地下水系统边界

本次对大丰三龙镇 ZKA1 钻孔、盐城郭猛镇(ZKA2、ZKA4、ZNB10)钻孔以及启东 YD004 钻孔的粒度与磁学指标,SY2 钻孔、Tb7 钻孔、ZKA2 钻孔、ZKA4 钻孔和 ZNB10 钻孔的 $w(Th)/w(Co)$、$w(Zr)/w(Ti)$、$w(Ti)/w(Al)$ 等地球化学比值,盐城南洋镇 HYYC1 钻孔和启东 QJX 钻 1 孔重矿物等指标组合分析研究。这些研究结果清楚反映了淮河下游与长江两个不同的物源特征(图 9-58),两者界线在伍佑镇—步凤镇—方强镇—三龙镇南一线,该界线与构造上建湖隆起的南界吻合。

四、长江上游地区

这里重点讨论长江上游重庆—宜昌地区第四系阶地成因和沉积物物源特征。

(一)重庆-秭归段夷平面特征

根据前人的研究(沈玉昌,1965;刘兴诗,1983;田陵君等,1996;Li et al.,2001),重庆-秭归段夷平面总体特征表现如下(图 9-59,表 9-14)。

1. 鄂西期夷平面

该夷平面的形成时代普遍被认为是早白垩世末至古近纪末,它可以分为两个亚期,即云台荒亚期和召风台亚期。

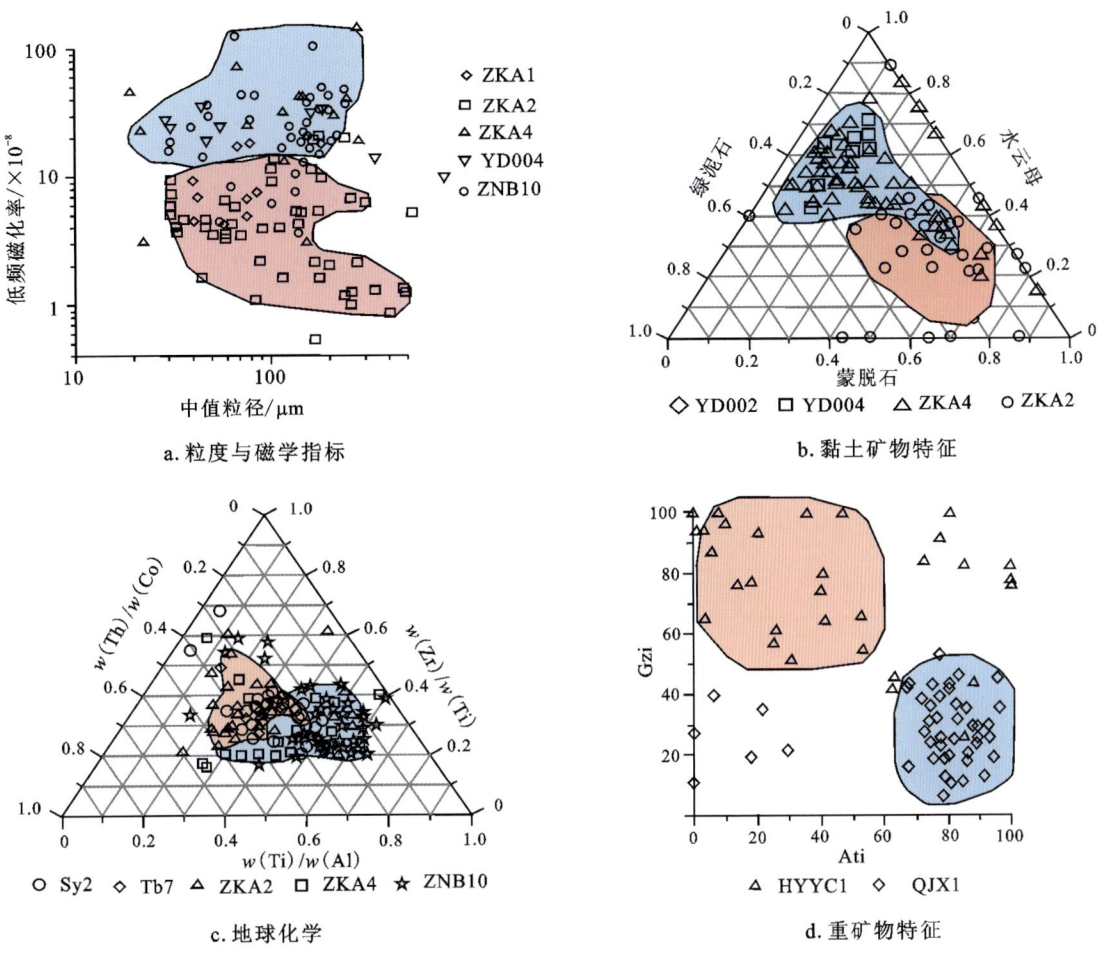

图 9-58 多个钻孔不同指标的物源分析对比

注：Ati 和 Gzi 均为重矿物特征指数，Ati 指数为（磷灰石/电气石），GZi 指数为［石榴子石/（石榴子石＋锆石）］

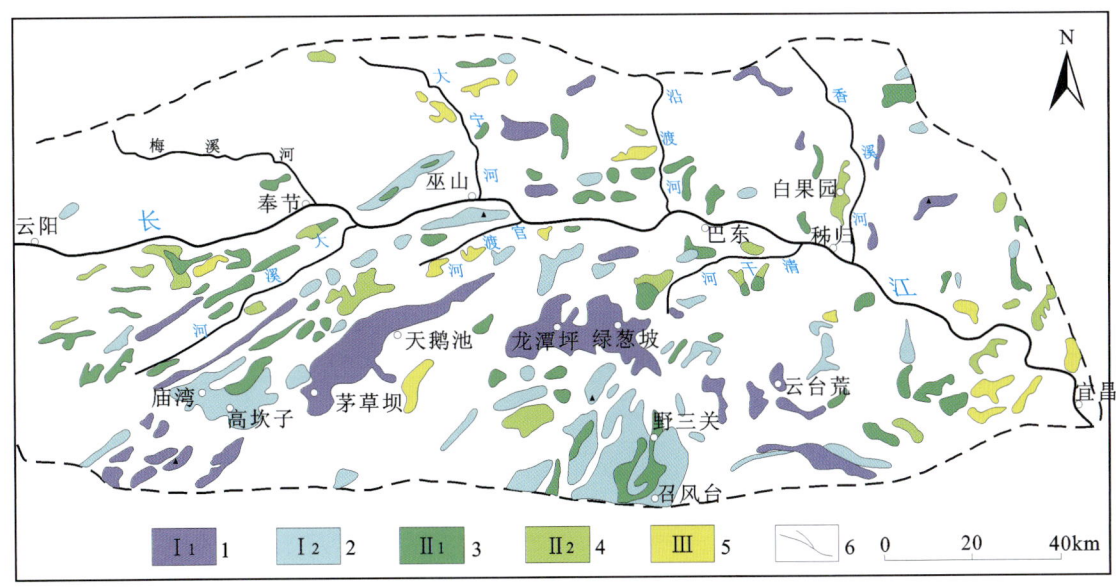

图 9-59 三峡地区夷平面展布图（据田陵君等，1996）

1.鄂西期夷平面云台荒亚期；2.鄂西期夷平面召风台亚期；3.山原期夷平面周家脑亚期；4.山原期夷平面王家坪亚期；5.云梦期夷平面；6.水系

表 9-14 三峡及邻区的夷平面研究资料对比

叶良辅和谢家荣(1925)		巴尔博(1935)		宜昌市三峡水文工程地质大队(1958,1966)		沈玉昌(1965)		刘兴诗(1983)			田陵君等(1996)			李吉均等(2001)		
鄂西地区		三峡地区		三峡地区		三峡地区		四川盆地及三峡地区			三峡地区			三峡地区		
分期	时代	分期	时代	分期		分期	时代	分期		时代	分期		时代	分期		时代
鄂西期 1700~2000m	$E_3^2-N_1^1$	鄂西期	N_1	鄂西期		鄂西期 1500~2000m	$E_3^2-N_1$	云台荒亚期 1700~2000m	鄂西期	四川运动以后	云台荒亚期 1700~2000m	鄂西期	K_3-E_3	鄂西期 1800~2000m		E_{1-3}
大平镇亚期 1000m	$N_1^2-N_2$	山原期	N_2	云台荒亚期 召风台亚期	鄂西期	山原期 1000~800m	N_1-Q_1/N_2	召风台亚期 1300~1500m			召风台亚期 1300~1500m			低级夷平面 1200~1500m		N_2
施耒亚期 500m				周家脑亚期 王家坪亚期	山原期			周家脑亚期 1000~1200m 王家坪亚期 800~900m	山原期	Q_1前	周家脑亚期 1000~1200m 王家坪亚期 800~900m	山原期	N_2-Q_1			
山原期								500~600m	云梦期	Q_1	500~600m	云梦期	Q_1	800~1200m 剥蚀面		2.37~1.8Ma
三峡期																

注:宜昌市三峡水文工程地质大队成立于1956年,2009年与湖北省地质环境总站合并重组,2014年更名为湖北省地质局水文地质工程地质大队。

云台荒亚期：主要分布于峡区西部，在三峡地区东部和盆地区分布比较零星，分布海拔在三峡地区为1700～2000m，盆地内华蓥山区海拔为1400～1500m。该夷平面在长江两岸附近分布范围较小，多见于远离长江的分水岭地带和背斜轴部，且延伸方向与背斜轴向一致。由于碳酸盐岩区的夷平面不易完全破坏，因而多表现为宽展的岩溶平台，而非碳酸盐岩地区的夷平面相对容易被破坏，所以该夷平面在碳酸盐岩广布的南岸较为发育。该夷平面沿背斜轴部与下一级夷平面呈过渡缓坡相接，但在垂直背斜轴的地方常以陡坡的形式转化为低级夷平面。由于该夷平面形成的时代久远，后期的改造作用使得碎屑岩区的夷平面逐渐解体，成为狭窄的山脊，而碳酸盐岩区的夷平面上负地形增加，发育垂直岩溶形态，出现岩溶形态叠加的现象。

召风台亚期：其分布特征与云台荒亚期夷平面相似，在峡区西部、长江南岸、背斜轴部的碳酸盐岩区发育，其延伸方向多与褶皱轴向一致。夷平面的海拔在峡区为1300～1500m，在盆地区为1100～1200m。该期夷平面有的分布于由山顶构成分水岭的岭脊，有的分布于上一级夷平面的周围，部分镶嵌于上一级夷平面之间，构成其间的低凹地面。夷平面的许多地方均发现经过磨圆的冲积砾石残余，但砾石砾径一般较小，成分单一，反映出当时区内水系较密集，但水系的规模不大。该夷平面形成以后受后期河流切割作用的影响较大，夷平面在其延伸方向上常常被河流断开，致使其残余的面积较小。

2. 山原期夷平面

古近纪始新世末期开始的喜山运动在本区表现为间歇性的大面积抬升，同时使鄂西期形成的平坦地面被抬升破坏。当地壳又趋于相对稳定的时候，伴随着长期的溶蚀、剥蚀和侵蚀作用，在新近纪一更新世初形成了山原期夷平面（周家脑亚期夷平面）。当地壳运动从长期的相对稳定状态逐渐转为缓慢抬升时，开始对前一亚期夷平面进行分解，形成了套生其间的许多宽敞平坦的岩溶谷地，即为第二亚期的夷平面（王家坪亚期夷平面）。在该亚期的夷平面上发现了巫山庙宇镇猿人化石，其层位的古地磁年龄为2.10～2.04Ma，因而推测第二亚期夷平面形成的时代早于2.00Ma。

周家脑亚期：夷平面分布的海拔在盆地区为800～900m，在三峡地区为1000～1200m。该夷平面主要沿次级褶皱或向斜核部分布，常展布于长江两岸各支流间的平坦分水岭地带，在远离长江的地方则主要以岩溶盆地或岩溶洼地的形式镶嵌于上一级夷平面中。该夷平面在峡区有由西向东倾伏的现象，由峡区西部至宜昌附近，从海拔1000m左右降至700m、600m、500m、200m左右。夷平面上的残丘比高一般不大，夷平程度较高，反映出经历的侵蚀基准面稳定的时间较长。李吉均等（2001）对海拔高度1200m的剥蚀面的ESR年龄研究结果表明，其形成年龄为2.37Ma。该年龄与前人的推测相符，从另一个方面也说明所谓的剥蚀面只是山原期夷平面中的次级夷平面。

王家坪亚期：该夷平面在峡区分布较零星，但在盆地区分布比较广泛，分布海拔在盆地区为600～700m，峡区为800～900m。该夷平面常常呈宽谷状穿插在上一级亚夷平面的残丘间，有时也以条状山脊、岛状尖棱山峰的形式独立存在。该夷平面与周家脑亚期夷平面之间的高差由西向东逐渐变小，在川东褶皱区两者间的高差明显，至东部高差降至100m以下。

3. 云梦期夷平面

该夷平面在盆地区被刘兴诗教授命名为盆地期夷平面（刘兴诗，1983），并可以分为盆地一期和盆地二期两个亚期，其定型的时代被推测为早更新世末。

该夷平面主要分布在四川盆地，盆地内广泛分布的350～500m红色丘陵顶部多属于该夷平面，并且可明显分为两级。盆地二期夷平面形态上往往高低不同，甚至在有的地方表现出既有夷平面又有高级阶地的双重性质，反映出此时是区内古环境发生较大变化的时期。该期夷平面上可以见到很多好的砾石层剖面，反映出当时已经有相当大的水流。该夷平面在三峡地区分布较为零星，并且范围局促，常呈带状或片状穿插，展布于高山峻岭之间，分布高程为400～600m，具有向东、西两侧逐渐降低的趋势。另外，在夷平面上发现了一些长条状的、不连续的砾石层。

野外工作发现,在长江北岸的泡桐树—梅溪河一带,海拔(570±6)m处为平台状地貌,为云梦期夷平面(图9-60)。海拔554m处可见河流成因的砾石堆积,砾径为1~2cm,最大可达4~5cm,呈次圆—圆状,有一定的排列方向,为棕红色砂质黏土填隙。砾石的成分为砾岩、硅灰岩、石英岩和石英砂岩等,成分较为复杂。

在云梦期夷平面沉积采样剖面中,由下至上沉积特征表现如下(图9-61)。

图9-60 奉节低夷平面宏观特征

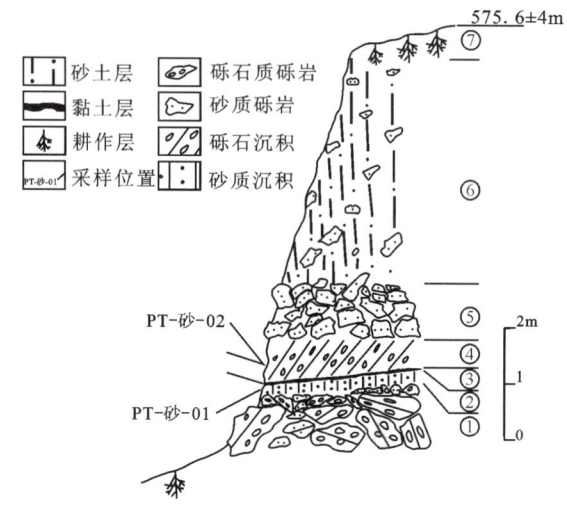

图9-61 奉节云梦期夷平面剖面特征素描图

①冲积巨砾沉积,砾石以砾岩、砂砾岩及岩屑长石砂岩为主。砾石砾径为30cm,最大者大于1m;
②黄褐色砂质沉积,含黏土,中粒,厚8~15cm;
③白色黏土层,厚1~3cm;
④砾石层厚30~80cm,砾石砾径1.5~4cm,圆度高,砾石支撑,砾石成分为石英岩、燧石、硅灰岩及砾岩;
⑤坡积砾石,砾石呈棱角—次棱角状,成分单一,以褐黄色岩屑长石中砂岩为主,角砾大小不一,砾径为20~50cm,砾间填隙砂土,厚度约1m;
⑥含砾砂土层,厚度约4m。含角砾,角砾成分与三叠系须家河组(T_3x)地层相似。
⑦顶部为耕作层,厚约60cm。

在该剖面的砂质沉积中采集ESR测年样,获得其沉积年龄为0.749Ma,与宜昌地区善溪窑组上部沉积时间相同,表明善溪窑组是与峡区夷平面形成时间相对应的沉积产物。该沉积年龄表明,云梦期夷平面解体或停止发育的时间在中更新世。

(二) 重庆—秭归段阶地特征

1. 典型阶地剖面特征

1) 重庆阶地剖面

在王家大山[海拔(303±8)m]见河流相沉积,该套沉积田陵君(1996)划分为5级阶地,刘兴诗(1983)划分为低夷平面,通过对砾石最大扁平面倾向的测定发现(图9-62),砾石扁平面倾向主要为南东向,而长江在此处的流向是南东向,因此反映古流向和现今的流向正好相反,该套沉积非贯通长江形成的沉积。

在宝盖寺[海拔(292±10)m]见河流沉积物在地貌上呈高圆丘状。砾石呈圆状,最大砾径为15~18cm,一般为5~8cm。砾石成分复杂,可见石英砂岩、燧石岩、变质砂岩、石英岩等岩石类型。砾石呈一定程度的叠瓦状。砾石最大扁平面倾向主要为北西—东西向(图9-62),和现今长江在此的流向基本一致,因此为贯通长江形成的阶地沉积。

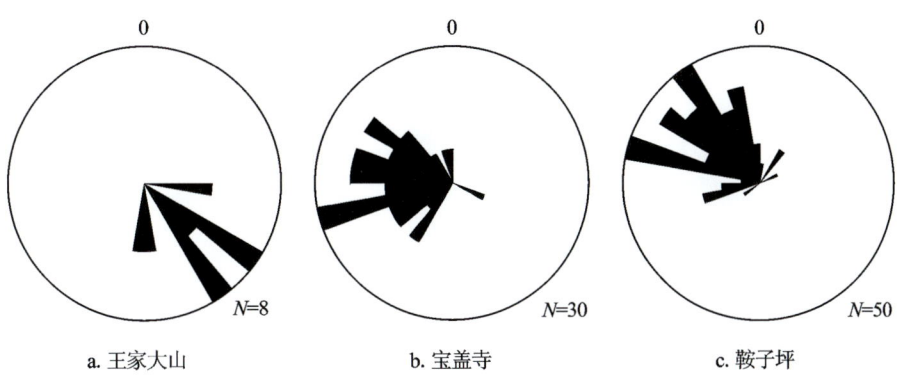

图 9-62　重庆王家大山、宝盖寺和鞍子坪河流沉积砾石最大扁平面倾向玫瑰花图

鞍子坪[海拔(275±11)m]河流阶地在地貌上形成阶坎状。砾石以圆状为主,叠瓦状明显。砾石层厚 8m 左右,砾石层顶面平整,其上有 30～50cm 的土壤层。砾石大的为 20cm,一般为 10cm,分选中等,呈扁圆状,填隙物为棕黄色砂质黏土。往下,砾石粒径增大,可达 20～30cm,与下部紫红色基岩呈冲刷状接触,靠近冲刷面处砾石大小混杂,填隙物呈铁锈色、黄绿色、灰绿色混杂。砾石最大扁平面倾向主要为北西方向(图 9-62),和现今长江在此的流向基本一致,因此为贯通长江形成的阶地沉积。

根据沉积特征和高程特征,认为王家大山为低夷平面上的沉积,而宝盖寺和鞍子坪处的阶地分别为Ⅴ级和Ⅳ级长江阶地。

2) 万州阶地剖面

万州地区可见有 5 级阶地(图 9-63),基座为沙溪庙组(J_2s),主要为岩屑石英砂岩,岩层产状水平。长江南岸的Ⅴ级阶地(T_5)为侵蚀阶地,海拔为 319m 左右,可见基岩侵蚀形成陡崖和孤峰地貌(图 9-64),陡崖和孤峰间为低洼的古河谷,谷底宽约 20m,较平坦。Ⅳ级阶地(T_4)也为侵蚀阶地,海拔为 264m 左右,见宽约 15m 古河道,古河道展布方向与现今长江流向一致,基岩侵蚀形成的孤丘构成阶地的阶坎。Ⅲ级阶地(T_3)海拔为 210m 左右,为基座阶地,堆积物为厚 17m 左右的棕黄色砾石层,夹有砂质透镜体。Ⅱ级阶地(T_2)为堆积阶地,海拔为 160m,阶坎上部为 15m 左右的黄土堆积(图 9-65),见姜状钙质结核、腹足化石,黄土下部为钙质胶结砂沉积,夹有少量钙质硅化层。Ⅰ级阶地(T_1)剖面野外未见,前人资料(田陵君等,1996)提及主要为堆积阶地,阶地面的海拔为 140～150m,相对海拔为 40～50m,主要为棕黄色黏土质砂沉积。

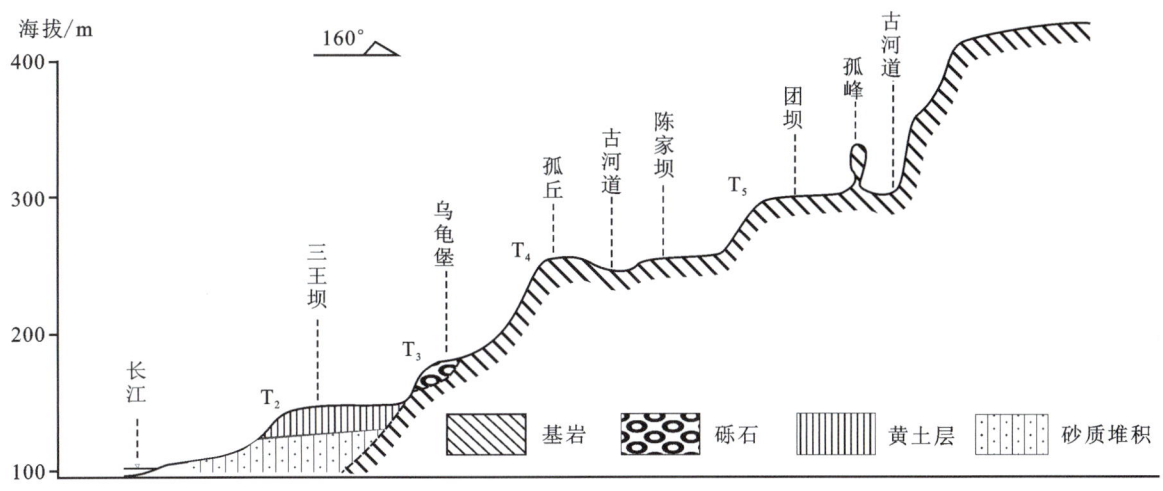

图 9-63　万州长江南岸阶地剖面图

图 9-64 万州长江Ⅴ级阶地面上的孤峰、陡崖和两者之间的低洼古河道(被树林覆盖)

图 9-65 万州长江Ⅱ级阶地剖面中的黄土层

3) 奉节剖面

奉节阶地下部基岩多为沙溪庙组砂岩和泥岩地层,产状近水平(图 9-66)。Ⅴ级阶地(T_5)海拔为330m,白衣庵南东处为基座阶地,黄褐色亚黏土夹砂层堆积。Ⅳ级阶地(T_4)海拔为220~230m,草堂河浣花溪一带海拔较高,为240~260m,为基座阶地,阶面已被耕种破坏。Ⅲ级阶地(T_3)在营盘抱一带海拔为160~180m,相对高程为85~105m,基座阶地,岩性为黄土状黏土夹透镜状砾石层,含钙质结核。Ⅱ级阶地(T_2)属基座阶地,局部具有堆积阶地特征,海拔为130~140m,高处可达160m左右,阶地主要为黄色粉砂质黏土或黄土堆积,偶夹透镜体状砾石层,砾石大小混杂,略具定向性,局部黄土夹钙质层,最多可见有7层,每层厚15cm,相间60~100cm,结构致密。Ⅰ级阶地(T_1)沿江分布,海拔为120m左右,相对高程为45m,属堆积阶地,上部为黄色粉砂质黏土,下部具有砾石层。

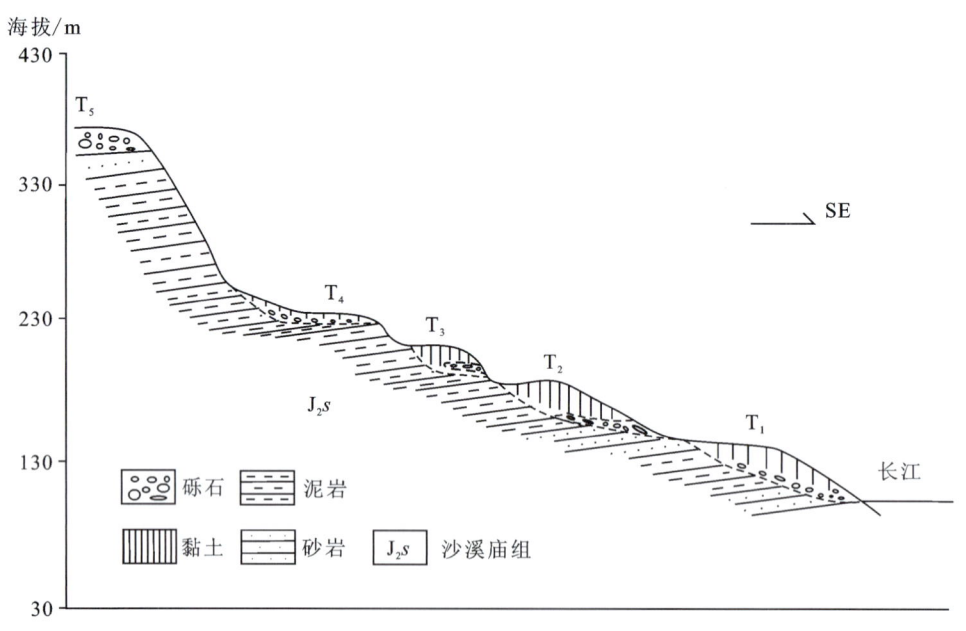

图 9-66 奉节长江南岸阶地剖面图

4) 巫山阶地剖面

巫山地区阶地发育,阶地下部基岩为三叠系巴东组(T_2b),岩性为泥岩、灰岩及砂岩(图 9-67)。Ⅴ级阶地(T_5)海拔为320m,为基座阶地,以棕色黏土沉积为主,未见砾石,在相同海拔的另一地点,在富含钙屑的土黄色残坡积物中见小型溶洞,并见石钟乳或钟乳状钙结壳充填其中。Ⅳ级阶地(T_4)海拔为

260m左右,基座阶地,棕褐色黏土堆积,未见砾石,下部可见有泥炭。Ⅲ级阶地(T_3)海拔为220m,为基座阶地,以黄色黏土沉积为主,含钙质结核。Ⅱ级阶地(T_2)海拔为145m,为堆积阶地,见黄土状堆积物,可见钙质结核。Ⅰ级阶地(T_1)在老县城长江左岸,海拔为120m,相对高程为55m左右,为堆积阶地,阶地露头为黄土状堆积物。

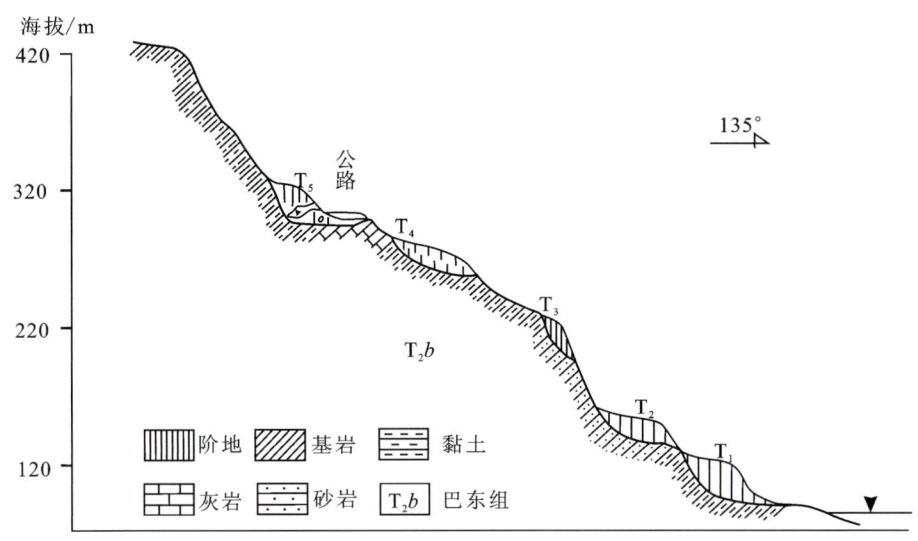

图9-67 巫山长江阶地剖面图

2. 阶地划分对比与年代讨论

通过对重庆—宜昌段沿江进行阶地调查,利用GPS获得了重庆市、奉节县、巫山县、秭归县、宜昌市部分阶地的海拔。阶地的海拔和阶地的类型见表9-15。研究结果表明,沿岸阶地的级数不超过6级,真正具有对比意义的只有5级。

表9-15 野外实测阶地的高度和类型对比表　　　　　　　　　　　单位:m

地点	对比内容	T_1	T_2	T_3	T_4	T_5	T_6
宜昌市	海拔			101±5	125±6	143±10	
	类型				基座阶地	基座阶地	
秭归县	海拔	90	130	163±7			
	类型	基座阶地	基座阶地	基座阶地			
巫山县	海拔	120±8	145±9	220±11	290±9	321±7	
	类型	沉积阶地	沉积阶地	基座阶地	基座阶地	基座阶地	
奉节县	海拔		134±7	170~150			
	类型		沉积阶地	侵蚀阶地			
万州区	海拔		126	175±7	264±8	319±7	
	类型		堆积阶地	基座阶地	侵蚀阶地	侵蚀阶地	
重庆市	海拔				275±11	300±8	320±7
	类型				基座阶地	沉积阶地	沉积阶地

阶地年龄测定，一直是第四纪研究的难题，特别是对于老的阶地和侵蚀阶地，则更是困难。虽然如此，通过前人几十年的研究和资料积累，仍然获得了一些阶地年龄数据（表9-16）。然而，由于采样位置、样品类型以及测试方法的差异，可能会导致同一级阶地的年龄数据存在一定范围的偏差。对比各位学者整理的年龄数据可以看出，高级阶地的年龄数据差别较大，而低级阶地的年龄数据比较接近。同时可以发现一个比较明显的现象，虽然不同研究人员采用了不同的测年方法，但是都有0.7Ma左右的阶地年龄。在谢明（1990）、陈宝冲（1996）、杨达源（1990）总结的年龄数据中，最老的阶地年龄为0.73Ma；田陵君等（1996）提供的最老T5阶地年龄为0.81～0.70Ma；Li等（2001）总结得到的四川东部盆地中T5的年龄为0.73Ma，巫山最老阶地的年龄约为0.95Ma，宜昌—宜都能获得的T5阶地年龄为0.7Ma。因此，可以认为0.7Ma应该为一个重要的阶地对比的年龄界限。

表9-16 前人提供的阶地年代对比表

资料来源	阶地级数及时代	定年方法
沈玉昌（1965）	T_1：更新世晚期 $T_2 \sim T_4$：更新世初期—晚期 T_5以上：更新世初期或稍晚	地层对比法
刘兴诗（1983）	T_1：下更新世—全新世 T_3：中更新世 T_4：中更新世	T_1：^{14}C测年、化石证据 T_3：化石及地层对比 T_4：地层对比
杨达源（1990）	T_1：中全新世—晚更新世晚期 T_2：0.0245Ma，晚更新世中期 T_3：0.11～0.09Ma $T_4 \sim T_6$：中更新世（0.73Ma）以来	T_1：^{14}C测年、热释光、古地磁 T_2：钙质结核^{14}C测年 T_3：热释光 $T_4 \sim T_6$：古地磁
谢明（1990）	T_1：6.5Ka T_3：0.2Ma T_4：0.73Ma	T_1：^{14}C测年 T_3：热释光 T_4：古地磁
陈宝冲（1996）	T_1：0.01Ma T_2：0.024Ma T_3：0.09Ma T_4：0.11Ma T_5：0.73Ma	$T_1 \sim T_2$：^{14}C测年 $T_3 \sim T_4$：热释光 T_5：古地磁
田陵君，1996	T_1：0.011Ma，全新世 T_2：0.031～0.02Ma，晚更新世晚期 T_3：0.11～0.07Ma，晚更新世早期 T_4：0.54～0.31Ma，中更新世中期 T_5：0.81～0.70Ma，早更新世晚期	T_1：^{14}C测年 $T_2 \sim T_5$：电子自旋共振
李吉均等（2001）	T_1：0.031～0.009Ma T_2：0.059～0.056Ma T_3：0.15～0.011Ma T_4：0.49Ma T_5：0.73～0.70Ma T_6：0.86Ma T_7：1.16～0.95Ma	T_1：^{14}C测年 T_2：铀系法 T_3：热释光、电子自旋共振 $T_4 \sim T_7$：电子自旋共振

结合前面对宜昌地区及整个江汉盆地的第四纪古地理演化及相关年龄的讨论，认为宜昌地区湖泊沉积结束的时间为0.75Ma，阶地出现的时间为0.73～0.7Ma，而此时也正是三峡被切割、贯通且长江

开始出现的时间。0.73~0.7Ma 以后形成的阶地在时间上是基本可以进行对比的,同时奉节云梦期夷平面上河流沉积物的 ESR 年龄为 0.749Ma,与宜昌地区善溪窑组上部的沉积时间相同,表明善溪窑组是与峡区夷平面形成时间相对应的沉积产物。而该沉积年龄也表明,云梦期夷平面解体或停止发育的时间在中更新世,此后是一个新的地貌演化阶段的开始。

利用前人的资料,认为贯通三峡后的长江在四川盆地、三峡、江汉盆地形成的阶地及其年龄为:①T_5,0.73~0.7Ma,中更新世早期;②T_4,0.5~0.3Ma,中更新世早—中期;③T_3,0.11~0.09Ma,晚更新世早—中期;④T_2,0.05~0.03Ma,晚更新世中—晚期;⑤T_1,0.01Ma 左右,晚更新世晚期—全新世早期。

(三)重庆—秭归段长江演化讨论

1. 长江支流特征

重庆—秭归段支流较多,据统计大小支流共有 354 条,长 10km 以上的有 36 条。这些支流发源地的海拔一般为 800~2600m,北岸支流海拔较高,多在 1200m 以上,长度都较大;南岸支流发源地较低,多在 1400m 以下,长度较短,在瞿塘峡—巫峡东南岸分水岭处紧靠长江。南、北两岸支流比降都很大,河床很少有堆积物,大多为侵蚀性河流,除少数为宽谷以外,大多数河床狭窄,两岸陡峭。

支流水文网分布比较复杂,受地质构造及岩性控制,形态多样(图 9-68)。有的支流及次一级支流与干流呈锐角相交,或呈树枝状排列,或呈与主流平行发育的平行状水系。有的支流为短而密的羽毛状,与干流呈直角相交,有的支流及次一级支流呈直角相交的格子状水系,另外还有一些支流与干流呈钝角相交。

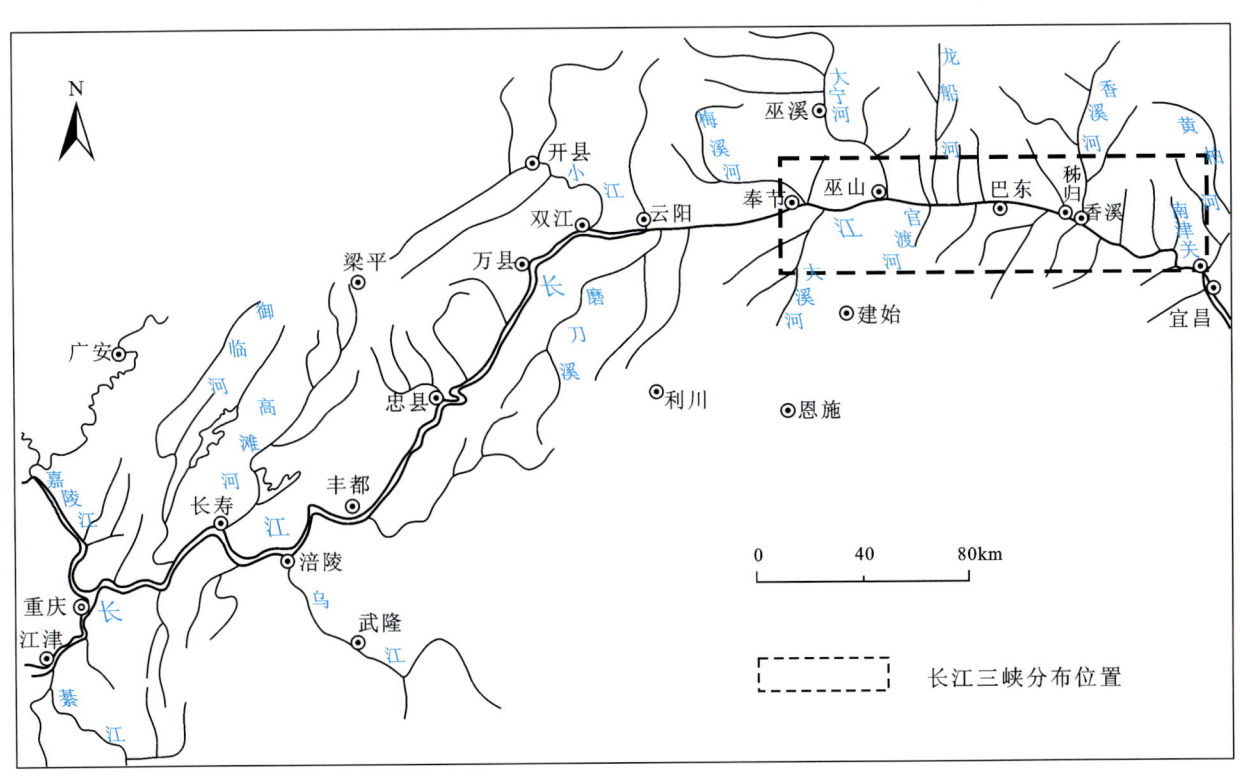

图 9-68 长江三峡位置及水系分布图(据田陵君等,1996)

区内水系网分布格局与构造格局关系密切。首先,水系总体展布明显受褶皱等大的构造格局制约;其次,不同地段河流的具体流向及位置往往受节理裂隙等的控制。受构造因素的影响,不同河段表现形态各不相同。在奉节以东,长江处于大巴山、巫山和荆山山脉的交接部位。山脉和构造线走向近于东西向,局部地段呈南北向,长江干流斜切或者横切构造线和山脉,因而河谷多为斜向或横向谷。同时,两岸支流发育,且多与构造褶皱方向一致。奉节以西属四川盆地东部弧形构造岭谷地段,地貌形态与构造及河流具有良好的一致性,存在一系列北东-南西向窄条状背斜低山、宽缓的向斜丘陵谷地。长江干流除部分河段横切背斜低山,形成短直峡谷以外,多沿向斜通过,形成宽缓的宽谷,岸坡底缓。支流中较大的次级支流都比较发育,且多与构造线一致,形成顺向河,但支流本身则多为穿过构造线的横向河或斜向河。

长江在重庆-秭归段支流繁多,但规模较小,长江两岸支流短而比降大。在瞿塘峡南岸,分水岭紧靠长江干流,流域面积十分狭小,与北部的汉水水系、南部的清江水系、更南部的澧水水系相比,水系特征及其分布有很大的不同,表现出幼年期河谷的特征。同时,三峡一带出现的地貌特征表现出向斜成谷、背斜成山的年轻地貌特征,与之相对应,河流受构造控制明显,河谷多沿向斜发育。因此,长江在三峡一段,特别是瞿塘峡地区具有幼年期河谷的特征,显示出为一条深切的年轻河流。

2. 夷平面特征对长江三峡贯通指示

重庆-秭归段主要有3期夷平面存在,即白垩纪晚期—古近纪始新世的鄂西期夷平面、上新世—早更新世初的山原期夷平面、早更新世末—中更新世早期的云梦期夷平面。夷平作用降低了地形高度,夷平面的发育导致河流比降减小,老年河流出现,而长江在黄陵穹隆以东以年轻的顺直河河谷形态出现,从地貌发育的阶段上讲长江不可能是夷平面形成以前就存在的。

通过野外工作发现,瞿塘峡河谷段近于直立的峡谷两壁,以发育垂直状的大型节理、溶缝为主(图9-69),水平溶洞分布较为局限,只在海拔170m左右出现较为大型、可以在水平方向上进行追索的溶洞,其中位于风箱峡入口处的风箱状溶洞就是其中较大的一个,海拔为180m左右。瞿塘峡河段的这种岩溶特征反映了地壳快速抬升、河流迅速下切的特点,因此难以形成与地下潜水长期静止相对应的水平溶洞。而海拔在180m左右的溶洞,在高程上和前人划定的Ⅲ级阶地相对应,是长江三峡形成以后的产物。所有这些特点说明,瞿塘峡的形成主要是河流快速下切的产物,与地貌长期稳定发生的夷平作用没有关系,是新生代以来最后一次夷平作用完成以后下切形成的,即瞿塘峡的形成晚于云梦期夷平面。

图9-69 瞿塘峡峡谷垂直状节理和溶缝

在巫山县城对面、巫峡入口处、长江南岸,在相对陡峭的山岭中于海拔800m左右的杨柳坪一带出现平缓状地貌,按照其高度可与三峡地区普遍分布的3期夷平面中山原期夷平面的第二亚期——王家坪夷平面亚期对应。该夷平面主要发育在夹硅质团块、硅质条带的二叠系灰岩中,地形平坦,岩溶作用发育。在小路和田中可以发现零星分布的磨圆较好的灰岩砾石,砾径为2~3cm,找不到硅质或其他代表远源成分的砾石。岩溶地貌有石林、大型溶缝、落水洞、溶蚀圆丘等,并且由下至上出现被溶蚀的灰岩、砖红色黏土层和灰岩碎块混杂堆积、含有少量灰岩角砾的棕红色残积土这样一种岩溶-风化剖面,这些特征均反映了长期风化剥蚀作用的存在。由此说明,杨柳坪的岩溶地貌主要是在一种稳定的构造状态下长期作用形成的,代表了夷平作用的产生。所见溶缝主要是沿两组节理发育而成,上部溶蚀成不规则状,向下由于岩溶作用的减弱、硅质条带的阻水作用,岩溶现象不发育,只出现平整的节理面。通过统计,所有岩溶现象发育的溶蚀底界面都主要出现在海拔750m左右。该夷平面的特征说明以下几个事实:①该夷平面发育时没有类似于现今长江的大江出现,否则在该夷平面上可以找到异源的、非灰岩质砾石;②现今的长江不是在该夷平面上因下切产生的,否则应出现与瞿塘峡相同的、由于快速构造抬升形成的大型垂直岩溶特征,以及与构造稳定期潜水面作用相对应的分布在不同海拔的水平岩溶特征,而不仅仅出现以750m海拔为岩溶发育底界面的水平岩溶特征;③从长江在此河段以顺直状为特征的幼年期河谷地貌来看,现今的长江不可能是发育在夷平面上的古河流下切形成的先成河。

此外,沈玉昌(1965)在对三峡夷平面进行研究时也提到,在黄陵背斜东翼高程300~400m至700~800m的夷平面上,已在许多地点发现有河流相的冲积砾石存在,它们大多磨圆度很高,但粒度都不很大,岩性主要为石英岩、砂岩、石英砂岩、燧石、灰岩等。这种砾石的特征和现今贯通三峡的长江沉积的粗粒、成分复杂、具有大量花岗岩和基性岩浆岩的砾石特征明显不同,说明夷平面上的砾石并非贯通三峡的长江所形成。

根据以上的讨论认为,三峡段河谷的形成与普遍发育的3期夷平面之间没有继承关系,并不是早期发育在夷平面之上的古河流下切而成的河谷,该河谷的形成时间晚于云梦期夷平面的形成时间,为中更新世早期以后形成的。

3. 夷平面及阶地沉积物中重矿物特征对长江演化的指示

在重庆—巫山一线进行详细野外研究的基础上,采集典型剖面中的砂质沉积,进行碎屑重矿物特征研究(表9-17)。同时,增加在宜昌地区重矿物的对比研究数据。

表9-17 样品统计表

剖面性质	年代	样品号	样品性质
重庆长江Ⅴ级阶地	0.73~0.7Ma	T-TL01	砾石层中的砂质夹层
万州长江Ⅱ级阶地	0.01Ma左右	WTL01	砂质沉积物
万州长江河床重砂	现代	W重砂	河床砂质沉积
奉节低级夷平面	0.749Ma	PT砂-01	剖面下部砂质沉积物
奉节低级夷平面	0.749Ma	PT砂-02	砾石间砂质填隙物
巫山长江Ⅴ级阶地	0.73~0.7Ma	溶洞WS02	砾石间砂质填隙物
宜昌长江Ⅴ级阶地	0.73~0.7Ma	YC02	剖面下部砂质沉积物
宜昌长江Ⅳ级阶地	0.5~0.3Ma	00B	砾石间砂质填隙物
宜昌长江Ⅳ级阶地	0.5~0.3Ma	YCT3砂01	砾石层中越岸砂夹层
宜昌地区现代河床	现代	025	河床砂质沉积
宜昌善溪窑组沉积	0.87Ma左右	017	砾石间砂质填隙物
宜昌云池组沉积	1.08Ma左右	015	砾石间砂质填隙物

对于含量较高的重矿物,以质量(mg)计算,对于含量较低的重矿物则分别镜下统计颗粒数,并将统计出来的重矿物颗粒总数作为分母来进行每个样品中不同类型重矿物的均一化,最终得出的重矿物分析结果见表9-18、表9-19。

表9-18 不同样品的重矿物含量统计表

重矿物类型	W重砂(现代沉积)	WTL01 (T_2)	溶洞WS02 (T_5)	T-TL01 (T_5)	PT砂-01 (夷平面)	PT砂-02 (夷平面)	025 (现代沉积)	00B (T_4)	YCT3 砂01(T_4)	YC02 (T_5)	015 (云池组)	017 (善谿笤组)
锆石	9.1	11	3.7	20.7	4.6	9.2	9.3	50.1	20	16.1	14.9	36.3
磷灰石	5.6	2.1	1.9	3.2	2.1	0.5	1.3	0.2	1.5		1.8	18.1
金红石	6	6.7	1.6	5.4		3			3.7	4.6	0.3	0.5
白钛石	7.5	4.1	5.4	5.4	5.9	17.3		0.4	13.7	11.5	0.1	0.1
锐钛矿	26.5mg*	6.2	1.3	2.2	26	14.3	0.09		0.5	2.4		
黄铁矿	2	0.9	0.4	1.1	1.1	3			3.6		0.03	
榍石	6.4	12.5	7.5	10.9			0.1		4.2	1		
蓝晶石	0.4		1.8						2			
电气石	11.8	0.6	1.8	0.5	0.6	1.5		0.02	0.3	2.3		0.07
绿帘石	9.7	15.1	20.9	13.8	0.3	2.1			9.9	5.7		
辉石	6	20.5	0.3	1	0.2	2.1	52mg*		2	0.6		
角闪石	2.2	3	0.7	1.3			52mg*	1.2	0.1			
石榴子石	1.1	1.2	3.4	0.2			36.4	2.5	2.6	1	1.8	
钛铁矿	8.1	6.6	3.9	1	14.2	5.4	45.6	25	30	1	55.7	36.2
透闪石		0.4										
赤褐铁矿			43.3	31.9	43.1	41.1			4.6	52.8		
方铅矿			0.7	0.3	0.8					0.2		1.8
独居石					0.6			0.04			0.07	0.03
符石							52mg*	12.5			18.5	3.6

注：大部分含量为颗粒占总颗粒的百分比，单位为%，标*号的少部分含量较高的样品用质量值(mg)表示含量。

表 9-19　样品的重矿物组合特征及母岩岩性特征

样品编号	重矿物组合	母岩岩性
W 重砂	锐钛矿-电气石-绿帘石-锆石	中基性—酸性岩浆岩-变质岩
WTL01	辉石-绿帘石-榍石-锆石	基性—酸性岩浆岩-变质岩
溶洞 WS02	赤褐铁矿-绿帘石	变质岩-基性岩浆岩
T-TL01	赤褐铁矿-锆石-绿帘石-榍石	中基性岩浆岩-变质岩
PT 砂-01	赤褐铁矿-锐钛矿-钛铁矿	酸性岩浆岩-变质岩
PT 砂-02	赤褐铁矿-白钛石-锐钛矿	酸性岩浆岩-变质岩
025	角闪石-褐铁矿-辉石-帘石	基性岩浆岩-变质岩
00B	褐铁矿-锆石-钛铁矿	基性—酸性岩浆岩-变质岩
YCT3 砂 01	钛铁矿-锆石-白钛石	基性—酸性岩浆岩
YC02	赤褐铁矿-锆石-白钛石	基性—酸性岩浆岩-变质岩
015	钛铁矿-帘石-锆石	酸性岩浆岩-变质岩
017	褐铁矿-锆石-磷灰石	酸性岩浆岩-变质岩

从组合类型来看，以 PT 砂-01、PT 砂-02 为代表的夷平面沉积中，主要的重矿物组合类型反映出母岩主要为酸性岩浆岩和变质岩。在三峡以东的宜昌地区，同时代沉积的云池组、善溪窑组的重矿物组合类型同样反映了母岩主要为酸性岩浆岩和变质岩。在三峡段及宜昌地区的阶地沉积中，重矿物组合类型均反映了基性岩浆岩母岩的存在。由此可以发现，夷平面上河流相沉积及云池组、善溪窑组沉积物的母岩相似，而与阶地沉积物的母岩有所差别。

从特征矿物上看，角闪石、锆石、榍石在 PT 砂-01 和 PT 砂-02 所代表的夷平面沉积物中没有出现，同时在 015 和 017 所代表的云池组与善溪窑组沉积物中也没有出现，而在阶地沉积中存在。钛铁矿在夷平面沉积物中与云池组、善溪窑组沉积物中含量相对偏高，而在阶地沉积中含量相对偏低。金红石在夷平面和云池组、善溪窑组沉积中含量很低，在阶地沉积里含量相对偏高。另外，绿帘石和辉石在夷平面沉积中含量较低，在云池组和善溪窑组沉积里甚至没有。这些特征重矿物的分布特征说明夷平面沉积与云池组、善溪窑组的物源相同，与阶地沉积的物源有所差异。从表 3-13 上看，长江阶地沉积前黄陵穹隆以西河流与黄陵穹隆以东河流的重矿物特征比较相似。由图 9-70 可知，酸性岩浆岩-变质岩的母岩组合最有可能来自于由变质岩和黄陵花岗岩构成的黄陵穹隆地区。而当长江阶地形成后，沉积物中出现的基性岩浆岩成分最有可能来自面积广大的峨眉山玄武岩以及攀枝花钒钛磁铁矿。由此可以发现，老的夷平面沉积是以黄陵穹隆为分水岭，往西流动的河流所形成，云池组、善溪窑组沉积则是黄陵穹隆分水岭以东往东流动的河流所形成的。而此后的长江阶地是三峡贯通以后，整体向西流动的河流所形成的，因此在重矿物类型、含量、所反映的母岩类型上，夷平面和云池组、善溪窑组沉积物与阶地沉积不同，但各级阶地沉积具有相似性，且都有基性岩浆岩来源的成分。

研究认为，云梦期夷平面上沉积物的年龄为 0.749Ma，而长江 V 级阶地的形成年代为 0.73～0.7Ma。由此可知，黄陵穹隆以西在 0.73Ma 以前存在向西流动的河流，而在 0.73Ma 时出现向东流动的长江，同时发生长江三峡的贯通。

4. 夷平面及阶地沉积物中碎屑锆石特征对河流演化的指示

为了进一步对沉积物中的物源信息进行证实，选取了代表性测年样品进行锆石特征研究。其中，用于研究的 4 个样品分别为 PT 砂-01（采自奉节泡桐树—梅溪河云梦期夷平面剖面的黄褐色砂质黏土

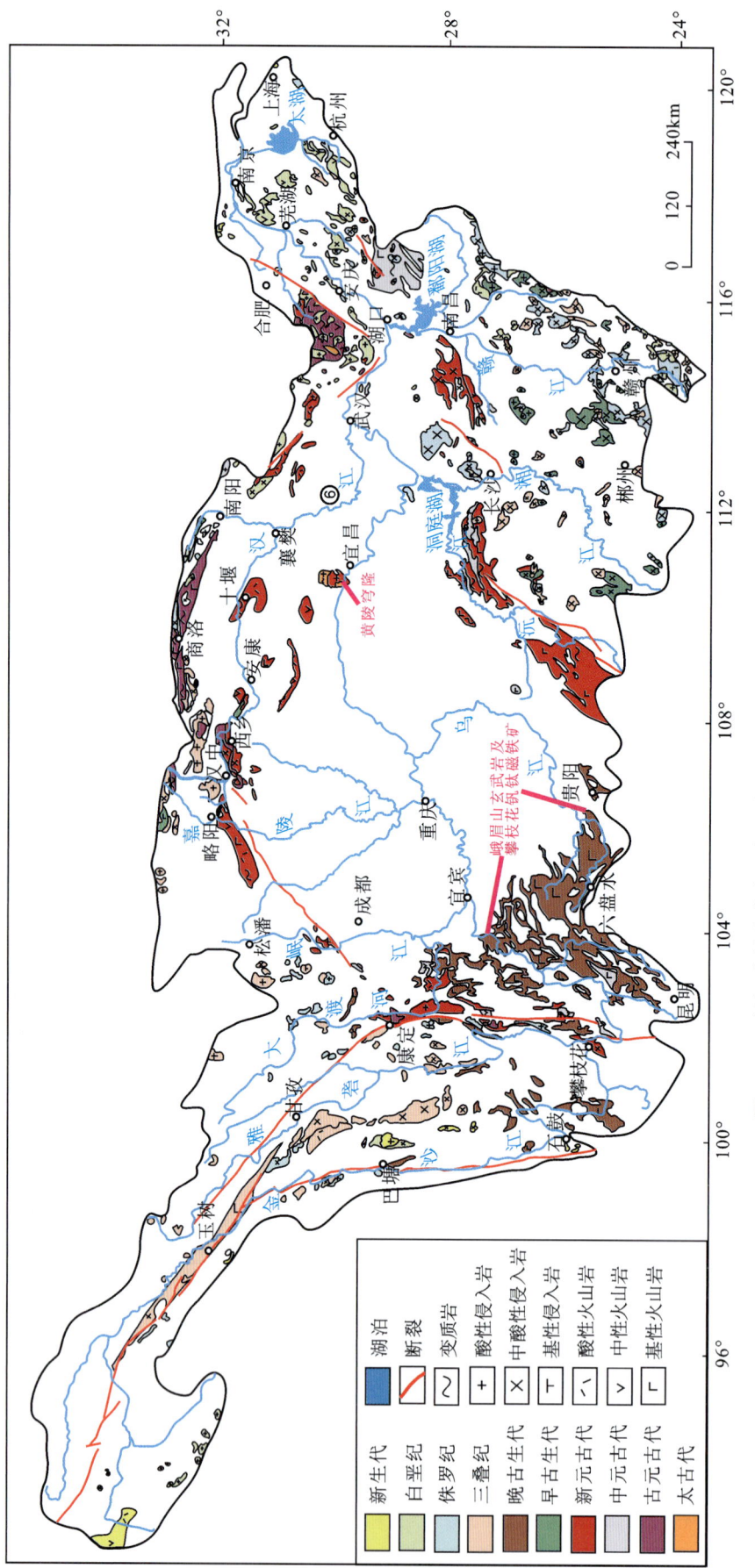

图 9-70 长江流域太古宙—新生代(变)火成岩分布图(据贾军涛等,2010)

层)、PT砂-02(采自PT01样品上部砾石层的砂质填隙物)、T-TL01(长江Ⅴ级阶地,采自重庆天鹅抱蛋剖面)、现代河漫滩的砂质沉积W重砂(采自万州三王坝)。

样品中大部分锆石为浅玫瑰色,少数呈深玫瑰色。大部分晶体呈圆—次圆粒状、枣核状,部分呈次棱角短柱状、球状,粒径为60～220μm不等。少部分锆石表面光滑干净并晶棱清晰,每件样品中都可见到部分锆石内部存在若干针柱状包裹体。针对颜色、大小、磨圆度、晶型特征来挑选锆石,同时注意锆石的完整性,排除有裂纹的颗粒,并保证挑选的锆石能够包括样品中的所有类型。其中,测定的锆石颗粒数分别为:PT砂-01样81颗,PT砂-02样46颗,T-TL01样81颗,W重砂样66颗。

从图9-71可以看出,夷平面沉积的两个样品具有一定的相似性,都缺乏1800～1520Ma的年龄,而具有2800Ma的年龄。而Ⅴ级阶地和现代河床沉积物中的样品则具有1800～1520Ma的样品,而缺乏2800Ma的样品。同时,现代河床沉积物中还具有80Ma锆石,反映了长江源头溯源侵蚀而获得的新生代的锆石。

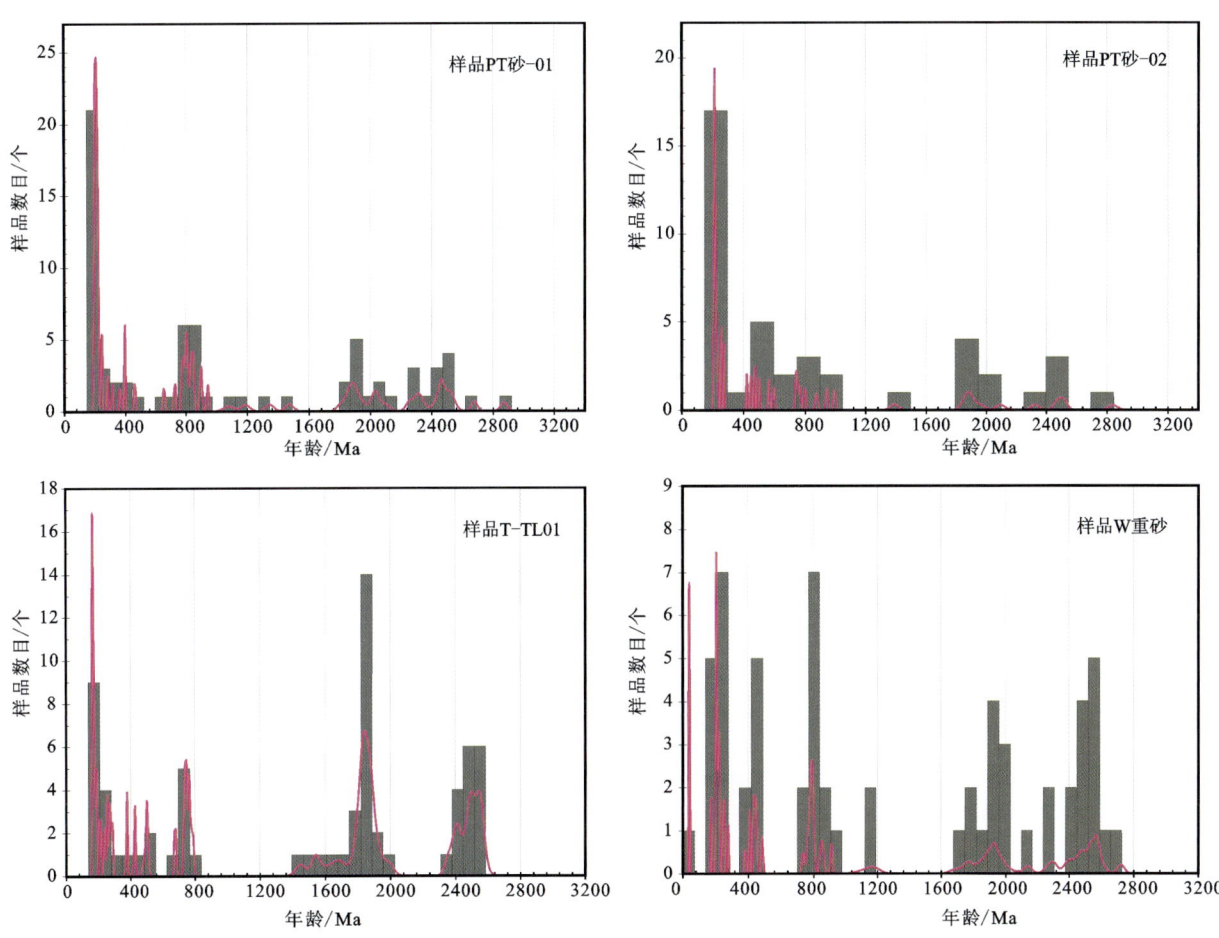

图9-71 样品中碎屑锆石U-Pb年龄图谱

注:红色曲线代表相对频率。

已有的锆石U-Pb年龄数据表明,取自三峡以东黄陵穹隆崆岭群基底片麻岩中最老锆石的年龄值一般为2947～2890Ma(赵风清等,2006)。三峡以西大面积分布的峨眉山大火成岩省中玄武岩-流纹岩-凝灰岩岩浆岩体的年龄集中在265～251Ma(朱江等,2011)。结合锆石的阴极发光图像和Th/U特征,由锆石U-Pb年龄可发现夷平面沉积物中的样品具有来自黄陵基底片麻岩的锆石,而在Ⅴ级阶地和现代河流沉积物中缺乏这种物源的锆石。此外,在夷平面沉积物中发现的二叠纪锆石主要年龄为293.3～250.2Ma,其特征与南秦岭勉略缝合带三岔子岛弧火山岩中锆石的特征较为相似,且年龄阶段与勉略洋消减过程中一次重要的大陆弧岩浆作用时间(295~264)Ma较为接近(赖绍聪和秦江锋,2010)。而在Ⅴ级阶地和现代河流沉积物中发现具有264.2~245.3Ma的U-Pb年龄值锆石(图9-72),其特征与峨眉山大火成岩省中流纹岩-凝灰岩岩体中的锆石具有更为相近的特征。因此,结果表明夷平面沉积物的锆石与Ⅴ级阶地和现代河流沉积物的锆石具有物源的差异,三峡以西峨眉山大火成岩省来源的锆石在Ⅴ级阶地沉积中的出现,表明三峡在此时已经贯通。该结果与重矿物物源研究的结果相一致,反映了三峡的贯通发生在云梦期夷平面解体以后,Ⅴ级阶地形成以前,且三峡贯通前三峡一线有西流水系的存在。

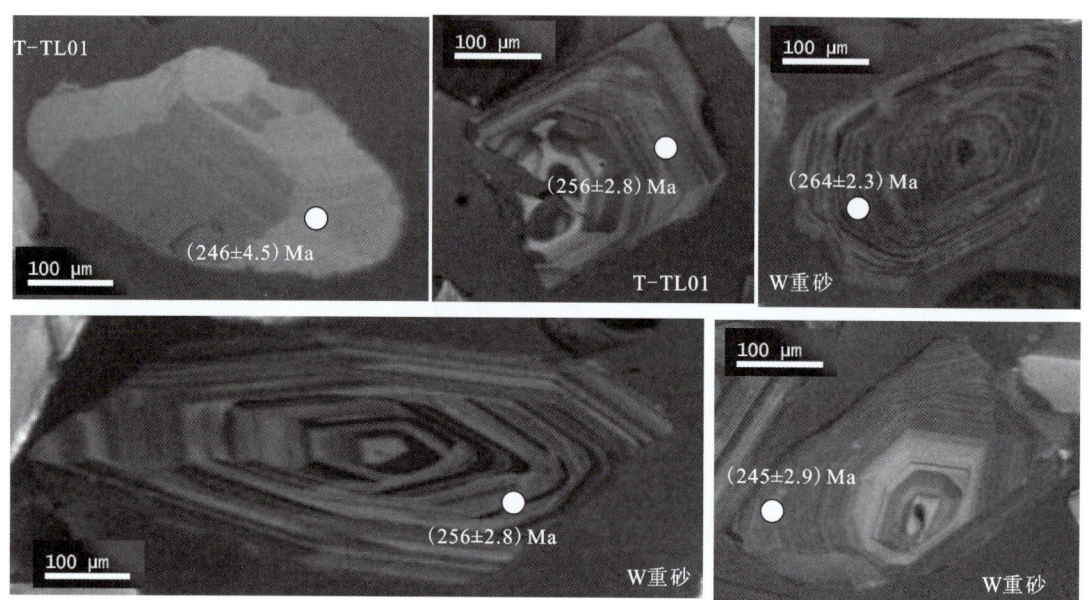

图9-72 峨眉山大火成岩省的碎屑锆石阴极发光特征及锆石U-Pb年龄值

(四)宜昌地区第四系沉积物物源特点

宜昌地区现今地势西高东低,西北为鄂西山地,海拔为350~1700m;东南为江汉平原,海拔在50m以下;介于两者之间的为由侏罗系、白垩系、古近系及新近系组成的丘陵区,海拔一般为100~350m。宜昌地区位于江汉盆地西缘。

1. 第四系典型剖面

通过野外踏勘,对宜昌地区的第四系沉积物进行了较为详细的观察、描述、对比和采样工作,每一观察点和采样点均利用Etrex Summit GPS进行了精确定位,主要观察点位置见图9-73,各观察点特征如下。

1)015点(N30°28′22″,E111°27′11″)

该点剖面中部、下部海拔分别为75m、109m,位于云池李家院子处(图9-74)。剖面特征如下。

顶部(A):粒径粗大,分选差的砾石沉积,厚2~6m。

中上部(B):砂砾石层,厚约6m,填隙物为褐红色黏土。下段砾石层具有斜层理,上段砾石层呈水平状。

中下部(C):砂层,厚8m左右,灰白色、夹黄色,质地均匀,较纯,半固结状。偶尔可见小的砾石,砾径为1~2cm。顶部为一凹凸不平的冲刷面,具有铁质壳。下部砂层具有斜层理,上部砂层为平行层理。

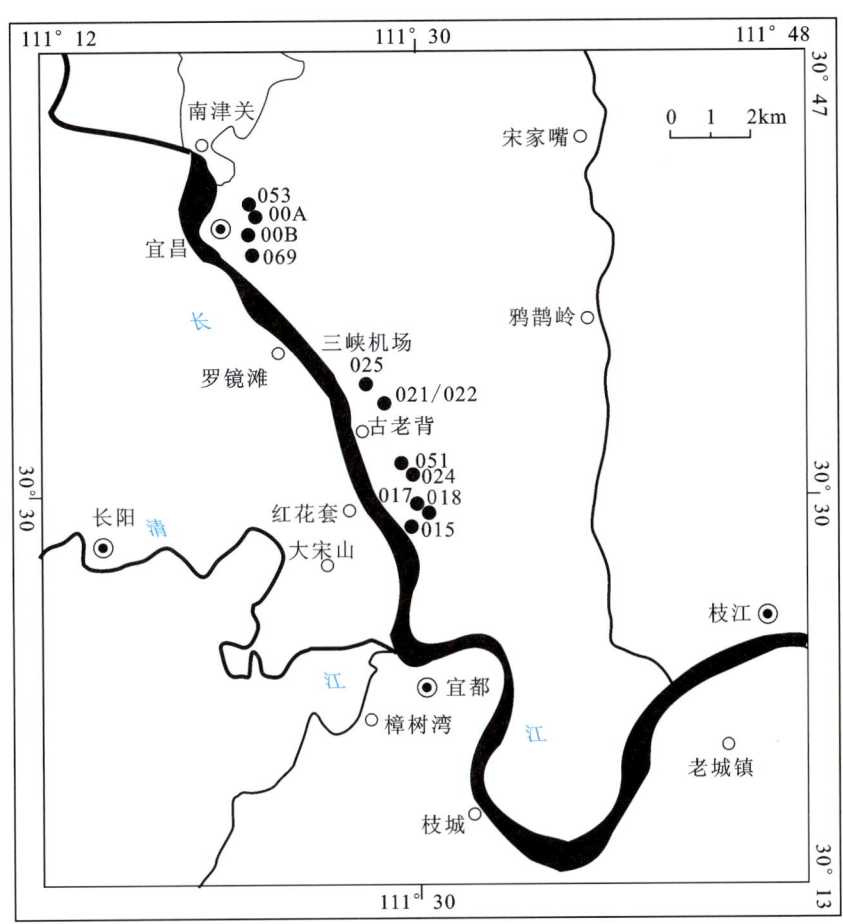

图9-73 观察点位置图

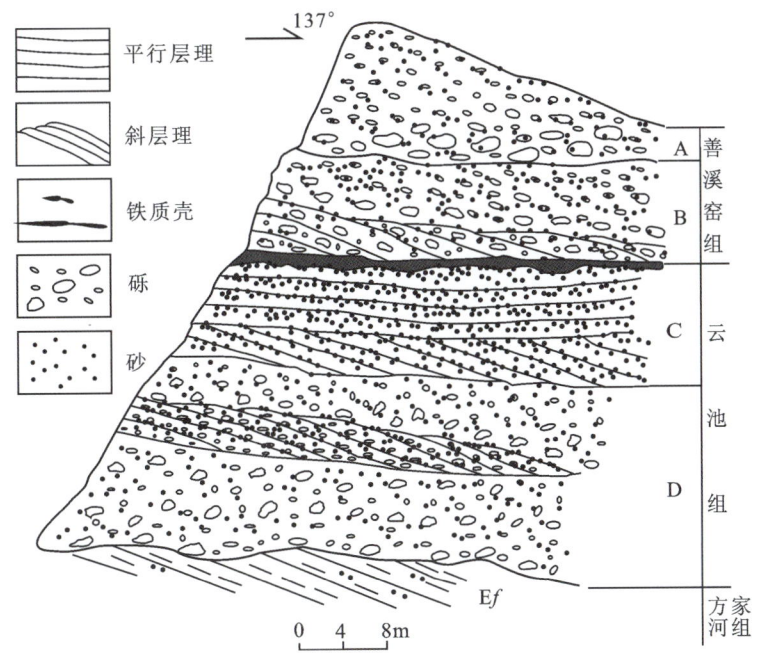

图9-74 云池李家院子剖面素描图

下部(D):砾石层,厚12m左右,剖面整体呈黄棕色,可见黄褐色铁质浸染形成的夹层。

剖面具韵律性,由3~4个粗细变化的韵律构成,韵律层厚度在1~3m间变化。中上段见厚度约1m的斜层理。斜层理具有向上变细的韵律,其倾向为170°。斜层理的前积层被铁质所浸染,其中可见较多的砾石,杂基较少。剖面中砾石多倾向南西向(与斜层理的倾向相同),其次可见垂直状、水平状排列的砾石,偶可见倾向北东向的砾石。砾石多为圆—次圆状,半胶结,可见泥质岩砾石。填隙物主要为灰白色低成熟度砂,并含有钙质胶结物,风化以后出现浅黄色—浅黄棕色。

下伏地层为方家河组(Ef)棕红色泥质粉砂岩,两者为冲刷不整合接触。

区域地质志、宜昌—长阳幅区域地质调查报告认为云池组以上部的半成岩状砂和顶部的铁质壳与善溪窑组分界。关康年和鄢志武(1990)的研究认为,云池组与善溪窑组间具有明显的侵蚀面,两者之间的铁质条带、铁锰风化壳在江汉平原周缘普遍存在,是地层划分的重要标志。根据这些特点,认为野外所见的015点、019点剖面分别为云池组和善溪窑组的下部,其中云池组与善溪窑组之间以冲刷面、铁质壳为化分界线。

2) 017点(N30°28′53″,E111°27′40″)

该点剖面底部海拔为(152±6)m,位于枝江善溪窑公路旁,位于长江左岸。

剖面整体呈棕黄色,向上变棕黄红色,以砾石为主,顶部出现黏土沉积。整个剖面出露高度为15m左右,特征如下(图9-75)。

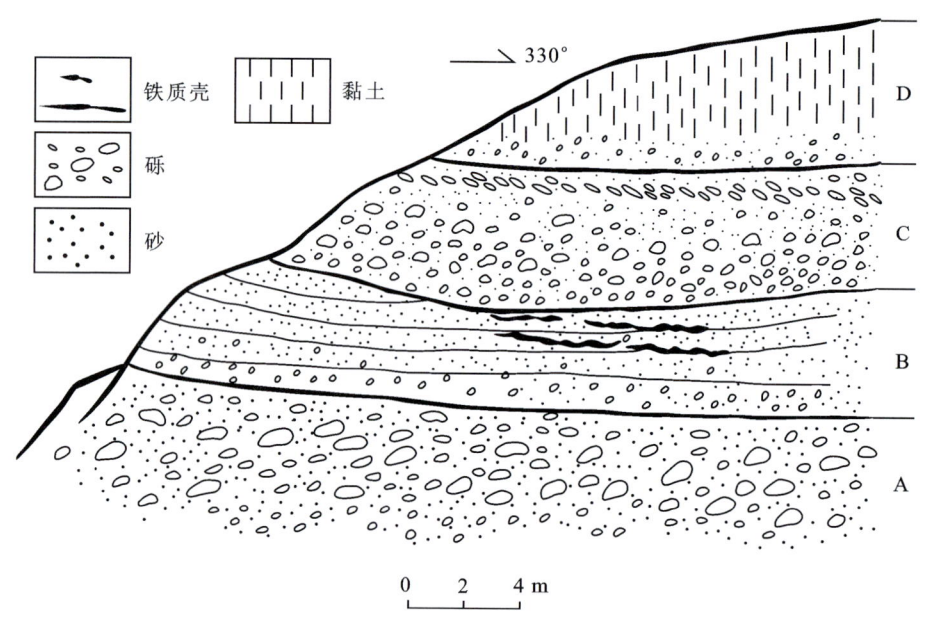

图9-75 善溪窑组剖面素描图

下部(A):砾石多为水平状,局部砾石的倾向为250°,砾石大小混杂,以基底式胶结为主,填隙物为成熟度低的粗砂,含有大量岩屑和长石。砾石中多见泥质岩和花岗岩砾石,反映了近源快速堆积的特点,厚5m左右。

中部(B):为黄色含砾砂,有铁质混染,厚3m左右。

中上部(C):为砾石层,其中出现叠瓦状砾石。剖面以砾石为主,填隙物较少,为细砂-粉砂充填物,厚25~35cm。在叠瓦状砾石带中,砾石最大扁平面的倾向为330°。

上部(D):砾石砾径变小,出现含砾石的粉砂、黏土沉积。

该剖面的特征、所出露的部位及高度,可以与区域资料中的善溪窑组沉积相对应。在015点和017点之间,可见善溪窑组对云池组造成不同程度的切割,从而出现善溪窑组底部砾石同时可与云池组上部的砂层、中上部的砾石层相接触。剖面中可见云池组具有斜层理的砂层中前积层的倾向为50°。

3）018点(N30°28′48″,E111°27′53″)

该点海拔为160m(道路下砖厂附近)，位于017点的南东方向，为善溪窑组的上部沉积。

出现纹层状黄色细砂-粉砂沉积，层理明显，可见灰黄色与土黄色砂质沉积构成的韵律，同时可以见到与层理平行的铁质纹层夹层。上部见爬升沙纹层理，爬升方向为348°～13°，纹层的厚度增大，并逐渐过渡为红褐色黏土沉积。海拔164m处上部沉积为红褐色黏土，含有铁锰结核和不规则的白色网纹；下部可见由砾石层不连续分布构成的透镜体，砾石含量约30%，砾径较小，为4～6cm。

4）021点(N30°32′25.2″,E111°26′14.2″)

该点海拔为110m，露头有限，为所见剖面的下部沉积。砾石成分主要为砂岩、石英岩，可见硅质岩、粉砂岩、脉石英和泥质岩，以及风化严重的花岗岩。砾石多为圆状，次为次圆状，少量为次棱角状，分选中等，填隙物为砖红色砂质黏土。砾石层与下伏古近系方家河组(Ef)的棕黄色粉砂质泥岩或泥质粉砂岩呈冲刷不整合接触。

4）022点(N30°32′25.1″,E111°26′13.2″)

该点海拔为118m，在021点的南东方向，为同一露头的上部沉积，与021点所描述的砾石层之间为冲刷不整合接触。剖面见灰黄色、棕黄色黏土砾石层，填隙物以砂质为主，其中可见大量风化严重的花岗岩砾石，少见火山岩，常见玛瑙。砾石层中见水平状铁质浸染层。根据陈华慧和马祖陆(1987)的研究和野外的实际特征，认定021点为云池组，022点为善溪窑组。

5）024点(N30°33′41.2″,E111°27′52.7″)

该点海拔为192m，在三峡机场附近(长寿山庄旁)。剖面高3～4m，其中砾石层厚1m左右，下部砾石细，砾径为5cm左右；上部砾石较粗，砾径为10～20cm。剖面为褐红色，砂质黏土填隙。砾石成分多为石英质，可见火山岩、花岗岩。在剖面中见变形构造，挖开表层后见砾石层不连续分布，可能为晚期的小型构造运动造成的小型断裂。砾石层之上为网纹红土，在砾石层中的填隙物中也出现网纹化，砾石层中可见直立状砾石。该剖面中下部采重砂样、ESR测年样，并进行砾石统计。在机场附近海拔约185m处见非常发育的网纹红土剖面，其中可以见到粗大的白色网纹，红土较纯，少见砾石。该红土分布广泛，构成高180～190m的非常平坦的地貌。该剖面具有特征网纹红土，为善溪窑组的上部沉积。

6）025点(N30°33′04″,E111°24′18″)

该点为范家台现代长江河道，枯水面海拔为42.7m，所测江面海拔为73m，平台海拔为79m。

7）051点(N30°34′14.8″,E111°27′04″)

该点海拔为(155±9)m。在善溪窑组剖面上，上部为砾径由大到小的砾石构成的正粒序砾石层。中部由上至下分别出现纹层状细—粉砂，厚30～40cm；紫红色黏土，厚20～30cm；浅棕黄色亚黏土，厚20cm；棕黄色砂，厚30cm。下部为砾石层。剖面显示出纹层状细砂-粉砂沉积与砾石层的指状交互关系。

8）053点(N30°42′23.7″,E111°17′57.4″)

该点海拔为(135±10)m，位葛洲坝高级技工校。该点为T_5阶地的下部，以砾石为主。含有较多的花岗岩砾石，风化严重，砾径较大，大的可以达到15～20cm。其他成分砾石的分选较差，大小混杂，小的为0.5cm左右，常见的为3～4cm。砾石成分以石英砂岩、石英岩、燧石为主，可见白云岩砾石。花岗岩砾石形成叠瓦状，ab面的倾向为301°。下部为紫红色黏土(含有黑色铁质成分)与棕黄色粉砂构成的韵律，再往下出现灰色细砂。其中，紫红色黏土、棕黄色粉砂、灰色细砂可能为基座的成分。

9）069点(N30°41′40.2″,E111°18′12.2″)

该点海拔为(113±6)m，在三峡大学对面空地，为T_4基座阶地剖面。基座为棕红色黏土、砂质黏土、粉砂质黏土,见斜层理,与阶地底部接触处为棕红色黏土,呈水平产状,两者间的冲刷面较平整。阶地下部砾岩中见越岸砂,厚25cm,呈透镜状,低角度斜层理方向280°。阶地高度为10～12m,砾石磨圆度好,分选中等,大的砾径达10～20cm,小的砾径达3～5cm,呈扁圆状,其中花岗岩砾石的含量为30%～40%。基质以颗粒支撑为主,砾石含量为70%。上部3m左右处黏土含量增加,为颗粒—杂基支撑,砾石的含量为40%～50%。剖面总体的颜色为红棕色,填隙物主要为砂质黏土。砾石总体呈水平状排布,叠瓦状不明显,倾向性不明显。所见基座的红色砂质黏土为五龙组(K_1w)风化后的产物。

10) 00A 点(N30°42′01″,E111°18′14.3″)

该点海拔为(122±6)m,位于宜昌市内体育运动学校足球场东壁,距阶地顶面高度为12m。剖面可见叠瓦状构造,砾石中含有较多的花岗质成分,为 T_4 阶地沉积。

11) 00B 点(N30°41′50″,E111°18′)

该点海拔为(104±6)m(剖面底部),位于宜昌市区东三体育场对面市委苗圃内。剖面高度达10m左右。剖面中砾石粗大,特别是露头的下部,向上变细,顶部出现黄褐色—黄棕色黏土。砾石风化严重,成分复杂,多见火山岩砾,亦可见玄武岩、花岗岩砾石。填隙物为黄棕色,泥质成分较多。砾石呈扁圆状,呈叠瓦状排列,砾石扁平面倾向总体为330°～340°,为 T_4 阶地沉积。

2. 第四纪早期沉积物年代讨论

宜昌地区第四纪形成的沉积物中,和长江形成演化关系且最为密切的是早期沉积物,主要是阶地形成以前的沉积物和高级阶地沉积。本次工作共测试了015点、017点、021点、022点、024点砾石层中砂或粉砂状填隙物的ESR(电子自旋共振法)年龄(表9-20)。

表 9-20 ESR 测年数据表

样品编号	位置	测年矿物	年龄/Ma
015 点	宜都市云池李家院子	石英	1.08±0.108
017 点	枝江市善溪窑公路旁	石英	0.87±0.087
021 点	宜昌市卢演冲水库附近	石英	1.15±0.115
022 点	宜昌市卢演冲水库附近	石英	0.82±0.082
024 点	宜昌市三峡机场附近	石英	0.75±0.075

陈华慧等(1990)用热释光法得到的云池组年龄为11.06ka、善溪窑组年龄为476.2ka。张德厚(1994)提到,陈华慧对枝江善溪窑网纹红土测定的热释光年龄为553ka。杨达源和间国年(1992)对云池公路边的砾石层及其上的棕黄色砂、网纹状红色砂质黏土层进行了描述,并对上部细颗粒堆积层进行了系统古地磁采样测量,认为其磁性特征均位于布容期以内(0.73Ma以内)。此外,杨达源(1988a)认为,宜昌以东存在几个大型扇形堆积体,其中最老的一个以云池为顶点。湖南省地质矿产勘查开发局水文地质二队钻探取样进行古地磁测年测定,该扇体开始堆积的时代为(2.00±0.2)Ma。

结合前人的研究和本文获得的年代数据,015点为云池组沉积,时代为早更新世;其上覆的017点、018点、024点均为善溪窑组沉积,时代为早更新世晚期—中更新世;位于卢演冲水库附近的021点为云池组沉积,时代为早更新世早期;其上覆的022点沉积为善溪窑组,时代为早更新世晚期—中更新世早期。

3. 第四纪沉积物物源讨论

1）玄武质砾石的稀土、微量元素特征及物源讨论

唐贵智和陶明(1997)认为,由于在长江上游地区存在有大量的峨眉山玄武岩,因此长江三峡的贯通应以阶地沉积物中出现来自上游的峨眉山玄武岩为主要标志之一。为了进一步讨论宜昌地区第四纪早期沉积物的物质来源,以便获取长江三峡贯通时间上的沉积学证据,特别选取了具有特征指示意义的玄武岩砾石进行详细研究。

在所采集的玄武岩砾石样品中,挑选了 015-5、015-6、SX-2、017-5、SX-19、SX-13、022-3、00B-5、025-2、Fit-1 十个样品进行稀土元素及部分微量元素的分析测试,为了便于测试结果的分析和对比,同时测试了采自峨眉山清音电站玄武岩剖面中的新鲜玄武岩样品 Em-1。其中,015-5 样品为粗面质玄武岩,015-6 样品为帘石化的杏仁状玄武安山岩,采自云池组剖面。SX-2 样品为蚀变的玄武岩,017-5 样品为蚀变的杏仁状玄武岩,SX-19 样品为绿泥石化玄武安山岩,SX-13 样品为绿泥石化的玄武安山岩,采自善溪窑组剖面。022-3 样品为蚀变的球粒玄武岩,采自卢演冲地区的善溪窑组剖面。00B-5 样品为蚀变(硅化)杏仁状玄武岩,采自市委苗圃处的IV阶地剖面。025-2 样品和 Fit-1 样品为新鲜玄武岩,采自范家台附近的河床。

利用稀土元素原子序数从小到大为横坐标,相应的含量值经里德球粒陨石标准化后的值为纵坐标,绘制了样品的稀土配分模式图(图 9-76、图 9-77)。

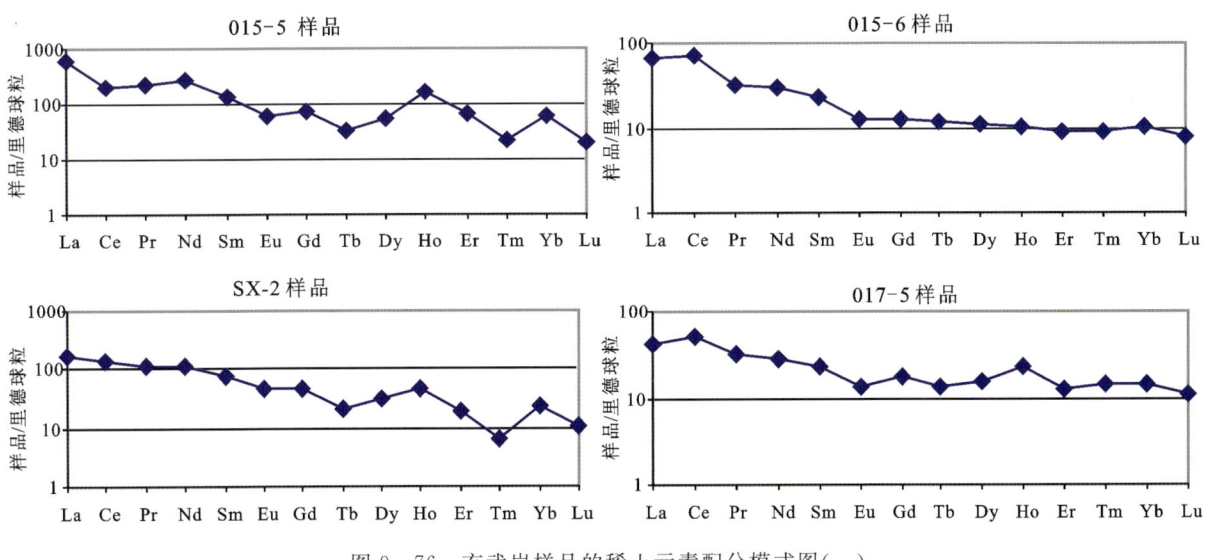

图 9-76 玄武岩样品的稀土元素配分模式图(一)

从图 9-76 和 9-77 可以看出,025-2 样品的稀土配分模式与采自峨眉山清音电站的玄武岩样品 Em-1 具有相同的模式形态,均为向右倾斜的曲线,轻稀土相对富集,稀土元素整体分馏不太明显,Nd、Ho 略显高值,Er 略出现低值。00B-5 样品和 Fit-1 样品的稀土配分模式相似,仍然为一条向右倾斜的曲线,表明了轻稀土的相对富集,重稀土元素的相对亏损。总体上,稀土元素有较明显的分馏现象,同时表现出 Pr、Eu、Tm 的相对亏损和 Ho、Yb 的相对富集。SX-2、SX-19、022-3 三个样品的稀土配分模式较为相似,均表现为轻稀土元素的相对富集,但分馏程度较小,而重稀土的分馏较为明显,总体上,出现 Nd、Gd、Ho、Yb 的富集,Tb、Tm 的相对亏损。015-6 和 017-5 样品的稀土特征与 Cullers 和 Graf(1984)提供的大陆拉斑玄武岩的稀土元素配分模式较为一致,两个样品的稀土元素变化趋势也大致相同,但 015-6 样品的重稀土分馏不明显,而 017-5 样品出现 Gd、Ho 的相对富集。015-5 和 SX-13 样品较为特殊,015-5 样品的稀土元素总体值较高,稀土元素的分馏现象较为明显,

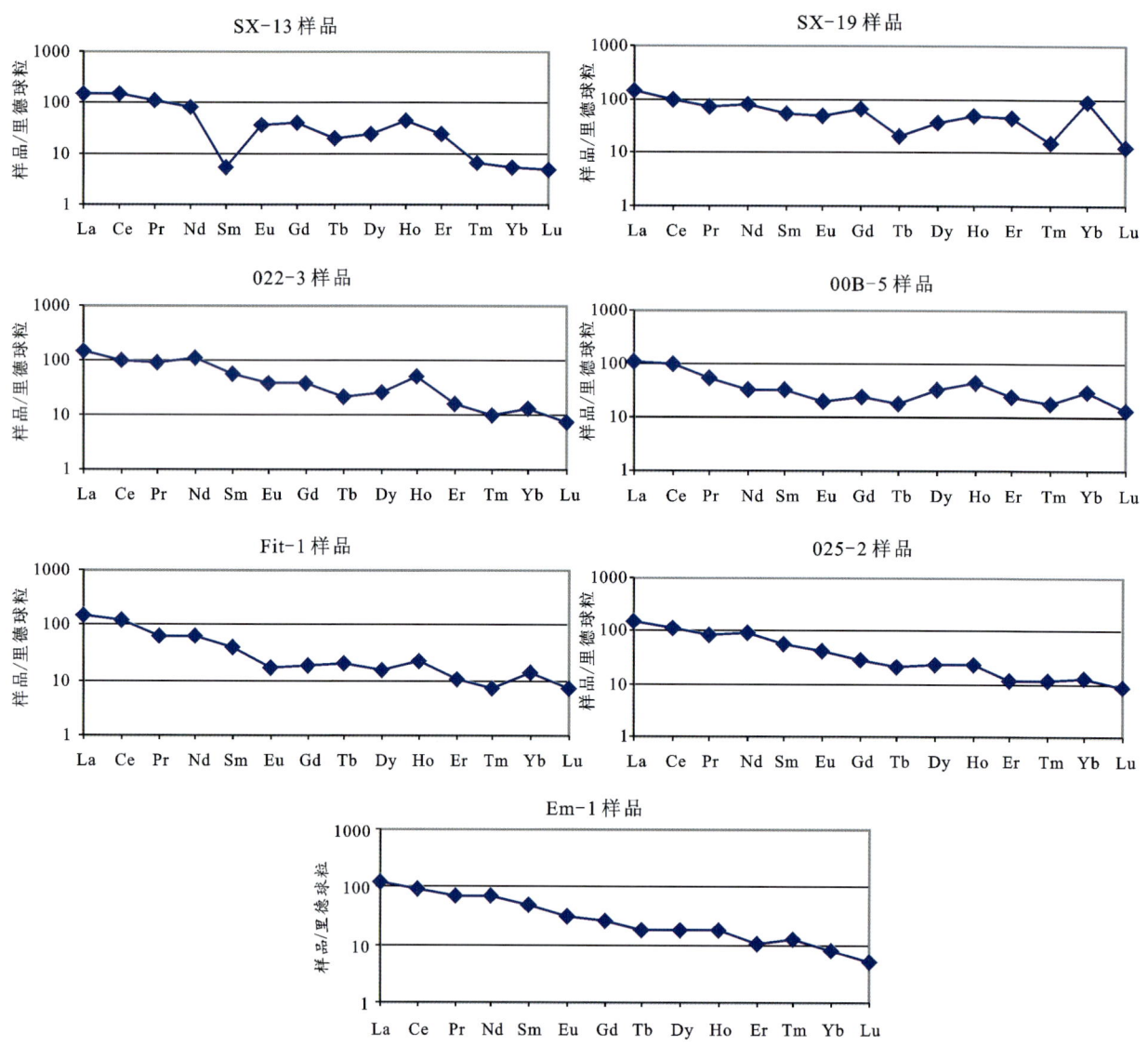

图 9-77 玄武岩砾石样品的稀土元素配分模式图(二)

出现 Ho 的强烈富集；SX-13 样品的稀土元素分馏现象也非常明显，同时出现 Sm 的强烈亏损。

由以上的分析可以看出，Ⅳ级阶地中的玄武岩砾石与现代河床中的玄武岩砾石具有相同的稀土元素特征，同时现代河床的玄武岩砾石存在有与峨眉山玄武岩相同的稀土元素特征。而宜昌地区第四纪早期扇三角洲沉积中发现的玄武岩砾石均表现出与阶地、现代河床、峨眉山地区的玄武岩岩石不同的稀土配分模式，从而说明了物源的不同。对于扇三角洲沉积中玄武岩砾石之间的稀土元素差异，其原因一方面可能是由于岩石类型不同，如 015-5 为粗面质玄武岩，015-6 为玄武安山岩；另一方面，可能存在有同一物源区不同岩石层位或岩体部位具有不同稀土特征的现象，并且由于后期风化、蚀变的不同，也会造成相对稳定的稀土元素出现活化、改变的现象。

Pearce 等人在研究玄武岩类型与构造环境之间关系时，给出了一种利用微量元素来研究不同环境下喷发玄武岩的方法(Pearce and Norry，1979；Pearce，1982)，横坐标利用 Sr、K、Rb、Ba、Th、Ta、Nb、Ce、P、Zr、Hf、Sm、Ti、Y、Yb、Sc、Cr 十七种元素，纵坐标采用对数坐标，其取值为样品相应元素值经洋中脊玄武岩(MORB)标准化以后的结果。由于 Sr、K、Rb、Ba 容易受风化、蚀变的影响，因此对于不新鲜的样品，这 4 个元素值不可靠(王仁民等，1987)。另外，考虑到地表样品中 P 受后期干扰较大，而物源区存在有钒钛磁铁矿矿床,对 Ti 的含量有较大干扰,基于此,本文中不考虑 Sr、K、Rb、Ba、P、Ti 六个元素(图 9-78、图 9-79)。

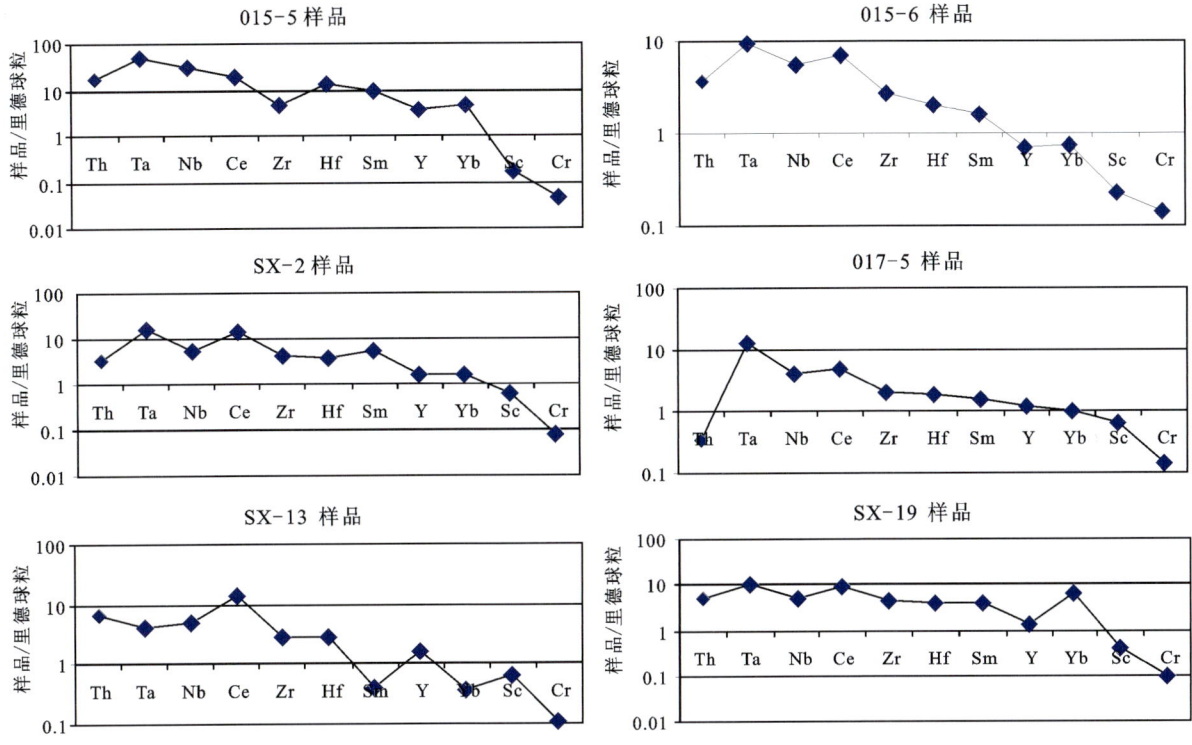

图 9-78 玄武岩砾石样品的微量元素分布模式图(一)

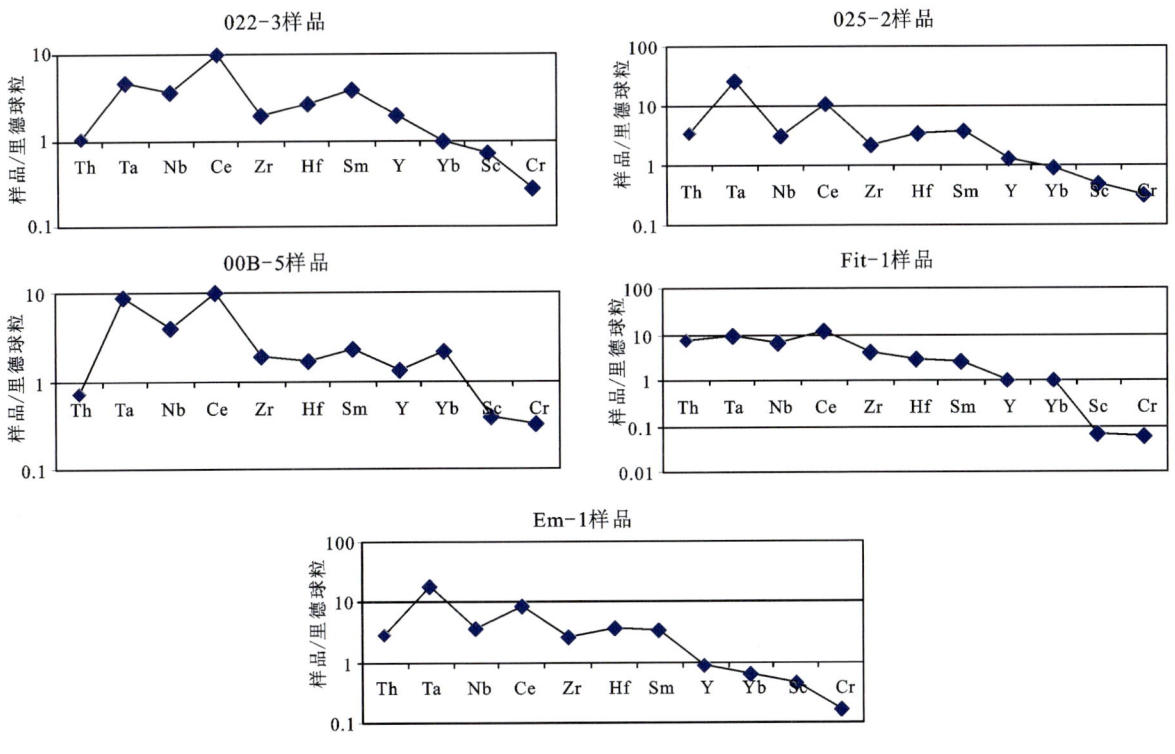

图 9-79 玄武岩砾石样品的微量元素分布模式图(二)

由图 9-78、图 9-79 可以看出，025-2 和 Em-1 样品具有相同的微量元素分布模式，表现为 Y、Yb、Sc、Cr 元素的亏损和其他元素的富集，并且都出现 Ta、Ce、Sm 的相对高值。00B-5 和 Fit-1 样品的微量元素分布模式相似，出现 Sc、Cr 元素的亏损和其他元素的富集，同时两个样品的 Ta、Ce 具有相近的数值。但是，00B-5 样品还出现了 Th 的亏损，同时元素分布模式上具有更大的波动范围。015-6、SX-19、SX-2 三个样品具有相近似的分布模式，均出现 Sc、Cr 的亏损，Ta、Ce、Sm、Yb 的高值和 Th、Nb、Y、Cr 的低值，但 015-6 样品同时也存在有 Y、Yb 的亏损。017-5、022-3、015-5、SX-13 四个样品则各具特色，017-5 出现 Th、Sc、Cr 的亏损，Zr、Hf、Sm、Y、Yb 分馏不明显；022-3 样品出现 Sc、Cr 的亏损，而其他元素具有很明显的分馏效应，出现 Ta、Ce、Sm 的高值和 Th、Zr 的相对低值；015-5 样品的元素分馏也比较明显，出现比较特殊的 Zr 的低值；SX-13 样品同样存在分馏明显的元素配分模式，并且出现较明显的 Ce 高值和 Sm、Yb、Cr 的亏损。

11 个样品的微量元素（包括部分稀土元素）特征表明，早期扇三角洲沉积中的玄武岩砾石具有与阶地、现代河床、峨眉山地区的玄武质岩石不同的元素配分模式，反映了阶地形成前后沉积物的物源存在着差异。同时，结合前面对样品稀土元素所做的分析可知，云池组和善溪窑组中具有在微量元素、稀土元素配分模式上相似的玄武岩砾石，而这些砾石在阶地、现代河床中没有找到，因此说明云池组和善溪窑组沉积时的水系分布特征与阶地形成以后的水系不同，同时也说明了云池组和善溪窑组沉积时存在有相同的玄武岩物源区。

根据《湖北省地质志》资料，在湖北省内离宜昌地区最近的、没有发生变质的玄武质岩石主要分布在扬子地台的神农架地区。由区域资料可知，神农架地区的扬子期火山岩主要由粗面玄武岩、玄武质火山角砾岩、玄武岩、玄武质凝灰岩、玄武安山岩构成。同时，通过对岩石化学样品的判别分析发现，大多数样品属于大陆边缘火山岩，因此认为有来自海水的钠化作用形成了类似于细碧岩的钠化玄武岩（湖北省地质矿产局，1990）。

对于位于现代长江上游、湖北省以西的大面积峨眉山玄武岩来说，则具有不同的特点。峨眉山玄武岩出露于四川、云南、贵州三省 30~50km^2 的广大区域，对于其玄武岩的性质，现在普遍认为是晚二叠世形成的与板内裂谷有关的大陆溢流玄武岩。林建英（1985，1987）认为晚二叠世的火山喷发作用可以分为 3 个旋回：早期为碱性岩浆作用阶段，形成霞石玄武岩、碱性玄武岩和其他 SiO$_2$ 未饱和的岩类；中期为玄武岩喷溢的主要阶段，形成峨眉山玄武岩的主体，出现（石英）拉斑玄武岩和碱性玄武岩交替喷溢；晚期形成正长斑岩、粗面岩、流纹岩。在所有的玄武岩剖面中，均未见到安山质岩石。熊舜华和李建林（1984）对于峨眉山清音电站剖面研究的结果表明，该剖面玄武岩主要为弱碱性（斜斑）玄武岩和高碱（无斑）拉斑玄武岩两种类型。

根据 Cullers 和 Graf（1984）的研究认为，大陆拉斑玄武岩的稀土元素具有如下特征：$\Sigma REE = 15.2 \times 10^{-6} \sim 322 \times 10^{-6}$，$w(Eu)/w(Sm) = 0.16 \sim 0.55$，一般无 Eu 异常，且绝大多数玄武岩轻稀土元素富集。通过对 11 个样品的 ΣREE 及 $w(Eu)/w(Sm)$ 的计算（表 9-21）发现，除了 015-5、SX-2 样品的稀土元素总量异常，SX-13 样品的 $w(Eu)/w(Sm)$ 异常以外，其余样品的稀土总量和 $w(Eu)/w(Sm)$ 均位于大陆拉斑玄武岩的稀土元素范围内。

通过计算样品的 $w(Zr)/w(Y)$ 值，在 $w(Zr)/w(Y)-w(Zr)$ 图解（Pearce and Norry，1979）中进行投影发现（表 9-22，图 9-80），除了 015-5、015-6、Fit-1 样品位于玄武岩区域，022-3 样品位于玄武岩区域中的洋中脊玄武岩范围外，其余样品均位于板内玄武岩区域中。

以上两种分析表明，样品绝大多数都属于拉斑玄武岩类，大部分为板内玄武岩，这种分析结果与前人对神农架、峨眉山玄武岩分布区的玄武岩类岩石所做的研究结果相一致，从而表明以上样品的来源有可能来自这两区域。

从上述关于稀土元素和微量元素特征的讨论可以发现，在宜昌地区长江阶地形成前后的沉积物中具有不同地球化学特征的玄武岩砾石。结合区域上玄武质岩石的分布特征、神农架地区玄武质岩石的岩石学特征、样品的手标本和显微特征，可以认为，在长江阶地形成以前的沉积物中的玄武岩砾石与峨眉山玄武岩无关,而可能主要来自于神农架地区的扬子期基性火山岩。同时,根据前面的古水流分析也说明宜昌地区第四纪早期沉积物的物源主要位于北西—北北西向。另外,神农架地区为中山地区(海拔为1000~3500m,切割深度为500~1000m),是现代长江水系与汉水水系的分水岭,因此也可能成为古长江与其他水系的分水岭。同时,在宜昌一带,现代长江水系中存在有南北向分布的较大河流即黄柏河和沮水。特别是沮水的上游几乎延伸到了神农架地区,因此不能排除可能存在有古老水系沿此流向和流路将神农架地区的玄武质岩石带到宜昌地区。据此,认为在宜昌地区发现的第四纪早期沉积物中的玄武岩砾石应该主要来自于神农架地区,而对于长江阶地出现以后的沉积物中的玄武岩砾石则主要来自于峨眉山玄武岩。

表 9-21 样品的 $\sum REE$ 及 $w(Eu)/w(Sm)$ 相关计算结果值

样品编号	Eu/×10^{-6}	Sm/×10^{-6}	$w(Eu)/w(Sm)$	$\sum REE/×10^{-6}$	判别结果
015-5	5.0	32.0	0.156	778.60	异常
015-6	1.1	5.2	0.212	144.16	正常
SX-2	4.2	18.0	0.233	365.70	异常
017-5	1.2	5.2	0.231	118.88	正常
SX-13	3.2	1.3	2.462	311.46	异常
SX-19	4.4	13.0	0.338	304.20	正常
022-3	3.2	13.0	0.246	299.80	正常
025-2	3.6	13.0	0.277	292.70	正常
00B-5	1.8	7.6	0.237	223.00	正常
Fit-1	1.5	9.0	0.167	261.06	正常
Em-1	2.8	11.0	0.255	235.30	正常

表 9-22 样品的 Zr、Y 及 $w(Zr)/w(Y)$ 值

样品编号	Zr/×10^{-6}	Y/×10^{-6}	$w(Zr)/w(Y)$	投影结果
015-5	440	110	4.00	玄武岩区域外
015-6	250	21	11.90	玄武岩区域外
SX-2	370	50	7.40	板内玄武岩
017-5	190	35	5.43	板内玄武岩
SX-13	250	50	5.00	板内玄武岩
SX-19	380	39	9.74	板内玄武岩
022-3	170	60	2.83	洋中脊玄武岩
025-2	200	39	5.13	板内玄武岩
00B-5	170	39	4.36	板内玄武岩
Fit-1	350	29	12.07	玄武岩区域外
Em-1	250	26	9.62	板内玄武岩

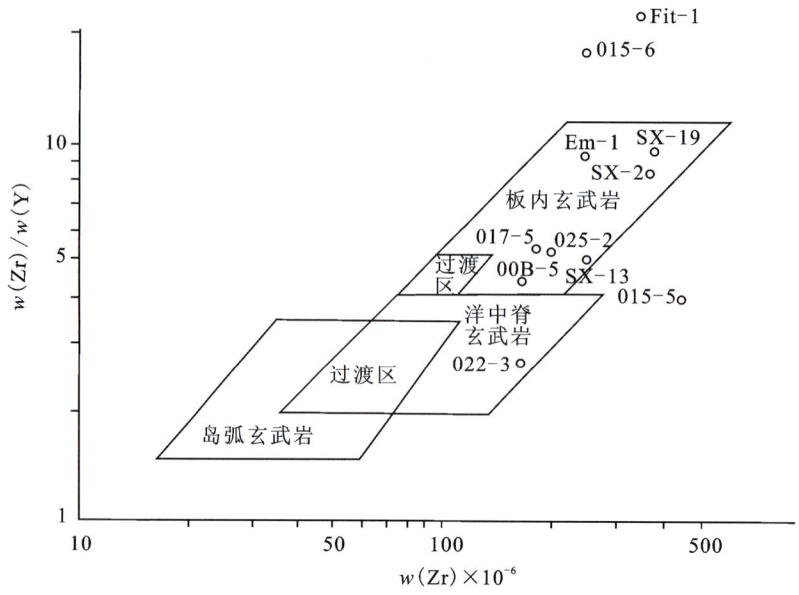

图 9-80　玄武岩砾石样品的 $w(Zr)/w(Y)$-$w(Zr)$ 图投影结果

2) 第四纪沉积中重矿物特征及物源讨论

由于填隙物粒度较细,能够代表来自更远、更广泛地区的物源信息,因此在沉积物物源研究中,砂级至粉砂级物质的重矿物研究是常用的方法,在某些情况下也是解决物源判定最为重要的依据。在野外分别在 015 点、017 点、021 点、022 点、024 点、025 点、028 点、00B 点砾石层中的砂质填隙物中采集了重砂样。

钛铁矿常形成于岩浆作用中,作为副矿物常见于各种类型的岩浆岩中。磁铁矿形成于内生作用和变质作用过程中,在很多种岩石类型中都比较常见。褐铁矿主要是含铁矿物风化作用的产物,是一种分布很广的次生矿物。铁质重矿物由于其特征,常用的重矿物含量的对比不能有效分析其物源特征。另外,一些矿物如石英、长石、岩屑不属于重矿物的范畴,所以不加考虑。由此得到的主要透明重矿物组合见表 9-23。

表 9-23　主要透明重矿物含量对比表

矿物	015 点	017 点	021 点	022 点	024 点	025 点	028 点	00B 点
独居石	2	1	5	5	5	0	2	2
石榴子石	51	51	10	102	15	400	10	108
电气石	2	2	2	2	5	0	1	1
帘石	510	102	10	21	306	500	202	538
绿泥石	51	82	105	0	0	50	0	215
锆石	408	1022	420	5105	1030	103	818	2152
金红石	10	15	5	100	15	15	10	10
磷灰石	51	510	0	204	0	0	2	0
白钛矿	5	5	5	82	1	1	30	20
角闪石	0	0	0	0	0	1	0	54
辉石	0	0	0	0	0	1	0	0
榍石	0	0	0	0	0	2	0	0

注：表中数字为每 20g 样品中矿物的颗粒数。

从图9-81和表9-23可以看出,各采样点的主要透明重矿物组合有如下特征:015点为帘石-锆石型;017点为锆石-磷灰石-帘石型;021点为锆石-绿泥石型;022点为锆石-磷灰石-石榴子石-金红石型;024点为锆石-帘石型;025点为帘石-石榴子石-锆石型;028点为锆石-帘石型;00B点为锆石-帘石-绿泥石-石榴子石型。

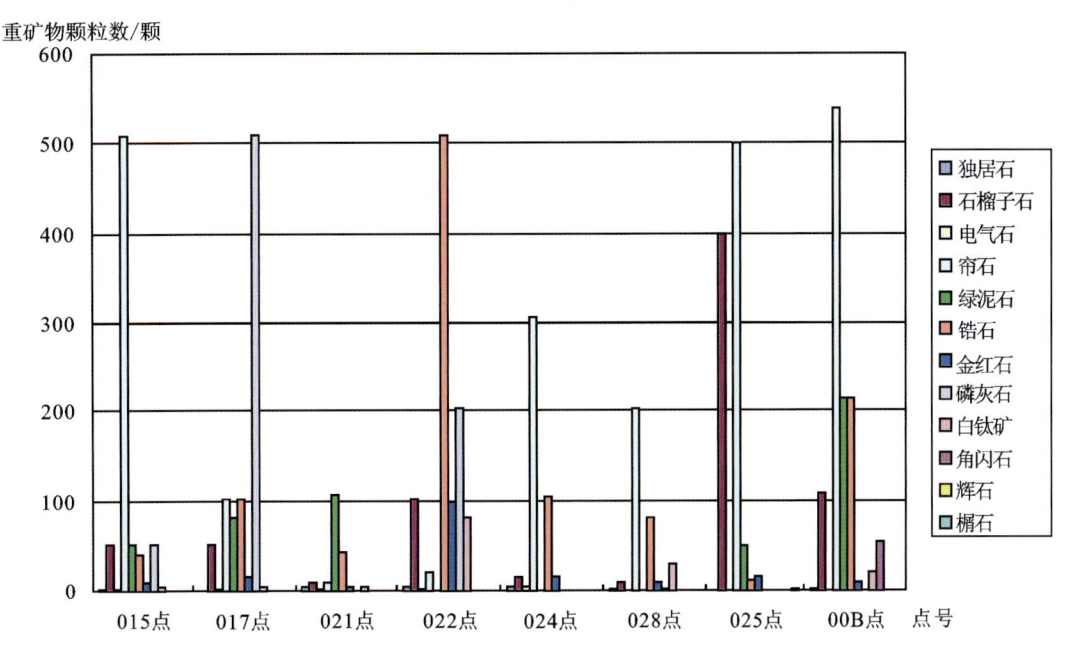

图9-81 主要透明重矿物含量对比图
注:图中锆石的含量为原来的1/10。

在所分析的透明重矿物中,独居石、电气石、锆石、金红石、磷灰石、白钛矿主要为花岗岩质母岩中常见的重矿物组合类型,石榴子石、帘石、绿泥石为变质岩母岩中常见的重矿物。其中,绿泥石还可以是闪石、辉石、黑云母等铁镁矿物次生变化的产物。如样品中的这些重矿物大部分为棱角状和半棱角状,其中独居石常为浑圆状,部分锆石和磷灰石出现半浑圆状,反映了多次搬运或长距离搬运的特点,说明其母岩为沉积岩或分布较远的花岗岩。015点、017点、021点、022点、024点、028点在锆石、金红石、磷灰石的含量上具有正相关的特征,即有同时增加、同时减少的特点,而025点和00B点不具有该特征。在015点、017点、021点、022点、024点、028点中,当锆石的磨圆相对较好时,金红石的磨圆也相对变好,这说明015点、017点、021点、022点、024点、028点可能有相同的物源区岩性分布特征,母岩都是以花岗岩、片岩为主。这种物源特征与黄陵穹隆地区岩性分布特征相一致,其东侧主要为花岗岩,其次以斜长角闪片岩、云母片岩、英云片岩为主,夹大理岩、石英岩、变粒岩等组成的表壳岩,再往东为震旦纪以来的各种沉积岩。025点表现为现代河床沉积砂的特征,其主要的透明重矿物为帘石、石榴子石、锆石,但不含独居石,同时在该点发现有辉石、角闪石和榍石。00B点同样以含有大量的锆石、帘石、石榴子石为特征,同时还含有较多的绿泥石,另外还含有比较多的角闪石,其中的绿泥石可能是辉石形成的次生产物。对于辉石,主要见于基性岩和超基性岩中,其次在某些结晶片岩中也有分布。角闪石的分布极广,在中酸性岩浆岩及脉岩、角闪岩类、角闪斜长片麻岩等变质岩中大量出现。榍石在正长岩、似长石正长岩、二长岩、花岗闪长岩、花岗伟晶岩等岩浆岩中常呈副矿物出现,在结晶片岩、片麻岩、沉积岩及接触变质灰岩中也有产出。因此,025点和00B点的主要透明重矿物组合特征反映其母岩主要为片岩、片麻岩、花岗岩、沉积岩以及基性岩浆岩。由于025点表现为现代长江河床沉积物的重砂特征,因此其中的石榴子石、帘石、辉石和角闪石可能代表了大面积分布于西南地区的峨眉山玄武岩的重矿物组成,其次还混有黄陵穹隆西侧的闪长岩、辉长岩、片岩、片麻岩等母岩中的重矿物成分。00B点具有和025点相似的重矿物组合特征,因此反映两者具有相似的物源特征和范围。杨达源等(1988a)对长江三峡阶地沉积物中粒径大于0.04mm颗粒的矿物成分(表9-24)进行对比可以发现,015点、017点、021点、022点、024点、028点在大多数的矿物组成上都与其相近,但在角闪石的有无上却有明显差异,因此角闪石的出现应作为长江是否贯通三峡的重要标志性重矿物。

表9-24 长江三峡部分阶地中粒径大于0.04mm颗粒的矿物成分对比表(据杨达源等,1988a)

地点	重庆李家沱(T4)	云阳串珠庙(T3)	云阳新沟桥(T1)	巫山中学(T3)	巫山塔坪(T2)	茅坪(T2)	宜昌西坝(T2)	宜昌东山(T5)
绿帘石		√	√	√	√	√	√	√
角闪石	√	√	√	√	√	√	√	√
电气石	√						√	√
石榴子石	√	√	√	√	√		√	√
金红石	√	√	√	√	√		√	√
斜黝帘石			√			√		
红柱石		√					√	√
十字石						√	√	
锆石	√	√	√	√	√	√	√	√
榍石								
白钛矿	√	√	√	√	√		√	√
重晶石	√				√	√	√	√
磷灰石		√		√		√	√	√
矽线石				√		√		
刚玉	√							
透闪石	√	√	√	√	√		√	
锐钛矿					√		√	
阳起石						√		

此外,从前面的讨论可以看出,云池组和善溪窑组沉积时有来自神农架地区的物质,其中包括玄武质砾石。但是,由于神农架地区的玄武岩喷发时间早,为中—新元古代早期的扬子期,岩石受后期的蚀变、风化作用的改造严重,因此虽然在宜昌地区早期沉积物中可以找到来自神农架地区的风化严重的玄武岩砾石,但在填隙物重矿物中却找不到相应的保存好的角闪石和辉石。

由此可见,015点、017点、021点、022点、024点、028点所代表的宜昌地区第四纪早期沉积物云池组、善溪窑组的重矿物特征明显不同于贯通三峡的长江阶地沉积物。这说明在三峡贯通前后,宜昌地区第四纪沉积物的确存在有不同的物质来源,而这种物源区的不同,也相应证实了当云池组和善溪窑组沉积时,不存在贯通三峡的长江。

3)第四系沉积中铁质重矿物特征及物源讨论

沉积物中的磁铁矿来源广泛,在风化、搬运和沉积、成岩过程中相对稳定,从而使得沉积物中的磁铁矿成为很好的物源示踪剂(杨守业等,2000;王中波等,2007)。研究样品采集自宜昌地区的015、017、021、024、025、YC02剖面,同时采集三斗坪的黄陵花岗岩、攀枝花的钒钛磁铁矿、峨眉清音电站的峨眉山玄武岩3种对比分析样(表9-25)。

表 9-25 不同铁质重矿物样品统计表

剖面号/样品号	样品类型	沉积类型或样品性质	沉积时代
015	砾石层中填隙物重砂样	冲积扇-扇三角洲沉积	云池组 (1.08 ± 0.108)Ma
017	砾石层中砂质夹层重砂样	冲积扇-扇三角洲沉积	善溪窑组 (0.87 ± 0.087)Ma
021	砾石层中砂质夹层重砂样	冲积扇-扇三角洲沉积	云池组 (1.15 ± 0.115)Ma
024	砾石层中砂质夹层重砂样	湖相沉积	善溪窑组 (0.75 ± 0.075)Ma
025	河床砂重砂样	现代河床沉积	现代
YC02	砾石层中填隙物重砂样	长江V级阶地	$(0.73\sim0.7)$Ma
花岗岩	黄陵花岗岩	对比样	
钒钛磁铁矿	攀枝花钒钛磁铁矿	对比样	
玄武岩	峨眉山玄武岩	对比样	

(1)铁质重矿物的背散射图形特征:在背散射图像上(图 9-82、图 9-83),峨眉山玄武岩中铁质矿物大部分具有均一结构,常见包裹体,出溶结构不发育;黄陵花岗岩铁质矿物都为均一结构,少见包裹体和出溶结构;攀枝花钒钛磁铁矿铁质矿物全部为出溶结构。015、017 样品大部分为均一结构的铁质重矿物,常见包裹体结构,偶见出溶结构。021、024、025、YC02 样品中铁质重矿物背散射图像表现为大部分为均一结构,常见包裹体结构,出溶结构较为发育。在出溶结构中,017、021 样品中多见不规则状,024、025、YC02 样品中则同时具有不规则状和规则格子状。具有均一结构的铁质重矿物常常为自形粒状,晶形较好;而具有出溶结构和部分含包裹体的均一结构的铁质重矿物常为他形粒状,具有磨圆的特征。

(2)铁质重矿物的能谱分析特征:通过能谱数据的分析可以发现,峨眉山玄武岩均一结构铁质矿物主要是钛铁矿与黄铜矿,包裹体结构为钛铁矿包裹透辉石。黄陵花岗岩中铁质矿物都为均一结构的赤铁矿。攀枝花钒钛磁铁为钒钛磁铁矿与钛铁矿或黄铁矿构成的出溶结构。015、017、021、024、025、YC02 样品中,均一结构铁质重矿物主要为赤铁矿,其次可见含钛赤铁矿、含铬赤铁矿、钒钛磁铁矿。025、YC02 样品中钒钛磁铁矿含量更高,只在 YC02 样品中可见钛铁矿。包裹体结构中,各样品均以赤铁矿和含钛赤铁矿包裹磷灰石、石英、锆石为主,在 025 样品中可见含钛赤铁矿包裹橄榄石,在 YC02 样品中可见钛铁矿包裹铬铁矿。015 样品中不见出溶结构的铁质重矿物,017、021、024 样品主要为赤铁矿与其他矿物类型(如含铁锐钛矿、含钛赤铁矿、钙长石等)形成的出溶结构,025、YC02 样品中不仅有赤铁矿与其他矿物的出溶,还出现了钒钛磁铁矿与钛铁矿、含铁锐钛矿与钛铁矿、钛铁矿与含钒钛磁铁矿、钒钛磁铁矿与含钛赤铁矿的出溶。总的来看,025、YC02 样品反映出铁质重矿物的类型更为多样。

(3)铁质重矿物的物源分析结果:6 个剖面样品中,主要的铁质重矿物为赤铁矿(存在有少量的 Cr 和 Ti 的混入),均一结构的赤铁矿与黄陵花岗岩中的赤铁矿特征相同;而包裹体结构的赤铁矿中的包体主要为磷灰石、锆石和石英,反映了花岗岩来源的包体组合。因此,两种结构的赤铁矿均来自于黄陵花岗岩。017 和 024 样品中,可见一粒均一结构的钒钛磁铁矿,与攀枝花钒钛磁铁矿进行对比(图 9-82)发现,两者背散射图像不同,在能谱数据上 017 和 024 样品含有 Cr,且 Mg 和 Al 的含量更低。出溶结构中,017、021、024 样品以赤铁矿为主晶,形成与其他矿物的出溶,这种特征与攀枝花钒钛磁铁矿形成的以钒钛磁铁矿为主晶的出溶结构明显不同。021 样品中,可见钛铁矿、锐钛矿和赤铁矿的三相出溶结

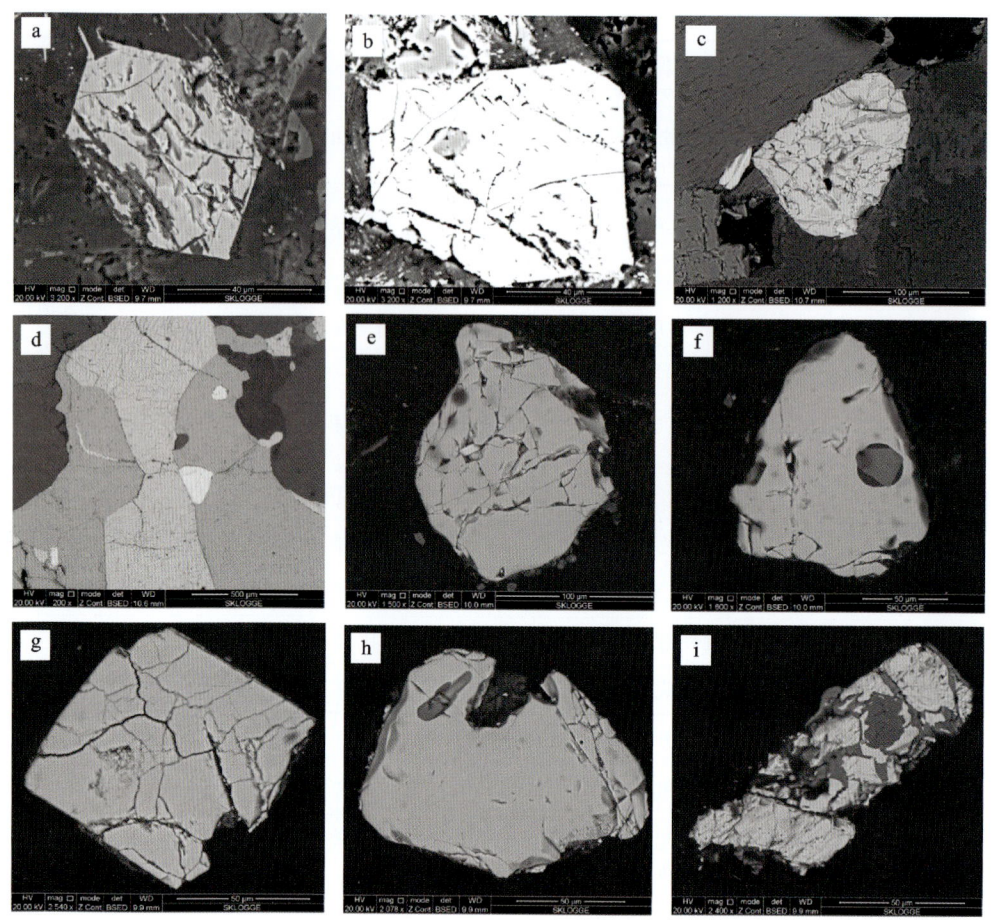

图9-82 不同铁质重矿物样品背散射图像特征(一)

a.峨眉山玄武岩中均一结构铁质矿物;b.峨眉山玄武岩中含包裹体的铁质矿物;c.黄陵花岗岩中均一结构铁质矿物;d.攀枝花钒钛磁铁矿中出溶结构铁质矿物;e.015样品中均一结构铁质矿物;f.015样品中含包裹体的铁质矿物;g.017样品中均一结构铁质矿物;h.017样品中含包裹体的铁质矿物;i.017样品中出溶结构铁质矿物

构,这一特征在攀枝花钒钛磁铁矿和峨眉山玄武岩样品中均没有发现。因此,015、017、021、024样品主要的母岩应该为黄陵花岗岩,且没有发现来自攀枝花钒钛磁铁矿和峨眉山玄武岩的物质。

025和YC02样品中,钒钛磁铁矿的数量明显增多,无论是均一结构还是出溶结构的钒钛磁铁矿,在能谱数据上与攀枝花钒钛磁铁矿都具有相似的特征,以Ti的原子百分比为 $1.87\%\sim5.01\%$,V的原子百分比为 $0.24\%\sim0.32\%$ 为特征。YC02样品中,可见均一结构和包裹体结构的钛铁矿,与峨眉山玄武岩中的钛铁矿对比发现,在背散射图像上,两者具有一致性(图9-83),能谱数据上,两者以Ti的原子百分比大于 13%,且含有少量Mn为特征。由于在025和YC02样品中,赤铁矿仍然是最主要的铁质重矿物,因此反映了这两个样品中不仅有来自峨眉山玄武岩和攀枝花钒钛磁铁矿的物质,同时也继承性沉积了大量黄陵花岗岩的物质。

由上述讨论可知,以015、021剖面为代表的云池组,以017、024剖面为代表的善溪窑组与以YC02剖面为代表的 T_5 阶地和以025剖面代表的现代河床沉积具有不同的物源特征,在善溪窑组沉积结束以后,宜昌地区的物源发生了明显改变,出现了来自三峡西侧长江上游的峨眉山玄武岩和攀枝花钒钛磁铁矿物质,反映善溪窑组沉积以后,长江三峡发生了贯通。善溪窑组的ESR年龄为0.75Ma,T_5 阶地的年龄为 $0.73\sim0.7$Ma,说明长江三峡的贯通发生在 $0.75\sim0.73$Ma。

(4)第四系沉积中碎屑锆石特征及物源讨论:相对于碎屑组分分析方法、地球化学分析方法,盆地碎屑沉积物中的锆石不但分布广泛,而且稳定性极强,即使岩石受过部分熔融或区域变质作用的影响,也

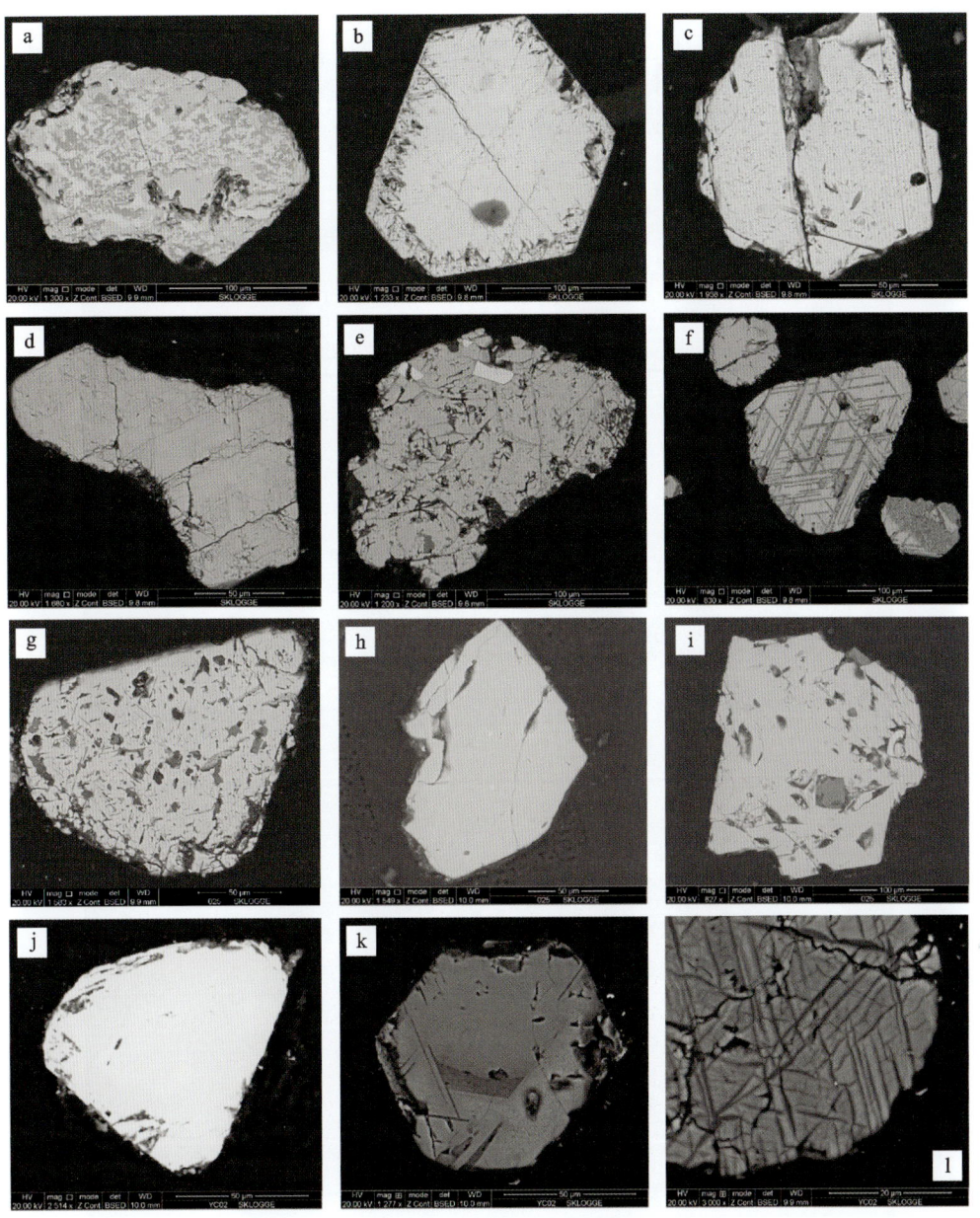

图 9-83 不同铁质重矿物样品背散射图像特征(二)

a. 021 样品中出溶结构铁质矿物;b. 021 样品中均一结构铁质矿物;c. 021 样品中含包裹体的铁质矿物;d. 024 样品中均一结构铁质矿物;e. 024 样品中含包裹体的铁质矿物;f. 024 样品中出溶结构铁质矿物;g. 025 样品中出溶结构铁质矿物;h. 025 样品中均一结构铁质矿物;i. 025 样品中含包裹体的铁质矿物;j. YC02 样品中均一结构铁质矿物;k. YC02 样品中含包裹体的铁质矿物;l. YC02 样品中出溶结构铁质矿物

不会使锆石中的所有源区信息全部丢失,因而利用锆石同位素年龄谱更能避免后期作用的影响,反映较为真实的源区信息(闫义等,2003)。

在云池组(015 剖面)、善溪窑组(024 剖面)、T_5 阶地(YC02 剖面)、T_4 阶地(00B 剖面)的砂质填隙物中采集 4 个样品进行实验。4 个样品中,015 样品共测 70 颗锆石,024 样品测 50 颗锆石,YC02 样品测 52 颗锆石,00B 样品测 82 颗锆石。

在锆石的阴极发光特征方面(图 9-84),015 样品颗粒小,颗粒不完整,有的有溶蚀边,大部分为不具环带结构或具有复杂内部结构的变质锆石,其中可见明显的岩浆成因的核和变质成因的边部,其他为具有明显振荡环边的岩浆锆石;024 样品颗粒相对 015 样品较大,可见部分颗粒不完整,与 015 样品相

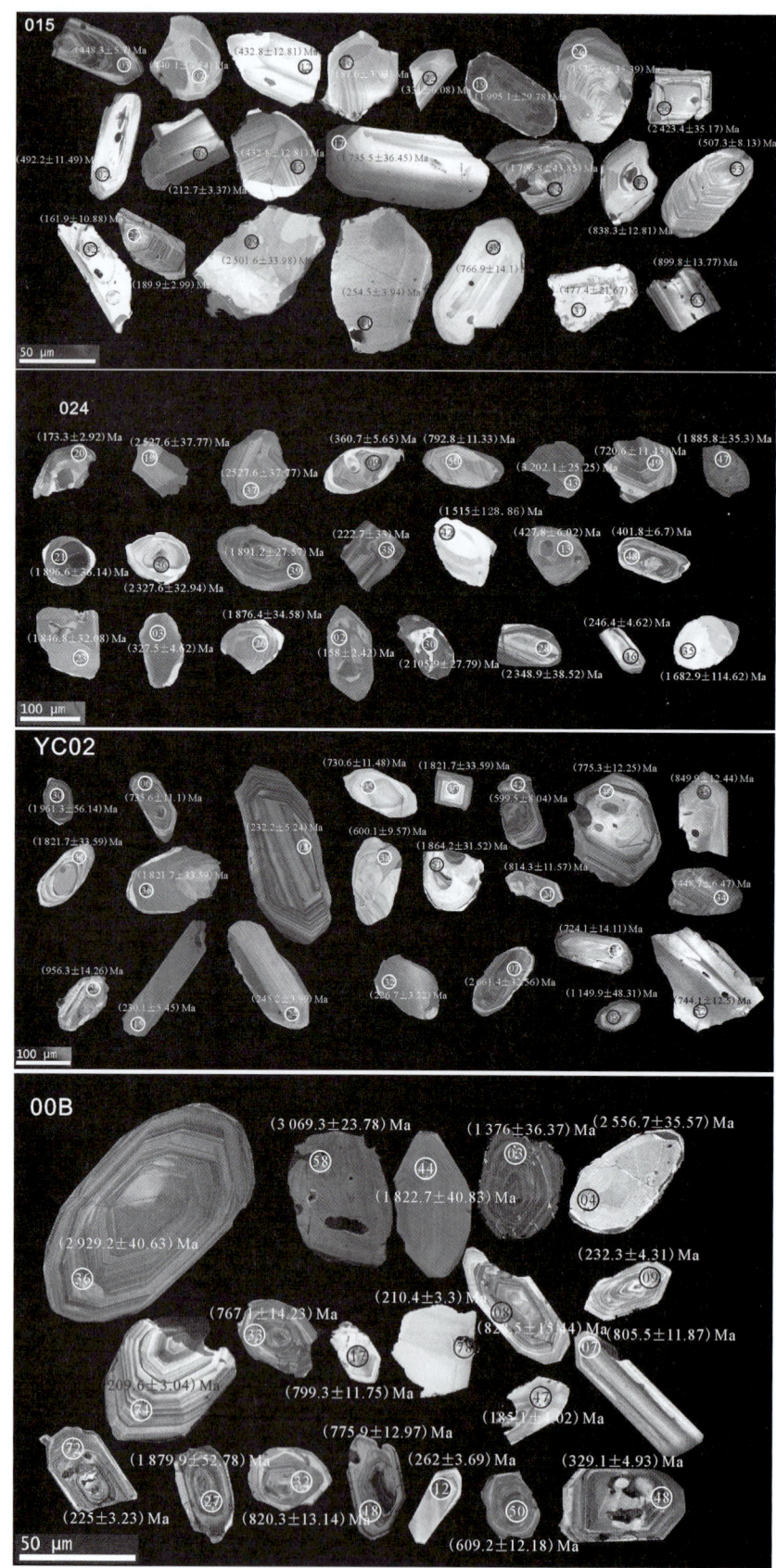

图9-84 碎屑锆石的CL图像

类似,以不具环带结构或具有复杂内部结构的变质锆石居多,具有明显振荡环边的岩浆锆石相对较少;YC02样品中大颗粒锆石明显增多,特别可见少量细长针、柱状锆石颗粒,棱角状锆石增多,少数颗粒有破裂现象,仍以变质成因的锆石为主,但样品中岩浆成因的锆石明显增多;00B样品与YC02样品类似,大颗粒锆石较多,可见少量细长针、柱状锆石颗粒,棱角状锆石增多,少数颗粒有破裂现象,岩浆成因的锆石增加更为明显,此外同样可见变质成因的锆石。总的来看,4个样品中的锆石具有较为多样的阴极发光特征,同时具有不同类型的变质锆石和岩浆锆石,反映出物源的多样性和复杂性。

①015样品U-Pb年龄物源特征(图9-85)。

(a)2 948.3Ma、2 521.5~2 423.4Ma、2 126.4~1 735.5Ma年龄段:黄陵穹隆核部前寒武纪变质岩过去统称为崆岭群,它可分解为上部古元古代表壳岩系(以云母片麻岩和英云片岩为主,夹大理岩、石英岩及斜长角闪岩、变粒岩和浅粒岩)和下部太古宙灰色花岗质片麻岩。已有的锆石U-Pb年龄数据表明,取自基底片麻岩中的样品,年龄值一般为2900~2600Ma。表壳岩中锆石U-Pb年龄值介于2430~(1824±19)Ma(马大铨等,1997;富公勤和袁海年,1993;郑维钊等,1991)。该穹隆紧靠宜昌地区,因此富含锆石的变质岩风化剥蚀的产物可以成为宜昌地区具有相同年龄值锆石的重要物源。另外,在宜昌北部的武当地块中获得了(1957±31)Ma的锆石U-Pb年龄(胡健民等,2003)。因而不能排除在样品2 126.4~1 735.5Ma年龄段的锆石中存在来自武当地块的再搬运锆石。

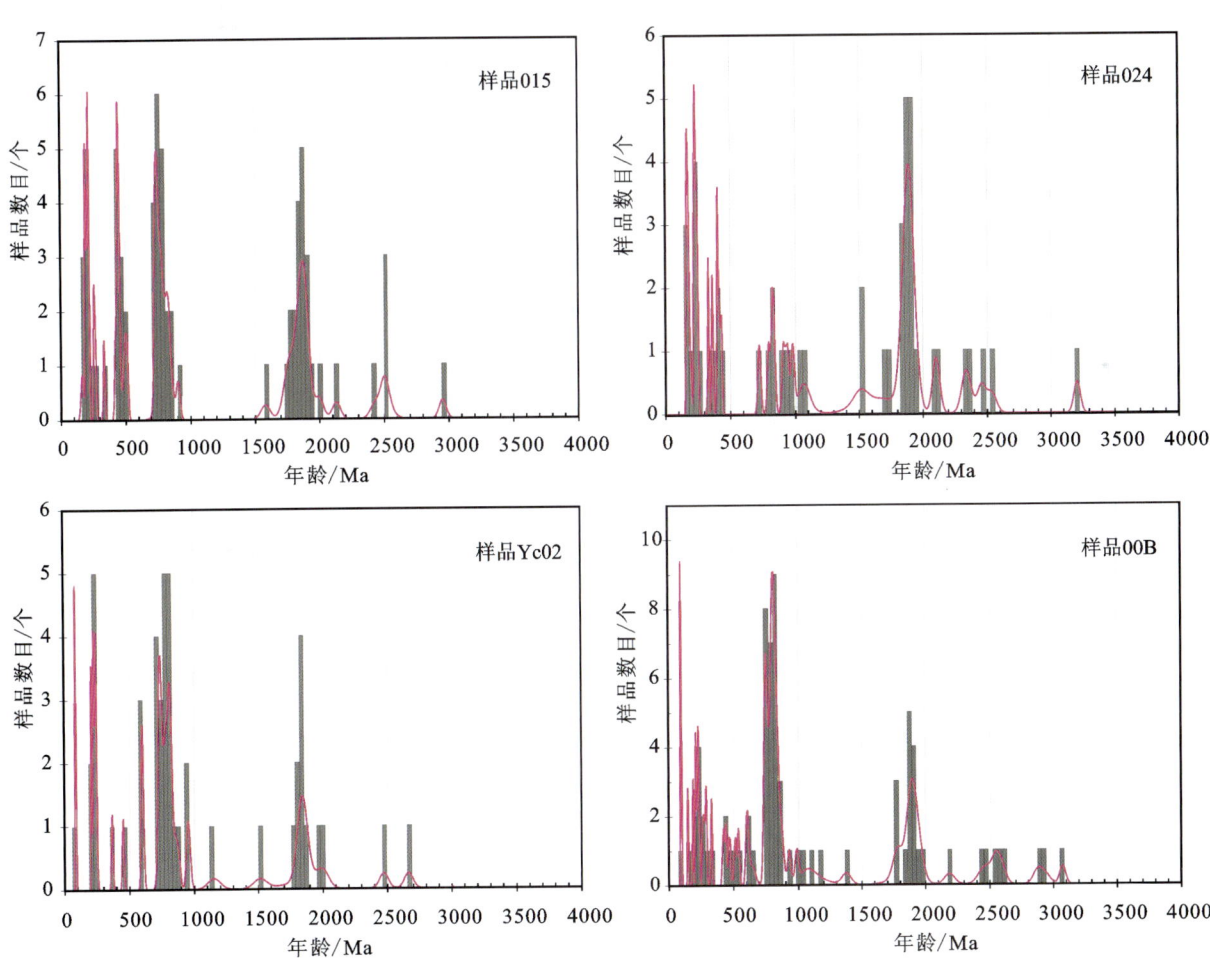

图9-85 碎屑锆石的年龄频率分布图

注:红色曲线代表相对频率。

(b)1 576.9Ma:武当地块的主体为中元古界武当岩群,同时对于其中以辉绿岩为主的基性侵入岩进行的锆石 U-Pb 测年获得 1596Ma 的年龄数据(胡健民等,2003),因此样品中具有 1 576.9Ma 年龄的磨圆状变质锆石很可能来自武当岩群。

(c)899.8～722.8Ma:黄陵穹隆大面积出露有全岩 Rb-Sr 等时线和锆石 U-Pb 年龄为 900～800Ma 的黄陵花岗岩(马大铨等,2002),在黄陵花岗岩基中有 770Ma 的辉绿岩侵入(李志昌等,2002)。此外,在武当地块耀岭河组变质火山岩获得 869～711Ma 的锆石 U-Pb 年龄和 Sm-Sr 全岩等时线年龄。由此得出,样品中该年龄段的锆石部分来自黄陵花岗岩(包括其中的辉绿岩),另一部分(特别是其中的变质锆石部分)极有可能为武当地块来源的再搬运锆石。

(d)507.3～418.5Ma:该年龄段的锆石包括 448.3Ma 和 507.3Ma 的岩浆锆石 2 粒,变质锆石 8 粒。对武当地块的研究发现,其中的基性岩席中角闪石 $^{40}Ar/^{39}Ar$ 年龄为 $(423.8±5)$Ma(胡健民等,2000)、变辉长岩的锆石 U-Pb 年龄包含 432～401Ma 年龄段(胡健民等,2002)。另外,侵入到陡山沱组、灯影组及寒武系—奥陶系中的辉石岩、辉绿岩、辉长岩等被认为是加里东期岩浆活动的产物(秦正永等,1997)。因此,样品中的锆石可能与武当地块中的这两种变质岩和岩浆岩有关。

(e)331～161Ma:该年龄段的锆石包括 161.9Ma、196.9Ma、187.6Ma、210.4Ma、212.7Ma、215.2Ma、254.5Ma、265.7Ma、213.4Ma、331Ma 年龄的 10 粒变质锆石,以及 189.9Ma 年龄的 1 粒岩浆锆石。其中,210.4Ma、212.7Ma 的变质锆石可能与分布于鄂陕边界庙川地区并广泛发育在陕西的东秦岭海西—印支期变质带中的变质岩(湖北省地质矿产局,1990)有关。而 215.2Ma、254.5Ma、265.7Ma、213.4Ma 的变质锆石可能与鄂西北地区存在的 $(225±25)$Ma 的变质作用有关(万义文,1990)。331Ma 的变质锆石可能来源于武当西部银洞沟全岩 Rb-Sr 等时线年龄 398Ma 的变流纹斑岩(秦正永等,1997)。161.9Ma、196.9Ma、187.6Ma 的变质锆石非常特别,根据四川、陕西、湖北、湖南区域地质志的资料,四川地区的最新变质作用出现在印支期,主要集中在川西高原,最新时间为 251～199Ma,在陕西、湖北、湖南均缺乏燕山期及其后的变质作用,因此很难找到与之相对应的变质岩母岩,关于其物源还需进一步的工作。在《中国地质图集》中(马丽芳,2002),在湖南华容以北紧邻湖北一带有侏罗纪的二长花岗岩分布,根据 2008 年版国际地层表可知,侏罗纪的时限为 199.6～145.5Ma,因此 189.9Ma 年龄的岩浆锆石可能与之有关。

②024 样品的 U-Pb 年龄物源特征(图 9-85)。

024 样品相对于 015 样品在 3202Ma、1734～1682Ma、1515～1 507.7Ma、427～327Ma 年龄段为新增加区间,在 246.4～158Ma 年龄段存在一定差异。

(a)3202Ma:近年来的研究在崆岭群中获得了大于 3.2Ga 的单颗粒锆石 SHRIMP U-Pb 年龄(高山等,2001),因此样品中的变质锆石应来源于崆岭群。同时,相对于 015 样品,该年龄锆石的出现也反映了黄陵穹隆随时间推移,基底老物质不断被剥露的过程。

(b)1734～1682Ma:该年龄段为 2 粒变质锆石。对武当岩群的研究发现,两河口变火山岩组的变酸性火山岩的锆石 $^{207}Pb/^{204}Pb$ 的年龄为 $(1727±38.7)$Ma,这一年龄值与样品中变质锆石的锆石年龄相近,因此可以成为样品锆石的物源。

(c)1515～1 507.7Ma:该年龄段为 2 粒变质锆石。根据秦正永等(1997)的研究,武当岩群变酸性火山岩的同位素年龄值为 1527Ma,因此样品的锆石来源于此。

(d)427～327Ma:该年龄段由 401.8Ma 的岩浆锆石 1 粒和 360.7Ma、327.5Ma、427.8Ma、405.4Ma 年龄的 4 粒变质锆石构成。401.8Ma 的岩浆锆石可能与 015 样品相似,来源于武当地块中侵入到陡山沱组、灯影组及寒武系—奥陶系中加里东期岩浆活动形成的辉石岩、辉绿岩、辉长岩(秦正永等,1997)。而 4 粒变质锆石与武当地块 U-Pb 年龄为 432～401Ma 的变辉长岩(胡健民等,2002)以及武当西部银洞沟全岩 Rb-Sr 等时线年龄为 398Ma 的变流纹斑岩(秦正永等,1997)有关。

(e)246.4~158Ma:该年龄段包括158Ma、189.9Ma、164.5Ma、216.4Ma的4粒岩浆锆石,以及173.3Ma、234.9Ma、246.4Ma、222.7Ma、228.9Ma的5粒变质锆石。其中,234.9Ma、246.4Ma、222.7Ma、228.9Ma的4粒变质锆石与015样品相同,与鄂陕边界庙川地区的东秦岭海西—印支期变质带中的变质岩有关(湖北省地质矿产局,1990)。158Ma、189.9Ma、164.5Ma的岩浆锆石与015样品相同,物源为湖南华容以北的侏罗纪二长花岗岩(李兆鼐和王碧香,1993),216.4Ma的岩浆锆石则与武当地区同位素年龄为278~213Ma的碱性正长岩有关。173.3Ma变质锆石与015样品中同期变质锆石一样,在四川、陕西、湖北、湖南均没有找到相应变质期的产物。

③YC02样品的U-Pb年龄物源特征(图9-85)。

YC02样品在1 149.9Ma、600.1~598.9Ma、245.7~226Ma、84Ma为新增年龄区间,956.3~724.1Ma、448~364Ma年龄段与前述两个样品存在差异。

(a)1 149.9Ma:该年龄段为1粒岩浆锆石。在年龄值比较接近的024样品中,2粒锆石(1 047.8Ma、1 067.1Ma)均为变质锆石。根据区域地质资料(四川省地质矿产局,1991),在米仓山地区有K-Ar年龄值为976.7Ma的钾质花岗岩侵入体,在米仓山、龙门山、康定—攀枝花一带有1000~800Ma的酸性侵入体,该岩浆锆石可能和这些酸性侵入体有关。

(b)600.1~598.9Ma:该年龄段包括598.9Ma、599.5Ma岩浆锆石2粒,600.1Ma变质锆石1粒。由区域地质资料可知,600Ma左右的变质岩和岩浆岩在湖北地区均很少见,600Ma左右的变质岩仅见于四川盆地东北缘的大巴山地区,而599Ma左右的岩浆岩以攀西地区新元古代的花岗岩为代表(四川省地质矿产局,1991),因此该年龄段的锆石应来自大巴山地区和攀西地区。

(c)245.7~211Ma:该年龄段包括211Ma、245.7Ma、245.2Ma的3粒岩浆锆石,以及207.7Ma、226.7Ma、230.1Ma的3粒变质锆石。区域地质志的资料(四川省地质矿产局,1991)表明,在川西存在有年龄为251~199Ma的印支期变质岩,在攀西一带还存在印支期花岗岩,因此3粒变质锆石和211Ma的岩浆锆石与之相关。对峨眉山玄武岩的研究表明,锆石的SHRIMP U-Pb表观年龄在277.7~225.2Ma之间(集中在255Ma左右)(范蔚茗等,2004),攀西地区玄武岩的K-Ar全岩年龄为235.3Ma(李兆鼐和王碧香,1993),这表明245.7Ma、245.2Ma年龄的2粒岩浆锆石极有可能来自于峨眉山玄武岩。

(d)84Ma:该年龄段为岩浆锆石。区域地质志的资料表明(李兆鼐和王碧香,1993),在川西(巴塘—德松)一带存在有白垩纪花岗岩,因此岩浆锆石应来源于此。

(e)956.3~724.1Ma:该年龄段包括7粒岩浆锆石和11粒变质锆石。相比024样品,锆石数量增多,特别是岩浆锆石的数量增多。在四川盆地西缘北起旺苍田竹坝,经龙门山、泸定、西昌磨盘山,南抵攀枝花大田一带,断续出露有呈带状宽15~30km、长近千千米、面积2324km²的元古宙钠质花岗岩体(四川省地质矿产局,1991);在扬子地台北缘还分布有面积超过2000km²、主体侵位年龄为800Ma(全岩Rb-Sr等时线)至868Ma(锆石U-Pb法)的汉南花岗岩岩基(马大铨等,2002)。特别相对于汉南花岗岩而言,渠江上游流经于此,并汇入嘉陵江后在重庆汇入长江。因此,这些增多的岩浆锆石极有可能是新物源加入后的产物。

(f)448~364Ma:该年龄段包括364Ma变质锆石1粒和448.7Ma岩浆锆石1粒。448.7Ma岩浆锆石与015样品中448.3Ma锆石相同,为武当地块加里东期基性岩的产物。而364Ma变质锆石既有可能与015样品相同,来源于东秦岭海西—印支期变质带中的变质岩,也有可能与四川龙门山后山丹巴地区的变质岩(322Ma)(四川省地质矿产局,1991)有关。该年龄段中明显缺乏015、024样品中492~406Ma的变质锆石。

④00B样品的U-Pb年龄物源特征(图9-85)。

00B样品在1376~1162Ma、644~600Ma、288.8~146.8Ma、92.5Ma为新的年龄区,925~735.7Ma年龄段与YC02样品相比有所差异。

(a)1376~1162Ma：该年龄段为2粒岩浆锆石。其中，1162Ma锆石与YC02样品中1 149.9Ma锆石相似，来源于米仓山、龙门山、康定—攀枝花一带1000~800Ma的酸性侵入体。在米仓山、龙门山、攀西一线，有面积337km²呈带状分布的基性—超基性岩，其同位素年龄为1481~823.1Ma（四川省地质矿产局，1991），因此1376Ma的岩浆锆石可能来源于此。

(b)644~600Ma：该年龄段由600.3Ma、609.2Ma的2粒岩浆锆石和644.4Ma的变质锆石组成。600.3Ma、609.2Ma岩浆锆石与YC02样品相同，主要来源于攀西地区新元古代花岗岩（四川省地质矿产局，1991），而644.4Ma变质锆石应与武当地块耀岭河群单锆石U-Pb年龄为(632±1)Ma的火山岩（蔡志勇等，2007）有关。

(c)288.8~146.8Ma：该年龄段包括146.8Ma、185.1Ma、209.6Ma、232.3Ma、225Ma、273.7Ma的6粒岩浆锆石，以及210.4Ma、210.9Ma、262Ma的3粒变质锆石。146.8Ma、185.1Ma岩浆锆石可能来源于义郭地区东亚带（德格-乡城断裂以东）年龄为200~155Ma的花岗岩带（四川省地质矿产局，1991），冕宁一线的侏罗纪花岗岩、花岗闪长岩（李兆鼐和王碧香，1993）。209.6Ma的岩浆锆石与YC02样品相同，来源于攀西地区的印支期花岗岩。232.3Ma、225Ma、273.7Ma的岩浆锆石则与SHRIMP U-Pb表观年龄在277.7~225.2Ma的峨眉山玄武岩（范蔚茗等，2004）密切相关。210.4Ma、210.9Ma的变质锆石与YC02样品中的锆石相同，来源于川西印支期变质岩。而262Ma的变质锆石由于很细小，可能与015样品中的254.5Ma、265.7Ma锆石相同，均来源于鄂西北地区。

(d)92.5Ma：该年龄段为岩浆锆石。虽然在具体年龄值上不同，但与YC02样品中84Ma的岩浆锆石一样，均来源于川西（巴塘—德格）一带存在的白垩纪花岗岩（李兆鼐和王碧香，1993）。

(e)925~735.7Ma：该年龄段包括15粒岩浆锆石和13粒变质锆石。与YC02样品相比，岩浆锆石的数量多于变质锆石，并且锆石的总量也增多，进一步证实该样品有来自三峡以西的同期岩浆岩物质的加入，且随着长江水系的成熟，三峡以西物质所占比例不断增加。

根据上述宜昌地区4个不同时代沉积物样品锆石LA-ICP MS U-Pb年龄的物源特征，结合锆石的阴极发光特征，可以发现以扇三角洲、湖相沉积（015，024剖面）为特征的较老沉积物的锆石主要来源于三峡以东的黄陵穹隆、武当地块，少量来自鄂陕边境的庙川地区和湘鄂交接的华容地区，均为三峡以东的物质来源，没有来自峨眉山玄武岩的特征岩浆锆石。而长江Ⅴ级、Ⅳ级阶地沉积物中的锆石不仅存在上述三峡以东物源区的物质来源，同时出现三峡以西米仓山—大巴山地区、龙门山—攀枝花地区，以及川西巴塘—德格地区岩浆岩物源区的物质，也具有来自峨眉山玄武岩的特征岩浆锆石的存在，从而证实了以015，024剖面为代表的物质并非前人认为的长江阶地产物。根据岩相古地理资料和测年数据可以得知，024样品所在的剖面由扇三角洲沉积演变为湖相沉积，最后发生沉积结束后的网纹红土化作用，而YC02剖面为现今发现的宜昌地区最早的长江阶地沉积。因此，三峡的贯通应在024剖面沉积结束以后，YC02剖面沉积以前，即长江三峡贯通的时间应该在0.75Ma以后。

第四节 长江演化讨论

长江贯通东流，必定在上、中、下游流域留下地质证据链，这其中关键的是中下游盆地的沉积响应与沉积记录。长江中下游地区沿长江分布一定数量的砾石层，这些砾石层的时代多被认为是早更新世，测年数据在1Ma左右。砾石层沿江分布在各地高级阶地上，往往被认为与长江的发育有关，甚至被认为是由长江贯通、长江水量骤然增大引起的。但是，细究这些砾石层分布状况和结构构造特征，不难发现这些砾石层与长江并无直接联系。环江汉-洞庭盆地周缘，与宜昌砾石层、阳逻砾石层同期，发育有钟祥砾石层、常德砾石层、白沙井砾石层等，且具有与宜昌砾石层和阳逻砾石层相似的河流相沉积特征，发育在相似的海拔高度。此外，在当阳、孝感、咸宁、岳阳、汨罗、宁乡、津市、松滋等地，也发育同期下更新统砾石层。这些环江汉-洞庭盆地发育的砾石层具有河流相冲积扇发育特点,从砾石物源看,与环江汉-洞庭盆地周缘短程河流密切相关,而与长江没有直接关系。如阳逻砾石层发育与府河有关,常德砾石层则与沅江的发育有关,宁乡一带的砾石层则与沩水发育有关。

一、长江两侧砾石层研究

砾石层是长江中下游地区晚新生代地质环境变迁和古长江形成、演化的重要信息载体。砾石层在长江中下游地区沿江两岸的狭长地带广布,具有典型河流相发育特点,在宜昌猇亭、武汉阳逻、黄石、江西九江、安徽安庆和江苏南京被分别称为宜昌砾石层、阳逻砾石层、黄州砾石层、九江砾石层、安庆砾石层、雨花台砾石层,它们的性质非常相似,成因类型单一。杨怀仁等(1997)指出,长江中下游广泛发育的这套砾石层,指示了长江历史演化中的一个重要事件,因此形象地称之为"长江的成砾时代",其沉积时代为更新世。

南京地区的长江砾石层,就是著名的雨花台组,其分布广泛,露头良好,生物化石丰富,盛产著名的雨花石,因此研究程度相对较高。但学术界对于其年代地层划分一直存在争论,有观点认为其沉积时代是上新世(张祥云等,2003),也有观点认为是更新世(李立文,1979;夏树芳和康育义,1981)。

长江中游江汉-洞庭盆地的周缘,以宜昌砾石层、白沙井砾石层和阳逻砾石层的研究最具代表,不仅在《湖北区域地质志》《湖南区域地质志》中有相关介绍,还在1∶20万沅江幅区域地质调查、1∶25万岳阳幅区域地质调查等项目中开展了区域性地质调查工作,同时相关科研院所和高校也针对性地开展了专门的地质研究工作。该砾石层在江汉盆地西缘的宜昌地区主要出露于猇亭、枝江云池、善溪窑、安福寺、宜都红花套、松滋陈二口等地,俗称宜昌砾石层,先后建立了卢演冲组(陈华慧和马祖陆,1987)和云池组(陈立德和邵长生,2016)。主要分布于黄陂、阳逻、长沙、湘潭、宁乡、沅江赤山、益阳、常德、澧县九里等地的砾石层称为白沙井砾石层和阳逻砾石层,先后建立了白沙井组和阳逻组(陈华慧和马祖陆,1987)。

1. 阳逻砾石层

根据陈立德和邵长生(2016)的研究成果,阳逻砾石层的沉积结构和沉积构造上呈现出砾质辫状河沉积的特点,再向盆地方向上进一步追溯,将阳逻砾石层限定为辫状河三角洲的陆上部分似乎更为贴切。考虑到早更新世江汉盆地的沉积地质地貌特征可能与现代云南大理洱海的沉积环境在某种程度上具有相似性,可以将阳逻砾石层的辫状河道沉积和辫状河三角洲沉积划分为纵向坝、斜列坝、横向坝、宽浅河床滞留沉积及分流间湾等单元。阳逻砾石层从分布和发育特征来看,上更新统砾石层堆积体发育的原始地貌形态或堆积体底界是由大别山山前向平原区方向降低的,堆积体也呈现出由山前向平原方向延伸的形态。调查表明,堆积体的顶面也呈现出向南、向西降低的趋势,这一趋势虽然受后期剥蚀的影响,但在阳逻或黄陂一带开挖良好的剖面上,追踪砾石层内部发育的大型板状或楔状层系的发育方向时,可以看到层系的界面是向盆地方向倾斜、降低的。上述阳逻、黄陂一带砾石层的发育特征表明,砾石层堆积是在向盆地方向降低的原始地貌形态上发展起来的,砾石层是向盆地方向进积的,可以根据砾石层底界海拔高度大体追踪砾石层的进积方向。

2. 宜昌砾石层

宜昌砾石层主要出露于宜昌猇亭、枝江云池、善溪窑、安福寺、宜都红花套、松滋陈二口等地。陈立德和邵长生(2016)经过研究认为,宜昌地区的砾石层是向盆地延伸的辫状河冲积扇或扇三角洲的陆上部分。本次工作认为宜昌地区沉积的更新统云池组、善溪窑组,为一套内陆湖泊环境中形成的冲积扇-扇三角洲、湖泊相沉积产物,湖泊消亡的时间为0.75Ma以后。此后,才出现河流阶地沉积。在古流向方向、砾石成分、玄武岩砾石稀土元素特征、砂质沉积物中重矿物组合特征、铁质重矿物特征、碎屑锆石

U-Pb年龄特征方面,宜昌地区的云池组和善溪窑组与长江阶地和现代河流沉积物存在差异,表明物源区出现了重大的调整。云池组和善溪窑组的物源主要与黄陵穹隆的岩石组成有关,而长江阶地和现代河流沉积物中发现了来自三峡以西峨眉山大火成岩省及攀枝花钒钛磁铁矿的物质,表明在善溪窑组结束沉积和长江最老一级的阶地形成前,三峡发生了贯通。根据沉积物ESR测年结果,并对比前人的研究结果,认为长江三峡发生贯通的时间在0.75~0.73Ma之间。

3. 白沙井砾石层

陈立德和邵长生(2016)研究认为,在洞庭盆地边缘广泛发育扇状砾石层堆积,均向盆地内部倾斜,其上部披覆的网纹红土也向盆地内部变厚,并在一定范围内逐渐趋于相对稳定的厚度。在临澧修梅北西丫角山以东的黑湾一带,下更新统冲积扇尚保留了较为完整的地貌形态(图9-86),黑湾一带的坡麓堆积向东呈扇形发育,冲积扇受后期剥蚀的影响进一步向东倾斜、降低。这种地貌形态在官亭、王家厂以东也发育良好。这指示了在早更新世早期,洞庭盆地西缘一带存在着古地理和古地貌的显著差异,并沿坡麓发育着一系列的古洪积扇或坡麓堆积,这些古洪积扇或坡麓堆积物进一步通过河流向盆地内搬运,形成辫状河流沉积物和湖相三角洲沉积。

长江中游江汉-洞庭盆地周缘的宜昌砾石层、白沙井砾石层、阳逻砾石层从地层分布、沉积结构、沉积构造特征来看,均表现出辫状河道的特点。砾石层堆积是在向盆地方向降低的原始地貌形态上发展起来的,砾石层是向盆地方向进积的,均为向盆地延伸的辫状河冲积扇或扇三角洲的陆上部分。这些砾石层的沉积过程应与长江无关。

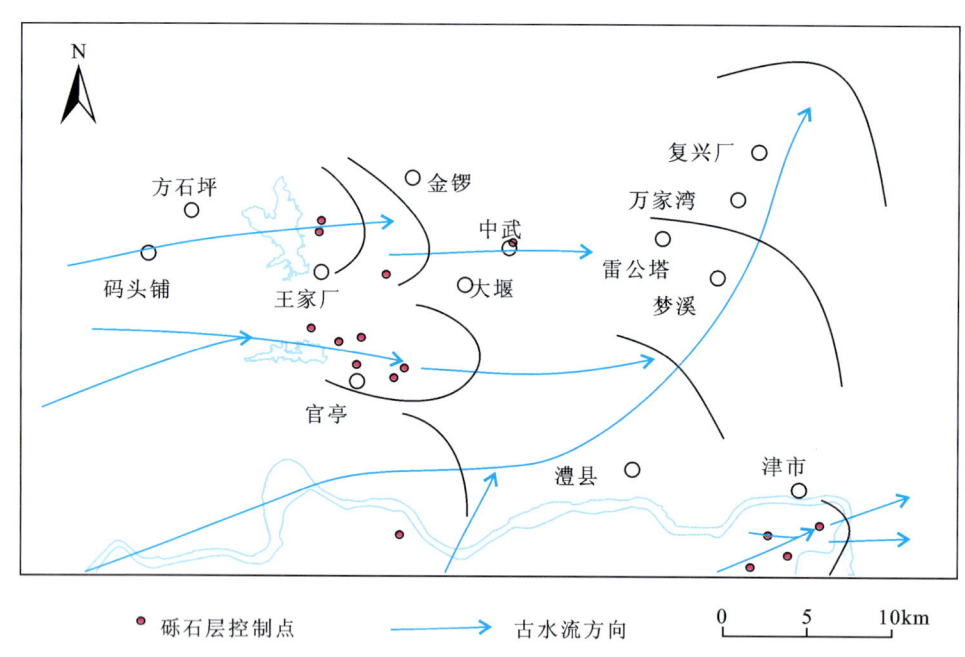

图9-86 澧县官亭冲积扇(陈立德和邵长生,2016)

二、长江三峡续接贯通与中更新统发育

江汉-洞庭盆地中无论是洞庭盆地的中更新统马王堆组/洞庭湖组,还是江汉盆地的善溪窑组/江汉组,均以较厚的网纹红土沉积为特色,网纹红土的测年数据表明其时限在中更新世。

网纹红土所代表的细粒湖相或河湖过渡相沉积,是江汉-洞庭盆地分布范围最广、地层最连续的堆积体,代表了江汉-洞庭盆地处于湖盆发展的鼎盛时期,湖水位达到前所未有的高度。江汉-洞庭盆地可能在这一时期才真正成为统一的大湖,此时江汉-洞庭湖盆的水域范围大大超过早更新世的湖泊范围。这一重大事件表明中更新世时期,江汉—洞庭湖地区具有巨大的来水量,除却气候的影响因素外,也可能暗示了长江三峡在这一时期的续接贯通,江汉-洞庭盆地接受长江上游的来水,使其水位快速上升,致使网纹红土超覆在之前第四系各类松散沉积物或基岩之上。

与早更新世相比,这种沉积环境的巨大变化与中更新世时期气候温热潮湿有关。或许这种气候湿热、降水充沛、地表径流巨大的环境加快了长江三峡的续接贯通。

因此,长江三峡的续接贯通引来长江上游即川江之水进入中更新世江汉-洞庭湖盆,随着来水量的急剧增加,江汉-洞庭盆地内的湖泊迅速扩张,结束了早更新世江汉盆地、洞庭盆地为几个独立盆地的孤立沉积,由河流串联态势取代形成以广泛的湖相和河湖过渡相沉积环境。

中更新世晚期发生构造反转,江汉-洞庭盆地及周缘整体抬升,曾一度沉积中断并遭受剥蚀,同时由于湿热化作用在第四系沉积表层形成网纹红土。

在中更新世末至全新世初期,中更新世的湖相或河湖过渡相黏土沉积物在后期风化作用下呈现出目前的网纹红土和底部的网纹泥砾层,其中网纹泥砾层是江汉-洞庭盆地统一大湖泊形成过程中伴随湖侵过程的底积物。

三、长江三峡夷平面和阶地研究

在重庆—秭归段长江沿岸发育有3期夷平面:鄂西期、山原期及云梦期夷平面,同时沿岸发育5级河流阶地,与长江在宜昌地区形成的5级阶地可以对应。云梦期夷平面中河流沉积物在砾石成分、重矿物成分、碎屑锆石 U-Pb 年龄特征方面,与长江Ⅴ级阶地和现代河流沉积物存在差异。云梦期夷平面中河流沉积物的物源主要来自黄陵穹隆地区,而长江Ⅴ级阶地沉积中找到了以来自峨眉山大火成岩省及以攀枝花钒钛磁铁矿为代表的物质,表明在黄陵穹隆以西,云梦期夷平面形成时期曾经存在西流水系(图9-87a)。云梦期夷平面解体以后,河流发生转向,形成现今的东流水系。河流发生转向的时间大致在 $0.75\sim0.73\text{Ma}$ 之间,从而进一步证实了长江三峡的贯通过程和贯通时间(图9-87b)。

四、长江下游更新世岩相古地理研究

长江下游更新世岩相古地理的最新研究结果,进一步佐证了长江贯通时间是在距今 0.75Ma 的早更新世、中更新世之交,并在下游重新厘定了长江与淮河的沉积作用界线,长江沉积作用最北界位于盐城伍佑—盐城步封—大丰方强—大丰三龙一线,与构造上的建湖隆起南界吻合,该界线以南和泰州—姜堰—东台一线以北的区域为长江与淮河的沉积过渡区。早更新世晚期前,长江虽尚未贯通下游地区,但在皖赣鄂至目前长江口发育存在"古扬子江",即古长江(图9-88)。古扬子江沉积物主要分布在长江新三角洲平原沉积区,下更新统海门组沉积层普遍粒度较粗(含砾粗砂或中粗砂)(江苏省地质调查研究院,2020),反映的是近源或者相对近源的冲积扇(湿扇)沉积环境,不能反映其是经过几千千米搬运后的大河远源沉积产物。长江新三角洲平原沉积区南侧的太湖平原沉积区,下更新统海门组同样主要是以粗颗粒沉积为主的近源冲积扇沉积环境,沉积物来自天目山山系。而早更新世晚期后,长江新三角洲平原沉积区河道相沉积层普遍粒度变细,表明与长江三峡已经续接贯通。

向芳等(2005)在研究长江三峡阶地时,提出了在阶地对比中的年代对比法,结合在三峡出口处记录水系演化历史的宜昌地区第四纪早期沉积特征、物源分析及 ESR 测年等方面研究结果,认为贯通三峡的长江在宜昌地区出现的时间晚于湖相沉积结束的时间,即为 0.75Ma,而长江三峡段的阶地最多可以划分为5级,其中最老Ⅰ级阶地的年龄为 $0.73\sim0.70\text{Ma}$。由此证实了长江三峡是形成于中更新世早期相对年轻的河谷。向芳等的研究结果与本次长江中下游地区第四纪研究结果基本吻合。

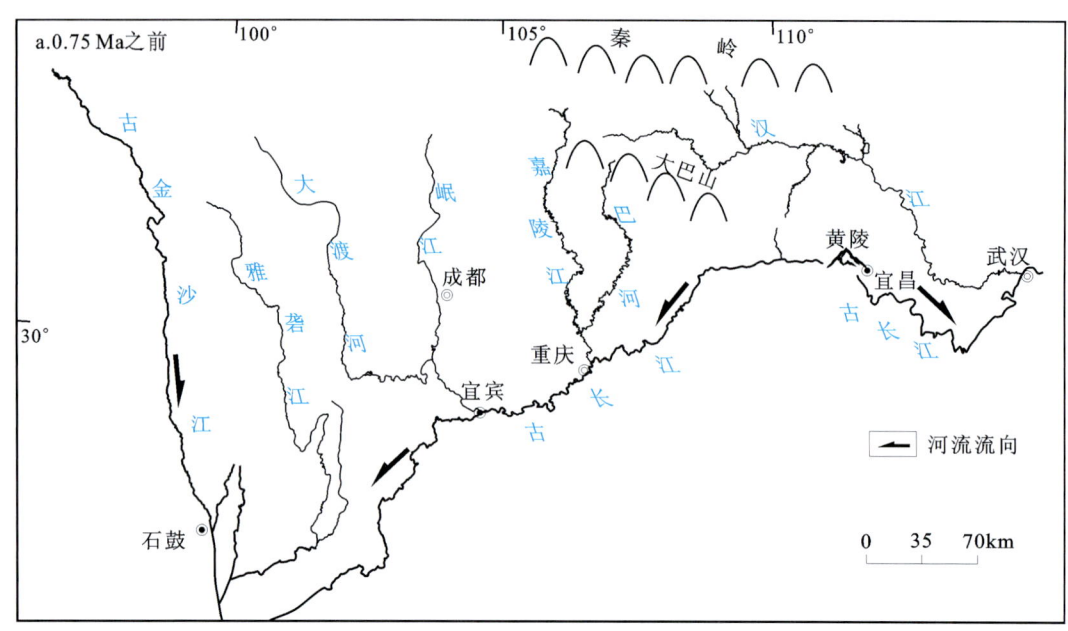

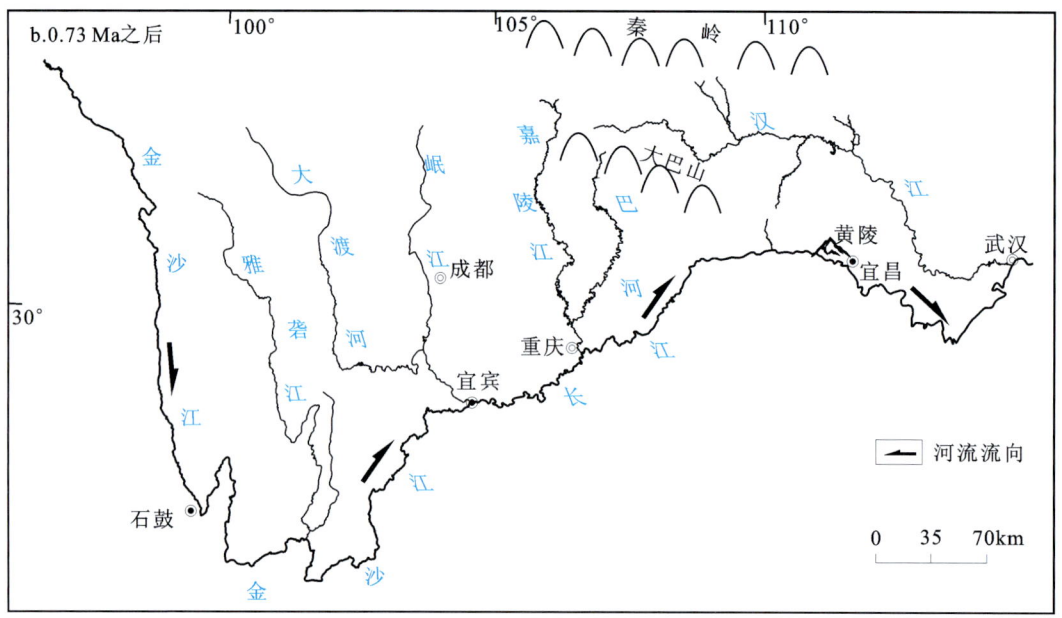

图 9-87 长江上游水系演化示意图

五、结论

（1）全面系统地收集、整理、分析了长江下游地区第四系钻孔和第四系鉴定测试资料，其中收集第四系详细岩性编录钻孔 160 个，有古地磁测试资料钻孔 47 个，具有第四系 $AMS^{14}C$、^{14}C、OSL、TL、ESR 等绝对测年数据钻孔和剖面 95 个，有孢粉、微体古生物及其他测试鉴定的钻孔 68 个，对所有资料进行整理和建档。

（2）根据区域地貌、沉积物岩石特征、成因、沉积结构差异、物源的多样性等进行地层分区，划分为宁镇丘陵岗地沉积区、江淮平原沉积区、长江新三角洲平原沉积区和太湖平原沉积区，重新厘定了区域第四纪地层层序。其中，宁镇丘陵岗地沉积区第四纪地层划分为中下更新统柏山组、中上更新统下蜀组和全新统；江淮平原沉积区第四纪地层划分为下更新统花港组、中更新统东台组、上更新统郭猛组、全新统

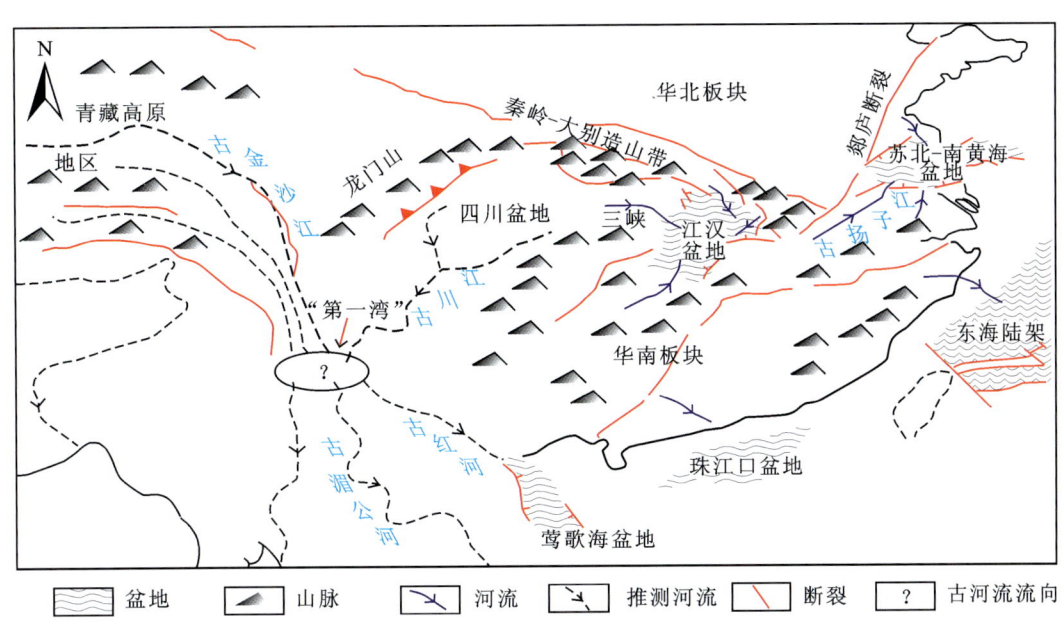

图 9-88 早更新世晚期河流和盆地分布示意图(据郑洪波,2017 修改)

淤尖组(江淮-长江过渡区)和庆丰组(里下河湖沼平原小区);长江新三角洲平原沉积区第四纪地层划分为下更新统海门组、中更新统启东组、上更新统昆山组和滆湖组、全新统如东组;太湖平原沉积区第四纪地层划分为下更新统海门组、中更新统启东组、上更新统昆山组和滆湖组、全新统如东组。

(3)新建了江淮平原沉积区,新建了下更新统花港组、上更新统郭猛组,重新研究了中更新统东台组,对东台组底界进行了调整。以 204 国道为界,划分为西部里下河湖沼平原小区和东部江淮-长江过渡区,东部为全新统淤尖组,西部新建了全新统庆丰组。

(4)编制了 9 个第四系钻孔联合剖面,编制了第四纪 10 个重要时段的岩相古地理图,早更新世重要时段有早时(Qp^{1-1})、中时(Qp^{1-2})、晚时(Qp^{1-3}),中更新世主要时段有早时(Qp^{2-1})、晚时(Qp^{2-2}),晚更新世重要时段有早时(Qp^{3-1})、晚时(Qp^{3-2})的 MIS3 阶段和 MIS2 阶段,全新世重要时段有中期(Qh^2)和晚期(Qh^3)。

(5)以泰州姜堰区 TZK3 孔的磁性地层学和岩石地层学为基础,结合锆石 U-Pb 年龄谱系特征,明确了晚上新世以来长江三角洲沉积物的物质来源,并探讨了长江贯通的时限为 3.7~3.04Ma。

(6)开展了南通地区第四系下部 3 套上细下粗沉积旋回的地层沉积环境研究,认为第四系下部 3 套上细下粗沉积旋回的埋深为 140~295m,局部至 300m;区域沉积物都具有冲洪积扇沉积特征,具体钻孔沉积物中均具有辫状河沉积特征,为发源于天目山水系的具有冲洪积扇特征且扇上发育辫状河的冲洪积扇裙。

(7)开展了中晚全新世长江三角洲的沉积模式研究,认为长江三角洲地区中晚全新世分布在如皋以西的沉积物为灰色、浅灰色、青灰色、灰黄色粉砂、粉细砂,从沉积物的沉积结构、分布方向等空间分布看,与现今杭州湾相似,为一强潮汐作用的潮流沙脊沉积,是一个典型的三角洲沉积类型。

第五节 小 结

本节创新应用了冲积扇成因理论和由 300 余个高精度钻孔构成的联合沉积相剖面对比法,建立了长江中下游第四纪地层多重划分对比序列,并结合长江上游阶地的形成年代及物源演化等研究提出了长江贯通时间是在 0.75Ma 的早更新世、中更新世之交的新认识,初步解开长江起源与演化的"世纪谜题"。

(1)长江是中华民族的母亲河,长江的起源与演化尤其是何时冲破三峡贯通长江中下游地区是地球科学界和大众关注的热点,长期存在重大争议,成为科学界一个著名的"世纪谜题"。通过创新应用冲积扇成因理论和高精度钻孔构成的联合沉积相剖面对比法,建立了长江中下游第四纪地层多重划分对比序列,重新阐述了下更新统砾石层成因,并分析了长江上游夷平面、河流阶地及其沉积物中重矿物等特征,新提出了长江贯通时间是在 0.75Ma 的早更新世、中更新世之交及未贯通之前长江下游存在"古扬子江"的认识。

(2)砾石层是长江中下游地区晚新生代地质环境变迁和古长江形成、演化的重要信息载体。砾石层具有河流相发育特点,这些砾石层的时代多被认为是早更新世,反映的是近源冲积扇沉积环境,不能反映其是经过几千千米搬运后的大河远源沉积产物。中更新世则发育以细粒沉积物为主体的河湖相沉积,并辅以风成沉积,这些沉积物同期或进一步接受后期湿热化改造,从而不同程度地广泛发育网纹化。长江中下游地区早中更新世地质环境的重大调整,是长江三峡续接贯通的地质环境效应,长江三峡续接贯通引来上游巨量水源,使江汉-洞庭盆地迅速演变为一个统一的大湖泊,在短暂时间内掘开黄石东去,而使长江贯通。

(3)重新厘定了区域第四纪地层层序。新建了江淮平原沉积区,新建下更新统花港组、上更新统郭猛组,重新研究了中更新统东台组,对东台组底界进行了调整。以 204 国道为界,划分为西部里下河湖沼平原小区和东部江淮-长江过渡区,在长江三角洲地区新建了江淮平原沉积区东部的全新统淤尖组,西部新建了全新统庆丰组。

第四篇
支撑服务流域生态保护修复与绿色发展篇

　　本篇主要阐述了长江经济带大流域人类活动与地质环境效应研究，包括矿山尾矿、沿海盐碱地、沿江湿地、沿江有机污染和重金属镉污染场地调查评价与生态修复示范，以及岸带土地利用、侵蚀侵占、湿地演化与保护修复及防洪对策等。其中，在流域重大水利工程对地质环境影响研究中，创新构建多模态传感器系统实现了长江干流陆上和水下一体化水动力、地形地貌等特征测量与数据采集，形成成果为长江岸滩防护和修复、沿岸防洪、长江大桥主桥墩维护等提供了技术支撑；在长江经济带废弃矿山、沿海盐碱地、沿江湿地、沿江有机污染和重金属镉污染场地调查评价与生态修复示范方面取得实效，形成5种生态修复示范关键技术，为长江经济带尾矿废石资源化、减量化、盐碱地改良、湿地和污染场地修复与生态保护提供了地质依据；此外，通过对长江经济带岸带土地利用、侵蚀侵占与长江经济带湿地演化与防洪的研究，提出了相关保护、防治或修复对策。

第十章　长江经济带流域重大水利工程地质环境效应

自20世纪60年代以来,长江流域兴建了以三峡大坝为核心的一系列拦、蓄、引、调大型水利工程,入海河口建设了大规模围垦、深水航道、造船基地、跨江与跨海大桥以及毗连的洋山深水港等重大工程。这些工程不可避免地对长江中下游干流河槽产生影响(沈焕庭和李九发,2011;许全喜,2013;杨云平等,2014;朱玲玲等,2014;倪晋仁等,2017;胡春宏,2019;王国庆等,2020),其影响程度如何以及如何应对是当前有关政府部门、学术界以及公众关注的焦点和难点(陈西庆和陈吉余,2000;陈西庆等,2007;吴帅虎等,2015,2016;Zheng et al.,2016,2018;Shi et al.,2018;石盛玉等,2017,2018;石盛玉,2017;郑树伟等,2016,2018;程和琴和姜月华,2021)。

本书通过大量水域现场剖面测量和样品采集,获得一批最新原始数据;开展了以三峡水库为核心的长江流域一系列拦、蓄、引、调工程运行过程中河口河槽床沙与悬沙粒径、潮流、含沙量、盐度、床面微地貌和河槽纵横剖面形态时空分布特征及其变化规律研究;分析了新的水沙条件下河口河槽床沙粒径和沉积结构、河槽及岸滩冲淤稳定性;阐明了引发河口河槽冲淤不稳定的主导因素和局部河槽地貌类型的变化,为河口河槽航道工程与护岸保滩工程的冲淤灾害防治以及长江中下游过江通道等重大工程安全预警提供科学依据。

第一节　研究方法

本书主要采取历史水下地形数据、水位数据的收集与分析、干流河槽现场测量、室内测试分析、综合评价等方法开展研究。其中,在调查研究过程中创新构建了一套多模态传感器系统,实现陆上和水下一体化水动力特征、沉积特征和地貌特征的测量与数据采集。

一、历史水下地形数据和水位数据收集与分析

本书收集了1998年和2013年长江宜昌至上海干流河段约1800km的水下地形数据(1∶4万)(数据来源于原交通运输部长江航道局),利用ArcMap10.1对全河段进行数字化,数字化内容主要包括1998年及2013年该河段航行参考图的配准及岸线0m、-2m、-5m、-10m等深线的数值化,获得三峡工程运行前及运行后10年内长江中下游干流的河槽水下地形变化情况、河槽冲淤演变及其幅度;对该河段存在的浅滩、沙洲、岸滩等大型沙体的演变进行分析;此外,对江西九江至安徽芜湖间12个水文站及上海沿岸11个潮位站的水位和流量资料,进行水位频谱和小波分析,获得整个长江河口至长江中下游潮动力变化的特征信息。

二、现场测量

2015—2018年工作期间,对长江自宜昌至上海(入海河口北港至口外40m水深处)干流河槽开展了近5000km的ADCP、SeaBat7125_SV2多波束测深系统、EdgeTech Discover的X-Star 3100P浅地层剖面仪测量,同时对15个典型河槽及岸坡陆上部分开展三维激光扫描仪Riegl VZ-4000测量,包括河

槽水深、推移质运动、床面形态及浅层沉积结构的走航式高分辨率测量；还对洞庭湖入江通道及邻近河段、松滋河口、虎渡河口、鄱阳湖入江通道及邻近河段等河口进行了多断面精细观测，同时也对这些河口段河槽和九江至宜昌间河段大桥桥墩局部冲刷幅度进行了多波束测深系统、浅地层剖面仪和ADCP同步测量；此外，对九江至宜昌河段的典型岸段进行激光雷达和RTK精密三维地形测量，包括九江赤心堤、湖北蕲水入江河口、武汉市汉南区长江弯曲凸岸处、洪湖市螺山镇等典型崩岸的测量。

本次开展的各种多波束、ADCP、浅剖测量、采集床沙样品（用抓斗进行采集，用于含沙量、含盐度和悬沙粒径的水样品）等具体工作情况见表10-1和图10-1。

表10-1 重大水利工程对长江中下游地质环境影响研究实物工作量

日期	地点	里程/km	测区	底质/个	水样/个	测线总长/km
2015.6.22—7.3、2015.7.27—8.14	入海河口、池州至吴淞口河段	1422	入海河口 0.4km×1.5km，潮区界上界 0.8km×5.5km	61	1476	1422
2016.8.30—9.30	入海河口南京至九江	1698	入海河口上海南槽 6km×0.6km，潮区界上界 5.7km×0.7km	66	168	1179
2017.8.1—8.8、2017.8.21—9.20	入海河口九江至宜昌	1091	入海河口 6km×0.6km，洞庭湖入江通道 1.5km×0.9km	76	330	2100
2018.5.2—5.7、2018.7.14—16、2018.9.25—30	崇明岛南沿长江口北港河段	560	入海河口 6km×0.6km，长江口北槽测区 6km×0.6km	26	144	560

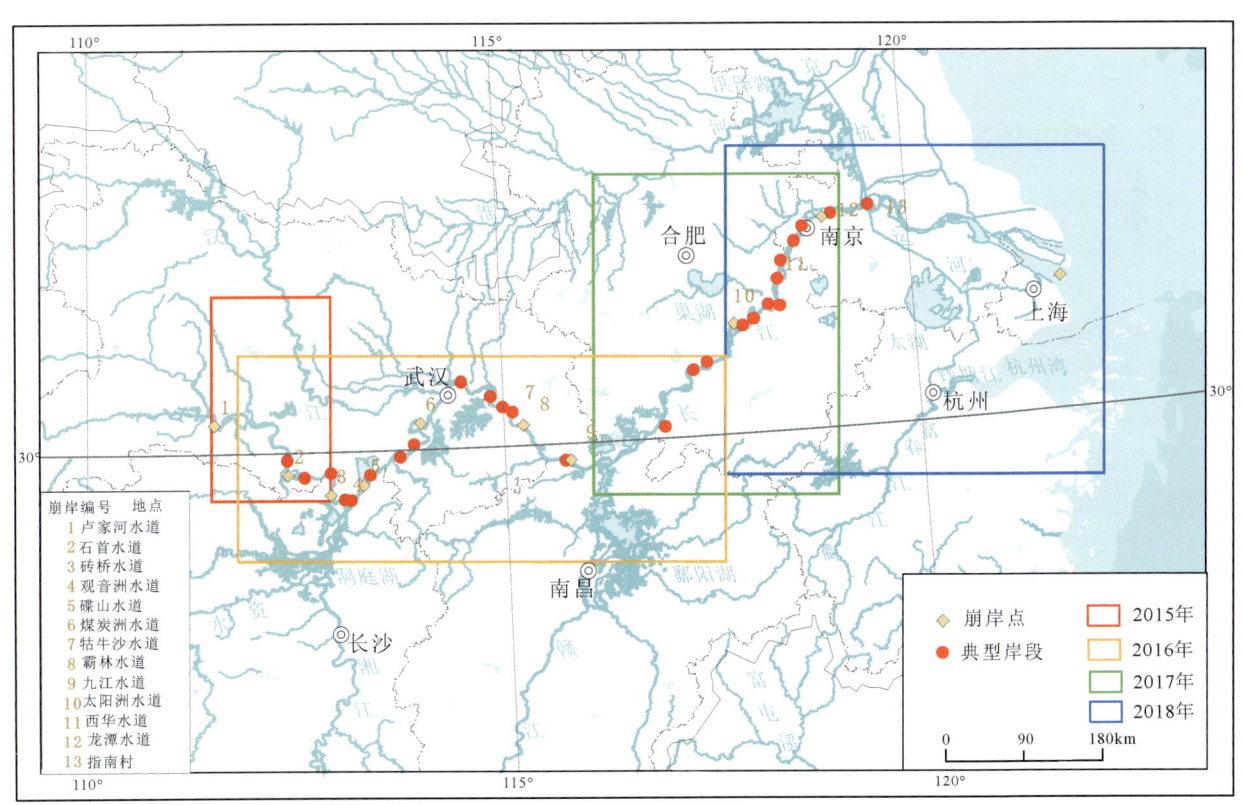

图10-1 重大水利工程对长江中下游地质环境影响调查工作部署图

测量中,激光雷达角度为水平360°和垂向±60°,预设频率为50kHz,预设解析度为水平方向0.03,竖直方向0.013,测量速率为37 000mean./s,最大测距为4000m,精度和分辨率分别为15mm和10mm,扫描时间为33min左右。实时差定位(RTK)方法将流动站分别设置4个反射标靶及GPS控制点位置进行精确测定,获取其经纬度和高程信息,并与三维激光雷达坐标系进行配准;然后,利用RiScan pro软件对测量获得的点云Las数据集行测站拼接、噪点和植被滤除、坐标转换、抽稀等预处理。

三、室内分析

1. 激光粒度仪

河槽表层沉积物样品的室内分析分为样品预处理和粒度分析。利用二分器均匀地抽取一部分沉积物样品用于分析,将剩下的样品进行密封并妥善保存。在实验室中使用H_2O_2和HCl去除样品中有机质和碳酸盐成分,静置24h后去除上层清液,加入六偏磷酸钠$(Na_2PO_3)_6$溶液进行分散后,利用马尔文公司生产的Master Sizer 2000型激光粒度仪进行粒度分析。

2. 动态数字图像仪

动态图像仪是按照IOS 13322-2标准,基于动态数字成像技术研制的粒度粒形分析仪。测试时将分散后的样品放入测试腔,被CCD镜头实时捕捉,然后通过图像数字化分析得到颗粒的粒度和形态信息。本次测试采用的是德国Retsch Technology(莱驰科技)公司生产的Camsizer XT粒度粒形分析仪的干法模块。样品的预处理方法和激光粒度仪预处理一样,测试时将分散后的悬浮样品放入测试槽,待样品在测试系统中循环均匀后开始测量,其测量范围是$1 \sim 30\ 000\mu m$。测量时,数字分析系统将镜头捕捉到的颗粒信息进行分析,得到不同定义的粒度和颗粒形态信息,主要包括投影宽度(Xc)、等效球径(Xarea)、弗雷特长度(XFe)以及定向等分径(XMa)等粒度信息,以及球形度、宽长比、对称性和凹凸性等形态信息。

四、多模态传感器系统

长江作为把控中国经济命脉的"黄金水道",它的防汛安全、航运安全和港航建设安全事关重大。随着人类文明的发展及人对自然界的改造,长江流域启动了一系列水利建设工程,这使得长江中下游部分岸段进入了河势演变调整期。在此期间,受上游来水来沙条件的变化,长江中下游部分河段受到冲刷,近岸河槽冲深、坡脚变低、坡比增大(石盛玉等,2017;张家豪等,2018a,2018b),河槽边坡稳定性下降明显,崩岸频发。在新形势下,利用高精度仪器开展长江流域河槽边坡稳定性研究,对长江流域的防汛减灾、港航建设和航运安全保障意义重大。

以往对岸坡稳定性的研究多基于模型实验、河槽断面资料或概化河岸模拟,缺乏边坡近岸区域高精度水陆一体化地形数据,但该部分数据是河流边坡侵蚀和稳定性研究的基础和关键(Wang et al.,2004;Bitelli et al.,2004;Basu and Saxena,1999;Barla et al.,2010)。同时,利用多种仪器联合对河槽边坡进行水动力、沉积和地貌特征提取的原位观测方法也较少见报道。随着新型仪器在河流边坡稳定性研究领域的应用,如Hackney等(2015)、Leyland等(2017)利用三维激光扫描仪、多波束和ADCP对湄公河Kratie段边坡进行了联合测量,前者指出坍塌堆积体在崩岸稳定期加剧了边坡的侵蚀,后者利用泊松曲面重构算法对陆上和水下点云数据进行了插值融合研究等。

在新形势下,利用先进的高精度仪器开展长江流域边坡稳定性测量研究势在必行(胡超等,2014)。基于传统的河槽边坡测量方法难以实现陆上与水下地形的快速获取和一体化融合,本次工作通过建立了一套多模态传感器系统(图10-2),利用三维激光扫描仪、多波束、RTK等仪器实现了边坡陆上、水下高精度三维地形数据的融合以及一体化三维地貌模型的构建,可直观揭示河流边坡各项地貌特征参数,对长江中下游各典型岸段洪季大流量影响下的河槽边坡进行测量和稳定性分析计算,进而评估流域大型水利工程运行以来的河槽边坡稳定性状况。

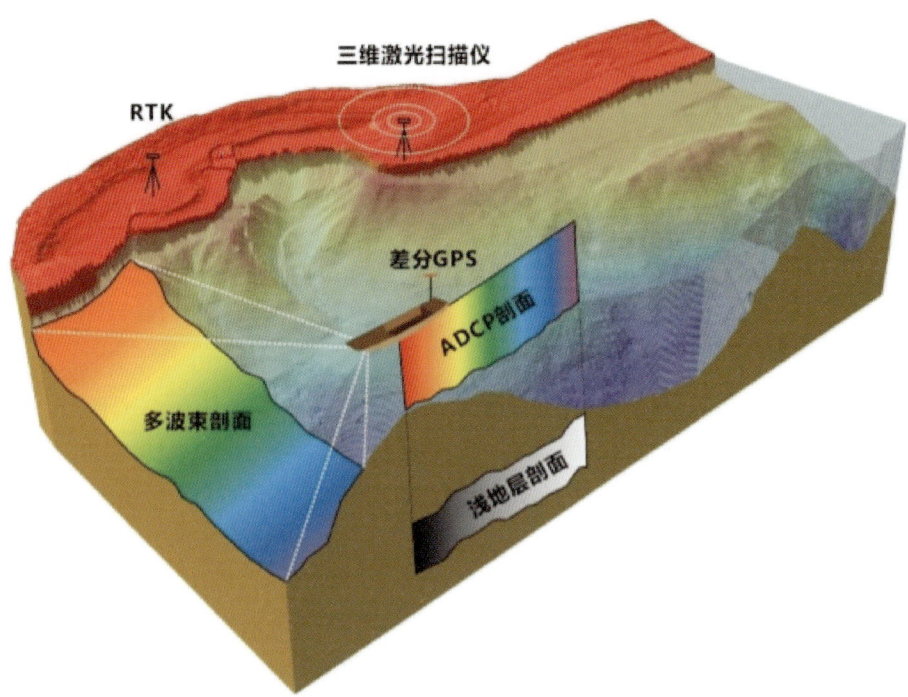

图 10-2　多模态传感器系统工作示意图

多模态传感器系统分为陆上测量传感器系统和水下测量传感器系统。

1. 地基测量传感器系统

由 Riegl-VZ-4000 三维激光扫描系统、GPS-RTK 系统组成的陆上传感器系统可以采集毫米级精度的陆上三维地形数据。三维激光扫描仪集成了激光测距系统、扫描系统、内部校正系统和 CCD 数字摄影,采用脉冲式窄红外激光束快速扫描机制,可实现高精度、快速非接触式的数据获取(胡超等,2014;谢谟文等,2013;谢卫明等,2015)。

第一步,对工作区地形进行踏勘,寻找 GPS 控制点并进行扫描站点的布设,选择测量方法。其中,铜陵段边坡采取单站测量方法,而马鞍山段边坡则采取双测站扫描方法,后期处理时对两测站扫描数据进行拼接处理。

第二步,进行三维激光扫描仪、GPS-RTK 基站以及反射标靶的架设。其中,反射标靶在以激光扫描仪为圆心、半径 50~70m 的范围内均匀分布。反射标靶的应用是为了实现三维激光扫描系统与 GPS-RTK 技术的结合,方法是同步观测反射标靶的 GPS-RTK 绝对坐标以及三维激光扫描测量系统内的点云坐标值,并对两者进行匹配。

第三步,进行激光扫描仪参数的预设及扫描,具体为采取 360°激光雷达全覆盖式扫描,扫描垂向角度为±60°,预设频率为 50kHz,预设解析度为水平方向 0.03,竖直方向 0.013,有效测量速率为 37 000mean./s,最大测距为 4000m,精度和分辨率分别为 15mm、10mm,扫描时间为 33min 左右。测量时,通过数据线连接激光扫描仪与测量笔记本电脑,通过电脑上的测量软件 RiScan 进行全程操控,采集到的点云数据实时传输到电脑硬盘中。

第四步,对扫描完成的点云进行反射标靶的定位和细扫,通过在 RiScan 中手动标定反射片的位置,之后利用软件的 Fine-Scan selected tiepoints 功能进行自动跟踪扫描,扫描仪会根据反射强度和尺寸进行反射标靶的自动识别。

第五步,对 GPS-RTK 系统进行预设和启动。首先,通过 RTK 手簿对投影坐标系进行设置,本研究 RTK 系统采用墨卡托投影,项目海拔及经纬度设置与当地地理信息相一致,比例系数为1,长半轴及扁率为缺省设置;然后,通过手簿启动基准站和流动站,并将两站进行连接。

第六步,利用 GPS-RTK 对反射标靶和 GPS 控制点信息进行测定。将流动站分别设置 4 个反射标靶及 GPS 控制点位置进行精确测定,获取的位置信息储存在手簿中。至此,边坡陆上部分测量完毕。

扫描完成后需要进行坐标校正。本次测量采用反射片校正法,扫描前将 4 个直径 5cm 的圆形反射标靶架设在以激光扫描仪为圆心、半径 50~70m 的范围内,仪器在扫描过程中会精确记录各个反射片中心的位置。扫描完成后将 RTK 流动站分别设置 4 个反射标靶及 GPS 控制点位置进行精确测定,获取其经纬度和海拔信息,并与三维激光扫描仪坐标系进行坐标系校正。

2. 船载测量传感器系统

多波束测深仪:采用由 Reson SeaBat 7125 多波束测深系统、Trimble 差分 GPS 系统组成的船载传感器系统采集高精度的水下三维地形数据(李家彪,1999;周丰年等,2002;刘树东和刘俊峰,2008;杨俊辉,2009;饶光勇和陈俊彪,2014)。多波束测深系统配有 POSmV(IMU)惯性导航设备,工作时利用换能器阵列发射宽扇区覆盖的声波,并通过接收换能器阵列对声波进行窄波束接收,实现水下地形的测量(Rennie and Villard,1971;Mccaffrey,1981;Rennie et al.,2002,2007;陈辉等,2009;邹双朝等,2013;李杰等,2015)。该多波束作业频率为 200kHz/400kHz(双频可选),在 400kHz 的作业频率下,中央波束角为 0.5°,发射波束宽为 1°(±0.2°),最大频率为(50±1)Hz,共 512 个波束,测深分辨率可达 6mm。测量时频率采用 400kHz,换能器用钢架置于测量船前方,可以有效减小行船水流带来的干扰。因测量水深较浅,Ping 率设置为 20Hz。船速控制在 2.5m/s 以下,可以保证格网分辨率达到 0.3m。差分 GPS 则为船载测量设备提供定位支持,定位精度为分米级。测量时在天气状况良好时进行,在走航测量前将设备仪器安装调试并校准。

浅地层剖面仪:浅层沉积结构由 EdgeTech-3100P 浅地层剖面仪获得,拖鱼型号为 SB216S,由缆绳牵引,位于船只右侧水下 1m 处,其工作频率为 2~16kHz,脉冲为 2~12kHz,垂直分辨率为 6~10cm。

双频 ADCP:流速、流向由双频 ADCP 测量获取,其工作频率为 300kHz/600kHz(双频可选),采样时间间隔设置为 1s,换能器入水深度为 0.8m。

3. 三维地貌模型的构建

激光扫描仪点云数据的处理:利用 RiScan Pro 对扫描仪数据 LAS Dataset 进行点云的预处理(Fabio,2003;邓神宝等,2016)。先将点云数据以 ASCII 格式进行提取,测量过程中产生的噪点和植被信息采用 RiScan Pro 提供的地形过滤器进行迭代滤除。此外,部分测站采取双测站扫描方法,故需对两测站扫描数据进行拼接处理。测站的拼接以两测站的坐标系 SOCS1 和 SOCS2 为基础(Scanner Own Coordinate System,简称 SOCR),其原理是基于每个测站的点云数据生成大量的平面,通过对两测站公共区域内的共同平面进行数次迭代拟合,直到拟合精度达到所需标准,从而实现点云数据的高精度拼接。首先,从两站中选取 4 个对应的控制点进行点云数据的粗拼;然后,对结果进行迭代拟合,进一步消除拼接误差。例如西华水道测点的拼接共进行了 4 次迭代拟合,每次迭代调整容差系数,最小平面数为 2377 个,最终的拼接误差为 0.0046m,两测站的融合结果令人满意(图 10-3)。

激光扫描仪获取的海量点云数据虽然能够精准地"复刻"地形,但是庞大的数据量也对数据处理造成了较大困难,其中也包括了很多的冗余信息,对计算效率也会造成影响。因此,对数据的简化处理十分必要。基于此,本研究设置了 X、Y、Z 方向抽稀距离,对点云数据进行了抽稀操作。

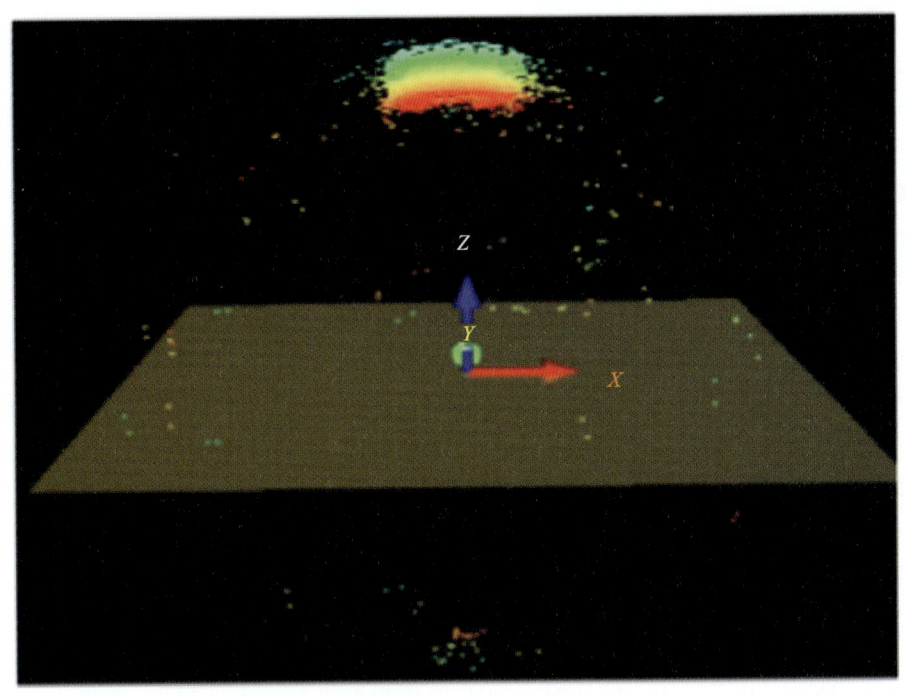

残渣

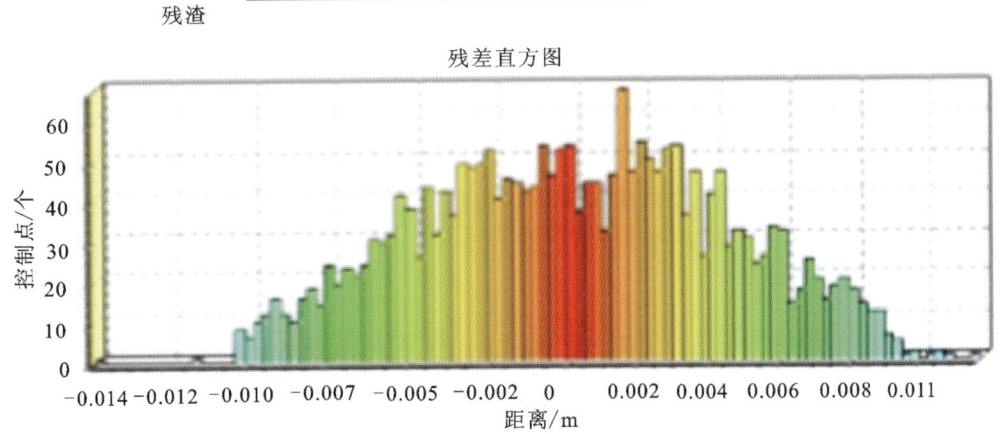

图10-3 拼接结果及误差

多波束点云数据的处理:多波束测深系统在采集数据时进行了姿态校正、水位校正、吃水改正和声速改正。对校正后的数据利用PDS2000软件进行异常波束的剔除以及噪点的粗差滤除,生成网格化的点云数据。

激光扫描数据与多波束数据的融合:水陆测量统一采用WGS-84坐标系统和高斯3°带投影,高程系统为WGS84椭球高。由于激光扫描仪Las点云数据与多波束s7k点云数据存在编码格式的差异,故将处理后的激光扫描仪Las点云数据与多波束s7k点云数据统一转换为ASCII编码格式并导入RiScan.PRO中转换为Las数据,实现地形的初步融合。随后导入ArcGIS平台创建LAS Dataset数据集,实现大量点云数据的快速读取,并构建Terrain数据集对数据进行进一步的细化,在构建过程中,选择合适的Terrain金字塔类型,设置合理的金字塔等级。一般有Z容差金字塔和窗口大小金字塔两种,通过比较分析选用Z容差金字塔,该金字塔过滤器速度较慢,但对地表激光扫描数据的处理以及对垂向精度的控制效果较好。

对生成的数据集通过不同插值方法(克里金法、反距离权重法、自然邻域法、线性插值三角网法、趋势面法等)进行插值比较,最终选择精度较高、边界约束较好的反距离权重法(IDW)插值生成栅格数据集。该插值方法主要依赖于反距离的幂值,幂参数可基于距输出点的距离来控制已知点对内插值的影响。随着幂数的增大,内插值将逐渐接近最近采样点的值,插值表面会变得详细而不平滑,指定较小的幂值将对距离较远的周围点产生更大的影响,从而导致平面更加平滑,其中栅格大小设置为10cm。对生成的栅格数据进行3次阴影叠加渲染处理,获得铜陵段和马鞍山段的高精度陆上水下一体化边坡地形、TIN、坡度、高程等值线和断面图。

误差来源分析:陆上测量误差的主要来源为坐标校正,由于校正用的反射片坐标信息由RTK测得,故存在观测误差。采用RTK技术测量的平面和垂直坐标精度能够控制在2cm以内,因此对于反射标靶控制范围内的点云坐标精度是能够保证的。例如西华水道测点利用3个反射标靶进行匹配和确定坐标系,并利用第4个标靶进行验证,结果显示匹配结果的标准偏差为0.011m和0.017m。

此外,在进行点云融合时也存在误差,主要体现在X、Y方向的平面误差和Z方向的垂向误差。X、Y方向的误差主要来源于由扫描仪点云数据通过GPS-RTK系统进行坐标转换过程中产生的误差(小于0.02m),以及船载测量系统中差分GPS产生的定位误差(小于0.24m);Z方向的误差主要来源于多波束水位校正产生的误差以及RTK测高产生的误差。

4. 水动力特征的处理分析

利用Ocean Post-Processing软件对ADCP原始数据进行六点法提取,生成6个水层的流速、流向数据,并利用MATLAB编程软件生成三维流场图,来反映边坡周围的流场结构。

5. 沉积特征的采集与处理

以帽式抓斗采集河床表层沉积物样品,以人工方式采集崩岸分层土体样品,在实验室中加入10mL质量分数10%的H_2O_2和HCl去除有机质和次生碳酸盐类,静置24h后,移除上层清夜,再加入适量的六偏磷酸钠$(Na_2PO_3)_6$溶液分散后,利用MASTER SIZER 2000激光粒度仪进行测定。

第二节 河槽冲淤与微地貌演变

河槽冲淤演变研究是地学界热点之一(Rame et al.,1999;Faraci et al.,2000;Carriquiry et al.,2001;Saadm,2002;李文杰等,2015),尤其是人类活动对河槽冲淤演变的影响更受到研究者的关注(Church and Zimmermann,2007;吴帅虎等,2016)。例如美国密西西比河修建的泄洪通道工程虽然在大洪水期间控制了洪峰,但被泄洪通道转移的泥沙量可达泄洪期间总泥沙量的31%~46%,这些泥沙加剧了因海平面上升与地面沉降综合作用下河口地区的侵蚀衰退(Smith and Winkley,1996;Harmar et al.,2005;Nittrouer et al.,2011;Knox and Latrubesse et al.,2016;Remo et al.,2018)。

河槽地貌演变对气候变化和人类活动具有一定的自适应调整能力,这一过程主要通过泥沙的起动、搬运和堆积实现,在河槽地貌上表现为河槽冲刷、动态平衡和淤积现象(钱宁等,1981;陈吉余等,2008;Simeoni and Corbau,2009;Lamberth et al.,2009;Park et al.,2011)。河槽冲淤演变对岸线资源开发与利用(Kondolf,1997;王传胜和王开章,2002;Huang et al.,2011)以及两岸地区的人民生命财产安全意义重大(Nagata et al.,2000;Blum and Roberts,2009;Luo et al.,2017)。因此,研究河流河槽对人类活动的自适应调整行为对于岸线资源利用与开发而言具有重要的现实意义(李九发等,2003;张二凤,2004;Wang et al.,2010;Allisonm et al.,2012;Anthony et al.,2014)。

一、干流河槽冲淤演变特征

1. 汉口至湖口河段

1) 干流河槽宽度变化

沿河道每隔10km取一个横断面作为河槽宽度统计数据,汉口至湖口共采集28个断面,对比1998年和2013年汉口至湖口的河槽宽度变化,同时采集两年的横断面水深数据(图10-4)。

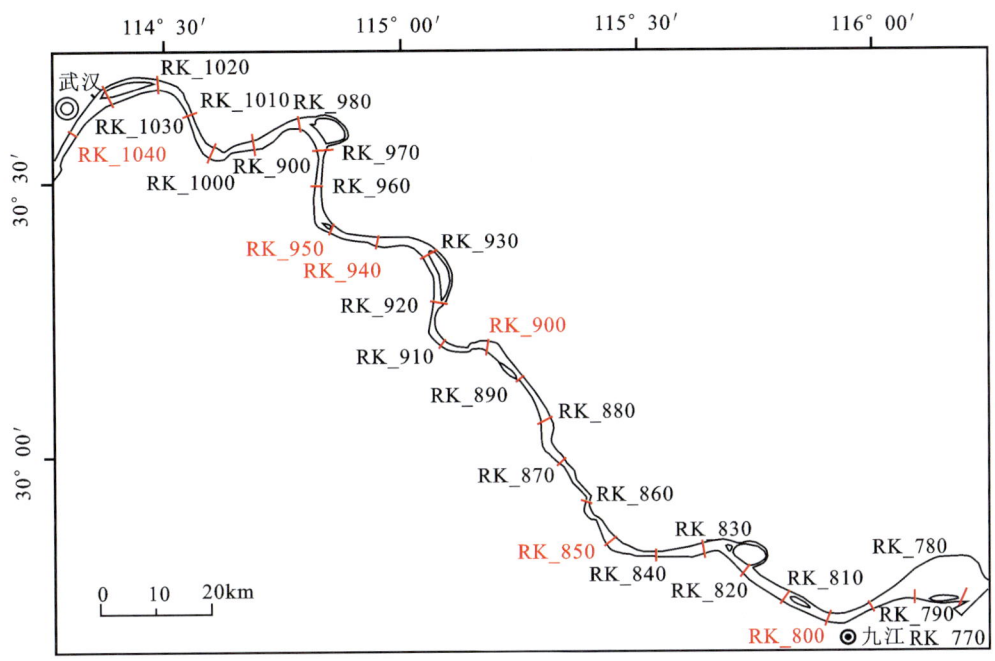

图10-4 长江汉口至湖口河段断面位置示意图

结果表明,1998—2013年汉口至湖口河段平均河槽宽度基本稳定,但局部河段变化较大。如在新洲水道(RK_820)河道河槽宽度缩窄约236m,较1998年河槽宽度缩窄了约10.90%;而在青山夹水道下段河道(RK_1020～RK_1030)自1998年至2013年平均展宽约500m,展宽部分约占1998年河槽宽度的13.4%～47%(图10-5)。

2) 干流河槽深泓线变化

在河槽宽度基本没有变化的情况下,1998—2013年汉口至湖口河段深泓线变化较大,整体上表现为冲刷加深现象,该河段平均冲刷1.7m,但有部分河段呈现淤积现象。如RK_970由1998年的17m刷深至2013年的29m,刷深约12m;而部分河段也表现出深泓线变浅,如RK875s深泓线由1998年的10m淤浅至1998年的5m(图10-6)。

对汉口至湖口河段1998年和2013年的6个典型横断面形态进行对比发现,大部分断面形态呈冲刷的状态,部分水域断面形态发生一定程度的调整。如汉口河段(RK_1040)左岸至河中心均呈剧烈冲刷,最大冲刷深度可达6m,而右岸则表现为淤积,最大淤积深度为4～5m;牧鹅洲水道(RK_1000)左岸稍微淤积,淤积厚度为1～2m,中心至右岸则表现为冲刷,最大冲刷深度为6～7m;沙洲水道上段(RK_960)整体上变化不大,左岸与右岸表现为淤积,河流中心表现为冲刷;牯牛沙水道下段(RK_890)变化较大,左岸表现为稍微淤积,淤积厚度约3m,而河中心至右岸表现为剧烈冲刷,最大冲刷深度可达7～8m;鲤鱼山水道(RK_850)左岸与右岸均发生剧烈冲刷,最大冲刷深度可达8～9m;九江水道(RK_800)左岸发生剧烈淤积,最大淤积厚度为4～5m,而右岸则剧烈冲刷,最大冲刷深度为9～10m(图10-7)。

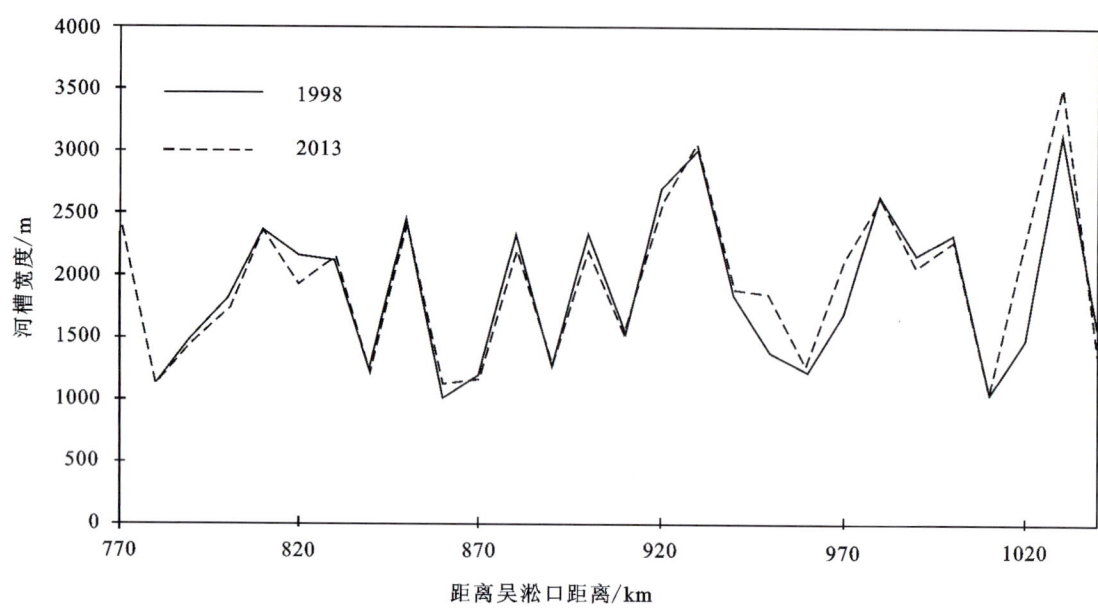

图 10-5　长江汉口至湖口河段河槽宽度变化特征

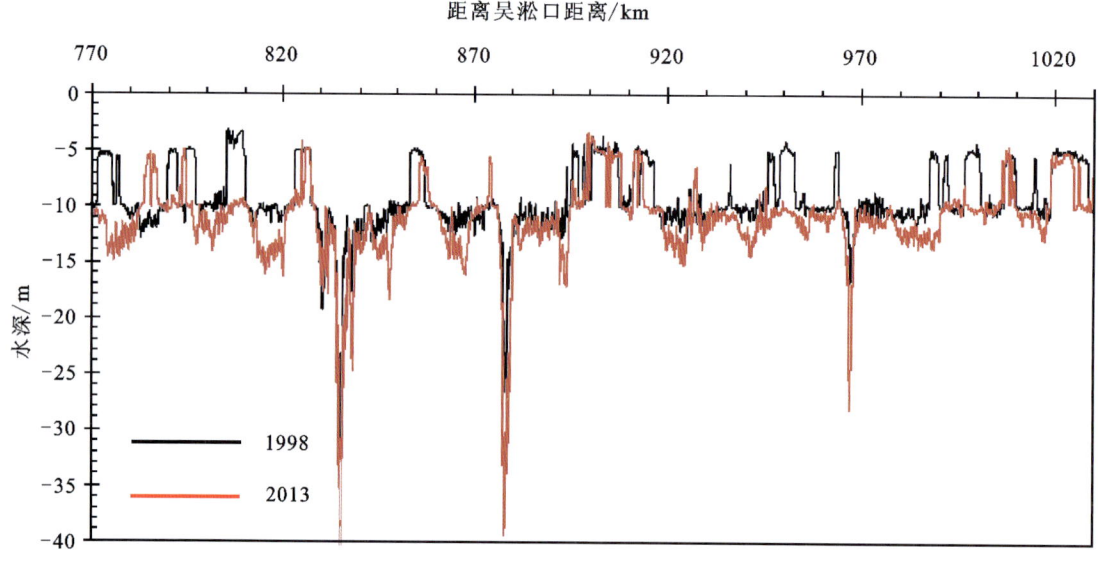

图 10-6　长江汉口至湖口河段深泓线变化特征

3) 干流河槽冲淤量变化

汉口至湖口河段长约 280km,该段河槽在 1998 年至 2013 年期间整体呈冲刷状态,冲刷河槽体积约 2.96 亿 m^3,淤积河槽体积约 0.68 亿 m^3,净冲刷河槽体积约 2.29 亿 m^3。2013 年河槽 0m 线包络面积约 3.87 亿 m^2,较 1998 年河槽 0m 线包络面积(4.00 亿 m^2)减少约 3.25%;2013 年河槽 0m 线包络体积约 21.64 亿 m^3,较 1998 年河槽 0m 线包络体积(19.35 亿 m^3)增加约 11.83%(图 10-8)。其中,淤积河段主要发生在九江水道(鳊鱼滩)和罗湖洲水道(图 10-8)。河槽冲淤现象与河槽工程密切相关,例如部分强烈淤积河段均有整治工程存在,如 RK_810 因鳊鱼滩滩头整治工程存在河槽体积由 1998 年 $48×10^6 m^3$ 缩减至 $9.5×10^6 m^3$。

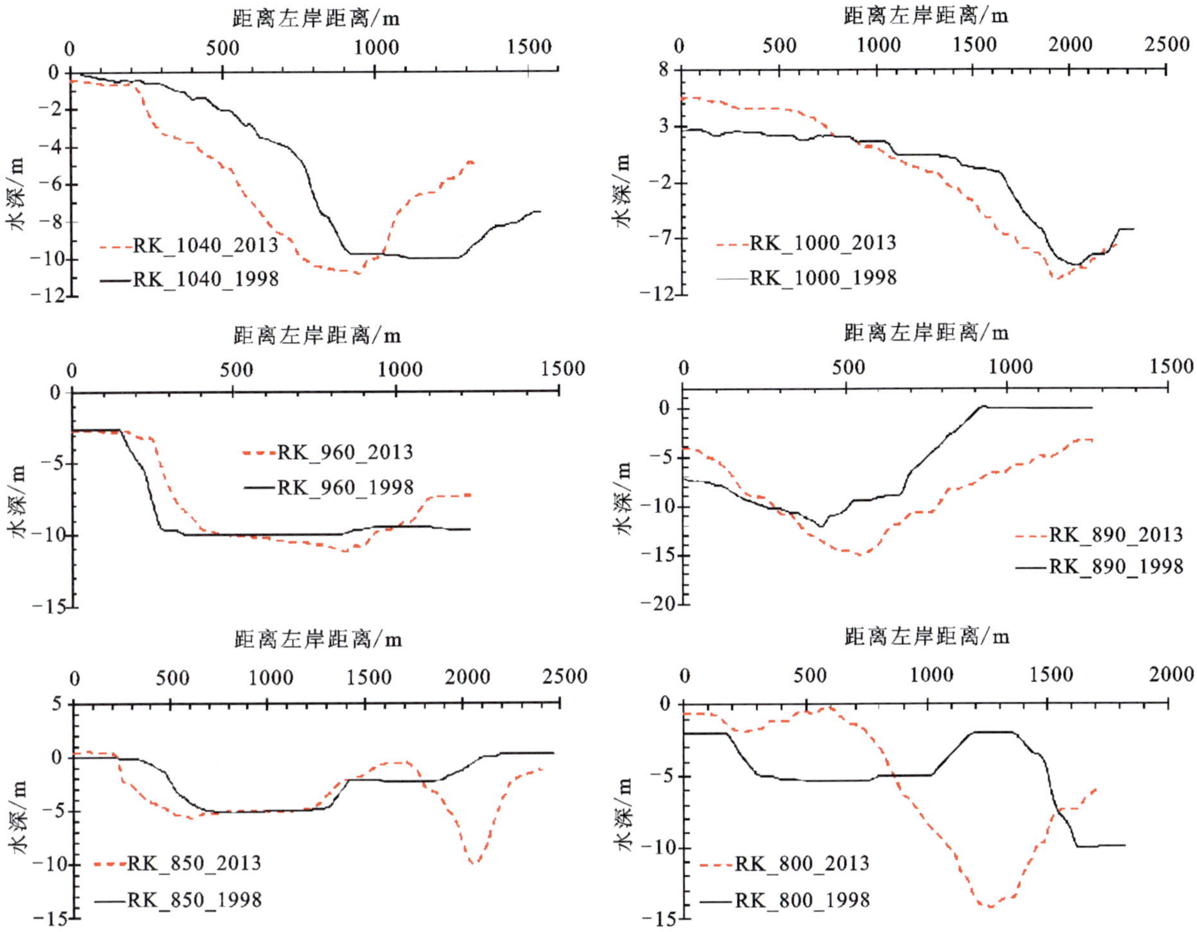

图10-7　长江汉口至湖口河段横断面形态变化特征

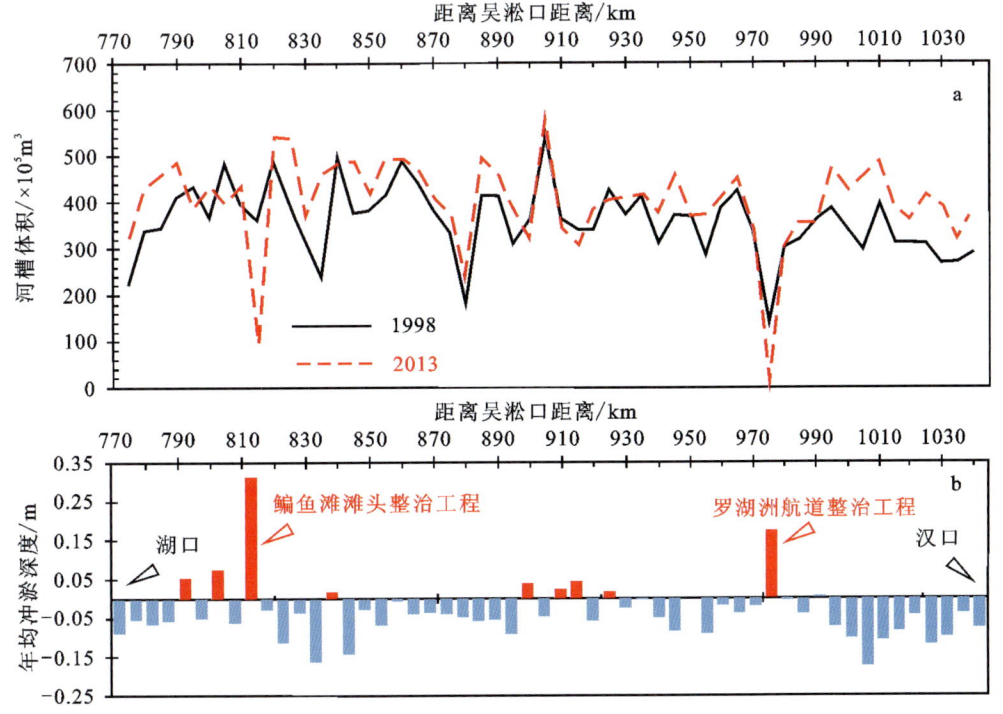

图10-8　长江汉口至湖口河段河槽体积变化(a)与年均冲淤深度(b)

2. 湖口至大通河段

1）干流河槽宽度变化

沿垂直河道每隔10km取一个横断面作为河槽宽度统计数据，湖口至大通共采集20个断面，对比1998年和2013年湖口至大通的河槽宽度变化，同时采集两年的横断面水深数据（图10-9）。

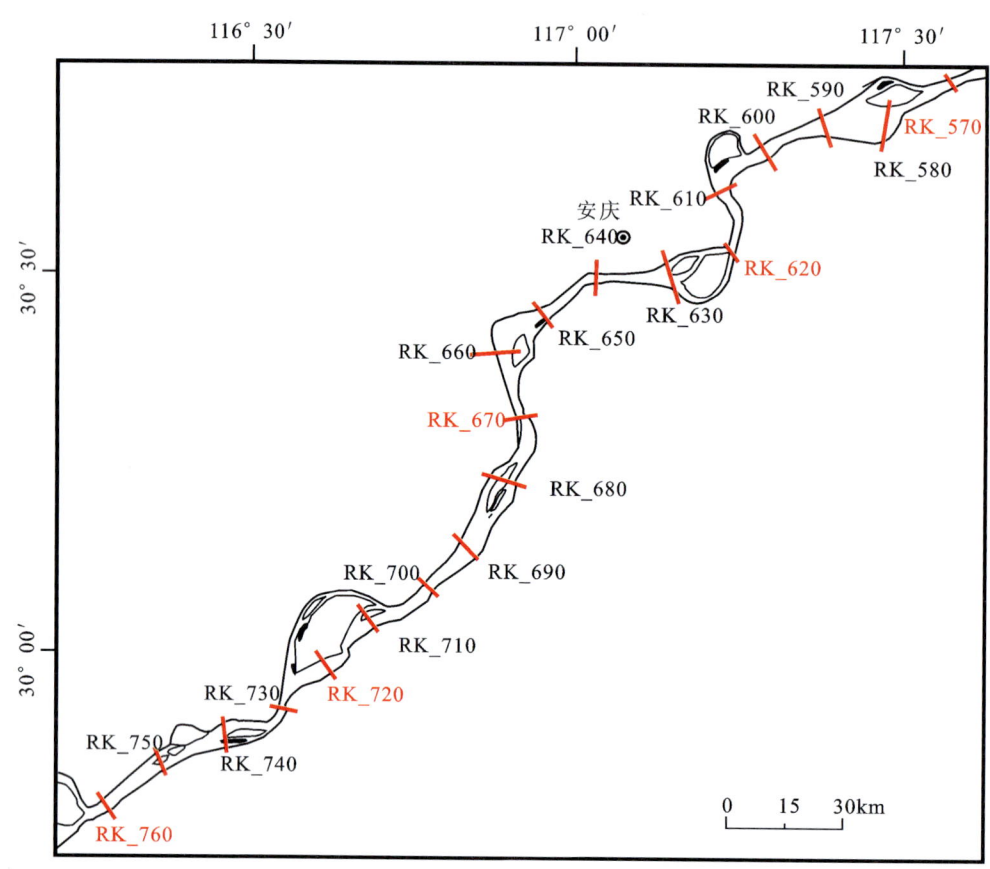

图10-9　长江湖口至大通河段断面位置示意图

结果表明，1998—2013年湖口至大通河段河槽宽度变化较汉口至湖口段明显，且整体呈缩窄趋势，平面缩窄约53m，局部河段变化依然较大。其中，在崇文洲河段（RK_570~RK_580）平均缩窄约320m；太子矶水道（RK_600）河道缩窄约474m；湖口水道下段（RK_750）河道缩窄约150m。但部分河段也存在河道展宽现象，如东流直水道下段（RK_700）和官洲水道（RK_650）分别展宽约150m和280m（图10-10）。

2）干流河槽深泓线变化

1998—2013年湖口至大通河段河槽深泓线呈冲刷加深的趋势，平均冲刷深度为1.30m，但各河段深泓线变化依然存在差距。最大平均冲刷深度发生于东北横水道（RK_730~RK_720），深泓线由1998年的25m冲刷至31m，最大冲刷深度约6m（图10-11）。

对湖口至大通河段1998年和2013年的4个典型横断面形态进行对比发现，断面形态均发生较大幅度的调整。例如湖口水道下段（RK_750）河槽宽度在缩窄的同时，整体呈剧烈冲刷趋势，2013年河槽宽度约2.80km，而从左岸至右岸有2.40km的河槽表现为强烈冲刷，最大冲刷深度达4~5m，而右侧河岸约300m宽的河段则表现为轻微淤积，最大淤积深度约2m；东流直水道下段（RK_700）左岸发生剧烈冲刷，最大冲刷深度为5~6m，河槽深泓线也发生调整，表现为向左岸偏移，右侧河槽相对表现为淤积，厚度为1~2m，河槽宽度表现为稍微展宽；官洲水道上段（RK_660）整体上表现为冲刷趋势，最大冲刷深

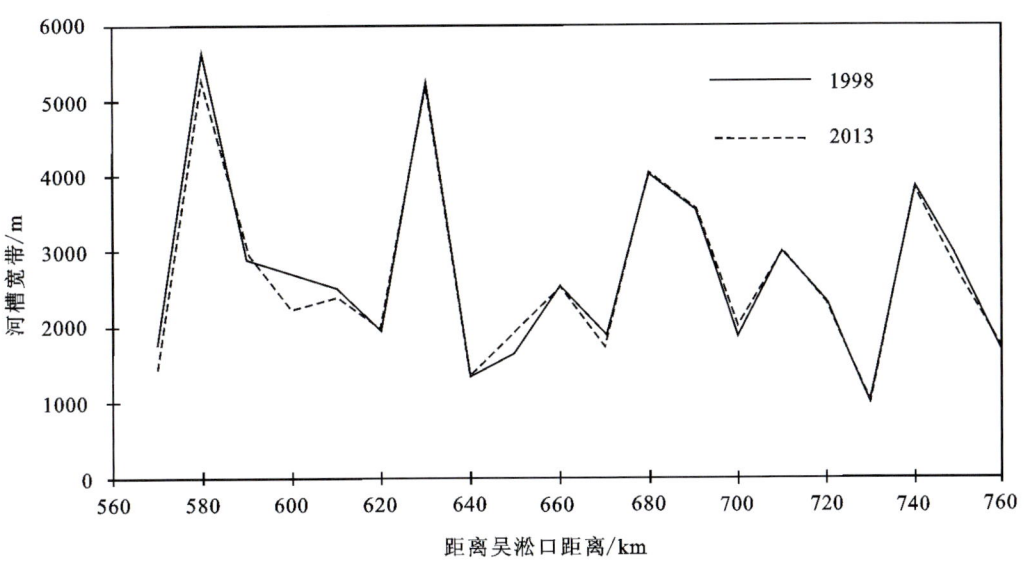

图 10-10　长江湖口至大通河段河槽宽度变化特征

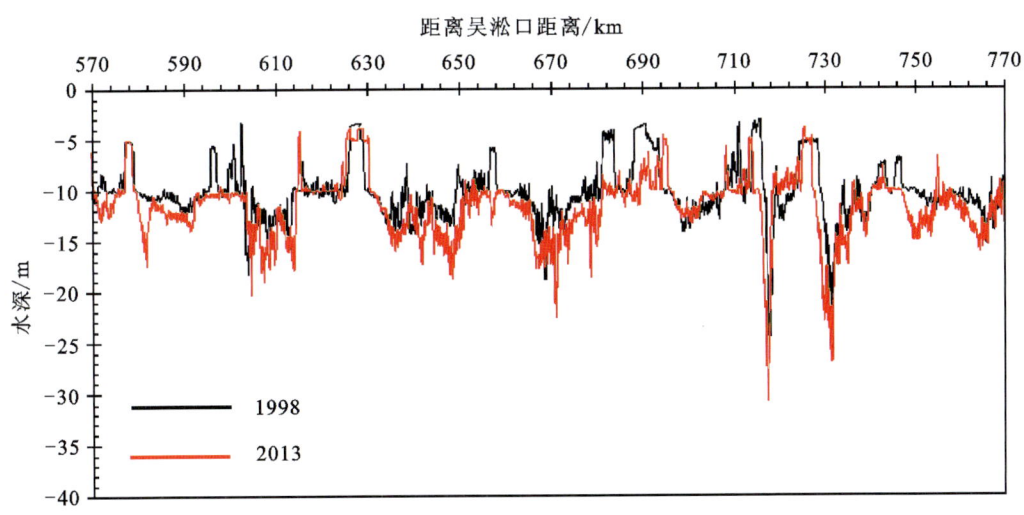

图 10-11　长江湖口至大通河段深泓线变化特征

度发生于距离左岸为 0～200m 的水域,最大冲刷深度为 2～2.50m,深水河槽表现为展宽,由宽"V"形向"U"形过渡,右侧河槽虽然也呈冲刷趋势,但是冲刷幅度较左岸小,冲刷深度介于 0～0.50m 之间;贵池水道(RK_590)整体呈左岸淤积,右岸冲刷,深泓线呈现出向右岸摆动的趋势,最大淤积厚度为 2～3m,最大冲刷深度为 5～6m,由于深泓线摆动,深水河槽呈稍微展宽的趋势,同时右侧支汊河槽(距离左岸 2.50～3km)呈淤积趋势(图 10-12)。

3) 干流河槽冲淤量变化

湖口至大通河段长约 200km,该段河槽在 1998 年至 2013 年期间整体呈冲刷状态,冲刷河槽体积约 2.91 亿 m^3,淤积河槽体积约 0.29 亿 m^3,净冲刷河槽体积约 2.62 亿 m^3。2013 年河槽 0m 线包络面积约 4.12 亿 m^2,较 1998 年河槽 0m 线包络面积(4.22 亿 m^2)减少约 2.37%;2013 年河槽 0m 线包络体积约 23.80 亿 m^3,较 1998 年河槽 0m 线包络体积(21.2 亿 m^3)增加约 12.26%。其中,淤积河段主要发生在贵池水道(余水洲)(RK_580～RK_590)(图 10-13)。

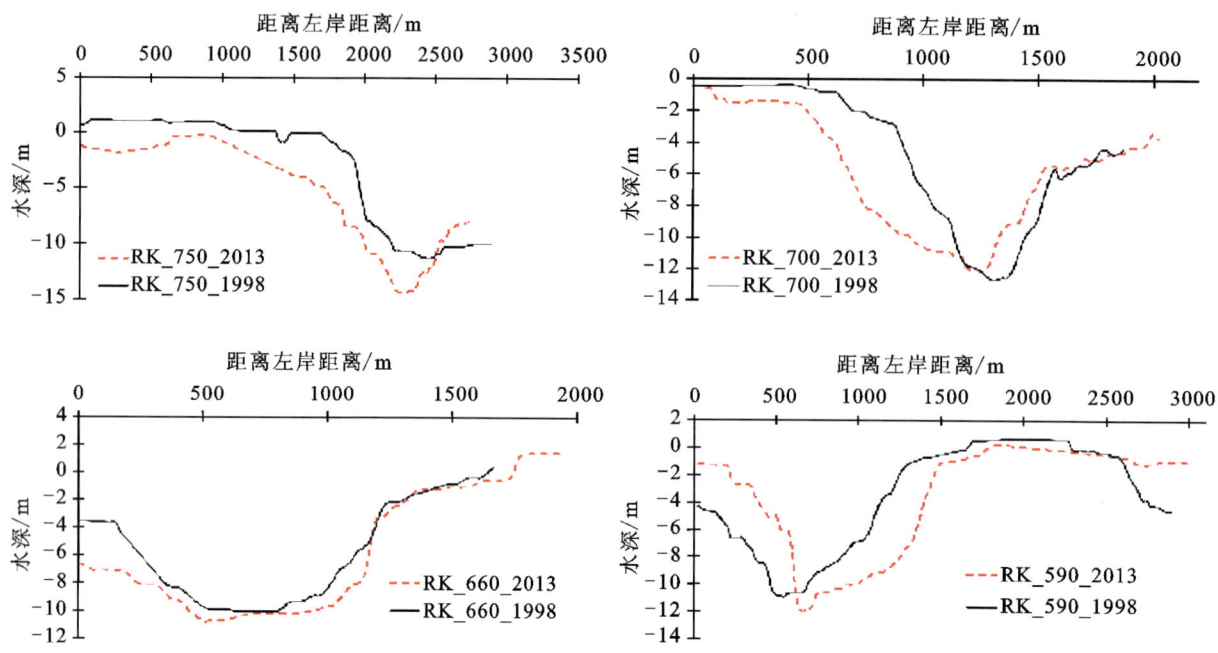

图 10-12　长江汉口至湖口河段横断面形态变化特征

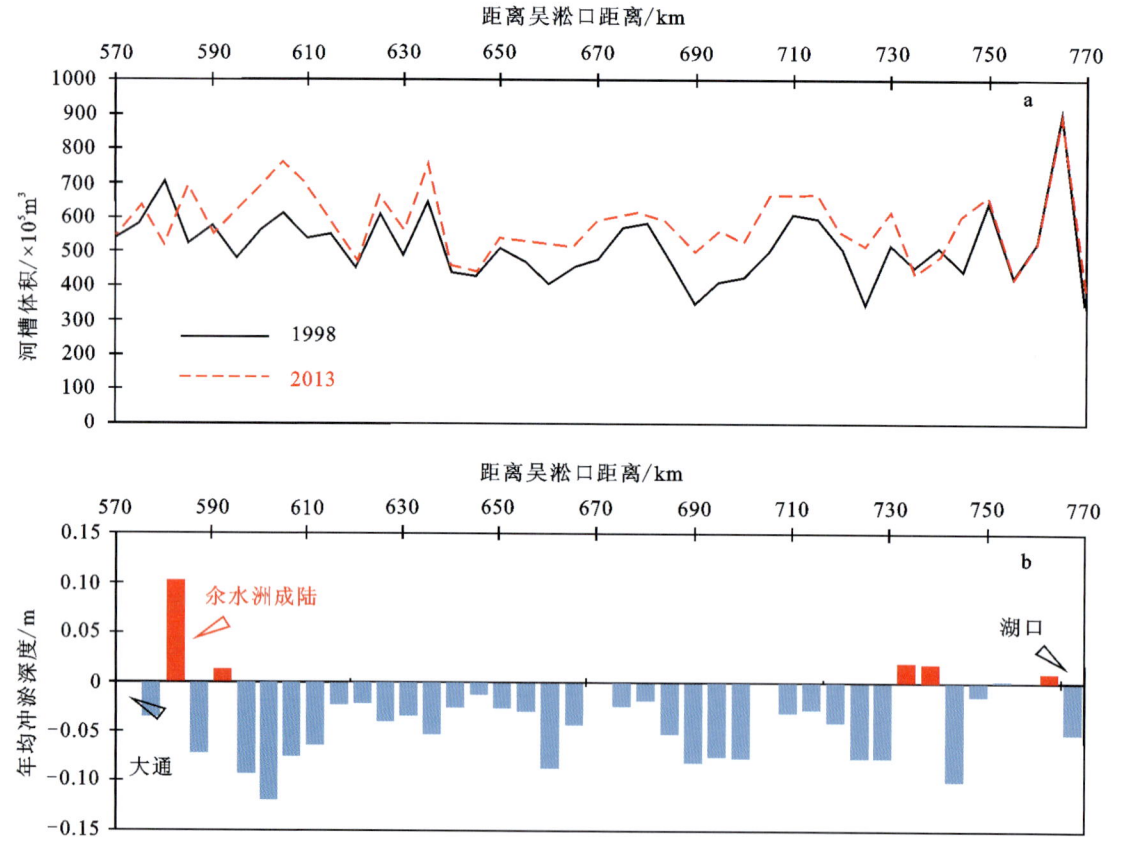

图 10-13　长江湖口至大通河段河槽体积变化(a)与年均冲淤深度(b)

3. 大通至吴淞口河段

1) 干流河槽宽度变化

沿垂直河道每隔10km取3个横断面作为河槽宽度统计数据，大通至吴淞口共采集167个断面，对比1998年和2013年大通至吴淞口的河槽宽度变化，同时采集两年的横断面水深数据（图10-14）。

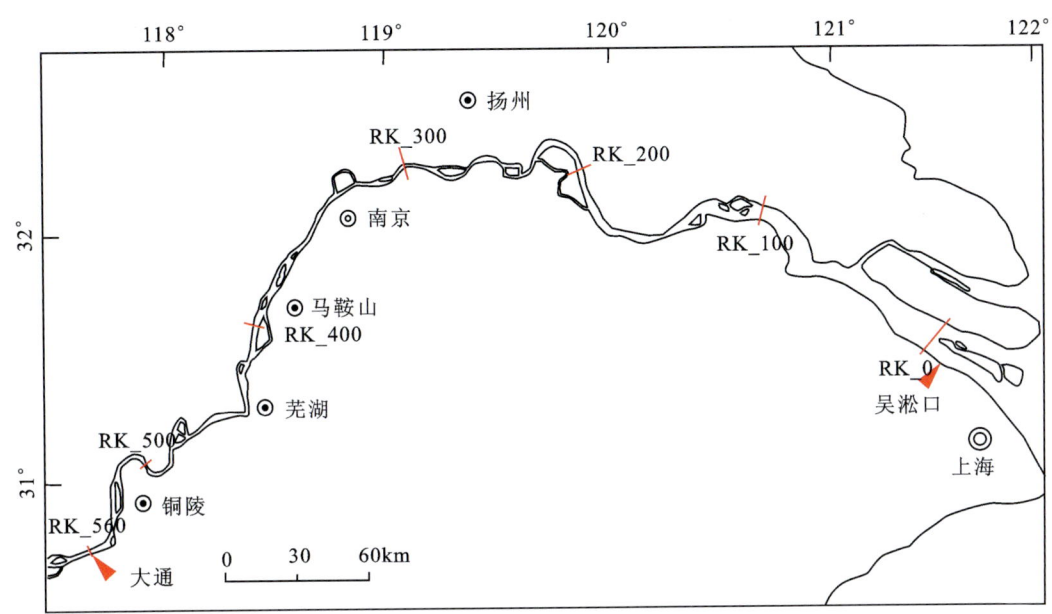

图10-14 长江大通至吴淞口河段断面位置示意图

结果表明，1998—2013年大通至吴淞口河段河槽宽度变化明显，较上游汉口至大通河段变化大，且整体呈缩窄趋势。其中，大通至福姜沙河段（RK_560～RK_130）由1998年的平均河槽宽度2410m缩窄至2013年平均河槽宽度2317m，平均缩窄约93m；福姜沙至长江口南支中段（RK_130～RK_030）河道由1998年的8070m缩窄至2013年的6461m，平均缩窄约1609m；南支下段至吴淞口（RK_030～RK_0）河道由1998年的11 300m缩窄至2013年的11 220m，平均缩窄约80m（图10-15）。

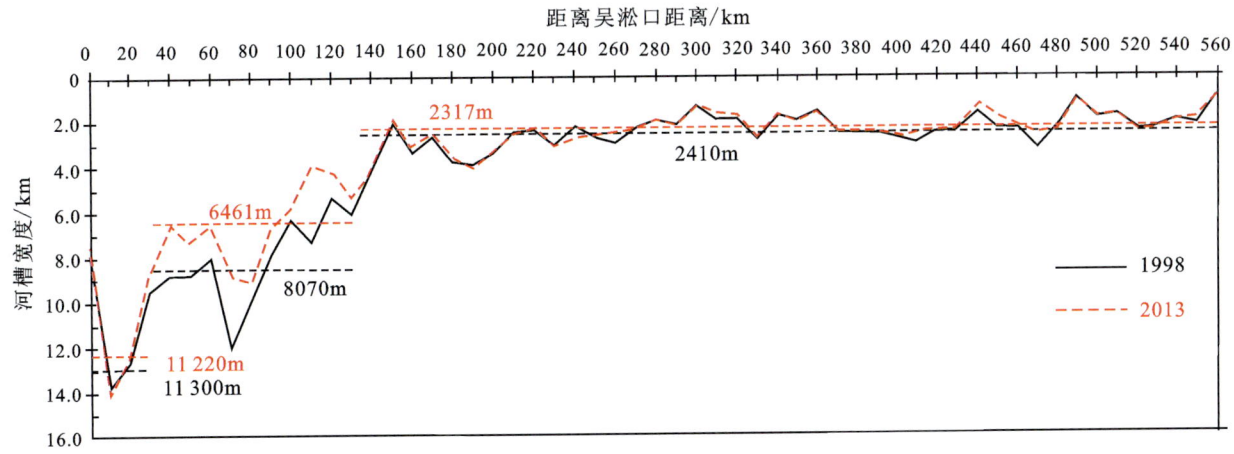

图10-15 长江大通至吴淞口河段河槽宽度变化特征

2) 干流河槽深泓线变化

1998—2013年大通至吴淞口河段深泓线整体呈冲刷加深的趋势,平均累积冲深为0.4m,但各河段深泓线变化依然存在差距。例如距离吴淞口约420km(RK_430)存在深泓线变浅的过程,由1998年的17m淤浅至2013年的10m左右;距离吴淞口220km河道深泓线由1998年的27m淤浅至2013年的10m左右。与此同时,距离吴淞口约50km处河槽深泓线由1998年的15m冲刷至2013年的27m,变化幅度超过10m(图10-16)。

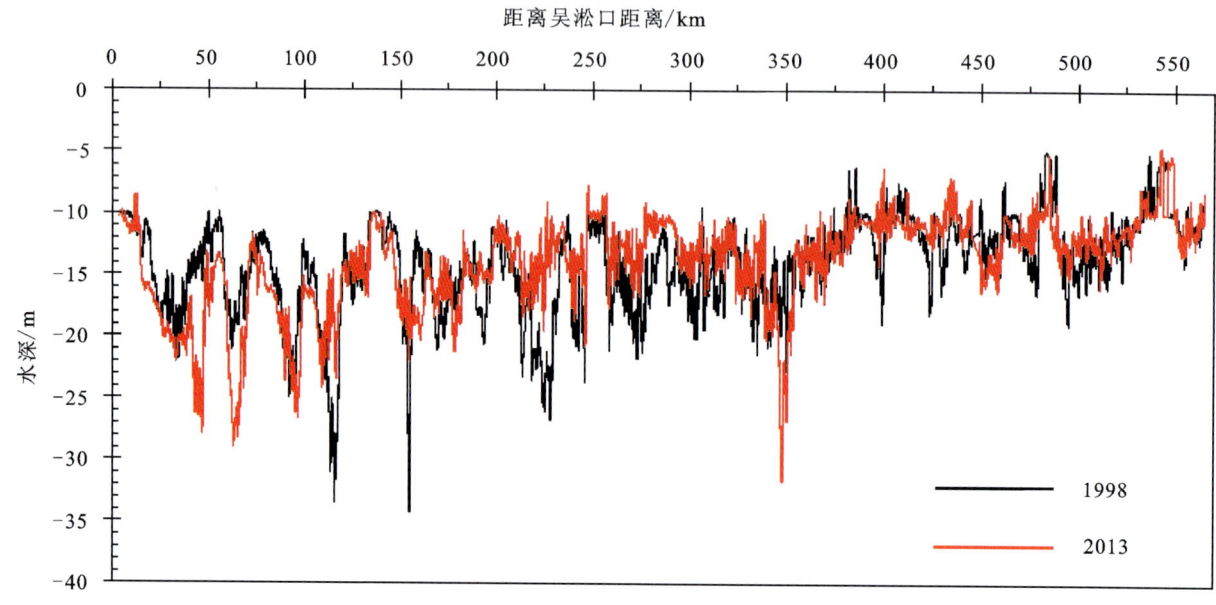

图10-16 长江大通至吴淞口河段深泓线变化特征

对大通至吴淞口河段1998年和2013年的16个典型横断面形态进行对比发现,大部分断面形态发生大幅度的调整(图10-17、图10-18)。其中,图10-17为长江吴淞口至镇江河段横断面形态变化特征,图10-18为镇江至大通河段横断面形态变化特征。由于该河段在10km内取3个横断面,因此无法具体指出每个横断面距离吴淞口的具体距离,图10-17、图10-18中均以横断面编号代替。

例如吴淞口河段(编号001)河槽发生剧烈调整,深水河槽由1998年的4个演变为2013年的3个,且北港深槽有冲刷加深的趋势,最大冲刷深度为3~5m,同时距离左岸8500m至11 000m的水域在1998年为深槽,而2013年调整为浅滩。徐六泾河段(编号020,RK_070)河槽也发生了剧烈调整,主要表现为深泓线偏移与深水河槽冲刷。其中,距离左岸500~1200m处,2013年形成一个深约10m的过水深槽,距离左岸2000~3200m浅滩冲刷为最大深度为11m的深槽;1998年距离左岸3300~4400m为最大深度12m的深槽,而2013年淤积成2~3m深的浅滩,右侧河槽则整体表现为冲刷。福姜沙北水道至浏海沙水道(编号030和040)整体上变化较小,其中浏海沙水道左岸发生淤积,最大淤积厚度为8~9m,而右侧发生冲刷,形成深度为8m的过水河槽;福姜沙北水道的河槽整体上变化不大。江阴水道(编号050)与口岸直水道(编号060)河槽整体变化不大。焦山水道(编号070和080)整体上变化较大,尤其是左侧河槽均发生了严重淤积,淤积厚度介于最大淤积厚度18~20m之间(图10-17)。

镇江至大通河段横断面形态变化整体上较吴淞口至镇江河段小,但仍有部分河段发生了剧烈调整。如草鞋峡捷水道(编号100,RK_340)整体河槽呈冲刷加深趋势,最大冲刷深度超过5m,其左岸普遍冲刷,深泓线下切刷深,右岸稍微淤积(图10-18)。

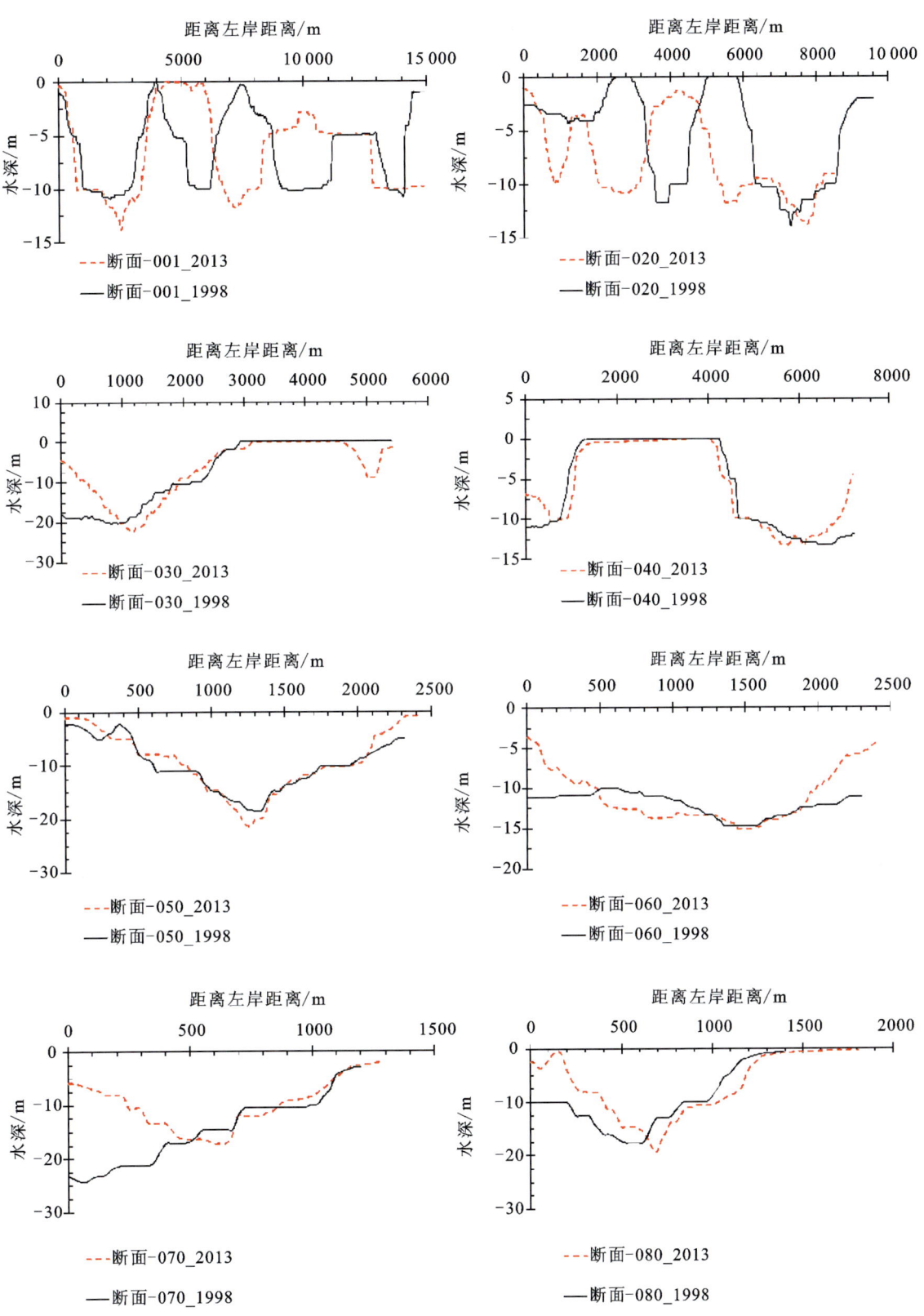

图 10-17　长江吴淞口至镇江河段横断面形态变化特征

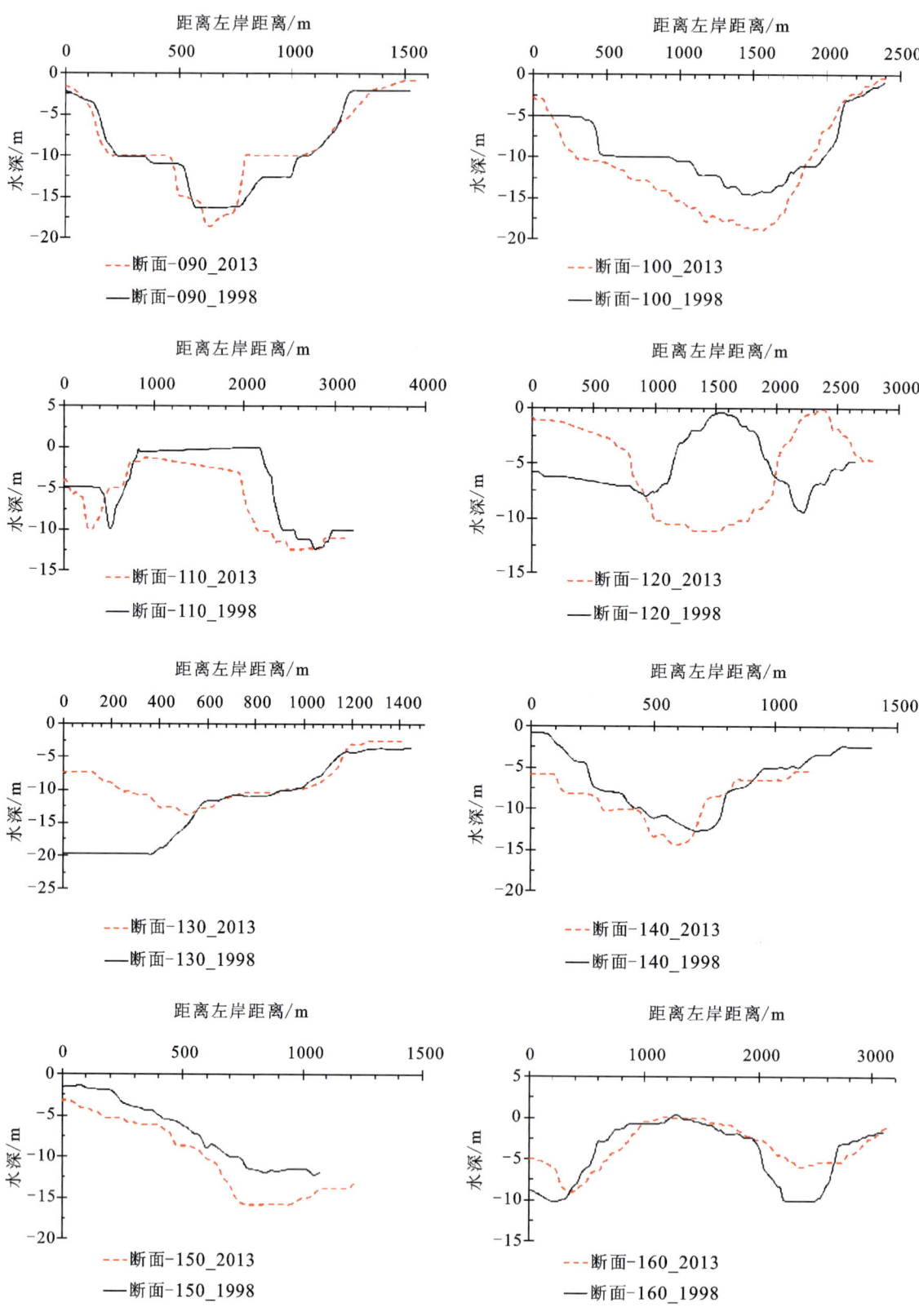

图 10-18 长江镇江至大通河段横断面形态变化特征

3) 干流河槽冲淤量变化

大通至吴淞口河段长约560km,该段河槽在1998年至2013年期间整体呈冲刷状态,冲刷河槽体积约21.60亿 m³,淤积河槽体积约3.10亿 m³,净冲刷河槽体积约18.50亿 m³。2013年河槽0m线包络面积约20.70亿 m²,较1998年河槽0m线包络面积(22.70亿 m²)减少约8.81%;2013年河槽0m线包络体积约162亿 m³,较1998年河槽0m线包络体积(144亿 m³)增加约12.50%(图10-19)。其中,淤积河段主要发生在芜湖至马鞍山河段(RK_395~RK_425)和江阴至张家港(RK_90~RK_155),而其他河段均发生了冲刷(图10-19)。

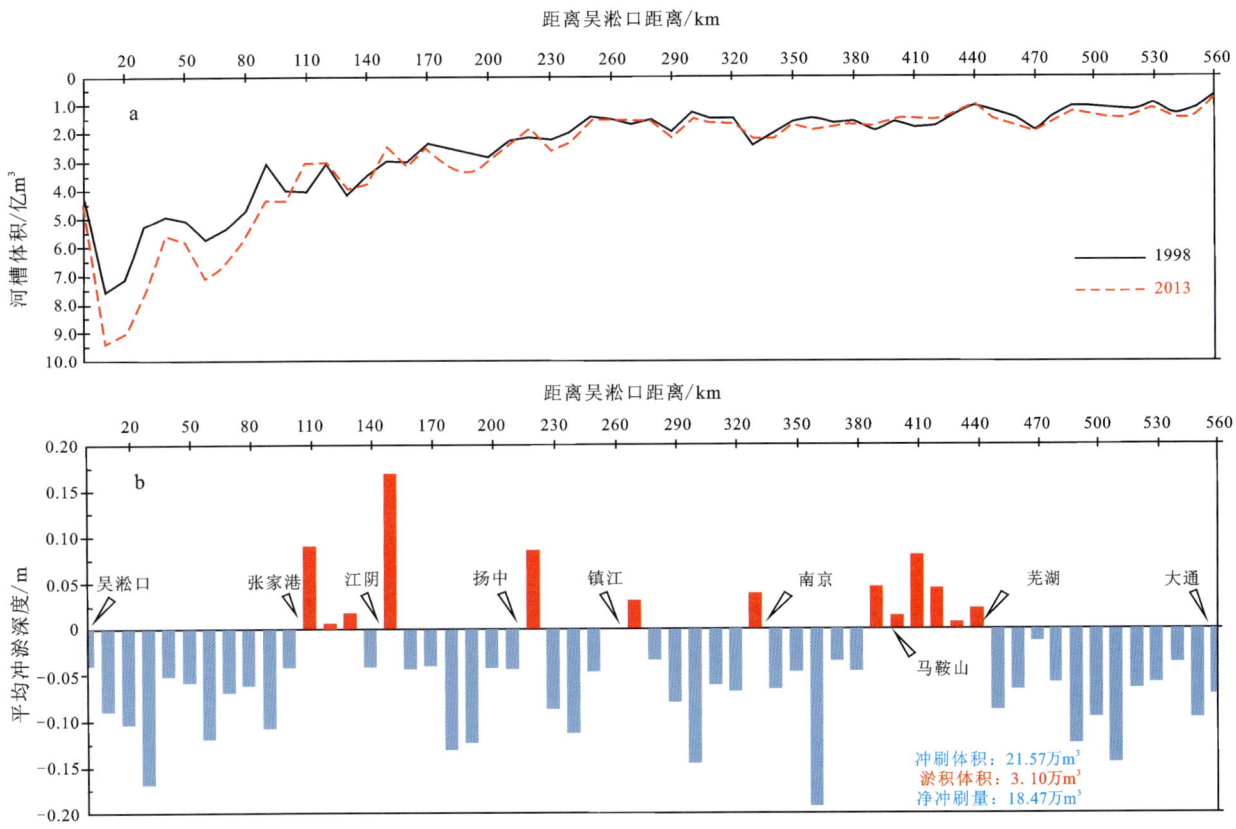

图10-19 长江大通至吴淞口河段河槽体积变化(a)与年均冲淤深度(b)

4. 典型江湖汇流河段河槽冲淤演变特征

1) 长江与洞庭湖汇流河段

长江与洞庭湖汇流河段自夏家台起,止于螺山,共计109km,根据水流交汇的干支流关系,将其分为4段:Ⅰ区为长江-汇流上段,自夏家台至观音洲,约55km,主要为弯曲河道;Ⅱ区为洞庭湖-汇流上段,自岳阳至城陵矶,约16km,主要为顺直河道;Ⅲ区为汇流中段,自城陵矶至烟灯矶,约11km,主要为顺直河道;Ⅳ区为汇流下段,自烟灯矶至螺山,约27km,主要为顺直河道(图10-20)。

通过分区域计算长江与洞庭湖汇流河段冲淤变化,由于水下地形资料所限,洞庭湖-汇流上段计算冲淤的区域为城陵矶以南9km范围内。结果显示,2006—2015年期间长江与洞庭湖汇流河段有冲有淤,整体呈冲刷状态(表10-2)。

长江-汇流上段冲刷量为7 543.8万 m³,年均冲刷量为754.4万 m³/a,平均冲刷深度达1.71m(表10-2)。从冲淤区域的空间分布来看,冲刷区域主要集中在铁铺水道上段、熊家洲水道、尺八口水道左侧以及观音洲水道,淤积区域集中于尺八口水道右侧及八仙洲水道(图10-21a)。

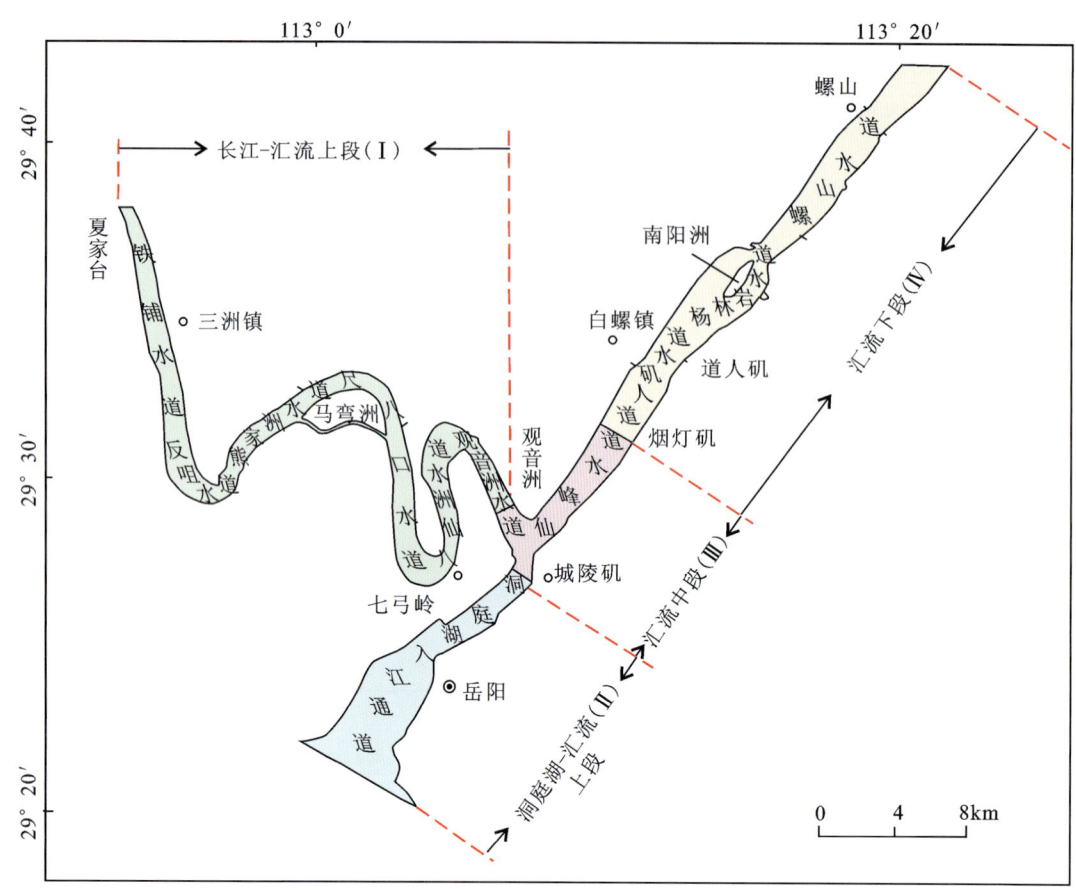

图 10-20 长江与洞庭湖汇流河段分区示意图

表 10-2 长江与洞庭湖汇流河段河槽冲淤特征

分区	2006 年河槽体积	2015 年河槽体积	冲淤变化量	年均冲淤量	平均冲刷深度
	万 m³			万 m³/a	m
Ⅰ区	13 334.5	20 878.3	−7 543.8	−754.4	−1.71
Ⅱ区	2 643.8	2 766.7	−122.9	−12.3	−0.14
Ⅲ区	4 250.1	6 173.8	−1 923.7	−192.4	−1.69
Ⅳ区	10 737.3	15 213.4	−4 476.1	−447.6	−1.43
全区域	30 965.7	45 062.2	−14 096.5	−1 409.7	−1.47

注：正值表示淤积，负值表示冲刷；平均冲刷深度＝冲淤变化量/河槽投影面积。

洞庭湖-汇流上段冲刷量为 122.9 万 m³，年均冲刷量为 12.3 万 m³/a，平均冲刷深度达 0.14m（表 10-2）。洞庭湖入江通道下段出现长约 350m 的椭圆形冲刷区域（图 10-21b）。

汇流中段冲刷量为 1 923.7 万 m³，年均冲刷量为 192.4 万 m³/a，平均冲刷深度达 1.69m（表 10-2）。从冲淤区域的空间分布来看，长江来水的观音洲水道左侧、洞庭湖入江通道右侧及仙峰水道右侧冲刷显著，水流交汇处泥滩咀区域以及仙峰水道左侧出现淤积（图 10-21c）。

汇流下段冲刷量为 4 476.1 万 m³，年均冲刷量为 447.6 万 m³/a，平均冲刷深度达 1.43m（表 10-2）。从冲淤区域的空间分布来看，冲刷集中于道人矶水道右侧以及螺山水道左侧，南阳洲左侧及螺山水道右侧呈淤积态（图 10-21d）。

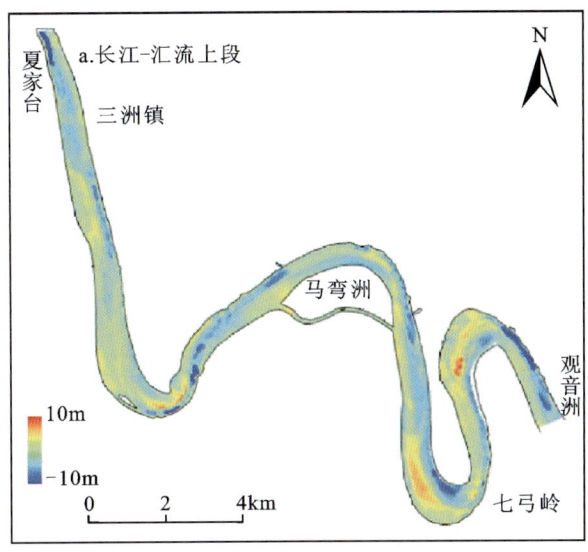
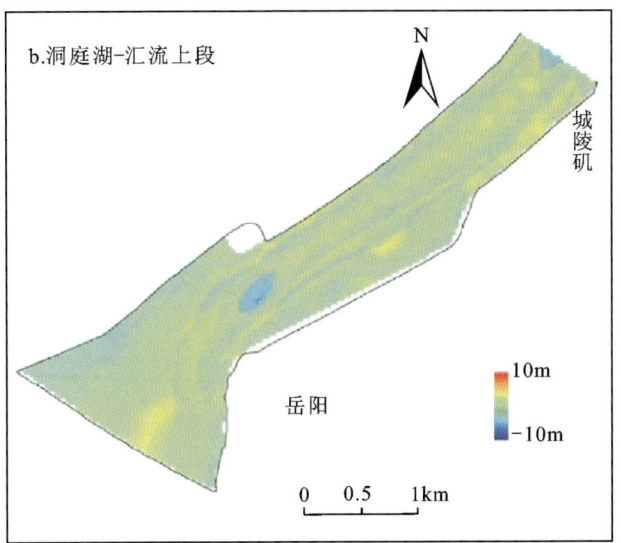
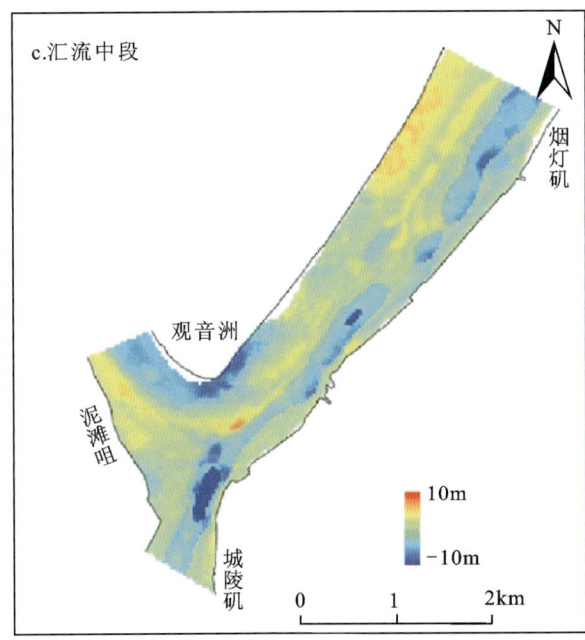
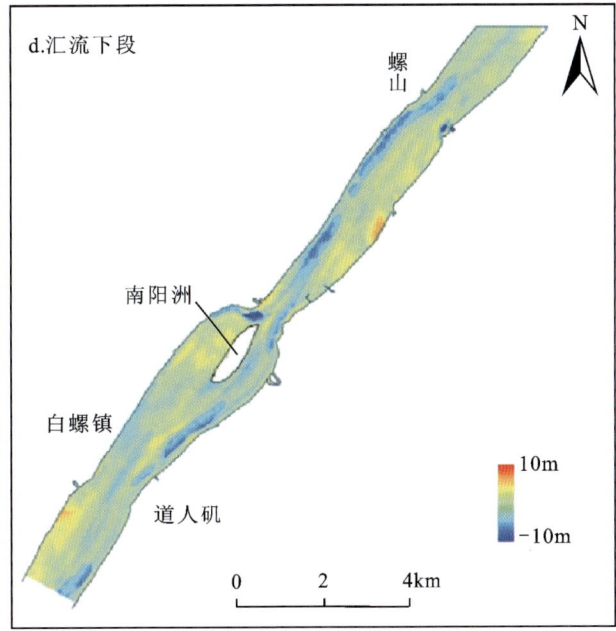

图 10-21 长江与洞庭湖汇流河段河槽冲淤变化图

汇流河段微地貌形态主要为平床、沙波、凹坑、冲刷槽、侵蚀岸坡及复合型水下地形等(图10-22～图10-24)。侵蚀岸坡长度约25.6km,占汇流河段区域的11.3%,主要分布于长江-汇流上段及汇流下段。其中,汇流上段铁铺水道岸坡坡度为0.20～0.76,平均坡度约0.42(图10-24a);熊家洲水道岸坡坡度为0.27～0.42,平均坡度约0.35;尺八水道岸坡坡度为0.24～0.43,平均坡度约0.33;观音洲水道岸坡坡度为0.31～0.82,平均坡度约0.51(图10-24a);汇流下段,侵蚀岸坡主要分布在螺山水道,其岸坡坡度为0.21～0.68,平均坡度0.42,相对较缓。

侵蚀岸坡主要分布于弯曲河道下方的冲刷区域,深泓线贴岸,其形成发育与水流作用密切相关。利用ADCP观测观音洲水道侵蚀岸坡(图10-24a)附近水流,显示近岸水流在各流层均向岸的垂向和侧向冲刷,岸坡正经受水流的全面淘刷(图10-25)。从上至下各层垂向平均流速分别为1.11m/s、1.28m/s、1.25m/s、1.18m/s、1.00m/s、0.67m/s,水流对中上层岸坡的冲刷作用最为强烈,且对岸坡垂向冲刷较为连续,岸坡的发展主要是在中层高速水流淘刷作用下不断侧切与下切,进而形成侵蚀岸坡。

此外，在侵蚀岸坡中部附近，部分水流流速增大，流向摇摆不定，并向上游弹射，在小范围内形成小尺度回流，回流的存在会造成坡脚掏蚀失稳，水流将近岸坡脚泥沙带走，在水流进一步冲刷作用下，侵蚀岸坡坡度会逐渐变陡，范围扩大。

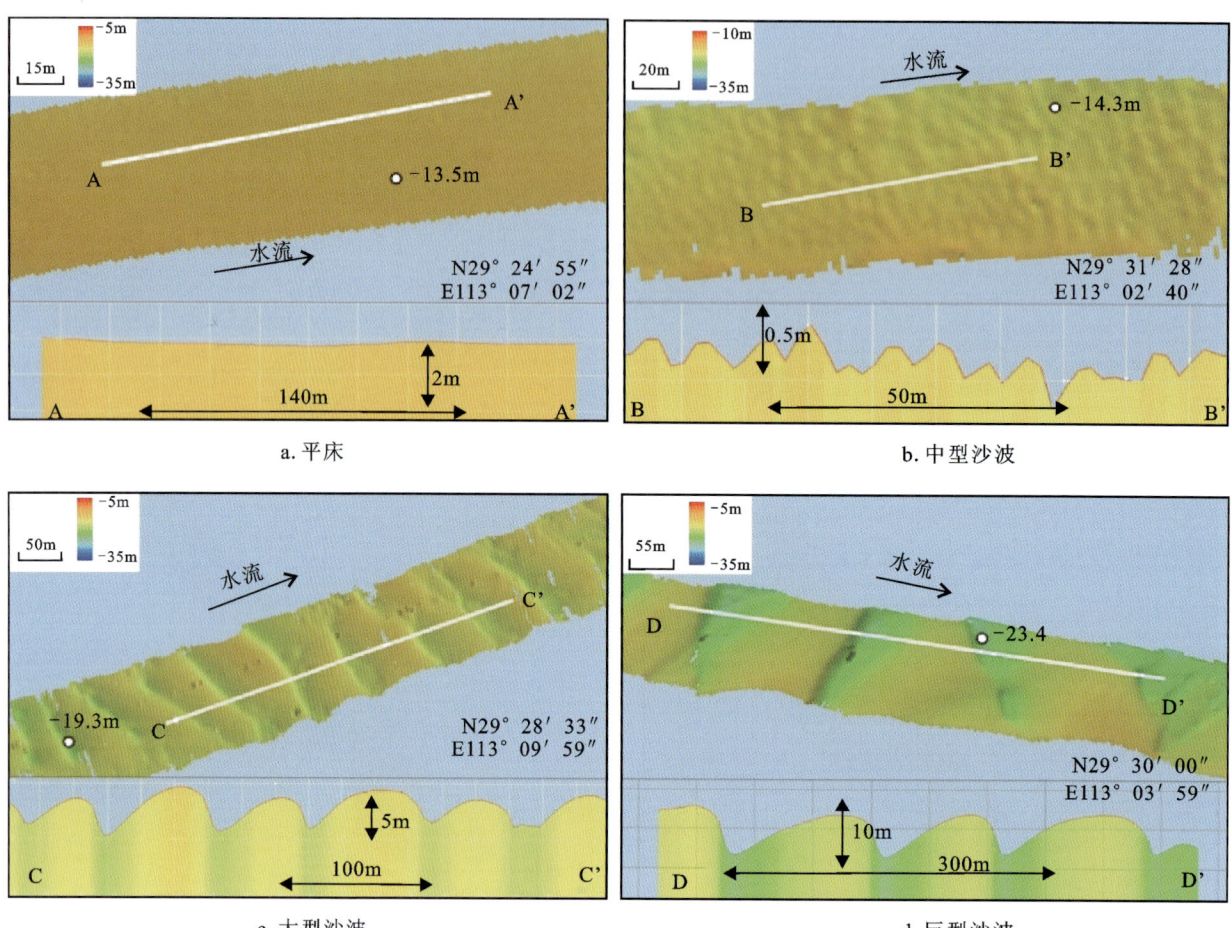

图 10-22　长江与洞庭湖汇流河段平床及中型、大型、巨型沙波图像

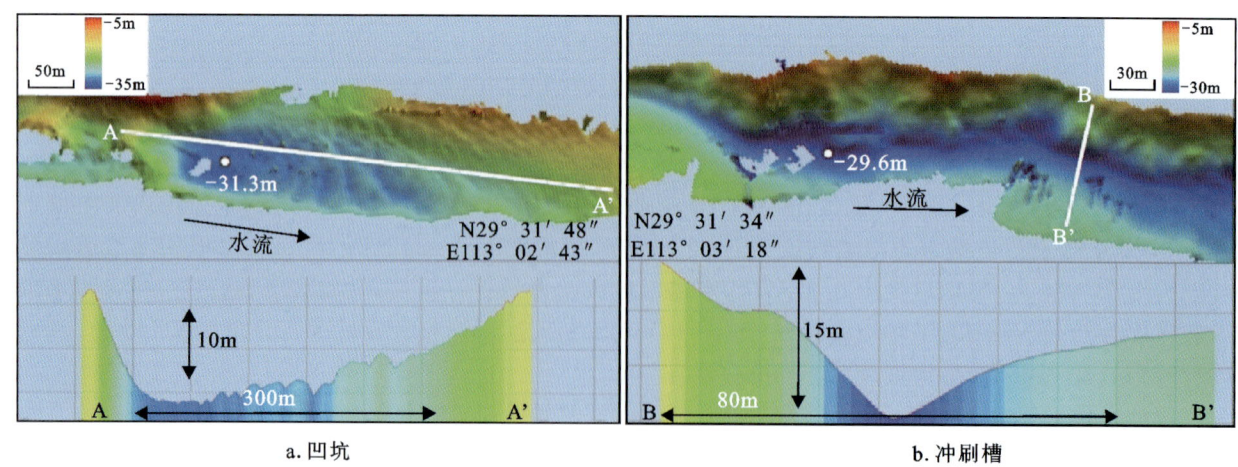

图 10-23　长江与洞庭湖汇流河段凹坑与冲刷槽图像

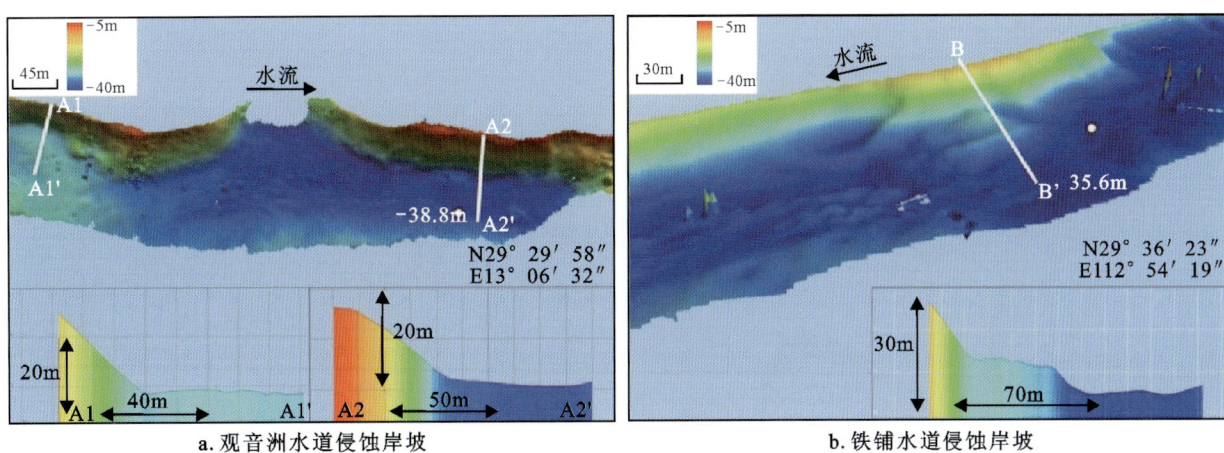

a. 观音洲水道侵蚀岸坡　　　　　　　　　　b. 铁铺水道侵蚀岸坡

图 10-24　长江与洞庭湖汇流河段侵蚀岸坡图像

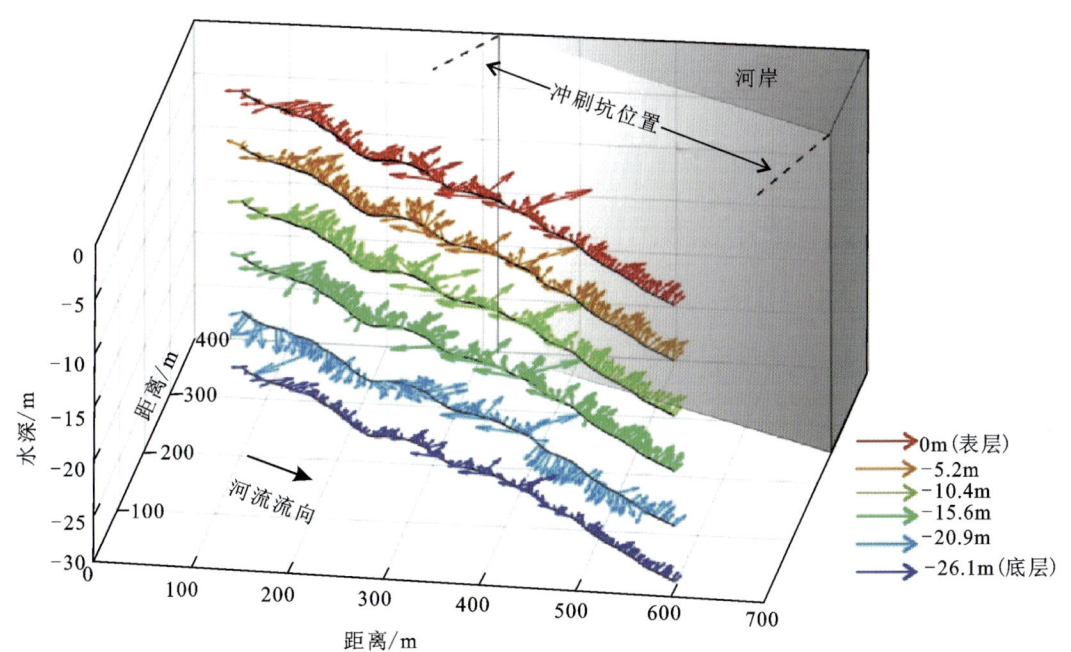

图 10-25　观音洲水道侵蚀岸坡附近三维流场分布图

长江与洞庭湖汇流河段发育凹坑、冲刷槽、侵蚀岸坡等侵蚀型微地貌(图 10-26a)，与河槽冲淤变化图对比可以发现，侵蚀型微地貌均发育于河槽冲刷区(图 10-26b)。例如在马弯洲上方及右侧区域，恰处于弯曲河道凹岸，水流顶冲河岸，边滩受冲刷，凹岸冲刷显著，符合水力学基本规律，冲刷区域深泓贴岸，水流对边滩及底床不断淘刷，致使该区域发育有多个凹坑、冲刷槽及侵蚀岸坡。随着上游输沙量的减少，河槽持续冲刷很可能造成侵蚀性微地貌数量增加和分布区域扩大。

2）长江与鄱阳湖汇流河段

长江与鄱阳湖汇流河段自彭家渡起，止于彭泽，共计 134km，根据水流交汇的干支流关系，将其分为 4 段：Ⅰ区为长江-汇流上段，自新开镇至官洲尾附近，约 51km，主要为微弯分叉河道；Ⅱ区为鄱阳湖-汇流上段，自鄱阳湖湖口至星子县附近，约 38km；Ⅲ区为汇流中段，自湖口至张家洲尾，约 10km，为顺直河道；Ⅳ区为汇流下段，自张家洲尾至彭泽，约 35km，主要为顺直分叉河道(图 10-27)。

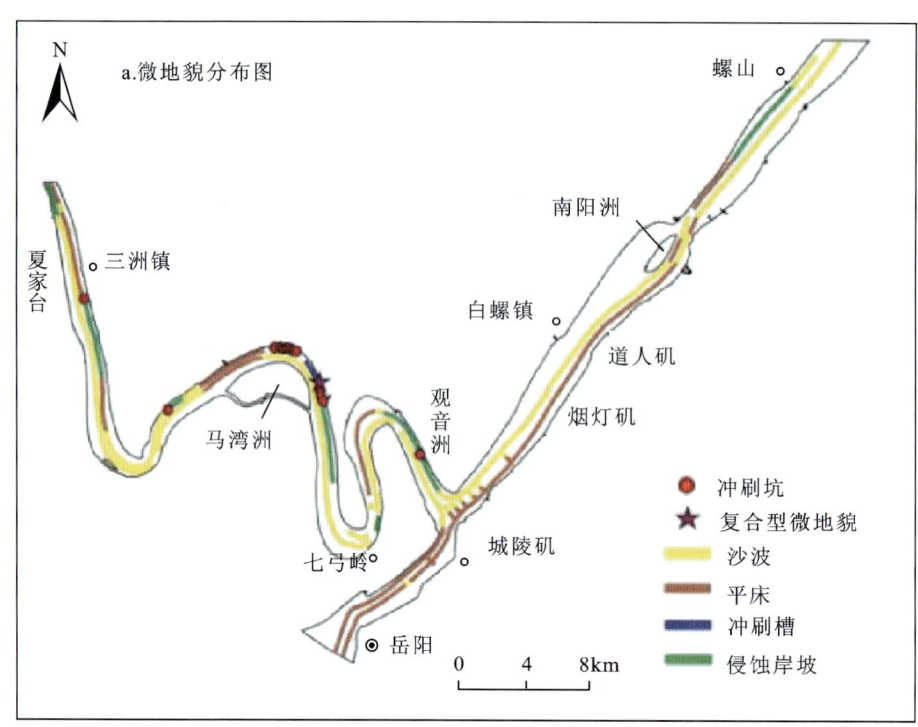

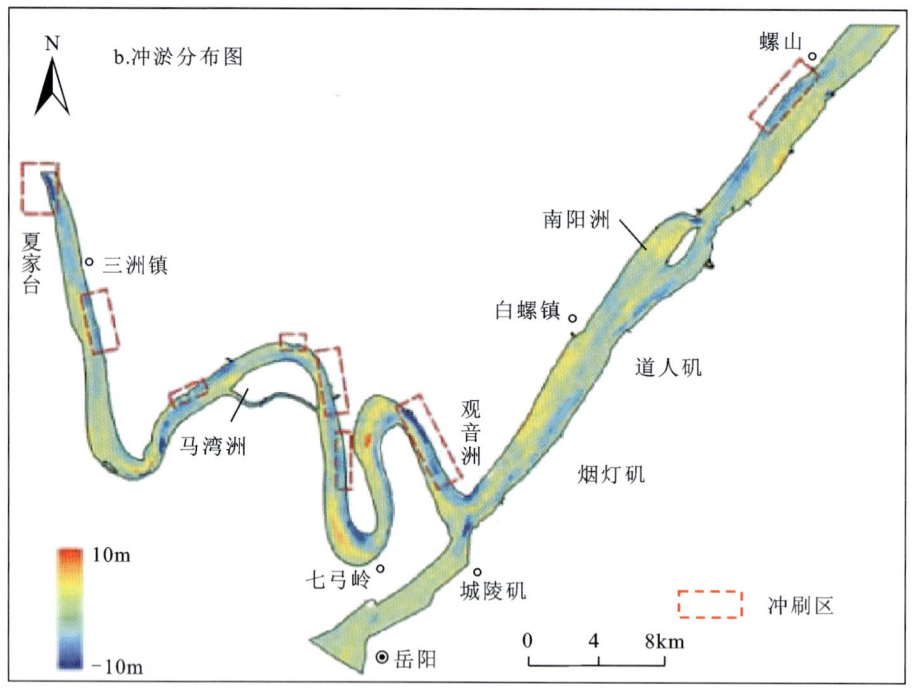

图 10-26　长江与洞庭湖汇流河段微地貌分布与冲淤变化对比图

通过分区域计算长江与鄱阳湖汇流河段冲淤变化。结果显示,1998—2013 年期间长江与鄱阳湖汇流河段有冲有淤,整体表现为冲刷(表 10-3)。

长江-汇流上段冲刷量为 4 003.7 万 m^3,年均冲刷量为 266.9 万 m^3/a,平均冲刷深度达 0.60m (表 10-3)。九江水道以鳊鱼滩为界,上段左冲右淤,下段右冲左淤;张家洲南水道呈整体冲刷状态(图 10-28a)。

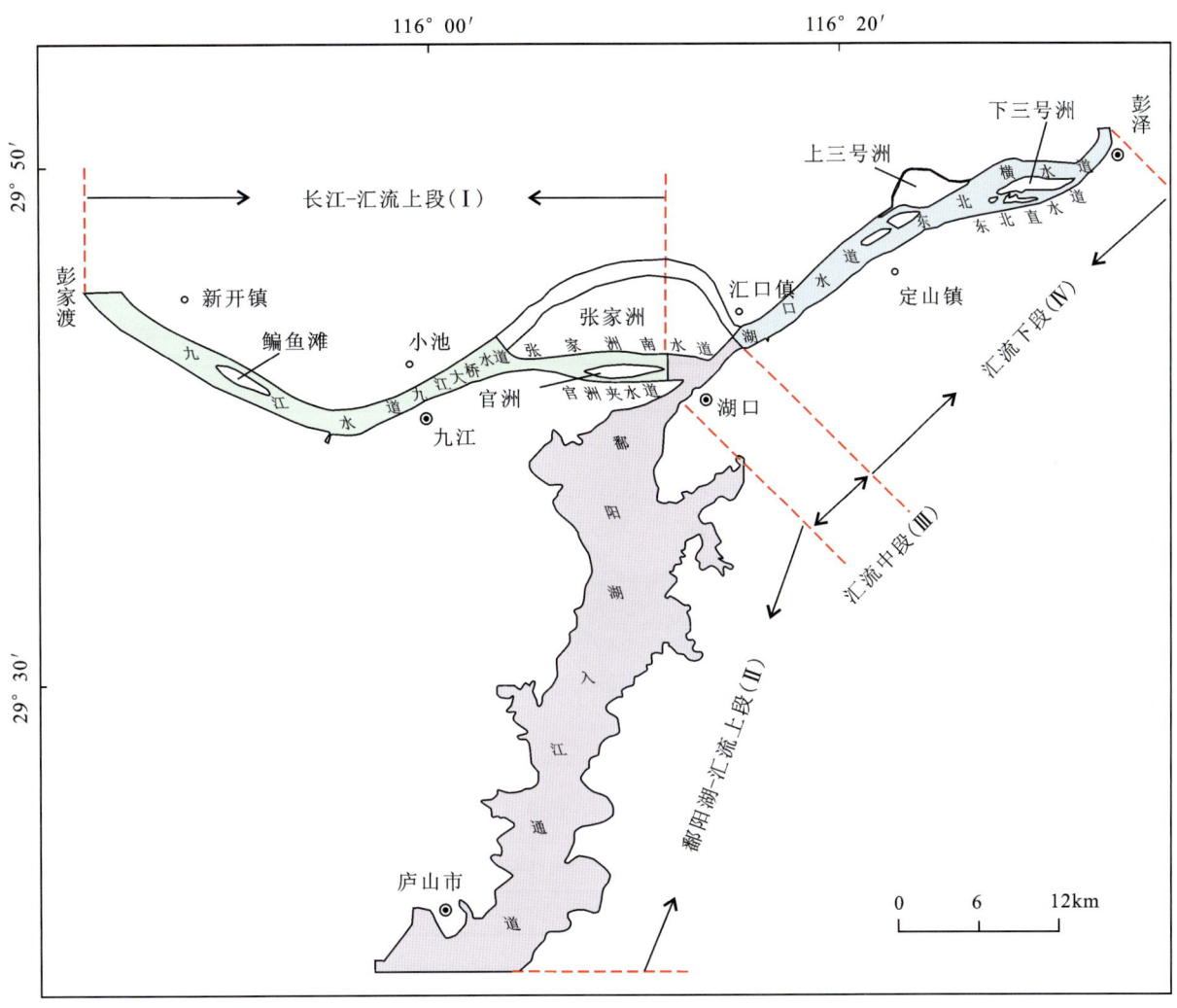

图 10-27　长江与鄱阳湖汇流河段分区

表 10-3　长江与鄱阳湖汇流河段河槽冲淤特征

分区	1998 年河槽体积	2013 年河槽体积	冲淤变化量	年均冲淤量	平均冲刷深度
	万 m³			万 m³/a	m
Ⅰ区	31 750.0	35 753.7	−4 003.7	−266.9	−0.60
Ⅲ区	3 702.1	4 509.6	−807.5	−53.8	−0.98
Ⅳ区	34 023.6	35 033.0	−1 009.4	−67.3	−0.18
全区域	69 475.6	75 296.3	−5 820.7	−388.0	−0.42

注：正值表示淤积，负值表示冲刷；平均冲刷深度=冲淤变化量/河槽投影面积。

汇流中段冲刷量为 807.5 万 m³，年均冲刷量为 53.8 万 m³/a，平均冲刷深度达 0.98m（表 10-3）。从冲淤区域的空间分布来看，新洲下方冲刷显著，长江来水方向右岸、鄱阳湖来水方向右岸、张家洲南水道下端出现淤积（图 10-28b）。

汇流下段冲刷量为 1 009.4 万 m³，年均冲刷量为 67.3 万 m³/a，平均冲刷深度达 0.18m（表 10-3）。汇流下段冲淤变化主要集中于东北横水道上段，呈典型的左冲右淤态势（图 10-28c）。

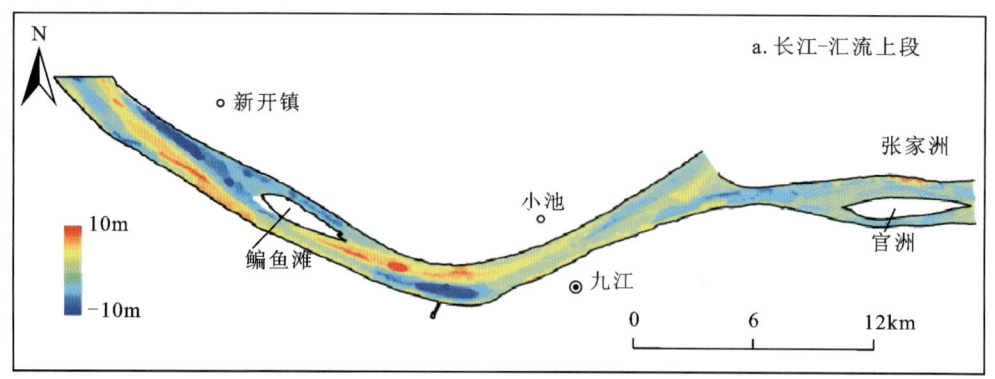

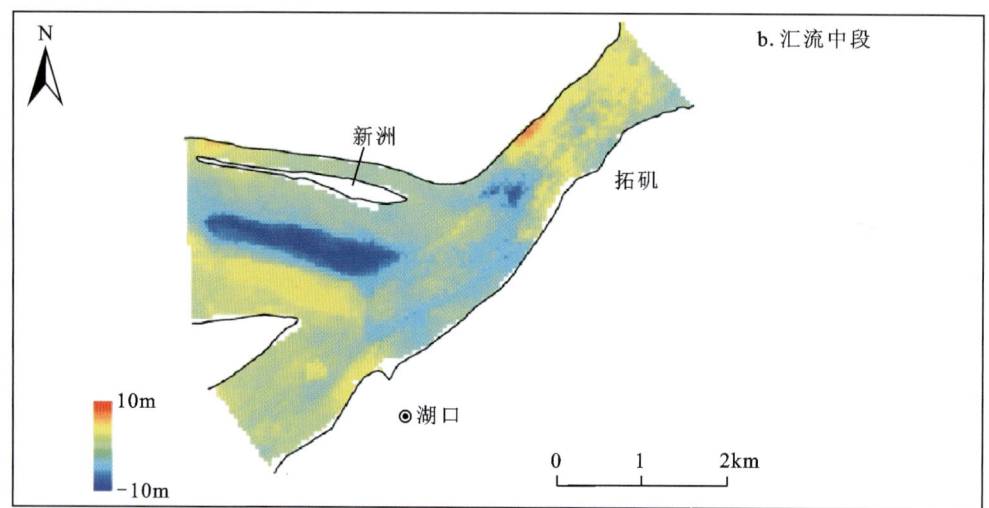

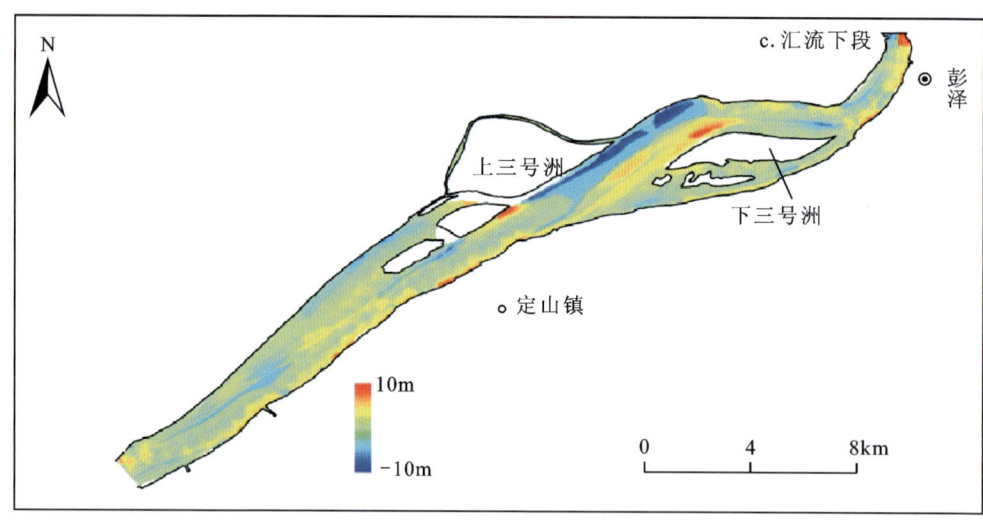

图 10-28　长江与鄱阳湖汇流河段河槽冲淤变化图

　　长江与鄱阳湖汇流河段发育冲刷坑、冲刷痕及侵蚀岸坡等侵蚀型微地貌（图 10-29a），其中侵蚀型微地貌大都发育于河槽冲刷区（图 10-29b）。随着上游来沙量的持续减少，张家洲南水道极可能进一步冲刷。

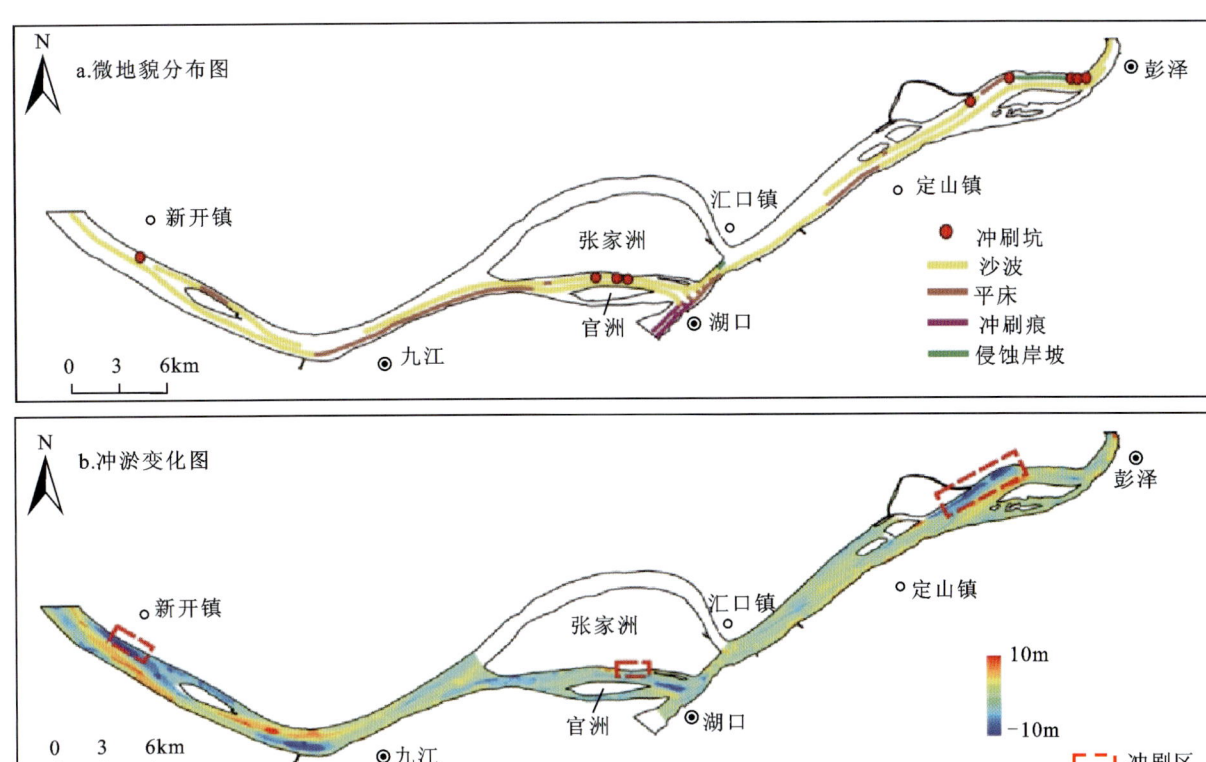

图 10-29 长江与鄱阳湖汇流河段微地貌分布与冲淤变化对比图

值得一提的是,张家洲南水道浅水区大尺度沙波可能对通航条件产生不利影响。官洲头附近沙波波高近 1.3~1.5m,可导致相对于实测水深约 13.9% 的通航水深变化,尤其是枯水季长江水位跌落时,巨型沙波对通行水深的影响更大。因此,虽然张家洲南水道目前河槽以冲刷为主,但枯季水位回落期,航道中巨型沙波的发育与迁移仍然是通航安全的隐患之一,故应加强对该河段水下地形的监测。

5. 不同河段河槽演变共性与差异性

汉口至吴淞口河段河槽整体演变以冲刷为主,但不同河段河槽的冲刷程度不同,部分河段出现淤积。其中,汉口至湖口河段河槽冲刷量约 2.96 亿 m^3,淤积河槽体积约 0.68 亿 m^3;湖口至大通河段冲刷河槽体积约 2.91 亿 m^3,淤积河槽体积约 0.29 亿 m^3;大通至吴淞口河段冲刷河槽体积约 21.60 亿 m^3,淤积河槽体积约 3.10 亿 m^3。

以上不同河断河槽演变特征的主要原因在于汉口至大通河段以径流作用为主,河槽冲淤的主要影响因素为上游来沙量减少。因此,汉口至大通河段以冲刷为主,而大通至吴淞口河段不仅受到径流作用影响,潮汐的顶托作用对河槽冲淤的影响也较大(Wang et al.,2009;赖锡军等,2012;蔡晓斌等,2013;石盛玉,2017)。尤其是在落潮期间,潮流与径流叠加效应将导致水流量增大,加之河道束窄,水动力增强,侵蚀量增大。大通至吴淞口河段河槽上段以冲刷为主,主要原因是该部分河段以径流作用为主,潮流对该河段的影响主要表现为潮位波动,而大通至吴淞口河段下游受潮流与潮汐叠加的影响,河槽剧烈冲刷。

二、干流河槽表层沉积物特征

粒径是河槽沉积物的基本属性之一,也是沉积物最重要的动力环境指标(罗向欣,2013)。河流中下游河槽对河槽沉积物运输具有调节作用,如水流能量降低则以前能搬运的河槽沉积物会发生沉积,反之则发生侵蚀。因此,沉积物粒径研究受到地貌学、地球化学等方向学者的广泛关注(曹文洪和陈东,1998;徐晓君等,2010),其中分选系数、偏度、峰度、峰数等是分析沉积物粒度特征的常用指标。

1. 汉口至湖口河段

长江汉口至湖口河段共 11 个河槽表层沉积物的粒度分析结果表明(图 10-30),该河段河槽表层沉积物中值粒径介于 28.60~292.80μm 之间,其中大部分沉积物的中值粒径为细砂质(63~256μm);分选系数介于 2.70~6.10 之间,属于分选中等和较差;偏度介于 -0.80~-0.20 之间,属于负偏态和很负偏态;峰度介于 0.70~3.80 之间,峰型介于平坦至非常尖锐之间;峰数大多以单峰为主,也有双峰或三峰,甚至多峰(表 10-4)。其中,JJ_HK-01、JJ_HK_03~JJ_HK_07 为河槽两侧表层沉积物样品,JJ_HK_02 为主河槽沉积物样品(图 10-30)。

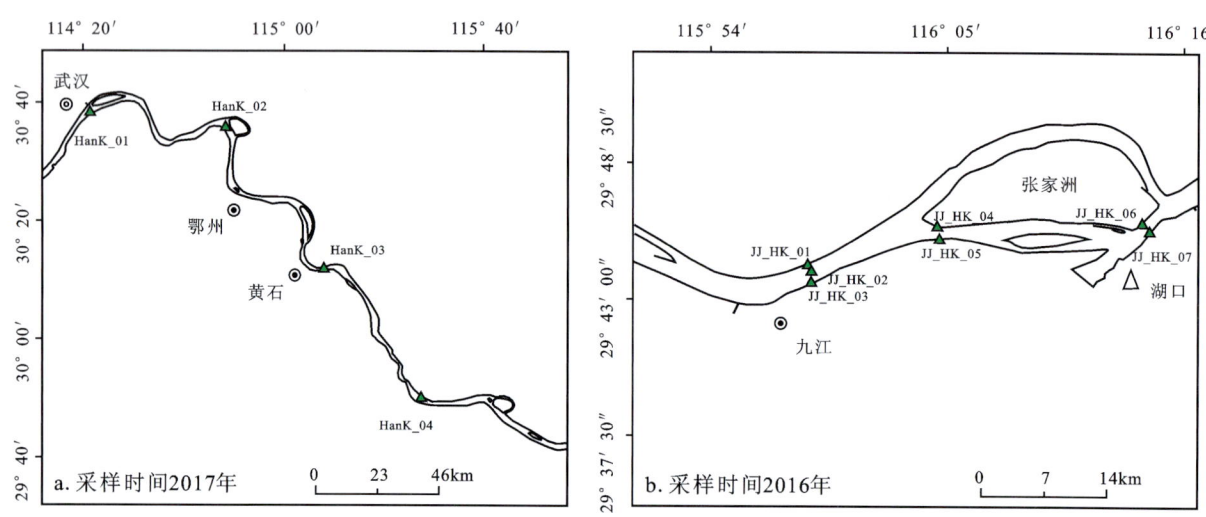

图 10-30　长江汉口至湖口河段河槽表层沉积物采样位置

表 10-4　长江汉口至吴淞口河段河槽表层沉积物粒度参数特征

分段	编号	中值粒径/μm	分选系数	偏度	峰度	峰数
汉口—湖口	HanK_01	115.50	5.50	-0.70	0.80	双峰
	HanK_02	66.00	4.80	-0.60	0.80	单峰
	HanK_03	75.30	4.90	-0.60	0.90	单峰
	HanK_04	180.60	5.10	-0.80	1.20	单峰
	JJ_HK_01	115.10	3.30	-0.60	1.60	单峰
	JJ_HK_02	149.10	4.10	-0.80	3.50	单峰
	JJ_HK_03	49.00	5.70	-0.50	0.70	三峰
	JJ_HK_04	168.60	5.30	-0.80	1.70	单峰
	JJ_HK_05	28.60	6.10	-0.20	0.70	三峰
	JJ_HK_06	231.50	2.70	-0.60	3.80	单峰
	JJ_HK_07	292.80	9.30	-0.60	0.80	多峰

续表 10-4

分段	编号	中值粒径/μm	分选系数	偏度	峰度	峰数
湖口—大通	HK_DT_01	114.80	4.30	−0.80	1.50	单峰
	HK_DT_02	256.50	2.20	−0.50	4.00	单峰
	HK_DT_03	270.00	2.30	−0.50	4.20	单峰
	HK_DT_04	264.00	2.20	−0.40	3.50	单峰
	HK_DT_05	210.50	4.00	−0.60	3.00	单峰
	HK_DT_06	181.20	3.60	−0.70	3.50	单峰
大通—吴淞口	DT_XLJ_01	181.20	3.60	−0.70	3.50	单峰
	DT_XLJ_02	121.80	3.90	−0.80	3.10	单峰
	DT_XLJ_03	211.00	2.50	−0.50	3.40	单峰
	DT_XLJ_04	229.50	2.80	−0.60	3.80	单峰
	DT_XLJ_05	257.40	2.40	−0.50	3.60	单峰
	DT_XLJ_06	257.00	2.40	−0.40	3.80	单峰
	DT_XLJ_07	223.60	2.50	−0.50	3.70	单峰
	DT_XLJ_08	234.70	3.00	−0.70	3.90	单峰
	DT_XLJ_09	152.60	3.90	−0.80	3.50	单峰
	DT_XLJ_10	255.00	2.60	−0.60	3.50	单峰
	DT_XLJ_11	252.70	2.40	−0.50	3.50	单峰
	DT_XLJ_12	159.70	3.70	−0.70	3.00	单峰
	DT_XLJ_13	95.20	4.50	−0.70	1.00	单峰
	DT_XLJ_14	13.20	4.70	0	1.30	双峰
	DT_XLJ_15	11.20	3.20	−0.30	1.00	单峰
	DT_XLJ_16	251.50	2.80	−0.60	3.40	单峰
	DT_XLJ_17	243.90	3.10	−0.60	2.40	单峰
	DT_XLJ_18	223.40	3.20	−0.60	3.70	单峰
	DT_XLJ_19	294.40	3.40	−0.20	2.60	双峰
	DT_XLJ_20	164.10	4.10	−0.80	2.30	单峰
	DT_XLJ_21	8.10	3.80	−0.10	0.90	单峰
	DT_XLJ_22	99.80	4.30	−0.70	1.00	单峰
	DT_XLJ_23	212.50	3.40	−0.70	3.60	单峰
	DT_XLJ_24	136.70	2.40	−0.60	3.60	单峰
	DT_XLJ_25	85.50	4.20	−0.70	1.00	单峰
	DT_XLJ_26	57.00	4.20	−0.60	0.90	三峰
	DT_XLJ_27	183.70	3.70	−0.70	3.10	单峰
	DT_XLJ_28	68.20	4.10	−0.60	1.00	双峰
	DT_XLJ_29	231.20	2.70	−0.30	3.20	单峰

续表10-4

分段	编号	中值粒径/μm	分选系数	偏度	峰度	峰数
大通—吴淞口	DT_XLJ_30	232.50	2.30	－0.50	3.60	单峰
	DT_XLJ_31	18.50	5.70	－0.10	1.00	三峰
	XLJ_WSK_01	111.30	3.70	－0.80	2.40	单峰
	XLJ_WSK_02	118.00	4.60	－0.70	1.20	单峰
	XLJ_WSK_03	183.40	3.50	－0.70	2.60	单峰
	XLJ_WSK_04	180.30	3.70	－0.80	2.90	单峰
	XLJ_WSK_05	190.20	2.90	－0.70	3.30	单峰
	XLJ_WSK_06	14.00	4.40	－0.20	0.90	双峰

2. 湖口至大通河段

长江湖口至大通河段共6个河槽表层沉积物的粒度分析结果表明(图10-31),该河段河槽表层沉积物中值粒径介于113.80～270μm之间,其中大部分沉积物的中值粒径为细砂—中砂质(63～500μm);分选系数介于2.20～4.30之间,属于分选中等和较差;偏度介于－0.80～－0.40之间,属于高负偏态;峰度介于1.50～4.20之间,峰型介于尖锐至非常尖锐之间;峰数大多以单峰为主(表10-4)。

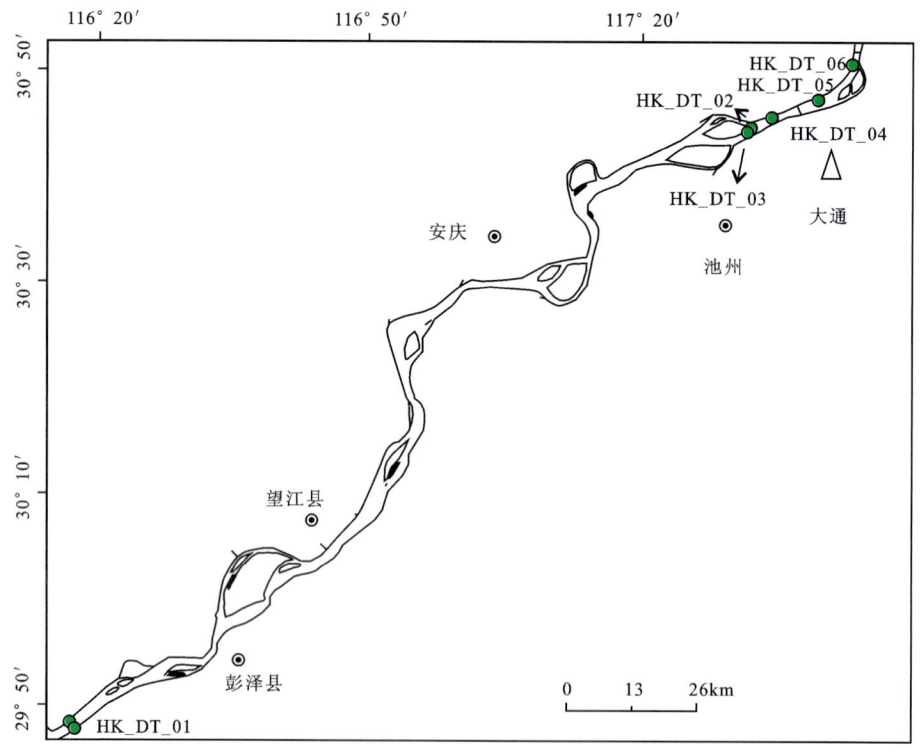

图10-31 2016年长江湖口至大通河段河槽表层沉积物采样位置

3. 大通至吴淞口河段

长江大通至吴淞口河段共37个河槽表层沉积物的粒度分析结果表明(图10-32、图10-33),该河段河槽表层沉积物中值粒径介于8.10~294.40μm之间,中值粒径沿程变化较大,其中大部分沉积物的中值粒径为细砂—中砂质(63~500μm);分选系数介于2.40~5.70之间,分选性变化也较大;偏度介于-0.80~0之间,变化依然较大,介于对称至很负偏态,峰度介于0.90~3.90之间,峰型介于平坦至非常尖锐之间;峰数大多以单峰为主,也有双峰与三峰(表10-4)。

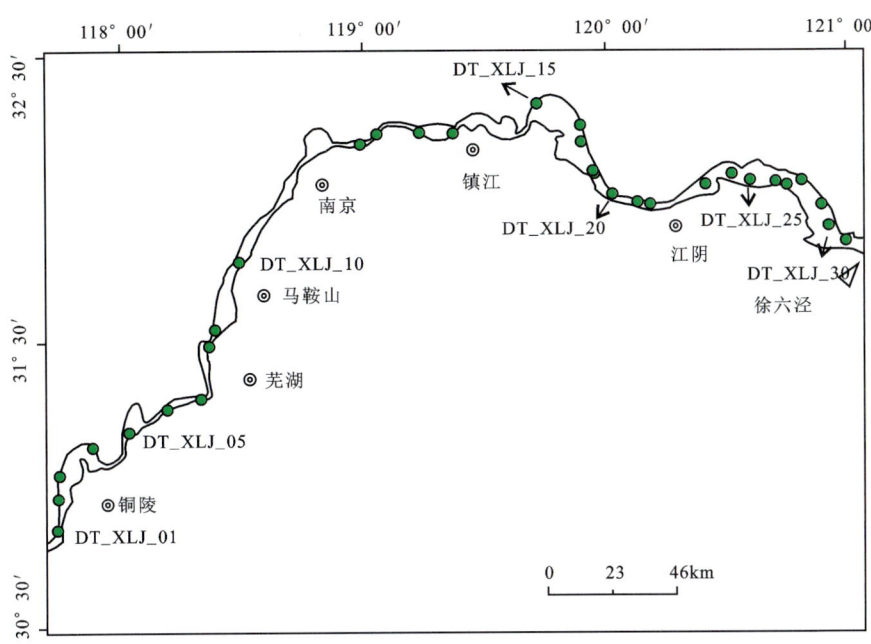

图10-32 2015年长江大通至徐六泾河段河槽表层沉积物采样位置

注:样品编号过多,未全列出。

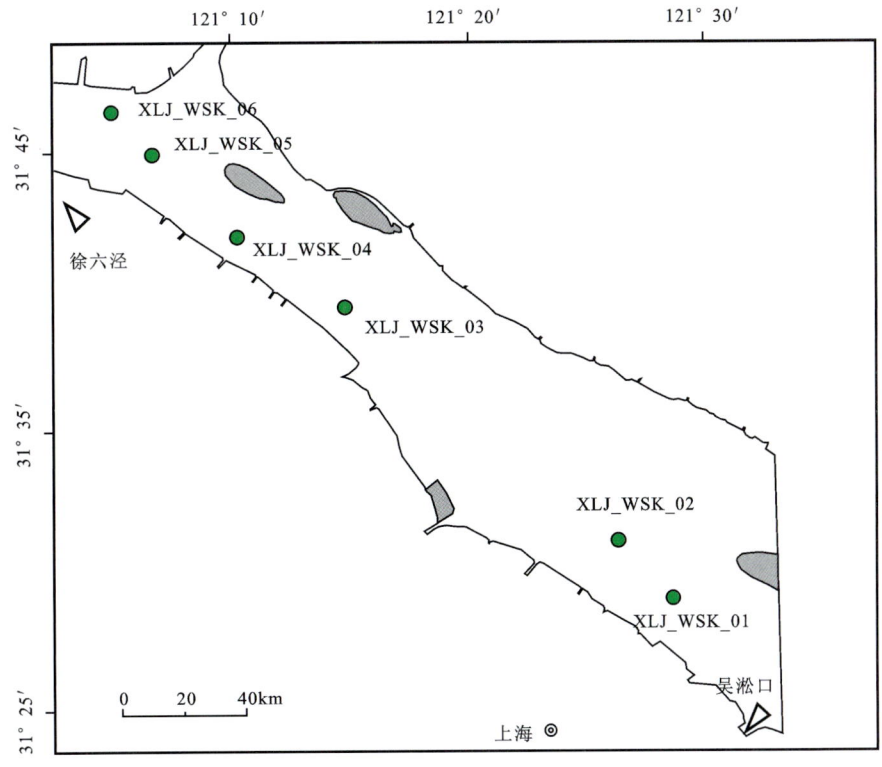

图10-33 2015年长江徐六泾至吴淞口河段河槽表层沉积物采样位置

总的来说,长江汉口—湖口河段河槽表层沉积物中值粒径介于28.60~292.80μm之间,大部分沉积物的中值粒径为细砂质(63~256μm);湖口—大通河段河槽表层沉积物中值粒径介于114.80~270.00μm之间,大部分沉积物的中值粒径为细砂—中砂质(63~500μm);大通—吴淞口河段河槽表层沉积物中值粒径介于8.10~294.40μm之间,中值粒径沿程变化较大,大部分沉积物的中值粒径为细砂—中砂质(63~500μm)。整体上,粒度自上游向下游呈波动变细的特征尚未改变,峰数以单峰为主,但双峰、三峰甚至多峰的现象也存在。

三、干流河槽沙波空间分布特征

由于长江九江至吴淞口干流河段的水沙条件复杂,研究河段沙波类型较多,本章采用Ashley(1990)提出的分类方法,在研究河段观测到了小型直线沙波、小型弯曲状沙波、中型直线沙波、中型弯曲状沙波、大型弯曲状沙波、大型舌状沙波、大型复合沙波、大型链珠状沙波、巨型复合沙波、巨型链珠状沙波、巨型直脊状沙波等。

1. 九江至吴淞口干流河段河槽沙波统计

本章对2014年至2016年实测多波束数据进行了统计,鉴于后期处理格网模型分辨率为1m×1m,未对部分小型沙波(波高小于0.1m,或波长小于3m或4m)的沙波进行几何参数统计,仅统计其发育河段长度。其中,长约21km的九江至湖口河段左侧主河槽中,沙波地形约占河段的80.30%;长度约210km的湖口至大通河段(测线长约360km)中,沙波地形约占62.10%;长度约490km的大通至徐六泾河段(测线长约1050km)中,沙波地形约占64.30%;长约70km的徐六泾至吴淞口河段(测线长约150km)中,沙波地形约占27.50%。其中,沙波最大波长可达421m,波高可达9~10m(Zheng et al., 2018)。

2. 九江至吴淞口干流河段河槽沙波空间分布特征

1)九江至湖口河段

九江至湖口河段沙波类型主要有大、中、小型弯曲状沙波,中、小型直脊状沙波,大型弯曲状沙波,巨型沙波等。沙波波高一般小于5.50m,波长小于260m,且该河段沙波的几何参数变化较大。

中、小型弯曲状沙波主要分布在水深10m左右的河段,沙波波长为5~10m,波高为0.10~0.90m(图10-34)。该部分弯曲状沙波发育范围并不大,长0.50~1.50km,并且该类沙波发育不稳定,沙波形态向下游迅速转变为直脊状沙波。

中、小型直脊状沙波主要分布在水深8~10m的河段,沙波波长一般小于10m,波高仅0.30~0.80m(图10-35)。该类型沙波发育范围较广,长1~2km。

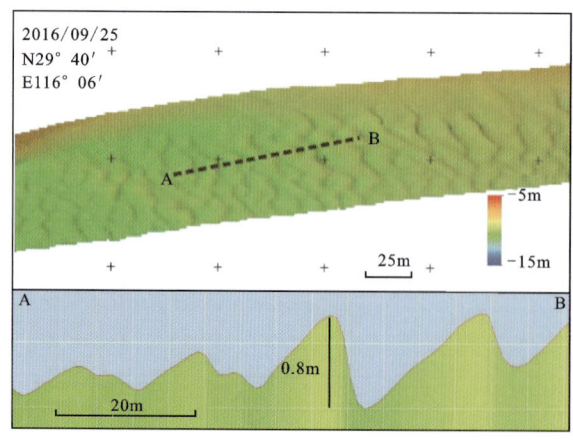

图10-34 长江九江至湖口河段中、小型弯曲状沙波

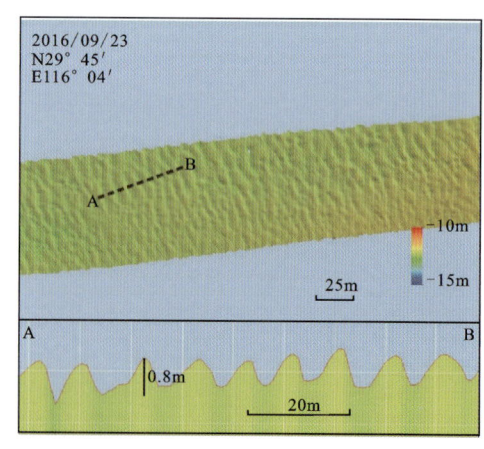

图10-35 长江九江至湖口河段中、小型直脊状沙波

大型弯曲状沙波主要分布在水深 10～15m 的水域，沙波波长介于 10～50m，波高介于 1～2.50m（图 10-36）。该类型沙波在九江至湖口河段河槽发育较广泛，长 1.50～2km。

巨型沙波分布的水深一般较深，该河段在水深 15～23m 的水域可观测到波长约 220m 的巨型沙波（图 10-37），最大波长可达到 250～260m 之间，沙波波高可达到 5～6m 之间。

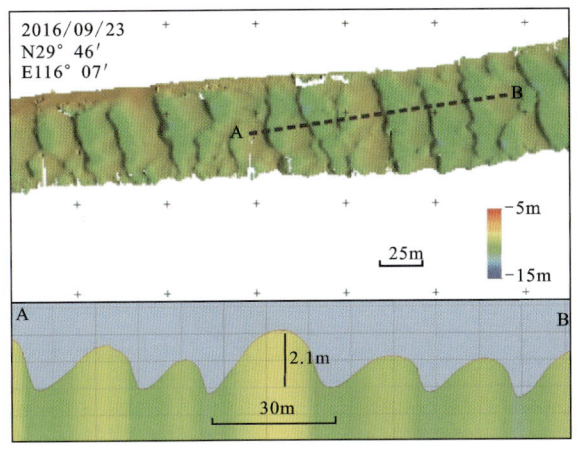

图 10-36　长江九江至湖口河段大型弯曲状沙波

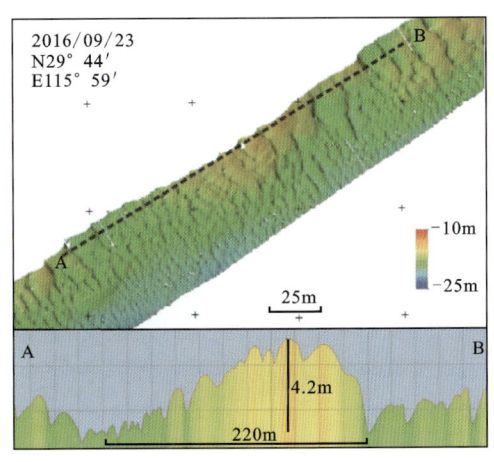

图 10-37　长江九江至湖口河段巨型沙波

对该河段 760 个沙波的波高和波长进行了统计，并做了趋势分析，发现沙波波高与波长的线性相关性并不是很好，而幂函数相关的相关系数平方值（R^2）可以达到 0.64（图 10-38）。

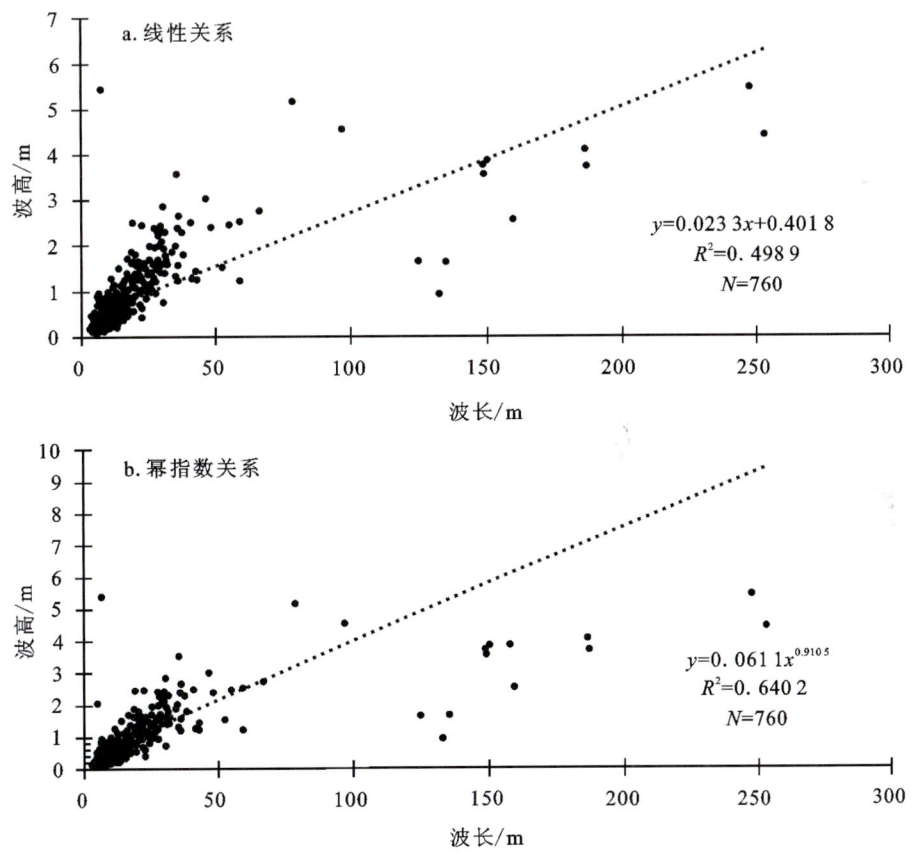

图 10-38　长江九江至湖口河段沙波波长与波高相关性

2) 湖口至大通河段

湖口至大通河段沙波地貌类型主要有中、小型弯曲状沙波,中、小型直线状沙波,大型弯曲状沙波,巨型直脊状沙波、弯曲状沙波、复合沙波等。沙波最大波高可达5~9m,最大波长可达310~420m。

中、小型弯曲状沙波主要分布在水深5~10m的河段,沙波波长为5~10m,波高为0.10~0.80m(图10-39)。

巨型直脊状沙波主要分布在水深为5~15m的河段,沙波波长一般介于100~200m,波高为2~4m(图10-40)。

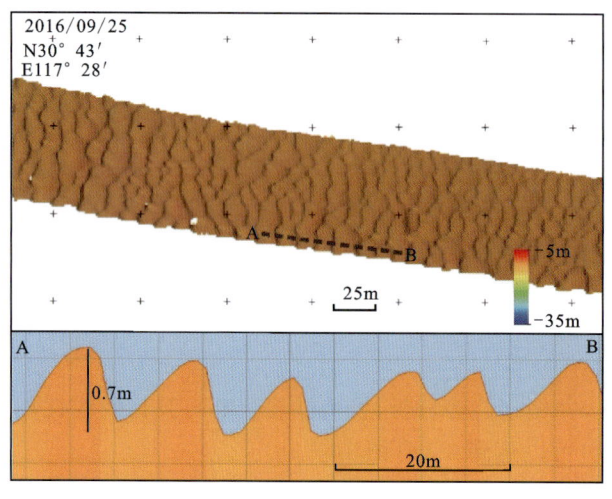

图10-39 长江湖口至大通河段中、小型弯曲状沙波

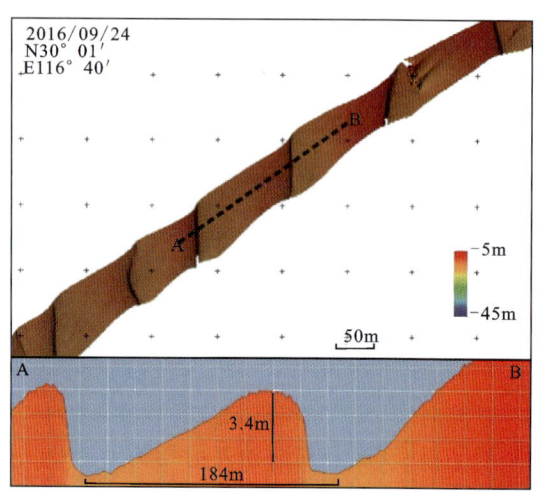

图10-40 长江湖口至大通河段巨型直脊状沙波

同时,在水深5~20m的水域还观测到了巨型弯曲状沙波,该类沙波波长一般介于100~300m,波高最大可达6m(图10-41)。

巨型复合沙波也是该河段较常见的一类沙波,该河段巨型复合沙波的波谷中发育了次级沙波,次级沙波的尺度向沙波波脊线方向逐渐减小。该类巨型沙波波长一般介于150~300m,波高可以达到4~5m(图10-42)。该河段巨型沙波不仅种类繁多,而且最大波长可达400m,波高可达9m。

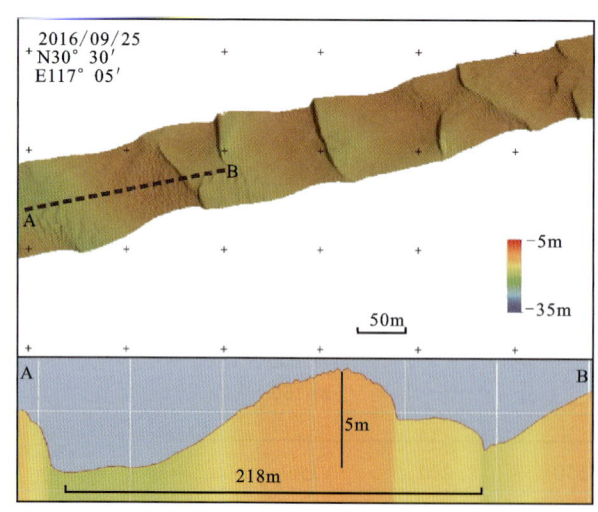

图10-41 长江湖口至大通河段巨型弯曲状沙波

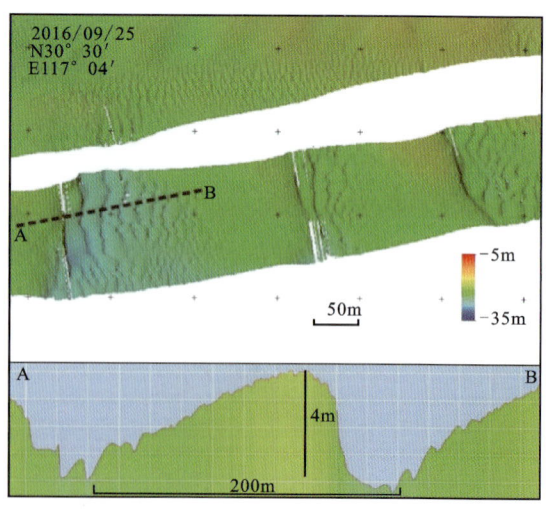

图10-42 长江湖口至大通河段巨型复合沙波

对该段 204 个沙波的波高和波长进行了统计,并做了趋势分析,发现沙波波高与波长的线性相关系数平方值(R^2)为 0.67,而幂函数的相关系数平方值可以达到 0.83(图 10-43)。

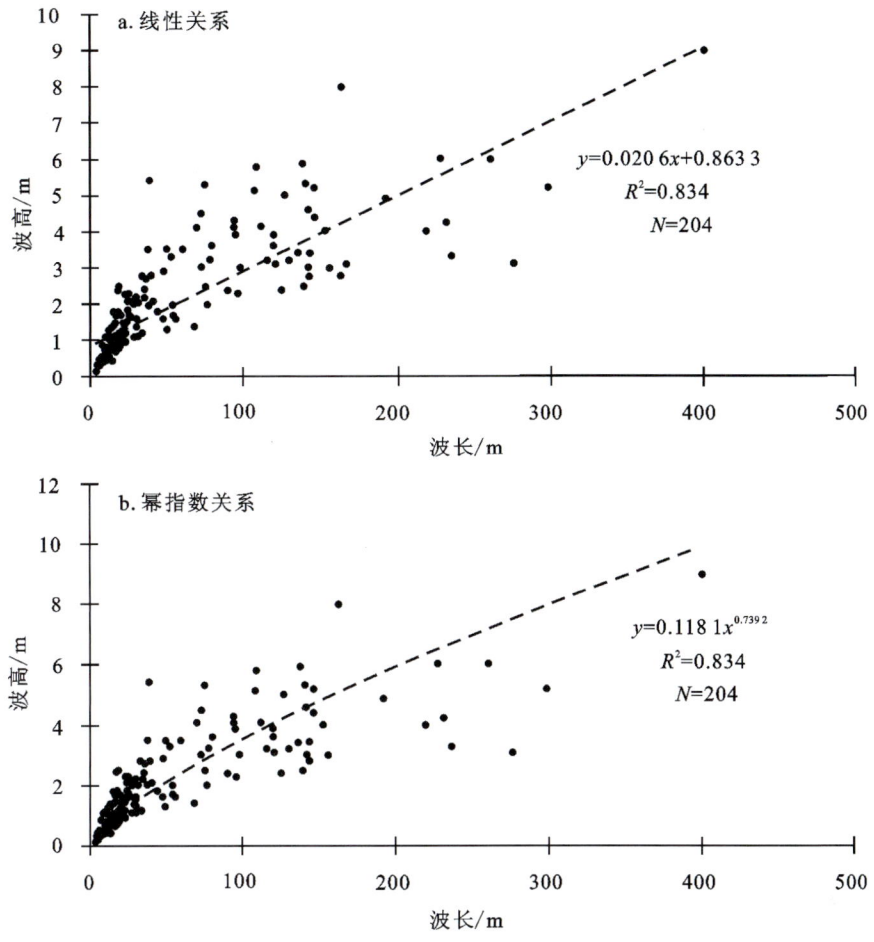

图 10-43　长江湖口至大通河段沙波波长与波高相关性

3) 大通至吴淞口河段

大通至吴淞口河段与湖口至大通河段相似,沙波主要有中、小型弯曲状沙波,中、小型直脊状沙波,大型链珠状沙波、新月状沙波、复合沙波,巨型复合沙波。该河段中、小型沙波发育区约占整个沙波发育区的 71.50%,大型和巨型沙波仅占 28.50%,沙波最大波高可达 9～10m,最大波长可达 421m。

中、小型弯曲状沙波主要分布在水深较浅的水域,如水深 5～15m 的河段(图 10-44),但在该河段水深 20～30m 的水域依然观测到沙波波长 6～10m,波高 0.3～0.8m 的中、小型弯曲状沙波(图 10-45)。

该河段大型链状沙波(发育有伴生椭圆形凹坑)主要发育水深 15～25m 之间,沙波波高介于 1～3m,沙波波长介于 15～40m。该类型沙波发育区面积并不大,长度仅为 1.50～2km(图 10-46)。

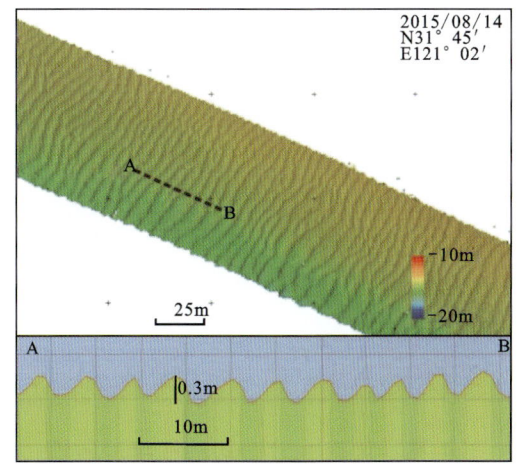

图 10-44　长江大通至吴淞口河段中、小型直脊状沙波

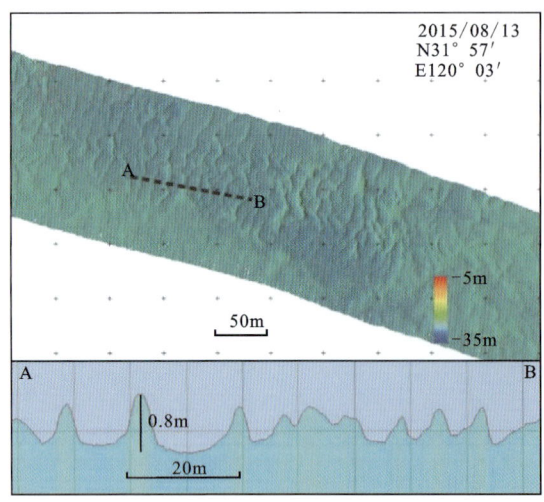
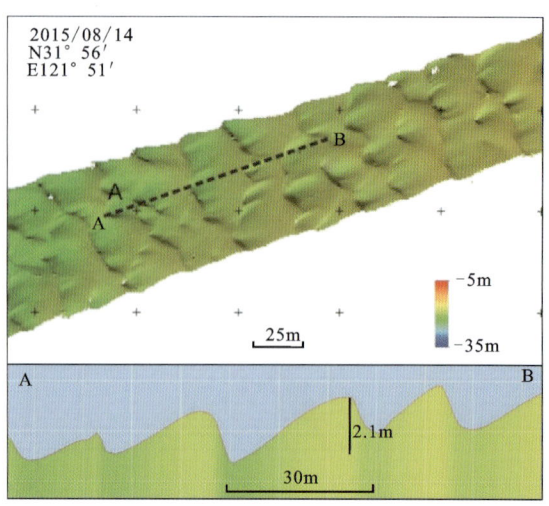

图 10-45　长江大通至吴淞口河段
中、小型弯曲状沙波

图 10-46　长江大通至吴淞口河段大型链状沙波
注：发育伴生底形。

在水深 12~18m 的水域还观测到了大型新月状沙波，该类沙波波长一般介于 20~40m，波高最大可达 1~2m（图 10-47）。

巨型复合沙波也是该河段较常见的一类沙波。与湖口至大通河段相比，该河段巨型复合沙波的波峰与波谷中均发育了次级沙波。该类巨型沙波波长一般介于 100~200m，波高可以达到 2~4m（图 10-48）。该河段巨型沙波最大波长可达 420m，波高可达 9~10m。

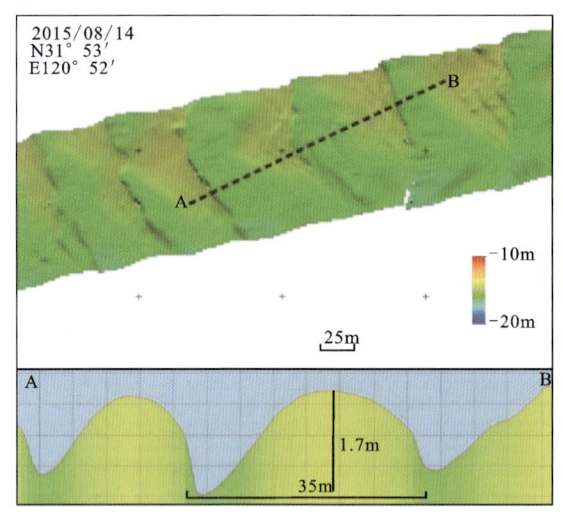
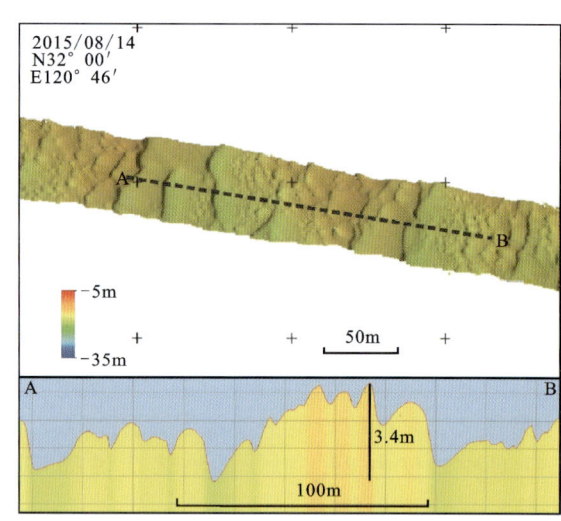

图 10-47　长江大通至吴淞口河段大型新月状沙波

图 10-48　长江大通至吴淞口河段巨型复合沙波

对该河段 1157 个沙波的波高和波长进行了统计，并做了趋势分析，发现沙波波高与波长的线性相关系数平方值（R^2）为 0.68，而幂函数的相关系数平方值可以达到 0.84（图 10-49）。

3. 河槽沙波空间分布的共性与差异性

沙波地貌为研究河段河槽的主要微地貌，但不同河段沙波的空间分布存在差异。其中，九江至湖口河段沙波地形约占河段的 80.30%，湖口至大通河段沙波地形占 62.10%，大通至徐六泾河段沙波地形约占 64.30%，徐六泾至吴淞口河段沙波地形约占 27.50%，即沙波地貌所占河槽比例与尺度从上游

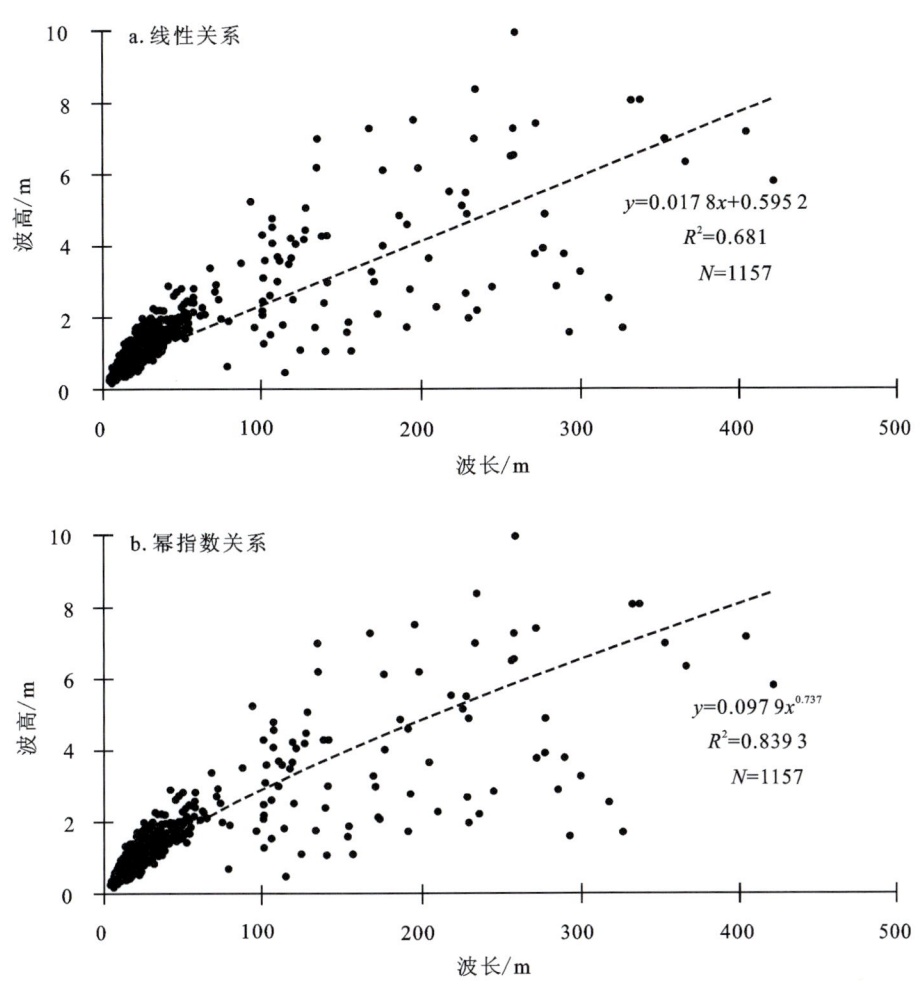

图 10-49 长江大通至吴淞口河段沙波波长与波高相关性

向下游呈现减少趋势。

沙波空间分布的差异性主要与水动力条件、河宽及河型的改变有关(Thorne and Osman,1988; Osman and Thorne,1988;Thorne and Abt,1993;Kostaschuk,2000;Kostaschuk et al.,2005)。长江中下游河槽沙波的发育反映了底床强烈的堆积与冲刷现象,水动力增强,沙波尺度增大,水动力减弱,沙波尺度减小;河槽展宽,堆积增加,床沙虽处于搬运状态,但沙波的尺度也有可能减小,河槽缩窄,冲刷增加,床沙搬运强烈,沙波尺度增大(王哲等,2007)。长江九江至湖口河段河槽宽度较窄,沙波发育广泛,鄱阳湖入江水流顶托湖口以上长江来水,沙波尺度较湖口至大通河段小。而湖口至大通河段河槽水动力以径流作用为主,沙波发育广泛,水动力没有外海潮波或入江水流顶托,水动力较强,沙波尺度较大。大通至吴淞口河段的上段以径流作用为主,沙波尺度较大且发育范围广泛,但中下游河段受潮流顶托,水动力较小,沙波尺度与发育范围有减小趋势。

总之,九江至湖口河段长约21km的左侧主河槽中沙波地形约占河段的80.30%,长度约210km的湖口至大通河段(测线长约360km)中,沙波地形约占62.10%;长度约490km的大通至徐六泾河段(测线长约1050km)中,沙波地形约占64.30%;长约70km的徐六泾至吴淞口河段(测线长约150km)中,沙波地形约占27.50%。其中,沙波最大波长可达421m,波高可达9~10m。各河段沙波发育特征具体如下。

(1) 长江九江至湖口河段沙波类型主要有大、中、小型弯曲状沙波,中、小型直脊状沙波,大型弯曲状沙波,巨型沙波等。沙波波高一般小于 5.50m,波长小于 260m,且该河段沙波的几何参数变化迅速。

(2) 湖口至大通河段沙波地貌类型主要有中、小型弯曲状沙波,中、小型直脊状沙波,大型弯曲状沙波,巨型直脊状沙波、弯曲状沙波、复合沙波等。沙波最大波高可达 5~9m,最大波长可达 310~420m。

(3) 大通至吴淞口河段与湖口至大通河段相似,沙波主要有中、小型弯曲状沙波,中、小型直脊状沙波,巨型复合沙波,大型新月状沙波、链珠状沙波、复合沙波。该河段中、小型沙波发育区约占整个沙波发育区的 71.50%,巨型和大型沙波仅占 28.50%,沙波最大波高可达 9~10m,最大波长可达 421m。

四、干流河槽冲淤与微地貌对人类活动的自适应行为分析

河槽对人类活动的自适应行为不仅有长期和短期之分,整体河槽与局部河槽冲淤对人类活动的自适应程度也不同(钱宁等,1987;Frihy et al.,2003;Bridge and Jarvis,2010;张晓鹤,2016)。与此同时,河槽局部与整体的冲淤行为在表层沉积物与床面微地貌上也有一定的表现,如大坝拦沙导致下游来沙量减少,河槽冲刷,沉积物发生粗化行为(Smith and Mclean,1977;高敏等,2015);因修建桥墩改变了局部河槽边界条件,桥墩周边河槽发生冲刷行为,形成多种冲刷微地貌(Sumer et al.,2001;Sun et al.,2007;白世彪等,2007;陆雪骏,2016)。因此,本书主要从河槽表层沉积物、整体河槽、局部河槽以及河槽沙波 4 个方面分析长江汉口至吴淞口干流河段河槽演变对人类活动的自适应行为。

1. 河槽沉积物粒度变化

长江中下游河槽表层沉积物粒度变化已有学者进行了研究(赵怡文和陈中原,2003;王张峤,2006;徐晓君等,2010;罗向欣,2013)。如罗向欣(2013)利用 2008 年与 2011 年采集的河槽表层沉积物样品对比了前人研究结果认为,长江中下游河槽表层沉积物粒径遵从自"源"向"汇"的总体波动变细的趋势,但是三峡大坝下游和长江河口存在两个沉积物粒径突变的区域,分别位于三峡大坝下游约 100km 的河段和长江口徐六泾以下河段;同时,认为三峡大坝的运行使得 70%的上游推移质沉积于三峡库区,造成输沙量的急剧减少,是导致三峡大坝下游河槽沉积物粒径明显粗化的主要原因,并且三峡大坝拦沙效应影响最为明显的区域一直持续至大坝下游约 200km。徐晓君等(2010)也认为三峡大坝运行之后的 5 年内,其下游约 400km 的河槽表层沉积物出现了全程粗化的趋势,且粗化程度离大坝越近越明显,但是蓄水前后城陵矶以下 1200km 的河槽表层沉积物中值粒径变化规律基本一致,即沿程依然是向下游变细的格局(图 10-50)。

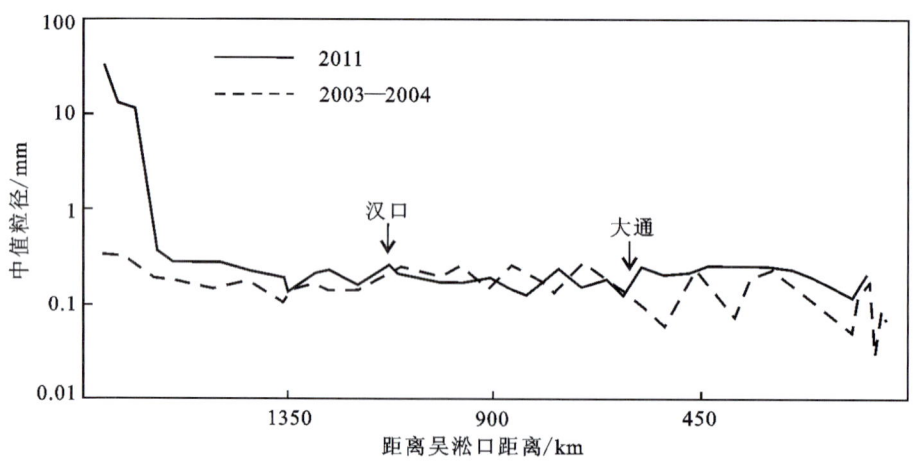

图 10-50　长江汉口至吴淞口河段河槽表层沉积物对比(罗向欣,2013)

三峡大坝下游200～400km河段的河槽表层沉积物自2003年以后发生粗化行为已得到证实,而汉口以下河段河槽表层沉积物如何自适应于人类活动尚需要明确。本次工作自汉口至吴淞口河段共采集河槽表层沉积物样品54个,分析发现汉口至吴淞口河段主河槽表层沉积物粒度中值粒径变化剧烈(8.10～294.40 μm)。与罗向欣(2013)的研究结果对比,整体上河槽沉积物中值粒径变化不大,但大通以上河段有再次调整变细趋势,大通以下河段有波动变粗趋势(图10-51)。高敏等(2015)在长江吴淞口上段(南支)进行了连续8天的现场定点观测,观测数据包括悬沙浓度与悬沙粒度、河槽表层沉积物样品粒度等。通过分析发现,长江南支河道近底层悬沙峰值粒径可以达到40～100μm,部分悬沙存在沙的再悬浮。结果显示,南支河道在流域人类活动的影响下,来沙量锐减,河道含水量减少较明显,水流挟沙不饱和程度增加,悬沙与河槽表层沉积物交换过程中以冲刷为主,床沙有粗化趋势。

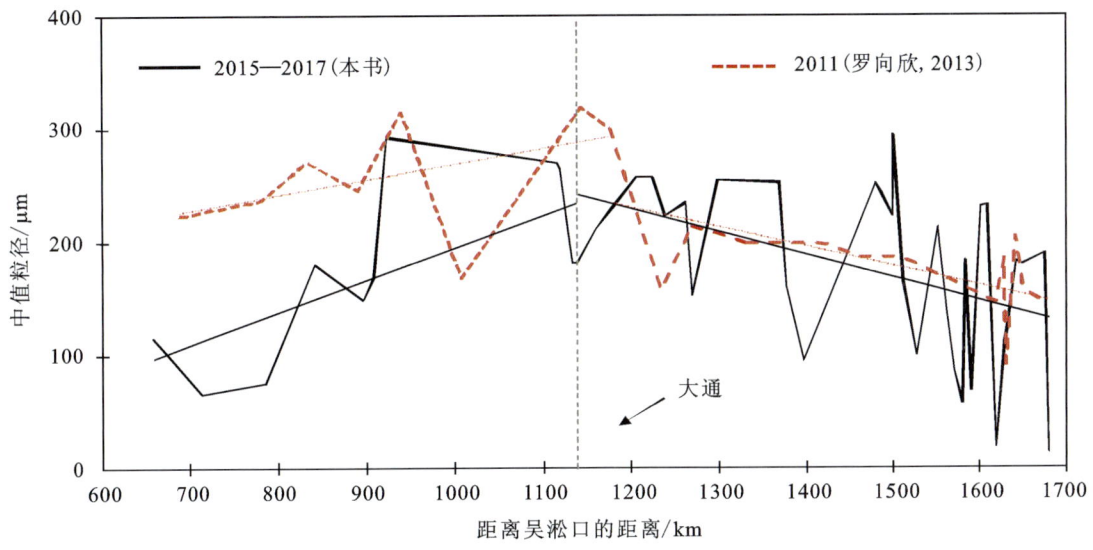

图10-51 近期长江汉口至吴淞口河槽表层沉积物对比

此外,河槽表层沉积物采样位置对河槽沉积物粒度影响很大,一般而言,河槽深泓线(或中间)的河槽表层沉积物中值粒径较河流两侧大(王张峤,2006)。本次工作采集的河槽沉积物主要位于主航道中,而长江中下游航道并非均位于河槽中间或河流深泓处,因而本次工作实测河槽表层沉积物粒度势必小于河槽中间的粒度值。

综述所述,2011年以来汉口至吴淞口河槽表层沉积物粒径变化不大,但大通以下河段河槽表层沉积物粒度自适应于人类活动的行为表现为波动粗化。

2. 河槽整体冲淤分析

近几十年来,人类活动对河流至河口三角洲体系的影响日益增强,河槽冲淤过程对人类活动的自适应行为研究也逐渐成为人们关注的焦点。如Vorosmarty等(1997)指出,全世界约1/4的流域泥沙被水库拦截,水库下游河段乃至河口三角洲如何自适应于流域来沙量减少也成为研究的热点。

1) 汉口至湖口河段

1998年至2013年的河槽冲淤统计数据表明,0m线以下河槽总体积由19.4亿m³冲刷至21.1亿m³,河槽冲刷总体积约1.7亿m³,占1998年0m线以下河槽体积的8.76%,年均冲淤强度为-4.8万m³/(km·a)。其中,-5～0m、-10～-5m以及<-10m处河槽冲刷贡献率分别占5.88%、58.82%和35.29%。因此,长江汉口至湖口段0m线以下河槽目前的冲淤规律为河槽全面冲刷,且主要冲刷区域集中于-10～-5m水域中(表10-5)。

表 10-5 长江汉口至湖口河段河槽冲刷量统计

分级	0m 以下	−5～0m		−10～−5m		<−10m	
	体积/亿 m³	体积/亿 m³	百分比/%	体积/亿 m³	百分比/%	体积/亿 m³	百分比/%
1998	19.4	14.0	72.16	5.0	25.77	0.4	2.06
2013	21.1	14.1	66.82	6.0	28.44	1.0	4.74
冲淤量	−1.7	−0.1	5.88	−1.0	58.82	−0.6	35.29

三峡大坝运行后的 8 年里(2003—2010 年),其累计拦沙约 1.17 亿 t(许全喜和童辉,2012)。汉口水文站实测资料也表明,其多年平均输沙量为 3.37 亿 t,2006—2015 年平均年输沙量仅 0.90 亿 t,仅为多年平均输沙量的 26.70%(《长江泥沙公报》2015 年资料)。河流输沙量持续减少将导致水流挟沙能力增强,水流冲刷河床能力也将增强(钱宁,1983),是该河段冲刷规律由"滩淤槽冲"向"滩槽均冲"转变的主要原因(许全喜,2013)。河槽冲刷现象在长江荆江河段也有发现。如 Xia 等(2016)认为,三峡大坝的运行直接导致了荆江河段的年输沙量大幅度降低,同时该河段年平均悬浮泥沙浓度也由原来的 1.35kg/m³(1956—2002 年)下降至 0.28kg/m³(2002—2013 年),该河段发生全面冲刷,累积冲刷河槽约 0.7 亿 t(Xia et al.,2016)。

因此,长江汉口至湖口河段河槽自适应于人类活动的行为主要表现为:0m 线包络河槽整体呈冲刷趋势,2013 年较 1998 年河槽冲刷体积约 1.7 亿 m³,占 1998 年 0m 线以下河槽体积的 8.76%,年均冲淤强度为 −4.80 万 m³/(km·a)。其中,−10～−5m 水域是该河段响应人类活动的主要区域。

2)湖口至大通河段

1998 年至 2013 年河槽冲淤统计数据表明,0m 线以下河槽总体积由 20.7 亿 m³ 冲刷至 24.2 亿 m³,河槽冲刷总体积约 3.5 亿 m³,占 1998 年 0m 线以下河槽体积的 16.91%,年均冲淤强度为 −10.0 万 m³/(km·a)。其中,−5～0m、−10～−5m 及 <−10m 处河槽冲刷贡献率分别占 57.14%、28.57% 和 14.29%。因此,长江湖口至大通段 0m 线以下河槽目前的冲淤规律为河槽全面冲刷,主要冲刷区域集中于 −5～0m 的浅水河槽中(表 10-6)。

表 10-6 长江湖口至大通河段河槽冲刷量统计

分级	0m 以下	−5～0m		−10～−5m		<−10m	
	体积/亿 m³	体积/亿 m³	百分比/%	体积/亿 m³	百分比/%	体积/亿 m³	百分比/%
1998	20.7	14.0	67.63	6.0	28.99	0.7	3.38
2013	24.2	16.0	66.12	7.0	28.93	1.2	4.96
冲淤量	−3.5	−2.0	57.14	−1.0	28.57	−0.5	14.29

与汉口至湖口河段相似,湖口至大通河段水土保持与三峡大坝是造成流域来沙量减少的主要原因。由于流域来沙量减少,该河段目前依然表现为河槽的全面冲刷。但 −5～0m 的浅水河槽体积较大,2013 年时约占整个河槽体积的 66.12%,该水域河槽也是冲刷最为明显的河槽。因此,与汉口至湖口河段相比,该河段河槽以 −5～0m 的浅水河槽为响应流域来沙量减少的主要水域。

因此,长江湖口至大通河段河槽自适应于人类活动的行为主要表现为:0m 线包络河槽整体呈冲刷趋势,2013 年较 1998 年河槽冲刷体积约 3.5 亿 m³,占 1998 年 0m 线以下河槽体积的 16.91%,年均冲淤强度为 −10.00 万 m³/(km·a)。其中,−5～0m 水域是该河段响应人类活动的主要区域。

3)大通至吴淞口河段

1998 年至 2013 年河槽冲淤统计数据表明,0m 线以下河槽总体积由 144.0 亿 m³ 冲刷至 162.0 亿 m³,

河槽冲刷总体积约 18.0 亿 m³，占 1998 年 0m 线以下河槽体积的 12.50%，年均冲淤强度为 -21.20 万 m³/(km·a)。其中，$-5\sim 0$m、$-10\sim -5$m 及 <-10m 处河槽冲刷贡献率分别占 27.78%、22.22% 和 50.00%。因此，长江大通至吴淞口段 0m 线以下河槽目前的冲淤规律为河槽全面冲刷，且主要冲刷区域集中于 10m 线以下的深水河槽中（表 10-7）。

表 10-7 长江大通至吴淞口河段河槽冲刷量统计

分级	0m 以下		$-5\sim 0$m		$-10\sim -5$m		<-10m	
	体积/亿 m³	体积/亿 m³	百分比/%	体积/亿 m³	百分比/%	体积/亿 m³	百分比/%
1998	144.0	78.0	54.17	49.0	34.03	17.0	11.81
2013	162.0	83.0	51.23	53.0	32.72	26.0	16.05
冲淤量	-18.0	-5.0	27.78	-4.0	22.22	-9.0	50.00

注：该计算以 0m 线以下河槽体积为百分之百。

与汉口至大通河段不同，该河段水动力条件变化复杂，不仅受到上游来水的影响，还受到潮周期的影响。但水土保持与三峡大坝造成的流域来沙量减少依然是该河段河槽全面冲刷的主要原因，且河槽冲刷强度较汉口至大通段强。虽然 $-5\sim 0$m 的浅水河槽体积较大，2013 年时约占整个河槽体积的 51.23%，但其冲刷贡献率仅为 27.78%，而仅占 16.05% 的 10m 以深的水域却贡献了冲刷总量的 50.00%。因此，该河段河槽 10m 以深河槽为响应流域来沙量减少的主要水域。

鉴于该河段水沙动力以及复杂的边界条件，将该河段分为大通—芜湖、芜湖—五峰、五峰—徐六泾、徐六泾—吴淞口 4 个河段分别进行讨论。上述分段的依据为河槽冲淤规律，即自大通向下游表现为"冲→淤→冲→强冲"的特征。

4）干流河槽整体演变趋势讨论

由于流域及河口工程的建设与运行，长江汉口至吴淞口河段干流河槽发生了整体冲刷现象，而长江汉口至吴淞口干流河槽是否持续冲刷亟待分析。

实测床面剪切力与理论剪切力之间的关系可用来分析水流与河槽表层沉积物之间是否接近平衡。利用 ADCP 在九江至吴淞口段沿主河槽采集了流速数据与同步河槽表层沉积物样品，发现长江九江至吴淞口河段河槽床面剪切力介于 $0.38\sim 0.83$N/mm²（表 10-8），明显大于理论河槽床面剪切力（$0.05\sim 0.09$N/mm²）。这说明河槽表层沉积物在频繁的搬运过程中仍有冲刷趋势。

表 10-8 长江九江至吴淞口河段河槽床面剪切力和理论床面剪切力

编号	D50	D90	水深 H	0.8H 处流速	τ	τ_c
	μm		m	m/s²	N/mm²	
JJ_HK_02	149	224	13	0.73	0.62	0.05
JJ_HK_04	169	257	8	0.54	0.38	0.05
JJ_HK_06	232	358	7	0.56	0.44	0.08
HK-DT_02	257	367	18	0.83	0.83	0.09
DT_XLJ_04	230	348	10	0.69	0.62	0.08
DT_XLJ_06	257	398	10	0.6	0.49	0.09
DT_XLJ_09	153	223	11	0.67	0.54	0.05
XLJ_WSK_02	183	282	15	0.71	0.60	0.06

长江九江至吴淞口河段主河槽沙波发育统计,发现沙波地貌占各河段百分比如下:九江至湖口河段主河槽中沙波约占河段的80.30%,湖口至大通河段主河槽中沙波约占62.10%,大通至徐六泾河段主河槽中沙波约占64.30%,徐六泾至吴淞口河段主河槽中沙波约占27.50%。以往研究表明,沙波的快速生长与消亡是河槽快速自适应于水流、泥沙与河床边界条件改变的表征。与较长期的河槽冲淤自适应相比,微地貌短期演变能够快速地指示流域水沙条件的改变,进而在一定程度上能够指示大尺度河槽演变的趋势(Best,2005;王伟伟,2007;吴帅虎等,2016)。例如王伟伟等(2007)认为,小尺度微地貌的发育演变与大尺度河槽演变过程息息相关,分析小尺度沙波活动可预测大尺度河床的稳定性;而大尺度水下地形格局演变对中、小尺度水下地形的发育也具有重要影响,如长江口北港因青草沙水库的建设河槽束窄,2002—2012年北港河段河势演变格局以冲刷为主,导致推移质运动增强,利于小尺度地形(沙波)的发育(刘高伟,2015;吴帅虎等,2016)。长江九江至吴淞口河段主河槽沙波的广泛发育也表明,研究河段的干流河槽推移质运移活跃。

另外,主干流河槽普遍发生了冲刷,仅部分河段有淤积现象。与此同时,统计了近期汉口至大通河段输沙量变化发现,三峡修建之后的6年,汉口至大通河段年均输沙量显示河槽冲刷体积0.16亿t,而2009—2016年,年均冲刷达到0.41亿t。尤其在2016年,汉口站年输沙量仅为0.68亿t,湖口站为0.12亿t,大通水文站为1.52亿t(表10-9)。由输沙量法估算,2016年汉口至大通河段冲刷量达到0.72亿t,明显较2009—2016年的平均值(0.41亿t)大。

表10-9 近期汉口至大通河段输沙量统计

单位:亿t

时间	汉口	大通	湖口	汉口至大通冲淤量
2009—2016	1.16	1.72	0.15	−0.41
2016	0.68	1.52	0.12	−0.72

综上所述,本书认为由于长江流域正在以及将要修建更多的水库与大坝,上游年输沙量仍可能持续减少或维持在较低值;长江河口地区正在修建的河道整治工程与促淤围垦工程,将进一步干扰河口边界与水动力过程,长江汉口至吴淞口河段干流河槽仍可能继续冲刷。

3. 局部河槽强烈冲淤对人类活动的自适应行为分析

局部河槽冲淤演变也关系到桥梁、岸线资源的利用和航行安全(Harrison and Densmore.,2015;陆雪骏,2016)。已有研究表明,桥墩附近河槽的强烈冲刷是引起桥梁水毁的重要因素之一。另外,由于河道整治工程等的实施,局部河槽的强烈冲刷也可能引起岸线不稳定的因素(张晓鹤,2016;石盛玉,2017;吴帅虎,2017),因此局部河槽的强冲强淤也是河槽冲淤演变研究中的重点之一。

1)跨江大桥桥墩局部冲刷加剧

跨江大桥的桥墩可改变局部河槽的水动力条件,引起局部河槽的冲淤演变。桥墩引起的河槽演变主要有一般冲刷和局部冲刷(Baglio et al.,2001;Ataieashtiani and Beheshti,2006;Akib et al.,2014;陆雪骏,2016)。一般冲刷是指因桥墩侵占河槽过水断面,造成过水断面缩窄,水流流速增大以及挟沙能力增大而造成的河槽大面积冲刷;局部冲刷主要指桥墩改变了局部水流结构而形成的马蹄形涡流引起桥墩周围的冲刷(Baker,1979;齐梅兰,2005;Dey and Raikar,2007;Khosronejad et al.,2012)。

长江九江至吴淞口河段自1964年以来修建了多座跨江大桥,如上海长江大桥、南京长江大桥、南京八卦洲长江大桥(南京长江二桥)、铜陵长江大桥等(图10-52)。本次选取上海长江大桥、南京长江大桥、南京八卦洲长江大桥、南京大胜关长江大桥和铜陵长江大桥等长江大桥,分析了长江九江至吴淞口河段桥墩局部冲刷趋势(图10-52)。

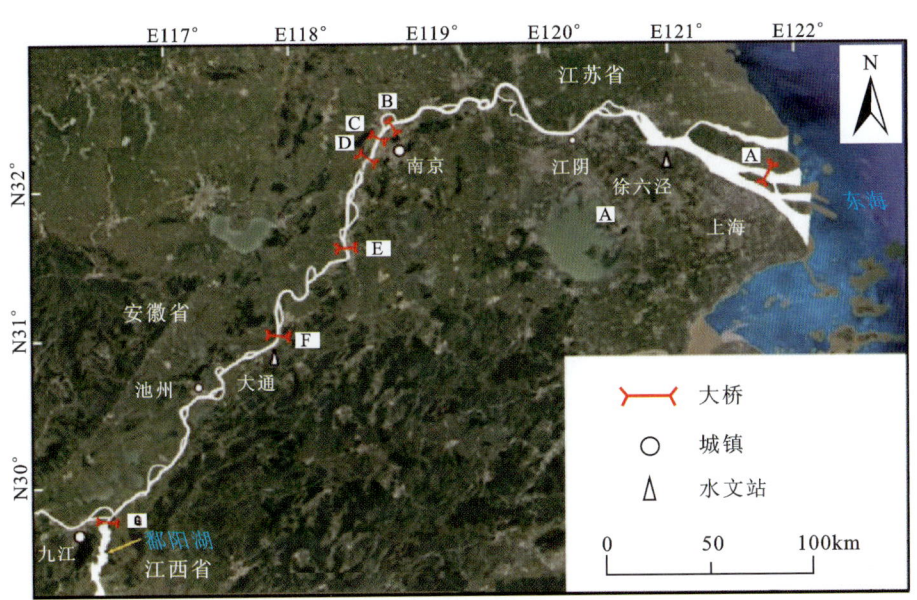

图 10-52　长江九江至吴淞口河段观测大桥桥墩示意图

A. 上海长江大桥；B. 南京八卦洲长江大桥；C. 南京长江大桥；D. 南京大胜关长江大桥；E. 芜湖长江大桥；F. 铜陵长江大桥；G. 鄱阳湖长江大桥

结果显示，上海长江大桥桥墩两侧呈长条状冲刷，桥墩上下游有明显淤积体，冲刷与淤积区域较桥墩附近河槽床面明显不同；南京大胜关长江大桥桥墩周边呈剧烈冲刷，下游呈长条状冲刷；南京八卦洲长江大桥和铜陵长江大桥桥墩呈马蹄形冲刷（图10-53，表10-10）。

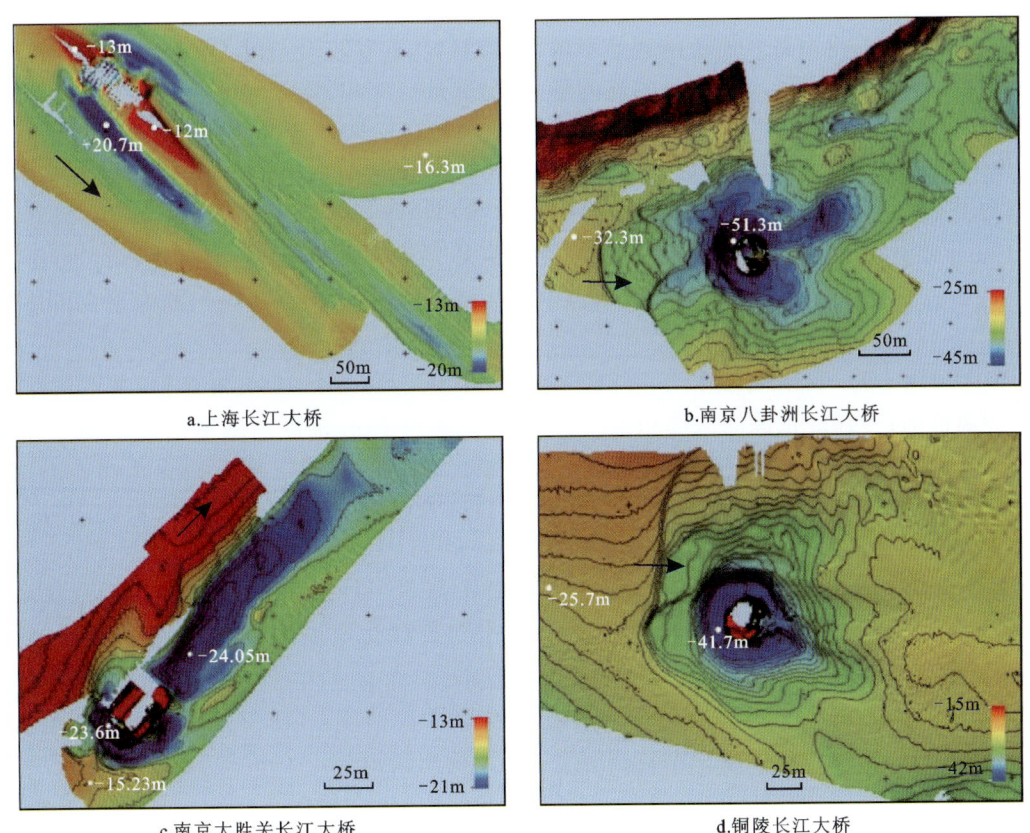

a. 上海长江大桥　　b. 南京八卦洲长江大桥　　c. 南京大胜关长江大桥　　d. 铜陵长江大桥

图 10-53　长江九江-吴淞口河段典型大桥桥墩周边微地貌

表 10-10　长江九江至吴淞口河段典型大桥桥墩局部冲刷体积统计　　　　　　　　　　　　　　　　　　　单位:m

桥墩	最大冲刷深度	最大淤积高度	水平面	冲刷长度	
				平行水流方向	垂直水流方向
上海长江大桥	4.40	4.30	16.30	316	137
南京大胜关长江大桥	8.80	—	15.20	518	103
南京八卦洲长江大桥	19.00	—	32.30	395	214
铜陵长江大桥	15.40	—	25.70	227	162

桥墩不仅会造成局部河床的剧烈冲刷,桥墩群同时也会束窄河槽,引起局部河床整体冲刷,造成床沙粗化,小尺度水下地形的对称性较其他区域差(Wardhana and Hadipriono,2003;郭兴杰等,2015;陆雪骏,2016)。众多学者对桥墩上游和下游各 100m 范围为横断面的形态变化进行了分析。结果表明,1998 年至 2013 年上海长江大桥、南京八卦洲长江大桥和铜陵长江大桥的桥墩均发生了冲刷。其中,南京八卦洲长江大桥桥墩上游冲刷深度可达 27m,下游约 25m(图 10-54)。

桥墩局部冲刷不仅与桥墩形态、大小、位置等有关,还受到上游来水来沙以及河槽边界条件的影响(Kaya,2010;Koken and Constantinescu,2008)。三峡大坝蓄水以来,长江中下游河段河槽发生整体冲刷,以上海长江大桥为例,2009—2013 年桥墩附近河槽发生整体冲刷,冲刷深度为 2~3m(图 10-55a)。在长江九江至吴淞口河段河槽整体冲刷的背景下,河槽整体冲刷将导致桥墩更多地暴露于床面之上,其与桥墩局部冲刷的叠加效应将加剧桥墩冲刷深度(图 10-55)。

2)东海大桥沿线冲刷加剧

东海大桥是连接洋山港和上海市的一个重要交通枢纽(图 10-56),但是接近 30km 长的跨海工程建设及水砂条件的改变使东海大桥沿线冲淤状况出现显著变化,给东海大桥的稳定性带来了一定的隐患。

东海大桥所处的杭州湾海域建桥前地势平敞,河势稳定,起伏变化较小,水深一般在 8~12m,南侧与小洋山相衔接区域受一系列面积较小的岛屿影响,呈鸡爪形地貌,局部水深达 30m 以上。

东海大桥建设在 2005 年完成,2007 年观测了东海大桥通航两年后的地形演变。在 2007 年大桥附近海域出现了明显的沿桥轴冲刷状态,在东海大桥北段两侧水下地形出现了较大范围的-10m 水深海床;大桥中段两侧也出现小范围-10m 水深海床,但其面积较小;大桥南段与洋山港衔接海域存在较大面积的-10m 水深海床,并存在小范围的-11m 水深海床。尽管中段和南段海域没有与 2002 年数据进行对比,但是中段和南段海域的冲刷演变有明显沿着大桥发展的趋势,所以可以确定是大桥建设后的冲刷特征(图 10-57)。

2009 年区域内-9~-8m 水深以下面积扩大,-8m 等深线向东北侧发展延伸,基本覆盖东海大桥两侧 6km 距离范围;-10m 水深海床面积继续扩大,大桥西侧 7km 范围内基本已在-9m 水深以下,大桥东侧-9m 等深线在距桥轴线 2~3km 地区;东海大桥北段附近开始出现-11m 水深地形,大桥中段出现很小范围的-11m 水深海床,而大桥南段附近-11m 水深海床范围面积继续扩大,并沿着大桥发展,并在南段出现极小面积的-12m 水深海床。

2011 年区域内-10m 等深线包络海床面积变化基本很小;-11m 等深线包络面积继续扩大,尤其是在大桥南段附近海域继续沿着大桥发展,两侧-10m 等深线包络面积也略增加;-12m 等深线包络面积也出现沿大桥略发展趋势,但是整体变化速度都较小。

2013 年区域内-10m 等深线包络范围基本稳定,大桥中段西侧-9m 等深线包络面积略微扩大;而大桥北段水域-10m 等深线包络面积范围开始扩大,大桥南段海域-10m 等深线包络面积扩大明显,尤其是接近小洋山港海域,两侧-10m 等深线沿大桥变化明显;大桥南段-11m 水深以下面积也在继续扩大中,基本集中于小洋山附近。

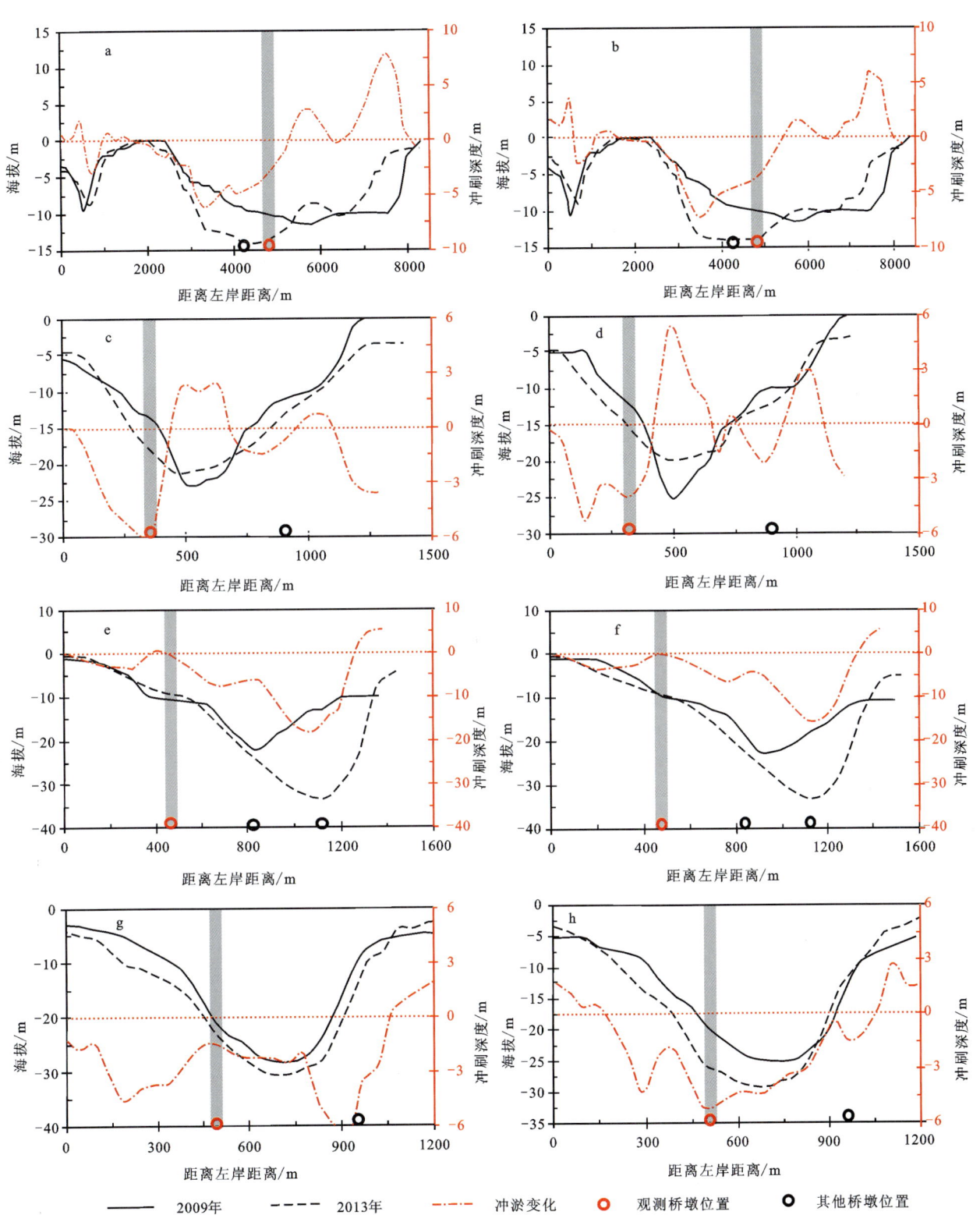

图 10-54 桥墩上游与下游横断面变化特征

a、b 分别为上海长江大桥桥墩上游和下游约 100m 处河槽横断面变化;c、d 分别为南京八卦洲长江大桥桥墩上游和下游约 100m 处河槽横断面变化;e、f 分别为南京大胜关长江大桥桥墩上游和下游约 100m 处河槽横断面变化;g、h 分别为铜陵长江大桥桥墩上游和下游约 100m 处河槽横断面变化

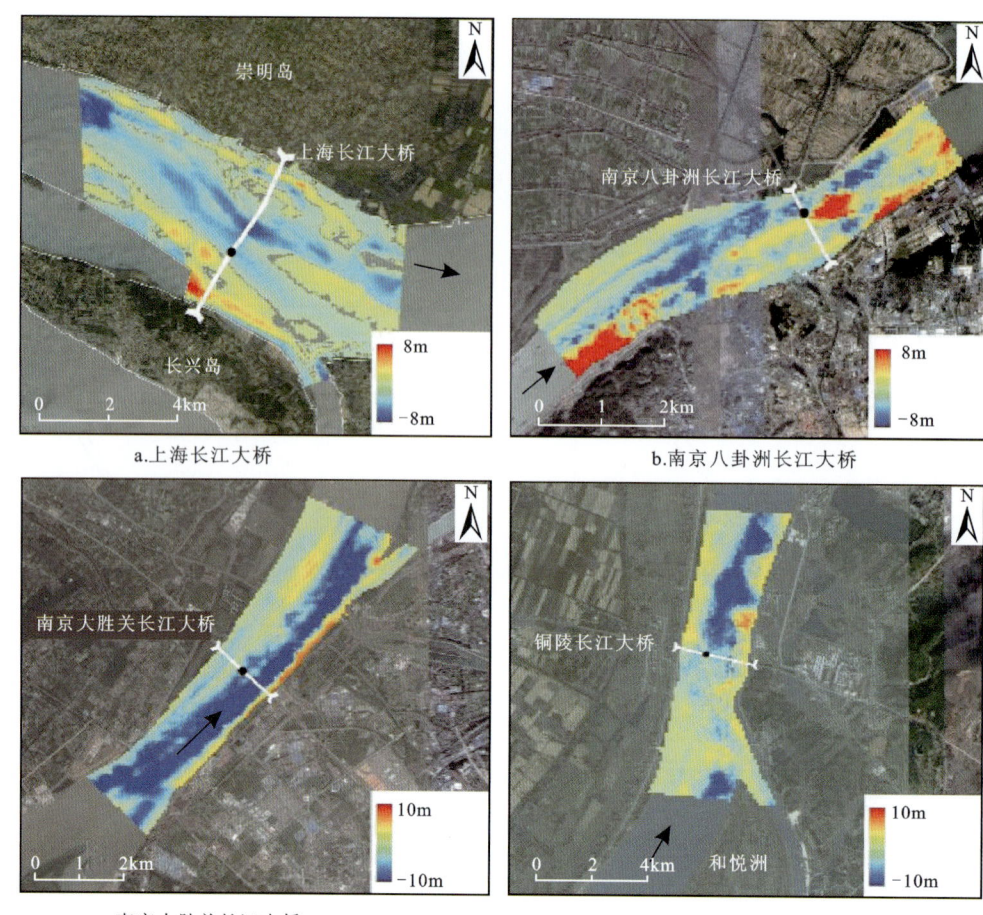

图 10-55 1998—2013 年桥墩附近河槽整体冲淤情况

2015 年区域内 -10m 等深线包络面积范围持续稳定，大桥中段西侧也基本被冲刷到 -10m 水深以下；大桥北段 -11m 等深线包络面积继续扩大，并在大桥西侧发现一定面积的 -11m 水深海床；大桥南段 -11m 等深线范围继续沿着大桥发展，并有向两侧发展趋势；在衔接洋山港的海域附近 -12m 等深线包络面积继续扩大，并出现 -13m 水深的海床。

2017 年东海大桥 -10m 等深线基本稳定，但是 -11m、-12m、-13m 等深线包络面积继续扩大，尤其是沿着东海大桥水域 -13m 等深线基本全部覆盖。东海大桥沿线冲刷明显。

3) 河道整治工程河段强冲强淤

在自然河床上，由于河流自然演变过程中深槽摆动或河床冲淤变化等，均可在河床上形成冲刷深槽或浅滩。冲刷坑在形态上主要表现为小范围内地形陡然变深，形态呈椭圆形或不规则凹陷。冲刷深槽在形态上一般表现为横断面形态近宽"V"形，沿河流流向延伸呈长条状，常见于

图 10-56 南汇东滩至小洋山卫星影像

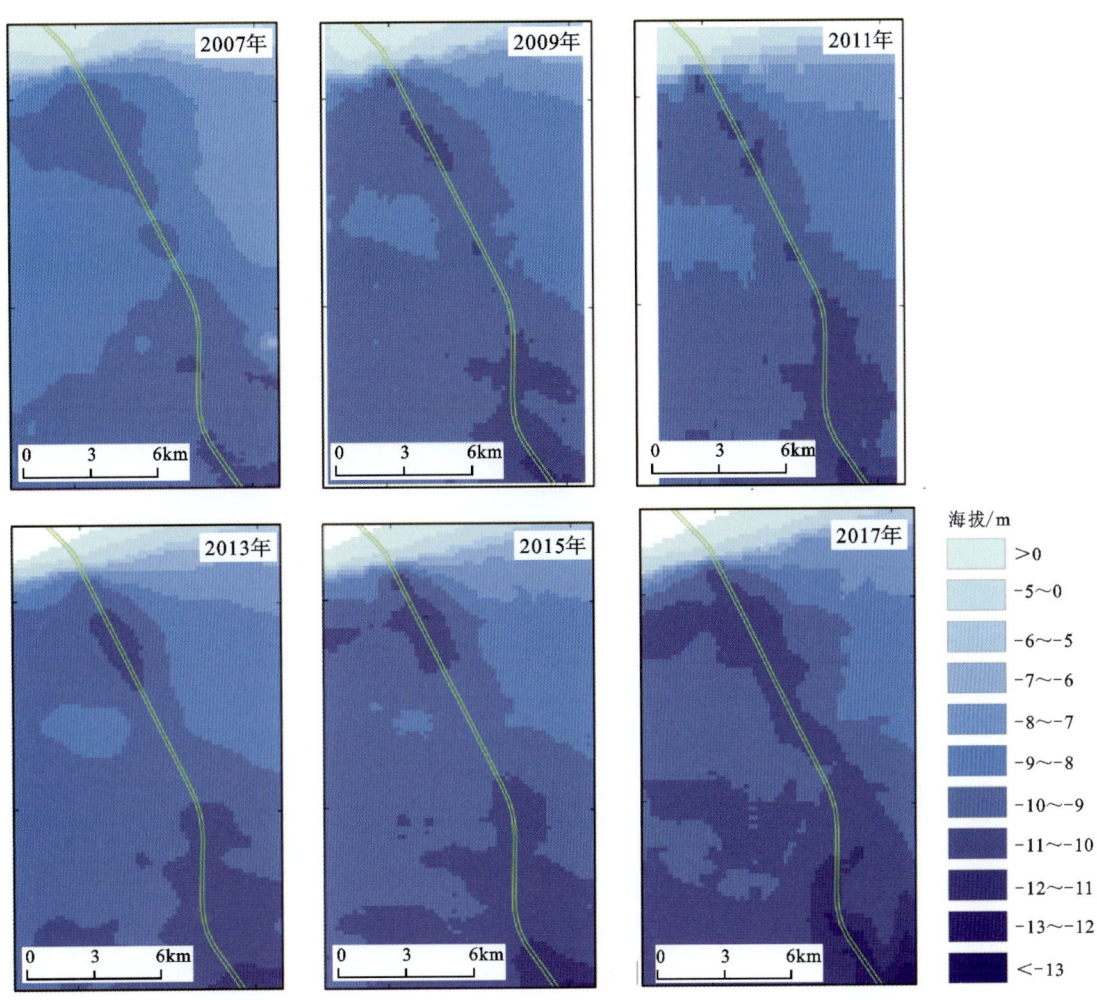

图 10-57 东海大桥 2007—2017 年水下地形变化

河流突然束窄或河流主流近岸冲刷的凹岸一侧；而浅滩则表现为整体水深的淤浅（图 10-55）。以长江大通以下河段为例，1998 年至 2013 年河槽的冲淤显示，部分河段发生强冲强淤现象。如白茆水道和南通水道发生了强烈冲刷，部分河段形成了深约 10m、长 5~10km 的冲刷深槽；而焦山水道发生了强烈淤积，形成淤积厚 4~7m、长 40~50km 的浅水区域（图 10-58）。

多波束实测数据也显示，长江九江至吴淞口河段河槽表面发育了许多冲刷坑、冲刷槽。九江至湖口河段长约 20.70km 左侧主河槽微地貌的统计结果表明，冲刷地貌占观测河槽总长度的 13.90%（图 10-59）。在九江河段与张家洲河段分别对典型冲刷地貌的几何参数进行了统计，发现深槽冲刷高度可达 6.70m，而冲刷坑则可以达到 23m（图 10-59）。冲刷坑的发育与张家洲水道河道整治工程有关，人工建筑物改变了局部水动力条件，形成局部河段的剧烈冲刷。

湖口至大通河段长约 210km，对其左侧主航槽和右侧主航槽均进行了河槽微地貌观测，测线长约 362.10km。结果表明，冲刷地貌约占 22.00%，其中冲刷深槽在沿河槽长度为 100~200m 的范围内下切深度达到 33m，而冲刷坑在沿河槽长 50~100m 的范围内最大深度较周围河槽表面深达 12~15m（图 10-60）。

大通至吴淞口河段长约 560km，对其右侧主航槽进行了河槽微地貌观测。其中，长约 490km 的大通至徐六泾河段冲刷地貌约占 27.60%，长约 70km 的徐六泾至吴淞口河段冲刷地貌约占 24.20%，两者相差不大。该河段冲刷深槽与冲刷岸坡均可达到 10m 以上（图 10-61）。

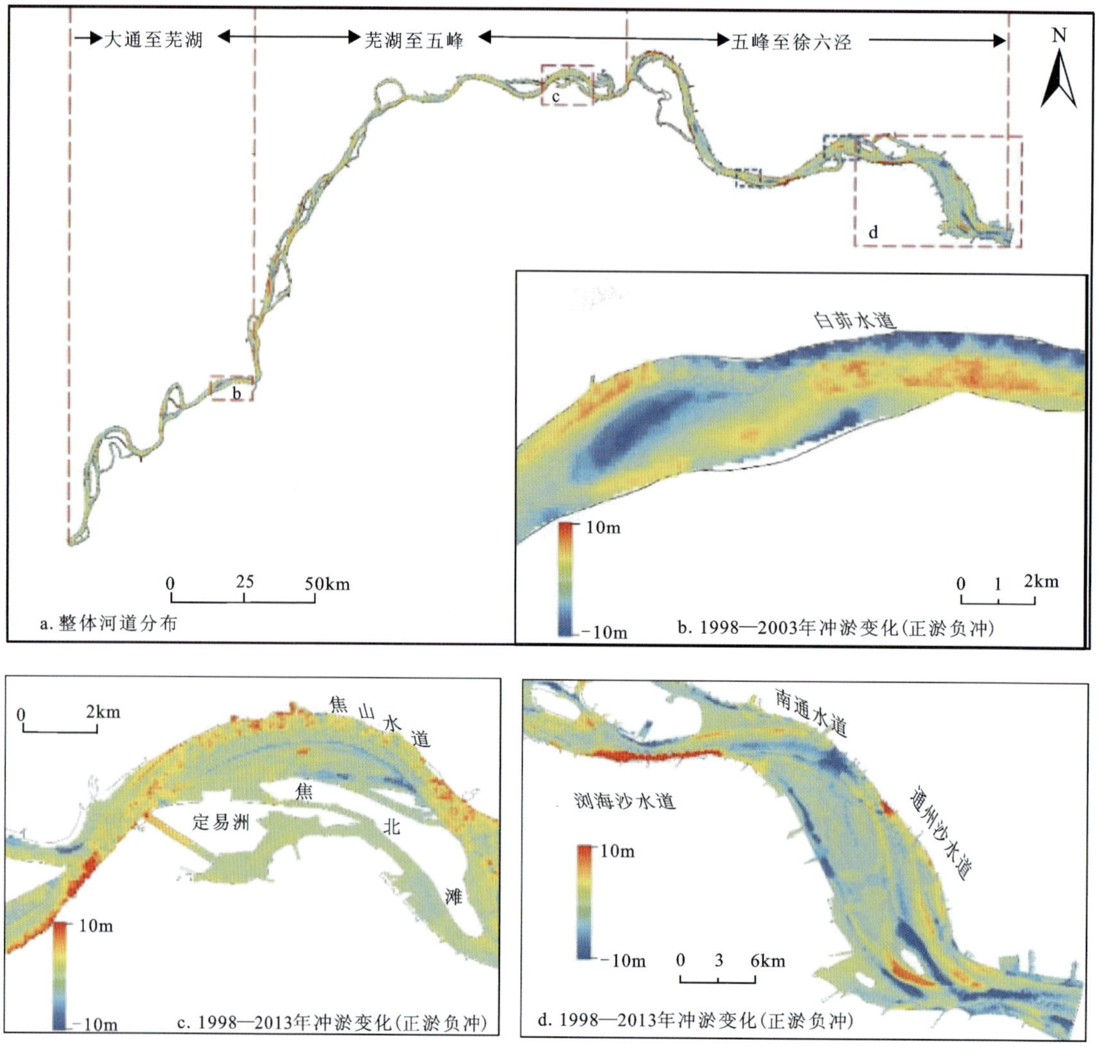

图 10-58　长江九江至吴淞口河段河道分布及局部河槽强冲强淤现象

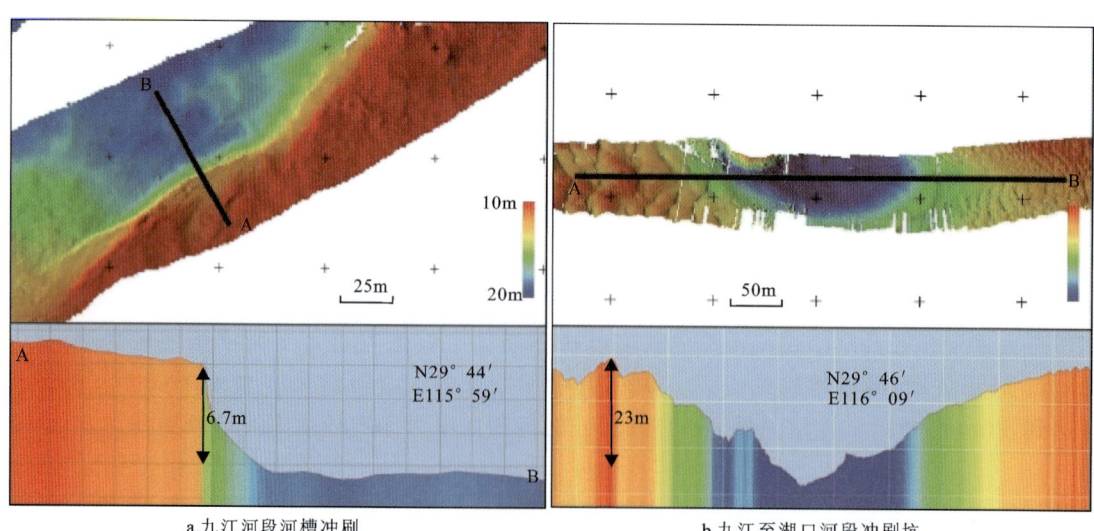

图 10-59　长江九江至湖口河段河槽冲刷地貌（2016 年）

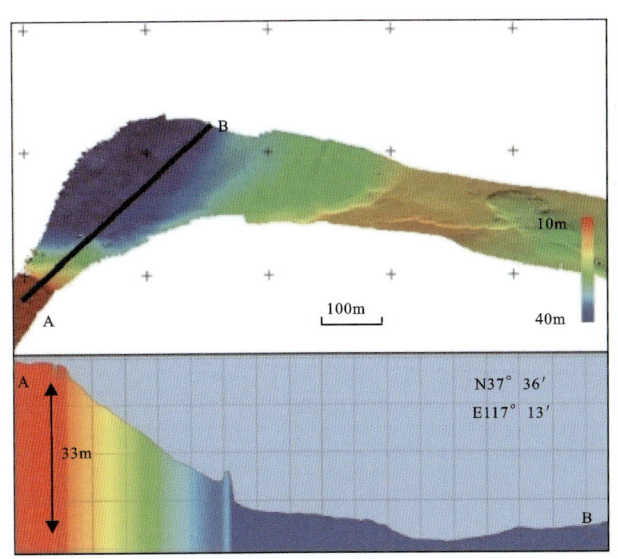

图 10-60　长江湖口至大通河段河槽冲刷地貌（2016 年）

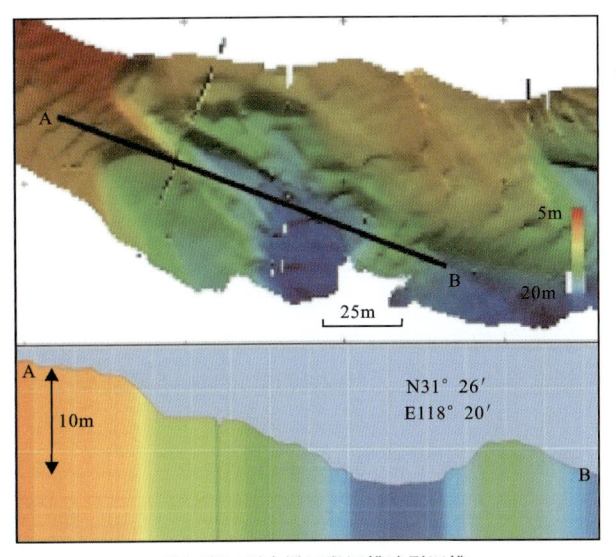

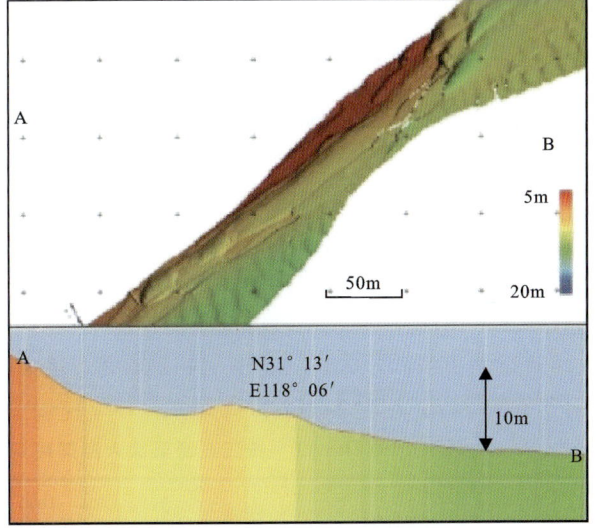

图 10-61　长江大通至吴淞口河段河槽冲刷地貌（2016 年）

上述河槽局部强冲刷与河道整治不无关系。以五峰至徐六泾河段为例，该河段于 1998—2013 年间，受河道整治工程、岸线利用、促淤、沙洲人为加速兼并等原因影响，岸线包络面积减少约 2.78 亿 m^2，减少量占 1998 年该河段河道岸线包络面积的 25.36%（表 10-11）。整治工程不仅束窄了河道、固定了河流边界；同时还制约了河流的横向摆动，也加剧了受冲岸段的岸坡冲刷，如浏海沙水道及通州沙水道中河流整治工程河段出现长达数千米的冲刷深槽（图 10-62）。多波束测深资料也表明，长江大通至徐六泾的部分河段在纵向上形成深度大于 10m、长度大于 100m 的冲刷坑（图 10-62a）或冲刷槽（图 10-62c）。因此，河道整治等工程有可能加剧或减缓河槽自然演变过程，从而形成河槽短期内的强冲强淤现象。

4）采砂导致局部河槽床面地貌剧烈变化

为了维护长江河势的稳定，保障通航安全，加强长江河道采砂的合理管理，自 2001 年 10 月国务院通过了《长江河道采砂管理条例》（2002 年 1 月 1 日起施行），由此长江主河道全面禁止非法采集江砂。这一举

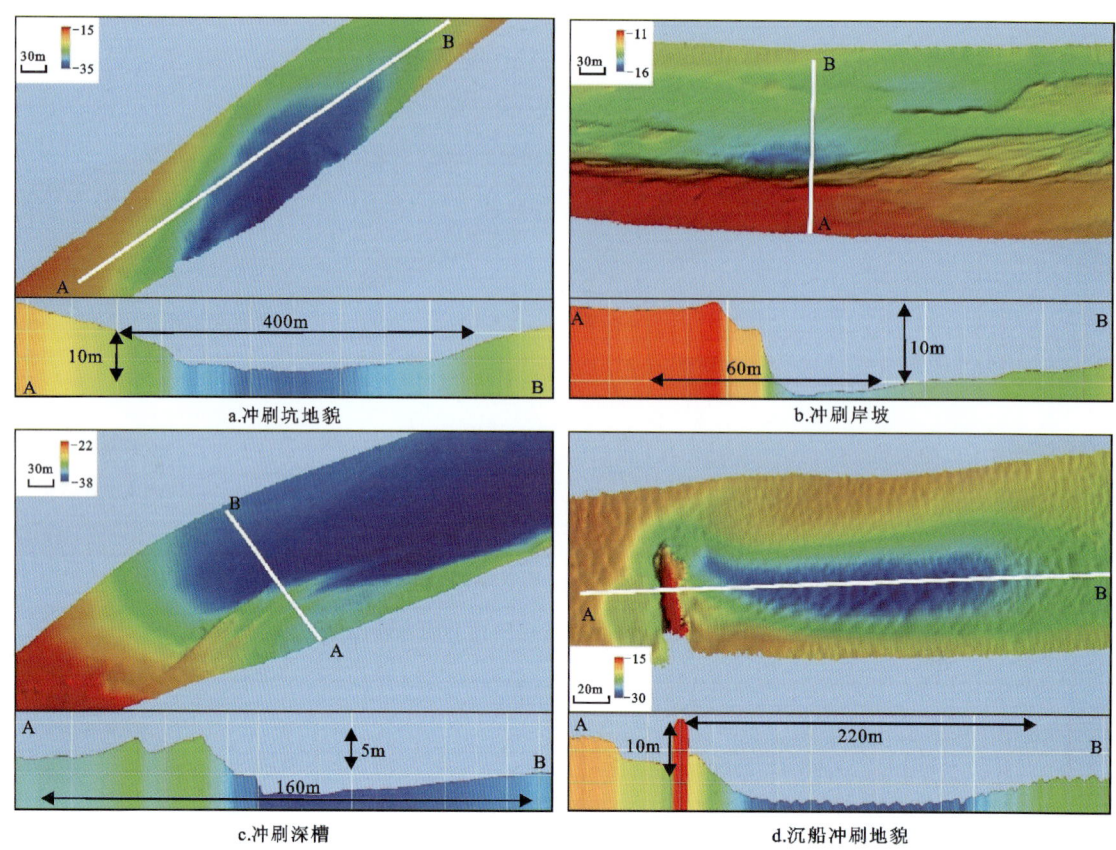

图 10-62　长江九江至吴淞口河段河槽典型冲刷地貌(2016 年)

措虽然改变了以往无序、混乱的江砂开采局面,但盗采现象尚未完全杜绝,尤其是夜间非法开采江砂的行为时常发生,且非法采集江砂的部位更加隐蔽,有些江砂采集部位距离河岸较近。例如在长江下游河道徐六泾附近的狼山沙砂体,仅 2011—2012 年间非法采集江砂达 $7.80\times10^6\,m^3$(刘桂平等,2014)。

表 10-11　长江五峰至徐六泾河段河槽统计参数及冲淤概况(1998—2013 年)

时间	岸线包络面积	总河槽体积	−2~0m 河槽体积	−5~−2m 河槽体积	−10~−5m 河槽体积	−10m 以深河槽体积
	亿 m²	亿 m³				
1998	10.96	56.52	12.33	15.46	19.84	8.89
2013	8.18	62.54	14.71	17.54	17.60	12.69
差值	−2.78	+6.02	+2.39	+2.07	−2.24	+3.80

沿中下游河槽观测采集的多波束数据显示,非法采集江砂的部位零散,几乎整个河槽都有可能是非法采集江砂的地点,部分采砂坑距离岸坡不足 50m,对河槽稳定性的威胁极大。同时,遗留的采砂坑形态上一般表现为单个或连续的椭圆形凹坑,单个采砂坑直径可达 50m,可形成体积为 1.9 万 m^3 的凹坑。采砂不仅阻断了河槽表层沉积物的自然移动,改变了局部河床的表面形态,同时采砂坑附近的水动力条件也发生了改变,进一步发展则可引起局部河床变形(刘桂平等,2014)。因此,采砂的数量与位置对河槽稳定与演变较重要。研究还表明,2003—2010 年间,徐六泾附近河段规划采砂量达 1.20 亿 m^3,而江阴至徐六泾河段 1998—2013 年总冲刷量仅为 3.225 亿 m^3。因此,采砂的多年累积效应可能增大了长

江汉口-吴淞口河段河槽的自适应调整幅度。

多波束实测资料也显示,长江九江至吴淞口河段因人类采砂,尤其是盗采河床沉积物,在河床上遗留下许多采砂坑,其形态上呈椭圆形,在多波束图像上呈现出床面的突然凹陷。对部分采砂坑的几何参数进行统计发现,砂坑直径介于20~50m之间,采砂坑的平均深度低于周围河床1.90~2.20m,体积0.50万~1.90万 m³。由于是盗采现象,该类采砂坑常见于航道两侧,部分采砂坑离岸坡坡脚不足50m(图10-63)。有些采砂遗留痕迹因体积较大,河床在短时间内不能通过自适应调整来填补采砂坑。

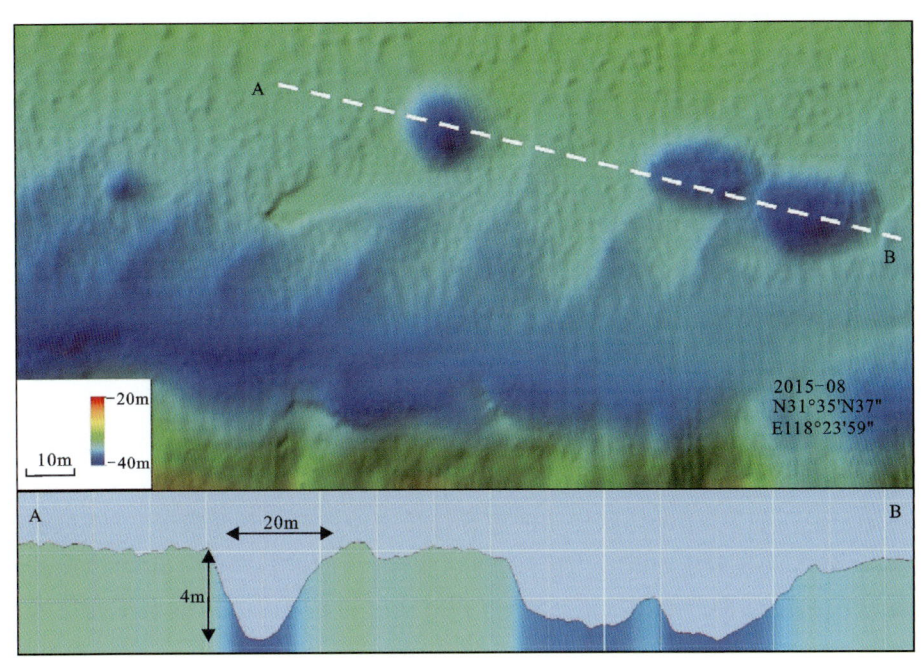

图10-63　长江汉口至吴淞口河段河槽表面采砂坑几何参数示意图

其他人类活动也可能引起河槽局部的强冲强淤现象,如沉船及桥墩形成的局部水下地形演变(图10-62)。以西华水道为例,由于一条长20~40m的船体搁浅,其下游约4.8万 m³的河槽被冲刷,冲刷坑内的平均冲刷深度约2.80m,冲刷长度向下游延伸约287m;另外,对长江中下游多座大桥的桥墩附近的微地貌进行了统计,发现桥墩冲刷体积介于6.6万~18.1万 m³(表10-12)。

表10-12　长江大通至徐六泾河段小尺度水下地形统计参数

水下地形	冲刷面积/万 m²	冲刷体积/万 m³	冲刷深度/m	淤积深度/m	长度/m	宽度/m
冲刷坑 a	3.9	11.2	39	—	226	112
冲刷槽 b	3.5	13.1	35	—	282	232
沉船冲刷坑 c	1.7	4.8	17	—	287	60
典型采砂坑 d	0.3~0.8	0.5~1.9	19~22	—	20~50	16~20

注:a~c为仪征水道典型冲刷坑、仪征水道典型冲刷槽、西华水道沉船;d为仪征水道9个典型采砂坑。

4. 河槽床面沙波对人类活动的自适应行为分析

泥沙在水体中的运动形式有多种,如悬浮于水中、在河床上滚动或跃动等。当泥沙中推移质组分在河槽中做各种形式的集体运动时,往往直接关系到河槽地貌演变(张瑞瑾等,1989)。其中,沙波运动是推移质运动的一种主要表现形式,沙波地貌是河槽中常见的微地貌之一。

1)链珠状沙波的发现

利用多波束测深系统对长江口河槽微地貌调查时发现了新的沙波类型。该类型的沙波波谷中有规律的发育了椭圆形凹坑,且在高分辨率水深数据的3D成像上,这些凹坑如同一粒粒圆珠镶嵌于沙波群中。根据已有的沙波命名方式无法突出这类沙波的形态特征,尤其是已有的沙波命名方式没有突出伴生底形的存在。因而,本节在前人提出的沙波命名方式(Ashley,1990)的基础上,对已有沙波命名方式进行了补充和建议,即若沙波群中发育了规模性的伴生底形且伴生底形的尺度和宏观形态与沙波本身相比不可忽视时,应在沙波命名时突出伴生底形的存在,即"沙波形态-伴生底形"的命名方法。

根据"沙波形态-伴生底形"的命名方法,即链状沙波及椭圆形凹坑的尺寸相差不大,将这类沙波命名为"链珠状沙波"。该命名方法以沙波的尺寸与形态为基础,兼顾沙波间发育的规模性伴生底形,能够直观地突出新类型沙波的宏观形态特征,是对已有沙波命名方式的补充与完善。

以长江口南、北港测区内发现的新型沙波为例,测区内链珠状沙波的波长介于15.90~58.80m之间,平均值约31.90m,波高介于0.70~2.50之间,平均值约1.30m;即使考虑到伴生底形对沙波波高和波长的叠加影响(测区椭圆形凹坑平均增加波高约1m),链珠状沙波的波高也小于5m,波长小于100m,属于大型沙波的范畴。因此,可以将长江口南、北港测区的链珠状沙波及其伴生底形定义为大型非对称链珠状沙波。

2) 链珠状沙波的几何参数特征及其影响

链珠状沙波与伴生底形的几何参数统计和分析表明(图10-64),链珠状沙波是一种新类型沙波,主要由链状沙波和伴生椭圆形凹坑组成,几何参数的统计主要涉及波脊线长(S)、最大波高(H)及最大波高对应的波长(L)、伴生的椭圆形凹坑轴长($l_i,i=1,2,3\cdots$)、椭圆形凹坑深($h_i,i=1,2,3\cdots$)、次级沙波的波长和波高等。说明如下:①链珠状沙波的波脊线长指沙波脊线连续段长;②选取链珠状沙波的最大波高为沙波波高,最大波高对应的波长为统计波长(注:统计的波长并不一定为该沙波最大波长);③仅对相对深度超过0.30m的椭圆形凹坑进行统计(相对深度的起算基面以椭圆形凹坑未影响的沙波波谷高程为参考)。

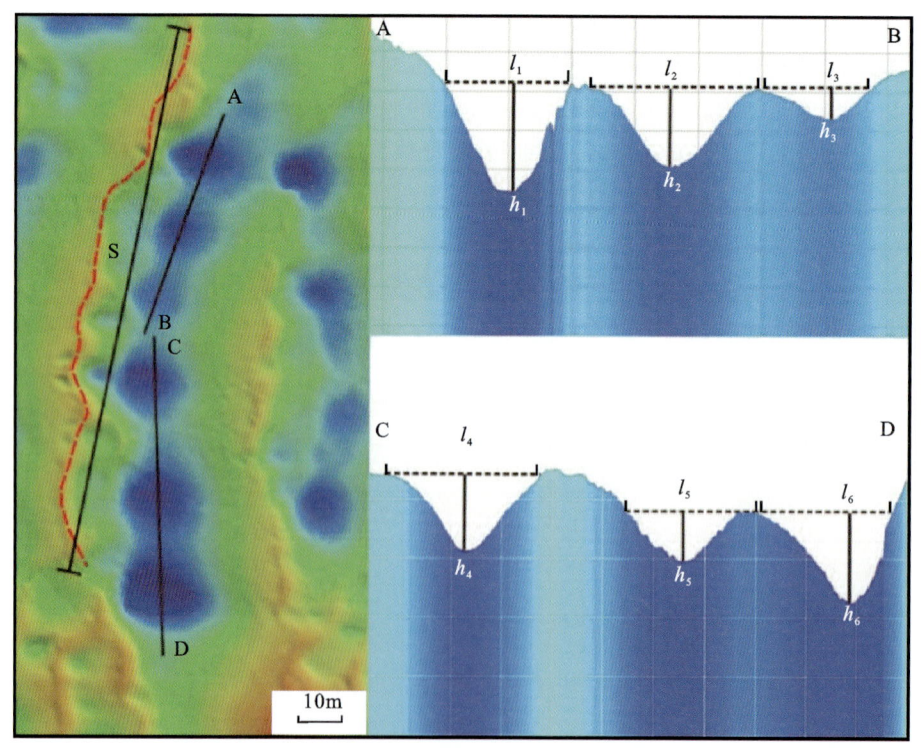

图10-64 链珠状沙波椭圆形凹坑几何参数统计示意图

以长江口南、北港分流口典型链珠状沙波发育区为例分析链珠状沙波的几何特征。链珠状沙波的波长介于15.86~58.78m之间,平均值为31.89m;波脊线长度变化较大,最短波脊线长约34.70m,最长波脊线长约407.80m,波脊线长平均值约115.22m;统计波高发现,波高介于0.67~2.47m之间,平均值约1.29m;沙波指数(即波长与波高的比值)介于14.00~56.09之间,平均值为25.32;对称指数(向陆坡投影长与向海坡投影长的比值)介于0.71~4.14之间,平均值为1.65。观测还发现,该区域内部分链珠状沙波发育了次级沙波,次级沙波的个数介于1~4个之间,次级沙波的波高介于0.37~1.49m之间,平均值为0.53m,次级沙波波长介于4.76~10.61m之间,平均值约7.53m(表10-13)。

表10-13 链珠状沙波统计参数

链珠状沙波	波脊线长度/m	波长/m	波高/m	对称指数	沙波指数	次级沙波波长/m	次级沙波波高/m	统计沙波数/个
最小值	34.70	15.86	0.67	0.71	14.00	4.76	0.37	
最大值	407.84	58.78	2.47	4.14	56.09	10.61	1.49	105
平均值	115.22	31.89	1.29	1.65	25.32	7.53	0.53	

统计还发现,南、北港分流口测区内共识别473个椭圆形凹坑(表10-14),识别标准为:在水深颜色比例尺下(颜色比例尺最浅至为水深13m处,最深为17m),将宏观形态上明显具有椭圆形特征的微地貌视为凹坑,并进行个数统计(此时不考虑椭圆形凹坑的大小与深度)。结果表明,两条链珠状沙波之间发育的凹坑介于2~10个之间,以3~6个居多(图10-65)。对其中的212个凹坑进行了参数统计,统计标准为:与凹坑发育附近沙波波谷平均水深相比,凹坑的相对深度值等于或超过0.3m时进行统计。结果表明,凹坑深度值最大值约1.98m,平均深度值为0.98m,垂直波脊线方向椭圆形凹坑轴线平均长17.08m,平行于波脊线方向平均长14.40m。

表10-14 椭圆形凹坑统计参数

椭圆形凹坑	垂直波脊线方向轴线长/m	平行波脊线方向轴线长/m	深度/m	平均长深比	统计个数/个	识别个数/个
最小值	6.72	3.64	0.30	6.27		
最大值	64.51	35.35	1.98	36.35	212	473
平均值	17.08	14.40	0.98	16.82		

注:平均长深比为椭圆形凹坑垂直和平行于沙波脊线向轴线长的平均值与深度的比值。

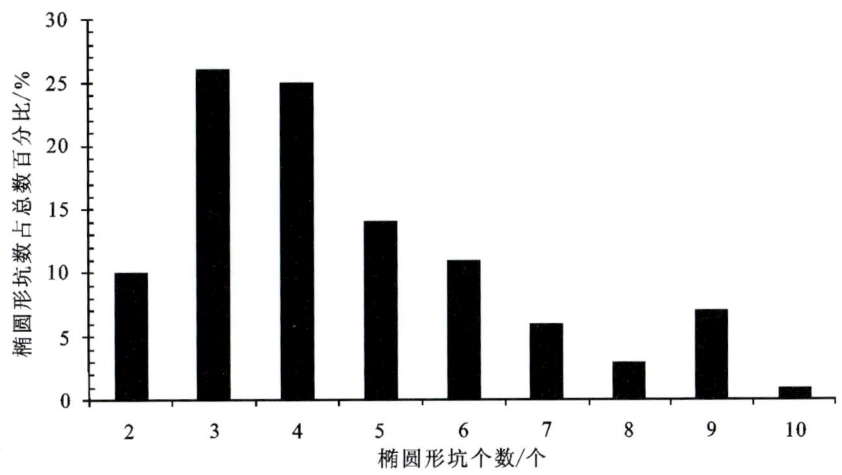

图10-65 相邻两条链珠状沙波间可识别的椭圆形凹坑数百分比直方图

以长江口南、北港分流口的链珠状沙波为代表分析了伴生凹坑对链珠状沙波几何参数的影响。结果表明,伴生椭圆形凹坑对沙波参数统计的影响主要表现为如下特征。

(1) 凹坑深度与沙波波高相近,对测区 212 个凹坑的几何参数统计表明,凹坑的平均深度值为 0.98m,与沙波的波高平均值 1.29m 相近,因此伴生凹坑尺寸是否归算进沙波波高统计中影响了该类型沙波波高的大小。以长江口南、北港分流口沙波断面为例(图 10-66),断面 A1—A、F1—F 穿过凹坑中间,而 D1—D 断面则穿过较少的凹坑,断面 B1—B、C1—C、E1—E 则避开凹坑。断面形态显示,穿过凹坑的断面形态明显比避开凹坑的断面起伏变化大,相对波高也明显增大(图 10-66)。

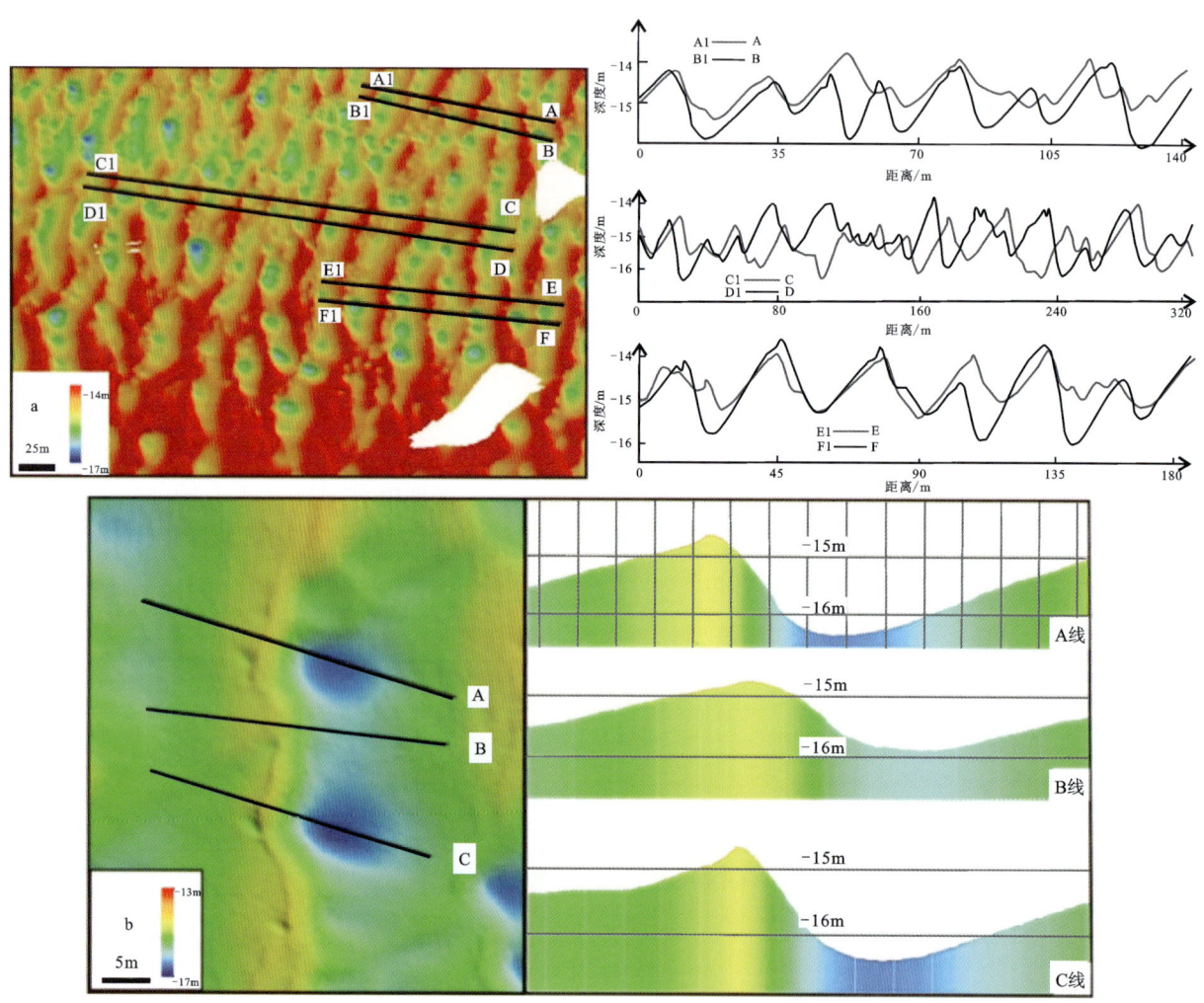

图 10-66　椭圆形凹坑对沙波波高的影响示意图

(2) 椭圆形凹坑对链状沙波宏观形态和波长的影响。若在统计沙波波长时,将椭圆形凹坑也进行统计,则凹坑的存在不仅改变沙波波高也改变了波长(图 10-67)。例如少量凹坑发育于链状沙波的次级沙波中(图 10-67a),有些椭圆形凹坑发育于链状沙波的波脊线上(图 10-67b),有些椭圆形凹坑发育于波峰两侧(图 10-67c),有些椭圆形凹坑发育于两组沙波之间(图 10-67d),极大地改变了沙波的宏观形态。

3) 链珠状沙波发育的水沙环境

沙波发育的影响因素一直受到国内外学者的高度关注(程和琴等,2002;程和琴和李茂田,2002;Cheng et al.,2004;Li et al.,2008;Wu et al.,2009b;李泽文等,2010;Franzetti et al.,2013)。沙波的发

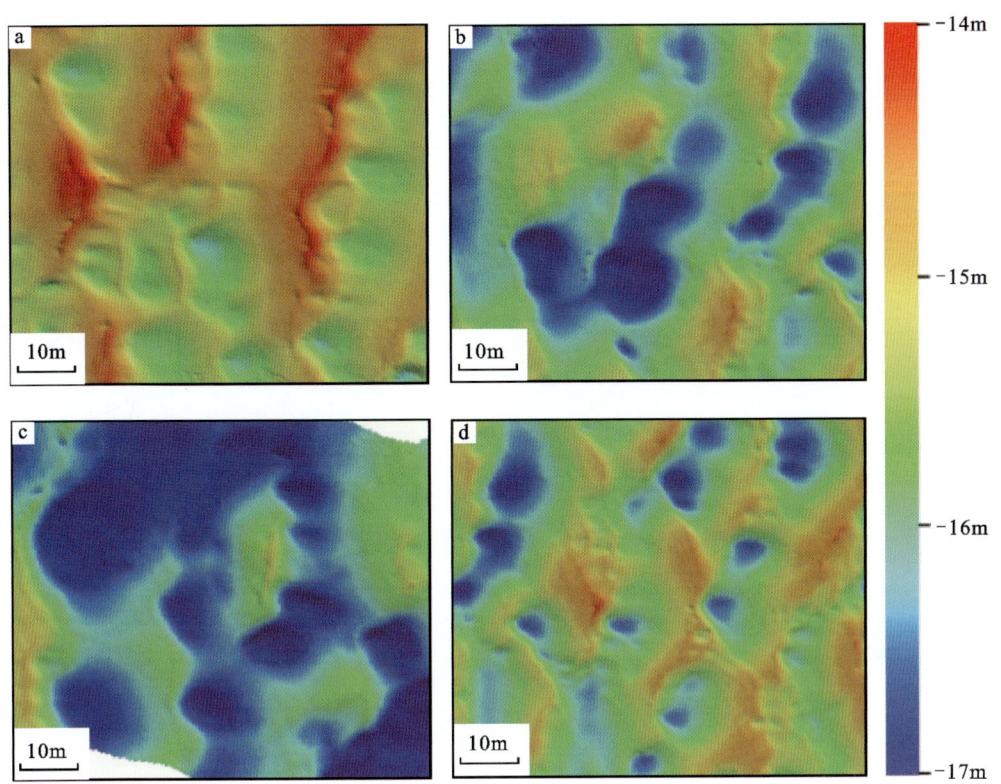

图 10-67 椭圆形凹坑对沙波形态影响的多波束图像

a. 椭圆形凹坑发育于次级沙波间；b. 椭圆形凹坑发育于沙波的波脊线上；c. 椭圆形凹坑发育于波峰两侧，形成了某些"孤立"于其他沙波的链珠状沙波；d. 椭圆形凹坑的发育造成相邻两组沙波在形态上呈现连接在一起的"错觉"

育与水流(林缅等,2009；Rhoads et al.,2009；李泽文等,2010)、沉积物性质(夏东兴等,2001)、沉积物来源(边淑华等,2006)、床面比降与地形(庄振业等,2004)等有关。在浅水环境中,沙波的演化过程与水深变化也有微弱的相关性(庄振业等,2004)。下文主要从河槽表层沉积物特征、水动力条件方面进行探讨。

在长江口南、北港分流口的测区采集了两个河床表层样品作为河槽表层沉积物粒径的代表。结果表明,该段河槽表层沉积物的中值粒径介于 118.50~120.70μm 之间,平均粒径介于 107.80~108.00μm,黏土(<2μm)百分比含量介于 6.40%~6.70% 之间,粉砂(2~63μm)含量介于 21.60%~23.40% 之间,极细砂(63~125μm)含量介于 28.20%~32.20% 之间,细砂(125~250μm)含量在 39.70%~41.60% 之间(表10-15),属于极细砂—细砂质地。

表 10-15 长江口南、北港分流口底质样品粒度参数

样品编号	中值粒径	平均粒径	黏土(<2μm)	粉砂		极细砂(63~125μm)	细砂(125~250μm)	中、粗砂(>250μm)
				细粉砂(2~16μm)	粗粉砂(16~63μm)			
	μm		%					
1#	120.70	107.80	6.70	14.20	9.20	28.20	41.60	0.10
2#	118.50	108.00	6.40	12.20	9.40	32.20	39.70	0.10

由于野外条件限制,未能够在长江口南、北港分流口做长期的水动力观测。仅对测区附近水文情况进行短期的定点观测,定点位置位于链珠状沙波发育区西北,距离链珠状沙波发育区直线距离约 100m。观测时长仅包含一个完整的涨潮和落潮过程,分析表明,该区域的落潮历时约 7.9h,涨潮历时较短,仅

约 4.2h。在涨潮和落潮过程中,落潮平均流速可以达到 0.74m/s,最大落潮平均流速约 1.36m/s,涨潮平均流速相对较小,仅 0.27m/s,涨潮最大平均流速也较落潮最大平均流速小,仅 0.61m/s,且落潮时长大于涨潮时长(图 10-68)。落潮时,水流的平均流向为 113.8°,与测区所在汊道的河槽走向基本一致(表 10-16)。

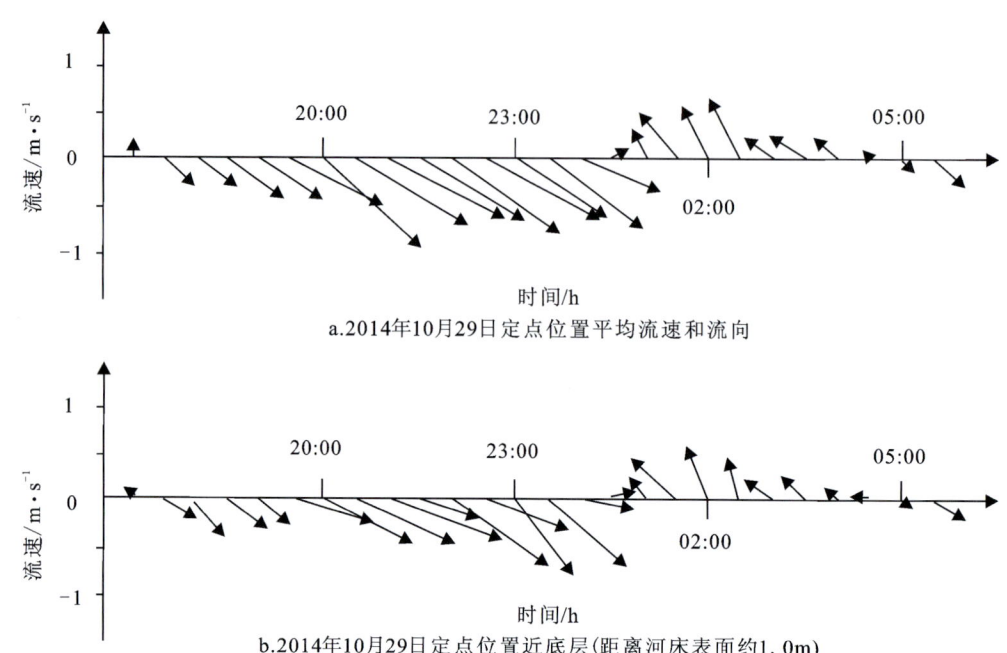

图 10-68 长江口南、北港分流口落潮和涨潮过程示意图

表 10-16 长江口南、北港分流口实测流速统计表

层位	落潮平均流向	涨潮平均流向	落潮平均流速	涨潮流速	落潮最大流速	涨潮最大流速
	(°)		m/s			
表层	114.40	270.70	0.83	0.30	1.42	0.67
0.2H	113.80	270.20	0.81	0.28	1.43	0.63
0.4H	113.70	268.90	0.77	0.28	1.51	0.63
0.6H	113.80	269.00	0.72	0.27	1.30	0.59
0.8H	113.60	266.60	0.67	0.25	1.23	0.59
近底层	113.50	261.60	0.63	0.22	1.22	0.60
平均值	113.80	268.20	0.74	0.27	1.36	0.61

注:H 为定点位置实测水深;因 ADCP 在流速测量中存在盲区,近底层流速为距离河床表面约 1.0m 处流速。

4)链珠状沙波发育的原因分析

当水流动力条件较弱时,床面呈静平床状态,随着水流增大,沙波逐渐由静平床向沙纹、沙波发展;当水流过大时,沙波的尺度与形态有衰亡趋势,直至床面呈动平床(詹义正等,2006)。

为了进一步探究链珠状沙波可能的形成原因,除在 2014 年 10 月 29—30 日(小潮)观测了长江口南、北港分流口链珠状沙波发育区以外,于 2015 年 2 月 1—6 日(大潮)以及 2015 年 6 月 30 日(大潮)利用多波束测深系统、帽式抓斗等仪器又对长江口水下微地貌几何形态和河床表层沉积物进行了观测和采样(图 10-69)。

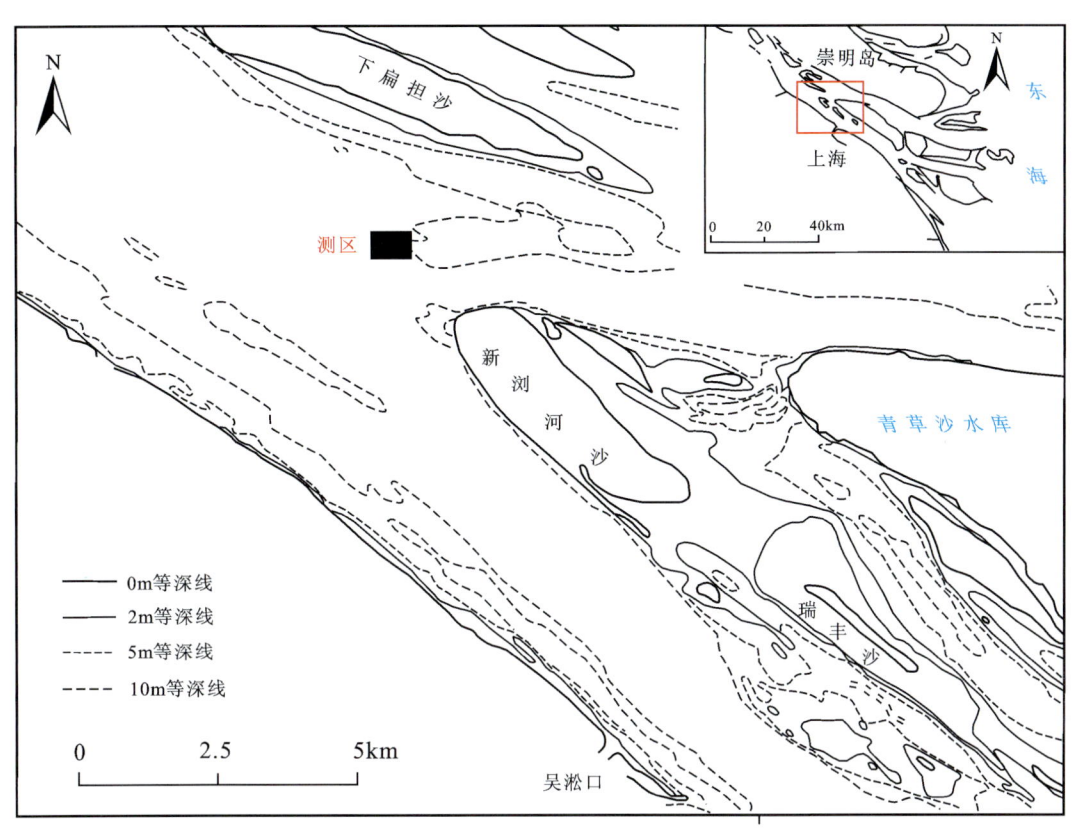

图 10-69　长江口南、北港分流口测区示意图

结果发现,该测区沙波地貌具有周期性变化特征,即洪季为大型链珠状沙波;枯季沙波尺度减小,变为弯曲状沙波;洪季再次形成大型链珠状沙波。2014年10月末,测区普遍发育了链珠状沙波,至枯季时变为弯曲状沙波(图10-70)。统计表明,2014年10月研究水域沙波平均波高为1.29m,平均波长为31.89m,沙波指数(波长/波高)介于14.00～56.09之间;而2015年2月沙波平均波高为0.59m,平均波长为25.12m,沙波指数(波长/波高)介于19.47～66.49之间(表10-17)。

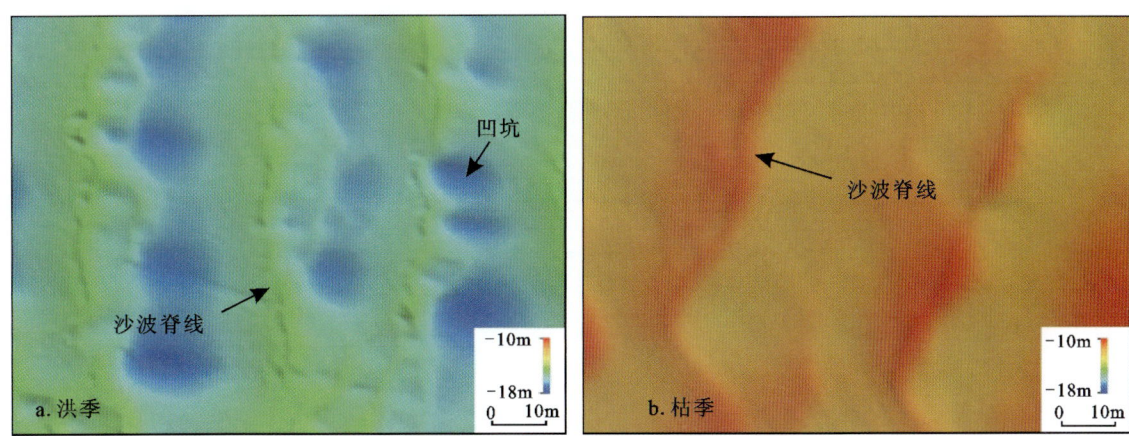

图 10-70　南、北港分流口测区洪季和枯季沙波差异

与此同时,2015年2月与2014年10月南、北港分汊口河床表层沉积物粒度组成差别很大。2014年10月以砂质为主,其中中值粒径在118.50～120.70μm之间,平均粒径为107.80～108.00μm。

极细砂含量占全粒径的 28.20%~32.20%,细砂含量占 39.70%~41.60%;而 2015 年 2 月则以细颗粒(<63μm)组分为主,其中粗粉砂含量(16~63μm)占 48.20%~57.30%,且中值粒径(6.00~10.00μm)和平均粒径(9.10~14.10μm)也均为细粉砂(表 10-18)。

表 10-17 长江口南、北港分流口洪季和枯季沙波参数统计表

季节	沙波参数	波长/m	波高/m	沙波指数	向陆坡倾角/(°)	向海坡倾角/(°)	统计沙波个数/个
洪季末	最小值	15.86	0.67	14.00	2.48	3.15	105
	最大值	58.78	2.47	56.09	7.48	10.62	
	平均值	31.89	1.29	25.32	4.11	6.39	
枯季初	最小值	14.02	0.33	19.47	1.35	2.12	35
	最大值	37.45	1.14	66.49	4.97	8.13	
	平均值	25.17	0.59	46.35	2.13	4.03	

表 10-18 长江口南、北港分流口洪季和枯季表层沉积物粒径特征

样品编号	中值粒径	平均粒径	黏土(<2μm)	粉砂		极细砂(63~125μm)	细砂(125~250μm)	中、粗砂(>250μm)
	μm			细粉砂(2~16μm)	粗粉砂(16~63μm)			
				%				
2014 洪季末-1#	120.7	107.8	6.70	14.20	9.20	28.20	41.60	0.10
2014 洪季末-2#	118.5	108.0	6.30	12.20	9.50	32.20	39.70	0.10
2015 枯季初-1#	6.0	9.1	23.90	57.30	15.50	1.90	1.30	0.10
2015 枯季初-2#	10.0	14.1	18.00	48.20	31.10	1.90	0.80	0.00

粒度自然分布曲线可以直观地看出两次表层沉积物粒度组成的明显差别。2014 年 10 月的粒度自然分布曲线明显右偏,峰型尖锐,整条曲线主要集中在砂质范围内;而 2015 年 2 月的粒度曲线平缓,主要粒径范围在黏土、细粉砂、粗粉砂中,砂质粒径含量很少(图 10-71)。

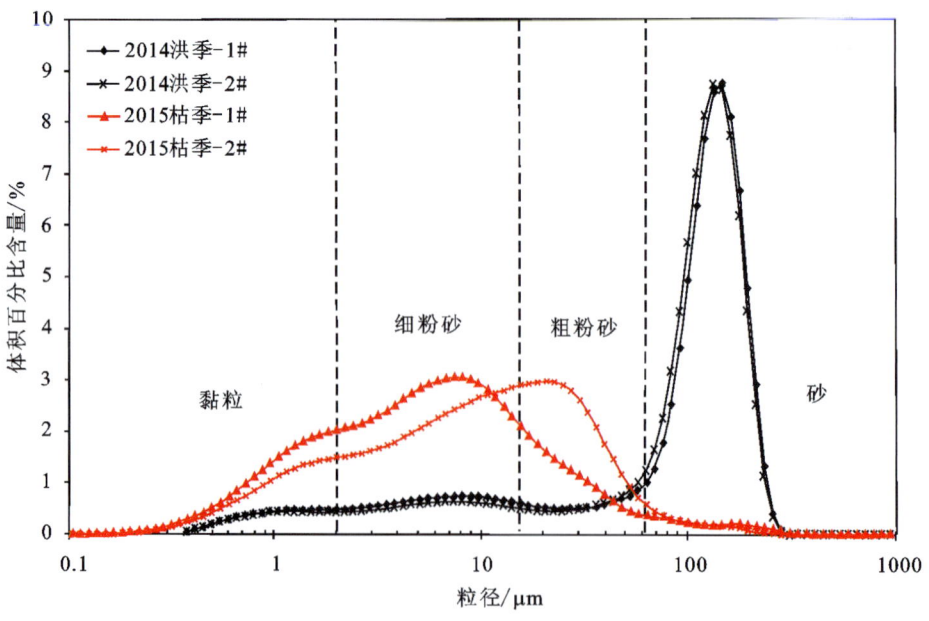

图 10-71 长江口南、北港分流口洪季和枯季表层沉积物粒度自然分布曲线

此外,2014年10月和2015年2月在测区的定点水文测量也表明,洪季和枯季水动力相差很多(图10-72)。洪季和枯季的测量时间分别为13h和20h,均包含一个涨潮和落潮过程。其中,在2014年10月测次中,落潮历时约7.9h,涨潮历时约4.2h,落潮平均流速为0.74m/s,最大落潮平均流速为1.36m/s,涨潮平均流速为0.27m/s,最大涨潮平均流速为0.61m/s,落潮历时明显大于涨潮历时;在2015年2月的测次中,落潮历时约7.5h,涨潮历时约4.7h,落潮平均流速为0.77m/s,最大落潮平均流速为1.29m/s,涨潮平均流速为0.52m/s,最大涨潮平均流速为0.85m/s,依然是落潮历时明显大于涨潮历时。

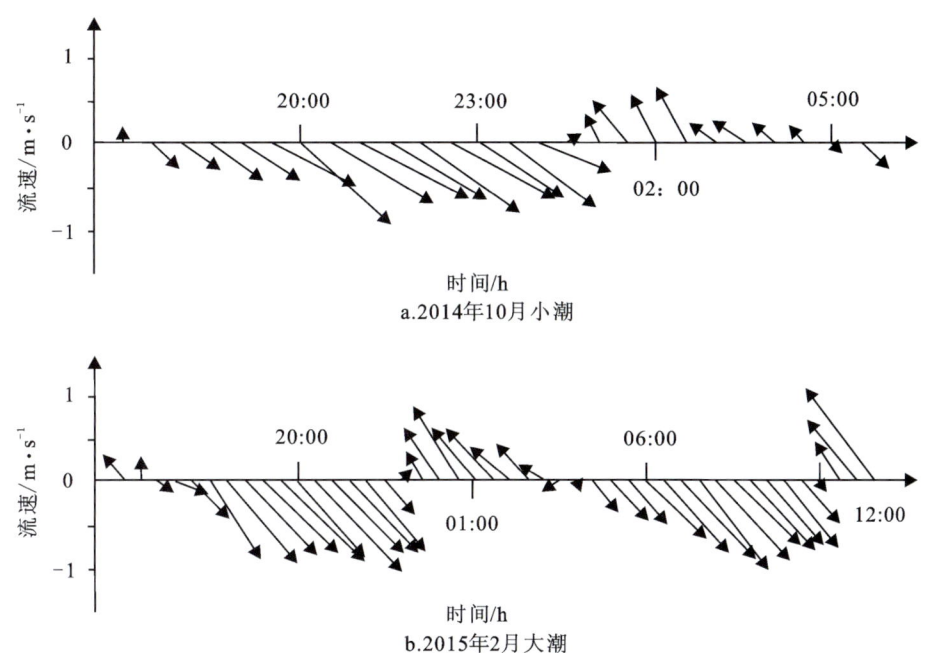

图10-72 南、北港分流口测区落潮和涨潮过程示意图

而2015年2月至2015年6月期间,并无台风等极端天气发生,但2015年6月依然在测区观测到链珠状沙波,因此推断台风等极端天气并非是链珠状沙波发育的决定条件。而洪季河槽表层沉积物较枯季粗,且水动力条件增强,加之河口大量工程的建设导致边界条件的改变极可能是链珠状沙波发育的原因。那么,链珠状沙波极可能是一种由于河床沉积物粗化(洪季河槽表层沉积物较冬季粗)、水动力加强而形成的一种侵蚀型沙波类型。

如果工程导致边界条件改变以及粒度粗化和水动力条件增强是链珠状沙波发育的主要影响因素,在长江九江至吴淞口河段河槽中因河槽侵蚀也应该有链珠状沙波的发育。

对长江中下游湖口至吴淞口河段河槽观测发现,长江九江至吴淞口河段河槽中也有链珠状沙波的发育(图10-73)。对其中一个链珠状沙波的几何参数进行的统计表明,该链珠状沙波发育水深介于23~35m之间,波高6~8m,波长180~210m。该链珠状沙波的伴生椭圆形凹坑的数量达15~20个,链状沙波的波脊线因次级沙波的发育呈间断特征。因此,初步推断链珠状沙波是长江九江至吴淞口河段河槽微地貌适应流域来沙量减少、水动力增强以及边界条件改变而形成的一种侵蚀型沙波类型,但其发育机制尚需进一步研究。

5)长江九江至吴淞口河段干流河槽床面沙波发育及影响因素

影响沙波发育的因素众多,如河槽表层沉积物、水动力条件、地形坡度等(单红仙等,2017;庄振业等,2004)。本章以大通至吴淞口河段巨型沙波(波长>100m,或波高>5m的沙波)为例,探讨了该河段沙波的发育趋势。

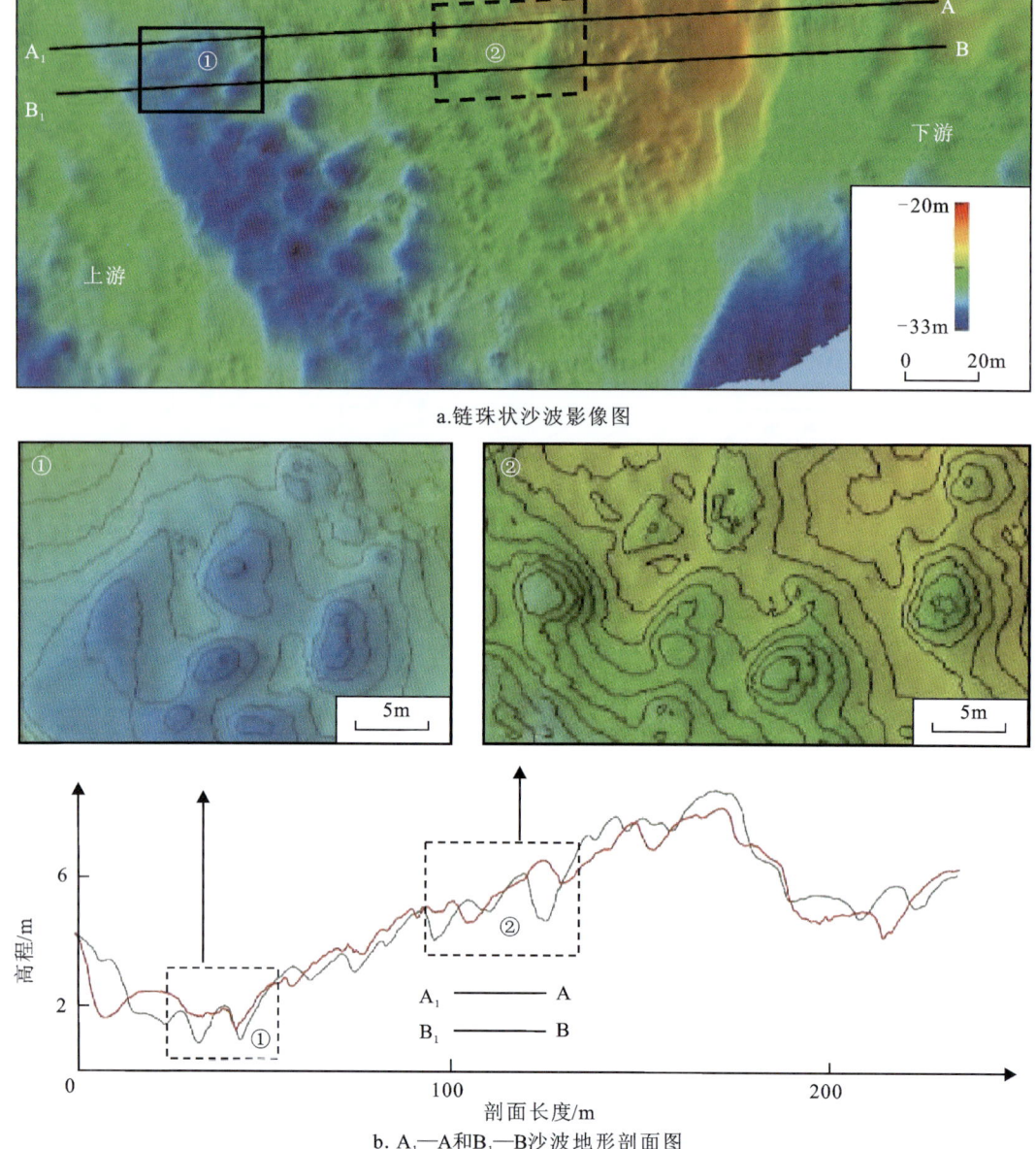

图 10-73 长江九江至吴淞口河段干流河槽中发育的链珠状沙波

首先,三峡大坝运行后,长江中上游来沙量持续减少,统计数据显示 2006—2010 年大通水文站平均年输沙量仅 1.30 亿 t,明显小于 1951—2010 平均值(3.9 亿 t)。来沙量减少将造成下游河段水流携沙能力增强,部分河段底沙活动增强,河床表层沉积物粗化(李九发等,2013)。实测河床表层沉积物显示,巨型沙波发育河段河床表层沉积物粒径一般较粗。如池州至龙潭水道段沉积物中值粒径在 95.30～273.40 μm 之间波动,属于细砂至中砂质;而仪征水道和口岸直水道泥层下覆沉积物中值粒径在 253.70～269.90 μm 之间。上述两河段是长江感潮河段巨型沙波发育的主要河段,且巨型沙波表面发育的大量次级沙波也指示了底沙活动强烈。因此,粗颗粒沉积物及三峡工程启动引起部分河段底沙活动增强是长江感潮河段巨型沙波发育的物质基础与动力基础。Parsons 等(2015)经研究也认为,沉积物粒度的组成成分对沙波形态和尺度的发育具有至关重要的影响,沉积物粒度组分中细颗粒组分增加不仅能降低沙波的波高与波长,还能够改变沙波的形态(Rijn,1984;Li et al.,2008;Salvatierramm and Aliotta,2015)。因此,由于上游来沙量减少,河槽表层沉积物粗化,在水动力条件不变的情况下,长江汉口至吴淞口河段沙波尺度有进一步发展的趋势,其形态也具有多样化的可能。

其次,长江洪水期径流量是塑造河床地貌的基本动力之一,当大通流量超过60 400m³/s时,其对长江河槽形成及改造、河势演变等起到重要作用(巩彩兰和恽才兴,2002)。因此,丰水季节较大径流量对巨型沙波具有改造作用。前人研究表明,沙波一般发育于弗劳德数(Fr)小于1的水流环境中,其中大尺度沙波可发育于弗劳德数(Fr)为0.03~0.6(甚至更大)的水动力环境中(Karahan and Peterson,1980)。本书在长江下游河段小、中及大型沙波发育区进行了水动力观测(图10-74)。结果表明,河槽近底流速介于0.59~0.73m/s之间,弗劳德数介于0.07~0.09之间(观测期间大通径流量介于32 500~41 500m³/s)。而即便大通平均流量为31 800m³/s时,巨型沙波发育区近底流速依然可达0.84m/s(表10-19)。因此,长江九江至吴淞口河段在河槽表层沉积物波动粗化的背景下,水动力条件有利于巨型沙波的进一步发育。

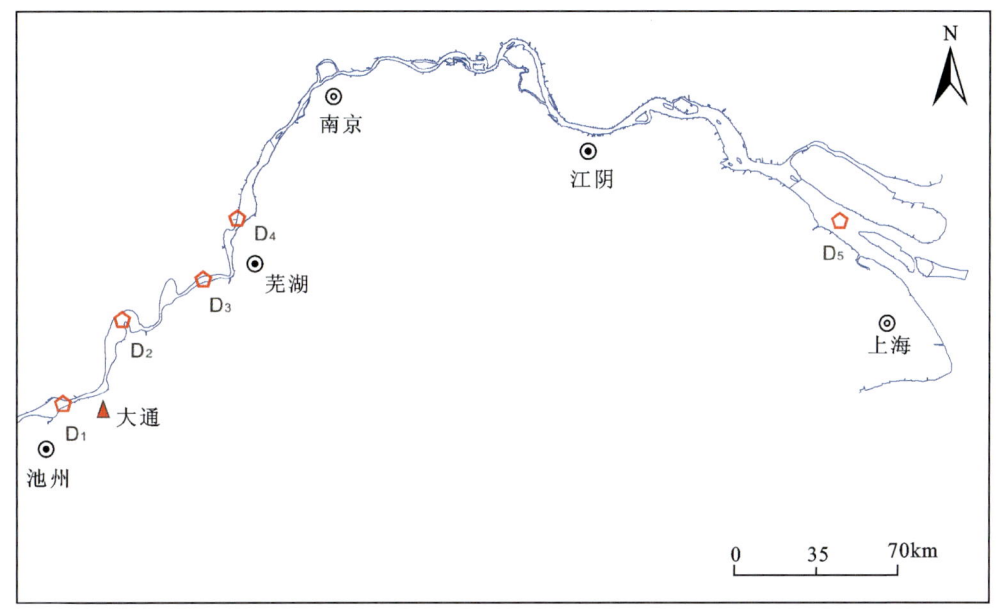

图10-74　长江下游短期测站位置示意图

表10-19　长江下游定点流速数据参数

位置	平均流速/m·s⁻¹	起始日期	起始时间	观测时长/h	当日大通流量/m³·s⁻¹	弗劳德数(Fr)	平均水深/m
D_1	0.99	2015/08/03	19:30	10	41 500	0.07	17.60
D_2	0.91	2015/08/10	19:00	9	33 500	0.09	10.40
D_3	0.78	2015/08/11	14:00	17	32 500	0.08	10.00
D_4	0.67	2015/08/12	19:00	11	31 800	0.07	11.00
D_5	$V_1=1.03,V_2=0.88$	2015/08/13	19:00	23	31 200	0.05	14.90

河槽形态变化在一定程度上控制了水流能量的释放与集中、底沙的沉积与再搬运(王哲等,2007)。就巨型沙波而言,多波束图像显示其主要分布在河槽束窄或由束窄向放宽过渡,同时河道形态呈平直或微弯,纵断面有一定坡度的河段。如大通水道中段河槽水面较宽阔(老洲头处宽约2150m),未见巨型沙波发育,而其下游铁板洲束窄了河槽(最窄处1200m),发育了巨型沙波。与之相似的还有太阳洲上段水道,经成德洲后,河槽汇流束窄至1400m,形态呈微弯,也发育了巨型沙波。太阳洲中下段河槽虽然依然

束窄,但河槽形态呈弯曲状,无巨型沙波发育;至荻港水道时,河槽形态弯曲程度减小,巨型沙波再次发育。南通以下河段河槽普遍展宽,如通州沙尾部可达 9000m,且河槽普遍坡度较小,很少有巨型沙波发育。因此,河槽形态是长江汉口至吴淞口河段巨型沙波发育的外在控制因素,河槽束窄且形态较平直,同时具有一定坡度的河段有利于巨型沙波发育。

由于流域大型工程,尤其是岸线利用与河道整治工程,近年来长江汉口至吴淞口河段平均河槽宽度由稳定向缩窄趋势发展。其中,汉口至湖口河段基本稳定,但局部河段存在缩窄与展宽现象;湖口至大通河段河槽宽度呈轻微缩窄趋势,平均缩窄 53m,但局部河段变化较大;大通至吴淞口河段整体呈明显的缩窄趋势,其中大通至福姜沙河段平均缩窄 93m,福姜沙至长江口南支河段平均缩窄 1609m;吴淞口河段平均缩窄约 80m。因此,由于人类活动的强烈干扰,长江汉口至吴淞口河段河槽呈现出河槽表层沉积物粗化、河槽束窄等现象,同流量情况下束窄河段的河槽水动力有增强趋势,有利于沙波的进一步发育。

6) 长江九江至吴淞口河段干流河槽床面沙波尺度变化趋势分析

受地形、河床表层沉积物性质与组成、水动力条件等多因素的影响(Wu et al.,2009b;Naqshband et al.,2014;Warmink,2014),沙波发育的尺度、形态与移动速度并不相同(Sanchez-Arcilla et al.,1998;Knaapen et al.,2001,2005;杜晓琴和高抒,2012;Zheng et al.,2016;单红仙等,2017)。单就大型和巨型沙波波高而言,2003 年时长江黄石(九江上游)至吴淞口河段未观测到波高超过 8m 的沙波,而在 2014—2016 年的野外观测中,观测到了沙波波高 9~10m 的巨型沙波(图 10-75)。综上所述,长江汉口至吴淞口河段河槽沙波较 2003 年以前尺度有增大的趋势。

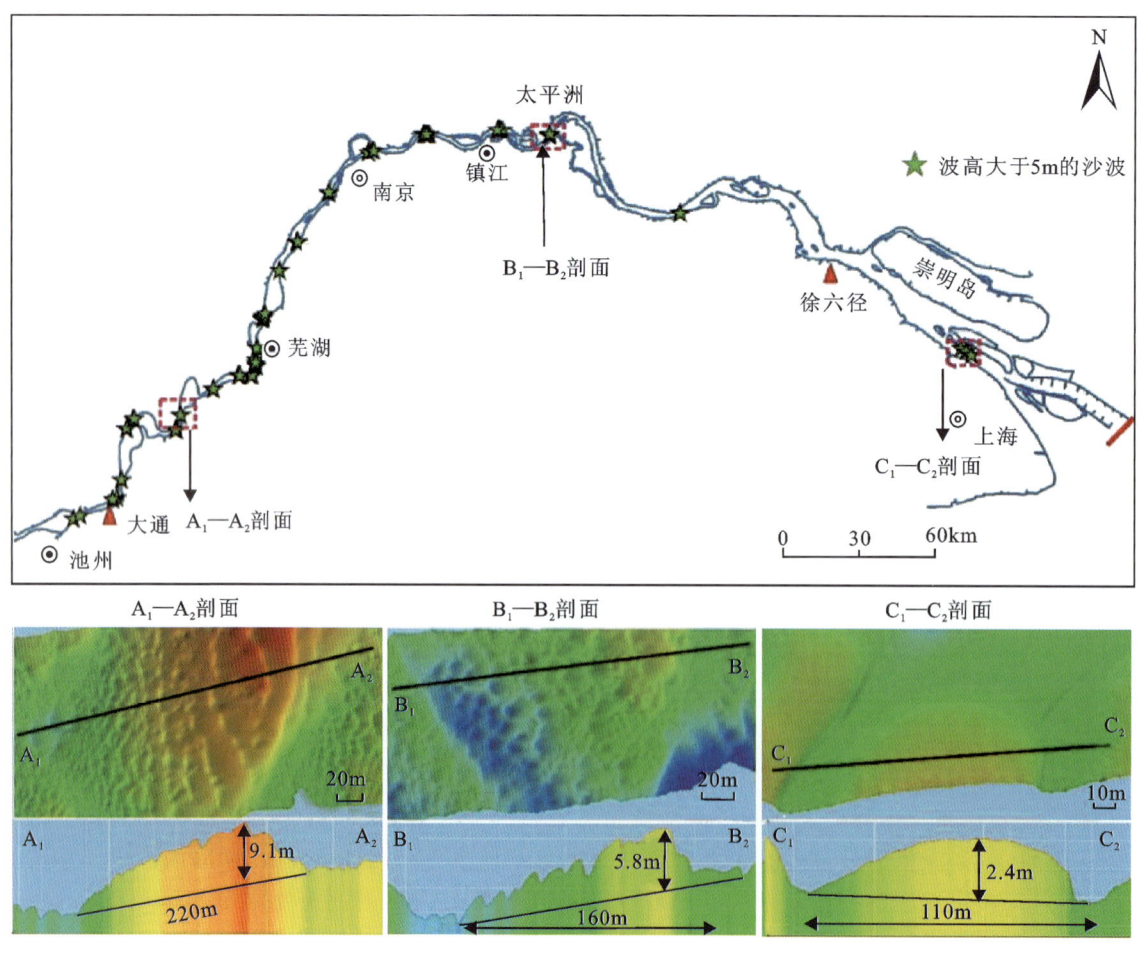

图 10-75 典型巨型沙波发育位置与几何参数

第三节 典型河槽边坡稳定性分析

河槽边坡稳定性及发展趋势关乎沿岸生产建设安全、防汛安全和航运安全。20 世纪以来,随着人类发展进程的加快,流域大型水利工程的建设使得长江中下游各河段边界条件发生了不同程度的改变。众多历史实测数据分析显示,长江中下游河段近岸河槽冲刷、坡比增大,崩岸发生的频次增加、强度增大,边坡的稳定和安全正经受着全面的变化与考验。以往对河槽边坡失稳多要素监测的手段较为简单和低效,同时由于水陆地形测量仪器的方法和原理差异导致数据的融合分析较为困难。随着技术的革新和进步,更加精密的地学测量仪器被投入到边坡稳定性各要素的监测之中,利用集成化的新型仪器和合理的数据融合分析方法获取边坡高精度的现场观测数据,对新形势下的边坡稳定性进行计算分析意义重大。

基于创新构建的多模态传感器系统对长江中下游(宜昌—南京段)共计 12 个典型区域河槽边坡开展了陆上与水下联合测量(图 10-76),对河槽边坡陆上部分和水下部分地形进行一体化融合,并对采集的水动力数据和沉积结构数据进行分析,利用 BSTEM 模型对每个边坡的典型特征断面进行稳定性计算,评估边坡的稳定性及发展趋势,为长江流域防汛减灾和航道建设提供参考依据。

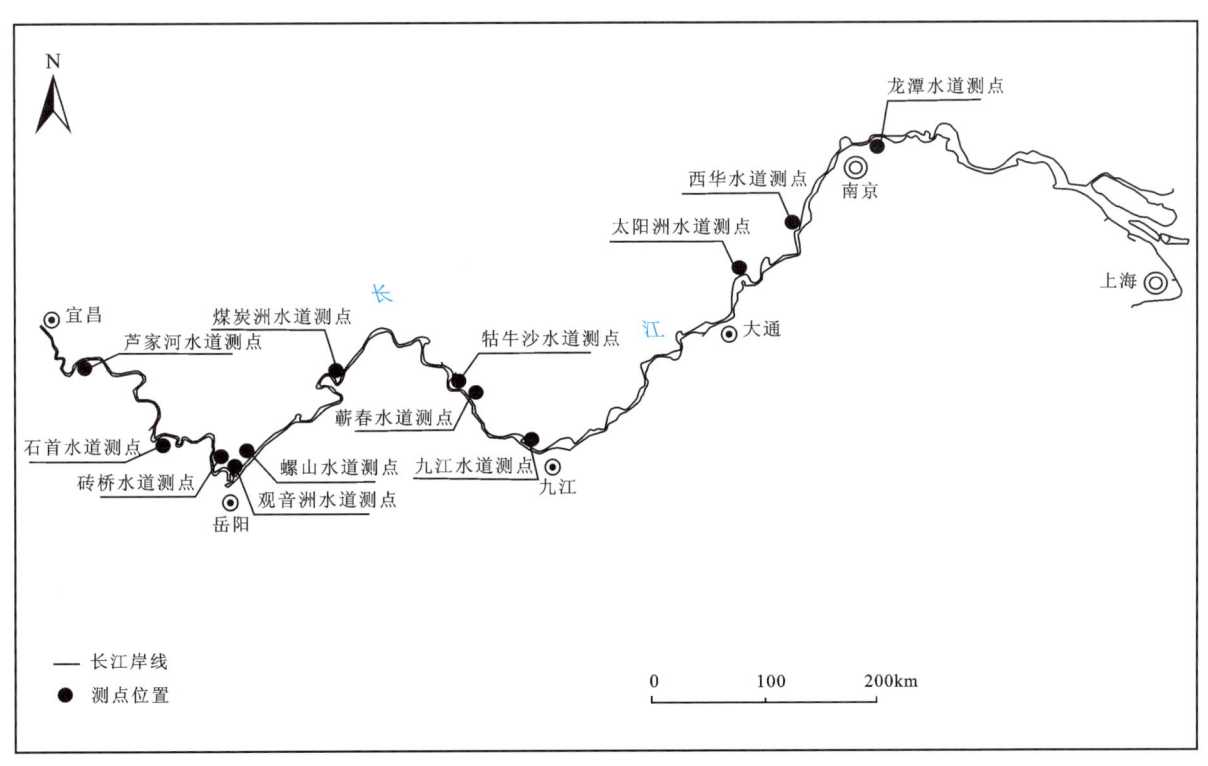

图 10-76 测点位置分布图

一、基于 BSTEM 模型的边坡稳定性计算

在河流边坡稳定性计算分析领域中,由美国农业部农业研究局(USDA-ARS)研发的 BSTEM 模型(Bank Stability and Toe Erosionmodel,简称 BSTEM)对边坡稳定性的分析计算准确、稳定且高效,在国外边坡稳定性研究中已经得到广泛应用(Youdeowei,1997;Simon et al.,2011;Midgley et al.,2012;Zeybekm,2015;Klavon et al.,2017)。

BSTEM模型最初由Osman和Thorn在1988年提出(Osman and Thorn,1988),他们将函数方法加入到边坡稳定性分析中来计算河岸冲退的幅度,后经多位学者的改进,先后加入了崩塌角的计算程序、河岸几何形态模块、额外的F_s计算方法和植物根系固土模型等(刘艳锋和王莉,2010),并进行了一系列的代码优化和工作环境的设定,最终实现了稳定性计算的模块化运作方式,并公开了F_s的计算方法。随后众多学者在实际的应用过程中进行了发展和改正,使此模型具有较好的准确性和合理性。

模型包括两个模块:河岸稳定性分析模块BS(Bank Stability Model,简称BS)和坡脚侵蚀计算模块TEM(Bank Toe Erosion Model)。BS模块根据输入的数据进行稳定性计算,得出安全系数值,从而评估边坡的稳定性;TEM模块主要是对坡脚侵蚀量及侵蚀速率进行计算,可以实现侵蚀过程的模拟功能。本书利用BS模块,选取边坡的4个特征断面,输入河岸几何形态、河岸分层土体特性参数、河岸植被特征及防护措施、河岸比降、水位和潜水位等参数,通过宏命令计算获得河岸安全系数F_s,认为$F_s>1.3$时,河岸稳定;F_s介于1.0和1.3之间时,河岸不稳定;$F_s<1.0$时,河岸已经失稳坍塌。其中,F_s的计算方法有水平层法、垂直切片法和悬臂剪切崩塌法。水平层法主要的依据是楔式崩塌模型;垂直切片法是先将河岸分为5层,同时又将每层坍塌体分为数目相同的垂直切片,通过4次迭代计算得到F_s值;悬臂剪切崩塌法将坍塌面角度设置为90°进行F_s的计算。本研究区域边坡坍塌角度基本小于90°,采用水平层法计算结果精度较高,其计算公式如下:

$$F_s = \frac{\sum_{i=1}^{I}(C'_i L_i + (\mu_a - \mu_w)L_i \tan\phi_i^b + [W_i\cos\beta - \mu_{ai}L_i + P_i\cos(\alpha-\beta)]\tan\phi'_i)}{\sum_{i=1}^{I}(W_i\sin\beta - P_i\sin[\alpha-\beta])} \quad (10-1)$$

式中,I为河岸边坡总层数,本文根据该区域土壤类别分为5层;i为层数,$i=1,2,\cdots$;C'_i为土体有效凝聚力(kPa),根据该河段5个土层的样品进行土工试验测得;L_i为崩塌面长度(m);W_i为土体重量(kN),根据实测河岸几何参数和土体容重等计算得出;μ_{ai}为第i层土壤的空隙空气压力(kPa);P_i为外界水流施加给土体的静态水侧限压力(kPa),由当日实测水位数据确定;α为河岸坡度(°),根据实测几何参数确定;ϕ'_i为土体有效内摩擦角(°),根据土工试验测得;μ_a和μ_w分别为空隙空气压力和孔隙水压力(kPa),由土工试验参数和潜水位等确定;β为崩塌面角度(°);ϕ_i^b为基质吸力增加后土体表观凝聚力随之增加的速率。其中,土层厚度、有效凝聚力、有效内摩擦角和容重等参数作为F_s计算的一部分,可结合几何参数、水位和潜水位等用来计算土壤的表观凝聚力C_a、抗剪强度τ_f、孔隙水压力μ_w和根系凝聚力C_r等其他参数。此外,由于潜水面以上的非饱和土体含水率较潜水面以下的饱和土体小,故潜水面以下土体考虑采用饱和容重进行计算。

由于BSTEM模型的各项参数计算完全基于实测的岸坡数据,所以其计算的准确性主要与野外数据的准确性有关,如河岸几何形态的确定、剪切面的适当选取、岸段土层参数的确定、潜水位的界定、植被类型和占比的确定等。本次实测的高精度地形数据和分层土体参数可以有效提高F_s的计算精度,干流不稳定岸段分布与稳定性分级详见图10-77。

二、典型岸段河槽边坡

1. 窝崩边坡岸段

1)龙潭水道窝崩边坡段

该河段冲淤计算结果如图10-78a所示,该河段1998年河槽体积为1.89亿m^3,2013年河槽体积为1.43亿m^3,淤积总量$4.57\times10^7 m^3$,平均淤积深度为2.51m。河槽上段存在部分冲刷区域,下段大部分淤积,河槽两侧边缘则有少许冲刷,A—A'区段则整体淤积。断面$1^{\#}$所处区段"U"形河槽淤积为平床,最大淤积深度约6.3m,左岸边坡处于淤积状态,淤积厚度约2.3m,右岸边坡受冲刷,冲刷深度约2.4m(图10-78b)。这说明近年来该河段处于调整期,河槽中段淤积,近岸刷深,可能导致边坡失稳风险增大。

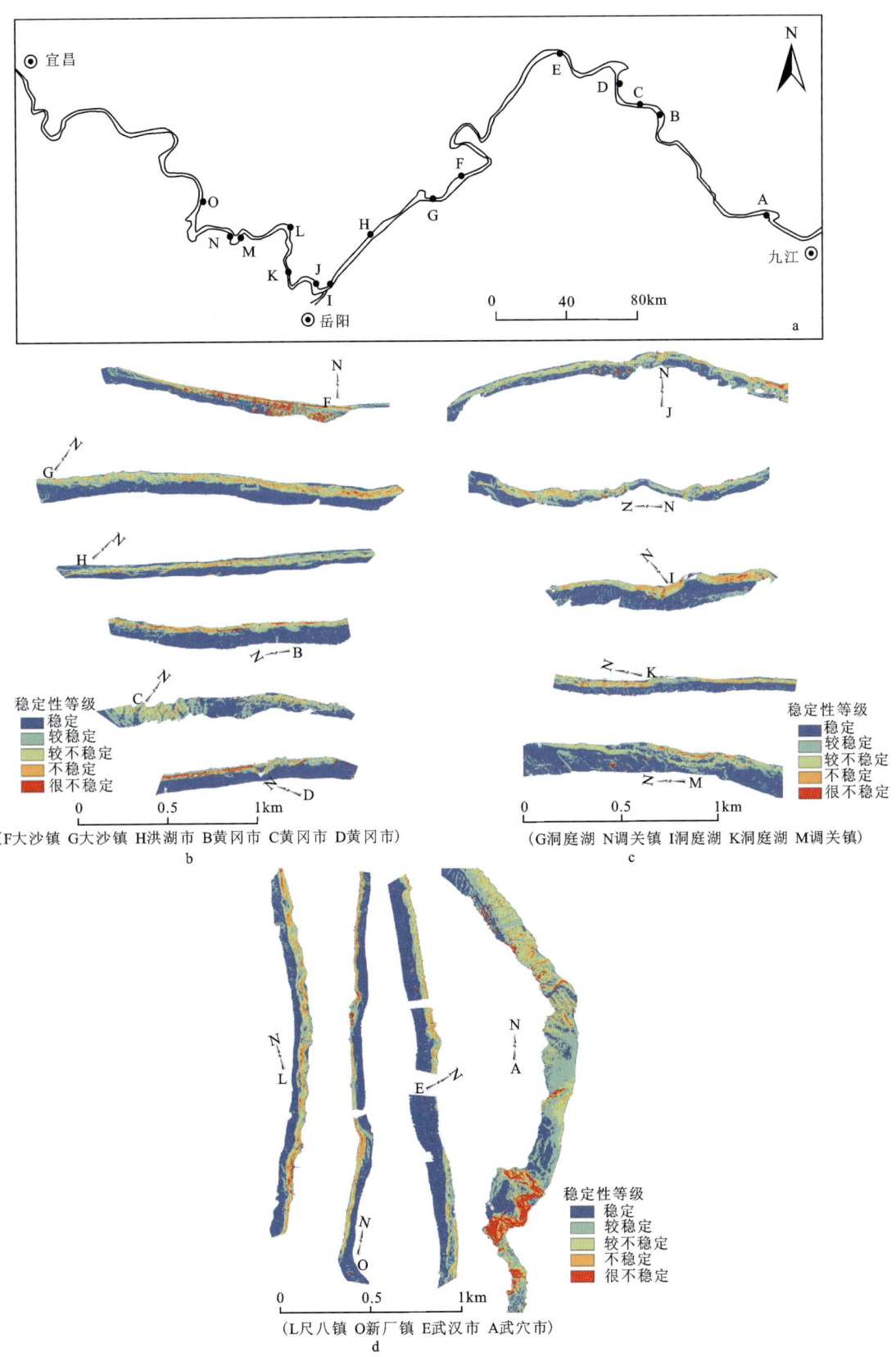

图 10-77 长江九江至宜昌河段干流不稳定岸段分布与稳定性分级

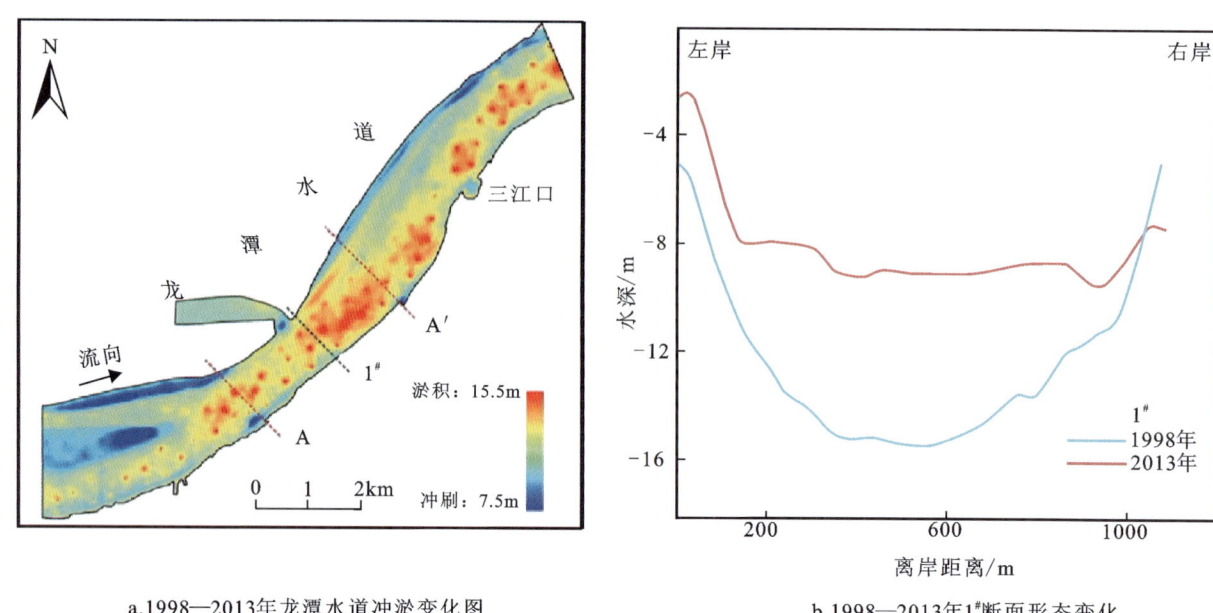

a.1998—2013年龙潭水道冲淤变化图　　　　b.1998—2013年1#断面形态变化

图 10-78　龙潭水道冲淤及断面变化图

2）太阳洲水道窝崩边坡段

该河段冲淤计算结果如图 10-79a 所示，其中 A—A′区段 1998 年河槽体积总量约 $6.85 \times 10^7 m^3$，2013 年河槽体积总量约 $8.80 \times 10^7 m^3$，主要为冲刷区域，冲刷总量约 $1.95 \times 10^7 m^3$，平均冲刷深度约 2.1m。该区域左、右两侧均有冲刷，河槽中部则有小部分条带状淤积。断面分析显示（图 10-79b），该区域"V"形河槽有展宽的趋势，左、右两侧最大冲刷深度分别为 9.6m 和 13.5m，中部区域最大淤积厚度约 1.9m。河槽的近岸冲刷使得近岸边坡受到侵蚀，坡脚变陡，对边坡的稳定性会造成不利影响。

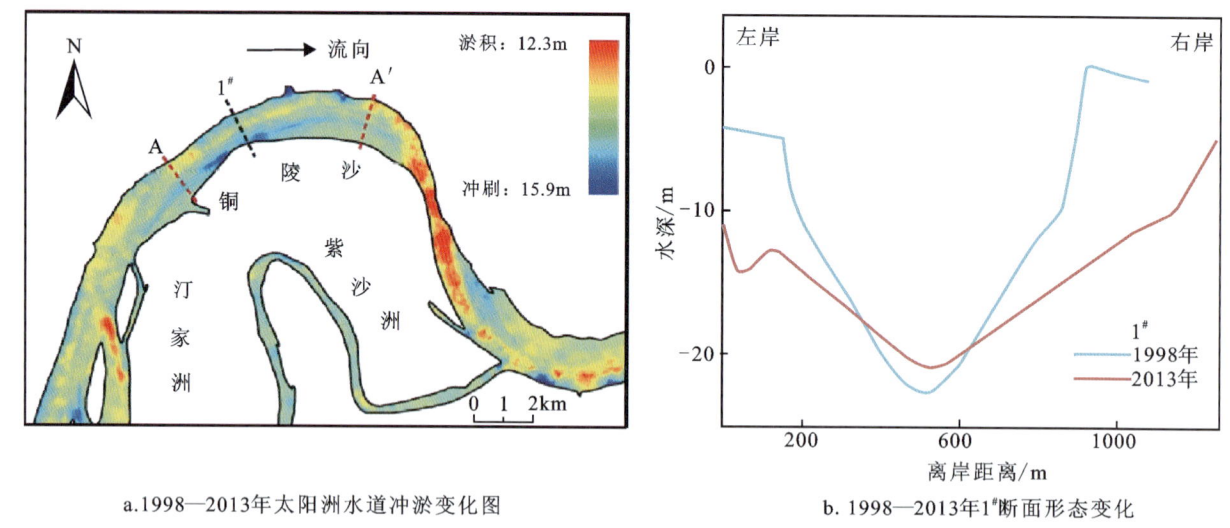

a.1998—2013年太阳洲水道冲淤变化图　　　　b.1998—2013年1#断面形态变化

图 10-79　太阳洲水道冲淤及断面变化图

3）螺山水道窝崩边坡段

该河段冲淤计算结果如图 10-80a 所示，河槽总体呈左冲右淤的态势，其中 A—A′区段 2006 年河槽体积为 $2.44 \times 10^7 m^3$，2015 年河槽体积为 $3.45 \times 10^7 m^3$，冲刷总量为 $1.01 \times 10^7 m^3$，平均冲刷深度为 1.6m。断面 1# 2006—2015 年左侧冲刷，右侧则不冲不淤，左侧最大冲刷深度约 6.1m（图 10-80b）。这说明左侧近岸河槽刷深明显，坡脚降低，坡度增大，威胁近岸边坡稳定性。

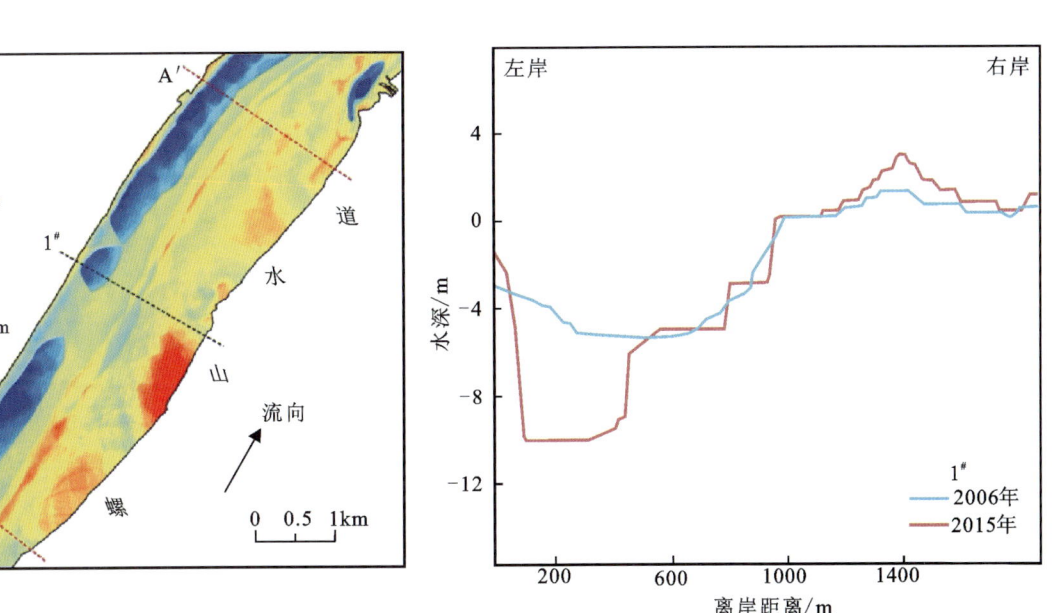

a.2006—2015年螺山水道冲淤变化图　　　b.2006—2015年1#断面形态变化

图 10-80　螺山水道冲淤及断面变化图

4) 砖桥水道窝崩边坡段

该河段冲淤计算结果如图 10-81a 所示,该岸段上游部分为左淤右冲,中下游部分为左冲右淤。该区段 2006 年河槽体积为 $2.58 \times 10^7 \mathrm{m}^3$,2015 年河槽体积为 $3.16 \times 10^7 \mathrm{m}^3$,冲刷总量为 $5.82 \times 10^6 \mathrm{m}^3$,平

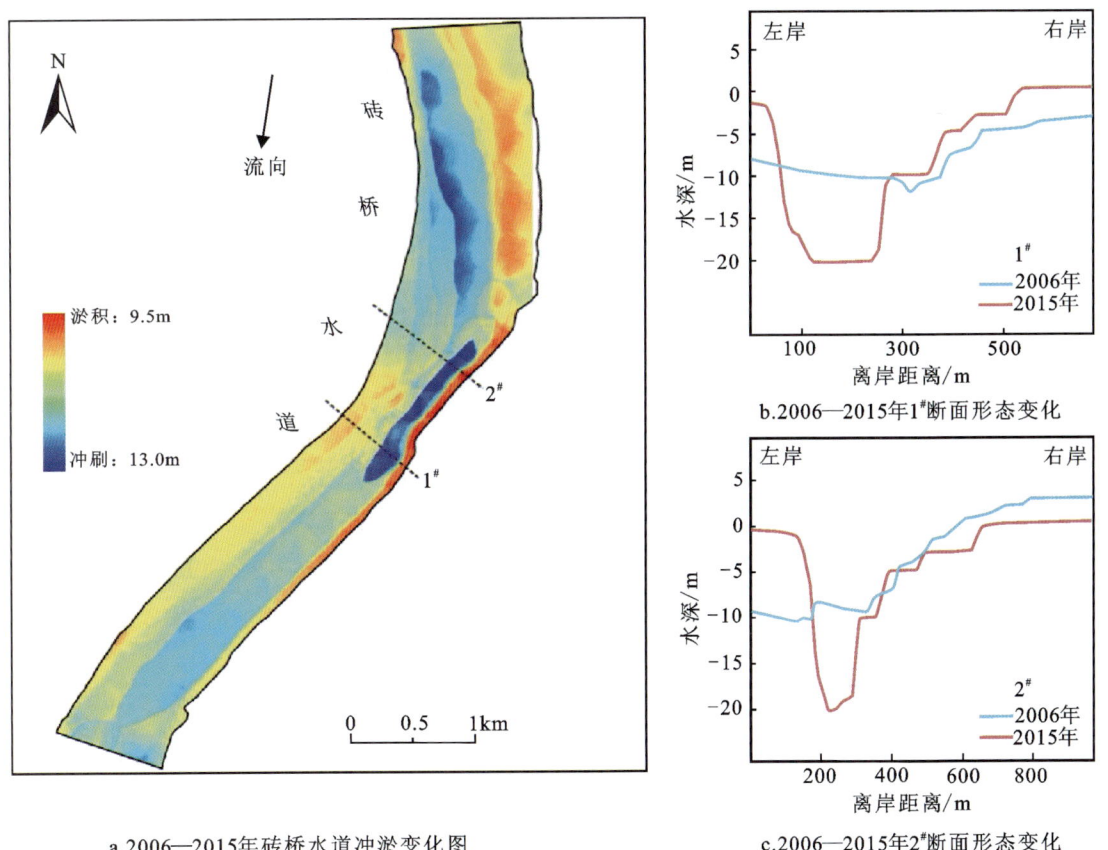

a.2006—2015年砖桥水道冲淤变化图　　　c.2006—2015年2#断面形态变化

图 10-81　砖桥水道冲淤及断面变化图

均冲刷深度为1.2m。断面1#2006—2015年左、右两侧淤积，最大淤积高度分别为6.4m和4.2m，中段偏左侧河槽冲刷，最大冲刷深度约10.4m(图10-81b)。断面2#2006—2015年左侧淤积，最大淤积深度约8.9m，中段右端冲刷，最大冲刷深度约11.4m(图10-81c)。河床从平床转变为"V"形河床，左岸一冲一淤的结果就是近岸刷深、边坡明显变陡、坡脚降低，严重影响了近岸边坡稳定性。

2. 河漫滩边坡岸段

1）西华水道侵蚀河漫滩边坡段

该河段冲淤计算结果如图10-82a所示，上游部分主要呈淤积态势，卡口段为左冲右淤，下游部分冲刷区域居多。其中，A—A′区段1998年河槽体积总量约$4.54×10^7m^3$，2013年河槽体积总量约$3.46×10^7m^3$，主要为淤积区域，淤积总量约$1.07×10^7m^3$，平均淤积厚度约2.4m。该区段左冲右淤，淤积部分集中在右侧离岸700m内，冲刷部分集中在左侧离岸500m内。断面分析显示(图10-82b、c)，该区域"V"形河槽有展宽趋势，1#、2#断面左侧河槽最大冲刷深度分别为4.8m和7.6m，河槽深泓线左移，移动幅度分别为134.7m和239.0m。这说明自1998年以来进口段主流左摆，近岸河槽冲深，坡脚降低，坡度变大，河漫滩受到侵蚀。

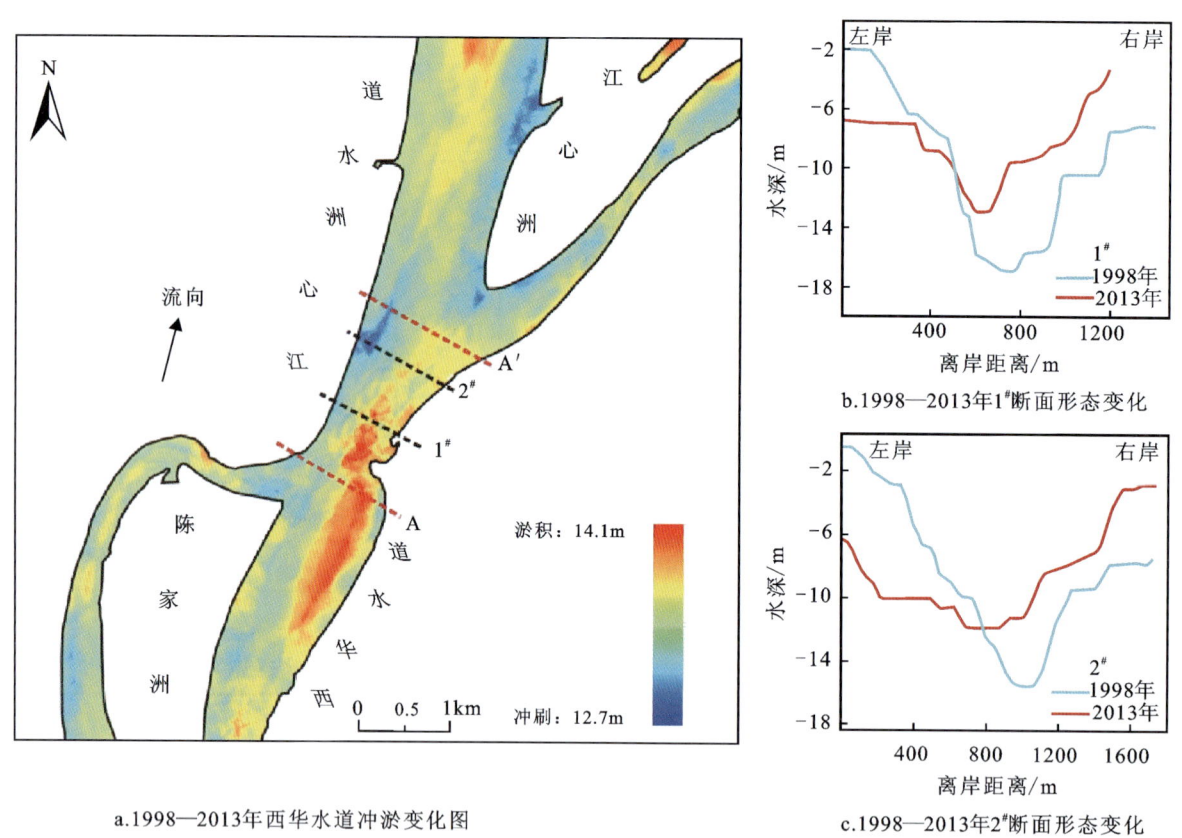

图10-82 西华水道冲淤及断面变化图

2）牯牛沙水道淤积河漫滩边坡段

该河段冲淤计算结果如图10-83a所示，该岸段西塞山上游大部分区域为淤积，西塞山下游大部分区域则为冲刷。A—A′区段1998年河槽体积为$1.58×10^7m^3$，2013年河槽体积为$1.57×10^7m^3$，淤积总量为9.30万m^3，平均淤积深度为0.05m。该区段冲淤基本处于平衡状态，其右侧河床冲刷，左侧淤积。断面1#1998—2013年左侧淤积，最大淤积深度约3.9m，右侧冲刷，最大冲刷深度约4.4m(图10-83b)。断面2#1998—2013年左、右两侧冲刷，最大冲刷深度分别为4.2m和2.4m，中段淤积,最大淤积厚度约 4.1m(图 10-83c)。从冲淤变化的角度来看,左侧团林岸边滩近岸河床淤高,坡度减小,边坡应较为稳定。

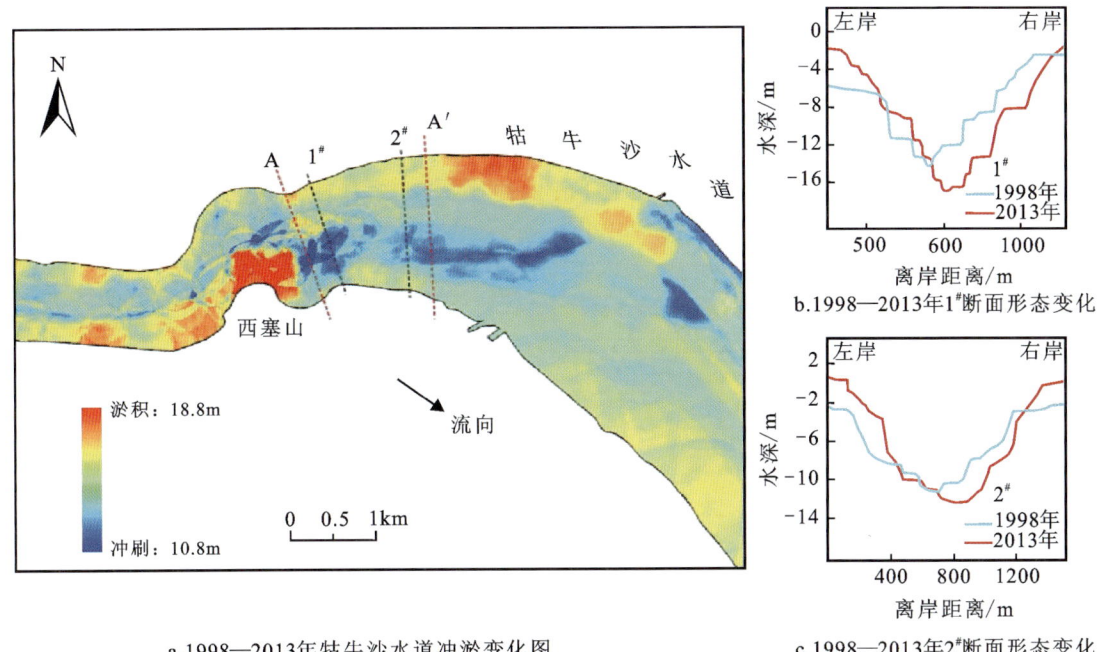

a.1998—2013年牯牛沙水道冲淤变化图　　c.1998—2013年2#断面形态变化

图 10-83　牯牛沙水道冲淤及断面变化图

3)观音洲水道侵蚀河漫滩边坡段

该河段冲淤计算结果如图 10-84a 所示,A—A' 区段河槽总体呈左冲右淤的态势,该区段 2006 年河槽体积为 $3.98×10^6 m^3$,2015 年河槽体积为 $1.10×10^7 m^3$,冲刷总量为 $6.99×10^6 m^3$,平均冲刷深度为 3.5m。断面 1# 2006—2015 年左、右两侧冲刷,最大冲刷深度分别为 9.2m 和 1.1m(图 10-84b)。

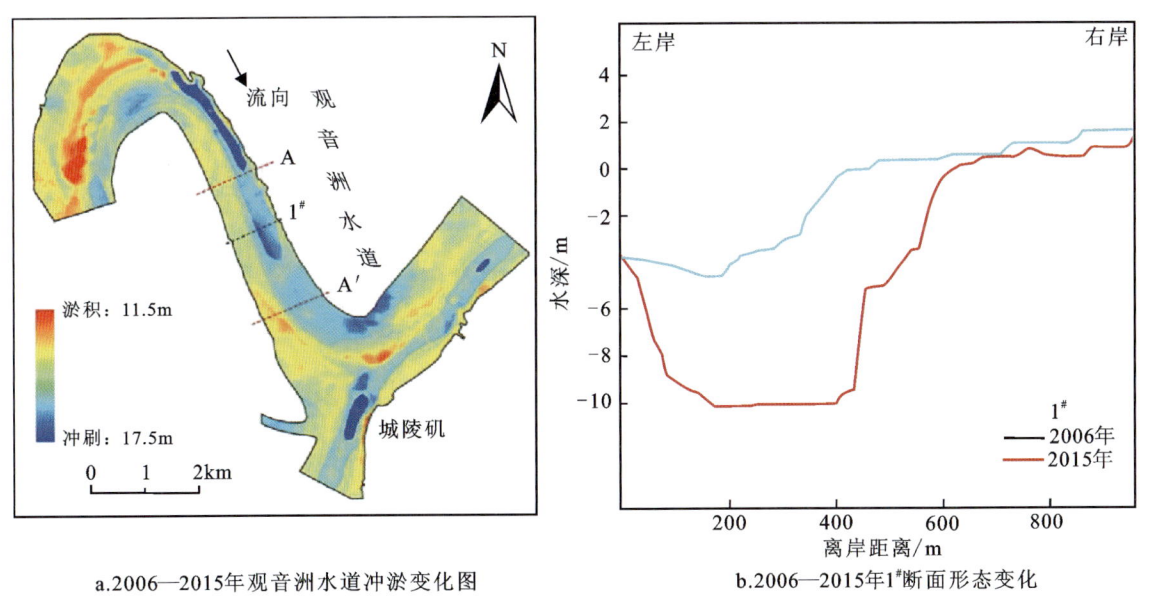

a.2006—2015年观音洲水道冲淤变化图　　b.2006—2015年1#断面形态变化

图 10-84　观音洲水道冲淤及断面变化图

3. 条崩边坡岸段

1）九江水道带状崩岸边坡段

该河段冲淤计算结果如图 10-85a 所示，1998 年河槽体积为 2.57 亿 m³，2013 年河槽体积为 2.70 亿 m³，冲刷总量为 $1.26×10^7$ m³，平均冲刷深度为 0.22m。该河段 A 断面上游有冲有淤，新洲周边区域淤积，A—A'区段则呈现左冲右淤的态势，A'断面下游河段为冲淤交替的状态。断面 1# 1998—2013 年左、右两侧冲刷，最大冲刷深度分别为 10.1m 和 4.6m，中段淤积，最大淤积厚度约 5.0m（图 10-85b）。断面 2# 1998—2013 年左侧冲刷，最大冲刷深度约 7.6m，右侧淤积，最大淤积厚度约 8.6m（图 10-85c）。河势调整明显，河床由"凹"形转变为"W"形，左侧河槽近岸冲刷剧烈，这导致左岸边坡坡脚变低，坡度变陡，失稳风险增大。

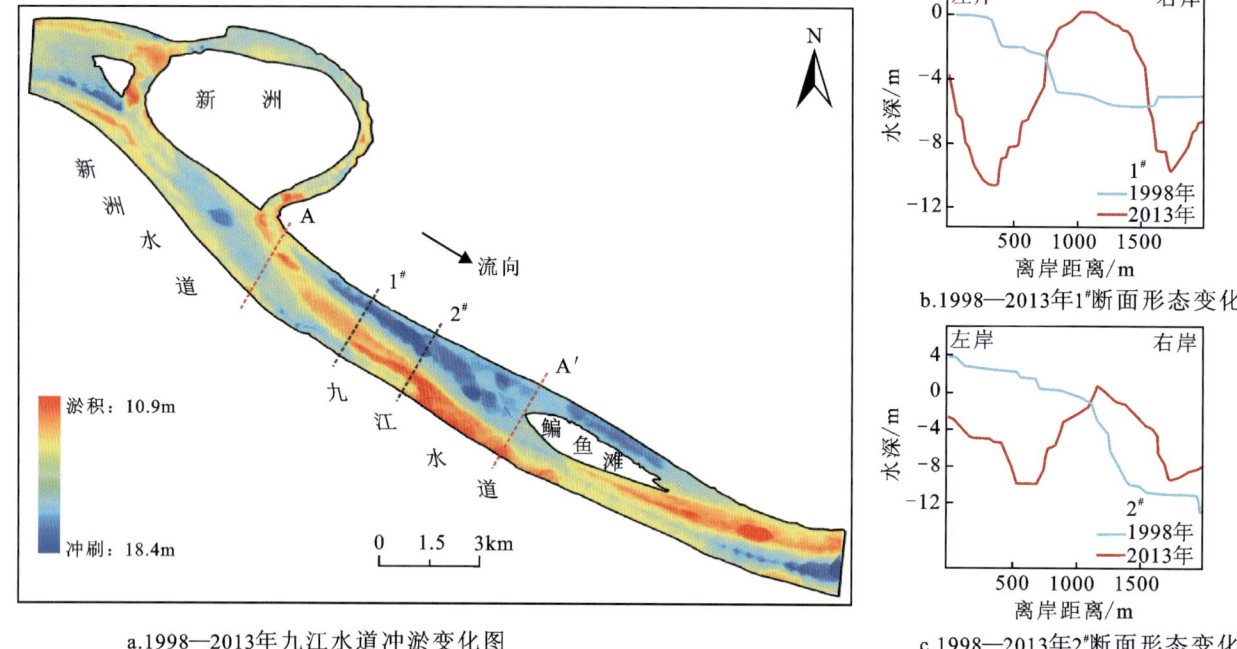

图 10-85　九江水道冲淤及断面变化图

2）煤炭洲水道条崩边坡段

该段冲淤计算结果如图 10-86a 所示，该河段大拐弯上游部分呈左冲右淤的状态，大拐弯及其下游部分呈左淤右冲的状态，基本符合河势演变"凹冲凸淤"的规律。其中，A—A'区段 2006 年河槽体积为 $2.47×10^7$ m³，2015 年河槽体积为 $4.29×10^7$ m³，冲刷总量为 $1.82×10^7$ m³，平均冲刷深度为 3.6m，该段冲刷量及冲刷深度均较大。断面 1# 2006—2015 年左、右侧均有冲刷，最大冲刷深度分别为 2.5m 和 15.1m（图 10-86b）。

4. 支流汇流段崩岸边坡岸段

1）蕲水入汇河口崩岸边坡段

该河段冲淤计算结果如图 10-87a 所示，A—A'区段 1998 年河槽体积为 $5.57×10^7$ m³，2013 年河槽体积为 $6.00×10^7$ m³，冲刷总量 $4.26×10^6$ m³，平均冲刷深度为 0.54m。该河段大部分为冲刷状态，下游部分有少部分淤积区域。1# 断面 1998—2013 年间变化不大，左侧基本处于冲淤平衡的状态，右侧河床则受到冲刷，最大冲刷深度约 3.8m（图 10-87b）。

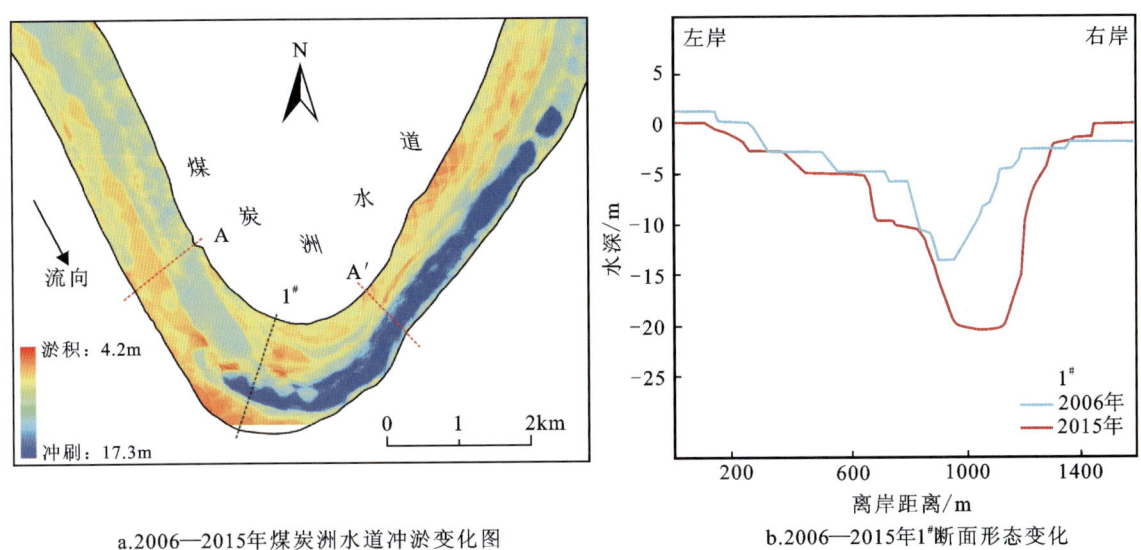

图 10-86 煤炭洲水道冲淤及断面变化图

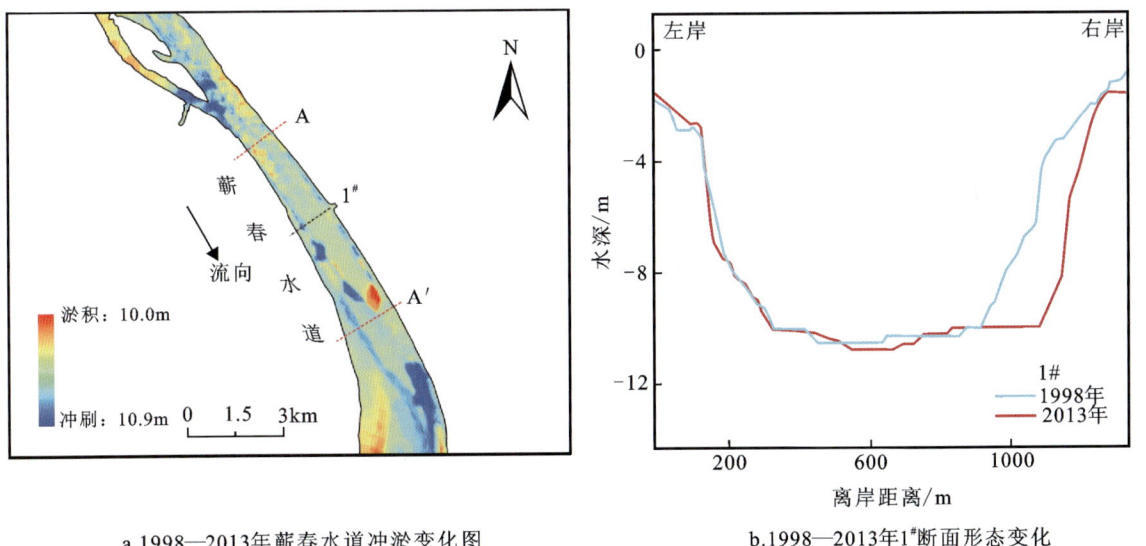

图 10-87 蕲春水道冲淤及断面变化图

2）松滋河分流河口崩岸边坡段

该河段冲淤计算结果如图 10-88a 所示，松滋河分流口处整体处于冲刷态势，A—A′区段 2006 年河槽体积为 $7.60×10^6 m^3$，2015 年河槽体积为 $2.09×10^7 m^3$，冲刷总量 $1.33×10^7 m^3$，平均冲刷深度为 2.5m。断面 1# 2006—2015 年整体冲刷，最大冲刷深度约 11.0m（图 10-88b）。断面 2# 2006—2015 年整体冲刷，最大冲刷深度约 15.0m（图 10-88c）。该区域的冲刷状态导致了两岸边坡稳定性的下降，应引起重视。

5. 石首水道护岸坍塌边坡岸段

该河段冲淤计算结果如图 10-89a 所示，大拐弯上游冲淤交替，大拐弯处左淤右冲，下游则多为淤积区域。该区段 2006 年河槽体积为 $4.24×10^7 m^3$，2015 年河槽体积为 $6.17×10^7 m^3$，冲刷总量为 $1.93×10^7 m^3$，平均冲刷深度为 1.2m。断面 1# 2006—2015 年左侧淤积，最大淤积厚度约 2.7m，右侧冲刷，最大冲刷深度约 4.6m（图 10-89b）。断面 2# 2006—2015 年左侧冲淤基本平衡，右侧冲刷较为严重，最大冲刷深度约 13.2m（图 10-89c）。该区域右岸冲刷严重，坡脚变陡，对近岸边坡的稳定性十分不利。

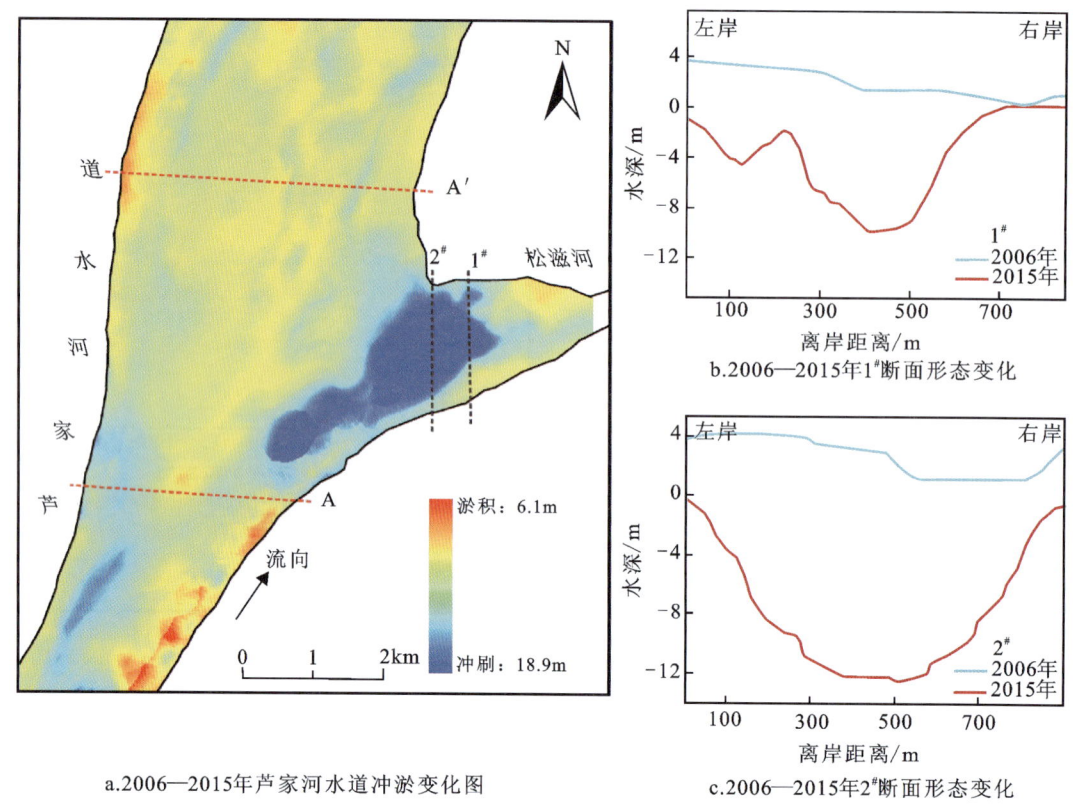

图 10-88 芦家河水道冲淤及断面变化图

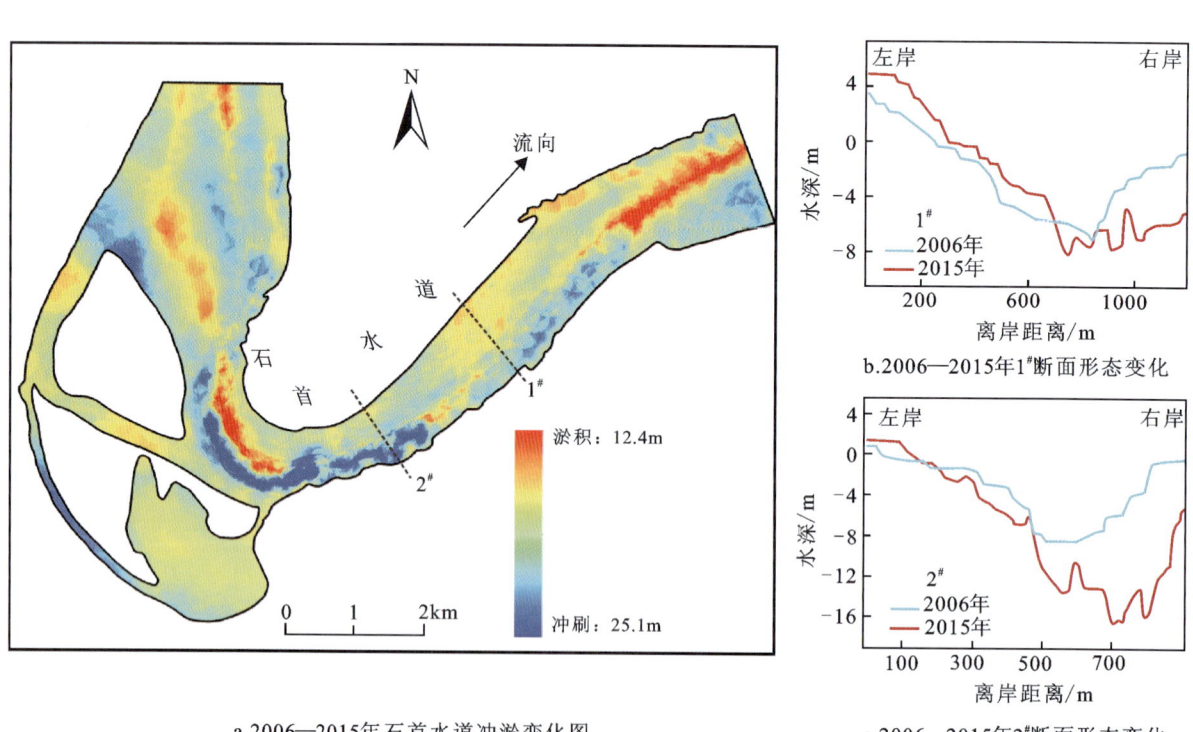

图 10-89 石首水道冲淤及断面变化图

总之,对典型岸段进行了冲淤及断面变化分析,定量计算了河槽体积、冲淤总量、平均冲淤深度和断面变化量等,并对河势变化进行了初步分析。结果显示,大部分测区河槽边坡均存在近岸冲刷、坡比增加的现象。这可能导致近岸坡脚冲刷、坡度变陡并形成冲刷坑,会对边坡稳定性产生不利影响。

三、典型河槽边坡稳定性分析

1. 窝崩边坡

1）太阳洲水道窝崩边坡

地貌测量结果如图 10-90 所示。将该区域的窝崩分为窝崩区、近岸区 1 和近岸区 2 三部分。近岸区 1 内离岸 36m 处存在大尺度坍塌堆积体,长约 107m,宽约 39m,堆积体导致近岸河床整体抬升。该窝崩长约 102.7m,宽约 37.1m(图 10-90a)。陆上部分受冲刷形成月牙形三级阶梯状冲蚀结构,第一阶高 1.21~1.37m,宽约 1.4m;第二阶高 0.55~2.01m,宽约 8m;第三阶生长有高 1.49~2.59m 的植被(图 10-90b)。该区域陆上坡度较缓,坡比为 0.09~0.25;水下边坡坡比达到了 0.33~0.55,窝崩区最陡,近岸区较缓(图 10-90c)。区域断面图显示(图 10-90d~h),离岸 70m 外河槽刷深超过 28m,Ⅲ 断面坡度最大,属内凹型结构。

ADCP 测量结果如图 10-91 所示,近岸区 1 水流主要为背离边坡顺流而下,表层、中层、底层平均流速分别为 0.44m/s、0.59m/s 和 0.29m/s,虽然流速较高,但水流背离岸线,对近岸边坡冲蚀作用较弱。

窝崩区内水流形成了直径约 50m 的竖轴回流,表层、中层、底层平均流速分别为 0.22m/s、0.30m/s 和 0.14m/s。余文畴和苏长城(2007)、王媛和李冬田(2008)认为横向与平面漩涡是导致窝崩发生及扩大的主要因素,该区域实测也发现了这一现象,窝崩坑内的回流会剥离窝崩侧壁土体,并加速它的破碎和输移,使崩岸继续扩张。

近岸区 2 水流主要为窝崩坑内外射水流,逆流而上且贴岸冲刷,表层、中层、底层平均流速分别为 0.45m/s、0.75m/s 和 0.29m/s。该区域不仅流速较大,且向岸冲刷,因此近岸区 2 侵蚀最为严重,边坡将朝北西向环形扩张,近岸区 2 副窝崩坑的发育以及洪水期陆上西北侧形成的阶梯状冲刷坎都印证了这一发展趋势(图 10-91)。

采集到的边坡土层数据分析结果显示(图 10-92),该区域床面底质黏土(0~2μm)含量约 2.9%,粉砂(2~63μm)含量约 9.9%,极细砂(63~125μm)含量约 6.0%,细砂(125~250μm)含量约 61.2%,中砂(250~500μm)含量约 27.0%,粗砂(500~2000μm)含量约 1.7%,中值粒径约 152.7μm,故坡脚属于非黏性砂土层。

浅地层剖面探测结果如图 10-93 所示,该区域水深为 5~15m,河床不规则起伏,窝崩区坍塌土体形成了厚为 3~5m 的堆积层。近岸区 1 内发育有大尺度堆积体,前缘泥沙落淤成层,整个堆积体隆起形成水下沙丘,使近岸河床抬升了 5m 左右。

水流在流经该堆积体时被打乱,堆积体前缘水流转为向岸流,中部水流则被趋离岸线(图 10-91)。由于该堆积体的存在,其控制的区域近岸形成了一个缓流区,泥沙在缓流区内落淤,使得近岸抬升,加强了近岸区 1 的边坡稳定性,有效阻止了边坡向东的扩张趋势,这与 Hackney 等(2015)在湄公河流域崩岸区观测到的现象一致。但是堆积体边界部分的水流被牵引至窝崩区,加强了窝崩坑内的水动力条件,使得窝崩西北侧稳定性下降,近岸区 2 观测到的水流结构印证了这一点(图 10-91)。

将该区域边坡自西向东分为 4 个部分,利用 BSTEM 模型,对 4 个特征断面(图 10-94)进行稳定性计算。其中,边坡形态数据根据三维地貌模型断面数据录入,土体特征参数按照采集到的边坡土体数据录入,水位数据参照测点附近凤凰颈水文站记录数据,模型中植被类型为灌木,无防护措施。结果如图 10-94 所示,Ⅰ、Ⅱ、Ⅲ、Ⅳ 断面的安全系数分别为 1.51、1.25、2.04 和 2.23。Ⅰ、Ⅱ 断面安全系数较低,

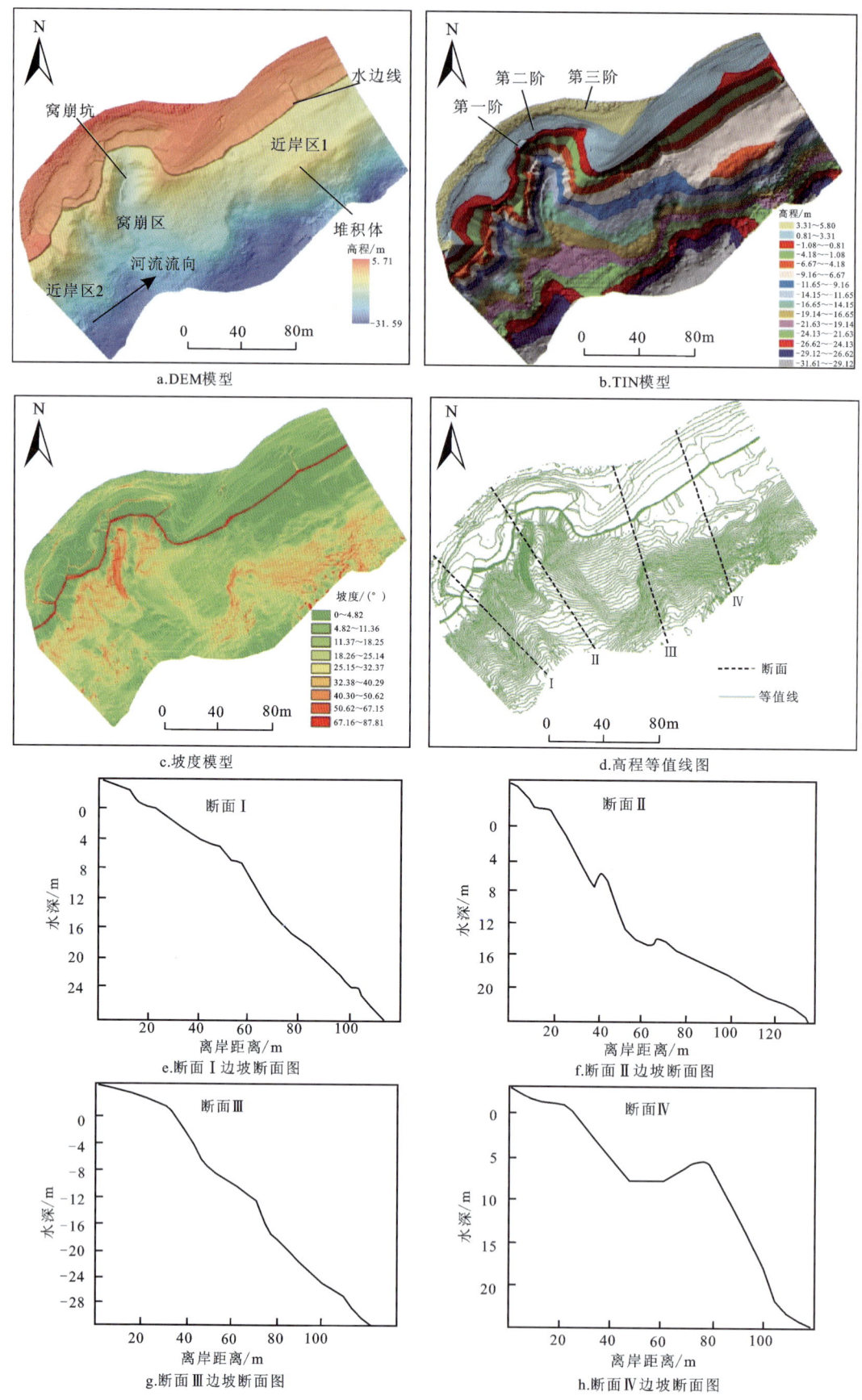

图 10-90 太阳洲水道测区窝崩边坡地貌模型图

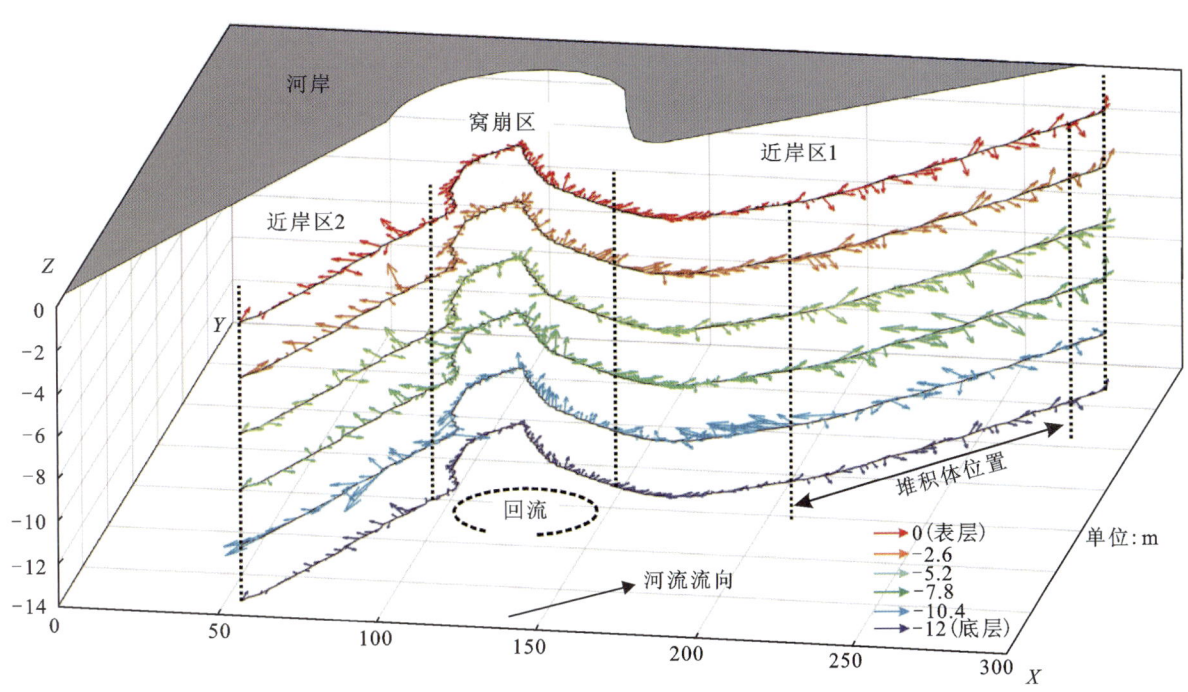

图 10-91　太阳洲水道测区近岸三维流场分布图

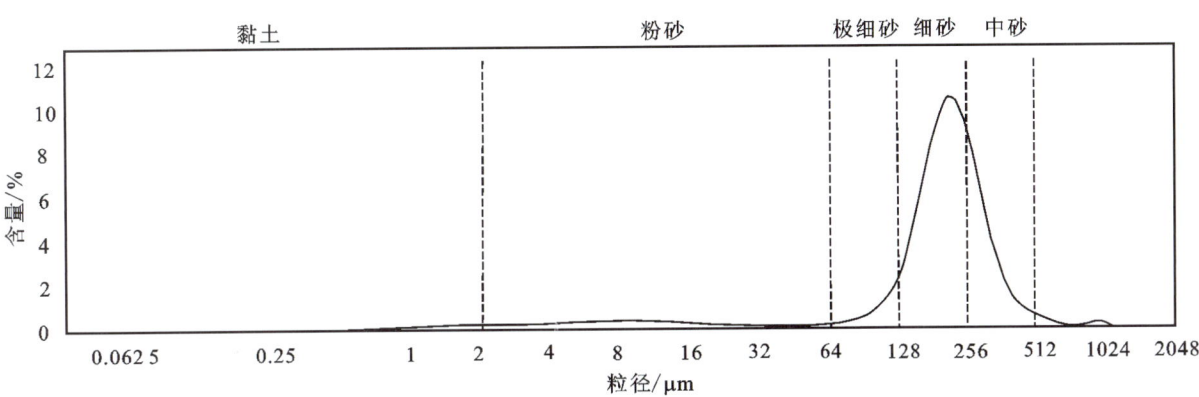

图 10-92　太阳洲水道测区窝崩边坡土层沉积物粒度图

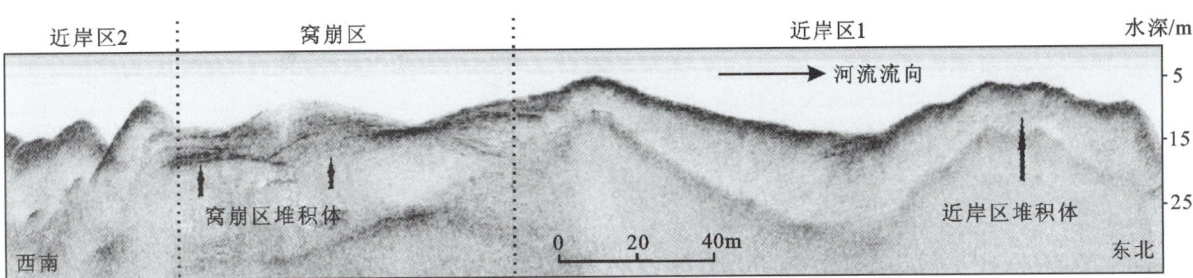

图 10-93　太阳洲水道测区浅地层结构图

且Ⅱ断面安全系数介于1.0和1.3两临界值之间,属于不稳定断面,随着退水期的持续,Ⅰ、Ⅱ断面所处位置失稳风险较大;Ⅲ、Ⅳ断面安全系数均大于2.0,边坡较为稳定,发生坍塌的概率较低。根据计算结果,该崩岸东向边坡处于稳定状态,窝崩中段区域处于不稳定状态,西侧边坡虽处于稳定状态,但安全系数较低。综上所述,在堆积体和水流共同作用下,边坡将向西北方向进一步扩展。

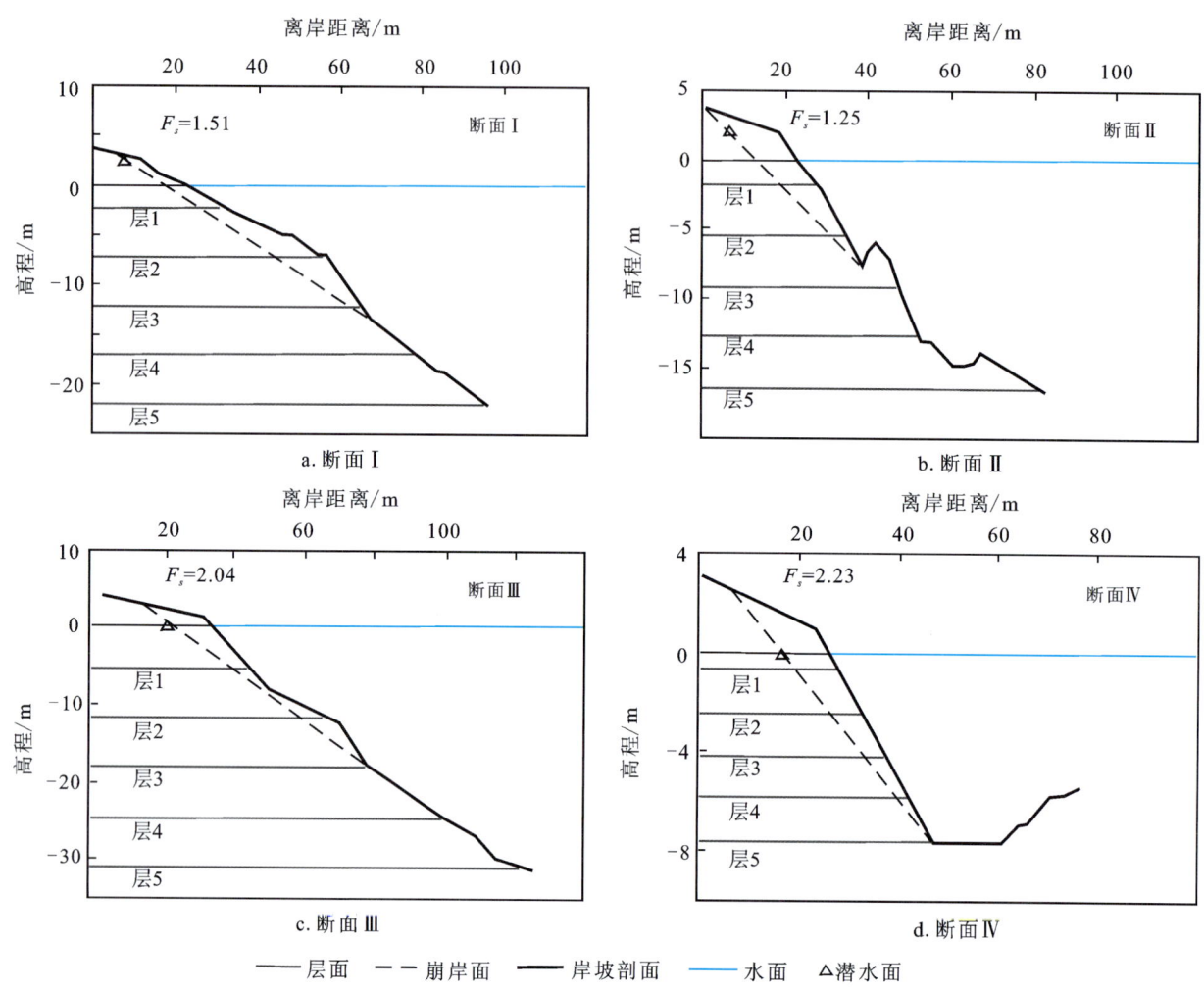

图 10-94 太阳洲水道测区基于 BSTEM 模型的边坡特征断面稳定性计算结果

2)龙潭水道窝崩边坡

该窝崩尺度较大,呈鸭梨状,崩口长约186m,纵深约105m(图10-95a),将窝崩分为3级阶梯(图10-95b)。第一阶为陆上部分,主要为黏土,发育有两个冲刷坑;第二阶筑有石质护岸;第三阶为窝崩区河床,未见明显崩岸坍塌堆积体。陆上区域坡度较为平缓(坡比约0.012),窝崩坡脚坡度稍大(坡比约0.20),此外近岸未崩塌的岸线坡度也较陡,坡比约0.33(图10-95c)。断面图(图10-95d~h)显示,离岸200m范围内河床冲深至40m以上,断面属内凹型结构。

ADCP测量结果显示(图10-96),近岸区(非窝崩区)离岸部分水流主要为沿江顺流而下,近岸部分水流较为紊乱,受窝崩区回流的影响,出现了逆流而上的紊流,影响范围约180m;窝崩区内则产生了顺时针的竖轴回流。

近岸区表层、中层、底层平均流速分别为0.59m/s、0.59m/s和0.37m/s,水流速度较高,但大多沿江顺流而下或背离岸线,对边坡的淘刷作用较小;窝崩区内形成的竖轴回流直径达200m左右,表层、中层、底层平均流速分别为0.45m/s、0.44m/s和0.29m/s,回流的存在对窝崩侧壁产生了淘刷,但由于该

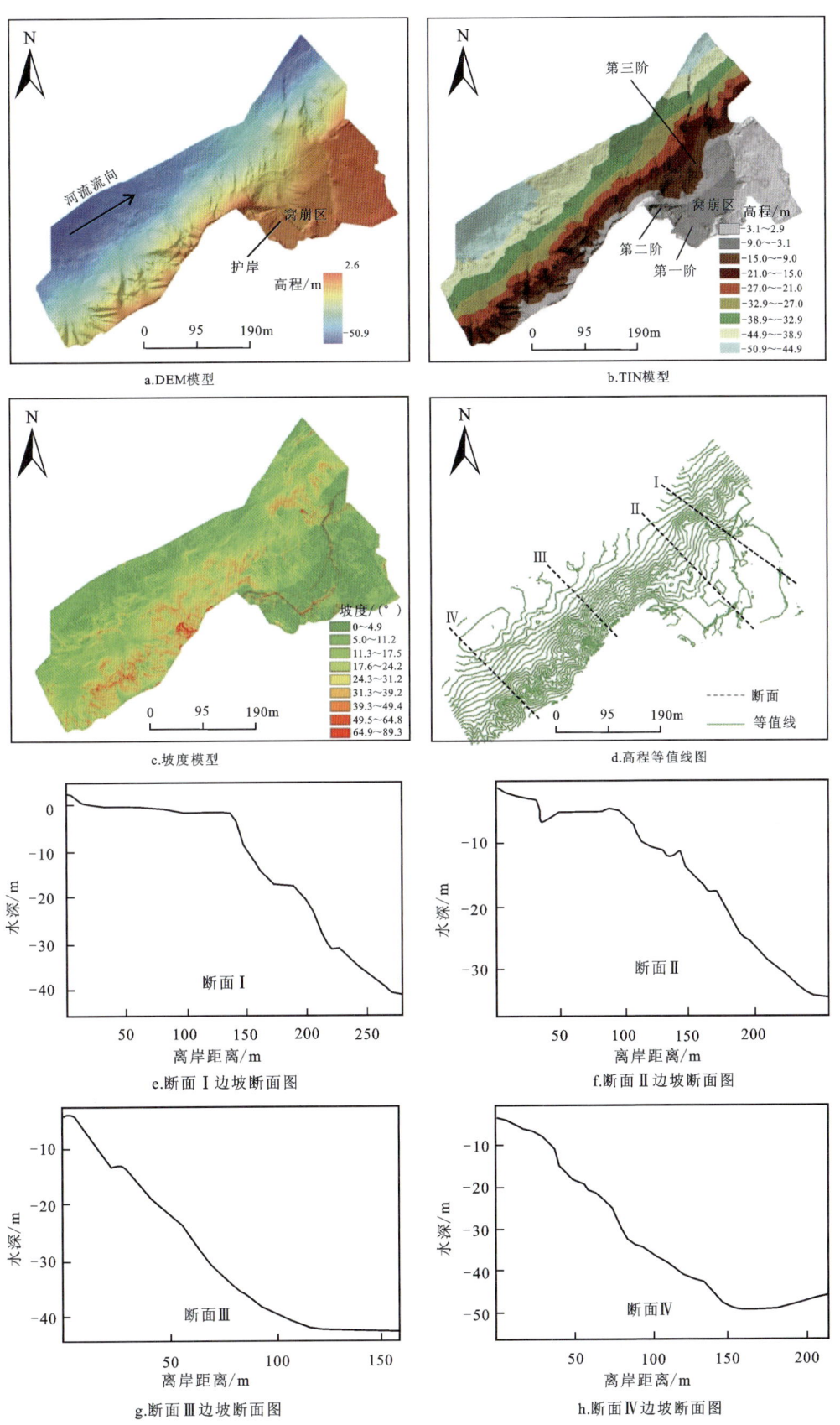

图 10-95 龙潭水道测区窝崩边坡地貌模型图

崩岸已经进行了人为加固，石质护岸的修筑使得边坡的稳定性增加，窝崩进一步扩张的可能性很小，稳定性较高。

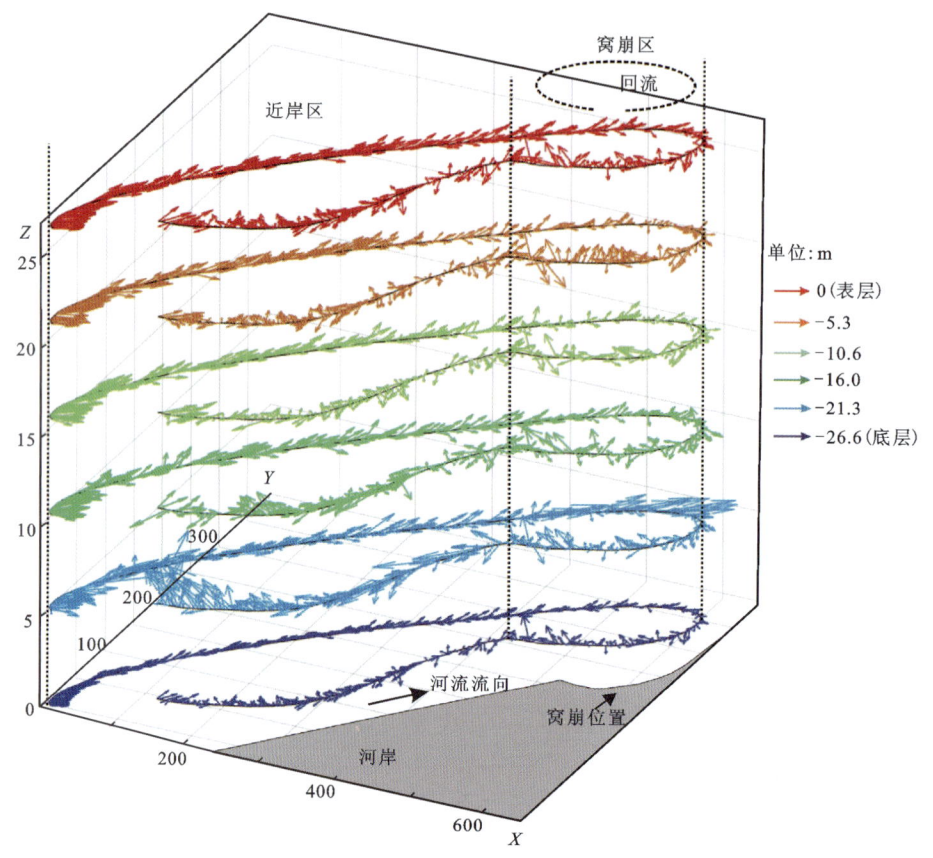

图10-96　龙潭水道测区近岸三维流场分布图

浅地层剖面探测结果如图10-97所示，该剖面离岸260m左右，未见明显地质分层、坍塌堆积体或冲刷坑，浅层结构较为稳定。

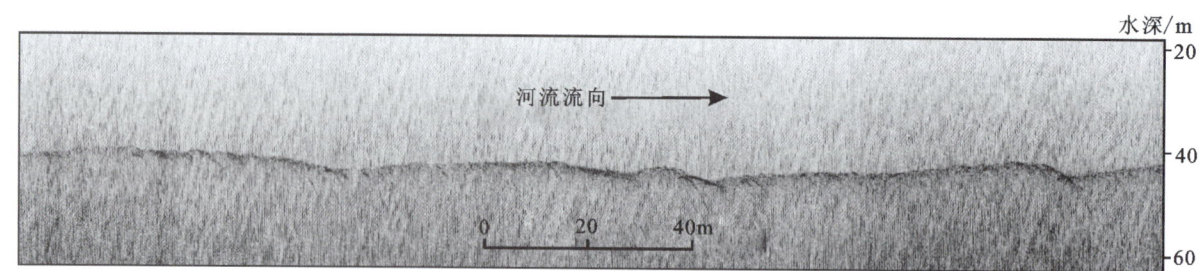

图10-97　龙潭水道测区浅地层结构图

对崩岸区进行研究，选取崩岸中断及崩岸侧段Ⅰ、Ⅱ断面（图10-95），利用BSTEM模型进行稳定性计算。其中，边坡形态数据根据三维地貌模型断面数据录入，模型中护岸类型设置为石质护岸。结果如图10-98所示，Ⅰ、Ⅱ断面安全系数F_s分别为2.22和3.80，均大于临界值1.3，故边坡处于稳定状态。

综上所述，南京龙潭段窝崩目前经过人为加固后稳定性较高，水流对边坡的淘刷作用对其产生的影响较小，难以构成威胁，窝崩进一步扩张的概率较低。此外，该岸段河槽大部分区域均为淤积态势，河势较为稳定，边坡的稳定性相对增加。

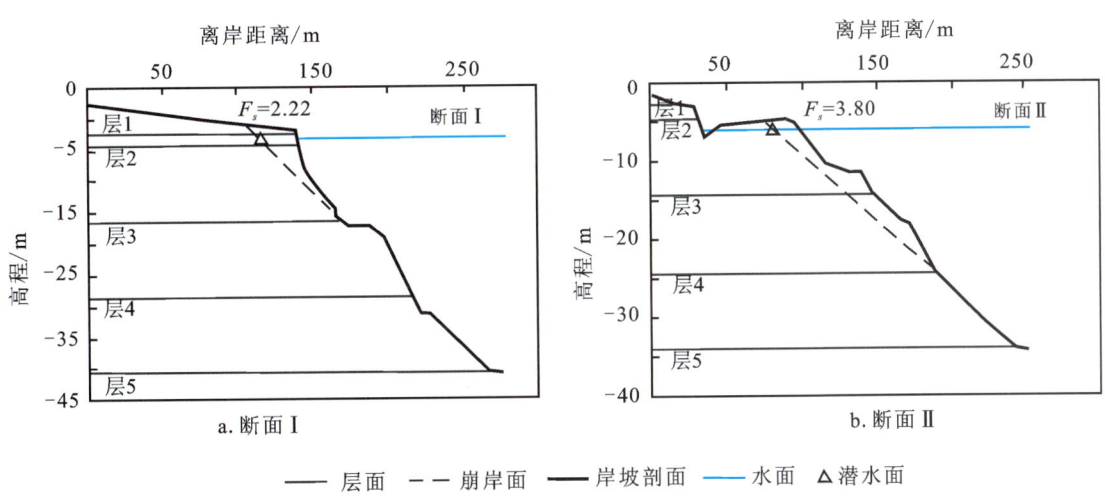

图 10-98 龙潭水道测区基于 BSTEM 模型的边坡特征断面稳定性计算结果

3）螺山水道窝崩边坡

测量结果显示，该窝崩呈月牙形，崩口长约 75.7m，宽约 13m，近岸河床未发现坍塌堆积体（图 10-99a）。该崩岸分为两阶，崩塌高度约 4.7m（图 10-99b）。该窝崩崩塌面坡比约为 0.34，河床较为平缓（图 10-99c）。断面图（图 10-99d~g）显示，该边坡属上凹下凸型结构。

ADCP 测量结果显示（图 10-100），该边坡近岸水流流态在各个层面上均表现为向岸冲刷，边坡受水流淘刷严重。其中表层、中层、底层平均流速分别为 1.02m/s、1.08m/s 和 0.64m/s，水流流速较高，对中上层边坡冲蚀最为强烈，但水流结构单一，未产生涡旋回流，故对边坡侧向的淘刷作用较小。虽然向岸水流可以淘刷边坡土体，加速土体的破碎输移，但该区域规则有序地向岸水流提供的侧向顶托水体压力在一定程度上可以提高边坡的稳定性，阻止其向外侧坍塌。

浅地层探测结果显示（图 10-101），该边坡近岸区域未产生明显地质分层，浅层结构较为稳定。床面呈不规则起伏状且有 1m 左右的强反射层，可能由残留的坍塌堆积层所致。

对崩岸的中段和侧段选取的 3 个特征断面（图 10-99e~g），利用 BSTEM 模型进行稳定性计算。其中，边坡形态数据根据三维地貌模型断面数据录入，水位数据参照测点附近螺山水文站记录数据，且该岸段无植被和防护措施。结果如图 10-102 所示，Ⅰ、Ⅱ、Ⅲ 断面的安全系数 F_s 分别为 1.34、1.34 和 1.01。Ⅰ、Ⅱ 断面安全系数大于 1.3 临界值，暂时处于稳定状态；而 Ⅲ 断面安全系数则介于 1.0 和 1.3 两临界值之间，属于不稳定断面，有失稳风险。随着退水期的持续，Ⅰ、Ⅱ 两断面安全系数会随之降低，边坡也可能处于不稳定状态。根据计算结果，该窝崩中段和西侧区域边坡暂时处于稳定状态，东侧区域边坡处于不稳定状态。综上所述，目前阶段窝崩区处于稳定状态，窝崩的边缘段处于不稳定状态，可能发生坍塌。在水流的影响下，崩岸侧壁虽受到淘刷，但规则水流的侧向顶托作用对边坡的稳定起到了良性作用。虽然窝崩区暂时稳定，但河岸安全系数均接近于 1.3 的临界值，随着退水期的持续或枯水期的到来，边坡的稳定性还会进一步降低，失稳风险增大。从河岸演变来看，该岸段近岸河槽逐年冲深，坡脚坡度增大，稳定性降低，建议尽早开展护岸工程加固岸线。

4）砖桥水道窝崩边坡

该窝崩边坡外形呈月牙状，崩口长约 86.5m，宽约 29.5m，崩岸坡脚两侧有坍塌堆积体存在，近岸冲深明显（图 10-103a）。该窝崩分为两阶，崩塌高度约 6.0m（图 10-103b）。该崩岸崩塌面坡比约 1.0，水下边坡坡比约 0.64，坡度均较大（图 10-103c）。断面图（图 10-103d~g）显示，窝崩坑内边坡属于内凹型结构，附近未崩塌边坡为外凸型结构。

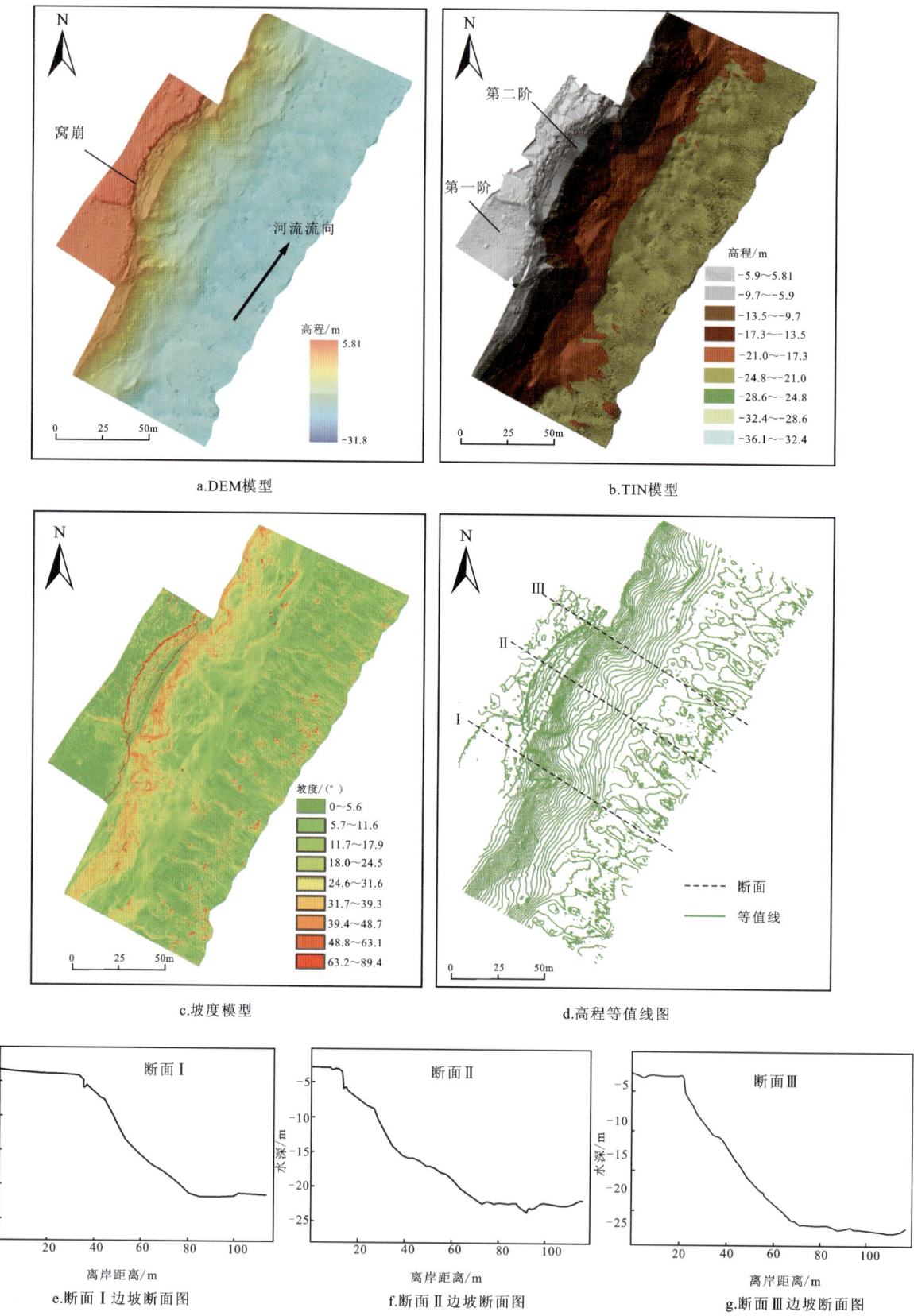

图 10-99　螺山水道测区窝崩边坡地貌模型图

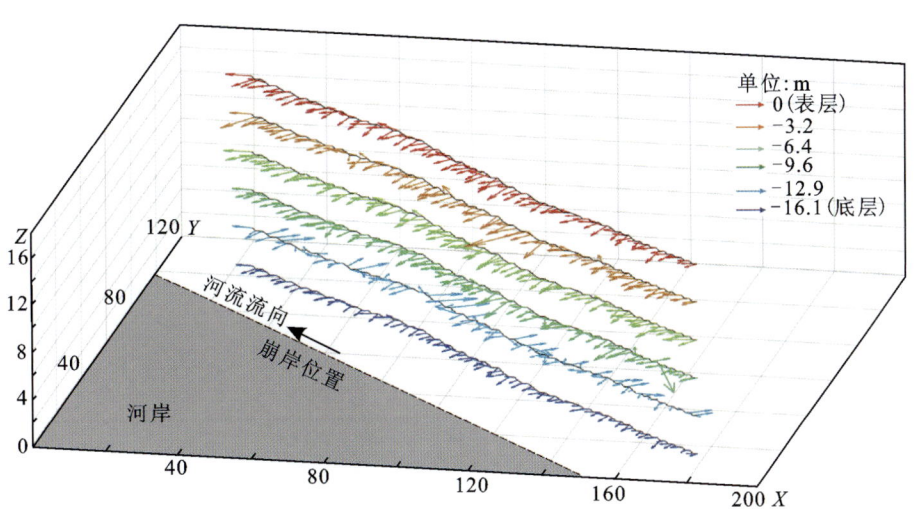

图 10-100　螺山水道测区近岸三维流场分布图

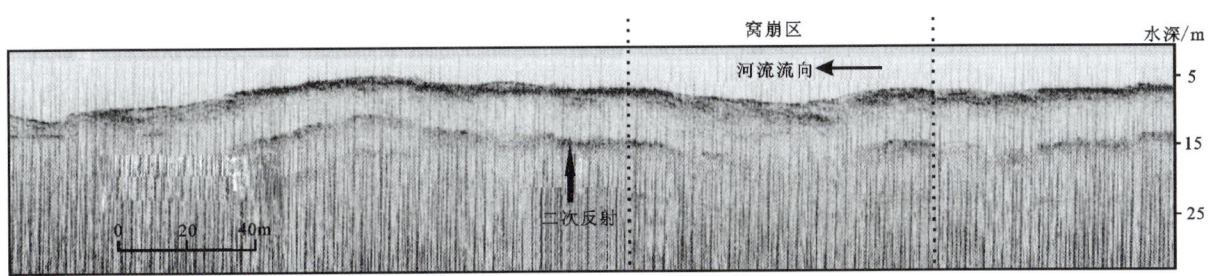

图 10-101　螺山水道测区浅地层结构图

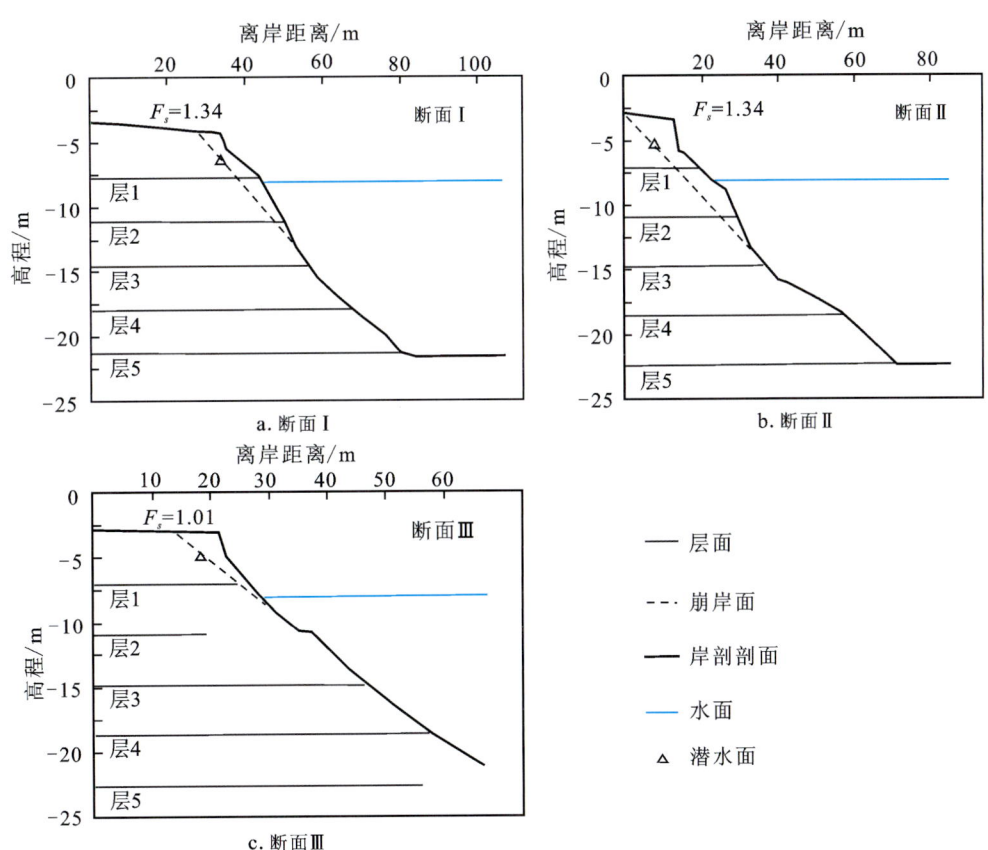

图 10-102　螺山水道测区基于 BSTEM 模型的边坡特征断面稳定性计算结果

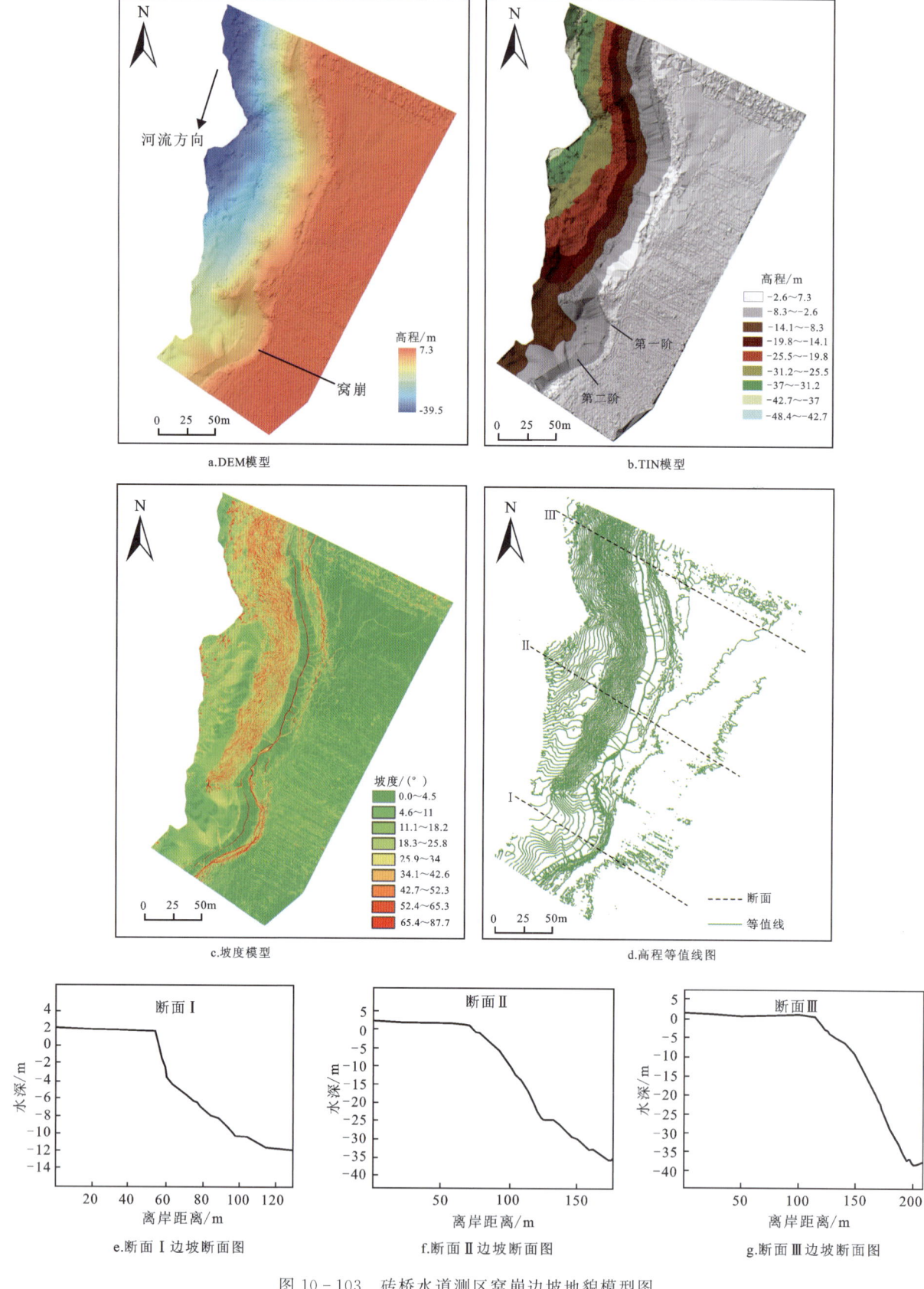

图 10-103 砖桥水道测区窝崩边坡地貌模型图

ADCP 测量结果显示(图 10-104),近岸水流在近岸区(非窝崩区)流态较为规则,主要表现为向岸冲刷且流速较大,表层、中层、底层平均流速分别为 0.82m/s、0.81m/s 和 0.54m/s,水流结构较为单一,未产生涡旋回流。在窝崩区,水流主要表现为侧向贴岸冲刷,表层、中层、底层平均流速分别为 0.60m/s、0.56m/s 和 0.43m/s。由于该岸段没有护岸,故水流对边坡产生的侧向和垂向冲刷会侵蚀近岸土体,使得坡脚刷深,坡度变大,稳定性降低。值得一提的是,堆积体的存在改变了中下层的水流结构,具体表现为中下层水流在流经南侧堆积体前缘时被分隔,一部分弹回至离岸方向,另一部分被引导至窝崩坑内;而北侧顺流而下的水流被堆积体阻挡,转向河岸方向,这使得窝崩区的水流较为紊乱且水动力增强,窝崩区北侧的边坡近岸冲刷加强。

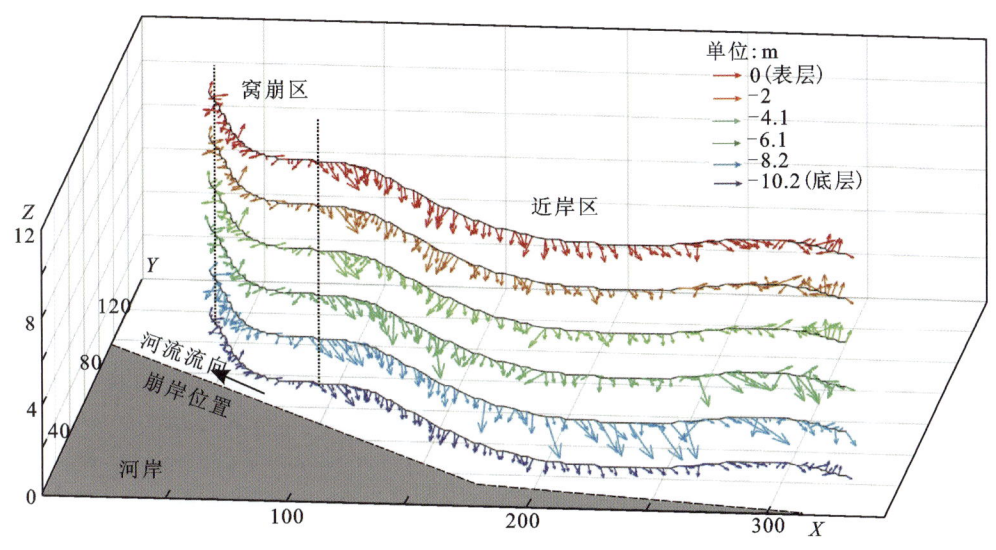

图 10-104 砖桥水道测区近岸三维流场分布图

采集到的边坡土层数据分析结果显示(图 10-105),该崩岸不同土层的粒度占比为:黏土($0\sim2\mu m$)含量为 8.8%~17.0%,粉砂($2\sim63\mu m$)含量为 43.0%~74.0%,极细砂($63\sim125\mu m$)含量为 6.3%~22.0%,细砂($125\sim250\mu m$)含量为 1.1%~33.9%,中、粗砂($>250\mu m$)含量为 0~7.6%。中值粒径为 $12.3\sim102.9\mu m$,平均粒径为 $22.7\sim113.3\mu m$。土壤类型自上而下分为两种,上层、中层为黏性砂土层,下层、底层为非黏性砂层。上层黏土、下层非黏性砂层使得边坡下层土壤易受侵蚀,可能导致近岸刷深,坡脚增大,进而产生失稳风险。将试验后的土体参数作为计算的一部分输入至 BSTEM 模型中,可得到边坡稳定性的计算结果。

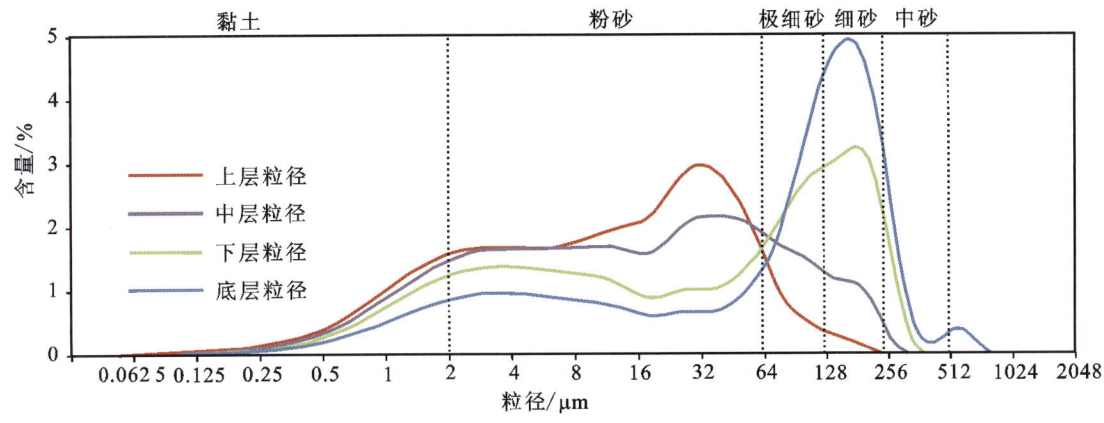

图 10-105 砖桥水道测区窝崩边坡土层沉积物粒度图

浅地层剖面探测结果如图10-106所示,近岸河床呈不规则起伏状,窝崩坑南北两侧坡脚分别发育有长约20m、厚约4m及长约35m、厚约4m的坍塌堆积体,此外窝崩区北段发育有厚1～3m的堆积层。

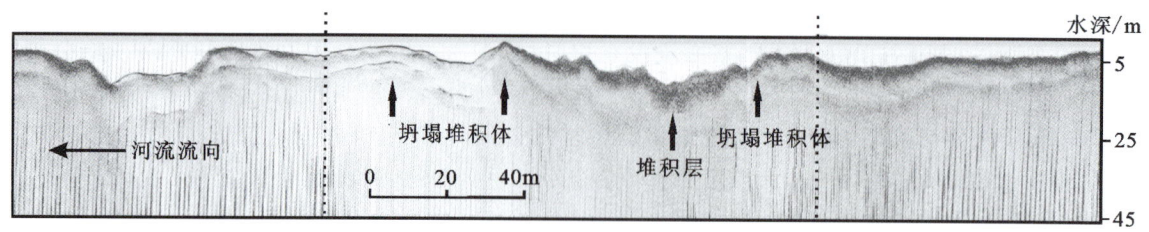

图10-106 砖桥水道测区浅地层结构图

对该窝崩中段和窝崩周边近岸区域选取的3个特征断面(图10-103e～g),利用BSTEM模型进行稳定性计算。其中,边坡形态数据根据三维地貌模型断面数据录入,土体特征参数按照采集到的边坡土体数据录入,水位数据参照测点附近监利水文站记录数据,且该岸段无植被和防护措施。结果如图10-107所示,Ⅰ、Ⅱ、Ⅲ断面的安全系数F_s分别为1.51、1.19和1.22。其中,Ⅰ断面安全系数大于1.3临界值,处于稳定状态;Ⅱ、Ⅲ断面安全系数介于1.0与1.3两临界值之间,处于不稳定状态。根据计算结果,该窝崩中段区域处于稳定状态,窝崩北侧的近岸区域边坡则处于不稳定状态,有失稳风险。综上所述,窝崩区域目前较为稳定,但窝崩周边区域尤其是北侧近岸刷深严重,坡度较陡,且边坡下层土体为非黏性砂质层,易受侵蚀,边坡稳定性较差,其安全系数介于1.0和1.3之间,失稳风险较大。此外,该区域受弯道流影响,近岸河槽逐年刷深,崩岸易发,应尽早采取措施加固边坡。

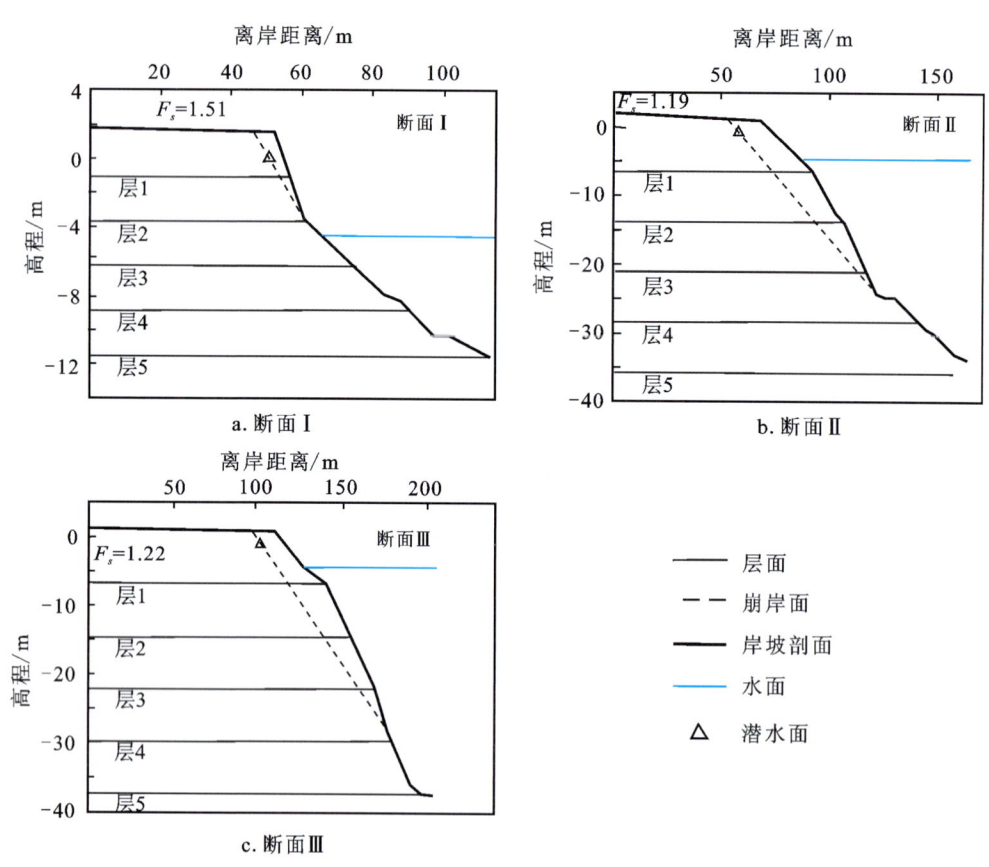

图10-107 砖桥水道测区基于BSTEM模型的边坡特征断面稳定性计算结果

2. 河漫滩边坡

1) 西华水道侵蚀河漫滩边坡

马鞍山测区边坡为典型的河漫滩结构(图10-108a),受2016年洪水后的退水期影响,该区域出现多层坍塌陡坎,自河漫滩至江边呈3层阶梯型分布,平均坡比为0.087。第一阶宽18.5~30.2m,厚1.6~3.6m,其上覆盖的植被受冲刷根茎裸露在地表之上;第二阶宽2.4~16.8m,厚0.7~2.0m;第三阶宽25.3~38.6m,厚1.4~1.8m(图10-108b)。水下边坡在离岸3m左右的位置发育有长69.2m、宽44.6m、深19.2m的椭圆形冲刷坑(图10-108a),其分为一大一小两部分,边缘坡度均较大(图10-108c)。研究区域断面(图10-108d~h)显示,自Ⅰ断面至Ⅳ断面边坡由外凸型结构转变为内凹型结构,坡比达0.22~0.88,最陡处出现在冲刷坑内。

双频ADCP观测结果显示(图10-109),近岸水流在各个流层均表现出向岸的垂向和侧向冲刷,边坡正在经受来自水流的全面淘刷。表层、中层、底层向岸的垂向平均流速分别达到了0.77m/s、0.87m/s和0.64m/s,水流对中上层边坡的冲蚀作用最为强烈,这也是-10~0m范围内边坡冲退最为明显的原因。从大尺度上来看,该河段由于岸线较为平整,水流对边坡的垂向冲刷较为连续和规则,边坡主要在中层高速水流的淘刷作用下不断侧切,河漫滩面积不断缩小,呈整体冲刷缓慢后退趋势。从局部来看,冲刷坑区域的流场发生改变,具体表现为上、下边缘部分的水流流速增大,流向摇摆不定,内部水流流速骤降且中下层水流从坑内流出后弹射回上游方向。这可能说明了水流在坑内产生了小尺度的回流,回流的存在造成冲刷坑侧壁的冲蚀,使其继续扩大和变陡,造成局部区域的边坡失稳。值得注意的是,长江航道距水边线仅5~10m,来往的大型船只产生的船行波可能加剧了对边坡的侵蚀作用。

本研究区段不同土层的粒度占比为(图10-110):黏土(0~2 μm)含量为5.9%~15.8%,粉砂(2~63μm)含量为14.7%~79.5%,极细砂(63~125μm)含量为3.9%~38.8%,细砂(125~250μm)含量为0.8%~62.8%,中、粗砂(>250μm)含量为0~4.9%。中值粒径介于11.1~211.1μm之间,自上而下分别为非黏性砂层、黏性土层和非黏性砂层。其中,前3层土体为河漫滩沉积层,坡脚及河床底质同属于非黏性砂层,故将其作为第4层和第5层。

浅地层数据显示(图10-111),近岸发育有多处大小不均的冲刷坑。坡脚受水流的冲蚀呈现高低不均的剖面形态,由于近岸受到持续冲刷,没有发现沙波、沉积层和堆积体。从地貌模型(图10-108a)也可以看出,近岸的冲刷坑分割了边坡的形态,大型冲刷坑上游部分边坡为外凸型结构,下游部分则改变为内凹型结构。冲刷坑的形成导致了地形的不连续性,进而改变周边流场结构,使水流对边坡的侵蚀加剧,严重时可能使水流在地形不连续处入楔形成回流,不停旋转的回流涡体会对边坡形成环形淘刷,增加对坡脚的扰动和剪切,加速土体的破碎和输移,进而产生崩岸。因此,地形的不连续性导致的抗冲不连续性是该区域边坡稳定性降低的重要因素。

对该区域边坡分段研究,自西向东设立Ⅰ~Ⅳ共4个特征断面(图10-108e~h),利用BSTEM模型进行稳定性计算。其中,地形剖面及土体特征参数按照前两节结果录入模型;水位数据根据测点附近的新桥闸水文站确定,测量当日属于退水期末期,水位为4.69m;植被数据为河漫滩第三阶上分布的平均高度21.8m的乔木和平均高度12.4m的灌木,占比分别为65%和35%,树龄约20年;河岸土体潜水位位于第二层与第三层之间,高于水面高程2.4m;此外,该岸段无任何护岸工程。结果如图10-112所示,安全系数F_s分别为1.60、1.18、1.72和1.40。其中,Ⅰ、Ⅲ、Ⅳ断面安全系数大于1.3,边坡处于稳定状态;Ⅱ断面F_s介于1.0和1.3之间,处于不稳定状态。根据BSTEM模型计算的结果,若处于条件都稳定状态,Ⅱ断面失稳的风险较高。此外,虽然此次计算结果显示有3个特征断面处于稳定,但考虑到此次计算基于退水期的单日测量结果产生,且安全系数均接近1.3的安全容限,随着水位的持续下降,边坡安全系数仍会有所减小,随着河流水位、含沙量等因素的不断变化,边坡受水流侵蚀仍存在较大失稳风险。

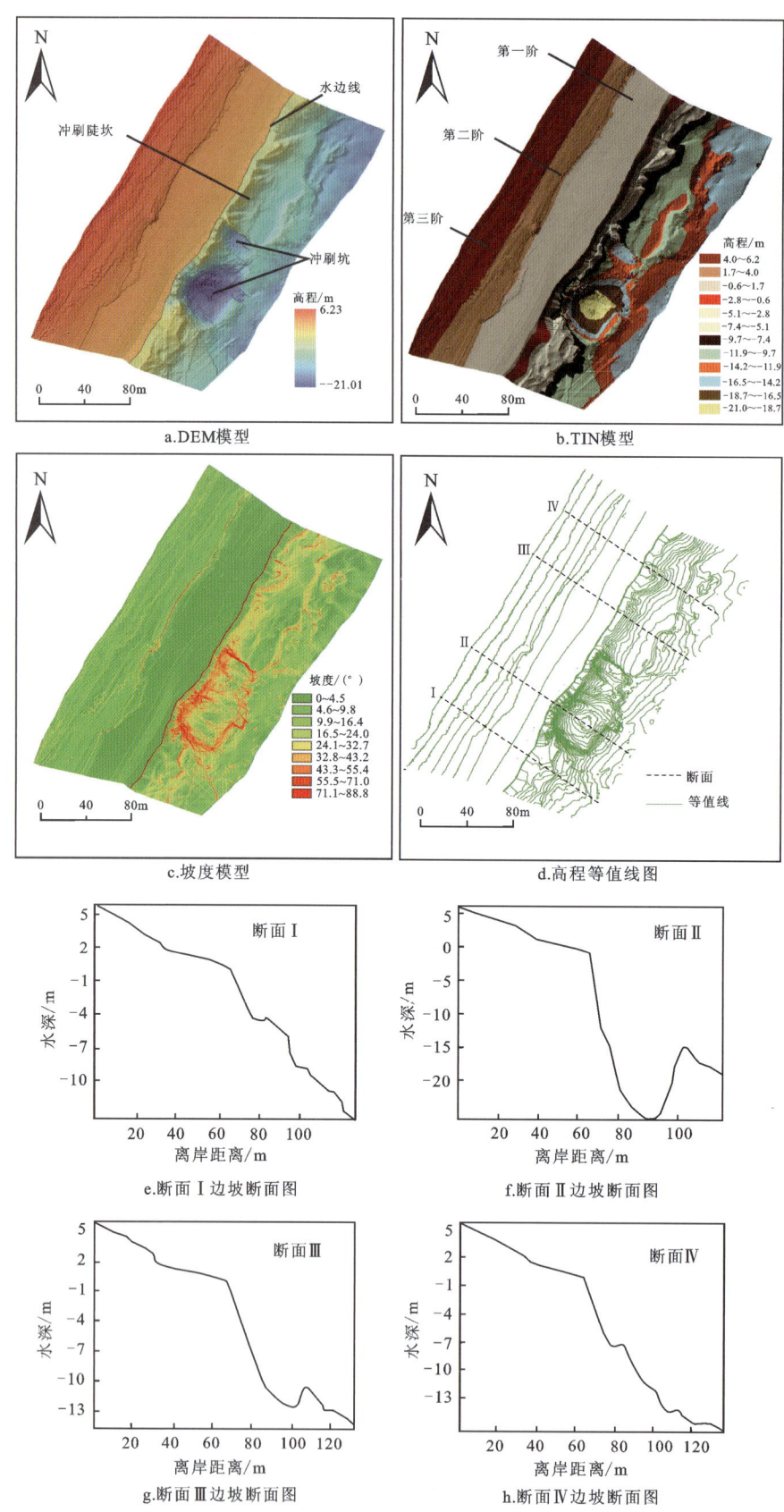

图 10-108 西华水道测区侵蚀河漫滩边坡地貌模型图

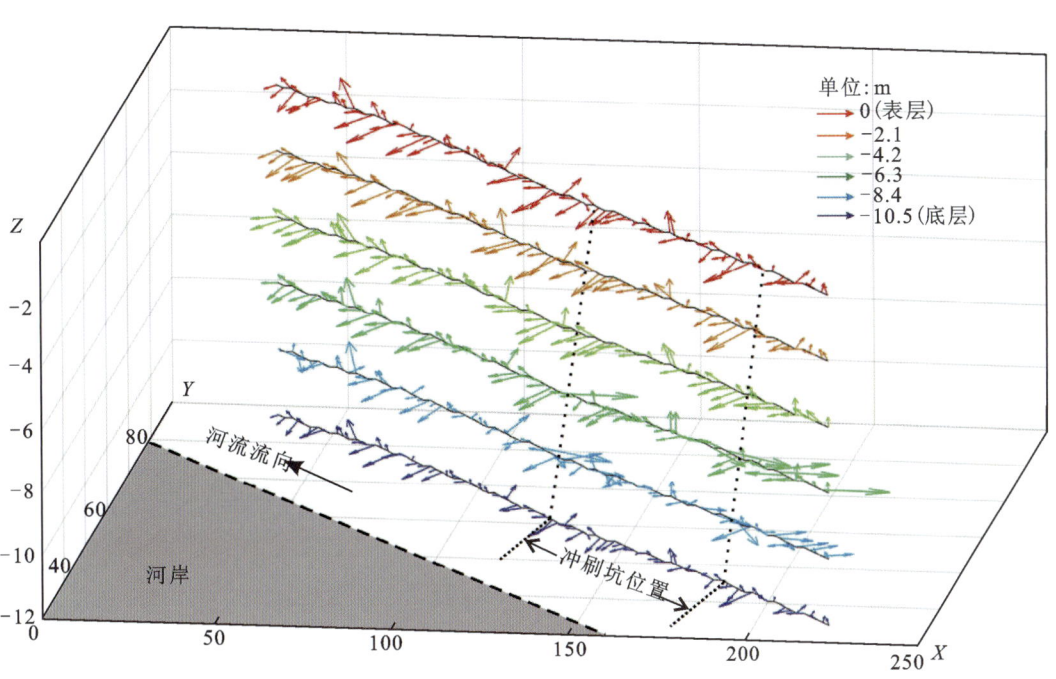

图 10-109　西华水道测区近岸三维流场分布图

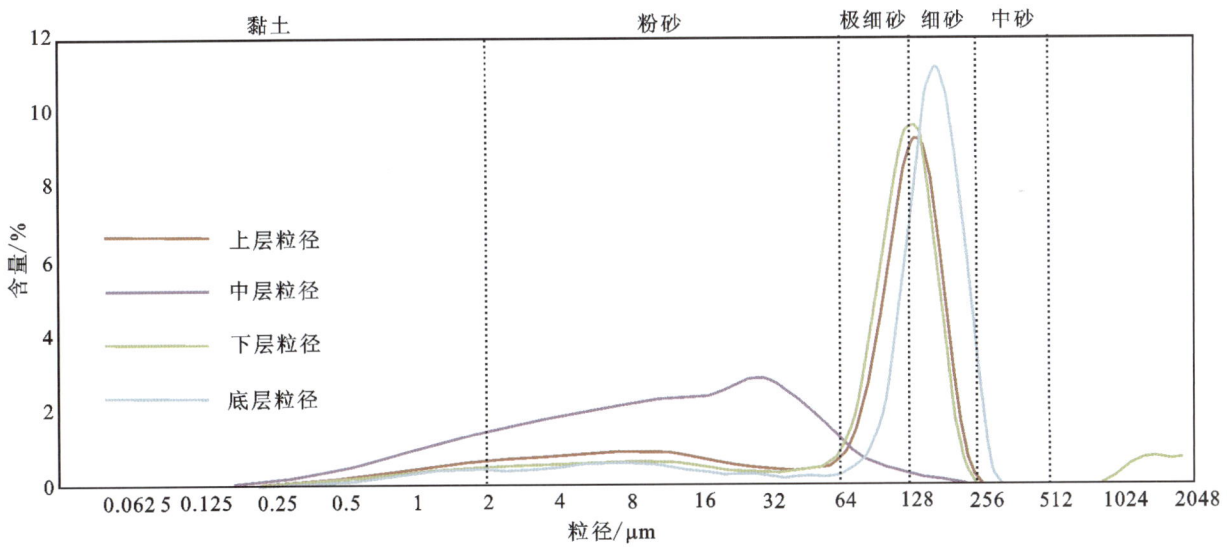

图 10-110　西华水道测区侵蚀河漫滩土层沉积物粒度图

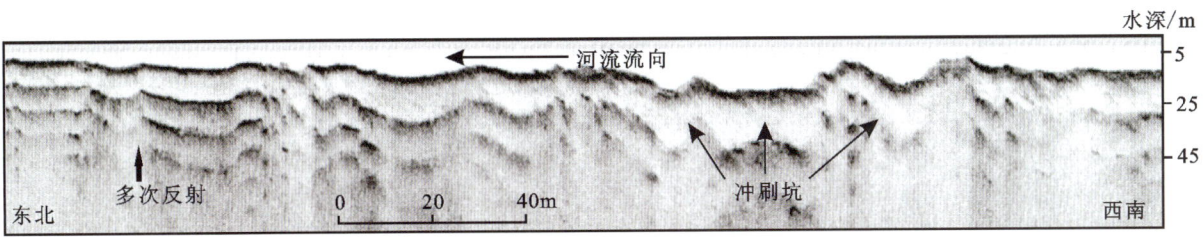

图 10-111　西华水道测区浅地层结构图

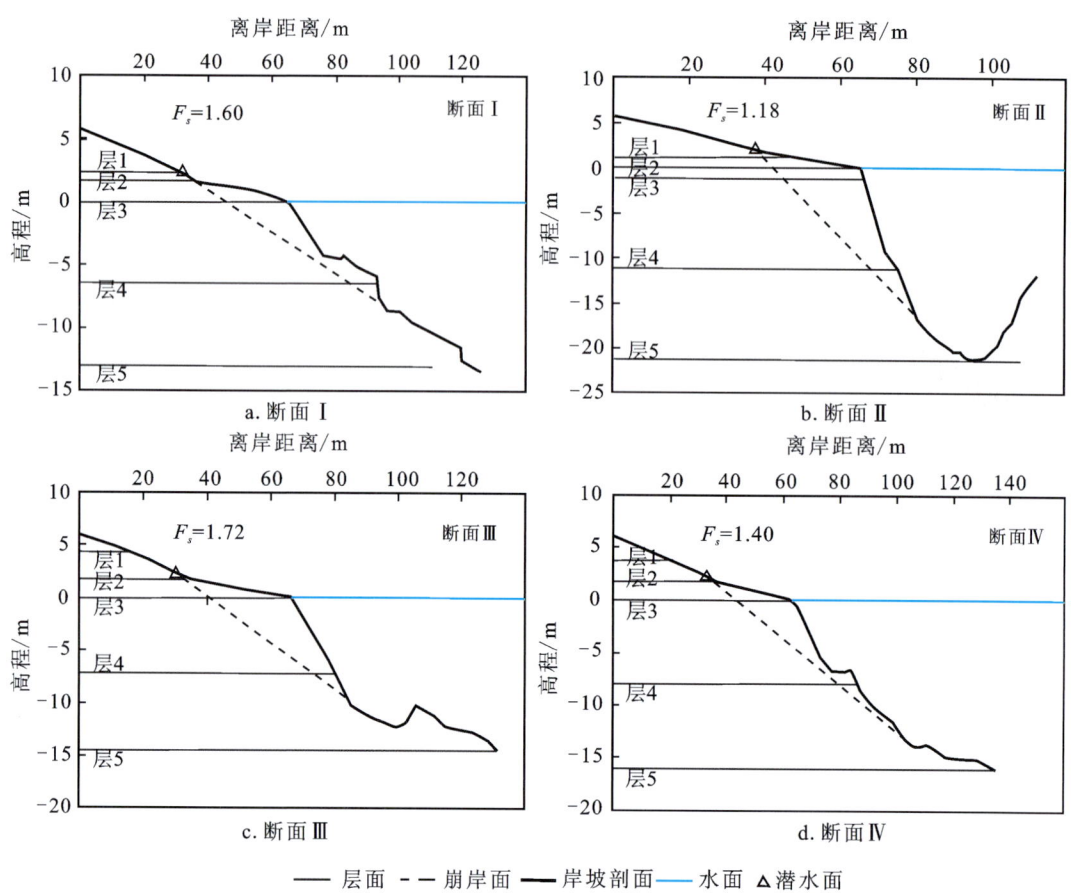

图 10-112　西华水道测区基于 BSTEM 模型的边坡特征断面稳定性计算结果

2) 牯牛沙水道淤积河漫滩边坡

该河漫滩靠近水边区域受水流侵蚀，形成了一条侵蚀带，长约 800m，宽 2~10m，未发生崩岸，近岸河床发育有波长约 22.3m、波高约 0.53m 的沙波（图 10-113a）。侵蚀带分为两阶，高差约 2.4m（图 10-113b）。该河漫滩边坡整体坡度较缓，坡比约 0.15（图 10-113c）。断面图（图 10-113d~f）显示，边坡为上凸下凹型结构。

ADCP 测量结果显示（图 10-114），近岸水流较为规则，流态基本为背离边坡沿江顺流而下，表层、中层、底层平均流速分别为 0.95m/s、0.82m/s 和 0.70m/s。水流在该区域起始部分流态较为集中，流速较大，该区域陆上边坡出现明显侵蚀斜坡，其他部分水流大多为背离边坡流向下游，对边坡土体的侵蚀较弱。

采集到的边坡土层数据分析结果显示（图 10-115），该崩岸不同土层的粒度占比为：黏土（0~2μm）含量为 6.6%~15.4%，粉砂（2~63μm）含量为 23.2%~63.3%，极细砂（63~125μm）含量为 18.3%~26.9%，细砂（125~250μm）含量为 3.0%~43.1%，中、粗砂（>250μm）含量为 0~0.47%。中值粒径为 15.1~122.3μm，平均粒径为 34.3~109.6μm。土壤类型自上而下分为两种：上层、中层为黏性砂土层，下层、底层为非黏性砂层。上层黏土、下层非黏性砂层使得边坡下层土壤易受侵蚀，可能导致近岸刷深，坡脚增大，进而产生失稳风险。

选取该边滩西段和中段两个特征断面（图 10-113），利用 BSTEM 模型进行稳定性计算。其中，边坡形态数据根据三维地貌模型断面数据录入，土体特征参数按照采集到的边坡土体数据录入，水位数据参照测点附近黄石水文站记录数据，此外该岸段为边滩无植被和防护措施。结果如图 10-116 所示，

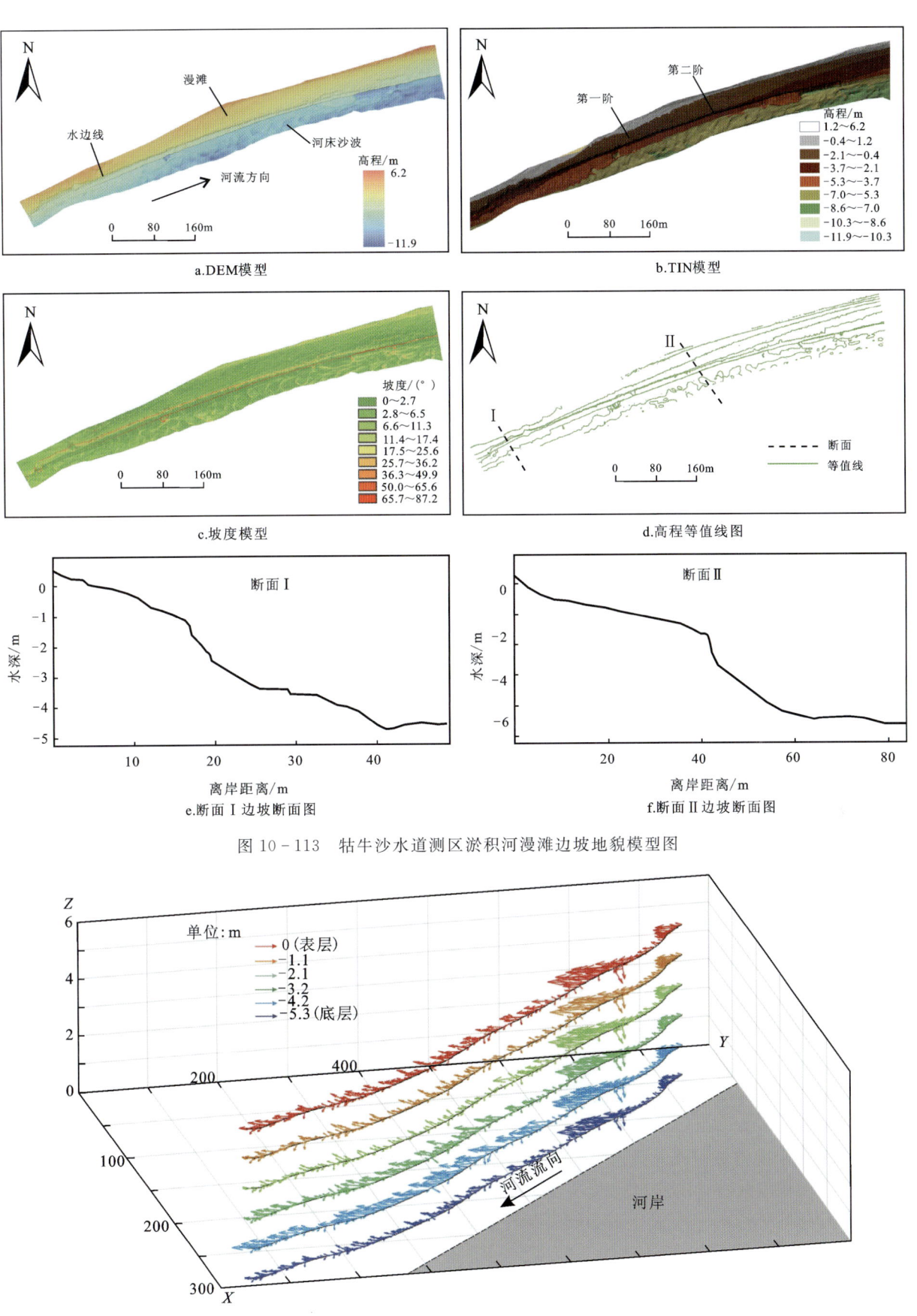

图 10-113　牯牛沙水道测区淤积河漫滩边坡地貌模型图

图 10-114　牯牛沙水道测区近岸三维流场分布图

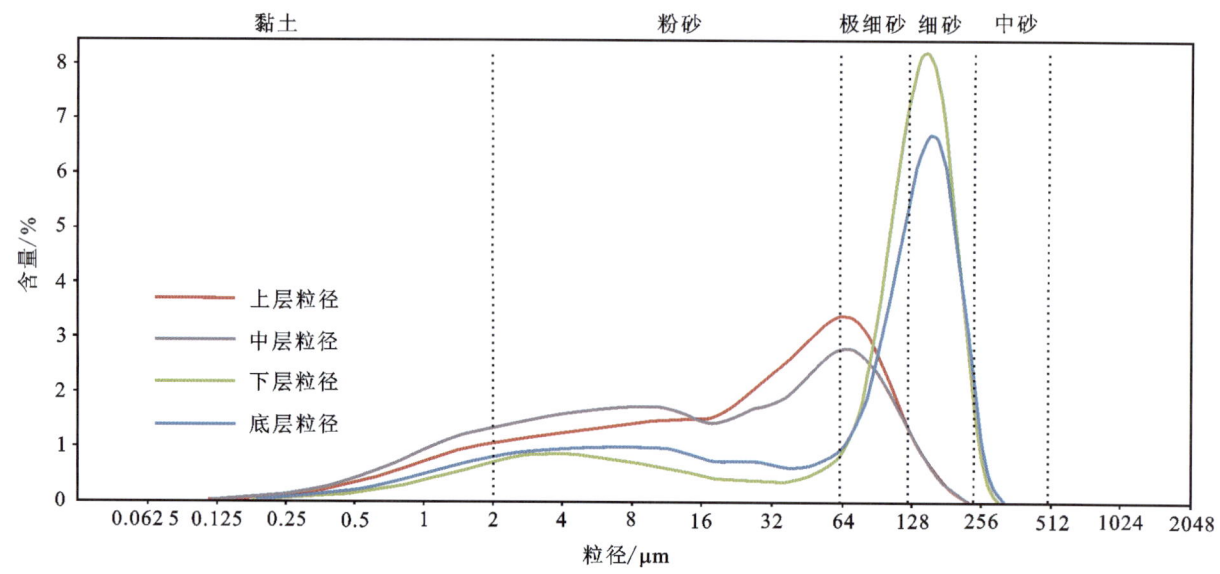

图 10-115 牯牛沙水道测区淤积河漫滩边坡土层沉积物粒度图

Ⅰ、Ⅱ断面的安全系数 F_s 分别为 6.089 和 5.73,两断面安全系数远大于 1.3 临界值,说明该岸段边坡稳定性极高,基本不存在失稳风险。综上所述,该边坡虽然下层粉砂质土体易受水流侵蚀,但由于近岸整体坡度较小,床面较为平坦,水动力特征较为稳定,且河床连年淤积,近岸河床抬高,边坡整体稳定性较强,失稳风险较小。

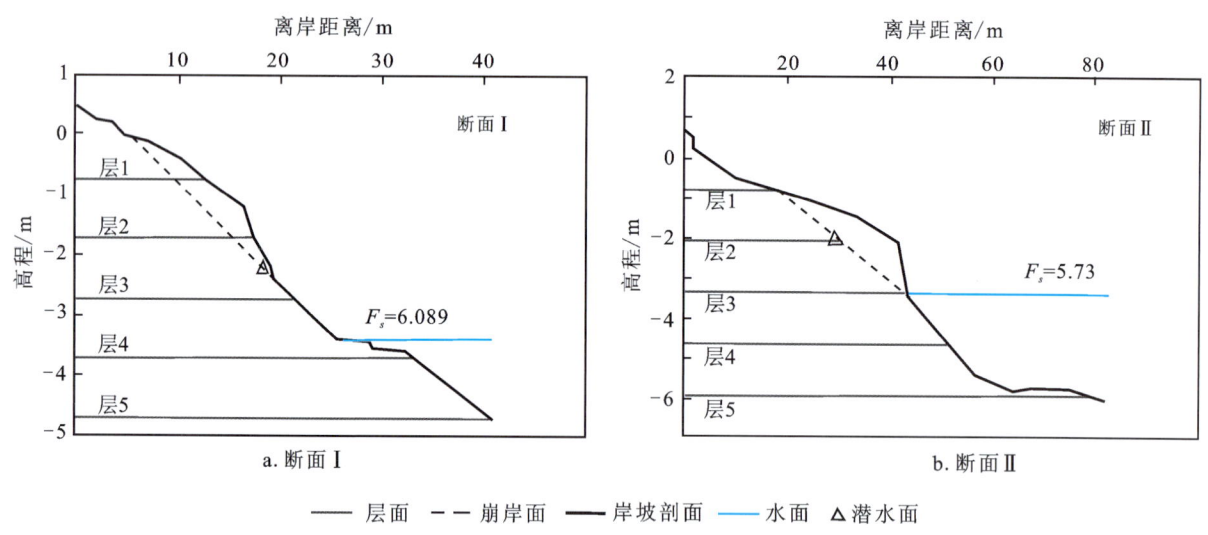

图 10-116 牯牛沙水道测区基于 BSTEM 模型的边坡特征断面稳定性计算结果

3）观音洲水道侵蚀河漫滩边坡

该河漫滩受侵蚀明显,陆上边坡形成明显冲刷痕迹,近岸河床也产生了最深 15.8m、长约 86m 的冲刷坑,近岸冲深明显（图 10-117a）。近岸形成两阶侵蚀边坡,侵蚀高度约 4.9m（图 10-117b）。陆地坡度较为平缓,水下冲刷坑坡度较陡（坡比约 1.0）,近岸水下边坡坡度也较大（坡比约 0.57）（图 10-117c）。断面图（图 10-117d~f）显示,该边坡属于外凸型结构,离岸 100m 范围冲深至 20m 左右。

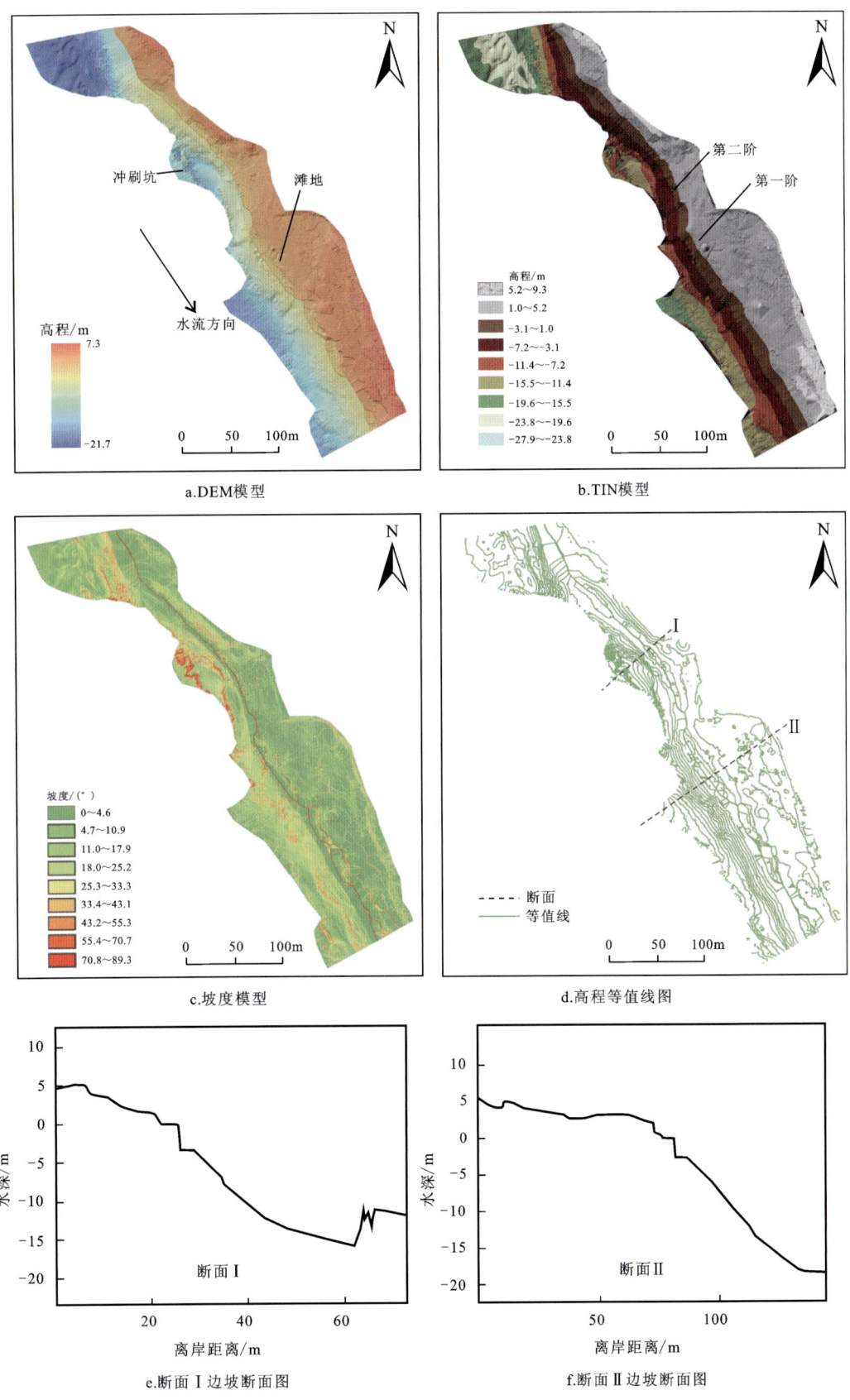

图10-117 观音洲水道测区侵蚀河漫滩边坡地貌模型图

ADCP测量结果如图10-118所示,将该区域分为3个区域。区域一为普通近岸区,水流主要为离岸顺流而下,流速较低,其表层、中层、底层平均流速分别为0.61m/s、0.54m/s和0.45m/s;区域二分布有大小不一的冲刷坑,该区域水流主要为向岸冲刷,流速较区域一稍大,表层、中层、底层平均流速分别为0.71m/s、0.61m/s和0.52m/s;区域三主要为离岸区域,水流主要朝向为离岸方向,流速最大,表层、中层、底层平均流速分别为1.47m/s、1.40m/s和0.93m/s。区域一、区域三水流驱离岸线,对边坡冲蚀作用较小,区域二则向岸冲刷,且由于冲刷坑的存在,流速沿程变化较大,流态不规则。这样的水流结构会对边坡侧壁冲蚀,加速近岸泥沙输移,坡脚进一步变陡,影响边坡稳定。

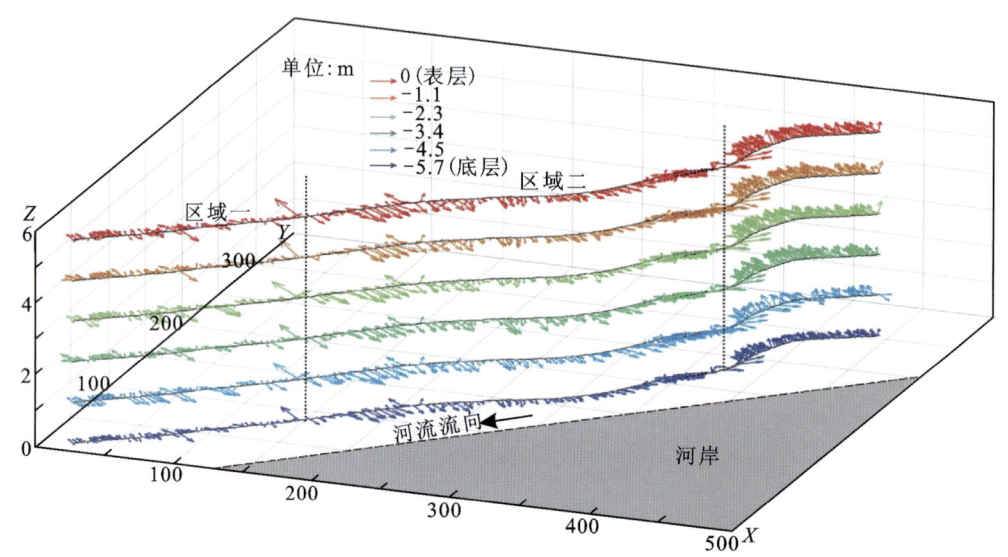

图10-118 观音洲水道测区近岸三维流场分布图

采集到的边坡土层数据分析结果显示(图10-119),该崩岸不同土层的粒度占比为:黏土(0~2μm)含量为5.1%~19.3%,粉砂(2~63μm)含量为20.1%~78.2%,极细砂(63~125μm)含量为1.5%~19.1%,细砂(125~250μm)含量为1.0%~51.8%,中、粗砂(>250μm)含量为0~24.1%。中值粒径为7.4~190.6μm,平均粒径14.6~179.3μm。土壤类型自上而下分为3种,上层、中层为非黏性砂层,下层为黏性砂土层,底层为非黏性砂层。这使得边坡下层土壤易受侵蚀,可能导致近岸刷深,坡脚增大,进而产生失稳风险。

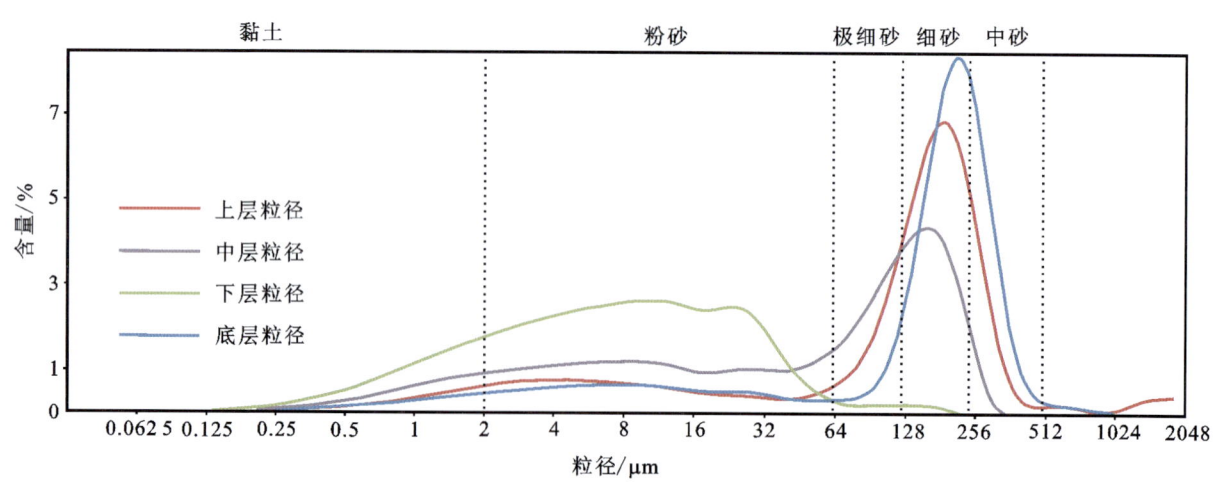

图10-119 观音洲水道测区侵蚀河漫滩边坡土层沉积物粒度图

浅地层剖面探测结果如图 10-120 所示，近岸河床除冲刷坑区域外，大部分较为平坦，未发现特殊地质构造及堆积层，浅层结构较为稳定。

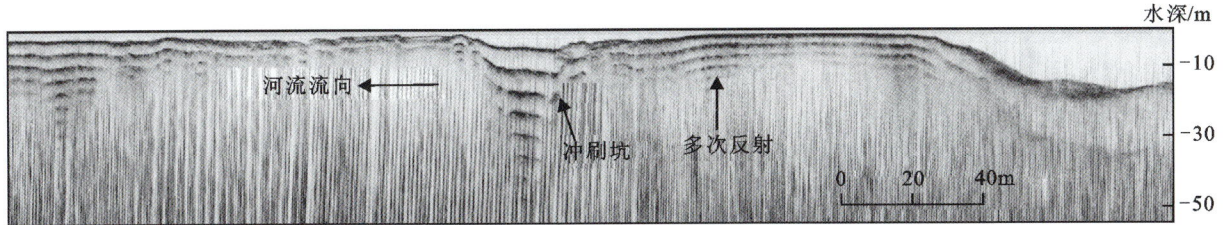

图 10-120　观音洲水道测区浅地层结构图

对边坡冲刷坑区域和非冲刷坑区域 2 个特征断面（图 10-117e、f），利用 BSTEM 模型进行稳定性计算。其中，边坡形态数据根据三维地貌模型断面数据录入，土体特征参数按照采集到的边坡土体数据录入，水位数据参照测点附近城陵矶水文站记录数据，该岸段无植被和防护措施。结果如图 10-121 所示，Ⅰ、Ⅱ 断面的安全系数 F_s 分别为 2.02 和 3.19，两断面安全系数均大于 1.3 临界值，说明该岸段边坡较为稳定，失稳风险较低。综上所述，该区域虽因河势调整，近年来有所冲刷，近岸冲深且形成了部分冲刷坑，但该区域坡度整体较缓，水流作用并不十分强烈，安全系数较高，故目前尚不存在失稳风险。

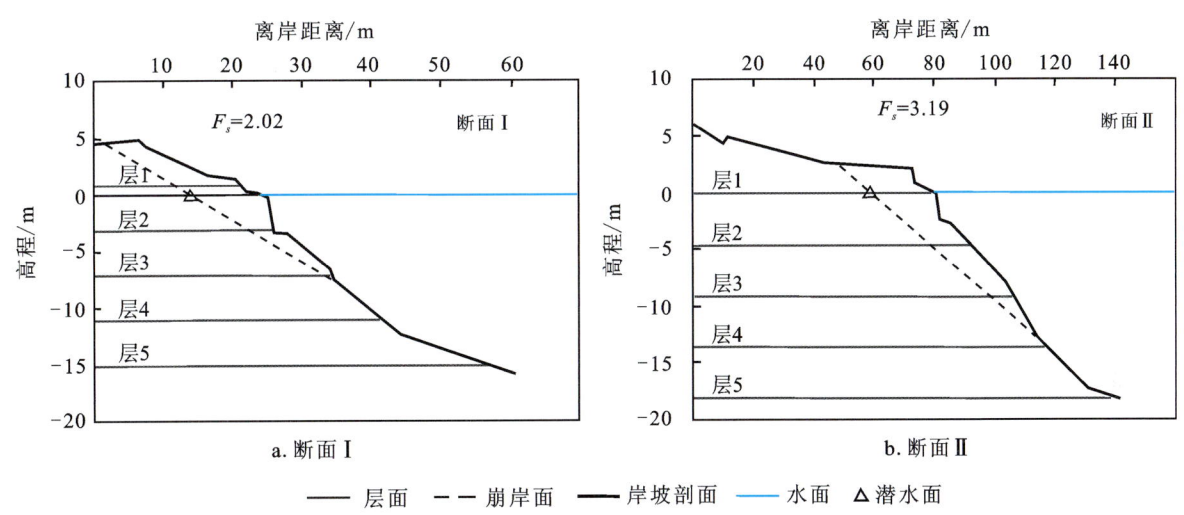

图 10-121　观音洲水道测区基于 BSTEM 模型的边坡特征断面稳定性计算结果

3. 条崩边坡

1）九江水道带状崩岸边坡

测量结果显示，该崩岸属于条带状崩岸，崩岸长度约 175m，纵深约 31m，近岸存在一道宽约 95m、深约 25.5m 的冲刷槽，冲刷槽外侧发育有波长约 9.3m、波高约 0.84m 的沙波（图 10-122a）。该崩岸分为两阶（图 10-122b），崩塌高度为 2.9m。坍塌面坡度较陡，坡比约 0.48，近岸深槽侧壁坡比约为 0.31，陆上部分及河床沙波部分坡度平缓（图 10-122c）。断面图（图 10-122d～f）显示，该边坡为内凹型结构，近岸河槽呈"U"形，深泓离岸为 80～100m，最大深度为 22～26m。

ADCP 测量结果如图 10-123 所示，崩岸区域的水流为垂直岸线方向往复运动，表层、中层、底层平均流速分别为 1.45m/s、1.26m/s 和 0.89m/s。崩岸区以外的区域水流沿江顺流而下，表层平均流速为 1.61m/s，中层平均流速为 1.51m/s，底层平均流速为 0.99m/s，水动力较强但水流结构较为规则，未产生回流涡旋。

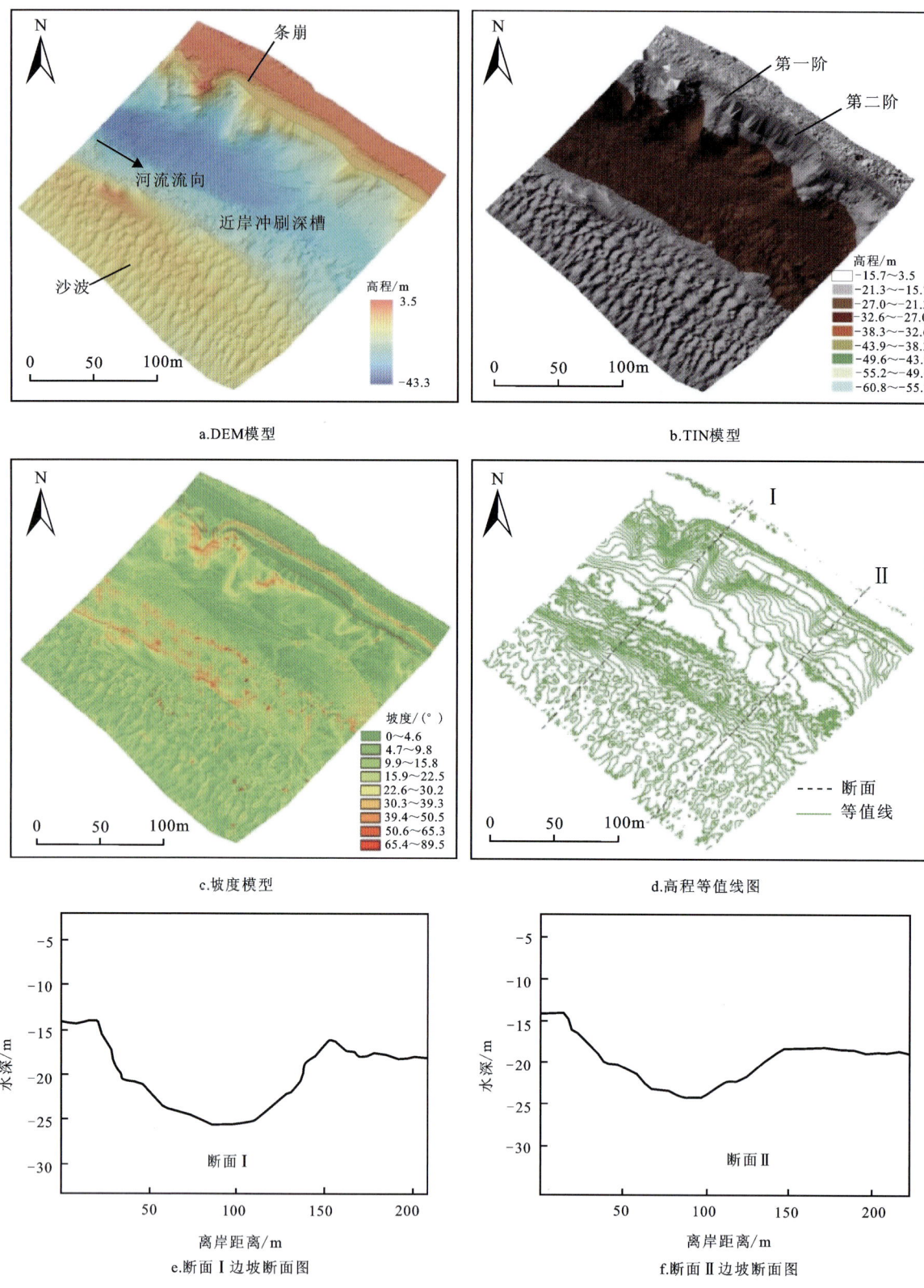

图 10-122　九江水道测区带状崩岸边坡地貌模型图

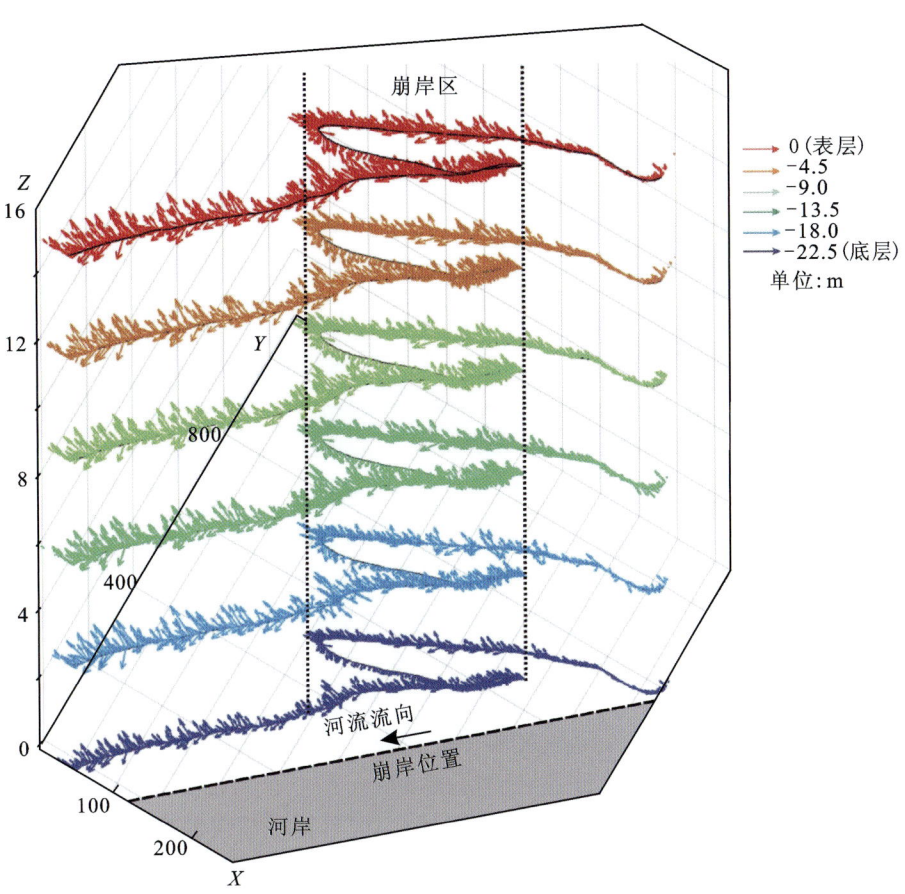

图 10-123　九江水道测区近岸三维流场分布图

采集到的边坡土层数据分析结果显示(图 10-124),该崩岸不同土层的粒度占比为:黏土(0~2μm)含量为 9.5%~18.3%,粉砂(2~63μm)含量为 44.0%~74.9%,极细砂(63~125μm)含量为 5.6%~35.6%,细砂(125~250μm)含量为 1.3%~10.8%,中、粗砂(>250μm)含量为 0~2.4%。中值粒径为 8.8~61.9μm,平均粒径为 20.0~63.3μm。土壤类型自上而下分为 3 种,上层、中层为黏性砂土层,下层为半黏性半非黏性砂层,底层为非黏性砂层。这使得坡脚土体易受侵蚀,可能导致近岸刷深,坡脚增大,进而产生失稳风险。

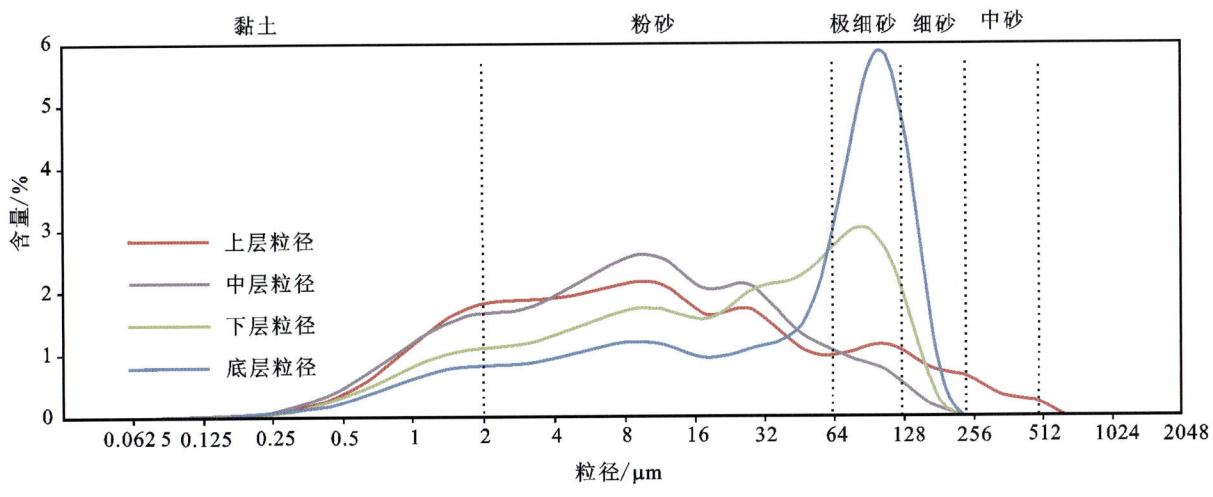

图 10-124　九江水道测区带状崩岸土层沉积物粒度图

浅地层剖面探测结果如图10-125所示,该剖面离岸约60m,该区域床面较为平坦,未探测到特殊地质构造,也未见崩岸坍塌堆积体,浅地层结构较为稳定。

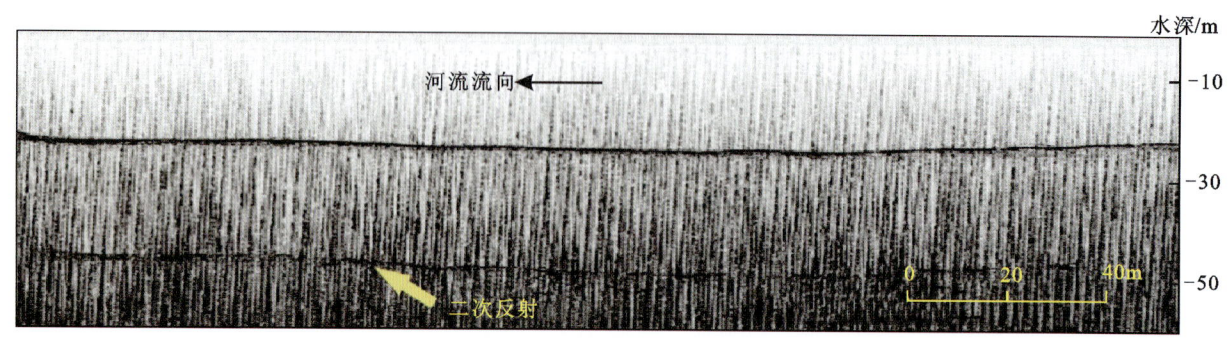

图10-125 九江水道测区浅地层结构图

对该崩岸起始位置和中段两个特征断面(图10-122e、f),利用BSTEM模型进行稳定性计算。其中,边坡形态数据根据三维地貌模型断面数据录入,土体特征参数按照采集到的边坡土体数据录入,水位数据参照测点附近九江水文站记录数据,该岸段无植被和防护措施。结果如图10-126所示,Ⅰ、Ⅱ断面的安全系数F_s分别为1.49和2.36,两个断面安全系数均大于临界值1.3,说明两个区域边坡较为稳定。这是由于近岸坍塌后新形成的边坡坡度较缓的缘故。该区域受弯道流影响,近年来近岸冲深明显,近岸河槽形成了冲刷深槽,对近岸边坡稳定性构成威胁。虽然该边坡在坍塌后保持较小的坡度,加之近岸水动力较弱且较为规则,该边坡目前处于稳定状态,但是对该岸段的失稳监控工作有待进一步开展,以防枯水期边坡发生进一步坍塌。

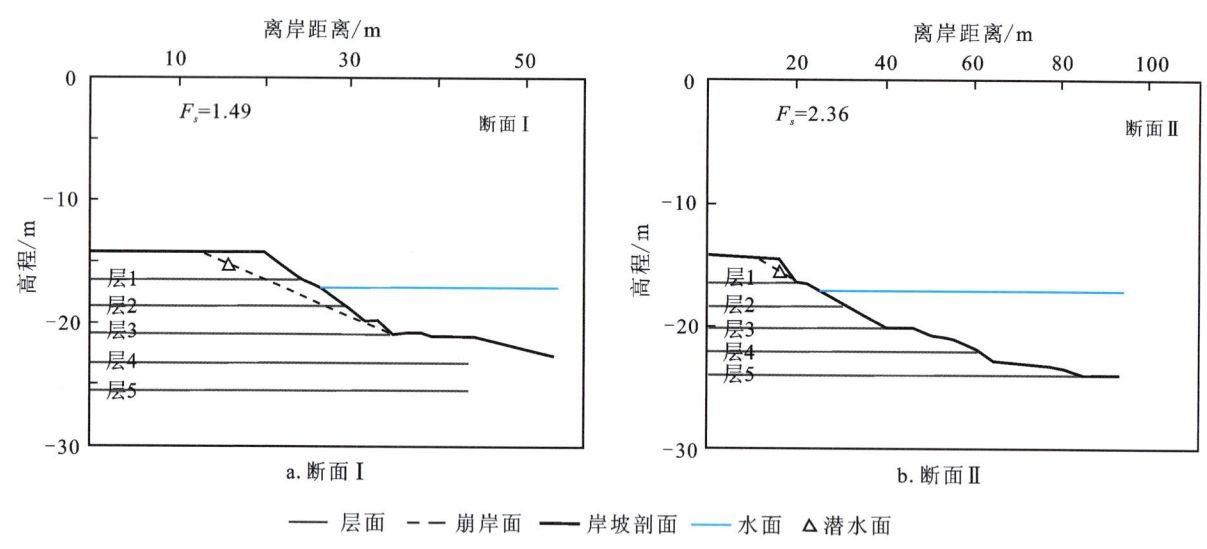

图10-126 九江水道测区基于BSTEM模型的边坡特征断面稳定性计算结果

2)煤炭洲水道条崩边坡

煤炭洲崩岸为连续的条崩,选取其中一个坍塌点进行分析,该崩岸崩口长约109m,最宽处约19.8m,崩岸坡脚有坍塌堆积体存在,近岸发育有波长约7.3m、波高约0.45m的沙波(图10-127a)。该崩岸分为两阶,坍塌高度约6.2m(图10-127b)。崩塌面坡度较大,坡比为0.95~8.6(坡度接近90°),河床面较为平缓(图10-127c)。断面图(图10-127d~g)显示,崩岸边坡属于上凹下凸型结构,坡度较陡。

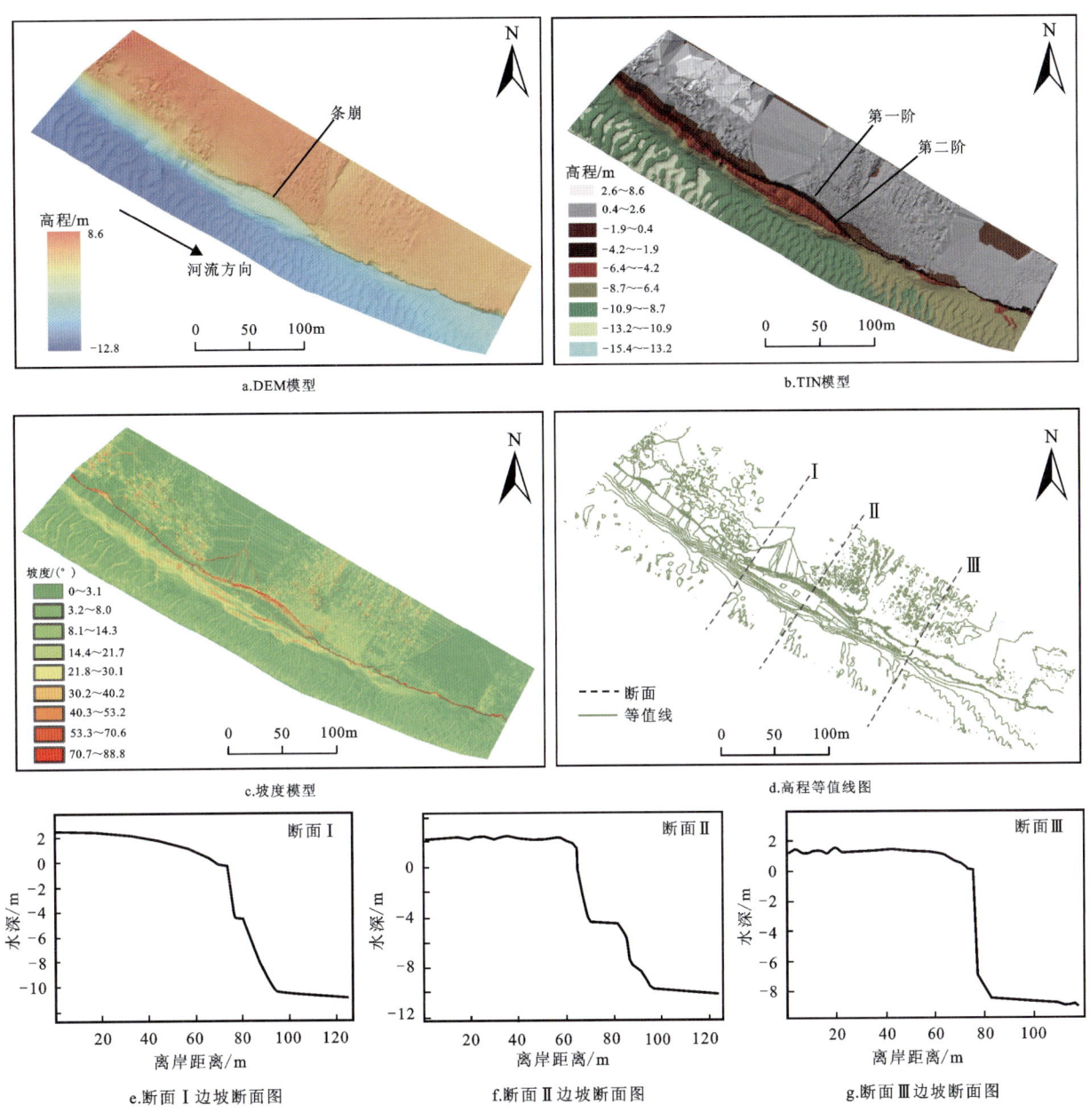

图10-127　煤炭洲水道测区条崩边坡地貌模型图

ADCP测量结果如图10-128所示,该岸段水流呈现出向岸垂向冲刷的态势,其表层、中层、底层平均流速分别为0.92m/s、0.96m/s和0.64m/s。崩岸区域由于堆积体的影响,水流结构较为紊乱,其他近岸区域水流较为规则,水流对近岸的冲刷趋势明显,这可能导致近岸边坡土体被侵蚀,坡度变陡,使上层黏性土体容易发生坍塌,导致边坡稳定性降低。

采集到的边坡土层数据分析结果显示(图10-129),该崩岸不同土层的粒度占比为:黏土(0~2μm)含量为12.0%~18.6%,粉砂(2~63μm)含量为63.3%~77.2%,极细砂(63~125μm)含量为3.5%~19.3%,细砂(125~250μm)含量为0.9%~7.0%,中、粗砂(>250μm)含量为0~0.1%。中值粒径为8.4~22.0μm,平均粒径为17.2~37.7μm。土壤自上而下分别为:上层为半黏性半非黏性砂层,中层为黏性砂土层,下层为半黏性半非黏性砂层,底层为黏性砂土层。

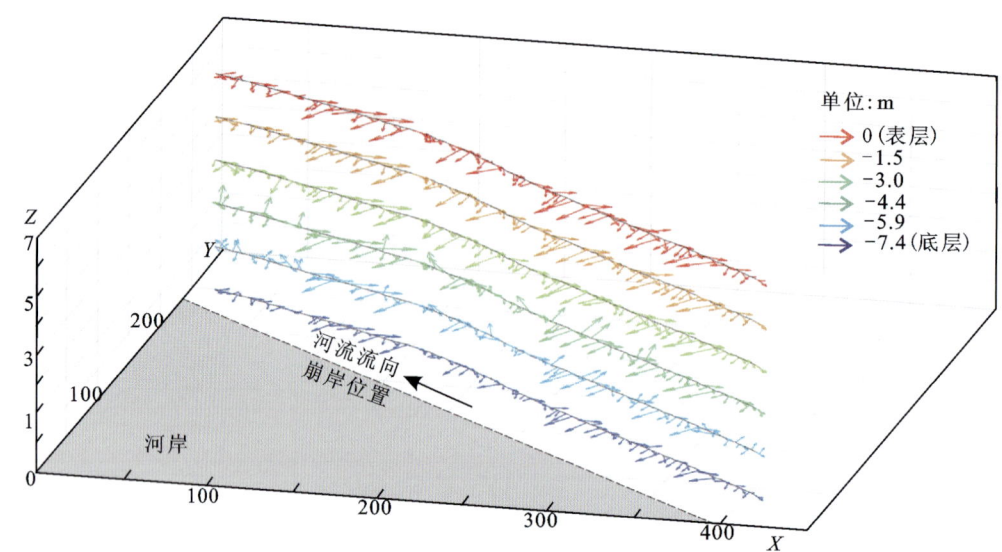

图 10-128　煤炭洲水道测区近岸三维流场分布图

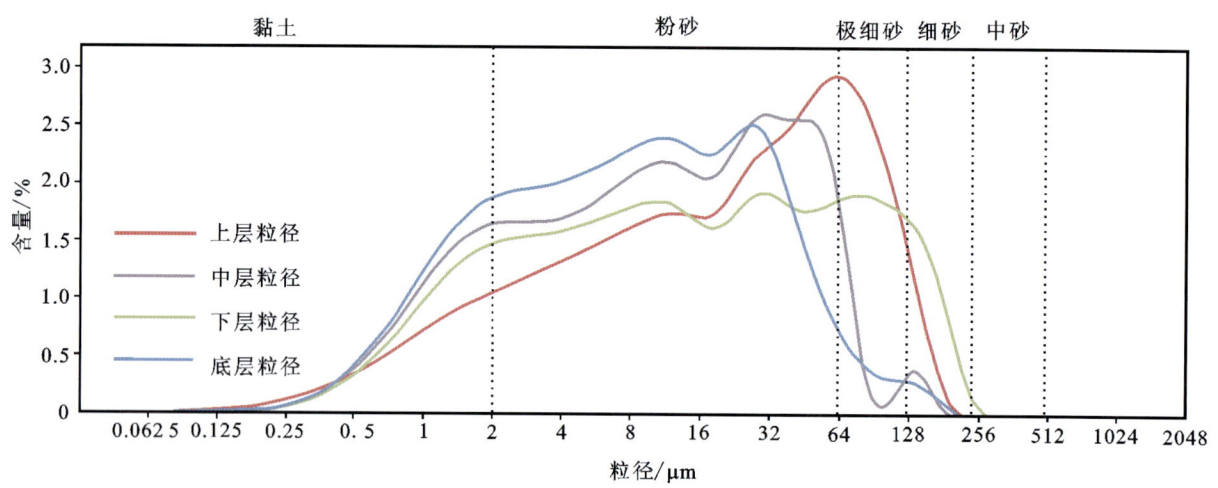

图 10-129　煤炭洲水道测区条崩土层沉积物粒度图

浅地层剖面探测结果如图 10-130 所示,近岸河床较平坦,窝崩区发育有坍塌堆积体,条崩区外发育有沙波,除此之外未发现特殊地质构造。

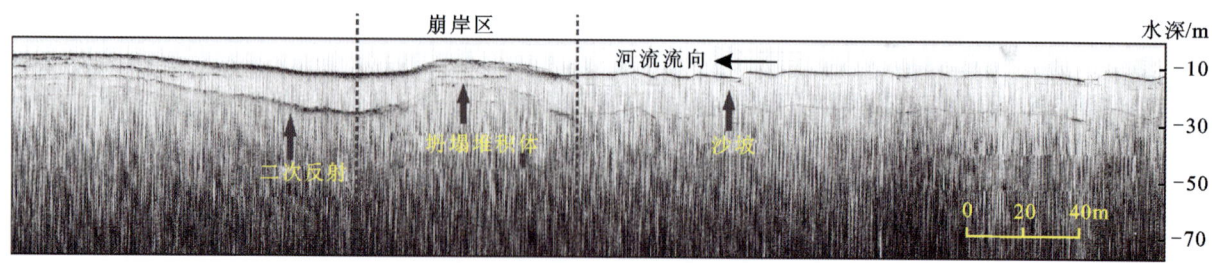

图 10-130　煤炭洲水道测区浅地层结构图

对该岸段崩岸边缘、崩岸中断和未崩塌岸段选取的3个特征断面(图10-127e～g),利用BSTEM模型进行稳定性计算。其中,边坡形态数据根据三维地貌模型断面数据录入,土体特征参数按照采集到的边坡土体数据录入,水位数据参照测点附近汉口水文站记录数据,该岸段无植被和防护措施。结果如图10-131所示,Ⅰ、Ⅱ、Ⅲ断面的安全系数F_s分别为1.15、1.21和1.01,3个断面安全系数均介于1.0和1.3两临界值之间,说明该边坡整体稳定性较差,边坡失稳风险较大。该区域边坡稳定性较低的原因主要是由于边坡上层大部分土体均为黏性土,容重较大,加之边坡坡度较大(部分区域边坡坡度接近90°),随着水位的下降上层土体失去侧向顶托的水压力,易产生横裂缝,进而发生坍塌。故该岸段整体稳定性极差,随时可能发生进一步坍塌,强烈建议加强监控,并尽快实施护岸措施。

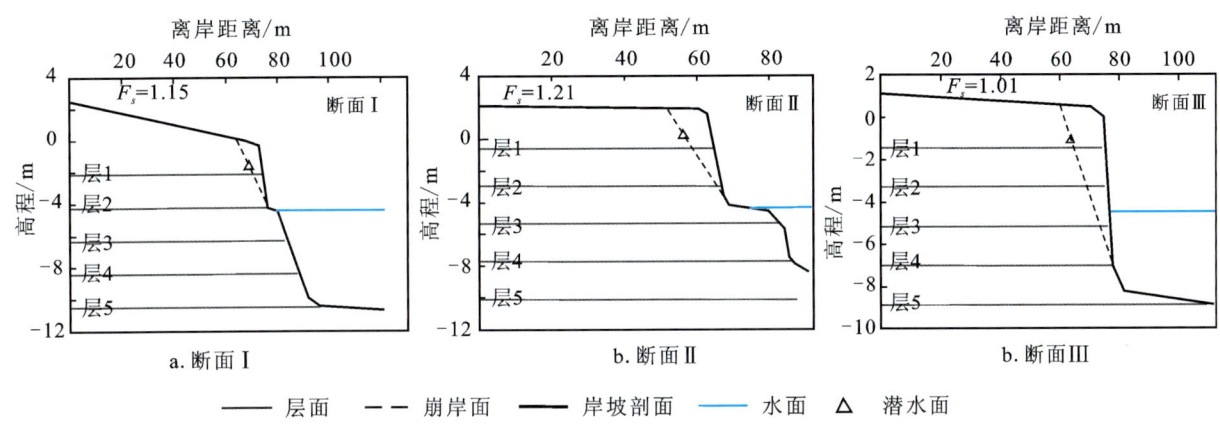

图10-131 煤炭洲水道测区基于BSTEM模型的边坡特征断面稳定性计算结果

4. 支流汇流段崩岸边坡

1) 蕲水入汇河口崩岸边坡

该支流入汇口右岸发生的条带状崩岸长约219m,宽约11.8m。崩塌剥落形成的大尺度堆积体沿蕲水河床分布,长约225m,宽约59m,堆积体堆积在入汇口处,导致该处河床整体抬升。堆积体外侧河床存在一最大深度约28.3m的冲刷坑,该冲刷坑距离崩塌的岸线较近(图10-132a)。崩塌形成了两级阶梯(图10-132b),坍塌高度约5.1m。坍塌面坡比约8.4(坡度接近90°),受堆积体的抬升作用,崩岸近岸河床坡度较缓,但冲刷坑侧壁坡度仍较陡,此外堆积体侧壁也形成了一条陡坡(图10-132c)。断面图(图10-132d～f)显示,该崩岸边坡属于上凸下凹型结构,岸线与堆积体之间形成了一个"U"形槽,深度为10～15m。

ADCP测量结果如图10-133所示,崩岸区域水流结构主要是背离岸线流向下游,水流流向较为紊乱,表层、中层、底层平均流速分别为0.52m/s、0.54m/s和0.35m/s。这说明水流在贴岸流经近岸边坡后回弹,近岸土体受到淘刷,土体受水流影响破碎输移,坡脚增大,坡度变陡。

采集到的边坡土层数据分析结果显示(图10-134),该崩岸不同土层的粒度占比为:黏土(0～2μm)含量为10.8%～22.4%,粉砂(2～63μm)含量为67.9%～79.7%,极细砂(63～125μm)含量为1.0%～16.5%,细砂(125～250μm)含量为0.2%～6.5%,中、粗砂(>250μm)含量为0。中值粒径为5.3～31.2μm,平均粒径为9.3～42.6μm。土壤类型自上而下分为两种:上层、中层为半黏性半非黏性砂层,下层、底层为黏性砂土层。

浅地层探测结果如图10-135所示,该区域近岸存在坍塌堆积体和堆积层,堆积体长度约53m,厚3～4m,堆积层厚度为4m,未发现其他地质构造。

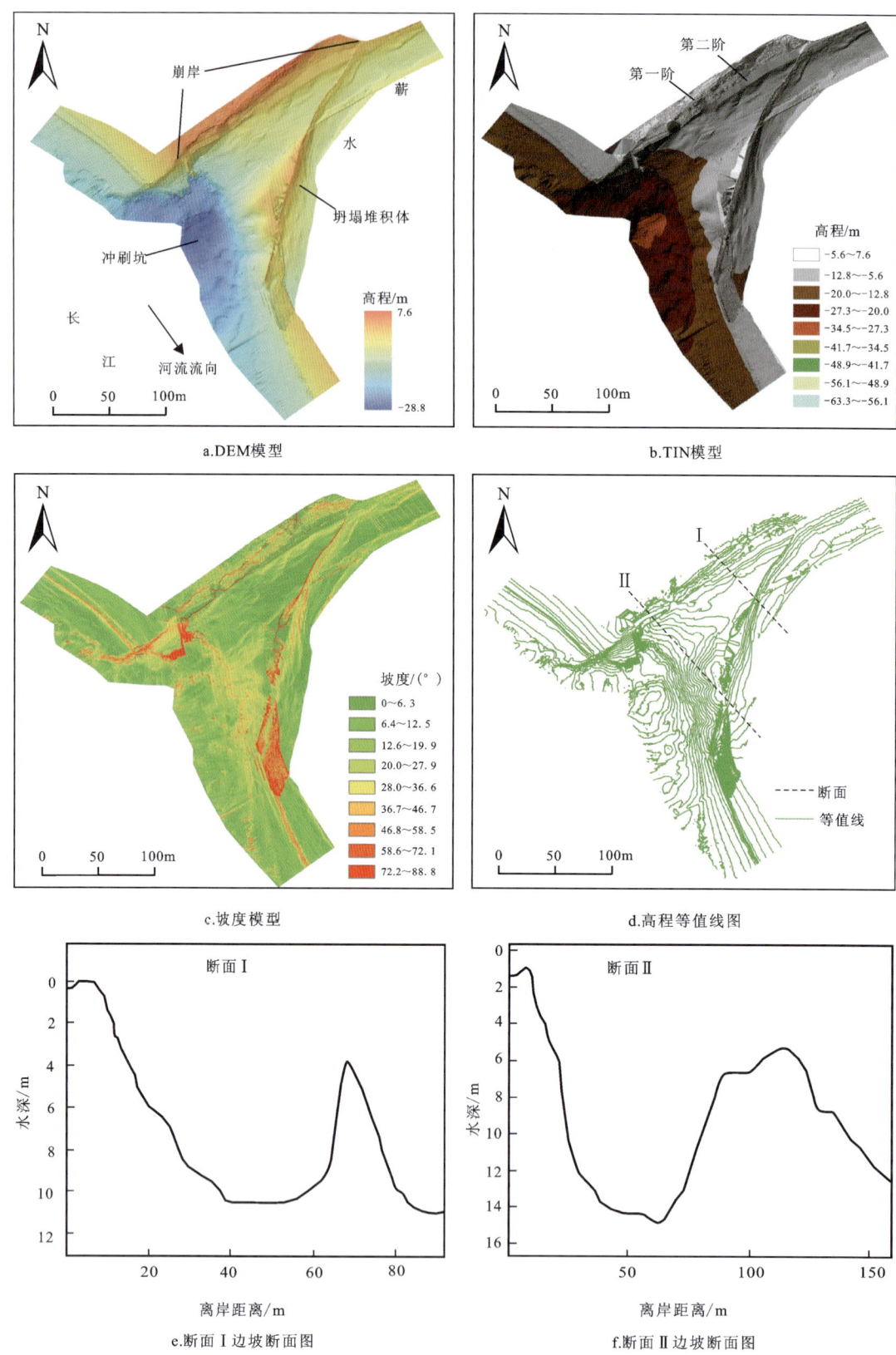

图 10-132 蕲春水道测区入江河口崩岸边坡地貌模型图

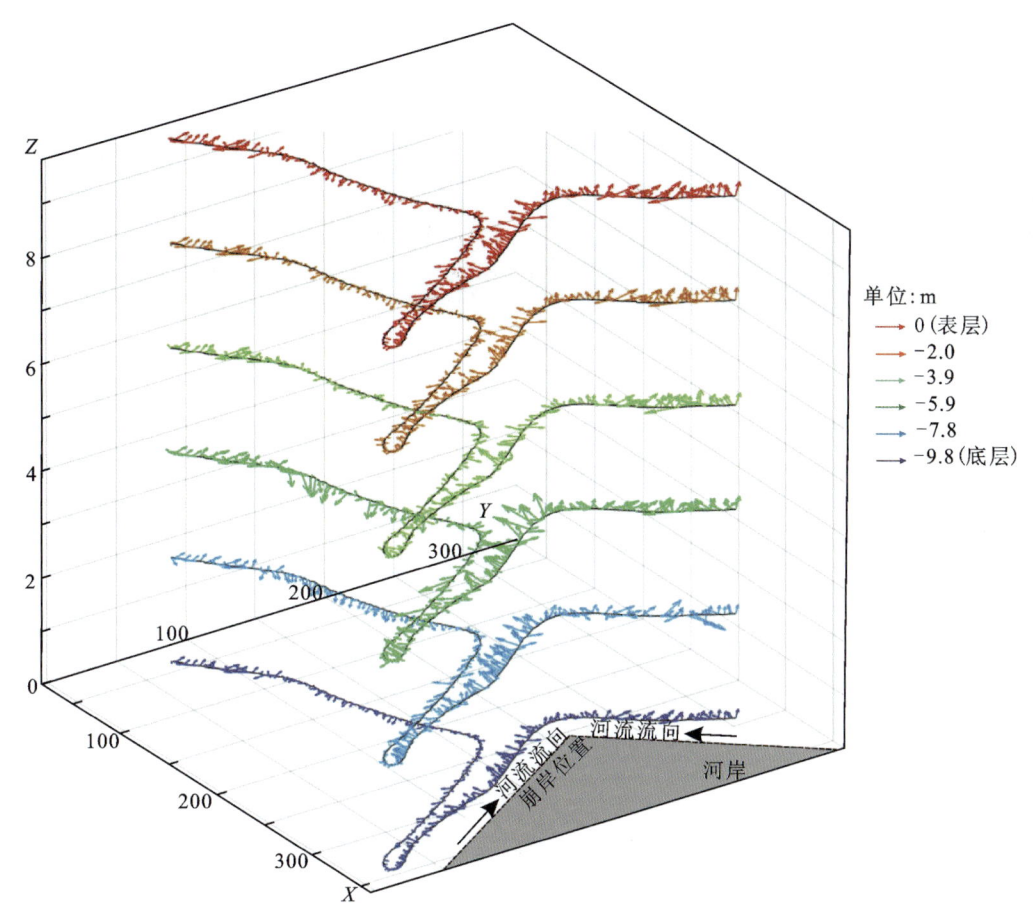

图 10-133 蕲春水道测区近岸三维流场分布图

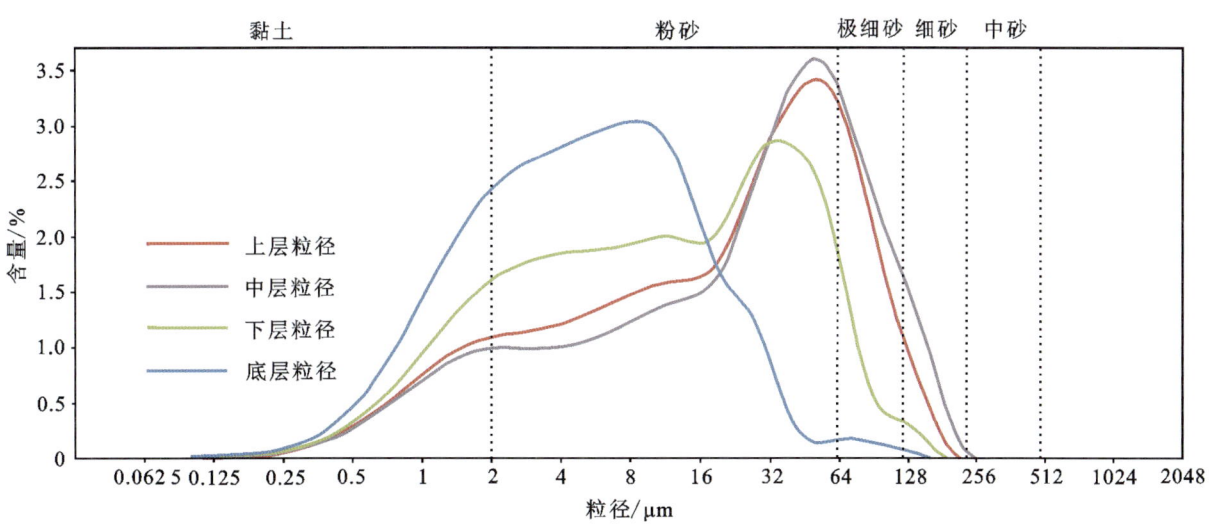

图 10-134 蕲春水道测区蕲春入汇河口崩岸边坡土层沉积物粒度图

对该崩岸东西两侧各选取一个特征断面(图 10-132e、f),利用 BSTEM 模型进行稳定性计算。其中,边坡形态数据根据三维地貌模型断面数据录入,土体特征参数按照采集到的边坡土体数据录入,水位数据参照测点附近黄石水文站记录数据,该岸段有灌木类植被无护岸。结果如图 10-136 所示,Ⅰ、Ⅱ 断面的安全系数 F_s 分别为 1.29 和 1.21,均低于 1.3 的临界值,说明该区域边坡稳定性均较低,边坡失稳风险较大。该区域边坡稳定性较低的原因主要是由于边坡中上层黏性土体含量较高,土体容重较

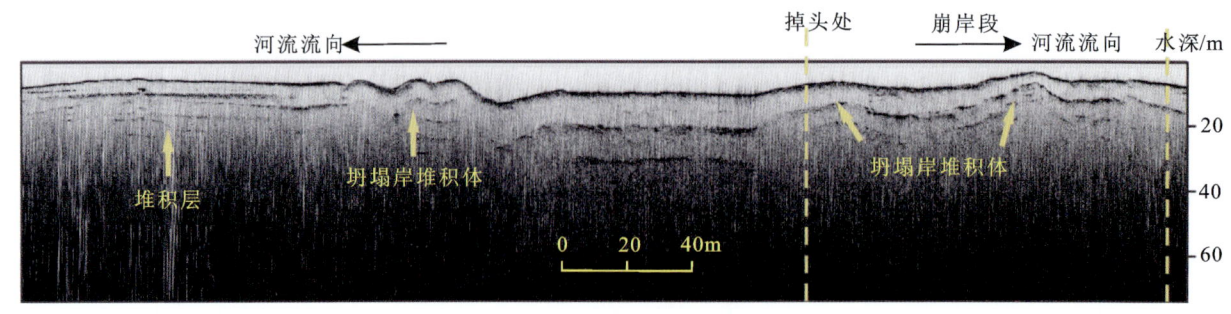

图 10-135　蕲春水道测区浅地层结构图

大,加之边坡坡度较大(部分区域边坡坡度接近90°),随着水位的下降,上层土体失去侧向顶托的水压力,易产生横裂缝,进而发生坍塌。此外,该岸段位于河流入汇口,水动力条件随季节变化较大,流速的增减及水位的快速涨落对边坡土体的稳定性影响较大。故该岸段整体稳定性较差,可能发生进一步坍塌,强烈建议加强监控,并尽快实施护岸措施。

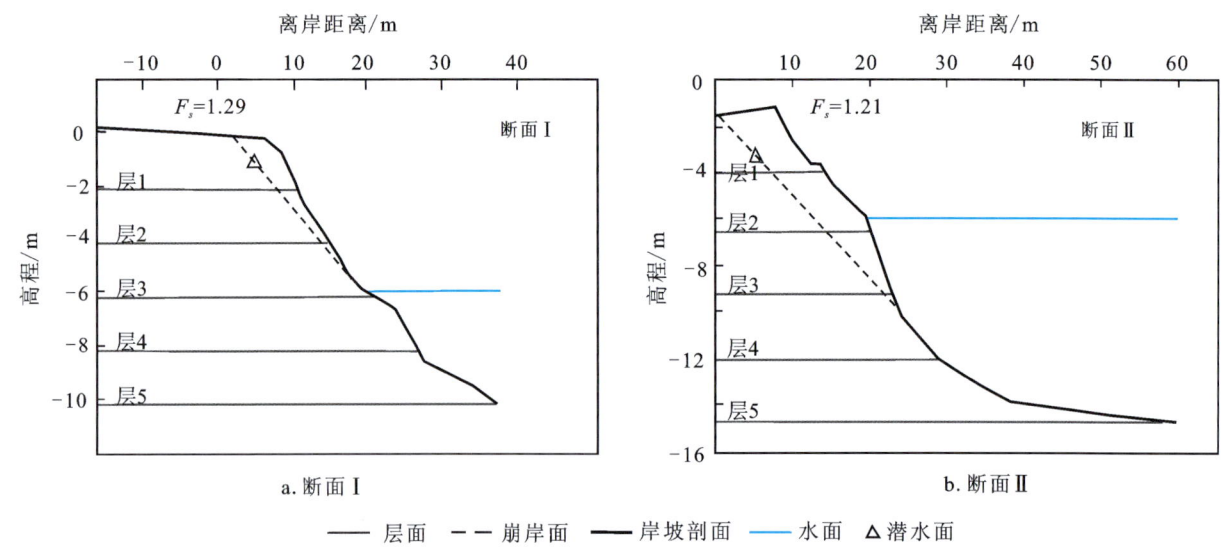

图 10-136　蕲春水道测区基于 BSTEM 模型的边坡特征断面稳定性计算结果

2) 松滋河分流河口崩岸边坡

该崩岸位于松滋河分流口北岸,属于大型窝崩,形似耳状,崩口长约 652m,宽约 145m,近岸冲深明显,未发现明显坍塌堆积体(图 10-137a)。崩岸分为两阶,第一阶为崩岸顶部陆地,第二阶为崩岸脚,崩塌高度约 5.9m(图 10-137b)。崩塌面坡比约 0.51,近岸水下边坡坡比约 0.31(图 10-137c)。断面图(图 10-137d～g)显示,该边坡属于上凹下凸型结构。

ADCP 测量结果如图 10-138 所示,该区域水流结构较为紊乱,主要为自上游而来的水流流经该区域后对边坡产生了冲击并回弹,表层、中层、底层平均流速分别为 0.32m/s、0.31m/s 和 0.21m/s。紊乱的水流会使得边坡遭受来自各个方向的淘刷,边坡下层土体更易被剥离、掏空,对边坡稳定性产生不利影响。

对该大型窝崩西侧、中段和东侧选取的 3 个特征断面(图 10-137e～g),利用 BSTEM 模型进行稳定性计算。其中,边坡形态数据根据三维地貌模型断面数据录入,水位数据参照测点附近枝城水文站记录数据,该岸段无植被有卵石护岸。结果如图 10-139 所示,Ⅰ、Ⅱ、Ⅲ断面的安全系数 F_s 分别为 2.48、2.30 和 1.22,Ⅰ、Ⅱ断面安全系数大于临界值 1.3,Ⅲ断面安全系数介于 1.0 和 1.3 两临界值之间,故

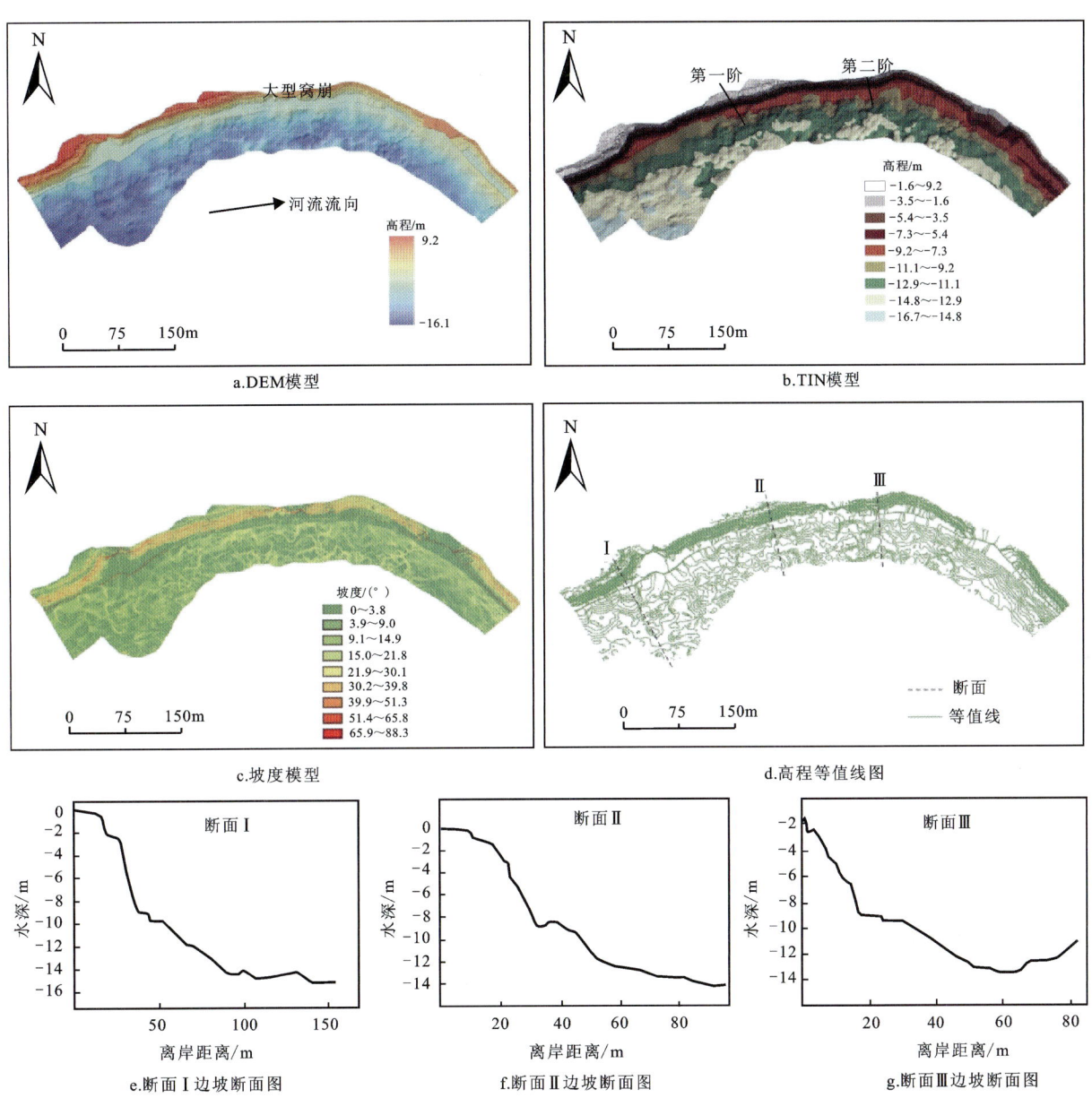

图10-137 芦家河水道测区松滋河分流河口崩岸边坡地貌模型图

Ⅰ、Ⅱ断面所处区域边坡较为稳定,Ⅲ断面所处区域稳定性较弱。该区域位于长江和松滋河交汇处,水动力较强,该岸段受到长江水流的直接冲击,边坡连年崩退,加之该区域近年人工采砂严重,进一步威胁河槽边坡稳定,形势较为严峻。近期边坡大部分区域的安全系数 F_s 较高,得益于该区域实施的抛石护岸工程,但仍有部分边坡稳定性较差,建议继续对其进行监控,必要时可进一步对护岸进行加固。

5. 石首水道护岸坍塌边坡

该边坡较为特殊,为石质护岸坍塌形成,近岸产生了两部分坍塌堆积体,左侧堆积体长约62.2m,宽约45.9m,右侧堆积体长约59.3m,宽约76.0m。两侧堆积体之间形成了一个长约58m、宽约35m的椭圆形冲刷坑,该冲刷坑外侧区域河床冲深明显(图10-140a)。崩岸分为两阶,第一阶为护岸顶,第二阶为坍塌脚,坍塌高度约3m(图10-140b)。崩塌面较陡,坡比约4.1,近岸水下边坡坡比约0.25(图10-140c)。断面图(图10-140d~f)显示,边坡属于上凹下凸型结构,离岸100m范围冲深约20m。

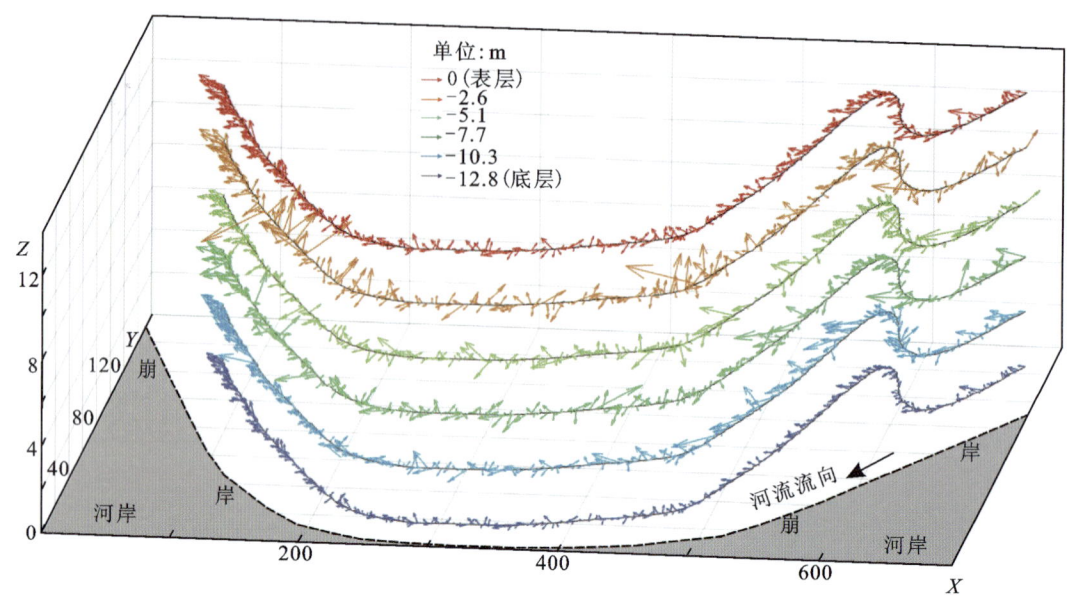

图 10-138　芦家河水道测区近岸三维流场分布图

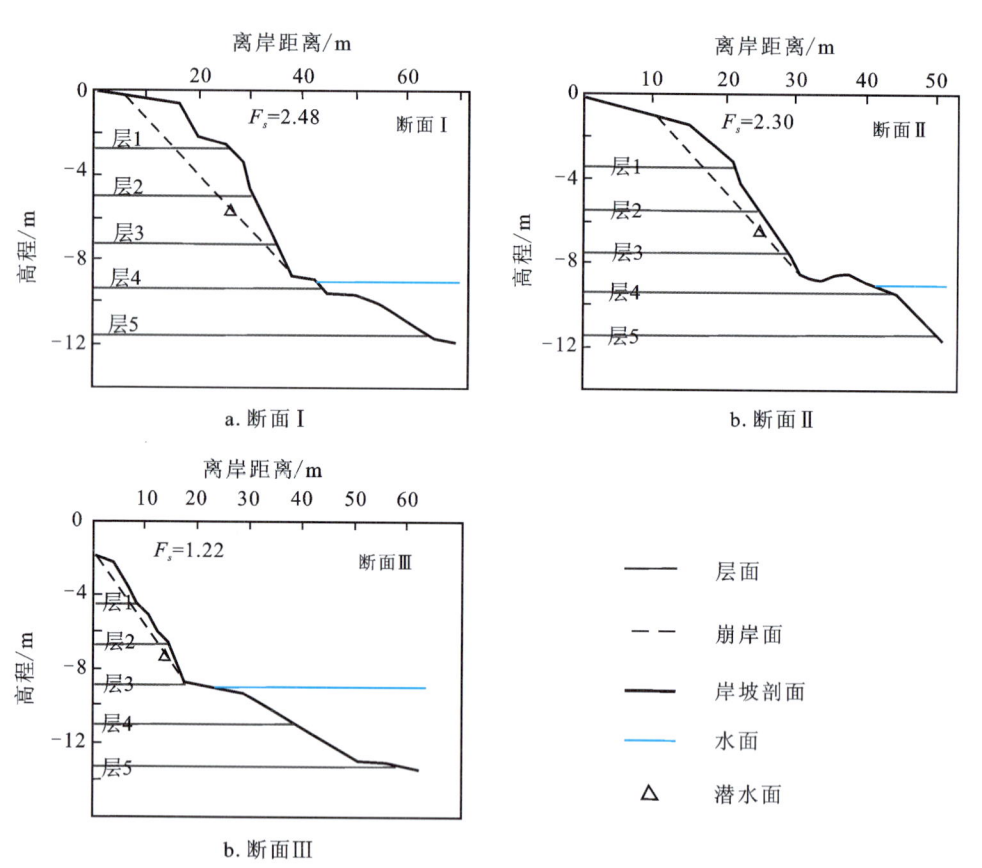

图 10-139　芦家河水道测区基于 BSTEM 模型的边坡特征断面稳定性计算结果

ADCP 测量结果如图 10-141 所示,崩岸区域内水流较为紊乱,出现了直径约 60m 的小尺度回流,表层、中层、底层平均流速分别为 0.65m/s、0.68m/s 和 0.45m/s。这可能加剧边坡近岸土体的侵蚀,使得坡脚坡度增大,威胁边坡的稳定。边坡离岸 100m 左右水流结构主要是沿江顺流而下,表层、中层、底

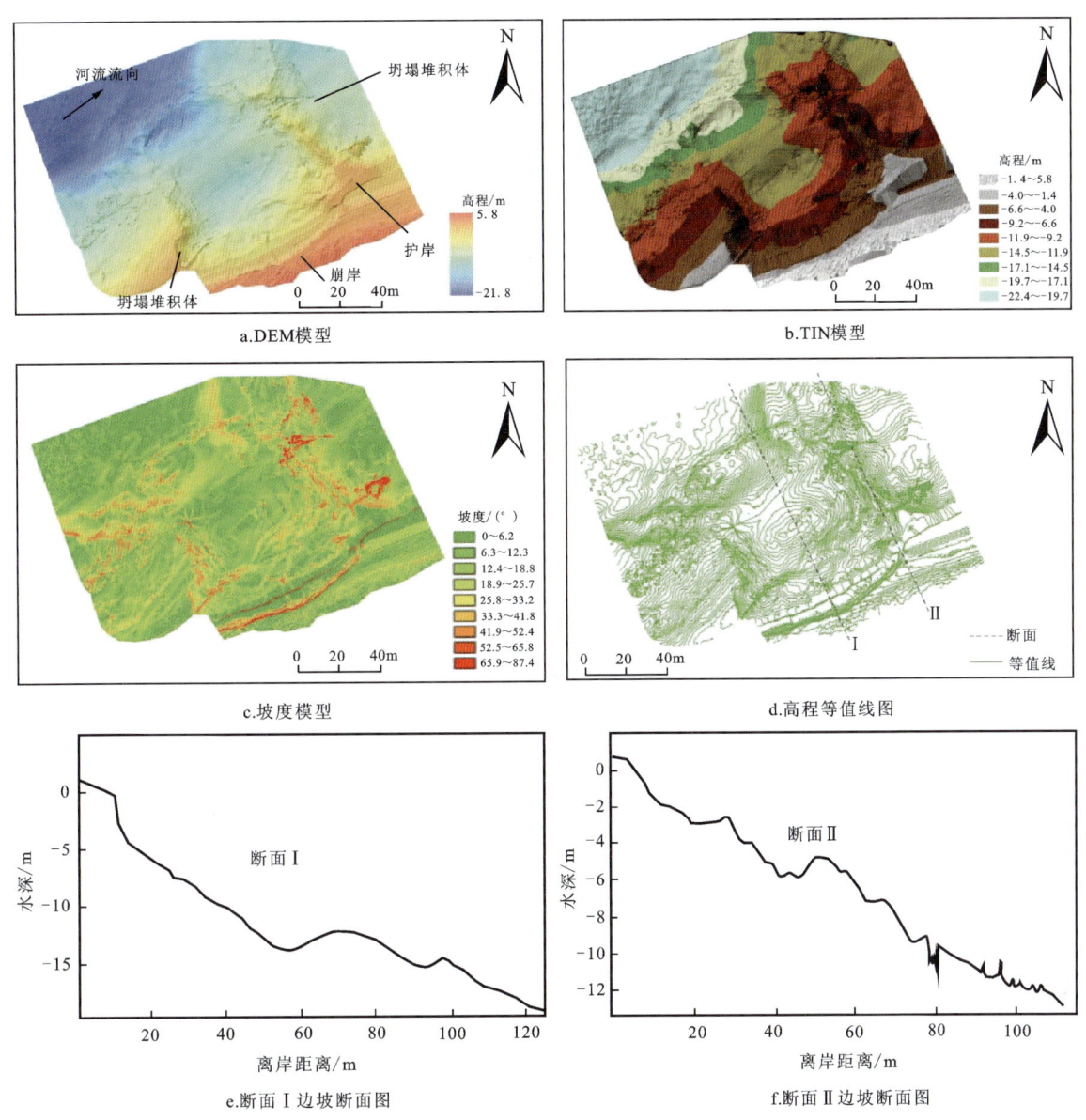

图 10-140　石首水道测区护岸坍塌边坡地貌模型图

层平均流速分别为 1.05m/s、0.91m/s 和 0.67m/s，水流流速较高，水动力作用较强。左、右两侧堆积体的存在使得水流在该处被打乱、旋转、上升，加速了该区域的边坡侵蚀，右侧堆积体还使水流被牵引至向岸方向，使右侧坡脚近岸水动力增强。

对崩岸的中段和边缘部分选取的两个特征断面（图 10-140e～f），利用 BSTEM 模型进行稳定性计算。其中，边坡形态数据根据三维地貌模型断面数据录入，水位数据参照测点附近监利水文站记录数据，该岸段为石质护岸无植被。结果如图 10-142 所示，Ⅰ、Ⅱ断面的安全系数 F_s 分别为 1.16 和 5.64，这说明Ⅰ断面边坡稳定性较差，失稳风险较高，Ⅱ断面则较为稳定。该区域位于长江石首大拐区域，受弯道流影响，近岸水动力强劲，近岸河槽连年冲深，多处产生崩岸并连续崩退。近岸已经修筑石质护岸，但随着水流对下层土体的侵蚀，导致护岸也发生坍塌，边坡再次处于不稳定状态，建议相关部门及早对崩塌的护岸进行修补加固，避免崩岸继续扩大危及城市防洪安全。

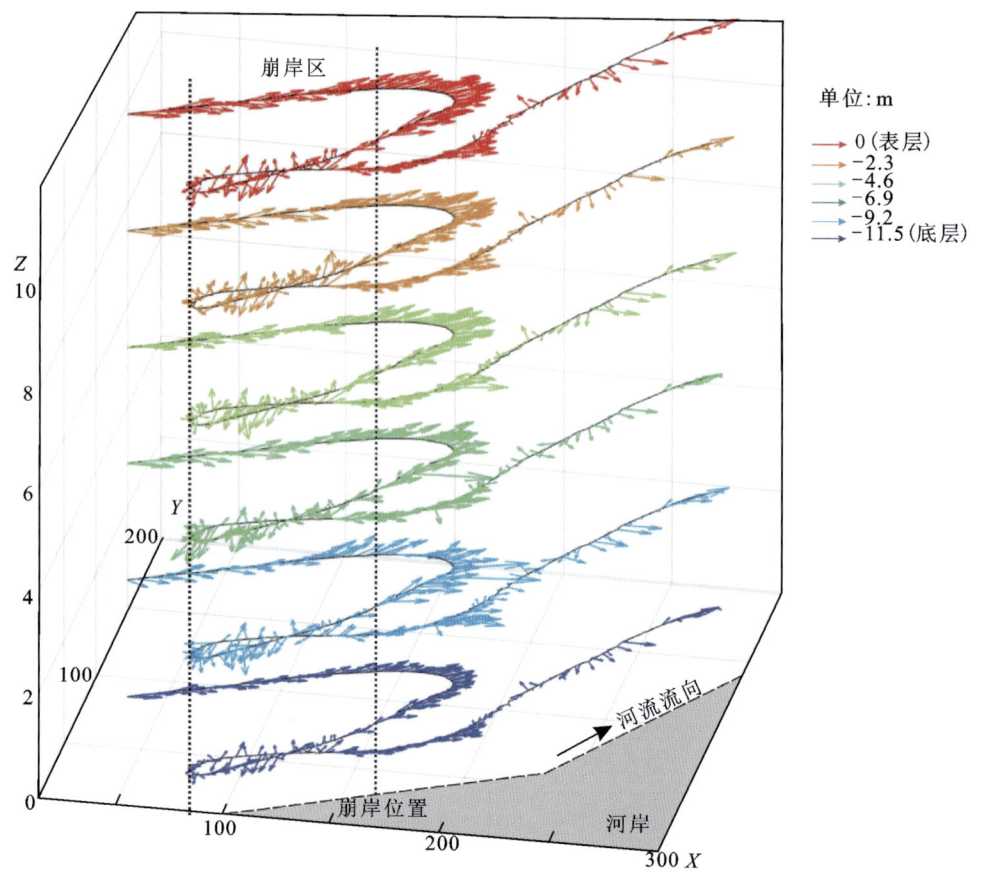

图 10-141 石首水道测区近岸三维流场分布图

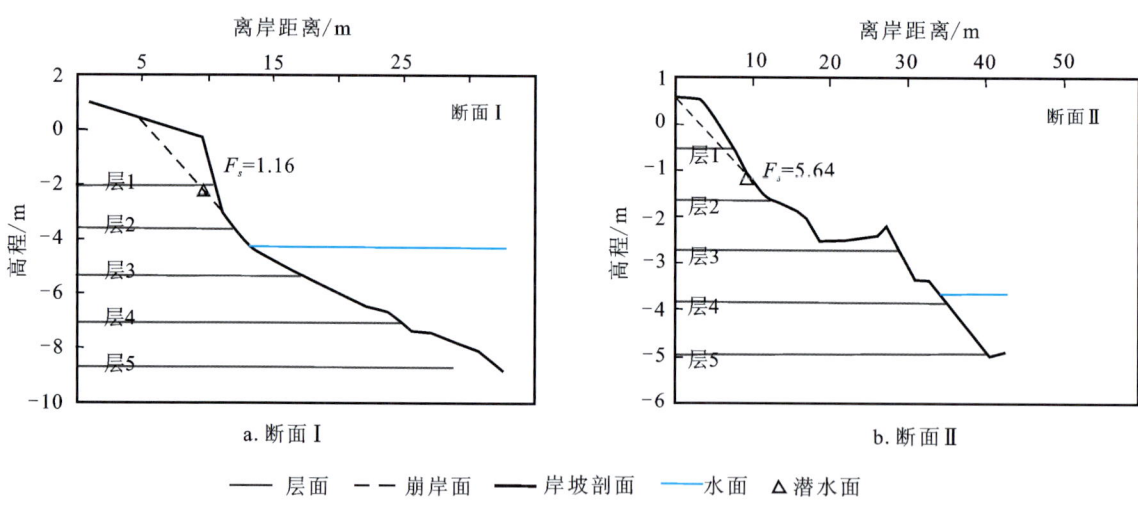

图 10-142 石首水道测区基于 BSTEM 模型的边坡特征断面稳定性计算结果

四、小结

（1）使用多模态集成化传感器系统可以有效采集河槽边坡区域的动力、沉积、地貌等特征数据，并实现水陆一体化地貌模型的构建。这种多种传感器集成的测量方法具有安全、高效的特点，可以广泛应用于河流险段的测量领域。

(2)长江中下游崩岸多以窝崩和条带状崩岸为主。窝崩的形态以鸭梨形、耳形、月牙形为主,崩岸尺度从几十米至几百米不等,本文所测窝崩尺度长度为 75.7~652m,宽为 13~145m。长江中下游近岸河槽坡脚较大,常伴有涡旋回流。条带状崩岸坍塌岸线一般较长,近岸常有冲刷坑或冲刷深槽,水流多为向岸流。

(3)较强的向岸流或回流是边坡失稳的重要因素之一。本书实测的龙潭水道窝崩、太阳洲水道窝崩、螺山水道窝崩、砖桥水道窝崩、西华水道侵蚀河漫滩、牯牛沙水道淤积河漫滩、观音洲水道侵蚀河漫滩、九江水道带状崩岸煤炭洲水道条崩、石首水道崩岸等近岸水流结构均为向岸流或涡旋回流。这种水流对边坡的冲蚀作用最为明显,若遇到地形的不连续处水流可能在该处入楔形成回流,不停旋转的回流涡体会对边坡形成环形淘刷,增加对坡脚的扰动和剪切,加速边坡侧壁土体的破碎、分解和输移,进而产生崩岸。在已发生的窝崩坑内回流则会继续淘蚀崩岸侧壁,加速崩岸的扩张。

(4)坍塌堆积体的存在加速了崩岸的侵蚀。崩岸坍塌的土体未被冲走的部分沉积在坡脚形成堆积体,如太阳洲水道窝崩、砖桥水道窝崩、石首水道崩岸等,堆积体长 20~107m,宽 39~76m,厚 3~5m。这些堆积体的存在会通过改变水流结构使窝崩坑坡脚区域水动力增强,甚至还会导致崩岸周边区域近岸边坡冲刷加剧,使其稳定性下降。

(5)目前,处于稳定阶段的边坡分别为:龙潭水道窝崩边坡,坡比为 0.2~0.33,F_s 为 2.22~3.80;牯牛沙水道淤积河漫滩坡,坡比为 0.15,F_s 为 5.73~6.089;观音洲侵蚀河漫滩边坡,坡比为 0.57~1.0,F_s 为 2.02~3.19;九江水道带状条崩边坡,坡比为 0.31~0.48,F_s 为 1.49~2.36。

目前,处于部分区域稳定、部分区域不稳定阶段的边坡分别为:太阳洲水道窝崩边坡,坡比为 0.33~0.55,F_s 1.25~2.23;螺山水道窝崩,坡比约 0.34,F_s 为 1.01~1.34;砖桥水道窝崩边坡,坡比 0.64~1.0,F_s 为 1.19~1.51;西华水道侵蚀河漫滩边坡,坡比为 0.22~0.88,F_s 为 1.18~1.72;松滋河分流河口崩岸边坡,坡比为 0.31~0.51,F_s 值为 1.22~2.48;石首水道崩岸边坡,坡比为 0.25~4.1,F_s 为 1.16~5.64。

目前,处于不稳定阶段的边坡分别为:煤炭洲水道条崩边坡,坡比为 0.95~8.6,F_s 为 1.01~1.21;蕲水入汇河口崩岸边坡,坡比约 8.4,F_s 为 1.21~1.29。

由于水陆测量中间部分的盲区会影响测量结果的精度,今后的研究需进一步对插值方法进行研究或进行人工补充测量来提高一体化模型的精度。而且由于时间所限,未能开展对崩岸边坡多时间尺度的连续观测,无法对其侵蚀和失稳过程进行分阶段研究,边坡的失稳过程及演变规律的研究有待进一步开展。

第四节 长江下游河床阻力变化特征

冲积河流阻力是泥沙运动力学的基本问题,它与河流的泄流能力及挟沙能力直接相关。与一般定床明渠水流阻力不同,冲积河流阻力由很多部分组成,包括沙粒阻力、沙波阻力、边壁阻力及河槽形态阻力。其中,沙粒阻力和沙波阻力又统称为河床阻力。在宽深比较大的天然河流中,河床阻力是冲积河流阻力最重要的组成部分,反映了水流对河床作用力的大小,决定着泥沙运动的强度。近年来,人类活动对于长江下游的影响日益增大,尤其是长江三峡及南水北调等工程的兴建,导致上游来沙减少约 2/3,这必然引发长江下游河道河床阻力自适应调整。因此,亟须重新认识和研究新形势下长江下游河床阻力的分布特征,为该河段的航道整治、航运安全及防洪提供较为可靠的参考依据。

另外,河床阻力系数是数值模拟的一个重要参数,直接控制着流量、流速、深度等水力要素的模拟结果和精度,在天然河道、明渠、管道过水能力计算及洪水演进预报中发挥着关键作用。影响河床阻力的因素有河床的糙率、形状、水力半径、水深、水流流态和含沙量等,为获得更为精确的河床阻力参数,本次工作通过对近年长江九江至吴淞口河段河床床面沉积物、形态、水深和流速开展粒度样品现场采集与室内分析，以及多波束测深系统、双频 ADCP 的测量与分析，计算九江至上海河段干流河床阻力，并利用 Delft3D 数值模型，模拟分析长江南京河段的洪水位与流量过程，以期为防洪管理提供技术和数据支撑。

一、研究方法与数据来源

数据主要来源于项目组实测，研究工作建立在水文站水位流量资料、航行参考图、多波束测深数据、表层沉积物粒度数据以及前人相关研究成果等资料之上。

1. 粒度采样与分析

2014 年 6 月 17 日、2015 年 8 月 1 日—6 日、2016 年 9 月 17 日—9 月 19 日，利用多波束测深系统和双频 ADCP 两种先进的现场测量仪器对长江九江至佘山河段主河槽进行床面形态、水深、流速等走航测量，并以九江、湖口、大通、南京、天生港、吴淞口、崇明以及佘山典型水文站为节点，对长江下游研究区域进行分段。同时，利用帽式抓斗重点在佘山—崇明、吴淞口—天生港、天生港—南京、南京—大通、大通—湖口和湖口—九江 6 个河段（图 10-143），采集 54 个床沙沉积物样品，测点具体位置见图 10-143。使用帽式采泥器进行表层沉积物样品采集，将采集后的样品逐一编号，记录采样时间与采样位置，对其进行大致描述后装袋密封保存，于航次完成后统一在实验室进行分析研究。限于航行安全要求，只在几个条件允许的位置进行了采集，以配合河床演变进行简要的沉积特征分析。

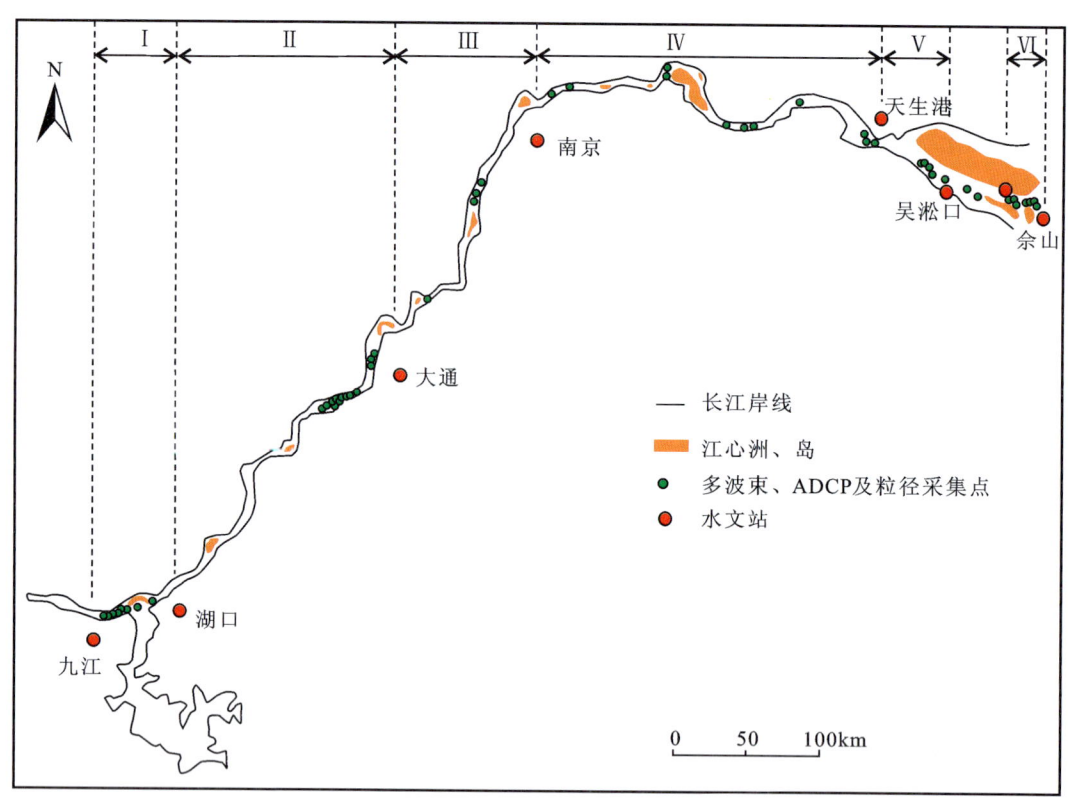

图 10-143 研究河段粒度采集点分布

河槽表层沉积物样品的室内分析分为样品预处理和粒度分析。利用二分器均匀地抽取一部分沉积物样品用于分析，对剩下的样品进行密封并妥善保存。在实验室中使用 H_2O_2 和 HCl 去除样品中有机质和碳酸盐成分，静置 24h 后去除上层清液，加入六偏磷酸钠 $(Na_2PO_3)_6$ 溶液进行分散后，利用马尔文公司生产的 Master Sizer 2000 型激光粒度仪进行粒度分析获取泥沙平均粒径 D。

2. 水力比降计算

收集佘山、崇明、吴淞口、天生港、南京、大通、湖口和九江 8 个水文站现场测量与床沙样品采集期间的实时水位(图 10-143),选取的水文站在 2014—2016 年水位信息每日均有超过 4 次以上的更新,水位信息用于计算比降、摩阻流速、河床剪切力、沙粒雷诺数和希尔兹数。利用 Google Earth 软件计算所在河段上下游水文站距离,则水力比降 J 计算公式如下:

$$J = \frac{|H_1 - H_2|}{L} \tag{10-2}$$

式中,H_1、H_2 分别为采集点所在河段上游水文站水位和下游水文站水位;L 指采集点所在河段上游水文站到下游水文站的距离。由于长江口属于中等强度的潮汐河口,在一个潮周期内必然伴随着正比降和负比降的存在(包为民等,2010;刘曾美等,2013;王东平,2015),本部分水位差取绝对值。

3. 水深、流速测量及摩阻流速计算

利用美国 RDI 公司生产最新的双频 ADCP(300kHz/600 kHz)测量流速和水深,通过定制钢架将 ADCP 固定于船体一侧,并且用缆绳兜底加固,ADCP 中设置船速参考 GPS,GPS 连接 ADCP 的波特率大小为 9600,艏向参考内置罗盘,其中磁偏角设置根据测区位置而定,如上海磁偏角为 $4°40'$,南京磁偏角为 $4°$。换能器入水深度 0.8m,盲区大小为 0.8m,工作流速最大设置为 10m/s,环境水温设置为 15℃,盐度为 35‰,声速为 1500m/s。后处理软件采用 Ocean Post - Processing V2.01I。则弗劳德数 F_r 计算公式如下:

$$F_r = v/\sqrt{gh} \tag{10-3}$$

式中,v 为流速;h 为测点水深;g 为重力加速度。

边界剪切力 τ_0 是表征河床水流对边界所产生的力,计算公式如下:

$$\tau_0 = \gamma h J \tag{10-4}$$

式中,γ 为清水容重,取 $9.8 \times 10^3 \text{kN/mm}^3$;$J$ 为水力比降。

摩阻流速为反映水流床面作用切力大小的因素,它的取值为边界剪切力除以液体的密度后再开方,具有流速的单位,故又称剪切流速。可由下式计算:

$$U_* = \sqrt{\tau_0/\rho} \tag{10-5}$$

式中,ρ 为清水密度。

4. 沙粒阻力计算

沙粒阻力即床面摩擦阻力。动床沙粒阻力的计算目前有两种方法,一种方法是借助在定床时的水流阻力研究成果,目前采用较多的是有一定理论基础且适用于紊流光滑区、过渡区及粗糙区的 Einstein 对数公式:

$$\tau' = \frac{u}{U_*} = 5.75 \lg(12.27 \frac{R_b \chi}{\kappa_{s1}}) \tag{10-6}$$

式中,U 为断面平均流速;U_* 为摩阻流速;R_b 为床面水力半径,一般取水深值;κ_{s1} 为沙粒当量粗糙度;χ 为流态校正系数。其中,Engelund(1966)根据式(10-3),利用动床的资料,建议采用 2.5 倍粒径作为沙粒阻力的糙率尺寸来确定沙粒当呈粗糙度。

另一种方法直接利用实测动床资料反求沙粒阻力,如 Lovera 和 Kenedy(1969)、Van Rijn(1982)、Wilson(1987)等,他们避开定床阻力公式直接将动床沙粒阻力与水流泥沙因子联系起来。这种研究方法很有启发性,但结论仍有商榷之处,应用尚不成熟。

5. 床面形态的现场测量与数据处理及沙波阻力的计算

利用 Reson-Seabat7125 型高分辨率多波束测深系统对长江九江至佘山河段主河槽进行床面微地

貌现场测量。多波束测深系统通过测量高密度条带状水深,在走航过程中对三维水下地形进行高精度探测。整个系统可分为多波束声学系统、外围辅助传感器和软件三部分,包括水下发射/接收换能器、信号控制柜、GPS定位系统、运动姿态传感器、声速剖面仪、计算机以及配套控制软件等。

6. 水下地形数据的收集与处理

本书收集了2013年和2016年的长江航行图作为水下地形资料,数字化后作为数值模拟的地形资料。

二、基于多参数的床面形态判别方法

自然条件下的河流都属于低流速状态。本部分以长江下游河段九江、湖口、大通、南京、南通、上海吴淞口和北港等典型河槽为例,利用现场实测的水深、流速、床沙粒径及河床床面形态,结合同步实时水位,计算河槽比降、水流弗劳德数、沙粒雷诺数和希尔兹数,构建床面形态判别函数,即床面形态分界线方程,分析弗劳德数在床面形态判别中的作用,对长江下游河床床面形态的判别与预测方法进行改进。

1. 床面形态测量和分类及分界参数的判别标准

以法国夏都实验室(Shields,1936)的"平整—沙纹—沙垄区的判别准则"为例,将希尔兹数和沙粒雷诺数两个无量纲参数分别作为 x 和 y 轴建立直角坐标系,并将法国夏都实验室的水槽试验资料,绘于空间对数点直角坐标系中,如图10-144所示。

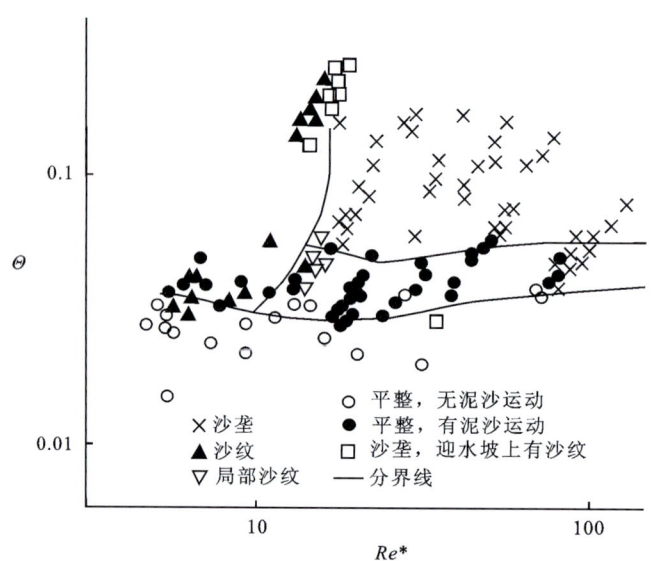

图10-144 床面形态分界线示意图(法国夏都实验室)

动力环境和不同物源影响床面形态的变化过程,各种床面形态的点在划分过程中会出现相互混杂的现象,这就需要一个可以协调的判别标准,来确定不同床面形态的分界线。

本部分采用白玉川等(2015)在河床形态判别标准中关于分界线划分的方法,引入分界参数 λ^* 作为分界线是否划分合理的依据。分界参数 λ^* 的计算公式为:

$$\lambda^* = N_1/(N_1 + N_2 + N_3) \tag{10-7}$$

假设 A 种床面形态被分界线划分后,在床面形态 A 的划分区域内,符合该床面形态的点数为 N_1,其他种类床面形态错误分类至该种床面形态的点数为 N_2,A 种床面形态错误分类至其他床面形态的点数为 N_3。

一般分界参数 λ^* 取值大于 0.5 时,即认为 A 种河床形态划分较为准确,分界线方程较为合理,显然分界线方程适用于床面形态判别关系中仅考虑两个无量纲参数的情况,对于本部分床面形态判别关系考虑 3 个无量纲参数的情况,通过数学语言表达就是先确定不同床面形态之间的分界面,再利用分界参数来判断分界面划分是否合理。

2. 床面形态分界线、分界面确定方法

考虑用沙粒雷诺数和希尔兹数作为低流速区床面形态判别参数时,直接计算床面形态分界线方程尚存在较大难度。本部分的求解方法为:首先,根据实测数据点在坐标轴的分布情况,确定分界函数的类型;再通过调整函数中的各个参数以及函数的位置,使得某一床面的划分区域内符合该床面形态的数据点尽可能多,同时使得不符合该床面形态数据点尽可能少;其次,考虑沙粒雷诺数、弗劳德数和希尔兹数作为低流速区床面形态判别参数时,将求解分界线的方法应用到床面形态分界面的推导;最后,通过分界参数来判断床面形态分界线或床面形态分界面对床面形态的划分是否合理。

3. 九江-长江口河段水流及泥沙参数统计

如表 10-20 所示,对各个河段水流及泥沙参数进行相关统计,包括比降、水深、流速、粒径、床面形态、希尔兹数、沙粒雷诺数以及弗劳德数。

表 10-20　九江—长江口河段水流及泥沙参数统计

测区河段	比降/$\times 10^{-6}$	水深/m	流速/$m \cdot s^{-1}$	粒径/μm	床面形态	希尔兹数	沙粒雷诺数	弗劳德数
佘山—崇明	2.807	13.194	1.208	130.20	沙纹	1.689	2.480	0.106
	2.807	9.690	0.898	151.10	沙垄	1.069	2.466	0.092
	2.807	18.307	1.016	7.55	沙纹	40.414	0.169	0.075 8
	2.807	12.704	0.965	7.91	沙纹	26.769	0.148	0.086
	2.807	8.703	0.925	37.98	沙垄	3.820	0.588	0.100
	2.807	12.425	0.902	8.59	沙纹	24.115	0.159	0.081
	2.807	16.649	0.771	7.22	沙纹	38.450	0.154	0.06
吴淞口—天生港	20	19.635	0.454	111.30	沙纹	21.513	6.995	0.032
	20	16.188	0.573	118.10	沙纹	16.715	6.740	0.045
	6	12.943	1.566	184.00	沙纹	2.666	5.235	0.139
天生港—南京	25	6.167	0.989	136.80	沙纹	6.751	5.340	0.127
	20	13.284	0.384	261.60	沙纹	6.058	13.377	0.033
	12	19.280	0.675	91.25	沙纹	16.386	0.552	0.049 1
	19	22.060	0.911	170.10	沙纹	14.702	10.926	0.062
南京—大通	23	17.622	1.420	261.00	沙垄	9.377	16.585	0.108
	22	22.044	0.695	250.60	沙垄	11.677	17.413	0.047
	23	13.575	1.325	256.60	沙垄	7.318	14.283	0.115
	21	12.159	1.959	233.90	沙垄	6.692	11.887	0.179
	21	9.290	0.998	245.70	沙垄	4.910	10.962	0.104

续表 10-20

测区河段	比降/×10⁻⁶	水深/m	流速/m·s⁻¹	粒径/μm	床面形态	希尔兹数	沙粒雷诺数	弗劳德数
大通-湖口	15	7.112	0.939	270.02	沙垄	2.469	8.957	0.112
	15	5.979	0.878	50.664	沙垄	11.066	1.541	0.114
	15	5.444	0.870	280.92	沙垄	1.817	8.153	0.119
	15	7.971	0.625	274.40	沙垄	2.724	9.636	0.071
	15	13.815	1.162	212.59	沙垄	6.094	9.829	0.099
	15	15.977	1.217	239.11	沙垄	6.265	11.889	0.097
	15	14.734	0.841	35.472	沙纹	38.952	1.693	0.069
	15	12.112	1.000	224.53	沙垄	5.058	9.720	0.091
	15	12.916	0.955	280.52	沙纹	4.317	12.540	0.084
	15	5.468	0.457	240.85	沙纹	2.129	7.005	0.062
	19	11.860	0.797 9	178.00	沙垄	7.754	8.494	0.074
	19	19.640	1.245 9	249.00	沙垄	9.179	15.291	0.089
	19	8.470	0.685 6	34.78	沙纹	28.324	1.402	0.075
湖口-九江	25	13.365	0.619	149.05	沙纹	13.471	8.579	0.054
	25	10.460	1.286	48.99	沙纹	32.074	2.495	0.127
	25	8.428	1.045	168.55	沙纹	7.512	7.704	0.114
	25	10.843	0.486	28.63	沙纹	56.882	1.484	0.047
	25	7.149	0.536	231.46	沙垄	4.640	9.744	0.064
	25	6.284	0.569	292.75	沙纹	3.225	11.554	0.072
	25	7.378	1.713	114.84	沙纹	9.652	4.911	0.201
	25	16.806	0.557	226.25	沙垄	11.159	14.604	0.043

4. 床面形态分界函数

1）希尔兹及法国夏都实验室判别方法

以沙粒雷诺数和希尔兹数两个无量纲数分别作为 x、y 轴,建立直角坐标系,并将各点实测床面形态资料依据床面形态分类,绘于坐标系中(图 10-145)。利用式(10-7)的分界标准推导不同床面形态的分界线方程[式(10-8)],得出床面形态分界函数Ⅰ,其中平整—沙纹区域的分界参数为 0.62,沙垄区域的分界参数为 0.61,分界线方程式为

$$\Theta = 2.9\exp[0.062\,7Re^*] + 2.02 \tag{10-8}$$

2）希尔判别方法

以沙粒雷诺数和 gD^3/v^2 两个无量纲数分别作为 x 和 y 轴,建立直角坐标系,并将各点实测床面形态资料依据床面形态分类,绘于坐标系中(图 10-146)。利用式(10-7)的分界标准推导不同床面形态的分界线方程,得出床面形态分界函数Ⅱ[式(10-9)],其中平整—沙纹区域的分界参数为 0.81,沙垄区域的分界参数为 0.72,分界线方程式为：

$$gD^3/v^2 = -\frac{20}{3}Re^* + 200 \tag{10-9}$$

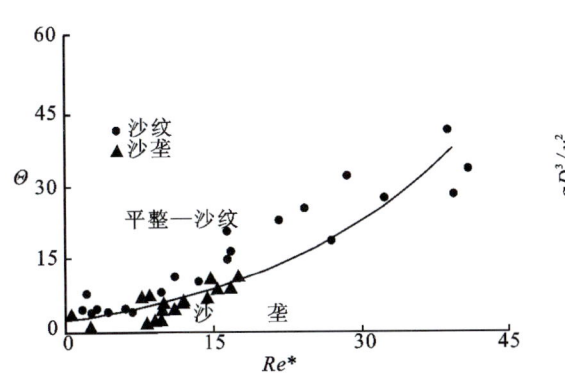

图10-145 床面形态分界线方程Ⅰ

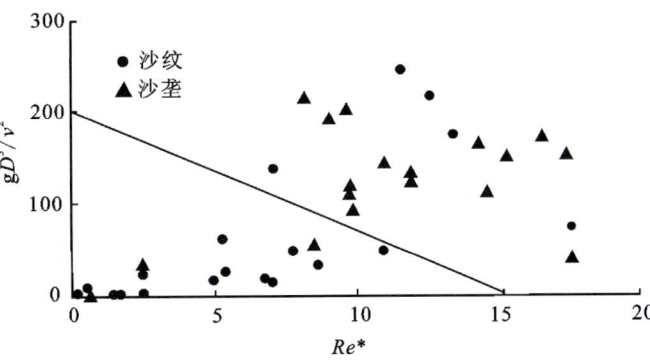

图10-146 床面形态分界线方程Ⅱ

3）基于弗劳德数判别方法

以弗劳德数、沙粒雷诺数和希尔兹数3个无量纲数分别作为x、y、z轴,建立直角坐标系,并将各点实测床面形态资料依据床面形态分类,绘于坐标系中,利用式(10-7)的分界标准推导不同床面形态的分界面方程[式(10-10)],得出床面形态分界函数Ⅲ（图10-147）,其中平整—沙纹区域的分界参数为0.695,沙垄区域的分界参数为0.708,分界面方程式为：

$$\Theta = Re^* + F_r + 0.6 \tag{10-10}$$

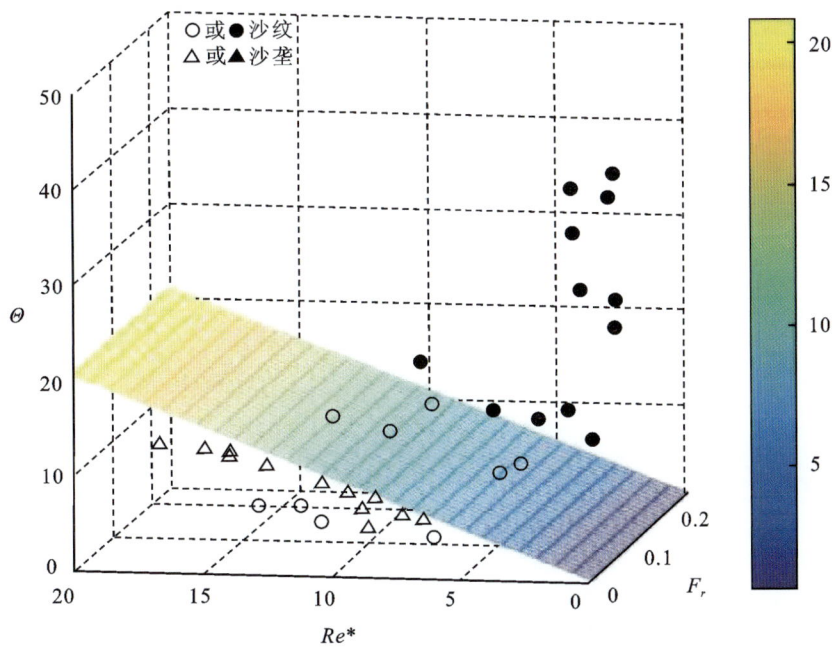

图10-147 床面形态分界函数 Ⅲ

4）床面形态分界函数验证

利用上文床面形态分界函数Ⅰ、Ⅱ和Ⅲ,对长江下游河段典型床面形态进行预测判别。如图10-148和表10-21所示,本部分选取2015年7月28—31日和2016年9月测量的20个数据点对判别结果分别进行验证,其中2015年7月28—31日测量数据（编号①～⑧）均匀分布在南京—吴淞口河段,2016年9月测量数据（编号⑨～⑳）分布在南京—湖口河段。结果表明,若仅考虑希尔兹数和沙粒雷诺数建立床面形态判别函数时,床面形态判别结果符合实测的数据点有9个,正确率达45%；若仅

考虑 gD^3/v^2 和沙粒雷诺数建立床面形态判别函数时,床面形态判别结果符合实测的数据点有 10 个,正确率达 50%;若同时考虑沙粒雷诺数、弗劳德数和希尔兹数建立床面形态分界方程时,数据判别较为准确,床面形态判别结果符合实测的数据点有 16 个,正确率高达 80%。

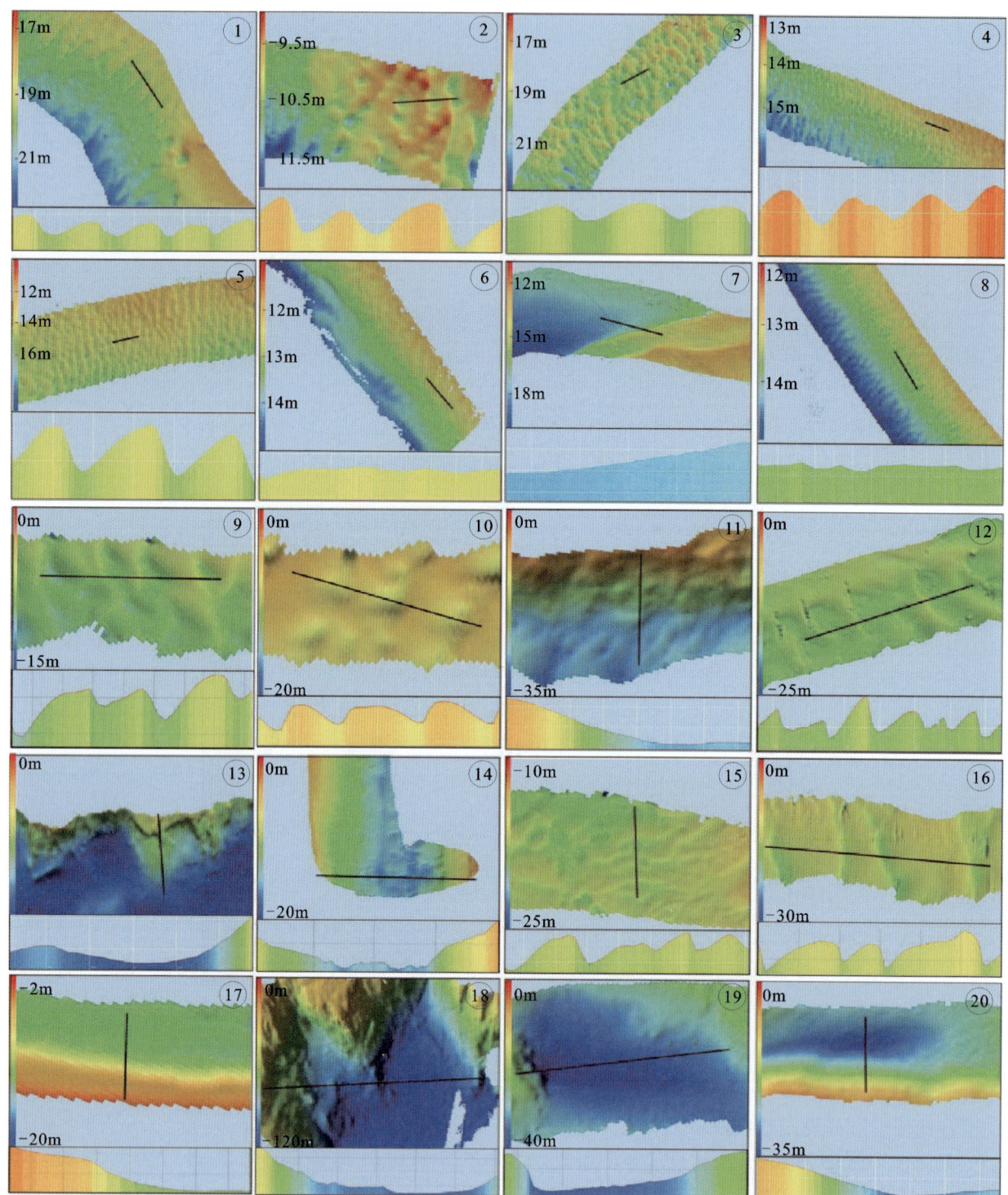

图 10-148　多波束实测床面形态

注:①②③④⑤等床面形态为沙波;⑥⑦⑧等床面形态为沙纹或平整;⑨⑩⑪⑫⑮⑯⑰为沙垄;⑬⑭⑱⑲⑳为沙纹。

表 10-21　验证资料参数统计及床面形态预测

编号	粒径/μm	水深/m	流速/m·s⁻¹	比降/×10⁻⁶	希尔兹数	沙粒雷诺数	弗劳德数	判别函数Ⅰ	判别函数Ⅱ	判别函数Ⅲ
1	183.6	21.03	0.35	16	11.360	10.770	0.020	沙纹	沙纹	沙垄
2	180.4	13.24	0.31	16	7.283	8.399	0.020	沙纹	沙纹	沙垄
3	193.7	12.77	0.65	23	9.162	10.480	0.050	沙纹	沙纹	沙垄
4	198.7	7.90	0.36	1	0.452	2.418	0.040	沙垄	沙纹	沙垄
5	18.5	15.19	0.86	7	36.830	0.620	0.070	沙纹	沙纹	沙纹
6	273.4	11.49	0.99	23	5.953	14.160	0.090	沙垄	沙垄	沙垄
7	68.2	20.22	1.62	22	39.510	4.548	0.115	沙纹	沙纹	沙纹
8	159.8	18.59	1.55	23	16.500	10.540	0.110	沙纹	沙纹	沙纹
9	94.6	11.90	0.71	35	6.040	26.000	0.065	沙垄	沙纹	沙垄
10	96.7	12.65	1.16	2	1.520	1.550	0.104	沙纹	沙纹	沙纹
11	123.1	10.86	0.98	17	5.230	8.900	0.094	沙纹	沙纹	沙纹
12	117.2	11.33	1.25	11	4.090	6.310	0.118	沙纹	沙纹	沙纹
13	155.3	16.87	0.79	8	5.640	5.160	0.060	沙纹	沙纹	沙纹
14	142.8	14.39	1.06	6	4.150	3.590	0.089	沙纹	沙纹	沙纹
15	78.5	12.10	1.39	8	2.417	7.320	0.127	沙纹	沙纹	沙垄
16	86.5	8.89	0.75	7	2.136	4.272	0.080	沙纹	沙纹	沙垄
17	49.8	17.59	0.87	10	2.067	20.97	0.060	沙纹	沙纹	沙垄
18	107.3	8.40	0.64	4	1.947	1.859	0.070	沙纹	沙纹	沙纹
19	137.6	15.16	0.99	1	2.121	1.046	0.081	沙纹	沙纹	沙纹
20	191.0	10.68	0.94	5	4.369	1.660	0.092	沙垄	沙纹	沙纹

从床面形态分界方程Ⅰ的判别结果发现,在床面形态实测为沙垄的情况下,预测结果出现误差的比率高达40%；从床面形态分界方程Ⅱ的判别结果发现,在床面形态实测为沙垄的情况下,预测结果出现误差的比率高达100%。说明未加 F_r 建立判别函数对于沙垄的预测存在较大误差,显然床面形态分界方程Ⅲ预测结果有明显改善,正确率分别提高了约50%和90%,判别函数预测的结果较为稳定,可考虑应用到河流床面形态的预报中。

三、近15年长江下游河床阻力变化特征及影响因素

这里以研究区最上游的九江站作为流量控制站,以最下游的大通站流量作为参考,根据近15年来流量变化过程,选取最大、最小流量作为判断近期潮区界上、下界的极端水情;从各水文站多年实测资料中筛选出短期变化相对平稳的一系列水位数据,通过REDFIT频谱分析判断水位过程中是否存在潮差的影响,探讨潮区界在不同流量下的变化情况。

1. 三峡大坝建设前后长江下游沙粒阻力分布特征

1) 近期长江下游沙粒阻力分布特征

近期长江下游自九江至吴淞口河段河床沙粒阻力最大为 40N/m²，最小为 5.8N/m²，平均沙粒阻力为 20N/mm²（图 10-149）。各河段内（河段Ⅰ~Ⅴ）沙粒阻力变化范围差别不大，大多数点都在 8~30N/m² 的范围内波动，但河段Ⅵ（崇明—佘山）沙粒阻力较吴淞口以上河段变化明显剧烈，最大达 63.4N/m²，最小为 23.8N/m²，该河段沙粒阻力极差达 39.6N/m²。

长江下游各河段平均沙粒阻力从九江到大通呈缓慢增大的趋势，河段Ⅰ和河段Ⅱ平均沙粒阻力分别为 19.5N/m²、22N/m²；从大通到吴淞口平均沙粒阻力呈现缓慢降低的趋势，河段Ⅱ~Ⅴ平均沙粒阻力分别为 22N/m²、21.5N/m²、18.1N/m²、16.9N/m²，共降低了 3.1N/m²；在长江口，河段Ⅵ（崇明—佘山）平均沙粒阻力为 47.322N/m²，为近河口河段Ⅴ（天生港-吴淞口）平均沙粒阻力的 3 倍之多，为远离河口段Ⅱ（湖口-大通）的 2 倍多，说明河段Ⅵ泥沙速度将明显降低，甚至下落沉积。再从以往研究中发现，该河段位于长江口最大浑浊带附近，说明沙粒阻力是最大浑浊带泥沙沉积的重要动力因素之一。

2) 三峡水库蓄水前后长江下游沙粒阻力的对比

三峡水库蓄水前沙粒阻力计算资料引自长江科学院、王张峤（2006）、王哲等（2007）相关成果，由于河段Ⅵ水动力数据和河床地形数据缺失，暂不进行对比分析。三峡蓄水前（2002 年）长江下游自九江至吴淞口河道河床沙粒阻力最大为 134N/m²，最小为 2.2N/m²，平均沙粒阻力为 54.6N/m²，三峡蓄水后最大河床沙粒阻力和平均沙粒阻力分别减小 85% 和 63%，总体上沙粒阻力减小较为明显（图 10-149）。与此同时，三峡蓄水前河段Ⅰ~Ⅴ沙粒阻力大多数点在 25~100 N/m² 的范围内波动，蓄水之后沙粒阻力变化没有这么剧烈，这显然与三峡大坝施用对于下游水动力环境和泥沙的控制增强有关。

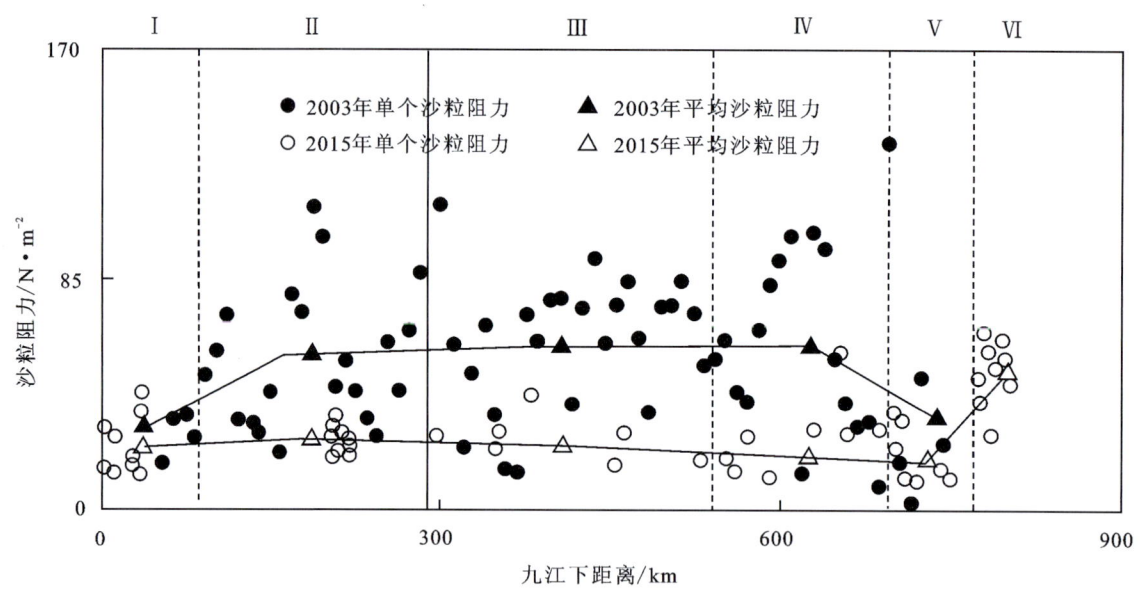

图 10-149 2015 年和 2003 年长江下游河道沙粒阻力变化

三峡蓄水前后，河段Ⅰ~Ⅴ平均沙粒阻力变化趋势较为一致，均呈现先缓慢增大后缓慢降低的变化特征；但河段Ⅰ~Ⅱ和Ⅳ~Ⅴ沙粒阻力变化幅度减小；各河段平均沙粒阻力也有不同幅度的减小。

2. 三峡大坝建设前后长江下游沙波阻力分布特征

(1) 当前长江下游沙波阻力分布特征为：总体上，长江下游河道各河段河床沙波阻力变化范围差别不大，沙波阻力最大仅为 0.15N/m²，平均沙波阻力为 0.05N/m²（图 10-150）。各测点沙波阻力占其沙粒阻力不足1%,说明整个长江下游河道沙粒阻力基本上可以代表河床阻力,在河床阻力的快速定量中可以不考虑沙波阻力。这也进一步说明了在长江河口最大浑浊带附近,沙粒阻力是该区域泥沙沉积的决定性动力因素。

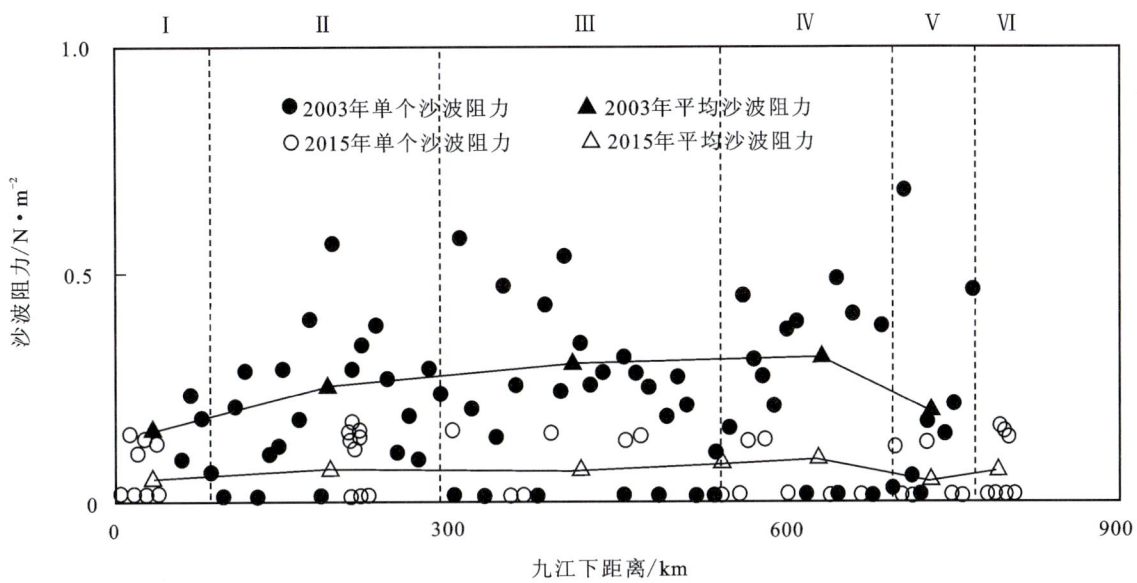

图 10-150　2015 年和 2003 长江下游河道沙波阻力变化

（2）三峡水库蓄水前后长江下游沙波阻力的对比:三峡水库蓄水前沙波阻力计算资料引自王张峤(2006)和王哲等(2007),蓄水前各测点沙波波高尺寸以所在河段平均沙波波高为准,由于河段Ⅵ水动力数据和河床地形数据缺失,暂不进行对比分析。三峡蓄水前(2003 年)长江下游自九江至吴淞口河段河床沙波阻力最大为 $0.67 N/m^2$,最小为 $0.04 N/m^2$,平均沙波阻力为 $0.27 N/m^2$,三峡蓄水后最大河床沙波阻力和平均沙波阻力分别减小 78% 和 81%,总体上沙波阻力减小较为明显(图 10-150)。可见三峡大坝施用对于长江河床地形的影响也不可忽视。

3. 河床阻力与宽深比的关系

长江下游河道河床阻力不仅要与中上游流域来水来沙相适应,也要与海域动力泥沙的周期变化相适应,最终与径流和潮流的来水来沙条件、边界条件等因素趋于动态平衡。河床阻力的变化必然需要纵剖面和横剖面的变化来进行动态调整,其中宽深比就是衡量河床形态变化的主要参数。因此,分析不同河段河床阻力与宽深比之间的关系,可以判断宽深比对河床阻力的影响。

对长江下游河道各河段(Ⅰ~Ⅵ)测点的河床阻力和相应的宽深比分别进行线性、指数、对数以及二次函数相关性分析,三峡蓄水后各测段河床阻力与宽深比均是二次函数相关性最大。对比三峡蓄水前后河床阻力与宽深比的相关关系,总体上三峡蓄水前各测段河床阻力与宽深比相关性较小。

二次函数的拟合结果表明(图 10-151),蓄水前后,河段Ⅰ河床阻力与宽深比相关关系均为强相关,相关系数分别为 0.771 6 和 0.883 9;但河段Ⅱ河床阻力与宽深比相关关系从弱相关转化为强相关,相关系数分别为 0.027 和 0.705 2;河段Ⅲ河床阻力与宽深比相关关系变化不大,均为弱相关;河段Ⅳ河床阻力与宽深比相关关系从弱相关变为中等相关,相关系数分别为 0.021 2 和 0.498 3;河段Ⅴ河床阻力与宽深比相关关系均为弱相关,但是相关系数变化较大,相关系数分别为 0.3 和 0.008 3。与此同时,2015 年测得河段Ⅵ河床阻力与宽深比相关关系较小,仅为 0.139 7。

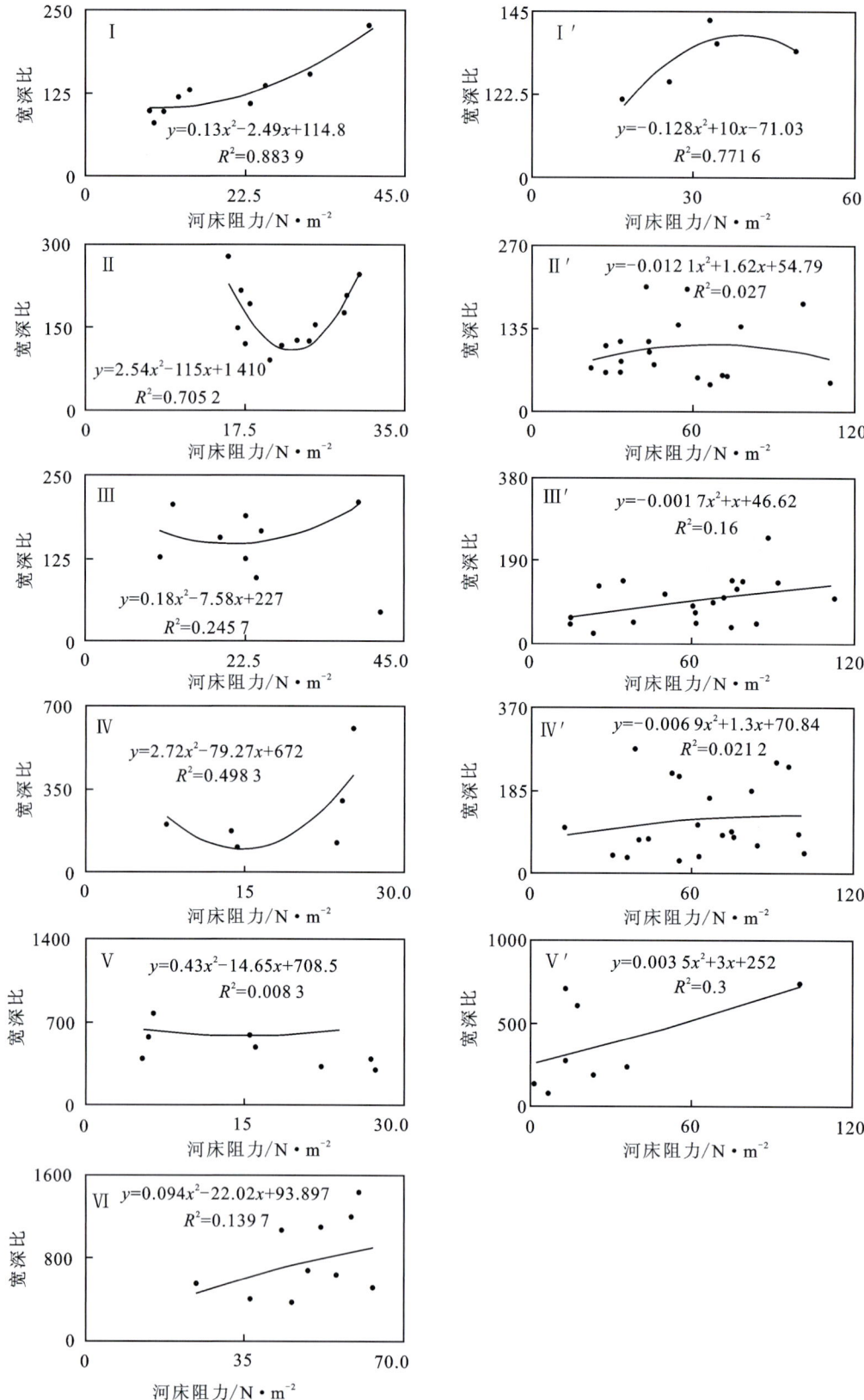

图10-151 2015年（Ⅰ～Ⅵ）和2003年（Ⅰ′～Ⅴ′）长江下游河道河床阻力与宽深比相关关系

4. 河床阻力与粒度的关系

河床粗糙不平是形成河床阻力尤其是沙粒阻力的本质所在，目前河流运动力学最普遍的作法是利用河床底质的粒径乘以一个经验常数来作为河床的凸起高度，即当量粗糙度来描述床面的粗糙形态。因此，分析不同河段河床阻力与粒度之间的关系，可以判断粒度对河床阻力的影响。

对长江下游河道各河段（Ⅰ～Ⅵ）测点的河床阻力和相应的粒度分别进行线性、指数、对数以及二次函数相关性分析，三峡蓄水后各测段河床阻力与粒度二次函数相关性最大，但是相关性系数较小。对比三峡蓄水前后河床阻力与粒度的相关关系可看出，总体上，三峡蓄水前各测段河床阻力与粒度相关性较大。

二次函数的拟合结果表明（图 10-152），蓄水前后，河段Ⅰ河床阻力与粒度相关关系从强相关转化为弱相关，相关系数分别为 0.649 1 和 0.158 3；河段Ⅱ河床阻力与粒度相关关系均为弱相关，但相关性系数变化较大，相关系数分别为 0.3 和 0.091 7；河段Ⅲ河床阻力与粒度相关关系从强相关转化为弱相关，相关系数分别为 0.643 6 和 0.002 5；河段Ⅳ河床阻力与粒度相关关系从弱相关变为中等相关，相关系数分别为 0.37 和 0.64；河段Ⅴ河床阻力与粒度相关关系从大约中等变为弱相关，相关系数分别为 0.441 和 0.197；与此同时，2015 年测得河段Ⅵ河床阻力与粒度相关关系较大，相关系数为 0.5。

5. 河床阻力与流速的关系

冲积河流中水流和泥沙对河床的作用力是产生河床阻力最直接的原因。因此，分析不同河段河床阻力与流速之间的关系，可以判断流速对河床阻力的影响。

对长江下游河道各河段（Ⅰ～Ⅵ）测点的河床阻力和相对应的流速分别进行线性、指数、对数以及二次函数的相关性分析，三峡蓄水后各测段河床阻力与流速二次函数相关性最大，而且相关性多呈强相关。对比三峡蓄水前后河床阻力与流速的相关性可看出，总体上，三峡蓄水前各测段河床阻力与流速相关性较小。

二次函数的拟合结果表明（图 10-153），蓄水前后，河段Ⅰ河床阻力与流速相关关系从中等相关转化为强相关，相关系数分别为 0.56 和 0.948 3；河段Ⅱ河床阻力与流速相关关系则直接从弱相关转化为强相关，相关系数分别为 0.03 和 0.744 9；河段Ⅲ河床阻力与流速相关关系从弱相关转化为强相关，相关系数分别为 0.150 1 和 0.917 9；河段Ⅳ河床阻力与流速相关关系也是从弱相关转化为强相关，相关系数分别为 0.119 7 和 0.722 8；河段Ⅴ河床阻力与流速相关关系从强相关变为弱相关，相关系数分别为 0.682 和 0.147 4；与此同时，2015 年测得河段Ⅵ河床阻力与流速相关关系较大，相关系数为 0.773 5。

6. 分析与讨论

从以上分析可以看出，三峡蓄水前，长江下游河道河床阻力与上述 3 个影响因素相关性从大到小依次为粒度、流速和宽深比，相应的平均相关系数依次为 0.48、0.3 和 0.25。三峡蓄水后，长江下游河道河床阻力与上述 3 个影响因素相关性从大到小依次为流速、宽深比和粒度，相应的平均相关系数依次为 0.71、0.41 和 0.3。总体上，三峡蓄水前后，粒度对于河床阻力的影响明显降低，这与三峡大坝施用后下游泥沙供给较蓄水前明显减少有关。宽深比则对河床阻力的影响明显增强，相关性系数为原来的 3 倍以上，显然这与三峡蓄水之后长江下游人类活动密不可分，如航线利用、航道整治束窄了河道，制约了河道的横向摆动。而三峡蓄水前后，长江下游河道各河段河床阻力主要受影响因素又有所不同，具体表现为：河段Ⅰ在蓄水前河床阻力受宽深比和粒度影响最大，蓄水后河床阻力受宽深比和流速影响最大；河段Ⅱ、河段Ⅲ和河段Ⅳ在蓄水前河床阻力受粒度影响最大，蓄水后河床阻力受流速影响最大，这 3 个河段变化趋势较为一致；河段Ⅴ在蓄水前河床阻力受流速影响最大，蓄水后与 3 个影响因素相关关系均不明显。

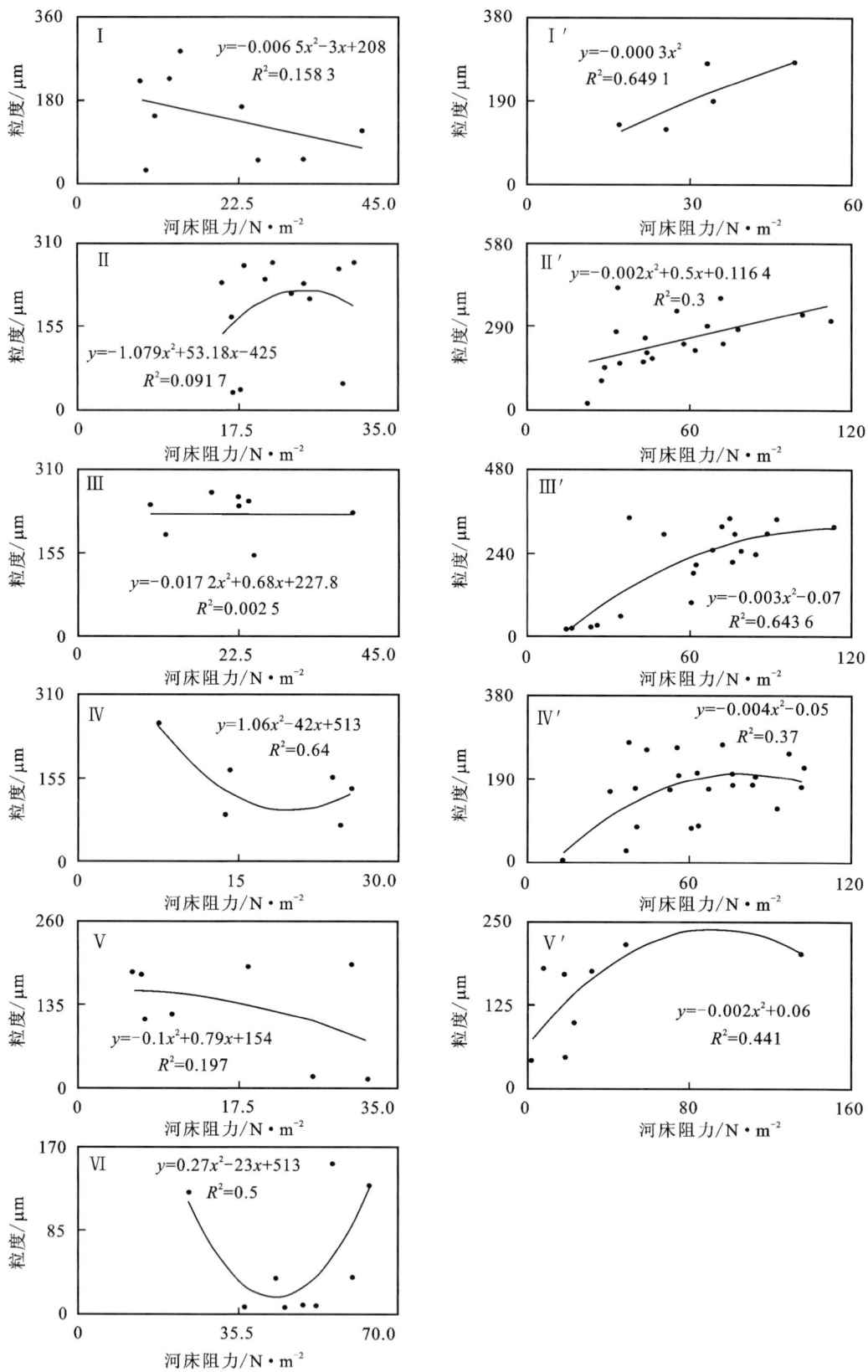

图 10-152 2015 年（Ⅰ~Ⅵ）和 2003 年（Ⅰ'~Ⅴ'）长江下游河道河床阻力与粒度相关关系

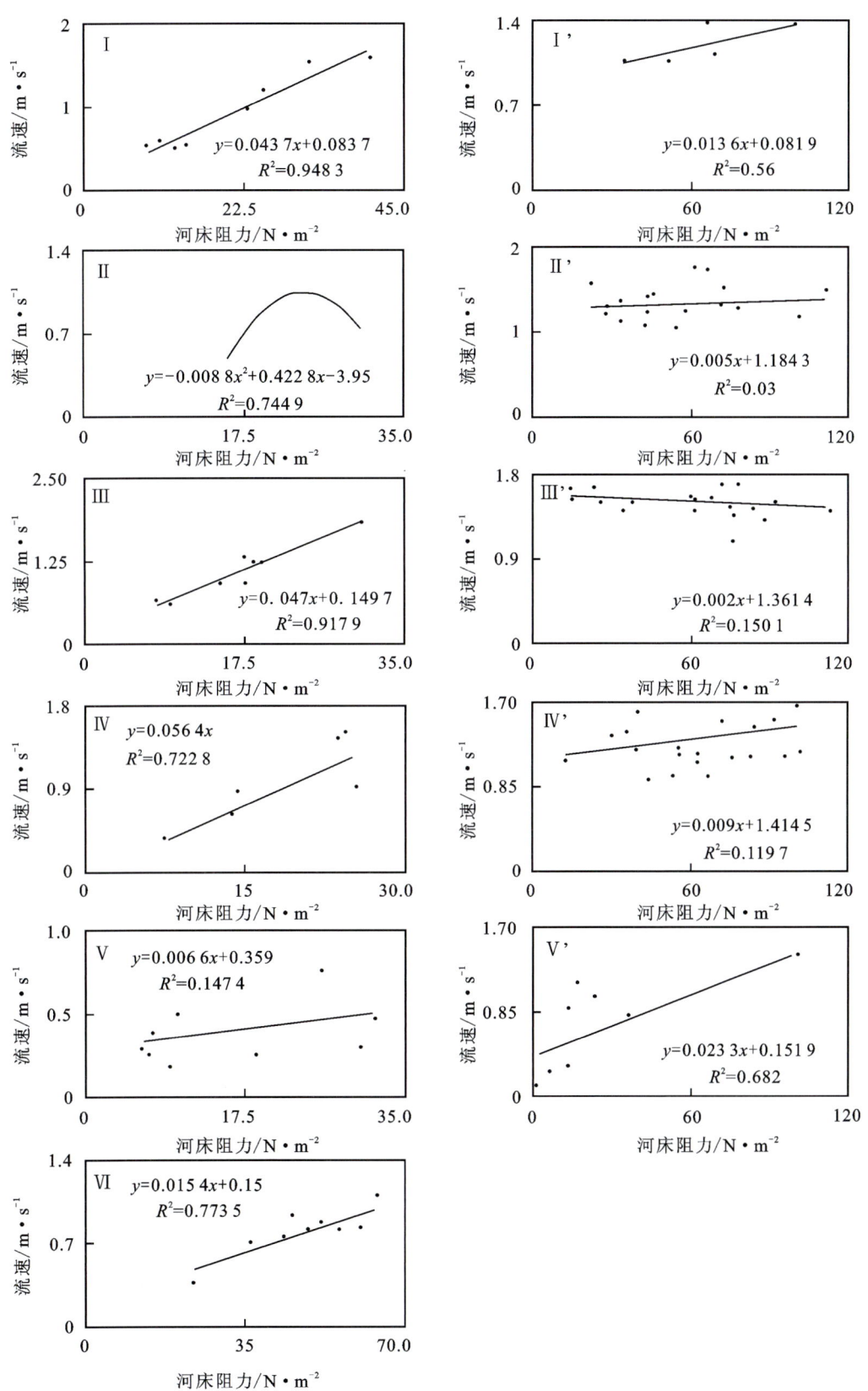

图10-153 2015年(Ⅰ～Ⅵ)和2003年(Ⅰ'～Ⅴ')长江下游河道河床阻力与流速相关关系

第五节 长江下游河口潮区界变动特征

潮水自河口上溯,它的影响沿流程减弱,完全消失于潮区界。作为感潮河段上界,潮区界是标志水位受潮动力作用与否的关键界面。前人研究普遍认为,长江河口枯季潮区界历史上曾从 1000 多年前晋朝时的江西九江以上移动至近 30 年来的安徽大通附近(陈吉余和恽才兴,1959;陈吉余等,1979;陈吉余和徐海根,1981;黄胜,1986),部分专家研究认为 21 世纪初长江潮区界位于安徽铜陵与芜湖之间(恽才兴,2004;李褆来等,2005;徐汉兴等,2012)。但至今为止,安徽大通仍是最为广泛接受的潮区界位置。近年来,一系列重大水利工程大幅改变了流域径流时空分布,尤其三峡工程的调蓄作用使长江中下游流量过程变得平缓(蔡文君等,2012;Guo et al.,2015),机械能向电能的转化降低了径流总能量,加之海平面上升影响潮波上溯(王冬梅等,2011),必然引起潮区界位置改变,新形势下长江潮区界问题备受关注。又恰逢 2016 年强厄尔尼诺现象导致的特大洪水,潮差造成的水位抬高对防汛抗洪的重要性突显。潮区界下游河段径流受阻、水位壅高,复杂的水流特性对河势演变与岸坡稳定具有重要影响。因此,潮区界在不同水文情势下位置变动对港航安全与区域防洪意义重大(Nicholsmm,1991)。

潮区界研究往往针对历史水情资料(徐汉兴等,2012)、下游水位与口门潮位相关性(黎子浩,1985)、多断面同步观测一致性(刘智力和任海青,2002)等方面对水位过程进行分析。潮区界对工程的响应则主要通过经验曲线拟合(杨云平等,2012)与数值模拟(Friedrichs and Aubrey,1994;Unnikrishnan et al.,1997;Godin,1999;李佳,2004;李键庸,2007;Shen et al.,2008;沈焕庭等,2008;路川藤,2009;侯成程,2013)得到。本次工作选取了长江中下游干流水文站自 2007 年以来的实测水位资料进行频谱分析,考虑到潮区界主要受径流控制,重点研究极端流量过程,获得潮区界最新位置及其对水文情势的响应,探讨可能的影响因素,为全球气候变化、水利工程密集建设大背景下的河口海岸科学研究与区域发展整体规划提供指导。

一、潮区界研究现状

萨莫伊洛夫于1958 年最早指出"河口区上界为水位变化受潮汐或增水影响刚好消失的断面",这个断面就是潮区界。潮区界位置在径流、潮汐、河道比降等因素的综合影响下变动频繁。国内外往往采用历史极端水情、实测资料分析手段对潮区界位置进行研究。黎子浩(1985)建立了珠江下游水文站水位与河口潮位站潮位的相关曲线,根据其斜率大小分析各站水位变化受潮汐影响的程度。刘智力和任海青(2002)比较了不同控制断面的同步水位观测资料认为,自水位变化过程与上游相似的断面开始,潮汐影响完全消失。数值模拟在研究潮波传播过程中也起到了重要的作用。Friedrichs 和 Aubrey(1994)分析了潮波在泰晤士河与特拉华河的传播过程,认为水道的动力地貌对潮波衰减有重要影响。Godin(1999)则认为潮波衰减速度与潮差大小成正相关。Unnikrishnan 等(1997)用一维数学模型模拟了潮波在河口内的传播过程,认为上部河道断面面积剧减以及下段河道压强梯度力与摩擦力相平衡是导致 Mandovi-Zuari 河口潮差衰减速度上大下小的原因。沈焕庭等(2008)建立了理想河口的平面二维数值模型,认为潮区界与径流和潮差之间并非线性关系。路川藤(2009)通过建立长江口概化模型,分析潮波传播过程与影响因素,结果显示径流变化对潮波变形影响很大。

前人对长江潮区界位置业已做了不少研究,陈吉余等(1979)根据历史资料记载,发现晋朝时潮区界在江西九江附近,后来枯季潮区界下移到安徽大通附近,并认为江面束狭、沙洲并岸、边滩伸展等河槽边界条件的变化影响了河口潮波传播,进而导致潮区界下移。徐沛初和刘开平(1993)结合大通流量、江阴潮差资料,建立了二者与潮区界的相互关系,推算出多年平均潮区界位于大通下游 50km 处。杨云平等

(2012)分析了江阴潮差和大通流量之比与潮区界、潮流界位置的关系,认为水库调蓄会导致潮区界上溯,枯季、洪季以及多年平均潮区界位置已经分别移至长江口 50# 浮标以上 728km、617km 和 673km 处。徐汉兴等(2012)通过分析长时间序列水位资料,并结合数值模拟进行分析,得出近 40 年内长江潮区界上界曾到达安庆以上。Shen 等(2008)建立 2-D 模型模拟长江河口潮波的上溯,认为当流量低于 12 400m^3/s 时,潮区界可能在安庆以上。李键庸(2007)对长江下游安庆—徐六泾段建立二维水流数学模型,认为枯季大潮时潮区界位于安庆以上,洪季小潮时潮区界在澄通河段六干河附近。侯成程(2013)对三峡至口外大陆架的三维网格进行数值模拟,得出洪水季流量达 69 765m^3/s 时,潮区界在芜湖水文站附近,枯水季流量达 7850m^3/s 时,潮区界在彭泽骨牌洲附近。

潮区界对自然条件改变以及重大工程建设的响应引起了学界的广泛关注,前人研究也取得了一些成果。张垂虎(2005)对整治后的北江下游航道河势进行分析,认为河床下切使潮区界向上推进了 36km。贾良文等(2006)通过东江下游的河床演变和潮汐动力分析,指出大量挖沙导致潮区界明显上移。李键庸等(2003)基于大通流量与江阴潮差对潮区界进行分析,认为南水北调东线工程抽江调水可能导致枯季大潮时潮区界上移约 3km。李佳(2004)在理想河口基础上进行了水动力数值模拟,指出三峡工程使平水年 1 月潮区界平均下移 5km 左右,10 月平均上移 28km。

然而,长江感潮河段长达数百千米,其间支汊众多,地貌复杂,沿程水位过程一致性难以保持,仅靠历史资料分析的方法大多在判断是否有潮差时具有主观性,航道中开展断面同步测量代价高昂,且水位数值模拟结果大多缺乏对近期实测资料的深入验证。这都给真实、全面了解长江潮区界及其在人类活动加剧背景下的变动特征带来了一定难度。频谱分析可以反映不太明显的周期性变化,这契合了潮区界附近潮差微弱的特点,能较好地判断水位过程中是否出现潮差变化,但将频谱分析应用于长江潮区界的研究尚未开展。

二、研究方法

1. 水文数据收集与预处理

本次工作研究区域为江西九江至安徽芜湖河段,全长约 340km(图 10-154)。本次收集了九江站、湖口站、彭泽站、杨湾闸站、华阳闸站、安庆站、枞阳闸站、池口站、大通站、铜陵站、凤凰颈闸站、芜湖站 12 个水文站自 2007 年至 2016 年的实测水位数据,其中九江站、湖口站、大通站流量数据以及南京潮位数据,剔除异常值后整理成 1h 等时间间隔资料。为减少行船、水闸调度等偶然事件,以及季节性气候变化对水位变化的影响,从资料中划分出共计 80 个水位变化过程较为平缓的 5~10d 短期数据进行频谱分析。以九江站为参考,选取近 10 年来极端流量判断潮区界变动的上、下界;并通过九江不同流量时各站水位中潮差周期的显著程度,探讨潮区界随流量的变动过程。

2. 水位频谱分析

采用 Past 3.13 统计分析软件中的 REDFIT 模块(Schulz and Mudelsee,2002)对水位变量进行频谱分析,提取其中对应长江口半日潮周期变化的频率峰,并与一阶自回归模型下的红噪声曲线进行对比(Gilman et al.,1963;Hasselmann,1976),分析各测站水位受潮差影响产生周期性变化的程度,统计不同流量下不同站点水位的频谱分析结果,研究近期长江潮区界变动范围及特征。

频谱分析是通过对原始信号进行傅里叶变换,展开成不同频率函数的叠加,从而将复杂的时间历程波形分解为若干单一的谐波分量,得到原始信号的频率结构与谐波相位信息,从而将时间域信号转化为频率域信号的方法。频谱分析不改变原始信号的组成,只改变了其表示方式,能更直观地展现原始信号中不易看出的频率特征。潮波作为机械波的一种,它的频率只与波源有关,在传播过程中频率不会发生改变。因此,本次通过频谱分析将水位关于时间的变化转化为关于频率的变化,通过红噪声检验长江口

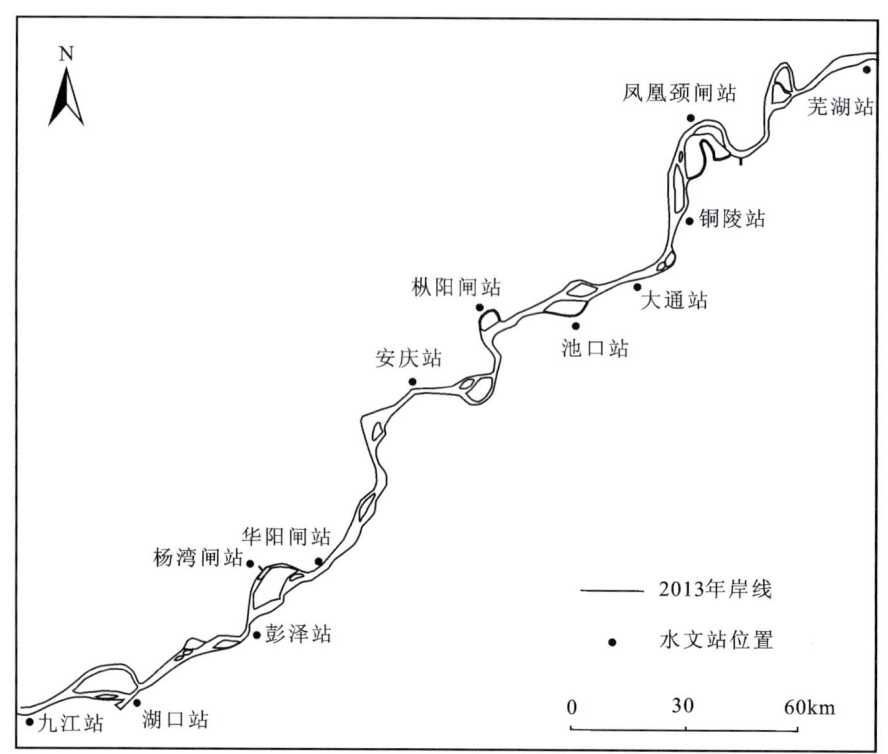

图 10-154 九江-芜湖河段主要水文站点分布

半日潮对应频率的显著程度,判断水位是否受到潮差影响,结合不同流量下不同站点水位的频谱分析结果,对长江潮区界变动特征进行研究。

若一个函数 $Z(t)$ 的周期为 T,且在 T 内分段单调,则函数 $Z(t)$ 可通过傅里叶级数表示:

$$Z(t) = a_0 + \sum_{k=1}^{\infty} a_k \cos(k\omega t) + \sum_{k=1}^{\infty} b_k \sin(k\omega t) \tag{10-11}$$

式中,a_0、a_k、b_k 均为傅里叶系数;$\cos(k\omega t)$、$\sin(k\omega t)$ 称为 k 次谐波。

由于实测水文资料序列是离散且有限的,样本经过预处理后采样时间间隔相等且不含显著的趋势项,符合离散傅里叶变换条件。假定采样数量为 N 的水位时间序列为 x_n,$n=1,2,3,\cdots,N$,它的傅里叶变换式为:

$$X_k = \sum_{n=0}^{N-1} (x_n e^{-2\pi k n_i/N}) \tag{10-12}$$

式中,X_k 称为频谱值,$k=1,2,3,\cdots,N-1$;n_i 是傅里叶变换公式里的量,无物理意义,其中 i 是虚数,n 是 1 至 N 中的整数。

假定采样间隔为 Δt,根据奈奎斯特-香农采样定理,可从这个时间序列中发现的最高频率 f_N 为:

$$f_N = 1/2\Delta t \tag{10-13}$$

本书中水位数据观测的时间间隔为 1h,远高于奈奎斯特频率,可以较好地避免混叠现象。

对频谱分析结果的显著性采用理论红噪声谱对其进行检验。红噪声均值为零,方差一定,其振幅随频率增大连续减小的噪声,变化特征与水位随机波动相似。平均红噪声谱 $\bar{s}_0 k$ 为:

$$\bar{s}_0 k = \bar{s} \left[\frac{1-r^2}{1+r^2 - 2r\cos(\frac{\pi k}{m})} \right] \tag{10-14}$$

式中,$\bar{s}$ 为估计的样本平均谱值;r 为落后自相关系数;$k=0,1,2,\cdots,m$。

Hasselmann(1976)证明了一阶线性自回归模型能很好地模拟气候变化中的红噪声信息。因此,一阶线性自回归模型下的红噪声检验被广泛地运用于判断时间序列变量中是否存在由某个因素导致的特定频率变化(Gilman et al.,1963)。本书将预处理后的水位数据导入 Past 3.13 统计分析软件,使用 REDFIT 模块(Schulz and Mudelsee,2002)进行水位变量的频谱分析与一阶线性自回归模型下的红噪声检验(AR1),通过能量-频率图分析水位中潮差变化特征。

3. 表层沉积物样品采集与粒度分析

在长江无为—大通河段走航测量过程中,沿程每间隔 10km 采集河槽表层沉积物,使用帽式采泥器进行表层沉积物样品采集,将采集后的样品逐一编号,记录采样时间与采样位置,对其进行大致描述后装袋密封保存,于航次完成后统一在实验室进行分析研究。限于航行安全要求,只在几个条件允许的位置进行了采集,以配合河床演变进行简要的沉积特征分析。

河槽表层沉积物样品的室内分析分为样品预处理和粒度分析。利用二分器均匀地抽取一部分沉积物样品用于分析,对剩下的样品进行密封并妥善保存。在实验室中使用 H_2O_2 和 HCl 去除样品中的有机质和碳酸盐成分,静置 24h 后去除上层清液,加入六偏磷酸钠$(Na_2PO_3)_6$ 溶液进行分散后,利用马尔文公司生产的 Master Sizer 2000 型激光粒度仪进行粒度分析。

4. 水下地形数据的收集与处理

本次收集了九江—芜湖段 1998 年 18 张和 2013 年 14 张长江航行参考图(1∶4 万),数据采用 1985 年国家高程基准与 1958 年长江航行基准面,将水下地形资料数字化后对潮区界变动河段进行河床演变特征分析,包括扫描与校正、坐标系建立与空间匹配、水下地形图数字化与插值、河床演变特征分析等。

5. 床面微地貌的现场测量与数据处理

本次利用多波束测深系统对长江下游大通—上海长江口、九江—南京河段进行了床面微地貌现场测量。多波束测深系统通过测量高密度条带状水深,在走航过程中对三维水下地形进行高精度探测。整个系统可分为多波束声学系统、外围辅助传感器和软件三部分,包括水下发射/接收换能器、信号控制柜、GPS 定位系统、运动姿态传感器、声速剖面仪、计算机以及配套控制软件等。

三、近年潮区界变化范围

1. 极端流量水情

根据九江站、大通站流量过程线,得出以下两个极端流量水情:九江站流量最小值出现于 2008 年 1 月 4 日,约 8440m^3/s,同月 17 日大通站流量为近 10 年次小值,约 9570m^3/s;九江站流量最大值出现于 2016 年 7 月 8 日,约 66 700m^3/s,同月 13 日大通站流量也达近 10 年最大,约 70 700m^3/s。因此,这两个时间代表了近 10 年来长江下游特大枯、洪时期的极端水情,此时潮差出现的最远点分别为潮区界的上、下界(图 10-155)。

2. 潮区界上界

在极端枯水时期,九江站水位于 2007 年 12 月 23 日达 10 年来最低,约 8.01m,2007 年 12 月 20 日—26 日水位过程显示,水位变量曲线呈现周期近似半天的波动(图 10-156a),功率谱中对应 12h 周期的波峰高于红噪声曲线(图 10-156b),说明水位变化中明显存在 12h 左右的变化周期,九江站显然受到长江口半日潮影响,而此时水位过程线中最大潮差仅 1cm 左右,潮波非常微弱。因此,长江潮区界上界应该在九江附近,安徽大通一直是长江河口潮区界位置。由于重大水利工程大幅改变了流域径流

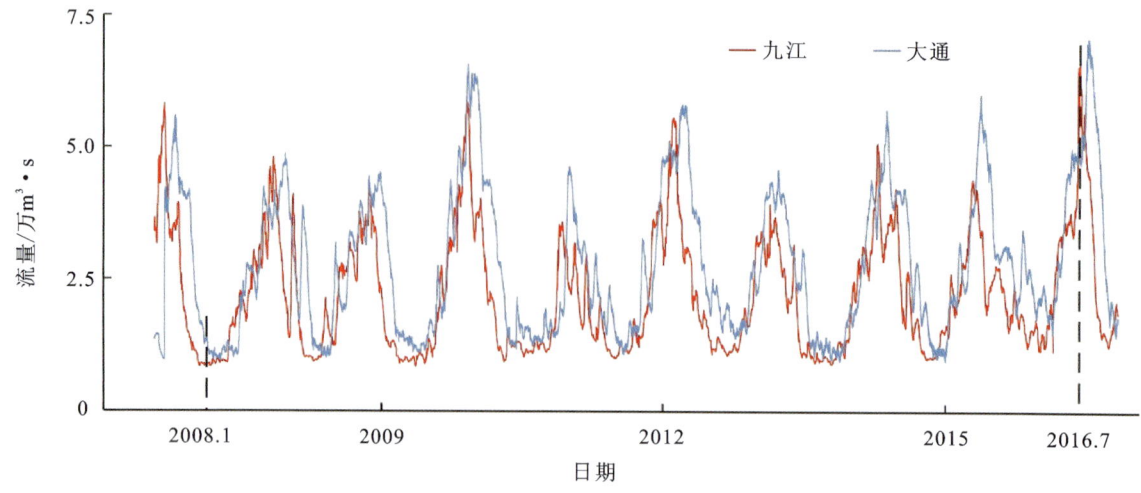

图 10-155　九江、大通站多年流量变化

和输沙时空分布，尤其三峡工程的调蓄作用使长江中下游流量过程变得平缓，加之海平面上升影响潮波上溯，引起潮区界位置改变。本次研究发现长江枯季潮区界与 2005 年相比上移约 220km。在特大枯水时期，九江站流量为 8440m³/s 时，潮区界在九江附近。

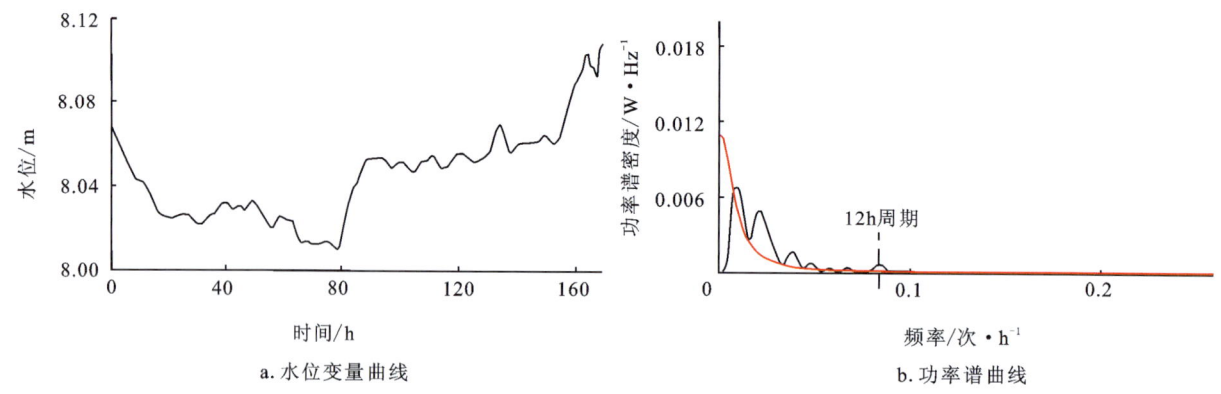

图 10-156　极端（特大）枯水时期九江站水位频谱分析

3. 潮区界下界

在极端洪水时期，大通站水位于 2016 年 7 月 8 日出现最高值，约 15.66m，2016 年 7 月 7 日至 13 日水位过程显示，水位变量曲线半日周期性波动显著，但振幅较小，波形不太完整（图 10-157a），功率谱中对应半日周期的波峰高于红噪声曲线（图 10-157b），说明水位变化中存在 12h 左右的变化周期，此时大通站受到长江口半日潮影响，最大潮差约为 3cm，长江口潮汐影响比较有限，长江潮区界下界应在大通附近。上游池口站水位变化过程与大通站整体相似，其中半日周期性波动变得相对微弱，振幅和周期不明显（图 10-157c），功率谱中对应 12h 周期的波峰较矮平，略高于红噪声曲线（图 10-157d），说明水位变化仍受到长江口半日潮影响，但已经比较微弱，此时最大潮差约为 2cm。池口上游的枞阳闸站闸下水位变化整体趋势虽与下游池口站、大通站一致，但水位变化杂乱，周期性波动消失（图 10-157e），功率谱中对应 12h 周期的波峰低矮，低于红噪声曲线（图 10-157f），说明 12h 左右周期的水位变化非常微弱，此时水位几乎不受到长江口半日潮影响。因此，与 2005 年相比，洪季潮区界上移 82km，在特大洪水时期，九江站流量为 66 700m³/s 时，潮区界在枞阳闸站与池口站之间。

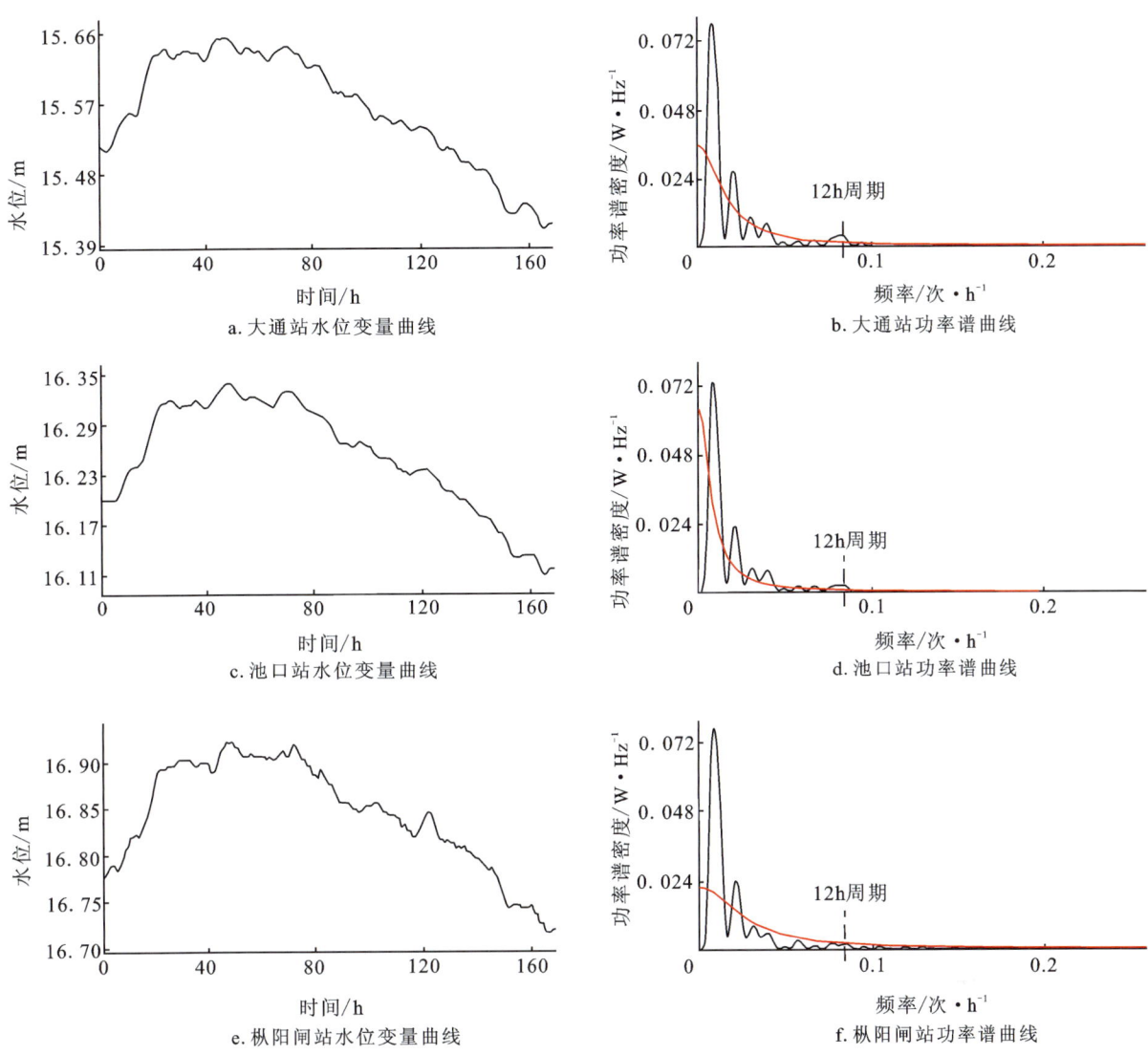

图10-157 极端(特大)洪水时期水位频谱分析

四、潮区界变动特征

1. 九江站

频谱分析结果显示,当九江站流量低于10 000 m^3/s,功率谱中普遍出现12h周期波峰且高于红噪声曲线(图10-158a),水位受潮差影响;当流量高于10 000 m^3/s时,12h周期波峰逐渐接近红噪声曲线(图10-158b、c),水位受潮差影响逐渐减弱甚至消失;当流量达12 000 m^3/s时,功率谱中基本不存在12h周期波峰(图10-158d),水位不受潮差影响。

2. 湖口站

九江站流量高于12 000 m^3/s以后,其水位受潮差的影响消失,此时湖口站水位功率谱中存在较显著的12h周期波峰,高于红噪声曲线(图10-159a、b);当流量高于19 000 m^3/s时,12h周期波峰逐渐接近于红噪声曲线(图10-159c),潮差影响变得很微弱;当流量超过21 000 m^3/s,12h周期波峰普遍低于红噪声曲线(图10-159d),水位基本不受潮差影响。

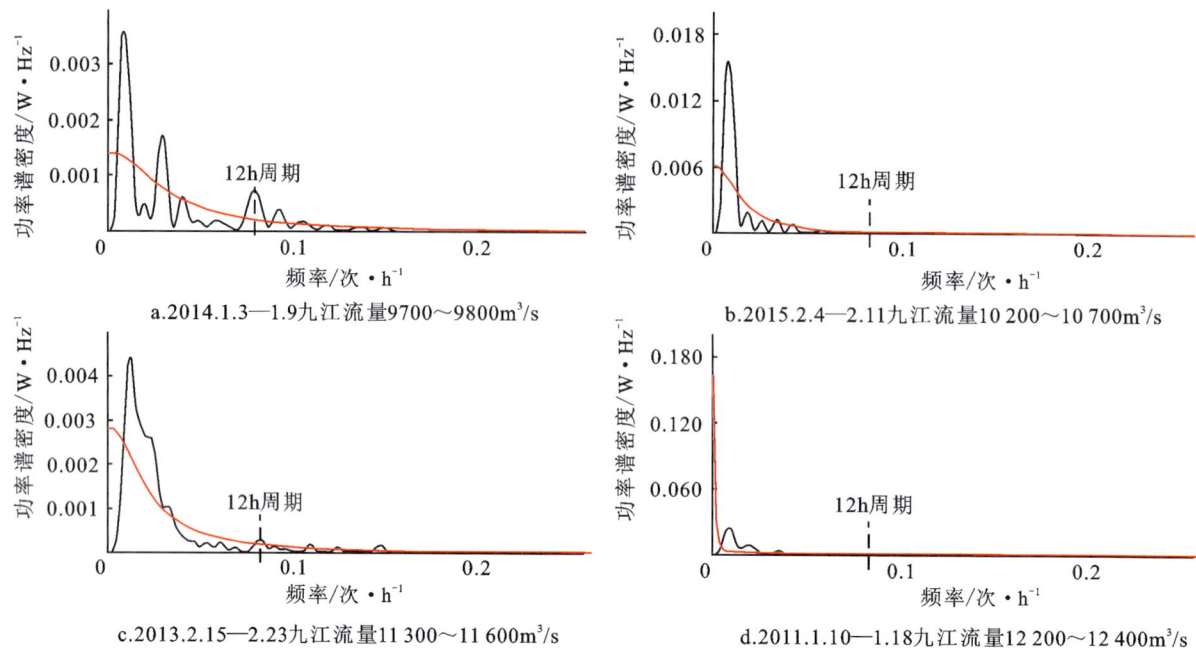

图 10-158　不同流量时期九江站水位频谱分析

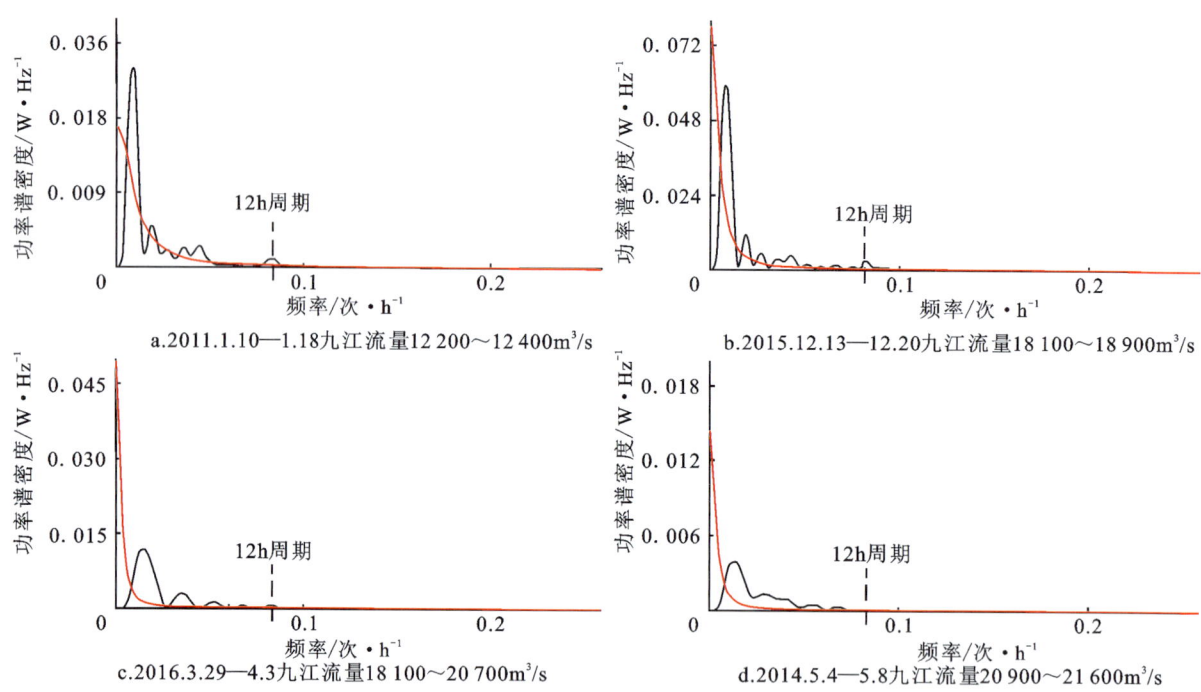

图 10-159　不同流量时期湖口站水位频谱分析

3. 彭泽站

九江站流量超过 21 000 m³/s 后,湖口站水位中潮差消失,此时彭泽站水位功率谱中仍存在较显著的 12h 周期波峰,高于红噪声曲线(图 10-160a);当流量高于 34 000 m³/s 时,12h 周期波峰接近于红噪声曲线(图 10-160b、c),潮差影响逐渐减弱;当流量超过 38 000 m³/s 后,12h 周期波峰普遍低于红噪声曲线,水位不受潮差影响(图 10-160d)。

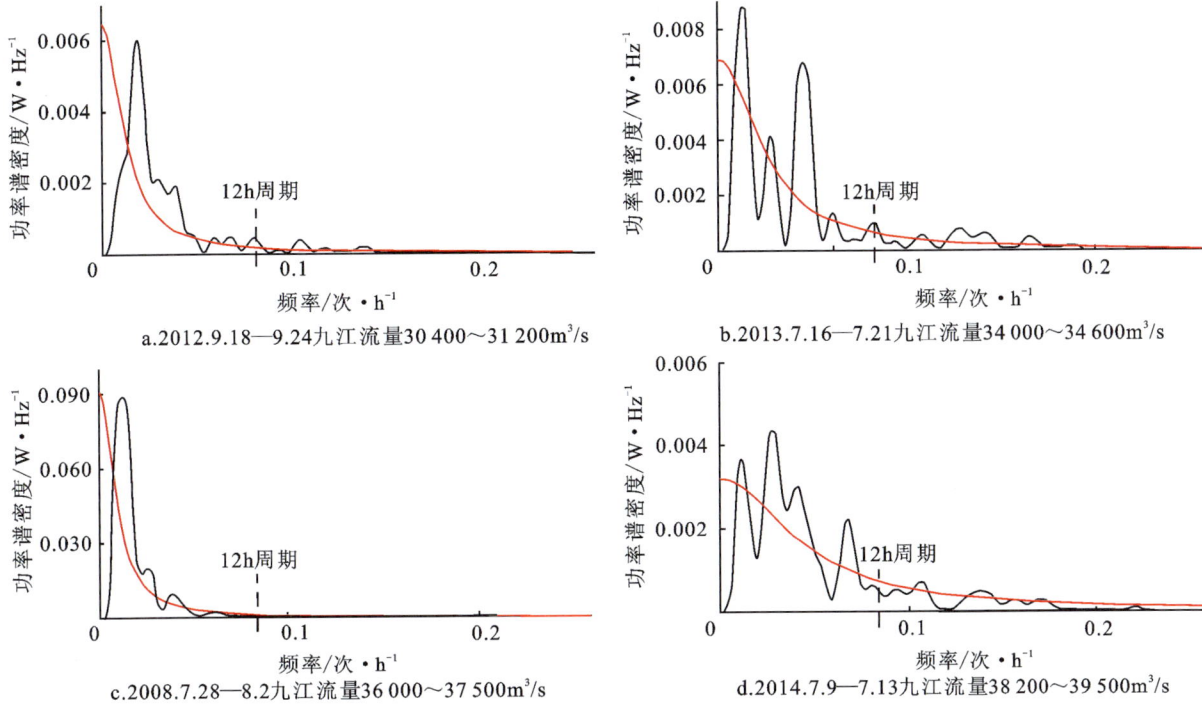

图 10-160　不同流量时期彭泽站水位频谱分析

4. 安庆站

九江站流量超过 38 000m³/s 后,彭泽站水位潮差消失,此时安庆站水位功率谱中还普遍存在显著的 12h 周期波峰,且远高于红噪声曲线(图 10-161a);当流量高于 44 000m³/s 时,部分时期 12h 周期波峰接近于红噪声曲线(图 10-161b、c),潮差影响逐渐减弱;当流量超过 58 000m³/s 后,12h 周期波峰普遍低于红噪声曲线(图 10-161d),水位不受潮差影响。

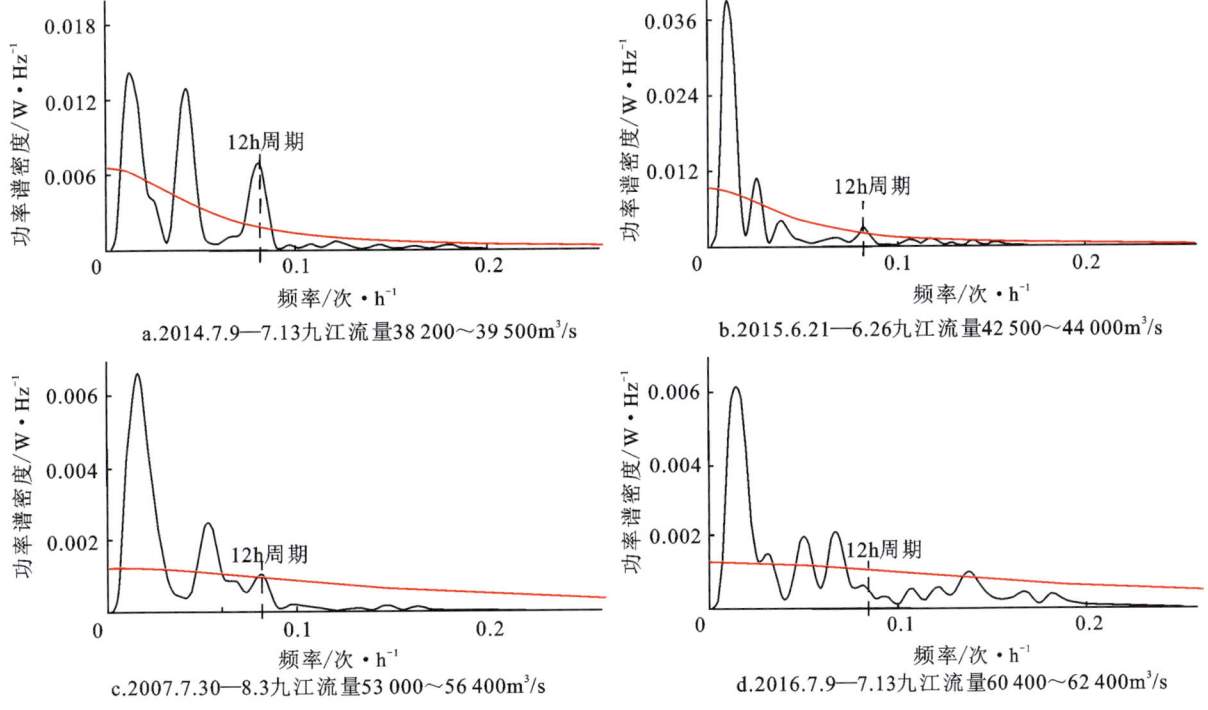

图 10-161　不同流量时期安庆站水位频谱分析

五、流量、潮差与潮区界关系

本次通过频谱分析获得 80 个研究时间段中各水文站水位受潮差影响的情况,统计了结果中 53 个具有显著潮区界特征,以水位受潮差影响但潮差微弱即将消失的水文站位置作为潮区界,以及同时间段内的九江站平均流量与南京站平均潮差,分析流量、潮差与潮区界位置的关系,其中主要水文站里程如表 10-22 所示。

表 10-22　长江下游干流主要水文站里程表

单位:km

水文站	九江	湖口	彭泽	杨湾闸	安庆	枞阳闸	池口	大通	南京
长江航道里程	790	768	733	715	637	605	580	565	355
距九江里程	0	22	57	75	153	185	210	225	435
距长江口 50# 浮标里程	948				778			699	462

注:长江航道里程数据来源于 2013 年武汉—上海航行参考图,起点为上海吴淞口;距 50# 浮标里程来源于杨云平等(2012),距离为岸线里程。

1. 九江站流量与潮区界关系

分析结果显示,潮区界至九江站的距离与九江站平均流量间具有较显著的正相关关系。当九江站平均流量在 8000~10 000m³/s 之间时,潮区界位于九江附近;当九江站平均流量在 12 000~21 000m³/s 之间时,潮区界位于湖口附近;当九江站平均流量在 21 000~27 000m³/s 之间时,潮区界位于彭泽附近;当九江站平均流量在 29 000~38 000m³/s 之间时,潮区界位于彭泽和安庆之间;当九江站平均流量在 38 000m³/s 以上时,潮区界位于安庆和大通之间。相近流量下潮区界位置也有变动,九江站平均流量约 10 000m³/s 时,潮区界变动范围较小,不足 20km;随着流量增大,潮区界变动范围也有所增大,九江站流量高于 30 000m³/s 时,潮区界变动范围很大,有时甚至超过 100km(图 10-162)。

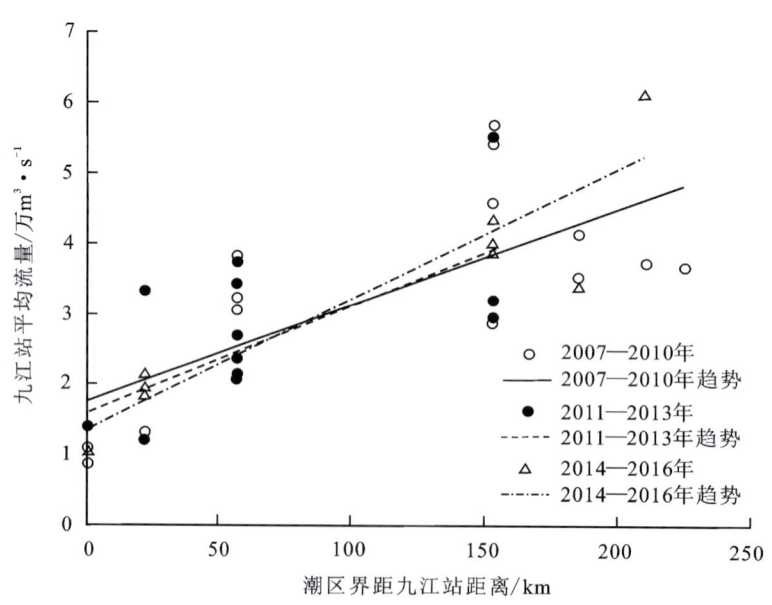

图 10-162　九江站平均流量与潮区界关系

将流量-潮区界关系划分为2007—2010年、2011—2013年和2014—2016年进行对比分析,结果显示,3组整体变化趋势相近,但潮区界随流量变化趋势变陡,潮区界变动范围逐渐减小,丰水期潮区界显著上移,枯水期潮区界上界小幅下移;数据点在趋势线附近波动减小,说明相近流量下潮区界变动范围也逐渐减小(图10-162)。

2. 南京站潮差与潮区界关系

分析结果显示,潮区界至九江站的距离与南京站平均潮差间具有较显著的负相关关系。当南京站平均潮差在1m以上时,潮区界位于九江站附近;当南京站平均潮差在0.5~1m之间时,潮区界主要位于九江站和彭泽站之间;当南京站平均潮差在0.35~0.5m之间时,潮区界主要位于湖口站和安庆站之间;当南京站平均潮差在0.28~0.35m之间时,潮区界主要位于彭泽站和枞阳闸站之间;当南京站平均潮差在0.28m以下时,潮区界主要位于安庆站和大通站之间(图10-163)。相近潮差下潮区界位置有变动,变动范围随潮差减小而增大。

将潮差-潮区界关系划分为2007—2010年、2011—2013年和2014—2016年进行对比分析,结果显示,3组整体变化趋势相近,2014—2016年趋势线较其他两组整体偏左,说明近3年来相近潮差下潮区界位置小幅上移(图10-163)。

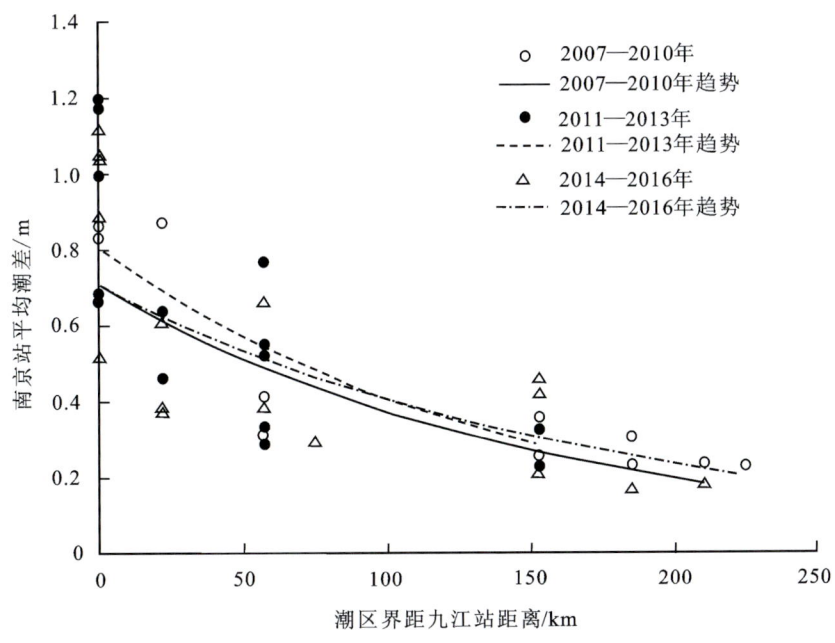

图10-163 南京站平均潮差与潮区界关系

3. 流量与潮差对潮区界变动的综合影响

通过潮区界位于相近位置时九江站平均流量与南京站潮差的关系,建立三者之间的关系,分析径流流量与河口潮差变化对潮区界变动的综合影响。结果显示,自上而下九江站流量对潮区界变动的影响沿流程减弱,南京站潮差对潮区界变动的影响沿流程增强。当潮区界位于九江附近时,流量波动较小,潮差波动较大,潮区界变动受流量影响显著;当潮区界下移至湖口站、彭泽站附近时,流量和潮差波动均较大,潮差的影响显著增强;当潮区界位于安庆站、枞阳闸站附近时,潮差波动较小,流量波动较大,潮区界变动受潮差影响显著(图10-164)。

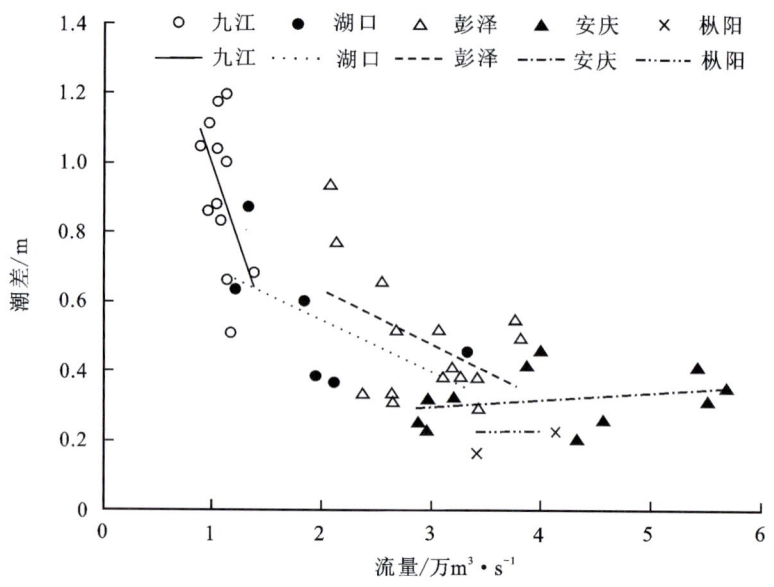

图 10-164　九江站流量、南京站潮差与潮区界关系

六、影响潮区界变化的因素

一般来说，长江潮区界是径流和河口潮汐作用此消彼长、相互抗衡的结果，流量和潮差是其变动的直接影响因素。从潮区界处于相近位置时的九江平均流量与南京平均潮差关系表明，流量与潮差对潮区界变动的贡献有显著的沿程变化。前人在对理想河口潮波传播的数值模拟研究中出现过类似的现象（李佳，2004）。从动力的角度解释，由于潮差沿程呈指数衰减（王绍成，1991；Yang et al.，2015a，2015b），可能导致不同振幅的潮波从下往上传播时差异逐渐减小，枯季低流量下，潮波传播距离长，到达九江站时潮差已相差无几。因此，枯季潮区界对南京站潮差响应不明显，其主要由径流控制。洪季流量高，九江站以下流域产流、汇流作用与鄱阳湖、支流河口、水闸等调蓄作用同样增强，可能导致九江流量变化对下游水位的影响相对减弱，洪季潮区界对九江流量响应显著性降低，受到支汊湖泊、水利工程等影响，以及当地径流的因素和河口潮汐因素综合影响。总体而言，径流仍是影响潮区界位置的主导因素（Yang et al.，2015a，2015b）。

长江水能资源的不断开发利用，减小了径流总能量，引起潮区界上移。其中，最具代表性的三峡工程自 2003 年开始投产发电，其年设计发电量为 8.82×10^{10} kW·h，至今已稳定高效运行了十几年，总发电量突破 1.0×10^{12} kW·h，在 2014 年共发电 9.88×10^{10} kW·h，创下了单座水电站年发电量的世界纪录。从能量的角度上，长江径流的机械能被大规模转化为电能后，动能显著削弱，自三峡截流以来，径流能量每年至少减少约 3.18×10^{17} J，使得原本可以抵御的潮汐能量进一步侵入，导致潮区界在流量相对稳定的条件下显著上移。

近年来，海平面不断上升，潮波传播基准面也随之抬升，水面比降的减小间接增强了潮动力，使潮波能向更远处传播，可能导致相近潮差下潮区界小幅上移。长江流域诸多大型工程建设对河床演变趋势的改变也间接影响了潮区界的变动。一方面，长江干流的水利工程在调蓄流量的同时拦截了泥沙，可能导致下游河段冲刷下切，河床纵比降减小；另一方面，长江口的围垦与航道整治工程缩窄了河槽，稳固了水深，都使河床演变朝有利于潮波上溯的方向发展。此外，长江航道作为重要的经济发展资源，两岸岸线普遍得到加固，潮波的侧向扩散受到约束，也可能导致相近流量下洪季潮区界显著上移。变动河段的河床演变可能对潮区界变动规律造成更为深远的影响。

本章通过对长江下游水文站实测水位资料进行频谱分析,结合红噪声检验的方法判断水位过程中潮差的变化情况,判断长江河口潮区界变动范围,利用统计方法分析潮区界变动特征。主要得到以下认识:①2007—2016年九江站流量在8440～66 700m³/s之间;②水位频谱分析结果显示,特大枯水时期九江站水位中有微弱潮差,潮区界上界应在九江站附近,特大洪水时期池口站水位中有潮差,而枞阳闸站水位中潮差消失,潮区界下界应位于枞阳闸站与池口站之间,近期长江河口潮区界总体变动范围为江西九江站到安徽池口站;③潮区界至九江站的距离与同期九江站平均流量呈较显著的正相关关系,与南京站平均潮差呈较显著的负相关关系,相近流量/潮差下潮区界位置有变动,变动范围随流量的增大而增大,随潮差的减小而增大,自上而下九江站流量对潮区界的影响沿程减弱,南京站潮差的影响则沿程增强;④频谱分析方法能较好地提升潮区界研究精度,但表征径潮强度的参数尚需改进,海平面上升以及流域河口大型工程对河床演变趋势的改变或将导致未来潮区界进一步上移。

七、潮区界变动河段河床演变特征

近期长江潮区界变动河段为九江—池口河段,由于受潮波影响程度不同可能导致河床演变的差异。下文分潮区界变动上段和潮区界变动下段两部分来阐述。

1. 潮区界变动上段

潮区界变动上段自九江至安庆莲洲乡,主要为顺直、微弯型分汊河道,该段受潮波影响较少。河槽中深泓整体刷深,浅滩下移,平均海拔高程由−9.08m下降到−9.27m,河槽起伏变平缓。九江水道深泓刷深最大处由−4.73m变为−12.84m,刷深约8.11m。张家洲南水道浅滩显著下移,滩顶高程平均下降约2.00m,最大刷深处由−2.03m变为−4.06m;湖口水道末段深泓隆起,滩顶高程约−4.95m。马当南水道上端凹陷段底部高程由−33.16m升高到−15.91m,下端凹陷段底部高程由−37.88m升高到−20.59m,浅滩滩顶高程由−1.91m降低至−4.99m。东流水道中上段浅滩滩顶由−0.97m降至−5.20m;中下段棉花洲右汊浅滩滩顶由−4.28m降至−7.44m。整个河床浅滩与凹陷段高程普遍向深泓线平均高程靠近,底部趋于平缓(图10−165)。

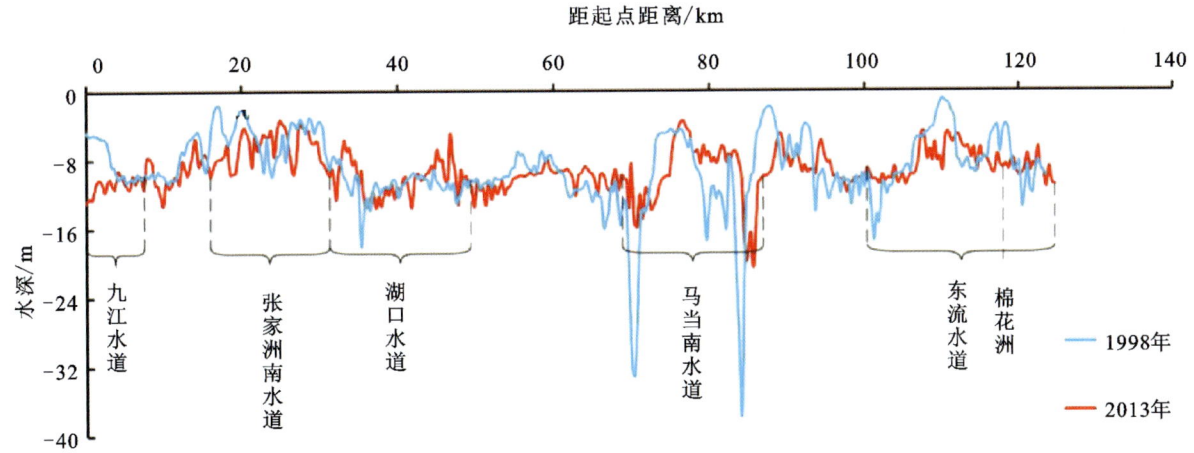

图10−165　九江—安庆河段主汊深泓变化

其中,九江水道为单一河道段,断面主要变化特征为显著的槽冲滩淤,具体表现为:左岸浅滩剧烈淤涨,滩顶高程由−0.84m增加到5.71m,淤涨了6.55m;右岸剧烈冲刷,平均高程约−2.11m的浅滩消失,形成平均高程约−10.21m的深槽,最大冲刷深度约8.34m。河槽主泓向右摆动,整体形态由宽浅的"W"形变为相对窄深的"U"形,呈冲刷趋势(图10−166)。

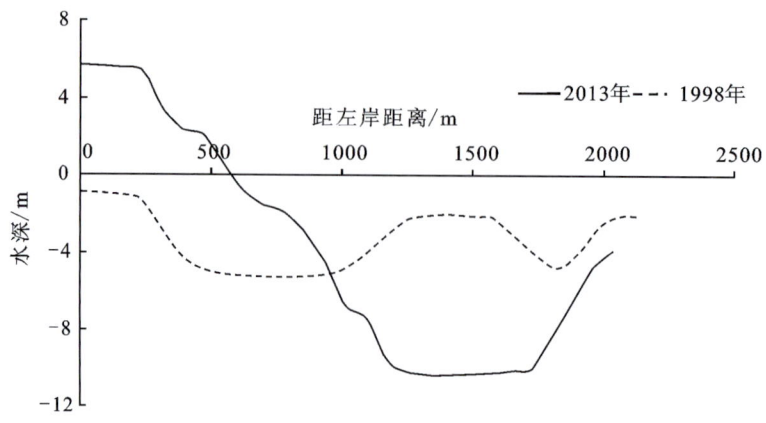

图 10-166 九江水道断面变化

张家洲南水道为分汊河道段，全断面显著冲刷，具体表现为：左岸浅滩平均高程由-1.36m降低至-3.27m，最大冲刷深度约2.19m；中部深槽小幅左偏，平均高程由-4.92m降低至-9.92m，最大冲刷深度约5.08m；右岸浅滩滩顶平均高程由-1.37m降至-3.29m，最大冲刷深度约1.91m（图10-167）。

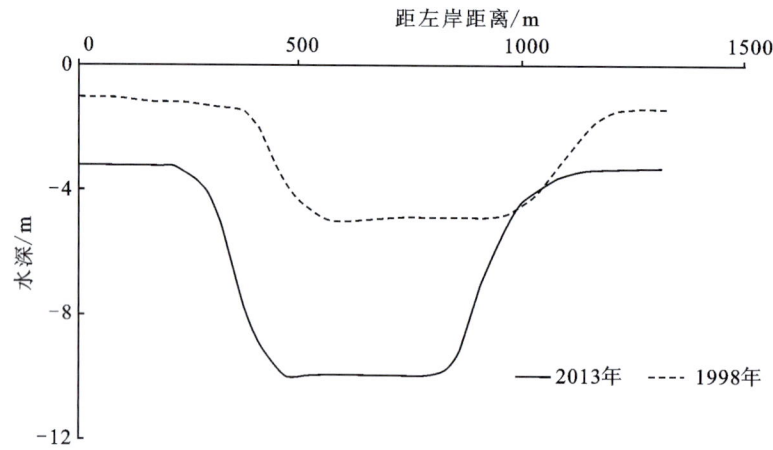

图 10-167 张家洲南水道断面变化

湖口水道为单一河道段，断面主要变化特征为左冲右淤，具体表现为：左岸浅滩刷深下切形成新深槽，平均高程由1.09m下降至-3.72m，最大冲刷深度5.10m；断面中部浅滩普遍淤涨0.60~0.96m，右侧深槽淤涨剧烈，底部高程由-11.09m增加至-7.02m，最大淤积幅度约8.02m（图10-168）。

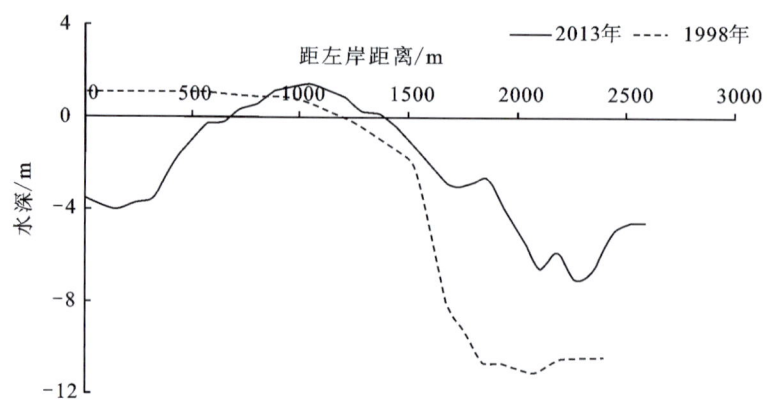

图 10-168 湖口水道断面变化

2. 潮区界变动下段

潮区界变动下段,自莲洲乡至铜陵羊山矶,为弯曲、鹅头型分汊河道,该段受潮波影响相对频繁。河槽中深泓整体小幅淤积,有冲刷有积淤,平均高程由-10.67m升高为-10.45m,河槽起伏变平缓。官洲水道上段深泓先隆起后刷深,隆起段顶部高程平均升高约3.65m,刷深段顶部高程平均降低约4.52m,其中清节洲左汊浅滩顶部高程由-5.03m降低至-9.28m;官洲水道下段与安庆水道上段深泓线上3处凹陷段消失,底部高程平均升高约5.47m;太子矶水道上段两处凹陷段刷深,底部高程平均降低约3.98m,中段凹陷段底部高程升高约12.39m,浅滩顶部高程平均下降约3.55m;贵池水道崇文洲洲头深泓平均高程从-10.18m降低为-12.74m,刷深约2.56m;大通水道深泓线普遍刷深,和悦洲左汊深泓形成两处凹陷段,冲刷深度分别为2.81m和5.32m(图10-169)。

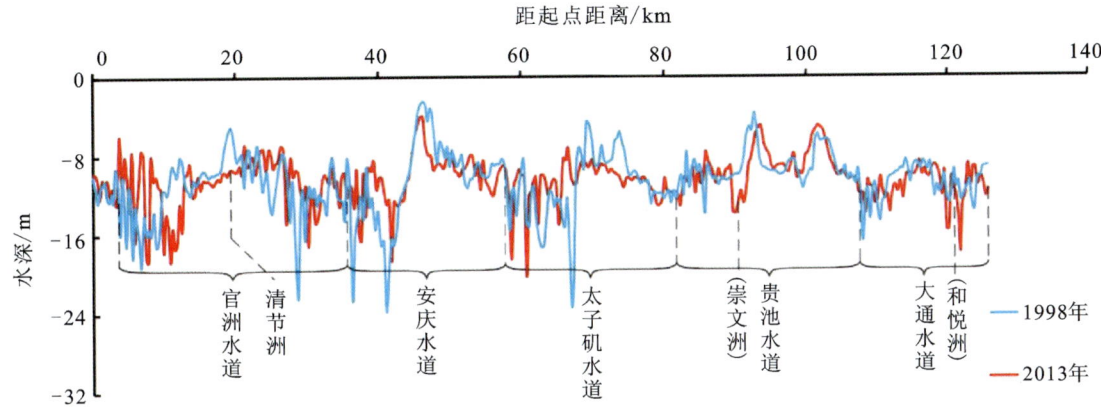

图10-169 安庆-铜陵河段主汊深泓变化

官洲水道断面位于单一河道段,其左岸冲刷显著,右岸变化不明显,具体表现为:左岸浅滩消失,形成深槽,最大冲刷深度约8.83m,深槽由河中心转为紧贴左岸,河槽整体呈显著冲刷趋势(图10-170)。

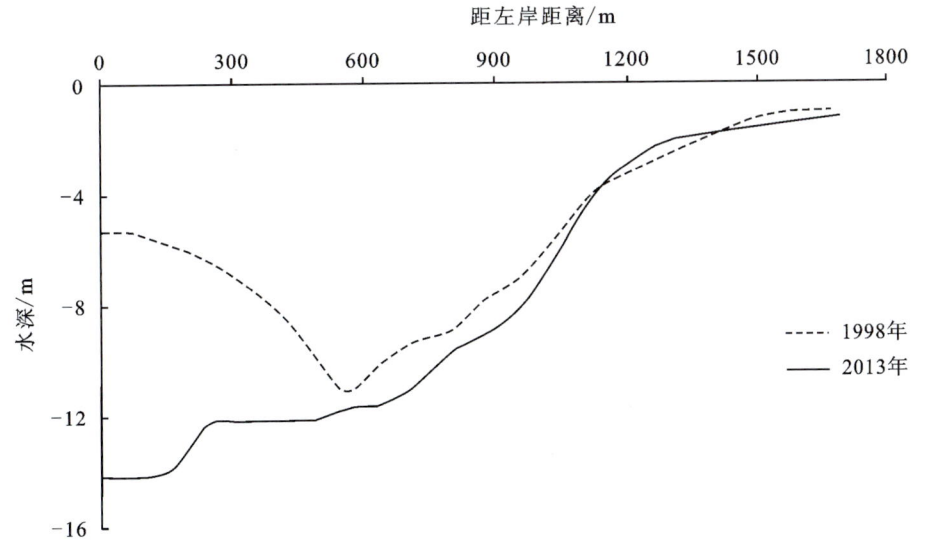

图10-170 官洲水道断面变化

太子矶水道断面位于单一河道段,全断面普遍冲刷,深槽冲刷较强,浅滩冲刷较弱,具体表现为:河中心浅滩消失,双槽合并形成的新深槽较之前显著展宽,深泓点高程由-11.03m降至-11.59m,最大冲刷深度约 7.58m。断面由"W"形变为宽而深的"U"形,整体呈冲刷趋势(图 10-171)。

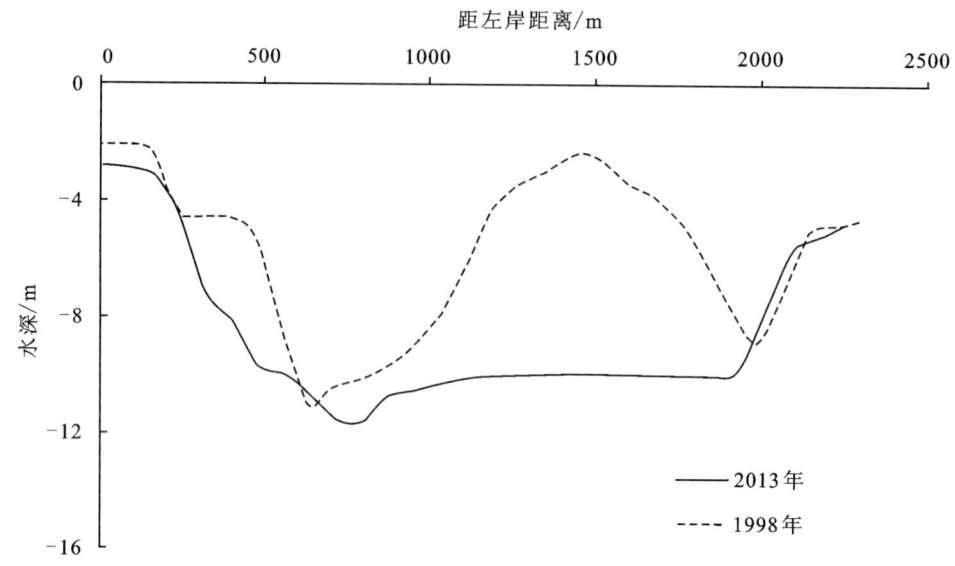

图 10-171 太子矶水道断面变化

八、近期潮区界变动河段冲刷环境

三峡工程的建设与运行对近期潮区界变动河段冲刷环境的形成影响重大。1997 年 11 月 8 日,三峡实施大江截流,使江水改从右岸导流明渠下泄,并逐步截断主河道,自此大通站年输沙量逐年显著下降。河道的急剧束窄如同巨大的丁坝,产生的拦截作用使江水流速、流向发生剧变,大量泥沙在上游一侧落淤,直接导致下游来沙量大幅减少。随着工程逐步建成使用,三峡水库对泥沙的拦蓄作用不断增强,2003—2013 年三峡水库蓄水后泥沙淤积总量高达 15.31 亿 t(李文杰等,2015),坝下河床泥沙的自适应补充难以填补出库泥沙空缺(张珍,2011),导致大通站来沙量进一步减少。为达到新的动态平衡,潮区界变动河段形成强烈的冲刷环境。

表层沉积物粒径的粗化支持了这个观点。前人 2000 年对长江铜陵至芜湖河段表层沉积物的研究发现,该段平均粒径范围为 98~130μm(王张峤,2006)。本次对现场测量所采表层沉积物进行的粒度分析显示,土桥水道中段、太阳洲水道南段以及黑沙洲南水道表层沉积物平均粒径分别为 103.7μm、203.8μm、223.2μm,相近位置下多个测点床沙粒径均表现为粗化。这说明三峡工程建设以来,泥沙来源减少,水体挟沙能力相近而含沙量显著降低,水动力对床沙的起动作用相对增强,该河段近期的确处于强烈的冲刷环境。

大通站年输沙量自 2007 年起逐渐稳定在 1.3 亿 t 左右。但与三峡截流初期相比,年均输沙量降低约 2.1 亿 t,并且有研究发现下游河段沉积地貌演变对三峡截流的响应是具有延时性的累积效应(戴仕宝等,2005;黎兵等,2015)。因此,在较长的时间尺度下,潮区界变动河段冲刷地貌演变趋势仍将持续。

全流域尺度减沙后变动河段冲刷下切,河槽纵比降减小;潮区界上移壅水,水面比降降低,径流速度减弱,潮流也上溯到原受径流单一控制的河段,导致附近河流地貌系统逐渐向潮汐河口地貌系统转换。此外,航道整治、盗采江砂等人类活动直接导致局部河槽加深;日益密集的护岸工程虽增强了局部岸线的抗冲能力,也间接使整体冲刷趋于河槽下切。这都使潮区界变动与地貌系统的过渡范围更大,作用更强。若河口区域继续向上延伸,潮流界上移带来的涨潮流侧蚀作用还可能导致变动河段近岸冲刷环境进一步增强。

第六节 小 结

本次工作提出了长江流域重大水利工程与生态地质环境多元响应研究思路,创新构建了一套多模态传感器系统,在潮区界变动、河槽冲刷、河床微地貌变化等方面取得重要进展,为长江岸滩防护和修复、沿岸防洪、长江大桥主桥墩维护等提供了技术支撑。

(1)重大水利工程对长江中下游河槽和岸线地质环境的影响,是陆海相互作用研究中的重大科学问题,也是地球科学以及工程界、政府、公众都很关注的前沿基础理论问题。因为它既影响沿江岸线稳定和港口码头等工程建设开发利用,又对沿江及河口滩涂等生态环境产生重要影响。近年笔者团队创新构建了一套多模态传感器系统(陆上测量系统由三维激光扫描仪和实时动态差分测量仪组成,水下测量传感器系统由多波束测深、浅地层剖面仪、双频多普勒声学剖面仪双频和全球定位系统组成),实现了陆上和水下一体化水动力特征、沉积特征和地貌特征综合同步、准同步测量与数据采集。

(2)受上游重大水利工程影响,长江径流和输沙时空过程大幅改变,影响潮波向上传播。最新研究发现,长江洪水季潮区界与2005年相比上移82km,枯水季上移约220km,潮区界显著上移,潮区界变动河段地貌发生重要变化。

(3)宜昌以下干流河槽冲刷强烈,水下岸坡坡度大于20°的高陡边坡占比高达22%以上,发现窝崩、条崩30余处,长度多在1km以上,主要分布在龙潭、太阳洲、螺山、砖桥、煤炭洲和蕲春等水道边坡,防洪与航运安全堪忧。

(4)河槽沉积物粗化,河床阻力下降,侵蚀型沙波发育且尺度增大,河口河槽最大冲刷深度达29.6m,长江大桥主桥墩冲刷深度达10~19m,水上与陆桥交通安全风险增大。

第十一章　长江经济带重点地区生态保护与修复示范

发展长江经济带是中共中央作出的重大决策,是关系国家发展全局的重大战略。在新形势下推动长江经济带发展,要把修复长江生态环境摆在压倒性的重要位置,坚持"共抓大保护、不搞大开发"。2018年4月初,中央财经委员会第一次会议指出,打好污染防治战,要打几场标志性的重大战役,其中就包括"长江保护修复"。为助力打好长江保护修复攻坚战、推动长江经济带高质量发展,国家环境保护部、国家发展和改革委员会、水利部联合印发了《长江经济带生态环境保护规划》,自然资源部组织开展了长江经济带废弃露天矿山生态修复工作。2018年7月9日,自然资源部国土空间规划司、国土整治中心、中国地质调查局共同组织召开了"长江经济带国土综合整治与生态保护修复研讨会"。2018年10月21日,国家长江生态环境保护修复联合研究中心(筹)在北京组织召开长江生态环境保护修复联合研究工作研讨会。这些会议围绕长江经济带的生态保护、生态修复、国土综合整治及修复对策进行了研讨并提出建议。全社会环境保护的意识日益提升,生态环境保护的合力逐步形成,为长江经济带共抓大保护凝聚共识、协同发力奠定了社会基础(水利电力部城乡建设环境保护部长江水资源保护局,1988;席北斗等,2019;杨荣金等,2020;夏军等,2020;王焰新等,2020;傅伯杰,2021)。总体来看,长江经济带生态环境状况形势严峻,挑战与机遇并存,要充分利用新机遇、新条件,妥善应对各种风险和挑战,全面推动大保护,实现长江经济带的绿色发展。

本次工作根据现有工作基础及国家和地方需求,有针对性地选择废弃矿山、滨海盐碱地、沿江湿地、沿有机化工污染场地和镉污染场地等进行了调查评价与生态修复示范,取得了初步进展,现将主要研究内容阐述如下。

第一节　长江三角洲经济区盐碱地资源调查和修复示范

长江三角洲经济区(简称长三角经济区)特别是江苏沿海地区因拥有宽广的潮间带,长期以来经过人工不断围垦,形成了大面积的盐碱地。滨海盐碱地面积大,意义重大,因此很多学者对盐碱地的开发利用(牛东玲和王启基,2002;丁绍武和张鹏,2019;魏征等,2019;付力成等,2020)、水盐运移(Fageris et al.,1981;Stein et al.,2019;程知言等,2020)、生物群落变化(陈小雪等,2020)等进行过研究。本次工作开展了长江三角洲经济区盐碱地调查及生态环境质量提升试点工作,基本查明了江苏沿海盐碱地数量、质量和盐度空间分布特征,在此基础上选择南通如东海岸带盐碱地进行了修复示范试点,完成盐碱地改良60亩和海水稻稻鱼共生40亩,取得了盐碱地改良完全成功,当年形成产品系列化和产业化,取得显著经济效益,为沿海大面积存量的盐碱地改良应用推广及陆海统筹"多规合一"规划编制提供了科技支撑。

一、地理和地质背景

(一)地形地貌

江苏沿海城市包括江苏连云港、盐城、南通3市。江苏海岸线全长约954km,海岸类型除基岩海岸

(4%)和砂质海岸(3%)外,其余93%为粉砂淤泥质海岸。其中,堆积型粉砂淤泥质海岸长571km,滩涂总面积为1031万亩(占全国滩涂总面积的1/4)。

赣榆、响水、阜宁、东台、海安、如东、吕四一线以东,为近2000年来形成的海积平原。该线以西,大致以通扬运河为界,中北部为苏北黄淮平原(其中连云港市部分区域为低山丘陵地带),南部为长江冲积平原(图11-1)。地势总体低平,西高东低,仅连云港市存在低山丘陵地区且海拔为5~100m,在建湖—射阳一带,海拔为0~2m,其他沿海区域海拔为2~5m。

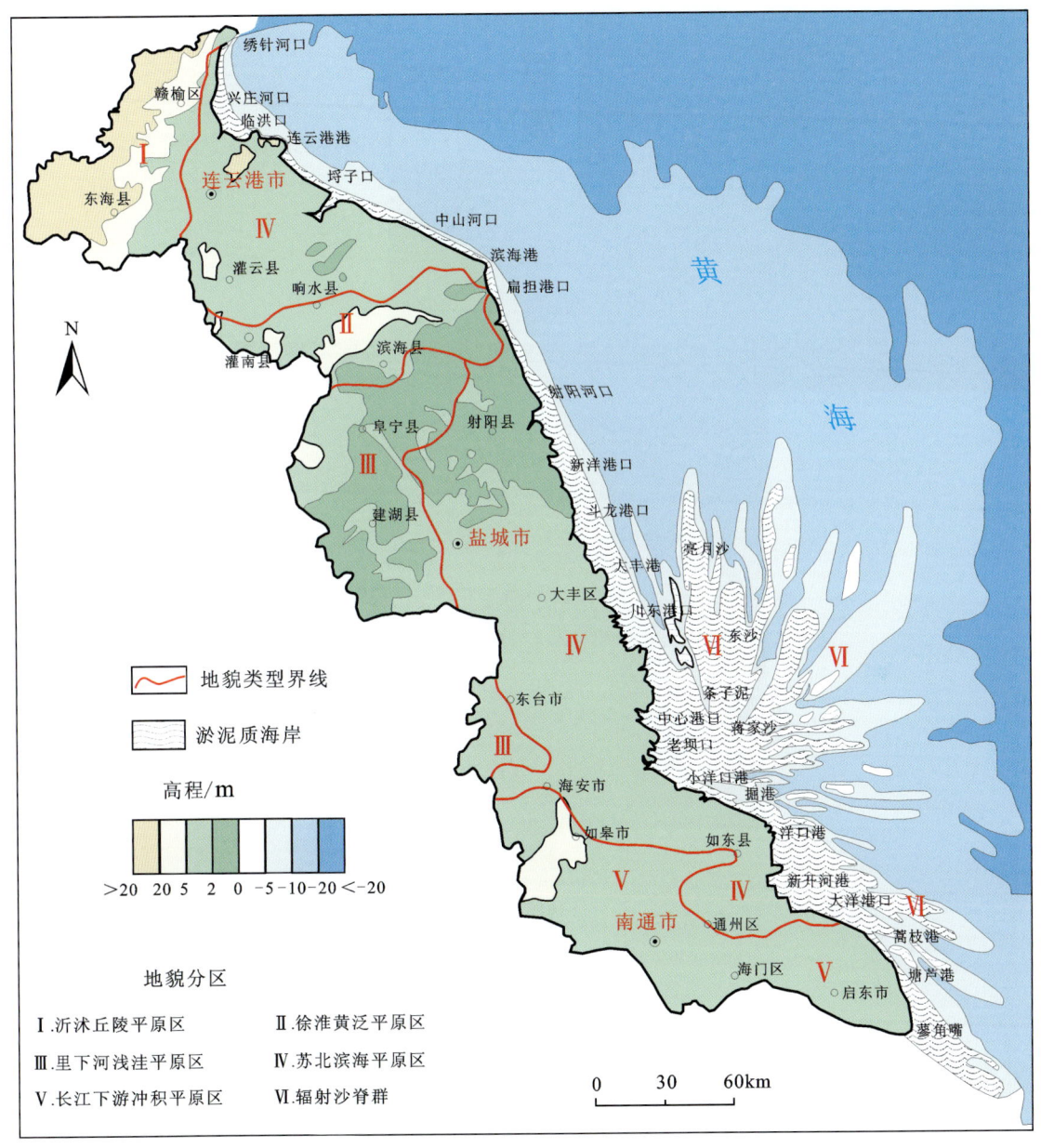

图11-1　江苏沿海地区地形地貌略图

根据地貌成因特点,北部为古黄河古淮河泛滥堆积,南部为长江冲积物堆积而成,少量为构造剥蚀地貌,位于连云港市内丘陵的山前地带和海州湾水下浅滩。另外,南黄海辐射状沙脊群南北长达200km,东西宽90km,海区水深可达25m,以弶港为中心向外呈辐射状分布,由辐射点向北东和南东方向分布有共计10条形态完整的大型水下沙脊,每个沙脊长约100km,宽约10km;多数沙脊在近岸部分,低潮时出露成为沙洲,1km² 以上的沙洲有 50 余个(图 11-1)。

本次调查采集土壤样品如图 11-2 所示,土壤岩性以含黏土粉砂为主。在连云港市赣榆区至盐城市响水县以黏土质粉砂为主;从大丰区至如东县沿海以粉砂为主;盐城市盐东镇以北以淤泥质黏土海岸为主,以南主要为砂质海岸;其他区域广泛分布含黏土粉砂。

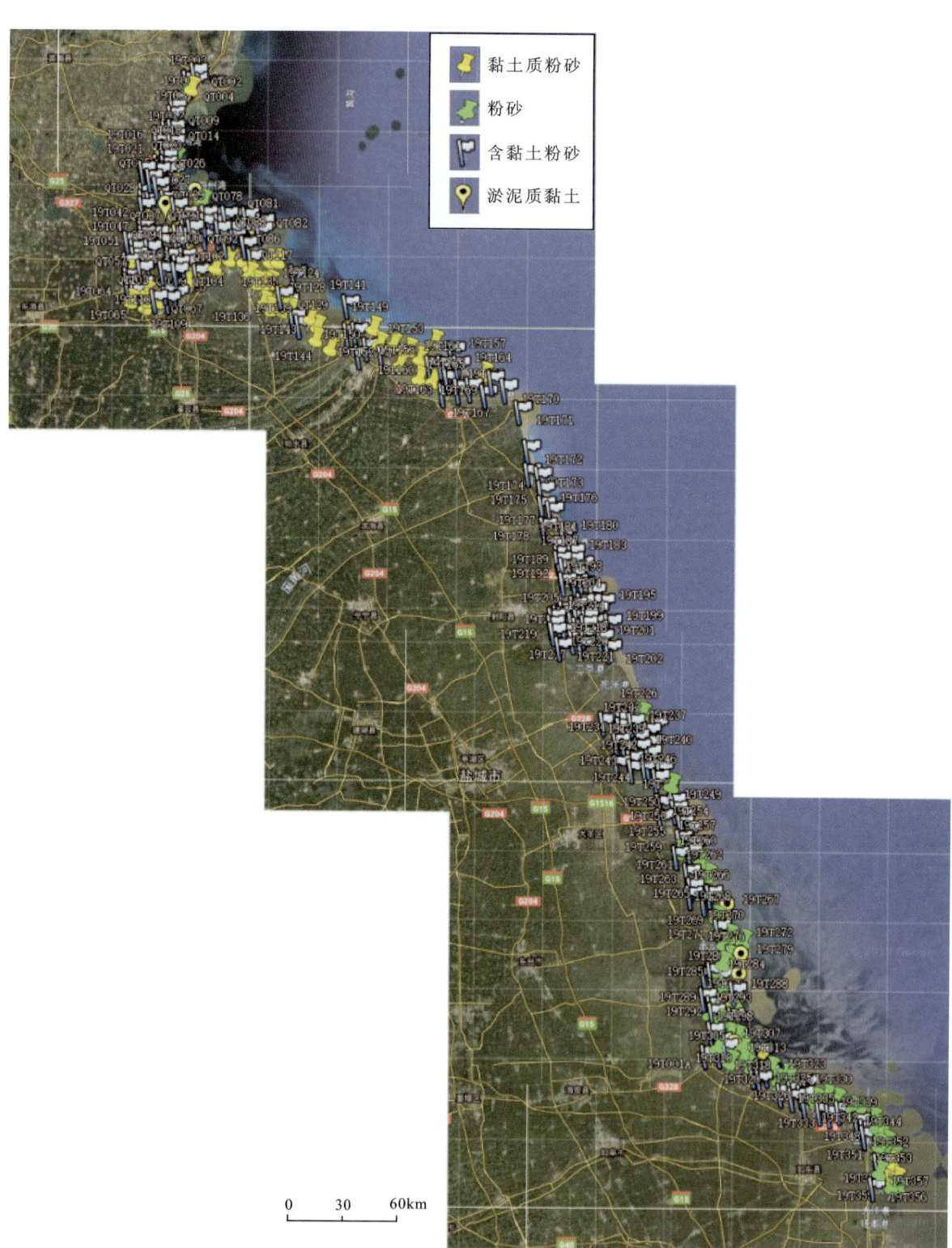

图 11-2 江苏沿海地区土壤样品采集分布图

本区河渠纵横、水网交织,湖塘星罗棋布,大小河流上千条。按照水道系统,主要河流可划分为三大水系,即沂沭河水系、淮河下游水系、长江下游水系(图11-3)。

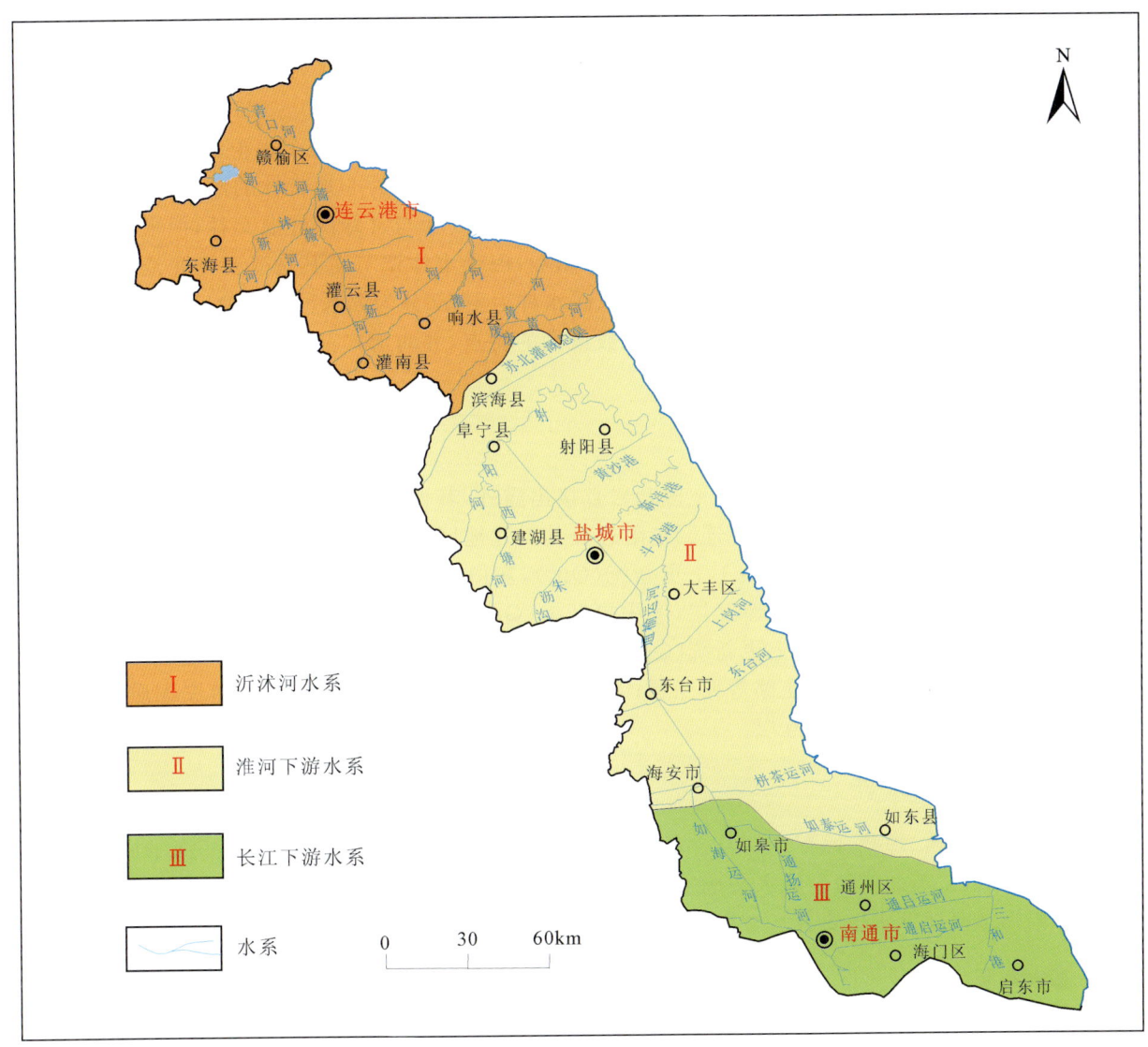

图11-3 江苏沿海地区水系略图

(1)沂沭河水系:位于废黄河以北地区,沂河和沭河发源于山东沂蒙山东麓,流经鲁南低山丘陵入江苏,经新沂河入海,主要河流有柘汪河、龙王河、兴庄河、青口河、新沭河、沭新河、蔷薇河、烧香河、盐河、新沂河、北六塘河、灌河,沂河和沭河原都是淮河的支流,属淮河水系。

(2)淮河下游水系:淮河由安徽进入江苏,原为一条独流入海的河流,1194年黄河南徙之前,在淮安市附近接受泗河、沂河、沭河的来水,到涟水以东云梯关入海;黄河南徙之后,黄河在淮安市附近夺淮入海,使淮河失去入海水道,中上游来水宣泄不畅,逐渐在盱眙以北地区蓄水为洪泽湖;主要河流有扁担河、射阳河、新洋港、西塘河、斗龙港、王港河、东台河、栟茶运河、通榆运河、串场河、朱沥沟、通扬运河等。

(3)长江下游水系:在本区仅为长江江北区域,长江横贯江苏全省,全长450km,本区属下游河口三角洲段,主要河流有如泰运河、如海运河、九圩港、通吕运河、通启运河等。

本区属暖温带和北亚热带过渡区,四季分明,寒暑显著,气候上为湿润季风区,受温带气旋和热带气旋双重影响,光照条件北部较好,水热条件南部更优。降水主要集中在6—9月,占全年降水量的59.2%,年极端最高气温为41.0℃(1988年),极端最低气温为-23.4℃(1969年),影响江苏的台风年平均为1~3个,也是我国的气候灾害频发区。气候分界线大致在苏北灌溉总渠附近,以北属暖温带湿润半湿润季风气候,年降水量为800~1000mm,年平均气温为13~14℃,1月平均气温为-1.5~0℃,7月平均气温为27~29℃;以南属北亚热带湿润季风气候,年降水量为1000~1200mm,年平均气温为14~16℃,1月平均气温为0~3℃,7月平均气温为27~29℃,每年春夏之交多梅雨。

研究区北部为棕色土壤,南部为黄棕色土壤,平原地区的土壤均为非地带性的潮间带土壤、滨海盐土和冲积土等种类。北部的落叶阔叶林向南逐渐演变为落叶阔叶与常绿阔叶混交林,但平原地区普遍为栽培植物。海域的生物气候带基本与陆地气候带相似,因受水体调节尤其是受台湾暖流影响而发生北移;浮游生物、鱼类、大型两栖类和哺乳类动物以暖水种为主,部分为温水种。这种过渡带性质的自然地理位置决定了江苏海洋生物资源具有种类多、数量大的特点,并对海产品的引种、驯化以及海水养殖业有利。

(二)地层

江苏沿海地区除连云港及其他局部地段基岩直接出露外,其他地区均被第四系松散层覆盖。第四系发育全,分布广,厚度大,埋藏深度在连云港附近及其以北地区小于100m,其他地区大于100m,最深可达300m。第四系具体可分4个组:①下更新统(Qp^1),灰白色、黄褐色含砾中粗砂、中细砂、细砂、粉细砂与黄褐色、杂色黏土、亚黏土等厚互层;②中更新统(Qp^2),灰黄色中细砂、细砂与黄褐色、灰色、蓝灰色黏土、亚黏土略等厚互层;③上更新统(Qp^3),灰色、灰褐色细砂、含砾中细砂或中粗砂与深灰色、蓝灰色、暗绿色、黄褐色黏土、亚黏土略等厚互层;④全新统(Qh^4),褐灰色、灰黑色、棕色淤泥质黏土、亚黏土与浅黄色粉砂、粉细砂不等厚互层。

(三)水文地质条件

按地下水的性质、埋藏、赋存条件及含水岩组特征,江苏沿海地区可分为海州湾滨海平原水文地质区(包括云台山区)、苏北滨海平原水文地质区和长江三角洲平原水文地质区(图11-4)。

江苏沿海地区地下水主要有基岩裂隙水和松散岩类孔隙水两种类型。

1. 基岩裂隙水

基岩裂隙水分布于连云港附近的云台山地区,含水层为前震旦系变质岩和岩浆岩,富水性差,水质较好,多为溶触性总固体含量(TDS)小于1g/L的淡水,水质类型为$HCO_3 \cdot Cl - Na \cdot Mg$。在地势较低地区,因受海岩层咸水的影响,局部有TDS大于10g/L的$Cl \cdot SO_4 - Na \cdot Ca$咸水分布。

2. 松散岩类孔隙水

按含水层埋藏条件和水力性质,松散岩类孔隙水可分为潜水和承压水两大类,而根据组成含水层物质的成因和水质又可分为不同的含水岩组。

1)潜水

近代河流冲积层潜水:分布在云台山周围及北部山区河流两侧,含水层由中细砂、亚砂土层组成,厚度小于10m,赋存单井涌水量小于100m³/d的淡水。

洪积、坡积层潜水:分布在云台山及北部山区的边坡沟谷,含水层岩性为含砾、块石亚黏土,厚数米,富水性差。

海积、冲积层潜水:除山区外,几乎遍及全区,含水层岩性为粉细砂、亚黏土或亚砂土,厚数米至40m,多为咸水,单井涌水量多小于100m³/d。

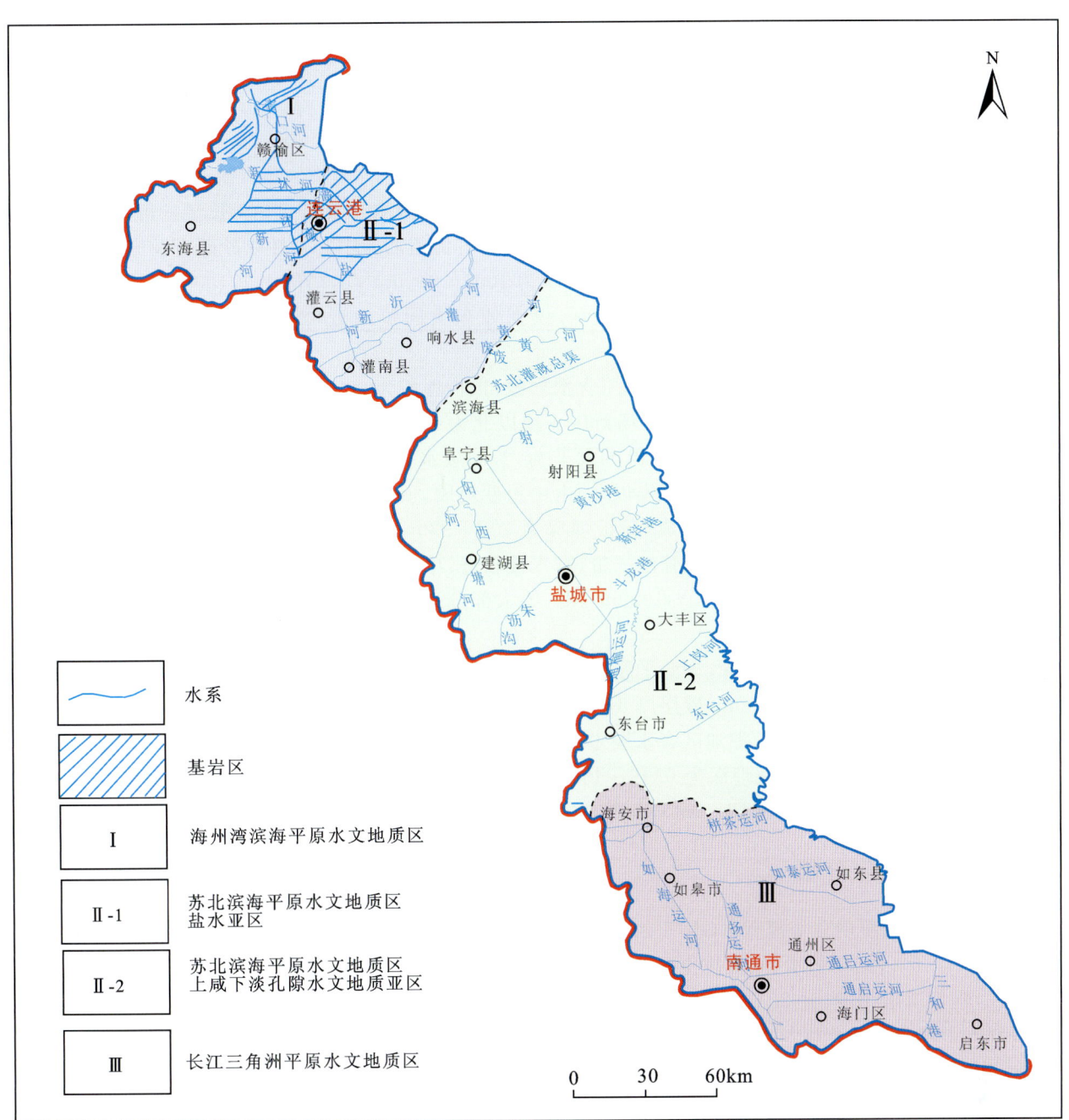

图 11-4　江苏沿海水文地质图

废黄河漫滩冲积层潜水：含水层由细砂、亚黏土组成，厚 5m 左右，淡水呈悬浮状。

海积古砂堤潜水：分布于海州湾沿岸及云台山以南东辛农场一带，由细—粗砂组成含水层，垄状分布，长宽不等，高出地面 1~2m，被埋藏部分为 2~3m。大部分为淡水，单井涌水量一般为 100m³/d。

长江三角洲潜水：可分为长江古河道带、泛流带和高漫滩带。单井涌水量由 100~500m³/d，渐减至 50~150m³/d，潜水位埋深为 1~3m，TDS 多大于 5g/L，仅厚 2~3m 的表层淋滤淡化带为微咸水。

2）承压水

平原区除海州湾外，可划分成 4 个承压含水岩组。

第Ⅰ承压含水岩组：滨海平原区第Ⅰ承压含水岩组，顶板埋深为 13~40m，厚 20~30m，含水层岩性为亚砂土、粉细砂层。水位埋深为1.0~3.5m,单井涌水量一般小于100m³/d,TDS大于10g/L,水化学类型为Cl-Na或Cl-Na·Mg。长江三角洲地区第Ⅰ承压含水岩组,顶板埋深30~60m,厚45~70m。岩性以中粗砂、细中砂为主,边缘地带为粉砂。水位埋深为1~5m,单井涌水量为100~1000m³/d至1000~3000m³/d,为半咸水或咸水,水质类型为Cl-Na。

第Ⅱ承压含水岩组:滨海平原区第Ⅱ承压含水岩组,顶板埋深为40~120m,厚30~150m,含水层岩性为黄色、黄灰色的粉细砂和亚砂土。水位埋深一般小于2m,单井涌水量在大丰万盈—草庙北一线以北,为500~2000m³/d,水质在灌云—洋桥一线以北为咸水,以南为微咸水与淡水交互。长江三角洲地区第Ⅱ承压含水岩组,顶板埋深为100~150m,厚25~90m,长江古河道河床中心岩性以砂砾石及中粗砂为主,边缘则为粉细砂层,水位埋深为1~5m,单井涌水量为1000~3000m³/d,局部小于1000m³/d;TDS多大于3g/L,为半咸水或咸水,水质类型为Cl-Na,仅在如东大同镇附近(约100km²)为淡水(TDS为0.68g/L),呈透镜状分布。

第Ⅲ承压含水岩组:滨海平原区第Ⅲ承压含水岩组,顶板埋深为90~230m,厚15~125m,水位埋深为1~2m,单井涌水量在梁太圩—东辛农场新庄一线以北为1000m³/d,以南为100~1000m³/d。溧太圩—辛高圩—张圩沱—骆庄一线以北为TDS大于4g/L的咸水,以南为淡水。长江三角洲地区第Ⅲ承压含水岩组由冲积湖积物组成,北部(海安以北)由中粗砂组成,顶板埋深为250~280m,厚30~40m;中部(海安—南通)由中细砂和粉细砂组成,顶板埋深为300~330m,厚20~30m;南部多由中粗砂组成。启东县三阳镇—蒿枝港一线以南以及弶港一带,富水性较好,单井涌水量为2000~5000m³/d,其他地区为1000~2000m³/d,个别地段为100~1000m³/d。绝大部分地区为TDS小于1g/L的淡水,局部为微咸水。

第Ⅳ承压含水岩组:埋藏较深,滨海平原区仅在响水县有个别钻孔揭露,岩性为灰绿色黏土夹灰白色粉细砂,顶板埋深为180~200m,砂层厚8~55m,单井涌水量在500m³/d左右,TDS小于1g/L,水质类型为HCO_3-Na。长江三角洲地区含水层主要为中细砂,局部含砾粗砂,顶板埋深为200~350m,单井涌水量大于1000m³/d,水位埋深为0.42~14.80m,TDS小于1g/L或为1~1.2g/L,水质类型主要为$HCO_3·Cl$-Na或$HCO_3·Cl$-Na·Ca。

二、土壤盐化分级

参考《农用地质量分等规程》(GB/T 28407—2012)(表11-1),对工作区表层土壤盐渍化程度进行分级(图11-5)。结果显示,土壤盐化程度从无盐化到重盐化均有分布。其中,无盐化区域所占比例为38.4%,轻度盐化比例为20.1%,中度盐化比例为12.5%,重度盐化比例为8.3%,重盐土比例为20.7%。土壤盐渍化程度与土地围垦年限有较大关系,呈现由海到陆盐度降低的趋势;区域上重盐土主要分布在江苏省北部沿海连云港港—滨海港一带及江苏省南部大丰港—小洋口港一带;滨海港至大丰港以轻度为主。

表11-1 土壤盐化分级指标

适用区域	土壤盐度/‰				
	无盐化	轻度盐化	中度盐化	重度盐化	重盐土
滨海盐渍区域	<2	2~4	4~6	6~8	>8
江苏省滨海区域	各类盐度分级所占比例/%				
	38.4	20.1	12.5	8.3	20.7

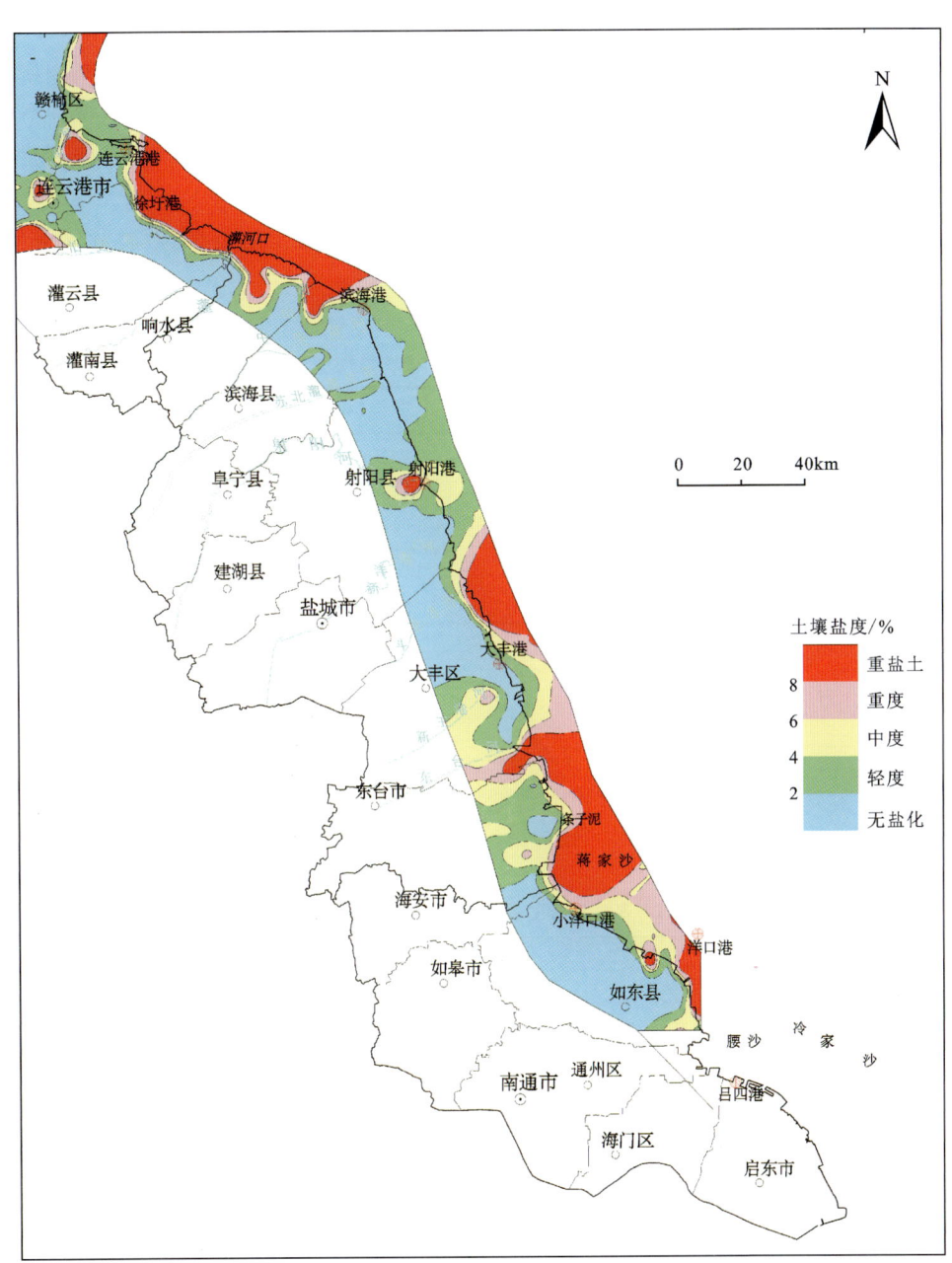

图 11-5 江苏沿海地区表层土壤盐度分级图

三、土壤肥力调查

（一）土壤肥力调查数据处理与分析

1. 评价标准与方法

土壤肥力是反映土壤肥沃性的一个重要指标，它是衡量土壤能够提供作物生长所需的各种养分的能力。它是土壤各种基本性质的综合表现，是土壤区别于成土母质和其他自然体的最本质的特征，也是土壤作为自然资源和农业生产资料的物质基础。四大肥力因素有养分因素、物理因素、化学因素、生物因素。这里主要以养分因素对土壤肥力进行调查和评价。

参照全国第二次土壤普查以及《土地质量地球化学评价规范》(DZ/T 0295—2016)等有关标准,对土壤中的养分指标进行分级。对主要养分指标全氮、有效磷、速效钾、有机质等土壤养分指标实行5级划分,即为一级(丰富)、二级(较丰富)、三级(中等)、四级(较缺乏)和五级(缺乏),各养分指标达一级水平者意味着土壤中该项养分指标可能偏于过量,而指标为四、五级水平者意味该项养分不足。本次测试指标元素的分级标准见表11-2。

将检测出的土壤各项指标结果,与表11-2进行对比分析,结合土地类型、地质背景条件,基本查明盐碱地土壤主要肥力指标含量及分布情况。

表11-2 土壤主要养分分级标准

项目	一级(丰富)	二级(较丰富)	三级(中等)	四级(较缺乏)	五级(缺乏)
全氮$/\times 10^{-3}$	>2	1.50～2	1～1.5	0.75～1	≤0.75
有效磷$/\times 10^{-6}$	>40	20～40	10～20	5～10	≤5
速效钾$/\times 10^{-6}$	>200	150～200	100～150	50～100	≤50
有机质$/\times 10^{-6}$	>40	30～40	20～30	10～20	≤10

2. 综合等级评价方法

1)评分规则

土壤以全氮、有效磷、速效钾和有机质4个指标,作为本次土壤主要养分分等定级的依据。各指标的评分规则如表11-3所示。

表11-3 土壤主要养分指标评分规则标准

养分指标	单位及评分	评分规则				
		一级	二级	三级	四级	五级
全氮	$\times 10^{-3}$	>2	1.50～2	1～1.5	0.75～1	≤0.75
	指标评分值F_i	5	4	3	2	1
有效磷	$\times 10^{-6}$	>40	20～40	10～20	5～10	≤5
	指标评分值F_i	5	4	3	2	1
速效钾	$\times 10^{-6}$	>200	150～200	100～150	50～100	≤50
	指标评分值F_i	5	4	3	2	1
有机质	$\times 10^{-6}$	>40	30～40	20～30	10～20	≤10
	指标评分值F_i	5	4	3	2	1

2)指标权重

根据土壤主要养分特点和各主要养分指标在土壤肥力构成中的贡献,参考有关资料和有关专家的意见确定本次土壤主要养分各参评指标权重值。各权重值如表11-4所示。

表11-4 土壤主要养分综合评价因子权重

项目	全氮	有效磷	速效钾	有机质	合计
权重W_i	0.3	0.3	0.2	0.2	1.0

3) 指数(I)计算

计算每个取样点位的养分综合指数,采用加法模型:

$$I = \sum F_i \times W_i \quad (i = 1, 2, 3, \cdots, n) \quad (11-1)$$

式中,I 代表评价单元养分综合指数;F_i 为第 i 个指标评分值;W_i 为第 i 个指标的权重。

4) 综合等级划分

根据各指标的评分值和指标对应的权重值计算得到的养分综合指数,依据土壤全氮、有效磷、速效钾、有机质等级划分规则将土壤养分综合等级划分为丰富、较丰富、中等、较缺乏和缺乏 5 个等级(表 11-5)。

表 11-5 土壤养分综合等级划分

等级	一级(丰富)	二级(较丰富)	三级(中等)	四级(较缺乏)	五级(缺乏)
I	≥4.5	4.5~3.5	3.5~2.5	2.5~1.5	<1.5

注:各指标数值分级区间的分界点包含关系均为下(限)含上(限)不含。

(二)土壤肥力指标元素分布现状及评价

1. 土壤元素地球化学环境

土壤地球化学环境的意义就是研究在自然地质作用和人为地质作用联合影响下,土壤的环境效应及其对生命和人群健康的影响。它既强调自然因素对土壤地球化学环境的决定作用,又强调人为因素对土壤地球化学环境的巨大影响。

本次工作将获取的江苏沿海地区 256 个土壤监测点的测试数据,结合江苏省土壤元素含量平均值,通过分析研究,对土壤肥力调查区土壤环境中的不同元素含量分布规律和特征进行了归纳与总结。

从表 11-6 中可以看出,调查区地表土壤元素地球化学特征如下。

表 11-6 江苏沿海地区盐碱地表层土地球化学特征

项目	单位	最小值	最大值	平均值	标准差	变异系数	中值	江苏省平均值
全氮	×10⁻³	0.06	2.91	0.91	0.60	0.65	0.81	1.252
有效磷	×10⁻⁶	1.80	247.00	34.83	37.80	1.09	21.95	19.3
速效钾	×10⁻⁶	32.00	1 585.00	374.23	271.29	0.72	300.00	—
有机质	×10⁻³	1.13	52.80	15.79	10.83	0.69	13.85	10.9
pH		4.05	10.41	8.07	0.92	0.11	8.31	

(1)从元素含量变异系数特征来看,江苏沿海地区表层土壤所测的各肥力指标中,全氮、有效磷、速效钾、有机质的变异系数超过 0.5,说明分布较不均匀,其中有效磷变化范围为 $1.80 \times 10^{-6} \sim 247.00 \times 10^{-6}$,分布最不均匀。

(2)将元素含量平均值与江苏省平均值对比分析可见,江苏沿海地区表层土壤中有机质、有效磷含量较江苏省平均值高;全氮含量较江苏省平均值低,低 27.32%。

(3)从土壤酸碱度来看,江苏沿海土壤 pH 变化范围为 4.05~10.41,平均为 8.07,属于偏碱性土壤。

2. 土壤主要养分指标分布特征

1)全氮含量分布特征

氮是土壤环境中最重要的肥力指标之一,是植物生长必需的营养元素,是每个活细胞的组成部分。

全世界所有的植物在一年内要从土壤中摄取4000多万吨氮,有机体中所有的化学反应几乎都需要氮的参与。表层土壤中氮的储备反映了环境向植物输送氮的供给潜力,氮供应不足将严重影响农作物的生长,威胁农作物的品质和产量,而氮过量(储备太丰富)又会造成富营养化,形成新的环境污染。因此,保持土壤中氮的供需基本平衡十分重要。表层土壤中氮含量的分布是自然成土过程与人为活动影响的综合体现。

根据《土地质量地球化学评价规范》(DZ/T 0295—2016)所制定的全氮含量评价标准,对本次测定的表层土全氮含量数据进行分级评价与统计,评价与统计结果如表11-7所示。

表11-7 调查区表层土壤全氮含量分布评价结果统计

等级	一级(丰富)	二级(较丰富)	三级(中等)	四级(较缺乏)	五级(缺乏)
全氮/$\times 10^{-3}$	>2	1.50~2	1~1.5	0.75~1	≤0.75
样点数/个	15	29	55	37	120
所占比例/%	5.86	11.33	21.48	14.45	46.88

江苏沿海地区表层土壤全氮含量低于江苏省平均值的27.32%,达到一级的样点比例为5.86%,达到二级和三级的样点比例分别为11.33%和21.48%,四级和五级的样点比例分别为14.45%和46.88%。土壤中全氮含量分布如图11-6所示,表层土壤全氮含量分布丰富的区域主要位于江苏省北部连云港市赣榆区。江苏省射阳县以南沿海地区表层土壤全氮含量多为贫乏程度。

2)有效磷含量分布特征

土壤中磷的描述分为全磷和有效磷。有效磷是全磷的一部分,在土壤中以一种弱的结合方式存在并在正常情况下能够被植物吸收的那部分磷被称土壤中的有效磷含量。全磷含量反映了磷的供给能力,而有效磷则反映了土壤供给植物养分磷的现实水平,对衡量土壤现阶段是否缺磷更有指示意义。对本次测定的表层土壤有效磷含量数据进行分级评价与统计,结果如表11-8所示。

表11-8 调查区表层土壤有效磷含量分布评价结果统计

等级	一级(丰富)	二级(较丰富)	三级(中等)	四级(较缺乏)	五级(缺乏)
有效磷/$\times 10^{-6}$	>40	20~40	10~20	5~10	≤5
样点数/个	73	61	50	35	37
所占比例/%	28.52	23.83	19.53	13.67	14.45

江苏沿海地区表层土壤有效磷含量总体比较高,达到一级的样点比例为28.52%,达到二级的样点比例为23.83%,达到三级的样点比例为19.53%,达到四级的样点比例为13.67%,达到五级的样点比例为14.45%。土壤中有效磷含量空间分布如图11-7所示,江苏沿海地区表层土壤中有效磷含量呈现由陆向海逐渐贫乏的趋势,且江苏北部射阳县以北区域有效磷含量高于射阳县以南区域。

3)速效钾含量分布特征

钾是农作物生产必需的养分元素,也是地壳中的常量元素。地表土壤中所储存的钾是植物吸收或补充钾养分的主要来源。农作物缺钾后,叶片边缘易发生枯黄,导致作物结实率和颗粒重量降低、生长不茂盛、根系腐烂等多种病症,进而显著影响到作物的产量和品质。与磷一样,土壤中全钾含量反映了钾的供给潜力,速效钾含量反映了土壤供给植物养分的现实水平。看土壤现阶段缺钾与否,速效钾含量丰缺现状更有指导意义。对本次测定的表层土壤速效钾含量数据进行分级评价与统计,结果如表11-9所示。

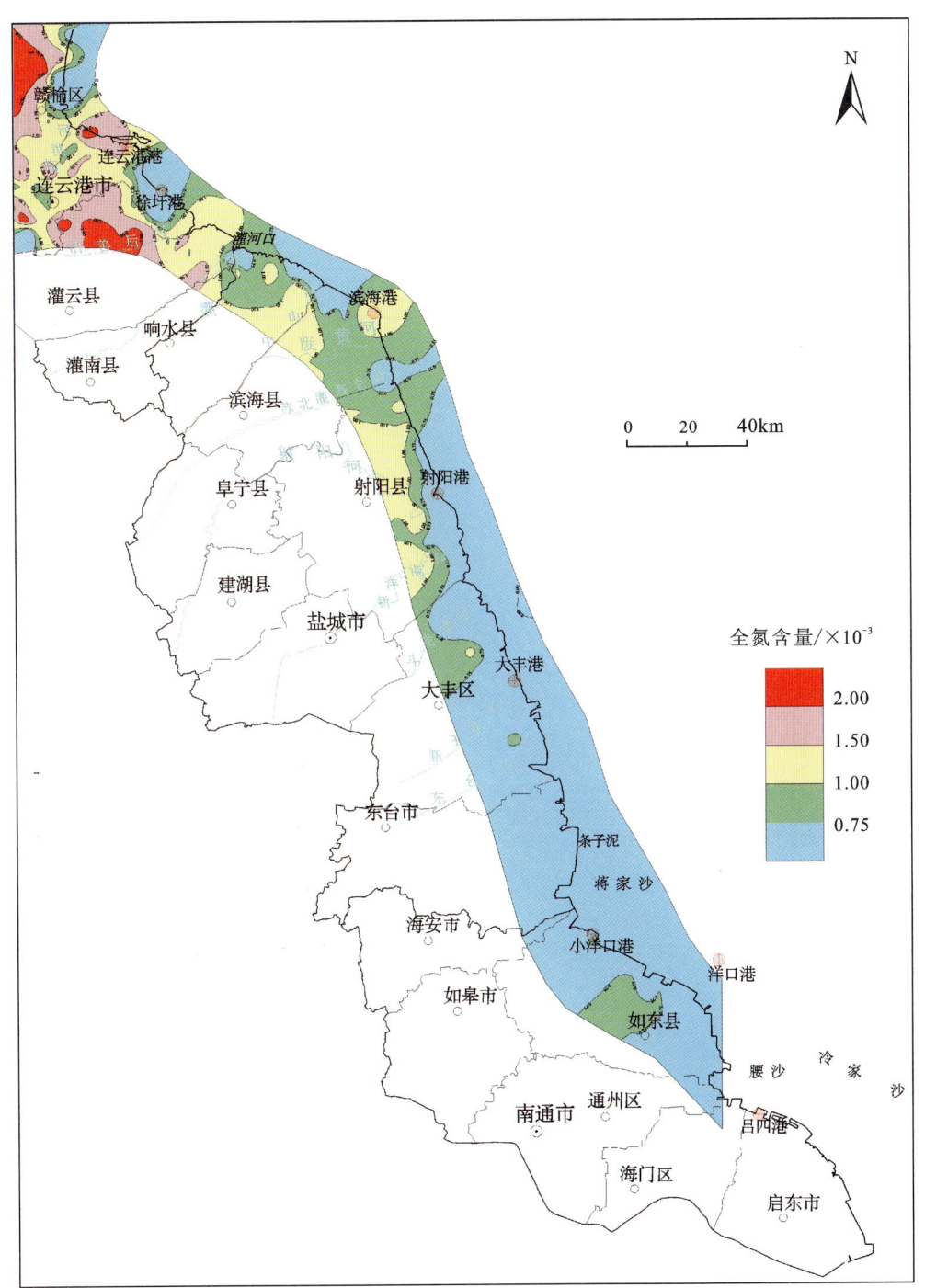

图 11-6 江苏沿海地区表层土壤全氮含量分布图

表 11-9 调查区表层土壤速效钾含量分布评价结果统计

等级	一级（丰富）	二级（较丰富）	三级（中等）	四级（较缺乏）	五级（缺乏）
速效钾/$\times 10^{-6}$	>200	150～200	100～150	50～100	≤50
样点数/个	183	18	32	21	2
所占比例/%	71.49	7.03	12.50	8.20	0.78

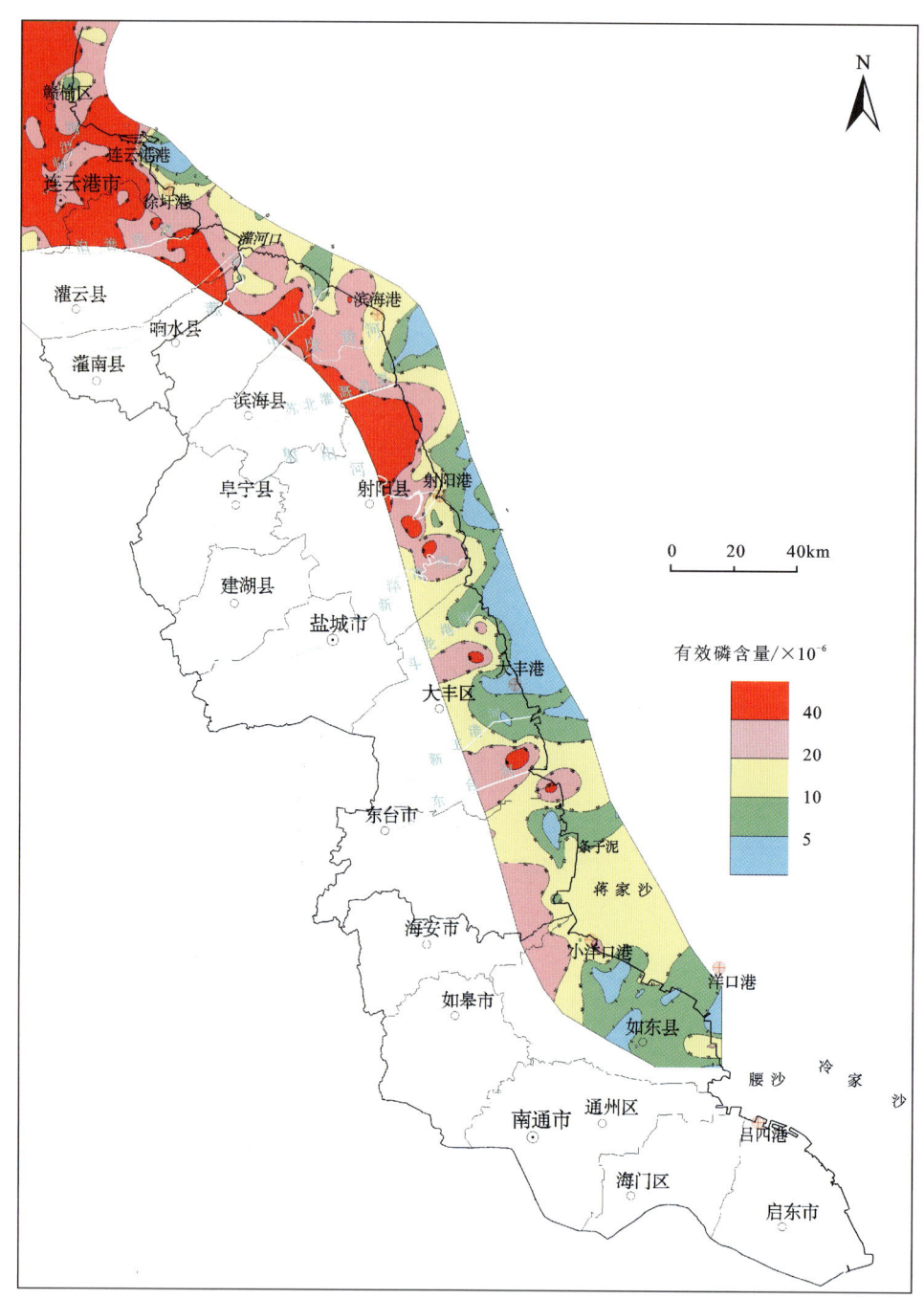

图 11-7 江苏沿海地区表层土壤有效磷含量分布图

江苏沿海地区表层土壤速效钾含量偏高，达到一级的样点比例为 71.49%，达到二级的样点比例为 7.03%，达到三级的样点比例为 12.50%，达到四级的样点比例为 8.20%，达到五级的样点比例为 0.78%。土壤中速效钾含量空间分布如图 11-8 所示，江苏沿海地区表层土壤中速效钾含量普遍偏高，大部分沿海区域为丰富级，仅在苏北灌溉总渠入海区域、东台河入海区域以及如东县小洋口呈中等至缺乏等级。

4）有机质含量分布特征

有机质含量是衡量土壤质地的重要标志，也是衡量土地天然肥力的重要标志。有机质含量高表示土壤质地相对更肥沃、结构更疏松，具有更高的生态价值。有机质是土壤具有结构性和生物性的基本物

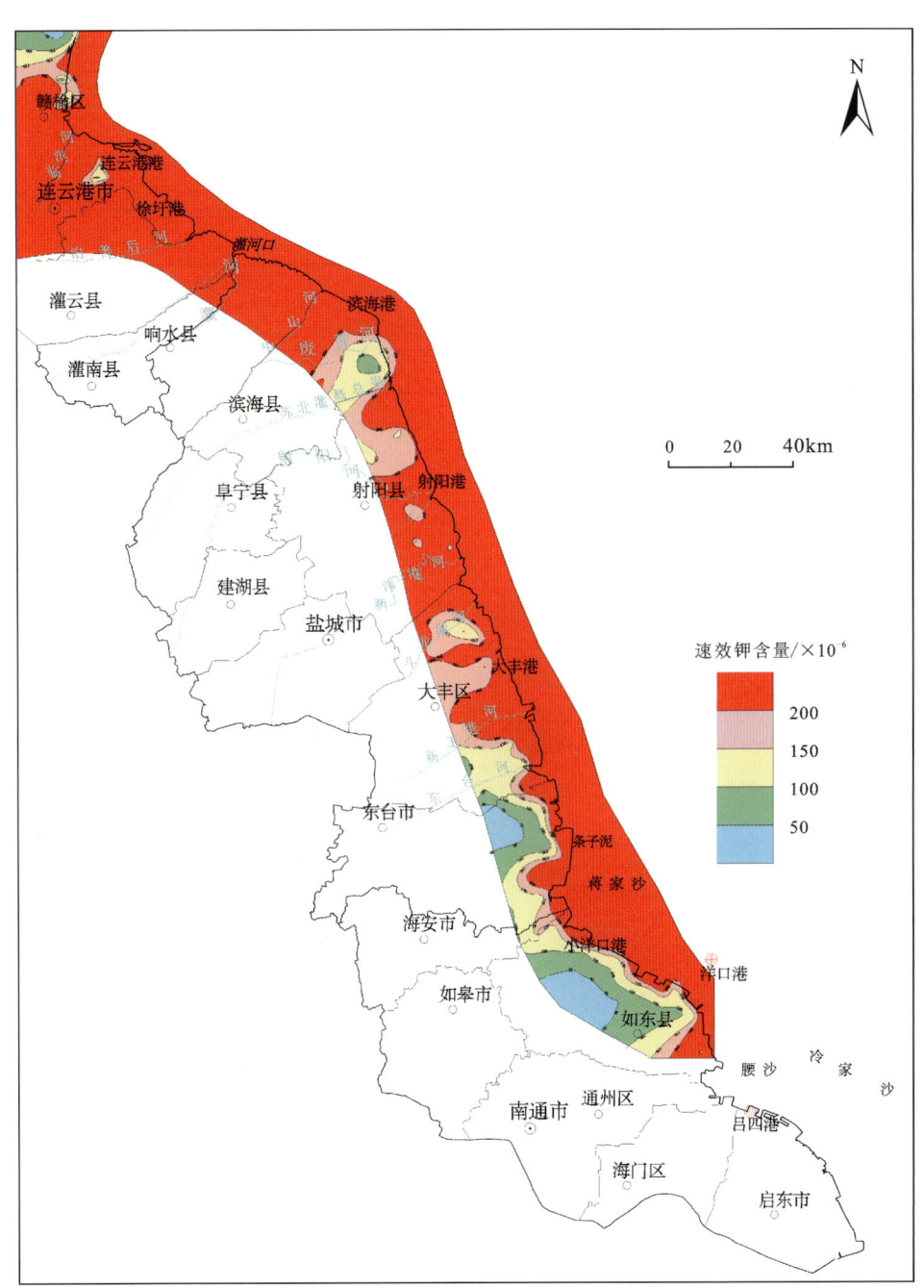

图 11-8　江苏沿海地区表层土壤速效钾含量分布图

质,它既是生命活动的条件,也是生命活动的产物。由此可见,研究土壤中有机质含量的分布现状具有重要的现实意义。土壤中有机质含量主要通过土壤有机碳含量换算而得,有机碳含量是土壤中(总)碳含量的基本组成部分,土壤总有机碳含量×1.724＝土壤有机质含量。对本次测定的表层土壤有机物含量数据进行分级评价与统计的结果如表 11-10 所示。

江苏沿海地区表层土壤有机质含量偏低,达到一级的样点比例为 2.74%,达到二级的样点比例为 8.20%,达到三级的样点比例为 19.14%,达到四级的样点比例为 33.59%,达到五级的样点比例为 36.33%。土壤中有机质含量空间分布如图 11-9 所示,江苏沿海地区表层土壤有机质含量多为较缺乏和缺乏等级,仅在江苏省北部连云港沿海区域存在中等、较丰富以及丰富等级(极少)。

表 11-10 调查区表层土壤有机质含量分布评价结果统计

等级	一级(丰富)	二级(较丰富)	三级(中等)	四级(较缺乏)	五级(缺乏)
有机质/×10^{-6}	>40	30~40	20~30	10~20	≤10
样点数/个	7	21	49	86	93
所占比例/%	2.74	8.20	19.14	33.59	36.33

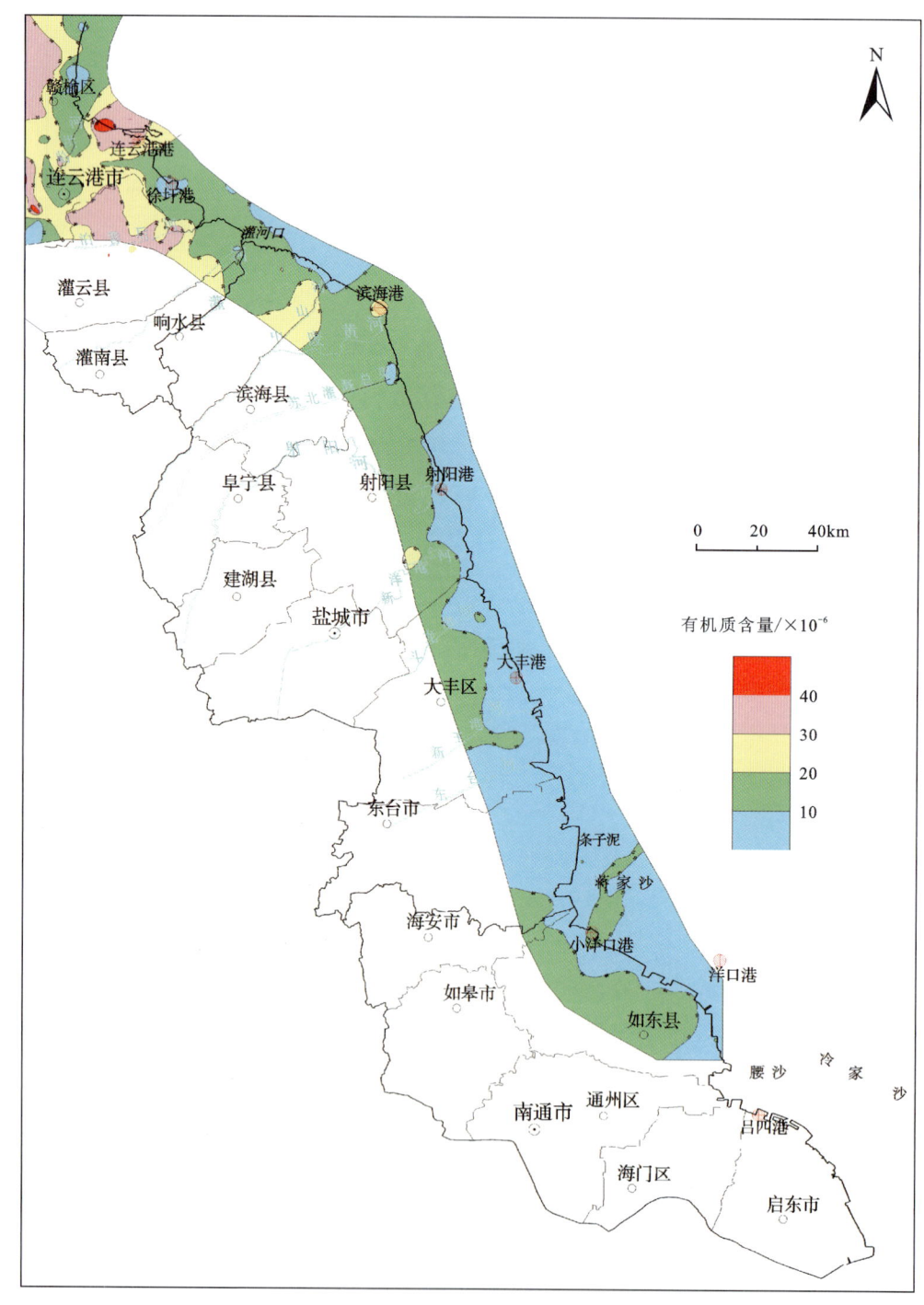

图 11-9 江苏沿海地区表层土壤有机质含量分布图

3. 土壤养分地球化学综合等级评价

对土地质量进行准确的评价，用量化指标确定土地质量等级，实现可持续的土地资源合理利用与保护，具有重要的现实意义。本节以获取的生态地球化学调查数据为基础，系统地对调查区土地质量地球化学等级进行评价。

计算各样品参与计算的各个指标的分值，并带入相应权重，即可得到每个样品土壤养分的综合指数 I，然后根据土壤养分综合指数分值 F_i 进行土壤养分分布现状评价。本次测定的土壤主要养分数据进行分级评价与统计如表 11-11 所示。

表 11-11　土壤养分地球化学综合等级评价与统计

等级	一级（丰富）	二级（较丰富）	三级（中等）	四级（较缺乏）	五级（缺乏）
分值 I	≥4.5	3.5~4.5	2.5~3.5	1.5~2.5	≤1.5
样点数/个	8	83	76	77	12
所占比例/%	3.12	32.42	29.69	30.08	4.69

江苏沿海地区表层土壤有 8 个样点土壤养分综合等级指数不小于 4.5，达到一级（丰富），占比 3.12%；83 个样点土壤主要养分元素综合指数介于 3.5~4.5 之间，为二级（较丰富），占比 32.42%；76 个样点土壤主要养分元素综合指数介于 2.5~3.5 之间，为三级（中等），占比 29.69%；77 个样点土壤主要养分元素综合指数介于 1.5~2.5 之间，为四级（较缺乏），占比 30.08%；12 个样点土壤主要养分元素综合指数在 1.5 以下，为五级（缺乏），占比 4.69%。

图 11-10 为江苏沿海地区表层土壤养分地球化学综合等级评价图，由图可以看出，江苏沿海地区表层土壤主要分级为较丰富、中等和较缺乏，三者比例相当，三者比例分别是 32.42%、29.69% 和 30.08%，总占比达 92.19%，丰富级占比 3.13%，缺乏级占比 4.69%。

以射阳港为界，射阳港以北区域以较丰富等级状态为主，其次为中等等级状态，射阳港以南区域以较缺乏等级状态为主，其次为中等等级状态，无其他等级。

四、盐碱地改良

（一）盐碱地改良方法

通过盐碱地光滩改良及作物种植、农田水利建设，在已有成果经验和认识的基础上，总结出盐碱地改良的 5 种关键技术，分别为针对性工程措施（上洗、下压、周阻）、专利配方生物质反应堆堆肥、生物质地膜覆盖和全过程水盐环境监测（图 11-11）。

在长三角地区以砂性土为主的沉积环境，总结出两大工作特色系统：①改良区建立淡水微循环系统，即四周深沟阻盐、浅灌深排水利系统、漫灌蓄水压盐系统、立体式生物质排水盐碱系统；②建立农业循环利用系统（秸秆覆盖→田箐种植→秸秆还田→大麦种植→秸秆还田）和抑制蒸发返盐来改善土壤提升有机质。

创新性措施：因地制宜，实现滨海盐碱地快速改良目标。在无稳定淡水供给区域，采取旱作方式进行耐盐碱作物种植；在有淡水供给区域，采取水旱轮作方式建立稻鱼鸭复合种养体系，实现生态经济双收。

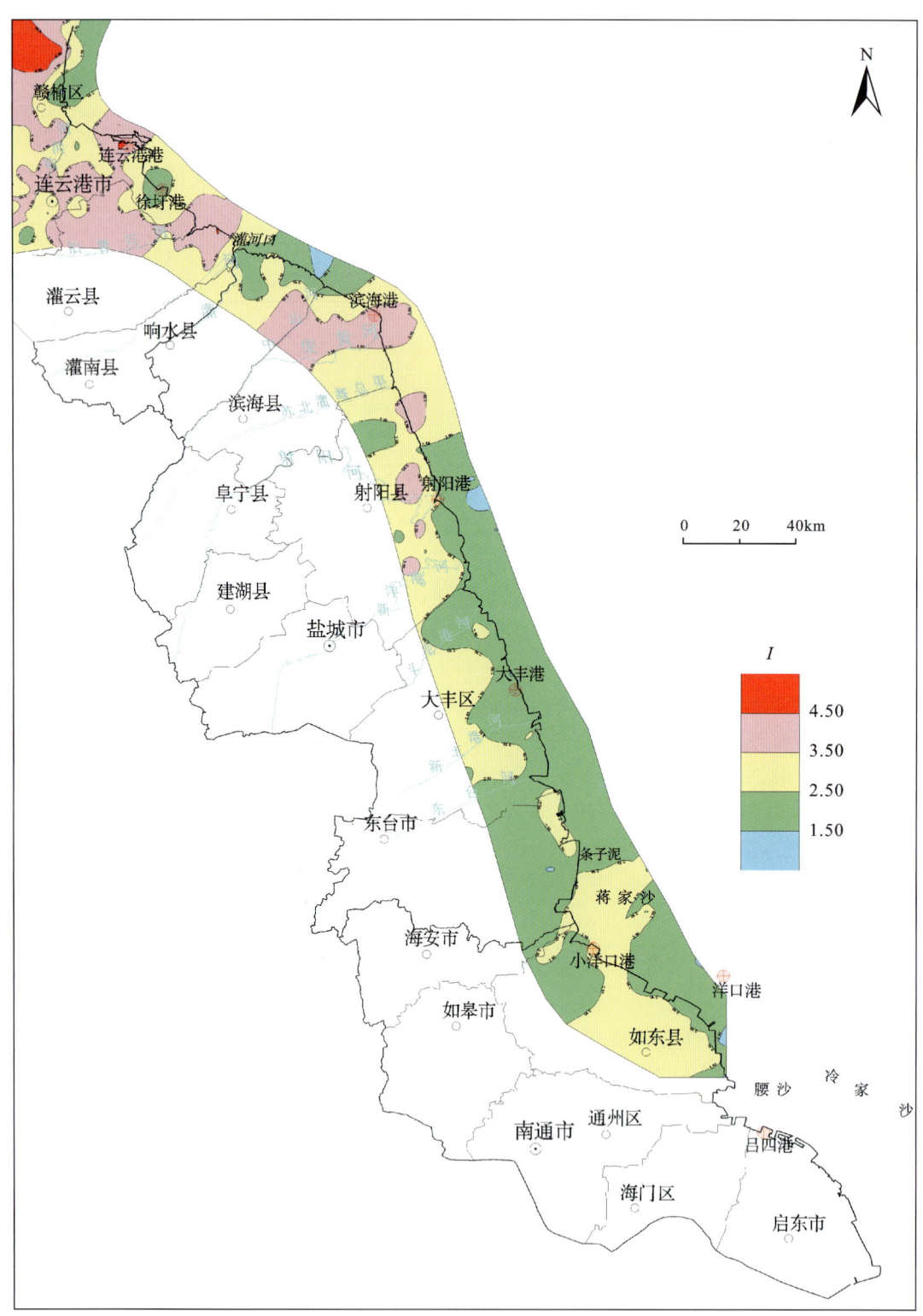

图 11-10 江苏沿海地区表层土壤养分地球化学综合等级评价图

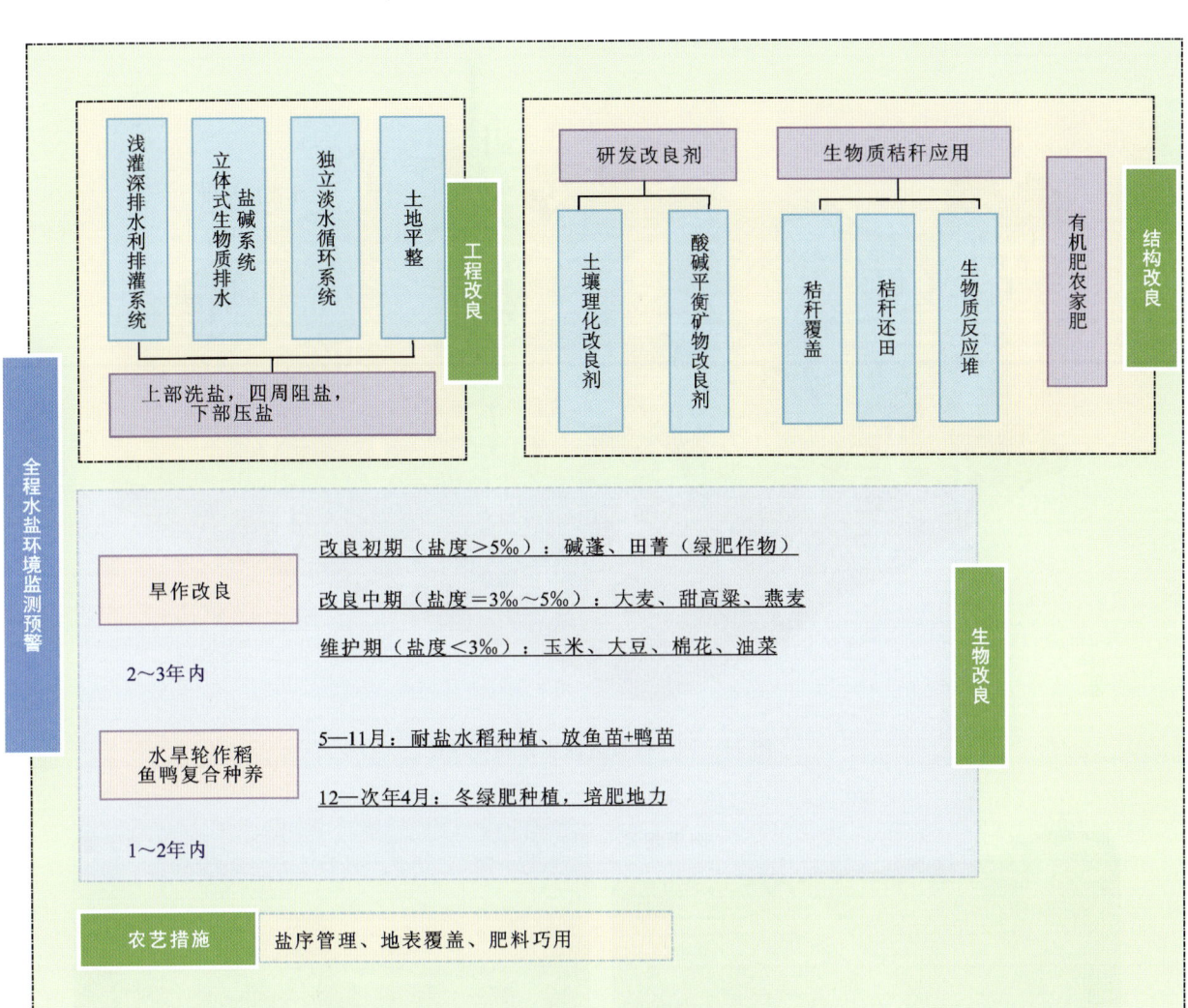

图 11-11 盐碱地调查及改良技术路线图

(二)具体改良关键技术

1. 工程改良

建立"上部洗盐,四周阻盐,下部压盐"的小区域独立水系(图 11-12)。建立浅灌深排水利排灌系统,确保淡水引到每一块耕地上,切断盐分在区域内循环流动,保障洗盐效果;四周开挖深沟,隔绝地表咸水。建立立体式生物质排水盐碱系统,一方面便于盐水排出,截断暴雨状态下上、下水力联系,即上面下渗的水在没有与地下水接触前流入排水沟,阻隔盐分上行;另一个方面也减少秸秆等生物质材料对环境的污染,形成循环经济(图 11-13、图 11-14)。

2. 结构改良

通过施用的土壤改良剂,来改善土壤理化性质,使松散的粉砂土形成团粒结构,提高了土壤的保水、保温、保肥能力,同时有效促进土壤盐分的溶解和降解,有利于农业种植。通过有机肥的施撒并充分拌和,粉砂质盐碱土内有机质含量显著提高,土壤孔隙率、含水率等理化性质明显改善。

图 11-12 改良区淡水微循环系统

图 11-13 针对性工程措施（切断上、下盐分联系）

图 11-14　生物质地膜覆盖

注：降低蒸发量，切断毛细管作用，抑制返盐。

3. 旱作改良技术体系

在无稳定淡水供给区域，采用旱作改良技术推广，主要应用耐盐碱物为碱蓬、田菁、棉花、油菜花等（图 11-15）。主要措施包括：基础工程建设→工程降盐→化学改性培肥→适应性种植→农艺维护→全

图 11-15　耐盐碱作物种植

程水盐动态监测预防返盐。改良过程对降水、蒸发和潜水水位等自然因素进行监测,结合土壤含盐量变化进行监测,掌握改良区的返盐临界状态,以便及时干预和采取措施。改良过程中,对表层土壤(0~30cm)含盐量、有机质、氮、磷、钾等养分指标进行监测,掌握改良效果,便于改良方案的进一步优化实施。

4. 耐盐水稻水旱轮作改良技术体系

耐盐水稻是一种能够在沿海滩涂种植和生长的耐盐碱高产水稻。大力选育种植耐盐水稻,对充分开发和利用滨海盐碱地以及沿海生态建设都具有重要意义。针对滨海盐碱地"盐分高、板结重、肥力低、地下水位高"的特点,目前初步形成了以"大水洗压盐、客土育秧、盘根浅插、浅水勤灌"为核心的水稻种植技术,可加大排盐、洗盐、淋盐效果(图11-16)。

图11-16 耐盐水稻水旱轮作改良技术体系

5. 农艺措施

(1)有效的耕作制度:根据沿海地区降水时空分布特点,制订不同的耕作制度。在雨季来临前,需开展深耕(40cm左右),增加土壤孔隙数量和渗透系数,提高雨水的淋盐效率,缩短洗盐周期;旱季浅耕或者免耕抑制返盐的控盐耕作制度,配合改良剂施撒,在地表区域形成较高的低盐肥力层,促进作物生长;秋播作物开展垄作平栽避盐型耕种技术。

(2)上覆下改:工作区地下水埋深较浅、TDS高,工作区海风较大,土壤水盐运动活跃,耕作层极易返盐。一方面,在地表可以通过覆盖降低蒸发控制积盐;另一方面,在下部土壤可通过松土、生物排碱沟隔离,打破土壤盐分的毛细孔通道,实现物理隔断盐分的上行集聚。

(3)作物栽培,培肥地力:在改良剂和有机肥施用完后,种植耐盐的禾本科绿肥作物(田菁、大麦),增加土壤有机质含量和提高土壤保水保肥能力。绿肥作物根茎叶茂密且覆盖地面大,可以减少地面蒸发作用,减少返盐;绿肥作物生物量最大时,建立生物质反应堆还田,促进有机质分解,增加土壤有机质和养分;种植绿肥作物的田块,土壤被根系贯穿,水盐沿根系向下移动,增加淋盐,促进土壤脱盐。根据改良区实际情况,通过合理的作物衔接和搭配,一年可以进行两季绿肥作物种植和秸秆生物质还田,其中夏初播种一季田菁,秋季播种大麦,确保大部分时间土地上都有作物生长,从而提高改良效率。

6. 实时监测预警技术

自动、实时监测改良种植区大气降水、地表水、植被根系区土壤水(埋深10cm、30cm、50cm)和地下水盐分动态变化及各水量平衡要素(图11-17)。监测的37个参数通过GPRS模块定时传输,实现了监测数据的在线浏览、下载,构建了全程监测预警的云管理平台。

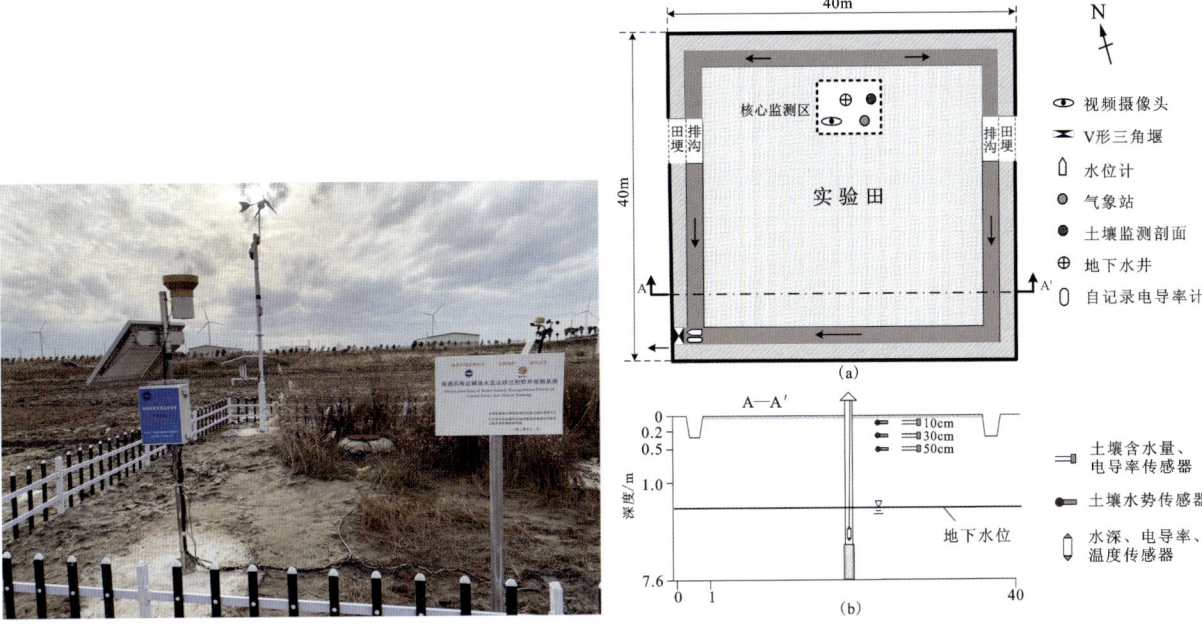

图 11-17 实时监测预警技术图(监测场地、布局、云平台)

(三)主要成效

1. 修复效果

通过综合应用 5 种关键技术,在一年半周期内实现案例修复区土壤盐度大幅下降(盐度自初始的 26‰~42‰下降至 1‰~5‰),有机质含量从不足 1‰提升至 19‰,水稻亩产超过 550kg,耐盐旱地作物植株存活率超过 50%。修复前、后场地环境得到显著改善(图 11-18),为滨海大面积存量的盐碱地修复、改良、利用提供了科技支撑。

图 11-18 修复前、后场地状况对比图

2. 亮点特色

与传统的盐碱地修复改良相比，修复示范区的工作具有3个显著特色。

(1) 时间短,见效快。修复案例区盐碱地达到修复改良目标仅用时一年半,修复周期仅为传统人工修复周期的1/5。系统性的工程措施可有效控制地下水位起涨,地表覆盖物及埋设的秸秆隔盐层将在3～5年内有效控制因蒸散发引起的返盐问题。

(2) 工艺好,技术新。在掌握了土壤盐分赋存、迁移规律基础上,研发并应用了新型土壤理化剂和改良绿肥,开发了阻隔上下水力联系的新技术。

(3) 资源省,成本低。高效利用农业废弃物秸秆,开展生物质秸秆原位、异地堆肥和生物质暗管排盐系统建设,每亩田块平均节省PVC管材费达1000元。

3. 综合效益及推广应用前景

(1) 经济效益：截至2020年,完成案例区盐碱地修复示范面积60亩。2020年度海水稻亩产平均超1100斤,实现了海水稻产业化。关键技术得到拓璞康生态科技南通有限公司的应用,两年内新增销售额48万元,产生可观的经济效益。

(2) 生态效益：盐碱地的修复实现了耐盐水稻、耐盐植被的生长,形成了稻鱼鸭共生的复合养殖体系,丰富了盐碱地的生态多样性,构建了生态结构稳定、植被丰富多样、景观优美的农业生态景观,未来更有望成为候鸟迁徙的中转基地。

(3) 社会效应及推广应用前景：修复后的案例区自然资源丰富,景观效果佳,能有效带动地方发展生态旅游经济,推动当地及周边区域的发展。修复示范成果得到了南通市自然资源和规划局的推广应用。

案例区修复改良取得的成功具有较强的示范意义,将为江苏乃至全国滨海盐碱地快速改良积累经验并提供技术标准,也将为滨海大面积存量的盐碱地修复、改良、利用及陆海统筹"多规合一"规划编制提供了科技支撑。

五、小结

1. 基本查明江苏沿海地区盐碱地分布和土壤盐化分级

江苏沿海地区盐碱地面积分布广,土壤盐化程度从无盐化到重盐化均有分布。其中,本次调查范围内无盐化区域所占比例为38.4%,面积为5245km²；轻度盐化比例为20.1%,中度盐化比例为12.5%,重度盐化比例为8.3%,重盐土比例为20.7%,盐碱地面积为8414km²。土壤盐渍化程度与土地围垦年限有较大关系,呈现由海到陆盐度降低的趋势；区域上重盐土主要分布在江苏省北部沿海连云港港—滨海港一带及江苏省南部大丰港—小洋口港一带；滨海港—大丰港一带以轻度盐化为主。

2. 基本查明江苏沿海地区土壤主要肥力指标含量及分布情况

江苏沿海地区表层土壤全氮含量低于江苏省平均值27.32%,达到一级的样点比例为5.86%,达到二级和三级的样点比例分别为11.33%和21.48%,四级和五级的样点比例分别为14.45%和46.88%。表层土壤全氮含量分布丰富的区域主要位于江苏省北部连云港市赣榆区。江苏省射阳县以南沿海地区表层土壤全氮含量多为缺乏等级。

江苏沿海地区表层土壤有效磷含量总体比较高,达到一级的样点比例为28.52%,达到二级的样点比例为23.83%,达到三级的样点比例为19.53%,达到四级的样点比例为13.67%,达到五级的样点比例为14.45%。江苏沿海地区表层土壤中有效磷含量呈现由陆向海逐渐贫乏的趋势,且江苏北部射阳县以北区域有效磷含量高于射阳县以南区域。

江苏沿海地区表层土壤速效钾含量偏高,达到一级的样点比例为71.49%,达到二级的样点比例为7.03%,达到三级的样点比例为12.50%,达到四级的样点比例为8.20%,达到五级的样点比例为0.78%。江苏沿海地区表层土壤中速效钾含量普遍偏高,大部分沿海域为丰富级,仅在苏北灌溉总渠入海区域、东台河入海区域以及如东县小洋口呈中等至缺乏等级。

江苏沿海地区表层土壤有机质含量偏低,达到一级的样点比例为2.74%,达到二级的样点比例为8.20%,达到三级的样点比例为19.14%,达到四级的样点比例为33.59%,达到五级的样点比例为36.33%。江苏沿海地区表层土壤有机质含量多为较缺乏和缺乏等级,仅在江苏省北部连云港沿海区域存在中等、较丰富以及丰富等级(极少)。

江苏沿海地区表层土壤养分地球化学主要等级为较丰富、中等和较缺乏,三者比例相当,三者比例分别是32.42%、29.69%和30.08%,总占比达92.19%,丰富级占比3.12%,缺乏级占比4.69%。以射阳港为界,射阳港以北区域以较丰富等级状态为主,其次为中等等级状态,射阳港以南区域以较缺乏等级状态为主,其次为中等等级状态,无其他等级。

3. 建立盐碱地改良水-盐环境监测体系,构建盐碱地改良修复示范四大关键技术

在改良过程中,建立盐碱地改良水-盐环境监测体系,对土壤盐度、养分指标(氮、磷、钾)变化进行定期监测,确保改良效果,抑制返盐发生。

创新构建了盐碱地改良5种关键技术,即针对性工程措施(上洗、下压、周阻)、专利配方生物质反应堆堆肥、生物质地膜覆盖和全过程水盐环境监测,建立了江苏滨海盐碱地旱作改良技术模式。

在长三角地区以砂性土为主的沉积环境,总结出两大工作特色系统:①改良区建立淡水微循环系统,即四周深沟阻盐、浅灌深排水利排灌系统、漫灌蓄水压盐系统、立体式生物质排水(盐)系统;②建立农业循环利用系统,即秸秆覆盖-田菁种植-秸秆还田-大麦种植-秸秆还田、抑制蒸发返盐改善土壤提升有机质。

在无稳定淡水供给区域,采取旱作方式进行耐盐碱作物种植;在有淡水供给区域,采取水旱轮作方式建立稻鱼鸭复合种养体系,实现生态经济双丰收。

第二节 长江经济带矿山尾矿资源化利用技术研发和生态修复示范

长江经济带现有矿山5.4万余个,铁、锰、铅、锌等金属矿多为小规模分散开采,大中型矿山仅占7%。传统开发利用方式破坏矿山地质环境严重,截至2014年累计损毁土地约5000km²,矿山尾矿废石固体废弃物存量达84亿t。因此,大力开展绿色矿山建设,改善矿山地质环境,实现矿地和谐,推进矿山尾矿资源化利用技术研究与生态修复示范十分迫切(邓文等,2012;龚树峰和史学伟,2014;秦洁璇,2018;张以河等,2019)。本节主要阐述在四川攀枝花钒钛磁铁矿、江西宜春钽铌矿尾矿废石资源化利用和云南安宁磷矿矿山环境修复中研发的3项关键技术及生态修复示范相关成果。

一、攀枝花钒钛磁铁矿尾矿资源化利用技术研发与生态修复示范

攀枝花钒钛磁铁矿位于攀枝花西南部地区,地处横断山区攀西裂谷中南段,地层岩性、地质构造复杂,新构造运动活跃,地震频繁,地质环境条件极其复杂。区内大规模的矿产资源开发活动自20世纪70年代持续至今已有近50年的历史,共有矿山72个。鉴于历史政策、生产技术水平等各种因素,矿产资源开发活动对地质环境影响较为严重。研究区内"三废"(废水、废气、废渣)产出量大,综合利用率低,尤其是固体废弃物利用率极低,导致区内固体废弃物积存量惊人。固废累计积存量达到112 242万t,其中尾矿累计积存量为21 917万t,废石累计积存量83 894万t,煤矸石累计积存量6431万t,固体废弃物

主要集中分布于露天开采铁矿区内,废石占固体废弃物排放量74.74%(图11-19)。固体废弃物堆积于城市、河道周边,对环境影响较大,回收利用率低,除少量煤矸石用于发电、制矸石砖外其余废渣均为露天堆放积存。

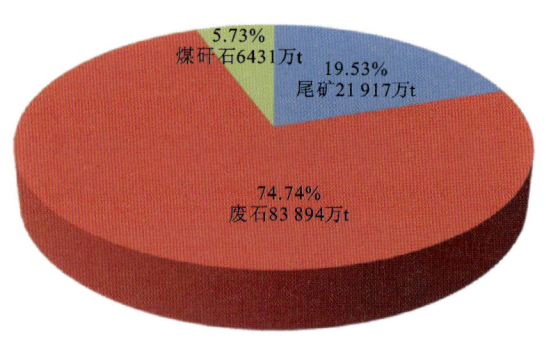

图11-19 攀枝花地区不同固体废弃物累计积存量及占比图

(一)尾矿堆存量调查和有价组分评价

通过堆存量调查显示,攀枝花地区钒钛磁铁矿尾矿总堆存量为6亿t左右,本次调查评价了47 136万t。针对21个尾矿库采集了118件样品,进行有价组分分析评价。结果表明,攀枝花地区尾矿中含有大量的有价成分,潜在资源量巨大。其中,铁金属量为4804万t,平均品位为10.19%;钛金属量为2365万t,平均品位为5.02%;稀土金属量为6.74万t,平均品位为143.07×10^{-6};钴金属量为4.13万t,平均品位为87.68×10^{-6};钪金属量为1.31万t,平均品位为27.72×10^{-6},五氧化二磷(P_2O_5)总量104万t,平均品位为0.22%(表11-12)。

表11-12 攀枝花钒钛磁铁矿尾矿调查和有价组分分析

序号	尾矿库名称	库号	TFe	TiO$_2$	S	P$_2$O$_5$	TREO	Co	Sc	堆存量
			%				×10^{-6}			万t
1	白马青岗坪	L01	9.70	3.30	0.56	0.26	86.1	95.9	26.5	3456
2	白马万碾沟	L01	11.15	3.32	0.49	0.092	73.0	95.0	15.7	6655
		L02	11.42	3.42	0.38	0.092	42.7	112	14.6	
3	经质白沙沟	L01	8.80	7.40	0.19	0.61	646	68.5	26.6	1556
4	白草油房沟	L01	12.01	5.36	0.27	0.79	507	124	23.1	2268
		L02	13.79	8.44	0.57	0.68	897	109	21.6	
		L03	13.40	6.25	0.32	0.76	539	110	21.2	
5	潘家田南坝山	L01	9.45	5.60	0.53	1.46	357	74.0	15.7	2187
		L02	9.46	5.22	0.42	1.10	302	65.2	19.4	
		L03	11.38	3.53	0.57	0.099	68.1	99.5	17.1	
6	会理秀水河三道拐	L01	11.09	6.84	0.068	0.32	149	87.8	30.0	1019
		L02	10.18	5.91	0.11	0.28	132	82.2	32.4	
7	秀水河二	L01	13.09	8.71	0.20	0.40	152	170	29.0	455
8	一立钒钛	L01	9.05	4.16	0.23	0.10	57.0	59.9	30.4	1164
9	中天矿业	L01	16.78	10.26	0.18	0.24	136	134	28.0	99
10	天龙	L01	10.45	6.46	0.026	0.18	160	100	38.9	240
11	中钛矿业有限公司	L01	11.75	8.29	0.34	0.84	383	63.8	23.5	463
		L02	12.05	9.45	0.054	0.40	368	67.3	26.5	
		L03	8.83	4.77	0.042	1.33	318	61.8	26.0	
		L04	11.10	8.19	0.21	0.58	210	138	22.3	

续表 11-12

序号	尾矿库名称	库号	TFe	TiO$_2$	S	P$_2$O$_5$	TREO	Co	Sc	堆存量
			%				×10^{-6}			万 t
12	龙蟒	L01	9.71	4.47	0.26	0.28	257	103	29.3	4178
		L02	9.48	4.02	0.24	0.27	257	96.5	29.8	
13	远达矿业	L01	9.87	5.43	0.052	1.39	385	60.6	14.8	378
14	攀矿马家田	L01	10.15	5.02	0.45	0.042	43.8	77.4	33.6	21 467
		L02	9.40	5.81	0.42	0.042	42.6	83.2	32.6	
15	红发尾矿库	L01	9.33	4.81	0.12	0.34	220	65.7	31.7	427
16	鑫元尾矿库	L01	9.56	4.98	0.091	0.40	213	76.3	32.7	65
17	三友尾矿库	L01	8.95	10.38	0.043	0.72	313	100	24.9	75
18	忠发干堆场	L01	8.53	4.23	0.042	0.53	334	67.3	25.8	101
19	先力矿业	L01	8.85	4.38	0.25	0.57	234	54.6	22.6	258
20	二滩拉扯沟	L01	12.23	4.54	0.065	0.61	358	47.9	24.8	390
21	二滩尾矿库	L01	12.54	6.76	0.087	0.41	284	85.8	25.7	235
	平均品位		10.19	5.02	0.10	0.22	143.07	87.68	27.72	

注：TFe 代表全铁含量；TREO 代表稀土氧化物全部含量。

工艺矿物学分析结果表明(图 11-20)，尾矿库中主要矿物为钛铁矿、钛磁铁矿、钛辉石、角闪石、橄榄石、黄铁矿、磁黄铁矿、石英、长石、云母、绿泥石、黏土矿物、磷灰石等。主要有价矿物为钛铁矿、钛磁铁矿等，还有少量黄铁矿、磁黄铁矿、磷灰石等矿物有望得到回收利用。

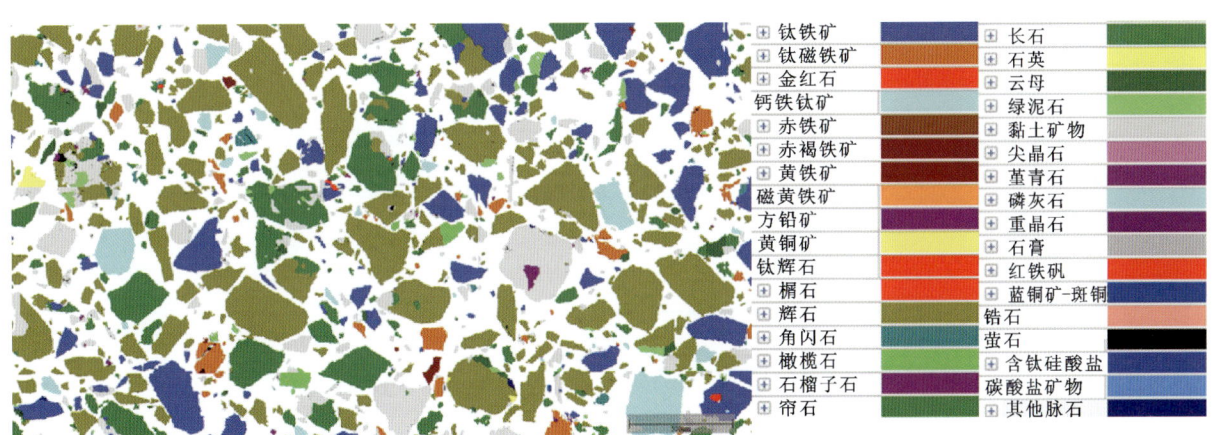

图 11-20　龙蟒老尾矿库样品矿物自动定量分析(AMICS)

(二)钒钛磁铁矿尾矿全组分综合利用技术

通过研究,制订了有效的资源化、减量化利用技术路线(图 11-21),可有效回收利用尾矿中的硫、钴、铁、钛、钒、磷等有价成分,并针对大量回收利用后的尾矿资源进一步开展了制备泡沫陶瓷材料和超细粉体建筑材料等高值整体化利用技术研究,使尾矿大量实现资源化和减量化利用。

针对尾矿中硫钴资源的特点,在磨矿细度、浮选药剂种类与用量条件试验的基础上,采用一次粗选、

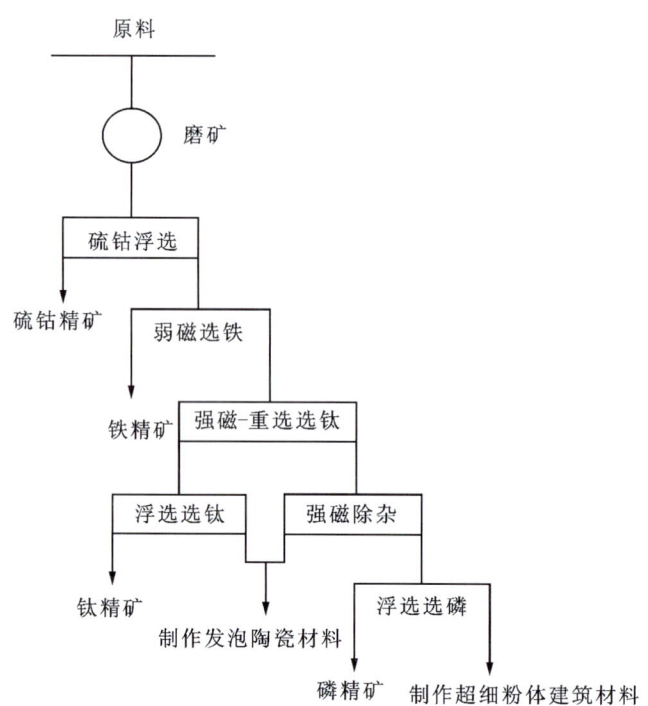

图 11-21　尾矿资源化、减量化利用技术路线图

一次扫选、一次精选的工艺流程(图 11-22),进行了浮选选硫钴闭路试验,获得硫品位为 37.61%,钴品位为 $1\,750.00\times10^{-6}$,硫回收率为 73.69%,钴回收率为 14.48% 的硫钴精矿(表 11-13),有效回收了尾矿中的硫资源,部分钴资源也可得到回收利用。

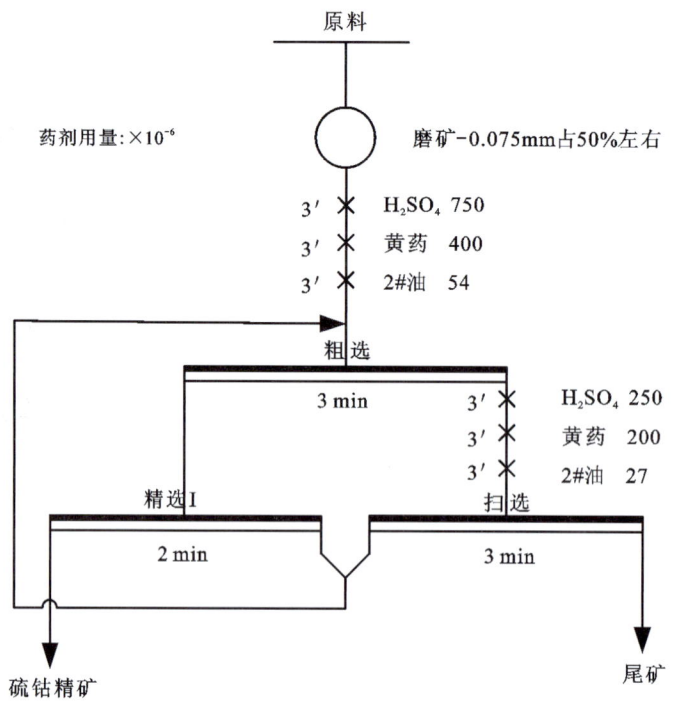

图 11-22　硫钴浮选闭路试验流程图

表 11-13 浮选选硫钴闭路试验结果

产品名称	产率/%	S 品位/%	Co 品位/×10⁻⁶	S 回收率/%	Co 回收率/%
精矿	0.63	37.61	1 750.00	73.69	14.48
尾矿	99.37	0.09	65.47	26.31	85.52
合计	100.00	0.32	76.07	100.00	100.00

针对浮选选硫钴的尾矿，开展了弱磁选铁的试验研究（图 11-23），随着磁选磁场强度的增加，获得的铁精矿品位与回收率变化不大，铁精矿产率也较低（表 11-14）。这主要是因为原选矿厂工作期间选铁指标较好，尾矿中铁含量低，为了较少铁精矿对后续选钛的影响，确定选铁的磁场强度为 1400Gs，此时可获得 TFe 品位为 57% 左右的铁精矿。

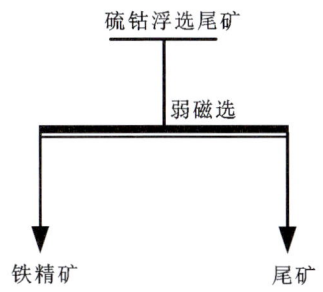

图 11-23 弱磁选铁试验流程

表 11-14 弱磁选铁试验结果

磁场强度	产品名称	产率/%	TFe 品位/%	TiO_2 品位/%	TFe 回收率/%	TiO_2 回收率/%
1000Gs	铁精矿	6.03	56.86	12.83	22.12	7.21
	尾矿	93.97	12.85	10.59	77.88	92.79
	合计	100.00	15.50	10.73	100.00	100.00
1200Gs	铁精矿	5.79	57.48	12.74	21.90	6.77
	尾矿	94.21	12.60	10.78	78.10	93.23
	合计	100.00	15.20	10.89	100.00	100.00
1400Gs	铁精矿	5.93	57.50	13.47	22.19	7.44
	尾矿	94.07	12.71	10.56	77.81	92.56
	合计	100.00	15.37	10.73	100.00	100.00
1600Gs	铁精矿	6.08	57.04	13.33	22.12	7.61
	尾矿	93.92	13.00	10.48	77.88	92.39
	合计	100.00	15.68	10.65	100.00	100.00

针对尾矿中钛资源的特点，在传统的 MOS、MOH 等选钛药剂对尾矿中的钛已经药剂"疲劳"难以获得合格钛精矿的情况下，开发了新型高效的选钛药剂，使得尾矿中的钛得以高效回收利用（图 11-24）。通过强磁→重选→浮选工艺，在新研发的选钛药剂基础上，可以获得 TiO_2 品位为 45.97%、回收率为 65.37% 的钛精矿，选钛流程作业回收率见表 11-15。

针对强磁选尾矿，开展了浮选选磷的试验研究（图 11-25），经过 1 次粗选、3 次精选，即可获得 P_2O_5 品位为 31.73%、回收率为 92.56% 的磷精矿，首次实现了攀西地区钛磁铁矿伴生磷资源的综合利用（表 11-16）。

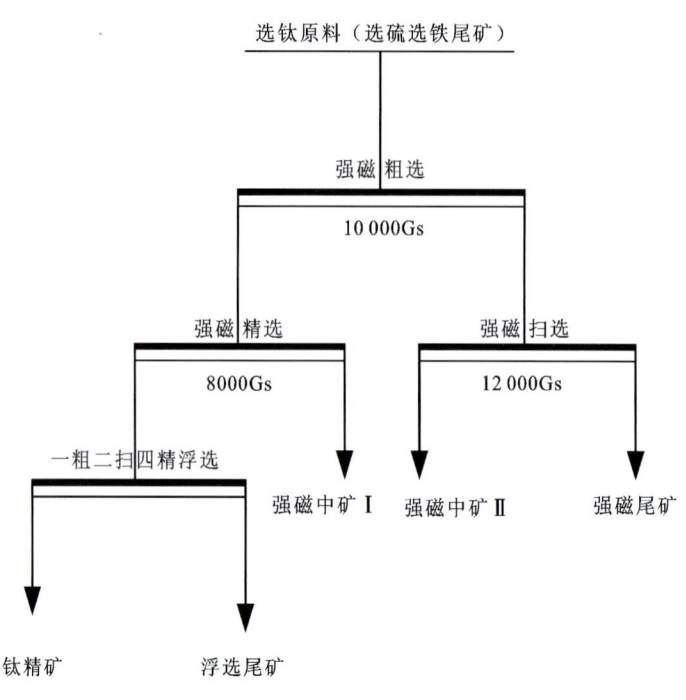

图 11-24 选钛试验流程图

表 11-15 选钛全流程试验结果

产品名称	产率/%	TiO$_2$ 品位/%	TiO$_2$ 回收率/%
钛精矿	14.21	45.97	65.37
浮选尾矿	40.59	5.01	20.35
强磁中矿 I	15.81	4.30	6.80
强磁中矿 II	9.41	5.12	4.82
强磁尾矿	19.98	1.33	2.66
合计	100.00	9.99	100.00

表 11-16 浮选选磷探索试验结果

产品名称	产率/%	P$_2$O$_5$ 品位/%	P$_2$O$_5$ 回收率/%
磷精矿	4.26	31.73	92.56
尾矿	95.74	0.11	7.44
合计	100.00	1.46	100.00

研究发现，以55%钒钛磁铁矿尾矿和45%废玻璃为原料，外加1%的SiC发泡剂，在1130℃下(黏度约为76Pa·s)烧制20min能够生成轻质保温材料(图11-26)。泡沫陶瓷体积密度为0.4~0.8g/cm³，满足《外墙外保温泡沫陶瓷》(GB/T 33500—2017)国家标准对材料体积密度的要求。

通过蒸汽动能磨单一工作参数对-0.044mm合格物料的影响试验，获得了适合钒钛磁铁矿尾矿采用蒸汽动能磨制备粉体的工艺参数为：蒸汽温度 $t=250℃$，蒸汽压力 $p=0.8MPa$，分级机频率 $f_1=30Hz$，给料速度 $f_2=20Hz$，在此条件下的重复试验结果见表11-17。通过添加改性剂，随着超细粉体增加，水泥浆体的强度呈降低规律变化。当用量增加至23%时，1d与28d抗压强度分别为48.25MPa、90.56MPa。因此，综合用量为21%比较合适，1d与28d抗压强度分别为54.62MPa、99.02MPa。

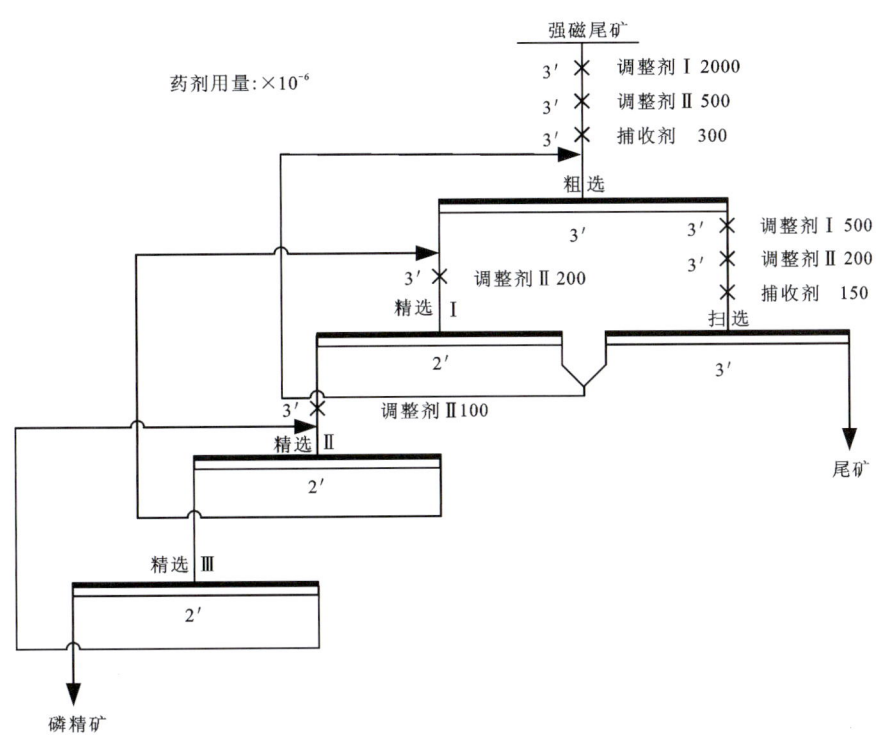

图 11-25 磷浮选试验流程

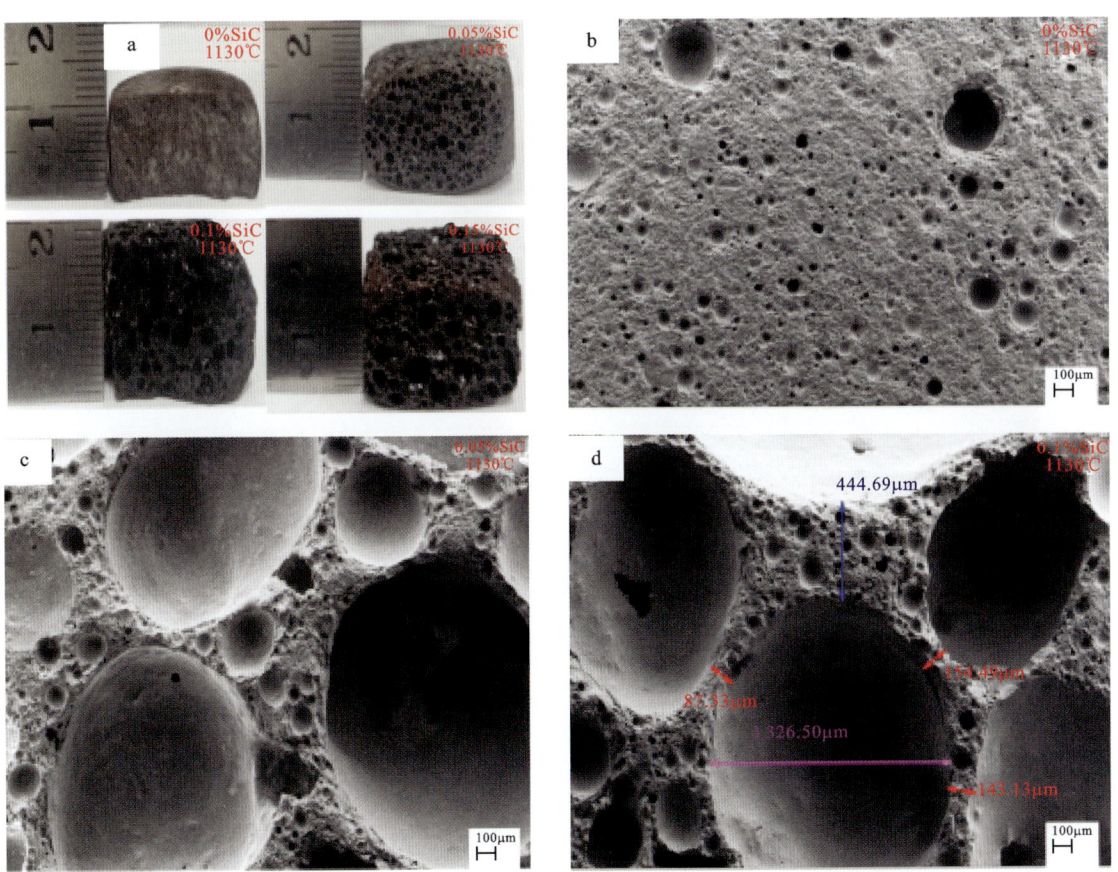

图 11-26 不同 SiC 发泡剂含量烧制试验泡沫陶瓷外观结构分图

综上所述,通过综合回收尾矿中的硫、钴、铁、钛、钒、磷等有价元素及制备发泡陶瓷材料及超细粉体建筑材料,可实现尾矿资源化利用,实现尾矿减量达30%。

表 11-17 蒸汽动能磨制备粉体综合工艺参数重复试验结果

重复次数	粒级/mm	产率/%
1	−0.38~+0.044	27.68
	−0.044~+0	72.32
	合计	100.00
2	−0.38~+0.044	28.27
	−0.044~0	71.73
	合计	100.00
3	−0.38~+0.044	28.96
	−0.044~0	71.04
	合计	100.00

(三)钒钛磁铁矿伴生稀土综合高效回收关键技术

钒钛磁铁矿中伴生稀土矿物含量低,嵌布关系复杂(图 11-27),包括独居石、氟碳铈矿、氟碳钙铈矿、烧绿石、褐钇铌矿,稀土矿物在钛铁矿、钛磁铁矿、脉石矿物中均有嵌布,除偶见粗大氟碳铈矿粒径达 500μm 以上,其余稀土矿物主要在 30μm 以下。

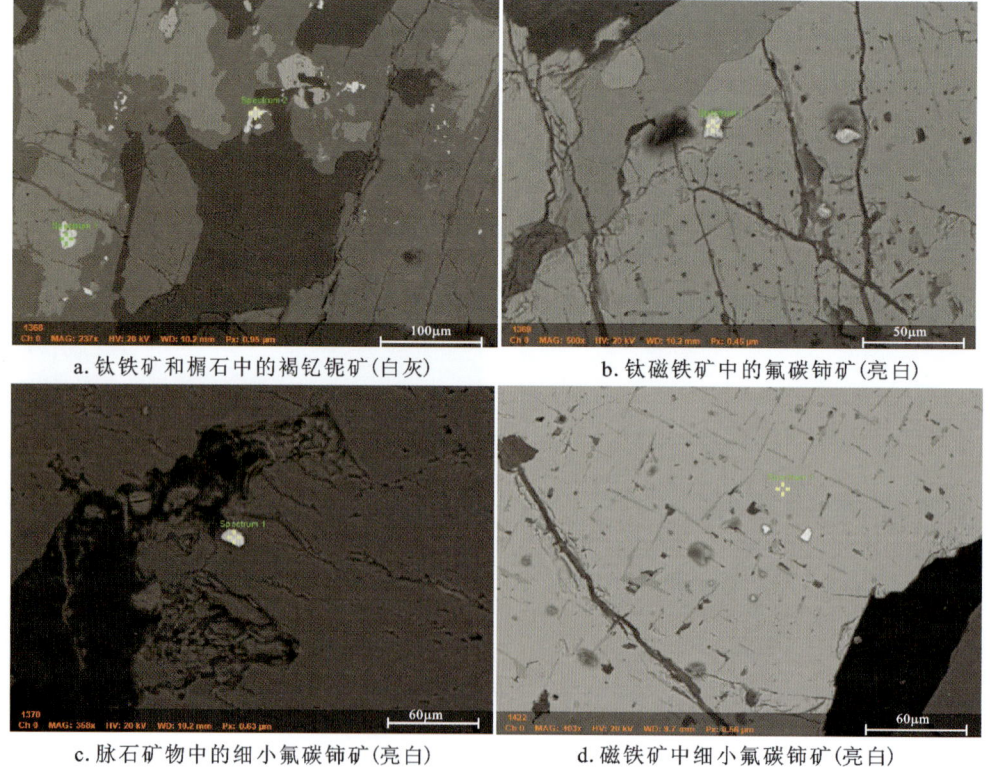

a. 钛铁矿和榍石中的褐钇铌矿(白灰)　　b. 钛磁铁矿中的氟碳铈矿(亮白)

c. 脉石矿物中的细小氟碳铈矿(亮白)　　d. 磁铁矿中细小氟碳铈矿(亮白)

图 11-27 钒钛磁铁矿中伴生的稀土矿物

针对矿样的工艺矿物学特征,研发钒钛磁铁矿伴生稀土综合回收高效关键技术,确定"弱磁选铁→强磁重选预富集→浮选选钛→强磁尾矿阶段强磁富集→浮选精选稀土"原则流程(图11-28),应用铁、钛、稀土协同提取加工流程,处理 TFe、TiO_2 品位分别为18.48%和7.40%,TREO 品位为$158×10^{-6}$伴生稀土的钒钛磁铁矿样品,初步获得铁精矿品位为60.96%,回收率为38.07%,稀土经过富集后 TREO 品位为$3600×10^{-6}$(表11-18),浮选精选试验获得的稀土精矿 TREO 品位为39.63%,对原矿 TREO 回收率为27.99%(表11-19)。

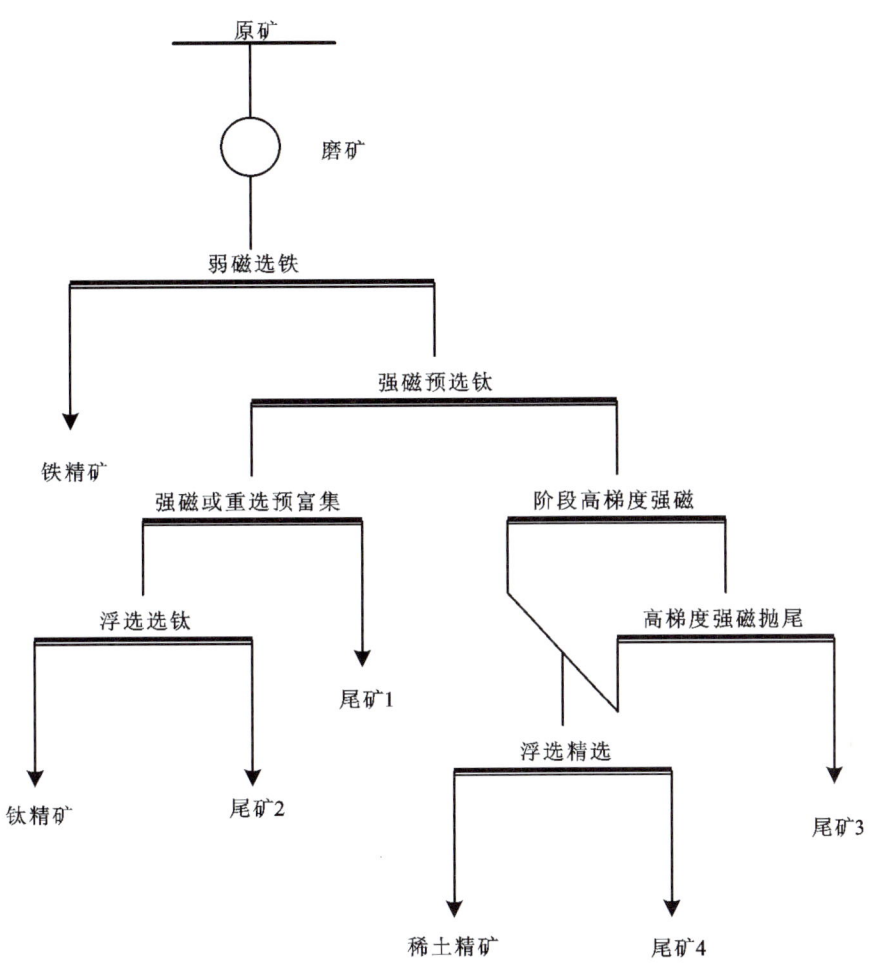

图11-28　钒钛磁铁矿伴生稀土综合利用原则流程

表11-18　伴生稀土钒钛磁铁矿预富集制样指标

产品名称	产率/%	品位			回收率		
		TFe/%	TiO_2/%	TREO/$×10^{-6}$	TFe/%	TiO_2/%	TREO/%
铁精矿	11.54	60.96	7.75	12	38.07	12.09	0.87
稀土粗精矿	2.58	6.86	1.20	3600	0.96	0.42	58.69
钛粗精矿	67.86	15.88	9.39	89	58.31	86.13	38.16
尾矿	18.02	2.73	0.56	20	2.66	1.36	2.28
原矿	100.00	18.48	7.40	158	100.00	100.00	100.00

表 11-19 伴生稀土钒钛磁铁矿稀土粗精矿浮选指标

产品名称	产率/%		TREO 品位/$\times 10^{-6}$		TREO 回收率/%	
	作业	累积	作业	累积	作业	累积
稀土精矿	0.45		39.63		47.69	
n_4	0.39	0.84	16.33	28.81	17.04	64.73
n_3	0.60	1.44	5.25	18.99	8.42	73.15
n_2	1.65	3.09	1.55	9.68	6.85	80.00
n_1	7.27	10.36	0.37	3.15	7.19	87.19
扫 K	3.19		0.96		8.18	
浮选尾矿	86.44		0.02		4.63	
稀土粗精矿	100.00		0.37		100.00	

钒钛磁铁矿伴生稀土与铁、钛协同提取,窄场强阶梯精准强磁技术高效预富集稀土,推动了钒钛磁铁矿伴生稀土利用新途径。该工艺流程关键技术表现在以下 3 个方面。

(1)钒钛磁铁矿伴生稀土与铁、钛协同提取:针对传统的钒钛磁铁矿加工流程,统筹考虑铁、钛、稀土协同提取,既可应用于传统钒钛磁铁矿尾矿综合回收,也可应用于钒钛磁铁矿原矿处理。

(2)窄场强阶梯精准强磁技术高效预富集稀土:鉴于伴生稀土的钒钛磁铁矿属于基性、超基性岩,磁性矿物种类多,比磁化系数分布区间大的特点,应用高场强预先将弱磁性的钛铁矿及大量磁性脉石矿物分离,再进一步分离稀土矿物及其他脉石矿物,利用窄场强阶梯精准强磁技术使超低品位稀土富集。

(3)稀土浮选选择性脉石抑制剂:虽然应用窄场强阶梯精准强磁技术高效预富集稀土工艺可以使稀土氧化物品位富集到 0.3% 以上,但预富集精矿品位仍然较低,需要筛选出高选择性的脉石抑制剂,提高稀土粗精矿浮选效率。

(四)主要成效

2020 年度,攀枝花矿完成新建年处理 100 万 t 级的尾矿综合利用选厂,每年可新增钛精矿 10 万 t。2020 年,该选厂调试运行 3 个月,实现新增产值 4000 万元,新增利润 1200 万元[会理县秀水河矿业有限公司和西部(重庆)地质科技创新研究院有限公司共同负责]。实现高效回收尾矿中有价组分,减少尾矿排放的效果。

此外,总结编写的《钒钛磁铁矿尾矿资源化综合利用调查与评价指南》标准对同类型的钒钛磁铁矿尾矿的综合利用具有很好指导意义。

(五)矿山重金属污染土壤生态修复示范

1. 构建重金属富集植物名录

通过调查采样并测定攀枝花矿区优势植物重金属含量,筛选重金属超富集植物或耐性植物,建立攀枝花地区重金属本土富集植物名录库,明确不同植物对重金属的迁移富集特性。

从研究结果看,攀枝花矿区优势种为草本植物紫茎泽兰、紫花香薷、丛毛羊胡子草、戟叶蓼、糙野青茅、罗氏草、百日菊,灌木植物车桑子、马桑、马缨丹以及乔木植物油桐。在某些地段植物单种优势度较高,如马鞭草、戟叶酸模、辣子草、小白酒草、狗尾草和狼牙草等(表 11-20)。

表 11-20 攀枝花矿区植物群落特征(据陆树刚,2015)

样号	群落	株高/cm	盖度/%	种类组成	分盖度/%	株数/株	生境
1	紫茎泽兰＋紫花香薷 *Eupatorium adenophorum* Spreng. ＋*Elsholtzia argyi* Lévl	40～96	100	紫茎泽兰 *Eupatorium adenophorum* Spreng	70	11	矿区
				紫花香薷 *Elsholtzia argyi* Lévl	20	6	
				车桑子 *Dodonaea viscose*	5	2	
				油桐 *Vernicia fordii*	5	2	
2	丛毛羊胡子草＋马缨丹 *Eriophorum comosum* Nees＋*Lantana camara* Linn.	15～168	95	丛毛羊胡子草 *Eriophorum comosum* Nees	50	26	公路边
				马缨丹 *Lantana camara* Linn.	55	1	
				戟叶蓼 *Polygonum thunbergii* Sieb. et Zucc.	20	2	
				芦竹 *Arundo donax* Linn.	15	1	
				马鞭草 *Verbena officinalis* Linn.	5	5	
				驳骨丹 *Buddleja asiatica* Lour.	5	4	
3	糙野青茅 *Deyeuxia scabrescens* (Griseb.) Munro ex Duthie	28～150	75	糙野青茅 *Deyeuxia scabrescens* (Griseb.) Munro ex Duthie	40	8	公路边
				猪屎豆 *Crotalaria pallida* Ait.	15	5	
				万寿菊 *Tagetes erecta* Linn.	25	4	
4	剑麻＋仙人掌 *Agave sisalana* Perr. ex Engelm.＋*Opuntia stricta* (Haw.) Haw. var. dillenii (Ker-Gawl.) Benson	60～80	65	剑麻 *Agave sisalana* Perr. ex Engelm.	55	3	公路边
				仙人掌 *Opuntia stricta* (Haw.) Haw. var. dillenii (Ker-Gawl.) Benson	25	3	
5	紫茎泽兰＋戟叶酸模 *Eupatorium adenophorum* Spreng. ＋*Rumex hastatus* D. Don	56～140	95	紫茎泽兰 *Eupatorium adenophorum* Spreng.	65	7	矿区
				戟叶酸模 *Rumex hastatus* D. Don	40	2	
6	丛羊毛胡子草 *Eriophorum comosum* Nees	30～130	100	丛羊毛胡子草 *Eriophorum comosum* Nees	75	18	公路边
				车桑子 *Dodonaea viscosa* (Linn.) Jacq.	30	3	

续表 11-20

样号	群落	株高/cm	盖度/%	种类组成	分盖度/%	株数/株	生境
7	罗氏草 *Rottboellia cochinchinensis*	60～160	70	罗氏草 *Rottboellia cochinchinensis*	60	18	矿区
				糙野青茅 *Deyeuxia scabrescens* (Griseb.) Munro ex Duthie	35	4	
8	糙野青茅+狼牙草 *Deyeuxia scabrescens* (Griseb.) Munro ex Duthie + *Indigofera pseudotinctoria* Matsum	42～166	95	糙野青茅 *Deyeuxia scabrescens* (Griseb.) Munro ex Duthie	40	9	矿区
				狼牙草 *Indigofera pseudotinctoria* Matsum	50	22	
				黑荆 *Acacia mearnsii* De Wilde	25	6	
9	车桑子 *Dodonaea viscosa* (Linn.) Jacq.	40～88	85	车桑子 *Dodonaea viscosa* (Linn.) Jacq.	50	11	矿区
				罗氏草 *Rottboellia cochinchinensis*	50	15	
10	丛羊毛胡子草 *Eriophorum comosum* Nees	38～96	95	丛羊毛胡子草 *Eriophorum comosum* Nees	65	10	公路边
				羽芒菊 *Tridax procumbens* Linn.	35	6	
				升马唐 *Digitaria ciliaris* (Retz.) Koel.	30	3	
11	山绿豆 *Phaseolus minimus* Roxb	58～90	50	山绿豆 *Phaseolus minimus* Roxb.	35	8	矿区
				西伯利亚蓼 *Polygonum sibiricum* Laxm.	25	3	
12	马缨丹 *Lantana camara* Linn.	90～158	80	马缨丹 *Lantana camara* Linn.	75	1	矿区
				浆果苔草 *Carex baccans* Nees	30	1	
13	狗尾草 *Setaria viridis* (Linn.) Beauv.	45～140	60	狗尾草 *Setaria viridis* (Linn.) Beauv.	20	13	矿区
				三叶崖爬藤 *Tetrastigma hemsleyanum* Diels et Gilg	25	4	
				截叶铁扫帚 *Lespedeza cuneata* (Dum.-Cours.) G. Don	35	4	
14	小万寿菊 *Tagetes patula* Linn.	38～65	40	小万寿菊 *Tagetes patula* Linn.	35	8	矿区
				竹叶草 *Oplismenus compositus* (Linn.) Beauv.	25	5	

续表 11-20

样号	群落	株高/cm	盖度/%	种类组成	分盖度/%	株数/株	生境
15	百日菊 Zinnia elegans Jacq.	18~66	30	百日菊 Zinnia elegans Jacq.	10	22	矿区
				酸模芒 Centotheca lappacea (L.) Desv.	30	7	
16	野茼蒿 Crassocephalum crepidioides (Benth.) S. Moore	70~90	60	野茼蒿 Crassocephalum crepidioides (Benth.) S. Moore	40	13	矿区
				刺苞果 Acanthospermum australe (Linn.)Kuntze	35	5	
17	紫茉莉 Mirabilis jalapa Linn.	55~158	100	紫茉莉 Mirabilis jalapa Linn.	90	2	矿区
				小白酒草 Conyza. Canadensis (L.) Crong.	45	3	
18	艾蒿 Artemisia argyi Levl. et Vant.	50~70	50	艾蒿 Artemisia argyi Levl. et Vant.	30	4	公路边
				小白酒草 Conyza. Canadensis (L.) Crong.	25	3	
19	芦竹 Arundo donax Linn.	18~130	25	芦竹 Arundo donax Linn.	20	6	公路边
				滇金丝桃 Hypericum forrestii (Chittenden) N. Robson	5	18	
20	毛臂形草+丁癸草 Brachiaria villosa (Ham.) A. Camus+Zornia gibbosa Spanog.	15~32	70	毛臂形草 Brachiaria villosa (Ham.) A. Camus	40	22	
				丁癸草 Zornia gibbosa Spanog.	40	4	
21	三叶鬼针草 Bidens pilosa L.	20~66	55	三叶鬼针草 Bidens pilosa L.	35	7	矿区
				拐枣 Hovenia acerba Lindl. x	20	7	
				羽芒菊 Tridax procumbens Linn.	10	9	
22	单叶木蓝 Indigofera linifolia (Linn. f.) Retz.	17~70	85	单叶木蓝 Indigofera linifolia (Linn. f.) Retz.	45	9	矿区
				截叶铁扫帚 Lespedeza cuneata (Dum.-Cours.) G. Don	35	4	
				荞麦 Fagopyrum esculentum Moench	10	8	

续表 11-20

样号	群落	株高/cm	盖度/%	种类组成	分盖度/%	株数/株	生境
23	辣子草 Galinsoga parviflora Cav.	25~75	30	辣子草 Galinsoga parviflora Cav.	20	17	矿区
				小万寿菊 Tagetes patula Linn.	15	5	
24	马桑 Coriaria nepalensis Wall.	32~63	65	马桑 Coriaria nepalensis Wall.	35	14	矿区
				石海椒 Reinwardtia indica Dum.	25	6	
				刺苞果 Acanthospermum australe (Linn.) Kuntze	20	7	
25	猪屎豆 Crotalaria pallida Ait.	25~72	60	猪屎豆 Crotalaria pallida Ait.	40	15	矿区
				鸭趾草 Commelina paludosa Bl.	20	8	
				倒提壶 Cynoglossum amabile Stapf et Drumm.	10	3	
26	辣子草+何首乌 Galinsoga parviflora Cav. + Fallopia multiflora (Thunb.) Harald.	16~64	85	辣子草 Galinsoga parviflora Cav.	35	12	公路边
				何首乌 Fallopia multiflora (Thunb.) Harald.	30	7	
				三叶鬼针草 Bidens pilosa L.	20	9	
				下田菊 Adenostemma lavenia (Linn.) O. Kuntze	15	7	
				苋 Amaranthus tricolor Linn.	10	2	

臭根子草、胜红蓟、丛毛羊胡子草、芦竹、翼齿丑灵丹、小万寿菊、辣子草等对 Cu 的富集效果较好，可作为 Cu 污染土壤修复植物；百日菊、三叶鬼针草、小万寿菊和辣子草等对 Zn 的富集效果较好，可作为 Zn 污染土壤修复植物；艾蒿、小白酒草、三叶鬼针草、拐枣、羽芒菊、苋等对 Cr 的富集效果较好，可作为 Cr 污染土壤修复植物；紫茎泽兰、青蒿、臭根子草、车桑子、胜红蓟等对 Cd 的富集效果较好，可作为 Cd 污染土壤修复植物；紫茎泽兰、翼齿丑灵丹、马缨丹、西伯利亚蓼、刺苞果等对 Ti 的富集效果良好，可作为 Ti 污染土壤修复植物，并可推广应用(表 11-21)。

2. 低吸收品种筛选及配套技术研究

本次研究在重金属超积累或耐性植物基础上，针对攀枝花矿区气候特点和土壤重金属污染特征以及主要粮食类型与农作物种植情况，进一步筛选了新型低吸收/低累积作物品种，初步构建了耐性植物富集-作物低累积的重金属污染土壤安全利用基础模型。

(1)供试玉米：16 个玉米品种，文中如无特别说明，1~16 号玉米品种分别指代正红 6 号、正红 102 号、正红 212 号、正红 311 号、正红 505 号、正红 532 号、川单 13 号、川单 14 号、川单 15 号、川单 29 号、川单 418 号、川单 428 号、雅玉 12 号、成单 30 号、敦玉 518 号、农大 95 号。

表 11-21 攀枝花矿区植物对 6 种金属元素的转移系数（TF）和富集系数（BCF）计算

样号	植物名称	Pb TF	Pb BF	Zn TF	Zn BF	Cu TF	Cu BF	Cr TF	Cr BF	Cd TF	Cd BF	Ti TF	Ti BF
1	紫茎泽兰	1.487 1	0.000 4	1.517 1	0.111 2	2.346 0	0.907 9	0.217 8	0.440 2	0.755 3	1.039 2	15.740 7	0.015 4
2	青蒿	1.282 8	0.000 6	1.747 6	0.178 3	0.990 0	4.143 2	0.253 1	0.536 9	0.859 2	1.117 9	0.420 5	0.003 8
3	臭根子草	0.936 6	0.000 3	0.979 7	0.108 5	1.485 3	5.365 6	0.397 5	0.816 7	0.828 0	1.063 3	0.222 6	0.001 7
4	车桑子	1.647 5	0.000 6	1.804 6	0.170 1	8.201 8	4.825 2	0.502 4	0.954 3	0.881 1	1.128 6	1.186 9	0.004 9
5	油桐	1.374 4	0.000 8	2.503 6	0.163 8	0.735 4	2.174 4	0.401 6	0.834 8	0.686 6	0.951 3	0.427 7	0.002 6
6	胜红蓟	1.659 7	0.000 9	0.803 6	0.213 5	3.606 0	10.265 8	0.621 1	1.814 8	0.799 0	1.109 2	0.417 2	0.005 3
7	紫花香薷	2.403 1	0.000 6	3.076 8	0.238 4	2.717 1	4.229 8	0.526 7	1.485 0	0.628 7	0.836 7	1.458 2	0.008 1
8	丛毛羊胡子草	10.957 7	0.000 7	1.282 0	0.154 5	2.346 1	12.753 4	0.802 9	1.420 0	0.634 8	0.481 5	0.790 2	0.018 2
9	驳骨丹	3.223 6	0.000 7	1.203 7	0.039 9	7.228 1	2.224 3	0.702 7	1.156 2	0.454 3	0.524 9	6.622 8	0.023 4
10	马鞭草	1.449 6	0.000 6	1.039 5	0.034 5	2.785 4	3.074 5	1.093 0	1.416 5	0.394 6	0.483 4	2.772 2	0.014 5
11	蜈蚣草	0.403 7	0.000 3	0.318 3	0.049 3	0.347 7	2.416 7	0.916 8	1.394 1	0.418 0	0.537 6	0.136 4	0.005 1
12	翼齿臭灵丹	2.448 3	0.000 9	2.385 8	0.098 4	12.604 9	8.784 3	1.348 2	1.775 4	0.398 3	0.493 8	9.196 6	0.022 4
13	芦竹	0.976 0	0.000 6	0.856 1	0.071 7	3.383 0	8.564 7	1.136 4	1.541 0	0.417 1	0.535 3	0.811 0	0.010 4
14	马缨丹	2.234 7	0.001 1	2.293 0	0.138 3	4.376 8	4.321 1	1.192 5	1.671 9	0.459 7	0.571 9	1.707 1	0.004 6
15	载叶蓼	2.020 3	0.001 0	2.258 3	0.065 0	5.779 2	4.480 9	1.038 9	1.478 9	0.502 4	0.641 0	1.150 6	0.004 1
16	糙野青茅	1.610 2	0.000 2	1.449 0	0.001 7	1.082 3	0.043 3	0.976 7	0.469 0	0.513 3	0.091 1	0.403 5	0.010 8
17	猪屎豆	0.556 7	0.000 1	1.559 4	0.005 5	0.076 3	0.030 0	1.033 7	0.489 7	0.597 7	0.088 7	0.800 5	0.025 7
18	万寿菊	0.673 3	0.000 2	1.143 3	0.009 5	2.741 8	0.191 2	0.757 4	0.440 8	0.591 5	0.094 1	0.251 2	0.032 9
19	仙人掌	0.543 1	0.000 3	1.295 5	0.103 2	1.093 8	0.632 1	0.875 3	0.471 2	0.572 9	2.930 8	0.255 4	0.013 0
20	剑麻	1.852 7	0.000 5	0.480 2	0.059 4	0.784 6	0.384 8	0.689 3	0.410 5	0.857 2	2.564 4	0.600 0	0.005 2
21	紫茎泽兰	1.834 6	0.010 3	19.760 6	0.098 0	3.479 6	0.120 5	1.504 1	0.471 7	1.356 1	0.104 6	2.250 1	0.003 2
22	载叶酸模	5.259 4	0.013 4	3.055 2	0.030 9	0.884 1	0.061 9	1.437 6	0.707 1	0.400 0	0.022 0	0.689 7	0.001 2

续表 11-21

样号	植物名称	Pb TF	Pb BF	Zn TF	Zn BF	Cu TF	Cu BF	Cr TF	Cr BF	Cd TF	Cd BF	Ti TF	Ti BF
23	车桑子	7.942 6	0.009 7	4.732 9	0.176 5	2.194 1	0.303 9	1.054 7	0.424 4	1.917 4	0.172 1	1.904 4	0.007 5
24	丛毛羊胡子草	7.878 3	0.009 9	2.908 7	0.082 3	1.538 8	0.518 5	0.230 0	0.950 7	0.866 7	0.097 3	0.200 3	0.004 4
25	马缨丹	1.554 9	0.005 6	1.399 6	0.084 2	1.243 1	0.383 8	1.750 8	0.664 3	1.332 3	0.066 1	8.975 5	0.000 9
26	罗氏草	3.213 6	0.010 8	0.875 2	0.022 8	3.011 8	0.978 5	1.393 5	2.080 2	0.949 6	0.091 1	0.864 3	0.005 3
27	糙野青茅	1.062 7	0.003 5	1.968 0	0.024 1	4.801 4	1.421 4	1.197 9	2.461 4	0.422 7	0.052 7	0.277 0	0.004 3
28	糙野青茅	1.361 8	0.005 5	1.554 1	0.040 5	0.486 5	0.132 2	0.545 3	1.381 9	1.000 8	0.043 6	0.134 2	0.001 4
29	黑荆	6.817 2	0.011 2	4.869 0	0.039 5	1.617 1	0.159 8	0.897 5	1.505 5	0.571 4	0.021 8	1.751 3	0.002 4
30	狼牙草	0.577 6	0.003 3	2.192 5	0.047 9	1.345 5	0.116 0	0.711 5	1.562 0	0.833 7	0.054 5	0.314 6	0.001 0
40	车桑子	0.967 7	0.004 9	2.355 3	0.203 6	1.215 4	0.153 8	4.396 2	0.592 5	2.332 4	0.172 1	2.804 2	0.004 1
41	罗氏草	0.068 4	0.002 1	0.692 8	0.109 1	1.361 1	0.097 8	1.257 5	1.199 3	0.650 5	0.079 9	1.131 9	0.005 9
42	羽芒菊	3.162 5	0.002 8	1.289 2	0.104 2	1.061 6	1.329 8	0.754 1	1.375 5	0.837 8	0.120 6	0.764 4	0.006 6
43	升马唐	16.137 9	0.003 4	0.749 8	0.092 2	0.761 5	0.789 9	0.593 7	0.769 3	0.540 5	0.077 8	0.311 8	0.002 2
44	丛毛羊胡子草	46.448 1	0.007 5	1.106 5	0.068 7	0.699 2	0.686 2	0.353 7	0.816 1	0.471 7	0.097 3	0.299 0	0.006 4
45	西伯利亚蓼	1.693 7	0.003 3	2.268 4	0.203 7	1.848 8	0.706 7	2.755 2	1.484 1	1.653 8	0.201 9	5.114 5	0.017 1
46	山绿豆	10.891 3	0.002 7	1.382 6	0.113 9	1.193 9	0.875 6	0.649 5	1.025 6	0.545 5	0.056 3	0.931 5	0.003 6
47	浆果苔草	65.519 2	0.003 5	1.751 8	0.163 8	0.948 1	0.901 2	0.455 0	0.785 0	0.591 8	0.136 2	0.385 7	0.011 2
48	马缨丹	1.316 1	0.001 9	2.165 8	0.080 7	1.098 9	1.691 4	3.329 7	2.694 2	1.500 0	0.140 8	0.698 3	0.011 8
49	三叶崖爬藤	0.869 1	0.002 8	2.745 0	0.242 2	1.546 9	2.385 5	1.258 2	0.795 4	0.260 9	0.033 0	3.058 3	0.007 9
50	狗尾草	2.342 8	0.001 9	1.093 0	0.080 1	1.085 4	3.674 7	0.636 3	0.537 0	0.678 6	0.104 4	0.275 6	0.004 3
51	截叶铁扫帚	1.709 5	0.002 5	1.169 7	0.101 0	1.139 7	3.734 9	1.260 7	1.099 9	0.305 6	0.060 4	0.423 0	0.005 3
52	小万寿菊	0.772 0	0.001 1	3.034 1	0.870 9	0.616 0	6.939 8	1.266 0	1.336 2	1.614 0	0.832 6	0.743 4	0.006 1
53	竹叶草	2.584 7	0.002 3	0.740 1	0.298 0	0.543 2	2.349 4	1.161 2	0.792 7	0.545 5	0.108 6	0.445 9	0.005 4

续表 11-21

样号	植物名称	Pb TF	Pb BF	Zn TF	Zn BF	Cu TF	Cu BF	Cr TF	Cr BF	Cd TF	Cd BF	Ti TF	Ti BF
54	酸模芒	3.840 1	0.002 6	0.349 3	0.334 6	0.640 7	0.671 8	0.391 5	0.958 0	0.264 7	0.049 6	0.183 1	0.005 8
55	百日菊	1.763 9	0.001 5	1.680 3	1.380 4	0.552 0	1.588 3	1.422 6	2.095 4	0.513 5	0.104 7	0.410 0	0.004 2
56	刺苞果	1.062 9	0.001 6	2.434 6	0.403 1	0.644 6	0.595 4	1.818 4	1.640 7	1.186 0	0.383 5	4.968 7	0.012 8
57	野蒿嵩	1.049 4	0.003 0	1.517 9	0.162 5	0.873 1	0.801 2	1.494 1	0.994 0	0.324 3	0.090 2	1.968 7	0.003 6
58	紫茉莉	1.170 9	0.001 8	0.784 6	0.105 4	1.100 8	0.389 4	1.376 5	2.025 6	0.381 6	0.052 3	1.264 6	0.003 5
59	小白酒草	1.507 3	0.001 6	4.423 8	0.188 0	0.764 3	0.347 0	1.916 2	0.672 3	0.888 9	0.115 5	1.412 9	0.012 3
60	艾蒿	0.663 1	0.001 8	5.594 5	0.267 9	1.179 7	0.487 5	1.892 9	16.407 1	0.971 4	0.157 0	2.088 1	0.004 2
61	小白酒草	3.046 3	0.003 4	5.105 1	0.276 5	1.352 6	0.433 4	1.535 5	20.559 0	1.035 7	0.133 9	1.048 9	0.004 7
62	芦竹	3.228 4	0.003 3	0.304 4	0.108 8	0.380 6	2.219 9	0.971 5	1.072 5	0.521 7	0.082 9	0.134 8	0.001 5
63	滇丝丝桃	2.390 0	0.003 1	0.971 2	0.238 3	0.236 8	3.958 1	0.855 9	1.103 7	0.925 0	0.127 8	0.557 8	0.005 5
64	毛臂形草	16.855 4	0.001 9	1.418 4	0.286 1	0.530 5	0.921 7	0.747 1	0.806 5	0.566 7	0.055 9	0.553 2	0.003 2
65	丁葵草	5.800 0	0.001 4	1.678 9	0.202 4	0.699 5	1.373 3	1.130 4	1.262 3	0.594 6	0.072 4	1.030 1	0.008 2
66	三叶鬼针草	3.445 9	0.001 2	4.293 9	1.003 2	0.951 0	0.702 9	1.859 4	5.721 8	1.078 9	0.136 7	0.722 6	0.002 7
67	拐枣	1.498 8	0.001 8	1.808 5	0.844 2	0.595 1	0.583 9	2.694 2	7.991 9	0.960 0	0.080 0	3.141 4	0.004 6
68	羽芒菊	1.206 0	0.001 7	1.261 1	0.796 8	0.683 7	0.843 7	1.663 5	6.476 8	0.613 6	0.180 0	0.554 5	0.005 9
69	荞麦	0.643 3	0.001 1	2.814 9	0.162 7	0.641 3	2.525 0	1.082 1	1.044 0	0.407 4	0.046 8	0.317 0	0.001 5
70	单叶木蓝	1.766 3	0.002 5	0.747 9	0.118 6	0.493 4	4.200 0	0.940 5	1.147 2	0.476 2	0.127 7	0.173 8	0.003 4
71	截叶铁扫帚	0.908 8	0.001 7	1.866 9	0.120 8	0.900 3	4.062 5	0.947 0	0.654 6	0.678 6	0.080 9	0.260 1	0.002 2
72	小万寿菊	3.324 6	0.001 7	7.500 0	2.960 5	13.365 9	8.179 1	16.004 8	2.271 7	1.666 7	0.124 3	440.000 0	0.003 0
73	辣子草	0.700 7	0.001 1	1.005 2	3.826 3	0.989 3	8.298 5	1.447 1	1.750 0	1.318 2	0.206 0	0.655 3	0.003 5
74	马桑	1.455 6	0.001 8	1.041 9	0.320 2	0.845 8	0.368 9	1.268 5	1.626 6	0.666 7	0.158 6	0.444 4	0.002 7
75	石海椒	0.803 8	0.002 0	2.013 1	0.479 8	0.713 5	0.464 9	1.900 3	2.263 3	0.828 6	0.328 6	4.192 1	0.008 5

续表 11-21

样号	植物名称	Pb TF	Pb BF	Zn TF	Zn BF	Cu TF	Cu BF	Cr TF	Cr BF	Cd TF	Cd BF	Ti TF	Ti BF
76	刺苞果	0.770 8	0.001 7	2.641 7	0.290 5	1.117 3	0.604 7	2.734 1	2.035 3	1.894 7	0.407 9	4.402 2	0.004 3
77	猪屎豆	0.866 8	0.003 8	2.948 3	0.137 9	1.250 0	0.214 8	1.368 1	0.696 5	0.566 7	0.088 5	0.622 4	0.001 8
78	鸭趾草	2.878 8	0.002 2	0.368 7	0.230 5	0.761 2	0.313 0	0.521 9	0.877 4	0.526 3	0.208 3	0.228 6	0.003 7
79	倒提壶	0.971 8	0.001 6	0.988 7	0.221 5	0.765 6	0.397 2	1.098 4	0.744 5	0.551 0	0.140 6	0.435 3	0.003 0
80	辣子草	0.551 3	0.000 8	1.219 2	0.327 0	1.084 3	1.888 9	1.598 4	3.350 8	1.030 3	0.167 1	0.963 0	0.006 4
81	三叶鬼针草	0.340 6	0.000 6	2.565 5	0.464 8	0.743 3	1.694 4	1.672 0	2.731 6	0.954 5	0.206 4	0.755 8	0.004 6
82	下田菊	0.349 6	0.000 6	2.495 3	0.322 1	0.772 5	1.636 9	1.419 1	3.761 1	1.193 5	0.181 8	0.694 4	0.003 9
83	苋	0.825 8	0.001 5	2.849 3	0.258 8	0.972 1	0.623 0	1.827 5	4.102 9	0.913 0	0.103 2	3.852 4	0.006 0
84	何首乌	0.322 0	0.000 3	3.777 8	0.178 7	0.763 4	0.986 1	2.491 4	3.689 1	1.111 1	0.147 4	1.184 5	0.004 0

注：植物从土壤中吸收、富集、转移的重金属，可以用富集系数（BF）或转移系数（TF）来反映植物对重金属富集程度或转移程度的高低与强弱。其中，富集系数（BF）越高代表植物从土壤富集重金属的能力越强，反之越弱；转移系数（TF）越高代表植物对重金属转移的能力越强，反之越弱。

(2)供试土壤:土样去除杂质、室内风干、压碎、磨细过 2 目筛,混匀进行土培实验,同时取部分土样进行种植前的土样基本理化性质分析,结果见表 11-22。

表 11-22 土壤理化性质和重金属含量

项目	pH	全氮	有机质	碱解氮	速效磷	速效钾	总铅	总锌	总镉
		$\times 10^{-3}$		$\times 10^{-6}$					
数值	8.22	1.59	27.57	101.6	51.37	237.6	3 295.26	411.99	10.47

(3)不同玉米品种的生物量:从污染土壤植物修复的角度考虑玉米生物量,为玉米的修复能力提出依据。矿区土壤环境下种植的玉米占整株比例最大的器官是叶片,植物的生物量有 50.2%～54.49% 集中在叶部,其次是茎部,范围在 29.55%～32.52%,根部占整株的生物量比例最小,范围在 15.15%～18.42%(表 11-23)。一般来说正常状况下玉米生物量在各器官的比例是茎＞叶＞根,而本文中茎秆的生物量排在第二位,说明在受污染土壤的重金属胁迫下,对玉米各器官生物量影响最大的应该是茎秆,也就是说在较高浓度的重金属胁迫下,在生物干重方面对玉米造成的最大影响是植株矮小、发育不良,其次是根系的发育被损害,而叶片受到的影响是最小的。

表 11-23 不同玉米品种的单株平均干重

品种	根		茎		叶		生物量/g
	根干重/g	百分比/%	茎干重/g	百分比/%	叶干重/g	百分比/%	
正红 6 号	3.96	18.42	6.40	29.77	11.14	51.81	21.50
正红 102 号	2.84	16.00	5.46	30.76	9.45	53.24	17.75
正红 212 号	3.53	17.11	6.23	30.20	10.87	52.69	20.63
正红 311 号	3.34	15.81	6.24	29.55	11.54	54.64	21.12
正红 505 号	4.04	17.26	7.31	31.24	12.05	51.50	23.40
正红 532 号	3.65	16.79	6.47	29.76	11.62	53.45	21.74
川单 13 号	4.11	17.85	6.95	30.19	11.96	51.96	23.02
川单 14 号	3.37	16.30	6.09	29.46	11.21	54.24	20.67
川单 15 号	2.70	15.15	5.41	30.36	9.71	54.49	17.82
川单 29 号	3.19	16.68	5.87	30.70	10.06	52.62	19.12
川单 418 号	3.31	16.92	6.15	31.44	10.10	51.64	19.56
川单 428 号	3.48	16.82	6.61	31.95	10.60	51.23	20.69
雅玉 12 号	3.17	16.17	6.15	31.36	10.29	52.47	19.61
成单 30 号	4.09	17.05	7.69	32.06	12.21	50.89	23.99
敦玉 158 号	4.23	17.28	7.96	32.52	12.29	50.20	24.48
农大 95 号	3.75	16.58	6.92	30.59	11.95	52.83	22.62

为研究在矿区土壤环境中种植的玉米可食用部分是否满足国家相关标准,与《粮食(含谷物、豆类、薯类)及制品中铅、铬、镉、汞、硒、砷、铜、锌等八种元素限量》(NY 861—2004)进行比对,发现所有玉米品种 Pb、Zn 两项指标全部超标,有部分玉米品种 Cd 超标,矿区作物重金属污染较严重(表 11-24)。

(4)不同玉米品种籽粒重金属含量的综合评价:利用层次分析法和加权综合污染指数法计算各品种玉米籽粒可食部分综合污染指数(表 11-25)。结果表明,籽粒 ICP 相对较低的玉米品种为正红 212、正红6号、川单14号、敦玉518号,综合污染指数范围在2.58~3.82之间,可作为重金属低积累品种,可在铅锌矿区重金属污染土壤旱地作物中加以推广。

表11-24 玉米不同器官的重金属含量

项目	特征值	Cd	Pb	Zn
叶片	最大值/×10⁻⁶	14.760	78.25	267.4
	最小值/×10⁻⁶	3.175	48.36	110.1
	平均值/×10⁻⁶	5.557	59.43	179.2
	标准差/×10⁻⁶	2.694	9.388	46.22
	变异系数/%	48.48	15.79	25.82
茎秆	最大值/×10⁻⁶	4.635	50.01	319.1
	最小值/×10⁻⁶	2.145	26.78	220.8
	平均值/×10⁻⁶	2.864	36.41	288.1
	标准差/×10⁻⁶	0.619 6	6.442	24.19
	变异系数/%	21.63	17.69	8.395
根部	最大值/×10⁻⁶	9.184	445.10	244.3
	最小值/×10⁻⁶	3.519	84.67	174.1
	平均值/×10⁻⁶	5.157	204.20	213.1
	标准差/×10⁻⁶	1.467	85.91	21.09
	变异系数/%	28.44	42.06	9.902
籽粒	最大值/×10⁻⁶	0.110 1	1.837	55.03
	最小值/×10⁻⁶	0.022 1	1.371	46.06
	平均值/×10⁻⁶	0.075 6	1.626	51.41
	标准差/×10⁻⁶	0.025 67	1.766	1.775
	变异系数/%	33.94	25.66	34.35

表11-25 玉米品种籽粒可食用部分的综合污染指数(ICP)

序号	品种	ICP	序号	品种	ICP
1	正红6号	3.65	9	川单15号	—
2	正红102号	—	10	川单29号	—
3	正红212号	2.58	11	川单418号	5.31
4	正红311号	—	12	川单428号	—
5	正红505号	4.34	13	雅玉12号	4.26
6	正红532号	4.61	14	成单30号	4.67
7	川单13号	4.64	15	敦玉518号	3.82
8	川单14号	3.74	16	农大95号	5.02

利用本次试验筛选出的重金属低累积作物,结合前面构建的本土重金属富集植物库,可采取先用耐性植物富集重金属,降低土壤重金属含量,再栽种低累积作物,并结合农艺调控措施的重金属污染治理方案,初步构建耐性植物富集-作物低累积的配套技术模型,从而实现重金属污染土壤的安全利用。

3. 化学-微生物联合修复野外模拟试验

硫酸盐还原菌(Sulpate-Reducing Bacteria,简称 SRB)是一类能通过异化作用进行硫酸盐还原的细菌,广泛存在于土壤、海水、河水、地下管道以及油气井等低氧和缺氧环境中,生存、适应能力较强,能在 pH 为 5.0~9.5、温度 -5~75℃下生存。在厌氧条件时,SRB 能通过异化硫酸盐还原作用将 SO_4^{2-} 还原为 H_2S,使重金属离子可以和 H_2S 反应生成金属硫化物沉淀,从而将固化的重金属沉淀下来。目前,应用 SRB 处理高浓度矿山酸性废水、电镀废水、有机废水等方面已经取得了较大进展。但迄今为止,将 SRB 应用于土壤重金属修复的研究还鲜有报道,这是因为单独将 SRB 用于修复土壤由于受制于生长速率和曝氧环境,SRB 的修复效果不好,修复周期长。为此,本次研究基于矿区污染特征以及前期实验室基础数据,提出并研发验证了化学-微生物联合修复对重金属的固化效果,取得显著成效。

土壤经犁地翻土、平整土地后,整理两块面积为 38m² 的小区,将有机酸均匀喷洒到小区中;待土壤稳定后,将培养液施入小区中,第一个小区处理采用淹水覆膜(培养液以水淹方式施入土壤,并覆膜)处理,第二个小区采用喷洒覆膜(培养液以喷洒方式施入土壤,并覆膜)处理;最后以倾倒方式接入 SRB,实验如图 11-29 所示;待修复、稳定后,对每个小区采用五点法采取土样,测定土壤重金属总量以及重金属形态,并考察化学-微生物联合修复效果。取样完成后,在两个小区种植品种一致的玉米,按照当地农民常规的农艺管理措施和施肥量对玉米全生育期进行管理和实验。此外,在小区另种植一批玉米,土壤未经过有机酸和 SRB 处理,作为对照;玉米成熟后,将玉米连根取出,先用自来水冲洗干净,然后用蒸馏水冲掉表面的自来水;用剪刀将玉米的根部、茎部与籽粒剪开并混合均匀,用滤纸吸干水分,在 75℃条件下烘干至恒重;最后磨碎,统计玉米产量和生物量。

图 11-29　SRB 喷洒覆膜与 SRB 淹水覆膜示意图

(1)SRB 修复菌剂施入对土壤理化性质的影响:从表 11-26 中可以看到,微生物菌剂的施入能够提高土壤肥效。整体上,两种不同的微生物施入方式下,阳离子交换量(CEC)、有机质、全氮、碱解氮、速效钾、速效磷含量均有所提高,最大分别提高了 13.29%、296.12%、59.26%、73.16%、236.63%、294.30%,增肥效果明显。这是因为有机活化剂和微生物培养液有丰富的有机营养物质,施入土壤后,能够显著增加土壤肥力。

表 11-26　SRB 修复菌剂施入对土壤理化性质的影响

处理方式	pH	CEC cmol/kg	有机质	全氮	碱解氮	速效钾	速效磷
			×10⁻³			×10⁻⁶	
对照组	5.44	1.73	1.03	0.27	69.30	50.50	0.35
喷洒覆膜	6.41	1.63	2.72	0.34	120.0	135.0	0.50
水淹覆膜	6.04	1.96	4.08	0.43	87.0	170.0	1.38

(2) SRB修复菌剂施入对重金属的固化效果：SRB不同施加模式下对Cd的固化效果见图11-30，从图中可以发现，有机-微生物联合修复对土壤中Cd的形态产生了影响，且以交换态、有机结合态减少，残渣态增加为主。其中，在喷洒覆膜条件下，交换态和有机结合态占比分别降低了37.7%、27.60%，残渣态增加了51.9%，喷洒覆膜条件下对Cd的固化效果也有类似的趋势。SRB对Pb也有一定的固化效果，能够降低Pb的交换态和有机结合态含量，最大分别降低了72.0%、50.4%。Cd、Pb两种重金属在土壤中各形态占比也存在较大差别，Cd主要以交换态、残渣态的形式存在，而Pb主要以铁锰结合态和残渣态的形式存在。

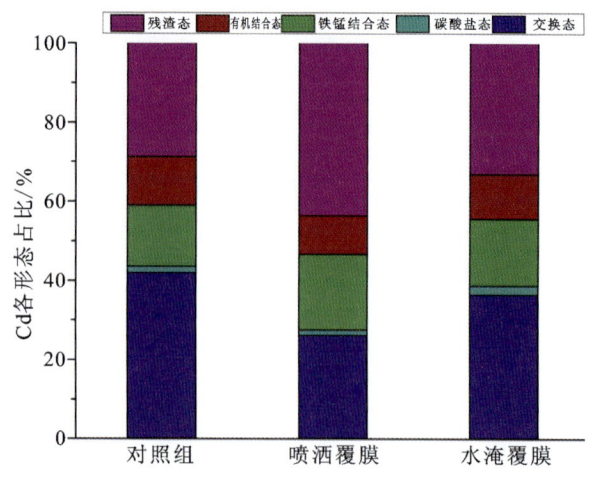

图11-30 SRB不同施加模式下对Cd形态的影响

(3) SRB修复菌剂施入对玉米生物量及产量的影响：SRB修复菌剂施入对玉米生物量及产量的影响如图11-31～图11-33所示。从图中可以发现，喷洒覆膜和淹水覆膜施入SRB时，均可提高玉米的生物量及产量，其中喷洒覆膜处理时，玉米株高、生物量和产量相较于对照处理时（未施入SRB修复菌剂和有机活化剂）分别提高了21.0%、15.5%、65.2%。这可能是因为在施入微生物菌剂的同时，增加了土壤肥效（表11-27），使得玉米生长所需的营养物质更为充裕，光合作用加强，从而提升了生物量和产量。另外，从图中也发现，喷洒覆膜下玉米的长势要优于淹水覆膜，相比于淹水覆膜，喷洒覆膜下玉米的株高、生物量、产量分别提高了8.4%、44.0%、57.9%，这可能是因为SRB在淹水条件下消耗了较多的土壤碱解氮等物质，造成了土壤营养物质不均衡，造成了淹水条件下玉米的长势不如喷洒模式。

图11-31 不同SRB施加模式玉米的长势图

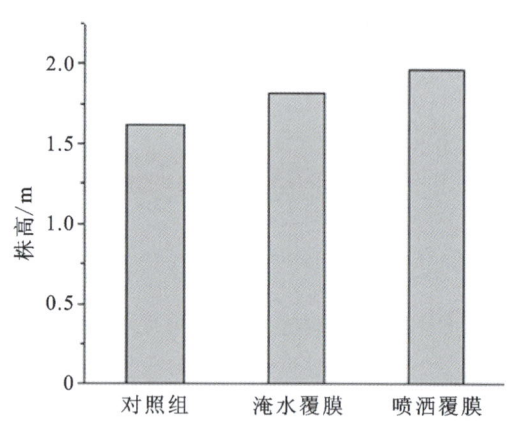

图11-32 SRB施入对玉米株高的影响

(4) SRB修复菌剂施入对玉米重金属累积的影响：上述实验结果发现，SRB修复菌剂施入能降低重金属有效性，并且在一定程度上提高了玉米的生物量。因此，本次进一步分析了玉米植株体内的重金属含量，实验结果见表11-27。从表中可以发现，采用喷洒覆膜和淹水覆膜处理均能降低玉米根部、茎部、籽粒中Cd和Pb浓度。其中，喷洒覆膜处理分别降低了玉米根部、茎部、籽粒中Cd达28.67%、62.26%、66.67%，Pb在根部、茎部、籽粒中分别降低了69.46%、74.29%、40.19%。另外，从处理效果来看，喷洒覆膜施入方式整体上要优于淹水覆膜，Cd、Pb下降幅度更大。

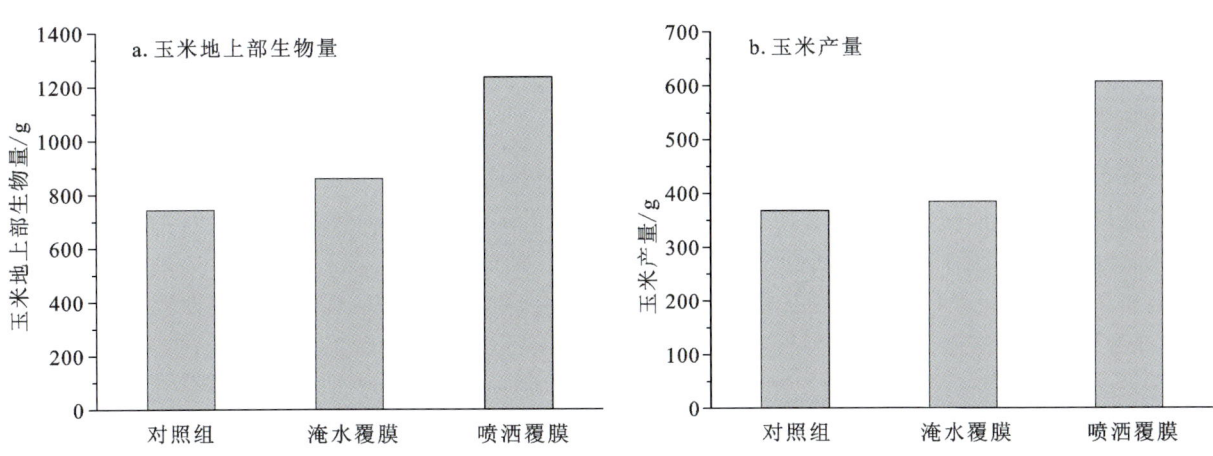

图 11-33　SRB 施入对玉米地上部生物量的影响及施入模式对玉米产量的影响

表 11-27　SRB 修复菌剂施入对玉米重金属含量的影响

处理方式	Cd 浓度/×10⁻⁶			Pb 浓度/×10⁻⁶		
	根部	茎部	籽粒	根部	茎部	籽粒
对照组	1.50	0.53	0.06	45.06	176.23	4.23
淹水覆膜	1.28	0.29	0.04	39.07	146.33	1.32
喷洒覆膜	1.07	0.20	0.02	13.76	45.30	2.53

（五）小结

（1）通过调查攀枝花矿区各尾矿库的尾矿库库容（设计和实际）、尾矿排放量，并在（已闭库和正在使用的）尾矿库进行系统的样品采集，结合化学分析、工艺矿物学分析、选矿实验研究等研究手段，基本查明了尾矿库的堆存量、尾矿库中主要和共伴生元素的品位空间分布特征，分析了尾矿的资源特征，评价了尾矿资源的潜在可利用性和经济价值，制订了尾矿的全组分利用技术路线，即"有价组分优先利用-其他组分整体利用"原则。

（2）攀枝花矿区尾矿中的钛资源由于已经经过药剂作用，且堆存了较长时间，虽然品位较高，但是其可选性很差，利用传统的 MOS、MOH 等选钛药剂，难以回收其中的钛资源。通过大量的药剂合成和探索试验研究，研发出了针对尾矿中极难选的钛资源的高效捕收剂，有效回收了尾矿中的钛。

（3）攀枝花矿区尾矿中含有少量的伴生磷资源，对伴生磷资源的综合利用尚未有研究报道。针对该极低品位的磷资源，研发出高效的选磷捕收剂，首次在攀西地区实现了伴生磷资源的综合利用。

（4）矿区伴生稀土元素富集回收尚未有研究报道，以往认为稀土元素没有富集渠道，不具备回收价值。但攀西地区钒钛储量巨大，伴生有丰富的稀土元素，虽然其品位低，但仍然获得了合格的稀土精矿，取得了技术突破。

（5）相关成果得到会理县秀水河矿业有限公司、西部（重庆）地质科技创新研究院有限公司等单位应用，在 2020 年新增利润 1200 万元，经济效益显著。同时，形成的"一种人为强化土壤自净作用修复重金属污染土壤的方法"发明专利使用权资产评估值为 172.26 万元人民币（资产评估报告编码：1111060007201900424；资产评估报告文号：中都咨报字〔2019〕357 号）。

二、江西宜春钽铌矿尾矿资源化利用技术研发

(一)宜春钽铌矿开发利用及尾矿废石概况

宜春钽铌矿是我国目前规模最大的钽铌采选企业和钽铌锂原料生产基地。矿床含钽、铌、锂、铷、铯等多种金属,开采条件好,储量大,有用金属多,综合利用价值高。宜春钽铌矿始建于1970年,1977年试生产,1982年7月到1984年末进行一期工程攻关、改造、调试,1986年竣工验收投产。1999年8月该企业隶属于中国稀有稀土金属集团公司直管,2000年开始下放地方管理,现隶属于江西钨业集团有限公司(江西钨业集团有限公司是中国五矿有色金属股份有限公司与江西稀有稀土金属钨业集团有限公司合资设立的有限责任公司,成立于2003年12月26日,为江西省属重点企业)。江西钨业集团有限公司宜春钽铌矿位于江西省宜春市袁州区新坊镇花桥村,主要经营钽铌矿、锂云母、(锂、铝)长石、白花岗岩、高岭土(瓷土)的采选加工与销售,目前处于在产状态。

江西钨业集团有限公司宜春钽铌矿采矿许可证编号为C3600002011015220104264,矿权登记面积为5.217 5km^2,矿区划分为414矿段和工人村矿段两个区段。截至2014年12月31日,414矿段保有工业矿体资源储量:111b+333类合计矿石量为9 723.354万t,Ta_2O_5为11 140t,Nb_2O_5为8666t,Li_2O为415 961t,Rb_2O为215 784t,Cs_2O为31 693t;BeO(333)为28 139t。平均品位:Ta_2O_5为0.011 5%,Nb_2O_5为0.008 9%,Li_2O为0.427 8%,Rb_2O为0.221 9%,Cs_2O为0.032 6%,BeO为0.028 9%。保有低品位资源储量:331+333类合计矿石量为3 552.335万t,Ta_2O_5为3067t,Nb_2O_5为3085t,Li_2O为87 997t,Rb_2O为77 558t,Cs_2O为5286t;BeO(333)为6529t。平均品位:Ta_2O_5为0.008 6%,Nb_2O_5为0.008 7%,Li_2O为0.247 7%,Rb_2O为0.218 3%,Cs_2O为0.014 9%,BeO为0.018 4%。414矿段有用组分平均品位:Ta_2O_5为0.010 9%,Nb_2O_5为0.008 9%,Li_2O为0.391 6%,Rb_2O为0.221 4%,Cs_2O为0.029 1%,BeO为0.026 7%。

工人村矿段保有工业矿体资源储量:333类合计矿石量为157.333万t,Ta_2O_5为177t,Nb_2O_5为132t,Rb_2O为2517t。平均品位:Ta_2O_5为0.011 3%,Nb_2O_5为0.009 5%,Rb_2O为0.16%。保有低品位资源储量:332+333类合计矿石量为421.533万t,Ta_2O_5为372t,Nb_2O_5为401t,Rb_2O为6745t。平均品位:Ta_2O_5为0.008 8%,Nb_2O_5为0.009 5%,Rb_2O为0.16%。

宜春钽铌矿矿石工业类型为钠长石化花岗岩型钽铌矿,主要稀有金属元素工业矿物有富锰铌钽铁矿、细晶石、含钽锡石、锂云母及绿柱石等,主要脉石矿物有长石、石英。矿石的自然类型有残坡积表土矿石和原生矿石两种,以原生矿石为主,原生矿石占99.5%,表土矿石占0.5%。表土矿石分布于地表,位于原生矿石的顶部,属原生矿石的风化产物。矿区除主要矿产钽以外,还有共生铌,伴生锂、铷、铯、铍,铌、锂、铷、铯、铍平均品位分别为0.008 9%、0.391 6%、0.221 4%、0.029 1%、0.026 7%。

宜春钽铌矿采用露天开采(图11-34),设计生产能力为231万t/a;拥有两座选矿厂,原有坪石选矿厂生产能力为2500t/d,新建钟家市选矿厂生产能力为4500t/d,两个选矿厂合计生产规模为7000t/d。产品方案为钽铌精矿、锂云母精矿、锂长石粉,钽铌精矿品位为50%(其中Ta_2O_5品位为31%),锂云母精矿分为两个品级(Li_2O品位为4.5%、3.5%),锂长石粉根据粒度不同分为粗粒锂长石粉与细粒锂长石粉两类。

宜春钽铌矿选矿工艺为原矿经粗碎后再洗矿脱去原生矿泥,其中-0.2mm部分进原生泥车间处理。洗后矿石经三段一闭路破碎。碎矿产品由胶带运输机送至粉矿仓。粉矿仓内矿石由胶带运输机送入一段磨矿,一段磨矿由棒磨机与高频振动细筛构成闭路,磨矿产品粒级为0~+0.5mm,磨矿产品脱铁后进入螺旋分级机分级,其返砂进入一段粗粒级选别系统,产出钽铌精矿和尾矿,溢流经脱去-0.038mm粒级后单独入选,产出钽铌精矿和尾矿。一段选别尾矿进入二段磨矿,二段磨矿产品粒级为-0.2~0mm。二段磨矿产品脱铁后再分级产出-0.2~+0.038mm、-0.038~0mm两个粒级,

－0.2～＋0.038mm物料进入二段细粒级选别系统,产出钽铌精矿和尾矿,－0.038～0mm粒级进入旋流器分级并除铁后得到细粒锂长石粉。二段选别尾矿经脱泥后进入浮选系统,产出高、低品位锂云母精矿。浮选尾矿经螺旋分级机分级、返砂过滤产出粗粒长石粉、所有溢流合并经旋流器浓缩、过滤产出细粒长石粉。选矿厂最终产出钽铌精矿,高、低品位锂云母精矿,粗、细锂长石粉。

宜春钽铌矿废石堆场位于露采最终境界东南侧约200m处的山谷中,采用汽车排土方式,排土场最终堆置高度为150m,采用分层堆置方式,分层高度设计采用30m,排土场总库容为1200万 m^3,能够满足矿山15年左右的废石堆放量。目前,宜春钽铌矿废石堆场已经覆土覆绿,见图11-34。

图11-34　宜春钽铌矿露天采场及废石堆场

宜春钽铌矿设计选矿能力为231万t/a,尾矿产率为51.49%,年排尾矿量为118.95万t。宜春钽铌矿目前拥有两座尾矿库,均地处青龙沟下游,两库之间仅一山之隔。其中,1号尾矿库于2002年停止使用,未闭库,目前正在外销出售尾矿再选锂云母、长石粉。目前生产使用的为2号尾矿库位于砰石选矿厂北侧下游,距选矿厂约1000m。2号尾矿库初期坝顶高程为198m,终期坝顶高程为380m,总坝高213.85m,总库容为4 434.20万 m^3,为二等库,截至2015年已用库容约400万 m^3。宜春钽铌矿尾矿库见图11-35。

a. 1号尾矿库　　　　　　　　　　　　　b. 2号尾矿库

图11-35　宜春钽铌矿尾矿库

(二)尾矿性质

本次对1号尾矿库、2号尾矿库及现场生产的重选尾矿进行了取样和分析测试,采用X射线荧光(XRF)、X射线衍射(XRD)、砂光片、扫描电镜、能谱分析及MLA分析、化学分析等手段确定其矿物成分和化学成分。其中,1号尾矿库尾矿 X 荧光半定量分析结果见表 11-28,化学多项分析结果见表 11-29,X 射线衍射分析结果见图 11-36,矿物组成及含量分析结果见图 11-37 及表 11-30(MLA 检测分析)。

表 11-28 1号尾矿库尾矿 X 射线荧光分析   单位:%

组分	含量	组分	含量	组分	含量	组分	含量
CO_2	4.92	P_2O_5	0.427	NiO	0.003 7	ZrO_2	0.002 8
N	0.265	SO_3	0.025	CuO	0.001 6	Nb_2O_5	0.004 4
F	1.83	Cl	0.011 6	ZnO	0.009 7	SnO_2	0.010 6
Na_2O	4.46	K_2O	3.33	Ga_2O_3	0.003 9	Cs_2O	0.035 7
MgO	0.059 7	CaO	0.317	GeO_2	0.001 9		
Al_2O_3	17.6	MnO	0.147	Rb_2O	0.297		
SiO_2	66.1	Fe_2O_3	0.219	SrO	0.002 5		

表 11-29 1号尾矿库尾矿化学多项分析结果   单位:%

组分	含量	组分	含量	组分	含量	组分	含量
Li_2O	0.61	Al_2O_3	14.60	K_2O	3.05	MgO	0.03
Rb_2O	0.27	SiO_2	73.14	Na_2O	4.35		
Cs_2O	0.051	Fe_2O_3	0.22	CaO	0.31		

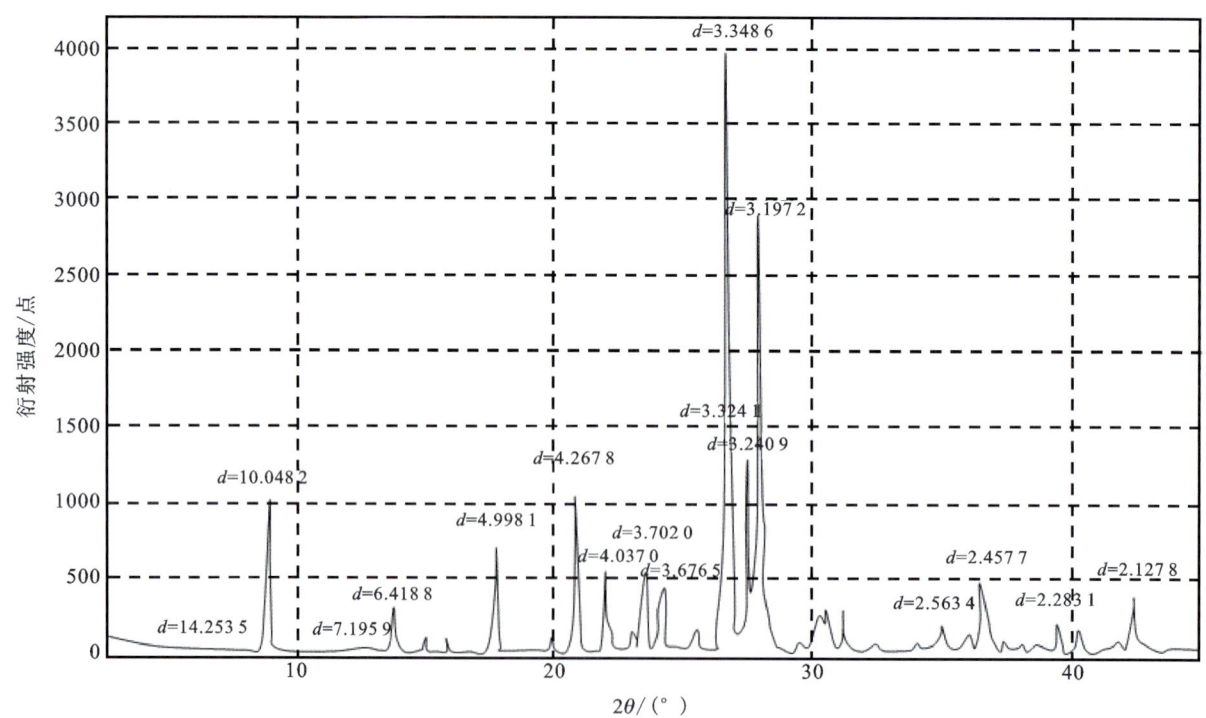

图 11-36 1号尾矿库尾矿 XRD 图谱

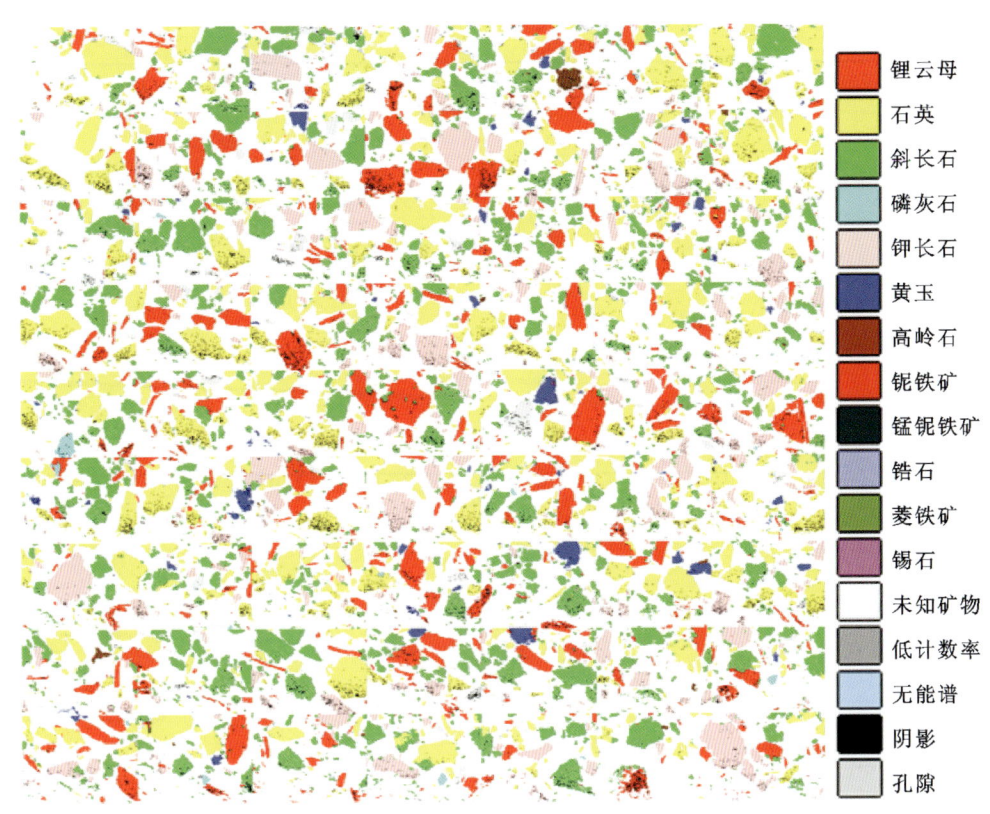

图 11-37　1号尾矿库尾矿矿物分布图（MLA检测分析）

表 11-30　1号尾矿库尾矿矿物成分及含量　　　　　　　　　　　　　　　　　　　　　单位：%

矿物成分	含量	矿物成分	含量	矿物成分	含量
石英	34	锂云母	18	黄玉	1
钠长石	31	绿泥石	1	白云母	少量
钾长石	15	磷灰石	少量	氧化锰	少量

分析结果表明，原矿矿物成分主要有石英、钠长石、钾长石和锂云母等；Li_2O 质量分数为 0.61%，含量高，回收潜力大，经济价值高；长石石英含量较高，可综合回收利用。

1. 石英能谱分析

石英分子式为 SiO_2。能谱分析结果显示，Si 平均值为 50.39%，O 平均值为 49.61%，见图 11-38。

2. 钠长石能谱分析

钠长石分子式为 $Na[AlSi_3O_8]$。钠长石能谱分析（图 11-39）结果显示，Si 平均值为 32.73%，O 平均值为 45.66%，Al 平均值为 12.46%，Na 平均值为 9.16%，详见表 11-31。

3. 钾长石能谱分析

钾长石分子式为 $K[AlSi_3O_8]$。钾长石能谱分析结果（图 11-40，表 11-32）显示，Si 平均值为 30.92%，O 平均值为 42.02%，Al 平均值为 11.33%，K 平均值为 15.33%，钾长石含少量 Rb 类质同象。

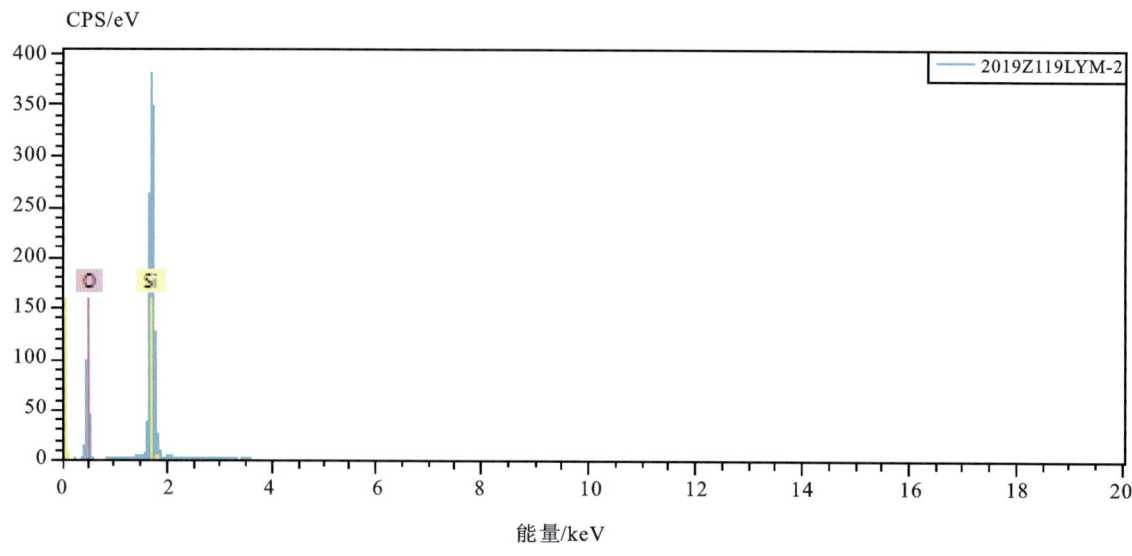

图 11-38　石英能谱图

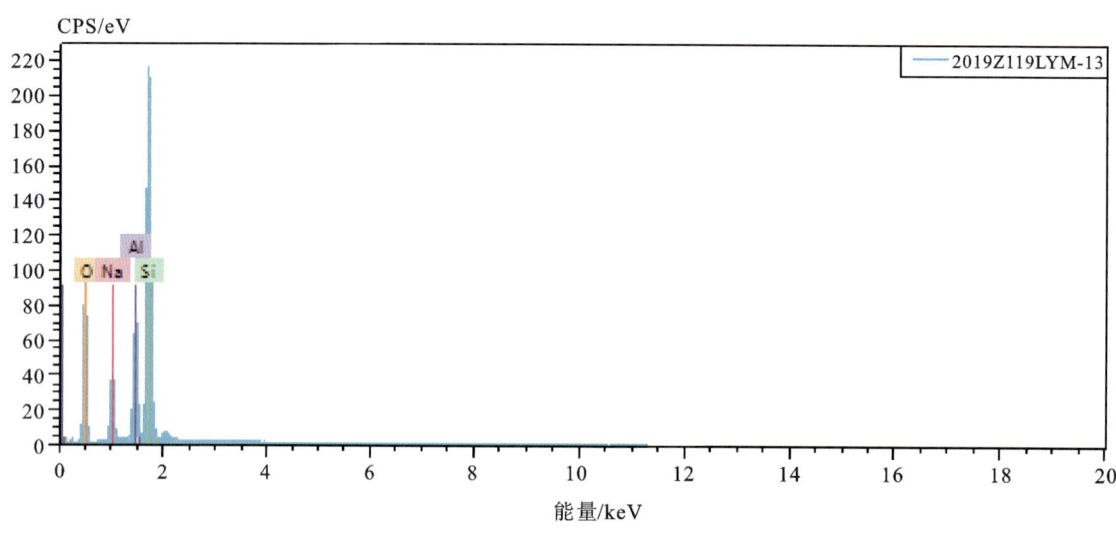

图 11-39　钠长石能谱图

表 11-31　钠长石能谱分析结果　　　　　　　　　　　　　　　　　　　　单位：%

序号	O	Si	Al	Na
1	46.65	31.76	12.27	9.32
2	45.63	32.97	12.38	9.02
3	45.75	32.71	12.44	9.10
4	45.15	33.26	12.57	9.02
5	45.39	33.01	12.40	9.20
6	45.38	32.66	12.67	9.29
平均值	45.66	32.73	12.46	9.16

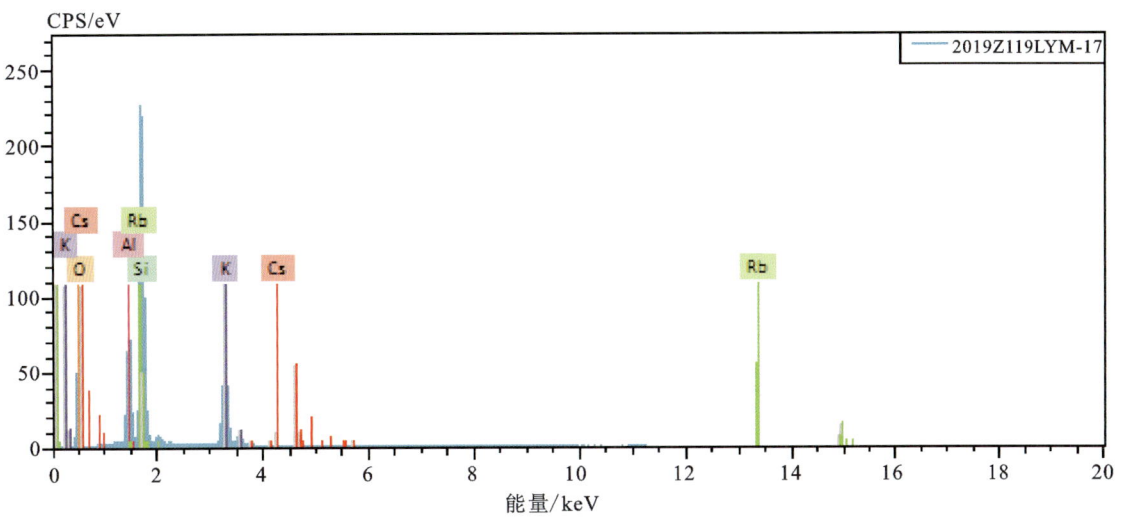

图 11-40 钾长石能谱图

表 11-32 钾长石能谱分析结果 单位：%

序号	O	Si	K	Al	Rb
1	41.87	30.82	15.77	11.21	0.34
2	42.16	31.01	14.89	11.44	0.48
平均值	42.02	30.92	15.33	11.33	0.41

4. 锂云母能谱分析

锂云母分子式为 $K\{Li_{2-x}Al_{1+x}[Al_{2x}Si_{4-2x}O_{10}](OH,F)_2\}$ ($x=0\sim0.5$)。锂云母能谱分析结果（图11-41，表11-33）显示，Si 平均值为 24.33%，O 平均值为 40.26%，Al 平均值为 15.02%，K 平均值为 9.49%，F 平均值为 8.02%，Mn 平均值为 1.24%，锂云母含少量 Rb、Cs 类质同象。

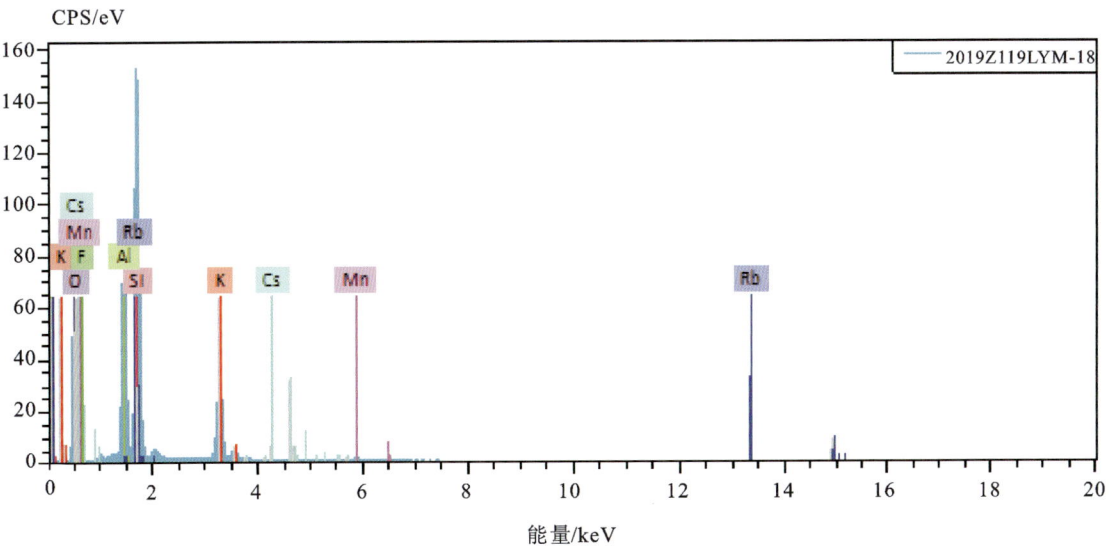

图 11-41 锂云母能谱图

表 11-33 锂云母能谱分析结果　　　　　　　　　　　　　　　　　　　　　　　　单位:%

序号	O	Si	Al	K	F	Rb	Mn	Cs	Fe
1	40.80	23.88	15.19	9.50	8.25	1.57	0.77	0.04	
2	40.05	23.63	15.23	9.69	6.94	1.13	2.12	0.01	1.19
3	40.95	23.91	14.92	8.82	8.80	1.28	1.13	0.18	
4	39.77	25.02	15.44	9.35	8.13	1.23	1.04	0.02	
5	40.84	24.45	14.86	9.13	8.25	1.71	0.76		
6	40.62	23.60	14.68	10.14	8.67	0.96	1.25	0.09	
7	40.16	24.96	14.50	9.57	8.04	1.72	1.00	0.05	
8	39.90	23.91	14.98	9.67	6.67	0.85	2.45		1.57
9	40.18	24.89	15.21	9.14	8.44	1.42	0.70	0.02	
10	39.34	25.00	15.23	9.89	8.00	1.30	1.18	0.06	
平均值	40.26	24.33	15.02	9.49	8.02	1.32	1.24	0.05	0.28

5. 白云母能谱分析

白云母分子式为 $K\{Al_2[AlSi_3O_{10}](OH)_2\}$。白云母能谱分析结果(图 11-42)显示,O 平均值为 47.12%,Si 平均为 24.96%,Al 平均值为 15.46%,K 平均值为 8.53%,Cs 平均为 3.33%,Rb 平均为 0.61%。

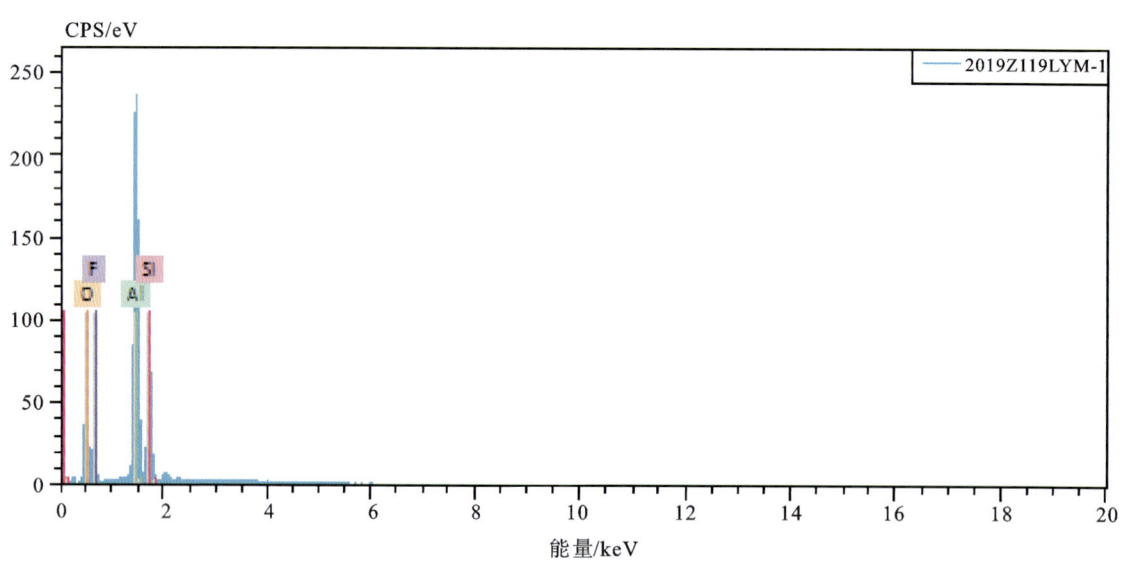

图 11-42 白云母能谱图

尾矿中稀有元素 Rb 质量分数为 0.27%,主要以类质同象形式赋存在锂云母(平均质量分数为 1.32%)、钾长石(平均质量分数为 0.41%)和白云母(质量分数为 0.61%)中;Cs 质量分数为 0.051%,主要以类质同象形式赋存在锂云母(平均质量分数为 0.05%)和白云母(平均质量分数为 3.33%)中。回收 Li 的同时,Rb 和 Cs 可以一并回收。

为了考察尾矿中 Li 的分布情况,对其进行粒度组成分析,结果见表 11-34 和图 11-43。

表 11-34 1号尾矿库尾矿粒度组成

试验编号	产品名称	产率/%	Li_2O 品位/%	Li_2O 回收率/%
YM-1	+0.5mm	3.15	1.39	7.54
	0.28～0.5mm	8.62	0.99	14.71
	0.15～0.28mm	26.19	0.65	29.36
	0.074～0.15mm	32.85	0.41	23.24
	0.045～0.074mm	10.63	0.35	6.42
	0.030～0.045mm	6.09	0.39	4.09
	-0.030mm	12.48	0.68	14.64
	合计	100.00	0.58	100.00

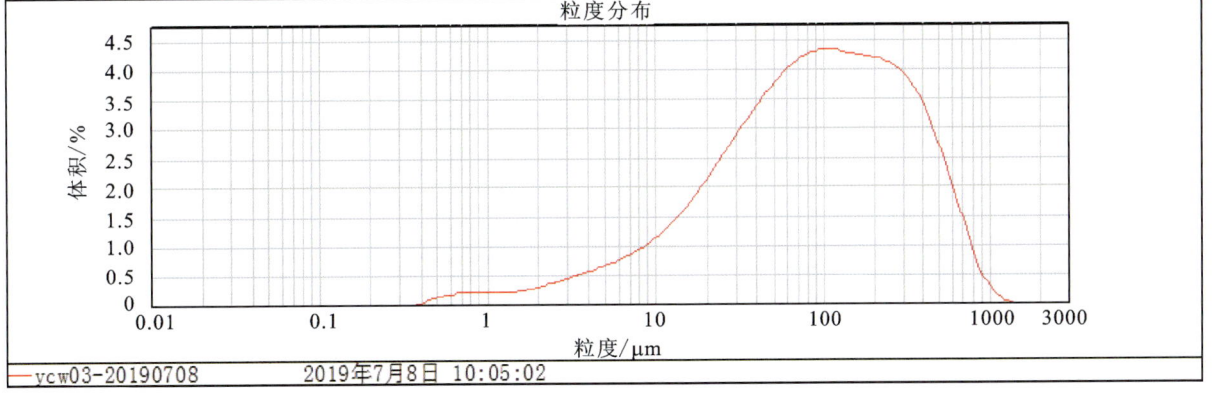

图 11-43 1号尾矿库尾矿粒度分布图

由分析结果可知，Li_2O 在粗粒级品位较高，有明显富集效果，+0.5mm 粒级 Li_2O 品位为 1.39%，0.28～0.5mm 粒级 Li_2O 品位为 0.99%。

（三）综合利用关键技术研发

针对宜春钽铌矿尾矿库中的尾矿及生产现场的尾矿进行了系统详细的工艺矿物学研究及可选性试验研究，通过大量的探索试验和条件试验，确定了"预先脱泥-弱碱性体系下阴阳离子混合捕收剂浮选回收锂"的技术工艺，试验流程见图 11-44，试验结果见表 11-35。

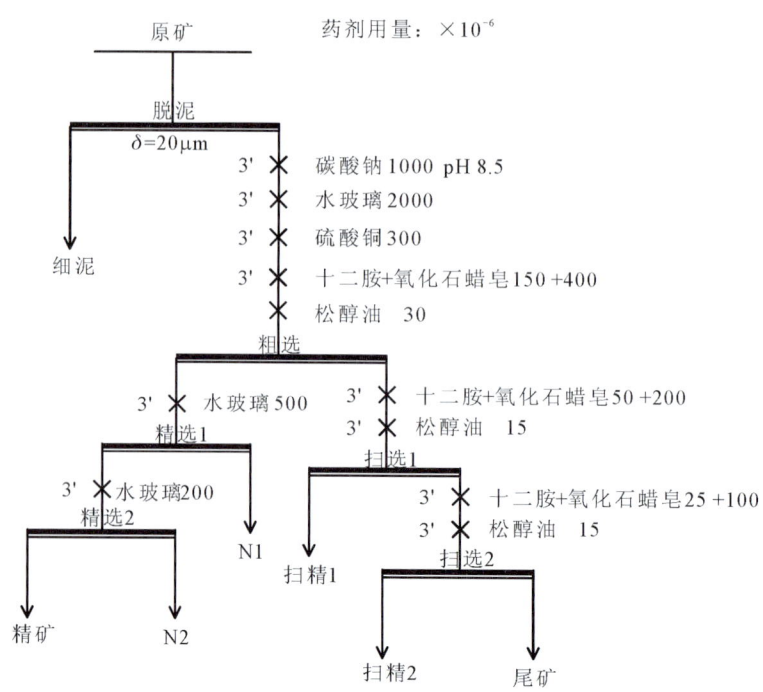

图 11-44 宜春钽铌矿尾矿综合回收工艺流程

表 11-35 宜春钽铌矿尾矿综合回收试验结果

试验编号	产品名称	产率/%	Li_2O 品位/%	Li_2O 回收率/%
YM-12	精矿(K)	10.55	3.68	59.63
	中矿(N2)	2.63	1.51	6.10
	中矿(N1)	8.50	0.97	12.66
	扫精矿(K1+K2)	7.69	0.23	2.72
	尾矿(X)	66.58	0.13	13.30
	矿泥-20μm	4.05	0.90	5.59
	合计	100.00	0.65	100.00

宜春钽铌矿尾矿综合回收锂开路试验,得到 Li_2O 品位为 3.68%、回收率为 59.62% 的锂云母精矿,再选尾矿 Li_2O 品位降至 0.1% 左右;精矿和中矿 2 合并含 Li_2O 3.25%,回收率为 65.72%,相比较于生产现场酸性条件下入料品位为 Li_2O 1.2% 的浮选指标,精矿品位相当,回收率提高了 10%。该钽铌尾矿锂综合回收指标优异,回收锂后的尾矿进一步分选可以得到长石粉和最终尾矿。

(四) 应用前景

项目组针对宜春钽铌矿尾矿开发了"预先脱泥-弱碱性体系下阴阳离子混合捕收剂浮选回收锂"的综合利用技术。该技术特点是:预先脱泥减少细泥罩盖影响、降低药剂用量,弱碱性矿浆环境便于操作、降低设备腐蚀损耗,阴阳离子混合捕收剂协同效应提高选别指标。该综合利用技术应用于含 Li_2O 0.61% 的尾矿样品,可以得到 Li_2O 品位为 3.25%、回收率为 65.72% 的锂云母精矿;应用于生产现场的重选尾矿,可以将锂云母精矿 Li_2O 品位提高到 3.6% 以上,锂云母选矿指标提升明显,有助于提高企业经济效益。

经济效益分析：目前外售尾矿（含 Li_2O 0.61%）约 130 元/t，应用该综合利用技术可回收 13%含 Li_2O 3.25%的锂云母（市场售价为 1100～1300 元/t，价值约 160 元），以及约 70%的长石粉（市场售价为 150～200 元/t，价值约 120 元），最终细泥尾矿 20 元/t 或抛弃排至尾矿库，总价值约 280 元/t，提升尾矿附加值 150 元/t，显著提高了企业经济效益。

宜春钽铌矿尾矿综合利用技术可进一步回收锂云母及长石资源，并可得到高品位的锂云母精矿，提高了锂资源的综合利用率，减少了锂资源的浪费。该项技术研究成果的应用可大大提高宜春钽铌矿的综合利用水平，释放尾矿中的金属与非金属资源，增加金属产量，提高了企业的经济效益，有效减少尾矿的排放和堆存，有助于矿山固废资源化、减量化利用，同时也为这类型尾矿资源开发提供了技术支撑和利用途径。

三、云南安宁磷矿矿山生态环境修复示范

云南安宁磷矿矿山生态环境修复示范区位于昆明安宁市县街街道天宁矿业有限公司三号磷矿山采空区排土场，修复场地面积约为 4300m²（图 11－45）。

图 11－45　云南安宁磷矿矿山生态环境修复位置（蓝色区域）示意图

（一）地质背景

安宁市地处滇中高原中部，境内地表起伏变化明显，地形南窄北宽，西南部高，东北部低，区内群山连绵，盆岭相间。主要地貌类型为构造侵蚀地貌和岩溶地貌。区内经多期构造活动影响，褶皱及断裂发育。断裂构造线主要呈北东向展布，形成安宁境内不同走向的断裂带和盆地。受断裂活动影响，区域内温泉、崩塌、滑坡较为发育。安宁市境内出露地层较全，从新生界第四系至元古宇前震旦系均有出露。磷矿层产于早寒武纪梅树村阶渔户村组中谊村段，主要由白云岩和磷块岩组成。

(二) 开发利用现状与生态环境问题

安宁天宁磷矿生态修复示范区为磷矿采空后回填采矿中产生的废弃土石,坡面堆积自然休止形成磷矿区排土场,属磷矿露天开采区典型新塑地貌。示范区排土场高10m,平台宽10m,坡长25m,坡度为30°,表层覆盖生土50cm。

通过调查发现,该磷矿排土场存在生态环境问题主要有:旱季持续时间长,风大蒸发强,干旱严重,植被生态恢复所需生态用水与区域气候降雨量时空不匹配;排土场表层土壤贫瘠、不保水保肥、水土流失严重、土壤结构粗化,是限制植被恢复的重要生态因子;矿山植被恢复中普遍存在适宜的乡土物种少,群落结构单一,生态功能低下;已经开展的生态修复具目标不明确、不注重生态演替规律、修复措施单一等不科学修复现状。

(三) 修复目标和布局时序

本次遵循以自然修复为主的理念,以磷矿矿山排土场为修复单元,以植被恢复为主线,通过开展不同乡土抗逆景观植物材料筛选、乔灌草群落科学配置、水土流失控制综合集成试验及示范,对磷矿山不同恢复植被类型、恢复模式的生态监测及适宜性进行研究,达到快速防治磷矿排土场水土流失问题,提出适宜于亚热带高原季风气候区磷矿矿山排土场的植被生态恢复技术模式,为磷矿矿山生态修复提供技术支撑。

示范区依据排土场地形布置了3个区域。平台地块模式为紫玉兰+欧洲荚蒾混交区,位于东部平台(长100m,宽10~12m),选择紫玉兰与欧洲荚蒾按照1:1进行行状混交。坡面地块模式为紫玉兰+欧洲荚蒾+牛筋木列植区,位于东部坡地(长100m,宽14~16m),选择紫玉兰、欧洲荚蒾、牛筋木按照1:1:1进行列状混交。平台结合坡面地块模式为油橄榄+北美红枫混交区,位于西部平台(长120m,宽6~10m)及坡地(长120m,宽8~14m),选择油橄榄与北美红枫按照1:1进行交互混交(图11-46)。

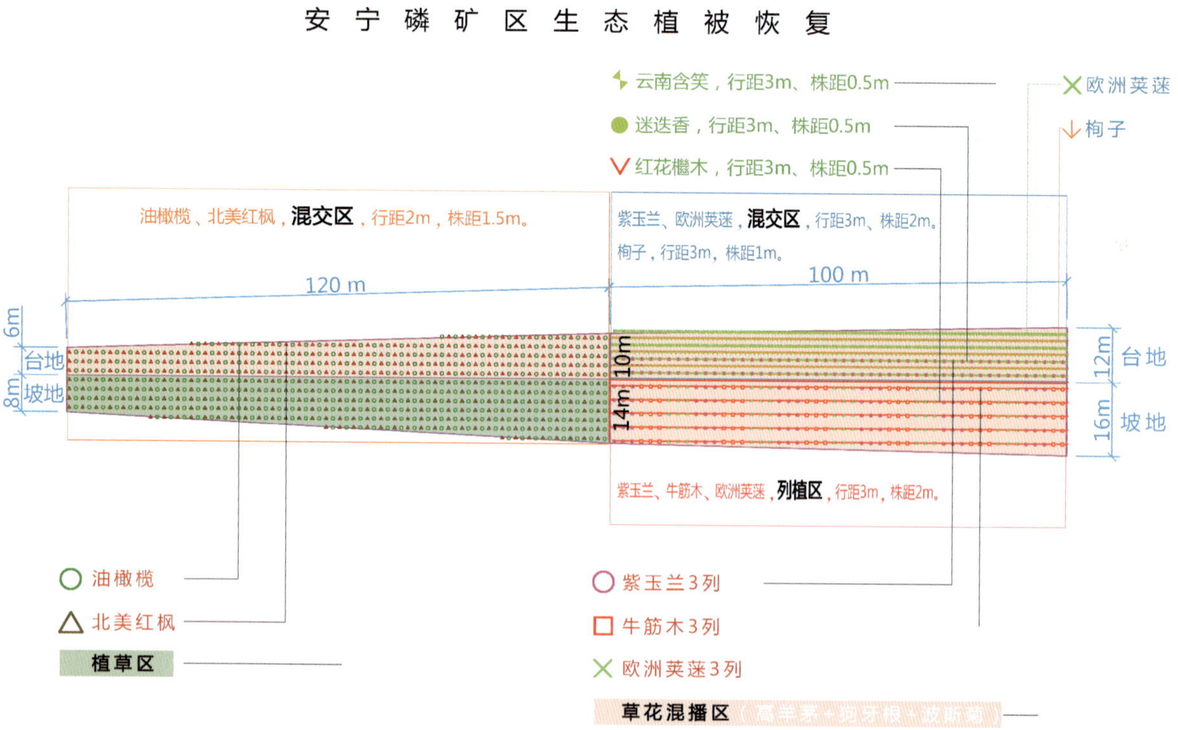

图 11-46 示范区生态植被恢复布局示意图

(四)关键技术

在安宁磷矿排土场生态修复示范中,本次共创新了 3 项关键技术,即特色乡土树种选择与群落配置技术、多层水土流失控制技术、矿区生态条件自动监测技术。

1. 特色树种选择与配置技术

在示范区内树种主要选择了油橄榄、北美红枫、欧洲荚蒾、紫玉兰、牛筋木 5 种乔木树种,以及枸子、红花檵木、迷迭香、云南含笑 4 种灌木,分别建设了油橄榄+北美红枫混交区(约 2000m^2)、紫玉兰+欧洲荚蒾混交区(约 1100m^2)和紫玉兰+欧洲荚蒾+牛筋木列植区(约 1200m^2)3 个区域。另外,选用混合草种(高牙茅:狗牙根=1:1)及波斯菊进行地表撒播。在物种方面,筛选出大量的适宜于磷矿矿山排土场生态修复的乡土抗逆型植物材料,增加了生态修复的物种多样性;基于生态演替原理,构建了针对云南地区高原干旱、水土流失严重生态条件下露天磷矿矿山排土场中乔、灌、草多层植被恢复技术。

2. 多层水土流失控制技术

采用乔灌草结合,形成立体式生物层层拦截降水。边坡采取沿等高线栽植乔木和灌木,形成坡面径流的拦截。同时,在乔木、灌木栽植带之间,沿等高线开挖浅沟,撒播草种,形成草袋来拦截坡面径流;在坡面底部、平台内侧的排水沟,设置微型谷坊,拦截沿排水沟流淌的泥沙,形成水土流失的层层拦截(图 11-47)。

图 11-47　微型谷坊及排水沟水土流失控制技术

3. 矿区生态条件自动监测技术

自动实时监测矿山复垦区气象条件包括大气温度、大气湿度、风力、风向、降水量、日光强度,土壤条件包括土壤深层温度、土壤深层湿度,复垦区植被生长情况实时视频监测(图 11-48)。所有数据通过 GPRS 模块传输至云平台,构建了集实时数据传输、查看、下载、预警功能的云管理平台,为排土场生态修复模式适应性管理研究提供数据支撑。

(五)主要成效

通过实施半年周期(2020 年 7 月至 12 月)对示范区 3 个区域树木的生长情况进行调查。结果显示,地表覆盖率达到了 80% 以上,植被成活率达到 90% 以上,水土流失降低率为 80% 以上,显现出良好的修复效果(图 11-49)。

图 11-48 矿区生态条件自动监测技术

图 11-49 示范区建成 3 个月后总体情况图

1. 油橄榄＋北美红枫混交区初步成效

目前，油橄榄成活率为 95%，平均树高为 1.4m，最高为 1.9m，平均地径为 1.6cm，最高为 2.3cm。北美红枫成活率为 90%，平均树高为 1.0m，最高为 1.6m，平均地径为 0.9cm，最高为 1.5cm。地表覆盖达 80% 以上。

2. 紫玉兰+欧洲荚蒾混交区初步成效

目前,紫玉兰成活率为100%,平均树高为1.3m,最高为1.8m,平均地径为1.5cm,最高为3.0cm。欧洲荚蒾成活率为100%,平均树高为2.2m,最高为3.2m,平均地径为2.9cm,最高为3.8cm。灌木层植物红花继木呈行状分布,出现频率为75%,平均高为0.3m,盖度约为5.0%。迷迭香出现频率为25%,平均高为0.30m,盖度约1%。云南含笑出现频率为50%,平均高为0.40m,盖度约5%。该混交区地表覆盖达90%以上。

3. 紫玉兰+欧洲荚蒾+牛筋条列植区初步成效

目前,紫玉兰成活率为100%,平均树高为1.2m,最高为1.8m,平均地径为1.6cm,最高为3.2cm。欧洲荚蒾成活率为100%,平均树高为2.5m,最高为3.3m,平均地径为2.6cm,最高为4.0cm。灌木层植物红花继木呈行状分布,出现频率为75%,平均高为0.3m,盖度约10.0%。迷迭香出现频率为25%,平均高为0.30m,盖度约5%。云南含笑出现频率为70%,平均高为0.40m,盖度约5%。列植区地表覆盖达80%以上。

(六)技术模式

针对长江上游亚热带高原季风气候区干旱、水土流失严重的废弃露天磷矿矿山生态条件,建立了前期人工支持诱导、后期自然恢复的多层立体生态植被恢复和水土流失控制模式:针对矿区气候、土壤条件等特点,选择兼具景观、生态和经济效益的乔木+灌木+草本多层植被进行复层立体绿化,并形成不同层次的降水拦截,在边坡上采取沿等高线栽植乔木树种,乔木树种间栽植灌木树种,同时种植草带,形成乔灌和草带边坡水土流失拦截带,在内侧排水沟设置微型谷坊,形成层层拦截水土流失的景观生态恢复治理模式。

(七)综合效益及推广应用前景

安宁磷矿矿区生态修复示范区植被成活率高,生态恢复见效快,后期管护成本低,且景观效果佳,能有效带动地方发展生态旅游经济。该修复示范案例首次针对采空区种植了经济作物油橄榄,油橄榄定植期2~3年挂果,进入盛果期可每亩年产增加收入6000元,为贫困山区脱贫致富探索出一条新的道路,具有良好的推广应用价值。

第三节 长江经济带沿江湿地和污染场地调查与修复示范

湿地是生态系统中的一种特殊环境,它在环境保护、气候调节等多个方面体现了重要的作用(Duong et al.,2019;Prach et al.,2019;Samantha and Joshua,2019)。但是,因为一些自然因素导致湿地在逐渐退化(赵峰等,2013;段学军等,2019),同时还有人为破坏等不利于湿地可持续发展的情况出现。因此,加强对湿地的保护和修复工作刻不容缓(吴后建和王学雷,2006;尹炜,2018;朱江等,2019;陈一宁等,2020)。长江沿岸分布着40余万家化工企业、五大钢铁基地、七大炼油厂,以及上海、南京和仪征等大型石油化工基地,沿江重金属污染和有机污染不容忽视(沈敏等,2006;刘春早等,2012;冯敏等,2017;方传棨等,2019)。本节主要介绍工程在长江经济带沿江开展的湿地、有机化工污染场地调查与修复示范研究取得的相关进展。

一、启东三和港—崇启大桥长江岸线湿地整治修复方案

针对江苏启东三和港至崇启大桥段长江岸线的综合整治工程,西起三和港河口下游约2200m,终点

在崇启大桥上游约3600m,新建堤防总长为12 626m。新堤线与原长江堤防之间采用吹填方式形成陆域。为了进行湿地保护和整治修复,本次开展了相关资料收集、现场勘察、生态修复设计、部门访谈以及后续生态环境绩效评估工作,提出了岸段整治修复方案,成果得到了地方政府应用。

(一)修复场地地质背景

1. 地形地貌

修复场地处于长江三角洲平原区,位于长江黄金水道的下游,地貌类型属新三角洲。目前,地形为长江漫滩,场地地势略有起伏,原江堤堤顶海拔一般在5.5~6.2m,堤外滩地海拔为2.0~2.5m,水下地面海拔为−9.0~−0.1m,一般为−7.0~−4.0m。堤岸丝草丛生,局部有砂石厂、码头分布,堤内多分布鱼塘、农田、民房等。

2. 地层岩性

修复场地钻探深度范围内揭示的地层除○A层为人工填土外,自然沉积土均为长江冲积层,依据土层性质、地质年代、成因类型和区域地质资料分析对比,自上而下可分为6个大层,若干亚层,分叙如下。

○A层(Qh^{ml}):灰黄色、杂灰色粉质黏土杂粉土,为素填土,主要为原江堤堤身土,局部为地表人工填土或耕作土,层厚0.9~7.3m。

①层(Qh^{al}):灰色、黄灰色粉质黏土质淤泥、淤泥质粉质黏土,混粉砂、粉土,局部夹粉砂、粉土薄层,为新近系沉积土,广泛分布于修复区浅表,层厚1.0~6.5m。

T层(Qh^{al}):黄灰色粉土、粉砂、细砂,含云母片,混杂淤泥质土,零星分布于围区浅表,层厚1.0~7.5m。

②层(Qh^{al}):灰色淤泥质粉质黏土,夹粉土、粉砂薄层,局部互层,在场地大部分分布,层厚1.4~10.5m。

T层(Qh^{al}):灰色粉土、粉砂,夹粉质黏土薄层,含云母片,呈透镜体状分布于②层中,层厚1.5m左右。

③层(Qh^{al}):灰色粉土、粉砂,夹粉质黏土薄层,局部互层,含云母片,在场地大部分分布,层厚1.3~7.5m。

T层(Qh^{al}):灰色淤泥质粉质黏土,夹粉土薄层,呈透镜体状分布于③层中,零星分布,层厚3.1m左右。

④层(Qh^{al}):灰色粉土、粉砂,夹粉质黏土薄层,含云母片,在场地大部分分布,层厚1.3~16.2m。

T层(Qh^{al}):灰色淤泥质粉质黏土、粉质黏土,夹粉土薄层,呈透镜体状分布于④层中,层厚1.3~3.6m。

⑤层(Qh^{al}):灰色粉质黏土、淤泥质粉质黏土,夹粉土、粉砂薄层或透镜体,局部互层,在场地广泛分布,多未揭穿,最大揭示层厚28.7m。

T层(Qh^{al}):灰色粉土、局部粉砂,夹粉质黏土薄层,含云母片,呈透镜体状分布于⑤层中,层厚1.3~8.3m。

⑥层(Qh^{al}):灰色粉砂、粉土,局部夹粉质黏土,含云母片,局部揭示,未揭穿,最大揭示层厚16.4m。

3. 地质构造与地震

经查《中国地震动参数区划图》(GB 18306—2015),工程区Ⅱ类场地时基本地震动峰值加速度为0.05g,相应地震烈度为Ⅵ度,Ⅱ类场地时基本地震动加速度反应谱特征周期值为0.40s。

4. 水文地质条件

修复场地紧邻长江航道,地形切割较深,浅部各含水层之间、含水层与地表水之间水力联系密切,

①～④层共同组成潜水含水层。⑥层为粉砂层,中等透水,赋水性较好,为场地承压含水层。⑤层黏性土相对隔水,为承压含水层相对隔水顶板,该层埋藏较深,对工程影响不大。由于①层、②层等黏性土层透水性较弱,具相对隔水性质,使③层、④层等粉土、粉砂层局部也具弱承压性。

5. 来水、来沙和潮汐

三峡水库蓄水后,长江口来水量变化不大,但输沙量和含沙量均大幅减小,减小幅度分别达66%和64%。长江口泥沙来源比较复杂,有上游流域来沙、外海滨来沙、河口浅滩和部分底沙再悬浮、沙体冲刷等多种沙源补充,长江口泥沙的时空变化受多种因素影响,非常复杂。长江口含沙量随季节和潮汛有明显的变化,根据多年水文测验统计,洪季平均含沙量约 $1.0 kg/m^3$,枯季平均含沙量约 $0.10 kg/m^3$,年平均含沙量约 $0.54 kg/m^3$,一般大潮含沙量比小潮大。对于南支来说,北支上游来沙较小,主要特点为:大中潮涨潮含沙量一般大于落潮,北支含沙量远高于南支,常有泥沙倒灌进入南支。

北支河段位于长江口潮流界内,潮汐性质属非正规半日浅海潮。潮位每天两涨两落,日潮不等现象较明显。一般涨潮历时约4h,落潮历时约8h,一涨一落平均历时约12.42h。年最高潮位往往是天文潮、台风两者组合作用的结果。

(二)主要生态环境问题

1. 原江滩湿地围垦

(1)湿地面积减少:整治工程对湿地的影响范围主要为吹填工程区,长江堤外主要是由滩涂、水域构成的沿江湿地。工程围滩区域在近岸水域,水深范围在0.7～6m之间,严格意义上来说仍然属于湿地的范畴。在吹填工程区周边兴建围堤,堤内吹填成陆,工程完成后,吹填区范围内水域共计 $4\,091\,112 m^2$(折合6136亩),湿地将永久消失,属不可逆影响。

(2)高等水生植物缺失:工程所占用的沿江滩地,现在生长的湿生植被优势种主要为芦苇群落、海三棱-藨草群落,由本工程围堤造成芦苇损失面积约为81.8万 m^2,估算项目造成海三棱-藨草的损失面积约为20.5万 m^2。合计湿生植被损失量约为192.053t,见表11-36。

表 11-36 工程占地造成滩地面积损失和植被生物量损失估算表

植被种类	分布面积/万 m^2	平均生物量/$g \cdot m^{-2}$	损失生物量/t
芦苇	81.8	221	180.778
海三棱-藨草	20.5	55	11.275
合计	102.3		192.053

(3)底栖动物减少:工程对底栖动物的影响来自两个方面,一方面为吹填工程实施导致吹填区范围内滩涂底栖动物资源损失,属永久不利影响;另一方面的影响来自采砂区的采砂影响,属可逆影响,工程结束之后可逐渐恢复。由于施工刚刚结束且受工程施工的干扰较大,底栖动物恢复重建比较缓慢,运行初期底栖动物的种类数量可能较少,需经过5年左右时间缓慢恢复。

对底栖生物的损失分为按永久占用和临时占用计算,其中吹填区按永久占用,损失量以20倍计算;沙源区按临时占用,损失量以3倍计算。根据表11-37可知,本项目施工期底栖生物总损失量为111.74t。根据调查该区域底栖动物为常见物种,无濒危或珍稀物种。

表 11-37 拟建工程项目建设期底栖生物损失量估算结果

建设方式	损失分类	涉水面积/万 m²	平均生物量/g·m^{-2}	计算年限/年	损失生物量/t
吹填	永久	409	0.788	20	64.46
采砂、疏浚	临时	2000		3	47.28
合计		2409			111.74

2. 新建江堤外侧生态环境恶化

(1) 生物栖息地缩减：工程运行之后，工程所在区域的生态类型发生了根本性改变。工程施工前，工程所在地的生态类型为湿地、水域。工程运行之后，新堤建造割裂了原来的水交换环境，围堤以内全部转变为陆生环境，生态恢复初期最先出现的先锋物种为一年生或者多年生杂草，例如狗牙根、结缕草、稗草、一年蓬等。如果在没有人工干预的情况下，生态演替继续进行会逐渐出现一些低矮灌丛等植被。可见围堤工程使原来的湿地生态系统转变为陆生生态系统。

(2) 江滩外侧湿地植被稀缺：工程永久占地将使所占用区域的湿地植被受到破坏，这种影响是不可逆的。从现场调查的结果来看，工程实施后江滩外侧湿地植被单一甚至没有植被。工程实施后，该区域植被受到极大的限制，这对整个工程区域的生态系统造成了一定的影响。因此，需要对江滩湿地植被进行人为修复，以增加该区域植被的丰富度，恢复该区域的生态功能。

(3) 水土流失严重：本项目吹填区占用面积 4.09km²，采砂区占用面积为 20km²，取砂总量 2298.7万 m³。工程施工扰动水体，泥沙将直接进入河道，将增加局部水体浊度，影响水质。

（三）江堤湿地修复方案

依据所在的区域位置特色，以启东市三和港—崇启大桥段长江口北支的现状，重点依托原有老堤外侧自然湿地及现状新堤外侧吹填补偿湿地，对长江北支沿岸滩涂进行湿地植被修复工作。启东市崇启大桥至三和港长江岸线综合整治生态湿地修复补偿工程主要由两大部分组成，分别为：①新堤外侧具有净化功能的滨水湿地植物修复补偿工程，主要措施为在浅滩水域种植藨草、芦苇、海三棱等本土湿生植物，加速湿生植被恢复；②防洪大堤底栖生物生境改造工程，主要措施为在潮间带或潮下带水域投放当地底栖及固着类生物，如多毛类（沙蚕）、软体动物（河蚬、背角无齿蚌、缢蛏、螺类等）、甲壳动物等，促进湿生生态系统恢复（图 11-50～图 11-56）。

修复区宽度的确定是决定修复区物种是否能有效生长与成活和湿地生态系统稳定发展及存续的关键问题，同时宽度也是决定湿地建设是否满足环评对滩涂湿地植被修复的补充指标。因此，进行湿地宽度设计是本次工作的重要内容。

本方案对修复区距岸宽度的确定主要考虑满足在该区恢复水生植物的客观条件。这些客观条件主要包括：水生植物在该工程区的历史分布、基底的稳定性、水深条件（最高水位和持续时间），以及景观视觉效果、适生植物种类的筛选。考虑到当地存在海水倒灌的现象，在进行修复物种筛选时应优先选择耐盐度较高的植物，例如芦苇、大米草等。

启东市三和港—崇启大桥段的长江口北支沿岸带未被破坏，大部分芦苇发育较好，多数芦苇生长带宽度为 50～80m，最大宽度达到 160m，新修大堤沿岸地段外侧可实施修复补偿为 20～40m。

底泥是大多数水生植物赖以生存的根本，特别是能固着于底部的软性底泥，能使得植物扎根吸收营养，更重要的是能帮助植物产生足够的抗风浪强度，从而得以在其基质上成活和繁殖。一般认为，自然沉积的底泥深度 5cm 及以上是植物生长的阈值深度（当然也有泥深在 3cm 左右的位置仍有植物生长）。在本工程区内，底泥深度不小于 10cm 的区域较多，原因多为人工冲刷滩涂时形成的滩涂湿地，其中新

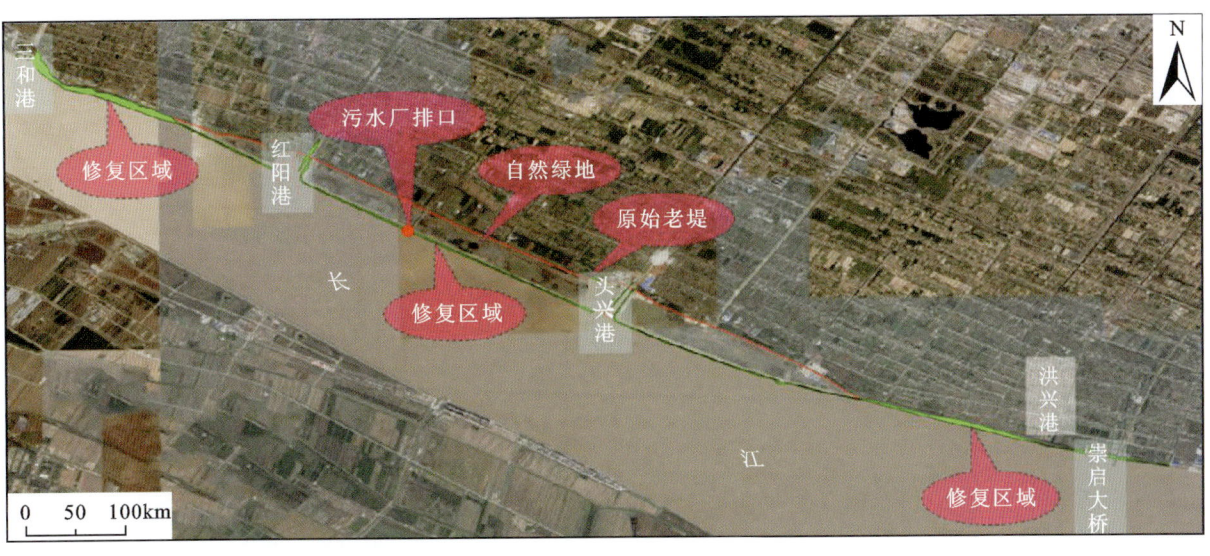

图 11-50　施工工程区总平面图

图 11-51　三和港至新堤工程区域平面图

堤外侧宽度为 10~40m,根据现状对深泓线和长江航道的设计范围确定新堤外侧冲刷形成的滩涂湿地距岸 10~60m。泥深 5cm 线则大多可达到植物对底泥的依赖性较强的位置。因此,工程区底泥厚度也是限制植物能够修复至适当宽度的主要考虑因素。

图 11-52 新堤外侧工程区域平面图

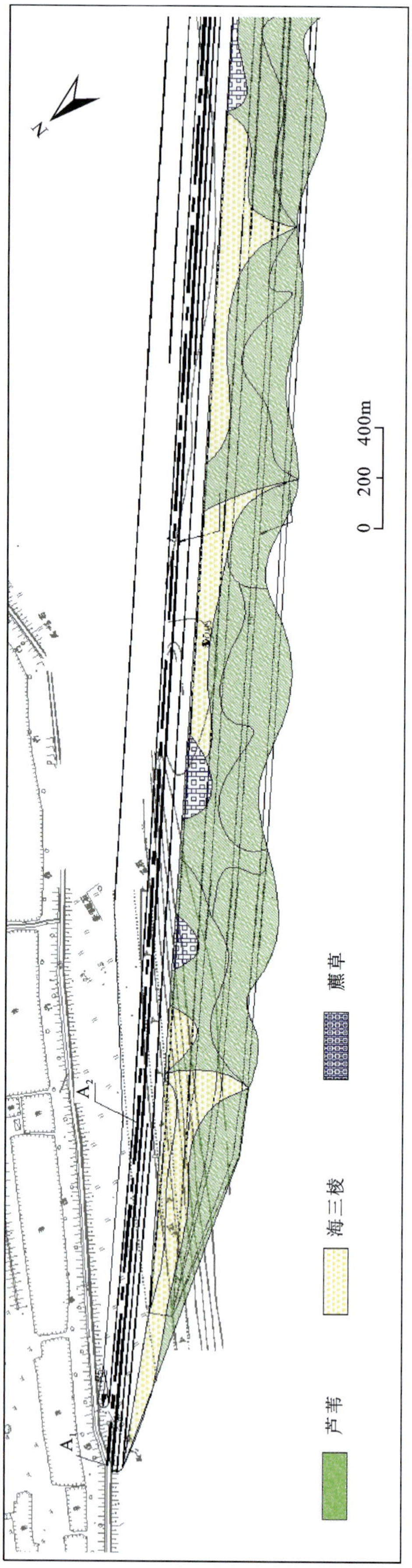

图 11-53 新堤外侧区域一平面图

图 11-54 新堤外侧区域二平面图

图 11-55 新堤至洪兴港工程区域平面图

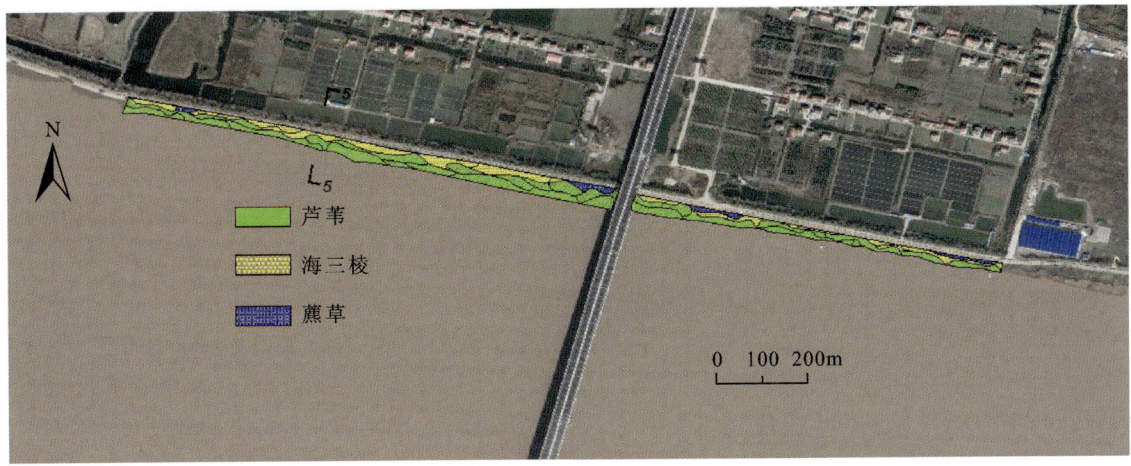

图 11-56 崇启大桥两侧工程区域平面图

从景观视觉效果方面看，离开岸线200m处挺水植物的视觉效果为极限，而在150m以内挺水植物的群丛视觉效果、色彩美学感觉较为强烈。此外，浮叶植物群丛的显著视觉效果范围通常也不超过150m。

水位调查结果显示，新堤外侧工程区离岸1~20m处水深为0.4~0.6m，离岸20~40m处水深为0.8~1.5m。长江水位高低落差平均可达0.8m，在不考虑长江航道及深洪线的影响下依次计算，离岸50~60m处水深为2.20~2.30m，离岸200m处水深为2.25~2.45m。根据上述资料，此水位已经超出植物在滩涂修复湿地区域生长的适宜范围。

综合以上各方面分析，并依据环评报告的调查结果，新堤外侧滩涂湿地修复植物补偿方案建设的范围不宜过大，离岸距离选择在10~40m范围内较为适宜具体措施有以下几个方面。

水深是决定湿地植物生长的重要因素，不同的湿生和水生植物对水深的要求存在显著差异。本次湿地植被修复优先考虑本地优势种，主要为藨草、芦苇、海三棱。所以根据上述水位综合分析，新堤外侧植物修复范围为新堤外侧根据航线和深洪区变化1~40m范围内，采用抛撒优势植物种群措施，以当地优势种为主要基础，改善其自然湿地环评报告中植物物种单一情况。新堤两侧原有大地外侧区域按照现有自然滩涂现状进行人工干预，对水生植物生态系统、底栖生物生境进行人为改善，增强它的自我恢复能力，使其快速完成一个完整且良好的滩涂湿地生态系统的构建。

增加生物多样性。本湿地修复工程涉及的水生植物种类多为当地优势种，在已考虑了种类的搭配中，特别考虑的是以挺水植物为主要建群种并在岸边滩地上配置禾本植物，从而形成在植物种类上的多样性系统。虽然工程涉及其他生物(如底栖生物)物种的引入，但本次修复中不考虑生物投放工程，根据以往在湿地修复技术应用上的一般规律，在湿地成功修复并完成底栖生物生境改善后，土著底栖生物(如螺蚬类软体动物、摇蚊类节肢动物等)将会自然进入，会自然形成一定的生物种群，与水体中浮游类生物形成生物多样性种类达到一定程度的生态系统。

设计合理的视觉效果。注意透景、漏景、借景等手法的运用，植物布置的目的是满足人们视觉愉悦的要求，这其中包括色彩、错落、层次、亲水等视觉感官等要求。

依据上文阐述的生态修复补偿要求，整体湿地补偿修复完成补偿的时间为3年。所以本次方案在第一年中对人工种植的30%滩涂湿地进行修复补偿，对老堤外侧以有的未遭到破坏的滩涂湿地现有原生高等水生植物进行人工干预，对其现状进行科学的运维管理，完善其湿地水生植物的系统构建，恢复并改善提升其自然滩涂湿地的功能与自净能力。

通过2~3年的科学运维管养，在此区域形成结构稳定、功能完善的自然滩涂湿地生态系统。

(四) 江堤内湿地建设方案

1. 环境特征分析

新堤外侧具有净化功能的滨水湿地植物修复补偿工程，主要内容为在浅滩水域种植藨草、芦苇、海三棱等本土湿生植物，加快湿生植被恢复。防洪大堤底栖生物生境改造工程主要内容为在潮间带或潮下带水域投放当地底栖及固着类生物，如多毛类(沙蚕)、软体动物(河蚬、背角无齿蚌、缢蛏、螺类等)、甲壳动物等，促进湿生生态系统恢复，这两部分组合而成。

滩涂湿地修复区位于长江北支，风浪较大，在湿地建设初期，刚种植的植物不容易扎根定植，需要进行消浪设施的布置与建设。一方面扎根不牢固的植物在风浪作用下将浮起，另一方面较大风浪还会对植物造成机械损伤，再者风浪作用还会加速区域内底泥侵蚀与再悬浮，降低水体的透明度，影响沉水植物生长发育。为了提高人工种植植物的成活率、促进修复区生态系统稳定和水生植物的扩张，本次设计在生态湿地外围和湿地内部采用外侧布置抛石护坡的形式，连排和缀块布置组成消浪设施，实施修复区波浪消减，在内侧进行挺水植被修复功作与滨水岸带植物配置。

2. 新、老大堤之间总体布局

在新、老大堤之间，以地形重塑、人工引种的生态沟渠、生态稳定塘、生物多样性保育区为主，在新堤内侧 10～50m 的范围内，根据当地林业部门的需要对其进行一定程度上的修复改善工作，完善防风林带建设工作，设置一条由乔、灌木组成的防风林带。

新、老大堤之间按照地形地貌和区域环境特色，分别设置了休闲观光湿地区、尾水深度净化湿地区和生物多样性保护湿地区(图 11-57)。

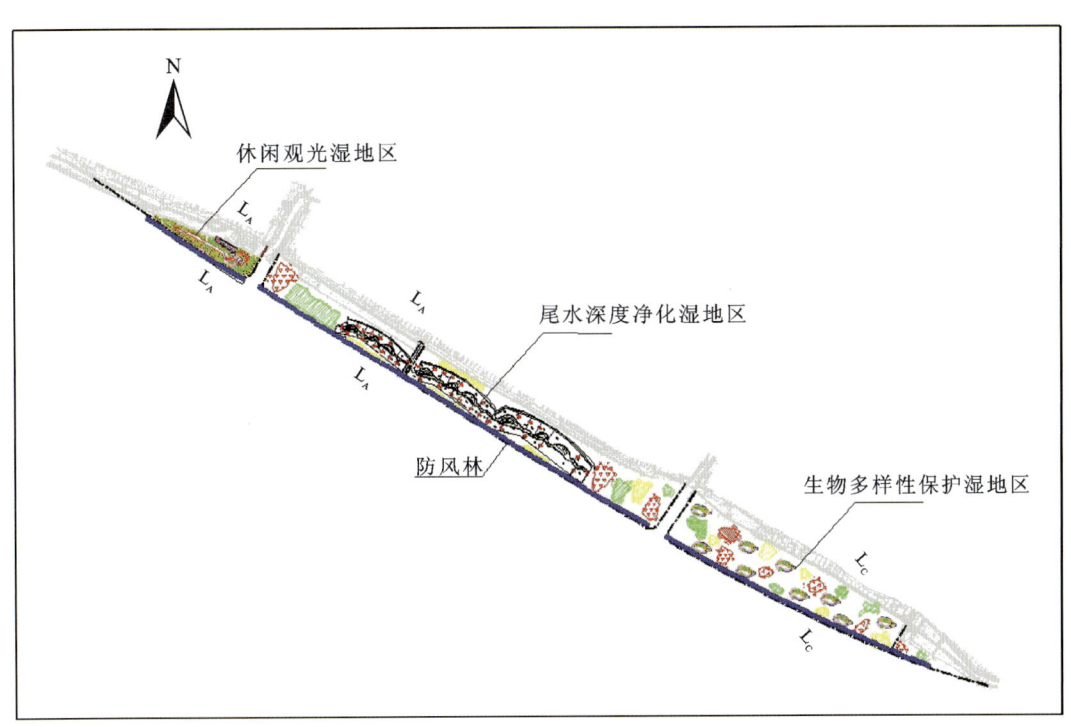

图 11-57 半自然功能湿地总平面图

3. 尾水深度净化湿地区

尾水深度净化湿地区应以水质净化为主，兼顾景观和生态。主要通过人工强化改造，构建由生物强化调节池、微曝气垂直流湿地、水平潜流湿地、氧化塘单元组成的人工增氧型复合污水净化湿地系统，对城市污水处理厂的尾水进行深度处理，同时提升其景观及科普功能，使得污水处理厂的出水水质提升至地表Ⅳ类，降低入江污染负荷，为其他两个湿地区提供清洁水源(图 11-58)。

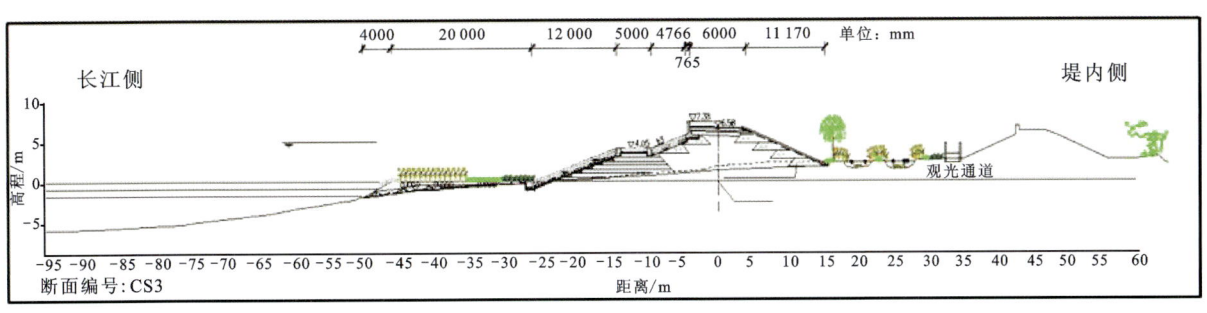

图 11-58 B—B 界面

4. 生物多样性保护湿地区

生物多样性保护湿地区以生物多样性保护为主,主要通过设置以自然保育区,在最大限度地降低人类扰动的前提下,通过风媒、水媒、鸟媒等途径,尽可能多地恢复、提升区域生物多样性,为鸟类和其他各种野生动物提供更好的生存及繁衍环境(图11-59)。

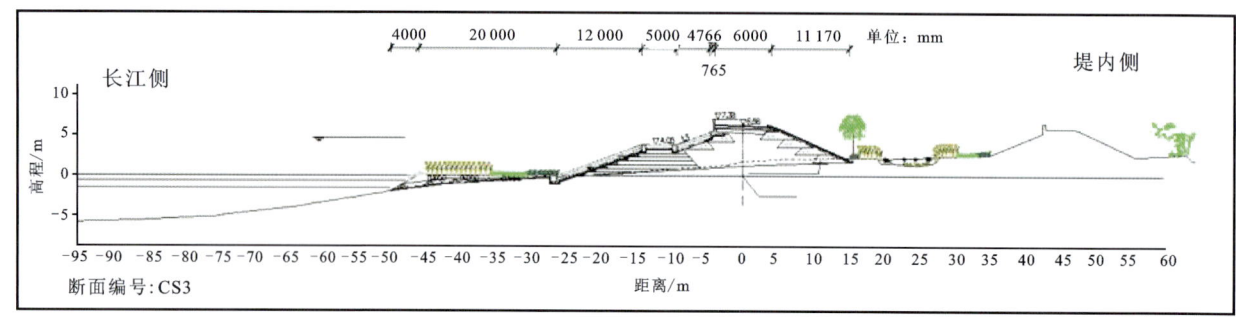

图11-59　C—C界面

5. 休闲观光湿地区

休闲观光湿地区以休闲观光为主,主要利用尾水净化湿地后的清洁水源,设置多种造型与功能的生态沟渠、生态塘、湿地植物展示区等,为当地群众构建一个风景优美、环境舒适、人与自然和谐共处的滨江湿地公园(图11-60)。

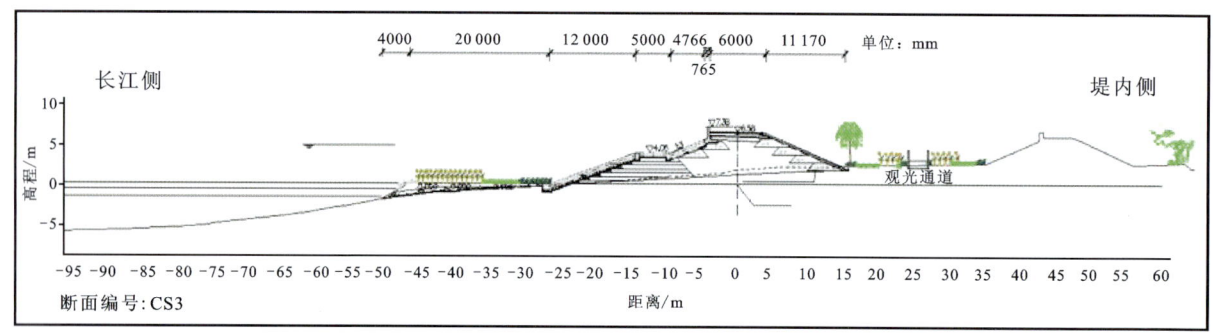

图11-60　A—A界面

（五）方案概算

方案主要以现状环境为基础,因地制宜,以原生江滩湿地为主,充分利用现有湿地基础,重点发展新堤外侧、三和港—崇启大桥段与新堤间原有老堤外的自然湿地区域,要求对周边的环境影响较小,以人工引种为辅、自然修复为主,投资经费相对较少,可操作性更强。如表11-38所示,本方案的投资约为205.4万元。

（六）修复关键技术

修复过程中主要采用底质改良和地形重塑技术、滨岸带综合消浪技术和卵带式先锋植物控繁技术3项重要关键技术。通过上述关键技术联合使用,创新形成了"生境优化、植物优选、多样性调控"综合修复方案。

表 11-38 修复方案投资预算表

	项目名称	工程量	单位	单价/元	工程投资/万元	说明
工程直接费用	基地改良工程	16 098	m³	20	32.2	
	芦苇	31 644.58	m²	10	31.6	密度均为 6 丛/m²，每丛 3 个芽
	海三棱藨草	23 594.40	m²	10	23.6	密度均为 6 丛/m²，每丛 3 个芽
	莎草科、禾本科撒种草籽	39 613.25	m²	2	7.9	密度均为 6 丛/m²，每丛 3 个芽
	现状驳岸水生植物管理	225 000	m²	3.5	78.8	现状群落调整、管理、维护
	小计				174.1	
其他费用	措施费				5.2	比例 3%
	管理费				8.7	比例 5%
	税费				17.4	比例 10%
	总计				205.4	

1. 底质改良和地形重塑技术

河流湖泊水下地形和河/湖床理化状态对水生植物的着生与扩繁具有重要影响，其中床底至水面间上覆水深度是影响湿地植物生长的重要因素。在本工程案例中，项目团队根据区域水文地质条件，利用人工措施（清淤、吹填、开挖、堆砌等）改变围垦区地形，形成最深 2.5 m 的静水湖区（图 11-61），使之更好地适应水生生物生存。在地形塑造的同时达到湖泊底质改良效果，合理地改善了水体流动性，营造出有利于不同植物生长的河底生境，为后续水质改善与生态修复创造了更好的环境条件。

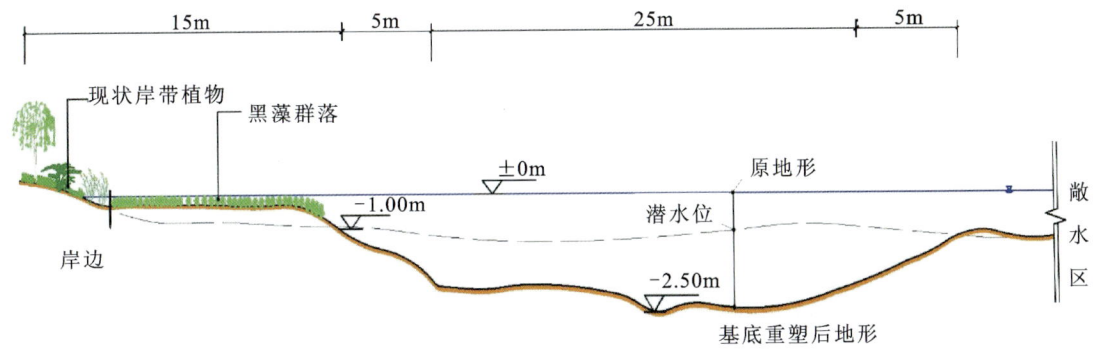

图 11-61 底质改良与地形重塑示意图

2. 感潮岸带综合消浪技术

在感潮岸段湿地修复过程中，生态系统的稳态往往受到风浪的胁迫。需要有效控制风浪冲刷强度，稳定水体，减轻湖底侵蚀，促进泥沙沉积，营造有利于水生植被恢复的良性生态环境。为此，在风浪冲刷比较强烈的水域进行开展修复工程，常常需要设计建造防风浪工事，以保障湿地的构建与恢复。在消浪工事的保护下，迅速重建的岸带挺水植被可形成护岸防蚀的自然生态屏障，在生态屏障发育稳定后，控制风浪的设施往往失去原有作用、需要拆除。正是对临时性岸带消浪措施的需求，本案例中提出并应用了便于拆装的木篱式消浪、拦网式柔性消浪联用的消浪技术，以保障相关修复工程的顺利实施。

木篱式消浪：在消浪保护区迎风面边界上，用原木桩、钢筋等材料设置通透率10%～30%的木篱笆，并且向迎风面设斜拉线，以提高消浪带的抗浪强度，达到削减风浪强度的目的。木篱式消浪带的高度略高于最高水位时的最大波峰高度。

拦网式柔性消浪：设置在木篱式消浪带之后，为抑制保护区内部风浪的兴起，放置由木桩、聚乙烯网和填充材料组成的条带状吸收波浪装置，将其垂直于主风向布设，宽度应大于波浪的波长，高度略高于最大波浪波峰高度。

3. 卵带式先锋植物控繁技术

先锋植物具有顽强的生命力和极高的比表面积，可提供生物栖息空间、养分，但如果不加以限制，有可能造成泛滥，使植物品种单一、生态失控。因此，先锋植物在生态修复的过程中具有临时过渡性，需要将其控制在特定的范围内，随着生态修复的不断深化，需将其全部移除，为其他物种的发展提供空间。本案例实施过程中应用的卵带式先锋植物快速繁育与控制技术，采用模仿青蛙排卵的方式布设先锋植物。该技术可实现定点种植，极大地提高成活率，并可在环境条件改善后快速移除先锋物种，为后续物种的繁育生长创造条件。

卵带式先锋植物快速繁育与控制方法主要包括种苗的采集、种苗的分选包装、桩体固定与卵带式布设3个步骤：一是制作先锋植物苗带；采用有结网将先锋植物的种苗（块茎）缝制成条带状中，并间隔2m左右缝入重物（石子等）；二是布设先锋植物苗带，在需要布设先锋植物的区域，两端布设固定桩，将缝制好的种苗带固定在桩上，缓慢放入水底；三是移除先锋植物，将系在固定桩上的植物带解下，整体拖出水域即可（图11-62）。

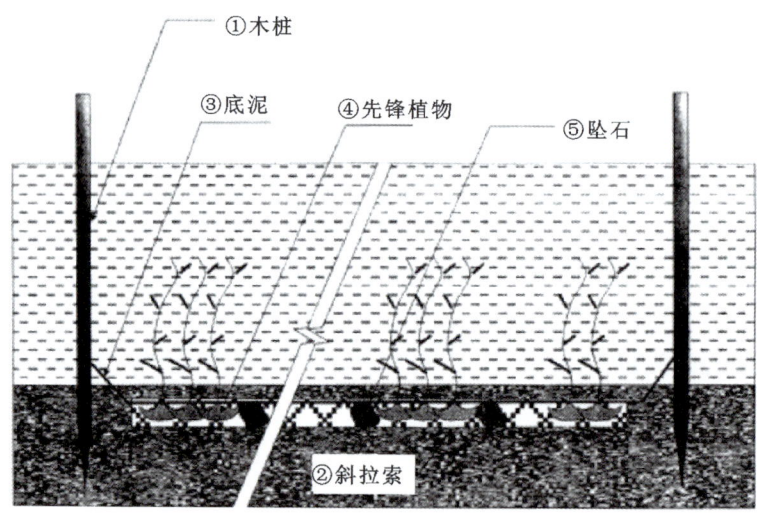

图11-62 先锋植物控繁

（七）效益分析

1. 环境效益

修复后的长江北支沿岸滩涂湿地同时具备景观恢复区与生态湿地保育区的功能，恢复构建湿地多层次植物群落、水生动物群落、底栖生物群落，将为更多种类的生物提供更多更适宜的生境和繁殖空间，从而修复受损滩涂湿地生物栖息地，最终形成结构良好的自然湿地生态系统，达到环评对湿地植被的恢复要求，并且从局部到整体能一定程度上地提升滩涂湿地的生态环境功能。

修复后的沿岸滩涂净化湿地将进一步的净化由启东市城市污水处理厂处理后的来水，预计每年将深度净化约3241万t生活污水,并且建好的滩涂湿地将协助污水处理厂每年处理约1620t的COD(化学需氧量),216t的氨氮以及16.2t的总磷,由污水处理厂初步处理后的生活污水经过半自然功能湿地与自然滩涂湿地的深度处理后,能够满足《地表水环境质量标准》(GB 3838—2002)中的Ⅲ类标准,这些净化后的水源可以为景观湿地提供清洁水源和生态补水,且由于其大幅削减入江污染负荷,保障优质水源进入长江,为长江水环境提升和生态大保护作出贡献。

修复后的滩涂湿地生态系统包括不同层次、不同规模、不同类型的生态系统。修复工作要求环境未破坏前滩涂湿地的功能状态。同时,在施工完成后进一步提升受损湿地在受破坏前的自然生态系统功能,极大地提升尾水深度净化,保护提升生物多样性的社会功能。

2. 社会效益

岸堤湿地的修复与该区域生态保护建设工程对拉动内需,保证当地经济增长有一定的推动作用,工程建设期可以安排一定数量的劳动力,项目实施期同时也可以解决部分管理人员、技术人员和服务人员的就业,可为启东市和郊区乡村剩余劳动力提供就业机会。项目建设完成后,除了直接的社会效益外,通过发展生态旅游推动生态区及周边区域发展,对相关产业有积极的带动作用。

项目实施后,可以为附近居民提供一个环境优美、规模巨大的滨江休闲公园。这为启东市居民打造一个人与自然和谐共处的亲水环境提供了很好基础。不仅如此,修复好的滩涂湿地可为周边环境保护、生态修复和生态环境保护教育提供样板,大力推动启东市生态建设的步伐。

3. 生态效益

经过岸堤外湿地修复补偿工程的实施,区域植被覆盖率大幅度提高,植物多样性增加,不仅使项目区的生态环境得到极大改观,明显改善了大气、水和土壤质量,也可以提升水体透明度,积极促进生态平衡,恢复、增强水体自我净化能力,还能与周边环境相和谐,构建出生态结构稳定、植被丰富多样、景观优美的湿地景观(图11-63)。

经过计算,最终完成对长江滩涂湿地修复的面积为芦苇总面积31 644.58m²,海三棱和蔗草总面积23 594.40m²,莎草科、禾本科撒种草籽总面积39 613.25m²,湿地总修复面积94 852.23m²。整体湿地补偿修复完成补偿的时间为3年,在第一年中对种植30%的滩涂湿地进行修复补偿,对老堤外侧以有的未遭到破坏的滩涂湿地现有原生高等水生植物进行人工干预,通过科学的运维管理,完善其湿地的水生植物的系统构建,恢复并改善提升其自然滩涂湿地的功能与自净能力。

通过2~3年的科学运维管养,可以构建出两片大面积结构稳定、湿地功能完善的自然滩涂湿地,可以有效地带动湿地植物自我繁育。充分完善和带动新堤外侧滩涂湿地植物覆盖面积,可以达到80%覆盖面积,新、老大堤也进行一定的生态恢复工作,新、老大堤间总面积为3 344 926.453m²,该区域分为休闲观光湿地区、生物多样性保护湿地区、尾水深度净化湿地区。通过大面积的恢复种植面积,构建完善的湿地生态系统,如生态沟渠、生态塘、多功能底栖生物栖息地、候鸟繁衍恢复湿地。将为更多种类的生物提供更多更适宜的生境和繁殖空间,从而修复受损滩涂湿地生物栖息地,最终形成结构良好的自然湿地生态系统,达到环评对于湿地植被的恢复要求,并且从局部到整体一定程度上的提升其滩涂湿地的生态环境功能。并且在新、老大堤间建有防风林带进一步加强生态系统的稳定性,提供良好的生态恢复环境。

二、沿江镉污染场地调查与修复示范研究

中国地质调查局近年的调查表明,从长江源头的沱沱河至宜昌的上游地区、宜昌至湖口的中游地区及湖口以下的下游地区,沿江及两岸平原区出现宽度达几十至数百千米、贯穿全流域的镉重金属异常带(成杭新等,2003)。

图 11-63 湿地效果展示

由于农作物对镉吸收和累积的显著特点表现为:有时农作物生长尚未受到影响,而农产品含镉已大大超过卫生标准几倍甚至十几倍。镉污染极其严重时,可形成流域性的镉公害病,日本富山县通川流域产生由镉引起的痛痛病(骨痛病)就是典型例案之一。因此,开展流域沿江高镉含量异常带现状分析,分析土壤镉污染空间分布规律、变化趋势及成因,选择不同环境因素和人类活动影响下典型场地进行修复示范,进行示范调查区作物生长状况、土壤镉污染调查,建立调查实验区水土环境资料信息库,筛选耐镉和抗镉功能微生物以及功能基因,建立高镉土壤功能微生物群落库和功能基因库,提出一套适合研究区的土壤修复技术应用方法与防治措施十分有必要。

(一)分析沿江区域高镉异常带空间分布特征

(1)收集长江经济带覆盖区域的农业用地历史信息、污染来源、镉污染范围、镉含量变化等分析镉污染的空间分布特征。

(2)较为准确地定位沿江区内镉异常点的位置,确定污染程度及空间变化特征,结合工作区降水、温度等环境因子、土地利用现状、土壤质量及植被等基本条件,分析异常带土壤镉的污染特征、变化规律及形成原因。

(二)室内试验和野外试验监控

室内试验主要用于研究镉污染土壤的作用过程以及进行适宜土壤修复技术的比对与结合研究。野外试验用于研究典型区域的修复技术适宜性,采集土壤、植被样品进行测试分析,完善修复治理技术方法,并初步划定异常带土壤镉污染示范点及样点取样分析。选择典型修复区进行修复技术、修复材料的对比,形成合理高效的修复效果示范区,分析结果用以指导后续的野外实地调查工作。具体试验设计如下。

1. 含少量肥料的土壤调理剂

根据产品施用剂型(即水剂、粉剂或颗粒)和组分设计试验处理。

水剂类:主要用于地表喷洒、浇灌的土壤调理剂。至少设3个处理,即处理1(施用等量的清水对照)、处理2(施用等量的等养分肥料对照)和处理3(施用土壤调理剂)。必要时,可增设不同施用量处理。

粉剂或颗粒类:主要用于拌土或撒施的土壤调理剂。至少设3个处理,即处理1(空白对照)、处理2(施用等量肥料养分对照)和处理3(施用土壤调理剂)。必要时,可增设不同施用量处理。

2. 不含肥料的土壤调理剂

根据产品施用剂型来设计试验处理。

水剂类:主要用于地表喷洒、浇灌的土壤调理剂。至少设两个处理,即处理1(喷洒或浇灌等量清水对照)和处理2(施用土壤调理剂)。必要时,可增设不同施用量处理。

3. 试验重复

试验次数:试验重复5次。

试验方法:采用随机区组排列。

试验点数:每种土壤(类型)或区域中应不少于两个试验点。

试验土壤或区域:对于具有广泛适宜性的产品,应至少涉及3个土壤(类型)或区域。

作物验证试验:每种土壤(类型)或区域中应进行不少于两种作物的效果验证试验。

4. 土壤性状指标

改良碱化土壤障碍特性:土壤pH、总碱度、碱化度、阳离子交换量等。

改良土壤水分障碍特性:土壤含水量、田间持水量、萎蔫系数、氧化还原电位等。

修复污染土壤障碍特性:汞、砷、镉、铅、铬、有机污染物等。

土壤养分指标:有机质、全氮、全磷、全钾、有效磷、速效钾、中量元素、微量元素等。

土壤生物指标:脲酶、磷酸酶、蔗糖酶、过氧化氢酶、细菌、真菌、放线菌、蚯蚓数量等。

5. 评级要求

土壤改良剂的评价结论应基于综合评价长期连续施用土壤调理剂对耕层土壤基本性状的影响。同时应结合作物生物学性状等方面的试验结果。土壤性状指标与对照比较显示,其试验效果应差异显著。通常情况下,土壤性状指标变化幅度应不低于5%,pH变化不少于0.5。植物生物学性状(如产量、出苗率等)变化幅度应表现为$\alpha=0.05$水平的显著性差异,正效应不低于5%。

将原位土进行了温室内盆栽分装,对比不同土壤修复材料对植物生长和耐镉能力(图11-64),检验不同条件下最有效的镉元素吸附或转移方法;植物选取挑选具有耐镉特性的海滨雀稗和杂交狼尾草两个品种,种植3个月后原位收集经不同处理植物的根系分泌物和土壤样品,分析植物生物量、养分含量、土壤镉元素含量、土壤理化性质以及土壤微生物区系等指标,综合运用Miseq测序等现代分析手段分析其反应过程和变化原理。共选取了3种土壤修复材料,即凹凸棒土、硅肥、自主研制微生物土壤改良剂,以及这几种改良材料的组合(4种可能),每个处理条件重复种植5盆,共7种土壤处理条件两种测试植物,共70盆盆栽。采集土壤样品和植物样品各70个。

图11-64 筛选耐镉植株

6. 土壤改良剂效果试验报告内容

（1）写明试验来源和目的。

（2）明确试验材料与方法。

供试土壤调理剂：列出主要原料、产品技术指标、使用说明及分析结果。

试验时间：要求至少两年效果试验。必要时应根据土壤改良效果予以延长。

供试土壤分析：列出分析土壤项目检验结果。

供试作物：列出该试验的供试作物及特点。

试验设计和方法：试验要求针对产品可能对土壤某特性起改良作用的成分设对照处理，可同时设空白对照处理作参考。

（3）进行试验结果分析与评价。

要对土壤改良效果进行评价。同时，根据供试产品特点和功效选择以下项目：不同处理对土壤理化性状的影响；不同处理对作物产量及产值影响；不同处理对作物生物学性状影响；不同处理的投入产出比；试验数据统计分析结果；品质效果评价；抗逆性效果评价；保护和改善生态环境（参照相关标准）；其他评价指标分析。

（4）得出试验结论。

7. 污染土壤修复主要评价指标

主要评价指标为：①土壤中污染物的全量或有效态含量；②根系与地上部污染物含量；③可食部分污染物吸收量。

（三）筛选耐镉功能微生物和功能基因

收集长江干流高镉异常带的土壤和植物样品，实验室条件下进行功能微生物筛选、评价（镉钝化及转运效率等），开展镉污染土壤微生物群落结构、功能及其影响因子研究，筛选高镉土壤功能微生物和功能基因（图11-65），分析耐镉功能微生物的作用机制和功能基因的代谢途径，建立高镉土壤特异性微生物库和功能基因图谱，并探明功能微生物耐镉的分子进化机制。

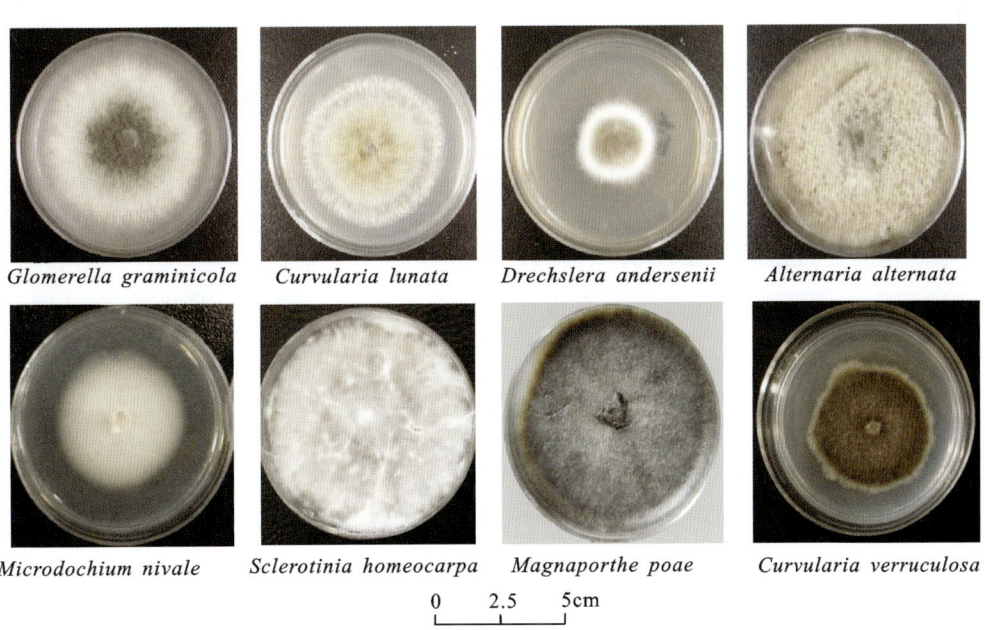

图 11-65　耐镉功能菌形态鉴定及定名

利用微生物群落研究的高通量测序技术（Illuminamiseq、宏基因组及转录组）及实时荧光定量PCR等方法，分析镉土壤微生物群落结构和功能的影响及分子机制。采用比较基因组学方法对耐镉的功能微生物基因组开展对比研究，探明耐镉的分子进化机制。

（四）室内试验和野外试验筛选对比最优土壤改良剂和配套修复技术

不同改良剂对土壤镉的作用机理不尽相同。部分改良剂虽短期效果明显，却会造成深度二次污染，且治理时效性和稳定性不强。选择改良剂要充分考虑土壤类型、理化性质，以及改良剂对土壤结构、农作产物品质和产量的影响来确定。

筛选高镉场地可种植植物、接种功能菌株以及配套微生物改良剂，形成土壤修复技术完整的配套体系。已有研究表明，污染农田种桑树后土壤镉的含量普遍下降，下降幅度为8.1%~83.9%，平均为37.1%。开展不同耐镉植物和作物吸附镉能力对比研究，在中、重度污染地区改种观赏性作物或经济作物等非食用植物，修复土壤质量。前期研究发现，优异多年生草坪草海滨雀稗具有很强的耐镉性，是中、重度镉异常地区环境美化和修复治理的潜力材料。在此基础上，进一步选取30份海滨雀稗种质资源进行田间原位评价，筛选1~2份优异资源，并进行示范种植和修复评价。

（五）揭示微生物-植物互作对高镉土壤修复机理

筛选高镉土壤修复最佳的微生物-植物互作模式，在此基础上采用基因组、转录组等手段探寻微生物-植物互作对镉转运的主要信号通路，利用遗传转化技术对信号通路中关键蛋白功能进行分析，明确微生物-植物互作对镉污染土壤修复的分子机制。

（六）耐镉功能基因提取及转基因耐镉植物材料储备

草坪草是镉污染地区绿化和生态治理的重要资源，提高草坪草耐镉性是其高效利用的首要条件，而解析草坪草在镉胁迫下的生理及分子响应机制是加快耐镉草坪草培育及利用的前期基础。在研究团队前期对耐镉草坪草海滨雀稗的耐镉转录因子PvHSFA4a研究基础上，本次继续深入研究，一方面在海滨雀稗中过量和RNAi抑制表达PvHSFA4a，通过转录组测序、iTRAQ蛋白组学分析、生物信息学分析、启动子克隆、酵母单杂交、原生质体瞬间表达、CHIP-qPCR、EMSA、靶基因耐镉功能鉴定等手段系统深入解析PvHSFA4a调控耐镉的下游机制；另一方面，通过体内体外PvHSFA4a蛋白亚硝基化检测、靶基因表达、蛋白核酸互作、蛋白定位、蛋白互作等途径进一步明确PvHSFA4a蛋白亚硝基化提高耐镉性的分子作用机制。本次不仅丰富了植物HSFA4a调控耐镉的分子机制，同时为耐镉草坪草新种质的培育提高补充了优异的基因资源。

在高镉土壤中生长的植物海滨雀稗根系内部分离获得50余株菌株，对其镉浓度耐受性进行了测试，发现约15株在镉浓度达到100μg/mL时仍可以较好生长。接下来，将对这15株细菌进行分子鉴定，并开展其对植物促生能力、镉迁移、钝化等能力方面的评价（图11-66），以期能够筛选获得兼具镉污染土壤修复和植物促生双重能力的功能细菌。鉴定后的菌株将给出命名和对应的形态图。

前期采用石英砂水培方法，比较了3种主要暖季型草坪草（选取生长一致的4~5cm的匍匐茎节扦插于石英砂中水培生长1个月的植株）在4mmol/L $CdCl_2$ 镉胁迫下的表现，发现镉处理14天后，日本结缕草和普通狗牙根的叶片基本全部枯黄，而海滨雀稗大部分叶片仍保持绿色，表现出最强的耐镉性（图11-67，图11-68），结果与前期报道的土壤镉胁迫下的评价结果一致。为了进一步挖掘海滨雀稗的耐镉基因，本次成功构建了海滨雀稗cDNA全长表达文库，并通过酵母耐镉筛选初步获得5个耐镉候选基因，其中包括本项目重点研究的耐镉转录因子PvHSFA4a。

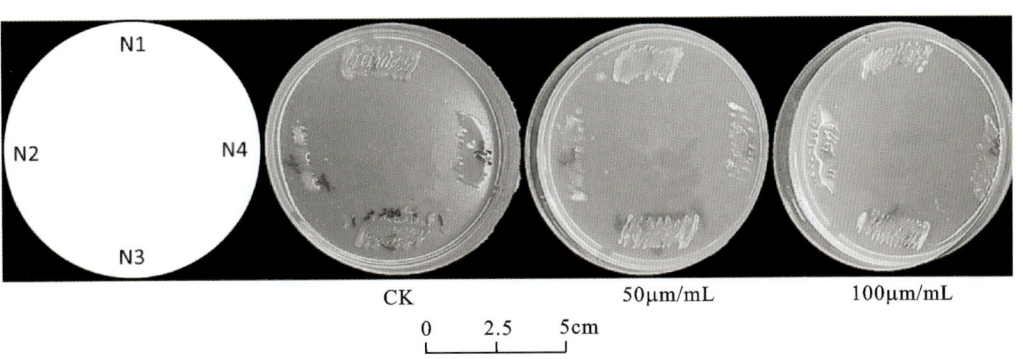

图 11-66　镉污染土壤中海滨雀稗根部内生细菌对不同镉浓度的耐受能力

图 11-67　3种主要暖季型草坪草（日本结缕草、普通狗牙根、海滨雀稗）在镉胁迫下表型观察

在盆栽试验中试种的30多份海滨雀稗材料中最终筛选出了经过耐镉基因转录的海滨雀稗植株进行下一步基因改良和耐镉机制研究。如果能够规模化种植，重污染区有望恢复至基本农田。

本次通过土壤16SrDNA测序分析，将土壤理化指标测定结合环境因子进行关联分析，分析表明接种海滨雀稗外生菌根真菌可以改善土壤理化性质，根际土壤中的重金属可被外生菌根真菌菌丝吸收或固定，保护共生系统免受毒害，此外不同处理间的群落结构也不同。与非外生菌根真菌接种处理相比，外生菌根真菌处理中的高比例酸杆菌、放线杆菌和变形菌可指示菌根真菌接种处理形成梯形类群的强选择力，并且可能与污染物解毒有关。

图 11-68 最优海滨雀稗在镉胁迫下表型比对
a.海滨雀稗 H1 号品种在低镉浓度和高镉浓度胁迫下的表型对比;b.海滨雀稗 H2 号品种在低镉浓度和高镉浓度胁迫下的表型对比

接种外生菌根真菌和不接种外生菌根真菌的土壤速效氮、磷、钾含量均高于未接种外生菌根真菌的土壤;接种外生菌根真菌处理改变了土壤理化性质,但根际土壤与非根际土壤除速效氮、速效钾外均无明显差异;接种外生菌根真菌和不接种外生菌根真菌的根际土壤和非根际土壤中重金属含量均显著低于非种植土壤(表 11-39)。

表 11-39 接种、不接种外生菌根真菌的土壤理化性质和重金属含量

土壤		根际土	非根际土	根际土	非根际土	原土	国际标准	背景值
接种		否	否	是	是			
pH		5.38±0.04a	5.35±0.03ab	5.19±0.05bc	5.13±0.02c	5.25±0.01b	—	—
土壤容重	g/m³	1.88±0.02ab	1.85±0.04ab	1.80±0.02b	1.79±0.03b	1.92±0.01a	—	—
土壤湿度	%	15.2±0.03b	20.3±0.05b	32.8±0.03a	32.3±0.05a	12.6±0.01b	—	—
土壤有效氮		22.05±0.95ab	9.45±3.16cd	25.32±3.31a	16.45±1.58bc	8.05±2.84d		
TC/TN		9.73±0.39b	9.10±0.55b	11.5±0.24a	11.47±0.19a	8.89±0.32b		
As	×10⁻⁶	183.33±17.94b	115.97±8.30c	102.93±2.66c	116.40±1.62c	370.00±16.86a	—	—
Cd		6.93±0.53b	4.80±0.13c	2.93±0.13d	3.60±0.10d	11.60±0.23a	<0.30	0.17
Cu		58.53±2.31a	44.93±0.87b	14.00±0.61d	24.80±1.67c	58.40±3.01a	<150	27.3
Cr		55.07±2.76c	15.07±3.63d	54.67±0.71c	62.80±0.80b	69.60±0.69a	—	—

注:TC 代表全碳,TN 代表全氮;a、b、c、d 代表不同土壤之间比较的差异显著性,不同字母代表不同差异。

测定在接种外生菌根真菌和不接种外生菌根真菌的土壤中生长的植物(表11-40),对重金属(铅、锌、锰、砷、铬、镉和铜)的吸收。接种外生菌根真菌的植物根系重金属含量高于未接种植物($P<0.05$,P表示有统计学差异);相反,接种外生菌根真菌的土壤中生长的植物,它的芽中重金属含量低于未接种的植物。外生菌根真菌的接种增加了植物对重金属的吸收能力,但不促进重金属向上运输。

表11-40 接种和不接种外生菌根真菌的植物根茎重金属含量   单位:$\times 10^{-6}$

接种	植物	As	Cd	Cu	Cr	Mn	Ni	Pb	Zn	Se	Fe
否	茎	39.73±2.81a	8.00±0.06a	13.33±0.87a	4.27±0.35a	1 874.27±13.51a	10.13±0.13a	165.33±2.43b	140.13±3.02a	5.47±0.58a	473.33±75.00a
否	根	19.73±3.34a	2.80±0.07b	5.47±0.35a	15.20±0.61a	336.67±5.88b	4.53±0.13a	11.60±0.58b	40.67±0.48a	3.33±0.48a	3 241.07±45.34b
是	茎	38.80±3.28a	7.20±0.023b	11.08±0.34a	3.60±0.23a	1 436.53±11.23b	8.53±0.26b	121.73±3.28a	97.60±3.43b	5.73±0.27b	548.93±4.16a
是	根	16.00±0.83a	3.20±0.03a	6.13±0.35a	16.07±0.48a	521.33±4.77a	4.00±0.03b	21.87±0.23a	45.87±1.89a	1.33±0.48a	3 528.80±47.26a

注:a、b代表不同土壤之间比较的差异显著性,不同字母代表不同差异。

在外生菌根真菌接种、非外生菌根真菌接种和非种植土壤处理中具有较高的特有OTU数(Operational Taxonomic Unit,简称OTU,表示运算单位),接种外生菌根真菌后,非种植土壤和根际土壤中共有OTU数量变少,特有OTU数量增加,细菌群落组成发生了很大变化(图11-69)。接种外生菌根真菌的土壤、未接种的土壤和非种植土壤细菌群落优势种在门、纲、目、科水平上有明显的变异。

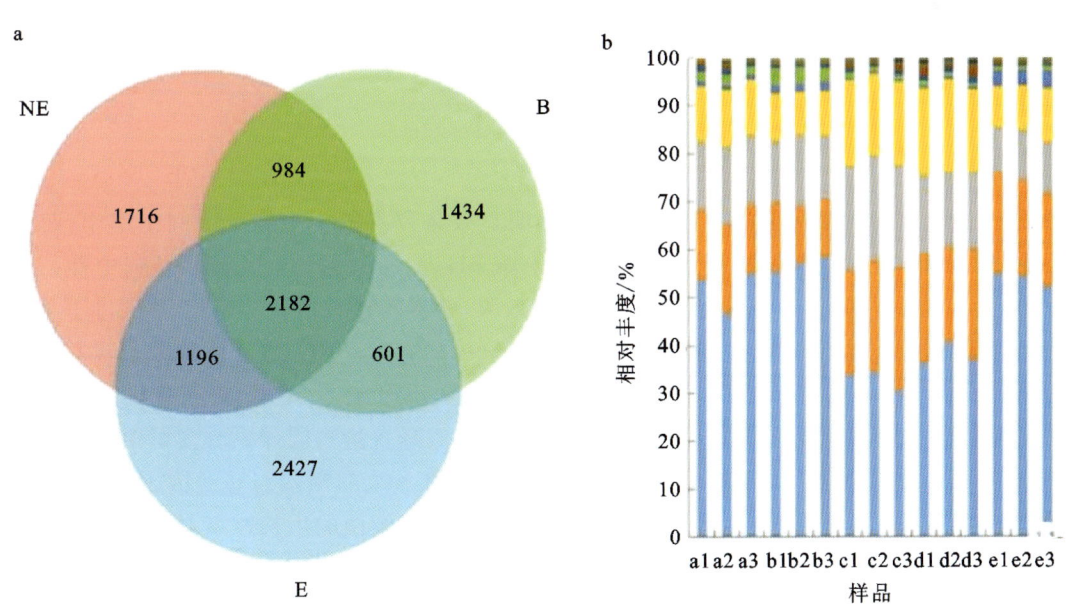

图11-69 细菌群落的分类多样性图
NE.未接种外生菌根真菌的土壤;E.接种外生菌根真菌的土壤;B.非种植土壤

在接种外生菌根真菌的土壤中，Anaeromyxobacter，Catellatospora，Dactylosporangium 和 Hallangium 等微生物群落具有较好的代表性。在接种外生菌根真菌的土壤中，富集了 30 多个属，如 Actinospica，Bradyrhizobium，Mesorhizobium，Mycobacterium，Nitrobacter，Rhizomi-crobium 和 Singulisphaera，说明外生菌根真菌促进了微生物群落的分化。这些优势属属于 10 个门，主要是放线菌门和变形菌门。外生菌根真菌保持稳定的微生物群落，有利于减轻或改善矿山尾矿土壤重金属的毒性去除。

海滨雀稗表达文库转化酵母获得的耐镉酵母单克隆（A）、耐镉单克隆的耐镉基因序列（B）、耐镉基因 ORF 再次转化酵母的耐镉鉴定（C）及表达分析（D）（图 11-70）。

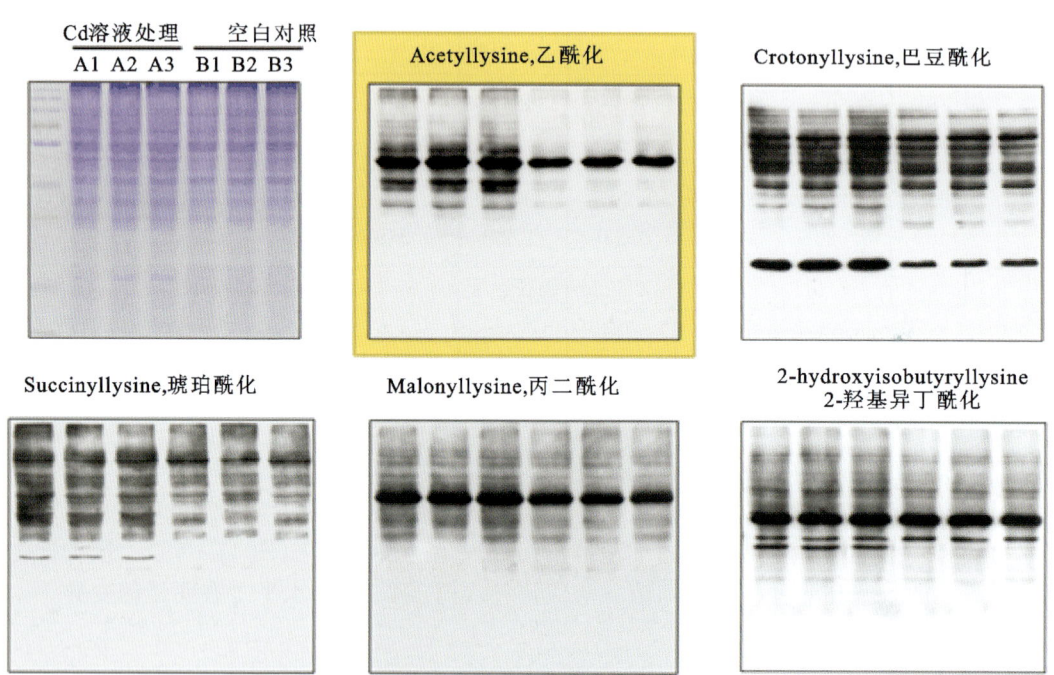

图 11-70　镉胁迫下海滨雀稗根系的酰化修饰途径探索

（七）接种耐镉菌剂对比试验

在野外试验场进行的接种菌株对比试验已取得明显效果。将菌剂配施到田间土壤中，每隔 7 天撒播一次，播撒 4 次后，土壤团粒结构得到明显改善，土壤 pH 从 5.6（酸性）上升到 6.5（中性），效果明显（图 11-71）。实验室内水培对比试验也验证了菌剂效果，营养苗接种后长势旺盛，根系生长更加发达。

微生物接种选用耐盐性植物益生菌（PBB）Pseudomonas libanensis 和丛枝菌根真菌（AMF）Claroideoglomus claroideum 两种微生物。结果表明，单独接种 PBB 或与 AMF 共同接种显著促进植物生长，改变植株生理状况（如电解质渗漏、叶绿素、脯氨酸和丙二醛含量），同样也改变了植株在重金属镉和盐单独胁迫或联合胁迫下对 Cd 与 Na^+ 的积累潜力（如 Cd 和 Na^+ 的摄入与转运因子）。PBB 在不同含盐量的基质中具有很大的生长潜力。高浓度的基质显著降低了细菌的生长速率，然而 24h 之后，其细菌存活率保持相对稳定，并表现出了定殖潜力。这些结果表明，微生物菌株的生物强化可以作为改善金属污染盐渍化土壤中植物修复的一种较好的方案。接种 PBB、AMF 或共同接种在镉污染的盐渍土中具有显著地提高植物生长和植物稳定效率的潜力。此项研究工作在温室控制条件下进行，下一步需要在田间土壤中进一步研究，利用 PBB 和 AMF 作为有效的生物接种剂来改善自然生态系统中植物的稳定过程。

采用转基因技术将海滨雀稗本身拥有的 OsHMA3 基因在某植物品种中过量表达，在温室栽培条

图 11-71 接种耐镉菌剂前后土壤团粒结构对比

件下,将野生型和转基因株系种植在采自湖南某地的镉污染土中,野生型株系果实镉含量为过国家食品安全标准($0.2×10^{-6}$)的 4~11 倍,而转基因株系果实镉含量降低 94%~98%,低于国家标准的 5~10 倍,并且对农艺性状和必需微量元素含量无显著影响(图 11-72、图 11-73)。OsHMA3 编码一个液泡膜镉转运蛋白,主要功能是将镉运输至液泡中加以区隔化,从而阻止镉向该植物上部和果实转运。转基因后的植株根部生物量明显增多,根伸长量、侧根数量、侧根长等都显著增加,远远优于野生型植株,且根部镉含量更高,根部吸收镉能力更强,茎部镉含量更低,镉含量由根部向茎部分配的百分比更高,即地下镉向地上部分转化的转化率更高。

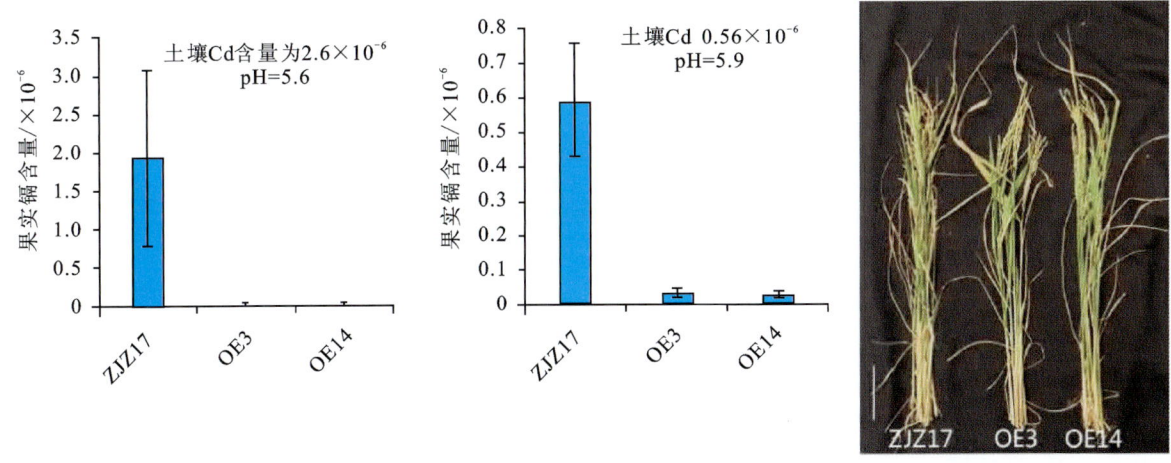

图 11-72 过表达基因 OsHMA3 应用于植物后果实镉含量比较(野生型 ZJZ17,转基因株系 OE3 和 OE14)

实验室盆栽种植不同品种的基因改良过的耐镉海滨雀稗,对比其生长状况及再生能力,将筛选的转基因海滨雀稗材料分批次分品种原位种植于农用地上,经过连续几个月观察,将原位适应性好、生长旺盛、繁殖与再生能力强的品种挑选出来,进一步进行基因提取过表达,优化植株材料品质,储备资源,作为下一步高镉带原位修复的目标物种。

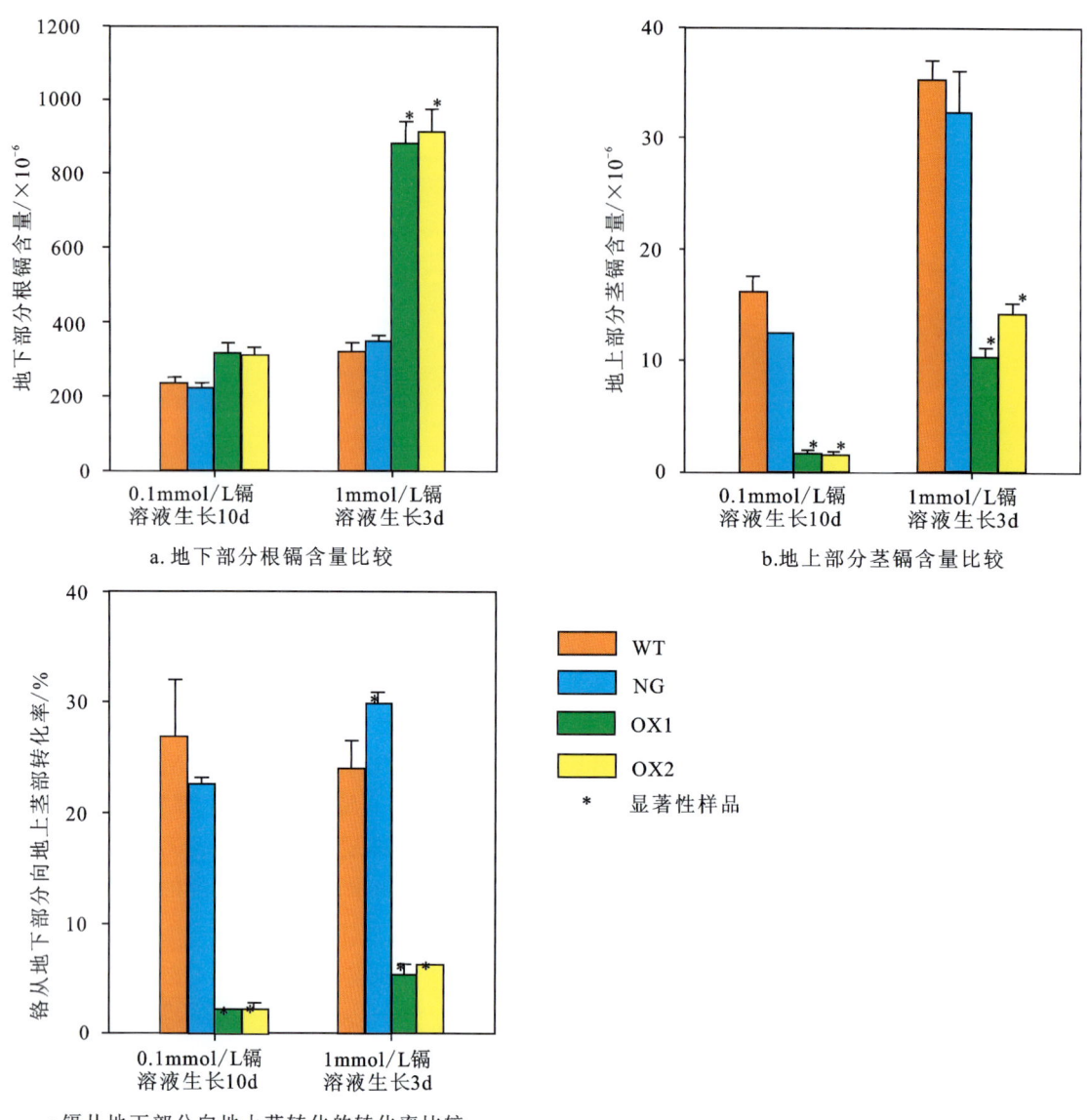

图 11-73 过表达基因 OsHMA3 对野生型植株 WT 和转基因株系 OX1 和 OX2
在不同镉浓度下不同部位特征对比

注：a、b 图中镉样品为干重

（八）技术模式

通过对典型镉污染产地土壤、植被的数据采集，提取合适的菌株及基因库，并应用于实际作物中，降低土壤镉含量、筛选确定耐镉微生物、建立功能基因库，研发耐镉经济作物和植物，实现微生物-植物互作修复模式（图 11-74）。

（九）综合效益与推广应用前景

近几十年来，中国工业化及城镇化进程的不断加快，工业废弃物排放、污水灌溉等造成的土壤重金属污染也越来越严重。其中，镉是造成土壤污染面积最大、危害最严重的重金属之一，同时镉也是一种高残留、难降解、易累积的元素，容易蓄积在农产品中进而通过食物链进入人体，危害人类健康。

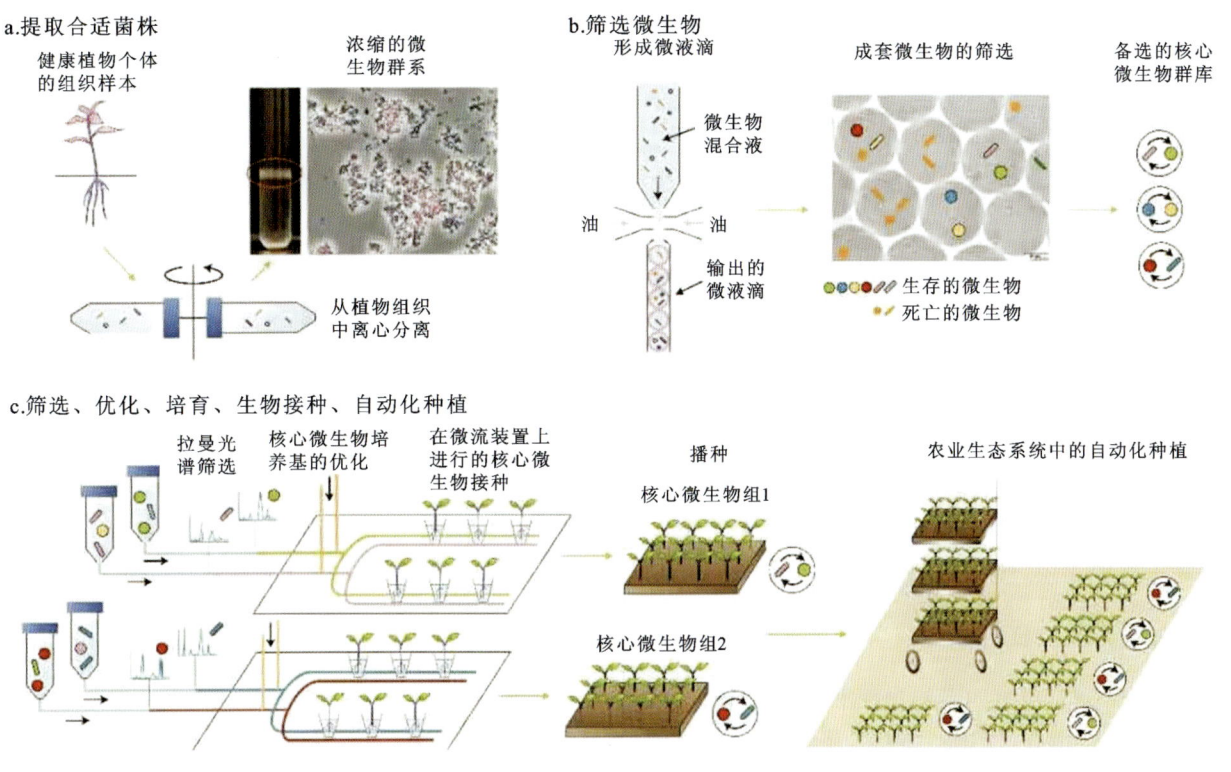

图 11-74 微生物-植物互作修复模式图

目前,中国镉污染的耕地约 1.13 万 km²,涉及 11 个省级行政区。通过在镉污染地区应用本次调查研究发现的耐镉特有植物材料与高效修复功能微生物,能够实现同时提高生态效益与生产效益。

耐镉功能微生物菌株和功能基因在作物中具有良好的应用效果,具备规模化生产和大范围推广的应用前景。同时,通过构建修复治理技术应用体系,形成农业污染用地修复治理技术适宜性评价导则,有利于推广微生物-植物互作修复模式,支撑绿色农业生产基地建设。

三、沿江有机污染场地调查与修复示范

长江是长江经济带城镇的主要供水水源地,长江沿岸曾有 40 余万家化工企业,大量石油和化学工业集聚长江沿岸,地表水安全受到威胁。据资料显示,近年在长江已形成近 600km 岸边污染带,其中包括 300 余种有毒污染物。这里以某市 YZJ 化工厂为例,阐述如下。

YZJ 化工厂场地紧靠长江,是该市老化工区,历史可以追溯到 1949 年前。据了解,早在 20 世纪 40 年代,此地就已存在化工企业的生产厂区,后几经改造,此地成为化工企业集中分布的地段。本场址总面积约 1km²。目前,化工企业主厂区已经搬迁,在搬迁之前主要生产有机中间体、橡胶助剂和氯碱三大系列 40 多个品种,副厂区在调查期间还在生产,目前也已搬迁。当时生产的主要产品有苯胺盐酸盐、亚硫酸钠、抗氧化剂甲基、单叔丁基对甲酚、邻硝基苯甲醛、碳酸钾等。本次基本查明了场地的地质环境条件和水土污染状况,鉴于相应层位污染物浓度非常大,地表建设开挖或者地下盾构挖掘极易发生污染安全事故,依据相关成果,提出了要进行工厂搬迁后土地整治修复和调整土地利用类型(公园)等建议。

(一)地质条件和污染状况

从地貌上看,该场地位于一向北(长江)缓倾斜的"U"形小平原,东侧、南侧、西侧均为十几至几十米的丘陵,北侧为长江。本次工作发现该化工场地地下 17~45m 存在污染十分严重的土层和含水层,于

是对该场地进行了物探、钻探和化学测试等相关调查工作,实施了水文地质孔1个,工程地质孔8个,开展了地质雷达、高密度电阻率和测井工作(图11-75)。

1. 地层

根据钻孔资料,自下而上依次为:上白垩统浦口组,分布深度一般在地面以下40~50m,岩性为紫红色、灰黄色砂砾岩;下更新统下蜀组黄土,分布深度范围在地面以下12~40m,主要为多层粉质黏土夹粉砂和砂层,底部为砂砾岩层,与基岩上白垩统浦口组呈不整合接触;全新统下部为下蜀组次生黄土,岩性以粉土、粉质黏土为主,上部主要为河湖相第四系松散沉积物,为粉质黏土夹粉土层,厚10~12m。

2. 含水层特征

潜水:分布于第四系松散沉积物中。包气带厚度为4~5m(仅临江地区厚度为0.5~1m),为杂填土,由粉质黏土混杂大量砖瓦碎块组成,含硬杂物为10%~20%,属透水透气性较高的介质。潜水含水层厚度为4~6m,由粉质黏土夹薄层粉砂、细砂、粉土组成。由于其间分布有较多的粉质黏土和部分淤泥质黏土。因此,整个含水层渗透性较差,水流速度相对缓慢。

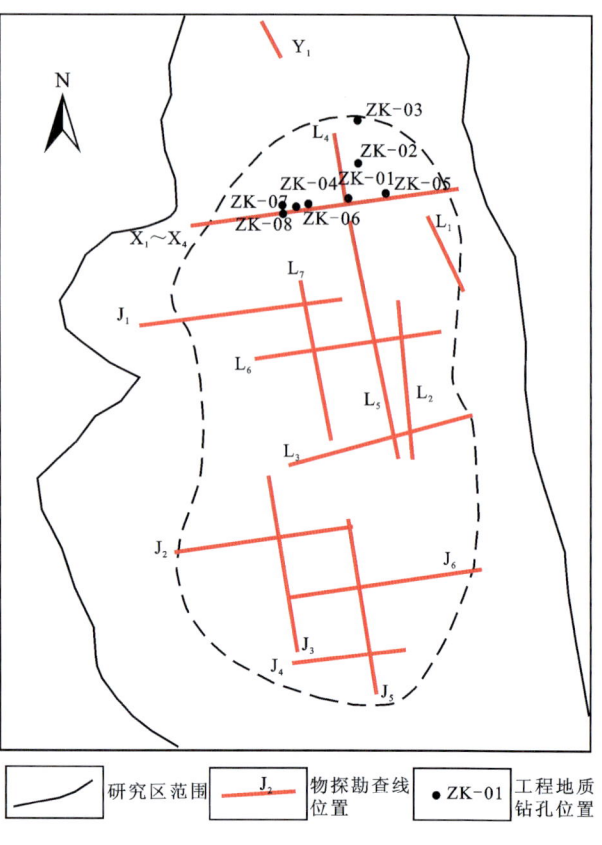

图11-75 污染场地工作部署示意图

微承压水:主要赋存于更新统粉质黏土中的薄层细砂、中砂夹层及基岩面上的破碎残积物中,分布深度一般为12~40m。下层为白垩系残积砂砾石层,分布深度为40~50m。

3. 污染物分布和组分特征

5个钻孔一致证实,在地下18~45m沿着各类界面(砂泥层面、不整合面)以及砂层、粉砂层、砂砾石层、部分粉质黏土层都存在着污染十分严重的污染物。污染物一致具有强烈的苦杏仁刺激性气味,污染物在砂层中呈现油污饱和状态而为黑色,在粉质黏土层中呈无色,但是苦杏仁刺激性气味仍然强烈存在。通常认为黏土层是不透水层和隔污层,然而场地的粉质黏土层却出现了例外。原因可能是场地内砂层相对较薄,最厚不超过0.5m,且呈透镜状分布,在上游地下水压力传导下,污染物除了沿易于扩散的通道运移外,也沿着粉质黏土层侧向渗透运移(图11-76)。

(1)地下水:地下水中检出的有机组分有苯、氯苯、硝基苯、苯胺、1,4-二氯苯、1,2-二氯苯、二氯甲烷、氯仿、1,2-二氯乙烷、1,2,4-三甲苯、甲苯、乙苯、四氯乙烯、间二氯苯、1,1,1-三氯乙烷、1,1,2-三氯乙烷、1,2-二氯丙烷、溴二氯甲烷、四氯化碳、苯并(a)芘、萘等。其中,有机组分以前10种为主(表11-41),钻孔抽水试验可见浅黄色的污染地下水(图10-76)。从整体看,由于3号钻孔位于最下游位置,因此明显可以看到其中污染物种类最少,含量除个别外基本都很低,这与钻孔现场整个岩芯中没有刺激性气味一致,表明了位于最下游位置的3号钻孔污染最轻或刚受到污染影响;而位于上游位置的1、2、4和5号孔在岩芯中均存在刺激性气味,并都有高含量的有机污染物,受到了严重污染,污染物严重超标。1号钻孔1,2-二氯乙烷含量为7123μg/L;氯苯含量为226μg/L;苯含量为26.1μg/L;乙苯含量为5.2μg/L;甲苯含量为0.3μg/L;硝基苯含量为96.6μg/L;1,2-二氯苯含量为10.2μg/L;1,4-二氯苯含量

a. 钻杆倒出的污染物

b. 钻杆倒出的发黑污染物

c. 污染发黑的砂层

d. 钻孔污染物

e. 粉质黏土层具强烈苦杏仁刺激性气味

f. 抽水试验抽出的污染地下水

图 11-76 污染物地钻孔岩性污染物

为 14.3μg/L。2 号钻孔硝基苯含量为 799μg/L；氯苯含量为 376μg/L；苯含量为 6408μg/L；1,4-二氯苯含量为 35.1μg/L；1,2-二氯苯含量为 25.1μg/L；乙苯含量为 4.6μg/L；苯胺含量为 480μg/L。

(2) 沉积物：在各个污染层沉积物中检出的有机组分有苯、氯苯、硝基苯、苯胺、1,1,2-二氯乙烷、1,2-二氯苯、1,4-二氯苯、二氯甲烷、氯仿、邻二氯乙烷、邻二氯丙烷、甲苯、苯乙烯、溴二氯甲烷、一氯二溴甲烷、1,2,4-三甲苯、乙苯、四氯乙烯、三氯乙烯、溴仿、苯并(a)芘等。其中，有机组分也以前 10 种为主（表 11-42），尤其是苯、氯苯、硝基苯、苯胺。污染的沉积土层具有强烈的苦杏仁味刺激性气味，具有非常高的污染物含量。在 1 号钻孔 33.5m 处的土层样中（图 11-77），氯苯含量为 3040×10^{-9}，硝基苯含量为 1373×10^{-9}，苯含量为 562×10^{-9}。4 号钻孔 33.5m 处的土层样中，硝基苯含量为 1836×10^{-6}，苯含量为 8980×10^{-9}，氯苯含量为 12.5×10^{-6}，苯胺含量为 7880×10^{-9}，1,2-二氯苯含量为 4550×10^{-9}，1,4-二氯苯含量为 7180×10^{-9}，乙苯含量为 1390×10^{-9}。

表 11-41 5个钻孔地下水主要污染物含量表   单位：μg/L

主要污染物组分	1号	2号	3号	4号	5号
苯胺	480	420	120	1830	未测
1,2-二氯乙烷	7123	0.3	33.8	0.88	0.29
氯苯	226	376	11.9	1590	1570
硝基苯	96.6	799	0.8	351 000	未测
三氯乙烷	51.6	ND	ND	ND	ND
苯	26.1	6408	1.9	1230	276
1,4-二氯苯	14.3	35.1	1.3	364	291
1,2-二氯苯	10.2	25.1	0.9	204	174
乙苯	5.2	4.6	ND	82.9	4.51
二氯甲烷	4.7	1.3	1.6	4.99	3.75
氯仿	1.0	0.7	0.3	8.3	4.42
四氯乙烯	ND	1.7	ND	0.72	0.46
苯并(a)芘	0.14	ND	ND	ND	ND

注：ND表示未检测出。

表 11-42 5个钻孔沉积物中主要污染物含量表   单位：×10⁻⁹

主要污染物组分	1号孔	2号孔			3号孔	4号孔					5号孔		
	土	土1	土2	土3	土	土1	土2	土3	土4	土5	土1	土2	土3
苯胺	未测	2000	300	600	未测	1070	1680	7880	1690	430	15 800	1830	2300
1,2-二氯乙烷	ND	1.6	1.2	2.3	1.1	ND	ND	3.77	ND	ND	ND	ND	ND
氯苯	3040	4303	1.7	450	ND	59.8	2820	12 500	37.3	38.9	20 100	35.4	4880
硝基苯	1373	920	2.2	509	未测	35 200	120 000	1 836 000	13 600	10 200	472 000	2000	56 200
三氯乙烷	ND	ND	ND	ND	ND	ND	ND	ND	ND	ND	ND	ND	ND
苯	562	937.7	0.4	125	0.4	7.69	37	8980	2.98	1.77	1810	4.39	319
1,4-二氯苯	319	396	ND	43.3	ND	7.3	882	7180	18.1	4.64	12 000	6.43	322
1,2-二氯苯	190	238	ND	28.5	ND	4.58	538	4550	14.3	3.27	7240	5.06	197
乙苯	140	39.3	ND	3	ND	0.71	95.9	1390	0.91	0.68	52.7	0.46	3.46
二氯甲烷	ND	0.7	0.5	0.9	0.5	1.04	ND	21	0.56	1.17	3.25	0.5	2.6
氯仿	1.0	0.9	ND	0.3	ND	ND	ND	13	ND	ND	ND	ND	ND
四氯乙烯	0.5	0.5	ND	ND	ND	0.72	0.53	15.4	0.7	ND	4.02	1.06	0.49
苯并(a)芘	47.8	69.9	ND	4.31	0.31	ND	3.39	463	ND	4.07	267	46.8	2.33

1、2、3、4和5号钻孔土层样，取样深度一般在18～42m（图11-77）。土层中污染物的种类在沉积剖面上、下未发现有明显的变化规律，但浓度在剖面上有一定差异，主要与土层渗透性能有关。3号钻孔土层基本无刺激性气味，与实际测试结果很少有有机物检出、检出浓度也极低的结果相符。野外判断3号钻孔处可能未污染或污染程度较轻（有可能处于污染羽边缘地带）。显然，几个严重污染的钻孔沉积土层中污染物种类和地下水中几乎相同，反映为同一污染源。

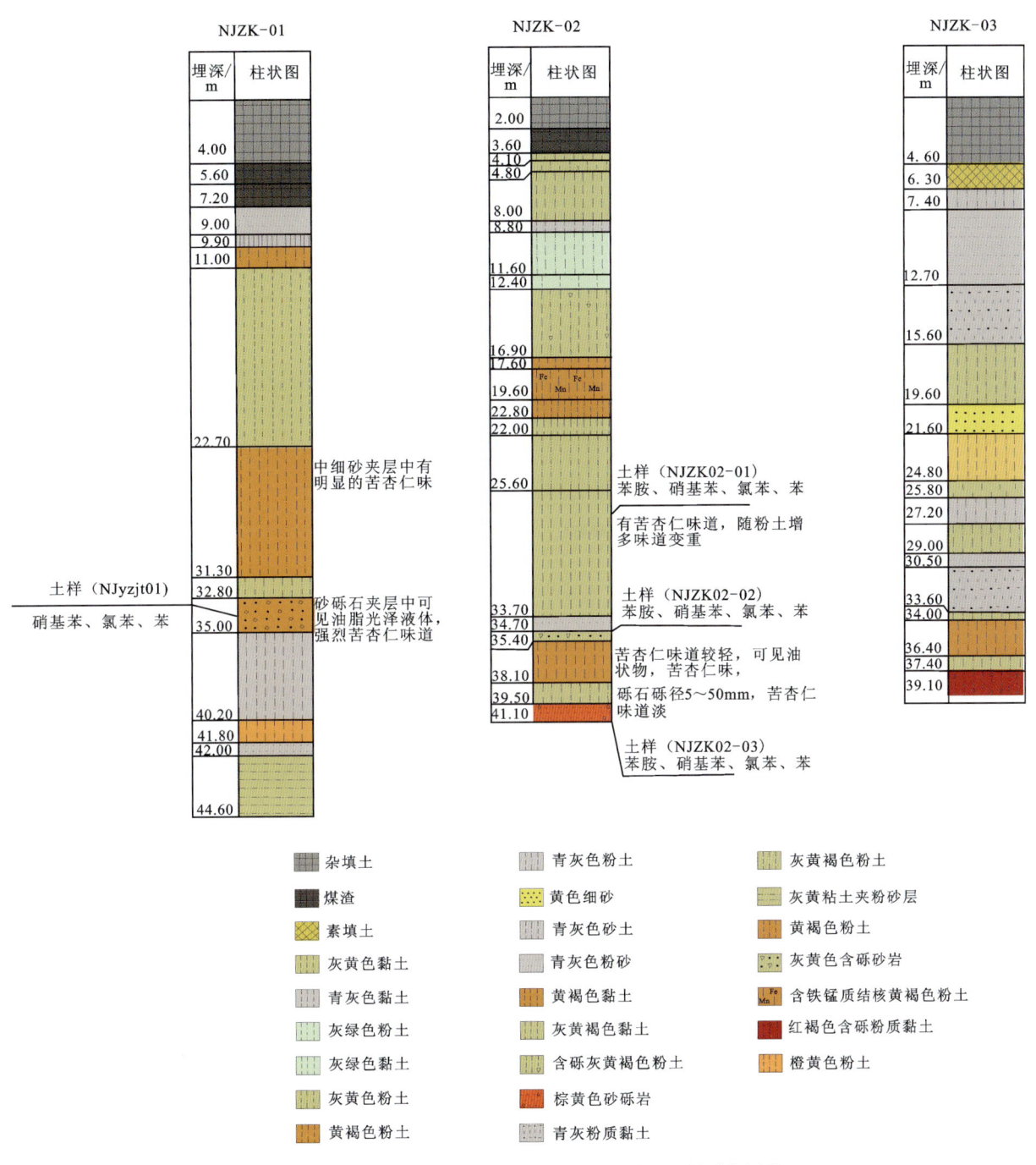

图 11-77　1 号、2 号和 3 号钻孔剖面柱状图和土样采集层位

4. 物探调查结果

(1) 测井：在 1 号、2 号和 3 号钻孔终孔前，均进行了多参数综合测井。从结果看，在严重污染的地层段电阻率明显出现异常。如 1 号钻孔和 2 号钻孔在深度 32m 到 35m 为具有高浓度有机污染物的污染段，电阻率都呈现增大的趋势，而 3 号钻孔在同样深度因基本无污染而出现电阻率降低的现象。因此，3 号孔在此深度一定程度上可以代表同层位无污染背景电阻率特征。1 号、2 号钻孔中赋存于该深度的高浓度有机物，如 1 号钻孔 33.5m 处土层样具有浓烈的苦杏仁味，检出 25 种有机物，浓度最大的

为氯苯,达 3040×10^{-9},其次为硝基苯,浓度为 1373×10^{-9},苯的含量也高达 562×10^{-9}。由于高浓度有机物降低了地层介质的导电性,因而使电阻率呈现增大现象。当深度靠近基岩附近时,由于基岩本身的导电性差异,使电阻率曲线呈现非常大的变化,掩盖了基岩上方残积物中的有机物电性特征。因此,测井电阻率的明显变化与钻孔实际污染物的分布层位结果相一致。

(2)高密度电阻率:本次工作共布设 18 条高密度电阻率勘查剖面,通过对先期发现的高电阻异常区进行钻探验证,表明了在所测剖面上显示的高阻异常均为重质非水相液体(DNAPL)污染羽的分布或残留位置(图 11-78),据此在该场地圈定出了地下污染物的分布范围。研究认为,地电阻影像剖面法为一有效、经济且施测方便探测工具,在有机污染团探测上具极佳成效,可以推广使用。

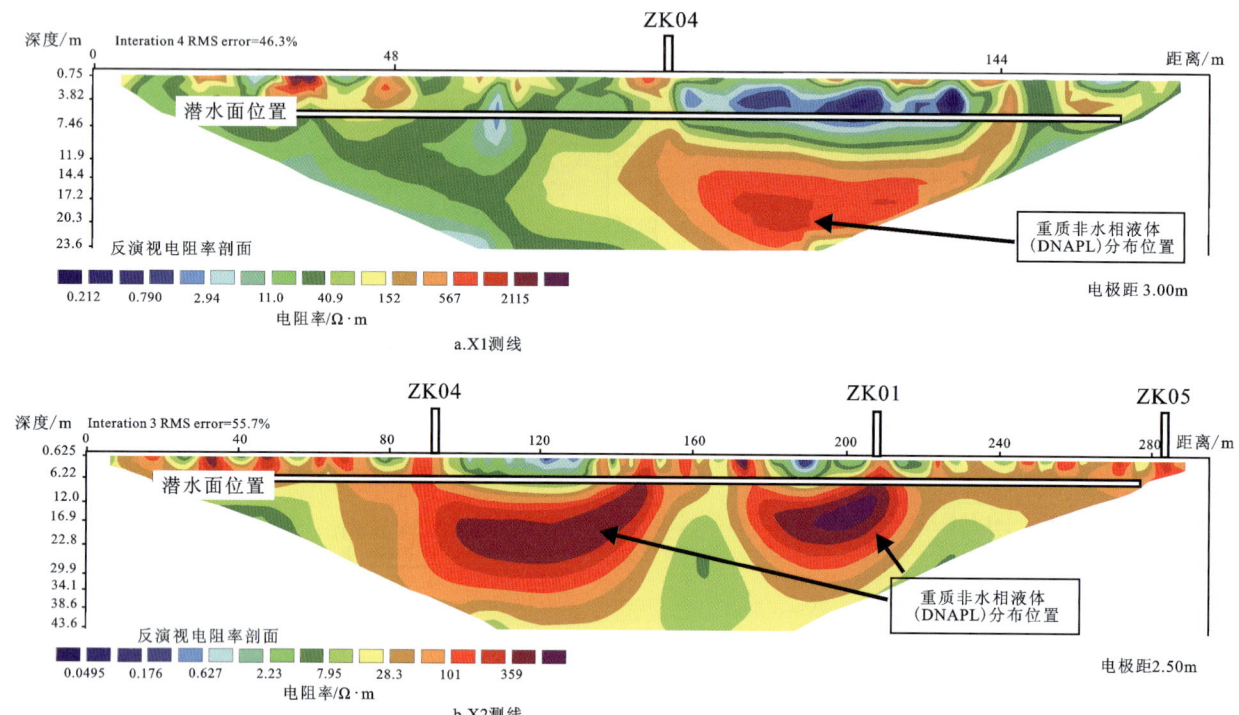

图 11-78 某化工场地高密度电阻率测线污染晕剖面图

(二)关键技术

(1)创新有机污染探测技术,应用地电阻影像剖面法、钻探等技术方法成功探测有机污染物(图 11-78),精准查明典型腾退化工场地地质环境条件和罐体渗漏有机化工污染源,圈定主要污染深度为 17~45m,明确污染物类型以硝基苯、苯、苯胺等为主。

(2)构建了化工污染场地三维水文地质模型,采用 T2VOC 软件数值模拟场地污染物运移(图 11-79),确定地下含水层中有机污染物迁移扩散至长江的时限。主要根据 10 余个监测孔包括岩性、水位等资料,探讨场地非均质介质中包气带中黏土透镜体对重质非水相液体的阻滞作用及与黏土透镜体中水的初始饱和度等问题后,通过应用解析法和数值模拟验证推估了污染物的可能迁移距离,认为至 2032 年左右,地下有机污染物无论是以重质非水相液体相形式,还是溶解于水中的形式,均将迁移影响至该场地北部的长江边界。

(3)提出化学热升温热解吸、化学氧化、抽提注入和生物化学方法等(图 11-80)结合的修复建议。

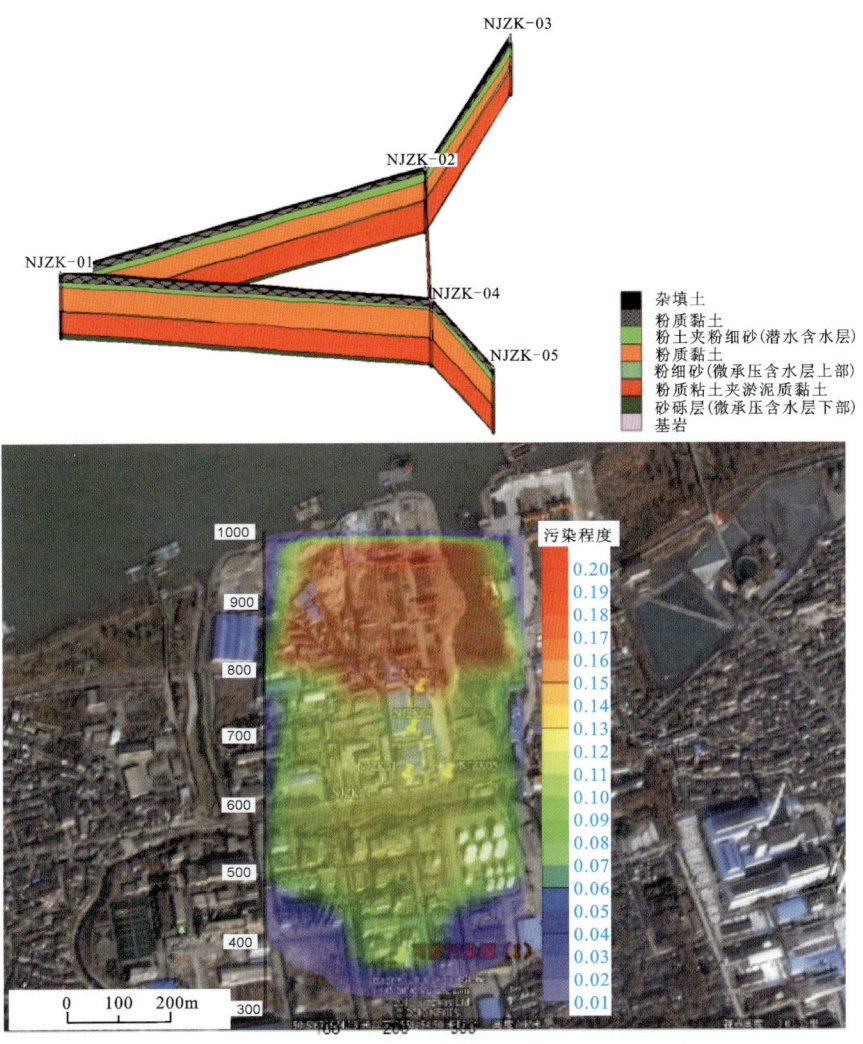

图 11-79　三维模型和数值模拟效果图

图 11-80　原位修复作业现场示意图

（三）主要成效

1. 修复效果

经修复后，土壤和地下水中污染物浓度降至修复目标值，达到国家标准要求。以土壤和地下水中苯、氯苯、1,4-二氯苯为例，经修复后3种污染物浓度显著降低，土壤中3种污染物去除率（以检测最高浓度为标准）分别为89.33%、94.95%、86.82%，地下水中3种污染物去除率分别为85.07%、66.07%、87.22%（肖业宁等，2015）（图11-81）。

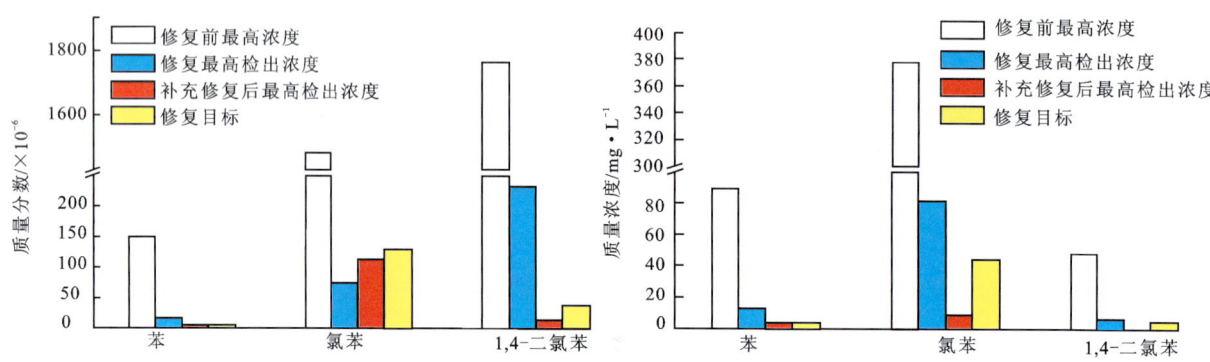

图11-81 土壤（左）和地下水（右）修复效果图（据肖业宁等，2015修改）

整治修复场地旧貌换新颜（图11-82），从曾经的烟囱高耸、"水黑、土赤、味臭"的环境变成了"水清、岸绿、空气新"的住宅小区和滨江公园，生态环境得到优化，生活质量得以提高，社会和民众对此一致好评。

a. 修复前　　　　b. 修复后

图11-82 修复前后效果对比图

2. 亮点特色

（1）速度快，精度高。应用地电阻影像剖面法等有机污染探测技术精准圈定污染物深度和分布范围。

（2）可视化强，预见性高。利用数值模拟技术支撑提前研判。

(3)修复周期短,二次污染小,结构扰动轻,稳定性高。采用的化学与生物化学相结合技术的修复技术优势明显。

3.技术模式

通过在该场地开展"调查→评价→修复→监测"实践,总结出一套适用于有机污染化工场地生态重建的保护修复技术模式。

(1)地质先行,剖析地质结构:通过精细化调查、物探探测,确定地层结构、污染物浓度,圈定污染层位和范围。

(2)数值模拟,预判污染运移路径:利用 GMS 软件和 T2VOC 软件模拟,构建三维地质模型,模拟污染羽运移,揭开地下污染物运移"隐形衣"。

(3)方法融合,针对性实施修复:采用化学热升温热解吸、化学氧化、抽提注入和生物化学方法等技术修复浅部土壤和深部有机污染物(图 11-83)。

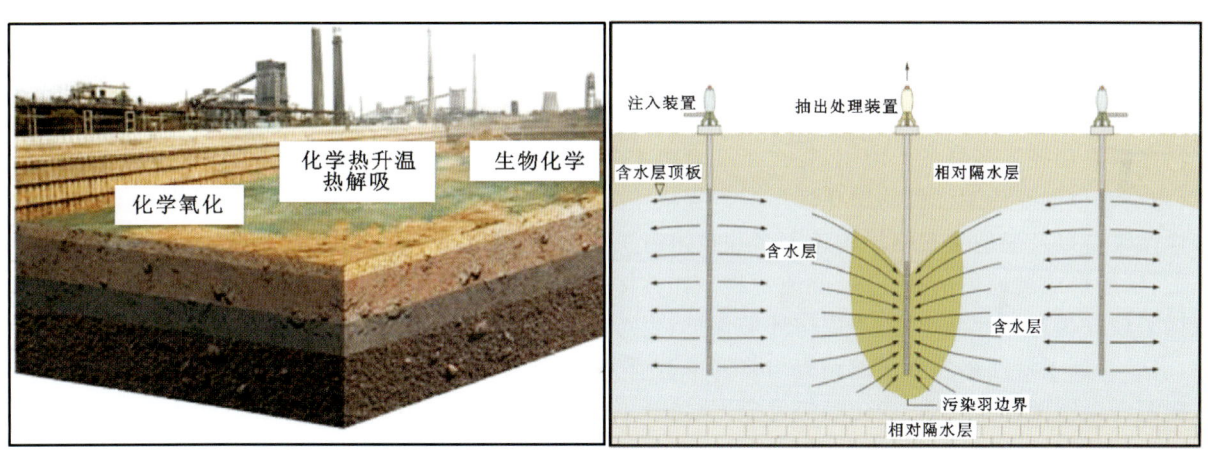

图 11-83 有机污染生态重建技术模式

(四)综合效益及推广应用前景

(1)依据有机污染化工场地调查评价和修复建议成果,该污染场地被列入国家与省市环保部门、江苏省发展和改革委员会重点污染修复名录,并得到南京市环境保护科学研究院、江苏省地质矿产勘查局等多家单位应用。

(2)目前,该场地有机污染化工场地已修复过半,原有工业用地属性变更为建筑用地、园林用地等。其中,房地产开发带动经济社会发展,园林绿化、滨江公园为周边市民提供休闲娱乐场所,经济和社会效益显著。

(3)该有机污染化工场地修复示范打造成为长江沿江有机污染场地修复"再开发样板",为长江经济带沿江生态环境保护和国土空间规划提供了典型范例。

第四节 小 结

本章阐述了长江经济带废弃矿山、滨海盐碱地、沿江湿地、沿江有机污染场地和重金属镉污染场地的调查评价与生态修复示范成果,形成了矿山尾矿废石综合利用和盐碱地改良等多项关键技术,为长江经济带尾矿废石资源化、减量化及生态保护和修复提供了技术保障。

（1）基本查明了江苏滨海盐碱地的数量、质量和盐度空间分布特征，以及土壤盐化分级、土壤主要肥力指标含量与分布特征，在江苏如东海岸带盐碱地进行了修复示范，探索形成了盐碱地"工程、结构、生物和农艺改良"等关键技术体系。两年来已完成盐碱地改良 60 亩和海水稻稻鱼共生 40 亩，实现系列农产品产业化，盐碱地改良取得良好成效，为此如东县和南通通州区人民政府进一步划拨了盐碱地 8100 亩予以改良。示范成果为滨海盐碱地改良大面积应用推广及陆海统筹"多规合一"规划编制提供了科技支撑。

（2）研发了四川攀枝花钒钛磁铁矿、江西宜春钽铌矿尾矿废石资源化利用和云南安宁磷矿矿山环境修复 3 项关键技术。在攀枝花钒钛磁铁矿采用新研发的选矿药剂及"强磁→重选→浮选"等工艺可获得 TiO_2 品位为 45.97%、回收率为 65.37%的钛精矿，P_2O_5 品位为 31.73%、回收率为 92.56%的磷精矿，TREO 品位为 39.63%、回收率为 27.99%稀土精矿，在江西宜春钽铌矿采用"预先脱泥-弱碱性体系下阴阳离子混合捕收剂浮选回收锂"技术应用于 Li_2O 品位 0.61%的尾矿样品，可获得 Li_2O 品位 3.6%和回收率 65.72%的锂云母精矿，为长江经济带尾矿废石资源化、减量化及生态保护和修复提供了保障。安宁磷矿区生态修复示范区植被成活率高，生态恢复见效快，后期管护成本低，景观效果佳，具有良好的推广应用价值。

（3）通过对江苏启东崇启大桥—三和港段长江岸线湿地区域进行调查研究，基本查明滨岸湿地环境地质背景条件，并通过关键生态问题调查与原因剖析、岸滩生境优化改造、感潮岸段湿地植物比选以及生物多样性调控等多种技术应用，提出了 9 万多平方千米沿江滨岸湿地的生态修复与稳态维持技术方案，为高水位变幅感潮江段的退化滨岸湿地提供了尾水净化、生态护坡、生境改良、湿生植被恢复、生物多样性维持以及湿地景观格局构建等多种技术解决途径。目前，该生态修复方案已完成一期阶段工程施工，已经形成湿地休闲观光区、湿地生物多样性保护区和湿地尾水深度净化区 3 种不同生态功能区，取得了较好生态与社会效益，为周边环境保护、生态修复和生态环境保护教育提供了样板。

（4）开展了沿江镉污染场地调查与修复示范研究，基本查明沿江土壤高镉异常带分布现状；分析了土壤镉污染空间分布规律、变化趋势及成因，选择不同环境因素和人类活动影响下典型场地进行修复示范；通过采用基因组、转录组等分子生物技术研发了耐镉转基因特有植物材料 1 种，采用高通量测序微生物技术成功筛选出 8 种高效修复功能微生物，初步建立沿江高镉异常带功能微生物菌库及功能基因图谱；初步形成长江沿江土壤镉异常带修复植物实验室基因改良关键技术及品种储备，探索了高镉土壤最佳微生物-植物互作修复模式，为下一步微生物改良剂研制和规模化修复奠定重要基础。

（5）创新了有机污染探测技术，应用地电阻影像剖面法、钻探等技术方法成功探测了地下 17~45m 的有机污染物，精准查明了某市沿江一老化工厂场地地质环境条件和污染物分布状况，发现在近 $1km^2$ 范围内土层和含水层发生严重污染，污染物以苯、苯胺、硝基苯等有机污染组分为主，含量严重超标。依据调查评价成果提出了采用化学升温热解吸、化学氧化、抽提注入和生物化学方法等技术方法修复浅部土壤和深部有机污染物的建议。相关成果得到地方环保部门采纳与应用，为组织开展沿江有机化工污染场地整治修复提供了重要技术支撑，目前修复整治区域已完成近半。同时，取得成果也为市政府提出的要"从老工业基地转变为滨江宜居区及文化旅游区"、打造滨江门户提供了科技支撑。

第十二章　长江经济带湿地演化、保护修复与防洪对策

湿地是介于陆地和水体之间的特殊类型的生态系统，兼有两者属性，并发挥着独特的生态功能。人类社会发展与湿地息息相关，湿地在抵御洪水、调节径流、改善气候、控制污染、美化环境和维护区域生态平衡等方面，具有其他生态系统不可替代的作用。湿地景观又是世界上受威胁最为严重的生态系统。围湖造田、城市化过程等人类活动的盲目开发和利用，都会对湿地景观造成严重影响。湿地的分布状况及动态变化是对区域社会经济可持续发展具有重要指导作用的基础国情信息。我国是世界上湿地生物多样性最丰富的国家之一，湿地面积占世界湿地面积的10%，也是亚洲湿地类型最齐全、数量最多、面积最大的国家。随着城市化进程的加速和人地矛盾的突出，各类生态系统已受到了不同程度的损害。长江经济带特别是长江中下游河湖湿地分布广，长期以来人类活动的不合理扰动加剧了河湖湿地生态系统的退化，且洪涝灾害的发生频率增高。现今迫切需要对湿地系统进行科学规划，提出采取合理的河湖湿地保护修复与防洪对策建议。

第一节　湿地空间分布及时空演变分析

长江经济带是中国湿地资源最为丰富的地区，包含了近海与海岸湿地、河流湿地、湖泊湿地、沼泽湿地和人工湿地五大类型。区域内从上游至下游分布着中国生态过渡区、生态交错区、生态功能区等30多个重点生态保护和规划地区（图12-1）。同时受长江河道交通廊道效应的影响，区内也分布着成渝经济区、洞庭湖生态经济区、武汉城市圈、鄱阳湖生态经济区、合肥经济圈和宁杭生态经济带等不同规模、结构和功能的社会经济发展区域（图12-2）。城市圈、经济区、生态区（带）、生态脆弱区和过渡带交错分布，造成长江经济带生态环境在时间和空间尺度上存在着空间异质性，影响着区域生态环境和社会经济的协同发展。

长江经济带生态系统服务种类的复杂性、空间分布的不均衡性以及人类使用的选择性，造成不同生态系统服务之间的关系出现此消彼长的权衡、相互增益的协同等变化形式。长江上游地区水土流失、荒漠化严重，矿产资源开发等带来的环境污染和生态破坏问题突出，大城市及周边污染形势严峻；中游地区湿地面积急剧退化，水体富营养化和重金属污染严重；下游地区生态空间破碎化严重，自然资源承载能力下降。因此，依托独具特色的河道和丰富多样的湿地而发展的长江经济带，它的供给服务、调节服务、文化服务和支撑服务等多种综合生态服务功能明显持续下降，时空差异日益突出。

湿地和周围植被边界的不确定性一直是遥感提取工作的难点之一。在利用遥感和地理信息系统技术进行湿地分类研究方面，国内外已做了许多工作。由于遥感影像本身空间分辨率以及"同物异谱""异物同谱"现象的存在，往往会存在错分、漏分情况，导致部分分类结果不理想。如何提高解译速度和精度的问题成为湿地遥感技术发展的难题。目前，利用影像数据进行湿地分类精度难以提高主要是受影像源的限制，其中不同湿地类型波谱特性之间的混淆是制约精度提高的直接原因，同时不同类型的湿地还存在着物候景观及其地域生境等因素的差异。

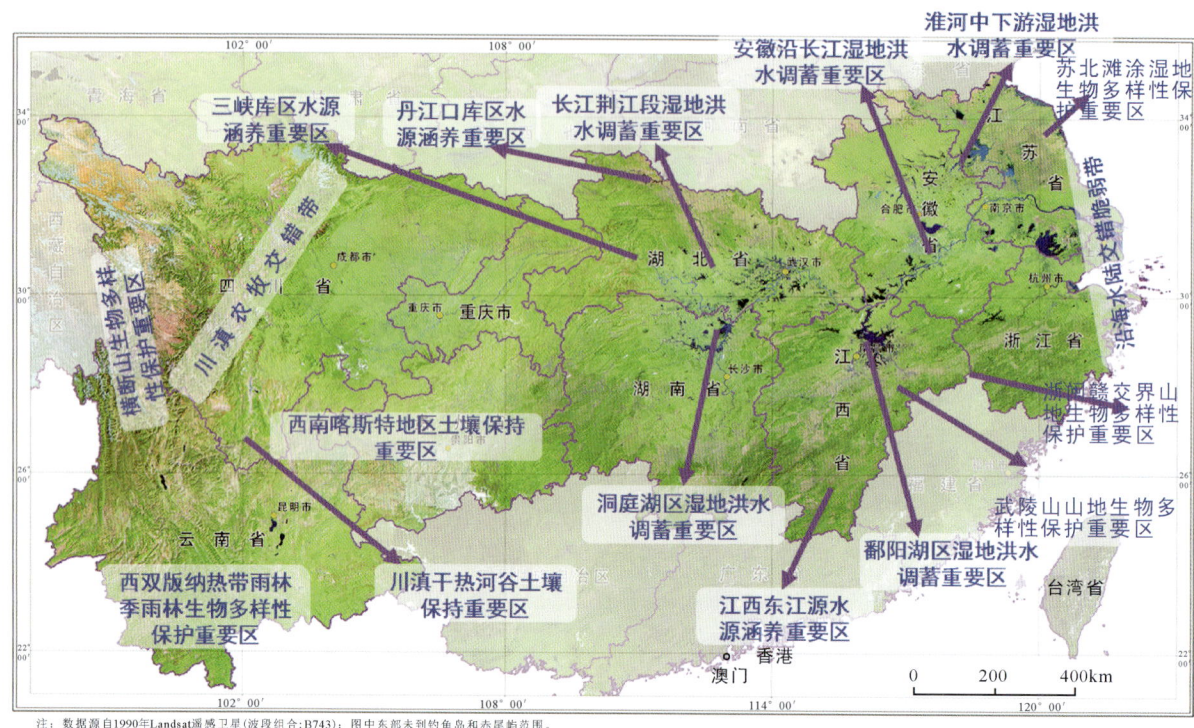

图 12-1 长江经济带主要生态保护区和生态规划区空间分布状况示意图

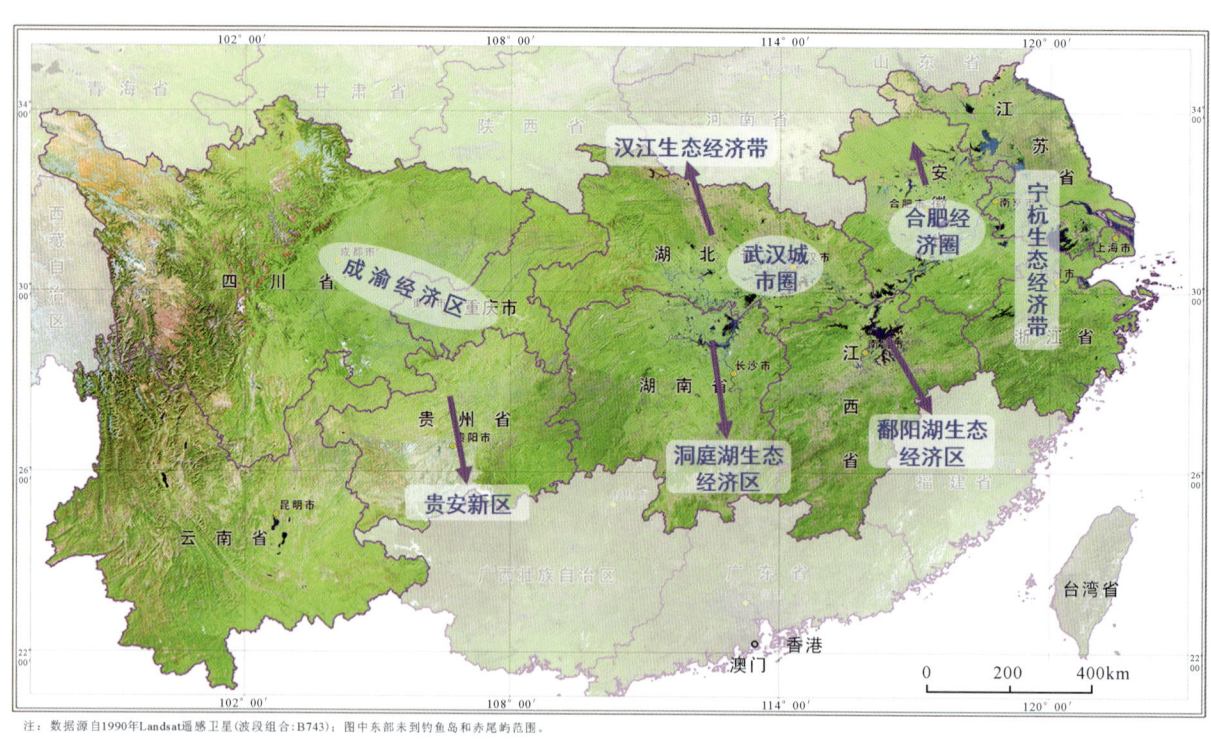

图 12-2 长江经济带经济区(圈)空间分布状况

一、研究方法

1. 中国湿地分类标准的基本情况

根据国家标准《湿地分类》(GB/T 24708—2009)和《全国湿地资源调查技术规程(试行)》，中国湿地可分为5个大类34个二级类(表12-1)。

表12-1 中国湿地分类表

湿地类	湿地类型	湿地类	湿地类型
近海与海岸湿地（Ⅰ）	浅海水域（I_1）	湖泊湿地（Ⅲ）	永久性咸水湖（$Ⅲ_2$）
	潮下水生层（I_2）		季节性淡水湖（$Ⅲ_3$）
	珊瑚礁（I_3）		季节性咸水湖（$Ⅲ_4$）
	岩石海岸（I_4）	沼泽湿地（Ⅳ）	藓类沼泽（$Ⅳ_1$）
	沙石海滩（I_5）		草本沼泽（$Ⅳ_2$）
	淤泥质海滩（I_6）		灌丛沼泽（$Ⅳ_3$）
	潮间盐水沼泽（I_7）		森林沼泽（$Ⅳ_4$）
	红树林（I_8）		内陆沼泽（$Ⅳ_5$）
	河口水域（I_9）		季节性咸水沼泽（$Ⅳ_6$）
	三角洲/沙洲/沙岛（I_{10}）		沼泽化草甸（$Ⅳ_7$）
	海岸性咸水湖（I_{11}）		地热湿地（$Ⅳ_8$）
	海岸性淡水湖（I_{12}）		淡水泉/绿洲湿地（$Ⅳ_9$）
河流湿地（Ⅱ）	永久性河流（$Ⅱ_1$）	人工湿地（Ⅴ）	库塘（V_1）
	季节性或间歇性河流（$Ⅱ_2$）		运河、输水河（V_2）
	洪泛平原湿地（$Ⅱ_3$）		水产养殖场（V_3）
	喀斯特溶洞湿地（$Ⅱ_4$）		稻田/冬水田（V_4）
湖泊湿地（Ⅲ）	永久性淡水湖（$Ⅲ_1$）		盐田（V_5）

遥感影像分类是利用计算机通过对遥感影像中各类地物的光谱信息和空间信息进行分析，选择特征，将影像中每个像元按照某种规则或算法划分为不同的类别，然后获得遥感影像中与实际地物的对应信息，从而实现遥感影像的分类。随着遥感自动化提取技术的发展，决策树法、神经网络法、面向对象法、分层分类法、支持向量机法、专家系统和复合分类等新方法开始逐步代替传统的分类方法。本次将侧重于介绍利用遥感影像处理单元和遥感影像特征的湿地信息提取方法，以实现长江经济带湿地类型空间信息提取及时空分析。

2. 湿地遥感调查时间和季节

湖泊湿地、河流湿地、沼泽湿地以及人工湿地的遥感影像解译应选取最近两年丰水期的影像资料。如丰水期的遥感影像的效果影响到判读解译的精度，可以选择最为靠近丰水期的遥感影像资料。近海与海岸湿地的调查应选取低潮时的遥感影像资料。湿地的外业调查应根据调查对象的不同，分别选取适合的时间和季节进行。

采用以遥感(RS)为主、地理信息系统(GIS)和全球定位系统(GPS)为辅的"3S"技术,即通过遥感解译获取湿地类型、面积、分布(行政区、中心点坐标)、平均海拔、植被类型及其面积、所属三级流域等信息。通过野外调查、现地访问搜集最新资料,获取水源补给状况、主要优势植物种、土地所有权、保护管理状况等数据。在多云多雾的山区,如无法获取清晰的遥感影像数据,则应通过实地调查来完成。

3. 湿地遥感解译方法

1)遥感数据的选择

遥感数据的获取应在保证调查精度的基础上,根据实际情况采用特定的数据源。一般应保证分辨率在20m以上,云量小于5%,最好选择与调查时相最接近的遥感影像,其时间相差一般不应超过两年。

2)基于影像处理单元的提取方法研究

基于像元的分类方法:基于像元分类是根据遥感影像像元波谱信息进行分类,主要考虑像元波谱强度信息,异质性可影响分类结果。该方法原理简单、操作容易且自动化运算程度高,是湿地遥感信息提取的常用方法。

基于面向对象的方法:基于对象分类技术(Object-Based Image Analysis,简称OBIA)考虑了多种遥感信息源的整合互补,将图像分割成多个同质性区域,通过对邻近区域像元估算目标值,支持检查对象的辐射平均数、标准差及形状等要素,较好地解决了环境异质性和像元异质性等不确定性的问题。

3)基于遥感影像特征的提取方法研究

基于遥感影像的目视解译方法:在湿地遥感中,目视解译依然是湿地信息提取的重要方法,其解译结果也是后继模型构建和验证的重要参考数据。通过选择湿地遥感影像目视解译的最佳波段或波段组合,构建目视解译标志库,结合解译工作者自身对湿地类型的理解和认知,实现湿地信息的提取。

基于微波遥感的湿地信息提取方法:在微波遥感影像上,以双散射为主的湿地群落结构、水文特征及空间纹理信息丰富,通过对集群分布的不同地类信息的统计分析,构建基于雷达散射特征的决策树(如随机森林决策树,即Random Forest,简称RF)。

4. 湿地的利用方式分类

种植业:水稻田、其他灌溉、园艺和非灌溉农用地。
养殖业:养殖鱼、虾、蟹、贝类等利用方式。
牧业:放牧牛(羊、马等)的牧场或作为集约畜牧业的草料基地。
林业:包括有林地、疏林地、灌木林地等未成林造林地。
工矿业:泥炭、原油开采、薪炭、采砂等。
旅游和休闲:包括各种被动和主动的娱乐和捕猎等。
水源地:工业用水、生活用水、农业用水、地下水回灌等利用方式。
其他利用方式:未包括以上利用方式范围的其他利用方式。

5. 湿地调查

对所有符合调查范围的湿地调查湿地类型、面积、分布(行政区、中心点坐标)、平均海拔、所属流域、水源补给状况、植被类型及面积、主要优势植物种、土地所有权、保护管理状况;河流湿地的流域级别。湿地调查区划按照省(市、区)→湿地区→湿地斑块进行组织。

湿地调查要素包括:①自然环境要素,包括位置(坐标范围)、平均海拔、地形、气候、土壤;②湿地水环境要素,包括水文要素、地表水和地下水水质;③湿地野生动物,重点调查湿地内重要陆生和水生湿地脊椎动物的种类、分布及生境状况,包括水鸟、兽类、两栖类、爬行类和鱼类,以及该重点调查湿地内占优势或数量很大的某些无脊椎动物如贝类、虾、蟹等;④湿地植物群落和植被;⑤湿地保护与管理、湿地利用状况、社会经济状况和受威胁状况。

6. 湿地斑块的边界界定

近海与海岸湿地：滩涂部分为沿海大潮高潮位与低潮位之间的潮浸地带。浅海水域为低潮时水深不超过 6m 的海域，以及位于湿地内的岛屿或低潮时水深超过 6m 的海洋水体，特别是具有水禽生境意义的岛屿或水体。

河流湿地：河流湿地按调查期内的多年平均最高水位所淹没的区域进行边界界定。河床至河流在调查期内的年平均最高水位所淹没的区域为洪泛平原湿地，包括河滩、河心洲、河谷、季节性泛滥的草地以及保持了常年或季节性被水浸润的内陆三角洲。如果洪泛平原湿地中的沼泽湿地区面积不小于 80 000m^2，需单独列出其沼泽湿地型，统计为沼泽湿地；如沼泽湿地区小于 80 000m^2，则统计到洪泛平原湿地中。

湖泊湿地：如果湖泊周围有堤坝的，则将堤坝范围内的水域、洲滩等统计为湖泊湿地。如果湖泊周围没有堤坝的，将湖泊在调查期内的多年平均最高水位所覆盖的范围统计为湖泊湿地。如果湖泊内水深不超过 2m 的挺水植物区面积不小于 80 000m^2，需单独将其统计为沼泽湿地，并列出其沼泽湿地型；如湖泊周围的沼泽湿地区面积不小于 80 000m^2，需单独列出其沼泽湿地型；如沼泽湿地区小于 80 000m^2，则统计到湖泊湿地中。

沼泽湿地：沼泽湿地是一种特殊的自然综合体，凡同时具有以下 3 个特征的均统计为沼泽湿地：①受淡水或咸水的影响，地表经常过湿或有薄层积水；②生长有沼生和部分湿生、水生或盐生植物；③有泥炭积累，或虽无泥炭积累但土壤层中具有明显的潜育层。在野外对沼泽湿地进行边界界定时，首先根据其湿地植物的分布初步确定其边界，即某一区域的优势种和特有种是湿地植物时，可初步认定其为沼泽湿地的边界，然后再根据水分条件和土壤条件确定沼泽湿地的最终边界。

人工湿地：人工湿地包括面积不小于 80 000m^2 的库塘、运河、输水河、水产养殖场、稻田/冬水田和盐田等。

二、时空演变分析

1. 长江经济带湿地数据源与遥感信息提取方法

1）湿地信息提取所使用的数据源

GlobeLand30 数据：该数据研制所使用的分类影像为 30m 多光谱影像（http://www.globeland30.org/GLC30Download/index.aspx），包括美国陆地资源卫星（Landsat）TM5、ETM＋多光谱影像和中国环境减灾卫星（HJ-1）多光谱影像。影像选取原则：在每景影像无云（少云）前提下，择优选择植被生长季的多光谱影像，影像时相尽量控制在 1 年以内。对于影像获取困难地区，适当放宽影像获取时间，确保全球无云影像的完整覆盖。GlobeLand30 数据共包括 10 个类型，分别是耕地、森林、草地、灌丛地、水体、湿地、苔原、人造覆盖、裸地、冰川与永久积雪。该数据的总体精度为 83.51%，Kappa 系数为 0.78。

GF-1 卫星遥感数据：该卫星于 2013 年 4 月 26 日发射，其中搭载了 4 台 WFV 多光谱相机，4 台相机组合扫描宽 800km，星下点的分辨率为 16m，WFV 传感器共设置 4 个波段，光谱范围为 0.45～0.89μm（其中，蓝光光谱为 0.45～0.52μm，绿光光谱为 0.52～0.59μm，红光光谱为 0.63～0.69μm，近红光谱外为 0.77～0.89μm），重访周期为 4d。该数据的获取来源于中国地质调查局卫星应用研究中心和中国地质调查局南京地质调查中心。

2）基于高分辨率遥感数据的湿地信息提取方法

项目中湿地信息提取的方法主要采用决策树分类模型。建立决策树分类模型的关键是深入理解遥感影像的光谱、空间特征规律和环境特征，了解地物间的总体规律和内在联系，故典型地物光谱特征和其他特征变量的分析是建立决策分类树不可缺少的基础性工作。主要步骤为：①利用遥感数据生成植被指数数据和水体指数数据，提取水体信息；②根据植被指数和典型地物光谱分析，通过设置阈值，提取出湿地、耕地、林地、建设用地、草地等信息；③结合数字高程模型数据（DEM 数据）和纹理信息，区分湿地、草地、林地、水田等带植被信息的地物类型；④根据形状指数等空间形态指数，区分出河流和湖泊；⑤分类后处理，对碎屑图斑等信息进行处理。

基于上述方法，本项目完成了长江经济带 2000 年、2010 年和 2016 年的湿地信息提取。在提取过程中，由于本次所获取的数据时相上受到限制，高分辨率遥感卫星 GF-1 数据光谱信息有影响，加上水田（即人工湿地）季相差异变化较大，故本次提取了自然湿地的空间信息，通过与 GlobeLand30 数据提取信息做了对比分析，发现项目中所提取的数据从空间分布上整体是一致的，且湿地空间分布的细节信息要比 GlobeLand30 数据所提取的信息更加细腻。通过对两者进行空间叠加统计分析、类型面积相关分析和误差矩阵分析，项目中基于 GF-1 遥感数据所提取的湿地信息精度更优，整体精度达 3.5% 以上。

2. 长江经济带湿地类型时空演变特征

长江经济带主要湿地类型有近海与海岸湿地、河流湿地、湖泊湿地、沼泽湿地和人工湿地五大类型。其中，沼泽湿地分布在长江上游的四川、云南和贵州等省（市）；河流湿地分在以长江为干流的河网系统沿线；湖泊湿地的面积主要集中在长江中游和下游地区，湖北、湖南、江西、安徽和江苏的湖泊湿地面积比较大；近海与海岸湿地主要分布在江苏、上海和浙江的东部，临近东海海陆交错带地区；人工湿地（不包含水田信息）则零星地分布在整个地区，尤其是中下游地区。

根据湿地信息提取的结果（图 12-3～图 12-5，表 12-2）可看出，2000 年、2010 年和 2016 年长江经济带湿地总面积分别为 51 612.21 km²、47 830.30 km² 和 35 690.15 km²，显示出逐渐减少的趋势。受全球气候变化的影响，上游地区冰川融雪和雪线上升，上游湿地面积整体呈现一定程度的增长（先下降再增长，整体增长），增加了 1 623.29 km²，而中、下游地区受经济快速发展和城镇化建设，湿地面积变化呈现出比较明显的减少趋势，分别减少 8 921.27 km² 和 8 624.11 km²。同时，在 2000—2010 年，从上游至下游，长江经济带湿地面积分别减少 312.54 km²、2 839.45 km² 和 629.93 km²，其中中游地区面积减少较为明显；而 2010—2016 年长江经济带上游地区湿地面积增加 1 935.83 km²，中游和下游地区湿地面积分别减少 6 081.82 km² 和 7 994.18 km²。从总体上看，长江经济带从 2000 年到 2016 年湿地总面积呈递减趋势，尤其是 2010 年以后，整个地区湿地面积减少 12 140.15 km²。

根据长江经济带 11 个省（市）湿地面积变化统计数据（表 12-2）可以看出，湿地面积较大的省份主要是江苏省、湖北省和安徽省（图 12-6），面积分布最小的是重庆市、贵州省和上海市。贵州、重庆、云南、四川和江西 5 个省（市）的湿地面积有所增加，而其他省份发生不同程度的减少。其中，面积减少排前四的省份分别为江苏省、湖北省、湖南省和安徽省，主要是长江经济带的中、下游地区，很大程度上跟长江中下游地区城镇化建设发展速度有着明显的关系。

三、主要湖泊湿地修复建议

根据中国国家（国际）重要湿地名录和长江流域生物多样性保护优先原则，建议对滇池湿地、鄱阳湖湿地、洞庭湖湿地、太湖地区湿地、洪泽湖湿地、高邮湖湿地、安庆沿江湿地（包括巢湖）、河口与沿海湿地、盐城沿海滩涂湿地、江汉湖群、扬子鳄保护区湿地、湘江干流、丹江口-江汉区、赤水河、嘉陵江、三峡库区、丹江口库区等实行重点保护。

根据现有湿地区平均水位和洪水期最高洪水位，建议以鄱阳湖、洪湖、洞庭湖、太湖、洪泽湖、巢湖等湖泊为重点进行湿地修复，修复范围以恢复至 1970 年代面积为宜，这样主要湿地修复面积可由现有的 10 721.1 km² 修复至 13 822.2 km²，增幅近 30%（表 12-3，图 12-7）。

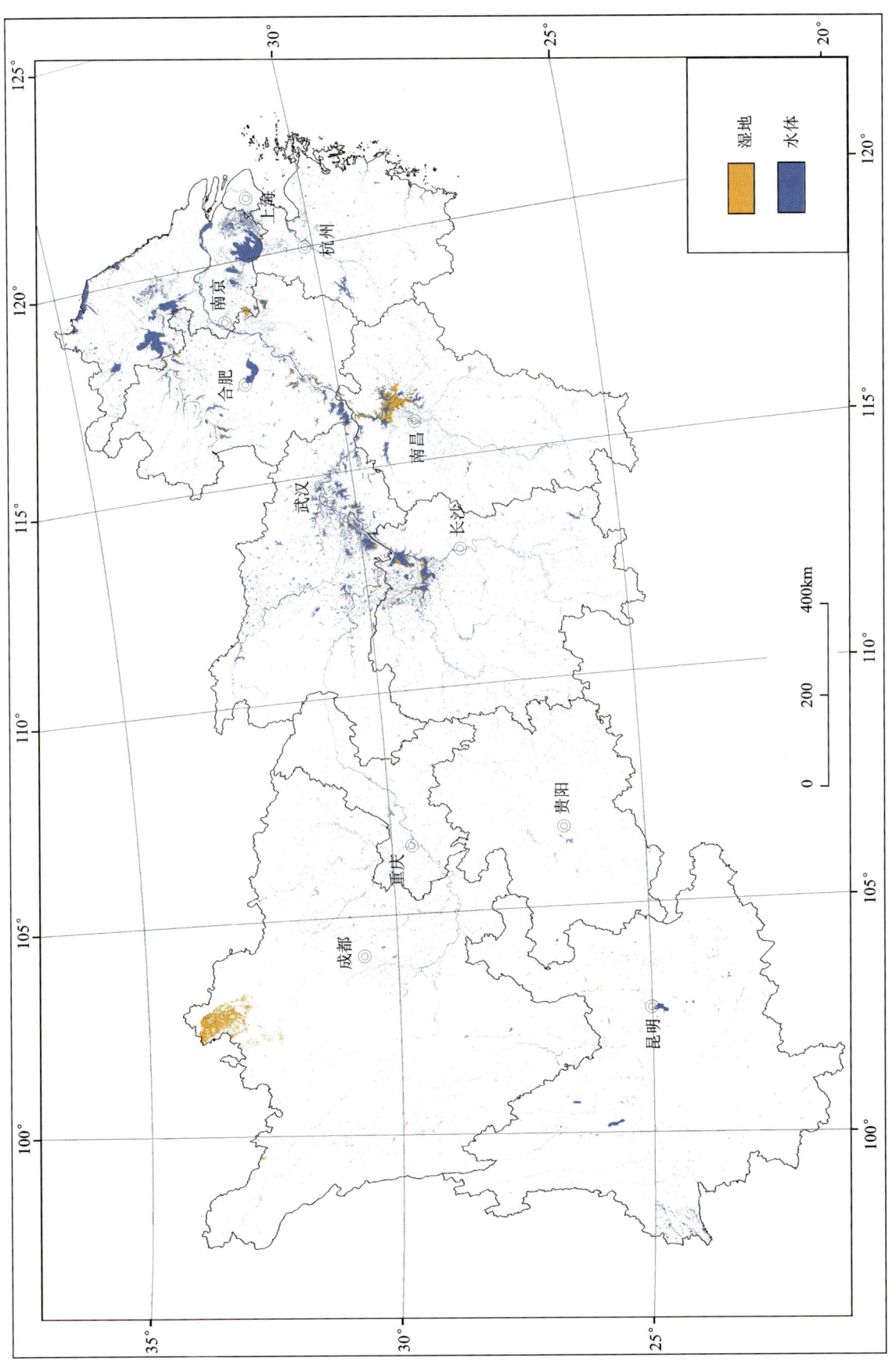

图 12-3 2000 年长江经济带湿地空间分布状况

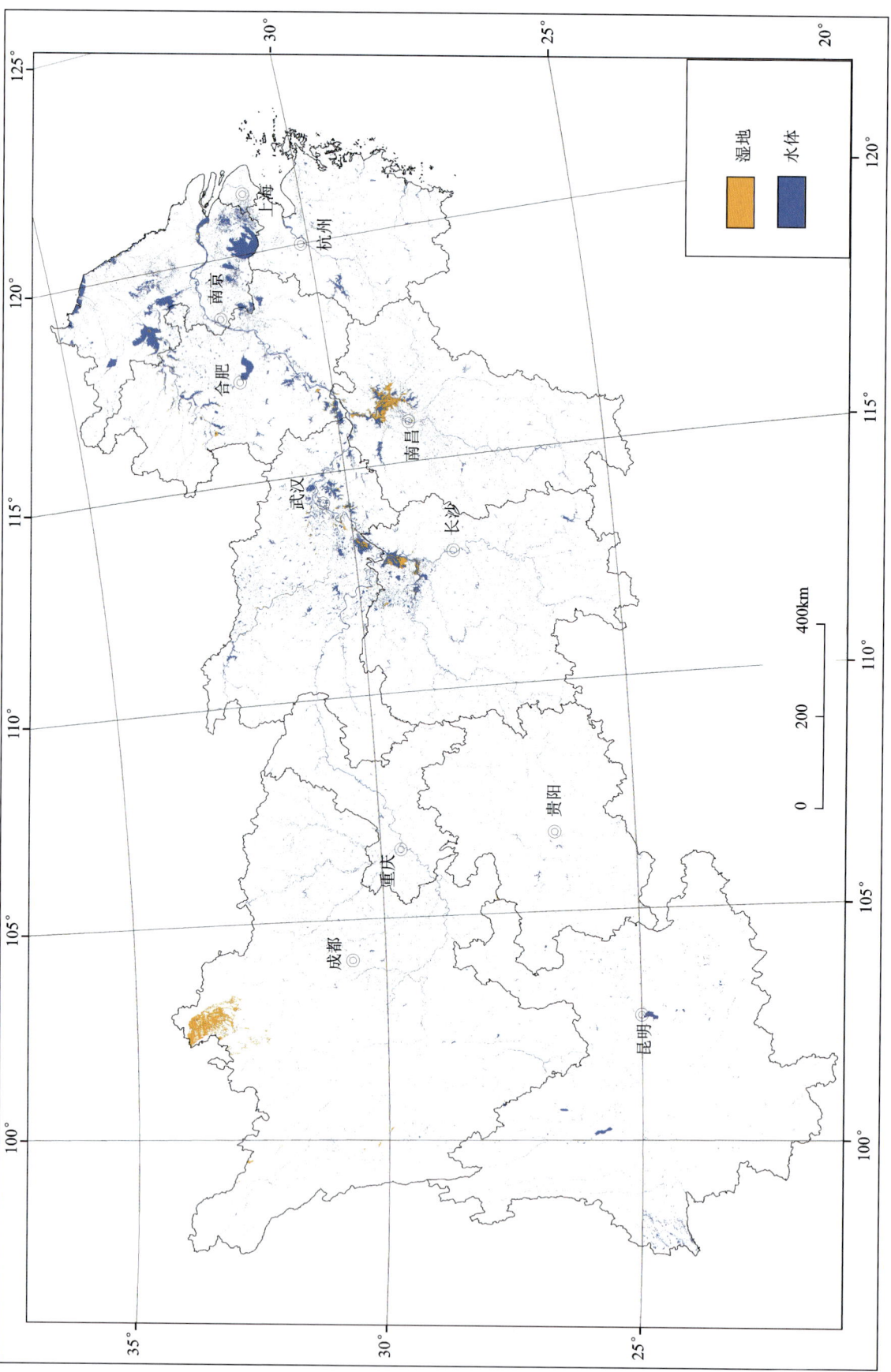

图12-4 2010年长江经济带湿地空间分布状况

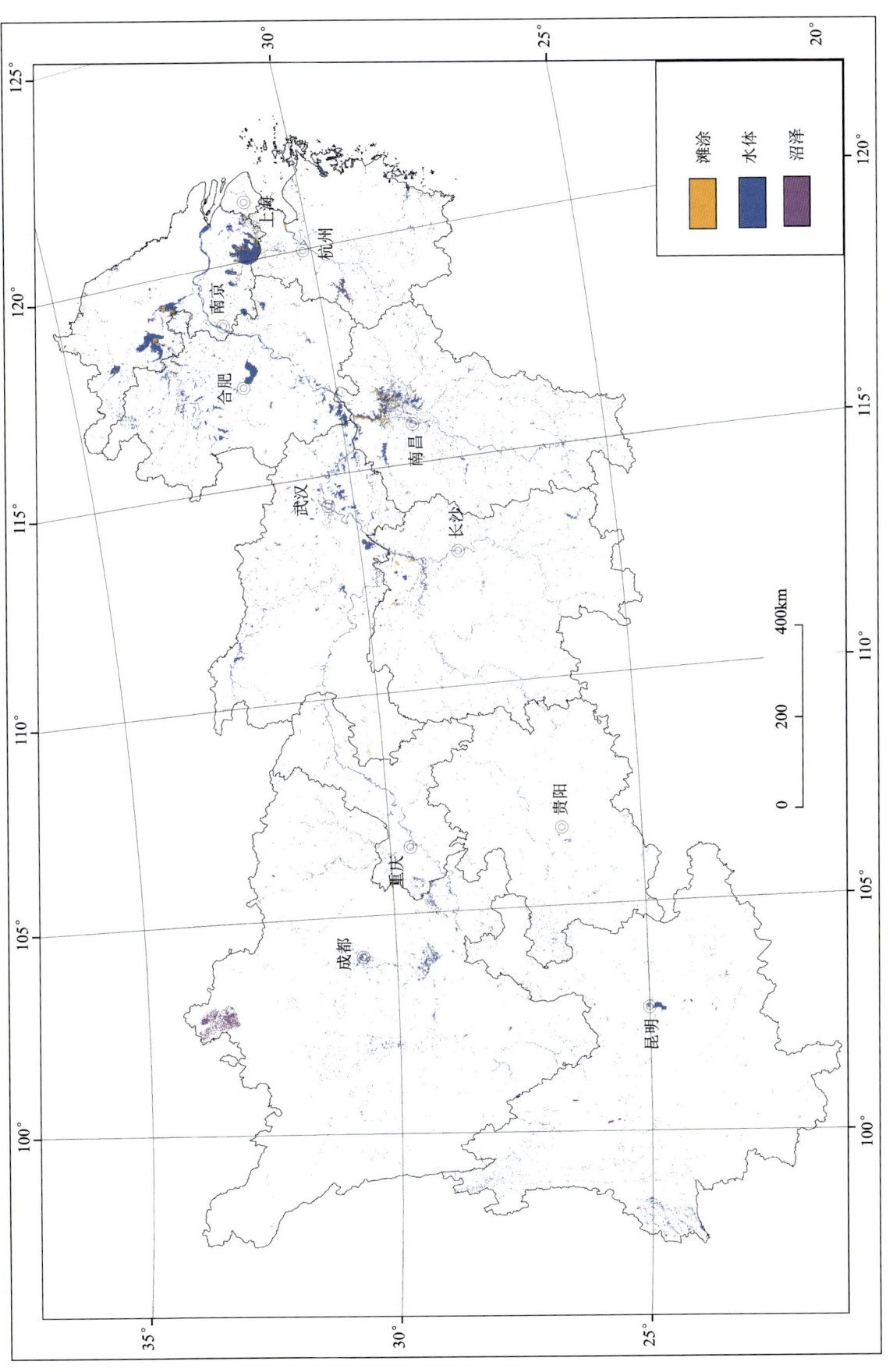

图 12-5　2016 年长江经济带湿地空间分布状况

表12-2　2000—2016年长江经济带11个省(市)湿地面积变化状况　　　单位:km²

区域	省(市)	2000年	2010年	2016年
下游	安徽省	6 761.59	7 043.83	5 258.90
	江苏省	13 718.64	13 067.2	7 477.58
	上海市	281.71	266.82	134.20
	浙江省	2 536.30	2 290.46	1 803.47
	小计	23 298.24	22 668.31	14 674.13
中游	湖北省	9 943.47	8 526.20	4 313.52
	湖南省	6 677.26	5 446.89	2 670.05
	江西省	4 792.77	4 600.96	5 508.66
	小计	21 413.50	18 574.05	12 492.23
上游	重庆市	950.31	991.46	1 230.51
	四川省	2 901.55	2 801.41	3 577.35
	云南省	2 352.50	2 223.09	2 731.95
	贵州省	696.12	571.98	983.96
	小计	6 900.48	6 587.94	8 523.77
全流域		51 612.22	47 830.30	35 690.15

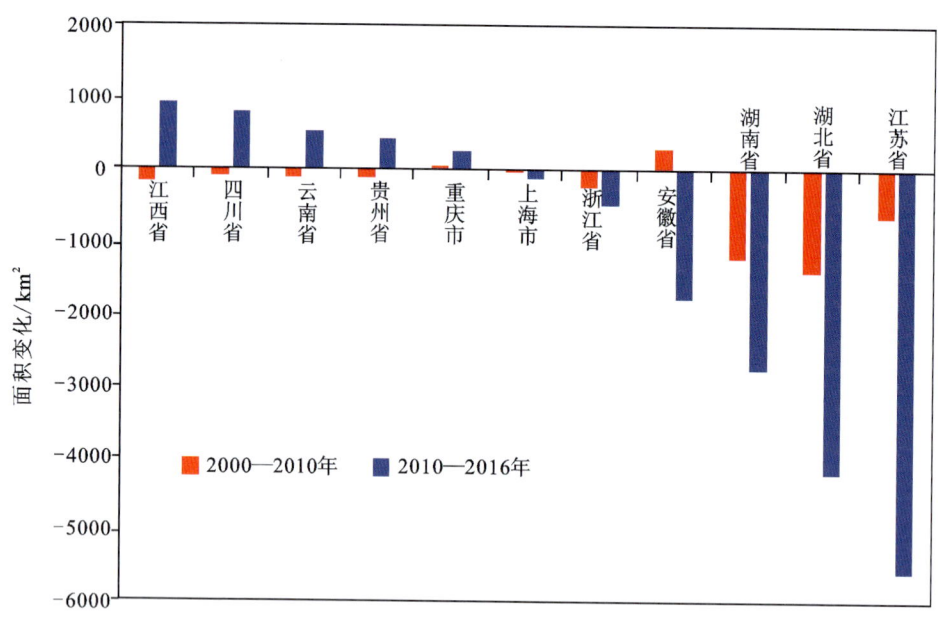

图12-6　2000—2016年长江经济带11个省(市)不同时期湿地变化状况

表12-3　长江经济带主要湖泊湿地修复建议表　　　单位:km²

主要湖泊湿地	鄱阳湖	洞庭湖	太湖	洪泽湖	巢湖	洪湖	合计
现状湿地	3100	2600	2 335.9	1 557.2	780	348	10 721.1
湿地修复建议区	4140	4040	2 345.1	1 712.1	825	760	13 622.2

第四篇 支撑服务流域生态保护修复与绿色发展篇

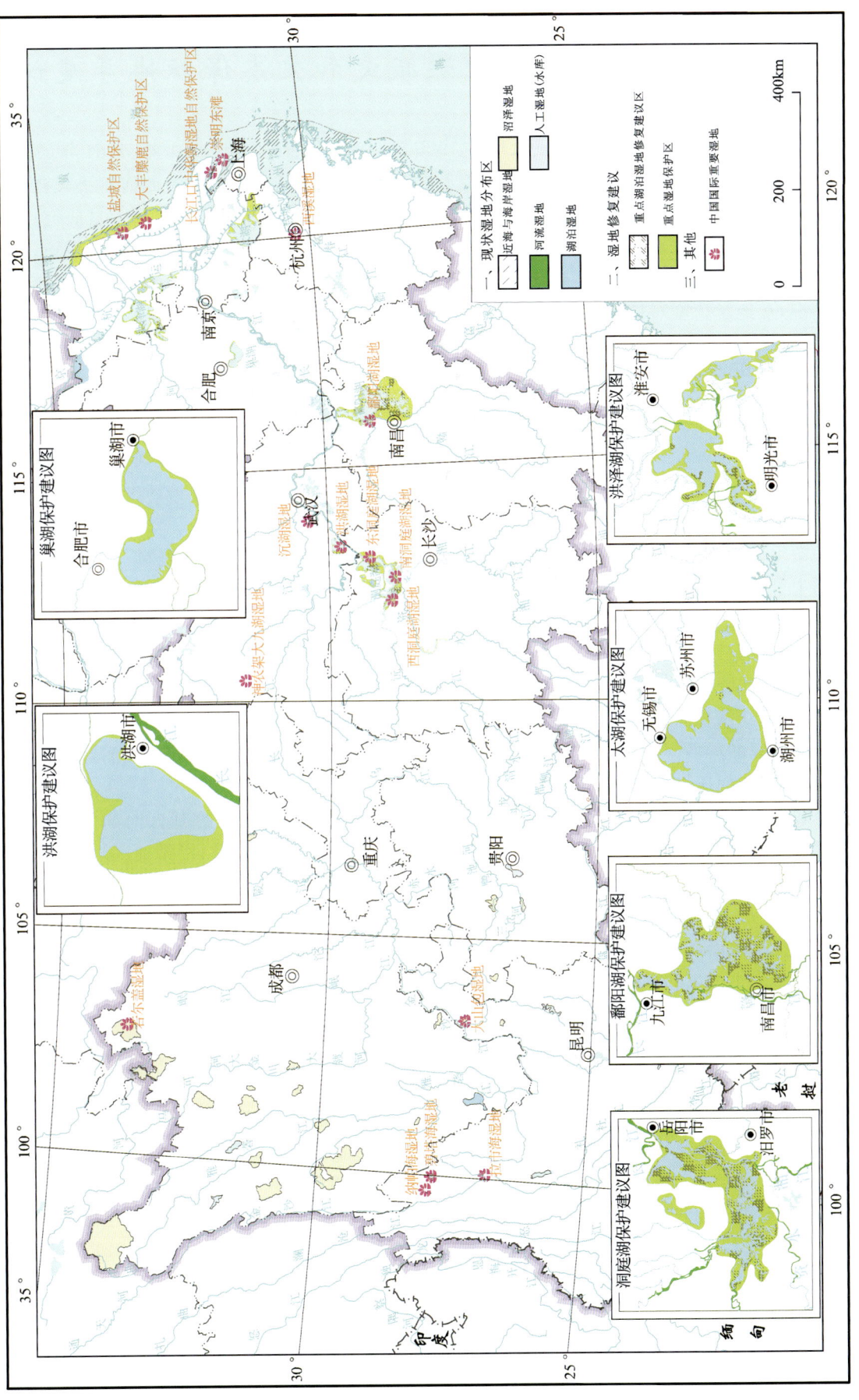

图12-7 长江经济带重要湖泊湿地修复（保护）建议图

第二节　长江中游地区防洪减灾和生态保护地学建议

长江中游地区汛情多发,20 世纪大洪水年有 1905 年、1913 年、1937 年、1954 年、1981 年、1991 年、1995 年、1996 年、1998 年、1999 年、2020 年。大洪水周而复始,其症结到底何在? 如何解决长江中游地区洪涝灾害和生态保护是摆在我们面前的重大科学命题。很多专家学者就此开展过大量研究,并提出了相关建议(水利部长江水利委员会,2002;张建云等,2017;夏军和陈进,2021;王浩和孟现勇,2021)。基于长江中游与两岸湖泊协同演化关系及其地质环境效应的综合研究,本书通过系统梳理以往地质工作和洪灾情况,从地学角度对长江中游防洪减灾和生态保护提出了解决方案,主要认识和结论如下。

一、晚更新世及全新世以来长江中游江湖关系及其地学基础

全新世以来,长江中游地区云梦泽的兴衰和江汉湖群、洞庭湖的演变,是长江与其两岸湖泊泥沙淤落、洪水迁移协同演化的产物(杨达源,1986)。尊重长江中游河湖协同演化的自然规律、认识和利用长江中游干支流及江汉—洞庭湖地区湖泊的地学属性是制订防洪减灾策略、统筹长江中游国土空间规划利用、生态环境保护、民生改善的地学基础。

长江中游地区晚更新世深切河谷和河网纵横为全新世以来河湖演化奠定了基础。全新世以来,受全球海平面上升的影响,江汉—洞庭地区长江干流和支流水位上升,低洼地区积水成湖。受长江干支流携沙淤积抬升的影响,古云梦泽一度扩张(谭其骧,1980;张修桂,1980;周风琴,1994;周宏伟,2012)。随着长江、汉江形成的三角洲向江汉平原内部淤积推进,古云梦泽不断萎缩、解体,调蓄洪水能力也不断下降,长江洪水通过城陵矶向洞庭湖倒灌,造成洞庭湖的扩张。东晋以来随着长江干堤的修筑并连成一体,切断了长江与江汉平原的联系,造成荆江河道淤积。明清时期长江与江汉湖群和洞庭湖的关系演变为四口分流入洞庭的局面。湘江、资江、沅江、澧水入湖河流和长江四口携沙淤积,造成洞庭湖不断淤积抬升,蓄滞洪水的空间压缩,迫使洞庭湖不断向南扩张。

云梦泽和洞庭湖作为长江中游调蓄洪水的天然场所,是长江与江汉—洞庭地区河湖协同演化的客观规律。长江及支流携沙淤积、蓄滞洪水的空间遭受挤占,必然造成水体迁移,沿湖地区洪水肆虐,并进一步抬高洪水水位,或者造成特大洪水暴发。

江汉平原上古人类遗址的发掘和近 2000 年来湖区的发展,记录了近 5000 年以来洪水上涨(周风琴,1986)和人类逐水而居不断迁移的过程(图 12-8)。

洪水灾害的集中爆发和区内湖泊面积的减少是紧密相关的。1949 年长江中下游通江湖泊总面积有 17 198km²,如今只剩下洞庭湖和鄱阳湖仍与长江相通,水域总面积约在 5500km²。近 40 多年来,洞庭湖因淤积围垦减少面积 1600km²,减少容量 100 多亿立方米。洪水是客观存在的,并不时爆发。近代以来,长江中游江汉-洞庭平原、鄱阳湖地区及武汉、长沙发生了多次全流域同时爆发的大洪水。1998 年大洪水期间,荆江分洪区当时炸堤分洪已经是箭在弦上,最后九江堤防决口使长江武汉段洪水得以下泄,缓解了武汉防洪压力。1998 大洪水之后,长江中游实施了堤防加固工程,长江大堤决口的可能性降低了,但是防洪的压力并未降低。2016 年武汉大洪水、2017 年湘江流域大洪水均产生巨大的防洪压力。2020 年洪涝期间,溃堤事件频繁发生,防洪形势十分严峻。据国家防汛抗旱总指挥部和应急管理部截至 2020 年 8 月 13 日的统计数据,江淮流域洪涝灾害造成 6346 万人次受灾,因灾死亡失踪 219 人,倒塌房屋 5.4 万间,直接经济损失 1 789.6 亿元,已超过 1998 年罕见特大洪涝灾害损失 1666 亿元。2020 年 7 月 8 日,湖北省黄梅县濯港镇出现漫堤溃坝,溃口 70m,淹没稻田 3 万亩;7 月 9 日,江西省鄱阳县中洲圩溃堤,溃堤长度为 170m,淹没耕地 2.21 万亩;7 月 12 日,安徽省安庆市怀宁大圩溃堤,淹没耕地 1800 多亩;7 月 14 日,江西省永修县三角联圩溃堤,决口长度为 200 余米,淹没耕地 5.04 万亩,2.6 万群众受到威胁。

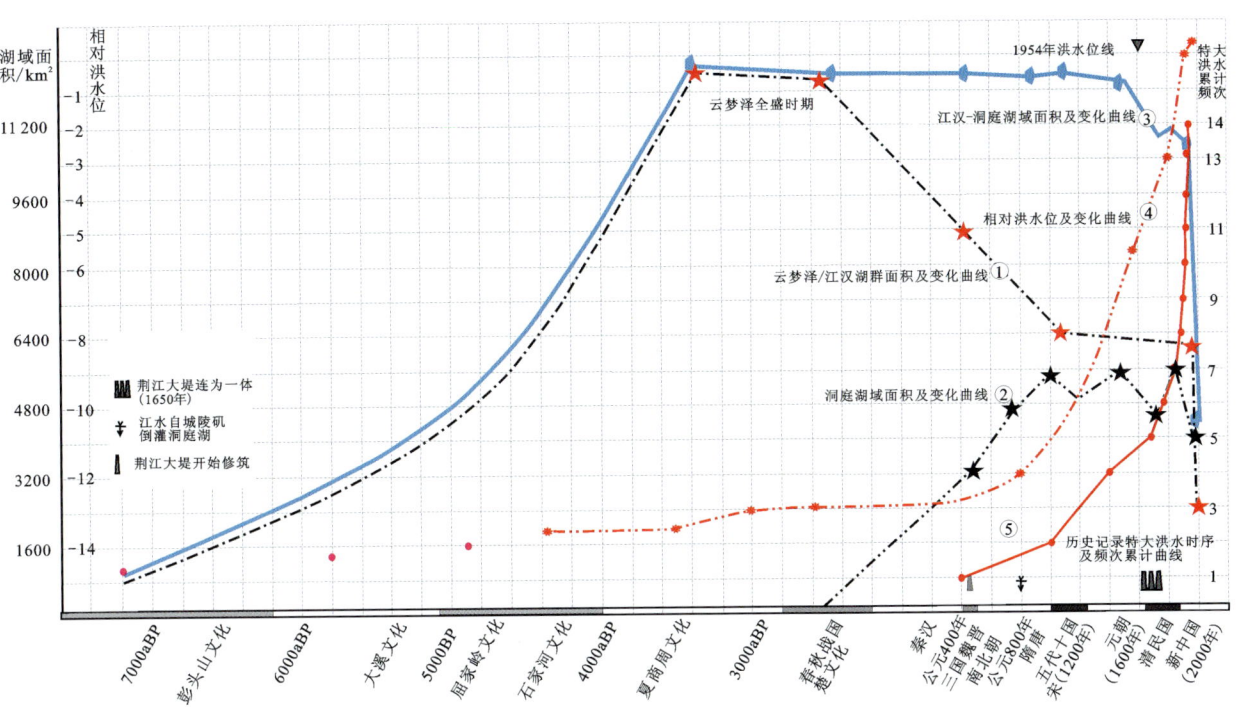

图 12-8　长江中游江汉—洞庭湖地区湖泊面积变化与特大洪水位曲线图

洞庭湖在唐宋时期号称"八百里洞庭",水域面积近 6000km²,但是 19 世纪 50 年代至今,是洞庭湖在整个历史时期演变最为剧烈、最为迅速的一个阶段,到 20 世纪 60 年代前后面积为 4300km²,至 2000 年达 2600km²,湖泊容积在 170 亿 m³ 左右(徐伟平等,2015),枯季时可低至 700~1145km² 的湖面,城陵矶水位在 20~27m,湖泊容积仅在 3.4 亿~57 亿 m³。这种变化的根本原因在于藕池口、松滋口两口的形成,使由荆江排入洞庭湖的泥沙急剧成倍增长,围湖造田则进一步加速了这一湖泊萎缩进程(图 12-9)。

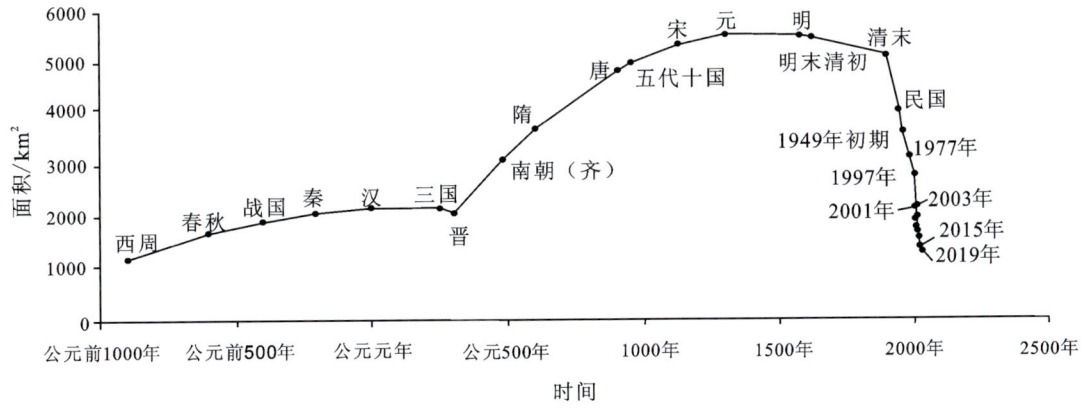

图 12-9　洞庭湖区不同时期水面面积变化曲线图

鄱阳湖与洞庭湖类似,1949 年后鄱阳湖水面面积曾维持在 5050km²,在经历了多次大规模围垦活动后,迄今基本稳定在 3425km²,湖泊容积在 350 亿 m³ 左右(雷声等,2010;朱鹤等,2019),但是在最低水位时,湖泊呈"河态",容积可低至仅 2 亿~10 亿 m³(图 12-10)。2020 年 7 月 8 日汛期卫星监测显示,鄱阳湖水域面积一度达 4403km²,为近 10 年最大,比 2020 年 5 月 27 日增大了 2196km²(图 12-11),变化十分惊人(高吉喜等,2020)。

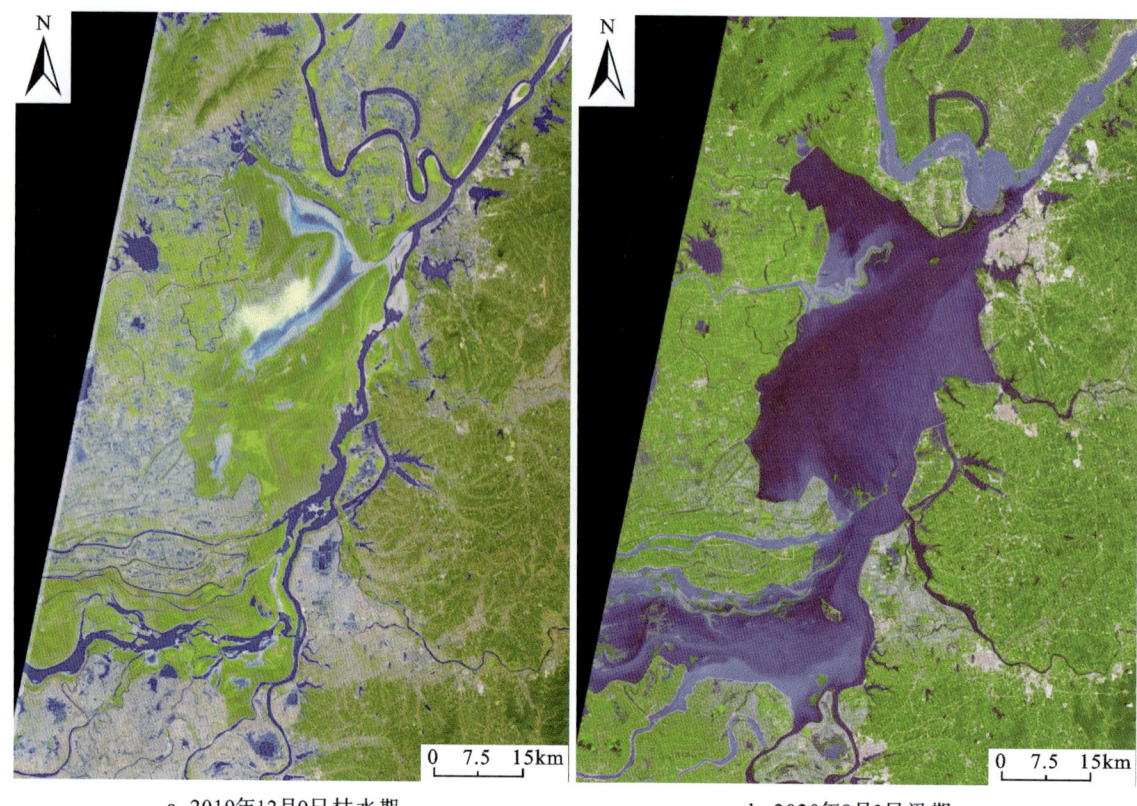

a. 2019年12月9日枯水期　　　　　b. 2020年8月3日汛期

图 12-10　2019 年 12 月 9 日与 2020 年 8 月 3 日洞庭湖卫星影像对比

注：本图引自东风永健 2020 年洞庭湖卫星影像资料（https://weibo.com/1481589195/J7d2p599C? type＝comment＃_rnd1637493929978）。

总体而言，鄱阳湖和洞庭湖两大湖泊群面积呈萎缩状态，使绝大多数湖泊失去了与江河的天然水力联系，江(河)湖关系渐呈不和谐状态，湖泊蓄洪能力急剧下降，直接导致洪涝灾害越来越多，洪水位也越来越高，堤防投入之大也越来越难以承受，引起"洪水一大片，枯水几条线""小水大灾，大水更大灾"的被动局面。

不同的学者从不同的学科角度，基于长江与江汉、洞庭的河湖演化关系，研究了江汉湖群和洞庭湖的发展趋势。官子和与蔡述明(1986)认为，根据湖泊演化和泥沙淤积的发展趋势分析，洞庭湖最后是要走向消亡的。基于"长江中游地区河湖演变及其对环境的影响"的研究，龚树毅和陈国金(1999)认为由于人工系统与自然系统的非和谐性作用，区内地质环境逐渐恶化，今后还将朝着恶化的方向继续发展，随着荆江洪水位与荆北地面高差的加大，长江向荆北自然分流的趋势越来越明显，如果抛开人类工程的影响，现今的河湖关系应该是长江与江汉湖群的关系。童潜明(2004)基于长江与江汉湖群与洞庭湖的自然演化规律，认为"洞庭湖的今天就是云梦泽的明天"。随着洞庭湖萎缩，江汉湖群将与洞庭湖易位而成为长江中游洪水调蓄场所而再次重现"云梦大泽"，或许不是不可能的。

二、对历史以来防洪减灾工程措施的反思

1. 筑堤束水得一时防洪之利，失整体演化之便，并使荆江防洪形势日益凶险

在经济发达、人口稠密的长江中游地区，筑堤束水是古人抵御洪水的智慧结晶，也是面对洪水威胁时无奈的选择。高筑堤坝割裂了长江与江汉平原的水沙联系，加速了荆江河床的淤积，迟滞了江汉平原的淤积，抬升了荆江洪水水位，使荆江防洪形势日益凶险。

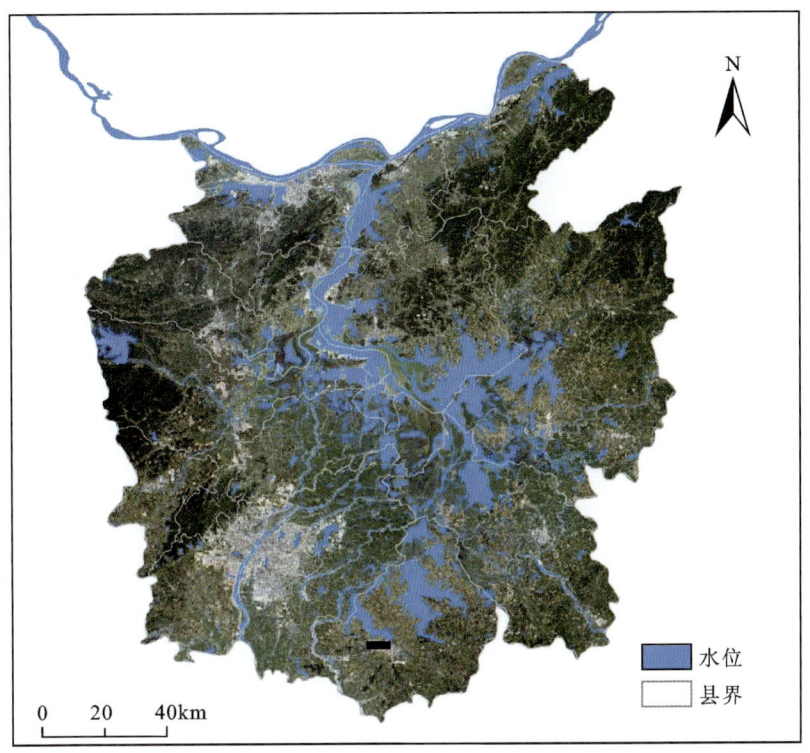

a. 2020年5月27日洪涝前

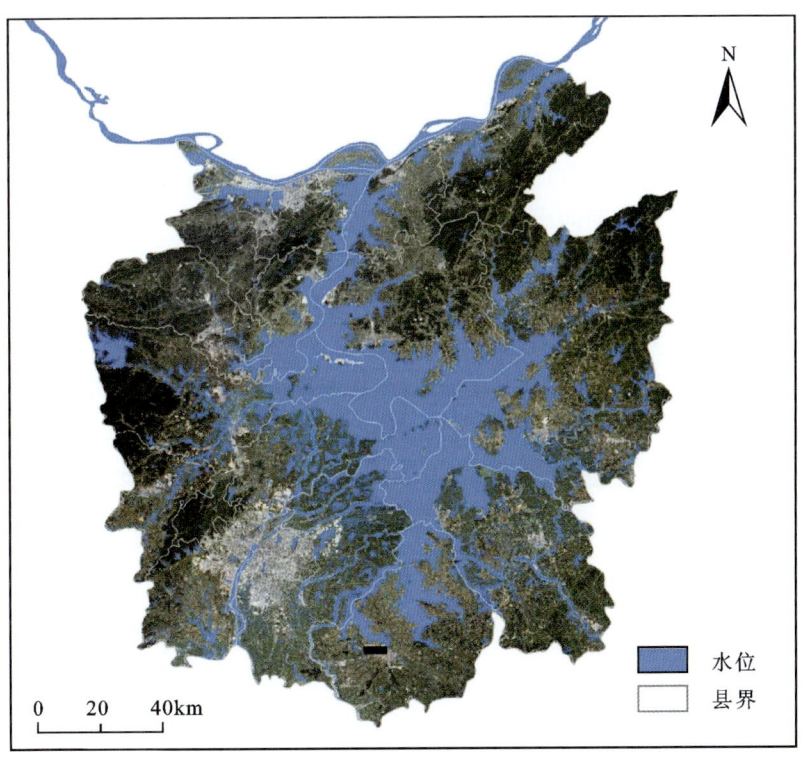

b. 2020年7月8日洪涝后

图 12-11 2020 年鄱阳湖洪涝前后水体面积变化遥感监测对比图（据高吉喜等，2020）

自公元345年开始修筑荆州万城堤，后经历代修筑，至明嘉靖年间（1552年）堵塞郝穴口及清顺治七年（1650年）堵塞庞公渡口后，荆北大堤连成一体，基本切断了长江与江汉平原的水沙联系。

荆江堤防在一定时间内和一定程度上减轻了洪水对江汉平原的威胁，但也造成了江汉平原洪水携沙淤积的大幅减少，加之第四系松散沉积物尤其是湖相沉积物的固结沉降，叠加构造沉降的原因，江汉平原区地势以1.19mm/a的幅度处于缓慢下降状态（陈国金，2008）。长江"四口"（松滋口、太平口、藕池口和调弦口）分流和洞庭湖四水（湘江、资江、沅江、澧水）携沙淤积，致使洞庭平原和荆南地面高出荆北5～7m。而荆江大堤目前高度达10m，受荆江大堤的束缚和长江携沙於落，造成荆江河道抬升。洪水期间，荆江水位高出荆北地面10m以上，已成悬河态势，防洪形势凶险，故有"长江之险，险在荆江"之说。因此，荆江堤防自清代以来也已成为江汉平原的"命堤"。

江汉平原北部的汉江左岸大堤在明清时期，也是高筑堤坝并连为一体，汉水通过右岸的东荆河、西荆河、通顺河等分流河道向江汉平原分流分沙。这一方面造成了汉江冲积扇向江汉平原东南扩张，另一方面对江汉平原的防洪排涝造成巨大压力。每到汛期，江汉平原形成南、北两面受压的被动局面。

洞庭平原四水下游、"四口分流"沿线、湖区围垸无不筑堤束水，迫使洪水通过外江或洞庭湖外泄，以求自保。但是由于荆江及城陵矶以下泄洪不畅，尤其当鄱阳湖流域洪水暴发时，受鄱阳湖口水位顶托，城陵矶经武汉向下游洪水下泄受阻，致使荆江、武汉江段和洞庭湖水位高涨，区内防洪压力极大。

高筑堤坝、封闭沿江分水穴口抵御洪水和输送洪水下泄的对策自明清以来就备受诟病。长江中游防洪的矛盾就是汛期洪水来量大，下游泄量不足，超额洪水往往无法及时排泄而形成洪水灾害。晚清学者魏源认为，加高大堤的结果是"左堤强则右堤伤，右堤强则左堤伤，左右俱强则下游伤"。堤防工程得局部防洪之利，失整体自然演化之便，却是无可奈何的选择。

2. "开穴口分流"加速了洞庭湖的淤积，加剧了洞庭湖地区的洪水灾害

明张居正为巩固荆江大堤北岸，疏浚太平口向洞庭湖分水（1580年），史称"舍南保北"。至清咸丰二年（1852年）和同治十二年（1873年）荆江洪水冲开藕池口和松滋口，自行夺路南行，与太平、调弦口形成"四口分流"入洞庭的局面。张居正、张之洞等把洞庭湖区奉为钦定分洪区。分流洞庭湖暂时缓解了荆江地区凶险的防洪形势，却因"四口分流"携沙淤积，加速了洞庭湖的淤积，影响了湖水消泄，挤占了洞庭湖调蓄洪水的空间，迫使洞庭湖向南扩张，形成了新的洪涝灾害局面。此外，长江四口分流增大了洞庭湖汛期流量，造成洞庭湖水灾愈发频繁。林一山（1978）认为，"四口分流"入洞庭舍南而未能救北，反而使荆江处于南高北低的境地，造成荆江大堤处于洪水威胁的严重局面。

水利专家王维洛曾说"当云梦泽被割断与长江的联结而干枯后，正是长江以其特有的方式与洞庭湖建立了姻缘，用其特有的方式扩大了湖区，使其成为吞蓄洪水的地方。当洞庭湖走向死亡时，大自然已在孕育着一个新的云梦泽，沧海桑田，桑田沧海"。从长江与江汉—洞庭湖地区的河湖协同演化的视角来看，"今天的洞庭湖就是明天的云梦泽"是极有可能的。如果任由这种演变自然发生，则将使江汉平原爆发极大的洪水灾害。

3. 围湖造田、人水争地加剧了江汉—洞庭地区洪涝灾害发生

宋代以来，尤其明清以来，由于外来人口的大量迁入，使得江汉—洞庭地区人口急剧增加，河滩、湖泊受圩垸围垦蚕食，洪道受阻；长江、汉水上游开荒垦殖，大量泥沙下泄，加剧了河湖淤积程度，水路宣泄不畅，洪涝灾害频发。

自清乾隆中期以来，虽然洞庭湖在调蓄洪水中的作用和地位不可或缺已成为社会共识，朝廷也屡次颁发禁令，但湖区围垦非但不为所止，反而变本加厉。之所以屡禁不止，关键在于围田多由达官贵戚或豪强地主所为，地方政府不敢得罪。此外，围田租赋也有利于地方经济和官员政绩，因而多方庇护，以致洞庭湖愈围愈小。

4. 三峡工程不能替代江汉—洞庭湖—鄱阳湖在防洪中的调蓄作用

长江上游发生大水，三峡水库可通过拦蓄洪峰，相应减少长江中下游的洪峰流量，使荆江河段的防洪局面大为改观，无疑也可减轻江汉—洞庭湖—鄱阳湖的防洪压力。《长江防御洪水方案》还明确了三峡水库与长江上游的溪洛渡、向家坝等水库实施联合防洪调度，进一步减轻下游地区防洪压力。但是三峡水库在实行拦洪、削峰和错峰等措施后，为了应对可能出现的新一轮洪峰，还得将拦蓄的洪水下泄，以腾出防洪库容。这也使洪水过程拉长，荆江和洞庭湖区维持警戒水位以上时间延长，长江洪水与湘江、资江、沅江、澧水洪水遭遇概率增加。江汉—洞庭湖—鄱阳湖在防洪中的调蓄作用不能因三峡工程等水库的修建而被替代。

三、既有的长江中游防洪减灾的地学建议综述

基于长江与江汉—洞庭—鄱阳湖的河湖演化关系，不同的学者提出了长江中游防洪建议，工程措施或意见如下。

1. 利用荆北古河道开辟中游分洪河道

利用古河道开辟分洪河道包括荆北人工分流河道、沙谌运河（陈国金，1999）及两沙运河（董松年，1983；刘盛佳，1996）、长湖故道（李长安等，1999）等方案。既然长江排泄不畅，于是就有了在长江北岸或南岸建设防洪道、利用长江故道开设分流河道的建议措施，如建设"两沙运河""荆北人工分流河道"，或者在洞庭湖建设分洪道直接到城陵矶的建议。考虑到分流荆江洪水依然是不能及时向下游排泄洪水，反而对武汉造成更大的防洪压力，所以"两沙运河"或"荆北分洪河道"等建设分流河道的建议方案并非行之有效的方案，对长江防洪作用有限。

2. 利用长江故道，开凿"嘉鄂运河"或"嘉阳运河"

"嘉鄂运河"或"嘉阳运河"方案（李绍虎，2006）是在武汉上游的嘉鱼一带，打通连接鄂州或阳新的运河，将荆江洪水排泄到下游。在鄱阳湖流域或下游没有洪水暴发时，"嘉鄂运河"或"嘉阳运河"方案的确可以将荆江或洞庭湖区的洪水较快下泄到江西九江及下游地区，减轻荆江、洞庭湖和武汉的防洪压力。在鄱阳湖流域洪水暴发时，"嘉鄂运河"或"嘉阳运河"方案却不能做到上、中、下游协调，正如1998年洪水暴发时，面对全流域的洪水才是防洪减灾面临的重大问题。

3. 荆北"放淤改田"

根据治黄经验，林一山（1964）提出了荆北"放淤改田"方案。景才瑞（1992）论述了荆北"堤背放淤"的可行性和必要性，列举了荆北"堤背放淤"在小范围试验后的成效。但是考虑到长江泥沙含量与黄河无法比拟，荆北"放淤改田"总体未能执行，而单纯实施荆北"放淤改田"即淤高荆北堤后洼地也不能从根本上改变长江中游防洪形势。

4. 分洪区建设和平垸行洪

分洪区建设和平垸行洪是长江中游防洪减灾工程措施中最常提及的办法（钱正英，1998；周建军等，2000；刘联兵，2001；韩其为，2003；刘国利和王井忠，2005；周建军，2006；张曼等，2016），但未能科学执行。2002年湖南省提出"平垸行洪""4350工程"。平垸行洪后，将为洪水调蓄和泄洪争取空间。"4350工程"拟在2010年前将洞庭湖恢复到1949年之前的4350 km² 的面积。蓄滞洪区是避免洪水泛滥的重要安排，但是目前这部分工程建设缓慢，蓄滞洪区由于经济社会发展和条件的变化，限制了它的有效使用。湖泊调蓄洪水能力不断下降，是造成洪涝灾害频发、灾情日益严重的重要原因，已成为长江中游防

洪问题共识。

5. 湖口建闸蓄排水

鉴于在复杂的气候条件下长江中游地区丰水期洪涝和枯水期旱灾形势越来越严峻，由此根据两湖的现状逐渐产生了在湖口兴修水利大坝的各种论证方案和建议。如 20 世纪 50 年代袁良君首先提出《鄱阳湖湖口建闸蓄水意见书》；长江水利委员会于 2003 年完成的《长江流域防洪规划报告》专门研究了长江中下游的湖控工程；2009 年环鄱阳湖城市群建设上升为国家战略，鄱阳湖水利枢纽工程是该规划的关键内容之一；2010 年江西省鄱阳湖水利枢纽建设办公室成立，专门负责鄱阳湖水利枢纽工程项目报批、建设与管理等工作；2012 年《鄱阳湖水利枢纽项目建议书》通过行业审查；2012 年《洞庭湖岳阳城陵矶综合枢纽预可行性研究工作计划》通过专家审查。湖口建闸修坝似乎就要开始实行。那么，湖口修坝能够避免洪涝和旱灾吗？能够保护生态生景吗？与湖口建闸修坝意见相反的人士认为河湖是相辅相成的，建设大坝将切断长江来水补给，严重影响河湖生态系统。

四、尊重河湖协同自然演化规律，实施主动防洪防旱——"再造云梦泽、扩张洞庭湖和鄱阳湖""采砂扩湖、清淤改田"

在对已有防洪抗旱措施反思的基础上，基于"洪水和泥沙资源化"的考虑，本次研究提出了长江中游荆江、江汉—洞庭—鄱阳湖地区防洪的措施，即："采砂扩湖、清淤改田"，实现"再造云梦泽、扩张洞庭湖和鄱阳湖"，扩大江汉—洞庭—鄱阳湖地区洪水调蓄空间，在"蓄泄兼筹，以泄为主"和"江湖两利"的原则下，达到防洪减灾、冷浸田改造和改善工作的统筹考虑，支撑服务长江经济带和长江中游地区可持续发展战略。

当然，长江中游防洪减灾及荆江河道的治理是巨大的系统工程，置于长江中游河湖协同演化的地学背景下进行思考与规划，还应统筹考虑区内可持续发展战略。

江汉湖群（云梦泽）和洞庭湖，是长江中游泥沙淤落、洪水调蓄的天然场所（左鹏，1999）。"再造云梦泽、扩张洞庭湖"是尊重长江中游河湖协同演化的自然规律，因势利导，实施主动防洪的最佳选择，也是在现有工程技术条件下的可行方案。

"再造云梦泽、扩张洞庭湖"是为长江下泄不急的余量洪水恢复或扩大调蓄的空间。"采砂扩湖、清淤改田"是"再造云梦泽、扩张洞庭湖"（图 12-12）的具体措施，并统筹长江中游洪水、泥沙资源综合利用，统筹考虑江汉-洞庭湖平原防洪除涝、冷浸田改造的系统工程。

"采砂扩湖"就是在江汉平原"荆州—长湖—监利"即"四湖流域"一线采挖泥沙，形成一个深 10～20m、宽 2000km² 的现代云梦泽；在东洞庭湖以西、南洞庭湖一带及松虎平原下游，采砂扩湖，增加东洞庭湖和西洞庭湖的面积，加大洞庭湖水深，增加水域面积至 4300km²。采砂也包括在荆江等长江河道采挖河沙，降低河床，改善通航条件。扩大的湖面可以调蓄洪水，可以实现洪水综合利用，将原有低洼之地扩大成湖，发展水产等高效农业产业。

"清淤改田"是在采砂的过程中，将沙、粉砂和黏土泵送到堤后附近或规划好的地区，使现有的低洼地、冷浸田、堤垸或规划建设用地淤高 5m 以上，并逐步扩大清淤改田范围，再造良田，甚至在湖区平原发展旱作农业，提高防洪工作效果。淤高的土地或建设现代化农业产业基地，或村镇建设用地，使之免受洪涝威胁，造福湖区。所采部分河沙也可用于建筑材料，实现泥沙资源化。"清淤改田"除利用采砂清淤改田外，也可以考虑洞庭湖四水流域、丹江口下游汉江支流洪水期间，实施堤后放淤，也可以在三峡水库、丹江口水库泄洪排沙时择机使用。

"采砂扩湖、清淤改田"将江汉-洞庭平原洪涝灾害防治纳入人工干预下的河湖体系，使原有在堤防干预下的江汉-洞庭河湖系统，利用现代科技和工程技术手段，在人工干预下达到新的平衡状态。

"采砂扩湖、清淤改田"可以减轻干堤岁修压力，减轻江汉-洞庭平原的防洪和排涝除渍压力，减轻武汉、长沙的城市防洪排涝压力。荆北堤后放淤加高，可培固大堤跟脚，减轻荆江大堤安全威胁。"清淤改

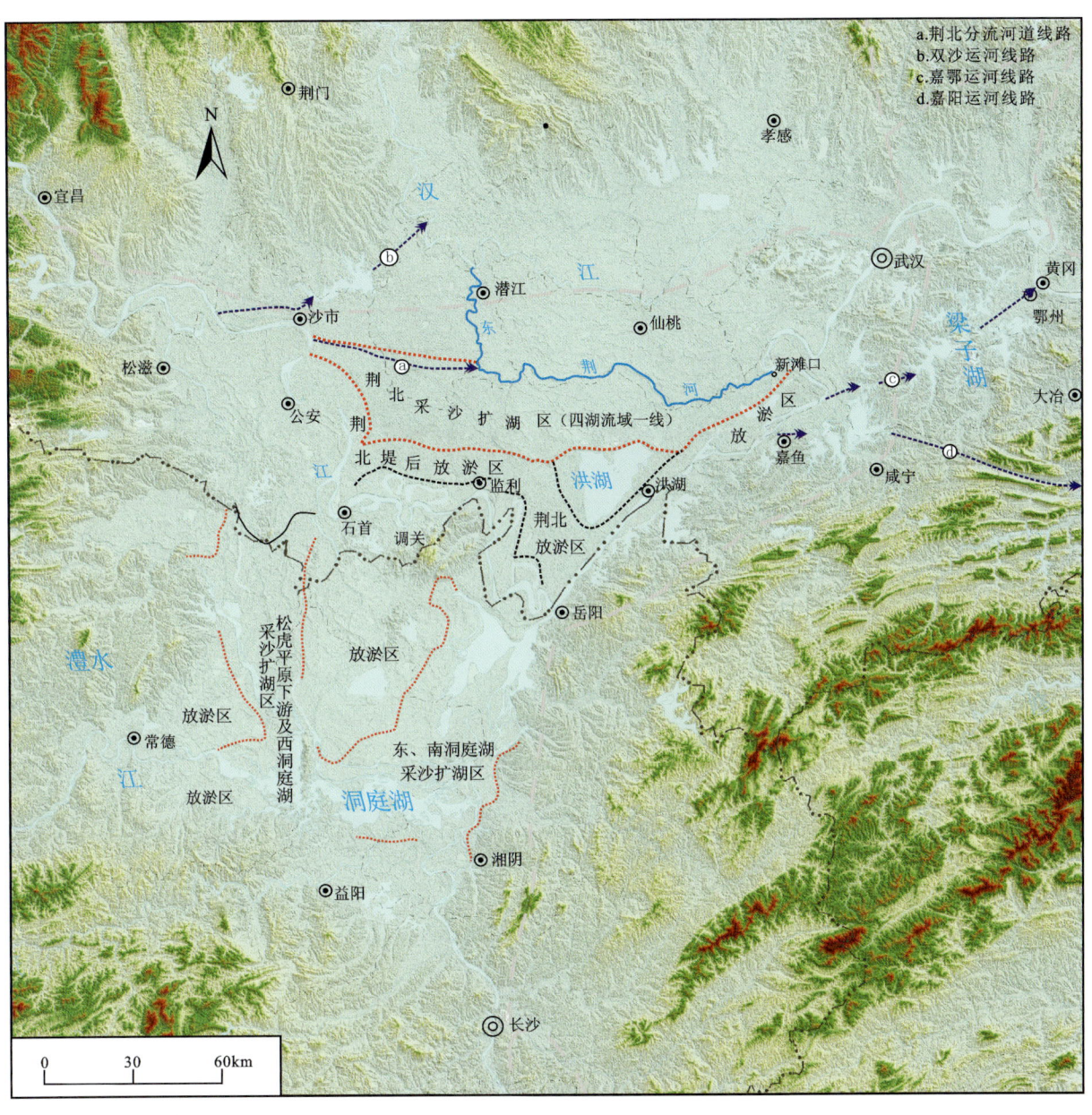

图12-12　江汉-洞庭平原及武汉防洪对策建议图

田"导致荆北平原淤高,可避免长江洪水位与堤内地面差不断增大,利于江汉平原防洪长远大计。

可以展望,"再造云梦泽、扩张洞庭湖"不能一蹴而就,相反这是一个漫长的过程,可以说是百年大计甚至千年大计,需要历年不断清淤清沙。但是,与大堤岁修和防洪、排涝的巨大投入相比,与重大洪涝灾害造成的经济社会损失相比,效益是非常可观的。

随着"再造云梦泽、扩张洞庭湖"实施,将使江汉-洞庭平原的面貌为之改观,除增大正常的水域面积之外,可新增蓄滞洪水空间200亿～400亿 m^3,将有效地减轻荆江和江汉-洞庭平原的防洪压力,武汉、长沙的防洪形势也必将为之改观。"平垸行洪"也因此得以实施,在低洼地区恢复湖泊的本来面貌,湖区周缘的平原经淤高、排水,冷浸田得以改良,人居环境得以极大改善。

鄱阳湖可以采用同样的方法实行"采砂扩湖、清淤改田",在原鄱阳湖中部及相关适宜地区增大水域面积,形成一个深10～20m、面积800km^2(或者1800km^2)的水域,可新增蓄水空间84亿～360亿 m^3。图12-11清晰地展示了鄱阳湖在围湖造田、围湖造城后的变化。因此,在大洪水面前重新来思考深挖采砂扩湖、清淤改田建议方案,意义十分重大。

鄱阳湖采砂扩湖开挖方案一：选定区域考虑了地形变化图上以淤积为主的鄱阳湖主湖区西侧，选择开挖10m和20m两种工况进行计算。开挖方案二：选定区域考虑了不包含北部入江水道和主要支流的整个主湖区，选择开挖10m和20m两种工况进行计算（图12-13）。

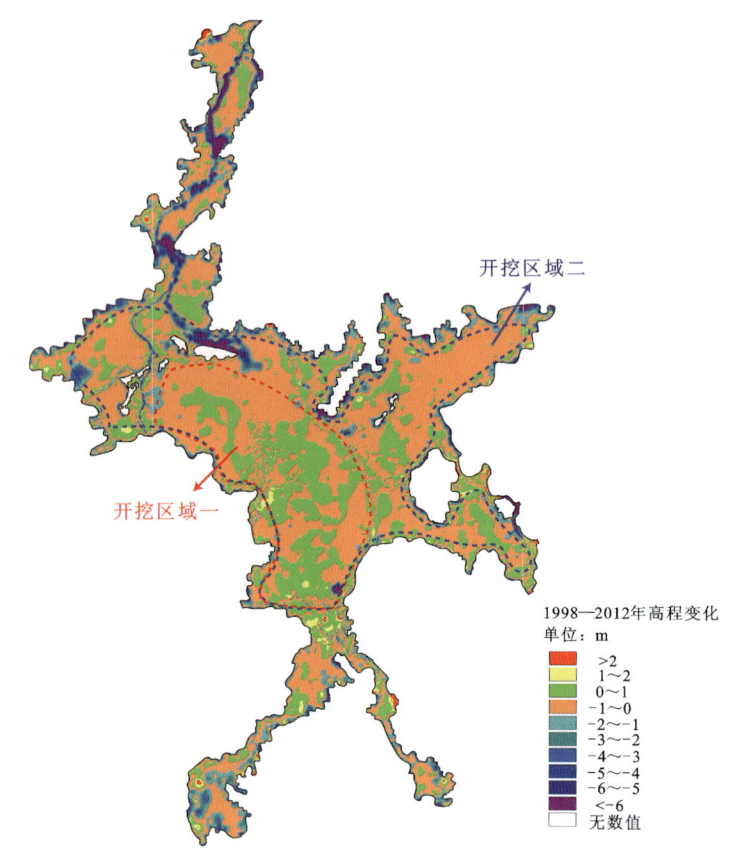

图12-13　鄱阳湖采砂扩湖区域建议图

通过计算分析，在鄱阳湖警戒水位（湖口站19.50m，冻结吴淞高程）水情下，采取方案一选定的区域开挖10m情况下，可使湖容（水体容积）增加45.21%；开挖20m情况下，可使湖容增加90.47%。在鄱阳湖保证水位（湖口站22.50m，冻结吴淞高程）水情下，采取方案一选定的区域开挖10m情况下，可使湖容增加29.51%；开挖20m情况下，可使湖容增加58.92%。

在鄱阳湖警戒水位（湖口站19.50m，冻结吴淞高程）水情下，采取方案二选定的区域开挖10m情况下，可使湖容增加96.21%；开挖20m情况下，可使湖容增加193.39%。在鄱阳湖保证水位（湖口站22.50m，冻结吴淞高程）水情下，采取方案二选定的区域开挖10m情况下，可使湖容增加62.91%；开挖20m情况下，可使湖容增加126.27%（图12-14、图12-15）。

总之，将长江中游洪涝灾害防治和生态修复纳入人工干预下的河湖演变体系，是一个漫长的过程，甚至可以说是"百年大计、千年大计"，但与大堤岁修和防洪、排涝的巨大投入以及重大洪涝灾害造成的损失相比，效益还是非常可观。

显然，"再造云梦泽、扩张洞庭湖和鄱阳湖"统筹考虑汛期防洪和旱期蓄水措施的可持续性，是实现"蓄泄兼筹，以泄为主""江湖两利""左右岸兼顾，上、中、下游协调"的科学方案，这样不仅可以避免在鄱阳湖和洞庭湖湖口兴建大坝，而且可以更好地适应自然并保护生态环境。然而，不可否认的是，这一方案还需要有志之士共同来探讨和完善。建议下一步需要加强江汉—洞庭湖—鄱阳湖地区的生态地质调查与监测示范，加强河湖演化和生态生境规律研究，进一步明确再造"现代云梦泽"、扩张洞庭湖和鄱阳湖的区域和采砂（或开挖）深度，以便更好地支撑服务长江中游地区防洪减灾和生态环境保护。

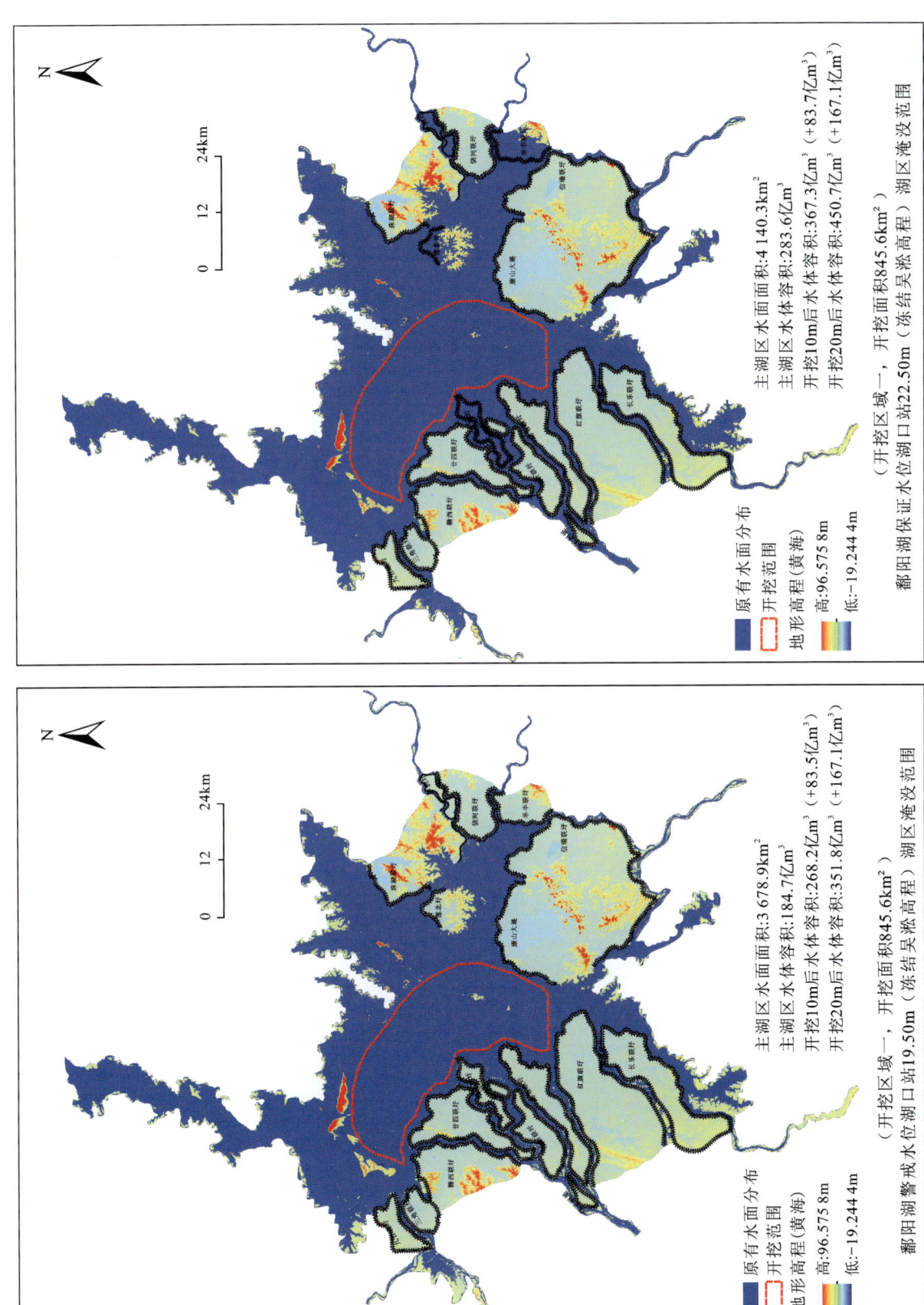

图 12-14 方案一开挖扩湖措施下鄱阳湖警戒水位和保证水位湖区的容量变化

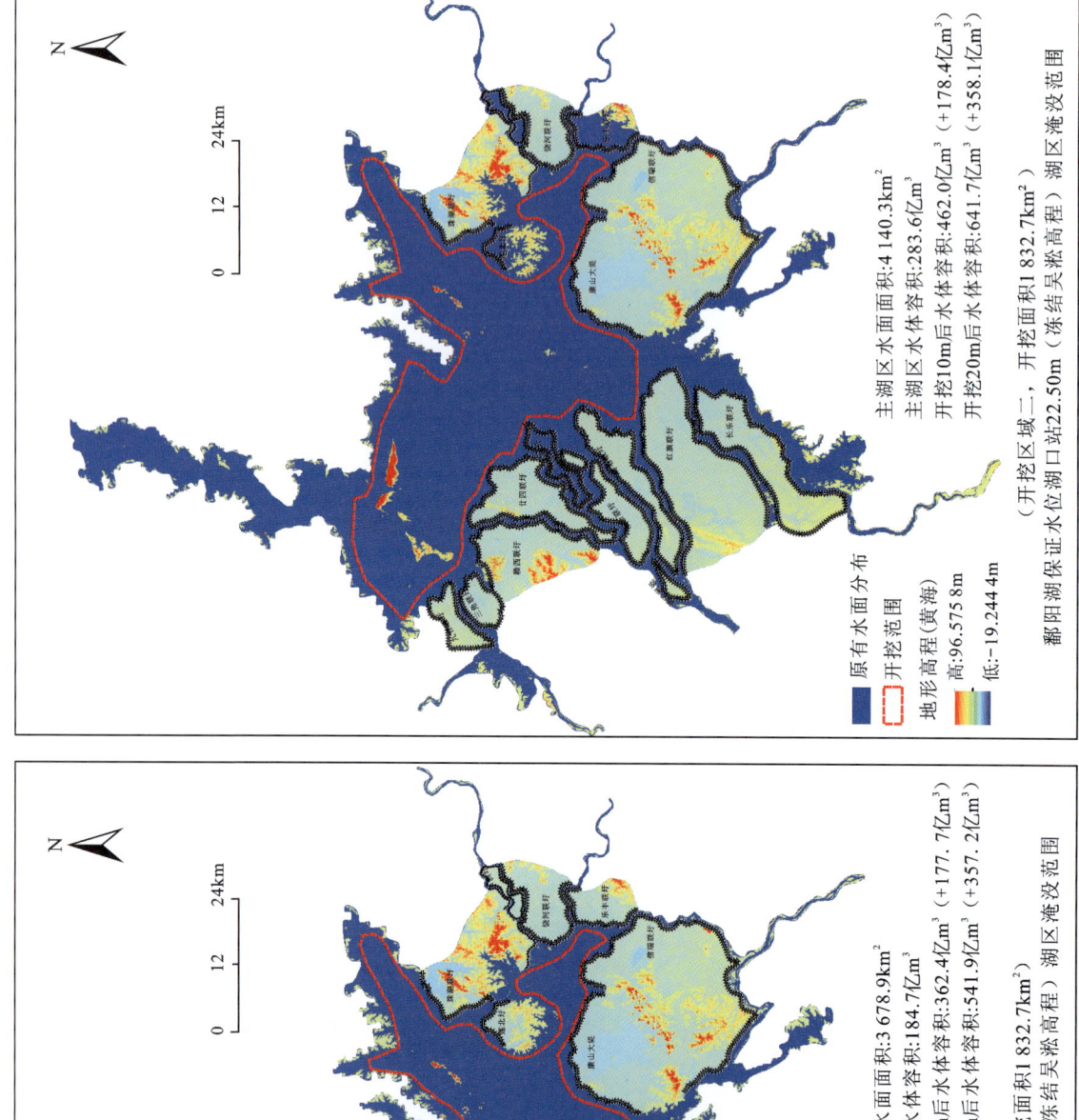

图12-15 方案二开挖扩湖措施下鄱阳湖警戒水位和保证水位湖区的容量变化

第十三章　长江经济带岸带土地利用、侵蚀侵占与保护对策

本章主要采用多源遥感数据包括不同传感器、不同空间分辨率、不同光谱分辨率的遥感数据源,结合传统遥感土地利用分类、变化检测与时间序列遥感信息提取、定量分析等新技术,充分发挥遥感技术获取地表地物信息数据的连续性、广域性和多尺度优势,对长江干流岸带沿线的城镇与产业布局、土地利用和生态环境现状进行遥感调查与监测,分析了不同时相长江岸线的变化规律,并重点针对重要设施(如港口)、产业基地(如化工场地)、生态用地(如湿地)等进行遥感监测,基本查明了长江干流岸带的土地利用现状与近年保护特征,可为保障长江干流岸带国土空间规划、新型城镇化建设、产业化转型与生态环境可持续发展提供基础支撑。

第一节　技术路线与工作方法

大范围地表覆盖遥感制图中按照工程化要求生产高质量数据产品涉及的技术因素繁多,其过程复杂,单期高精度和多期时空一致性实现难度大。且多源遥感数据的时空差异需要设计可以应对多种地理单元,适用于不同遥感影像数据的类别识别算法。

在归纳、总结和吸收国际国内已有工作成果与工作经验的基础上,本次采用逐类别、逐景分层提取的总体思路。针对监测区具体情况,按照气候地理地貌情况,划分了5个子监测区。由于单一分类方法难以普适应用,按照耕地、林地、水域及水利设施用地、住宅及交通运输用地、工矿仓储用地和其他用地六大类进行分类识别。每一地类在提取时,首先利用已提取地类数据产品进行掩膜,并且根据地类特点,细化定制提取流程。整体分类提取流程主要包括:①基于像元的逐类型初步分类;②面向对象的优化;③基于专家知识的交互修改与验证。

变化检测过程主要实现算法为迭代加权多元变化检测算法(IR-MAD),通过前后两年的遥感影像运算,得到变化区域。在此基础上,叠加两个年度的土地利用与覆盖分类产品,得到变化区域的土地变化类型。监测区土地利用与覆盖分类、变化检测整体技术框架如图13-1所示。

一、多源遥感数据采集

随着遥感技术的发展,光学、热红外和微波等大量不同卫星传感器对地观测的应用,获取的同一地区的多种遥感影像数据(多时相、多光谱、多传感器、多平台和多分辨率)越来越多。

多源遥感影像数据具有以下特点:①冗余性,多源遥感数据对环境或目标的表示、描述或解译结果相同;②互补性,信息来自不同的自由度且相互独立;③合作性,不同传感器在观测和处理信息时对其他信息有依赖关系。

本项目具有监测周期长(2010—2019年)、监测任务多(土地利用遥感分类、土地利用遥感变更调查、岸线变迁遥感调查等)、覆盖范围广(长江干流岸带两侧10km范围)等特点,需要多源遥感协同合

作,充分发挥多源遥感数据的互补性、合作性特点。

本次在全面了解工作区自然地理、地形地貌、社会经济等方面信息的基础上,确定了遥感解译的工作任务、内容和目标,尽可能收集工作区自然地理、地质环境、社会经济等资料,收集工作区地形图和DEM数据,收集与地质环境有关的图件、文字资料和数据表格等。同时,针对本次工作内容,尽可能选择时相合适的遥感影像数据,即遥感影像一般应无云覆盖、无云影、无感光处理缺陷,影像清晰,反差适中,影像内部和相邻影像间无明显偏光、偏色现象。

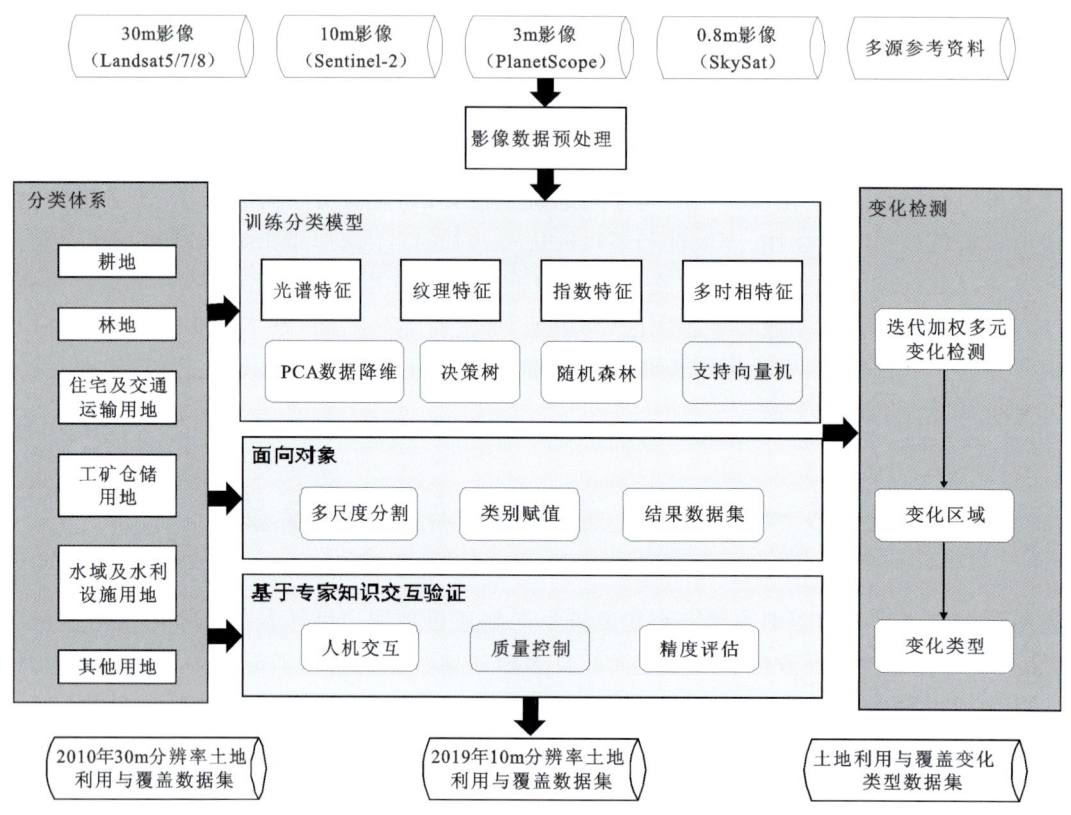

图 13-1　长江干流岸带遥感调查整体框架

1. 遥感数据

(1)PlanetScope 遥感影像数据(2017—2019 年):遥感小卫星群,有 170 余颗卫星在轨,分辨率为 3m,特点是每天对全球陆地和重点海域进行系统成像,同一个地区在 2017—2019 年均可以获得 500 期以上的有效遥感数据,因此在本次可以作为岸带调查的主要数据源,用于识别长江干流岸带侵占和土地利用分类、变更调查等。

(2)SkySat 遥感影像数据(2018—2019 年):高分辨率亚米级遥感卫星星座,有 15 颗卫星在轨,分辨率为 0.8m,可以高频次对陆地进行成像在本次主要用于重点区域高分辨率遥感影像采集。

(3)Sentinel-2 遥感影像数据(2019 年):中低分辨率遥感卫星,分辨率为 10m,对全球陆地和沿海区域成像,在本次主要用于 2019 年土地利用分类、岸线变迁调查。

(4)Landsat 5 遥感影像数据(2010 年):中低分辨率遥感卫星,分辨率为 30m,对全球陆地和沿海区域成像,在本次主要用于 2010 年土地利用分类、变更和岸线变迁调查。

(5)Landsat 7 遥感影像数据(2010 年):中低分辨率遥感卫星,分辨率为 30m,对全球陆地和沿海区域成像,在本次主要用于 2010 年土地利用分类、变更和岸线变迁调查。

(6)Landsat 8 遥感影像数据(2019年):中低分辨率遥感卫星,分辨率为30m,对全球陆地和沿海区域成像,在本次主要用于2010年土地利用分类、变更和岸线变迁调查。

(7)雷达遥感影像数据:包括 RADARSAT-2、Sentinel-1 等。雷达遥感不受天气影响,且对水体敏感,可以用于提取水体、岸线等。

多源遥感数据参数和在本次工作中的用途如表13-1所示。

表 13-1 多源遥感数据列表

数据源	卫星	分辨率	光谱/波段	本次用途
4波段遥感数据	PlanetScope	3m	蓝、绿、红、近红外	(1)2017—2019年长江干流岸带侵占遥感调查; (2)长江中下游干流岸带2019年土地利用遥感分类
	SkySat	0.8m	蓝、绿、红、近红外	重点区(江都经济开发区)土地利用遥感分类
多光谱遥感数据	Sentinel-2	10m	蓝、绿、红、近红外、短波红外、中红外	(1)长江干流岸带2019年土地利用遥感分类; (2)长江干流岸带2010—2019年土地利用变更遥感调查; (3)2010—2019年长江干流岸线变迁遥感调查
	Landsat 5	30m	蓝、绿、红、近红外、中红外、热红外	(1)长江干流岸带2010年土地利用遥感分类; (2)长江干流岸带2010—2019年土地利用变更遥感调查; (3)2010—2019年长江干流岸线变迁遥感调查
	Landsat 7	15m	蓝、绿、红、近红外、中红外、热红外	(1)长江干流岸带2010年土地利用遥感分类; (2)长江干流岸带2010—2019年土地利用变更遥感调查; (3)2010—2019年长江干流岸线变迁遥感调查
	Landsat 8	15m	蓝、绿、红、近红外、中红外、热红外	(1)长江干流岸带2019年土地利用遥感分类; (2)长江干流岸带2010—2019年土地利用变更遥感调查; (3)2010—2019年长江干流岸线变迁遥感调查
雷达遥感数据	RADARSAT-2	5m	C波段	2010—2019年长江干流岸线变迁遥感调查
	Sentinel-1	20m	C波段	2010—2019年长江干流岸线变迁遥感调查

2. 基础地理数据

(1)1∶400万基础地理矢量数据。

(2)1∶25万基础地理矢量数据。

(3)DEM数据:ASTER,分辨率为30m。

二、多源遥感数据协同处理

多源遥感数据地学解译是指将包含同一目标或场景的、时-空-谱互补的多源遥感数据按照一定规则进行运算处理,获得比任何单一数据更精确、完整、有效的信息,然后通过一定的手段和技术方法,完成地物信息的传递,并起到解译遥感图像内容的作用,取得地物各组成部分和存在于其他地物的内涵信息,以达到对目标和场景的综合、完整描述。

由于多源遥感影像数据来自于不同的传感器、不同的成像时间,因此协同处理需要进行预处理,使不同数据源在几何、光谱、辐射等尺度上匹配,包括辐射校正、大气校正、几何校正、滤波增强、镶嵌匀色等(Cheng et al.,1993;Celik,2009;Chen et al.,2011),流程如图13-2所示。

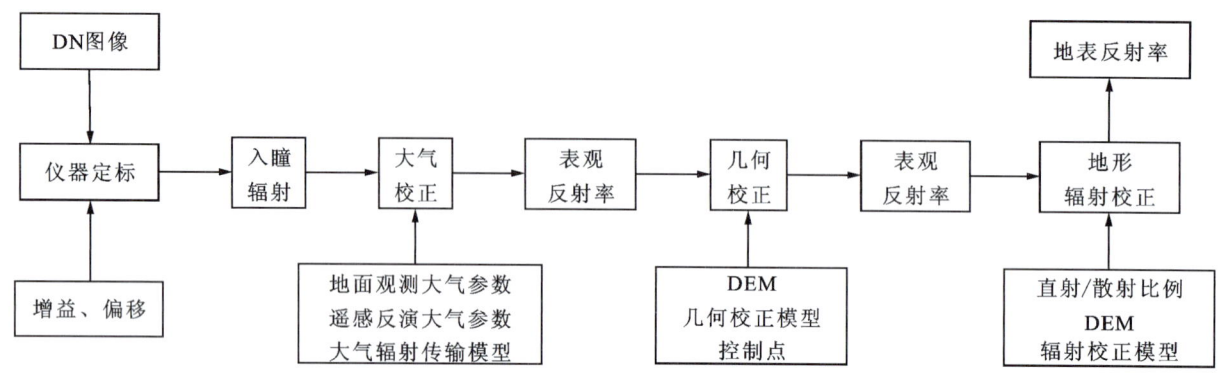

图13-2 遥感影像预处理

(一)辐射校正

遥感图像辐射校正是指对由于外界因素,数据获取和传输系统产生的系统的、随机的辐射失真或畸变进行的校正,消除或改正因辐射误差而引起影像畸变的过程。在本次工作中,通过辐射校正消除辐射误差,保证多源遥感之间的辐射匹配性,便于解译。

(二)大气校正

传感器最终测得地面目标的总辐射亮度并不是地表真实反射率的反映,其中包含了由大气吸收尤其是散射作用造成的辐射量误差。大气校正就是消除这些由大气影响所造成的辐射误差,反演地物真实表面反射率的过程(图13-3)。在本次工作中,通过对遥感图像进行大气校正,获得真实地表反射率,便于后续进行NDVI、NDWI等指数分析。

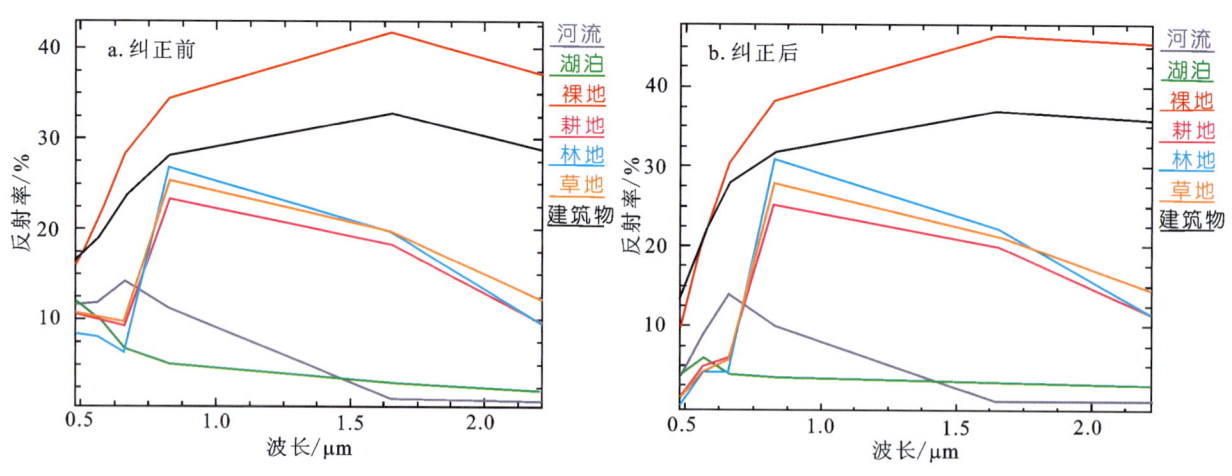

图13-3 典型地物目标大气纠正前后波谱曲线对比分析

本项目利用FLAASH模型对所获取的遥感数据进行大气校正。FLAASH模型是由美国空军研究实验室(Air Force Research Laboratory,简称AFRL)、光谱科技公司(Spectral Sciences Inc.,简称SSI)、光谱信息分析技术应用中心(Spectral Information Technology Application Center,简称AITAC)

联合开发的基于 MODTRAN4 大气辐射传输编码的大气校正模块,可对任何符合标准 MODTRAN4 大气模型和气溶胶类型的遥感数据进行大气校正分析,可有效地消除大气和光照等因素对地物反射的影响,平滑和消除光谱噪声,纠正邻近像元效应,计算整景遥感影像的能见度,最终可生成地物目标的水气、气溶胶、反射率、辐射亮度和辐射温度等物理参数以及卷云与薄云的分类影像,是目前精度较高的大气辐射纠正模型。本章使用 FLAASH 模块对 Landsat ETM+遥感数据进行大气辐射校正,过程如下。

首先,根据 Landsat ETM+遥感数据的增益和偏差参数对数据进行辐射定标,把无量纲的 DN 值转换成有量纲的分谱辐射亮度值 L_λ,计算公式如下:

$$L_\lambda = \left(\frac{L_{\max} - L_{\min}}{\mathrm{QCAL}_{\max} - \mathrm{QCAL}_{\min}}\right) \times (\mathrm{DN} - \mathrm{QCAL}_{\min}) + L_{\min} \qquad (13-1)$$

式中,QCAL 为遥感影像上像元的 DN 值,即 QCAL=DN;$\mathrm{QCAL}_{\max}$ 为像元可以取的最大值,$\mathrm{QCAL}_{\min}$ 为像元可以取的最小值;$L_{\max}$、$L_{\min}$ 分别为 $\mathrm{QCAL}_{\max}$ 和 $\mathrm{QCAL}_{\min}$ 时的光谱辐射亮度,可从 Landsat ETM+遥感数据的头文件中获取。对于 Landsat 7 ETM+遥感数据,$\mathrm{QCAL}_{\max}=255$,$\mathrm{QCAL}_{\min}=1$,于是,上式可简化为:

$$L_\lambda = \left(\frac{L_{\max} - L_{\min}}{254}\right) \times (\mathrm{DN} - 1) + L_{\min} \qquad (13-2)$$

其次,启动 FLAASH 模块,设置相关参数,输入遥感影像反射率的尺度转换因子。在 FLAASH 模型中要输入的主要参数有:图像的中心点坐标、传感器类型、研究区的平均海拔高度、Landsat ETM+遥感数据获取日期和卫星过境时间(一般指格林尼治时间)、大气模型(如热带、中纬度夏季、中纬度冬季、极地夏季、极地冬天和美国标准大气模型 6 种模型)、水气反演、气溶胶模型(如无气溶胶、城市气溶胶、乡村气溶胶、海洋气溶胶和对流层气溶胶模型 5 种模型)。同时,在 FLAASH 模型的高级设置选项中,MODTRAN 分辨率根据实际情况(或遥感影像获取的时间设定)可设置为 $1\mathrm{cm}^{-1}$、$5\mathrm{cm}^{-1}$ 或 $15\mathrm{cm}^{-1}$,其余参数可以使用默认值。基于 FLAASH 模型运算所输出的反射率的默认尺度系数是 10 000,即大气校正后得到的反射率图像的值域为 0~1 000。因此,在模型运行之前需要对尺度系数进行修改,亦可在获取反射率数据后对数据进行尺度转换。

(三)几何校正

1. 正射校正

正射校正是利用 DEM 影像对数据进行校正。正射校正一般是通过在影像上选取一些地面控制点,并利用原来已经获取的该影像范围内的数字高程模型(DEM)数据,对影像同时进行倾斜改正和投影差改正,将影像重采样成正射影像。将多个正射影像拼接镶嵌在一起,并进行色彩平衡处理后,按照一定范围内裁切出来的影像就是正射影像图。正射影像同时具有地形图特性和影像特性,信息丰富,可作为 GIS 的数据源,从而丰富地理信息系统的表现形式。正射影像是指改正了因地形起伏和传感器误差而引起的像点位移的影像。数字正射影像不仅精度高、信息丰富、直观真实,而且数据结构简单、生产周期短,能很好地满足社会各行业的需要。在地势起伏较大的地方,使用正射校正来解决地势起伏较大引起的误差。做正射校正需要用 DEM。

2. 几何校正

几何校正一般是指通过一系列的数学模型来改正和消除遥感影像成像时因摄影材料变形、物镜畸变、大气折光、地球曲率、地球自转、地形起伏等因素导致的原始图像上各地物的几何位置、形状、尺寸、方位等特征与在参照系中的表达要求不一致时产生的变形。在本次工作通过对多源遥感进行几何校正,使各卫星图像上的地物在空间上保持匹配,便于对比分析。

以相应比例尺的地形图为基准图件,选取控制点,进行多项式纠正,采用高斯-克吕格投影 6°或 3°分带坐标系统。对于高分辨率遥感影像,采用1:5万地形图为基准图件,中高分辨率遥感图像以1:10万地形图为基准图件。长江干流岸带跨带时,应进行跨带坐标转换,可以区域大的投影带为准,相邻投影带进行换带计算,如两个投影带所占面积大致相同,也可在两带上分别选点分别纠正,或以一带为准另一带换带计算。

控制点的选择取决于拟合多项式的次数,剔除粗差后至少应保留两个以上的多余控制点,以便于平差计算。图像纠正一般应在8个象限内均有控制点,控制区域应尽可能大。控制点应有9~12个,即8个象限点加上图像中心区域点。拟合多项式一般选择二次多项式,如选择3次点数应选14~16个点。

对于侧视角较小的平原地区的高分辨率数据,使用二次多项式法;对于侧视角较大的山区,要求采用三角有限元法。该方法要求密集采集控制点,尤其在矿区,应加大控制点密度,以达到较好的纠正效果。其他情况视具体情况而定,如控制点较易获取则优先采用三角有限元法。

(四)滤波增强

遥感图像增强则指用各种数学方法和变换算法提高某灰度区域的反差、对比度与清晰度,从而提高图像显示的信息量,使图像有利于人眼分辨。本次工作通过图像滤波、拉伸和增强方法,提高遥感图像的对比度,便于分辨不同地物。

图像的滤波与增强主要是提高图像的对比度,并使前、后两个时相的影像色彩均衡,更有利于变化图斑的提取,主要采用的方法如下。

1. 中值滤波

定义:中值滤波是一种非线性的平滑方式,对一个滑动窗口内的诸像素灰度值排序,用其居于中间位置的值代替窗口中心像素的灰度值。

中间值的取法:当邻域内像元的像素数为偶数时,取排序后中间两像元值的平均值;当邻域内的像素数为奇数时,取排序后的位于中间位置的像元的灰度。

优缺点:抑制噪声的同时能够有效保护边缘少受模糊,但是对点、线等细节较多的图像却不太合适。当窗口内噪声点的个数大于窗口宽度的一半时,中值滤波的效果不好。因此,正确选择窗口的尺寸是用好中值滤波的重要环节。

2. 均值滤波

均值滤波是典型的线性滤波算法,它是指在图像上给目标像素一个模板,该模板包括了其周围的邻近像素(以目标像素为中心的周围8个像素,构成一个滤波模板,即去掉目标像素本身),再用模板中的全体像素的平均值来代替原来像素值。

3. Lee 滤波

噪声抑制的两个关键环节为建立真实后向散射系数的估计机制和制订同质区域像素样本的选择方案。Lee 滤波是利用图像局部统计特性进行图像斑点滤波的典型方法之一,是基于完全发育的斑点噪声模型,选择一定长度的窗口作为局部区域,假定先验均值和方差可以通过计算局域的均值与方差得到,具体如下。

$$\hat{x} = a\bar{x} + by \tag{13-3}$$

$$a = 1 - \frac{\mathrm{var}(x)}{\mathrm{var}(y)}, b = \frac{\mathrm{var}(x)}{\mathrm{var}(y)} \tag{13-4}$$

$$\hat{x} = \bar{y} + b(y - \bar{y}) \tag{13-5}$$

$$\mathrm{var}(x) = \frac{\mathrm{var}(y) - \sigma_v^2 \bar{y}^2}{1 + \sigma_v^2}, \sigma_v^2 = \frac{1}{N} \tag{13-6}$$

（五）镶嵌匀色

影像镶嵌是指将两幅或多幅影像拼在一起，构成一幅整体影像的技术过程。影像镶嵌涉及几何位置镶嵌和灰度（或色彩）镶嵌两个过程。其中，几何位置镶嵌是指镶嵌影像间对应物体几何位置的严格对应，无明显的错位现象；灰度镶嵌是指位于不同影像上的同一物体镶嵌后不因两影像的灰度差异导致灰度产生突变现象。在本次工作中，镶嵌匀色主要是便于后续的解译分析与制图。

在相邻图像重叠区内选择同名点作为镶嵌控制点，要求两景同名地物严格对准，拟合中误差在一个像元左右。镶嵌图像间应进行亮度匹配，以降低灰度差异。

镶嵌拼接线的选择无论是采用交互法还是自动选择，均需是一条折线或曲线，在拼接点两旁需选用"加权平均值方法"进行灰度圆滑。本次工作首先使用空域相关法对多光谱遥感影像重叠部分进行基于空域相关的块匹配，配准过程中使用自校验搜索策略，完成两通道影像的配准对齐。

1. 基于空域互相关和加权平均的图像拼接方法

为实现遥感影像各通道数据的无缝拼接，本次工作采用基于加权平均的融合方法，实现重叠区域的像素灰度过渡平滑，得到连续无缝的宽覆盖影像。

（1）平均值法：将配准后重叠区域以外的像素灰度值保留不变，而将重叠区域对应的两幅图像的像素灰度求平均值后作为重叠区域新的像素灰度，即：

$$f(x,y) = \begin{cases} f_1(x,y) & (x,y) \in f_1 \\ \dfrac{f_1(x,y)+f_2(x,y)}{2} & (x,y) \in (f_1 \cap f_2) \\ f_2(x,y) & (x,y) \in f_2 \end{cases} \quad (13-7)$$

式中，$f_1(x,y)$ 和 $f_2(x,y)$ 分别代表进行拼接的两幅图像在 (x,y) 点处的像素灰度；$f(x,y)$ 代表重叠区域的像素灰度。平均值法虽具有计算简单、运算速度快等特点，但融合后的影像在拼接处还会存在明显的痕迹，不能达到满意的效果。因此，用两幅图像的像素灰度和图像中重叠区域对应的加权系数来计算处理，即：

$$f(x,y) = \begin{cases} f_1(x,y) & (x,y) \in f_1 \\ w_1(x,y)f_1(x,y)+w_2(x,y)f_2(x,y) & (x,y) \in (f_1 \cap f_2) \\ f_2(x,y) & (x,y) \in f_2 \end{cases} \quad (13-8)$$

式中，分别用 w_1 和 w_2 来表示两景图像中重叠区域对应的加权系数，且满足 $w_1+w_2=1, 0<(w_1,w_2)<1$。

（2）矩匹配去噪方法：由于各个成像通道采用不同的 CCD 传感器成像，每个传感器对接收到的地物辐射信号的响应特性不同，每个通道间存在着响应非均匀性，所以每个通道图像彼此灰度的差异较大，且 CCD 图像中各波段含有大量条带噪声。在对拼接的接缝进行融合处理时，采用矩匹配的方法去除各通道的条带噪声，调整每个通道均值和动态范围，这样使每个通道的图像灰度实现均匀化，最后得到整体灰度均一且色调较亮的宽幅影像。矩匹配法去除条带噪声是通过改变各传感器的均方差到目标参考值来实现的。该方法是选定某个 CCD 来作为参考，将其他各篇 CCD 的反射校正到该 CCD 的反射率。

2. 影像镶嵌性能评价

图像拼接质量的评价分为主观评价与客观评价。主观上来讲，一般首先考虑拼接后影像是否错位，其次再看图像的亮暗过渡是不是平滑。利用图像的这些特征信息去评价一景影像，通常重点关注的是图像亮度和图像色彩是否合适，图像清晰度是否降低，图像的纹理及灰度等信息是否发生较大差异甚至丢失现象。客观评价一般采用差值平方和或者均方差的评价方法。

设影像的重叠区域为 A、B，两景影像拼接后的重叠区域 S，对拼接影像的差值平方和计算公式如下：

$$T_1(j) = \sum_1^{row}[S(i,j) - A(i,j)]^2 \quad (13-9)$$

$$T_2(j) = \sum_1^{row}[S(i,j) - B(i,j)]^2 \quad (13-10)$$

式中，i、j 分别为是图像的行数和列数；$T_1(j)$ 和 $T_2(j)$ 分别表示区域 S 与区域 A、B 的第 j 列上所有像素灰度值相减的平方和；$j=1,2,3,\cdots,wide/3$，$wide$ 为影像重叠区域的宽度；row 为图像重叠区域的高度。该方法通过比较两图像重叠部分在灰度整体过渡中每列数据与源数据的差值，来评价图像拼接效果，差值越小，影像过渡越自然。此评价方法也可以依靠图像灰度值分布来体现，若图像的灰度值服从标准正态分布，则图像的融合效果、拼接缝消除的性能就好。

（六）遥感影像融合

图像信息增强包括以背景影像图制作为目的和以计算机自动信息提取为目的两种，前者包括反差增强、边缘增强、彩色增强、彩色变换增强（数据融合），后者需进行多重图像处理（如比值运算、差值运算、K-L变换等），保留主要信息，最大限度地减少波段的相关性，达到增强或提取有用信息的目的。不同区域可根据效果选择适当的数字增强或处理方法（建议采用线性灰度拉伸），进行图像增强处理（图13-4）。

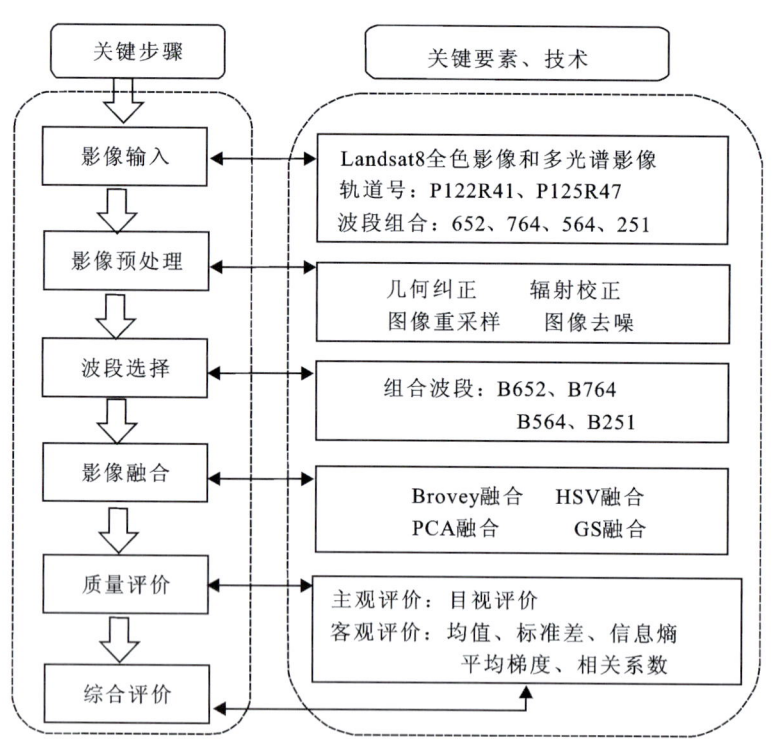

图13-4 遥感影像数据融合及其评价思路

1. 常见的遥感影像融合方法

融合的目的有两种，一是用于信息的提取，要求原始数据的处理不得产生光谱扭曲，以利于建立解译标志，减少判读的不确定因素；二是用于背景图制作，要求图像清晰、色彩鲜艳。

融合可在同一时相、相同数据源之间进行，也可在不同时相、不同数据源之间进行，要视具体目的而定。在不同时间获取的图像间进行融合处理时，要求不同时间图像的内容没有大的变化。

融合方法有 IHS 法、主成分分析法、小波变换法、Brovey 变换线性加权乘积法、加法等，不同区域可根据效果采用不同的处理方法。

对于高空间分辨率全色影像和低空间分辨率多光谱影像的融合而言，目的之一是获取空间分辨率增强的多光谱影像。理论上，要求融合的影像不仅要具有高空间分辨率影像的空间信息，而且不应使多光谱影像的光谱信息产生变化甚至减少。实际上，通过融合多光谱影像达到空间分辨率的增强，必然会使多光谱特性发生或多或少的变化。因此，好的融合算法应该尽量保持多光谱影像的光谱信息，在人眼察觉不到或不影响计算机后续处理的前提下，尽量提高多光谱影像的空间分辨率，以满足实际应用的要求。

光学系统的遥感影像的空间分辨率和光谱分辨率是一对矛盾，在一定信噪比的情况下，光谱分辨率的提高是以牺牲空间分辨率为代价的。一种好的融合方法，不仅要求空间分辨率得到增强，空间纹理信息得到锐化，还要求保持光谱信息不失真，否则得出的结果偏差较大或错误，不利于遥感制图和资源开发状况多目标调查的定量分析。

本次所获取的高空间遥感数据量较大，覆盖范围较广并且有重复覆盖的情况。因此，在开展相同卫星数据间和不同卫星数据间的融合前，综合评价不同融合方法在资源开发多目标遥感调查中的适用性显得非常必要。

前面已经提到了常用的几种方法，如 IHS 融合法、Brovey 融合法、PC 融合法等，这些方法在融入高分辨率空间信息的同时，也将全色影像光谱的高频信息带入融合后的影像中，因此导致地物光谱信息失真较大，影响遥感制图的效果和资源开发状况多目标的遥感调查与监测。这里将介绍两种目前常用的既能使融合影像保真性较好、计算又较简单的融合方法，即：①基于亮度调节的平滑滤波（Smoothing Filter – Based Intensitymodulation，简称 SFIM）；②Gram – Schmidt 光谱锐化（Gram – Schmidt Spectral Sharpening）。

综合分析对比这些方法的融合效果，直接服务于本工作项目。

1) SFIM 法

SFIM 算法是 Liu C G 于 2000 年提出来的，定义为：

$$\text{IMAGE}_{\text{SFIM}} = \frac{\text{IMAGE}_{\text{low}} \times \text{IMAGE}_{\text{high}}}{\text{IMAGE}_{\text{mean}}} \tag{13-11}$$

式中，$\text{IMAGE}_{\text{low}}$ 和 $\text{IMAGE}_{\text{high}}$ 分别为配准后的多光谱影像和全色影像对应像素的 DN 值；$\text{IMAGE}_{\text{mean}}$ 为全色影像通过均值滤波去掉其原全色影像的光谱和空间信息后得到的低频纹理信息影像。

由于 $\text{IMAGE}_{\text{high}}$、$\text{IMAGE}_{\text{mean}}$ 的熵包含了全色影像中去除低频信息后剩余的高频信息，也就是说该算法首先去除了高分辨率影像的光谱和地形信息，然后将剩余的纹理信息直接添加到多光谱影像中。由于在整个影像融合过程中，多光谱影像的光谱信息没有改变，也就是说通过亮度调节融合的影像与高分辨率影像的光谱属性无关，所以 SFIM 算法能很好地保持原多光谱影像的光谱信息。

SFIM 融合通过平滑滤波将高分辨率的影像匹配到低分辨率影像的特点，与小波变换相似，但其算法的计算过程和计算时间比小波变换要显著简化。但是，SFIM 融合方法不适合融合物理特性不同的多源影像，如光学影像和雷达影像。

2) Gram – Schmidt 光谱锐化方法

Gram – Schmidt 变换是线性代数和多元统计中常用的方法，它通过对矩阵或多维影像进行正交化从而可消除冗余信息。与 PC 变换不同，Gram – Schmidt 变换产生的各个分量只是正交，各分量信息量没有明显的多寡区别。因此，Gram – Schmidt 变换主要特点是变换后的第 1 个分量 GS_1 就是变换前的第一分量，其数值没有变化。Gram – Schmidt 变换的关键步骤如下。

使用多光谱低空间分辨率影像对高分辨波段影像进行模拟的方法有以下两种。

第一种：将低空间分辨率的多光谱波段影像，根据光谱响应函数按一定的权重 w_i 进行模拟，即模拟的全色波段影像灰度值为：

$$P = \sum^{k} w_i \times B_i \qquad (13-12)$$

式中，B_i 为多光谱影像第 i 波段灰度值；w_i 为 B_i 对应的权重值。

第二种：将全色波段影像模糊，然后取子集，并将其缩小到与多光谱影像相同的大小。模拟的高分辨率波段影像信息量特性与高分辨率全色波段影像的信息量特性比较接近。模拟的高分辨率波段影像在后面的处理中被作为 Gram-Schmidt 第 1 个分量进行 Gram-Schmidt 变换。

因在 Gram-Schmidt 变换中第 1 个分量 GS_1 没有变化（GS_1 就是变换前的第 1 个分量），故模拟的高分辨率波段影像将被用来与高分辨率全色波段影像进行交换，这样可使信息失真少。

利用模拟的高分辨率波段影像作为 Gram-Schmidt 变换第 1 个分量来对模拟的高分辨波段影像和低分辨率波段影像进行 Gram-Schmidt 变换。该算法在进行 Gram-Schmidt 变换时进行了修改，具体修改如下，即第 T 个 GS 分量由前 $T-1$ 个 GS 分量构造，即

$$GS_T(i,j) = [B_T(i,j) - \mu_T] - \sum_{t=1}^{T-1} \varphi(B_T, GS_1) \times GS_1(i,j) \qquad (13-13)$$

式中，GS_T 是 GS 变换后产生的第 T 个分量；B_T 是原始多光谱影像的第 T 个波段影像；μ_T 是第 T 个原始多光谱波段影像灰度值的平均值。

$$\mu_T = \frac{\sum_{j=1}^{C}\sum_{i=1}^{R} B_T(i,j)}{C \times R} \qquad （均值） \qquad (13-14)$$

$$\varphi(B_T, GS_1) = \left[\frac{\sigma(B_T, GS_1)}{\sigma(GS_1, GS_1)^2}\right] \qquad （协方差） \qquad (13-15)$$

$$\sigma_T = \sqrt{\frac{\sum_{j=1}^{C}\sum_{i=1}^{R}(B_T(i,j) - \mu_T)}{C \times R}} \qquad （标准差） \qquad (13-16)$$

通过调整高分辨率波段影像的统计值来匹配 Gram-Schmidt 变换后的第 1 个分量 GS_1，以产生经过修改的高分辨率波段影像。修改方法如 IHS 法中的修改方法。该修改有助于保持原始多光谱波段影像的光谱特征。

将经过修改的高分辨率波段影像替换 Gram-Schmidt 变换后的第 1 个分量，产生一个新的数据集。将新的数据集进行反 Gram-Schmidt 变换，即可产生空间分辨率增强的多光谱影像。Gram-Schmidt 反变换的公式如下：

$$\hat{B}(i,j) = [GS_T(i,j) + \mu_T] + \sum_{l=1}^{T-1} \varphi[B_T, GS_l(i,j)] \qquad (13-17)$$

与 IHS 法、比值法相比，本算法有两个优点：①一次处理的波段数没有限制；②产生的高空间分辨率多光谱影像不仅保持了低空间分辨率光谱的特性，且光谱信息失真小。

即使用同一种融合方法处理同一影像，观察者感兴趣的部分不同，对融合效果的质量评价也不同；针对不同的应用方向对影像的各项参数要求也不同，需采用不同的融合方法。因此，要根据不同的应用目的选取合适的融合方法，再对其进行质量评价以达到预期的效果。

2. 遥感影像融合质量评价

主观评价：建立在人的视觉感官和经验知识基础上，直观简洁，但其缺点也显而易见，即不具备客观性，如果没有大量的统计，得到的评价结果就有可能存在失误。由于人眼对色彩具有强烈的感知能力，这是任何定量评价方法所无法比拟的。主观评价是以人为观察为依据，对图像的质量性能进行判断（表 13-2）。在某些方面，主观评价方法简单易行，在一些特定应用中是十分可行的。

表 13-2　图像质量 5 级评论标准

所得分数	妨碍尺度	质量尺度
5	根本看不出图像的融合效果有丝毫变差	非常好
4	稍微能看出图像的效果变差	好
3	能够很明显地看出图像效果变差	很一般
2	对观察有妨碍	差
1	已经严重到无法进行观察	相当差

人眼对图像比较明显的信息都能给出准确的判断,例如图像是否有重影、不同地物的分界是否清晰、颜色差别是否很大等。具体融合图像的观察是从亮度、清晰度、对比度等方面对其进行初步的判断,即完成主观评价的目视判别,通常还需在此基础上进行客观的定量评价,不同遥感影像融合质量评价方法及作用见表 13-3。

表 13-3　不同遥感影像数据融合质量评价方法及作用

评价指标	数学表达式	作用
均值	$\hat{u} = \dfrac{1}{MN}\sum\limits_{i=1}^{M}\sum\limits_{j=1}^{N}F(i,j)$	即像素的灰度均值,对人眼反映为平均亮度,适度最好。若图像的均值适中,则目视效果较好
标准差	$Stv = \sqrt{\dfrac{1}{MN}\sum\limits_{i=1}^{M}\sum\limits_{j=1}^{N}[F(i,j)-\hat{u}]^2}$	若标准差大,则图像灰度级分布分散,图像的反差大,可以看出更多的信息;若标准差小,图像反差小,对比度不大,色调单一均匀,看不出太多的信息
信息熵	$H = -\sum\limits_{i=1}^{n} p_i \log_2 p_i$	融合图像的熵越大,则融合图像的信息量增加越多
平均梯度	$G = \dfrac{\sum\limits_{i=1}^{M-1}\sum\limits_{j=1}^{N-1}\sqrt{\dfrac{\left(\dfrac{\Delta F_i(i,j)}{\Delta i}\right)^2 + \left(\dfrac{\Delta F_j(i,j)}{\Delta j}\right)^2}{2}}}{(M-1)(N-1)}$	平均梯度越大,影像层次越多,表示影像越清晰
相关系数	$\rho(h,g) = \dfrac{\sum\limits_{i=0}^{M-1}\sum\limits_{j=0}^{N-1}\{[h(i,j)-e_h][g(i,j)-e_g]\}}{\sqrt{\sum\limits_{i=0}^{M-1}\sum\limits_{j=0}^{N-1}\{[f(i,j)-e_h]^2\} \times \sum\limits_{i=0}^{M-1}\sum\limits_{j=0}^{N-1}\{[f(i,j)-e_g]^2\}}}$	表示融合影像的光谱保真程度,该值越大表示融合影像的光谱保真越好

客观评价:鉴于主观评价方法的片面性和主观性,人们提出了不受人为因素影响的客观评价方法。图像融合结果的客观定量评价是采用一定的量化指标来评价融合效果的,它克服了人为的主观影响,对图像的评价更加科学、客观。常见的客观评价指标主要分为三大类,即影像的亮度信息、空间细节信息、光谱信息量及融合结果的相关类评价参数。本次主要运用 MATLAB 编程计算遥感影像融合前和融合后的均值、标准差、平均梯度、信息熵和相关系数作为客观定量评价指标。

3. 遥感影像数据融合与质量评价

利用 4 种融合方法的融合影像在空间分辨率和清晰度上比原始影像有所改善,融合影像纹理特征变得清晰,保留了尽可能多的原始信息,提高了地物细节特征,更加易于判读,同时也改善了影像的光谱特征,各类地物光谱畸变较小,保留了原始影像的光谱信息。Brovey 融合影像的颜色更鲜艳,绿色更接近于植被真实颜色,HSV融合影像中,裸地部分与植被部分界线十分清晰,但是植被部分太暗,难以识别其具体地物。高通滤波融合影像的空间清晰度和PCA影像最接近。

三、土地利用遥感分类方法

(一)土地利用遥感分类体系

遥感图像分类体系的划分是进行遥感图像分类的重要依据和基础,其与土地利用分类体系不完全相同,在实际划分过程中既要充分考虑遥感图像实际可解译能力和研究区内土地覆被特征,又要适当地与土地利用分类体系靠近,便于利用遥感技术对土地利用现状图进行动态更新。图像分类总的目的是将图像中每个像元根据其在不同波段的光谱亮度、空间结构特征或者其他信息,按照某种规则或算法划分为不同的类别。遥感影像解译标志是遥感影像上能直接反映、判别地物信息的影像特征。利用形状、大小、阴影、色调、颜色、纹理、位置、图案和布局,结合波段组成、分辨率、获取的时相和季相、重叠区、数据所处气候带与地貌类型区、周围数据等解译情况,作出正确和合理的判断,建立数据解译标志,提取基础地理信息数据。

土地利用分类体系是进行土地利用调查、监测的基础和依据。参照中国科学院"八五"期间实施的"国家资源环境遥感宏观调查、动态分析与遥感技术前沿的研究"项目中建立的"中国资源环境数据库"的全国1:10万土地利用分类系统,对空间数据进行编码。该系统根据土地资源经营特点、利用方式和覆盖特征采用3级分类。其中,一级主要根据土地的资源属性和利用属性分为耕地、林地、草地、水域、建设用地和未利用土地6类;二级是在一级的基础上,依据土地资源主要利用方式、利用条件、难易程度划分为25个类型;三级主要是根据土地地貌类型,将水田和旱田两个二级类型进一步分为8个类型。

遥感影像判读必须掌握以下几个规律:①地物的各光谱特征与影像色彩的关系,地物光谱的反射特征是图像判读的理论基础,地物的反射光谱不同,其影像重现的色彩也不一样;②地物光谱的反射率与影像色调特征的关系,反射率高者光量大,色彩鲜明,反之色彩暗淡;③地物时间、空间和季节的不同与影像色彩变化的关系。

根据中国科学院"中国资源环境数据库"土地利用遥感分类标准,通过将遥感影像上的不同地物与这些地物的实际情况相比较,发现不同地物之间的影像特征差异,并归纳得出同类地物影像特征的一致性,得到研究区解译标志,本次工作基于如下考虑:①研究区内地物光谱类别混杂现象比较严重,指标分得过细会造成类别间混分率增加,造成精度下降;②根据第三次全国国土调查的分类体系要求,结合遥感影像数据的实际情况,本次工作将长江干流岸带土地利用遥感分类体系分为耕地、林地、住宅及交通运输用地、工矿仓储用地、水域及水利设施用地、其他用地6个大类,如表13-4所示。

表13-4 土地利用/覆被信息分类方案

一级类型			二级类型		
编号	名称	含义	编号	名称	含义
1	耕地	指种植农作物的土地,包括熟耕地、新开荒地、休闲地、轮歇地、草田轮作地;以种植农作物为主的农果、农桑、农林用地;耕种3年以上的滩地和滩涂	11	水田	指有水源保证和灌溉设施,在一般年景能正常灌溉,用以种植水稻、莲藕等水生农作物的耕地,包括实行水稻和旱地作物轮种的耕地
			12	旱地	指无灌溉水源及设施,靠天然降水生长作物的耕地;有水源和浇灌设施,在一般年景下能正常灌溉的旱作物耕地;以种菜为主的耕地,正常轮作的休闲地和轮歇地

续表 13-4

一级类型			二级类型		
编号	名称	含义	编号	名称	含义
2	林地	指生长乔木、灌木、竹类以及沿海红树林地等林业用地	21	有林地	指郁闭度大于30%的天然木和人工林,包括用材林、经济林、防护林等成片林地
			22	灌木林	指郁闭度大于40%、高度在2m以下的矮林地和灌丛林地
			23	疏林地	指郁闭度为10%~30%的林地
			24	其他林地	未成林造林地、迹地、苗圃及各类园地(果园、桑园、茶园、热作林园地等)
3	水域及水利设施用地	指天然陆地水域和水利设施用地	31	河渠	指天然形成或人工开挖的河流及主干渠常年水位以下的土地,人工渠包括堤岸
			32	湖泊	指天然形成的积水区常年水位以下的土地
			33	水库坑塘	指人工修建的蓄水区常年水位以下的土地
			34	永久性冰川雪地	指常年被冰川和积雪所覆盖的土地
			35	滩涂	指沿海大潮高潮位与低潮位之间的潮侵地带
			36	滩地	指河、湖水域平水期水位与洪水期水位之间的土地
4	住宅及交通运输用地	指城镇用于人们生活居住的各类房基地和其附属设施用地及用于运输通行的地面线路、场站等的土地	41	城镇用地	指大、中、小城市及县镇以上建成区用地
			42	农村居民点	指农村居民点用地
			43	交通用地	指交通道路、机场及特殊用地
5	工矿仓储用地		51		指独立于城镇以外的厂矿、大型工业区、油田、盐场、采石场等用地
6	其他用地	目前还未利用的土地、包括难利用的土地	61	沙地	指地表为沙覆盖,植被覆盖度在5%以下的土地,包括沙漠,不包括水系中的沙滩
			62	戈壁	指地表以碎砾石为主,植被覆盖度在5%以下的土地
			63	盐碱地	指地表盐碱聚集,植被稀少,只能生长耐盐碱植物的土地
			64	沼泽地	指地势平坦低洼,排水不畅,长期潮湿,季节性积水或常积水,表层生长湿生植物的土地
			65	裸土地	指地表土质覆盖,植被覆盖度在5%以下的土地
			66	裸岩石砾地	指地表为岩石或石砾,覆盖面积在5%以下的土地
			67	其他	指其他未利用土地,包括高寒荒漠、苔原等

(二)遥感影像特征及解译标志

根据工作区的区域特点,确定以国家一、二级分类系统为基础的工作区土地利用/覆被分类系统,根据不同地类的影像特征(色调、形状、纹理结构等),通过图像分析,包括目视解译和对部分数字图像训练区的专题特征提取,建立工作区不同地类的"初步解译标志",再通过野外调研对"初步解译标志"进行实地检验、修正以及对初判中的疑难点进行实地权属确认,最终建立全区各类土地利用类型的解译标志。

根据已建立的解译标志,以目视判读为主,辅以数字图像处理,进行逐级的地类判读及界线的勾绘。判读中要注意先整体后局部,先易后难,并注意运用地学相关分析、对比研究以及先验知识的加入和逻辑推理等,以确保解译内容和图斑勾绘的正确性。

解译标志是室内解译的依据。遥感解译标志的建立主要依靠影像分析和野外调查来确定。经过野外实地考察、数据资料对比分析,对各种土地利用类型在遥感影像上显示出的不同色调、图形结构与纹理特征有了较全面的认识,在此基础上建立解译标志。

各类别定义、遥感图像解译标志如表 13-5 所示。

表 13-5 工作区遥感分类体系

类别	描述	遥感影像特征	遥感示意图
耕地	指种植农作物的土地,包括熟地,新开发、复垦、整理地,休闲地(含轮歇地、休耕地);以种植农作物(含蔬菜)为主,间有零星果树、桑树或其他树木的土地;平均每年能保证收获一季的已垦滩地和海涂	耕地在光学遥感影像图上一般为纹理平滑、边界明显的规则地块。色调随土壤湿度、农作物种类及生长季节不同而变化。一般湿度大的色调较暗,反之较亮;生长期农作物较暗,成熟期较亮。农田灌溉时较暗,未灌溉或出现旱情时较亮	
林地	指生长乔木、竹类、灌木的土地,以及沿海生长红树林的土地	林地影像纹理一般界线轮廓较明显,色调呈暗色颗粒状,周围有阴影。主要分布在山区和丘陵地带。天然林纹理颗粒状清晰,密集成片,稀疏处显露出浅灰色空地,分布呈无规则团状;灌木林纹理颗粒较细碎、不明显,色调亮于林地,图形常呈不规则斑点状	
水域及水利设施用地	指陆地水域,包括滩涂、沟渠、沼泽、水工建筑物等用地	在假彩色遥感影像上色调呈黑色、深棕色,河流为线状、条带状、树枝状,湖泊和水库为块状、不规则形状等	

续表 13-5

类别	描述	遥感影像特征	遥感示意图
住宅及交通运输用地	指城镇用于人们生活居住的各类房基地和附属设施用地，以及用于运输通行的地面线路、场站等的土地	相对于建制镇与村庄居民点用地，城市规模大且建筑集中，多高楼大厦，影像色调显示的暗色阴影较多。同时由于城市规划较好，灰白色建筑物纹理排列较整齐	
工矿仓储用地	指用于工业生产、物资存放场所的土地	工矿仓储用地屋顶材料以蓝色为主，亮白色次之，红色及灰色相对较少，一般呈聚集分布，少量零星分布。蓝色和亮白色屋顶在蓝波段都具有较高的反射率，并且红色及灰色屋顶的工矿仓储用地常分布在邻近区域	
其他用地	指上述地类以外的其他类型的土地，包括空闲地、沙地、裸土地等	色调为棕色，呈规则片状或块状，色调较为单一，表面较平整	

（三）遥感影像土地利用分类方法

项目所采用的分类方法主要包括基于像元的分类法、决策树分类法、支持向量机、随机森林、面向对象的图斑处理、基于专家知识交互验证法等。

1. 基于像元的分类法

尽管面向对象的分类技术有很多优点，但是本项目采用像素级分类技术作为分类的基础步骤。这主要出于 3 点考虑：首先，像素级分类技术较为成熟，容易在大范围生产中保证分类质量的稳健性；其次，图像分割生成的对象大小不一，使得纹理指标一致性差，会影响分类精度；最后，大范围的图像分割带来巨大的计算负担，影响项目进度。像素级分类的关键在于选择合适的分类特征与分类器。由于整个长江岸线范围内建设用地光谱和形态的复杂性，很难找到一个单一的有效分类特征和分类器。本次总结了多种典型的地类与背景光谱组合，根据不同区域特点选择各自相适应的分类特征与分类器组合。

遥感影像纹理即图像的细部结构，是指图像上色调变化的频率。由于纹理是由灰度在空间位置上反复出现而形成的,因而在图像空间中相隔某距离的两像素之间会存在一定的灰度关系,即图像中灰度的空间相关特性。灰度共生矩阵(Gray-Level Co-occurrence Matrix,简称GLCM)就是一种通过研究灰度的空间相关特性来描述纹理的常用方法。其数学表达式为:

$$P_{ij}(\delta,\theta) = \{[(x,y),(x+\Delta x+\Delta y)] \mid f(x,y)=i, f(x+\Delta x, y+\Delta y)=j\} \quad (13-18)$$

式中,$x \in [0,M]$;$y \in [0,N]$;$i,j \in [0,L]$,x 和 y 是图像像素坐标;L 为灰度级数;M 和 N 分别为图像的行列数。

指数特征主要包含归一化植被指数(NDVI)、水体指数(NDWI)、建筑指数(NDBI)、冰雪指数(NDSI)。

$$NDVI = \frac{NIR - Red}{NIR + Red}$$

$$NDWI = \frac{Green - NIR}{Green + NIR}$$

$$NDBI = \frac{MIR - NIR}{MIR + NIR} \quad (13-19)$$

$$NDSI = \frac{Green - MIR}{Green + MIR}$$

式中,NIR 指近红外波段反射率;Red 指红波段反射率;Green 为绿波段反射率;MIR 为短波红外波段反射率。指数特征由于采用了比值形式,有助于消除地形差异影响,是目标地类在指数影像上得到增强,而背景地物则受到普遍的抑制,可以为相应的地类识别提取提供较强的指示意义。

2. 决策树分类法

决策树分类法是一种基本的分类与回归方法,由结点和有向边组成。结点有两种类型:内部结点和叶节点,内部节点表示一个特征或属性,叶节点表示一个类,是一种以树结构(包括二叉树和多叉树)形式表达的预测分析模型。决策树分类计算量相对较小,计算速度快且容易转化成分类规则,挖掘出来的分类规则准确性高,便于理解。本次采用决策树中的分类与回归树(Classification And Regression Tree,简称CART)作为分类模型,CART 基于基尼指数(GINI)作为属性选择的度量,GINI 指数主要是度量数据划分或训练数据集的不纯度为主。GINI 值越小,表明样本的纯净度越高(即该样本只属于同一类的概率越高)。

3. 支持向量机

支持向量机(SVM)是一种基于统计学习理论、VC 维理论和结构风险最小化原理的机器学习算法,常被用来解决小样本、非线性问题及高维模式识别问题。SVM 通过"支持向量",即不同类别间边缘的样本点来寻找不同类别之间的最优超平面进行划分。对于土地分类问题,SVM 利用其特有的核函数与惩罚变量,将低维线性不可分问题转化成高维线性可分问题,并通过设置惩罚因子解决个别离群值的类别归属问题,以实现地物分类的自动识别。

4. 随机森林

随机森林是一种采用决策树作为基预测器的集成学习方法,结合 Bagging 和随机子空间理论,集成众多决策树进行预测,通过各个决策树的预测值进行平均或投票,得到最终的预测结果。首先,采用基于 Bootstrap 方法重采样,产生多个训练集;其次,由每个自助数据集生成一棵决策树,由于采用了 Bagging 采样的自助数据集仅包含部分原始训练数据,将没有被 Bagging 采用的数据称为 OOB(out-of-bag)数据,把 OOB 数据用于生成的决策树进行预测,对每个 OOB 数据的预测结果错误率进行统计,得到的平均错误率即为随机森林的错误估计率。

5. 面向对象的图斑处理

面向对象影像分析（OBIA）的基本思想是：综合考察像元及其邻域的光谱、空间特性，以具有光谱、空间同质性的像元簇（即对象）作为基本处理单元，代替单个像元进行影像分析。每个影像对象不仅包含光谱信息，还具有形状信息、纹理信息以及空间上、下邻域信息等。对于光谱特征相似的地物对象，通过比较它们在其他类型特征上的差异便可以轻松地区分开来。

遥感影像面向对象分析首先要进行的就是图像分割，图像分割的本质就是利用光谱特征，将图像分割成同质的单元，其中最常用的分割方法就是多尺度分割法。多尺度分割是指在影像信息损失最小的前提下，以任意尺度生成异质性最小、同质性最大的有意义影像多边形对象的过程，其是一种影像抽象（压缩）的手段，即把高分辨率像元的信息保留到低分辨率的对象上，不同的地物类型可以在相应尺度的对象上得到反映。影像的多尺度分割从任意一个像元开始，采用自下而上的区域合并方法形成对象。小的对象可以经过若干步骤合并成大的对象，每一对象大小的调整都必须确保合并后对象的异质性小于给定的阈值。因此，多尺度分割可以理解为一个局部优化过程，而对象的同质性标准则是由对象的颜色（color）因子和形状（shape）因子确定，分别代表了影像分割时"颜色"和"形状"各自所占的权重，两者之和为 1。而"形状因子"又由光滑度（smoothness）和紧致度（compactness）两部分组成，两者权重之和为 1，这四个参数共同决定分割效果。

由于住宅及交通运输用地、耕地等地类斑块通常异质性比较强，单纯应用像素级分类会导致大量的"椒盐"误差，且受算法、样本、影像等诸多因素的限制，其结果一般精度不高，因此采用基于对象的处理方法减少分类破碎度。通过多尺度分割对象化后，可通过建立规则集对类别对象进行过滤，搜索出可能被错分的图斑，进行标记后供人工核实，提高分类精度。

6. 基于专家知识交互验证法

由于各区域自然地理特征和人文经济发展等不同，导致各个地类分布不均，且在不同区域具有不同的形态特征，直接影响着地类的提取精度。因此，利用各个地类在不同区域分布的先验知识，采用人工编辑的方式将对象化的地类提取结果进行进一步优化，以提高分类提取的精度，并通过采集的样本点利用混淆矩阵计算分类精度。

（四）各地类遥感影像分类方法

各地类所采用的遥感分类方法如下。

1. 耕地

本次工作中的耕地类型是指用来种植农作物的土地，通过播种耕作生产粮食和纤维的地表覆盖，包括开荒地、休闲土地、轮歇地和草田轮作地，以及以种植农作物为主间有零星果树、桑树或其他树木的土地。因此，耕地也是典型的土地利用类型，由于各种类型耕地地表覆盖特性多样，光谱差异大，单一分类算法难以奏效，需要进行不同分类算法的优化组合与集成。

由于在大尺度上难以获取相同时相的遥感影像，造成影像季节差异较大、几何与辐射校正难度大，难以获得最佳时相的耕地提取影像。最后由于尺度效应，耕地在不同空间分辨率下的提取结果有所差异。针对耕地提取面临的难题，本次采用图 13-5 所示的像元、对象和知识 3 个层次的耕地提取技术思路（图 13-5），即基于像元尺度多特征优化的耕地分类提取、基于对象的耕地自动判别以及基于信息服务和先验知识的交互式对象处理。

耕地具有复杂的光谱特征、典型的纹理和物候特征。在耕地的光谱特征方面，农作物类型、分布和生长时相的不同造成耕地光谱相对复杂，既具有以农作物为代表的典型植被光谱又具有裸露田埂为代表的土壤光谱，更多的时候表现为二者的混合，因此需加入纹理和物候特征进行耕地提取。本次工作首先通过主成分分析(PCA)提取多光谱影像信息量最大的第一主成分(PC1),利用灰度共生矩阵计算 PC1 的纹理信息,并选取均值(mean)、方差(variance)、同质性(homogeneity)、相异性(dissimilarity)、对比度(contrast)、熵(entropy)等特征。同时,耕地作物具有有别于其他天然植被的物候特征,主要表现为作物具有明显的播种、生长、成熟与收割等时间阶段,可以用于区分耕地与其他天然植被。根据不同的区域特征,选择关键物候期数据,得到多期数据时序 NDVI,可以提高耕地的可区分性。由于耕地特征多样,采用随机森林算法作为耕地提取的主算法,输入光谱特征、物候特征、纹理特征以及指数特征训练分类模型得到工作区耕地分布,并参照前述地类进行面向对象的图斑处理和人机交互优化。

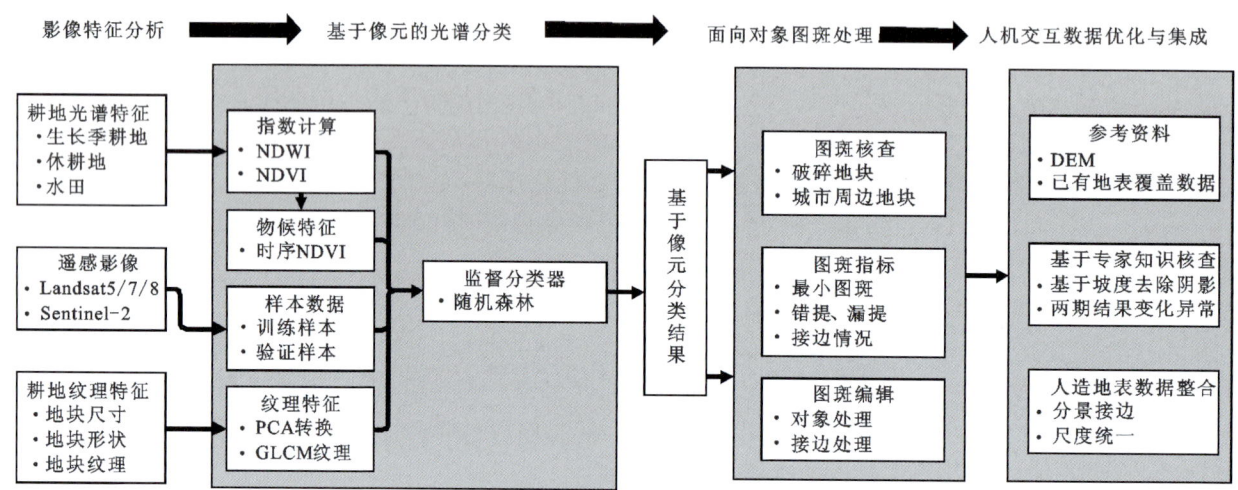

图 13-5 耕地用地提取流程

2. 林地

本次工作中的林地类型包含除耕地作物以外的所有植被,主要包括乔木、草甸、灌木等。采用植被覆盖度指标区分林地区域(Gitelson et al.,2002;Chen et al.,2015)。学术界将植被覆盖度(Fractional Vegetation Cover,简称 FVC)定义为植被叶、茎、枝在地面的垂直投影面积占统计区总面积的比例或百分数。遥感影像植被覆盖度计算公式为:

$$FVC = \frac{NDVI - NDVI_{soil}}{NDVI_{veg} - NDVI_{soil}} \tag{13-20}$$

式中,FVC 为像元植被覆盖度大小;NDVI 为像元归一化植被指数;$NDVI_{veg}$ 为纯植被像元的 NDVI 值;$NDVI_{soil}$ 为纯裸土像元的 NDVI 值。

由于林地也属于随季相动态变化的地类,且长江岸线自东向西大范围的林地生长物候并完全不同步,同时由于影像的覆盖以及缺失,造成林地区域的提取存在不小的挑战。由于年最大归一化植被指数 NDVI 可以很好地反映当年林地长势最好时期的地表植被覆盖状况,因此,对于林地区域的提取,本次采用最大值合成法得到年度最大 NDVI 合成影像,即对每个条带编号的时序影像计算 NDVI,得到年度时序 NDVI 数据集,对时序 NDVI 数据统计得到 NDVI 最大合成影像。

3. 住宅及交通运输用地

住宅及交通运输用地具有光谱多样性复杂、空间异质性很高、混合像元效应普遍存在等特征。同时,住宅及交通运输用地所处的背景也很多样,包括裸地、植被以及混合背景。这些因素共同导致住宅及交通运输用地与背景光谱的可分性十分复杂。根据住宅及交通运输用地与背景光谱区域差异性较大的特点,可以将住宅及交通运输用地分为两种典型的类型:①纯住宅及交通运输用地,主要体现住宅及交通运输用地的光谱特点,包括绿化程度低的建筑、工地、道路、矿区等;②混合植被的住宅及交通运输用地,能体现出较多的植被光谱信号,包括乡村居民地、绿化较好的城区等。由于低密度住宅及交通运输用地区域的特征光谱信号较弱,就 30m 分辨率数据而言,除了光谱信号之外还有更多的空间纹理特征可以用于分类,能够有助于提取低密度的住宅及交通运输用地区域。对于 10m 分辨率数据,低密度的乡村居民地相对具有较强的光谱信号特征(图 13-6)。

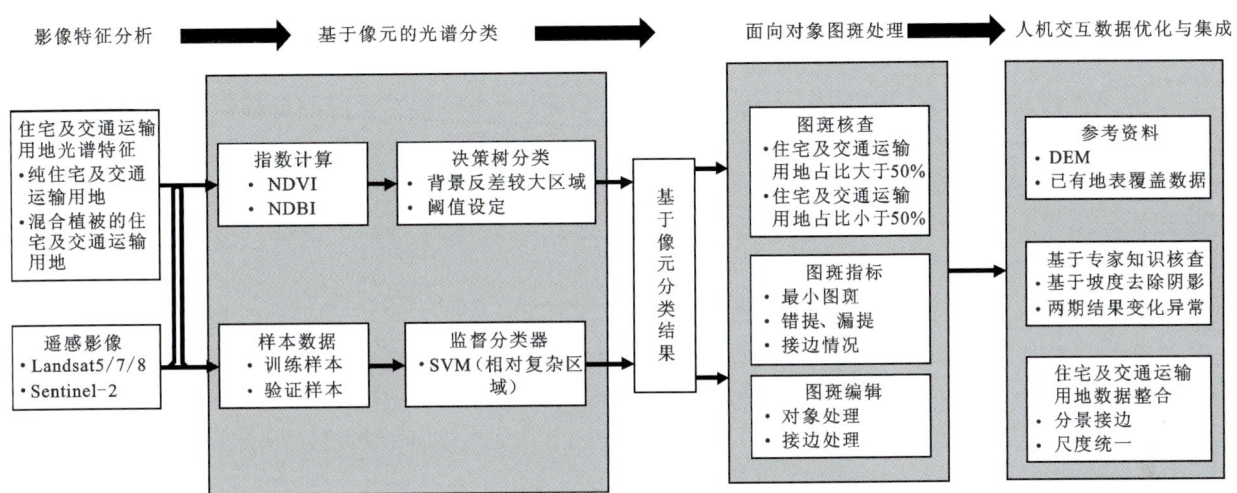

图 13-6　住宅及交通运输用地提取流程

住宅及交通运输用地的提取,采用 2010 年生长季 Landsat5/7 影像和 2019 年 Sentinel-2、Landsat8 影像(4—9月)数据。在分类器选择上,采用决策树和 SVM 分类器这两个较为稳健的分类器;决策树方法光谱含义清晰,阈值由作业人员依据经验设定,因此被用于背景与住宅及交通运输用地反差较大的景观;而 SVM 则用于相对复杂的景观特征,其中训练样本选择由作业人员根据实际情况判定。

4. 工矿仓储用地

工矿仓储用地的提取对长江干流沿岸产业的布局分析具有重要价值。工矿仓储用地包括工矿企业的生产车间、库房及其附属设施等用地,包括专用的铁路、码头和道路等用地。工矿仓储用地是典型的土地利用类型,而遥感反映的是地表覆盖特性。

工矿仓储用地不仅具有住宅及交通运输用地的光谱多样性、空间异质性等特点,同时还具有图斑尺寸变化范围大、形态多样等特点。通过调研发现,在真彩色 Sentinel-2 影像上,工矿仓储用地的屋顶材料以蓝色为主,亮白色次之,红色及灰色相对较少,一般呈聚集分布,少量零星分布。蓝色和亮白色屋顶在蓝波段都具有较高的反射率,并且红色及灰色屋顶的工矿仓储用地常分布在邻近区域。因此,工矿仓储用地提取在建设用地提取基础上,采用决策树方法,设置波段反射率阈值,提取得到工矿仓储用地。

5. 水域及水利设施用地

根据本次工作的分类体系设计,本次地表覆盖遥感制图中的水域及水利设施用地类型是指在地表由天然或人工形成的水的液态聚积体,且其表面无植被覆盖,包括河流(运河)、湖泊、水库等。

水域及水利设施用地的光学特征集中表现在可见光在水体中的辐射传输过程,包括水面的入射辐射、水的光学性质、表面粗糙度、日照角度与观测角度、气-水界面的相对折射率以及在某些情况下还涉及水底反射光等。对于清水,在蓝—绿光波段反射率为 4%～5%。0.5μm 以下的红光部分反射率下降到 2%～3%,在近红外、短波红外部分几乎吸收全部的入射能量。因此,水体在这两个波段的反射能量很小。这一特征与植物形成十分明显的差异,水在红外波段(NIR、SWIR)的强吸收,而植被在这一波段有一个反射峰,因而在红外波段识别水体是较容易的。

水域及水利设施用地遥感制图的难点主要由光谱多样性、形态多样性和季节变化因素引起。就清澈水体而言,它的光谱反射率低于其他地物,较好区分。但在大尺度下,水体的光谱特征复杂多样,单一水体提取算法没有普适性,无法保障不同区域的制图精度。如浅水河流或泥沙含量较高的水体往往混有裸土的光谱信息,富营养化的水体往往混有植被的光谱信息。水体包括面状、线状和辫状等不同的形态,同时随年份、季节波动,导致水体在不同区域和不同时相影像上往往形成迥异的特征,对特征提取、样本选取和质量控制等提出了较高要求。

水域及水利设施用地是波动性较大的地表覆盖类型,通过遥感技术手段获取的图像只能表现在某一特定时态下的水体信息。受遥感影像获取能力所限,难以统一整个长江干流岸线遥感数据的获取时相,使得水体在不同时相影像上的特征迥异(如丰水期和枯水期的河流特征),造成同一水体的时空信息差异较大。本次工作采用2010年生长季Landsat5/7影像和2019年Sentinel-2、Landsat8影像(4—9月)作为水体提取数据。

为提高水域及水利设施用地提取精度、减少人工工作量,从像元提取、对象过滤和人机交互编辑3个方面进行了细化研究,从而保障多分类方法组合集成的水体提取流程能够实现,各环节能够进行严密的质量控制。在分析比较不同水体遥感提取自动分类算法的基础上,根据不同区域水体的光谱特征(纯净的水、带泥沙混浊的水及富营养化的水)和时空特征(几何形态和时相差异),研究制订了监督分类法、基于先验知识决策树提取法两种基于像元的自动分类方法。

对于自动分类的结果,采用多尺度分割算法对水体提取结果进行图斑过滤,滤除细碎图斑,消除"椒盐"效应,得到基于对象的水体分类结果;同时利用知识规则通过空间运算快速定位可能存在质量问题的图斑,用于人工核查处理。流程与方法如图13-7所示。

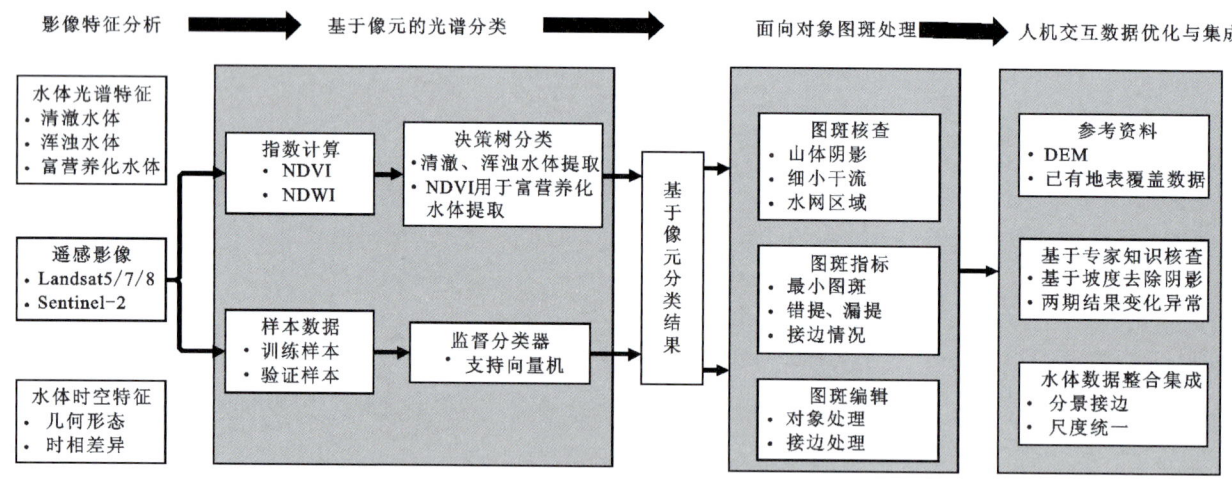

图13-7 水域及水利设施用地提取流程

6. 其他用地

其他用地主要类型为裸土地。由于裸土的NDVI值理论上为0,实际上由于土壤类型、地表湿度、土壤粗糙度及土壤颜色等条件不同,NDVI值会在$-0.1 \sim 0.2$之间波动。通过分析Landsat-NDVI、Sentinel-2-NDVI数据,同时考虑监测区植被覆盖的实际情况,在年最大合成NDVI频率累计表上取频率为5%时对应的NDVI作为$NDVI_{soil}$,取累计频率为95%的NDVI值为$NDVI_{veg}$。植被覆盖度小于10%的区域定义为裸地,植被覆盖度大于10%的区域为自然植被区域。

四、土地利用变更遥感调查方法

变化检测通过计算两幅不同时相影像的差值来得到影像的变化。换句话说,通过这些影像之间差值的绝对值大小来判断两幅影像之间的变化大小。当差值的绝对值为零或者很小时,我们认为这两幅影像未发生变化;当差值的绝对值较大时,我们就会认定不同的影像之间出现了变化。

1. IR-MAD 算法

本次工作采用 IR-MAD 算法。IR-MAD 算法由 Allan Nielsen 所提出,由 MAD 算法改进而来,整个算法的核心为多元统计分析的 CCA 以及波段差值运算,并结合 EM 算法。应用 IR-MAD 算法检测变化时,通过 EM 算法的迭代自动获取阈值,这也是该算法优于 MAD 算法的特点之一。每次迭代后得到的值如果小于给定值的范围,将作为下一次计算值的初始值,进入迭代过程中,直到迭代停止或者权重值达到稳定,把每个像元的最终权重值与最终的阈值进行比较,来确定当前像元是否发生变化。

在变化区域提取部分,平台采用 Kernel K-means 自动聚类方式。Kernel K-means 算法参照支持向量机中的核函数思想,将样本映射到高维度特征空间,并在此基础上进行标准 K-means 聚类。相比传统的 K-means 聚类算法通过欧式距离进行样本的相似度度量,Kernel K-means 的聚类更为准确。综上所述,平台采用 IRMAD 算法构造影像差异图,并结合 Kernel K-means 聚类提取变化区域,平台的在线变化检测基本流程如图 13-8 所示。

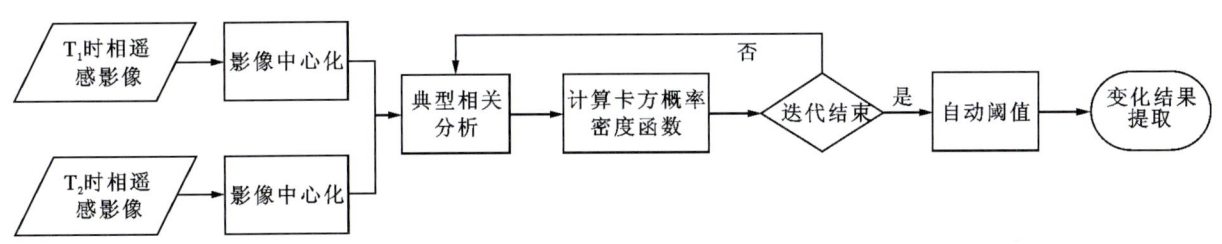

图 13-8 IR-MAD 算法流程

2. 深度学习变化图斑提取

近年来,得益于硬件设备计算力的提高和大数据的积累,机器学习算法尤其是深度学习(deep learning)得到了快速发展,尤其在计算机视觉、图像处理领域得到了广泛应用,并且在遥感影像处理应用中表现出了较好的适用性,这为遥感影像智能化信息提取提供了新的思路。其中,卷积神经网络(CNN)通过建立类似生物视觉认知的分层模型结构,建立多个卷积层,完成从原始影像数据低层特征到高层特征自主学习。典型的卷积神经网络主要由输入层(input)、卷积层(convolution layer)、激活函数(activation function)、池化层或下采样层(pooling layer or subsampling)、全连接层(fullconnecttion)、损失函数(loss function)、输出层(output)组成(图 13-9)。前半部分为卷积层、激活函数与池化层的组合,用于遥感影像信息自主提取。通过多层次的特征提取与抽象,最终得到高层次特征,用于遥感影像分类及变化检测任务。

经典的 CNN 算法存在计算冗余的缺点。通过经典 CNN 网络结果的改进,得到残差版本的 Res-Unet 算法,训练识别水稻的二分类模型。原始 U-Net 模型本身可以分为解码和编码两部分,通过对输入的多时相影像块的连续卷积运算,提取时空和纹理特征。采用四层编码模块和三层解码模块。每一个编码和解码模块内包含有两次卷积操作,采用 3×3 卷积核,卷积操作后紧跟批标准化(batch-normalization)和 Relu 激活函数。每一层编码模块之间采用 2×2 的最大池化(max-pooling)运算以降低特征维度,提高模型鲁棒性。解码模块之间采用转置卷积,提高特征分辨率;同时采用合并操作(concatenate),将相对应较低层次的编码模块特征融合并卷积。解码和编码部分分别使用 1×1 的卷积和原始输入作为短连接(shortcut)加入本模块的输出,形成 Res-Unet 模型。整个网络结构完成了输入影像数据的特征自主学习和监督分类。该网络根据训练标签数据,可用于耕地分类及变化检测任务。

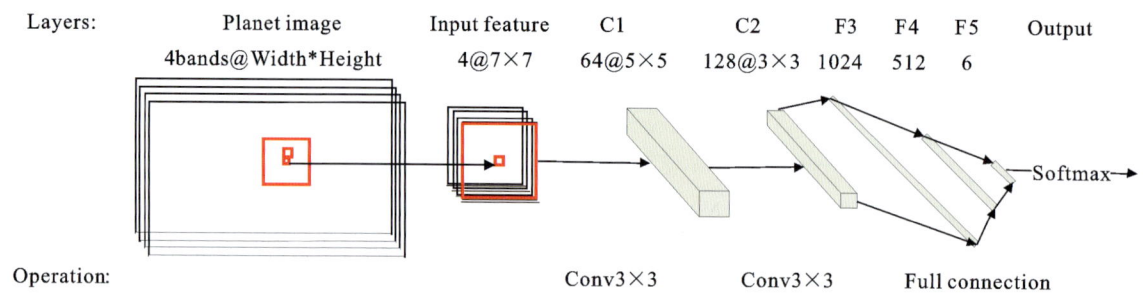

图 13-9　卷积神经网络信息提取

五、岸带/岸线侵占遥感调查方法

在本次工作中,岸带/岸线侵占定义为在耕地、林地等植被覆盖类型变更为住宅及交通运输用地、工矿仓储用地、其他用地中的裸土地等,主要表现为人为因素造成的自然植被减少现象。监测内容为 2017—2019 年近 3 年的岸带/岸线侵占情况。

其中,结合本次工作实际需求,岸带与岸线分别定义为:岸带为长江干流江岸外 10km 缓冲区范围;岸线为长江干流江岸外 500m 缓冲区范围。本次工作所采用的岸带/岸线侵占遥感调查方法如下。

(一)面向对象变化检测方法

面向对象的变化检测方法以影像分割为基础,以具有相似光谱特征和空间特征的对象作为基本处理单元,而不是以单个像元为单元进行处理,考虑了像元及邻域的光谱、空间特性,适应了高分辨率影像空间细节信息丰富、存在"同物异谱、异物同谱"的特点。因此,本次采用面向对象的变化检测方法会得到更好检测效果。

1. 多尺度影像分割

遥感影像多尺度分割技术采用多尺度结构解决层次关系,能够克服遥感影像的固定尺度,是获取不同尺度下影像信息的最有效方法。多尺度分割遵循异质性最小原则,从任一像元开始,采取自下而上的区域合并法并根据影像异质性形成对象。其中,影像异质性由对象的光谱以及形状差异决定,而形状异质性则由光滑度以及紧凑度衡量。对于多尺度分割效果而言,分割参数是重要因素,主要包括分割尺度、均质性因子以及波段权重。分割尺度决定了影像对象的大小以及信息提取的精度。根据提取的目标信息特征进行不同尺度的分割,能够建立对象的层次体系,为获取高精度分类结果奠定基础。均质性因子均会对分割效果产生影响,包括紧凑度、平滑度、色彩、形状。而波段权重则有利于后续提取感兴趣的信息,可根据感兴趣信息特征的明显程度确定。在每种地物类型适合的相应尺度下进行影像提取分析,可以充分集中不同类型不同尺度下反映的形态规律与特征属性的优势,其结果相较于将所有地物类型运用同一相对最佳尺度进行提取分析来说要精确得多。

分形网络演化方法(FNEA)是目前常用的有效地面向对象多尺度图像分割方法,以分割对象的平均异质度最小化为分割准则,通过调节异质度的分割参数和影像分割尺度参数可获取不同尺度的分割结果。由于 FNEA 顾及对象的光谱特征和空间特征,根据区域的不同选取不同的分割尺度,既可保留图像的有效信息,又能避免传统分割算法存在的分割对象边界琐碎问题。

2. 多特征提取与差异影像构造

在面向对象特征提取的过程中,每个对象内的所有像元都会被赋予一个基于该对象计算得出的相同特征值。每个对象可以提取多种对象特征,从不同的角度描述对象的特性,提高变化检测的效果,包括光谱特征、形状特征和纹理特征等。最后,将每个时相影像对象的多个特征进行融合,得到每个时相的特征影像。表 13-6 描述了影像中提取的对象特征。

表 13-6 面向对象特征提取总览

特征	数量	特征描述
光谱特征	6	蓝光波段、绿光波段、红光波段、近红外波段、亮度、最大方差
形状特征	5	不对称性、长宽比、紧致度、密度、形状指数
纹理特征	8	均值、方差、均质性、对比度、异质性、熵、角二阶矩、相关性

对时相 T_1 和时相 T_2 进行差值计算,得到由每个对象的变化矢量 Δ 构成的差异影像。根据不同时相间未变化区域差异影像的每个特征大多接近 0,而变化区域差异影像的特征多远大于 0 的特点,来判断不同时相遥感影像的变化与非变化区域。

3. 变化检测

1) 非监督变化检测

差异影像中变化矢量 Δ 包含两期图像中所有对象的变化信息,其变化强度可以用欧氏距离 $\|\Delta\|$ 表示,以此生成两期影像的变化强度图。$\|\Delta\|$ 表示全部像元的灰度差异,$\|\Delta\|$ 越大,变化的可能性越大。因此,可以通过确定阈值来区分变化对象和非变化对象。

最大类间方差法(otsu)是一种稳定、高效的图像阈值分割方法,它可以针对图像的灰度特性将图像分为前景与背景两部分,当前景或背景错分为另外一部分时,则会导致类间方差变小;相反当两部分的类间方差值最大时,则说明这时构成图像的两部分差异最大,错分的概率最小,即变化与非变化达到最佳分割,实现遥感影像的变化检测。

对于图像 M,记 F 为前景与背景的分割阈值,前景像元数占图像总像元数比例为 μ_0,像元平均灰度为 v_0;背景像元数占图像 1 个像元数的比例为 μ_1,像元平均灰度为 v_1。则图像总灰度为 $v_F = \mu_0 \times v_0 + \mu_1 \times v_1$。

从最小灰度值到最大灰度值遍历 F,当 F 使得类间方差值 $\sigma^2 = \mu_0 \times (v_0 - v_F)^2 + \mu_1 \times (v_1 - v_F)^2$ 最大时,F 即为分割的最佳阈值。图 13-10 为面向对象非监督变化检测方法流程。

2) 监督变化检测

在遥感领域,相比于非监督变化检测的方法,一些先进的非线性分类器在处理不同大气和辐射条件下的多时相遥感影像变化检测中具有强鲁棒性的优势。同时对不同的监督分类器的变化检测结果进行集成,可以弥补使用单一分类器进行变化检测的局限性,能够有效提高结果的精度和稳定性。

(1) K 近邻分类算法:K 近邻分类算法将 D 维空间观测数据集 $X = [x_1, x_2, \cdots, x_n]$($n$ 为数据数量)分为 C 个类别的过程如下。首先,记录训练样本数据集 $Y = [y_1, y_2, \cdots, y_m]$($m$ 为训练样本数量)以及每个训练样本数据对应的类别标记 $l_y^j \in [1, 2, \cdots, C]$($l_y^j$ 为第 j 个训练样本数据的类别标记);其次,定义该观测空间度量 $d(x, y)$,通常的选择包括欧氏距离、角距离、马氏距离等。在明确度量的前提下,获取数据集中任意观测数据点 x_i 在训练样本数据集 Y 中的 k 个近邻:

$$Y_i = [y_{m1}, y_{m2}, \cdots, y_{mk}] \quad \{y_{m1}, y_{m2}, \cdots, y_{mk} \in Y\} \quad (13-21)$$

最后,依照众数投票法则,可通过 Y_i 中数据点对应的类别得到观测数据点 X_i 所属类别:

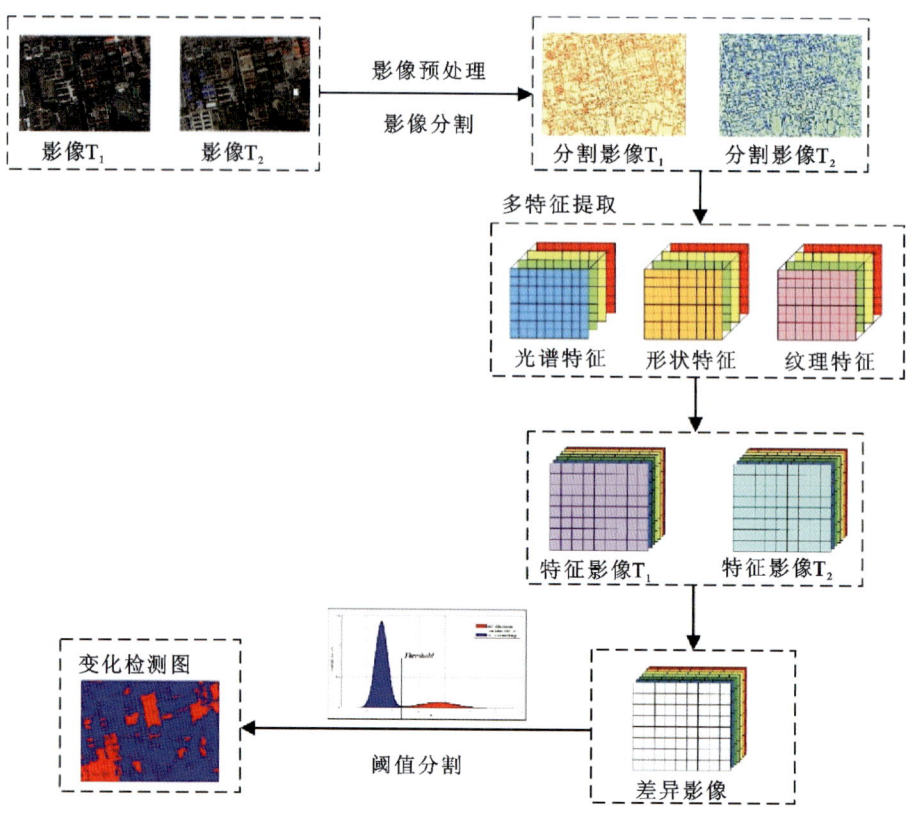

图 13-10 面向对象非监督变化检测技术路线图

$$l_x^i = \arg\max_p \sum_{q=1}^{k} \delta(l_y^q, p) \qquad p = 1, 2, \cdots, C \qquad (13-22)$$

式中，δ 为克罗内克符号；l_y^q 为 X_i 第 q 个近邻对应的类别标记。

(2) 极限学习机：极限学习机算法将神经网络的训练问题转化为解线性方程组的问题，训练前只需设置合适的隐含层节点数和激活函数，然后为输入权值和隐含层偏差量进行随机赋值，最后引入矩阵广义逆的思想且通过最小二乘法获得输出权值。整个训练过程快速简单，无需繁琐地迭代和调整参数，且具有良好的全局搜索能力。因此，极限学习机在回归、分类和预测等领域得到了广泛应用。

(3) 支持向量机：支持向量机是一种基于统计学习理论、VC 维理论和结构风险最小化原理的机器学习算法，常被用来解决小样本、非线性问题及高维模式识别问题。SVM 通过"支持向量"，即不同类别间边缘的样本点来寻找不同类别之间的最优超平面进行划分。对于土地分类问题，SVM 利用其特有的核函数与惩罚变量，将低维线性不可分问题转化成高维线性可分问题，并通过设置惩罚因子，解决个别离群值的类别归属问题，以实现地物分类的自动识别。

通过在研究区内选取少量的变化与不变的训练样本，利用差异影像特征和多个监督分类器，可以得到高精度稳定的变化检测结果。图 13-11 为面向对象监督变化检测技术的流程。

(二) 人机交互图斑判别

人工目视判别是依靠分类系统的确定、解译标志的建立、影像的对比、经验积累等标准和知识。采用前后时相影像的交替显示，使用操作软件的"卷帘""漫游""局部放大""缩小""标记"等功能，通过肉眼逐公里格网对比观察色调、影纹、形状、大小、位置等变化信息，分析发生变化的区域和土地利用类别。人工目视解译具有灵活性强、擅长提取空间对比信息等优点，但是耗费时间较长，变化信息的发现结果

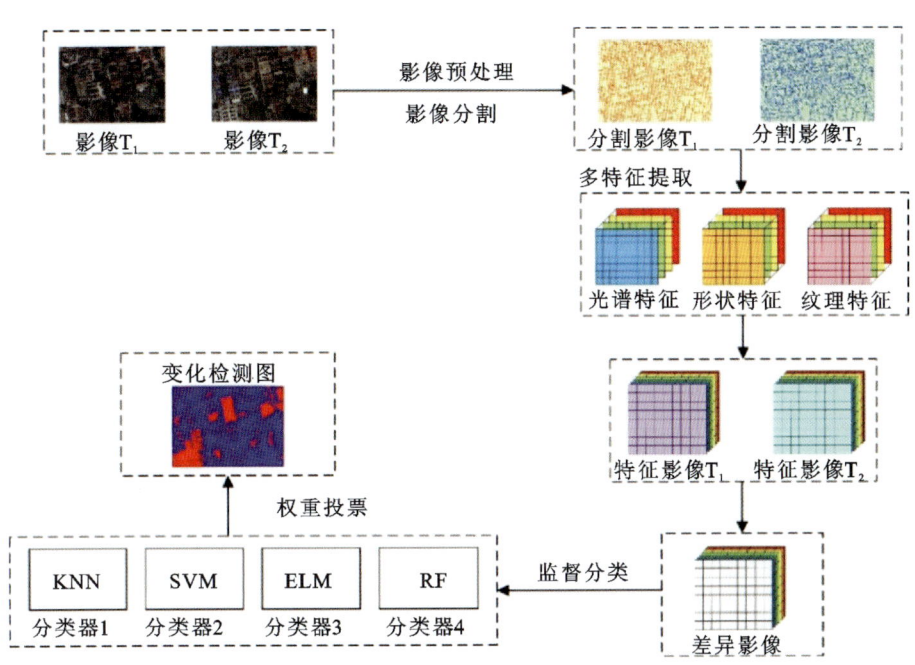

图 13-11　面向对象监督变化检测技术路线图

因人而异。

由于不同遥感技术过程广泛存在的不确定因素,人工目视发现变化信息,特别是以新增建设用地及其占用耕地为重点的土地利用变化信息,仍是目前一种普遍被采用的、可信度较高的方法。

人机交互提取是通过手工描绘或借助于图像处理工具的方法,确定变化图斑的边界范围。通过人机交互的方式,从增强变化信息特征的图像中,沿发生变化的色调、纹理、形状、阴影、组合结构和地理要素等边缘,人工追踪变化区域外缘勾绘成闭合线,然后进行数理统计和图表制作。

人机交互方法最大的优点是灵活,并且由于加入了作业者的经验分析和思维判断,故信息提取结果精度相对较高。不过人机交互方法要求作业者具有多方面的知识和丰富的经验,包括计算机操作技能、基本图像处理知识、工作区地理地貌知识和区域土地利用专业知识等。在目前计算机自动分类精度尚不能完全满足工作需要的情况下,人机交互方法仍是一种非常实用的手段。

六、江岸变迁遥感调查方法

本次江岸变迁遥感调查主要内容为长江干流江岸水陆分界线 2010 年和 2019 年的变化情况,其中每年的岸线均分为丰水期(5—10 月)和枯水期(11 月—次年 2 月)。遥感调查的主要方法分为光学遥感影像提取方法和雷达遥感影像提取方法,最终结合人工判读,综合制成长江干流江岸变迁情况图。

1. 光学遥感影像提取方法

水体的光学特征集中表现在可见光在水体中的辐射传输过程,包括水面的入射辐射、水的光学性质、表面粗糙度、日照角度与观测角度、气-水界面的相对折射率以及在某些情况下还涉及水底反射光等。对于清水,在蓝—绿光波段反射率为 4‰~5‰,0.5μm 以下的红光部分反射率下降到 2‰~3‰,在近红外、短波红外部分几乎吸收全部的入射能量。因此,水体在这两个波段的反射能量很小。这一特征与植物形成十分明显的差异,水在红外波段(NIR、SWIR)的强吸收,而植被在这一波段有一个反射峰,因而在红外波段识别水体是较容易的。

水体的光谱特性不仅是通过表面特征确定的,它包含了一定深度水体的信息,且这个深度及反映的光谱特性是随时空而变化的。水色(即水体的光谱特性)主要决定于水体中浮游生物含量(叶绿素浓度)、悬浮固体含量(浑浊度大小)、营养盐含量(有机物质、盐度指标)以及其他污染物、底部形态(水下地形)、水深等因素。

本次工作基于光学遥感数据,利用水体指数、植被指数等多种遥感指数,面向水体边界提取的需求进行设计,主要流程如图13-12所示。

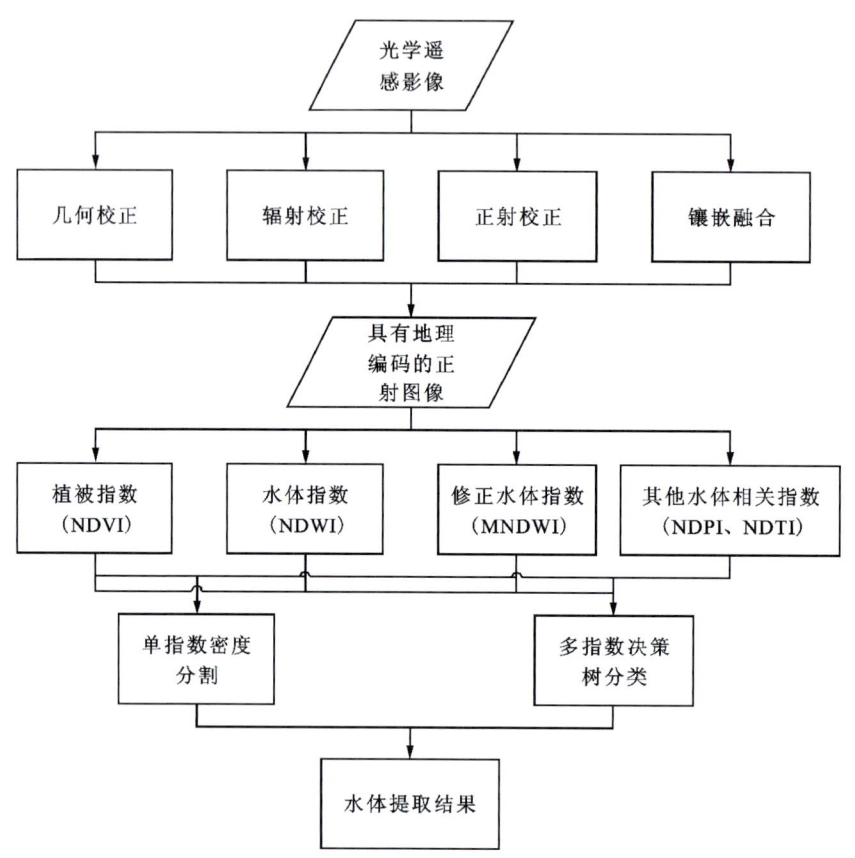

图13-12 光学遥感水体提取流程

2. 雷达遥感影像提取方法

SAR成像方式为斜距成像,影像会出现特有的透视收缩(foreshortening)、叠掩(layover)和阴影(shadow)等几何形变现象。一般平原或地形起伏较小地区提取的水体图像的几何形变较小,可以不考虑地形起伏引起的图像几何形变,而在地形起伏明显的山区几何形变显著,会严重影响影像信息的定位和识别。通过数学模型,对SAR图像进行正射校正可以消除地形起伏引起的误差,通过采用模拟图阴影去除法可以解决山体阴影所引起的水体错提问题。先对正射校正后的SAR影像进行水体粗提取,然后利用正射校正后的SAR模拟图提取山体阴影,最后对山区水体信息精提取。

针对SAR影像中的水体特点,对影像进行分割,提取水体,进而获得水陆分界线,流程为:①通过对影像预处理,包括辐射校正与地理编码、滤波等操作,获得影像正射图;②对正射影像进行聚类分析,获得水体信息;③对影像分割得到的水体,进行二值化,同时进行形态学优化,优化部分形态边界;④对水体结果进行矢量化,同时针对导出的矢量边界进行人机交互修改,提取水陆分界线。具体的水陆分界线提取实施流程如图13-13所示。

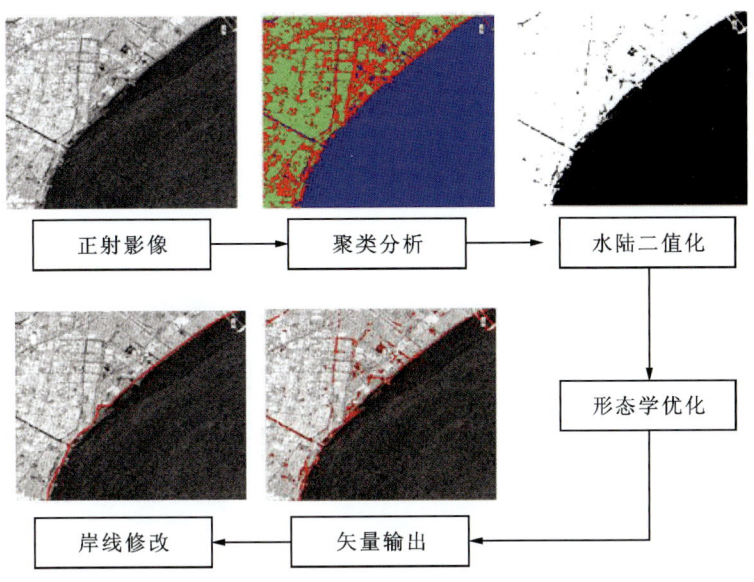

图 13-13　雷达遥感影像水体提取流程

第二节　多源遥感数据采集

一、高分辨率遥感数据采集

本次采集的高分辨率遥感数据包括 SkySat 卫星遥感数据和 PlanetScope 卫星遥感数据。这两个遥感卫星均是卫星星座,兼具高空间分辨率与高时间分辨率的优势,历史存档影像丰富(陈君颖和田庆久,2007;陈利军等,2012;陈学泓等,2016;陈军等,2017),能够为本次工作提供连续的有效图像,有利于调查长江干流岸带土地利用变化情况和岸线侵占情况。表 13-7 以 Planet 为例,列出了长江干流岸带部分城市 2017—2019 年云量小于 20% 的合格影像期数。

表 13-7　长江干流岸带部分城市 PlanetScope 影像 2017—2019 年存档情况

序号	省(市)	市(区)	期数
1	上海市	宝山区	281 期
2	江苏省	南京市	275 期
3	安徽省	安庆市	266 期
4	湖北省	武汉市	213 期
5	重庆市	渝中区	153 期
6	四川省	宜宾市	139 期

从表中可以看出,2017—2019 年,PlanetScope 在长江干流岸带区域均有 100 期以上的合格遥感影像数据存档,在西南山区多云多雨地区也能够有稳定的数据源,在经济发展较快的长江三角洲地区甚至可以达到接近 300 期的合格影像存档,因此 PlanetScope 影像的采集有效保证了本次工作的顺利进行。

本次共采集 PlanetScope 遥感影像面积为 183 000 km^2,SkySat 面积为遥感影像 138 km^2,高分辨率遥感数据采集情况如表 13-8 所示。PlanetScope 和 SkySat 遥感影像(示例)如图 13-14 所示。

表 13-8 高分辨率遥感数据采集情况表

数据源	采集面积/km²	景数/景	数据量/GB
PlanetScope	183 000	1090	327
SkySat	138	68	12

a. 南京市Plante影像图

b. 江都经济开发区SkySat影像图

图 13-14　PlanetScope 和 SkySat 遥感影像图

二、中分辨率遥感数据采集

本次采集的中分辨率遥感数据主要为 Sentinel-2 哨兵二号卫星遥感数据和 Landsat 系列卫星遥感数据(包括 Landsat 5、Landsat 7 和 Landsat 8)。两类遥感卫星产品的特点都是波段信息较为丰富,比较有利于土地利用分类(陈军等,2014;曹鑫等,2016)。其中,Landsat 5 还能获取 2010 年的数据存档,可以用于 2010—2019 年长江干流岸带土地利用遥感变更调查。

1. Landsat 卫星数据采集情况

本次总共获取 Landsat 系列卫星影像 860 景,通过对云量占比大于 20% 的影像进行筛选,有云覆盖区域进行异常值替换等一系列操作,最终得到工作区的有效卫星影像。Landsat 系列卫星影像覆盖情况如图 13-15 所示,轨道编号如表 13-9 所示,Landsat 卫星影像(示例)如图 13-16 所示。

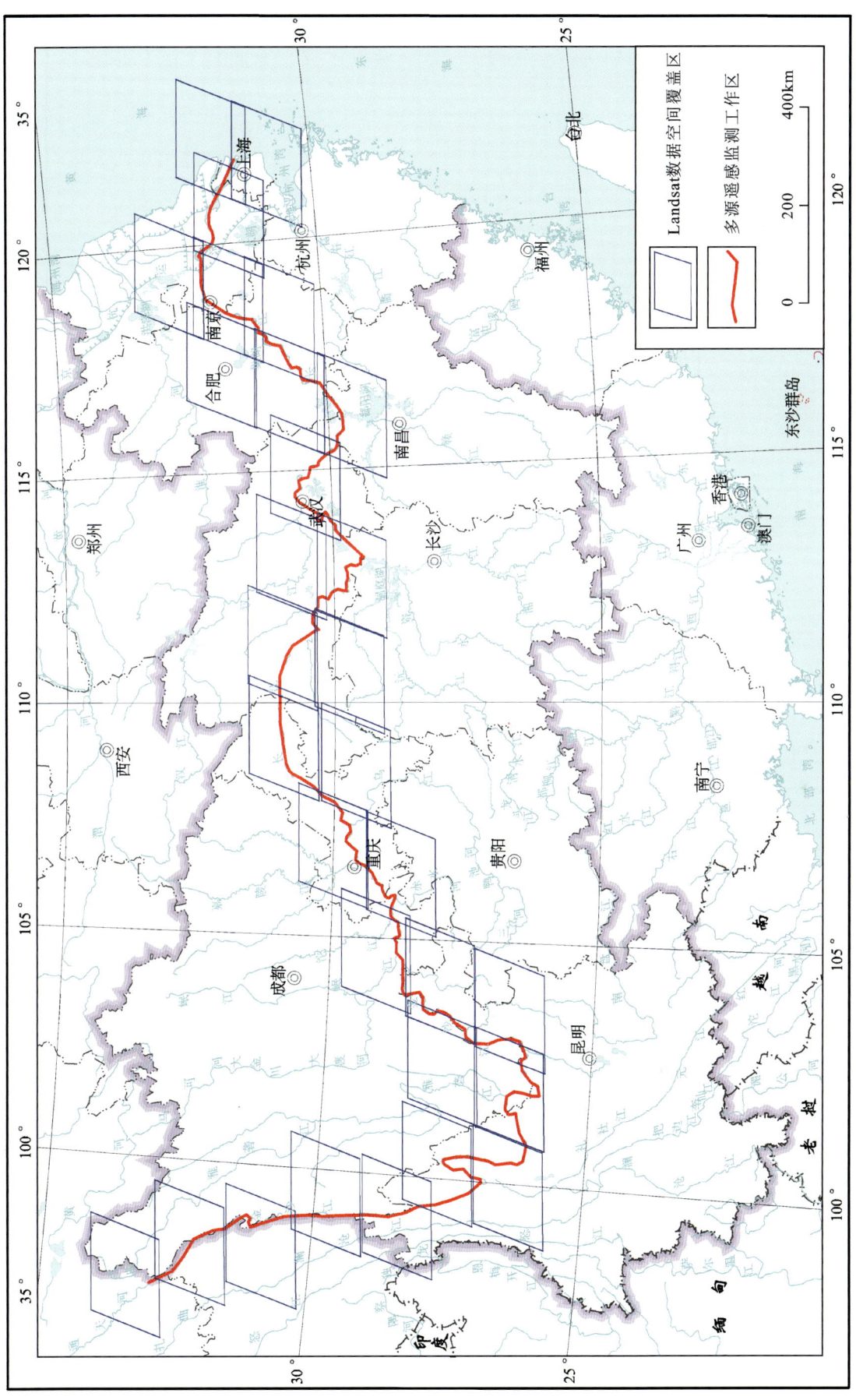

图 13-15 长江经济带 Landsat 数据覆盖情况

表 13-9　Landsat 系列卫星影像轨道编号表

编号	轨道号	行号	编号	轨道号	行号
1	134	37	20	133	38
2	125	39	21	133	39
3	132	40	22	124	39
4	132	41	23	124	40
5	123	39	24	131	41
6	123	40	25	131	42
7	130	41	26	122	39
8	130	42	27	138	36
9	121	38	28	138	37
10	121	39	29	129	40
11	121	40	30	129	41
12	137	36	31	129	42
13	128	39	32	120	37
14	128	40	33	120	38
15	119	38	34	120	39
16	135	36	35	136	36
17	135	37	36	127	39
18	126	38	37	127	40
19	126	39	38	125	38

图 13-16　重庆市 Landsat 影像图

2. Sentinel-2 卫星数据采集情况

本次共采集 Sentinel-2 遥感卫星数据 290 景,通过对云量占比大于 20% 的影像进行筛选,有云覆盖区域进行异常值替换等一系列操作,最终得到工作区的有效卫星影像。Sentinel-2 影像覆盖情况如图 13-17 所示,轨道编号如表 13-10 所示,Sentinel-2 卫星影像图(示例)如图 13-18 所示。

表 13-10　Sentinel-2A/B 卫星影像轨道编号表

编号	轨道号	编号	轨道号	编号	轨道号
1	47-RMM	24	48-RUQ	47	49-RGQ
2	47-RMN	25	48-RUR	48	50-RKU
3	47-RMP	26	48-RUS	49	50-RKV
4	47-RMQ	27	48-RVS	50	50-RLT
5	47-RNK	28	48-RVT	51	50-RLU
6	47-RNL	29	48-RWS	52	50-RLV
7	47-RNM	30	48-RWT	53	50-RMT
8	47-RNN	31	48-RXT	54	50-RMU
9	47-RNP	32	48-RXU	55	50-RMV
10	47-RNQ	33	48-RYT	56	50-RNU
11	47-RPJ	34	48-RYU	57	50-RNV
12	47-RPK	35	48-RYV	58	50-RPV
13	47-RPL	36	49-RBP	59	50-SPA
14	47-RQJ	37	49-RBQ	60	50-SQA
15	47-RQK	38	49-RCQ	61	50-SQB
16	47-RRJ	39	49-RDP	62	51-RUQ
17	47-SLR	40	49-RDQ	63	51-RVQ
18	47-SLS	41	49-REP	64	51-STR
19	47-SMR	42	49-REQ	65	51-STS
20	47-SMS	43	49-RFN	66	51-SUR
21	48-RTP	44	49-RFP	67	51-SVR
22	48-RTQ	45	49-RGN		
23	48-RTR	46	49-RGP		

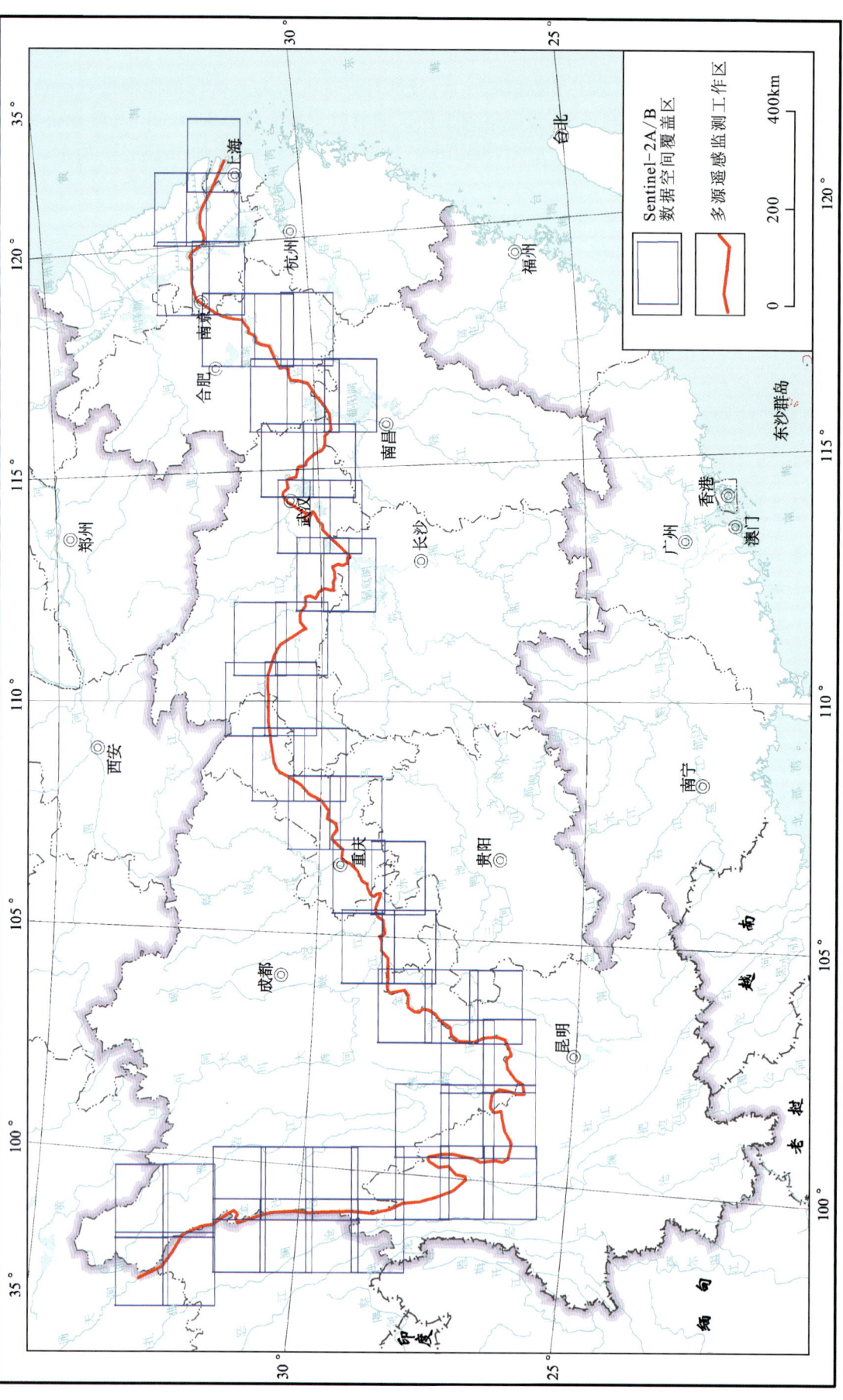

图 13-17 长江经济带 Sentinel-2A/B 数据覆盖情况

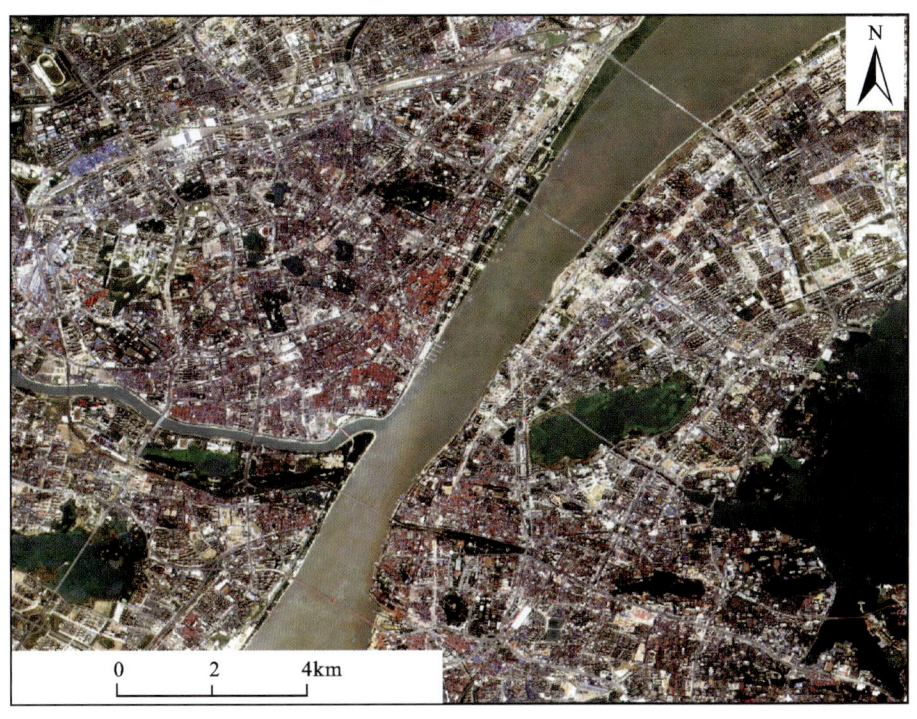

图 13-18 武汉市 Sentinel-2 影像图

第三节 长江干流岸带土地利用现状遥感分类

一、长江干流岸带 2019 年土地利用现状遥感分类

1. 2019 年长江干流岸带土地利用与覆盖分布情况

基于前述的土地利用遥感分类体系和方法,本次研究并总结了 2019 长江干流岸带 10km 范围内土地利用情况,如图 13-19 所示。

对 2019 年长江干流岸带各土地利用类别的面积和占比进行统计,结果如表 13-11 所示。耕地、林地、水域及水利设施用地、住宅及交通运输用地、工矿仓储用地、其他用地土地利用各类型面积分别为 32 516.26km²、49 914.10km²、4 996.62km²、7 956.86km²、1 935.87km²、925.57km²,占总面积的比例从大到小依次顺序为林地、耕地、住宅及交通运输用地、水域及水利设施用地、工矿仓储用地、其他用地。

2. 2019 年长江干流岸带土地利用纵向分布分析

土地利用的纵向分布指的是垂直长江岸线不同距离的土地利用分布情况。对 2019 年长江干流岸带各土地利用类别的面积和占比按照距离长江岸线 10km、5km 和 1km 进行统计,结果如表 13-12 所示。

由可知,2019 年长江岸带 10km、5km、1km 三级缓冲区(纵向区域)总面积分别为 98 245.28km²、51 496.89km²、10 962.68km²。每个纵向区域各土地利用类型的面积占比如图 13-20 所示。

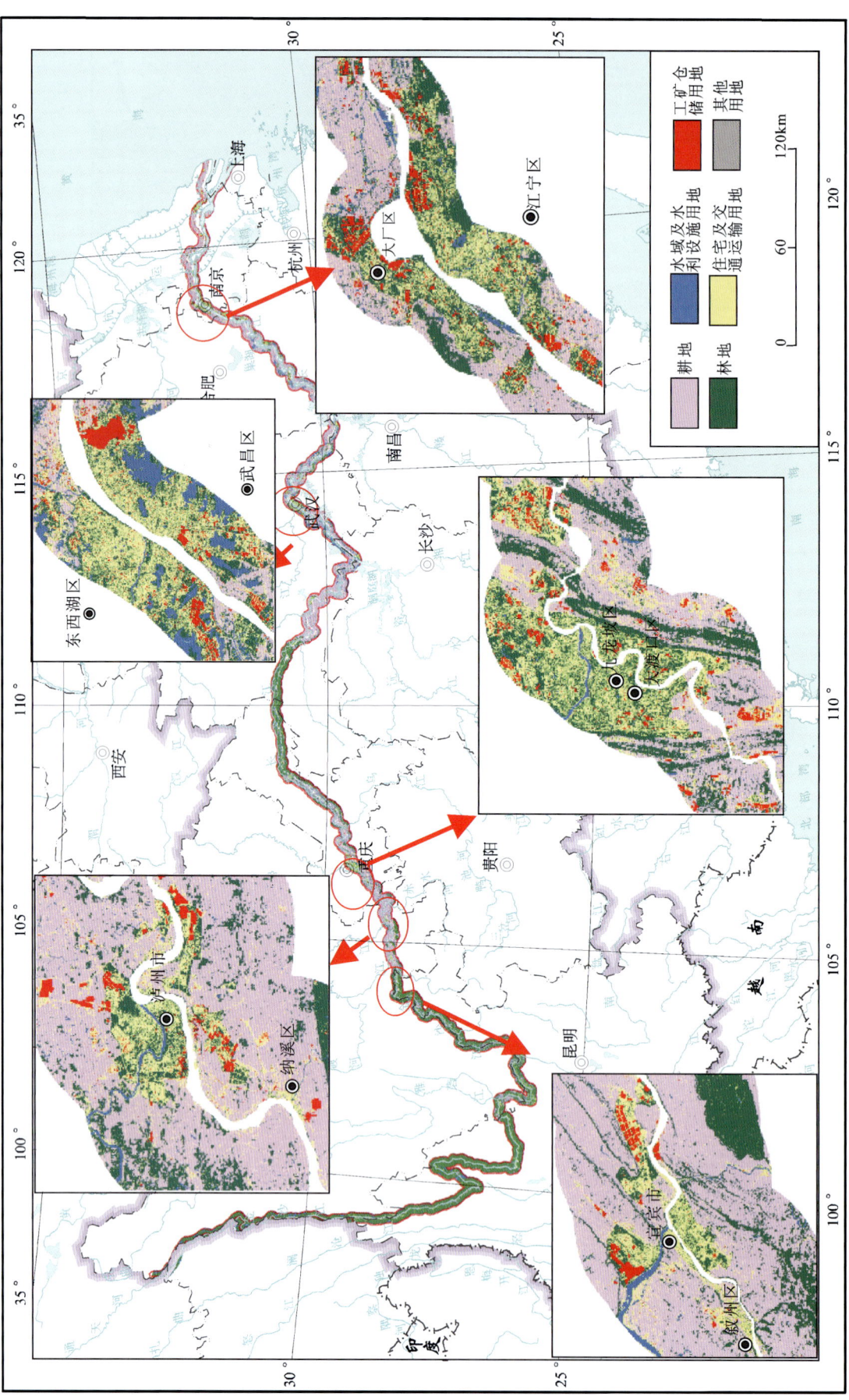

图13-19 长江经济带干流岸带土地利用现状图

表13-11　长江干流岸带土地利用类型统计信息表

土地利用类型	面积/km²	面积百分比/%
耕地	32 516.26	33.10
林地	49 914.10	50.80
水域及水利设施用地	4 996.62	5.09
住宅及交通运输用地	7 956.86	8.10
工矿仓储用地	1 935.87	1.97
其他用地	925.57	0.94
总计	98 245.28	100.00

表13-12　2019年长江干流岸线10km、5km、1km缓冲区范围土地利用面积及百分比

地物类别	10km缓冲区 面积/km²	10km缓冲区 百分比/%	5km缓冲区 面积/km²	5km缓冲区 百分比/%	1km缓冲区 面积/km²	1km缓冲区 百分比/%
耕地	32 516.26	33.10	17 815.24	34.59	4 083.50	37.25
林地	49 914.10	50.80	24 732.85	48.03	4 228.44	38.57
水域及水利设施用地	4 996.62	5.09	1 860.64	3.61	357.73	3.26
住宅及交通运输用地	7 956.84	8.10	4 936.63	9.59	1 419.67	12.95
工矿仓储用地	1 935.87	1.97	1 398.40	2.72	508.28	4.64
其他用地	925.57	0.94	753.13	1.46	365.06	3.33
总计	98 245.28	100.00	51 496.89	100.00	10 962.68	100.00

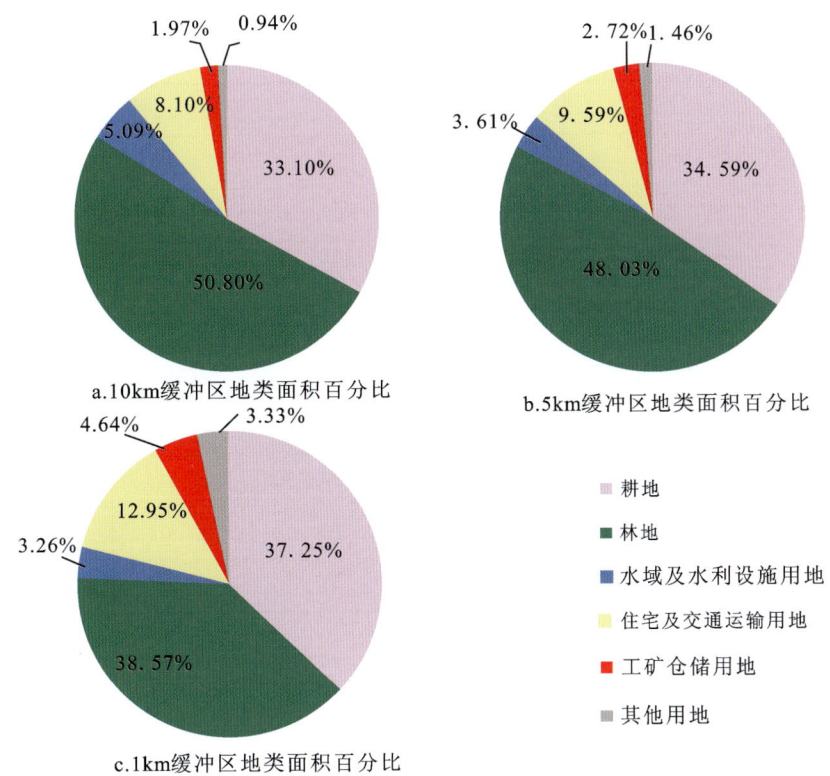

图13-20　长江干流岸带10km、5km、1km三级缓冲区地类面积百分比统计图

由图 13-20 可知,2019 年长江岸带 10km、5km、1km 范围内,林地占比最大,其次是耕地面积,住宅及交通运输用地面积占比第三。1km、5km、10km 范围内林地、水域及水利设施用地面积占比逐渐提高,而与人类活动关系密切的耕地、住宅及交通运输用地、工矿仓储用地面积占比逐步降低。其中,工矿仓储用地面积占比从 1km 范围内的 4.64% 降低到 10km 范围内的 1.97%,面积占比下降,显示 2019 年工矿仓储用地主要集中在长江岸带两侧 1km 范围,且随着离江岸岸线距离扩大,工矿仓储用地分布密度逐渐减少,这也从侧面反映了长江的黄金水道的运输意义。

3. 2019 年干流岸带各省(市)土地利用情况分析

对长江干流流经的各个省(市)分别统计,得到各个省(市)在长江干流岸带 10km 范围内的土地利用情况,结果如表 13-13 所示。各省(市)土地利用类型面积和占比如图 13-21 所示。

表 13-13　2019 年长江干流岸带 10km 范围内沿江省(市)土地利用情况

省(市)	项目	耕地	林地	水域及水利设施用地	住宅及交通运输用地	工矿仓储用地	其他用地	合计
江西省	面积/km²	653.79	408.02	301.28	227.21	46.15	1.74	1 638.19
	百分比/%	39.91	24.91	18.39	13.87	2.82	0.10	100.00
江苏省	面积/km²	4 673.67	1 730.08	246.83	2 113.07	887.87	2.59	9 654.11
	百分比/%	48.41	17.92	2.55	21.89	9.20	0.03	100.00
四川省	面积/km²	4 467.61	14 331.27	891.02	670.79	92.11	396.96	20 849.76
	百分比/%	21.43	68.74	4.27	3.22	0.44	1.90	100.00
云南省	面积/km²	1 640.71	18 543.27	400.39	414.66	30.61	441.43	21 471.07
	百分比/%	7.64	86.36	1.87	1.93	0.14	2.06	100.00
湖北省	面积/km²	10 032.99	5 242.72	1 747.25	2 175.18	336.94	25.14	19 560.22
	百分比/%	51.29	26.81	8.93	11.12	1.72	0.13	100.00
安徽省	面积/km²	4 941.13	1 646.75	969.77	876.71	181.47	4.66	8 620.49
	百分比/%	57.32	19.10	11.25	10.17	2.11	0.05	100.00
重庆市	面积/km²	5 007.12	7 375.43	152.87	991.70	157.49	52.71	13 737.32
	百分比/%	36.45	53.69	1.11	7.22	1.15	0.38	100.00
上海市	面积/km²	205.28	322.42	38.01	323.46	189.16	0.03	1 078.36
	百分比/%	19.36	29.899	3.525	29.996	17.541	0.003	100.00
湖南省	面积/km²	893.96	314.14	249.20	164.08	14.07	0.31	1 635.76
	百分比/%	54.65	19.21	15.23	10.03	0.86	0.02	100.00

由图 13-21 可知,长江岸带 10km 范围内主要覆盖云南省、四川省、湖北省、重庆市、江苏省,而湖南省、上海市、江西省三省(市)覆盖面积较少。各省(市)土地利用与覆盖分布差异较大,表现为:①长江上游云南、四川以林地为主,其次是耕地;②江苏省、湖北省、安徽省、江西省、湖南省以耕地为主,其次是林地;③上海市土地利用以林地、住宅及交通运输用地为主。

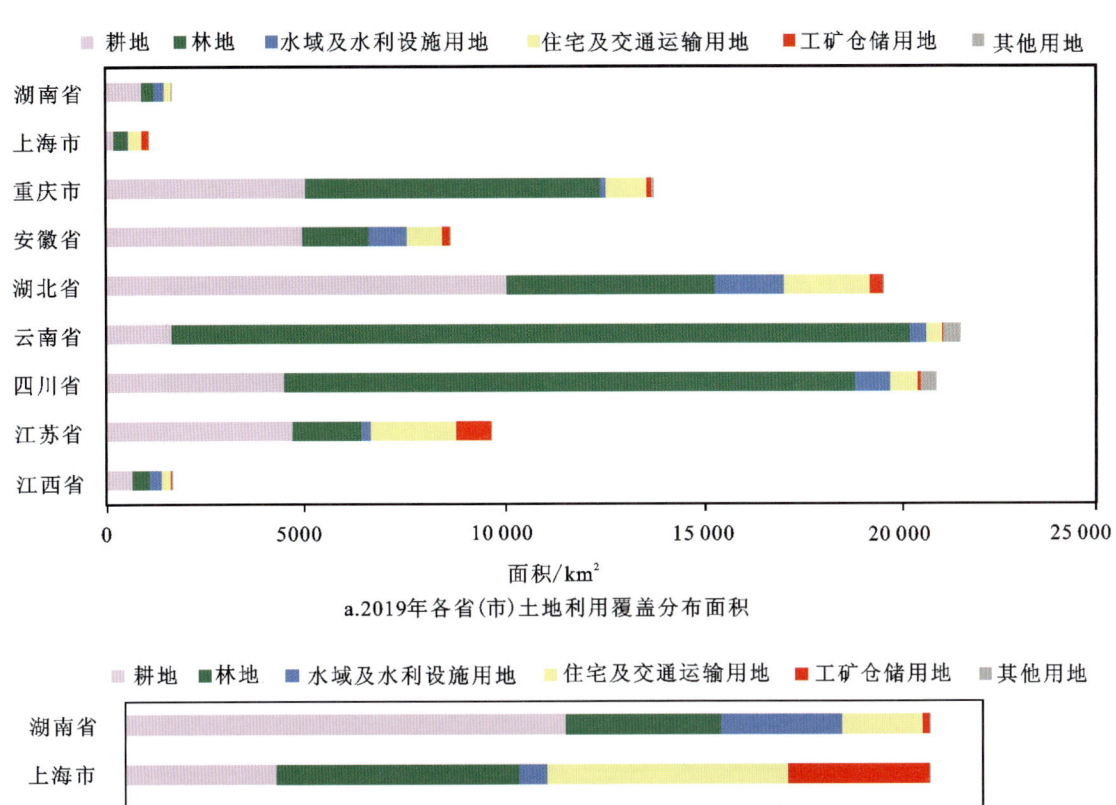

a. 2019年各省(市)土地利用覆盖分布面积

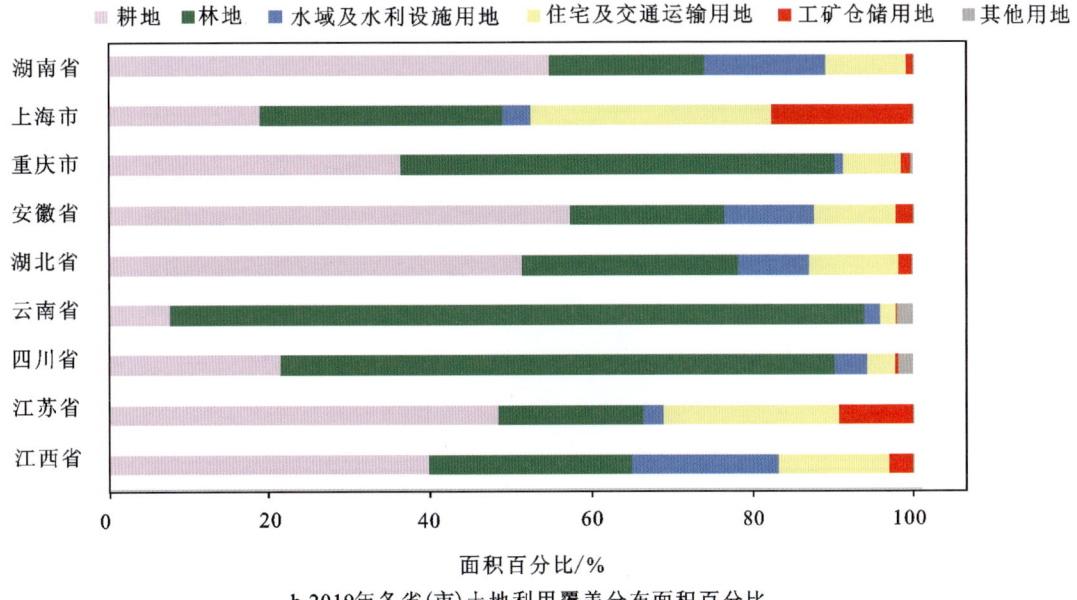

b. 2019年各省(市)土地利用覆盖分布面积百分比

图 13-21　长江经济带 2019 年干流岸带各省(市)土地利用面积及占比

4. 典型城市干流岸带土地利用与覆盖分布

选取上、中、下游的城市重庆、武汉和南京作为典型城市土地利用区域,如图 13-22 所示,可以看出各大城市中心区域均以住宅及交通运输用地为主,城市周边均分布有林地和工矿仓储用地,且林地大多位于山区。重庆市区绿化较好,市区内住宅及交通运输用地和林地交杂在一起,周边的林地也十分符合横断山脉走向,呈现条状分布,体现了重庆山城、绿城的特点。武汉的工矿仓储用地较为集中,主要以工业区的形式出现,且武汉市区内水域分布也比较多,湖泊水网密集。南京的工矿仓储用地最多,且多分布于长江两岸。

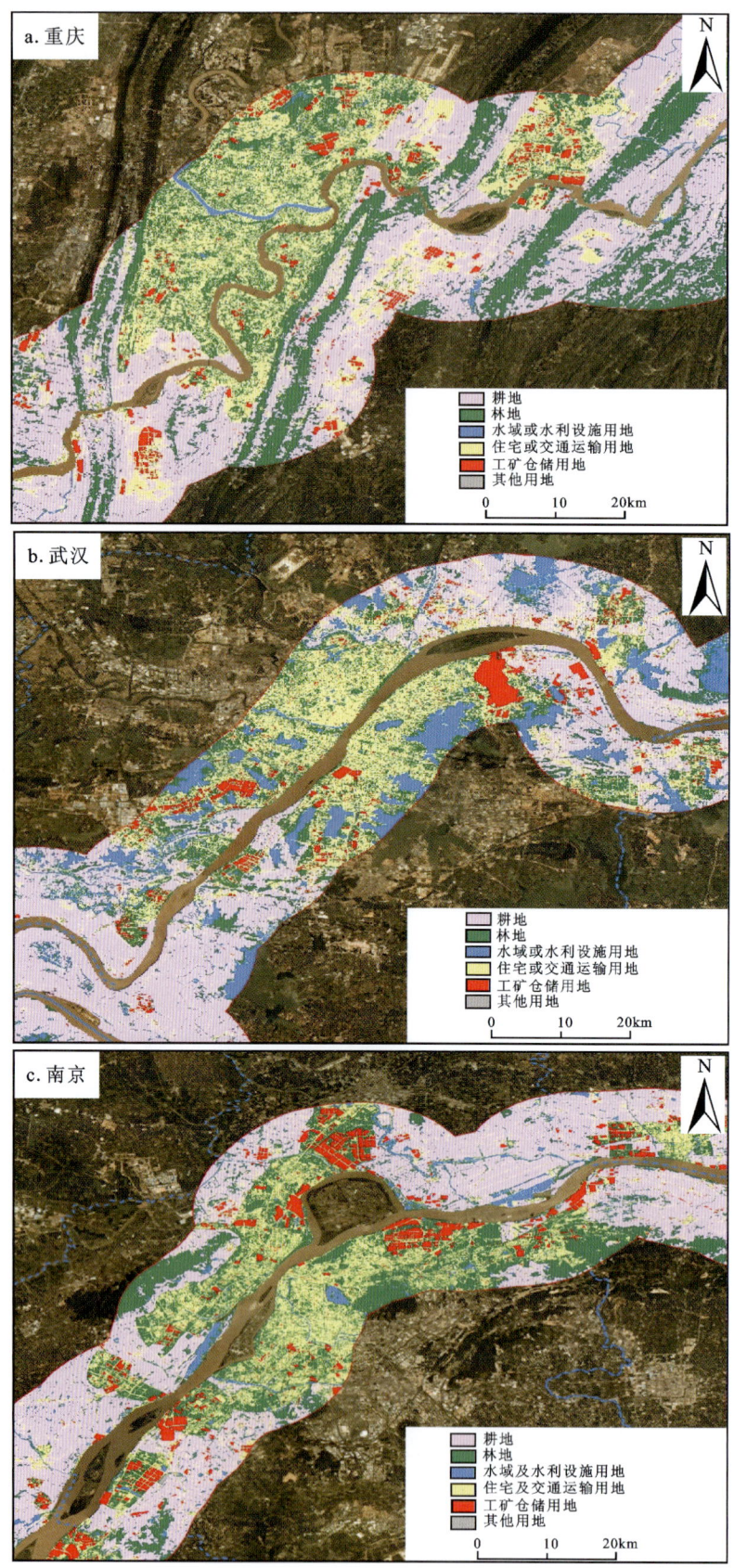

图 13-22 重庆、武汉、南京 3 个典型城市干流岸带土地利用现状图

二、江苏—上海段土地利用现状遥感分类

1. 江苏—上海段 2019 年岸带土地利用现状

江苏—上海段工作区处于长江干流的最东端，土地面积合计为 10 846.17km²，工作区内地势平坦，地貌以平原为主，南京、镇江一带有丘陵分布。工作区属于亚热地季风性气候，四季分明，降水充沛。工作区内土地以耕地分布为主，耕地面积为 4 879.10km²，占工作区面积的 44.98%；其次为住宅及交通运输用地，面积为 2 471.40km²，占工作区面积的 22.79%；林地面积为 2 108.49km²，占工作区面积的 19.44%；工矿仓储用地面积为 1 082.43km²，占工作区面积的 9.98%；水域及水利设施用地面积 302.13km²，占工作区面积的 2.79%；其他用地面积为 2.62km²，占工作区面积的 0.02%。江苏—上海段工作区中各个土地类别的具体面积如表 13-14 和图 13-23 所示。其中，住宅及交通运输用地和工矿仓储用地占比达到 33%，表明该段工作区的生态资源开发程度较高。

表 13-14 江苏—上海段 2019 年岸带土地利用情况表

地物类别	面积/km²	百分比/%
耕地	4 879.10	44.98
林地	2 108.49	19.44
水域及水利设施用地	302.13	2.79
住宅及交通运输用地	2 471.40	22.79
工矿仓储用地	1 082.43	9.98
其他用地	2.62	0.02
合计	10 846.17	100.00

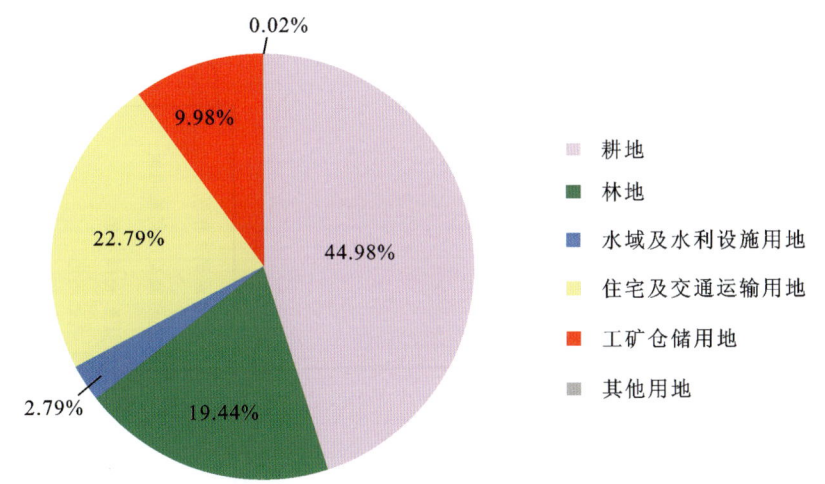

图 13-23 江苏—上海段 2019 年岸带各地物类别百分比

江苏—上海段工作区的土地利用与覆盖现状如图 13-24 所示。根据土地利用现状图可以发现，工矿仓储用地主要集中分布于南京市、常州市、上海市等地。为系统对比沿江区域的产业发展情况，分别统计江苏-上海段工作区内主要的地级市与直辖市土地利用与覆盖情况，涉及南通市、镇江市、无锡市、苏州市、扬州市、南京市、泰州市、常州市等 8 个地级市和上海市 1 个直辖市，共计 9 个行政单元的用地情况，各行政单位的土地利用情况统计如表 13-15 所示。

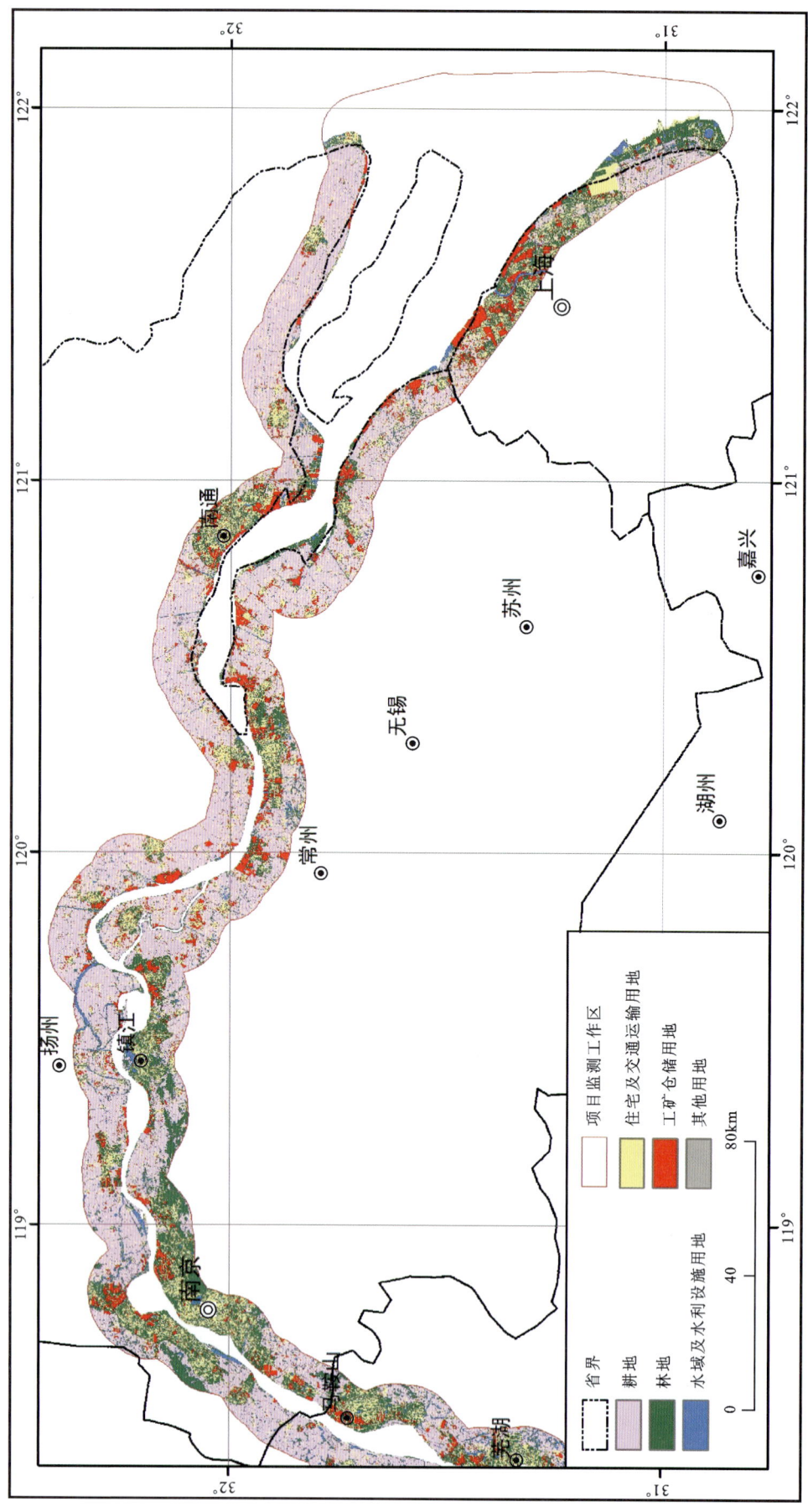

图 13-24 江苏—上海段工作区 2019 年岸带土地利用现状图

表 13-15 江苏—上海段各行政单元岸带土地利用情况表

城市	项目	耕地	林地	水域及水利设施用地	住宅及交通运输用地	工矿仓储用地	其他用地	合计
南通市	面积/km²	1 108.51	212.22	38.18	454.37	180.76	0.01	1 994.05
	百分比/%	55.59	10.64	1.91	22.79	9.07	0	100.00
镇江市	面积/km²	591.75	366.35	32.83	288.31	97.32	0.67	1 377.23
	百分比/%	42.97	26.60	2.38	20.93	7.07	0.05	100.00
无锡市	面积/km²	121.95	108.80	15.05	127.09	64.55	0.42	437.86
	百分比/%	27.85	24.85	3.44	29.02	14.74	0.10	100.00
苏州市	面积/km²	761.56	182.44	34.30	356.53	191.98	0.05	1 526.86
	百分比/%	49.88	11.95	2.25	23.35	12.57	0	100.00
扬州市	面积/km²	607.68	102.97	35.30	140.51	61.56	0	948.02
	百分比/%	64.10	10.86	3.73	14.82	6.49	0	100.00
南京市	面积/km²	663.12	644.55	62.09	457.08	156.20	1.36	1 984.40
	百分比/%	33.42	32.48	3.13	23.03	7.87	0.07	100.00
泰州市	面积/km²	654.25	80.13	21.87	234.99	99.27	0.06	1 090.57
	百分比/%	59.99	7.35	2.01	21.55	9.10	0.01	100.00
上海市	面积/km²	205.24	372.86	52.24	348.86	193.78	0.03	1 173.01
	百分比/%	17.50	31.79	4.45	29.74	16.52	0	100.00
常州市	面积/km²	165.04	38.17	10.27	63.66	37.01	0.02	314.17
	百分比/%	52.53	12.15	3.27	20.26	11.78	0.01	100.00
合计面积(%)		4 879.10	2 108.49	302.13	2 471.40	1 082.43	2.62	10 846.17

注：* 此数值极小为 0.000 5%，为方便计算化为零。

2. 工作区内各行政单元面积分布

根据对江苏—上海段工作区内各行政单元统计(图 13-25)，可以发现，该工作区范围覆盖南京市、南通市的面积最大，分别为 1 984.40km²、1 994.05km²，常州市和无锡市面积最小，分别为 314.17km²、437.86km²。工作区内涉及各行政单元的面积比较从大到小分别为：南通市＞南京市＞苏州市＞镇江市＞上海市＞泰州市＞扬州市＞无锡市＞常州市。

3. 工作区内耕地分布

江苏—上海段工作区内南通市的沿江耕地面积最大，为 1 108.51km²，其次为苏州市，耕地面积为 761.56km²，耕地面积最少的为无锡市，工作区内耕地面积为 121.95km²。耕地面积由大到小分别为：南通市＞苏州市＞南京市＞泰州市＞扬州市＞镇江市＞上海市＞常州市＞无锡市。扬州市所有土地中耕地面积所占百分比最高，为 64.10%；其次是泰州市为 59.99%；上海市耕地面积百分比最少，为 17.50%。

4. 工作区内林地分布

江苏—上海段工作区内南京市的沿江林地面积最大，为 644.55km²，其次为上海市，林地面积为 372.86km²，林地面积最少的为常州市，工作区内林地面积为 38.17km²。林地面积由大到小分别为：南

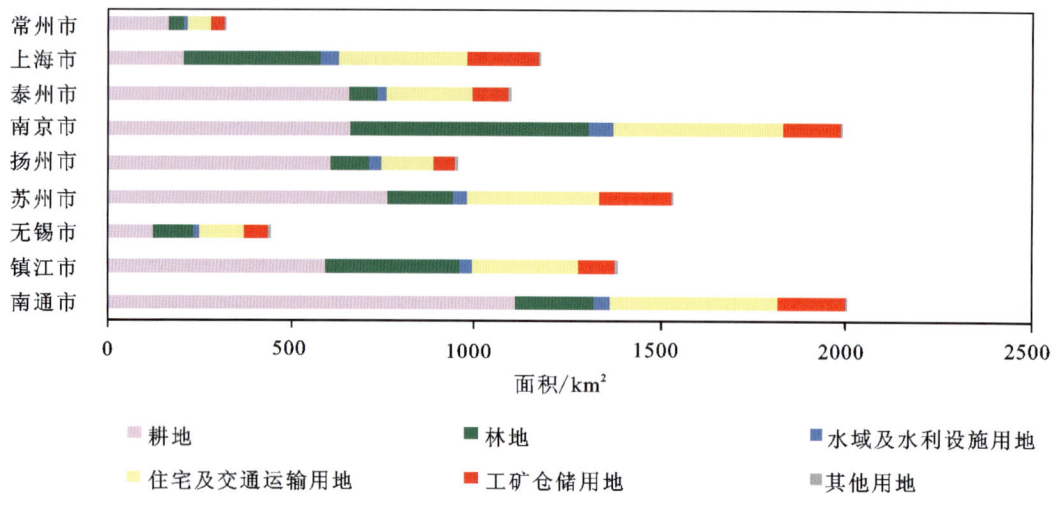

图13-25 江苏—上海段工作区内各行政单元土地利用情况统计图

京市＞上海市＞镇江市＞南通市＞苏州市＞无锡市＞扬州市＞泰州市＞常州市。南京市林地面积所占百分比最高，为32.48%；其次是上海市为31.79%；泰州市林地面积所占百分比最少，为7.35%。

5. 工作区内住宅及交通运输用地、工矿仓储用地分布

江苏—上海段工作区内住宅及交通运输用地、工矿仓储用地主要集中于南通市、南京市，两市对应的两种土地总面积分别为635.12km²、613.27km²。其中，该段工作区内涉及面积最小的为常州市，面积为100.67km²，住宅交通运输用地、工矿仓储用地面积由大到小分别为：南通市＞南京市＞苏州市＞上海市＞镇江市＞泰州市＞扬州市＞无锡市＞常州市。上海市的住宅及交通运输用地和工矿仓储用地所占百分比最高，为46.26%；其次是无锡市为43.77%；扬州市所占百分比最少，为21.31%。

工作区内各行政单元的地类分布具体如图13-26所示。通过工作区内的各行政单位的土地利用对比，可以发现该工作区内，土地以耕地与林地分布为主，其中耕地占比最多的为扬州市，耕地所占百分比为64.10%，其次为泰州市、南通市、常州市，耕地所占百分比均超过50%。此外，上海市、无锡市的建设用地包括住宅及交通运输用地、工矿仓储用地两者，所占比例最高，分别为46.26%、43.77%，表明上海市、无锡市的沿江区域开发程度最高，建设用地比例大部分超过30%（镇江市、扬州市分别为28.00%、21.31%除外），表明工作区内总体的开发程度较高。江苏—上海段工作区开发程度由高到低依次为：上海市＞无锡市＞苏州市＞常州市＞南通市＞南京市＞泰州市＞镇江市＞扬州市。

三、重点区土地利用现状遥感分类

1. 江都经济开发区土地利用与覆盖

江苏省江都经济开发区位于江苏省中部的长江北岸，南北跨度14km，东西跨度18km，为1993年11月经江苏省政府批准的省级开发区，于2003年启动实施沿江开发战略，开发区设置装备制造业基地、滨江科技城、港口物流区、大江风光带4个功能区。通过对2019年影像进行分类，获得江都经济开发区最新的土地利用分布，如表13-16和图13-27所示。

通过对影像分类结果分析，江都经济开发区占地面积为141.69km²。主要用地类型为耕地，面积为53.3km²，占总面积的37.62%，林地面积为39.62km²，占总面积的27.96%（图13-28）。另外，工矿仓

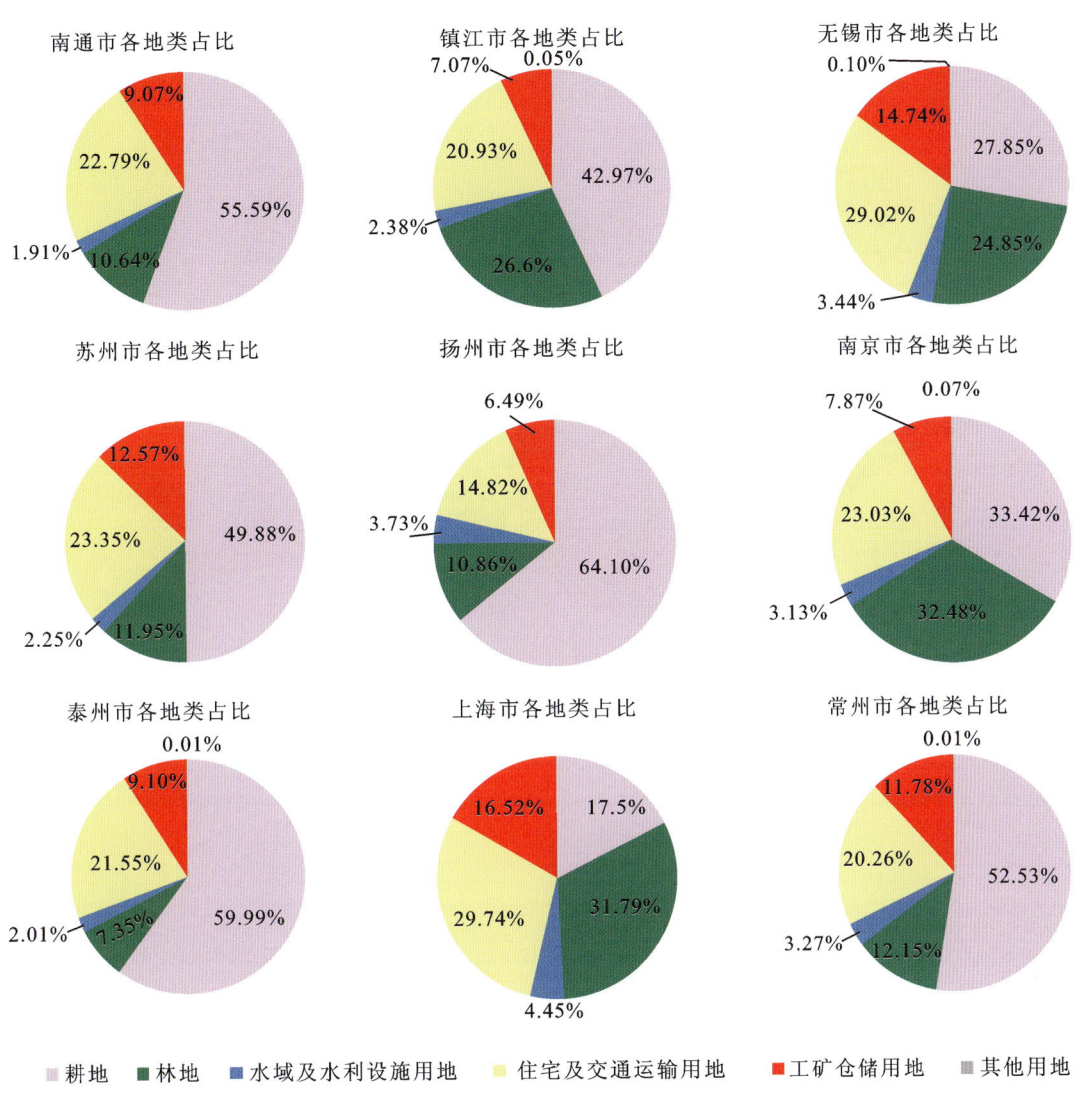

图 13-26 江苏—上海段工作区各行政单元岸带土地利用与覆盖对比图

储用地主要集中于沿江区域及大桥镇周边，面积为 10.90km²，占总面积的 7.69%。开发区住宅及交通运输用地、工矿仓储用地面积百分比为 30.35%，高于长江岸带整体比例 17.59%。江都区工矿仓储用地主要表现为大桥镇周边的工业园区用地，沿江区的港口物流、船舶制造用地等形式。

表 13-16 江都经济开发区土地利用情况表

类别	面积/km²	百分比/%
耕地	53.30	37.62
林地	39.62	27.96
水域及水利设施用地	5.46	3.85
住宅及交通运输用地	32.10	22.66
工矿仓储用地	10.90	7.69
其他用地	0.31	0.22
总计	141.69	100.00

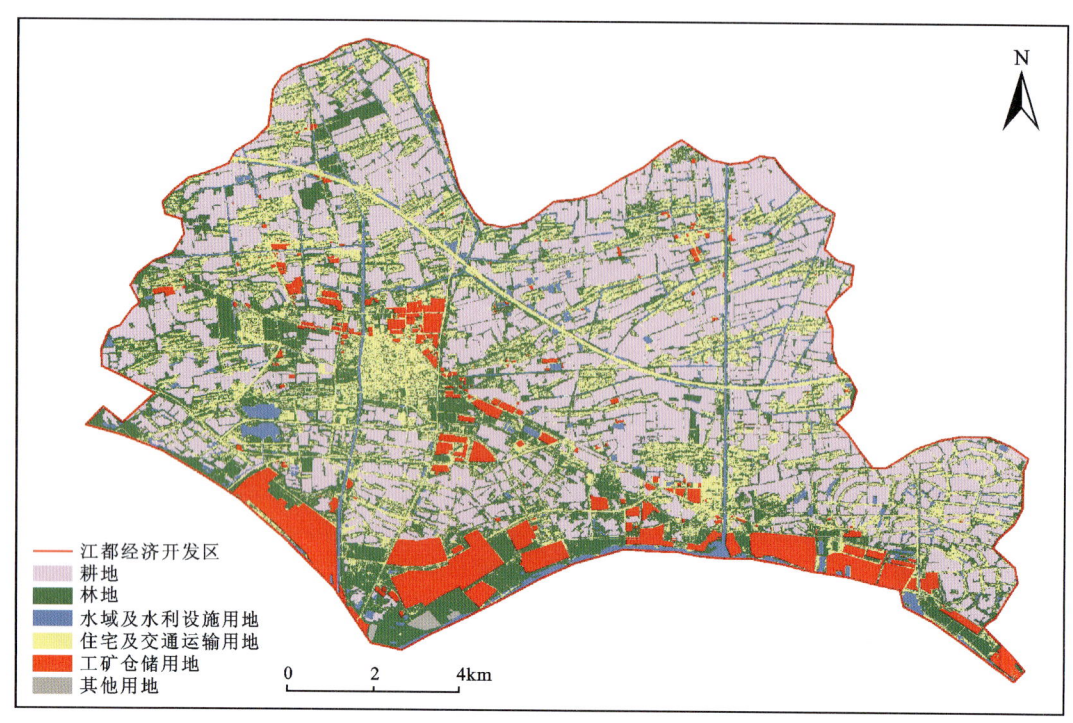

图 13-27 江都经济开发区 2019 年土地利用现状图

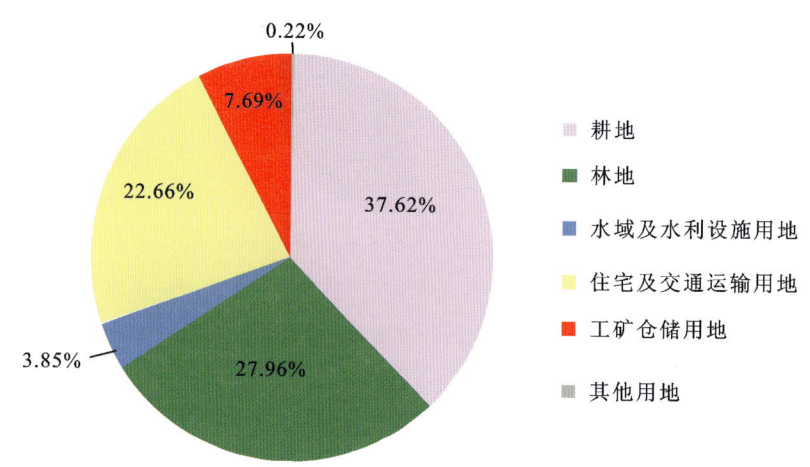

图 13-28 江都经济开发区各地类面积百分比

2. 扬中市土地利用与覆盖

扬中市位于江苏省中部的长江南岸,南北跨度 40km,东西跨度 7km,由长江主航道南侧的雷公嘴、太平洲、西沙、中心沙 4 个沙洲组成,为长江三角洲冲积平原的一部分。扬中市是长江第一大江心洲,气候环境适合水稻、棉花等喜温作物生长。扬中市四面环江,地势低平,无山丘。2018 年,扬中市第一产业生产总值 13.91 亿元,占生产总值的 2.59%;第二产业 281.04 亿元,占生产总值的 52.41%;第三产业 241.25 亿元,占生产总值的 44.99%,主导产业为智能电气、新能源、装备制造三大类,扬中市下辖一个省级经济开发区,一个省级高新技术开发区,产业发展水平较高。此外,扬中市拥有可开发深水岸线 54km,岸线资源丰富。

通过对 2019 年 Planet 影像进行解译获得扬中市最新的土地利用与覆盖分布图,分析结果表 13-17 和图 13-29 所示。

表 13-17　扬中市土地利用情况表

类别	面积/km²	百分比/%
耕地	88.57	27.17
林地	90.01	27.62
水域及水利设施用地	85.37	26.19
住宅及交通运输用地	44.85	13.76
工矿仓储用地	16.91	5.19
其他用地	0.22	0.07
总计	325.93	100.00

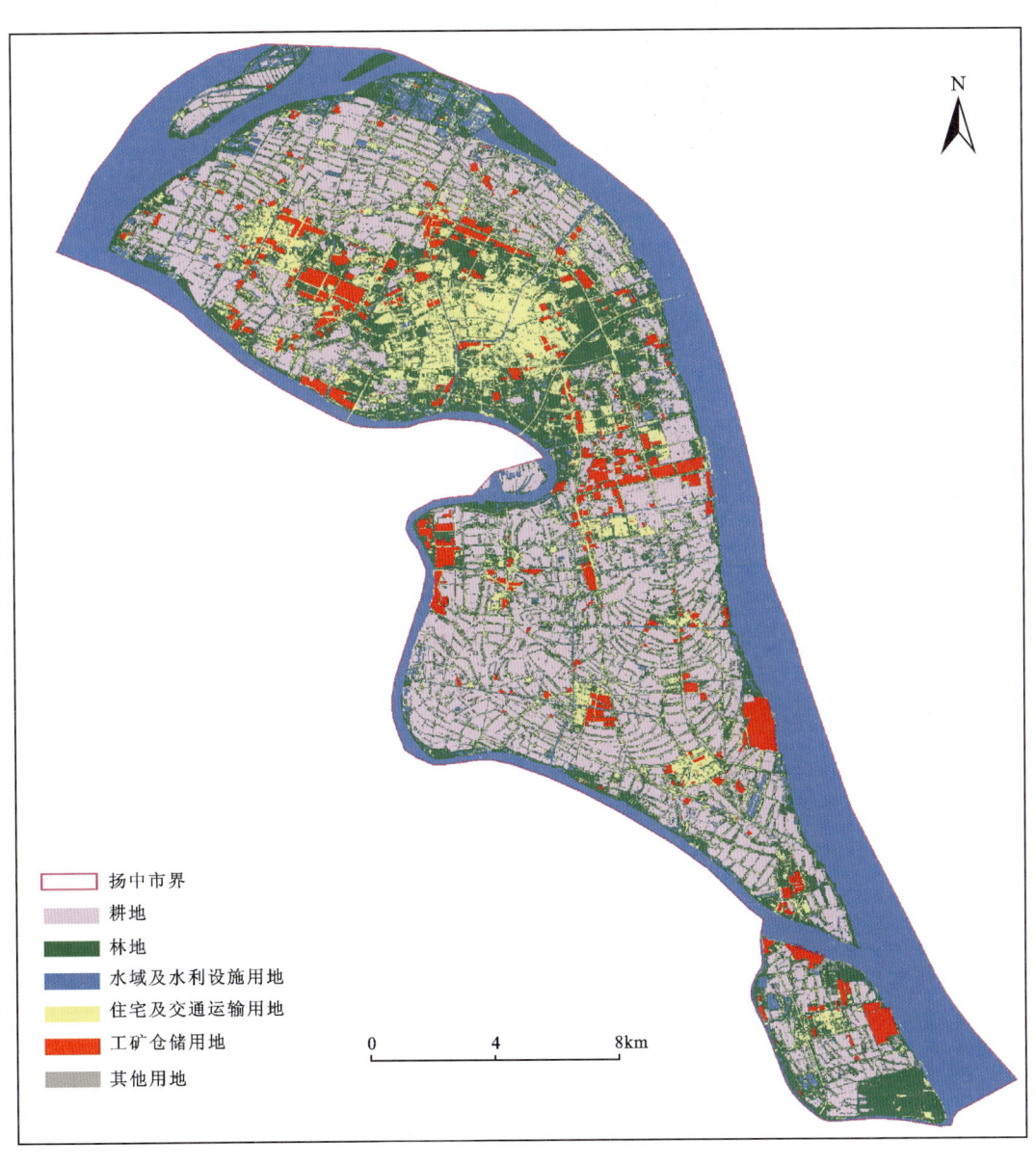

图 13-29　扬中市土地利用与覆盖分布图

由表13-17和图13-30可知,扬中市土地面积为325.93km²。其土地利用与覆盖类别中,林地、耕地、水域及水利设施用地占比相当,分别为27.62%、27.17%、26.19%,为扬中市主要地类覆盖类型。另外,住宅及交通运输用地和工矿仓储用地面积占比高于长江岸带整体比例。

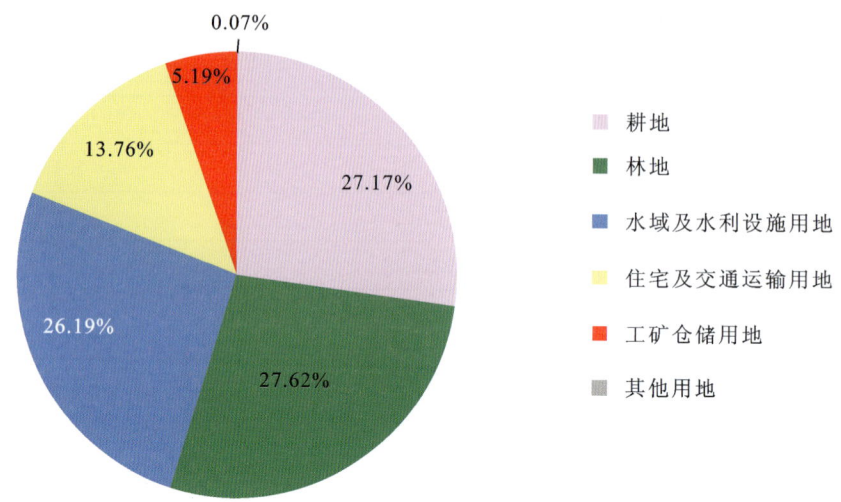

图13-30 扬中市土地利用与覆盖各地类面积百分比

第四节 长江干流岸带土地利用遥感变更调查

一、长江干流岸带土地利用遥感变更调查

根据2010年与2019年土地利用与覆盖分布的结果,通过变化检测及统计分析,可知该长江岸带10km范围内10年间主要用地类型变化表现为耕地的减少,林地、住宅及交通运输用地、工矿仓储用地的增加,其中又以耕地-建设用地(包含住宅及交通运输用地、工矿仓储用地)、林地-建设用地的变化最为显著。长江经济带干流岸带近10年岸线资源利用变化情况图如图13-31所示。

1. 住宅及交通运输用地、工矿仓储用地变更

统计发现,住宅及交通运输用地、工矿仓储用地的扩张主要以耕地、林地的减少为代价。1km、5km、10km范围内耕地、林地变化为工矿仓储用地和住宅及交通运输用地的面积及百分比如表13-18所示。

根据表13-18及图13-32可知,整个10km范围内,耕地-住宅及交通运输用地面积为1 994.46km²,耕地-工矿仓储用地面积为408.07km²,林地-住宅及交通运输用地、林地-工矿仓储用地面积分别为836.72km²和147.10km²。三级缓冲区内,在耕地上新增的住宅及交通运输用地是工矿仓储用地的4.89倍,在林地上新增的住宅及交通运输用地是工矿仓储用地的5.69倍;耕地上新增的住宅及交通运输用地是在林地上新增住宅及交通运输用地面积的2.38倍,耕地上新增的工矿仓储用地是在林地上新增工矿仓储用地面积的2.77倍。

在三级缓冲区内,耕地-工矿仓储用地的面积在1km范围内占比19.25%,在5km范围内占比接近70%,高于5km及10km范围部分,显示新增工矿仓储用地主要集中5km范围内,且1km范围内变化强度最大。耕地-住宅及交通运输用地、林地-住宅及交通运输用地、林地-工矿仓储用地3种变化也显示出类似规律。从1km到10km范围,随着离江岸岸线距离越远,工矿仓储用地和住宅及交通运输用地的增长速度逐步下降。

第四篇　支撑服务流域生态保护修复与绿色发展篇

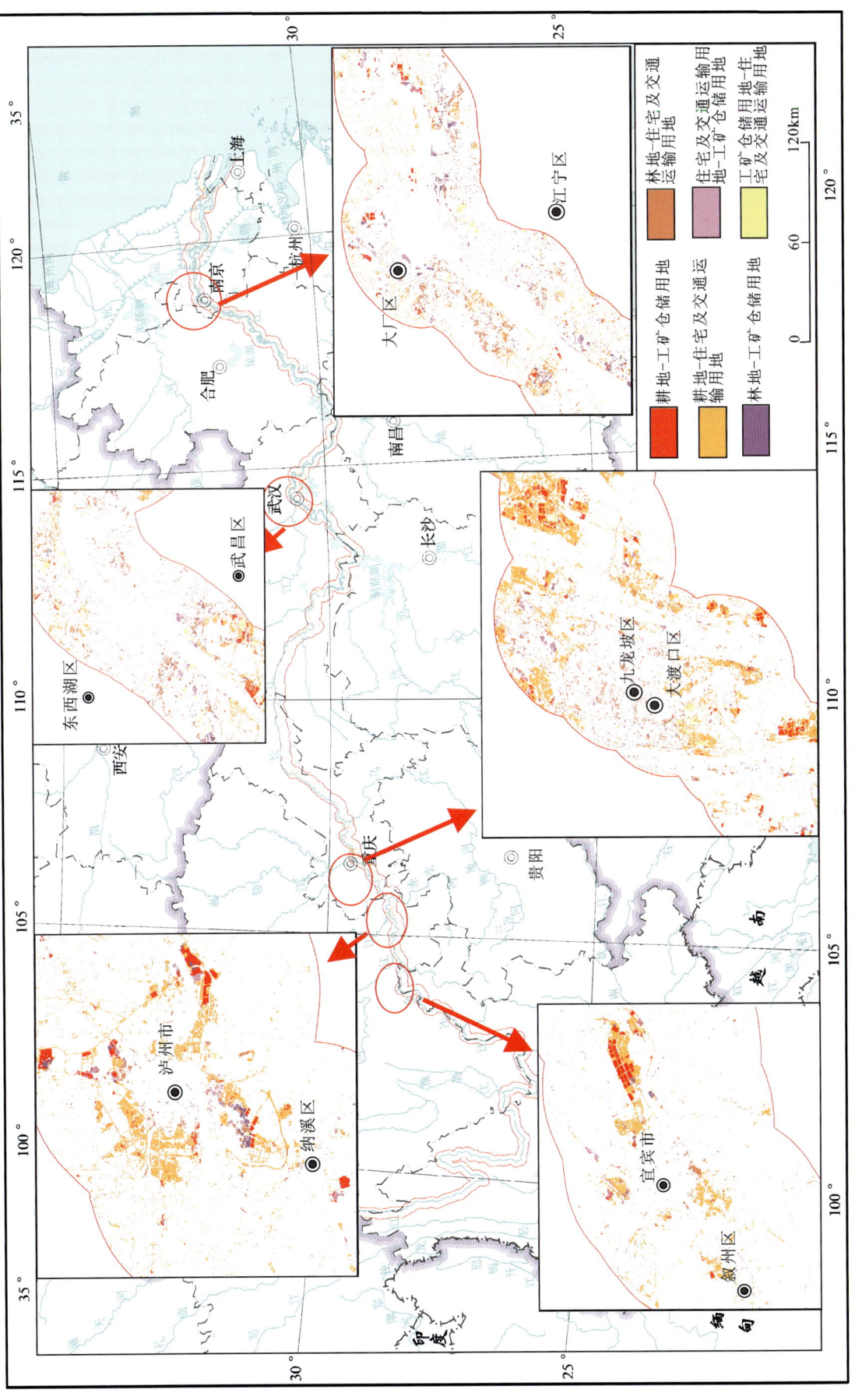

图13-31　长江经济带干流岸带近10年岸线资源利用变化情况图

表 13-18　建设用地变更在 1km、5km、10km 缓冲区内面积及百分比

主要变化	变化类别	1km	5km	10km
建设用地扩张	耕地-工矿仓储用地/km²	78.60	282.84	408.07
	面积百分比/%	19.25	69.28	100.00
	耕地-住宅及交通运输用地/km²	274.47	1 148.30	1 994.46
	面积百分比/%	13.75	57.55	100.00
	林地-工矿仓储用地/km²	32.10	109.88	147.10
	面积百分比/%	21.59	73.91	100.00
	林地-住宅及交通运输用地/km²	121.23	503.46	836.72
	面积百分比/%	14.37	59.66	100.00
建设用地转换	住宅及交通运输用地-工矿仓储用地/km²	92.57	254.12	339.32
	面积百分比/%	27.10	74.38	100.00
	工矿仓储用地-住宅及交通运输用地/km²	16.20	57.45	88.28
	面积百分比/%	18.37	65.05	100.00

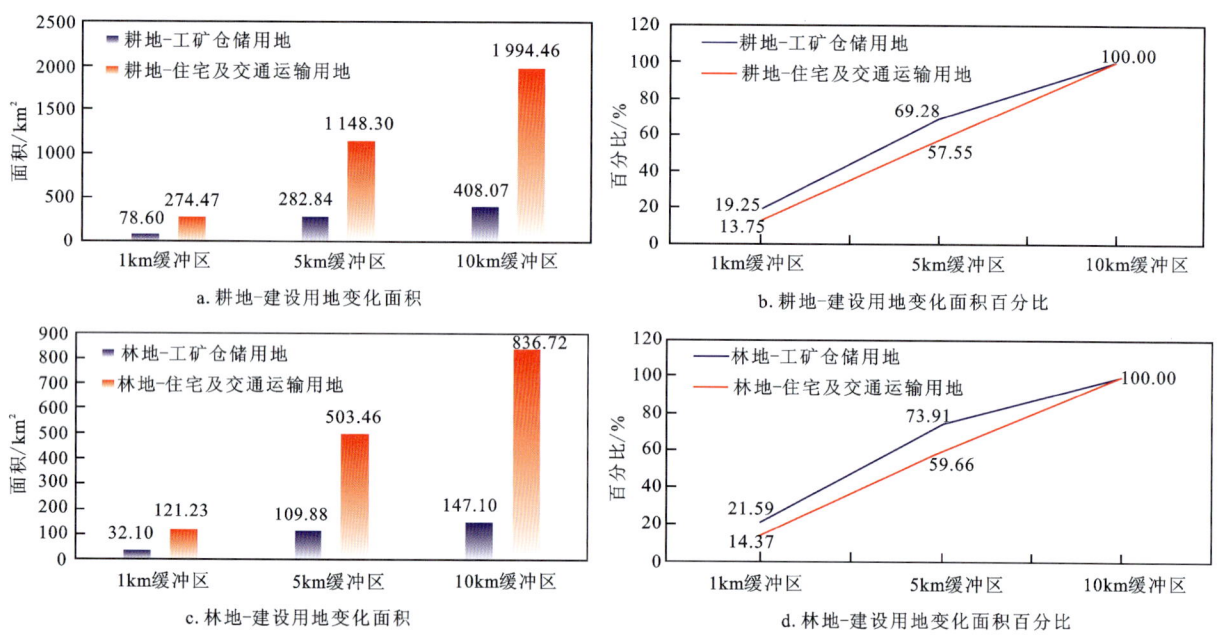

图 13-32　耕地/林地-建设用地变化面积及百分比

另外,在三级缓冲区内还存在着住宅及交通运输用地与工矿仓储用地的互相转换。10km 范围内,住宅及交通运输用地-工矿仓储用地转化面积为 341.63km²,工矿仓储用地-住宅及交通运输用地转化面积为 88.32km²,以住宅及交通运输用地-工矿仓储用地转化为主。其中,1km 范围内,住宅及交通运输用地-工矿仓储用地转化面积为 92.57km²,占整个 10km 范围内地类转化面积 27.10%,表明在 1km 范围内,新增的工矿仓储用地面积占比高,住宅及交通运输用地拆除面积比例大。工矿仓储用地-住宅及交通运输用地转化的转换主要是由于城市扩张,原先城市周围的工矿仓储用地转变为住宅及交通运输用地。

对长江干流岸带沿线 9 个省(市)新增建设用地(包含主旨及交通运输用地和工矿仓储用地)进行分别统计,结果如表 13-19 和图 13-33 所示。

表 13-19　长江干流岸带 9 个省(市)新增建设用地面积　　　　　　　　　　　　　　　　单位：km²

地类变化	江西省	江苏省	四川省	云南省	湖北省	安徽省	重庆市	上海市	湖南省
耕地-工矿仓储用地	13.29	153.00	30.46	3.87	105.61	36.93	58.91	3.27	2.73
林地-工矿仓储用地	5.64	57.05	8.38	4.67	29.20	22.41	7.29	10.50	1.96
住宅及交通运输用地-工矿仓储用地	14.94	129.60	17.74	5.69	58.84	61.19	30.95	16.64	3.73
耕地-住宅及交通运输用地	54.37	561.58	155.89	41.42	567.81	181.39	385.42	22.06	24.52
林地-住宅及交通运输用地	45.15	195.82	52.53	55.51	221.05	110.15	94.08	43.04	19.39
工矿仓储用地-住宅及交通运输用地	0.56	25.18	1.31	0.06	29.45	9.53	10.00	11.04	1.15
总计	133.95	1 122.23	266.31	111.22	1 011.96	421.60	586.65	106.55	53.48

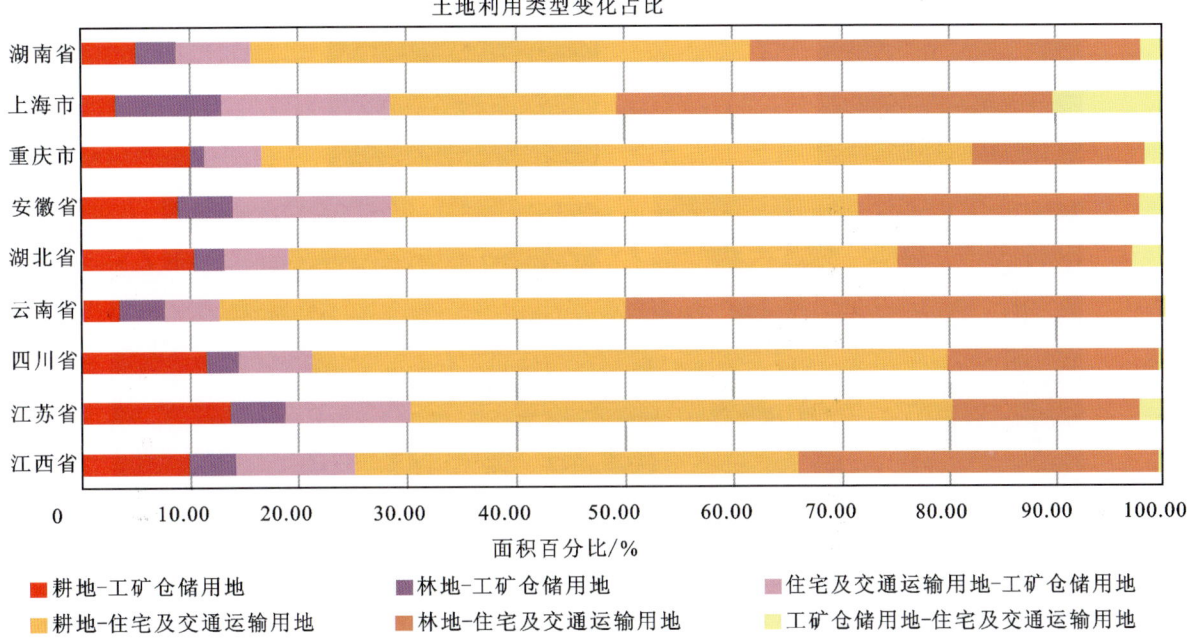

图 13-33　长江干流岸带 9 个省(市)新增建设用地面积百分比

结果表明：①长江干流岸带江苏省、湖北省、重庆市、安徽省辖区内的新增工矿仓储用地和住宅及交通运输用地面积较大,湖南省、上海市、云南省、江西省新增面积较小；②长江干流岸带中,主要新增地类为住宅及交通运输用地,占比超过 70%；③江苏省、上海市、安徽省的新增工矿仓储用地和住宅及交通运输用地面积比值大于 0.4,云南省、湖南省、重庆市的新增工矿仓储用地和住宅及交通运输用地面积比值小于 0.2,表明长三角第二产业发展力度较大；④新增用地中,除云南省、上海市外,其他省(市)以耕地为主要用地来源,林地次之。

2.典型城市变化分析

选取南京与武汉分别作为长江干流下、中游沿线主要代表城市,重庆、泸州、宜宾为长江上游沿线主要代表城市进行城市用地变化分析。长江干流岸带范围内显示了 5 座城市 2010—2019 年主要变化类型为从耕地和林地向工矿仓储用地和住宅及交通运输用地的转变。其中,上游重庆市、泸州市、宜宾市三市耕地利用面积占比较高,下中游南京市与武汉市两市林地利用面积占比相比上游有所提高,但耕地仍然是最主要的建设用地来源。

在空间上，主要表现为沿长江岸线密集扩张，并且南京市与武汉市的部分工矿仓储用地和住宅及交通运输用地存在一定比例的互相转换，表明原城市住宅密集区的工矿仓储企业存在空间上的外迁。而长江上游主要城市宜宾市、泸州市、重庆市的工矿仓储用地向住宅及交通运输用地转变的比例逐渐下降（图13-34、图13-35）。

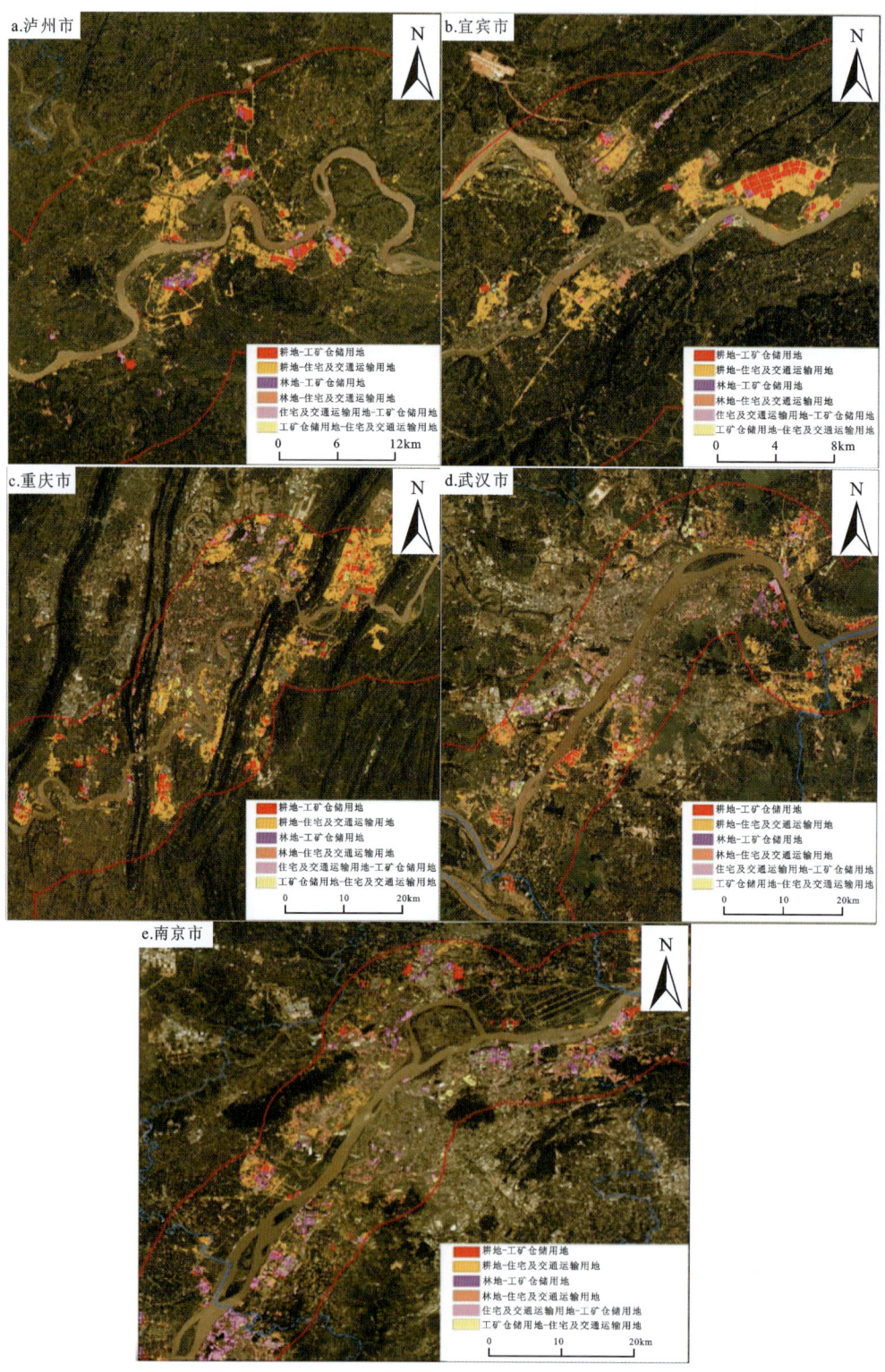

图13-34　5个典型城市土地利用变更图

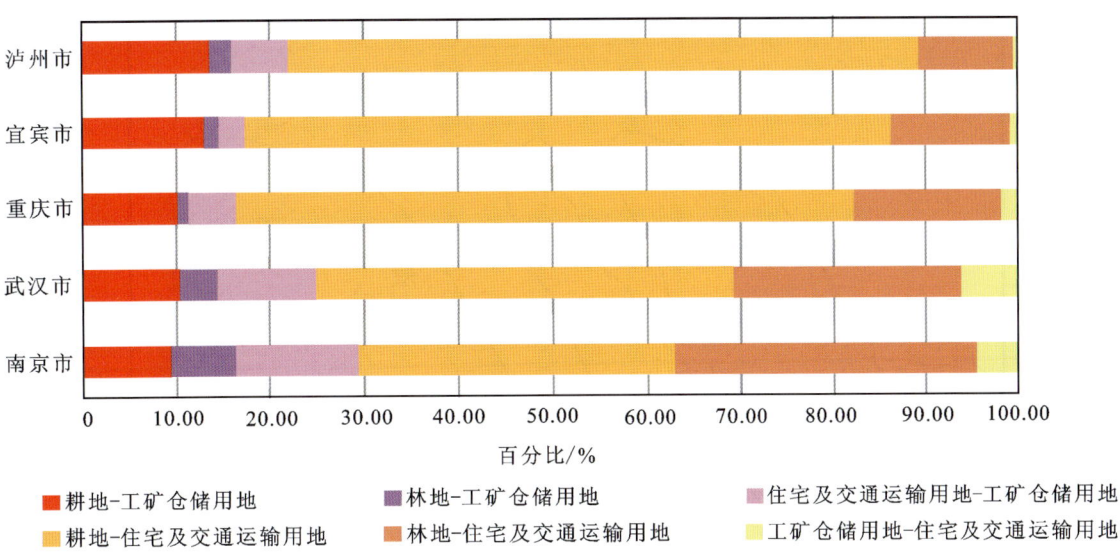

图 13-35 5 个典型城市土地利用类型变化百分比

二、江苏—上海段土地利用遥感变更调查

1. 住宅及交通运输用地、工矿仓储用地变更

基于江苏—上海段土地利用的遥感分类结果,通过变化检测方式得到该区域新增的工矿仓储用地和住宅及交通运输用地的变更情况(图 13-36)。2010—2019 年之间,江苏—上海段土地利用的主要变化与长江沿线整体的土地利用变化情况相近,主要表现为新增建设用地(包括住宅及交通运输用地和工矿仓储用地)变化。其中,耕地向建设用地变化是主要的变化方向,并以住宅及交通运输用地为主,新增住宅及交通运输用地分布相对零散,总面积较大;新增工矿仓储用地增加面积不足新增住宅及交通运输用地面积的一半,但新增工矿仓储用地在分布上相对集中,主要表现为工业园区、经济开发区等形式。

2010—2019 年期间,由耕地、林地、住宅及交通运输用地转变为工矿仓储用地面积共计 370.92 km^2,由耕地、林地、工矿仓储用地转变为住宅及交通运输用地面积共计 862.06 km^2。工矿仓储用地与住宅及交通运输用地主要由耕地与住宅及交通运输用地转变而来,表明部分住宅区转变为工矿仓储用地。而工矿仓储用地向住宅及交通运输用地转变较少,仅占住宅及交通运输用地的 4.21%。具体的变化情况如表 13-20 所示。

表 13-20 2010—2019 年江苏—上海段新增工矿仓储用地和住宅及交通运输用地明细表

2010 年地物类别	2019 年地物类别	变化面积/km^2	合计面积/km^2	百分比/%
耕地	工矿仓储用地	156.27		42.13
林地	工矿仓储用地	67.89	370.92	18.30
住宅及交通运输用地	工矿仓储用地	146.76		39.57
耕地	住宅及交通运输用地	583.86		67.73
林地	住宅及交通运输用地	241.93	862.06	28.06
工矿仓储用地	住宅及交通运输用地	36.27		4.21

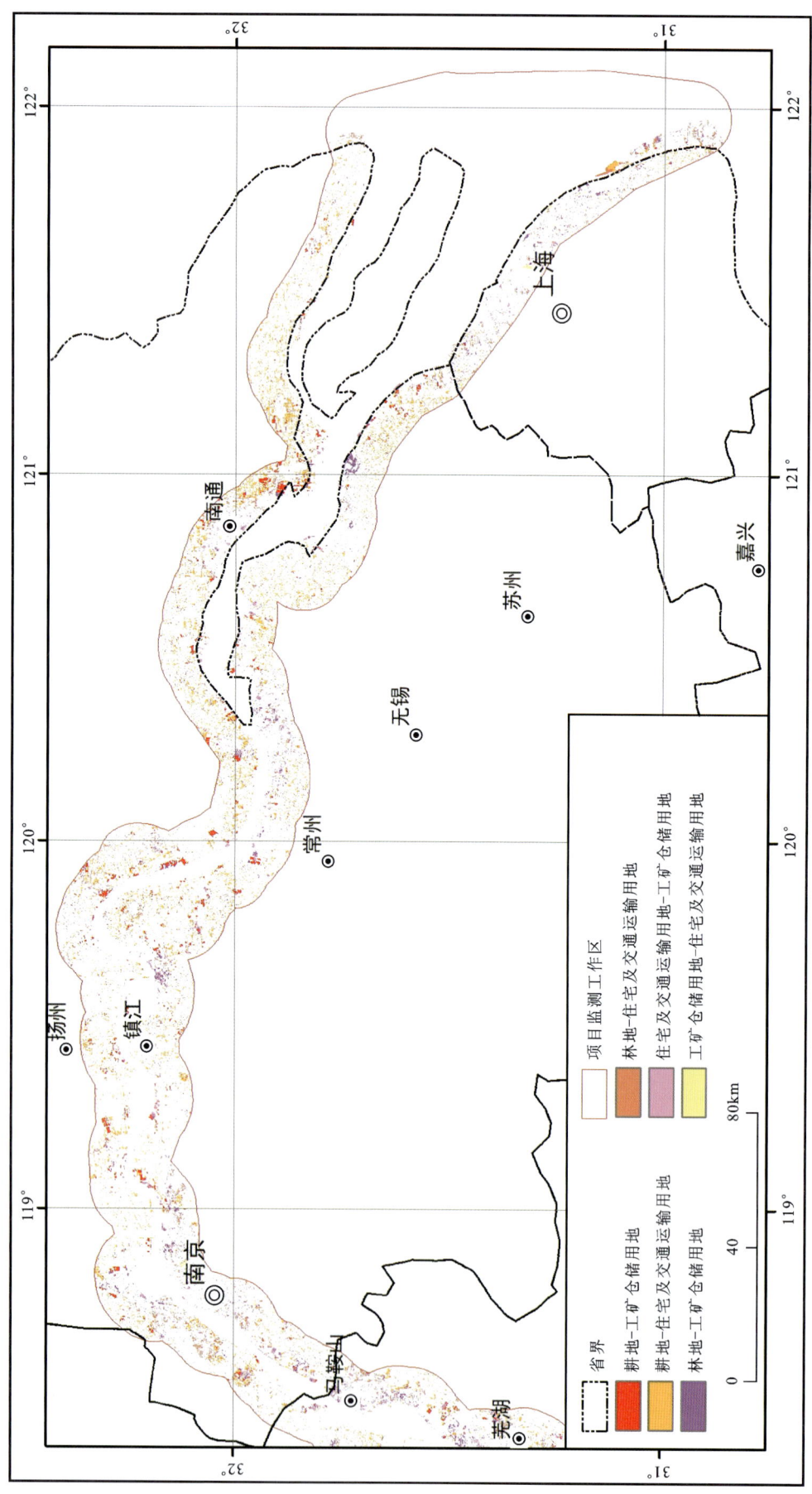

图13-36 2010—2019年江苏—上海段土地利用变更遥感调查图

江苏—上海段沿江各市的土地利用变更情况如图13-37所示，各市主要变化集中表现为住宅及交通运输用地的扩张。其中，住宅及交通运输用地主要来源于耕地，工矿仓储用地的来源则由耕地、住宅及交通运输用地两部分组成。

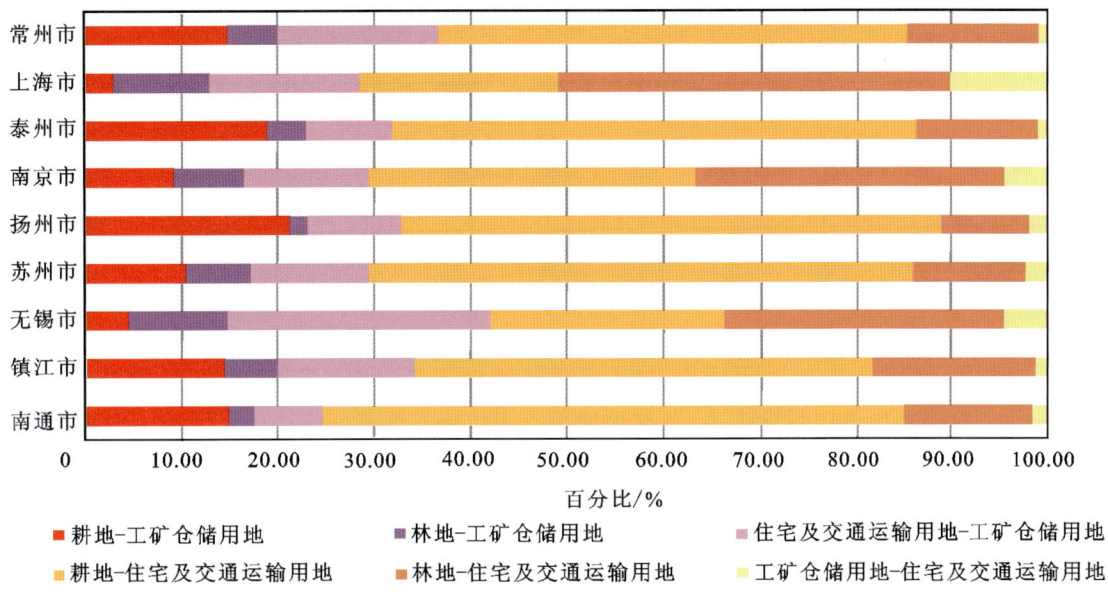

图13-37　2010—2019年江苏—上海段沿江各市土地利用变更及各地物变化百分比

2. 2010—2019年长江干流岸带江苏—上海段土地利用变化纵向分布分析

1) 2010年土地利用情况

2010年长江干流岸带江苏—上海段的10km、5km、1km缓冲区范围内土地利用与覆盖类别统计结果如图13-38、图13-39所示。2010年三级缓冲区的面积分别是10 714.17km²、5 675.18km²和1 460.87km²，三级缓冲区内以耕地为主，各类地物覆盖占比略有区别。在10km缓冲工作区内（图13-39），前3类地物分别为耕地（55.89%）、住宅及交通运输用地（20.60%）、林地（15.36%）；在5km缓冲工作区内，前3类地物分别为耕地（51.40%）、住宅及交通运输用地（23.15%）、林地（14.52%）；在1km缓冲工作区内，前3类地物分别为耕地（45.89%）、住宅及交通运输用地（23.16%）、工矿仓储用地（15.36%）。随着离长江岸线越近，工矿仓储用地的占比有所增大，通过对影像的分类提取，可以发现长江岸带1km缓冲区内港口码头、仓储用地聚集是造成该现象的主要原因。

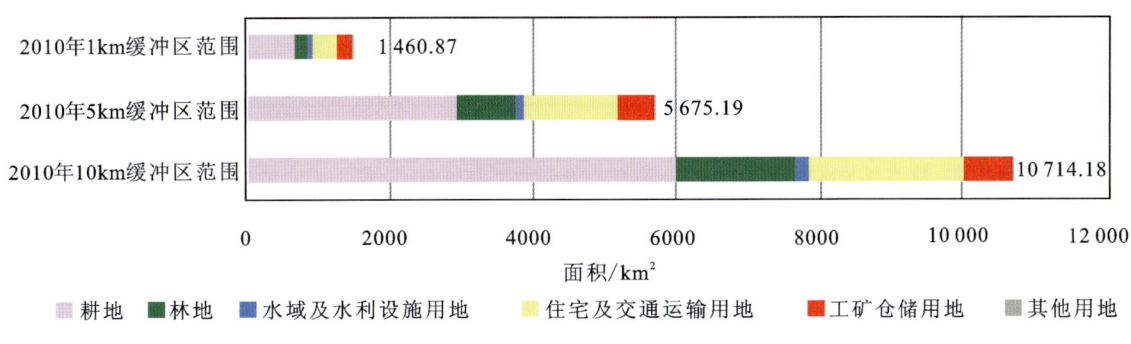

图13-38　2010年江苏—上海段工作区10km、5km、1km缓冲区土地利用面积

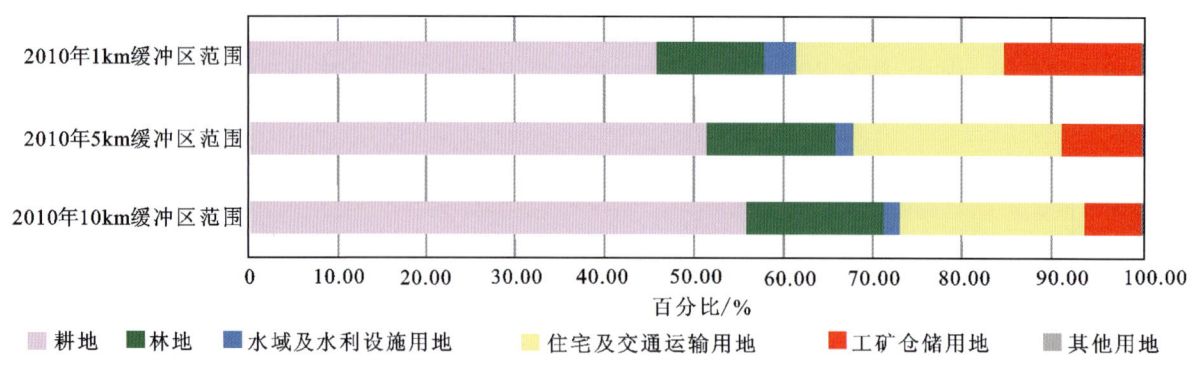

图 13-39　2010 年江苏—上海段工作区 10km、5km、1km 缓冲区土地利用百分比

2）2019 年土地利用情况

2019 年长江干流岸带江苏—上海段的 10km、5km、1km 缓冲区范围内土地利用与覆盖类别统计结果如图 13-40、图 13-41 所示。2019 年三级缓冲区的面积分别是 10 846.17km²、5 810.20km² 和 1 589.89km²，三级缓冲区内以耕地为主，各类地物覆盖占比略有区别。在 10km 缓冲工作区内，前 3 类地物分别为耕地（44.98%）、住宅及交通运输用地（22.79%）、林地（19.44%）；在 5km 缓冲工作区内，前 3 类地物分别为耕地（39.04%）、住宅及交通运输用地（23.68%）、林地（20.82%）；在 1km 缓冲工作区内，前 3 类地物分别为耕地（29.03%）、林地（25.39%）、住宅及交通运输用地（20.67%）。可以发现，随着离干流岸线越近，耕地占比降低，林地的占比有所升高，表明近些年对林地的保护有所增强，对植被与生态的保护意识增强。

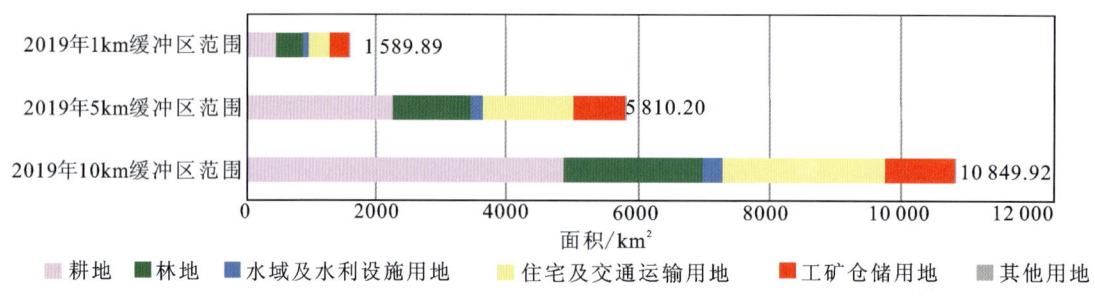

图 13-40　2019 年江苏—上海段工作区 10km、5km、1km 缓冲区土地利用面积

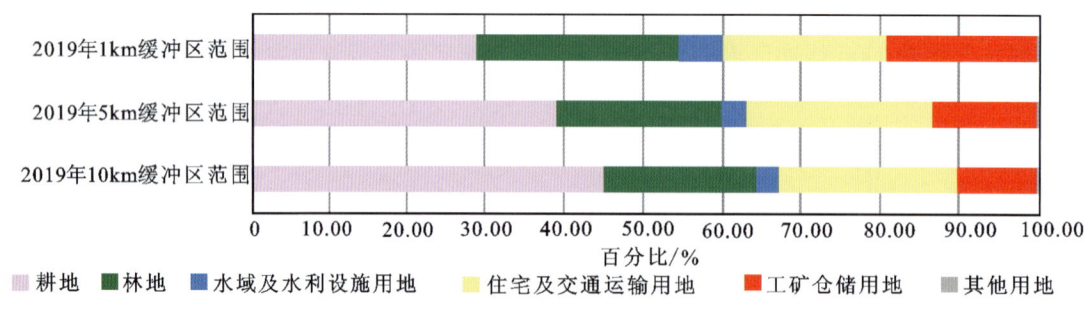

图 13-41　2019 年江苏—上海段工作区 10km、5km、1km 缓冲区土地利用百分比

3）2010—2019 年江苏—上海段三级缓冲区地类时间变化分析

10km 缓冲工作区对比：根据影像分类结果，在 10km 缓冲工作区范围内，2010 年与 2019 年的土地均以耕地、住宅及交通运输用地、林地 3 类地物为主。但是地物的变化也较为突出，主要表现为耕地面积减少和林地面积增加。此外，住宅及交通运输用地、工矿仓储用地增加面积分别为 264.94km²、

393.68km²,增幅分别为12.01%、57.16%(表13-21,图13-42)。

表13-21　2010—2019年江苏—上海段10km缓冲区内土地利用变化

地物类别	2010年		2019年		面积变化/km²
	面积/km²	百分比/%	面积/km²	百分比/%	
耕地	5 988.56	55.89	4 879.10	44.98	−1 109.46
林地	1 645.89	15.36	2 108.49	19.44	462.60
水域及水利设施用地	181.99	1.70	302.13	2.79	120.14
住宅及交通运输用地	2 206.46	20.60	2471.40	22.79	262.94
工矿仓储用地	688.75	6.43	1 082.43	9.98	393.68
其他用地	2.52	0.02	2.62	0.02	0.10

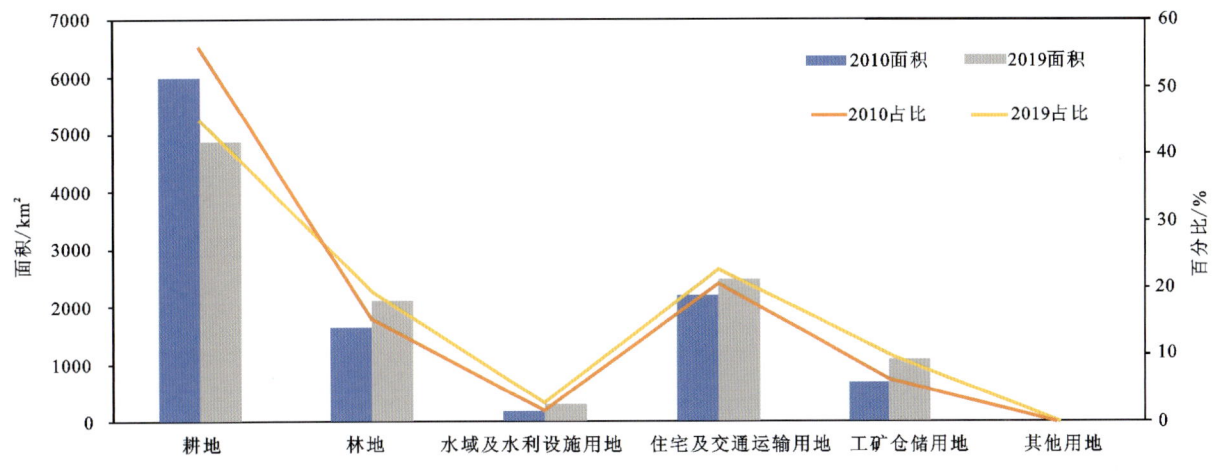

图13-42　2010—2019年江苏—上海段10km缓冲工作区地类变化

5km缓冲工作区对比:在5km缓冲工作区内,2010年与2019年主要地类变化表现为耕地面积减少648.99km²,减幅为22.25%;住宅及交通运输用地增加面积为62.28km²,增幅为4.74%;增幅较大的为林地与工矿仓储用地,其中工矿仓储用地增加266.56km²,增幅为52.65%,2019年5km缓冲工作区范围内,工矿仓储用地百分比为13.30%,相比2010年的8.92%提高为13.40%(表13-22,图13-43)。

表13-22　2010—2019年江苏—上海段5km缓冲区内土地利用变化

地物类别	2010年		2019年		面积变化/km²
	面积/km²	百分比/%	面积/km²	百分比/%	
耕地	2 917.32	51.41	2 268.33	39.04	−648.99
林地	824.09	14.52	1 209.57	20.82	385.48
水域及水利设施用地	112.90	1.99	181.86	3.13	68.96
住宅及交通运输用地	1 313.70	23.15	1 375.99	23.68	62.29
工矿仓储用地	506.33	8.92	772.90	13.30	266.57
其他用地	0.84	0.01	1.55	0.03	0.71

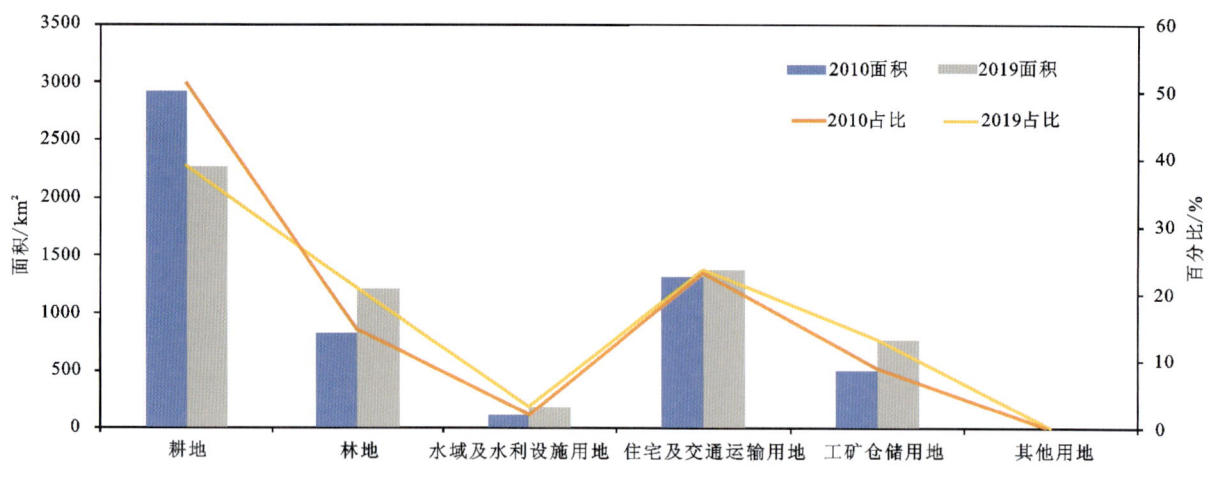

图 13-43　2010—2019 年江苏—上海段 5km 缓冲工作区地类变化对比

1km 缓冲工作区对比：在江苏—上海段 1km 缓冲工作区内（表 13-23，图 13-44），主要变化地类为耕地与林地，其中耕地面积减少 208.86km²，林地增加 229.35km²；另外，工矿仓储用地增加 81.97km²，增幅为 36.54%，工矿仓储用地占 2019 年工作区面积的 19.26%。随着经济发展，干流沿岸的工矿仓储用地进一步聚集。

表 13-23　2010—2019 年江苏—上海段 1km 缓冲区内土地利用变化

地物类别	2010 年		2019 年		面积变化/km²
	面积/km²	百分比/%	面积/km²	百分比/%	
耕地	670.39	45.89	461.53	29.03	−208.86
林地	174.30	11.93	403.65	25.39	229.35
水域及水利设施用地	53.31	3.65	89.50	5.63	36.19
住宅及交通运输用地	338.31	23.16	328.59	20.67	−9.72
工矿仓储用地	224.33	15.36	306.30	19.26	81.97
其他用地	0.23	0.01	0.32	0.02	0.09

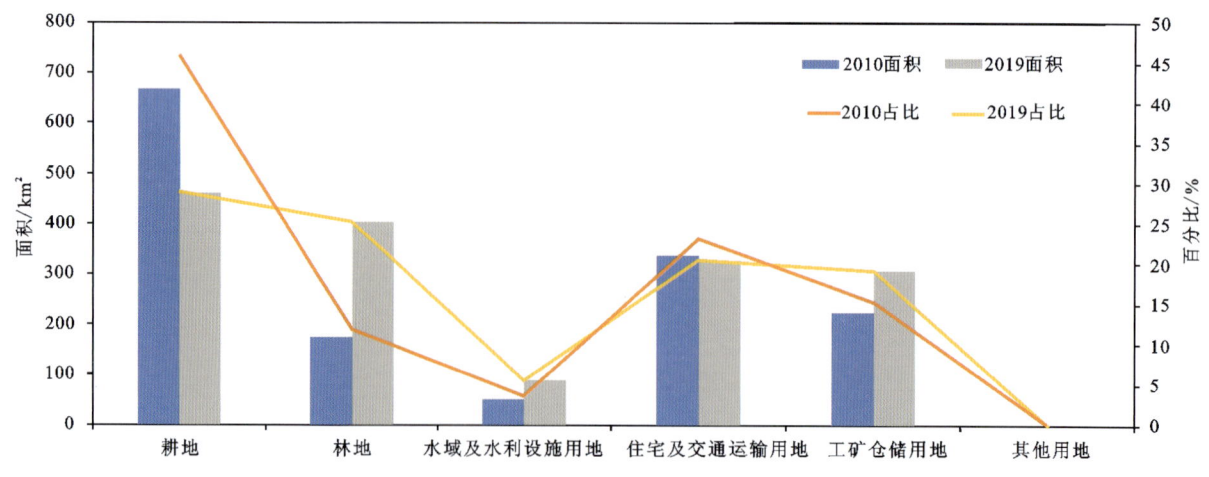

图 13-44　2010—2019 年江苏—上海段 1km 缓冲工作区地类变化对比

通过上述分析可得,在空间上 2010—2019 年中,随着与江岸的距离逐渐减小,住宅及交通运输用地、工矿用地占比逐渐增大,表明工业发展与沿江的区位优势密不可分,沿江条件促进了产业发展。在时间上,随着产业发展进行,沿江区域具有一定的产业聚集作用,2019 年沿江区域三级缓冲工作区内的工矿仓储用地增幅明显。

3. 江苏-上海段典型区土地利用变更示例

1）典型区域 1——泰州滨江工业园区

泰州滨江工业园区成立于 2000 年,隶属于省级泰州经济开发区,位于长江以北、南官河以西、扬州江都界以东、江苏 231 省道（S231）通港路段以南,规划面积为 10.66km^2,规划建设面积为 8.06km^2,园区以化工为主要产业,近 10 年以来园区发展迅速,2017 年被泰州市政府确认为化工集中区,2019 年该园区进入中国化工园区 30 强名单。通过遥感影像解译,2010—2019 年来园区的主要发展变化如图 13-45 所示。

在图示园区范围内,2010—2019 年耕地、林地向工矿仓储用地与住宅及交通运输用地转变,如表 13-24 所示。可以发现,泰州滨江工业园区的发展用地主要由耕地转化而来,耕地向工矿仓储用地转变面积为 2.94km^2,向住宅及交通运输用地转变的面积为 0.84km^2,耕地占变更面积的 68.52%。

2）典型区域 2——仪征市新城镇

仪征市新城镇位于江苏省仪征市东南部,位于仪征市区东郊,受南京与上海经济圈的双重辐射,是江苏省重点中心镇、仪征市副中心区,同时也是仪征市城市化东扩的主要区域。依托工业园区以汽车为主导的产业发展,2015 年园区实现开票销售 386 亿元,缴纳税收 40 亿元。2010—2019 年新城镇的土地利用变更如图 13-46 所示。

图 13-45　2010—2019 年泰州滨江工业园区土地利用变更图

表 13-24　2010—2019 年泰州滨江工业园区土地利用变更情况表

变化类型	变化面积/km^2	百分比/%
耕地-工矿仓储用地	2.94	53.32
耕地-住宅及交通运输用地	0.84	15.20
林地-工矿仓储用地	0.46	8.36
林地-住宅及交通运输用地	0.60	10.89
住宅及交通运输用地-工矿仓储用地	0.61	11.07
工矿仓储用地-住宅及交通运输用地	0.06	1.16

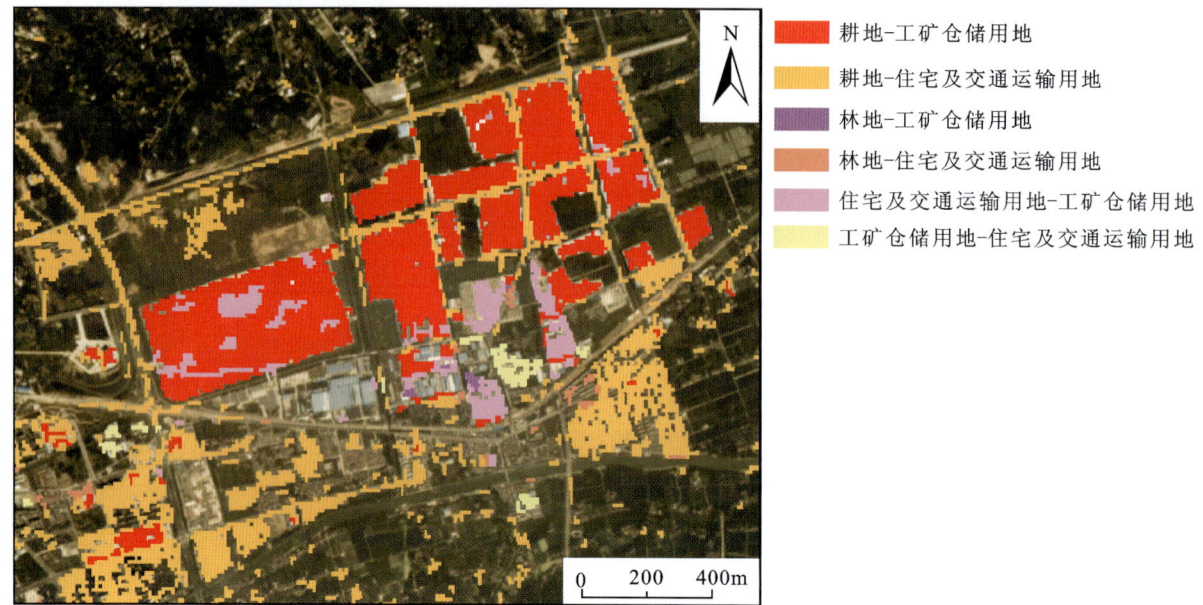

图 13-46　2010—2019 年新城镇工业园区土地利用变更图

仪征市新城镇详细的土地变更信息如表 13-25 所示。新城镇工业园区的发展主要表现为耕地向工矿仓储用地和住宅及交通运输用地的转变,转变面积分别为 3.63 km² 和 3.41 km²,耕地转变面积占该变化面积的 89.62%。

表 13-25　2010—2019 年新城镇工业园区土地变更统计

变化类型	面积/km²	百分比/%
耕地-工矿仓储用地	3.63	46.22
耕地-住宅及交通运输用地	3.41	43.40
林地-工矿仓储用地	0.03	0.33
林地-住宅及交通运输用地	0.08	1.07
住宅及交通运输用地-工矿仓储用地	0.65	7.08
工矿仓储用地-住宅及交通运输用地	0.15	1.90

3) 典型区域 3——南京浦口经济开发区

浦口经济开发区位于江苏省南京市浦口区中部,为南京市重点打造的江北新区核心区域。园区创办于 1992 年 6 月,1993 年 12 月被江苏省政府批准为省级经济开发区;2009 年 12 月,在桥林实施二次创业,负责先进制造业基地 22 km² 区域的开发建设与资本运作;2010 年 6 月,桥林新区正式启动开发建设。根据新区规划,桥林新城的城市建设用地于 2020 年达到 25.33 km²,形成以智能制造产业(集成电路、智能终端)和高端交通装备产业(新能源汽车、轨道交通)为两大主导产业和新材料(膜材料、半导体材料)为一大特色产业的园区。2010—2019 年期间,浦口经济开发区的土地利用变更如图 13-47 所示。

浦口经济开发区的发展主要表现为耕地、林地向工矿仓储用地、住宅及交通运输用地转变。浦口经济开发区背山临水,发展过程中占用耕地面积为 12.32 km²,占变化面积的 65.86%,占用林地面积为 5.10 km²,占变化面积的 27.27%。详细的土地变更信息如表 13-26 所示。

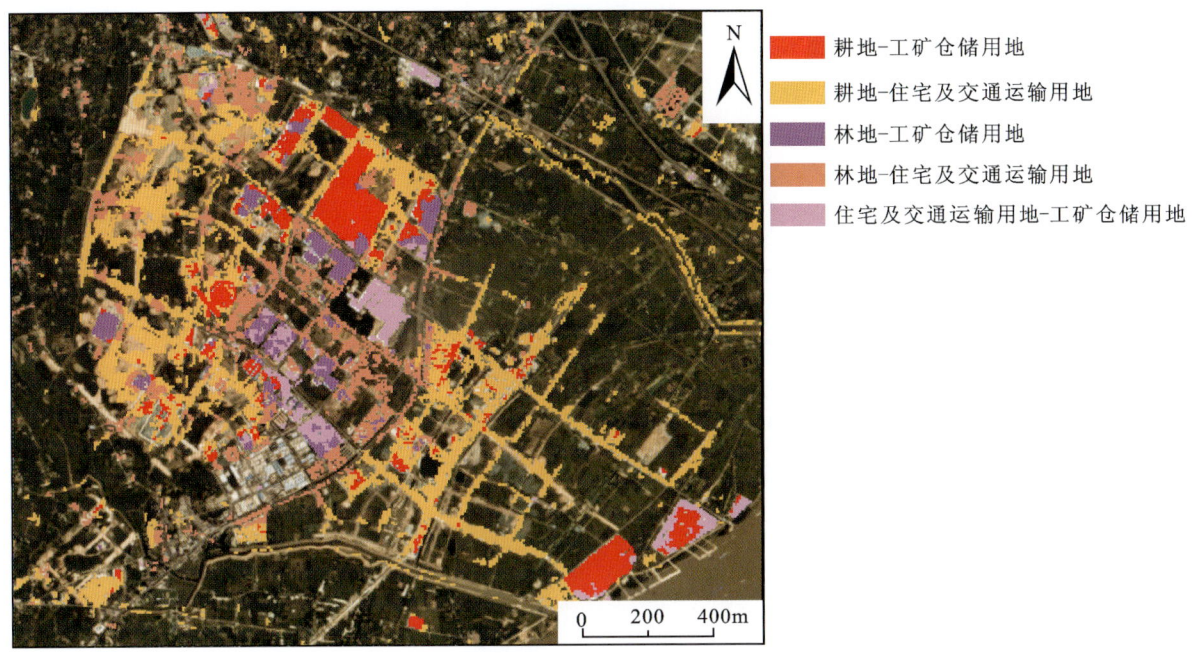

图13-47 2010—2019年南京浦口经济开发区土地利用变更图

表13-26 2010—2019年南京浦口经济开发区土地利用变更统计表

变化类型	面积/km²	百分比/%
耕地-工矿仓储用地	2.94	15.70
耕地-住宅及交通运输用地	9.38	50.16
林地-工矿仓储用地	1.30	6.93
林地-住宅及交通运输用地	3.80	20.34
住宅及交通运输用地-工矿仓储用地	1.28	6.87
工矿仓储用地-住宅及交通运输用地	0	0

4)典型区域4——南通市经济开发区

南通市经济开发区位于南通市东南区域,是中国首批14个国家级开发区之一,也是最具投资价值的十大开发区之一。开发区位于长江入海口北岸,交通便利,区位发展优势明显。2010—2019年,开发区内住宅及交通运输用地、工矿仓储用地迅速扩大,具体变化如图13-48所示。

在图13-48所示区域内,南通经济技术开发区近2010—2019年的土地变化详情如表13-27所示。

如图13-48所示的南通经济开发区内,土地利用以耕地变化为主,耕地分别向工矿仓储用地、住宅及交通运输用地转变的面积为8.69km²、8.14km²,分别占总变化面积的38.50%、36.09%,合计74.59%。林地转变为工矿仓储用地、住宅及交通运输用地面积分别为1.80km²、2.74km²,合计占总变化面积的20.15%。

通过对江苏—上海段土地利用变更的详细分析并结合典型区域的变化结果,江苏—上海段沿江区域土地变更的主要特点为:①2010—2019年期间,沿江各市的住宅及交通运输用地增长较大,分布广泛且分散,其中住宅及交通运输用地的增加量最多的为南通市,增加量最少的为常州市;②2010—2019年期间,沿江区域内工矿仓储用地增加相对集中,以工业园区与经济开发区为主,以典型区域为例,建设规划的工业园区,大多位于城市郊区,建设用地主要来源于耕地。

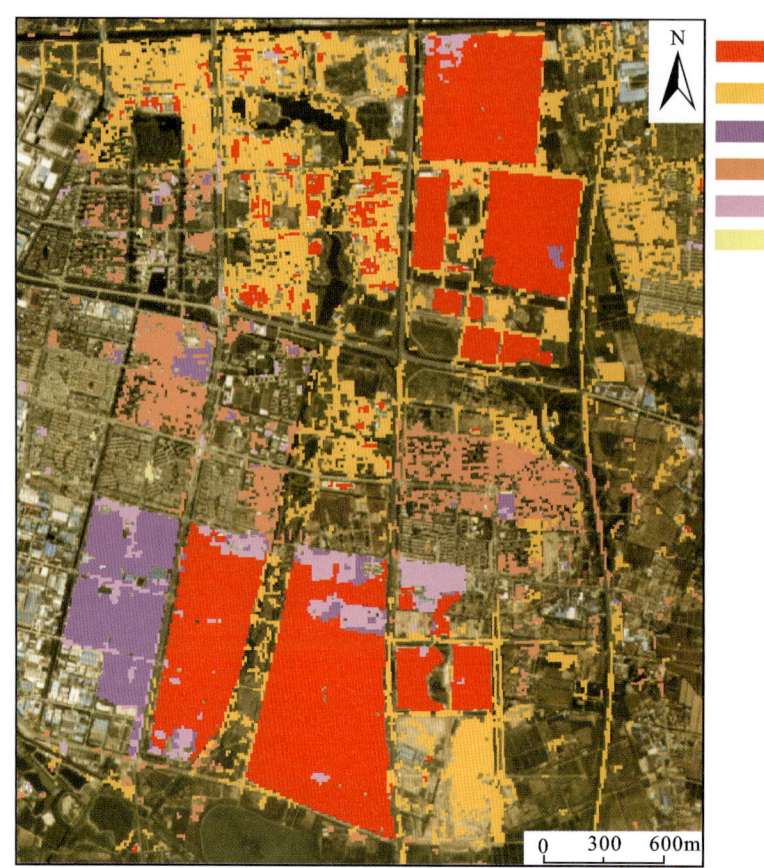

图 13-48　2010 年—2019 年南通经济开发区土地利用变更图

表 13-27　2010—2019 年南通经济开发区土地利用变更统计

变化类型	面积/km²	百分比/%
耕地-工矿仓储用地	8.69	38.50
耕地-住宅及交通运输用地	8.14	36.09
林地-工矿仓储用地	1.80	7.99
林地-住宅及交通运输用地	2.74	12.16
住宅及交通运输用地-工矿仓储用地	1.11	4.92
工矿仓储用地-住宅及交通运输用地	0.08	0.34

三、重点区土地利用遥感变更调查

1. 江都经济开发区土地利用遥感变更调查（2010—2019 年）

江都经济开发区 2010—2019 年土地利用变更情况如图 13-49 所示。2010—2019 年，江都经济开发区新增工矿仓储用地面积为 1.96 km²，新增住宅及交通运输用地面积为 1.09 km²。相应耕地面积减少 3.05 km²，土地利用变更的主要形式为耕地变更为工矿仓储用地、住宅及交通运输用地，其中住宅及交通运输用地扩张主要集中在江都区大桥镇周边，工矿仓储用地扩张主要集中在大桥工业园内及沿江地带。

图 13-49 江都经济开发区 2010—2019 年土地利用变更情况图

2. 扬中市土地利用遥感变更调查（2010—2019 年）

扬中市 2010—2019 年土地利用变更情况如图 13-50 所示。

2010—2019 年，扬中市新增工矿仓储用地面积为 9.7km², 新增住宅及交通运输用地面积为 17.46km²。耕地面积减少 22.82km²，林地面积减少 4.34km²，土地利用变更的主要形式为耕地变更为工矿仓储用地、住宅及交通运输用地，并有部分林地变更为工矿仓储用地、住宅及交通运输用地。住宅及交通运输用地扩张主要集中在扬中市区周边，其次为南部西来桥镇及中部兴隆镇，主要占用市区周边林地及耕地，同时北部沙洲也有开发建设。工矿仓储用地扩张主要集中在市区北部、西部以及沿江地带。

第五节　长江干流岸带/岸线侵占遥感调查

本次工作中将岸带/岸线侵占定义为在耕地、林地等植被覆盖类型变更为住宅及交通运输用地、工矿仓储用地、其他用地中的裸土地等，主要表现为人为因素造成的自然植被减少现象。监测内容为 2017—2019 年 3 年的岸带/岸线侵占情况。其中，结合实际需求，岸带与岸线分别定义为：岸带为长江干流江岸外 10km 缓冲区范围；岸线为长江干流江岸外 500m 缓冲区范围。

工作中主要采用 2017 年与 2019 年同期 3m 分辨率的 PlanetScope 遥感影像，通过影像的预处理、面向对象变化检测和人机交互图斑判别，提取变化图斑作为岸带/岸线侵占的区域。

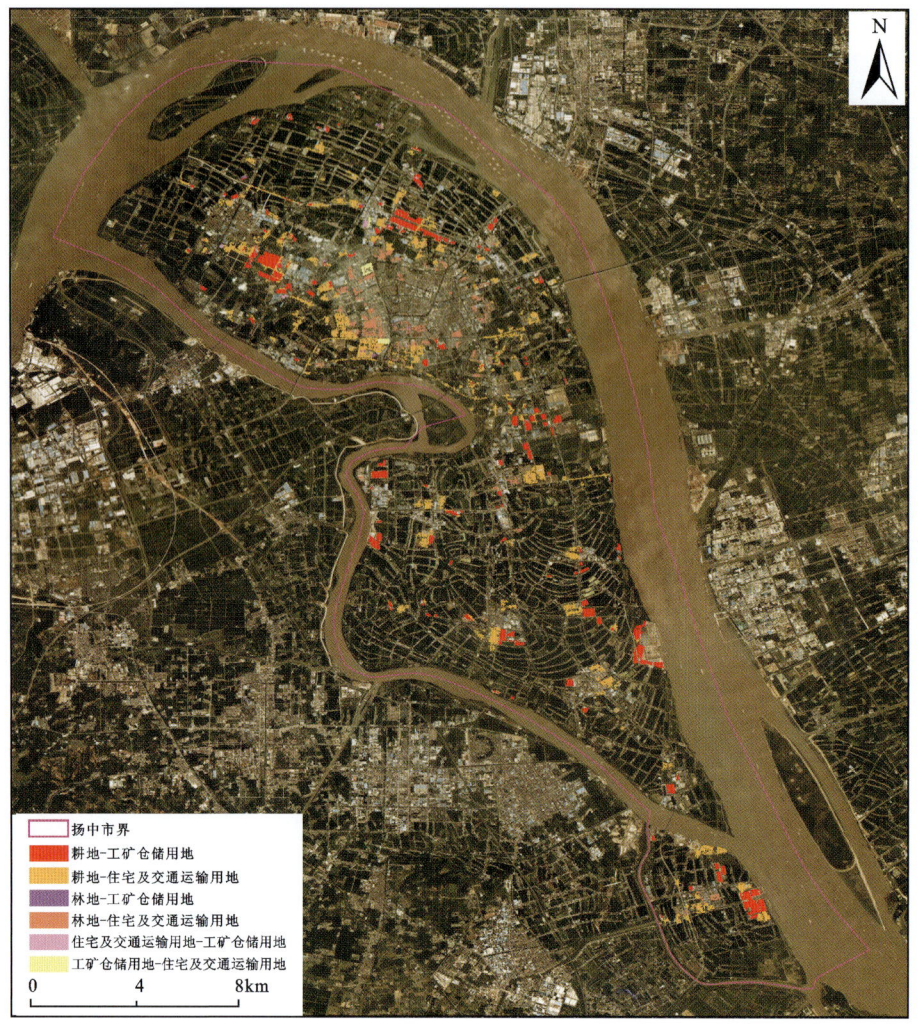

图 13-50 扬中市 2010—2019 年土地利用变更情况图

一、长江干流岸带侵占遥感调查

长江干流岸带侵占的主要调查对象是工作区内（长江沿岸两侧各 10km 范围）耕地、林地等生态系统被破坏，地表裸露或新增人工建（构）筑物，以人为因素侵占为主，少数地区有大型永久性自然因素侵占现象。提取结果分为面状地物侵占（人工建筑区、植被破坏、滑坡等）和线状地物侵占类型（新修道路），统计信息如表 13-28 所示。

表 13-28 岸线/岸带侵占统计信息表

类型	上游	中游	下游	总计
面状地物侵占/km²	50.06	371.82	138.75	560.63
线状地物侵占/km	1 237.20	1 232.00	261.26	2 730.46

从上表可以看出，面状地物侵占中游最多，而线状地物侵占上游最多。经过深入分析，下游主要为修建工厂，上游主要为修建道路。岸带侵占分布如图 13-51 所示。部分典型的岸带侵占示例如表 13-29 所示。

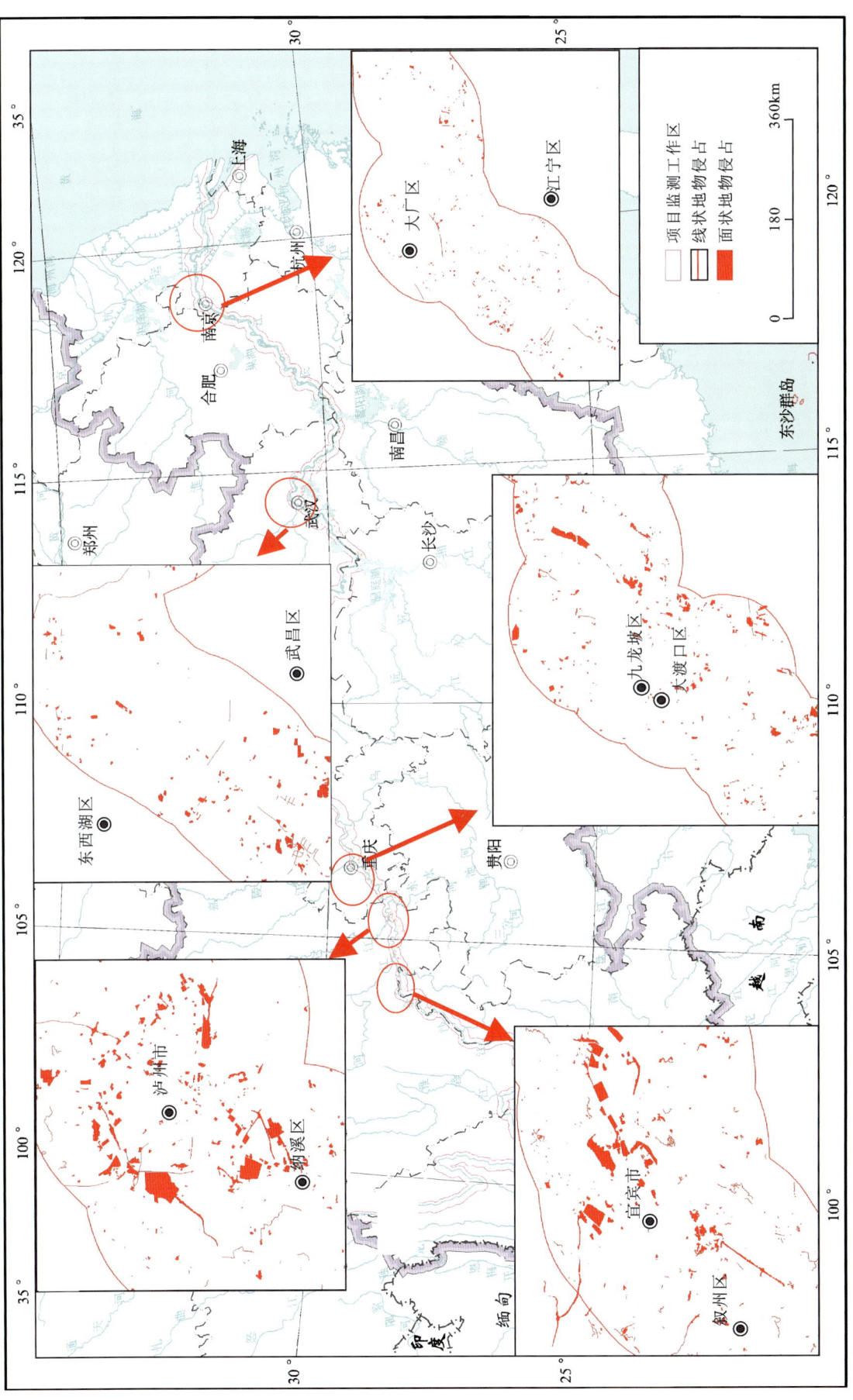

图 13-51 长江干流岸带侵占分布图

表13-29 长江经济带岸带侵占典型区示例

序号	坐标	行政区划	2017年	2019年	侵占说明
1	E97°53′49″ N32°30′00″	四川省甘孜藏族自治州石渠县			植被被侵占为工业厂房
2	E98°42′18″ N31°4′54″	四川省甘孜藏族自治州白玉县			滑坡（金沙江滑坡，植被破坏，土石裸露）
3	E100°3′3″ N26°56′46″	云南省迪庆藏族自治州香格里拉市与丽江市玉龙纳西族自治县交界处			林地被侵占为道路
4	E102°54′1″ N26°57′21″	云南省昭通市巧家县			林地和耕地被侵占为未利用地（裸土）

续表 13-29

序号	坐标	行政区划	2017年	2019年	侵占说明
5	E102°55′7″ N26°54′53″	云南省昭通市巧家县			林地和耕地被侵占为未利用地（裸土）
6	E102°56′44″ N26°52′54″	云南省昭通市巧家县			林地和耕地被侵占为未利用地（裸土）
7	E103°51′23″ N28°39′11″	云南省昭通市绥江县			林地和耕地被侵占为未利用地（裸土）和道路
8	E104°39′51″ N28°46′59″	四川省宜宾市翠屏区			林地被侵占为住宅及交通运输用地、未利用地（裸土）

续表 13-29

序号	坐标	行政区划	2017 年	2019 年	侵占说明
9	E104°50′24″ N28°48′28″	四川省宜宾市翠屏区			林地被侵占为工矿仓储用地
10	E104°56′30″ N28°48′54″	四川省宜宾市南溪区			林地被侵占为住宅及交通运输用地
11	E105°8′49″ N28°43′15″	四川省宜宾市江安县			林地被侵占为未利用地（裸土）
12	E105°13′7″ N28°44′21″	四川省泸州市纳溪区			耕地和林地被侵占为工矿仓储用地

续表 13-29

序号	坐标	行政区划	2017年	2019年	侵占说明
13	E105°29′57″ N28°51′16″	四川省泸州市泾阳区			林地被侵占为未利用地（裸土）
14	E106°8′56″ N29°5′00″	重庆市江津区			林地被侵占为未利用地（裸土）、工矿仓储用地
15	E106°9′29″ N29°13′12″	重庆市江津区			林地被侵占为未利用地（裸土）、工矿仓储用地
16	E106°13′4″ N29°15′15″	重庆市江津区			林地被侵占为未利用地（裸土）、工矿仓储用地

续表 13-29

序号	坐标	行政区划	2017年	2019年	侵占说明
17	E106°21′34″ N29°15′46″	重庆市江津区			林地被侵占为未利用地（裸土）、道路
18	E106°26′30″ N29°19′40″	重庆市江津区			林地被侵占为未利用地（裸土）
19	E111°28′44″ N30°20′6″	湖北省宜昌市宜都市			林地被侵占为未利用地（裸土）、道路
20	E111°36′57″ N30°22′47″	湖北省宜昌市枝江市			林地被侵占为未利用地（裸土）、道路

续表 13-29

序号	坐标	行政区划	2017 年	2019 年	侵占说明
21	E112°24′57″ N29°53′16″	湖北省荆州市石首市			耕地被侵占为工矿仓储用地
22	E112°38′43″ N29°48′25″	湖北省荆州市石首市			耕地被侵占为工矿仓储用地
23	E112°56′48″ N29°48′32″	湖北省荆州市监利县			耕地被侵占为未利用地（裸土）
24	E112°57′27″ N29°26′50″	湖南省岳阳市君山区			耕地被侵占为住宅及交通运输用地、工矿仓储用地

续表 13-29

序号	坐标	行政区划	2017年	2019年	侵占说明
25	E113°19′30″ N29°37′47″	湖南省岳阳市云溪区			耕地被侵占为交通运输用地（道路）、工矿仓储用地、未利用地（裸土）
26	E113°51′36″ N30°9′39″	湖北省荆州市洪湖市			耕地被侵占为交通运输用地（道路）、工矿仓储用地、未利用地（裸土）
27	E114°3′31″ N30°19′58″	湖北省武汉市汉南区			耕地被侵占为住宅及交通运输用地
28	E114°35′54″ N30°41′19″	湖北省武汉市新洲区			耕地被侵占为住宅及交通运输用地

续表 13-29

序号	坐标	行政区划	2017 年	2019 年	侵占说明
29	E115°2′1″ N30°19′37″	湖北省鄂州市鄂城区			林地被侵占为未利用地
30	E116°25′33″ N29°51′4″	江西省九江市彭泽县			耕地、林地被侵占为未利用地、工矿仓储用地
31	E116°36′18″ N29°57′10″	江西省九江市彭泽县			耕地、林地被侵占为未利用地、工矿仓储用地
32	E116°59′47″ N30°30′5″	安徽省安庆市怀宁县			耕地被侵占为未利用地

续表 13-29

序号	坐标	行政区划	2017 年	2019 年	侵占说明
33	E116°57′10″ N30°32′52″	安徽省安庆市怀宁县			林地被侵占为未利用地、交通运输用地（道路）
34	E117°8′30″ N30°32′33″	安徽省安庆市怀宁县			耕地被侵占为交通运输用地（道路）
35	E117°15′25″ N30°31′18″	安徽省池州市贵池区			耕地被侵占为未利用地、工矿仓储用地
36	E117°20′6″ N30°42′28″	安徽省安庆市枞阳县			耕地被侵占为交通运输用地（道路）

续表 13-29

序号	坐标	行政区划	2017 年	2019 年	侵占说明
37	E118°27′30″ N31°31′58″	安徽省马鞍山市当涂县			耕地被侵占为工矿仓储用地
38	E118°29′27″ N31°56′5″	江苏省南京市浦口区			耕地被侵占为未利用地、住宅用地
39	E118°59′47″ N32°9′33″	江苏省南京市栖霞区			耕地、林地被侵占为未利用地、工矿仓储用地、住宅用地
40	E120°8′49″ N31°54′17″	江苏省无锡市江阴市			耕地被侵占为住宅用地

二、长江干流岸线侵占遥感调查

长江港口岸线是依托黄金水道推动长江经济带发展的战略资源,是沿江港口建设和产业布局的重要载体,其开发利用应贯彻"创新、协调、绿色、开放、共享"的发展理念,坚持"生态优先、绿色发展",坚持"远近结合、集约利用、合理开发"。在长江干流岸带侵占遥感调查的基础上,面向长江岸线保护和开发利用的需求,本次对岸线两侧各500m范围内进行了精细化的遥感调查,主要成果如下。

(一)总体成果

对长江干流岸线两侧各500m范围2017—2019年的遥感图像进行对比分析,提取变化图斑,并按照报告所采用的土地利用遥感分类体系对变化前类别、变化后类别进行整理,并重点提取港口码头建设、桥梁建设、围填海(江)等信息,得到长江干流岸线侵占分布特征,各变化种类统计信息如表13-30、表13-31所示。

表 13-30 长江干流岸线面状地物侵占统计信息表

序号	侵占前类别	侵占后类别	面积/km²
1	耕地	工矿仓储用地	2.02
2	耕地	交通运输用地	0.13
3	耕地	其他用地	1.88
4	耕地	住宅用地	0.30
5	林地	工矿仓储用地	8.19
6	林地	交通运输用地	0.83
7	林地	其他用地	8.26
8	林地	住宅用地	3.74
9	其他用地	工矿仓储用地	4.88
10	其他用地	交通运输用地	0.52
11	其他用地	住宅用地	4.08
12	港口码头建设		1.86
13	围填海(江)		4.07
总计			40.76

表 13-31 长江干流岸线线状地物侵占统计信息表

序号	侵占前类别	侵占后类别	长度/km
1	耕地	交通运输用地	16.81
2	林地	交通运输用地	78.56
3	其他用地	交通运输用地	7.65
4	桥梁建设		30.04
总计			133.06

(二)岸线侵占分省(市)统计

1. 上海市

上海市岸线侵占类别主要为林地变更为工矿仓储用地、林地变更为其他用地、其他用地变更为工矿仓储用地和围填海4类,各类的统计信息及百分比分别如表13-32和图13-52所示。

从统计信息表和各类百分比图可以看出,上海市内岸线侵占84.27%为围填海的建设。

表13-32 上海市面状地物侵占统计信息表

序号	侵占前类别	侵占后类别	面积/km²	百分比/%
1	林地	工矿仓储用地	0.50	10.35
2	林地	其他用地	0.07	1.45
3	其他用地	工矿仓储用地	0.19	3.93
4	围填海		4.07	84.27
总计			4.83	100.00

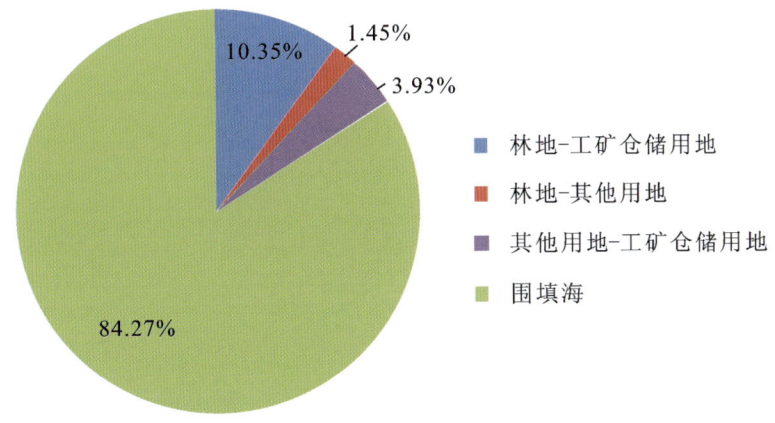

图13-52 上海市面状地物侵占各类百分比图

2. 江苏省

江苏省岸线面状地物侵占类别主要为耕地变更为工矿仓储用地、耕地变更为交通运输用地、耕地变更为住宅用地、林地变更为工矿仓储用地、林地变更为其他用地、林地变更为住宅用地、其他用地变更为工矿仓储用地、其他用地变更为交通运输用地、其他用地变更为住宅用地和港口码头建设10类。线状地物侵占类别主要为耕地变更为交通运输用地、林地变更为交通运输用地、其他用地变更为交通运输用地,以及桥梁建设4类。各类的统计信息及百分比分别如表13-33、表13-34和图13-53、图13-54所示。

从统计信息表和各类百分比图可以看出,江苏省面状地物岸线侵占各类中,占比最高的是林地变更为工矿仓储用地,占总面积的37.18%,其余占比较多的依次为其他用地变更为工矿仓储用地(15.46%)和港口码头建设(13.90%)等,表明江苏省长江干流岸线内新增工矿仓储用地较多,并配套修建了许多港口与码头。

表13-33 江苏省面状地物侵占统计信息表

序号	侵占前类别	侵占后类别	面积/km²	百分比/%
1	耕地	工矿仓储用地	0.85	8.32
2	耕地	交通运输用地	0.13	1.27
3	耕地	住宅用地	0.17	1.66
4	林地	工矿仓储用地	3.80	37.18
5	林地	其他用地	0.91	8.90
6	林地	住宅用地	0.78	7.63
7	其他用地	工矿仓储用地	1.58	15.46
8	其他用地	交通运输用地	0.07	0.69
9	其他用地	住宅用地	1.42	13.90
10	港口码头建设		0.51	4.99
	总计		10.22	100.00

表13-34 江苏省线状地物侵占统计信息表

序号	侵占前类别	侵占后类别	长度/km	百分比/%
1	耕地	交通运输用地	9.70	41.43
2	林地	交通运输用地	0.66	2.82
3	其他用地	交通运输用地	5.00	21.36
4	桥梁建设		8.05	34.39
	总计		23.41	100.00

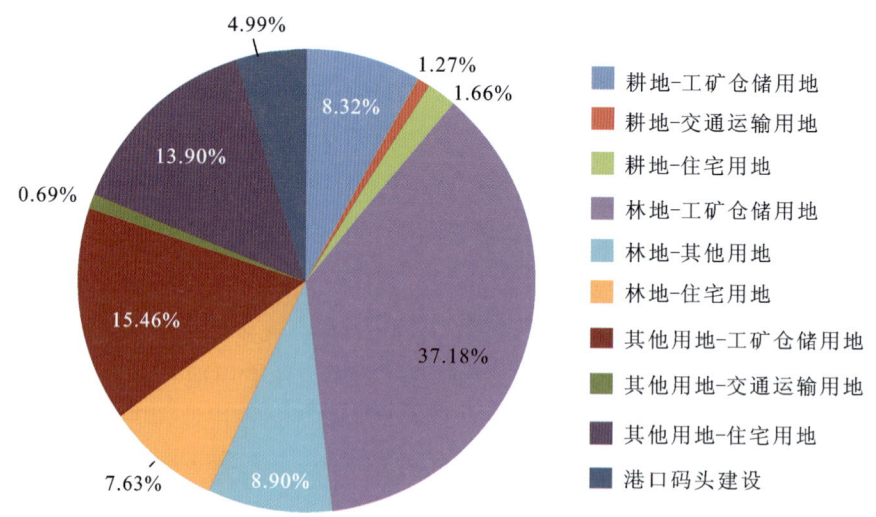

图13-53 江苏省面状地物侵占各类百分比图

江苏省线状地物岸线侵占各类中,占比最高的是耕地变更为交通运输用地,占总长度的41.43%,另外桥梁建设占比34.39%,表明在工矿仓储用地增多的情况下,需要新修道路、桥梁来配合运输。

图13-55为江苏省常熟市一处工矿仓储用地2017年与2019年的变化情况。

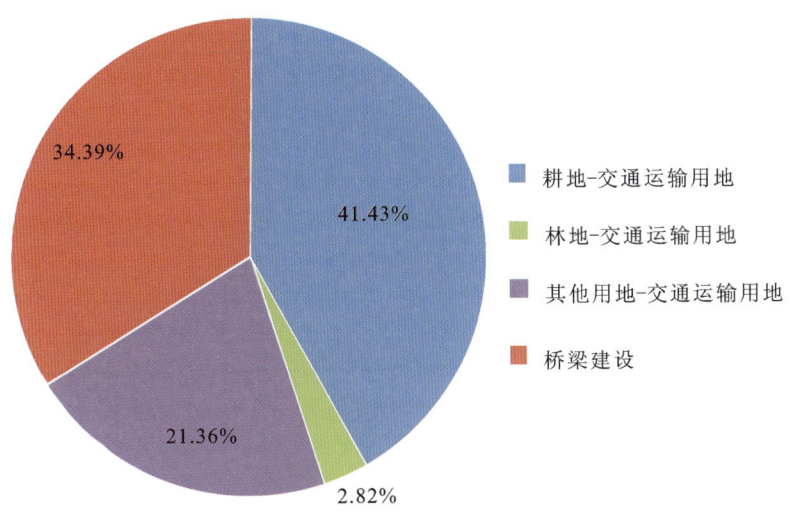

图 13-54　江苏省线状地物侵占各类百分比图

图 13-55　江苏省常熟市岸线侵占示例

3. 安徽省

安徽省岸线面状地物侵占类别主要为耕地变更为工矿仓储用地、耕地变更为交通运输用地、耕地变更为住宅用地、林地变更为工矿仓储用地、林地变更为其他用地、林地变更为住宅用地、其他用地变更为工矿仓储用地、其他用地变更为住宅用地和港口码头建设 9 类。线状地物侵占类别主要为林地变更为交通运输用地和桥梁建设两类。各类的统计信息及百分比分别见表 13-35、表 13-36 和图 13-56、图 13-57。

从统计信息表和各类百分比图可以看出，安徽省面状地物岸线侵占各类中占比最高的是港口码头建设，占总面积的 33.90%，其余占比较多的依次为林地变更为其他用地（18.65%）和其他用地变更为工矿仓储用地（15.25%）等，表明安徽省长江干流岸线内新增工矿仓储用地较多，并配套修建许多港口与码头。

安徽省线状地物岸线侵占各类中，77.31% 为桥梁建设，表明安徽省 2017—2019 年进行了大量跨江桥梁建设。

图 13-58 为安徽省池州市一处工矿仓储用地 2017 年与 2019 年的变化情况。

表 13-35 安徽省面状地物侵占统计信息表

序号	侵占前类别	侵占后类别	面积/km²	百分比/%
1	耕地	工矿仓储用地	0.19	6.44
2	耕地	交通运输用地	0.36	12.20
3	耕地	住宅用地	0.07	2.37
4	林地	工矿仓储用地	0.17	5.76
5	林地	其他用地	0.55	18.65
6	林地	住宅用地	0.04	1.36
7	其他用地	工矿仓储用地	0.45	15.25
8	其他用地	住宅用地	0.12	4.07
9	港口码头建设		1.00	33.90
总计			2.95	100.00

表 13-36 安徽省线状地物侵占统计信息表

序号	侵占前类别	侵占后类别	长度/km	百分比/%
1	林地	交通运输用地	1.72	22.69
2	桥梁建设		5.86	77.31
总计			7.58	100.00

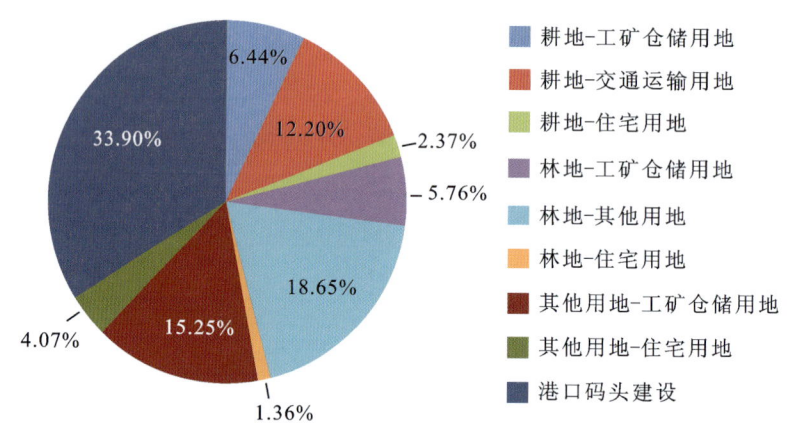

图 13-56 安徽省面状地物侵占各类百分比图

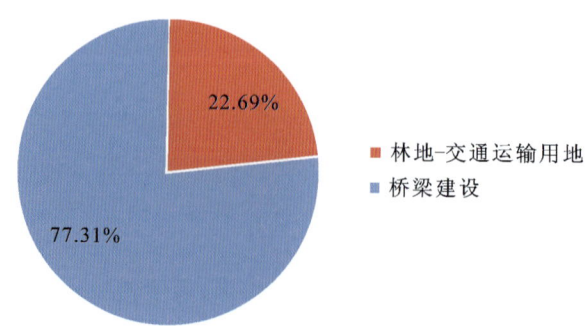

图 13-57 安徽省线状地物侵占各类百分比图

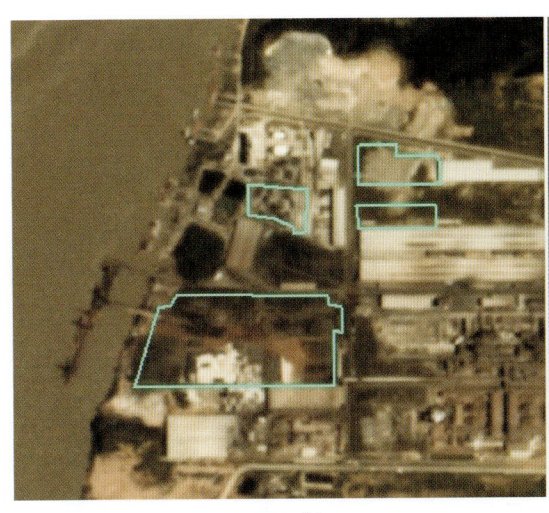
a.2017年

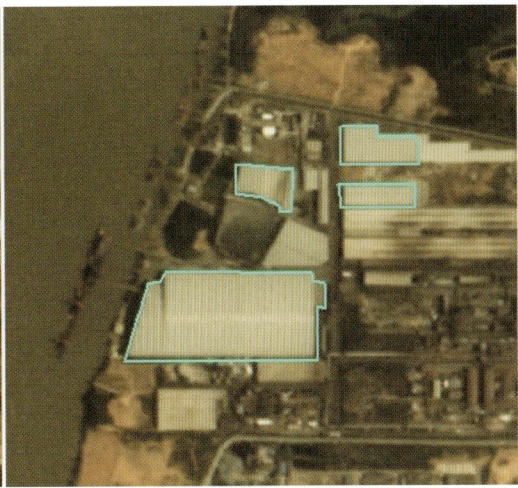
b.2019年

图 13-58 安徽省池州市岸线侵占示例

4. 江西省

江西省岸线面状地物侵占类别主要为耕地变更为工矿仓储用地、耕地变更为其他用地、耕地变更为住宅用地、其他用地变更为工矿仓储用地和其他用地变更为住宅用地 5 类。各类的统计信息及百分比分别如表 13-37 和图 13-59 所示。

表 13-37 江西省面状地物侵占统计信息表

序号	侵占前类别	侵占后类别	面积/km²	百分比/%
1	耕地	工矿仓储用地	0.004*	2.68
2	耕地	其他用地	0.061	40.94
3	耕地	住宅用地	0.004	2.69
4	其他用地	工矿仓储用地	0.077	51.68
5	其他用地	住宅用地	0.003	2.01
总计			0.149	100.00

注：* 处耕地变更为工矿仓储用地面积保留小数前比耕地变更为住宅用地面积稍小，故百分比取值时略不同。

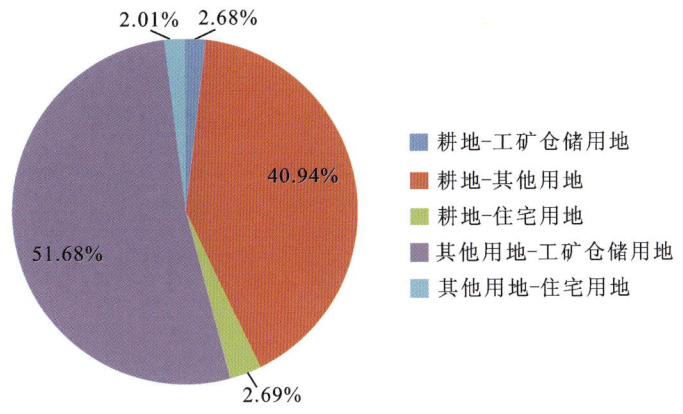

图 13-59 江西省面状地物侵占各类百分比图

从统计信息表和各类百分比图可以看出,江西省面状地物岸线侵占各类中,占比最高的是其他用地变更为工矿仓储用地,占总面积的51.68%,其次占比较多的为耕地变更为其他用地(40.94%),二者几乎占据了所有的变化面积,表明江西省长江干流岸线内主要侵占形式为耕地变更为其他用地进而变更为工矿仓储用地。

图13-60为江西省九江市一处住宅用地和工矿仓储用地2017年与2019年的变化情况。

a.2017年　　　　　　　　　　　b.2019年

图13-60　江西省九江市岸线侵占示例

5. 湖南省

湖南省岸线面状地物侵占类别主要为耕地变更为住宅用地、林地变更为工矿仓储用地、林地变更为其他用地、其他用地变更为工矿仓储用地4类。各类的统计信息及百分比分别如表13-38和图13-61所示。

表13-38　湖南省面状地物侵占统计信息表

序号	侵占前类别	侵占后类别	面积/km²	百分比/%
1	耕地	住宅用地	0.03	4.35
2	林地	工矿仓储用地	0.46	66.67
3	林地	其他用地	0.08	11.59
4	其他用地	工矿仓储用地	0.12	17.39
	总计		0.69	100.00

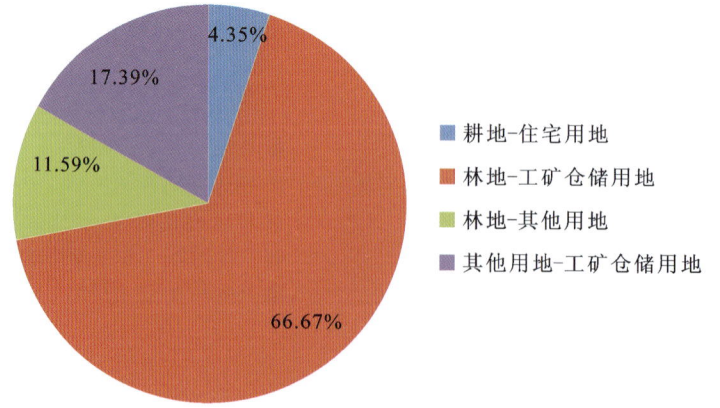

图13-61　湖南省面状地物侵占各类百分比图

从统计信息表和各类百分比图可以看出,湖南省面状地物岸线侵占各类中,占比最高的是林地变更为工矿仓储用地,占总面积的66.67%,其余占比较多的为其他用地变更为工矿仓储用地(17.39%),表明湖南省长江干流岸线内新增工矿仓储用地较多。

图13-62为湖南省岳阳市某处工矿仓储用地2017年与2019年的变化情况。

图13-62 湖南省岳阳市岸线侵占示例

6. 湖北省

湖北省岸线面状地物侵占类别主要为耕地变更为工矿仓储用地、耕地变更为其他用地、耕地变更为住宅用地、林地变更为工矿仓储用地、林地变更为交通运输用地、林地变更为其他用地、林地变更为住宅用地、其他用地变更为工矿仓储用地、其他用地变更为住宅用地和港口码头建设10类。线状地物侵占类别主要为耕地变更为交通运输用地、林地变更为交通运输用地、其他用地变更为交通运输用地和桥梁建设4类。各类的统计信息及百分比分别如表13-39、表13-40、图13-63、图13-64所示。

表13-39 湖北省面状地物侵占统计信息表

序号	侵占前类别	侵占后类别	面积/km²	百分比/%
1	耕地	工矿仓储用地	0.96	12.77
2	耕地	其他用地	0.64	8.51
3	耕地	住宅用地	0.01	0.13
4	林地	工矿仓储用地	0.86	11.44
5	林地	交通运输用地	0.09	1.20
6	林地	其他用地	1.94	25.80
7	林地	住宅用地	0.37	4.92
8	其他用地	工矿仓储用地	1.32	17.55
9	其他用地	住宅用地	1.08	14.36
10	港口码头建设		0.25	3.32
总计			7.52	100.00

表 13-40　湖北省线状地物侵占统计信息表

序号	侵占前类别	侵占后类别	长度/km	百分比/%
1	耕地	交通运输用地	9.70	41.43
2	林地	交通运输用地	0.66	2.82
3	其他用地	交通运输用地	5.00	21.36
4	桥梁建设		8.05	34.39
总计			23.41	100.00

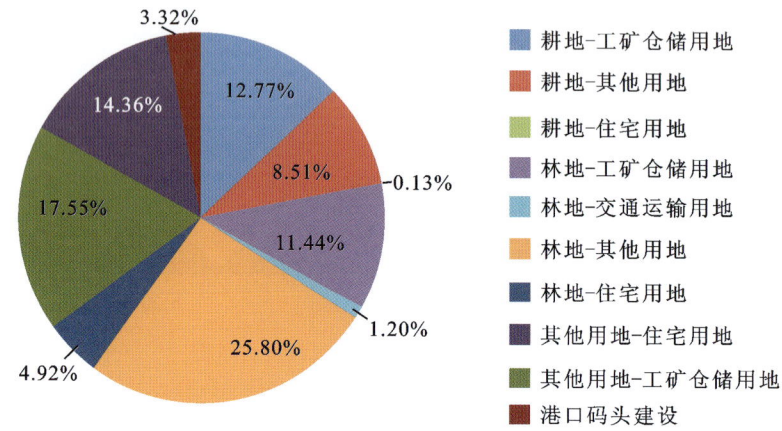

图 13-63　湖北省面状地物侵占各类百分比图

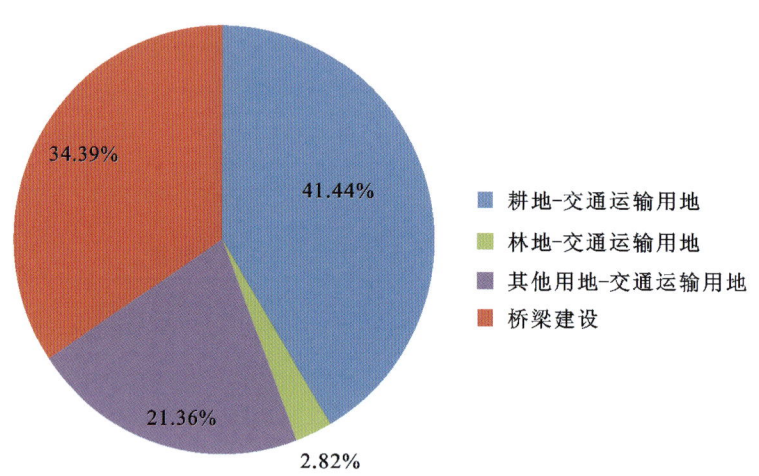

图 13-64　湖北省线状地物侵占各类百分比图

从统计信息表和各类百分比图可以看出，湖北省面状地物岸线侵占各类中占比最高的是林地变更为其他用地，占总面积的 25.80%，其余占比较多的依次为其他用地变更为工矿仓储用地 (17.55%) 和其他用地变更为住宅用地 (14.36%) 等，表明湖北省长江干流岸线内新增住宅用地较多，住宅用地修建主要为侵占林地和耕地。

湖北省线状地物岸线侵占各类中占比最高的是耕地变更为交通运输用地，占总长度的 41.43%，另外林地变更为交通运输用地百分比为 21.36%，且桥梁建设侵占用地百分比达 34.39%。这表明湖北省 2017—2019 年道路、桥梁修建数量较多。

图 13-65 为湖北省咸宁市一处工矿仓储用地 2017 年与 2019 年的变化情况。

a.2017年　　　　　　　　　　　　　　b.2019年

图 13-65　湖北省咸宁市岸线侵占示例

7. 重庆市

重庆市岸线面状地物侵占类别主要为林地变更为工矿仓储用地、林地变更为交通运输用地、林地变更为其他用地、林地变更为住宅用地、其他用地变更为工矿仓储用地、其他用地变更为交通运输用地、其他用地变更为住宅用地和港口码头建设 8 类。线状地物侵占类别主要为林地变更为交通运输用地、其他用地变更为交通运输用地和桥梁建设 3 类。各类的统计信息及百分比分别如表 13-41、表 13-42 和图 13-66、图 13-67 所示。

表 13-41　重庆市面状地物侵占统计信息表

序号	侵占前类别	侵占后类别	面积/km²	百分比/%
1	林地	工矿仓储用地	0.98	21.54
2	林地	交通运输用地	0.07	1.54
3	林地	其他用地	1.79	39.34
4	林地	住宅用地	0.94	20.66
5	其他用地	工矿仓储用地	0.18	3.95
6	其他用地	交通运输用地	0.09	1.98
7	其他用地	住宅用地	0.43	9.45
8	港口码头建设		0.07	1.54
	总计		4.55	100.00

表 13-42　重庆市线状地物侵占统计信息表

序号	侵占前类别	侵占后类别	长度/km	百分比/%
1	林地	交通运输用地	6.06	81.67
2	其他用地	交通运输用地	0.44	5.93
3	桥梁建设		0.92	12.40
	总计		7.42	100.00

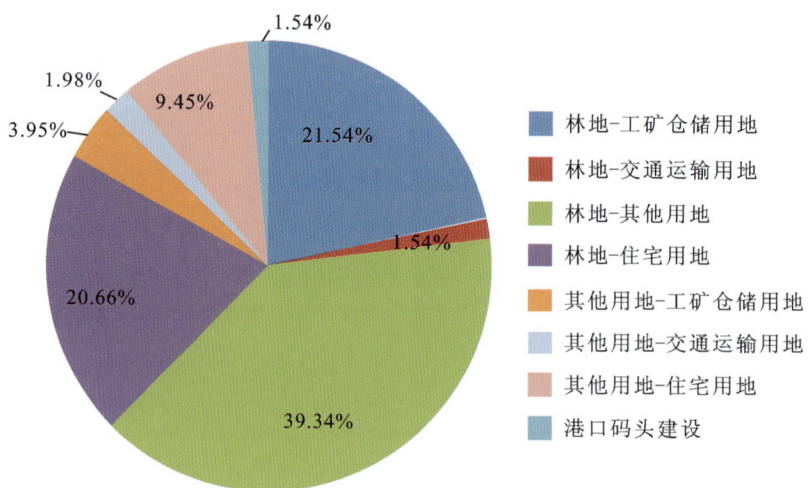

图 13-66　重庆市面状地物侵占各类百分比图

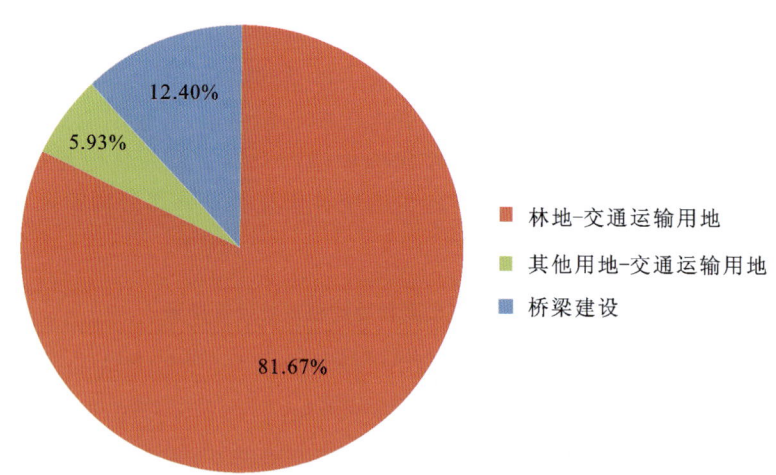

图 13-67　重庆市线状地物侵占各类百分比图

从统计信息表和各类百分比图可以看出，重庆市面状地物岸线侵占各类中占比最高的是林地变更为其他用地，占总面积的 39.34%，其余占比较多的依次为林地变更为工矿仓储用地（21.54%）和林地变更为住宅用地（20.66%）等，表明重庆市长江干流岸线侵占主要表现为占用林地、修建住宅用地和工矿仓储用地。

重庆市线状地物岸线侵占各类中，占比最高的是林地变更为交通运输用地，占总长度的 81.67%，表明重庆市侵占林地修建道路现象较多。

图 13-68 为重庆市江津区某处工矿仓储用地 2017 年与 2019 年的变化情况。

8. 四川省

四川省岸线面状地物侵占类别主要为耕地变更为其他用地、耕地变更为住宅用地、林地变更为工矿仓储用地、林地变更为交通运输用地、林地变更为其他用地、林地变更为住宅用地、其他用地变更为工矿仓储用地、其他用地变更为交通运输用地、其他用地变更为住宅用地 9 类。线状地物侵占类别主要为林地变更为交通运输用地、其他用地变更为交通运输用地和桥梁建设 3 类。各类的统计信息及百分比分别如表 13-43、表 13-44 和图 13-69、图 13-70 所示。

a.2017年　　　　　　　　　　　　　　　　b.2019年

图 13-68　重庆市江津区岸线侵占示例

表 13-43　四川省面状地物侵占统计信息表

序号	侵占前类别	侵占后类别	面积/km²	百分比/%
1	耕地	其他用地	0.72	7.73
2	耕地	住宅用地	0.01	0.11
3	林地	工矿仓储用地	1.36	14.61
4	林地	交通运输用地	0.68	7.31
5	林地	其他用地	2.69	28.89
6	林地	住宅用地	1.57	16.86
7	其他用地	工矿仓储用地	0.92	9.88
8	其他用地	交通运输用地	0.36	3.87
9	其他用地	住宅用地	1.00	10.74
	总计		9.31	100.00

表 13-44　四川省线状地物侵占统计信息表

序号	侵占前类别	侵占后类别	长度/km	百分比/%
1	林地	交通运输用地	47.19	92.37
2	其他用地	交通运输用地	1.18	2.31
3	桥梁建设		2.72	5.32
	总计		51.09	100.00

从统计信息表和各类百分比图可以看出,四川省面状地物岸线侵占各类占比较为平均,最高的是林地变更为其他用地,占总面积的 28.89%,其余占比较多的依次为林地变更为住宅用地(16.86%)和林地变更为工矿仓储用地(14.61%)等,表明四川省长江干流岸线内,主要侵占类型为占用林地修建住宅、工矿仓储用地等。

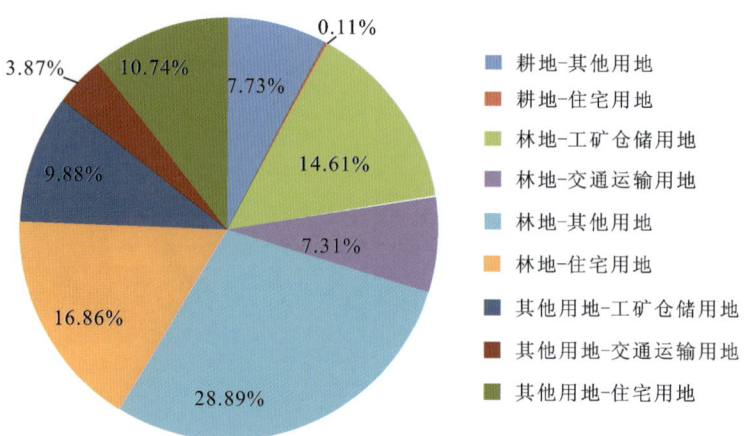

图 13-69　四川省面状地物侵占各类百分比图

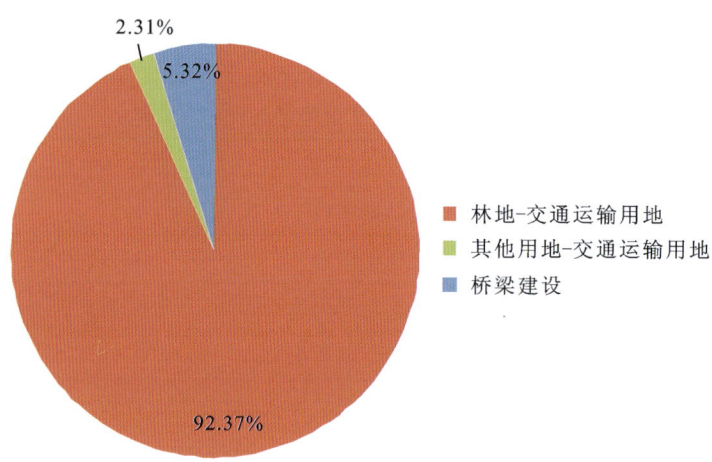

图 13-70　四川省线状地物侵占各类百分比图

四川省线状地物岸线侵占各类中,绝大多数为林地变更为交通运输用地,占总长度的 92.37%,表明四川省修建道路较多。

图 13-71 为四川省宜宾市某处工矿仓储用地 2017 年与 2019 年的变化情况。

a.2017年　　　　　　　　　　　　b.2019年

图 13-71　四川省宜宾市岸线侵占示例

9. 云南省

云南省岸线面状地物侵占类别主要为耕地变更为工矿仓储用地、耕地变更为其他用地、耕地变更为住宅用地、林地变更为工矿仓储用地、林地变更为其他用地、林地变更为住宅用地、其他用地变更为工矿仓储用地、其他用地变更为住宅用地和港口码头建设9类。线状地物侵占类别主要为耕地、林地、其他用地变更为交通运输用地3类。各类的统计信息及百分比分别如表13-45、表13-46和图13-72、图13-73所示。

表13-45 云南省面状地物侵占统计信息表

序号	侵占前类别	侵占后类别	面积/km²	百分比/%
1	耕地	工矿仓储用地	0.02	3.57
2	耕地	其他用地	0.11	19.64
3	耕地	住宅用地	0.01	1.79
4	林地	工矿仓储用地	0.06	10.71
5	林地	其他用地	0.23	41.07
6	林地	住宅用地	0.05	8.93
7	其他用地	工矿仓储用地	0.05	8.93
8	其他用地	住宅用地	0.01	1.79
9	港口码头建设		0.02	3.57
	总计		0.56	100.00

表13-46 云南省线状地物侵占统计信息表

序号	侵占前类别	侵占后类别	长度/km	百分比/%
1	耕地	交通运输用地	2.72	12.86
2	林地	交通运输用地	18.40	87.00
3	其他用地	交通运输用地	0.03	0.14
	总计		21.15	100.00

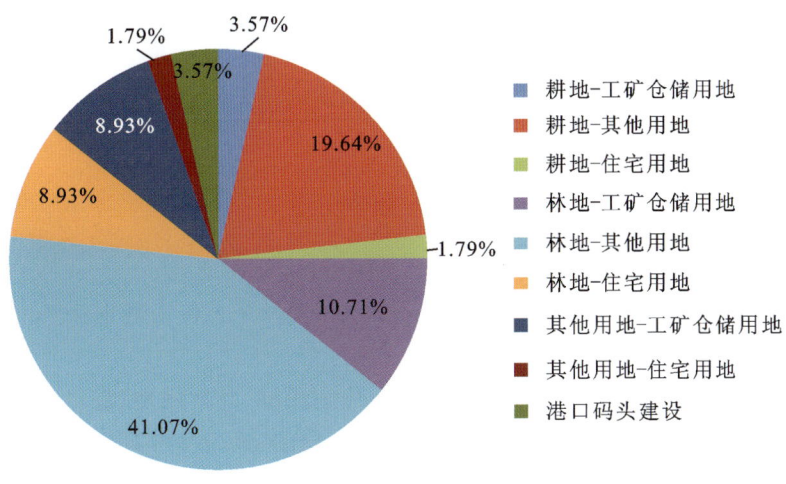

图13-72 云南省面状地物侵占各类百分比图

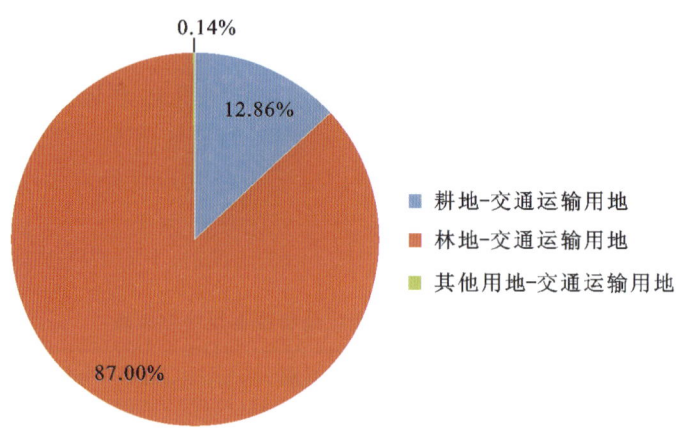

图 13-73 云南省线状地物侵占各类百分比图

从统计信息表和各类百分比图可以看出,云南省面状地物岸线侵占各类中占比最高的是林地变更为其他用地,占总面积的 41.07%,其余占比较多的依次为耕地变更为其他用地(19.64%)和林地变更为工矿仓储用地(10.71%)等,表明云南省长江干流岸线内主要侵占类型为侵占耕地和林地开展建设,在 2019 年仍处于建设状态。

云南省线状地物岸线侵占各类中,林地变更为交通运输用地占绝大多数,占总长度的 87.00%,表明在云南省林地修建道路现象较多。

图 13-74 为云南省昭通市某处其他用地 2017 年与 2019 年的变化情况。

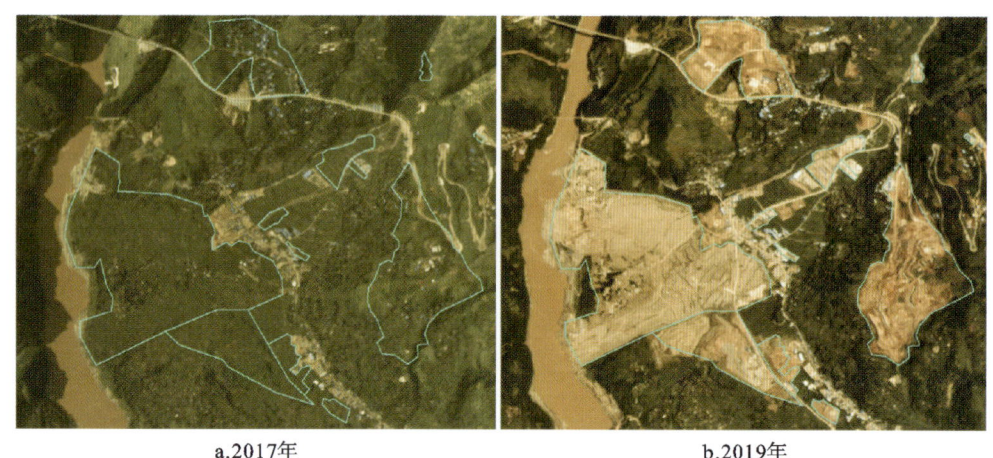

a.2017年　　　　　　　　　　b.2019年

图 13-74 云南省昭通市岸线侵占示例

(三)长江干流岸线侵占遥感调查统计分析

以面状地物侵占为例,侵占前类别主要为林地、耕地与其他用地(图 13-75),其中侵占林地占比为 60.87%,侵占耕地占比为 12.05%,侵占其他用地占比为 27.08%。侵占林地接近占岸线侵占的 2/3,表明近 3 年来长江干流岸线林地的减少最多。

侵占后类别主要有工矿仓储用地、交通运输用地、住宅用地、其他用地、港口码头建设和围填海(江)等(图 13-76),其中工矿仓储用地占比最多,占据总面积的 36.50%,其次是其他用地,占总面积的 24.60%,住宅用地占 20.36%。其他用地主要为开工建设形成的裸土地,随着工程的进程会变更为工矿仓储用地、住宅用地等。

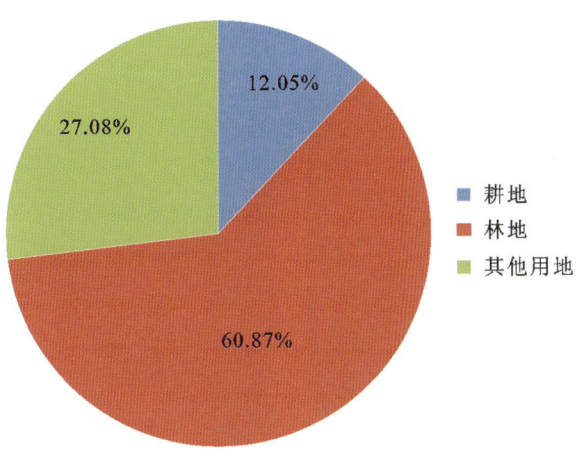

13-75 长江干流岸线面状地物侵占前类别百分比图

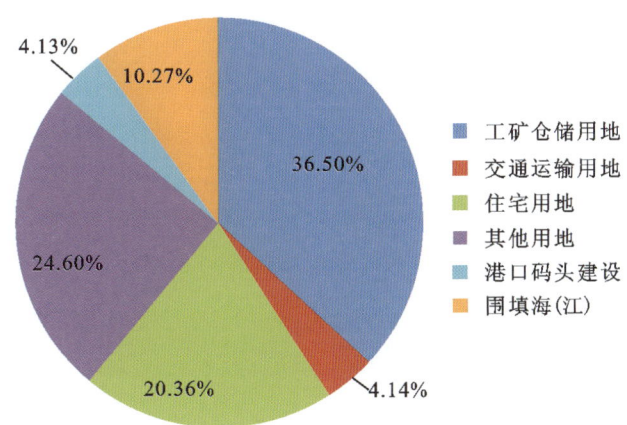

图 13-76 长江干流岸线面状地物侵占后类型百分比图

第六节 长江江岸变迁遥感调查

长江干流岸线总体上稳定,局部区域存在年际及季节性变化。

一、长江江苏—上海段江岸变迁

长江下游南京至上海长江入海口岸线在过去 10 年整体稳定,变化主要受该段自然及人为因素影响,不同区域局部岸线变化差异明显。一方面由于来沙减少及水流冲刷,一些岸段出现岸线侵蚀崩塌;另一方面,人为因素的影响(主要包括河道开发利用、岸堤加固、江心洲开发建设及整治等)导致岸线发生一定程度的变化。统计表明,2010—2019 年期间,新增陆地面积为 349.74km^2,减少面积为 7.67km^2。具体的人为影响和自然改变如下。

1. 河道开发利用(机场、码头)

河道开发利用一般包括机场、码头建设,例如浦东机场第四跑道扩建、南通码头建设、太仓江滩湿地公园建设等(图 13-77~图 13-79),导致沿江堤岸发生变化。

图 13-77　浦东机场第四跑道扩建

图 13-78　南通码头建设

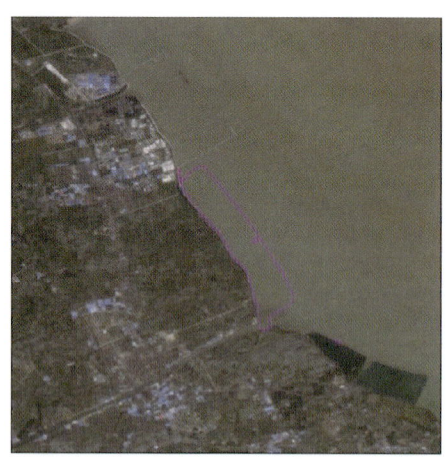 

图 13-79　太仓江滩湿地公园建设

2. 江心洲围垦

在江心洲下游和近岸侧的围垦工程使得江心洲的堤岸情况发生变化,例如横沙东滩圈围工程(图 13-80)。

 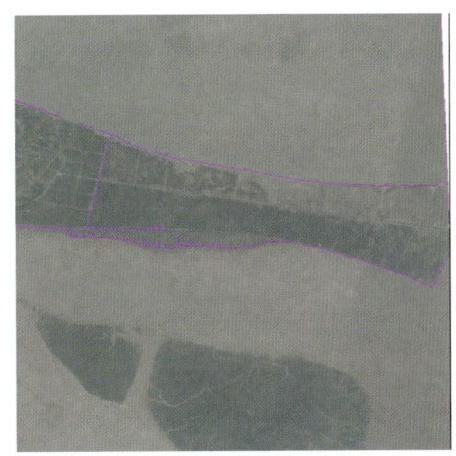

图 13-80　横沙东滩圈围工程

3. 防护

在河流近岸和河道弯曲的凹岸堤段进行防护堤加固工程，致使河流近岸及凹岸岸堤的形状发生改变（图 13-81、图 13-82），例如常熟岸堤加固、胜利沙岸堤加固等。

图 13-81　常熟岸堤加固

图 13-82　胜利沙（反修沙）岸堤加固

4. 江岸崩塌

由于上游来沙减少、水厂抽水、江水冲刷、地下水渗流和人为采砂等原因，岸堤发现窝崩、条崩等江岸坍塌现象，使岸堤出现变化（图 13-83、图 13-84）。

a.坍塌前　　　　　　　　　　b.坍塌后

图 13-83　扬中岸堤坍塌

注：2017 年扬中段长江右岸由于江水冲刷引起主江堤坍塌。

a.坍塌前　　　　　　　　　　b.坍塌后

图 13-84　镇江江心洲坍塌

注：2012 年镇江市丹徒区江心洲五套村附近的江堤坍塌。

二、长江上游江岸变迁情况

长江上游以金沙江为主，金沙江穿行于川、藏、滇三省（区）之间，河流面积超过 47 万 km^2，落差超过 3000km，水利资源 1 亿多千瓦，占长江水利资源的 40% 以上，中、下游分别规划了"一库八级"和四级水电开发方案，其中 2010—2019 年期间建成运行的水电站共 7 座，如图 13-85 所示。水电站的建成蓄水使得金沙江中下游段出现多级水库，使得水域面积增加、岸线外扩。

梨园水电站位于云南省丽江市玉龙纳西族自治县（简称玉龙县）与迪庆藏族自治州香格里拉市交界的金沙江河段，为金沙江中游河段"一库八级"水电开发方案的第三梯级，以发电为主，兼顾防洪、旅游等综合效益。梨园水电站于 2008 年开工，2018 年进入全面竣工阶段。通过 2010 年与 2019 年水体影像提

图13-85 长江上游金沙江段岸线(2010—2019)变迁图

取对比发现,梨园水电站建成后上游江面变宽,岸线向两侧扩展明显。

此外,作为金沙江水电基地中游河段"一库八级"水电开发方案最后一个梯级的水电站,观音岩水电站位于云南省丽江市华坪县与四川省攀枝花市的交界处。观音岩水电站工程开始于2008年,于2011年1月实现大江截流,2014年10月下闸蓄水,2016年全部建成。对比2010年与2019年前后的水体岸线,观音岩水电站对长江干流岸线的影响显著。

三、长江江岸丰水期与枯水期对比

丰水期与枯水期江岸岸线变化以水库库容的调节以及江心洲的显隐为主,整体岸线变化不显著。比较典型的区域为三峡水库(图13-86),由于三峡水库承担了防洪、抗旱、发电、航运等多种功能,水库

图13-86 三峡水库岸线变化示例

库容异于自然水域变化规律,其中因防洪是三峡水库的首要目标。三峡水库正常蓄水水位枯水期为175m,保障灌溉和航运的正常;丰水期水位为145m,为防洪需提前降低水库库容。因此,三峡水库丰水期岸线范围小于枯水期岸线范围。另一个典型示例为中游洞庭湖段(图13-87),丰水期和枯水期岸线基本吻合,差异之处在于江心洲的范围,丰水期江心洲露出水面面积减少,枯水期面积增加,另外一些暗沙则只在枯水期显现。

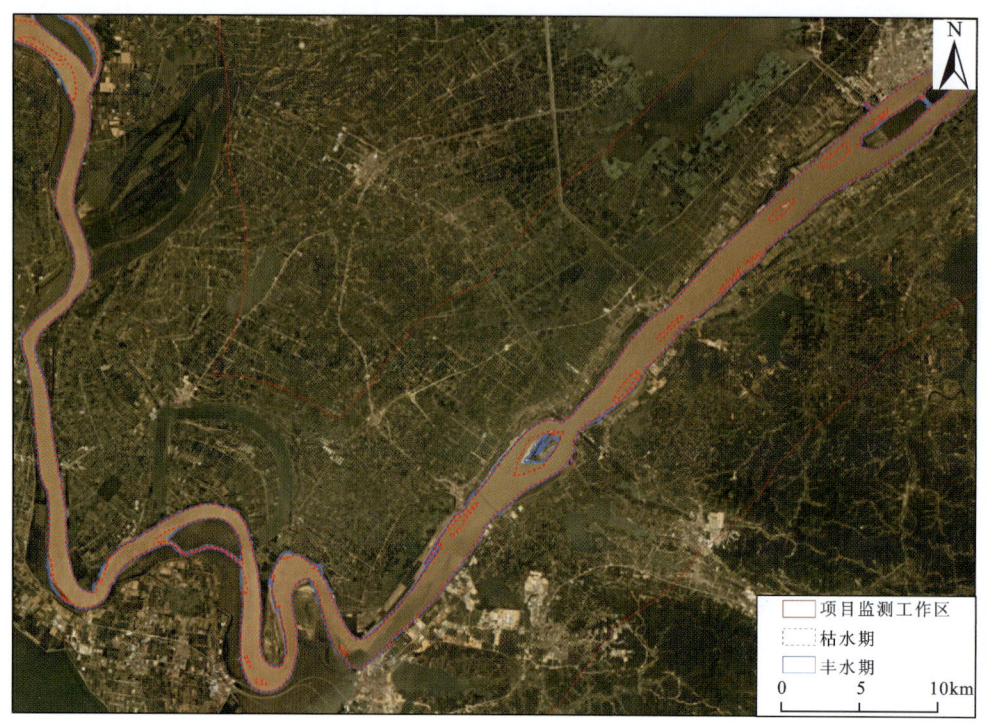

图 13-87 洞庭湖段岸线变化示例

第七节 资源环境与产业化布局时空演化规律

一、资源环境与产业化布局现状

1. 沿长江方向

对长江上、中、下游第一产业(对应耕地、林地)和第二产业(对应工矿仓储用地)面积及占区域总面积的百分比进行统计,得到如表 13-47 所示的结果。对各地物类别面积占区域总面积的百分比进行对比分析,结果如图 13-88 所示。

表 13-47 2019 年长江干流岸线上、中、下游土地利用面积及百分比

地物类别	上游		中游		下游	
	面积/km²	百分比/%	面积/km²	百分比/%	面积/km²	百分比/%
耕地	11 209.70	19.72	11 422.05	52.31	9 886.80	50.21
林地	40 909.30	71.98	5 204.80	23.84	3 857.39	19.59
工矿仓储用地	281.77	0.50	389.61	1.78	1 269.94	6.45

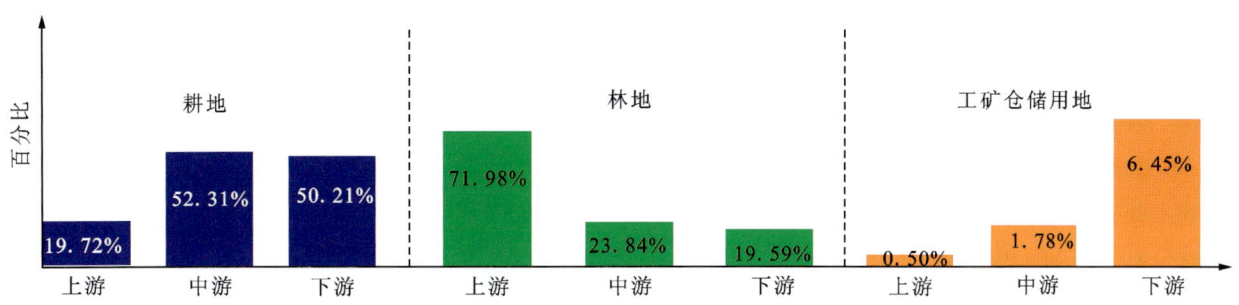

图 13-88　各地物类别上、中、下游面积百分比图

从表 13-47 和图 13-88 可以得出以下结论：①耕地面积占比中游最多，其次是下游和上游，中游和下游耕地占比相当；②林地面积占比上游最多，其次是中游和下游，上游林地面积占比远高于中游和下游；③工矿仓储用地占比下游最多，其次是中游和上游，下游工矿仓储用地面积占比远高于中游和下游，上游工矿仓储用地面积占比仅为 0.50%；④总体而言，上游以纯自然生态为主，中游以第一产业为主，下游以第二产业为主。

2. 垂直长江方向

垂直长江江岸方向 10km、5km、1km 范围内，耕地、林地和工矿仓储用地的面积和百分比如表 13-48 所示。

表 13-48　2019 年长江干流岸线 10km、5km、1km 范围土地利用面积及百分比

地物类别	10km		5km		1km	
	面积/km²	百分比/%	面积/km²	百分比/%	面积/km²	百分比/%
耕地	32 516.26	33.10	17 815.24	34.59	4 083.50	37.25
林地	49 914.10	50.80	24 732.85	48.03	4 228.44	38.57
工矿仓储用地	1 935.87	1.97	1 398.40	2.72	508.28	4.64

从表 13-48 可以看出，长江干流岸带耕地和林地占大部分面积，1km 范围内耕地和林地共占比 75.82%，5km 范围内共占比 82.62%，10km 范围内共占比 83.90%，表明长江干流岸带地物类型以自然生态和第一产业为主。工矿仓储用地在 1km 范围内占比为 4.64%，高于 5km 和 10km 的占比，另外对 1km 范围、1~5km 范围和 5~10km 范围区间的工矿仓储用地进行面积统计，对比结果如图 13-89 所示。

从图 13-89 中可以看出，1km 范围内工矿仓储用地的所占面积百分比最高，主要是依托于长江的水运优势沿长江两岸发展第二产业。

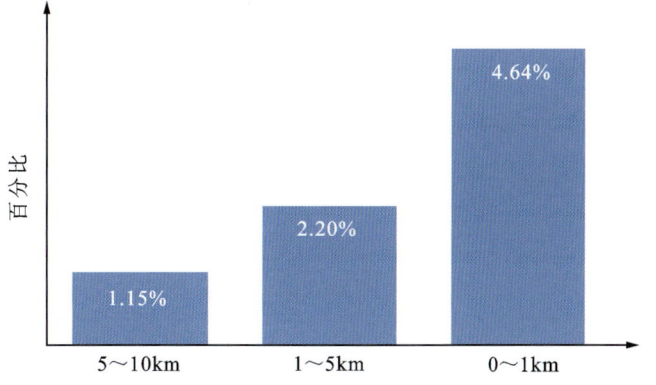

图 13-89　2019 年长江干流岸线 10km、5km、1km 范围工矿仓储用地百分比

二、资源环境与产业化布局时空演化

1. 沿长江方向

对长江干流岸带上中下游第一产业(耕地、林地)变更为第二产业(工矿仓储用地)情况进行统计,如表13-49所示。

表13-49 沿长江方向产业化布局变化信息表

	变化类别	面积/km²	合计面积/km²	区域总面积/km²	百分比/%
上游	耕地-工矿仓储用地	93.53	114.00	56 836.91	0.20
	林地-工矿仓储用地	20.47			
中游	耕地-工矿仓储用地	118.56	154.26	21 835.13	0.71
	林地-工矿仓储用地	35.70			
下游	耕地-工矿仓储用地	195.97	287.24	19 691.61	1.46
	林地-工矿仓储用地	91.27			

注:区域总面积是指长江干流岸带两侧各10km对应的上游、中游和下游面积。

从表13-49中可以看出,长江下游耕地和林地变更为工矿仓储用地的面积和占比最高,其次是中游和上游,这与本章第五节岸带侵占遥感调查的面状地物侵占调查结果一致,表明下游第二产业发展更为迅速,同时对自然资源的破坏程度也相对最高。

2. 垂直长江方向

垂直长江江岸方向10km、5km、1km范围内,耕地、林地和工矿仓储用地的面积和百分比如表13-50所示。

表13-50 垂直长江方向产业化布局变化信息表

	变化类别	1km	5km	10km
耕地	耕地-工矿仓储用地面积/km²	78.60	282.84	408.24
	变化面积占区域面积百分比/%	0.72	0.55	0.42
林地	林地-工矿仓储用地面积/km²	32.10	109.88	148.66
	变化面积占区域面积百分比/%	0.29	0.21	0.15
总计	总变化面积/km²	121.23	503.46	843.85
	变化面积占区域面积百分比/%	1.11	0.98	0.86

对1km、1~5km、5~10km范围内总变化面积占比进行统计,对比结果如图13-90所示。

从表13-50和图13-90可以看出,长江干流岸带1km范围内第一产业(耕地、林地)变更为第二产业(工矿仓储用地)的占比最多,其次是1~5km范围和5~10km范围,表明近10年来第二产业发展最快的仍集中在长江沿岸,不过从综合的现状占比来看,长江沿岸的变化情况并没有远高于远离江岸地区,原因可能是以下两点:①长江沿岸的开发现状接近饱和,没有足够的耕地和林地可以开发为工业用地,主要集中在中下游区域;②长江中上游沿岸自然生态保护情况较好,破坏生态成本高且需要配套修建道路交通,因此变化率并不显著。

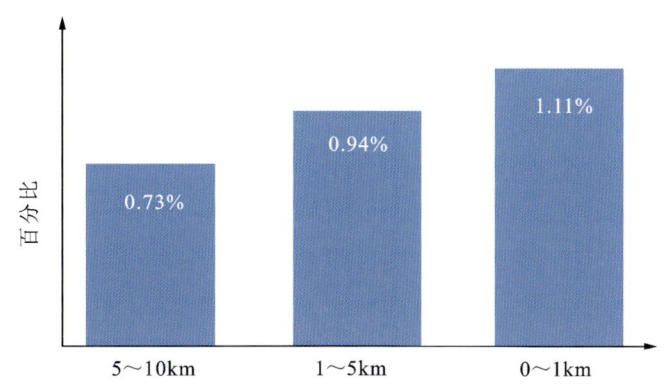

图 13-90　长江干流岸线 10km、5km、1km 范围工矿仓储用地变化情况

第八节　小　结

（1）基于遥感手段完成了长江干流岸带全域土地利用及变化信息提取，基本查明了近 10 年长江岸带的自然资源利用状况和社会经济发展状况，并重点针对长江岸线、江都经济开发区和扬中市进行了精细化的遥感信息提取。

（2）对长江干流岸带土地利用现状和变更情况进行了分析，重点分析资源环境与产业化布局现状和时空演化过程，结合横向（沿长江方向）和纵向（垂直长江方向）分析，揭示了长江干流岸带第一、第二产业的发展和布局情况，针对区域经济社会和自然资源可持续发展进行了系统阐述。

（3）利用遥感小卫星群数据高时间分辨率的特点，对长江干流岸带 2017—2019 年进行高频次数据采集，通过时间序列图像的对比，提取长江干流岸带/岸线侵占信息，综合分析自然地物（耕地、林地等）变更为建设用地的情况，为长江干流岸带自然资源保护与利用提供数据参考。

（4）对不同年份（2010 年和 2019 年）和每年度的丰水期、枯水期的长江干流江岸岸线进行提取，分析水电站建设、港口码头建设、丰枯水期对长江干流江岸的影响，通过叠加分析提取长江干流江岸变迁信息。

第五篇
支撑服务国土空间规划篇

　　本篇主要阐述了长江经济带资源环境承载能力评价和国土空间开发利用适宜性评价的有关内容。通过研究，以地质环境承载能力、地下水资源环境承载能力和土地资源承载能力3个要素评价了长江经济带的资源环境承载能力，在此基础上探索形成了大流域（长江经济带）、经济区（皖江经济带、苏南现代化示范区等区域）和县（市）（重庆丰都）3种尺度的资源环境承载能力评价方法体系。同时，建立沿江港口码头、长江大桥、过江隧道、易污染工业、仓储用地和沿海跨海通道6种重大工程建设适宜性评价方法体系，以及长江经济带地下盐穴和江苏连云港水封洞库两种国土空间开发利用适宜性评价方法体系。对长江经济带的资源环境承载能力和国土空间开发利用适宜性进行了评价，编制了系列图件，为长江经济带国土空间规划、重大工程选址、生态环境保护与修复提供了基础支撑。

第十四章　长江经济带资源环境承载能力评价

为响应国家号召,适应新常态下国家战略、规划和资源环境管理的需要,支撑服务自然资源部中心工作,自然资源部和中国地质调查局曾分别下发了《国土资源部关于印发〈国土资源环境承载力评价和监测预警工作方案〉等的通知》(国土资发〔2015〕138号)"和《资源环境承载力评价和监测预警2016年实施方案》任务落实分工方案的通知(中地调函〔2016〕269号),部署了长江经济带地下水与地质环境资源承载能力评价工作。在资源环境承载能力评价研究工作方面,不同学者从不同侧面曾作了相关研究(周爱国等,2001;苏晶文等,2013;杜海娥等,2019;李瑞敏等,2020;郝爱兵等,2020),本次工作目标任务是开展长江经济带资源环境承载能力评价,以地质环境承载能力、地下水资源环境承载能力和土地资源承载能力3个要素评价长江经济带资源环境承载能力,探索建立大流域、经济区和县(市)3种尺度的资源环境承载能力评价方法,对长江经济带、皖江经济带、苏南现代化建设示范区等区域开展资源环境承载能力评价,提出对策建议,为长江经济带区域规划、国土空间规划和战略实施提供基础支撑。

第一节　评价数据与资料来源

长江经济带地下水资源承载能力评价及地质环境资源承载能力评价工作是在充分利用《长江经济带国土资源与重大地质问题图集》成果和其他大量数据资料的基础上,按照《国土资源环境承载力评价技术要求(试行)》的技术方法和原则,并根据长江经济带范围内的实际地质条件和特点进行的。

一、地下水资源要素承载能力评价

地下水资源承载能力评价工作中,所使用的资料主要为地下水资源量数据(地下水可采资源模数)和地下水资源质量数据(原生劣质水面积占比)。

地下水资源数量数据基于《中国地下水资源与环境图集》(张宗祜和李烈荣,2004)中的地下水资源分布,结合区域内的水文地质、地下水资源、地下水污染等调查成果,经过综合分析对比修编而成。地下水资源量及可采资源量数据主要来源于1999—2003年完成的"新一轮全国地下水资源评价"项目成果,资料截至2003年底。地下水资源质量数据基于中国地质科学院水文地质环境地质研究所承担的"全国地下水污染调查综合评价"项目总数据库,资料截止日期为2015年底。

二、地质环境资源要素承载能力评价

1. 崩塌、滑坡、泥石流(突发性地质灾害)因子

崩塌、滑坡、泥石流(突发性地质灾害)因子的数据来源于全国地质灾害数据库,数据库中包括1:10万州区(市)地质灾害调查(1999—2008年)1:5万地质灾害详细调查(2005—2014年)各省年报数据、各省地质灾害调查综合研究成果、地质灾害防治"十二五"规划数据等;地面沉降、地裂缝资料来源于全国及江苏省、浙江省、上海市地质环境调查评价和监测等工作成果。上述底层数据资料,已经过区域评

价形成成果性图件表达为突发性地质灾害单因子的评价结果。

2. 构造稳定性因子

区域构造稳定性因子是在《国土资源环境承载力评价技术要求(试行)》规定的断裂活动性和地震动峰值加速度两个指标的基础上,结合长江经济带区域范围内的地质构造特点,叠加了构造最大主应力、岩石圈布格重力、地壳表面垂直运动速率、地质灾害易发性、工程地质岩性5个指标。

资料来源于中国地质科学院地质力学研究所2008年完成的《新构造与重要经济区和重大工程安全系列图件》、中国地震台网和地震科学数据共享中心发布的地震数据、水利部长江水利委员会编制的《长江流域地图集》。

3. 地面塌陷因子

地面塌陷在本区主要指岩溶塌陷,评价数据资料来源于中国地质调查局地质调查项目"重点地区岩溶塌陷调查"、自然资源部"全国地质灾害风险区划"项目资料和相关省市地质灾害年报。利用碳酸盐岩类型、地形地貌、水文地质条件、土地利用现状、人类工程活动(城市、矿山、交通线)和已有岩溶塌陷分布等指标,运用GIS技术,采用层次分析法(Analytic Hierarchy Process,简称AHP)确定各因素权重,已将岩溶塌陷按危险性划分为高危险区、中危险区和低危险区3级,形成单因子评价结果图件。

4. 地面沉降因子

地面沉降因子评价数据资料,来源于全国及江苏省、浙江省、上海市地质环境调查评价和监测等工作成果,并在地面沉降评价监测数据的基础上增加了地裂缝分布资料。

5. 地质遗迹因子

评价数据主要来源于浙江省、安徽省、湖北省等自然资源部门。其中,贵州省、湖南省和上海市因地质遗迹调查工作尚未完成而缺乏数据。

6. 水体环境质量因子

土壤环境质量因子评价数据来源于长江经济带11个省(市)区域内已完成的1∶25万多目标区域地球化学调查获得的表层土壤Cd、Hg、Pb、As、Cr、Ni、Cu、Zn和pH定量分析数据,以及对应的地貌、土壤和土地利用类型数据。

支撑土壤环境质量单因子评价的次级指标分别为土地资源类型、土壤类型分布、耕地资源分布、质量等级分布。其中,质量等级分布未综合质量等级评价的结果,主要支撑指标为土壤酸碱度和土壤有益元素分布。

地下水环境质量因子评价数据基于中国地质科学院水文地质环境地质研究所承担的"全国地下水污染调查综合评价"项目总数据库中长江经济带浅层地下水数据资料,资料截止日期为2015年底。数据包含2006—2015年期间长江经济带范围内所有开展过的地下水污染专项调查项目成果数据资料,参照《地下水水质标准》(DZ/T 0290—2015),得出浅层地下水水质综合评价结果,并以图件形式予以表达。综合评价结果主要支撑图件除一般化学指标外,以表现污染程度为主的"三氮""重金属"和区域地下水明显演化趋势的酸碱度为底层支撑要素,同时编制上述要素的分布图。

三、土地资源要素承载能力评价

土地资源要素承载能力评价,数据来源多样化,底层支撑数据基于全国1∶400万土壤类型分布图,长江经济带11个省(市)区域内已完成的1∶25万多目标区域地球化学调查获得的土壤质量和地貌、地形、土地利用类型数据以及不同时期遥感解译数据,以及《中国国际重要湿地名录》《长江流域地图集》《长江流域生物多样性格局与保护图集》《鄱阳湖生态经济区规划》《湖南省内河水运发展规划》《江苏省太湖流域水环境综合治理湿地保护与恢复规划》《云南省滇池保护条例》等。人口承载数据主要来源于各省(市)发布的统计公报。

第二节 资源环境承载能力评价方法

一、地下水资源承载能力评价

1. 评价指标

基于地下水资源承载能力宏观评价的尺度、承载本底和承载状态两个层次的基本内涵,遵循简便、实用、可操作的原则,重点从地下水资源的数量和质量两个方面,构建地下水资源承载能力评价指标体系,如表14-1所示。

表14-1 地下水资源承载能力评价指标

评价因子	评价指标	
	本底评价	状态评价
地下水资源数量	可开采资源模数	地下水水位相对下降点占比*
地下水资源质量	原生劣质地下水区面积占比	地下水污染点占比**

注:* 在岩溶地区,应采用泉流量相对衰减点占比代替地下水水位相对下降点占比作为状态评价的指标;在获得可靠的地下水开采量数据情况下,应直接采用地下水开采程度作为状态评价的指标。** 县(市)细致性评价重点是要体现地下水资源的数量、质量在空间上的变化情况,因此状态评价的指标应根据实际资料情况尽量圈划分布区面积,采用面积占比类指标代替点占比类指标。例如用地下水水位相对下降区面积占比代替地下水水位相对下降点占比,用泉流量相对衰减区面积占比代替泉流量相对衰减点占比、地下水污染区面积占比代替地下水污染占比。

可开采资源模数是指单位面积上的地下水可开采资源量。计算公式如下:

$$M_{开} = \frac{Q_{可开}}{S_{总}} \tag{14-1}$$

式中,$M_{开}$为地下水可开采资源模数,$m^3/(km^2 \cdot a)$;$Q_{可开}$为地下水可开采资源量,m^3/a;$S_{总}$为评价区总面积,km^2。

地下水水位相对下降点占比是指区域内当年地下水水位值与控制水位值或历史稳定水位值相比下降的监测点点数,占区域地下水水位监测点总数的比例。计算公式如下:

$$r_{降} = \frac{C_{降}}{C_{总}} \times 100\% \tag{14-2}$$

式中,$r_{降}$为地下水水位相对下降点占比,%;$C_{降}$为区域内地下水水位相比下降的监测点点数;$C_{总}$为区域内地下水水位监测点总数。

泉流量相对衰减点占比是指区域内当年泉流量值与未大规模开发前的历史稳定泉流量值相比衰减的监测泉数,占区域监测泉总数的比例。计算公式如下:

$$r_{衰减泉} = \frac{C_{衰减泉}}{C_{总泉}} \times 100\% \tag{14-3}$$

式中,$r_{衰减泉}$为泉流量相对衰减点占比,%;$C_{衰减泉}$为区域内泉流量相对衰减的泉数;$C_{总泉}$为区域内监测泉总数。

地下水开采程度是指地下水当年开采利用量与地下水可开采资源量的比值。计算公式如下：

$$r_{开} = \frac{Q_{开采}}{Q_{可采}} \times 100\% \tag{14-4}$$

式中，$r_{开}$ 为地下水开采程度，%；$Q_{可采}$ 为地下水可开采资源量，m³/a；$Q_{开采}$ 为地下水开采量，m³/a。

原生劣质地下水区面积占比是指区域内原生环境条件下形成的水质等级为Ⅳ以上的地下水分布区占区域总面积的比值。计算公式如下：

$$r_{原劣} = \frac{S_{原劣}}{S_{总}} \times 100\% \tag{14-5}$$

式中，$r_{原劣}$ 为原生劣质地下水区面积占比，%；$S_{原劣}$ 为原生劣质地下水区面积，km²；$S_{总}$ 为区域总面积，km²。

地下水污染点占比是指区域内受人为污染且水质等级为Ⅳ以上的地下水水质监测点数与地下水水质总监测点数的比值。计算公式如下：

$$r_{劣} = \frac{C_{劣水}}{C_{总水}} \times 100\% \tag{14-6}$$

式中，$r_{劣}$ 为地下水污染点占比，%；$C_{劣水}$ 为受人为污染且水质等级为Ⅳ以上的地下水水质监测点数；$C_{总水}$ 为地下水水质监测点总数。

2. 承载本底评价方法

地下水资源承载本底评价指标包括地下水可开采资源模数、原生劣质地下水区面积占比，它们分别反映了地下水资源的数量和质量本底状况，分别对两个指标进行评价、确定等级后，用可开采资源模数分级作为承载本底评价结果。在开展县（市）细致性评价时，各指标的评价分级标准应在参考宏观性评价分级标准的基础上，根据区域特点进一步细化。

地下水可开采资源模数是地下水资源承载本底评价的关键指标。按照式（14-1）对可开采资源模数进行计算，首先进行地下水可开采资源量评价。可开采资源量评价必须以自然单元（即各级地下水资源分区）为基础评价单元。以"新一轮全国地下水资源评价"项目（1999—2003）成果为基础，利用最新研究成果对各级地下水资源分区的可开采资源量进行更新或修订，在宏观性评价中，再分配到县域行政单元，具体评价步骤如下（图14-1）。

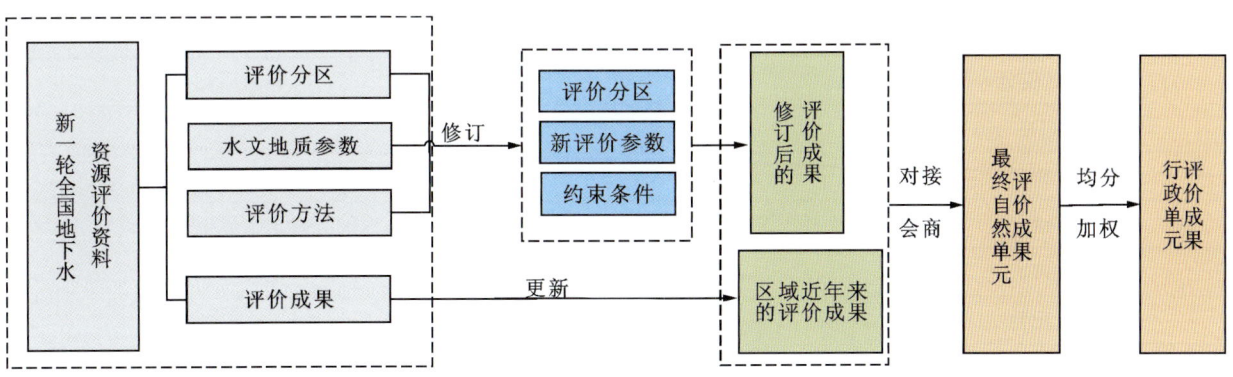

图14-1 地下水可开采资源量评价流程图

(1) 搜集梳理"新一轮全国地下水资源评价"项目（1999—2003）成果，包括各级地下水资源分区、地下水资源的评价方法、参数和成果。

(2) 在近年来开展过地下水资源评价的区域，将各级地下水资源分区的地下水可开采资源量的最新评价结果与"新一轮全国地下水资源评价"项目的评价结果进行对接和专家会商,形成最终的评价成果。

(3)在近年来没有开展过地下水资源评价的区域,根据水文地质条件和约束条件的变化,对各级地下水资源分区的地下水可开采资源量进行修订。具体修订步骤为:①根据地下水补给、径流、排泄条件的变化情况,对"新一轮全国地下水资源评价"项目的地下水资源分区进行修订、完善,形成系统性的各级地下水资源分区;②以最小的地下水资源分区为基本评价单元修订水文地质参数,根据降水量变化、地下水埋深变化修订降水入渗补给系数,根据包气带厚度变化修正地表水灌溉入渗补给系数,根据河流、渠道水量变化修订河流渠道渗透补给系数,根据蒸发量变化修订潜水蒸发系数等,最终形成新的系列评价参数;③评估当前技术条件下能持续开发或经过技术处理可开发的地下水类型,重新审定地下水水质、生态、地质环境对地下水资源开采的约束条件,如土壤盐渍化、土地沙化、地面沉降、植被破坏等问题对地下水埋深的制约;④采用"新一轮全国地下水资源评价"项目的评价方法,以最小的地下水资源分区为基本计算单元,重新评估各计算单元的地下水可开采资源量;⑤对各计算单元评价结果进行拼接,并扣除重复计算量,汇总依次得出三级、二级、一级地下水资源分区的可开采资源量,与"新一轮全国地下水资源评价"项目评价结果进行对接和专家会商,形成最终的评价成果。

(4)采用面积均分法,对最小地下水资源分区的可开采资源量评价结果进行分解,再用面积加权法进行归并,获得县域行政单元可开采资源量评价成果。

根据可开采资源量评价结果,按照式(14-1)计算研究区的可开采资源模数,根据表14-2得出该指标等级。

表 14-2 本底评价分级标准

单位:万 $m^3/(km^2 \cdot a)$

等级	Ⅰ级(高)	Ⅱ级(较高)	Ⅲ级(中)	Ⅳ级(较低)	Ⅴ级(低)
可开采资源模数	≥10	[7.5,10)	[3.5,7.5)	[2,3.5)	<2

原生劣质地下水指原生环境条件下形成的不良地下水,包括咸水以及高铁、高锰、高砷、高氟、低碘或高碘等具有特殊背景组分的地下水。参考《地下水水质标准》(DZ/T 0290—2015)和《生活饮用水卫生标准》(GB 5749—2006),设定判别原生劣质地下水的主要背景组分为 TDS、铁、锰、砷、氟化物、碘化物,临界浓度和判断原则如表 14-3 所示。可根据评价区的具体情况,参考《地下水水质标准》(DZ/T 0290—2015),添加或调整其他背景组分。

表 14-3 原生劣质地下水判断标准

单位:mg/L

背景组分	临界浓度	判断原则
TDS	1000	高于临界浓度
铁	0.3	高于临界浓度
锰	0.1	高于临界浓度
砷	0.01	高于临界浓度
氟化物	1.0	高于临界浓度
碘化物	0.01~0.08	超出临界浓度范围

计算原生劣质地下水面积时,首先要充分收集区域内地下水各背景组分的相关数据,分别圈划咸水及其他具有特殊背景组分地下水的分布区,通过叠加得出原生劣质地下水区面积。计算研究区的原生劣质地下水区面积占比,根据表14-4得出该指标等级。

表 14-4 本底评价分级标准　　　　　　　　　　　　　　　　　　　　　　　　　　　　　　　单位:%

等级	Ⅰ级(高)	Ⅱ级(较高)	Ⅲ级(中)	Ⅳ级(较低)	Ⅴ级(低)
原生劣质地下水区面积占比	<5	[5,10)	[10,30)	[30,50]	>50

3. 承载状态评价方法

地下水资源承载状态评价指标主要有地下水水位相对下降点占比、泉流量相对衰减点占比、地下水开采程度、地下水污染点占比。根据区域具体情况,选取合适指标分别进行评价、确定等级后,以就劣原则作为承载状态评价结果。在开展县(市)细致性评价时,应根据实际资料情况尽量采用面积占比类指标代替点占比类指标。各指标评价分级标准应在参考相应点占比指标分级标准的基础上,根据区域特点进一步细化。

1) 地下水水位相对下降点占比

以研究区各级地下水监测网络(国家级、省级、地市级)的所有监测点为评价对象,统计出相对下降的地下水水位监测点点数,按照式(14-2)计算地下水水位相对下降点占比,具体流程如下。

(1) 划分研究区为不同的功能类型,根据各类型区地下水开发利用实际情况及不合理开发利用引发的生态环境问题,以地下水资源可持续利用且不引发严重生态环境问题为原则,分别设定各类型区主要含水层的地下水控制水位值;在监测时间长、数据资料丰富的区域,可通过分析历史监测数据,针对各类型区的主要含水层,以相对稳定且维持良好生态环境的地下水水位值作为历史稳定水位值。

(2) 计算各监测点评价当年枯水期某月份的地下水水位平均值,作为当年地下水水位值。

(3) 匹配各监测点到对应控制水位或历史稳定水位,比较当年地下水水位值与控制水位值或历史稳定水位值,以降幅大于 0.5m 作为相对下降标准,统计出研究区相对下降的地下水水位监测点点数。

(4) 计算地下水水位相对下降点占比,按照表 14-5 确定承载状态评价结果。

表 14-5 承载状态评价分级标准　　　　　　　　　　　　　　　　　　　　　　　　　　　　　　　单位:%

等级	Ⅰ级(盈余)	Ⅱ级(均衡)	Ⅲ级(超载)
地下水水位相对下降点占比	0	(0,10]	>10

2) 泉流量相对衰减点占比

在岩溶地区,可采用泉流量相对衰减点占比代替地下水水位相对下降点占比。与地下水水位相对下降点占比评价方法相同,以研究区所有监测泉为评价对象,以枯水期某月份的泉流量值作为评价数据,与该泉对应的未大规模开发前的历史稳定泉流量相比,以衰减率大于 20% 作为相对衰减标准,统计出研究区相对衰减的监测泉数,按照式(14-3)计算泉流量相对衰减点占比,按照表 14-6 确定承载状态评价结果。

表 14-6 承载状态评价分级标准　　　　　　　　　　　　　　　　　　　　　　　　　　　　　　　单位:%

等级	Ⅰ级(盈余)	Ⅱ级(均衡)	Ⅲ级(超载)
泉流量相对衰减点占比	0	(0,10]	>10

3) 地下水开采程度

在能获取可靠的地下水开采量数据情况下,应直接采用地下水开采程度作为状态评价的指标。按照式(14-4)计算出区域上地下水开采程度,按照表 14-7 确定承载状态评价结果。

表 14-7 承载状态评价分级标准　　　　　　　　　　　　　　　　　　　　　　　单位:%

等级	Ⅰ级(盈余)	Ⅱ级(均衡)	Ⅲ级(超载)
地下水开采程度	[0,70]	(70,100]	>100

4）地下水污染点占比

以研究区各级地下水监测网络（国家级、省级、地市级）的所有地下水水质监测点为评价对象，统计出水质等级为Ⅳ以上的地下水水质监测点数，分析区域的地下水背景组分数据，并根据地下水污染源调查情况，筛选出受人为污染且水质等级为Ⅳ以上的地下水水质监测点数，据式（14-5）计算地下水污染点占比，按照表 14-8 确定承载状态评价结果。

表 14-8 承载状态评价分级标准　　　　　　　　　　　　　　　　　　　　　　　单位:%

等级	Ⅰ级(盈余)	Ⅱ级(均衡)	Ⅲ级(超载)
地下水污染点占比	0	(0,30]	>30

二、地质环境承载能力评价

（一）评价指标

基于区域国土功能定位和地质环境特征，以地质环境问题为导向。

(1)表征地质环境特征和突出优势的指标即对社会经济发展有益的指标，例如富硒土地分布、适宜地下空间开发区域、地下蓄水结构、浅层地热能、地热分布区域等。

(2)反映地质环境问题等限制性的指标，根据对国土开发的限制程度将因子分为两类，即强限制因子与较强限制因子。通常强限制因子包括生态红线、活动断裂（能发生8级以上地震）和影响区、难以治理的采空塌陷区、地质公园、重要地质遗迹与湿地等。较强限制因子包括地震活动及地震断裂带、突发性地质灾害、地面沉降和地裂缝、水土环境质量、地质遗迹等。选取可连续获取的量化指标来反映区域内影响承载能力的主要因素，实现承载能力的动态评价。地质环境承载能力评价指标体系见表 14-9。表中指标为基础性、普适性指标，在实际工作中可依据区内地质环境条件的复杂程度进行指标的增减，以突出区域特征。

表 14-9 地质环境承载能力评价指标体系

评价因子	评价指标	
	本底评价	状态评价
崩塌、滑坡、泥石流	崩塌、滑坡、泥石流易发程度	崩塌、滑坡、泥石流风险性
构造稳定性	断裂活动性、地震动峰值加速度	
地面塌陷	地面塌陷易发程度	损毁土地程度、地面塌陷风险性
地面沉降	地面沉降累计沉降量、地裂缝发育程度	区域地面沉降速率、沉降中心地面沉降速率
水土环境	浅层地下水质量背景、土壤质量背景	浅层地下水水质等级、土壤质量等级
地质遗迹	地质遗迹类型	地质公园类型及级别

注：在西南岩溶地区，建议增加"岩溶地质环境"评价因子，其本底评价指标为"石漠化敏感性"，状态评价指标为"石漠化发育程度""石漠化演化趋势"。

(二)评价数据

评价数据来源见表14-10。

表14-10 地质环境承载能力评价数据来源

评价因子	评价指标		数据名称	数据描述
	本底评价	状态评价		
崩塌、滑坡、泥石流	崩塌、滑坡、泥石流易发程度	崩塌、滑坡、泥石流风险性	地质灾害调查数据	矢量文件
			地质灾害易发程度、危险性评价数据	矢量文件
			地质灾害灾情统计数据	Excel文件
构造稳定性	断裂活动性、地震动峰值加速度		断裂活动性、地震动峰值加速度	断裂活动性、地震动峰值加速度
			断裂活动性、地震动峰值加速度	据《中国地震动参数区划图》(GB 18307—2015)划分
地面塌陷	地面塌陷易发程度	损毁土地程度、地面塌陷风险性	全国矿山地质环境调查数据	矢量格式及说明文字
			重点地区岩溶塌陷调查数据	包括岩溶塌陷分布图、矢量文件及说明文字
			岩溶塌陷危险性分布图	矢量文件及说明文字
地面沉降	地面沉降累计沉降量	区域地面沉降速率、沉降中心地面沉降速率	最新区域地面沉降速率InSAR数据	矢量文件
			最新沉降中心地面沉降速率InSAR数据	矢量文件
水土环境	浅层地下水背景质量等级、土壤质量背景	浅层地下水水质等级、土壤质量	多目标区域地球化学调查评价成果或最新的地球化学示范调查成果	分浅层与深层土壤调查数据,包括硒元素含量,砷、汞、镉、铬、铜、锌、铅、镍8种重金属元素含量,矢量文件
			新一轮全国地下水资源评价或最新调查评价数据	矢量文件
地质遗迹	地质遗迹类型	地质公园类型及级别	地质公园分布数据	各类、各级地质公园空间分布矢量数据
			地质遗迹分布数据	各类地质遗迹空间分布矢量数据

(三)主要因子

主要因子包括突发性地质灾害因子(滑坡、崩塌、泥石流)、地面沉降因子、构造稳定性因子、地面塌陷因子、水土环境因子等。

1. 崩塌、滑坡、泥石流

1)崩塌、滑坡、泥石流易发程度

(1)指标内涵:崩塌、滑坡、泥石流易发程度评价是对一个地区已经发生或者可能发生的崩塌、滑坡、泥石流的类型、体积(或者面积)及空间分布的定量或定性评价。重点是在现有地质灾害调查、编目的基础上,通过地质灾害形成条件或形成地质灾害条件组合的分析评价,预测区域上将来产生地质灾害的可能性,圈定出可能产生地质灾害的空间范围及活动强度。它相当于国外的"敏感性评价",强调静态地质灾害易发条件和灾害发生的空间概率统计分析评价,核心内容包括地质灾害特征、空间密度、易发条件和潜在易发区预测评价。评价的主要因素和指标包括地形地貌、地质构造、工程岩土性质、斜坡结构和斜坡水文地质条件。它是地质灾害自然属性特征的体现,同时具有一定的预测性。

(2)方法与步骤:①收集最新崩塌、滑坡易发程度分区图、泥石流易发程度分区图;②按就高原则,将各易发程度分区结果叠加,形成崩塌、滑坡、泥石流易发程度分区评价结果。易发程度分为极高易发、高易发、中易发、低易发、不易发5个等级,编制崩塌、滑坡、泥石流易发程度分区图。

2)崩塌、滑坡、泥石流风险性

(1)指标内涵:状态评价指标为崩塌、滑坡、泥石流风险性,主要表征区域地质灾害发生的可能性与破坏损失程度,通过崩塌、滑坡、泥石流危险性和易损性来综合反映。其中,崩塌、滑坡、泥石流危险性反映地质灾害发生的时间概率、破坏力(强度)及其扩展和影响范围。崩塌、滑坡、泥石流易损性反映承灾体(人口安全、社会经济要素等)因崩塌、滑坡、泥石流造成的潜在最大损失程度。

(2)全国、省级和跨省区域崩塌、滑坡、泥石流风险性评估方法与步骤:在崩塌、滑坡、泥石流危险性和易损性分项测算基础上,集成评价形成崩塌、滑坡、泥石流风险性的综合评价结果。具体为:①收集最新崩塌、滑坡、泥石流危险性分区图;②按就高原则,将各危险性分区结果叠加,形成崩塌、滑坡、泥石流危险性分区评价结果。将崩塌、滑坡、泥石流危险性划分为高危险性、中危险性、低危险性和极低危险性4个等级,编制崩塌、滑坡、泥石流危险性分区图;③以"最大面积法"确定县域单元崩塌、滑坡、泥石流危险性等级,编制崩塌、滑坡、泥石流危险性分区图;④承灾体易损性评价为基于人口安全易损性和资产易损性的单项指标评价确定承灾体易损性,其中人口安全易损性通过年均崩塌、滑坡、泥石流死亡人口与年均总人口的比值测算,分级标准参见表14-11,资产易损性通过年均地质灾害直接经济损失与年均国内生产总值的比值测算,分级标准参见表14-12,最终分别将人口安全易损性和资产易损性评价结果划分为高易损性、中易损性、低易损性和极低易损性4种类型,将两个评价结果进行叠加综合,选取二者易损性等级中较大者作为承灾体易损性评价结果;⑤崩塌、滑坡、泥石流风险性评价为根据崩塌、滑坡、泥石流危险性和易损性等级的组合特征,建立崩塌、滑坡、泥石流风险综合评价的判别矩阵,将崩塌、滑坡、泥石流风险性划分为高风险、中风险和低风险3个等级;⑥结果验证为专家验证,请专家对崩塌、滑坡、泥石流危险性分区结果进行会商审查。

表14-11 人口安全易损性分级表

易损性等级	高易损性	中易损性	低易损性	极低易损性
因灾死亡人口比	>0.1	0.1~0.01	0.01~0.001	<0.001

注:因灾死亡人口比为"人/万人",即每万人中的人数比例。

表14-12 资产易损性分级表易损性

等级	高易损性	中易损性	低易损性	极低易损性
因灾经济损失比	>1	1~0.1	0.1~0.01	<0.01

注:因灾经济损比为"万元/百万元",即每百万元价值资产中损失多少万元。

3)市(县)域内或规划建设区崩塌、滑坡、泥石流风险性评价方法

市(县)域内崩塌、滑坡、泥石流风险分析应包括灾害(隐患)点识别、发生概率估计、承灾体判定、承灾体时空概率估计、易损性估计、风险计算等。具体参考《崩塌滑坡泥石流调查评价技术要求(试用版)》。

2. 构造稳定性

1) 断裂活动性

(1) 指标内涵：以活动断裂的活动时代表征断裂活动性。活动断裂一般是指第四纪以来(或晚第四纪以来)活动、至今仍在活动的断层，重点是距今 12 万年以来有充分位移证据证明曾活动过或现今正在活动，并在未来一定时期内仍有可能活动的断层。

关于石油和天然气输送管道、工程、核电站选址等重大工程场地地震安全性评价或岩土工程勘察则指出必须对距今 1 万年以来有过较强烈的地震活动或近期正在活动(每年达 0.1mm 蠕变量)，在将来(100 年)可能继续活动的断层进行勘察。

(2) 方法与步骤：①依据以上理解，标注距今 12 万年与 1 万年以来活动的活动断裂，不存在以上两类活动断裂的地区可暂不考虑该指标；②根据调查资料编制评价区活动断裂分布图。

2) 地震动峰值加速度

(1) 指标内涵：地震动峰值加速度是与地震动加速度反应谱最大值相应的水平加速度，与地震烈度具有紧密的联系，是表征地震作用强弱程度的指标，是确定地震烈度、明确建筑物地震设防等级的重要依据(表 14 - 13)。

表 14 - 13 地震动峰值加速度分级表

等级	Ⅰ(稳定)	Ⅱ(次稳定)	Ⅲ(次不稳定)	Ⅳ(不稳定)	Ⅴ(极不稳定)
地震动峰值加速度	$a \leq 0.05g$	$a = 0.10g$	$a = 0.15g$	$a = 0.20g$	$a \geq 0.30g$

(2) 方法与步骤：依据《中国地震动参数区划图》(GB 18306—2015)，整编地震动峰值加速度区划图。

3. 地面塌陷

地面塌陷在研究区主要指岩溶塌陷。

1) 地面塌陷易发程度

(1) 指标内涵：地面塌陷易发程度是对一个地区已经发生或者可能发生的地面塌陷的类型、面积及空间分布的定量或定性评价，通过对形成地面塌陷的地质环境条件和塌陷发生的空间概率统计分析评价形成的。

(2) 方法与步骤：地面塌陷易发程度综合考虑地形地貌、碳酸盐岩类型、岩溶发育程度、盖层厚度、地下水类型、矿山分布密度和规模、土地利用程度要素，采用层次分析法、信息量法等方法进行评价。易发程度分为极高易发、高易发、中易发、低易发、不易发 5 个等级，编制地面塌陷易发程度分区图。

2) 损毁土地程度

(1) 指标内涵：损毁土地程度是指已经发生地面塌陷无法继续利用的土地总面积，不仅包括塌陷坑范围，也包括未发生塌陷但地表已经发生明显形变的范围。

(2) 评估方法：全国、省和跨省区域地面塌陷损毁土地程度评价方法损毁土地程度等级参考《〈县(市)地质灾害调查与区划基本要求〉实施细则(修订稿)》，根据 2001—2014 年全国地面塌陷灾情统计数据，以县为单位计算地面塌陷总面积，按照表 14 - 14 进行分级评价。

(3) 市(县)域内或规划建设区地面塌陷损毁土地程度评价方法：市(县)域内或规划建设区地面塌陷损毁土地程度评价应圈画各地面塌陷坑与地面形变区范围。

表 14-14 损毁土地程度等级表　　　　　　　　　　　　　　　　　　　　　　　　单位：km²

等级	Ⅰ级	Ⅱ级	Ⅲ级
面积	<0.1	0.1～1	1～10

3）地面塌陷风险性

（1）指标内涵：地面塌陷风险性主要表征区域地面塌陷发生的可能性与破坏损失程度，通过地面塌陷危险性和易损性来综合反映。

（2）全国、省和跨省区域地面塌陷风险性评价方法与步骤：与崩塌、滑坡、泥石流风险性评价类似，在地面塌陷危险性和易损性分项测算的基础上，集成地面塌陷评价形成风险性的综合评价结果。根据地面塌陷危险性和易损性等级的组合特征，建立地面塌陷风险综合评价的判别矩阵（表 14-15），将地面塌陷风险划分为高危险性、中危险性、低危险性和极低危险性 4 个等级。

（3）市（县）域内或规范建设区地面塌陷风险性评价方法：在市（县）域内，地面塌陷风险评价应参考《地质灾害危险性评估规范》(DZ/T 0286—2015)，勾画出各塌陷点及塌陷隐患点的发育程度以及可能威胁的空间范围，并根据空间范围内威胁人口及各类建筑、基础设施数量和价值等进行地面塌陷风险评价等级划分。

表 14-15 地面塌陷风险性分级表

地面塌陷风险		承灾体易损性			
		高易损性	中易损性	低易损性	极低易损性
地面塌陷危险性	高危险性	高	高	中	低
	中危险性	高	中	中	低
	低危险性	中	中	低	低
	极低危险性	低	低	低	低

4. 地面沉降

1）地面沉降累计沉降量

（1）指标内涵：地面沉降累计沉降量主要反映地面沉降的历史情况。

（2）方法与步骤：根据多年地面沉降调查和监测数据，参考《地质灾害危险性评估规范》(DZ/T 0286—2015)，明确地面沉降累计沉降量分级，编制累计沉降量等值线图。地面沉降累计沉降量分级标准参照表 14-16。

表 14-16 地面沉降累计沉降量分级表　　　　　　　　　　　　　　　　　　　　　　　　单位：mm

等级	Ⅰ级	Ⅱ级	Ⅲ级	Ⅳ级	Ⅴ级
地面沉降累计沉降量	<200	200～800	800～1600	1600～2400	>2400

1）地裂缝发育程度

（1）指标内涵：地裂缝发育程度包括地裂缝位置、延伸长度、影响范围（1km 范围内）等一系列空间属性。

（2）方法与步骤：依据地裂缝长度、分布密度等调查成果进行地裂缝发育程度评价，编制地裂缝发育分布图。

2)区域地面沉降年均沉降速率和沉降中心地面沉降速率

(1)指标内涵：区域地面沉降速率是指区域地面沉降的年均沉降量，用区域范围内每年发生地面沉降的总体积与区域面积的比值表示。沉降中心地面沉降速率是指沉降中心每年的沉降量，用区域内每年的最大沉降量表示。地面沉降速率除受构造运动影响外，主要随地下水资源开采量的大小发生同步变化。

(2)方法与步骤：对区域地面沉降速率和沉降中心地面沉降速率分别进行分级评价。根据全国地面沉降防治规划，综合考虑各地区地面沉降防治目标，并参考《地质灾害危险性评估规范》(DZ/T 0286—2015)，确定指标分级标准(表14-16、表14-17)，分别评价并编制区域地面沉降速率动态变化数据表和沉降中心地面沉降速率动态变化数据表。

表 14-17 区域地面沉降速率分级   单位：mm/a

等级	Ⅰ级	Ⅱ级	Ⅲ级	Ⅳ级	Ⅴ级
区域地面沉降速率	<10	10~30	30~50	50~80	>80

5. 水土环境

1)浅层地下水质量背景

(1)指标内涵：浅层地下水质量背景反映的是原生条件下浅层地下水水质的优劣。

(2)方法与步骤：①在对区域浅层地下水水质背景进行评价时，要选取有代表性的地下水监测点；②地下水水质质量背景基于地下水各化学组分的背景值确定，结合我国大部分地区自改革开放以来地下水水质才逐步恶化的情况，可选择该时期地下水水质调查监测数据作为背景值，也可根据区域实际情况，选择不同时期明确未受污染的地下水水质数据作为背景值；③在确定地下水各化学组分背景值的基础上，参照《地下水水质标准》(DZ/T 0290—2015)，得出浅层地下水水质综合评价结果，即浅层地下水水质背景等级(表14-18)，并编制浅层地下水背景质量等级分布图件。

表 14-18 浅层地下水水质背景等级表

等级	Ⅰ级(高)	Ⅱ级(较高)	Ⅲ级(中)	Ⅳ级(较低)	Ⅴ级(低)
浅层地下水水质背景等级	Ⅰ类	Ⅱ类	Ⅲ类	Ⅳ类	Ⅴ类

2)土壤质量背景

(1)指标内涵：土壤质量背景考虑有利、有害两个方面的因素，其中有利方面使用富硒土壤分布表征，有害方面则通过深层土壤环境地球化学等级表征背景值。硒是世界卫生组织和国际营养组织确认的人体必需营养元素，也是一种微量元素，摄入不足或过多均会危害人体健康。当土壤中的硒含量富集到大于 0.4×10^{-6} 时即为富硒土壤，通常将土壤硒含量介于 $0.4 \times 10^{-6} \sim 3.0 \times 10^{-6}$ 之间的耕地定义为富硒耕地，可广泛应用于富硒农产品的生产。土壤环境地球化学背景用深层土壤中土壤环境地球化学等级表达，采用对深层土壤中砷(As)、汞(Hg)、镉(Cd)、铬(Cr)、铜(Cu)、锌(Zn)、铅(Pb)、镍(Ni) 8 种重金属含量的评价结果。

(2)方法与步骤：①采用"全国多目标区域地球化学调查"项目成果数据，根据《土地质量地球化学评价规范》(DZ/T 0295—2016)中土壤硒等级划分标准评价；②土壤环境地球化学背景(表14-19)采用"全国多目标区域地球化学调查"项目中深层土壤样品数据(深层土壤样品采样密度1个/4km²，采样深度为150～200cm，按16km² 组合成一个分析样），依据《土地质量地球化学评价规范》（DZ/T 0295—2016）中土壤环境地球化学等级标准，评价土壤环境地球化学背景。

表 14-19 土壤环境地球化学背景

等级	Ⅰ级	Ⅱ级	Ⅲ级	Ⅳ级	Ⅴ级
土壤环境地球化学等级	1级	2级	3级	4级	5级

（四）综合评价

1. 服务于国土空间规划的地质环境承载能力综合评价

结合国土功能定位与类型区需求（依据不同的评价目的和承载对象），选择集成评价因子进行综合评价。综合评价结果分为地质环境保护区、地质环境维护区、地质环境修复区和地质环境开发区。

地质环境保护区为具有较高地学保护价值的区域以及尚未受到大规模人类活动影响的较大连片地区，其包括依法设立的各级、各类保护区域（例如国家自然保护区、省市各级地质公园）、各级地质遗迹，以及高海拔生态脆弱区（如三江源地区等）等地区。此外还应包括难以治理的重大地质灾害影响区域。

地质环境维护区是地质环境不稳定区，通过地质环境问题的治理与监测，可实现适度开发的区域，包括地质灾害高易发和极高易发区、区域地壳不稳定、极不稳定区以及评价区特有的地质环境问题。

地质环境修复区为通过人为控制和治理地质环境问题可以恢复以进行安全开发的区域，包括地面沉降、地下水超采、污染较严重区、突发性地质灾害中易发区，如华北平原、长三角、汾渭盆地、珠三角等地。

地质环境开发区为适宜城镇和重大工程建设的区域，以及粮食生产区和优势农产品主产区。

2. 专题综合评价

各区域也可根据评价区地质环境特征和实际需求，进行专题综合评价。

地质环境安全评价：对于城镇建设和工程建设区，可进行地质环境安全评价，选取崩塌、滑坡、泥石流易发性，地面塌陷易发性，地面沉降危险性（年均沉降速率）和地壳稳定性为综合评价因子，采用综合指数法或主导因素法进行综合评价。应高度关注区域构造不稳定和突发性地质灾害极高易发重合区，并明确指出其范围和面积。

水土环境质量评价：对于农业区，可进行水土环境质量评价，选取浅层地下水水质等级、土壤质量等级为综合评价因子，采用主导因素法进行综合评价。

三、土地资源承载能力评价

1. 适宜性评价指标体系

根据土地利用现状，建立建设用地适宜性评价指标体系（表 14-20）。根据农业用地等级划分，建立农业用地适宜性评价指标体系（表 14-21）。

2. 确定分级标准

引入敏感因子-综合指数法对各评价单元计算建设开发适宜性指数，并通过自然断点法确定分级标准，分级标准如表 14-22 所示。

表 14-20　建设开发适宜性评价因子分级表

因子类型	因子	分类	适宜性分值	权重
强限制性因子	最优耕地	耕地 5～8 级	0	
		其他	1	
	生态红线	生态红线区	0	
		其他	1	
	湿地	湿地区	0	
		其他	1	
	天然牧草地	天然牧草地区	0	
		其他	1	
	难以利用土地	冰川及永久积雪	0	
		其他	1	
较强限制性因子	地震活跃及地震断裂	地震设防区	40	0.2
		其他	100	
	一般农用地	耕地 9～11 级	60	0.6
		耕地 12～15 级	80	
		园地、林地、人工草地	90	
		其他	100	
	突发地质灾害	高易发区	40	0.2
		中易发区	60	
		低易发区	80	
		其他	100	

表 14-21　农业生产适宜性评价因子分级表

土地类型	质量等级	适宜性等级
耕地园地	5～8 级	很适宜
	9～11 级	适宜
	12～15 级	基本适宜
林地草地	5～8 级	很适宜
	9～11 级	适宜
	12～15 级	基本适宜
	生态红线区	不适宜
其他农用地		基本适宜
其他土地		不适宜

表 14-22　建设用地适宜性评价分级标准

适宜性等级	很适宜	适宜	基本适宜	基本不适宜	不适宜
评分	100～90	90～80	80～70	70～60	<60

3. 综合分区

在 MapGIS 平台的支持下,将建设用地较强限制性单因子分区图与强限制性单因子分区图进行叠加,根据建设用地适宜性评价分级标准(表 14-22),得到建设用地适宜性评价结果。对于农业用地适宜性结果则直接依据农业生产适宜性评价因子分级表(表 14-21)划分。

第三节 长江经济带资源环境承载能力评价

一、地下水资源承载能力评价

(一) 地下水资源禀赋

长江经济带地下水资源分布图主要反映了区域内的地下水类型及地下水资源量分布特征,地下水类型主要分为四大类:松散岩类孔隙潜水及承压水、岩溶裂隙溶洞水、碎屑岩类裂隙-孔隙水和基岩裂隙水。地下水资源量主要以行政区单元和典型平原及盆地单元两种形式表示。

1. 地下水类型

长江经济带地下水类型齐全,松散岩类孔隙潜水及承压水主要分布于长江三角洲平原、鄱阳湖平原及江汉-洞庭平原的第四系含水层中,面积约 31.46 万 km^2,占评价总面积的 15.39%,长江三角洲地区由于过量开采承压水引发了大面积的地面沉降;岩溶裂隙溶洞水包括裸露及覆盖型岩溶水,主要分布于西部的云贵高原,面积约 48.95 万 km^2,占评价总面积的 23.94%,过量开采易引发岩溶塌陷;碎屑岩类裂隙-孔隙水主要分布于四川盆地,面积约 26.90 万 km^2,占评价总面积的 13.15%;基岩裂隙水分布于广大丘陵山区,面积约 97.16 万 km^2,占评价总面积的 47.52%。

2. 地下水资源量

长江经济带地下水资源丰富,地下水天然补给资源评价面积约 204.89 万 km^2,计算地下水天然补给资源总量达 3 510.69 亿 m^3/a,平均补给资源模数为 17.13 亿 $m^3/(km^2 \cdot a)$,占全国地下水资源总量的 38.02%。其中,孔隙水为 803.51 亿 m^3/a,占评价总量的 22.89%;岩溶水为 1 441.79 亿 m^3/a,占评价总量的 41.07%;裂隙水为 1 265.39 亿 m^3/a,占评价总量的 36.04%(图 14-2)。

地下水资源中淡水资源量为 3 433.97 亿 m^3/a,占总资源量的 97.81%;微咸水(1~3g/L)资源量为 20.40 亿 m^3/a,半咸水(3~5g/L)资源量为 56.32 亿 m^3/a。淡水资源分布于内陆地区,微咸水及半咸水主要分布于东部沿海地区(图 14-2)。

3. 地下水可开采资源量

地下水可开采资源量是指在一定经济、技术条件下,在开采过程中不引起严重的环境问题可持续开采利用的地下水量。可开采资源量与一定的开采方式有关,而且随经济、技术的发展而变化。

至 2002 年,长江经济带地下淡水可采资源量为 1 187.06 亿 m^3/a,占地下淡水资源总量的 33.9%(表 14-23)。其中,孔隙水可采资源量为 429.98 亿 m^3/a,占孔隙水天然补给资源量的 53.51%,岩溶水可采资源量为 496.71 亿 m^3/a,占岩溶水天然补给资源量的 34.45%;裂隙水可采资源量为 260.37 亿 m^3/a,占裂隙水天然补给资源量的 20.58%。

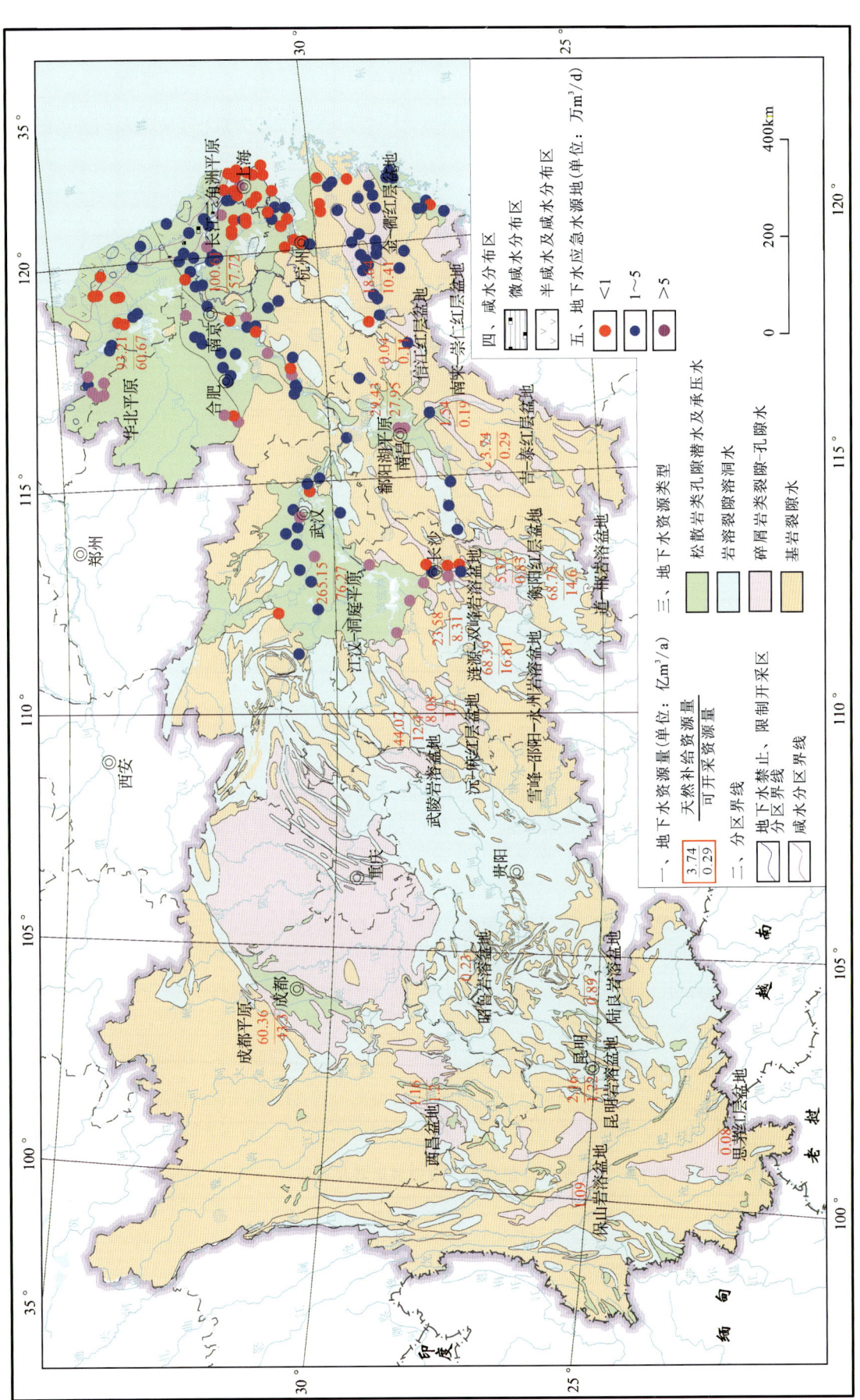

图 14-2 长江经济带地下水资源分布图

注：据中国地质科学院水文地质环境地质研究所，2003 修改。

表 14-23　长江经济带各行政区地下水资源量统计表　　　　　　　　　　　　　　　　　　　　单位：亿 m³/a

省（市）	孔隙水		岩溶水		裂隙水	
	天然补给资源量	可开采资源量	天然补给资源量	可开采资源量	天然补给资源量	可开采资源量
上海市	12.94	1.14				
江苏省	170.09	77.62	8.05	1.66	6.73	1.40
浙江省	31.86	26.63	12.51	3.03	69.55	17.12
安徽省	138.20	110.02	30.25	12.23	47.80	11.96
江西省	40.66	39.01	31.71	24.04	158.11	10.34
重庆市			117.88	34.37	25.98	6.42
湖南省	45.74	31.75	264.32	68.21	151.61	46.04
湖北省	251.27	79.92	135.51	85.29	23.79	
四川省	86.88	60.17	177.57	78.57	281.53	36.20
贵州省			315.07	88.84	122.64	43.75
云南省	25.87	3.72	348.92	100.47	377.65	87.14
合计	803.51	429.98	1 441.79	496.71	1 265.39	260.37

（二）承载能力评价

全区共 913 个县级行政区，部分市辖区进行了合并。进入地下水资源统计的县级行政区共 872 个，其中 865 个进行了地下水资源数量因子的承载能力评价。结合本区域地下水资源量和开采量情况，评价结果如下（表 14-24、表 14-25）。

表 14-24　长江经济带地下水资源承载本底统计

地下水资源量承载本底	高	较高	中	较低	低	合计
县级行政区数量/个	284	117	226	103	142	872
所占面积/km²	680 817	246 100	516 576	245 762	370 291	2 059 546
面积比例/%	33.06	11.95	25.08	11.93	17.98	100.00

表 14-25　长江经济带地下水资源承载状态统计

地下水资源量承载状态	盈余	均衡	超载	合计
县级行政区数量/个	730	109	26	865
所占面积/km²	1 847 271	177 214	30 578	2 055 063
面积比例/%	89.69	8.62	1.49	100.00

地下水资源数量评价因子（图 14-3、图 14-4），属于承载能力高的县级行政区共 284 个，面积为 680 817km²，占长江经济带评价面积的 33.06%；承载能力较高的县级行政区共 117 个，面积为 246 100km²，占评价总面积的 11.95%；承载能力中等的县级行政区共 226 个，面积为 516 576km²，占评价总面积的 25.08%；承载能力较低的县级行政区共 103 个，面积为 245 762km²，占评价总面积的 11.93%；承载能力低的县级行政区为 142 个，面积为 370 291km²，占评价总面积的 17.98%。

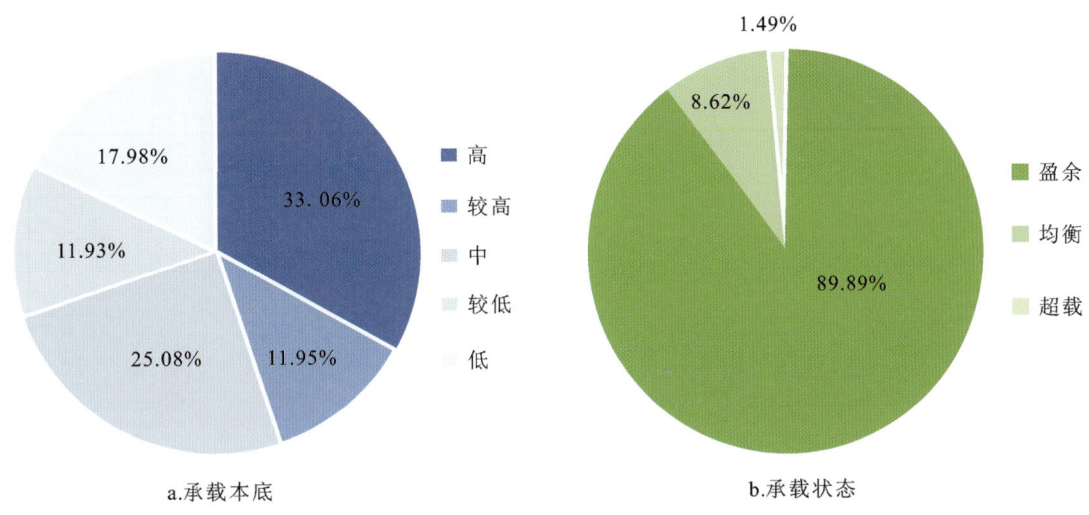

a.承载本底　　　　　　　　　　　b.承载状态

图 14-3　长江经济带地下水资源数量单因子承载能力评价面积百分比

二、地质环境承载能力评价

（一）崩塌、滑坡、泥石流评价

长江经济带共调查确认崩塌、滑坡、泥石流地质灾害及隐患点 106 760 处，其中滑坡为 75 873 处，崩塌为 20 423 处，泥石流为 10 464 处。地质灾害类型以滑坡为主，规模以小型和中型为主。地质灾害主要分布在四川省、云南省、湖南省、贵州省。从规模来看，长江中上游巨型、大型地质灾害较发育，长江下游小型地质灾害集中发育。

崩塌、滑坡、泥石流易发程度评价采用地形坡度、工程地质图、水系、活动性断裂、地震、植被、多年平均降水量、灾害数量和规模等主要指标（图 14-5）。

长江经济带区内崩塌、滑坡、泥石流的高、中、低、不易发分布区面积分别为 60.72 万 km²、98.33 万 km²、19.42 万 km²、26.61 万 km²，占评价总面积的百分比分别为 29.61%、47.95%、9.47%、12.97%。其中，高易发区域主要位于云南、重庆、贵州、四川等地及周边，中易发区域主要位于川西高原、长江下游南侧，低易发区域主要位于成都-重庆台地低丘、长沙、武汉等地，不易发区主要位于长江下游冲积平原（图 14-5）。

在对崩塌、滑坡、泥石流承载本底计算中，引入县域平均地质灾害易发程度的概念，主要计算流程为：通过"1~9 比例尺度"法，确定易发程度从不易发到高易发的判断矩阵，从而确定 4 个易发程度的合理权重值（表 14-26）。

以县域为最小单元格，统计 4 个易发程度在区内的分布面积，并进行承载本底评价和承载状态评价。

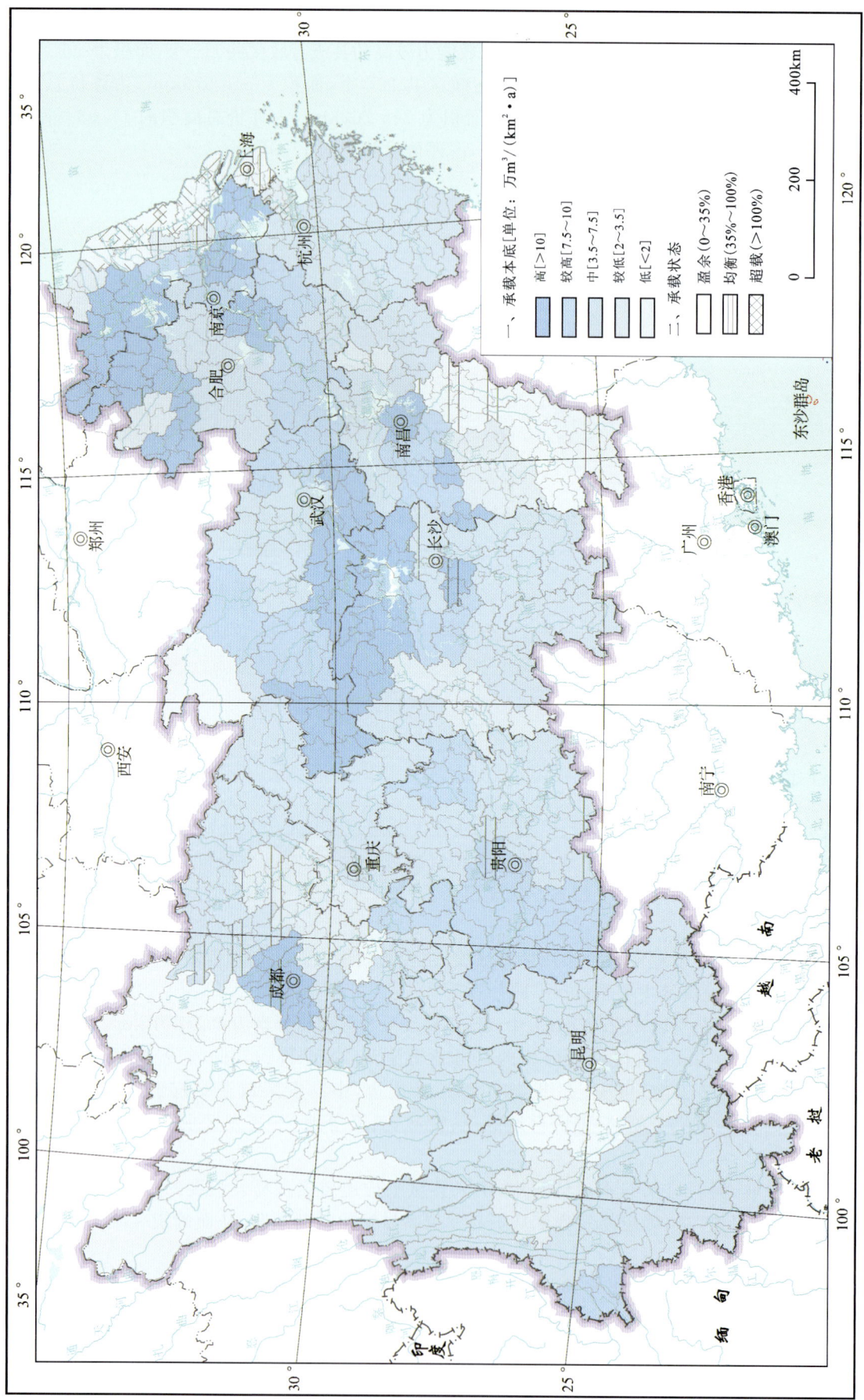

图 14-4 长江经济带地下水资源数量单因子承载能力评价图

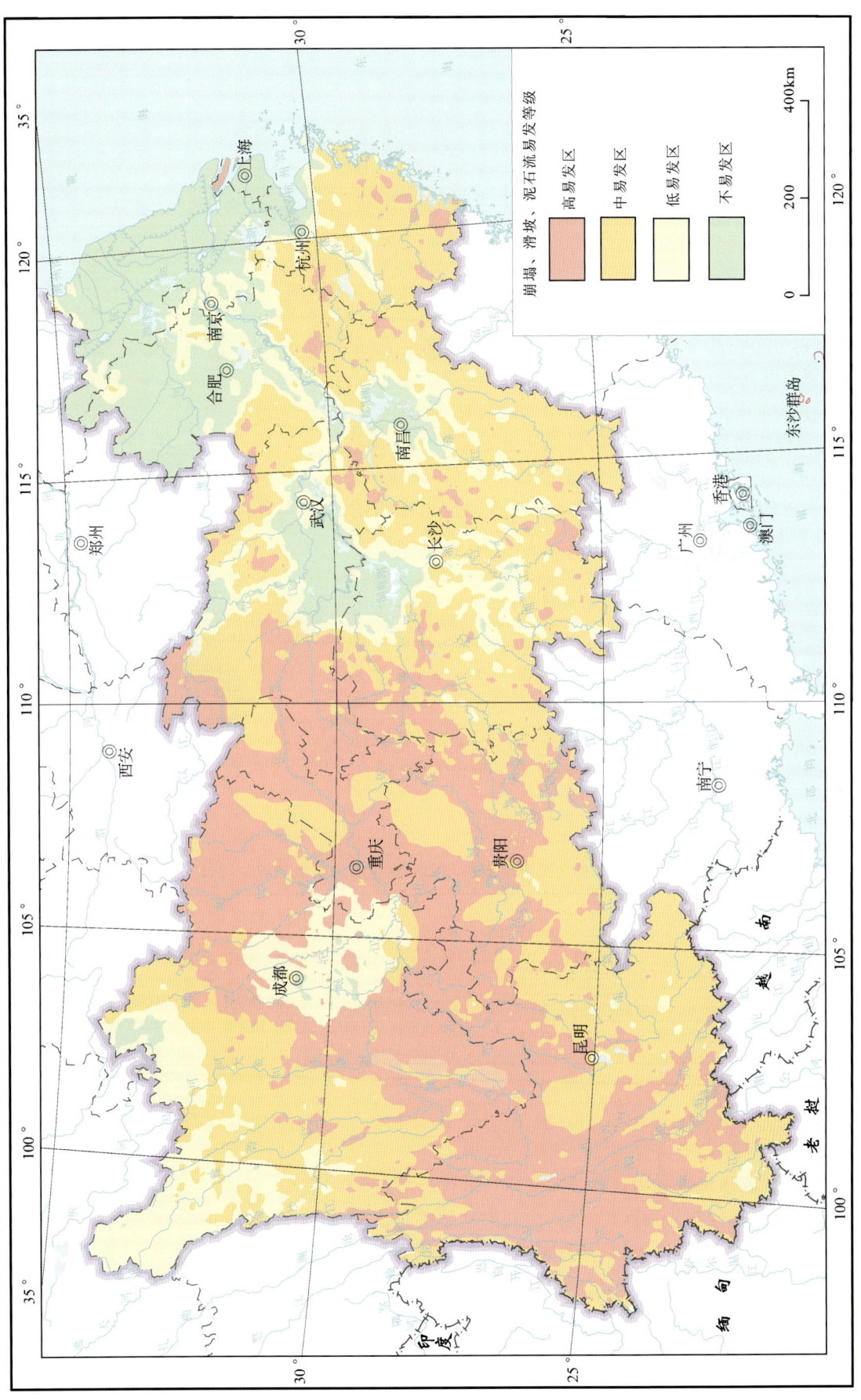

图 14-5 长江经济带崩塌、滑坡、泥石流易发程度分区图

表 14 - 26　县域易发程度权重计算

分级	不易发	低易发	中易发	高易发	乘积	4次方根	权重
不易发	1.00	0.33	0.14	0.11	0.01	0.27	0.04
低易发	3.00	1.00	0.33	0.14	0.14	0.61	0.10
中易发	7.00	3.00	1.00	0.33	7.00	1.63	0.26
高易发	9.00	7.00	3.00	1.00	189.00	3.71	0.60

1. 承载本底评价

对县域内分布不同易发程度的区域赋予相应的权重值,最后除以县域面积,得出县域平均易发程度值,最后按照自然间断点分级法把数值划分为5类本底。

评价单元为905个县级行政区。崩塌、滑坡、泥石流承载本底可划分为承载能力高、较高、中、较低、低5个等级(图14-6)。承载本底高的县级行政区为151个,面积为212 213.80km²,主要分布于长江上游两岸河网密集区域,约占评价总面积的10.35%;承载本底较高的县级行政区为179个,主要分布于山地丘陵低海拔区域,面积为306 529.90km²,约占评价总面积的14.95%;承载本底中等的县级行政区为269个,主要分布于川西高原、长江下游南侧等地,面积为690 657.80km²,占评价总面积的33.69%;承载本底较低的县级行政区为104个,主要分布于低丘、台地区域,面积为309 439.20km²,占评价总面积的15.10%;承载本底低的县级行政区为202个,主要分布于长江下游冲洪积平原,面积为531 159.40km²,占评价总面积的25.91%(表14-27,图14-7)。

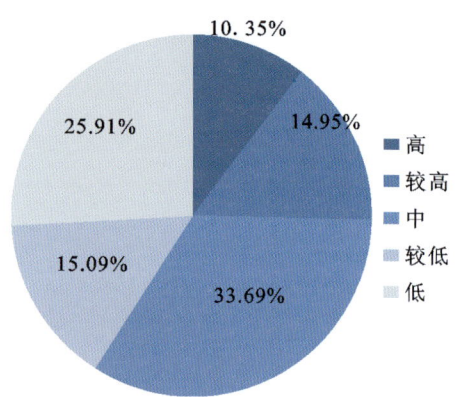

图 14 - 6　崩塌、滑坡、泥石流单因子承载能力评价面积百分比

表 14 - 27　长江经济带崩塌、滑坡、泥石流承载本底评价统计

崩塌、滑坡、泥石流承载本底	高	较高	中	较低	低	评价
县级行政区数量/个	151	179	269	104	202	905
所占面积/km²	212 213.80	306 529.90	690 657.80	309 439.20	531 159.40	2 050 000.10
面积比例/%	10.35	14.95	33.69	15.10	25.91	100.00

2. 承载状态

根据《国土资源环境承载力评价技术要求(试行)》(2016年)崩塌、滑坡、泥石流单因子承载能力的状态评价主要由危险性与易损性(死亡人口与财产损失)进行组合判别。由于跨省尺度崩塌、滑坡、泥石流危险性分区难以收集,年均人口与财产损失逐年变化,难以按照规范进行资料收集。为了掌握最新崩塌、滑坡、泥石流的变化情况,在有限的资料基础上进行状态科学合理评价,本次工作依据自然资源部《全国地质灾害通报(2016年)》和中国地质环境监测院《地质灾害灾情险情报告(2016年)》的最新数据,对长江经济带崩塌、滑坡、泥石流灾害数据进行统计、分析、计算,最终得出长江经济带崩塌、滑坡、泥石流承载状态评价结果。

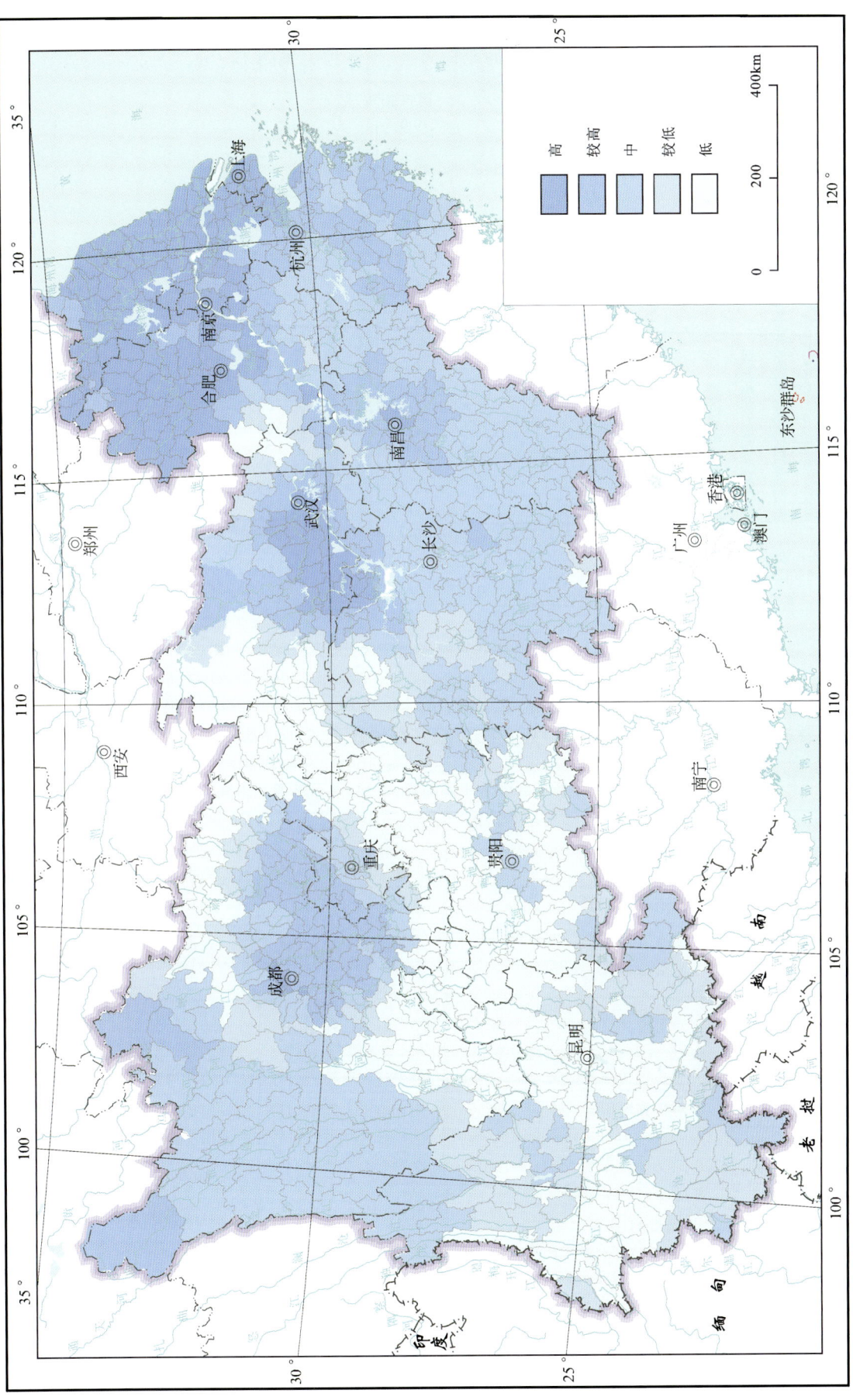

图14-7 长江经济带崩塌、滑坡、泥石流承载本底评价图

长江经济带覆盖上海、江苏、浙江、安徽、江西、湖北、湖南、重庆、四川、云南、贵州11个省（市），2016年崩塌、滑坡、泥石流在长江经济带各省造成的死亡人数、经济损失见图14-8。

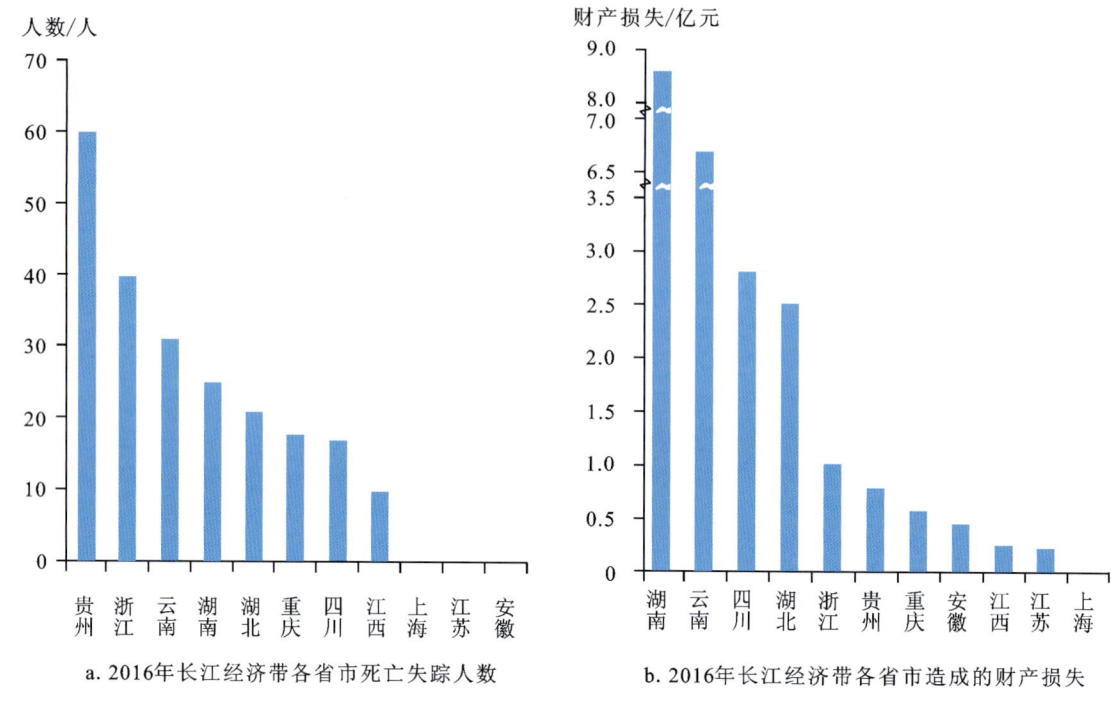

a. 2016年长江经济带各省市死亡失踪人数　　　b. 2016年长江经济带各省市造成的财产损失

图14-8　长江经济带各省崩塌、滑坡、泥石流灾情统计图

通过2016年自然资源部每日发布的灾情速报，统计长江经济带各县区因崩塌、滑坡、泥石流死亡失踪人数，主要崩塌、滑坡、泥石流造成人口死亡或失踪人数统计见表14-28。

表14-28　2016年长江经济带主要崩塌、滑坡、泥石流死亡人数一览表

类型	发生时间	地点	人数/人	类型	发生时间	地点	人数/人
崩塌	1月22日	江西省乐平市	1	崩塌	1月28日	云南省永善县	2
崩塌	3月23日	湖南省衡阳县	1	崩塌	4月1日	四川省天全县	4
崩塌	6月15日	湖南省湘潭县	3	滑坡	6月15日	湖南省衡山县	3
滑坡	6月15日	湖南省湘潭县	1	滑坡	6月16日	江西省大余县	1
崩塌	6月16日	云南省彝良县	1	泥石流	6月16日	云南省镇沅彝族哈尼族拉祜族自治县	1
滑坡	6月19日	湖北省英山县	1	滑坡	6月19日	湖北省蕲春县	1
崩塌	6月19日	湖北省罗田县	1	崩塌	6月19日	四川省兴文县	7
滑坡	6月19日	云南省镇雄县	2	滑坡	6月20日	重庆省西阳土家族苗族自治县	2
滑坡	6月20日	重庆省西阳土家族苗族自治县	1	崩塌	6月24日	云南省水富市	1
滑坡	6月25日	云南省宣威市	2	崩塌	6月28日	贵州省织金县	3
崩塌	6月28日	重庆省万州区	1	泥石流	6月28日	重庆省綦江区	1
滑坡	7月1日	湖北省麻城市	4	滑坡	7月1日	湖北省麻城市	1
滑坡	7月2日	湖北省罗田县	2	滑坡	7月4日	贵州省万山区	7

续表 14-28

类型	发生时间	地点	人数/人	类型	发生时间	地点	人数/人
滑坡	7月4日	贵州省玉屏侗族自治县	2	泥石流	7月4日	贵州省碧江区	5
滑坡	7月4日	湖北省蕲春县	2	泥石流	7月4日	湖南省新化县	3
崩塌	7月4日	湖南省隆回县	1	崩塌	7月8日	云南省罗平县	1
滑坡	7月20日	贵州省印江土家族苗族自治县	3	滑坡	7月20日	贵州省思南县	1
滑坡	7月20日	贵州省剑河县	1	滑坡	7月20日	湖南省桑植县	2
滑坡	7月20日	湖南省永定区	1	滑坡	7月20日	贵州省黎平县	2
滑坡	8月5日	湖南省新化县	4	滑坡	8月15日	云南省双江拉祜族佤族布朗族傣族自治县	3

根据《国土资源环境承载力评价技术要求(试行)》崩塌、滑坡、泥石流易损性人口安全(表 14-29)单指标的计算方法,最终得出基于人口安全易损性的崩塌、滑坡、泥石流承载能力状态评价。崩塌、滑坡、泥石流承载超载的县级行政区为 28 个,主要位于大江大河、河流切割强烈的山区;崩塌、滑坡、泥石流承载能力均衡的县级行政区为 3 个;其余大部分县级行政区崩塌、滑坡、泥石流承载能力均为盈余状态(表 14-30,图 14-9、图 14-10)。

表 14-29 人口安全易损性分级表　　　　　　　　　　　　　单位:人/万人

易损性等级	高易损性	中易损性	低易损性	极低易损性
因灾死亡人口比	>0.1	0.1~0.01	0.01~0.001	<0.001

表 14-30 长江经济带崩塌、滑坡、泥石流承载状态统计

崩塌、滑坡、泥石流承载状态	盈余	均衡	超载	合计
县级行政区数量/个	874	3	28	905
所占面积/km²	1 847 271	177 214	30 578	2 055 063
面积比例/%	89.89	8.62	1.49	100.00

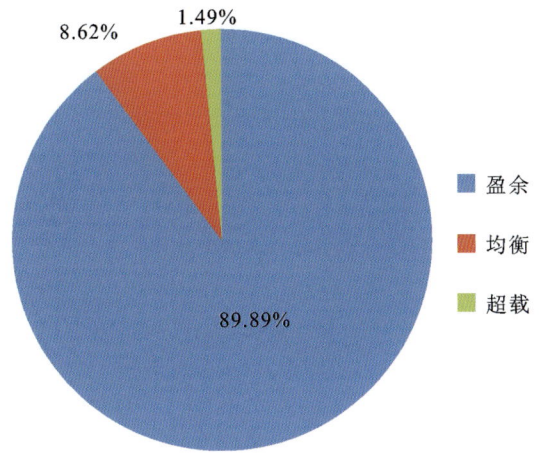

图 14-9　长江经济带崩塌、滑坡、泥石流单因子承载能力状态面积百分比

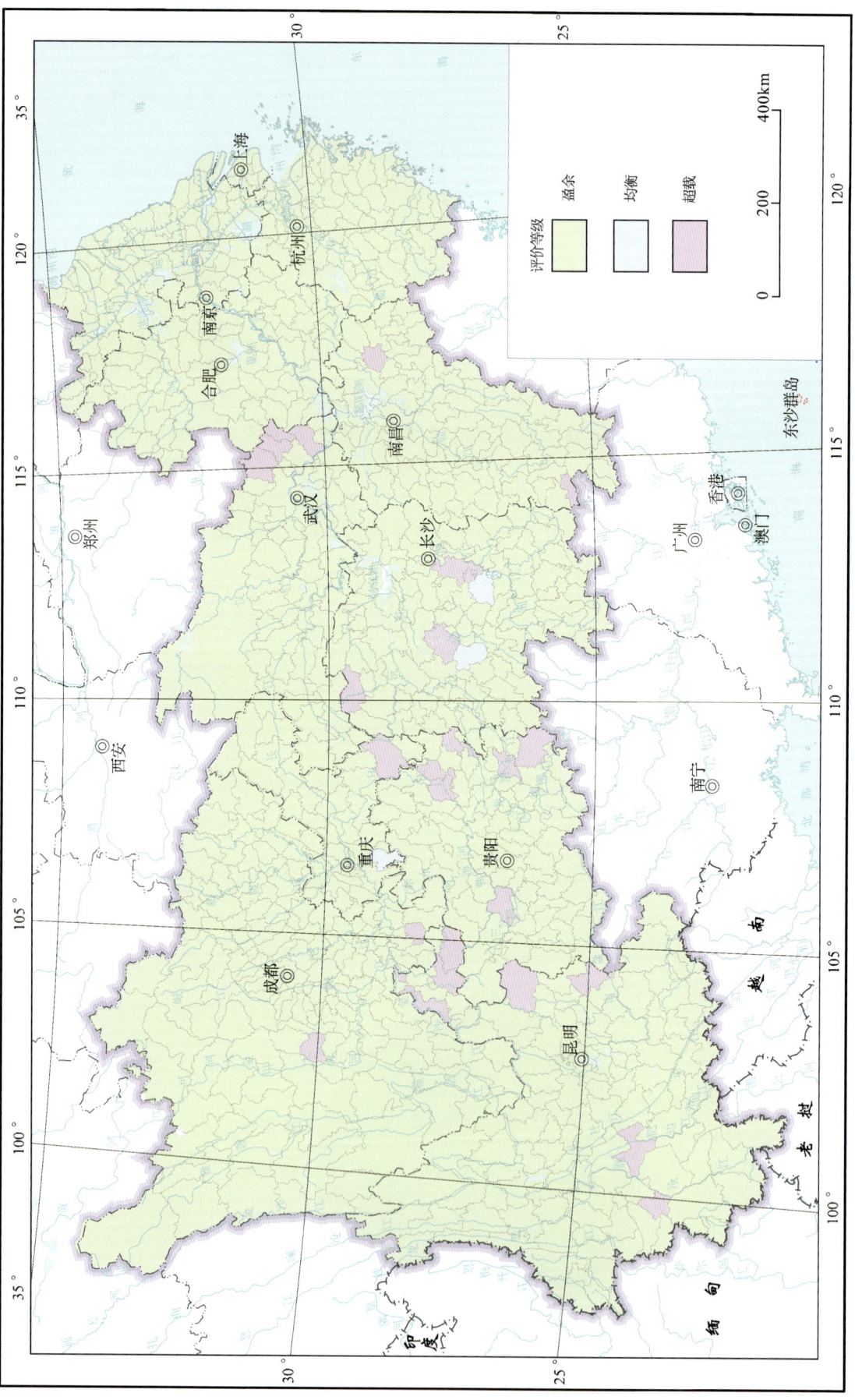

图14-10 长江经济带崩塌、滑坡、泥石流承载状态图

(二)地面沉降评价

长江经济带地面沉降和地裂缝主要出现在长江三角洲平原,该地区是我国发生地面沉降现象最具典型意义的地区之一,地面沉降和地裂缝同时也是长江下游地区的主要地质灾害类型。本区的上海市是我国发生地面沉降现象最早、影响最大、危害最深的城市,江苏省苏锡常地区、沿海平原区与浙江省杭嘉湖地区地面沉降灾害影响也较为严重。

长江经济带范围内的地面沉降主要发生在长江下游工业集中、人口稠密、地下水开发利用程度高的平原区。由于过量开采深层孔隙水,土体内有效应力增加,引起地面发生沉降。地面沉降区主要分布于上海市大部,江苏省苏州、无锡、常州、南通、盐城,浙江省杭嘉湖、宁绍、温黄、温瑞平原等。

长江三角洲范围内地面沉降高易发区面积为 6 690.9 km^2,主要分布于上海市区及崇明区,江苏省盐城、南通东部,常州、无锡地区,浙江省嘉兴市北部和东部、宁波市区、台州市东部平原及温州市东部等地。中易发区面积为 19 920.5 km^2。

江苏省苏锡常、浙江省杭嘉湖及上海市累积沉降量超 200mm 范围已达 1/3,面积超过 10 000km^2,并在区域上有连成一片的趋势;江苏盐城、连云港等沿海平原区累积地面沉降量超过 200mm 的区域面积为 9300km^2。累积地面沉降量大于 1000mm 的强地面沉降区和剧地面沉降区主要分布于上海市中心城区和江苏省苏锡常部分地区。以上海市中心城区、江苏省苏锡常、浙江省嘉兴市为代表的沉降中心区的最大沉降量分别已达 2.63m、2.80m、0.82m。20 世纪 90 年代以来,江苏省苏锡常地区由于不均匀地面沉降引发了地裂缝,目前已发现 20 余处地裂缝灾害,发育规模较大地区已形成长数千米、宽数十米不等的地裂缝带,且均与过量开采地下水形成的不均匀沉降有关。

地面沉降因子评价所得结果显示(图 14-11),长江经济带范围内承载能力高的县级行政区共 910 个,面积为 2 012 251.78km^2,占评价总面积的 99.47%;承载能力中等的县级行政区共 9 个,面积为 7 738.01km^2,占评价总面积的 0.39%;承载能力低的县级行政区共 2 个,面积为 2 963.47km^2,占评价区总面积的 0.14%。

(三)地面塌陷评价

长江经济带地面塌陷主要为岩溶塌陷。地面塌陷易发区主要分布在重庆市东部、武汉市西部、贵州省北部、云南省东北部以及湖南省中部。

1. 地面塌陷易发性

全区有岩溶塌陷 805 处,仅有 1 处为基岩塌陷,其他均为土层塌陷。除上海外,各省(市)均发育地面崩塌,其中以云南、贵州、湖南、安徽、江西最为发育。在 805 处岩溶塌陷中,按成因统计,有 608 处为人类工程活动所诱发;154 处为自然条件下产生,以大水矿山疏干排水、地下水开采、交通工程施工为代表的人类工程活动是岩溶塌陷的主要诱发因素;其他 43 处为人类工程活动和自然条件共同引发的岩溶塌陷。

2. 地面塌陷风险性

岩溶塌陷风险性评价采用碳酸盐岩类型、地形地貌、水文地质条件、土地利用现状、人类工程活动(城市、矿山、交通线)和已有岩溶塌陷分布等指标,运用 GIS 技术,采用层次分析法(AHP)确定各因素权重,并将岩溶塌陷危险性划分为高危险区、中危险区和低危险区 3 级。

统计显示,在岩溶塌陷危险性分布中,高危险区面积约 23.49 万 km^2,中危险区面积约 11.06 万 km^2,主要分布在贵州、云南、湖北、湖南、重庆(表 14-31),低危险区面积为 26.88 万 km^2。

3. 地面塌陷承载状态评价

(1)建立评价指标体系:鉴于地面塌陷易发性评价指标,考虑人类活动的影响因素,建立地面塌陷危险性评价指标体系,并用 1~4 分别赋值各评价指标来量化危险性程度,具体如表 14-32 所示。

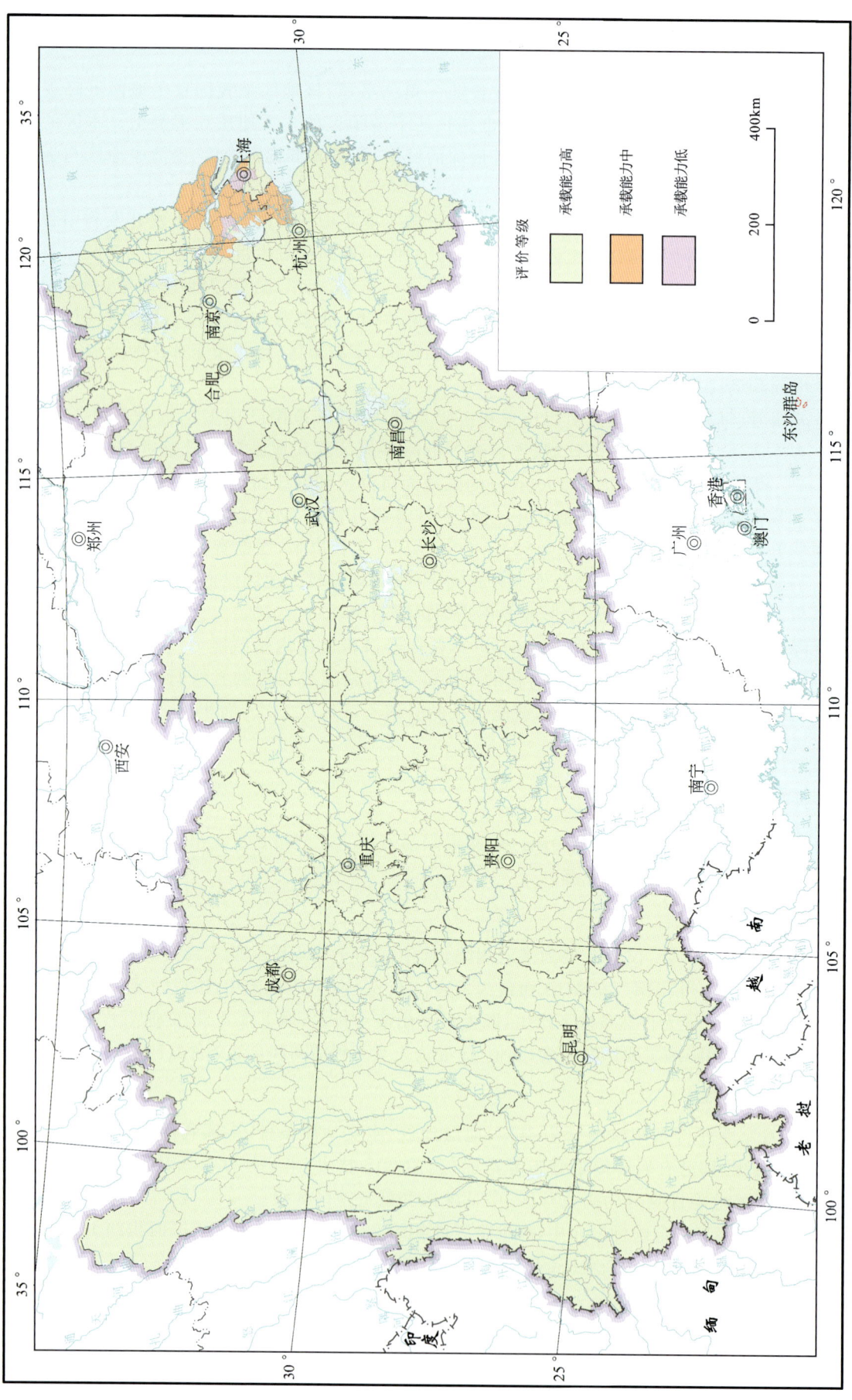

图 14-11 长江经济带地面沉降因子承载能力评价

表 14-31　长江经济带各省(市)岩溶塌陷危险区面积　　　　　　　　　　　　　　　　单位：km²

省(市)	高危险区	中危险区	低危险区
上海市	0	0	525.11
浙江省	1 647.02	1 480.34	6 759.34
江苏省	1 365.73	1 108.20	8 908.11
安徽省	2 098.47	3 546.03	16 665.97
江西省	5 848.31	6 315.60	9 294.08
湖北省	31 516.76	9 712.65	18 884.38
湖南省	26 007.13	14 436.04	27 527.73
重庆市	20 847.77	5 570.57	7 527.98
四川省	17 647.13	18 193.43	75 658.90
贵州省	68 676.39	16 459.54	28 603.15
云南省	59 236.25	33 782.36	68 397.23
合计	234 890.96	110 604.76	268 751.98

表 14-32　地面塌陷危险性评价指标体系

等级	极低危险	低危险	中危险	高危险	权重
分值	1	2	3	4	
岩性	非碳酸盐岩	泥质灰岩或白云岩夹灰岩	灰岩夹白云岩	灰岩	0.285 1
地下水	碎屑岩或火山岩裂隙水	裂隙水或孔隙水径流模数小于 20m³/(km²·s)	岩溶水径流模数小于 30m³/(km²·m)，裂隙水或孔隙水径流模数大于 20m³/(km²·s)	岩溶水径流模数大于 30m³/(km²·s)	0.260 6
降水量	<800mm	800～1200mm	1200～1600mm	>1600mm	0.100 4
断裂	不发育	一般发育	较发育	非常发育	0.153 9
土地开发程度	<40%	40%～60%	60%～80%	80%～100%	0.20

(2)确定指标权重：在完成地面塌陷危险性评价指标体系的选取后，对各因子层和各要素的权重赋值采用层次分析法评判。层次分析法确定权重的方法是两两因素比较，确定成对比较的判断矩阵，之后形成对比较判断矩阵，进而获得指标优越性权重。具体指标权重如表 14-33 所示。

表 14-33　地面塌陷危险性评价分级标准

危险性指数	1～1.625	1.625～2.25	2.25～2.875	＞2.875
危险性等级	极低危险	低危险	中危险	高危险

(3)确定分级标准:引入层次分析-综合指数法对各评价单元计算危险性指数,并通过自然断点法确定分级标准,如表14-33所示。对于各评价单元易损性等级划分则直接依据各行政区人口密度大小来划定,分级标准如表14-34所示。

表14-34 地面塌陷易损性评价分级标准   单位:人/km²

地面塌陷易损性	极低易损性	低易损性	中易损性	高易损性
人口密度	<50	50~100	100~400	>400

(4)综合评价:在MapGIS平台的支持下,叠加地面塌陷易发性评价各单因子分区图和土地开发程度单指标分区图,根据地面塌陷危险性评价分级标准,得到地面塌陷危险性评价结果(图14-12)。地面塌陷易损性评价结果则直接依据地面塌陷易损性评价分级标准得出,之后根据地面塌陷风险组合判定原则(表14-35),叠加以上结果,最终得到地面塌陷风险性评价结果。

表14-35 地面塌陷风险组合判定原则

地质灾害风险		承载体易损性			
		极高	高	中等	低
地质灾害危险性	高	高	高	中	低
	中等	高	中	中	低
	低	中	中	低	低
	无	低	低	低	低

地面塌陷极高易发性地区主要分布在贵州省大部、云南省东部以及湖北省西部地区,占研究区面积的3.39%;高易发性地区主要分布在四川省西部、云南省西部以及湖南省南部地区,占研究区面积的8.74%。

与地面塌陷易发性评价结果相比较,地面塌陷高危险性地区也同样主要分布在贵州省大部、云南省东部以及湖北省西部地区,占研究区面积的9.86%;中危险性地区则主要分布在沿海地区(江苏省南部)以及四川省中部等地区,占研究区面积的28.65%。

社会经济易损性处于高易损地区主要分布在长三角经济区、成渝经济区以及省会城市。

地面塌陷高风险性区主要分布在贵阳市、湘潭市等地区,占研究区面积的0.36%;中风险性区主要集中分布在贵州省大部、云南省东部以及江苏省南部等地区,占研究区面积的18.27%(图14-12)。

(四)构造稳定性评价

长江经济带晚更新世以来的活动断裂主要有东门沟断裂带、虎牙断裂、邓柯-甘孜断裂、甘孜-炉霍断裂、茂汶-天全断裂、龙门山断裂带、巴塘断裂、理塘-德巫断裂、剑川-三江口断裂、丽江-宁蒗断裂、安宁河断裂、莲峰-巧家断裂、小江断裂带、麻城-团风断裂、溧阳南渡-板桥断裂、茅山断裂、瑞金-会昌断裂、郯庐断裂带等。

1.构造稳定性分区

长江经济带构造稳定性分区中稳定区占32.6%,基本稳定区占36.6%,次不稳定区占28.2%,不稳定区占2.6%,见图14-13。稳定区和基本稳定区主要分布在长江经济带中东部;次不稳定区主要分布在四川省绵阳、宜宾、攀枝花及云南省昆明、昭通、玉溪、保山、临沧等地;不稳定区主要分布在眉山—金阳—昆明一带和丽江—剑川一带、甘洛—盐津一带地区。

第五篇 支撑服务国土空间规划篇

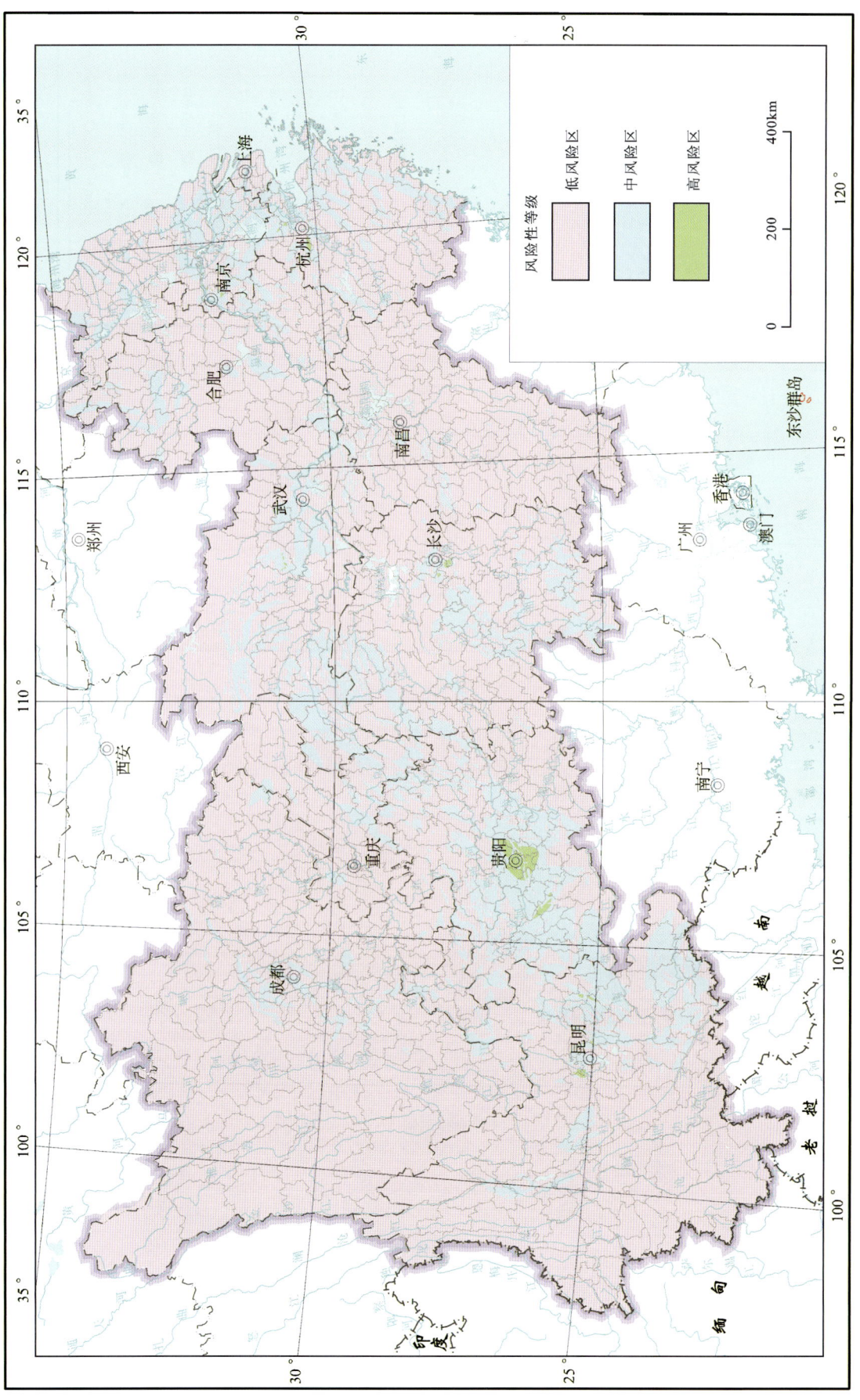

图14-12 长江经济带地面塌陷风险性分区图

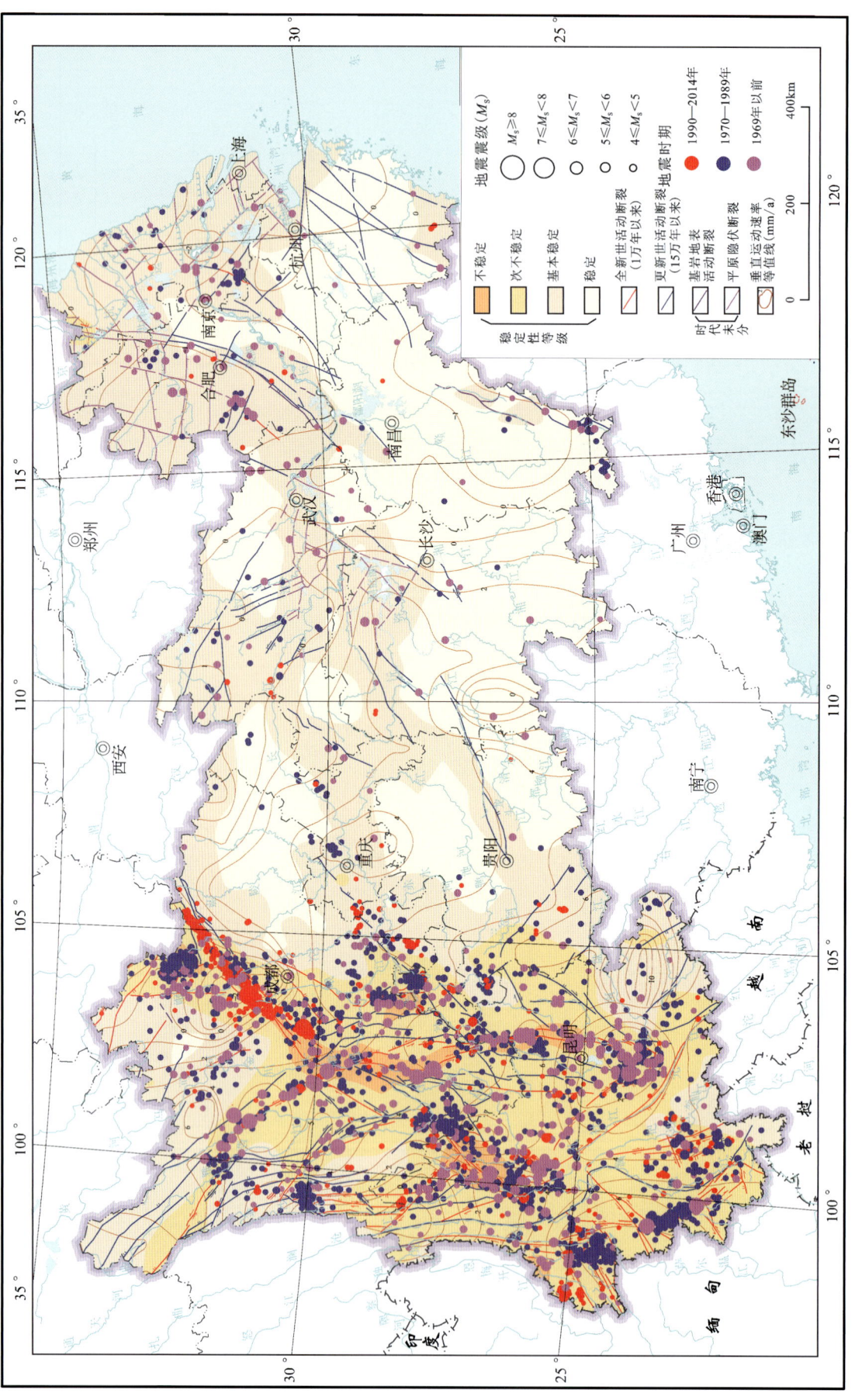

图14-13 长江经济带活动断裂与地壳稳定性分区图

长江经济带地震活动频繁，川滇南北构造带及以西地段地震活跃、频度高、震级大，川滇南北构造带以东地段相对频度低、震级小。从公元前1831—2014年，本区共发生 $M_s \geqslant 4.0$ 级的地震为1623次，其中8.0级地震2次，7.0~7.9级地震为22次，6.0~6.9级地震为130次，5.0~5.9级地震为438次，4.0~4.9级地震为1031次。

2) 单因子承载能力评价

将长江经济带913个县级行政区，按区域构造稳定性单因子承载能力评价结果，分为3级（表14-36，图14-14、图14-15）。承载能力高的县级行政区共272个，面积为524 011.70km²，占评价总面积的25.94%；承载能力中的县级行政区共617个，面积共为1 419 640.00km²，占评价总面积的70.28%；承载能力低的县级行政区共24个，面积为76 341.10km²，占评价总面积的3.78%。

表14-36 长江经济带构造稳定性单因子承载能力统计

构造稳定性单因子承载能力	高	中	低	合计
县级行政区数量/个	272	617	24	913
所占面积/km²	524 011.70	1 419 640.00	76 341.10	2 019 992.80
面积比例/%	25.94	70.28	3.78	100.00

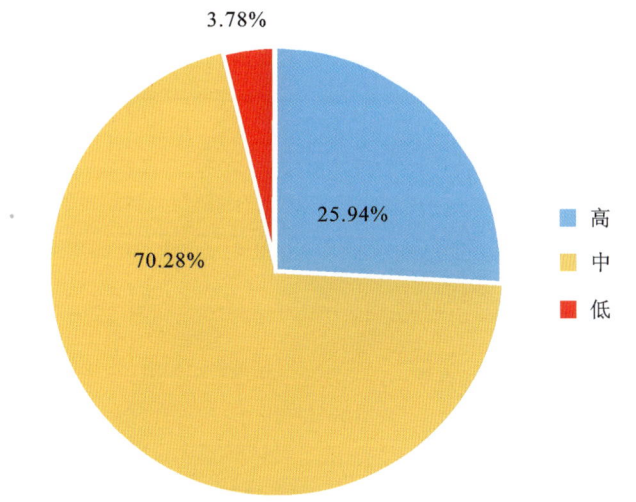

图14-14 长江经济带构造稳定性单因子承载能力评价面积统计

（五）地质遗迹承载本底评价

1. 承载本底

本次直接将地质遗迹点分布作为承载本底评价结果，具体如图14-16所示。

2. 地质遗迹承载状态评价

地质遗迹承载状态评价通过计算各行政单元地质遗迹点的被保护程度指数来表征，具体公式如式(14-7)，其中被保护的地质遗迹点指在地质公园范围内的地质遗迹点数目。

$$\text{地质遗迹被保护程度指数} = \text{被保护的地质遗迹点} / \text{地质遗迹点} \tag{14-7}$$

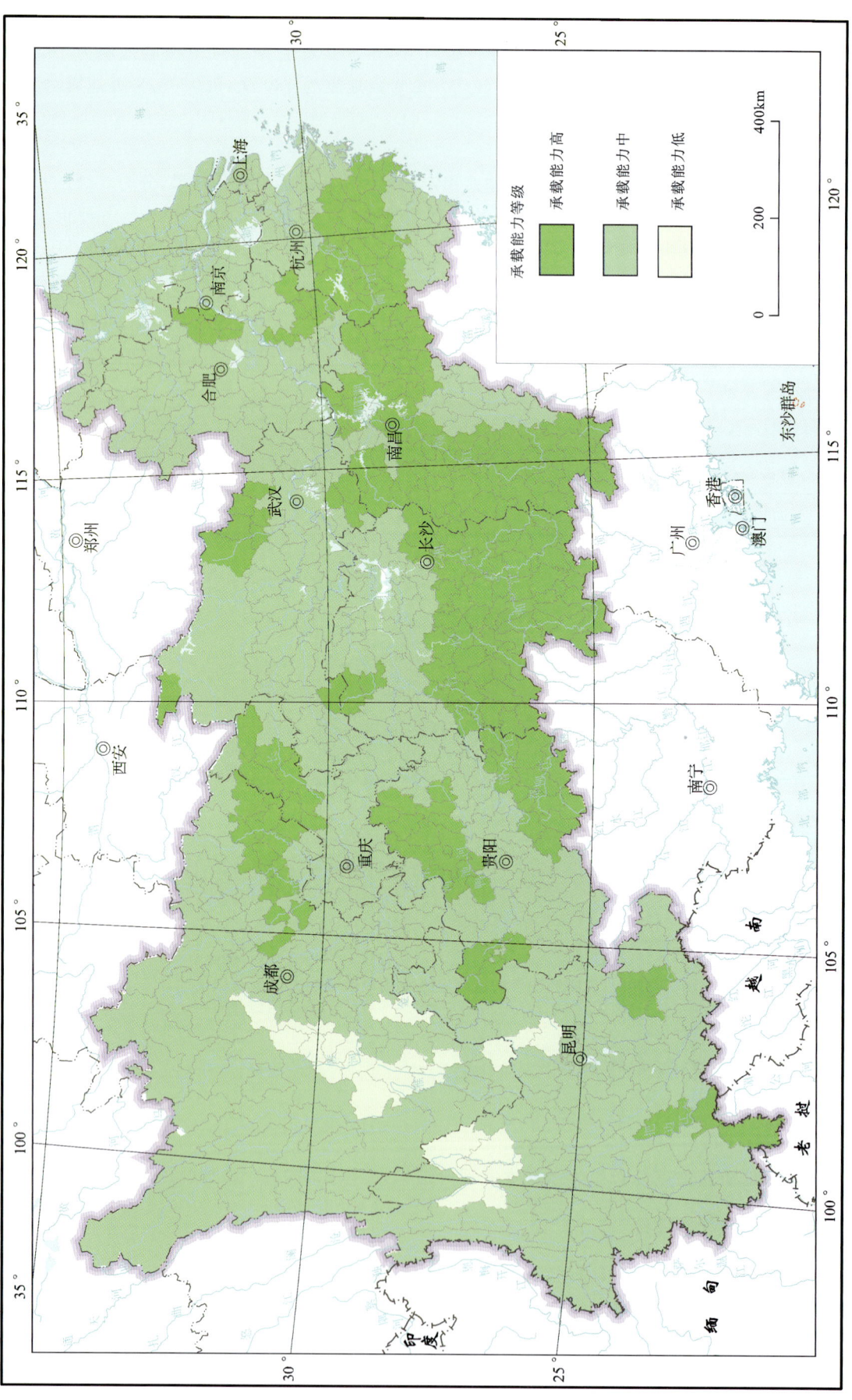

图14-15 长江经济带构造稳定性单因子承载能力评价图

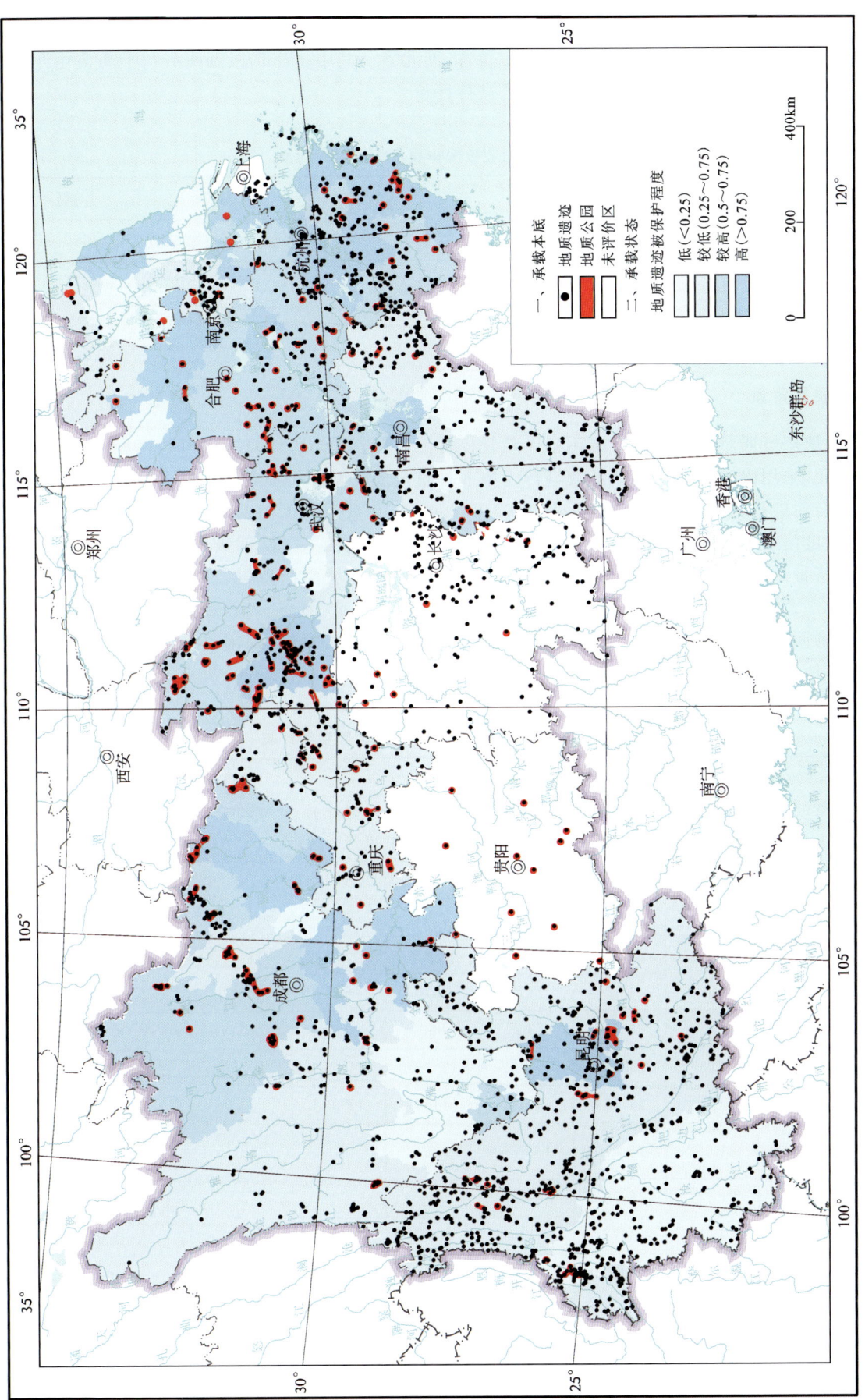

图14-16 长江经济带地质遗迹承载能力评价图

注:图中贵州省、湖南省和上海市因地质遗迹调查工作尚未完成而缺乏数据,本次暂不评价。

依据地质遗迹承载状态分级标准(表14-37),评价结果如图14-16所示。长江经济带的地区地质遗迹被保护程度高的地区主要分布在浙江省、安徽省、湖北省。其中,贵州省、湖南省与上海市由于地质遗迹调查工作尚未完成,因此本次未对以上地区进行评价。

表14-37 地质遗迹被保护程度指数分级标准

承载状态	高	较高	较低	低
地质遗迹被保护程度指数	>0.75	0.5~0.75	0.25~0.5	<0.25

(六)水土环境评价

1. 土壤质量背景

依据《土壤环境质量 农用地土壤污染风险管控标准(试行)》(GB 15618—2018),以 2km×2km 网格为评估单元,采用内梅罗综合污染指数进行土壤8种重金属元素环境质量综合评价,按照具体评估单元内梅罗综合污染指数≤0.7、0.7~1.0、1.0~2.0、2.0~3.0 及 >3.0,将其土壤划分为清洁、较清洁、轻度污染、中度污染、重度污染5类对应质量分别为优级、一级、二级、三级、四级。

长江经济带平原土壤环境质量总体良好(表14-38),清洁土壤面积为34.84万 km^2,占评价区总面积的58.51%。优级土壤面积为15.40万 km^2,大面积分布于苏北、江淮、江汉平原和成都平原等地区。三级以下土壤面积为6.94万 km^2,呈斑块及星点状分布于赣东北、赣南、湖南长沙—郴州一带、沿江及贵阳、昆明等地。

表14-38 土壤环境质量综合评价分区面积统计表

地区	省(市)	土壤环境质量级别及分区面积/km^2					评价区/km^2	行政区/万 km^2	
		优级(清洁区)	一级(较清洁区)	二级(轻度污染区)	三级(中度污染区)	四级(重度污染区)		各区面积	小计
长江上游	四川省	4084	33 973	14 434	6475	476	132 802	48.50	113.36
	云南省	1510	5984	13 066	3046	1723		39.00	
	重庆省	240	5012	20 787	9264	296		8.24	
	贵州省	40	252	7772	3676	692		17.62	
长江中游	湖北省	37 870	32 554	7348	863	310	259 576	18.59	56.46
	湖南省	293	9538	47 742	12 117	4521		21.18	
	江西省	60 720	11 764	11 480	4464	17 992		16.69	
皖江经济区	安徽省	21 657	28 770	15 455	1354	281	67 517	14.00	14.00
长三角经济区	江苏省	24 141	48 769	22 839	755	84	135 624	10.26	21.07
	上海市	144	3672	3144	192	52		0.63	
	浙江省	3272	14 168	13 644	632	116		10.18	
合计	面积	153 971	194 457	177 711	42 838	26 543	595 520	204.89	
	面积比/%	25.86	32.65	29.84	7.19	4.46			

综合考虑了土壤类型、耕地分布、土壤质量和有益元素分布等因素,进行了长江经济带农业种植土壤环境承载能力评价(表 14-39)。

表 14-39　长江经济带农业种植土壤环境因子承载能力评价统计

农业种植土壤环境因子承载能力	高	中	低	合计
县级行政区数量/个	196	205	512	913
所占面积/km²	310 412.40	351 672.30	1 357 908.00	2 019 992.70
面积比例/%	15.37	17.41	67.22	100.00

长江经济带农业种植土壤环境因子承载能力评价结果显示(三级),承载能力高的县级行政区共 196 个,面积为 310 412.40 km²,占评价总面积的 15.37%;承载能力中的县级行政区共 205 个,面积为 351 672.30 km²,占评价总面积的 17.41%;承载能力低的县级行政区共 512 个,面积为 1 357 908.00 km²,占评价总面积的 67.22%,详见图 14-17。

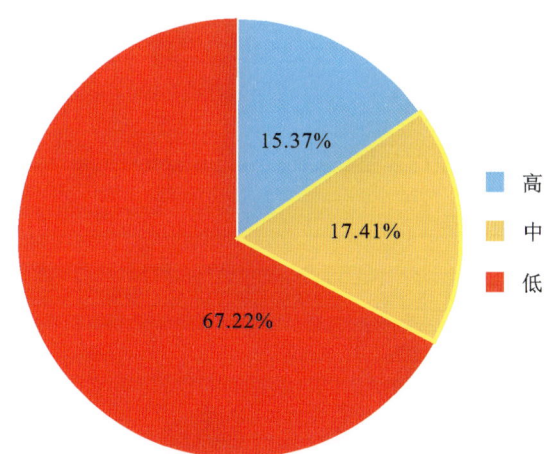

图 14-17　长江经济带农业种植土壤环境单因子评价面积统计

上述评价结果受限于耕地分布和数据覆盖范围(图 14-18),因此低承载能力土壤面积占比较大,该部分面积中无耕地分布区占比较高,特此说明。

2. 地下水环境质量

长江经济带地下水中氮污染和重金属污染较重,有机污染凸显,污染样品超标率达 17%。地下水氮污染以硝酸盐和氨氮为主,氮污染超标率达 14.1%,主要分布在农业区。汞、镉、铬等重金属污染超标率达 3.5%,零星分布在城市周边及工矿企业周围。四氯化碳等有毒有害有机污染物超标率达 0.6%,多呈点状分布在工业区及其附近。建议着力做好水源区、城镇及其周边等重点地区地下水污染防控,坚持以防为主、以自然修复为主,监测预警与工程治理相结合,遏制地下水水质的恶化趋势。

对长江经济带 913 个县级行政区地下水以污染程度表征地下水环境承载能力的评价结果显示(三级),承载能力高的县级行政区共 873 个,面积为 1 959 742.00 km²,占评价总面积的 97.02%;承载能力中的县级行政区共 26 个,面积为 42 226.43 km²,占评价总面积的 2.09%;承载能力低的县级行政区共 14 个,面积为 18 024.72 km²,占评价总面积的 0.89%(表 14-40、图 14-19、图 14-20)。

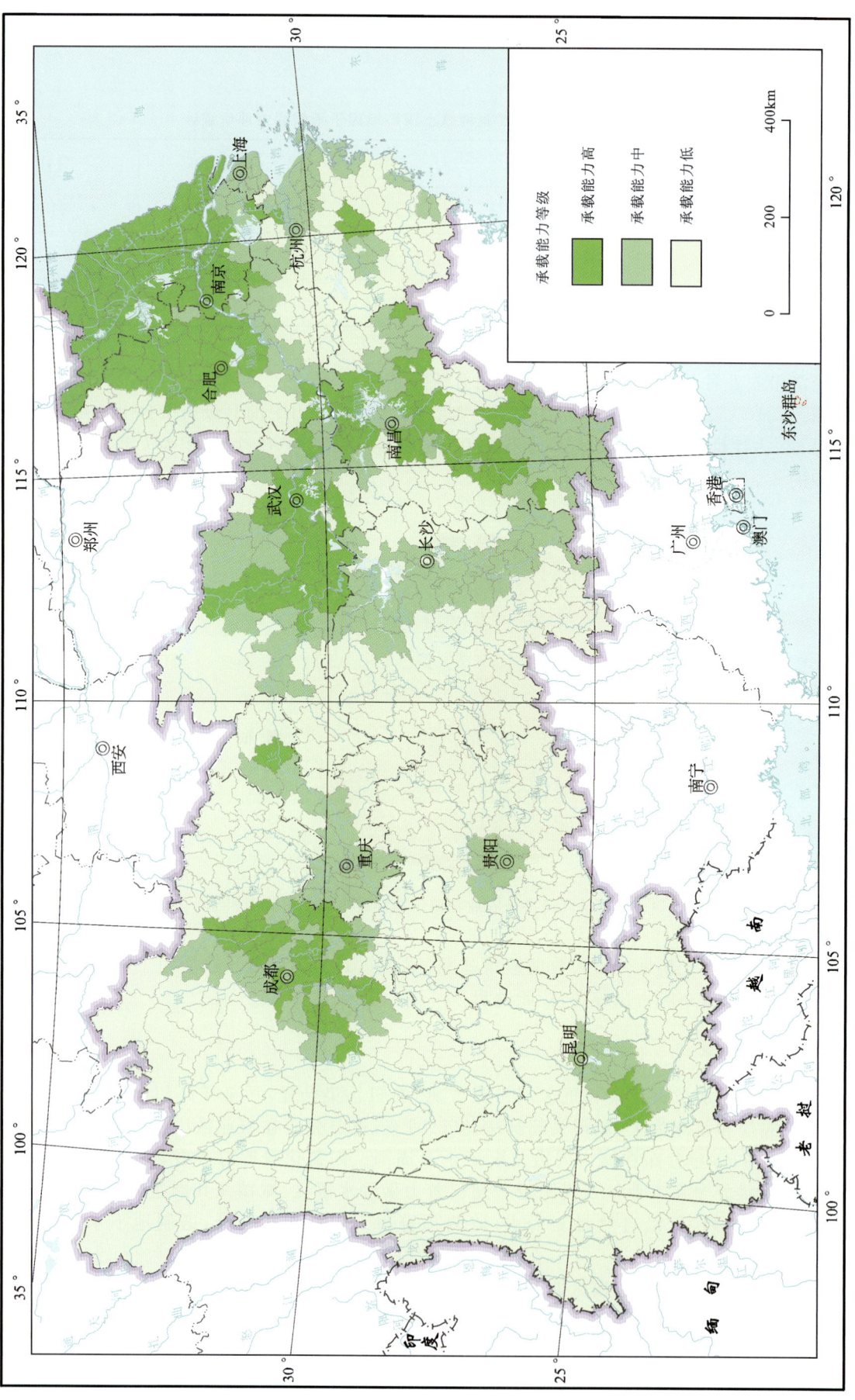

图 14-18 长江经济带农业种植土壤环境因子承载能力评价

表 14-40 长江经济带地下水环境单因子承载能力评价统计

地下水环境单因子承载能力	高	中	低	合计
县级行政区数量/个	873	26	14	913
所占面积/km²	1 959 742.00	42 226.43	18 024.72	2 019 993.15
面积比例/%	97.02	2.09	0.89	100.00

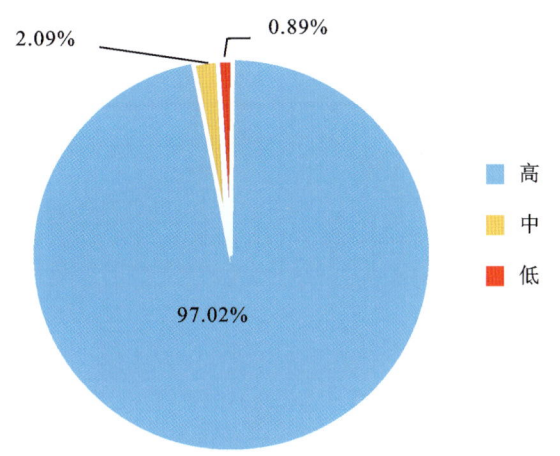

图 14-19 长江经济带地下水环境单因子承载能力评价面积统计

三、土地资源承载能力

土地资源承载能力,包括农业和开发建设承载能力,采用取最大值法将开发建设适宜性和农业生产适宜性等级评定结果进行综合评价,评价结果见图 14-21、图 14-22。

(一)本底评价

以 GIS 为平台进行空间叠加,对各地块的属性值进行运算,最终可确定土地资源本底评价等级(图 14-23)。

(二)承载状态评价

1. 土地资源开发利用匹配度

根据土地资源开发建设适宜性评价结果,对比分析建设用地现状分布,评定土地资源开发建设承载状态。依据土地资源开发利用匹配度判别准则(表 14-41),评价结果如图 14-24 所示。

表 14-41 土地资源开发利用匹配度判别矩阵表

开发建设适宜性 现状用地类型	很适宜	适宜	基本适宜	基本不适宜	不适宜
建设用地	盈余（Ⅰ级）	盈余（Ⅰ级）	均衡（Ⅱ级）	超载（Ⅲ级）	超载（Ⅲ级）
非建设用地	盈余（Ⅰ级）	盈余（Ⅰ级）	盈余（Ⅰ级）	均衡（Ⅱ级）	均衡（Ⅱ级）

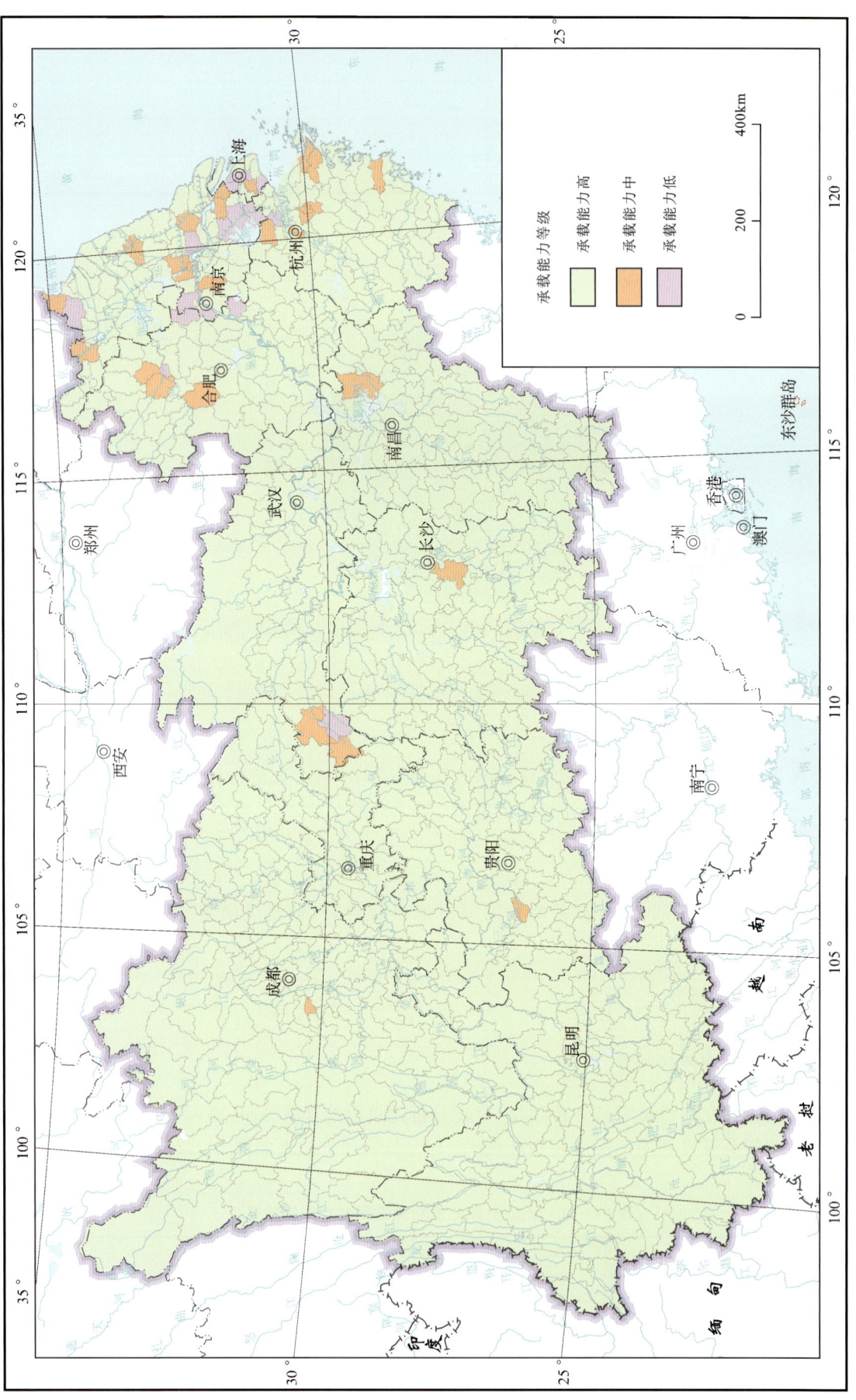

图14-20 长江经济带地下水环境单因子承载能力评价图

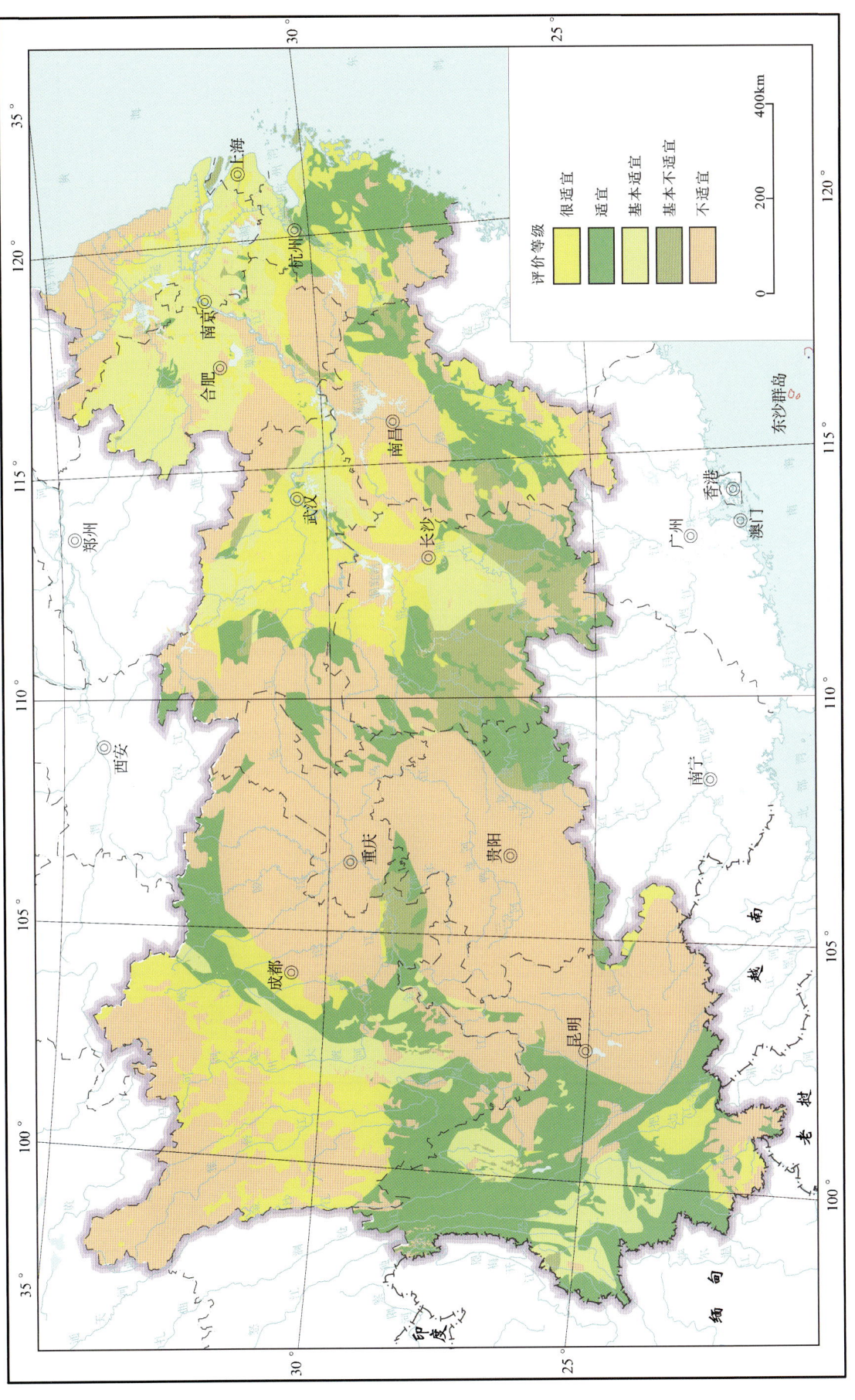

图14-21 长江经济带土地资源开发建设适宜性评价图

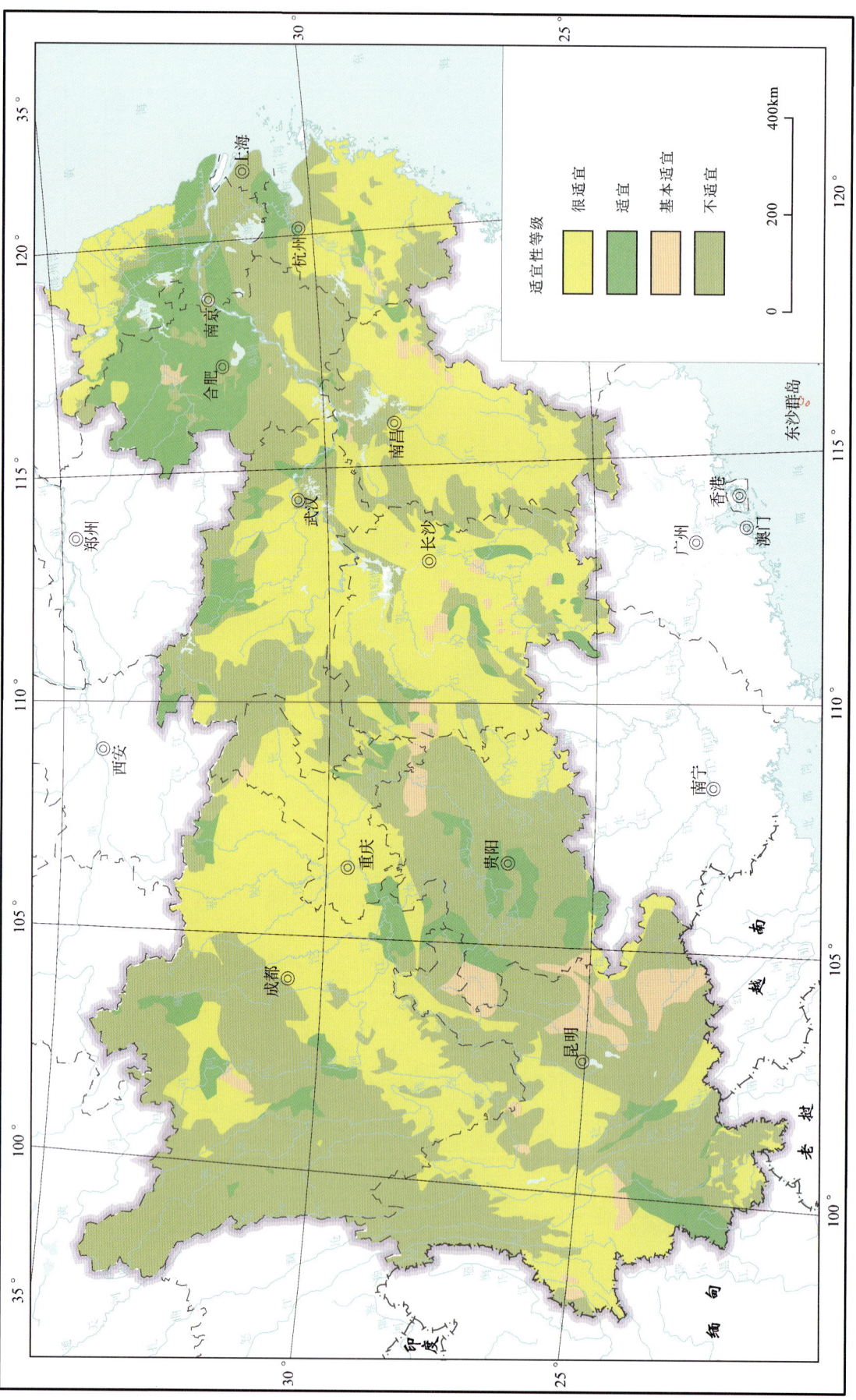

图 14-22 长江经济带土地资源农业生产适宜性评价图

第五篇 支撑服务国土空间规划篇

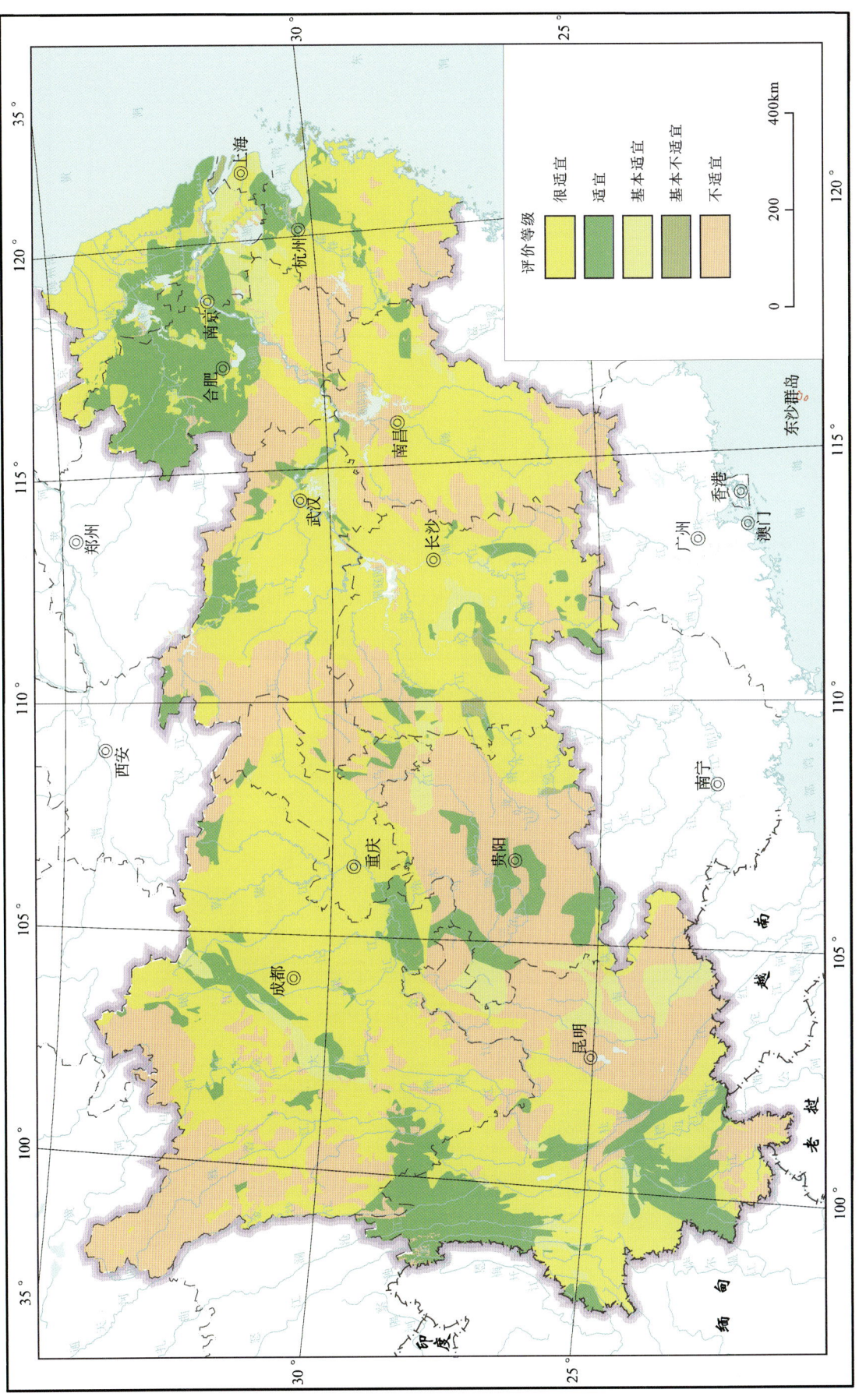

图14-23 长江经济带土地资源承载本底适宜性评价图

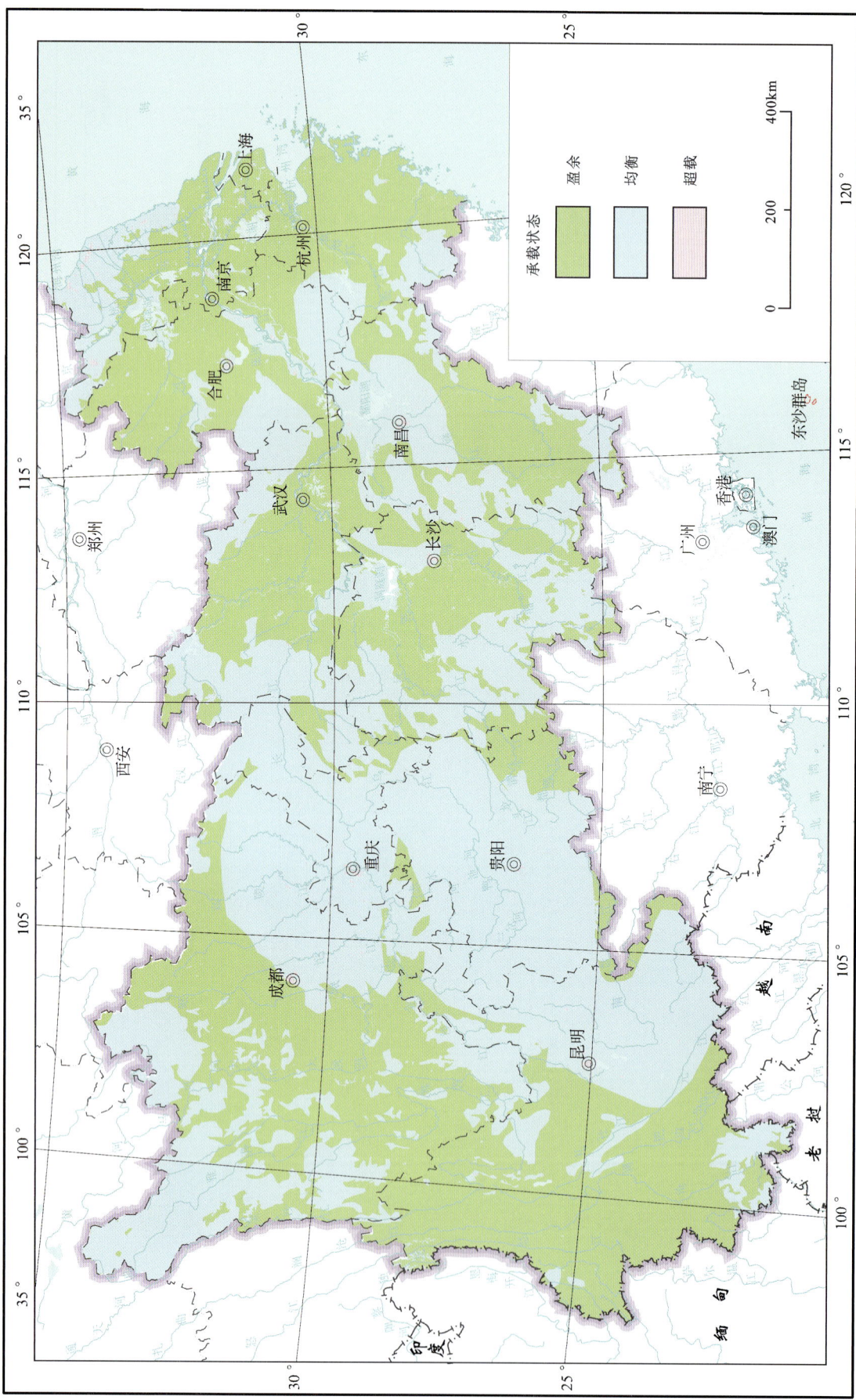

图 14-24 长江经济带土地资源开发利用匹配度评价图

2. 耕地人口承载指数

$$耕地人口承载指数 = 耕地面积 / 耕地需求面积 \qquad (14-8)$$
$$耕地需求面积 = (总人口 \times 人均粮食安全标准)/(耕地平均单产 \times 复种指数) \qquad (14-9)$$

其中，人均粮食安全标准参照联合国粮农组织研究成果，确定为每年平均 400kg/人的粮食消费水平。依据耕地人口承载指数分级标准(表 14-42)，评价结果如图 14-25 所示。

表 14-42 耕地人口承载指数分级标准

承载状态	盈余	均衡	超载
耕地人口承载指数	>1.2	0.8~1.2	≤0.8

3. 城镇建设用地人口承载指数

$$城镇建设用地人口承载指数 = 城镇建设用地面积 / 城镇建设用地需求面积 \qquad (14-10)$$
$$城镇建设用地需求面积 = 城镇人口 \times 人均建设用地面积标准 \qquad (14-11)$$

其中，人均城市建设用地参考《城市用地分类与规划建设用地标准》(GB 50137—2011)确定。新建城市的规划人均城市建设用地指标应在 85.1~105.0m²/人内确定；首都的规划人均城市建设用地指标应在 105.1~115.0m²/人内确定；边远地区、少数民族地区以及部分山地城市、人口较少的工矿业城市、风景旅游城市等具有特殊情况的城市，应专门论证确定规划人均城市建设用地指标，且上限不得大于 150.0m²/人。依据城镇建设用地人口承载指数分级标准(表 14-43)，评价结果如图 14-26 所示。

表 14-43 城镇建设用地人口承载指数分级标准

承载状态	盈余	均衡	超载
城镇建设用地人口承载指数	>1.2	0.8~1.2	≤0.8

4. 农村居民点用地人口承载指数

$$农村居民点用地人口承载指数 = 农村居民点用地面积 / 农村居民点用地需求面积 \qquad (14-12)$$
$$农村居民点用地需求面积 = 农村人口 \times 人均居民点用地面积标准 \qquad (14-13)$$

其中，人均居民点用地面积标准参考《镇规划标准》(GB 50188—2007)确定。人均用地高限为 150m²/人，各地根据各县级行政区农业发展在全国及省域范围内的定位适当调整。例如国家级产粮大县为促进农民生产积极性，人均用地标准提高 20~30m²/人。依据农村居民点用地人口承载指数分级标准(表 14-44)，评价结果如图 14-27 所示。

表 14-44 农村居民点用地人口承载指数分级标准

承载状态	盈余	均衡	超载
农村居民点用地人口承载指数	>1.2	0.8~1.2	≤0.8

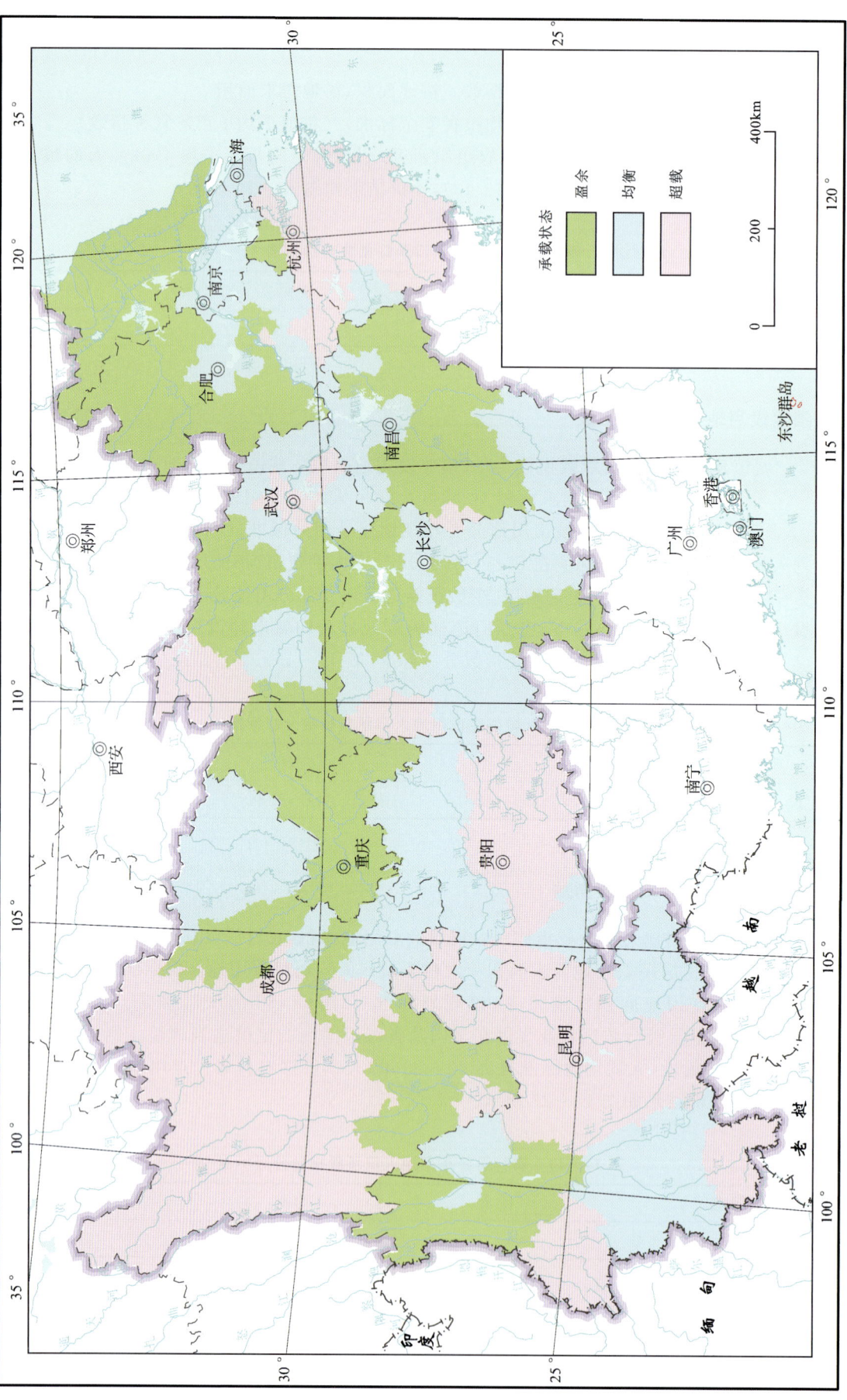

图 14-25 长江经济带耕地人口承载指数分级评价图

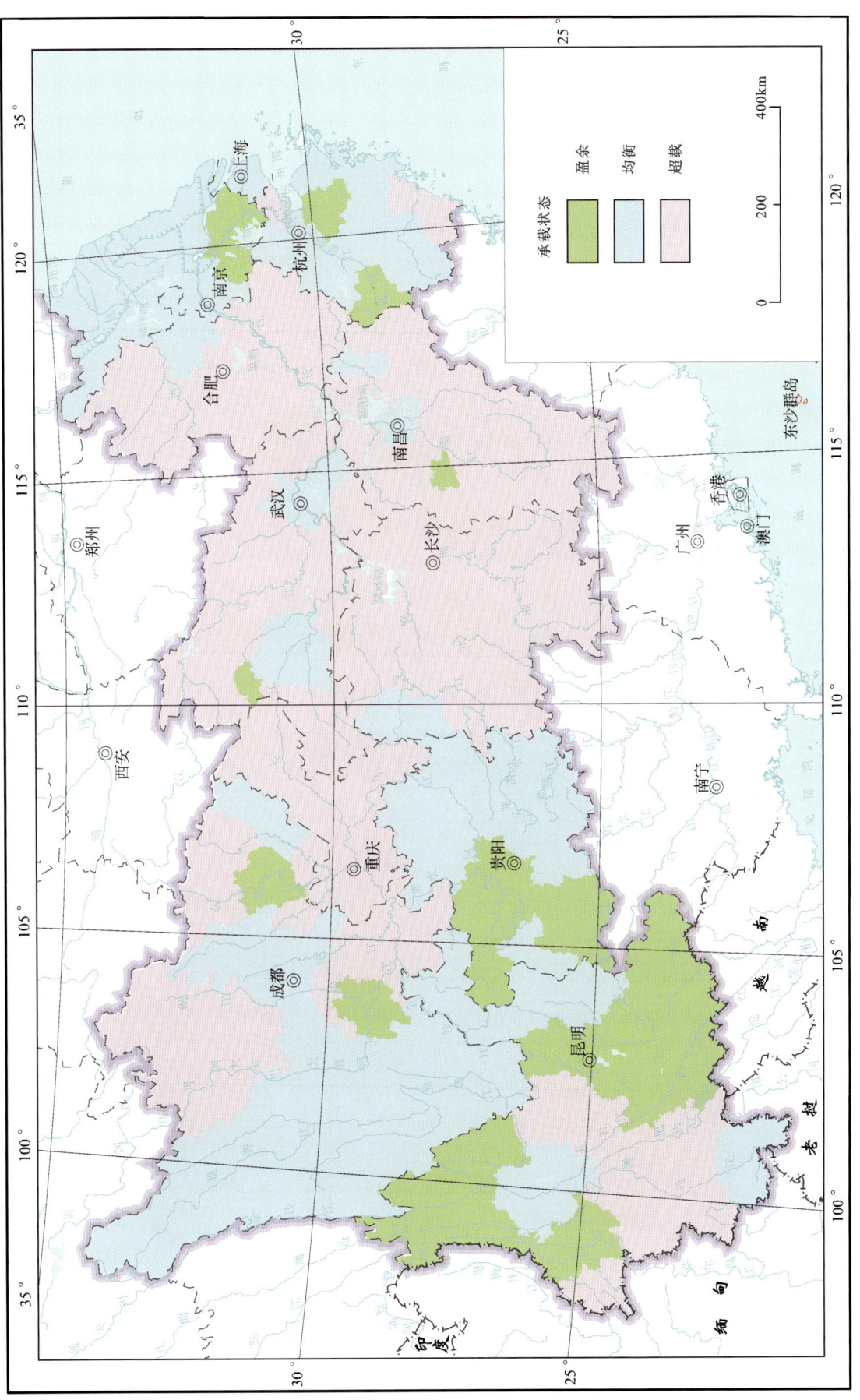

图 14-26 长江经济带城镇建设用地人口承载指数分级评价图

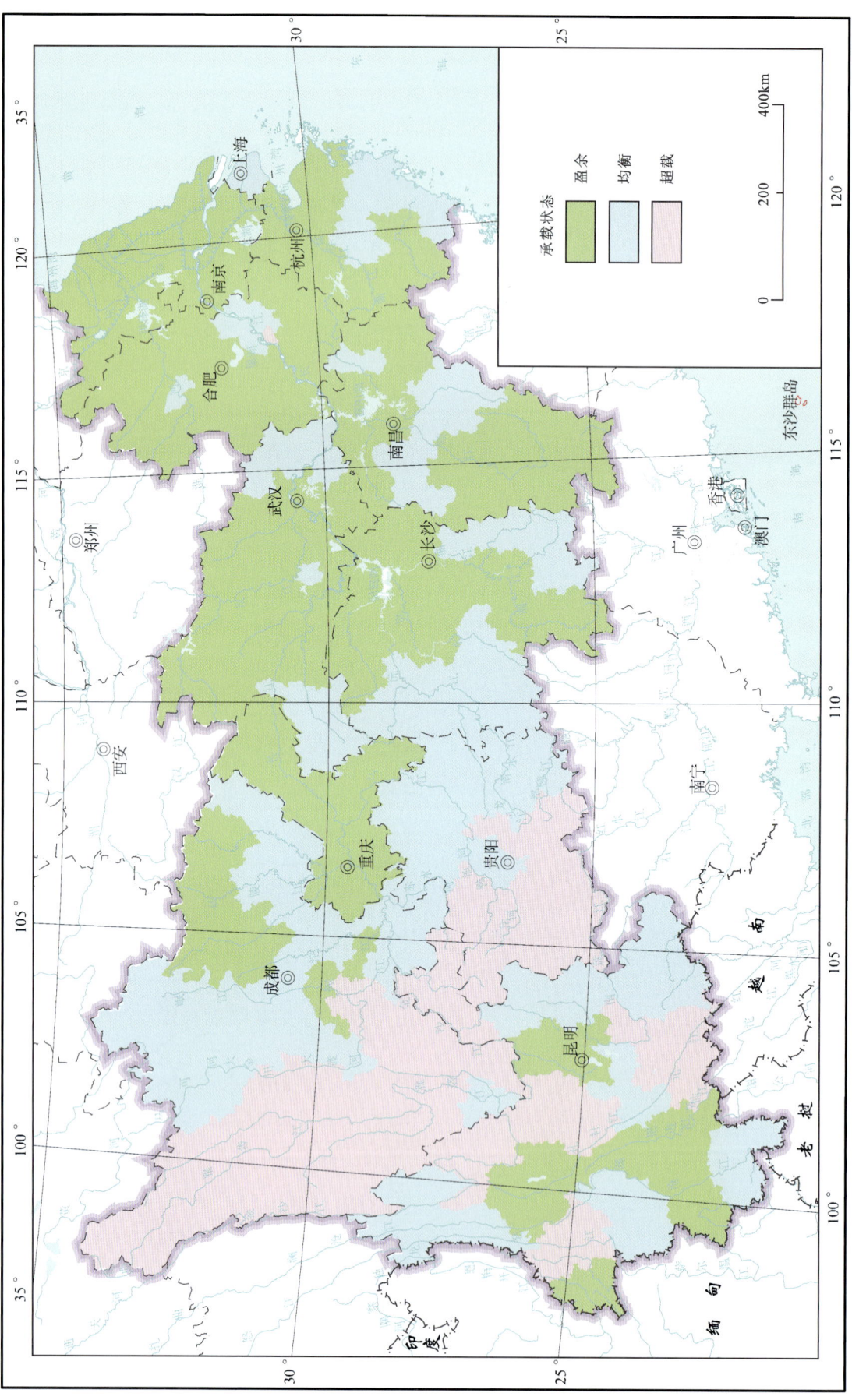

图 14-27 长江经济带农村居民用地人口承载指数分级评价图

土地资源开发建设适宜性等级为很适宜的地区主要分布在长三角经济区、湖北省中部以及四川省中部地区,占评价总面积的 15.8%;等级为适宜的地区主要分布在云南省中部、湖南省大部以及江西省中部地区,占评价总面积的 21.5%。

土地资源农业生产适宜性等级为很适宜的地区主要分布在长江中游的大部地区(湖南、湖北与江西)、四川中部以及长江下游地区的江苏省与浙江省,占评价总面积的 41.2%。

土地资源承载本底适宜性等级为很适宜的地区主要分布在江苏北部沿海地区,浙江、江西、湖北、湖南、重庆大部分地区,四川省南部大部分地区及云南北部部分地区,约占评价总面积的 49.3%;适宜性等级为不适宜的地区主要分布在贵州大部分的地区、四川和湖北西部部分地区、云南南部地区以及合肥南部部分地区,约占评价总面积的 29.5%。

长江经济区绝大部分地区都处于土地为未超载状态;承载盈余状态主要分布在长三角地区、四川省中部、云南省西部以及湖北省中部地区。

长江经济带耕地人口承载超载地区主要分布在浙江省大部、四川省西部、云南省中部以及贵州省中部地区;承载盈余地区主要分布在江苏省大部、江西省中部、重庆市以及湖北省中西部地区。

长江经济带城镇建设用地人口承载超载地区主要分布在安徽省、湖北省、江西省、重庆市与湖南省大部地区;承载盈余地区主要分布在云南省大部地区。

长江经济带农村居名点人口承载超载地区主要分布在四川省西部、贵州省南部以及云南省中部地区;承载盈余地区主要分布在长三角地区、中游城市群以及重庆市等地区。

四、资源环境承载能力综合评价

长江经济带资源环境承载能力可划分为承载能力高、较高、中、较低、低 5 个等级(表 14-45,图 14-28)。承载能力高的县级行政区为 45 个,面积为 84 196.30 km²,约占评价总面积的 4.17%;承载能力较高的县级行政区为 208 个,面积为 336 341.70 km²,约占评价总面积的 16.65%;承载能力中等的县级行政区为 601 个,面积为 1 433 593.00 km²,占评价总面积的 70.97%;承载能力较低县级行政区为 53 个,面积为 155 268.107 km²,占评价总面积的 7.69%;承载能力低县级行政区 6 个,面积为 10 594.12 km²,占评价总面积的 0.52%。

表 14-45 长江经济带县级行政区资源环境承载能力评价统计

地质环境综合承载能力	高	较高	中	较低	低	合计
县级行政区数量/个	45	208	601	53	6	913
所占面积/km²	84 196.30	336 341.70	1 433 593.00	155 268.107	10 594.12	2 019 993.227
面积比例/%	4.17	16.65	70.97	7.69	0.52	100.00

承载状态评价结果显示(图 14-29),承载状态盈余的面积为 19.18 万 km²,占评价总面积的 9.36%;超载状态的面积为 6.27 万 km²,占评价总面积的 3.06%;承载均衡面积为 177.55 万 km²,占评价总面积的 87.58%。

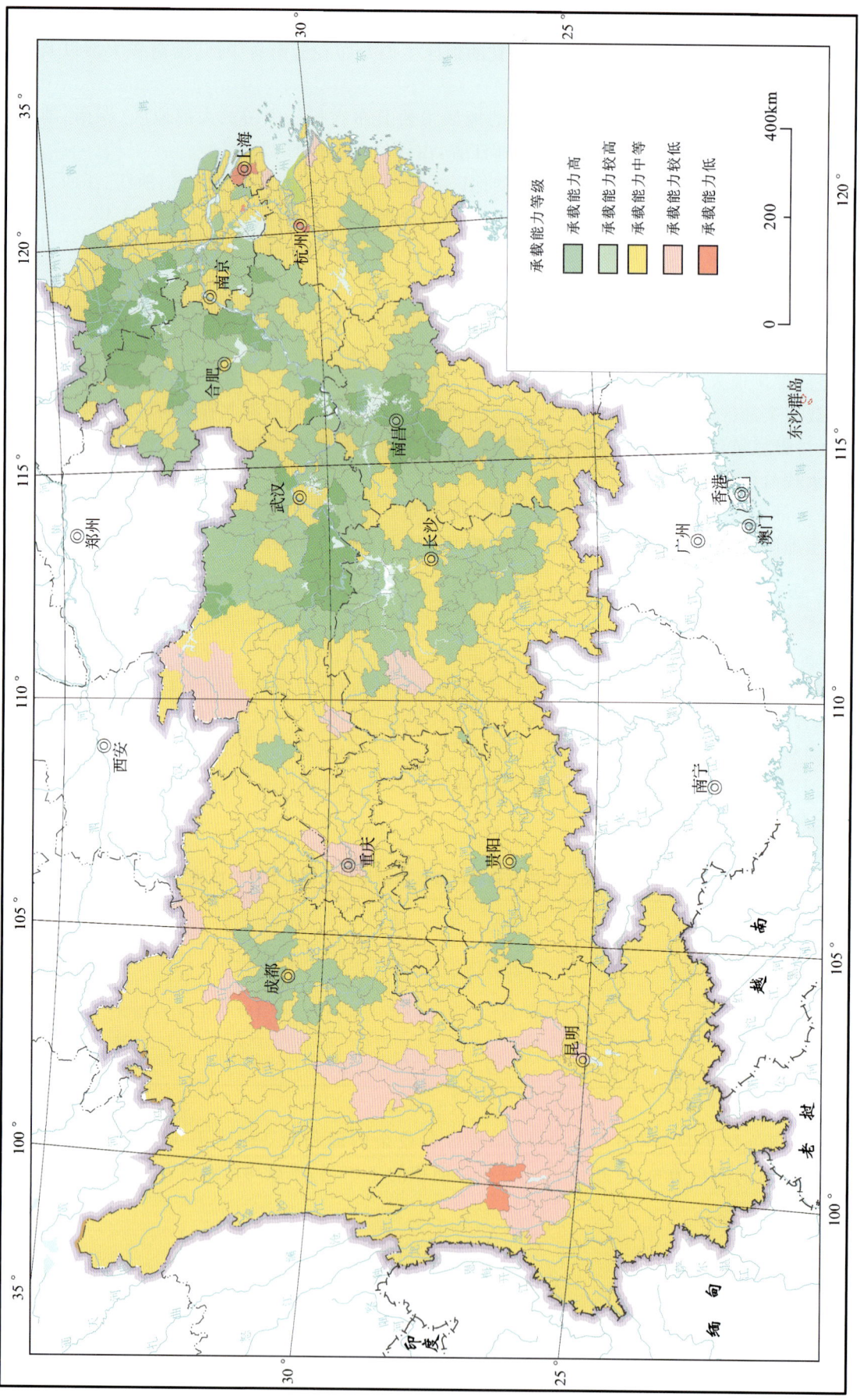

图 14-28 长江经济带资源环境承载能力评价图

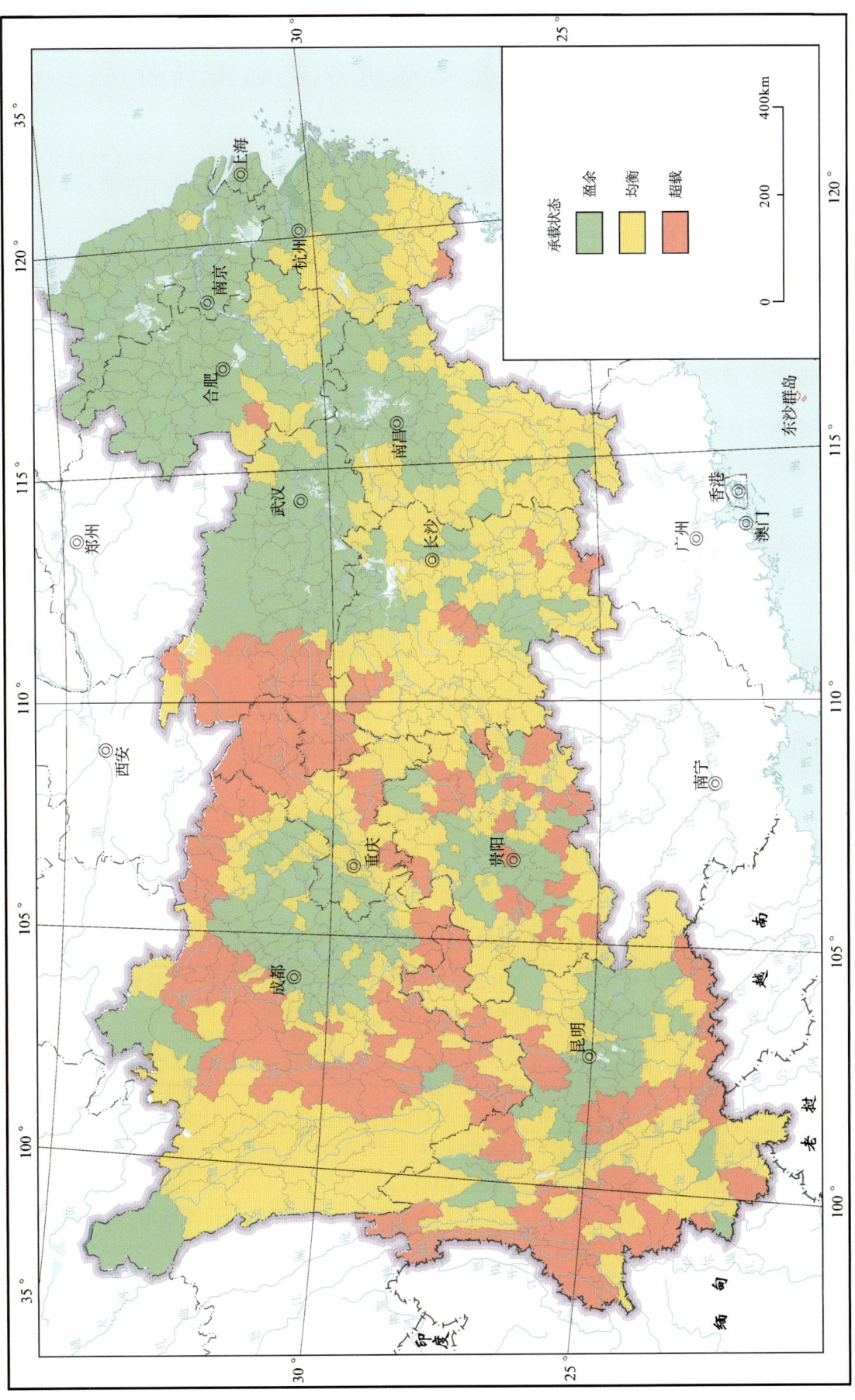

图14-29 长江经济带资源环境承载状态评价图

第四节　城市群资源环境承载能力评价

选择苏南现代化建设示范区及皖江经济带作为城市群评价实例进行介绍,以具有区域特点的、特殊资源环境禀赋的区域,提供细化的资源环境承载能力实例,提高服务地方经济规划的服务水平。

一、苏南现代化建设示范区

根据苏南现代化建设示范区(简称苏南地区)特点和数据资料,探索开展了耕地资源承载能力评价和建设用地限制性评价。

(一)耕地资源承载能力评价

粮食需求预测方法是指通过计算满足苏南地区居民一定自给程度的粮食需求来测算。

$$耕地面积 = \frac{粮食总需求量}{农作物播种面积单产 \times 粮食作物平均复种指数} \quad (14-14)$$

$$粮食总需求量 = 人均粮食消费水平 \times 人口总量 \quad (14-15)$$

据《苏南现代化建设示范区土地利用总体规划(2014—2030年)》农作物播种面积单产为7600kg/hm^2。粮食作物平均复种指数为148.23%。人口总量:2020年,低方案为3270万人,中方案为3370万人,高方案为3485万人;2030年,低方案为2550万人,中方案为2880万人,高方案为3270万人。

1. 情景假设一

根据《国家粮食安全中长期规划纲要(2008—2020年)》预测,以全面进入小康社会为目标,到2020年人均粮食消费量水平为395kg/人。根据1996年国务院粮食白皮书《中国的粮食问题》预测,到2030年人均粮食消费水平为400kg/人。

依据预测的人均粮食消费水平,根据上述公式计算在粮食完全自给情况下苏南地区的粮食总需求量及耕地需求量;假设现状耕地面积不变,现有耕地粮食产出量不变,可计算出各方案的粮食自给率和耕地缺口。计算结果见表14-46。

表14-46　苏南地区现状耕地资源承载能力评价表一

基准年		苏南土地总面积/万 m^2	农用地总面积/万 m^2	现状耕地面积/万 m^2		重金属严重污染耕地面积/万 m^2
2013年		2 808 427	1 466 658	824 690		0.18
预测年		人口总量预测/万人	粮食总需求量/万 kg	耕地需求量/万 m^2	现有耕地产出/万 kg	粮食自给率/%	耕地缺口/万 m^2
2020年	低方案	3270	1 291 650	1 146 555.7		72.0	321 865.7
	中方案	3370	1 331 150	1 181 619.5		69.8	356 928.5
	高方案	3485	1 376 575	1 221 941.8	929 357	67.5	397 250.8
2030年	低方案	2550	1 020 000	905 420.8		91.1	80 730.8
	中方案	2880	1 152 000	1 022 592.9		80.7	197 902.9
	高方案	3270	1 308 000	1 161 069.0		71.1	336 379.0

根据计算结果,苏南地区现有耕地不能保障 2020 年及 2030 年人口的粮食自给。

在现有耕地保有量条件下,至 2020 年,苏南粮食自给率为 67.5%～72.0%;至 2030 年,苏南粮食自给率为 71.1%～91.1%。随着苏南预测人口的不断减少,粮食自给率不断提高,但仍无法满足粮食完全自给。

如果要保证粮食自给,至 2020 年,在人口低、中、高方案下,耕地缺口分布为 321 865.7 万 m²、356 928.5 万 m² 及 397 250.8 万 m²;至 2030 年,在人口低、中、高方案下,耕地缺口分布为 80 730.8 万 m²、197 902.9 万 m² 及 336 379.0 万 m²。

2. 情景假设二

据《中国经济简报》2014 年 4 月 16 日预测,2020 年人均粮食消费水平为 479kg/人,2030 年人均粮食消费水平为 491kg/人。

依以上人均粮食消费预测水平,根据式(14-15),计算在粮食完全自给情况下苏南地区粮食总需求量及耕地需求量。假设现状耕地面积不变,现有耕地粮食产出量不变,可计算出各方案下粮食自给率和耕地缺口。计算结果见表 14-47。

表 14-47 苏南地区现状耕地资源承载能力评价表二

基准年	苏南土地总面积/万 m²		农用地总面积/万 m²		现状耕地面积/万 m²	重金属严重污染耕地面积/万 m²
2013 年	2 808 427		1 466 658		824 690	0.18
预测年		人口总量预测/万人	粮食总需求量/万 kg	耕地需求量/万 m²	现有耕地产出/万 kg	粮食自给率/%	耕地缺口/万 m²

预测年	方案	人口总量预测/万人	粮食总需求量/万 kg	耕地需求量/万 m²	现有耕地产出/万 kg	粮食自给率/%	耕地缺口/万 m²
2020 年	低方案	3270	1 566 330	1 390 380.2	929 357	59.3%	565 690.2
	中方案	3370	1 614 230	1 432 899.4		57.6%	608 209.4
	高方案	3485	1 669 315	1 481 796.6		55.7%	657 106.6
2030 年	低方案	2550	1 252 050	1 111 404.0		74.2%	286 714.0
	中方案	2880	1 414 080	1 255 232.8		65.7%	430 542.8
	高方案	3270	1 605 570	1 425 212.2		57.9%	600 522.2

根据计算结果,苏南地区现有耕地不能保障 2020 年及 2030 年人口粮食自给。

在现有耕地保有量条件下,至 2020 年,苏南粮食自给率降低至 55.7%～59.3%;至 2030 年,苏南粮食自给率为 57.9%～74.2%。

如果要保证粮食自给,至 2020 年,在人口低、中、高方案下,耕地缺口分别为 565 690.2 万 m²、608 209.4 万 m² 及 657 106.6 万 m²;至 2030 年,在人口低、中、高方案下,耕地缺口分布为 286 714.0 万 m²、430 542.8 万 m² 及 600 522.2 万 m²。

综上所述,无论是情景假设一还是情景假设二,苏南地区耕地都将处于超载状态。在现状耕地面积不变的情况下,就中方案而言,至 2020 年现有耕地只能承载 57.6%～69.8%人口的粮食供给;至 2030 年,现有耕地只能承载 65.7%～80.7%人口的粮食供给。

(二)建设用地限制性评价

《城乡用地评定标准》(CJJ 132—2009)将评定指标分为特殊指标及基本指标。特殊指标是指自然环境条件、人为影响因素等方面对城乡发展用地的建设适宜性有限制性影响的因素,尤其是对城乡用地的安全性影响突出的因素。基本指标是指自然环境条件、人为影响因素等方面对城乡发展用地的建设适宜性具有普遍性影响的因素。特殊指标达到严重影响级或基本指标评定为Ⅳ类时，具有强限制性，建设用地布局应严格避让此类区域。特殊指标达到较重影响级或基本指标评定为Ⅲ类时，具有较强限制性，应尽量不在此类区域开发建设。

为全面反映各种资源环境因素的综合限制性，本次研究将依据《城乡用地评定标准》(CJJ 132—2009)开展苏南地区建设开发的综合限制性评价。

结合苏南地区特点，生态红线一级管控区、最优质耕地(耕地高度适宜区)采空塌陷区、坡度大于50%的区域对建设用地布局有着强限制性。地面沉降高和中易发区、滑坡崩塌高和中易发区、岩溶高易发区、活动断裂带、地形坡度为25%~50%区域、优势矿产范围等因素对建设用地布局有着较强限制性。

基于上述判断，开展建设开发综合限制性评价，分别对强限制因素和较强限制因素进行空间叠加，划定强限制区和较强限制区。

评价结果显示，苏南地区建设开发受到多种资源环境因素的综合制约。其中，受到采空塌陷、生态红线一级管控、优质耕地、坡度等强限制因素制约的土地(建设用地强限制区)面积约为 2 406.23km²，达苏南地区土地总面积的 8.57%。受生态红线二级管控、坡度、岩溶塌陷、突发地质灾害、砂土液化、岩土类型极差等较强限制因素制约的土地(建设用地较强限制区)面积约为 11 202.35km²，约占苏南地区土地总面积的 39.89%。受强限制和较强限制的面积总共达 13 608.58km²，占苏南地区土地总面积的 48.46%(图 14-30、图 14-31)。

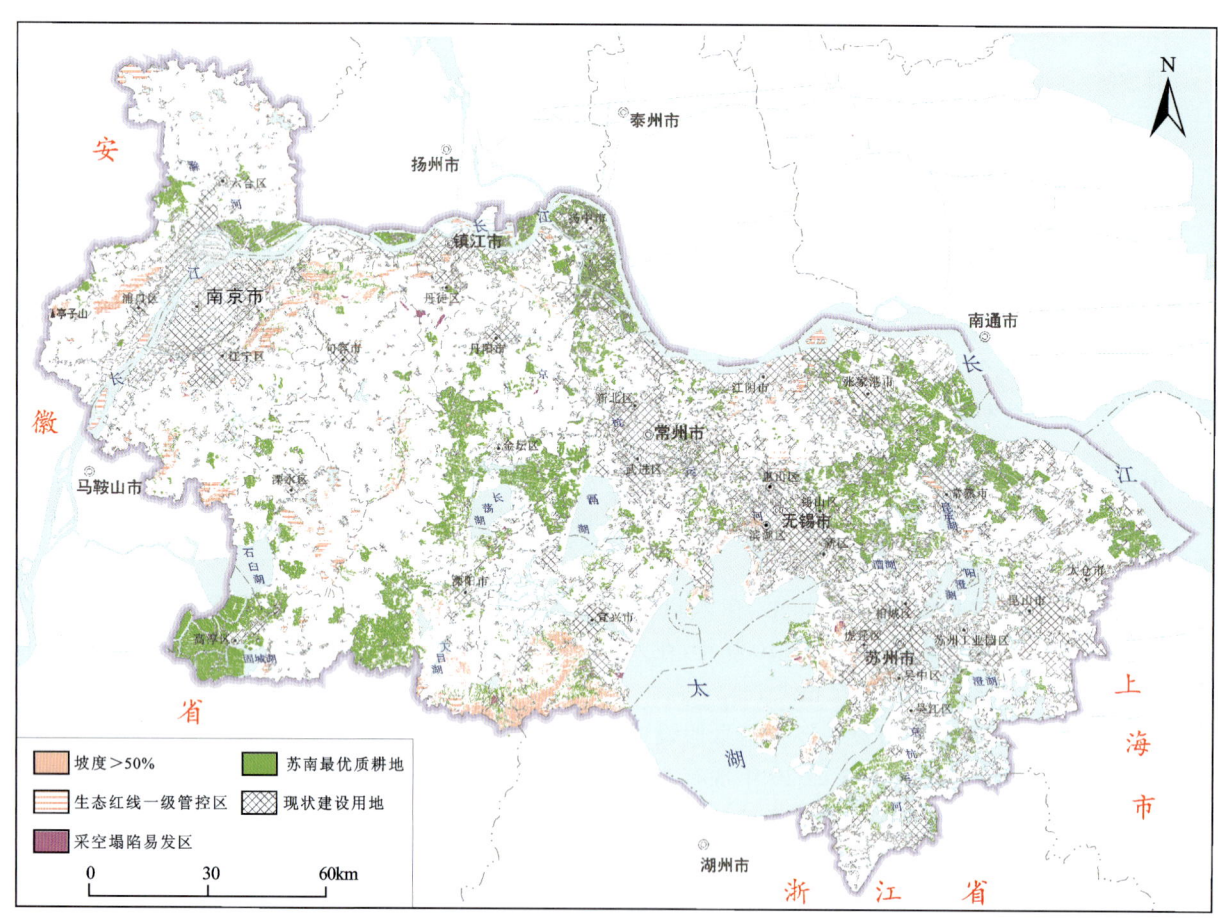

图 14-30 苏南地区建设用地强限制性评价图

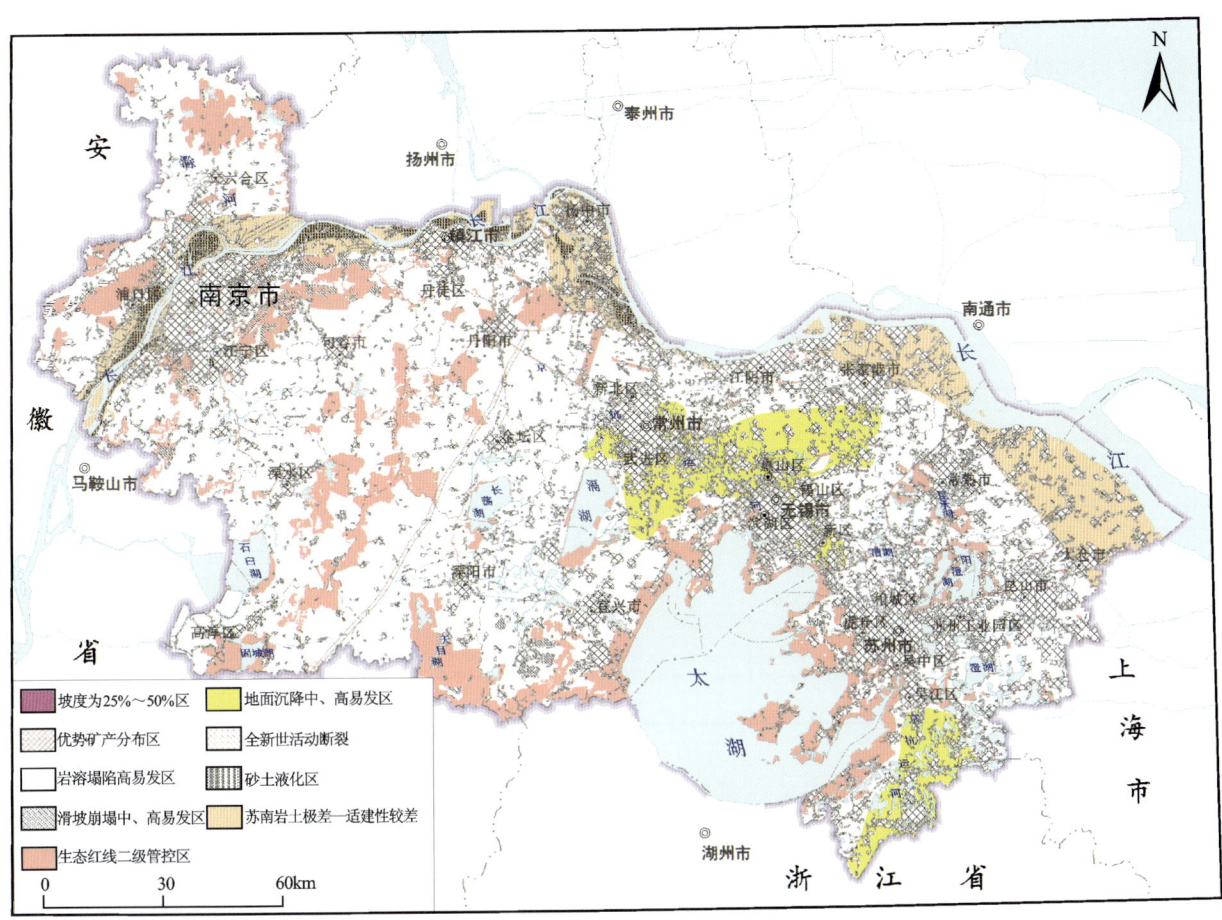

图 14-31 苏南地区建设用地较强限制性评价图

南京、镇江、常州、无锡、苏州 5 个城市中,无锡、镇江和南京受强限制的面积比例均超过 10%,分别为 14.12%、11.66%、10.33%;常州和苏州受强限制的面积较小,分别为 6.68%、3.63%;苏州受较强限制的面积比例最高,约占 58.71%;无锡、镇江、南京均超过了 30%,分别为 33.5%、31.93%、31.33%;常州相对较小,为 28.87%。

(三)建设用地规模承载能力评价

$$建设用地需求规模 = \frac{经济总量}{单位国内生产总值建设用地占用} \tag{14-16}$$

$$经济总量 = 人均国内生产总值 \times 人口总量 \tag{14-17}$$

在人口总量上,2020 年,低方案为 3270 万人,中方案为 3370 万人,高方案为 3485 万人;2030 年,低方案为 2550 万人,中方案为 2880 万人,高方案为 3270 万人。

在单位国内生产总值建设用地占用上,2009—2013 年苏南地区单位国内生产总值建设用地占用的下降率在 9% 左右,考虑到土地集约利用的提高速率具有递减的特征,设定 2014—2020 年苏南地区单位国内生产总值建设用地占用的下降率在 7.4% 左右,达到 12.27 万 m^2/亿元;借鉴上海、深圳设定单位国内生产总值建设用地占用下降的经验,设定 2021—2030 年苏南地区单位国内生产总值建设用地占用的下降率在 7.1% 左右,达到 5.9 万 m^2/亿元。

1. 情景假设一

改革开放以来,苏南地区经济长期保持在全省及全国的领先位置,年增长率持续高于10%,然而在国际、国内经济形势不断变化发展的环境下,近些年苏南地区经济出现了调整态势,增长速度明显放缓。根据《江苏省国民经济和社会发展第十三个五年规划纲要草案》《苏南现代化建设示范区土地利用总体规划(2014—2030年)》设定2014—2020年苏南经济增长率为9%左右,到2020年国内生产总值总量为66 514.41亿元左右;2021—2030年经济增长率为7%左右,到2030年国内生产总值总量为130 843.91亿元左右。

按上述公式计算2020年及2030年建设用地需求规模,计算结果见表14-48。

表14-48 苏南建设用地承载能力评价一

基准年	苏南土地总面积/万 m²		现状建设用地面积/万 m²	现状建设用地受强限制影响面积/万 m²
2013年	2 808 427		787 346	7369
预测年	预测经济总量/亿元	单位国内生产总值建设用地占用/万 m²·亿元⁻¹	建设用地需求规模/万 m²	土地开发强度/%	需新增建设用地面积/万 m²
2020年	66 514.41	12.27	816 131.8	29.1	28 785.8
2030年	130 843.91	5.9	771 979.1	27.5	-15 366.9

根据计算结果,至2020年,苏南地区建设用地需求规模为816 131.8万 m²,超过现状建设用地面积28 785.8万 m²,土地开发强度将达29.1%,逼近国际警戒线。随着土地节约集约利用的提高,单位国内生产总值建设用地占用率不断降低,至2030年,建设用地需求规模为771 979.1万 m²,现状建设用地规模可承载2030年经济总量。

2. 情景假设二

根据《苏南现代化建设示范区规划》,到2020年全面建成小康社会时,苏南地区人均地区生产总值达到18万元/人,以此为基础预测不同人口方案下经济总量及建设用地需求规模,计算结果见表14-49。

表14-49 苏南建设用地承载能力评价二

基准年	苏南土地总面积/万 m²			现状建设用地面积/万 m²	现状建设用地受强限制影响面积/万 m²
2013年	2 808 427			787 346	7369
预测年		人口总量预测/万人	预测经济总量/亿元	单位国内生产总值建设用地占用/万 m²·亿元⁻¹	建设用地需求规模/万 m²	土地开发强度/%
2020年	低方案	3270	58 860	12.27	722 212.2	25.7
	中方案	3370	60 660		744 298.2	26.5
	高方案	3485	62 730		769 697.1	27.4

结果表明,现有建设用地可承载《苏南现代化建设示范区规划》所设定的至2020年不同人口方案下的经济目标。

综上所述,就苏南地区现有预测的经济增长率和经济总量分析,建设用地规模将于2020年左右可能达到峰值,需增加建设用地28 785.8万 m²。随着单位国内生产总值建设用地占用率下降,至2030年现状建设用地规模完全可承载当时的经济目标。

二、皖江经济带

(一)皖江经济带资源环境现状

皖江经济带(以下简称皖江或皖江地区)位于安徽省中部,总面积为7.58万km²,东邻长三角,西接武汉城市群,是长江经济带上的重要节点。皖江经济带区位优势突显,地势平缓,自然生态环境条件优越,金属、非金属矿产资源潜力巨大,水资源丰富,适宜进行城市和城镇化建设,土壤质量总体较好。要充分利用皖江经济带资源与环境优势,合理趋避各种不利地质因素,科学进行城镇与产业、农业、交通、矿产开发和生态保护空间布局,保障皖江经济可持续快速发展。

1. 区位优势

国务院批复的《皖江城市带承接产业转移示范区规划》,提出了形成以沿长江一线为城镇密集发展带,以合肥为"带动极"、以芜马为"集聚极"、以安池铜为"增长极"的"三极",以滁州、宣城为"两星"的网络化、开放化的"132"联动发展的多极化城镇空间结构,形成以区域中心城市为主体、中小城市和小城镇为基础的现代城镇体系。

1)城镇化基础好

皖江经济带初步形成了以9个地级城市为中心的市、县、镇城镇等级体系;2013年末总人口为3 620.80万人,城镇化率平均达53.42%,分别超安徽省和全国7.5个百分点、1.4个百分点,已经进入城镇化加速阶段。

2)城镇化发展空间大

皖江经济带土地总面积(不含水体)为70 917km²,适宜进行城镇化建设的平原和低岗丘陵面积达5.33万km²,占皖江经济带总面积的75.16%。根据安徽省2010年土地利用变更调查结果,建设用地面积为9 183.97km²,只占适宜城镇建设面积的17.23%。其中,交通运输用地为1 115.11km²,占总量建设用地面积的12.14%;水利设施用地为1 153.81km²,占建设用地面积总量的12.56%。

3)自然地理条件优越

皖江经济带区位优势突显,自然地质条件优越,地势平缓,生态环境良好,大部分地区地势平缓,地貌上以冲积平原、丘陵岗地为主,海拔高差为30~200m。海拔在200m以下的地区占总面积的77.82%,500m以上的地区面积仅占7.09%。长江两岸和巢湖周围以冲湖积平原为主,江河湖泊融为一体,地势低洼,海拔一般在10~15m,属于长江中下游平原,湖泊众多。具有水资源、适宜种植的土地资源等自然环境优势,适宜于人类生活居住和进行城镇建设。

4)历史文化底蕴深厚

皖江经济带历史悠久,文化底蕴深厚,历史遗迹众多。芜湖繁昌县的人字洞遗址是亚洲最早的古人类活动遗址。另有旧石器时代的和县猿人遗址、银山遗址、水阳江遗址等,以及新石器时代的薛家岗遗址、汪洋庙遗址、黄鳝嘴遗址、天宁寨遗址等。皖江文化以古皖文化和桐城文化为起始,内容涉及文学、戏曲、书法、绘画、科技、宗教以及更大范围的政治、经济、旅游、生态、民俗等众多领域,有以九华山为代表的佛教文化、以天柱山为代表的道教文化、以铜陵为代表的铜文化、以马鞍山为代表的诗歌文化和钢铁文化、以安庆为代表的戏曲文化。

2. 矿产资源

皖江经济带丰富的能源、金属、非金属矿产资源,为皖江经济带的产业发展、承接产业转移、实现"一带双核两翼"的总体产业布局提供了资源保障。

1)探明的矿产资源量支撑了皖江工业和城市发展

皖江经济带是长江中下游成矿带的核心区域,是煤、铜、铁、金、铅锌及水泥用灰岩、硫、明矾石、岩盐、石膏等矿产的主要矿集区,已查明有资源储量的矿产 90 种,矿产资源总量占安徽省的 90% 左右。截至 2013 年,累计探明煤矿资源量为 2.38 亿 t;铜矿资源量为 699.08 万 t,位于华东地区第二位,铁矿资源为 31.83 亿 t;金资源量为 569.83t,铅资源量为 90.62 万 t,锌矿资源量为 256.82 万 t。累计探明水泥用灰岩资源量 130.96 亿 t,占安徽省探明总量的 94%,位居全国第一位;硫铁矿累计探明为 9.09 亿 t,位居全国第二位;玻璃用石英岩累计查明 7.89 亿 t;盐矿累计查明 13.192 亿 t;芒硝累计查明 1.02 亿 t;明矾石矿保有储量为 0.9 亿 t 位居全国第二位。皖江经济带形成了马鞍山铁、硫矿产资源基地,铜陵有色、贵重金属基地,安庆化工、建材资源基地,发展了马鞍山、铜陵矿业城市,为钢铁、有色、化工、建材四大支柱性产业提供了资源保障。

2) 成矿条件优越,找矿潜力巨大

根据 2006—2013 年开展的"安徽省矿产资源潜力评价"项目成果,预测资源量铁矿为 127.35 亿 t,铜矿为 679.62 万 t,金矿(独立)为 289.52t,金矿(伴生)为 465.32t,锰矿 2.89 亿 t,铅矿为 329.24 万 t,锌矿为 462.38 万 t。"358"找矿突破战略行动第一阶段,在庐枞地区、安庆—贵池地区、宁芜地区、铜陵地区、宣郎广地区、滁州地区 3 年累计新增铁矿石为 4.04 亿 t,铜金属量为 79.09 万 t,铅锌金属量为 63.09 万 t,金金属量为 52.69t,钼金属量为 241.36 万 t,钨(钨氧化物)金属量为 313.09 万 t;新增能源矿产 6 处、金属矿产 24 处,突显了新区和深部找矿的巨大潜力。在铜陵、马鞍山等老工业基地的基础上,目前已初步形成了庐江泥河铁矿和沙溪铜矿等新的工业基地。

3. 水资源

皖江经济带降水充沛,水资源丰富,过境水资源量大。截至 2012 年底,水资源总量为 482.58 亿 m^3,占全省水资源总量的 68.84%,人均水资源占有量为 1 536.00 m^3/人,高于全省人均水资源占有量 1 170.5 m^3/人,水资源承载能力较高。地下水资源量为 85.33 亿 m^3,占资源总量的 17.68%。皖江经济带各市现规划应急地下水水源地共 29 处,面积为 2467 km^2,应急开采地下水资源总量为 82.99 万 m^3/d(表 14-50)。

4. 地热和浅层地热能

皖江经济带沿江地区温泉出露点达 12 处,地热钻孔有 3 个,分布于大别山、巢湖、含山、和县、芜湖、安庆、青阳等地。其中,可开采利用量 1000~3600 m^3/d 的温泉出露点为 7 处,600~900 m^3/d 的温泉出露点为 2 处,100~420 m^3/d 的温泉出露点为 5 处。

表 14-50 皖江经济带各市水资源量状况一览表

地区	水资源总量/亿 m^3	地下水资源量/亿 m^3	地下水资源量占水资源总量的比例/%
合肥市	32.24	5.09	15.79
滁州市	32.46	6.88	21.20
六安市	69.86	15.38	22.02
马鞍山市	16.54	3.79	22.91
芜湖市	33.38	7.28	21.81
宣城市	105.32	15.99	15.18
铜陵市	7.2	1.36	18.89
池州市	81.31	12.62	15.52
安庆市	104.27	16.94	16.25
总计	482.58	85.33	17.68

皖江经济带浅层地热能丰富,已开发了涵盖地源型、地下水源型及地表水源型 3 类浅层地热能,总服务面积为 282.36 万 m^2。2009 年以来,合肥、六安、芜湖、铜陵、池州 5 个中心城市先后入选国家可再生能源建筑应用示范城市。

5. 工程地质条件

到 2020 年,皖江经济带将形成"三横五纵"综合运输通道,以及合肥、芜湖、安庆、铜陵、池州、马鞍山综合交通枢纽。其中,17 条过江通道、5 大沿江港口、沪汉蓉高铁为重大建设工程,对地质条件要求高,影响大。安徽省目前已建成的长江大桥有 6 座,在建的长江大桥有 4 座,规划建设的跨江桥梁和过江隧道有 17 座。

皖江经济带划分为大别山中低山工程地质区、沿江丘陵及冲积平原工程地质区、皖南中低山工程地质区。分布于皖南山区、大别山区及沿江丘陵地带的岩体,主要为坚硬、较坚硬岩浆岩、变质岩、碎屑岩、碳酸盐岩。分布于长江两岸及其支流河谷两岸的土体主要为砾质土、砂性土、黏性土 3 类,另有淤泥类土、胀缩土 2 种特殊土。

6. 农业资源

皖江经济带是中国重要的农业生产基地之一,适宜的水文、气候条件和独特的地理、地貌区位是土壤资源的外部环境优势,为发展现代农业、绿色农业提供了条件。皖江经济带土壤质量总体较好。良好及以上等级的土壤面积占调查区面积的 85.45%;适宜种植绿色农产品的土壤的面积占调查区面积的 83.67%。

1)优质—良好等级的土地占调查区土地总面积的 85%以上

皖江经济带内优质土地面积为 14 988 km^2,占调查区土地总面积的 29.92%;良好土壤分布面积为 27 812 km^2,占调查区土地总面积的 55.53%;中等级别土壤面积为 5636 km^2,占调查区土地总面积的 11.25%;差等土壤分布面积为 1248 km^2,占调查区土地总面积的 2.49%;劣等土壤分布面积为 404 km^2,仅占调查区土地总面积的 0.81%。区内优质—良好等级的土地占调查区土地总面积的 85.45%,在全区呈大面积分布;差等和劣等土地仅占 3.30%,零星分布在来安县北部、铜陵市以及池州市、庐江县南部地区。

2)82.7%的土地无重金属污染

皖江经济带内无重金属污染的土地有 41 435 km^2,占调查区土地总面积的 82.73%,除长江沿岸、来安县北部、巢湖市南部以及水阳江沿岸外,在全区呈大面积分布,为安徽省基本农田建设、选区以及永久基本农田的划定、保护等提供了基本条件。重金属中—重度污染或超标点位的比例占 1.98%,覆盖土地总面积为 993 km^2。轻微—轻度污染或超标点位的比例占 15.29%,覆盖土地总面积 7660 km^2。

重金属污染或超标耕地主要分布在安徽省长江沿岸的马鞍山、无为县、繁昌县、铜陵市、池州市等矿山和工业分布区以及来安县北部基性火山岩分布区,长江沿岸污染元素以 Cd 为主,局部伴有 As、Cu、Zn 等污染,其中铜陵市、池州市和马鞍山市地区重金属超标主要与该区高背景地层和矿山开采、选冶等密切相关;无为县地区重金属超标土地主要是受人为活动影响;来安县北部污染元素以 Ni 为主,重金属超标土地与该区玄武岩大面积分布关系密切。

3)83.67%土地适宜绿色农产品种植

皖江经济带有约 4.19 万 km^2 的土地为绿色土地。其中,符合 AA 级绿色产地环境的土地占调查区土地总面积的 42.16%,面积约 21 116 km^2,分布在中东部的明光市、天长市、滁州市、全椒县、巢湖市、当涂县、南陵县、宣城市、郎溪县、广德县等地区;符合 A 级绿色产地环境的土地占调查区土地总面积的 41.51%,面积约 20 792 km^2,集中分布在江淮分水岭合肥市、肥东县、肥西县、长丰县等地区。

4）53.93%的土地适宜建立永久基本农田

在皖江经济带内有 27 012 km² 的土地适宜建立永久基本农田，占调查区土地总面积的 53.93%，主要分布在凤阳县、明光市、长丰县、定远县、肥西县、肥东县、巢湖市、庐江县、全椒县、来安县、天长市、郎溪县、望江县、宿松县等市（县）。此外，和县、当涂县、芜湖县、繁昌县、南陵县、桐城市、枞阳县、怀宁县等部分土地适宜建立永久基本农田。

7. 生态资源

皖江经济带生态资源丰富，生态环境优美。拥有皖南、皖西山区和安庆—滁州的较大面积的森林约 25 914 km²，森林覆盖率达 34.19%。其中，国家森林公园有 22 处，省级森林公园有 27 处；拥有涵盖森林、湿地、野生动植物等多种类型国家级自然保护区 5 个，面积为 1 024.96 km²；省级自然保护区有 11 个，面积为 1 888.91 km²。

1）湿地类型多样

皖江经济带有永久性河流湿地、永久性淡水湖湿地、库塘湿地和单线河湿地等，湿地资源面积为 10 075 km²，以湖泊湿地为主，共有大小湖泊 25 个。其中，国家重要湿地有 4 处，面积为 1 050.73 km²；国家湿地公园有 4 处，面积为 310.4 km²；国家级水产种质资源保护区有 12 处，面积为 453.93 km²。

2）地质遗迹资源特色鲜明

地质遗迹资源类型多样，涵盖 8 个大主类、25 个亚类、81 个基本类型。地质遗迹资源包括九华山、天柱山、琅琊山等山岳型，以及巢湖等湖泊型及溶洞和温泉等山水型。皖江经济带拥有九华山、天柱山等国家级风景名胜区 7 处，省级风景名胜区 22 处，全国重点文物保护单位 71 处，世界地质公园 1 处，国家地质公园 6 处，省级地质公园 4 处。

（二）面临的主要环境地质问题

皖江经济带城镇建设、产业规划和重大工程建设面临的环境地质问题急需进行基础性水工环综合地质调查，并提出相关对策和建议。

1. 矿山环境问题突出

区域内矿山开采历史悠久，到 2005 年，已开采利用的矿种有 92 种（含亚矿种），占安徽省已找到矿种的 66.7%。随着矿产资源的开发利用，因采矿产生的地面塌陷、边坡失稳等地质灾害突出，"三废"污染、水土流失、地下水资源枯竭等生态环境问题日趋严重。

1）矿区的地面塌陷灾害严重

地面塌陷是皖江经济带最为突出的环境地质问题，包括岩溶塌陷和井采矿山中的采空塌陷。岩溶塌陷集中分布于铜陵市、安庆市，采空塌陷主要分布于沿江江南的铜陵市、马鞍山市、广德市等地。地面塌陷区在未塌陷前绝大部分为基本农田，由于塌陷大量农田被挤占或破坏。例如铜陵市小街地区 1989 年 9 月发生岩溶地面塌陷，损毁建筑物面积达 52 000 m²，铁路专用线因岩溶塌陷导致路基下沉 0.42 m。沿江地区部分井采矿山曾在汛期因塌陷裂隙导通地表水而发生多起淹井灾害，该现象近年来有上升趋势。

2）矿山开采造成的水土污染突出

矿山废水排放和废渣堆置不当对矿山周围的地表、地下水体造成了不同程度的污染。例如马鞍山凹山矿是氧化型铁矿和硫化型铁矿相伴生，采剥过程中产生的废渣经过风化和降水的淋滤、溶解，产生了大量的硫酸型水，pH 达 2~3 的酸性水，水中污染金属离子有 Cu、Mn、Al、Pb 等，酸性水成分复杂，处理难度大，对周围农田（土壤）地表水体、地下水体及植被均产生了很大危害。受其危害的乡镇有 6 个，共 150 个自然村约 3 万人口。另外，铜陵地区的各矿山也均存在不同程度的废水、废渣污染。矿山造成的水土污染是不可逆转的，由于地下水径流条件较好往往会造成污染物的迁移，需要对矿山水土污染现状和影响范围进行调查,开展修复治理技术研究,防止污染的扩散、引发群体性的健康事件。

3)矿山开采与城市建设的矛盾凸显

马鞍山、铜陵是以矿山为基础逐步发展起来的矿业城市,城市基本围绕着矿山发展。随着矿山的不断扩大,矿山生产与城市建设的矛盾越来越大。铜陵市的铜官山矿和金口岭矿就在主城区,矿山开采中引发的岩溶塌陷、采空塌陷和环境污染等灾害严重制约了城市的发展,直接威胁到城市居民的生命财产安全。马鞍山铁矿以及其他一些重要矿山(如荻港、东关的非金属矿山,铜山、安庆铜矿等金属矿山)均与一些重要城镇相邻,靠近人口密集区,已引发了系列环境地质问题,影响、制约了该区小城镇的可持续发展。

2. 工程地质问题

1)沿江软土工程地质问题

软土工程地质问题是皖江经济带沿江地区的主要工程地质问题,软土主要分布于沿江及其一级支流的河漫滩地带,由全新统淤泥质亚黏土及黏土组成。西部安庆、池州地区软土的厚度较薄,一般为2.0~4.0m,常呈薄透镜体状,穿插在其他土层之内,分布零星,埋深为4.0~7.0m。在东部地区,江北从无为县西河、江南从铜陵市青通河以东的各个地区有较广泛的淤泥质土层分布。在长江支流的入江口和沿江支流上溯,淤泥质土呈带状分布于支流的河漫滩内(表14-51,图14-32)。

表14-51　沿江平原地区淤泥质土分布简表　　　　　　　　　　　　　单位:m

地名	埋设	平均厚度	层底吴淞高程	备注
安庆市	3.0~7.0	1.0~2.5	5.64~15.23	
池州市	2.5~6.0	1.0~2.0	5.82~13.34	新河口处含沼气
铜陵市	1.0~5.0	10.0~15.0	6.76~17.55	
芜湖市	1.2~7.5	6.0~7.0	4.55~13.21	三山、龙窝湖等处含沼气
无为县	1.0~6.0	7.0~8.0		
和县市	2.0~5.0	5.0~8.5	3.85~7.52	有机质含量为1.21%~22.65%
马鞍山市	1.0~5.0	8.0~9.0	5.78~8.23	

2)膨胀土

膨胀土在滁州市东部波状平原区广泛分布(图14-33),出露地层以第四系上更新统黏性土为主,局部为第四系全新统粉质黏土,矿物成分主要为伊利石和蒙脱石。长期观测资料表明,江淮地区的膨胀土变形活动带深度约为3m,其中变形活动急剧带为1.5m,在周期性、长期的胀缩作用下,常引起轻型建筑物、挡土结构、公路路基的变形和开裂或边坡滑移。

3)长江岸堤不稳定

皖江两岸堤长765km,两岸长度在1.0km以上的强烈岸崩段有39段(含江心洲),累计长度为239km,占岸线长度的31.24%。其中,北岸有强烈岸崩段有21段,岸崩长度166km;南岸有强烈岸崩段有18段,长73km。1989年12月,同马大堤望江县六合圩突然发生一次窝崩,体积达20万m³,位于窝顶崩至堤顶外沿。尤其值得注意的是三峡水库建成后,水流含沙量的变化对河床的冲刷作用、河势摆动的影响可能加剧,原来不是崩岸的地段也可能出现变化。

据现有资料评价,岸堤稳定区分布于长江南岸东至段、池州东段和繁昌段,长约55km;岸堤较稳定区分布于长江南岸芜湖市区段、北岸无为—枞阳交界段和宿松段,长约105km;岸堤潜在不稳定区约占总堤长的80%。因此,长江岸线总体稳定性不高。

图 14-32 皖江经济带工程地质问题图

4) 工程断裂、区域地壳稳定性问题

在全国地震区带划分中,皖江经济带跨越华北、华南两大地震带,现今构造活动较强烈,工程断裂较发育。近期在皖江经济带已发生多次地震,虽然震级不大,但已引起社会影响。皖江经济带大致以肥中深断裂-池太深断裂(北段)-响水断裂为界线,以北分属华北地震区华北地震亚区的许昌-淮南地震带和郯城-营口地震带,以南分属华南地震区长江中下游地震亚区的麻城-常德地震带和扬州-铜陵地震带。

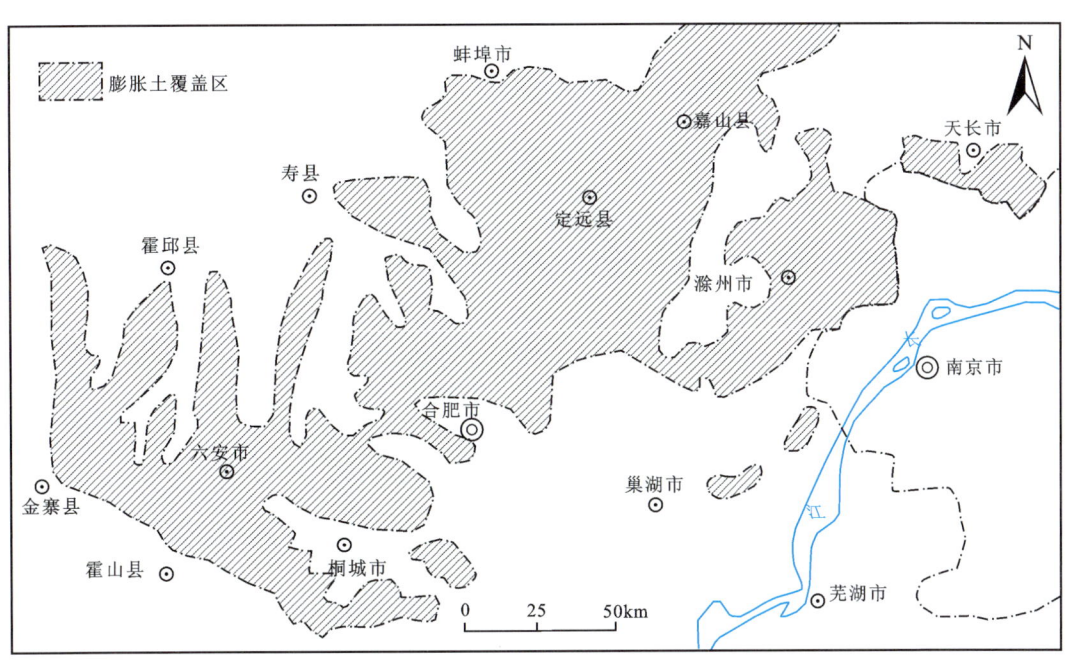

图 14-33 江淮地区膨胀土分布图

在《安徽省地震烈度区划图》中,皖江经济带除合肥—庐江、六安、泾县等地为Ⅶ度区,其余均为Ⅵ度或Ⅵ度以下区。

3. 水土污染

1) 地下水污染现状

从空间分布来看,皖江经济带地下水未污染地区占评估区域的大部分地区,大面积分布在合肥、滁州、池州、铜陵、芜湖、宣城、马鞍山地区,占评估区域的70%以上。

轻度污染区呈条带状分布,主要分布在长丰—青洛—常山—滁州一带、长丰—肥东一带、怀宁—桐城—汤池一带、宣城—马鞍山一带;中度污染区主要分布在定远南侧、长丰孙庙—罗集—朱巷—白龙一带、马庙—安庆—香偶—宿松一带;重度污染区主要分布在青龙—白龙一带、合肥市市辖区东侧、舒城周边、宿松—安庆一带;极重度污染区主要分布于潜山—望江—宿松—太湖地区和舒城的龙河、棠树地区。地下水污染与矿山开采、城镇生活废水排放密切相关。

2) 土壤污染

皖江经济带沿江地区存在连续分布的轻度污染土壤带,在池州及秋浦河流域、铜陵地区、芜湖及青弋江沿岸、马鞍山市及巢湖周边、来安县北部均存在着土壤轻度—重度污染区。除来安县北部地区为Cu、Cr、Ni元素复合污染,铜陵地区为Cd、Cu、Pb等元素复合污染外,其他地区均以Ni元素污染为主(图14-34)。

4. 崩塌、滑坡、泥石流地质灾害

皖江经济带包含大别山区和皖南山区,两山地区山高坡陡,地形切割强烈,构造发育,岩体破碎,为地质环境脆弱区,并且区域内降水丰富,人类工程活动强烈,常诱发大量的崩塌、滑坡、泥石流等灾害,为地质灾害的多发、高发区。皖江经济带滑坡、崩塌、泥石流和不稳定斜坡等地质灾害总体上具有数量多、分布广、规模小的特点。

截至2014年12月31日,全域共存在地质灾害隐患点3378处,受威胁人口达41 835人,受威胁财产120 040.68万元。区内地质灾害以暴雨(强降水)引发崩塌、滑坡、泥石流为主,共存在隐患点3262

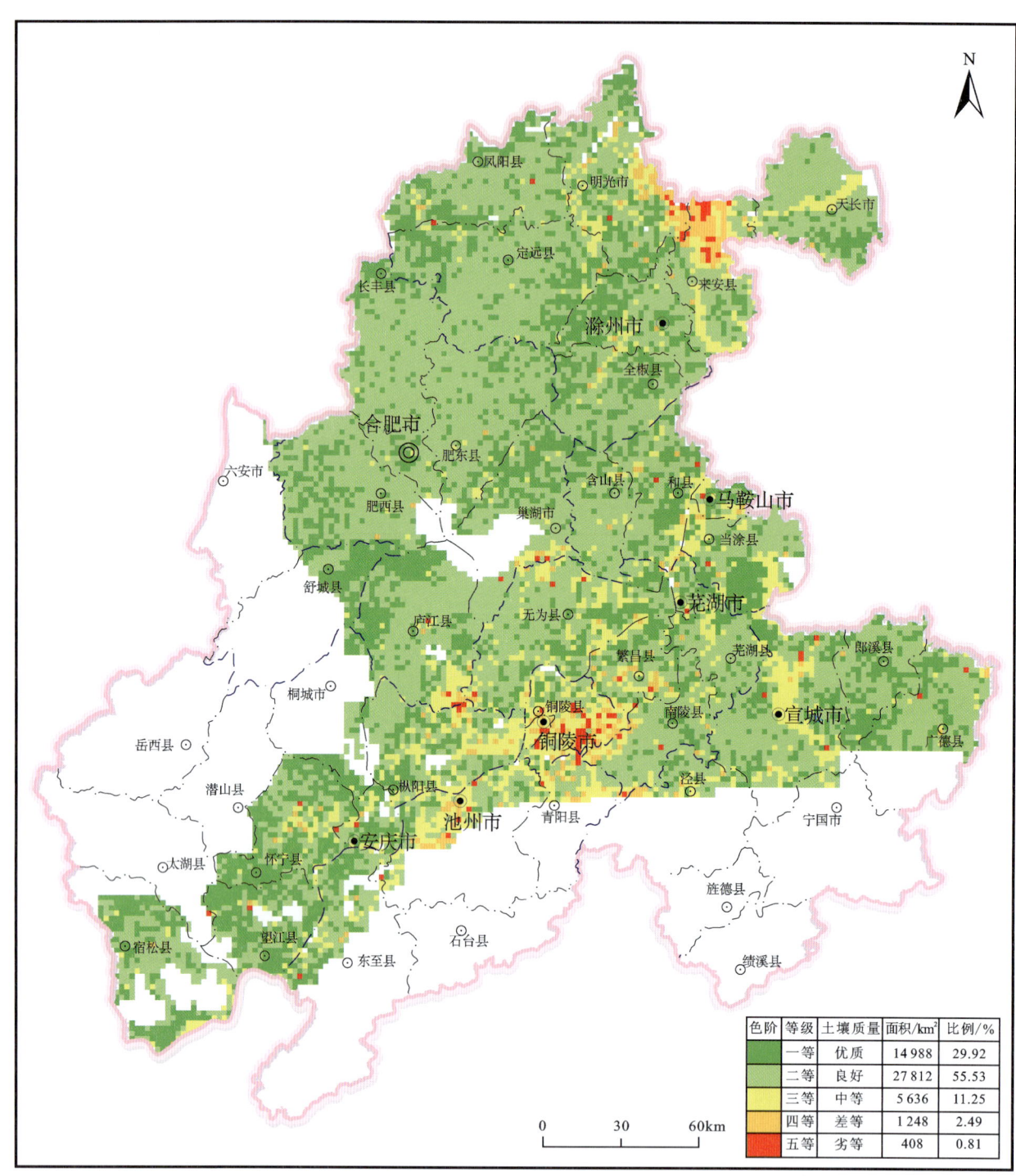

图 14-34 皖江经济带土地环境质量地球化学综合等级图

处(其中崩塌 1534 处、滑坡 974 处、泥石流 96 处、不稳定斜坡 658 处)。沿江丘陵地区还有地下水开采或疏干排水引发的岩溶塌陷,严重威胁区内人民生命财产安全。

(三)皖江经济带地质环境承载能力评价

地质环境承载能力是一种多要素、复杂的综合承载能力,其承载体具有自然属性,而承载对象具有很强的社会属性。

地质环境承载能力就是表征地质环境对人类活动、社会经济发展的支撑能力大小,将地质环境提供人类活动和经济发展的支撑分为两个层次考虑,第一层次(面上/区域上)提供农业发展和工业发展的资源及用地保障,第二层次(点上/线上)提供城镇开发建设所需的土地和安全性保障。皖江经济带地质环境承载能力评价选取可利用土地资源、可利用水资源、生态系统脆弱性、生态重要性、自然灾害危险性、人口集聚度、交通优势度和经济发展水平8项指标,对皖江经济带国土空间进行综合地质环境承载能力评价。

1. 可利用土地资源评价

皖江经济带可利用土地资源丰富,但人均较少。皖江经济带坡度小于3°的平原和低岗丘陵占全区面积的70.3%,大部分地区地势平缓,既适宜作为农业用地又适宜用作建设用地开发。目前,土地资源总体开发强度不大,可利用土地资源丰富和较丰富的县(市、区)有17个,主要集中在江淮丘陵和长江以北的沿江平原;中等的县(市、区)6个,集中在大别山和东南地区;较缺乏县(市、区)3个为皖南生态保护区;缺乏的主要集中在芜湖、铜陵和安庆市区(图14-35)。

2. 水资源利用评价

皖江经济带可利用水资源丰富,但时空分布不均,降水充沛,地下水资源丰富,过境水资源量大,降水多集中于夏季,空间分布南多北少。

人均可利用水资源潜力丰富的县(市、区)有32个,主要分布于长江流域、皖南山区及皖西大别山区;较丰富和中等的县(市、区)有8个,较缺乏和缺乏县(市、区)主要分布于江淮丘陵地区和合肥市(图14-36)。

3. 矿产资源丰富,成矿条件优越

皖江经济带矿产资源十分丰富,是铜、铁、金、铅锌及重要非金属水泥用灰岩、硫、明矾石、岩盐、石膏等矿产的主要矿集区。已探明铜储量约430万t,铁储量约26.6亿t,铅储量约64万t,锌储量约217万t。水泥用灰岩的保有资源储量位居全国第一位,硫铁矿保有资源储量位居全国第二位,明矾石矿保有资源储量仅次于浙江居全国第二位。

4. 生态系统基本稳定

皖江地区生态系统基本稳定(图14-37),拥有皖南、皖西两大山区和沿江以北地区的安庆至滁州一带较大面积的森林。长江干支流沿岸和湖泊水库等低洼地区,拥有包括永久性河流湿地、永久性淡水湖湿地、库塘湿地和单线河湿地等湿地资源。江淮地区、北部沿江平原和皖东南地区生态系统总体不脆弱;略脆弱地区主要分布于皖西大别山区、皖南山区、沿江南部地区。生态系统脆弱性以土壤侵蚀和矿业开发脆弱性为主。

5. 自然灾害危险性中等偏低,总体稳定

皖江经济带自然灾害主要包括地质灾害、洪涝灾害、干旱灾害和地震灾害等。自然灾害危险性高的县(市、区)集中分布于皖南、皖西山区以及沿淮、沿江地区。皖南、皖西山区崩塌、滑坡、泥石流等地质灾害危险性较高。沿淮、沿江和大别山地区洪涝、干旱灾害频繁,水旱灾害危险性高。郯庐断裂两侧局部地区及江南部分地区有地震灾害危险性。依据皖江经济带自然灾害发生规律和特点,综合评价各种灾害发生的危险性,区域自然灾害危险性分区见图14-38。

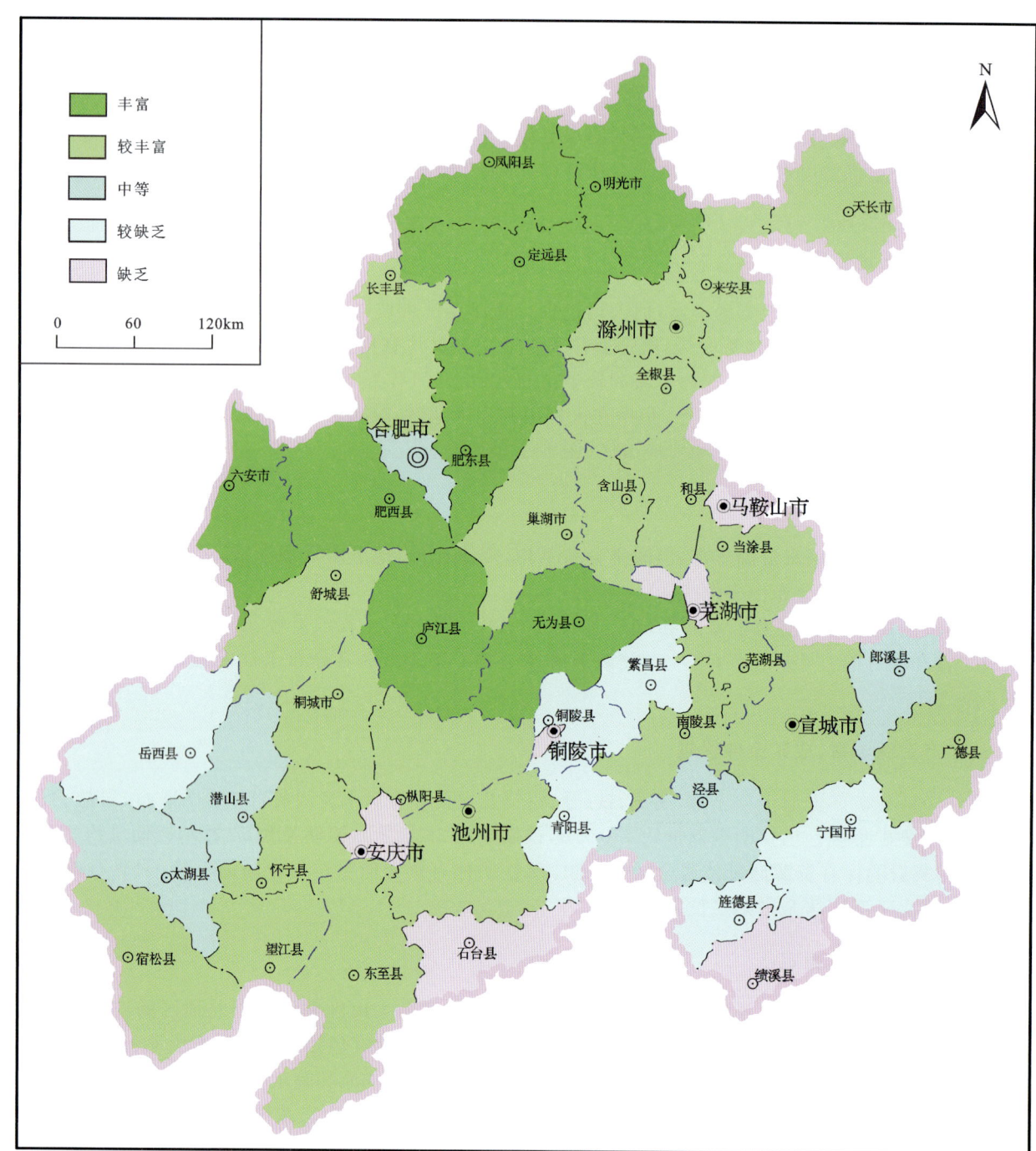

图 14-35 皖江经济带可利用土地资源评价图

6. 皖江经济带经济发展水平

尽管皖江经济带总体上资源丰富、潜力较大,生产和居住环境总体较好,生态环境基本稳定,但还存在发展方式粗放、土地利用效益较低、城镇化率不高、资源保障能力下降、土地供需矛盾突出、农产品存在安全隐患、生态空间受到压缩等方面的问题。

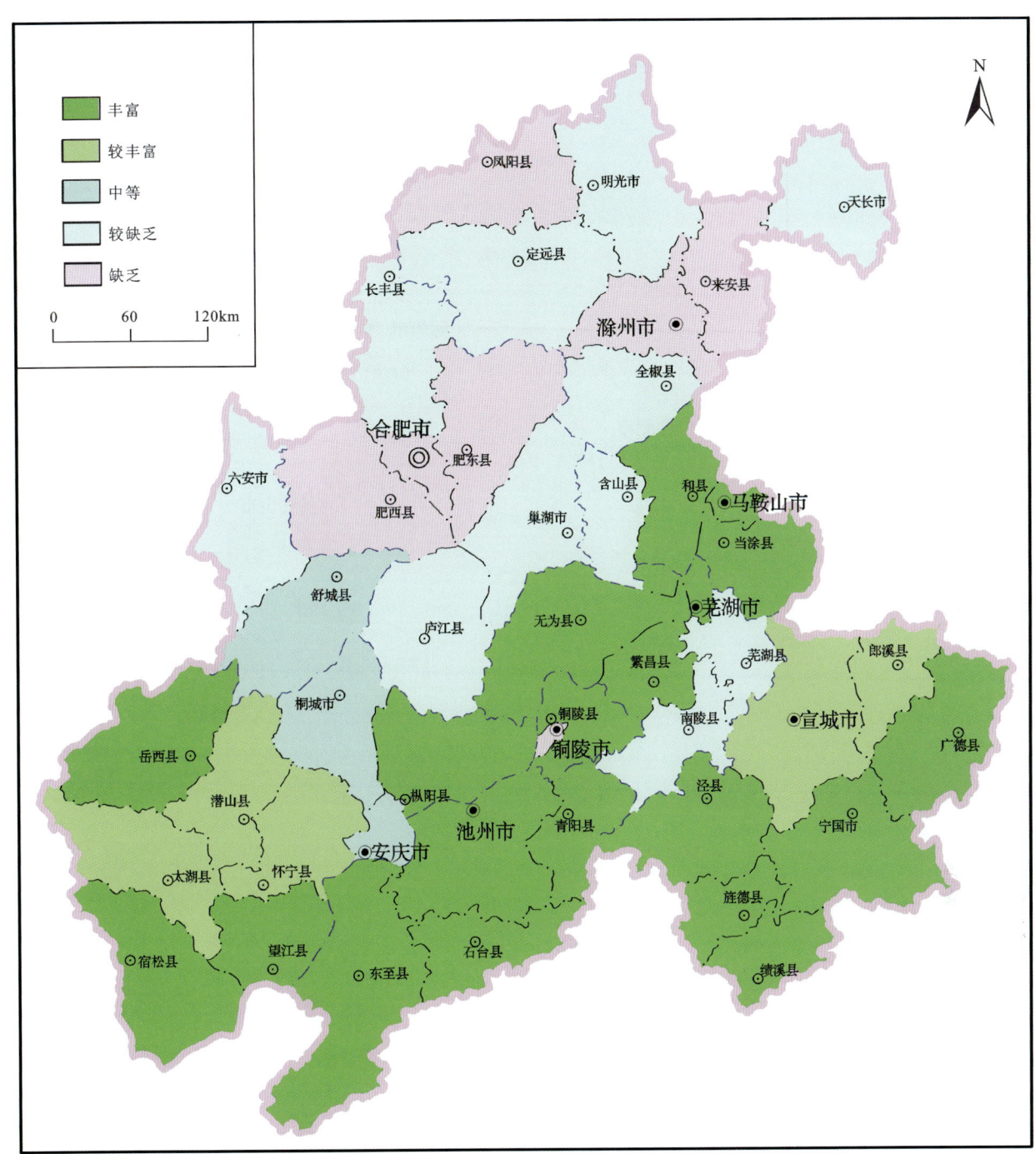

图 14-36 皖江经济带人均可利用水资源评价图

1) 物质积累不够丰富,土地利用经济效益较低

皖江经济带物质积累指数介于 0.08~0.72 之间,总体水平较低,未能充分发挥皖江的良好环境地质条件把资源优势转化为经济优势。皖江经济带土地利用粗放,不仅低于长三角地区及东部发达省市,与中原城市群、武汉城市圈、长株潭城市群相比,也有很大差距。虽然皖江经济带处于安徽的发展高地,与周边相比,则是处于经济发展低地。土地投资强度和产出能力亟待提高,2010 年皖江经济带建设用地二、三产业增加值为 62.64 万元/万 m^2,比全国的 106.48 万元/万 m^2 低 41.17%。

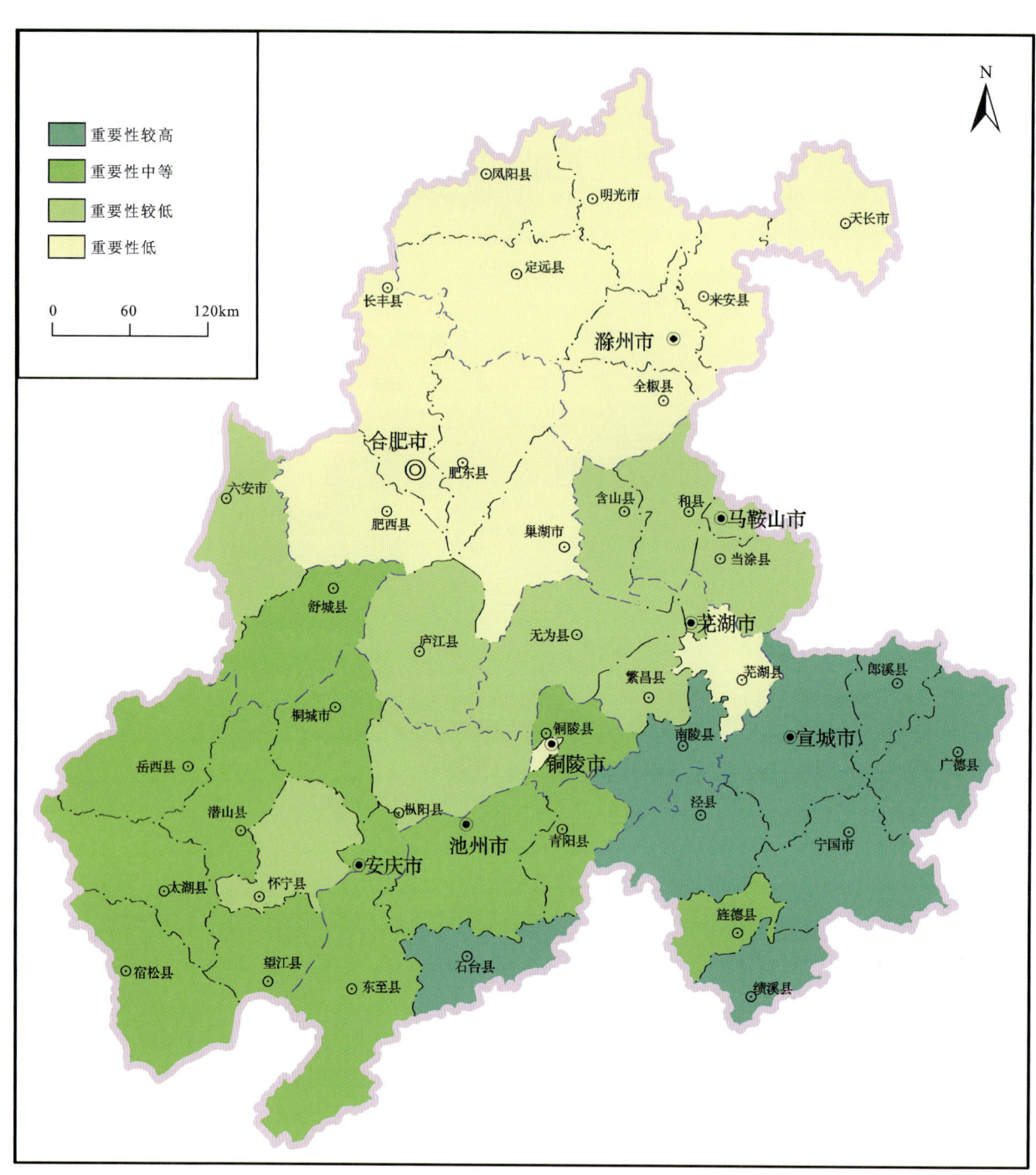

图 14-37 皖江经济带重点生态功能评价图

2）城镇化发展速度仍然较慢，人口集聚水平较低，城镇化率不高

2012 年，安徽省城镇化率为 46.5%，比全国（52.57%）低 6.07 个百分点。同江苏、浙江相比，2012 年皖江经济带城镇化率差距分别达到 9 个百分比和 9.2 个百分点。皖江经济带大城市数量少，特别是缺少带动性强的区域中心城市，中小城镇发展相对不足，人口聚焦度不高，开发强度不大（图 14-39），发展潜力较大。

3）资源保障能力下降，利用效益不高

皖江经济带虽然具有矿产、水资源、长江岸线、土地、生态等组合优势，适宜工业化和城镇化开发，但

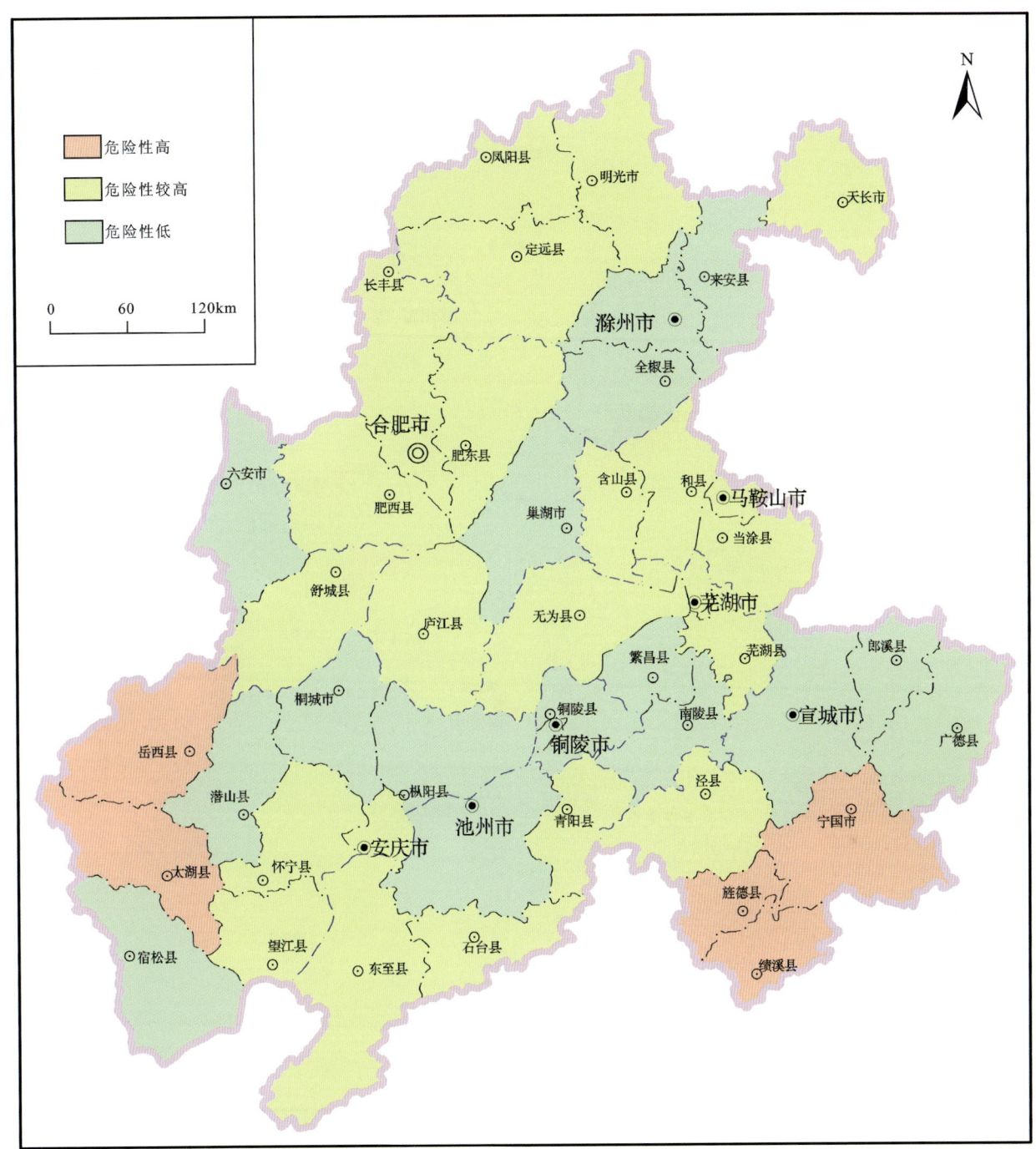

图 14-38 皖江经济带自然灾害危险性评价图

存在人均耕地面积低于全国平均水平且呈不断下降趋势、矿产和水资源人均占有量低、资源型经济总量的扩大与生态环境承载能力之间的矛盾日益尖锐以及资源可持续利用等现实问题。

4)"土地城镇化"明显快于"人口城镇化",生活、生产、生态空间需求面临挑战

数据显示,皖江经济带城市建成区面积由 2009 年的 727km² 扩大到 2012 年的 981km²,提高了 34.94%;同期皖江经济带城镇人口从 1498 万人上升到 1678 万人,只提高了 12.02%。"土地城镇化"明显快于"人口城镇化"。皖江经济带长期处于"高投入、高消耗、高排放、低效益"的粗放增长阶段,必然带来土地大量消耗,造成土地供需矛盾突出,生活、生产、生态空间需求面临挑战。

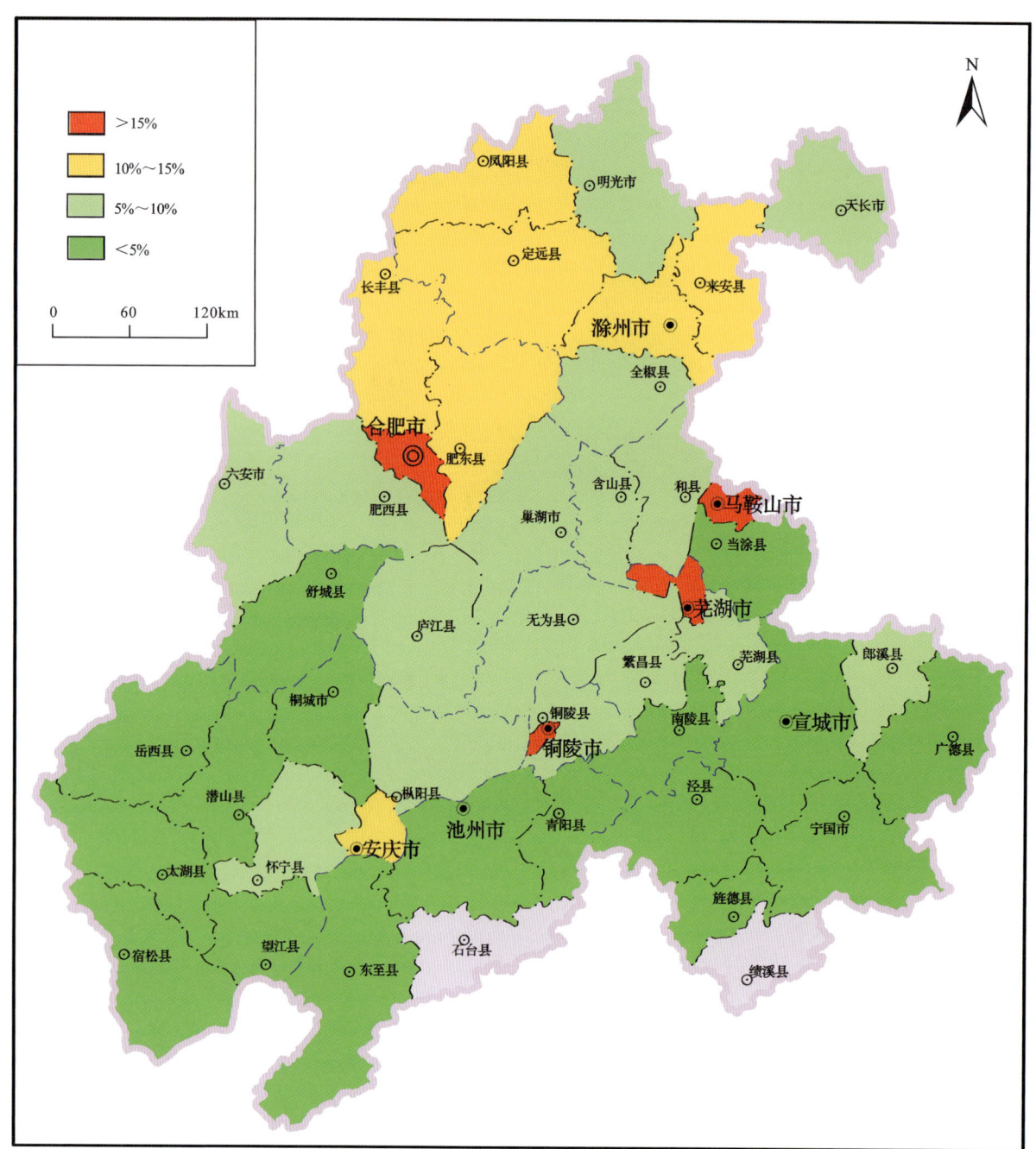

图 14-39 皖江经济带土地利用开发强度图

7. 皖江经济带地质环境承载能力评价

通过对皖江经济带可利用土地资源、可利用水资源、生态系统脆弱性、生态重要性、自然灾害危险性、人口集聚度、交通优势度和经济发展水平 8 个方面进行分析评价,开展皖江经济带国土空间进行综合地质环境承载能力评价,评价结果如下。

皖江经济带的多数县(市、区)为无超载和轻度超载地区(图 14-40),其中超载地区为合肥、滁州、芜湖、铜陵、安庆 6 个;中等超载区为芜湖、全椒、天长 3 个;大别山区和皖南山区均为无超载区;长江流域及江淮之间主要为轻度超载区。

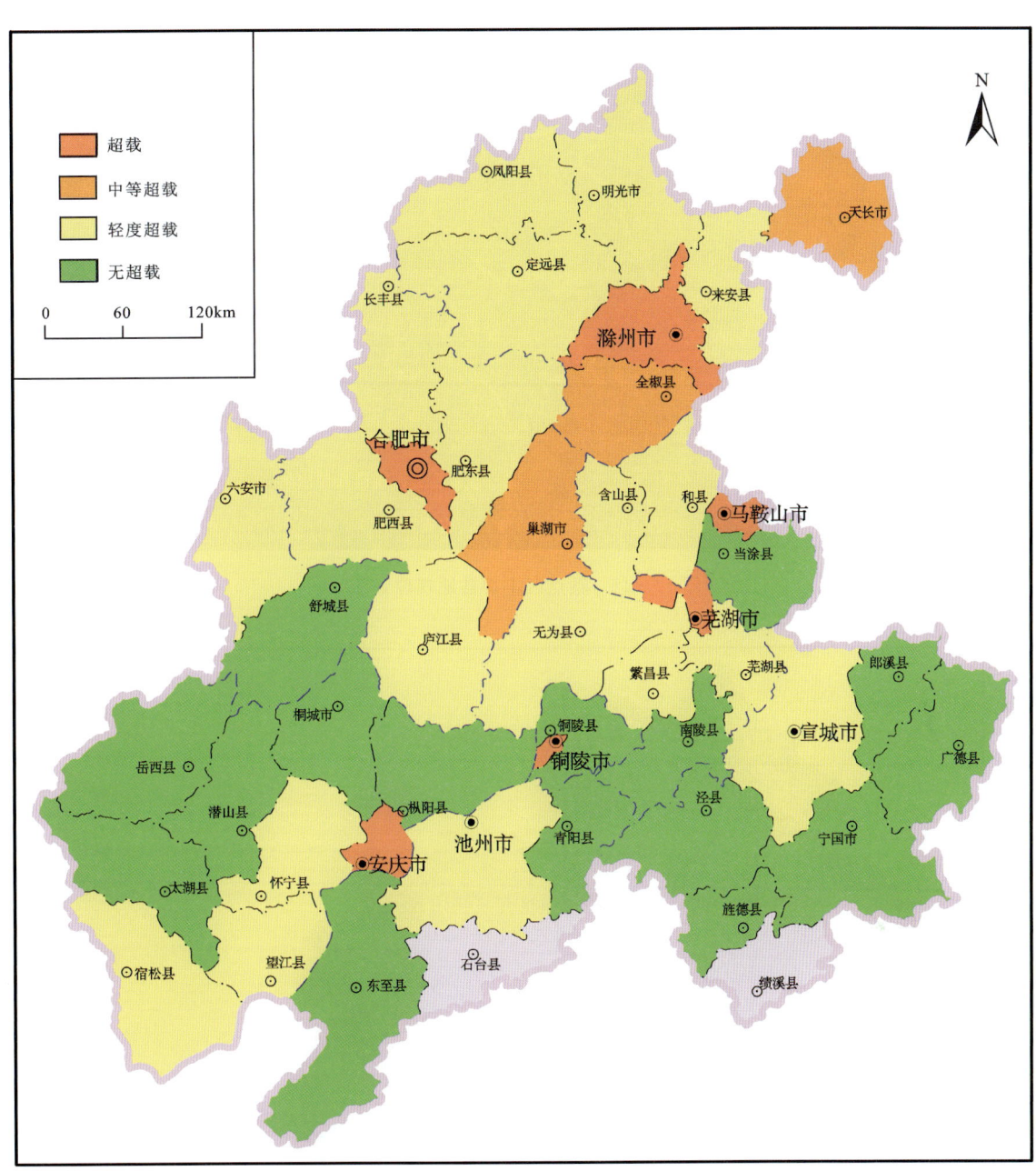

图 14-40 皖江经济带地质环境承载能力评价图

第五节 市县资源环境承载能力评价

本节选择重庆市丰都县作为市县级评价实例进行介绍，提高服务地方经济规划的服务水平。

一、概况

丰都县位于长江经济带上游重庆市辖区东北角（图 14-41），地处三峡库区腹心地和重庆市中心，为典型褶皱山地型城市（图 14-42）。由于区域红层滑坡频发、山区地下水匮乏、土地资源紧缺、资源环境问题突出，因此承载能力评价对地方支撑服务成效显著。

图 14-41　重点区丰都县地理位置图

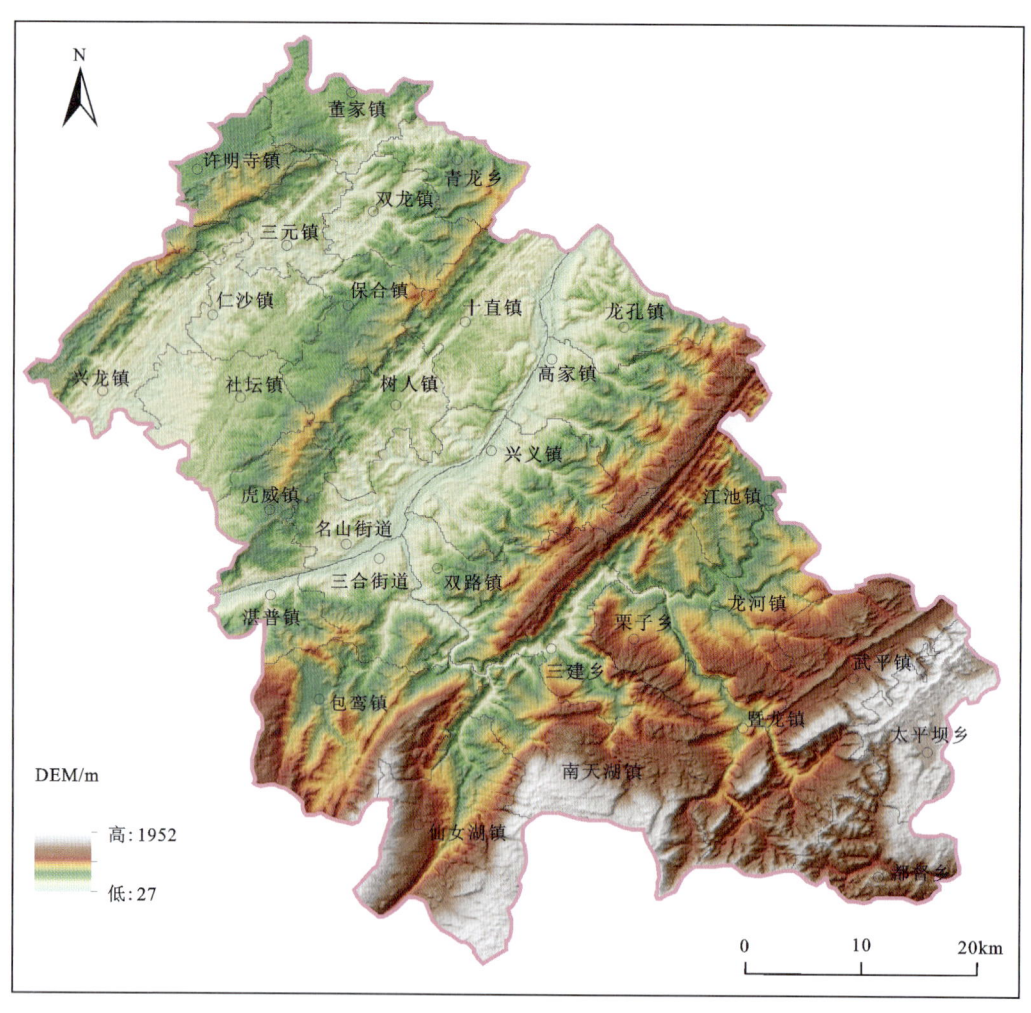

图 14-42　重点区丰都县褶皱山地型城市地形地貌

丰都县评价单元为乡镇级,开展了土地资源、地质环境、地下水资源承载能力评价,分为高、中、低、极低4个层次,能有效指导地方政府产业布局与合理规划(图14-43)。丰都县评价单元分为30个细致化单元,为全县辖23个镇5个乡2个街道。

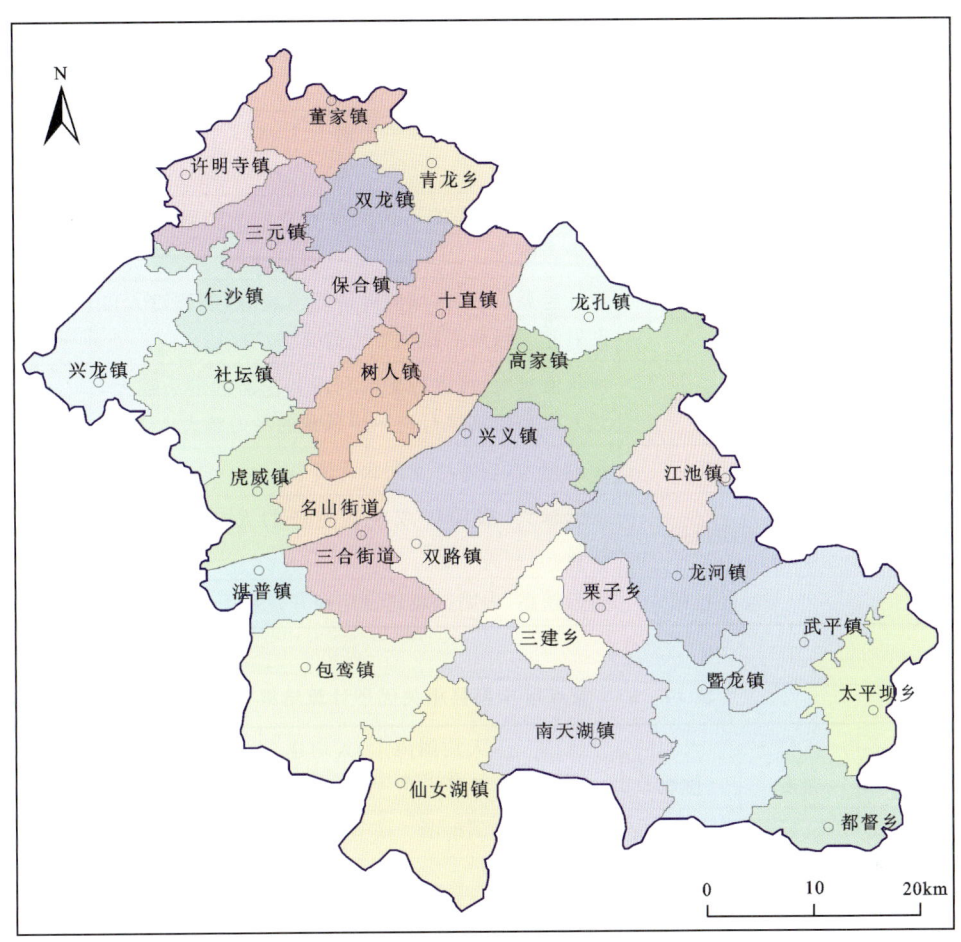

图14-43　重点区丰都县细致化评价单元

二、土地资源承载能力

通过丰都县综合资料收集与分析,选取与土地资源相关的因子进行标准化筛选,相关的因子分别为城镇化率、人口密度、人均耕地、土地利用率、人均国内生产总值、人均建设用地、人均可支配收入、人均粮食占有量、禁建区比例。这些土地资源相关因子判别标准详见表14-52。

首先对丰都县30评价单元以上9个判别因子进行计算,最终得到表14-53。同时,对以上选取样本$X(i,j)$进行无纲量处理(标准化),分为越大越优型、越小越优型两种,最终确定丰都县土地资源影响显著的7个因子,即人口密度、人均耕地、土地利用率、单位土地产出、人均粮食占有量、人均建设用地、规划人均建设用地规模。

查阅相关文献资料,并结合丰都县实际,对人口密度等7类判别因子进行了评价分级(表14-54),评价依据如下。

(1)人口密度:根据相关文献和计算,目前全国人口密度为143人/km^2左右,丰都县人口密度平均水平为290人/km^2,结合其他学者在相关文献中对人口密度区间的设定,选取k_1为150,k_3为300。

表 14-52 土地资源相关因子判别标准

因子	指标类型	标准说明	类型
城镇化率	正向指标	指标越大,区域发展经济好,对生活和生产的带动效应越强	越大越优型
人口密度	反向指标	指标越大,土地对人口的承载现状压力大,承载潜力越小	越小越优型
人均耕地	正向指标	指标越大,土地实际生产潜力大,对人口的承载能力强	越大越优型
土地利用率	正向指标	指标越高,代表的土地能够承载的人口和经济社会潜力越大	越大越优型
人均国内生产总值	正向指标	指标越高,表示区域的经济环境越好,能够对人口发展和区域发展提供有力的支撑	越大越优型
人均建设用地	正向指标	现状值越大,可进行集约利用和挖潜的潜力越大,对人口和经济进行进一步承载的潜力越大	越大越优型
人均可支配收入	正向指标	指标越大,表明可支配收入潜力大	越大越优型
人均粮食占有量	正向指标	指标越大,表明区域粮食生产的人口承载能力越强	越大越优型
禁建区比例	反向指标	指标越高,表明区域建设用地开发利用潜力越小	越小越优型

表 14-53 重点区丰都县相关因子计算结果

乡镇	城镇化率	人口密度	人均耕地	土地利用率	人均国内生产总值	人均建设用地	人均可支配收入	人均粮食占有量	禁建区比例
包鸾镇	0.78	0.92	0.41	0.96	0.04	0.46	0.41	0.58	0.38
虎威镇	1.00	0.80	0.43	0.85	0.20	0.49	0.84	0.47	0.42
社坛镇	0.70	0.69	0.37	1.00	0.08	0.37	0.65	0.37	0.33
三元镇	0.59	0.82	0.43	0.98	0.03	0.46	0.42	0.30	1.00
许明寺镇	0.90	0.79	0.47	0.97	0.02	0.49	0.31	0.50	0.37
董家镇	0.71	0.73	0.35	0.94	0.02	0.34	0.36	0.31	0.43
保合镇	0.69	0.81	0.49	1.00	0.05	0.54	0.57	0.43	0.30
仁沙镇	0.55	0.79	0.43	0.99	0.04	0.45	0.32	0.59	0.50
兴龙镇	0.65	0.80	0.39	0.91	0.03	0.41	0.41	0.41	0.53
树人镇	0.79	0.80	0.45	0.98	0.12	0.49	0.57	0.58	0
十直镇	0.77	0.80	0.45	0.58	0.10	0.45	0.55	0.45	0.27
兴义镇	0.69	0.79	0.23	0.95	0.49	0.28	0.45	0.28	0.58
双路镇	0.43	0.91	0.42	0.76	0.11	0.52	0.59	0.41	0.17
高家镇	0.44	0.85	0.23	0.57	0.42	0.25	0.62	0.23	0.21
龙孔镇	0.62	0.79	0.38	0.46	0.07	0.39	0.43	0.33	0.48
暨龙镇	0.52	0.97	0.78	0.79	0.06	0.85	0.37	0.59	0.14
龙河镇	0.68	0.77	0.36	0.87	0.12	0.39	0.54	0.42	0.57

续表 14-53

乡镇	城镇化率	人口密度	人均耕地	土地利用率	人均国内生产总值	人均建设用地	人均可支配收入	人均粮食占有量	禁建区比例
武平镇	0.77	0.94	0.55	0.83	0.02	0.52	0.27	0.55	0.57
江池镇	0.69	0.85	0.40	0.91	0.05	0.43	0.37	0.43	0.75
湛普镇	0.44	0.85	0.28	0.70	0.06	0.38	0.70	0.34	0.77
南天湖镇	0.79	0.95	0.52	0.87	0.02	0.59	0.33	0.63	0.49
双龙镇	0.68	0.85	0.51	0.94	0.01	0.52	0.37	0.39	0.37
青龙乡	0.69	0.85	0.49	0.98	0.03	0.52	0.35	0.44	0.47
三建乡	0.72	0.88	0.38	0.91	0	0.43	0	0.36	0.71
仙女湖镇	0.60	0.99	0.51	0.87	0.05	0.62	0.34	0.61	0.25
栗子乡	0.69	0.83	0.50	0.94	0.04	0.52	0.26	0.67	0.60
都督乡	0.84	0.99	1.00	0.87	0.14	1.00	0.73	0.75	0.29
太平坝乡	0.71	1.00	0.69	0.60	0.14	0.53	0.26	1.00	0.20
名山街道	0.38	0.67	0.18	0	1.00	0.19	1.00	0.20	0.43
三合街道	0	0	0	0.59	0.94	0	0.85	0	0.66

表 14-54 重点区丰都县土地资源评价分级

评价指标		评价分级		
名称	单位	V_1	V_2	V_3
人口密度	人/km²	<150	150~300	>300
人均耕地	亩/人	>1.9	0.8~1.9	<0.8
土地利用率	%	>97	90~97	<90
单位土地产出	万元/km²	>300	100~300	<100
人均粮食占有量	kg/人	>500	400~500	<400
人均建设用地	m²/人	>200	150~200	<150
规划人均建设用地规模	m²/人	>200	150~200	<150

(2) 人均耕地：目前世界人均耕地面积为 4.8 亩/人，而我国人均耕地面积仅为 1.35 亩/人，丰都县人均耕地水平高于全国平均水平，达到 1.82 亩/人。根据世界公认的人均耕地标准，国际警戒线为人均 0.8 亩，介个相关文献和专家建议，选取 k_1 为 1.9，k_3 为 0.8。

(3) 土地利用率：和全国土地利用率的平均水平 73% 左右相比，丰都县的整体土地利用效率较高，高达 94% 左右，结合其他学者的设定标准，选取 k_1 为 97，k_3 为 90。

(4) 单位土地产出：丰都县单位土地产出水平为 353 万元/km²，结合国民经济，选取 k_1 为 300，k_3 为 100。

(5) 人均粮食占有量：根据我国生活质量评价标准，人均占有粮食 550kg/人 为富裕水平，450kg 为温饱水平，结合我国人均粮食占有量平均水平 396kg/人 及丰都县粮食人均占有水平 472kg/人，取 k_1 为 500，k_3 为 400。

（6）人均建设用地：根据全国人均建设用地平均水平 250m²/人，丰都县低于全国平均水平为 181m²/人，美国、新加坡等大城市人均建设用地已超 200m²/人，结合相关研究成果，选取 k_1 为 200，k_3 为 150。

（7）规划人均建设用地规模：根据《全国城镇体系规划（2006—2020 年）》和《城市用地分类与规划建设标准用地标准》（GB 137—2011），结合丰都县规划人均用地规模水平，选取 k_1 为 200，k_3 为 150。

按照上述 7 个指标对区域土地资源承载能力的影响程度不同，将其划分为 3 个等级，即 V_1、V_2 和 V_3。V_1 级表示情况良好，该区域土地资源还有较大的承载能力；V_3 级表示情况较差，土地资源承载能力已经趋于饱和，进一步开发利用潜力较小，应采取相应对策，协调发展战略；V_2 级表示土地承载情况介于情况良好。该区域土地资源还有较大的承载能力，V_1 级和 V_3 级之间有一定开发利用潜力，但潜力有限。为了定量反映各级标准对土地资源的影响程度，对各级别进行 0～1 之间的评分赋值，V_1、V_2、V_3 对应的分值分别为 $a_1=0.95$，$a_2=0.5$ 和 $a_3=0.05$，数值越高说明承载能力越强，开发利用潜力越大。

土地资源承载能力评价指标的权重矩阵为 $A=[0.165,0.134,0.096,0.177,0.114,0.181,0.133]$。利用计算对土地资源承载能力进行综合评价，得到综合结果（表 14-55）。

表 14-55　重点区丰都县土地资源综合评价分值

乡镇	综合评价分值	乡镇	综合评价分值	乡镇	综合评价分值
包鸾镇	0.455	暨龙镇	0.747 5	虎威镇	0.536 9
龙河镇	0.425 75	社坛镇	0.528 8	武平镇	0.747 5
三元镇	0.276 35	江池镇	0.641 3	许明寺镇	0.580 55
湛普镇	0.59	董家镇	0.357 8	南天湖镇	0.666 05
保合镇	0.589 1	双龙镇	0.523 85	仁沙镇	0.447 35
青龙乡	0.603 5	兴龙镇	0.344 3	三建乡	0.450 5
树人镇	0.520 25	仙女湖镇	0.747 5	十直镇	0.241 25
栗子乡	0.573 35	兴义镇	0.638 6	都督乡	0.687 65
双路镇	0.641 3	太平坝乡	0.747 5	高家镇	0.545
名山街道	0.552 2	龙孔镇	0.309 65	三合街道	0.372 2

丰都县土地资源承载能力以长江为界，呈现北低南特征（图 14-44）。南部土地资源承载能力高，应作为县域经济发展的重点区，县城所在地三合街道土地资源承载能力低，应及时合理发展新区。

三、地质环境承载能力

丰都县属于丘陵山区地带，地质环境问题主要为地质灾害，其他为水土污染、地面沉降、活动断裂等均不发育或有影响。对丰都地质环境承载能力评价就是对崩塌、滑坡等不良地质体的评价，地质灾害分布见图 14-45。

首先，通过最新地质灾害排查资料获取丰都县地质灾害易发分区图（图 14-46）、危险性分区图（图 14-47），再对每个乡镇所处地质灾害危险性范围进行统计，分别得出高、中、低面积。按下式进行计算：

$$S_{乡镇综合判别}=（高危险范围/乡镇总面积）\times 0.6+（中危险范围/乡镇总面积）\times 0.3+$$
$$（低危险范围/乡镇总面积）\times 0.1$$

(14-18)

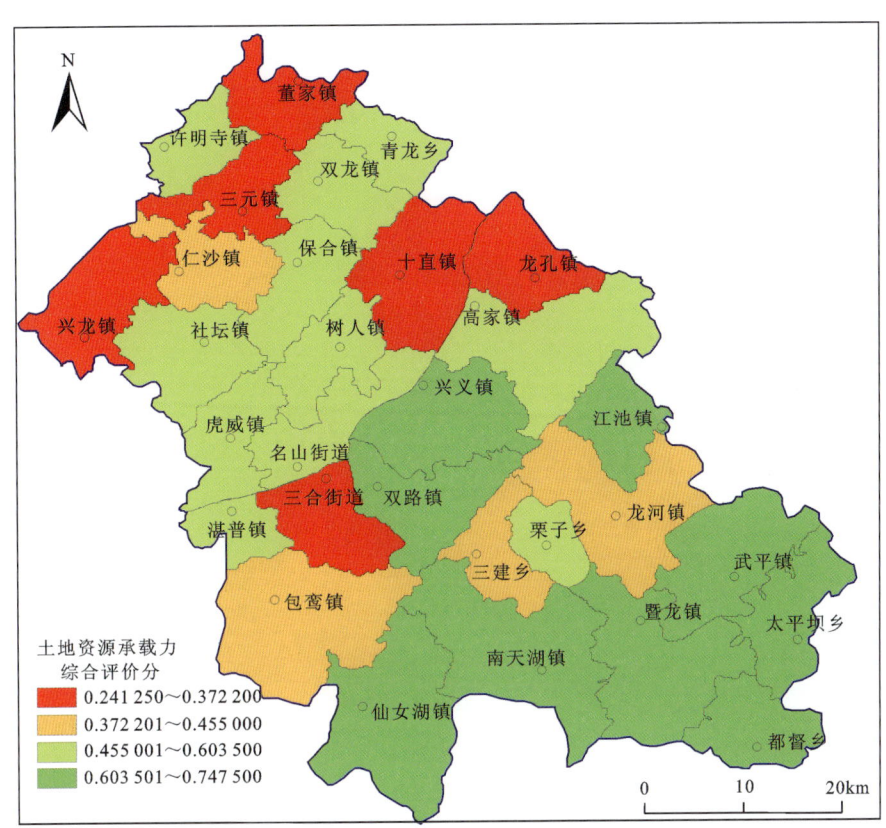

图 14-44 重点区丰都县土地资源承载能力评价图

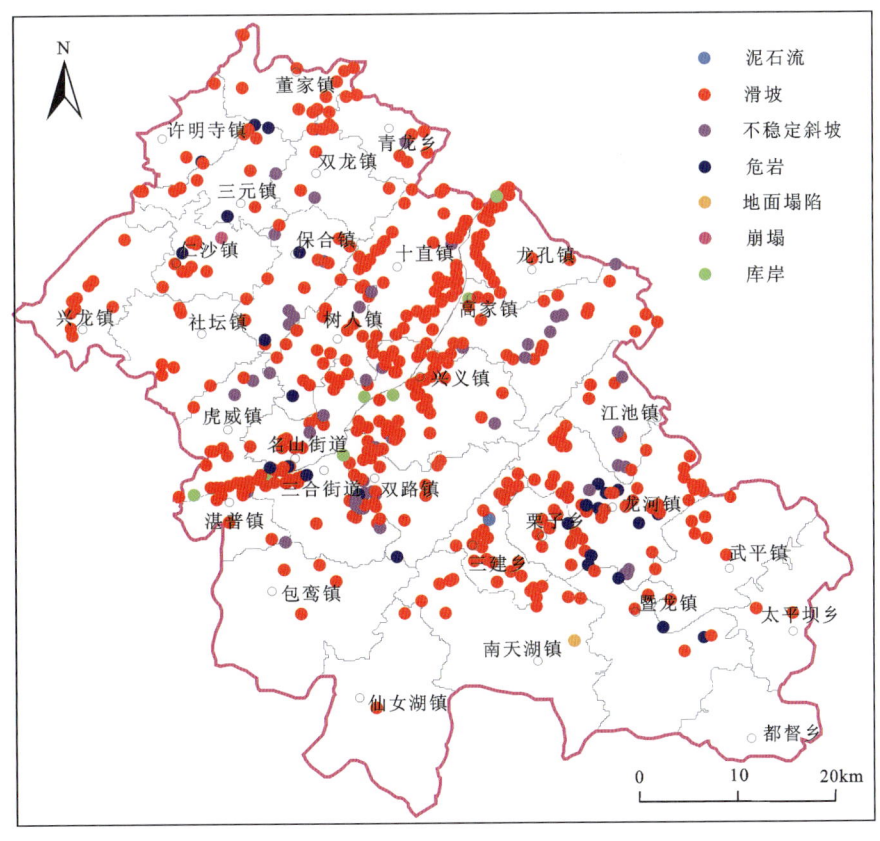

图 14-45 重点区丰都县地质灾害分布图

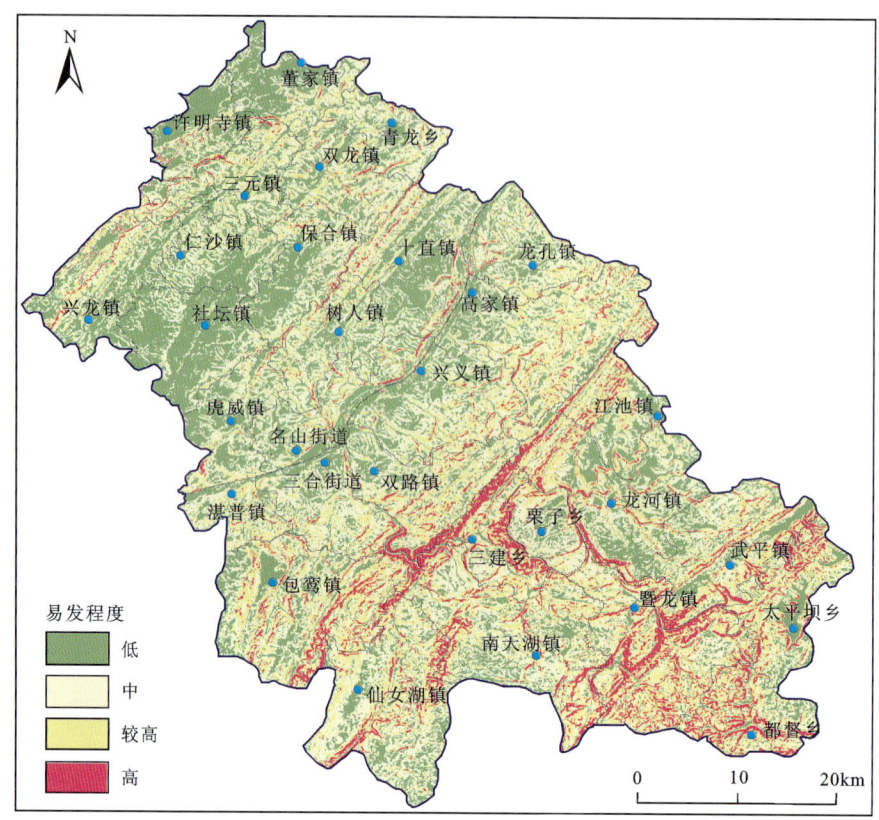

图 14-46 重点区丰都县地质灾害易发分区图

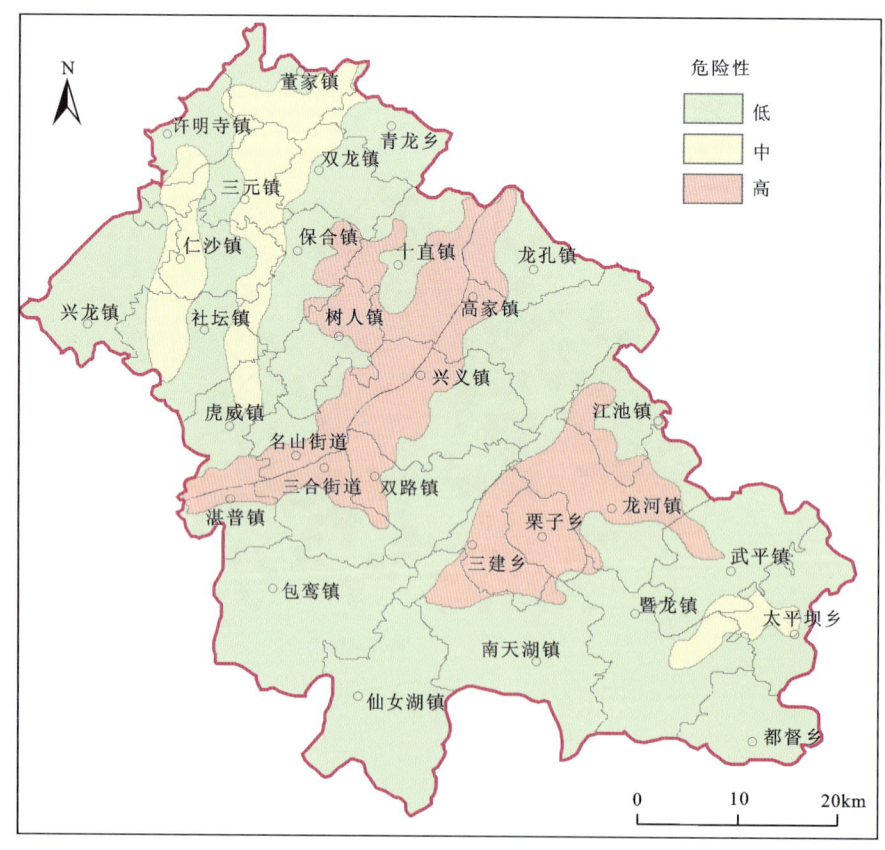

图 14-47 重点区丰都县地质灾害危险性分区图

地质环境承载能力高区域位于地质灾害发育较弱、地势平坦、城镇化建设相对较弱区域,具有广阔的发展空间。低区域主要位于长江两岸,县城等集中密集区,其中高家镇作为县域发展的极增长点,地质环境承载能力高,显示了规划的合理性(图14-48)。

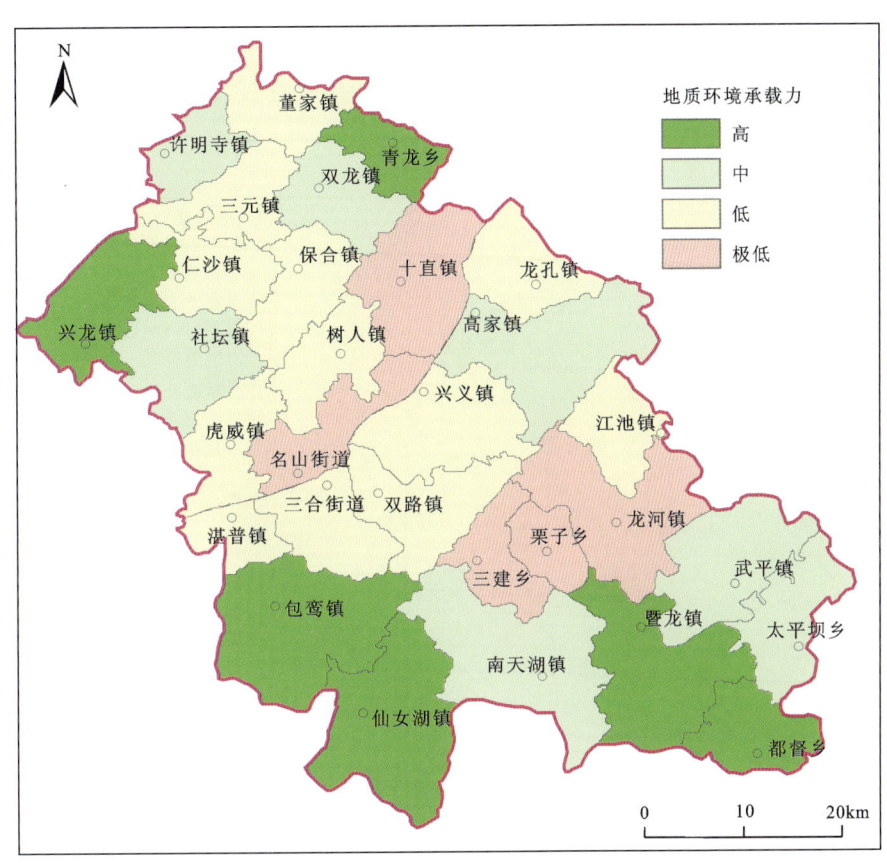

图14-48 重点区丰都县地质环境承载能力评价图

四、地下水资源承载能力

由于缺少乡镇地下水资源定量数据,综合利用水文地质调查成果与岩溶地区缺水统计(表14-56),对重点区丰都县的水文地质含水单元(图14-49)、岩溶发育特征、缺少乡镇单元统计等因子开展层次分析法,得出各乡镇地下水资源承载能力(图14-50)。

表14-56 重点区丰都县岩溶地区缺水情况汇总表

乡镇	行政区面积/km²	岩溶区面积/km²	总人口/人	农村人口/人	农村缺水人口/人	农村缺水人口比例/%
仙女湖镇	156.70	146.60	16 000	13 000	8860	68.15
南天湖镇	165.76	119.02	13 295	12 542	3240	25.83
双路镇	78.16	31.66	10 297	10 297	894	8.68
高家镇	132.52	59.62	13 659	12 245	1228	10.03
三建乡	61.24	39.12	13 656	13 135	937	7.13
都督乡	95.54	84.55	11 536	11 178	1000	8.95

续表 14-56

乡镇	行政区面积/km²	岩溶区面积/km²	总人口/人	农村人口/人	农村缺水人口/人	缺水人口比例/%
包鸾镇	154.62	110.25	21 529	21 391	0	0
武坪镇	139.27	34.37	5424	5364	0	0
太平坝乡	67.30	57.20	4000	4000	0	0
合计	1 051.11	682.39	109 396	103 152	16 159	15.67

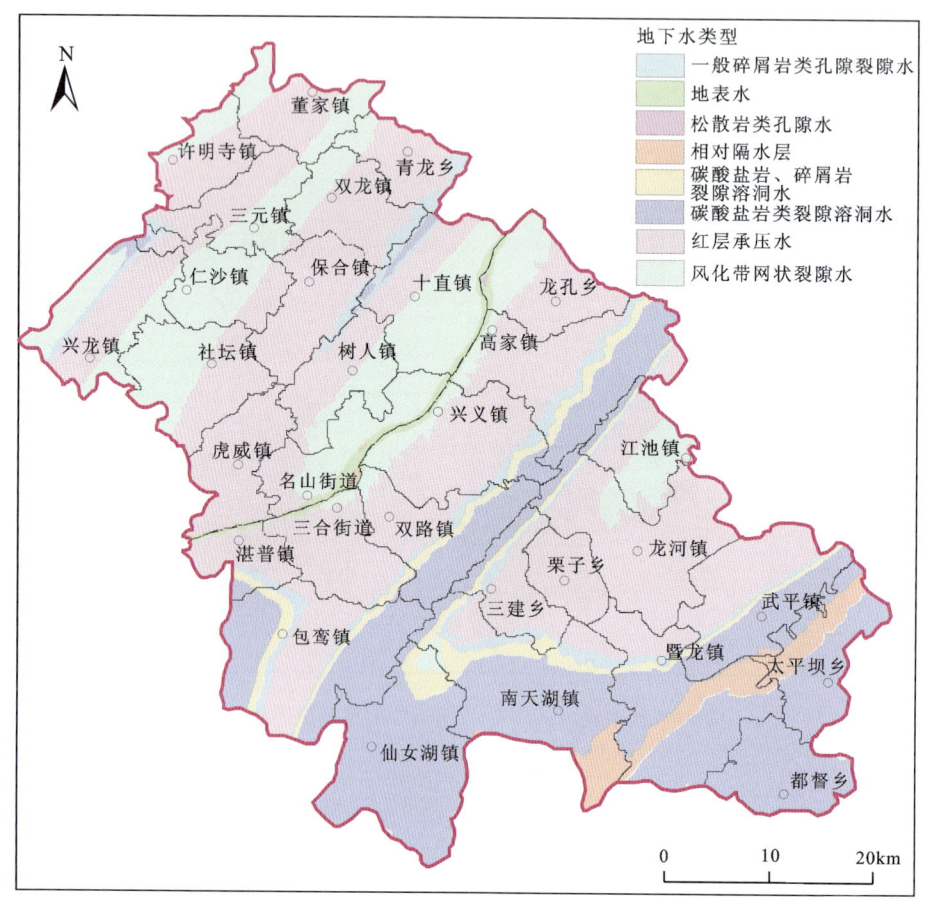

图 14-49 重点区丰都县水文地质单元（地下水类型）划分

通过前人调查成果显示,丰都县尚有6个乡镇37个村存在不同程度的缺水问题,缺水人口达16 159人。通过地下水资源承载能力评价,丰都县地下水在南部条带状褶皱区承载能力高,可充分利用地下水资源,而全区地下水承载能力为中—低,应充分利用长江流域丰富的地表水作为生活工业用水,加强地下水资源开采管控力度,适当减少地下水资源的开采量。

五、褶皱山地城市丰都县资源环境承载能力评价

丰都县土地资源承载能力以长江为界,为北低南高,产业发展对土地的需求应向南发展。老县城区域承载能力低,应及时合理发展新区缓解城区土地资源的紧缺。

丰都县地质环境承载能力与褶皱山区地貌类型、河流切割紧密相关,长江两岸城市建设区承载能力较低,地势平坦台地区域承载较高。丰都县远离城市中心的高家镇地质环境承载能力高,显示并验证了城市规划的合理性。

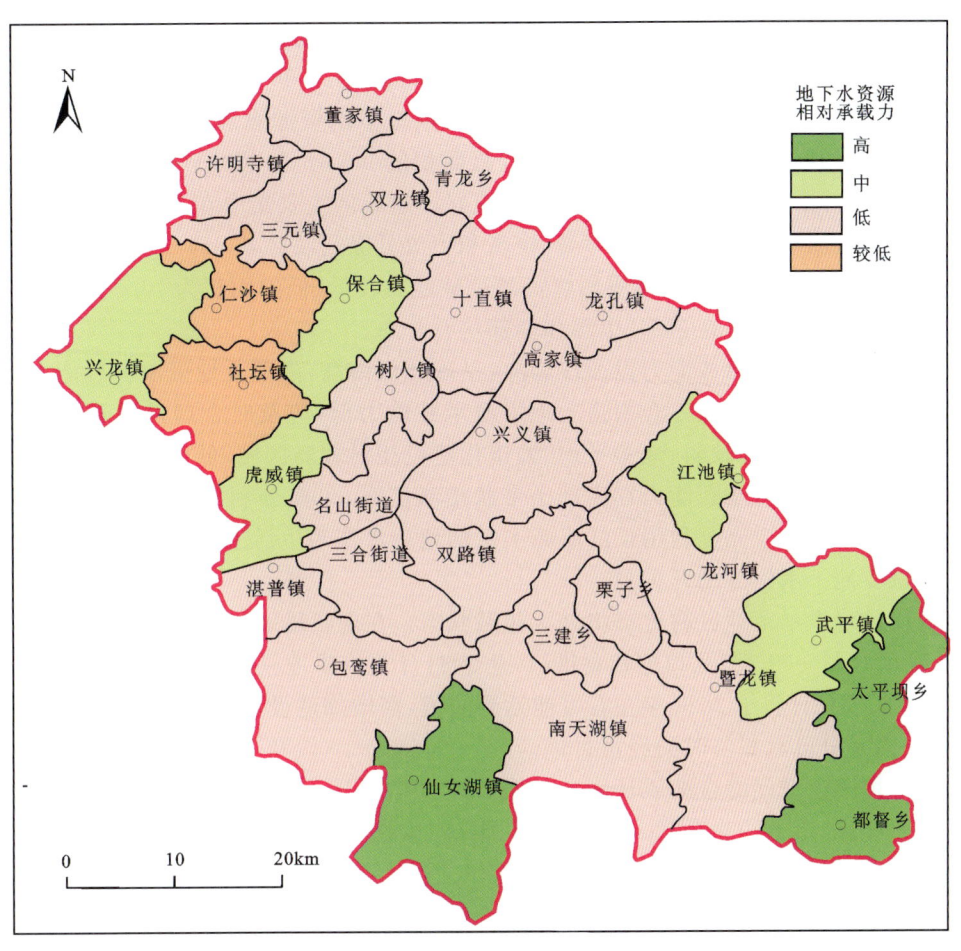

图 14-50 地下水资源相对承载能力评价

丰都县地下水资源承载能力在南部条带状褶皱区高，可充分利用岩溶地区地下水资源，而全区地下水承载能力中—低，应充分利用长江流域丰富的地表水作为生活工业用水，加强地下水资源开采管控力度，适当减少地下水资源的开采量。

第六节　小　结

探索形成大流域、经济区和县（市）3 种尺度资源环境承载能力评价方法与重大工程规划建设适宜性评价方法，有力支撑了长江经济带国家战略、国土空间规划编制以及重大工程规划建设，并为探索构建大流域环境地质工作模式奠定了重要基础。

（1）流域层面长江经济带资源环境单要素评价工作，主要基于地质资源环境相关的地下水资源、地质环境、土地资源承载能力三要素。地下水资源要素参与评价的因子为地下水资源数量因子、地下水资源质量因子。地质环境要素参与评价的因子为崩塌、滑坡、泥石流（突发性地质灾害）因子，构造稳定性因子，地面塌陷因子，地面沉降因子，水土环境因子，地质遗迹因子。土地承载能力要素以强限制性因子和较强限制性因子两个等级，依托土地使用功能分类，设计了 8 个指标，并结合用途适宜性评价，开展了土地资源承载能力综合评价。

（2）长江经济带地下水资源承载能力高、较高和中等的面积共 144.3 万 km^2，占长江经济带总面积的70.09%，主要分布于长江经济带的水系干支流河谷平原、较大的湖泊平原、盆地区和部分降水充沛的低山丘陵区。承载能力较低的面积为24.6万 km^2，占全区面积的11.93%；承载能力低的区域面积为37万 km^2，占全区总面积的17.98%，区域分布不均，多分布在江苏苏北沿海、江西赣南红盆、四川西北部山区。从总体上看，人口产业集中度较高的大部分区域地下水资源承载能力较高。地下水资源承载状态属于盈余和均衡的区域面积202.4万 km^2，占总面积的98.31%，超载区仅占1.69%，显示长江经济带地下水资源整体开采利用程度较低，利用前景较好。超载区主要集中在上海南部到嘉兴一带。

（3）长江经济带地质环境资源承载能力高、较高和中等县级行政区共854个，面积近185.4万 km^2，占整个长江经济带面积的91.79%。地质环境资源承载能力较低、低的面积为16.5万 km^2，占总面积的8.21%，涉及县级行政区59个，在东部、中部和西部均有分布。

（4）重庆丰都县土地资源承载能力以长江为界，呈现北低南高，南部土地资源承载能力高，应作为县域经济发展的重点区，县城所在地三合街道土地资源承载能力低，应及时合理发展新区；地质环境承载能力高区域位于地质灾害发育较弱、地势平坦、城镇化建设相对较弱区域，低区域主要位于长江两岸、县城等集中密集区；地下水资源承载能力在南部条带状褶皱区高，可充分利用岩溶地区地下水资源，而全区地下水承载能力中—低，应充分利用长江流域丰富的地表水作为生活工业用水，加强地下水资源开采管控力度，适当减少地下水资源的开采量。

（5）苏南现代化建设示范地区耕地都将处于超载状态。在现状耕地面积不变的情况下，至2020年现有耕地只能承载57.6%～69.8%人口的粮食供给，至2030年现有耕地只能承载65.7%～80.7%人口的粮食供给；建设用地规模预计将于2020年左右可能达到峰值，需增加建设用地28 785.8万 m^2，至2030年，现状建设用地规模完全可承载当时的经济目标。

（6）皖江经济带国土空间综合地质环境承载能力评价结果显示，多数县（市、区）为无超载和轻度超载地区。其中，超载县（市、区）为合肥、滁州、芜湖、铜陵、安庆6个；中等超载地区为芜湖、全椒、天长3个；大别山区和皖南山区均为无超载；长江流域及江淮之间主要为轻度超载区。

第十五章　长江经济带国土空间开发利用适宜性评价

随着《长江经济带发展规划纲要》出台和《长江经济带国土空间规划(2018—2035年)》紧锣密鼓的编制,支撑服务长江经济带国土空间开发适宜性评价工作显得十分迫切和重要。本章主要围绕长江经济带沿江长江大桥、过江隧道、港口码头、易污染工业、仓储建设用地和沿海跨海通道重大工程建设适宜性评价以及长江经济带盐(岩)穴储库工程建设适宜性评价取得的进展进行阐述。

第一节　长江经济带沿江重大工程建设适宜性评价

《长江经济带发展规划纲要》中明确指出今后在长江经济带沿江将规划建设一大批数量的长江大桥、过江隧道、港口码头、仓储建设用地等重大工程,鉴于沿江两岸和上、中、下游不同岸段地质结构构造的复杂性及施工建设可能存在的重大地质灾害隐患。因此,开展沿江重大工程建设适宜性评价十分重要。本节主要对规划建设的95座过江通道、沪昆和沪汉蓉高铁线路以及长江中下游宜昌—上海段沿岸长江大桥、过江隧道、港口码头、仓储建设用地等重大工程建设适宜性进行评价。

一、过江通道和高铁线路评价

1. 过江通道

根据活动断裂、岩溶塌陷对过江通道安全性的影响,初步评价了过江通道位置地质适宜性。评价结果表明,长江经济带发展规划纲要中规划的95座过江通道中,83座通道位置地质适宜性良好,12座通道位置地质适宜性较差(图15-1,表15-1)。其中,江苏常泰、湖北武穴、四川白塔山等9座通道位置受活动断裂影响,湖北武汉11号线、嘉鱼、赤壁3座通道位置存在岩溶塌陷隐患。建议在过江通道规划建设中,针对相应问题进一步开展地质勘查,合理确定过江通道具体位置。

从工程建设的地质适宜性角度,对95座通道的过江方式进行了初步比选。长江上游(宜昌以上)的48座过江通道位于河道深切、河床卵砾石层厚的江段,不利于隧道施工,同时基岩埋藏浅、江岸稳定有利于大桥建设,宜采用桥梁方式。综合考虑河道切割深度、河床沉积物厚度及均一性、河流深水线位置、江岸稳定性等因素,长江中下游27座过江通道宜采用大桥方式,12座宜采用隧道方式,8座采用桥梁和隧道方式均可(表15-2)。建议进一步勘查河道水下地形、水文条件、河床沉积物工程地质与岸线稳定性条件,结合施工工艺和交通状况,合理确定通道过江方式。

2. 高铁线路

沪昆高速铁路全线长2264km,穿越长江中下游平原、湘赣丘陵山地、云贵高原等地貌单元,有434km线路存在地质安全隐患。沪昆高铁嘉兴段有24km穿越地面沉降区,近年监测表明,虽然整体沉降趋缓,但局部年沉降量仍大于10mm,建议加强地下水水位变化与地面沉降监测。江西樟树—萍乡、

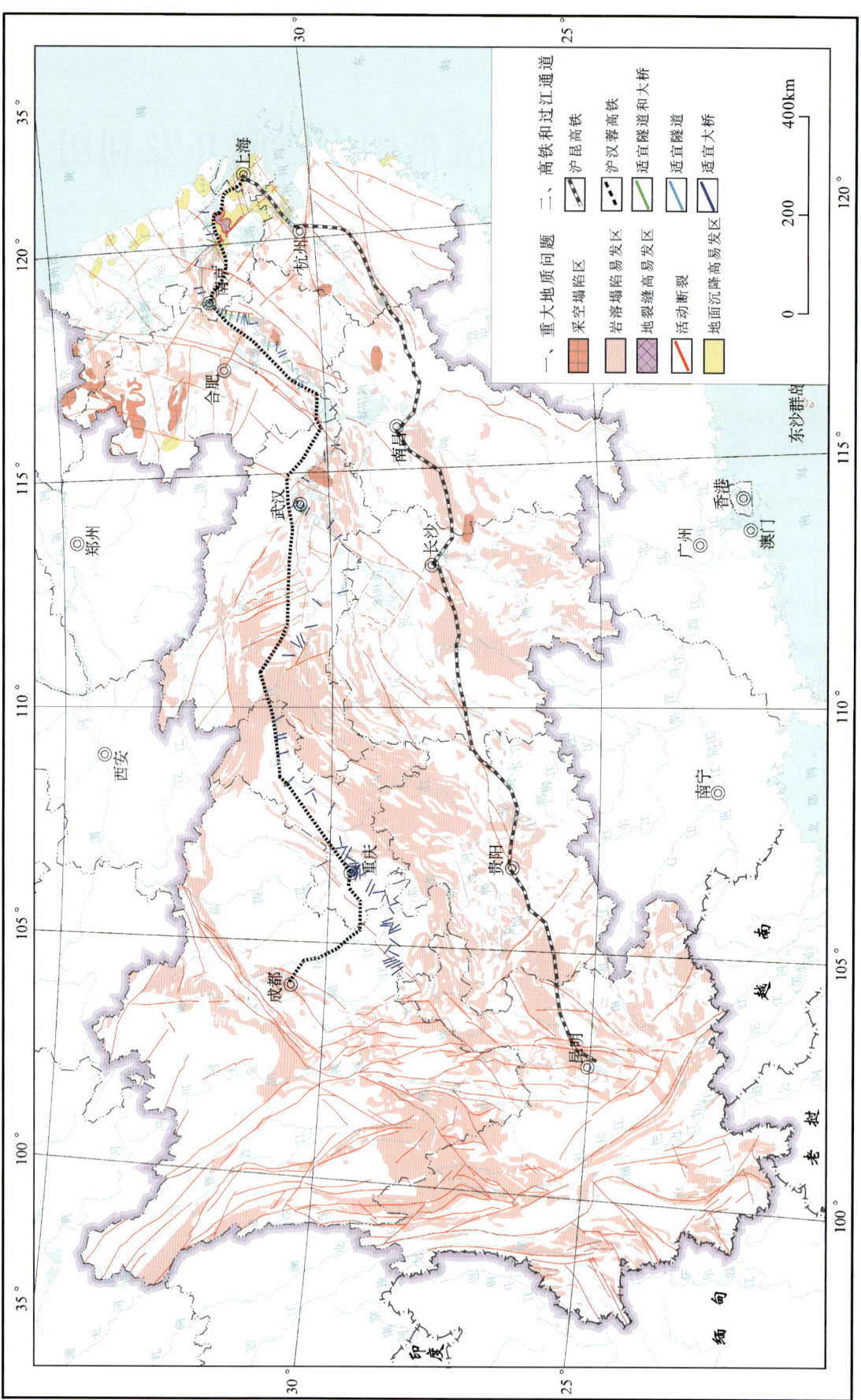

图15-1 长江经济带高速铁路、过江通道及重大地质问题图

湖南湘潭—娄底、贵州普安—盘州市等路段岩溶发育，煤矿集中分布，采煤大量抽排地下水，容易诱发地面塌陷，影响392km高铁运营安全，建议加强高铁沿线煤矿区地下水抽排引起的地下水水位和地面塌陷变形监测。云南嵩明段活动断裂发育，有18km穿越Ⅸ～Ⅹ度地震烈度区，历史上多次发生地震，1833年地震震级达8级，建议做好工程防震减震措施和运营期地震微动监测。

表15-1 影响长江经济带过江通道建设的重大地质问题

省份	过江通道位置	重大地质问题	防控建议
江苏省	常泰	无锡-宿迁断裂	开展活动断裂详细勘查，进一步确定活动断裂位置和活动性。若活动断裂穿过规划位置，建议调整规划位置。如果不调整，则需做好工程防震减震措施和运营期地震监测
江苏省	五峰山	无锡-宿迁断裂、茅山断裂	
江苏省	张靖	金坛-南渡断裂	
江苏省	上元门	南京-湖熟断裂	
湖北省	武穴	襄樊-广济断裂、郯庐断裂	
湖北省	棋盘洲	襄樊-广济断裂	
湖北省	鄂黄第二过江通道	襄樊-广济断裂	
四川省	绵遂内宜铁路	华蓥山断裂	
四川省	白塔山	华蓥山断裂	
湖北省	武汉11号线	岩溶塌陷	加强隐伏岩溶区岩溶地质详细勘查，查明溶洞准确位置。若规划位置存在大型溶洞，则建议调整大桥位置。如果不调整，则建议做好工程处理，并开展岩溶塌陷变形监测
湖北省	嘉鱼	岩溶塌陷	
湖北省	赤壁	岩溶塌陷	

表15-2 长江经济带过江通道方式建议

过江通道位置	比选依据	数量/座	过江方式建议
湖北红花套、伍家岗、宜昌轨道、陡山沱、重庆安张铁路、奉节、安坪、故陵、万州绕城高速、西沱、顺溪、兴义、长寿长江三桥、长寿长江二桥、珞璜、雷家坡、果园、郭家沱、铁路东南环线、新田、新田港铁路、黄桷坪、鹅公岩、李家沱、小南海、韩家沱、黄桷沱、白居寺、五举沱、油溪、白沙、四川榕山、合江新城、合江县城、泰安第二长江大桥、沙茜、蓝田、纳溪、安富第二过江通道、安富第一过江通道、江安第二过江通道、南溪、罗龙、盐坪坝、绵遂内宜铁路、白塔山、普和金沙江、豆坝	位于长江上游，河床深切，卵砾石层厚，不利于隧道施工，同时基岩埋藏浅，江岸稳定，有利于大桥建设	48	大桥
江苏锡通、江阴第二过江通道、五峰山、宁仪、七乡河、上元门，安徽慈埠、姑孰、弋矶山第二过江通道、龙窝湖、横港、梅龙、江口、海口、赣皖宿松、湖北武穴、棋盘洲、鄂黄第二过江通道、武汉10号线、青山、杨泗港、沌口、嘉鱼、赤壁、石首、荆州第二过江通道、枝江	位于长江中下游，河床深切，岩土体性质不均一，河床沉积厚度小，不利于隧道施工，同时最大深水线居中，河道顺直，江面和滩地窄，有利于大桥建设	27	大桥
江苏张靖、常泰、南京4号线、南京第五过江通道、锦文路，安徽泰山路、九华路、池安、安庆、湖北武汉7号线、8号线、11号线	位于长江中下游，最大深水线靠岸，岸线侵蚀强烈，不利于大桥建设，同时河道切割浅，岩土体性质均一，河床沉积厚度大，有利于隧道施工	12	隧道
江苏江阴第三过江通道、南京和燕路、汉中西路，安徽马鞍山湖北路、龙山路、芜湖城南、铜陵开发区、池州	位于长江中下游，地质条件均有利于隧道和桥梁建设	8	桥梁或隧道

拟建的沪汉蓉沿江高速铁路，在南京至安庆段、武汉至万州段规划选线时，应高度关注岩溶塌陷、软土沉降等地质问题。在南京至安庆段，长江南岸繁昌—铜陵—池州一带岩溶分布面积为1780 km^2，已发生岩溶塌陷超过100处，同时长江南岸软土大范围连续分布，面积为4900 km^2；而长江北岸和县—无为—安庆一带地质条件良好，建议规划优先选择南京—无为—安庆线路方案。在武汉至万州段，潜江—荆州—枝江一带软土问题严重，软土层厚度大于5 m的线路绵延190 km；天门—荆门一带存在大范围岩溶和采空塌陷，面积为2400 km^2；而天门—当阳一带基岩埋藏浅，路基稳定性好，建议规划优先选择武汉—天门—当阳—万州线路。

二、沿江重大工程建设适宜性评价

本次主要开展了上海—万州段的沿江港口码头、跨江大桥、过江隧道、易污染工业及仓储用地等重大工程建设适宜性评价。采取的评价方法主要包括评价单元的划分、评价因子的选取、评价指标权重的赋值和评价结果的分析。这里先以南京—上海段为例进行评价，然后阐述皖江段、长江中游（宜昌—彭泽段）、宜昌—万州段的评价结果。

（一）南京-上海段重大工程建设适宜性评价

1. 评价单元划分

1）港口码头工程建设适宜性评价单元划分

划分标志：岸线稳定性类型。稳定的岸线是港口建设的前提。评价区位于长江河口及近河口感潮段，其河势及岸线复杂多变，而港口码头的兴建又直接影响河势及岸线的稳定。因此，岸线的稳定性是港口建设中最直接且长期起作用的敏感响应因子。

2）跨江大桥工程建设适宜性评价单元划分

划分标志：桥间距。国家长江水利委员会规定，长江上的"所有跨江、越江及临江建筑，不得影响长江航道的船舶航行"，而保持适当的桥间距是大型船队航行、行洪安全的需要。

3）过江隧道工程建设适宜性评价单元划分

划分标志：江槽下切深度。河床下切程度取决于河流动力条件和组成河床边界的岩土力学性质。江槽的空间位置决定隧道的埋深与走向，直接影响工程施工的难易程度和造价。

4）易污染工业及仓储用地工程建设适宜性评价单元划分

划分标志：地貌形态＋岩土体类型。根据地貌成因类型，划分为西南部岗地丘陵区、西部长江河谷平原区和东部长江三角洲平原区3个大区，根据岩土体类型等划分亚区。

2. 评价因子的选取

按各类工程对地质环境的要求选择相应因子，依因子对评价目标的影响程度（敏感性）区分主次，并分别给定基本分值。

1）港口码头工程建设适宜性评价因子的选取

港口码头工程建设适宜性评价共选择6个因子（表15-3），主要因子为航道水深、航道水域宽度、岸线稳定性、陆域宽度，次要因子为场地工程地质条件、抗震设防烈度。

2）跨江大桥工程建设适宜性评价因子的选取

跨江大桥工程建设适宜性评价共选择8个因子（表15-4），主要因子为深泓线位置、优势持力层，次要因子为河床形态、两岸地形、岸线稳定性、抗震设防烈度、江面宽度、场地工程地质条件。

3）过江隧道工程建设适宜性评价因子的选取

过江隧道工程建设适宜性评价共选择 7 个因子（表 15-5），主要因子为江槽下切深度、围岩工程地质条件，次要因子为隧道轴线与断裂软弱面夹角、水下地形、抗震设防烈度、江面宽度、场地工程地质条件。

4）易污染工业及仓储用地工程建设适宜性评价因子的选取

易污染工业及仓储用地工程建设适宜性评价共选择 7 个因子（表 15-6），主要因子为岩土体类型、地形地貌，次要因子为岸线稳定性、地质灾害发育程度、砂性土顶板埋深、浅层地下水富水性、抗震设防烈度、距水源地保护区安全距离、距发震断裂距离、断裂构造。

表 15-3　长江南京—上海段港口码头工程建设适宜性评价因子表

序号	因子	等级	标准	分值
1	航道水深	Ⅰ	＞10m	80
		Ⅱ	5～10m	60
		Ⅲ	2～5m	40
		Ⅳ	≤2m	20
2	航道水域宽度	Ⅰ	＞426m	80
		Ⅱ	324～426m	60
		Ⅲ	200～426m	40
		Ⅳ	≤200m	20
3	岸线稳定性	Ⅰ	稳定及弱冲蚀岸段岸线后退为 0～10m/a	80
		Ⅱ	弱淤积岸段岸线外推不大于 30m/a	60
		Ⅲ	强冲蚀岸段岸线后退大于 10m/a	40
		Ⅳ	强淤积岸段岸线外推大于 30m/a	20
4	陆域宽度	Ⅰ	＞2000m	80
		Ⅱ	1000～2000m	60
		Ⅲ	500～1000m	40
		Ⅳ	≤500m	20
5	场地工程地质条件	Ⅰ	基岩,中—硬土,地势平坦、开阔	80
		Ⅱ	可—软塑土,低膨胀性土,有斜坡但无陡坎	60
		Ⅲ	软土、液化砂土、膨胀土分布区	40
		Ⅳ	地质灾害发育或地质灾害危及区	20
6	抗震设防烈度	Ⅰ	＜Ⅵ度	80
		Ⅱ	Ⅵ度	60
		Ⅲ	Ⅶ度	40
		Ⅳ	＞Ⅶ度	20

表 15-4　长江南京—上海段跨江大桥工程建设适宜性评价因子表

序号	因子	等级	标准	分值
1	深泓线位置	Ⅰ	居中	80
		Ⅱ	近岸为30%～60%	60
		Ⅲ	近岸大于60%	40
		Ⅳ	顶冲	20
2	优势持力层（河床及沿岸50m以浅）	Ⅰ	基岩	80
		Ⅱ	软黏性土占50m以浅土层比例小于15%	60
		Ⅲ	软黏性土占50m以浅土层比例为15%～30%	40
		Ⅳ	软黏性土占50m以浅土层比例大于30%	20
3	河床形态	Ⅰ	顺直河道、滩地窄、高的"V"形河谷	80
		Ⅱ	微弯、顺直分汊河道、江心洲稳定或洲身部位	60
		Ⅲ	弯曲或弯曲分汊河道、江心洲不稳定或洲头洲尾部位	40
		Ⅳ	弯曲河道的弯顶、河汊、汇流口、古河道部位；心滩、浅滩、沙丘发育	20
4	两岸地形	Ⅰ	两岸有山嘴、石梁、土矶临江	80
		Ⅱ	一岸有山嘴、石梁、土矶临江	60
		Ⅲ	地面高程大于历史高潮位5m	40
		Ⅳ	地面高程不大于历史高潮位5m	20
5	岸线稳定性	Ⅰ	稳定	80
		Ⅱ	淤积岸段	60
		Ⅲ	弱冲蚀岸段岸线后退不大于10m/a	40
		Ⅳ	强冲蚀岸段岸线后退大于10m/a	20
6	抗震设防烈度	Ⅰ	＜Ⅵ度	80
		Ⅱ	Ⅵ度	60
		Ⅲ	Ⅶ度	40
		Ⅳ	＞Ⅶ度	20
7	江面宽度	Ⅰ	≤2km	80
		Ⅱ	2～3km	60
		Ⅲ	3～4km	40
		Ⅳ	＞4km	20
8	场地工程地质条件	Ⅰ	基岩，中—硬土，地势平坦、开阔	80
		Ⅱ	可—软塑土，低膨胀性土，有斜坡但无陡坎	60
		Ⅲ	软土、液化砂土、膨胀土分布区	40
		Ⅳ	地质灾害发育/危及区	20

表 15-5 长江南京—上海段过江隧道工程建设适宜性评价因子表

序号	因子	等级	标准	分值
1	江槽下切深度	Ⅰ	≤20m	80
		Ⅱ	20～25m	60
		Ⅲ	25～30m	40
		Ⅳ	＞30m	20
2	围岩(江槽以下 15～30m)工程地质条件	Ⅰ	岩相稳定/沉积连续的黏性土	80
		Ⅱ	隧道穿越 2～3 个工程地质层	60
		Ⅲ	隧道穿越 3 个以上工程地质层	40
		Ⅳ	砾石层、破碎基岩、土岩结合带	20
3	隧道轴线与断裂软弱面的夹角	Ⅰ	无断裂	80
		Ⅱ	60°～90°	60
		Ⅲ	30°～60°	40
		Ⅳ	0～30°	20
4	水下地形	Ⅰ	地势平坦,河床起伏不大于 5m	80
		Ⅱ	河床起伏为 5～10m	60
		Ⅲ	河床起伏为 10～15m	40
		Ⅳ	河床起伏大于 15m	20
5	抗震设防烈度	Ⅰ	＜Ⅵ度	80
		Ⅱ	Ⅵ度	60
		Ⅲ	Ⅶ度	40
		Ⅳ	＞Ⅶ度	20
6	江面宽度	Ⅰ	≤2km	80
		Ⅱ	2～3km	60
		Ⅲ	3～4km	40
		Ⅳ	＞4km	20
7	场地工程地质条件	Ⅰ	基岩,中—硬土,地势平坦、开阔	80
		Ⅱ	可—软塑土,低膨胀性土,有斜坡但无陡坎	60
		Ⅲ	软土、液化砂土、膨胀土分布区、低山区	40
		Ⅳ	地质灾害发育或危及到的地区	20

表 15-6 长江南京—上海段易污染工业及仓储用地工程建设适宜性评价因子表

序号	因子	等级	标准	分值
1	岩土体类型	Ⅰ	基岩,中—硬土	80
		Ⅱ	可—软塑土,密实砂土	60
		Ⅲ	中密实砂土,低膨胀土	40
		Ⅳ	软土、液化砂土、膨胀土分布区	20

续表 15-5

序号	因子	等级	标准	分值
2	地形地貌	Ⅰ	地势平坦、开阔	80
		Ⅱ	地形单一	60
		Ⅲ	低山丘陵区	40
		Ⅳ	地貌杂合区、低漫滩、江心洲	20
3	岸线稳定性	Ⅰ	稳定	80
		Ⅱ	弱淤积岸段岸线外推不大于 30m/a	60
		Ⅲ	弱冲蚀岸段岸线后退不大于 10m/a	40
		Ⅳ	强冲、强淤积岸段	20
4	地质灾害发育程度	Ⅰ	不发育区	80
		Ⅱ	一般发育区	60
		Ⅲ	强发育区	40
		Ⅳ	极强发育区	20
5	砂性土顶板埋深	Ⅰ	20m 以浅砂性土厚度不大于 5m	80
		Ⅱ	20m 以浅砂性土厚度大于 5m	60
		Ⅲ	砂性土厚度大于 5m，砂性土顶板埋深大于 2m	40
		Ⅳ	砂性土厚度大于 5m，砂性土顶板埋深不大于 2m	20
6	浅层地下水富水性	Ⅰ	≤5 万 m³/(km²·a)	80
		Ⅱ	5 万~10 万 m³/(km²·a)	60
		Ⅲ	10 万~15m³/(km²·a)	40
		Ⅳ	>15 万 m³/(km²·a)	20
7	抗震设防烈度	Ⅰ	<Ⅵ度	80
		Ⅱ	Ⅵ度	60
		Ⅲ	Ⅶ度	40
		Ⅳ	>Ⅶ度	20
8	距水源保护区安全距离	Ⅰ	距取调水口水源地保护区大于 1000m	80
		Ⅱ	距取调水口水源地保护区 500~1000m	60
		Ⅲ	距取调水口水源地保护区不大于 500m	40
		Ⅳ	位于取调水口水源地及国家级生态保护区	20
9	距发震断裂距离	Ⅰ	>1000m	80
		Ⅱ	500~1000m	60
		Ⅲ	300~500m	40
		Ⅳ	≤300m	20
10	断裂构造	Ⅰ	不发育	80
		Ⅱ	一般断裂	60
		Ⅲ	深大断裂	40
		Ⅳ	全新活动断裂	20

3. 评价指标权重值的确定

依据各指标的重要性,采用模糊层次决策分析法进行权重计算。将各评价指标穷尽成对比矩阵输入计算机,由下式计算各指标的权值:

$$W = \sum_{\substack{j=1 \\ j \neq i}}^{n} V_{ij} \Big/ \sum_{i=1}^{n} \sum_{\substack{j=1 \\ j \neq i}}^{n} V_{ij} \tag{15-1}$$

港口码头、过江隧道及长江大桥的 V_i 矩阵如表 15-7~表 15-10 所示。

表 15-7　港口码头工程建设适宜性评价因素相对重要性及权重

项目	航道水深	航道水域宽度	岸线稳定性	陆域宽度	场地工程地质条件	抗震设防烈度
重要性	1	0.5	0.5	0.2	0.14	0.12
	2	1	1	0.333	0.2	0.14
	2	1	1	0.5	0.333	0.333
	5	3	2	1	0.5	0.25
	7	5	3	2	1	0.333
	9	7	3	4	3	1
权重	0.3944	0.2603	0.1499	0.111	0.0658	0.0186

表 15-8　跨江大桥工程建设适宜评价因素相对重要性及权重

项目	深泓线位置	优势持力层	江面宽度	河床形态	两岸地形	岸线稳定性	抗震设防烈度	场地工程地质条件
重要性	1	0.5	0.33	0.25	0.2	0.1667	0.1429	0.1111
	2	1	0.5	0.333	0.2	0.1667	0.1429	0.125
	3	2	1	0.5	0.333	0.25	0.2	0.1429
	4	3	2	1	0.5	0.333	0.25	0.2
	5	5	3	2	1	0.5	0.5	0.333
	6	6	4	3	2	1	0.5	0.333
	7	7	5	4	2	2	1	0.5
	9	8	7	5	3	3	2	1
权重	0.2891	0.2529	0.1753	0.1211	0.0661	0.0515	0.03	0.014

4. 适宜性评价结果

1) 港口码头工程建设适宜性评价结果

采用模糊层次决策分析法对长江南京—上海段南、北两岸分别进行港口码头工程建设适宜性评价,从纯地质学角度划分出适宜性等级(表 15-11)。其中,北岸一级岸线为 10 段(表 15-12),二级岸线为 12 段,三级岸线为 21 段;南岸一级岸线为 19 段(表 15-13),二级岸线为 15 段,三级岸线为 17 段(图 15-2)。港口码头工程建设的一级岸线全部属于深水岸线,航道宽度及通达性均满足建设万吨级及以上泊位的要求。另外,海岛部分一级岸线为 8 段,二级岸线为 9 段,三级岸线为 7 段。

北岸一级岸线中 10 段岸线区域适宜作深港建设用地。

表15-9 过江隧道工程建设适宜性评价因素相对重要性及权重

项目		江槽下切深度	隧道轴线与断裂软弱面夹角	围岩工程地质条件	江面宽度	场地工程地质条件	水下地形	抗震设防烈度
重要性		1	0.5	0.33	0.2	0.166 7	0.142 9	0.111 1
		2	1	0.5	0.333	0.166 7	0.142 9	0.125
		3	2	1	0.5	0.25	0.2	0.142 9
		5	3	2	1	0.333	0.25	0.2
		6	6	4	3	1	0.5	0.333
		7	7	5	4	2	1	0.5
		9	8	7	5	3	2	1
权重		0.301	0.286 9	0.195 9	0.132 5	0.051	0.025 7	0.007

表15-10 易污染工业及仓储工程建设场地适宜性评价因素相对重要性及权重

项目	岩土体类型	地形地貌	地质灾害发育程度	岸线稳定性	砂性土顶板埋深	浅层地下水富水性	抗震设防烈度	距水源保护区安全距离	距发震断裂距离	断裂构造
重要性	1	0.333	0.25	0.25	0.2	0.2	0.125	0.167	0.2	0.2
	3	1	0.5	0.5	0.2	0.167	0.143	0.167	1	0.167
	4	2	1	1	0.5	0.25	0.2	0.25	1	0.25
	4	2	1	1	0.5	0.333	0.167	0.200	2	0.2
	5	5	2	2	1	1	0.5	0.333	0.5	0.333
	5	6	4	2	1	1	0.333	0.5	0.5	0.5
	8	7	5	6	2	3	1	0.5	1	0.5
	6	6	4	5	3	2	2	1	2	1
	5	1	0.5	2	2	1	0.5	0.5	1	1
	5	6	4	5	3	2	2	1	1	1
权重	0.261 4	0.205 3	0.126 4	0.135 1	0.072 0	0.063 6	0.037 6	0.021 0	0.053 5	0.024 1

表15-11 长江南京—上海段港口码头工程建设适宜性评价等级划分标准

岸线等级	分级标准	适宜性
一级岸线	>70分	适宜建港
二级岸线	60~70分	一般适宜
三级岸线	<60分	非优先开发

西坝头—划子口:航道水深、航道水域宽度、陆域宽度3个指标均属一级,岸线稳定性指标属二级。通过岸坡稳定加固措施,保证岸线稳定,该岸段可以作为深港码头建设用地预留。

小河口—仪征十二圩:航道水深较深,航道水域宽度大,岸线稳定,适宜作为深港码头建设用地。

六圩:航道水深较深,航道水域宽度大,岸线后方陆域场地空旷,岸线基本稳定,适宜作为深港码头建设用地。

表 15-12　长江南京—上海段北岸港口码头一级岸线统计表

单元编号	岸线名称	单元编号	岸线名称
B9	西坝头—划子口	B26	界河口—八圩港
B11	小河口—仪征十二圩	B29	靖江船厂
B15	六圩	B30	新生原种场—焦港
B23	嘶马—古马干河口	B35	天生港—黄泥山
B24	古马干河口—天星港口	B36	黄泥山—通常渡口

表 15-13　长江南京—上海段南岸港口码头一级岸线统计表

单元编号	所属辖区	岸线名称	单元编号	所属辖区	岸线名称
N6	南京	三汊河口—上元门	N26	无锡	天生港—芦埠港闸
N8	南京	燕子矶—金陵石化码头	N28	无锡	夏港—黄田港
N10	南京	南炼码头—摄山汽渡	N32～N33	苏州	巫山港—老沙码头
N12	南京	孝庄—三江河口	N35	苏州	朝东圩港—十三圩
N14	镇江	新河口—高资河口	N40～N42	苏州	浒浦河口—杨林河口
N15	镇江	高资河口—龙门口			
N18	镇江	大运河口—马鞍矶	N46	上海	月浦镇段
N19	镇江	马鞍矶—夹江河口	N49	上海	高桥镇—曹路镇
N22	镇江	太平洲左汊			

嘶马—古马干河口：航道水深、航道水域宽度、岸线稳定性、陆域宽度4个指标均属一级，场地条件十分优越，适宜进行深港建设。

古马干河口—天星港口：航道水深较深，航道水域宽度较宽，岸线稳定，陆域宽度空旷，场地条件较优越，适宜作为深港建设。

界河口—八圩港：航道水深、航道水域宽度、岸线稳定性、陆域宽度及场地工程地质条件5个指标均属一级，是本区建港与深水码头条件最好的单元。

新生原种场-焦港：航道水深、航道水域宽度、岸线稳定性、陆域宽度4个指标均属一级，建港场地条件良好。

靖江船厂：所有评价指标均在二级以上，其中航道水深、水域宽度、陆域宽度3个指标均属一级，岸线稳定性、场地工程地质条件及区域稳定性（场地烈度）3个指标为二级，建港条件优良。

天生港—黄泥山：航道水深、航道水域宽度、陆域宽度3个指标均属一级，岸线稳定性指标属二级，可以作为深港码头建设预留用地。

黄泥山—通常渡口：场地基本工程地质条件同天生港—黄泥山岸线，可以作为深港码头建设预留用地。

南岸一级建港场地共有19段岸线（表15-13），在航道水深、航道水域宽度、陆域宽度3个对建港相对重要的指标评价上，浒浦河口—杨林河口岸线的航道水深指标属二级，三汊河口—上元门岸线受南京长江大桥净空的影响不适宜于深港建设外，其余段3个指标均为一级，适宜作为深港码头建设用地。

2）跨江大桥工程建设适宜性评价结果

采用模糊层次决策分析法分析长江南京—上海段跨江大桥工程建设适宜性，根据评价单元的综合分值，依据分级标准（表15-14），确定一级岸线28段（表15-15），二级岸线28段，三级岸线49段

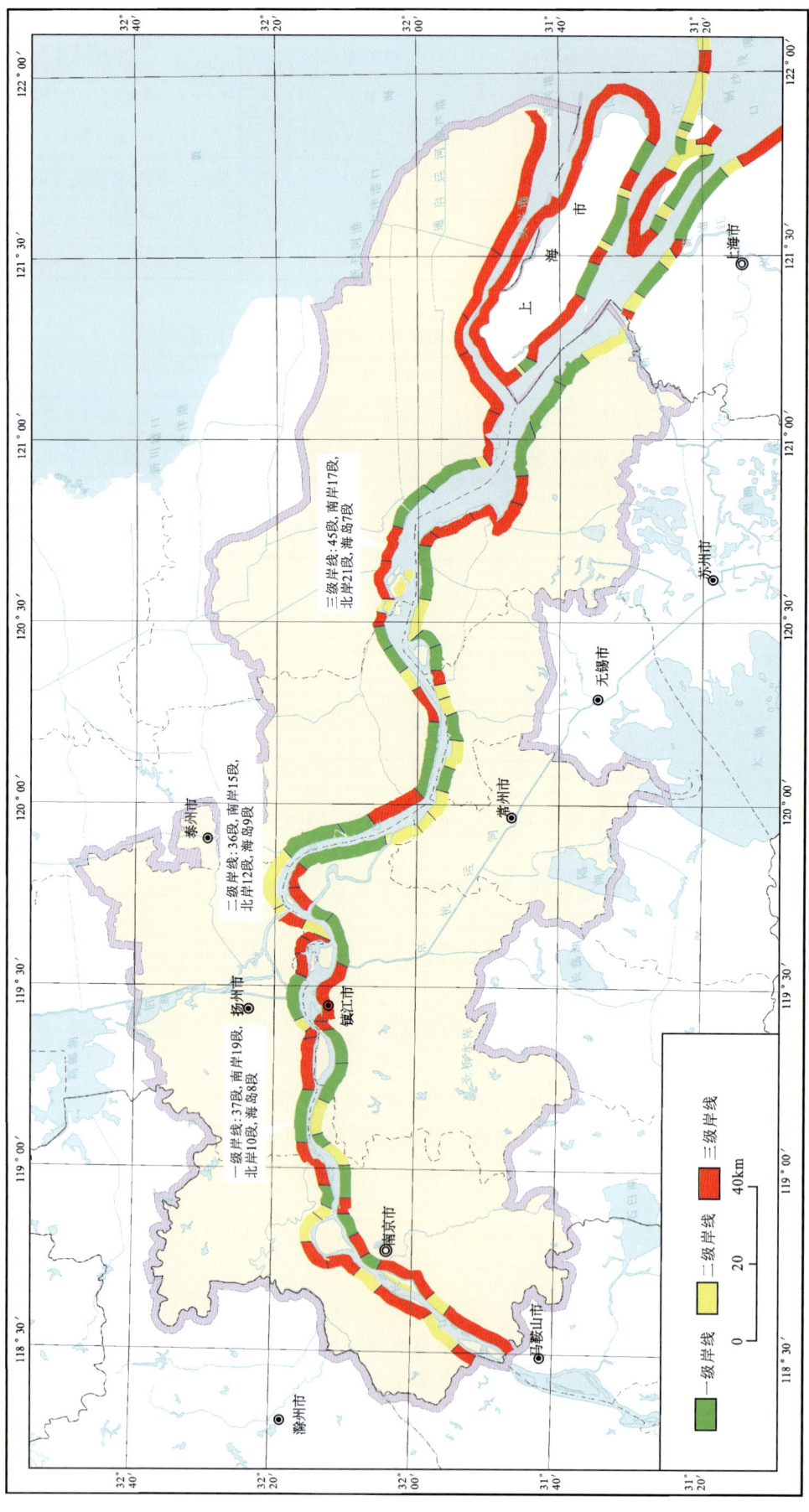

图 15-2 长江南京—上海段沿江港口码头工程建设适宜性评价分区图

(图15-3)。基于优势持力层埋深和河势特征等因子评定的跨江大桥工程建设适宜性Ⅰ级区段,具有江面相对束窄、河床顺直、河势稳定、优势持力层埋深较浅的特点,但主要分布在江阴以上河段。

表15-14 跨江大桥工程建设适宜性评价等级划分标准

岸线等级	分级标准	适宜性
一级岸线	>65分	适宜建桥
二级岸线	55～65分	一般适宜
三级岸线	<55分	非优选桥位

表15-15 长江南京—上海段跨江大桥工程建设适宜性一级岸线统计表

单元编号	所属河段	岸线名称	单元编号	所属河段	岸线名称
5	南京河段	南京长江三桥段	50	澄通河段	长青沙桥位
7		梅子洲桥位	52		天生港桥位
9		南京长江大桥	59		苏通桥位
11		南京长江二桥段	68	长江口北支河段	牛棚港桥位
13		石埠桥桥位	71		永隆沙桥位
16	镇扬河段	三江口桥位	83	长江口南支河段	白龙港桥位
18		新河口桥位	86	长兴岛	圆沙镇
21		润扬桥桥位	88		牛棚圩—合心圩
27		五峰山桥位	90	横沙岛	横沙岛横沙通道
32	扬中河段	高港桥位	93	崇明岛	渔业村—朝阳镇
33		永安镇桥位	95		牛棚港—江口副业场
40	江阴河段	上天生港桥位	98		新村第二副业场—新城六队
41		利港桥位	100		永兴镇—闸港村
44		江阴桥桥位	104		仙鹤村—前哨村

长江南京—上海段南、北两岸主要一级岸线特征如下。

梅子洲桥位:基岩埋深较浅,可作为桥基持力层,江面宽度窄,两岸有山嘴,其余评价指标为二级,适宜作为桥梁建设用地。

石埠桥桥位:河道顺直,滩地窄,两岸有山咀临江,江面宽度窄,深泓线居中,岸线稳定,基岩埋深浅,9个评价指标中有7个指标为一级,是本区内最好的建桥场地。

三江口桥位:河道顺直,滩地窄,江面宽度窄,基岩埋深浅,可作为桥基持力层,连接线工程地质条件较好。

新河口桥位:河道顺直,江面宽度窄,基岩埋深浅,可作为桥基持力层,岸线稳定,连接线工程地质条件较好。

五峰山桥位:两岸有山咀临江,江面宽度窄,深泓线居于河床中央,基岩埋深浅,可作为桥基持力层,连接线工程地质条件一般,岸线稳定性较差。在对岸线进行一定加固后,可作为过江大桥的预留桥位。

高港桥位:河道顺直,在该评价区内江面相对较窄,深泓线居于河床中央,两岸地形不对称,基本地质条件满足建桥条件,可作为过江大桥的预留桥位。

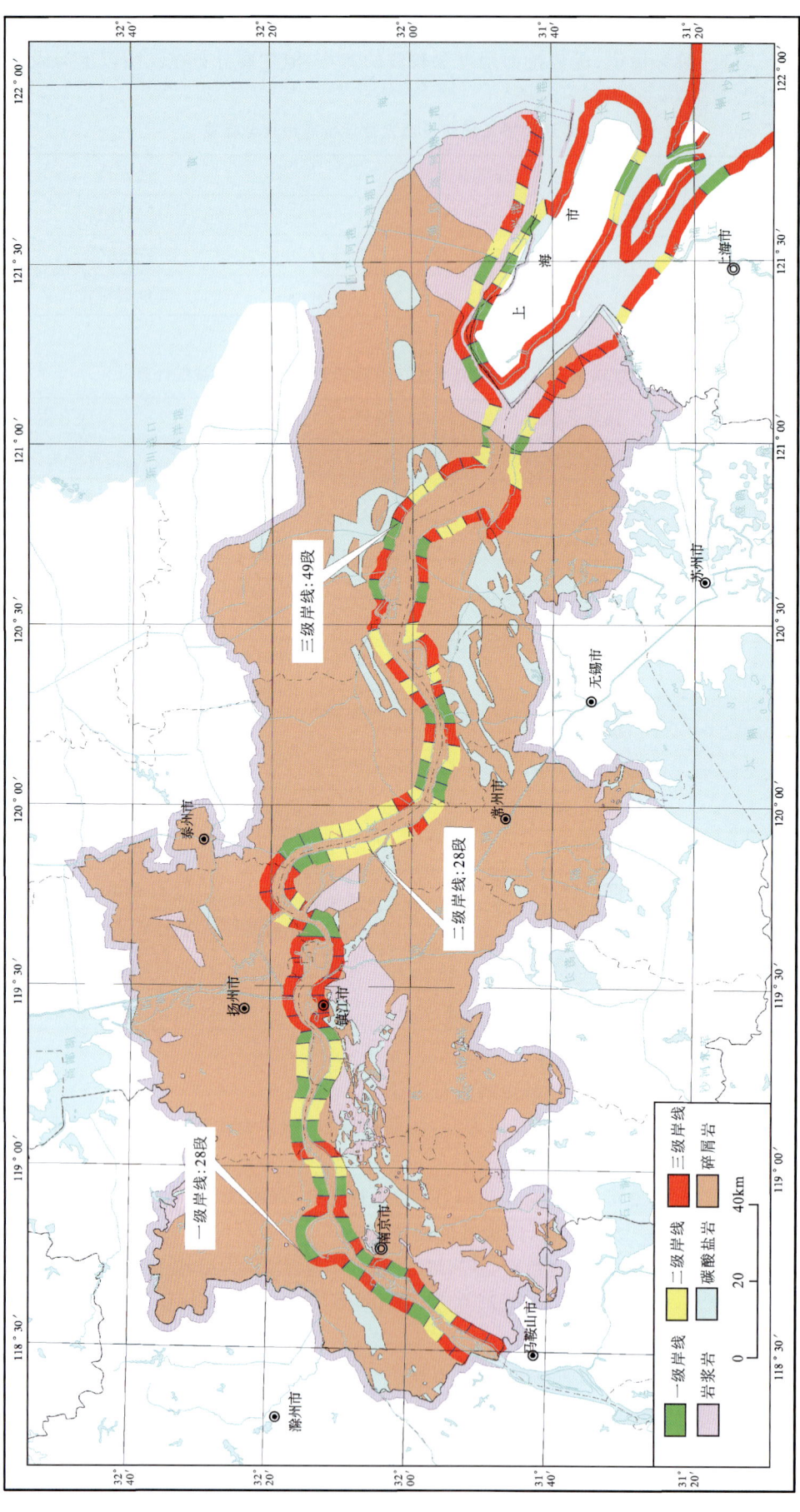

图15-3 长江南京—上海段跨江大桥工程建设适宜性评价分区图

永安镇桥位:河道顺直,在该评价区内江面相对较窄,深泓线居于河床中央,两岸地形不对称,在8个评价指标中4个主要指标为一级,基本地质条件满足建桥条件,可作为过江大桥的预留桥位。

上天生港桥位:河道顺直,江面宽度窄,基岩埋深浅,可作为桥基持力层,岸线稳定,连接线工程地质条件较好,8个评价指标中5个主要指标为一级指标,属于较好的建桥地段。

利港桥位:河道顺直,两岸地形对称,江面宽度窄,岸线稳定。

长青沙桥位:在该评价区内江面相对较窄,连接线场地工程地质条件较好。9个评价指标中主要因子均属二级,不利条件是可能发生两岸地面不均匀沉降。

天生港桥位:主要因子大多属二级,岸线稳定。

牛栅港桥位:在主要评价指标中,一级占50%,河床形态基本对称,江面相对较窄,深泓线位置居中,岸线稳定,建桥条件较好。

永隆沙桥位:在该评价区中建桥条件最优,所有指标均在三级以上。

3)过江隧道工程建设适宜性评价结果

采用模糊层次决策分析法分析长江南京—上海段沿江过江隧道工程建设适宜性,根据评价单元的综合分值,依据分级标准(表15-16),确定一级岸线28段(表15-17),二级岸线27段,三级岸线27段(图15-4)。一级隧道工程适宜岸段,江槽下切浅(一般为15~20m),河床松散层厚,围岩岩相稳定,具备良好的隧道施工条件。

表 15-16 长江南京—上海段过江隧道工程建设适宜性评价等级划分标准

场地岸线	分级标准	适宜性
一级岸线	>60分	适宜建隧
二级岸线	45~60分	一般适宜
三级岸线	<45分	非优先开发

表 15-17 长江南京—上海段过江隧道工程建设适宜性一级岸线统计表

单元编号	所属河段	岸线名称	单元编号	所属河段	岸线名称
4	南京河段	七坝	38	江阴河段	利港—江阴船厂
6		南京三桥段	40		西山—福姜沙
8		梅子洲上段	44	澄通河段	长青沙
9		梅子洲中段	46		天生港—任港
10		梅子洲下段	49		老洪港
11		北河口—三汊河	52		苏通桥
13		八卦洲	53		白茆河口
15		龙袍镇	58	长江口北支河段	北支中兴村以上段
18		三江口	60		海永乡—大兴镇
20	扬州-镇江河段	胥浦河—仪征十二圩	67		上海浦东国际机场
21		十二圩—高资渡口	70	长兴岛	横沙通道
33	扬中河段	高港	73	横沙岛	横沙通道
34		永安镇	78	崇明岛	绿华镇—江口副业沙
36		天星洲	80		新村乡—兴隆沙

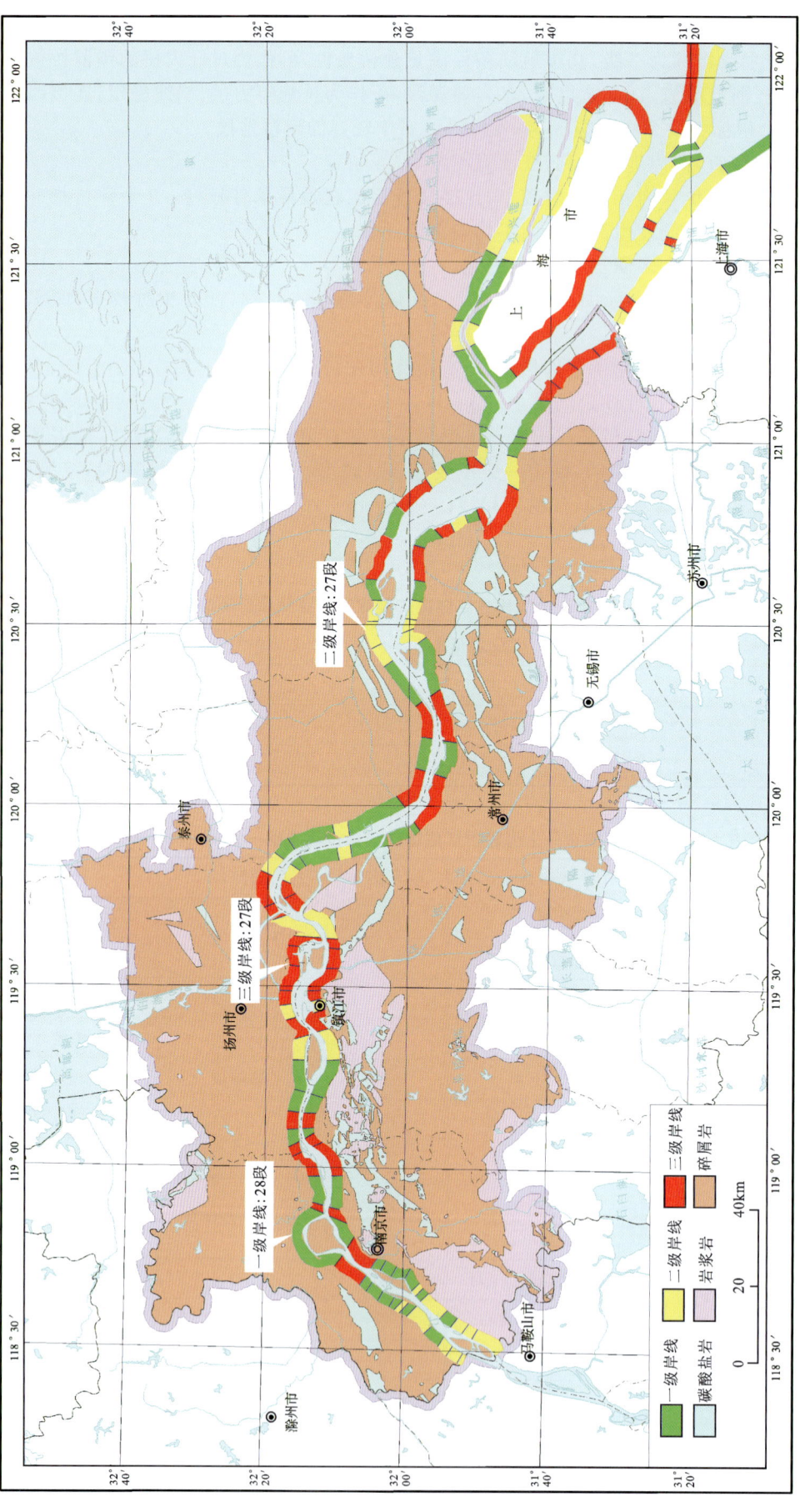

图 15-4 长江南京—上海段过江隧道工程建设适宜性评价分区图

长江南京—上海段南、北两岸主要一级岸线特征如下。

七坝：江槽下切深度、隧道轴线与软弱面夹角、围岩地质及江面宽度4个重要指标均为二级，较适合隧道开挖。

南京三桥段：围岩地质及江面宽度指标为一级，江槽下切深度、隧道轴线与软弱面夹角两指标为二级，适宜作为过江大桥建设用地。

梅子洲上段：场区围岩工程地质特征良好，江面宽度较窄，适宜于盾构法施工。

梅子洲中段：该段无断裂通过，江槽下切深度小于20m，隧道穿过工程地质层少，有利于隧道施工。

梅子洲下段：基本地质环境同梅子洲中段，适宜隧道布局与施工。

北河口—三汊河：本段场地工程地质条件优于梅子洲中段，是较好的隧道建设场地。

八卦洲：隧道轴线与软弱面大角度相交，江槽下切深度小于20m，隧道围岩岩性岩相变化小，江面宽度小于2km，适宜于隧道布局与施工。

龙袍镇：该区段评价指标值均在二级，建隧道地质条件优良。

三江口：主要评价指标江面宽度小于2km，无断裂通过，建隧道地质条件优良，适宜于隧道布局，是本区中较好的区域。

胥浦河—仪征十二圩：该段地质条件略次于龙袍镇岸段，但基本适宜于隧道建设。

十二圩—高资渡口：江面宽度小于2km，无断裂通过，明洞段工程地质条件良好，建隧道地质条件良好，适宜于隧道建设。

高港：无断裂，江槽下切深度较小，围岩条件一般，江面宽度小。

永安镇：无断裂，江槽下切深度小于20m，围岩条件好，江面宽度小。

天星洲：主要评价指标为一至二级，建隧道条件较好。

利港—江阴船厂：无断裂通过，江槽下切深度为23m，围岩条件一般，江面宽度较小。

西山—福姜沙：无断裂通过，江槽下切深度，围岩类别良好，水下地形对称。

长青沙：无断裂通过，围岩类别单一，适宜建隧道。

天生港—任港：无断裂通过，江槽下切深度小于20m，水下地形对称。

老洪港：无断裂通过，江槽下切深度小于20m，基本满足建隧道条件。

苏通桥：无断裂通过，围岩类别良好，适宜建隧道。

白茆河口：无断裂通过，江槽下切深度小于20m。

北支中兴村以上段：无断裂通过，江槽下切深度小于20m，水下地形对称。

海永乡—大兴镇：无断裂通过，江槽下切深度小于20m，水下地形基本对称，围岩类别良好，具备建隧道条件。

4）易污染工业及仓储用地工程建设适宜性评价结果

采用模糊层次决策分析法分析长江南京—上海段沿江易污染工业及仓储用地工程建设适宜性，根据评价单元的综合分值，依据分级标准（表15-18），确定一级岸线15段（表15-19），二级岸线14段，三级岸线16段（图15-5）。沿江易污染工业及仓储企业一般具有大能耗、大水耗和大运力需求的特点，其建设用地相对于港口码头和过江通道对岸线地要求低，但重污染工业及易燃易爆危险品仓储必须远离长江取水口及城镇居民地，优先考虑布局在地下水土体不易被污染的地段。

表15-18 长江南京—上海段易污染工业及仓储用地工程建设适宜性评价等级划分标准

岸线等级	分级标准	适宜性
一级岸线	>60分	适宜开发场地
二级岸线	50～60分	一般开发场地
三级岸线	<50分	非优选场地

表 15-19 长江南京—上海段易污染工业仓储用地工程建设适宜性一级岸线级统计表

评价单元号	所属辖区	岸线名称	评价单元号	所属辖区	岸线名称
N1	南京市	浦口区桥林镇石碛河口以西	S11	苏州市	白茆河口以东
N4	扬州市	青山镇小河口—十二圩镇	S14	上海市	陆家沙宅—朝中村
N7	泰州市	江都引江河口—靖江斜桥镇	CX3	长兴岛	横沙通道
N8	南通市	斜桥镇—南通狼山	HS1	横沙岛	横沙通道
S1	南京市	南京大胜关以西	HS3		兴隆圩
S4	镇江市	龙潭镇—镇扬汽渡	CM2	崇明岛	侯家镇—新开河镇
S7	江阴市	炮子洲尾—澄西船厂	CM5		十一合作农场—兴隆沙
S8	苏州市	澄西船厂—张家港保税区			

(二)长江中游(宜昌—彭泽段)重大工程建设适宜性评价

1. 港口码头工程建设适宜性评价结果

一级岸线(适宜开发):该类型岸线长度合计 355.36km。其中,左岸长 160.08km,右岸长 195.28km,占左、右岸长度的比例分别为 15.83% 和 19.87%。适宜开发岸线主要分布在宜昌市、宜都市、武汉市、黄石市、彭泽县等地。该类岸线多为深水岸线,场地工程地质条件良好,有很好的陆域纵深空间,适合港口码头的建设。

二级岸线(较适宜开发):该类型岸线长度合计 386.96km。其中,左岸长 192.02km,右岸长 194.94km,占左、右岸长度的比例分别为 18.99% 和 19.83%。较适宜开发岸线主要分布在宜昌市上游、荆州市、武汉市、黄石市、黄冈市及彭泽县下游等地。该类型岸线航道水深条件良好,但多为冲蚀岸段,局部岸线稳定性稍差,治理后可以作为一级岸线使用。

三级岸线(一般适宜开发):该类型岸线长度合计 320.02km。其中,左岸长 165.29km,右岸长 154.73km,占左、右岸长度的比例分别为 16.35% 和 15.74%。一般适宜开发岸线主要分布在宜都市、枝江市、牌洲湾镇、鄂州市、巴河县、柴桑区、宿松县、彭泽县等地。该类岸线在航道水深、水域宽度及岸线稳定性等方面条件相对较差,只具备建设港口码头的基本条件,不作为优先考虑对象。

四级岸线(非优先开发):该类型岸线长度合计 931.47km。其中,左岸长 493.71km,右岸长 437.76km,占左、右岸长度的比例分别为 48.83% 和 44.55%。非优先开发岸线主要分布在江汉平原的枝江市、公安县、石首市、监利县、岳阳市、洪湖市、临湘市、团风县、黄冈市、黄梅县、望江县等地。该类岸线不适宜开发的主要原因是江水流速放缓、河床淤积,包括河道拐弯处、分叉段,造成航道水深较浅,不适宜建设港口码头,详见图 15-6。

2. 跨江大桥工程建设适宜性评价结果

一级岸线(适宜开发):该类型岸线长度合计 392.81km。其中,左岸长 159.98km,右岸长 232.83km,占左、右岸长度的比例分别为 15.82% 和 23.69%。适宜开发岸段主要分布在宜昌市、武汉市、阳新县、武穴市、彭泽县等地。该类型岸线河道顺直,滩地窄,两岸有山咀临江,江面宽度窄,深泓线居中,岸线稳定,基岩埋深浅,适合跨江大桥的建设,详见图 15-7。

二级岸线(较适宜开发):该类型岸线长度合计 625.19km。其中,左岸长 255.12km,右岸长 370.07km,占左、右岸长度的比例分别为 25.23% 和 37.65%。较适宜开发岸段主要分布在宜都市、枝江市、汉南区、鄂州市、武穴市、九江市等地。该类岸线河道较顺直,江面相对较窄,深泓线不在江心,岸线稳定性较好,持力层埋深较浅,总体条件较适宜跨江大桥建设。

第五篇 支撑服务国土空间规划篇

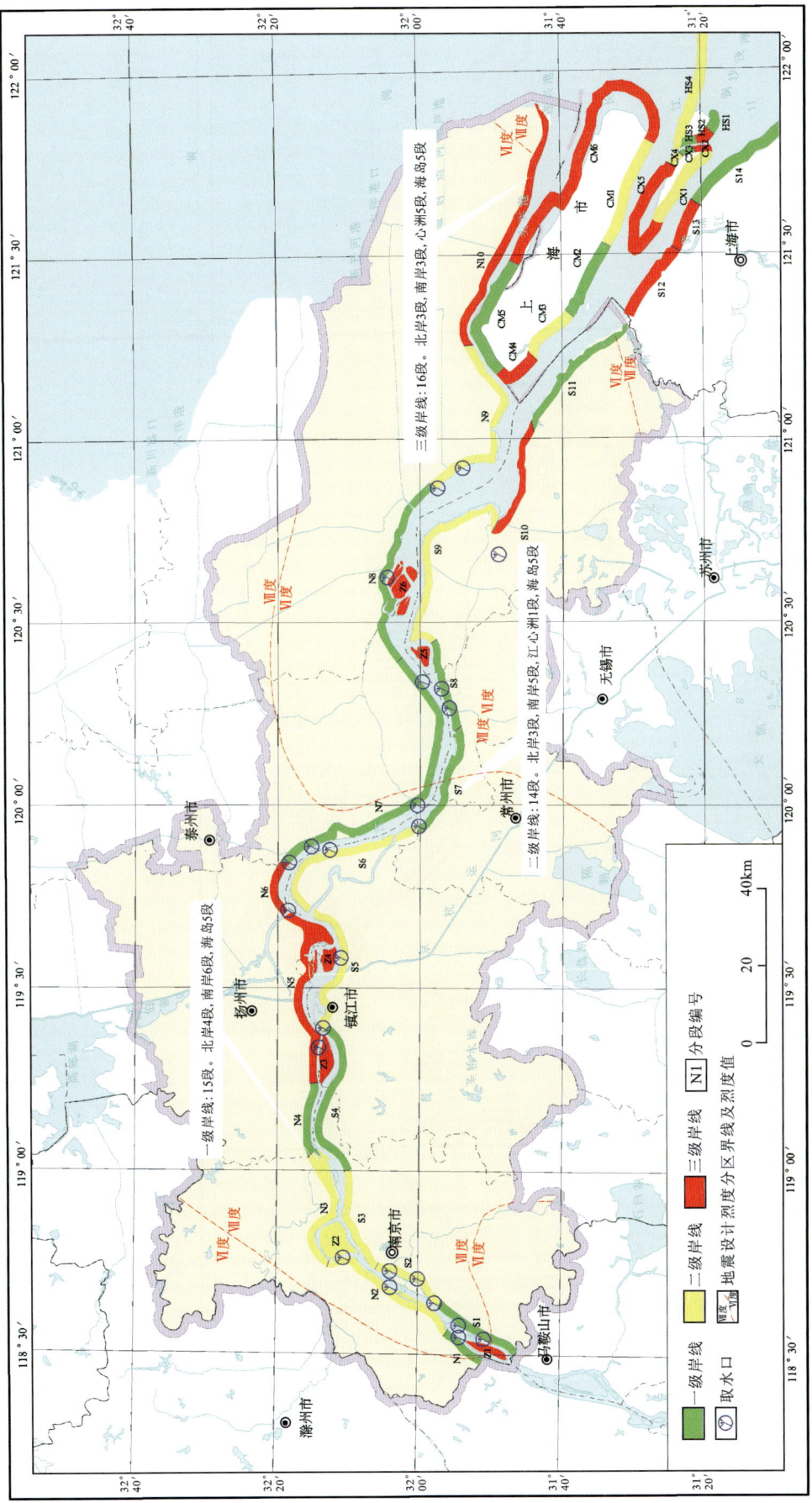

图15-5 长江南京—上海段易污染工业及仓储用地工程建设适宜性分区图

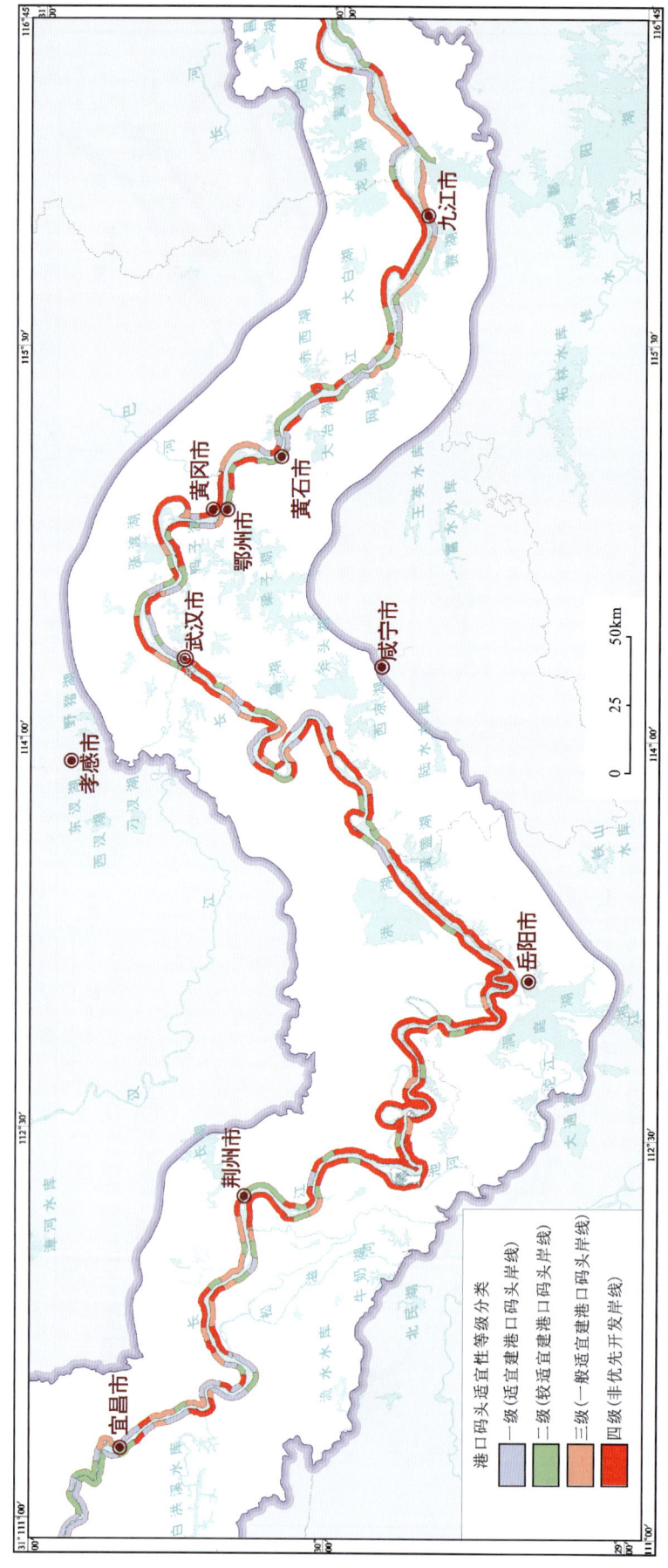

图15-6 长江中游(宜昌—彭泽段)沿岸港口码头工程建设适宜性评价分区图

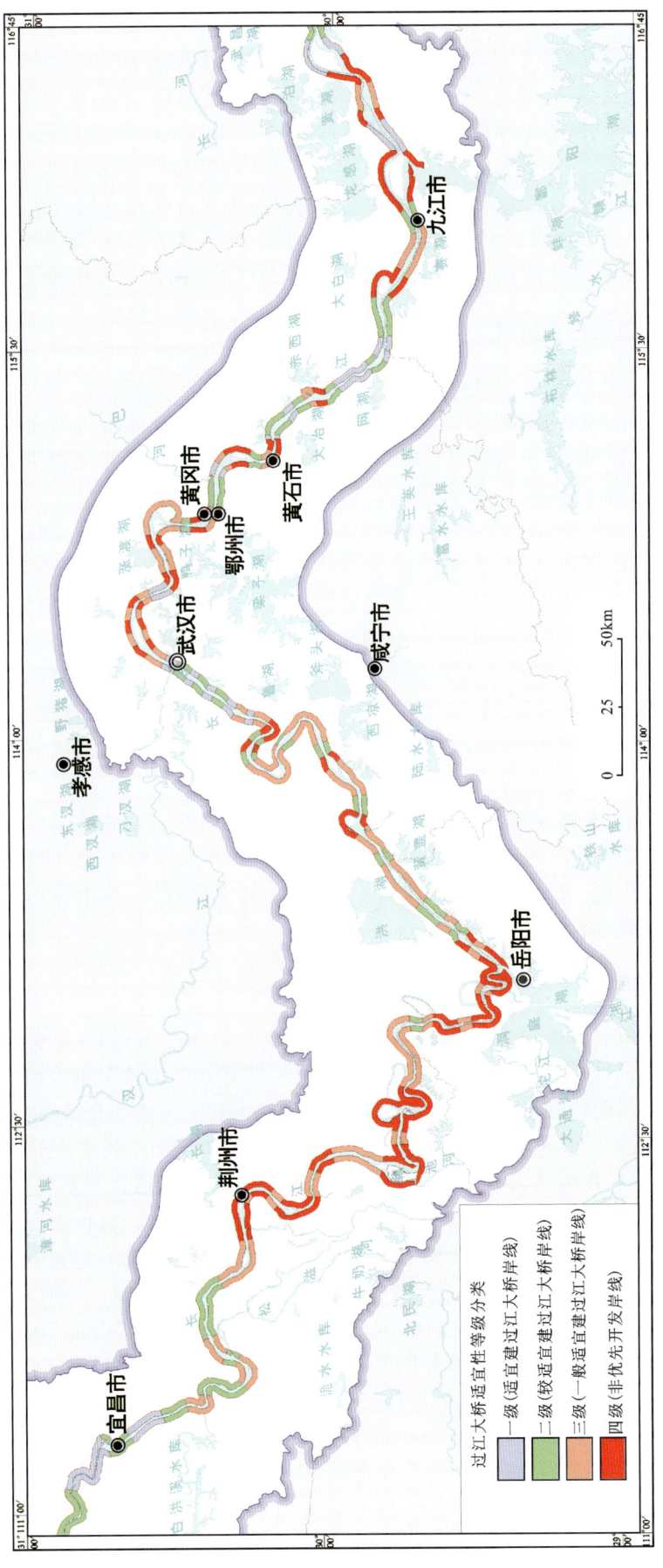

图15-7 长江中游(宜昌—彭泽段)沿岸跨江大桥工程建设适宜性评价分区图

三级岸线（一般适宜开发）：该类型岸线长度合计598.99km。其中，左岸为363.00km，右岸为235.99km，占左、右岸长度的比例分别为35.90%和24.01%。一般适宜开发岸段主要分布在江汉平原荆州市、公安县、监利县、洪湖市、嘉鱼县、团风县等地。该类岸线多位于河道拐弯处，江面宽度大，深泓线贴江岸，两岸地形复杂，有软土分布，持力层埋深较大，总体条件比一、二级较差，一般适宜跨江大桥建设。

四级岸线（非优先开发）：该类型岸线长度总计377.02km。其中，左岸为233.00km，右岸为144.02km，占左、右岸长度的比例分别为23.05%和14.65%。非优先开发岸段主要分布在江汉平原荆州市、公安县、石首市、枝江市、岳阳市等地。该类岸线多位于河道弯曲分汊河段，沙洲严重不稳，深泓线顶冲，两岸地形条件差，江面较宽，持力层埋深大，施工难度大，经济成本高，总体条件不适宜跨江大桥建设。

3. 过江隧道工程建设适宜性评价结果

一级岸线（适宜开发）：该类型岸线长度合计241.26km。其中，左岸长124.11km，右岸长117.15km，占左、右岸长度的比例分别为12.27%和11.92%。适宜开发岸段主要分布在宜昌市、宜都市、武汉市、九江市等地。该类岸线具有围岩工程地质特征良好、无断裂、江面宽度较窄、江槽下切深度小于20m等特点，适宜隧道的布局与施工，详见图15-8。

二级岸线（较适宜开发）：该类型岸线长度合计1 079.97km。其中，左岸长564.98km，右岸长514.99km，占左、右岸长度的比例分别为55.88%和52.39%。较适宜开发岸段主要分布在江汉平原枝江市—嘉鱼县一线，黄冈—九江一线也多有分布。该类岸线江槽下切深度一般较小，隧道轴线与软弱面大角度相交，围岩条件良好，水下地形对称，具有较好的建隧条件。

三级岸线（一般适宜开发）：该类型岸线长度合计470.78km。其中，左岸长218.01km，右岸长252.77km，占左、右岸长度的比例分别为21.56%和25.72%。一般适宜开发岸线地段主要分布在岳阳市、武汉市、阳新县、彭泽县等地。该类岸线江面一般较宽，围岩多为松散堆积层及砾石层，盾构施工难度较大，总体地质条件要比一、二级岸线差，但基本具备建隧道的条件。

四级岸线（非优先开发）：该类型岸线长度合计202.00km。其中，左岸长104.00km，右岸长98.00km，占左、右岸长度的比例分别为10.29%和9.97%。非优先开发岸段主要分布在宜昌市、石首市、鄂州市等地。该类岸线河道一般位于峡谷或长江汇流处，下切深度较大，水下地形复杂，有断裂通过，围岩地质条件较差，不适宜进行隧道的建设。

4. 易污染工业与仓储用地工程建设适宜性评价结果

一级岸线（适宜开发）：适宜仓储工程建设用地岸线长度合计602.47km。其中，左岸长320.63km，右岸长281.84km，占左、右岸长度的比例分别为31.71%和28.67%。适宜开发场地多位于岗状平原、波状平原、冲湖积低平原地区，无断裂，距离取水口和保护区较远，适宜作为易污染工业和仓储建设用地。

二级岸线（较适宜开发）：较适宜仓储建设用地岸线长度合计634.35km。其中，左岸长330.03km，右岸长304.32km，占左、右岸长度的比例分别为32.64%和30.96%。一般适宜开发场地部分地段有软塑—可塑状一般性黏土类，受一般隐伏断裂影响，距离国家级自然保护区较近，为较适宜仓储建设用地。

三级岸线（一般适宜开发）：一般适宜仓储建设用地岸线长度合计520.12km。其中，左岸长284.37km，右岸长235.75km，占左、右岸长度的比例分别为28.13%和23.99%。一般适宜开发场地位于冲洪积漫滩平原，为软塑—可塑状一般性黏土类，地表20m以浅砂性土厚度小于5m；有较不稳定岸线或者不稳定岸线，部分岸线有冲淤现象，区域内有多个取水口，为一般开发场地。

四级岸线（非优先开发）：目前经济技术条件下不宜作为仓储建设场地的岸线总长度为237.07km。其中，左岸长76.07km，右岸长161.00km，占左、右岸长度的比例分别为7.52%和的16.38%。这些不适宜作为易污染工业和仓储建设用地的地段多位于冲洪积漫滩平原，地处管涌、软土影响严重区和砂土液化影响范围，地表20m以浅砂性土厚度大于5m，属于强淤积不稳定岸线，该范围内有多个取水口和自然保护区，为非优选场地，详见图15-9。

第五篇 支撑服务国土空间规划篇

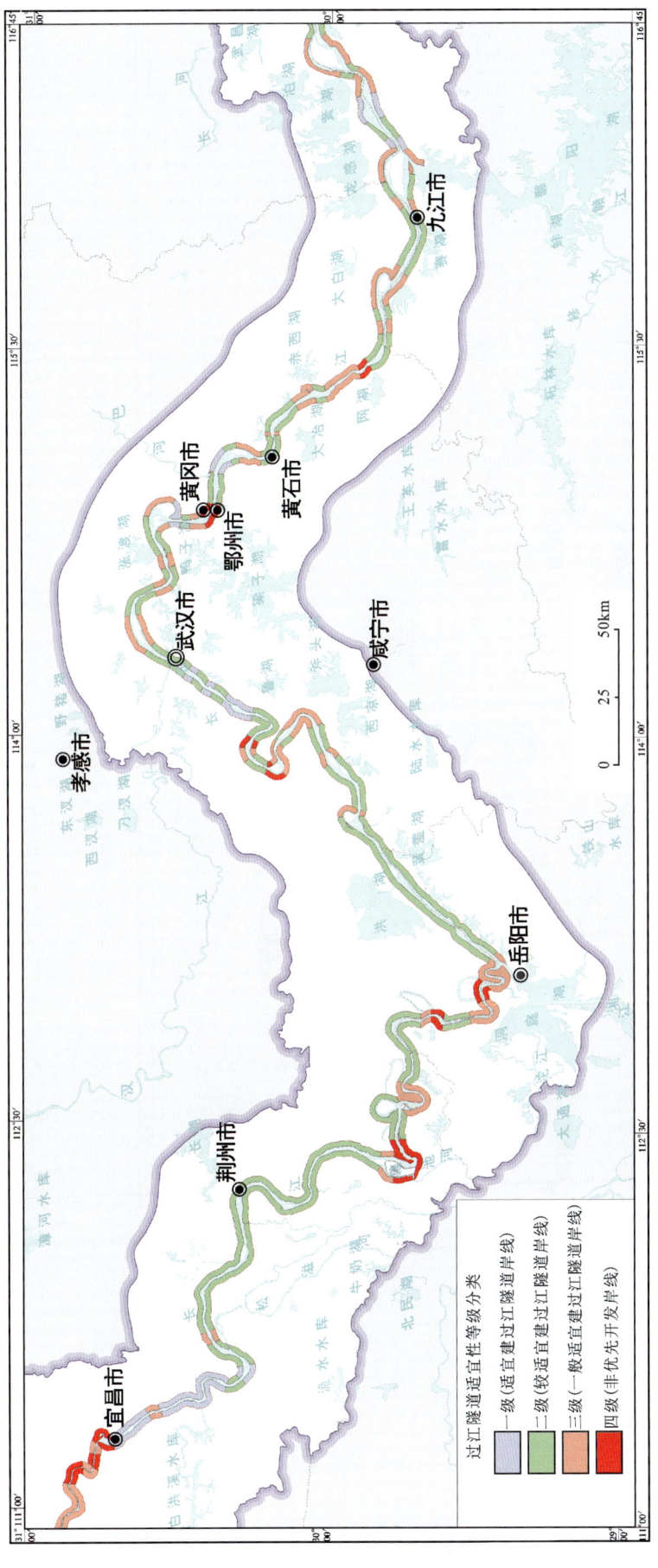

图15-8 长江中游（宜昌—彭泽段）沿岸过江隧道工程建设适宜性评价分区图

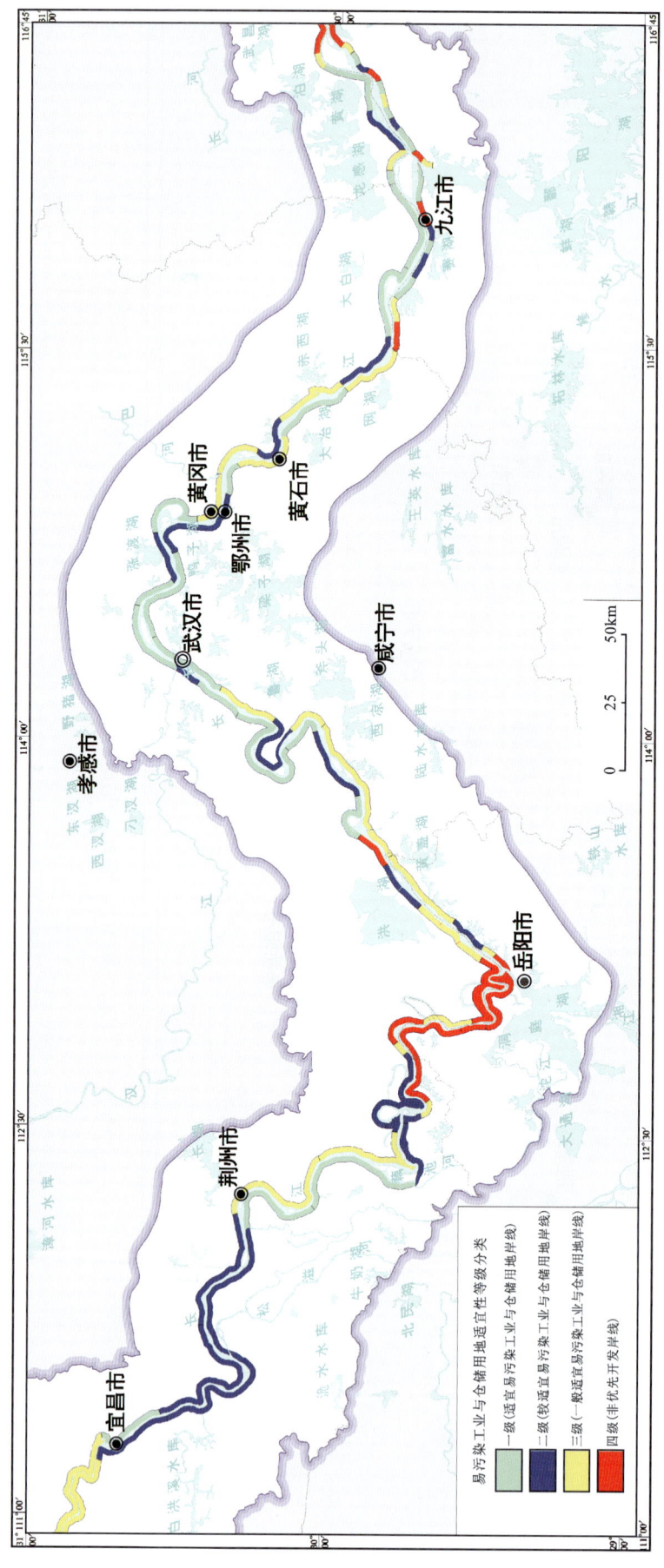

图15-9 长江中游（宜昌—彭泽段）易污染工业与仓储用地工程建设适宜性评价分区图

(三)皖江段重大工程建设适宜性评价结果

评价结果将按段划分为3类:一级岸线是指适宜进行相应的涉岸工程建设的优良岸线,没有自然岸线资源方面的明显缺陷,可优先用于该类工程建设,可高效、合理进行开发利用;二级岸线是指进行相应的涉岸工程建设比较优良的岸线,有一定的自然条件方面的不足,可用于该类工程建设,可因地制宜地进行合理开发利用;三级岸线是指有明显的自然条件不足,但经过一定的工程措施处理或整治后可以进行工程建设的岸线。

总体评价结果表明,皖江段(长江安徽段)沿江可区划出港口码头适宜建设段36段,跨江大桥适宜建设段38段,过江隧道适宜建设段38段,易污染工业及仓储建设用地适宜建设段39段。

1. 港口码头工程建设适宜性评价

港口码头工程建设共有一级岸线36段,全部属于深水岸线,航道宽度及通达性均满足建设万吨级及以上泊位的要求,见图15-10。

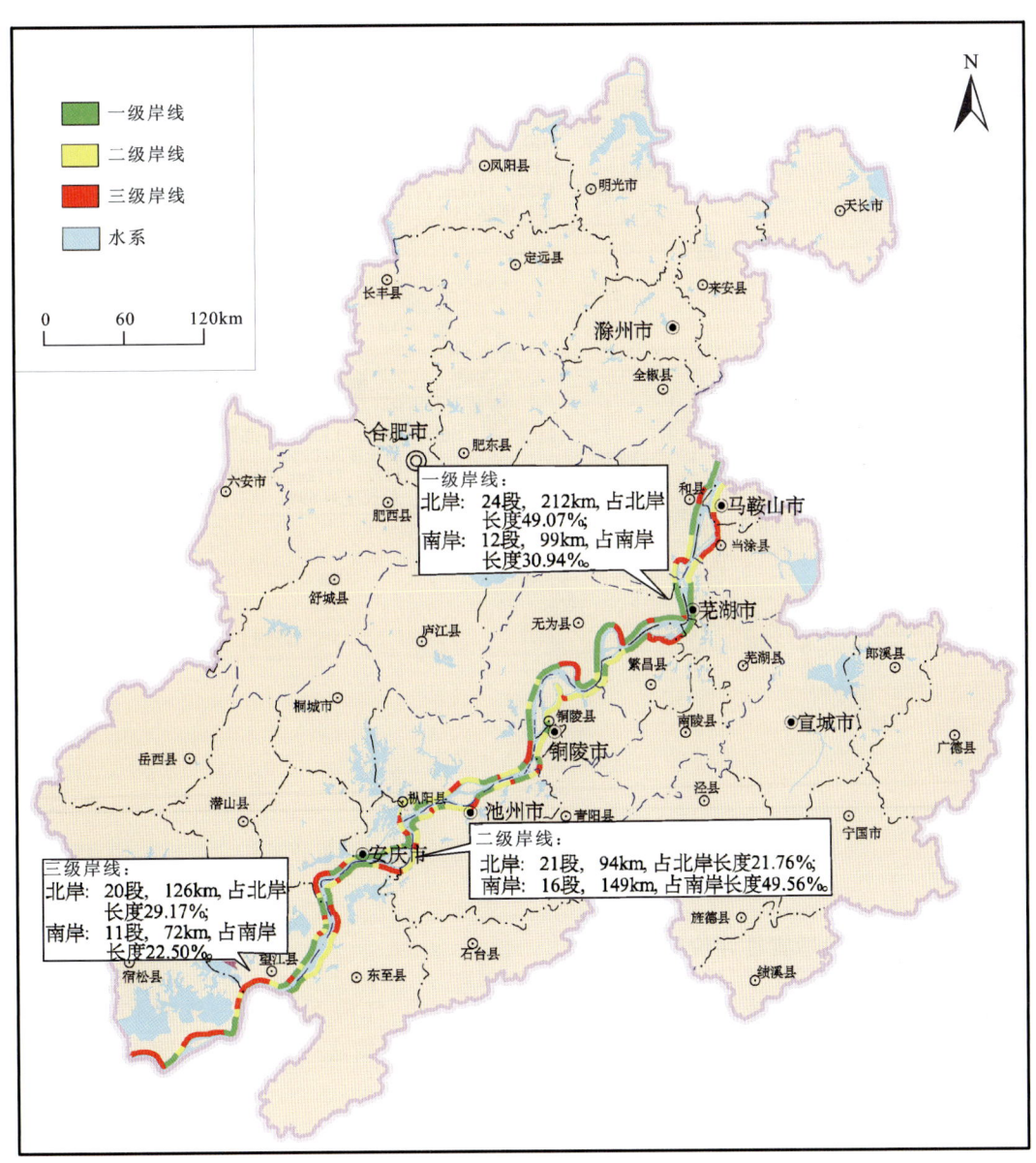

图15-10 皖江段码头工程建设适宜性评价分区图

2. 跨江大桥工程建设适宜性评价

跨江大桥通道基于优势持力层埋深和河势特征等因子评定,共有一级岸线38段,具有江面相对束窄、河床顺直、河势稳定、优势持力层埋深较浅的特点,如图15-11所示。

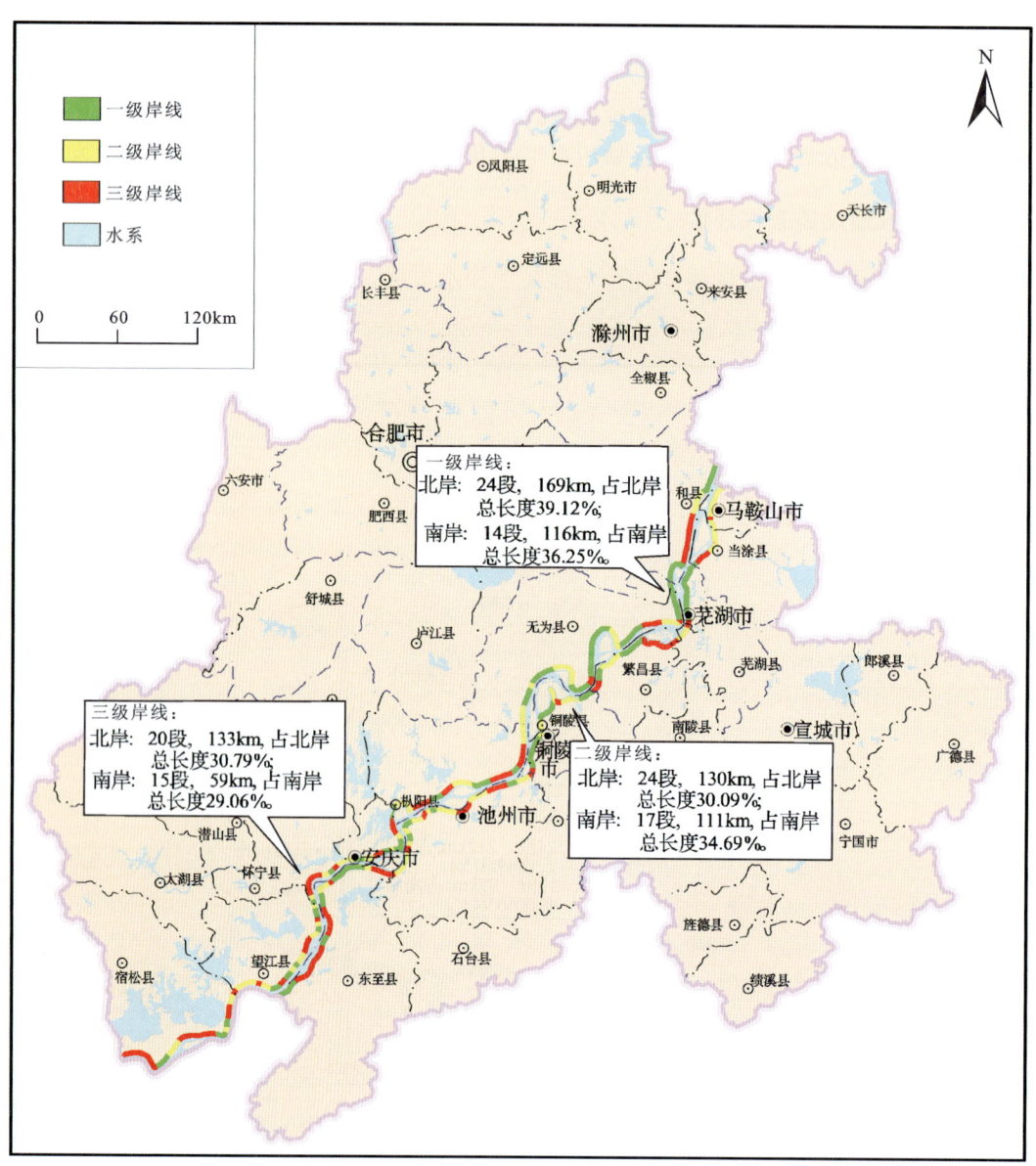

图15-11 皖江段跨江大桥工程建设适宜性评价分区图

3. 过江隧道工程建设适宜性评价

过江隧道工程建设共有一级过江隧道工程适宜岸线38段,江槽下切浅(一般为15~20m),河床松散层厚,围岩岩相稳定,具备良好的隧道施工条件,一般可采用盾构法一次掘进,如图15-12所示。

4. 易污染工业及仓储用地工程建设适宜性评价

沿江工业及仓储企业一般具有大能耗、大水耗和大运力需求的特点,其建设用地相对于港口码头和

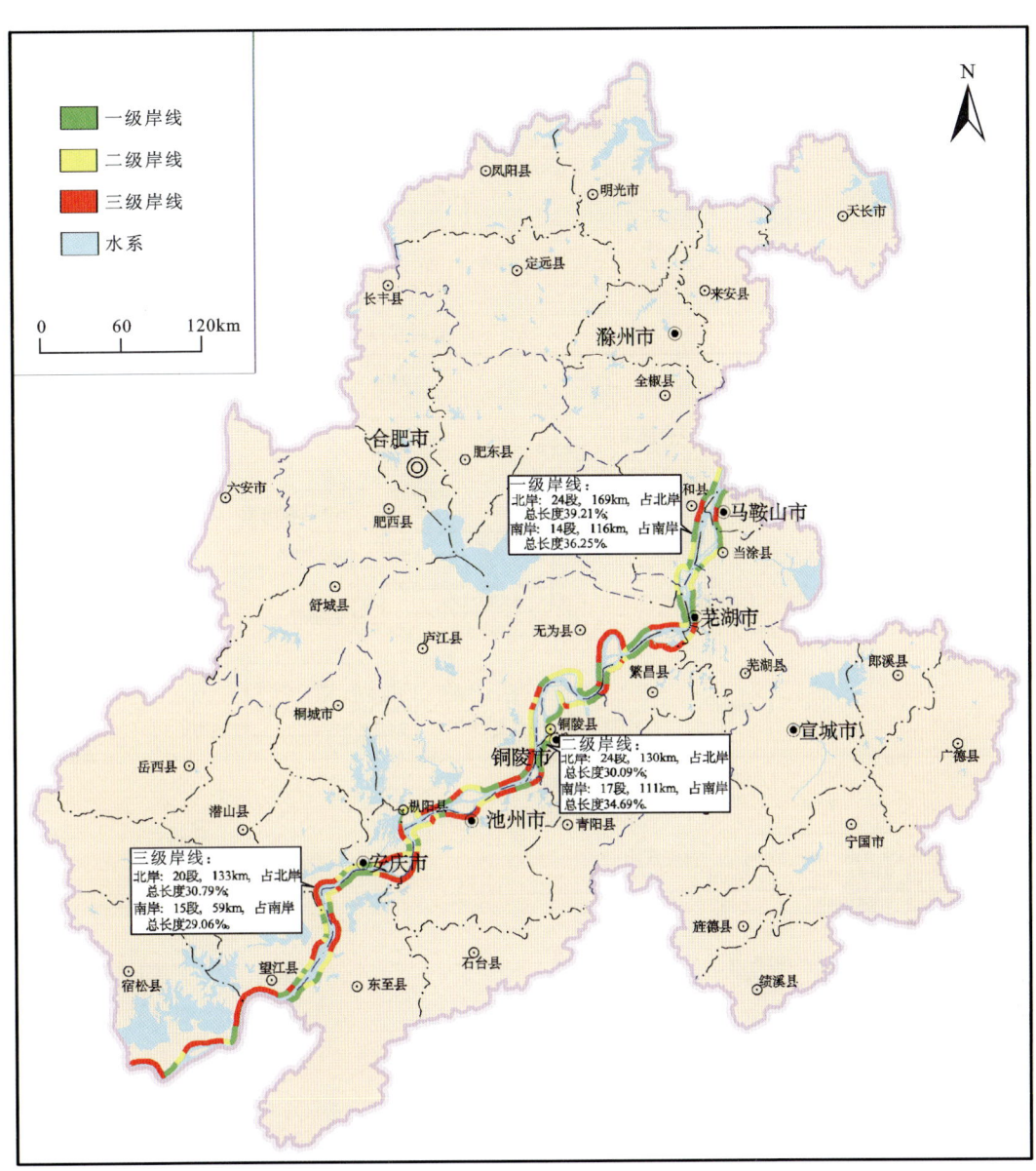

图 15-12　皖江段过江隧道工程建设适宜性评价分区图

过江通道对岸线的要求低,但对于重污染工业及易燃易爆危险品仓储,必须远离长江取水口及城镇居民地,优先考虑布局在地下水土体不易被污染的地段。据此按岩土体类型、距水源地保护区距离、浅层地下水富水性以及地基承载能力等因素划分,共有一级适宜性区段 39 段,基本可以满足上述条件,详见图 15-13。

(四)宜昌—万州段重大工程建设适宜性评价结果

1. 港口码头工程建设适宜性评价结果

综合考虑三峡库区复杂的地质环境特征,选取开发潜力-生态限制模型对三峡库区港口码头建设场地进行了适宜性评价,评价因子分为开发潜力因子和生态限制因子两大类。开发潜力因子包含地形地貌、工程地质条件、区域稳定性和交通区位条件 4 类,生态限制因子仅包含生态敏感性。采用层次分析

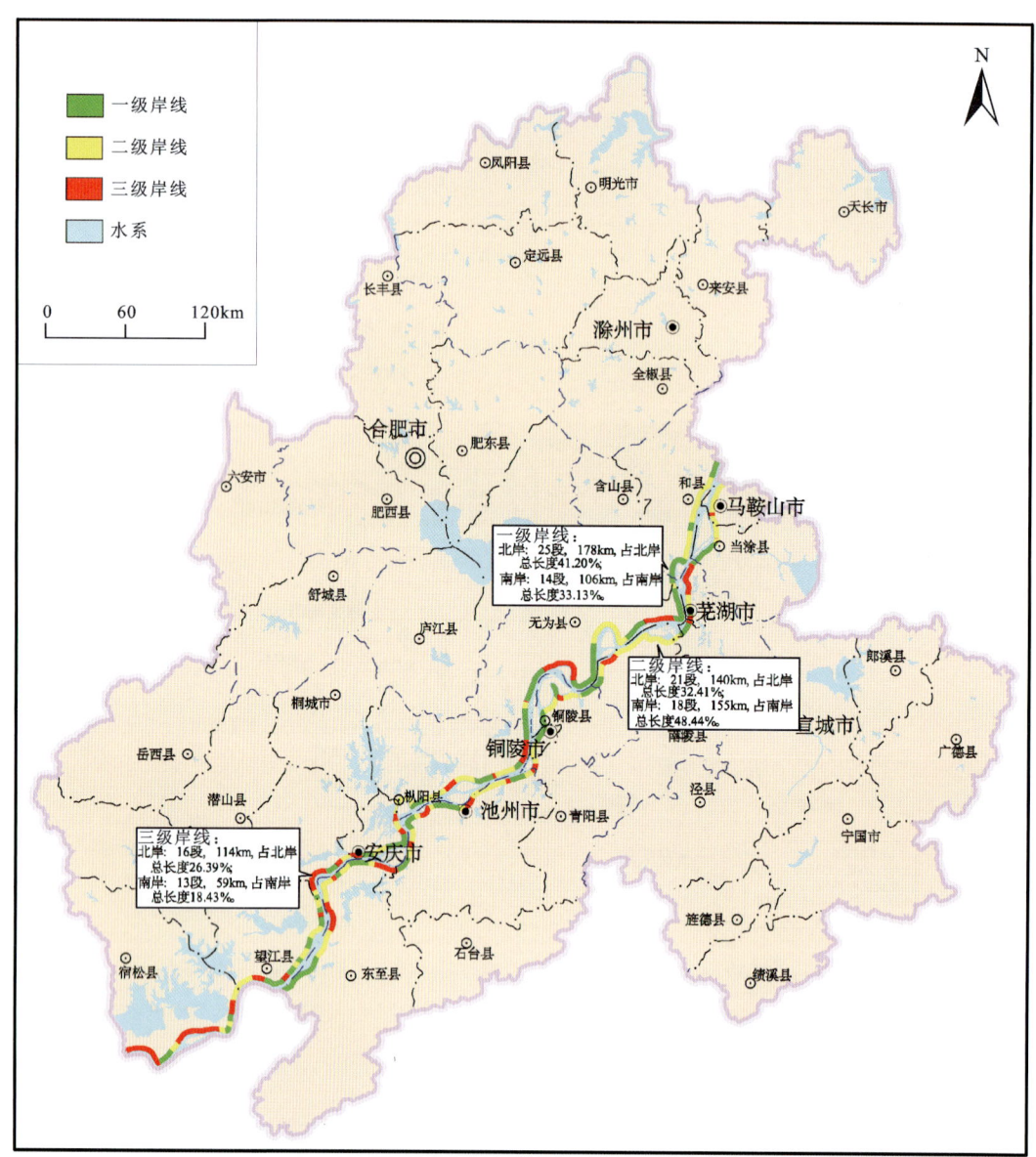

图 15-13 皖江段易污染工业及仓储用地工程建设适宜性评价分区图

法确定开发潜力因子权重,在 GIS 平台的支撑下,利用栅格计算器对各开发潜力因子进行加权叠加,生态限制各因子利用模糊叠加中的取大原则,分别得到开发潜力因子适宜性分级结果图和生态限制因子敏感性分级图,再对二者利用栅格计算器相减,最终得到三峡库区宜昌—万州段码头建设场地适宜性分级图。

三峡库区宜昌—万州段码头建设场地适宜性评价共划分为 717 个评价单元。评价结果显示,适宜建设区共 99 个评价单元,占研究区总面积的 13.81%;较适宜建设区共 185 个评价单元,占研究区总面积的 25.80%;较不适宜建设区共 225 个评价单元,占研究区总面积的 31.38%;不适宜建设区共 208 个评价单元,占研究区总面积的 29.01%。各县(区)港口码头建设场地适宜性评价如下。

根据评价结果对各县(区)提出了建议的港口码头位置适应区域。

夷陵区:建港适宜区及较适宜区主要分布在西陵峡口风景区、乐天溪镇和太平溪镇(图 15-14)。

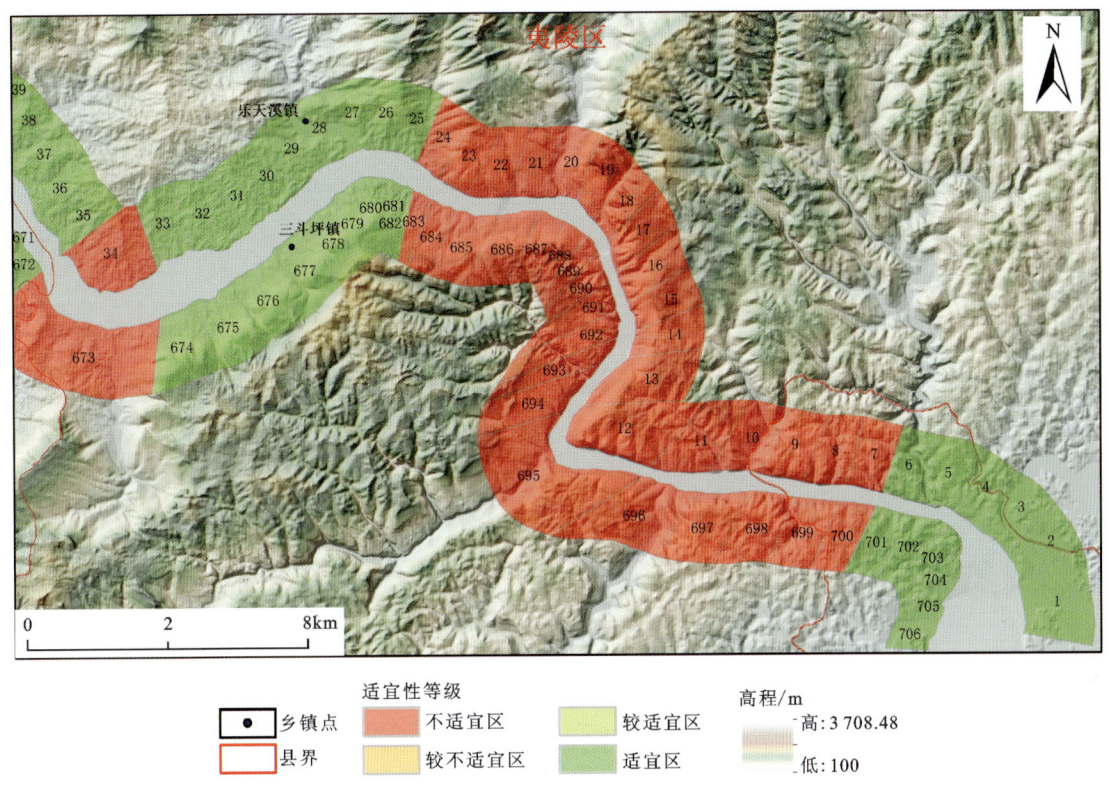

图 15-14　夷陵区港口码头建设场地适宜性评价图

秭归县：建港适宜区及较适宜区主要分布在茅坪镇及屈原镇；较不适宜建设区主要分布在屈原镇上游 1km 至归州镇上游 20km；不适宜区主要是屈原镇下游 1～6km 处。

巴东县：整体不易建港，该段岸线冲蚀严重，临江基本都是悬崖陡壁，岸线陆域开发条件差，有较多不稳定地质灾害点；在信陵镇周边是较不适宜建设区，凸岸淤积，但其集疏运条件相对较好，国道呼北线从研究区通过，已存在一处码头。

巫山县：较适宜建设区北岸主要分布在巫峡镇和巫峡镇上游 12～17km 处，南岸主要分布在巫峡镇对岸上游 6～12km 处；巫峡镇以东均为不适宜建设区，主要问题是临江坡度大、建港开发难度大。

奉节县：适宜建设区及较适宜建设区主要分布在奉节县政府、奉节县政府上游 4～14km。

云阳县：适宜建设区及较适宜建设区主要分布在青龙镇下游 9km 至双江镇上游 14km；较不适宜建设区主要分布在云阳县政府及故陵镇。

万州区：整体适宜建港，基本为适宜建设区和较适宜建设区；较不适宜建设区主要分布在太龙镇下游 1～6km 及新乡镇和武陵镇上下游一带。

2. 跨江大桥适宜性评价结果

采用多因素综合叠加模型，系统评价了三峡库区宜昌—万州段跨江大桥建设场地适宜性，评价共划分为 706 个评价单元。依据评价结果及安全性和经济性相结合的原则，共划分出适宜建设区 72 个，占研究区面积比例为 10.20%，较适宜建设区 236 个，占研究区面积比例为 33.43%，较不适宜建设区 132 个，占研究区面积比例为 18.70%，不适宜建设区 266 个占研究区面积比例为 37.68%（图 15-15）。

根据评价结果对各区县提出了建议的跨江大桥的位置适应区域。

夷陵区：跨江大桥适宜建设岸线总长度为 15km，主要分布在葛洲坝街道上游 1～6km 岸段范围、乐天溪镇下游 4km 至三峡大坝枢纽区下游 1km 岸段范围。

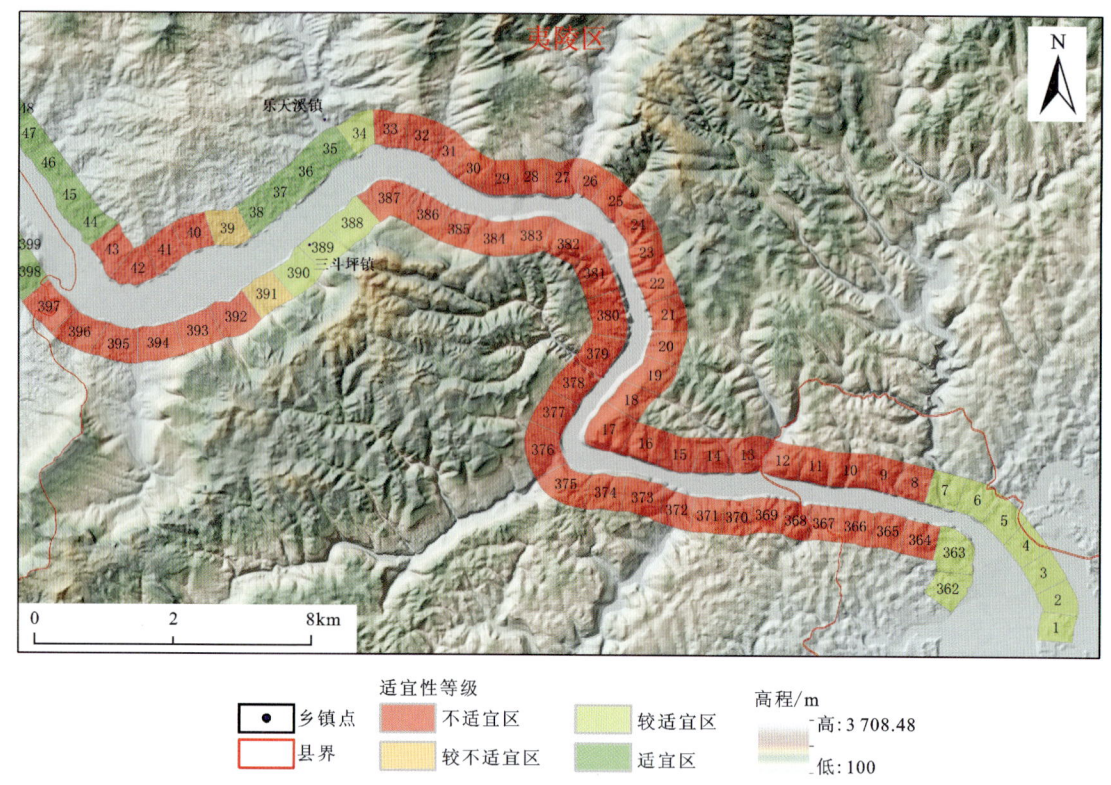

图 15-15　长江三峡库区宜昌段跨江大桥工程建设适宜性评价分区图

秭归县：大桥适宜建设区岸线总长度为 7km，较适宜建设区岸线总长度为 16km。其中，适宜建设区主要分布在秭归县政府上游 5km 岸段范围，较适宜建设区主要分布在太平溪镇至太平溪镇上游 4km 岸段范围、屈原镇下游 2km 至郭家坝镇岸段的范围段以及归州镇上游 4km 岸段范围。

巴东县：大桥较适宜建设区岸线总长度为 6km，主要分布在官渡口镇上游 2km 岸段。

巫山县：大桥较适宜建设区岸线总长度为 12km，主要分布在巫峡镇上游 2～10km 岸段范围。

奉节县：大桥较适宜建设区岸线总长度为 20km，主要分布在奉节县政府上游 8km 岸段、安坪镇下游 5km 至上游 8km 岸段。

云阳县：大桥适宜建设区岸线总长度为 14km，大桥较适宜建设区岸线总长度为 30km。适宜建设区主要分布在故陵镇上游 4km 至上游 10km 岸段处，较适宜建设区主要分布在龙洞乡上游 7km 岸段、云阳镇下游 3km 至上游 4km 岸段、青龙街道下游 7km 岸段、青龙街道至双江街道岸段、双江街道上游 5km 岸段范围。

万州区：大桥较适宜建设区岸线总长度为 33km，主要分布在万州驸马长江大桥 1km 岸段、万州长江二桥下游 2km 至万州长江大桥岸段、牌楼街道至双河口街道上游 4km 岸段、新田镇至瀼渡镇上游 6km 岸段范围。

第二节　长江经济带沿海跨海通道工程建设适宜性评价

为支撑服务长江经济带沿海甬舟（宁波—舟山）跨海通道重大工程规划布局，并进一步落实省部合作协议以及中国地质调查局南京地质调查中心与宁波市人民政府、浙江省地质勘查局三方关于宁波城市地质合作协议,本次开展了甬舟跨海通道适宜性评价工作,确立了评价方法,提出了跨海通道跨越方式及线位选址方案。

一、评价方法

(一)评价思路和原则

重大工程选址地质环境适宜性评价是一个综合性的岩土工程问题,适宜性评价涉及工程地质、水文与地形、不良地质等准则。每一个准则又包含诸多指标因素,其中既有确定性的指标因素如基岩埋深、水深等,又包含非确定性的指标因素如冲刷沟槽、砂土液化等不良地质作用等。海域地质环境适宜性评价与传统的重大工程地质环境方式有所区别,由于其中包含的影响因素更多,评价难度更大。因而如何更加科学、客观、真实地评价重大工程地质环境适宜程度是一个十分有难度的课题。适宜性评价指标选取应遵循以下 5 个原则。

1. 全面性和合理性原则

由于研究区域的地质构造环境复杂,跨海工程的建设决定了该重大工程选址环境地质问题复杂多样。因此,评价指标的选取应尽可能地考虑全面和合理,本次选取对重大工程建设影响较大的工程地质、水文等因素进行评价。

2. 主导性原则

重大工程地质环境影响因子众多,但是这些评价因子的重要性程度并不一致。有些对于重大工程地质环境的影响较大,起到主导性的作用,有些对于重大工程地质环境的影响较小,只起到次要性及辅助性的评价作用。因此,要对所有的评价因子进行权重赋值,以区别它们对于地质环境的影响程度,本次采用层次分析法分析各因素权重,使评价尽量客观、科学。

3. 独立性和易操作性原则

评价指标的选取应该是相对独立的,每种评价因子代表地质环境适宜性的不同方面,每个因子可以形成各自的等级区划图。需要说明的是,因为水文、地质各种因素之间总有相应的联系,并不能保证每个因素完全独立,本次评价尽量做到各个因素独立,本次选用的评价因子数据以通过收集资料和工程物探等手段取得,并按照相应的规范等对评价因素进行定性或定量分级,评价时满足易操作性的原则。

4. 科学性和可靠性原则

评价因子的选取和评价方法体系的建立应具有科学性和可靠性原则,本次评价因子数据主要来源于物探和相关研究,因此准确、可信。采用层次分析法和模糊综合评价法具有一定的理论依据和可信度,采用定性与定量相结合的方法,能够真实客观地反映地质环境质量的优劣程度。

5. 安全性原则

工程建设适宜性评价主要是围绕安全和经济两个方面进行的。其中,安全是首要因素,在安全的基础上,寻求功能区的配置与地质环境相适应,以获得最佳的经济效果。

(二)评价思路

研究区重大工程选址地质环境适宜性评价思路如图 15-16 所示。本次研究主要从影响重大工程

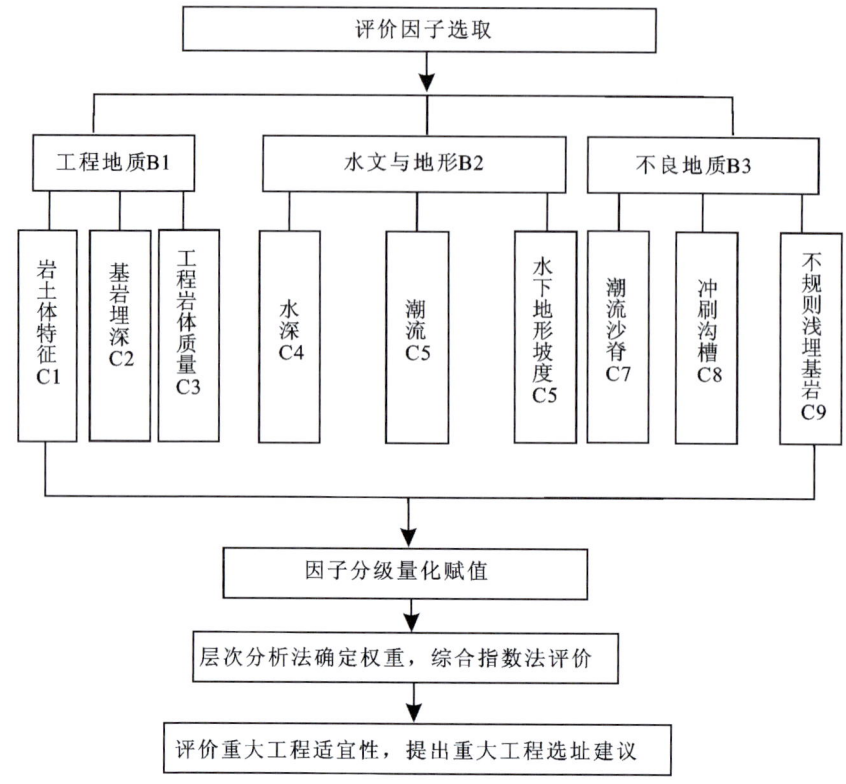

图 15-16 重大工程选址地质环境适宜性评价思路

建设的工程地质、水文与地形等因素进行考虑、评价,具体步骤如下。

(1)对重大工程建设有重要影响的工程地质、水文与地形、不良地质的因素进行分析,选取对重大工程建设有重要影响的工程地质条件、水文与地形条件、不良地质3个主要方面的评价指标因子。

(2)按照是否有利于进行工程建设评价原则,对各个评价因子进行分级量化赋值,绘制各二级影响因子分区图,并建立适宜性评价指标体系。

(3)用层次分析法确定各因子的权重。

(4)通过 MapGIS 软件的空间叠加功能自动划分评价单元,采用综合指数方法对研究区重大工程选址地质环境适宜性进行评价。

(5)根据评价结果,将重大工程地质环境适宜性等级分为适宜性好、适宜性较好、适宜性较差、适宜性差4级,绘制地质环境适宜性分区图。

(6)分析评价结果,分别对跨海大桥和海底隧道建设提出相应的选址适宜性建议。

二、评价因子的选取及分级

(一)评价因子选取

根据重大工程选址地质环境适宜性影响因素分析,选取3个一级评价因子,分别为工程地质、水文与地形、不良地质;二级评价因子包括岩土体特征、基岩埋深、工程岩体质量、水深、潮流、水下地形坡度、潮流沙脊、冲刷沟槽和不规则浅埋基岩等。

(二)评价因子量化分级

综合分析区内工程地质、水文与地形及不良地质等对海洋重大工程选址的影响,将重大工程选址地质环境适宜性划分为4个评价等级,分别为适宜性好(Ⅰ级)、适宜性较好(Ⅱ级)、适宜性较差(Ⅲ级)和适宜性差(Ⅳ级)(表15-20)。

根据不同类别的地质环境因子对重大工程选址适宜性的影响程度,各评价指标量化分级标准如下。

表15-20 重大工程选址地质环境适宜性区域分级标准

适宜性分级	适宜性好(Ⅰ级)	适宜性较好(Ⅱ级)	适宜性较差(Ⅲ级)	适宜性差(Ⅳ级)
评价分值	>80	80～70	70～60	<60

1. 工程地质

岩土体特征:根据《城乡规划工程地质勘察规范》(CJJ 57—2012),岩土体特征根据岩土种类、分布均匀性及特殊性岩土分布情况等(表15-21),可划分为3个适宜性等级。

表15-21 岩土体特征适宜性分级表

岩土体特征	岩土种类单一,分布均匀,工程性质良好,无特殊性岩土分布	岩土种类较多,分布较不均匀,工程性质一般,有特殊性岩土分布	岩土种类多,分布不均匀,工程性质差,有需进行专门处理的特殊性岩土分布
适宜性分级	适宜性好	适宜性较好	适宜性差

基岩埋深:根据物探资料显示研究区基岩埋深在0～110m,参考《城乡规划工程地质勘察规范》(CJJ 57—2012)桩端持力层埋深划分,将基岩埋深按<10m、10～30m、30～50m、>50m,分别对应适宜性好、适宜较好、适宜性较差、适宜性差4个等级。

工程岩体质量:本次工程岩体质量主要依据《工程岩体分级标准》(GB/T 50218—2014)进行分级,即首先根据岩石坚硬程度和完整性计算岩体基本质量指标(BQ),再结合工程实际,考虑地下水状态、初始应力状态、工程轴线或走向线的方位与主要软弱结构面产状的组合关系等因素进行修正,确定工程岩体质量等级。

2. 水文与地形

水深:杭州湾大桥最大水深为15m左右,金塘大桥最大水深为35m左右,根据研究区水深条件,结合水深对工程设计、施工影响,将水深按<15m、15～35m、35～55m、>55m,分别对应地质环境适宜性好、适宜性较好、适宜性较差、适宜性差4个等级。

潮流:研究区有关潮流的研究资料较少,仅2013年蔡相荟等开展过金塘水道动力特性分析(蔡相荟等,2013),该研究根据金塘水道及北仑电厂等潮流测点的实测水文泥沙资料对金塘水道的水流、泥沙特性进行了研究分析。根据该资料,在研究区范围及周边主要分布有6个潮流测点,平均流速介于0.23m/s(P5测点)至0.84m/s(5♯测点)之间。其中,离岸500～1000m范围内潮流流速较小,平均流速一般小于0.50m/s;其余地区如主航道及礁石、岬角附近流速较大,平均流速一般大于0.50m/s。金塘水道潮流主流流向约122°,与金塘水道走向基本一致,近岸处流向与岸线基本平行。结合地形条件,以0.50m/s为界限将研究区潮流流速划分为适宜性好、适宜性差两个区。

水下地形坡度:水下地形坡度越大,边坡稳定性越差,施工难度越大,对工程越不利。根据工程经验,地形坡度对于建筑物整体的选址布局、结构选择、规模大小、施工环境与施工质量等有着重要影响。此外,地质灾害发生概率随着地面坡度的增加也越大,对建筑的适宜性就越差。一般来说,坡度小于6°对工程建设适宜性好,坡度大于15°对工程建设适宜性差。根据《地质灾害危险性评估规范》(DB 33/T

881—2012),结合研究区地形资料和相关文献,按照<6°、6°~15°、15°~25°、>25°来划分坡度因子,划分出适宜性好、适宜性较好、适宜性较差、适宜性差4级。根据水下地形坡度特征可以看出,大黄蟒岛及小黄蟒岛附近坡度较陡,但是根据基岩埋深和水深可以看出,大黄蟒岛、小黄蟒岛附近基岩裸露或者埋深较浅,属于岩质边坡,综合考虑其适宜性较好,但是在进行工程施工时应注意边坡稳定;研究区南侧地形较缓,从坡度来说大部分地区适宜或者较适宜修建重大工程;研究区靠金塘岛侧部分岸坡坡度较陡;研究区北仑侧金塘水道坡度大于6°,且该区域水深流急,为冲刷沟槽,需特别加以注意。

3. 不良地质

结合研究区不良地质作用,按照所属区域有潮流沙脊、无冲刷沟槽、不规则浅埋基岩划分适宜性等级,分别为适宜性好和适宜性差。

三、因子权重的确定

采用层次分析法通过逐层比较各种关联因素的重要性作为分析、决策提供定量的依据。评价因子权重由层次分析法获取,其原理是先根据各因素之间的逻辑结构关系建立层次结构模型,然后将各因素两两比较,由专家打分法分析判断给出各评价指标之间的相对重要程度,建立判断矩阵。

由专家打分法分析判断给出各评价指标之间的相对重要程度,计算并权重及一致性检验。各指标打分及权重计算结果见表15-22~表15-25。

表15-22 A—B判断矩阵

适宜性A	工程地质B1	水文与地形B2	不良地质B3	权重
工程地质B1	1	2	3	0.527 8
水文与地形B2	1/2	1	3	0.332 5
不良地质B3	1/3	1/3	1	0.139 7

注:$\lambda_{max}=3.038\ 5$,$CR=0.026\ 5(<0.1)$

表15-23 B1—C判断矩阵

工程地质B1	岩土体特征C1	基岩埋深C2	工程岩体质量C3	权重
岩土体特征C1	1	1/3	3	0.258 3
基岩埋深C2	3	1	5	0.637 0
工程岩体质量C3	1/3	1/5	1	0.104 7

注:$\lambda_{max}=3.038\ 5$,$CR=0.026\ 5(<0.1)$

表15-24 B2—C判断矩阵

水文与地形B2	水深C4	潮流C5	水下地形坡度C6	权重
水深C4	1	1	3	0.443 4
潮流C5	1	1	2	0.387 4
水下地形坡度C6	1/3	1/2	1	0.169 2

注:$\lambda_{max}=3.038\ 5$,$CR=0.026\ 5(<0.1)$

表 15-25 B3—C 判断矩阵

不良地质 B3	潮流沙脊 C7	冲刷沟槽 C8	不规则浅埋基岩 C9	权重
潮流沙脊 C7	1	1/3	3	0.258 3
冲刷沟槽 C8	3	1	5	0.637 0
不规则浅埋基岩 C9	1/3	1/5	1	0.104 7

注：$\lambda_{max}=3.038\ 5$，$CR=0.026\ 5(<0.1)$

以上各判断矩阵均满足一致性要求，总一致性比例检验 $CR=0.026\ 5(<0.1)$，也满足一致性要求，说明判断矩阵合理。各因子对目标（重大工程选址地质环境适宜性）权重计算结果如表 15-26 所示。

表 15-26 因子权重表

因子	C1	C2	C3	C4	C5	C6	C7	C8	C9
权重	0.136 3	0.336 2	0.055 3	0.147 4	0.128 8	0.056 3	0.036 1	0.089	0.014 6

四、评价模型

采取综合指数法将研究区进行单元网格划分，然后对每一个单元网格的单因子评价指标进行分级赋值，通过计算出的因子权重，再对每一单元网格的各个因子赋值进行加权叠加计算，然后求得该单元格的质量等级综合得分，最后将所有单元格的质量等级综合得分进行优劣程度划分，得到该区内环境质量分区图。该方法操作简单，实用性较强，评价结果可靠。该方法的综合指数模型公式如下：

$$A_i = \sum_{j=1}^{n} a_{ij}b_j \quad (i=1,2,\cdots,m) \tag{15-2}$$

式中，A_i 为第 i 个评价单元的适宜性综合得分；a_{ij} 为第 j 项评价指标在第 i 个评价单元的适宜性等级赋值；b_j 为第 j 项评价指标的权重；n 为评价指标总项数；m 为评价单元总个数。

五、适宜性评价

（一）评价范围和单元划分

根据《宁波市城市综合交通规划（2015—2020 年）》，规划建设甬舟铁路和甬舟高速公路复线（北仑接线）的初步线位走向为：在北仑清凉山两侧入海，于金塘岛的西南侧登陆，为跨海通道工程。因此，本次地质环境适宜性研究主要针对跨海通道可能经过的海域，评价范围为自清凉山两侧各约 1.5km 岸线经金塘水道到金塘岛西南侧岸线所围成的海域（含岛礁）（图 15-17）。

评价单元的划分方法通常有 3 种，即规则单元法、不规则单元法和综合法。本次评价采用不规则单元法，利用 MapGIS 软件的空间叠加分析功能实现评价单元划分。首先绘制各个评价因子的单因子图件，然后将这一系列图件通过 GIS 软件的空间分析功能进行空间叠加分析并保留属性，得到一个具有多重属性的区文件，这个区文件共有若干个图斑，每个图斑都代表研究区内一个区域，从而实现了研究区评价单元的划分。这种划分评价单元的方式避免了按照给定大小划分评价单元的主观性而引起的误差。

根据空间叠加分析，适宜性评价共划分了 840 个评价单元（图 15-18），根据甬舟跨海通道实际材料（图 15-19），通过对岩土体特征、基岩埋深、工程岩体质量、水深、潮流、水下地形坡度、潮流沙脊、冲刷沟槽、不规则基岩浅埋深 9 个评价指标的分布特征及适宜性分级（图 15-20～图 15-28），最终叠加完成研究区重大工程选址适宜性评价（图 15-29）。

图 15-17　甬舟跨海通道评价范围示意图

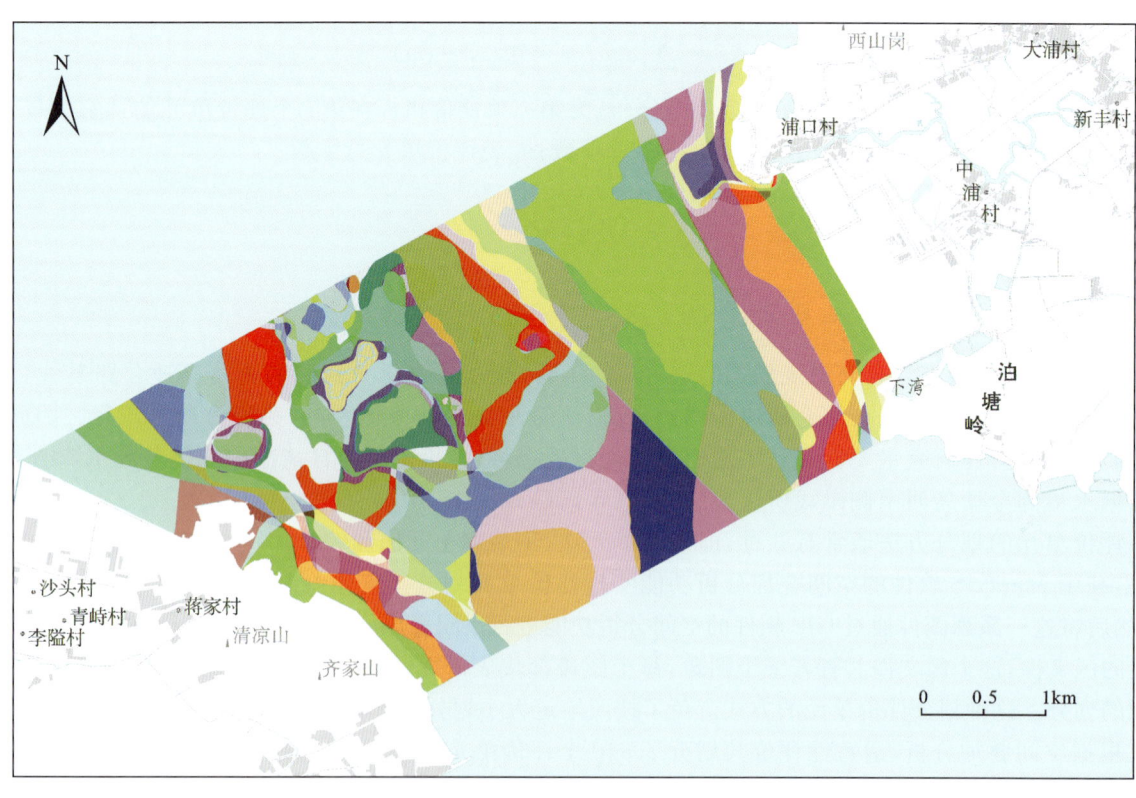

图 15-18　甬舟跨海通道重大工程选址适宜性评价单元示意图

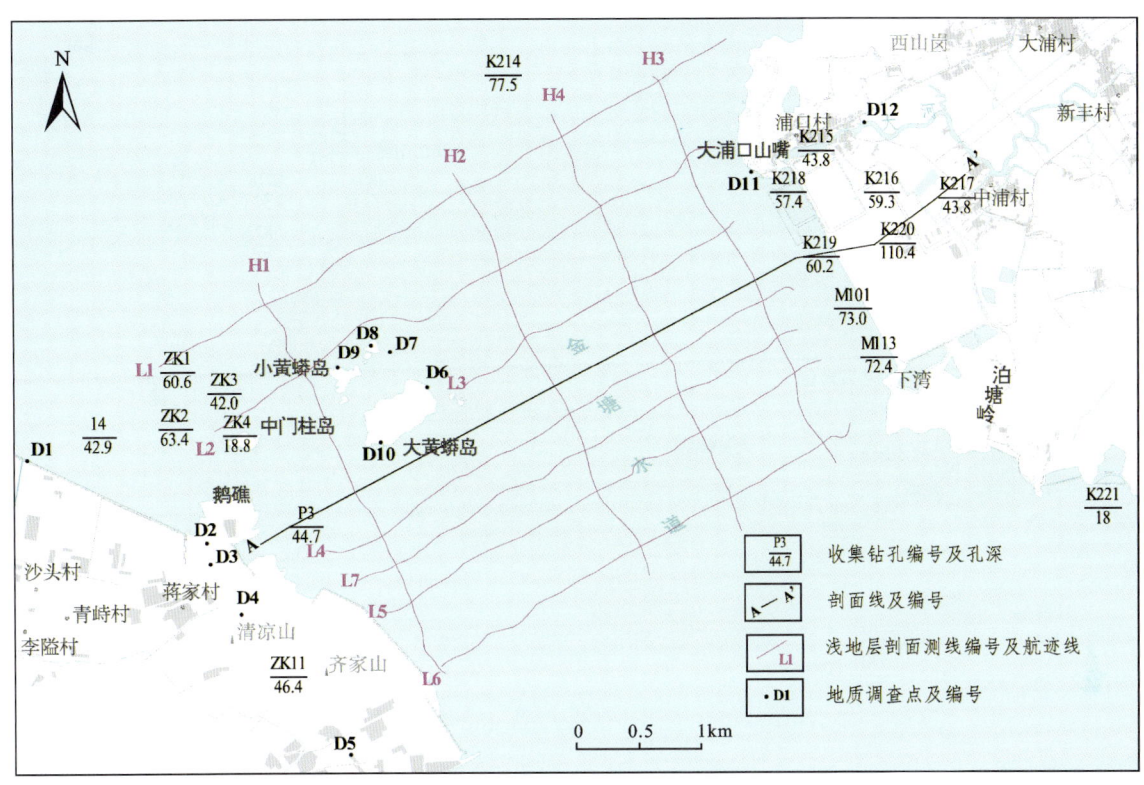

图 15-19 甬舟跨海通道实际材料图

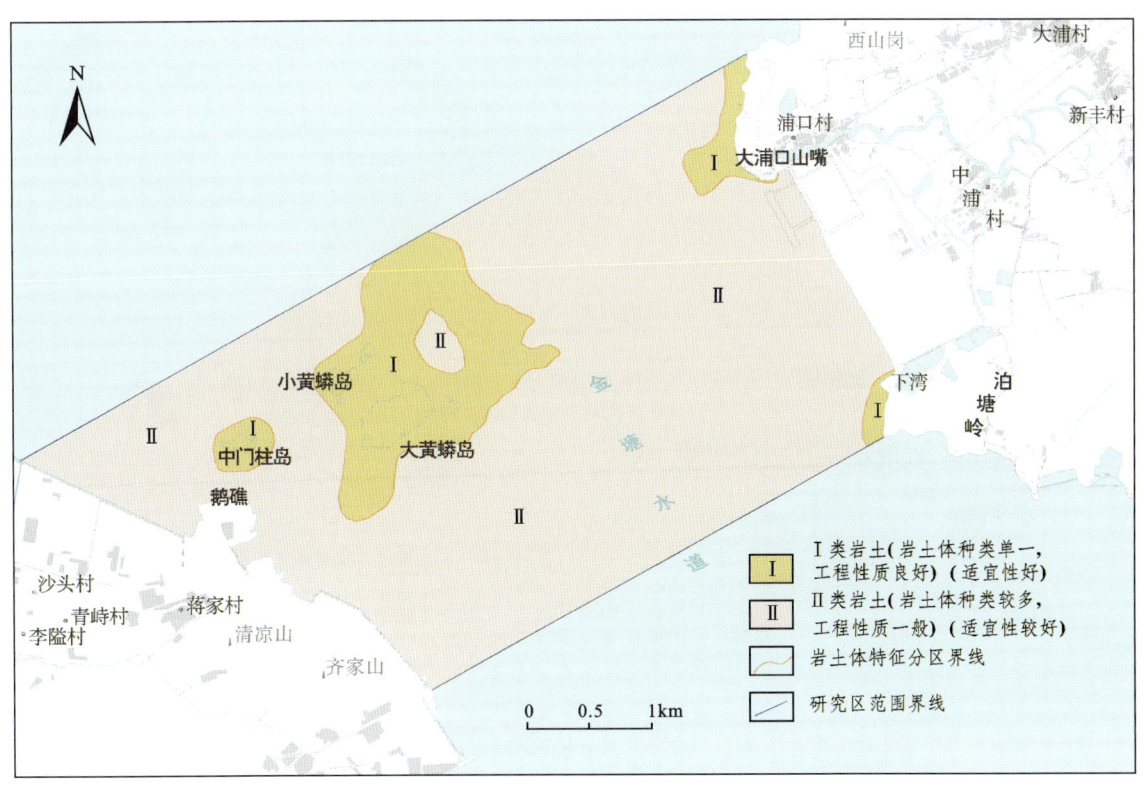

图 15-20 甬舟跨海通道岩土体特征及适宜性分区图

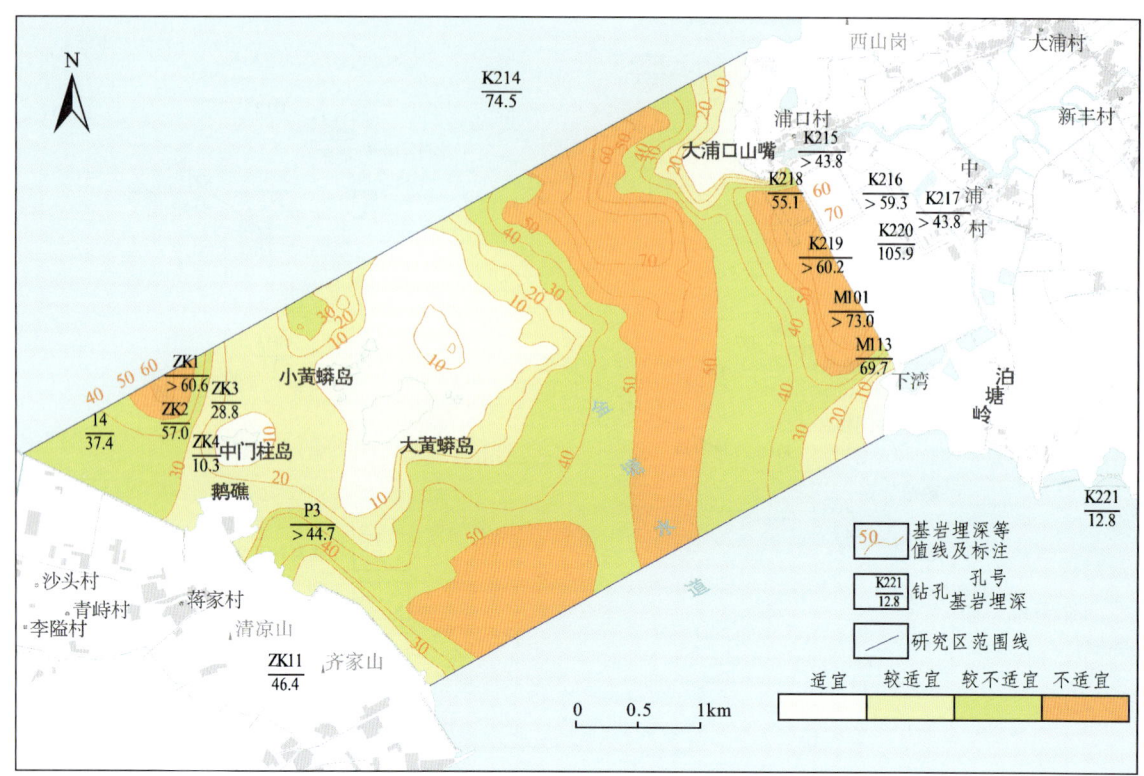

图 15-21 甬舟跨海通道基岩埋深及适宜性分区图

图 15-22 甬舟跨海通道工程岩体质量等级及适宜性分区图

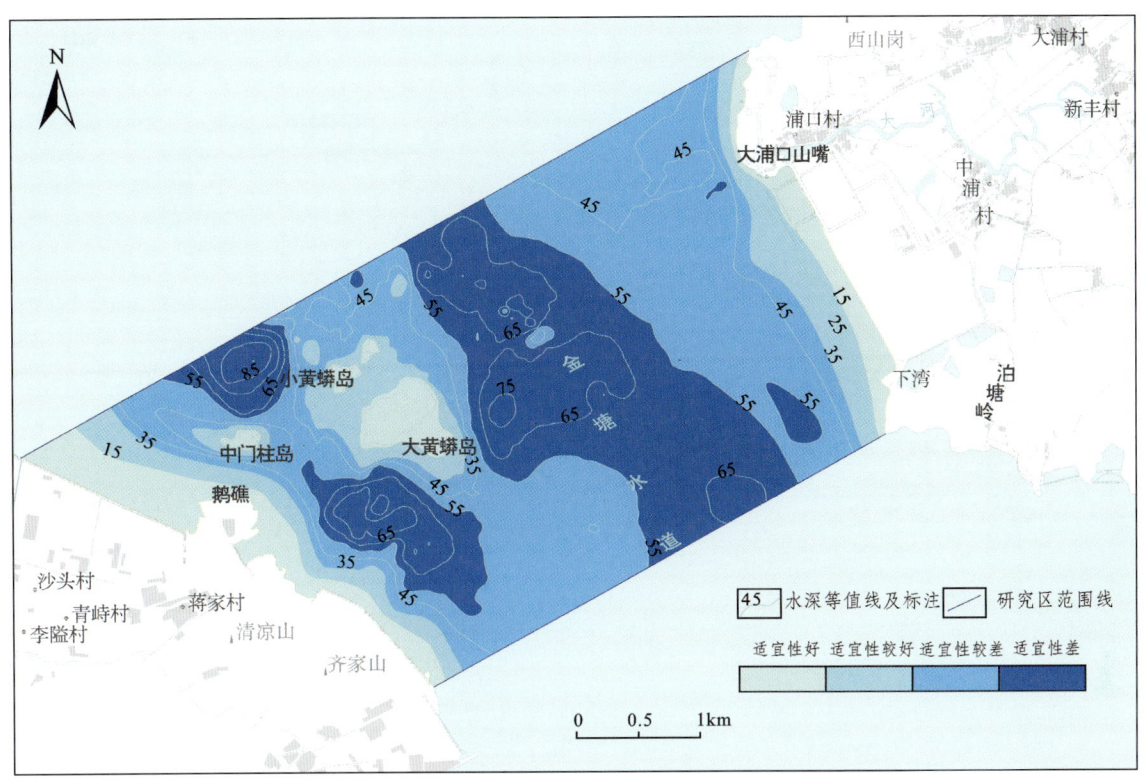

图 15-23 甬舟跨海通道水深等值线及适宜性分区图

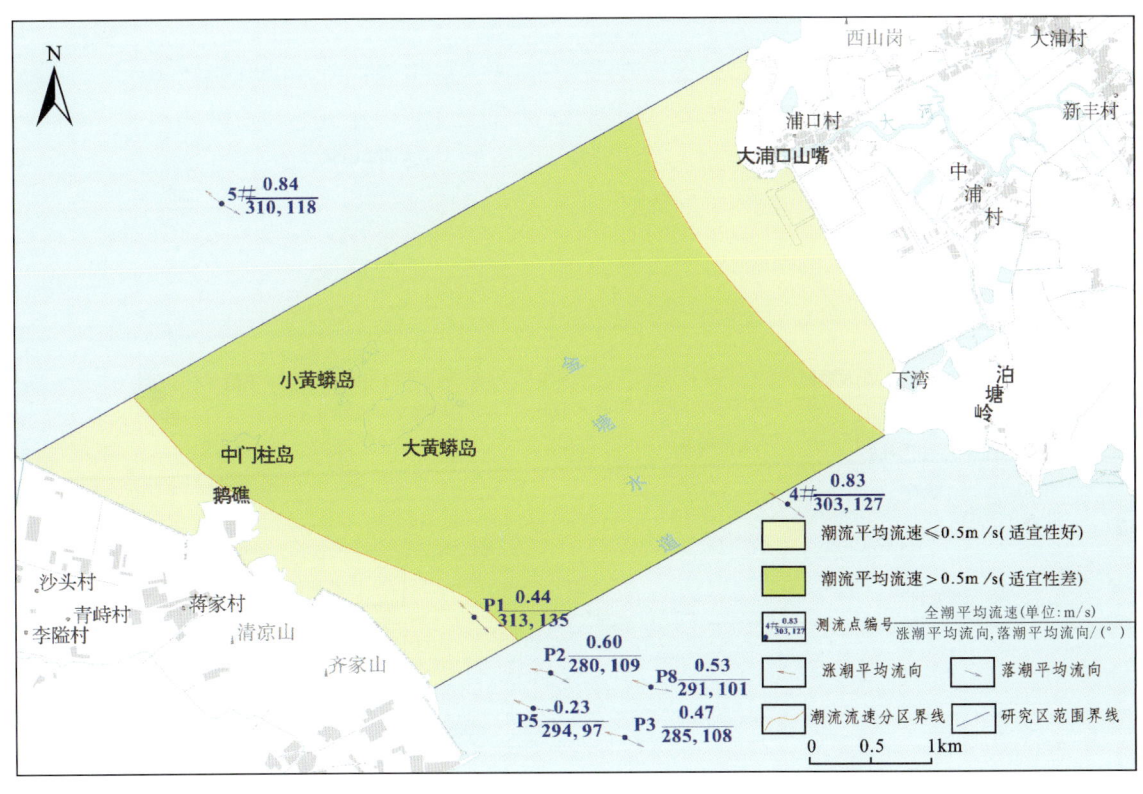

图 15-24 甬舟跨海通道潮流流速流向及适宜性分区图

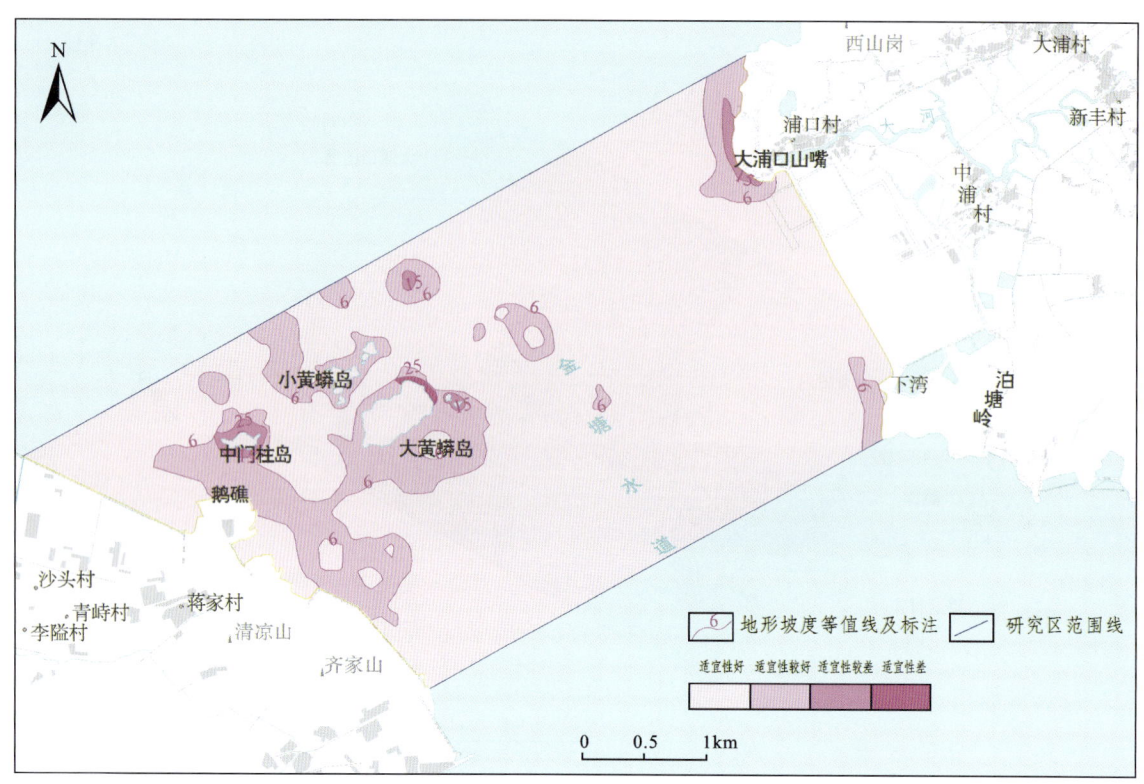

图 15-25　甬舟跨海通道水下地形坡度及适宜性分区图

图 15-26　甬舟跨海通道潮流沙脊分布及适宜性分区图

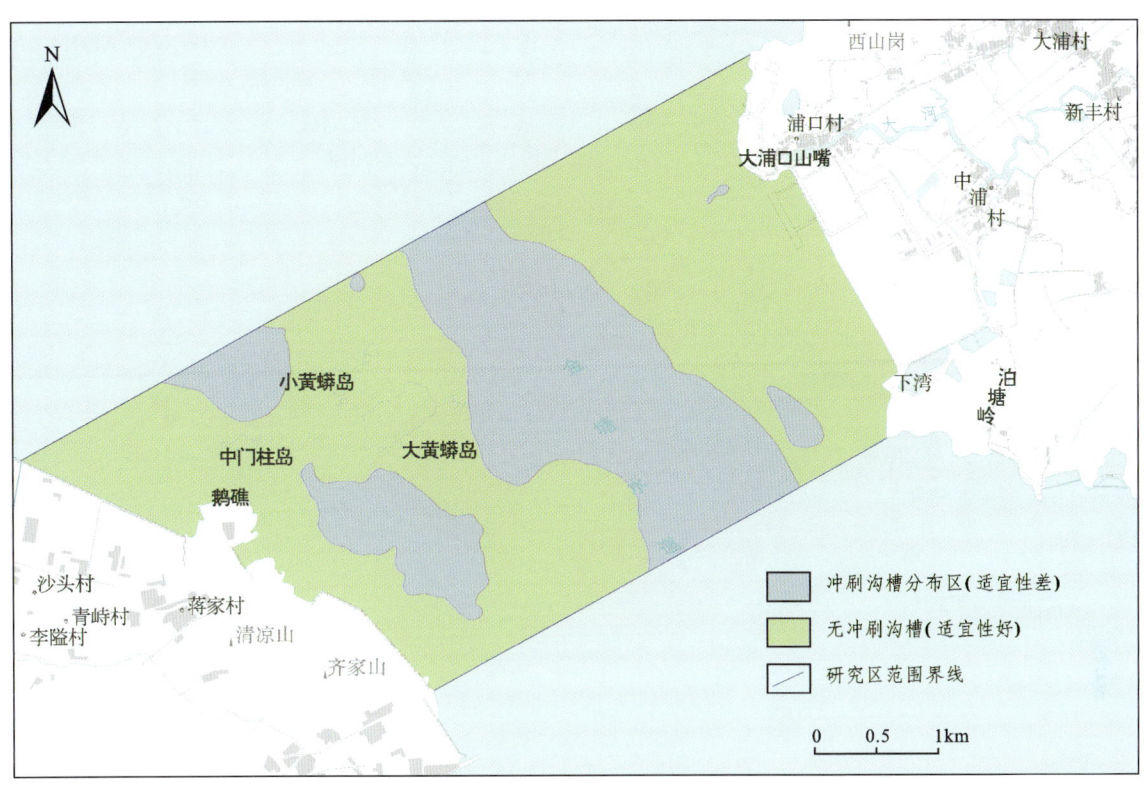

图 15-27 甬舟跨海通道冲刷沟槽分布及适宜性分区图

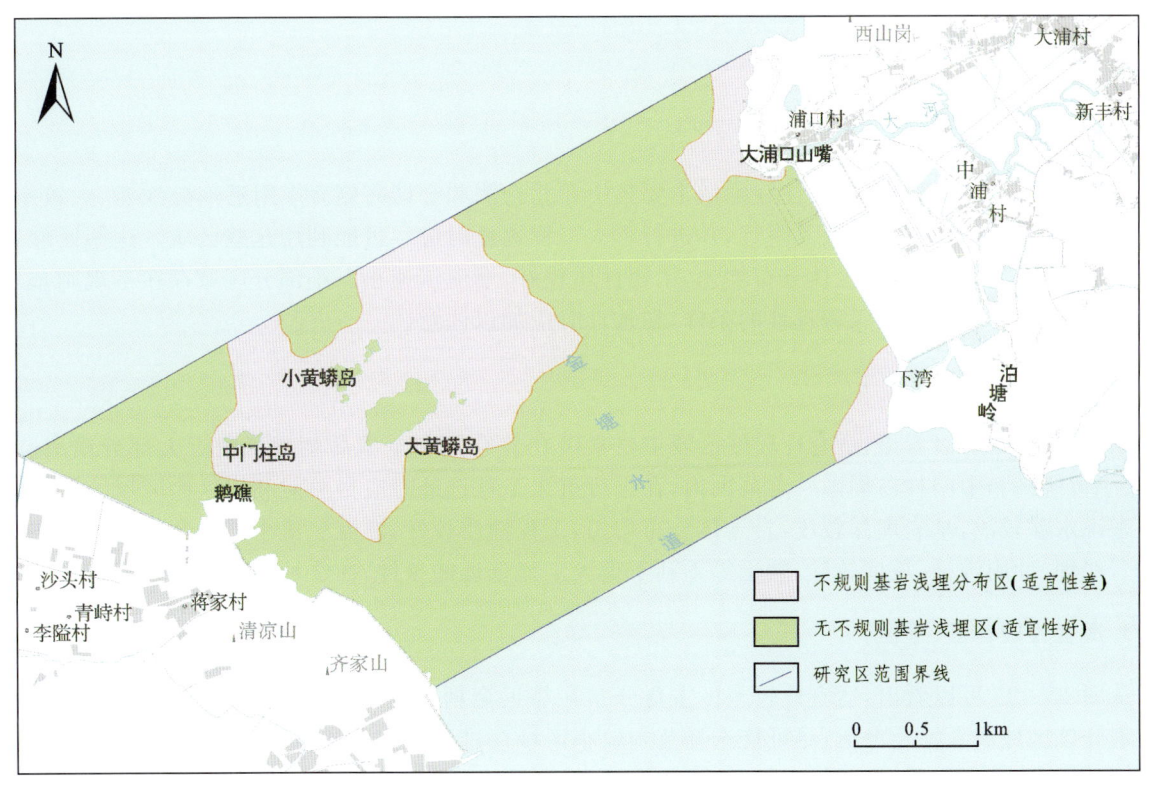

图 15-28 甬舟跨海通道不规则基岩浅埋分布及适宜性分区图

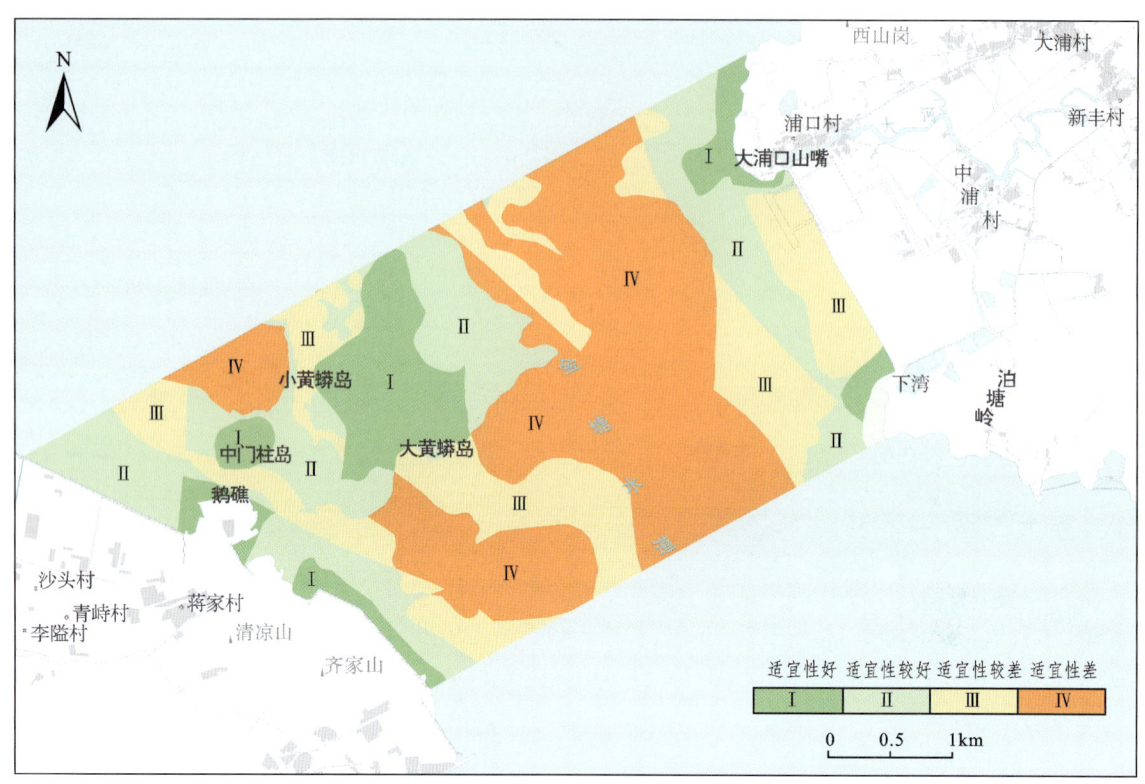

图 15-29 甬舟跨海通道重大工程选址适宜性评价分区图

(二)研究区综合评价

1. 适宜性好区(Ⅰ区)

从图 15-29 可以看出,适宜性好区域主要集中在北仑侧和金塘岛侧海岸附近部分浅滩、大黄蟒岛、小黄蟒岛及其附近、中门柱岛及其附近,在进行重大工程选址时应尽可能利用这些区域。这些区域普遍来说水深浅,基岩埋深浅,岩土体分布均匀,工程性质较好,潮流流速小。小部分区域存在不规则基岩浅埋、坡度较陡等不利于重大工程选址的条件,在选址时应加以注意。

2. 适宜性较好区(Ⅱ区)

从图 15-29 可以看出,适宜性较好区域主要集中在北仑侧和金塘岛侧海岸附近大部分浅滩、大黄蟒岛、小黄蟒岛和中门柱岛周围一定范围内,在进行重大工程选址时应尽可能利用这些区域。这些区域普遍来说水深较浅,基岩埋深较浅,岩土体分布均匀,工程性质较好,潮流流速小。小部分区域存在不规则基岩浅埋、冲刷沟槽、坡度较陡、软土等不利于重大工程选址的条件,在选址时应加以注意。

3. 适宜性较差区(Ⅲ区)

从图 15-29 可以看出,适宜性较差区主要分布在靠近金塘水道底部区域,在进行重大工程选址时尽量避开该区域或者综合考虑,尽可能选择范围较小区域穿过。这些区域普遍来说水深较深,基岩埋深较深,岩土体分布不均匀,工程性质较差,潮流流速大。部分区域存在潮流沙脊、冲刷沟槽、坡度较陡、软土等不利于重大工程选址的条件,在选址时应加以注意。

4. 适宜性差区（Ⅳ区）

根据图15-29可以看出,适宜性差区主要分布在金塘水道底部区域,在重大工程选址时应尽量避开。这些区域普遍来说具有水深、基岩埋深深、岩土体分布不均匀、工程性质差、潮流流速大等条件,且大部分区域存在潮流沙脊、冲刷沟槽、坡度较陡、软土等不利于重大工程选址的条件,在选址时应加以注意,特别注意在各种不利条件下重大工程选址问题。

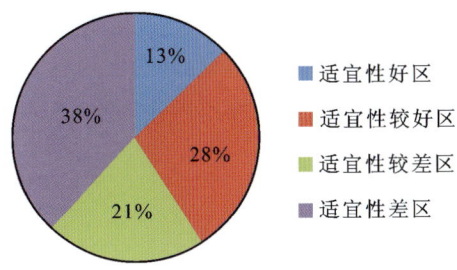

图 15-30　甬舟跨海通道重大工程选址各地质环境适宜性分区统计图(按面积)

对研究区重大工程选址地质环境适宜性分区图进行各区域面积统计,其统计结果如图15-30所示,可以看出研究区受金塘水道影响,适宜性差区域面积最大,达到38%,适宜性较好区域次之,适宜性好区域最小。

六、重大工程建设地质环境风险及防治措施

评价区主要环境地质问题有不规则基岩浅埋、滑坡、软土、冲刷沟槽、砂土液化、潮流沙脊等地质灾害。其中,不规则基岩浅埋、冲刷沟槽、软土变形、滑坡等地质灾害是最主要的地质问题。本次地质灾害风险评价将从工程建设可能引发地质灾害风险的角度进行定性评价,为工程建设规避地质灾害风险、减少损失提供科学依据。

(一)地质环境风险高发区

根据研究区的地质灾害发育现状和地质灾害易发程度分区,对海域重大工程建设引发地质灾害高风险区分布统计如下。

不规则浅埋基岩:大黄蟒岛、小黄蟒岛及其附近基岩埋深不规则,基岩埋深起伏较大,工程建设引发地质灾害的可能性较大。

冲刷沟槽:主要分布在金塘水道中部区域、大黄蟒岛西南侧、小黄蟒岛西北侧。这些区域普遍来说水深较深,潮流流速大,存在较大的冲刷沟槽区域面积。

深水:主要分布于金塘水道中部区域、大黄蟒岛西南侧、小黄蟒岛西北侧。这些区域水深普遍大于50m,潮流速度较快,是海域重大工程建设施工高风险区。

滑坡:主要分布于大黄蟒岛、小黄蟒岛、中门柱岛及其附近基岩埋深不规则区域、大浦口山嘴西南侧海岸区域、鹅礁北侧海岸区域等。这些区域地形分布复杂,较不规则,海域重大工程建设诱发滑坡概率较大。

(二)防治措施与建议

1. 防治原则

地质灾害应以预防为主,要使防治地质灾害取得良好效果,首先要尊重自然,然后再利用自然。查明各种地质灾害的成因、分布和发育规律,并对一些具有较大潜在危险的地质灾害进行必要的监测、预报,以便防避或制订抑制灾害形成和发育的有效措施。对于渐发性的地质灾害则要加强对灾害生成规律的研究。

对各种地质灾害因素如冲刷沟槽、滑坡等,在进行重大工程建设时,务必深入开展专项稳定性评价工作。由于无法控制的地质灾害因素,工程必须绕道而行。

对于较小的、不具活动能力的限制性地质条件,可以采取措施予以清除,如用爆破的方式清除航道底部出露或浅埋的基岩。

对一些规模小、处于能量积累过程中的地质灾害因素,可以采取人工方法,诱使其提前发生,减小能

量,增强稳定性。

有的海洋工程由于施工快、工期短,即使在地质灾害因素区域内施工也不会立即发生地质灾害。关键是预先查清灾害的类型、规模及活动性,尽量缩短工期。

对一些小规模的地质灾害因素,在施工期较短的情况下可采用加固方法,使工程顺利进行。

2. 措施与建议

不规则基岩浅埋:在修建跨海大桥时,在此情况下进行钢护筒施工、围堰施工时可能出现稳定性、桩基毁坏等问题,特别是在水下进行施工时不规则浅埋基岩会增加施工难度,需要注意。在修建海底隧道时,因大黄蟒岛、小黄蟒岛区域位于海上,此处隧道埋深较深,不规则基岩浅埋影响较小。对于不规则基岩浅埋,在进行桩基施工时应分析围堰和钢护筒稳定性,并采取相应的措施如在钢围堰底部设置抗倾钢管桩等,以保证施工安全,降低风险。

冲刷沟槽:冲刷沟槽水深较深,水流速度较大,部分地区基岩裸露,这些在重大工程进行施工时都应该加以注意。在施工前查明槽沟的宽度、走向等是必要的,在进行重大工程建设时务必深入开展专项稳定性评价工作。由于无法控制的地质灾害因素,工程必须绕道而行。对于跨海大桥,在深水且流速较大情况下施工风险加大,桩基稳定性是工程难点,应该采取相应的措施。对于钻爆法或盾构法修建海底隧道影响较小,但应注意深水条件下对围岩的影响,在进行隧道修建过程中,应根据超前地质预报,重点分析深水环境下隧道围岩稳定和涌突水风险,合理利用各种灌浆法和开挖方法,降低围岩失稳风险和涌突水风险。对于沉管隧道,此部分水深较深,是沉管隧道的最低点,沉管隧道止水风险和施工(包括沉管的运输和沉放)风险较大,应该对天气、风浪、水流等条件加以综合考虑,合理规划基槽开挖时间和沉管沉放时间。

潮流沙脊:潮流沙脊区在往复潮流运动下可能出现海底地形的变化,会给桩基稳定性带来一定影响。海底地形的变化对沉管隧道影响最大,在设计沉管隧道时应该考虑潮流作用下海底地形的变化,尤其是潮流沙脊区域。潮流沙脊主要由粉砂组成,易发生砂土液化等不良地质作用,在进行基础工程(包括跨海大桥、沉管隧道)以及盾构竖井设计施工时均应该考虑,在工程设计前应根据详细的地质条件判断砂土液化可能性及其危害,并根据相关规范采取相应的措施。

滑坡:在大黄蟒岛、小黄蟒岛附近,基岩岸坡区域坡度较大,在修建跨海大桥进行施工影响下可能出现滑坡灾害,而修建海底隧道时滑坡影响较小。对于可能出现的滑坡区域,应先分析各种工况下的边坡稳定性,进行相应的护坡处理,再进行施工。

深水大流速环境:目前在如此水深和流速环境下的跨海通道修建较少,且该区域存在坡度较大的地形情况,加上海上风浪等影响,施工条件恶劣,环境复杂,影响因素众多,施工风险大。应该参考相关工程的施工经验,对深水、大流速环境下的施工方案进行论证,充分考虑各种不利因素,保证施工的安全进行。对于跨海大桥和沉管隧道,主要风险在于深水、潮流、风浪等共同作用的复杂条件下的施工风险;对于钻爆法或者盾构法施工,主要风险在于海底地质环境的复杂性以及高水压下的围岩失稳和涌突水。所以,后续工作应该详细探明海底地质和海洋水文情况,做好超前地质预报等工作,尽可能减小由地质环境带来的风险。

软土:该区域以近岸侧浅滩为主,软土不良地质作用突出,地层分布复杂,在进行施工设计时应该重点对此分析。对于跨海大桥,应该重点分析软土对基础工程承载能力的影响以及对施工的影响;对于钻爆法和盾构法海底隧道,应该分析软土(若隧道穿过软土)和不均匀地层隧道开挖对隧道开挖的影响;对于沉管隧道,应重点分析地层分布复杂性带来的不均匀沉降问题。在跨海通道设计施工时应该考虑软土震陷等的影响。对于跨海大桥,在设计桩基时应该考虑软土带来的桩基承载能力的降低,在施工时应该考虑钢护筒、围堰等在软土、潮流、风浪作用下的稳定性问题,提前做好相应的措施,如设置抗倾钢管桩等。对于沉管隧道,应该重点分析其不均匀沉降情况,根据地质条件选择适合的地基处理方法。对于海底隧道,在穿过工作区时可能会遇到软弱围岩施工、岩层分布不均的问题,可根据地质条件采取适当的灌浆法和开挖法进行施工,盾构法修建时做好刀盘和刀盘的选择与更换工作等。

七、重大工程选址建议方案

要实现重大工程选址的安全、经济、合理，必须以该区域的地质环境调查评价作为科学依据，使工程建设与地质环境相协调，实现安全、经济、合理的建设目标。对研究区重大工程选址的建议主要有以下几点。

1. 跨海通道选址

跨海通道选址宜多穿越适宜性好区域，避免穿越适宜性差区域。宜充分利用海上岛屿，以降低工程造价。跨海通道选址在安全、经济、合理的前提下宜尽量缩短线路长度。

大黄蟒岛有多座高压电塔，选址时应考虑高压电塔搬迁的影响。同时，大黄蟒岛发现明显断层，选址时应注意避让。

2. 两边岸线开发利用现状

金塘水道北岸：金塘浦口港口为舟山市的重要港口之一，设置有大于10m高的港口起重机，跨海大桥及海底隧道均应避免穿越该区域。

金塘水道南岸：以北仑港杨公山为界，东侧为中国石油油库，对地层变形要求高，在该区域选址难度相对较大；杨公山西侧以化工工厂居多，附近交通道路有高山路、丽阳路、港口路，交通条件相对较好，在该区选址难度相对较小。

由于水道两岸重要建筑物较多，其桩长长度大，导致隧道线位选址时埋深大、线路长等问题。同时，海底基岩起伏差异巨大，隧道修建时会遇到多种软硬土层，对隧道施工方法、安全系数要求极高。因此，研究区修建隧道工程的适宜性较差。

结合甬舟跨海通道两岸开发利用现状、地形条件、工程地质条件及交通工程接驳条件等，本次厘定了宁波、舟山地区跨海通道设计与施工的主要影响因素及影响程度，综合评价了跨海通道拟建区地质环境适宜性等级，提出了跨海通道的跨越方式（桥梁适宜）及线位选址方案（图15-31）。

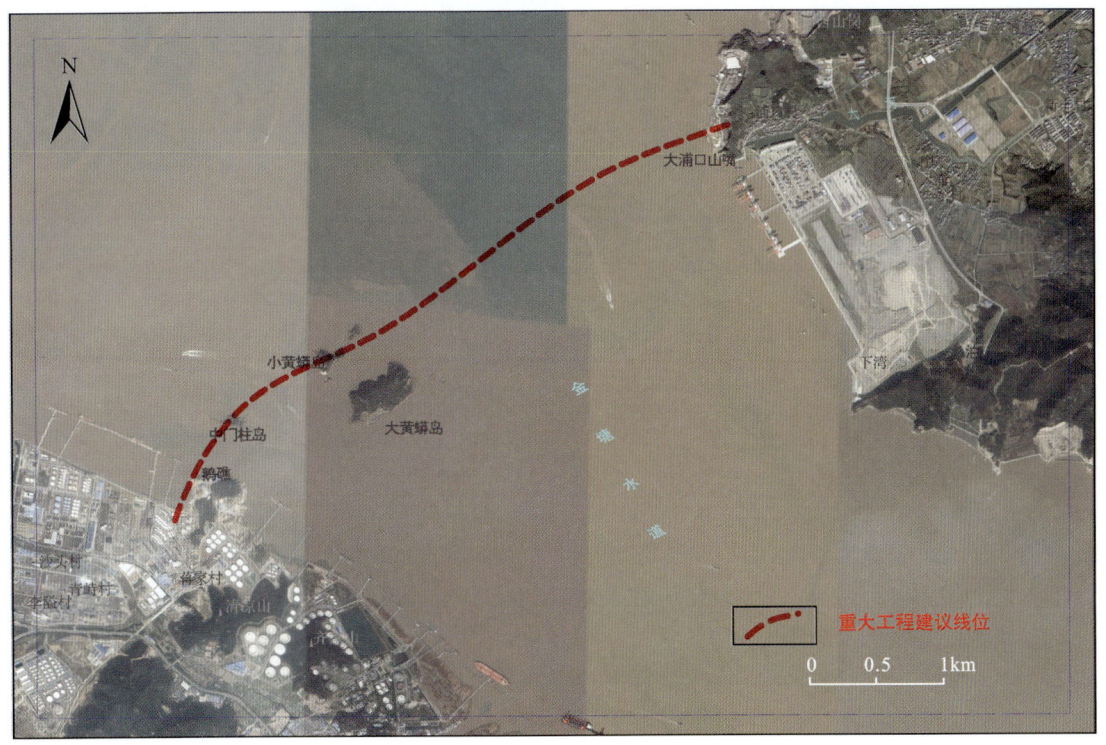

图15-31 甬舟过江通道跨海通道选址建议方案图

第三节 长江经济带盐(岩)穴储库工程建设适宜性评价

本次工作开展了长江经济带盐(岩)穴和连云港盐穴储库工程建设适宜性评价。

一、盐穴储库工程建设适宜性评价

长江经济带岩盐资源十分丰富,拥有23个地下大中型岩盐矿,分布广泛,除上海市和贵州省外,其他9个省(市)均发现岩盐矿床,其中有90余个具有工业价值(王清明,1982,1985),已探明储量约2.39×10^{12} t,远景储量约1.32×10^{13} t。

岩盐开采(或溶腔)之后所形成的盐穴资源巨大,可用于长期存放石油和天然气。与地面储油储气设施相比,地下盐穴油气储库具有基建投资少、占地面积小、运行成本低、安全可靠等特征,故盐穴又被称为"具有高度战略安全的储备库"(Heinze,2012)。目前,世界上已有2000多个盐穴被开发利用,其中美国已拥有数百座,德国也有近百座(Janmichalski and Ulrich,2017),且数量还在不断增加(Budtm et al.,2016;Warren,2016;Thoms and Gehle,2000;Michalski,2017;Serata and Mehta,1993;Primova and Trucco,2015;Brockmann et al.,2010;Holloway,1997;Dusseaultm et al.,2001)。

本次旨在通过分析长江经济带岩盐矿空间分布、成矿时代、矿体与围岩特征、影响盐层建设储库的基本地质条件等,对盐穴储库建造进行适宜性评价,为长江经济带地下盐穴战略油气储库基地建设提供地学依据。

(一)研究内容和技术方法

1. 研究内容

在总结前人地质调查和研究成果的基础上,系统分析盐矿特征,包括空间分布、成矿时代及层位、成盐盆地范围、矿体形态、产状和规模、矿体埋藏深度、矿石组成、矿体顶底板及夹层岩性等,并分析了盐矿区域地质特征、盐矿基本地质特征、建腔目的盐层特性、岩盐层顶底板性质和盐矿区水文地质特征等影响盐层建设储库的基本地质条件。

2. 盐穴储库建设适宜性评价

盐穴应用的不断推广对盐穴的稳定性、安全性等方面提出了更高的要求。然而,由于不同国家地区的地质条件、建库技术和实际运营因素不同,盐穴型地下储库建设适宜性评估还没有统一的标准。目前主要是通过计算机数值模拟和大量室内试验相结合,评价地下盐穴储库建设适宜性和预测盐穴储库运营期间的稳定性及其变化趋势(Mohanty and Vandergift,2012;Thoraval et al.,2015;刘红樱和姜月华,2019b)。

1)评价递阶层次结构

参照前人成果(井文君等,2012),结合长江经济带岩盐矿地质环境背景条件,确定14个二级因子,建立了盐穴储库建设适宜性评价层次结构模型(图15-32)。遵循综合分析与主导因素相结合和可持续利用的原则,采用两步评判法评价岩盐矿综合地质特征与条件对建设盐穴储库的适宜性等级。

2)评价因子分级标准及分值

盐穴储库建设适宜性评价体系,依据建库对岩盐矿地质特征和岩盐层本身特性条件的要求,选择5个B级因子下的14个C级因子进行分级和赋值(表15-27)。

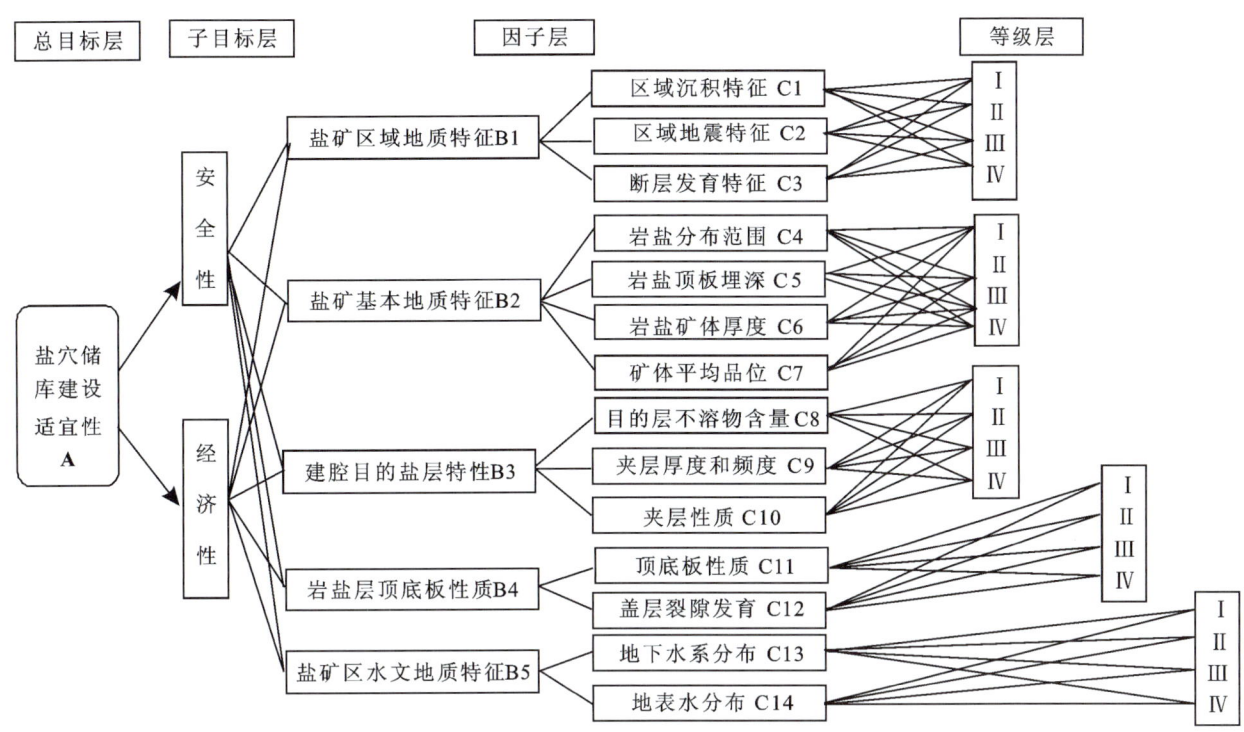

图 15-32 盐穴储库建设适宜性评价层次结构模型

表 15-27 盐穴储库建设适宜性评价因子分级标准及分值表

总目标层	因子 B	因子 C	各级标准及分值				权重 W
			Ⅰ级（适宜,10）	Ⅱ级（较适宜,8）	Ⅲ级（基本适宜,6）	Ⅳ级（不适宜,4）	
盐穴储库建设适宜性 A	盐矿区域地质特征 B1	区域沉积特征 C1	岩丘状海相沉积	极少夹层陆相沉积	少量夹层陆相沉积	大量夹层陆相沉积	0.116 9
		区域地震特征 C2	记载历史地震活动较弱	记载历史地震活动较弱	近期无大的历史地震	近期有大的历史地震	0.038 9
		断层发育特征 C3	1km 内无活动断层	0.3~1km 内无活动断层	0.3~1km 内无活动断层	0.3km 内有活动断层	0.116 9
	盐矿基本地质特征 B2	岩盐分布范围 C4	≥100km²	50~100km²	20~50km²	<20km²	0.102 3
		岩盐顶板埋深 C5	800~1200m	500~800m	1200~1500m	其他	0.034 0
		岩盐矿体厚度 C6	≥400m	200~400m	100~200m	<100m	0.102 3
		矿体平均品位 C7	≥85%	70%~85%	70%~50%	<50%	0.034 0
	建腔目的盐层特性 B3	目的层不溶物含量 C8	<10%	10%~25%	25%~40%	≥40%	0.054 5
		夹层厚度和频度 C9	夹层所占厚度比很小	夹层所占厚度比较小	夹层所占厚度比小于 40%	夹层所占厚度比不小于 40%	0.163 6

续表 15-27

总目标层	因子 B	因子 C	各级标准及分值				权重 W
			Ⅰ级（适宜,10）	Ⅱ级（较适宜,8）	Ⅲ级（基本适宜,6）	Ⅳ级（不适宜,4）	
盐穴储库建设适宜性 A	建腔目的盐层特性 B3	夹层性质 C10	可溶物含量大于15%，且孔隙度很小	可溶物含量为5%～15%，且孔隙度较小	可溶物含量为5%～15%，且孔隙度较小	可溶物含量小于5%，且孔隙度很大	0.054 5
	岩盐层顶底板性质 B4	顶底板性质 C11	坚硬岩石，厚度大于100m	坚硬岩石厚度为50～100m	中坚硬岩石，厚度为30～50m	软弱岩石，或厚度小于30m	0.045 5
		盖层裂隙发育 C12	裂隙不发育	裂隙少量发育	裂隙有发育，但未贯通	有贯通性裂隙存在	0.045 5
	盐矿区水文地质特征 B5	地下水系分布 C13	盐矿层与地下水隔离			盐矿层与地下水贯通	0.068 2
		地表水分布 C14	淡水源充足且距库址近	淡水源基本充足且距库址近	淡水源基本充足且距库址有一定距离	淡水源不足或距库址很远	0.022 7

3）评价因子的权重值确定

依据各因子的重要性，采用前述方法，进行权重计算。将各评价因子穷尽成对比矩阵输入计算机，由式（15-3）计算出各因子的权值 W（表 15-27）。

$$W = \sum_{\substack{j=1 \\ j \neq i}}^{m} V_{ij} \Big/ \sum_{i=1}^{n} \sum_{\substack{j=1 \\ j \neq i}}^{m} V_{ij} \tag{15-3}$$

式中，W 为评价因子权重值；j 为第 j 个重要性判断；n 为重要性判断个数；i 为第 i 个评价因子；m 为评价因子个数；V_{ij} 为评价因子 j 重要性判断向量值。

4）适宜性评价等级划分

采用综合指数法，对长江经济带主要岩盐矿进行盐穴储库建设适宜性评价，从地质学角度划分出适宜性等级（表 15-28）。

$$P = \sum_{i=1}^{14}(W_i P_i) \tag{15-4}$$

式中，P 为各因子的综合分值；W_i 为 i 因子的权重；P_i 为 i 因子的分值。

表 15-28 盐穴储库建设适宜性等级划分

因子分值（P）范围	等级	适宜性	说明
P>9	Ⅰ级	适宜	适宜建设储库，且安全经济
7<P≤9	Ⅱ级	较适宜	比较适宜建设储库，但在建设期和运营期需加强安全投资和监管
5<P≤7	Ⅲ级	基本适宜	基本适宜建设储库，但在建设期和运营期需预留专款用于维护储库安全
P≤5	Ⅳ级	不适宜	不适宜建设储库，存在安全隐患或建设成本过高

(二)研究结果与讨论

1. 岩盐矿特征

长江经济带岩盐矿的分布,明显受大地构造条件控制,具有时空分布规律,其中印支运动是最突出的分界线(王清明,1985;林建宇,2003;王少华和杨树杰,2015;常小娜,2014;刘群等,1987;杨吉根,1993,1994;林朝汉,1992)。印支运动前区域主要为古地台盐类沉积发育期,盐类矿床赋存于扬子地台和地台的海相碳酸盐岩系中,盐类沉积具有发育面积广大、含矿层区域展布稳定、含盐系旋回少、剖面结构简单等特点。印支运动后由于广泛而强烈的裂陷活动,陆源碎屑岩-蒸发盐岩极其发育,盐类沉积分布广泛,盐层面积小而厚度大,成盐旋回多,剖面结构复杂,物质成分多样,矿床类型多。

1)空间分布

四川盆地内以华蓥山深断裂为界,以东为盆东成盐带,分布有万州区、宣达、重庆、涪陵、泸永、长宁、垫江等11个岩盐矿体;以西为盆西成盐带,分布有南充、成都、威西、自贡、通江等11个岩盐矿体(林耀庭,1990;林耀庭和何金权,2003)。此外,于四川盆地外缘康滇古陆以西的成盐带,分布有盐源盐丘型岩盐矿体(陈扬辉和彭国荣,1992;黄斌,2011;吕贵选和徐泽奎,1988;吕贵选等,2006,2009;毛麒瑞,2000;陈群芝,1995;石应峻等,1996;寸树苍,1996;尚娟芳和刘克万,2013;杨盛忠,1993;李金锁等,2013;聂成勋,1993;林元雄和聂成勋,1983;宋光福,1993;程蓬云,1991;王淑丽和郑绵平,2014;林跃庭,1990;陈正,1994;蒋宗强等,2017)。

其余各省分布的盐矿有:滇南盆地普洱县磨黑和凤岗盐矿、滇西南兰坪-思茅盆地江城县勐野井和洱源乔后盐矿、滇中安宁盆地安宁和平浪盐矿(唐章伟等,2008;刘璎等,2017;郑绵平等,2014;宋旭锋等,2014;方勤方等,2015;肖炜等,2006;苗腾蛟和朱杰勇,2015);云应凹陷云应盐矿、襄阳凹陷枣阳王城盐矿、潜江凹陷潜江盐矿、小板凹陷天门小板盐矿和江陵凹陷江陵盐矿(续培信,2011;陆陈奎和周普松,1992;肖尚德和胡亚波,2003;胡炳煊和余芳权,1984;刘成林等,2013;唐建忠,2014);衡阳盆地茶山坳、蒋家山和金甲岭盐矿、盐井-申津渡-东港凹陷澧县(津市)盐矿(龙雪莲和贺德军,2016;刘良美,2003;张治平,1994;王春林,2008;车勤建,1992);清江盆地洋湖凹陷清江(樟树)盐矿、会昌周田盆地盐矿、吉泰盆地盐矿(余茂良,1997;陈秋伶等,2010;杨吉根,1992,1995;程有祥,2006;罗文煌和姚琪,2006;刘大任,1991);定远-炉桥凹陷定远(东兴)盐矿(李凤强等,2007);金坛直溪桥凹陷金坛盐矿、淮安凹陷(淮安、淮阴、洪泽、清河、清浦)盐矿,洪泽凹陷赵集盐矿和丰县凹陷盐矿(管国兴和李留荣,2000;戴鑫等,2017;方金益和徐孜俊,2007;陈若兰,1990;李有才等,2005;吴颖等,2012;郭仁炳,1989;郑开富和彭霞玲,2012)(表15-29)。

2)岩盐成矿时代及层位

长江经济带在漫长的地质历史发展过程中,地壳振荡频繁,海水时进时退,气候干湿交替,多次形成含盐建造,成盐时代及层位相当广泛,自震旦纪至中生代—新生代均有厚大岩盐矿形成,成盐条件良好,重要成盐时代为震旦纪、三叠纪、白垩纪和古近纪,盐矿石 NaCl 储量占总储量的96%(林耀庭和何金权,2003;胡炳煊和余芳权,1984)(表15-29)。

震旦纪岩盐矿体仅有四川长宁县至叙永县一带分布的长宁(兴文)盐矿,是当前世界上最古老的岩盐矿体(陈扬辉和彭国荣,1992)。

寒武纪岩盐矿体分布在泸州—永川和邻水一带,为我国首次发现。

三叠纪岩盐矿体分布地域最广,共21个,主要在四川和重庆。三叠纪岩盐具有多期性特点,含盐层位最为发育,成盐时间最长,成盐作用最强,是长江经济带重要的成盐地质时代(林耀庭和何金权,2003)。

侏罗纪盐矿在云南有零星分布,如江城县勐野井、洱源乔后和安宁等盐矿。

白垩纪和古近纪是长江经济带主要成盐时期,前者形成如云南普洱县磨黑、凤岗,湖北枣阳县王城,

表15-29 长江经济带主要岩盐矿地质特征

地区	省(市)	凹陷/盆地	探明储量/亿t	远景储量/亿t	年开采量/万t	范围/km²	埋深/m	赋存岩石	盐层厚度	NaCl含量/%	钙芒硝含量/%	盐系顶板岩性及抗压强度	夹层类型
长江上游	四川省	威西 / 盆西凹陷	90	174.6	2 295.42	719.7	800~1800	中三叠统雷口坡组碳酸盐岩和硬石膏岩	15~44.5m	93~98	5~20	厚17.13~25.8m,岩性为硬石膏岩,层状灰岩,泥质强度达28~148MPa,较破碎,稳定性较差	碳酸盐岩夹薄层石膏岩硬
		宜宾长宁兴文 / 川东盆地长宁凹陷	4.3	3263	60	2050	1885~2937	震旦系灯影组一段和二段钙芒硝-岩盐	46~368.9m,矿层层多	90~93		海相硬石膏、钙芒硝岩盐	顶、底板均为硬石膏层或钙芒硝	硬石膏或钙白云岩
		泸州 / 川东盆地	50	17 379		3721	200~1000	下寒武统清虚洞组和中寒武统石冷水组	276m	85~90		泥岩,粉砂质泥岩	泥岩,粉砂质泥岩
		成都-蒲江 / 盆西成都凹陷		15 455		10 000	>3300	下三叠统嘉陵江和中三叠统雷口坡组白云岩,硬石膏和岩盐	11.5~123m,矿层多	70~90		海相硬石膏、杂卤石及泥质泥岩	顶、底板均为硬石膏层或钙卤石	硬石膏或钙卤石层
	重庆市	万州 / 川东盆地	16	2860	30	3700	>2200	下三叠统嘉陵江和上三叠统巴东组	120m,数层至十余层	88		硬石膏、碳酸盐岩等	盐层顶板为白云岩;孔隙、裂隙发育,稳定,利于水溶开采	
		合川盐矿 / 川东盆地	50	315	8	1000	2500~2600	中三叠统巴东组,下三叠统嘉陵江组,以硬石膏、灰岩、灰质白云岩为主	16.42~22.36m	36.5~99.86(平均为76.78)		海相硬石膏岩盐	顶、底板均为厚、大,硬石膏岩	白云岩、泥质石膏、白云岩
		垫江 / 川东盆地垫江凹陷	82.22	456		1000	3400	下三叠统嘉陵江组(奥伦尼阶)和中统雷口坡组(安尼阶)	24~47m,盐层厚,品位富,规模大	85~95			泥岩,粉砂岩及泥质粉砂岩	泥岩,粉砂质泥岩
	云南省	安宁 / 滇中安宁盆地	136	450		264	126~900	上侏罗统安宁组中段石盐岩和钙芒硝	193m,约168盐层	70	5~38.32	石膏岩层,半坚硬岩组;厚55.24m,平缓;岩层稳定完整,无节理裂隙	泥质岩、碳酸盐岩

续表 15-29

地区	省(市)	岩盐矿	凹陷/盆地	探明储量/亿t	远景储量/亿t	年开采量/万t	范围/km²	埋深/m	赋存岩石	盐层厚度	NaCl含量/%	钙芒硝含量/%	盐系顶板岩性及抗压强度	夹层类型
长江中游	湖北省	云(梦)应(城)	云应凹陷	280	3600	132.23	2214	300~850	古近系云应群含矿膏盐	10~180m,有500~600层,单层厚0.2~4.84m	70~80		灰色泥质芒硝岩、钙芒硝质泥岩、硬石膏质泥岩夹薄色粉砂岩泥质粉砂岩等,厚度为7~81m	
		潜江	潜江凹陷	51	7900		1600	700~2145	古新统—始新统潜江组含矿含芒硝石盐岩	300~400m,单层厚3~74m	70~98		泥岩、砂岩及油页岩	(无水)芒硝岩
		衡阳	茶山坳凹陷	17.1	122.83	43.47	800	212~394	古新统茶山坳段芒硝、含钙芒硝泥岩、钙芒硝质岩盐、石盐岩	33~296(一般200m),单层厚20~40m	43.08~87.06	9.67	(硬石膏、钙芒硝)泥岩、钙质泥岩;岩层厚目封闭,抗压强度为30~60MPa,具备较高的支撑强度	
	湖南省	澧县(津市)	盐井—申津渡—东港凹陷	1.03	13	30	650	220~500	古新统—始新统新沟嘴组含石膏钙芒硝盐岩、泥岩、白云岩	7.62~13.78m,平均厚度为11.14m	53.6~95.3(平均为81.4)	4.7~46.4	以粉砂质泥岩为主,厚度为52.23~122.90m;抗压强度小于29.4MPa,稳定性较差	
	江西省	清江(樟树)	清江盆地洋湖凹陷	97	103.7	100	3600	593~1170	古新统—始新统清江组一段中上部含钙芒硝泥岩、石盐岩、泥岩	35~133.49m,为1~59层,单层厚0.5~10.8m	605~75,最高为98	7~15,平均为9.4	泥岩、粉砂质泥岩,厚56m,抗压强度为11.6~32MPa	灰色含芒硝、钙质泥岩
		会昌(周田)	会昌盆地				230	800~1200	上白垩统周田组	220~322m	54~64	0.312	含钙芒硝泥岩和灰岩、泥砾岩	中—薄层状泥岩
皖江经济区	安徽省	定远(东兴)	定远—炉桥凹陷	7	17.5	10	600	218~594	始新统定远组中部含膏、含盐盐建造	14.18~198.4m	20~95(平均为72.3)		(石膏钙芒硝)泥岩、粉砂岩、泥岩	粉砂质泥岩、粉砂岩、泥岩

续表 15-29

地区	省（市）	岩盐矿	凹陷/盆地	探明储量/亿t	远景储量/亿t	年开采量/万t	范围/km²	埋深/m	赋存岩石	盐层厚度	NaCl含量/%	钙芒硝含量/%	盐系顶板岩性及抗压强度	夹层类型
长三角经济区	江苏省	金坛	金坛直溪桥凹陷	125.38	162.42	3.08	60.5	889~1236	古近系含钙芒硝岩，含泥钙芒硝岩，石盐岩	144~237m，单层最大厚度为52.91m	80~85	4	（石膏钙芒硝白云质）泥岩、泥灰岩等，稳定性较好，抗压强度较高	
		淮安	淮安凹陷	2500	4000	75	570	632~1825	古近系浦口组二段含钙芒硝、泥、粉砂岩	240~1050m，为34~91层，单层厚3.4~130m	30~75	25.11	（钙芒硝、钙质）粉砂岩、泥岩等，稳定性好，抗压强度高	
		赵集	洪泽凹陷	1350	2800	500	25	1350~2010	古近系阜宁组四段下盐亚段岩盐、芒硝矿和上盐亚段岩盐	103~130m	42.2~99.7	1.75~7.06	硬石膏岩、膏质粉砂岩、泥岩粉砂岩等，稳定性好，抗压强度较高	灰色钙芒硝质泥岩、石膏质和泥岩
		丰县	丰县凹陷	21.74	220		116	844~892	古近系官庄组硬石膏钙芒硝岩盐岩	230m，单层厚7.35~40m	68.8	20	膏质粉砂岩、粉砂岩、泥灰岩等，稳定抗压	

江西会昌县周田,江苏淮安等盐矿,后者形成如云南平浪,湖北云应,湖南衡阳和澧县,江西清江,安徽定远,江苏金坛县直溪桥、淮阴县高堰、赵集、丰县等盐矿。

3) 成盐盆地范围

成盐盆地面积 10 000~25 000km² 范围内的有川东凹陷、川中凹陷、成都凹陷;1000~10 000km² 的有江陵凹陷、洋湖凹陷、云应凹陷、南兰坪-思茅盆地、威西凹陷和垫江凹陷等(表15-29)。岩盐矿面积一般为 200~500km²,最大达 10 000km²(成都-蒲江盐矿),最小仅 0.29km²(郭家坳盐矿)。

4) 矿体形态、产状和规模

矿体形态平面上多为椭圆形或似椭圆形,剖面上则为层状、似层状和透镜状。矿体产状平缓,一般在矿体边部倾角为 7°~10°,个别达 20°以上,在矿体中心倾角为 3°~5°(表15-29)。

矿体规模多数为 3~30km²,最大的达 1600km²(潜江)。矿体由多层岩盐组成,一般为 20~30 层,多的达 140 多层(潜江),盐层单层厚一般为 2~3m,最厚达 74m(潜江),最薄仅 10cm。盐层累计厚一般几十米至几百米,薄的仅 3.45m(内江资中),最厚的达 1050m(淮安)。

5) 矿体埋藏深度

矿体埋藏深度一般在 200~1000m,个别超过 3000m,如垫江、成都-蒲江、万州、高峰和长寿等盐矿,而埋藏深度小于 400m 的主要为平浪、普洱县磨黑、凤岗和衡阳等盐矿(表15-29)。

6) 矿石组成

岩盐矿石多数含有其他盐类矿物或泥质物,从而形成了多种矿石类型。矿石中含 NaCl 一般为 50%~60%,低仅 30% 左右,高达 98%。岩盐矿石中除石盐外还有硬石膏和钙芒硝(表15-29)。四川省的大部分盐矿具有盐层厚、品位富、规模大的特点,如威西、川中、垫江、成都-蒲江、自贡等盐矿含 NaCl 达 85%~95%,此外含少量的方解石、白云石、菱镁矿、天青石等碳酸盐和硫酸盐矿物。岩盐矿石中常见的伴(共)生矿物有钙芒硝、硬石膏、天然碱、钾石盐、杂卤石、光卤石、天青石、无水芒硝、石膏等。岩盐矿石的化学成分主要是 NaCl,其次是 Na_2SO_4 和 $CaSO_4$,少数情况下为 KCl、$MgCl_2$、$MgSO_4$、Na_2CO_3、$MgCO_3$ 等。

7) 矿体顶底板及夹层岩性

岩盐矿床矿体顶、底板及夹层岩石主要为泥岩、粉砂质泥岩及泥质粉砂岩,少量为灰质泥岩和泥灰岩、细砂岩。个别盐矿见页岩、油页岩(潜江)、泥砾岩(会昌)和底板玄武岩(金坛)。

2. 盐层建设储库的基本地质条件分析

影响盐层建设储库的基本地质条件主要为盐层厚度、埋深、盐岩矿层品位及其夹层中水不溶物含量、盖层厚度,以及构造稳定性、充足的水源等。

1) 盐层厚度

建库有利厚度条件是盐层总厚度大于 80m,盐层平面分布范围大且稳定,区内此类盐矿有淮安(240~1050m)、宜宾凉山盐源(775m)、江城县勐野井(150~750m)、潜江(300~400m)、衡阳(33~395m)、长宁-兴文(46~368.9m)、泸州(276m)、自贡大山铺-郭家坳(254m)、金坛(144~237m)、丰县(230m)、达州宣汉(74~232m)、广安(167.72~214.5m)、安宁(193m)、定远(14.18~198.4m)、南充(128~151m)、川中(60~150m)、赵集(103~130m)、万州(120m)、成都-蒲江(11.5~123m)等盐矿。

2) 盐层埋深

岩盐矿层的埋深直接影响储气库的密闭性及安全性,最适宜建造储气盐穴库的深度为 400~1500m,该深度保证盐层的储气能力和建库效率同时缩减建库成本。湖北云应、天门小板、潜江,云南洱源乔后,湖南衡阳金甲岭,江西清江、会昌,江苏淮安、丰县、金坛,重庆江津县渝南、四川自贡、大山铺、郭家坳、威西、内江资中、威远等盐矿埋深适中;重庆垫江、忠县石宝寨、长寿、合川、万州、高峰,四川成都-蒲江、广安、南充、川中、宜宾长宁-兴文等盐矿埋深较大;湖南澧县、衡阳、蒋家山,安徽定远,四川凉山盐源、泸州、绵阳江油、宣汉、渠县开江、巴中通江、广元、剑阁、旺苍,重庆云阳县黄岭、梁平、永川、涪陵,湖北江陵、枣阳王城,云南安宁、江城县勐野井等盐矿部分层位埋藏偏浅,对建造储气盐穴不利,应选择更深部的盐层空间。

3) 岩盐矿层品位及其夹层中水不溶物含量

岩盐品位高,不溶物含量低于25%,易于水溶造腔。岩盐层及夹层中水不溶物质含量多少是决定溶腔有效体积的决定因素。

江苏金坛、湖南衡阳、湖北应城、安徽定远盆地等盐矿夹层以钙芒硝及泥岩为主,石盐矿层中也含较多的钙芒硝,夹层与石盐层不等厚互层,由于夹层中含较多的钙芒硝易溶于水而容易破碎,该类矿区为较易建造盐穴储气库的地区。

湖北潜江、小板、江陵,江苏洪泽、淮安,湖南澧县,江西清江盆地等盐矿夹层以碎屑岩(泥岩、粉砂岩等)为主,含少量易溶盐类,其与石盐层不等厚互层,在水的浸泡中易发生破碎,呈泥质沉淀于溶腔底部,一般只影响溶腔的有效体积,对建造盐穴影响不大。但当泥质夹层太厚时,在岩盐溶蚀造腔中不能完全破碎及坍塌,就很难建造盐穴。

江苏丰县、江西周田盆地等盐矿夹层以石膏、硬石膏为主,含一定量泥质及白云岩等水不溶物质,与石盐层不等厚互层,由于其不溶于水,且岩石坚硬,在水中不易破碎,不易造腔。该盐矿区一般不能建造盐穴储气库。

4) 盖层厚度

盖层厚度一般要求不小于90m,以保证其稳定性。区内岩盐矿大多数符合这一条件,仅云南江城县勐野井、凤岗、平浪和普洱县磨黑盐矿盖层厚度较薄(表15-29)。

3. 盐穴储库建设适宜性评价

评价结果表明,江苏金坛、淮安、赵集、丰县,江西清江、会昌,湖北云应、天门小板、潜江,云南洱源乔后,湖南衡阳金甲岭,重庆江津县渝南,四川自贡、大山铺、郭家坳、威西、内江资中、威远等盐矿埋深适中,适合建造储气盐穴库;重庆垫江、忠县石宝寨、长寿、合川、万州、高峰,四川成都-蒲江、广安、南充、川中、宜宾长宁-兴文等盐矿埋深较大,基本适合建造储气盐穴库,但成本可能增加;湖南澧县,安徽定远,湖南衡阳、蒋家山,四川凉山盐源、泸州、绵阳江油、达州宣汉、渠县开江、巴中通江、广元、剑阁、旺苍,重庆永川、涪陵、云阳县黄岭、梁平,湖北江陵、枣阳王城,云南安宁、江城县勐野井等盐矿部分层位埋藏偏浅,对建造储气盐穴不利,应选择更深部的盐层空间(图15-33)。

金坛盐矿是我国目前唯一建成盐穴储气库的矿区,利用了8口井的老腔进行改造建成盐穴储气库,每个腔体有效体积在10多万立方米到几十万立方米。该区岩盐矿层平均累计厚度161m,最厚达230m以上,单层最大厚度为52.91m。含盐段NaCl平均质量分数为80%,南部地区高达85%。盐层中泥岩夹层少,含矿率高,厚度一般在1.5~2.5m,盐层埋深在888.6~1 236.4m。盐层顶底板岩性稳定,密封性好,在造腔中溶腔有效体积理论值占总体积比例为74%~80.5%。矿区地理位置优越,交通方便,地表条件好,水源丰富,区内构造稳定。

丰县盐矿盐层累计厚度大,顶底板埋藏适中,物理强度大,含矿率较高,矿石品位中上等,硬石膏含量高且变化大,局部达20%。盐岩富集区构造简单,沉积稳定。

云应盐矿区构造简单,褶皱、断裂和裂隙均不发育。盐层展布稳定,埋深适宜,品质高,夹层少,水不溶物含量低。矿床直接顶板为相对隔水层,水文地质条件比较简单。

安宁盐矿矿区范围广,储量大,品位较高,地质条件和水文条件较好,适合大规模水采。盐岩沉积稳定,成盐期连续,断层构造不发育,埋深适宜,且主要组分易溶。岩盐盖层岩性稳定,是良好的保护层。

清江盐矿区构造简单,褶皱平缓、规模小,断裂也少,矿体连续性好。清江组盐层分布稳定,埋深适宜,累计厚度变化大,品质较好,矿石可溶性好,夹层含可溶性矿物高。顶板泥质岩主要为伊利石,力学性质弱,易塌但是新干矿段顶板岩石稳定性较好。

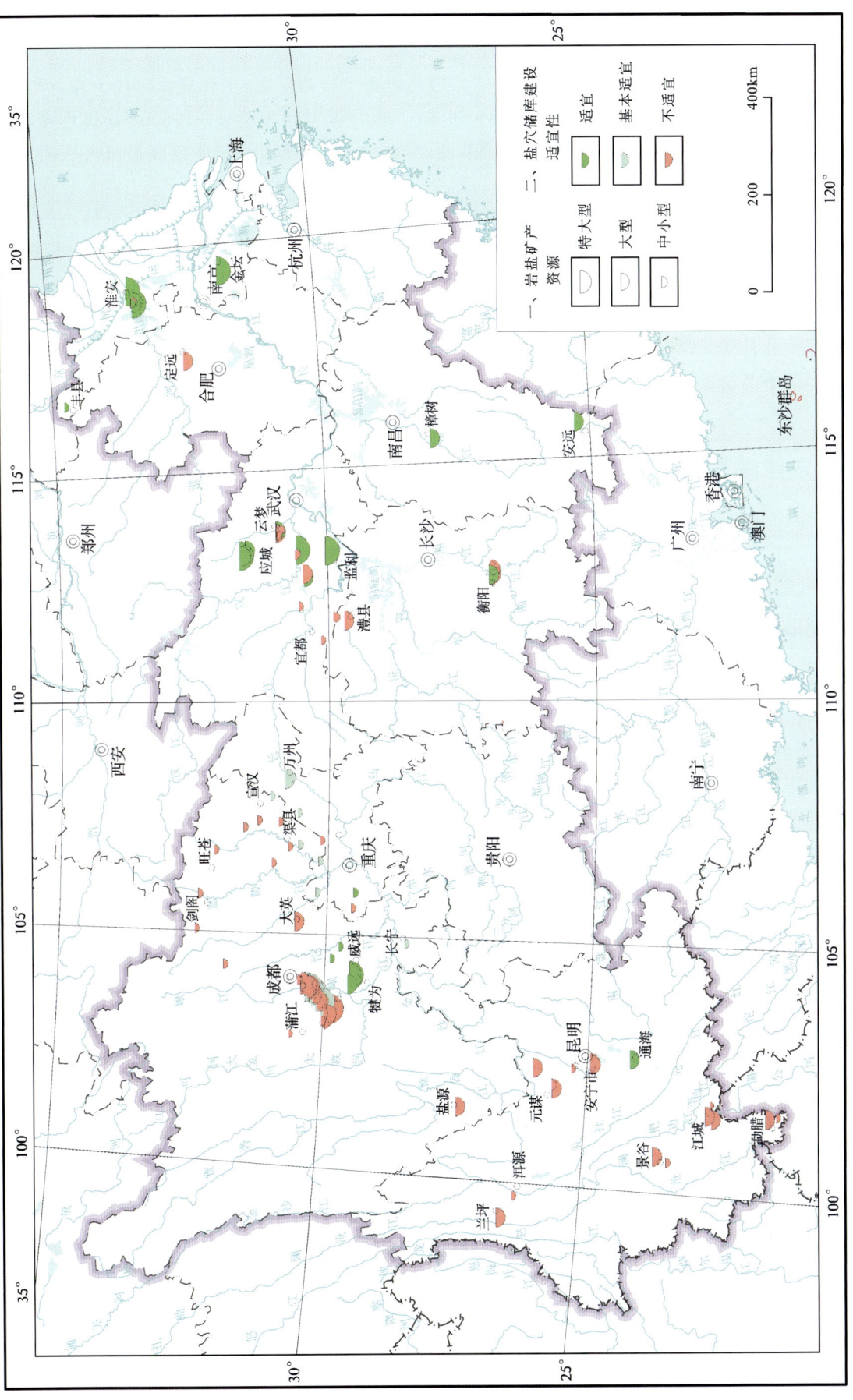

图15-33 长江经济带岩盐矿产分布及其盐穴储库建设适宜性评价图

(三)小结

(1)长江经济带除上海和贵州外,其他9个省(市)均发现了岩盐矿床,主要成盐时代为震旦纪、三叠纪、白垩纪和古近纪。成盐盆地范围为0.29~10 000 km²,盐层累计厚度为3~1050 m,矿体埋藏深度达40~3400 m。矿石含NaCl为20%~99.86%,其次是Na_2SO_4和$CaSO_4$。矿体顶底板及夹层岩石主要为泥岩、粉砂质泥岩及泥质粉砂岩等。

(2)长江经济带大部分地下盐穴可以作为石油储存。若考虑储气库的密闭性及安全性,首先,江苏金坛、赵集、丰县、江汉黄场、云应、云南安宁等盐矿建造储气盐穴的地质条件较好;其次,江苏淮安、湖南衡阳、湖北潜江、江西清江等盐矿在合适的地段也可建造储气盐穴。

(3)长江经济带岩盐矿产资源的分布覆盖东部、中部和西部,不论是沿海发达地区,还是有战略纵深的中西部,都十分有利于国家地下盐穴战略储油储气库基地建设的布局规划。建议在长江经济带中东部的江苏金坛、淮安、赵集、丰县、江西清江、会昌,湖北云应、天门小板、潜江等盐矿地优先开发利用盐穴。

二、岩穴储库工程建设适宜性评价

调查发现,连云港地下具有建立地下水封岩穴洞库的适宜区面积大。连云港是我国首批沿海开放城市、江苏"一带一路"战略支点城市、上海合作组织出海基地、国际通道新亚欧大陆桥东端桥头堡。连云港地下岩穴战略储库基地建设可为长江三角洲区域经济一体化发展提供重要的作用。

(一)基岩地质条件

连云港市位于华北地台南部边缘,与扬子地台相接,位于郯庐断裂带东侧,为大别山-苏鲁超高压变质带的东段南部地区,是一个长期隆起遭受剥蚀的地区,地质背景复杂。

区内基岩由中—新元古界锦屏岩群、云台岩群和东海岩群深变质相的片岩、变粒岩、浅粒岩、混合花岗岩、片麻岩等岩性组成,厚度较大。锦屏岩群与云台岩群之间为平行不整合,锦屏岩群与东海岩群呈角度不整合。该区变质岩的原岩主要是火山岩及海相沉积岩,区域动力变质作用明显,侧面反映了该区作为中朝陆块和扬子陆块的接触带,在前寒武纪时期火山活动、海侵和陆块间的运动十分活跃。中生界仅在局部断陷盆地内有产出,为白垩系红层。东海县安峰山和平明山见新生代玄武岩。区内有岩浆岩产出,基性、超基性岩体以不规则岩脉广泛穿插在古老的变质岩系中,岩性较复杂,为晋宁期造山运动晚期的碱性或偏碱性岩浆产物。中酸性岩为燕山期中酸性岩浆活动的产物,以岩株、岩脉产出。第四系广泛发育,平原区为海相、冲海相、沼泽相堆积,山麓地带为洪—坡冲、冲积堆积物,时代为更新世—全新世。

1.地层

评价所涉及的地层主要为新太古界—新元古界:苏鲁造山带发育地层主要有新太古界—古元古界东海岩群变质表壳岩、中元古界锦屏岩群和中—新元古界云台岩群,以及震旦系石桥岩组。由于变质变形强烈,原岩面貌大多已被改造,难以辨别。区域地层分布总体上在东海岩群与锦屏岩群和石桥岩组之间存在角度不整合,而锦屏岩群与云台岩群之间为平行不整合。

1)东海岩群(Ar_2—Pt_1D)

东海岩群出露于东海、赣榆一带,为一套中深变质表壳岩系,呈透镜状、瘤状、岛状漂浮于变质深成侵入岩中。区内可划分为3个岩组,即摩天岭岩组(Ar_2—Pt_1Dm)、演马场岩组(Ar_2—Pt_1y)和武强山岩组(Ar_2—Pt_1w)。

摩天岭岩组以透镜状、似层状分布于片麻岩中,规模大小不一,较大者主要见于摩天岭、虎山、和堂等地,具无序特征,较为典型的岩石组合有白云长石(石英)片岩+片状白云石英岩+白云变粒岩+黑云片岩+石英岩(摩天岭),蓝晶石石英岩+榴辉岩+黑云变粒岩+白云石英片岩+斜长角闪岩+绿帘钠长黑云片岩(虎山),黑云变粒岩+斜长角闪岩+榴辉岩(和堂)。摩天岭岩组与片麻岩韧性剪切带接触,呈构造岩片产出,厚度大于100m。

演马场岩组出露于演马场、灌子山、竖子山、吴沟、黄山子、坪上、邱官庄等地,以出现含透辉石白云质大理岩为特征,多"漂浮"于片麻岩中,构成变质表壳岩透镜体。主要岩性组合为(蛇纹石化)透辉石(或透闪石)白云质大理岩+透辉石石英岩+白云石英片岩+绿帘角闪片岩,原岩组合为滨海—浅海相碳酸盐沉积+硅质岩(+长石石英砂岩+基性火山岩?),变质作用达角闪岩相,后期有斜长角闪岩和榴辉岩等基性岩脉穿插其间。从区域上看,该组地层构成大理石矿或白云石矿,利用程度较高。另外,在赣榆区青口—下口一带钻孔中演马场岩组也有分布,厚度达1100m以上,在山左口一带可能也有分布,变质比较强烈。

武强山岩组地表仅见于赣榆区武强山和秦山岛,钻孔中见于赣榆区墩尚、罗阳、临河口、东海县新安、郎墩、岗埠、浦南、竹园等地。主要岩性为石英岩、大理岩、黑云斜长变粒岩,呈孤岛状散布于大片的奥长花岗岩和花岗岩中。建组剖面位于赣榆区武强山(江苏省地质调查研究院,1994),根据浅钻剖面,武强山组厚度大于542m(未见顶底),以出现含磁铁矿石英岩为最重要特征,为苏鲁造山带内所特有。

2)锦屏岩群(Pt_2J)

锦屏岩群地表见于锦屏山南西侧,在大浦、滥洪、洋河等地钻孔中也有分布,下部西山岩组由暗绿色绿泥(云母)片岩夹大理岩、磷灰岩、石英岩、石墨片岩和锰磷矿凸透镜体组成,底部以含砾白云石英片岩与朐山花岗片麻岩构造接触,过去将之视为不整合接触。上部东山岩组为白云钠长变粒岩、灰白色(含磷)大理岩夹磷灰岩与灰绿色绿泥钙质云母片岩互层;底部为具白色斑点的灰绿色钙质云母片岩,二者整合接触;上覆云台岩群平行不整合于东山岩组之上。由于该岩群变形强烈,岩层发生褶叠和滑脱,厚度在走向上变化很大,为数十米至数百米不等,可分为东山岩组和西山岩组。

西山岩组主要分布在锦屏一带,是锦屏磷矿含矿层位的下含矿层,亦是主要的含矿层。在西山矿区,岩性由底部锰土层、下部锰磷矿夹(含磷)大理岩、上部钙质云母片岩、顶部微含磷大理岩组成。在东山矿区,岩性由底部大理岩、下部钙质绿泥云母片岩夹石墨片岩、上部(阳起石榴)大理岩或大理岩夹钙质绿泥片岩组成。往北至大浦一带,岩性则由下部白云石英片岩夹碳质石英片岩和薄层大理岩、中部大理岩夹细粒磷灰岩、上部细粒磷灰岩或白云质大理岩和云母大理岩组成。在滥洪—华冲一线矿区,岩性则以斜长绿泥云母片岩、斑点状斜长云母片岩为主,另有含白云质大理岩、白云石大理岩、磷灰岩、钙质云母片岩、白云石英片岩,以绿色片岩系出露较齐全,岩石厚度大为显著特征,缺少特征的石墨片岩等岩石。总体上,西山岩组岩性在空间上有较大变化,为一套碳酸盐岩-泥砂质岩-磷块岩沉积变质组合。磷矿矿体赋存于磷灰岩或含磷大理岩中。西山岩组角度不整合覆盖于古太古代—新元古代变质侵入岩之上,与东山岩组为连续沉积的整合接触关系,上、下界线都经后期韧性剪切变形作用的强烈改造,表现为韧性剪切变形带的构造接触。

东山岩组是重要的上含磷矿层,矿体赋存于磷灰石岩或含磷大理岩中,其含矿性较西山岩组含矿性差。岩性在大浦及东山矿区以下部白云钠长变粒岩或绿泥钙质云母片岩、云母绿泥片岩和钙质云母绿泥片岩为特征,上部为白云质大理岩或含磷大理岩及磷灰石岩,另有白云钠长变粒岩、云母石英片岩、二云片岩、钙质云母片岩、黑云绿泥片岩。原岩为一套泥砂质岩-碳酸盐岩-磷块岩沉积变质组合。在滥洪-华冲矿区,底部以巨厚的白云变粒岩、白云钠长变粒岩、白云钠长片岩为主,中部以大理岩、白云质大理岩、含磷大理岩及细粒磷灰石岩为主,含斜长绿泥云母片岩、斑点状斜长云母片岩、二云片岩、白云石英片岩等,上部则以绿色片岩(包括斜长绿泥云母片岩、斑点状斜长云母片岩等)为主,含大理岩、白云质大理岩、含磷大理岩、白云石英片岩等。总体上仍是一套经历高绿片岩相变质作用的以绿色片岩系、变粒岩类为主,夹大理岩-磷灰石岩的沉积变质组合。东山岩组经历了强烈的构造变形作用,特别是后期韧性剪切带的叠加改造,使之形成不同规模的剪切岩片,原岩正常沉积序列受到改造,呈现无序特点。因此,测量到的地层厚度并不能代表原始地层厚度,仅代表剪切岩片叠置厚度。东山岩组与西山岩组为连续沉积的整合接触关系,但钻孔剖面上经韧性剪切变形作用改造,均表现为韧性剪切变形带的构造接触,与上覆云台岩群之间有一套斑点片岩,为韧性剪切变形作用改造产物,接触关系难以确定。

3)云台岩群（$Pt_{2-3}Y$）

云台岩群分布于连云港市云台山区及南部淮阴至灌云一带,以变粒岩和浅粒岩为主,由竹岛岩组、花果山岩组和石桥岩组组成。

竹岛岩组主要出露于连云港竹岛、猴咀、当路、九岭山、团山等地,沿南城至韩山一带第四系覆盖之下也有一些分布,与下伏锦屏岩群东山岩组为平行不整合接触,但不整合面为后期韧性剪切带改造成的斑点片岩,与上覆花果山组以顶部蓝晶石白云（石英）片岩为界,存在强烈韧性剪切作用,可能为整合接触。竹岛岩组在连云港地区的岩性以白云变粒岩为主,另有较多的二云变粒岩、含白云钠长浅粒岩或变粒岩,夹含黄铁矿浅粒岩及斜长白云片岩,为一套中酸—酸性火山-碎屑沉积岩变质产物。近顶部为白云石英片岩及蓝晶石石英片岩夹薄层石英岩,因含石英岩及白云片岩,岩石组合特殊,又具蓝晶石、黄玉等特征变质矿物,故作为标志层用于区域地层划分和对比。

花果山岩组分布于云台山、大伊山、小伊山等地,第四系覆盖之下在灌云一带大面积存在,主要由二长浅粒岩、含岩块二长浅粒岩构成,夹钠长浅粒岩、含斑钠长浅粒岩及少量黄铁矿钠长浅粒岩、白云变粒岩、黑云变粒岩。岩石中原生结构构造保存较好,常见变余斑状结构、变余晶屑结构、变余浆屑结构、变余火山角砾构造等。岩层中顺层韧性变形强烈,滑脱、褶叠现象常见,形成不同规模的剪切岩片,使原岩正常沉积序列受到改造,呈现出无序的特点,糜棱岩、糜棱岩化岩石及构造片岩在地表叠置厚度大于3400m。原岩为一套酸性火山-碎屑沉积岩,变质作用为低绿片岩相,但在杨集一带钻孔中,见蓝闪石片岩,属低温高压变质作用产物。

石桥岩组分布于赣榆区石桥果园等地,在石桥果园呈北东向透镜体展布,长100多米,厚度大于365m,具类复理石沉积或浊流沉积特征,围岩为东海杂岩二长片麻岩,接触关系为韧性剪切带。该组区域上分布局限,主要岩性在朋河石为变质砾岩、变质砂岩、变质砂砾岩夹石英岩、片岩、千枚岩、富白云变粒岩及板岩;在石桥果园采坑中,主要岩性为上部变质白云长石砂岩夹变质长石砂岩和薄层变质泥质粉砂质长石砂岩（出现红柱石）,中部变质含二云长石石英砂岩和较多石英岩状砂岩夹白云片岩,下部变质含砾长石砂岩和变质长石砂岩、二云千枚岩（见红柱石）,次为变质粉砂质长石砂岩（泥岩）和少量变质长石石英砂岩、变质砾岩。原岩恢复为一套类复理石建造,具鲍马序列粒序层理,沉积环境分析为陆缘半深海盆地沉积。变质矿物组合为白云母、黑云母、绿帘石、绿泥石、石英、红柱石、钠长石、钾长石,属低绿片岩相二云母带,上部可达高绿片岩相,存在着明显的变质程度不均一、变质倒转和对称分布现象。石桥岩组与下伏片麻岩具不整合接触特征,但有韧性剪切带叠加,在石桥东南2km左右小采坑中,片麻岩推覆在石桥岩组之上。石桥岩组在石桥是一个构造透镜体,变质倒转和对称分布现象与构造作用关系密切。

2. 地质构造

连云港市地处我国大地构造单元秦岭褶皱系大别山-苏胶褶皱带的苏北-胶南复背斜之上。区内自古太古代以来,经历了多次构造运动,褶皱、断裂均发育,地质构造较复杂,既存在与变形有关的塑性流变构造,也发育了众多的中新生代脆性断裂。区内断裂构造主要有北东向、北北东向、北西向、近东西向、近南北向及北西向多组断层彼此交错切割,较大断裂控制了山体形态,并形成了断凸、断凹相间展布的构造格局。连云港处于扬子板块东北端,地质构造主要为断裂构造和褶皱构造。

断裂构造有断层、节理、地堑和地垒。本区主要断裂、断层大致可分为3类。

(1)该区规模较大的断裂均为北—北东向的剪切性断裂,如郯庐断裂、淮阴-响水断裂、灌云剪切带。其中,郯庐断裂北起黑龙江依兰,南止长江北岸庐江,全长2400km,是中朝陆块与扬子古陆的地质分界线,为我国东部第一大断裂。区域新构造活动强烈,稳定性差,郯庐断裂带为不稳定区,边缘属较不稳定区。

（2）在较大断裂之间形成的北西-南东向的小型连接断层,应属于大断裂的增生断裂。

（3）小范围内的地域性断层,按断层之间的配置方向与切割关系分析,起初可能属于同一北西西-南东东向构造应力场不同发展阶段的产物,吕梁运动期间有不同程度的发育。此间,北北东向断层应属压扭性冲断层,北西向与北东东向应属扭张性平移断层,北西西向断层应属张性正断层性质。印支期—燕山期期间,其中有些断层又有重新活动并改变其原来的力学性质(表15-30)。

表15-30　区内主要断裂一览表

断裂名称	断裂级别	性质	走向	倾向	倾角	区内长度	期次和时代
郯庐断裂	Ⅰ级	平移断层	北北东	南东	70°	30km	中元古代
淮阴-响水断裂	Ⅰ级	正断层	35°～45°	南东	45°	43.7km	印支期—燕山早期
烧香河断裂	Ⅱ级	正断层	50°	南东	60°～70°	25km	中更新世
伊芦山北断裂	Ⅱ级	正断层	北东	北西	80°	5.6km	燕山期末
伊芦山南断裂	Ⅱ级	正断层	北东	南东	80°	16.7km	燕山期末

褶皱构造区内主要有锦屏倒转背斜,出露于锦屏山,轴向为北北东向,核部为胸山组,两翼为锦屏含磷组,轴向南东东向,倾斜,倾角30°～50°,西翼倒转而陡峭,东翼为正常翼,背斜被北西向、北西西向断层错开呈不连续状。根据断层效应,背斜自南向北有依次下落的趋势,锦屏倒转背斜的西南有前张湾-七里桥背斜,其特征与锦屏倒转背斜相似。

3. 工程地质条件

1）工程地质岩组

可根据地质构造、地貌和岩土体工程地质类型划分区,在此基础上可进一步划分出侵蚀剥蚀山地工程地质亚区、剥蚀堆积工程地质亚区和堆积平原工程地质亚区。其中,基岩出露区及松散沉积物厚度小于20m的地区具备建立水封洞室能源储备库的先决条件。根据岩体分类及其工程地质特性,将岩石分为岩浆岩类、沉积岩类、变质岩类3个大类。

岩浆岩类:主要为坚硬块状侵入岩组和层状火山岩岩组。区内地表出露岩体主要分布于东海县桃林及赣榆北部山区,其他地区亦有零星分布,为岩浆岩建造。地形起伏大,海拔在200～300m,最高峰海拔为384m。主要类型为坚硬的整块侵入岩岩组,属中生代侵入的中—酸性岩。新鲜岩石抗压强度为100～200MPa,软化系数为0.85～0.90,属坚硬块状岩石。但表层花岗岩易风化,形成风化壳,厚度一般为10～15m,局部大于15m,风化岩体力学性质下降,是工程地质勘查、设计应注意的问题。地表岩石由于构造裂隙、节理发育,为滑坡、崩塌提供了物质来源。

沉积岩类:区内以中厚层状砂岩岩组为主,主要分布在东海县西北及南通狼山等5个小山处。主要岩性由泥盆系、白垩系砂岩、砾岩、砂砾岩,志留系、上二叠统泥岩、页岩组成。泥盆系茅山群、五通组以石英砂岩为主,中厚层状,较坚硬,新鲜岩石抗压强度大于800MPa,出露岩层易风化,风化层厚一般小于3m。其余地层呈薄层状,抗压强度为10～30MPa。泥岩、页岩经风化剥蚀,形成缓坡和丘岗地貌特征以及较厚的风化壳,厚度可达3～5m,遇水易崩解,其与坚硬岩石不相间时则会形成软弱夹层,进而发生滑动破坏。

变质岩类:主要分布在两块区域,即新沂以东、东海、赣榆以西北低山丘陵区,连云港一带的山体。新沂以东、东海、赣榆以西北低山丘陵区属古老的变质岩台地,地形起伏大,海拔在200～300m,最高峰海拔为384m。山体岩性以变质岩类为主,次为侵入岩。岩体类型为坚硬的块状片麻岩、混合岩岩组,分布于整个山区,面积大。岩性主要为太古宙—新元古代白云斜长片麻岩、混合岩、变粒岩、片岩、云母钾长片麻岩。新鲜片麻岩的抗压强度在15MPa左右,软化系数为0.90,属坚硬块状岩石,但片麻岩、混合岩表层易风化,一般风化壳厚5~10m,局部大于10m。连云港一带的山体岩性为新太古代—新元古代白云斜长片麻岩、白云岩、混合岩等。新鲜的白云斜长片麻岩抗压强度为133~274MPa,软化系数为0.87~1.00,属坚硬块状岩组,具良好的天然地基和块石建材。但片麻岩表层易风化,风化壳厚5~10m,力学性质比新鲜基岩差,挤压强度都较小,容许承载能力小于300kPa。此层极为普遍,工程勘察、设计应加以注意。此外50m以浅的基岩比新鲜基岩差,容许承载能力较小。

2)岩体质量

为研究岩体的质量,本次工作分别在该地区选取两个典型钻孔进行了钻孔取芯和孔内波速测试。

结构面发育特征和风化程度不同时,纵波速度也不同。一般来说,波速随结构面密度增大,风化加剧而降低。岩石因风化、氧化胶结程度变差,疏松甚至破碎,密度减小,强度减弱,波速减小。测得的声波速度与新鲜完整岩石的声波速度进行比较,波速减小量反映了岩石的疏松、破碎程度,据此可确定岩层风化、氧化带。

由波速测试数据可知,两钻孔纵波速度的变异系数存在一定差异(EGLY01钻孔为0.09,EGLY02钻孔为0.16)。数据显示,1号钻孔的纵波速度较2号钻孔更稳定,说明1号钻孔所在地层的节理和结构面更少,完整性更优一些,这一点与钻孔成像图像及产状分析的结果吻合程度较高。

本区的岩体分级方法采用《工程岩体分级标准》(GBT 50218—2014)中的二级分级法,按照岩体的质量指标BQ进行初步分级,然后根据各类工程岩体的特点,考虑其他影响因素如天然应力、地下水和结构面方位等对初级BQ值进行修正,再按照修正后的BQ值进行详细分级。岩体分级具体指标参照表15-31。

表 15-31 岩体质量分级

基本质量级别	岩体质量的定性特征	岩体基本质量指标(BQ)
Ⅰ	坚硬岩,岩体完整	>550
Ⅱ	坚硬岩,岩体较完整;较坚硬岩,岩体完整	550~451
Ⅲ	坚硬岩,岩体较破碎;较坚硬岩或软硬岩互层,岩体较完整;较软岩,岩体完整	450~351
Ⅳ	坚硬岩,岩体破碎;较坚硬岩,岩体较破碎—破碎;较软岩或软硬岩互层,且以软岩为主,岩体较完整—较破碎;软岩,岩体完整—较完整	350~251
Ⅴ	较软岩,岩体破碎;软岩,岩体较破碎—破碎;全部极软岩及全部极破碎岩	<250

钻孔岩体质量BQ分级显示(图15-34),EGLY01钻孔以Ⅲ类岩体为主,局部较破碎段可达Ⅴ类岩体,总体来说85m以下以Ⅲ类岩体为主;EGLY02钻孔以Ⅲ类岩体为主,70~80m段岩体较破碎,以Ⅳ~Ⅴ类岩体为主。

3)结构面

岩体由结构面和结构体组成,由于结构面的切割,岩体的工程地质表现出较大的非均质和各向异性,本次工作结合钻探进行了孔内成像,通过分析成像图和孔内节理的产状,对本次试验的两个钻孔进行评价。

1号钻孔:在成像测试26~160m的范围内,孔壁岩体整体较完整,54~59m和88.6~92.4m深度处裂隙密集发育,见图15-35。在109.9m深度处发育一条产状为202°∠9°、宽度为5cm的张开裂隙,在122.8m深度处发育一条产状为242°∠23°、宽度为3cm的张开裂隙,除以上两条裂隙外其余裂隙均闭合。该钻孔内优势节理主要有:①节理1走向NW60°~85°,倾向NE5°~30°,倾角50°~70°;②节理2走向NE0°~20°,倾向SE70°~90°,倾角20°~35°。

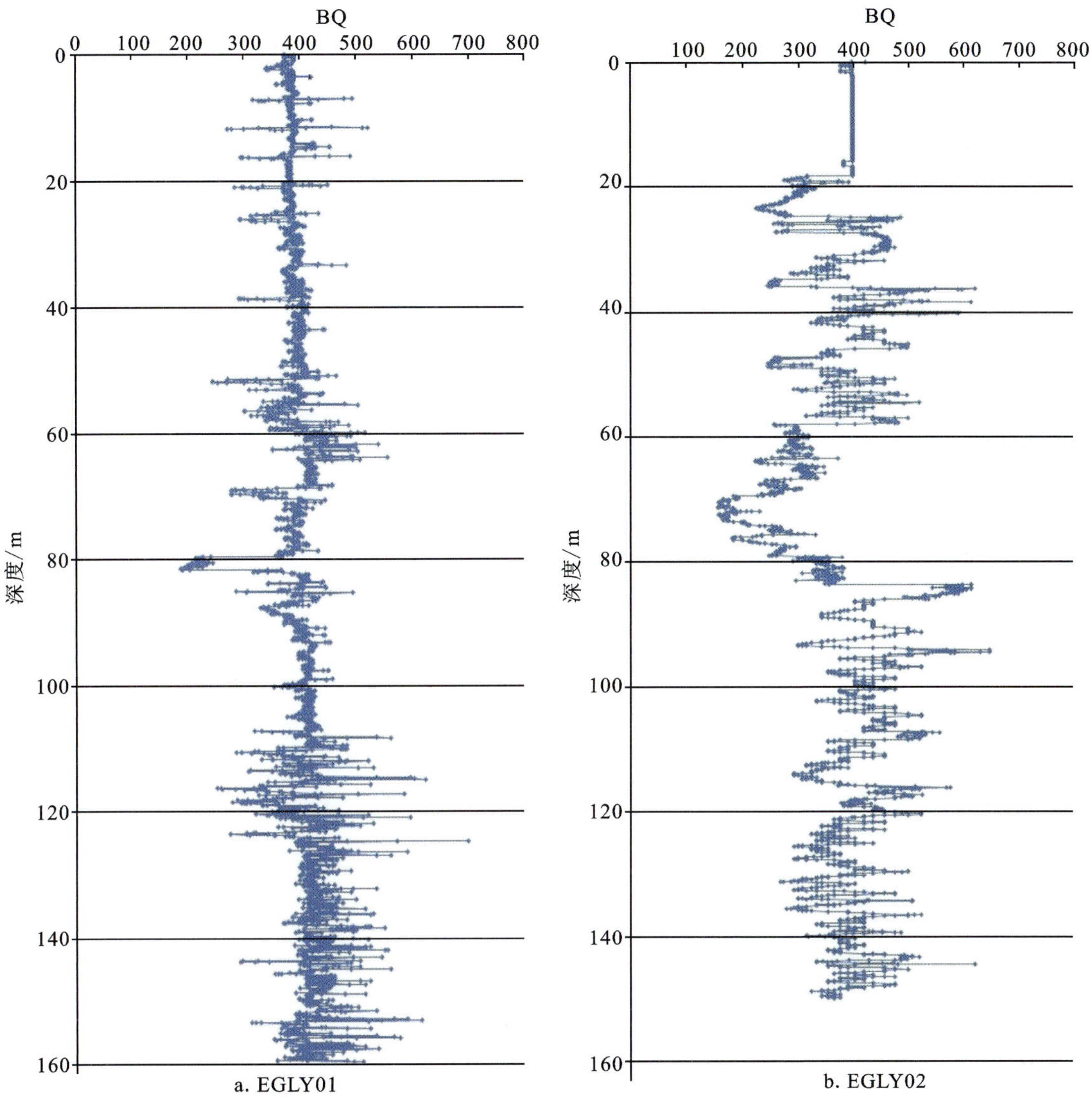

图 15-34 钻孔岩体质量指标(BQ)

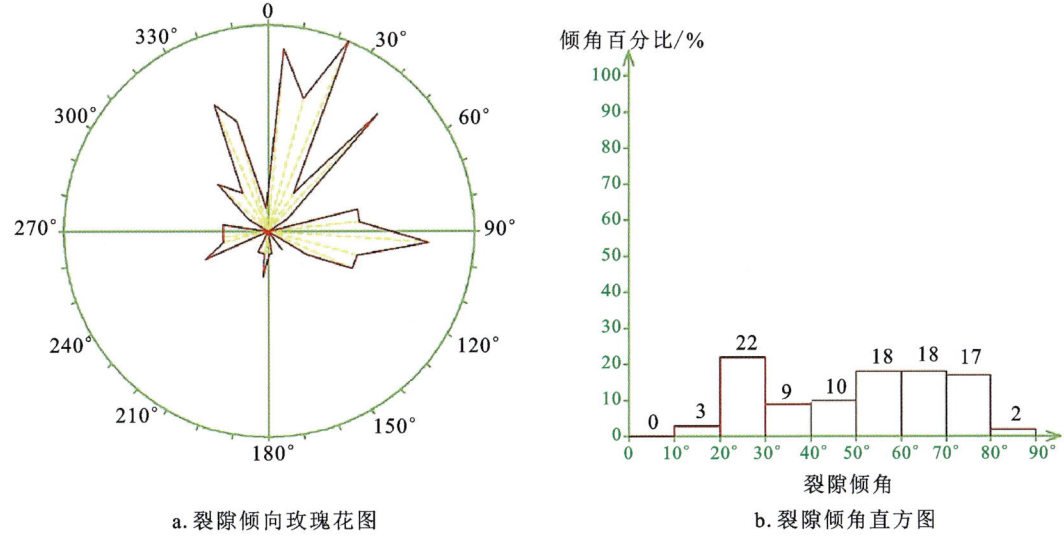

图 15-35 1号(EGLY01)钻孔内裂隙产状玫瑰花图

2号钻孔:在成像测试的6.7~149.4m范围内(69.5~77.5m深度处由于水泥封孔孔壁裂隙状况无法解译),见图15-56,孔壁岩体相对1号钻孔较差,裂隙密集发育的深度有20.6~25.0m、34.1~35.4m、50.8~57.3m、58.6~66.0m、90.0~92.0m、101.8~105.0m、114.5~115.5m、129.3~132.3m。9.4~10.2m深度处孔壁掉块,除在11.3m深度处发育一条产状为191°∠20°、裂隙宽10cm的张开裂隙外,其余裂隙均闭合。该钻孔内优势节理主要有:①节理1走向NW25°~50°,倾向SW40°~65°,倾角40°~60°;②节理2走向NW65°~85°,倾向NE5°~25°,倾角30°~50°。

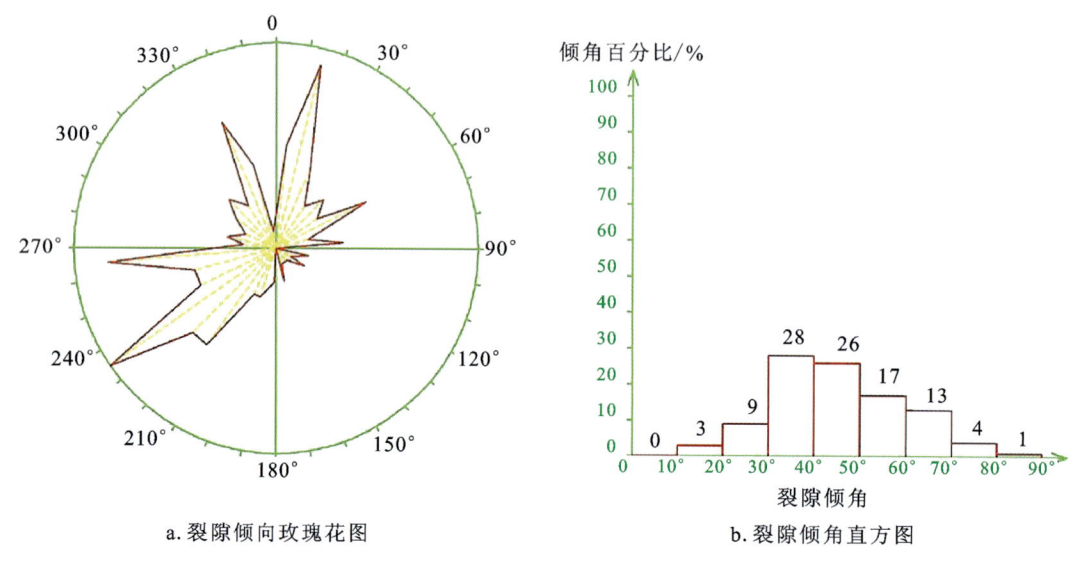

a. 裂隙倾向玫瑰花图　　b. 裂隙倾角直方图

图15-36　2号(EGLY02)钻孔内裂隙产状玫瑰花图

4. 水文地质条件

由于地下洞库能源储备多储存于无衬砌的岩体中,地下水以基岩裂隙水为主,区内主要分布在东海、赣榆两县的西北部,面积为1855km²,为全市面积的24.9%。基岩裂隙水类型主要包括前震旦系变质岩裂隙水、白垩系碎屑岩裂隙水和火成岩裂隙水。地下水来源以大气降水及地表水体补给为主,地下水消耗主要是对平原区地下水的补给或以基流形式对山丘区河流的补给。

碎屑岩裂隙孔隙含水岩组:主要分布于郯庐主断裂西侧和邵桑断裂、响水-盱眙断裂南侧中生代盆地,含水岩组主要由上白垩统紫红色砂岩、含砾砂岩、砂质砾岩、砾岩、角砾岩和粉砂质泥岩等组成。常出露于地势较高的残丘和断裂附近,富水性差。东部地区的单井涌水量为0.01~0.22L/(s·m),属$HCO_3·Cl-Na·Ca$型咸水;西部地区的泉水单井涌水量达0.12~0.91L/(s·m),TDS为0.2~2g/L,属HCO_3型或$SO_4·HCO_3$型水,SO_4^{2-}、Fe^{3+}含量常超标。

花岗岩类裂隙含水岩组:分布于西北部地区。含水岩组主要由燕山期二长花岗岩、斑状二长花岗岩、石英二长岩、花岗闪长岩、碱长花岗岩等组成。由于裂隙不发育,富水性差,水位埋深为1~3m,局部地区段氟的含量超标。

长英质变质岩裂隙含水岩组:分布于云台山和西北部低山、丘陵、残丘地区。含水岩组主要由元古宙花岗质片麻岩、浅粒岩、变粒岩、石英岩及长英质糜棱岩组成。富水性不均匀,以构造破裂带及其风化裂隙为主,单井涌水量一般为0.007~0.12L/(s·m),可达1.04~1.09L/(s·m),属下降泉,单井涌水量大多小于1L/(s·m),在裸露区及坡麓地带,TDS大于1g/L,属$HCO_3·Cl-Na·Ca$型淡水;在隐伏区,TDS大多大于3g/L,可达9.08~10.18g/L,属$Cl-Na$型咸水。

碳酸盐质变质岩岩溶裂隙含水岩组:分布于连云港、演马厂、山左口等地区。含水岩组主要由新太古界—中元古界大理岩、白云质大理岩、透辉(透闪)大理岩等组成。单井涌水量一般为1L/(s·m)，在裸露区，TDS小于1g/L，属$HCO_3·Cl-Na·Ca$型淡水；在隐伏区，TDS高达20g/L，属$Cl-Na$型咸水。

本次工作进行了现场压水试验，压水试验作为一种原位渗透试验，与孔内成像技术相结合，可较好地反映孔内细小裂缝、裂隙的张开程度和充填情况，为评定岩层的完整性和透水性提供依据。

对区内两个钻孔进行压水试验，每个钻孔取12个压水试验段。试验段长度为10m进行试验分析，获得的压水试验数据如图15-37所示。

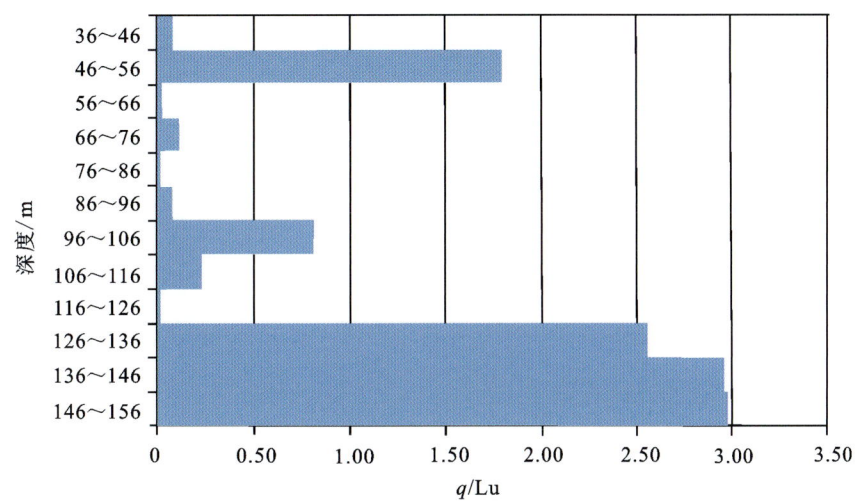

图15-37 1号(EGLY01)钻孔压水试验透水率随深度变化曲线

由图15-37中数据可以清晰看出，在46~56m、126~156m两个深度范围内，透水率分别达到了1.793Lu和2.560Lu以上，参照《水利水电工程地质勘察规范》(GB 50487—2008)的岩土体渗透性分级(表15-32)，可以划分为弱透水岩体。

表15-32 岩土体渗透性分级

渗透性等级	标准	
	渗透系数 K/cm·s^{-1}	透水率 q/Lu
极微透水	$K<10^{-6}$	$q<0.1$
微透水	$10^{-6}\leqslant K<10^{-5}$	$0.1\leqslant q<1$
弱透水	$10^{-5}\leqslant K<10^{-4}$	$1\leqslant q<10$
中等透水	$10^{-4}\leqslant K<10^{-2}$	$10\leqslant q<100$
强透水	$10^{-2}\leqslant K<1$	$q\geqslant 100$
极强透水	$K\geqslant 1$	

对比同一钻孔中其他试验段的透水率大小，可以推测上述两个试验段深度范围内的岩体渗透性能较好，可能由于该深度的岩体裂隙发育程度较高，裂隙率较大，且多为张开裂隙，且连通性较好。对比参照之前的波速测试结果，吻合度也较高。

而在2号钻孔中，虽说在105~115m试验段中，透水率也达到了相对较大的0.164Lu(图15-38)，但毕竟压水试验所获得的岩体渗透性大小具有明显的相对性，整个孔内所有试验段的透水率都小于0.1

或 0.1，在规范内属于极微透水或微透水岩体，透水性较差，相反岩体的完整性越好。

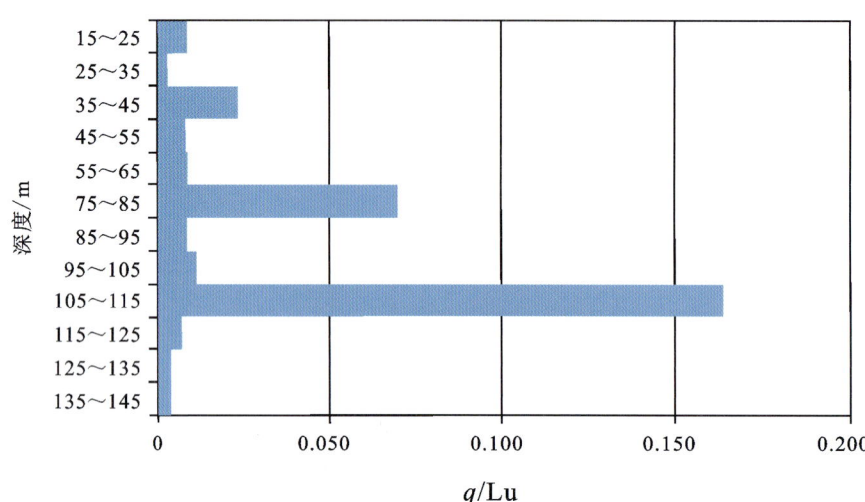

图 15-38　2 号（EGLY02）钻孔压水试验数据

（二）开发利用地质适宜性评价

1. 地下水封洞库的选址原则

根据地下水封洞库的建库及储油原理和特点考虑，地下水封洞库的两个显著特点是：一是洞库基本无衬砌，二是储油时周围水压力大于库室内油压力。因此，地下水封洞库对库址区水文地质工程地质条件要求较高。地下储油库选址首先必须要满足两个基本的地质条件：一是岩体的完整性，即应选出无深性断层和断裂、裂隙不甚发育的结晶岩体，以保证有足够的可用岩体范围；二是密封，即满足必要的水封条件。

1）岩体的完整性

地下油库储存需在地下 90～120m 地段开挖石油储备封洞库，岩性及构造上要保证地下洞室的长期稳定和安全，地下水封洞库应选择在坚硬、完整性好的以结晶岩体为主的岩浆岩或变质岩等块状岩体区，岩体要有足够可用范围。构造上要求洞库一定要建在区域稳定性好的地带，这就要求洞库要避开大的断裂带，褶皱不发育，库区内不能有活动性断裂存在。对于岩体的构造，岩体中节理、片理、断层等结构面要求不发育。洞库选址时应避开抗震设防烈度为Ⅸ度及Ⅸ度以上地区，地应力集中的构造部位。所以，为了保证水封洞库的洞室稳定和安全，应对水封洞库建库岩体的坚硬程度、完整性、稳定性、矿物成分以及断裂性质有较高的要求。

2）水封条件

库区必须满足必要的水封条件，应有稳定的地下水水位，且地下水埋深不能太深，岩体应存在一定的裂隙使岩体具有透水性，但透水量不能过大，即岩体要具有弱透水性。如果涌水量过大，则表明该库址岩体的裂隙较发育，岩体完整性较差，这将给洞室的稳定性带来不良影响。因此，洞库的涌水量可以作为评价库址优劣的一个重要参数，也是排水设计的重要参数。参照国内外同类地下工程的经验，应具有相对稳定的地下水水位，地下岩体渗透系数应小于 10^{-5} cm/s；封堵后每 100 万 m^3 库容每天的涌水量不宜大于 100m^3，以保证水封和洞室稳定，并减小洞库运营成本。水封示意图见图 15-39。

地下水封洞库是用来储存油气产品的，所以对岩体的矿物成分和地下水水质也有一定的要求。由于油品直接与岩石、地下水等介质接触，所以要求组成岩体的矿物及地下水中不能含有对油品质量有影

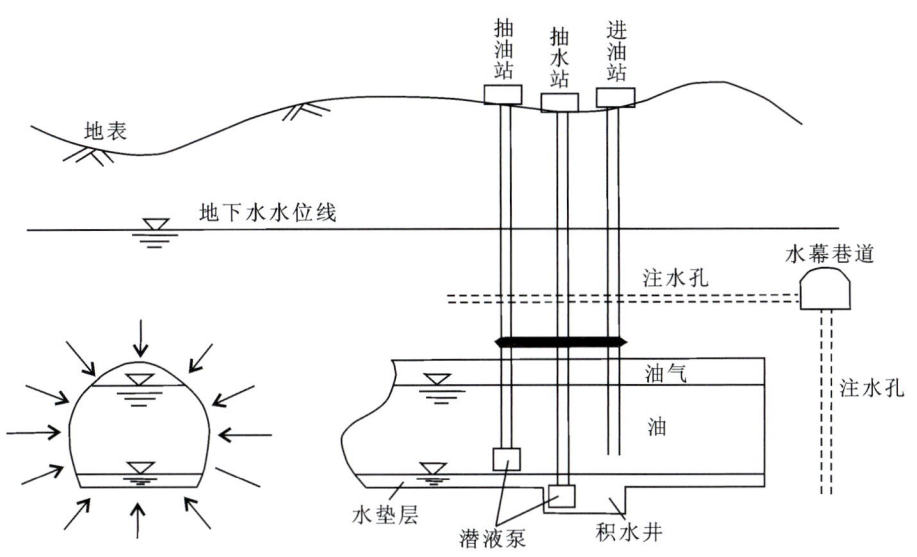

图 15-39 石油地下储存地下水封示意图

响的化学元素。有些化学元素如 S、Cu、Pb 等对油品质量有一定的影响,所以要求岩体中不含此类元素。有些造岩矿物则含有较少的有害物质如长石、石英、云母及铁镁矿物等,所以地下水封洞库一般选择建在含有这类矿物的以 SiO_2 为主的硅酸岩中,它们不含或者少含有害元素,比如花岗岩及片麻岩等浅变质花岗岩。现在修建的地下水封洞库也基本修建在此类岩体中,在这些地区建造的地下库均未发现岩石及地下水对油品有不良影响。

3) 外部依托条件

结合我国国情因地制宜,同时根据我国规划建设地下储油库的需求和特点,考虑以下外部依托条件:①根据国家石油战略储备情况合理规划布置库址;②选择周围有一定原油供应地区,靠近原油生产基地;③选择现有良好海港和原油进口码头,要求具有良好的原油码头设备,并可接纳大吨位的油轮;④靠近大型原油加工基地即大型炼油厂等,有利于减少投资及运营费用;⑤最好依靠现有的交通、输油管线、通信等条件。

2. 评价指标选择

综合考虑地下水封洞库的选址条件,结合连云港地区条件,确定参与本次评价的因素主要包括区域稳定性、洞室稳定性、地下水封条件和经济因素 4 个方面,最后遵照评价指标的科学性建立起评价体系。根据各因子对地质条件的影响确定指标权重。

评价指标:系统分析地下水封洞库的原理及选址要求等,进一步深入了解地下水封洞库宏观选址的影响因素后,对主要影响因素进行了系统的分析,明确了地震烈度、与区域性断裂带距离、地层岩性、最大水平地应力、地下水埋深、年均降水量、与大型港口距离、与大型炼油厂距离 8 个指标,构建了用于地下水封洞库宏观选址综合分析评价的指标体系(图 15-40)。基于 GIS 空间叠加分析模型和层次分析评价方法,本书构建了地下水封洞库宏观选址综合评价的分析模型(表 15-33)。

1) 区域稳定性指标

区域稳定性评估是建设地下水封洞库成败的关键所在,为保证地下水封洞库稳定地运行,达到预期目的,地下水封洞库库址必须要具备稳定的区域地质条件,主要指标如下。

(1) 地震:对区域稳定性及地下洞室稳定的影响是明显的,若一个区域内经常发生地震,且地震分布广、强度大,则该区域的稳定性一定较差。在该区域建地下水封洞库,一旦发生地震,会对洞库的围岩造

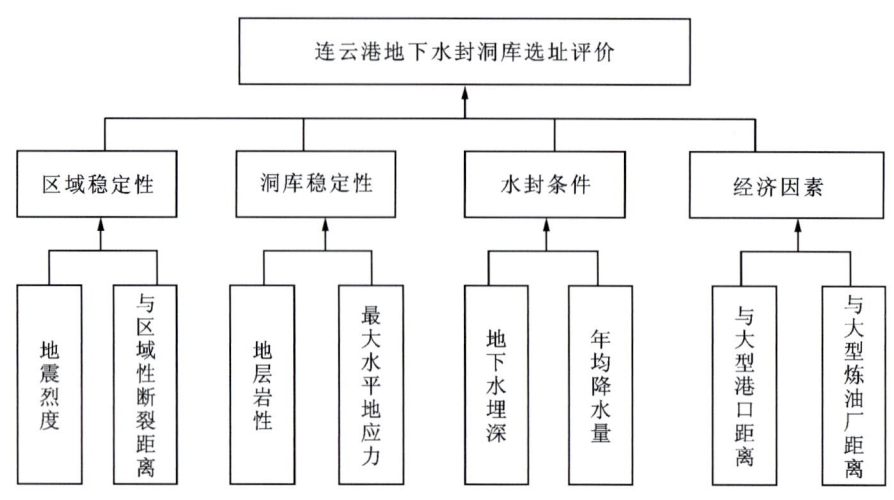

图 15-40 连云港水封洞库适宜性评价体系

成破坏,即由于地震动载荷作用,受断裂、节理等结构面控制的岩体,可能发生失稳破坏,也会造成洞口处发生崩塌破坏等。反映地震强度的指标有很多,有地震烈度、地震峰值加速度、地震强度、地震历史、震级大小、影响范围等。综合考虑资料可利用程度和各指标间的相互对应关系,所以本书选取区域地震基本烈度作为评价指标。根据《中国地震动参数区划图》(GB 18306—2015),工作区地震烈度以Ⅵ~Ⅷ度为主,不存在Ⅸ度(图 15-41)。

表 15-33 连云港水封洞库适宜性评价分级体系

评价指标	分值			
	4	3	2	1
地震烈度	≤Ⅵ	Ⅶ	Ⅷ	≥Ⅸ
与区域性断裂带距离/km	≥20	15~20	10~15	≤10
地层岩性	花岗岩、闪长岩	云台岩群、锦屏岩群、正变质岩	东海岩群	砂岩、灰岩等
最大水平地应力/MPa	≤10	10~15	15~20	≥20
地下水埋深/m	≤5	5~15	15~100	≥100
年均降水量/m	≥900	600~900	300~600	≤300
与大型港口距离/km	≤20	20~60	60~100	≥100
与大型炼油厂距离/km	≤20	20~60	60~100	≥100

(2)断裂:断裂对地下洞室的影响主要体现在断裂破碎带使得洞室穿过时会有一些强度较低的地带容易塌方或落石等局部失稳,另外这些区域水力联系也比较强,容易发生突水等事故。此外,活动性断裂容易引发地震,使洞室的整体失稳。选址时对断裂带都予以避开处理,所以断裂带的规模基本不影响选址,洞库与断裂带距离为主要影响因素。因此,本书选取与区域性断裂带距离作为评价指标。本区区域性断裂带宽度又较宽,断裂带宽度从几百米到几千米,依据选址原则要求库址区无大的区域性断裂带通过,特别是活动性断裂带。调查发现库区内大多无区域性断裂带通过(图 15-42),或距离 10km 或 20km 以上,本次工作选定距离 10km 以上可建库,20km 以上即为适宜建库。

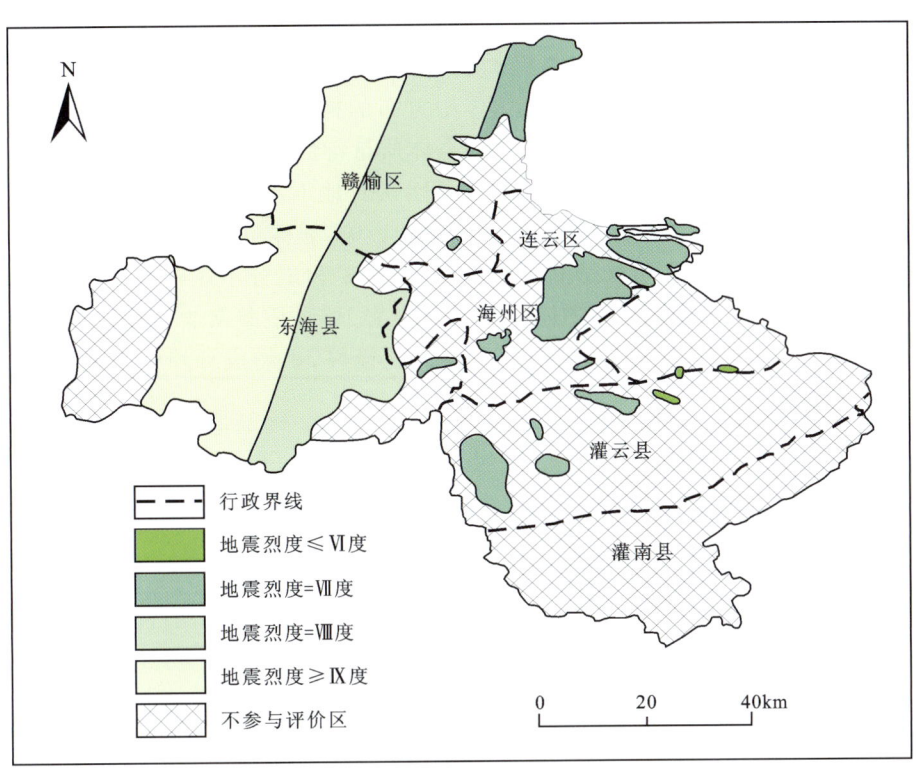

图 15-41　连云港市地震抗震设防烈度分级图

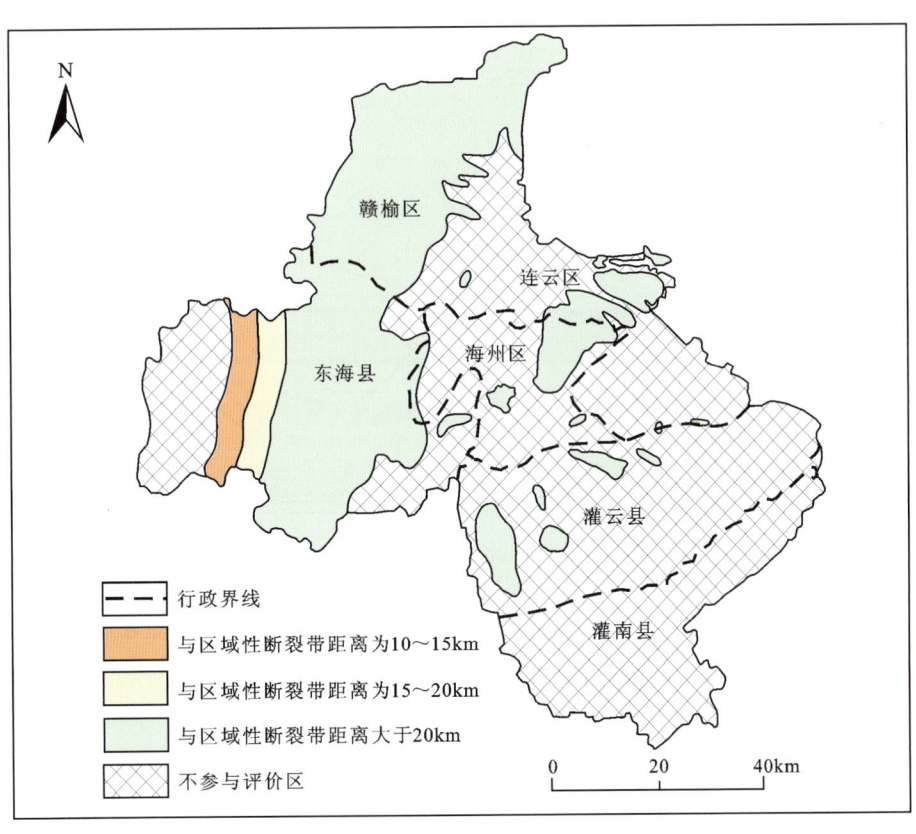

图 15-42　连云港市与区域性断裂带距离分级图

2)洞库稳定性指标

洞库稳定性的影响因素众多且复杂。这里分两个方面考虑：一是影响山体稳定性的因素主要有山体的地质构造、地形地貌、水文地质条件、岩性、山体中分布的构造裂隙组合形式、方位同山体方位的关系等；二是影响围岩稳定性的主要因素有地层岩性、岩体质量特性、地质构造、地应力等。

(1)地层岩性：作为影响地下水封洞库选址的重要因素对地下水封洞库选址的影响有多方面，主要有对洞室稳定的影响、岩体的矿物成分对储存油品质量的影响、岩体可用范围对洞库布置的影响等。综合以上考虑地下水封洞库应修建在块状结晶岩体中，且岩体矿物成分不影响油品质量。就目前国内外已建或在建的水封洞库来看，水封洞库基本修建在了花岗岩、熔结质凝灰岩、浅变质花岗岩等岩体质量较好的岩体中(图15-43)。这几类岩体岩性稳定，岩体质量好，矿物成分稳定，成岩范围广，是修建地下水封洞库的首选岩体。

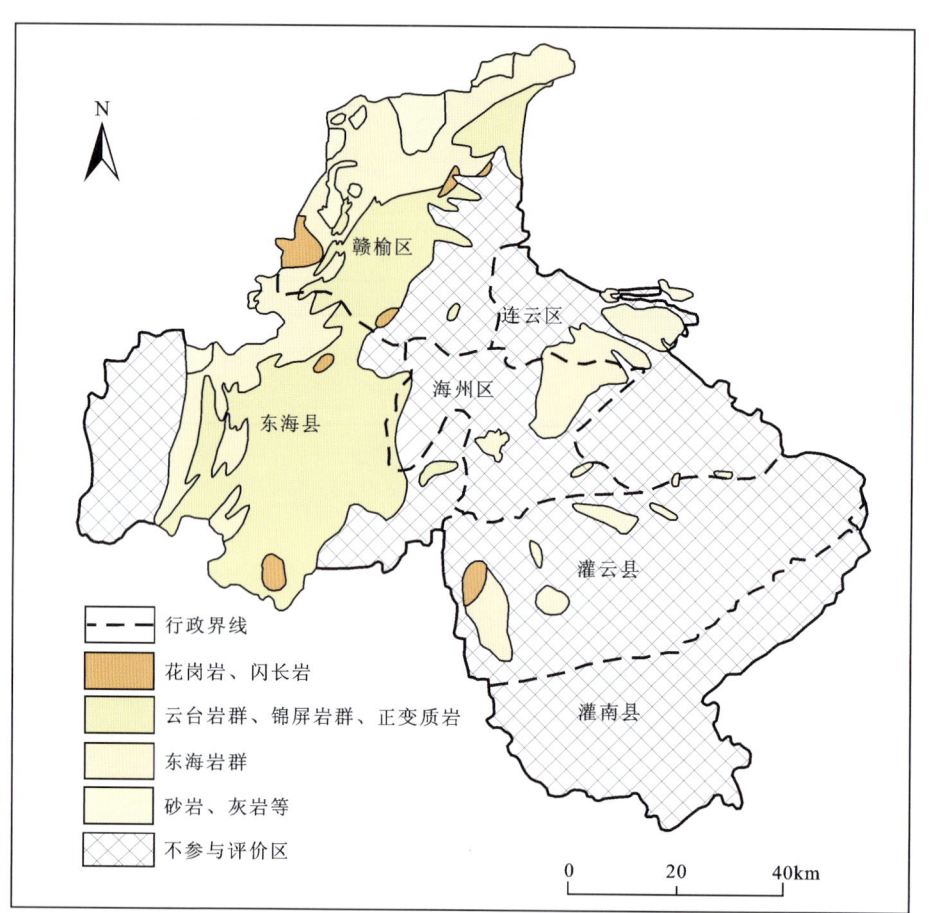

图15-43 连云港市地层岩性分级图

(2)最大水平地应力：初始地应力场对洞室围岩稳定性影响很大，主要体现在影响围岩应力重分布，所以地下水封洞库一般要求选择在中低地应力区，过高的地应力环境会影响洞室围岩的稳定性，诱发岩爆等工程地质问题，给洞室施工带来较大的困难。同时，地应力对洞室断面尺寸和形状及洞室群轴线方向的选择都起制约作用。在高初始地应力地区修建地下洞室易产生岩爆现象或强烈挤压塑性变形。因此，地下油库选址应避开高地应力和地应力集中部位。连云港市的最大水平地应力均小于10MPa，属低应力区，对洞室围岩的稳定性影响较小，符合建库要求。

3)水封条件指标

水封条件是地下水封洞库不同于一般地下洞室的显著区别，水封条件的影响因素主要考虑水文地质单元位置、地下水埋深、地下水水位、地下水补给、岩体渗透性、地下水水质等。

(1)地下水埋深:分析统计区内已选库区地下水水位埋深,除惠州库水位埋深为0~50m,其余从0.5m到18.92m都有分布,大多小于10m(图15-44)。结合洞室埋深要求,地下水封洞库储存原油或成品油,一般其洞室的埋深在稳定地下水水位以下35~40m,储存液化石油气的洞室的一般埋深在稳定地下水水位以下80~150m。研究认为,地下水埋深大于100m则判断为不宜建库。

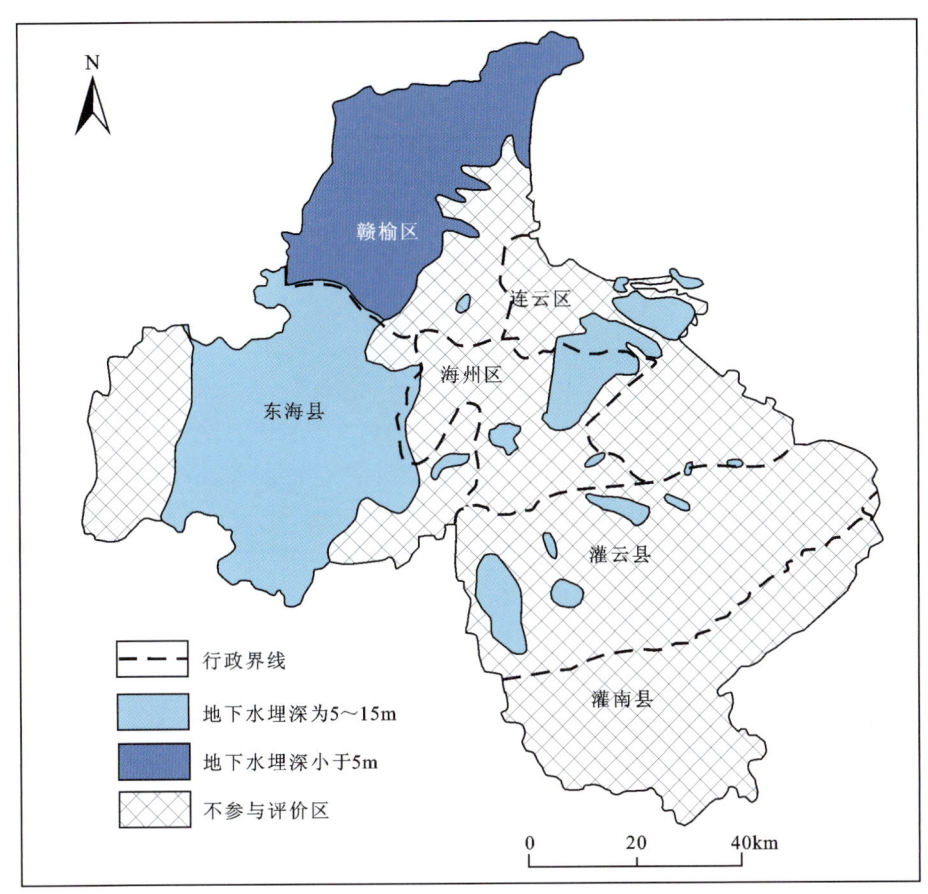

图15-44 连云港市地下水埋深分级图

(2)地下水水位:是地下水封洞库选址时首要考虑的重要条件,也是保证其水封效果及安全运行的首要条件。研究大量文献发现,通常取区域性地下水排泄基准面作为设计地下水水位,而且所取区域地下水排泄基准面必须具有长期稳定的条件,不受天然或人为因素的影响而发生变化。对已建或已选址的洞库条件进行分析时发现,洞库选址都是采用长年地下水埋深或实测地下水埋深作为设计依据。而且地下水埋深虽不如区域性地下水排泄基准面稳定,但能更详细、准确地反映库址区的地下水水位情况。因此,本次工作选取长年地下水埋深作为评价指标。

(3)地下水补给:地下水补给是保证稳定的地下水水位的重要条件。当地下水补给充足时,则水位比较稳定,地下水埋深也较浅,可以很好地满足地下水封洞库的水封条件。一般来说,大气降水是地下水的主要补给来源,但降水量存在着季节的差异,在时间上分布不均,所以选取地区的多年年平均降水量作为评价指标。

(4)降水量:主要从降水对地下水的补给方面考虑。一般认为当年均降水量小于255m时,降水对地下水没有补给作用。根据已建库资料分析库区年均降水量从541.5mm到2500mm都有分布。可以看出库区年均降水量大部分大于900mm,基本都处于大于600mm的范围内。

4）经济因素指标

地下水封洞库的外部依托条件，即输油管线长度及运输损耗等方面问题是考量地下水封洞库的重要因素。从已建洞库的工程经验来看，一般要改建、扩建或配套新建，本次不考虑交通、通信等条件。考虑到我国进口石油的90%以上是通过海上油轮运输，尽量就近卸载储藏，此次主要选取与大型港口的距离作为评价指标，见图15-45。另外，油品的加工处理方面主要考虑与大型炼油厂距离作为评价指标（图15-46）。

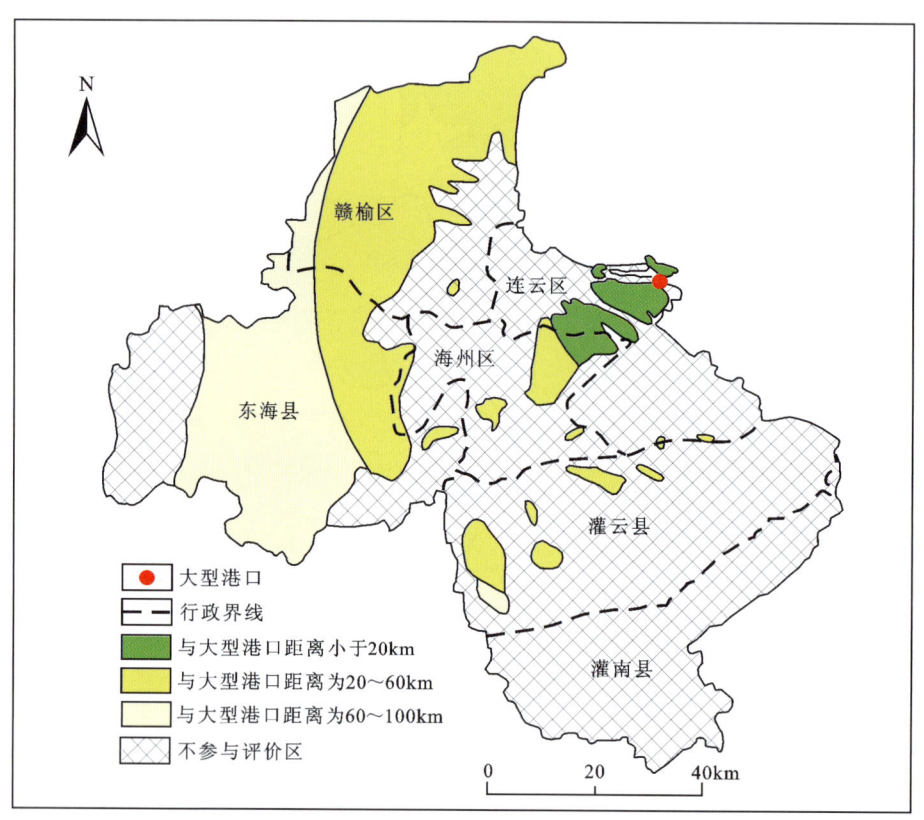

图15-45 连云港市与大型港口距离分级赋值图

相关文献资料表明与大型港口、炼油厂距离小于20km为优等库区，20~60km为中等库区，60~100km为劣等库区。距离最大值取100km，若大于100km，则可直接判定不宜作为地下水封石油洞库库址。

3. 评价体系确定

运用层次分析法的思想，将影响地下水封洞库选址的相关因素进行层次化分析，由于各个相关影响因素间是相互影响、相互关联并存在一定的隶属关系的，所以把这些影响因素按不同层次组合进而形成一个多层次的结构模型。

从表15-34中可见，地层岩性、地震烈度、地下水埋深权重值比较高，这也符合实际工程考虑问题的思路；其次为距区域性断裂带的距离及最大水平地应力，考虑总体的最大水平地应力值的资料相对较缺乏，所以赋权重值相对较低；再次为与大型港口的距离、与大型炼油厂距离及年均降水量，与港口及炼油厂的距离考虑到有部分地下水封洞库为后期再建设配套油厂等，所以赋值较低，年均降水量在洞库选址中较地下水埋深明显不重要，因此得出的权重值也较低。

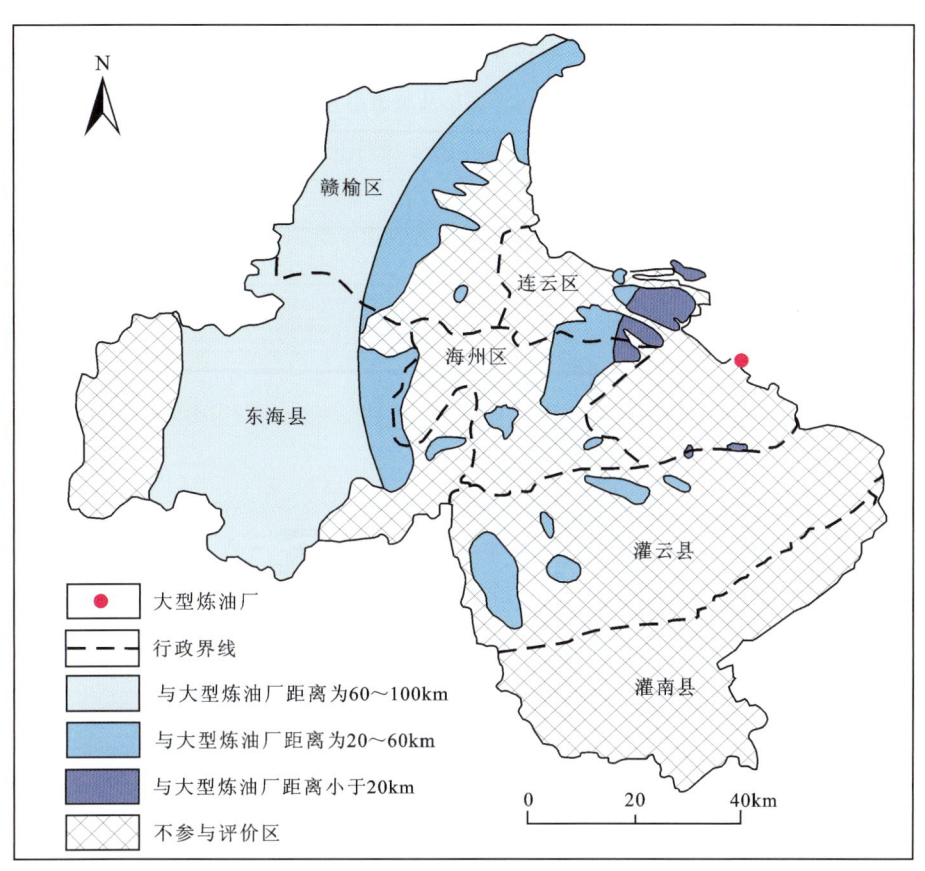

图 15-46　连云港市与大型炼油厂距离分级赋值图

表 15-34　各指标对目标层的权重值

目标层	准则层		指标层	
	名称	权重	名称	权重
连云港地下水封洞库选址综合评价	区域稳定性	0.351 2	地震烈度	0.234 1
			与区域性断裂带距离	0.117 1
	洞库稳定性	0.351 2	地层岩性	0.263 4
			最大水平地应力	0.087 8
	水封条件	0.188 7	地下水埋深	0.157 6
			年均降水量	0.031 1
	经济条件	0.108 9	与大型港口距离	0.054 5
			与大型炼油厂距离	0.054 4

（三）适宜性评价结果

将各指标按照相应权重进行叠加，分为适宜建库区、较适宜建库区、基本适宜建库区、不宜建库区共 4 个等级（表 15-35）。通过对评价结果进行试算，对计算结果进行了合理的区间范围的划分。其中，大部分地区因基岩埋深大于 20m，不参与评价，作为强制性条件将其直接划分为不宜建库区。

研究发现，连云港全市陆域面积中建立地下水封洞库的适宜区达 296km²，较适宜区达 819km²，基本适宜区达 1413km²，共计 2528km²，占连云港总面积的 33.20%；最适宜区主要位于赣榆区北部厉庄镇周围及云台山东部、北固山一带(图15-47)。

表15-35 适宜性评价结果等级划分方法

评价等级	适宜建库区	较适宜建库区	基本适宜建库区	不宜建库区
综合指标得分	3.4~4.0	3.2~3.4	2.9~3.2	2.7~2.9

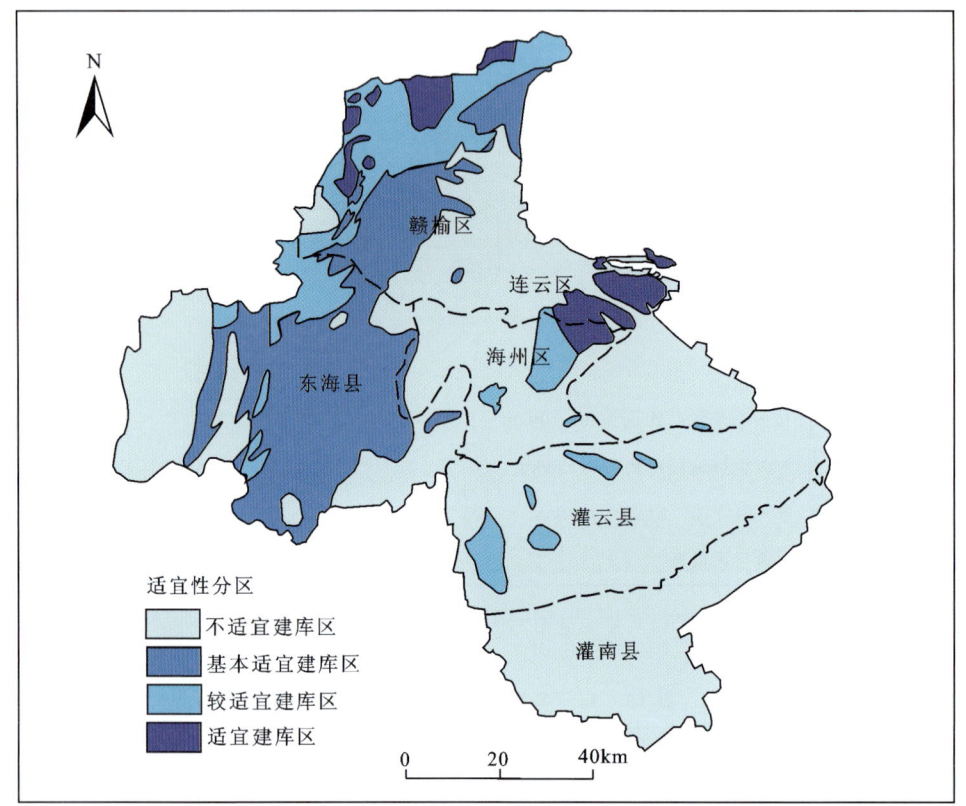

图15-47 连云港市建库适宜性分区图

(四)开发利用建议

鉴于连云港地区深部地下空间资源禀赋独特,新一轮城市总体规划及土地利用总体规划编制过程中需高度重视深部地下空间的开发利用,最大限度实现土地与地下空间资源的协同利用。连云港北翼赣榆港区附近区域是深部地下空间储能的集中适宜区之一,现规划以发展散货、杂货运输为主,并预留远期发展集装箱运输功能,建议对北翼赣榆港区及腹地港口工业园区的规划作出相应调整,布局大规模的地下储库、原油码头和一系列石化产业园区。

连云港地区建设地下水封洞库的综合条件比较优异,可作为国家储备的重要选区,建议市政府开展可行性论证研究,并向国家发展和改革委员会申请建设国家石油战略储备立项。根据建设世界级石化基地的规划,未来将有中国石油化工集团有限公司(简称中石化)、江苏盛虹石化产业发展有限公司(简称盛虹石化)、东华能源股份有限公司(简称东华能源)、华电能源股份有限公司(简称华电等能源)等能源和炼化企业落地,建议政府对相关企业的原油、液化天然气(LNG)、液化石油气(LPG)等能源,化工原料储备方式进行引导,在条件合适的地区鼓励规划建设地下水封洞库储备设施,可减少企业综合成本,极大地节省土地资源。

第六篇
支撑服务新型城镇化建设篇

　　本篇主要阐述了长江经济带城市群、重点城市和试点小城镇3个层次地质调查评价所取得的成果。本次工作基本查明了长江三角洲、苏南现代化建设示范区、江苏沿海地区、皖江经济带、长株潭城市群、长江中游城市群和成渝城市群7个重要经济区/城市群，以及宁波、成都、南京、安庆、上海、杭州、武汉、金华、温州、南通、丹阳等15个城市重要规划区的地质资源环境条件和重大地质问题，编制了系列报告和图集，在重要城市群和城市重点规划区建立了三维地质结构模型，提出了相关建议，打造了可复制推广的"皖江城市群地质调查模式""丹阳试点小城镇地质调查模式"和"宁波城市群地质调查模式"，有效推进了城市群、城市和小城镇的环境地质调查工作，为长江经济带国土空间规划、城镇空间布局、积极推进新型城镇化建设提供了地质依据和科技支撑。

第十六章　长江经济带城市群地质调查评价

城市是人类聚居地，从小城镇到城市到城市群的拓展是人类走向成熟和文明的标志，城市也是人类群居生活的高级形式。推进城镇化建设是长江经济带国土规划和国家新型城镇化的重大战略。本次工作针对长江经济带不同城市群、城市和小城镇分别部署开展了相应地质调查工作，进而及时梳理总结了长江三角洲经济区（城市群）、苏南现代化建设示范区、皖江经济带、长江中游城市群、成渝城市群、长株潭城市群、江苏沿海地区等的地质环境条件，指出了城市群发展有利和不利地质因素，并提出相应建议对策。同时，有重点地组织开展了上海、南京江北新区、成都、杭州、宁波、嘉兴、台州、温州、金华、南通、马鞍山、芜湖、安庆等城市以及丹阳小城镇地质调查，基本查明了各城市和小城镇的地质背景，建立了相关城市环境监测体系和城市三维地质信息系统与管理支撑平台。

本次工作中创新了合作机制，建立了长江经济带 11 个省（市）地质工作协调机制，形成以 1∶1～1∶2 经费匹配的部省、部市和部县（区）等多种合作模式（以长三角、皖江、苏南等为代表的城市群合作模式，以上海、南京、杭州、宁波、成都等为代表的城市地质合作模式，以丹阳为代表的小城镇地质调查合作模式），初步实现"5 个共同"，即"共同策划、共同部署、共同出资、共同实施、共同组队"要求，充分利用中央资金引领地方经济投入，形成了在全国可推广、可复制的城市地质调查工作模式，促进了地方政府开展地质调查工作的积极性，有力推进了长江经济带地质调查工作，推动并引领了我国多要素城市地质调查和地下空间探测工作。本次调查成果在城市规划、建设和管理工作中发挥了重要作用，为建设绿色低碳、资源集约、生态宜居、供水安全的城市提供了地质依据。

鉴于支撑服务各城市群发展地质调查成果内容涉及较多，本章仅阐述长江三角洲经济区、苏南现代化建设示范区、皖江经济带、长江中游城市群和成渝城市群的调查成果。

第一节　长江三角洲经济区

长江三角洲经济区（简称长三角经济区）作为亚太地区重要国际门户、全球重要的先进制造业基地，是我国经济实力最强、产业规模最大的地区，在我国现代化建设全局中具有重要的战略地位和突出的带动作用。国务院发布了《关于依托黄金水道推动长江经济带发展的指导意见》，对新形势下长三角经济区新型城镇化、产业转型升级、重大工程建设、生态环境保护等地质工作提出了更高的要求。中国地质调查局会同长三角经济区两省一市自然资源部门，系统梳理了以往地质调查成果，对长三角经济区的资源环境条件和重大地质问题进行了研究，提出了对策建议。

一、有利资源环境条件

1. 滩涂资源开发潜力巨大

长三角经济区沿海滩涂湿地资源丰富，面积为 1.32 万 km^2（图 16-1），主要分布在江苏大丰—如东、长江口、杭州湾、浙江沿海岛屿周边等地。其中，江苏沿海滩涂是亚洲大陆边缘最大的滩涂，面积为

4790km², 最宽处可达 90km。

目前,沿海滩涂围垦新增土地面积为 6228km², 分布在江苏大丰—海安、上海崇明岛东滩、杭州湾南岸、宁波象山、舟山等地。开发利用方式有农业种植、水产养殖、盐业、生态保护、港口建设和临港工业等,农业用地约占 60%, 生态用地和建设用地各占 20%。可作为后备土地资源的滩涂面积为 5564km²,开发潜力大(图 16-2)。其中,潮上带滩涂面积为 460km², 主要分布在江苏沿海,潮间带滩涂面积为 3024km², 分布在江苏沿海辐射沙脊区、杭州湾南岸、台州和温州等地,潮下带(5m 水深)滩涂面积为 2080km², 以浙江、江苏海域为主。

建议:充分利用沿海滩涂资源优势,科学规划滩涂围垦和港口、码头、风电场等工程布局,加强沿海滩涂资源状况、海岸带侵蚀淤积、重金属污染等重大地质问题调查评价与动态监测,促进滩涂后备土地资源的合理规划布局、有序开发与保护。

2. 岩盐资源丰富,盐穴空间可利用潜力大

长三角经济区地下岩盐资源量为 4243 亿 t, 主要分布在江苏淮安、金坛、丰县、洪泽和浙江宁波等地,已探明储量为 2688 亿 t。江苏淮安盐矿已探明储量为 2500 多亿吨,在国内为最大,居世界前列,分布在以淮安市为中心的 227km² 地域内,盐层埋藏深度在地下 700~2500m 之间,盐层累计厚度为 240~1050m, 最大单层厚度为 130m。江苏金坛盐矿分布面积为 60km², 盐层埋藏深度在地下 750~1300m 之间,厚 160~220m, 储量为 162 亿 t。地下盐矿开采留下的巨大盐穴空间,可用于储存石油天然气。与地面储油储气设施相比,利用盐穴储存油气具有基建投资少、占地面积小、运行成本低、安全可靠等优势,且十分利于战备,被称为"具有高度战略安全的储备库"。

建议:加强淮安、金坛盐矿等地下油气储备库地质勘查和适宜性评价,加快推进淮安、金坛等地下储油储气库建设,打造国家油气战略地下储备首批示范基地。

3. 浅层地热能应用前景广阔

长三角经济区热水型地热资源丰富,主要分布在江苏南京、扬州、如东、东海和浙江嘉兴、慈溪等地,资源储量 $8.07×10^{17}$ kJ, 折合标准煤 276 亿 t, 每年可采热水量超过 22.3 亿 m³, 可利用热量折合标准煤 755 万 t, 目前年利用量仅有 0.55%(图 16-3)。长三角经济区现有地热井 160 多口,经济效益显著。江苏南京汤山、东海汤庙已被列为"全国地热开发利用示范区",南京市汤泉镇被评为"温泉之乡",扬州市被评为"中国温泉之城"。2014 年江苏已启动地热能开发利用基地建设,首批打造如东等地热勘查研究和开发利用产学研基地。

长三角经济区省会城市浅层地热能潜力巨大,总资源量为 $1.4×10^{13}$ kW·h, 折合标准煤 17.22 亿 t, 可利用资源量为 $9.215×10^{11}$ kW·h, 折合标准煤 1.14 亿 t。若采用地源热泵系统充分开发利用浅层地热能,每年可实现夏季制冷面积为 8.43 亿 m², 冬季供暖面积为 19.8 亿 m², 可减排二氧化碳 0.95 亿 t。截至 2016 年,上海、南京和杭州 3 个城市计有浅层地热能利用工程 1300 多处,经济和社会效益显著。

建议:充分利用地热资源和浅层地热能优势,打造"地热开发利用示范区""温泉之乡""温泉之城"等地热品牌,推进城市新区浅层地热能应用,降低生态环境压力,支撑地热供暖制冷、温室养殖和温泉旅游等产业发展。

4. 非金属矿产优势明显

长三角经济区发现非金属矿产 78 种,已探明储量的有 39 种,矿产地共 1570 处,非金属矿产在全国优势明显。其中,叶蜡石、伊利石、明矾石、凹凸棒石、保温材料黏土、方解石、泥灰石、水泥用辉绿岩、水泥混合材料用闪长玢岩和石煤等 10 余种居全国第一位,萤石居全国第二位,硅藻土居全国土第三位,沸石、硅灰石、珍珠岩、膨润土、高岭土、花岗石、大理石和水泥灰岩等位于国内前列。

长三角经济区非金属矿产是国家重要原材料供给核心区,目前叶蜡石、伊利石、明矾石、凹凸棒石、

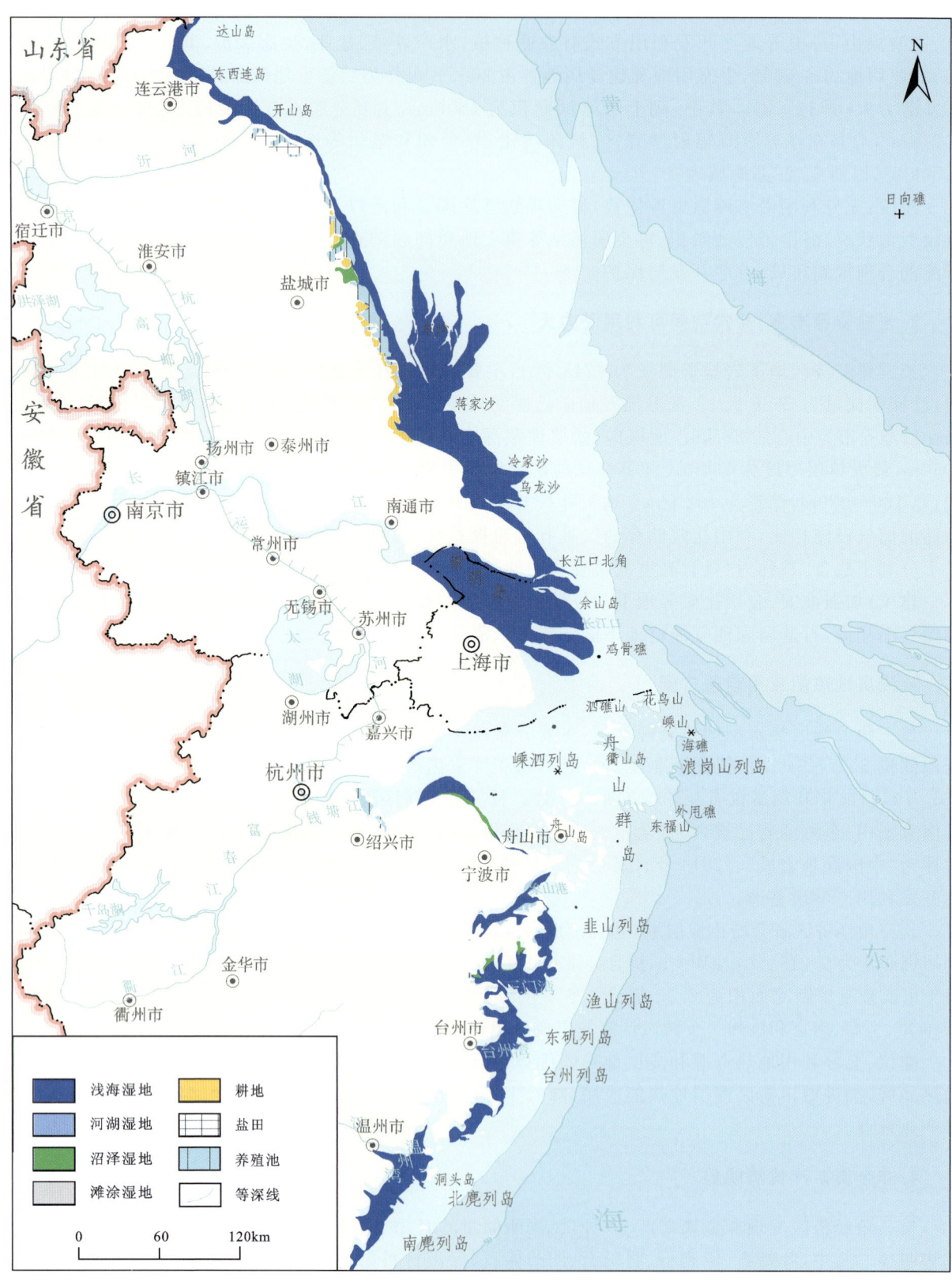

图 16-1 长三角经济区沿海滩涂资源现状分布图

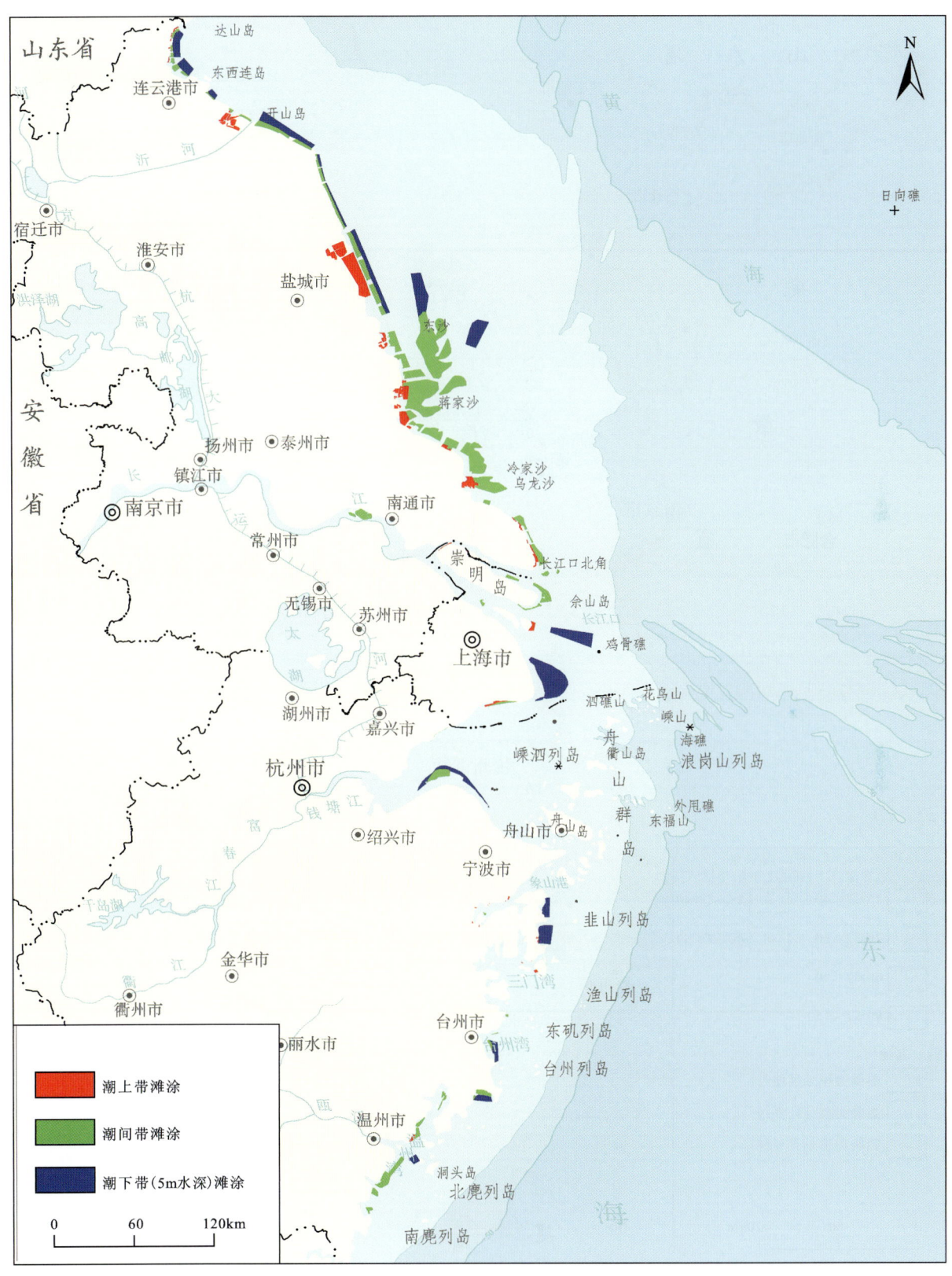

图 16-2 长三角经济区滩涂后备土地资源潜力图

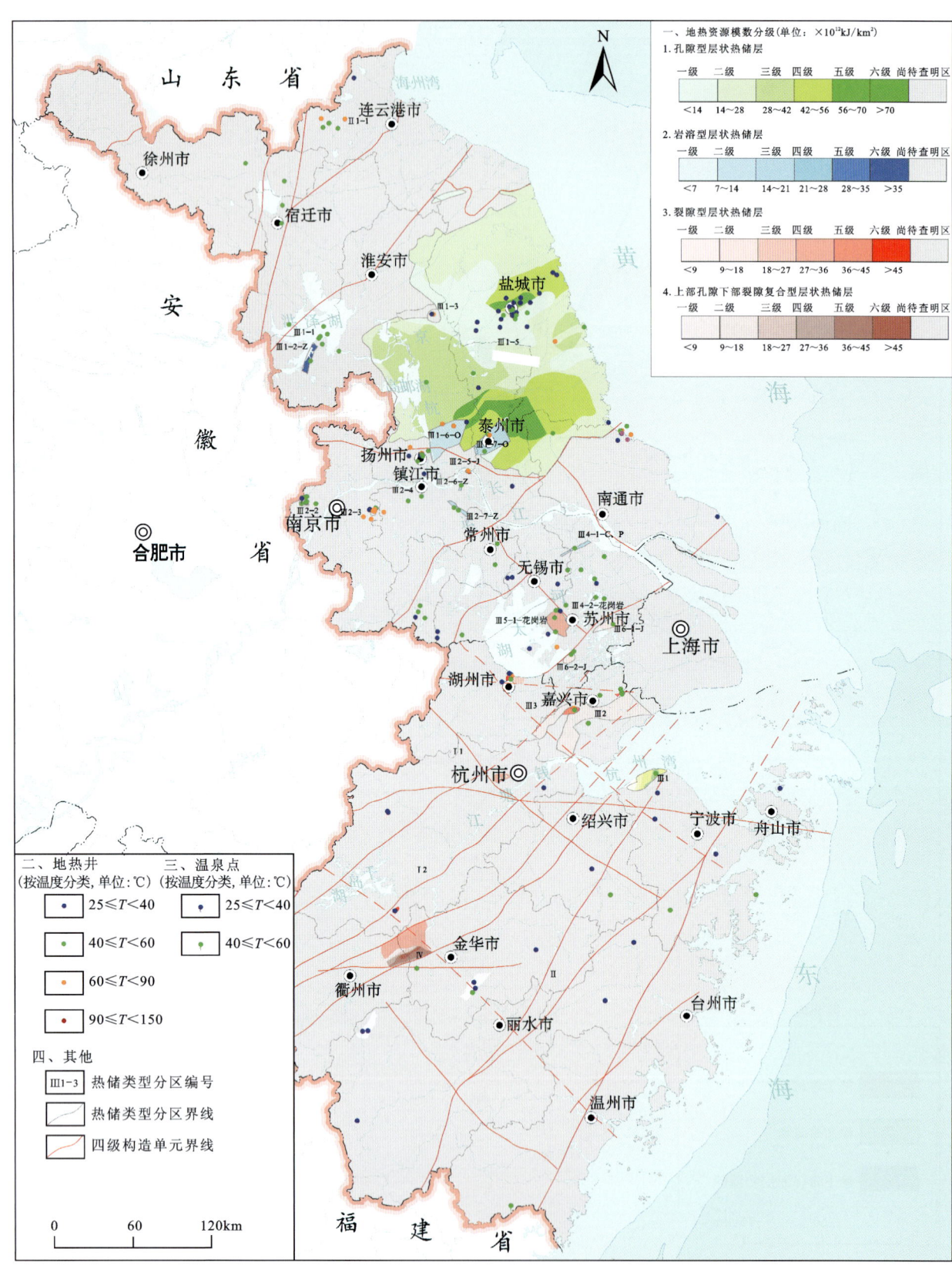

图 16-3 长三角经济区地热资源分布图

保温材料黏土、方解石和石灰岩等已形成一定产业规模,年产矿石量为36亿t,年工业产值达229亿元,年利润达27亿元。但矿山以中小型为主,规模小,生产和加工水平较低,资源利用程度较低,浪费严重。

建议:提升矿业开发规模化和集约化程度,加强非金属矿山地质环境保护和绿色矿山建设,推进新型节能环保精细加工非金属产品的开发应用,建设江苏盱眙凹凸棒石-淮安石盐芒硝等建筑化工材料产业基地,浙江嵊州-缙云硅藻土、沸石等新型节能环保材料产业基地,以及浙东南叶蜡石、伊利石出口创汇优势产业基地。

二、重大地质问题

1. 水土污染突出

调查表明,长三角经济区土壤环境质量分为5级,其中一级(较清洁区)面积最大,占总土壤面积的49.11%,面积为66 684km^2(图16-4)。长三角经济区土壤重金属污染面积为7400km^2,主要分布在城镇、工业区及周边地区,土壤重金属污染以镉、铜和汞污染为主。强酸性土壤(pH≤4.5)面积为104km^2,主要分布在红壤和水稻土分布区。土壤有机污染在局部地区较严重,有机污染"毒土地"事件频出,如常州某农药厂场地土壤苯、氯苯和二氯丙烷严重超标,含量分别高达1730×10^{-6}、184×10^{-6}和1230×10^{-6}。

长三角经济区18%地下水可以直接饮用,50%经适当处理后可以饮用,32%不宜作为生活饮用供水可作为其他用途供水(图16-5)。地下水"三氮"和重金属污染日趋严重,有机物污染检出率高,但超标率低(图16-6、图16-7)。"三氮"污染比例为17.26%,以硝酸盐和氨氮污染为主。氨氮、亚硝酸盐氮、硝酸盐氮在地下水中的超标率分别为11.93%、2.98%和2.59%。地下水中有机物检出率较高的有机物主要有二氯甲烷、1,2-二氯乙烷、三氯甲烷、甲苯、苯等,有机污染超标率为0.85%,多呈点状分布,多系工业污染所致。

建议:加强苏南和上海等地大比例尺土地质量地球化学调查和重要含水层质量调查,开展苏南、上海、杭嘉湖等地工业用地转型评估和水土污染修复工作,加大水土环境保护力度,着力做好水源区、城镇及周边等重点地区水土污染防控,采取监测预警与工程治理相结合,遏制耕地和地下水质量下降趋势。

2. 地面沉降严重

上海、苏锡常、杭嘉湖等地区地面沉降严重,累计沉降量大于200mm的沉降区面积接近10 000km^2(图16-8)。上海市、苏锡常、杭嘉湖受地面沉降影响,最大沉降量分别达2.98m、2.80m、1.97m。经多年防治,地面沉降已经得到了有效控制,沉降速率趋缓,2014年沉降量普遍低于7mm,但是局部地面沉降控制形势仍不乐观,吴江南部、江阴南部年最大沉降速率仍分别达30mm和15mm。

在江苏盐城、大丰等地新发现地面沉降现象,且呈发展态势,累计沉降量大于200mm的沉降区面积超过10 000km^2,2014年最大沉降量超过25mm。2014年调查发现浙江沿海温黄平原台州城区、温岭东南部的最大沉降速率也达20mm/a以上,最大累计沉降量超过1000mm。

长三角经济区地面沉降主要由过量开采地下水造成,地面沉降的分布范围与地下水水位降落漏斗展布形态基本吻合,多位于城镇区域。近20多年来随着大规模城市建设,建筑物荷载、密度、深基坑开挖和地铁工程等成为长三角城市地面沉降新的诱发因素。据上海市地面沉降监测结果,20世纪90年代以来上海市区因高层建筑和快速通道建设引起的地面沉降量已占总沉降量的30%。

长三角经济区平原地势低平,全区有一半面积海拔高度低于4m。受地面沉降影响,上海市区平均地面标高(3.5m)已经接近于平均高潮位(3.21m),远低于历史最高潮位(1997年5.72m)。地面沉降对防洪排涝、土地利用、城市规划、航运交通等造成严重影响。地面沉降与海平面上升的叠加作用给沿江沿海地区社会经济发展造成严重危害。截至2010年底,仅区内的上海、苏锡常、杭嘉湖地区地面沉降地质灾害造成的经济损失达3 759.38亿元。

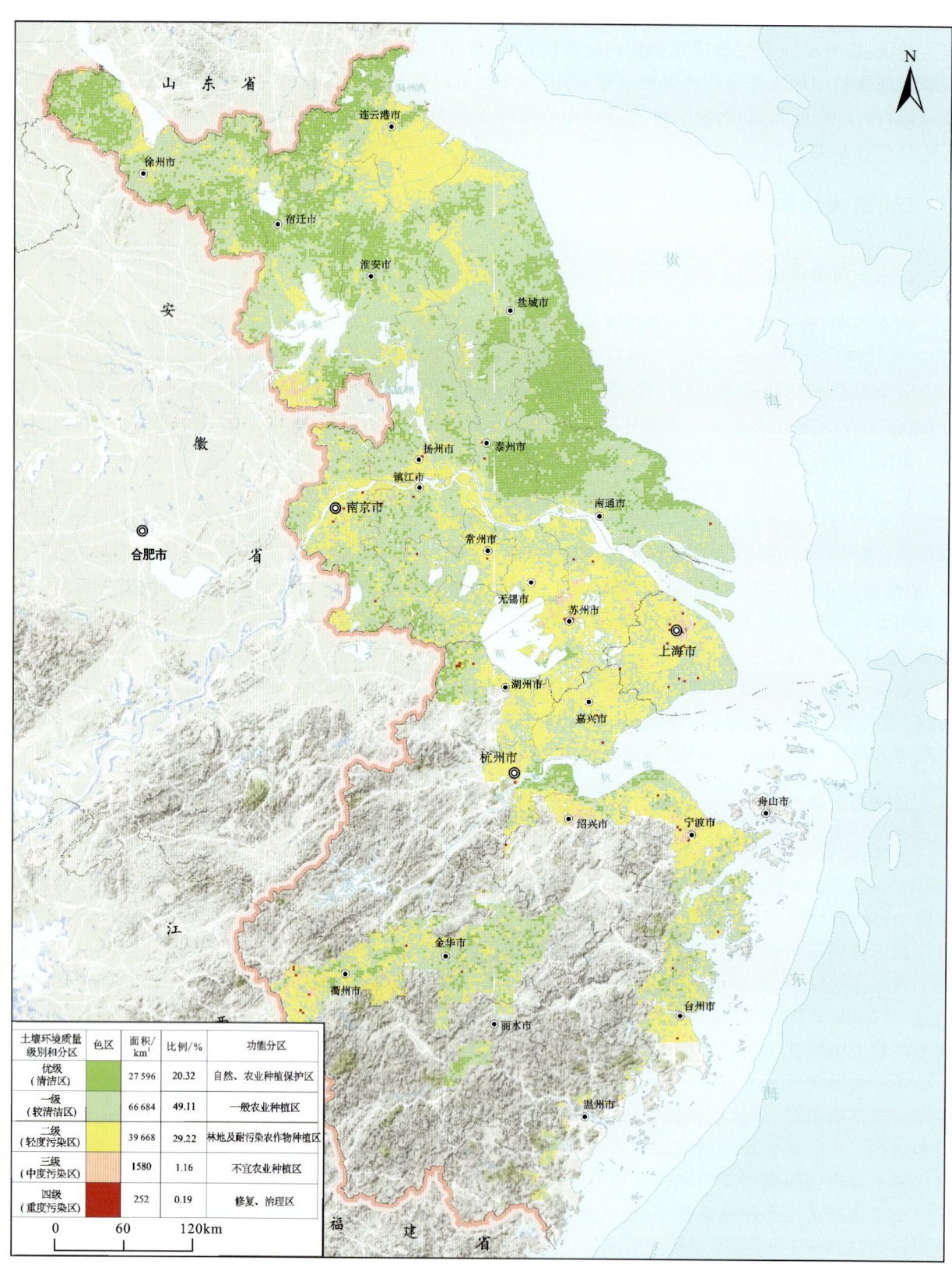

图 16-4　长三角经济区平原区土地环境质量综合分区图

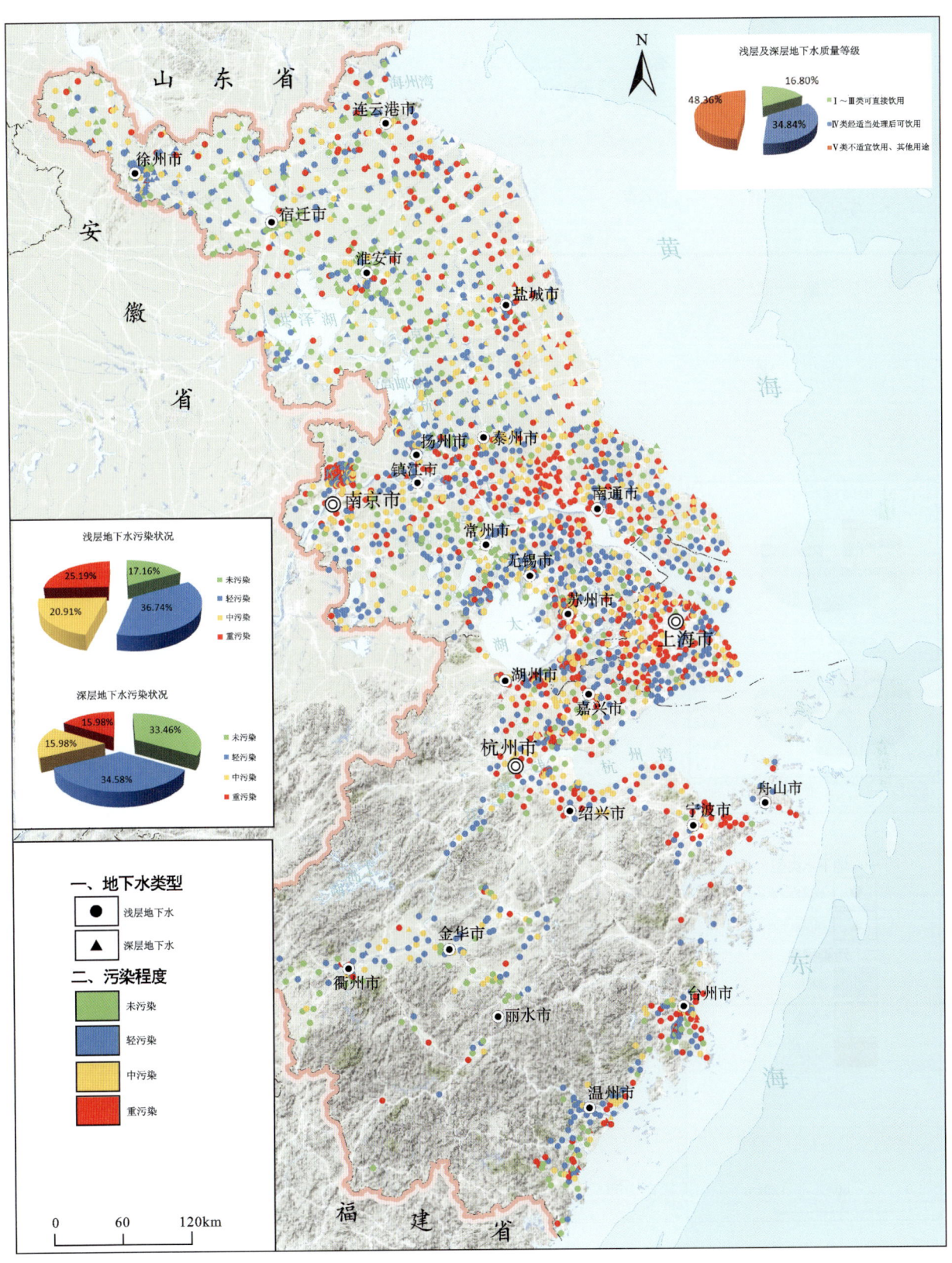

图 16-5 长三角经济区平原地下水污染状况图

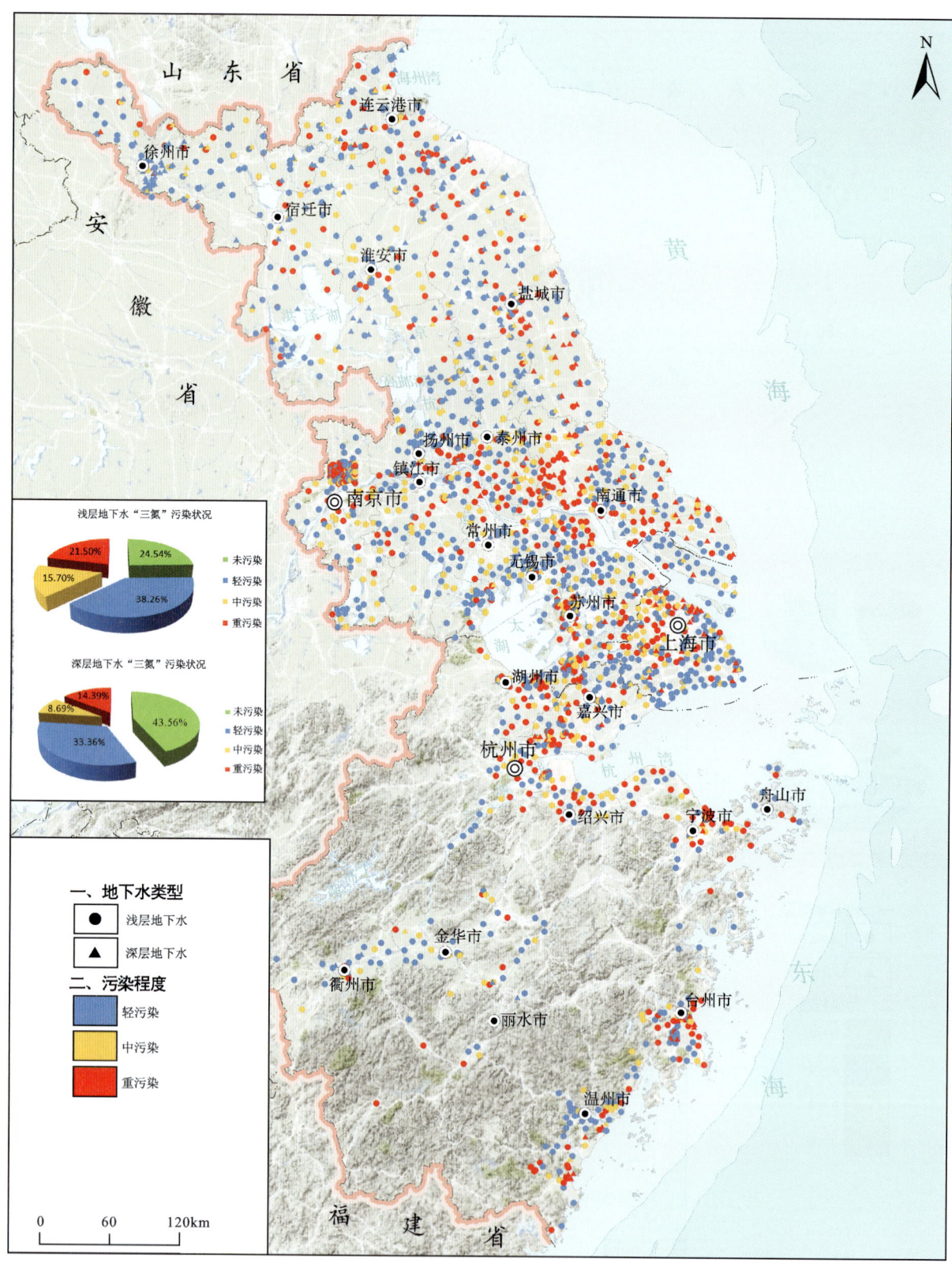

图 16-6 长三角经济区平原地下水"三氮"污染状况图

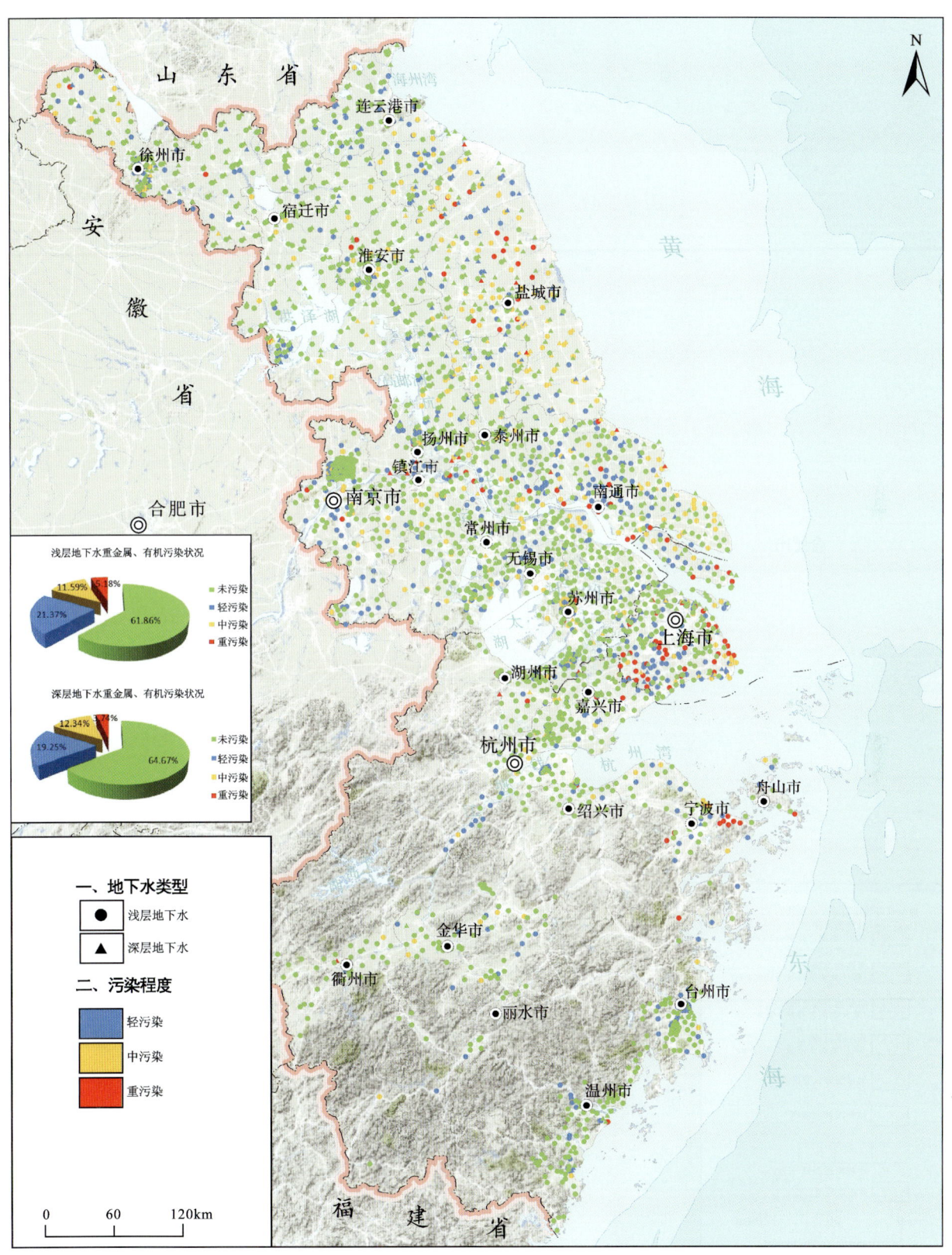

图16-7　长三角经济区平原地下水重金属、有机污染状况图

图 16-8　长三角经济区地面沉降和地裂缝地质灾害图

建议：继续合理调控上海、苏锡常、杭嘉湖等地面沉降趋缓区的地下水开采，严格限制江苏沿海和浙江沿海地面沉降加剧区的地下水开采，注意控制城市建筑密度和建筑荷载，关注深基坑开挖和地下空间动荷载活动，加强地面沉降监测预警和风险管控，合理控制城市人口增长，优化城镇布局，提高城镇集约节约用地水平。

3. 活动断裂、崩岸等地质问题隐患突出

沿长江港口、大桥及过江隧道开发建设需关注活动断裂、崩岸等地质问题隐患。调查表明，区内规划的14座过江通道中，7座地质适宜性为中等—好，7座地质适宜性为较差。江苏张靖、常泰、上元门、五峰山4座通道位置受活动断裂影响，锦文路、七乡河和宁仪3座通道位置则受崩岸或河床深切等因素影响。

建议：在过江通道规划建设中，针对相应问题进一步开展地质勘查，合理确定过江通道具体位置。

三、下一步地质工作建议

紧密围绕长三角经济区国家和地方迫切需求，以长三角生态绿色一体化发展示范区、环太湖湖州生态文明先行示范区为重点区，突出沿江、沿海、沿高铁等重点发展轴线，以重要城镇、重大工程和重大基础设施建设区、重大地质问题区、重要生态脆弱区为重点，开展高精度地质环境综合调查工作。

为加快推进长三角经济区地质调查工作，自然资源部中国地质调查局将创新构建中央和地方两省一市地质工作联动协调机制，按照中央与地方事权财权划分的原则，统筹地方财政资金，共同推进地质调查工作，构建国土资源环境承载能力评价与监测预警信息系统，建立后工业化时期的地质工作模式，为长三角经济区国土规划、城市群规划、重大工程建设规划、重大基础设施规划提供依据，为优化国土空间格局和实施新型城镇化战略提供基础支撑。

第二节 苏南现代化建设示范区

2013年4月，《苏南现代化建设示范区规划》由国务院发布，规划提出将覆盖江苏南京、无锡、常州、苏州和镇江5个市2.8万km²的苏南地区建成自主创新先导区、现代产业集聚区、城乡发展一体化先行区、开放合作引领区、富裕文明宜居区，发挥对全国现代化建设的示范引领作用。2014年10月，国务院批准了南京、苏州、无锡、常州、昆山、江阴、武进、镇江8个国家高新区和苏州工业园区建设国家自主创新示范区。因此，苏南现代化建设示范区为全国首个以城市群为基本单元的自主创新示范区。

一、有利资源环境条件

苏南现代化建设示范区耕地资源优良，地下水资源量大，地热浅层地热能等新型清洁能源开发利用前景好，地质遗迹众多，有利于支撑苏南现代化建设示范区的发展。

1. 耕地资源优良

苏南现代化建设示范区耕地为1269万亩，占全区土地面积的30%。根据《农用地质量分等规程》（GB/T 28407—2012），耕地等级为4～7等，耕地质量总体较高。无重金属污染的耕地为1108.6万亩，占全区耕地的87.36%。建议将质量良好的耕地优先划入永久基本农田（图16-9、图16-10，表16-1、表16-2）。

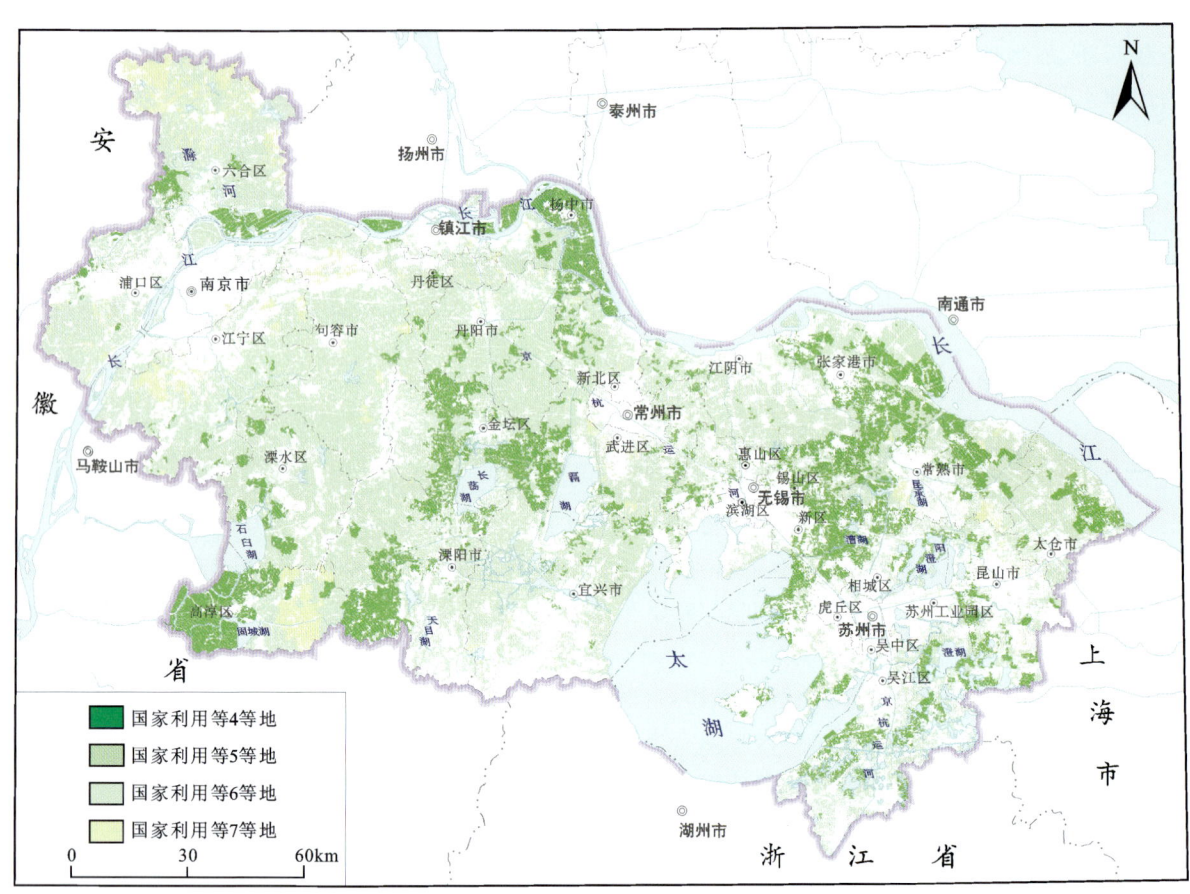

图 16-9　苏南现代化建设示范区耕地质量分等定级图

调查发现苏南现代化建设示范区绿色富硒耕地为 17.2 万亩,占全区耕地面积的 1.36%,目前宜兴富硒农产品开发已初具规模。

建议:科学规划和合理利用绿色富硒耕地资源,重点在宜兴、溧阳、江宁、句容、吴中等地打造一批富硒产业园或名特优农产品产业基地。

2. 地下水资源量大

苏南现代化建设示范区地下水天然补给资源总量为 45.32 亿 m^3/a,地下淡水可开采资源量为 34.00 亿 m^3/a。苏锡常地区由于 20 世纪 80、90 年代大规模开采地下水,发生了大规模的地面沉降、地裂缝等地质灾害,从 2000 年开始苏锡常地区实行限采,至 2005 年全面禁止开采深层地下水。但深层地下水水质优良,资源丰富,可作为应急备用水源。建议在常州、江阴、张家港、常熟、太仓等沿江地区建立开采量大于 5 万 m^3/d 的大型地下水源地,在南京、镇江、宜兴等岩溶地区建立 1 万~5 万 m^3/d 的中型地下水应急水源地,在苏州、无锡等地建立分散供水应急水源地(图 16-11)。同时,建议采用合理的开采方式开发利用浅层地下水资源,开展浅层地下水开发利用示范,保障社会经济的可持续发展。

3. 地下空间资源丰富

苏南现代化建设示范区地下空间资源丰富,城市建成区面积为 3 615.39 km^2,开发系数为 40%,仅按地下 30m 开发深度,初步估算可供有效开发规模可达 433.85 亿 m^3。区内地下空间开发适宜性整体

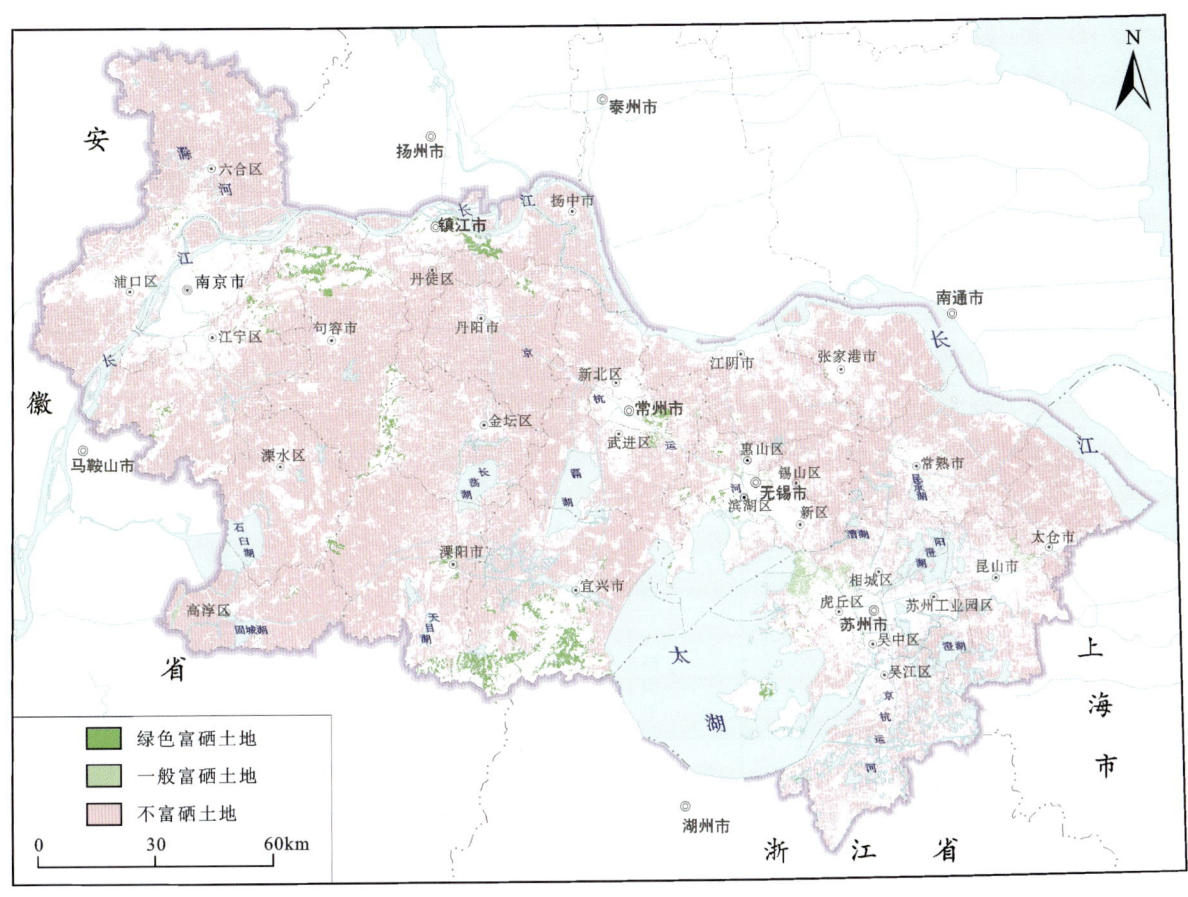

图 16-10 苏南现代化建设示范区富硒耕地分布图

相对较好。苏州、镇江城市地质调查资料显示,30m以浅,除南京、镇江部分沿江地区外,绝大部分地段以黏性土为主,开发难度小,成本低,适宜性好。苏州城市规划区内地下空间开发适宜性好及较好的面积为 1 878.2km², 占苏州城市规划区面积的 72.3%; 镇江城市规划区内地下空间开始适宜性好及较好的面积为 766.9km², 占镇江城市规划区面积的 70.7%。目前,苏南现代化建设示范区地下空间开发主要用于城市轨道交通及地下商场,还具有较大的开发潜力。

建议:①在无锡、常州、南京三市加快开展地下空间适宜性评价,为地下空间开发提供科学依据;②在中心城区充分利用民防资源统筹规划,优先开发,形成以地下综合管廊、地下商业街、地下交通为节点,点、线、面相结合的地下空间体系;在宁镇、宜溧地区等地区,选择交通方便、地下空间质量好的区域(如金坛),加快建设成品油、液化石油气、液化天然气等能源以及物质的地下储备仓库。

4. 地热及浅层地热能资源潜力大

基于现有资料,苏南现代化建设示范区已发现17处地热资源富集区(表16-3、表16-4,图16-12),面积共计 1 392.86km², 其资源量每年折合标准煤20.4万t。全区现有地热井62口,水温为40~94℃,目前主要用于温泉旅游,在汤山、汤泉地区有少量温室种植及温泉养殖方面的利用。

建议:打造南京温泉城、镇江温泉城和苏锡常环太湖温泉度假区等品牌,大力发展旅游产业,大力打造以温室花卉、水产养殖、休闲康乐为主的农业生态旅游区,推进休闲旅游与现代农业融合发展。

表 16-1　苏南现代化建设示范区耕地质量分等表

国家级利用等	南京 面积/km²	南京 占比市内/%	南京 占比全区/%	无锡 面积/km²	无锡 占比市内/%	无锡 占比全区/%	常州 面积/km²	常州 占比市内/%	常州 占比全区/%	苏州 面积/km²	苏州 占比市内/%	苏州 占比全区/%	镇江 面积/km²	镇江 占比市内/%	镇江 占比全区/%	全区 面积/km²	全区 占比/%
4	0	0	0	0	0	0	0	0	0	0	0	0	31.40	1.91	100.00	31.40	0.37
5	359.10	15.11	19.67	202.20	16.69	11.07	475.41	30.41	26.04	604.99	36.38	33.13	184.18	11.20	10.09	1 825.88	21.58
6	1 708.53	71.90	27.60	1 005.43	82.97	16.24	1 069.75	68.42	17.28	1 024.00	61.57	16.54	1 383.11	84.07	22.34	6 190.83	73.18
7	308.74	12.99	74.96	4.14	0.34	1.00	18.43	1.18	4.47	34.18	2.05	8.30	46.39	2.82	11.26	411.88	4.87
各市总和	2 376.37	100.00		1 211.77	100.00		1 563.59	100.00		1 663.17	100.00		1 645.08	100.00		8 459.99	100.00

表 16-2　苏南现代化建设示范区耕地富硒评价表

富硒等级	南京 面积/km²	南京 占比市内/%	南京 占比全区/%	无锡 面积/km²	无锡 占比市内/%	无锡 占比全区/%	常州 面积/km²	常州 占比市内/%	常州 占比全区/%	苏州 面积/km²	苏州 占比市内/%	苏州 占比全区/%	镇江 面积/km²	镇江 占比市内/%	镇江 占比全区/%	全区 面积/km²	全区 占比/%
绿色富硒区	7.52	0.32	6.55	48.15	3.97	41.94	20.25	1.30	17.64	4.87	0.29	4.24	34.02	2.07	29.63	114.81	1.36
一般富硒区	3.62	0.15	6.58	5.56	0.46	10.12	0.85	0.05	1.55	43.57	2.62	79.30	1.34	0.08	2.44	54.95	0.65
不富硒区	2 365.24	99.53	28.53	1 158.06	95.57	13.97	1 542.47	98.65	18.61	1 614.73	97.09	19.48	1 609.72	97.85	19.42	8 290.22	97.99
各市总和	2 376.38	100.00		1 211.77	100.00		1 563.57	100.00		1 663.17	100.00		1 645.08	100.00		8 459.98	100.00

注：全区占比数据为不同等级面积对应全区对应等级面积的比例，例如南京 5 等级耕地面积为 359.10 km²，全区 5 等级耕地面积为 1 825.88 km²，故占比为 359.10×100/1 825.88＝19.67%。

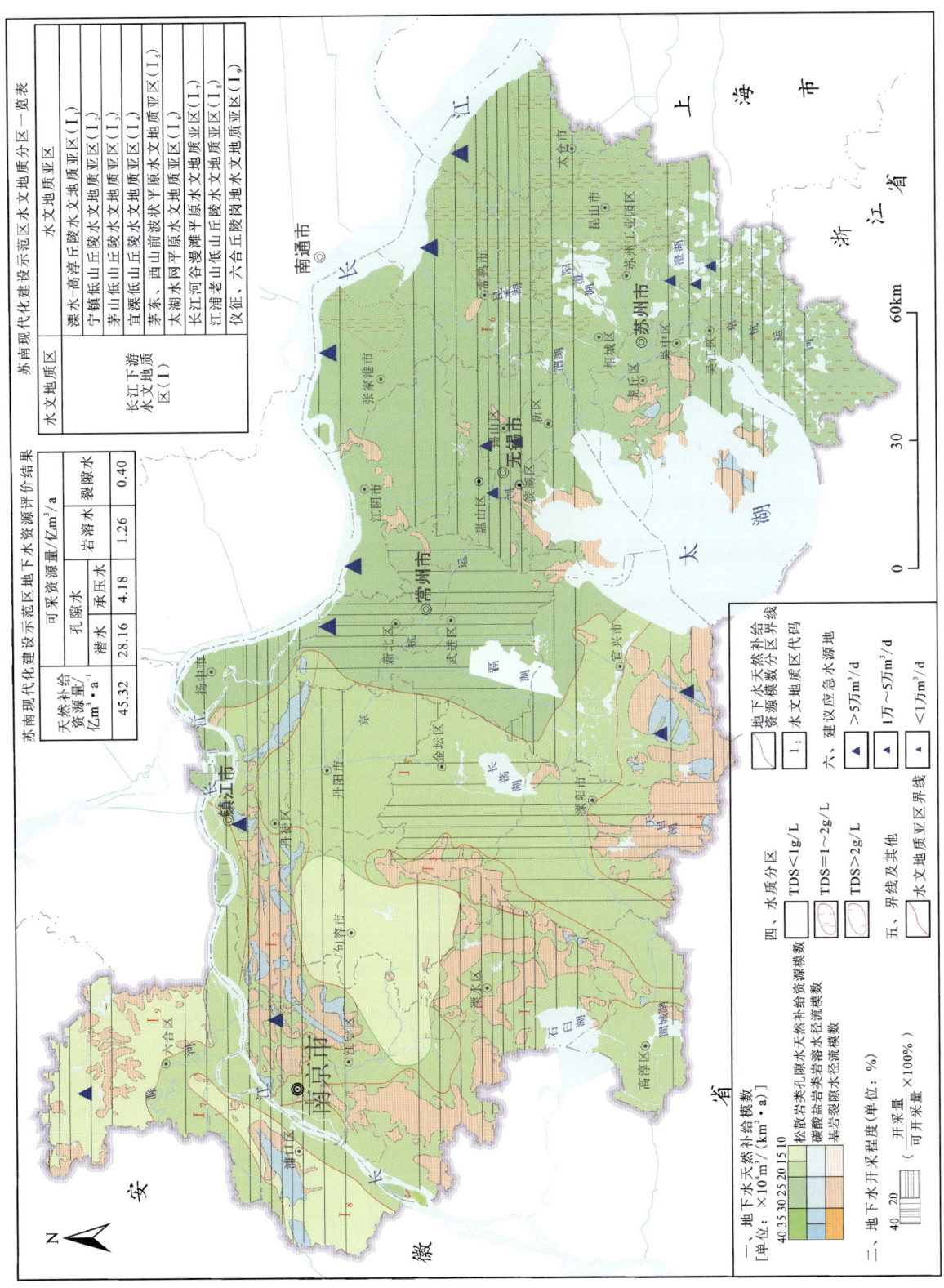

图 16-11 苏南现代化建设示范区地下水应急水源地分布图

表16-3 苏南现代化建设示范区中深部地热资源有利目标富集区统计表

序号	编号	行政区	分布范围	面积/km²
1	CD01	南京市	汤山东北区	86.98
2	CD02-1	镇江市	新区大路镇一带	48.12
3	CD02-2	镇江市	扬中市	95.22
4	CD02-3	镇江市	丹阳市胡桥镇—建山一线	43.89
5	CD03-1	常州市	常州武进地区	65.13
6	CD03-2	常州市	溧阳市大石山—天目湖一线	59.58
7	CD04	无锡市	宜兴—惠山一线	25.04
8	CD05-1	苏州市	高新区大阳山—通安镇—浒墅关一线	67.22
9	CD05-2	苏州市	太湖金庭镇一带	79.52
10	CD05-3	苏州市	吴中区临湖镇一带	26.83
11	CD05-4	苏州市	吴江菀坪镇一带	25.38
12	CD05-5	苏州市	昆山市阳澄湖一带	234.93
13	CD05-6	苏州市	常熟市昆承湖—沙家浜一线	29.06
14	CD05-7	苏州市	张家港西张一带	315.40
15	DL01	镇江市	韦岗地热资源区	120.86
16	DL02-1	南京市	汤山西南区	22.35
17	DL02-2	南京市	汤泉地区	47.35
			合计	1 392.86

表16-4 苏南现代化建设示范区地热资源开发利用现状统计表

行政区	地热井数	正在使用的地热井数	年开采总量	地热能年利用量	温泉种、养殖		温泉旅游
					温室种植	养殖	
	口	口	万 m³/a	×10¹⁶ J/a	万 m²/a		人次/a
南京市	25	19	117.632 2	20 274	0.5	2.5	1 070 867
无锡市	6	2	9.13	1121	0	0	73 000
常州市	7	3	26.28	2691	0	0	262 800
苏州市	18	5	103.01	12 544	0	0	475 230
镇江市	6	1	164.25	11 900	0	6	73 000
合计市	62	30	420.302 2	48 530	0.5	8.5	1 954 897

苏南现代化建设示范区浅层地热能适宜区及较适宜区面积约20 380 km²，占全区面积的72.70%，每年可利用热量折合标准煤达3692万 t，可减排二氧化碳3083万 t(表16-5，图16-13)。苏南共有浅层地热能开发利用工程220余处，使用面积超过1000万 m²。

建议：在新城区开发、新农村建设、旧城区改造过程中鼓励采用地埋管地源热泵方式，在沿江地区可采用地下水地源热泵方式，科学开发利用浅层地热能资源，促进苏南现代化建设示范区的能源结构调整和生态文明建设。

第六篇 支撑服务新型城镇化建设篇

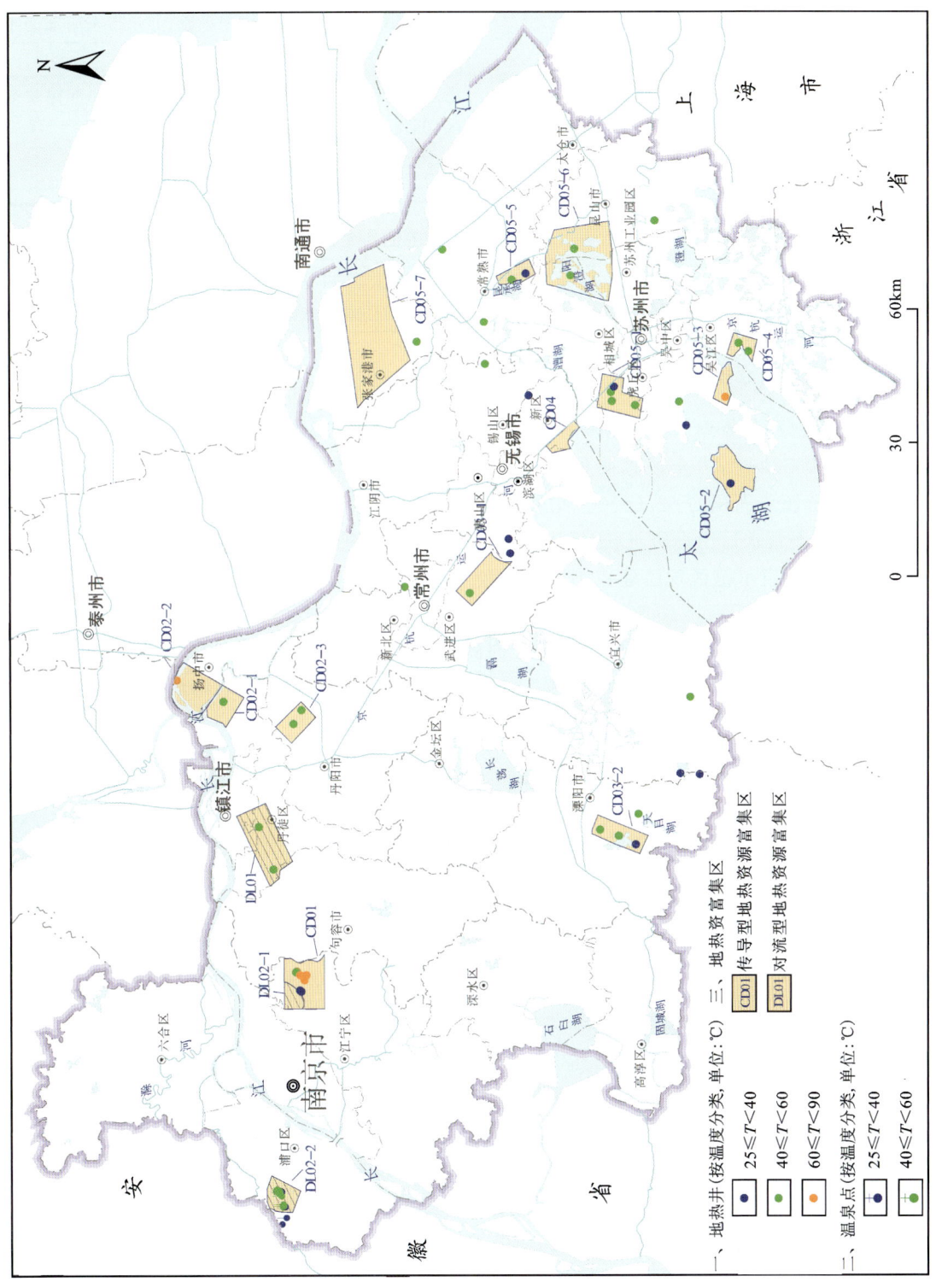

图 16-12 苏南现代化建设示范区地热资源潜力区分布图

1055

表 16-5 苏南现代化建设示范区浅层地热能开发利用适宜性分区表

利用类型	适宜性分区	面积/km²	占比/%	分布地区
地下水地源热泵	适宜区	764	2.73	分布在宁镇地区的长江冲积平原
	较适宜区	3120	11.13	南京—镇江长江沿线的冲积平原、苏州市东南部的水网平原
	不适宜区	24 149	86.14	南京、镇江的丘陵地区,长江三角洲平原的苏锡常地区(苏州、无锡、常州)
地埋管地源热泵	适宜区	10 757	38.37	广泛分布在长江三角洲冲积平原
	较适宜区	9570	34.14	主要分布在南京、镇江、无锡宜兴,以及无锡南部和苏州西部的环太湖山前平原与岗地地区
	不适宜区	7706	27.49	南京、镇江、常州溧阳、无锡宜兴,以及无锡南部和苏州西部的环太湖丘陵地区

5. 山体资源和地质遗迹众多

2008 年江苏省通过《江苏省地质环境保护条例》,明确提出要保护山体资源。苏南现代化建设示范区山体资源总面积为 2058km²,占全区总面积的 7.35%,已划定山体资源特殊保护区 236 个,面积为 1 289.56km²,占山体资源总面积的 62.66%。此外,苏南现代化建设示范区还发现重要地质遗迹 48 处(图 16-14),其中溧阳上黄水母山高级灵长类与古哺乳动物化石保护区和汤山猿人洞在国内外享有较高知名度。苏南现代化建设示范区现已建成国家地质公园 3 处,国家矿山公园 1 处,省级地质遗迹保护区 2 处,省级地质公园 2 处。

建议:充分挖掘特色山体资源及地质遗迹的科学内涵,有效发挥其科研、科普和旅游价值,促进地方经济发展;着力打造南京世界级地质公园和常熟虞山国家级地质公园,创建宜兴岩溶洞穴群国家级地质公园和茅山省级地质公园。

二、重大资源环境问题

随着苏南现代化建设示范区工业化、城镇化发展建设用地凸显紧张,伴随人类活动加剧,引起一系列环境地质问题。现有建设用地存在诸多地质安全隐患,地下水质、土壤环境质量恶化趋势明显,区内重化企业向区外转移后,废弃工业用地可能存在水土污染风险。苏南现代化建设示范区建设应对这些重大资源环境问题予以高度关注。

1. 土地开发强度大

苏南现代化建设示范区土地开发强度已达 28.04%,其中无锡土地开发强度达 31.99%,已超 30% 的国际警戒线,苏州、南京已逼近国际警戒线,常州、镇江逾 25%,也已超过 20% 的国际宜居标准。为缓解苏南建设用地紧张问题。

建议:①加大地下空间开发力度;②苏南现代化建设示范区现有工业用地 3680km²,5 年内江苏已关闭化工企业 7000 余家,大部分位于苏州南部,这部分废弃工业用地可能存在水土污染风险,建议加强水土污染评价,合理利用该存量用地。

按《城乡用地评定标准》(CJJ 132—2009),结合苏南现代化建设示范区的实际地质条件,将生态红线、最优质耕地、地质灾害、岩土类型、活动断裂、坡度作为建设用地限制性因素。其中,强限制区面积约 2 406.23km²,占全区总面积的 8.57%,73.7km² 建设用地位于其内;较强限制区面积约 11 202.35km²,占全区总面积的 39.89%,2 347.67km² 建设用地位于其内(图 16-15)。

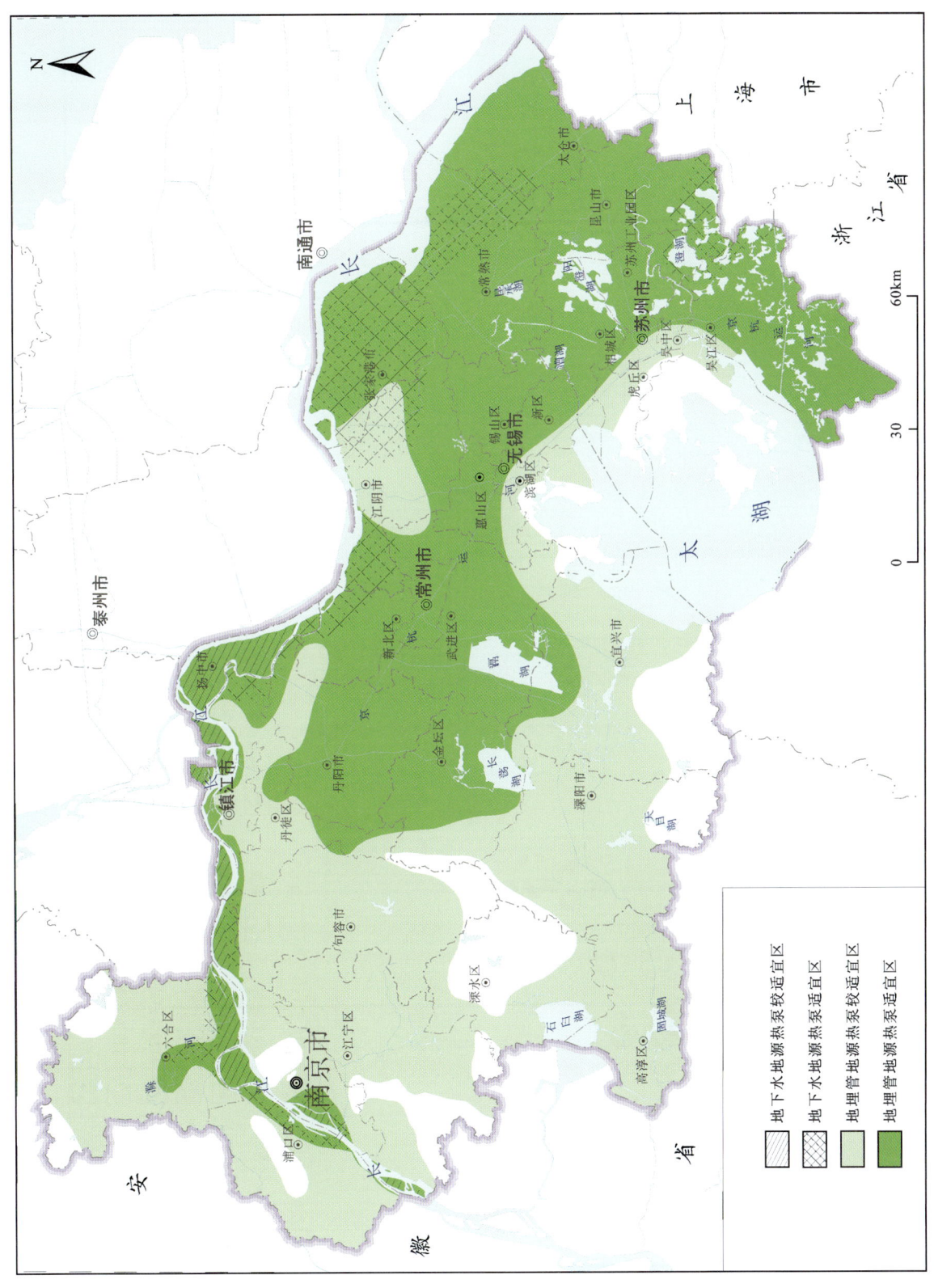

图16-13 苏南现代化建设示范区浅层地热能开发利用适宜性分区图

长江经济带环境地质和生态修复

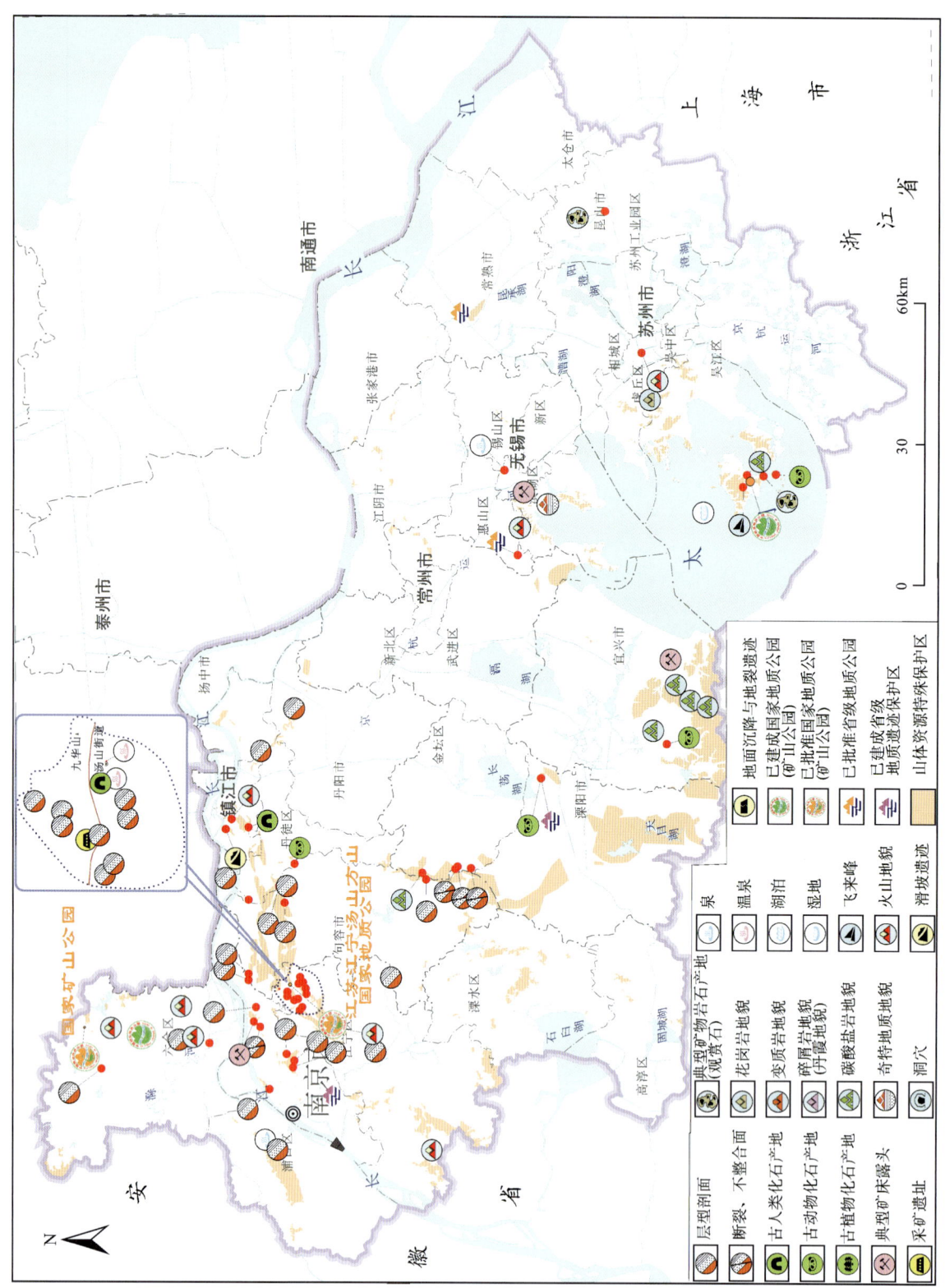

图 16-14 苏南现代化建设示范区地质遗迹资源分布图

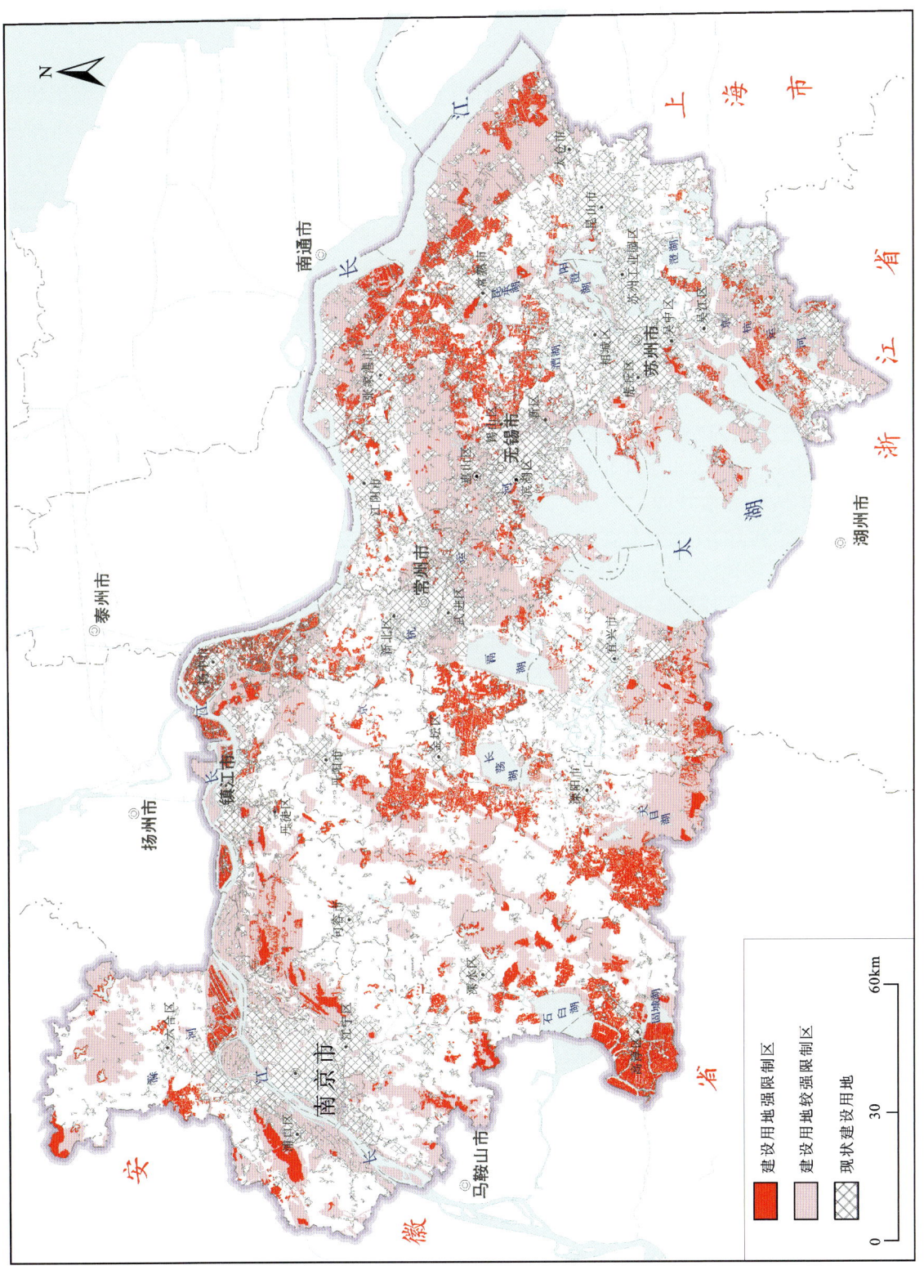

图 16-15 苏南现代化建设示范区建设用地限制性分区图

建议:加强建设用地安全性科学评价,在建设用地挖潜及后续土地开发利用规划中,充分考虑南京梅山、谷里、九华山、镇江卫岗、苏州光福镇、溧阳周城镇、宜兴丁蜀、湖㳇等地采空塌陷危害,在苏州高新区、宜兴南部、南京江北等地尽量避让生态红线保护区。

2. 部分耕地污染

依据《全国土壤污染状况评价技术规定》标准,江苏省多目标地球化学调查结果显示,苏南现代化建设示范区重度污染耕地面积为 2.7 万亩;中度及轻度污染耕地面积为 56.9 万亩,分布在苏州市相城和南京市六合;轻微污染耕地面积为 100.8 万亩,主要分布于南京市高淳区、无锡市锡山东部和苏州市昆山等地(图 16-16)。造成苏南现代化建设示范区耕地重金属污染的主要因素为镉、汞污染,主要受工业活动影响,镉、汞污染耕地面积分别为 43.2 万亩和 60.25 万亩。

建议:在镉污染较为严重的宜兴徐舍镇、丁蜀镇、金坛指前镇和汞污染较为严重的苏州相城区黄埭镇等地进行污染详查与污染源调查,开展耕地重金属污染生态效应与风险评价,进一步摸清污染原因和污染范围,调整农业种植结构、土地用途,开展修复治理。

3. 浅层地下水水质总体较差

《江苏地区(长江三角洲)地下水污染调查评价》结果显示,苏南现代化建设示范区Ⅳ类水占比为 50%,Ⅴ类水占比为 27%,663 组水样超标率达 70.1%,超标指数大于 3 项的水样达 23.5%。受人类活动的影响,浅层地下水污染严重,"三氮"、COD、砷等指标为主要污染因子,有机污染零星分布(图 16-17)。"三氮"和 COD 污染主要受农药化肥、生活污水影响,可致癌。

建议:在南京中东部地区、张家港沿江、昆山和吴江等地的城镇地区加强生活污水排放管理,全面实现雨污分流,农村地区加大控制施用化肥的范围和用量,减少氮肥的流失;沿江地区砷污染主要受原生地质环境影响,建议开展地下水砷污染处理工程,无锡、苏州市区砷污染主要受工农业活动影响,建议该区域内严格控制含砷农药使用及含砷工业废水排放;有机污染受工业活动影响较大,建议在常州、无锡和苏州北部地区加强工业污水中卤代烃类物质的检测及处理。

4. 地面沉降地质灾害发育

依据调查数据显示,苏南现代化建设示范区累计沉降超过 200mm 的地区有 4800km^2,主要分布在苏锡常地区。自 2000 年苏锡常地区地下水禁采后,地面沉降总体表现趋缓,大部分地区地面沉降速率小于 5mm/a,但吴江南部、江阴南部和武进南部等局部地区沉降形势依然严峻,沉降速率大于 20mm/a,区域地面沉降面积约 29km^2(图 16-18)。武进南部主采层地下水水位埋深仍低于 50m 这一地下水水位红线,地面沉降存在较大风险。区内 70% 的建设用地位于地面沉降易发区内,对城市发展及建设用地布局影响较大。由地面不均匀沉降引发的地裂缝 25 处,最长达 2000m,单条裂缝宽 2~20cm。

区内京沪高铁、沪宁城际铁路、京沪高速、沪蓉高速、西气东输一线等多条重要交通线纵横贯穿地面沉降区,以常州、无锡地区为最关键地区。根据地质背景条件和地面沉降发育特征分析,全长约 68km 高铁线路、40km 西气东输一线经过上述地面沉降地裂缝高易发区,面临较高的地质灾害风险(图 16-19)。

建议:在常州横林、江阴青阳、惠山堰桥和钱桥、锡山东亭和安镇补充建设一批地面沉降观测标志及地下水水位观测网,设立全自动化的地裂缝动态监测站。按季度开展固定剖面线路的一等水准测量即时分析地面沉降地裂缝对生命线工程安全的影响。

第六篇 支撑服务新型城镇化建设篇

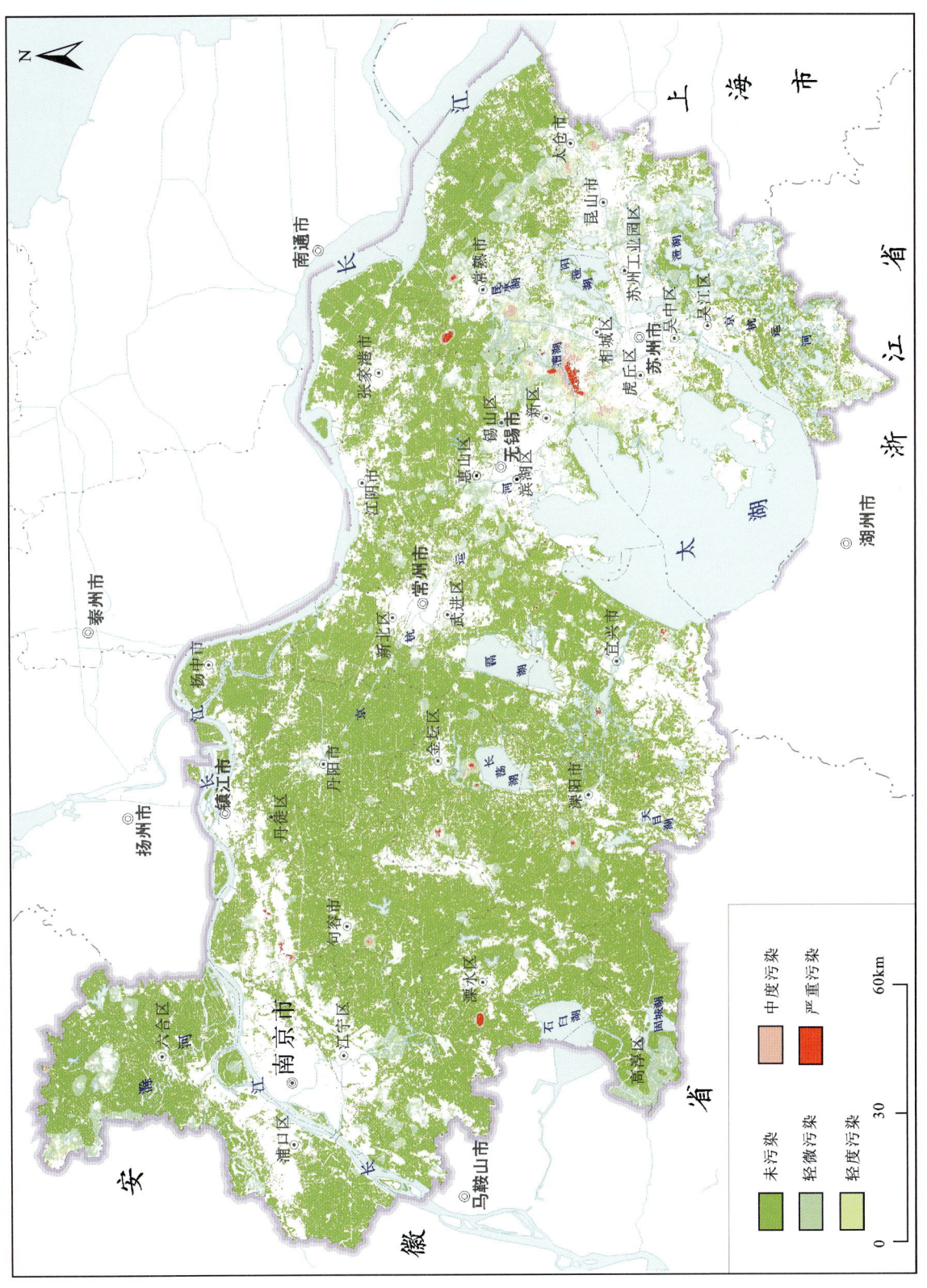

图16-16 苏南现代化建设示范区耕地重金属污染情况分布图

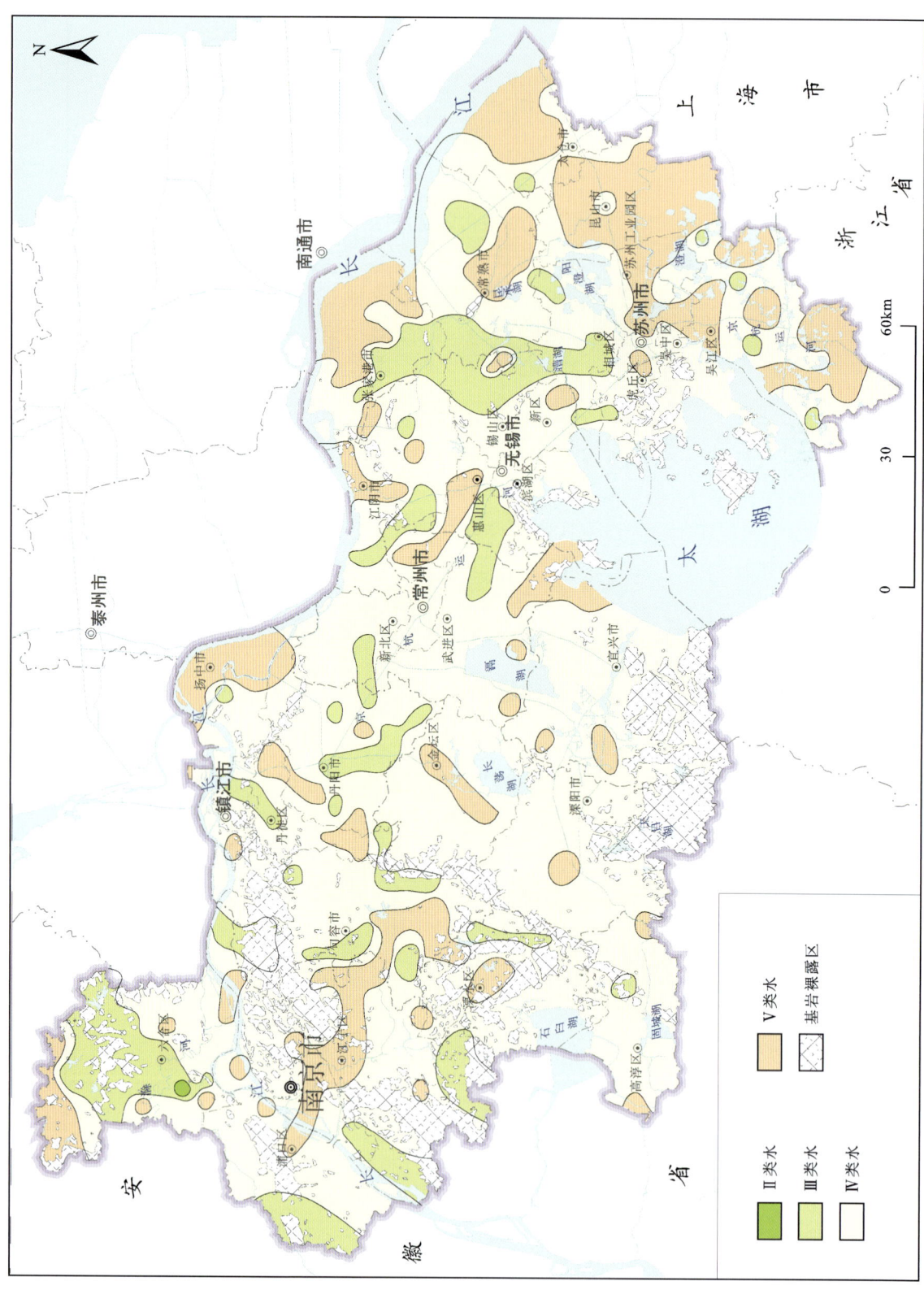

图 16-17 苏南现代化建设示范区浅层地下水质量评价图

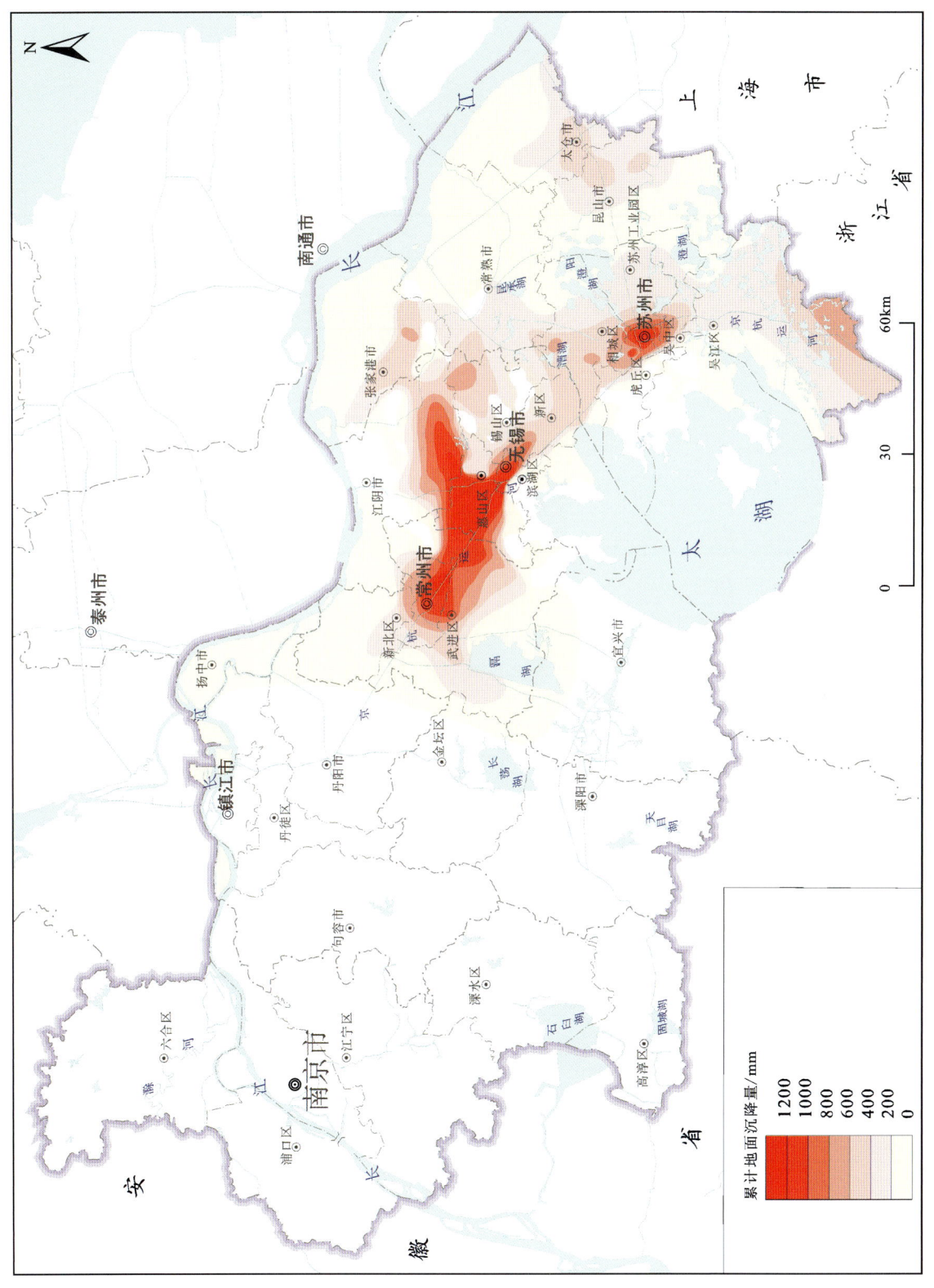

图 16-18 苏南现代化建设示范区地面沉降发育情况分布图

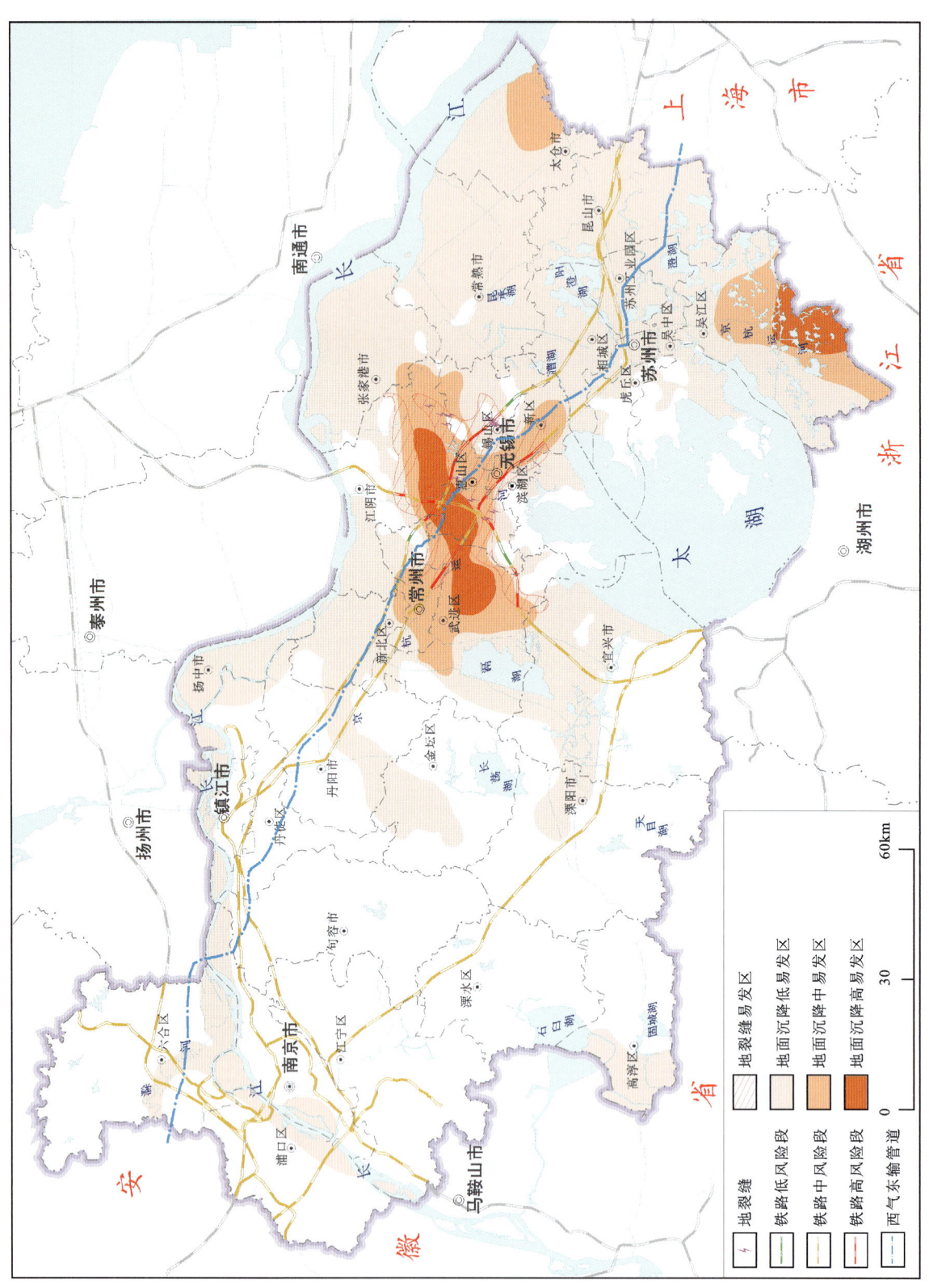

图 16-19 苏南现代化建设示范区高铁沿线地质灾害风险评价图

三、下一步地质工作建议

"十三五"期间,中国地质调查局全面贯彻落实了十八届五中全会精神和《国民经济和社会发展第十三个五年规划纲要》中关于推进长江经济带发展战略的要求,全力支持国家战略《苏南现代化建设示范区规划》的组织实施。以支撑服务苏南经济现代化、城乡现代化、社会现代化和生态文明、政治文明建设为目标,以研究解决影响和制约苏南现代化建设示范区发展的重大地质问题为导向,开展苏南现代化建设示范区综合地质调查,主要部署在"两个都市区圈"(宁镇都市区和苏锡常都市圈)、"3条产业带"(沿江、沪宁和宁杭产业带),包括6个方面工作:一是围绕新型城镇化战略,开展苏锡常都市圈、沿江等城镇集聚区环境地质调查;二是围绕重大工程和重大基础设施建设,开展沿江、沿高铁发展带工程地质调查;三是围绕重大地质问题,开展苏锡常地区地面沉降调查、西部丘陵山区城镇滑坡崩塌调查和苏南活动断裂调查;四是围绕现代农业发展和土地资源精细化管理,开展全区1:5万土地质量地球化学调查;五是围绕能源结构转型利用,开展地热、浅层地热能、页岩气资源调查;六是围绕生态文明建设,开展国土生态地质环境监测。

为加快推进苏南现代化建设示范区的地质调查工作,拟按照中央与地方事权财权划分的原则,统筹地方财政资金,共同推进地质调查工作。

第三节 皖江经济带

2010年1月12日,国务院正式批复《皖江城市带承接产业转移示范区规划》,将安徽沿江城市带承接产业转移皖江经济区建设正式纳入国家发展战略,这是全国唯一以产业转移为主题的区域发展规划。皖江城市带包括合肥、芜湖、马鞍山、安庆、滁州、池州、铜陵、宣城8个地级市全境以及六安市的金安区和舒城县,总面积为7.58万km^2。皖江经济带的战略定位是立足安徽,依托皖江,融入长三角,连接中西部,建设成为长江经济带协调发展的战略支点,积极承接产业转移,成为合作发展的先行区、科学发展的试验区、中部地区崛起的重要增长极、全国重要的先进制造业和现代服务业基地。

皖江经济带区域基础地质工作开展较早,总体工作程度较高。中国地质调查局会同安徽省自然资源相关部门,系统梳理了区域地质、矿产地质、水工环地质调查研究成果,对皖江经济带自然资源与环境条件进行了初步评价。总体认为,皖江经济带应充分发挥资源和环境优势,发展钢铁有色等支柱产业,推进现代农业、清洁能源和新兴产业,关注环境地质问题,承接产业转移。

一、有利资源环境条件

皖江经济带区位优越,城镇化基础好,土地资源优势明显,发展空间大;拥有丰富的金属、非金属矿产资源;土壤质量总体较好,是发展现代农业、特色农业的基础;地热、浅层地热能、页岩气等新型清洁能源开发利用前景好、潜力大。有利的资源环境条件为承接产业转移和建立创新、绿色、生态文明的新型城镇提供了资源和环境保障。

1. 土地资源优势

国务院批复的《皖江城市带承接产业转移示范区规划》提出了,形成以沿长江一线为城镇密集发展带,以合肥为"带动极"、以芜马为"集聚极"、以安池铜为"增长极"、以滁州和宣城为"两星"的多极化城镇空间结构与现代城镇体系。

皖江经济带地区地势平坦,土地总面积(不含水体)为 70 917 km², 地貌为冲积平原、丘陵岗地的土地面积达 5.33 万 km², 高差为 30~200 m。其中, 高差小于 50 m 的占 70% 以上, 以长江两岸和巢湖周围冲湖积平原为主, 地势低平, 海拔一般在 10~15 m; 高差大于 200 m 的山地丘陵面积为 1.76 万 km², 主要位于西北部大别山区和南部皖南山区。根据安徽省 2010 年土地利用变更调查结果, 皖江经济带建设用地面积为 9 183.97 km², 平均土地开发强度仅为 12.9%, 其中沿江地区土地开发强度低于 10% (图 14-42)。

丰富的土地资源和优良的地质环境条件为皖江经济带承接产业转移和城镇化建设提供了基础保障。

建议: 在承接产业和城镇建设过程中, 加强资源的合理开发利用, 保护自然环境, 关注地下空间综合开发利用, 促进可持续发展。

2. 金属、非金属矿产资源丰富

皖江经济带已探明金属、非金属矿产资源丰富; 拥有庐枞、马芜两个国家级整装勘查区, 铜陵、怀宁、东至、宣城、宁国、旌德 6 个省级整装勘查区; 累计探明铜资源量为 728 万 t, 铁资源量为 36 亿 t, 金资源为 593 t, 铅锌 390 万 t, 银资源为 11 711 t, 水泥用灰岩资源为 131 亿 t, 硫铁矿资源为 9.09 亿 t。其中, 水泥用灰岩储量位居全国第一位, 硫铁矿和明矾石矿储量位居全国第二位; 形成了马鞍山铁、硫矿产资源基地, 铜陵有色、贵重金属基地, 安庆化工建材基地。皖江经济带主要矿产资源储量对应表数见表 16-6 和图 16-20。

表 16-6 皖江经济带主要矿产资源储量一览表

矿种	单位	累计探明资源量	保有资源量
金	t	593	351.89
银	t	11 711	6 620.68
铁	亿 t	36	26.75
铜	万 t	728	443.87
铅锌	万 t	390	68.71
钨	万 t	14.31	13.81
钼	万 t	29.58	28.77

皖江经济带深部及老矿山外围找矿潜力巨大。2007 年该区发现泥河铁矿, 是长江中下游地区近 20 年来找矿重大发现之一, 探明磁铁矿 1.8 亿 t, 硫铁矿矿石量为 3500 万 t。继泥河铁矿实现找矿突破后, 该区又相继发现了庐江县小包庄铁矿、沙溪深部及外围铜矿、南陵县姚家岭铜锌金矿、当涂县白象山深部铁矿、铜陵市舒家店深部及外围铜矿、池州市黄山岭铅锌矿、宁国市竹溪岭钨矿等大型矿床, 10 年来新增中型及以上矿产地 23 处(表 16-7)。以往工作程度较低的宣城地区取得了找矿新突破, 在茶亭发现了总厚度超 1000 m 的斑岩型铜金矿(化)体。

建议: 加强皖江经济带深部找矿和已知大中型矿床外围勘查, 积极推进庐枞、铜陵、马芜、安庆、宣城、滁州 6 个重点区的矿产勘查, 加强铜陵、马鞍山等危机矿山深部和周边勘查, 为皖江经济带发展钢铁、有色、化工、建材四大支柱性产业提供资源保障。

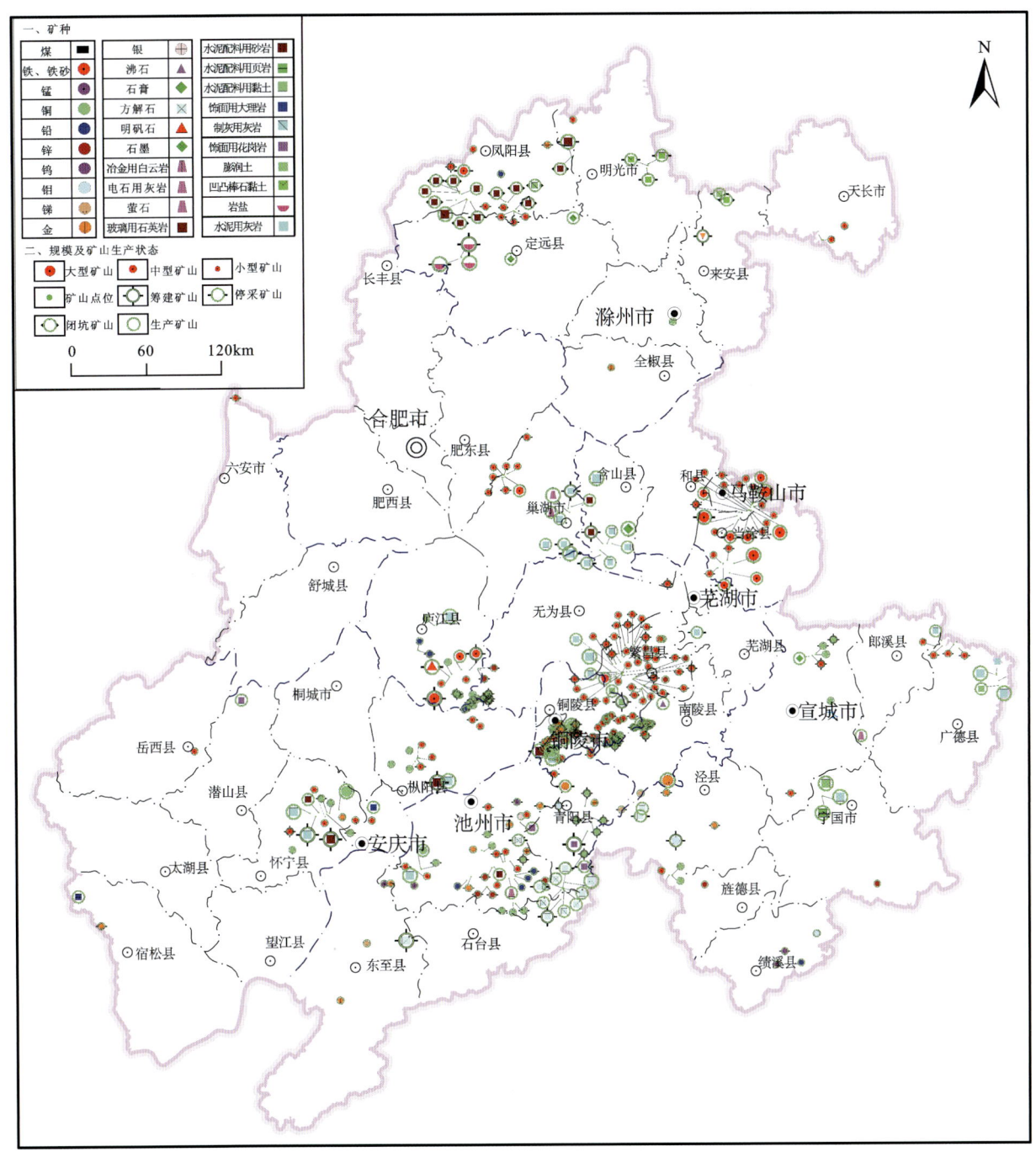

图 16-20 皖江经济带矿产资源分布图

3. 土地质量总体较好

依据《绿色食品 产地环境质量标准》(NY/T 391—2013),皖江经济带适宜种植绿色农产品的土地面积有 4.19 万 km^2(图 16-21)。其中,符合 AA 级绿色食品产地环境的土地面积为 21 116km^2,分布在中东部的明光市、天长市、滁州市、全椒县、巢湖市以及当涂县、南陵县和宣城市、郎溪县、广德县等地区;符合 A 级绿色食品产地环境的土地面积为 20 792km^2,集中分布在江淮分水岭合肥市、肥东县、肥西县、长丰县等地区。

表16-7 "十二五"期间皖江经济带"358"主攻矿种新发现矿产地和新增资源量

矿种	名称	单位	新增资源量	规模
铁矿	庐江县小包庄地区铁矿	亿t	2.613 6	大型
	当涂县白象山铁矿外围铁矿		1.028 5	
	怀宁县朱冲矿区铁铜矿床		0.503 3	
	繁昌县新港—中沟地区铁矿		0.119 8	中型
	庐江县下湾铁矿		0.135 0	
	无为县夏家庄铁矿		0.144 1	
	无为县钱村铁矿		0.366 0	
	马鞍山市三官塘地区铁矿		0.045 9	小型
	马鞍山市象塘铁矿		0.075 3	
	当涂县耿家庄地区铁矿		0.029 0	
	当涂县九连山铁矿		0.076 9	
金矿	铜陵亮石山金矿及水泥用石灰岩矿	t	6.191	中型
	铜陵市刺山矿段金矿		8.661	
	泾县天宝云岭金矿硫铁矿		1.489	小型
	东至县中畈金矿床详查		1.011	
铜矿	又安区舒家店铜矿外围铜矿	万t	57.936 8	大型
	怀宁县朱冲矿区铁铜矿床		13.299 1	中型
	庐江县沙溪矿区断龙颈矿段铜矿		36.023 4	
	青阳县狮金山钼铜多金属矿		3.384 7	小型
	南陵县凤形山铜多金属矿		1.480 8	
	马鞍山市任村铜矿		1.130 0	
	池州市贵池区张家山铜多金属矿		1.647 5	
铅锌矿	东至县兆吉口铅锌矿	万t	30.722 1	中型
	庐江县岳山矿区铜盘山矿段铅锌矿		35.27	
	庐江县黄寅冲地区朱岗铅锌矿床		41.48	
	又安区荷花山铅锌银多金属矿		34.65	
	青阳县狮金山钼铜多金属矿		4.63	小型
	枞阳县城山地区铁铜矿		5.27	
	贵池区大石门铅锌矿		5.992 9	

续表 16-7

矿种	名称	单位	新增资源量	规模
钨矿	青阳县高家塝钨钼矿	万 t	6.059 2	大型
	宁国市竹溪岭钨银多金属矿		6.203 1	
	绩溪县逍遥矿区逍遥矿段钨多金属矿		8.552 6	
	绩溪县上金山地区钨钼银多金属矿		5.321 1	
	泾县湛岭钼矿		6.110 1	中型
	青阳县狮金山钼铜多金属矿		1.320 7	
	池州市西山钼矿		1.647 0	
	青阳县高家塝钨钼矿		0.681 6	小型
	青阳县狮金山钼铜多金属矿		0.306 2	
	宁国市竹溪岭钨银多金属矿		0.791 4	
	绩溪县上金山地区钨钼银多金属矿		0.584 7	
	宁国市竹溪岭钨银多金属矿		0.702 7	
	绩溪县逍遥矿区逍遥矿段钨多金属矿		0.417 7	

建议：以 A 级以上农用地为基础，综合考虑集中连片、交通运输等因素，为划定永久基本农田提供支撑。

皖江经济带特色土地资源丰富，新发现富硒土地资源面积为 5120km²，其中富硒农用地面积为 2356km²，主要分布在当涂、无为、庐江、南陵、泾县、宣城、广德、池州、天长、定远等地。利用已有调查成果，已初步建成了池州富硒水稻、石台富硒茶叶等特色农业产业基地。

建议：进一步开发富硒特色农业基地，提出绿色农业、特色农业开发建议，建设庐江富硒蓝莓、宁国山核桃、铜陵丹皮等特色产品基地。

4. 地热、浅层地热能、页岩气等清洁能源资源丰富

皖江经济带大别山、巢湖、含山、和县等地地热资源丰富（图 16-22）。2000m 勘查深度内水热型深层地热可开采总量每年 $2.22\times10^7 m^3$，地热流体可开采热量每年 43.6×10^{12} J，折算标准煤 149 万 t。目前，开发利用的地热井有和县香泉、合巢半汤、庐江东西汤池、潜山市天柱山温泉、岳西县汤池畈等，庐江汤池和合巢半汤地热田开发利用程度较高，其他地热资源均具有较大的开采潜力。合肥拥有"中国温泉之乡"的美誉，温泉地热水每年开采量达 108 万 m^3，产生年经济效益 3.7 亿元，节约标准煤 10 532t。

建议：加强地热资源勘探，鼓励推进开发利用，支撑温室养殖和温泉旅游等产业发展。

皖江经济带浅层地热能丰富。9 个地级市建设规划区浅层地热能总热容量为 2173.72×10^{12} kJ，按 40% 可开采量核算，可开发利用总热容量为 869.5×10^{12} kJ，每年可折合标准煤 2964.8 万 t，减排二氧化碳等有害物 0.68 亿 t。皖江经济带（除宣城外）城市规划区及重要乡镇人口聚居区适宜于地埋管地源热泵开发区域为 2821km²，适宜于地表水源热泵开发区域为 626km²。目前，已开发浅层地热能面积为 282.36 万 km²，其中地源型工程 59 个，地下水源型工程 6 个，地表水源型工程 1 个，经济效益显著，2009 年以来，合肥、六安、芜湖、铜陵、池州 5 个中心城市先后入选"国家可再生能源建筑应用示范城市"。

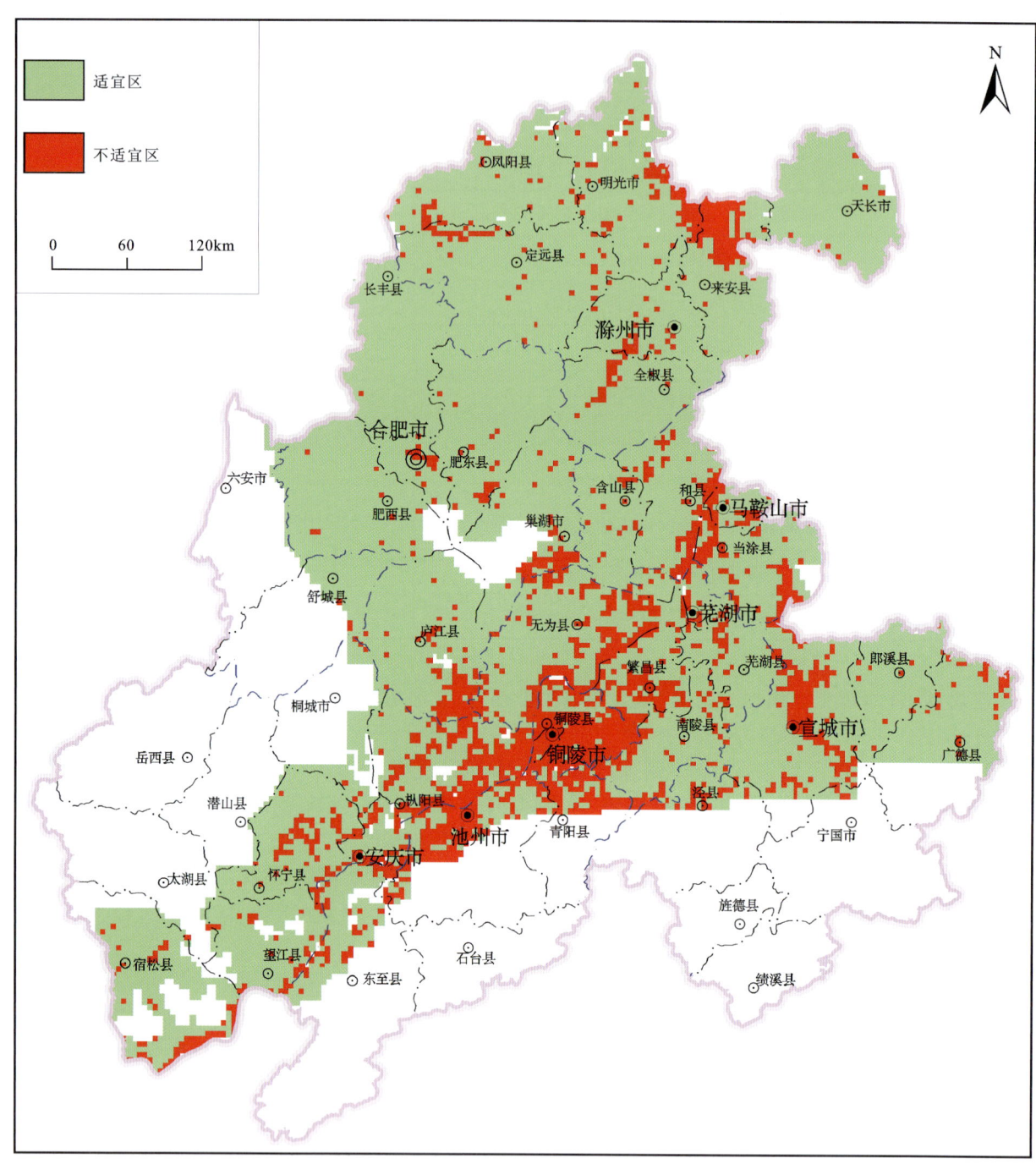

图 16-21 皖江经济带绿色农产品适宜评价图

建议:在合肥环巢湖新区、芜湖开发区、马鞍山江北开发区等城市化速度较快规划区和新区加大浅层地热能的勘探开发利用,创建低碳人居环境。

皖江地区页岩层累计厚度为 300~500m,预测页岩气资源量为 $5.76\times10^{12}m^3$,初步圈定了南陵盆地、宣广盆地、东至-石台向斜、来安-天长盆地、无为盆地、潜山盆地、望江盆地等 8 个找矿远景区(图 16-23)。宣城泾县泾页 1 井在二叠系龙潭组—大龙组全烃值最高可达 10% 以上,解吸气成功点火,据估算最高值可达 $9.33m^3/t$,勘查前景较好。

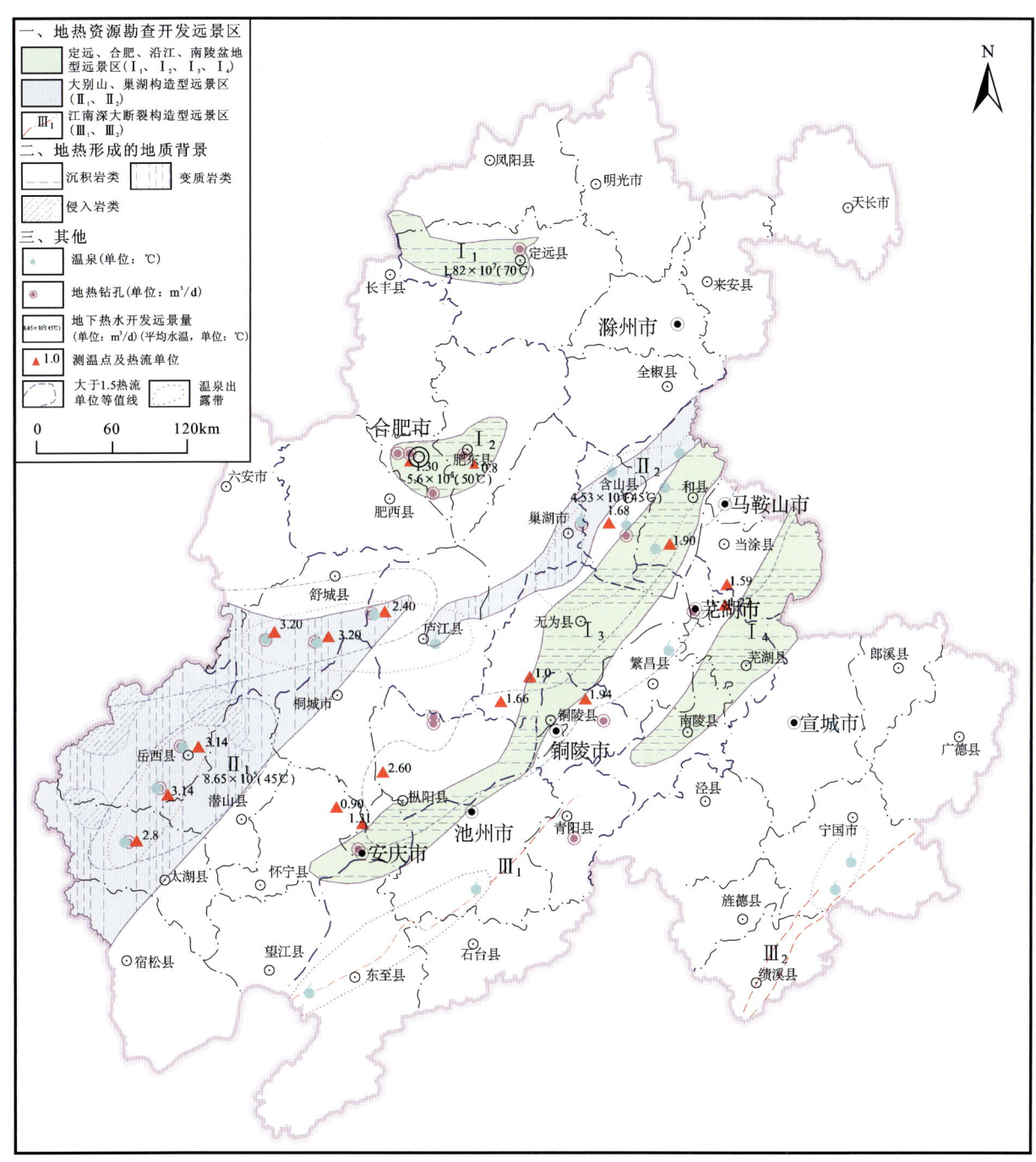

图16-22 皖江经济带地热资源远景区分布图

建议:在圈定的8个页岩气远景区进一步开展勘查,加快技术创新,推动皖江经济带页岩气相关产业发展。

二、重大地质问题

皖江经济带环境地质条件总体较好,但是区域矿山环境问题、沿江崩岸、岩溶塌陷、活动断裂、软土和膨胀土等不良土体工程地质问题等环境地质问题不同程度地影响着区域规划建设和产业发展。过江通道、港口建设和高速铁路等重大工程建设以及城镇规划发展,应对这些重大地质问题予以高度关注。

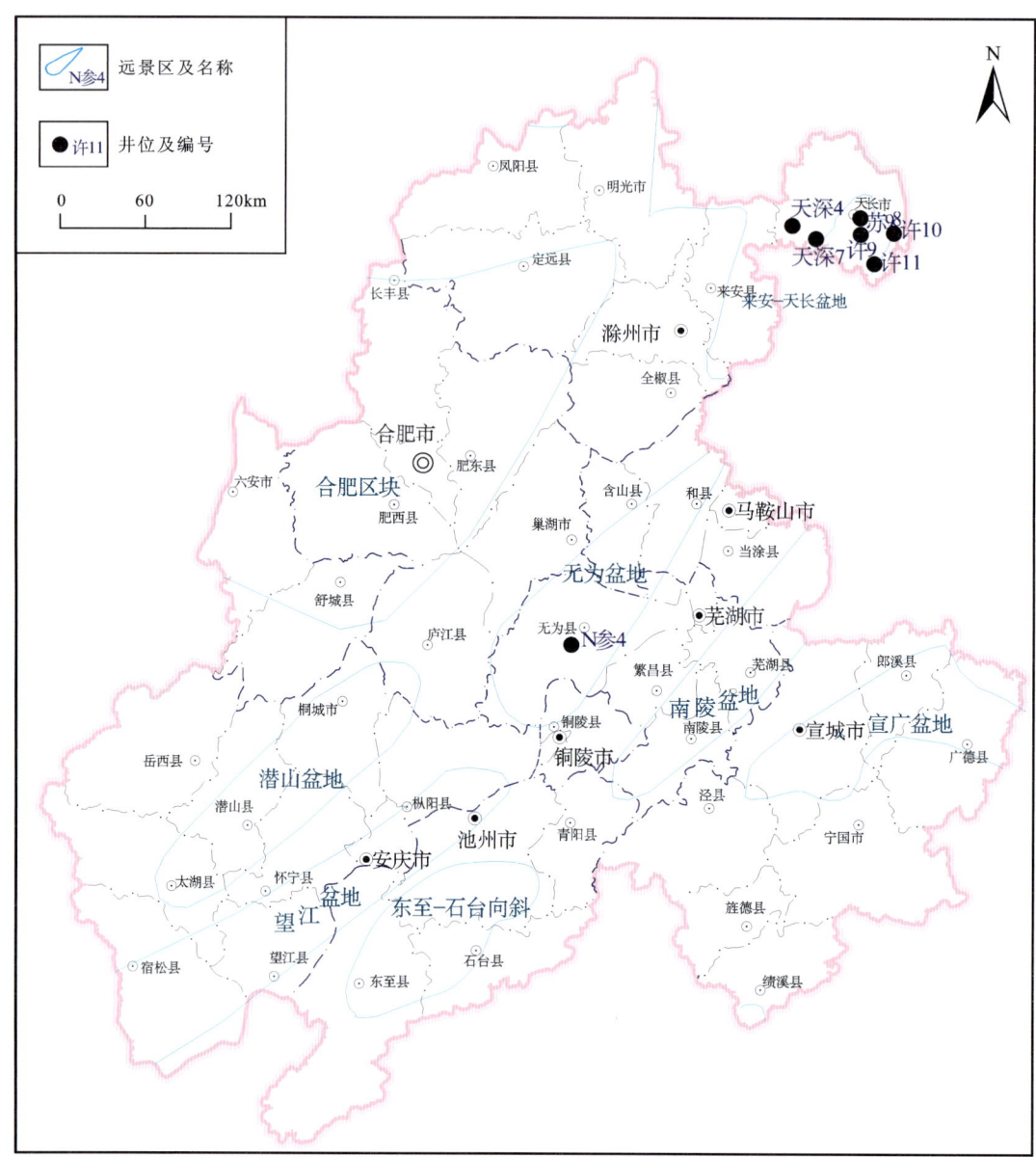

图 16-23　皖江经济带页岩气远景区分布图

1. 矿山地质环境问题突出

皖江经济带拥有各类矿山 2508 个。其中,生产矿山 1169 个,停产矿山 272 个,在建矿山 20 个,闭坑(废弃)矿山 1047 个。在产矿山以小型为主,中大型矿山为 305 个,仅占 26.09%。矿山开采与城市建设、生态保护的矛盾凸显,因采矿产生的地面塌陷、边坡失稳等地质灾害、"三废"污染、水土流失、压占毁损土地资源等生态环境问题日趋严重(图 16-24)。

截至 2015 年,发现采空地面塌陷 122 处,塌陷面积为 65.7km²,主要分布于沿江南部的铜陵、马鞍山、广德等地;发现岩溶塌陷 17 处,塌陷坑数量 500 余个,最大直径达 18.6m,影响面积达 6.75km²,集中分布于铜陵和安庆。

建议:对铜陵、马鞍山、安庆重点塌陷区开展塌陷现状及治理情况核查,在回填基础上进行生态复垦;针对已闭坑的老井开采矿山,加强采空区的排查;对铜陵、安庆等地岩溶塌陷区进行水文地质条件详

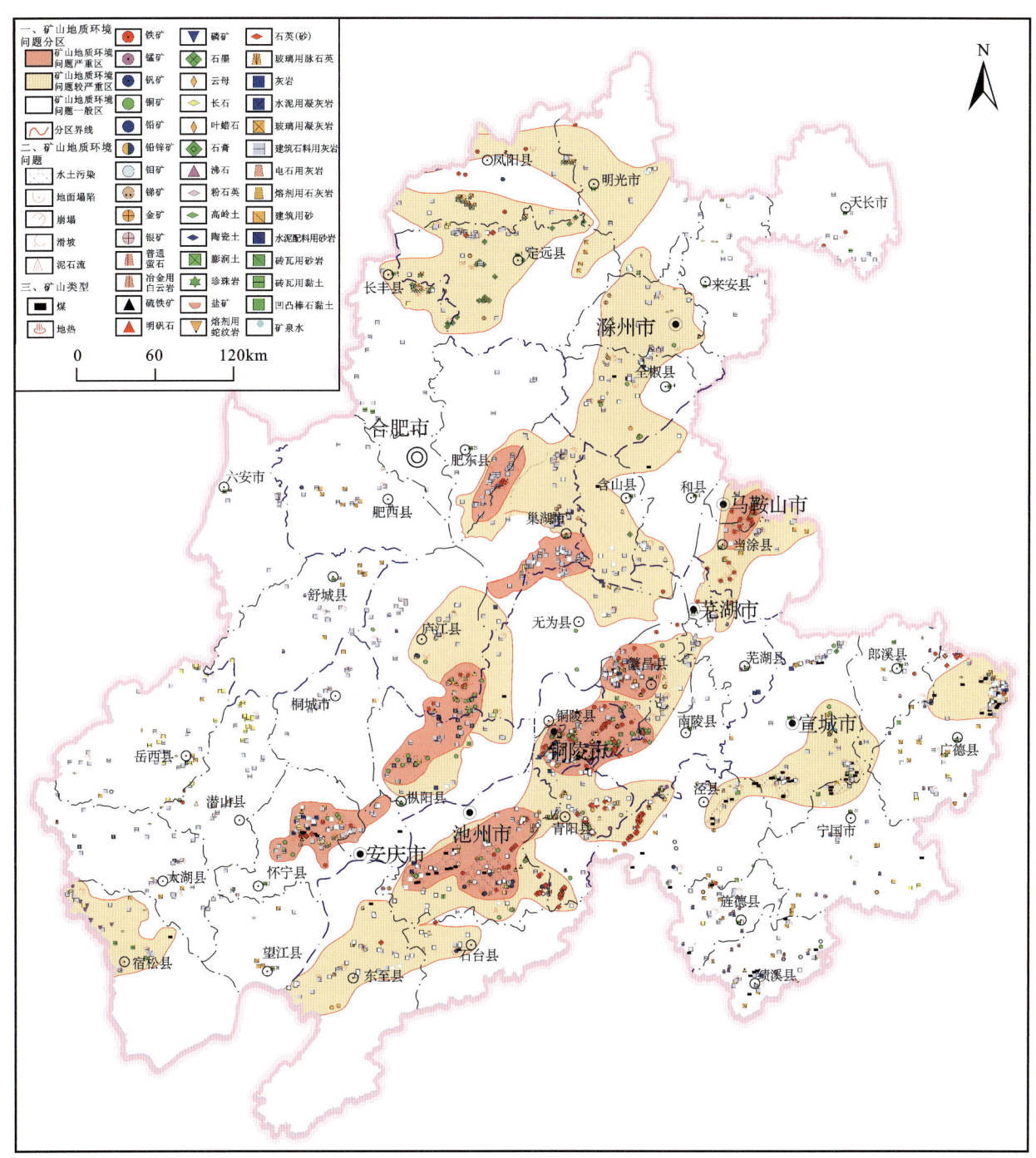

图 16-24 皖江经济带矿山环境问题分布图

查,提出岩溶塌陷防治措施。

矿山开采引发的崩塌、滑坡、泥石流等地质灾害主要发生于露天开采矿山,共发生崩塌 42 起,滑坡 7 处,泥石流 5 处,均以小型为主,主要分布在马鞍山市、铜陵市、宣城泾县、六安市和安庆市。

建议:对露天矿坑隐患点进行边坡加固,对废旧露天矿坑进行边坡改造、修复治理,对崩塌、滑坡灾害点进行清理、测量、评价、修复。

矿山废水排放和废渣堆置不当,对矿山周围的地表、地下水体造成了不同程度的污染。区内矿山废水年排放量为1 266.13万t,固体废弃物年产出量为3 842.29万t,对矿区周围地表水影响较严重。

建议:对已占有、已污染土地(尤其是马鞍山、铜陵、六安地区)进行试点修复工作,技术成熟后进行推广,对矿区影响范围内水土质量下降区域进行详查,理清污染途径,提出水土保护措施。

矿山开采压占、毁损土地资源为407.44km^2,主要分布在马鞍山、铜陵、六安等地。其中,耕地面积为3.99km^2,林地面积为367.59km^2,草地面积为0.08km^2,园地面积为0.12km^2,建筑用地为9.71km^2,其他地类面积为25.95km^2。

建议:在马鞍山和铜陵开展毁损土地资源修复和治理,支撑矿山城市升级转型。

2. 岸线资源综合利用程度不高

长江"黄金水道"从西到东贯穿整个皖江经济带,在皖江经济带长江岸线全长777.3km,因此该区具有较好的通航条件和港口资源。目前,长江沿岸的港口群共有38个主要港区,其中安庆有中心港区(含桐城鲟鱼港区)和宿松港区、望江港区及枞阳港区4个港区;池州有香口、东流和吉阳等10个港区;铜陵有大通、横港和长湖滩等6个港区;芜湖有庆大圩、荻港等13个港区;马鞍山有人头矶港区、中心港区、和县港区、慈湖港区和采石港区5个港区。总体来看,皖江经济带长江岸线资源开发利用程度不高,目前已开发利用的长江岸线长约86.9km,只占长江岸线总长的11.2%(2007年)。皖江经济带长江沿岸存在崩岸、岩溶塌陷、活动断裂等主要环境地质问题,对长江沿岸规划建设和长江航道安全有严重的影响,应进一步评价长江岸线资源现状,重视岸线资源综合利用,防范崩岸、岩溶塌陷、活动断裂等环境地质问题,提出合理开发利用建议。

建议:引江济淮工程沿线面临膨胀土等不良土体工程地质问题,根据对沿线膨胀土性质的评价,建议采取掺石灰改性处理、柔性支护等方式处理膨胀土边坡稳定性问题,否则在蓄水后会引发严重的膨胀土边坡失稳破坏。

3. 过江通道规划建设面临崩岸、活动断裂、软土环境地质问题

到2020年,皖江经济带形成"三横五纵"综合运输通道和合肥、芜湖、安庆、铜陵、池州、马鞍山综合交通枢纽。皖江经济带目前已建成长江大桥6座,在建长江大桥4座,还将规划17座过江通道。

过江通道建设受崩岸、活动断裂、软土等环境地质问题影响。沿江地区长江发生崩岸73处,长达250km,占堤长约33%,尤其长江北岸是坍岸最严重的河段;郯庐断裂、长江断裂等活动断裂对沿江工程存在潜在影响;皖江沿江软土分布面积达4900km^2,主要分布在南、北两岸冲积平原及湖泊群的漫滩地带,芜湖—巢湖—马鞍山—宣城环线、安庆—池州西南段、铜陵以东段、无为西河等各个地区均有广泛分布。

长江岸带和巢湖岸带稳定性评价显示,长江岸带稳定区分布于长江南岸东至段、池州东段和繁昌段,长约55km,主要为山矶阶地,抗冲刷能力强,岸崩灾害不发育;长江岸带较稳定区分布于长江南岸芜湖市区段、北岸无为—枞阳交界段和宿松段,长约105km,主要为淤积河段;潜在不稳定区约占总堤长的80%,主要为亚性土、亚砂土、粉细砂河岸,抗冲刷能力弱,岸崩多发育,巢湖岸带较稳定区分布在长临河镇以东堤段,长约70km,主要为基岩湖岸(砂岩、网状黏土)、淤积湖岸,岸崩弱发育;较稳定区分布在长临河镇以西堤段,长约40km,主要为淤积岸,湖岸较平缓,岸崩局部发育(图16-25)。

对过江通道进行安全影响评价,规划的17座过江通道中,15座通道位置地质适宜性良好,只有铜陵横港城市道路过江通道(D08)和铜陵开发区城市道路过江通道(D07)两座通道地质适宜性一般。D08过江通道东岸有残丘,西岸有约40m的巨厚粉细砂层,下伏有砾石层,建议进一步查明两岸粉细砂、砾石层埋深及富水性,查明砂性土埋深及液化等级。D07过江通道两岸土体厚度大,软土分布面积广,建议向上游移动2~3km基础稳定的岗地地貌区,避开南岸软土发育区和江岸不稳定区。

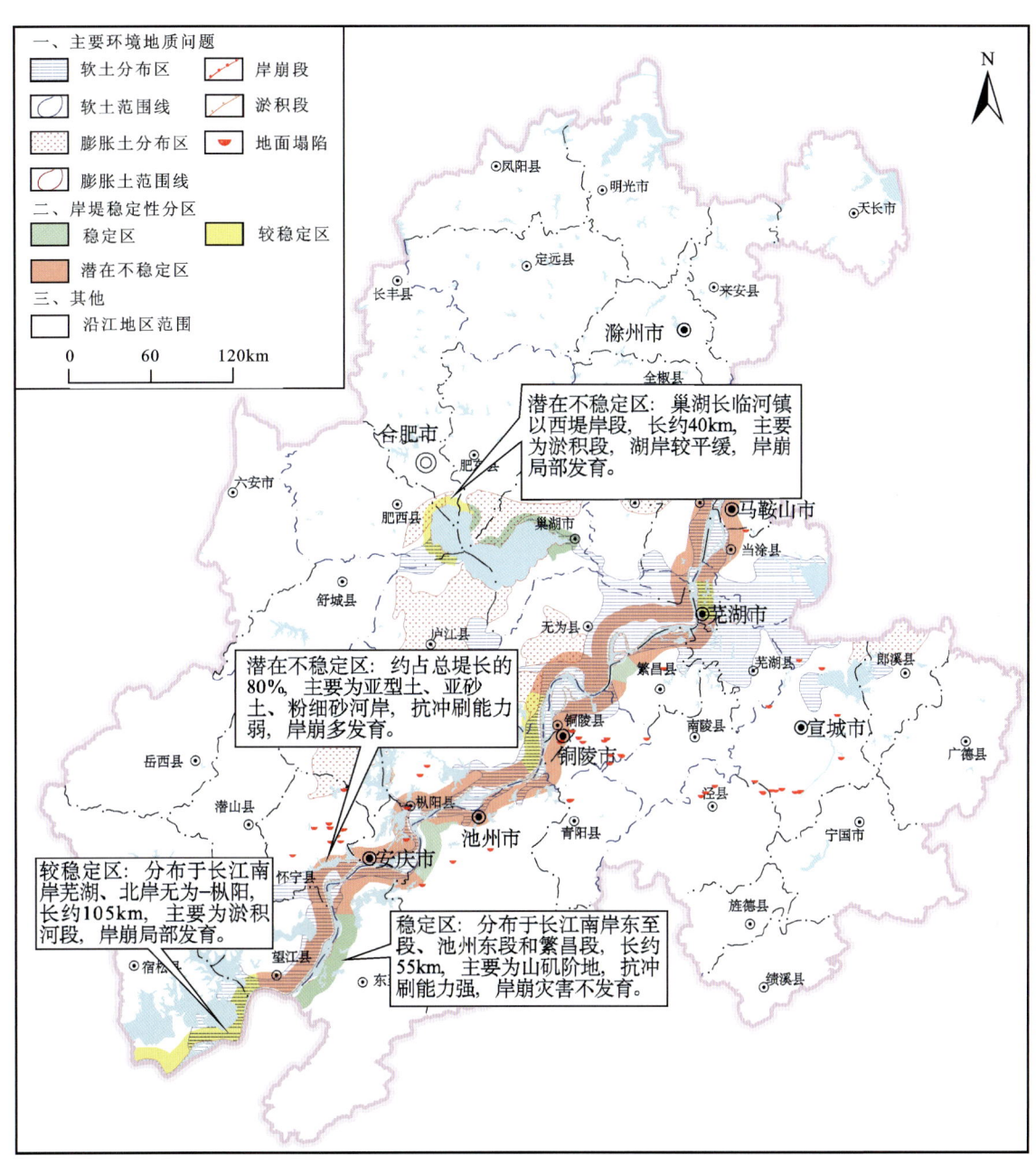

图 16-25 皖江经济带江岸湖岸稳定性分区图

三、皖江经济带综合地质调查工作部署建议

2010年12月7日国土资源部与安徽省人民政府签署了《共同推进安徽省国土资源管理工作,促进皖江城市带承接产业转移示范区建设合作备忘录》,2015年12月11日,中国地质调查局与安徽省人民政府签订《皖江经济带综合地质调查合作协议》,以皖江经济带承接产业转移为目标,围绕国土规划、产业和城镇建设、农业发展、地质环境保护、矿产勘查开展综合地质调查工作,全面支撑服务长江经济带建设,包括以下4个方面:一是围绕《皖江城市带承接产业转移示范区规划》中明确的产业发展区、城镇规划区及重大工程建设区,开展地质环境综合调查工作;二是在粮食、农产品主产区的基本农田建设区开展服务于永久基本农田和高标准基本农田建设、划定耕地保护红线、建设现代化农业示范基地、特色果

林产品和水产品开发、保障食品安全的土地质量调查工作;三是在以生态保护为主的生态功能区开展服务于山体景观修复与湿地、河湖水体恢复保护、水源地涵养与保护、矿山生态地质环境治理,崩塌、滑坡、泥石流等地质灾害防治,生态旅游产业开发,发展绿色和清洁能源产业的生态地质调查工作;四是在资源潜力区开展矿产地质调查,在皖江经济带不破坏耕地、不破坏水源、不影响城镇建设和居民生活、不严重影响生态环境的资源潜力区,开展服务于产业资源保障的矿产地质调查工作和页岩气重点调查评价。

第四节　长江中游城市群

长江中游城市群是以武汉城市圈、环长株潭城市群、环鄱阳湖城市群为主体形成的特大型城市群,土地面积约 31.7 万 km^2,将承东启西,连南接北,区位优势突出,是长江经济带三大跨区域城市群支撑之一。国务院发布的《关于依托黄金水道推动长江经济带发展的指导意见》和《长江中游城市群发展规划》,从城市群规划建设、长江岸线资源综合利用、高速铁路等重大工程安全运营、现代农业基地建设和生态环境保护等方面,对长江中游城市群的地质工作提出了新的要求。本次在系统梳理了以往地质调查成果,对长江中游城市群资源环境条件和重大地质问题进行了研究,取得以下基本认识。

一、有利资源环境条件

1. 优质耕地分布广

长江中游城市群耕地主要分布在江汉平原、洞庭湖平原、环鄱阳湖平原及其周缘地带,其中平原区耕地面积约1.3亿亩。肥力相对丰富且环境清洁的优质耕地分布面积为1.0亿亩,主要分布在江汉平原及鄱阳湖平原大部、洞庭湖平原的松虎平原、澧水下游、沅江下游。土壤肥力相对丰富但环境受到一定程度污染的中等质量的耕地面积0.2亿亩,主要分布在长株潭城市群地区、武汉、黄冈、南昌、余干等大中型城市邻域或矿集区(图16-26)。

建议:将优质耕地划为永久基本农田,加以严格保护和科学开发利用,对中等质量的耕地需注重土地环境治理,推进鄱阳湖平原、江汉平原和洞庭湖平原西部地区现代农业基地建设。

调查发现,表层土壤富硒区面积为 4349 万亩(28 993 km^2),圈定可利用富硒区面积为 2056 万亩(13 707 km^2),主要分布于江汉平原和鄱阳湖平原南部地区,以及韶山、桃源、临澧和九江等地(表16-8,图16-27)。其中,江西丰城富硒土壤面积达 78.6 万亩(524 km^2),平均含硒量为 0.54×10^{-6},属有机硒形态,富硒农产品开发利用较成功,已取得较好的社会效益和较大的经济效益,被誉为"中国生态硒谷",为利用土地资源禀赋优势发展特色农业探索了道路。湖北江汉流域可作为农产品开发基地的富硒土壤面积达 1510 万亩(10 067 km^2),具总量大、分布广、品质优三大特点。

建议:推广江西丰城和湖北恩施等地富硒耕地开发经验,科学规划,合理利用绿色富硒耕地资源,进一步将江汉平原打造成为"富硒粮都"。

2. 河湖湿地环境总体良好

长江中游湿地面积为 1.98 万 km^2,其中湖泊水域总面积为 1.90 万 km^2,集中分布在江汉-洞庭湖群、鄱阳湖以及长江干支流及其洪泛平原。湿地保护总面积为 1.19 km^2,已列为重点保护的重要湿地自然保护区 45 个,面积为 8647 km^2,其中国际重要湿地 6 个,包括洪湖湿地(414 km^2)、沉湖湿地(116 km^2)、东洞庭湖湿地(1900 km^2)、西洞庭湖湿地(357 km^2)、南洞庭湖湿地(1680 km^2)、鄱阳湖湿地(224 km^2)。

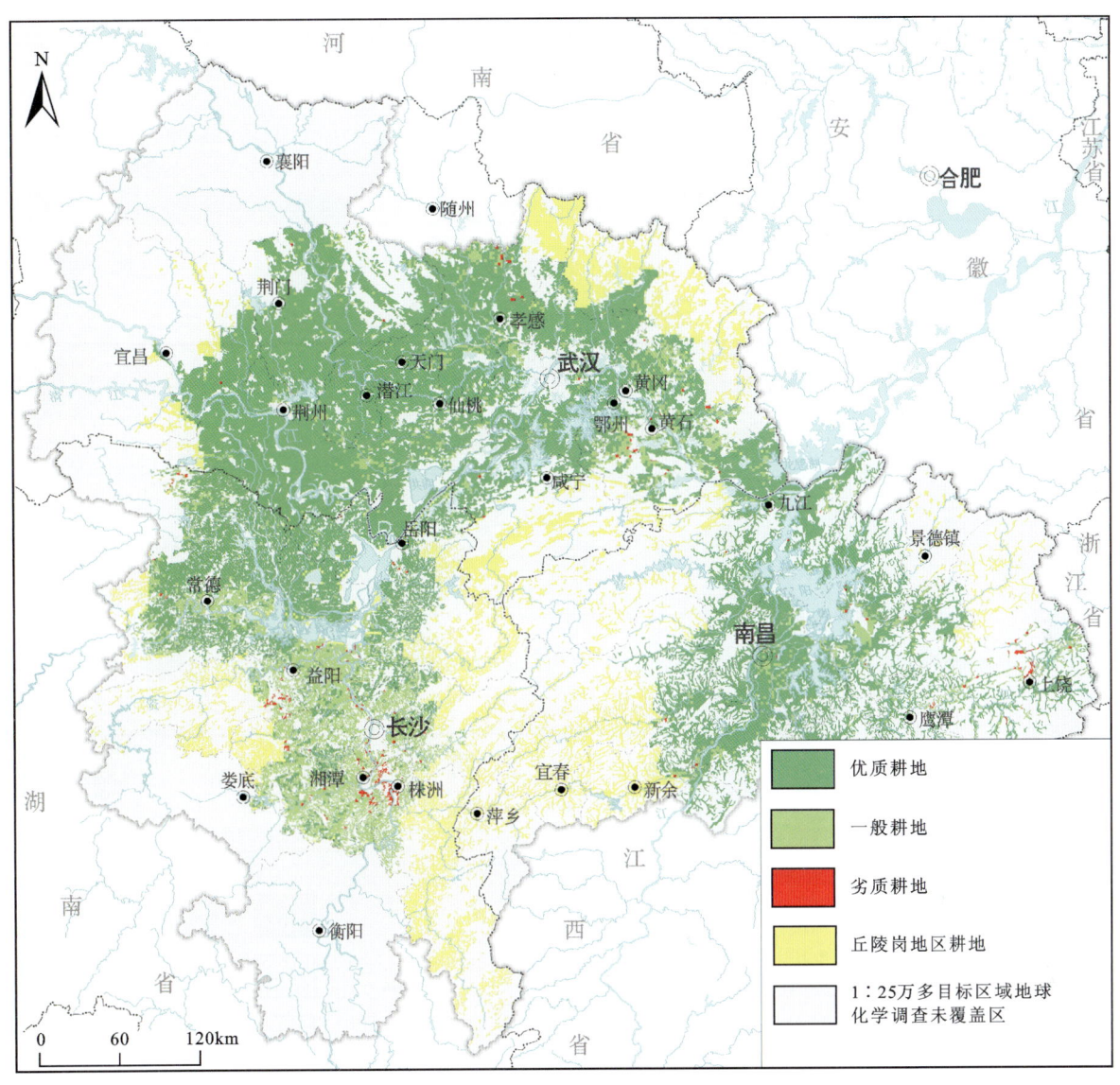

图 16-26　长江中游城市群耕地地球化学综合分等图

表 16-8　长江中游城市群平原区可用富硒土壤资源分布面积统计表　　　　　　　　　　　　单位：km²

城市	可用富硒区面积	城市	可用富硒区面积	城市	可用富硒区面积
武汉	992.43	宜昌	89.35	南昌	440.59
黄石	456.44	荆州	896.88	九江	447.36
鄂州	185.67	荆门	723.65	景德镇	266.91
黄冈	140.97	长沙	539.86	鹰潭	230.07
孝感	308.59	株洲	16.91	新余	0.11
咸宁	467.84	湘潭	297.91	宜春	1 310.81
仙桃	434.40	岳阳	279.37	上饶	1 905.10
潜江	350.52	益阳	609.09	抚州	118.81
天门	436.47	常德	1 675.35	吉安	85.54

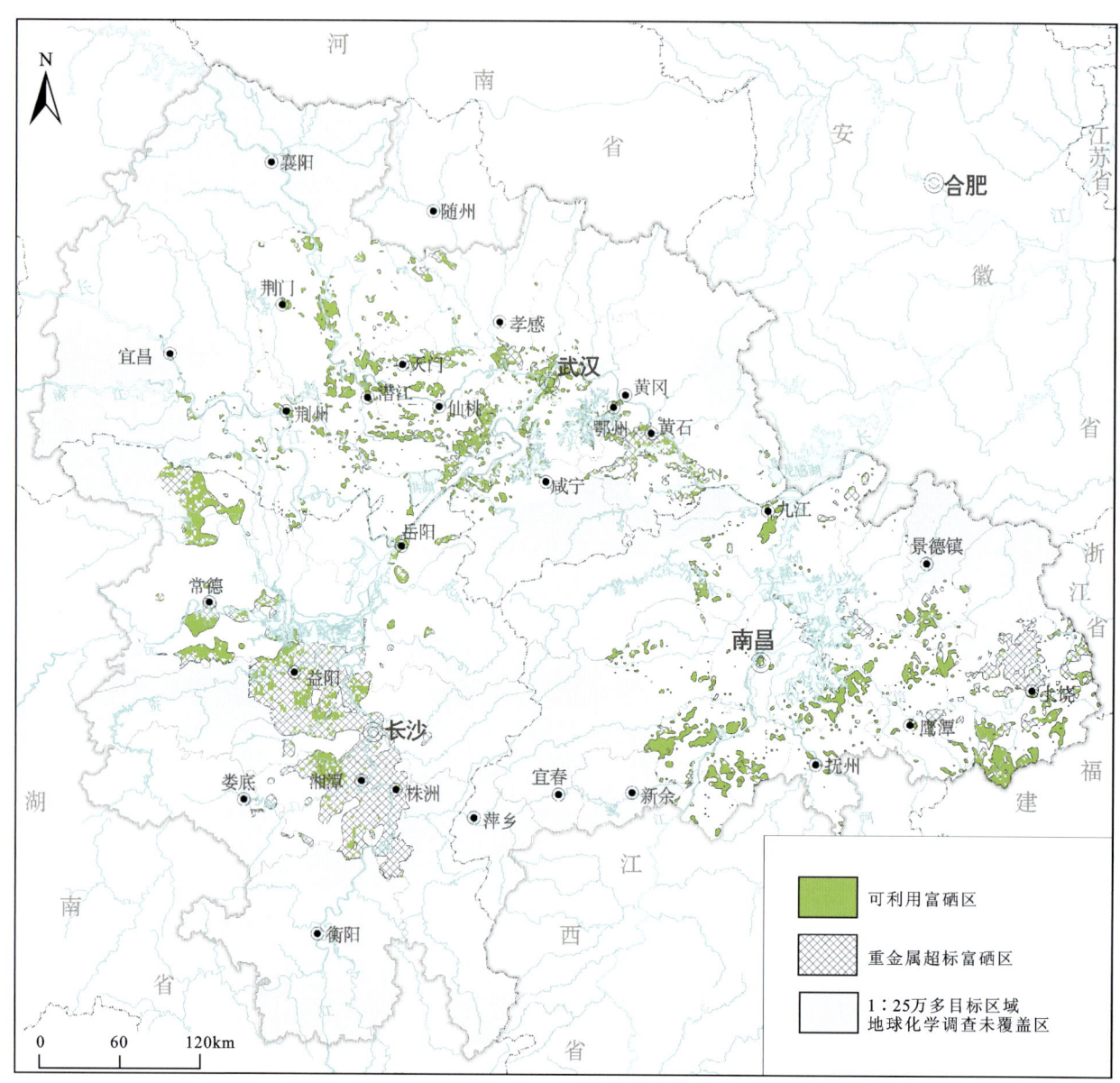

图 16-27 长江中游城市群平原区可用富硒土壤资源分布图

湖泊湿地面临的主要环境问题有围湖造地、垦殖等造成的湖泊萎缩和湿地功能退化。从 20 世纪 50 年代初到 80 年代末,"千湖之省"湖北省 100 亩以上湖泊从 1332 个锐减为 843 个。20 世纪 80 年代以后,湖泊萎缩势头有所减缓,但总体上仍呈萎缩趋势(图 16-28)。此外,湖区养殖、污染造成水质超标和富营养化等问题,50% 以上的湖泊出现轻度以上污染。

三峡工程等重大水利工程建设运营后,江汉-洞庭平原沿江一带地下水水位下降 0.8~2m,湖泊湿地面临进一步萎缩的风险。

建议:加强湖泊湿地保护力度,遏制围湖造地、湿地退化趋势。加强地质环境监测工作,进一步评估三峡工程、南水北调中线工程等建设运营对江汉-洞庭湖群和鄱阳湖等湖泊湿地的影响。

3. 区域地壳稳定性总体较好,水资源丰富

长江中游城市群区域地壳稳定性总体较好,主要断裂带的活动性较弱。断裂活动较显著的主要集中在襄樊-广济断裂与郯庐断裂交会的九江—瑞昌—阳新地区。地区虽有幕阜山系和九岭山系,但中低

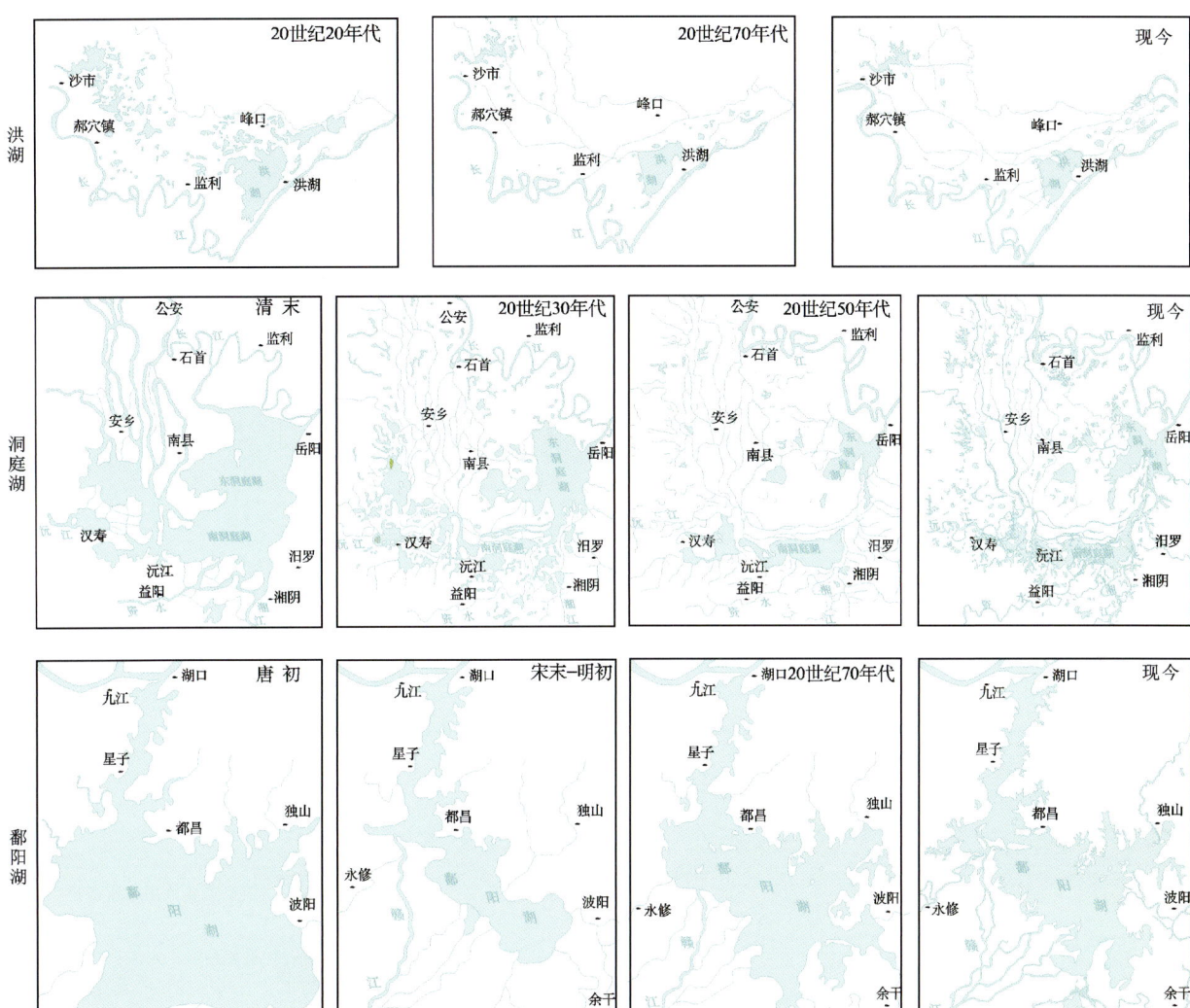

图 16-28　长江中游城市群重要湖泊湿地演化示意图

山区面积总体相对较小，沿江平原岗地地形平缓，起伏小，宽度大，有利于新型城镇化发展、产业布局以及港口建设。

长江中游城市群水资源丰富，多年平均年径流量达 4500 亿 m^3，占全流域总径流量的 47.2%，是我国水资源最为丰富的区域。2012 年，长江中游城市群全年水资源总量达到 3191 亿 m^3，其中地表水资源量为 3135 亿 m^3。地表水资源量相对丰富的地区包括咸宁、长沙、株洲、岳阳、益阳、常德、衡阳、九江、宜春、上饶、抚州、吉安等地，水资源总量达 100 亿 m^3，上饶、抚州水资源总量突破 300 亿 m^3。武汉、长沙、南昌 3 个中心城市的用水总量占比分别为 72%、26% 和 26%，上饶、鹰潭、景德镇、九江、萍乡、咸宁、宜春、宜昌、株洲、益阳、新余、娄底 12 个城市用水量占比不超过 20%。长江中游城市群地下水资源丰富，水质较好，经综合评价，圈定主要城市地下水应急（后备）水源地 46 个，其中 18 处应急水源地为可供 100 万以上人口的应急水源地（图 16-29）。

建议：重大工程和过江通道建设宜考虑襄樊-广济断裂、郯庐断裂活动性；提高瑞昌—阳新地区抗震设防等级，控制城市规模，规避地震诱发岩溶塌陷区；建议结合水资源潜力，统筹规划区域发展战略，差异化管控不同城市新增建设用地，发展节水农业，提高工业用水效率。

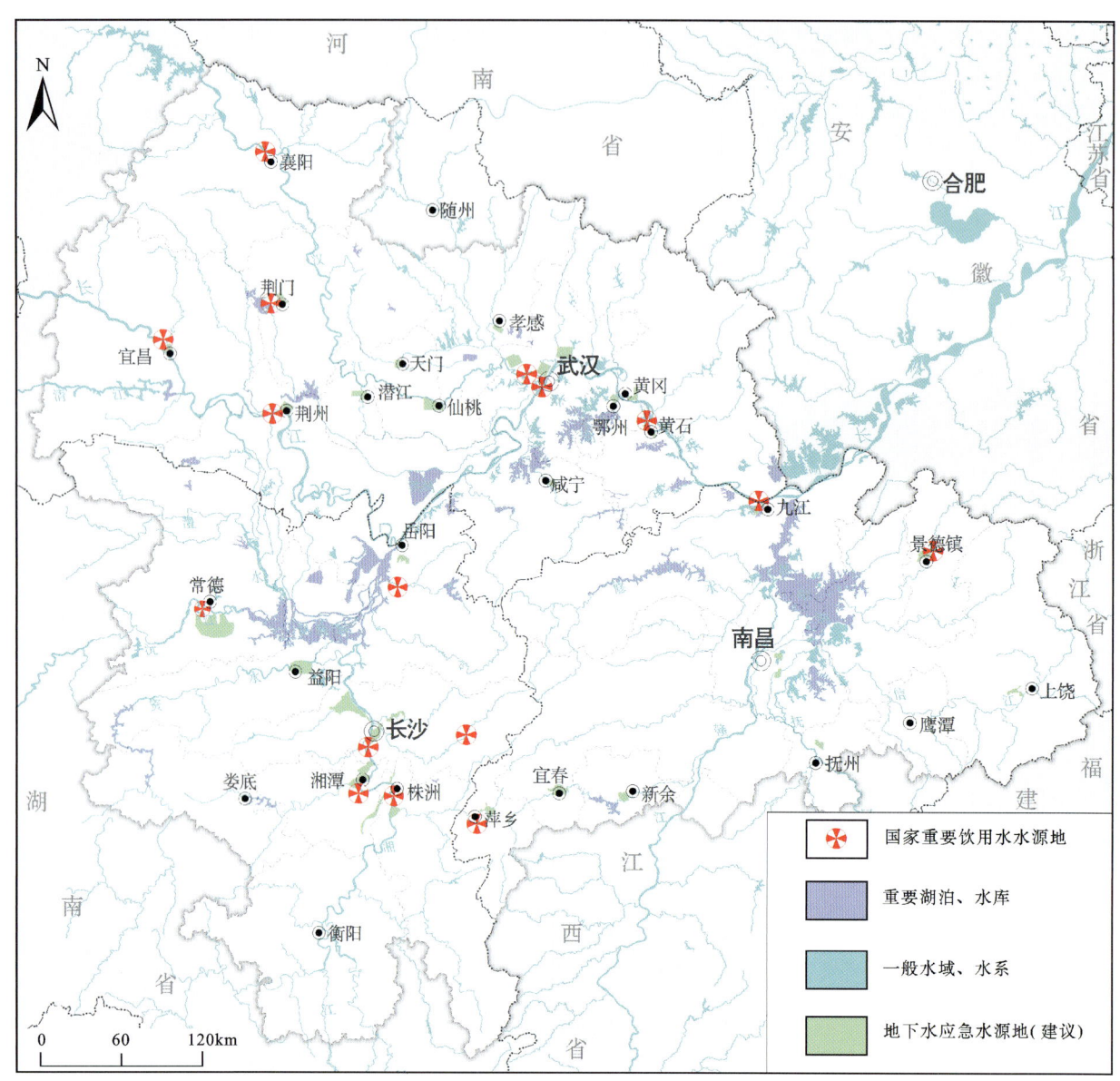

图 16-29 长江中游城市群地下水应急水源地分布图

4. 页岩气、地热、浅层地热能等新能源资源丰富

2014年底，长江中游城市群已探明页岩气地质资源总量为 $1.61×10^{13} m^3$，其中湖北、湖南和江西分别为 $8.7×10^{12} m^3$、$5.7×10^{12} m^3$、$1.7×10^{12} m^3$。2015年中国地质调查局组织的页岩气和油气调查取得一系列重大发现和重要进展，湖北宜昌页岩气调查钻获 70m 厚优质含烃岩层，显示该区页岩气资源潜力大，鄂西秭归和湘中武陵山地区页岩气和油气资源勘查获得突破。

长江中游城市群新型能源储量大。沉积盆地型中低温地热流体每年可利用资源为 $4.16×10^{13}J$，折合标准煤141.6万t，其中湖北为127万t，江西为14.6万t。隆起山地型中低温地热流体每年可利用资源量为 $1.91×10^{13}J$，折合标准煤65万t。

浅层地热能每年可利用资源总量 $2.81×10^{11}kW·h$，折合标准煤3 453.5万t，其中，湖北、湖南和江西分别为1 779.1万t、1 046.5万t和627.9万t。

建议:加强对页岩气、地热、浅层地热能等新能源的勘探开发,加快推进宜昌等地区页岩气综合开发示范区建设,加快技术创新,推动页岩气相关产业发展,优化能源供给体系,保障能源供给安全。

5. 铜、钨、磷、稀土等矿产储量大

长江中游城市群是我国重要的矿产资源区,已发现各类矿产166种,主要分布在秦岭成矿带、桐柏-大别-苏鲁成矿带、长江中下游成矿带、龙门山-大巴山成矿带、上扬子中东部成矿带、江汉-洞庭成矿区、江南隆起西段成矿带、江南隆起东段成矿带、湘中成矿亚带、幕阜山-九华山成矿亚带、武功山-北武夷山成矿亚带和南岭成矿带中段北部12个成矿带(图16-30)。区内磷矿、萤石、重晶石、长石、海泡石等储量均居全国第一位,钛矿保有资源储量排名为全国第四位,钒矿保有资源储量位列全国第三位。

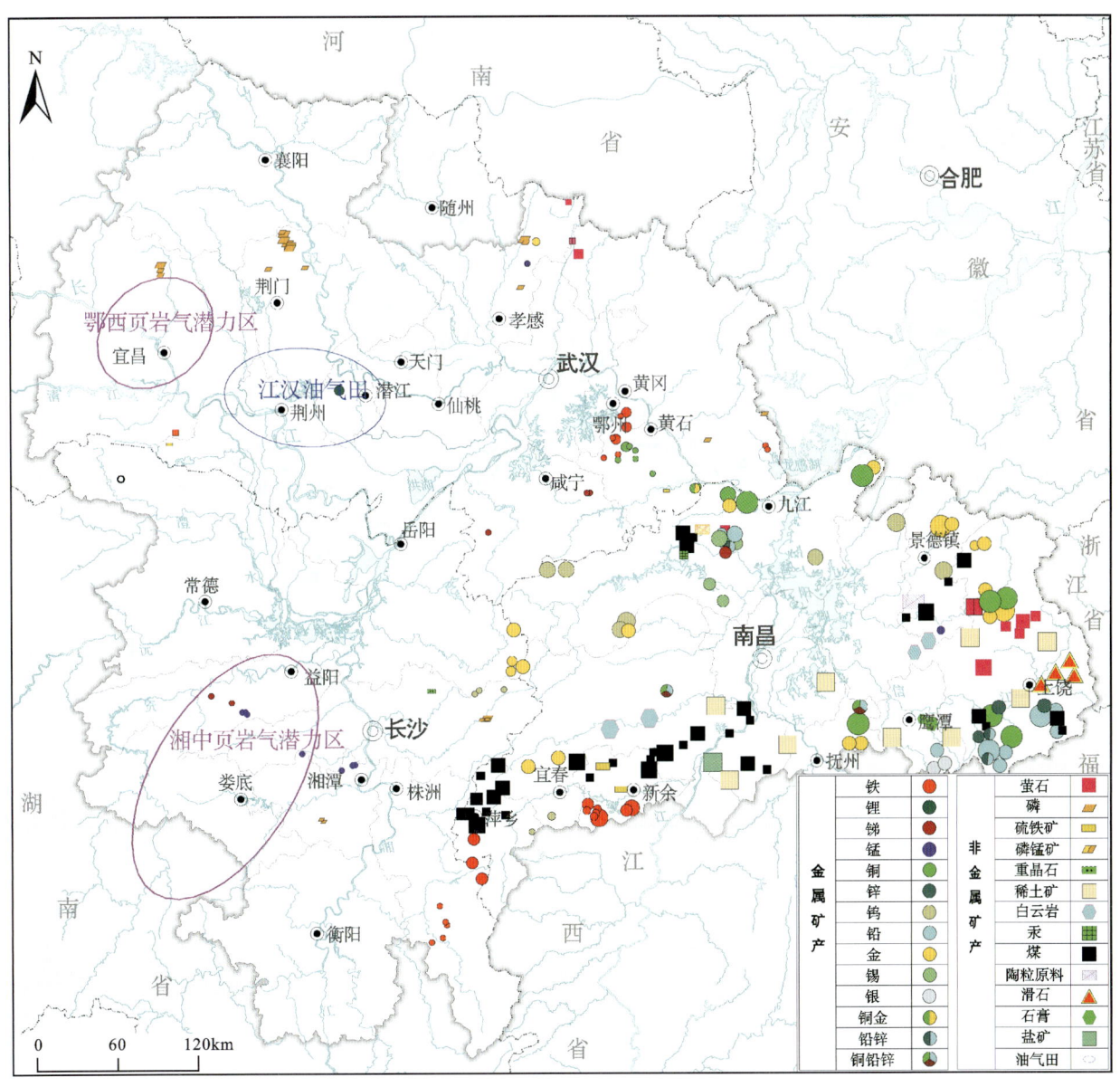

图16-30 长江中游城市群矿产资源分布图

建议:推进宜昌-襄阳磷矿、黄石-九瑞铁铜矿、德兴铜金矿、赣北钨矿、湘中金锑矿、湖北云应-天潜盐硝矿等矿业经济区等优势产业基地建设;扶持并引导宜昌-襄阳磷矿等大型矿山探、采、选、冶新技术开发和应用,提高资源利用率;对湖北鄂州-黄石铁铜金主要矿产潜力区加大勘探经费投入,加大深部找矿力度,提高勘查精度,扩大勘查范围;逐步减少江西赣西煤、钨、稀土3种主要矿产资源的开发,延长稀土矿的开采寿命,提升保证年限。

二、重大地质问题

调查表明,岩溶塌陷、沿江岸带崩岸和管涌、矿山环境地质问题等对城市群规划建设、高速铁路及沿江岸线资源综合利用构成重大影响,应予以关注。

1. 岩溶塌陷发育

长江中游城市群岩溶发育广泛。岩溶塌陷易发区面积为4900km²,主要分布于湖北武汉、黄石—大冶、咸宁—赤壁地区,湖南娄底和宁乡煤炭坝地区,江西九江沿江地区和萍乡—丰城一带。煤矿抽排地下水是岩溶塌陷的首要诱发因素,集中降水影响的矿山抽排地下水疏干区地面塌陷、关闭矿坑后地下水水位抬升区地面塌陷是煤矿抽排地下水诱发岩溶地面塌陷的另外两种表现形式。岩溶塌陷的诱发因素还包括不规范的工程施工、农业耕作、人工堆载、抽采地下水等人类工程活动。大气降水、地震也可能触发岩溶塌陷,甚至造成较大的次生地质灾害。

长江中游城市群的16个主要城市不同程度上面临岩溶塌陷威胁,包括湖北武汉、咸宁、鄂州、黄石、荆门,湖南长沙、益阳、娄底、株洲、湘潭,江西九江、丰城、新余、萍乡、宜春、景德镇等(图16-31),其中武汉市岩溶塌陷危害最为严重。调查表明,武汉市核心区共发育8条岩溶条带,呈近东西向展布,岩溶分布区面积为1089km²,岩溶塌陷高易发区分布面积143km²,中易发区约539km²,分别占武汉市岩溶分布面积的13.13%和49.49%。岩溶塌陷高易发区位于武汉市三环线以内武昌、汉口及汉阳主城区及新城区,人类工程活动强度大,在城市地下管线渗漏、工程施工等诱发因素作用下,容易发生岩溶塌陷。武汉市近10年发生岩溶塌陷23处,17处为桩基施工或地下水疏排诱发。

长江中游城市群307km高铁线路位于岩溶塌陷易发区。其中,京广高铁武汉—江夏段为26km,咸宁—赤壁段为53km;沪昆高铁丰城—萍乡段为180km,湖南湘潭—娄底段为48km,存在岩溶塌陷地质隐患(表16-9)。咸宁市城区官埠桥1986—1996年曾发生6次岩溶地面塌陷,共产生陷坑25个,陷坑最大直径10m,深15m,影响范围约1.5km²,威胁京广铁路和107国道安全。

表16-9 长江中游城市群高铁沿线岩溶塌陷隐患分布

高铁线路	地段	岩溶发育类型	长度/km
京广高铁	武汉—江夏段	覆盖型	26
	咸宁—赤壁段	覆盖型+裸露型	53
沪昆高铁	丰城—萍乡段	覆盖型+裸露型	180
	湘潭—娄底段	裸露型	48
合计			307

长江中游城市群长江岸线137km位于岩溶塌陷易发区,其中嘉鱼段为34km,武汉市段为43km,鄂州段为7km,江西段为53km(表16-10)。2008年2月29日,长江岸线武汉纱帽段发生岩溶塌陷,产生最大直径140m的8个塌陷坑,面积共1.8万 m²,严重威胁长江堤防安全。

建议:加强区域岩溶塌陷调查评价,强化岩溶塌陷易发区新增建用地管制;新城规划建设区应尽量避让高易发区;受岩溶塌陷威胁的建成区,应加强工程建设项目施工方式和施工强度监管力度,严格监控地下水抽排和城市地下管线渗漏;加强岩溶塌陷高易发区地下水动态监测,防范岩溶塌陷。

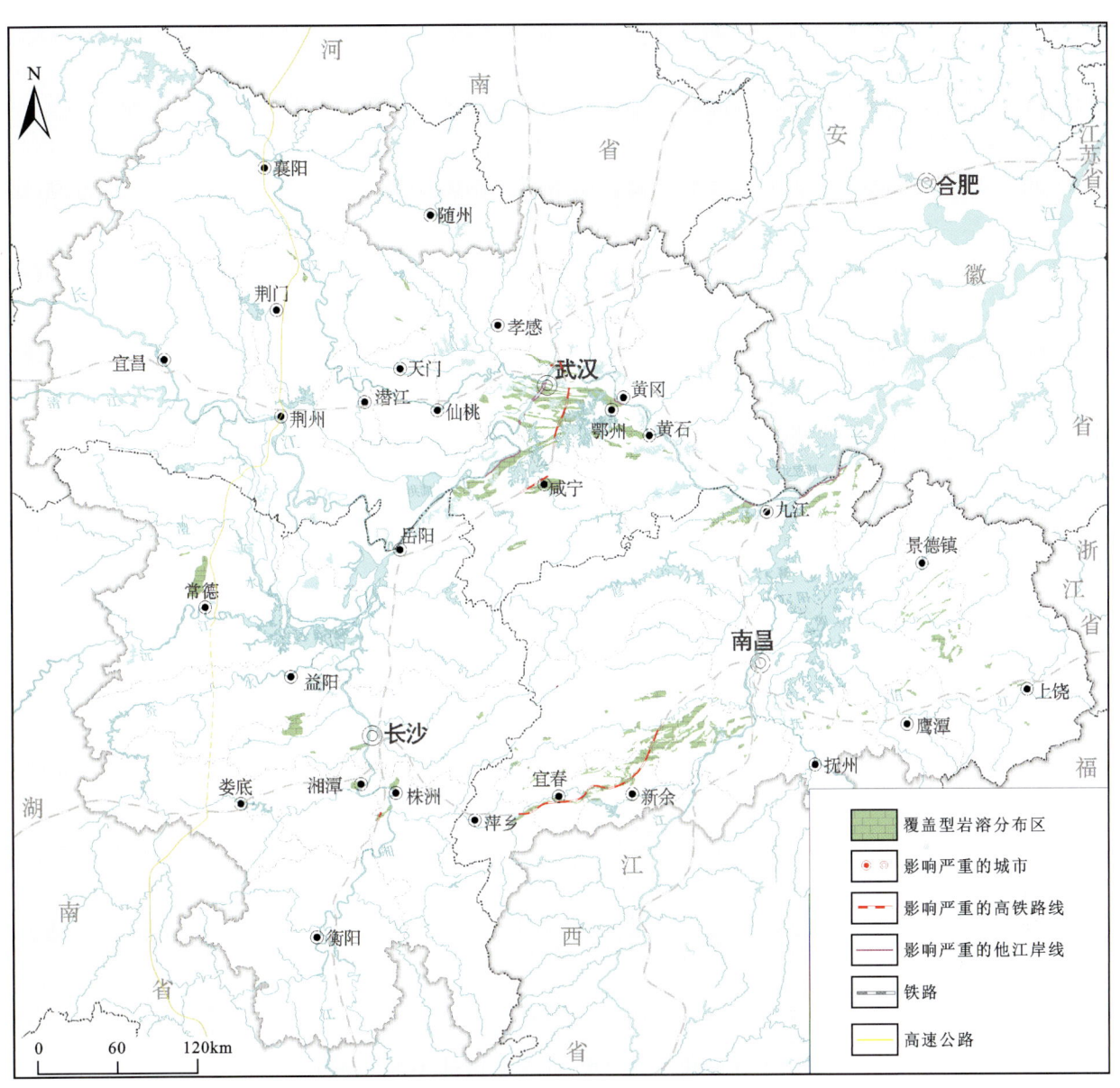

图 16-31　长江中游城市群岩溶塌陷高易发区及其影响分布

表 16-10　长江中游岸线岩溶塌陷隐患分布统计表

地 段		岸别	长度/km
嘉鱼段		南岸	34
武汉市段		北岸	15
		南岸	28
鄂州段		南岸	7
江西段	九江瑞昌	南岸	8
	九江湖口—彭泽	南岸	45
合计			137

2. 荆江和江西九江岸段存在崩岸、管涌等重大地质隐患

长江中游城市群长江岸线总体稳定,荆江河段、江西九江段存在崩岸和管涌隐患。长江中游干流两岸岸线长2031km,其中左岸线长1008km,右岸线长1023km。

崩岸段主要分布在湖北枝城—城陵矶段即荆江段(347km)、城陵矶—簰洲湾段(长192km)和江西九江—彭泽段(152km)。其中,枝城—簰洲湾段崩岸发育长度达334.6km,主要分布在荆州、沙市、江陵、石首、监利、洪湖等县(市、区)境内,九江—彭泽段岸几乎全线都发生过崩岸现象。1998年大洪水期间,湖北省嘉鱼簰洲湾、江西省九江长江大堤4~5号闸口处由于崩岸出现决口,造成了重大的人员、财产损失。

区内长江沿岸管涌共162处,主要分布在荆江大堤、洪湖监利长江干堤和九江长江大堤,共152处,占总数的93.83%,其他堤段分布数量均小于10处,共涉及荆州区、沙市区、江陵县、监利县、洪湖市、松滋市、公安县、石首市、赤壁市、嘉鱼县、黄石市、阳新县、武汉市、黄冈市、浠水县、钟祥市、天门市、潜江市、仙桃市、汉川市、华容县、岳阳县、柴桑区23个县(市、区)。

三峡工程运营后,清水下泄冲刷江槽,长江河道的冲淤变化、河势变迁等发生了重大调整。

建议:为进一步保障长江黄金水道通航和防洪安全,建议针对崩岸和管涌严重的荆江、九江河段,加强河势和地下水动态监测,为科学防治崩岸及控制河道演变提供依据,沿江产业带规划建设重视岸线资源综合利用,加强河势监测,强化护坡和岸堤工程。

3. 矿山环境地质问题突出

长江中游是我国重要的矿产资源开发利用区。矿山地质环境影响严重区56处,影响面积达5000km^2,主要分布在湖北远安-荆门等地磷矿区、荆门石膏矿区、黄石-九瑞铁铜矿、湘中金锑矿和大中型煤矿、江西德兴铜金矿、赣北钨矿、萍乡-上栗煤矿区等。矿山地质环境影响较严重区65处,影响面积达5355km^2,主要分布在赣西南及上饶等地的金属矿、非金属矿和一些中小型煤矿区(图16-32)。

矿业活动诱发的主要环境地质问题是采空塌陷和土壤污染等。近年来,共发生采空塌陷148处,其中湖北76处,湖南58处,江西14处,主要分布在湖北省黄石、大冶、武穴、阳新、鄂州,湖南宁乡、湘乡、湘潭、浏阳,江西瑞昌、德安等地。土壤污染主要分布在大冶、益阳、湘潭、株洲、上饶等矿集区周缘,其中516km^{2}农用地土壤环境恶化,重金属等污染严重超标,土壤修复困难。导致矿集区土壤污染的主要因素是矿山废水排放。

建议:加大矿山地质环境调查评价和综合治理,加大矿山抽排水无害化处理或循环利用,推进绿色矿山建设。

三、下一步工作建议

"十三五"期间,中国地质调查局全面贯彻落实了十八届五中全会精神和《中共中央关于制定国民经济和社会发展第十三个五年规划的建议》中关于推进长江经济带发展战略的要求,密切结合《长江中游城市群发展规划(2015年)》,以支撑服务黄金水道功能提升、立体交通走廊建设、产业转型升级、新型城镇化建设、绿色生态廊道打造等重大任务为目标,以研究解决影响和制约长江中游城市群发展的重大地质问题为导向,开展长江中游城市群地质调查,主要部署在长江中游"两横三纵"重点发展轴(京广、沪昆、二广、京九、沿江)、丹江口水源区、湘西鄂西等地区,围绕江河堤岸资源综合利用、城镇规划建设布局、重大工程规划建设、矿业开发、耕地保护、安全饮水和地质灾害防治,针对岩溶地面塌陷、水土污染、矿山地质环境问题,开展以下6个方面工作:一是围绕新型城镇化战略,开展长江中游城市群"两横三纵"重点城市环境地质调查;二是围绕产业转型升级,开展重要成矿区带矿产资源调查和鄂西、湘中等地区页岩气资源调查;三是围绕重大工程和重大基础设施建设,开展沿江和沿高铁发展轴工程地质调查;

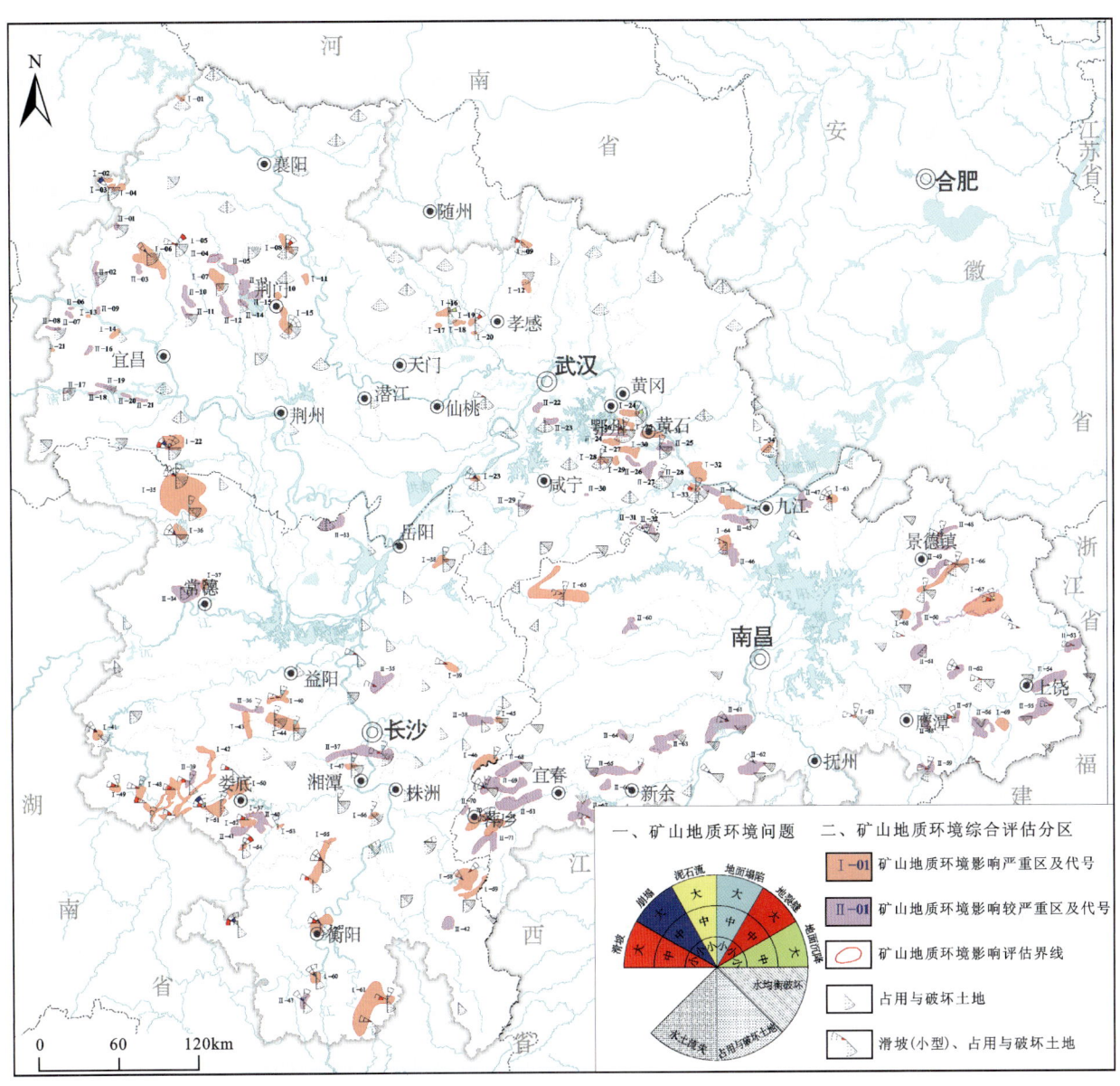

图 16-32 长江中游城市群矿山地质环境问题分布图

四是围绕重大地质问题,开展岩溶塌陷调查;五是围绕现代农业基地建设,开展 1∶25 万或 1∶5 万耕地质量地球化学调查;六是围绕生态廊道建设,开展丹江口库区、鄱阳湖地区、湘西鄂西等生态脆弱区环境地质调查。

第五节 成渝城市群

成渝城市群是西部大开发的重要平台,是长江经济带的战略支撑,也是国家推进新型城镇化建设的重要示范区。成渝城市群包括四川省成都、资阳等 15 个市,重庆市渝中、万州等 27 个区(县)以及开州、云阳的部分地区,总面积为 18.5 万 km^2。

本次在资料分析与调查成果集成基础上,结合成渝城市群发展定位,以"绿色发展"为理念,对成渝城市群资源禀赋条件及制约城市群发展的主要地质问题进行了分析,从地质资源利用、地质环境保护与地质灾害防治等视角为成渝城市群绿色产业发展、绿色农业发展、绿色廊道建设、绿色城市建设提出地质建议,以期为成渝城市群绿色发展提供地质支撑与服务。

一、自然资源利用与绿色产业发展

成渝城市群地热、天然气和页岩气等清洁能源丰富,非金属矿种较为齐全,部分矿种储量位居全国前列,优质地下水和地质遗迹等资源开发利用潜力大,旅游文化资源丰富,有利于支撑成渝城市群的绿色产业发展(宋志等,2019)。

1. 天然气、页岩气探明储量大

成渝城市群天然气及页岩气储量位居全国第一,是国家"西气东输"的重要基地之一,其中天然气资源探明储量 $3.5×10^{12}\,m^3$,占全国的60%。截至2018年,全区共有天然气田83处,主要分布在邛崃—成都—绵阳、遂宁—南充—达州、宜宾—重庆—万州等地。大型天然气田有安岳、潼南、普光、新场、成都、开州等,以上气田累计探明储量均大于2000亿 m^3,其中安岳气田探明储量达 $1.05×10^{12}\,m^3$(图16–33)。

页岩气勘探持续取得突破,截至2018年,区内页岩气累计探明储量9209亿 m^3。其中,涪陵焦石坝累计探明储量为6008亿 m^3,威远-长宁累计探明储量为3201亿 m^3,建立了涪陵、威远-长宁两个国家级页岩气勘查示范区,建成了涪陵焦石坝、威远-长宁规模化开发页岩气田,成为全国页岩气开发的主战场。

建议:充分利用成渝城市群的清洁能源优势,支持页岩气规模化开发利用,提升天然气化工产业技术水平和产品层次,加快建设普光、龙岗天然气基地、涪陵千亿立方米页岩气基地和国家级页岩气综合开发利用示范区以及达州清洁能源基地。

2. 地热和浅层地热能潜力大

成渝城市群地热资源潜力大,地热资源总量达 $5.6×10^{19}\,kJ$,折合标准煤 $1.876×10^{12}\,t$,已有地热井及温泉约170处,主要集中在重庆主城区、四川峨眉山等地区。区内浅层地热能资源丰富,探明成都市、重庆市及23个县(市、区)城市规划开发区浅层地热能容量为 $2.528×10^{15}\,kJ/℃$,可开发利用总能量为 $5.49×10^{11}\,kJ$,折合标准煤 $1.974×10^7\,t/a$。其中,地埋管热源适宜于全区,地下水热源适宜于岷江下游地下水丰富区域。目前,成渝城市群地热资源开发利用程度较低,开发利用潜力和空间较大(表16–11)。

建议:加强重庆主城区及周边、峨眉山、龙门山等已有良好地热显示区的地热开发利用,加强浅层地热能在冬季供暖、夏季制冷中的应用,提高地热能利用成效,建议对资阳—遂宁、宜宾西部等资源丰富区开展地热资源勘查;对重庆主城区等已有工作程度较高区开展综合利用方式研究,进一步查明地热资源赋存状态,提高地热能利用成效。

3. 矿产资源丰富

成渝城市群矿产资源丰富,以铝土矿、煤炭、磷、盐卤等资源富集。据现有资料表明,区内矿产地有660余处,其中特大型矿区3个,大型矿区133个,中型矿区238个。目前,矿产资源开采点为553处,正在开采为434处,以煤炭、砖瓦用页岩开采利用为主。

稀有及稀土金属主要分布于荣昌—铜梁—合川一带。黑色金属主要为铁、锰、钒,主要分布于川南及重庆市巫山、綦江、秀山及城口一带。有色金属主要分布于区内西南部及东南部中山区。贵金属主要分布于绵阳等地。非金属矿产种类较为齐全,部分矿种储量位居全国前列。煤炭资源丰富,分布于区内南部及东部。

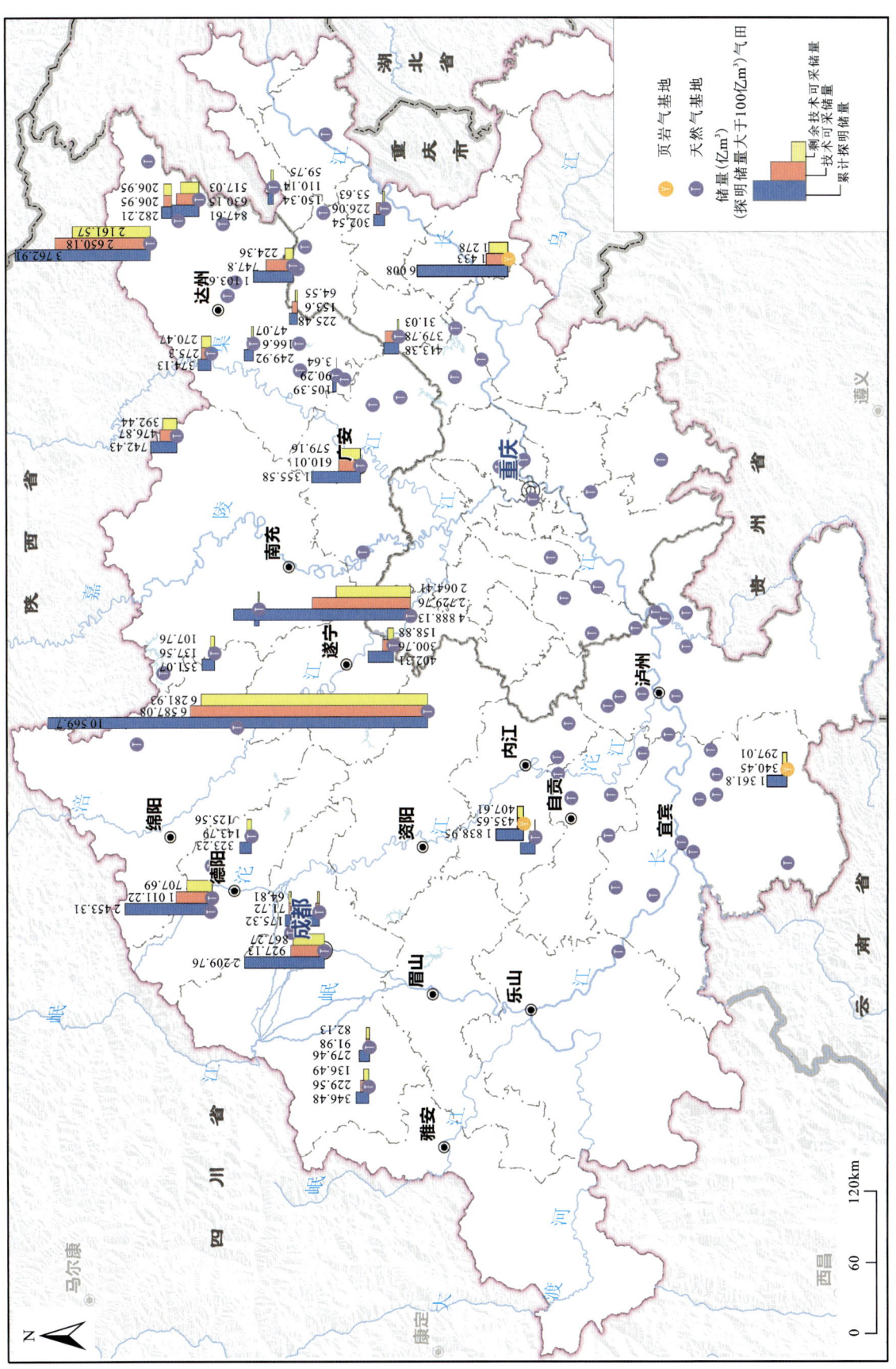

图16-33 成渝城市群清洁能源（天然气、页岩气）资源分布图

建议：加强成渝城市群区内储量大、开发利用条件好、经济效益佳的芒硝和水泥用灰岩等优势非金属矿产开发利用程度，通过非金属矿产的深加工，提高产品科技含量与科技附加值；在各类矿产资源开发利用过程中，注重环境保护，强化资源管理，实施绿色矿山建设，实现经济与资源环境的绿色发展。

表16-11 成渝城市群浅层地热能资源量统计表

城市	规划区面积/km^2	浅层地热能总热容量/$kJ \cdot ℃^{-1}$		换热功率总量/kW		可供面积总量/m^2	
		包气带	饱水带	制冷	供暖	夏季	冬季
成都	1186	8.83×10^{12}	3.33×10^{14}	7.08×10^7	4.95×10^7	8.85×10^8	8.25×10^8
绵阳	197.34	1.67×10^{12}	5.86×10^{13}	1.20×10^7	8.31×10^6	1.50×10^8	1.39×10^8
德阳	108.79	4.15×10^{11}	3.08×10^{13}	5.10×10^6	3.47×10^6	6.37×10^7	5.78×10^7
南充	129.61	2.90×10^{12}	4.96×10^{13}	7.42×10^6	5.26×10^6	9.28×10^7	8.76×10^7
内江	148.41	5.46×10^{12}	6.84×10^{13}	1.27×10^7	9.05×10^6	1.58×10^8	1.51×10^8
自贡	163.92	5.83×10^{12}	7.19×10^{13}	1.45×10^7	1.04×10^7	1.82×10^8	1.73×10^8
宜宾	171.21	3.94×10^{12}	6.09×10^{13}	1.25×10^7	8.93×10^6	1.56×10^8	1.49×10^8
泸州	139.67	4.35×10^{12}	5.82×10^{13}	1.06×10^7	7.61×10^6	1.33×10^8	1.27×10^8
达州	131.26	4.25×10^{12}	5.59×10^{13}	1.08×10^7	7.73×10^6	1.35×10^8	1.29×10^8
乐山	217.13	3.07×10^{12}	7.20×10^{13}	1.00×10^7	6.90×10^6	1.25×10^8	1.15×10^8
眉山	135.93	1.84×10^{12}	4.35×10^{13}	6.53×10^6	4.59×10^6	8.16×10^7	7.65×10^7
资阳	67.51	1.51×10^{12}	2.48×10^{13}	4.58×10^6	3.26×10^6	5.72×10^7	5.43×10^7
广元	64.04	1.36×10^{12}	2.43×10^{13}	4.10×10^6	2.86×10^6	5.13×10^7	4.77×10^7
遂宁	85.7	9.85×10^{11}	2.59×10^{13}	3.69×10^6	2.58×10^6	4.61×10^7	4.30×10^7
雅安	48.08	7.22×10^{11}	1.59×10^{13}	2.14×10^6	1.51×10^6	2.68×10^7	2.51×10^7
重庆城区	1 661.51	7.29×10^{12}	1.42×10^{14}	4.43×10^7	4.80×10^7	4.43×10^8	8.00×10^8
涪陵	2946	6.34×10^{12}	1.73×10^{14}	3.36×10^7	3.27×10^7	3.37×10^8	4.31×10^8
黔江	2397	3.57×10^{12}	2.06×10^{14}	2.89×10^7	3.78×10^7	2.76×10^8	6.32×10^8
万州	3457	6.88×10^{12}	1.41×10^{14}	3.47×10^7	2.54×10^7	2.81×10^8	5.03×10^8

4. 盐穴资源较为丰富

成渝城市群分布中型及以上岩盐矿床39处，其中，特大型矿床8处，大型矿床18处，中型矿床13处，开采矿种为盐矿和芒硝，开采状况以正在生产矿区为主，主要分布在岷江下游新津—蒲江—洪雅等地，以及乐山、自贡、合川—万州等地（图16-34）。目前，成渝城市群盐穴大多尚未作为地下空间资源进行开发利用，鉴于国内外其他地区盐穴的成功利用以及能源储备对盐穴的巨大需求，盐穴地下空间开发利用潜力较大。

建议：对成渝城市群四川自贡、眉山等优质盐穴资源区域开展能源储备地下空间利用摸底调查与空间规划，实现盐穴资源开发利用，为成渝城市群天然气等能源储备提供优质储存空间。

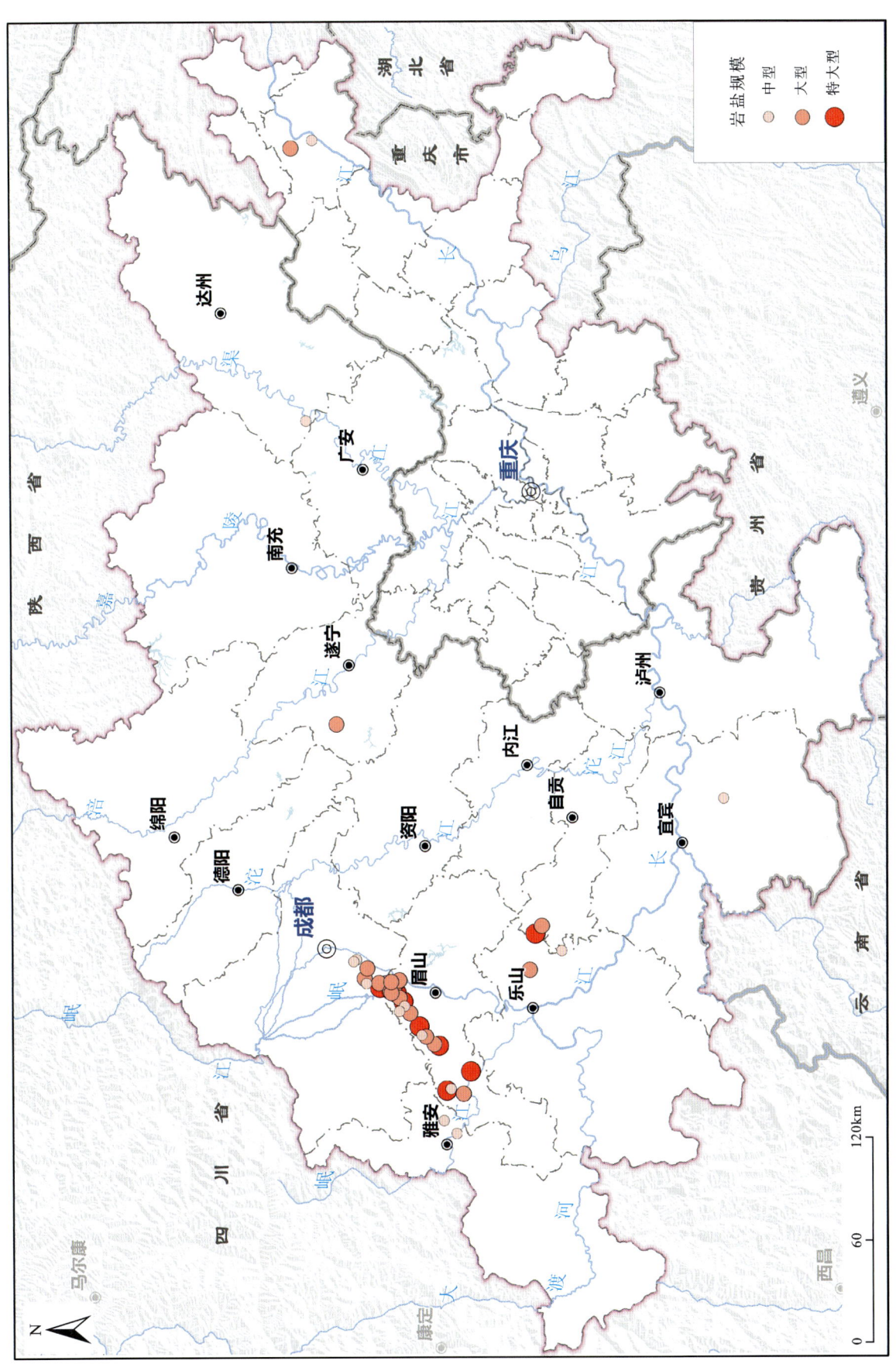

图16-34 成渝城市群岩盐资源分布图

5. 饮用天然矿泉水资源丰富

成渝城市群饮用天然矿泉水资源十分丰富,具有矿泉多、分布广、流量大、化学成分稳定、水质优等特点,主要分布在四川成都、德阳、雅安、眉山、宜宾、泸州以及重庆主城区等地。现有资料表明,区内分布各类饮用天然矿泉水水源地153处,优质饮用天然矿泉水水源地达113处。现有资料显示,饮用天然矿泉水允许理论开采水量多大于$500 m^3/d$,水量丰富。矿泉水品质较好,多为含偏硅酸、低钠、锶等有益元素的重碳酸钙型优质软水。其中,区内水源地微量元素最多达9种,含4种微量元素以上的优质水源地14处,主要位于西部四川龙门山周边。

建议:充分挖掘区内天然饮用矿泉水的资源优势,创建中梁山矿泉水、华蓥山矿泉水等优质品牌;加强环境保护和避免水源地破坏,保障优质饮用天然矿泉水绿色开发与永续利用。

6. 地质遗迹资源丰富

成渝城市群地质遗迹资源种类多,地质公园特色鲜明,现有重要地质遗迹164处,其中世界级5处,国家级43处,省级116处;国家地质公园13处(表16-12),其中世界级2处,国家级11处。现有资料显示,成渝城市群观赏性较好以上的分布60处,占重要地质遗迹的36.59%;已保护或部分保护的地质遗迹为103处,占62.80%;部分开发或未开发的地质遗迹106处,占64.63%,进一步开发利用潜力大(图16-35)。

建议:进一步加强成渝城市群地质遗迹的保护与开发利用,分期分批建设地质公园,对重庆云阳恐龙化石墙等优质地质遗迹资源进行重点开发,打造具有区域特色的恐龙化石群、岩溶峡谷地貌景观等世界级品牌;对地质遗迹资源优势突出和经济落后的区域,构建旅游扶贫体系,带动乡村振兴,建立旅游运营、保护与支撑的三大系统,实现消除贫困和地质遗迹可持续保护与开发相协调的绿色发展。

表16-12 成渝城市群国家地质公园分布表

序号	名称	级别	位置	批准时间
1	四川兴文石海世界地质公园	世界级	四川省兴文县	2005年
2	四川自贡世界地质公园	世界级	四川省自贡市	2008年
3	重庆万盛国家地质公园	国家级	重庆市东南部	2009年
4	重庆綦江国家地质公园	国家级	重庆市綦江区	2009年
5	重庆黔江小南海国家地质公园	国家级	重庆市黔江区	2004年
6	四川大渡河峡谷国家地质公园	国家级	四川省汉源县、甘洛县	2001年
7	四川安县生物礁国家地质公园	国家级	四川省安州区	2002年
8	四川华蓥山国家地质公园	国家级	四川省华蓥市、邻水县	2006年
9	四川江油国家地质公园	国家级	四川省江油市	2005年
10	四川射洪硅化木国家地质公园	国家级	四川省射洪县	2005年
11	四川龙门山国家地质公园	国家级	四川省彭州市、什邡市、绵竹市	2001年
12	四川清平-汉旺国家地质公园	国家级	四川省绵竹市	2011年
13	四川大巴山国家地质公园	国家级	四川省宣汉县	2009年

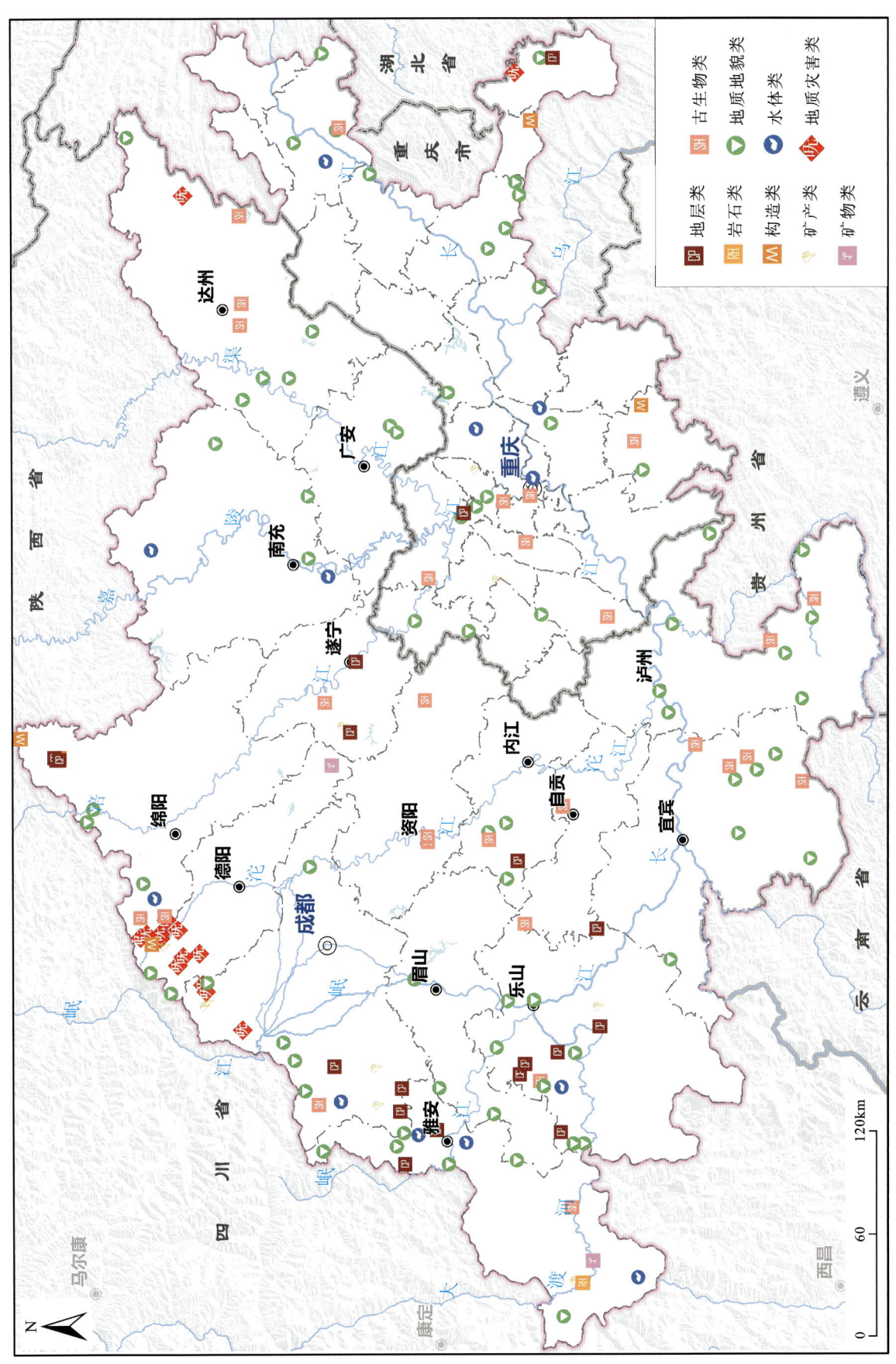

图 16-35 成渝城市群重要地质遗迹资源分布图

二、优质耕地资源利用与绿色农业发展

成渝城市群耕地资源较为丰富，总体养分丰富，局部富硒，已有农业品牌数量多且品质高，有利于支撑绿色农业发展和特色品牌建设。

1. 耕地资源较为丰富

成渝城市群耕地资源丰富，分布面积达10.27万km²，占全区总面积的55.51%，类型为旱地、水田、水浇地3种。水田分布面积达5.20万km²，占耕地资源的50.63%，主要分布在绵阳—成都—眉山、宜宾—泸州以及局部地区。旱地分布面积为4.99万km²，占48.59%，主要分布于资阳—遂宁—南充以及东南部。水浇地分布面积为0.08万km²，占0.78%，主要分布于岷江下游平原地区。2012—2017年统计数据显示，成渝城市群耕地资源总体稳定，耕地减少区面积仅为58.26km²。

建议：按耕地旱地、水田类型分类开展耕地资源有效开发利用，打造岷江下游成都平原、川南地区等以水稻种植为主的水田农业产业链，以及以资阳—遂宁等水果、蔬菜为主的有机旱作农业产业链。

2. 土地质量总体优良

成渝城市群土地已完成调查区面积为14.11万km²，占全区总面积的76.27%。养分丰富区面积为0.41万km²，占已调查区的2.91%，主要分布在四川都江堰—绵阳、荥经—峨边、马边县、兴文县等地。养分较丰富区面积为3.89万km²，占已调查区的27.57%，主要分布在四川绵阳—德阳—成都、雅安地区、乐山—资阳—遂宁、筠连、重庆南川—綦江地区。

建议：对四川都江堰—绵阳等养分丰富区进行标准化农田建设，培育养分高效利用农业生产基地。

3. 富硒耕地发育

成渝城市群总面积约18.5万km²，已完成土地质量调查面积为12.64万km²。调查表明，富硒区域为1.06万km²，占调查面积的8.39%，主要分布在绵竹—德阳、荥经—峨边、筠连—兴文等地。硒元素适量区为6.45万km²，占已调查面积的51.03%，分布较为广泛，主要位于绵竹、峨眉山、筠连、珙县、兴文、屏山、南川、江津等地（图16-36）。

建议：加强富硒优良区耕地资源保护和利用，培育万源富硒茶、屏山富硒大米、崇州富硒米、广元富硒辣椒等富硒农产品的研究，促进富硒品牌支柱产业发展。

4. 特色农产品数量多、品质高

根据国家知识产权局中国地理标志网，成渝城市群特色农产品品牌数量较多，共有96处，主要分布于四川绵阳—成都—雅安、乐山资阳—南充、广安—达州、宜宾，以及重庆永川、江津、南川、忠县、万州、綦江地区。区内具有1个品牌区县41个，具有2个品牌区县20个，具有3个品牌区县8个。具有3个特色农业品牌的区县均位于四川，分别为大邑、都江堰、蒲江、双流、资中、达川、峨边、金口河。具有农业品牌的区县多位于土地硒元素适量区和富集区、土地养分较丰富区及以上区，有利于进一步挖掘品牌效应，打造特色与质量相结合的生态农业品牌。

建议：利用成渝城市群优质耕地资源，进一步打造区域农产品整体品牌形象，充分利用富硒、养分等地球化学成果信息，对汉源花椒、长宁竹荪等特色农产品实施农业品牌战略，推进农业品牌建设。

三、地质环境保护与绿色廊道建设

成渝城市群部分地区存在活动断裂、地质灾害、矿山环境地质问题，需进一步加强地质环境保护和地质灾害综合防治，推动绿色生态廊道建设。

第六篇 支撑服务新型城镇化建设篇

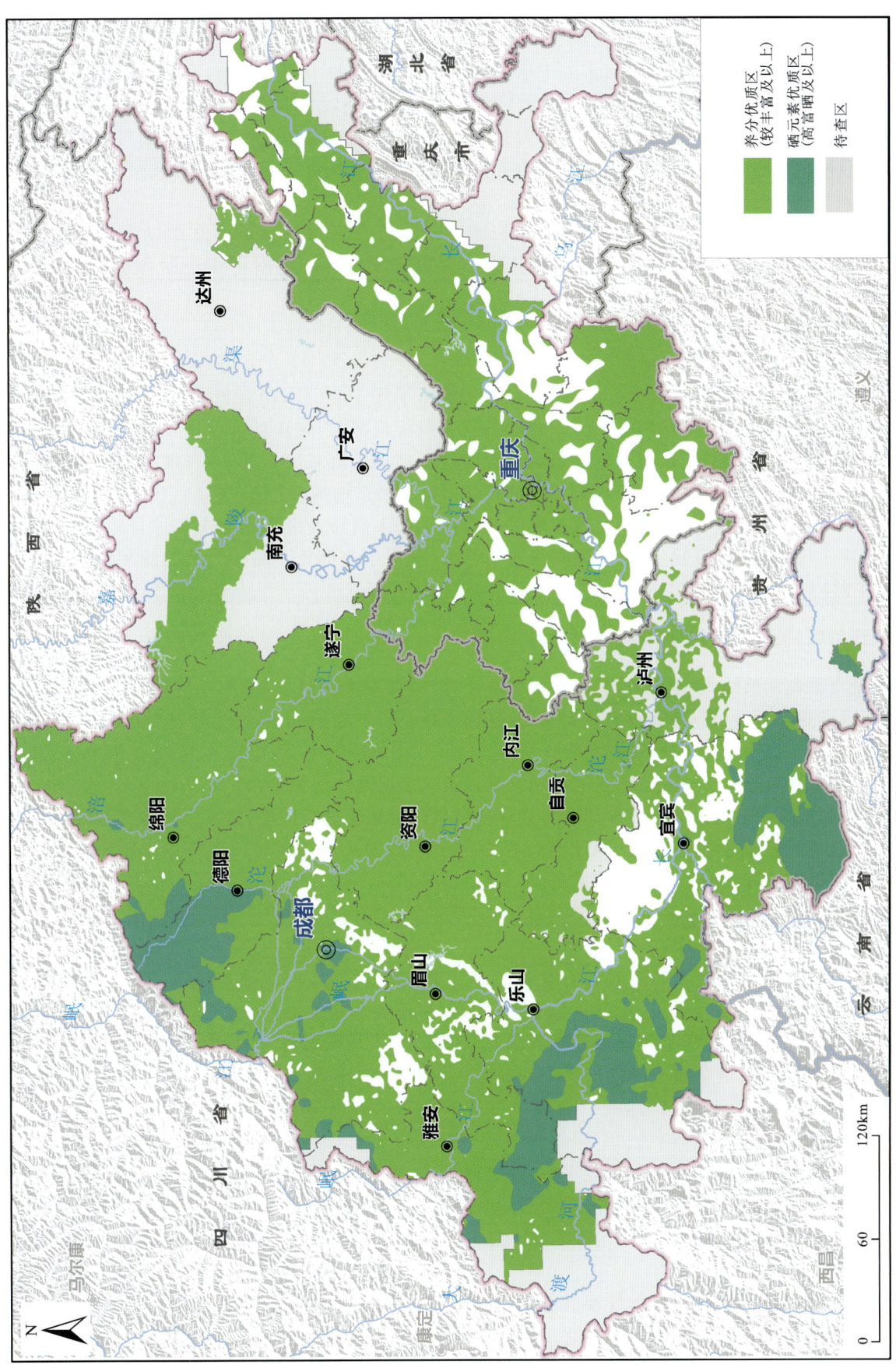

图 16-36 成渝城市群优质土地资源分布图

1. 西部活动断裂发育，地震强烈

成渝城市群总体地壳稳定性较好，多处于地壳稳定区，广泛分布于四川盆地，次稳定区以及不稳定区主要分布于龙门山周边以及石棉地区。区内共有活动断裂11条，总体表现为西部龙门山断裂活动性强，东部盆地断裂活动性弱。主要活动断裂带为龙门山断裂带、大凉山断裂带、鲜水河断裂等。成渝城市群主体相对稳定，地震主要集中于西部龙门山地区、西南部石棉一带。据历史记载和仪器记录，本区共发生5.0～5.9级地震68次，6.0～6.9级地震7次，7.0级以上地震1次。

建议：对龙门山周边、石棉地区等活动断裂影响和历史强震区城镇及重要基础设施规划建设需加强地震有效规避，加强活动断裂和潜在地震、次生灾害影响评估，提高抗震设防等级，科学合理避让。

2. 地质灾害发育、分布广

区内共发育地质灾害29 838处，其中滑坡21 148处，崩塌7540处，泥石流912处，地面塌陷222处，地裂缝16处，地质灾害主要分布于龙门山断裂带、大渡河流域、三峡库区和盆周山地区。现有资料显示，除成都平原部分城镇外，区内其他城镇均不同程度受地质灾害威胁。其中，滑坡、崩塌、泥石流以西部、北部及三峡库区最为严重，地面塌陷主要分布于川南及渝东地区（图16-37）。

建议：加强成渝城市群川西、渝东北及三峡库区等地质灾害高易发区内地质灾害综合防治，对龙门山周边、石棉—马边一带等高易发地区，尤其是四川石棉、重庆丰都等重点城镇开展监测预警与风险防控，做好国土空间科学规划。

3. 长江沿线（长寿—万州段）存在塌岸隐患

成渝城市群长江沿线（长寿—万州段）位于三峡库区，地质环境条件脆弱，库岸发育，是威胁航道运营、城镇建设的重点区域。据调查评价资料显示，区内岸线总长593.8km，存在塌岸307处，变形破坏密度为0.52个/km。变形破坏的模式较为复杂，有冲磨蚀型、坍塌后退型、崩塌错落型、软件崩解型、滑移型和流土（砂）型六大类，以坍塌后退型、崩塌错落型以及浅表层滑移型为主（表16-13）。

建议：以长江沿线长寿—万州段库岸稳定性评价结果作为综合防治依据，对重庆涪陵义和镇—江东街道等岸坡稳定性较差区域开展以监测预警为主的防治工作，对忠县复兴镇—下李家崖段岸坡稳定性差的重点区采取以工程治理为主的防治措施。

4. 矿山环境地质问题突出

成渝城市群主要矿山地质环境问题有地质地面塌陷、地裂缝、地面沉降、滑坡、崩塌、泥石流、水均衡破坏、水土流失、土地沙化、占用及破坏土地等。据现有资料显示，成渝城市群分布14个矿产资源集中开采区，存在333处主要的环境地质问题点，以滑坡、占用和破坏土地类型为主（表16-14）。矿山地质环境影响严重区分布于绵阳—德阳—龙门山山脉一线、宜宾珙县—泸州—古蔺、重庆綦江—万盛—南川、荣县—威远—隆昌、达州—大竹—华蓥等一带。较严重区分布于新津、双流、彭山、眉山、洪雅一带。

建议：加强矿山环境保护与恢复治理工作，开展重要矿山监测示范，加强矿区土地复垦和生态重建，采用先进开采和环境污染治理技术，推进矿山环境管理与绿色矿山建设。

5. 石漠化局部较为严重

据现有资料表明，成渝城市群石漠化地质问题总体较好，局部较为严重，区内石漠化面积为2788km²，占区域总面积的2.71%。石漠化山地岩石裸露率高，土壤少，储水能力低，岩层漏水性强，极易引起缺水干旱，而大雨又会导致严重水土流失。据统计，重度石漠化面积为203km²，占石漠化总面积

第六篇 支撑服务新型城镇化建设篇

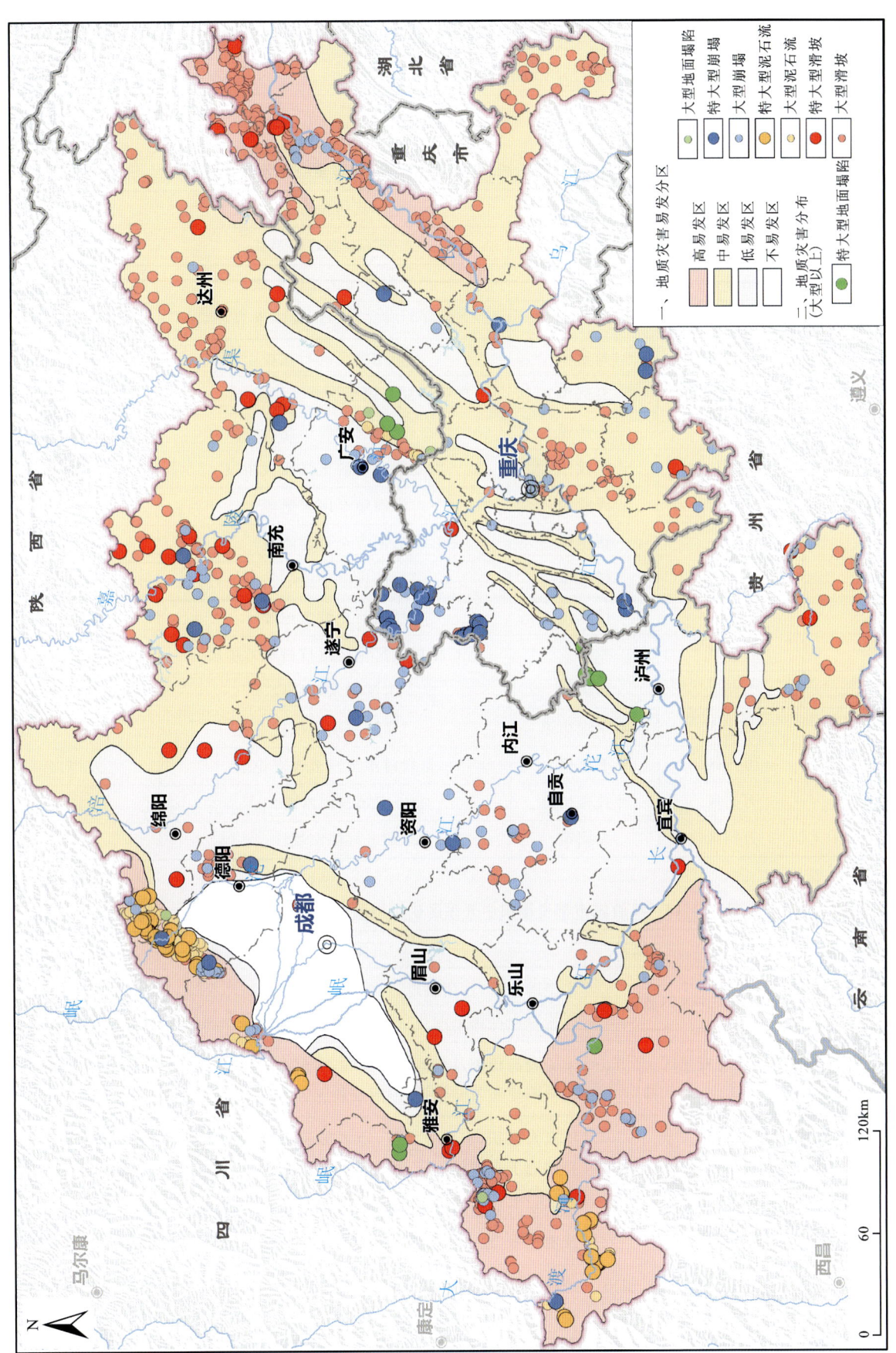

图 16-37 成渝城市群地质灾害分布图

的 7.28%，主要分布在绵阳西北部、汉源—洪雅边界处、涪陵南部等区域；中度石漠化分布面积为 1044km²，占 37.45%，主要分布在雅安—乐山南部、绵阳西北部、宜宾—泸州南部、涪陵—丰都南部以及沿重庆东北向条带山脉分布；轻度石漠化分布面积为 1541km²，占 55.27%，主要分布在区内东北部、西南部和重庆局部地区(图 16-38)。

表 16-13 成渝城市群长江沿线(长寿—万州段)库岸重点防治区段表

序号	区县	乡镇	具体位置	库岸方位
1	涪陵区	珍溪镇	永安场至杨坪村沿线	左岸
2	涪陵区	清溪镇	云台寺至大沱铺沿线	左岸
3	丰都县	湛普镇	普子村普子沱至白水河交界处	左岸
4	丰都县	高家镇	柏木塘至高石坎段	右岸
5	忠县	复兴镇	复兴镇至下李家崖段	右岸
6	忠县	乌杨镇	三条岭至胖子沱段	右岸
7	忠县	洋渡镇	大龙船厂下游至洋渡大桥段	右岸
8	忠县	洋渡镇	洋渡镇至何家堡段	右岸
9	忠县	新生镇	石河寺至百窑湾段	左岸
10	忠县	任家镇	樵家坝段	左岸
11	忠县	任家镇	任家河至鲤鱼沱段	左岸
12	万州区	燕山乡	长柏村五尺坝至玉竹村水竹坝段	右岸
13	万州区	新田镇	玉溪村水堰塘段	右岸
14	万州区	陈家坝街道	筛网村晒网坝段	右岸
15	万州区	瀼渡镇	重岩村雨王宫至大麦沱段	左岸
16	万州区	钟鼓楼街道	双溪村河水畔	左岸
17	万州区	大周镇	铺垭村陈家坝段	左岸

表 16-14 成渝城市群资源集中开采区矿山地质环境问题一览表

序号	矿区名称	位置	主要矿山环境地质问题
1	涪江游仙区段砂石矿区	绵阳游仙	小型砂金矿，占用耕地、河滩地、防护林地近千公顷，造成河道堵塞、耕地河滩废石和废坑遍布，严重影响了河流行洪及河岸、阶地的生态环境
2	梓潼宫石灰石矿区	安州区、北川、江油	采矿剥离植被及耕地数千公顷，水土流失严重，河道沟谷被矿渣堆积，严重影响地质公园建设，形成地质灾害隐患
3	龙门山中段煤磷矿区	什邡、绵竹	形成大面积、多级采空区，地表形成众多危岩，诱发崩塌、滑坡、泥石流，导致地下水水位下降、植被和耕地破坏
4	彭州"飞来峰"矿区	彭州	为石灰石及煤开采区，造成区内生态环境严重破坏，地质遗迹损毁，空气及地表水、地下水受到严重污染
5	大洪山芒硝矿区	新津、双流、彭山、眉山、洪雅	为我国三大芒硝基地，小眼井水开采及加工造成矿山生态破坏，现在大规模开采引起地面变形、开裂及地下水疏干等问题，破坏土地面积为 20km²

续表 16-14

序号	矿区名称	位置	主要矿山环境地质问题
6	资威隆煤矿区	资中、威远、隆昌	大面积采空区造成地面塌陷、滑坡等地质灾害,大量废弃矿渣和煤矸石侵占农田,阻塞河道,矿井排水污染水源,并有地下水疏干、地面变形、开裂和建筑物破坏等
7	华蓥山煤矿区	华蓥	废水、废渣乱排,严重污染和破坏了土地、水体,造成河道淤塞,矿井排水导致地下水疏干、地面塌陷等地质灾害
8	达竹煤矿区	达州、大竹	采矿引起生态环境破坏,产生滑坡、塌陷、地裂缝、煤矸石自燃、地下水疏干等地质灾害,造成农田、公路、桥梁、房屋受损及人员伤亡
9	新民(永荣)煤矿区	泸县、永川、荣昌	已闭坑,形成采空区 4km²,地表破坏面积约 8km²,区内地下水水位下降,泉水断流,井水干枯,地表开裂、塌陷,危及群众生命财产安全
10	古叙煤硫矿区	古蔺、叙永	地下采矿形成采空区,引起地面开裂、塌陷,采矿边坡则形成危崖导致崩塌等地质灾害,选矿形成尾矿堆引起地表水、地下水、空气污染等
11	芙蓉煤矿区	高县、珙县、长宁	采矿引起崩塌、滑坡、泥石流、地面沉陷、地面开裂等地质灾害,地下水疏干致使农田干枯、土地荒芜、泉井无水、房屋拉裂,废水废渣污染环境等
12	南川-綦江煤、铝土矿区	南川、綦江	采矿引起的水土污染、地下水疏干、地面塌陷、地裂缝等地质灾害,煤矿开采产生的煤矸石堆放场占用破坏土地资源,煤矸石边坡失稳等地质灾害
13	万州精华山煤矿区	万州	煤矿开采产生的煤矸石、尾矿破坏土地及自然景观,产生地面塌陷等
14	黔江城区建材矿区及邻鄂煤矿区	黔江	黔江正阳片区建材矿区及邻鄂煤矿区采矿导致土地资源占用、植被破坏、城市地质景观破坏、地面沉降及不稳定斜坡等地质灾害

建议:对成渝城市群石漠化地区按不同形成条件因地制宜,采用以防治水土流失为核心的综合办法;对绵阳、汉源地区建议加强岩溶地下水开发,岩溶泉蓄、引等工程;对川南宜宾—泸州地区建议加大岩溶暗河大泉开发利用,采取封山育林、坡改梯等治理工程;对重庆沿江地区建议加强植被恢复、基本农田建设等工程;对华蓥山地区建议加强地下暗河开发利用,开发生态旅游资源。

四、国土空间规划与绿色城市建设

成渝城市群规划建设地质适宜性总体良好,成都、重庆等城市地下空间资源禀赋条件有利于综合开发与利用,建议加强国土空间科学规划与利用,促进绿色城市建设和发展。

1. 国土空间规划建设总体地质适宜性较好

综合考虑地形地貌、岩土体类型、地质构造等因素,对成渝城市群规划建设地质适宜性进行评价。评价结果表明,适宜区分布面积为 5.78 万 km²,占总面积的 31.25%;较适宜区分布面积为 7.43 万 km²,占总面积的 40.16%;适宜性差区分布面积为 3.73 万 km²,占 20.16%,主要分布在龙门山、龙泉山、重庆四山山脉及局部地区,受地形较强切割、不良岩土体等因素影响;不适宜区分布面积为 1.56 万 km²,占 8.43%,主要分布在龙门山绵阳—都江堰—雅安一带,宜宾、泸州以及重庆东南局部地区,受强活动断裂、复杂地貌等因素影响(图 16-39)。

建议:成渝城市群区域以及各类规划区以地质适宜性评价结果为规划建设的参考依据,区域适宜性评价有利于基础设置互联互通规划建设,城市适宜性评价有利于优化城市规模结构,对较适宜区以上区域开展优势产业集群、产业园区等规划建设。

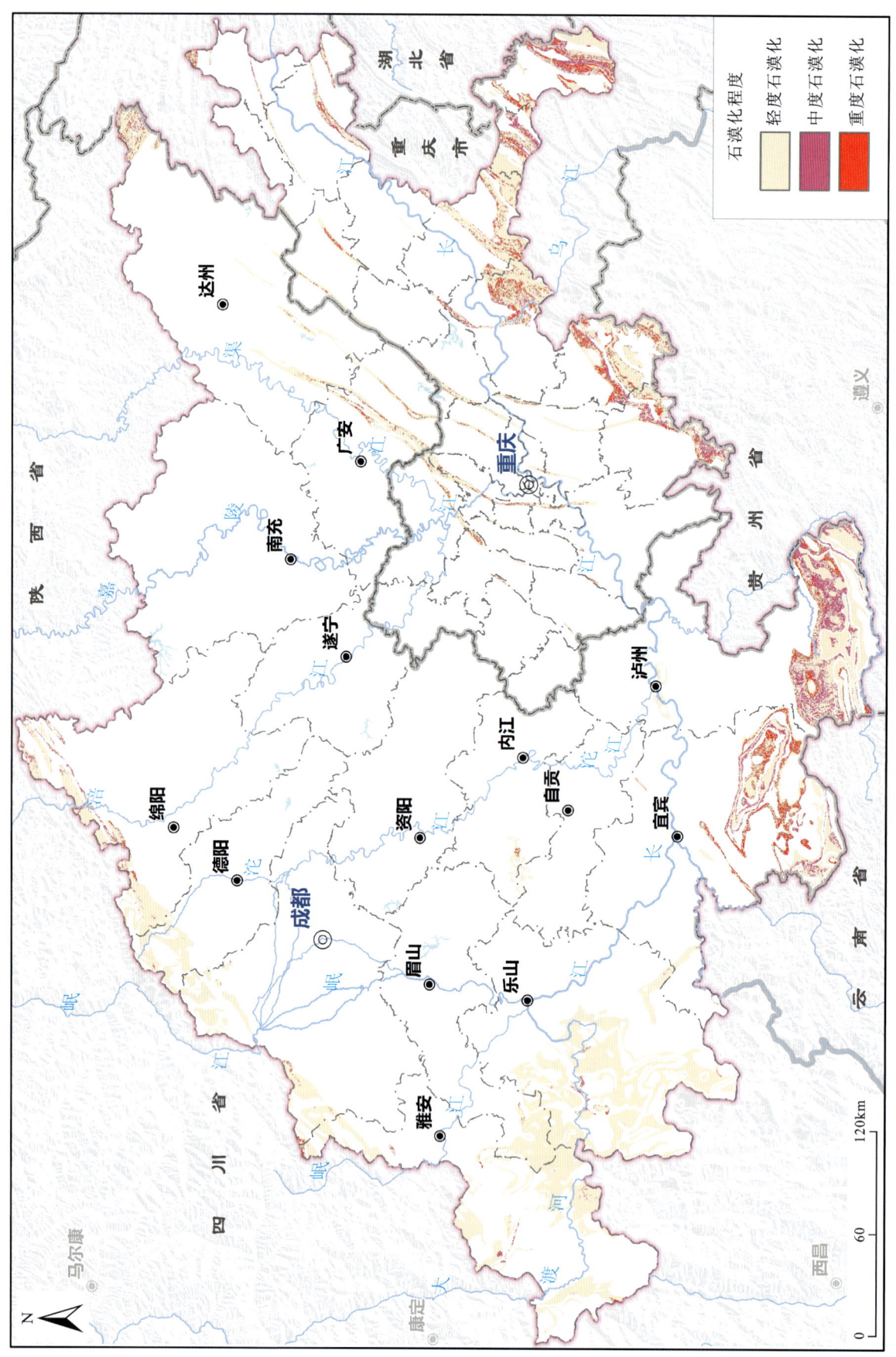

图 16-38 成渝城市群石漠化分布图

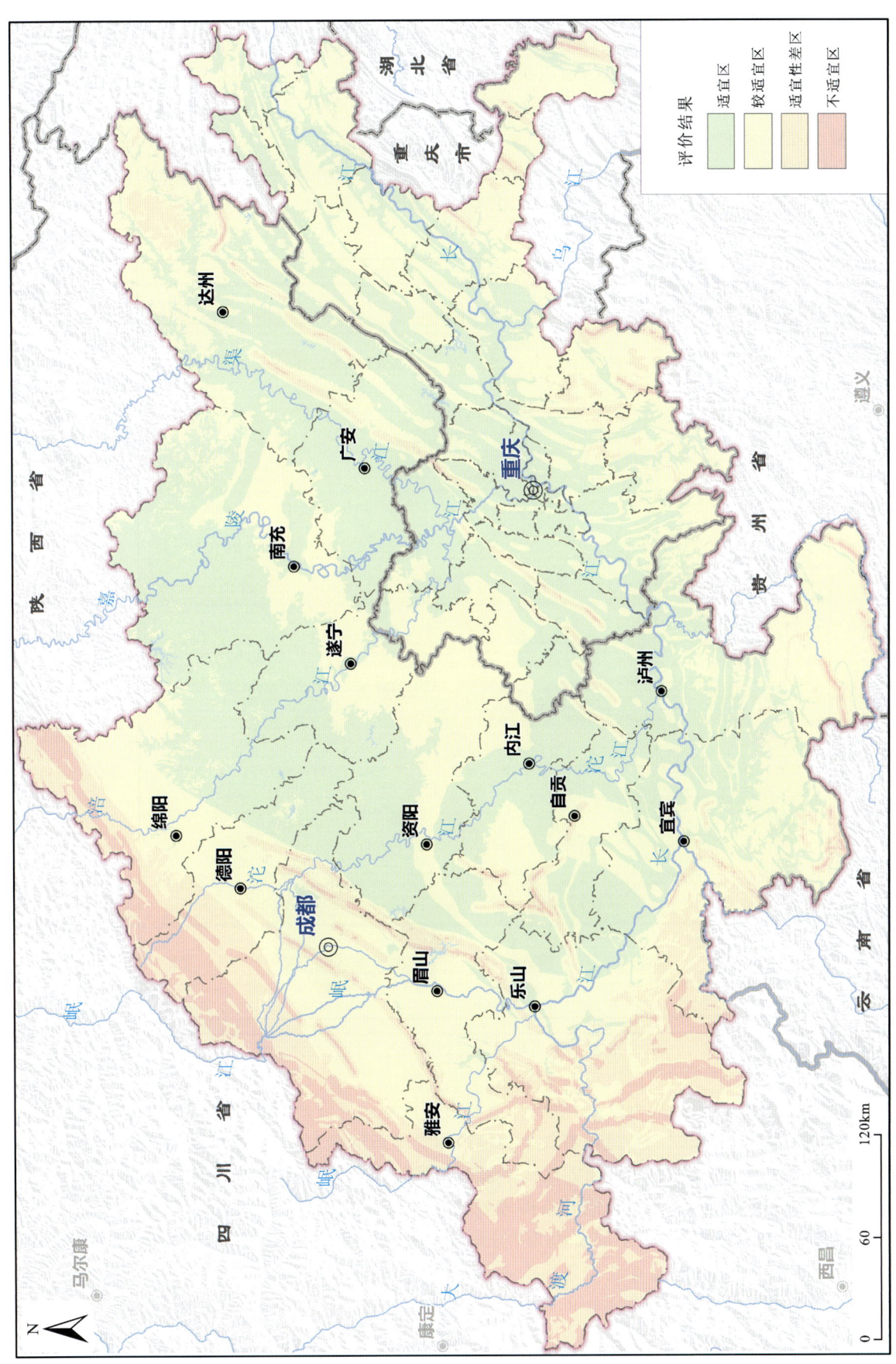

图 16-39 成渝城市群规划建设地质适宜性评价图

2. 双核城市(成都、重庆)地质适宜性较好

成都市重点规划区基本位于平原区,地质条件整体较好,范围包括中心城区、天府新区直管区等区域,面积为5702km²。调查评价结果显示,适宜性较好及以上区分布面积为4347km²,占规划区面积的76.24%,主要分布于金华—华阳、青白江区—龙虎、淮口新城—简阳等地;适宜性中等区分布面积为1003km²,占规划区面积的17.59%,主要位于木兰—大面、兴隆—永兴等地;适宜性差区分布面积为352km²,占规划区面积的6.17%,主要位于龙泉山脉及周边区域(图16-40)。

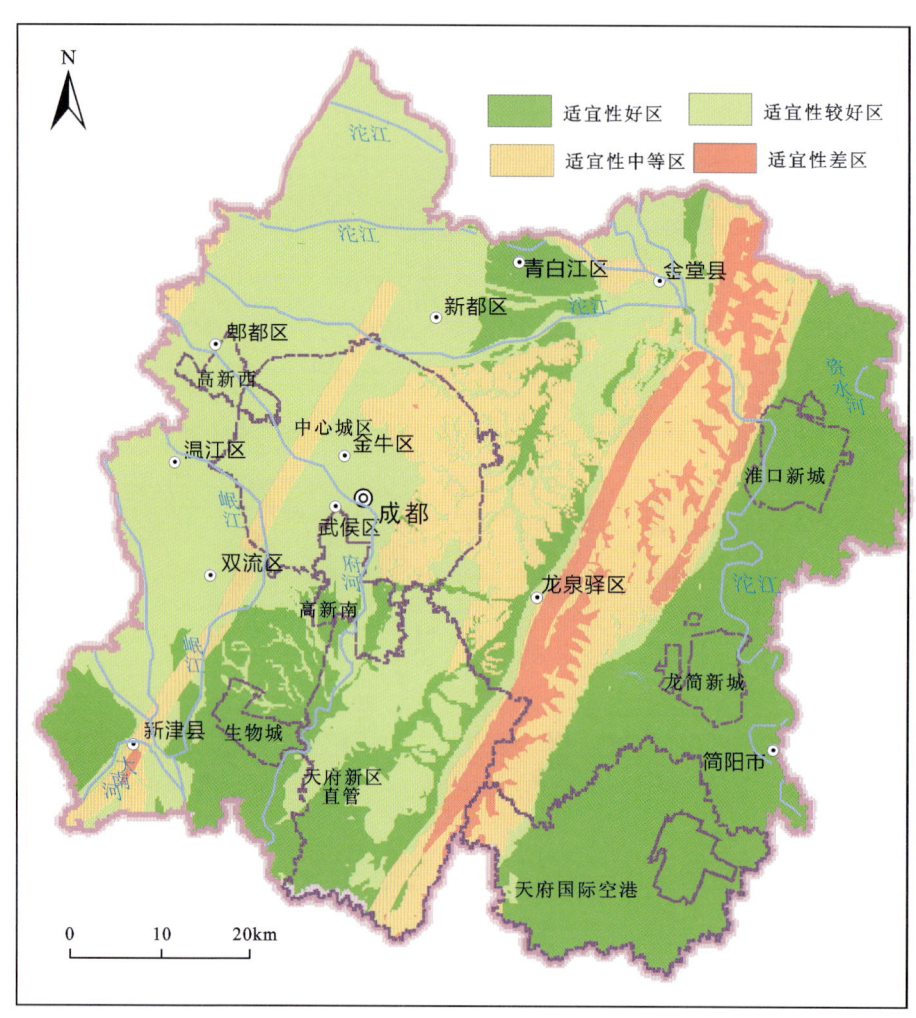

图16-40 成都市重点规划区规划建设地质适宜性评价图

建议:以地质适宜性评价结果为依据,对成都市城市及规划区开展规划建设。适宜性较好及以上区需注意防范局部富水松散砂砾石土、泥岩不良工程地质体等地质问题;适宜性中等区需注意防范活动断裂、膨胀性黏土、软土等地质问题;适宜性差区需注意防范滑坡、崩塌等地质灾害问题。

重庆市重点规划区位于丘陵山区,地质条件较好,范围包括主城九区,面积为5364km²。调查与评价结果显示,适宜性较好及以上区分布面积为3166km²,占规划区面积的59.02%,主要分布于大渡口—渝北区等向斜核部及翼部;适宜性中等区分布面积为1800km²,占规划区面积的33.56%,主要位于木耳—兴隆等背斜翼部;适宜性差区分布面积为398km²,占规划区面积的7.42%,主要位于歌乐山等背斜核部(图16-41)。

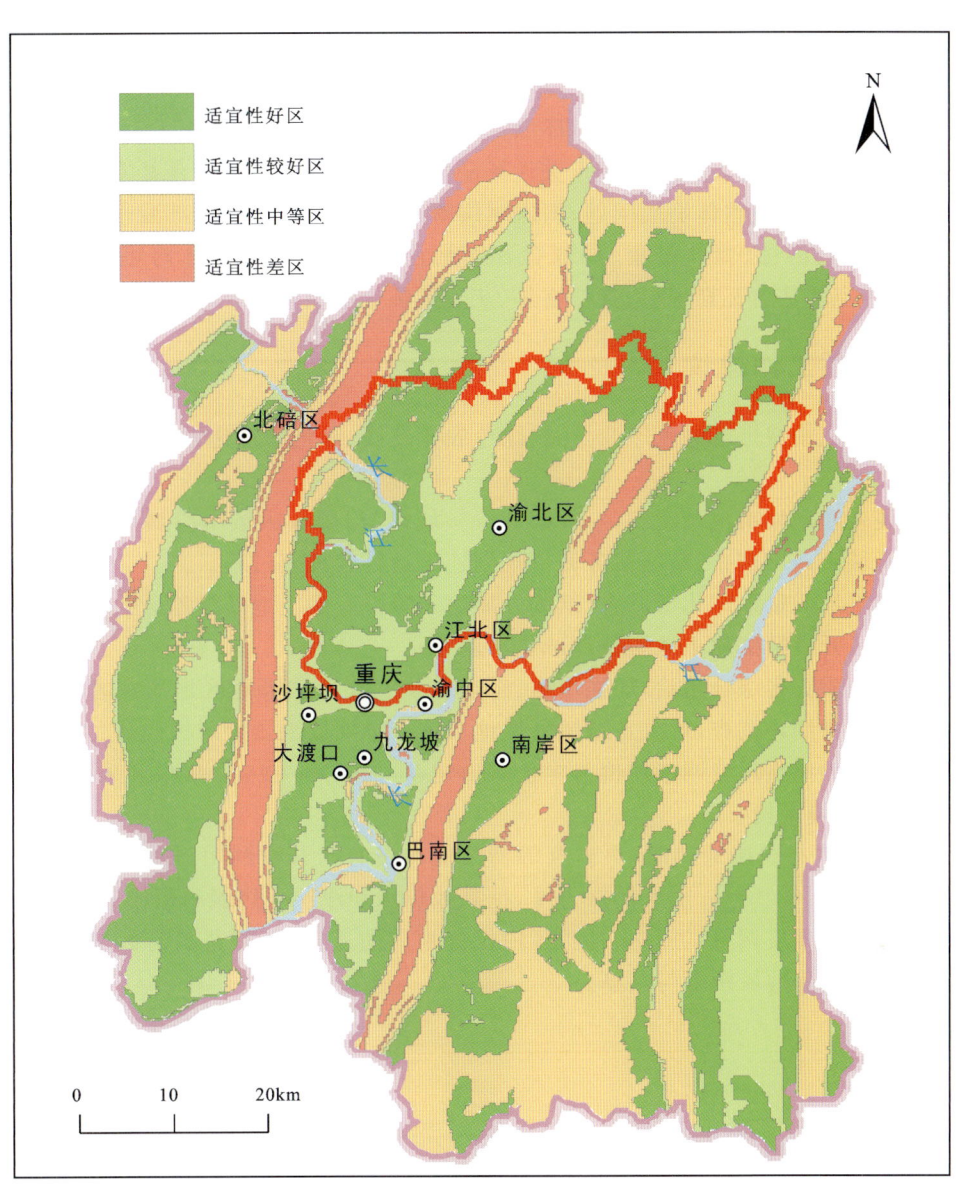

图 16-41　重庆市重点规划区规划建设地质适宜性评价图

建议：以地质适宜性评价结果为依据，对重庆市城市及规划区开展规划建设；适宜性较好及以上区需注意防范局部水土污染等地质问题，适宜性中等区需注意软弱夹层等地质问题，适宜性差区需注意防范顺向斜坡崩塌、滑坡、地下水疏干等地质灾害问题。

3. 双核城市（成都、重庆）地下空间资源禀赋条件总体良好

成都市重点规划区处于相对稳定的川西台坳成都凹陷的腹地，地层以第四系沉积层为主，厚 $10.0\sim 60.0m$，呈现出东部薄、西部厚特征，地下 $5\sim 15m$ 为卵石层，$10\sim 60m$ 为基岩，具有相对稳定的地震地质环境。

建议：$0\sim 30m$ 地下空间开发利用建议防范关注富水松散砂砾卵土、软土、膨胀性黏土等不良岩土体，局部地含瓦斯燃爆及毒性问题、活动断裂避让问题。$30\sim 60m$ 地下空间建议防范含膏盐（钙芒硝）泥岩溶蚀性、地下水腐蚀性，含瓦斯地层瓦斯气体燃爆及毒性问题，微咸水地下水腐蚀性问题。$60\sim 100m$ 地下空间建议防范富水含泥砂砾卵石层围岩失稳问题，石膏及钙芒硝溶蚀性和地下水腐蚀性问题，瓦斯燃爆和毒性问题。100～200m建议防范局部含溶蚀性厚大石膏（钙芒硝）的泥岩孔洞问题,含瓦斯地层燃爆与毒性问题。

重庆市重点规划区处于四川凹陷的东南缘,近南北向低山之间的深丘区,地层以侏罗系沉积岩为主,基岩广泛出露,具有较为稳定的地震地质环境。

建议：0～50m地下空间开发利用需重点关注局部含瓦斯地层燃爆问题,膏盐富集溶蚀问题,灰岩溶蚀地下突水问题,围岩局部或整体坍塌问题,围岩顺层滑移坍塌问题,岩层局部漏水问题。50～100m地下空间需重点关注灰岩溶蚀、膏盐富集、局部含瓦斯地层、围岩局部或整体垮塌等地质问题。100～200m地下空间需重点关注含瓦斯地层、膏盐富集、灰岩溶蚀等地质问题。

五、下一步地质工作建议

为了更好地支撑成渝城市群绿色产业发展、绿色农业发展、绿色廊道建设、绿色城市建设,提出下一步地质工作建议。

一是系统开展多要素城市地质调查,对成都等双核城市、绵阳等区域中心城市、广安等地级城市开展不同层次多要素城市地质调查,精准服务城市规划建设运行管理全过程。

二是全面完成土地质量地球化学调查,继续开展达州等待查区土地质量地球化学调查,选择汉源等富硒地区作为重点区开展精细化土地质量地球化学调查。

三是系统开展地质灾害综合防治,加强川西、渝东北及三峡库区等地区地质灾害综合防治,对高易发地区开展地质灾害精细化调查,对重点城镇开展地质灾害早期监测预警与风险评估。

四是全面推进矿山地质环境调查评价与绿色矿山建设,加强区内14个集中开采区矿山环境监测与恢复治理,维护生态环境平衡。

五是全面推进地热与浅层地热能、页岩气等清洁能源调查与开发利用,加快建设普光等天然气基地、涪陵千亿立方米页岩气基地。加大勘探力度,提高地热水和浅层地热能利用成效。

六是开展地质遗迹地质调查,进一步查明区内优势地质遗迹资源,打造具有区域特色的地质公园,加强川渝两地地质资源跨地域统筹与共享。

第十七章　长江经济带重点城市地质调查评价

城市地质是城市规划、建设、管理的重要基础性和先行性工作(张丽君,2001;张洪涛,2003;罗国煜等,2004;程光华等,2014;林良俊等,2017),迄今为止已经取得了系列成果(冯小铭等,2003;文冬光和刘长礼,2004;陈华文,2010;李烈荣等,2012;郝爱兵等,2017),成效显著(赵文津,2003;龚士良,2008;邢丽霞和李亚民,2012;张茂省等,2014;葛伟亚等,2015;彭建兵等,2019)。为支撑服务长江经济带发展战略和国家新型城镇化战略,本次工作先后组织开展了上海、嘉兴、台州、温州、宁波、金华、南京(江北新区)、成都(天府新区)、武汉(长江新城)、南通、马鞍山、芜湖、安庆、杭州、湖州等城市的地质调查,充分发挥中央公益性地质工作的引领作用,配合中央资金的投入,地方政府以1∶1~1∶1.5资金相匹配投入,创新了中央和地方开展城市地质调查合作的新机制,形成了部(局)+省、部(局)+市、部(局)+省国土厅、部(局)+县(市)国土局、部(局)+县国土局+市国土局+国土厅等多种合作模式,改变了以往单纯由中央投资开展基础性和公益性地质工作的旧局面,把国家地质工作目标与地方政府需求紧密结合在一起。

在城市地质调查中,国家层面工作主要体现在公益性、基础性和战略性调查,基本比例尺为1∶5万和1∶25万,主要在宏观上为城市圈、城市群和城市进行整体规划布局提供基础地质依据;地方政府层面工作主要为城市近期规划、大型工程建设以及解决城市所面临的资源、环境与重大地质灾害问题提供详细地质依据,体现为实用性、实时性和服务直接性,以1∶1万、1∶2.5万等大比例尺为主。目前,很多城市的城市地质工作已纳入到地方政府工作的主流程,这不仅提升了传统地质调查工作的地位,而且提高了地方政府开展城市地质工作的积极性,有力地推进了长江经济带的地质调查工作。

从已经结束和正在开展的城市地质调查项目来看,城市地质调查目前主要围绕"一查"(查地质环境条件)、"二探"(探重大地质问题,探技术方法)、"三评"(评地质资源,主要是地下水、土壤、矿产、地热、地下空间、地质遗迹,评地质环境承载能力,评国土空间适宜性)、"四建"(建信息系统平台,建三维地质模型,建监测站/点,建标准规范)和"一提"(提建议对策)开展工作。调查成果在城市规划、建设和管理工作中发挥了重要作用,并为建设绿色低碳、资源集约、生态宜居、供水安全的城市提供了科学依据与技术支撑。

由于篇幅限制,本次无法逐一对每个城市地质工作进行详细介绍。本章主要围绕成都市重点规划区、武汉市长江新城、安庆市重点规划区、南京市江北新区、宁波都市圈重点规划区,以及上海市、金华市、温州市、南通市、嘉兴市、台州市和杭州市重点规划区具体阐述。

第一节　成都市重点规划区

成都是中国西部地区重要的中心城市,是正在实施"东进、南拓、西控、北改、中优"的城市空间发展新战略,构建"双核联动、多中心支撑"网络化功能体系,加快建设全面体现新发展理念的国家中心城市。科学、综合利用城市地下空间资源对优化成都城市规划布局和国土空间开发、实现空间转型升级及城市集约、绿色、可持续发展具有重要作用。

结合已有地质调查工作,10家地质单位对16类155份调查成果和约6500个勘察钻孔成果进行了集成分析与二次开发,系统研究了成都市重点规划区(面积5726km²)地下空间综合利用的基础地质条件、应关注的7个地质问题和需统筹保护的4类资源,提出了分区分层综合利用建议,以期为成都市城市地下空间宏观规划和综合利用提供地质依据(图17-1)。

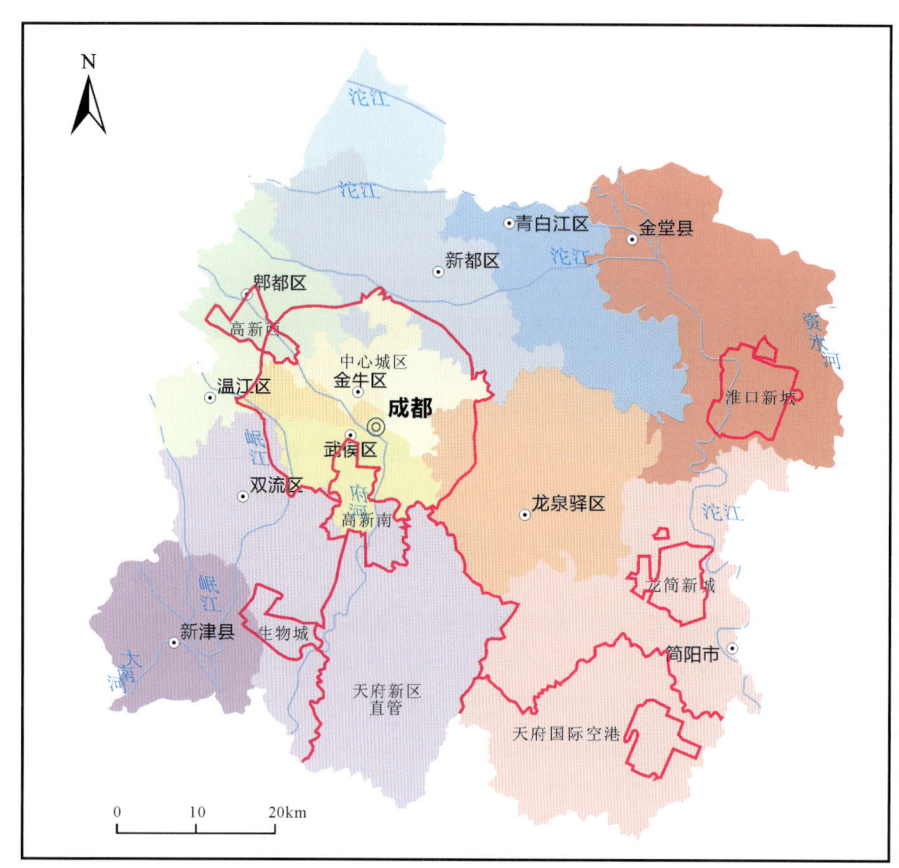

图17-1 成都市地下空间评价范围

一、基本查明地下空间资源利用地质条件

成都市重点规划区位于扬子板块西缘四川盆地西部。该区岩石圈结构完整,岩体坚硬,具有稳定的扬子板块基底,地壳稳定性好。成都市城区和规划区自西向东横跨平原、台地、低山、丘陵四大地貌类型。成都西部平原区下部为砂砾卵石层,浅层地下空间开发建筑基础承载条件和中深部地下空间利用洞室稳定性总体较好。成都东部和南部主要为台地区、低山区和丘陵区,下部基岩以砂岩、泥岩、砂泥岩互层为主,产状平缓,基岩完整性总体较好,地下水水量一般,利于地下空间利用。

二、系统梳理需要关注防范的7个地质问题,提出统筹保护4类资源和地下空间综合利用建议

成都市西接青藏高原东缘,地处四川盆地西部,跨平原、台地、低山、丘陵四大地貌类型,地质条件较为复杂,城市地下空间利用需要重点防范活动断裂、富水松散砂砾卵石土、膨胀性黏土、软土、含膏盐(钙芒硝)泥岩、含瓦斯地层、咸水7个地质问题(图17-2~图17-7)。具体区域和防范问题为:一是东部龙泉山两侧,西部平原区下部断裂具有活动可能性,地下空间资源利用需加强断裂活动性调查和监测;

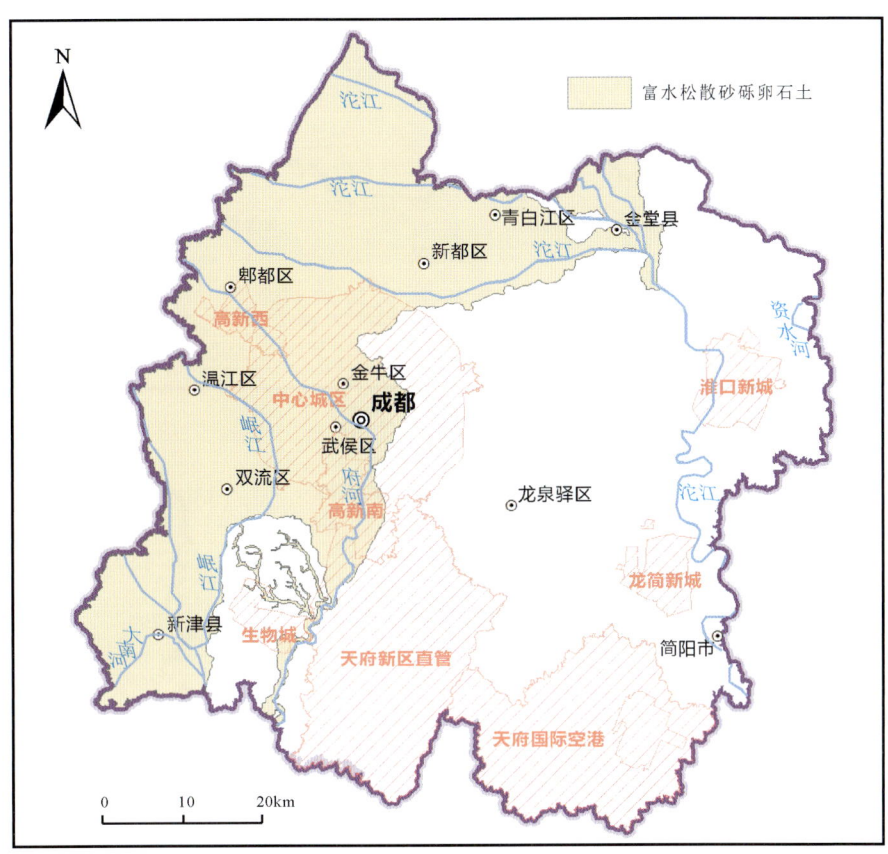

图 17-2 成都市西部平原区下部富水砂砾卵石层分布图

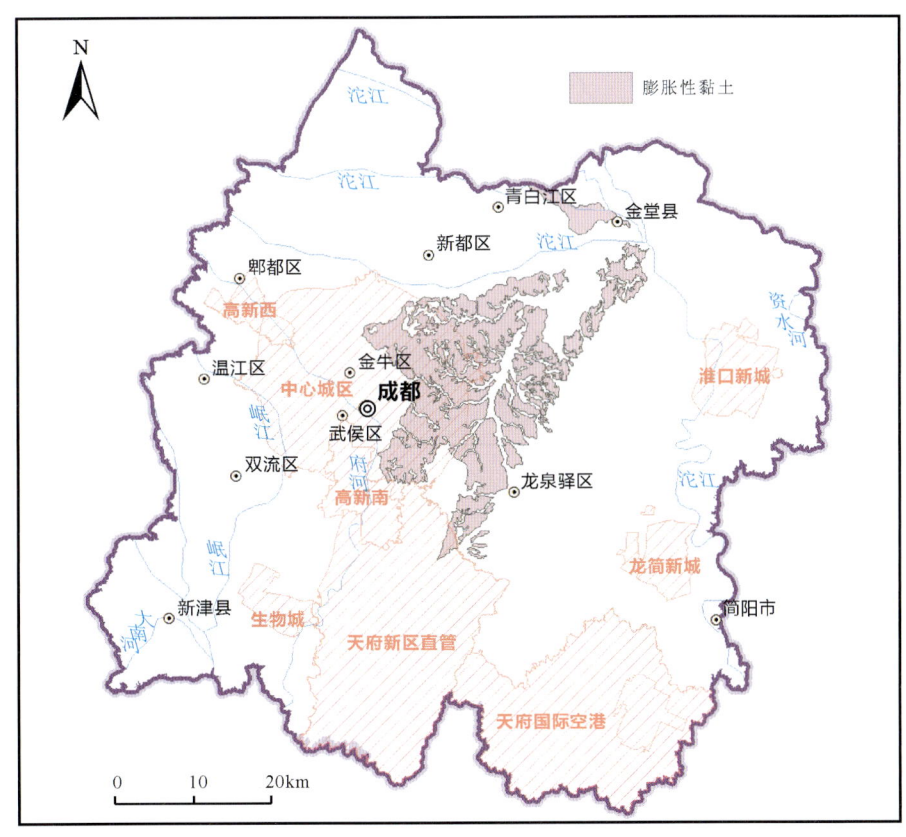

图 17-3 成都市东郊台地区膨胀性黏土分布图

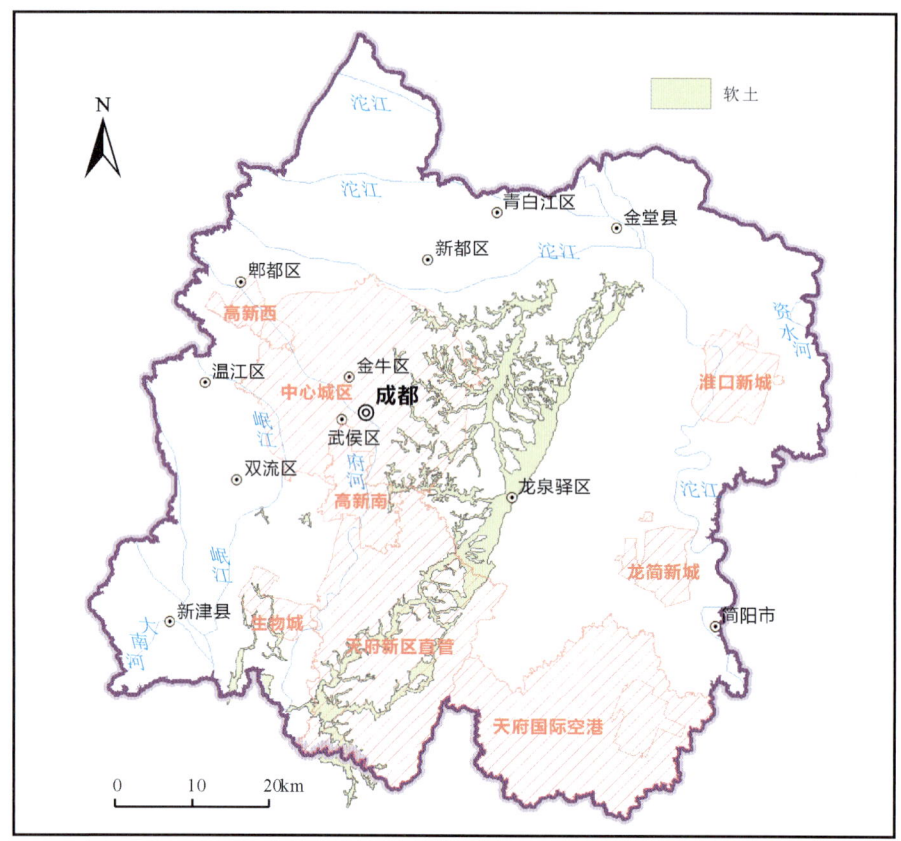

图 17-4 成都市软土分布图

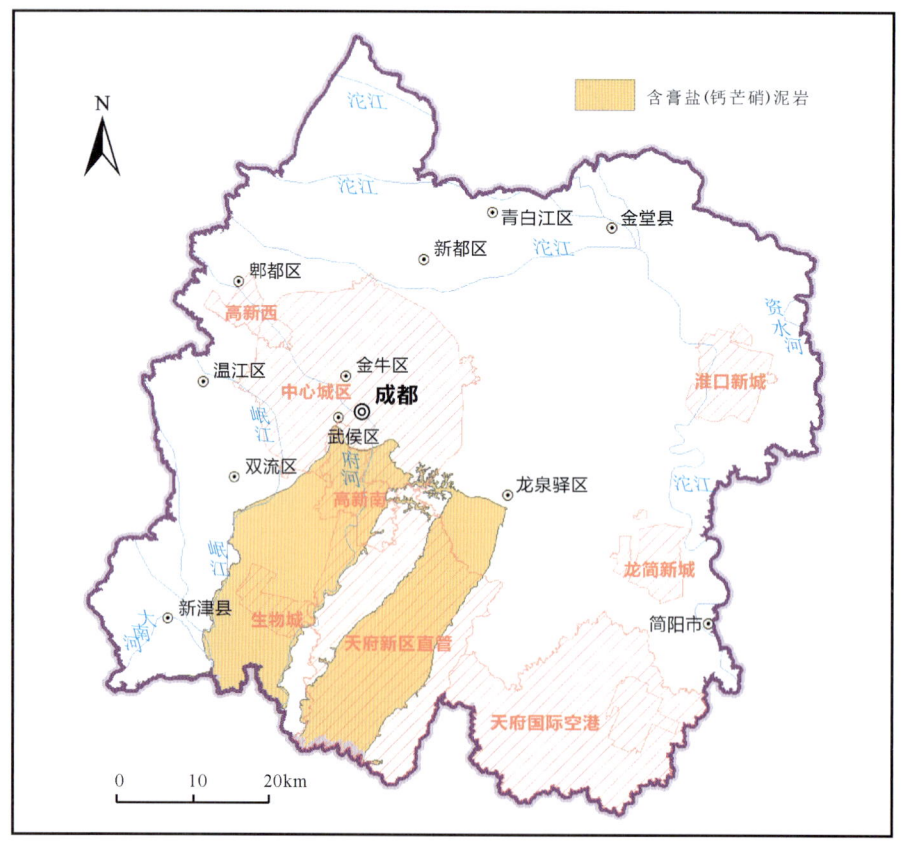

图 17-5 成都市含膏盐泥岩分布图

第六篇　支撑服务新型城镇化建设篇

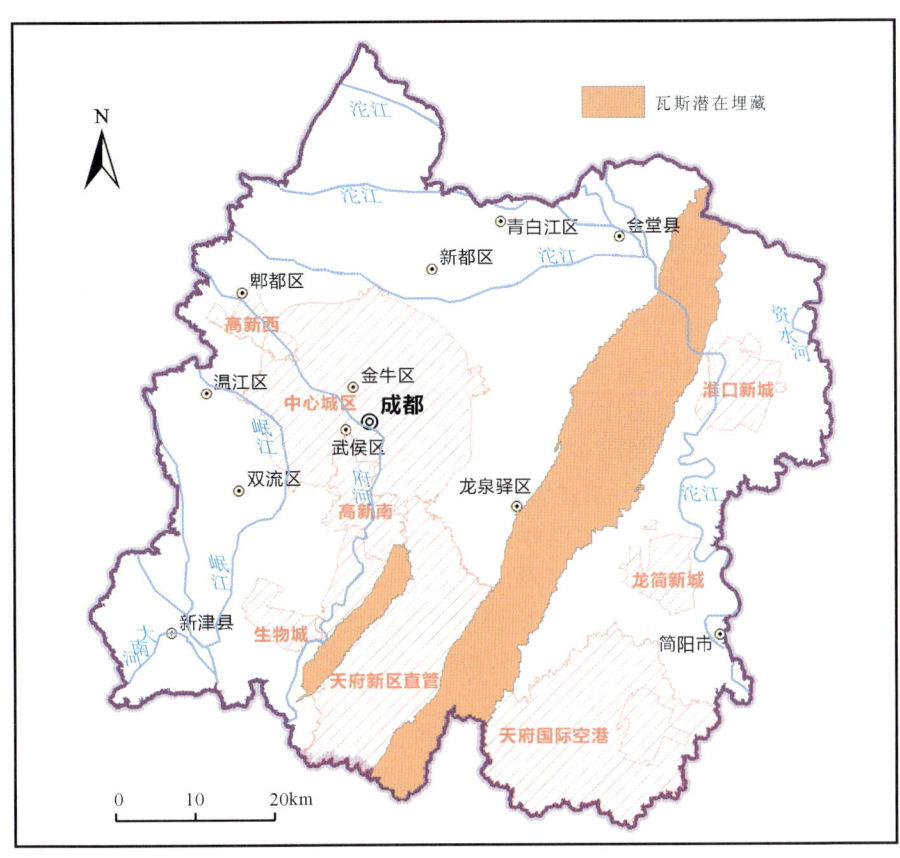

图 17-6　成都市瓦斯潜在埋藏分布图

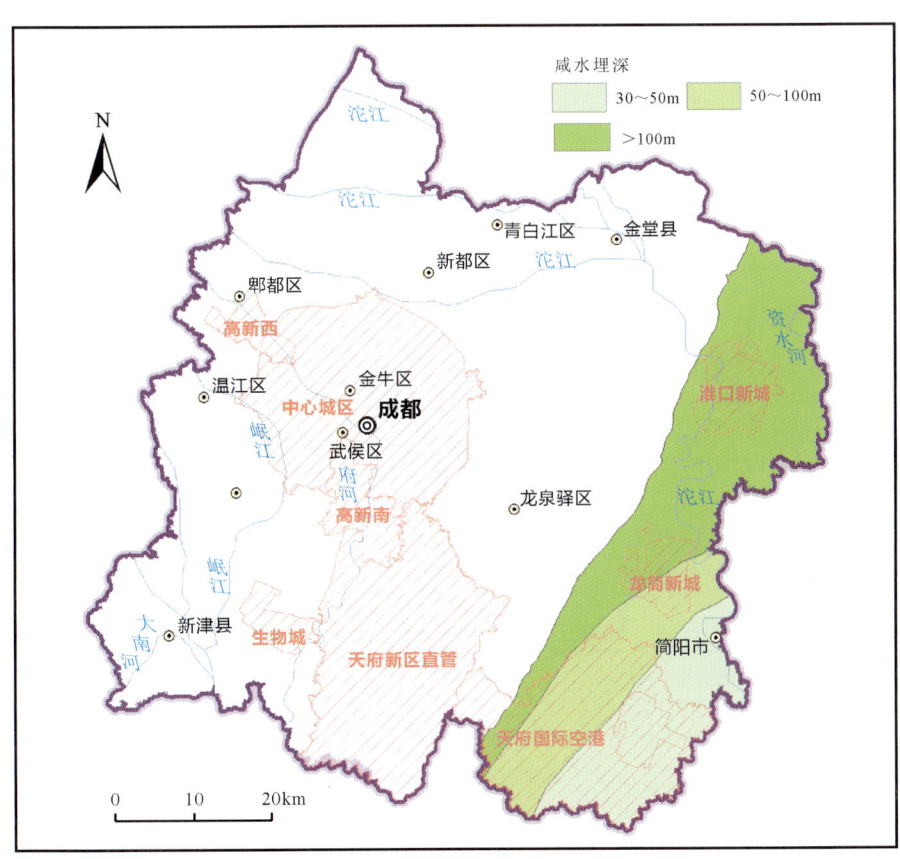

图 17-7　成都市咸水分布图

1107

二是西部平原区下部由富水性好的砂砾卵石层组成且分布较广，开挖后自稳性低，地下空间利用需防范富水松散砂砾卵石层地面塌陷、基坑失稳等风险；三是成都市东郊台地区（十里店—中和以东，龙泉山以西）分布厚 0～20m 膨胀性黏土，地下空间利用需防范基坑边坡失稳、工程结构失效等风险；四是东部龙泉山前地区和西部平原区 0.5～10m 范围内埋藏有透镜状砂土和条带状软土，地下空间利用需防范砂土液化以及软土地基和边坡失稳问题；五是西部平原区及南部台地区灌口组泥岩中局地富含溶蚀性膏盐（钙芒硝），地下空间利用需重点防范 60m 以下膏盐（钙芒硝）溶蚀性、地下水腐蚀性以及渣土堆放场地水土污染等问题；六是东部龙泉山与南部万安—黄龙溪低丘区侏罗系地层局部含瓦斯气体，地下空间利用需防范关注瓦斯气体燃爆问题；七是龙泉山以东红层丘陵区 30～50m 以下局部地区分布有咸水、盐卤水，地下空间利用需防范钢筋混凝土结构腐蚀风。

地下空间利用具有较强的不可逆性，在规划和开发利用过程中需加强同其他地质资源的协调规划和统筹利用。成都市城市地下空间利用需要统筹保护平原区和台地区下部优质地下水资源、浅层地热能资源、生态湿地资源以及文物和地质遗迹资源 4 类资源。在西部平原区 40～100m 以下第四系含泥砂砾石层、东部台地区 50～80m 以下夹关组厚砂岩层为优质含水层，地下空间利用需统筹保护含水层顶底板和优质地下水水源地。在市中心城区及周边 200m 以浅浅层地热能总热容量每摄氏度达 4.67×10^{14} kJ，地下空间利用与浅层地热能利用需做好协同规划与统筹开发。成都市有省级以上地质遗迹 17 处，市级以上文物保护单位 164 处，地下空间规划和建设需加强对文物和地质遗迹的统筹保护。成都市有生态涵养区 180 余处，地下空间利用需加强重要生态湿地、湖泊等生态涵养区保护，防止固有地质结构和地下水循环过程破坏引起地表生态环境恶化（图 17-8～图 17-11）。

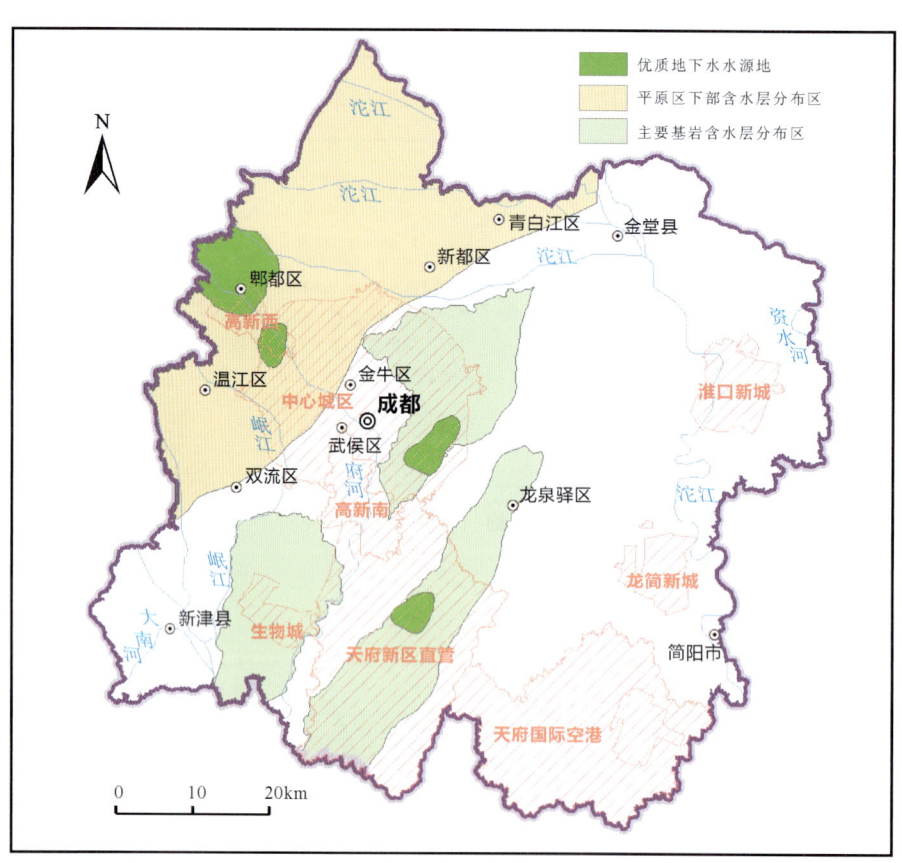

图 17-8 成都市优质含水层与地下水资源

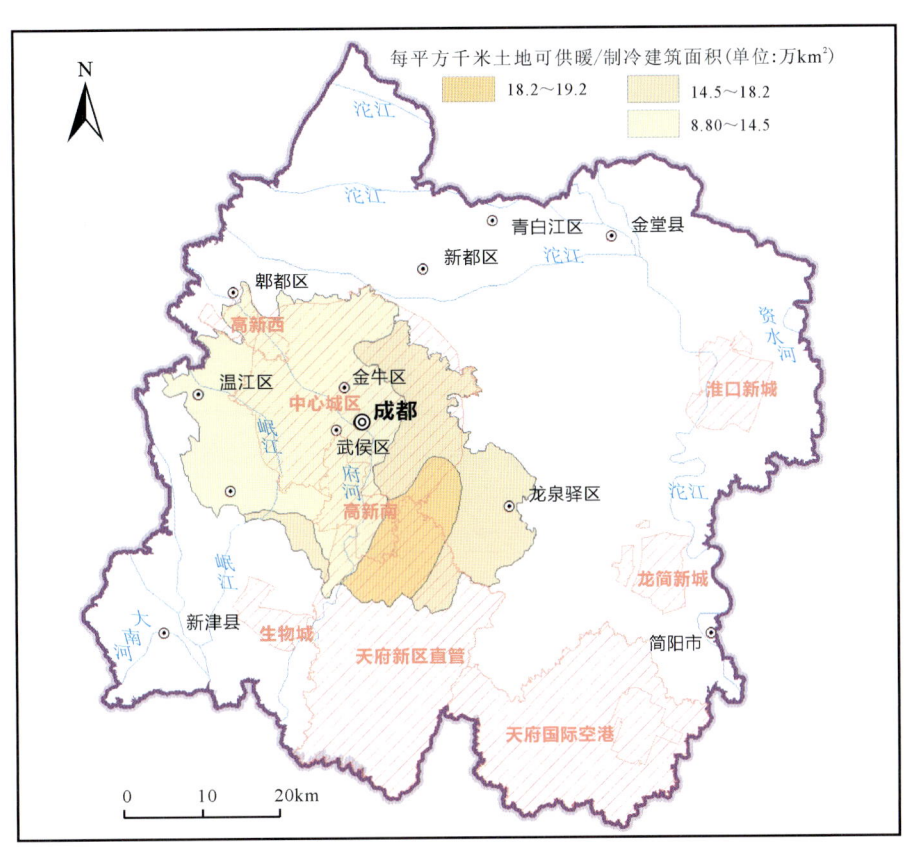

图 17-9 成都市浅层地热能分布图

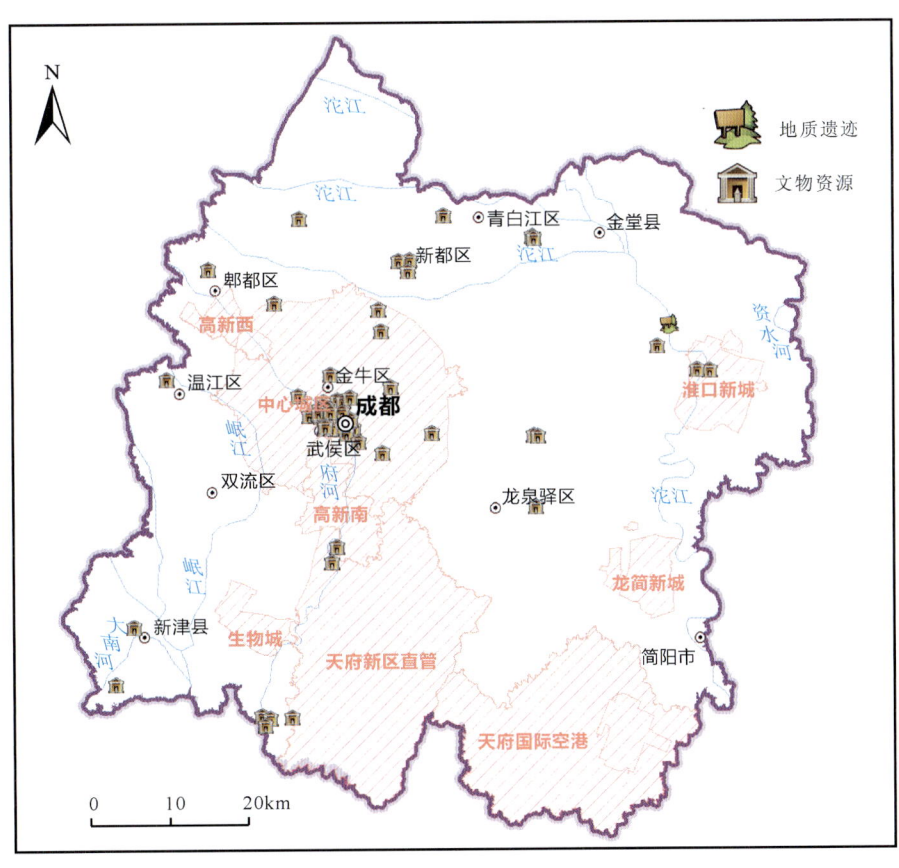

图 17-10 成都市地质遗迹与历史文物资源分布图

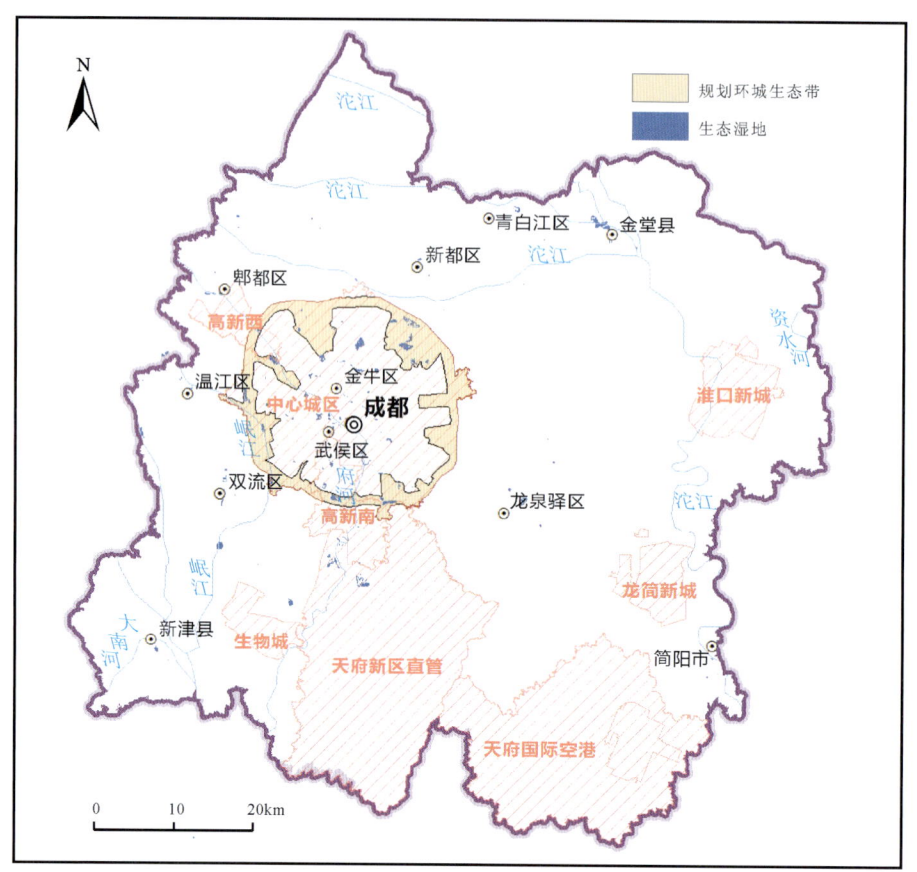

图 17-11 成都市地表生态与水体资源分布图

综合考虑地下空间资源利用约束性地质要素（需防范关注的地质问题和需统筹保护的地质资源见图 17-12）及地质结构条件空间与垂向上的差异，将成都市 0～200m 地下空间资源划分为 0～30m、30～60m、60～100m、100～200m 四个层位，在此基础上提出了成都市地下空间资源分区、分层综合利用地质建议。

三、服务成都天府新区规划建设，开展了天府新区地下空间地质适宜性评价

成都规划区（天府新区）地下空间开发利用需要防范关注的主要环境地质问题有软硬岩土体界面、特殊土体、特殊岩体、地下水、瓦斯气体 5 类，地下空间开发利用需重点关注盾构破坏、洞室失稳、基坑垮塌、地基沉降、突水突沙、溶蚀破坏、瓦斯爆炸等问题（图 17-13）。地下空间开发利用需要统筹利用的主要地质资源有泥页岩建渣资源、砂砾料、块石料、优质地下水资源 4 类，地下空间开发利用中需重点统筹保护以上地质资源（图 17-14）。

在统筹需要关注地质问题和地质资源基础上，根据地下空间开发利用的要求和实际情况，对成都规划区（天府新区）地下空间按照 0～30m、30～60m、60～100m、100～200m 开展分层评价，提出了地下空间开发利用综合地质建议。成都规划区（天府新区）0～200m 地下空间开发利用约束性地质问题具有明显的分区、分层差异。总体来看，0～60m 地下空间开发利用地质条件较好，60～100m 地下空间开发利用地质条件较差，100～200m 由于缺乏相应的探测成果。仅根据已有资料来看，地质条件总体较好，但仍需加大对膏盐（钙芒硝）、浅层瓦斯气等地质问题的调查评价工作（图 17-15、图 17-16，表 17-1）。

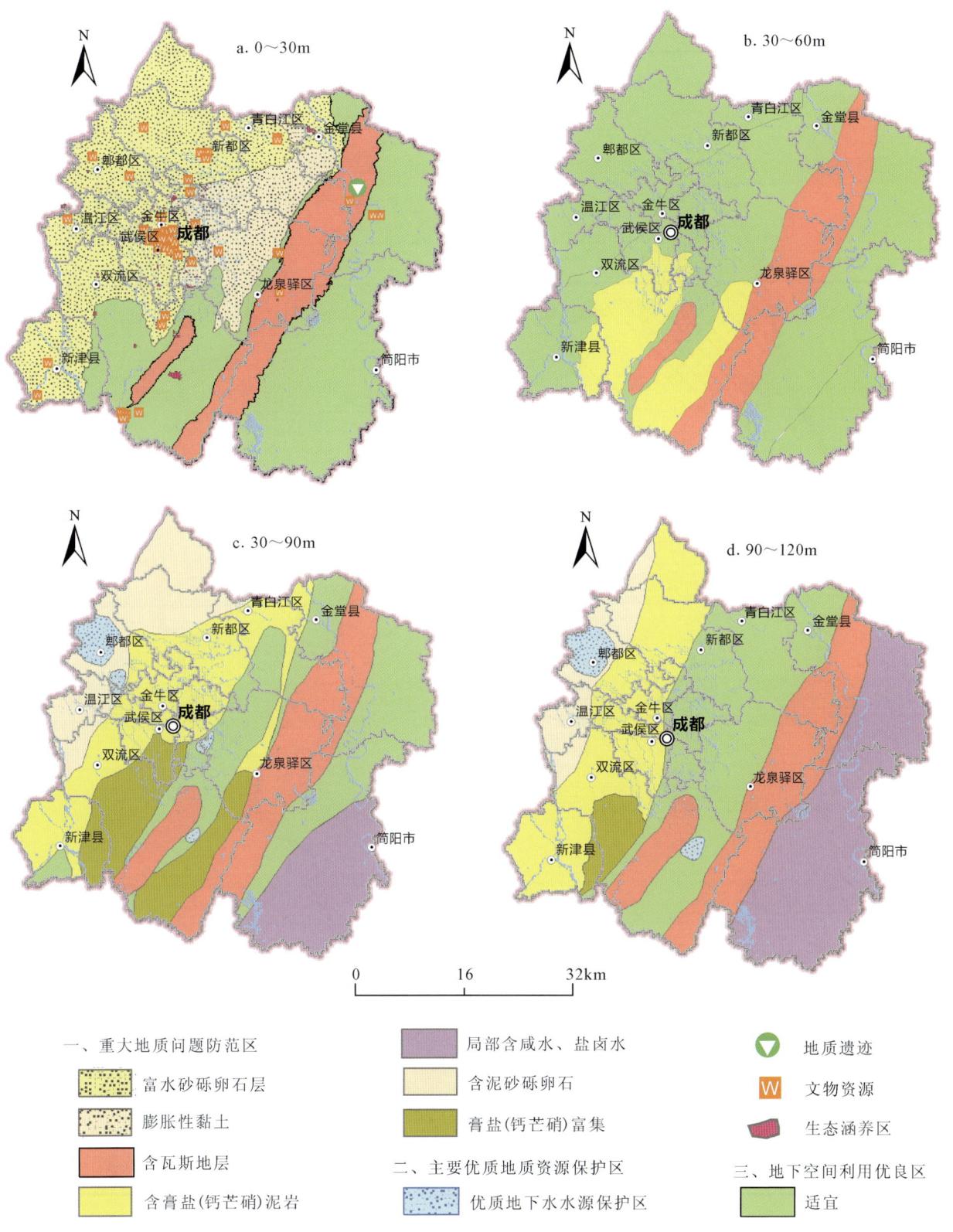

图 17-12 成都市地下空间地质问题与优质地质资源分布图

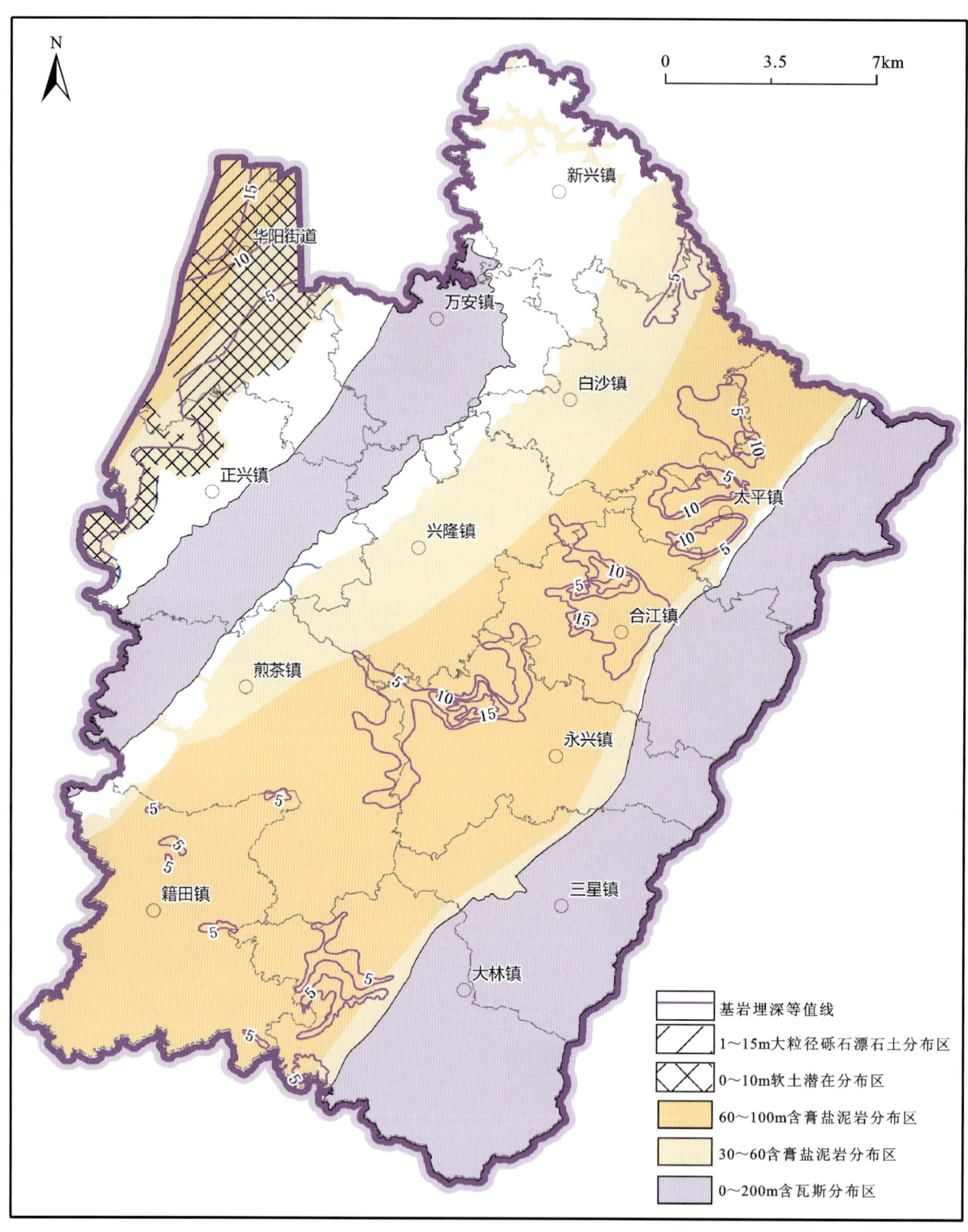

图 17-13　成都规划区(天府新区)主要环境地质问题分布图

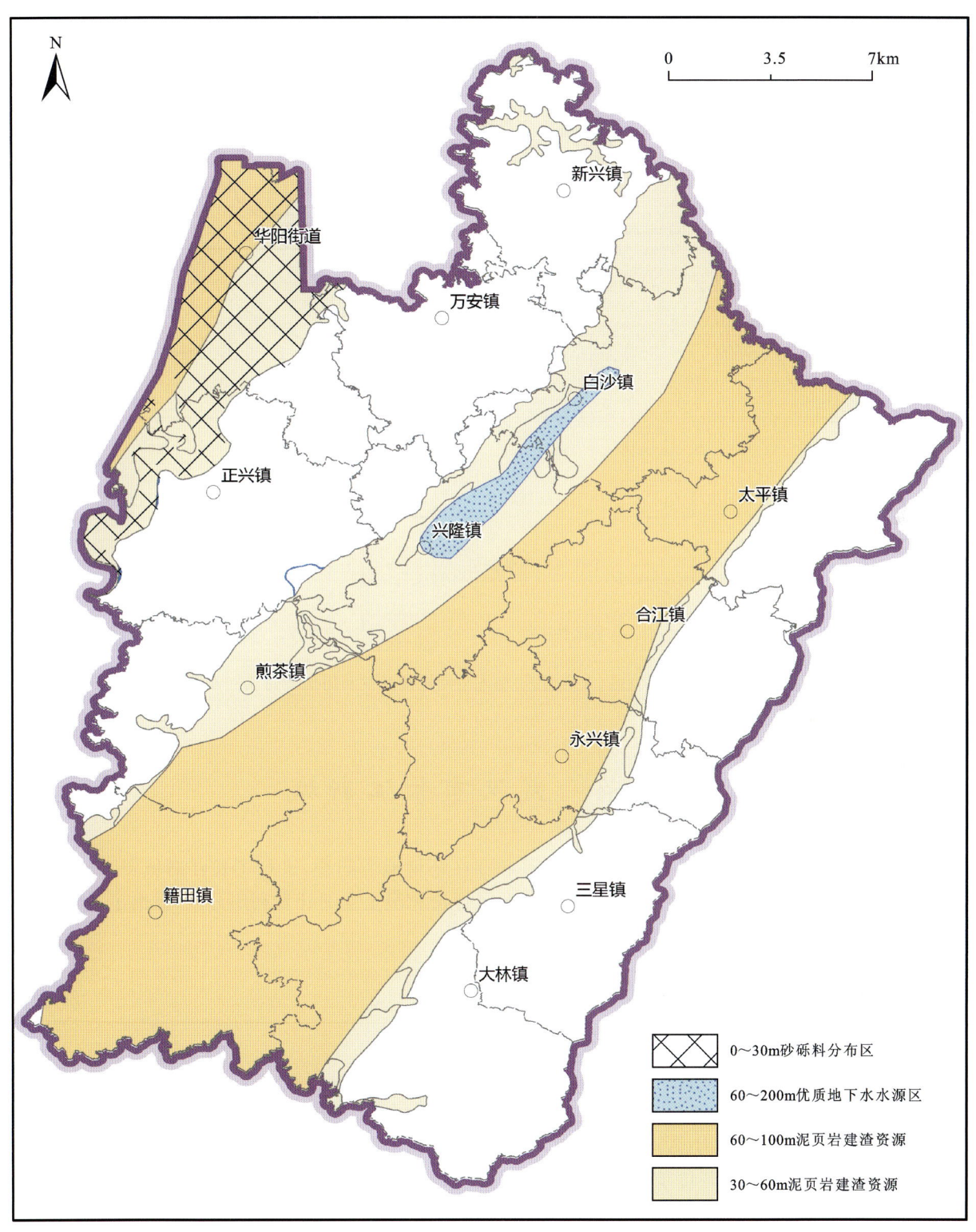

图 17-14 成都规划区（天府新区）主要地质资源分布图

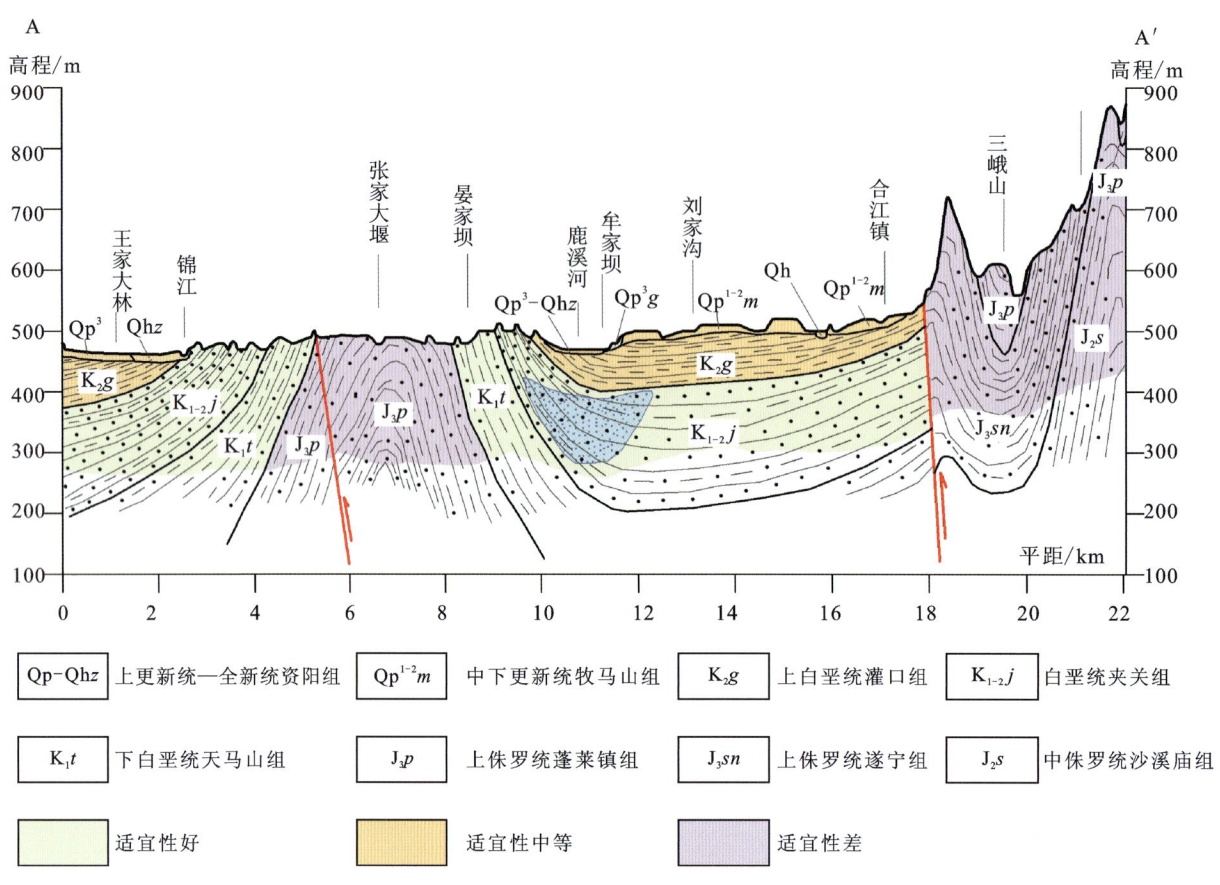

图 17-15 成都规划区(天府新区)地下空间资源开发利用地质建议剖面图

第二节 武汉市长江新城

本次基本查明武汉市长江新城地质环境条件和存在环境地质问题,进行了长江新城资源环境承载能力评价、起步区建设场地适宜性评价、土壤环境质量评价和国土空间开发利用分区,提出了对策建议,可为武汉市长江新城规划建设提供地质支撑。

一、长江新城资源环境承载能力评价

1. 资源环境承载能力评价指标选取

武汉市长江新城共选取 23 项指标进行资源环境承载能力评价指标体系的构建,该综合指标体系由目标层区域综合环境承载能力(A)、准则层(B)、领域层(C)和指标层(D)4 个层次构成。其中,准则层 B 包括自然资源承载能力 B1、环境承载能力 B2 及社会经济承载能力 B3;领域层 C 包括土地资源承载能力 C1、水资源承载能力 C2、水环境承载能力 C3、大气环境承载能力 C4、生态环境承载能力 C5、社会发展承载能力 C6 及经济支撑承载能力 C7;指标层 D 由 23 个指标组成(表 17-2)。

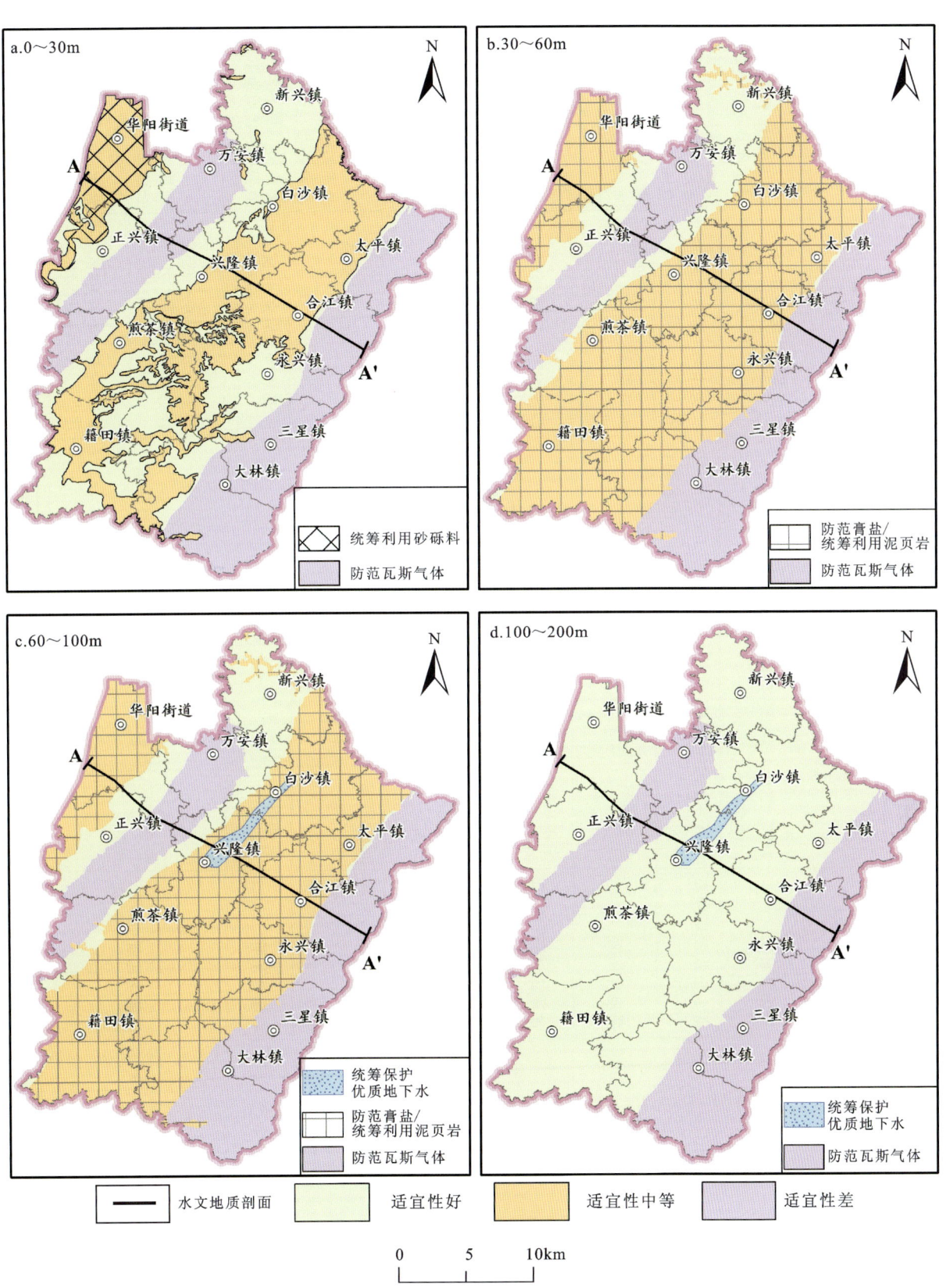

图17-16 成都规划区(天府新区)地下空间开发利用综合地质建议图

表17-1 成都规划区（天府新区）主要约束性地质要素分区分层特征说明表

深度	发育程度 面积/km²	发育程度 占比/%	主要约束性地质要素 主要约束性地质问题	主要约束性地质要素 分布	主要约束性地质要素 主要约束性地质资源	主要约束性地质要素 分布	其他主要地质条件 特征	其他主要地质条件 分布	地质建议
0~30m 地下空间	<429.03	<76.07	基覆界面	华阳—正兴一带平原区，白沙—籍田一带浅丘区	砂砾料	华阳—正兴一带平原区	砂泥岩互层	龙泉山区，苏码头背斜	0~30m地下空间利用地质条件总体优良，重点需加强对浅层瓦斯气体的调查与评价，关注基覆界面、富水松散砂砾卵石土等问题，结合需求统筹利用页岩和砂砾料等资源
			富水松散砂砾卵石土	华阳—正兴一带平原区	泥页岩建渣资源	龙泉山山前和白沙—籍田一带丘陵区	夹关组砂岩	新兴—煎茶一带	
			局地含瓦斯	龙泉山区，苏码头背斜			灌口组泥岩	正兴—华阳一带，白沙—籍田一带	
30~60m 地下空间	<510.9	<90.58	含膏盐（钙芒硝）泥岩	华阳以南，锦江以西；白沙—大林镇一带的浅丘区	泥页岩建渣资源	华阳以南，锦江以西；白沙—大林镇一带的浅丘区	砂泥岩互层	龙泉山区，苏码头背斜	30~60m地下空间利用地质条件总体优良，重点对浅层瓦斯气体（钙芒硝）层的评价，关注含膏盐（钙芒硝）的溶蚀性，地下水腐蚀性和渣土堆场的水土污染问题
			局地含瓦斯	龙泉山区，苏码头背斜			夹关组砂岩	新兴—煎茶一带	
60~100m 地下空间	<518.23	<91.88	含膏盐（钙芒硝）泥岩，钙芒硝层	华阳以南，锦江以西；白沙—大林镇一带的浅丘区	优质地下水	白沙—兴隆镇一带	夹关组砂岩	新兴—煎茶一带	60~100m地下空间利用地质条件较差，需重点加强对膏盐（钙芒硝）层、浅层瓦斯的调查评价，筹保护好优质地下水资源
			局地含瓦斯	龙泉山区，苏码头背斜			砂泥岩互层	龙泉山区，苏码头背斜	
100~200m 地下空间	<223.6	<39.64	局地含瓦斯	龙泉山区，苏码头背斜	优质地下水	白沙—兴隆镇一带	夹关组砂岩	新兴—煎茶一带	100~200m地下空间利用地质条件好，但膏盐、钙芒硝等地质问题分布尚不明确，重点防范浅层瓦斯气危害，统筹保护好优质地下水资源
							砂泥岩互层	龙泉山区，苏码头背斜	

2. 资源环境承载能力评价

长江新城的规划期限为2017—2035年,选取2017年与2035年为研究时间对长江新城的资源环境承载能力进行评价。根据极差标准化法进行无纲量化处理得到评价指标的标准值,再采用均方差决策法,通过计算得到各级指标的权重(表17-2,图17-17)。根据各指标权重,通过计算得到近期2017年及远期2035年的各指标得分。

长江新城资源环境承载能力评价结果显示,长江新城2035年的资源承载能力较2017年有明显降低,主要表现为土地资源承载能力的降低。长江新城2035年的环境承载能力与社会经济承载能力与2017年相比都有较大程度的提高,尤其是环境承载能力提升最为明显。总体来看,到2035年长江新城综合资源环境承载能力明显高于2017年,且区域开发强度适中,环境承载能力强,有较高的区域可持续发展水平,发展形势较为乐观。

表17-2 长江新城资源环境承载能力评价指标体系及各指标权重

目标层	准则层	领域层	指标层	单位	权重
区域综合环境承载力A	自然资源承载能力 B1(0.31)	土地资源承载能力 C1(0.24)	人均土地面积 D1	m²/人	0.06
			人均建设用地面积 D2	m²/人	0.09
			人均居住用地面积 D3	m²/人	0.09
		水资源承载能力 C2(0.07)	人均水资源占有量 D4	m³/人	0.03
			地下水模数 D5	万 m³/km²	0.02
			水资源开发利用率 D6	%	0.02
	环境承载能力 B2(0.41)	水环境承载能力 C3(0.11)	化学需氧量浓度 D7	mg/L	0.02
			氨氮浓度 D8	mg/L	0.03
			城镇污水集中处理率 D9	%	0.02
			水质达标率 D10	%	0.04
		大气环境承载能力 C4(0.21)	PM10浓度 D11	μg/m³	0.08
			SO_2 浓度 D12	μg/m³	0.07
			AQI优良天气比例 D13	%	0.06
		生态环境承载能力 C5(0.08)	森林覆盖率 D14	%	0.05
			建成区绿化覆盖率 D15	%	0.03
	社会经济承载能力 B3(0.28)	社会发展承载能力 C6(0.24)	非农GDP比重 D16	%	0.05
			建设用地地均GDP D17	亿元/km²	0.09
			人口密度 D18	人/km²	0.08
			再生水回用率 D20	%	0.02
		经济支撑承载能力 C7(0.05)	人均GDP D21	万元/人	0.01
			万元GDP用水量 D22	m³/万元	0.02
			万元GDP能耗 D23	t/万元	0.02

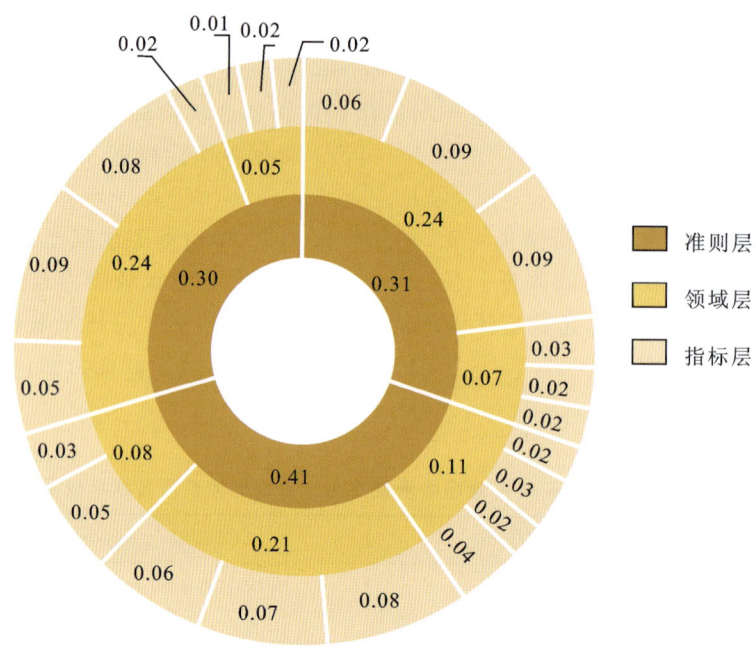

图 17-17 长江新城资源环境承载能力各指标权重环形图

3. 建议

为提高长江新城资源环境承载能力，使其实现可持续发展，研究提出以下 4 个方面建议：一是优化资源配置，合理利用资源，促进生态环境稳定；二是节约能源消耗，大力发展循环经济和低碳经济；三是加强环境保护，降低生态污染风险；四是经济发展，强调与科技教育产业的结合，实现创新高科技发展。

二、长江新城起步区建设场地适宜性评价

本次基本查明长江新城起步区工程地质条件和工程地质特征，依据工程地质的类同性和差异性分为 4 个工程地质岩类 8 个亚类。主要工程地质问题是存在大量软土分布，软土面积为 $253.87km^2$，占长江新城总面积的 39.21%（图 17-18）。

结合长江新城起步区地质环境状况，综合考虑工程地质分区及对场地工程建设适宜性的控制因素，长江新城起步区规划建设用地适宜性划分为 3 个大区 6 个亚区（表 17-3，图 17-19）。总体来看长江新城起步区工程建设以适宜和较适宜为主，西南部适宜性较差。

三、长江新城起步区土壤环境质量调查评价

为支撑服务武汉市长江新城起步区国土规划，对长江新城起步区开展了 1:1 万土壤地球化学调查评价。评价结果显示（图 17-20），区内土壤以清洁为主，面积 $45.67km^2$，占总面积的 93.26%；中度和重度污染土壤面积只有 $0.56km^2$，占总面积的 1.14%。土壤环境综合等级以一等清洁土壤占绝大多数，少量不同程度污染土壤主要呈零星分布，初步判断与工业生产及人为活动造成的污染有关。

区内土壤质量总体以优良为主，一等（优质）、二等（良好）土壤面积为 $39.30km^2$，占总面积的 80.27%；四等（差等）、五等（劣等）土壤面积分别为 $1.29km^2$ 和 $0.55km^2$，所占比例分别为 2.64% 和 1.12%，建议加强对优质耕地的保护力度（图 17-21）。

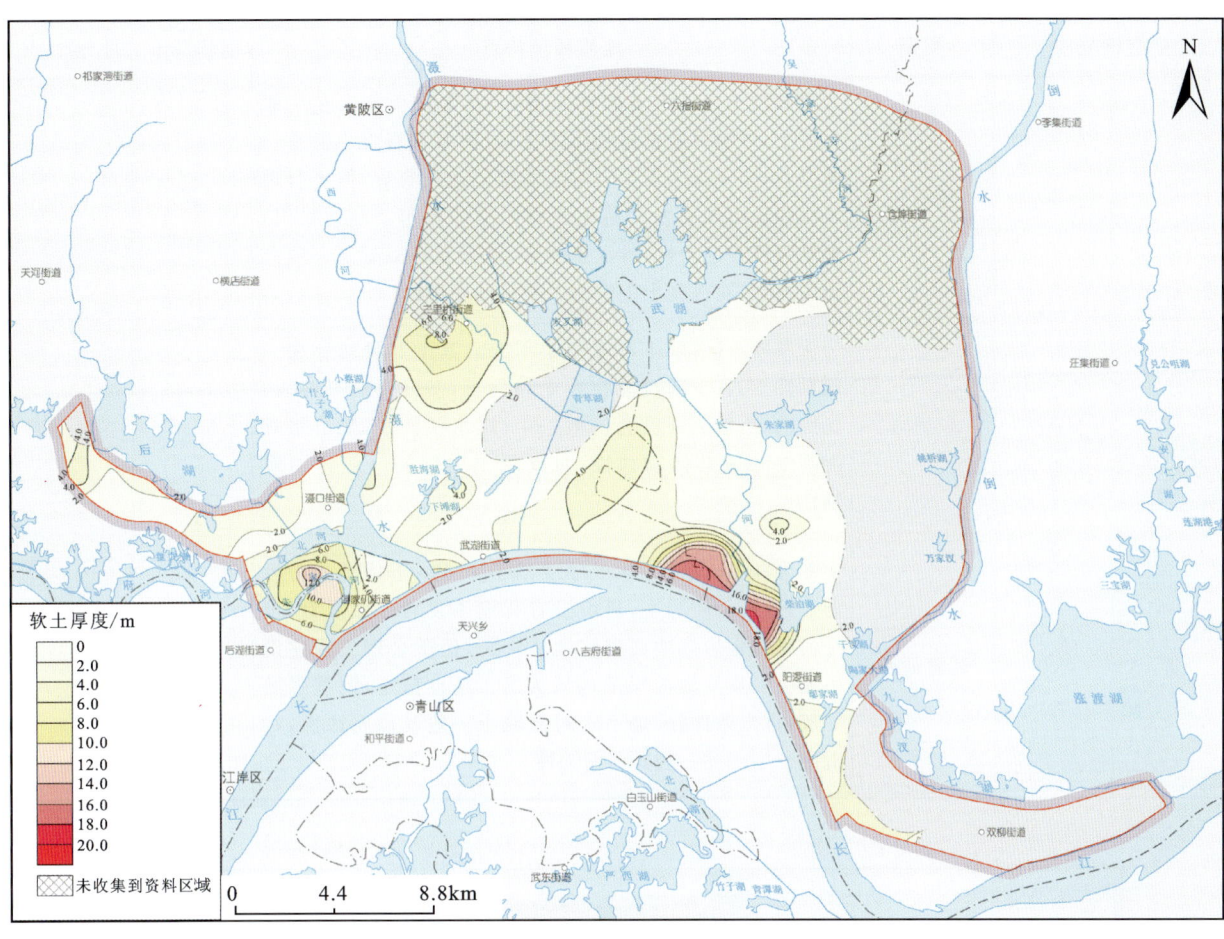

图 17-18 长江新城软土厚度等值线图

表 17-3 长江新城起步区适宜性评价分区表

适宜性分区		类别	地质环境特点	面积/km²	百分比/%
Ⅰ	Ⅰ₁	适宜	老黏性土区场地稳定，现状地质灾害不发育，环境工程地质条件简单。场地和地基稳定，地基承载能力一般，排水条件好，地下水对混凝土一般具微腐蚀性，对混凝土中钢筋一般具弱腐蚀性	14.52	32.79
	Ⅰ₂	适宜	上部为一般黏性土区，下伏局部为老黏性土，现状地质灾害不发育，环境地质条件简单。场地稳定，地基承载能力一般，排水条件好，在Ⅶ度地震作用下轻微液化，地下水对混凝土一般具微腐蚀性，对混凝土中钢筋一般具弱腐蚀性	15.30	34.55
Ⅱ	Ⅱ₁	较适宜	上部为一般黏性土区，下伏基岩为可溶岩，可溶性岩以白云质为主，岩溶发育程度不发育—微发育，至今尚未发生岩溶地面塌陷地质灾害，但不合理工程建设可能引发岩溶地面塌陷地质灾害。场地和地基稳定，地基承载能力低，排水条件好，地下水对混凝土一般具微腐蚀性，对混凝土中钢筋一般具弱腐蚀性	1.03	2.33

续表 17-3

适宜性分区		类别	地质环境特点	面积/km²	百分比/%
Ⅱ	Ⅱ₂	较适宜	为老黏性土+可溶岩的岩性组合，其上部可能存在一般黏性土，可溶性岩以白云质为主，岩溶发育程度不发育—微发育，至今尚未发生岩溶地面塌陷地质灾害，但不合理工程建设可能引发岩溶地面塌陷地质灾害。场地稳定，地基强度各向异性，排水条件好，地下水对混凝土一般具微腐蚀性，对混凝土中钢筋一般具弱腐蚀性	0.71	1.60
	Ⅱ₃	较适宜	为深厚软土区，软土厚度不小于6m，其上部可能存在一般黏性土，其下部可能存在老黏性土，基岩为非可溶岩。场地稳定，地基强度为一般—中，排水条件好，地下水对混凝土一般具微腐蚀性，对混凝土中钢筋一般具弱腐蚀性	8.88	20.06
Ⅲ		适宜性差	上部为深厚软土区，软土厚度不小于6m，下伏基岩为可溶岩，以白云质为主，岩溶发育程度不发育—微发育，至今尚未发生岩溶地面塌陷地质灾害，但不合理工程建设可能引发岩溶地面塌陷地质灾害。场地稳定，地基强度一般，排水条件好，地下水对混凝土一般具微腐蚀性，对混凝土中钢筋一般具弱腐蚀性	3.84	8.67

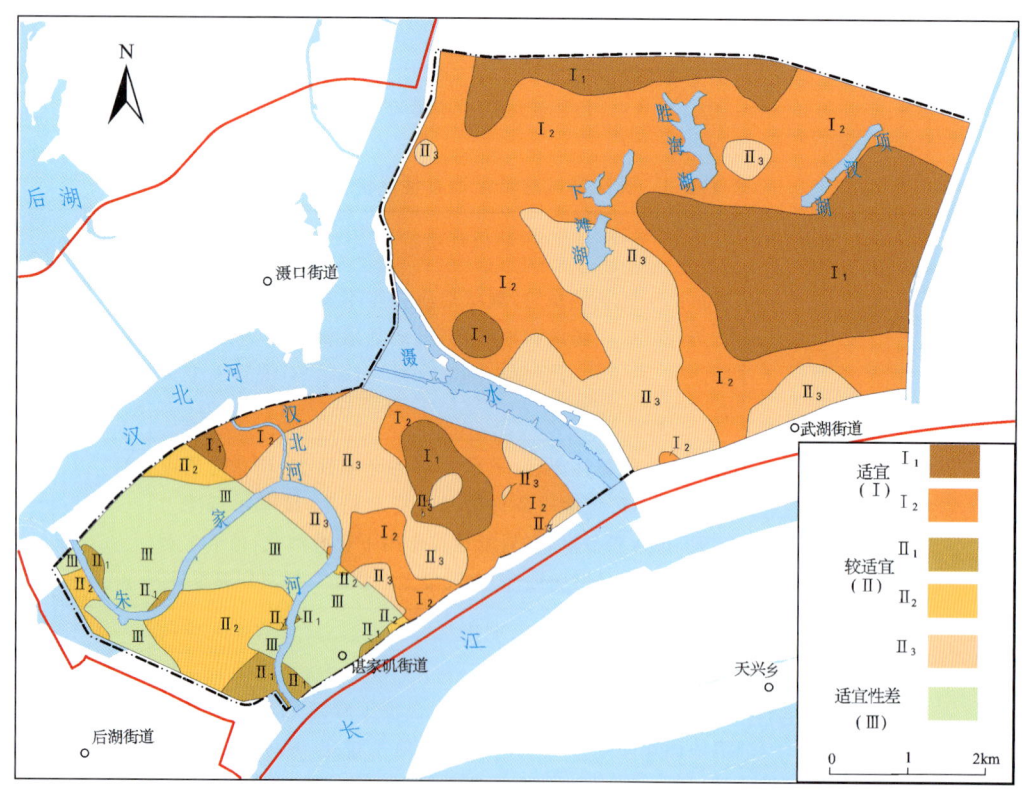

图 17-19 长江新城起步区工程建设适宜性评价图分区

第六篇　支撑服务新型城镇化建设篇

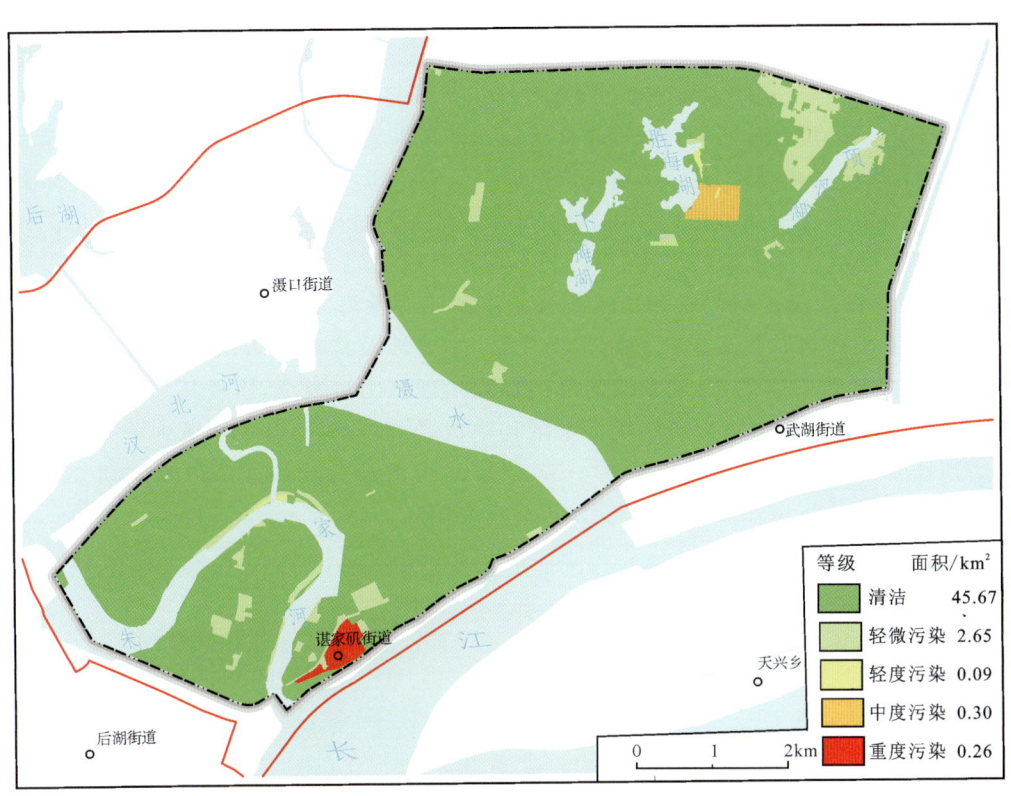

图 17-20　长江新城起步区土壤污染程度等级图

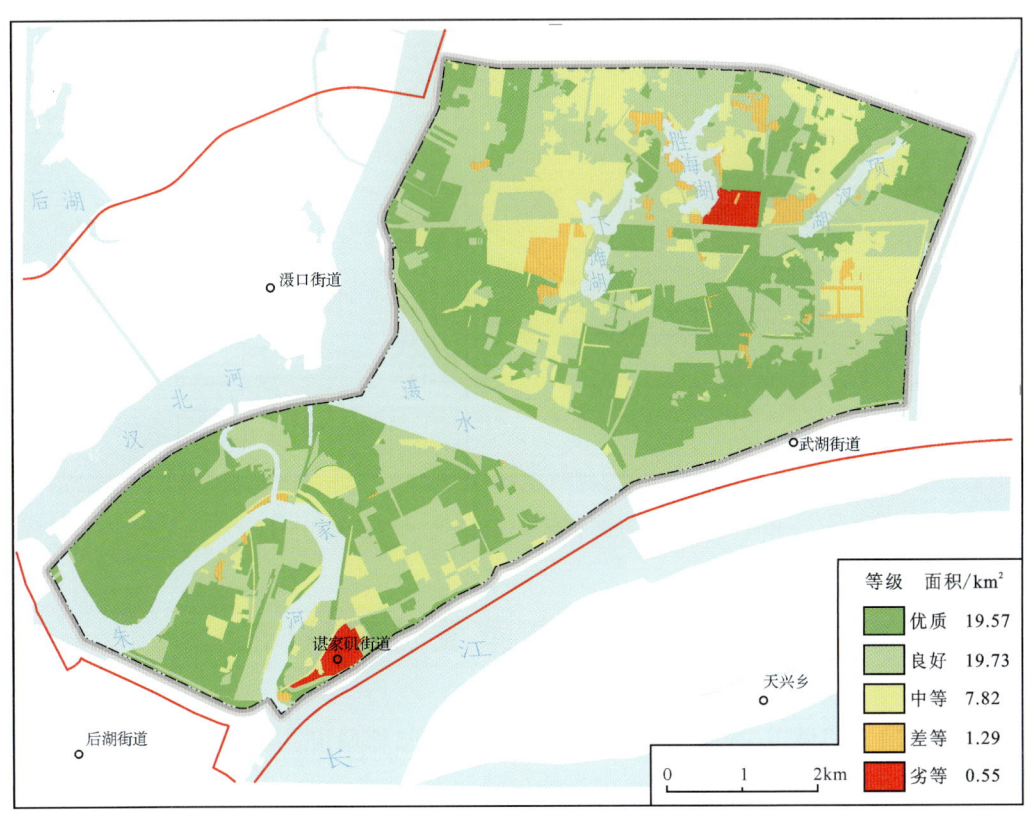

图 17-21　长江新城起步区土壤质量综合评价等级图

四、长江新城起步区国土空间开发利用分区

综合长江新城地上、地下空间地质环境问题,将长江新城起步区范围内的国土空间开发利用,划分为建设用地适宜区、生态环境保护区、生态环境修复区以及防范注意区(图 17-22),并提出相应的地学规划建议,为长江新城起步区区域协调、可持续发展以及加强国土空间管制与治理提供科学基础和决策支撑。

建设用地适宜区(A)位于研究区内中北部朱家河以北大部分地区及南部幸福湾一带。建设用地较适宜区(B)位于研究区西南部朱家河以南、南湖村—堤角—谌家矶一带。生态环境保护区及防洪排涝应变区(C)位于朱家河、滠水及沿河两岸和长江新城起步区北部胜海湖及汤湖附近、项汊湖及两侧。生态环境修复区(D)位于长江新城起步区西南角岱山一带,主要涉及岱山垃圾填埋场邻近府河、朱家河,存在严重的环境污染及地质灾害隐患,建议政府部门加强治理岱山垃圾场,恢复其生态环境。防范注意区包括工程建设软土防控区、土壤重金属轻度污染区和隐伏岩溶防范区,其中本区内存在若干处土壤重金属污染区,达到轻度污染程度,分别在双桥村一带、谌家矶街道至江北快速路以及武湖菜地和红联村菜地,建议将该类土地区划为生态绿地或建筑用地,不宜农用。

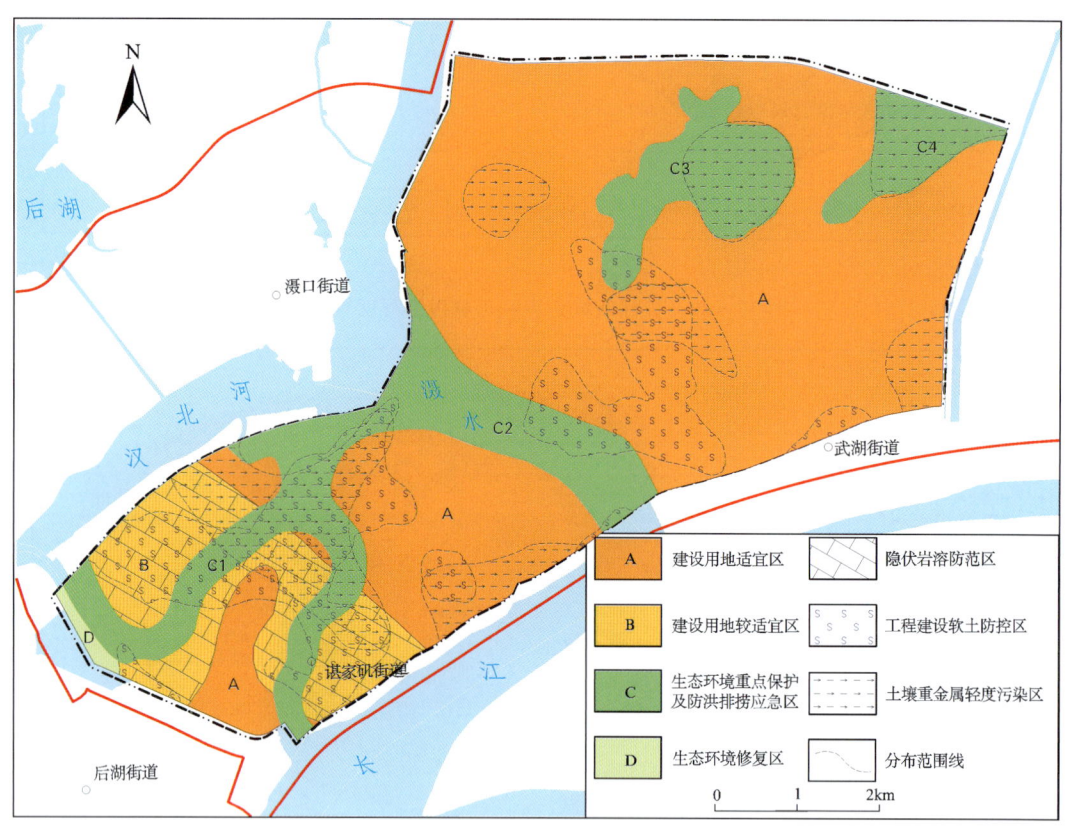

图 17-22 长江新城起步区国土空间开发利用分区

第三节 安庆市重点规划区

安庆市现为全国文明城市、国家级历史文化名城、国家园林城市、中国优秀旅游城市、国家森林城市、全国绿化模范城市。当前"四个强市、五大发展行动计划、六大建设"总体部署以及"大通道、大平台、大合作"建设目标给安庆市的城市快速发展带来了新的契机。

统筹城市地下空间开发利用、合理利用城市优势地质资源,是缓解城市土地资源紧张、提高生态环

境质量的重要措施,对于推动城市由外延扩张式向内涵提升式转变,提高城市综合承载能力具有重要意义。为了精准服务于安庆市建成"工贸中心、交通枢纽、开放门户、生活名城"4个方面的定位,推动地质工作服务政府管理的主流程,根据"创新、协调、绿色、开放、共享"的城市发展理念,本次开展了安庆市城市地质调查工作,取得以下5个方面成果。

一、提出工程建设建议,服务高铁规划建设区建设

在安庆西高铁规划区,通过大比例尺工程地质调查(面积 27km²),评价了 0～10m、10～15m 及 15～30m 地下空间开发利用适宜性,对规划区的工程地质情况进行分区,同时进行了建筑适宜性评价(图 17-23),提出各层空间主要制约问题,从建筑布局、基础选型及基坑工程开挖 3 个方面提出了地学建议,为高铁规划建设区勘查建设服务。工程建设布局要注意以下两个方面的问题:一是单个建筑要避免同时跨越两个工程地质区,防止出现半挖半填地基及不均匀地基;二是同一工程地质区内单个建筑长边方向尽可能按北东向基础持力层坡度变化小的方向布置,避免基础持力层坡度变化大而出现不均匀地基。

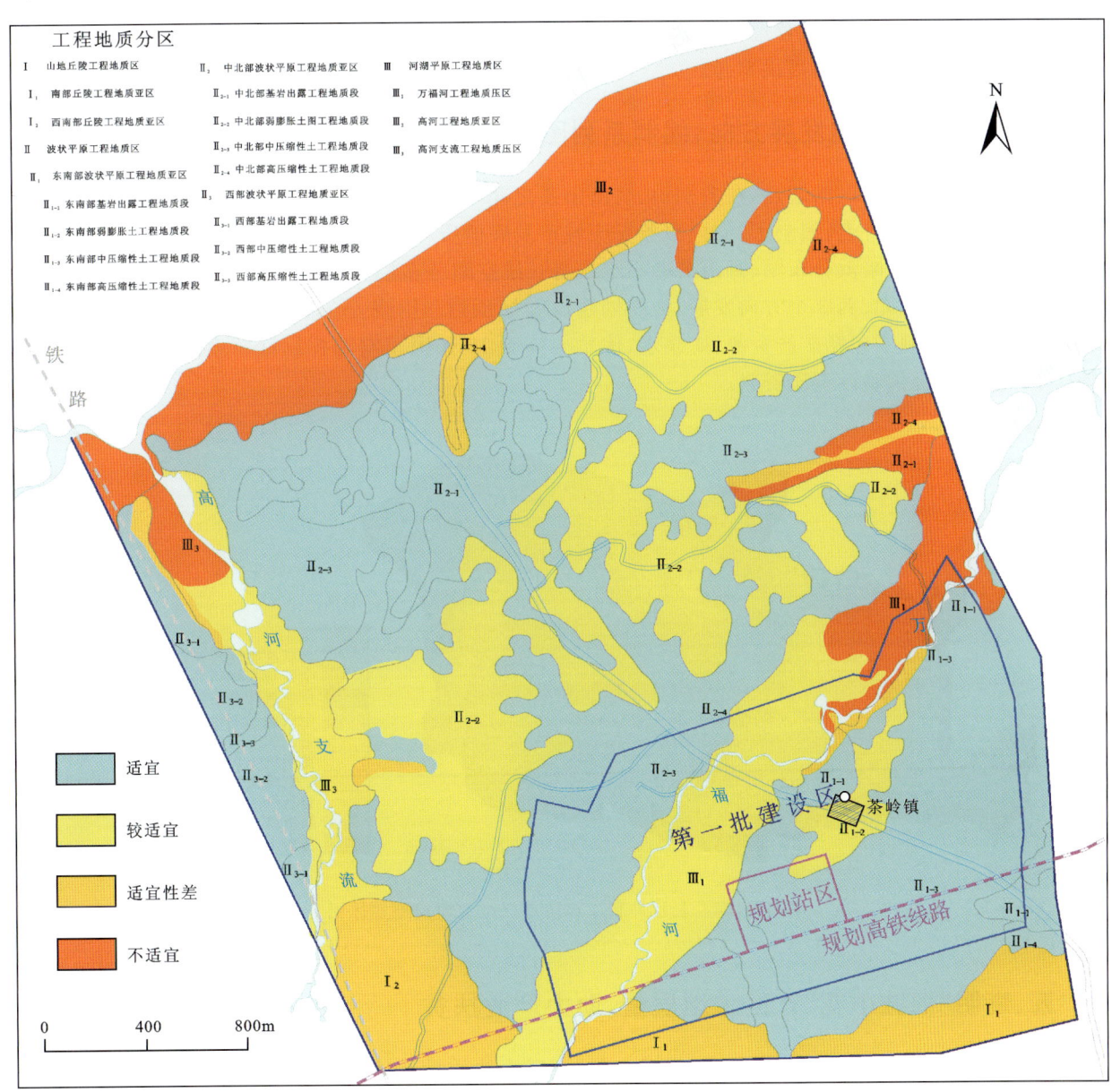

图 17-23 安庆西高铁规划区工程地质分区及建筑适宜性评价

二、提出资源利用建议,服务滨江中央商业区(CBD)建设

为服务东部新城滨江 CBD 片区建设开发利用,优化东部新城规划布局和国土空间开发、实现空间转型升级和城市集约、绿色、可持续发展。对 20 份调查报告和近 70 个勘察钻孔数据进行了综合分析与二次挖掘,认为东部新城滨江 CBD 片区具有丰富的浅层地热能资源,0~100m 总热容量相当于 $2.85×10^8$ kW·h,但开发建设利用的基础地质条件复杂,应关注软土、液化砂土、松散砾石层及地下水等工程建筑问题,鉴于建设区距离长江近(最远端距江 900m)的特点,开发过程中应对地下水的问题予以重点关注。

三、提出应急水源地保护和利用建议,服务集贤关区域高水平规划编制

在集贤关区域,通过多种地球物理探测技术结合地质钻探,发现集贤关区具有丰富且水质优良的岩溶地下水资源(单井抽水量超过 1000m³/d),有益矿物锶含量达到 0.45mg/L,达到国家饮用矿泉水标准(0.2~5mg/L)。建议保护并合理利用珍贵地下水资源,科学利用发展空间,构建现代化产业新体系,为集贤关区域高水平规划编制提供参考。

四、围绕城市规划发展方向,编制系列图件

安庆地处长三角地区的起点,在大别山、皖南山系之间,往东、北、西 3 个方向的发展会遇到各不相同的问题。根据这些特点,编制了《支撑服务安庆城市发展地质调查报告》《安庆市国土资源与环境地质图集》,其中安庆市区暗浜分布图、月山黄岭小学岩溶三维空间分布模型(图 17-24)及填土厚度图可较好地服务安庆往东、北、西 3 个方向发展,为规划建设做好预判。围绕安庆市新部门改革后国土空间规划的需求,组织编制了包括矿产资源、矿泉水、优质土壤等 15 张国土空间控制性要素图,为国土空间的管控与开发利用提供基础地质资料。

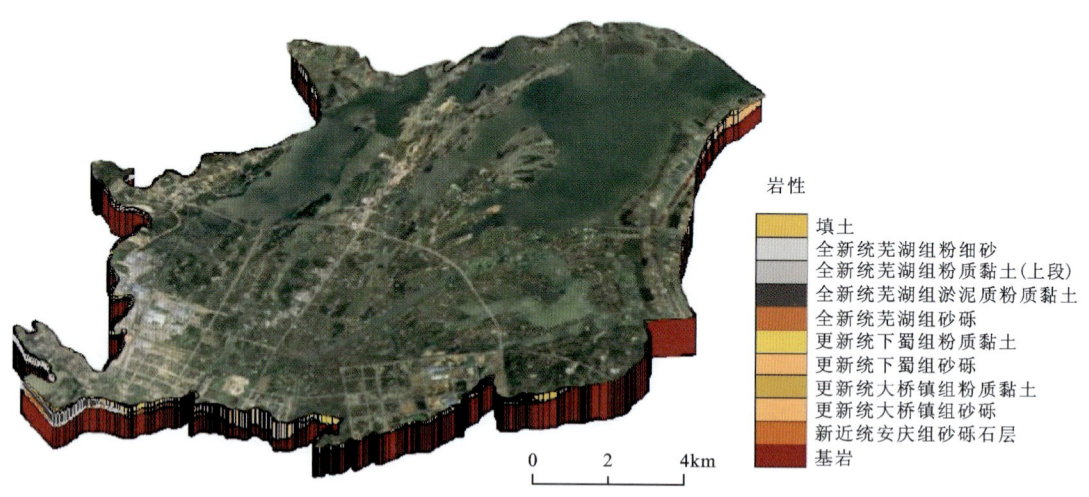

图 17-24 长江冲积Ⅰ级阶地三维地质模型实体图

五、查明"桐城小花"产区土地质量,助力产业扶贫

应桐城市政府的要求,本次开展了"桐城小花"产区土地质量地球化学调查(图 17-25),分析了龙眠地区 50km² 范围内土壤类型、地质背景、地球化学及耕地地力等级,总结了土壤养分、土壤环境和土

壤质量地球化学特征。结果显示:①土壤养分较丰富以上的面积为45.74km², 占全区91.48%;②土壤环境尚清洁以上的面积为35.09km², 占全区的70.18%;③表层有益元素硒含量适量以上的土壤面积为46.96km², 锌含量适中以上的土壤面积为47.99km²。而且核心产区茶叶具有高茶多酚(含量17.3%~23.8%)、高咖啡碱(含量3.7%~5.1%)的特点,含量远优于行业标准。

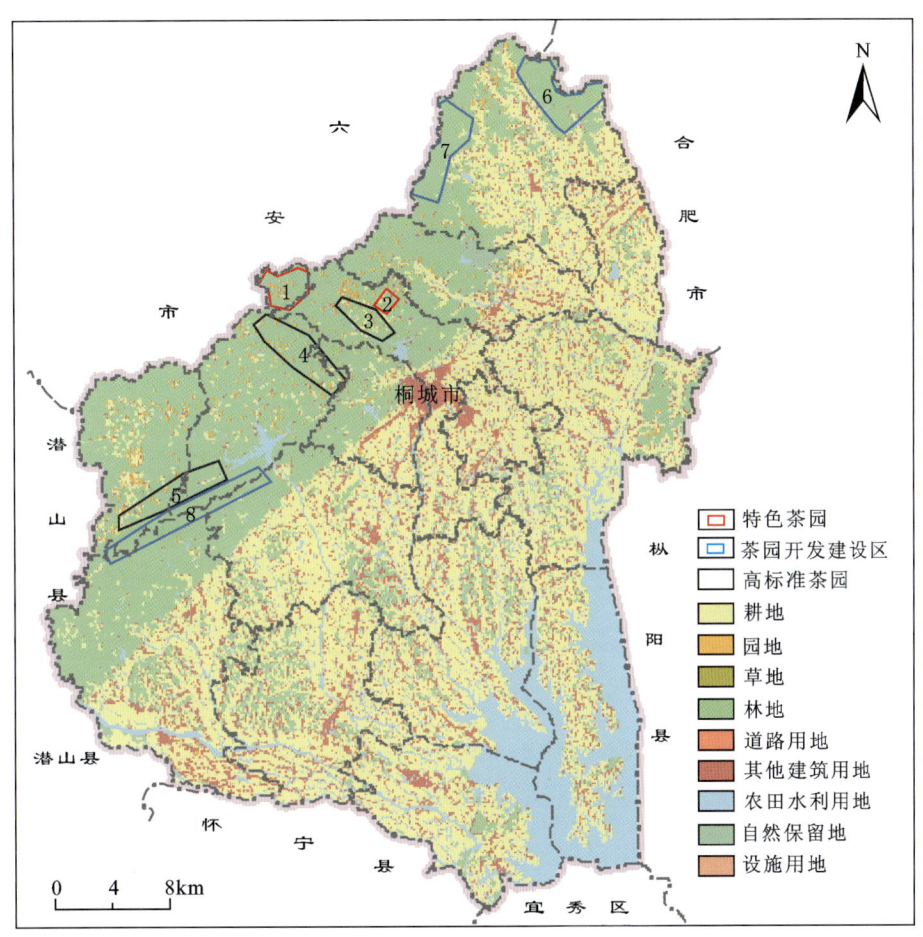

图17-25 桐城市茶园开发建议区示意图

特色茶园:1.黄甲镇杨头村;2.龙眠街道龙眠村;高标准茶园:3.龙眠街道黄燕村;4.龙眠村黄甲镇三新村—石窑村;5.唐湾镇蒋河村—黄甲镇汪河村;茶园开发建议区:6.大关镇小关村—王集村;7.大关镇祈岭村—山冲村;8.青草镇岘山—范岗镇挂镇村

第四节 南京市江北新区

本次基本查明了南京市江北新区重点规划区的地质环境条件和存在环境地质问题,发现规划过江通道在南京八卦洲穿过当涂-八卦洲断裂,提出需要引起关注;建立南京市江北新区核心区三维地质结构模型(依据300个钻孔),查明了江北新区软土、液化砂土等不良土体空间分布特征。

一、三维工程地质结构模型构建

通过本次施工的工程地质钻孔、收集南京市以往工程勘察及区域地质调查资料,结合南京市江北新区规划,在系统梳理该区300多个工程地质钻孔的基础上,构建了南京市江北新区核心区三维工程地质结构模型。

南京市江北新区核心区共划分为14个工程地质层：第一层为回填土；第二层为黏性土，软塑—可塑；第三层为粉细砂，松散—稍密；第四层为黏性土，流塑—软塑；第五层为粉细砂，稍密—中密；第六层为黏性土，软塑—可塑；第七层为粉细砂，中密—密实；第八层为黏性土，软塑—可塑；第九层为砂砾石，中密—密实；第十层为黏性土，可塑—硬塑；第十一层为砂砾石，中密—密实；第十二层为黏性土，可塑—硬塑；第十三层为砂砾石，中密—密实；第十四层为基岩（图17-26）。

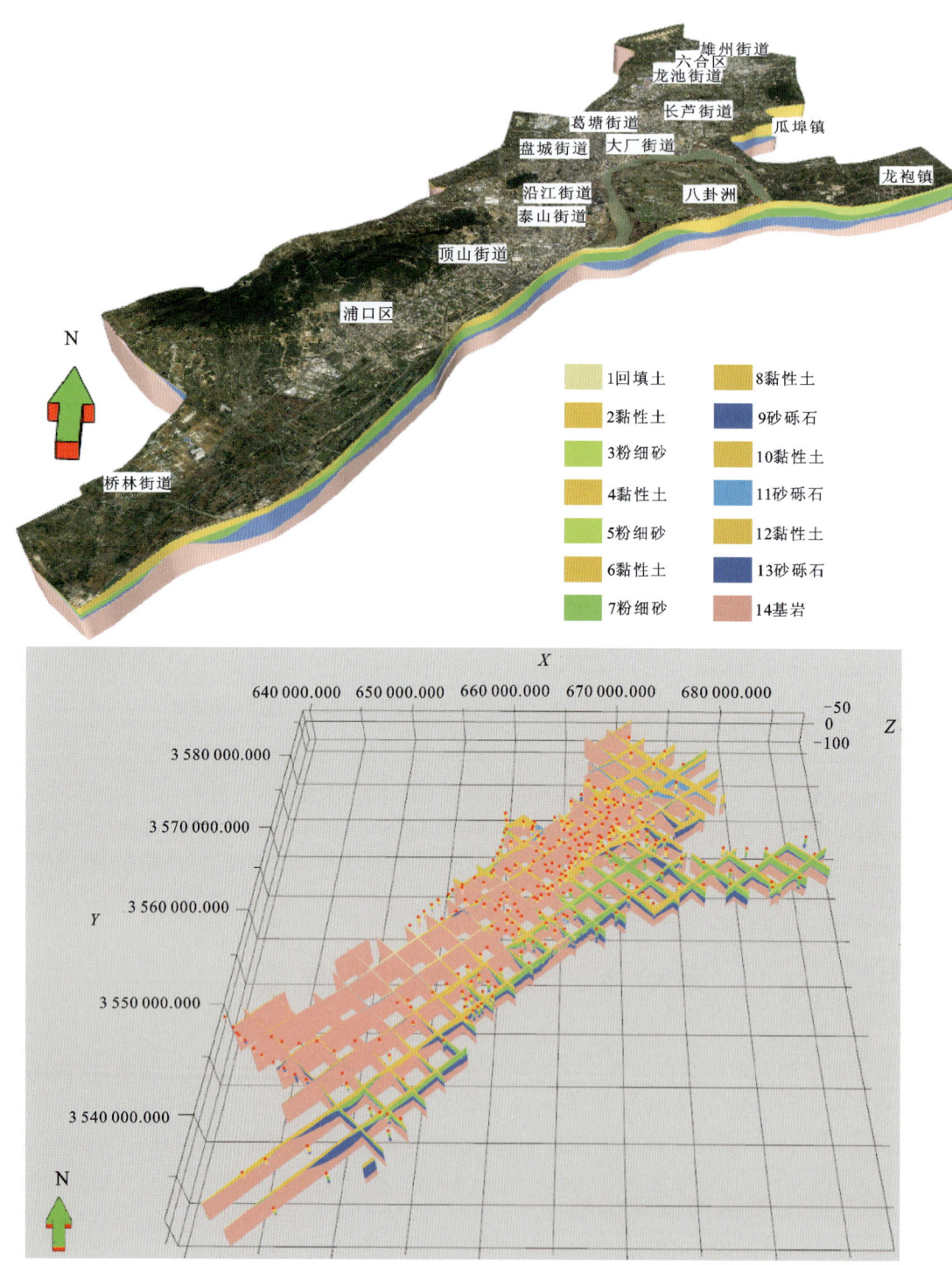

图17-26 南京市江北新区核心区三维工程地质结构模型

南京市江北新区中央CBD共划分为6个工程地质层:第一层为回填土;第二层为黏性土,软塑—可塑;第三层为黏性土,流塑—软塑;第四层为粉细砂,中密—密实;第五层为砂砾石,中密—密实;第六层为砂层(图17-27)。

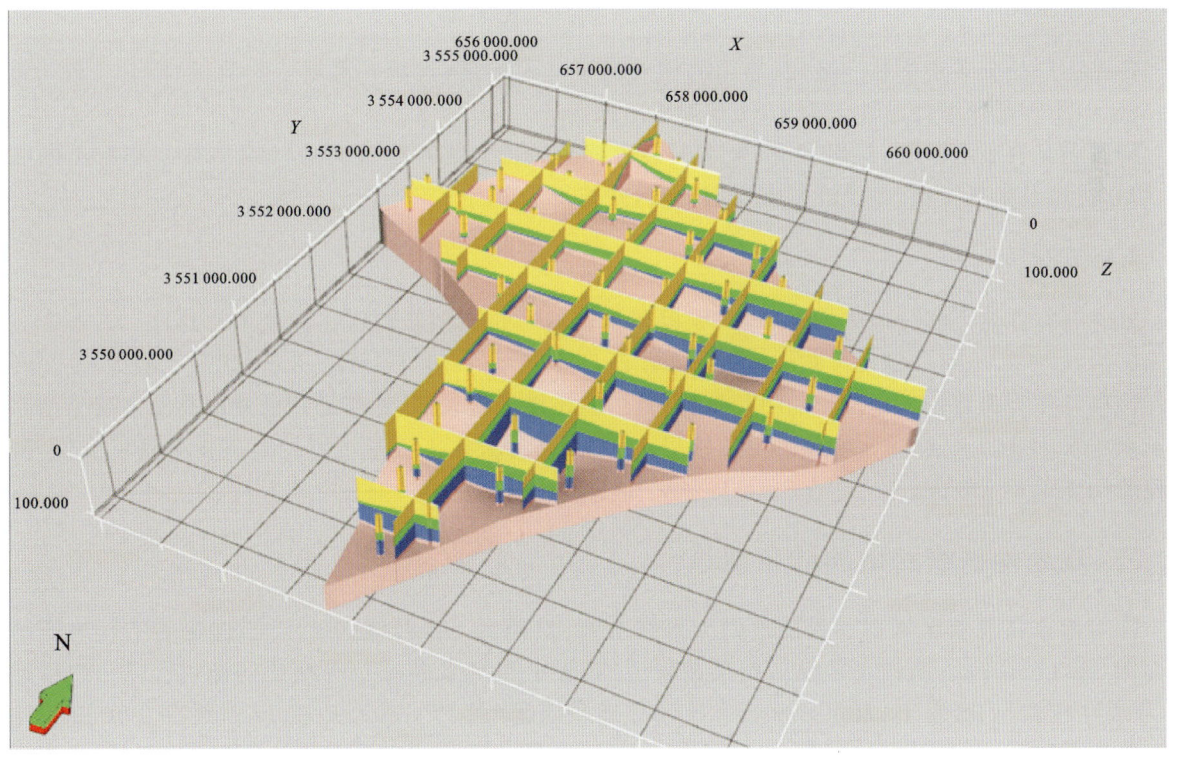

图17-27 南京市江北新区中央CBD三维工程地质结构模型

二、特殊土体分布与防范建议

区内主要不良土体主要为软土、易液化砂土、膨胀土和富水砂砾石。

1. 软土

软土在长江北岸和滁河两侧均有分布，尤其在江北中心城区的知识创新片区、江北中心片区、科技创新片区，滁河西南部的六合副中心至长芦园区分布广泛。软土顶板标高一般为 2.5~5m，分布厚度大，厚度一般为 5~15m，局部超过 30m。

软土地基承载能力低，变形大，不宜作为持力层。对于 1~3 层低矮建筑建议利用软土上部的硬壳层，采用天然地基的浅基础；对荷载大的多层框架结构建筑及小高层建筑，应采用单桩承载能力较高的预制桩或钻孔灌注桩，以下部的中密粉细砂为桩基持力层。地下工程施工技术相对复杂，基坑开挖一般采用排桩加支撑、复合土钉墙及重力式挡墙等围护措施，需采用搅拌桩止水，施工成本相对较高。

2. 易液化砂土

易液化砂土主要分布于长江沿岸的江北中心片区—八卦洲、桥林新城、西坝园区及滁河沿岸，液化等级以轻微为主，在六合副中心城西侧、瓜埠—东沟一带为中等至严重液化。砂土液化在震动后会使地基失效，导致不同程度的沉陷，使地面建筑物倾斜、开裂、倾斜、下沉、道路的路基滑移，在河流岸边则表现为岸边滑移。

液化砂土发育区建议采用振冲、夯实、爆炸、挤密桩等措施，提高砂土密度，排水降低砂土孔隙水压力，换土，板桩围封，或采用整体性较好的深桩基等方法进行处理。

3. 膨胀土

膨胀土广泛分布于桥林—星甸、老山北侧的汤泉—永宁镇、盘城—葛塘—龙池、程桥—马集—金牛湖一带，以中—低压缩性黏性土为主，土层厚度一般为 5~20m。

膨胀土具有吸水膨胀、易塑易滑、失水干裂收缩等特征。工程建设时应注意下蜀组膨胀土的胀缩性，防止边坡及地基失稳，建设规划宜回避滑坡，并施行治理。

4. 砂砾石

砂砾石在江北大部分地区均有分布，尤以桥林新城—知识创新片区—江北中心片区—八卦洲—西坝园区沿江一带、雄州—横梁—东沟一带分布广泛且厚度大，一般可达 15~30m，埋深一般为 30~45m。

该层可作为荷载较大建筑物的中长桩持力层，但该层埋藏较深，地基处理的成本高。该层为南京市地下承压水主要含水层，富水性强。由于该层水头压力较大，在工程基坑开挖时易发生基坑突涌，隧道工程盾构施工难度较大。

三、规划地铁线路地质防范建议

针对南京江北新区规划建设的地铁 4 号线二期、11 号线、13 号线、15 号线，构建了工程地质结构剖面图（图 17-28）。地铁 4 号线二期存在软土、膨胀土和富水砂砾石等地质问题（图 17-29）；地铁 11 号线存在软土、膨胀土、富水砂砾石和流沙等地质问题（图 17-30）；地铁 13 号线存在软土、富水砂砾石等地质问题（图 17-31）；地铁 15 号线存在软土、膨胀土和富水砂砾石等地质问题（图 17-32）。该区尤其应防范富水砂砾石，由于水头压力较大，在隧道开挖时易发生突涌，在岩性不均一地段盾构施工难度大。

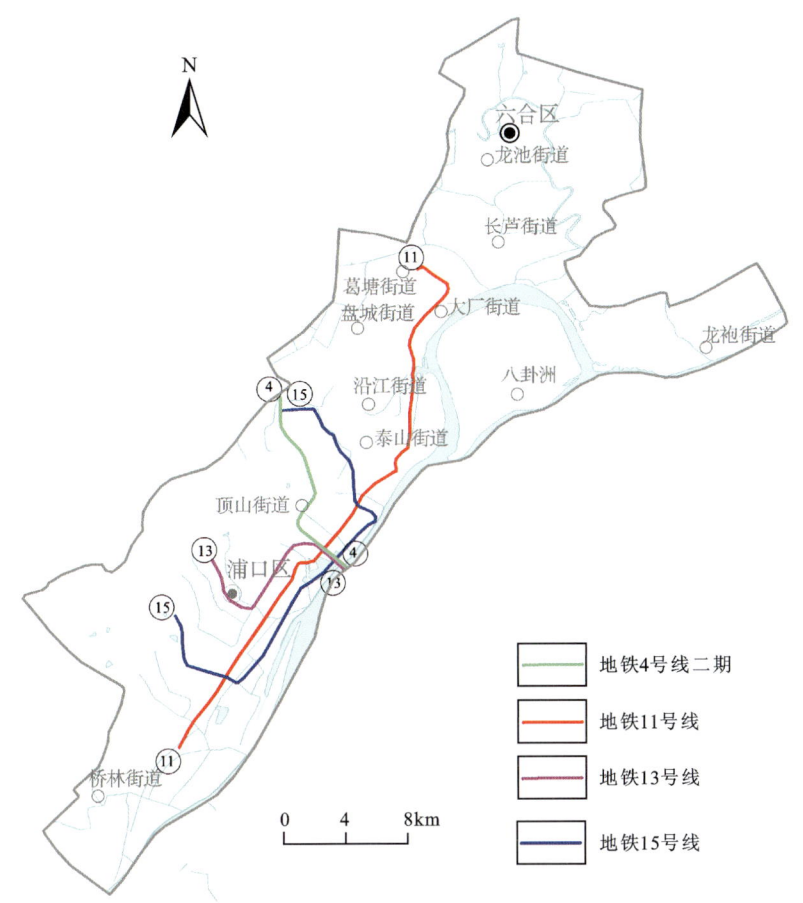

图 17-28 南京市江北新区规划地铁线路示意图

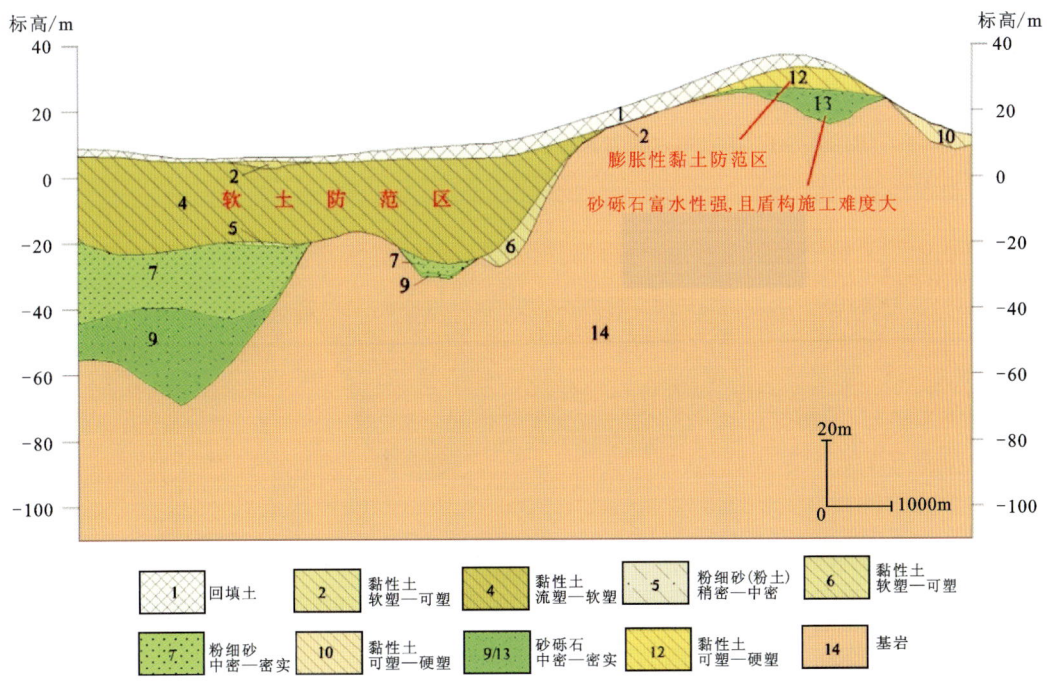

图 17-29 南京市江北新区地铁 4 号线二期工程地质结构剖面图

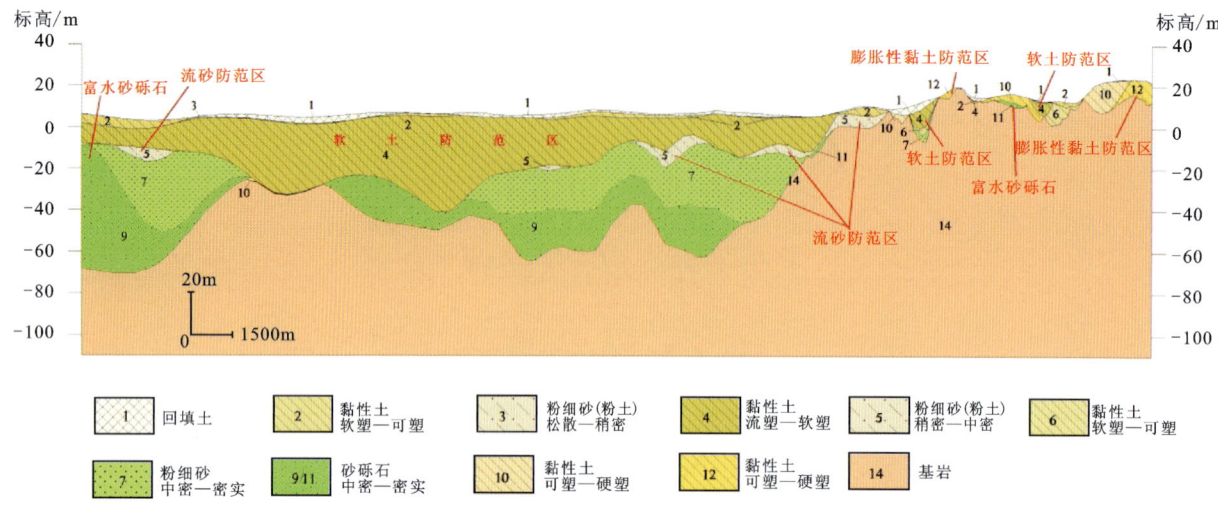

图 17-30　南京市江北新区地铁 11 号线工程地质结构剖面图

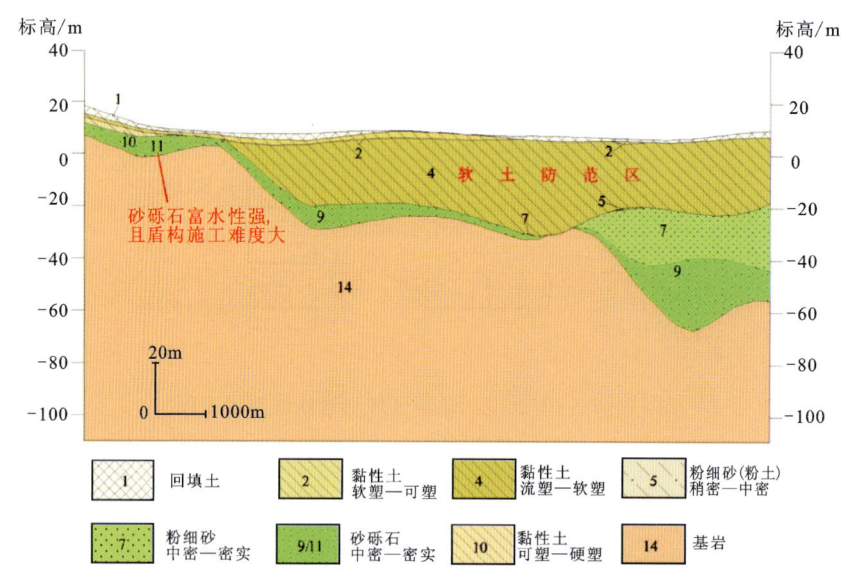

图 17-31　南京市江北新区地铁 13 号线工程地质结构剖面图

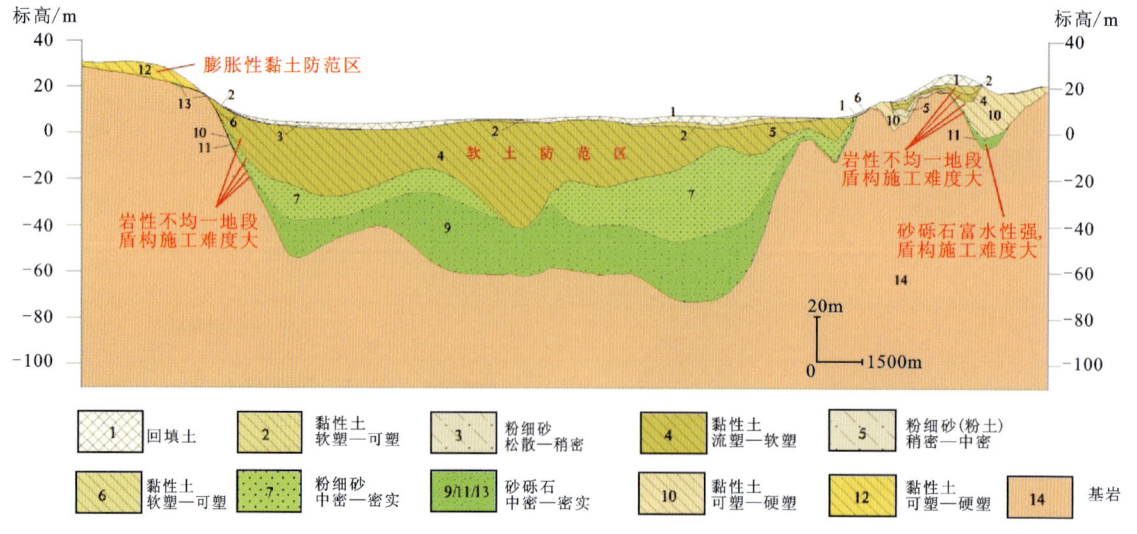

图 17-32　南京市江北新区地铁 15 号线工程地质结构剖面图

四、规划和燕路过江通道地质防范建议

通过可控源大地电磁测深、高密度电法、浅层地震等综合物探手段(图 17-33)及地质钻探(图 17-34),确定了规划建设的和燕路过江通道在八卦洲穿越当涂-八卦洲断裂(图 17-35),断裂走向北东向,需要引起关注。过江隧道穿越的地层主要为软土、粉细砂和砂砾石,地层普遍具有上软下硬、软硬不均、透水性强、施工难度大等特点。盾构机在穿越长江大堤时应防范大堤的不均匀沉降,以免对防洪构成威胁;盾构机掘进长江防洪大堤下的粉细砂层时,随着掘进施工对地层的扰动和地层的承压水作用,极可能引起管涌;隧道穿越的砂砾石层渗透系数大,隧道开挖时应防范突涌水。

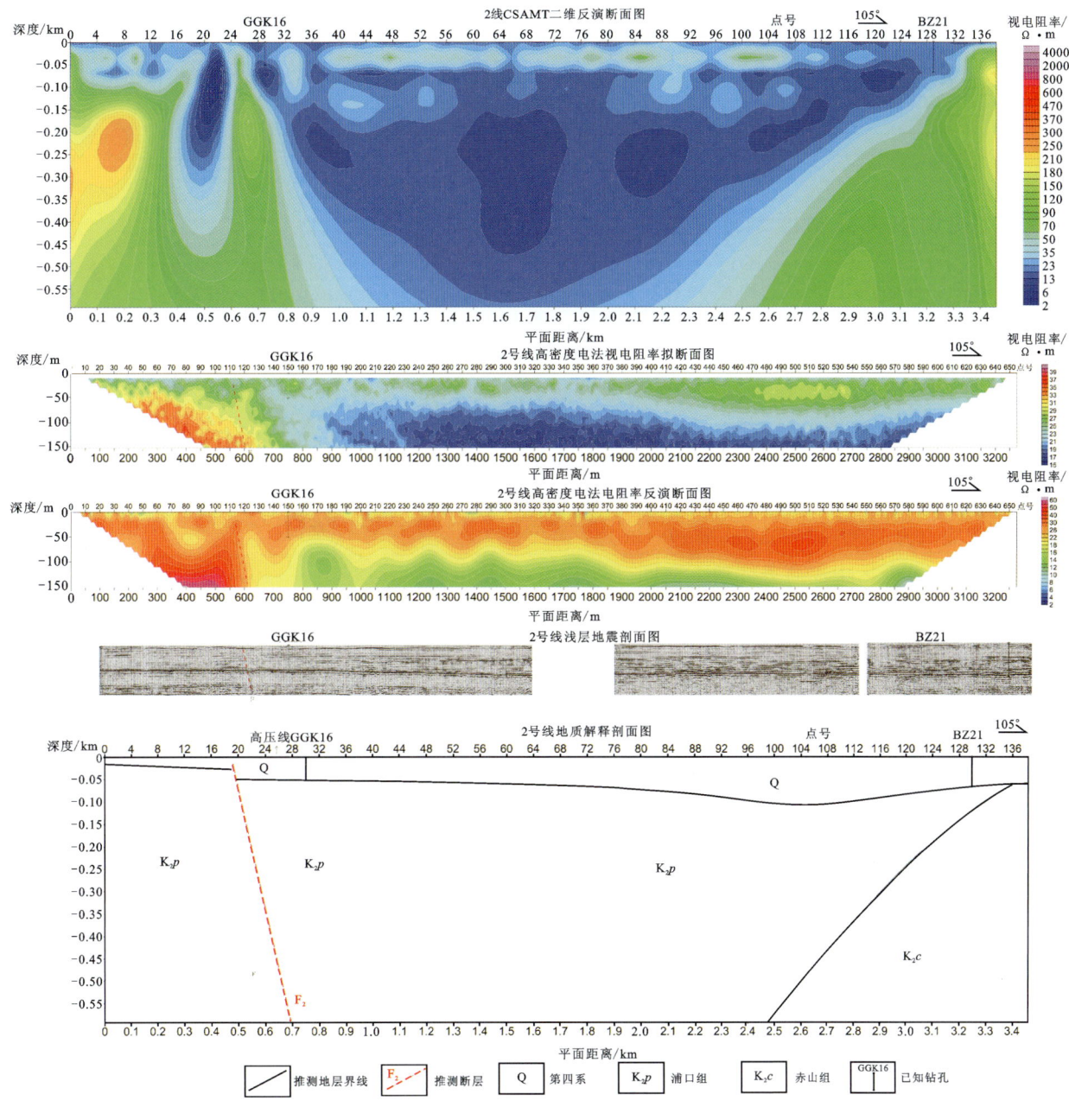

图 17-33 八卦洲 2 号线综合物探剖面图

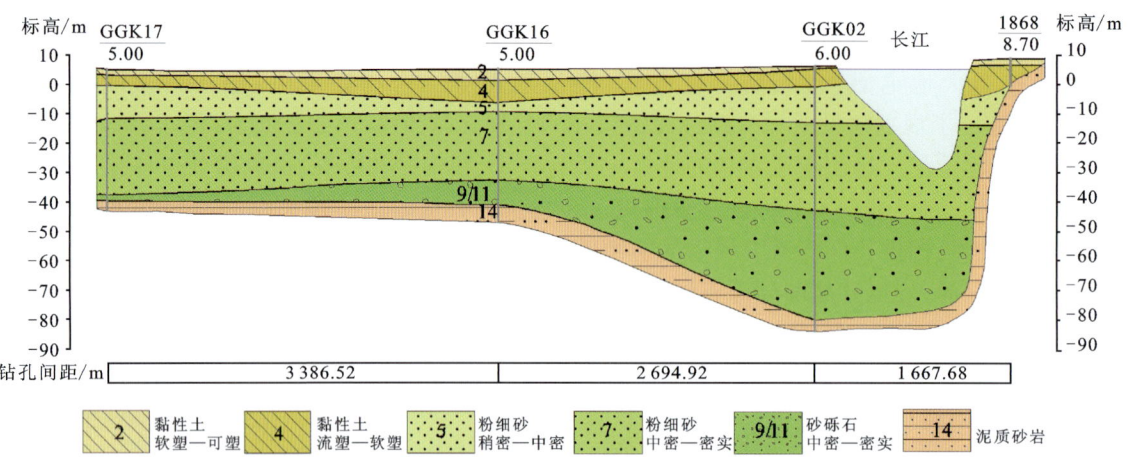

图 17-34　和燕路过江通道工程地质剖面图

五、规划中央商务区地质建议

南京市江北新区中央商务区建筑物持力层:建议选择中密—密实粉细砂作为中央商务区多层建筑物复合地基桩端持力层,该层平均深度为 25～40m,厚度为 5～20m,承载能力为 130～200kPa;建议选择砂砾石层作为中央商务区高层建筑物复合地基桩端持力层,该层平均深度为 40～50m,厚度为 5～30m,承载能力为 200～200kPa;建议选择中风化砂岩作为超高层建筑物复合地基桩端持力层,平均深度为 50～70m,承载能力为 1500～3500kPa(图 17-36)。

南京市江北新区中央商务区地下空间开发利用:南京市江北新区中央商务区地下空间开发的主要制约因素为软土层、黏性土与砂土互层、砂砾石层。软土层平均深度为 3～5m,厚度为 15～25m,该层具有高含水量、高压缩性、低强度、低渗透性等特点,隧道开挖时易产生超孔隙水压力使盾构管片承受较大浮力,且易引起地面不均匀沉降;黏性土与砂土互层平均深度为 15～25m,厚度为 10～20m,该层易使盾构

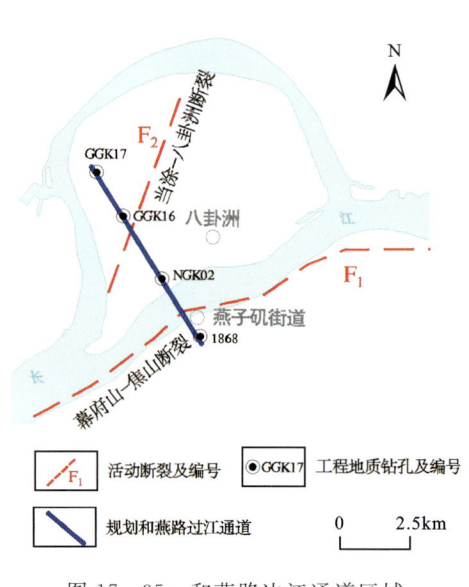

图 17-35　和燕路边江通道区域活动断裂展布图

刀片结泥饼;砂砾石层平均深度为 40～50m,厚度为 5～20m,该层石英含量高,盾构施工难度大,且涌水量极大,隧道开挖时应防范突涌水(图 17-37)。

六、生态环境保护和海绵城市建设建议

1. 海绵城市与综合地质环境条件

海绵城市建设规划中关键点是对城市的水文、气象、土壤、地质等特征进行调查分析,需要确定不同的建设重点与策略。其中,全面掌握区域内的综合地质环境条件是开展海绵城市建设前的基础。"渗、滞、蓄、净、用、排"实际上是降水入渗后的一系列水文循环过程。在天然地质环境中,地表、包气带、含水层的特性差异极大影响着这些过程。例如任勇翔等(2018)针对西安市湿陷性黄土的地质条件,建议建立连续渗透体系形成动态渗透,实现收集雨水的有效持续利用。此外,海绵城市的建设中也需要考虑工

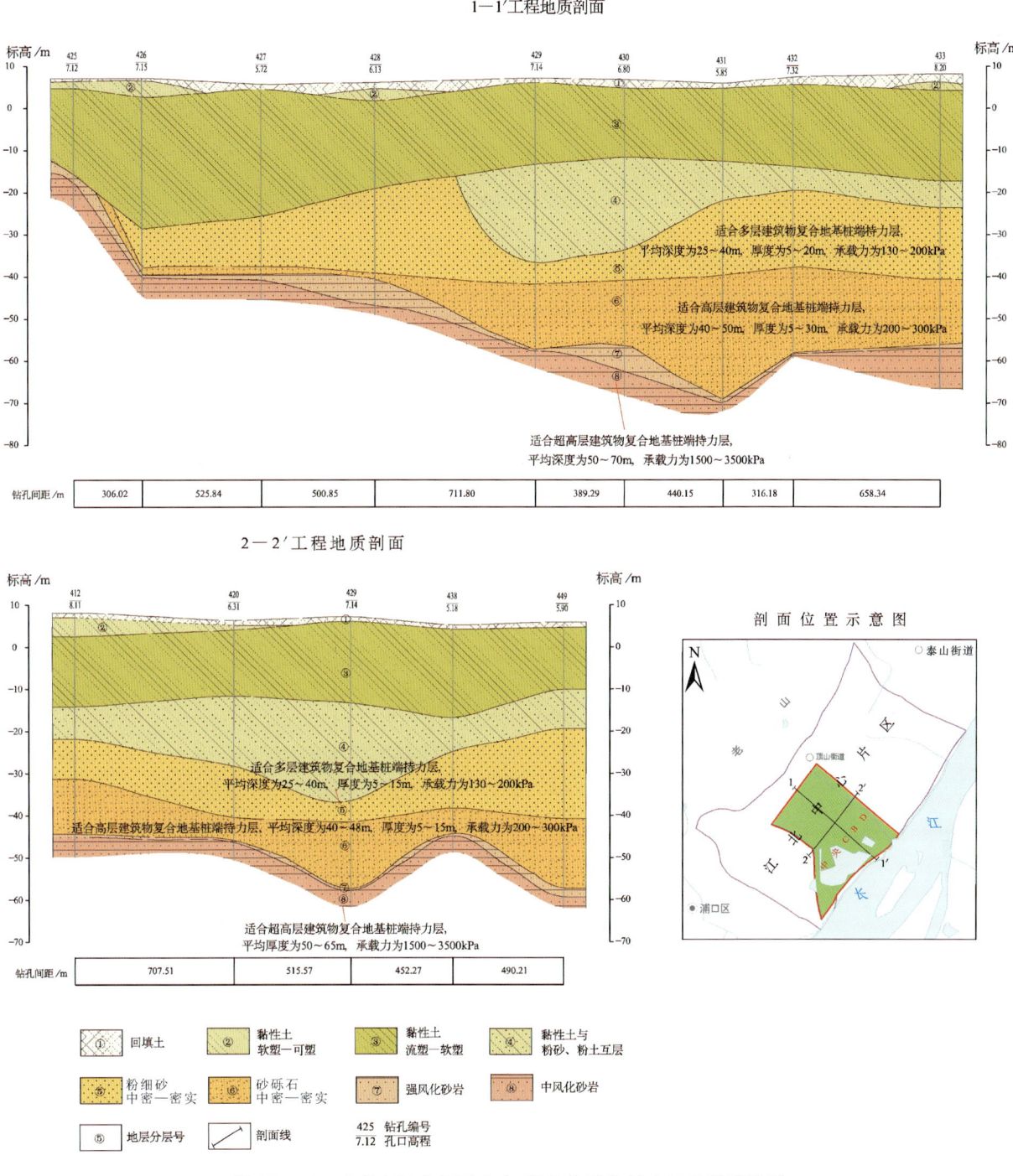

图17-36　南京市江北新区中央CBD建筑物持力层选择建议图

程建设与地质环境间复杂的互馈作用。因此,区域的综合地质调查成果实际上影响着海绵城市建设的规划、工程实施和运营管理的整个过程。

在综合地质环境中,包气带的渗透性能决定了地表降水进入地下储水空间的能力,包气带厚度决定了地下储水空间的大小,包气带黏土厚度则间接影响了包气带厚度和包气带渗透性能。而潜水含水层既是降水补给的直接承载体,又具有较强的吸水能力和给水能力,是典型的地下"海绵体"(城市硬化背景下潜水)。潜水的海绵效应受到含水层厚度、下渗率、排泄条件、地表植被覆盖率、人工开采、侧向补给以及与深部地下水的连通状况等因素制约。因此,需要在海绵城市的建设中因地制宜地考虑这些可变因素。

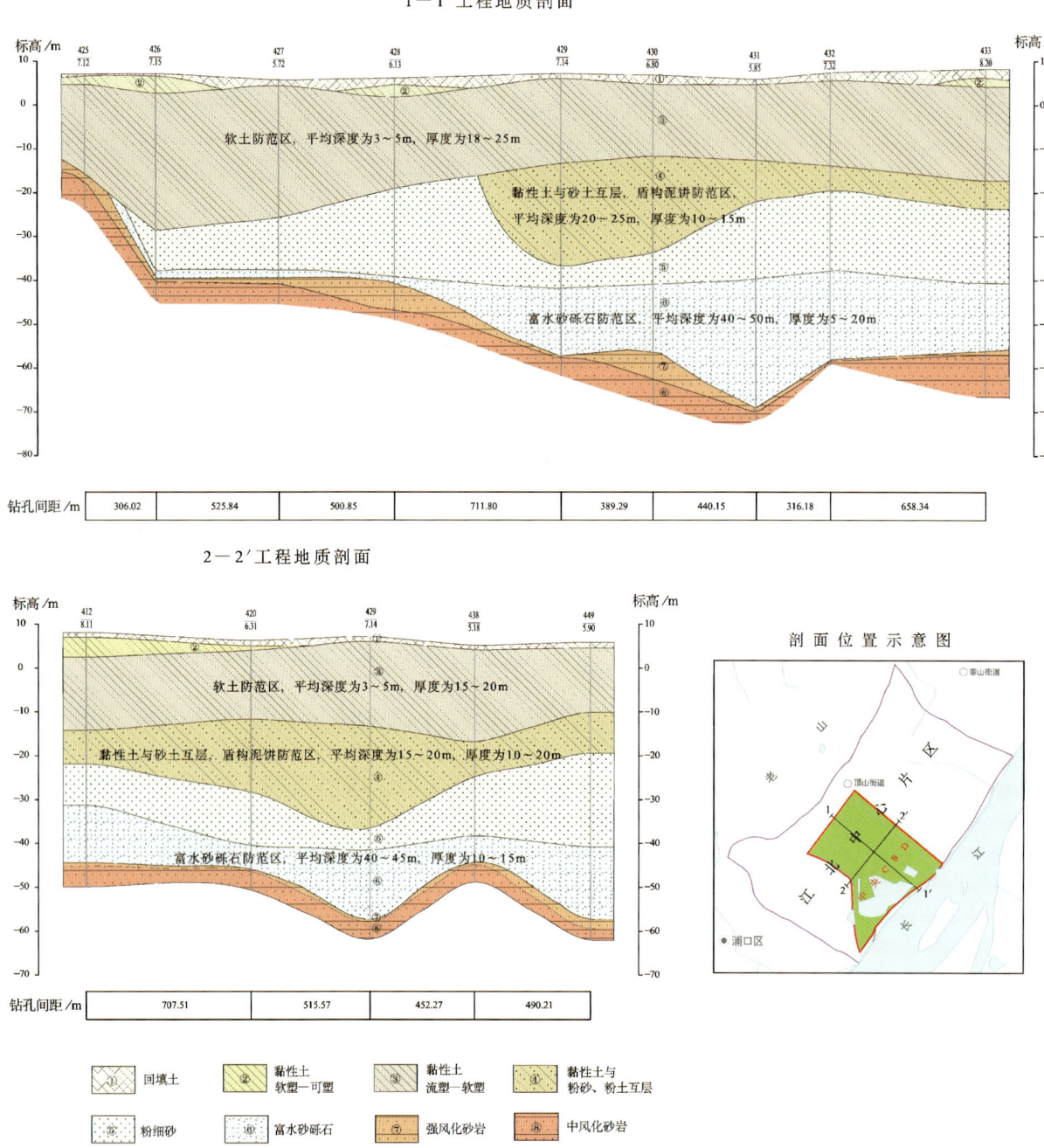

图17-37 南京市江北新区中央CBD地下空间开发利用地质建议图

2. 区域内海绵城市建设建议

此次调查区位于南京市辖区中部,涵盖了主城区、江北新区核心区、河西新城等众多人口密集区。区域内地貌类型复杂,丘陵、岗地、平原间错分布,不同的地质特征都极大影响着区域内海绵城市的建设规划。根据1980—2016年卫星遥感影像的解译结果,调查区内城镇建设面积增长迅猛,大量耕地被占用,土地利用结构发生了明显的改变,2016年调查区内有超过40%的不透水面积分布。此外,区域内在大厂、长芦、燕子矶等区域分布较多化工企业,周围区域的地表水、地下水现状较差,这些也需要进行考量。结合调查成果,提出以下几点建议。

(1) 推进城镇化发达区（如主城区、河西新城）内的不透水地表改造，包括：在道路边设立绿化带对雨水进行消纳，在非机动车道、人行道、停车场、广场、市民公园等扩大使用透水铺装，推行道路与广场雨水的收集、净化和利用，减轻市政排水系统的压力。

(2) 对区域内三大岗地区（秦淮河以西、老山周边、滁河古漫滩）开发较大面积的地表滞水、蓄水系统。该地区地下有较厚的下蜀组黄土层，黄土层渗透性较差，可较好地滞蓄水源，例如开挖人工蓄水池，建立周边的生态绿化带。

(3) 加大沿长江、滁河、秦淮河区域内人工湿地的建设。这些区域位于漫滩区，地下水与地表水之间的水力联系紧密，地下水埋深较浅，地表渗透性较好，适宜建设人工湿地，消纳自身雨水，并为蓄滞周边区域雨水提供空间。

(4) 沿江化工区地表采取"滞、净、用、排"策略，避免大量雨水补给区域地下水。这些区域的地下水水质较差，地表存在不少的污染源，雨水的补给反而加剧区域地下水的污染，对部分雨水进行滞留、净化后使用，多余的雨水通过地下管网迅速排出。

综合前期调查资料、区域水文地质特征（补、径、排条件、防污性能等）及产业布局等因素，将区域（涵盖江北新区核心区）划分为5类海绵城市规划建设建议区，分别是生态保护建议区，人工湿地建设建议区，地表滞水、蓄水系统建设建议区，透水铺装改造建议区以及地下水污染防护建议区，如图17-38所示。

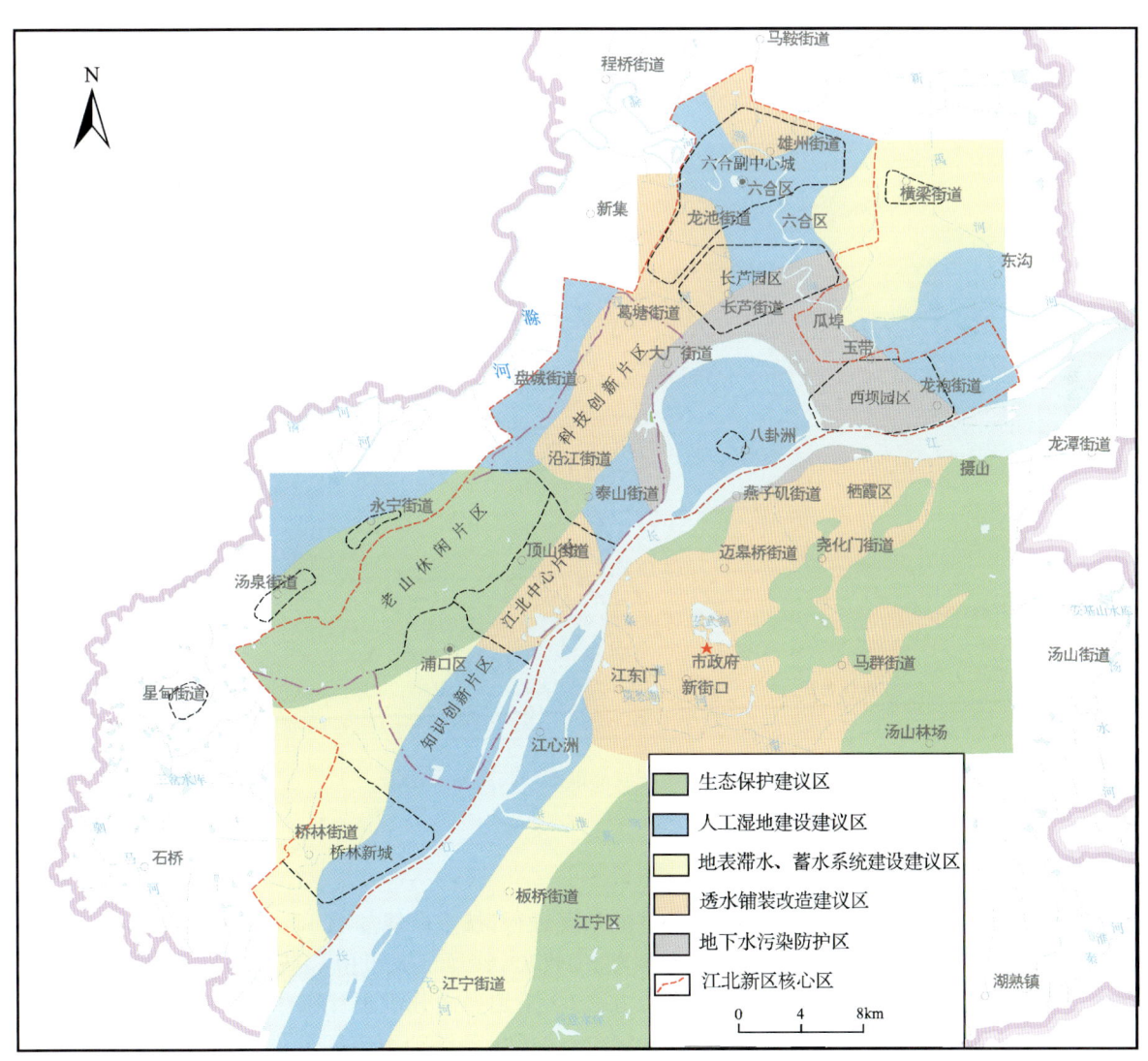

图17-38　区域海绵城市规划建设建议分区图

第五节　宁波都市圈重点规划区

本次基本查明了宁波都市圈重点规划区地质环境条件和重大地质问题，结合宁波中心城区地下空间开发利用的规划现状与规划，分析了宁波市表层填土、软土、微承压水、承压水等相关地质体在空间上的分布情况，以及突涌、流沙、地层均匀性等相关问题的影响程度；评价了0～15m（浅层）、15～30m（中层）和30～60m（次深层）3个层次地下空间开发利用的地质环境适宜性，指出地下空间开发利用过程中可能遇到的问题，提出了相应的防控措施；针对宁波轨道交通一般穿越地下10～30m地下空间，分析了该开发利用深度下的主要制约因素，根据每条轨道线路所穿越的地层情况，按照不同线站类型，分析其地质环境条件，指出了轨道交通规划、建设以及运营当中可能遇到的主要环境地质问题，提出了相应的防控措施；根据地下空间开发利用中可能存在的主要环境地质问题和评价结果，编制了地下空间开发利用适宜性评价的系列应用性图件。

一、服务宁波都市圈城镇化建设，开展了地下空间适宜性评价

根据宁波市地下空间开发利用专项规划，未来宁波市地下空间开发利用主要位于中心城区，故研究的平面范围为宁波绕城高速以内的宁波中心城区范围，涉及江北区、海曙区、鄞州区、北仑区、镇海区5个行政区（图17-39），总面积约496.8km²。

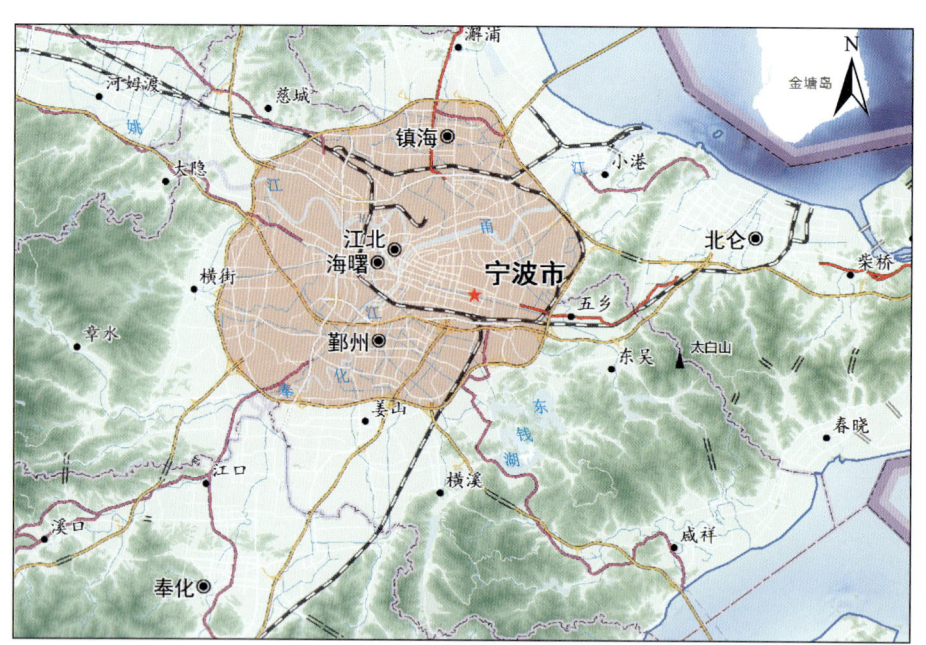

图17-39　宁波都市圈行政区划示意图

1. 研究内容与技术路线

适宜性评价主要从地下空间地质环境条件的角度进行，技术路线如图17-40。

地下空间开发利用适宜性评价的研究内容为：①收集、整理宁波市中心城区第四系钻孔层位资料，建立地下空间开发利用的地质环境适宜性评价方法；②采用层次分析法及综合指数法，对浅层、中层、深层分别进行地下空间开发利用地质环境适宜性评价；③提出各层地下空间开发利用过程中应注意的地质问题及防范建议；④提出轨道交通开发利用过程中应注意的地质问题及防范建议。

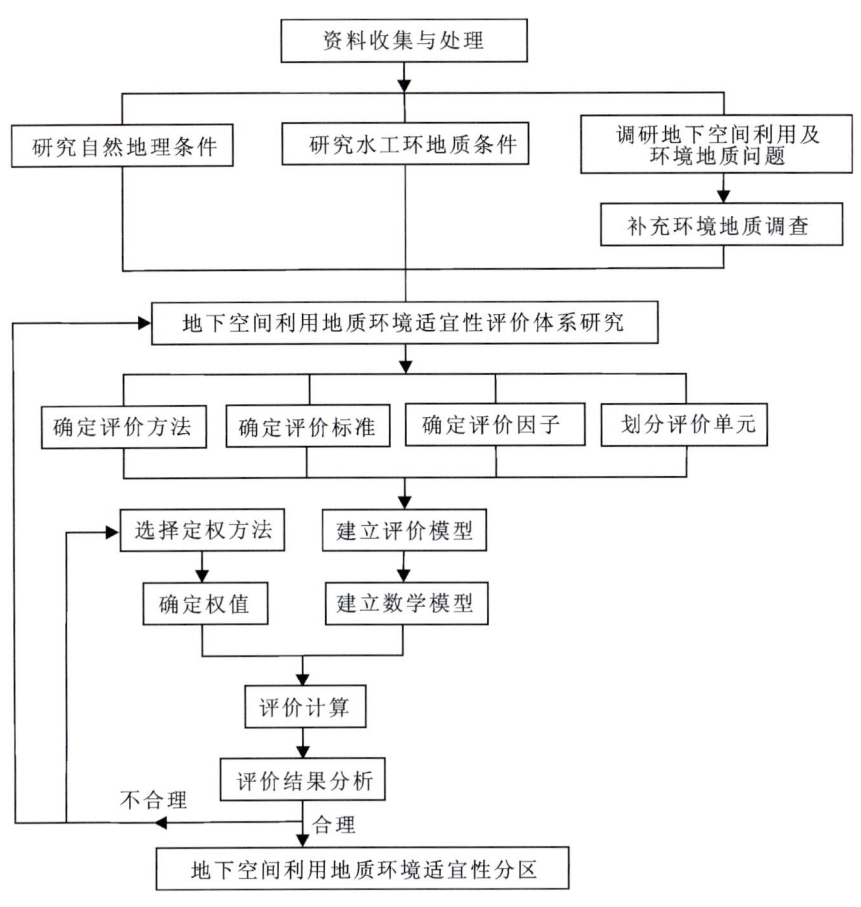

图 17-40　研究技术路线图

2. 地下空间开发地质环境适宜性评价

1）地质环境适宜性评价方法

评价指标选取：评价指标的选取应遵循"系统科学性、层次性、突显性、降低冗余度、定性与定量指标相结合、可操作性"等原则，将评价指标体系作为一个有机整体，从不同的角度反映所评价各子系统的主要特征和状况；根据评价的复杂性和目的性，指标体系应分解为若干层次结构，突出显现地下空间开发利用中的主要环境地质问题；在强调指标间有机联系的同时，避免元素之间的交叉与重复，降低信息的冗余度；做好定性和定量评价指标的合理结合，尽量选择概括性强、代表信息量大、易获取数据的指标。

根据国内外经验，地下空间开发利用地质环境适宜性评价指标主要从地形地貌、地质构造、水文地质条件、工程地质条件等方面进行选取。结合研究区地质环境条件，选取其中对地下工程影响较大的因子作为评价指标，即一级指标分为水文地质条件、工程地质条件和不良地质作用3个方面，水文地质条件包括含水层厚度和顶板埋深2个二级指标，工程地质条件包括软土厚度、土质均匀性、地层组合复杂程度和填土厚度4个二级指标，不良地质作用浅层气与液化层厚度、地面沉降危险性2个二级指标。

指标量化分级与权重确定：根据选定评价的一级、二级指标，按层次分析法来确定权重，分层分级定出各评价指标的量化分级与权重。

2）分层分级评价结果

在GIS系统中通过多要素空间分析，根据上述评价方法分别进行浅层、中层及次深层地下空间地质环境适宜性评价，评价单元数分别为2702个、5354个及2495个（图17-41），各层适宜性分区面积见表17-4，计算及调整后的分区结果如图17-42~图17-44所示。

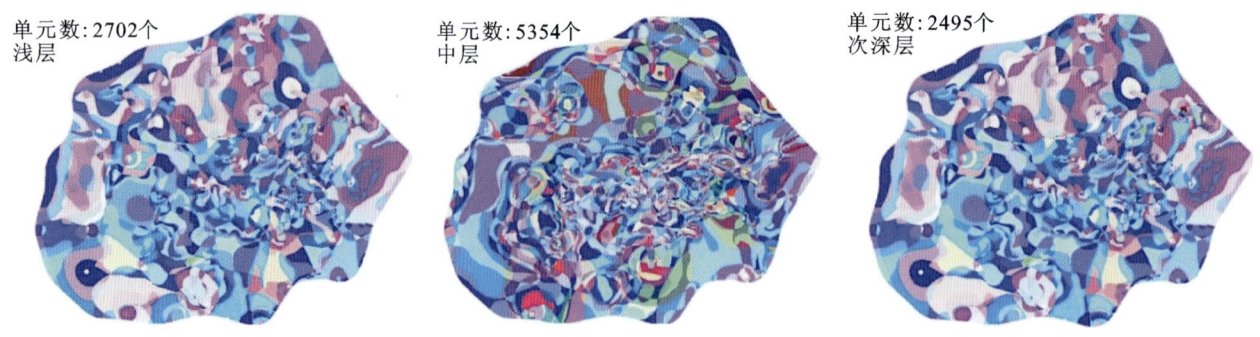

图 17-41 宁波都市圈地下空间地质环境适宜性评价 GIS 空间分析单元

表 17-4 宁波都市圈地下空间地质环境适宜性评价分区面积统计一览表   单位:km²

地下空间	适宜性较好	适宜性较差	适宜性差
浅层(15m 以浅)	247.2	221.7	27.9
中层(15~30m)	20.3	386.5	90.0
次深层(30~60m)	16.3	316.7	163.8

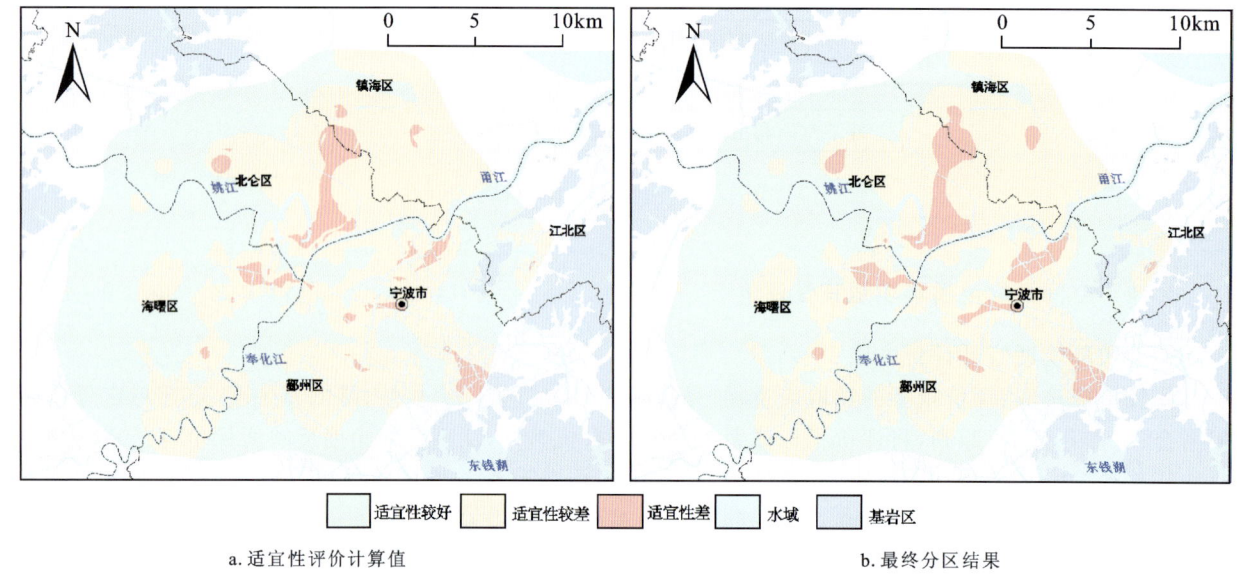

a. 适宜性评价计算值　　　　　　　　　　　　b. 最终分区结果

图 17-42 宁波都市圈浅层(0~15m)地下空间地质环境适宜性评价计算值及最终分区结果图

3. 分层评价

1) 浅层地下空间地质环境适宜性评价

浅层地下空间地质环境条件显著特点是:①以软土分布区为主,普遍厚度大,局部软土层稍薄;②含水层主要为浅部微承压含水层,且存在浅层气及液化可能;③局部受下部第Ⅰ承压含水层影响,但影响较小。

层内主要地质问题包括:①软土变形与稳定性问题;②全新统冲海积砂、粉性土引发的液化及浅层气溢出,基坑突涌及流沙,降水引发地面沉降问题;③不均匀地层引发的不均匀沉降及盾构偏移问题。

浅层地下空间地质环境适宜性以较好及较差为主,适宜性较好的面积占 49.76%,适宜性较差的面积占 44.62%,适宜性差的面积仅占 5.62%。

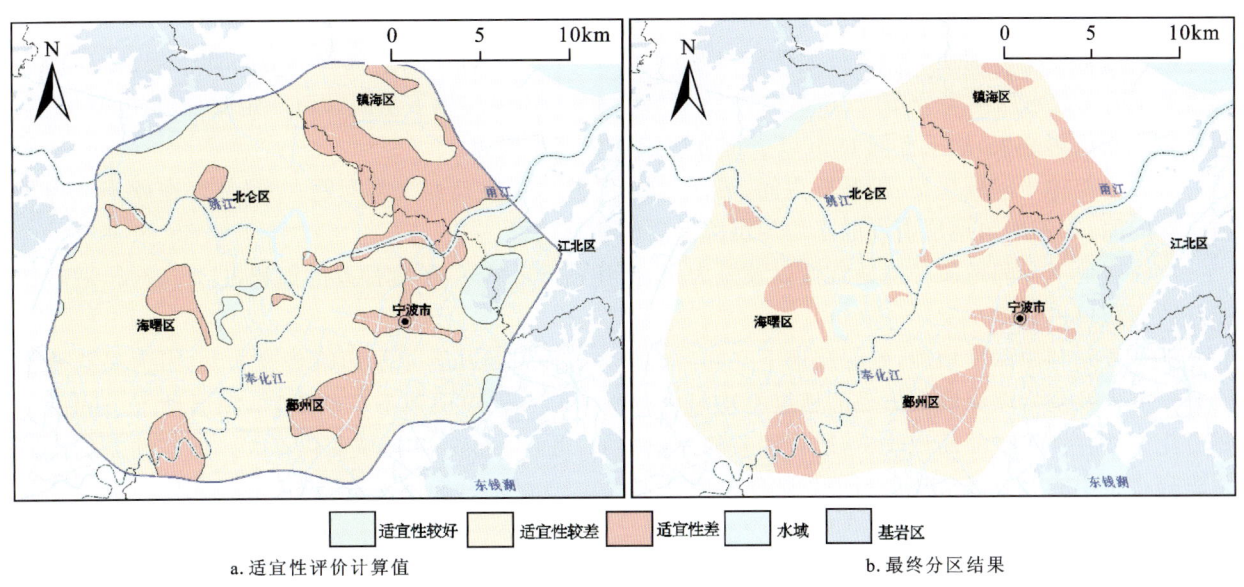

图 17-43　宁波都市圈中层(15~30m)地下空间地质环境适宜性评价计算值及最终分区结果图

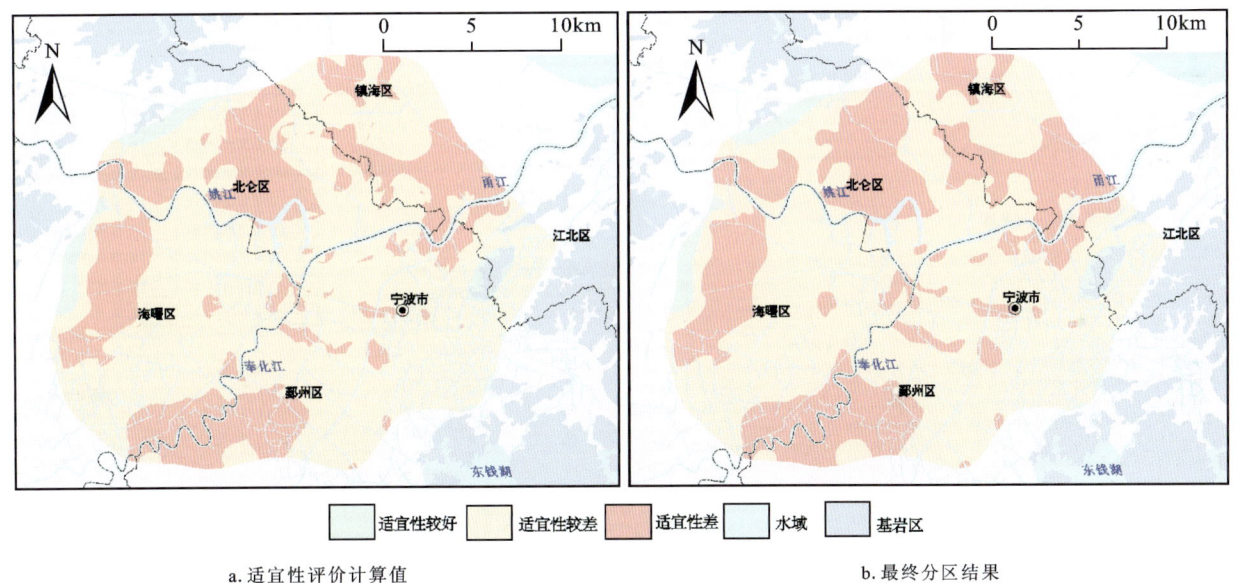

图 17-44　宁波都市圈次深层(30~60m)地下空间地质环境适宜性评价计算值及最终分区结果图

2) 中层地下空间地质环境适宜性评价

中层地下空间地质环境条件显著特点是：①软土、硬土层分布区；②含水层主要为浅部微承压含水层,且存在浅层气及液化可能；③受下部第Ⅰ、Ⅱ承压含水层影响为较大—大。

层内主要地质问题包括：①软土变形与稳定性问题；②全新统冲海积砂、粉性土引发的液化及浅层气溢出,基坑突涌及流砂,降水引发地面沉降问题；③不均匀地层引发的不均匀沉降及盾构偏移问题。

中层地下空间地质环境适宜性以较差为主,面积占77.80%,适宜性差的面积占18.11%,适宜性较好的面积仅占4.09%。

随着开发利用深度增加,到中层地下空间后受下部承压含水层影响迅速变大,软硬地层过渡导致地层不均匀及流砂等问题都有所加剧。因此,较浅层地下空间而言,中层地下空间适宜性较好的区域急剧较少,适宜性较差、差的区域面积则分别增加了74.11%和222.58%。

3) 次深层地下空间地质环境适宜性评价

次深层地下空间地质环境条件显著特点是：①以硬土层为主，空间上部局部分布软土层；②层内为区内第Ⅰ承压含水层主要分布区，顶部10m一般为隔水层，为中层地下空间预留一定安全值；③受第Ⅰ、Ⅱ承压含水层影响大，地下空间60m以下部分区域基岩开始揭露。

层内主要地质问题包括：①基坑突涌、流沙（管涌）、降水引发地面沉降问题；②局部存在软土变形与稳定性问题；③不均匀地层引发的不均匀沉降及盾构偏移问题。

次深层地下空间地质环境适宜性以较差为主，面积占63.75%，适宜性差的面积占32.97%，适宜性较好的面积仅占3.28%。

随着开发利用深度增加，到深层地下空间后受层内及下部承压含水层影响普遍为大，因为局部软土层总厚度大及基岩埋深浅而出现的地层不均匀也有所加剧。较中层地下空间而言，深层地下空间的主要变化为适宜性较差的面积较少，适宜性差的面积增加，适宜性较好的区域变化不大。适宜性差的区域主要分布于中心城区以三江口为中心区的外围。

4. 轨道交通地下空间开发利用地质环境适宜性评价

宁波市中心城区轨道交通主要利用30m以上的浅层、中层地下空间。浅层及中层地下空间的主要地质问题相近，取浅层、中层适宜性评价结果中差值作为中心城区轨道交通地下空间开发利用地质环境适宜性综合评价结果（图17-45）。

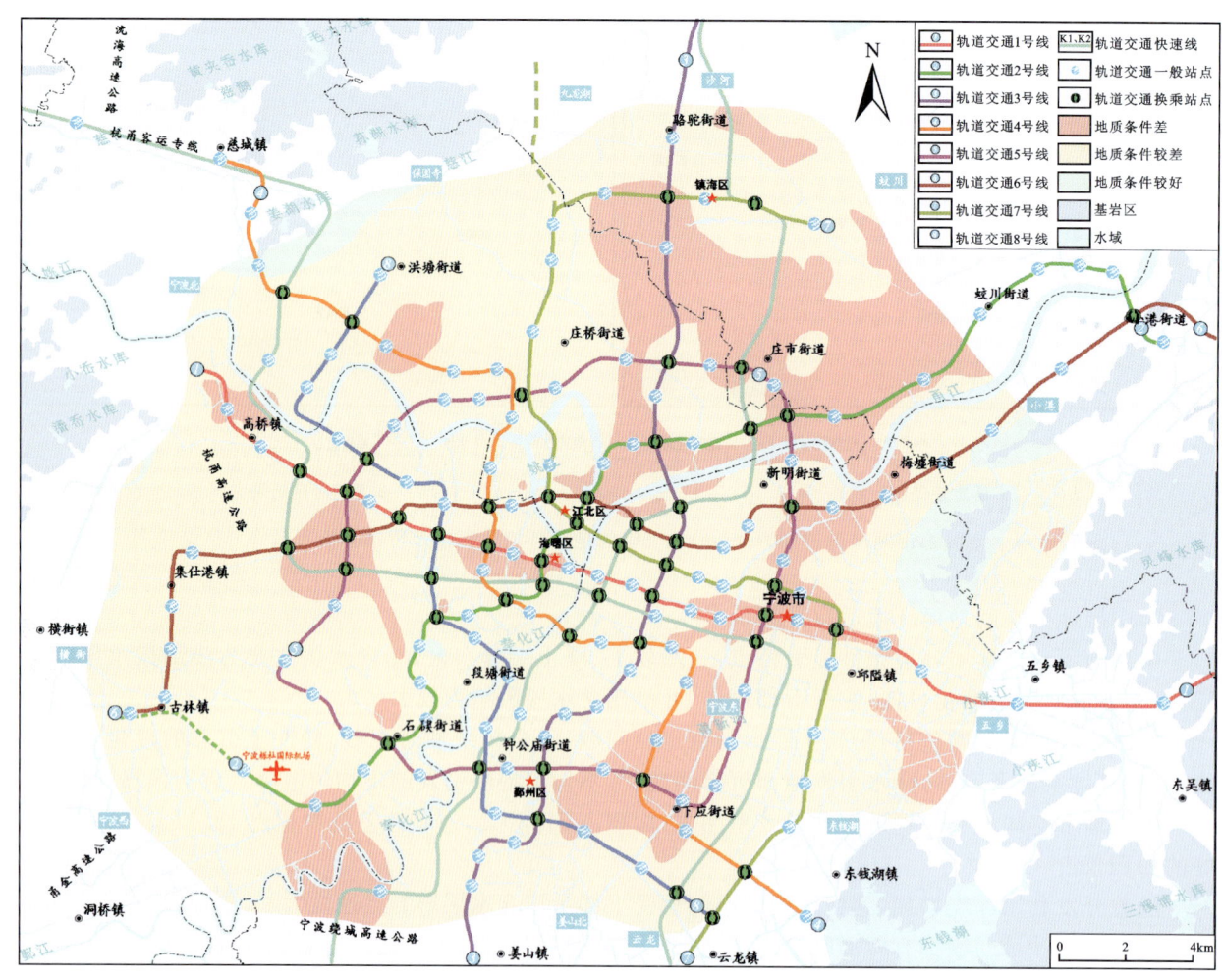

图17-45 宁波都市圈轨道交通沿线30m以浅地下空间地质环境适宜性分区图

中心城区30m以浅地下空间主要地质问题包括：①软土变形与稳定性问题；②全新统冲海积砂、粉性土引发的液化及浅层气溢出，基坑突涌及流沙，降水引发地面沉降问题；③不均匀地层引发的不均匀沉降及盾构偏移问题。

由图17-45可知，中心城区轨道交通沿线30m以上地下空间开发利用地质环境适宜性总体以较差及差为主。其中，适宜性较差的线段累计长度约238km；适宜性较好的线段较少，仅2.7km；地质环境适宜性差的线段共84.5km。适宜性差区段如表17-5所示。

表17-5　宁波都市圈轨道交通沿线30m以浅地下空间地质环境适宜性差区段一览表

轨道交通编号	线站	累计长度/km
1	石路头车站—高桥西站、泽民站—江夏桥东站、福明路站—东环南路站	12.8
2	栎社站—鄞州大道站、城隍庙站—鼓楼站、正大路站—孔浦站、路林站—清水浦站	12.7
3	中兴大桥南站—宝成路站、外漕村站—镇海大道站	5.9
4	金达南路站—矮柳站、柳西站—翠柏里站、洪大路站—洪塘中路	8.4
5	鄞州区政府—大洋江站、柳隘站—海晏北路站、民安东路站—院士路站、盎孟港站—人民北路站、芦港站—环城南路站	15.8
6	高桥南站—望春桥站、大闸南站—甬江南站、院士路站—梅墟路站	7.9
7	百丈东路站—民安东路站、九龙大道站—东邑路站	8
8	泽民站、南部商务区站—宣荫路站	1.5
K1	鄞州工业园西站—甬山路站、中兴大桥南站—镇海新城站	7.9
K2	柳隘站—中兴路站、城隍庙站、丽园北路站—高桥南站	3.6
合计		84.5

注：①1~5号线为建成站或在建站，其余为规划中线站；②1~5号线中标下划线的为地面/高架站。

在轨道交通施工及前期工作中应重视区内重要地质问题，尤其是在适宜性差区工程措施不当可能造成安全事故或轨道沿线地面、临近建（构）筑物变形加剧，对轨道交通及沿线建（构）筑物的使用构成隐患。如适宜性差区内1号线大卿桥站—西门口站在施工过程中曾出现变形加剧现象。

5. 地下空间开发利用对地质环境的影响及防范建议

宁波市处于滨海平原区，第四系松散覆盖层厚度大，分布有多个承压含水层，浅部土层以灰色海相沉积软土为主，地面沉降较发育，地质环境条件较复杂。

复杂的地质环境条件影响和制约着地下空间的开发利用。同时，地下空间开发对地质环境的改变亦可能产生环境地质问题，影响地下工程施工及正常运营。因此，在该地区进行地下空间开发需综合考虑地下空间利用的环境地质影响，以"在开发中保护和在保护中开发"为原则，对地下空间开发利用过程中可能引发的地质环境问题进行防治，实现人地协调可持续发展。

6. 地下空间开发利用对地质环境的影响

地下空间开发对地质环境的影响主要集中在地下工程施工过程中。地下工程施工会引起地层移动而导致不同程度的沉降和位移。由于施工技术及周围环境和岩土介质的复杂性，即使采用最先进的施工方法，由施工引起的地层移动也是不可能完全消除的。当地层移动和地表变形超过一定的限度时就会造成地面沉陷、基坑坍塌、隧道破坏、周边建筑物损害、地下管线损害等事故，从而影响相关构筑物的正常使用和安全运营。

二、建立宁波咸祥平原含水层结构和基岩起伏三维结构模型,查明淡水含水层、断裂分布和咸淡水界面等

本次建立了宁波市咸祥平原水文地质和基岩起伏三维结构模型(图17-46、图17-47)。咸祥平原分布两层承压含水层,第Ⅰ承压含水层岩性主要为砂土、含黏性土砂砾石、中粗砂,第Ⅱ承压含水层岩性主要为含砂砾黏土、含黏性土砂砾石。高密度电法揭示了咸祥平原地区第Ⅰ承压含水层以咸水为主,第Ⅱ承压含水层中存在淡水体。后续拟将进一步开展水文地质钻探与抽水试验,论证应急后备水源地建设的可行性,评估可提供的应急供水淡水资源量(图17-48)。

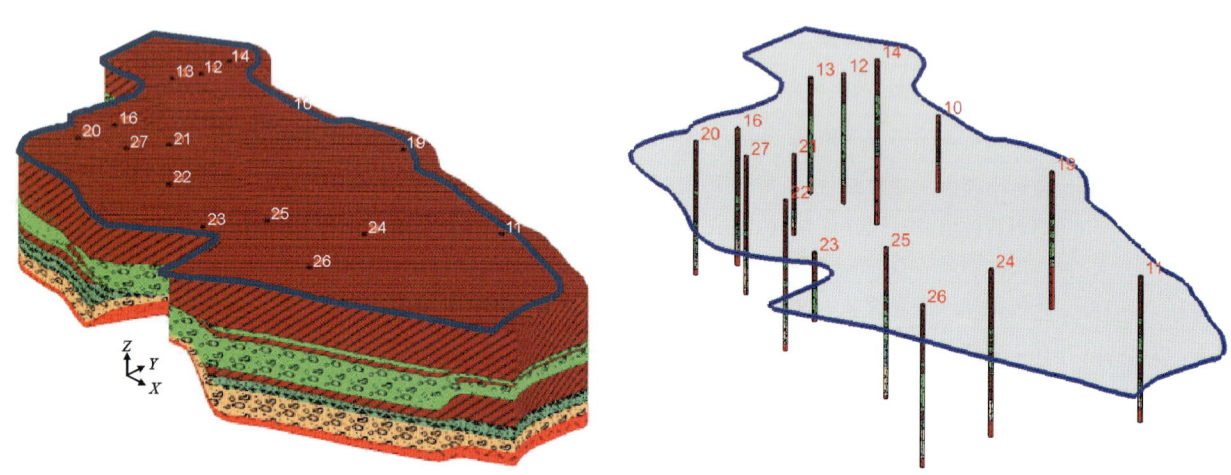

图17-46 宁波市咸祥平原三维水文地质结构示意图

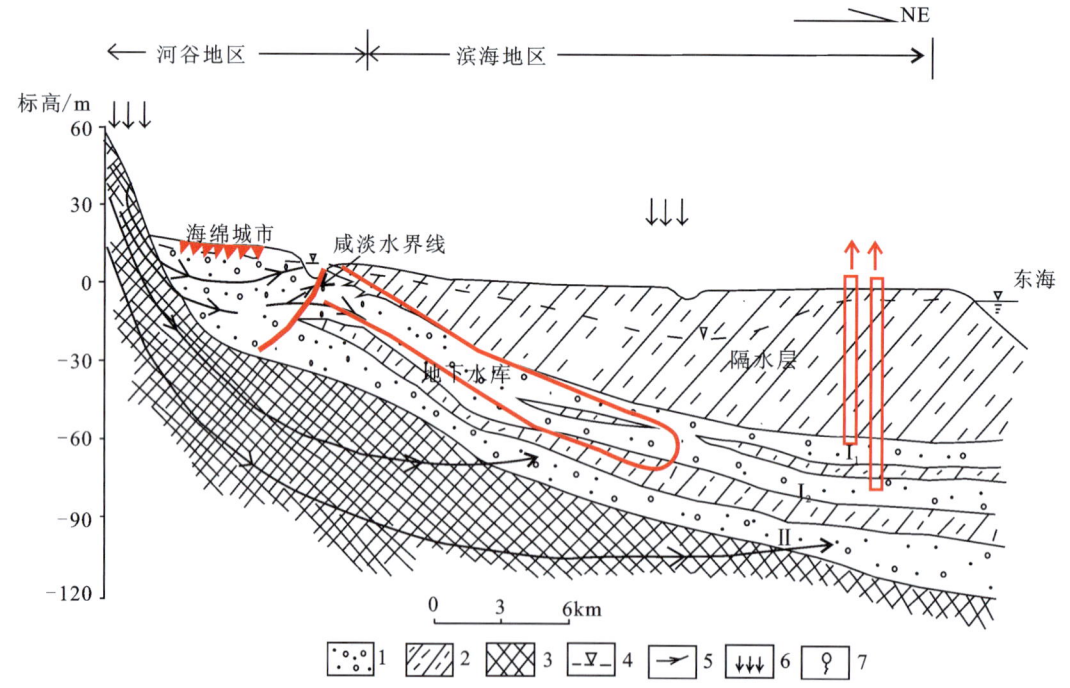

图17-47 宁波市海绵城市和地下水库(应急后备地下水源地)建设

1.砂砾含水层;2.黏土隔水层;3.基岩裂隙含水层;4.地下水水位;5.概化地下水流线;6.大气降水补给;7.基岩下降泉

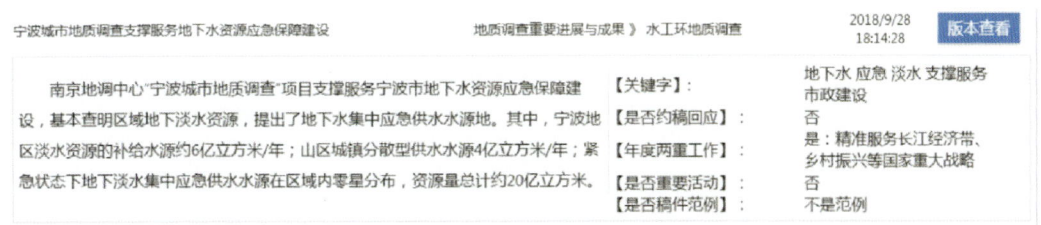

图 17-48　2018 年宁波市城市地段调查成果进展报送了局内要情

在宁波重点开发区中梅山产业集聚区内开展的高密度电法测量结果揭示了担峙村存在一条断裂。在该测量剖面上，200m 左右电性层横向不连续，电性层错断，200m 向大点号视电阻率值急剧减小，断裂错段较为明显，地表基岩山体形态的错位特征进一步佐证了该结果。根据现场调查结果，判断断裂带附近存在淡水资源（图 17-49）。

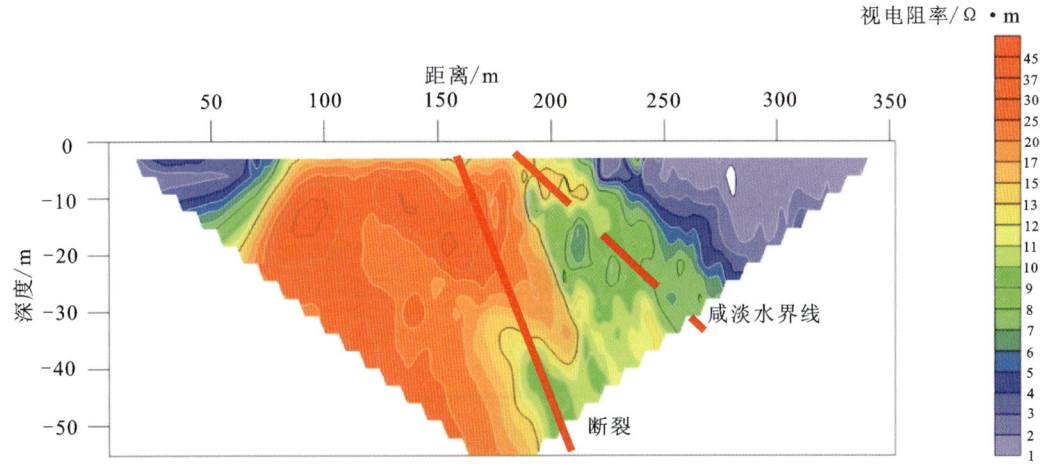

图 17-49　宁波市梅山产业集聚区高密度电法测量结

第六节　上海市重点规划区

本次基本查明上海市重要城镇规划区的地质环境条件和重大地质问题，查明了宝山区、闵行区的土壤元素分布特征，对土壤环境质量进行了专项和综合评价；开展了沿江沿海重大工程建设地质适宜性评价、中心城区地下空间开发和安全利用调查研究、沿江沿海新近成陆区地面沉降研究和城市更新区土地质量调查评价方法技术等研究工作，并提出对策建议，为后工业化城市转型升级环境调查评价工作提供了借鉴。

1. 基本查明沿江沿海新近成陆地区地面沉降现状

海堤地面沉降监测结果表明，上海东部、浦东机场以南岸段海堤沉降情况最为严重，最大累计沉降达 391.1mm，其次为上海南部金山区—奉贤区岸段与宝山区北部，最大累计沉降为 196.6mm，宝山区除最北侧少数岸段外沉降较少（图 17-50）。通过海量钻孔分析，预测了典型地区吹填土区 2016 年初至 2040 年地面沉降与时间关系的特征（图 17-51）。

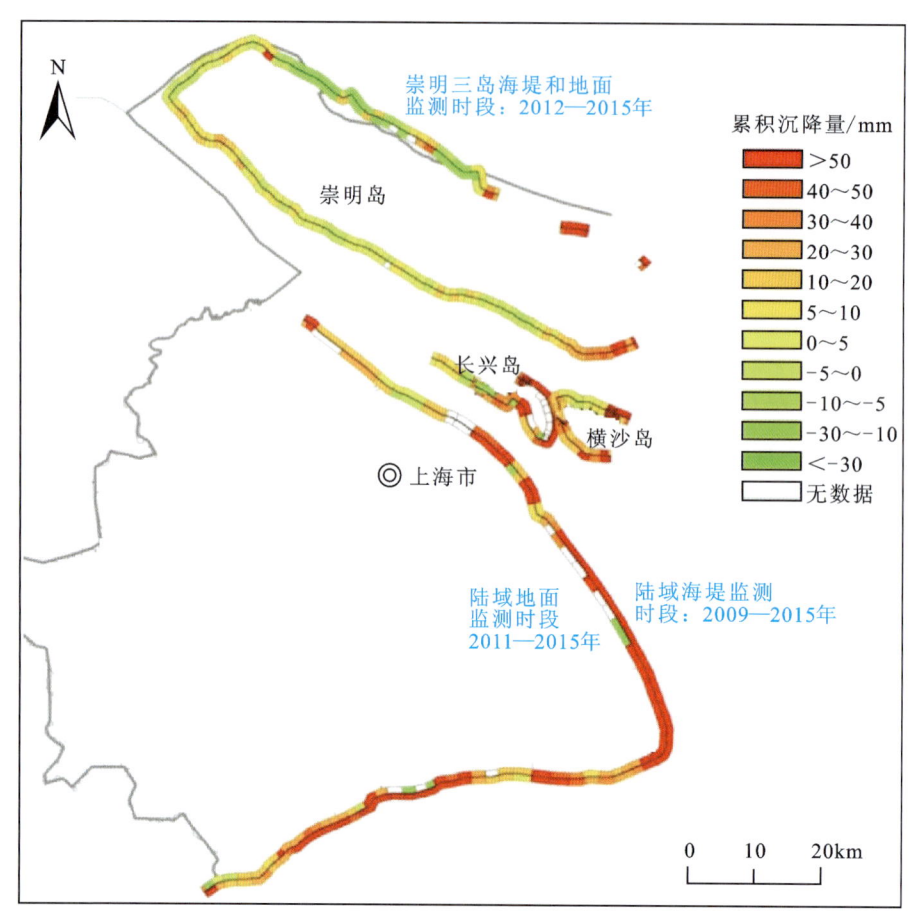

图 17-50　2009—2015 年上海海堤和地面累积沉降特征
注：岸线靠陆一侧代表地面沉降，靠海一侧为海堤沉降

2. 基本查明宝山区、闵行区土壤元素分布特征，对土壤环境质量进行了评价

本次基本查明了宝山区、闵行区土壤元素的分布特征，对土壤环境质量进行了评价。其中，宝山区表层土壤金属综合环境评价见图 17-52，具体结果如下。

（1）编制了 33 种元素的土壤地球化学图件，包括养分元素丰缺程度评价图、重金属元素环境质量评价图、土地质量地球化学评价图等图件，全面展示了工作区表层土壤中众多元素指标的含量分布情况。

（2）依据《土地质量地球化学评价规范》(DZ/T 0295—2016)，对宝山区、闵行区农用地开展了土地质量地球化学评价工作，建立了以土地图斑为底图的农用地环境质量信息，为工作区农用地环境质量保护管理提供了基础数据。

（3）利用宝山区、闵行区历年土壤有机污染物数据，结合其土地利用类型开展土壤环境质量评价，对其中的土壤超标点开展基于人体健康安全的风险评估，并给出了土壤风险控制值。

（4）对比了宝山区、闵行区历年土地质量调查监测数据，通过地质、空间、时间 3 种不同维度，获得了表层土壤空间变化的主要影响因素，并通过主成分分析的统计方法，结合采样点采样记录信息，获得了表层土壤重金属污染的主要因素。

（5）以宝山区吴淞工业区为试点，利用本次建立的控制性详细规划适宜性评价方法开展了应用示范。结合区域地块土壤环境质量调查评价工作及其实际情况与转型定位，给出了土地安全利用建议。

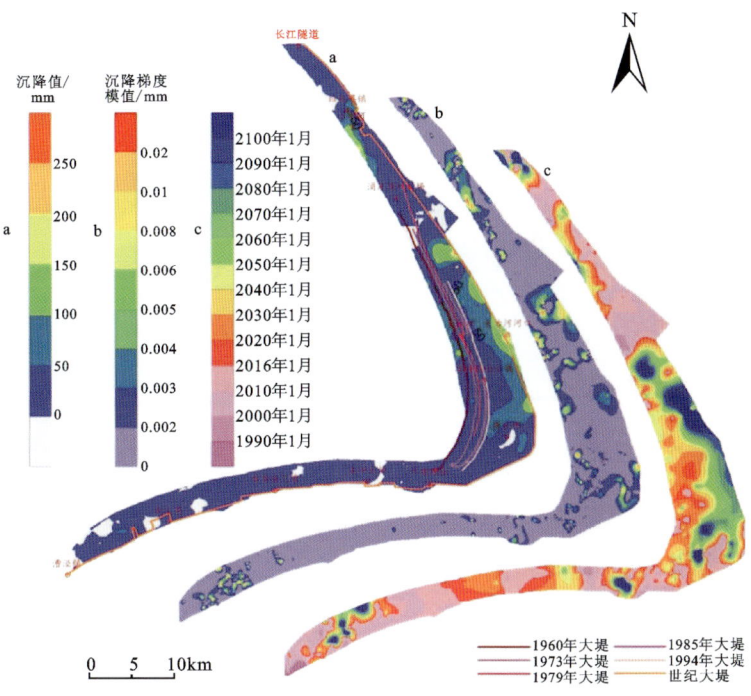

图 17-51 上海市吹填土区地面沉降与时间关系图

a.研究区土层 2016 年初至 2040 年底沉降值空间分布图；b.研究区 2016 年初至 2040 年底期间地面沉降梯度模值空间分布图；c.研究区土层总体固结度达 0.99 的时间节点空间分布

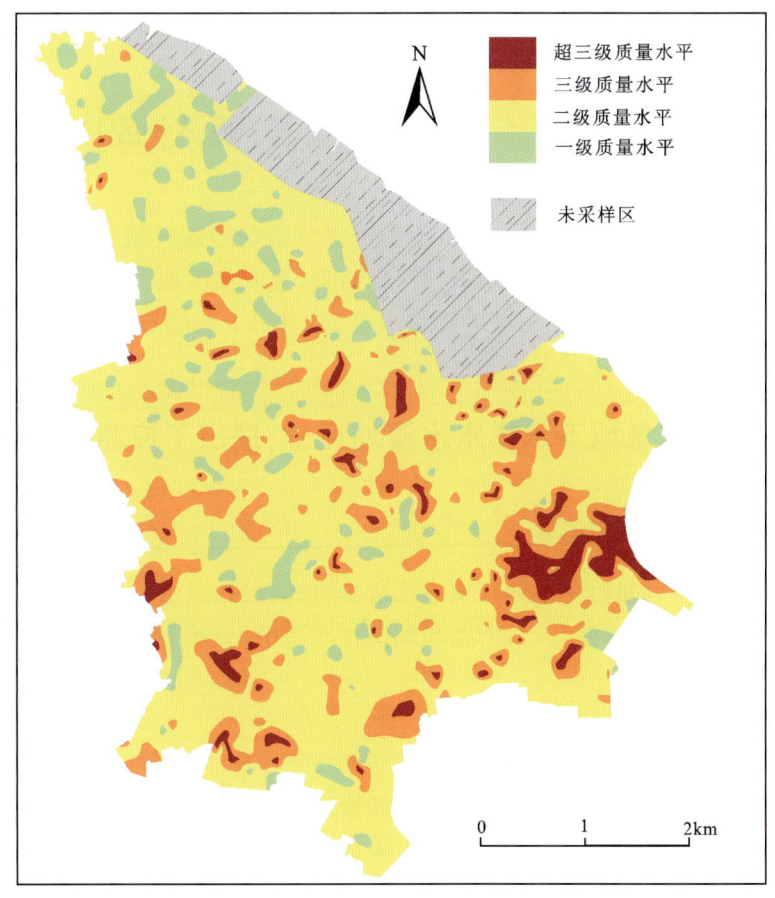

图 17-52 上海市宝山区表层土壤重金属元素综合环境质量评价图

3. 针对深层地下空间开发利用潜在目标区进行了系统分类调查，系统分析了上海市域地下空间资源，建立了三维地质信息模型，估算了地质空间资源数量（图17-53）

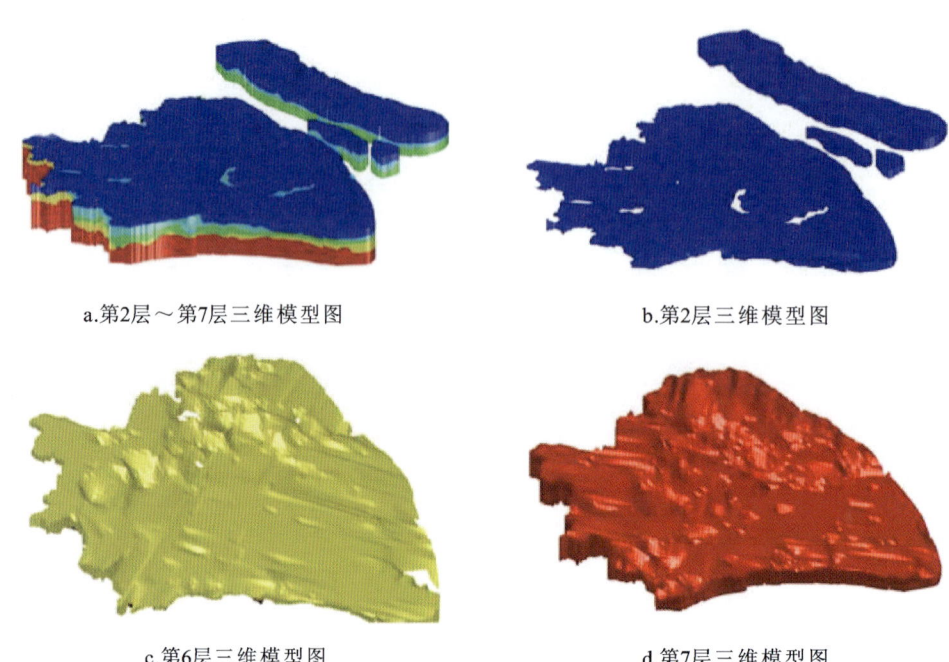

图 17-53　上海市域三维地质结构模型

第七节　金华市重点规划区

根据金华市自然资源局调研结果及《金华市地质灾害防治与地质环境保护"十三五"规划》，本次编制了金华市地质调查实施方案。根据地下水资源计算结果，选取红层地下水比较富集的白龙桥地段，进行了应急供水水源地评价工作，建立了三维地质结构模型，编制了红层石膏层埋深等值线图，为红层成井深度及红层地下水开发利用提供了支撑。

一、开展了白龙桥应急地下水供水水源地评价，提出了应急开采方案

1. 应急水源地概况及应急规模概算

根据地下水富水性分区可知白龙桥地区地下水富集，松散层孔隙水及红层孔隙裂隙水都比较富集。白龙桥区域地势平坦开阔，两面临江，人口密度和城镇化率适中，且地下水富水性好，是理想的应急水源地（图17-54）。

2. 应急水源地允许开采量计算

（1）松散岩类孔隙水允许开采量计算：白龙桥地区松散岩类孔隙水水质好，水量大，本次采用平均布井法计算其允许开采量，同时用水均衡法进行验证，采用平均布井法计算的松散岩类孔隙水允许开采量为 1 617.9 万 m^3/a，大于采用水均衡法计算的 1 230.4 万 m^3/a。本次采用水均衡法计算的量作为最终的允许开采量。

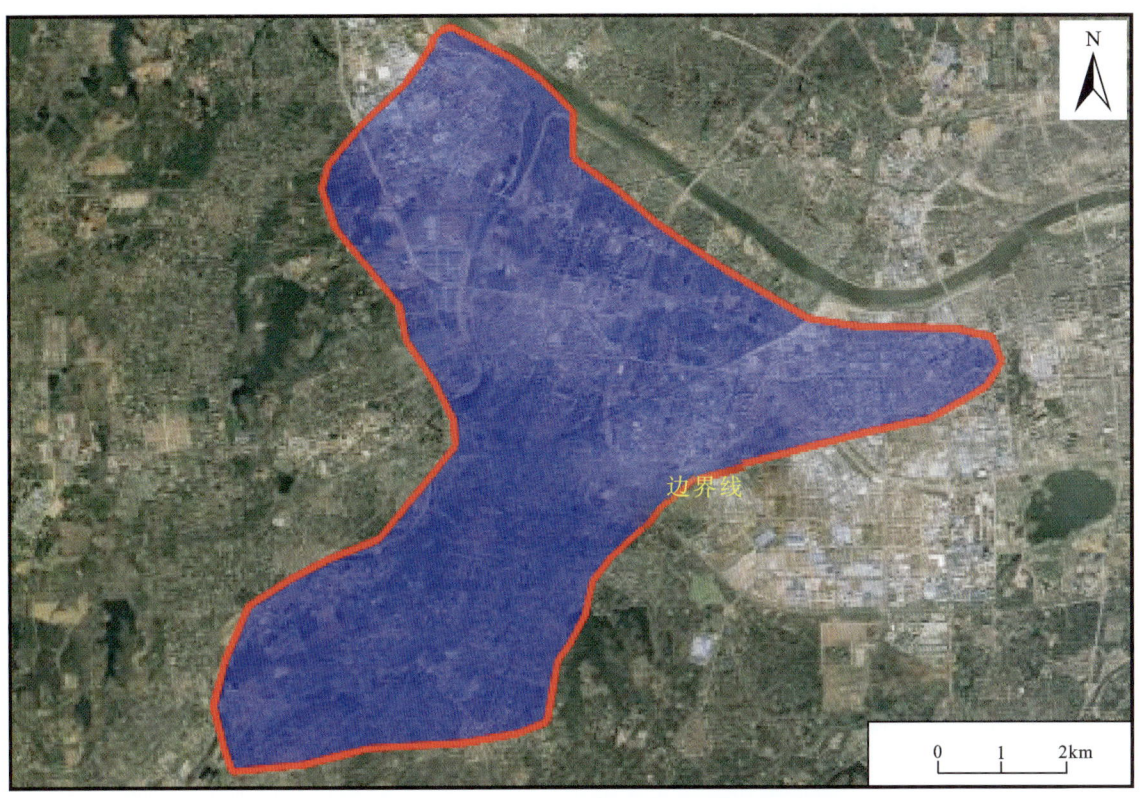

图 17-54 金华市白龙桥应急水源地评价范围

(2)红层孔隙裂隙水允许开采量计算:白龙桥计算区属于红层孔隙裂隙水的富水区域,其涌水量大,且上部有一定隔水层,受污染的可能性小,水质稳定。本次采用开采资源模数法和水均衡法两种方法进行计算,结果如表 17-6 和表 17-7 所示。

表 17-6 红层孔隙裂隙水允许开采量计算表(开采资源模数法)

含水层类型	指标	单位	富水性等级					合计
			>1000 m^3/d	500~1000 m^3/d	100~500 m^3/d	<100 m^3/d	<50m^3/d	
钙质粉砂岩溶蚀孔隙裂隙水	面积	km^2	20.16	30.25	5.81			
	开采资源模数	万 $m^3/(km^2 \cdot a)$	25.45	15.27	6.11			
允许开采量		万 m^3/a	513.1	461.9	35.4			1 010.4

表 17-7 红层孔隙裂隙天然资源量汇总表

单位:万 m^3/a

分类	$Q_{降}$	$Q_{侧}$	$Q_{越}$	合计
开采量	201.2	632.0	163.3	996.5

注:上述两种方法的计算结果基本相当,其中开采资源模数法计算值略微偏大,从保守的角度本次决定采用水均衡法的计算结果作为红层允许开采量。

3. 白龙桥应急供水规模概算

根据《城市居民生活用水量标准》(GB/T 50331—2002)，应急状态下居民基本生活日用水量为 55L/(人·d)。

根据单位时间的允许开采量可计算出白龙桥区域应急供水开采量以及可供规模，计算结果如表 17-8 所示。

表 17-8　白龙桥地区红层孔隙裂隙水应急供水量计算表

单位时间允许开采量/万 $m^3 \cdot d^{-1}$	应急用水量/$L \cdot 人^{-1} \cdot d^{-1}$	可供人数/万人
2.73	55	49.6

白龙桥地区红层孔隙裂隙水在应急情况下，可供 49.6 万人用水，而金西开发区规划人口仅 24.1 万人。因此，白龙桥地区红层孔隙裂隙水除满足周边人口的应急用水外，还可以承担城区部分人口的应急用水。白龙桥红层孔隙裂隙水开采价值相当可观，可以作为应急水源地。

4. 数值模拟

红层孔隙裂隙水的数值模拟研究在国内较少，原因在于孔隙裂隙水的非均质性强，含水介质的空间结构精度难以控制导致模拟失真。但是白龙桥区域的红层孔隙裂隙水赋存于白垩系红色碎屑岩中，并具有大致统一水面的含水系统与赋存空间，水流运动基本服从达西(Darcy)定律，是一种典型的孔隙-裂隙双重导水介质，可近似地利用裂隙流多孔介质理论模型进行地下水流的数值模拟。因此，红层孔隙裂隙水用数值模拟的方法进行水资源评价(图 17-55～图 17-59)。

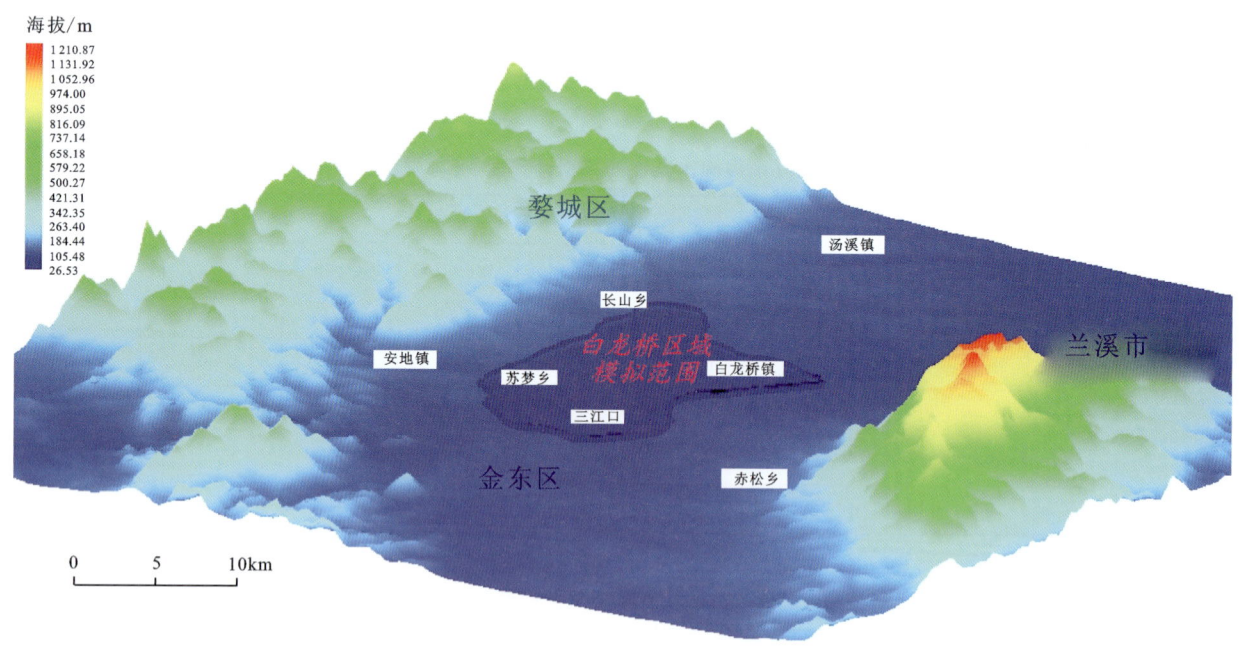

图 17-55　白龙桥模拟区位置示意图

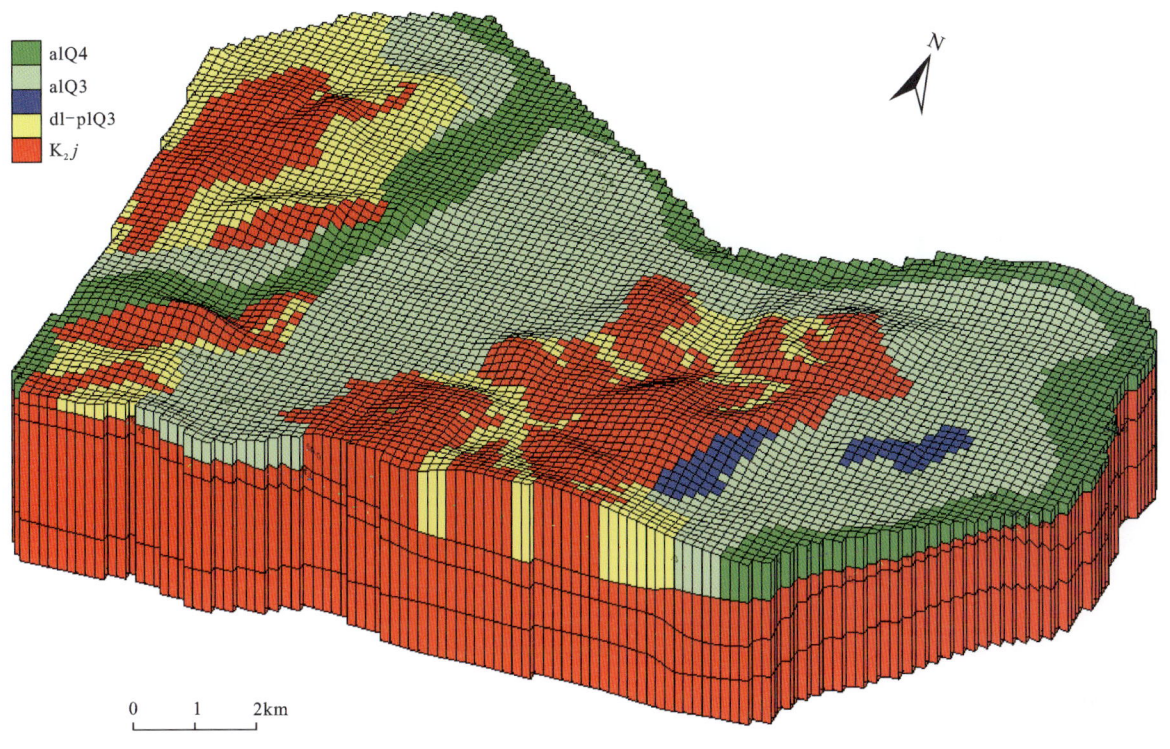

图 17-56 白龙桥模拟区含水系统三维模型图

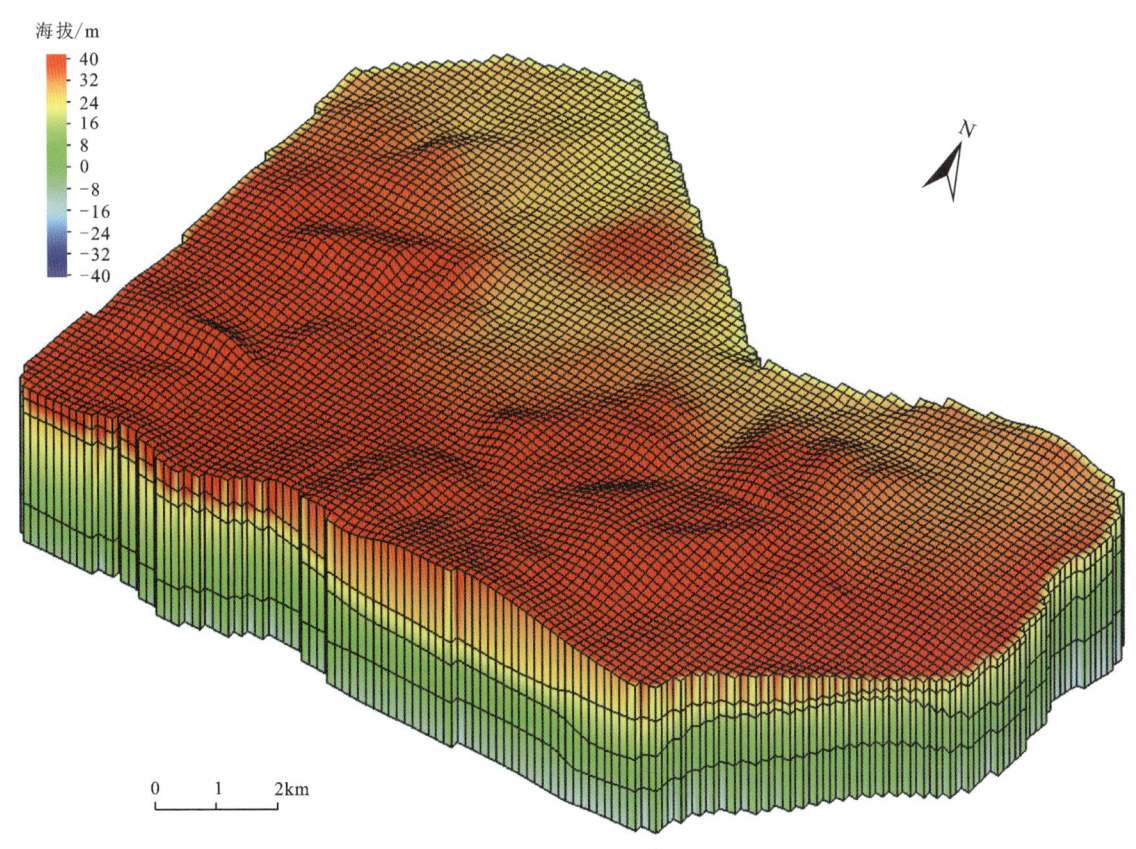

图 17-57 白龙桥模拟区三维网格剖分图

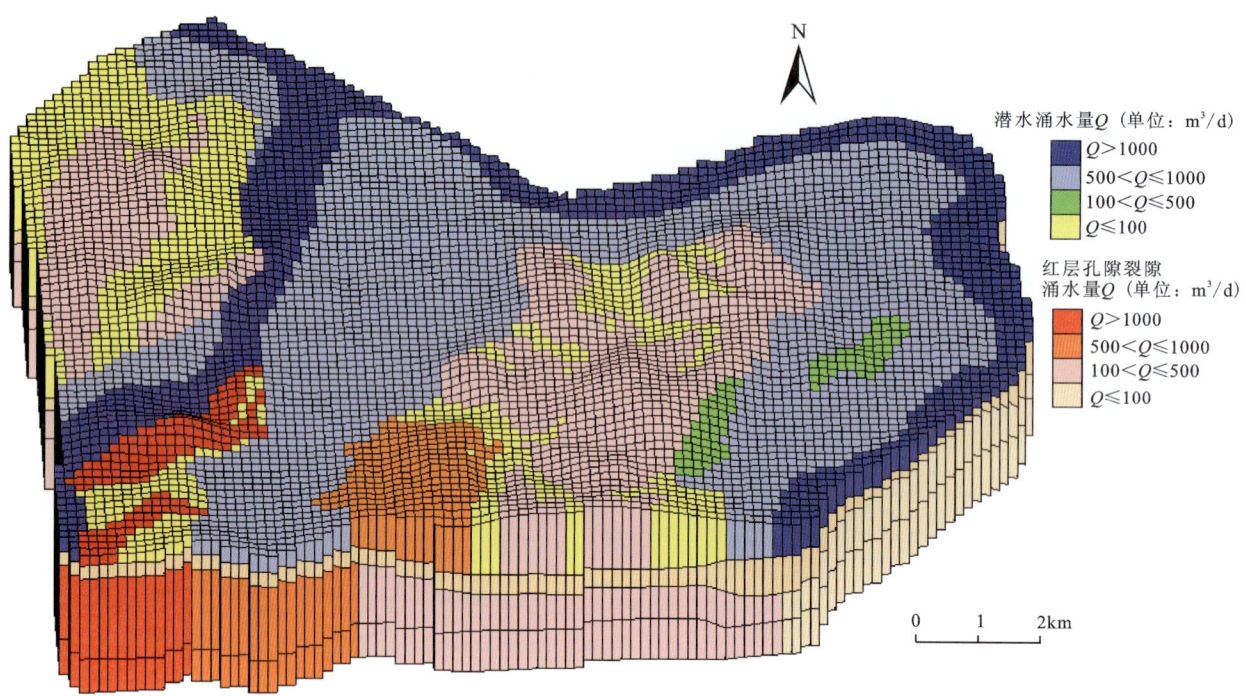

图 17-58 白龙桥模拟区三维涌水量分区图

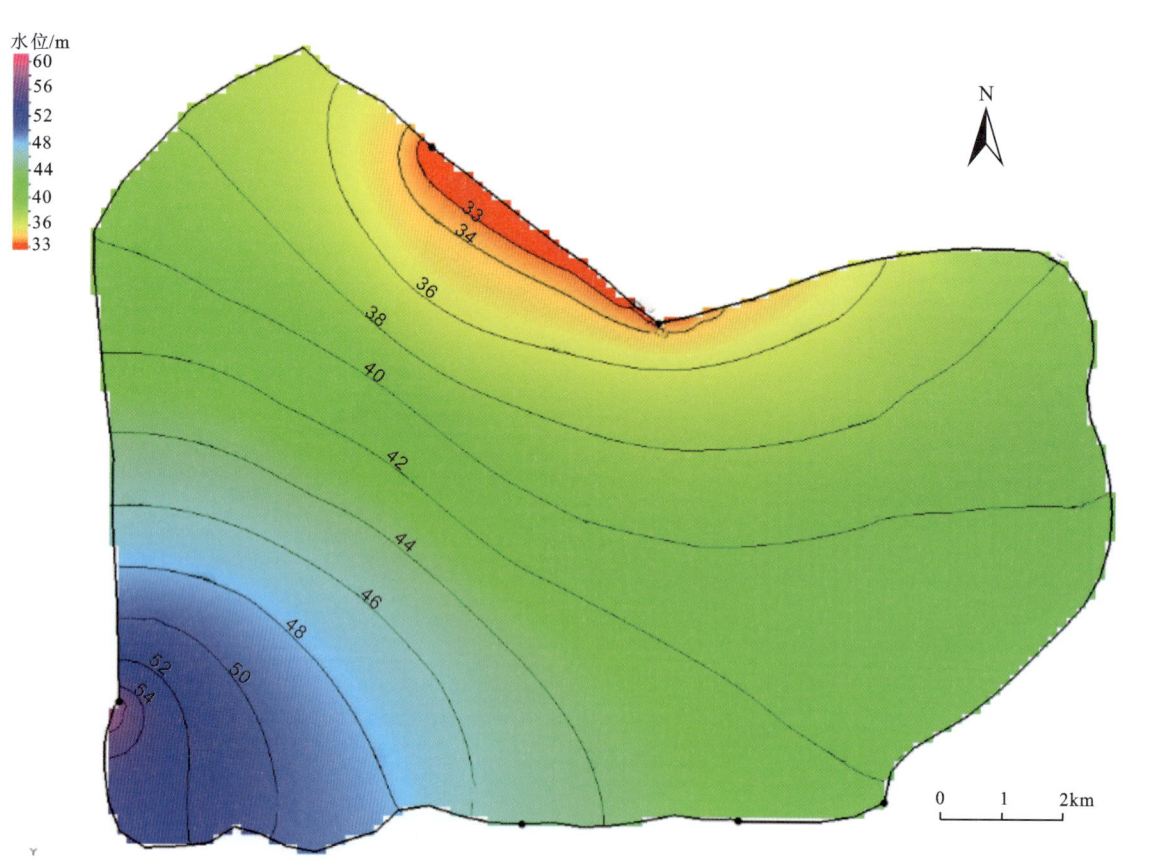

图 17-59 白龙桥模拟区红层孔隙裂隙水水位等值线图

5. 地下水应急水源地开采方案设计

基于应急开采方案设计原则,本次共设计 4 个开采方案(表 17-9),并对应急开采时地下水水位变化趋势进行了预测。方案一则是考虑应急时间为一个月(30d),需水量共 81 万 m^3/d,启动应急开采井 18 口,每口井抽水流量为 1500m^3/d;方案二应急时间持续 3 个月(90d),需水量共 243 万 m^3/d,启动应急开采井 18 口,每口井抽水流量为 1500m^3/d;方案三应急时间持续半年(180d),需水量共 486 万 m^3/d,启动应急开采井 18 口,每口井抽水流量为 1500m^3/d;方案四应急时间持续一年(360d),需水量共 972 万 m^3/d,启动应急开采井 18 口,每口井抽水流量为 1500m^3/d。

表 17-9 白龙桥应急供水方案对比表

方案	开采时长/d	开采总量/万 $m^3 \cdot d^{-1}$	启动井数/口	单井开采量/$m^3 \cdot d^{-1}$
方案一	30	81	18	1500
方案二	90	243	18	1500
方案三	180	486	18	1500
方案四	360	972	18	1500

基于建立的地下水流模型,分别对预测方案进行了预测(图 17-60～图 17-63),以上 4 种开采方案均形成了以开采井为中心的不同程度的降落漏斗。4 种开采方案形成的最大地下水水位降深小于 45m,符合预期。

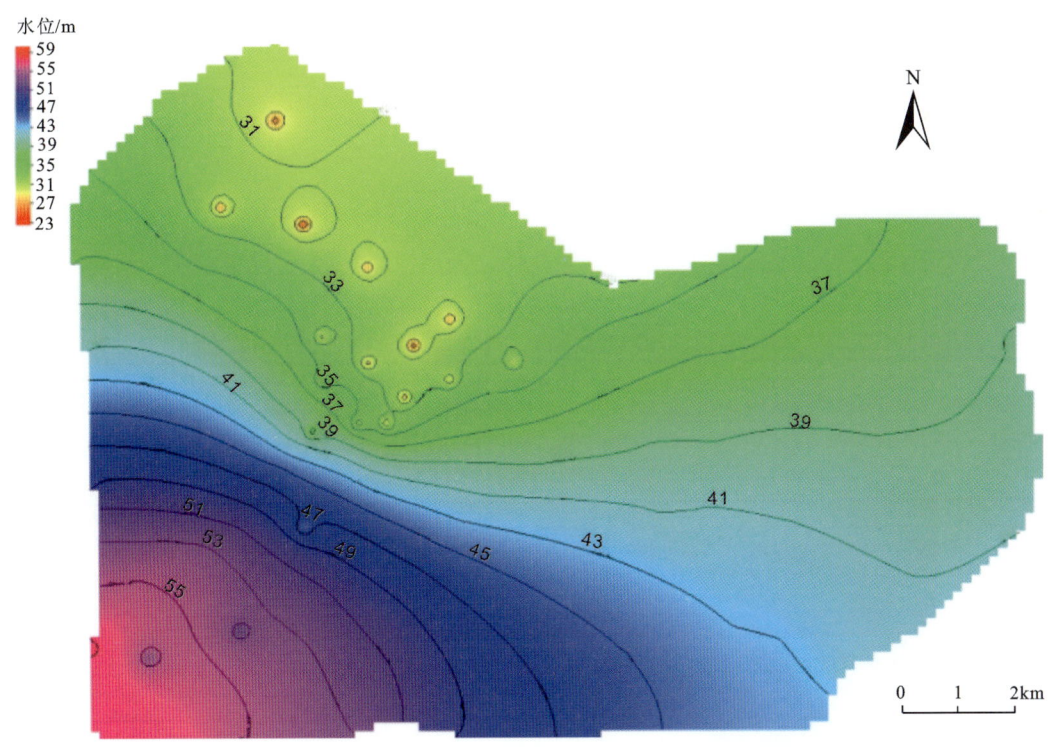

图 17-60 白龙桥应急开采方案一情况下地下水水位等值线图

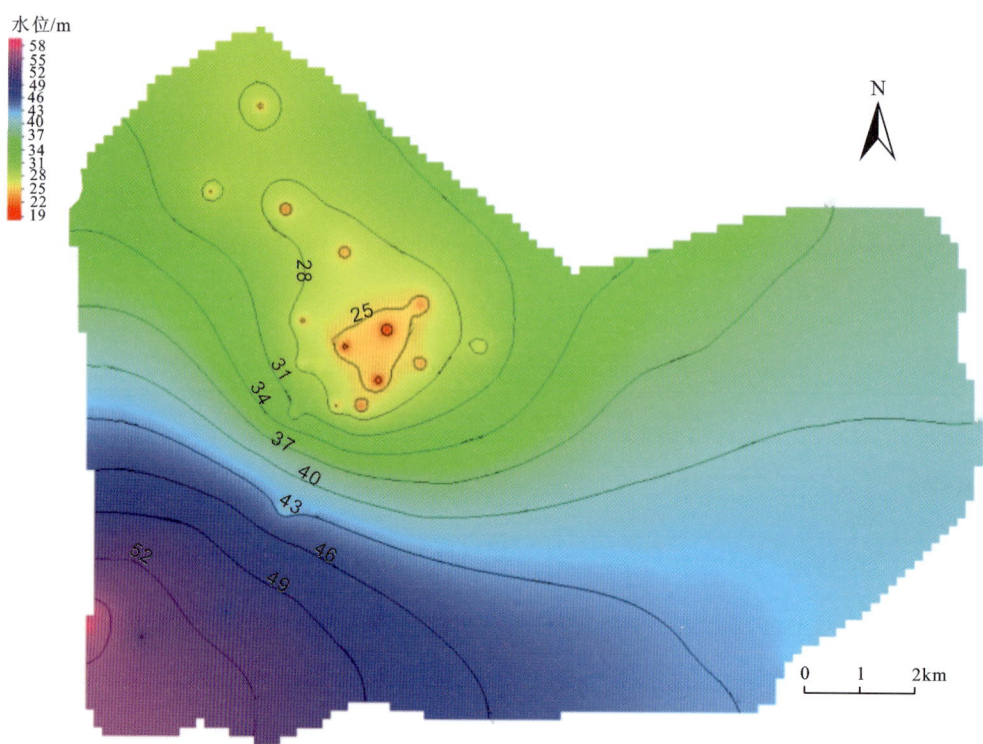

图 17-61　白龙桥应急开采方案二情况下地下水水位等值线图

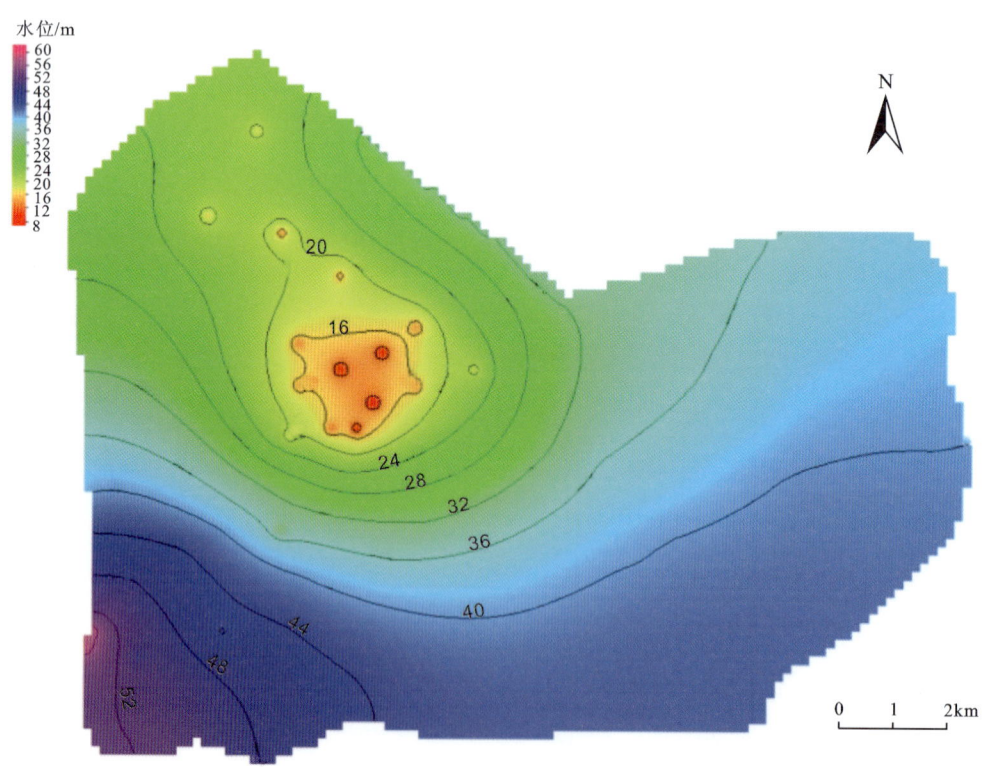

图 17-62　白龙桥应急开采方案三情况下地下水水位等值线图

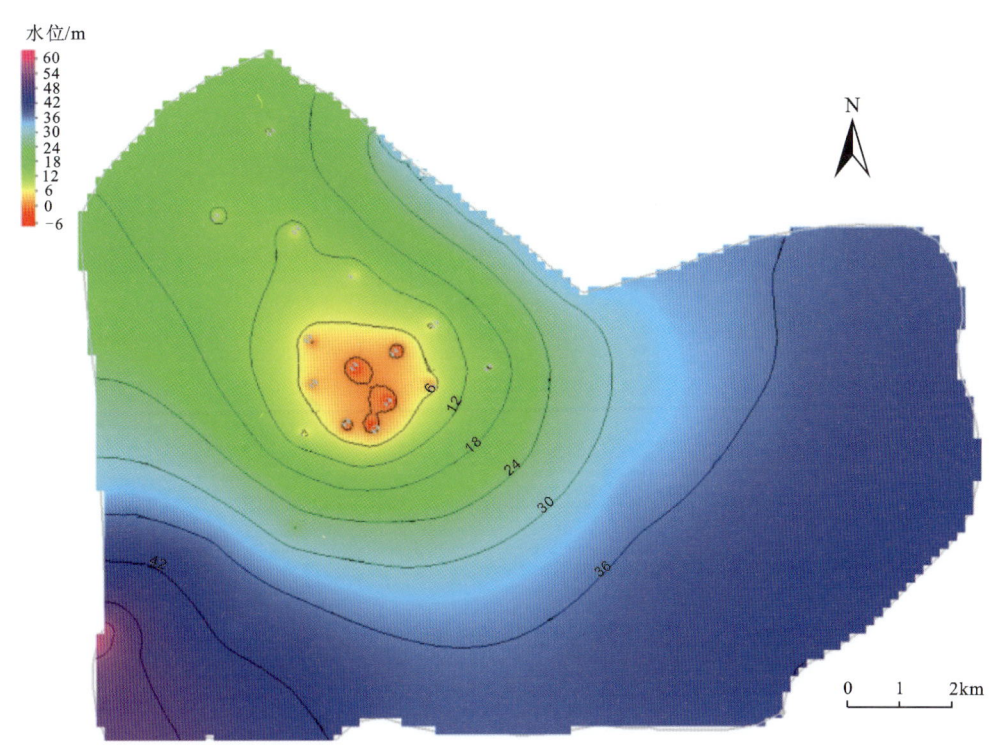

图 17-63　白龙桥应急开采方案四情况下地下水水位等值线图

6. 应用情况

对金华白龙桥富水段进行的地下水应急供水能力评价及开采方案已被金华市自然资源和规划局采纳并进行应用。

二、构建了金华地区三维地质结构模型

为了充分利用不同的数据,实现城市地上地下一体化展示与管理,提升环境地质成果的可视化表达手段和方式,开展工作区三维地质结构模型构建工作。本次运用多功能性地下水数值模拟软件 GMS（Groundwater Modeling System,简称 GMS）,以钻孔数据与钻孔横剖面数据作为源数据,构建描述金华地区地质结构的三维地质结构模型（图 17-64、图 17-65）。

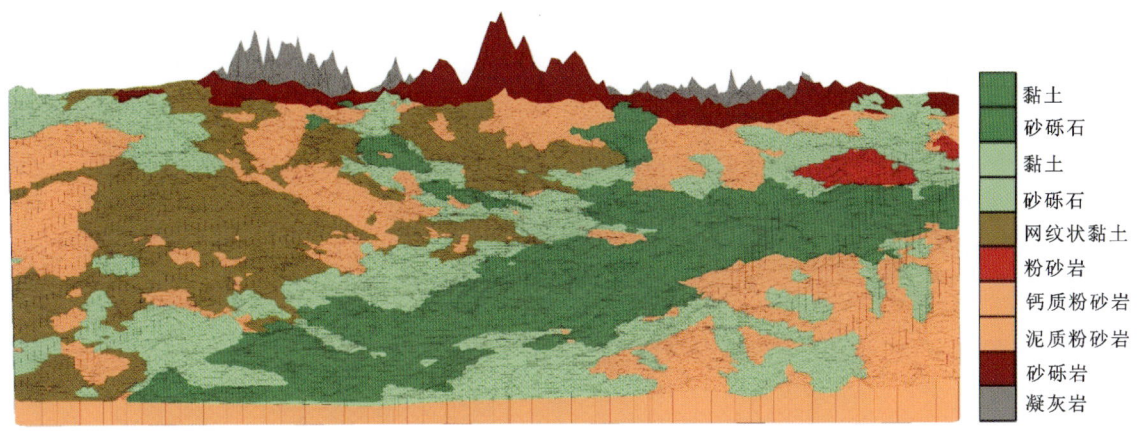

图 17-64　金华地区三维地质结构模型示意图

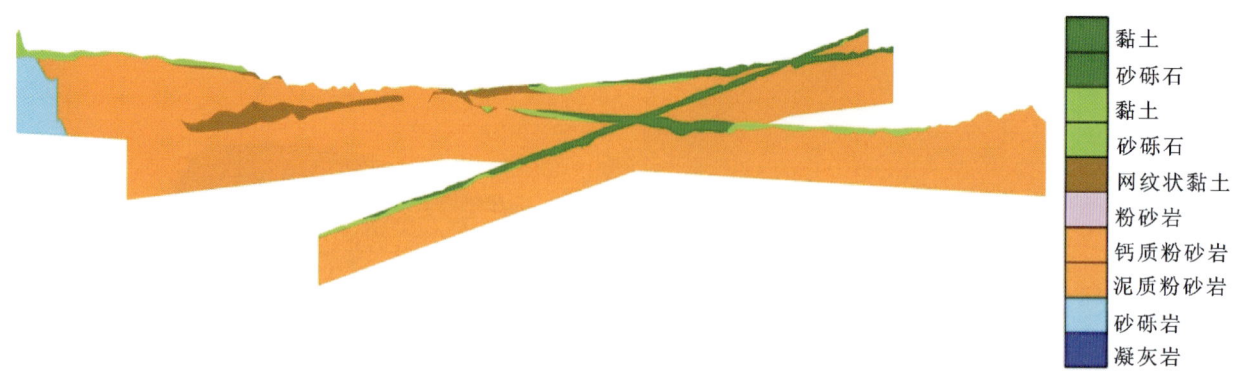

图 17-65　金华地区三维地质结构横切剖面示意图

第八节　温州市重点规划区

一、编制了《温州市城镇规划区地质调查实施方案（2016—2018 年）》和《支撑服务温州瓯江河口发展地质调查报告》

笔者团队充分发挥省部合作优势，于 2017 年和浙江省第十一地质大队共同编制了《温州城市群环境地质调查实施方案（2016—2018 年）》作为两项目工作的总纲性文件，共同实施，分工合作，完善了项目合作模式，合理利用地质及人力技术资源，极大地提高了成果质量，对温州市自然和规划局相关部门的工作起到了支撑作用。

另外，系统梳理了温州市城镇规划区区域地质、矿产地质、水工环地质调查研究成果，在对温州瓯江河口城镇规划区国土资源与环境条件进行评价的基础上，编制完成了《支撑服务温州瓯江河口发展地质调查报告》。报告说明，温州瓯江河口城镇规划区拥有沿海围垦滩涂资源开发利用潜力大、浅层地热能清洁能源丰富、地下空间资源丰富及开发适宜性较好、地下水资源丰富四大有利资源条件，但同时存在平原地区发育巨厚软土层、部分区域地面沉降量大、瓯江南口浅滩持续淤涨及浅滩堤坝持续沉降 3 个需要关注的重大地质问题。报告最后对比了《温州市城市总体规划（2003—2020 年）》（2017 年修订），并对"十三五"期间温州瓯江河口城镇规划区发展地质工作提出了建议。

二、建立了温州市城市规划区三维地质结构模型

本次基于 MapGIS-TDE 三维平台，针对温州瓯江河口城镇规划区工程地质、水文地质、第四纪地质特征，建立了温州市城市规划区三维地质结构模型（图 17-66、图 17-67），为城市规划建设与环境保护提供了直观的模型数据和地质支撑。

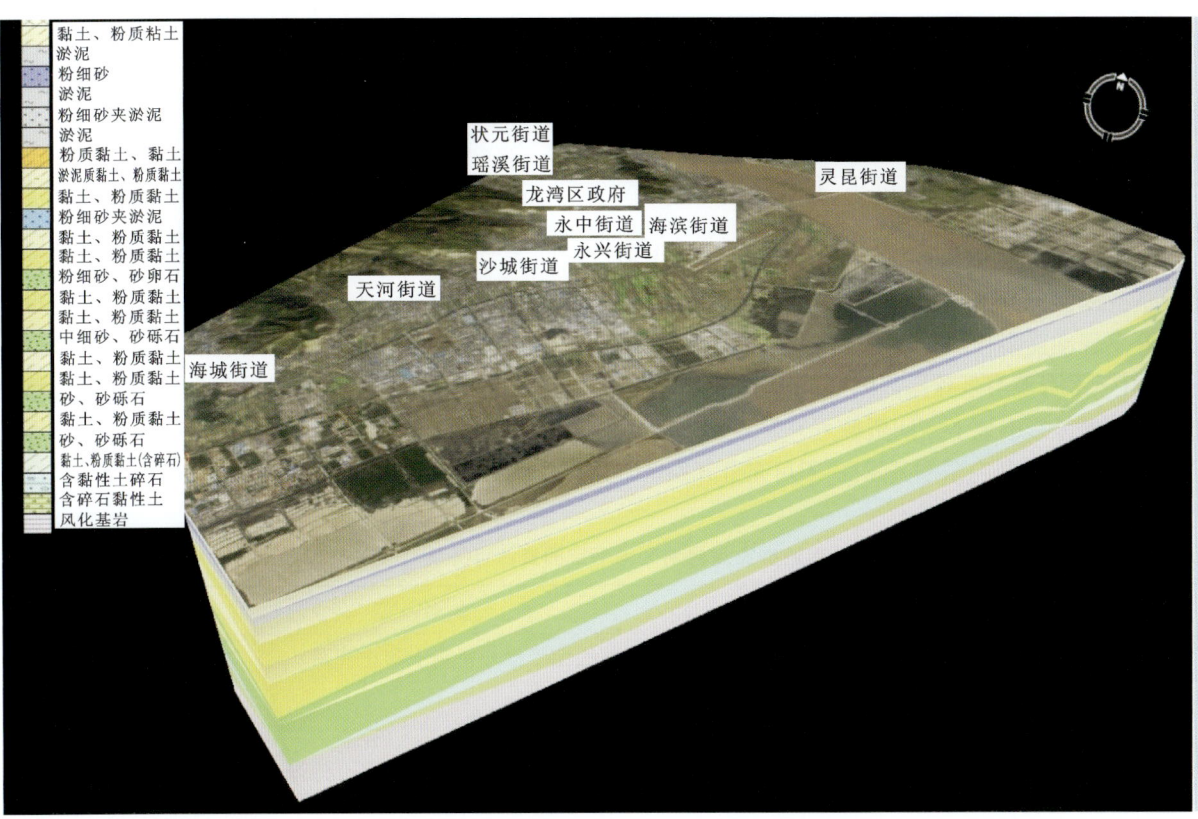

图 17-66　温州市龙湾滨海工程地质结构模型图

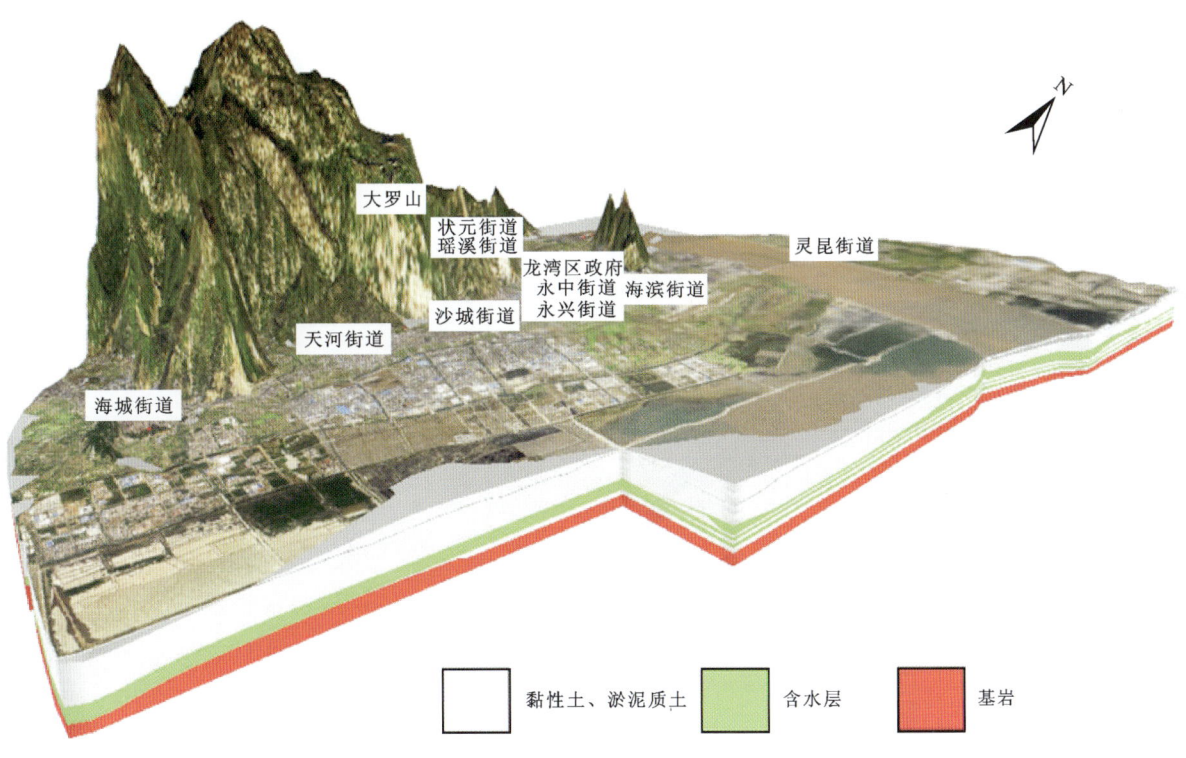

图 17-67　温州市龙湾滨海水文地质结构模型图

第九节 南通市重点规划区

一、地下空间资源可开发程度评价

地下空间资源开发潜力评价是根据影响城市地下空间资源的自然条件、城市空间类型、规划条件等，将地下空间资源的可开发程度分别划分为充分开发区、不可充分开发区、难以（慎重）开发区。地下空间资源可开发程度受多种因素影响，具体可包括：岩溶分布区、采空区、不稳定江岸区、地裂缝、文物保护区、生态保护区、水资源与泉脉保护区，道路、绿地、山体、水体、地面建设区，农田、新增规划建设区等因素。南通市重点规划区影响地下空间资源可开发程度的因素分布见表 17-10 和图 17-68，按其可开发利用情况可分为禁止开发区、慎重与限制开发区、不可充分开发区、可充分开发区、特殊资源禀赋区（图 17-69～图 17-71）。

表 17-10　南通市重点规划区地下空间资源可开发程度的影响因素

可开发程度分区	影响因素
禁止开发区	不稳定江岸（除了重要的线性工程外原则上禁止开发）
慎重与限制开发区	文物生态保护区、水体
不可充分开发区	地面建筑、道路及立交、已开发地下空间
可充分开发区	新增规划建设区
特殊资源禀赋区	狼山、剑山、军山（山体具有一定规模且岩体质量较好）

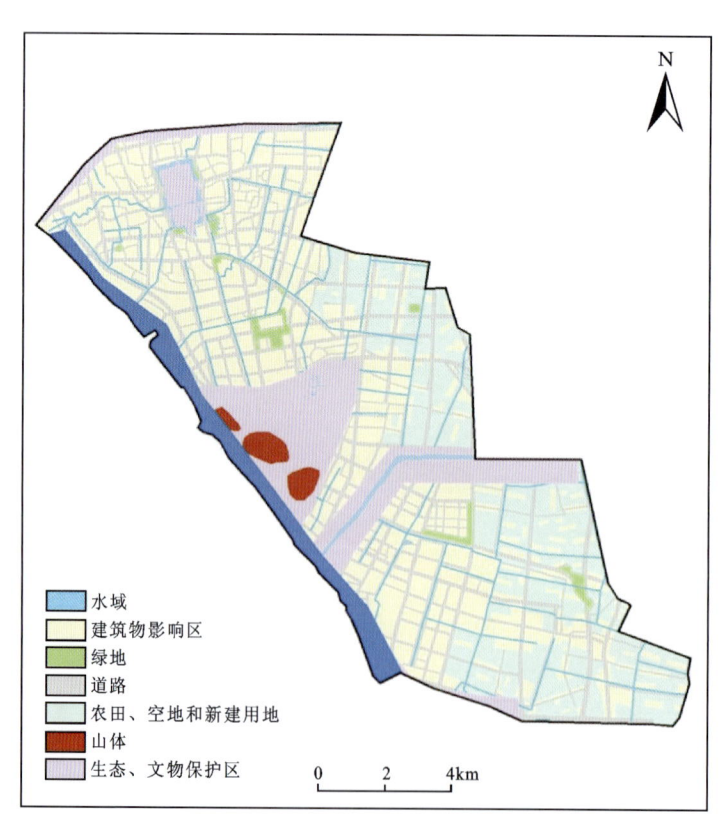

图 17-68　南通市重点规划区地下空间资源可开发程度影响因素分布

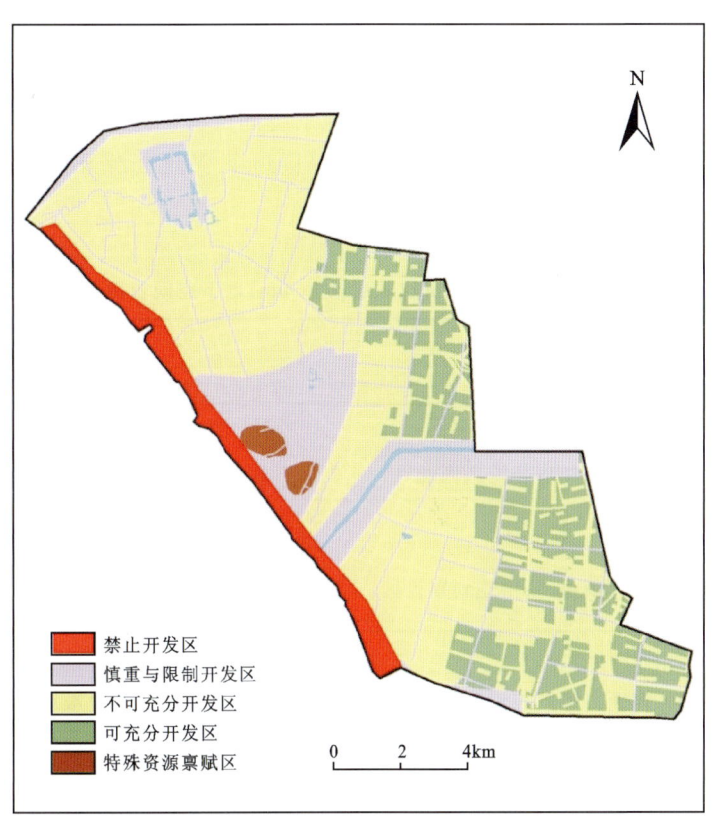

图 17-69　南通市重点规划区浅层(0～10m)地下空间资源可开发程度评价图

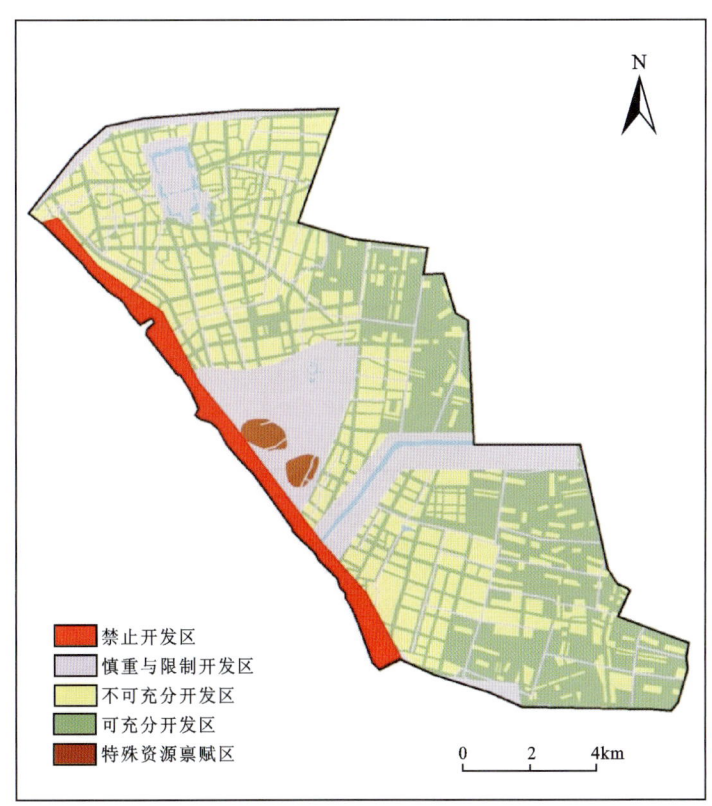

图 17-70　南通市重点规划区次浅层(10～30m)地下空间资源可开发程度评价图

二、地下空间资源开发难度评价

对南通市重点规划区内浅层、次浅层和次深层的地下空间资源的开发难度进行了评估,根据相应的开发难度分级(表17-11、表17-12),生成浅层至次深层地下空间资源开发难度分级图(图17-71、图17-72)。

表 17-11　南通市重点规划区浅层至次浅层(0～30m)地下空间资源开发难度分级说明

开发难度分级	分布区域	说明
开发难度大	西南沿江一带、狼山一片、崇川老城区、既有管线分布区、地表水体下	西南沿江为不稳定江岸带,狼山一片、崇川老城为文物风景生态保护区,地表水体和管线下开发难度大
开发难度较大	崇川区西南和经济开发区西北	存在地表建筑,且工程地质条件较差
开发难度一般	崇川区大片	存在地表建筑,工程地质条件一般
开发难度较小	狼山、军山、剑山、新增规划建设区	山体具有一定规模且岩体质量较好,新增建设区不受地表建筑的制约

表 17-12　南通市重点规划区次深层(30～50m)地下空间资源开发难度分级说明

开发难度分级	分布区域	说明
开发难度大	经济开发区北片和沿江一带	存在较厚软土层,地下水涌水量较大,工程地质条件差
开发难度较大	崇川区大片	工程地质条件较差,地上存在建筑设施制约
开发难度一般	分布较分散	为新增规划建设区且不存在严重不良地质条件
开发难度较小	狼山、军山、剑山	山体具有一定规模且岩体质量较好

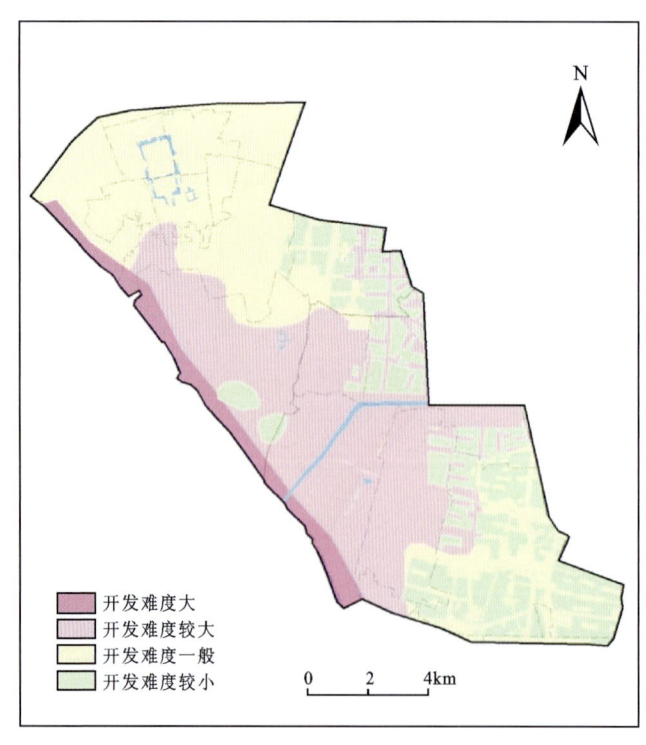

图 17-71　南通市重点规划区浅层至次浅层(0～30m)地下空间资源开发难度综合评价图

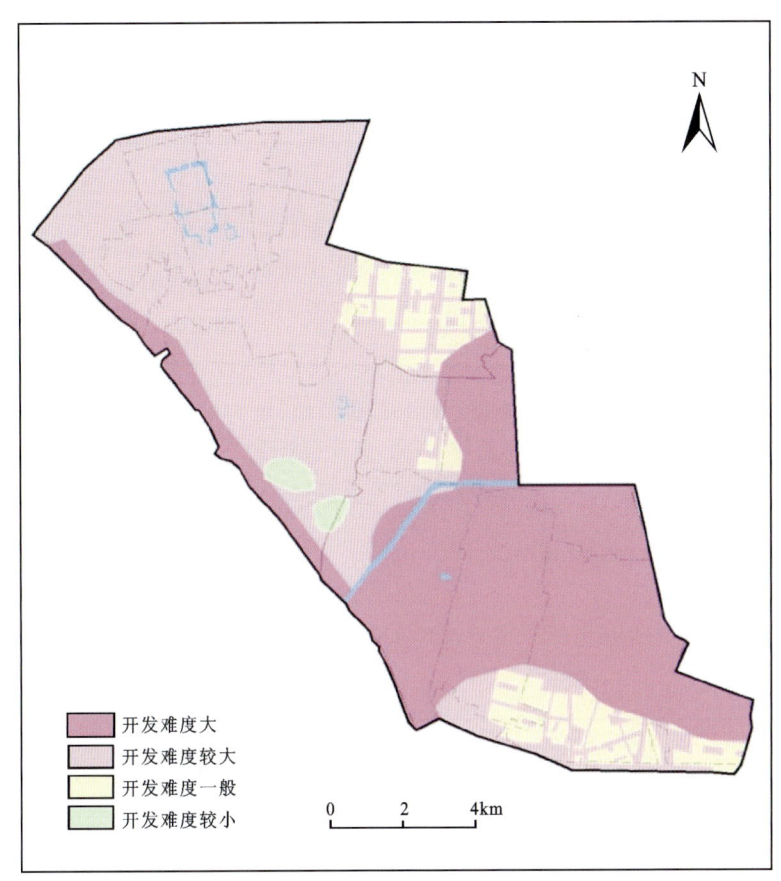

图 17-72　南通市重点规划区次深层(30～50m)地下空间资源开发难度综合评价图

城市地下空间资源的开发作为一项城市环境岩土工程活动，其难度主要由地区工程地质条件和城市环境制约因素决定。工程地质条件主要指岩土体特征、水文地质条件等因素的制约；城市环境方面包括既有建筑设施、文物生态保护要求等因素的制约。

南通市重点规划区地下空间资源开发难度评价结果显示以下特征：①浅层地下空间资源开发难度受不稳定江岸、文物古迹保护要求和既有地下设施等因素的制约明显；②次深层地下空间资源开发难度主要受地质条件的控制。总体来说，随着开发层次的加深，开发难度相应增加，且将主要受控于地质条件。

三、地下空间资源潜在价值评价

本次对南通市重点规划区地下空间资源的潜在价值进行了评估，生成了地下空间资源潜在价值分级图(表17-13，图17-73)。从图中可看出，在重点规划区范围内，地下空间资源潜在价值较高的区域大多分布在崇川区，且空间分布主要受区位、交通条件所控制。主要原因是崇川区为老城区，作为商业、文化中心，其区位优势明显，地价高，人口密集且人流量大，交通拥堵，地表建筑林立，对空间资源的需求巨大，因此开发地下空间所能带来的潜在价值较高。潜在价值最高的区域呈节点状分布，主要为南通地铁规划线路沿线的交通枢纽和站点周边区域，包括地铁1号、2号线的换乘站点环西文化广场站和青年路站，以及其他轨道交通沿线站点。未来地铁的建设与开通，势必带动这些区域地下商业、地下停车等功能的开发，因此其地下空间资源潜在价值最高。潜在价值一般的区域主要为重点交通干道沿线部分区域及狼山地区，重点交通干道沿线停车需求较高，具有一定的开发地下停车的价值，而狼山地区由于岩石质量好,因此有特殊地下空间资源禀赋与价值。其他区域的地下空间开发潜在价值较低,主要为外围居民区、工业区等,因此这些区域地下空间开发需求不高,开发潜力不大。

表17-13　南通市重点规划区地下空间开发潜在价值分级说明

潜在价值分级	分布区域	说明
潜在价值较高	人民中路与跃龙路交叉点、工农路与青年中路交叉点、人民中路沿线、工农南路沿线、青年中路沿线、崇川路沿线、星湖大道沿线部分区域、和兴路与新开南路交叉点	主要为南通地铁规划线路沿线的交通枢纽和站点附近,这些区域地下商业、地下停车需求大,地下空间开发具有很高的潜在价值
潜在价值一般	青年西路、虹桥路、人民东路、通启路、洪江路、世纪大道、长江南路、工农南路、振兴路、新开南路等主要干道的路口交叉点及沿线部分区域,以及狼山地区	这些区域有一定的停车需求,因而地下开发潜在价值一般。此外,狼山地区岩石质量好,有特殊地下空间资源禀赋与价值
潜在价值较低	外围区域包括居民区、工业区及其他用地	除居民区有一定的地下停车需求,工业区开发地下仓储以及其他功能的地下空间开发需求不高,潜在价值较小

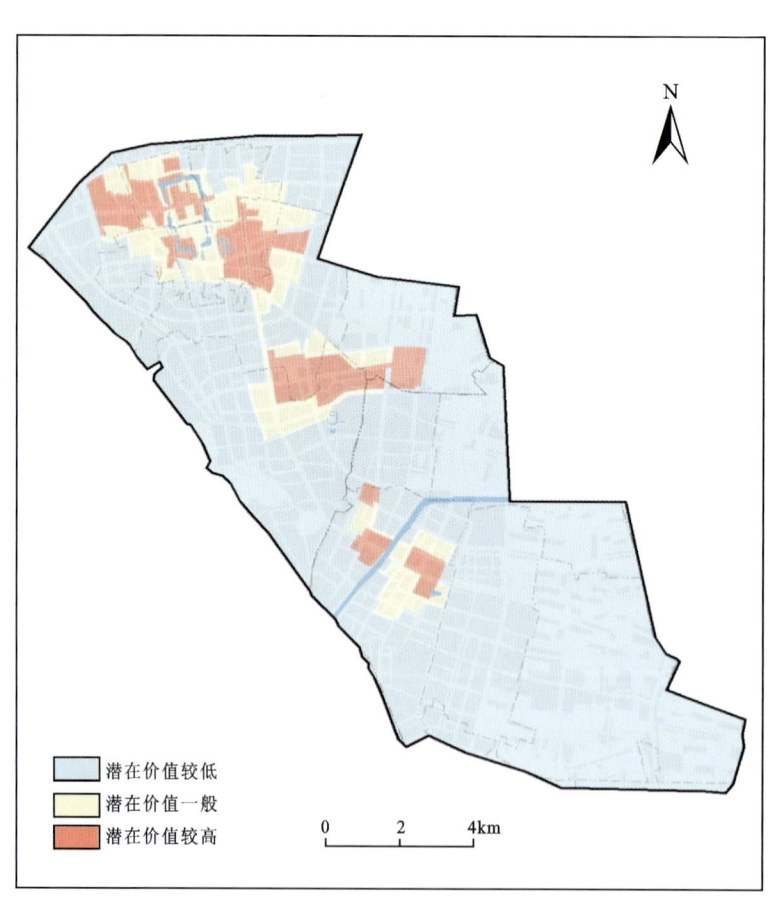

图17-73　南通市重点规划区地下空间资源潜在价值评价图

四、地下空间资源综合质量评价

基于 ArcGIS 的空间分析功能,将地下空间资源的开发难度和潜在价值进行叠加,生成浅层至次深层地下空间资源综合质量分级图(图 17-74、图 17-75)。

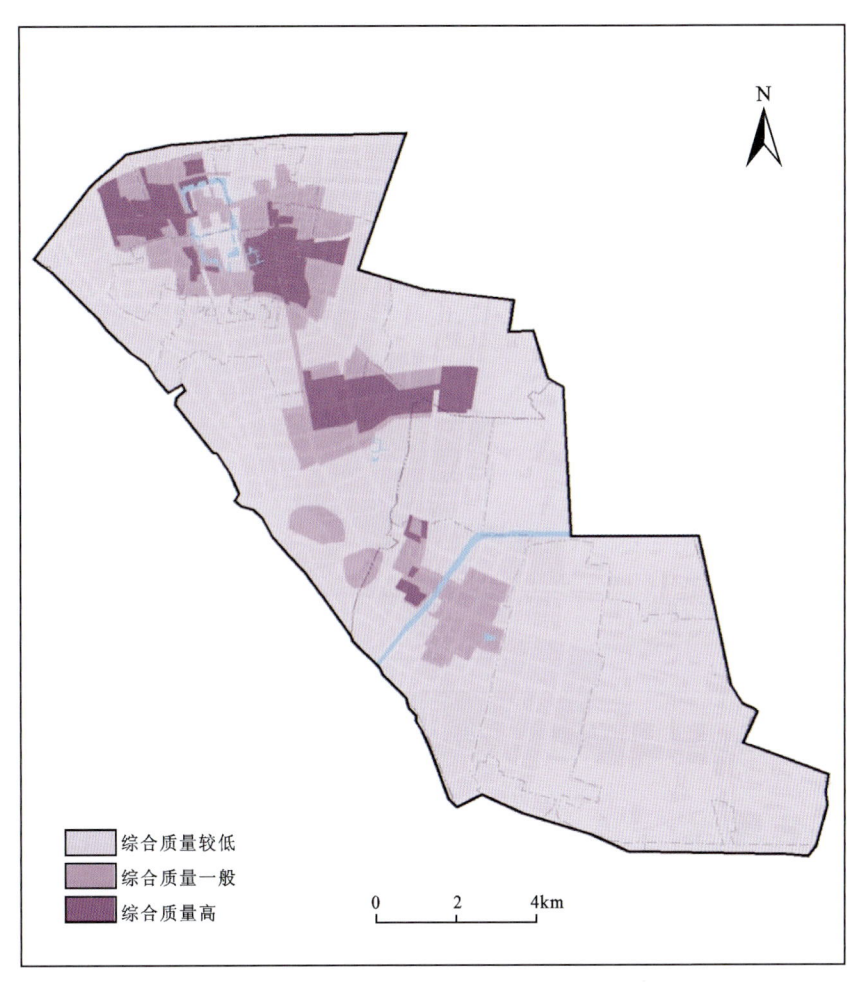

图 17-74　南通市重点规划区浅层及次浅层(0～30m)地下空间资源综合质量评价图

综合考虑地下空间资源的开发难度和潜在价值,获得地下空间资源综合质量这一指标。满足地下空间资源开发难度小并且开发潜在价值高的区域,地下空间资源的综合质量就高;反之,资源的综合质量就低。浅层及次浅层地下空间开发是以生活、商业、办公和交通等有人设施为主,因此浅层及次浅层地下空间开发主要受社会经济条件因素的影响,地下空间综合质量分布与潜在价值分布具有较强的一致性。在重点规划区范围内,人民中路与跃龙路交叉点、工农路与青年中路交叉点、人民中路沿线、工农南路沿线、青年中路沿线、崇川路沿线、星湖大道沿线部分区域、和兴路与新开南路交叉点(多为交通枢纽和站点周边区域)的地下空间资源开发的潜在价值高,综合质量高。考虑到次深层地下空间开发以生产、仓储、能源和防灾等无人设施为主,因此其地下空间的开发主要受地质条件的影响,综合质量分布与开发难度分布具有较强的一致性。沿江和开发区北片区一带由于资源的开发难度大而导致综合质量低。

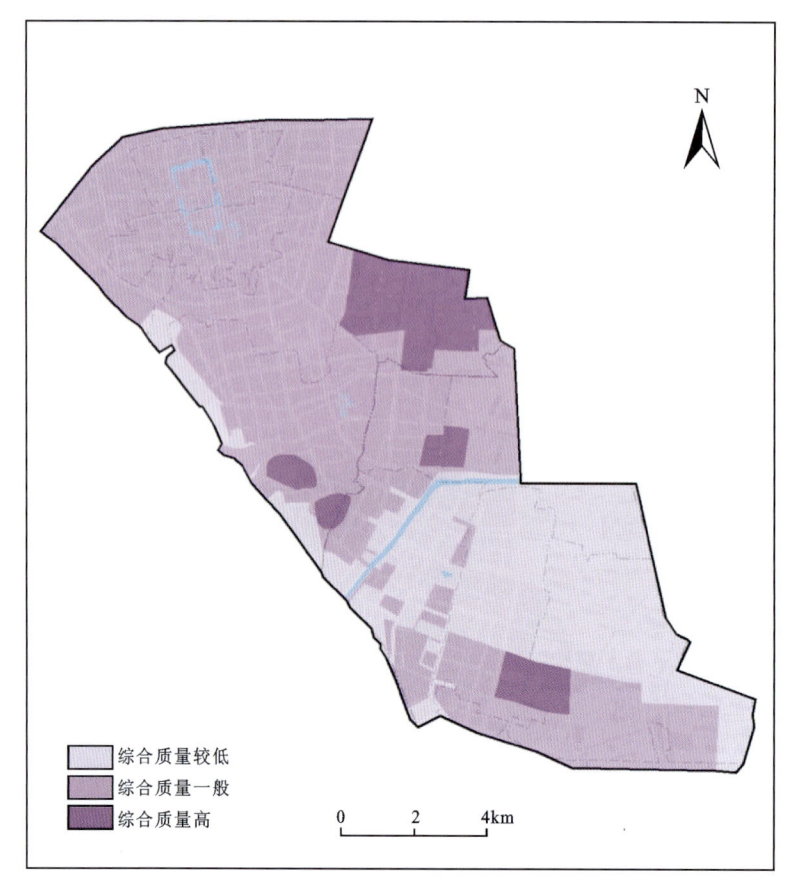

图 17-75　南通市重点规划区次深层(30~50m)地下空间资源综合质量评价图

第十节　嘉兴市和台州市重点规划区

嘉兴城市地质调查项目收集利用了 3000 余钻孔资料,基本查清嘉兴 3900 多平方千米的地质资源家底,对嘉兴市地下 60m 空间的可开发利用资源量和再开发潜力等进行了评估,构建了嘉兴市地下岩土体、含水系统、第四系和基岩面的三维空间结构模型,科学分析评价了嘉兴市土地资源、地下水资源、地下空间资源等城市资源与环境问题,圈定了 11 处应急水源地,研发了嘉兴城市地质信息管理与服务系统和地下空间政府决策分析平台(图 17-76)。通过调查,在秀洲运河农场打出迄今为止浙江省温度最高的地热井,出水量为 $2592m^3/d$,井口水温为 64℃,为今后区域地热资源勘查和开发利用提供了科学依据;嘉兴城市地质调查三维空间模型成果,为乌镇世界互联网大会场馆重大工程科学选址与开发利用论证提供了地质支撑,受到省自然资源厅及嘉兴市政府主要领导批示肯定。

台州城市地质调查综合分析了千余个钻孔的资料,建立了台州城市规划区第四纪地质、含水层和工程地质三维地质结构,基本摸清城市地下载体家底;圈定了 3 处潜水地下水应急水源地,划定了第Ⅰ、Ⅱ承压水应急水源地的范围;查明了制约城市发展的突发性地质灾害、地面沉降、软土基础、地下水水质、江海岸带稳定性等主要环境地质问题,为科学划定城市生态红线提供了可靠依据;进一步完善了地质灾害、地下水、地面沉降等地质环境监测预警体系,提出了地质灾害防治与地质环境保护对策措施与建议;评价了 0~3m、3~15m、15~30m 和 30~60m 不同深度地下空间的工程建设适宜性,为促进土地节约集约利用以及城市轨道交通规划选址等地下空间开发利用提供科学依据(图 17-77);利用了三维地质建模与交换技术、地上地下三维一体可视化技术、基于物联网的自动化监测实时通信技术、地质调查成果

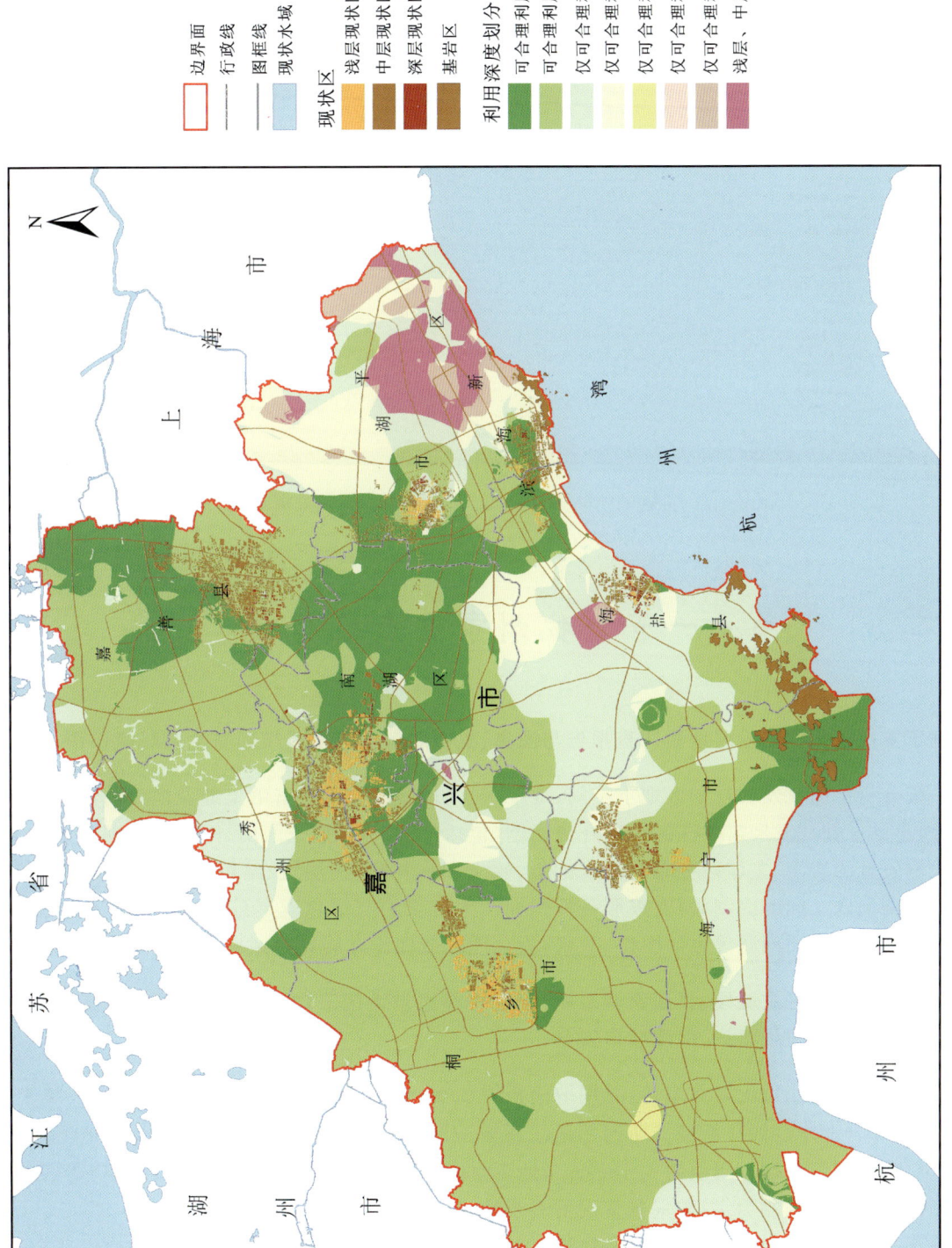

图 17-76 嘉兴市地下空间开发利用深度建议图

在线服务共享技术 4 项技术,建立了融入"数字台州"的"台州城市地质环境信息服务平台",大大提高了地质环境管理的信息处理与共享的能力和效率。

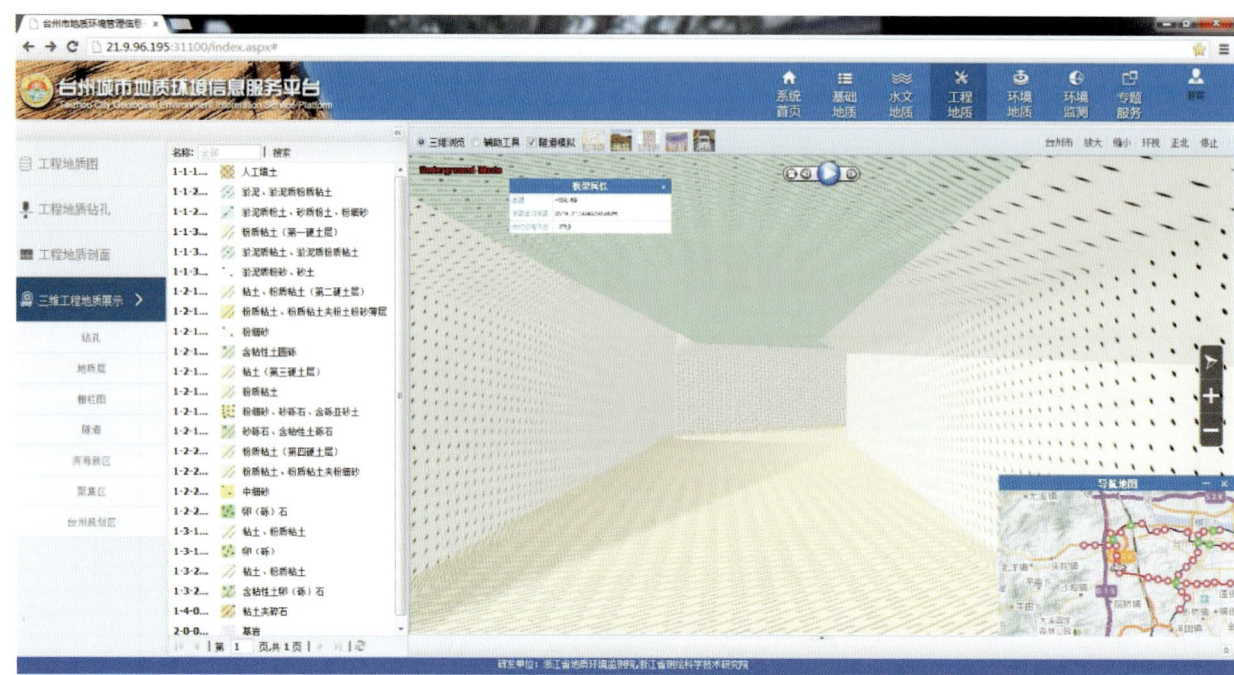

图 17-77 "数字台州"地下轨道交通三维地层及岩性展示

第十一节 杭州市重点规划区

1. 编制了支撑杭州拥江发展地质调查报告与图集,支撑服务拥江发展规划与生态环境保护

本次系统分析了拥江发展规划区地下空间、地下水、湿地、地质景观、富硒土地及地热清洁能源等优势地质资源,总结了拥江发展需关注的地质环境问题,包括:三江口转塘—西山、闻堰—湘湖地区和上城区凤凰城北侧发育的岩溶,主城段分布的富水砂土、软土和古河道、浅层气、暗浜等特殊地质体,拥江区湿地资源的污染问题。同时编制了《支撑服务杭州拥江生态保护与绿色发展地质调查图集》,包括基础地质、地质资源、环境地质问题等方面图件 46 张,为合理打造拥江发展规划区提供了地质依据。

2. 构建了拥江规划区主城段、钱江新城二期、亚运村等重点地区三维地质模型,提出重点地区地下空间开发及地铁 9 号线建设建议,保障城市安全

亚运村片区位于钱江世纪城北东角,总用地面积约 $2.4 km^2$。区域构造稳定性好,区内存在填土、软土、风化岩等特殊岩土体。钱江新城二期比邻钱江新城一期核心区,占地面积为 $5.2 km^2$。地下空间总量为 $2.9 km^2$,重点利用区域总用地约 $1.189 km^2$,地下空间开发利用主要集中在中浅层区域($0\sim30m$),深层区域($30m$ 以下)以控制为主,为远景发展留有余地。

通过构建三维地质模型可见,亚运村及钱江新城二期地层结构相对稳定,为工程地质建设奠定了良好基础。在开发地下空间资源时重点防范砂土液化、软土地面沉降及基坑稳定性问题,加强地下水水位、水质动态、地质体形变等监测及基坑边坡稳定性防范,谨慎进行抗浮设计、抗压防渗设计、基坑稳定性验算等。

地铁9号线沿线区域地质构造较稳定,新构造运动不明显。建议在换乘站及中间站点设置地下气体质量检测、活动断裂探测与监测及地质体形变监测等措施,由于线路临江,建议在站点及线路间设置地下水水位及水质监测(图17-78)。

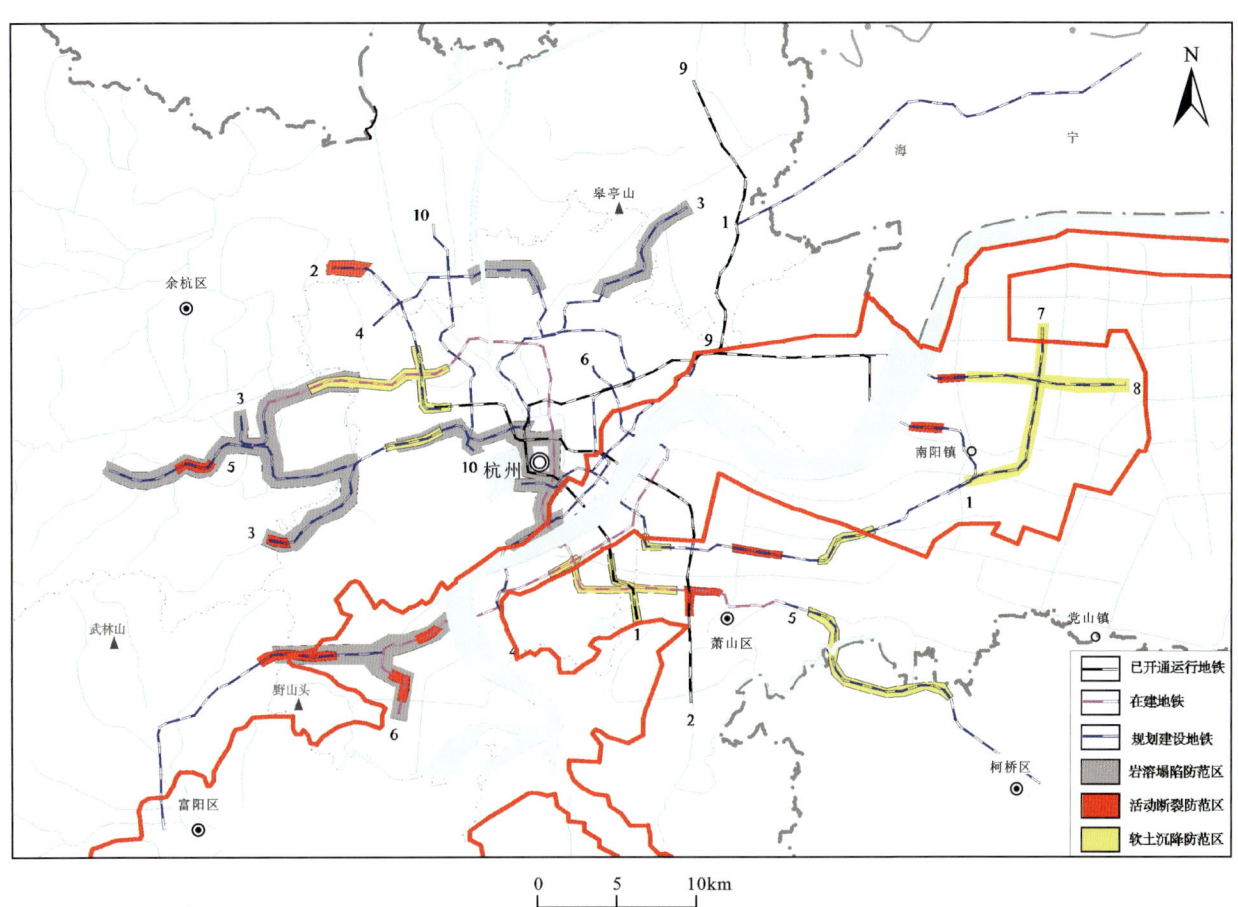

图17-78 杭州市主城区轨道交通开发建设地质建议图

第十八章 长江经济带试点小城镇地质调查评价

为支撑服务国家新型城镇化、生态文明建设及苏南现代化建设示范区建设发展战略,探索后工业化时期地质调查工作模式,中国地质调查局部署了小城镇地质调查试点项目,得到了江苏省自然资源厅、镇江市自然资源局、丹阳市人民政府的大力支持。丹阳市地处长江下游南岸,江苏省南部,土地面积为1 037.7km²(图18-1)。中国地质调查局南京地质调查中心与丹阳市人民政府签署合作协议,共同组织实施了"丹阳城镇地质环境综合调查"项目,针对"空间、资源、环境、灾害"多要素开展调查,查明了岩土体空间结构,摸清了优质地质资源,探明了环境灾害问题,有效服务了丹阳小城镇规划、建设和运行管理的全过程(图18-2),支撑了城市集约、智能、绿色、低碳、安全发展。

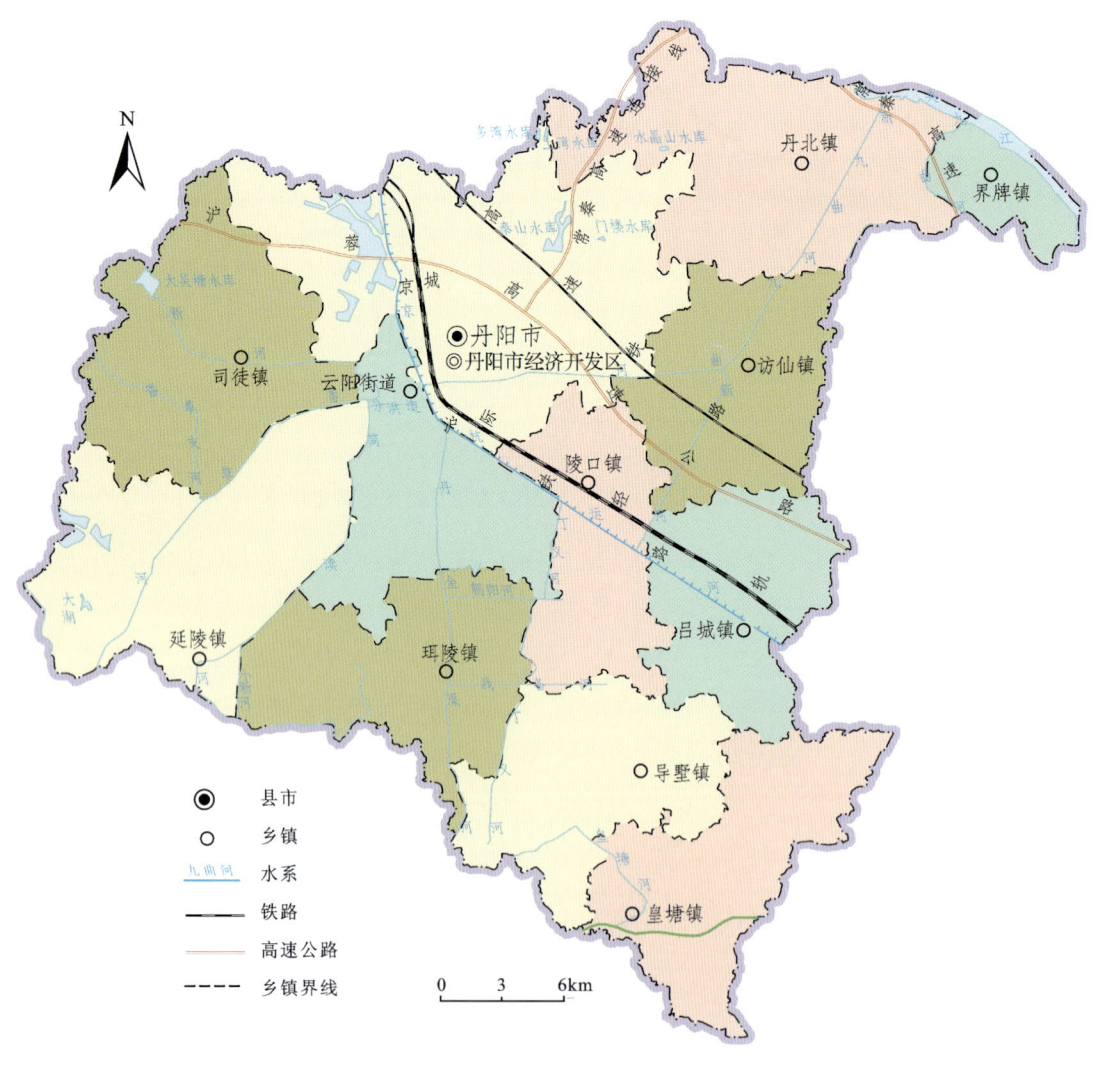

图 18-1 丹阳市行政区划图

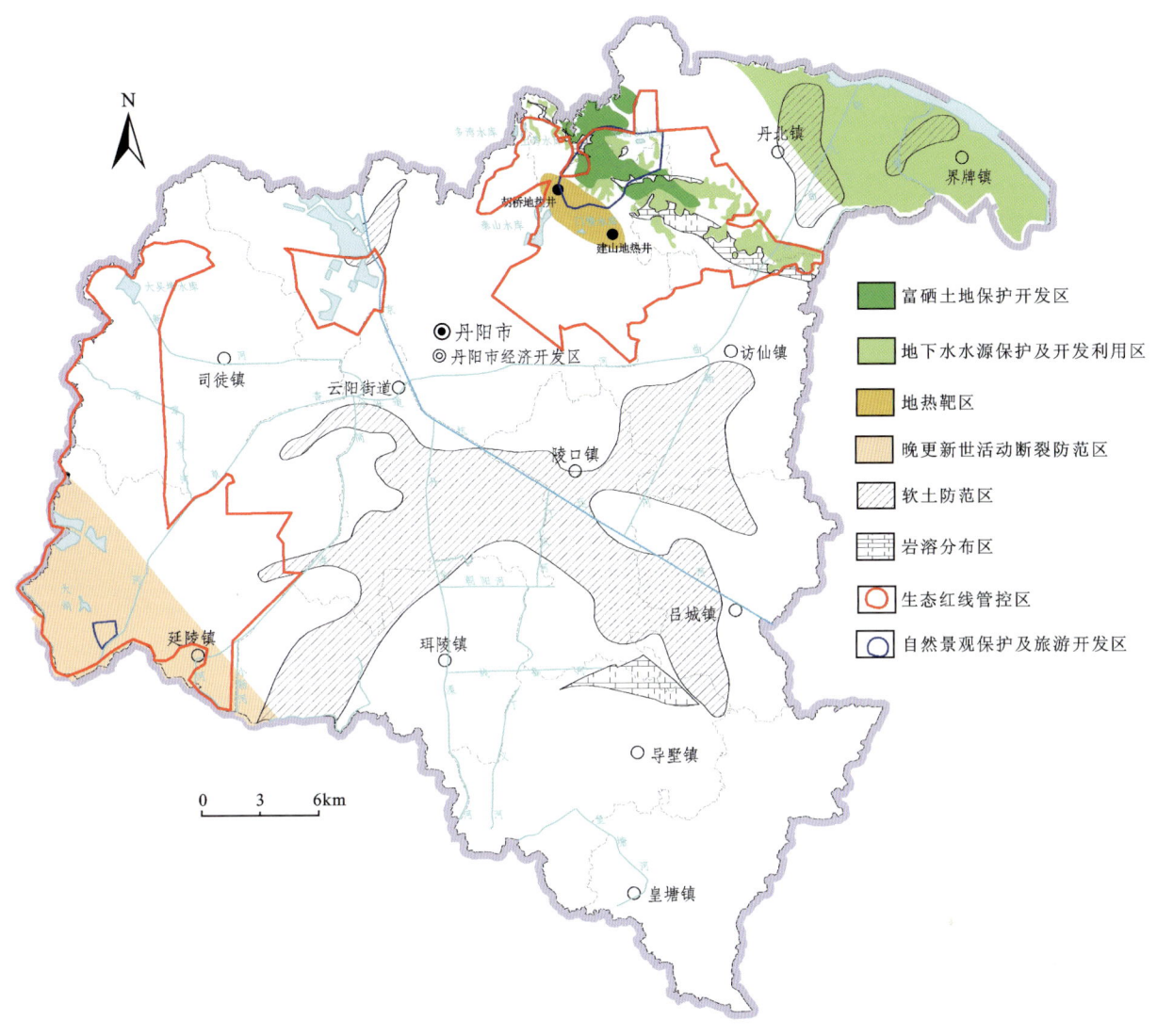

图 18-2 丹阳市国土空间开发利用管控建议图

一、优势地质资源

1. 无公害耕地和绿色食品产地面积分布广

全市农用地无公害评价结果显示，其中任何重金属元素含量都不超标的地区被称为无公害区域，全市农用地无公害区域面积为 42.86 万亩（约 285.73km²），占全市农用地总面积的 50.53%。

全市农用地绿色食品产地评价结果显示，全市农用地 AA 级绿色食品产地区域面积为 31.23 万亩，占全市农用地总面积的 36.82%；A 级绿色食品产地区域面积为 33.12 万亩，占全市农用地总面积的 39.05%。

丹阳市土壤富硒（硒含量大于 $0.4×10^{-6}$）区面积为 2.76 万亩（图 18-3），其中东北部西丰村—胡桥村—管山村地区集中分布区面积约 1.5 万亩，是富硒土壤开发的潜力区。其他富硒土壤区分布于埤城、后巷和新桥等乡镇区周边，在马陵村、丰裕村、飞达村、群楼村等地零星分布。农作物及根系土样品分析结果显示，西丰村西南部地区根系土硒含量都达到富硒土壤的标准，且土壤环境质量优良，面积为 0.3 万亩，为富硒特色土地最有开发利用前景的区域。建议将集中富硒土地区规划发展为特色农业区。

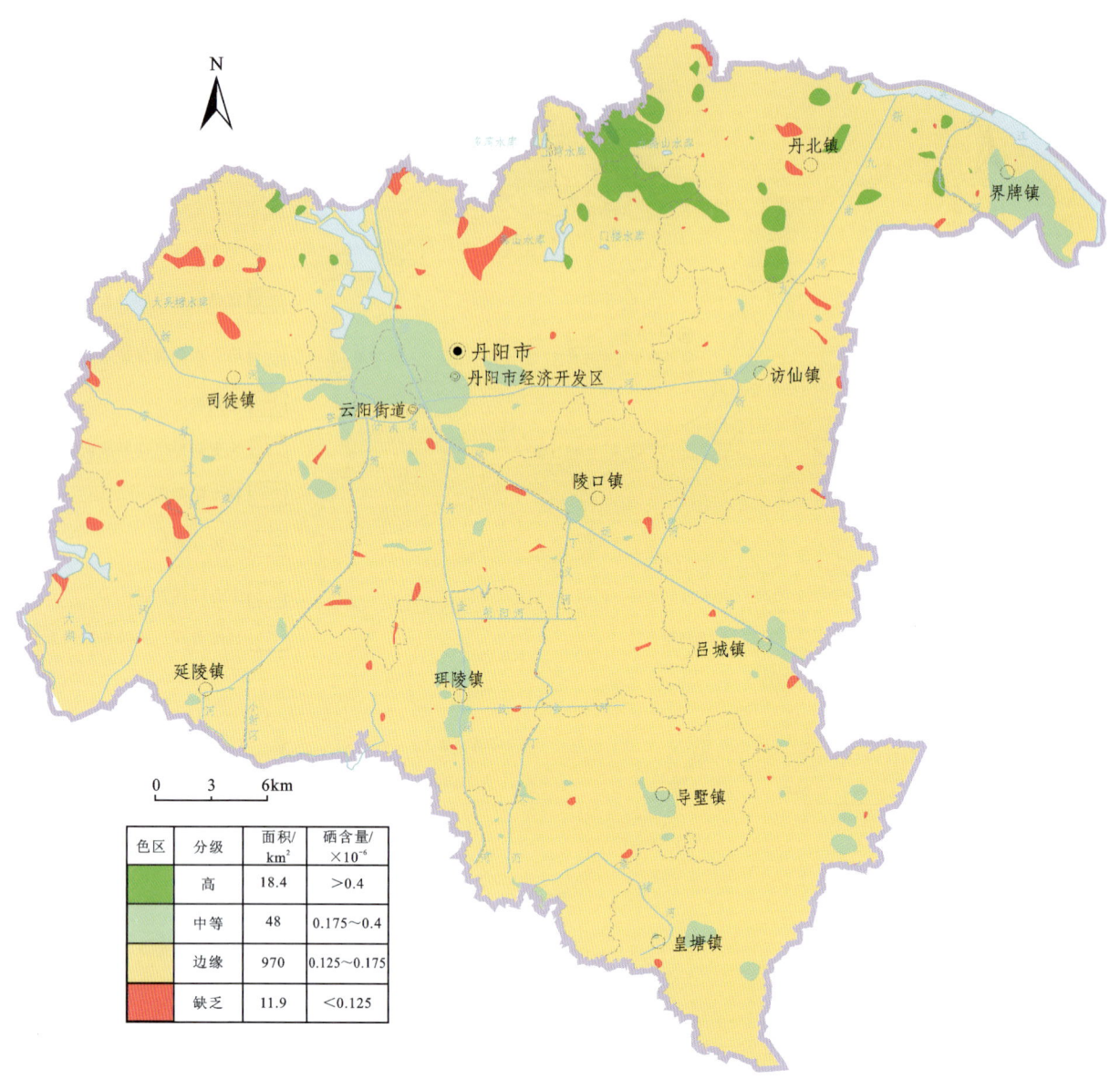

图 18-3　丹阳市富硒土地硒元素含量分布图

2. 浅层地热能资源潜力大

浅层地热能是指埋藏深度在 200m 以浅（江苏省目前使用深度约 100m）温度低于 25℃ 的地热资源，主要用于建筑物供暖制冷。本次完成了丹阳中心城区（含开发区）和滨江地区浅层地热能资源调查评价（图 18-4），基本查明了浅层地热能的赋存条件、岩土体的热物性参数及浅层地热能的可采资源量，年可开采量折合标准煤 211.64 万 t，可实现建筑物供暖和制冷面积 42km²。

滨江地区地源热泵系统适宜、较适宜区面积约 101.93km²，每年可开发利用浅层地热能资源量相当于燃烧约 89.10 万 t 标准煤获得的能量，可减排二氧化碳约 74.39 万 t。中心城区地源热泵系统适宜面积约 173.23km²，每年可开发利用浅层地热能相当于燃烧约 122.54 万 t 标准煤获得的能量，可减排二氧化碳约 102.34 万 t（图 18-5）。

随着工业转型发展，越来越多的企业在建设改造过程中考虑浅层地热能开发利用。浅层地温调查成果为清洁能源开发战略规划提供了地质依据。建议积极推进浅层地热能开发利用，尤其是建筑容积率较低的办公园区和公共建筑等应优先采用浅层地热能供暖、制冷。

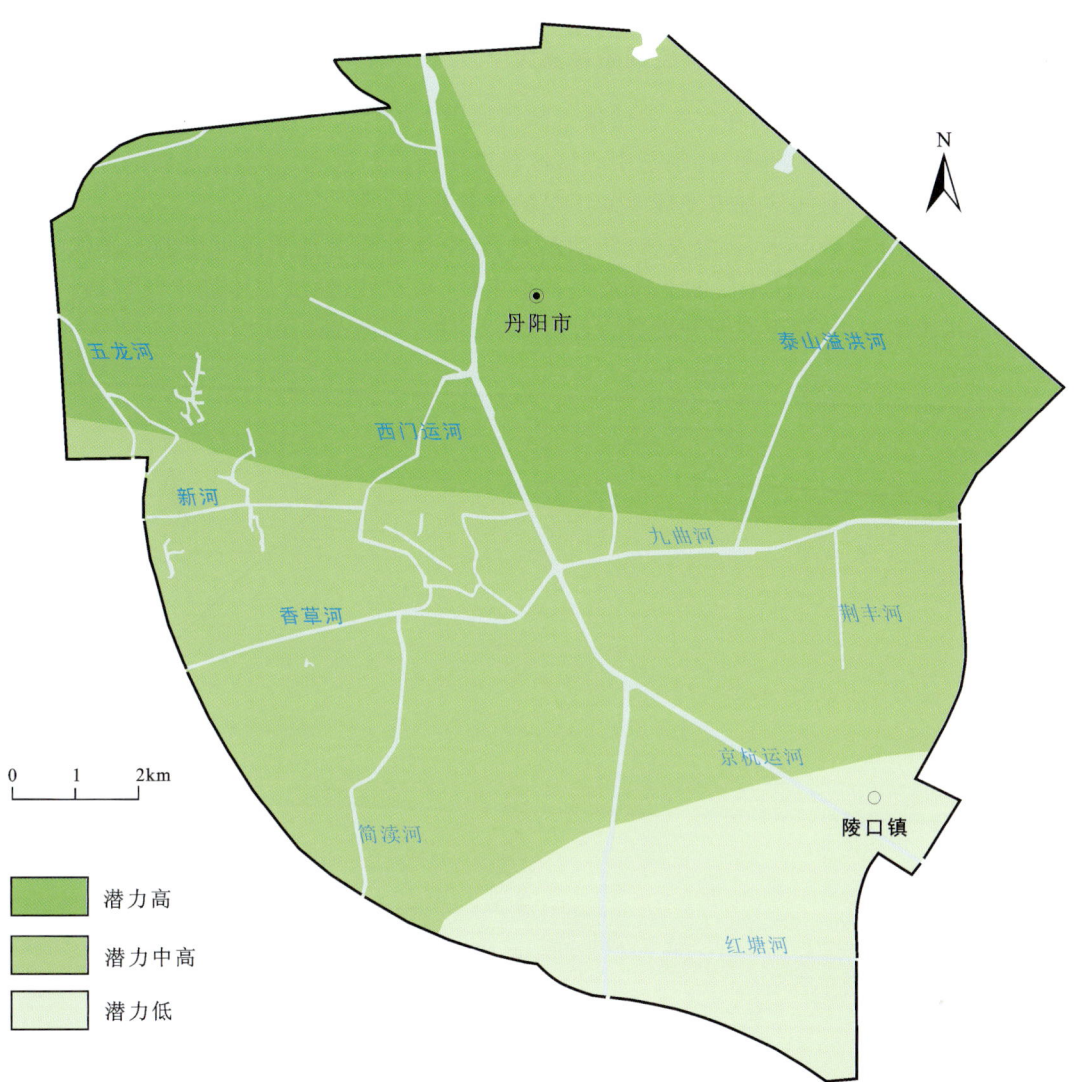

图 18-4 丹阳中心城区地埋管地源热泵系统潜力评价分区图

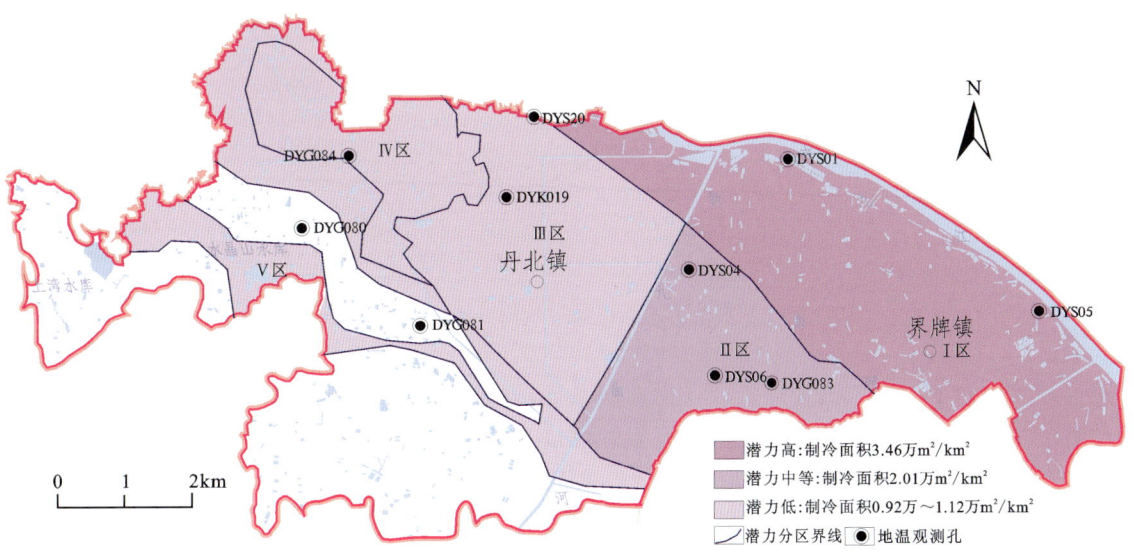

图 18-5 丹阳滨江新城地埋管地源热泵系统潜力评价分区图

3. 中心城区及滨江地区可开发地下空间资源量大

丹阳市地处发达的苏南地区,在江苏省城镇空间格局中占据着重要位置。在城镇化发展过程中,丹阳市同样面临土地资源紧缺的问题,特别是中心城区建设用地已经饱和,急需拓展新的发展空间。科学合理地规划开发地下空间是缓解城市发展空间不足的有效途径。

地下空间开发主要受地下水、岩溶发育、活动断裂、岩土体性质等地质条件限制。本次查明了丹阳地下30m深度内软土、砂土和硬土层的分布及地基稳定性、富水性,地层总体稳定性好,岩土体结构相对均一,受地下水影响较小,地下空间开发适宜性较好(图18-6、图18-7)。

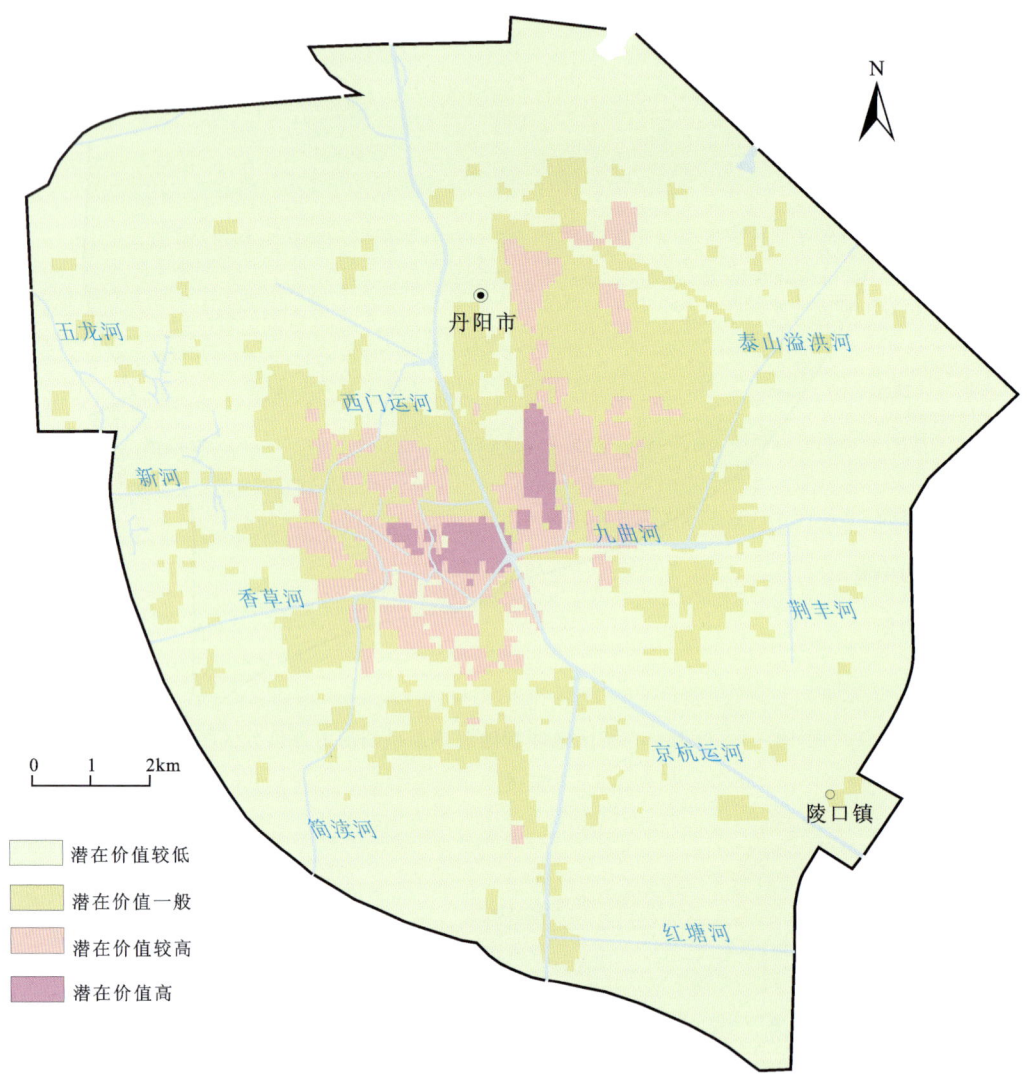

图18-6 丹阳中心城区地下空间资源潜在价值分级图

适宜开发的地下空间资源量评价应考虑地质条件,同时还应考虑城市发展需求和经济技术可行性。根据丹阳市城市发展现状和城市地下空间开发利用规划,地下空间开发需求主要集中在中心城区及滨江地区,可开发的地下空间资源量为5878万m^3,可置换地表土地面积19 104亩。

地下空间资源是国土资源的重要组成部分,丹阳市工程地质条件总体良好,建议城镇土地利用规划将地下空间纳入国土规划通盘考虑,按照地上、地下一体化的城镇发展思路,实现国土资源的高效集约利用。

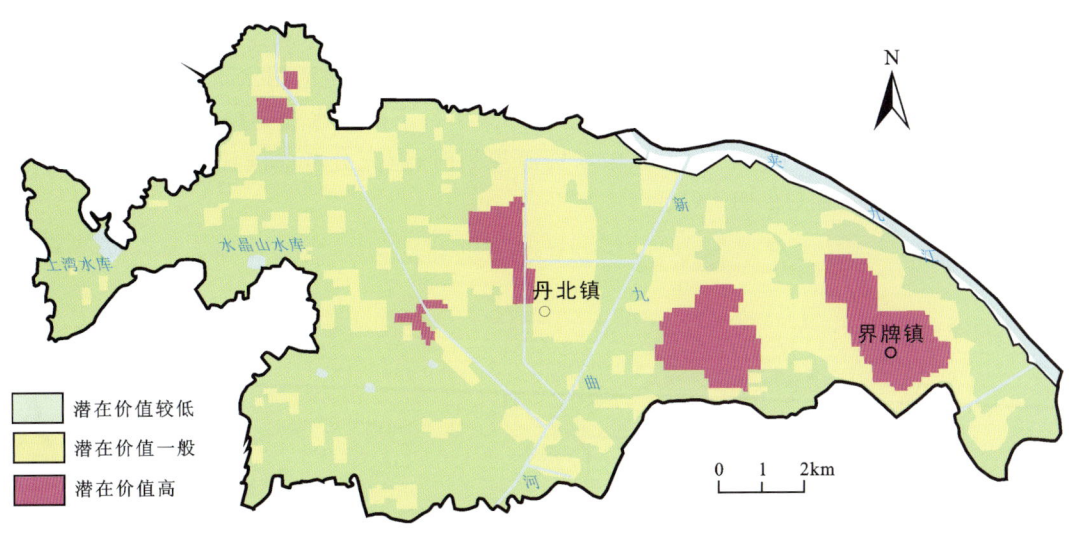

图 18-7　丹阳滨江新城地下空间资源潜在价值分级图

4. 滨江地区拥有的地下应急水源地

调查评价结果(图 18-8)显示,丹阳市地下水补给资源量为 1.3 亿 m^3/a,可开采地下水资源量约 0.4 亿 m^3/a,水质总体较好。滨江地区含水层较厚且稳定性、连续性较好,具备作为地下水源地的供水条件。

图 18-8　丹阳市地下水资源分区图

目前,丹阳市饮用水主要依靠长江地表水,供水水源单一,具有供水安全风险。本次在滨江界牌镇圈定了应急供水水源地,供水规模可达到 10 亿 m³/d,按基本的居民生活用水量 100L/(人·d)计算,可以解决约 100 万人的基本生活用水问题,为突发重大污染事件下的饮水安全提供了保障。

地下水是一种优质、可靠的水源,建议在做水资源规划时,应充分考虑滨江界牌镇丰富的地下水资源,做好保护和科学开发利用(图 18-9)。

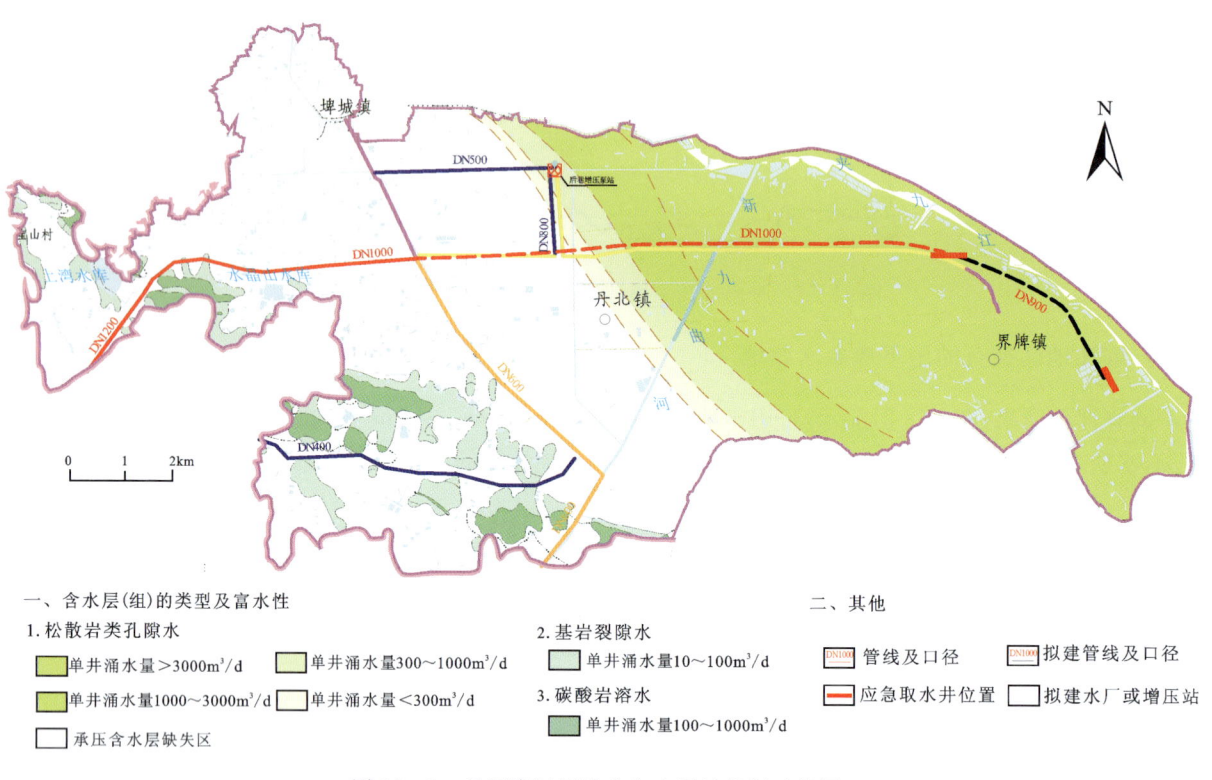

图 18-9 丹阳滨江新城应急水源地规划建议图

二、重大地质问题

1. 开矿采石形成采矿坑塘和稳定性较差的高陡边坡

丹阳市东北部胡桥—建山—高桥一线呈南东向展布的丘陵山区开矿采石等人为工程活动,形成大量的采矿坑塘和稳定性较差的高陡边坡,威胁附近居民的生产生活(图 18-10)。本次调查 20 多个较大采石场,采坑多积水成塘,采矿区分布岩体破碎的高陡边坡 52 处。目前,采石场基本上已经关闭停采,仅有个别采场还有挖掘机施工。

初步分析结果表明,90%以上的高边坡处于稳定性较差的状态(图 18-11)。建议根据丹阳丘陵区矿山环境现状特点,加快矿山环境治理和生态环境恢复工程,对重大的地质灾害隐患点应进行专门防治。

2. 地下水环境保护形势不容乐观

调查评价表明丹阳市浅层地下水以Ⅲ类水为主(图 18-12),90%的地下水可直接(或经适当处理后)作为饮用水供水水源,10%的地下水不宜作为饮用水供水水源。局部小范围地区存在轻度—中度污染,污染指标主要为硝酸盐,主要来自人为活动影响。部分化工场地地下水污染程度较重。

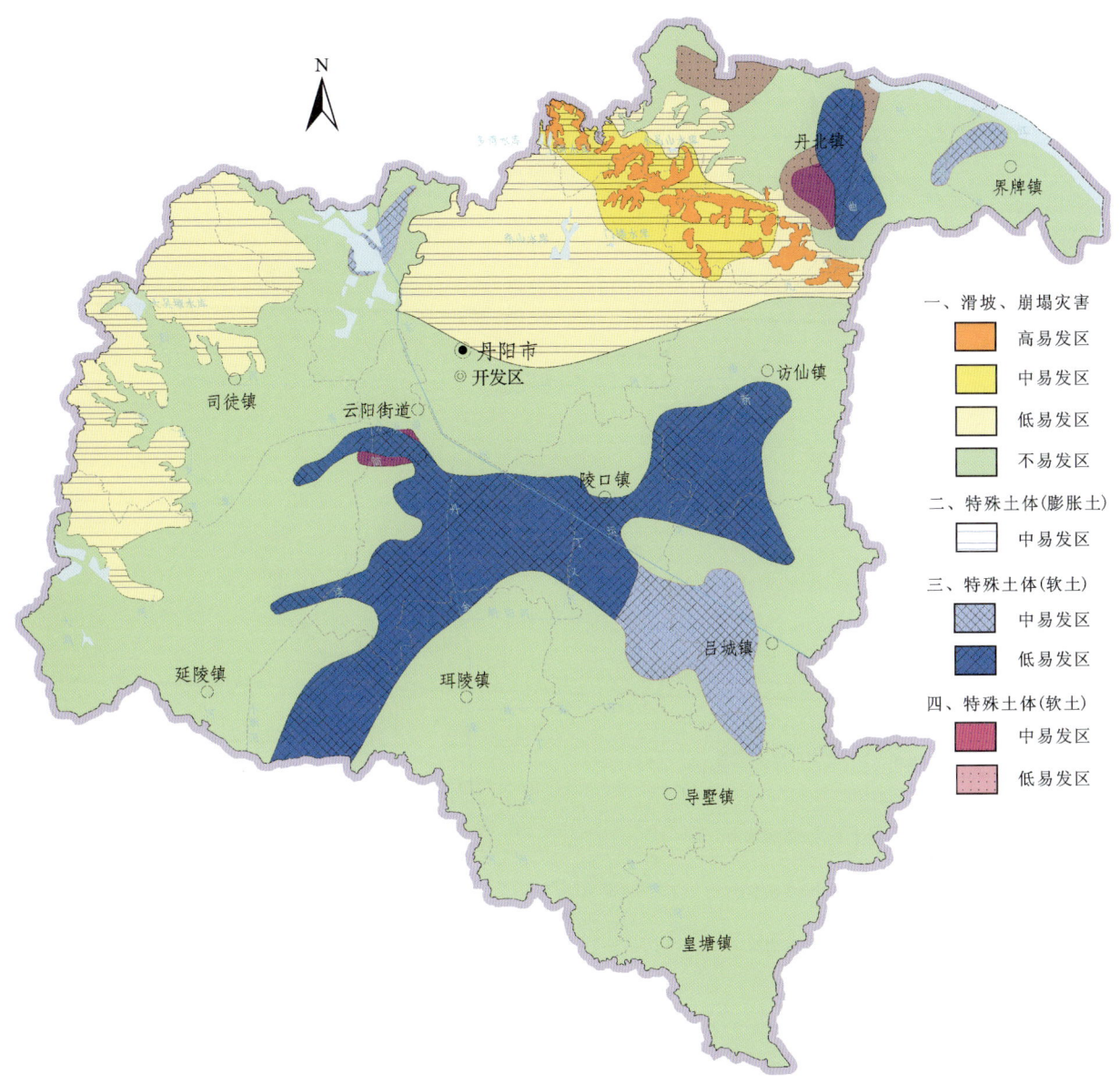

图 18-10 丹阳市地质灾害易发区分布图

建议：根据本次调查成果做好地下水污染防治工作，滨江地区为重要水源地保护区，丹阳南部及北部后巷为一般防护区，丹阳中部及化工场地区域为重点防护区，其余地区为自然防护区（图 18-13）。

3. 局部地区存在土壤污染现象

丹阳表层土壤重金属元素综合环境质量评价结果表明，丹阳总体土壤状况尚可，但局部地区存在土壤污染（图 18-14）。一级土壤区面积为 223.9 km^2，占丹阳土地总面积的 21.58%；二级土壤总面积达 679.6 km^2，占丹阳土地总面积的 65.49%；三级及以上可能影响正常农业种植安全的土壤面积为 134.2 km^2，占丹阳土地总面积的 12.93%，主要分布于城镇周边。影响土壤综合环境质量的主要元素为 Hg 和 Cd。部分化工场地土壤污染较突出，对周边人民健康和生态环境安全存在较大风险。

建议：土地利用规划修编时，优先考虑将土壤养分丰富、土壤环境质量优质的耕地划定为基本农田，将土壤养分缺乏、土壤环境质量差的耕地调整出基本农田保护区（图 18-15）。对轻度污染土地要加强

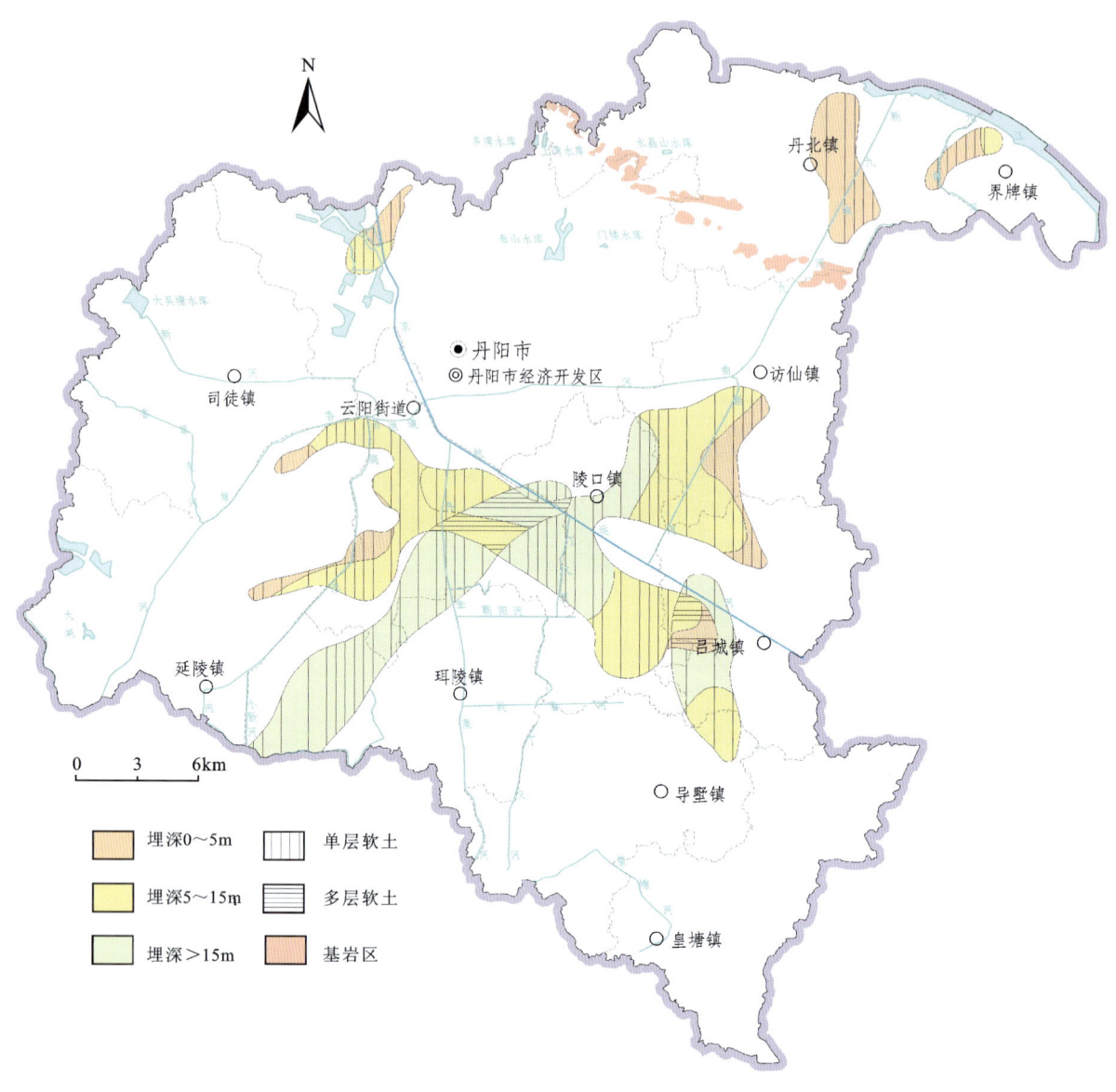

图 18-11 丹阳市软土空间分布图

控制、防止污染加剧,对污染严重的地块采取土壤环境恢复治理措施。要进一步加强重点化工场地水土环境状况详细调查与评价工作。

三、地学建议

1. 区域协调发展,合理利用土地资源

丹阳城市规划选址条件总体良好,未来建设需从建设成本、施工风险及运营安全等多方面综合考虑。将岗地区作为后备土地资源优先开发利用;将低山丘陵区作为风景区和生态保护区;长江漫滩区工程地质条件相对较差,不宜进行大规模建设,建议发展生态产业。

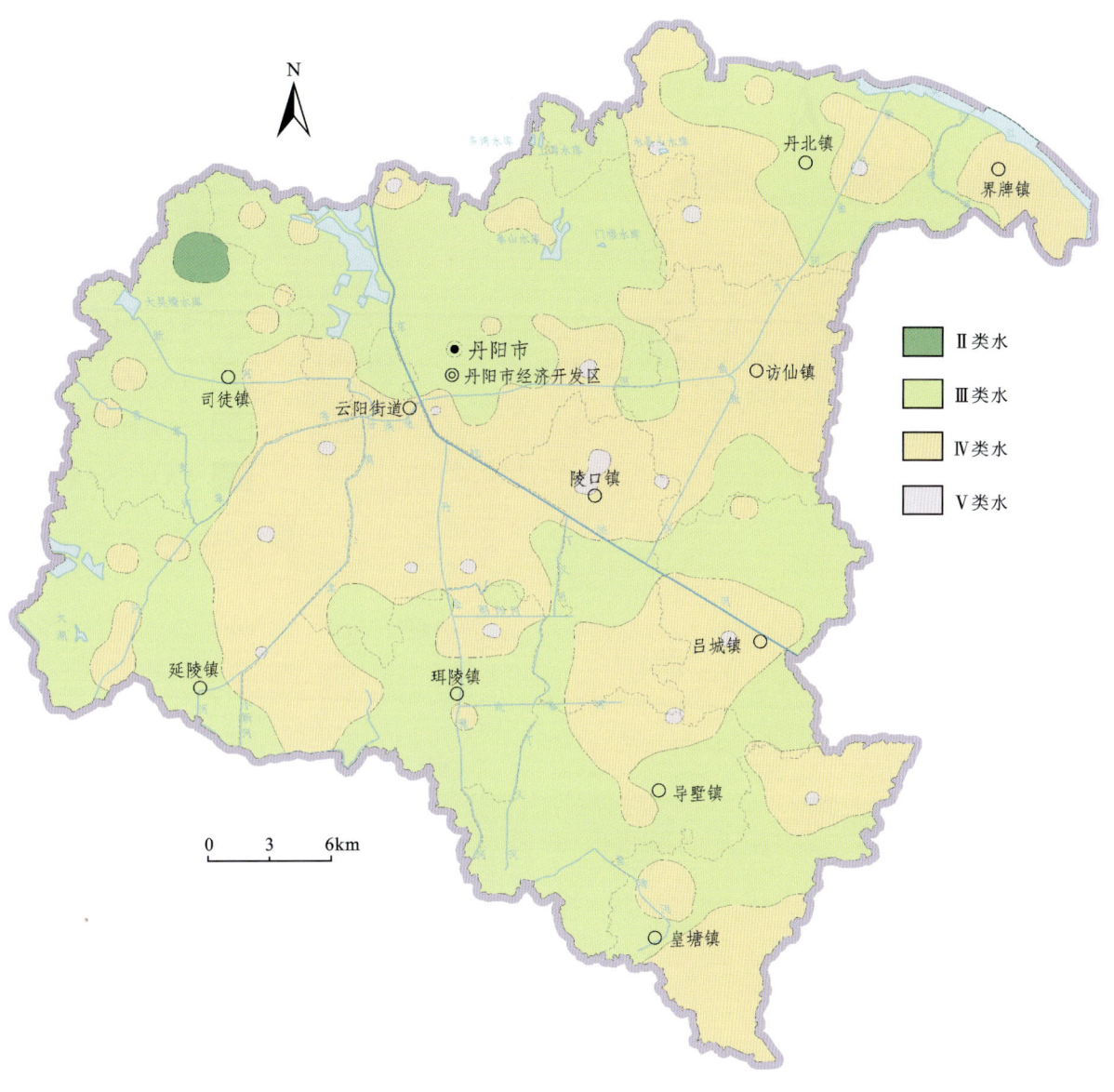

图 18-12 丹阳市浅层地下水（50m 以浅）质量综合评价图

2. 乡村振兴发展，规划特色小镇产业

乡村振兴应立足于地方的资源优势、环境优势，建设特色小镇，以产业带动乡村发展，促进城乡融合。丹阳东北部水晶山西侧具有开发特色产品潜力富硒土壤区，可以规划发展特色农业小镇；丹阳滨江地区有地热、水晶山、石刻园等特色地质资源，可以规划发展休闲小镇；丹阳西南部延陵具有沸井奇观、茅山余脉、季子庙景区，可以规划发展地质科学与传统文化结合的旅游小镇。

3. 生态文明建设，充分发挥地质特色

丹阳应以绿色发展为统领，具体措施为：一是突出"江南水乡"特色，将滨江地区纳入城市应急地下水水源地进行保护规划，合理进行地下水资源开发利用，同时加强地表水环境综合整治，改善生态地质环境；二是要优化调整基本农田保护区，打造绿色生态园，规划发展无公害、绿色农产品产地；三是科学

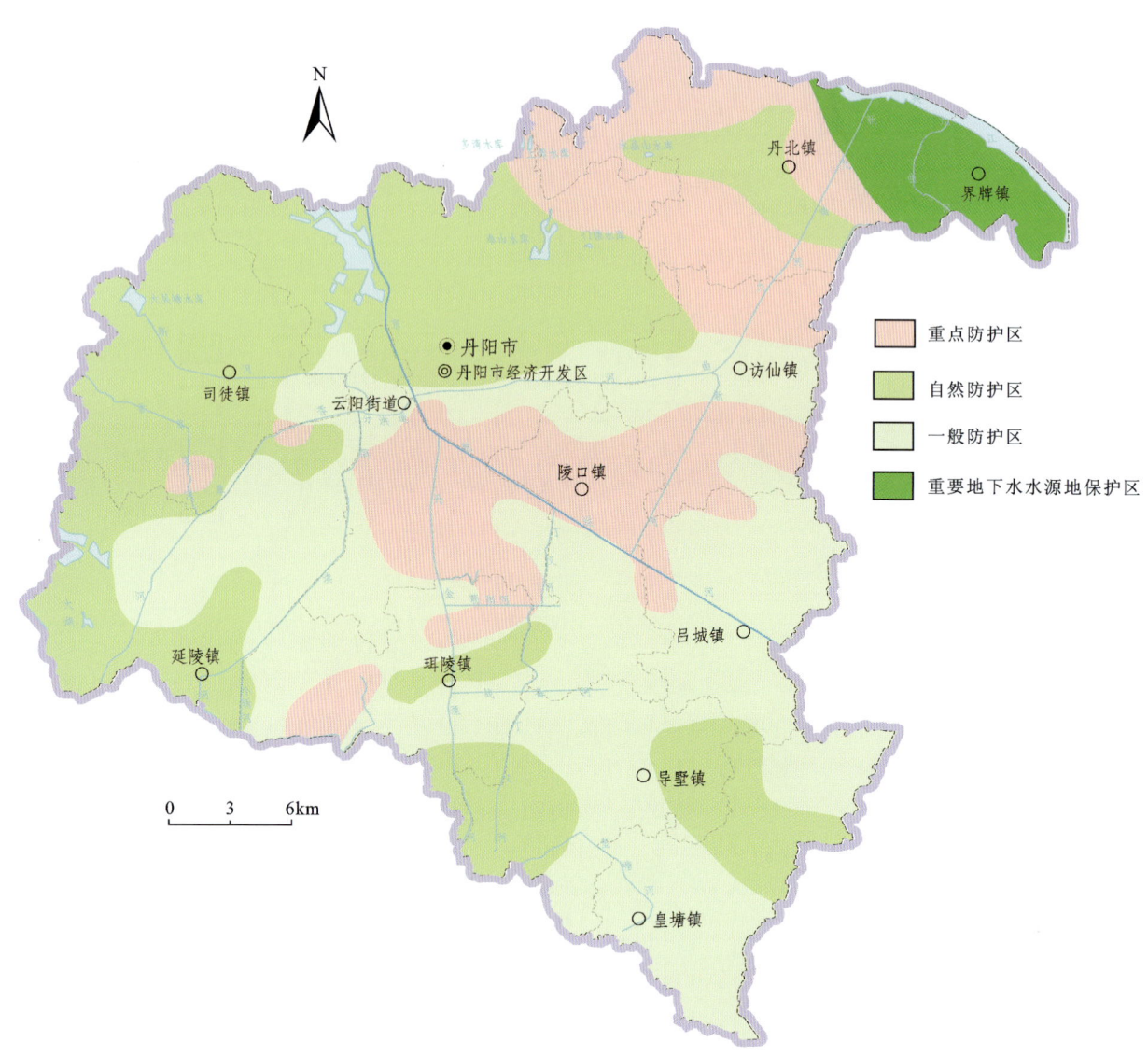

图 18-13　丹阳市地下水污染防治区划图

有序统筹推进浅层地热能开发利用,促进全市节能减排和低碳生态建设;四是因地制宜,充分保护并利用好嘉山、建山等山体资源,美化城市空间,形成人与自然和谐发展的新格局。

4. 智慧城市建设,充分应用地质信息

城市地质调查工作是和谐发展、绿色发展的奠基石,城市地质信息能够强力支撑发展规划科学制定、开发强度控制、空间结构调整、资源集约节约利用、生态环境保护。已建立的丹阳地质信息管理和服务系统具备了地质数据综合管理、三维地质建模与分析评价、辅助政府管理决策、公众信息发布等功能,应尽快制定地质资料管理条例,尽早将地质调查工作纳入政府管理的主流程,应用地质信息服务城市规划、建设、运营管理的全过程。

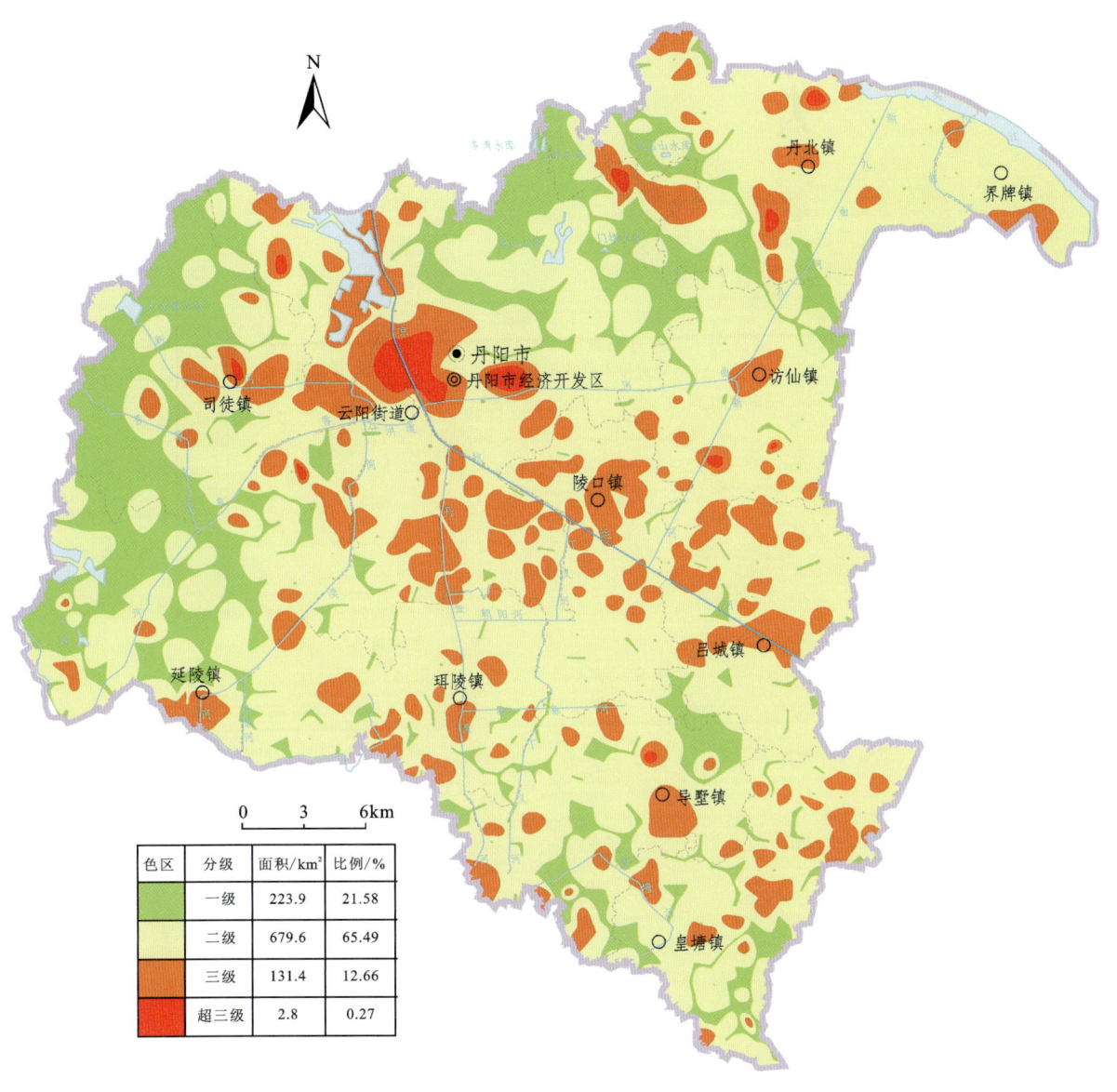

图 18-14　丹阳市土壤环境综合质量评价分区图

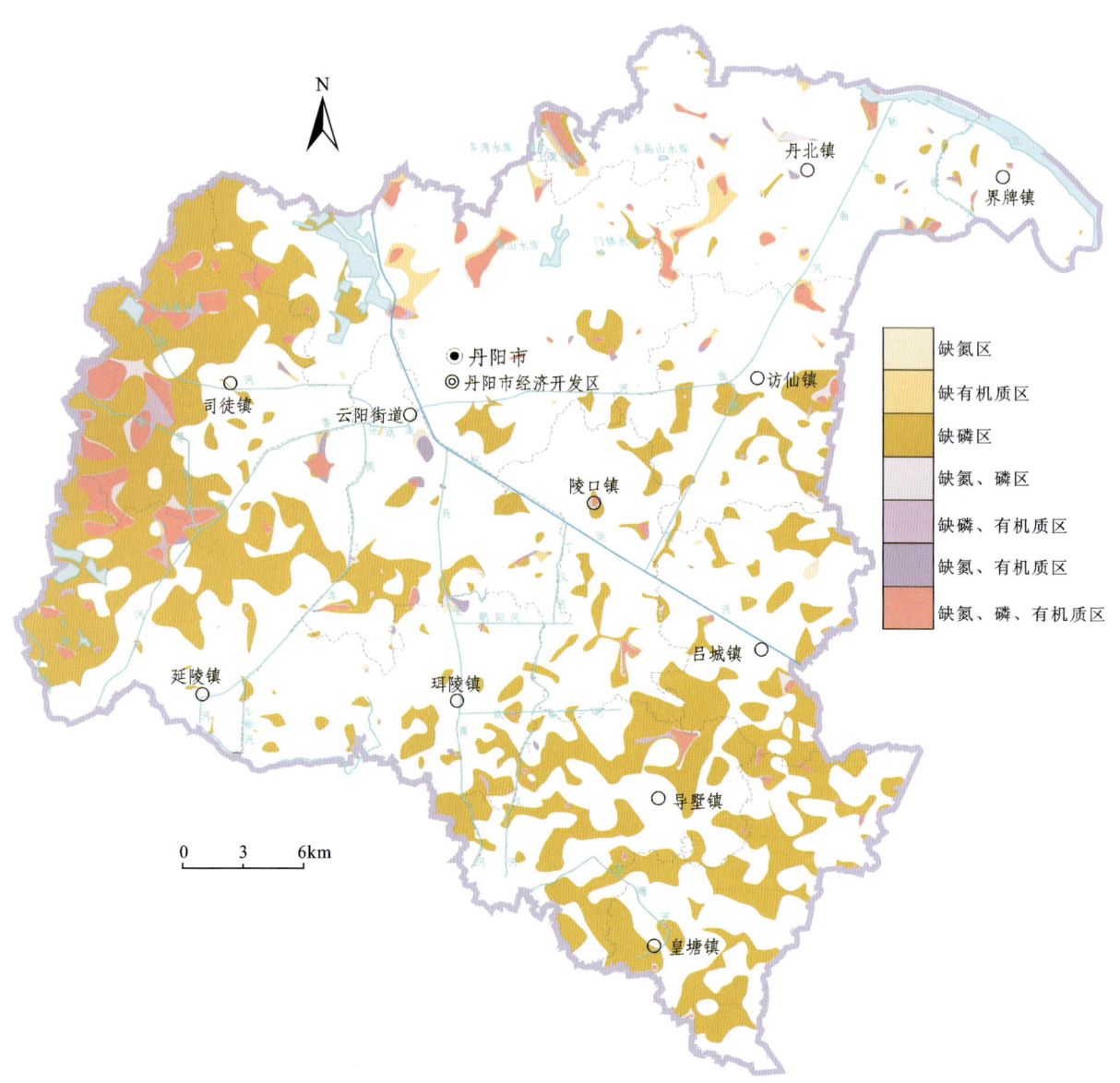

图 18-15 丹阳市农用地土壤养分元素缺乏区分布图

第七篇
成果转化应用与服务篇

本篇主要阐述了工程实施以来取得的成果转化应用与服务相关内容，主要包括：支撑服务长江经济带发展战略和国土空间规划，编制的相关成果获中央领导批示及自然资源部国土空间规划局发函感谢；支撑服务赣南苏区集中连片贫困区脱贫攻坚为6万余人提供了安全饮用水源保障，推进了城市地质工作的开展，实现了地质调查成果服务融入政府管理的主流程；支撑服务重大工程规划、建设和维护，为长江岸滩防护、沿岸防洪和长江大桥主桥墩维护、过江通道、跨海通道、高速铁路、高速公路和地铁线路规划选线，以及超级电子质子对撞机、机场与重要场馆选址等提供了方案和建议；支撑服务地质灾害防治，在三峡库区、丹江口库区、涪江流域和东南沿海等地区开展了地质灾害调查和应急调查，及时提出了相关防治建议；支撑服务国家地下战略储油储气库基地建设和页岩气绿色开发战略，提出了长江经济带盐穴和连云港水封洞库开发利用建议以及重庆涪陵页岩气勘查开发区应关注的风险。

第十九章　支撑服务长江经济带成果转化应用与服务

长江经济带上升为国家战略后,自然资源部中国地质调查局围绕长江经济带绿色生态廊道打造、立体交通走廊建设、产业转型升级、新型城镇化建设和脱贫攻坚等迫切需求,及时部署开展了"长江经济带地质环境综合调查工程",工程自2015年实施以来,在支撑服务长江经济带发展规划和国土空间规划、支撑服务新型城镇化战略、支撑服务重大工程规划建设、地质灾害防治和国家地下战略储油储气库基地建设、探索大流域地质工作模式及后工业化地质工作模式等方面均取得了重要进展。本次编制了87份关于长江经济带、长三角、苏南现代化建设示范区、皖江经济带、长江中游城市群、成渝城市群、黔中城市群、"两湖一库"等区域支撑服务发展系列报告和方案(附录1),相关成果得到中央和省部级以上领导批示17次,得到各级自然资源政府部门和企事业单位的广泛应用,服务成效十分显著。

第一节　支撑服务长江经济带发展规划和国土空间规划

一、支撑服务长江经济带发展规划

2014年9月12日,国务院正式印发的《关于依托黄金水道推动长江经济带发展的指导意见》指出,长江是货运量位居全球内河第一的黄金水道,在区域发展总体格局中具有重要战略地位。2016年3月25日,中共中央政治局审议通过的《长江经济带发展规划纲要》指出,推动长江经济带发展必须走生态优先、绿色发展之路,涉及长江的一切经济活动都要以不破坏生态环境为前提,共抓大保护、不搞大开发,共同努力把长江经济带建成生态更优美、交通更顺畅、经济更协调、市场更统一、机制更科学的黄金经济带。

在中国地质调查局的部署和指导下,工程人员同长江经济带11个省(市)自然资源部门人员在2015年初至2016年初及时编制完成了《支撑服务长江经济带发展地质调查报告(2015年)》《长江经济带国土资源与重大地质问题图集》和《支撑服务长江经济带发展地质调查实施方案(2016—2030年)》。

《支撑服务长江经济带发展地质调查报告(2015年)》对以往地质调查成果进行了系统梳理,对长江经济带的资源环境条件和重大地质问题进行了研究。报告指出支撑长江经济带发展的有着4个有利资源环境条件。其中,长江经济带耕地、页岩气、地热、锂等资源条件优越,4.5亿亩无重金属污染耕地集中分布,拥有3个国家级页岩气勘查开发基地,探明储量5441亿 m^3,每年地热可利用量折合标准煤2.4亿t,相当于2014年燃煤量的19%,发现了亚洲最大的能源金属锂矿床,资源环境条件有利于发展现代农业、清洁能源产业和战略新兴产业。报告还指出长江经济带发展需要关注的4个重大地质问题。其中,长江经济带横跨东、中、西三大地势阶梯,地貌单元多样,地质条件复杂,活动断裂、岩溶塌陷、滑坡、崩塌、泥石流、地面沉降等地质问题突出,区内存在主要活动断裂带94条,岩溶塌陷高易发区为23.5万 km^2,滑坡、崩塌、泥石流灾害隐患点有10.7万余处,地面沉降严重区约2万 km^2,影响过江通道、高速铁路和城市群规划建设,12座拟建的过江通道地质适宜性较差,沪昆高铁19%线路存在地质安全隐患;同时土壤酸化、地下水污染、矿山环境地质问题比较突出,影响绿色生态廊道建设,应予以关注。《支撑服务长江经济带发展地质调查报告(2015年)》获张高丽副总理和江苏省副省长徐鸣(常委)批示。

《长江经济带国土资源与重大地质问题图集》围绕国家和地方经济建设需要,在内涵展现、主题编排和结构形式上进行了积极探索与创新,反映了长江经济带的地质环境背景条件、国土资源分布特征和资源环境承载能力,对长江经济带区域开发政策制定、开发强度控制、生态环境保护和国土整治具有重要意义。图集分为城镇与基础设施规划需要关注的重大地质问题、产业发展规划布局需要考虑的能源与资源潜力、耕地保护和管理需要重视的土地质量地球化学背景、国土开发与生态环境保护需要重视的资源环境状况和长江三角洲海岸带地区的国土资源与环境条件5个方面,共编制了35张图。图集及时上报中央财经领导小组办公室(118册)、国土资源部、中国地质调查局,同时得到长江经济带11个省(市)自然资源和规划部门参考应用,产生显著社会效益,为国家重大发展战略提供了地质基础支撑服务(图19-1)。

图19-1　长江经济带图集分别移交江苏、浙江、安徽、贵州和重庆等省(市)自然资源厅

《支撑服务长江经济带发展地质调查实施方案(2016—2030年)》围绕长江经济带绿色生态廊道打造、立体交通走廊建设、产业转型升级、新型城镇化建设和脱贫攻坚5个方面,按照"一道"(绿色生态廊道)、"两廊"(立体交通走廊、现代产业走廊)、"三群"(长三角、长江中游和成渝城市群)、"一区"(扶贫攻坚区)、"一支撑"(技术支撑体系),部署了长江经济带的综合地质调查工作。

规划总体目标:开展长江经济带综合地质调查,重点查明绿色生态廊道区、立体交通走廊区、产业转型升级区、新型城镇化建设区和扶贫攻坚区地质背景条件、重大科学问题与环境地质问题,构建长江经济带综合地质调查评价信息系统,全面提高长江经济带地质成果社会化服务能力,探索构建经济发达地区或后工业化时期地质工作模式,探索大流域地球系统科学研究经验和方法,创新工作机制,提高科技创新能力,为长江经济带国土空间规划、国土用途管制、国土生态修复等提供基础技术支撑和服务。

规划基本思路:遵循"创新、协调、绿色、开放、共享"理念,围绕大力保护长江生态环境、打造绿色生态廊道、加快构建综合立体交通走廊、创新驱动产业转型升级、积极推进新型城镇化等重大任务,以解决重大资源环境问题和需求为导向,开展综合地质调查,加强地质科技创新,构建中央和地方11个省(市)地质工作协调联动机制,搭建地质信息共享平台,增强服务功能,显著提升服务国土资源管理和经济社会发展的能力及水平。

主要任务有以下6个方面。

(1)开展长江经济带绿色生态廊道区综合地质调查,基本查明重要水源地、重要湖泊湿地区、重点生态脆弱区地质背景条件和湖泊湿地退化、水土污染、水土流失、崩塌、滑坡、泥石流、活动断裂等主要环境地质问题,为长江经济带绿色生态廊道生态环境保护、湖泊湿地生态环境修复、地质灾害防治提供基础地质数据。

(2)开展长江经济带立体交通走廊区综合地质调查,基本查明沿江、沿海和沿高铁沿线岩土体工程地质条件,针对岩溶塌陷、采煤排水塌陷、活动断裂、崩塌、滑坡、泥石流、地面沉降、岸线侵淤等主要环境地质问题开展专项调查研究,开展工程建设适宜性评价、地质灾害危险性评价,为长江经济带未来规划建设的95座过江通道、沪昆和沪汉蓉高铁线路等重大工程、重大基础设施规划与建设提供基础支撑。

(3)开展长江经济带产业转型升级区综合地质调查,基本查明重要成矿区带矿产资源、重点地区页岩气、煤层气资源状况以及重要农业种植区土地质量现状,为实现找矿突破战略行动最终目标奠定坚实基础,努力实现能源矿产地质调查取得重大突破,推进传统产业转型升级和有序转移,打造一批竞争优势明显的能源矿产产业集群与产业基地,提升农业现代化和特色农业发展水平。

(4)开展长江经济带新型城镇化建设区综合地质调查,基本查明重要城市群和重点城镇地质环境条件及存在的问题,建立地质结构三维模型,评价城镇规划区地下空间开发利用适宜性、资源环境保障能力和环境承载能力,提出城镇化发展中需要关注的重大地质问题及其对策建议,总结不同类型、不同地区城市地质工作标准,为优化城镇空间布局、积极推进新型城镇化服务。

(5)开展长江经济带扶贫攻坚区综合地质调查,基本查明集中连片特困地区和革命老区矿产资源、地下水、优质耕地、地质景观等资源状况,为解决贫困地区饮水困难、矿产资源转型升级、发展特色农业等精准脱贫提供技术支撑。

(6)加强长江经济带综合地质调查科技创新,探索大流域地球科学系统理论,建立后工业化地质工作技术方法体系,深化制约地球关键带演变的地质背景认识,建立国土资源环境承载能力评价监测预警体系和综合地质信息平台,为国土资源管理中心工作和长江经济带发展提供持续服务。该实施方案在2016年度召开的长江经济带地质工作研讨会(图19-2)上分发部、局和地方11个省(市)自然资源部门,为下一步中央和地方在长江经济带地质调查工作的统一部署奠定了重要基础。

图 19-2　2016 年度长江经济带地质工作研讨会

二、支撑服务长江经济带国土空间规划

自然资源部国土空间规划局在 2018 年组织编制了《长江经济带国土空间规划(2018—2035 年)》,为支撑服务自然资源管理中心工作,本书笔者团队在中国地质调查局水文地质环境地质部的领导和指导下,系统梳理了长江经济带多年开展的能源、矿产资源、地下水、土地等地质调查和国土空间遥感监测成果,收集了有关单位的水、森林、湿地等调查成果;编制了《支撑长江经济带国土空间规划的资源环境条件与重大问题分析报告(2018)》,分析了长江经济带"山水林田湖草"等多门类自然资源的数量、质量、开发利用状况和动态变化情况以及发展面临的重大资源环境问题;同时在《长江经济带国土资源与重大地质问题图集》基础上,进一步补充编制了长江经济带资源环境条件与重大问题的系列图件。

在协助自然资源部国土空间规划局和中国城市规划设计研究院编制国土空间规划过程中,笔者团队还参与了多个系列专题研究,其中工程研究人员协助自然资源部整治中心编制完成了《长江经济带国土空间整治修复专题研究报告(2019)》,指出在长江经济带国土空间整治修复需要关注重大地质问题,提出了崩塌、滑坡、泥石流、岩溶塌陷、地面沉降、地裂缝、岸线侵占侵蚀、石漠化、废弃尾矿废石等国土空间整治修复的路径与方案。

鉴于及时编制完成《支撑长江经济带国土空间规划的资源环境条件与重大问题分析报告(2018)》、《长江经济带国土空间整治修复专题研究报告(2019)》和长江经济带资源环境条件与重大问题系列图件,自然资源部国土空间规划局专门发函感谢。

第二节　支撑服务集中连片贫困区脱贫攻坚

长江经济带有赣南苏区、华蓥山区、淅川山区、武陵山区等集中连片贫困区,为响应国家"消除贫困、改善民生、逐步实现共同富裕"的脱贫攻坚号召,在工作实施工程中,结合专业特色在上述集中连片贫困区部署开展了水文地质调查和地热勘查,服务于贫困缺水区安全饮水工程为 6 万余人提供了饮用水源保障,并在地热勘查方面取得突破,有效支撑服务了地方政府水产业发展,社会效益显著。

一、赣南宁都抗旱找水

2019 年赣州四县(宁都、于都、赣县、兴国)遇到百年罕见的持续干旱天气,各地水库水位下降至往年最低点,供水水源出现严重短缺。自然资源部陆昊部长在赣州调研时作出"加大地质调查服务脱贫攻坚工作"重要指示,支持赣州四县做好"两不愁三保障"的饮水安全保障工作。

为贯彻落实陆昊部长的指示精神和中国地质调查局党组的要求,勘察人员针对宁都地区"广泛发育红层和变质岩,岩石裂隙不发育,地下水富水性为贫乏至极贫乏,单井水量小"的特点,迅速增派技术人员和专业设备,制订了"精准锁定需求、区分轻重缓急、一点一策"的工作方案,充分应用专业技术优势,经过100多天的找水打井大会战,在宁都县及时完成25口水井的钻探工作,总涌水量达4137m³/d,直接解决了当地28 066人的实际饮水问题,并将成果移交(图19-3)。

图19-3　宁都县脱贫攻坚找水打井成果顺利移交

工作中编制的《赣州四县找水打井,增援部队首战告捷》专报上报中国地质调查局。找水打井相关成果得到自然资源部部长陆昊、中国地质调查局局长钟自然的批示,且项目组收到于都县委县政府感谢信以及各个乡镇感谢信与锦旗。2019年11月21日至22日,自然资源部凌月明副部长一行赴赣州宁都县调研指导脱贫攻坚工作,勘察人员向调研组汇报了宁都县找水打井工作进展与成果,重点介绍了刘均前组"国庆井"的找水打井成效(图19-4)。

图19-4　凌月明副部长到项目现场调研指导

二、地热水勘察

1. 赣南于都县黄麟乡地热井

赣南于都县黄麟乡位于信丰-于都复背斜东翼的黄麟地段与赣州-南雄新华夏构造带反接复合部位,地质构造较为复杂,断裂构造较为发育,主要有北东向与北西—北北西向两组断裂。出露的地层主要为第四系、石炭系、泥盆系、青白口系、南华系等。区域上岩浆活动强烈,地表主要出露早志留世侵入的万田岩体,岩石主要为中粗粒似斑状英云闪长岩($\eta\gamma S_{1-2}$)、辉绿岩脉、隐伏的玄武安山岩与英安岩脉,另外还出露白鹅岩体($\gamma\beta J_3$)黑云母花岗岩。

赣南于都县黄麟乡中部公馆一带曾出露有盐湖脑温泉,前人多次对本温泉及外围开展了地热专项勘查。江西省地质工程勘察院于2002—2003年间在温泉周边采用综合水文地质测绘、地热钻探、抽水试验及水质分析等技术手段开展了地热专项勘查工作。江西省勘察设计研究院于2010—2013年间在温泉周边采用地表地质调查、普通物探、地热钻探、抽水试验及水质分析等技术手段开展了地热专项勘查工作,并编制了《江西省于都县黄麟盐湖脑地热水预可行性勘查报告》。但遗憾的是,随着赣龙铁路的建设,该地热田均位于铁路保护范围内,不能进行开发利用。中国地质调查局武汉地质调查中心于2017年间在江西省赣县开展"于都县水文地质调查项目"时,在温泉北东方向400m与750m处分别施工了ZSZK13、ZSZK10两口地热井,但找热效果并不理想。

鉴于地方政府迫切需求,本次勘察人员部署完成1:5万水文地质调查100km²,1:1万水文地质调查4km²,完成高密度电法1860点,可控源音频大地电磁测深218点,基本查清了工作区内水文地质条件、区域控热、控水构造特征,特殊类型地下水(地下热水、矿泉水)分布特征(图19-5)。成功实施ZK-1钻孔,孔深为569m,水温为44.5℃,涌水量为900m³/d(图19-6),为打造温泉地热小镇,开发地热资源,拉动于都地区旅游发展,推动地方"水产业"发展提供了有力支撑。于都县委常委周保铜、于都县自然资源局局长钟春生等领导闻讯后第一时间赶到钻探现场表示祝贺和慰问,并共同立即着手编制计划,充分利用好这一特殊资源,助力于都经济发展、百姓脱贫致富。

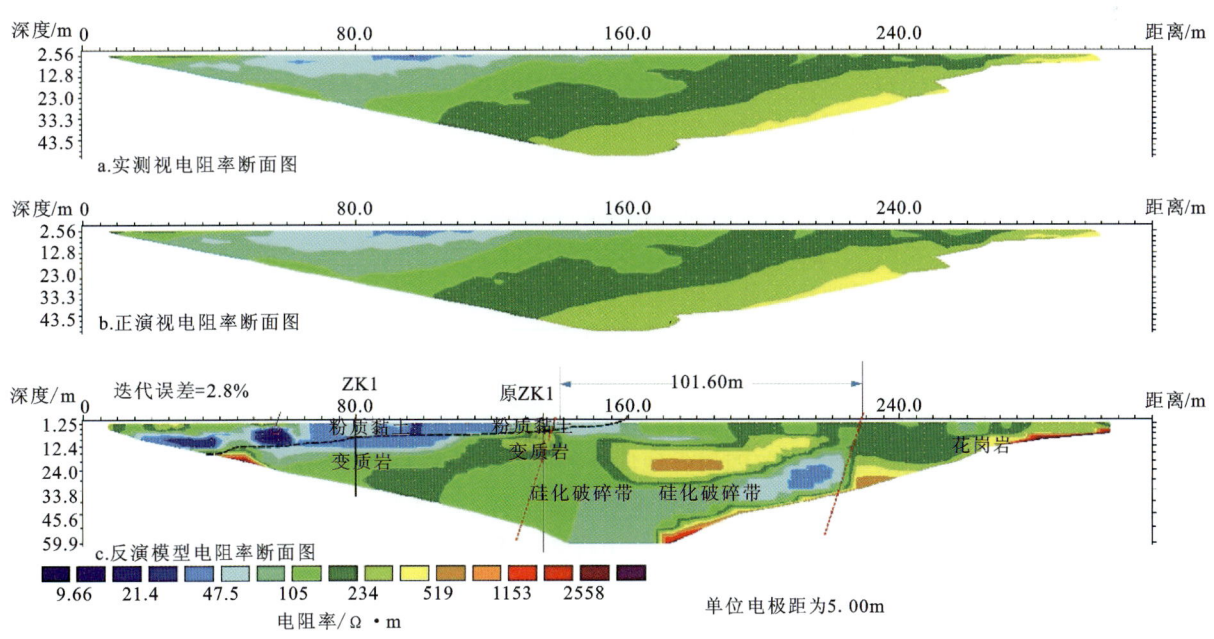

图 19-5

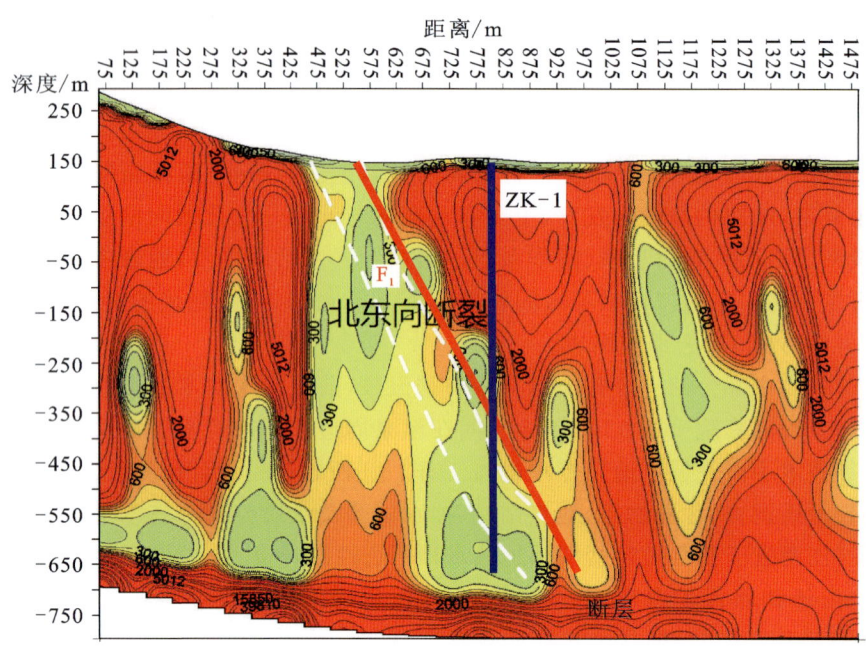

图 19-6 可控源音频大地电磁测深剖面

2. 广安市邻水县铜锣山地热井

广安市邻水县铜锣山地热 1 井位于四川盆地中部,以华蓥山断裂为界,东、西部构造强度差异巨大。西部属川中低平构造带,构造相对稳定,地层平缓,发育侏罗系红层,为川中红层丘陵地貌;东部属于川东高陡构造带,为主要由一系列北东、南西向紧闭的高陡背斜和宽缓的向斜共同构成的隔挡式构造,形成与美洲阿巴拉契亚山、安第斯-落基山齐名的世界三大褶皱山系,背斜成山,向斜成谷,在区域上构成川东平行岭谷"三山两槽"地貌特征。"三山两槽"分别为华蓥山、铜锣山和明月山中低山,以及宽缓向斜形成的邻水县西槽和东槽丘陵。川东高陡构造带地质构造复杂,复式背斜贯以纵向压扭性断裂,局部有小规模横向断层交切,地层岩性复杂,侏罗系广泛分布于丘陵区,三叠系分布于各背斜核部,寒武系、奥陶系、志留系、石炭系、二叠系仅局限出露于华蓥山复式背斜核部。区内岩浆活动较弱,仅在华蓥山背斜零星出露二叠纪峨眉山玄武岩。

广安市地热属沉积盆地型地热资源,西部为川中丘陵地热区,东部为川东平行岭谷地热区,热源主要为地热增温,地温梯度较低,小于 2.5℃/100m,热储主要为三叠系嘉陵江组、雷口坡组及二叠系茅口组灰岩、白云岩。川东平行岭谷地热区具有地热水形成条件,其南段重庆为著名的温泉之都,北段达州也有零星的温泉开发,广安市位于中段。因此,广安市于 2001—2004 年,先后在华蓥山、铜锣山和明月山地区实施了 4 口地热井,其中 3 口干井,1 口水温仅 30℃,无法开发利用,就此该地地热勘探沉寂了很长一段时间;2018 年又进行了两处井位论证,由于风险较大均未实施。区内仅于 20 世纪 70 年代末完成了 1:20 万水文地质调查以及 2015 年四川省地质调查院以收集资料为主编制完成的比例尺 1:50 万《四川省地热资源现状调查评价与区划报告》,对地热资源进行了简单划分。

鉴于资源枯竭城市转型发展,广安市依托华蓥山优势资源大力发展旅游产业,对地热资源的需求极为迫切。勘察人员在充分收集区域资料对比分析和综合研究的基础上,对失败的钻孔以及仅有的 1 处温泉、煤矿勘探和石油钻井的 3 处热显示进行现场调查调研,总结了区域地热的形成模式,部署了 1:1 万地热地质调查 40km², 水文地质剖面测绘(1:1 万)16km、音频大地电磁测深剖面 39.2km(图 19-7),基本查清了重点区块的水文地质条件、区域控热、控水构造特征。经过多次论证、比选,在铜锣山区邻水县牟家镇刘家沟实施勘探，成功钻获四川省出水量最大的自流地热井，井深为2503m，揭露了三叠系须家河组、雷口坡组和嘉陵江组3层热储热水，井口水温为42℃，日涌水量达16 000m³/d，为含多种有益微量元素和组分的含偏硅酸的氟、锶理疗优质热矿水。此次勘探突破为后续工作提供了经验和示范，将推动该地区地热资源的勘探开发。

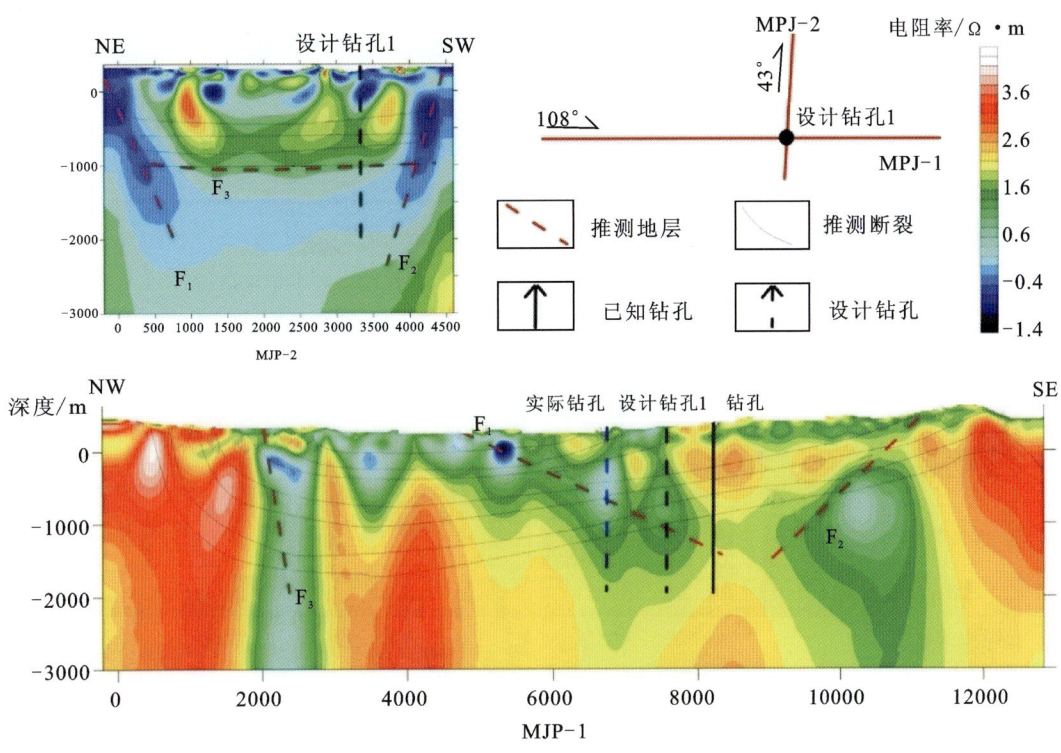

图19-7 广安市邻水县铜锣山地热勘探试验1井音频大地电磁解译图

地热勘探成功在广安市及周边地区引起了轰动，广安市委市政府极为重视，市级及邻水县各级领导多次到现场表示祝贺和慰问（图19-8），认为此项成果为广安市"钻了一口井，圆了一个梦，建了一座城，新兴了一个产业"，广安市媒体也大力进行了宣传报道，投资商纷至沓来。市委市政府已要求邻水县超前开展用地类型、产业规划和国土空间规划调整，拟建温泉小镇，发展康养产业，推动革命老区旅游产业高质量发展。

三、淅川山区和武陵山区探采结合找水

本次在丹江口库区充分利用水文地质钻探，进行精准服务科学扶贫，最终成井5口，解决了缺水农村1000余人的用水困难，得到地方政府好评（图19-9）；在川渝页岩气勘查开发区实施探采结合积极服务，在缺水区完成7口探采结合井，出水量约500m³/d，可解决3000人的用水困难；在咸宁—赤壁一线发现富锶、富锌复合型饮用天然矿泉水，适宜作为优质饮用天然矿泉水进行开发，初步估测年可开采优质矿水70万t以上；在枝江西北部发现富含偏硅酸矿泉水点两处，含水层为新近系掇刀组碎屑岩类裂隙孔隙承压水，水量丰富，初步测定偏硅酸含量为25~50mg/L，为地方招商引资提供依据。

在洞庭湖地区实施探采结合积极服务，在缺水区完成7口探采结合井，可开采量达1800m³/d，为区内村镇30 000人以上民众提供日常生活饮用水源，得到地方政府好评。

井口自流地热水　　　　　　　　广安市委书记现场调研

广安副市长现场调研　　　　　　广安市政府人员慰问项目组

图 19-8　广安市邻水县刘家沟村地热井出水及市领导调研慰问

图 19-9　当地民众及领导赠送锦旗

四、赣南兴国、赣县和萍乡找水打井

在江西赣县五云镇夏潭村完成饮水示范工程 1 处,完成夏潭 1 井、夏潭 2 井两口示范井,单井出水量均达 200m³/d 以上,可以满足夏潭村 1300 余人的安全饮水要求。示范工程于 2017 年 10 月 18 日开始供水(图 19-10)。

图 19-10　赣县五云镇夏潭村饮水示范工程

在兴国县实施探采结合井 22 口,总涌水量约 13 000m³/d,直接解决了 2.3 万余人的饮水困难。在萍乡市充分利用水文地质钻探,精准服务科学扶贫,建设移交探采结合井一口,单井涌水量达 530.66m³/d,基本保障胡家小学及周边乡镇居民的日常生活用水(图 19-11)。此外,在兴国县和宁都县新发现 15 处优质偏硅酸矿泉水,矿泉水以泉的形式自然排泄,偏硅酸含量为 35.34~41.08mg/L,出水量达 434m³/d。在兴国县发现稀有锂矿泉水两处,具备发展高端矿泉水产业潜力,县政府已正式申报矿产勘探权。

图 19-11　萍乡市湘东区胡家小学探采结合井抽水现场及学校赠送锦旗

第三节　支撑服务新型城镇化战略

2014年初,《国家新型城镇化规划(2014—2020年)》正式发布。2014年12月,国家发展和改革委员会等11个部委联合下发了《关于印发国家新型城镇化综合试点方案的通知》,将长江经济带江苏、安徽两省和宁波等几十个城市(镇)列为国家新型城镇化综合试点地区。从总体上看,新型城镇化进展情况良好,突出表现在中小城市和城市群的建设扎实有序推进、新型城市建设加快推进和新型城镇化综合试点初见成效。

围绕国家新型城镇化战略,本次工作在实施期间于2016年4月创新构建了长江经济带11个省(市)自然资源部门地质工作协调联动机制,成立了长江经济带地质调查协调领导小组,明确了协调领导小组组成人员、协调联络员和协调领导小组等人员。

本次工作中与各省市人民政府和自然资源部门开展了多次需求调研,形成了10余份地质调查实施方案,如《苏南现代化建设示范区综合地质调查实施方案(2016—2020)》《宁波市地质调查工作实施方案(2016—2020)》《上海后工业化时期地质-资源-环境调查与应用示范实施方案(2016—2020)》《浙江国土地质环境综合调查总体实施方案(2016—2020)》《皖江经济带综合地质调查总体实施方案(2015—2020年)》《湖南省地质工作行动计划纲要(2016—2018年)》《丹阳市化工场地水土环境状况调查工程实施方案》《成都市城市地质与城市地下空间资源地质调查总体实施方案》和《城市地质调查实施方案(2018—2030年)》等。

在水工环方面基本形成以1∶1~1∶2经费匹配投入的城市群(经济区)、城市和小城镇3个层次的部省、部市和部县(区)创新合作模式,实现"5个共同",即"共同策划、共同部署、共同出资、共同实施、共同组队",充分利用中央资金引领地方经济投入,仅2016—2018年就带动地方共同投入资金4.22亿元,支撑服务城镇化发展地质调查成果丰硕,编制了《中国城市地质调查报告》《支撑服务皖江经济带发展地质调查报告(2017年)》《皖江经济带国土资源与重大地质问题图集》《支撑服务成都市地下空间资源综合利用地质环境图集》《支撑服务成都市城市地下空间资源综合利用地质调查报告(2017)》《江苏沿海地区综合地质调查成果报告》和《江苏沿海地区地质资源环境图集》《支撑服务长株潭城市群经济发展地质调查报告(2017年)》和《长株潭城市群地质资源环境图集》等78份地质调查成果报告与图集,推进了城市地质调查工作,取得的成效十分显著。

一、支撑服务全国城市地质调查工作

为推进全国城市地质调查工作开展,在中国地质调查局局领导、水文地质环境地质部组织和指导下,工程人员及时完成了《关于加强城市地质调查工作的指导意见》《推进城市地质调查工作方案》《城市地质调查实施方案(2018—2030年)》《中国城市地质调查报告》及《城市地质工作展板》等编制,并于2017年11月15日在北京承办召开了全国城市地质工作会议,会议得到了国土资源部部长姜大明的批示,中国地质调查局局长钟自然同志出席会议并发表重要讲话(图19-12)。

《城市地质调查实施方案(2018—2030年)》提出贯彻落实新发展理念,精准了解"加快生态文明体制改革,建设美丽中国"对地质工作的需求,聚焦城市规划、建设、运行管理的重大问题,构建多方联动机制,大力推进"空间、资源、环境、灾害"多要素的城市地质调查,开展重大科技问题攻关,搭建三维城市地质模型,构建地质资源环境监测预警体系,建立城市地质信息服务与决策支持系统,为构建协调发展的城镇格局、促进城市绿色、低碳、循环、安全、集约、智慧发展提供有力的支撑服务。到2025年,完成全国地级以上城市1∶5万基础性综合地质填图,实现全国地级以上城市地质工作全覆盖,着重推进140个中等以上城市的多要素地质调查,倾力打造25~30个城市地质调查示范样板,创建多要素城市地质调

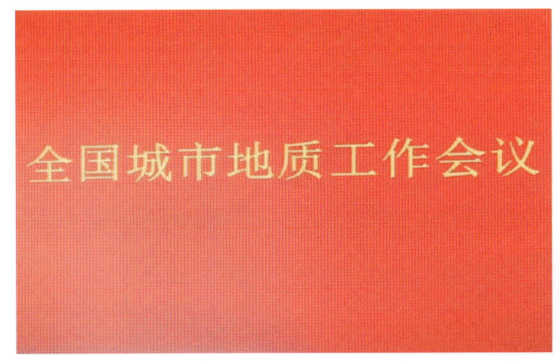

图 19-12 2017年全国城市地质工作会议

查工作体系和技术标准体系,加强城市地质与地下空间利用科技创新,理论技术力争达到世界一流水平。

《中国城市地质调查报告》分析了我国19个城市群的资源环境承载能力、338个主要城市的优势地质资源和重大地质问题,形成了我国城市地质资源环境状况的总体认识,提出了优化城市群发展规模和布局、发挥城市地质资源优势、保障城市地质安全的对策建议,即:一是构建以城市群为主体、大中小城市和小城镇协调发展的城镇格局,需要充分考虑水土资源开发利用程度和地质环境安全条件;二是推动城市绿色发展,应充分利用地热、地下空间、地质遗迹、地下水4个地质资源优势;三是提高城市安全保障和防灾减灾水平,建设美丽城市,需要高度重视滑坡、崩塌、泥石流、地面沉降、岩溶塌陷、活动断裂、水土污染7个地质问题。

二、支撑服务重要城市地质调查工作

本次组织开展了上海、嘉兴、台州、温州、宁波、金华、南京(江北新区)、成都(天府新区)、武汉(长江新城)、南通、马鞍山、芜湖、安庆、杭州、湖州等城市的地质调查工作,编制了系列城市地质调查报告、专题报告和图集,成果均得到及时转化应用。

成都城市地下空间资源规划利用试点工作初步总结了适合于成都市城市地下空间探测的方法组合,编制了《支撑服务成都市城市地下空间资源综合利用地质调查报告(2017)》,编制了《支撑服务成都市地下空间资源综合利用地质环境图集》。报告和图集系统梳理了成都市地下空间资源开发利用需要关注与防范的6类地质问题(富水松散砂砾卵石层问题、软土与膨胀性黏土问题、含膏盐泥岩及其溶蚀腐蚀问题、含瓦斯地层及其安全隐患、隔水层破坏与水压水力影响问题、隐伏活动断裂及其安全隐患问题)以及4类地质资源(优质地下水资源、地质遗迹与历史文物资源、地热与浅层地热能资源、地表生态与水体资源),提出了相关建议(图19-13)。

为支撑南京江北新区(国家级新区)经济社会发展,在南京江北新区开展了1∶5万环境地质调查,采用地质钻探、物探、卫星遥感等工作手段获取了大量实测基础数据,从工程建设地质条件、水土质量状况、清洁能源和规划应用等方面编制了《南京江北新区国土资源与重大地质问题图集》。2018年图集成果被移交给江北新区管委会规划和自然资源局,并受到好评(图19-14)。成果为南京江北新区地铁与过江通道建设、地热资源开发利用、中央CBD地下空间开发利用(图19-15)、土地规划等提供了基础地质资料和科技成果服务。

本次工作中编制的《丹阳城镇地质环境调查成果报告(2018年)》《宁波城镇规划区地质环境图集》《支撑服务宁波都市圈发展地质调查报告》等分别移交丹阳市和宁波市人民政府(图19-16),并向上海市政府报送了《关于进一步加强长江河口自然资源生态保护和科学利用研究的建议》和《关于尽快开展上海九段沙湿地国家级自然保护区岸线保护的建议》提案,向杭州市政府报送了《杭州多要素城市地质前期工作情况的汇报》,得到杭州市市长徐立毅批示。2019年4月18日和6月4日,中国地质调查局王昆副局长和李朋德副局长分别向浙江省自然资源厅、上海市规划与自然资源局移交了《浙江省自然资源图集》与《上海市自然资源图集》(图19-17)。

图19-13 《支撑服务成都市地下空间资源综合利用地质环境图集》成果移交

图19-14 2018年《南京江北新区国土资源与重大地质问题图集》成果移交

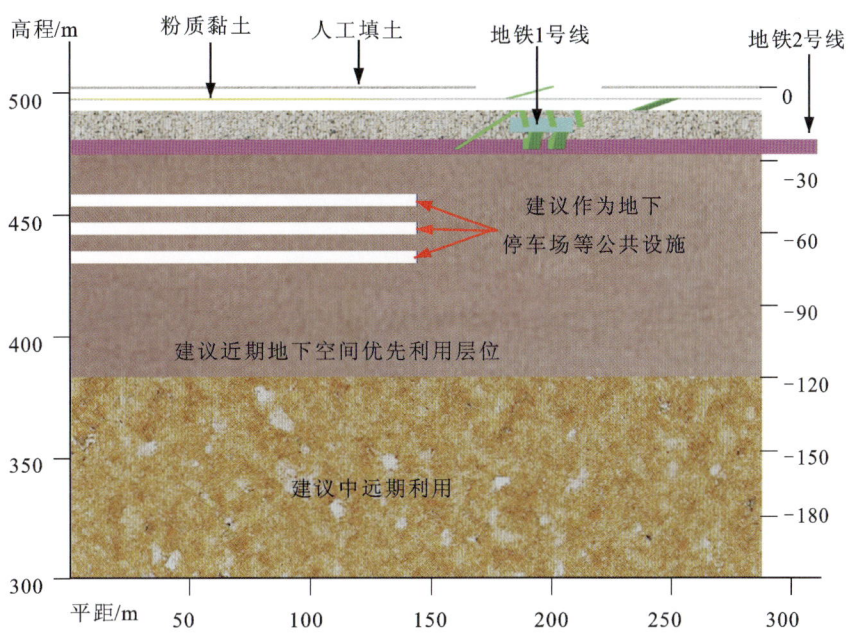

天府广场地下空间分层综合利用地质建议

分层	地质结构		建 议
0~30m 地下空间	第四系人工填土、粉质黏土、卵石土，松散		开发强度较高，应预留下部地下空间利用通道，不建议继续开发
30~60m 地下空间	白垩系灌口组泥岩，工程地质性质软弱	中—强风化，含少量溶蚀孔洞	地下空间利用优选层位，可作为停车场、人防、快速交通、物流通道、仓储等空间
60~90m 地下空间		中—微风化，含少量溶蚀孔洞	地下空间利用优选层位，可作为科技馆、规划馆、博物馆等市政管理和基础设施空间
90~120m 地下空间		局部含有溶蚀性石膏	建议作为地下空间，利用战略储备层位
120~200m 地下空间	白垩系夹关组厚层砂岩		优质基岩含水层，建议探明地下水富水性和水质的前提下，谨慎开发可作为军用、科研等战略储备层位

图 19-15 南京天府广场地下空间（0~200m）地质结构与分层综合利用地质建议图

图 19-16 2018 年丹阳城镇地质调查成果移交

图 19-17 2019 年浙江省自然资源厅和上海市规划与自然资源局成果移交

此外,本次工作积极推进"地球深部探测"专项,编制了城市地下空间精细探测与安全利用实施方案,申报的"城市地下空间探测与安全利用工程技术创新中心"于 2018 年 12 月被自然资源部批准挂牌。

三、支撑服务重要城市群地质调查工作

本次工作编制完成《支撑服务皖江经济带发展地质调查报告(2017 年)》和《皖江经济带国土资源与重大地质问题图集》,在 2017 年 2 月 27 日合肥召开的皖江经济带联席会议(全称为部省合作皖江经济带综合地质调查第一次联席会议暨成果交流会)上正式公开发布(图 19-18)。该报告分析总结了支撑皖江经济带发展的 5 个有利资源环境条件和需要关注的 4 个重大地质问题,指出皖江经济带水资源、土地、矿产、页岩气和地热等资源环境条件优越。适宜种植绿色农产品的土地面积为 4.84 万 km^2,富硒土地面积为 $5204km^2$,有利于发展现代农业。累计探明铜金属量为 699 万 t,铁为 32 亿 t,金为 570t、铅锌为 350 万 t,水泥用灰岩为 131 亿 t,可基本满足钢铁、有色、建材、化工等支柱产业发展。安徽页岩气地质资源量约 $3.37 \times 10^{12} m^3$,主要城市浅层地热能每年可利用量折合标准煤 2960 万 t,水热型地热资源每年可采热量折合标准煤 149 万 t,有利于发展清洁能源产业,改善能源供应结构。皖江经济带膨胀土分布广泛,局部存在软土、液化砂土、岩溶塌陷、崩塌、滑坡、泥石流等问题,影响城镇、高速铁路、过江通道、港口等重大工程规划建设,局部水土环境污染和矿山地质环境问题较为突出,影响皖江绿色生态廊道建设,应予以关注。

图 19-18 皖江经济带联席会议及地质调查数据包移交

本次工作编制了《江苏沿海地区综合地质调查成果报告(2017)》和《江苏沿海地区地质资源环境图集》以及江苏沿海地区基础地质调查与区域地壳稳定性、地下水系统结构调查与地下水资源评价、工程

地质结构调查与城镇空间布局、地质环境监测网建设与地面沉降监测预警、岸线与滩涂资源调查评价5份专题报告。

本次工作编制了《支撑服务长株潭城市群经济发展地质调查报告（2017年）》和《长株潭城市群地质资源环境图集》，从地下水、矿泉水、地热、浅层地热能、城市地下空间、大数据信息化六大优势资源，以及崩塌、滑坡、泥石流地质灾害，岩溶地面塌陷，水土污染，活动构造五大环境地质问题提出了相关建议。

本次编制的《支撑服务成渝城市群绿色发展地质调查报告（2018年）》和《支撑服务成渝城市群绿色发展自然资源与地质环境图集》于2018年12月15日向重庆市等政府部门移交并发布。

本次组织编制完成的《支撑服务长三角经济区发展地质调查报告（2016年）》和《长三角经济区国土资源与重大地质问题图集》《支撑服务长江中游城市群发展地质调查报告（2016年）》和《长江中游城市群国土资源与环境重大地质问题图集》《支撑服务苏南现代化建设示范区发展地质调查报告（2016年）》《苏南现代化建设示范区国土资源与重大地质问题图集》《三峡地区万州—宜昌段交通走廊区环境地质图集》等报告和图集，在《中国地质调查百项成果》公开发布和出版。

第四节　支撑服务重大工程规划、建设和维护

长江经济带规划建设和正在营运的重大工程数量众多，工程在实施过程中结合国家和地方需求开展了沿江重大工程规划建设评价、高速铁路、高速公路和地铁线路规划选线评价以及跨海通道、超级电子质子对撞机、机场与重要场馆的选址评价等，取得成果均得到及时应用，成效显著（附录2）。

一、支撑服务沿江重大工程规划建设评价与维护

1. 支撑服务沿江岸滩防护、沿岸防洪和长江大桥主桥墩维护

本次工作设置了"重大水利工程对长江中下游地质环境影响"专题研究，在潮区界变动、河槽和长江跨江大桥主桥墩冲刷、河床沉积物和阻力及微地貌变化等方面均取得重要进展（详见第八章）。通过创新构建一套多模态传感器系统，实现陆上和水下一体化水动力、沉积和地貌特征测量，发现长江中下游悬沙和床沙粗化，宜昌以下干流河槽冲刷强烈，水下岸坡坡度大于20°高陡边坡占比高达22%以上，发现窝崩、条崩30余处；受上游重大水利工程影响，洪季潮区界上移82km，枯季潮区界上移220km；评估桥墩冲刷和岸坡失稳风险，7座长江大桥主桥墩受到严重冲刷（两座冲刷大于10m，两座冲刷大于19m）等。相关调查成果于2016年得到长江南京第四大桥有限责任公司、上海市水务局堤防处等单位应用，于2018年得到长江水利委员会水文局等单位应用。同时，在2016年7月长江防洪形势严峻期间，及时向国家防汛抗旱总指挥部提供了"加强重点岸段防汛堤和桥墩安全监察与预警"建议。这些调查成果为长江岸滩防护、沿岸防洪、长江大桥主桥墩维护等提供了技术支撑。此外，编制的相关进展报告也被录入《部内要情》和《局内要情》。

2. 支撑服务过江通道规划建设

对《长江经济带发展规划纲要》未来规划建设的95座过江通道，进行了地质适宜性评价。结果表明，其中83座通道位置地质适宜性良好，12座通道位置地质适宜性较差（详见第十五章第一节）。江苏常泰、湖北武穴、四川白塔山等9座通道位置受活动断裂影响，湖北武汉11号线、嘉鱼、赤壁3座通道位置存在岩溶塌陷隐患。此外，从工程建设的地质适宜性角度，对95座通道的过江方式进行了比选，指出长江中下游27座过江通道宜采用大桥方式，12座宜采用隧道方式，8座采用桥梁和隧道方式均可。同时，建议应进一步勘查河道水下地形、水文条件、河床沉积物工程地质与岸线稳定性条件，结合施工工艺

和交通状况,合理确定通道过江方式。

相关成果编入《支撑服务长江经济带发展地质调查报告(2015年)》,此外评价成果也得到安徽省交通规划设计研究总院股份有限公司、安徽省交通控股集团有限公司等交通部门应用。

二、支撑服务高速铁路、高速公路和地铁线路规划选线

针对拟建的沪汉蓉沿江高速铁路,提出南京至安庆段、武汉至万州段规划选线时,应高度关注岩溶塌陷、软土沉降等地质问题。其中,在南京至安庆段,长江南岸繁昌—铜陵—池州一带岩溶分布面积为1780km²,已发生岩溶塌陷超过100处,同时长江南岸软土大范围连续分布,面积为4900km²;而长江北岸和县—无为—安庆一带地质条件良好,建议规划优先选择南京—无为—安庆线路方案。另外,在武汉至万州段,潜江—荆州—枝江一带软土问题严重,软土层厚度大于5m的线路绵延190km,天门—荆门一带存在大范围岩溶和采空塌陷,面积为2400km²;而天门—当阳一带基岩埋藏浅,路基稳定性好,建议规划优先选择武汉—天门—当阳—万州线路。

针对沪昆高速铁路在其沿线开展了岩溶塌陷易发性评估,评价结果显示(图19-19、图19-20),沪昆高铁沿线已有岩溶塌陷57处,高、中、低易发区面积分别为3398km²、4620km²、5668km²,非岩溶区面积为31 132km²。在2237km长线路中,高、中、低岩溶塌陷易发路段分别有167km、306km、262km。高易发区路段长度大于5km的所在县有贵州安顺市市辖区(19.56km)、平坝区(13km)、贵定县(8.71km)、盘州市(4.99km),湖南新化县(8.94km)、新邵县(8.33km)、云南沾益区(15.2km)、富源县(13.91km)、马龙区(12.19km)、昆明市市辖区(11.91km)、呈贡区(6.29km)、嵩明县(5.51km)。为了保障高铁运营安全,建议在上述区域开展岩溶塌陷专项调查工作。

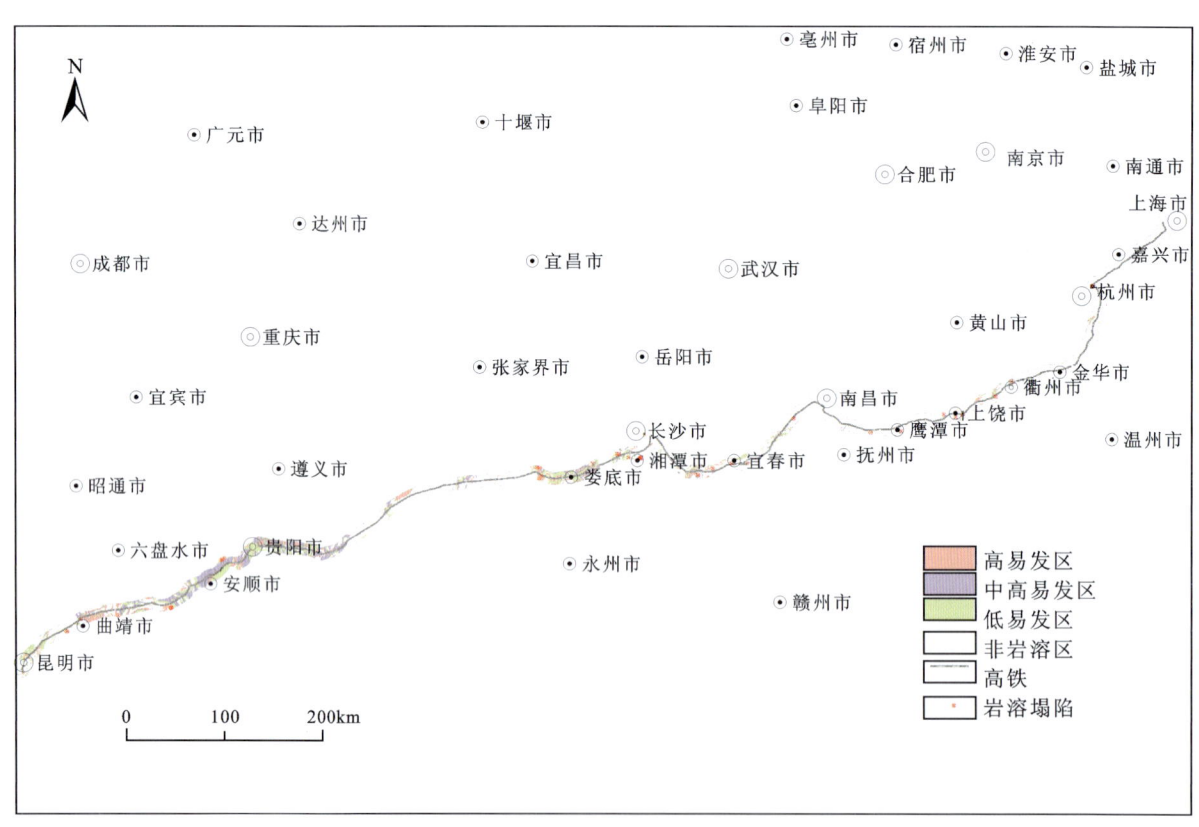

图19-19 沪昆高铁沿线岩溶塌陷易发性评价分区图

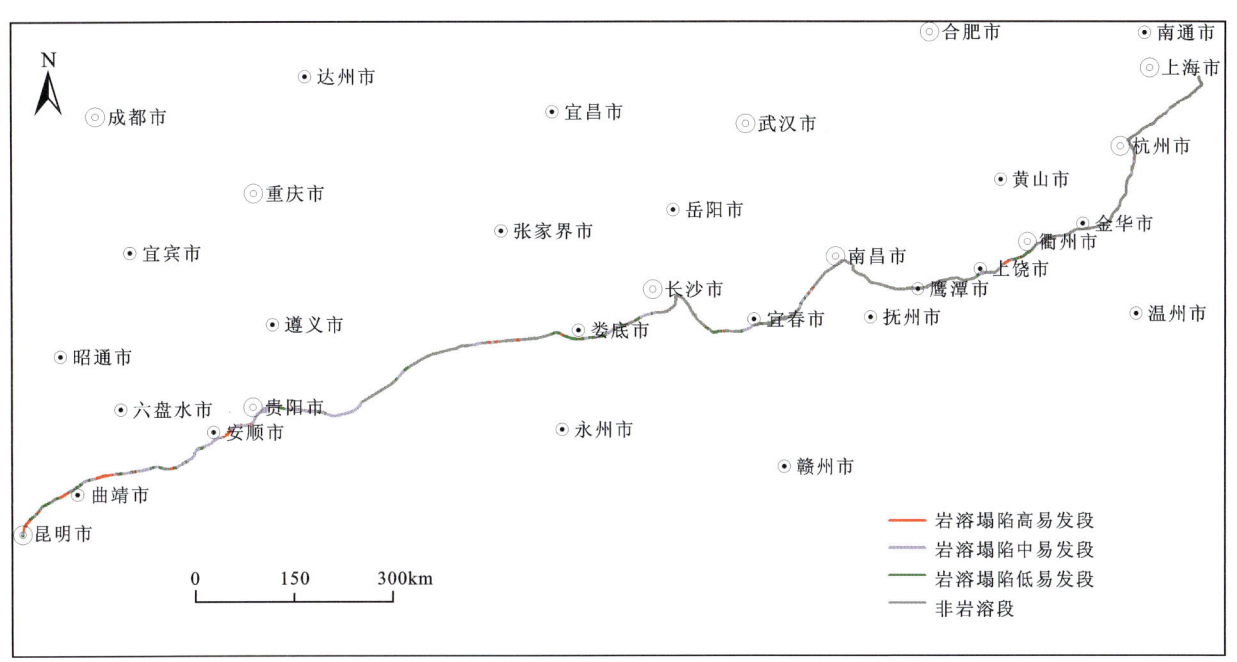

图 19-20　沪昆高铁岩溶塌陷易发性分布图

通过本次调查研究,编制了《长江经济带岩溶塌陷调查报告(2017)》《服务中长期高速铁路规划建设岩溶及岩溶塌陷评估报告(2018)》《岩溶塌陷对城镇和重大工程规划建设的影响分析报告(2016)》《新建贵州道真至务川高速公路青坪特长隧道岩溶综合评估报告(2018)》,破解了长江经济带城市与大型工程建设面临的岩溶塌陷地质环境问题,对长江经济带规划铁路岩溶塌陷易发区进行了评价。其中,为新建贵阳—南宁高速铁路、贵州道真至务川高速公路,而对青坪特长隧道岩溶涌水、突水、突泥风险评价提出建议,得到有关单位应用。新建道真至务川高速公路青坪特长隧道全长8065m,隧道穿越的青坪向斜台地岩溶作用强烈发育,岩溶工程地质、水文地质问题突出,本次研究指出隧道施工可能引起涌水问题,破坏岩溶含水层结构、破坏青坪水库饮用水源、破坏大岩门水力发电站发电及造成严重地面塌陷问题,从而提出路线方案优化建议(图19-21)。

为支撑服务城市轨道交通等重大工程规划建设布局和地下空间开发利用,工程在宁波城市地质、成都城市地质及南京(江北新区)城市地质调查评价中,有针对性地对宁波8条、成都4条、南京江北新区4条轨道交通建设规划各线路所穿越地层情况(图19-22~图19-24),按照不同线站类型,进行了地下空间开发利用适宜性评价,指出轨道交通规划、施工以及运营中可能遇到的主要环境地质问题,并提出防控措施建议。关于宁波轨道交通建设的地质建议成果得到宁波市轨道交通集团有限公司应用,成都市和南京江北新区轨道交通建设的地质建议分别被移交成都市、南京市人民政府。

三、支撑服务跨海通道规划选线

为支撑服务甬舟跨海通道重大工程规划布局,进一步落实省部合作协议及南京地质调查中心与宁波市人民政府、浙江省地勘局三方关于宁波城市地质合作协议,开展了甬舟跨海通道适宜性评价工作。本次工作结合通道两岸开发利用现状、地形条件、工程地质条件及交通工程接驳条件等,厘定了宁波、舟山地区跨海通道设计、施工的主要影响因素及影响程度,综合评价了甬舟跨海通道拟建区地质环境适宜性等级,提出了跨海通道跨越方式(桥梁适宜)及线位选址方案,成果得到宁波市交通发展前期办公室和宁波市铁路建设指挥部应用。

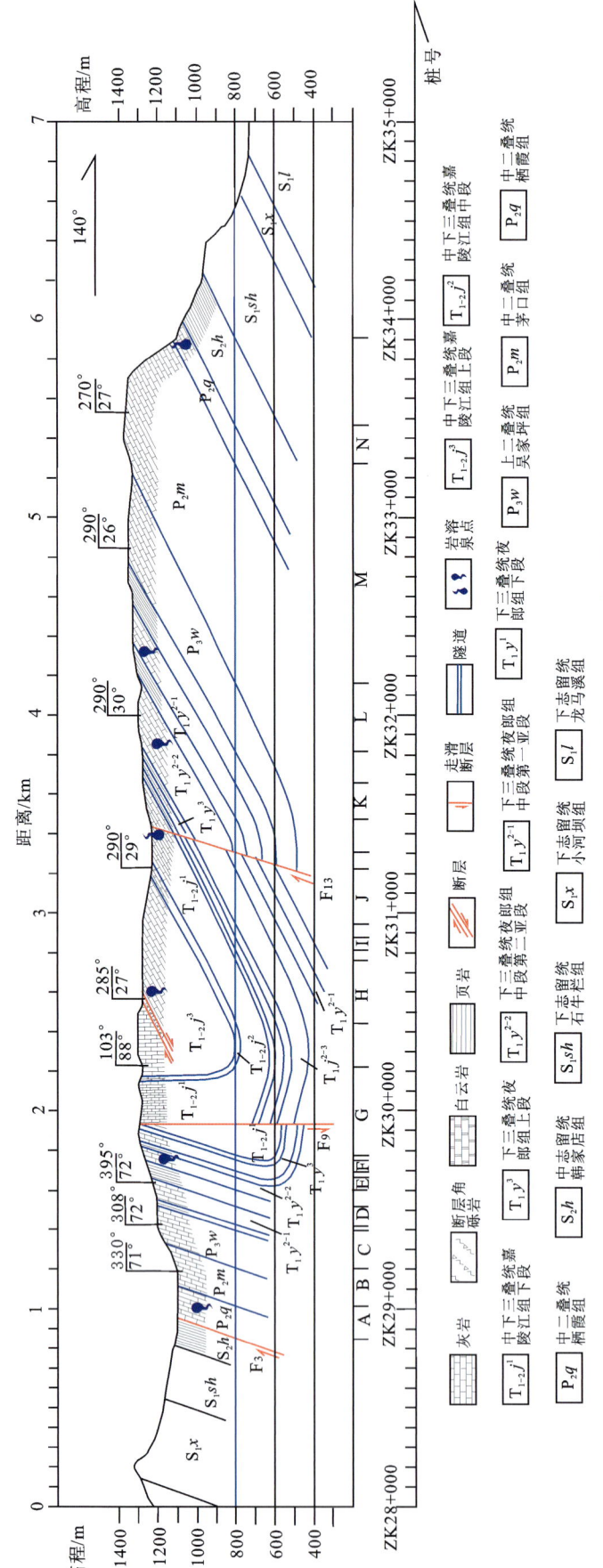

图 19-21 道真至务川高速公路青坪特长隧道地质剖面图

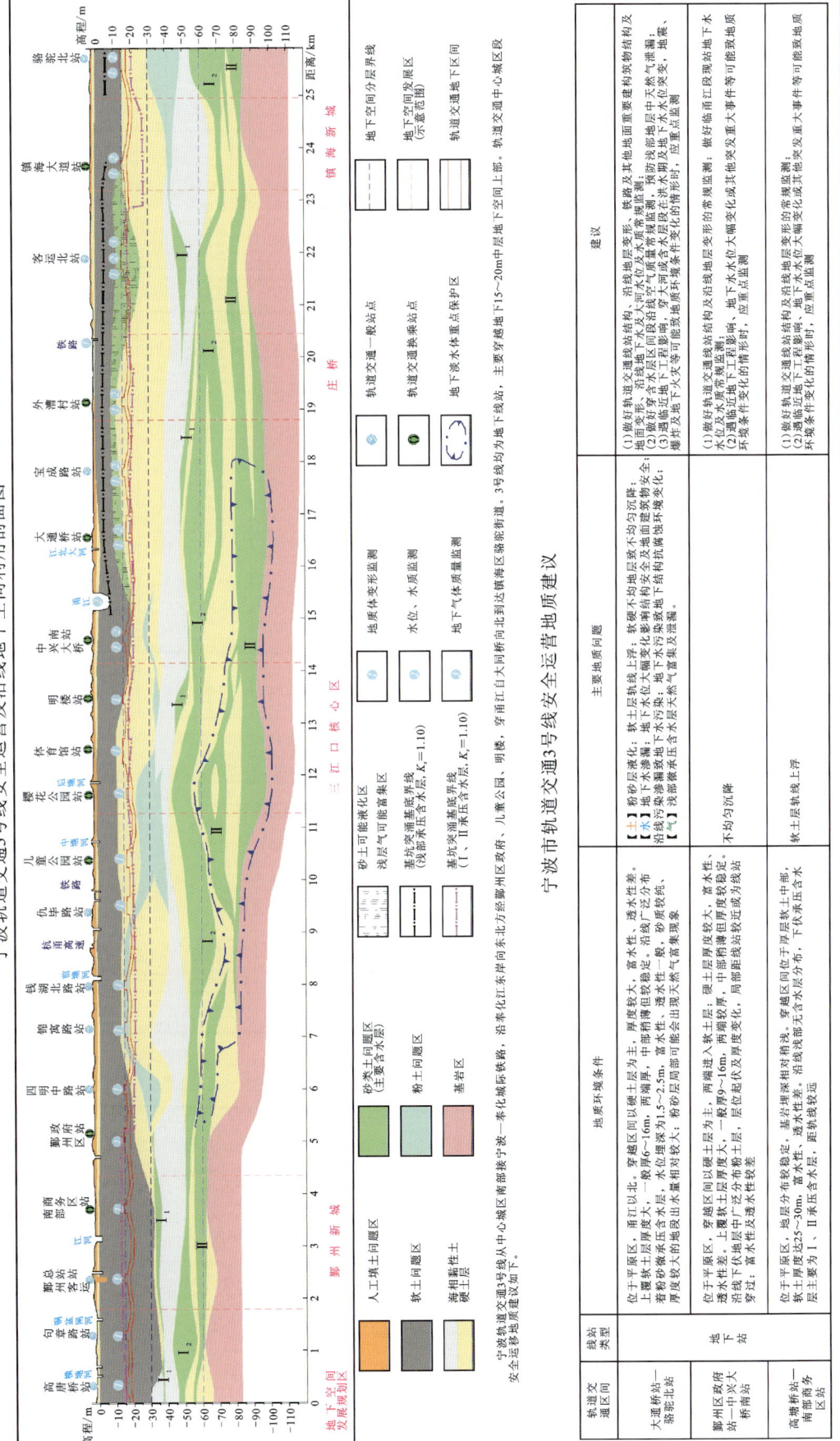

图 19-22 宁波轨道交通 3 号线安全营运及沿线地下空间利用地质建议图

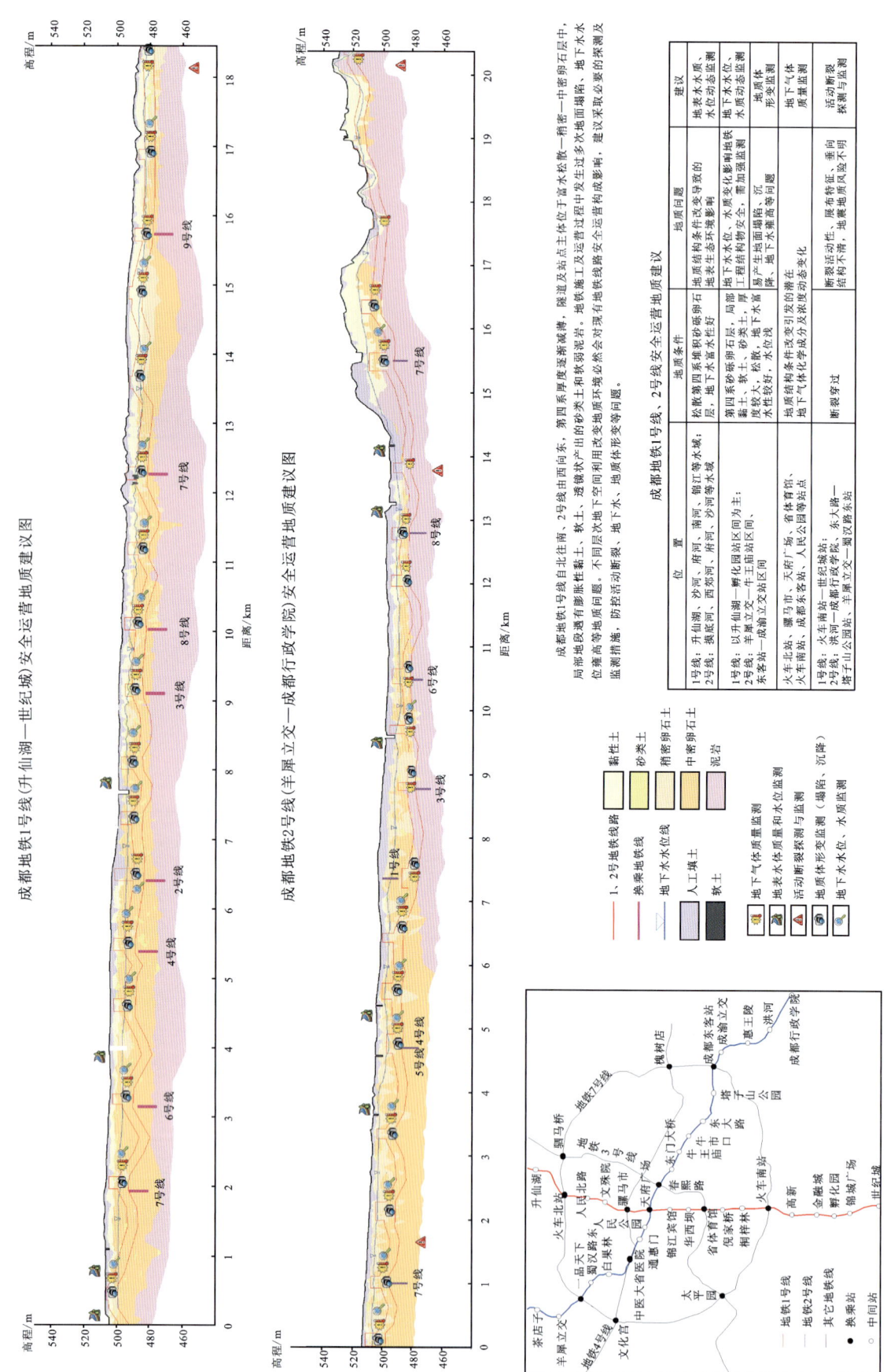

图 19-23 成都轨道交通 1 号和 2 号线安全营运及沿线地下空间利用地质建议图

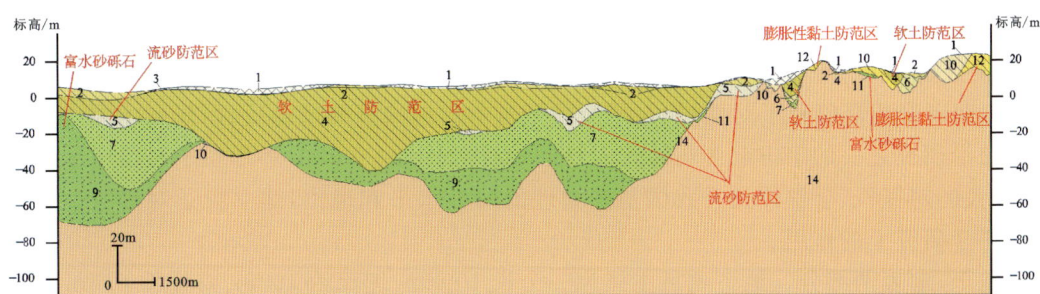

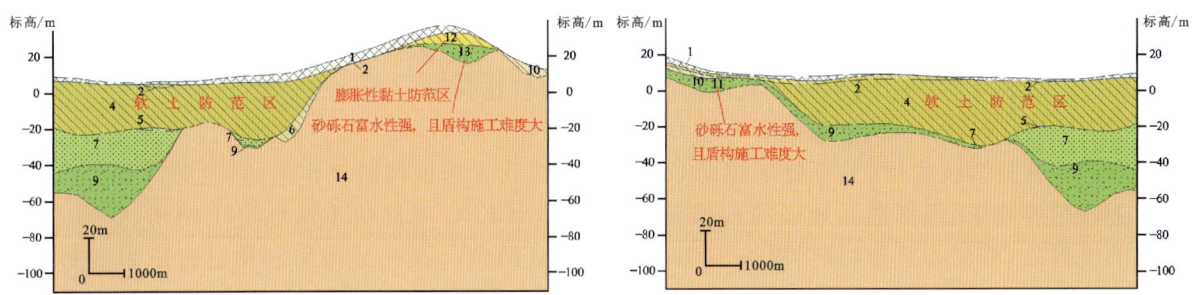

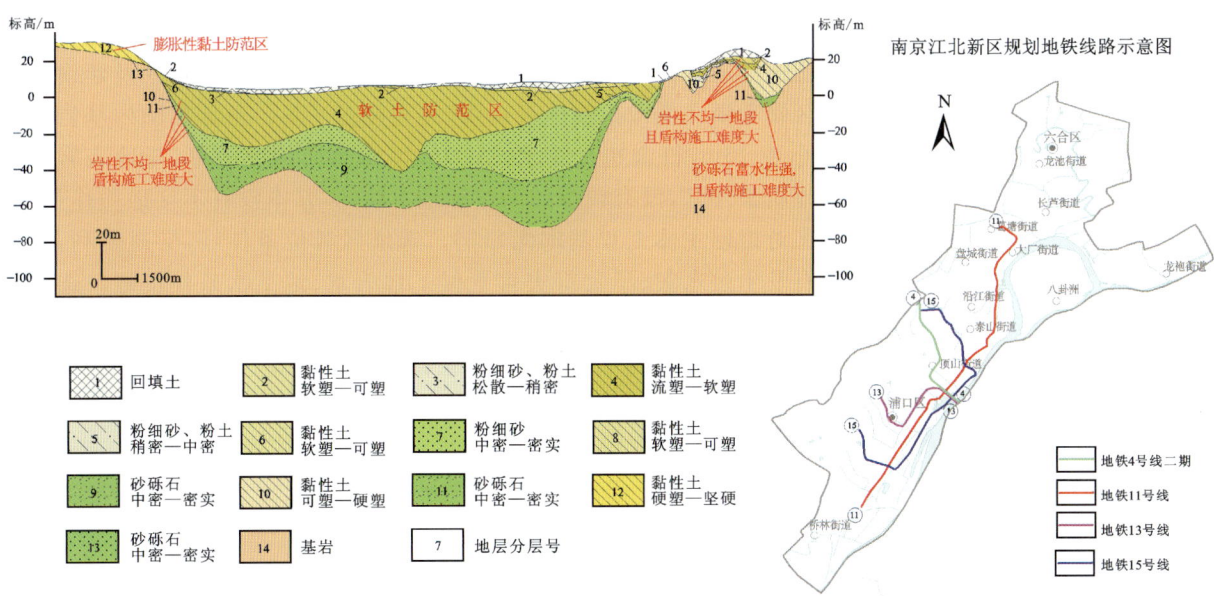

图 19-24 南京江北新区规划轨道交通线路地质防范建议图

四、支撑服务电子质子对撞机、机场与重要场馆选址

(一)支撑服务环形正负电子对撞机(CEPC)-超级质子对撞机(SPPC)工程选址

CEPC-SPPC项目是我国科学家正在推动建设的环形正负电子对撞机(CEPC)-超级质子对撞机(SPPC)项目的简称,两者合成高能粒子对撞机,是研究粒子基本结构的重要试验装置,研究主题为人类自然科学3个重要前沿研究之一的宇宙起源与演化。目前,我国提出的100km环形粒子对撞机如果建成,将成为世界上最大的对撞机,会整体拉升我国基础物理的研究水平和地位,建立粒子对撞机的社会意义远超过了它在科学研究上的作用。

项目建设分为地下、地表两部分。地下项目主体为一个长100km、埋深约100m、直径约6.5m的环形隧道及附属隧道;同时,隧道沿线将建造4个试验大厅及若干伺服大厅。地上项目的建设包括一个面积约为5000亩的国际科技城以及若干个百亩量级的试验分部。地下试验大厅与地表部分将通过若干直径约为15m的竖井相连,隧道沿线也将建造若干垂直竖井。

项目建成后将成为加速器技术、探测技术和粒子物理的国际研究中心,形成一批多学科交叉研究的创新平台,聚集一批高新技术企业,将容纳上万名国内外知名科学家和研究人员工作,成为培养高水平研究生和博士后的教育基地,也将促进我国与世界各国在科技合作、人才培养等方面开展实质性合作,对提升所在地的基础研究及应用基础研究能力、扩大其国际影响力,意义极其深远。

根据浙江省科学技术厅《关于要求协助CEPC项目在我省选址调研工作的函》及浙江省地质勘查局专题会议纪要要求,根据浙北地区的地质背景概况,把CEPC项目初步选址定于湖州、长兴、德清和安吉的交界处,范围为直径(环形周长100km)约32km的圆。在充分搜集利用已有成果资料的基础上,通过岩土工程勘察(工程地质测绘、工程地质钻探、工程物探、抽水试验、钻孔原位测试及室内试验等)工作,基本查明选址区区域地质、工程地质、水文地质条件等,对选址区的场地稳定性作出了评价,编制了综合工程地质环剖面图、选址区地质图、基岩地质图、工程地质图及水文地质图等系列图件,初步确定重大工程选址及4个主竖井的位置(图19-25),绘制选址区工程地质和剖面图、水文地质和剖面图。

本次开展了CEPC-SPPC项目选址适宜性评价,对重大工程选址区的区域地质稳定性及建设适宜性进行了评价。研究认为,本选址区属于浙北低山丘陵地带边缘,地势相对平坦。选址范围内基岩大多出露地表,坡前盆地基岩埋藏深度小于15m,符合选址要求。100m埋深地质情况简单,与地表岩性一致,力学性质好。选址范围内工程地质条件好,没有较深的沟壑和地下暗河,基本没有不良地质作用,处于地质灾害低易发区,已知地质灾害对拟建主体工程基本无影响。选址区区位条件好,交通便利,自然及气候条件稳定,历史纪录以来没有发生过水灾、旱灾等灾害气候。地表水、地下水条件良好。选址区地震动峰值加速度分区为0.05g(相当于原地震基本烈度Ⅵ度区),地震不发育,满足选址要求。本区域第四纪以来虽然存在差异性升降运动,但未发生灾害性地震,记录地震烈度未超过Ⅴ度,震级未超过5级,近期亦无新构造运动迹象,故区域稳定性良好。选址区满足工程施工需要,适宜采用TBM方法施工。相关成果获浙江省科技厅关注(匹配360万元资金资助)和中国科学院高能物理研究所感谢,调查人员同时也受邀参加中国科学院高能物理研究所CEPC电子对撞机促进会(图19-26)。

(二)支撑服务如东通用机场选址

江苏省南通市如东县洋口镇地区曾规划建设一个通用机场,原址恰好位于洋口镇地区活动性断裂带影响范围内。因此,查明活动性断裂空间展布对机场选址至关重要。调查人员充分利用中央和地方资金对栟茶河断裂进行了评价,提出机场选址建议。

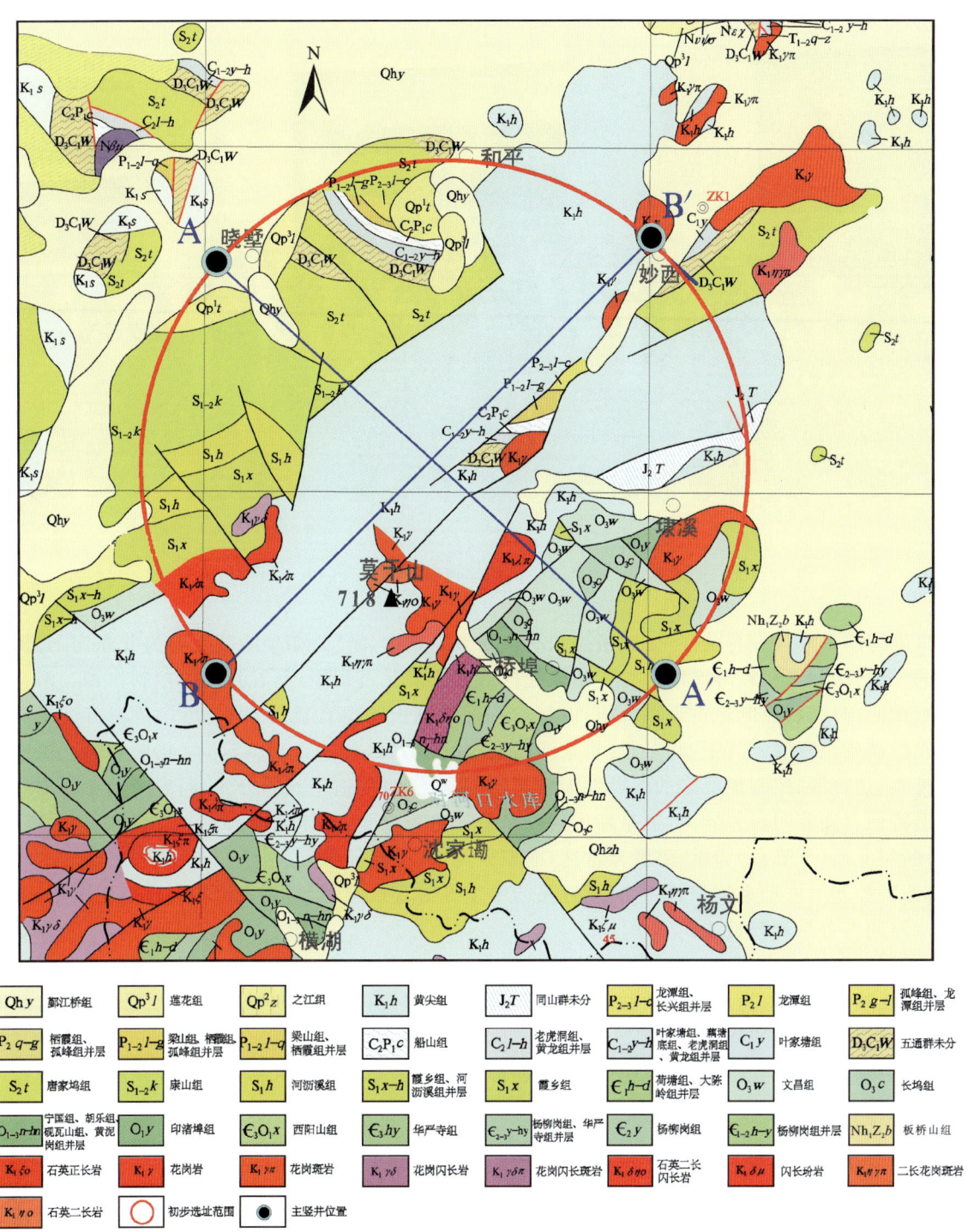

图 19-25 CEPC-SPPC 初步选址区地质草图

1. 枙茶河断裂概况

工作区位于扬子陆块下扬子地块东段,存在晋宁、加里东、海西、印支、燕山、喜马拉雅等多期构造活动。下扬子地块的大地构造演化主要经历了多个阶段,多旋回构造运动造就了区内复杂的地质构造格局,且地块深部具多层结构,并被不同深度的断裂分割成不断性质的断块。

图19-26 受邀参加中国科学院高能物理研究所CEPC电子对撞机促进会

洋口港海岸带地区发育靖江-如皋断裂和河口断裂。其中,靖江-如皋断裂走向为北东向,是测区构造格架的主导控制断裂,在海安凹陷与丁堰隆起构造发展演化过程中,起着强烈的控制作用。河口断裂走向为近东西向,强烈控制着古近系沉积,而且对新近系沉积物也有显著影响,是一条在古近纪和新近纪一直在活动的正断层。其中,北东段(栟茶河断裂)始于河口,经拼茶后入海,呈北东东向。该断裂是一条规模大、切割深、控制地层多的区域性大断裂,是两个三级构造单元的分界,断裂两侧在地史各阶段地质构造特征存在着明显差异,特别是新生代以来差异更为显著,具体特征如下。

(1)断裂北西(下降盘)为重、磁低异常区,南东区为重、磁高异常区。

(2)断裂控制了古近系沉积,南东侧新近系与中生界为直接接触,新近系沉积厚度也比较小,北西侧沉积了巨厚的古近系和新近系。

(3)断裂两侧中生代末期沉积特征及构造环境存在显著差异,北西侧上白垩统以紫红色砂岩及砂质泥岩为主,反映晚白垩世为广阔的坳盆环境。南东侧上白垩统以粗粒级的砂岩、砂质砾岩为主,反映了山前类磨拉石建造的沉积环境。

(4)断裂两侧震旦纪-志留纪沉积作用、生物群落有明显差别。北西侧新元古界及震旦系曾在印支运动后到达地表,南东侧地层则没有。中下侏罗统仅在北西侧发育,而南东侧基本缺失。

2. 研究方法

针对栟茶河断裂,在洋口镇附近开展重力剖面测量,在此基础上展开可控源音频大地电磁测深与二维地震测量等综合物探(图19-27),并沿物探剖面布设地质钻探、原位测试、样品采集与试验分析等工作进行断裂活动性验证,分析和评价洋口镇-斗安庄段栟茶河断裂的活动性及其空间展布特征,圈定断裂在洋口镇附近的影响范围,提出小洋口旅游度假区抗震设防对策建议。

(1)重力剖面测量:以洋口镇地热调查已有重力剖面为基准,在洋口镇已有重力剖面间及其两侧约1km处分别布设1条30km重力测量剖面,共计完成3条30km剖面。

(2)可控源音频大地电磁测深:根据重力剖面测量工作结果,在重力异常明显地段以垂直于断裂走向、控制主要断裂为原则,在洋口镇布设CSAMT剖面12km。

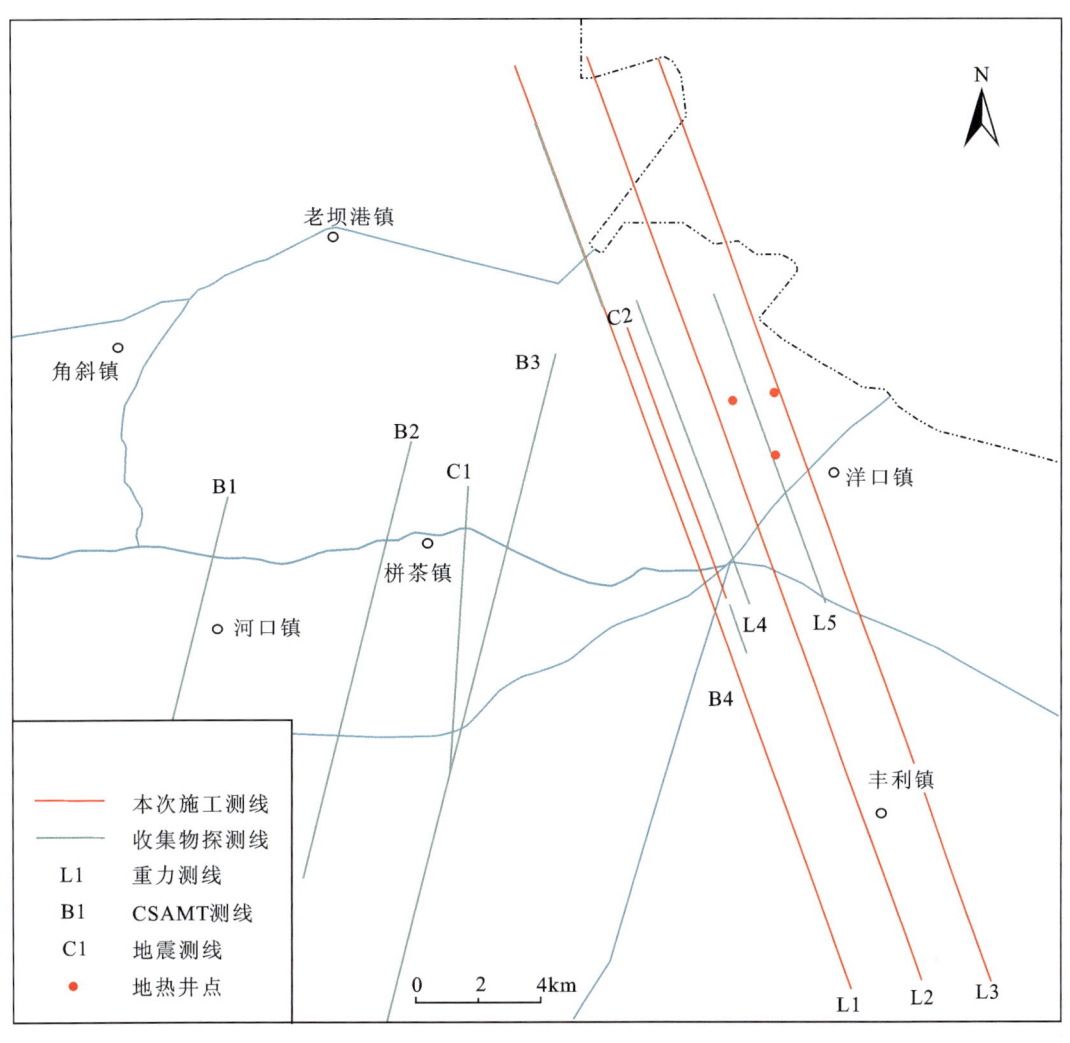

图 19-27　洋口镇地区物探测线分布图

(3) 二维地震测量:根据重力剖面测量与可控源音频大地电磁测深结果,以控制整个断裂带或主要断裂为目的,在可控源音频大地电磁测深剖面线上进行二维地震剖面的布设,以进行两种物探方法的验证和补充,在洋口镇布设二维地震测量剖面 8km。

(4) 地质钻探与采样:根据地球物理探测结果,沿地震剖面在推测主要断裂两侧以钻探联合剖面形式在洋口镇施工地质钻孔 3 个(单个钻孔深度约 100m),采集土力学试验样品 50 件、^{14}C 样品 10 件和微体古生物样品 100 件,并完成测井。

3. 栟茶河断裂活动性调查评价

1) 栟茶河断裂调查

经过系统的重力、大地电磁和地震等方法的综合探测施工,结合江苏中部地区的重力调查,栟茶镇附近地震勘查,栟茶镇、岔河镇、白蒲镇等幅 1∶5 万区域地质调查工作中所开展的 CSAMT 测量工作(图 19-28),揭示出洋口镇地区展布 3 组断裂,一组为北西走向、北东倾断裂(F_1、F_2、F_3、F_{4-1}),一组为近东西走向北倾断裂(F_{4-2}、F_5、F_6),一组为近东西走向南倾断裂(F_7)。洋口镇地区近东西走向北倾断裂组为栟茶河断裂,其由 3 条次级断裂(F_{4-2}、F_5、F_6)组成,断裂倾角为 60°~80°。栟茶河断裂整体自海安延至洋口镇地区入海,断层产状变化较大,走向与倾向均形成扭曲。

同时，综合探测结果显示，在洋口镇地区北西向与近东西向两组断裂的影响带内展布多条不同倾向的次级断裂，且该地区的地热水井均分布于该影响带(图 19-28)。因此，推测洋口镇地区的地热受北西向与近东西向两组断裂的共同影响，形成了裂隙比较发育、导热与导水性较好的区域，越是靠近北西向与近东西向两组断裂交会地带，地热富集越明显。

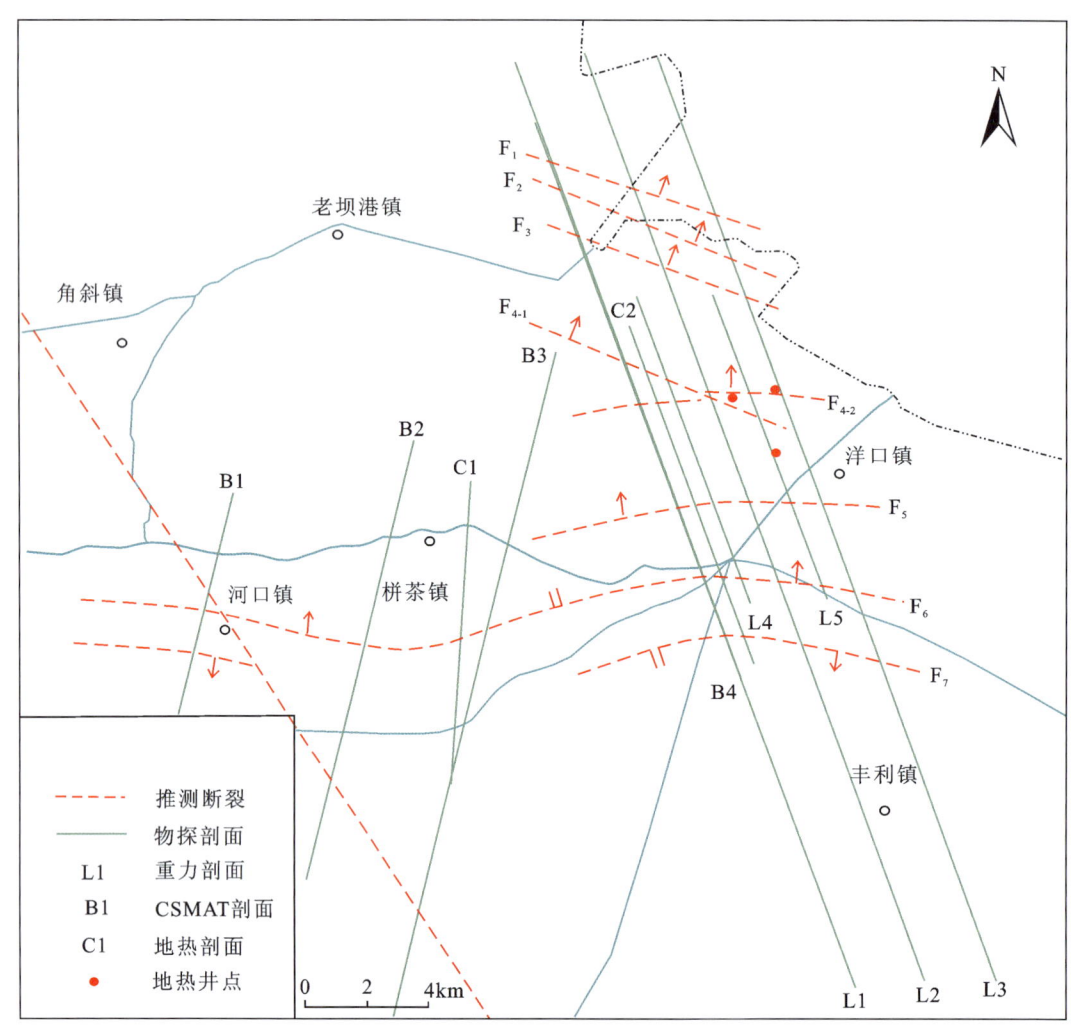

图 19-28 栟茶河断裂推测断裂分布图

2）栟茶河断裂活动性

由于洋口镇地区为基岩深埋区，松散层厚度巨大，地貌平坦，地形地貌特征难以反映地层断距情况，需要通过紧靠断裂两侧的上更新统以上地层变化情况来进行判断。

通过建立地层剖面揭示栟茶河断裂及其影响带内次级断裂两侧的地层内硬黏土层的顶底界面落差小，地层分布整体性好，沉积环境稳定。上更新统中除了滆湖组上段的硬黏土层稳定展布外，滆湖组中段、滆湖组下段、昆山组在推测断裂 F_{4-2} 附近的顶底面标高存在一定差异。

结合其他不同位置开展的重力、CSAMT、地震测量等工作成果，认为栟茶河断裂的活动性具分段差异，在不同位置断裂的空间延展与地层贯穿程度不同。根据洋口镇地区地震、地温梯度异常、地热资源埋藏深度浅的特点以及不同时代地层的整体展布特征，研究认为栟茶河断裂在洋口镇地区具活动性，但全新统和上更新统中的断距相对较小。

4. 成果转化应用

1) 支撑了洋口镇地区通用机场选址

通过查明活动性断裂空间展布,调查成果及时提供给如东县政府应用,成功规避了原先3处位于洋口镇地区活动性断裂带影响范围内的机场选址点,为江苏省南通市如东县通用机场选址提供了技术支持,发挥了地质工作基础性、先行性作用。

2) 地热开发建议

通过系统分析洋口镇地区断裂空间展布、地热井深度、井泉温度等特征,构建了洋口镇地区各组断裂与地热井深度、温度之间的对应关系,指出洋口镇地区地热资源沿不同断裂的分布情况,在此基础上提出了下一步地热资源勘查靶区和开发建议,为洋口镇地区的绿色产业建设与能源开发提供了科技支撑。

(三)支撑服务安庆西高铁枢纽站规划选址互联网会馆和安庆高铁站选址

安庆西高铁枢纽站位于安庆市大都市中心区高河—月山一线,是合安九客运专线上的重要枢纽站点,也是皖西南重要综合交通枢纽站点。依据合安九高铁总体设计,安庆西高铁站属于"中心枢纽站"类型,合安九、阜景、北沿江三线交汇于此。目前,安庆高铁新区正在实施整体规划,以安庆西高铁站为中心,初步规划面积为27 km^2,其中核心区面积为5 km^2。

该地区地质条件较复杂,规划区建设急需基础地质调查工作支撑,2017年12月勘察人员对安庆西高铁站规划区进行了工程地质专项调查。经过一年的工作,取得了大量基础工程地质资料和数据,构建了规划区三维地质模型,开展了工程建设适宜性评价和地下空间分层开发利用难度评价,成果为安庆西高铁站规划建设提供了地质支撑。

1. 规划区地质条件

安庆西高铁规划建设区属沿江丘陵平原区,地形特征表现为北低南高,可划分为丘陵、平原两种地貌类型。规划区大部分属平原地貌单元,可进一步划分为河湖平原及波状平原,河湖平原地形平坦,波状平原地形稍有起伏,地形高差为20~30m,基岩埋深多为3~7m,局部大于15m。丘陵仅分布在规划区南部,以砂岩为主。

规划区水文地质条件简单,分布的各含水层水量贫乏—极贫乏。在河漫滩及坳谷地带地下水水位埋深在1~3.0m之间,水位变幅为1~2.0m;在丘陵及波状平原的丘岗地,地下水水位埋深在3~6.0m之间,水位变幅为2~4.0m。地下水水质主要指标pH在6.5~8.0之间,为中性—偏碱性水,侵蚀性CO_2含量为0~10.0mg/L,$Cl^-+SO_4^{2-}$含量小于500mg/L,地下水对混凝土及钢结构具微腐蚀性。

规划区工程地质层可划分为填土,粉质黏土,中、细砂层,砾岩,砂岩,粉砂岩等10个工程地质层。规划区内特殊类土仅见膨胀土分布。第6层低压缩黏性土自由膨胀率在20.0%~48.0%之间,平均值为35%,具弱膨胀性。另外,第8、9层粉砂岩局部因泥质含量较高,暴露于地表后,具有明显的崩解现象,岩石崩解后呈碎块状,强度大幅降低。

根据地形地貌和地质条件,安庆西高铁枢纽站规划区划分为3个工程地质区(山地丘陵第Ⅰ工程地质分区、波状平原第Ⅱ工程地质分区、河湖平原第Ⅲ工程地质分区)。在此基础上,根据工程地质结构和物理力学性质,规划区可进一步划分为8个工程地质亚区。

2. 工程地质适宜性评价

根据《城市规划工程地质勘察规范》(CJJ 57—2012),针对规划区总体规划和地面建筑类型(从低层建筑为主),对规划区进行了地面建筑工程建设适宜性评价。

工程建设适宜区主要分布在高河南侧和万福河两侧波状平原区;较适宜区主要分布在中北部波状

平原区、大部高河支流和万福河河湖平原区、茶岭镇政府一带波状平原区;适宜性差区主要分布在南部山地丘陵区和局部高河、高河支流、万福河河湖平原与波状平原过渡区;不适宜区主要分布在高河、高河支流北侧、万福河东侧河湖平原区。

3. 地下空间资源开发难度评价

在充分考虑安庆西高铁枢纽站规划区地下空间开发的地质环境特点的基础上,对纽站规划区0~10m、10~15m、15~30m 地下空间资源进行开发难度评价,评价了各层地下空间资源开发难度(图19-29~图19-31)。结果显示,安庆西高铁枢纽站规划区地下空间开发地质环境条件总体较好,波状平原工程地质区开发程度最好,开发难度为难度小及难度一般。河湖平原工程地质区及山地丘陵工程地质区为难度较大—难度大。

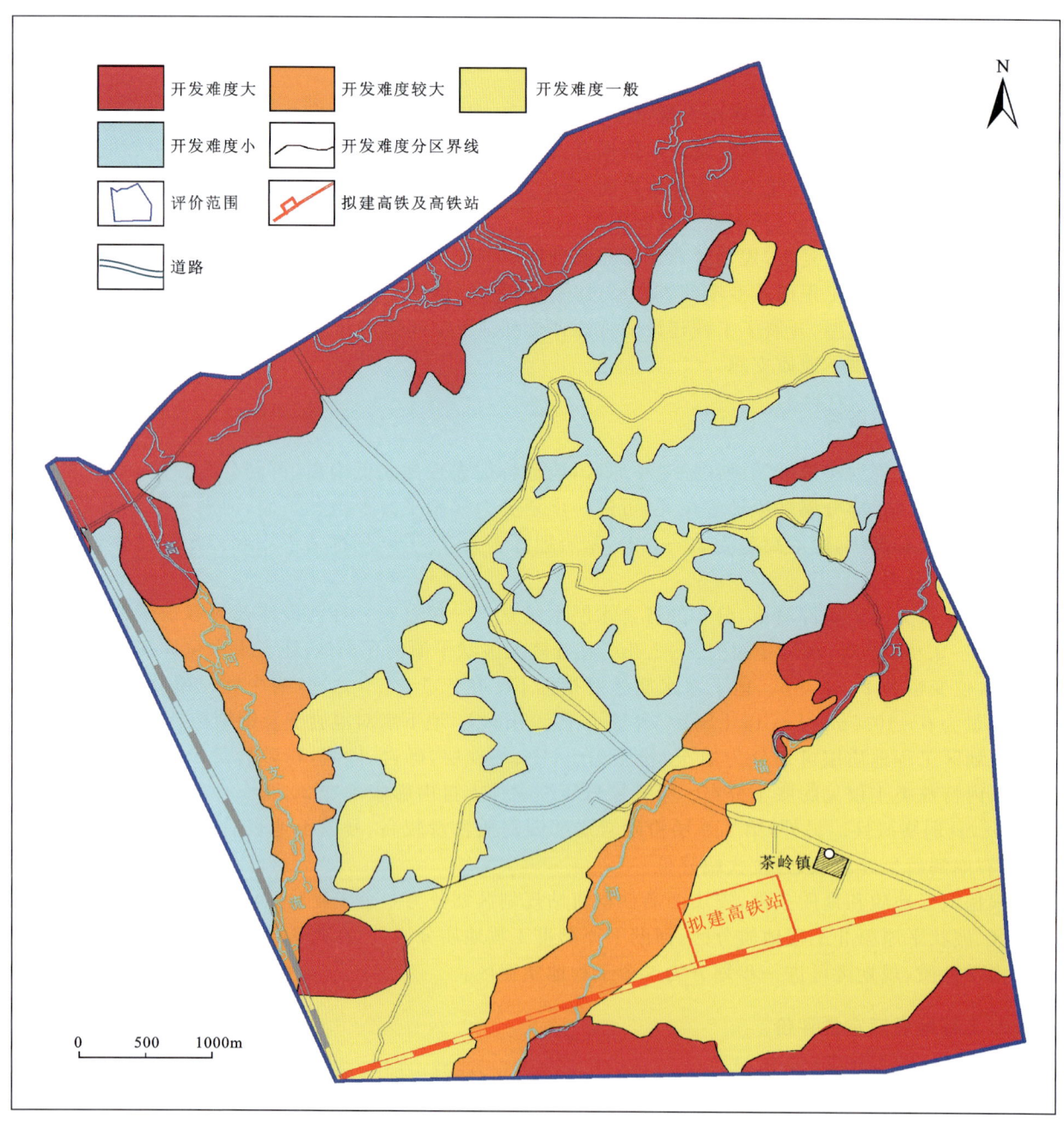

图19-29 安庆西高铁站规划区0~10m地下空间资源开发难度评价图

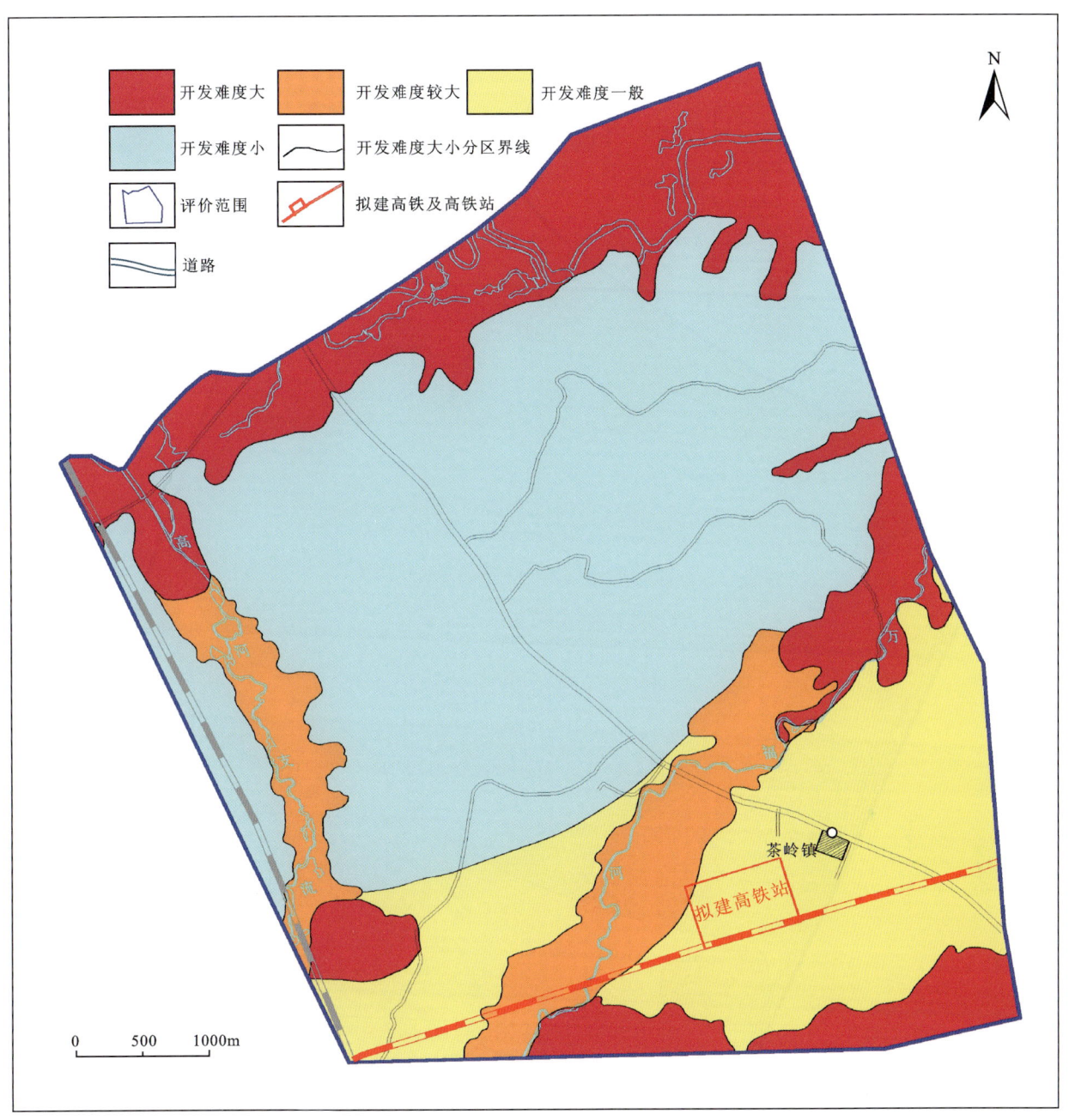

图 19-30 安庆西高铁站规划区 10～15m 地下空间资源开发难度评价图

调查成果结合茶岭镇总规划、高铁新区 5km² 起步区控制性详细规划和城市设计，从工程地质条件角度进行合理性评价，重点从工程建设适宜性和地下空间资源开发难度两方面进行评价，并提出工程建设建议，成果得到安庆市自然资源和规划局的应用。

（四）支撑服务乌镇世界互联网大会场馆选址

在开展嘉兴城市地质调查过程中，为支撑服务乌镇世界互联网大会场馆选址，利用嘉兴城市地质调查系列成果和城市地质信息管理与服务系统，快速、有效地对乌镇世界互联网大会永久会址选址区进行了三维建模和地质条件分析，成功建立了选址区三维地质结构模型和地下空间模型，并对场址区地下空

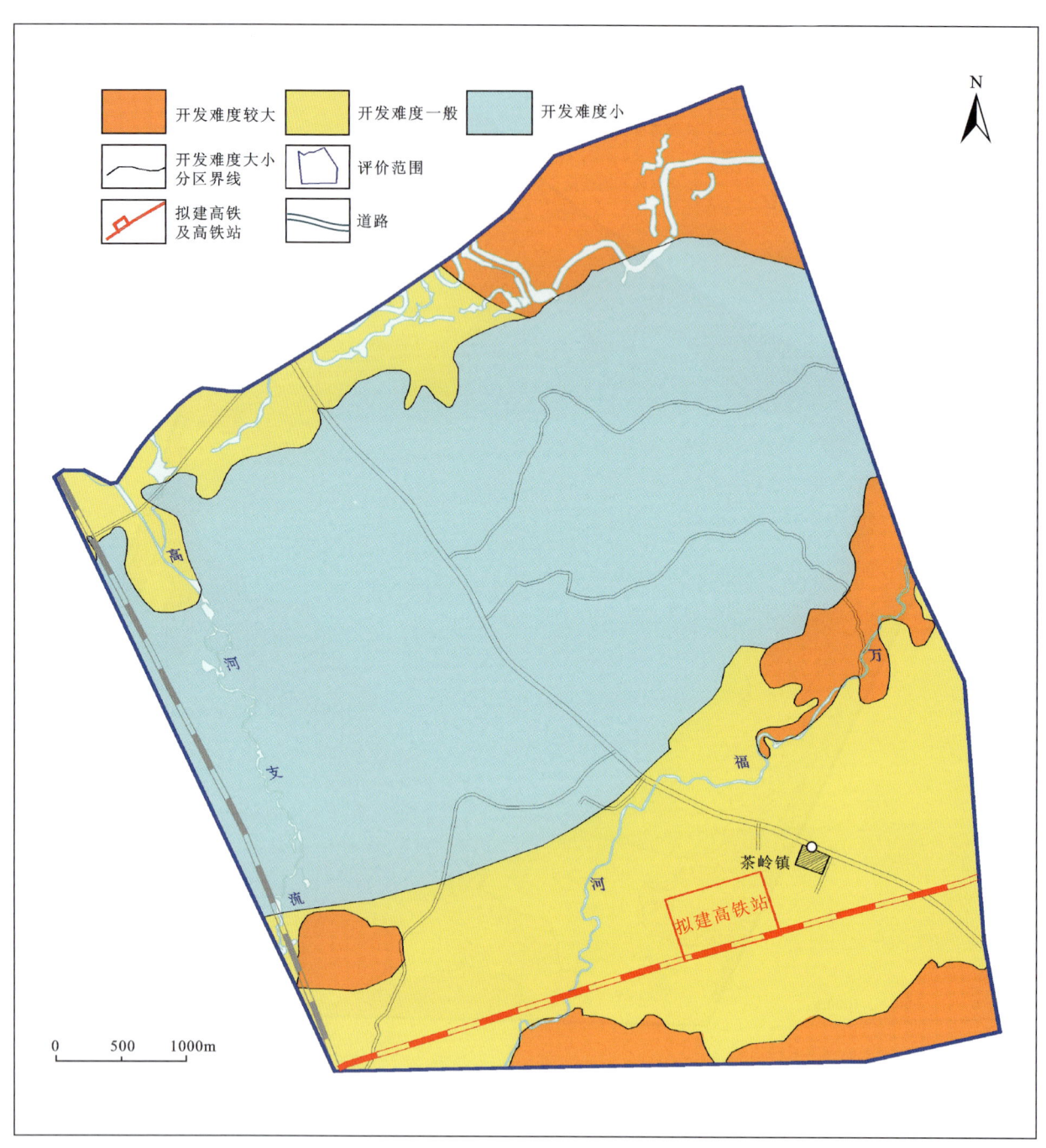

图 19-31　安庆西高铁站规划区 15～30m 地下空间资源开发难度评价图

间开发利用进行了地质适宜性评估和地质问题分析,为嘉兴乌镇世界互联网大会永久会址前期选址和工程建设提供了坚实的地质资料、直观的三维模型(图 19-32、图 19-33),大力支撑了嘉兴市乌镇世界互联网大会永久会址场馆建设重大工程的决策和建设工作。调查成果得到嘉兴市委、浙江省自然资源厅和嘉兴市自然资源和规划局相关领导批示肯定。

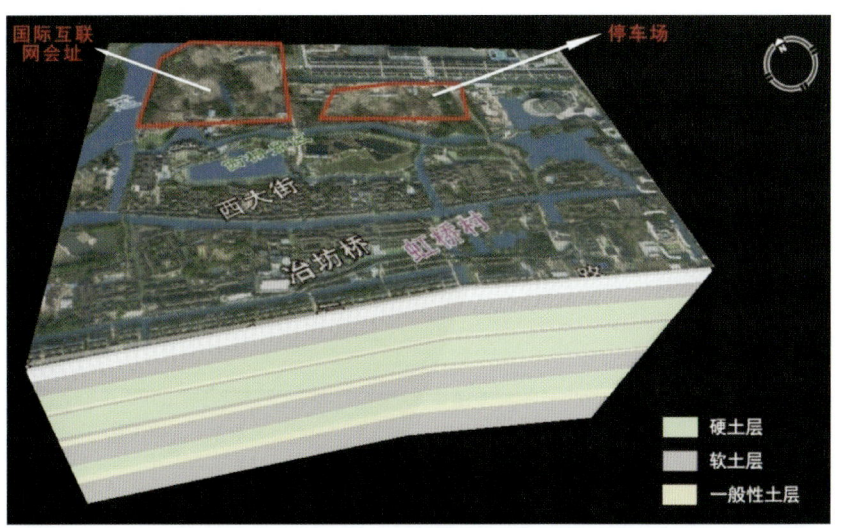

图 19-32　乌镇世界互联网大会会址三维地质结构图

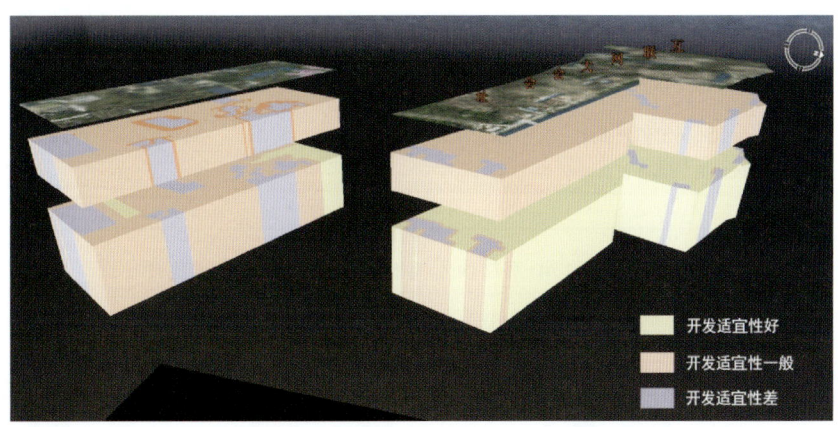

图 19-33　乌镇世界互联网大会会址地下空间利用适宜性分析图

第五节　支撑服务地质灾害防治

长江经济带是地质灾害多发区,在工作实施过程中为支撑服务经济区地质灾害防治,在三峡库区、丹江口库区、涪江流域和东南沿海等地区组织开展地质灾害调查与应急调查,取得显著成效。其中,在长江万州—宜昌段航道基于滑坡涌浪风险评估和预警,为重庆市、宜昌市等地方政府重大地质灾害隐患点的滑坡涌浪预测和防治提供了地质依据,相关成果得到三峡集团公司高度评价。在东南沿海台风暴雨区,开展了多起地质灾害现场调查指导与应急排查,如针对"利奇马"台风及时编制了应急调查报告并提出建议,得到浙江省自然资源厅认可,并成功预测一起滑坡灾害,避免了8人伤亡的事故。在丹江口库区,基本查明崩塌、滑坡、泥石流和不稳定斜坡1622处,得到地方政府认可。另外,总结了涪江流域典型小流域黄家坝灾损土地利用模式,有关成果得到绵阳市及遂宁市地方政府的应用(附录2)。

一、支撑服务三峡库区地质灾害防治

本次开展了长江万州—宜昌段航道基于滑坡涌浪风险评估和预警,构建了地质灾害涌浪快速预测评估系统及方法,开发了滑坡涌浪水波动力学数值计算软件,为重庆市、宜昌市等地方政府提供了大量滑坡涌浪预测报告(图19-34、图19-35),包括箭穿洞危岩体、茅草坡4#斜坡、棺木岭危岩体等重大地质灾害隐患点。棺木岭危岩体175m条件下最大涌浪高度为23.3m,最大爬高为14.5m,1m以上(黄色以上预警区)涌浪高度的河道长约6.6km,应引起高度重视。这些成果获得地方政府认同,为这些隐患点防治提供了依据,为三峡水库正常运营和航道安全提供了科技保障,相关成果编制了专报并得到应用。

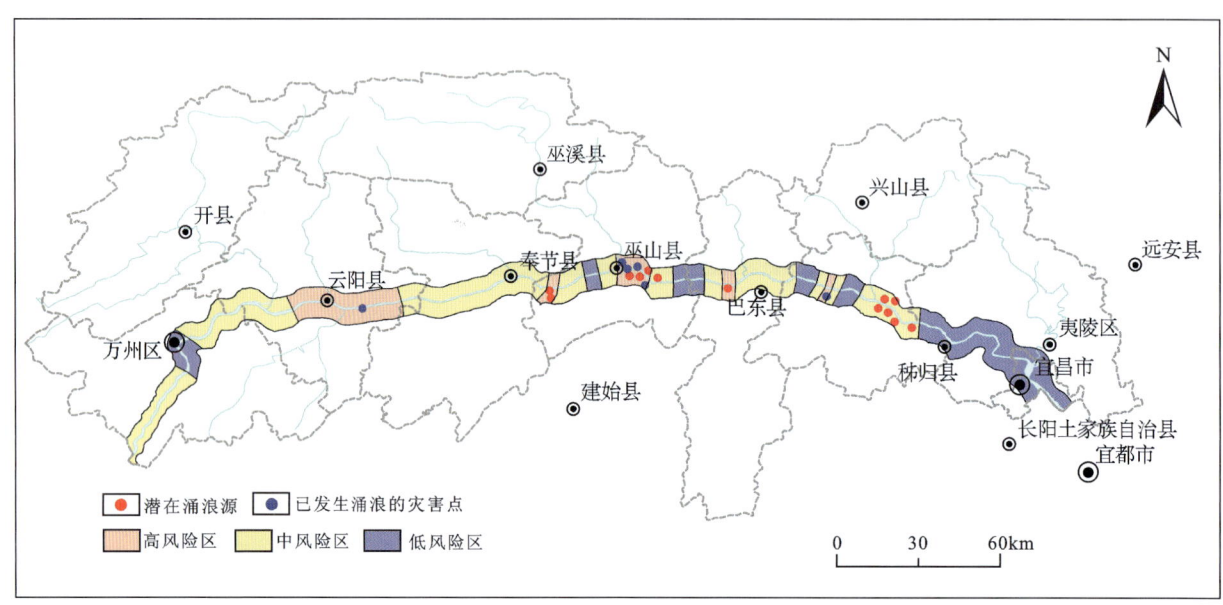

图19-34 长江万州-宜昌段干流航道基于滑坡涌浪风险评估图

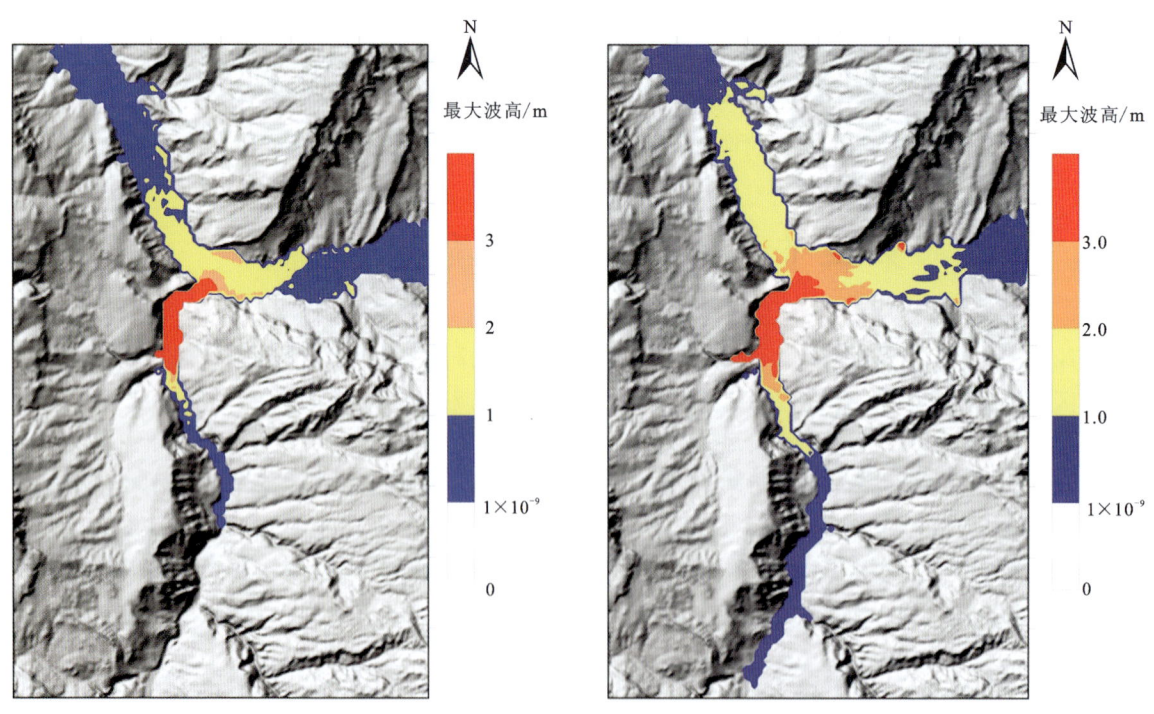

图19-35 棺木岭危岩体145m、175m水位区域航道涌浪预警分区图

二、支撑服务东南沿海台风暴雨区地质灾害应急防治

1. 永嘉县山早村山洪灾害应急调查

2019年8月10日,"利奇马"台风登陆浙江,根据部领导指示精神,由工程人员担任组长的工作组于8月10日—8月14日对"利奇马"台风过境期间地质灾害防治工作及造成的灾害情况进行了调研,并对台风期间发生的多起地质灾害进行了现场调查指导,与浙江省自然资源厅、浙江省地质环境监测院、台州市自然资源和规划局、仙居县自然资源和规划局等进行了座谈,及时编制完成了《浙江省"利奇马"超强台风影响期间地质灾害防范工作指导情况报告》和《永嘉县岩坦镇山早村山洪灾害应急调查报告》。

8月10日凌晨受"利奇马"(超强)台风影响,因山洪暴发、山体滑坡、水位陡涨等灾害链式反应,造成永嘉县山早村29人死亡、3人失踪的重大自然灾害事件。10日凌晨1—4时,"利奇马"台风于山早溪普降大暴雨,引发山早村山洪及诸永高速公路桥北侧滑坡,滑坡堆积体堵塞河流,形成堰塞湖,导致堰塞湖上游水位陡涨14m,洪流淹没楼房4层以上。10~20min后溃坝,冲毁下游两户房屋。

山早村出露地层岩性主要为上侏罗统西山头组(J_3x)灰色、灰紫色流纹质晶屑玻屑凝灰岩(图19-36)。斜坡浅表层发育0.5~1m厚的松散层,全—强风化层凝灰岩厚3~13m,13m以下为弱风化凝灰岩。残坡积土体呈棕黄色、褐黄色,稍密—中密,中压缩性,含碎石10%~15%;强风化凝灰岩呈土黄色,锤击易碎,原岩结构基本破坏,可见长石风化产物白色高岭土,厚3~13m,上部厚下部薄。

调查提出山洪灾害链中"滑坡堆积体及滑坡东侧后缘松散土体为潜在隐患区,需清除滑坡堆积体,加强监测"建议,得到地方政府采纳。同时,提出了加强对灾害链孕育、发生、发展及其演变规律研究;加强台风暴雨条件下乡村地质灾害安全性评估。这些成果得到上海交通大学应用,为地质灾害防灾减灾、特大灾难滑坡成灾机理和环境岩土工程教学提供了重要的实际素材(图19-37~图19-38)。浙江省自然资源厅专门发来感谢信,认为其对浙江省地质灾害防治和抢险救援工作提供了有力的技术支撑与保障。

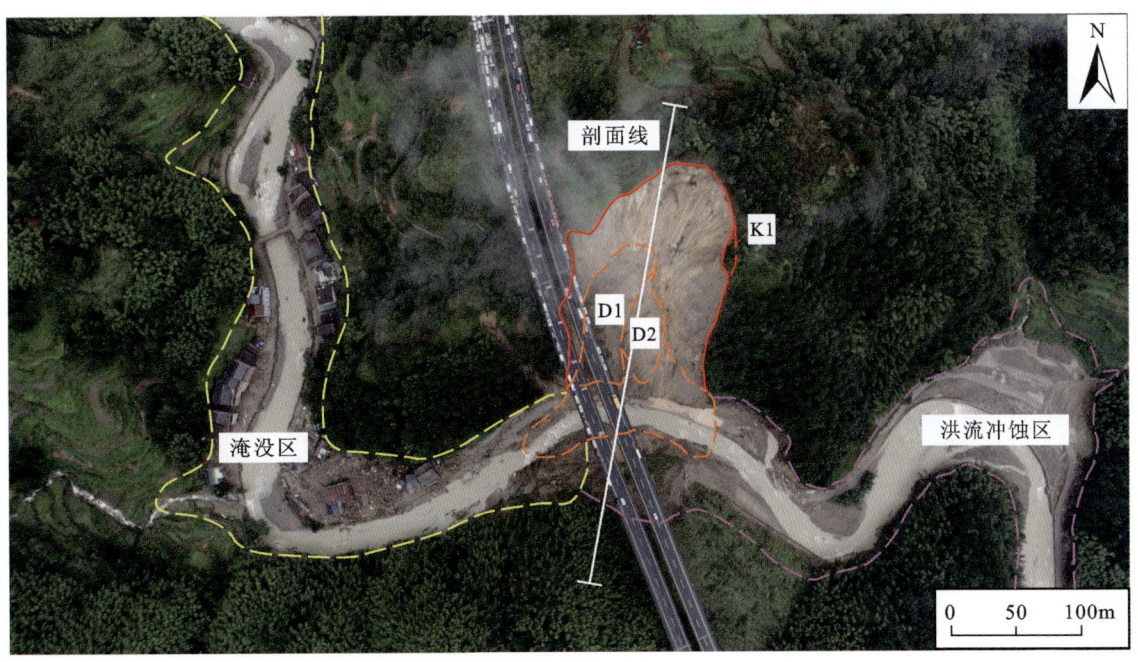

图19-36 永嘉县山早村山洪灾害影响

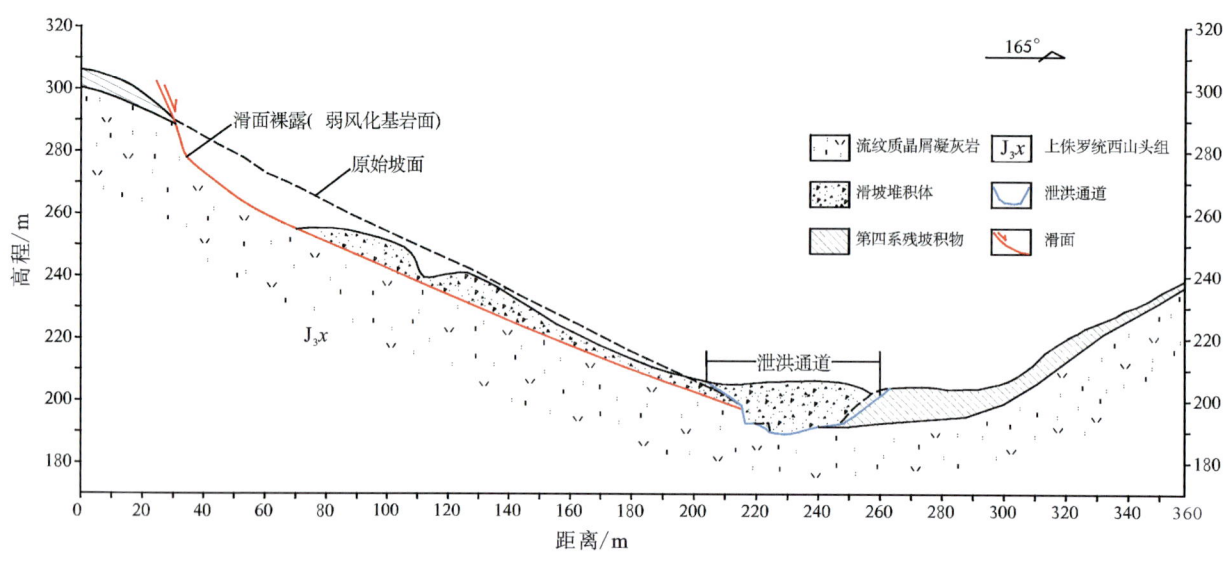

图 19-37 永嘉县山早村山洪灾害链剖面示意图

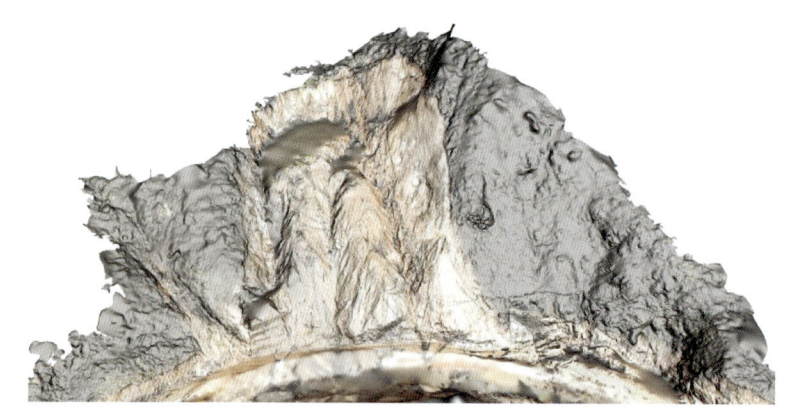

图 19-38 永嘉县山早村山洪灾害链三维表面模型

2. 德清县滑坡预警

受"利奇马"超强台风影响,浙北地区地质灾害具有点多面广、突发性强、危害性大等特点,结合野外调查、数据分析、构建模型、建立数据库等多种方式、方法,针对地质灾害防治问题,摸索出一套行之有效的防治经验,并应用于地灾防治实践。2019 年 8 月 11 日上午,德清县莫干山镇上皋坞村受台风影响,雨水渗至山体中,导致山体含水量饱和,岩土体强度急剧下降。正在湖州德清调查的图幅内调查人员及时预报发布了一起滑坡预警信息,因预警及时,避免了 8 名施工人员的伤亡及 1 台挖机的损失。该次滑坡方量约 1000m³(图 19-39)。此次滑坡预警得到湖州自然资源局和钱江晚报官方报道,为服务自然资源管理发挥了积极作用。

三、支撑服务涪江流域北川灾损土地资源化利用

针对北川泥石流堆积,本次以黄家坝村落型灾损土地利用为例,结合土壤肥力、工程特性和水土特性,将黄家坝泥石流堆积区进行分类,总结出 4 种土地利用模式(图 19-40):①村落聚集优化区,已有民用建筑区,地基承载能力较好的潜在民用建筑区等;②现代农业耕作区,土壤肥力评价较高的区域开展

图 19-39　德清县莫干山镇上皋坞村滑坡

精细化种植;③水土保持缓冲区,泥石流主沟两侧根据不同泥石流频率划分的区域;④工民建设潜力区,堆积扇上土壤肥力一般,位置适宜相对安全的区域可作为工业民用建筑用地区域。

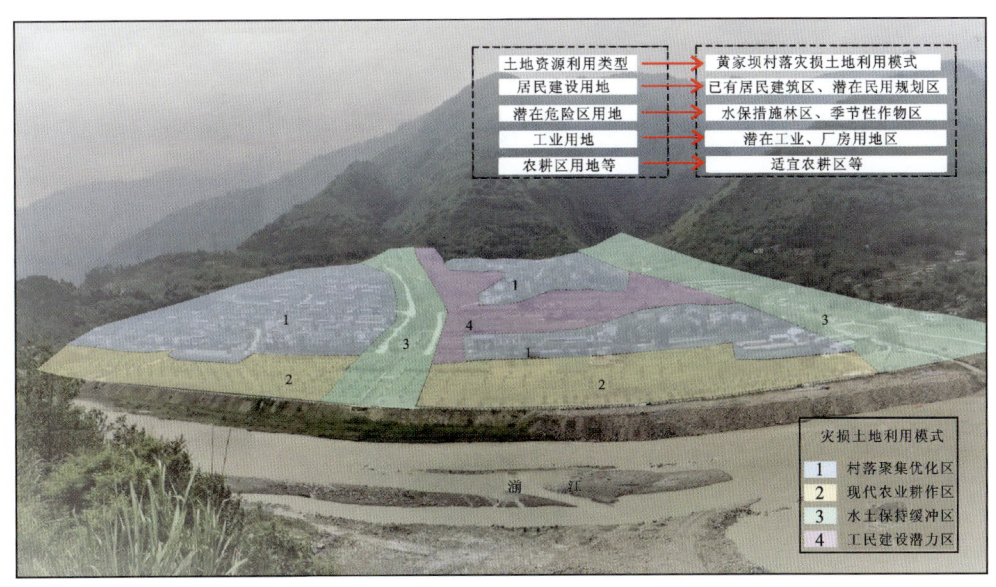

图 19-40　涪江流域典型小流域黄家坝灾损土地利用模式图

本次编制的《涪江流域地质环境图集》《江油市城市规划应急水源地可行性报告》以及灾害地质图和综合工程地质图等,通过对接顺利移交绵阳市、遂宁市、江油市、北川县等地方自然资源部门使用,相关成果通过摸清家底、查找问题、提出建议的形式,有效支撑服务了地方自然资源管理工作,受到地方自然资源部门欢迎并得到好评。

四、支撑服务丹江口库区等地地质灾害防治

在丹江口库区积极开展地质灾害应急调查，提出应急防治措施建议，得到地方政府好评。2017年受秋汛及库区水位上涨等影响，针对库区地质灾害呈显著多发趋势，勘察人员组织参加应急调查93处，完成应急调查简报13份、应急调查报告54份，现场提出群测群防技术指导、应急处置建议。

此外，应安徽淮南市自然资源和规划局的要求，在淮南八公山地区开展了1∶5万岩溶塌陷调查评价，编制了《淮南市八公山区土坝孜岩溶塌陷地质灾害勘查方案》，提出了相关建议，成果得到淮南市自然资源和规划局应用。另外，针对2017年7月11日怀化市鹤城区紫东路发生的岩溶塌陷，勘察人员及时开展隐患应急排查工作，提交成果获怀化市自然资源和规划局肯定。

五、支撑服务洪涝灾害防治

长江经济带特别是长江中下游河湖湿地分布广，长期以来人类活动的不合理扰动加剧了河湖湿地生态系统的退化和提高了洪涝灾害的发生频率。基于长江中游地区长江与两岸湖泊协同自然演化关系及其地质环境效应的综合研究，提出了"采砂扩湖、清淤改田""再造云梦泽、扩张洞庭湖和鄱阳湖"的长江中游防洪减灾建议。"采砂扩湖"就是在江汉平原"荆州—长湖—监利"，即"四湖流域"一线采砂，形成一个深10～20m、面积2000km²的现代云梦泽；在东洞庭湖以西、南洞庭湖一带及松虎平原下游，采砂扩湖，增加东洞庭湖和西洞庭湖的面积，加大了洞庭湖水深，增加水域面积至4300km²，可新增蓄滞洪水空间200亿～400亿m³，将有效地减轻荆江和江汉-洞庭平原的防洪压力。荆北堤后放淤加高，可培固大堤跟脚，减轻荆江大堤安全威胁，武汉、长沙的防洪形势也将为之改观。鄱阳湖区域可以采用同样的方法实行"采砂扩湖、清淤改田"，增大水域面积，可新增蓄水空间100亿～200亿m³。这样不仅可以避免在鄱阳湖和洞庭湖湖口兴建大坝，而且可以更好地适应自然并保护生态环境。本次工作提出的相关建议，如在两湖地区开展"深挖湖泊多蓄水，科学规划可采砂"等已作为2020年全国两会提案获得众多政府部门和科研单位人员广泛关注。

第六节 支撑服务国家地下储油储气库基地建设和页岩气绿色开发战略

本次工作对长江经济带盐穴储库建设进行了适宜性评价，同时开展了连云港深部地下空间建设能源储备库进行评价。此外，也在涪陵页岩气勘查开发区总结了6个有利资源条件及开发中应关注的风险问题，取得成果均得到应用。

一、支撑服务长江经济带盐穴储库基地规划建设

通过调查发现，长江经济带岩盐矿资源十分丰富，分布广泛，除上海和贵州外，其他9个省（市）均发现岩盐矿床，其中具有一定工业价值和地质意义的有90余个。长江经济带岩盐矿床规模巨大，资料显示，远景储量总计约1.32×10^{13} t，探明储量约2.39×10^{12} t。其中，探明储量大于100亿t的岩盐矿床有8个，分别为四川南充盐矿、江苏淮安盐矿、江苏赵集盐矿、四川开江盐矿、重庆高峰盐矿、湖北云应盐矿、云南安宁盐矿和江苏金坛盐矿。有关长江经济带地下盐穴适宜性评价方法和评价结果详见第十五章第三节。

长江经济带岩盐矿产资源的分布覆盖东部、中部和西部，不论是沿海发达地区，还是有战略纵深的中西部，十分有利于国家地下盐穴战略储油储气库基地建设的规划布局（图19-41）。目前，世界上共

有 2000 多个盐穴被开发利用,美国已拥有数百座,德国也有近百座且数量还在不断增加。美国通过卫星识别和量化了我国地面原油储罐,发现截至 2014 年底中国各地有 2100 个商用和战略石油储罐,可储存 9 亿桶石油。因此,利用地下盐穴安全储存战略油气十分重要。

图 19-41　地下盐穴储存示意图

长江经济带沿海发达地区的淮安盐矿已探明储量 2500 多亿吨,居世界前列,分布在以淮安市为中心 227km² 地域内,盐层埋藏深度在地下 700~2500m 之间,盐层累计厚度为 240~1050m,最大单层厚度为 130m。江苏金坛盐矿分布面积 60km²,盐层埋藏深度在地下 750~1300m 之间,厚度为 160~240m,储量 162 亿 t。淮安和金坛盐矿等埋藏适中,盐矿品质好,夹层少,断裂系统不发育,盐穴可塑性和密封性良好,可建单体 20 万~30 万 m³ 盐腔,具备建设大规模盐穴储油和储气库的条件,可优先开发利用。

作为"西气东输一线"配套工程,江苏常州金坛盐矿已经被中石油作为首选库址,建设储气规模为 10 亿~26 亿 m³,是亚洲首个国内最大的"盐穴储气库"(图 19-42)。金坛盐穴储气库一期工程于 2007 年已经储气投产,其中 19 个盐穴用于储气,库容为 3 亿 m³,可调用工作气量为 1.8 亿 m³,可供上海和江苏地区 12 天的"削峰填谷"使用。预计 2020—2023 年,实现库容为 26 亿 m³,可调用工作气量为 17 亿 m³。"西气东输"二线、三线配套工程的江苏淮安储气库正在规划建设。

图 19-42　金坛盐穴储气库

盐穴相关成果录入《部内要情》和《局内要情》，也得到财政部经济建设司关注。因此，要加强长江经济带盐穴储油储气库的国家战略规划布局，加强淮安、金坛、定远、云应等地下深部岩盐层精细地质结构地质勘查和盐矿区域地质构造的稳定性、盐岩层分布特征及盐岩盖层的封闭性评价，加快推进淮安、金坛等地下盐穴储油储气库建设，打造国家油气战略地下储备首批示范基地。这些地下储气库建成后将成为"西气东输"供气应急调峰的关键枢纽，可有效缓解长三角经济区季节性用气不均的供求矛盾，对于长三角经济区乃至我国能源安全具有重要战略意义。

二、支撑服务连云港大型水封能源洞库规划建设

连云港市位于华北地台南部边缘，与扬子地台相接，位于郯庐断裂带东侧，为大别山-苏鲁超高压变质带的东段南部地区，是一个长期隆起遭受剥蚀的地区。区内基岩由中—新元古界锦屏岩群、云台岩群和东海群深变质相的片岩、变粒岩、浅粒岩、混合花岗岩、片麻岩等岩性组成，厚度较大。

本次工作通过评价提出了连云港有 2528km² 的区域适宜开发建设深部地下空间大型水封洞库能源储备库（评价方法和评价结果详见第十五章第三节），成果得到江苏省长吴政隆和省委书记李强批示，为下一步深入开展勘查评价和启动深部地下空间开发利用规划编制奠定了基础，同时也为连云港城市地质开展创造了条件，地方政府积极性高涨。

连云港北翼赣榆港区附近区域是深部地下空间储能的集中适宜区之一，现规划以发展散货、杂货运输为主，并预留远期发展集装箱运输功能。本次研究建议对北翼赣榆港区及其腹地港口工业园区的规划作出相应调整，布局大规模的地下储库、原油码头和一系列石化产业园区；建议尽快制订并论证（深部地下空间水封）储运模式，尽早启动全区深部地下空间开发利用规划编制工作。

三、支撑服务川渝页岩气绿色开发战略

随着社会对清洁能源需求的不断扩大，石油、天然气价格不断攀升，页岩气资源勘探开发已成为世界主要页岩气资源大国和地区的共同选择。我国页岩气资源丰富，潜力巨大，页岩气资源主要集中在我国南方长江经济带古生界海相页岩中。页岩气的规模效益开发是国民经济与社会发展的需要。现阶段我国页岩气勘查开发还处于起步阶段，页岩气开采潜在的环境影响尤其是对生态地质环境和水资源的影响尚不明确。因此，本次工作在川渝页岩气勘查开发区部署了 1∶5 万环境地质调查，初步梳理了页岩气勘查开发所引发的 6 类环境（地质）问题，以及勘查、钻井、压裂、开采、闭井 5 个阶段需关注的地质环境问题或风险等。

本次调查在重庆市涪陵区和丰都县页岩气勘查开发区安装布设地质环境一体化监测设备 30 台套，包括水质水位监测站、气体监测站、雨量监测站等（图 17-43），选择页岩气开发密集、地质环境有代表性、与群众生产生活相关性高的地区作为监测重点。

图 19-43 页岩气勘查开发区地质环境一体化监测设备

以页岩气重点勘查开发区为例,进行了地质环境影响评价,将页岩气勘查开发对地质环境的影响分成4个等级,即无影响(Ⅰ)、较弱影响(Ⅱ)、中等影响(Ⅲ)、较强影响(Ⅳ)。结果表明,无影响区占整个开发面积的67.74%,较弱影响区占3.95%,中等影响区占15.56%,较强影响区占12.75%(图19-44)。

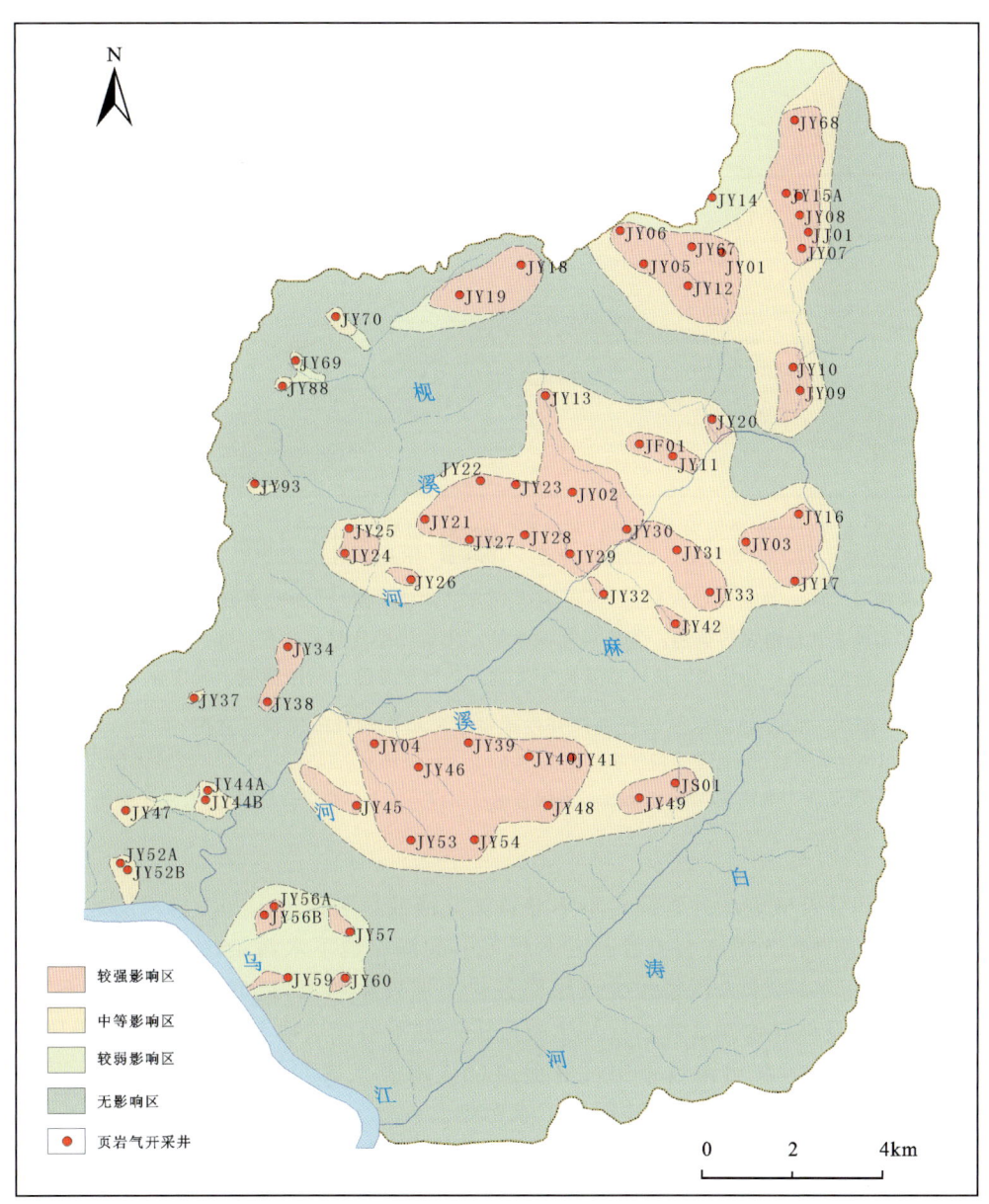

图19-44 涪陵区页岩气重点勘查开发区环境影响评价图

结合前人研究成果,本次系统地分析总结了页岩气勘探开发过程(勘探期、开采井施工期和运营期)可能造成地下水环境变化的18种风险途径(用①~⑱编号),如图19-45所示。

(1)勘探期:①页岩气地震勘探破坏浅层地下水结构,或者破坏潜在污染源储存器,潜在污染源泄漏引起浅层地下水污染。

(2)开采井施工期:②施工过度开采地下水引起资源短缺和地下水水位下降;③施工期施工油料、压裂液及返排液储存不当,井场入渗造成浅层地下水污染;④岩溶段钻井液大量漏失可能进入并污染浅层

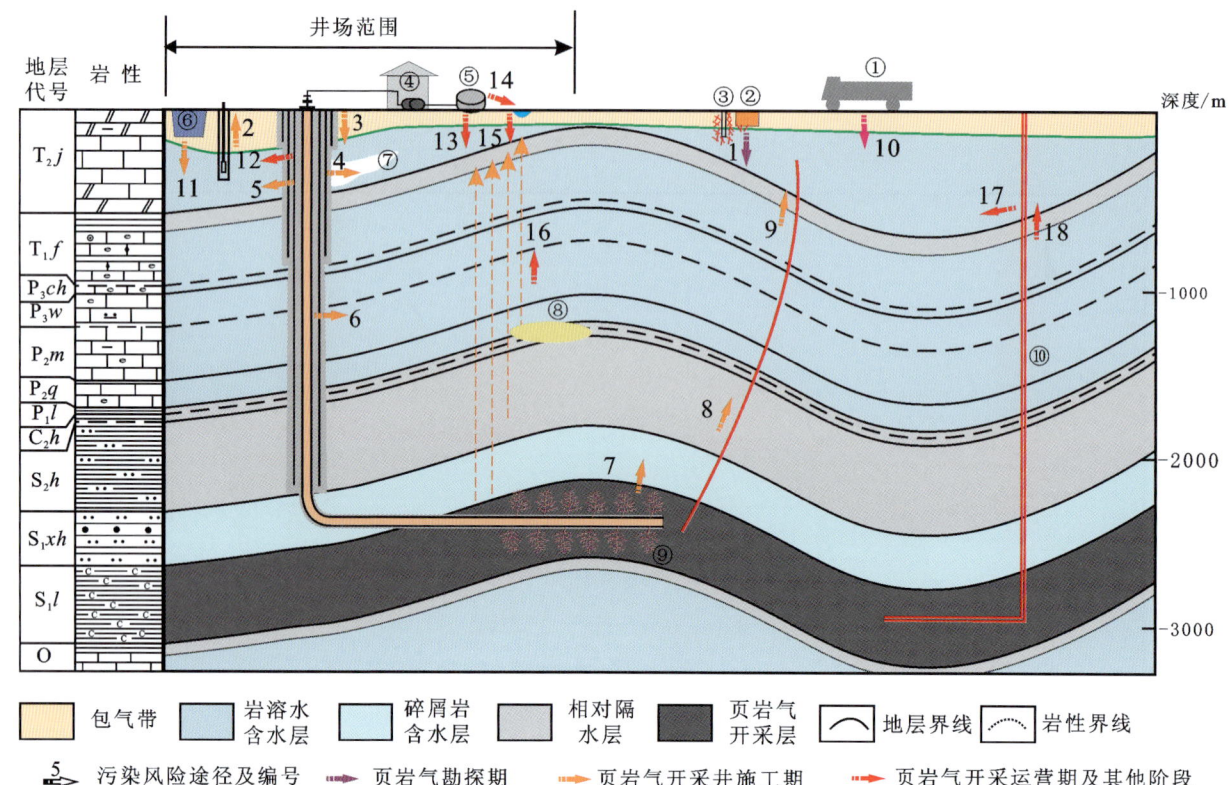

图 19-45 涪陵区页岩气勘探开发地下水环境影响风险途径示意图

O. 奥陶系灰岩；$S_1 l$. 下志留统龙马溪组；$S_1 xh$. 下志留统小河坝组；$S_2 h$. 上志留统韩家店组；$C_2 h$. 上石炭统黄龙组；$P_1 l$. 下二叠统龙潭组；$P_2 q$. 中二叠统栖霞组；$P_2 m$. 中二叠统茅口组；$P_3 w$. 上二叠统吴家坪组；$P_3 ch$. 上二叠统长兴组；$T_1 f$. 下三叠统飞仙关组；$T_2 j$. 中三叠统嘉陵江组

地下水；⑤钻井施工过程井管破裂或井管固定不牢导致钻井液或压裂液进入并污染浅层地下水；⑥压裂过程中由于井管质量或者操作失误破裂或者固定不严等引起深层地下水污染；⑦压裂液进入目标层位相邻含水层污染深层地下水；⑧水力压裂程导致深部各含水层发生越流，造成不同类型地下水混合，引起地下水污染；⑨水力压裂程导致深部含水层发生越流进入并污染浅层地下水；⑩施工所用压裂液化学物质、动力燃油、油基钻井液等在运输过程中可能泄露造成地表土壤并经淋滤作用污染浅层地下水；⑪施工期储水池和废气水池破裂渗漏造成浅层地下水污染。

（3）开采运营期：⑫意外井管破裂或原始固井不严使得页岩气或者产出水进入并污染浅层地下水；⑬产出水由于收集罐或者收集池破裂入渗并污染浅层地下水；⑭产出水不达标排放污染地表水；⑮页岩气开发过程中导致地表水污染补给并污染浅层地下水。

（4）其他阶段：⑯目标层或者非目标层甲烷进入并污染浅层地下水；⑰废弃井、失败井管理不善目标层污染物可能导致浅层地下水污染；⑱废弃井或失败井导致深部地层水进入并污染浅层地下水。

本次工作中主动把调查成果服务于行业需求和地方规划，与中石化重庆涪陵页岩气勘探开发有限公司建立长期合作关系，主动反馈在页岩气勘查开发区调查发现的环境地质问题并提出解决对策，成果得到应用；与重庆市规划和自然资源局、涪陵区规划和自然资源局等地方政府建立资源共享平台，主动将调查成果和环境监测数据服务于地方政府的建设规划。

第七节　支撑服务流域生态环境保护和修复

本次工作中开展了长江经济带废弃矿山、滨海盐碱地、长江滨岸湿地、沿江化工污染和重金属污染场地调查评价与生态修复示范，形成了废弃矿山、滨海盐碱地、长江滨岸湿地、沿江化工污染场地、重金属污染场地5种类型生态修复示范关键技术和方法体系，相关案例成果收入中国地质调查局第一批《地质调查支撑生态保护修复案例集》（2021）。同时，提出了长江中下游长江岸滩、河槽冲淤防治及长江中游湿地保护与防洪减灾地学建议得到水利部门认可，并作为2020年两会提案获广泛关注，为长江经济带生态环境保护和修复提供了技术支撑。

一、支撑服务长江三角洲地区盐碱地改良

长江三角洲地区盐碱地特别是江苏沿海因拥有宽广的潮间带，长期以来经过人工不断围垦，形成了大面积的盐碱地。这次工作开展了长江三角洲地区盐碱地调查及生态环境质量提升试点工作，基本查明了江苏沿海的盐碱地数量、盐度空间分布以及土壤盐化分级、土壤主要肥力指标含量与分布特征，建立了盐碱地改良水-盐环境监测体系，形成了盐碱地改良修复示范工程改良、结构改良、生物改良和农艺改良关键技术，并选择南通市如东县海岸带盐碱地进行了修复示范试点，完成盐碱地改良60亩、海水稻稻渔共生40亩，取得了盐碱地改良完全成功，成果得到南通市自然资源和规划局、拓璞康生态科技南通有限公司等单位应用。当年形成产品系列化和产业化，取得显著经济效益，为沿海大面积存量的盐碱地改良应用推广及陆海统筹"多规合一"规划编制提供了科技支撑。

二、支撑服务沿江湿地和污染场地调查与修复示范

通过调查研究，本次提出了江苏启东崇启大桥—三和港段长江岸线湿地整治修复方案，修复完成后可形成湿地休闲观光区、湿地生物多样性保护区和湿地尾水深度净化区3个部分，总修复面积达94 852.23 m^2，修复后的滩涂湿地可为周边环境保护、生态修复和生态环境保护教育提供样板。目前，该方案已经获地方政府通过和启东传化滨江开发建设有限公司应用。

本次开展了沿江镉污染场地调查与修复示范研究，基本查明沿江土壤高镉异常带分布现状，分析了土壤镉污染空间分布规律、变化趋势及成因，同时选择不同环境因素和人类活动影响下的典型场地进行修复示范，初步建立了长江沿江高镉异常带功能微生物菌库及功能基因图谱，并成功筛选出8种具高效修复功能的微生物，形成了长江沿江土壤镉异常带植物实验室基因改良关键技术及品种储备，为下一步微生物改良剂研制和规模化修复奠定重要基础。

本次基本查明某市沿江一有机化工污染场地地质环境条件和污染物分布状况，指出需要重点对地下17~45m深且以苯、苯胺、硝基苯等有机污染组分为主的污染层位进行修复。相关建议得到了南京市环保部门采纳，调查研究成果为当地组织开展沿江有机化工污染场地整治修复提供了技术支撑。

三、支撑服务尾矿资源化利用技术研发与生态修复示范

长江经济带现有矿山5.4万多个，传统开发利用方式破坏矿山地质环境严重，截至2014年，累计损毁土地约5000km^2，矿山尾矿废石固体废弃物存量达84亿t。因此，大力开展绿色矿山建设，改善矿山地质环境，实现矿地和谐，推进矿山尾矿资源化利用技术研发与生态修复示范十分迫切。

本次工作在四川攀枝花钒钛磁铁矿、江西宜春钽铌矿和云南安宁磷矿开展了尾矿废石资源化利用技术研发与生态修复示范。其中，在攀枝花钒钛磁铁矿采用新研发的选矿药剂及强磁-重选-浮选等工艺，获得品位达45.97%的二氧化钛和回收率达65.37%的钛精矿、品位达31.73%的五氧化二磷和回收

率达92.56％的磷精矿、含量达39.63％的稀土矿和回收率达27.99％的稀土精矿。在江西宜春钽铌矿采用"预先脱泥-弱碱性体系下阴阳离子混合捕收剂浮选回收锂"技术,使尾矿样品中氧化锂的品位由0.61％提升至3.6％,同时锂云母精矿回收率达65.72％,有效减少了尾矿的排放和堆存,为长江经济带尾矿废石资源化、减量化及矿山生态环境的治理恢复提供了技术保障。

同时,针对矿山重金属污染土壤生态修复示范形成了"一种人为强化土壤自净作用修复重金属污染土壤的方法"发明专利,该专利使用权资产评估值为172.26万元(资产评估报告编码:1111060007201900424;资产评估报告文号:中都咨报字〔2019〕357号),于2019年8月得到西部(重庆)地质科技创新研究院有限公司转化应用。

四、支撑服务河湖湿地保护与生态修复

长江经济带特别是长江中下游河湖湿地分布广,长期以来人类活动的不合理扰动加剧了河湖湿地生态系统的退化并提高了洪涝灾害的发生频率。现今迫切需要进行科学规划,提出采取合理的河湖湿地保护修复与防洪对策建议。

2018年协助中国地质调查局水文地质环境地质部编制完成《自然资源部中国地质调查局关于把河道整治纳入〈长江保护修复攻坚战行动计划〉提案的有关情况(2019年)》,得到水利部认可,认为"对保护和修复长江流域水生态环境具有重要意义",并可为长江经济带航道工程与护岸保滩工程、冲淤灾害防治及生态修复提供科学依据。

此外,基于长江中游长江与两岸湖泊协同演化关系及其地质环境效应的综合研究,提出了"采砂扩湖、清淤改田""再造云梦泽、扩张洞庭湖和鄱阳湖"的长江中游防洪减灾建议,其中编制的《深挖湖泊多蓄水,科学规划可采砂》《存水入地、调蓄资源、涵养生态》等作为2020年全国两会提案和建议获得广泛关注。

第八篇
人才成果篇

本篇主要阐述了工程实施以来的人才成长与团队建设状况、长江经济带地质资源环境综合信息系统及相关平台建设，以及结论和建议。

第二十章 人才成长与团队建设

第一节 技术培训和研讨

一、组织召开成果研讨和方法培训会

为提高工程和各项目业务水平与统一技术要求,工程项目组每年均在南京组织召开"长江经济带地质环境综合调查工程"成果交流研讨会和技术方法培训会。工程相关项目负责人、技术骨干等合计 500 余人参加了培训和成果交流,相关会议针对总体部署、项目措施、产品设置和工作安排等进行了研讨,统一了思想和认识。会议邀请了 20 余位专家就城市地下空间探测与安全利用、城市地下空间评价方法、地质调查报告编制方法、第四纪地质调查方法与应用、信息平台和数据库建设、重大工程建设适宜性评价方法与图件编制、1∶5 万水文地质图与说明书编制、地质环境承载能力评价方法、地质调查新技术新方法应用、海岸带地质调查工作创新、1∶5 万工程地质图与说明书编制、1∶5 万环境地质调查野外验收等进行了授课,提高了参会人员的业务水平,反响较好(图 20-1)。

图 20-1 长江工程各年度召开的技术培训会

二、组织召开大流域人类活动与地质环境效应高峰论坛会

为更好地支撑服务长江经济带发展,大力保护长江生态环境,建设绿色生态廊道,提高地质环境调查监测科技支撑水平,破解长江经济带重大环境地质问题,探索大流域地质工作模式,2018年8月3—4日由中国地质调查局南京地质调查中心主办,武汉地质调查中心、成都地质调查中心、中国地质大学(武汉)、南京大学、华东师范大学协办的"大流域人类活动与地质环境效应高峰论坛"在南京召开。来自自然资源部、生态环境部、水利部、中国科学院、有关高校等相关部门和单位的专家,中国地质调查局局属单位、相关省(市)地质调查院、环境监测总站等单位人员以及"长江经济带地质环境综合调查工程"所属项目负责与技术骨干等近80余人参加了会议(图20-2)。

图20-2 大流域人类活动与地质环境效应高峰论坛

该论坛参会领导强调了长江"共抓大保护、不搞大开发"生态文明建设的重要性,提出了"查底数、测变数、求未知数"的工作部署思路。论坛充分展示了中国地质调查局近年来在长江东西贯通时限、大流域人类活动与地质环境效应、资源环境承载能力评价与监测预警及地球关键带研究等方面取得的进展,同时交流了水利部、生态环境部、中国科学院和有关高校等在岸线资源、水生态、湖泊湿地保护、水利水电开发对环境影响、新技术新方法应用等方面的成果,拓宽了地调科研人员的视野。

该论坛议题内容丰富,精彩纷呈,特点分明,是一次大流域、跨领域、多学科的学术交流与思想碰撞,为长江经济带生态环境保护、国土空间规划与用途管制提供了借鉴。

三、组织召开长江经济带资源环境承载能力评价会

工程人员在南京先后组织召开了两次"长江经济带资源环境承载能力评价会",完成了《长江经济带资源环境承载能力评价总体技术方案》的编制,大力推进了资源环境承载能力评价工作。中国地质调查

局水文地质环境地质部郝爱兵主任、褚洪斌副主任、石菊松处长、乐琪浪和李亚民博士,南京地质调查中心李基宏主任、邢卫国副主任等出席会议(图20-3)。

图20-3 长江经济带资源环境承载能力评价会

四、组织开展物探野外培训

近年来,工程人员先后在南京组织开展了高密度电法、视电阻率测深、浅地层剖面、三维激光扫描、多波束测深等野外培训,提高了技术人员对城镇化地区物探方法的有效性、城镇干扰项以及成果的可利用性等方面的认识,并对数据进行了初步解译及说明,先后有近百人参加了相关培训(图20-4)。

图20-4 电法勘探野外培训现场

第二节 科普宣传活动

工程人员积极组织开展了科普宣传工作,依托工程要求,共推出33项科普产品,包括:完成了丹阳城市地质调查成果三维展示模型一个(包括三维沙盘、互动平台、钻探岩芯等);完成了长江经济带地质环境综合调查工程系列科普视频14个,如《长江经济带地质灾害科普动画》《天下奇观——九里"沸井"》《滑坡涌浪灾害》《涪江上游典型滑坡及避险技能科普动画》《"利奇马"台风登陆引发山早溪流域山洪灾害链成因演示》《地球关键带综合调查科普视频》《皖江经济带地下水环境科普视频》等,大多已经在互联网发布;编制了《地下水污染防护科普宣传手册》《防治塌陷有妙招》《水文物探,谁说爱你不容易》《鄱阳湖前世今生》《图说基岩地下水》《山区地质灾害风险防范》《城市地下空间开发利用科普展板》等科普读物;共建了宁波市地质环境科普基地、西霞农村集中安全供水示范科普宣教基地、丹阳科普基地等4处;开展多种形式科普活动45余次,很好地发挥出了地质科普的宣传作用。

一、地质科普系统制作

按照"虚拟现实+地质科普"思路,开发的集三维沙盘模型、互动游戏平台、实体钻探岩芯等一体的丹阳地质调查成果科普平台(图20-5)在2017年"世界地球日"开放。该平台实现了虚拟仿真场景的漫游、地质成果查询及系统沙盘联动控制等交互功能,有助于社会公众了解丹阳地质条件及地质资源环境开发保护对城市规划建设的重要意义,实现了地质调查成果"服务地方经济发展,惠及公众生产生活"的目的。

 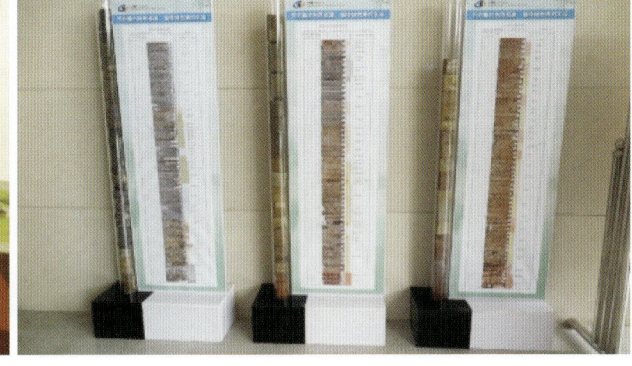

三维仿真地质科普平台　　　　　　　典型钻孔岩芯柱

图20-5　丹阳地质调查成果科普平台

二、系列科普视频制作

本次完成了《长江经济带地质环境综合调查工程科普系列视频》14部,如《长江经济带地质灾害科普动画》《天下奇观——九里"沸井"》《涪江上游典型滑坡及避险技能》《滑坡涌浪灾害》《地球关键带科普视频》《皖江经济带地下水环境》《长江之肾——洞庭湖地貌演化与环境保护》(图20-6~图20-10),多数视频已经在互联网发布,点击率正不断上升。其中,协助中央电视台财经频道拍摄和采访九里"沸井",节目于2019年3月23日在CCTV-2《是真的吗?》栏目播放(图20-9)。该调查成果为镇江市文化广电和旅游局推动季子庙景区旅游发展提供了地质科学支撑和科普成果服务,成果得到镇江市文化广电和旅游局应用。

图 20-6 《天下奇观——九里"沸井"》

图 20-7 《涪江上游典型滑坡及避险技能科普动画》

图 20-8 《滑坡涌浪灾害》

图 20-9　中央电视台财经频道拍摄和采访九里"沸井"

图 20-10　《长江经济带地质灾害与防治》及《长江之肾——洞庭湖地貌演化与环境保护》

三、系列科普读物和挂图制作

工程推出的科普读物和挂图有《长江经济带地质灾害科普挂图》《防治塌陷有妙招》《水文物探,谁说爱你不容易》《鄱阳湖前世今生》《图说基岩地下水》《地下水污染防护科普宣传手册》《地质灾害应急避险科普挂图》《城市地下空间开发利用科普展板》《上海市地质科普路线图及科普画册》等。其中,赣南扶贫找水科普作品《水文物探,谁说爱你不容易》获得中国地质调查局科普办公室组织的"保护地球,精彩地质"科普作品大赛三等奖,《防治塌陷有妙招》获"保护地球,精彩地质"优秀科普作品二等奖。

四、开展形式多样的科普活动

近年工程各项目团队组织开展了形式多样的科普活动计45次。例如南京地质调查中心与宁波市政府、浙江省地质勘查局共建宁波市地质环境科普基地,于2017年6月25日第27个"全国土地日"落成开馆,该基地被纳入宁波市国土地理、国土资源科教基地建设体系;另外制作科普展板参加《土地科技活动周》科普活动等(图20-11)。这些科普活动展现了地质工作的主要成果、工作过程和重要意义等,提高了地质人的知名度和影响力。

图 20-11 各项目组开展的科普讲座活动

第三节 国内外学术交流

一、国内学术交流

1. 组织召开环境地质与地质环境保护研讨会

2019年10月17日—19日在云南昆明的中国地质学会学术年会上,工程组织召开"环境地质与地质环境保护"研讨会,共有来自各地质调查单位、高校、研究所等30余人参加了此次学术分会。会议期间围绕环境地质国内外研究现状、环境地质调查规范、环境地质调查最新成果等方面展开了交流与探索,现场汇报丰富精彩,提问踊跃,学术氛围浓厚,反响较好(图20-12)。

第八篇 人才成果篇

图 20-12 中国地质学会学术年会"环境地质与地质环境保护"分会场

2. 组织召开学术交流活动

工程实施期间工程所属各二级项目团队积极邀请相关领域专家学者多次开展室内理论培训、学术交流以及野外调查指导活动,共计 60 多场次,提高了团队的学术水平,加深了对野外工作的认知(图 20-13、图 20-14)。

图 20-13 学术交流活动部分照片

图 20-14 野外调查指导活动部分照片

二、国外学术交流

工程各项目团队在近年来积极加强国际学术交流,先后共计有百余人出国与美国、阿根廷、韩国、日本、柬埔寨、英国、芬兰等国家的技术人员,开展了流域地球关键带、海岸带地质、城市地质、水文地质、地质灾害等方面的学术交流与研讨(图 20-15～图 20-18)。

图 20-15 工程人员与美国地质调查局、美国科学基金会等部门技术人员开展学术研究交流

在此基础上,交流人员积极拓展了境外水工环地质调查领域工作。2018—2019年,工程所属支撑项目团队赴阿根廷地调局交流地下水和地热资源调查评价技术方法,与阿根廷地调局进行多次会谈,深入了解了阿根廷相关矿业公司的发展情况及地质需求,确定了中阿地热资源调查的合作内容和方式,与阿根廷方面的地质专家共同调查多处地热远景区,制订了普纳高原地区地热调查的下一步工作计划,开展了阿根廷普纳高原地区与中国西南地区地热资源成因机理和控热模式对比研究,编制了合作工作方案。通过合作交流,认为国外如阿根廷等国家矿产资源丰富,特别是地热资源调查和开发利用需求迫切,同时土地质量和地质灾害调查评价等亟待合作。因此,开展地热等勘察可成为今后我国与境外合作新的方向和亮点。

图20-16　工程人员与日本、英国和芬兰技术人员就城市地下空间开发利用交流

图20-17　工程人员与美国地质调查局技术人员开展海岸带地质交流

图 20-18　工程人员与阿根廷技术人员在阿根廷普纳高原区合作开展地热野外调查

第四节　人才团队业绩状况

本次工程实施促进了队伍建设与人才培养，工程所属 21 个项目组均已形成稳定的环境地质调查专业团队，并在获奖、论文发表、专著出版、专利授权、标准规范编制、基金申报、拉动地方政府投入、业务中心建设、工程网页建设等方面均取得重要进展，业绩显著。

一、科技奖励、论著和专利

依托工程，工程人员先后荣获得国家科学技术进步奖一等奖 1 项（2018 年度），国土资源科学技术奖一等奖 1 项（2018 年）、二等奖 1 项（2018 年），省级科学技术进步奖一等奖 1 项（2018 年）（图 20-19），中国地质调查局年度"十大地质科技进展"3 项（2018 年 1 项，2017 年 2 项）以及中国地质调查局地质科技成果一等奖 2 项（2016 年）。

工程人员出版专著 18 部（附录 3），申报发明专利 42 项、实用新型专利 42 项、软件著作权 50 项（附录 4），其中已授权发明专利 40 项、实用新型专利 42 项、软件著作权 50 项（图 20-20），发表论文 404 篇（其中，SCI 67 篇，EI 44 篇）（附录 5）。

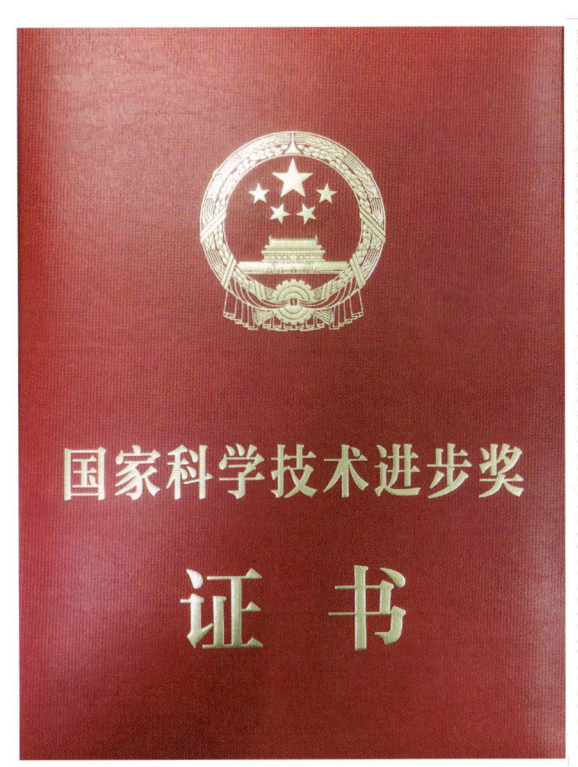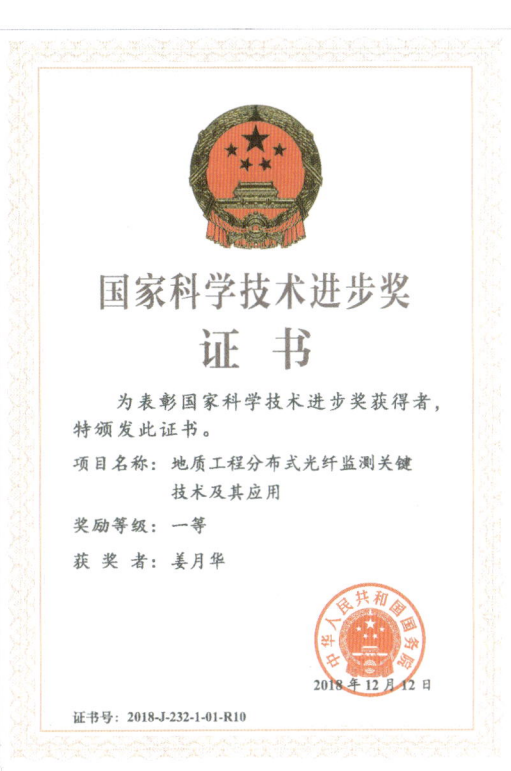

图 20-19 国家科学技术进步一等奖

二、荣誉称号

工程调查研究人员中 1 人曾获"2017 年全国五一巾帼标兵"称号,1 人于 2018 年获"自然资源部科技领军人才"称号,2 人于 2017 年获"国土资源部杰出青年科技人才"称号,1 人于 2016 年获"中国地质调查局杰出地质人才"称号,3 人于 2016 年获"中国地质调查局优秀地质人才"称号,1 人于 2018 年获"中国科学院关键技术人才"称号,2 人于 2016 年入选江苏省"333"人才培养工程第三层次。劣质地下水成因与水质改良科技创新团队、地下水勘查与开发工程技术研究团队于 2017、2018 年先后被评为自然资源部科技创新团队。另外,3 年间 28 人晋升高级工程师,工程培养博士硕士研究生 100 余人,并为科技部"中拉青年科学家交流计划"培养秘鲁技术骨干 1 人。

三、基金申报与平台建设

1. 基金申报

工程实施期间,工程人员获国家五大科技平台(除国家自然科学基金)项目 7 项,总经费达 1 439.6 万元;获得国家自然科学基金重点项目 1 项,面上项目 11 项,青年基金 7 项,总经费达 1 461.6 万元(附录 6)。

2. 带动地方经费投入

在中国地质调查局和各项目承担单位领导与组织下,工程于 2016 年 4 月成立了长江经济带地质调查协调领导小组。工程下属二级项目与各省市人民政府和自然资源部门开展了多次需求调研,国土形成了 10 余份实施方案,在水工环调查方面目前基本形成以 1∶1～1∶2 经费匹配投入的部省、部市和部县(区)创新合作模式,实现"5 个共同",即"共同策划、共同部署、共同出资、共同实施、共同组队",充分利用中央资金引领地方经济投入,2016—2018 年带动地方政府共同投入资金 4.22 亿元。

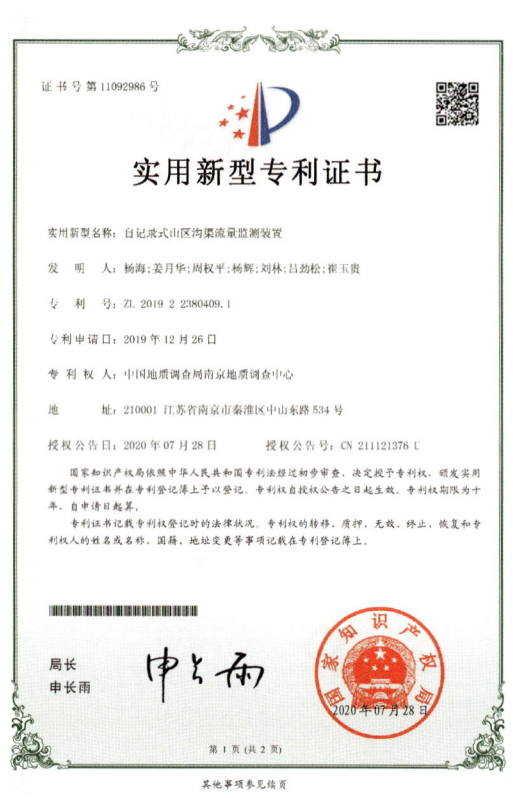
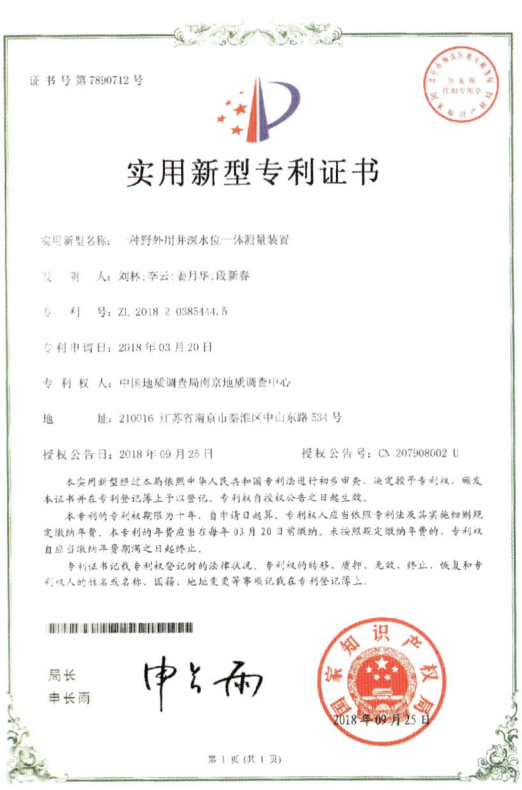

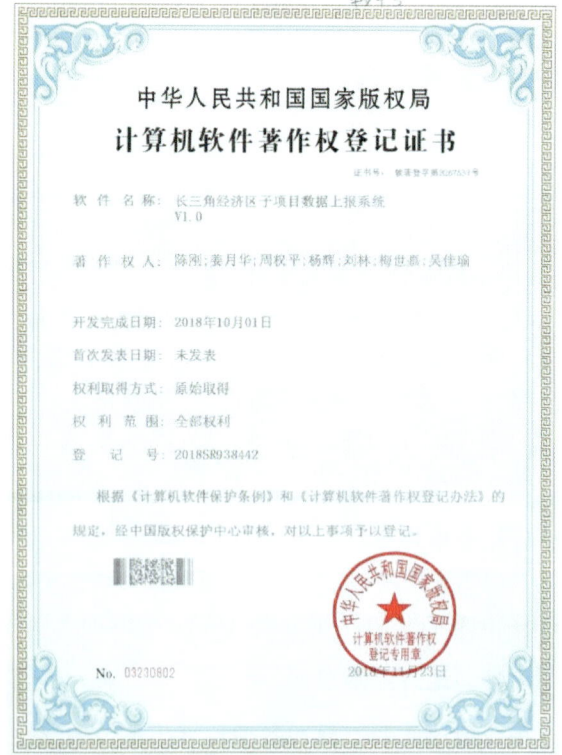

图 20-20 部分实用新型专利证书和软件著作权登记证书

3. 业务中心建设

依托工程和项目,进一步做实做强了2个业务中心、3个重点实验室和2个局级野外基地,分别为中国地质调查局城市环境地质研究中心和中国地质调查局地质灾害防治技术中心,自然资源部流域生态地质过程重点实验室、中国地质调查局岩溶塌陷防治重点实验室和国土自然资源部地质环境监测技术重点实验室(2021年改为自然资源部地质环境监测工程技术创新中心),北川泥石流野外监测与实验基地和广州岩溶塌陷研究基地。此外,中国地质调查局的地质调查中心获批自然资源部"城市地下空间探测与安全利用工程技术创新中心"。

4. 长江经济带地质环境综合调查工程网页建设

工程建立了"长江经济带地质环境综合调查工程网页"平台,设立了5个版块,包括长江经济带新闻资讯、长江经济带重要成果、长江经济带国土资源与环境地质图集、长江经济带地质工作研讨会和支撑服务长江经济带发展地质调查报告。其中,在长江经济带新闻资讯中已发布了100余条新闻报道。平台不仅增强了调查研究人员的凝聚力,而且充分宣传了工程及各项目的成果。

四、标准规范编制

工程在实施中组织完成《环境地质调查技术要求(1∶50 000万)》《1∶50 000岩溶塌陷调查规范(征求意见稿)》《地面沉降和地裂缝光纤监测规程》《存量低效工业用地整理复垦水土环境质量调查评价技术规程》《岩溶塌陷地球物理探测技术指南》《岩溶地面塌陷监测技术规范(试行)》《经济发达地区城市群地质环境调查技术指南》《小城镇地质调查技术指南》《城市工业用地水土污染调查评估指南》《生态地质环境调查航空高光谱遥感技术规程》《钒钛磁铁矿尾矿资源综合利用调查与评价指南》等29份标准规范的编制工作(附录7)。这些规程和技术要求部分已经发布实施,部分已经在试运行,为规范和指导我国1∶5万环境地质调查工作以及重要经济区和城市群国土空间规划布局、用途管制、地质环境修复治理等提供基础支撑,并对环境地质学学科科技进步有重要影响。

1. 环境地质调查规范(1∶50 000)

编制完成的《环境地质调查技术要求(1∶50 000)》明确了环境地质调查主要目的任务,提出了不同调查区工作量定额要求,明确人类工程活动调查、环境地质条件调查、环境地质问题调查等调查内容应着重查明的问题,明确环境地质评价要求和评价方法,提出了具体应编制的相关环境地质图件和基本要求,为我国开展区域性环境地质调查工作提供了技术标准。工程人员试点创新编制了6幅长江冲积平原和低山丘岗地貌区1∶5万环境地质图,并参加了2017年12月6—7日在武汉举办的全国水工环地质调查图件展评会交流,2018—2021年在西部沿江山区和东部平原区又试编了28幅1∶5万环境地质图。2019年3月6日,中国地质调查局(中地调〔2019〕20号文)正式发布《环境地质调查技术要求(1∶50 000)》(DD 2019—07),此外《环境地质调查技术要求(1∶50 000)》已纳入自然资源部行业标准制修订计划。

2. 地面沉降和地裂缝光纤监测规程

组织编制了《地面沉降和地裂缝光纤监测规程》,明确了地面沉降和地裂缝光纤调查及光纤监测程序、感测光缆与传感器的选择和植入、监测过程、数据处理与整理等,有效地促进了地面沉降和地裂缝光纤监测研究水平。该方法监测地层土体变形与原有方法相比,具相对经济、本质安全、抗电磁干扰、防水防潮、抗腐蚀和耐久性长等优点,能实现准确空间定位,可取代现有的分层沉降标技术,对地裂缝和地面沉降监测具重要意义。相关技术已推广应用至江苏沿海地面沉降、西安地裂缝、徐州杨柳煤矿地面塌陷、阜阳地面沉降、山西黄土湿陷变形监测等,应用前景广阔。该规程已纳入自然资源部行业标准制修订计划。

3. 土地复垦水土环境质量调查评价规范

完成《存量低效工业用地整理复垦全过程水土环境质量调查评价技术规程》编制,规定了整理复垦区土壤和地下水环境质量调查的基本原则、内容、程序和技术要求,构建了存量低效工业用地整理复垦区耕地土壤环境质量污染物指标体系及各项指标的标准限值,为补充耕地的地块环境质量验收、环境管理、环境监测、风险评估、修复技术方案等提供了基础数据,可为后工业化地区场地用地规划适宜性调查评价提供技术指导。目前,基于该技术要求提出的《工矿废弃地土地复垦水土环境质量调查评价规范》已纳入自然资源部行业标准制修订计划。

4. 岩溶塌陷调查规范

完成《1∶50 000 岩溶塌陷调查规范(征求意见稿)》《岩溶地面塌陷地球物理探测技术指南》《岩溶地面塌陷防治工程勘查规范(试行)》和《岩溶塌陷监测规范(试行)》的编写工作。目前,《岩溶地面塌陷监测规范(试行)》(T/CAGHP 075—2020)和《岩溶地面塌陷防治工程勘查规范(试行)》(T/CAGHP 076—2020)已由中国地质灾害防治工程行业协会团体作为标准发布,为岩溶塌陷地质灾害调查评价、隐患排查、防治勘查和监测提供了重要技术支撑。

5. 尾矿资源综合利用规范

完成《钒钛磁铁矿尾矿资源综合利用调查与评价指南》编制,获中国材料与试验团体标准委员会正式批准立项,为矿山尾矿资源综合利用调查与评价提供了地质依据。

6. 河湖岸线资源调查技术规范

完成《河湖岸线资源调查技术规范》编制。目前,该规范已纳入自然资源部行业标准制修订计划,可为岸线资源调查评价、岸线资源保护和可持续利用提供技术支撑。

7. 煤矿地下空间调查评价和地表沉陷区监测指南

组织完成《煤矿地下空间调查技术指南》《煤矿地表沉陷区监测技术指南》《煤矿地下空间开发利用适宜性评价技术指南》编制。这 3 个标准已被江西省萍乡市市场监督管理局批准为地方性标准立项,可为江西省萍乡市等煤矿地下空间调查评价,开发利用和地表变形监测提供地质依据。

第二十一章　长江经济带地质环境综合调查工程信息平台建设

本次工作从长江经济带地质环境综合调查工作的实际需要出发，充分利用大型数据库技术、GIS技术、计算机网络技术和三维可视化技术，对长江经济带4个经济区、二级项目、子项目的地质信息和成果进行集成与综合，构建了长江经济带地质资源环境综合信息管理与服务系统，实现了多维地下-地上、地质-地理、时空-属性大数据的一体化存储、管理、查询、三维可视化等方面的服务，为承接产业转移、优化国土布局、建立长江绿色生态走廊和实施新型城镇化战略提供了数据支撑。

第一节　系统总体架构

长江经济带地质资源环境综合调查工程信息管理与服务系统总体架构如图21-1所示，由基础设施层、数据层、支撑层、应用层、用户层构成。该系统是一个集成的数字化工作环境，为长江经济带地质环境调查工作提供了信息技术支撑。

第二节　系统数据库建设

一、数据库标准体系

本次工作以《重要经济区和城市群地质环境调查数据库建设指南》《崩塌滑坡泥石流调查数据库建设指南》和《岩溶塌陷调查数据库建设指南》等多种数据库建库指南为依据，开展长江经济带地质环境综合调查工程数据库建库工作。

二、数据库组成及组织结构

长江经济带环境地质综合调查工程包含的数据库划分为原始资料库、属性数据库、成果资料库。数据库内容包括工程、经济区、二级项目、子项目相关的所有原始资料，数据库组成和组织结构如图21-2所示。

(1)原始资料库：包括野外照片的原始采集的资料。
(2)属性数据库：包括符合《重要经济区和城市群地质环境调查数据库建设指南》《崩塌滑坡泥石流调查数据库建设指南》和《岩溶塌陷调查数据库建设指南》标准体系的数据。
(3)成果资料库：包括工程内各子项目、二级项目、工程等成果报告和成果图件。

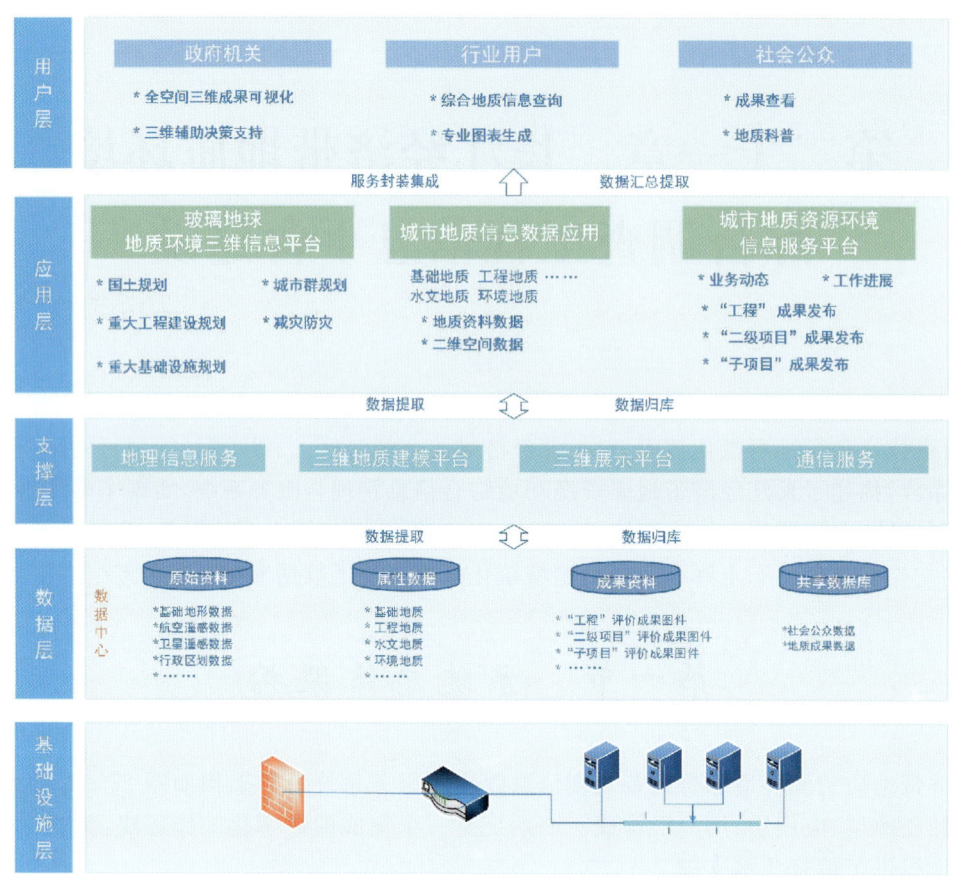

图 21-1　长江经济带地质资源环境综合调查工程信息管理与服务系统总体架构图

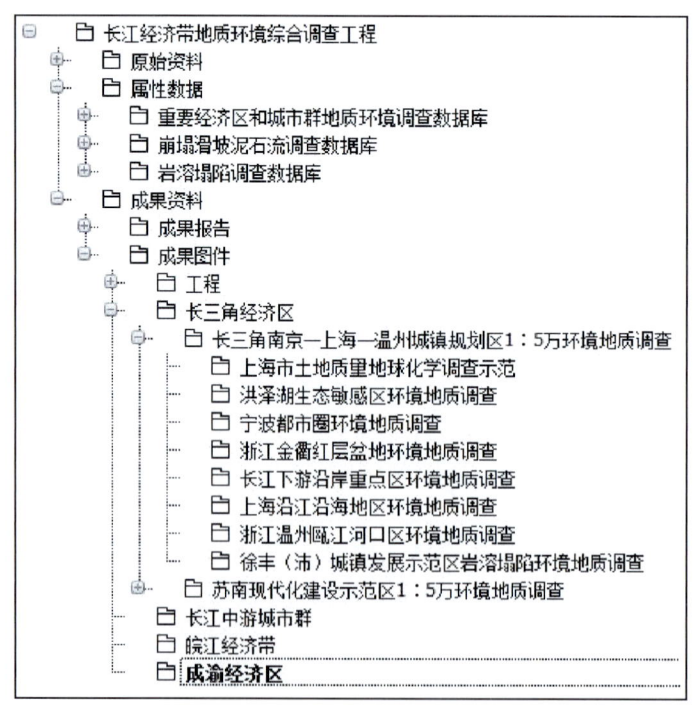

图 21-2　长江经济带环境地质综合调查工程数据库组成及组织结构

三、数据汇总流程

数据中心数据库包括一个总中心,多个二级项目构成多个数据汇总节点,多个子项目构成多个数据上报节点,数据库以子项目为单位提交,由工程项目管理组织架构自上而下形成三级数据汇总机制,见图21-3。

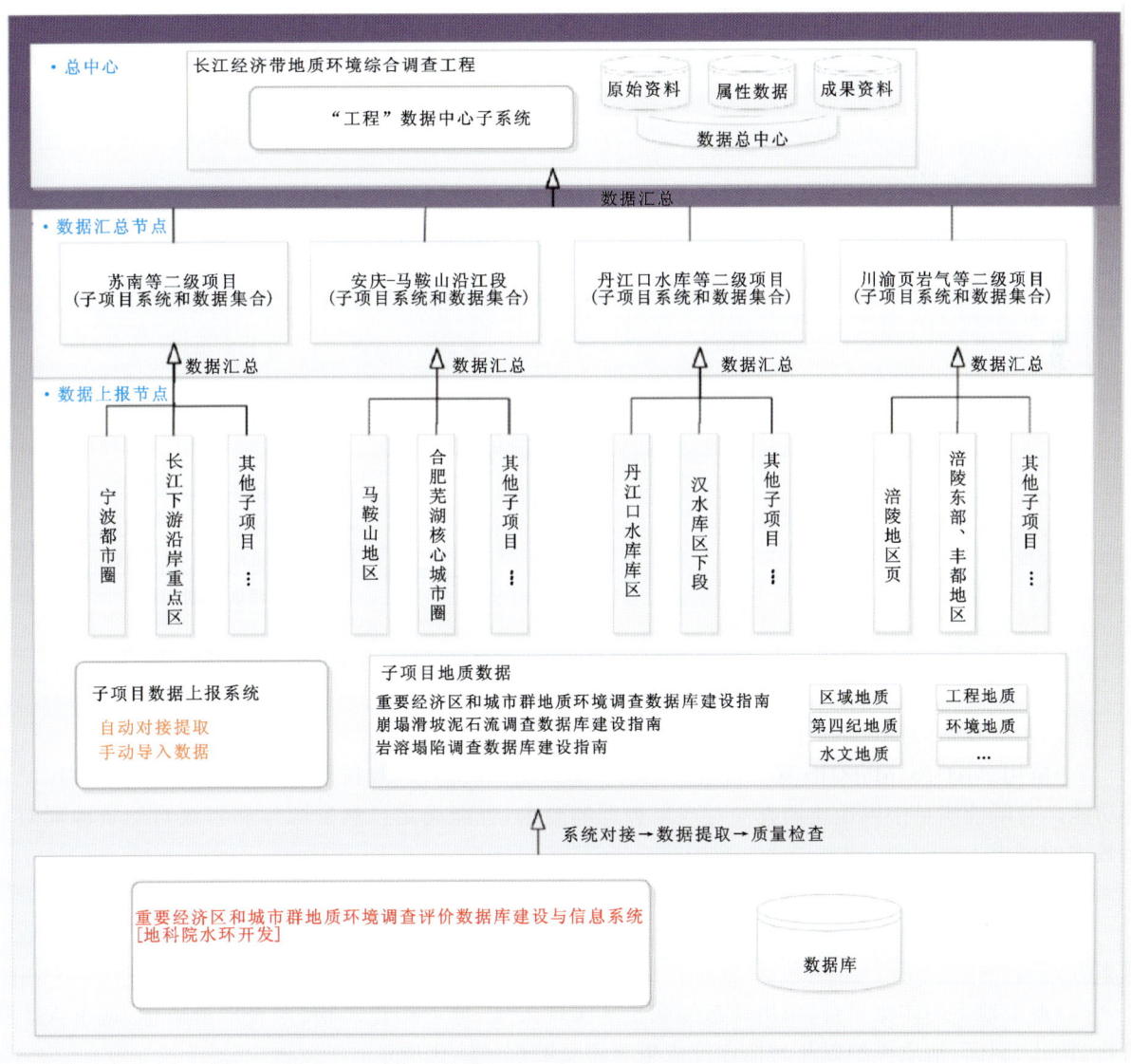

图21-3　长江经济带地质环境综合调查工程数据汇总流程

工程项目管理组织架构自下而上进行数据上报表现为:首先,子项目使用"重要经济区和城市群地质环境调查评价数据库建设与信息系统",按照项目数据库建设要求录入入库地质资料,完成之后使用"子项目数据上报系统"(辅助工具软件)与"重要经济区和城市群地质环境调查评价数据库建设与信息系统"数据库对接,数据提取并打包汇交至所属二级项目;其次,二级项目负责汇总、质量检查所属子项目的数据,构成二级项目数据成果集合;最后,二级项目数据打包汇交至"工程"数据中心子系统。

第三节 信息系统建设

一、信息系统组成

长江经济带地质资源环境综合信息管理与服务系统由数据中心及数据应用子系统、长江经济带地质环境信息服务平台、玻璃地球地质环境三维信息辅助决策平台和权限管理子系统组成,还包括4个辅助工具软件(子项目数据上报系统、二级项目数据汇总系统、矢量格式转换工具软件、三维地质建模系统),见图21-4。

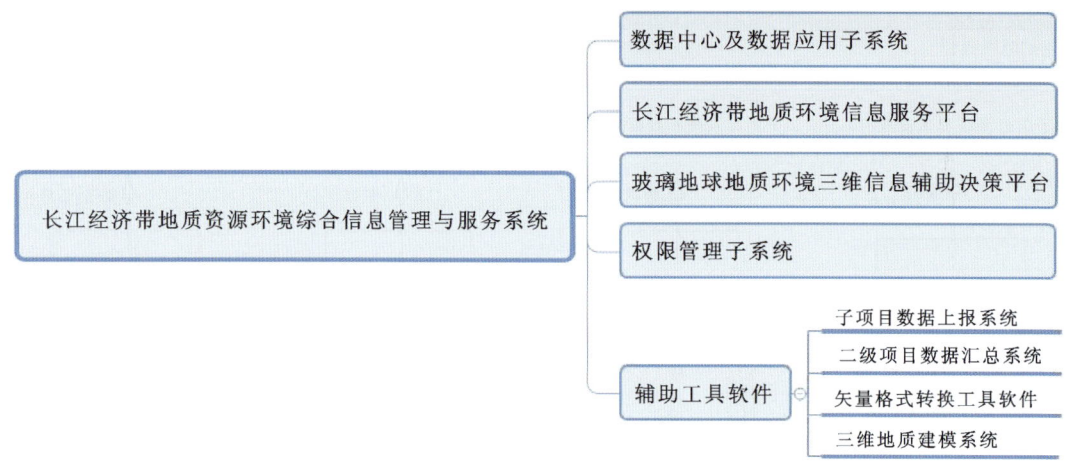

图21-4 长江经济带地质环境综合信息管理与服务系统组成

信息系统具备的特点包括以下几个方面。

(1)采用ArcGIS、MapGIS双平台研发,支持ArcGIS、MapGIS数据的存储、管理、查询、浏览、统计等功能。它既能满足中国地质调查局对成果数据的要求,也能满足自然资源厅和省级自然资源局对成果数据的要求。

(2)系统具备较好的可扩展性,支持插件式开发,实现子系统和功能的自由划分组合。

(3)数据整合,规范化管理,灵活的数据管理方式,快捷的查询检索功能,数据驱动功能,功能提取数据多方式用户操作。

(4)地上地下一体化平台,采用动态加载技术实现天气、地上构建筑物、地表地形影像、地下人工构筑物、钻孔、剖面、地质模型以及其他评价成果等海量数据一体化展示。

二、数据中心及数据应用子系统

长江经济带地质资源环境综合信息管理与服务系统实现了对长江经济带、长三角经济区、皖江经济带、长江中游城市群、成渝经济区内各二级项目、子项目地质环境调查相关数据的有效管理,提供了数据组织与管理、多源数据入库、元数据管理、数据更新维护、数据浏览、数据质量检查、数据关联、数据查询、数据统计、数据下载及输出、专业图表生成等功能模块(图21-5、图21-6)。

图 21-5　长江经济带地质资源环境综合信息管理与服务系统登录界面

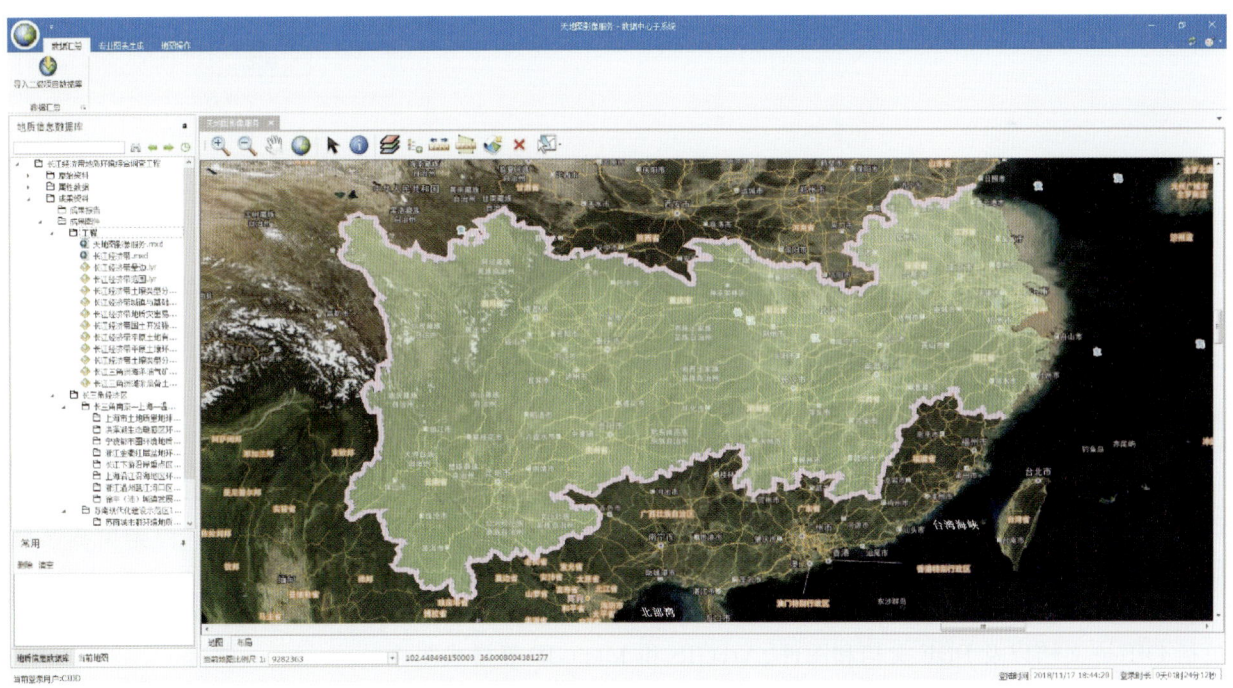

图 21-6　长江经济带地质资源环境综合信息管理与服务系统主界面

1. 数据组织与管理

长江经济带地质资源环境综合信息管理与服务系统实现了灵活的编目管理，可以根据数据管理的需求自定义编目的名称、级别等相关内容。

长江经济带地质环境综合调查工程编目按照原始资料、属性数据、成果资料进行分类,逐级按照工程、经济区、二级项目、子项目进行编目管理,见图21-7。

图21-7 目录组织管理

2. 多源数据入库

多源数据入库按照原始资料、属性数据、成果资料分类进行入库。

原始资料主要包括各子项目采集的原始记录和收集的历史资料。数据支持多种格式的导入,包括Office文档以及PDF文档和图件、ArcGIS和MapGIS等格式图片。

属性数据以《重要经济区和城市群地质环境调查数据库建设指南》《崩塌滑坡泥石流调查数据库建设指南》和《岩溶塌陷调查数据库建设指南》等多种数据库建库指南建立的属性表为主。数据格式支持Excel和Access格式的导入,以及"二级项目数据汇总系统"的导入。

成果资料包括工程、经济区、二级项目、子项目的成果报告和成果图件。数据支持多种格式的导入,包括Office文档以及PDF文档和图件、ArcGIS和MapGIS等格式图件。

3. 元数据管理

元数据(metadata)是用于描述数据集的内容、质量、表示方式、空间参考、管理方式以及数据集的其他特征。元数据的管理与其他的属性数据具有同样的操作,可以进行录入、修改、查询等操作,见图21-8。

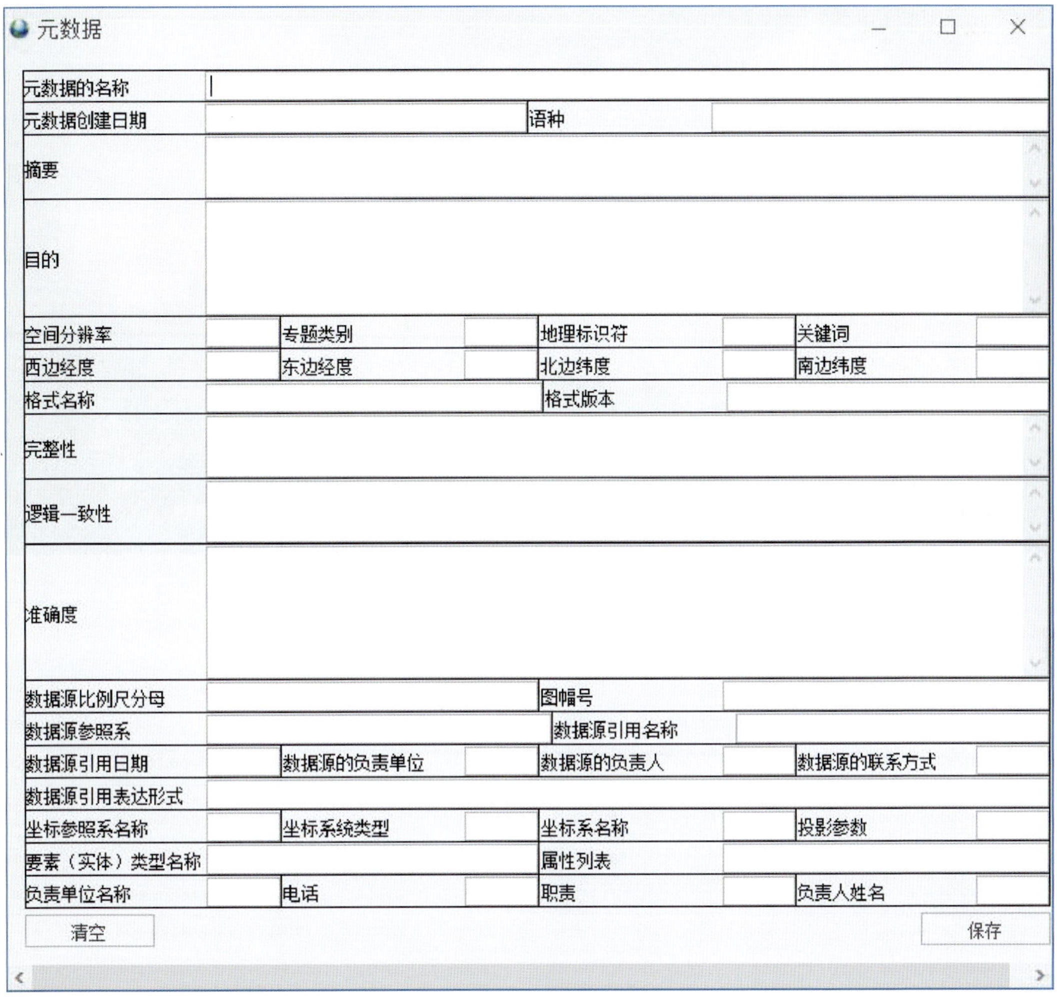

图 21-8　元数据录入

4. 数据更新维护

第一种方式是使用二级项目数据汇总系统提供的数据进行汇总入库。

第二种方式是使用系统提供的多源数据入库方式，包括文档资料入库、属性数据导入。

第三种方式是使用系统提供属性表记录的修改、保存功能。

5. 数据浏览

数据浏览主要包括矢量图件、属性数据、文档资料等多种数据的浏览查看等（图 21-9、图 21-10）。

6. 数据质量检查

在数据录入、导入、提取时进行逻辑检查，符合要求的数据允许入库，并输出检查日志。

7. 数据关联

基于关联数据技术实现了任一对象的图形、文件、属性的关联挂接。为不同手段获取的数据制订不同的管理模式，实现调查点数据关联到对应属性信息，或关联到野外施工的照片、原始资料。

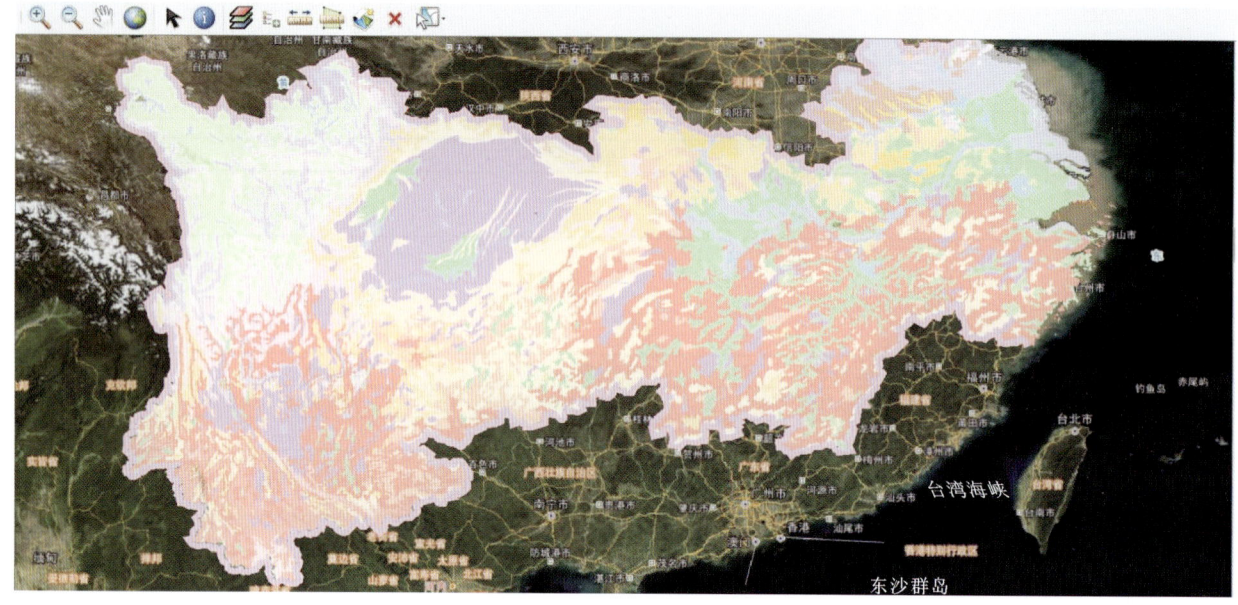

图 21－9　矢量图件浏览

表名 基础数据表　1/4　分页尺寸 50

	ID	统一编号	路线统一编号	野外编号	调查点名称	经度	纬度	X坐标	Y坐标	地面高程	地理位置	图幅编号
1	228614	1214722542946315700		T042.G12		121472254	29463157	3295834	21382946	78	浙江省宁波市东吴镇勤勇村宝瞻线旁	天童街幅,H51E014008
2	228493	1214723782942068800		T134.J36		121472378	29420688	3281683	21382894	1	浙江省宁波市咸祥镇球北村大挽28号	H51E014008
3	228467	1214729492943336000		T035.J09		121472949	29433360	3290352	21383075	6	浙江省宁波市瞻岐镇方桥村	H51E014008
4	228667	1214737202941350600		J2		121473720	29413506	3286700.7370	21383245.70	2.3990	浙江省宁波市鄞州区咸祥镇六村沿海中线旁	天童街（H51E014008）
5	228650	1214737322941351600		GCZK02		121473732	29413516	3286699.58	21383247.0080	2.5160	浙江省宁波市鄞州区咸祥镇六村沿海中线旁	天童街（H51E014008）
6	228615	1214741902942514000		T036.G08		121474190	29425140	3289049	21383395	3	浙江省宁波市咸祥镇姚家村	天童街幅,H51E014008
7	228606	1214742912942094500		T136.H07	大嵩江	121474291	29420945	3287757	21383409	2	浙江省宁波市咸祥镇球北村	H51E014008
8	228468	1214747442941576200		T038.J10		121474744	29415762	3287391	21383521	1	浙江省宁波市咸祥镇球北村大挽2号	H51E014008
9	228536	1214750232947526700		T006.Z01		121475023	29475267			105	浙江省宁波市东吴镇下三塘贺家	H51E014008
10	228576	1214752282940042600		T118.T01		121475228	29400426	3283899	21383621	2	浙江省宁波市咸祥镇横山村横山小碶	H51E014008
11	228548	1214755002944191600		T046D10		121475500	29441916	3300806.046410	20964486.097195	160	浙江省宁波市瞻岐镇	H51E014008
12	228469	1214756252941062200		T039.J11		121475625	29410622	3285805	21383748	1	浙江省宁波市咸祥镇海南村中岙33号	H51E014008
13	228664	1214800602941030300		SWZK01		121480060	29410303	3285704	21383866	2	浙江省宁波市咸祥镇海南村	H51E014008
14	228641	1214800702941029500		SWZK01		121480070	29410295	3285707.4430	21383863.4340	2.0440	浙江省宁波市鄞州区咸祥镇海南村	天童街（H51E014008）
15	228665	1214800872941041200		SWZK02		121480087	29410412	3285742.0080	21383865.1480	2.3320	浙江省宁波市鄞州区咸祥镇海南村	天童街（H51E014008）
16	228571	1214803192947468500		T007.Q01	Q01	121480319	29474685	3307221.728505	20964439.422942	98	浙江省宁波市东吴镇上三塘村341号北西巷子	H51E014008
17	228553	1214806042949398700		T064D15		121480604	29493987	3310711.203522	20964370.502481	60	浙江省宁波市大碶镇共同村何俞	H51E014008
18	228651	1214811072943086200		GCZK03		121481107	29430862	3289570.9780	21384202.7340	3.24	浙江省宁波市鄞州区瞻岐镇唐家村新桥头	天童街（H51E014008）
19	228549	1214816232943146300		T047D11		121481623	29431463	3298839.337265	20965140.578855	5	浙江省宁波市东吴镇少白村	H51E014008
20	228616	1214817282942030900		T037.G09		121481728	29420309	3287551	21384331	3	浙江省宁波市瞻岐镇岐化村	天童街幅,H51E014008
21	228470	1214817682946152100		T044.J12		121481768	29461521	3295316	21384418	98	浙江省宁波市东吴镇勤勇村	H51E014008
22	228656	1214817942942216700		GCZK14		121481794	29422167	3288122.8990	21384353.7970	2.2010	浙江省宁波市北仑区瞻岐镇岐下洋村沿海中线旁	天童街（H51E014008）
23	228617	1214821892941247200		T040.G10		121482189	29412472	3286368	21384443	3	浙江省宁波市咸祥镇球山村	天童街幅,H51E014008
24	228471	1214829262942071800		T050.J13		121482926	29420718			2	浙江省宁波市瞻岐镇岐化村里塘小区120号	H51E014008
25	228547	1214830112945287500		T045D09		121483011	29452875	3302992.060387	20965341.657520	340	浙江省宁波市瞻岐镇	H51E014008
26	228515	1214835472947396300		T008.K01	三塘山塘	121483547	29473963	3307035.296333	20965317.210723	128	浙江省宁波市东吴镇上三塘村东侧500米	天童街幅H51E014008
27	228520	1214840452946279800		T043.K06	大岩岙水库	121484045	29462798			148	浙江省宁波市东吴镇勤勇村北东上坡约1km	天童街幅H51E014008
28	228573	1214842482948434300		T065.Q03	Q3	121484248	29484343	3309011.206376	20965423.472660	90	浙江省宁波市大碶镇共同村何前	H51E014008
29	228618	1214853062943144300		T048.G13		121485306	29431443	3289739	21385315	2	浙江省宁波市瞻岐镇南一村	天童街幅,H51E014008
30	228494	1214853152941473200		T139.J37		121485315	29414732			2.92	浙江省宁波市咸祥镇渡头村下朱家塘	H51E014009
31	228619	1214857402940357300		T041.G11		121485740	29403573	3284850	21385382	0	浙江省宁波市咸祥镇南头村南新塘	天童街幅,H51E014008
32	228472	1214910792941197600		T051.J14		121491079	29411976	3286202	21385756	1	浙江省宁波市瞻岐镇球北村碾小兴109	H51E014008
33	228620	1214912462942270900		T049.G14		121491246	29422709	3288275	21385822	2	浙江省宁波市瞻岐镇岐化村	天童街幅,H51E014008
34	228521	1214915792945325700		T055.K07	里抗水库	121491579	29453257	3293986	21385970	155.70	浙江省宁波市瞻岐镇东抗村	H51E014008

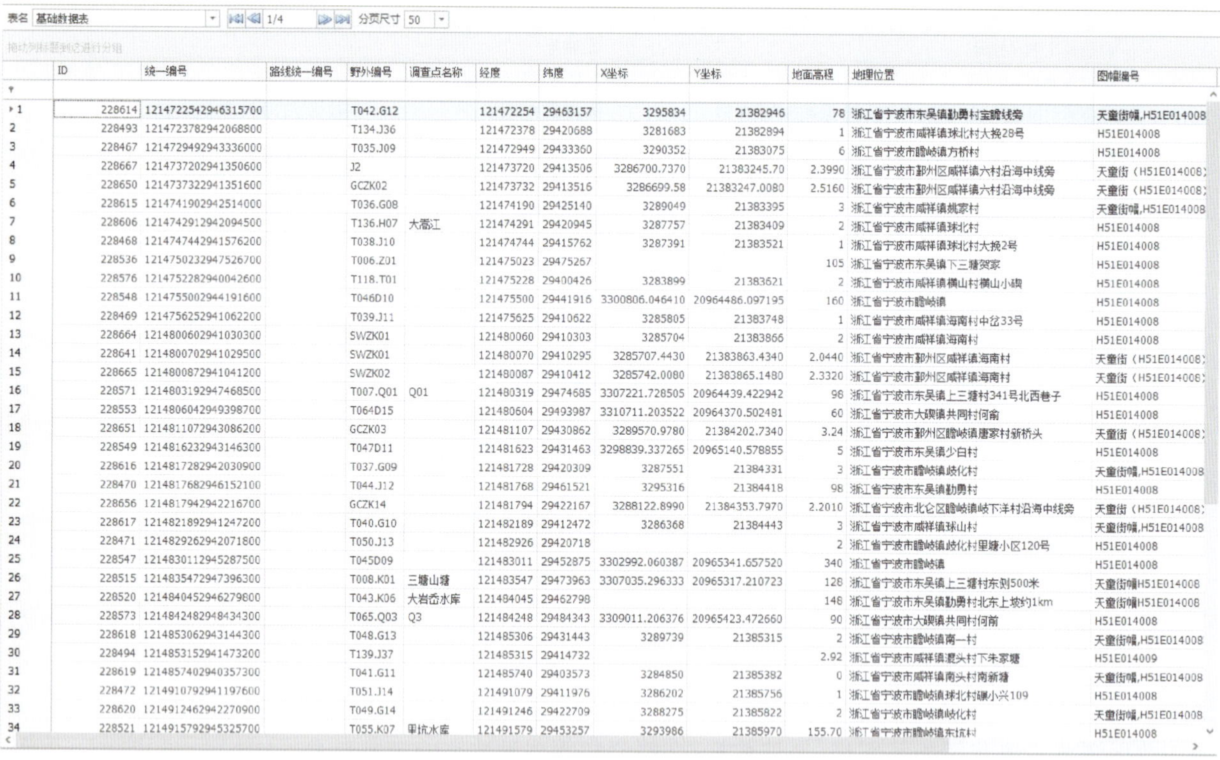

图 21－10　属性数据浏览

8. 数据查询

(1)数据库全库查询:数据库全库检索查询可实现快速定位查出目录数据内的数据节点。如输入“土壤”,即可定位目录数据内容中包含“土壤”的数据结点,并进行数据浏览。

(2)基于空间图形查询功能:将带有空间坐标的属性数据表进行投点生成空间分布图,如图 21－11 所示。系统提供对空间分布图的多种查询工具,包括点框选择、多边形选择、圆形选择、套索选择、自定义线缓冲区选择、指定线缓冲区选择、指定面选择、自定义拐点坐标选择等查询工具。

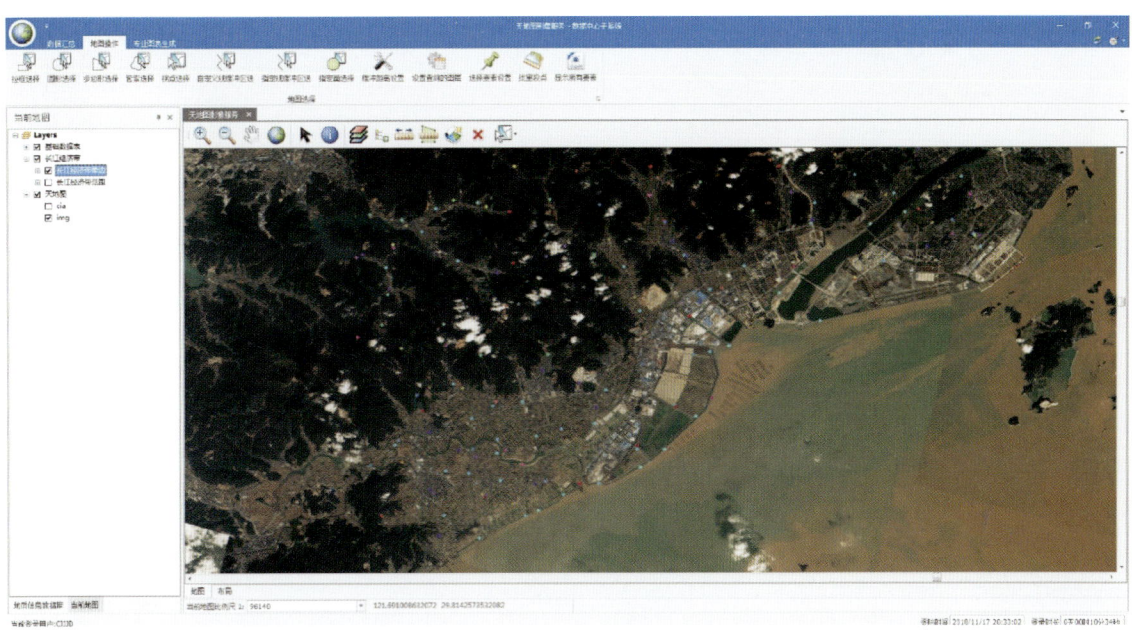

图 21-11　调查点投点空间分布

(3) 基于属性字段查询功能：属性表查询功能实现了按照查看子表数据、查看分级属性、显示父表对应记录、显示父表所有记录、显示子表对应记录、显示子表所有记录快捷查询设置、记录详细信息、卡片样式显示等多种查询方式调查点属性。同时在属性列表内提供多种功能，例如按某字段排序、分组、调整字段宽度、自定义字段条件过滤查询、使用查找面板全字段模糊查询、自动过滤行查询、打印、导出等功能，见图 21-12。

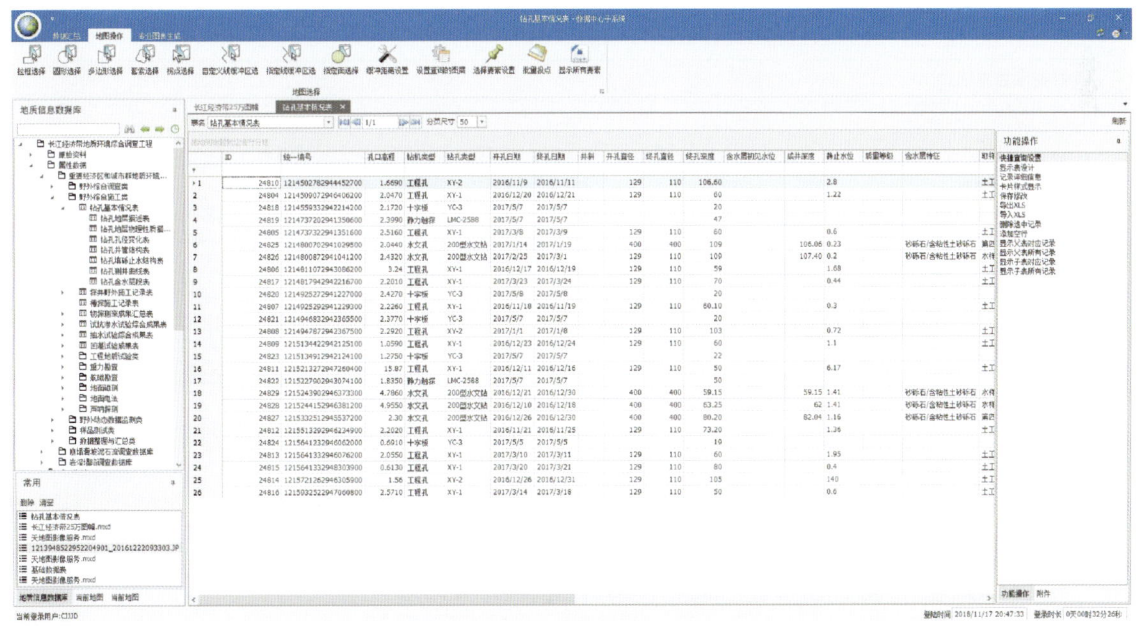

图 21-12　基于属性字段查询

(4) 基于标准图幅查询功能：按 1∶25 万或 1∶5 万图幅进行全局查询，根据不同图幅内子项目实施情况查询相关的原始资料、属性数据和成果资料等，见图 21-13。

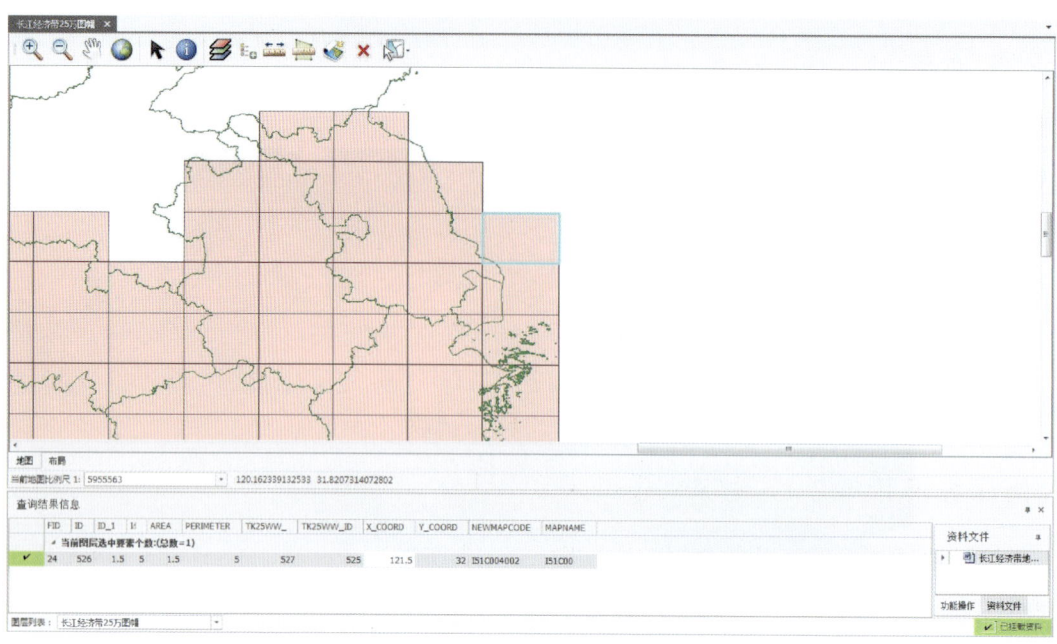

图 21-13　标准分幅查询地质资料

（5）元数据查询：元数据查询根据关键字对元数据项内容进行搜索，把符合查询条件的结果以列表形式显示出来。

9. 数据统计

按照数据类型、数据格式，对属性表数据的记录、数据项、目录路径，地图工程和文档资料的大小、类型、文件个数等进行统计，见图 21-14。

图 21-14　数据库信息统计

10. 数据下载及输出

根据查询到的文档资料或属性数据，系统提供具备权限的用户系统提供数据下载和导出功能。

11. 专业图表生成

（1）钻孔柱状图生成：系统实现了工程地质、第四系地质、水文地质钻孔的柱状图制作功能。

（2）钻孔剖面图生成：系统实现了根据已入库的钻孔数据，使用选择的钻孔生成剖面图功能。

（3）工程地质分层等值线图生成：根据入库的工程地质钻孔数据，系统实现了生成工程地质分层等厚区和层顶等值线图功能。

（4）地下水水位监测曲线图：系统提供了根据地下水水位监测数据绘制曲线图的功能。

三、长江经济带地质环境信息服务平台

长江经济带地质环境信息服务平台是对外提供数据服务的窗口，为长江经济带11个省（市）内用户提供发布关于长江经济带的资讯平台，并为社会公众及时了解长江经济带新闻动态及主要成果等信息提供了渠道。

1. 新闻内容发布

长江经济带地质环境信息服务平台提供了首页、工程概况、重要成果、地质科普、地质成果等多个版块的信息发布，见图21-15。

图21-15 长江经济带地质环境信息服务平台主页面

2. 地质成果发布

长江经济带地质环境信息服务平台实现了对长江经济带专题成果图层的发布,地理底图采用天地图。用户打开图层可以查看相应的图形和属性信息,实现了双向定位和透明显示,见图21-16。

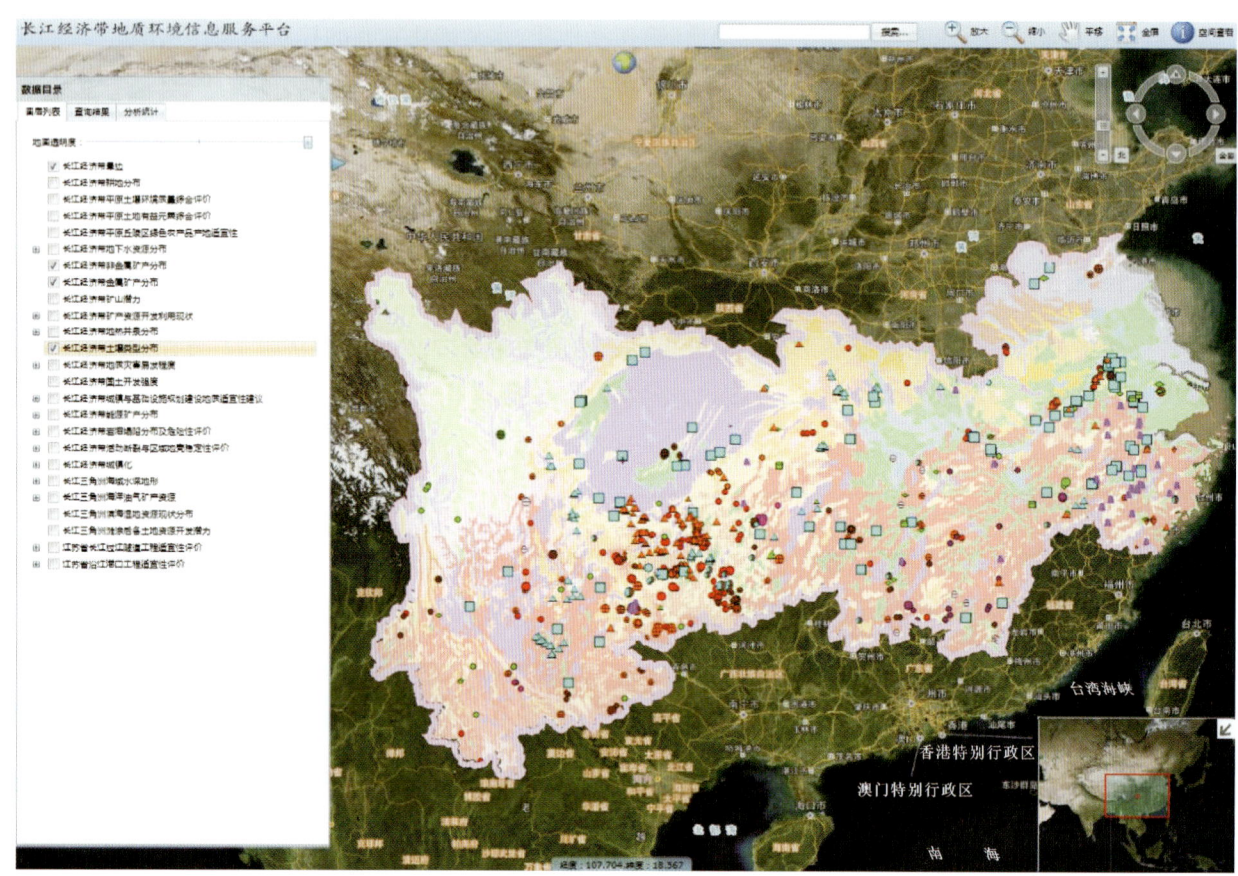

图21-16 长江经济带地质环境信息服务平台调查成果地图

四、玻璃地球地质环境三维辅助决策平台

玻璃地球地质环境三维信息辅助决策平台,能够处理大范围、海量、多源数据,将天空和地上的构建筑物、地表地形影像、地下人工构建筑物、钻孔、剖面、地质模型以及专题成果图层等海量数据展示在此平台上,使地上、地表与地下浑然一体,为决策者提供了更加直观的展示成果(图21-17)。该平台重点呈现了南京江北新区和沿高铁地面沉降的可视化场景。

1. 江北新区三维地质体结构模型集成与展示

江北新区三维地质体结构模型集成与展示的内容包括:南京江北新区核心区三维工程地质结构模型图(图21-18)、南京江北新区中央CBD三维工程地质结构模型图、南京江北新区规划地铁线路地质防范建议图(图21-19)、南京江北新区规划过江通道地质防范建议图、南京江北新区中央CBD建筑物持力层选择建议图、南京江北新区中央CBD地下空间开发利用地质建议图、南京江北温泉开发利用建议图、南京江北新区永久农田保护建议图和南京江北新区长江岸线冲淤图。

图 21-17 玻璃地球地质环境三维信息辅助决策平台

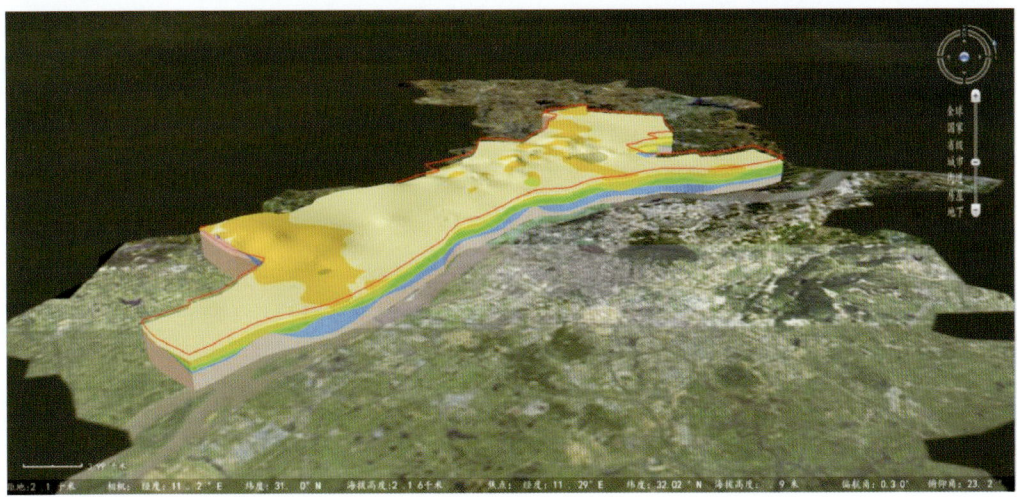

图 21-18 南京江北新区核心区三维工程地质结构模型图

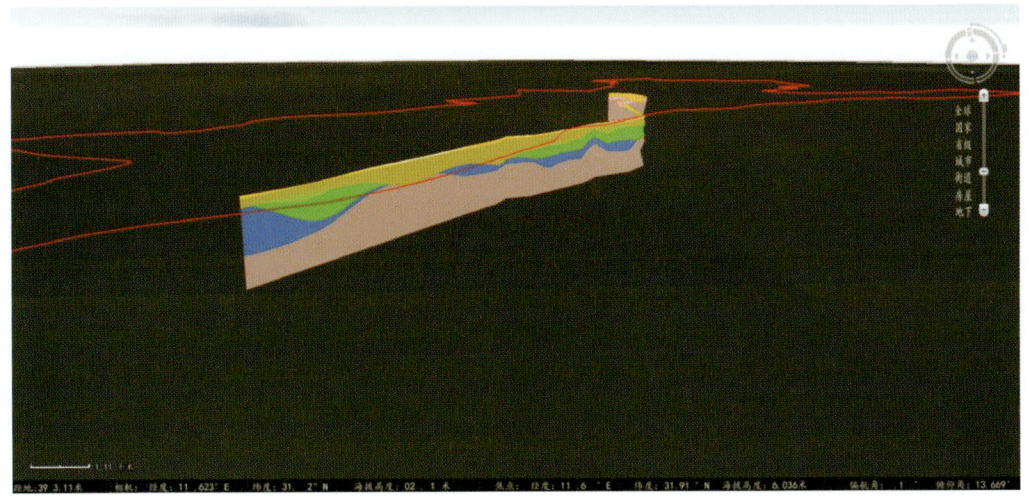

图 21-19 南京江北新区规划地铁线路地质防范建议图

2. 沿高铁地面沉降可视化展示

在南通市如东县沿海沉降区（图21-20）、苏州市盛泽镇沉降区、盐城市沉降区、宜兴市新建镇沉降区4幅2017年沉降数据基础上，实现该地区沿高铁地面沉降的三维展示效果。

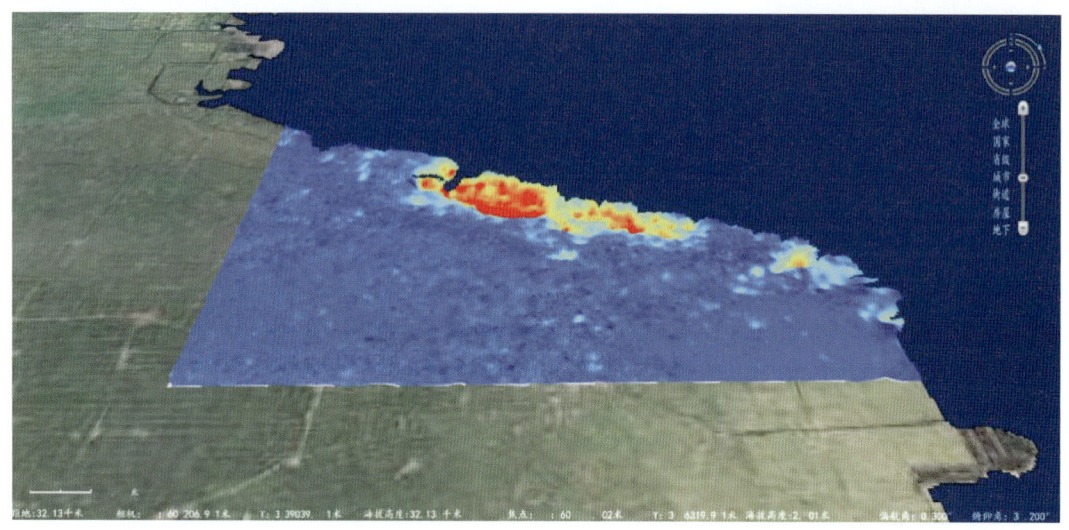

图21-20　南通市如东县沿海沉降区地面沉降成果

五、权限管理子系统

权限管理实现了全方位控制用户、数据、功能的分配，让不同的用户组（角色）操作相应的功能和使用相应的数据，实现了不同用户组（角色）对数据和功能的精准控制。

权限管理按照部门组织从上到下从工程、经济区、二级项目、子项目4级结构进行划分，对数据查看权限进行有效控制。

六、辅助工具软件

1. 子项目数据上报系统

长江经济带子项目数据上报系统面向子项目数据管理人员，负责子项目数据的数据入库工作。系统提供两种数据入库方法：第一种是与"重要经济区和城市群地质环境调查评价数据库建设与信息系统"对接，进行数据提取，导入数据（图21-21）；第二种是使用Excel数据表格导入数据（图21-22）。

子项目数据上报系统（图21-23）提供的功能包括清空数据库、子项目数据上报、数据库信息统计、设置子项目、数据库备份。

（1）清空数据库：清空子项目数据上报系统内所有数据。

（2）子项目数据上报：导入"重要经济区和城市群地质环境调查评价数据库建设与信息系统"数据，进入子项目数据上报系统。升级了此功能后，提升了对数据提取的工作效率，节省了数据提取的时间。

（3）数据库信息统计：统计数据库内各属性表的数据量。

（4）设置子项目：设置当前数据库内的数据所属的子项目。

（5）数据库备份：导出子项目数据上报系统内数据库，提交至"二级项目数据汇总系统"。

子项目数据上报系统在使用"重要经济区和城市群地质环境调查评价数据库建设与信息系统"的基

第八篇　人才成果篇

图 21-21　长江经济带子项目数据上报系统登录页面

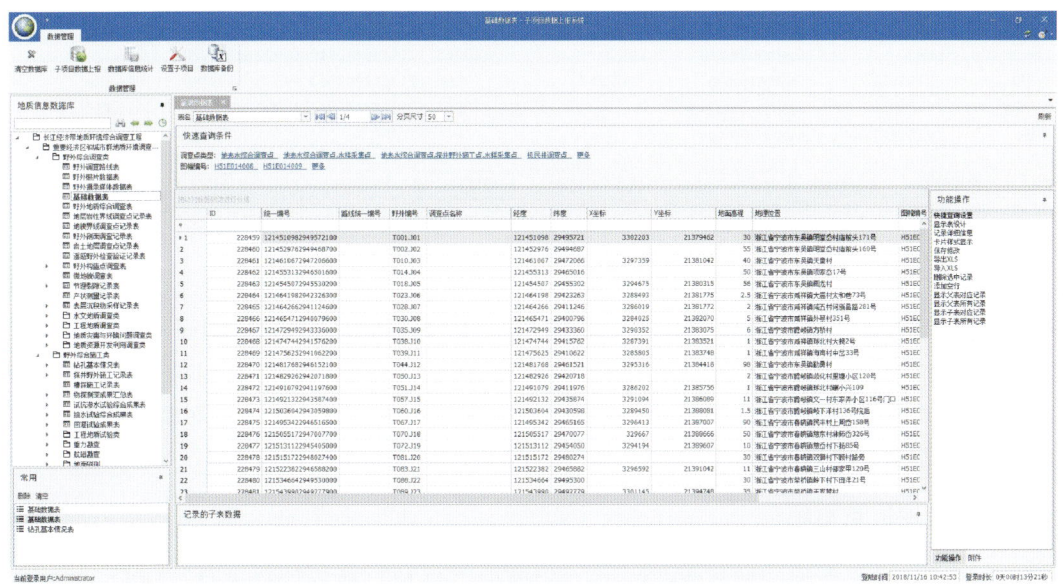

图 21-22　长江经济带子项目数据上报系统

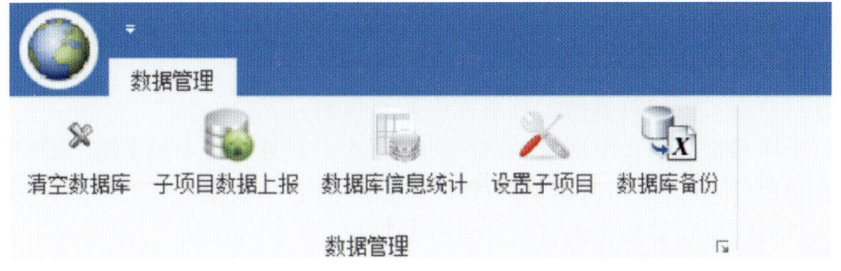

图 21-23　长江经济带子项目数据上报系统主菜单

1253

础上,扩展支持了"崩塌滑坡泥石流调查数据库"和"岩溶塌陷调查数据库",提供了使用 Excel 表格导入的功能(图 21-24)。

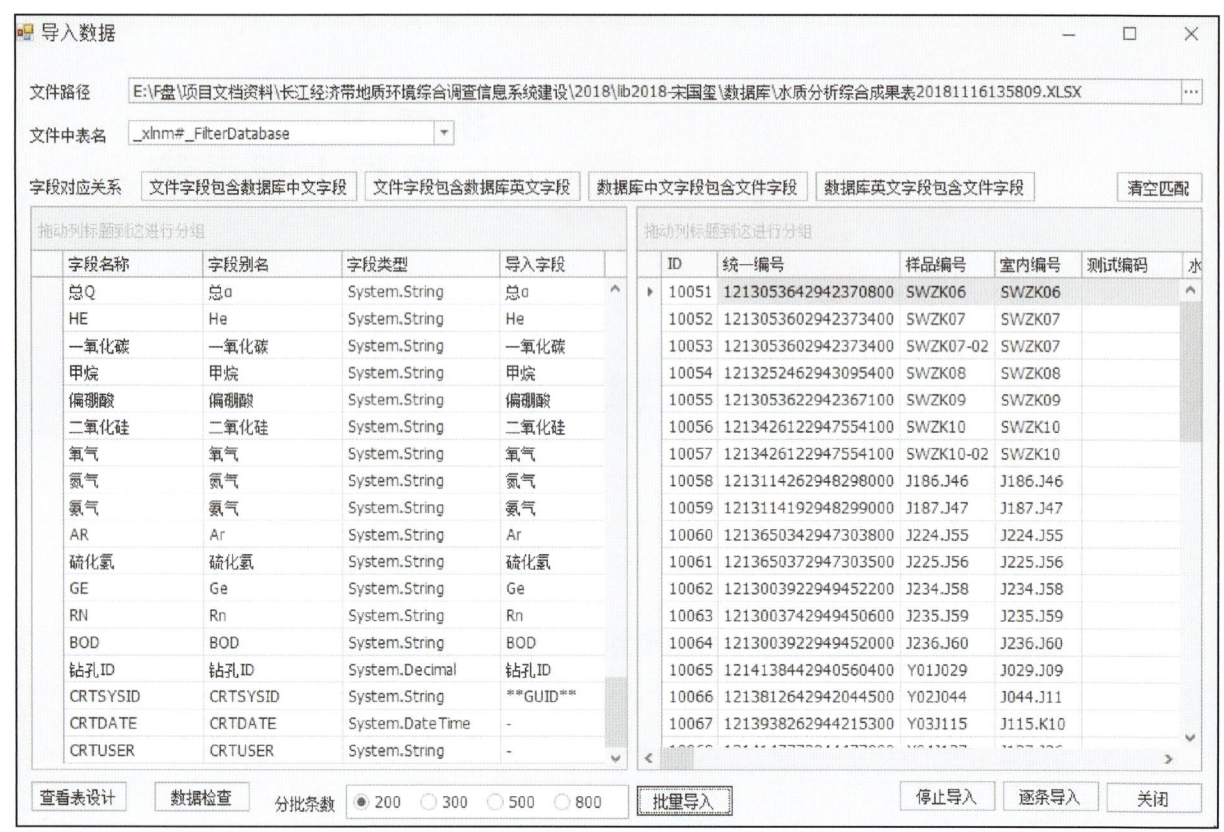

图 21-24　Excel 表格导入数据

在数据导入后,系统提供针对属性数据表功能浏览、查询、导入、导出、查看子表数据、查看分级属性、显示父表对应记录、显示父表所有记录、显示子表对应记录、显示子表所有记录快捷查询设置、记录详细信息、卡片样式显示、添加空行、删除选中记录、保存修改等功能,便于用户对数据库内属性表数据的检索、查看、查错、修改完善数据。

2. 二级项目数据汇总系统

长江经济带二级项目数据汇总系统(图 21-25)面向二级项目数据管理人员,负责二级项目负责所属子项目的数据汇总工作。二级项目数据是工程所属子项目的"子项目数据上报系统"内所有数据库的集合(图 21-26)。

二级项目数据汇总系统(图 21-27)提供的功能包括清空数据库、数据汇总(子项目汇总到二级项目)数据上报、数据库信息统计、数据库备份。

(1)清空数据库:清空二级项目数据汇总系统内所有数据。

(2)数据汇总(子项目汇总到二级项目)数据上报:导入子项目数据上报系统"数据库备份"功能备份的数据。升级了此功能后,提升了对数据汇总的工作效率,节省了数据汇总的时间。

(3)数据库信息统计:统计数据库内各属性表的数据量(图 21-28)。

(4)数据库备份:导出二级项目数据汇总系统内数据库,提交至"工程"数据中心子系统。

图 21-25　长江经济带二级项目数据汇总子系统登录页面

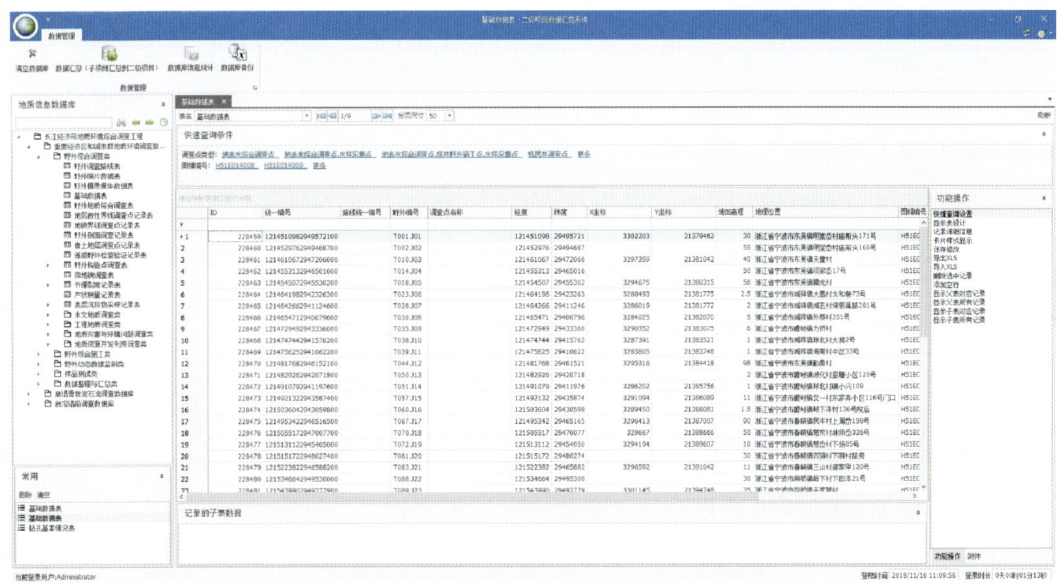

图 21-26　长江经济带二级项目数据汇总上报系统

图 21-27　长江经济带二级项目数据汇总系统主菜单

图 21-28 数据库信息统计

3. 矢量格式转换工具软件

矢量数据格式转换工具提供 MapGIS 格式转 ArcGIS 格式功能,将 MapGIS 对象包括点(符号、颜色、大小)、线(线型、颜色)、面(面的边线、面的颜色)进行转换,转换成 ArcGIS 相应的点、线、面文件。

4. 三维地质建模系统

三维地质建模系统(Creatar X Modeling),将地质、测井、地球物理资料和各种解释结果或者概念模型综合在一起,采用合理的建模方法生成三维地质信息模型,可重现地层、岩体、构造的不规则边界和空间几何特征等地质信息及之间的关系,实现三维地质体空间分布特征的可视化表达。

系统支持钻孔建模、复杂交互建模和属性建模 3 种建模方法。

系统功能主要包括数据管理、三维可视化、操作分析等模块。

系统具备的特点包括:①地质专业工作与信息化相结合的地质建模流程;②丰富的地质解释工具;③多源数据融合;④多建模方法融合建模;⑤地质建模与几何建模相结合;⑥自动建模与人工交互建模相结合;⑦模型质量控制及模型更新;⑧地质建模与实际应用相结合;⑨开放平台,提供组件式二次开发接口。

本次使用三维地质建模系统建立了南京江北新区核心区三维工程地质结构模型,如图 17-26 所示。

模型建设采用了钻孔建模方法,该方法以层面下沉的方式生成和标定模型中的各个地质界面,并自动将层面编号记录到钻孔分层点上。在解译过程中,层面的下沉和确定都由解译者灵活控制。在建模过程中,可以对层面调整,进而控制地质体的形态。该方法提供用户自定义建模边界线、插值方法、网格大小、最小层厚、钻孔控制点下推和模型底部封底选项等基本参数,提供用户自定义地层尖灭比例,支持使用地表地形约束作为模型顶面进行三维地质建模。

七、软件著作权

围绕长江经济带地质资源环境综合信息管理与服务系统的构建,本次取得相关软件著作权12项,包括:长江经济带地质资源环境数据中心系统V1.0、长江经济带地质资源环境信息服务平台V1.0、长江经济带子项目数据上报系统V1.0、长江经济带二级项目数据汇总系统V1.0、长三角经济区数据管理系统V1.0、长江经济带地质资源环境综合信息管理与服务系统V1.0、长江经济带玻璃地球地质环境三维信息辅助决策平台V1.0、长三角经济区子项目数据上报系统V1.0、长三角经济区二级项目数据汇总系统V1.0等。

第二十二章　结论和建议

第一节　结　论

一、解决资源环境和基础地质问题

1. 完成了 1∶5 万环境地质调查面积 107 488km², 提交了 1∶5 万水文地质、工程地质、灾害地质和环境地质调查 241 个标准图幅及说明书。这些成果图件将显著提升长江经济带 1∶5 万环境地质、水文地质、工程地质和地质灾害调查工作程度, 为长江经济带绿色生态廊道生态环境保护、湖泊湿地生态环境修复、地质灾害防治和工程规划建设提供了基础地质数据

（1）在长江经济带沿江、沿海和沿高铁沿线的重要城镇规划区、重大工程区、重大地质问题区和生态脆弱区完成了 100 个 1∶5 万水文地质图幅调查, 基本查明了相关区域的水文地质条件, 修正了上海市大浦东、宁波都市圈等调查地区的水文地质参数, 对地下水资源、地下水质量和污染状况进行了评价, 提出了地下水保护和应急（后备）水源地、地下水库等开发利用建议, 编制了 1∶5 万水文地质图系和图幅说明书。

（2）在长江经济带沿江、沿海和沿高铁沿线的重要城镇规划区、重大工程区和重大地质问题区完成了 84 个 1∶5 万工程地质调查图幅, 基本查明了相关区域工程地质条件, 查明了易液化砂土、软土和膨胀土等特殊土体工程特性及分布特征, 厘定了工程地质层序, 进行了工程地质分区和评价, 编制了 1∶5 万工程地质图系和图幅说明书。

（3）在长江经济带涪江流域上游和三峡库区完成了 23 个 1∶5 万灾害地质图幅调查, 基本查明了相关区域的主要环境地质问题、地质灾害数量和类型、致灾背景条件, 分析总结了岩溶塌陷形成规律、斜坡变形破坏模式和成灾机理, 进行了山区河流岸坡缓丘土地资源化利用评价示范、地震诱发地质灾害演化过程及驱动力研究、典型堵溃型泥石流灾害及防治技术监测示范、基于物理模型的区域碎屑岩顺层斜坡稳定性分区研究以及对潜在滑坡涌浪风险进行了评价, 提出了地质灾害高易发区城镇地质灾害风险管控方案, 编制了 1∶5 万灾害地质图系和图幅说明书。

（4）在长江经济带南京江北新区、宜宾—万州沿江带、丹江口库区和川渝页岩气开发区等地完成了 34 个 1∶5 万环境地质图幅的试点编制, 基本查明了相关区域的地质环境条件和存在的环境地质问题, 总结了环境地质调查主要目的任务, 明确了环境地质评价要求和评价方法, 提出了具体应编制的相关环境地质图件和基本要求, 在此基础上形成中国地质调查局《环境地质调查技术要求（1∶50 000）》（DD 2019—07）, 同时其已纳入自然资源部行业标准制修订计划, 为我国开展区域性环境地质调查工作提供了技术标准。

2. 创新应用冲积扇成因理论和 300 余个高精度钻孔构成的联合沉积相剖面对比法，建立了长江中下游第四纪地层多重划分对比序列，并结合长江上游夷平面和河流坠地特征分析，提出长江续接贯通时间是在距今 75 万年的早更新世、中更新世之交的新认识，初步解开了长江起源与演化的"世纪谜题"

（1）长江是中华民族的母亲河，长江的起源与演化，尤其是何时冲破三峡贯通长江中下游地区是地球科学界和大众关注的热点，长期存在重大争议，成为科学界一个著名的"世纪谜题"。通过创新应用冲积扇成因理论和 300 余个高精度钻孔构成的联合沉积相剖面对比法，建立了长江中下游第四系多重划分对比序列，重新阐述了早更新世砾石层的成因，分析了长江上游夷平面、河流阶地及其沉积物中重矿物特征，最新提出了长江贯通时间是在距今 75 万年的早更新世、中更新世之交及未贯通过之前长江下游存在"古扬子江"的认识。

（2）砾石层是长江中下游地区晚新生代地质环境变迁和古长江形成、演化的重要信息载体。砾石层具有河流相发育特点，这些砾石层的时代多被认为是早更新世，反映的是近源冲积扇沉积环境，不能反映其是经过几千千米搬运后的大河远源沉积产物。中更新世长江中下游则发育以细粒沉积物为主体的河湖相沉积，并辅以风成沉积。这些沉积物同期或进一步接受后期湿热化改造，而不同程度地广泛发育网纹化。长江中下游地区早中更新世地质环境的重大调整，是长江三峡续接贯通的地质环境效应，长江三峡续接贯通引来上游巨量水源，使江汉-洞庭盆地迅速演变为一个统一大湖泊，在短暂时间内掘开黄石东去，而使长江贯通。

（3）重新厘定了区域第四纪地层层序。新建了江淮平原沉积区，同时新建了下更新统花港组、上更新统郭猛组，重新研究了中更新统东台组，对东台组底界进行了调整。以 204 国道为界，划分为西部里下河湖沼平原小区和东部江淮-长江过渡区，东部为全新统淤尖组，西部新建了全新统庆丰组。

3. 基本查明了长江经济带的长三角、苏南、江苏沿海、皖江、长株潭、长江中游和成渝 7 个重要经济区/城市群，以及宁波、成都、南京、安庆、上海、杭州、武汉、金华、温州、南通、丹阳等 15 个城市重点规划区的地质资源环境条件和重大地质问题，编制了系列报告和图集，在重要城市群和城市重点规划区建立了三维地质结构模型，提出了相关建议，为国土空间规划、城镇空间布局、积极推进新型城镇化建设提供了地质依据和科技支撑

（1）基本查明长江经济带资源环境条件和重大地质问题，编制了《支撑服务长江经济带发展地质调查报告（2015 年）》《支撑长江经济带国土空间规划的资源环境条件与重大问题分析报告（2018 年）》和《长江经济带国土资源与重大地质问题图集》，指出长江经济带无重金属污染耕地资源丰富，页岩气、地热等新型清洁能源开发利用前景好，锂、稀土、钒钛、钨锡等战略矿产资源储量大，有利于支撑长江经济带发展；长江经济带横跨东、中、西三大地势阶梯，地貌单元多样，地质条件复杂，活动断裂、岩溶塌陷、崩塌、滑坡、泥石流灾害、地面沉降、土壤酸化、地下水污染、矿山环境地质问题等比较突出；提出了在过江通道、高速铁路、城市规划建设和生态环境保护过程中应对这些重大地质问题的建议。

（2）基本查明了长三角、苏南、江苏沿海、皖江、长株潭、长江中游和成渝 7 个重要经济区/城市群的资源环境条件和重大地质问题，在江苏沿海和沿江重点地区构建了三维地质结构模型，编制了《支撑服务长江三角洲经济区发展地质调查报告（2016 年）》《支撑服务皖江经济带发展地质调查报告（2017 年）》和《支撑服务成渝城市群绿色发展地质调查报告（2018 年）》等系列成果，为优化长江经济带城市群规划和城镇空间布局提供了技术支撑。

（3）基本查明宁波、南京（江北新区）、成都（天府新区）、武汉（长江新城）、杭州、金华、温州、嘉兴、台州、安庆、上海、南通、丹阳等 15 个城市重点规划区的地质环境条件和存在环境地质问题，构建了各城市重点城镇规划区三维地质结构模型，系统评估了城市地下空间资源、地下空间开发利用适宜性、资源环境保障能力和环境承载能力，提出了各城市城镇化发展中需要关注的重大地质问题及其对策建议。成果在城市规划、建设和管理工作中发挥了重要作用，为建设绿色低碳、资源集约、生态宜居、供水安全的城市提供了科学依据与技术支撑。目前,很多城市的城市地质工作已纳入到地方政府工作的主流程,这不仅提升了传统地质调查工作的地位,而且促进了地方政府开展城市地质工作的积极性,有力推进了国家新型城镇化战略实施。

4. 构建了长江经济带地质资源环境综合信息管理与服务系统,实现工程、项目和子项目地质数据的存储、管理、查询与三维可视化等方面的服务,为长江经济带 11 个省(市)自然资源部门地质环境信息共享、中国地质调查局"地质云"建设提供了支撑

工程建立了长江经济带地质资源环境综合信息管理与服务系统,采用 ArcGIS、MapGIS 双平台研发,支持双平台数据的存储、管理、查询、浏览、统计等功能。系统主要由主系统和辅助工具构成。主系统包括数据中心及数据应用子系统、权限管理子系统、玻璃地球地质环境三维信息辅助决策平台和长江经济带地质环境信息服务平台。辅助工具包括:子项目数据上报系统、二级项目数据汇总系统、矢量格式转换工具软件和三维地质建模系统。该系统可实现多维地下-地上、地质-地理、时空-属性大数据的一体化存储、管理、查询、三维可视化等方面的服务,并可为长江经济带 11 个省(市)自然资源部门地质环境信息共享、中国地质调查局"地质云"建设提供支撑。

二、成果转化应用和有效服务

1. 支撑服务长江经济带发展战略和国土空间规划,编制的相关成果获中央领导批示及自然资源部国土空间规划局发函感谢

长江经济带上升为国家战略后,2014 年国务院正式印发《关于依托黄金水道推动长江经济带发展的指导意见》,工程技术人员会同长江经济带 11 个省(市)自然资源部门在 2015—2016 年及时编制完成了《支撑服务长江经济带发展地质调查报告(2015 年)》《长江经济带国土资源与重大地质问题图集》和《支撑服务长江经济带发展地质调查实施方案(2016—2030 年)》。图集及时上报中央财经领导小组办公室、自然资源部、中国地质调查局,同时供长江经济带 11 个省(市)自然资源和规划部门参考应用。2018 年初在参与编制《长江经济带国土空间规划(2018—2035 年)》中,再次及时编制完成《支撑长江经济带国土空间规划的资源环境条件与重大问题分析报告(2018)》《长江经济带国土空间整治修复专题研究报告(2019)》和长江经济带资源环境条件与重大问题系列图件。上述成果产生显著社会效益,为国家重大发展战略提供了科技支撑。

2. 支撑服务赣南苏区等集中连片贫困区脱贫攻坚,为 6 万余人提供了安全饮用水源保障,成果获自然资源部陆昊部长 3 次批示表扬,同时在赣南于都和四川广安地热水勘查取得重大突破,有效支撑服务了地方政府水产业发展

工程在实施过程中,结合专业特色,在长江经济带赣南苏区、华蓥山区、淅川山区、武陵山区等集中连片贫困区部署开展了水文地质调查和地热勘察,服务贫困缺水区安全饮水工程,总计为 6 万余人提供了安全饮用水源保障。其中,2019 年赣州四县遭遇百年罕见的持续干旱天气,各地供水水源出现严重短缺。工程经过 100 多天的找水打井大会战,在宁都县及时完成 25 口水井钻探工作,总涌水量达 4137m^3/d,直接解决当地的 28 066 人的安全饮水,并迅速将成果移交。此外,地热水勘查取得重大突破,在赣南于都黄麟打出一口水温 45℃、日涌水量 900m^3/d 的地热井;在四川广安铜锣山打出一口水温 42℃、日涌水量 16 000m^3/d 的自流地热井,地方政府领导曾第一时间赶到钻探现场表示祝贺和慰问,取得成果得到赣州市、宁都县、于都县和广安县等人民政府、水利局、自然资源局等部门应用,有效支撑服务了地方的水产业发展,社会效益十分显著。

3. 支撑服务新型城镇化战略，编制的相关成果获国土资源部姜大明部长批示，探索形成城市群、城市和小城镇3个层次中央与地方的合作模式，近3年带动地方政府配套出资4.2亿，推进了城市地质工作开展，实现了地质调查成果服务融入政府管理主流程

为推进全国城市地质调查工作开展，本次及时编制完成《关于加强城市地质调查工作的指导意见》《推进城市地质调查工作方案》《中国城市地质调查报告》《城市地质调查实施方案（2018—2030年）》《支撑服务成都市城市地下空间资源综合利用地质调查报告（2017）》《支撑服务长三角经济区发展地质调查报告（2016年）》《支撑服务长江中游城市群发展地质调查报告（2016年）》《支撑服务苏南现代化建设示范区发展地质调查报告（2016年）》《南京江北新区国土资源与重大地质问题图集（2018年）》《丹阳城镇地质环境调查成果报告（2018年）》《支撑服务宁波都市圈发展地质调查报告（2018）》等系列报告成果，承办了全国城市地质工作会议，充分利用中央资金引领作用，在2016—2018年带动地方政府配套出资4.2亿，形成了按1∶1以上比例出资的皖江、浙江、苏南等城市群，宁波、温州、成都等城市以及丹阳小城镇3个层次中央与地方城市地质创新合作模式，实现"5个共同"，即共同策划、共同部署、共同出资、共同实施、共同组队，促进了地方政府开展地质调查工作积极性，推进了城市地质工作开展，实现了地质调查成果服务融入政府管理主流程，社会效益和经济效益显著。

4. 支撑服务重大工程规划、建设和维护，为长江岸滩防护、沿岸防洪和长江大桥主桥墩维护、过江通道、跨海通道、高速铁路、高速公路和地铁线路规划选线以及超级电子质子对撞机、机场与重要场馆选址等提供了方案和建议，成果得到及时应用

（1）重大水利工程对长江中下游地质环境影响评价取得新进展，为长江岸滩防护、航道整治、防洪规划、长江大桥主桥墩维护提供了技术支撑和依据。"重大水利工程对长江宜昌-河口段地质环境影响"研究在潮区界变动、河槽和长江跨江大桥主桥墩冲刷、河床沉积物和阻力及微地貌变化等方面取得了重要进展，相关调查成果在2016年得到长江南京第四大桥有限责任公司、上海市水务局堤防处等单位应用，2018年得到长江水利委员会水文局等单位应用，2019年得到扬中市水利局、扬中市自然资源和规划局等单位应用。同时，项目组在2016年7月长江防洪形势严峻期间，及时向国家防汛抗旱总指挥部提供了"加强重点岸段防汛堤和桥墩安全监察和预警"建议，为长江岸滩防护、沿岸防洪、长江大桥主桥墩维护等提供了技术支撑。

（2）支撑服务过江通道重大工程规划布局，对长江经济带规划纲要中规划建设的95座过江通道地质适宜性进行了评价，并提出了过江方式建议。针对《长江经济发展规划纲要》提出的未来规划建设的95座过江通道，进行了地质适宜性评价，认为其中的83座通道位置地质适宜性良好，12座通道位置地质适宜性较差。江苏常泰、湖北武穴、四川白塔山等9座通道位置受活动断裂影响，湖北武汉11号线、嘉鱼、赤壁3座通道位置存在岩溶塌陷隐患。从工程建设的地质适宜性角度，对95座通道的过江方式进行了比选，指出长江中下游27座过江通道宜采用大桥方式，12座宜采用隧道方式，8座采用桥梁和隧道方式均可。相应成果编写进《支撑服务长江经济带发展地质调查报告（2015年）》，同时评价成果也得到安徽省交通规划设计研究总院股份有限公司和安徽省交通控股集团有限公司等交通部门在芜湖长江二桥、池州长江大桥等选址和选线中应用。

（3）支撑服务高速铁路、高速公路和地铁线路规划选线，提出的相关建议得到应用。针对拟建的沪汉蓉沿江高速铁路，指出南京至安庆段、武汉至万州段规划选线时，提出应高度关注岩溶塌陷、软土沉降等地质问题，并建议长江北岸和县—无为—安庆一带地质条件良好，建议规划优先选择南京—无为—安庆线路方案。武汉至万州段建议规划优先选择武汉—天门—当阳—万州线路。

通过开展长江经济带岩溶塌陷调查，为新建贵阳—南宁高速铁路、贵州道真至务川高速公路青坪特长隧道岩溶涌水、突水、突泥风险评价提出的建议，得到中铁二院和遵义市交通运输局应用。

为支撑服务城市轨道交通等重大工程规划建设布局和地下空间开发利用，工程在宁波、成都及南京

(江北新区)的城市地质调查评价中,有针对性地对宁波8条、成都4条、南京江北新区4条轨道交通建设规划各线路所穿越地层情况,按照不同线站类型进行了地下空间开发利用适宜性评价,指出轨道交通规划、施工以及运营中可能遇到的主要环境地质问题,并提出防控措施建议。成果得到宁波市轨道交通集团有限公司应用,以及移交成都市和南京市人民政府。

(4)支撑服务跨海通道选址,提出的跨海通道跨越方式及线位选址方案得到应用。为支撑服务甬舟跨海通道重大工程规划布局,开展了甬舟跨海通道适宜性评价工作,结合通道两岸的开发利用现状、地形条件、工程地质条件及交通工程接驳条件等,厘定了宁波、舟山地区跨海通道设计、施工的主要影响因素及影响程度,综合评价了甬舟跨海通道拟建区地质环境适宜性等级,提出了跨海通道跨越方式(桥梁适宜)及线位选址方案,成果得到宁波市交通发展前期办公室和宁波市铁路建设指挥部应用,为甬舟跨海通道规划与建设方面的决策、部署等工作提供了重要地学依据。

(5)支撑服务电子质子对撞机、机场与高铁站等重要场所选址,评价成果得到地方政府和有关事业单位应用。在浙江湖州、长兴、德清和安吉的交界处开展了环形正负电子对撞机(CEPC)-超级质子对撞机(SPPC)重大工程选址适宜性评价,结果认定场地满足选址要求。相关成果获浙江省科学技术厅和中国科学院高能物理研究所认可。

在江苏洋口镇地区通用机场选址和地热资源开发中,为支撑江苏沿海经济区发展,在江苏洋口镇地区开展了活动性断裂调查,基本查明了区域断裂的空间展布、几何学和运动学特征,进行了断裂活动性评价,评价其对临近规划建设的重大工程影响,提出了针对性抗震设防等对策建议,调查成果为江苏如东通用机场选址提供了技术支撑,成功规避了原先3处位于洋口镇地区活动性断裂带影响范围内的机场选址点,得到如东县地方政府应用和好评。同时指出,洋口镇地区地热资源分布受交会断裂控制,地热井的地温梯度变化呈现随水井离断裂交会带的距离加大而减小现象,提出了下一步地热资源勘查靶区选择和开发建议,为洋口镇地区的绿色产业建设与能源开发提供了科技支撑。

在安徽安庆西高铁枢纽站规划选址中,构建了站区三维地质模型,从工程建设适宜性和地下空间资源开发难度两方面进行了评价并提出了工程建设建议,成果为安庆西高铁站规划区建设提供了地质支撑,得到了安庆市自然资源和规划局应用。

在开展嘉兴城市地质调查过程中,为支撑服务乌镇世界互联网大会场馆选址,利用嘉兴城市地质调查系列成果和城市地质信息管理与服务系统,快速、有效地对乌镇世界互联网大会永久会址选址区进行了三维建模和地质条件分析,成功建立了选址区三维地质结构模型和地下空间模型,并对场址区地下空间开发利用进行了地质适宜性评估和地质问题分析,为嘉兴乌镇世界互联网大会永久会址前期选址和工程建设提供了坚实的地质资料、直观的三维模型,大力支撑了嘉兴市乌镇世界互联网大会永久会址场馆建设重大工程的决策和建设工作。

5. 支撑服务地质灾害和洪涝灾害防治,在三峡库区、丹江口库区、涪江流域、东南沿海、洞庭湖和鄱阳湖等地区开展了地质灾害调查和应急调查,及时提出了相关防治建议,获地方政府好评,成效显著

长江经济带是地质灾害多发区,工程在实施过程中为支撑服务经济区地质灾害防治,在三峡库区、丹江口库区、涪江流域和东南沿海等地区组织开展地质灾害调查和应急调查,取得的成效显著。其中,在长江万州—宜昌段航道基于滑坡涌浪风险评估和预警,为重庆市、宜昌市等地方政府提供了箭穿洞危岩体等重大地质灾害隐患点滑坡涌浪预测和防治提供了地质依据。在东南沿海台风暴雨区,开展了多起地质灾害现场调查指导与应急排查,如针对"利奇马"台风及时编制了应急调查报告并提出建议,另外正确预报发布了一起滑坡预警信息,避免了8人伤亡事故的发生。在丹江口库区,基本查明了崩塌、滑坡、泥石流和不稳定斜坡1622处。在涪江流域,总结了典型小流域黄家坝灾损土地利用模式,有关成果得到绵阳市及遂宁市地方政府应用。在长江下游沿江崩岸段,基本查明了扬中市三茅镇指南村等地崩岸成因机理,提出整治保护和监测建议,为长江岸带防灾减灾及崩岸整治保护等提供了支撑,相关成果得到南京市江北新区管委会、扬中市水利局、扬中市自然资源与规划局等政府部门应用。

此外，基于长江中游长江与两岸湖泊协同演化关系及其地质环境效应的综合研究，提出"采砂扩湖、清淤改田""再造云梦泽、扩张洞庭湖和鄱阳湖"的长江中游防洪减灾建议，其中编制的《深挖湖泊多蓄水，科学规划可采砂》《存水入地、调蓄资源、涵养生态》"等作为2020年全国两会提案获得广泛关注。

6. 支撑服务国家地下战略储油储气库基地建设和页岩气绿色开发战略，提出了长江经济带盐穴和连云港水封洞库开发利用建议以及重庆涪陵页岩气勘查开发区应关注的风险，取得成果均得到应用

(1) 长江经济带盐穴空间资源巨大，适宜打造国家地下盐穴战略储油储气库基地。长江经济带远景储量为 1.32×10^{13} t，探明储量为 2.39×10^{12} t，拥有90余个大、中、小型岩盐矿，储量大于100亿t的岩盐矿床有8个。长期以来，岩盐开采业已形成地下盐穴空间体积约3亿 m^3，短期内通过人工造腔可快速实现30亿～100亿 m^3 的地下盐穴空间，有利于打造国家地下盐穴战略储油储气库基地建设，有利于进口油气和"西气东输"的安全储存。

(2) 通过调查评价，发现江苏连云港有 $2528km^2$ 的区域适宜开发建设深部地下空间大型水封岩穴洞库能源储备库，提出了赣榆港区及其腹地港口工业园区的规划调整建议，为下一步深入开展勘查评价和启动深部地下空间开发利用规划编制奠定了基础，同时也为连云港城市地质调查的开展创造了条件，使地方政府积极性高涨。

(3) 在重庆市涪陵区和丰都县页岩气勘查开发区通过调查评价，总结出页岩气勘探开发过程（勘探期、开采井施工期和运营期）可能造成地下水环境变化的18种风险途径，相关成果得到中石化重庆涪陵页岩气勘探开发有限公司、重庆市规划和自然资源管理局、涪陵区规划和自然资源局等单位应用。

7. 支撑服务流域生态环境保护和修复，在长江经济带开展了废弃矿山、滨海盐碱地、沿江湿地、沿江有机污染和重金属镉污染场地调查评价与生态修复示范，取得成果得到应用，编制的相关提案得到水利部认可

(1) 通过在南通市如东县海岸带盐碱地修复示范试点，完成盐碱地改良60亩和海水稻稻鱼共生40亩，取得了盐碱地改良完全成功，当年形成产品系列化和产业化，取得显著经济效益，得到南通市自然资源和规划局、拓璞康生态科技南通有限公司等单位应用，为沿海大面积存量的盐碱地改良应用推广提供了科技支撑。

(2) 提出的江苏启东崇启大桥—三和港段长江岸线湿地整治修复方案，总修复面积达 94 852.23 m^2，修复后的滩涂湿地可为周边环境保护、生态修复和生态环境保护教育提供样板。目前，该方案已经获地方政府通过和启东传化滨江开发建设有限公司应用。

(3) 开展了沿江镉污染场地调查与修复示范研究，研发出耐镉转基因特有植物材料一种，成功筛选出8种高效修复功能微生物，形成长江沿江土壤镉异常带植物实验室基因改良关键技术及品种储备，为下一步微生物改良剂研制和规模化修复奠定重要基础。

(4) 基本查明南京燕子矶沿江有机化工污染场地地质环境条件和污染物分布状况，提出需要重点对地下17～45m深度且以苯、苯胺、硝基苯等有机污染组分为主的污染层位进行修复，相关建议得到了南京市环保部门采纳，目前修复成效显著。

(5) 在四川攀枝花钒钛磁铁矿、江西宜春钽铌矿和云南安宁磷矿开展了尾矿废石资源化利用技术研发与生态修复示范，新研发出3项关键技术，获得了高品位钛、磷和稀土等精矿，并有效减少了尾矿的排放和堆存，成果得到会理县秀水河矿业有限公司、西部（重庆）地质科技创新研究院有限公司等单位应用，为长江经济带尾矿废石资源化、减量化及矿山生态环境的治理恢复提供了技术保障。

(6) 编制完成的《自然资源部中国地质调查局关于把河道整治纳入〈长江保护修复攻坚战行动计划〉提案的有关情况（2019年）》得到水利部认可，认为其对保护和修复长江流域水生态环境具有重要意义，并可为长江经济带航道工程与护岸保滩工程、冲淤灾害防治及生态修复提供科学依据。

三、科学理论创新和技术方法进步

1. 提出长江流域重大水利工程与生态地质环境多元响应研究思路和方法体系,创新构建了一套多模态传感器系统,在潮区界变动、河槽冲刷、河床微地貌变化等研究方面取得重要进展,为长江岸滩防护和修复、沿岸防洪、长江大桥主桥墩维护等提供了技术支撑

(1)提出大流域人类活动与地质环境效应研究方法体系,创新构建沿江多模态传感器系统,实现陆上与水下一体化水动力、水深、沉积、地形地貌等综合同步、准同步测量以及历史数据的收集与对比分析,形成临水岸坡水陆一体化地形地貌测量技术规程,相关监测技术被收入《中国地质调查百项技术》。研究发现受上游重大水利工程影响,长江径流和输沙时空过程大幅改变,影响潮波向上传播,最新研究发现长江洪季潮区界与2005年相比上移约82km,枯季上移约220km,潮区界显著上移,潮区界变动河段地貌发生重要变化。变动河段由长期动力条件形成的地貌发生变化,形成稳态转换,变动段冲刷显著,鄱阳湖、青弋江等支流流域局部侵蚀基准下降2~3m,枯季旱灾风险增大。

(2)宜昌以下干流河槽冲刷强烈,水下岸坡坡度大于20°的高陡边坡占比高达22%以上,发现窝崩、条崩30余处,崩岸长度多在300~1000m,甚至超过2km以上,主要分布在龙潭、太阳洲、螺山、砖桥、煤炭洲和蕲春等水道边坡,防洪与航运安全堪忧。干流河槽整体冲刷幅度超过三峡大坝论证预估和三峡大坝工程前期调研结果,也与最新的结论"河槽冲刷虽然逐渐向下游过渡,但未来几十年里三峡大坝引起的河槽冲刷有可能在汉口附近停止"显著不同。

(3)河槽沉积物粗化,河床阻力下降,侵蚀型沙波发育且尺度增大,河口河槽最大冲刷深度达29.6m,长江大桥主桥墩冲刷深度达10~19m,水上与陆桥交通安全风险增大。

(4)河口上游大型工程与河口大型工程和气候变暖叠加,导致长江河口区相对海平面上升0.15~0.43m,潮动力增强,最大浑浊带变异,涝灾趋重。

2. 创新应用光纤技术监测地面沉降和地裂缝取得显著进展,建立了31个地面沉降、地裂缝和长江岸带窝崩光纤技术监测示范点,相关成果获2018年度国家科学技术进步奖一等奖,丰富和发展了地面沉降理论,推进了地面沉降、地裂缝和崩岸等土层变形光纤监测科技进步

(1)研发4个大类14种光纤传感器,创新应用光纤技术监测地面沉降和地裂缝取得显著成效,对地面沉降和地裂缝监测技术具重要突破性意义,相关成果获2018年度国家科学技术进步奖一等奖。在长三角建立19个地面沉降和地裂缝光纤技术监测示范点,初步打造成长三角地面沉降和地裂缝光纤技术监测示范基地。其中,建立的苏州盛泽地面沉降光纤监测示范点被选为2018年度国家科学技术进步奖一等奖项目的野外唯一检查验收点,获得高度评价,为国家科学技术进步奖一等奖申报成功提供了重要科技支撑。建立的光纤监测土层变形技术体系,已形成光纤监测技术产业链,相关技术已广泛应用至江苏沿海地面沉降、西安地裂缝、徐州杨柳煤矿地面塌陷、阜阳地面沉降、山西黄土湿陷变形、英国伦敦地铁、马来西亚桩基、美国二氧化碳封存库变形监测等,引领了地质工程光纤监测技术发展,推进了地面沉降、地裂缝和崩岸等土层变形光纤监测科技进步,相应成果也被收入《中国地质调查百项理论》。

(2)利用新研发的内加热光缆水位水分场监测技术,对地面沉降监测钻孔中的水位和水分场变化展开长期监测,实现土体变形与水位、水分场变化的同步监测。

(3)地下水咸化光纤监测技术探索具体为采用准分布式的布拉格光纤光栅光纤感测技术,利用海水入侵时地下水中NaCl的浓度变化,引起光纤纤芯与海水介质间产生不同特性的渐逝波和折射率的特性,通过在折射率与水中NaCl浓度变化间建立关系,初步研制适用于地下水咸化室内测试和现场监测传感器。

(4)针对近年长江中下游崩岸高发、损失严重的状况,依据崩岸的特点开展了崩岸段侵蚀传感器研发和地下水及光纤监测基地建设,建立11个长江崩岸光纤技术监测示范点,并进行地下水-江水转换关系及地下水渗流模拟研究,实现崩岸段土体形变长期动态监测,对传感器与土体耦合变形进行评价,为长江崩岸段整治保护提供了技术支撑。

3. 开展了流域地球关键带调查研究示范,探索建立了流域尺度地球关键带调查监测研究理论技术方法体系,形成了平原区地球关键带调查监测技术指南,建成的江汉平原地球关键带监测站被成功纳入国际地球关键带监测网,提升了我国地球关键带研究的影响力

(1)在系统调研国内外地球关键带研究的基础上,探索建立流域尺度地球关键带理论和方法体系,明确了地球关键带界面空间分布特征调查与界面量化指标("五面四体"),建立地球关键带界面过程监测与界面通量估算方法,探索了地球关键带生态-水文耦合模拟过程。

(2)建成的江汉平原地球关键带监测网已纳入全球地球关键带监测网络,成为全球已注册的48个关键带站点之一。相关成果被收入《中国地质调查百项理论》。

(3)通过对汉江平原关键带研究,基本查明了关键带的形成与演化对原生劣质地下水分布与富集的控制作用,发现末次冰盛期以来海平面变化控制江汉平原浅层含水层的砷富集,提出了关键带演化与流域高砷地下水成因新模式的认识。

(4)采用分子生态学和地质学相结合的方法,开展了地下水和土壤地质微生物填图方法的探索与应用,建立了平原区地质微生物填图方法,基本查明了汉江平原土壤和地下水微生物群落结构、多样性分布特征及其与农业土壤肥力和环境污染的关系,发现人类活动密集区致病菌多样性和相对丰度明显偏高,为水资源管理和疾病预防提供了科学依据。

(5)探讨了重要大型水利工程对汉江下游关键带水循环模式与生态环境的影响,认为天然条件下长江和汉江与地下水间相互作用模式在年内的变化趋势基本一致,均表现为年初(枯水期)以地下水补给河水为主,年中(丰水期)转换为河水补给地下水,在年末(枯水期)又呈现出地下水补给河水占主导的模式。长江沿岸地表水与地下水相互作用在水平方向上的最大影响范围约为1.75km。

4. 探索形成大流域、经济区和县(市)3种尺度资源环境承载能力及8种国土空间开发利用适宜性评价方法体系,编制了系列图件和资源环境承载能力评价与国土空间开发利用适宜性评价专题报告,为长江经济带国土空间规划、开发利用和重大工程选址提供了基础支撑

(1)开展了长江经济带资源环境承载能力评价,以地质环境承载能力、地下水资源环境承载能力和土地资源承载能力3个要素评价长江经济带资源环境承载能力,探索形成大流域、经济区和县(市)3种尺度资源环境承载能力评价方法体系,对长江经济带、皖江经济带、苏南现代化建设示范区等区域开展资源环境承载能力评价,编制了系列图件,为长江经济带国土空间规划和战略实施提供了基础支撑。

(2)建立了沿江港口码头、跨江大桥、过江隧道、易污染工业、仓储用地和沿海跨海通道6种重大工程建设适宜性评价方法,以及长江经济带地下盐穴和江苏连云港水封洞库两种国土空间开发利用适宜性评价方法体系,对规划建设的长江经济带95座过江通道、沪汉蓉高铁线路和长江中下游宜昌-上海段沿岸跨江大桥、过江隧道、港口码头、仓储建设用地、跨海通道以及长江经济带盐穴战略油气储库等重大工程规划建设地质适宜性进行了评价,编制了沿江港口码头、长江大桥、过江隧道等工程建设适宜性评价图,为长江经济带重大工程规划建设、开发利用与选址提供了地质支撑。

5. 开展了机载高光谱系统研发与应用示范,打破国外的技术壁垒,自主研发了机载高光谱系统,建立了航空高光谱遥感综合调查技术方法和工作流程以及水土污染等光谱定量反演模型,为长江经济带土地利用、矿山环境和水土质量变化等探测提供了科技支撑

(1)自主研发了机载高光谱系统,系统主要由成像谱仪、三轴稳定平台、惯性导航和计算机控制与采集模块等多个部分组成,系统具有快捷、高效和高分辨率特点。通过国产化研发产品替代了进口产品,降低了系统的采购成本,推动了高光谱技术的普及并实现了产品转化应用。

(2)建立了航空高光谱遥感综合调查技术方法和工作流程以及水土污染等光谱定量反演模型,在江苏、安徽、浙江等地成功实现生态地质环境调查应用示范,获得了一批重要成果,表明其在环境污染、土地利用和土地质量变化等方面具广阔应用前景。

6. 开展了废弃矿山、滨海盐碱地、沿江湿地、沿江有机污染和重金属镉污染场地调查评价与生态修复示范,形成了废弃矿山、滨海盐碱地、长江滨岸湿地、沿江化工污染场地和重金属污染场地5种类型生态修复示范关键技术和方法体系,为长江经济带生态保护和修复提供了技术保障

(1)基本查明了江苏滨海盐碱地的数量、质量和盐度空间分布特征,以及土壤盐化分级、土壤主要肥力指标含量与分布特征,在江苏南通市如东县海岸带盐碱地进行了修复示范,探索形成了盐碱地"工程、结构、生物和农艺改良"等关键技术体系。两年来已完成盐碱地改良60亩和海水稻稻鱼共生40亩,实现系列农产品产业化,盐碱地改良取得良好成效,为此如东县和南通市通州区人民政府进一步划拨了盐碱地8100亩予以改良。示范成果为滨海盐碱地改良大面积应用推广及陆海统筹"多规合一"规划编制提供了科技支撑。

(2)研发了四川攀枝花钒钛磁铁矿、江西宜春钽铌矿尾矿废石资源化利用和云南安宁磷矿尾矿堆场生态修复3项关键技术。在攀枝花钒钛磁铁矿采用新研发的选矿药剂及强磁-重选-浮选等工艺可获得TiO_2品位达45.97%和回收率65.37%的钛精矿、P_2O_5品位达31.73%和回收率92.56%的磷精矿、稀土氧化物含量达39.63%和回收率27.99%的稀土精矿;在江西宜春钽铌矿采用"预先脱泥-弱碱性体系下阴阳离子混合捕收剂浮选回收锂"技术应用于含Li_2O 0.61%的尾矿样品,可获得Li_2O品位达3.6%和回收率65.72%的锂云母精矿;在云南安宁磷矿排土场探索形成了特色乡土与树种与群落配置技术、多层水土流失控制技术和矿区生态条件自动监测等关键技术,使地表植被与覆盖率达80%以上,植被成活率达90%以上,水土流失率达80%以上,修复成果显著,为长江经济带尾矿废石资源化、减量化及生态保护和修复提供了技术保障。

(3)通过对江苏启东崇启大桥—三和港段长江岸线湿地区域进行调查研究,基本查明滨岸湿地环境地质背景条件,并通过关键生态问题调查与原因剖析、岸滩生境优化改造、感潮岸段湿地植物比选以及生物多样性调控等多种技术应用,提出了9万多平方米沿江滨岸湿地生态修复与稳态维持技术方案,为高水位变幅感潮江段的退化滨岸湿地提供尾水净化、生态护坡、生境改良、湿生植被恢复、生物多样性维持以及湿地景观格局构建等提供多种技术解决途径。目前,该生态修复方案已由启东传化滨江开发建设有限公司完成一期阶段工程施工,已经形成湿地休闲观光区、湿地生物多样性保护区和湿地尾水深度净化区3种不同生态功能区,取得了较好的生态与社会效益,为周边环境保护、生态修复和生态环境保护教育提供了样板。

(4)开展了沿江镉污染场地调查与修复示范研究,基本查明了沿江土壤高镉异常带分布现状,分析了土壤镉污染空间分布规律、变化趋势及成因,选择不同环境因素和人类活动影响下典型场地进行了修复示范,通过采用基因组、转录组等分子生物技术研发了耐镉转基因特有植物材料一种,采用高通量测序微生物技术成功筛选出8种高效修复功能微生物,初步建立了沿江高镉异常带功能微生物菌库及功能基因图谱,初步形成了长江沿江土壤镉异常带修复植物实验室基因改良关键技术及品种储备,探索了高镉土壤最佳微生物-植物互作修复模式,为下一步微生物改良剂研制和规模化修复奠定重要基础。

(5)创新了有机污染探测技术,应用地电阻影像剖面法、钻探等技术方法成功探测了地下17～45m的有机污染物,精准查明了某市沿江一老化工区场地地质环境条件和污染物分布状况,发现在近$1km^2$范围内土层和含水层发生严重污染,污染物以苯、苯胺、硝基苯等有机污染组分为主,含量严重超标。依据调查评价成果,提出了采用化学升温热解吸、化学氧化、抽提注入和生物化学方法等技术来修复浅部土壤和深部有机污染物的建议。相关成果被地方环保部门采纳,为组织开展沿江有机化工污染场地整治修复提供了重要技术支撑。同时,取得成果也为市政府提出的要"从老工业基地转变为滨江宜居区及文化旅游区",打造滨江门户提供了科技支撑。

7. 编制《环境地质调查技术要求(1∶50 000)》(DD 2019—07)等标准指南29份,为规范与指导我国1∶5万环境地质调查工作以及重要经济区和城市群国土空间规划布局、地质环境修复治理等提供了基础支撑,促进了我国环境地质学学科发展和科技进步

创新编制了《环境地质调查技术要求(1∶50 000)》《地面沉降和地裂缝光纤监测规程》《1∶50 000岩溶塌陷调查规范(征求意见稿)》《岩溶地面塌陷监测规范》《岩溶地面塌陷防治工程勘查规范(试行)》《岩溶塌陷地球物理探测技术指南》《地球关键带监测技术方法指南1∶50 000(试行)》《存量低效工业用地整理复垦水土环境质量调查评价方法技术规程》《城市老工业基地控详规划水土环境适宜性评价指南》《基于多模态传感器系统的长江中下游河槽高陡边坡稳定性调查技术要求》《小城镇地质调查技术指南》《经济发达地区城市群地质环境调查技术指南》《城市地下资源协同开发利用评估技术方法》《城市工业用地水土污染调查评估指南》等系列规程和指南。其中,《环境地质调查技术要求(1∶50 000)》(DD 2019—07)已由中国地质调查局发布,《岩溶地面塌陷监测规范(试行)》(T/CAGHP 075—2020)和《岩溶地面塌陷防治工程勘查规范(试行)》(T/CAGHP 076—2020)已由中国地质灾害防治工程行业协会团体标准发布。同时,《环境地质调查规范(1∶50 000)》《地面沉降和地裂缝光纤监测规程》《工矿废弃地土地复垦水土环境质量调查评价规范》《河湖岸线资源调查技术规范》已纳入自然资源部行业标准制修订计划,《钒钛磁铁矿尾矿资源综合利用调查与评价指南》和《钒钛磁铁矿矿物定量检测方法》获中国材料与试验团体标准委员会批准立项,《煤矿地下空间调查技术指南》《煤矿地表沉陷区监测技术指南》《煤矿地下空间开发利用适宜性评价技术技术指南》(DB32/T 4123—2021)已被江西省萍乡市市场监督管理局纳入地方性标准修订计划,《生态地质调查航空高光谱遥感方法指南》已由江苏省市场监督管理局公示审批为地方性标准。这些规程标准为规范和指导我国1∶5万环境地质调查工作以及重要经济区和城市群国土空间规划布局、用途管制、地质环境修复治理等提供基础支撑,并对环境地质学学科科技进步有重要影响。

8. 组织申报多项国家发明专利和软件著作权

工程申报发明专利、实用新型专利、软件著作权共134项。其中,申请发明专利42项(其中授权40项,在审2项),实用新型专利42项,获软件著作权50项。

9. 探索建立大流域环境地质工作模式,构建中央与地方协调联动机制,形成按1∶1以上比例出资的城市群、城市和小城镇3个层次中央和地方环境地质调查创新合作模式,经济效益显著

构建了长江经济带11个省(市)地质工作协调联动机制,统筹中央与地方地质工作,充分利用中央资金引领作用,形成按1∶1以上比例出资的城市群、城市和小城镇3个层次中央和地方环境地质调查创新合作模式,实现中央与地方资金形成合力、成果做大和成果有效转化的双赢局面。

四、人才成长和团队建设

1. 技术培训

(1)每年度均召开了"长江经济带地质环境综合调查工程"成果交流研讨会和技术方法培训会,工程所属二级项目负责人、子项目负责人与技术骨干共500余人次参加了培训和交流,统一了思想,提高了业务水平。

(2)组织召开大流域人类活动与地质环境效应高峰论坛会、长江经济带地质工作研讨会和工程考核与业务研讨会、长江经济带资源环境承载能力评价会、高密度电法及视电阻率测深野外培训等各类研讨、培训。使得不同单位工作人员了解了长江经济带 11 个省(市)自然资源部门的需求,拓宽了视眼,明确了方向,提高了技术业务水平。

2. 科普及宣传

(1)完善了"长江经济带地质环境综合调查工程网页"平台,工程所属项目积极宣传调查最新成果,已在新闻资讯中发布 100 余条新闻报道。

(2)科普活动多样化,科普产品丰富多彩。完成科普产品 33 项,举办科普活动 45 余次。其包括了微视频、视频、三维沙盘模型、小说、挂图、图集、卡通读物等,部分产品已很好地发挥出了地质科普的宣传作用。

3. 团队建设

加强国内外成果、技术和经验交流,促进队伍建设与人才培养,获国家、省部级奖励 9 项,获国家五大科技平台和基金项目 26 项,发表论文 404 篇(其中 SCI 67 篇,EI44 篇),出版专著 18 部,获省部级各类称号 10 人次,获部级创新团队 2 个,维护/申报部、局级各类实验室/基地 7 个,工程所属 21 个项目组均已形成稳定的环境地质调查专业团队。

第二节 存在问题和下一步工作建议

一、存在问题

(1)工作任务十分繁重,事务性工作相对较多,综合研究稍显薄弱。除了要完成工程的核心依托项目外,工程层面要负责组织实施下设二级项目的统筹工作部署、协调、质量检查、专题研究等。此外,也还额外承担了多项自然资源部国土空间规划局[《长江经济带国土空间规划(2018—2035 年)》编制]、中国地质调查局(《重要经济区和城市群一级项目可行性报告》《中国地下水污染调查评价与综合研究成果报告》《中国典型污染场地调查评价与修复技术示范成果》《支撑服务长江经济带国土空间规划》《用途管制和生态修复工作初步方案》编制等)及南京地质调查中心(《上海市自然资源图集》编制)等各种工作任务。因此,综合研究和成果集成仍然需要进一步加强。

(2)工程虽然组织编制了《环境地质调查技术要求(1∶50 000)》《地面沉降和地裂缝光纤监测规程》《存量低效工业用地整理复垦水土环境质量调查评价方法技术规程》等系列规程和指南,为规范和指导我国 1∶5 万环境地质调查工作提供了科技支撑,但是这些规程和指南仍需要不断完善,离成为国家或部行业标准尚有一定距离。

(3)针对习近平总书记的重要指示,"要求共抓大保护、不搞大开发。探索出一条生态优先、绿色发展新路子"。本次工作在长江生态环境保护和修复工作方面的部署较薄弱,迫切需要加强在沿江、沿海和沿高铁沿线部署地质环境综合调查,开展长江干流岸带典型区段整治保护和修复示范、长江干流沿江高镉异常带调查和修复示范、长江三角洲地区盐碱地资源调查利用和修复示范、长江经济带尾矿废石调查与综合利用示范。在重大水利工程对地质环境影响研究方面,本轮主要是开展了长江中下游地区,亟待开展中上游地区河槽冲淤、岸线稳定调查研究。在地球关键带研究方面,仅涉及汉江平原,有待开展两湖地区湿地及更广泛地区的调查研究示范。另外,长三角、苏南、皖江、长江中游、滇中、黔中城市群等重点地区及城市地质调查工作需要进一步推进,有待深化长江中游城市群和皖江经济带等部省合作示范。大流域地质工作模式和后工业化地质工作模式研究也有待进一步加强调查和研究。

二、下一步工作建议

(1)服务长江经济带新型城镇化战略综合地质调查:围绕国家新型城镇化和长三角一体化战略,在长三角、沿淮、长江中游、滇中4个经济区/城市群,以及吴江、嘉善和蚌埠等12个重要城镇规划区,要部署开展1∶5万环境地质调查工作,基本查明区内重要城镇规划区和城市群不同层次地质环境条件和存在问题,提出与区域发展规划相适应的自然资源合理开发利用、生态保护与修复对策建议。

(2)服务长江经济带重要交通干线重大工程规划建设综合地质调查:围绕长江经济带交通干线重大工程重大基础设施建设,在沿长江干流岸带重点区、京广高铁沿线和沪昆高铁沿线、黔西和湘东地面塌陷区部署开展1∶5万环境地质调查工作,要基本查明沿江、沿海和沿高铁沿线重点地区地质环境条件和存在问题,基本查明岩溶塌陷、地壳稳定性、地面沉降、地裂缝和崩岸成因机理,为长江航道安全运营、沿线港口建设、跨江高速公路、铁路和沿江城镇建设的合理规划、科学选址、选线提供地学依据。

(3)服务生态环境保护综合地质调查:围绕生态环境保护建设,在鄱阳湖—洞庭湖—三峡库区、金沙江干流、钱塘江流域、重安江流域和太湖等生态敏感区部署开展1∶5万环境地质调查,基本查明环境敏感区、脆弱区和重大工程区地质环境条件和存在问题。围绕矿山开采和生态环境保护,在长江上游会理—会东、长江中游郴州—德兴等矿山集中区部署开展1∶5万环境地质调查,基本查明矿山集中区地质环境问题。

(4)服务贫困地区综合地质调查:围绕集中连片贫困区,在江西赣州等地部署开展1∶5万水文地质调查,选择有利区段开展地热等清洁能源调查工作,为长江经济带巩固脱贫攻坚成果提供支撑服务。

(5)科技创新:在长江重大水利工程区等地区继续开展大流域地质环境效应研究,进一步探索大流域人类活动与地质环境效应模式;在洞庭湖、鄱阳湖等地开展地球多圈层交互带研究,在沿江、沿湖、滨海等湿地区,会理、德兴等典型矿集区,中西部岩溶塌陷区等地开展生态修复(整治)示范,形成典型矿山尾矿、河湖湿地等修复或者处置关键技术和技术规程,支撑生态环境保护和地质灾害防治。

(6)信息服务:完善长江经济带地质资源环境综合评价信息平台,为实现11个省(市)的信息共享、地质云建设和长江经济带地质环境综合调查提供信息技术支撑。

参考文献

艾万钰,1982.长沙市第四纪堆积物与阶地[C]//湖南省地质学会.湖南省地质学会论文集·第四纪地质地貌专辑.长沙:湖南省地质学会(4):42.

巴尔博,1935.扬子江流域地文发育史[J].地质专报(甲种):14.

白世彪,王建,闾国年,等,2007.GIS 支持下的长江江苏河段深槽冲淤演变探讨[J].泥沙研究(4):48-52.

白玉川,王令仪,杨树青,2015.基于阻力规律的床面形态判别方法[J].水利学报,46(6):707-713.

柏道远,王先辉,李长安,等,2011.洞庭盆地第四纪构造演化特征[J].地质评论,57(2):261-276.

包为民,张小琴,瞿思敏,等,2010.感潮河段洪潮耦合双驱动力水动力模型[J].水动力学研究与进展,25(5):601-608.

边淑华,夏东兴,陈义兰,等,2006.胶州湾口海底沙波的类型、特征及发育影响因素[J].中国海洋大学学报(自然科学版),36(2):327-330.

蔡文君,殷峻暹,王浩,2012.三峡水库运行对长江中下游水文情势的影响[J].人民长江,43(5):22-25.

蔡相芸,张金善,王金城,等,2013.金塘水道水动力特性分析:第二十五届全国水动力学研讨会暨第十二届全国水动力学学术会议文集(下册)[C].北京:海洋出版社:583-589.

蔡晓斌,燕然然,王学雷,2013.下荆江故道通江特性及其演变趋势分析[J].长江流域资源与环境,22(1):53-58.

蔡志勇,熊小林,罗洪,等,2007.武当地块耀岭河群火山岩的时代归属:单锆石 U-Pb 年龄的制约[J].地质学报,81(5):620-625.

曹建华,蒋忠诚,袁道先,等,2017.岩溶动力系统与全球变化研究进展[J].中国地质,44(5):874-900.

曹文洪,陈东,1998.阿斯旺大坝的泥沙效应及启示[J].泥沙研究(4):79-85.

曹鑫,陈学泓,张委伟,等,2016.全球 30m 空间分辨率耕地遥感制图研究[J].中国科学(D辑),46(11):14-26.

常小娜,2014.中国地下盐矿特征及盐穴建库地质评价[D].北京:中国地质大学(北京).

车勤建,1992.澧县曾家河芒硝岩盐矿床开发浅析[J].湖南地质,11(2):123-127+162.

陈宝冲,1996.试用阶地纵剖面线图分析长江三峡地区的地壳运动[J].科学导报(11):12-13.

陈长明,1991.长沙地区第四纪地质若干问题探讨[J].衡阳师专学报(自然科学),9(2):42-51.

陈长明,谢丙庚,1996.湖南第四纪地层划分及其下限[J].地层学杂志,20(4):271-276.

陈道公,彭子成,1988.皖苏若干新生代火山岩的钾氩年龄和铅锶同位素特征[J].岩石学报,4(2):3-12.

陈国金,1999.长江中游地区江湖综合治理环境地质研究[J].地球科学——中国地质大学学报,24(1):89-97.

陈国金,2008.江汉-洞庭湖平原区洪灾形成与防治的环境地质研究[J].中国水利(15):27-31.

陈华慧,关康年,鄢志武,1990.湖北省钟祥第四纪冰缘融冻构造的发现及其意义[J].现代地质,4(2):92-97.

陈华慧,马祖陆,1987.江汉平原下更新统[J].地球科学——武汉地质学院学报,12(2):129-135.

陈华文,2010.上海城市地质工作服务经济社会发展机制与模式探索[J].上海地质,31(3):9-15.

陈辉,吴杰,赵钢,等,2009.多波束测深系统在长江沉排护岸工程运行状况监测中的应用[J].长江科学院院报,26(7):14-16.

陈吉余,程和琴,戴志军,2008.河口过程中第三驱动力的作用和响应:以长江河口为例[J].自然科学进展,18(9):994-1000.

陈吉余,徐海根,1981.长江河口南支河段的河槽演变[J].华东师范大学学报(自然科学版)(2):97-112.

陈吉余,恽才兴,1959.南京吴淞间长江河槽的演变过程[J].地理学报,26(3):221-239.

陈吉余,恽才兴,徐海根,等,1979.两千年来长江河口发育的模式[J].海洋学报,1(1):103-111.

陈军,陈晋,廖安平,等,2014.全球30m地表覆盖遥感制图的总体技术[J].测绘学报,43(6):551-557.

陈军,廖安平,陈晋,等,2017.全球30m地表覆盖遥感数据产品:GlobeLand30[J].地理信息世界,24(1):1-8.

陈君颖,田庆久,2007.高分辨率遥感植被分类研究[J].遥感学报,11(2):221-227.

陈立德,邵长生,2016.江汉-洞庭盆地第四系划分和对比[M].武汉:中国地质大学出版社.

陈立德,邵长生,王岑,2014.武汉阳逻王母山断层及地震楔构造研究[J].地质学报,88(8):1453-1460.

陈利军,陈军,廖安平,等,2012.30m全球地表覆盖遥感分类方法初探[J].测绘通报(S1):350-353.

陈丕基,1979.中国侏罗、白垩纪古地理轮廓:兼论长江的起源[J].北京大学学报,15(3):90-109.

陈秋伶,海涯,李燕,等,2010.赣中地区清江岩盐矿床南部石盐矿体边界的延伸问题研究[J].企业技术开发,29(4):141-142.

陈群芝,1995.长山矿区岩盐矿床开采技术条件浅析[J].中国井矿盐(4):22-26.

陈若兰,1990.江苏岩盐资源开发条件分析[J].江苏地质(3):61-64.

陈西庆,陈吉余,2000.关于研究与控制长江枯季入海流量下降趋势的建议[J].科技导报(2):39-40.

陈西庆,严以新,童朝锋,等,2007.长江输入河口段床沙粒径的变化及机制研究[J].自然科学进展,17(2):233-239.

陈小雪,李红丽,董智,等,2020.滨海盐碱地土壤化学计量特征与群落物种多样性及其相关关系[J].27(6):37-45.

陈学泓,曹鑫,廖安平,等,2016.全球30m分辨率人造地表遥感制图研究[J].中国科学(D辑),46(11):1446-1458.

陈扬辉,彭国荣,1992.四川威西岩盐矿长山来牟采区第二次开采岩盐卤水的探测和研究[J].中国井矿盐(4):15-18.

陈一宁,陈鹭真,蔡廷禄,等,2020.滨海湿地生物地貌学进展及在生态修复中的应用展望[J].海洋与湖沼,51(5):1055-1065.

陈颙,2009.汶川地震是由水库蓄水引起的吗?[J].中国科学(D辑),39(3):257-259.

陈正,1994.合川盐矿地质构造特征及资源开发讨论[J].中国井矿盐,39(1):8-11.

成杭新,杨忠芳,奚小环,等,2005.长江流域沿江镉异常示踪与追源的战略与战术[J].第四纪研究,12(1):261-272.

程光华,翟刚毅,庄育勋,等,2014.中国城市地质调查成果与应用[M].北京:科学出版社.

程和琴,姜月华,2021.长江中下游河槽物理过程[J].北京:科学出版社.

程和琴,李茂田,2002.1998长江全流域特大洪水期河口区床面泥沙运动特征[J].泥沙研究(1):38-44.

程和琴,李茂田,周天瑜,等,2002.长江口水下高分辨率微地貌及运动特征[J].海洋工程,20(2):

91-95.

程蓬云,1991.川东盐厂高峰矿区油垫采卤工艺可行性探讨[J].中国井矿盐(5):14-18.

程彦培,张健康,刘坤,等,2018.中国水文地质图(1:500万)[M]//郝爱兵,李瑞敏.中国地质环境图系.北京:地质出版社.

程有祥,2006.江西清江岩盐矿区戈南1井钻探施工技术[J].西部探矿工程(增刊):380-381.

程裕淇,耿树方,谢良珍,等,2002.1:500万中国地质图(第二版)[R].北京:中国地质科学研究院地质研究所.

程知言,胡建,葛云,等,2020.种植耐盐水稻盐碱地改良过程中的盐度变化趋势研究[J].矿产勘查,11(12):2592-2600.

春蕴珊,赵松龄,1987.晚更新世以来长江水下三角洲的沉积结构与环境变迁[J].沉积学报,5(3):105-112.

寸树苍,石应峻,陈华纷,等,1996.四川双河岩盐矿区钻探-物探综合研究[J].成都理工学院学报,23(1):100-104.

戴仕宝,杨世伦,赵华云,等,2005.三峡水库蓄水运用初期长江中下游河道冲淤响应[J].泥沙研究(5):35-39.

戴鑫,张格,马建杰,等,2017.金坛盐穴储气库JT2井堵井原因分析及对策[J].中国井矿盐,48(1):13-15.

单红仙,沈泽中,刘晓磊,等,2017.海底沙波分类与演化研究进展[J].中国海洋大学学报(自然科学版),47(10):73-82.

邓健如,伍维周,秦志能,1991.武汉市第四纪地层的划分[J].湖北大学学报(自然科学版),13(2):178-184.

邓起东,1982.中国的活动断裂[M].北京:地震出版社.

邓起东,刘百篪,张培震,等,1992.活动断裂工程安全评价和位错量的定量评估[M].北京:地震出版社.

邓起东,冉永康,杨晓平,等,2007.中国活动构造图[M].北京:地震出版社.

邓起东,闻学泽,2008.活动构造研究:历史、进展与建议[J].地震地质,30(1):1-30.

邓起东,徐锡伟,于贵华,1994.中国大陆活动断裂的分区特征及其成因[M]//中国地震学会地震专业委员会.中国活动断层研究.北京:地震出版社.

邓起东,张培震,冉勇康,等,2002.中国活动构造基本特征[J].中国科学(D辑),32(12):1021-1030.

邓神宝,沈清华,王小刚,2016.船载激光三维扫描系统构建与应用[J].人民珠江,37(10):23-26.

邓文,江登榜,杨波,等,2012.我国铁尾矿综合利用现状和存在的问题[J].现代矿业,28(9):1-3.

丁宝田,1985.根据新构造运动及地貌特征试论武汉地区地壳稳定性[J].武测科技(3):38-41.

丁宝田,1987.武汉地区第四纪与新构造的基本特质及需要进一步研究的问题[J].武汉测绘科技大学学报,12(1):26-36.

丁国瑜,李永善,1979.我国地震活动与地壳现代破裂网格[J].地质学报,53(1):22-34.

丁灏,季幼庭,汪青青,1982.江苏溧阳地区全新世晚期麓崩堆积物的初步观察[M]//中国第四纪研究委员会,陕西省地震局.史前地震与第四纪文集.西安:陕西科学技术出版社.

丁绍武,张鹏,2019.盐碱地改良研究现状及微生物菌肥应用分析[J].现代农业科技(7):175-176.

董松年,1983.综合开发两沙运河有关问题的探讨[J].水运工程(4):39-41.

杜海娥,李正,郑煜,2019.资源环境承载能力评价和国土空间开发适宜性评价研究进展[J].中国矿业,28(S2):159-165.

杜晓琴,高抒,2012.水下沙丘形态演化的数值模拟实验[J].海洋学报,34(4):121-134.

段学军,王晓龙,徐昔保,等,2019.长江岸线生态保护的重大问题及对策建议[J].长江流域资源与环境,28(11):2641-2648.

范代读,李从先,2007.长江贯通时限研究进展[J].海洋地质与第四纪地质,27(2):121-131.

范军,左小清,李涛,等,2018.应用升降轨SBAS-InSAR技术监测昆明市地面沉降[J].地理信息世界,25(3):64-70.

范蔚茗,王岳军,彭头平,等,2004.桂西晚古生代玄武岩Ar-Ar和U-Pb年代学及其对峨眉山玄武岩省喷发时代的约束[J].科学通报,49(18):1892-1900.

范宣梅,许强,张倬元,等,2008.平推式滑坡成因机制研究[J].岩石力学与工程学报,27(S2):3753-3753.

方传棣,成金华,赵鹏大,等,2019.长江经济带矿区土壤重金属污染特征与评价[J].地质科技情报,38(5):230-239.

方大卫,沈永盛,1992.试论上海地震活动与北西地震带的关系[J].上海地质,13(3):1-9.

方鸿琪,1961.长江中下游地区的第四纪沉积[J].地质学报,41(3-4):354-366.

方金益,徐孜俊,2007.金坛盐矿建立地下盐穴储气库的条件[J].中国井矿盐,38(1):35-36.

方勤方,高翔,彭强,等,2015.云南兰坪-思茅盆地勐野井矿区钾石盐的特征及其沉积环境[J].地质学报,89(11):2108-2113.

冯敏,杨晓琴,陈玲,等,2017.鄱阳湖湖口段沉积物重金属污染特征及潜在生态风险评价[J].湖南生态科学学报,4(3):1-7.

冯小铭,郭坤一,王爱华,2003.城市地质工作的初步探讨[J].地质通报,22(8):571-579.

冯小铭,韩子章,方家骅,等,1990.南通市第四纪沉积特征及沉积相(研究报告)[C]//南京地质矿产研究所.中国地质科学院南京地质矿产研究所文集.南京:南京地质矿产研究所:48.

付力成,庄定云,郭志强,等,2020.东南沿海新生盐碱地的形成原因及六维改良法探讨[J].浙江农业科学,61(1):157-161.

付延玲,2014.宁波市地下水位动态与地面沉降预测分析[J].华东地质,35(2):141-146.

傅伯杰,2021.国土空间生态修复亟待把握的几个要点[J].战略与决策研究,36(1):64-69.

富公勤,袁海华,1993.黄陵断隆北部太古界花岗岩-绿岩地体的发现[J].岩石矿物,13(1):5-13.

高吉喜,赵少华,侯鹏,2020.中国生态环境遥感四十年[J].地球信息科学学报,22(4):705-719.

高敏,李九发,李占海,等,2015.近期长江口南支河道洪季含沙量时间变化及床沙再悬浮研究[J].长江流域资源与环境,24(1):30-38.

高山,UMIN QI,凌文黎,等,2001.崆岭高级变质地体单颗粒锆石SHRIMP U-Pb年代学研究:扬子克拉通>3.2Ga陆壳物质的发现[J].中国科学(D辑),30(1):27-35.

高以信,李锦,周明枞,等,1998.中国1:400万土壤图[M].北京:科学出版社.

葛伟亚,周洁,常晓军,2015.城市地下空间开发及工程地质安全性研究[J].工程地质学报,23(S1):529-534.

龚士良,2008.上海城市地质工作深化服务领域及机制[J].城市地质,3(2):4-7.

龚士良,叶为民,陈洪胜,等,2008.上海市深基坑工程地面沉降评估理论及方法[J].中国地质灾害与防治学报,19(4):55-60.

龚树峰,史学伟,2014.铁矿废石及尾矿的综合利用技术[J].金属材料与冶金工程,42(3):49-53.

龚树毅,陈国金,1999.长江中游地区第四纪河湖演变及其对环境的影响[J].地球科学——中国地质大学学报,22(2):199-203.

巩彩兰,恽才兴,2002.应用地理信息系统研究长江口南港底沙运动规律[J].水利学报,33(4):18-22.

顾明光,陈忠大,汪庆华,等,2005.杭州湘湖剖面全新世沉积物的地球化学记录及其地质意义[J].中国地质,32(1):70-74.

顾锡和,俞猴狮,王宗汉,1983.宜昌附近长江河谷地貌的研究[J].南京大学学报(自然科学版)(1):153-161.

顾延生,管硕,马腾,等,2018.江汉盆地东部第四纪钻孔地层与沉积环境[J].地球科学,43(11):3989-4001.

关康年,鄢志武,1990.江汉平原北缘云梦组的时代及成因探讨[J].地球科学——中国地质大学学报,16(5):501-504.

官子和,蔡述明,1986.洞庭湖的形成与演变[J].泥沙研究(1):70-73.

管国兴,李留荣,2000.金坛市岩盐资源的开发与保护[J].矿产保护与利用(5):31-33.

郭仁炳,1989.江苏天然二氧化碳气和岩盐资源的特性与其发展战略的探讨[J].中国地质经济(7):13-18.

郭文魁,1942.滇北之早期海西运动[J].地质论评,Z1(3):9-16.

郭兴杰,程和琴,莫若瑜,等,2015.长江口沙波统计特征及输移规律[J].海洋学报(中文版),37(5):148-158.

国土资源部中国地质调查局,2015a.支撑服务长江经济带发展地质调查报告(2015年)[R].北京:中国地质调查局.

国土资源部中国地质调查局,2015b.中国耕地地球化学调查报告[R].北京:中国地质调查局.

国土资源部中国地质调查局,2016a.支撑服务长江三角洲经济区发展地质调查报告(2016年)[R].北京:中国地质调查局.

国土资源部中国地质调查局,2016b.支撑服务长江中游城市群发展地质调查报告(2016年)[R].北京:中国地质调查局.

国土资源部中国地质调查局,2016c.中国能源矿产地质调查报告[R].北京:中国地质调查局.

国土资源部中国地质调查局,2016d.中国岩溶地质调查报告[R].北京:中国地质调查局.

国土资源部中国地质调查局,2016e.中国城市地质调查报告(2016年)[R].北京:中国地质调查局.

国土资源部中国地质调查局,2017.支撑服务皖江经济带发展地质调查报告(2017年)[R].北京:中国地质调查局.

韩其为,2003.论长江中游防洪的几个问题[J].中国三峡建设(3):4-7.

郝爱兵,林良俊,李亚民,2017.大力推进多要素城市地质调查精准服务城市规划建设运行管理全过程[J].水文地质工程地质,44(4):3.

郝爱兵,殷志强,彭令,等,2020.学理与法理和管理相结合的自然资源分类刍议[J].水文地质工程地质,47(6):1-7.

侯成程,2013.长江潮流界和潮区界以及河口盐水入侵对径流变化响应的数值研究[D].上海:华东师范大学.

胡炳煊,余芳权,1984.潜江凹陷的盐丘构造及形成条件分析[J].石油勘探与开发(6):62-70.

胡超,周宜红,赵春菊,等,2014.基于三维激光扫描数据的边坡开挖质量评价方法研究[J].岩石力学与工程学报,33(S2):3979-3984.

胡春宏,2019.三峡水库175m试验性蓄水十年泥沙冲淤变化分析[J].水利水电技术,50(8):18-26.

胡海涛,阎树彬,1982.青藏公路沿线(格尔木-安多)的区域工程地质特征[C]//中国地质学会.青藏高原地质文集.北京:地质矿产部书刊编辑室:130-144

胡焕庸,1935.中国人口之分布:附统计表与密度图[J].地理学报,2(1):33-74.

胡健民,马国良,高殿松,等,2000.武当地块主要地质事件年代学研究[J].中国区域地质,19(30):318-324.

胡健民,孟庆任,马国良,等,2002.武当地块基性岩席群及其地质意义[J].地质论评,48(4):353-360.

胡健民,赵国春,孟庆任,等,2003.武当地块基性侵入岩群的地质特征与构造意义[J].岩石学报,

19(4):601-611.

胡圣标,黄少鹏,何丽娟,等,2013.中国大陆地区岩石圈热结构与地热资源潜力[J].地质学报,87(增刊):36.

湖北省地质矿产局,1985.湖北省区域地质志[M].北京:地质出版社.

湖北省地质矿产局,1990.湖北省区域地质志[M].北京:地质出版社.

湖南省地质调查院,2009.1:250 000常德市幅和岳阳市幅区域地质调查报告[R].长沙:湖南省地质调查院。

湖南省地质矿产局,1988.湖南省区域地质志[M].北京:地质出版社.

黄斌,2011.四川威西岩盐矿自贡辖区地探井污染预防与治理探讨[J].中国井矿盐,42(5):30-32.

黄第藩,杨世倬,刘中庆,等,1965.长江下游三大淡水湖的湖泊地质及其形成与发展[J].海洋与湖沼,7(4):396-426.

黄慧珍,唐保根,杨文达,等,1996.长江三角洲沉积地质学[M].北京:地质出版社.

黄金玉,姜月华,苏晶文,等,2016.长江三角洲地区地下水调查点特殊分布的评价方法解析[J].地质学报,90(10):2948-2961.

黄宁生,关康年,1993.鄂东阳逻地区早更新世砾石层研究[J].地球科学——中国地质大学学报,18(5):589-596.

黄润秋,2007.20世纪以来中国的大型滑坡及其发生机制[J].岩石力学与工程学报,26(3):433-433.

黄胜,1986.长江河口演变特征[J].泥沙研究(4):1-12.

贾军涛,郑洪波,杨守业,2010.长江流域岩体的时空分布与碎屑锆石物源示踪[J].同济大学学报(自然科学版),38(9):1375-1380.

贾良文,罗章仁,杨清书,等,2006.大量采沙对东江下游及东江三角洲河床地形和潮汐动力的影响[J].地理学报,61(9):985-994.

江苏省地质调查研究院,1994.连云港市幅、连云港镇幅、墩尚幅、东辛农场幅1:5万区域地质调查报告[R].南京:江苏省地质调查研究院。

江苏省地质调查研究院,2020.江苏海岸带地质资源环境图集[M].武汉:中国地质大学出版社.

江苏省地质调查研究院,2018.江苏1:5万港口、泰县、张甸公社、泰兴县、生祠堂镇幅平原区填图试点成果报告[R].南京:江苏省地质调查研究院.

江苏省地质矿产局,1984.江苏省及上海市区域地质志[M].北京:地质出版社.

江苏省地质矿产局,1989.宁镇山脉地质志[M].南京:江苏科学技术出版社.

姜朝松,邵德晟,樊友心,等,2001.昆明市地面沉降发展过程及其特征[J].地震研究,24(1):55-61.

姜月华,贾军元,许乃政,等,2008a.苏锡常地区地下水同位素组成特征及其意义[J].中国科学(D辑),38(4):493-500.

姜月华,李云峰,周权平,等,2008b.癌症村地下水和土壤的污染状况和思考[J].水文地质工程地质,35(增刊):18-23.

姜月华,林良俊,陈立德,等,2017.长江经济带资源环境条件与重大地质问题[J].中国地质,44(6):1045-1061.

姜月华,苏晶文,张泰丽,等,2015.长江三角洲经济区环境地质[M].北京:地质出版社.

姜月华,杨天亮,朱锦旗,等,2016.长江三角洲地区地面沉降机理与防控[M]//国土资源部中国地质调查局.中国地质调查百项理论.北京:地质出版社:268-270.

姜月华,殷鸿福,王润华,等,2005a.湖州市土壤磁化率和重金属元素(汞、砷、铅、镉和铬)分布规律及其相关性研究[J].吉林大学学报(地球科学版),35(5):653-666.

姜月华,周权平,陈立德,等,2019b.长江经济带地质环境综合调查工程进展与主要成果[J].中国地质调查,6(5):1-20.

姜月华,周权平,李云,等,2019a.江苏丹阳千年"沸井"的地质成因与形成机理[J].地质学报,93(7):1778-1791.

蒋宗强,唐用洋,刘向东,等,2017.重庆市忠县石宝岩盐矿床地质特征[J].现代矿业(5):106-110.

焦珣,严学新,王寒梅,等,2016.上海轨道交通沉降风险评估[J].水文地质工程地质,43(1):130-136.

井文君,杨春和,李银平,等,2012.基于层次分析法的盐穴储气库选址评价方法研究[J].岩土力学,33(9):2683-2690.

景才瑞,1992.论江汉平原湖区洪水灾害及减灾措施:兼论荆江大堤堤背放淤[J].山西师范大学学报(自然科学版),6(2):50-55.

康晓钧,姜月华,李云,等,2013.苏南某市A1加油站渗漏污染特征及对策[J].地下水,35(3):65-68.

康悦林,1987.江汉平原第四纪地质划分与古气候分期[J].湖北地质,1(1):1-10.

赖绍聪,秦江锋,2010.勉略缝合带三岔子辉绿岩墙锆石U-Pb年龄及Hf同位素组成:古特提斯洋壳俯冲的年代学证据[J].地球科学与环境学报,32(1):27-33.

赖锡军,姜加虎,黄群,2012.三峡工程蓄水对洞庭湖水情的影响格局及其作用机制[J].湖泊科学,24(2):178-184.

雷声,张秀平,许新发,2010.基于遥感技术的鄱阳湖水体面积及容积动态监测与分析[J].水利水电技术,41(11):83-86.

黎兵,王寒梅,谢建磊,2009.长江口地区地面沉降的深部动力学机制分析[J].第四纪研究,29(2):318-326.

黎兵,严学新,何中发,等,2015.长江口水下地形演变对三峡水库蓄水的响应[J].科学通报,60(18):1735-1744.

黎子浩,1985.珠江三角洲联围筑闸对水流及河床演变的影响[J].热带地理,5(2):99-107.

李长安,杜耘,吴宜进,2001.长江中游环境演化与防洪对策[M].武汉:中国地质大学出版社.

李长安,殷鸿福,陈德兴,1999.长江中游的防洪问题和对策:1998年长江特大洪灾的启示[J].地球科学——中国地质大学学报,24(4):4-9.

李承三,1956.扬子江水系发育史[J].地理(4):3-14.

李从先,汪品先,1998.长江晚第四纪河口地层学研究[M].北京:科学出版社.

李凤强,陈令才,刘青,2007.安徽省定远盆地石膏、岩盐矿床成因探讨及其找矿方向[J].安徽地质,17(3):187-189.

李吉均,方小敏,潘保田,等,2001.新生代晚期青藏高原强烈隆起及其对周边环境的影响[J].第四纪研究,21(5):281-291.

李佳,2004.长江河口潮区界和潮流界及其对重大工程的响应[D].上海:华东师范大学.

李家彪,1999.多波束勘测原理技术与方法[M].北京:海洋出版社.

李键庸,2007.长江大通-徐六泾河段水沙特征及河床演变研究[D].南京:河海大学.

李键庸,刘开平,季学武,2003.南水北调东线调水对长江河口水资源的影响[J].人民长江,34(6):8-10.

李杰,唐秋华,丁继胜,等,2015.船载激光扫描系统在海岛测绘中的应用[J].海洋湖沼通报(3):108-112.

李金锁,郑绵平,蒋忠惕,2013.四川盐源盐矿成盐成钾分析预测[J].地质与勘探,49(4):620-629.

李九发,陈小华,万新宁,等,2003.长江河口枯季河床沉积物与河床沙波现场观测研究[J].地理研究,22(4):513-519.

李九发,李占海,姚弘毅,等,2013.近期长江河口南支河道泥沙特性及河床沙再悬浮研究:第十六届中国海岸工程学术讨论会论文集[C].大连:光华出版社.

李俊琦,马腾,邓娅敏,等,2019.江汉平原地球关键带监测网建设进展[J].中国地质调查,6(5):

115-123.

李俊涛,张毅,2007.湖北水系演化的地质地貌背景[J].济南大学学报,21(3):267-271.

李立文,1979.南京附近古砾石层的两个问题[J].南京师范大学学报(自然科学版)(1):23-30.

李烈荣,王秉忱,郑桂森,2012.我国城市地质工作主要进展与未来发展[J].城市地质,7(3):1-11.

李坪,刘行松,吴迪忠,1982.谈谈古地震和古地震的识别[J].地震(5):33-37.

李瑞敏,殷志强,李小磊,等,2020.资源环境承载协调理论与评价方法[J].地质通报,39(1):80-87.

李绍虎,2006.中部崛起资源水利与生态水利并举[J].人民长江,37(11):68-70.

李四光,1973.地质力学概论[M].北京:科学出版社.

李四光,1977.论地震[M].北京:地质出版社.

李庭,李长安,康春国,等,2010.宜昌砾石层的沉积环境及地貌意义[J].中国地质,37(2):438-445.

李文杰,杨胜发,付旭辉,等,2015.三峡水库运行初期的泥沙淤积特点[J].水科学进展,26(5):676-685.

李延兴,张静华,李智,等,2006.太平洋板块俯冲对中国大陆的影响[J].测绘学报,35(2):99-105.

李有才,柏海红,丁厚金,2005.淮安市岩盐资源开发利用现状及对策[J].江苏地质,29(2):116-119.

李云,姜月华,2008.地下水中硫酸盐的硫、氧同位素应用[J].水文地质工程地质,35(增刊):222-228.

李泽文,阎军,栾振东,等,2010.海南岛西南海底沙波形态和活动性的空间差异分析[J].海洋地质前沿,26(7):24-32.

李兆鼐,王碧香,1993.火山岩火山作用及有关矿产:第二届全国火山岩会议论文集[C].北京:地质出版社.

李振东,郑铣鑫,1989.宁波市土层变形特征及地面沉降机理的研究[J].河北地质大学学报,12(1):8-17.

李禔来,李谊纯,高祥宇,等,2005.长江口整治工程对盐水入侵影响研究[J].海洋工程,23(3):31-38.

李志昌,王桂华,张自超,2002.鄂西黄陵花岗岩基同位素年龄谱[J].华南地质与矿产(3):19-29.

梁秀娟,林学钰,苏小四,等,2005.GMS与苏锡常地区地下水流模拟[J].人民长江,36(11):26-36.

林朝汉,1992.中国古代陆相沉积岩盐矿床基本特征及其开发简史[J].盐业史研究(3):48-56.

林春明,1999.杭州湾沿岸平原晚第四纪沉积特征和沉积过程[J].地质学报,73(2):120-130.

林建英,1985.中国西南三省二叠纪玄武岩系的时空分布及其地质特征[J].科学通报(2):929-932.

林建英,1987.峨眉山玄武岩系的岩石组合及其地质特征[M].北京:地质出版社.

林建宇,2003.浅述新中国井盐业的发展[J].中国井矿盐,34(3):10-12.

林良俊,李亚民,葛伟亚,2017.中国城市地质调查总体构想与关键理论技术[J].中国地质,44(6):1086-1101.

林缅,范奉鑫,李勇,等,2009.南海北部沙波运移的观测与理论分析[J].地球物理学报,52(3):776-784.

林学钰,张文静,何海洋,等,2012.人工回灌对地下水水质影响的室内模拟实验[J].吉林大学学报(地球科学版),42(5):1404-1409.

林耀庭,1990.四川万县盐矿资源新见及其意义[J].四川地质学报,10(3):171-177.

林耀庭,何金权,2003.四川省岩盐矿产资源研究[J].四川地质学报,23(3):154-159.

林一山,1964.关于荆北放淤问题的建议[J].人民长江(3):1-7.

林一山,1978.荆北河道的演变规律[J].人民长江(1):4-12.

林元雄,聂成勋,1983.中国四川自流井薄层岩盐水溶开采技术发展[J].井矿盐技术(4):14-19.

林跃庭,1990.四川万县盐矿资源新见及其意义[J].四川地质学报,10(3):171-177.

刘宝珺,曾允孚,1985.岩相古地理基础和工作方法[M].北京:地质出版社.

刘备,朱光,翟明见,等,2015.郯庐断裂带安徽段活断层特征与成因[J].地质科学,50(2):611-630.

刘斌,葛大庆,李曼,等,2018.地基 InSAR 技术及其典型边坡监测应用[J].中国地质调查,5(1):73-81.

刘成林,王春连,徐海明,2013.江陵凹陷古近系蒸发岩中钾盐矿物研究进展[J].矿床地质,32(1):221-222.

刘春早,黄益宗,雷鸣,等,2012.湘江流域土壤重金属污染及其生态环境风险评价[J].环境科学,33(1):260-265.

刘聪,袁晓军,朱锦旗,2004.苏锡常地裂缝[M].武汉:中国地质大学出版社.

刘大任,1991.试论周田盐丘[J].中国地质科学院地质力学研究所所刊(14):123-133.

刘高伟,2015.近期长江河口典型河槽动力沉积地貌过程[D].上海:华东师范大学.

刘桂平,徐华,毕军芳,2014.长江口江苏段江砂开采及对河道影响分析[J].人民长江,45(S2):193-196.

刘国利,王业忠,2005.对长江防洪减灾中若干问题的探讨[J].西北水电(3):1-3.

刘红樱,姜月华,2019a.长江经济带土地质量状况及其适宜性初步研究[J].中国地质调查,6(5):50-63.

刘红樱,姜月华,2019b.长江经济带岩盐矿特征与盐穴储库适宜性评价[J].中国地质调查,6(5):89-98.

刘欢,邓宏兵,李小帆,2016.长江经济带人口城镇化与土地城镇化协调发展时空差异研究[J].中国人口·资源与环境,26(5):160-166.

刘欢,邓宏兵,谢伟伟,2017.长江经济带市域人口城镇化的时空特征及影响因素[J].经济地理,37(3):55-62.

刘联兵,2001.试论长江防洪减灾对策[J].水利水电快报,22(13):17-19.

刘良美,2003.浅析湘衡盐矿岩盐水采后期地质与水文动态[J].中国井矿盐,34(5):28-30.

刘群,陈郁华,李银彩,1987.中国中新生代陆源碎屑-化学岩型盐类沉积[M].北京:科学技术出版社.

刘若新,陈文寄,孙建中,等,1992.中国新生代火山岩的 K-Ar 年代与构造环境[M].北京:地震出版社.

刘盛佳,1996.开凿两沙、沙湛运河的初步探讨[J].华中师范大学学报(自然科学版),30(1):105-109.

刘世庆,沈茂英,李晟之,等,2018.长江经济带绿色生态廊道战略研究[M].上海:上海人民出版社.

刘树东,田俊峰,2008.水下地形测量技术发展述评[J].水运工程(1):11-15.

刘思秀,沈慧珍,赵建康,等,2013.浙江省沿海平原地下水控采后的地质环境效应[J].地质灾害与环境保护,24(2):37-44.

刘兴诗,1983.四川盆地的第四纪[M].成都:四川科学技术出版社.

刘艳锋,王莉,2010.BSTEM 模型的原理、功能模块及其应用研究[J].中国水土保持(10):24-27.

刘艳辉,赵根模,吴中海,等,2014.地震空区法在大地震危险性初判中的应用:以青藏高原东南缘为例[J].地质力学学报,20(3):254-273.

刘艳辉,赵根模,吴中海,等,2015.青藏高原东南缘及邻区近年来地震 b 值特征[J].地质通报,34(1):58-70.

刘瓔,郑绵平,张震,等,2017.滇西南思茅盆地盐构造研究及找钾初探[J].地质论评,63(3):568-580.

刘曾美,覃光华,陈子燊,等,2013.感潮河段水位与上游洪水和河口潮位的关联性研究[J].水利学报,44(11):1278-1285.

刘智力,任海青,2002.鸭绿江感潮段潮流型态分析[J].东北水利水电,21(3):24-27.

六省(市)震源机制小组,1981.由震源机制解推断苏鲁皖豫地区的现代构造应力场[J].地震地质,3(1):19-28.

龙雪莲,贺德军,2016.衡阳盐矿区建立地下盐穴储气库的地质条件分析[J].中国井矿盐,47(1):19-21.

楼宝棠,1996.中国古今地震灾情总汇[M].北京:地震出版社.

陆陈奎,周普松,1992.云应地区盐矿开采中应引起重视的几个问题[J].湖北化工(2):48-50.

陆雪骏,2016.长江感潮河段桥墩冲刷研究[D].上海:华东师范大学.

陆树刚,2015.植物分类学[M].北京:科学出版社.

路川藤,2009.长江口潮波传播[D].南京:南京水利科学研究院.

闾国年,1991.长江中游湖盆扇三角洲的形成与演变及地貌的再现与模拟[M].北京:测绘出版社.

吕贵选,彭云金,高福海,等,2009.乐山市盐气资源开发中应重视的一些问题[J].高原地震,21(4):53-60.

吕贵选,彭云金,苟健,等,2006.威西岩盐矿开发中诱发地震活动的特点及对策[J].四川地震(3):46-48.

吕贵选,徐泽奎,1988.注水采盐与犍为罗城地震[J].中国地震,4(1):46-48.

罗国煜,李晓昭,阎长虹,2004.我国城市地质研究的历史演化与发展前景的认识[J].工程地质学报,12(1):1-5.

罗文煌,姚琪,2006.江西省清江岩盐矿床地质特征与成矿机理[J].东华理工学院学报(S1):121-126.

罗向欣,2013.长江中下游、河口及邻近海域底床沉积物粒径的时空变化[D].上海:华东师范大学.

马大铨,杜绍华,肖志发,2002.黄陵花岗岩基的成因[J].岩石矿物学杂志,21(6):151-162.

马大铨,李志昌,肖志发,1997.鄂西崆岭杂岩的组成、时代及地质演化[J].地球学报,18(3):233-241.

马丽芳,2002.中国地质图集[M].北京:地质出版社.

马祖禄,1986.江汉平原的第四系[D].武汉:中国地质大学(武汉).

毛麒瑞,2000.威西盐矿成为四川盐化工卤水重要供应地[J].化工矿物与加工(2):31-32.

梅惠,胡道华,陈方明,等,2011.武汉阳逻砾石层砾石统计分析研究[J].地球与环境,39(1):42-47.

梅惠,李长安,陈方明,等,2009b.武汉阳逻砾石层ESR地层年代学研究[J].地球与环境,37(1):56-60.

梅惠,李长安,杨勇,等,2009a.长江中游阳逻砾石层沉积环境分析[J].第四纪研究,29(2):370-379.

孟国涛,2003.昆明南市区地面沉降研究[D].昆明:昆明理工大学.

苗巧银,朱志国,陈火根,等,2017.镇江地区长江南北两岸第四纪地层结构划分与沉积特征对比[J].华东地质,38(3):175-183.

苗腾蛟,朱杰勇,2015.昆明盐矿溶腔上溶顶板稳定性及覆岩变形分析[J].勘查科学技术(4):23-30.

闵子群,吴戈,江在雄,等,1995.中国历史强震目录(公元前23世纪—公元1911年)[M].北京:地震出版社.

倪晋仁,刘怀汉,谷祖鹏,2017.长江"黄金航道"整治技术研究与示范[J].中国环境管理,9(6):112-113.

聂成勋,1993.依靠科技进步提高盐矿回采率[J].中国井矿盐(2):8-11.

牛东玲,王启基,2002.盐碱地治理研究进展[J].土壤通报,33(6):449-455.

潘桂棠,肖庆辉,陆松年,等,2009.中国大地构造单元划分[J].中国地质,36(1):1-28.

彭建兵,黄伟亮,王飞永,等,2019.中国城市地下空间地质结构分类与地质调查方法[J].地学前缘,26(3):9-21.

齐梅兰,2005.采沙河床桥墩冲刷研究[J].水利学报,36(7):835-839.

齐信,陈州丰,邵长生,等,2015.九江地区第四系中典型地裂缝特征及构造意义[J].地质学报,89(12):2266-2276.

钱宁,1983.泥沙运动力学[M].北京:科学出版社.

钱宁,张仁,李九发,等,1981.黄河下游挟沙能力自动调整机理的初步探讨[J].地理学报,36(2):

143-156.

钱宁,张仁,周志德,1987.河床演变学[M].北京:科学出版社.

钱正英,1998.对1998年长江洪水的一些认识:关于两院院士专题咨询建议的简要说明[J].中国水利(12):4-6.

钱正英,张光斗,2001.中国可持续发展水资源战略研究综合报告及各专题报告[M].北京:中国水利水电出版社.

乔建伟,彭建兵,郑建国,等,2020.中国地裂缝发育规律与运动特征研究[J].工程地质学报,28(5):1016-1027.

秦洁璇,2018.2017年中国铁矿石市场回顾及2018年走势分析[J].冶金经济与管理(2):30-34.

秦正永,刘波,王长尧,等,1997.武当地区构造解析及成矿规律[M].北京:地质出版社.

饶光勇,陈俊彪,2014.多波速测深系统和侧扫声呐系统在堤围险段水下地形变化监测中的应用[J].广东水利水电(6):69-72.

任国林,闫运来,田洪训,等,1992.中国工程地质图(1∶400万)[R].北京:中国地质科学研究院水文地质环境地质研究所.

任美锷,包浩生,韩同春,等.1959.云南西北部金沙江河谷地貌与河流袭夺问题[J].地理学报,25(2):135-155.

任美锷,杨成,1957.湘江流域的某些地貌和第四纪地质问题[J].地理学报,23(4):359-377.

任勇翔,刘强,王希,等,2018.西安城区海绵城市建设设计降雨量与不透水地面分布研究[J].西安建筑科技大学学报(自然科学版),50(1):100-104.

尚娟芳,刘克万,2013.宜宾市岩盐资源开发利用现状及发展建议[J].无机盐工业,45(12):9-12.

邵学新,黄标,赵永存,等,2008.长江三角洲典型地区土壤中重金属的污染评价[J].环境化学,27(2):218-221.

沈焕庭,李九发,2011.长江河口水沙输运[M].北京:海洋出版社.

沈焕庭,朱建荣,吴华林,2008.长江河口陆海相互作用界面[M].北京:海洋出版社.

沈敏,于红霞,邓西海,2006.长江下游沉积物中重金属污染现状与特征[J].环境监测管理与技术,18(5):15-18.

沈永欢,1979.湖南省地貌分类[J].中南大学学报(3):56-62.

沈玉昌,1965.长江上游河谷地貌[M].北京:科学出版社.

沈玉昌,杨逸畴,1963.滇西金沙江袭夺问题的新探讨[J].地理学报,29(2):87-108.

施斌,2017.论大地感知系统与大地感知工程[J].工程地质学报,25(3):582-591.

施斌,张丹,闫继送,等,2019.纤入大地,感知灾害,造福人类:地质工程分布式光纤监测关键技术及其应用[J].中国科技成果,15(7):62-64.

施小清,姜蕾,吴吉春,等,2012.非均质介质中重非水相污染物运移受泄漏速率影响数值模拟[J].水科学进展,23(3):376-382.

施之新,1997.江汉平原47号钻孔中的化石硅藻及其在古环境分析上的意义[J].植物学报,39(1):68-76.

石盛玉,2017.近期长江河口潮区界变动及河床演变特征[D].上海:华东师范大学.

石盛玉,程和琴,玄晓娜,等,2018.近十年来长江河口潮区界变动[J].中国科学(D辑),48(8):1085-1095.

石盛玉,程和琴,郑树伟,等,2017.三峡截流以来长江洪季潮区界变动河段冲刷地貌[J].海洋学报,39(3):85-95.

石应峻,寸树苍,陈华纷,等,1996.双河岩盐矿区钻探一物探综合研究[J].物探与化探,20(6):471-473.

舒良树,2006.华南前泥盆纪构造演化:从华夏地块到加里东期造山带[J].高校地质学报,12(4):418-431.

舒良树,2012.华南构造演化的基本特征[J].地质通报,31(7):1035-1053.

水利部长江水利委员会,2002.长江流域水旱灾害[M].北京:中国水利水电出版社.

水利部长江水利委员会,2015.长江泥沙公报[M].武汉:长江出版社.

水利电力部城乡建设环境保护部长江水资源保护局,1988.长江三峡工程生态与环境影响文集[M].北京:中国水利水电出版社.

四川省地质矿产局,1991.四川省区域地质志[M].北京:地质出版社.

宋光福,1993.川东万县地区盐资源的开发与利用[J].中国井矿盐(4):19-21.

宋旭锋,代达龙,曹涛,等,2014.高精度重力测量在云南勐腊地区某岩盐矿勘查中的应用[J].地质找矿论丛,29(3):445-449.

宋志,倪化勇,姜月华,等,2019.成渝城市群主要地质资源禀赋与绿色产业发展[J].中国地质调查,6(5):74-82.

苏晶文,姜月华,李云峰,等,2013.区域地质环境功能区划方法研究[J].上海国土资源,34(1):10-13.

孙昌万,1982.荆江平原第四系分层初探[J].湖北地质,25(4):59-62.

孙鸿烈,2008.长江上游地区生态与环境问题[M].北京:中国环境科学出版社.

孙科,吴吉春,施小清,等,2013.应用 DNAPL plume 快速评估场地 DNAPL 污染[J].水文地质工程地质,40(6):92-97.

孙叶,谭成轩,李开善,等,1998.区域地壳稳定性定量化评价(区域地壳稳定性地质力学)[M].北京:地质出版社.

孙玉军,吴中海,贾凤琴,2016.长江经济带地区岩石圈热流变结构和深部动力学[J].地质力学学报,22(3):421-429.

谭其骧,1980.云梦与云梦泽[J].复旦学报(社会科学版)(1):7-17.

汤有标,沈子忠,林安培,等,1988.郯庐断裂带安徽段的展布及其新构造活动[J].地震地质,10(2):46-50.

汤有标,姚大全,1990a.郯庐断裂带赤山段晚更新世以来的活动性[J].中国地震,6(2):63-69.

汤有标,姚大全,1990b.郯庐断裂带南段新活动性的初步研究[J].地震研究,13(2):155-165.

唐贵智,陶明,1997.论长江三峡形成与中更新世大姑冰期的关系[J].华南地质与矿产(4):9-16.

唐建忠,2014.浅谈江陵凹陷钾盐成矿条件与找矿远景[J].低碳世界(1):176-177.

唐琨,朱伟文,周文新,等,2013.土壤 pH 对植物生长发育影响的研究进展[J].作物研究,27(2):207-212.

唐益群,2010.不同建筑容积率下密集建筑群区地面沉降规律研究[J].岩石力学与工程学报,29(S1):3425-3431.

唐章伟,粟俊,阳慕尧,2008.乔后盐矿采卤工艺革命重获新生之浅析[J].中国井矿盐,39(5):18-20.

田陵君,李平忠,罗雁,1996.长江三峡河谷发育史[M].成都:西南交通大学出版社.

童潜明,2004.荆江段泥沙淤积搬家与洞庭湖的防洪[J].国土资源科技管理,21(3):19-26.

万义文,1990.鄂西北同位素地质年龄数据信息分析[J].湖北地质,4(2):1-12.

汪集暘,2018."地球充电/热宝":一种地热开发利用的新途径[J].科技导报,36(24):1.

汪素云,许忠淮,1985.中国东部大陆的地震构造应力场[J].地震学报,7(1):17-31.

汪素云,许忠淮,葛民,1987.黄海、东海及邻区的地震构造应力场[J].中国地震,3(3):18-25.

王斌,梁雪萍,周健,2008.江苏及其周边地区断裂活动性与地震关系的分析[J].高原地震,20(1):38-43.

王初生,叶为民,杜灏洁,2005.上海城市地下工程环境地质效应研究[J].地下空间与工程学报,

1(2):283-286.

王传胜,王开章,2002.长江中下游岸线资源的特征及其开发利用[J].地理学报,57(6):693-700.

王春林,2008.澧县曾家河矿区无水芒硝、岩盐矿床地质特征[J].国土资源导刊,5(3):62-63.

王大纯,张人权,史毅虹,等,2002.水文地质学基础[M].北京:地质出版社.

王东平,2015.长江感潮河段高低潮水位预报模型研究[D].南京:南京师范大学.

王冬梅,程和琴,张先林,等,2011.新世纪上海地区相对海平面变化影响因素及预测方法[J].上海国土资源,32(3):35-40.

王贵玲,蔺文静,2020.我国主要水热型地热系统形成机制与成因模式[J].地质学报,94(7):1923-1937.

王国庆,张建云,管晓祥,等,2020.中国主要江河径流变化成因定量分析[J].水科学进展,31(3):313-323.

王寒梅,唐益群,2006.软土地区工程性地面沉降预测的非等时距GM(1,1)模型[J].工程地质学报,14(3):28-30

王浩,孟现勇,2021.谈2020年我国南北洪涝问题[J].南水北调与水利科技,19(1):207-208.

王鸿祯,1985.中国古地理图集[M].北京:地图出版社.

王华林,1996.1668年郯城8.5级地震断裂的全新世滑动速率、古地震和强震复发周期[J].地震研究,19(2):224-225.

王建雄,2012.数字近景摄影测量在库区高边坡监测中的应用[J].测绘与空间地理信息,35(12):9-11.

王清明,1982.我国的盐矿资源及其分布简况[J].中国井矿盐(1):6-8+21.

王清明,1985.我国石盐矿床地质特征[J].井矿盐技术(5):6-12+24.

王仁民,贺高品,陈珍珍,等,1987.变质岩原岩图解判别法[M].北京:地质出版社.

王少华,杨树杰,2015.中国东部岩盐矿区建造盐穴储气库地质条件分析[J].化工矿产地质,37(3):138-143.

王绍成,1991.河流动力学[M].北京:人民交通出版社.

王淑丽,郑绵平,2014.川东盆地长寿地区三叠系杂卤石的发现及其成因研究[J].矿床地质,33(5):1045-1056.

王伟伟,范奉鑫,李成钢,等,2007.海南岛西南海底沙波活动及底床冲淤变化[J].海洋地质与第四纪地质,27(4):23-28.

王焰新,甘义群,邓娅敏,等,2020.海岸带海陆交互作用过程及其生态环境效应研究进展[J].地质科技通报,39(1):1-10.

王媛,李冬田,2008.长江中下游崩岸分布规律及窝崩的平面旋涡形成机制[J].岩土力学,29(4):919-924.

王张峤,2006.三峡封坝前长江中下游河床沉积物分布及河床稳定性模拟研究[D].上海:华东师范大学.

王哲,陈中原,施雅风,2007.长江中下游(武汉—河口段)底床沙波型态及其动力机制[J].中国科学(D辑),37(9):1223-1234.

王中波,杨守业,王汝成,等,2007.长江河流沉积物磁铁矿化学组成及其物源示踪[J].地球化学,36(2):176-184.

魏复盛,江万权,滕恩江,等,1992.对偶氮苯重氮氨基偶氮苯磺酸分光光度法测定痕量镍的研究[J].环境监测管理与技术,4(3):29-30+35.

魏征,屠乃美,易镇邪,2019.盐碱地对水稻的胁迫效应及其改良与高效利用的研究进展[J].湖南生态科学学报,6(4):45-52.

文冬光,林良俊,孙继朝,等,2012.中国东部主要平原地下水质量与污染评价[J].地球科学——中国地质大学学报,37(2):220-228.

文冬光,刘长礼,2006.中国城市环境地质调查评价[J].城市地质,1(2):4-7.

吴标云,1987.南京下蜀黄土沉积特征研究[J].海洋地质与第四纪地质,5(2):113-123.

吴标云,李从先,1987.长江三角洲第四纪地质[M].北京:海洋出版社.

吴登定,姜月华,贾军远,等,2006.运用氮、氧同位素技术判别常州地区地下水氮污染源[J].水文地质工程地质(3):11-14.

吴后建,王学雷,2006.中国湿地生态恢复效果评价研究进展[J].湿地科学,4(4):304-310.

吴帅虎,2017.河口河槽演变对人类活动的响应[D].上海:华东师范大学.

吴帅虎,程和琴,李九发,等,2015.近期长江河口主槽冲淤过程与沉积物分布及变化特征[J].泥沙研究,5(6):52-58.

吴帅虎,程和琴,李九发,等,2016.近期长江口北港冲淤变化与微地貌特征[J].泥沙研究,6(2):26-32.

吴燕玉,周启星,田均良,1991.制定我国土壤环境标准(汞、镉、铅和砷)的探讨[J].应用生态学报,2(4):344-349.

吴颖,居忠,朱卫琴,2012.淮阴赵集矿区盐穴储气库建设的地质条件及利弊分析[J].地质学刊,36(4):439-443.

吴中海,龙长兴,范桃园,等,2015.青藏高原东南缘弧形旋扭活动构造体系及其动力学特征与机制[J].地质通报,34(1):1-31.

吴中海,张岳桥,胡道功,2014a.新构造、活动构造与地震地质[J].地质通报,33(4):391-402.

吴中海,赵根模,龙长兴,等,2014b.青藏高原东南缘现今大震活动特征及其趋势:活动构造体系角度的初步分析结果[J].地质学报,88(8):1401-1416.

吴中海,赵希涛,范桃园,等,2012.泛亚铁路滇西大理至瑞丽沿线主要活动断裂与地震地质特征[J].地质通报,31(2-3):191-217.

吴中海,周春景,谭成轩,等,2016.长江经济带地区活动构造与区域地壳稳定性基本特征[J].地质力学学报,22(3):379-411.

武强,2019.简述我国能源形势与可持续发展对策[J].城市地质,11(4):1-4.

席北斗,李鸣晓,叶美瀛,2019."水土固共治"助推长江经济带生态保护与绿色发展[J].环境与可持续发展,44(4):39-42.

夏东兴,吴桑云,刘振夏,等,2001.海南东方岸外海底沙波活动性研究[J].海洋科学进展,19(1):17-24.

夏军,陈进,2021.从防御2020年长江洪水看新时代防洪战略[J].中国科学(D辑),51(1):27-34.

夏军,张永勇,穆兴民,等,2020.中国生态水文学发展趋势与重点方向[J].地理学报,75(3):445-457.

夏日元,蒋忠诚,邹胜章,等,2017.岩溶地区水文地质环境地质综合调查工程进展[J].中国地质调查,4(1):1-10.

夏树芳,康育义,1981.雨花台组时代问题的探讨[J].地质论评,27(1):34-37.

夏增禄,1994.中国主要类型土壤若干重金属临界含量和环境容量区域分异的影响[J].土壤学报,31(2):161-169.

向芳,2004.长江三峡的贯通与江汉盆地西缘及邻区的沉积响应[D].成都:成都理工大学.

向芳,朱利东,王成善,等,2005.长江三峡阶地的年代对比法及其意义[J].成都理工大学学报(自然科学版),32(2):162-166.

萧家仪,王丹,吕海波,等,2005.苏北盆地晚更新世以来的孢粉记录与气候地层学的初步研究[J].古生物学报,44(4):591-598.

肖尚德,胡亚波,2003.云应盆地薄层复层岩盐矿水采区地面沉陷机理研究[J].地质科技情报,22(2):91-94.

肖炜,杨亚玲,刘宏伟,等,2006.昆明盐矿古老岩盐沉积中可培养细菌多样性研究[J].微生物学报,46(6):967-972.

肖业宁,展漫军,张磊,2015.某典型工业污染场地修复技术筛选及应用[J].环境科技,28(3):31-34.

谢明,1990.长江三峡地区第四纪以来新构造上升速度和形式[J].第四纪研究(4):308-316.

谢谟文,胡嫚,王立伟,2013.基于三维激光扫描仪的滑坡表面变形监测方法:以金坪子滑坡为例[J].中国地质灾害与防治学报,24(4):85-92.

谢瑞征,丁政,朱书俊,等,1991.郯庐断裂带江苏及邻区第四纪活动特征[J].地震学刊(4):1-7.

谢卫明,何青,章可奇,等,2015.三维激光扫描系统在潮滩地貌研究中的应用[J].泥沙研究(1):1-6.

邢丽霞,李亚民,2012.我国国土开发格局的演变与相关资源环境问题[J].中国人口资源与环境,22(S2):186-189.

熊舜华,李建林,1984.峨眉山区晚二叠世大陆裂谷边缘玄武岩的特征[J].成都地质学院学报(3):43-60.

修连存,郑志忠,俞正奎,等,2007.近红外光谱分析技术在蚀变矿物鉴定中的应用[J].地质学报,81(11):1584-1590.

徐汉兴,樊连法,顾明杰,2012.对长江潮区界与潮流界的研究[J].水运工程(6):15-20.

徐杰,马宗晋,陈国光,等,2003.中国大陆东部新构造期北西向断裂带的初步探讨[J].地学前缘,10(特刊):193-198.

徐沛初,刘开平,1993.长江的潮区界和潮流界[J].河流(2):24-29.

徐瑞瑚,齐国凡,札礼茂,1988.武汉地区第四纪地质与新构造运动的研究[J].湖北大学学报(自然科学版),10(2):93-101.

徐伟平,康文星,何介南,2015.洞庭湖蓄水能力的时空变化特征[J].水土保持学报,29(3):62-67.

徐晓君,杨世伦,张珍,2010.三峡水库蓄水以来长江中下游干流河床沉积物粒度变化的初步研究[J].地理科学,30(1):103-107.

徐煜坚,1982.论活动断裂[M].北京:地震出版社.

许乃政,姜月华,王敬东,等,2005.我国东南沿海地面沉降类型及其特点[J].灾害学,20(4):67-72.

许全喜,2013.三峡工程蓄水运用前后长江中下游干流河道冲淤规律研究[J].水力发电学报,32(2):146-154.

许全喜,童辉,2012.近50年来长江水沙变化规律研究[J].水文,32(5):38-47.

许向宁,黄润秋,2006.金沙江下游宜宾—白鹤滩段岸坡稳定性评价与预测[J].水文地质工程地质,33(1):31-36.

许忠淮,吴少武,1997.南黄海和东海地区现代构造应力场特征的研究[J].地球物理学报,40(6):773-781.

续培信,2011.湖北云应盐矿区矿山地质环境发生的原因与治理的探讨[J].中国井矿盐,42(4):16-18.

薛传东,刘星,李保珠,等,2004.昆明市区地面沉降的机理分析[J].中国地质灾害与防治学报(3):47-54.

薛禹群,吴吉春,张云,等,2008.长江三角洲(南部)区域地面沉降模拟研究[J].中国科学(D辑),38(4):477-492.

闫义,林舸,李自安,2003.利用锆石形态、成分组成及年龄分析进行沉积物源区示踪的综合研究[J].大地构造与成矿学,27(2):184-190.

杨达源,1985.长江中下游干流东去入海的时代与原因的初步探讨[J].南京大学学报(自然科学版),21(1):155-165.

杨达源,1986.晚更新世冰期最盛时长江中下游地区的古环境[J].地理学报,41(4):302-310.

杨达源,1988a.长江三峡阶地的成因机制[J].地理学报,43(2):120-126.

杨达源,1988b.长江三峡的起源与演变[J].南京大学学报,24(3):466-474.

杨达源,1990.长江三峡地带的黄土[M]//刘东生.黄土·第四纪地质·全球变化(第一辑).北京:科学出版社.

杨达源,2006.长江地貌过程[M].北京:地质出版社.

杨达源,闾国年,1992.长江三峡贯通的时代及其地质意义的研究[M]//刘东生,安芷生.黄土·第四纪地质·全球变化(第三辑).北京:科学出版社.

杨达源,严犀生,1990.全新世海面变化与长江下游近河口段的沉积作用[J].海洋科学(1):9-13.

杨桂山,徐昔保,李平星,2015.长江经济带绿色生态廊道建设研究[J].地理科学进展,34(11):1356-1367.

杨怀仁,1959.荆江地貌与第四纪地质[J].南京大学学报(2):79-92.

杨怀仁,陈钦銮,黄培华,等,1960.长江中下游(宜昌—南京)地貌与第四纪地质[M].北京:科学出版社.

杨怀仁,唐日长,1999.长江中游荆江变迁研究[M].北京:中国水利水电出版社.

杨怀仁,徐馨,杨达源,等,1997.长江中下游环境变迁与地生态系统[M].南京:河海大学出版社.

杨吉根,1992.浅谈清江岩盐矿床盐层顶板岩性对水采的影响及今后开采方法[J].中国井矿盐(6):8-13.

杨吉根,1993.中国东南地区中新生代岩盐矿床的沉积成盐特征[J].盐湖研究,1(4):1-8.

杨吉根,1994.我国东南四省五个岩盐矿床石盐中流体包裹体的初步研究[J].盐湖研究,2(3):1-9.

杨吉根,1995.江西清江盆地岩盐矿床三种盐矿物中流体包裹体的初步研究[J].化工矿产地质,17(1):47-54.

杨建,李长安,张玉芬,等,2012.江汉平原沉积物中含钛普通辉石对长江演化的示踪[J].地球科学——中国地质大学学报,37(S1):43-49.

杨俊辉,2009.ADCP、OBS在底部泥沙运动观测中的应用探讨[J].港工技术,46(S1):90-93.

杨强,李丽,王运动,等,2016.1935—2010年中国人口分布空间格局及其演变特征[J].地理研究,35(8):1547-1560.

杨荣金,孙美莹,傅伯杰,等,2020.长江流域生态系统可持续管理策略[J].环境科学研究,33(5):1091-1099.

杨盛忠,1993.川中蓬莱盐卤之特征[J].盐业史研究(3):72.

杨守业,李从先,朱金初,等,2000.长江与黄河沉积物中磁铁矿成分标型意义[J].地球化学,29(5):480-484.

杨云平,李义天,樊咏阳,2014.长江口前缘沙洲演变与流域泥沙要素关系[J].长江流域资源与环境,23(5):652-658.

杨云平,李义天,韩剑桥,等,2012.长江口潮区和潮流界面变化及对工程响应[J].泥沙研究(6):46-51.

姚大全,汤有标,沈小七,等,2012.郯庐断裂带赤山段中晚更新世之交的史前地震遗迹[J].地震地质,34(1):93-99.

叶良辅,谢家荣,1925.扬子江流域巫山以下地质构造与地文发育史[J].地质汇报(7):69-70.

叶淑君,薛禹群,张云,等,2005.上海区域地面沉降模型中土层变形特征研究[J].岩土工程学报,

27(2):140-147.

叶正仁,王建,2004.中国大陆现今地壳运动的动力学机制[J].地球物理学报,47(3):456-461.

易明初,2003.新构造活动与区域地壳稳定性[M].北京:地震出版社.

殷跃平,王文沛,张楠,等,2017.强震区高位滑坡远程灾害特征研究:以四川茂县新磨滑坡为例[J].中国地质,44(5):827-841.

尹炜,2018.长江经济带水生态环境保护现状与对策研究[J].三峡生态环境监测,3(3):2-7.

尹赞勋,1936.云南地质研究的进展[J].地质论评(3):277-294.

尹振兴,钟丽云,许兵,等,2016.基于 SBAS-InSAR 的昆明地面沉降监测研究[J].地矿测绘,32(4):1-5.

于东升,史学正,2007.全国1:400万土壤类型分布图[R].南京:中国科学院南京土壤研究所.

于军,武健强,王晓梅,等,2004.基于"区域分解"思想的苏锡常地区地面沉降相关预测模型研究[J].水文地质工程地质,31(4):92-95.

余茂良,1997.对接井在江西岩盐矿床的应用[J].中国井矿盐(2):25-28.

余文畴,苏长城,2007.长江中下游"口袋型"崩窝形成过程及水流结构[J].人民长江,38(8):156-159.

虞孝感,2003.长江流域可持续发展研究[M].北京:科学出版社.

袁道先,2015.我国岩溶资源环境领域的创新问题[J].中国岩溶,34(2):98-100.

恽才兴,2004.长江河口近期演变基本规律[M].北京:海洋出版社.

詹义正,余明辉,邓金运,等,2006.沙波波高随水流强度变化规律的探讨[J].武汉大学学报(工学版),39(6):10-13.

张诚成,施斌,朱鸿鹄,等,2019.地面沉降分布式光纤监测土-缆耦合性分析[J].岩土工程学报,41(9):1670-1678.

张垂虎,2005.人类活动对河床下切的影响[J].珠江水运,(12):22-23.

张德厚,1983.江汉平原西部第四纪沉积物成因类型与古地理问题浅析[J].江汉石油学院学报(2):64-74.

张德厚,1994.江汉盆地新构造与第四纪环境变迁[J].地壳形变与地震,14(1):74-80.

张二凤,2004.长江中下游人类活动对河流泥沙来源及入海泥沙的影响研究[D].上海:华东师范大学.

张国伟,郭安林,王岳军,等,2013.中国华南大陆构造与问题[J].中国科学(D 辑),43(10):1553-1582.

张洪涛,2003.城市地质工作:国家经济建设和社会发展的重要支撑[J].地质通报,22(8):549-550.

张家豪,周丰年,程和琴,等,2018a.多模态传感器系统在河槽边坡地貌测量中的应用[J].测绘通报(3):102-107.

张家豪,周丰年,程和琴,等,2018b.基于多模态传感器系统的长江下游窝崩边坡稳定性分析[J].自然灾害学报,27(1):155-162.

张建云,王银堂,刘翠善,等,2017.中国城市洪涝及防治标准讨论[J].水力发电学报,36(1):1-6.

张立新,朱道林,杜挺,等,2017.长江经济带土地城镇化时空格局及其驱动力研究[J].长江流域资源与环境,26(9):1295-1303.

张丽君,2001.国际城市地质工作的主要态势[J].国土资源情报(6):1-13.

张曼,周建军,黄国鲜,2016.长江中游防洪问题与对策[J].水资源保护,32(4):1-10.

张茂省,董英,刘洁,2014.论新型城镇化中的城市地质工作[J].兰州大学学报(自然科学版),50(5):581-587.

张培震,邓起东,张竹琪,等,2013.中国大陆的活动断裂、地震灾害及其动力过程[J].中国科学(D

辑),43(10):1607-1620.

张培震,王琪,马宗晋,2002a.青藏高原现今构造变形特征与GPS速度场[J].地学前缘,9(2):442-450.

张培震,王琪,马宗晋,2002b.中国大陆现今构造运动的GPS速度场与活动地块[J].地学前缘,9(2):430-438.

张瑞瑾,谢鉴衡,王明甫,等,1989.河流动力学[M].北京:水利电力出版社.

张文佑,1984.断块构造导论[M].北京:石油工业出版社.

张祥云,刘志平,范迪富,等,2003.南京—仪征地区新近纪砂砾层层序及古长江的形成与演化[J].江苏地质,27(3):140-147.

张晓鹤,2016.近期长江河口河道冲淤演变及其自动调整机理初步研究[D].上海:华东师范大学.

张修桂,1980.云梦泽的演变与下荆江河曲的形成[J].复旦学报(社会科学版)(2):44-52.

张以河,胡攀,张娜,等,2019.铁矿废石及尾矿资源综合利用与绿色矿山建设[J].资源与产业,21(3):1-13.

张玉芬,李长安,王秋良,2008.江汉平原沉积物磁学特征及对长江三峡贯通的指示[J].科学通报,53(5):577-582.

张珍,2011.三峡工程对长江水位和水沙通量影响的定量估算[D].上海:华东师范大学.

张治平,1994.浅析水溶开采对衡阳地区地表沉降的影响[J].化工矿山技术,23(1):55-57.

张宗祜,李烈荣,2004.中国地下水资源与环境图集[M].北京:中国地图出版社.

赵风清,赵文平,左义成,等,2006.崆岭杂岩中混合岩的锆石U-Pb年龄[J].地质调查与研究,29(2):81-85.

赵峰,张小甫,杨文静,2013.我国湿地的退化原因及生态恢复措施研究[J].安徽农业科学,41(27):11248-11250.

赵根模,唐仲兴,任峰,2003.影响城市隐伏活断层探查与评价的两个重要问题[J].地震,23(1):36-40.

赵文津,2003.城市地质与地球物理[J].地质通报,22(8):558-562.

赵怡文,陈中原,2003.长江中下游河床沉积物分布特征[J].地理学报,58(2):223-230.

郑洪波,2003.IODP中的海陆对比和海陆相互作用[J].地球科学进展,18(5):722-730.

郑洪波,陈国成,谢昕,等,2008.南海晚第四纪陆源沉积:粒度组成、动力控制及反映的东亚季风演化[J].第四纪研究,28(3):414-424.

郑洪波,魏晓椿,王平,等,2017.长江的前世今生[J].中国科学(D辑),47(4):385-393.

郑开富,彭霞玲,2012.赵集岩盐矿区地质特征与潜在的地质灾害[J].复杂油气藏,5(3):14-18.

郑绵平,张震,尹宏伟,等,2014.云南江城勐野井钾盐成矿新认识[J].地球学报,35(1):11-24.

郑树伟,程和琴,石盛玉,2018.长江大通至徐六泾水下地形演变的人为驱动效应[J].中国科学(D辑),48(5):628-638.

郑树伟,程和琴,吴帅虎,等,2016.链珠状沙波的发现及意义[J].中国科学(D辑),46(1):18-26.

郑维钊,刘观亮,汪雄武,1991.黄陵背斜北部崆岭群的太古宙信息[C]//宜昌地质矿产研究所.中国地质科学院宜昌地质矿产研究所文集.中国地质学会(16):97-108.

郑颖平,翟洪涛,李光,等,2012.郯庐断裂带江苏新沂—安徽宿松段地震危险性分析[J].华北地震科学,30(2):48-51.

郑月军,张世民,崔效锋,等,2006.地震震源机制解在华南及邻区潜源区长轴方向判定中的应用[J].中国地震,22(1):24-33.

郑志忠,杨忠,修连存,等,2017.一种Offner型小型短波红外成像光谱仪[J].光谱学与光谱分析,37(7):2267-2272.

中国地下水科学战略研究小组,2009.中国地下水科学的机遇与挑战[M].北京:科学出版社.

中国地质调查局,2015.中国重要经济区和城市群地质环境图集·长江三角洲经济区[M].武汉:中国地质大学出版社.

中国地质调查局,2018.长江经济带国土资源与重大地质问题图集[M].武汉:中国地质大学出版社.

周爱国,孙自永,徐恒力,等,2001.地质环境生态适宜性评价指标体系研究[J].地质科技情报,20(2):71-74.

周丰年,张志林,杜国元,2002.SeaBat 9001S 多波束系统及其应用[J].海洋测绘,22(6):35-38.

周风琴,1986.荆江近5000年来洪水位变迁的初步探讨[J].历史地理(2):19-23.

周风琴,1994.云梦泽与荆江三角洲的历史变迁[J].湖泊科学,6(1):22-32.

周宏伟,2012.云梦问题的新认识[J].历史研究(2):4-26+190.

周建军,2006.三峡工程建成后长江中游防洪等问题的对策[J].科技导报,24(6):32-35.

周建军,林秉南,张仁,2000.关于兴建江汉排洪通道缓解长江和汉江洪水的设想[J].水利学报(11):85-89.

周迅,姜月华,2007.地质雷达在地下水有机污染调查方面的应用研究进展[J].地下水,29(2):81-85.

朱鹤,黄诗峰,杨昆,等,2019.鄱阳湖近五十年变迁遥感监测与分析[J].卫星应用(11):29-35.

朱积安,朱履熹,刘宜栋,等,1984.上海及邻区的地质构造与地震活动[J].华东师范大学学报(自然科学版),30(4):81-90.

朱江,张招崇,侯通,等,2011.贵州盘县峨眉山玄武岩系顶部凝灰岩 LA-ICP-MS 锆石 U-Pb 年龄:对峨眉山大火成岩省与生物大规模灭绝关系的约束[J].岩石学报,27(9):2743-2751.

朱江,周学江,林小莉,等,2019.河流湿地生态修复规划:以鹤壁淇河湿地为例[J].湿地科学与管理,15(3):8-10.

朱玲玲,陈剑池,袁晶,等,2014.洞庭湖和鄱阳湖泥沙冲淤特征及三峡水库对其影响[J].水科学进展,25(3):348-357.

朱育新,薛滨羊,向东,等,1997.江汉平原泖城 M1 孔的沉积特征与古环境重建[J].地质力学学报,(4):79-81,83-86.

庄振业,林振宏,周江,等,2004.陆架沙丘(波)形成发育的环境条件[J].海洋地质前沿,20(4):5-10.

邹双朝,皮凌华,甘孝清,等,2013.基于水下多波束的长江堤防护岸工程监测技术研究[J].长江科学院院报,30(1):93-98.

左鹏,1999.论《导江三议》:兼论江汉洞庭地区人地关系的协调[J].长江志季刊(3):56-60.

ADRIANO D C,MCLEOD K W,CIRAVOLO T G,1986. Long-term availability of Cm and Pu to crop plants[J]. Health physics,50(5):647-651.

AKIB S,JAHANGIRZADEH A,BASSER H,2014. Local scour around complex pier groups and combined piles at semi-integral bridge[J]. Journal of Hydrology & Hydromechanics,62(2):108-116.

ALLISONM A,DEMAS C R,EBERSOLE B A,et al.,2012. A water and sediment budget for the lowermississippi-Atchafalaya River in flood years 2008-2010:Implications for sediment discharge to the oceans and coastal restoration in Louisiana[J]. Journal of Hydrology,432-433(8):84-97.

ANDERSON R S,2015. Pinched topography initiates the critical zone[J]. Science(350):506-507.

ANTHONY E J,MARRINER N,MORHANGE C,2014. Human influence and the changing geomorphology of mediterranean deltas and coasts over the last 6000 years:From progradation to destruction phase[J]. Earth-Science Reviews,139(5):336-361.

ASHLEY G,1990. Classification of large-scale subaqueous bedforms:A new look at an old problems[J]. Journal of Sedimentary Petrology,60(1):160-172.

ASTM F3079-14,2014. Standard Practice for Use of Distributed Optical Fiber Sensing Systems for Monitoring the Impact of Ground Movements During Tunnel and Utility Construction on Existing Underground Utilities (ASTM International,West Conshohocken,PA).

ATAIEASHTIANI B,BEHESHTI A A,2006. Experimental investigation of clear-water local scour at pile groups[J]. Journal of Hydraulic Engineering,132(10):1100-1104.

BAGLIO S,FARACI C,FOTI E,et al. 2001. Measurements of the 3-D scour process around a pile in an oscillating flow through a stereo vision approach[J]. Measurement,30(2):145-160.

BAKER C J,1979. The laminar horseshoe vortex[J]. Journal of Fluid Mechanics,95(2):347-367.

BANWART S,BERNASCONI S M,BLOEM J,et al. ,2011. Soil processes and functions in critical zone observatories:Hypotheses and experimental design[J]. Vadose Zone Journal,10(3):974-987.

BARBOUR G B,1935. Physiographic history of the Yangtze:Geographical survey of China[J]. Memoirs(14):112.

BARLA G,ANTOLINI F,BARLAM,et al. ,2010. Piovano G. monitoring of the Beauregard landslide (Aosta Valley,Italy) using advanced and conventional techniques[J]. Engineering Geology,116(3-4):218-235.

BASU A,SAXENA N K,1999. A review of shallow-water mapping systems[J]. Marine Geodesy,22(4):249-257.

BEST J,2005. The fluid dynamics of river dunes:A review and some future research directions[J]. Journal of Geophysical Research Earth Surface(110):F04S02.

BITELLI G,DUBBINIM,ZANUTTA A,2004. Terrestrial Laser Scanning and digital photogrammetry techniques tomonitor landslide bodies[J]. International Archives of Photogrammetry,Remote Sensing and Spatial Information Sciences,35(B5):246-251.

BLUM M,ROBERTS H,2009. Drowning of the Mississippi Delta due to insufficient sediment supply and global sea-level rise[J]. Nature Geoscience,2(7):488-491.

BOULT S,COLLINS D N,WHITE K N,et al. ,1994. Metal transport in a stream polluted by acid mine drainage-the Afon Goch,Anglesey,UK[J]. Environmental Pollution(84):0269-7491.

BRANTLEY S L,GOLDHABER M B,RAGNARSDOTTIR K V,2007. Crossing disciplines and scales to understand the critical zone[J]. Elements,3(5):307-314.

BRIDGE J S,JARVIS J,2010. Flow and sedimentary processes in the meandering river South Esk,Glen Clova,Scotland[J]. Earth Surface Processes & Landforms,1(4):303-336.

BROCKMANN B,DONADEI S,CROTOTGINO F,2010. Energy storage in salt cacerns-renewable energies in the spotlight[C]. Beijing:Sino German Conference.

BUDTM,WOLF D,SPAN R,2016. A review on compress edair energy storage:Basicprinciples,pastmilestones and recent developments[J]. Applied Energy(70):250-268.

CARRIQUIRY J D,SÁNCHEZ A,CAMACHO-IBAR V F,2001. Sedimentation in the northern Gulf of California after cessation of the Colorado River discharge[J]. Sedimentary Geology,144(1-2):37-62.

CELIK T,2009. Unsupervised change detection in satellite images using principal component analysis and k-means clustering[J]. IEEE Geoscience and Remote Sensing Letters,6(4):772-776.

CHATLEY H,1926. The geology of Shanghai[J]. China Jonrnol of Science and Arfs(3):140-148.

CHEN J,ZHU X,VOGELMANN J E,et al. ,2011. A simple and effectivemethod for filling gaps in Landsat ETM+ SLC-off images[J]. Remote Sensing of Environment,115(4):1053-1064.

CHEN J,CHEN J H,LIAO A P,et al.,2015. Global land covermapping at 30m resolution:A POK-based operational approach[J]. ISPRS Journal of Photogrammetry and Remote Sensing(103):7-27.

CHENG H,KOSTASCHUK R,SHI Z,2004. Tidal currents,bed sediments,and bedforms at the South Branch and the South Channel of the Changjiang(Yangtze)Estuary,China:Implications for the ripple-dune transition[J]. Estuaries(27):861-866.

CHENG Y Q,LIU K,YANG J Y,1993. A novel feature extractionmethod for image recognition based on similar discriminant function (SDF)[J]. Pattern Recognition,26(1):115-125.

CHURCH M,ZIMMERMANN A,2007. Form and stability of step-pool channels:Research progress[J]. Water Resources Research,43(3):10-29.

CLARKM K,SCHOENBOHM L,ROYDEN L H,et al.,2004. Surface uplift,tectonics,and erosion of eastern Tibet from large-scale drainage patterns[J]. Tectonics,23(TC1006):1-20.

CLIFT P D,BLUSZTAJN J,NGUYEN A D,2006. Large-scale drainage capture and surface uplift in eastern Tibet-SW China before 24Ma inferred from sediments of the Hanoi Basin,Vietam[J]. Geophysical Reaearch Letters(33):L19403.

CRESSEY G B,1928. The geology of Shanghai[J]. China Jurnol of Science and Arfs:8-9.

CULLERS R L,GRAF J L,1984. Chapter 7:Rare earth elements in igneous rocks of the continental crust:Predominantly basic and ultrabasic rocks[J]. Developments in Geochemistry(2):237-274.

DEY S,RAIKAR R V,2007. Characteristics of horseshoe vortex in developing scour holes at piers[J]. Journal of Hydraulic Engineering,133(4):399-413.

DUONG A,GREET J,CHRISTOPHER J W,et al.,2019. Managed flooding can augment the benefits of natural flooding for native wetland vegetation[J]. Restoration Ecology,1(1):38-45.

DUSSEAULTM B,BACHU S,DAVIDSON B C,2001. Carbon dioxide sequestration potential in salt solution caverns in Alberta,Canada[C]//Solution Mining Research Institute Fall 2001 Technical Meeting. Mexico:Albuquerquc.

ENGELUND F,1966. Hydraulic resistance of alluvial streams[J]. Journal of the Hydraulics Division,92(4):77-100.

FABIO R,2003. From point cloud to surface:The modeling and visualization problem[J]. International Archives of Photogrammetry,Remote Sensing and Spatial Information Sciences,34(5):24-28.

FAGERIS N K,BARBOSA M P,GHEYI H R,1981. Tolerance of rice cultivars to salinty toleranc[J]. Pesquisa Agropecuária Brasileira,16 (5):677-681.

FARACI C,FOTI E,BAGLIO S,2000. Measurements of sandy bed scour processes in an oscillating flow by using structured light[J]. Measurement,28(3):159-174.

FARRAND W H,SINGER R B,MERÉNYI E,1994. Retrieval of apparent surface reflectance from AVIRIS data:A comparison of empirical line,radiative transfer,and spectral mixture methods[J]. Remote Sensing of Environment,47(3):311-321.

FIELD J P,BRESHEARS D D,LAW D J,et al.,2015. Critical zone services:Expanding context,constraints,and currency beyond ecosystem services[J]. Vadose Zone Journal,14(1):1-7.

FRANZETTI M,ROY L,DELACOURT C,et al.,2013. Giant dune morphologies and dynamics in a deep continental shelf environment:Example of the banc du four(western brittany,france)[J]. Marine Geology,346(6):17-30.

FRIEDRICHS C T,AUBREY D G,1994. Tidal propagation in strongly convergent channels[J]. Journal of Geophysical Research(99):3321-3336.

FRIHY O E,DEBES E A,El SAYED W R,2003. Processes reshaping the Nile delta promontories of Egypt:pre- and post-protection[J]. Geomorphology,53(3-4):263-279.

GILMAN L,FUGLISTER J,MITCHELL J,1963. On the power spectrum of Red Noise[J]. Journal of Atmospheric Sciences,20(2):182-184.

GITELSON A A,KAUFMAN Y J,STARK R,et al.,2002. Novel algorithms for remote estimation of vegetation fraction[J]. Remote Sensing of Environment,80(1):76-87.

GODIN G,1999. The propagation of tides up rivers with special considerations on the Upper Saint Lawrence River[J]. Estuarine Coastal & Shelf Science,(48):307-324.

GUO L,LIN H,2016. Critical zone research and observatories:Current status and future perspectives[J]. Vadose Zone Journal,15(9):1-14.

GUO L,MICK V D W,JAY D A,et al.,2015. River-tide dynamics:Exploration of nonstationary and nonlinear tidal behavior in the Yangtze River estuary[J]. Journal of Geophysical Research Oceans (120):3499-3521.

HACKNEY C,BEST J,LEYLAND J,et al.,2015. Nicholas A. modulation of outer bank erosion by slump blocks:Disentangling the protective and destructive role of failedmaterial on the three-dimensional flow structures[J]. Geophysical Research Letters,42(24):10663-10670.

HARMAR O P,CLIFFORDl N J,THORNE C R,et al.,2005. Morphological changes of the Lowermississippi River:Geomorphological response to engineering intervention[J]. River Research & Applications,21(10):1107-1131.

HARRISON L J,DENSMORE D H,2015. Bridge inspections related to bridge scour[C]//Hydraulic Engineering. American Society of Civil Engineers.

HASSELMANN K,1976. Stochastic climate models Part I[J]. Tellus,28(6):473.

HEINZE F,2012. Report of Working Committee 2. underground gas stor age[C]. Kuala Lumpur:Proceedings of the 25th World Gas Conference:1-19.

HOLLOWAY S,1997. An overview of the underground disposal of carbon dioxide[J]. Energy Conversion andmanagement(38):193-198.

HUANG C,PANG J,ZHA X,et al.,2011. Extraordinary floods related to the climatic event at 4200a BP on the Qishuihe River,middle reaches of the Yellow River,China[J]. Quaternary Science Reviews,30(3):460-468.

JANMICHALSKI,ULRICH BUNGER,2017. Hydrogen generation by electrolysis and storage insalt caverns:Potentials,economics and systemsaspects with regard to the German energy transition[J]. International Journal of Hydrogen Energy(42):3427-3443.

JIANG Y H,JIA J Y,XU N Z,et al.,2008. Isotope characteristics of groundwater in Suzhou,Wuxi and Changzhou area and their implications[J]. Science China Earth Sciences,51(6):778-787.

JIANG Y H,LI Y,YANG G Q,et al.,2013. The application of high-density resistivity method in organic pollution survey of groundwater and soil[J]. Procedia Earth and Planetary Science(7):932-935.

JIANG Y H,LIN L J,CHEN L D,et al.,2018. An overview of the resources and environment conditions andmajor geological problems in the Yangtze River economic zone,China[J]. China Geology,1(3):435-449.

JIANG Y H,MEI S J,SHI B,et al.,2019. The application of optical fiber monitoring technique in environmental geological survey[J]. Acta Geologica Sinica,93(2):349-350.

JIANG Y H,WANG J D,YUAN X Y,et al.,2004. Analysis on geomorphology and environmental geological problems in Huzhou City,Yangtze River Delta[J]. Acta Geologica Sinica,78(3):808-812.

KARAHAN M,PETERSON A. 1980. Visualization of separation over sand waves[J]. Journal of the Hydraulics Division,106(8):1345-1352.

KARAN M,LIDDELL M,PROBER S M,et al.,2016. The Australian Super Site Network:A continental,long-term terrestrial ecosystem observatory[J]. Science of the Total Environment(568):1263-1274.

KAYA A,2010. Artificial neural network study of observed pattern of scour depth around bridge piers[J]. Computers and Geotechnics,37(3):413-418.

KHOSRONEJAD A,KANG S,SOTIROPOULOS F,2012. Experimental and computational investigation of local scour around bridge piers[J]. Advances in Water Resources(37):73-85.

KLAVON K,FOX G,GUERTAULT L,et al.,2017. Evaluating a process-based model for use in streambank stabilization:Insights on the Bank Stability and Toe Erosionmodel (BSTEM)[J]. Earth Surface Processes & Landforms,42(1):191-213.

KNAAPEN M A F,HULSCHER S J M H,VRIEND H J D,et al.,2001. A new type of sea bed waves[J]. Geophysical Research Letters,28(7):1323-1326.

KNAAPEN M,HENEGOUW C,HU Y et al.,2005. Quantifying bedform migration using multibeam sonar[J]. Geo-Marine Letters,25(5):306-314.

KNOX R L,LATRUBESSE E M,2016. A geomorphic approach to the analysis of bedload and bedmorphology of the lower Mississippi River near the Old River control structure[J]. Geomorphology(268):35-47.

KOKEN M,CONSTANTINESCU G,2008. An investigation of the flow and scour mechanisms around isolated spur dikes in a shallow open channel:2. conditions corresponding to the final stages of the erosion and deposition process[J]. Water Resources Research,66(8):297-301.

KONDOLF G,1997. PROFILE:Hungry water:Effects of dams and gravel mining on river channels[J]. Environmental Management,21(4):533-551.

KOSTASCHUK R,2000. A field study of turbulence and sediment dynamics over subaqueous dunes with flow separation[J]. Sedimentology,47(3):519-531.

KOSTASCHUK R,BEST J,VILLARD P,et al.,2005. Measuring flow velocity and sediment transport with an acoustic doppler current profiler[J]. Geomorphology,68(1-2):25-37.

KÜSEL K,TOTSCHE K U,TRUMBORE S E,et al.,2016. How deep can surface signals be traced in the critical zone？merging biodiversity with biogeochemistry research in a central german-muschelkalk landscape[J]. Front. Earth Sci(4):32.

LAI X J,SHANKMAN D,HUBER C,et al.,2014. Sandmining and increasing Poyang Lake's discharge ability:A reassessment of causes for lake decline in China[J]. Journal of Hydrology(519):1698-1706.

LAMBERTH S,DRAPEAU L,BRANCH G,2009. The effects of altered freshwater inflows on catch rates of non-estuarine-dependent fish in a multispecies nearshore linefishery[J]. Estuarine Coastal and Shelf Science,84(4):527-538.

LEE C Y,1934. The development of the upper Yangtze valley[J]. Bull Geol Soc China(3):107-118.

LEE J S,1924. Geology of the gorge district of the Yangtze (from Ichang to Tzekuei)with special reference to the development of the gorges[J]. Bull Geol Soc China(3):351-391

LEEUW J D,SHANKMAN D,WU G F,et al.,2010. Strategic assessment of the magnitude and impacts of sandmining in Poyang Lake,China[J]. Regional Environmental Change,10(2):95-102.

LEWIS S L,MASLIN M A,2015. Defining the anthropocene[J]. Nature,519(7542):171-180.

LEYLAND J,HACKNEY C R,DARBY S E,et al.,2017. Extreme flood-driven fluvial bank erosion and sediment loads:Direct processmeasurements using integrated Mobile Laser Scanning (MLS) and hydro-acoustic techniques[J]. Earth Surface Processes & Landforms,42 (2):334-346.

LI J,XIE S,KUANG M,2001. Geomorphic evolution of the Yangtze Gorges and the time of their formation[J]. Geomorphology,41(2-3):125-135.

LI W H,CHENG H Q,LI J F,et al.,2008. Temporal and spatial changes of dunes in the Changjiang (Yangtze) estuary,China[J]. Estuarine Coastal & Shelf Science,77(1):169-174.

LIN H,2010. Earth's Critical Zone and hydropedology:Concepts,characteristics,and advances[J]. Hydrology and Earth System Sciences,14(1):25-45.

LIN H,HOPMANS J W,RICHTER D D,2011. Interdisciplinary sciences in a global network of critical zone observatories[J]. Vadose Zone Journal,10(3):781.

LOVERA F,KENNEDY J F,1969. Friction factors for flat bed flows in sand channels[J]. Journal of the Hydraulics Division(95):1227-1234.

LUO X X,YANG S L,WANG R S,et al.,2017. New evidence of Yangtze Delta recession after closing of the Three Gorges Dam[J]. Scientific Reports(7):41735.

MA Y,LI X,GUO L,et al.,2017. Hydropedology interactions between pedologic and hydrologic processes across spatiotemporal scales[J]. Earth-Science Reviews(71):181-195.

MARGINS OFFICE,2003. NSF MARGINS Program Science Plans[M]. New York:Columbia University.

MCCAFFREY E K,1981. A review of the bathymetric swath survey system[J]. International Hydrographic Review(1):19-27.

MEI X F,DAI Z J,DU J Z,et al.,2015. Linkage between Three Gorges Dam impacts and the dramatic recessions in China's largest freshwater lake,Poyang Lake[J]. Scientific Reports(5):18197.

MENON M,SVETLA R,NIKOLAOS P,et al.,2014. SoilTrEC:A global initiative on critical zone research and integration[J]. Environmental Science and Pollution Research,21(4):3191-3195.

MICHALSKI J,BÜNGER U,CROTOGINO F,et al.,2017. Hydrogen generation by electrolysis and storage in salt caverns:Potentials,economics and systems aspects with regard to the German energy transition[J]. International Journal of Hydrogen Energy,42(19):13427-13443.

MIDGLEY T L,FOX G A,HEEREN D M,2012. Evaluation of the Bank Stability and Toe Erosionmodel (BSTEM) for predicting lateral retreat on composite streambanks[J]. Geomorphology,145-146(4):107-114.

MOHANTY S,VANDERGRIFT T,2012. Long term stability evaluation of an old underground gas storage cavern using unique numericalmethods[J]. Tunnelling and Underground Space Technology (30):145-154.

NAGATA N,HOSODA T,MURAMOTO Y,2000. Numerical analysis of river channel processes with bank erosion[J]. Journal of Hydraulic Engineering,126(4):243-252.

NAQSHBAND S,RIBBERINK J S,HURTHER C,et al.,2014. Bed load and suspended load contributions to migrating sand dunes in equilibrium[J]. Journal of Geophysical Research Earth Surface,119(5):1043-1063.

NICHOLSMM,1991. Evolution of an urban estuarine harbor:Norfolk,Virginia[J]. Journal of Coastal Research,7(3):745-757.

NITTROUER J A,MOHRIG D,ALLISON M,2011. Punctuated sand transport in the lowermost Mississippi River[J]. Journal of Geophysical Research(116):1-24.

NAQSHBAND S,RIBBERINK J S,HURTHER,et al.,2014. Bed load and suspended load contributions to migrating sand dunes in equilibrium[J]. Journal of Geophysical Research Earth Surface,119(5):1043-1063.

OSMAN A M,THORNE C R,1988. Riverbank stability analysis. I: Theory[J]. Journal of Hydraulic Engineering,114(2):134-150.

PARK T,JANG C J,JUNGCLAUS J H,et al.,2011. Effects of the changjiang river discharge on sea surface warming in the Yellow and East China Seas in summer[J]. Continental Shelf Research,31(1):15-22.

PARSONS D,SCHINDLER R,BAAS J,et al.,2015. Sticky stuff: Redefining bedform prediction for modern and ancient environments[J]. Geology,43(5):399-402.

PEARCE J A,1982. Trace element characteristics of lavas from destructive plate boundaries. In Thorpe R. S. (ed.)[M]. New York:Jehn Willey and Suns.

PEARCE J A,NORRY M J,1979. Petrogenetic implications of Ti,Zr,Y,and Nb variations in volcanic rocks[J]. Contributions to Mineralogy & Petrology,69(1):33-47.

PRACH K,JOSHUA CHENOWETH,ROGER DEL MORAL,2019. Spontaneous and assisted restoration of vegetation on the bottom of a former water reservoir,the Elwha River,Olympic National Park,WA,USA.[J]. Restoration Ecology,5(3):592-599.

PRIMOVA R,TRUCCO P,2015. Assessment of the potential,the actors and relevant business cases for large scale and seasonal storage of re-newable electricity by hydrogen underground storage in Eur-ope[EB/OL]. (2015-11-24). https://www.fch.europa.eu/sites/default/files/project_results_and_deliverables/D7.5_Out-come%20of%20Communication%20Activities%20%281%29%20%28ID%202849648%29.pdf.

RAME GOWDA B M,GHOSH N,WADHWA R S,et al.,1999. Seismic survey for detecting scour depths downstream of the Srisailam Dam,Andhra Pradesh,India[J]. Engineering Geology,53(1):35-46.

REMO J W F,RYHERD J,RUFFNER C M,et al.,2018. Temporal and spatial patterns of sedimentation within the batture lands of the middle Mississippi River,USA[J]. Geomorphology(308):129-141.

RENNIE C D,MILLAR R G,CHURCH M,2002. A measuretiment of bed load velocity using an acoustic doppler current profiler[J]. Journal of Hydraulic Engineering-ASCE,128(5):473-483.

RENNIE C D,RAINVILLE F,KASHYAP S,2007. Improved estimation of ADCP apparent bedload velocity using a real-time Kalman filter[J]. Journal of Hydraulic Engineering-ASCE,133(12):1337-1344.

RENNIE C D,VILLARD P V,1971. Site specificity of bed load measurement using an acoustic doppler current profiler[J]. Journal of Geophysical Research Atmospheres,43(109):958-960.

RHOADS B L,RILEY J D,MAYER D R,2009. Response of bedmorphology and bedmaterial texture to hydrological conditions at an asymmetrical stream confluenc[J]. Geomorphology,109(3):161-173.

RICHARDSON N J,DENSMORE A L,SEWARD D,et al.,2010. Did incision of the Three Gorges begin in the Eocene? [J]. Geology,38(2):551-554.

RIJN L C V,1984. Sediment transport,Part III:Bed forms and alluvial roughness[J]. Journal of Hydraulic Engineering,110(12):1733-1754.

SAADM B A,2002. Nile River morphology changes due to the construction of High Aswan Dam in Egypt[R]. Egypt:The Planning Sectorministry of Water Resoures and Rrrigation.

SALVATIERRAMM,ALIOTTA S,GINSBERG S S,2015. Morphology and dynamics of large subtidal dunes in Bahia Blanca estuary, Argentina[J]. Geomorphology(246):168-177.

SAMANTHA J S, JOSHUA T P, 2019. Fish community composition and diversity at restored estuarine habitats in Tampa Bay, Florida, United States[J]. Restoration Ecology, 1(1):54-62

SANCHEZ-ARCILLA A, JIMENEZ J A, VALDEMORO H I, 1998. The Ebro delta: Morphodynamics and vulnerability[J]. Journal of Coastal Research, 14(3):754-772.

SCHULZ M, MUDELSEE M, 2002. REDFIT: Estimating red-noise spectra directly from unevenly spaced paleoclimatic time series[J]. Computers and Geosciences, 28(3):421-426.

SERATA S, MEHTA B, 1993. Design and stability of salt caverns for Compressed Air Energy Storage(CAES)[C]//Seventh Symposium on Salt. Amsterdam: Elsevir Science:395-402.

SHEN H Y, LI J Y, YAN S C, 2008. Study the migration of the tidal limit and the tidal current limit of the Yangtze River under its extreme high and lower Runoff[J]. Chinese-German Joint Symposium on Hydraulic and Ocean Engineering(1):191-197.

SHEN Z K, LU J, WANG M, et al., 2005. Contemporary crustal deformation around the southeast borderland of the Tibetan plateau[J]. Journal of Geophysical Research(110):B11409.

SHI S Y, CHENG H Q, XUAN X N, et al., 2018. Fluctuations in the tidal limit of the Yangtze River estuary in the last decade[J]. Science China Earth Sciences, 61(8):1136-1147.

SHIELDS A, 1936. Anwendung der Aechlichkeits-Mechanik und der Turbulenzforschung auf die Geschiebewegung[M]. Berlin: Mitt. Preussische Versuchsanatalt fur Wasserbau und Schiffbau.

SHLOMO P NEUMAN, PAUL A WITHERSPOON, 1969. Applicability of current theories of flow in leaky aquifers[J]. Water Resources, 5(4):817-829.

SIMEONI U, CORBAU C, 2009. A review of the Delta Po evolution (Italy) related to climatic changes and human impacts[J]. Geomorphology, 107(1-2):64-71.

SIMON A, POLLEN-BANKHEAD N, THOMAS R E, 2011. Development and application of a deterministic bank stability and toe erosionmodel for stream restoration[J]. Stream Restoration in Dynamic Fluvial Systems(194):453-474.

SMITH J D, MCLEAN S R, 1977. Spatially averaged flow over a wavy surface[J]. Journal of Geophysical Research, 82(12):1735-1746.

SMITH L M, WINKLEY B R, 1996. The response of the lower Mississippi River to river engineering[J]. Engineering Geology, 45(1):433-455.

STEIN S, YECHIELI Y, SHALEV E, et al., 2019. The effect of pumping saline groundwater for desalination on the fresh-saline water interface dynamics[J]. Water Research, 156(1):46-57.

SUMER B M, WHITEHOUSE R J S, TORUM A, 2001. Scour around coastal structures: A summary of recent research[J]. Coastal Engineering, 44(2):153-190.

SUN Y F, SONG Y P, SUN H F, et al., 2007. Calculation of scour process and scour depth around an offshore platform pile foundation under the actions of tidal current[J]. Advances in Marine Science, 25(2):178-183.

THOMS R L, GEHLE T M, 2000. A brief history of salt cavern use[C]. Hague: The 8th World Salt Symposium.

THORAVAL A F, LAHAIE B, BROUARD P B, 2015. A genericmodel for predicting long term behavior of storage salt caverns after their abandonment as an aid to risk assessment[J]. International Journal of Rockmechanics & mining Sciences(77):44-59.

THORNE C R, ABT S R, 1993. Velocity and scour prediction in river bends[R]. Contract Report HL-93-1, US Army Engineer Waterways Experiment Station, Vicksburg, Mississippi(39180):66.

THORNE C R,OSMAN A M,1988. Riverbank stability analysis II:Applications[J]. Journal of Hydraulic Engineering,114(2):151-172.

UNNIKRISHNAN A S,SHETYE S R,GOUVEIA A D,1997. Tidal propagation in the Mandovi-Zuari Estuarine network, west coast of India:Impact of freshwater influx[J]. Estuarine Coastal & Shelf Science(45):737-744.

VAN RIJN L C,1982. Equivalent roughness of alluvial bed[J]. Journal of Hydraulic Engineering-ASCE,108(10):1215-1218.

VOROSMARTY C J,MEYBECK M,FEKETE B,et al.,1997. The potential impact of neo-Castorization on sediment transport by the global network of rivers[J]. IAHS Publication(245):261-273.

WALLACE R E,1986. Studies in geophysics-active tectonics:Impact on Society[M]. Washington:National Academy Press.

WALTHER J,1894. Einleitung in die Geologie als historische Wissenschaft:Beobachtungen über die Bildung der Gesteine und ihrer ordanischen Einschlüsse[C]. Jena:Gustav Fischer.

WANG E C,BURCHFIEL B C,ROYDEN L H,et al.,1998. Late Cenozoic Xianshuihe-Xiaojiang Red River,and Dali fault systems of southwestern Sichuan and central Yunnan,China[J]. Geological Society of America Special Paper(327):108.

WANG H,BI N,SAITO Y,et al.,2010. Recent changes in sediment delivery by the Huanghe (Yellow River)to the sea:Causes and environmental implications in its estuary[J]. Journal of Hydrology,391(3-4):302-313.

WANG J,BAI S B,LIU P,et al.,2009. Channel sedimentation and erosion of the Jiangsu reach of the Yangtze River during the last 44 years[J]. Earth Surface Processes and Landforms,34(12):1587-1593.

WANG P,ZHENG H B,CHEN L,et al.,2014. Cenozoic exhumation of the Huangling anticline in Three Gorges region:Sedimentary record from the western Jianghan Basin,China[J]. Basin Res(26):505-522.

WANG X J,MA W Y,XUE G R,2004. Multi-model similarity propagation and its application for web image retrieval[C]. ACM International Conference onmultimedia,New York,Ny,Usa,October. DBLP:944-951.

WARDHANA K, HADIPRIONO F C,2003. Analysis of recent bridge failures in the United States[J]. Journal of Performance of Constructed Facilities,17(3):124-135.

WARMINK J J. 2014. Dune dynamics and roughness under gradually varying flood waves,comparing flume and field observations[J]. Advances in Geosciences,39(39):115-121.

WARREN J K,2016. Evaporites[M]. Switzerland:Springer International Publishing.

WHITE T,BRANTLEY S,BANWART,S,et al.,2015. Chapter 2:Role of critical zone observatories in critical zone science[J]. Developments in Earth Surface Processes,19(3):15-78.

WILLS B,BLACKW ELDER E,SARGENT R H,et al.,1907. Research in Chin a (Vol.1)[M]. Washington:Carnegie Institution of Washington.

WILSON K,1987. Analysis of bedload motion at high shear stress[J]. Journal of Hydraulic Engineering-ASCE,113(1):97-103.

WU J, WANG Y, CHENG H,2009b. Bedforms and bedmaterial transport pathways in the Changjiang (Yangtze) Estuary[J]. Geomorphology,104(3):175-184.

WU Z H,YE P S,BAROSH P J,2011. 2008mw 6.3 magnitude Damxung earthquake,Yadong-Gulu rift,Tibet,and implications for present-day crustal deformation within Tibet[J]. Journal of Asian

Earth Sciences(40):943-957.

WU Z H,ZHANG Y H,HU D G,et al. ,2009a. Late Quaternary normal faulting and its kinematicmechanism of eastern piedmont fault of the Haba-Yulong Snowmountains in northwestern Yunnan, China[J]. Science China Earth Science,52(10):1447-1678.

WU Z H,ZHAO X,FAN T Y,et al. ,2012. Active faults and seismologic characteristics along the Dali-Ruili railway in western Yunnan Province[J]. Geological Bulletin of China,31(2-3):191-217.

XIA J,DENG S,LU J,et al. ,2016. Dynamic channel adjustments in the Jingjiang reach of the middle Yangtze River[J]. Scientific Reports(6):22802.

YANG S L,XU K H,MILLIMAN J D,et al. ,2015b. Decline of Yangtze River water and sediment discharge:Impact from natural and anthropogenic changes[J]. Scientific Reports(5):12581.

YANG Z,CHENG H,LI J,2015a. Nonlinear advection,coriolis force,and frictional influence in the south channel of the Yangtze Estuary,China[J]. Science China Earth Sciences,58(3):429-435.

YEATS R S,SIEH K,ALLEN C R,1997. The geology of earthquake[M]. New York:Oxford University Press.

YOUDEOWEI P O,1997. Bank collapse and erosion at the upper reaches of the Ekole creek in the Niger delta area of Nigeria[J]. Bulletin of the International Association of Engineering Geology,55(1):167-172.

ZEYBEK M I S,2015. Accurate determination of the Taskent (Konya,Turkey) landslide using a long-range terrestrial laser scanner[J]. Bulletin of Engineering Geology & the Environment,74(1):61-76.

ZHANG C C,ZHU H H,SHI B,2016. Role of the interface between distributed fibre optic strain sensor and soil in ground deformation measurement[J]. Scientific Reports,6(1):1-9.

ZHAO Z H,ZHOU L D,1997. REE geochemistry of some alkali-rich intrusive rocks in China[J]. Science China Earth Science,40(2):145-158.

ZHENG S W,CHENG H Q,SHI S Y,et al. ,2018. Impact of anthropogenic drivers on subaqueous topographical change in the Datong to Xuliujing reach of the Yangtze River[J]. Science China Earth Sciences,61(7):940-950.

ZHENG S W,CHENG H Q,WU S H,et al. ,2016. Morphology and mechanism of the very large dunes in the tidal reach of the Yangtze River,China[J]. Continental Shelf Research(139):54-61.

附 录

附录1：编制支撑服务报告和方案

序号	名称（时间）
1	《支撑服务长江经济带发展地质调查报告(2015年)》
2	《支撑服务长江经济带发展地质调查实施方案(2016—2030年)》
3	《长江经济带地质环境资源承载能力评价报告(2017)》
4	《支撑长江经济带国土空间规划的资源环境条件与重大问题分析报告(2018)》
5	《长江经济带国土空间整治修复专题研究报告(2019)》
6	《长江经济带岩溶塌陷调查报告(2017)》
7	《长江经济带资源利用与环境保护建议报告》(2018)
8	《长江经济带国土空间整治修复研究(2019)》
9	《长江经济带地质调查报告(2016)》
10	《长江经济带地质调查报告(2017)》
11	《长江经济带资源环境承载能力评价报告》(2017)
12	《中国城市地质调查报告》(2017)
13	《城市地质调查实施方案(2018—2030年)》
14	《推进城市地质调查工作方案》(2016)
15	《关于加强城市地质调查工作的指导意见》(2017)
16	《支撑服务皖江经济带发展地质调查报告(2017年)》
17	《支撑服务成都市城市地下空间资源综合利用地质调查报告(2017)》
18	《成都市城市地质与城市地下空间资源地质调查总体实施方案》(2017)
19	《江苏沿海地区综合地质调查应用性成果报告》(2018)
20	《支撑服务长株潭城市群经济发展地质调查报告(2017年)》
21	《服务中长期高速铁路规划建设岩溶及岩溶塌陷评估报告(2018)》
22	《岩溶塌陷对城镇和重大工程规划建设的影响分析报告(2016)》
23	《新建贵州道真至务川高速公路青坪特长隧道岩溶综合评估报告(2018)》
24	《支撑服务长三角经济区发展地质调查报告(2016年)》
25	《支撑服务长江中游城市群发展地质调查报告(2016年)》

续附录1

序号	名称(时间)
26	《支撑服务苏南现代化建设示范区发展地质调查报告(2016年)》
27	《江油市城市规划应急水源地可行性报告》(2017)
28	《涪江流域1:5万环境地质调查支撑服务遂宁市环境地质调查报告》(2018)
29	《长江中游沿岸地质环境工程建设适宜性评价成果报告》(2018)
30	《长江三峡航道地质灾害涌浪风险评价报告》(2018)
31	《沿江沿高铁重点小城镇及郑万高铁站点建设用地适宜性评价报告》(2018)
32	《长江干流万州—宜昌段重大工程(跨江大桥、港口码头)建设用地适宜性评价报告》(2018)
33	《三峡地区郑万高铁万州—宜昌段主要环境地质问题评价报告》(2018)
34	《苏南沿江城际高铁沿线工程地质适宜性评价报告》(2018)
35	《支撑服务成渝城市群绿色发展地质调查报告(2018年)》
36	《沿江重要城镇(长寿区、丰都县、忠县)环境地质调查报告和图件》(2018)
37	《支撑服务宁波市发展地质调查报告》(2018)
38	《支撑服务温州城镇规划区发展地质调查报告(2018年)》
39	《支撑服务成渝城市群发展地质调查报告》(2018)
40	《苏南现代化建设示范区综合地质调查实施方案(2016—2020)》
41	《宁波市地质调查工作实施方案(2016—2020)》
42	《上海后工业化时期地质-资源-环境调查与应用示范实施方案(2016—2020)》
43	《浙江国土地质环境综合调查总体实施方案(2016—2020)》
44	《皖江经济带综合地质调查总体实施方案(2015—2020年)》
45	《湖南省地质工作行动计划纲要(2016—2018年)》
46	《丹阳市化工场地水土环境状况调查工程实施方案》(2017—2020)
47	《长三角生态绿色一体化发展示范区综合地质实施方案(2020)》
48	《支撑服务贵安新区(直管区)发展地质调查报告(2020)》
49	《广安华蓥市土地质量地球化学调查报告(政府版)(2020)》
50	《广安邻水县土地质量地球化学调查报告(政府版)(2020)》
51	《支撑服务兴国县脱贫攻坚水文地质调查报告》(2017)
52	《江西省兴国县西霞村地下水勘查报告》(2017)
53	《会昌县水文地质调查报告》(2018)
54	《支撑服务兴国振兴发展矿泉水资源开发建议报告》(2018)
55	《宁都县天然矿泉水专项调查报告》(2017)
56	《宁都县应急抗旱找水打井报告》(2019)
57	《于都县黄麟乡地热资源调查评价报告(2018)》
58	《会昌县周田镇地面塌陷应急调查报告(2019)》
59	《会昌县周田镇九二盐矿地面塌陷调查评价工作实施方案(2019)》

续附录1

序号	名称（时间）
60	《两湖湿地综合治理对策建议》(2020)
61	《支撑服务长三角一体化发展综合地质调查实施方案(2021—2035)》
62	《地质调查支撑服务萍乡市经济社会发展成果报告》(2020)
63	《江西省萍乡市矿山水土质量调查评价报告》(2020)
64	《江西省萍乡市煤矸石调查与评价报告》(2020)
65	《江西省萍乡市莲花县高洲乡高滩村地质文化村建设可行性方案》(2020)
66	《江西省萍乡市湘东区冬瓜槽区域煤矿采空区调查评价报告》(2020)
67	《江西省萍乡市安源区白源煤矿地面沉降监测报告》(2020)
68	《江西省萍乡市安源区白源煤矿地下空间开发利用适宜性评价报告》(2020)
69	《三峡库区消落带地质环境现状与保护修复建议》(2020)
70	《长江中游防洪减灾和生态保护地学解决方案》(2020)
71	《岩溶塌陷对城镇规划建设的影响分析报告》(2020)
72	《四川广安龙须地质文化村建设方案》(2020)
73	《邻水县四海水泥用石灰岩矿产检查报告》(2020)
74	《四川省华蓥市华轩矿区玄武岩矿普查报告》(2020)
75	《支撑水清岸绿产业优美丽长江(安徽)经济带建设"1515"行动计划资源环境报告》(2020)
76	《宁波都市圈城镇规划区地质调查成果报告》(2020)
77	《长江干流沿岸生态环境机载高光谱调查成果报告》(2020)
78	《长三角城市群江岸窝崩、地面沉降和地裂缝调查与监测成果报告》(2020)
79	《长江三角洲地区盐碱地资源调查和修复总结报告》(2020)
80	《长江干流岸线资源调查与整治修复报告》(2020)
81	《重大水利工程对长江上中下游地质环境影响成果报告》(2020)
82	《江西煤业集团有限责任公司白源煤矿矿山关闭工作建议报告》(2020)
83	《长江经济带矿山尾矿及废石综合调查评价报告》(2020)
84	《广安市资源环境承载能力和国土空间开发适宜性评价报告》(2020)
85	《湖州高能环形正负电子对撞机(CEPC)选址地质调查报告》(2020)
86	《高原斜坡隧道工程岩溶地质模式与诱发岩溶塌陷的机理》(2020)
87	《地质工作支撑服务长江三角洲区域一体化发展报告》(2020)

附录2：应用证明

本书涉及相关工程成果在不同地区共计获得应用证明131份，表中部分应用证明已经合并，同时由于技术等应用广泛，亦有证明未完全列出。

序号	应用证明成果名称	应用单位
1	支撑服务环形正负电子对撞机-超级质子对撞机工程选址应用证明	中国科学院高能物理研究所
2	重大水利工程对长江宜昌—河口段地质环境影响证明	长江水利委员会水文局、上海市水务局、江苏省有色金属华东地质勘查局地球化学勘查与海洋地质调查研究院、南京长江第四大桥有限责任公司
3	南京江北新区国土资源与重大地质问题图集应用证明	南京市江北新区管委会规划与自然资源局
4	宁波都市圈(北部)1:5万环境地质调查应用证明	宁波市铁路建设指挥部、宁波市交通发展前期办公室
5	浙江金衢红层盆地城镇规划区1:5万环境地质调查应用证明	金华市自然资源和规划局
6	金华-义乌-东阳市域轨道交通工程地质环境适宜性评价应用证明	中铁第四勘察设计院集团有限公司地基路基设计研究处
7	江苏沿海水源地及地面沉降成果应用证明	江苏省水利厅
8	江苏沿海滩涂成果应用证明	江苏省沿海地区发展办公室滩涂围垦开发处
9	江苏沿海资源环境成果应用证明	江苏省自然资源厅、江苏省测绘工程院
10	江苏沿海土地质量成果应用证明	江苏省土地勘测规划院
11	《长江经济带国土资源与重大地质问题图集》应用证明	江苏省自然资源厅、湖南省自然资源厅、四川省自然资源厅、贵州省自然资源厅、武汉市规划编制研究与展示中心
12	四川省国土资源厅关于涪江流域1:5万环境地质调查成果应用服务的证明	四川省自然资源厅
13	成渝城市群绿色发展地质调查报告与图集应用证明	四川省自然资源厅
14	"天下奇观——九里沸井"调查与科普成果应用证明	镇江市文化广电和旅游局
15	长江三峡航道滑坡涌浪灾害风险评价应用证明	中国长江三峡集团有限公司
16	"湖北省矿产资源开发环境遥感监测"项目绩效应用证明	湖北省国土资源执法监察总队
17	丹江口库区土地环境质量调查与评价应用证明	湖北省自然资源厅地质环境处
18	川渝页岩气勘探开发区1:5万环境地质调查应用证明	中石化重庆涪陵页岩气勘探开发有限公司HSE管理部
19	成渝城市群绿色发展地质调查报告与图集应用证明	重庆市规划与自然资源局
20	"涪江流域1:5万环境地质调查"成果应用服务证明	遂宁市自然资源和规划局、绵阳市自然资源和规划局、北川羌族自治县自然资源局
21	"涪江流域1:5万环境地质调查"涪江流域地质环境图集成果应用服务证明	遂宁市城乡规划管理局
22	"涪江流域1:5万环境地质调查"支撑服务遂宁市环境地质调查报告应用证明	遂宁市自然资源和规划局

续附录2

序号	应用证明成果名称	应用单位
23	淮南市自然资源和规划局岩溶塌陷成果应用证明	淮南市自然资源和规划局
24	"湘西鄂东皖北地区岩溶塌陷1∶5万环境地质调查"项目成果应用证明	怀化市自然资源和规划局
25	"苏南现代化建设示范区综合地质调查项目"成果应用证明	苏州市太湖流域水污染防治办公室
26	支撑服务城市发展环境地质报告与图集应用证明	宜宾市龙禹水务有限责任投资公司、长寿区国土资源与房屋管理局、丰都县国土资源与房屋管理局、忠县国土资源与房屋管理局、万州区国土资源与房屋管理局、万州区地质环境监测站
27	"涪江流域1∶5万环境地质调查"江油市城市规划应急水源地可行性评价成果应用证明	江油市自然资源局
28	公路边坡、楂木岭危岩体等调查成果	秭归县自然资源和规划局
29	巴东北站规划区建设用地工程适应性评价应用证明	巴东县自然资源和规划局
30	兴国县人民政府关于使用中国地质调查局地质调查项目科技成果的证明	兴国县人民政府
31	兴国县矿产资源管理局关于使用中国地质调查局地质调查项目科技成果的证明	兴国县矿产资源管理局
32	地下水、深部位移监测成果应用证明	十堰市郧阳区自然资源和规划局
33	水文地质钻孔探采结合井应用证明	盛湾镇人民政府
34	"太湖周边优质农业地质资源调查及开发应用示范"项目成果应用证明	宜兴市太华镇人民政府
35	兴国县杰村乡关于使用中国地质调查局地质调查项目科技成果的证明	兴国县杰村乡人民政府
36	书院坝村探采结合井应用证明	宜昌市枝江市安福寺镇书院坝村
37	江心村探采结合井应用证明	荆州市松滋市老城镇江心村
38	白马寺村探采结合井应用证明	宜昌市枝江市百里洲镇白马寺村
39	宁波都市圈(北部)1∶5万环境地质调查项目成果证明	宁波市轨道交通集团有限公司
40	长江岸带1∶5万环境地质调查成果证明	扬中市水利局、扬中市自然资源和规划局
41	地质灾害安全性评估建议证明	上海交通大学
42	宁都县找水打井成果证明	赣州市宁都县洛口镇灵村
43	关于使用中国地质调查局地质调查项目科技成果的证明	华蓥市自然资源和林业局、广安市自然资源和规划局
44	关于广安市主城区工程地质与浅层地热能勘查钻井实施成果应用转化的证明	广安市自然资源和规划局
45	"黔中城市群综合地质调查"成果应用证明	贵州地矿基础工程有限公司、四川得圆岩土工程勘察有限责任公司、贵安新区自然资源局、贵州省地矿局第二工程勘察院
46	岩溶塌陷地质灾害监测技术成果应用证明	中国铁路南宁局集团有限公司柳州铁路工程建设指挥部

续附录 2

序号	应用证明成果名称	应用单位
47	洞庭湖生态经济区探采结合井成果应用证明	常德市澧县小渡口镇雁鹅湖村、小渡口镇出草坡村、澧澹街道白羊湖社区
48	"长江中游黄石-萍乡-德兴矿山集中区综合地质调查项目"年度成果应用证明	萍乡市自然资源和规划局
49	"长江中游黄石-萍乡-德兴矿山集中区综合地质调查项目"水工环地质调查专题证明	萍乡市自然资源和规划局湘东分局
50	赣州找水打井成果应用证明	赣州市自然资源局
51	找水打井成果应用证明	宁都县青塘镇、钩峰乡、小布镇、田头镇、会同乡、赖村镇、东山坝镇、固村镇、洛口镇、长胜镇、会同乡、洛口镇灵村
52	长江岸线稳定性评价和监测成果应用证明	扬中市自然资源和规划局、扬中市水利局
53	兴国县人民政府关于使用中国地质调查局地质调查项目科技成果应用证明(2018年)	兴国县人民政府
54	兴国县人民政府关于使用中国地质调查局地质调查项目科技成果应用证明(2019年)	兴国县人民政府
55	兴国县埠头乡西霞村供水示范工程成果应用证明	兴国县人民政府
56	会昌县人民政府关于使用中国地质调查局地质调查项目科技成果应用证明	会昌县人民政府
57	兴国县矿产资源管理局关于使用中国地质调查局地质调查项目科技成果应用证明	兴国县矿产资源管理局
58	兴国县社富乡关于使用科普图书成果应用证明	兴国县社富乡人民政府
59	兴国县杰村乡关于使用中国地质调查局地质调查项目科技成果应用证明	兴国县杰村乡人民政府
60	关于使用科普图书成果应用证明	兴国县杰村乡和平小学
61	中国地质调查局水文地质环境地质调查中心赣南扶贫找水探采结合示范井成果应用证明	宁都县小布镇人民政府
62	仙桃市农村地区供水安全应用证明	仙桃市人民政府
63	朝阳村探采结合井成果应用证明	华容县操军镇朝阳村村民委员会
64	找水打井研究成果应用证明	江西省灌溉试验中心站、江西省勘察设计研究院
65	湿地修复方案成果应用证明	启东传化滨江开发建设有限公司
66	找水打井成果应用证明	宁都县人民政府、宁都县水利局、宁都县自然资源局
67	地热成果应用证明	于都县人民政府
68	找水打井成果应用证明	赣州市自然资源局
69	长三角盐碱地修复示范成果应用证明	南通市自然资源和规划局、拓璞康生态科技南通有限公司
70	长江干流沿江湿地修复示范成果应用证明	启东传化滨江开发建设有限公司
71	尾矿废石综合利用与生态保护成果应用证明	会理县秀水河矿业有限公司、西部(重庆)地质科技创新研究院有限公司

续附录 2

序号	应用证明成果名称	应用单位
72	沿江岸线调查成果应用证明	彭泽县发展和改革委员会
73	地热调查成果应用证明	广安市自然资源和规划局
74	华蓥市溪口镇烟囱堡石灰岩资源储量成果应用证明	华蓥市自然资源和林业局
75	华蓥山玄武岩普查成果应用证明	华蓥市自然资源和林业局
76	萍乡市重点区水工环地质调查成果应用证明	上栗县自然资源和规划局
77	黔中城市群综合地质调查项目成果应用证明	贵阳市生态环境局、贵安新区自然资源局、贵州省第二测绘院、贵州大学资源与环境工程学院、贵州省喀斯特环境与地质灾害防治重点实验室、贵州省地质矿产勘查开发局——五地质大队、贵州省环境监测中心站、贵州地质工程勘察设计研究院
78	云南安宁矿山集中区综合地质调查项目成果应用证明	云南安宁矿业有限公司
79	探采结合井成果应用证明	江西省庐山市都昌县多宝乡多宝村
80	探采结合井移交成果应用证明	江西省庐山市都昌县汪墩乡大桥村、苏山乡八方祠堂村

附录3：编制专著(含已出版)

序号	名称	编制年份	出版年份
1	《长江经济带国土资源与重大地质问题图集》	2015	2018
2	《长江中游城市群国土资源与环境重大地质问题图集》	2016	
3	《苏南现代化建设示范区国土资源与重大地质问题图集》	2016	
4	《长三角经济区国土资源与重大地质问题图集》	2016	
5	《皖江经济带国土资源与重大地质问题图集》	2017	
6	《支撑服务成都市地下空间资源综合利用地质环境图集》	2017	
7	《长株潭城市群地质资源环境图集》	2017	2018
8	《江苏沿海地区地质资源环境图集》	2018	
9	《三峡地区万州—宜昌段交通走廊区环境地质图集》	2018	
10	《涪江流域环境地质图集》	2018	
11	《三峡地区万州—宜昌段交通走廊环境地质图集》	2018	
12	《支撑服务武汉市规划建设与绿色发展地质环境图集》	2018	2019
13	《支撑服务长江新城规划建设与绿色发展地质环境图集》	2018	
14	《长江中游岸线地质资源与环境地质问题图集》	2018	2019
15	《成渝城市群沿江发展带地质环境图集》	2018	
16	《成渝城市群地质环境图集》	2018	

续附录3

序号	名称	编制年份	出版年份
17	《宁波市地质环境资源图集》	2018	
18	《南京江北新区国土资源与重大地质问题图集》	2018	
19	《上海市自然资源图集》	2019	
20	《浙江省自然资源图集》	2019	
21	《贵安新区自然资源图集》	2019	
22	《长江三角洲区域一体化发展区自然资源图集》	2020	
23	《长江经济带环境地质图集》	2020	
24	《广安市资源环境图集》	2020	
25	《广安市资源环境承载能力与国土空间开发适宜图集》	2020	
26	《洞庭湖区自然资源图集》	2020	
27	《丹江口水源安全保障区自然资源图集》	2020	
28	《鄱阳湖生态经济区自然资源图集》	2020	
29	《江汉-洞庭平原自然资源图集》	2020	
30	《新安江上游自然资源图集》	2020	
31	《安宁市地表水丰、枯水期元素地球化学分布及水质评价图集》	2020	
32	《安宁市自然资源图集》	2021	
33	《衢州市自然资源图集》	2021	
34	《支撑皖江沿江"1515"行动计划资源环境图集》	2021	
35	《矿山地质环境管理的理论与实践》	2016	2016
36	《长江中游城市群国土资源与环境地质图集》	2016	2017
37	《岩溶塌陷灾害监测技术》	2016	2017
38	《Research on Soil Carbon Storages and Storage Changes in Yangtze Delta Region,China》	2016	2016
39	《长株潭城市群资源环境地质图集》	2018	2018
40	《江苏海岸带地质资源环境图集》	2018	2020
41	《成渝经济区环境地质图及说明书》	2018	
42	《清江河道变迁与滑坡崩塌》	2018	2018
43	《图说基岩地下水》	2018	2018
44	《野外:一览地质山水 保护自然生态》	2018	2019
45	《中国重要经济区和城市群地质环境图集·成渝城市群》	2018	2018
46	《长江中下游河槽物理过程》	2021	2021
47	《长江经济带环境地质和生态修复》	2021	2021
48	《成渝城市群绿色发展自然资源与地质环境图集》	2021	出版中
49	《成渝城市群沿江发展带地质环境调查与评价》	2021	出版中

附录4：国家发明专利、实用新型专利和软件著作权

工程实施过程中，申报国家发明专利、实用新型专利和软件著作权共134项。其中，发明专利有42项（已授权40项，在审2项），实用新型专利有42项（全部授权），软件著作权有50项。

1. 发明专利

序号	专利名称	专利类型	状态
1	深部含水层多参数原位监测仪器及其方法	发明专利	授权
2	动态双极性脉冲法地下水四电极电导率监测仪器及方法	发明专利	授权
3	一种用于岩溶塌陷试验的水位波动控制装置及岩溶塌陷试验装置	发明专利	授权
4	一种泥质沉积物埋藏演化过程的模拟方法	发明专利	授权
5	不同温压条件下多过程在线监测的一体化土柱模拟装置	发明专利	授权
6	一种冰湖溃决预警方法	发明专利	授权
7	流域尺度地下水向地表水氮输运阻断优先控制区划分方法	发明专利	授权
8	一种降水预警方法及其在地质灾害中的应用	发明专利	授权
9	一种用于针孔渗透变形试验的水头压力控制系统及装置	发明专利	授权
10	一种古地磁样品采集工具	发明专利	授权
11	土壤取样器	发明专利	授权
12	一种红层浅井简易取水装置	发明专利	授权
13	一种泥石流松散物源活跃性判定方法	发明专利	授权
14	一种自然清淤的泥石流拦砂坝及其应用	发明专利	授权
15	一种科普岩心缩样柱及其制作方法	发明专利	授权
16	基于降雨频率的泥石流淤积危险范围划分方法	发明专利	授权
17	长江流域水体信息提取及其空间编码方法	发明专利	授权
18	一种页岩气泄漏多种气体在线监测装置及方法	发明专利	授权
19	一种单钻孔地质雷达定向反射成像的探测方法	发明专利	授权
20	一种在深钻孔中布设垂直光纤并注浆封孔的方法	发明专利	授权
21	基于物联网的地下水质监测系统和主系统	发明专利	授权
22	一种模拟岩溶土洞形成演化的三维建模方法	发明专利	授权
23	基于无人机影像的疑似违法违规用地信息快速提取方法	发明专利	授权
24	一种野外用井深水位一体测量装置及其测量方法	发明专利	授权
25	一种城镇扩展遥感监测及城镇质量评价方法	发明专利	授权
26	一种人为强化土壤自净作用修复重金属污染土壤的方法	发明专利	授权
27	基于先验知识的土地利用/覆被信息时空监测方法	发明专利	授权
28	顾及城镇格局特征的人口分布时空演变与认知	发明专利	授权

续附录 4-1

序号	专利名称	专利类型	状态
29	一种可控制土洞形成过程的物理模拟实验装置及方法	发明专利	授权
30	便携式松散易碎岩层原位样品采集装置	发明专利	授权
31	流域尺度地下水向地表水氮输运阻断优先控制区划分方法	发明专利	授权
32	不同温压条件下多过程在线监测的一体化土柱模拟装置	发明专利	授权
33	一种银型锰钾矿八面体分子筛的制备方法（多次公布：CN108285149A）	发明专利	授权
34	长江流域水体信息提取及其空间编码方法	发明专利	授权
35	一种单钻孔地质雷达定向反射成像的探测方法	发明专利	授权
36	一种银型锰钾矿八面体分子筛的制备方法（多次公布：CN108285149B）	发明专利	授权
37	一种野外用井深水位一体测量装置及其测量方法	发明专利	授权
38	基于无人机影像的疑似违法违规用地信息快速提取方法	发明专利	授权
39	一种轻质石膏砌块及其制备方法	发明专利	授权
40	一种固废制备超轻陶粒及其制备方法	发明专利	授权
41	含有钒钛磁铁矿尾矿的水泥混合材及其制备方法和应用	发明专利	在审
42	基于BIM的地表建筑太阳辐射估算方法	发明专利	在审

2. 实用新型专利

序号	专利名称	专利类型	状态
1	便携式磁力搅拌器	实用新型	授权
2	便携式水位计	实用新型	授权
3	便携式石英晶体微天平液相检测驱动装置	实用新型	授权
4	一种页岩气开发微地震压裂智能识别装置	实用新型	授权
5	地下水监测仪器结构	实用新型	授权
6	一种全自动双环入渗仪	实用新型	授权
7	岩心取样器及取样装置	实用新型	授权
8	高效的资料拍摄架	实用新型	授权
9	一种快速测量土地面积仪	实用新型	授权
10	红层泥岩膨胀特征复合试验平台	实用新型	授权
11	一种地质体产状的电子测量装置	实用新型	授权
12	浅埋地下水与地表水取样器	实用新型	授权
13	一种适用于土壤取样器的可卸式采样辅助装置	实用新型	授权
14	一种分层抽水试验井口工作台	实用新型	授权
15	一种超声自动测流量的抽水试验堰箱	实用新型	授权
16	一种易于安装及控制水头且防蒸发的双环入渗仪	实用新型	授权
17	浅层水井简易测深取样工具	实用新型	授权

续附录 4-2

序号	专利名称	专利类型	状态
18	一种野外用井深水位一体测量装置	实用新型	授权
19	自动双环入渗仪	实用新型	授权
20	一种红层地区快速取土样的装置	实用新型	授权
21	可调节的浅层沉积物微型温度自动记录仪原位布设装置	实用新型	授权
22	一种浅层沉积物分布式光纤测温杆原位布设装置	实用新型	授权
23	井口保护装置	实用新型	授权
24	地下水监测装置	实用新型	授权
25	一种微地震数据采集系统	实用新型	授权
26	页岩气开采区环境监测装置	实用新型	授权
27	一种地震监测装置	实用新型	授权
28	一种拆卸方便的人工降雨装置	实用新型	授权
29	一种分体组装便携式抽水试验装置	实用新型	授权
30	一种通用夹持式地下水井水位测量装置	实用新型	授权
31	自记录式山区沟渠流量监测装置	实用新型	授权
32	土洞气体示踪试验装置	实用新型	授权
33	岩溶塌陷多参数监测预警试验系统	实用新型	授权
34	便携式页岩气解吸观测与自动测量装置	实用新型	授权
35	地下水监测仪器结构	实用新型	授权
36	一种用于地质环境监测的取样器	实用新型	授权
37	自记录式山区沟渠流量监测装置	实用新型	授权
38	一种自动控制注水的双环入渗实验装置及系统	实用新型	授权
39	一种野外多功能便携式岩石硬度测量笔	实用新型	授权
40	便携式页岩气解吸观测与自动测量装置	实用新型	授权
41	便携式可伸缩水样采集器	实用新型	授权
42	土样采集工具及洛阳铲	实用新型	授权

3. 软件著作权

序号	著作权名称	登记号
1	长江经济带地质资源环境综合信息管理与服务系统 V1.0	2018SR946621
2	长江经济带玻璃地球地质环境三维信息辅助决策平台 V1.0	2018SR938947
3	长三角经济区子项目数据上报系统 V1.0	2018SR938442
4	长三角经济区子项目数据汇总系统 V1.0	2018SR938304
5	长江经济带地质资源环境信息服务平台 V1.0	2017SR617545
6	长江经济带地质资源环境数据中心系统 V1.0	2017SR617554

续附录 4-3

序号	著作权名称	登记号
7	长江经济带二级项目数据汇总系统 V1.0	2017SR619316
8	长江经济带子项目数据上报系统 V1.0	2017SR622264
9	长三角经济区数据管理系统 V1.0	2017SR619267
10	岩溶塌陷野外数据采集系统 V1.0	2018SR884978
11	地下水仪器设备管理系统手机应用软件	2017SR408039
12	Identification of Aquifer Parameters Based on Groundwater Sulg Tests Software	2018SR282592
13	Identification of Aquifer Parameters Based on Groundwater Recovery Tests Software	2018SR426645
14	滑坡涌浪公式法评估系统 V1.0	2016SR072099
15	山区水库水下滑坡涌浪分析系统 V1.0	2016SR072103
16	水库浅水区滑坡涌浪源分析系统 V1.0	2016SR072108
17	FAST 风险评估系统	2016SR100547
18	水库滑坡涌浪灾害应急分析系统 V1.0	2016SR101778
19	地下水质在线实时监测系统 V1.0	2017SR665107
20	野外地下水快速分析系统 V1.0	2017SR668189
21	皖江经济带综合地质调查空间分析及动态评价系统 V1.0	2017SR527011
22	地质环境管理信息系统 V1.0	2017SR468594
23	金沙江干流梯级电站工程区地质灾害分布信息管理系统 V2.0	2018SR580503
24	红层区开完最优夹角和坡度范围分析软件 V1.0	2018SR287236
25	金沙江干流梯级电站工程区地质灾害分布信息管理系统 V1.0	2018SR692578
26	川滇地区潜势泥石流判识系统软件 V1.0	2017SR084660
27	城镇地质环境综合调查成果科普展示平台 V1.0	2018SR016368
28	地质环境质量评价系统	2018SR900166
29	皖江经济带综合地质调查数据集成与展示系统 V1.0	2018SR812993
30	皖江经济带地质信息服务与辅助决策系统	2018SR808182
31	皖江经济带地下水模拟决策系统	2018SR812996
32	地质环境数据管理系统	2018SR717862
33	物探测井曲线处理软件 V1.0	2018SR846962
34	野外样品采集信息录入及标签现场打印系统 V1.0	2018SR846976
35	苏卡列夫水化学类型识别软件 V1.0	2018SR891898
36	稳定流抽水数据分析软件 V1.0	2018SR891948
37	粒度概率累计曲线绘制软件 V1.0	2018SR891743
38	水位统测数据处理软件 V1.0	2018SR891914
39	西南地区水电基地库区地质灾害分布信息管理系统 V3.0	2018SR740350
40	工业用地转型利用健康风险评价系统 V1.0	2018SR119182
41	岷江上游堰塞湖灾害信息查询系统 V3.0	2018SR751696
42	基于 GIS 和 MATLAB 的泥石流沟道径流形态模拟系统	2019SR0879367

续附录 4-3

序号	著作权名称	登记号
43	影像裁剪及标准图框处理系统	2018SR884925
44	地质灾害监测预警平台移动指挥调度系统	2020SR0480078
45	地下水仪器设备管理系统手机应用软件 V1.0	2017SR408039
46	基于阶梯状抽水试验法识别地下水含水层参数软件	2020SR0127349
47	长江经济带环境地质权限应用模式系统 V1.0	2020SR0140012
48	长江经济带环境地质大数据分析系统 V1.0	2020SR0139770
49	长江经济带环境地质数据录入系统 V1.0	2020SR0140270
50	攀西钒钛磁铁矿资源开发利用水平监管平台	2020SR0050659

附录 5：发表论文

工程共计发表论文 404 篇，发表论文按照先中文期刊、后英文期刊排列，再按照时间顺序排，同一年度论文再按拼音排列。

[1] 龚绪龙,梅芹芹,2015. 地质调查强力支撑江苏沿海地区规划建设[J]. 中国地质调查成果快讯(5):13-15.

[2] 范毅,何阳,2015. 长株潭城市群地质环境调查有效服务"两型社会"建设[J]. 中国地质调查成果快讯(5):20-21.

[3] 姜月华,葛伟亚,周权平,2015. 国土资源调查评价多方位支撑长江经济带规划[J]. 中国地质调查成果快讯(5):10-12.

[4] 焦珣,王寒梅,2015. 长江三角洲地区地面沉降监测与防控有效支撑地面沉降防治[J]. 中国地质调查成果快讯(13):4-6.

[5] 李伟,2015. 苏锡常地区地面沉降防控进入新阶段[J]. 中国地质调查成果快讯(5):16-18.

[6] 林钟扬,明光,黄卫平,2015. 浙江嘉兴城市地质调查服务地方国土资源管理[J]. 中国地质调查成果快讯(13):7-9.

[7] 闫玉茹,葛松,2015. 创新技术方法提高潮间带地质调查工作效率[J]. 中国地质调查成果快讯(5):22-24.

[8] 邹安权,杨涛,2015. 绘制武汉城市为城镇和基础设施规划建设导航[J]. 中国地质调查成果快讯(5):17-19.

[9] 陈绪钰,王东辉,李明辉,等,2016. 丘陵山区城市低丘缓坡土地工程建设适宜性评价以宜宾市城市规划区为例[J]. 工程地质学报,24(S1):469-477.

[10] 陈绪钰,王东辉,田凯,2016. 宜宾市规划中心城区工程建设地质环境适宜性综合评价[J]. 安全与环境工程,23(4):1-7.

[11] 韩凯,郑智杰,甘伏平,等,2016. 利用多源大功率充电法定位复杂岩溶含水通道的方法[J]. 吉林大学学报(地球科学版),46(5):1501-1510.

[12] 何军,彭轲,曾敏,2016. 江汉平原东北部浅层高铁锰地下水环境特征[J]. 华南地质与矿产,32(3):258-264.

[13] 黄金玉,姜月华,苏晶文,等,2016. 长江三角洲地区地下水调查点特殊分布的评价方法解析[J].

地质学报,90(10):2948-2961.

[14]贾龙,吴远斌,潘宗源,等,2016.我国红层岩溶与红层岩溶塌陷刍议[J].中国岩溶,35(1):67-73.

[15]姜月华,苏晶文,张泰丽,等,2016.支撑服务长三角经济区发展地质调查报告(2016年)[M]//国土资源部中国地质调查局.中国地质调查百项成果.北京:地质出版社:477-489.

[16]姜月华,杨天亮,朱锦旗,等,2016.长江三角洲地区地面沉降机理与防控[M]//国土资源部中国地质调查局.中国地质调查百项理论.北京:地质出版社:268-270.

[17]姜月华,林良俊,陈立德,等,2016.长江经济带国土资源与重大地质问题图集(简介)[M]//国土资源部中国地质调查局.中国地质调查百项理论.北京:地质出版社.

[18]金阳,姜月华,周权平,等,2016.丹阳市吕城地区土壤重金属污染及其风险评价[J].环境科学与技术,39(S1):366-370.

[19]李云,姜月华,杨国强,等,2016.江苏如东洋口地区断裂特征及其意义[J].地质力学学报,22(3):602-609.

[20]李志刚,徐光黎,袁杰,等,2016.针贯入仪在软岩强度测试中的应用[J].岩土力学,37(S1):651-658.

[21]林良俊,姜月华,陈立德,等,2016.支撑服务长江经济带发展地质调查报告(2015年)[M]//国土资源部中国地质调查局.中国地质调查百项成果.北京:地质出版社:469-476.

[22]陆雪骏,程和琴,周权平,等,2016.强潮流作用下桥墩不对称"双肾型"冲刷地貌特征与机理[J].海洋学报,38(9):118-125.

[23]潘宗源,贾龙,刘宝臣,2016.基于AHP和ArcGIS技术的岩溶塌陷风险评价:以遵义永乐镇为例[J].桂林理工大学学报,36(3):464-470.

[24]宋志,倪化勇,周洪福,等,2016.基于多层次物理力学参数的小区域地震滑坡危险性评估:以长江上游石棉县城及周边为例[J].地质力学学报,22(3):760-770.

[25]宋志,邓荣贵,陈泽硕,2016.典型泥石流堵河案例运动过程与堆积区特征分析:以四川石棉熊家沟泥石流为例[J].自然灾害学报,25(1):74-80.

[26]宋志,邓荣贵,倪化勇,等,2016.四川石棉熊家沟泥石流形成机理与成灾特征分析[J].地质科技情报,35(3):216-220.

[27]谭建民,严绍军,2016.降雨历程诱发滑坡演化过程研究[J].南水北调与水利科技,14(02):80-84.

[28]谭建民,2016.三峡水库消落期涉水滑坡稳定性的变化特征[J].环境科学与技术,39(S1):66-70.

[29]王东辉,陈绪钰,朱德明,等,2016.成渝经济区南部城市群孕灾条件与地质灾害发育特征[J].地质力学学报,22(3):695-705.

[30]吴帅虎,程和琴,李九发,2016.近期长江河南槽河段冲淤变化与微地貌特征[J].泥沙研究,(5):47-52.

[31]吴帅虎,程和琴,胥毅军,2016.长江河口主槽地貌形态观测与分析[J].海洋工程,34(6):84-93.

[32]吴炳华,蔡国成,潘小青,等,2016.宁波市地下空间开发利用地质环境制约因素研究[J].城市地质,11(4):39-43+65.

[33]张傲,唐朝晖,柴波,等,2016.钢混建筑物落石碰撞的易损性定量评价[J].合肥工业大学学报(自然科学版),39(2):217-222.

[34]张平,陈火根,冯文立,2016.苏北沿海中部地区地质调查成果服务城市规划建设[J].中国地质调查成果快讯,1(24):12-14.

[35]郑智杰,陈贻祥,甘伏平,2016.岩溶区岩土层地球物理性质浅析:以吉利岩溶塌陷区为例[J].

地球物理学进展,31(2):920-927.

[36]郑智杰,曾洁,甘伏平,2016.装置和电极距对岩溶管道高密度电法响应特征的影响研究[J].水文地质工程地质,43(5):161-165+172.

[37]郑智杰,曾洁,甘伏平,2016.不同深度谷地对高密度电法探测地下岩溶管道的影响试验研究[J].科学技术与工程,16(34):12-17.

[38]陈晨,文章,梁杏,等,2017.江汉平原典型含水层水文地质参数反演[J].地球科学,42(5):727-733.

[39]戴建玲,罗伟权,吴远斌,等,2017.广西来宾市良江镇吉利村岩溶塌陷成因机制分析[J].中国岩溶,36(6):808-818.

[40]杜尧,马腾,邓娅敏,等,2017.潜流带水文-生物地球化学:原理、方法及其生态意义[J].地球科学,42(5):661-673.

[41]付杰,朱继良,马鑫,等,2017.基于流域尺度角半沟泥石流危险性评价[J].工程地质学报,25(S1):365-373.

[42]高杰,郑天亮,邓娅敏,等,2017.江汉平原高砷地下水原位微生物的铁还原及其对砷释放的影响[J].地球科学,42(5):716-726.

[43]郭森,顾延生,丁俊傑,等,2017.仙桃地区关键带生态演化与碳埋藏[J].地球科学,42(5):707-715.

[44]何军,彭轲,肖攀,2017.咸宁地区地下水水化学特征及其形成机制[J].资源环境与工程,31(2):196-201.

[45]何军,彭轲,曾敏,2017.武汉市第四系浅层地下水环境背景值研究[J].中国地质调查,4(6):71-75.

[46]何军,梁川,肖攀,等,2017.长江中游簰洲湾—武穴段岸坡稳定性评价[J].华南地质与矿产,33(2):187-192.

[47]贺小黑,谭建民,裴来政,2017.断层对地质灾害的影响:以安化地区为例[J].中国地质灾害与防治学报,28(3):150-155.

[48]贾龙,蒙彦,戴建玲,2017.广佛肇地区岩溶塌陷易发性分析[J].中国岩溶,36(6):819-829.

[49]姜伏伟,2017.大藤峡水库岩溶塌陷预防的安全调度研究[J].中国岩溶,36(6):851-858.

[50]姜伏伟,2017.岩溶塌陷发育机理模式研究[J].中国岩溶,36(6):759-763.

[51]姜月华,林良俊,陈立德,等,2017.长江经济带资源环境条件与重大地质问题[J].中国地质,44(6):1045-1061.

[52]李华,王东辉,2017.不同物理和几何参数条件下滑坡要素的地质雷达探测响应研究[J].工程地质学报,25(4):1057-1064.

[53]李辉,余忠迪,蔡晓斌,等,2017.基于无人机遥感的河流阶地提取[J].地球科学,42(5):734-742.

[54]李鹏岳,巴仁基,倪化勇,等,2017.库水位升降速率对雅安双家坪堆积体滑坡稳定性影响模拟分析[J].地质力学学报,23(2):288-295.

[55]李霞,文章,梁杏,等,2017.基于解析法和数值法的非稳定流抽水试验参数反演[J].地球科学,42(05):743-750.

[56]连志鹏,伏永朋,2017.梅溪河流域明水中学滑坡形成机理与稳定性评价[J].中国地质调查,4(1):69-73.

[57]梁川,李慧娟,陈刚,等,2017.基于层次分析法的过江隧道工程场地适宜性研究:以长江中游簰洲湾-武穴段为例[J].资源环境与工程,31(6):758-763.

[58]刘金辉,徐卫东,李佳乐,等,2017.兴国县北部地下水氟水文地球化学特征[J].东华理工大学

学报(自然科学版),40(4):301-305+367.

[59]刘鹏瑞,刘长宪,姜超,等,2017.武汉市工程施工引发岩溶塌陷机理分析[J].中国岩溶,36(6):830-835.

[60]刘新建,郭杰华,陈英姿,2017.疏干排水矿区闭坑后岩溶塌陷形成机理探索:以湘中地区恩口煤矿为例[J].中国岩溶,36(6):842-850.

[61]鲁宗杰,邓娅敏,杜尧,等,2017.江汉平原高砷地下水中DOM三维荧光特征及其指示意义[J].地球科学,42(5):771-782.

[62]骆祖江,徐晓,常晓军,2017.基于Monte-Carlo参数模拟的体积法评价浅层地温能资源[J].勘察科学技术(6):15-22.

[63]潘宗源,蒋小珍,戴建玲,等,2017.岩溶矿床疏干区地下水位恢复对岩溶塌陷作用机制的研究:以南宁乡大成桥为例[J].中国岩溶,36(6):786-794.

[64]万佳威,张勤军,石树静,2017.岩溶塌陷不确定性预测评价综述[J].中国岩溶,36(6):764-769.

[65]王晓玮,赵志伟,陈伟清,等,2017.泰安市覆盖型岩溶分布地区岩溶塌陷地下水位预警研究[J].中国岩溶,36(6):795-800.

[66]王新峰,李伟,刘元晴,等,2017.浅析基岩山区水文地质学[J].桂林理工大学学报,37(4):608-613.

[67]汪庆玖,叶小华,孟艨,2017.安徽省沿江地区典型岩溶塌陷区盖层-岩溶组合特征[J].中国岩溶,36(6):859-866.

[68]魏光华,史云,赵学亮,等,2017.离子选择性电极重金属检测仪器设计和试验[J].仪表技术与传感器(7):24-26+57.

[69]魏光华,赵学亮,李康,等,2017.基于STM32的重金属离子测量仪器的设计与试验[J].传感技术学报,30(12):1828-1833.

[70]吴炳华,张水军,徐鹏雷,等,2017.宁波市地下空间开发地质环境适宜性评价[J].地下空间与工程学报,13(S1):16-21.

[71]武鑫,黄敬军,缪世贤,2017.基于层次分析-模糊综合评价法的徐州市岩溶塌陷易发性评价[J].中国岩溶,36(6):836-841.

[72]沈帅,马腾,杜尧,等,2017.江汉平原典型地区季节性水文条件影响下氮的动态变化规律[J].地球科学,42(5):674-684.

[73]石盛玉,程和琴,郑树伟,等,2017.三峡截流以来长江洪季潮区界变动河段冲刷地貌[J].海洋学报,39(3):85-95.

[74]宋志,邓荣贵,陈泽硕,等,2017.磨西河泥石流堵断大渡河物理模拟与早期识别[J].吉林大学学报(地球科学版),47(1):163-170.

[75]汤尚颖,段鹏超,2017.将汉江河谷地带打造为国家地质公园的思考[J].湖北理工学院学报(人文社会科学版),34(6):38-42.

[76]汤尚颖,2017.汉江河谷地带尾矿治理研究[J].中国资源综合利用,35(10):96-99.

[77]汤尚颖,2017.关于提升汉江河谷地带生态地质环境承载力的政策建议[J].领导科学论坛(15):20-22.

[78]夏文娟,鲍其胜,张洁,等,2017.土地利用变化驱动力及趋势分析:以琼海市为例[J].现代测绘,40(5):12-15.

[79]肖攀,喻望,胡光明,等,2017.江汉-洞庭平原地下水功能评价与区划[J].人民长江,48(1):6-11+19.

[80]肖攀,彭轲,何军,等,2017.咸宁地区地下水资源开发及其保护措施探讨[J].人民长江,48(S2):99-103.

[81]许珂,田媛,闫妍,2017.三维空间模型地上下一体化剪切技术在地质领域的应用探讨[J].科技创新与应用(2):10-12.

[82]杨艳林,邵长生,2017.关于MapGIS数据文件转换中色库处理技术探讨[J].测绘与空间地理信息,40(3):22-24+32.

[83]杨顺,黄海,田尤,2017.涪江上游泥石流灾损土地特征及典型流域淤积危险性研究[J].长江流域资源与环境,26(11):1928-1935.

[84]杨元丽,杨荣康,孟凡涛,等,2017.黔中高原台面浅覆盖型岩溶塌陷分布及影响因素浅析[J].中国岩溶,36(6):801-807.

[85]於昊天,马腾,邓娅敏,等,2017.江汉平原东部地区浅层地下水水化学特征[J].地球科学,42(5):685-692.

[86]张婧玮,梁杏,葛勤,等,2017.江汉平原第四系弱透水层渗透系数求算方法[J].地球科学,42(5):761-770.

[87]张家豪,周丰年,程和琴,等,2017.长江潮区界上界河槽浅层沉积结构探测研究[J].海洋测绘,37(4):76-78+82.

[88]赵牧华,石刚,武磊彬,2017.安徽皖江地区页岩气地质调查地震勘探数据采集技术研究[J].华东地质,38(3):203-209.

[89]郑天亮,邓娅敏,鲁宗杰,等,2017.江汉平原浅层含砷地下水稀土元素特征及其指示意义[J].地球科学,42(5):693-706.

[90]陈欢,孙金辉,佘涛,等,2018.基于GIS技术的地质灾害风险评价:以北川县开坪乡为例[J].探矿工程(岩土钻掘工程),45(8):65-71.

[91]陈欢,2018.三峡库区提升库水位下降速率条件下沟边上滑坡稳定性评价[J].探矿工程(岩土钻掘工程),45(9):60-65.

[92]陈立德,2018.长江中游荆江和江汉—洞庭地区防洪减灾策略[J].科技导报,36(15):85-92.

[93]陈立德,2018.宜昌古老背晚更新世长江深槽研究:兼论长江深槽成因[J].地球科学前沿,8(3):456-462.

[94]陈小婷,黄波林,2018.FEM/DEM法在典型柱状危岩体破坏过程数值分析中的应用[J].水文地质工程地质,45(4):137-141.

[95]杜菁菁,骆祖江,宁迪,等,2018.地下水地源热泵优化布井的数值模拟研究[J].工程勘察,46(10):36-41.

[96]方捷,曾勇,刘一,等,2018."地质调查+"支撑服务脱贫攻坚模式探索与实践:以赣南苏区为例[J].地球学报,39(5):559-564.

[97]葛伟亚,2018.丹阳多要素城市地质调查服务地方经济社会发展[J].中国地质调查成果快讯,4(82-83):18-23.

[98]禹新,薛梅,梅红专,2018.基于灰度分析法的宜城市地质灾害易发性区划[J].资源环境与工程,32(S1):83-88+112.

[99]龚磊,王新峰,宋绵,等,2018.江西兴国县溶解性总固体分布规律初探[J].地球学报,39(5):586-591.

[100]龚建师,2018.马鞍山市城市地质调查服务土地利用规划[J].中国地质调查成果快讯,4(82-83):45-48.

[101]顾延生,管硕,马腾,等,2018.江汉盆地东部第四纪钻孔地层与沉积环境[J].地球科学,43(11):3989-4000.

[102]韩新强,谢忠胜,孙金辉,等,2018.江油市规划应急水源地地下水水化学特征分析[J].探矿工程(岩土钻掘工程),45(8):141-144.

[103] 何军,肖攀,许珂,等,2018.江汉平原西缘地下水水文地球化学过程研究[J].人民长江,49(5):6-10.

[104] 黄波林,殷跃平,2018.水库区滑坡涌浪风险评估技术研究[J].岩石力学与工程学报,37(3):621-629.

[105] 吉盼盼,孙建平,朱继良,2018.涪陵焦石镇页岩气开发区地下水质量评价[J].安全与环境工程,25(2):107-114.

[106] 贾龙,蒙彦,吴远斌,等,2018.地面与孔中地质雷达方法联作在覆盖型岩溶塌陷隐患识别中的应用[J].桂林理工大学学报,38(3):437-443.

[107] 蒋正,倪化勇,宋志,2018.重庆丰都县城区红层边坡变形破坏模式与稳定性评价[J].中国地质灾害与防治学报,29(6):23-32.

[108] 姜月华,李云,葛伟亚,等,2018.河南巩义抗旱地下水井位确定和钻探方法[J].华东地质,39(2):142-150.

[109] 李金洋,佘涛,陈欢,等,2018.基于斜坡失稳破坏模式的软弱变质岩区岩质滑坡易发性评价[J].探矿工程(岩土钻掘工程),45(8):83-87.

[110] 李明勇,陈健,毛鹏,等,2018.基于视频GIS的小型基建智能监控系统构建[J].现代测绘,41(1):8-11.

[111] 李鹏岳,倪化勇,王春山,等,2018.基于改进层次分析-可拓学模型的库岸稳定评价[J].人民长江,49(5):52-57.

[112] 李鹏岳,王东辉,王春山,2018.基于智能算法的地质体产状测量装置及方法[J].煤炭技术,37(4):96-98.

[113] 李荣建,张瑾,江浩,等,2018.饱和大厚度砂土地基中长短碎石桩屏蔽效应及其抗液化评价[J].自然灾害学报,27(6):157-165.

[114] 李云,姜月华,董贤哲,2018.宁波市城市地质调查服务都市圈经济社会发展[J].中国地质调查成果快讯,4(82-83):49-53.

[115] 李云峰,苏晶文,洪文二,2018.安庆城市地质调查服务城市高铁新区建设[J].中国地质调查成果快讯,4(82-83):40-44.

[116] 刘晶晶,马春,苏鹏程,2018.以气温和降雨量为指标的冰湖溃决预警方法[J].南水北调与水利科技,16(6):1-8.

[117] 刘元晴,周乐,曾溅辉,等,2018.惠民凹陷中央隆起带异常低压特征及成因分析[J].现代地质,32(1):154-161.

[118] 李志刚,徐光黎,黄鹏,等,2018.粉砂质板岩力学特性及各向异性特性[J].岩土力学,39(5):1737-1746.

[119] 骆祖江,杜菁菁,2018.基于热平衡分析的地埋管地源热泵换热方案模拟优化[J].农业工程学报,34(13):246-254+320.

[120] 蒙彦,黄健民,贾龙,2018.基于地下水动力特征监测的岩溶塌陷预警阈值探索:以广州金沙洲岩溶塌陷为例[J].中国岩溶,37(3):408-414.

[121] 倪化勇,王东辉,2018.创新编制服务成都市地下空间开发利用的地质环境图集[J].中国地质调查成果快讯,4(82-83):8-12.

[122] 潘小青,董贤哲,章泽军,等,2018.浙江宁波地区Z03孔第四纪磁性地层研究[J].华东地质,39(1):26-31.

[123] 潘永敏,华明,廖启林,等,2018.宜兴地区土壤pH值的分布特征及时空变化[J].物探与化探,42(4):825-832.

[124] 裴来政,谭建民,李明,等,2018.安化县澄坪村"7·16"泥石流形成机理及其动力学特征[J].

水土保持通报,38(4):34-37+45.

[125] 裴来政,鄢道平,张宏鑫,等,2018.1960年代以来武汉市湖泊演化特征及其成因浅析[J].华南地质与矿产,34(1):78-86.

[126] 佘涛,李金洋,陈欢,等,2018.崩塌堆积体启动坡面泥石流判别与防治:以北川县开坪乡平石板泥石流为例[J].探矿工程(岩土钻掘工程),45(8):88-92.

[127] 沈帅,马腾,杜尧,等,2018.江汉平原东部浅层地下水氮的空间分布特征[J].环境科学与技术,41(2):47-56.

[128] 石盛玉,程和琴,玄晓娜,等,2018.近十年来长江河口潮区界变动[J].中国科学(D辑),48(8):1085-1095.

[129] 宋绵,龚磊,王新峰,等,2018.江西兴国县偏酸性地下水研究现状[J].地球学报,39(5):581-586.

[130] 宋志,倪化勇,张永双,等,2018.四川盆周地形急变带地质灾害分布与区域特征[J].地下空间与工程学报,14(S1):451-460.

[131] 孙金辉,谢忠胜,韩新强,2018.江油市青莲镇规划应急水源地分析与评价[J].探矿工程(岩土钻掘工程),45(8):136-140.

[132] 孙金辉,谢忠胜,陈欢,等,2018.基于层次分析法的北川县环境地质承载力评价[J].水土保持通报,38(4):125-128+2.

[133] 孙智杰,高宗军,王新峰,等,2018.赣南山区矿泉水出露模式探讨[J].地球学报,39(5):565-572.

[134] 汤尚颖,2018.汉江河谷地带资源开发利用和环境保护模式研究[J].汉江师范学院学报,38(2):12-16.

[135] 汤尚颖,饶茜,2018.加强生态地质环境承载力管理提高生态敏感区管理水平:以汉江河谷地带为例[J].领导科学论坛(15):25-26+45.

[136] 田尤,杨为民,李浩,2018.黄土滑坡发育特征参数的幂律相依性研究[J].水文地质工程地质,45(3):131-137.

[137] 涂婧,李慧娟,彭慧,等,2018.武汉市江夏区大桥新区红旗村黏土盖层岩溶塌陷致塌模式分析[J].中国岩溶,37(1):112-119.

[138] 王淑平,程和琴,郑树伟,等,2018.近期长江与鄱阳湖汇流河段冲淤变化与微地貌特征[J].泥沙研究,43(3):15-20.

[139] 王淑平,程和琴,郑树伟,等,2018.近期长江张家洲南水道强冲刷机理与趋势分析[J].长江流域资源与环境,27(9):2070-2077.

[140] 王新峰,于开宁,王艳,等,2018.赣州福寿沟对雄安新区建设规划的启示[J].城市地质,13(1):108-110.

[141] 王新峰,宋绵,龚磊,等,2018.赣南缺水区地下水赋存特征及典型蓄水构造模式解析:以兴国县为例[J].地球学报,39(5):573-579.

[142] 温金梅,倪化勇,王春山,等,2018.砂泥岩互层斜坡演化及失稳特征研究:以三峡库区(长寿-丰都段)岸坡为例[J].工程地质学报,26(S1):76-84.

[143] 肖则佑,王进,侯怀敏,2018.赣南东部地热水特征及成因分析[J].东华理工大学学报(自然科学版),41(3):255-261.

[144] 许书刚,华明,郭慧,2018.宜兴市地质资源环境调查服务国土资源管理[J].中国地质调查成果快讯,4(82-83):59-61.

[145] 杨艳林,邵长生,靖晶,2018.Jarratt迭代法在P-Ⅲ型分位数求解中的应用[J].中国防汛抗旱,28(10):31-34+53.

[146]杨艳林,邵长生,靖晶,2018.系统聚类法在划分岩溶地下水化学类型中的应用[J].物探与化探,42(4):738-744.

[147]杨艳林,许天福,靖晶,2018.OpenMP在CO_2质储存数值模拟并行计算中的应用[J].水文地质工程地质,45(5):129-135.

[148]杨艳林,邵长生,2018.长江中游地形起伏度分析研究[J].人民长江,49(2):51-55.

[149]杨洋,苏晶文,李云峰,等,2018.河流相沉积环境对软土力学性能影响研究[J].工程地质学报,26(S1):607-611.

[150]余成,葛伟亚,常晓军,等,2018.丹阳天王寺边坡稳定性评价及防治措施[J].地质学刊,42(2):345-348.

[151]张庆,雷廷,贾军元,等,2018.丹阳地区重金属污染对土体性质影响研究[J].工程地质学报,26(S1):612-617.

[152]张家豪,周丰年,程和琴,等,2018.多模态传感器系统在河槽边坡地貌测量中的应用[J].测绘通报(3):102-107.

[153]张家豪,周丰年,程和琴,等,2018.基于多模态传感器系统的长江下游窝崩边坡稳定性分析[J].自然灾害学报,27(1):155-162.

[154]赵学亮,魏光华,2018.深部含水层pH值在线监测电位漂移补偿技术[J].河南科技大学学报(自然科学版),39(6):55-59.

[155]郑树伟,程和琴,石盛玉,等,2018.长江大通至徐六泾水下地形演变的人为驱动效应[J].中国科学(D辑),48(5):628-638.

[156]陈钢,程和琴,2019.长江下游河道河床阻力分布特征及影响因素分析[J].长江科学院院报,36(8):10-16.

[157]陈立德,2019.江汉—洞庭地区与黄广—九江地区更新统划分与对比[J].中国地质调查,6(5):21-27.

[158]陈小婷,王健,黄波林,等,2019.库水位变动条件下柱状危岩体变形破坏机理[J].中国地质灾害与防治学报,30(2):9-18.

[159]陈绪钰,李明辉,朱华平,等,2019.华蓥山中段地质灾害发育分布规律与孕灾因子敏感性研究[J].工程地质学报,27(增刊):276-288.

[160]陈绪钰,李明辉,王德伟,等,2019.基于GIS和信息量法的峨眉山市地质灾害易发性定量评价[J].沉积与特提斯地质,39(4):100-112.

[161]代贞伟,王磊,伏永朋,等,2019.丹江口水库老灌河流域地下水水化学特征[J].中国地质调查,6(5):43-49.

[162]代贞伟,王磊,贺小黑,等,2019.汉江流域硫铁矿区厚子河支流水质评价研究[J].中国地质调查,6(5):83-88.

[163]董毓,曹员兵,王盘喜,2019.上栗县斜坡地质灾害易发性评价[J].能源与环保,41(9):91-94.

[164]何军,肖攀,彭轲,等,2019.江汉平原西部浅层孔隙水水文地球化学特征[J].中国地质调查,6(5):36-42.

[165]何江林,李明辉,余谦,2019.寻找天然页岩气流[N].中国自然资源报,2019-7-2.

[166]华凯,程和琴,郑树伟,2019.长江口横沙通道近岸冲刷地貌形成机制[J].地理学报,74(7):1363-1373.

[167]贾龙,蒙彦,潘宗源,等,2019.钻孔雷达反射成像在岩溶发育场地探测中的应用[J].中国岩溶,38(1):124-129.

[168]江金硕,李荣建,刘军定,等,2019.基于黄土联合强度的黄土隧道围岩应力及位移研究[J].岩

土工程学报,41(A2):189-192.

[169]姜月华,周权平,李云,等,2019.江苏丹阳千年"沸井"的地质成因与形成机理[J].地质学报,93(7):1778-1791.

[170]姜月华,周权平,陈立德,等,2019.长江经济带地质环境综合调查工程进展与主要成果[J].中国地质调查,6(5):1-20.

[171]雷明,张水军,珠正,等,2019.金华地区地下水同位素特征及更新能力研究[J].水文,39(6):59-63.

[172]李浩,乐琪浪,孙向东,等,2019.巫溪县西溪河北岸高位高危碎屑流滑坡特征与机理研究[J].水文地质工程地质,46(2):13-20+28.

[173]李金洋,杨顺,佘涛,等,2019.龙门山断裂北川断裂带滑坡与构造活动关系研究[J].人民长江,50(2):138-143.

[174]李俊琦,马腾,邓娅敏,等,2019.江汉平原地球关键带监测网建设进展[J].中国地质调查,6(5):115-123.

[175]李亚松,尹立河,蒙彦,2019.从第45届国际水文地质大会看全球水文地质发展新方向[J].地质通报,38(5):901-903.

[176]刘道涵,王磊,伏永朋,等,2019.综合地球物理方法在水源区环境地质调查中的应用研究:以丹江口水库为例[J].地球物理学进展,34(2):757-762.

[177]刘广宁,齐信,黄长生,等,2019.粤桂合作特别试验区地质灾害发育特征及形成机理[J].华南地质与矿产,35(3):361-372.

[178]刘红樱,姜月华,杨国强,等,2019.长江经济带岩盐矿特征与盐穴储库适宜性评价[J].中国地质调查,6(5):89-98.

[179]刘红樱,姜月华,杨辉,等,2019.长江经济带土壤质量评价及产地适宜性初步研究[J].中国地质调查,6(5):50-63.

[180]刘前进,黄迅,董毓,等,2019.江西邵武-河源断裂带会昌断裂控热机理研究[J].地质调查与研究,42(2):154-160.

[181]刘月,谭建民,李远耀,等,2019.基于混合单元的三峡库区港口建设场地适宜性评价[J].中国地质调查,6(5):107-114.

[182]罗维,杨秀丽,宁黎元,等,2019.贵州主要碳酸盐岩含水层污染现状与特征[J].地球科学,44(9):2851-2861.

[183]马青山,贾军元,田福金,等,2019.地下水开采引发的土体变形对污染物迁移影响研究[J].中国煤炭地质,31(2):35-40+59.

[184]马骁,蒋小珍,曹细冲,等,2019.岩溶空腔水气压力脉动效应的发现及意义[J].中国岩溶,38(3):404-410.

[185]蒙彦,雷明堂,2019.岩溶塌陷研究现状及趋势分析[J].中国岩溶,38(3):411-417.

[186]蒙彦,郑小战,祁士华,等,2019.岩溶塌陷易发区地下水安全开采控制:以珠三角广花盆地城市应急水源地为例[J].中国岩溶,38(6):924-929.

[187]蒙彦,郑小战,雷明堂,等,2019.珠三角地区岩溶分布特征及发育规律[J].中国岩溶,38(5):746-751.

[188]邵长庆,杨强,李浩,等,2019.活动断层作用下地裂缝开裂机理研究[J].水文地质工程地质,46(4):34-41.

[189]施斌,张丹,闫继送,等,2019.纤入大地,感知灾害,造福人类:地质工程分布式光纤监测关键技术及其应用[J].中国科技成果(7):62-64.

[190]宋志,倪化勇,姜月华,等,2019.成渝城市群主要地质资源禀赋与绿色产业发展[J].中国地质

调查,6(5):74-82.

[191]苏晶文,龚建师,李运怀,等,2019.基于地层结构组合的第四纪地质单元划分研究:以皖江经济带沿江丘陵平原区为例[J].中国地质调查,6(5):28-35.

[192]滕立志,程和琴,徐韦,等,2019.长江口深水航道沿堤冲刷特征与趋势分析[J].泥沙研究,44(4):41-46.

[193]王彪,刘义,邵景力,等,2019.基于GMS的秦王川盆地三维地质模型构建[J].工程地质学报,27(S1):361-366.

[194]王磊,李荣建,潘俊义,等,2019.隔离边界条件下连续降雨诱发黄土边坡开裂试验研究[J].天津大学学报(自然科学与工程技术版),52(11):1163-1170.

[195]王玲,崔兆纯,韩威,等,2019.表面活性剂对橄榄石制备超细二氧化硅的影响[J].矿产综合利用(5):80-84.

[196]王睿,李晓昭,王家琛,2019.地下空间工作人群的心理环境影响要素研究[J].地下空间与工程学报,15(1):1-8.

[197]王子正,江新胜,周邦国,等,2019.滇东北地区中泥盆世缩头山组一段沉积特征及其含矿性[J].矿物岩石,39(2):90-98.

[198]温利刚,曾普胜,詹秀春,等,2019.云南禄丰鹅头厂铁铜矿床中稀土矿物的发现及意义[J].岩石矿物学杂志,38(4):477-497.

[199]邢怀学,葛伟亚,李亮,等,2019.基于GIS的丹阳城镇工程建设适宜性评价[J].华东地质,40(1):59-66.

[200]薛忠言,曾令熙,刘应冬,2019.太和钒钛磁铁矿中硫化物的工艺矿物学研究[J].矿产综合利用(3):78-81.

[201]熊俊楠,朱吉龙,苏鹏程,等,2019.基于GIS与信息量模型的溪洛渡库区滑坡危险性评价[J].长江流域资源与环境,28(3):700-711.

[202]徐韦,程和琴,郑树伟,等,2019.长江南京段近20年来河槽演变及其对人类活动的响应[J].地理科学,39(4):663-670.

[203]杨洋,程光华,苏晶文,2019.地下空间开发对城市地质调查的新要求[J].地下空间与工程学报,15(2):319-325.

[204]杨海,姜月华,王船海,等,2019.TDR土壤水分传感器测量值偏高现象分析与处理[J].水电能源科学,37(12):108-112+121.

[205]杨强,王思源,叶振南,2019.燕子河流域地质灾害发育特征及破坏模式分析[J].工程地质学报,27(S1):289-295.

[206]杨顺,黄海,田尤,等,2019.涪江上游泥石流灾损土地资源化利用模式[J].中国地质调查,6(5):124-130.

[207]杨艳林,邵长生,靖晶,等,2019.长江中游城市群矿泉水资源勘查与发现:以咸宁市汀泗桥幅1∶50 000水文地质调查数据集为例[J].中国地质,46(2):74-80.

[208]余成,葛伟亚,贾军元,等,2019.苏南地区地质灾害区划评价[J].中国地质调查,6(5):131-136.

[209]袁林,赖星,杨刚,等,2019.钝化材料对镉污染农田原位钝化修复效果研究[J].环境科学与技术,42(3):90-97.

[210]张家豪,程和琴,陈钢,等,2019.近期长江下游典型河漫滩边坡稳定性分析[J].泥沙研究,44(3):39-46.

[211]张锦让,王子正,郭阳,等,2019.揭开南红玛瑙的神秘面纱[J].地球,19(11):14-17.

[212]张宏丽,高小飞,姚明星,等,2019.动能歧视碰撞池-电感耦合等离子体质谱法测定光卤石中

溴[J].冶金分析,39(8):14-18.

[213]张利珍,张永兴,张秀峰,等,2019.中国磷石膏资源化综合利用研究进展[J].矿产保护与利用,39(4):14-18.

[214]张永康,曹耀华,柳林,等,2019.某矿区土壤重金属背景值调查与重金属污染现状评价[J].有色金属(冶炼部分)(10):74-79.

[215]赵幸悦子,彭轲,肖攀,等,2019.长江中游沿岸过江大桥工程建设适宜性评价与地学建议[J].中国地质调查,6(5):99-106.

[216]赵毅斌,黄旭娟,黄讯,2019.新余鹄巢地区岩溶发育特征及岩溶水富集规律研究[J].江西科学,37(5):694-702.

[217]周富彪,孙进忠,石金山,等,2019.桂林七星岩摩崖题刻渗水通道瑞雷波探测[J].文物保护与考古科学,31(3):100-109.

[218]朱继良,付杰,王赛,等,2019.重庆涪陵页岩气勘查开发区环境地质调查进展[J].中国地质调查,6(5):64-73.

[219]曹耀华,张永康,刘红召,等,2020.长江中游某高氟地下水除氟试验研究[J].湿法冶金,39(3):256-260.

[220]陈绪钰,王东辉,倪化勇,等,2020.长江经济带上游地区丘陵城市工程建设适宜性评价:以泸州市规划中心城区为例[J].吉林大学学报(地球科学版),50(1):194-207.

[221]陈震,李少帅,陈建平,2020.土地生态质量遥感空间分异与主控因子研究:以广安市为例[J].测绘通报(9):94-99.

[222]崔玉贵,姜月华,刘林,等,2020.高密度电法在江西于都黄麟地区地热勘查中的应用[J].华东地质,41(4):368-374.

[223]戴建玲,雷明堂,蒋小珍,等,2020.极端气候与岩溶塌陷[J].中国矿业,29(S2):402-404.

[224]邓冰,朱志敏,张渊,等,2020.某超低品位钒钛磁铁矿选钛工艺探讨[J].有色金属(选矿部分)(2):57-64+83.

[225]丁峰,何江林,张栋,等,2020.基于地震技术的川东北广安地区五峰组构造圈闭识别[J].科学技术创新(3):72-73.

[226]段学军,王晓龙,邹辉,等,2020.长江经济带岸线资源调查与评估研究[J].地理科学,40(1):22-31.

[227]段学军,邹辉,王晓龙,2020.长江经济带岸线资源保护与科学利用[J].中国科学院院刊,35(8):970-976.

[228]郭峰,孙祥,吴松,2020.冈底斯西段朱诺斑岩铜矿床角闪石成分特征及其地质意义[J].矿物岩石,40(2):48-58.

[229]郭猛猛,2020.无人机助力皖江经济带地质灾害快速识别[J].中国地质调查成果快讯,6(120-121):44-47.

[230]华凯,程和琴,颜阁,等,2020.近期长江口南支扁担沙洲演变特性[J].泥沙研究,45(6):33-39.

[231]黄健敏,杨章贤,2020.饮用天然矿泉水资源调查助推"水产业"大文章[J].中国地质调查成果快讯,6(120-121):29-31.

[232]黄艳雯,杜尧,徐宇,等,2020.洞庭湖平原西部地区浅层承压水中铵氮的来源与富集机理[J].地质科技通报,39(6):165-174.

[233]姜泽宇,程和琴,华凯,等,2020.长江口横沙北侧岸坡冲刷特征与趋势分析[J].海洋通报,39(2):249-256.

[234]焦团理,2020.农业水文地质调查服务皖江经济带高标准基本农田建设[J].中国地质调查成

果快讯,6(120-121):16-19.

[235]李明辉,袁建飞,黄从俊,等,2020.四川广安铜锣山背斜热储性质及地热成因模式[J].水文地质工程地质,47(6):36-46.

[236]梁钰,顾凯,吴静红,等,2020.基于细观特征的含水砂层蠕变潜力评价研究[J/OL].工程地质学报:1-10[2020-09-10]https://doi.org/10.13544/j.cnki.jeg.2020-253.

[237]刘才泽,王永华,赵禁,等,2021.川东北地区水稻镉积累与生态健康风险评价[J/OL].中国地质:1-13[2020-05-07].http://kns.cnki.net/kcms/detail/11.1167.P.20200507.1216.002.html.

[238]刘广宁,李聪,卢波,等,2020.降雨诱发全—强风化岩边坡浅层失稳模型试验研究[J].长江科学院院报,37(7):88-95+104.

[239]刘广宁,朱政涛,杨中华,等,2020.基于水动力模拟的鄱阳湖白鹤栖息地适宜性空间模糊评价[J].水电能源科学,38(6):141-145.

[240]刘林,姜月华,梅世嘉,等,2020.赣南于都黄麟地区地热勘察取得突破性进展[J].华东地质,41(2):183.

[241]刘能云,陈超,张裕书,等,2020.从尾矿中回收钛铁矿的试验研究[J].矿冶工程,40(1):65-68.

[242]刘应冬,徐力,王先达,等,2020.攀枝花钒钛磁铁矿尾矿中主要金属元素淋滤浸出行为研究[J].矿产综合利用(6):84-90.

[243]刘玉林,刘长森,刘岩,等,2020.我国朔州地区煤矸石的矿物学特征及煅烧组分变化研究[J].矿产保护与利用,40(3):100-105.

[244]鹿献章,2020.地质遗迹调查助力皖江地学旅游可持续发展[J].中国地质调查成果快讯,6(120-121):26-28.

[245]吕子虎,卫敏,吴东印,等,2020.某锂多金属矿浮选工艺研究[J].矿冶工程,40(3):58-61.

[246]吕子虎,赵登魁,程宏伟,等,2020.某钒钛磁铁矿尾矿资源化利用[J].有色金属(选矿部分)(1):55-58.

[247]潘宗源,吴远斌,贾龙,等,2020.湖南宁乡大成桥岩溶地下水对暴雨响应特征及多元回归预测模型[J].中国岩溶,39(2),232-242.

[248]邵鹏威,路国慧,郑宇,等,2020.高效液相色谱-感耦合等离子体质谱测定大米粉中的硒形态[J].环境化学,39(5):1434-1441.

[249]石天,程和琴,华凯,等,2020.工程影响下长江口涨潮槽演变特征研究:以北港六滧涨潮槽为例[J].海洋通报,39(1):134-142.

[250]苏晶文,2020.综合环境地质调查支撑皖江经济带国土空间规划[J].中国地质调查成果快讯,6(120-121):1-6.

[251]孙长明,马润勇,尚合欢,等,2020.基于滑坡分类的西宁市滑坡易发性评价[J].水文地质工程地质,47(3):173-181.

[252]孙晓梁,杜尧,邓娅敏,等,2020.1996—2017年枯水期地下水排泄对洞庭湖水量均衡的贡献及其时间变异性[J].地球科学,46(7):2555-2564.

[253]唐明,程和琴,陈钢,等,2020.基于ADCP的长江口感潮河段床面稳定性分析[J].泥沙研究,45(1):37-44.

[254]陶春军,2020.土地质量地球化学调查助力皖江经济带现代农业发展[J].中国地质调查成果快讯,6(120-121):20-22.

[255]王盘喜,郭峰,王振宁,2020.东昆仑祁漫塔格鸭子沟地区花岗岩类岩石年代学、地球化学及地质意义[J].现代地质,34(5):987-1000.

[256]王盘喜,郭峰,王振宁,2020.东昆仑祁漫塔格乌兰拜兴地区中泥盆世花岗岩年龄、地球化学特

征及其地质意义[J].地质通报,39(Z1):194-205.

[257]王盘喜,王振宁,2020.青海祁漫塔格鸭子沟地区二长花岗岩地球化学特征及地质意义[J].中国地质调查,7(1):38-46.

[258]王新峰,宋绵,龚磊,等,2020.赣南基岩缺水区安全供水示范工程建设的7个科学问题[J].科技导报,38(13):122-128.

[259]吴帅虎,程和琴,郑树伟,等,2020.近期长江口北槽河段河槽演变对人类活动的响应[J].长江流域资源与环境,29(6):1401-1411.

[260]夏继忠,2020.矿山地质环境调查积极支撑安徽新时期生态环境管理[J].中国地质调查成果快讯,6(120-121):23-25.

[261]夏学齐,龚庆杰,徐常艳,2020.2011—2020中国应用地球化学研究进展与展望之生态地球化学[J].现代地质,34(5):883-896.

[262]许丹,2020.岩溶塌陷识别与风险区划保障皖江经济带安全发展[J].中国地质调查成果快讯,6(120-121):41-43.

[263]徐雨潇,郑天亮,高杰,等,2020.江汉平原浅层含水层中土著硫酸盐还原菌对砷迁移释放的影响[J].地球科学,46(2):652-660.

[264]杨国强,金阳,李云,等,2020.基于GIS的宁波梅山岛工程建设地质适宜性评价[J].海洋科学,44(5):133-140.

[265]杨国强,李云,姜月华,等,2020.宁波市地下水应急供水模式探讨:以大嵩江流域为例[J/OL].人民长江:1-7[2020-09-27].http://kns.cnki.net/kcms/detail/42.1202.TV.20200927.1456.002.html.

[266]杨海,姜月华,周权平,等,2020.空间链接器式多维通用饱和—非饱和流模型研究[J].水文地质工程地质,47(5):120-131.

[267]杨洋,查甫生,2020.工程地质调查积极支撑皖江经济带沿江段工程规划建设[J].中国地质调查成果快讯,6(120-121):7-11.

[268]叶杰,王战卫,冯乃琦,等,2020.ASTER数据的煤矿区水体信息提取[J].测绘通报(7):82-87.

[269]查甫生,2020.岸线稳定性调查评价有效支撑长江黄金水道安全运行[J].中国地质调查成果快讯,6(120-121):12-15.

[270]赵令浩,曾令森,高利娥,等,2020.变基性岩部分熔融过程中榍石的微量元素效应:以南迦巴瓦混合岩为例[J].岩石学报,36(9):2714-2728.

[271]赵令浩,曾令森,詹秀春,等,2020.榍石LA-SF-ICP-MS U-Pb定年及对结晶和封闭温度的指示[J].岩石学报,36(10):2983-2994.

[272]卞孝东,2021.煤矿地下空间综合调查为矿城可持续发展提供支撑[J].中国地质调查快讯,7(6-7):44-46.

[273]陈绪钰,李明辉,2021.资源环境调查评价支撑服务四川广安地区国土空间规划[J].中国地质调查快讯,7(6-7):11-14.

[274]董贤哲,2021.地质调查支撑服务宁波-山跨海通道规划选址[J].中国地质调查快讯,7(8-9):8-10.

[275]杜尧,2021.洞庭湖区地下水-湖水相互作用研究进展[J].中国地质调查快讯,7(6-7):56-58.

[276]范晨子,2021.野外现场快速测试技术助力云南安宁磷矿绿色矿山建设[J].中国地质调查快讯,7(8-9):53-55.

[277]冯乃琦,2021.环境地质调查支撑服务江西萍乡市经济发展[J].中国地质调查快讯,7(6-7):40-43.

[278]伏永朋,2021.环境地质调查支撑服务南水北调中线工程水源地保护[J].中国地质调查快讯,7(6-7):59-61.

[279]顾轩,姜月华,杨国强,等,2021.水位变动条件下二元结构岸坡稳定性分析:以扬中市指南村崩岸段岸坡为例[J].华东地质,42(1):76-84.

[280]顾轩,姜月华,杨国强,等,2021.河流崩岸研究进展和问题讨论[J].地球科学前沿,11(2):213-223.

[281]姜月华,2021.多模态传感系统助力长江沿岸水利工程防护[J].中国地质调查快讯,7(8-9):26-29.

[282]姜月华,任海彦,2021.生态修复示范支撑服务长江生态地质环境保护[J].中国地质调查快讯,7(6-7):47-50.

[283]姜月华,2021.综合地质调查助推长江经济带绿色发展[J].中国地质调查快讯,7(6-7):1-7.

[284]姜月华,倪化勇,周权平,等,2021.长江经济带生态修复示范关键技术及其应用[J/OL].中国地质:1-35[2021-06-30].http://kns.cnki.net/kcms/detail/11.1167.P.20210630.1046.002.html.

[285]姜月华,程和琴,周权平,等,2021.重大水利工程对长江中下游干流河槽和岸线地质环境影响研究[J/OL].中国地质:1-22[2021-04-21].http://kns.cnki.net/kcms/detail/11.1167.P.20210420.1756.010.html.

[286]姜月华,吴吉春,李云,等,2021.高密度电法在城市地下水和土壤有机污染调查中的应用[J].华东地质,42(1):1-8.

[287]雷明堂,2021.岩溶塌陷综合地质调查为岩溶区镇化和重大工程建设保驾护航[J].中国地质调查快讯,7(8-9):1-4.

[288]李明辉,2021.四川广安地区地热资源勘探取得新突破[J].中国地质调查快讯,7(6-7):15-17.

[289]李云,董贤哲,2021.地质调查支撑服务宁波市地铁线路规划建设[J].中国地质调查快讯,7(8-9):22-25.

[290]刘广宁,黄长生,齐信,等,2021.西江上游封开段花岗岩边坡变形破坏宏观判据研究[J].人民长江,52(1):96-101+113.

[291]刘前进,路韬,2021.环境地质调查支撑服务城市采空塌陷防治[J].中国地质调查快讯,7(6-7):37-39.

[292]刘应东,2021.地质调查摸清攀枝花钒钛磁铁矿尾款资源家底[J].中国地质调查快讯,7(6-7):62-64.

[293]刘玉林,2021.煤矸石综合应用评价助推矿业枯竭城市矿山生态修复[J].中国地质调查快讯,7(6-7):65-67.

[294]吕子虎,2021.固废调查评价助力江西省资源产业高质量发展[J].中国地质调查快讯,7(6-7):34-36.

[295]马腾,2021.建立地下水致病菌检测流程服务江汉平原供水安全[J].中国地质调查快讯,7(6-7):54-55.

[296]马腾,2021.初步构建流域地球关键带调查理论方法体系[J].中国地质调查快讯,7(8-9):30-32.

[297]梅世嘉,施斌,2021.光纤监测示范支撑地面沉降、地裂缝和崩岸灾害防治[J].中国地质调查快讯,7(8-9):33-35.

[298]彭柯,2021.地质调查支撑服务长株潭城市群建设和绿色发展[J].中国地质调查快讯,7(6-7):22-25.

[299]彭柯,2021.环境地质调查支撑服务长江中游沿岸重大工程规划建设[J].中国地质调查快讯,7(8-9):19-21.

[300] 苏晶文,2021.地质调查支撑服务长三角一体化高质量发展[J].中国地质调查快讯,7(6-7):8-10.

[301] 孙强,2021.地质调查支撑服务永嘉县岩坦镇山早村滑坡防治[J].中国地质调查快讯,7(8-9):5-7.

[302] 吴远斌,2021.岩溶塌陷监测服务重庆四山地区岩溶塌陷防治[J].中国地质调查快讯,7(8-9):40-43.

[303] 向伏林,杨天亮,顾凯,等,2021.钻孔全断面分布式光纤监测中光缆-土体变形协调性的离散元数值模拟[J].岩土力学,42(6):1743-1754.

[304] 修连存,郑志忠,杨彬,等,2021.机载高光谱成像技术在长江经济带苏、皖、浙地区生态环境保护中的作用[J/OL].[2021-05-28].http://kns.cnki.net/kcms/detail/11.1167.P.20210528.1012.002.html.

[305] 修连存,2021.国产机载高光谱在长江两岸生态环境调查应用[J].中国地质调查快讯,7(8-9):36-39.

[306] 杨海,2021.太湖流域山丘区关键带监测站研究进展[J].中国地质调查快讯,7(8-9):44-46.

[307] 杨辉,2021.地质调查支撑服务浙江湖州地区重大工程选址[J].中国地质调查快讯,7(8-9):11-13.

[308] 杨辉,2021.地质适宜性评价支撑南京—上海过江通道规划建设[J].中国地质调查快讯,7(8-9):14-15.

[309] 杨国强,2021.工程地质调查支撑服务宁波梅山港城工程规划建设[J].中国地质调查快讯,7(6-7):26-29.

[310] 杨强,2021.综合地质调查支撑贵州贵安新区规划建设[J].中国地质调查快讯,7(6-7):18-21.

[311] 杨顺,2021.灾损土地资源化利用服务涪江流域国土空间规划与生态修复[J].中国地质调查快讯,7(6-7):51-53.

[312] 杨洋,2021.地质适宜性评价支撑皖江城市群跨江通道规划建设[J].中国地质调查快讯,7(8-9):16-18.

[313] 由文智,向芳,杨坤美,等,2021.湖北宜昌第四纪沉积物中铁质重矿物特征对三峡贯通的指示[J].古地理学报,23(4):1-16.

[314] 张傲,邵长生,2021.环境地质调查支撑服务湖北咸宁地区城镇建设[J].中国地质调查快讯,7(6-7):30-33.

[315] 张鸿,2021.水下地形探测技术助力长江崩岸地质灾害调查[J].中国地质调查快讯,7(8-9):47-49.

[316] 张利珍,吕子虎,张永兴,等,2021.某磷石膏提质降杂试验研究[J].无机盐工业,53(6):171-174.

[317] 张永康,冯乃琦,张耀,等,2021.某铅锌矿区土壤重金属污染分析[J].有色金属(冶炼部分)(3):102-108.

[318] 郑川东,刘广宁,杨中华,等,2021.基于梯度准则的动态局部自适应网格在浅水水流水质耦合模型求解中的应用[J].武汉大学学报(工学版),54(9):784-794.

[319] 周权平.2021.遥感技术助力长江干流岸带国土空间整治[J].中国地质调查快讯,7(8-9):50-52.

[320] 周权平,张澎彬,薛腾飞,等,2021.近20年长江经济带生态环境变化[J/OL].中国地质:1-19[2021-06-29].http://kns.cnki.net/kcms/detail/11.1167.P.20210629.1259.002.html.

[321] WU J, JIANG H, SU J, et al., 2015. Application of distributed fiber optic sensing technique in land subsidence monitoring[J]. Journal of Civil Structural Healthmonitoring, 5(5):587-597.

[322] XIAO C, MA T, DU Y, et al., 2016. Arsenic releasing characteristics during the compaction of muddy sediments[J]. Environmental Science: Processes & Impacts, 18(10):1297-1304.

[323] HUANG B, ZHANG Z, YIN Y, et al., 2016. A case study of pillar-shaped rockmass failure in the Three Gorges Reservoir Area, China[J]. Quarterly Journal of Engineering Geology and Hydrogeology, 49(3):195-202.

[324] HUANG B, YIN Y, DU C H, 2016. Riskmanagement study on impulse waves generated by Hongyanzi landslide in Three Gorges Reservoir of China on June 24, 2015[J]. Landslides(13):603-616.

[325] JIANG X, GAO Y, WU Y, et al., 2016. Use of Brillouin optical time domain reflectometry tomonitor soil-cave and sinkhole formation[J]. Environmental Earth Sciences, 75(3):225.

[326] LEI M, GAO Y, JIANG X, et al., 2016. Mechanism analysis of sinkhole formation atmaohe village, Liuzhou city, Guangxi province, China[J]. Environmental Earth Sciences, 75(7):542.

[327] CHENG H, CHEN J, 2017. Adapting cities to sea level rise: A perspective from Chinese deltas[J]. Advances in Climate Change Research, 8(2):130-136.

[328] DU Y, MA T, DENG Y, et al., 2017. Sources and fate of high levels of ammonium in surface water and shallow groundwater of the Jianghan Plain, Central China[J]. Environmental Science: Processes & Impacts(19):161-172.

[329] GAN F, HAN K, LAN F, et al., 2017. Multi-geophysical approaches to detect karst channels underground: A case study inmengzi of Yunnan Province, China[J]. Journal of Applied Geophysics (136):91-98.

[330] HUANG B, YIN Y, WANG S H, et al., 2017. Analysis of the Tangjiaxi landslide-generated waves in the Zhexi Reservoir, China, by a granular flow coupling model[J]. Natural Hazards and Earth System Sciences, 17(5):657-670.

[331] HUANG B, WANG S H, ZHAO Y, 2017. Impulse waves in reservoirs generated by landslides into shallow water[J]. Coastal Engineering(123):52-61.

[332] HUANG T, DING M, SHE T, et al., 2017. Numerical simulation of a high-speed landslide in Chenjiaba, Beichuan, China[J]. Journal of Mountain Science, 14(11):2137-2149.

[333] JIANG X, LEI M, GAO Y, 2017. Formationmechanism of large sinkhole collapses in Laibin, Guangxi, China[J]. Environmental Earth Sciences, 76(24):823.

[334] CHEN L, ORFAN SHOUAKAR-STASH, MA T, et al., 2017. Significance of stable carbon and bromine isotopes in the source identification of PBDEs[J]. Chemosphere(186):160-166.

[335] WEN Z H, ZHAN H, WANG Q, et al., 2017. Well hydraulics in pumping tests with exponentially decayed rates of abstraction in confined aquifers[J]. Journal of Hydrology(548):40-45.

[336] ZHENG S H, CHENG H, WU S H, et al., 2017. Morphology and mechanism of the very large dunes in the tidal reach of the Yangtze River, China[J]. Continental Shelf Research(139):54-61.

[337] ZHOU W, LEI M, 2017. Conceptual sitemodels for sinkhole formation and remediation[J]. Environmental Earth Sciences, 76(24):818.

[338] CHENG H, CHEN J, CHEN Z, et al., 2018. Mapping sea level rise behavior in an estuarine delta system: A case study along the Shanghai Coast[J]. Engineering(4):156-163.

[339] DAI J, LEI M, 2018. Standard guide for karst collapse investigation and its technical essential[J]. Environmental Earth Sciences, 77(4):133.1-133.8.

[340] DENG Y, ZHENG T, WANG Y, et al., 2018. Effect of microbially mediated iron mineral

transformation on temporal variation of arsenic in the Pleistocene aquifers of the central Yangtze River basin[J]. Science of the Total Environment, 619-620(APR. 1): 1247-1258.

[341] DU Y, DENG Y, MA T, et al., 2018. Hydrogeochemical evidences for targeting sources of safe groundwater supply in arsenic-affected multi-level aquifer systems[J]. Science of The Total Environment(645): 1159-1171.

[342] DU Y, MA T, DENG Y, et al., 2018. Characterizing groundwater/surface-water interactions in the interior of Jianghan Plain, central China[J]. Hydrogeology Journal, 26(3): 1-13.

[343] DU Y, MA T, XIAO C, et al., 2018. Water-rock interaction during the diagenesis of mud and its prospect in hydrogeology[J]. International Biodeterioration & Biodegradation(128): 141-147.

[344] GAN Y, ZHAO K, DENG Y, et al., 2018. Groundwater flow and hydrogeochemical evolution in the Jianghan Plain, central China[J]. Hydrogeology Journal, 26(11): 1-15.

[345] JIA L, LI L, MENG Y, et al., 2018. Responses of cover-collapse sinkholes to groundwater changes: A case study of early warning of soil cave and sinkhole activity on Datansha Island in Guangzhou, China[J]. Environmental Earth Sciences, 77(13): 488.

[346] JIANG X, LEI M, GAO Y, 2018. New karst sinkhole formation mechanism discovered in a mine Dewatering Area in Hunan, China[J]. Mine Water and the Environment, 37(3): 625-635.

[347] JIANG Y, LIN L, CHEN L, et al., 2018. An overview of the resources and environment conditions and major geological problems in the Yangtze River economic zone, China[J]. China Geology, 1(3): 435-449.

[348] MA T, DU Y, MA R, et al., 2018. Review: Water-rock interactions and related eco-environmental effects in typical land subsidence zones of China[J]. Hydrogeology Journal, 26(5): 1339-1349.

[349] PAN Z, JIANG X, LEI M, et al., 2018. Mechanism of sinkhole formation during groundwater-level recovery in karst mining area, Dachengqiao, Hunan Province, China[J]. Environmental Earth Sciences, 77(24): 799.

[350] SHI S H, CHENG H, XUAN X, et al., 2018. Fluctuations in the tidal limit of the Yangtze River estuary in the last decade[J]. Science China Earth Sciences, 61(8): 1136-1147.

[351] SU J, MATHUR R, BRUMM G, et al., 2018. Tracing copper migration in the Tongling Area through copper isotope values in soils and waters[J]. International Journal of Environmental Research and Public Health(15): 2661.

[352] WANG J, DEMBELE N D, 2018. The Three gorges area and the linking of the upper and middle reaches of the Yangtze River[J]. Journal of Geographic Information System, 10(3): 301-322.

[353] WANG Z, LI H, CAI X, 2018. Remotely sensed analysis of channel bar morphodynamics in the middle Yangtze River in response to a major monsoon flood in 2002[J]. Remote Sensing(10): 1165.

[354] WU Y, JIANG X, GUAN Z H, et al., 2018. AHP-based evaluation of the karst collapse susceptibility in Tailai Basin, Shandong Province, China[J]. Environmental Earth Sciences, 77(12): 436.

[355] ZHENG S H, XU Y, CHENG H, et al., 2018. Riverbed erosion of the final 565 kilometers of the Yangtze River (Changjiang) following construction of the Three Gorges Dam[J]. Scientific Reports(8): 11917.

[356] ZHENG S H, CHENG H, SHI S H, et al., 2018. Impact of anthropogenic drivers on subaqueous topographical change in the Datong to Xuliujing reach of the Yangtze River[J]. Science China Earth Sciences, 61(7): 940-950.

[357] ZHENG S H, XU Y, CHENG H, et al., 2018. Assessment of bridge scour in the lower, middle, and upper Yangtze River estuary with riverbed sonar profiling techniques[J]. Environmental Moni-

toring & Assessment,190(1):15.

[358]GE W,LI C H,XING H,et al.,2019. Examining the chronology of transgressions since the late Pleistocene in the Fujian coast,southeastern China[J]. Quaternary International(527):34-43.

[359]WANG H,XIAO Z,YU Z H,et al.,2019. Facile fabrication of iron oxide/carbon/rGO superparamagnetic nanocomposites for enhanced electrochemical energy storage performance[J]. Journal of Alloys and Compounds(811):152019.

[360]JIANG Y,ZHOU Q,LI Y,et al.,2019. The millenniummystery of "Boiling Wells" and evidence from geoscience:The Case of Jiuli Village,IOSR[J] Journal of Applied Geology and Geophysics,7(6):60-74.

[361]JIANG Y,MEI S H,SHI B,et al.,2019. The application of optical fibermonitoring technique in environmental geological survey[J]. Acta Geologica Sinica,93(S2):349-350.

[362]JIANG X,LEI M,ZHAO H,2019. Review of the advancedmonitoring technology of groundwater-air pressure(enclosed potentiometric) for karst collapse studies[J]. Environmental Earth Sciences,78(24):1-10.

[363]NI W,ZHANG H,MAO X,et al.,2019. Determination of ultra-trace osmium and ruthenium in geological samples by ICP-MS combined with nickel sulfide fire assay pre-concentration andmicrowave digestion[J]. Microchemical Journal(150):104187.

[364]PENG Y,XIAO J,ZHANG Y,2019. Process mineralogy characteristics and titanium preconcentration of Panxi vanadium-titanium magnetite tailings[J]. Journal of mines,Metals and Fuels,67(6):332-338.

[365]REN H,ZHOU Q,HE J,et al.,2019. Determining landscape-level drivers of variability for over fifty soil chemical elements[J]. Science of the Total Environment,657(MAR.20):279-286.

[366]SHEN S H,MA T,DU Y,et al.,2019. Temporal variations in groundwater nitrogen under intensive groundwater/surface-water interaction[J]. Hydrogeology Journal,27(5):1753-1766.

[367]WANG H,XIAO Z,YU Z H,et al.,2019. Facile fabrication of iron oxide/carbon/rGO super paramagnetic nanocomposites for enhanced electrochemical energy storage performance[J]. Journal of Alloys and Compounds(811):152019.

[368]WANG J,SU J,LI ZH,et al.,2019. Source apportionment of heavy metal and their health risks in soil-dustfall-plant system nearby a typical non-ferrous metal mining area of Tongling,Eastern China[J]. Environmental Pollution,254(B):1-10.

[369]WANG X,LIU Y,SONG M,2019. Type and comparative analysis of water-storage structure of karst areas in the Southeast slope area of Yunnan Plateau and Central South Region of Shandong[J]. Acta Geologica Sinica(English Edition),93(S2):371-372.

[370]WU G,YANG J,JIANG H,et al.,2019. Distribution of potentially pathogenic bacteria in the groundwater of the Jianghan Plain,central China[J]. International Biodeterioration & Biodegradation(143):104711.

[371]ZHANG J,LIANG X,JIN M,et al.,2019. Identifying the groundwater flow systems in a condensed river-network interfluve between the Han River and Yangtze River(China) using hydrogeochemical indicators[J]. Hydrogeology Journal,27(7):2415-2430.

[372]ZHAO J,CORNETT R J,CHAKRABARTI C L,2019. Assessing the uranium DGT-available fraction inmodel solutions[J]. Journal of Hazardous Materials(384):121134.

[373]ZHENG T,DENG Y,WANG Y,et al.,2019. Seasonal microbial variation accounts for arsenic dynamics in shallow alluvial aquifer systems[J]. Journal of Hazardous Materials(367):109-119.

[374]DU Y,DENG Y,MA T,et al.,2020. Enrichment of geogenic ammonium in Quaternary alluvial-lacustrine aquifer systems:Evidence from carbon isotopes and DOM characteristics[J]. Environmental Science & Technology(54):6104-6114.

[375]DU Y,DENG Y,MA T,et al.,2020. Spatial variability of nitrate and ammonium in pleistocene aquifer of central Yangtze River Basin[J]. Groundwater,58(1):110-118.

[376]GU K,LIU S,SHI B,et al.,2020. Land subsidence monitoring using distributed fiber optic sensing with Brillouin scattering in coastal and deltaic regions[J]. The Proceedings of the International Association of Hydrological Sciences(382):95-98.

[377]HAO M,LI M,ZHANG J,et al.,2020. Research on 3D geological modeling method based on multiple constraints[J]. Earth Science Informatics(14):291-297.

[378]HE J L,WANG J,HARALD MILSCH,et al.,2020. Formation mechanism of a regional fault in shale strata:Insights from the Middle-Upper Yangtze,China[J]. Marine and Petroleum Geology(31):23-34.

[379]HE J L,WANG J,HARALD MILSCH,et al.,2020. The characteristics and formation mechanism of a regional fault in shale strata:Insights from the Middle-Upper Yangtze,China[J]. Marine and Petroleum Geology(121):1-20.

[380]LIU R,MA T,QIU W,et al.,2020. Effects of Fe oxides on organic carbon variation in the evolution of clayey aquitard and environmental significance[J]. Science of the Total Environment(701):134776.

[381]LIU Y,CUI J,PENG Y,et al.,2020. Atmospheric deposition of hazardous elements and its accumulation in both soil and grain of winter wheat in a lead-zinc smelter contaminated area,Central China[J]. Science of the Total Environment(789):1-9.

[382]LIU S,SHI B,GU K,et al.,2020. Land subsidence monitoring in sinking coastal areas using distributed fiber optic sensing:A case study[J]. Nat Hazards,103(3):3043-3061.

[383]LIU Y,MA T,CHEN J,et al.,2020. Contribution of clay-aquitard to aquifer iron concentrations and water quality[J]. Science of the Total Environment(741):134-776.

[384]LONG L,JI D,YANG Z,et al.,2020. Tributary oscillations generated by diurnal discharge regulation in Three Gorges Reservoir[J]. Environmental Research Letters,15(8):084011.

[385]MENG Y,JIA L,HUANG J,2020. Hydraulic fracturing effect on punching-induced cover-collapse sinkholes:A case study in Guangzhou,China[J]. Arabian Journal of Geoences,13(2):1-8.

[386]MENG Y,LI Z H,JIA L,2020. An analysis of allowable groundwater drawdown and pumpage from a karst aquifer to prevent sinkhole collapses in the Pearl River Delta,China[J]. Water Resources,47(4):530-536.

[387]NI W,ZHANG H,MAO X,et al.,2020. Simultaneous determination of ultra-trace Au,Pt,Pd,Ru,Rh,Os and Ir in geochemical samples by KED-ICP-MS combined with Sb-Cu fire assay and microwave digestion[J]. Microchemical Journal(158):105197.

[388]LIU R,MA T,QIU W,et al.,2020. Effects of Fe oxides on organic carbon variation in the evolution of clayey aquitard and environmental significance[J]. Science of the Total Environment(701):1-12.

[389]SHI H,WANG J,YAO Y,et al.,2020. Geochemistry and geochronology of diorite in the Pengshan area:Implications formagmaticsource and tectonic evolution of the Jiangnan Orogenic Belt[J]. Journal of Earth Science,31(1):23-34.

[390]SUN X,DU Y,DENG Y,et al.,2020. Contribution of groundwater discharge and associated

contaminants input to Dongting Lake,Central China usingmultiple tracers(^{222}Rn,^{18}O,Cl$^-$)[J]. Environmental Geochemistry and Health(43):1239-255.

[391]TAO Y,DENG Y,DU Y L,et al.,2020. Sources and enrichment of phosphorus in groundwater of the Central Yangtze River Basin[J]. Science of the Total Environment(737):139837.

[392]WANG S,ZHAO M,MENG X,et al.,2020. Evaluation of the effects of forest on slope stability and its implications for forest management:A case study of Bailong River Basin,China[J]. Sustainability,12(16):1-17

[393]YAN G,CHENG H,TENG L,et al.,2020. Analysis of the use of geomorphic elementsmapping to characterize subaqueous bedforms using multibeam bathymetric data in river system[J]. Applied Sciences,10(7692):1-16.

[394]ZHANG P,YANG Z,YU T,et al.,2020. Determination of Pb in geological materials by heat extraction slurry Sampling ET-AAS[J]. Atomic Spectroscopy,41(5):205-210.

[395]ZHAO J,CORNETT R J,CHAKRABARTI C L,2020. Assessing the uranium DGT-available fraction in model solutions[J]. Journal of Hazardous Materials(384):1-29.

[396]ZHAO Z,GONG X,ZHANG L,et al.,2020. Riverine transport and water-sediment exchange of polycyclic aromatic hydrocarbons(PAHs) along the middle-lower Yangtze River,China[J]. Journal of Hazardous Materials(403):123973.

[397]ZHENG L,XU J,TAN Z,et al.,2020. A thirty-year Landsat study reveals changes to a river-lake junction ecosystem after implementation of the Three Gorges Dam[J]. Journal of Hydrology(589):125185.

[398]ZHENG L,ZHAN P,XU J,et al.,2020. Aquatic vegetation dynamics in two pit lakes related to interannual water level fluctuation[J]. Hydrological Processes,34(11):2645-2659.

[399]ZHENG T,DENG Y,WANG Y,et al.,2020. Microbial sulfate reduction facilitates seasonal variation of arsenic concentration in groundwater of Jianghan Plain,Central China[J]. Science of the Total Environment,735(8):139327

[400]ZHENG S W,CHENG H,LV J,et al.,2020. Morphological evolution of estuarine channels influenced by multiple anthropogenic stresses:A case study of the North Channel,Yangtze estuary,China[J]. Estuarine,Coastal and Shelf Science,249(2):107075.

[401]ZHOU W,LEI M,2020. Efficacy and challenges of using springs for early detection of contaminant release from waste disposal facilities constructed in Karst Terranes[J]. Journal of Geoscience and Environment Protection,8(9):107-125.

[402]DAI Z,ZHANG C,WANG L,et al.,2021. Interpreting the influence of rainfall and reservoir water level on a large-scale expansive soil landslide in the Daniiangkou Reservoir region,China[J]. Engineering Geology,288(11):106110.

[403]JIANGY,CHENG H,ZHOU Q,et al.,2021. Influence of major water conservation projects on river channels and shorelines in the middle and lower reaches of the Yangtze River[J]. Arabian Journal of Geosciences(14):884.

[404]YANG M,JIA L,DAI J,2021. Using groundwater chemistry to identify soil cave development in karst terrain:A case study in Guangzhou,China[J]. Geochemistry International,59(2):199-205.

附录6：国家五大科技平台项目和国家自然科学基金项目

1. 获批国家五大科技平台项目

序号	项目名称	所属项目名称/类别	起止日期	经费/万元
1	页岩气等非常规油气开发地下水环境监测技术研究	国家科技重大专项课题"非常规油气开发地下水及生态环境监测与保护技术"	2016—2018	794.6
2	上海深层地下空间开发利用综合环境地质调查	上海济南等典型城市地下空间开发利用综合地质调查	2017	200
3	上海中心城区地下空间资源探测	上海济南等典型城市地下空间开发利用综合地质调查	2018	150
4	山洪多要素智能感知技术研发	山洪灾害监测预警关键技术与集成示范	2017—2020	120
5	强震区特大泥石流防治工程勘查设计规范	强震区特大泥石流综合防控技术与示范应用	2018—2021	50
6	"8·8"九寨沟地震灾区生态化地质灾害防治重大科技支撑研究课题		2018—2019	30
7	典型矿区废石堆场产酸机制与重金属迁移规律研究	国家重点研发计划"场地土壤污染成因与治理技术"重点专项"矿区酸化废石堆场符合污染扩散阻隔技术"项目	2020—2024	95
合计				1 439.6

2. 获批国家自然科学基金项目

序号	获批国家自然科学基金项目名称	项目类别	起止日期	经费/万元
1	淤泥演化为黏土隔水层过程中的水-岩相互作用	重点项目	2017—2021	300
2	江汉平原地下水流系统演化与劣质水形成	面上项目	2018—2021	79
3	古云梦泽形成演化研究	面上项目	2016—2019	78
4	微生物参与下铁 redox 循环对砷季节性动态的控制作用	面上项目	2016—2019	77
5	超渗产流-径流侵蚀对冲沟型泥石流形成的驱动效应及过程模拟	面上项目	2016—2019	73.8
6	土洞气体运移机理及对岩溶塌陷指征作用研究	面上项目	2019—2022	62
7	利用沉积学和地貌学方法反演晚新生代大别山南麓水系的重组过程	青年基金	2016—2018	29.6
8	渗流作用下孔隙水压力对坡面固体物质起动的机理研究	青年基金	2016—2018	25.2
9	杭州湾北岸全新世早期(10～9 cal ka BP)高精度海平面重建及沉积环境响应	青年基金	2018—2020	25
10	CO_2与盖层中关键性矿物的地球化学作用机理研究	青年基金	2017—2019	20
11	利用光释光和埋藏测年技术建立江汉盆地第四纪地层年代序列	面上项目	2019—2022	62
12	浅层地下水系统中锰-铁-砷耦合作用机制及其对砷迁移转化的影响	面上项目	2020—2023	61
13	洪泛平原含水层中有机质形成与分布对砷空间异质性的影响	面上项目	2020—2023	62

续附录 6-2

序号	获批国家自然科学基金项目名称	项目类别	起止日期	经费/万元
14	地表水-地下水作用带内水动力过程对溶解性磷酸盐迁移富集的控制机理	青年基金	2020—2022	26
15	地下水系统中天然有机质对原生铵氮迁移富集的影响机理	青年基金	2020—2022	26
16	利用同步辐射技术研究六价铬在岩层中的自然衰减过程	面上项目（联合基金）	2020—2022	60
17	基于花岗岩-伟晶岩锂铍钽铌矿赋存特性的共同富集-类拜耳法浸出-集约利用基础研究	面上项目（重点基金）	2021—2023	310
18	四川拉拉铜矿多期成矿机制研究	面上项目	2021—2023	61
19	丹江流域山区地下水更新能力与循环特征	青年基金	2021—2023	24
	合计			1 461.6

附录 7：编制规范和规程

序号	规范、规程或指南名称	制定情况
1	《环境地质调查技术要求（1∶50 000）》（DD 2019—07）	中国地质调查局颁布实施
2	《环境地质调查规范（1∶50 000）》	已纳入自然资源部行业标准制修订计划
3	《地面沉降和地裂缝光纤监测规程》	已纳入自然资源部行业标准制修订计划
4	《工矿废弃地土地复垦水土环境质量调查评价规范》	已纳入自然资源部行业标准制修订计划
5	《钒钛磁铁矿尾矿资源综合利用调查与评价指南》	已纳入中国材料与试验团体标准委员会计划
6	《岩溶地面塌陷监测规范（试行）》（T/CAGHP 075—2020）	中国地质灾害防治工程行业协会发布实施（2020年7月1日发布，9月1日实施）
7	《岩溶地面塌陷防治工程勘查规范》（T/CAGHP 076—2020）	中国地质灾害防治工程行业协会发布实施（2020年7月1日发布，9月1日实施）
8	《钒钛磁铁矿矿物定量检测方法》	已纳入国家标准编制计划
9	《存量低效工业用地整理复垦全过程水土环境质量调查评价技术规程》	
10	《1∶50 000 岩溶塌陷调查规范（征求意见稿）》	
11	《岩溶塌陷地球物理探测技术指南》	
12	《岩溶塌陷风险评估技术规范（初稿）》	
13	《经济发达地区城市群地质环境调查技术指南》	
14	《小城镇地质调查技术指南》	
15	《城市工业用地水土污染调查评估指南》	
16	《生态地质环境调查航空高光谱遥感技术规程》（DB32/T 4123—2021）	江苏省市场监督管理局公示地方标准文本（2021年11月4日发布，12月4日实施）
17	《基于多模态传感器系统的长江中下游河槽高陡边坡稳定性调查技术要求》	

续附录7

序号	规范、规程或指南名称	制定情况
18	《长江三角洲地区盐碱地调查与改良标准》	
19	《地球关键带调查监测技术方法指南(1∶50 000)(试行)》	
20	《城市地下资源协同开发利用评估技术要求》	
21	《河湖岸线资源调查技术规范》	已纳入自然资源部行业标准制修订计划
22	《临水岸坡水陆一体化地形地貌测量技术规程》	
23	《地下空间地质环境综合调查技术规程》	
24	《深层地下空间开发地面沉降控制技术要求》	
25	《泥石流灾害松散物源活跃程度评价技术方法》	
26	《河湖湿地区地球关键带调查技术方法指南》	
27	《煤矿地下空间调查技术指南》	已纳入江西省萍乡市地方性标准修订计划
28	《煤矿地表沉陷区监测技术指南》	已纳入江西省萍乡市地方性标准修订计划
29	《煤矿地下空间开发利用适宜性评价技术指南》	已纳入江西省萍乡市地方性标准修订计划